NR. 11
REFERAT 0001–2887
SEITE 1–280

1964
18. MÄRZ

CHEMISCHES ZENTRALBLATT

1830 gegründet
1897—1945 von der Deutschen Chemischen Gesellschaft fortgeführt

Herausgegeben im Auftrage
der Deutschen Akademie der Wissenschaften zu Berlin,
der Chemischen Gesellschaft in der DDR,
der Akademie der Wissenschaften zu Göttingen
und der Gesellschaft Deutscher Chemiker
von Prof. Dr. HEINRICH BERTSCH und Prof. Dr. Dr. h. c. WILHELM KLEMM

Chefredakteure
Dr. EUGEN KLEVER und Prof. Dr.-Ing. EBERHARD LEIBNITZ

135. JAHRGANG
1964

AKADEMIE-VERLAG GMBH · BERLIN · VERLAG CHEMIE GMBH · WEINHEIM · BERGSTRASSE

Chem. Zbl. 135. Jg. Nr. 11 Ref. 0001—2887 S. 1—280 Berlin, 18. März 1964

Inhalt

Namenregister

Ein vollständiger oder gekürzter Abdruck der Referate ist ohne Genehmigung der Redaktion und des Verlages verboten!

Patentregister

Nr.	Referat	Nr.	Referat	Nr.	Referat	Nr.	Referat	Nr.	Referat	Nr.	Referat
Amerikanische Patente (A.P.)		2856431	2580	2951079	2119	3004857	2399	3031515	2251	3040068	1656
2792413*	1663	2856435	2472	2952679*	2341	3004858	2396	3033854*	1681	3042684	1635
2840598	2120	2878519	2457	2963410*	2334	3004888	1639	3035919	1660	3043666	1986
2842562	2296	2884058	2743	2978458	1637	3008845	2400	3035949	2860	3044862	1990
2842598	2581	2885442	2274	2983725	2859	3014034	1640	3036978*	1994	3044879*	2608
2851480	2582	2891950	2303	2991290	1622	3015572	2876	3038004	1631	3047628	1632
2853535	2252	2900427	2254	2992231	1634	3019080*	2000	3038781*	2006	3049416	2114
2855409	2356	2904455	2795	2993744	2868	3023229	1651	3039850	1988	3049418	2115
		2908689	1638	2995565	2301	3026350	1661	3039876*	2609	3055833*	1940
		2913773	2748	2995566*	1678	3027386	1652	3040017	1644	3056656	1989
										3060097	2587

Australische Patente (Aust.P.)

Nr.	Referat
135580*	2679
234545	2407
234666*	1688
235628*	2681
236556	2216
236605	1625
236971*	2227
237178*	2233
237287	2232
237487*	2678
237495	1918
237945*	2005
238567*	1949

Belgische Patente (Belg.P.)

Nr.	Referat
547142	2255
561914*	2851
570132	2116
571145	1881
572993*	2366

Canadische Patente (Can.P.)

Nr.	Referat
569369*	2500
569385	2416
569690	2299
634245*	2007

Auslegeschriften der Patentanmeldungen des Deutschen Patentamtes München (D.A.S.)

Nr.	Referat
1051006	2224
1051007	2223
1060375	2301
1071440*	2230
1079616	2268
1083783	2841
1096504	1933
1097576	1934
1098519	2116
1099734	2485
1100024	2310
1104706	2482
1105173	2476
1106501	2467
1107666	2839
1113089	2473
1113310	2462
1114494	2790
1116405	2471
1116408	2466
1118458	2464
1119513	2461
1123308	2262
1124933	2788
1132144	2441
1135499	2746
1136025	1878
1138745	2284
1139107	2259
1139486	2298
1139925	1885
1140294	1886
1141390	1875
1141731	1890
1141733	1888
1142321	2218
1142972	1883
1142980*	2366
1143431	2849
1143764	2219
1144013	1924
1144239	2844
1144412	1881
1144423*	2363
1144481*	2516
1144854	1889
1144859	2410
1144932	1919
1145135	2799
1145143*	1948
1145165	2251
1145168	2265
1145600	2272
1145723	1882
1145792	2443
1146080	2111
1146251	2438
1146597	1884
1146820	2597
1146894	2745
1146932	1925
1147040	2474
1147042	2492
1147043	2486
1147330	1879
1147331	1880
1147384*	2810
1147701*	2365
1147928	2784
1147931	2245
1147997	1929
1148033	2409
1148078	2494
1148286	1931
1148381	2451
1148478*	1937
1148479*	1938
1148500*	2598
1148520*	2359
1148538*	2321
1148610	1926
1148741	2463
1148742	2469
1148744	2547
1148966	2791
1148968	2786
1148997	2246
1149000	2256
1149354	2122
1149518	2545
1149520	2543
1149524	2546
1149525	2437
1149687	2805
1149696	2286
1149733	2222
1149831	1876
1149841	2406
1149891	2541
1150079*	2342
1150080	2309
1150179	2586
1150197	2558
1150199	2548
1150201	2552
1150332	2843
1150334	2842
1150374	2742
1150375	2269
1150378	2123
1150381	2280
1150514	2490
1150515	2491
1150518	2542
1150519	2439
1150650	2785
1150651	2792
1150672	2281
1150764	1877
1150781	2585
1150802	2544
1150812	2483
1150967	2848
1150968	2267
1150982	2275
1150986	2289
1151081	2358
1151083	2845
1151332*	2364
1151340	2720
1151374	2497
1151484	2793
1151500	2722
1151510	2291
1151517	2357
1151780	2807
1151790	2258
1151810	2290
1151813	2264
1151928	2549
1151930	2450
1151940	2470
1152089	2293
1152110	2313
1152211	2397
1152262	2475
1152263	2475
1152395	2260
1152397	2295
1152405	2354
1152454	1928
1152497	2723
1152533	2550
1152539	2440
1152547	1922
1152683	1891
1152685	2273
1152732	1930
1152819	2477
1152822	2803
1153008	2266
1153100	1927
1153101	1932
1153126	2398
1153171	2802
1153341*	2360
1153350*	2319
1153893*	2499
1153895	2415
1154619*	2565
1154620*	2510
1154621*	2504
1154627*	2513

Deutsche Patente [München] (D.B.P.)

Nr.	Referat
975801	2787
976036	1923
976166*	1939
976211	1921
976226	1920
976400	2411

Englische Patente (E.P.)

Nr.	Referat
805296*	1663
815860	2877
815898	2538
817835	2839
818390	2255
832153*	2333
835523	2312
847799*	2316
860944*	2130
865796	1639
868851*	2001
869112	2482
869602*	2002
870359	1882
873908	1620
875048*	2125
875685	2583
887078	2875
887176	2869
887678	2259
887875	2874
888681	1628
888923	1621
889888	2402
890776	2476
892170	1648
894809	1623
895406*	2751
895674*	2361
896284	2110
896784*	2008
897162	1630
897163	1629
897670*	2009
898402*	2501
898633	1636
898910	2121
899219	1649
899947*	1996
900015	1881
900247	1889
904378	1654
904994	1655
905194*	2010
905831*	2509
905962	1650
906052*	2561
907421*	1992
907422	1646
908366	1985
908644*	1997
908648*	1993
908984	1987
910004	2584
910326	2225
910877	2552
912342	1991
912687	2273
913046*	1998
913184	1880
913519*	2677
913761*	2003
914248	1626
915193*	2680
917946*	2129
920807*	2128
926282*	2127

Finnische Patente (Finn.P.)

Nr.	Referat
30764*	2750

Französische Patente (F.P.)

Nr.	Referat
1151414*	1944
1152212*	1943
1154301*	1941
1154479*	2728
1157750*	2852
1159497*	1945
1159972*	1947
1160275*	1935
1161111*	1942
1161575*	2811
1162674*	1936
1168494*	2850
1182490*	2317
1200465	2228
1201797	2448
1203716*	1674
1205219	2314
1205509	2556
1207898	2292
1207957	2495
1209480	2556
1210924	2553
1211471	2312
1211528	2555
1211774*	2508
1213178*	2563
1213903	2488
1214247*	2507
1214310	2800
1215641*	2559
1217308*	2514
1218288*	1946
1220968	2489
1221148	2496
1221537	2478
1224062	2465
1224320	2480
1225103	2479
1225729	2808
1226267*	2560
1228410	2445
1229702	2253
1229778	1882
1230487	2801
1230821	2493
1231245	2452
1232064	2444
1232575	2449
1233243	2794
1233853	2554
1233861	2459
1234149	2801
1234892	2498
1235001	2453
1235806	2355
1235861	2456
1235862	2454
1235953	2285
1236681	2447
1236686	2797
1236688	2798
1236729	2454
1236730	2454
1236737	2455
1237376	2539
1237397	2454
1237417	2455
1237750	2458
1238622	2540
1238630*	2341
1238637*	2332
1238701*	1664
1238943	2304
1238954*	2335
1238955*	2331
1239030	2311
1239141	2460
1239231*	2329
1239482*	2336
1239583	2249
1239683	2248
1239901*	2339
1239907*	1670
1239910*	1675
1240136*	2327
1241110*	1672
1241126*	1685
1241127*	1686
1241667	2414
1244248*	2320
1244424*	2338
1244425*	2362
1246163*	1667
1246365*	2502
1249205*	1669
1249206*	1668
1249210*	1673
1249215*	2340
1249749*	2318
1249750*	2328
1249751*	2330
1249808*	1689
1249809*	1665
1249811*	1666
1249851*	2326
1250489*	2322
1250612	1885
1250706*	2323
1252034*	2517
1252414	2220
1252660*	2729
1264136	1889
1267758*	1683
1269633	1886
1282246	1890
1287341	2403
1287830	2401
1288485	1880
1289846	2867
1292628	1879
1294925	2217
1298809*	2367

Indische Patente (Ind.P.)

Nr.	Referat
66157*	2133
66562	1643
66638	1642
67183*	2234
67924*	2325
69001	2300
69027*	2749
69130	2442
69267	2551
69281	2404
69377*	2226
69701	2847
69806	2846
69833	1658
69949	2446
70034	2250
70342	2719
70788*	2133
71446*	2004
72643*	2124

Italienische Patente (It.P.)

Nr.	Referat
485163	2861
496323	2861
529529*	2126
530739*	2132
548705	2726
555321	2718
556071	2408
556203	2673
557519	2405
559075	2113
559124	2747
559176	2789
559314	2741
559402	2806
559705	2247
559847	2112
559913	2315
559992	2796

Japanische Auslegeschriften (Jap.A.S.)

Nr.	Referat
8734/1961*	2521
13841/1961*	2505
13842/1961*	2512
13843/1961*	2506
13844/1961*	2518
13934/1961	2413
14033/1961*	2517
14037/1961*	2502
14123/1961	2412
14148/1961*	2511
14393/1961*	2503
14397/1961*	1662
14486/1961*	2562
14487/1961*	2515
14495/1961*	2519

Niederländische Patente (Niederl.P.)

Nr.	Referat
102351	2579
102529	1647
102552	1653
102572	1645
102944*	1999
102984*	1995
103077*	2520
103645*	2131

Österreichische Patente (Oe.P.)

Nr.	Referat
214919	1633
215086*	1684
216500	1627
222784	2725
223305	2721
224036	2596
224581	2595
224605	2724

Sowjetische Patente (UdSSR.P.)

Nr.	Referat
129194	2283
129196	2261
129199	2276
129330	2481
129567	2840
129650	2307
129652	2270
129653	2279
129654	2257
129655	2297
129658	2308
129659	2302
129814	2294
129815	2487
129817	2468
129818	2278
131890	2744
132204	2282
132205	2287
132212	2263
132213	2305
132214	2288
132216	2271
133718	2117
147574	2557
149219	2804
149357	2306
149426	2118

Schwedische Patente (Schwed.P.)

Nr.	Referat
173513	2674
173701	2676

Schweizer Patente (Schwz.P.)

Nr.	Referat
351348	1881
354080*	1687
362291*	2229
363730	1876
364782	1641
365087	1657
366632*	2610
367521*	2231
367922*	2727
368161*	1680
368184*	1677
368491*	1679
368499*	1676
369129*	1682

Ungarische Patente (Ung.P.)

Nr.	Referat
143817	2675
150709	1659

CHEMISCHES ZENTRALBLATT

Nr. 11 · 18. März 1964
Referat 0001—2887
Seite 1—280

Geschichte, Unterricht

0001 **Biographie von Kasimir Fajans.** Anonym. (Rev. soc. quím. México **7,** 3—6, 1963; span.) — K. Fajans (geb. 27/5. 1887 in Warschau), bis 1935 Professor für Physikal. Chemie an der Universität München, seither an der University of Michigan (USA). A. Blaschette. 1◇

0002 **Niels Bohr — ein großer Physiker des 20. Jahrhunderts.** I. Je. Tamm. (Fortschr. physik. Wiss. [UdSSR] **80,** 191—95, 1963; russ.) — Angaben über die wissenschaftliche Tätigkeit von N. Bohr. — Bild. Ch. Weiske. 1◇

0003 **Leben und Wirken von Niels Bohr.** Je. L. Feinberg. (Fortschr. physik. Wiss. [UdSSR] **80,** 197—205, 1963; russ.) — Nachruf auf N. Bohr. Ch. Weiske. 1◇

0004 **Zur Erinnerung an Niels Bohr.** W. L. Ginsburg. (Fortschr. physik. Wiss. [UdSSR] **80,** 207—14, 1963; russ.) — Eindrücke von einer Begegnung des Vf. mit N. Bohr. — 4 Bilder. Ch. Weiske. 1◇

0005 **Otto Dahl.** Werner Köster. (Z. Metallkunde **53,** 701—02, 1962; dt.) — Kurzer Nachruf auf O. Dahl (geb. 5/8. 1899 in Unternien/Rheinland, gest. 2/11. 1962), ordentlicher Professor für Metallkunde der TU Berlin. Ch. Weiske. 1◇

0006 **Ampère als ein zeitgenössischer Physiker.** R. A. R. Tricker. (Contemporary Physics **3,** 453—68, 1962; engl.) — Diskussion über den wissenschaftlichen Beitrag von Ampère zu dem Biot-Savartschen Gesetz, das in manchen Lehrbüchern als Ampèresches Gesetz aufgeführt ist. Ch. Weiske. 1◇

0007 **Alexander Porfirjewitsch Borodin.** N. A. Figurowski. (Chem. Schule [UdSSR] **18,** Nr. 4, 15—18, 1963; russ.) — Schrift zur Erinnerung an den 130. Geburtstag von A. Borodin (geb. 31/10. 1833 in Petersburg, gest. 10/2. 1887), den Chemiker u. Musiker („Fürst Igor"). Borodin ist Mitbegründer der Chemie der Hochpolymeren. Ch. Weiske. 1◇

0008 **Chemiker und Pharmazeut der Goethezeit. Eine Skizze des Lebens und Schaffens Johann Friedrich August Göttlings.** R. Möller. (Pharmazie **17,** 624—34, 1962; Rudolstadt; dt.) — Krit. Auseinandersetzung mit der bisherigen Literatur über Leben u. Wirken des von Goethe geförderten Apothekers u. späteren bedeutenden Gelehrten u. Jenenser Prof. Göttling. Mitt. einiger bislang unveröffentlichter Angaben auf Grund der Auswertung von Archivmaterial. — 61 Literaturangaben. M. Luckner. 1◇

0009 **Sir William Robert Grove (1811—1896) und der Ursprung der Brennstoffzelle.** K. R. Webb. (J. Roy. Inst. Chem. **85,** 291—93, 1961; Univ. of Southampton' Dep. of Chem.; engl.) — Kurzer Lebensabriß von Grove (geb. 11/7. 1811 in Swansea, gest. 1/8. 1896 in London) u. Beschreibung der Entdeckung der Brennstoffzelle. Ch. Weiske. 1◇

0010 **Einige Rückblicke auf die Anfänge der 50jährigen Forschung über die kosmische Strahlung.** W. Gentner. (Naturwissenschaften **50,** 317—18, 1963; Heidelberg, MPI für Kernphys.; dt.) — Der Bericht beginnt mit den Entdeckungen von Elster u. Heitel u. streift die neuesten Unters.-Ergebnisse auf diesem Gebiet. Ch. Weiske. 2◇

0011 **Wege und Irrwege zur Kernchemie.** Lise Meitner. (Naturwiss. Rdsch. **16,** 167—69, 1963; Stockholm; dt.) — Rückblick auf die Unters. des von I. Curie u. Savitsch beschriebenen 3½-Std.-Körpers durch Hahn u. Strassmann sowie die nach diesen Ergebnissen vorgenommenen Berechnungen von Frisch u. Meitner zur Best. der Energie der gefundenen Kernspaltung. Ch. Weiske. 2◇

0012 **Der Geistesblitz.** 7. Mitt. **Die Entdeckung der Sauerstoffisotope: W. F. Giauque und H. L. Johnston.** Alfred B. Garrett. (J. chem. Educat. **39,** 460, 1962; Columbus, Ohio, State Univ.; engl.) Ch. Weiske. 2◇

0013 **Entwicklung der europäischen Ozonisierungstechnik.** Paul Frison. (Advances Chem. Ser. Nr. **21,** 443—49, 1959; Paris, Trailigaz; engl.) — Überblick über die histor. Entw. der Ozonisatoren u. die O_3-Produktion in Europa. Die Meth. der O_3-Darst. von Otto, van der Made u. Siemens werden beschrieben. Verbesserungen u. Neuerungen werden mitgeteilt. P. Golinske. 2◇

0014 **Fortschritte in der Enzymchemie.** J. B. Neilands und S. Rogers. (J. chem. Educat. **39,** 154—57, 1962; Berkeley, Calif., Univ. of California; engl.) — Kurze Übersicht. — 21 Literaturangaben. A. Blaschette. 2◇

0015 **Auswirkung der Forschung auf das Anwachsen der medizinischen Chemie.** Max Tishler. (J. chem. Educat. **37,** 195—201, 1960; Rahway, N.J., Merck Sharp & Dohme, Res. Labor.; engl.) — Es werden allg. Ausführungen über die Entw. der medizin.-chem. Forschung im 17., 18. u. 19. Jahrhundert, die Bedeutung von Ehrlich als Pionier der modernen Chemotherapie, die modernen Mittel der Chemotherapie (Sulfonamide, Antibiotica), die Entw. u. Bedeutung der Industrieforschung, Ausblicke auf zukünftige Aufgaben (Metaboliten u. Antimetaboliten, isostere Verbb. u. kompetitive Phänomene) u. die Rolle des Staates als Förderer gemacht. K. Böhm. 2◇

0016 **Arabische Medizin und Pharmazie an europäischen Universitäten.** Heinrich Schipperges. (Pharmaz. Ztg. **108,** 1197—1202, 1963; Heidelberg; dt.) — Einfl. der arab. Schule auf die Konstituierung europäischer wissenschaftlicher Bldg.-Stätten im 12. Jahrhundert. Ch. Weiske. 2◇

0017 **Quellen zur Geschichte der pharmazeutischen Chemie im 16. Jahrhundert.** 1. Mitt. **Übersicht.** Erika Hickel und Wolfgang Schneider. (Pharmaz. Ztg. **108,** 1212—14, 1963; Braunschweig, TH, Pharmaziegeschichtl. Seminar; dt.) Ch. Weiske. 2◇

0018 **25 Jahre Taschkenter pharmazeutisches Institut.** M. A. Asisow, S. M. Manulkin und A. N. Tatarenko. (Usbek. chem. J. **6,** Nr. 5, 87—88, 1962; Taschkent, Pharm. Inst.; russ.) Ch. Weiske. 2◇

0019 **Spektrographische Untersuchung archäologischer Funde aus der Kupfer- und Bronzezeit.** Károly Zimmer, Zoltán László Szabó und Pál Patay. (Magyar Kémiai Folyóirat [Ung. Z. Chem.] **68,** 515—19, 1962; Budapest, L. Eötvös Univ., Lehrst. f. anorg. u. anal. Chem.; ung.) — Um die Oberfläche der Gegenstände zu schonen u. eine möglichst gute Durchschnittsprobe zu erhalten, wurden zur Analyse Bohrspäne verwendet u. diese in der Bohrung einer C-Elektrode u. C-Gegenelektrode mittels anod. polarisierten Wechselstrombogens angeregt. Alle Leg.-Elemente konnten aus einer Aufnahme bestimmt werden (Verw. des Stufenfilters von Szakács). J. Plank. 2△

0020 **30 Jahre sowjetische Tonerdeindustrie.** W. A. Ssegal. (Hochschulnachr. [Ordshonikidse], Nichteisenmetallurgie **6,** Nr. 2, 174—79, 1963; Inst. für Gesch. der Naturw. u. Techn. der Akad. der Wiss. der UdSSR; russ.) — Histor. Rückblick anläßlich der Gründung des ersten Al erzeugenden Werkes in der UdSSR (14/5. 1932). J. Lehmberg. 2△

0021 **Die Entwicklung der Papierherstellung von China ausgehend.** A. M. Abrams. (Pulp Paper Mag. Canada **64,** Nr. 8, 61—65, 1963; engl.) — Ausbreitung der Papierfabrikation von China aus auf die übrigen Länder (105 v. Chr. bis 1907 n. Chr.). Ch. Weiske. 2◇

0022 **Dokumentation von Peptiden.** Gerhard Langer. (Chimia [Aarau, Schweiz] **17,** 292—98, 1963; München; dt.) — Zwei Verff. werden vorgeschlagen: 1. Den als Peptidbausteinen üblichen 20 α-Aminocarbonsäuren wird je eine Codezahl zugeordnet. Vom N-terminalen Kettenende des Peptids beginnend werden die Zahlen in der Reihenfolge der Aminosäuren in eine Karoreihe am Rand der Karteikarte eingetragen. Die Steilkartei wird nach steigenden Codezahlsequenzen geordnet. Homodet cycl. Peptide werden als Kette, beginnend mit der Aminosäure der höchsten Codezahl, eingetragen, heterodet cycl. werden wie ihr offenkettiges Deriv. verschlüsselt. 2. Bei der Verw. von Schlitzlochkarten hat das Ablochen der Peptidbausteine nach vorst. Meth.

den Nachteil, daß durch zusätzliche Merkmale die Sequenz angegeben werden muß. Vorteilhaft ist deshalb die Einführung von je einer Codezahl für zwei aufeinanderfolgende Aminosäuren, da zur Charakterisierung eines Peptids aus n Aminosäuren dann nur n—1 Codezahlen erforderlich sind. Wird außerdem die Gesamtzahl der Aminosäuren gelocht, ist ein weitgehend ballastfreies Recherchieren möglich. Die opt. Konfiguration der Bausteine ist bei beiden Verff. nicht abfragbar. F. Ehrhardt. 4◇

0023 **Versuche auf dem Gebiet der Röntgenstrahlenphysik unter Verwendung eines handelsüblichen Röntgenspektrometers.** Leonard Muldawer. (Amer. J. Physics **28,** 811—13, 1960; Philadelphia, Pa., Temple Univ.; engl.) A. Blaschette. 6◇

0024 **Infrarotspektroskopie für Studenten.** N. H. Davies. (J. Roy. Inst. Chem. **85,** 301—02, 1961; Newport and Monmouthshire Coll. of Technol.; engl.) — Vorschlag für die Aufstellung eines Kurses über IR-Spektroskopie (Einführung, Rotationsspektren, Schwingungsspektren, Apparatives u. Anwendung der IR-Spektroskopie). — 20 Literaturangaben. Ch. Weiske. 6◇

A. Allgemeine, physikalische und anorganische Chemie

0025 **Theorie der Fermi-Flüssigkeit.** B. T. Geilikman. (J. exp. theoret. Physik [UdSSR] **44,** 1340—48, 1963; Moskau, Phys.-Techn. Inst.; russ., Auszug: engl.) — Berechnung der Grundzustandsenergie u. anderer charakterist. Größen eines Fermi-Systems. H. Liepack. 10◇

0026 **Grundzustandsenergie eines Vielfermionensystems.** 2. Mitt. J. M. Luttinger und J. C. Ward. (Physic. Rev. [2] **118,** 1417—27, 1960; Philadelphia, Pa., Univ. of Pennsylvania; Pittsburgh, Pa., Carnegie Inst. of Technol.; engl.) — 1. vgl. Kohn u. Luttinger, C. **1964,** 3-0041. — Die Störungsreihe für die Grundzustandsenergie eines Vielfermionen-Syst. wird bis zu beliebiger Ordnung für den „isotropen" Fall untersucht (Fall einer sphär. Gesamtsymmetrie). Vff. zeigen, daß für Spin-1/2-Fermionen die Brueckner-Goldstone-Störungsreihe für alle Ordnungen in der Störung gültig ist. Für Spins $>1/2$ ist sie im allg. selbst im isotropen Fall unkorrekt, es sei denn, die Wechselwrkg. sind spinunabhängig. Der bei der Unters. benutzte Propagatorformalismus vom Feynman-Typ wird eingehend beschrieben. Herbert Weber. 10□

0027 **Anisotropes Fermionengas.** G. Wentzel. (Physic. Rev. [2] **120,** 659, 1960; Chicago, Ill., Univ. of Chicago, Enrico Fermi Inst. of Nucl. Stud.; engl.) — Es wird gezeigt, daß ein von Kohn u. Luttinger (C. **1964,** 3-0041) gefundener Energieterm eine einfache geometr. Bedeutung hat. H. Liepack. 10□

0028 **Das eingeschränkte Fermigas.** 2. Mitt. **Das Austauschintegral.** H. Hartmann, W. Ilse und G. Gliemann. (Theoret. chim. Acta [Berlin] **1,** 155—58, 1963; Frankfurt/M., Univ., Inst. für Phys. Chem.; dt.) — 1. vgl. C. **1958,** 7386. — Es wird das Austauschintegral zwischen den Eigenfunktionen des eingeschränkten Fermi-Gases angegeben. A. Blaschette. 10◇

0029 **Über den Zustand eines Fermi-Systems mit Korrelation von Paaren von Teilchen mit parallelen Spins.** 2. Mitt. **Thermodynamik.** Zygmunt Galasiewicz. (Acta physica polon. **19,** 683—90, 1960; Dubna, USSR, Joint Inst. for Nucl. Res., Labor. of Theoret. Phys.; engl.) — 1. vgl. Acta physica polon. **19,** [1960], 467.) Herbert Weber. 10◇

0030 **Bewegung von Fremdkörpern in Bosonensystemen.** E. P. Gross. (Ann. Physics **19,** 234—53, 1962; Waltham, Mass., Brandeis Univ.; engl.) — Theoret. Behandlung eines Fremdteilchens in Wechselwrkg. mit einem Bosonengas. Bes. Berücksichtigung findet der Fall, daß ein Fremdion durch ein starkes Kernfeld u. ein weitreichendes Ionisationsfeld an die Atome gekoppelt ist. Es zeigt sich dabei, daß sich ein endlicher Teil der Atome in einem Einteilchenzustand befindet, der räumlich relativ zu den Ionen inhomogen ist u. ein Kondensat bildet. In der Nähe der Ionen ergibt sich eine erhöhte Bosonendichte. Die Fließ-Geschw.-Verteilung zeigt, daß das Ion in seiner unmittelbaren Nähe die Fl. abstößt, während in größerer Entfernung ein umgekehrter dipolarer Fluß entsteht. Die effektive Masse ist sehr hoch, größer als die der Masse der Atome im Vol. $4/3\pi b^3$, wobei b der Abstand ist, bei dem die Polarisationsenergie mit der Boson–Boson-Wechselwrkg.-Energie vergleichbar wird. Vf. skizziert eine systemat. Theorie, die Korrekturen der Ergebnisse enthält, welche aus der Energieverschiebung der gekoppelten Schwingungen des Ion–Boson-Syst. am Nullpunkt gewonnen werden können. R. Nink. 10◇

A_1. Kernphysik und Kernchemie

0031 **Isotopenhäufigkeit von Kohlenstoff in der primären Höhenstrahlung.** Hiroichi Hasegawa und Kensai Ito. (Progr. theoret. Physics [Kyoto] **26,** 418—20, 1961; Tokyo, Gakushuin Univ., Dep. of Phys. and Chem.; Rikkyo Univ., Dep. of Phys.; engl.) — Aus experimentellen Daten wird ein Häufigkeitsverhältnis $^{13}C/^{12}C = 1{,}0\ (+0{,}5,\ -0{,}3)$ erhalten, was für einen Ursprung in Supernovae spricht. M. Wiedemann. 85□

0032 **Neue Beweise für die Existenz von durch Photonen ausgelösten ausgedehnten Luftschauern.** R. Firkowski, J. Gawin, A. Zawadzki und R. Maze. (Nuovo Cimento [10] **26,** 1422—25, 16/12. 1962; Łódź, Polish Acad. of Sci., Nucl. Res. Inst.; Verrières le Buisson [S & O], Cosmic Phys. Labor.; engl.) — Beobachtungen über mehrere Monate mit großen Hodoskopen wurden analysiert u. Hinweise auf ausgedehnte Luftschauer erhalten, die arm an Myonen waren u. durch energiereiche Photonen (ca. 10^{15} eV) ausgelöst wurden. M. Wiedemann. 85◇

0033 **Zur Frage der Polarisationseigenschaften von Elektronen des $\mu^{\pm}$-Meson-Zerfalls.** B. K. Kerimow, Ju. A. Popow, Ju. M. Losskutow und L. P. Galkina. (Nachr. Moskauer Univ., Ser. III **17,** Nr. 2, 29—35, 1962; Lehrstuhl der statist. Phys. u. Mechanik; russ.) — Die Longitudinal- u. Transversalpolarisation der Elektronen vom Zerfall longitudinalpolarisierter Myonen in Ruhe wird ermittelt u. gezeigt, wieweit hieraus Schlüsse auf den Typ der Wechselwrkg. gezogen werden können. M. Wiedemann. 90◇

0034 **Zur Frage der Polarisationseigenschaften von Elektronen des Myonenzerfalls.** 2. Mitt. B. K. Kerimow, Ju. A. Popow und Ju. M. Losskutow. (Nachr. Moskauer Univ., Ser. III **18,** Nr. 1, 62—65, 1963; russ.) — 1. vgl. vorst. Referat. — Es werden Formeln für den Grad der longitudinalen sowie der transversalen Polarisation u. des Ausmaßes des nichtpolarisierten Zustandes von Zerfallselektronen bewegter längspolarisierter positiver sowie negativer Myonen erhalten. M. Wiedemann. 90◇

0035 **Streuung von μ-Mesonen von 8 GeV an Elektronen.** G. Backenstoss, B. D. Hyams, G. Knop, P. C. Marin und U. Stierlin. (Physic. Rev. [2] **129,** 2759—65, 1963; Geneva, Switzerland, CERN; engl.) — Die Streuung polarisierter 8-GeV-μ^- an Elektronen in magnetisiertem *Fe* wurde gemessen. Die Spinabhängigkeit des Querschnitts liefert die Helicität für μ^--Mesonen aus π^--Zerfall. Herbert Weber. 90◇

0036 **Fortpflanzung der Einzelstreuverteilung in multipler Streuung: Myonenstreuung in Eisen.** Norris A. Nikkols und Walter H. Barkas. (Physic. Rev. [2] **129,** 2738—43, 1963; Berkeley, Calif., Univ. of California, Lawrence Radiat. Labor.; engl.) — Theoret. Unters. mit Anwendung auf ein Experiment, in dem 2-GeV-Myonen auf ein 18 in. dickes Fe-Streutarget fallen. Die beobachteten Winkelverteilungen werden analysiert. Es wird gezeigt, daß der abgeleitete nucleare elektromagnet. Formfaktor mit dem aus der Elektronenstreuung in Einklang ist. Herbert Weber. 90◇

0037 **Streuung von μ-Mesonen durch Kupferkerne.** S. N. Sen Gupta und M. S. Sinha. (Nuovo Cimento [10] **26,** 1279—91, 1962; Calcutta, Bose Inst.; engl.) — Mittels einer 11 Cu-Platten von $^1/_4$ in. enthaltenden, zählergesteuerten

Nebelkammer auf 2,2 km Höhe wurden 2606 Fälle von Myonenstreuung im Bereich $40 < p\beta < 170$ MeV/c erhalten. Die Myonen wurden durch ihre Zerfalls-Prodd. analysiert u. ihr Impuls aus der Restreichweite erhalten. Die Ergebnisse stimmen mit einer rein elektromagnet. Wechselwrkg. zwischen Myon u. Kern überein. M. Wiedemann. 90◇

0038 **Der Einfluß der Struktur des Nucleons auf den Einfang des μ^--Mesons durch ein Proton.** Y. B. Dai, T. H. Ho und H. Y. Tzu. (Scientia sinica **8**, 802–06, 1959; Acad. Sinica, Inst. of Math. and Inst. of Atom. Energy Res.; engl.) — Vgl. C. **1960**, 7062. — Die Einfangwahrscheinlichkeit für die Myonen wird unter Beachtung der starken Wechselwrkg. berechnet. Der Einfl. der Nucleonenstruktur wird aus den experimentellen Daten über die Elektron–Nucleon-Streuung abgeschätzt. M. Wiedemann. 90□

0039 **Beugungsmechanismus eines dem Zerfall $\pi \to \mu + \nu$ entgegengesetzten Prozesses im Kernfeld.** Ju. P. Nikitin. (J. exp. theoret. Physik [UdSSR] **44**, 957–61, 1963; russ., Auszug: engl.) — Vf. untersucht theoret. den Prozeß $\nu + A \to \pi + \mu + A$ bei hohen Neutrinoenergien. Den Hauptanteil am Querschnitt dieses Prozesses bildet die starke Wechselwrkg. des π-Mesons mit dem Kern. Diese Wechselwrkg. wird phänomenolog. durch Formeln für die Beugung an einer „schwarzen" Kugel berücksichtigt. G. Ewald. 90◇

0040 **Über die Möglichkeit, das Vorzeichen der $\pi^0 \to 2\gamma$-Zerfallsamplitude zu bestimmen.** D. V. Volkov und M. P. Rekalo. (Nuclear Physics [Amsterdam] **37**, 172–75, 1962; Kharkov, USSR, Acad. of Sci. of Ukrain. Republic, Phys.-Techn. Inst.; engl.) — Durch Unterss. von Interferenzerscheinungen bei der Photoerzeugung von π^0-Mesonen im Kern bei γ-Energien von 500–700 MeV ergibt sich eine Möglichkeit, das Vorzeichen der $\pi^0 \to 2\gamma$-Zerfallsamplituden zu bestimmen. H.-D. Freyer. 90◇

0041 **Bestimmung von π-Mesonen-Massen durch Neutronenflugzeit.** John B. Czirr. (Physic. Rev. [2] **130**, 341–50, 1963; Berkeley, Calif., Univ. of California, Lawrence Radiat. Labor.; engl.) — Zur Messung der Geschw. der Neutronen aus den Rkk. (in Ruhe) $\pi^- + p \to n + \pi^0$ u. $\pi^- + p \to n + \gamma$ wurde das Flugzeit-Verf. benutzt. Aus diesen Geschw. wurde die π^--Masse zu $139{,}69 \pm 0{,}41$ MeV/c² u. die $\pi^- - \pi^0$-Massendifferenz zu $4{,}6056 \pm 0{,}0055$ MeV/c² erhalten. Bei den Messungen wurden die π^- in fl. H_2 abgebremst u. die Neutronen in einem plast. Scintillator nachgewiesen. Herbert Weber. 90◇

0042 **Einige Bemerkungen über Pionenphänomene bei niedriger Energie.** J. K. Walker. (Nuovo Cimento [10] **21**, 577–80, 1961; Orsay, Labor. de l'Accélérat. Linéaire, École Normale Super.; engl.) — Die Photoerzeugung, das π^-/π^+-Verhältnis, das Panofsky-Verhältnis u. die S-Wellen-Streulängen werden behandelt. M. Wiedemann. 90□

0043 **Hypothese der Regge-Pole und Hochenergieverhalten der Photoerzeugung einzelner Pionen.** Kiyomi Itabashi. (Progr. theoret. Physics [Kyoto] **29**, 724–34, 1963; Tokyo, Univ. of Tokyo, Inst. for Nucl. Stud.; engl.) Gerhard Schmidt. 90◇

0044 **Erzeugung positiver Photopionen aus Wasserstoff mittels einer Propan-Blasenkammer.** J. M. Scarr, W. T. Morton und I. S. Hughes. (Nuovo Cimento [10] **26**, 1315–19, 1962; Glasgow, Univ., Dep. of Natural Philosophy; engl.) — Mittels einer Propanblasenkammer, durch deren Zentrum ein H_2 unter Hochdruck enthaltendes Al-Rohr führte, wurde die Rk. $\gamma + p \to \pi^+ + n$ untersucht. Für γ-Energien von 169,5; 178; 187; 196,5 u. 206,5 MeV wurden folgende Werte für $a_0{}^+$ (in 10^{-30} cm²/sterad) gefunden: $12{,}9 \pm 2{,}1$; $13{,}7 \pm 1{,}4$; $13{,}6 \pm 1{,}8$; $14{,}0 \pm 2{,}1$ bzw. $13{,}0 \pm 2{,}9$. M. Wiedemann. 90◇

0045 **Mesonenerzeugung in den Wechselwirkungen von 26,7-GeV/c-Protonen mit Emulsionskernen.** Y. K. Lim. (Nuovo Cimento [10] **26**, 1221–44, 1962; Urbana, Ill., Univ. of Illinois; engl.) — Kernemulsionen wurden den 26,7-GeV/c-Protonen des Synchrotrons ausgesetzt u. 133 Wechselwrkg. analysiert. Es dürften bei 20% die Schauerteilchen in zwei oder mehr aufeinanderfolgenden Stößen im Targetkern erzeugt worden sein. Bei den übrigen einfachen Nucleon–Nucleon-Stößen spielen periphere eine wichtige Rolle, die mittlere Multiplizität der geladenen Schauerteilchen ergab sich zu $4{,}6 \pm 0{,}2$. Die Pionen dürften 70% der geladenen Schauerteilchen ausmachen, mit einer mittleren Energie von $2{,}0 \pm 0{,}2$ GeV. M. Wiedemann. 90◇

0046 **Unelastische π^--Nucleon-Wechselwirkungen bei 7 GeV mit kleinen Multiplizitäten.** C. Grote, J. Klabuhn, J. Klugow, U. Krecker, U. Kundt, K. Lanius und H. W. Meier. (Nuclear Physics [Amsterdam] **34**, 648–58, 1962; Zeuthen/Berlin, Kernphysik. Inst. der Dt. Akad. der Wiss.; engl.) — Die Wechselwrkg. der 7-GeV-π^- wurden mit Emulsionen sowie mit der Blasenkammer untersucht u. dabei 215 bzw. 178 unelast. Pion–Nucleon-Wechselwrkg. analysiert. In einzackigen sowie 2zackigen Sternen mit einem sek. Proton hatten die meisten der emittierten Pionen mehr als 0,6 GeV/c, ihre Winkelverteilung (Schwerpunkts-Syst.) zeigte eine starke Bevorzugung der Vorwärtsrichtung. Es finden sich Hinweise auf ein $\pi\pi$-Isobar mit 765 MeV, der Bldg.-Querschnitt beträgt 1,5 mbarn. M. Wiedemann. 90□

0047 **Experimentelle Resultate über die unelastischen Pion–Nucleon-Wechselwirkungen bei 7 GeV und die Bildung isobarer Zustände.** C. Grote, J. Klabuhn, U. Krecker, U. Kundt, K. Lanius und H. W. Meier. (Nuclear Physics [Amsterdam] **34**, 659–75, 1962; engl.) — Vgl. vorst. Referat. — 215 π^--p-Wechselwrkg. in Emulsionen wurden analysiert, die Impulsverteilung der Protonen zeigte 2 Maxima, die der Inelastizitäten ebenfalls zwei mit 0,30 u. ca. 0,68. Bei Stößen mit Inelastizitäten $\leqq 0{,}5$ wurden Hinweise auf isobare Zustände des Pions u. des Nucleons gefunden. M. Wiedemann. 90□

0048 **Unelastische π^--Nucleon-Wechselwirkungen bei 7,5 GeV in der Emulsion.** C. Grote, J. Klabuhn, U. Krecker, U. Kundt, K. Lanius und H. W. Meier. (Nuclear Physics [Amsterdam] **34**, 676–84, 1962; engl.) — Vgl. vorst. Referate. — 215 unelast. Pion–Nucleon-Wechselwrkg. in Photoemulsionen wurden diskutiert. Die mittlere freie Weglänge ergibt sich zu $38{,}4 \pm 1{,}0$ cm. Die Winkelverteilung, Impulse u. Transversalimpulse der emittierten Pionen wurden bestimmt. Bei einer Inelastizität $>0{,}5$ kann die statist. Theorie der Vielfacherzeugung angewandt werden. M. Wiedemann. 90□

0049 **Unelastische π^--Nucleon-Wechselwirkungen bei 6,8 GeV in der Blasenkammer.** C. Grote, J. Klugow, U. Krecker und K. Lanius. (Nuclear Physics [Amsterdam] **34**, 685–93, 1962; engl.) — Vgl. vorst. Referate. — In der Propan-Blasenkammer wurden 171 Fälle von unelast. π^--N-Ereignissen analysiert, Verteilungen von Winkeln, Impulsen u. Transversalimpulsen wurden bestimmt. 20% der Fälle in der Blasenkammer würden sich in Kernemulsionen nicht als Pion–Nucleon-Stöße zeigen. M. Wiedemann. 90□

0050 **Konsistente Formulierung der Chew-Low-Theorie für Meson–Nucleon-Streuung.** Andrzej Kotański. (Acta physica polon. **24**, 73–78, 1963; Kraków, Jagellonian Univ., Inst. of Phys.; engl.) — Auf die Übereinstimmung der Theorie mit den experimentellen Daten für π-N-Streuung bis zu ca. 500 MeV wird hingewiesen. Gerhard Schmidt. 90◇

0051 **Zwei Vakuumpole und Pion–Nucleon-Streuung.** Keiji Igi. (Physic. Rev. [2] **130**, 820–27, 1963; Berkeley, Calif., Univ. of California, Dep. of Phys.; engl.) Herbert Weber. 90◇

0052 **π-N-Beugungsstreuung und räumliche Nucleonenstruktur.** D. I. Blokhintsev. (Nuclear Physics [Amsterdam] **31**, 628–35, 1962; Dubna, Joint Inst. for Nucl. Res.; engl.) — Die Ergebnisse der π-N-Beugungsstreuung lassen sich auch mittels des π-N-Wechselwrkg.-Potentials analysieren. Die Anwendung auf die Pionenstreuung bei 6,8 GeV/c weist auf eine starke π-π-Wechselwrkg. hin. M. Wiedemann. 90□

0053 **Über Pion–Nucleon-Beugungsstreuung.** S. Bergia und J. N. Chahoud. (Nuovo Cimento [10] **26**, 1354–67, 1962; Bologna, Univ., Ist. di Fis.; Ist. Naz. di Fis. Nucl.; engl.) — Die $\pi^- + p$-Diffraktionsstreuung wird behandelt u. unter Beachtung der Pion–Pion-Streuung Wrkg.-Querschnitte für die Einpionerzeugung berechnet. In Übereinstimmung mit experimentellen Daten ergibt sich ein breites Maximum bei 1,5 GeV. M. Wiedemann. 90◇

0054 **Die Analyse der Zweipionenresonanzen in Zweizacken-π^--p-Wechselwirkungen bei 7–8 GeV.** H. Hulubei, C. Besliu, T. Besliu, A. Constantinescu, M. Gavrilas, A. Mihul, E. Balea, O. Balea, V. Balint, I. Curelaru, I. Makarovitsch, D. Mumuianu, T. Ponta, C. Potoceanu und M. Sabau. (Physics Letters [Amsterdam] **6**, 77–79, 1963; Bucharest, State Univ. and Inst. for Atom. Phys.; engl.) — Analyse der experimentellen Verteilung als eine Summe von Resonanzverteilungen, die einer Monte Carlo-Verteilung überlagert sind. Gerhard Schmidt. 90◇

0055 **Pion-Proton-Streuung bei 600 MeV.** R. Barloutaud, L. Cardin, A. Derem, C. Gensollen, A. Levèque, C. Louedec, J. Meyer und T. Tycho. (Nuovo Cimento [10] **26**, 1409–11, 1962; Saclay, C.E.N., Labor. de Phys. Corpusculaire à Haute Energie; engl.) — In einer H_2-Blasenkammer wurden für 600-MeV-π^+ folgende Streuquerschnitte in mb bestimmt: $\sigma_{gesamt} = 16{,}06 \pm 0{,}8$; $\sigma_{elast} = 11{,}5 \pm 0{,}8$; $\sigma(p\pi^+ \cdot \pi^0) = 3{,}55 \pm 0{,}53$; $\sigma(n\pi^+\pi^+) = 0{,}78 \pm 0{,}17$; $\sigma_{mult.prod.} = 0{,}37 \pm 0{,}15$. Ferner wurden die Winkelverteilung u. die Impulsspektren der π^+ u. π^0 bestimmt. M. Wiedemann. 90◇

0056 **Winkelverteilung der an Kernen gestreuten 960-MeV/c-π^--Mesonen.** M. Crozon, T. Leray und J. Tocqueville. (Nuovo Cimento [10] **29**, 655–69, 1963; Paris, Labor. de Phys. Atom. et Mol.; franz.) — Best. der differentiellen Querschnitte mit den Targetelementen *C*, *Al* u. *Cu*. Die Ergebnisse stimmen mit den Vorhersagen des opt. Modells überein. Gerhard Schmidt. 90◇

0057 **Ein Beitrag zur Untersuchung der Wechselwirkungen zwischen π-Mesonen und Atomkernen.** J. Tuček. (Czechoslov. J. Physics **11**, 459–61, 1961; Prague, Czechosl. Acad. of Sci., Inst. of Phys.; engl.) — Auswertung von Ilford-G 5-Emulsionen, die am Bevatron von Berkeley (USA) bestrahlt wurden, unter dem Gesichtspunkt der Abhängigkeit der emittierten Protonen von der Verdampfung des Kerns u. der Zahl der neu gebildeten, geladenen Mesonen. L. Roth. 90◇

0058 **Der τ^+-Zerfall und das Bosonenisobar mit I = 2 des Sakata-Modells.** Shoji Sawada, Tamotsu Ueda und Minoru Yonezawa. (Progr. theoret. Physics [Kyoto] **25**, 868–70, 1961; Hiroshima, Univ., Dep. of Phys.; engl.) — Das Bosonenisobar entspricht einer starken Pion-Pion-Wechselwirkung. M. Wiedemann. 90□

0059 **Einige Bemerkungen über die $K^+_{2\pi}$- und K^+_{e4}-Zerfälle.** K. Chadan und F. M. Renard. (Nuovo Cimento [10] **26**, 1405–06, 1962; Orsay, Labor. de Phys. Théor. et Hautes Energies; engl.) — Aus der Tatsache, daß der K^+_{e4}-Zerfall äußerst selten ist, folgt, daß der $K^+_{2\pi}$-Zerfall nicht durch eine 2π-Resonanz in J = 0, I = 2 gedeutet werden kann, sondern nur durch die ζ-Resonanz. M. Wiedemann. 90◇

0060 **Wechselwirkung im Endzustand und CP-Invarianz beim Strahlungs-$K_{\pi 2}$-Zerfall.** H. Chew. (Nuovo Cimento [10] **26**, 1109–27, 1962; Chicago, Ill., Univ. of Chicago, Enrico Fermi Inst. for Nucl. Studies; engl.) — Die Wrkg. einer Pion-Pion-Resonanz mit I = 1, J = 1 auf das Matrixelement des Zerfalls $K \to 2\pi + \gamma$ wird untersucht. Einige Auswahlregeln u. das Verzweigungsverhältnis $(K_2{}^0 \to 2\pi + 2e)/(K_2{}^0 \to 2\pi + \gamma)$ werden berechnet. M. Wiedemann. 90◇

0061 **Der Einfluß von K*- und Pion-Resonanzen und Hyperon-Paritäten auf die K-Nucleon-Streuung.** E. M. Ferreira, C. G. de Oliveira und P. P. Srivastava. (Nuovo Cimento [10] **26**, 1128–43, 1962; Rio de Janeiro, Centro Brasileiro de Pesquisas Fís.; engl.) — Übereinstimmung mit den experimentellen Daten für die Isotopenspinzustände I = 1 u. I = 0 wird nur bei der folgenden Kombination von Hyperonparitäten gefunden: $P(\Lambda KN) = P(\Sigma KN) = -1$ mit den Kopplungs-Konst. $g^2_\Lambda \approx 5$ u. $g^2_\Sigma \approx 2{,}3$. Der Beitrag der Diagramme 4. Ordnung unter Einschluß der K*-Resonanz zur Streuung in beiden Isotopenspinzuständen ist stark u. anziehend. M. Wiedemann. 90◇

0062 **Der Beweis für ungerade KΣN-Parität.** R. H. Capps. (Nuovo Cimento [10] **26**, 1339–45, 1962; Evanston, Ill., Northwestern Univ.; engl.) — Die von anderer Seite gezogene Schlußfolgerung (aus der Interferenz der $K^- + p \to \pi + \Sigma$-Amplituden) auf ungerade KΣN-Parität wird bestätigt (Klarlegung der Grundlagen). M. Wiedemann. 90◇

0063 **Der Prozeß $\Sigma^0 \to \Lambda + \gamma$ und die Erhaltung der Parität.** Jo-Yang Liu. (Acta physica sinica **17**, 587–91, 1961; chin., Auszug: engl.) — Durch Messung der Längspolarisation des Λ kann geprüft werden, ob die Parität in diesem „starken" Zerfallsprozeß erhalten bleibt. M. Wiedemann. 90◇

0064 **Der $\Sigma \to \Lambda + e + \nu$-Zerfall als Test der Hypothese der Erhaltung des Vektorstroms.** W. Alles. (Nuovo Cimento [10] **26**, 1429–33, 1962; Bologna, Univ., Ist. di Fis., Ist. Naz. di Fis. Nucl.; engl.) — Aus dem Verzweigungsverhältnis $(\Sigma \to \Lambda + e + \nu)/(\Sigma \to N + \pi)$ lassen sich Schlüsse auf die Gültigkeit der Erhaltung des Vektorstroms ziehen. M. Wiedemann. 90◇

0065 **Vierkörper-Zerfall von Σ in einem zusammengesetzten Modell.** Li-Ning Chang, In An, Ting-Gin Chen und Yuan-Beng Dai. (Acta physica sinica **18**, 264–71, 1962; chin., Auszug: engl.) — Die mittlere Lebensdauer des Σ im Vierkörperzerfall $(\Sigma^- \to p + e^- + \bar{\nu} + \pi^-)$ wurde nach dem zusammengesetzten Modell berechnet u. $\tau = 50\,\tau(\Lambda \to p + e + \bar{\nu})$ gefunden. M. Wiedemann. 90◇

0066 **Die Λ-Λ-Wechselwirkung im $^{10}_{\Lambda\Lambda}$Be-Hyperkern.** A. Deloff. (Physics Letters [Amsterdam] **6**, 83–85, 1963; Warsaw, Inst. for Nucl. Res.; engl.) — Erweiterung der theoret. Analyse von Dalitz (Physics Letters [Amsterdam] **5**, [1963], 53) durch Berechnung des Vol.-Integrals $\overline{V}_2$, das sich auf das α-Modell des $^{10}_{\Lambda\Lambda}$Be-Hyperkerns gründet. Gerhard Schmidt. 90◇

0067 **Über die Symmetrie von Elementarteilchen.** 2. Mitt. A. O. Barut. (Nuovo Cimento [10] **27**, 1269–71, 1963; Boulder, Colo., Univ. of Colorado, Dep. of Phys.; engl.) — 1. vgl. C. **1960**, 11537. — Vf. gibt eine gegenüber l. c. verbesserte graph. Darst. (hexagonale Struktur) der bekannten Elementarteilchen, aus der die Parallelität zwischen den Teilchen u. den neuen Resonanzzuständen hervorgeht. H. Schroeder. 90◇

0068 **Relativistische Invarianz und Hamiltonian-Theorien von wechselwirkenden Teilchen.** D. G. Currie, T. F. Jordan und E. C. G. Sudarshan. (Rev. mod. Physics **35**, 350–75, 1963; Rochester, N.Y., Univ. of Rochester, Dep. of Phys. and Astronomy; engl.) — Diskussion von Annahmen bzgl. der relativist. Invarianz in Theorien zur relativist. invarianten Beschreibung von Wechselwrkg. zwischen Teilchen. Herbert Weber. 90◇

0069 **Starke Wechselwirkung von Baryonen und $\varkappa$-Ladung.** Seitaro Nakamura und Shgeo Hatsukade. (Nuclear Physics [Amsterdam] **31**, 611–27, 1962; Tokyo, Univ. of Tokyo and Nihon Univ., Dep. of Phys.; Rochester, Univ., Dep. of Phys.; engl.) — Es wird ein variantes Schema vorgeschlagen, in dem eine neue Quantenzahl, die $\varkappa$-Ladung, an Stelle von Strangeness oder Hyperladung eingeführt wird. M. Wiedemann. 90□

0070 **Leptonische Zerfälle im endlichen Raum.** Q. A. M. M. Yahya. (Nuovo Cimento [10] **29**, 441–50, 1963; London, Imp. Coll.; engl.) — Hinweis auf den Konfigurationsraum der Feldtheorie zur besseren Erklärung der Zerfallsprozesse. Gerhard Schmidt. 90◇

0071 **Unitaritätssymmetrie und die schwachen Ströme.** D. Horn und Y. Ne'eman. (Nuovo Cimento [10] **29**, 760–70, 1963; Tel Aviv, Tel Aviv Univ., Dep. of Phys.; Rehovoth, Israel AEC Labor.; engl.) — Diskussion der Struktur schwacher Ströme bei lepton. Wechselwirkungen. Gerhard Schmidt. 90◇

0072 **Leptonen im Isoraum $H(R^c_8)$.** Pierre Hillion. (Acta physica polon. **24**, 31–43, 1963; Paris, Inst. Henri Poincaré; engl.) Gerhard Schmidt. 90◇

0073 **Ein Raum-Zeit-Modell des Isoraums.** G. R. Allcock. (Nuclear Physics [Amsterdam] **27**, 204–33, 1961; Liverpool, Univ., Dep. of Theoret. Phys.; engl.) — Die Asymmetrie des Isoraums erscheint als eine Folge der relativist. Kovarianz. M. Wiedemann. 90□

0074 **Interpretation der Isobarenmultipletts nach der Raum-Zeit-Reflexionsgruppe.** H. Sokolik. (Nuclear Physics [Amsterdam] **27**, 94–102, 1961; Moscow, Magnet. Labor. of the Acad. of Sci.; engl.) — Mathemat. Interpretation des Goldansky-Schemas. M. Wiedemann. 90□

0075 **Singularitäten von Feynman-Amplituden.** I. T. Drummond. (Nuovo Cimento [10] **29**, 720–41, 1963; Cambridge, Univ., Dep. of Appl. Math. and Theoret. Phys.; engl.) — Diskussion der analyt. Eigg. der Störungstheorie-Amplituden. Gerhard Schmidt. 90◇

0076 **Bildung von Fermionenpaaren mit dem Spin 3/2 bei der Bewegung eines Bosons im äußeren Feld.** 2. Mitt. B. N. Rolow. (Nachr. Akad. Wiss. LettSSR **1959**, Nr. 3, 45—48; russ., Auszug: engl.) — 1. vgl. C. **1960**, 1730. — Die Erzeugung eines Fermionenpaares mit dem Spin 3/2 wird für den Fall pseudoskalarer Mesonen mit pseudovektorieller Bindung behandelt. Aus dem Verhältnis der Wrkg.-Querschnitte für Spin 3/2 u. 1/2 kann man auf den Spin des Fermions schließen. Der Fall, daß das Fermion ein Σ-Hyperon darstellt, wird gesondert diskutiert. M. Wiedemann. 90◇

0077 **Die Theorie der Kleinwinkel-Vielfachstreuung von schnellen geladenen Teilchen.** William T. Scott. (Rev. mod. Physics **35**, 231—313, 1963; Reno, Nev., Univ. of Nevada, Dep. of Phys.; engl.) — Übersicht. Herbert Weber. 90◇

0078 **Die analytischen Eigenschaften der Streuamplitude in nichtrelativistischer Quantenmechanik.** W. W. Bell. (Nuovo Cimento [10] **29**, 644—54, 1963; Edinburgh, Tait Inst. of Math. Phys.; engl.) — Unters. der Eigg. mit einer iterativen Impulsraummethode. Gerhard Schmidt. 90◇

0079 **Querschnittswahrscheinlichkeitsverteilungen.** C. E. Porter. (Physic. Rev. Letters **9**, 429—30, 1962; Upton, N.Y., Brookhaven Nat. Labor.; engl.) — Der Begriff der Querschnittswahrscheinlichkeitsverteilung wird an einem Beispiel erläutert. H. Schroeder. 90◇

0080 **Strahlung niederenergetischer Quanten bei Kernreaktionen.** H. Feshbach und D. R. Yennie. (Nuclear Physics [Amsterdam] **37**, 150—71, 1962; Cambridge, Mass., MIT, Dep. of Phys. and Labor. for Nucl. Sci.; Minneapolis, Minn., Univ. of Minnesota, Dep. of Phys.; Centre d'Orsay, Univ. de Paris, Fac. des Sci.; engl.) — Der Wrkg.-Querschnitt niederfrequenter Bremsstrahlung, die bei elast. Streuprozessen auftritt, wird mit Hilfe der Streuamplituden ausgedrückt. H.-D. Freyer. 90◇

0081 **Deutung der bei Elektronendurchgang durch Metallfilme auftretenden elektromagnetischen Strahlung.** V. P. Silin und E. P. Fetisov. (Phys. Rev. Letters **7**, 374—77, 1961; Moscow, U.S.S.R., P. N. Lebedev Phys. Inst.; engl.) — Vff. geben eine Deutung der von Steinmann (C. **1963**, 12296) beobachteten elektromagnet. Strahlung, die beim Durchgang von 25-keV-Elektronen durch 450—1500 Å dicke *Ag*-Filme auftritt. Die beobachtete Strahlung ist als die von Ginzburg u. Frank [1946] vorausgesagte Übergangsstrahlung zu deuten. Der berechnete Frequenzverlauf sowie die Abhängigkeit der Strahlungsintensität von der Filmdicke sind in guter Übereinstimmung mit den Meßwerten. Herbert Müller. 90◇

0082 **Die Winkelabhängigkeit des Energieverlustes von 1-MeV-Elektronen durch Bremsstrahlung.** A. Febel und G. Knop. (Z. Physik **174**, 257—68, 1963; Bonn, Univ., Phys. Inst.; dt.) — Die Winkelabhängigkeit des Bremsstrahlungsenergieverlustes der 1-MeV-Elektronen wurde bei Streuwinkeln von 30, 60 u. 90° gemessen. Die Elektronen wurden an *Al*-, *Ag*- u. *Au*-Folien gestreut. Die Form der Energieverlustverteilung zwischen 20 u. 100 keV ist mit der Theorie in Übereinstimmung. O. Jansen. 90◇

0083 **Zirkularpolarisation der durch ein longitudinal polarisiertes Elektron emittierten Bremsstrahlung nach der Weizsäcker-Williams-Methode.** Sasabindu Sarkar. (Nuovo Cimento [10] **21**, 410—15, 1961; Jadavpur, Calcutta, Dep. of Theoret. Phys., Indian Assoc. for the Cultivat. of Sci.; engl.) — Das Verf. ist nur für extrem hohe Elektronenenergien anwendbar u. red. das Problem auf das der Compton-Streuung in einem passenden Lorentz-Rahmen. M. Wiedemann. 90□

0084 **Über Wachstum und Zerfall von Elektron–Photon-Schauern in Stoffen mit hoher Ordnungszahl.** Siddeshwar Lal und A. Subramanian. (Nuovo Cimento [10] **26**, 1245 bis 1253, 1962; Bombay, Tata Inst. of Fundament. Res.; engl.) — Mittels einer mehrere Platten enthaltenden Nebelkammer wurde Wachstum u. Zerfall von Elektron–Photon-Schauern im Bereich 0,2—1 GeV in Messing u. Blei untersucht. Die mittlere Weglänge für Absorption der Schauerteilchen nach dem Maximum ergab sich zu $1{,}25 \pm 0{,}25$ bzw. $3{,}2 \pm 0{,}2$ Strahlungslängen. M. Wiedemann. 90◇

0085 **Streuung von Positronen durch das Wasserstoffatom.** R. Ja. Damburg und E. M. Karule. (Optik u. Spektroskopie [UdSSR] **14**, 311—12, 1963; russ.) — Die totalen Wrkg.-Querschnitte für die Streuung von Positronen an H-Atomen wurden für verschiedene Impulse des Positrons u. für die Anregung der Niveaus 1s, 2s u. 2p berechnet. Ferner wurden die partiellen Querschnitte der elast. Streuung für L = 0 u. 1 berechnet. Auf Maxima in den Wrkg.-Querschnitten wird hingewiesen. M. Wiedemann. 90◇

0086 **Mittlere Lebensdauer von Positronen in Scandium, Yttrium und den Seltenerdmetallen.** J. L. Rodda und M. G. Stewart. (Physic. Rev. [2] **131**, 255—58, 1963; Ames, Iowa, Iowa State Univ., Inst. for Atom. Res. and Dep. of Phys.; engl.) — Die Lebensdauern werden für Sc, Y, La, Ce, Pr, Nd, Sm, Eu, Gd, Tb, Dy, Ho, Er, Tm, Yb u. Lu relativ zu Al gemessen. Die App. ermöglicht eine Genauigkeit von $\pm 3 \cdot 10^{-12}$ s. Die experimentellen Ergebnisse zeigen einen Zusammenhang zwischen der Positronenlebensdauer u. der Leitungselektronendichte u. weisen darauf hin, daß die 4f-Elektronen nicht an der Positronenvernichtung teilnehmen. R. Nink. 90◇

0087 **Über die Neutron–Proton-Massendifferenz.** G. Papini. (Nuovo Cimento [10] **21**, 373—75, 1961; Leeds, Univ., Dep. of Math.; engl.) — Die elektromagnet. Struktur der Nucleonen wird durch 4 Formfaktoren beschrieben. Hieraus wird $\Delta M = 5{,}685\ m_e$ erhalten, also etwa der doppelte experimentelle Wert. M. Wiedemann. 90□

0088 **Isoskalare Nucleonenstruktur und Multipionenresonanzen.** K. Kawarabayashi und A. Sato. (Nuovo Cimento [10] **29**, 611—16, 1963; Tokyo, Univ. of Tokyo, Coll. of Gen. Educat., Inst. of Phys.; Osaka, Osaka Univ., Dep. of Phys.; engl.) — Unters. des Einfl. der Resonanzen auf die isoskalare Nucleonenstruktur unter besonderer Berücksichtigung der möglichen Rolle von ϱ- u. ω-Mesonen. Gerhard Schmidt. 90◇

0089 **π-N-, p-N- und $\bar{p}$-N-Wechselwirkungen mit Energien der einfallenden Teilchen unter 10 GeV.** Kan-Chang Wang und Tzu-Tzen Wang. (Acta physica sinica **17**, 520—54, 1961; chin., Auszug: engl.) — Die experimentellen Daten werden zusammengestellt u. analysiert, dabei liegen die Energien der einfallenden Protonen, Antiprotonen u. Pionen zwischen einigen Hundert MeV u. 10 GeV. Vor allem werden die Energieabhängigkeit der Querschnitte für elast. wie unelast. Streuung, das Auftreten von Resonanzen u. die peripheren Stöße behandelt. M. Wiedemann. 90◇

0090 **Optisches Modell mit Polynomialpotential.** A. V. Lukyanov, Yu. V. Orlov und V. V. Turovtsev. (Nuclear Physics [Amsterdam] **35**, 71—84, 1962; Moscow, State Univ., Nucl. Res. Inst.; engl.) — Vff. untersuchen die Form des Potentials des opt. Modells mit Oberflächenabsorption u. finden unter Berücksichtigung der Spin–Bahn-Wechselwrkg., daß die experimentellen Wrkg.-Querschnitte für 14-MeV-Neutronen über einen weiten Kernbereich mit Parametern, die unabhängig von der Massenzahl sind, beschrieben werden können. Diese werden in Form von Polynomialen verwendet. H. Schroeder. 90□

0091 **Ein optisches Modell für die Querschnitte des Strahlungseinfanges und der unelastischen Neutronenstreuung.** Ju. P. Jelagin und P. E. Nemirowski. (Ukrain. physik. J. **8**, 418—25, 1963; Moskau, Inst. für Atomenergie; ukrain., Auszug: engl.) — Unters. bzgl. der Anregung niedriger Energieniveaus. Zufriedenstellende Übereinstimmung mit den experimentellen Ergebnissen wird erhalten. K. Jaeger. 90◇

0092 **Über die Massentensorapproximation der Streuung langsamer Neutronen.** G. Kosály und G. Solt. (Physics Letters [Amsterdam] **6**, 51—52, 1963; Budapest, Central Res. Inst. for Phys.; engl.) — Analyt. Diskussion des Problems. Gerhard Schmidt. 90◇

0093 **Numerische Lösung der Neutronentransportgleichung.** Reimar Fröhlich. (Nukleonik [Berlin] **5**, 249—56, 1963; Interatom, Entwicklungsabt.; dt.) — Vf. führt die Lösung der monoenerget. Neutronentransportgleichung von Boltzmann im Falle isotroper Streuung u. ebener Geometrie auf die Lösung einer Integralgleichung zurück. Durch Anwendung der Galerkinschen Meth. auf diese Integralgleichung gelangt

man zu einem sehr einfachen numer. Verfahren. Die Galerkinsche Meth. wird an einigen Beispielen mit bekannten anderen numer. Verff. verglichen.
Gerhard Schmidt. 90◇

0094 **Das Verhältnis des thermischen Neutronenflusses in Wasser zur Leistung einer punktförmigen Quelle.** Je. A. Garussow und Ju. W. Petrow. (Atomenergie [UdSSR] **15,** 71, 1963; russ.) — Berechnung des Verhältnisses Φ_T/W zu 38, 100 u. 80 ± 20 (10^{-13} cm^{-2} s^{-1} mW^{-1}), entsprechend nach der Altersapproximation, der Dreigruppentheorie u. unmittelbar aus experimentellen Daten.
K. Winkler. 90◇

0095 **Protonenanregung von Zweiphononenniveaus.** J. K. Dickens, F. G. Perey, R. J. Silva und T. Tamura. (Physics Letters [Amsterdam] **6,** 53—56, 1963; Oak Ridge, Tenn., Oak Ridge Nat. Labor.; engl.) — Nach einer experimentellen Übersicht der unelast. Protonenstreuung an gerade-gerade-Isotopen werden Messungen an ^{62}*Ni* u. ^{64}Ni wiedergegeben. Die Kernstruktur u. der beteiligte Rk.-Mechanismus werden diskutiert. Gerhard Schmidt. 90◇

0096 **Effekte verzerrter Wellen bei unelastischer Protonenstreuung.** T. J. Menne. (Nuclear Physics [Amsterdam] **36,** 656—65, 1962; Los Angeles, Calif., Univ. of California, Dep. of Phys.; engl.) — Der differentielle Wrkg.-Querschnitt der direkten Wechselwrkg. für die unelast. Streuung von Protonen an komplexen Kernen wird durch die Verzerrte-Wellen-Approximation nach Born dargestellt. Die theoret. Voraussagen werden mit experimentellen Ergebnissen bei Streuung von 12-MeV-Protonen (p) an ^{52}*Cr* [zum 1,43-MeV-(2^+)-Zustand], 30,8-MeV-p an ^{60}*Ni* [1,33-MeV-(2^+)], 11-MeV-p an ^{66}*Zn* [1,05-MeV-(2^+)], 14,3-MeV-p an ^{66}Zn [1,05-MeV-(2^+)] u. 19,4-MeV-p an ^{12}*C* [4,43-MeV-(2^+)] verglichen. H.-D. Freyer. 90◇

0097 **Asymmetrien der unelastischen Protonenstreuung bei 8,9 MeV.** A. Budzanowski, R. W. Clifft und B. Hird. (Nuclear Physics [Amsterdam] **27,** 193—203, 1961; Liverpool, Univ.; engl.) — Ein Bündel polarisierter Protonen wurde nach ^{12}C(d, p)^{13}C durch Beschuß von Graphit mit dem inneren Deuteronenbündel des 37-in.-Cyclotrons erhalten u. bei Energien von 8,9, 8,35 u. 7,75 MeV unter verschiedenen Winkeln an *Mg* gestreut. Die Streukammer enthielt 2 ident. Zählerteleskope aus einem dünnen Plastescintillator u. einem dicken CsJ-Scintillator. Die Asymmetrien der unelast. Streuung haben stets das umgekehrte Vorzeichen wie die entsprechenden elast. Asymmetrien. M. Wiedemann. 90□

0098 **Reaktionsmechanismus in ^{24}Mg(p, p′γ) bei niedrigen Energien.** W. T. Joyner. (Physic. Rev. [2] **128,** 2261—66, 1962; Hampden-Sydney, Va., Hampden-Sydney Coll., Dep. of Phys.; engl.) — Die Anregungsfunktion für die unelast. Streuung von Protonen zum ersten Niveau von ^{24}Mg wird für Beschußenergien zwischen 2,7 u. 4,2 MeV gemessen. Die 1,37-MeV-γ-Strahlen aus unelast. Streuung werden unter 0° bestimmt. In dem untersuchten Energieintervall treten 6 Resonanzen auf, die Niveaus in ^{25}*Al* bei Anregungsenergien von 4,93, 5,09, 5,14, 5,75, 5,81 u. 6,15 MeV entsprechen. Winkelverteilungsmessungen werden für die beiden Rk.-Prodd. durchgeführt, die Koeff. der Legendreschen Polynomerweiterungen werden bestimmt. Der Charakter der Verteilungen spricht für das Compoundkernmodell ohne direkte Wechselwirkungseffekte.
Gerhard Schmidt. 90◇

0099 **Zur Methode der Theorie der Kernkräfte.** Mitsuo Taketani und Shigeru Machida. (Progr. theoret. Physics [Kyoto] **24,** 1317—24, 1960; Tokyo, Rikkyo Univ., Dep. of Phys.; engl.) — Theorie der Kernkräfte u. Ausblick auf neue zu erwartende Ergebnisse. Gerhard Schmidt. 95□

0100 **Paarungen im Schalenmodell.** 4. Mitt. M. Umezawa. (Nuclear Physics [Amsterdam] **33,** 149—64, 1962; Strasbourg, Inst. de Recherches Nucl.; engl.) — 3. vgl. C. **1963,** 22576. — Vf. gibt eine explizite Form der Casimir-Operatoren in U_Ω, Su_Ω u. Sp_Ω an, aus der die Beziehung der Paarungskräfte zu den Operatoren direkt ersichtlich ist. Die Paarungskräfte können für einen spezif. Fall des intermediären Paarungsschemas u. für die L-S- u. *jj*-Paarungsschemata durch eine einfache Linearkombination der Casimir-Operatoren in den SU_Ω- u. Sp_Ω-Gruppen angegeben werden.
H. Schroeder. 95□

0101 **Änderungen des Entkopplungsparameters der Rotationsbanden K = 1/2 stark deformierter Kerne.** J. Valentin. (Nuclear Physics [Amsterdam] **40,** 694, 1963; franz.) — Vgl. C. **1963,** 12275. — In Tabelle 2a (l. c.) sind die Werte der mit + 4 bezeichneten Spalte abzuändern in: + 0,848, — 0,201, + 0,398, + 0,628, + 0,294, — 5,583.
H. Schroeder. 95◇

0102 **Energien der Oktupol-Kollektivzustände von gerade-gerade-Kernen im Bereich 228 ≤ A ≤ 254.** V. G. Soloviev und P. Vogel. (Physics Letters [Amsterdam] **6,** 126—28, 1963; Dubna, Joint Inst. for Nucl. Res., Labor. of Theoret. Phys.; engl.) — Die Energien der Oktupol-Kollektivoscillationen mit $I\pi K = 1 - 0$ werden im Rahmen des Supra-Fl.-Kernmodells unter Verw. der Meth. der approximierten zweiten Quantelung berechnet.
Gerhard Schmidt. 95◇

0103 **Spektroskopische Bestimmung des Spins von ^{176}Lu und der magnetischen und Quadrupol-Kernmomente von ^{175}Lu und ^{176}Lu.** Jean Blaise, Jacques Bauche, Simon Gerstenkorn und Frank S. Tomkins. (J. Physique Radium **22,** 417—27, 1961; Bellevue, Seine-et-Oise, C.N.R.S., Labor. Aimé-Cotton; franz.) — An einer Lu_2O_3-Probe mit 74,5% ^{176}Lu u. 25,5% ^{175}Lu wurde die Hyperfeinstruktur mehrerer LuI- u. LuII-Linien mit einem Fabry-Perot-Spektrometer untersucht. Aus den Intensitätsverhältnissen ergibt sich für den Spin $I_{176} = 7$. Für das Verhältnis der magnet. u. der Quadrupolmomente gilt $\mu_{175}/\mu_{176} = 0{,}7109 \pm 0{,}0050$ u. für $Q_{175}/Q_{176} = 0{,}71 \pm 0{,}01$. μ_{175} ergibt sich zu $+ 2{,}0 \pm 0{,}2$ Kernmagnetonen. Ein Vgl. mit einem theoret. Modell ergibt als wahrscheinlichen Wert $Q_{175} = 3{,}75 \cdot 10^{-24} cm^2$.
M. Wiedemann. 95□

0104 **Bestimmung der Lebensdauer des ersten angeregten ^{56}Fe-Kernniveaus.** R. B. Begshanow, A. A. Isslamow, D. K. Kaipow und Ju. K. Schubny. (Nachr. Akad. Wiss. UsbekSSR, Ser. physik.-math. Wiss. **7,** Nr. 2, 49—55, 1963; Inst. für Kernphys. der Akad. der Wiss. der UsbekSSR; russ.) — Die Resonanzstreuung von γ-Quanten am 0,845-MeV-^{56}Fe-Niveau wurde mittels ringförmiger u. ebener Geometrie u. auch durch Selbstabsorption in der gasförmigen Quelle $MnCl_2$ (T_h = 2,56 Std. für ^{56}Mn) bestimmt. Für das Niveau ergab sich eine Lebensdauer von $(9{,}6 \pm 1{,}8) \cdot 10^{-12}$ s in befriedigender Übereinstimmung mit anderen Messungen der Resonanzstreuung sowie der Coulomb-Anregung.
M. Wiedemann. 95◇

0105 **Der Mössbauer-Effekt.** Janusz Sułocki. (Zeszyty nażkowe Wyższej Szkoły pedagog. Gdańsku, Mat., Fizyka, Chem. **1,** 67—82, 1961; Gdańsk, Wyższa Szkoła pedagog., Kat. Fiz.; pol.) — Übersicht über die Grundlagen u. die experimentellen Ergebnisse. — 32 Literaturangaben.
R. K. Müller. 95◇

0106 **Untersuchung der Diffusion in Glycerin mit Hilfe des Mössbauer-Effekts an ^{57}Fe.** D. St. P. Bunbury, J. A. Elliott, H. E. Hall und J. M. Williams. (Physics Letters [Amsterdam] **6,** 34—36, 1963; Manchester, Univ., Phys. Labor.; engl.) — Es wird erstmalig der Mössbauer-Effekt in einer Fl. beobachtet. An einer Lsg. von $FeSO_4$ in Glycerin wird zwischen — 100 u. + 10° die Resonanzabsorption von 14,4-keV-γ-Strahlung aus ^{57}Fe untersucht. Die Resonanzlinien werden mit steigender Temp. breiter, wobei die Verbreiterung mit der Bewegung des ^{57}Fe im Absorber zusammenhängt. R. Nink. 95◇

0107 **Messung der Resonanzabsorptionsspektren der γ-Quanten in Kristallen.** W. A. Brjuchanow, N. N. Deljagin, B. Swenglinski, Ss. A. Ssergejew und W. Ss. Schpinel. (Versuchsgeräte u. Versuchstechn. [UdSSR] **7,** Nr. 1, 23—28, 1962; Moskau, Univ., Inst. für Kernphys.; russ.) — Es wird eine Anordnung beschrieben, um die Abhängigkeit des Effektes der Resonanzabsorption in Kristallen von der Geschw. der Quelle relativ zum Absorber zu messen. Sie beruht auf Amplitudenmodulation, synchron mit der Änderung der relativen Geschwindigkeit. Untersucht wurde die Resonanzabsorption der 23,8-keV-Quanten durch ^{119}Sn-Kerne in verschiedenen Kristallen, z. B. SnO_2. SnO_2 diente auch als Quelle. Die Breite des 23,8 keV angeregten Zustandes ergab sich zu $2{,}60 \pm 0{,}25 \cdot 10^{-8}$ eV. M. Wiedemann. 95◇

0108 **Resonanzabsorption der γ-Quanten in Barium-, Strontium- und Calciumstanniten.** Fam Sui Chijen,

W. Ss. Schpinel, A. Ss. Wisskow und Ju. N. Wenewzew. (J. exp. theoret. Physik [UdSSR] **44**, 1889—95, 1963; russ., Auszug: engl.) — Im Temp.-Bereich von 78—1020° K werden die Parameter der Resonanzabsorptionsspektren der von ^{119*}Sn emittierten γ-Quanten (23,8 keV) im Ba-, Sr- u. $CaSnO_3$ gemessen. Die Verbb. gehören zum Perowskit-Strukturtyp. Außerdem wird die Abhängigkeit für die Wahrscheinlichkeit rückstoßfreier Absorption sowie die Abhängigkeit der Resonanzenergieverschiebung von der Temp. untersucht. Dabei wurde eine besondere Temp.-Abhängigkeit der Spektrenbreite, die in allen untersuchten Verbb. ähnlich ist, festgestellt. Zwischen 293 u. 893 bzw. 293 u. 843° K wurde die Temp.-Abhängigkeit der Abmessungen der Elementarzellen für $BaSnO_3$ bzw. $SrSnO_3$ gemessen. Abschließend werden der Einfl. der unterschiedlichen Atommassen sowie der Parameter der Elementarzellen auf die gemessenen Größen sowie der mögliche Mechanismus der Änderung der Spektrenbreite u. die Form des Absorptionsspektrums diskutiert. D. Noack. 95◇

0109 **Synthese der 4N- und deren Nachbarkerne durch den schnellen Kernprozeß.** Hiroyuki Tsuji. (Progr. theoret. Physics [Kyoto] **29**, 699—711, 1963; Kyoto, Kyoto Univ., Dep. of Nucl. Sci.; engl.) — Die Unterss. beschränken sich auf Temp.-Bedingungen von $(0,5-1,5) \cdot 10^9$ °K u. auf Protonendichten von (10^{-5} bis 1) g/cm³. Es zeigt sich, daß α-Rkk. für die Synth. der Elemente in dem Bereich A = 20 bis 40 vernachlässigbar sind. Gerhard Schmidt. 103◇

0110 **Erzeugung von Deuteronen bei der Wechselwirkung schneller Nucleonen mit Kernen.** V. S. Barashenkov und V. M. Maltsev. (Nuclear Physics [Amsterdam] **34**, 644—47, 1962; Dubna, USSR, Labor. of Theor. Phys., Joint Inst. for Nucl. Res.; engl.) — Die großen Ausbeuten an Deuteronen, die bei Energien ≫1 GeV bei Proton–Kern-Wechselwrkg. beobachtet werden, lassen sich nicht durch den Mechanismus der intranuclearen Kaskade deuten, wohl aber durch periphere Wechselwrkg. des prim. Protons mit den Kernen; es ergibt sich dann eine unelast. Nucleon–Nucleon-Wechselwrkg., die zum Deuteron führt. M. Wiedemann. 103□

0111 **Deuteron-Abstreifreaktion an nichtaxialen Kernen.** W. K. Lukjanow. (Nachr. Moskauer Univ., Ser. III **17**, Nr. 2, 74—79, 1962; Lehrstuhl für Elektrodynam. u. Quantenmechan.; russ.) — Der Einfl. der Rotation eines nichtaxialen Kerns auf Winkelverteilung, Polarisation u. Breite beim Stripping wird untersucht. Als Beispiel dient ^{25}*Mg*. M. Wiedemann. 103◇

0112 **Lokalisierung von Neutronen-Einzelteilchenniveaus aus Strippingreaktionen.** B. L. Cohen, R. H. Fulmer, A. L. McCarthy und P. Mukherjee. (Rev. mod. Physics **35**, 332—34, 1963; Pittsburgh, Pa., Univ. of Pittsburgh; engl.) — Diskussion von Meth. u. neueren Ergebnissen, bes. über (d, p)-Reaktionen. Herbert Weber. 103◇

0113 **Über den Coulomb-Mechanismus der Kernzertrümmerung.** J. Grabowski und J. I. Portnyagin. (Acta physica polon. **24**, 115—19, 1963; Dubna, Joint Inst. of Nucl. Res.; engl.) — Betrachtung des Zertrümmerungsquerschnittes von ^{9}Be im Coulomb-Feld mittlerer u. schwerer Kerne in den Kanälen $^9Be \to {}^8Be + n$ u. $^9Be \to {}^9Be^* \to {}^5He + \alpha$ sowie Berechnung des Querschnittes für die Coulomb-Spaltung schwerer Kerne. Gerhard Schmidt. 103◇

0114 **Direkte Oberflächenwechselwirkung von 14-MeV-Neutronen mit Fluor.** E. Kondaiah, M. L. Jhingan und C. Badrinathan. (Nuclear Physics [Amsterdam] **27**, 166—76, 1961; Bombay, India, Tata Inst. of Fundament. Res.; engl.) — Vgl. C. **1962**, 15110. — Die Energie- u. Winkelverteilung von geladenen Teilchen (p, d, t) beim Beschuß einer Teflonfolie mit 14-MeV-Neutronen wurden mit Kernemulsionen als Detektoren untersucht. Protonengruppen aus $^{19}F(n, p)^{19}O$ deuten ein neues Niveau in ^{19}*O* bei 4 MeV an. Herbert Weber. 103◇

0115 **Eigenschaften von ^{20}F.** S. S. Glickstein und R. G. Winter. (Physic. Rev. [2] **130**, 2599, 1963; engl.) — Vgl. C. **1963**, 13042. — Druckfehlerberichtigung zu l. c.: Der therm. $^{19}F(n,\gamma)^{20}F$-Querschnitt ist 10,0 ± 0,7 anstatt 10,09 ± 0,70 mbarn. Gerhard Schmidt. 103◇

0116 **Der Spin des 3,70-MeV-Niveaus in ^{25}Al.** G. J. McCallum. (Canad. J. Physics **41**, 923—31, 1963; Lower Hutt, New Zealand, Dep. of Scient. and Ind. Res., Inst. of Nucl. Sci.; engl.) — Mittels $^{24}Mg(p,\gamma)^{25}Al$ bei der 1,49-MeV-Resonanz wurde das 3,70-MeV-Niveau von ^{25}Al untersucht. Durch NaJ(Tl)-Scintillatoren wurde die Winkelverteilung der γ-Strahlung gemessen. Demnach dürfte die Zuordnung $7/2^-$ zu 3,70 MeV bestätigt sein. Ferner wurde für die 1,79-MeV-Strahlung eine Mischung E2/M1 von −0,55 gefunden. Die Ergebnisse bestätigen das kollektive Modell. M. Wiedemann. 103◇

0117 **Der ft-Wert für ^{26}Al* und die universelle Fermi-Wechselwirkung.** J. M. Freeman, J. H. Montague, D. West und R. E. White. (Physics Letters [Amsterdam] **3**, 136—38, 1962; Harwell, Berks., A.E.R.E.; engl.) — Best. des Q-Wertes für die Rk. $^{26}Mg(p, n)^{26}Al^*$ durch Messung der Neutronenenergie bei 0° mit einer ^{3}He-Ionenkammer, der Lebensdauer für ^{26}Al* zu 6,374 ± 0,014 s bei E_p zwischen 5,22 u. 5,31 MeV sowie der *ft*-Werte u. Kopplungs-Konst. für die Zerfälle von ^{26}Al* u. ^{14}*O*; *ft* = 472,95 ± 1,54 für ^{26}Al*. Gerhard Schmidt. 103◇

0118 **Der Zerfall von ^{133}Ba.** K. C. Mann und R. P. Chaturvedi. (Canad. J. Physics **41**, 932—45, 1963; Vancouver, Univ. of Brit. Columbia, Dep. of Phys.; engl.) — Der Zerfall von ^{133}Ba durch Elektroneneinfang u. die γ-Strahlung des ^{133}*Cs* wurden mittels Magnet- u. Scintillationsspektrometern untersucht; dabei wurden Konversions-Koeff. u. Intensitäten ermittelt u. das Termschema des ^{133}Cs aufgestellt: Grundzustand $7/2^+$, 81 keV $5/2^+$, 161 keV $5/2^+$, 383 keV $3/2^+$ u. 437 $1/2^+$. Die Multipolaritäten der Übergänge wurden ebenfalls bestimmt. M. Wiedemann. 103◇

0119 **Untersuchung der Konversionselektronen von ^{198}Hg mit dem β-Spektrometer mit $\pi\sqrt{2}$-Fokussierung.** Ss. W. Starodubzew, R. B. Begshanow und Ss. L. Rakowitzki. (Nachr. Akad. Wiss. UsbekSSR, Ser. physik.-math. Wiss. **7**, Nr. 2, 44—48, 1963; Inst. für Kernphys. der Akad. der Wiss. der UsbekSSR; russ.) — Eine 0,28 mg/cm² dünne Au-Folie auf einer Al-Unterlage wurde mit therm. Neutronen bestrahlt u. ^{198}Au erhalten. Dieses zerfiel mit 2,687 ± 0,005 Tagen Halbwertszeit zum ersten angeregten Niveau von ^{198}Hg mit 411,8 keV. Mittels eines doppelfokussierenden β-Spektrometers mit Fokussierungswinkel $\pi\sqrt{2}$ u. einer Auflösung von 0,33% bei einem relativen Raumwinkel von 0,6% von 4π wurde die innere Konversion dieser γ-Linie in den Schalen K, $L_I + L_{II}$, L_{III}, M u. N untersucht. Die Energien der Konversionselektronen u. die relativen Intensitäten wurden bestimmt. Der 411,8-keV-Übergang ist vom elektr. Quadrupoltyp. M. Wiedemann. 103◇

0120 **Durch monochromatische γ-Strahlen niedriger Energie induzierte Spaltung von ^{232}Th und ^{238}U. 2. Mitt. Winkelverteilungen bei 6,61 MeV.** H. G. De Carvalho, A. Manfredini, M. Muchnik und M. Severi. (Nuovo Cimento [10] **29**, 463—75, 1963; Roma, Univ., Ist. di Fis., Ist. Naz. di Fis. Nucl., Sez. di Roma; Zürich, ETH, Labor. für Kernphys.; engl.) — 1. vgl. C. **1963**, 5703. — Die Verss. stellen den Beginn einer systemat. Unters. des Photospaltprozesses von der Schwelle bis zu Energien nahe der Riesenresonanz (ca. 15 MeV) dar, wobei 2 neue Kernemulsionstechniken benutzt werden. Bei Verw. der l. c. wiedergegebenen Ergebnisse werden die Werte (in mbarn) für die isotrop. Dipol- u. Quadrupolabsorptionsquerschnitte beim Photospaltprozeß angeführt. Gerhard Schmidt. 103◇

0121 **Koinzidente Flugzeitmessungen der Geschwindigkeiten der Spaltfragmente von ^{252}Cf.** Stanley L. Whetstone jun. (Physic. Rev. [2] **131**, 1232—43, 1963; Los Alamos, N.Mex., Univ. of California, Los Alamos Scient. Labor.; engl.) — Bei abs. Ungenauigkeiten von ca. ±0,5% für die Messungen werden mittlere Geschw. von 1,036 u. 1,375 cm/ns, mittlere Massen von 143,61 u. 108,39 Masseneinheiten u. mittlere kinet. Energien von 80,01 u. 105,71 MeV für die Gruppen schwerer bzw. leichter Fragmente erhalten. Die mittlere kinet. Energie sämtlicher Fragmente ist 185,7 MeV, das mittlere Massenverhältnis 1,334. Gerhard Schmidt. 103◇

0122 **Herabsetzung der Oberflächenladungen bei einem Ionenstrahlapparat.** Einar Lindholm. (Rev. sci. Instruments **31**, 210, 1960; Stockholm, Roy. Inst. of Technol., Phys. Dep.; engl.) — Unterss. mit Strahlen langsamer Ionen werden oft durch Oberflächenladungen kompliziert, die die Potentialverteilung im App. beeinflussen. Vf. schlägt vor, die Oberflächen mit einer Dispersion von Graphit in A. zu bestreichen. Das Verf. ist längere Zeit erfolgreich angewandt worden. H. Roschkowski. 112◇

0123 **Ein Hochfrequenz-Oscillator für 300 Watt und 100 MHz.** Matti K. Salomaa. (Nuclear Instruments Methods [Amsterdam] **15,** 113—14, 1962; Cambridge, Mass., MIT, Labor. for Nucl. Sci.; engl.) — Für den Betrieb von Hochfrequenzionenquellen wird ein selbsterregter 100-MHz-Schwingkreis beschrieben. Es handelt sich um einen Gegentaktschwinger mit 2 Keramiktetroden, die Ausgangsleistung beträgt 300—400 W. W. Reusse. 112◇

0124 **Verwendung einer Thermoautoelektronen-Kathode im Mikrotron.** B. S. Kanter. (Nachr. Akad. Wiss. UdSSR, physik. Ser. **26,** 1353—56, 1962; russ.) — Unterss. der Wrkg. von Ta- u. W-Autokathoden in Form von Ringen (∅ 0,15 bis 0,2 mm; Länge bis 3 mm) im Resonatorkonus des Mikrotrons. Die Thermoautokathode kann dann empfohlen werden, falls der Ionenbeschuß durch hohe Frequenz abgeschwächt u. die Kathode genügend massiv ist. J. Tůmová. 112◇

0125 **Resonanzmassenspektrometer mit hoher Auflösungseigenschaft.** B. A. Mamyrin und A. A. Franzusow. (Versuchsgeräte u. Versuchstechn. [UdSSR] **7,** Nr. 3, 114—19, 1962; Physik.-techn. Inst. der Akad. der Wiss. der UdSSR; russ.) — Es wurde ein Massenspektrometer konstruiert, das eine Trennung der Ionen nach der Flugzeit auf der Krümmungsbahn im einheitlichen Magnetfeld vornimmt. Das Auflösungsvermögen betrug $25-35 \cdot 10^3$ bei einer Dispersion von 300—500 mm für 1% Masse. M. Wiedemann. 112◇

0126 **Berechnung eines Flugzeit-Massenspektrometers mit Schraubenbahn im Bereich von 20—300 Masseneinheiten.** Zbigniew Sobczyński. (Zeszyty naukowe Wyższej Szkoły pedagog. Gdańsku, Mat., Fizyka, Chem. **1,** 23—45, 1961; Gdańsk, Wyższa Szkoła pedag., Zakł. Fiz. doświadcz.; pol.) — Unters. zu den Eigg. eines Massenspektrometers nach dem Cyclotronprinzip. Auf Grund einer Parameteranalyse werden die Zahlenwerte ausgewählt u. die maximalen Abweichungen von den Nominalwerten geschätzt. R. K. Müller. 112◇

0127 **Massenspektrometer für die Lecksuche, das mit einer Mischung mit geringem Heliumgehalt arbeitet.** N. Warmoltz und H. A. M. de Grefte. (Le Vide **12,** 202 bis 207, 1957; Eindhoven, Pays-Bas, N. V. Philips' Gloeilampenfabrieken, Labor. de Rech. Philips; franz.) — Es wird ein Massenspektrometer vom Typ Nier mit einem Krümmungsradius von 5 cm u. einem Elektronenmultiplier zur Messung des Ionenstroms beschrieben. Das Gerät eignet sich zur Lecksuche, wobei ein Testgas mit ca. 1% He verwendet werden kann. Außerdem eignet sich das Gerät als Massenanalysator bis zur Masse ca. 50. K. Roß. 112◇

0128 **Erhöhung der Empfindlichkeit der Gasentladungsfunkenventile.** I. I. Perschin. (Versuchsgeräte u. Versuchstechn. [UdSSR] **7,** Nr. 3, 52—54, 1962; russ.) — Es wird eine Meth. zur Erhöhung des Wrkg.-Grades von Gasentladungsfunkenventilen (z. B. für Nebelkammern; vgl. Meyer u. Stodiek, C. **1954,** 6164) beschrieben (mittels langer Entladungen in einem Syst., das keine höhere Arbeitsspannung erfordert). Das Ventil wurde bei 30 atm Druck u. 25 mm ∅ der Öffnung betrieben. M. Wiedemann. 112◇

0129 **Dauer der Lichtsammlung eines Čerenkov-Zählers mit diffus streuenden Wänden.** Jean-Pierre Patry, Jacques Séguinot und Maurice Scherer. (C. R. hebd. Séances Acad. Sci. **251,** 2012—14, 1960; Caen, Fac. des Sci., Labor. de Phys. corpuscul; franz.) — Vgl. C. **1963,** 15662. — Mit der l. c. beschriebenen u. zur Unters. eines Čerenkov-Zählers mit reflektierenden Wänden benutzten Vers.-Geometrie bestimmten Vff. die Dauer der Lichtsammlung bei Verwendung diffus streuender Wände der Čerenkov-Küvette (Innenverkleidung mit einer ca. 2 mm dicken mattweißen Glycerophthalfarbe) u. vergleichen die Ergebnisse mit den l. c. gewonnenen. Zwar ist die Lichtsammlung bei diffusen Wänden wesentlich schlechter, setzt jedoch schneller als bei reflektierenden Wänden ein. Hinsichtlich der zu erzielenden, von der maximalen Dauer der Anstiegszeit abhängigen Auflösung hat der Zähler mit diffusen Wänden unter bestimmten Bedingungen Vorteile. D. Jörchel. 112□

0130 **Die Bestimmung von radioaktivem CO_2 in Geiger-Zählern.** B. Kalab und E. Broda. (Int. J. appl. Radiat. Isotopes **10,** 214, 1961; Wien, Univ., Inst. für physikal. Chem.; engl.) — Vff. weisen im Anschluß an eine Veröffentlichung von Boyce u. Mitarbeiter (C. **1964,** 6/7-0105) über einen CO_2/Alkohol-Zähler auf verschiedene eigene Unterss. hin, bei denen als Zählgas ungereinigtes CO_2 ohne Dampfzusatz verwendet wird. Es werden Angaben über den dabei erforderlichen Löschkreis u. über Plateaumessungen mitgeteilt. W. Reusse. 112◇

0131 **Über das Ansprechen eines BF_3-Zählers in einem Hohlkugel-Paraffinmoderator auf schnelle Neutronen.** M. Ladu, M. Pelliccioni und E. Rotondi. (Nuclear Instruments Methods [Amsterdam] **23,** 173—74, 1963; Frascati, CNEN, Labor. Naz. e Labor. di Dosimetria; engl.) — Bzgl. des Winkelansprechens des Detektors sind bei der entwickelten Anordnung die Abweichungen vom Mittelwert <2%. Gerhard Schmidt. 112◇

0132 **Ein stabilisierter Scintillationszähler.** S. A. Scherbatskoy. (Rev. sci. Instruments **32,** 599—600, 1961; Tulsa, Okla., Geophys. Measurements Co.; engl.) — App.-Beschreibung. R. Krämer. 112◇

0133 **Stabilisierung des Verstärkungskoeffizienten von Scintillationszählern.** A. W. Kulikow und Ju. M. Wolkow. (Versuchsgeräte u. Versuchstechn. [UdSSR] **7,** Nr. 3, 73—74, 1962; Phys.-techn. Inst. der Akad. der Wiss. der UdSSR; russ.) — Es wurde ein Schaltschema zur Stabilisation des Verstärkungs-Koeff. von Scintillatoren mit einem Stabilisations-Koeff. von ca. 200 konstruiert. Benötigt wird eine integrale Intensität der Linien von ca. 50—100 Impulsen/s. M. Wiedemann. 112◇

0134 **Zur Form der Compton-Spektren organischer Scintillatoren.** Ju. A. Zirlin, L. N. Schischowa und G. A. Kibaltschitsch. (Versuchsgeräte u. Versuchstechn. [UdSSR] **7,** Nr. 3, 59—61, 1962; Forschungs-Inst. für Einkristalle, Scintillationsmaterialien u. reine chem. Substanzen; russ.) — Die Compton-Spektren von ${}^{137}Cs$ ($E\gamma = 660$ keV) wurden mittels organ. Scintillatoren untersucht (Polystyrol + Terphenyl, Naphthalin + Anthranilsäure). Das für einen NaJ(Tl)-Scintillator abgeleitete Nomogramm, das die statist. Schwankungen berücksichtigt, läßt sich auch auf organ. Scintillatoren anwenden, u. diese lassen sich durch einen entsprechenden Parameter der Gauß-Verteilung charakterisieren. M. Wiedemann. 112◇

0135 **Ein verbessertes Bridgman-Gerät zur Erzeugung von Scintillatoren aus organischen Mischkristallen.** Sobachiro Hayakawa, Tokihisa Nakamura und Shigeo Kobayashi. (Bull. Tokyo Inst. Technol. **1962,** Nr. 49, 91—96; Tokyo, Ooizumi High School; engl.) — App.-Beschreibung. W. Wesly. 112◇

0136 **Erfahrungen mit halbleitenden Detektoren.** M. Skřivánková und Z. Trousil. (Czechoslov. J. Physics **11,** 755—63, 1961; Prag, ČSAV, Inst. für Kernforsch. u. Inst. für techn. Phys.; engl.) — Durch Zonenschmelze erhaltene u. durch Polieren u. Ätzen mit 70%ig. HNO_3 + 40%ig. HF (2:1) vorbehandelte *Si*-Einkristalle eignen sich wegen ihrer tiefen Oberflächenpotentialschwelle u. guten Auflösungsenergie als Detektoren, bes. für die Unters. von Kern-Rkk. mit geladenen Teilchen. R. K. Müller. 112◇

0137 **Impulsformdiskrimination bei hohem γ-Untergrund.** H. G. Dosch, R. Kosiek, K. Maier, M. Schechter und J. Zimmerer. (Z. Physik **174,** 222—26, 1963; Heidelberg, Univ., I. Phys. Inst.; dt.) — Bei hohem u. niederem γ-Untergrund wurden 2 Impulsformdiskriminationsschaltungen für ein *CsJ(Tl)*-Protonenspektrometer geprüft. Bei niedrigem Untergrund verhält sich jede der beiden Schaltungen gleich gut, aber bei höherem Untergrund verhält sich jene von Varga (Nuclear Instruments Methods [Amsterdam] **14,** [1961], 24) vorgeschlagene besser, als jene von Owen (C. **1961,** 8915). O. Jansen. 112◇

0138 **Die Impulskorrelation zweier Neutronendetektoren im stationären Reaktor.** Horst Borgwaldt und Dieter Sanitz. (Nukleonik [Berlin] **5,** 239—49, 1963; Karlsruhe, Kernforschungszentrum, Inst. für Neutronenphys. u. Reaktortechnik; dt.) — Vff. behandeln die Korrelation der Impulse, wie sie im Rossi-α-Experiment gemessen wird. Die Abhängigkeit von der Verzögerungszeit entspricht der zeitlichen Verteilung der Detektorimpulse in einem Experiment mit gepulster Neutronenquelle. Gerhard Schmidt. 112◇

0139 **Änderung des Ansprechens (Front-to-back-Effekt) bei Eichfilmplaketten gegenüber einer ^{60}Co-Quelle.** E. Storm und H. Israel. (Health Physics **8**, 343–51, 1962; Los Alamos, N.Mex., Univ. of California, Los Alamos Scient. Labor.; engl.) — Messungen der Änderung in Abhängigkeit vom asymm. Aufbau des Du Pont-Filmstapels für die Personenkontrolle. Gerhard Schmidt. 112◇

0140 **Untersuchung der Verzerrungen in NIKFI-R-Emulsionen.** 2. Mitt. **Einfluß der Trocknungsbedingungen.** I. Hauser, H. Engelhardt, U. Krecker und K. Lanius. (Nuclear Instruments Methods [Amsterdam] **16**, 113–15, 1962; Rossendorf b. Dresden, Zentral-Inst. für Kernphys., Bereich Reaktortechn. u. Neutronenphys.; Zeuthen b. Berlin, Kernphysikal. Inst.; dt.) — 1. vgl. Nuclear Instruments Methods [Amsterdam] **15**, [1962], 129. — Vf. findet keinen Einfl. der Nachbehandlungs- u. Trocknungsbedingungen auf die Größe der Verzerrung von trägerfreien NIKFI-R-Emulsionen. Da auch der Fixierprozeß ohne Einfl. auf die Verzerrung ist, wird vermutet, daß die Verzerrung bereits bei der Herst. des Materials verursacht wird. Die beobachtete Vorzugsrichtung der Verzerrungsvektoren innerhalb einer Emulsion deuten ebenfalls darauf hin. G. Pankow. 112◇

0141 **Strahlenschutzüberwachung bei Beschleunigern schwerer Teilchen, die bei Energien oberhalb mehrerer hundert MeV arbeiten.** H. H. Rossi, W. Rosenzweig, M. H. Biavati, L. Goodman und L. Phillips. (Health Physics **8**, 331–42, 1962; New York, N.Y., Columbia Univ., Radiolog. Res. Labor., Dep. of Radiolog.; engl.) — Best. der RBW-Dosis in der Umgebung zweier Hochenergiebeschleuniger. Gerhard Schmidt. 112◇

0142 **Verbesserungen der Strahlungs- und Kontaminationskontrolle für eine Plutonium-Aufbereitungsanlage.** W. L. Marter. (Health Physics **8**, 435–38, 1962; Aiken, S.C., E. I. du Pont de Nemours & Co., Savannah River Plant; engl.) — Beschreibung der für die Strahlungs- u. Kontaminationskontrolle erforderlichen Einrichtungen, bes. des Filter-Syst. der Pu-Aufbereitungsanlage Savannah River. Gerhard Schmidt. 112◇

0143 **Messung der β- und γ-Aktivität von Niederschlägen.** Herbert Schmier. (Atomkernenergie **3**, 346–50, 1958; Gießen, Univ., Phys. Inst.; dt.) — Vf. teilt die Meßmeth. u. Ergebnisse der β-Aktivität von Ndd. mit, welche über der MZK bei Dauerzufuhr liegt. Zum Nachw. der einzelnen Komponenten des Spalt-Prod.-Gemisches wurden Messungen der β-Energiespektren mit einem Einkanalscintillationsspektrometer u. später mit einem Vielkanalspektrometer vorgenommen. Die γ-Quanten des Energiebereichs von ca. 20 keV bis 1 MeV wurden ebenfalls bestimmt. Die Isotope ^{141}Ce, ^{144}Ce, ^{131}J, ^{103}Ru, ^{95}Zr u. ^{95}Nb konnten sicher nachgewiesen werden, nicht so ^{140}Ba u. ^{147}Nd. O. Jansen. 112◇

0144 **Die Kontrolle der Zerfalls-Produkte von Radon in der Luft.** Josef Thomas. (Jaderná Energie **7**, 408–10, 1961; Praha, Ústav hyg. prace a chorob z povolani; tschech., Auszug: dt.) — Die biolog. Wrkg. der Zerfalls-Prodd. von Rn bei ihrer Einatmung sind annähernd proportional der gesamten (latenten) Energie der α-Strahlung der in der Vol.-Einheit enthaltenden Zerfalls-Produkte. Es wird eine Meth. zur Best. dieser Energie mittels der β-Strahlung der Zerfalls-Prodd. vorgeschlagen. Die Genauigkeit dieser Meth. ändert sich mit der Zeit nur sehr wenig, auch wenn der Gleichgewichtszustand der Zerfalls-Prodd. gestört wird. R. K. Müller. 112◇

0145 **γ-Kontrolle beim Einatmen von Radon.** L. Ss. Ruser. (Atomenergie [UdSSR] **13**, 384–85, 1962; russ.) — Vf. schlägt vor, die Integraldosis der Absorption von α-Strahlen beim Einatmen von Rn nach der γ-Aktivität der Tochter-Prodd. von Rn, die sich in den Atmungsorganen festgesetzt haben, formelmäßig zu bestimmen. Gemessen wird nach mehr als 3 Std. mit einer Genauigkeit von $\pm$ 15%. G. Ewald. 112◇

0146 **Grundsätzliche Eigenschaften eines Laboratoriums zur Messung sehr schwacher Aktivitäten.** B. Grinberg und Y. le Gallic. (Int. J. appl. Radiat. Isotopes **12**, 104–17, 1961; Gif-sur-Yvette, Centre d'Études Nucl. de Saclay; franz.) — Es werden allg. Hinweise für die laboratoriumsmäßige Bearbeitung extrem geringer Aktivitäten (10^{-6} μc/g) gegeben, die sich auf die Abschirmung gegen die Höhenstrahlung, die Reinheit der Abschirmstoffe u. Detektoren von strahlenden Verunreinigungen erstrecken. W. Reusse. 112◇

A_2. Optisches Verhalten der Materie

0147 **Beobachtung von neutralem Wasserstoff in dem Taurus-Orion-Gebiet mit einem Vielkanal-21-cm-Linienempfänger.** R. X. McGee und J. D. Murray. (Austral. J. Physics **12**, 127–33, 1959; Chippendale, N.S.W., Univ. Grounds, C.S.I.R.O., Div. of Radiophys.; engl.) — Vff. beschreiben einen neu entwickelten Vielkanal-21-cm-Wasserstofflinienempfänger, mit dem es möglich ist, innerhalb von 2 Min. ein vollständiges H-Profil zu erhalten. Mit dem Instrument wird ein ca. 3500 Gradquadrat großes Gebiet in der Taurus-Orion-Gegend untersucht. Aus den Beobachtungen wird geschlossen, daß eine einzelne große Wolke oder eine zusammenhängende Assoziation von Wolken von neutralem Wasserstoff den größten Teil des untersuchten Gebietes bedeckt. C. Gottfried. 113△

0148 **Wahrscheinlichkeit nichtadiabatischer Übergänge im Falle nichttrennbarer Terme.** Je. Je. Nikitin. (Optik u. Spektroskopie [UdSSR] **13**, 761–65, 1962; russ.) — Für den Fall einer durch Mol.-Stöße induzierten Fermi-Resonanz wird die Wahrscheinlichkeit eines nichtadiabat. Übergangs zwischen 2 Termen berechnet, die sich nicht unbegrenzt in der Unendlichkeit trennen lassen. Die erhaltene Gleichung nimmt für einige Sonderfälle eine einfache Form an. R. K. Müller. 114◇

0149 **K-Absorptionskante von Selen.** Richard D. Deslattes und Hillery S. DeBen. (Physic. Rev. [2] **115**, 71–74, 1959; Tallahassee, Fla., Univ.; engl.) — An dünnen, selbsttragenden Se-Schichten wurde die $K\beta_2$-Emission beobachtet. Vff. vermuten, daß das Hauptabsorptionsmaximum an der experimentell bestimmten „Kante" auf Übergängen in röntgenangeregte Zustände oder auf Zustände im Bereich des verbotenen Energiebandes zurückzuführen ist. Die daran anschließende Absorption beruht auf Übergängen in das Leitungsband. Die Breite des verbotenen Bandes beträgt nach dieser Deutung ca. 4 eV, was auf nur geringe p-Symmetrie des unteren Leitungsbandes deutet. K. Jaeger. 116◇

0150 **Kritische Betrachtungen zur Bestimmung von Übergangswahrscheinlichkeiten aus der Linienintensität im Kupferbogen.** W. Kessler und D. v. Dobeneck. (Z. analyt. Chem. **198**, 35–40, 1963; München, TH, Phys.-Chem. Inst.; dt.) — Betrachtung zu der Best. von Übergangswahrscheinlichkeiten aus den Intensitäten von 39000 Spektrallinien im definierten Cu-Bogen durch das National Bureau of Standards dar. Für den verwendeten Bogen wurde eine mittlere Temp. von 5100° K berechnet. Vff. machen darauf aufmerksam, daß eine mittlere Bogen-Temp. errechnet wurde, ohne eine Angabe über die Verteilung der strahlenden Teilchen im Bogen zu machen. Auch Einfl. dritter Partner auf die Bogen-Temp. dürfen nicht vernachlässigt werden. H. Kuchenbecker. 118◇

0151 **Isotopieverschiebungen der Ultraviolettlinien von ZnII.** F. Leś und Z. Leś. (Acta physica polon. **23**, 795–800, 1963; Cracow, Jagellonian Univ., Inst. of Phys.; engl.) — Die Isotopieverschiebungen werden an 3 Linien von ^{64}Zn, ^{66}Zn u. ^{68}ZnII untersucht. Die Ergebnisse werden an einem Energieschema diskutiert. R. Nink. 118◇

0152 **Beschreibung und Analyse des zweiten Spektrums von Tantal, TaII.** C. C. Kiess. (J. Res. nat. Bur. Standards, A **66**, 111–61, 1962; engl.) — Das Spektrum wird zwischen 2000,73 u. 7813,40 Å beobachtet. Sowohl die beobachteten Zeeman-Terme als auch die g-Werte werden mitgeteilt. Die 61 bekannten geradzahligen Niveaus werden in 26 Terme der $5d^3$-, 6s-, $5d^2$-, 6s- u. $5d^4$-Konfiguration eingeteilt. Es existieren 164 ungeradzahlige Niveaus; sie lassen sich nicht nach Termen kennzeichnen, Serien wurden nicht gefunden. Das Ionisierungspotential scheint zwischen 16,0 u. 16,5 eV zu liegen. R. Nink. 118◇

0153 **Einfluß des Druckes auf die Anregungsfunktion einiger Banden des negativen Systems der N_2^+-Moleküle.** Ss. M. Kischko und M. Ju. Kutschinka. (Ukrain. physik. J. **4**, 384–88, 1959; Ushgorod, Univ.; ukrain., Auszug: engl.) — Vgl. C. **1961**, 6038. — Es werden die Bedingungen für Anregungsfunktionen verschiedener $B^2\Sigma \rightarrow X^2\Sigma$-Übergänge des N_2^+-Mol. untersucht. Durch photoelektr. Registrierung der Strahlung wird festgestellt, daß die Anregungsfunktionen für die ($0 \rightarrow 0$)- u. ($0 \rightarrow 1$)-Banden des negativen N_2^+-Syst. (Grenzbereiche bei 3914 u. 4278 Å) bei einem N_2-Druck

< $4{,}5 \cdot 10^{-3}$ mm Hg u. einer Stromdichte der Anregungselektronen < $1{,}3 \cdot 10^{-3}$ A/cm² erhalten werden. Bei höherer Stromdichte u. höherem N_2-Druck unterliegen die Anregungselektronen zahlreichen Zusammenstößen. Daher wurden von früheren Autoren ungenaue opt. Anregungsfunktionen erhalten. I. Zoll. 118◇

0154 **Einfluß der Ionengröße auf die Intensität der Eu^{3+}-Fluorescenz in den Wolframaten.** L. G. van Uitert und R. R. Soden. (J. chem. Physics **36**, 517—19, 1962; Murray Hill, N.J., Bell Telephone Labor., Inc.; engl.) — Aus einer $Na_2W_2O_7$-Schmelze werden Einkristalle von $Na_{0,5} \cdot Y_{0,5-x}Eu_xWO_4$ (**I**) mit $10^{-3} \leq x \leq 0{,}50$, $Na_{0,5}La_{0,5-x}Eu_xWO_4$ (**II**) mit $10^{-3} \leq x \leq 0{,}5$, $Ca_{0,98}Na_{0,01}Eu_{0,01}WO_4$ (**III**), $Sr_{0,98}Na_{0,01} \cdot Eu_{0,01}WO_4$ (**IV**) u. $Ba_{0,98}Na_{0,01}Eu_{0,01}WO_4$ (**V**) sowie aus Schmelzen der entsprechenden Alkalidiwolframate $Li_{0,5}Eu_{0,5}WO_4$ (**VI**), $K_{0,5}Eu_{0,5}WO_4$ (**VII**), $Rb_{0,5}Eu_{0,5}WO_4$ (**VIII**) u. $Cs_{0,5}Eu_{0,5}WO_4$ (**IX**) durch Abkühlen von 1150° mit einer Geschw. von 2°/Std. hergestellt. **I, II, III, IV, V** u. **VI** besitzen *Scheelit*-Struktur, während für **VII** eine trikline Struktur nachgewiesen werden konnte; die Strukturen von **VII, VIII** u. **IX** sind unbekannt. Die Emissionsintensitäten werden nach Anregung mit 2537- bzw. 3600 Å-Strahlung bei Raum-Temp., bezogen auf die 5450 Å-Bande von $Na_{0,5}Tb_{0,5}WO_4$, untersucht. In der Abhängigkeit der relativen Emissionsintensitäten J vom Ionenradius r des substituierten Kations $\log J = f(r^3)$ werden in den Reihen **VI—VII—VIII—IX, I—II** bzw. **III—IV—V** Geraden beobachtet. J wird demnach von den Strukturparametern, der Ladung der Kationen u. der Konz. der Seltenerdmetalle beeinflußt. Offenbar ist die Abnahme von J mit steigendem r auf einen Abfall des Energieübergangs von der Umgebung auf Eu^{3+} zurückzuführen, da ein Abfall der Gitterkohäsion vorliegt. Herbert Müller. 118◇

0155 **Rolle der Mischung von f-Orbital-Elektronenwellenfunktionen bei der Konzentrationslöschung von Eu^{3+}.** L. G. van Uitert, R. C. Linares, R. R. Soden und A. A. Ballman. (J. chem. Physics **36**, 702—05, 1962; engl.) — Vgl. vorst. Referat. — Einkristalle von $Na_{0,5}Y_{0,5-x}Eu_xWO_4$ mit $0{,}001 \leq x \leq 0{,}5$ werden aus einer $Na_2W_2O_7$-Schmelze, $(Y_{1-x}Eu_x)_3Al_5O_{12}$ mit $0{,}005 \leq x \leq 1{,}0$ u. $La_{1-x}Eu_xAlO_3$ mit $0{,}001 \leq x \leq 1{,}0$ aus einer PbO–PbF_2-Schmelze sowie $Y_{1-x}Eu_x \cdot VO_4$ mit $0{,}001 \leq x \leq 1{,}0$ aus einer $NaVO_3$-Schmelze bei 1200° gezüchtet. Die Kristalle werden bei Raum-Temp. mit 3660 bzw. 2537 Å-Strahlung angeregt u. die Emissionsspektren zwischen 4000 u. 7500 Å aufgenommen; die Intensitäts-Best. erfolgt relativ zur 5450 Å-Bande von $Na_{0,5}Tb_{0,5}WO_4$. Die Konz.-Löschung der Eu^{3+}-Emission ist auf die Wechselwrkg. zwischen Wellenfunktionen der f-Elektronen von Eu^{3+} auf verschiedenen Gitterplätzen über einen Bandprozeß im O^{2-}-Gitter zurückzurühren. Durch Ansteigen der Wellenfunktionsüberlappung zwischen O^{2+} u. den Ionen der Seltenerdmetalle wird der Löscheffekt noch verstärkt. Herbert Müller. 118◇

0156 **Die Kristallfeldparameter für Dysprosiumäthylsulfat.** M. J. D. Powell und R. Orbach. (Proc. physic. Soc. **78**, 753—58, 1961; Harwell, A.E.R.E.; Oxford, Clarendon Labor.; engl.) — Auf der Grundlage der von Gramberg (vgl. C. **1961**, 8548) bei 4,2° u. 58° K erhaltenen experimentellen Werte der Niveauaufspaltungen u. der g-Werte für Dysprosiumäthylsulfat errechnete Vf. die 4 Kristallfeldparameter des Dy^{3+}-Ions V_2^0, V_4^0, V_6^0 u. V_6^6. Gefunden wurden V_2^0 ca. 125 (cm⁻¹), V_4^0 ca. —26, V_6^0 ca. —31 u. V_6^6 ca. 490. Es wurde eine geringe Änderung der Werte mit der Temp. zwischen 4,2 u. 58° K festgestellt. Der gefundene sehr hohe Wert von V_2^0 steht in Übereinstimmung mit von Judd (vgl. C. **1960**, 10833) erhaltenen Werten an Europiumäthylsulfat. C. Gottfried. 119△

0157 **Der Einfluß von OH^--Ionen auf Absorptionsspektrum und Ionenleitfähigkeit von KCl-Einkristallen.** Bernd Fritz, Fritz Lüty und Jörg Anger. (Z. Physik **174**, 240—56, 1963; Stuttgart, TH, II. Phys. Inst.; dt.) — Untersucht wurden an der Luft gezüchtete KCl-Einkristalle mit u. ohne $CaCl_2$- u. KOH-Dotierung. Die OH-Absorptionsbanden bei 204 nm u. 2,8 μ treten in den KOH-dotierten Kristallen zwar auf, jedoch sehr viel geringer, als berechnet. Andererseits tragen nur ca. 3—30% der eingebauten Ca-Ionen zur elektr. Leitfähigkeit bei, woraus die Bedeutung des Einfl. einer Ca-OH-Assoziation sichtbar wird. Der Einfl. dieser Verunreinigungsassoziation auf die Absorptionsspektren u. auf die elektr. Leitfähigkeit werden diskutiert. K. Jaeger. 119◇

0158 **Die Theorie des Schwingungsspektrums der U-Zentren.** G. Ss. Saft. (Festkörperphysik [UdSSR] **5**, 1086—89, 1963; Tartu, Akad. der Wiss. der EstnSSR, Inst. für Phys. u. Astronomie; russ.) — Theoret. untersucht werden die Schwingungen, die in einem Ionenkristall in der Umgebung eines Ions mit verschiedener Masse auftreten. Die Ergebnisse werden auf die U-Zentren in *KCl*, *KBr*, *RbCl* u. *RbBr* angewandt. Theoret. u. experimentelle Werte stimmen gut überein. K. Jaeger. 119◇

0159 **Über einige Eigenschaften des Exciton-Absorptionsspektrums eines Natriumuranylacetat-Einkristalls.** M. Ss. Brodin und Ja. O. Dowgi. (Ukrain. physik. J. **7**, 31—36, 1 Tafel, 1962; Charkow, Inst. für Radiophys. u. Elektronik der Akad. der Wiss. der UkrainSSR; ukrain., Auszug: engl.) — Es werden Absorptionsspektren eines Natriumuranylacetat-Einkristalls im circular-polarisierten Licht bei Temp. von 20° u. 4° K angefertigt. Bei 20° K erschienen neun schmale Streifen, die durch einen starken circularen Dichroismus charakterisiert sind. Die meisten von ihnen sind bei 4° K in zwei oder drei Komponenten zerlegt. Bei einem dieser Streifen mit der Frequenz $\nu_{m} = 21135$ cm⁻¹ wurde gezeigt, daß seine Form u. Intensität von der Dicke des Kristalls abhängig sind. W. Pump. 119◇

0160 **Vergleich der durch Bestrahlung mit Neutronen und mit γ-Strahlung hervorgerufenen Effekte im Excitonenspektrum von Cuprit.** Serge Nikitine, Michel Grosmann und Jean-Bernard Grun. (C. R. hebd. Séances Acad. Sci. **255**, 1087—89, 1962; Strasbourg, Fac. des Sci., Labor. de Spectroscop. et Opt. du Corps solide; franz.) — Cuprit wird mit $1{,}9 \cdot 10^8$ r ^{60}Co-γ-Strahlung bzw. im Kernreaktor mit $1{,}6 \cdot 10^{14}$—$2{,}9 \cdot 10^{16}$ Neutronen/cm² u. $1{,}1 \cdot 10^7$ bis $3{,}4 \cdot 10^8$ r γ-Strahlung bestrahlt u. anschließend das Excitonenabsorptionsspektrum zwischen 5700 u. 5790 Å bei 4° K untersucht. Bei γ-Bestrahlung allein werden der kontinuierliche Untergrund u. die gesamten Absorptionsbanden zu kleineren Wellenlängen verschoben u. außerdem Banden bis zur Quantenzahlen n = 9 beobachtet. Ansteigende Neutronendosis bei Reaktorbestrahlung führt zur Auslöschung von Banden mit n > 3 u. zum Auftreten schwacher Banden zwischen n = 2 u. n = 3. Herbert Müller. 119◇

0161 **Einfluß von Silberverunreinigungen auf die gelbe Excitonenserie von Cuprit.** Claude Schwab, Manuel Sieskind, Jean-Paul Adloff und Serge Nikitine. (C. R. hebd. Séances Acad. Sci. **255**, 1208—10, 1962; franz.) — Vgl. vorst. Referat. — Bleche von Cu-Ag-Legg., die mit ^{110}Ag markiert sind, werden bei 900 bzw. 1000° an Luft oxydiert u. der Ag-Geh. p [Atom-%] der gebildeten festen Cu_2O-Ag_2O-Lsg. aus der γ-Emission des ^{110}Ag ermittelt. Von den Proben wird bei 4 u. 77° K in der Nähe von 5770—5790 Å die opt. Absorption der gelben Excitonenserie bestimmt. Für die Quantenzahl n = 2 wird bei 4° K eine Bandenverschiebung nach $\lambda_{n=2} = 5772 + 5590 \cdot p$, bei 77° K nach $\lambda_{n=2} = 5792 + 5890 \cdot p$ beobachtet. Durch Ag-Zusätze steigt die Spin-Bahn-Aufspaltung des Valenzbandes in Cuprit an. Herbert Müller. 119◇

0162 **Spektroskopische Beobachtung der Excitonenstreuung in Kristallen.** I. Ss. Gorban, W. B. Timofejew und Je. F. Frolowa. (Festkörperphysik [UdSSR] **5**, 977 bis 981, 1963; Kiew, Schewtschenko-Univ.; russ.) — Die therm. Verbreiterung der Schwellen im Cu_2O-Absorptionsspektrum beruht auf einer Excitonen-Relaxation, die auf Gitterschwingungen zurückzuführen ist. Abschätzungen der Parameter der Excitonen-Diffusion werden mitgeteilt. K. Jaeger. 119◇

0163 **Das Energiespektrum locker gekoppelter Excitonen.** I. G. Sasslawskaja. (Festkörperphysik [UdSSR] **5**, 1791 bis 1796, 1963; Kiew, Akad. der Wiss. der UdSSR, Halbleiter-Inst.; russ.) — Abgeleitet wird ein Ausdruck für die Energie des ersten Anregungszustandes eines Mott-Excitons, der das Verhältnis α der effektiven Massen der Löcher zu dem der Elektronen enthält. Numer. Werte für α = 1,2 u. ∞ werden mitgeteilt. Dieser (vierfach entartete) Zustand spaltet auf in einen nichtentarteten (2S)- u. einen dreifach entarteten (2P)-Zustand. Die Aufspaltung ist auf Wechselwrkg. mit den Gitterschwingungen zurückzuführen. K. Jaeger. 119◇

0164 **Analyse der Excitonenbandenstruktur nach den Elektronenschwingungs-Effekten in optischen Spektren.** E. I. Raschba. (Festkörperphysik [UdSSR] **5**, 1040—45, 1963; Kiew, Akad. der Wiss. der UdSSR, Halbleiter-Inst.;

russ.) — Es wird gezeigt, daß sich Schlüsse auf die Struktur der Excitonenbänder in Mol.-Kristallen ziehen lassen aus den experimentellen Beobachtungen der opt. Übergänge zwischen intramolekular angeregten Zuständen („Schwingungsbänder") u. Excitonenbändern. Es wird eine Meth. vorgeschlagen, die es ermöglicht, die Breite u. die Energien der Extremstellen der Excitonenbänder zu messen. Auf der Grundlage der Heitler-London-Näherung wird gezeigt, daß für schmale Schwingungsbänder die Energieverteilung der Zustände in den Excitonenbändern experimentell zugänglich ist. Durch gleichzeitige Messungen der Absorption u. der Luminescenz kann die Kinetik der Excitonenprozesse untersucht werden. K. Jaeger. 119◇

0165 **Kristalloptik mit räumlicher Dispersion und Excitonentheorie.** V. M. Agranovic und V. L. Ginzburg. (Fortschr. Physik **11**, 163—275, 1963; dt.) — 91 Literaturangaben. H. Liepack. 119◇

0166 **Untersuchung über die Absorption des Lichts in dünnen Metallschichten. 4.** Mitt. **Theoretische Deutung.** Georges Rasigni. (Rev. Opt. théor. instrument. **41**, 625—49, 1962; franz.) — 1. vgl. C. **1963**, 14183; vgl. auch C. **1964**, 9-0167. — Vf. untersucht im Vakuum u. in Luft die opt. Eigg. dünner Metallschichten von *Ag*, *Au*, *Cu*, *Fe*, *Co* u. *Ni*. Es werden die Refraktions- ν u. Extinktions-Koeff. $\varkappa$ in Abhängigkeit von der Wellenlänge bestimmt sowie Reflexions- u. Transmissionskoeffizienten. Nach den Formeln von Wolter werden $2\nu\varkappa d$ u. $(\nu^2 - \varkappa^2 - \varepsilon_a)d$ berechnet (d = Dicke der Schichten, ε_a = DK). Die theoret. Deutung der Vers.-Ergebnisse erfolgt mit Hilfe der Theorie von David einmal unter der Voraussetzung, daß nur sphär. Teilchen in den Schichten vorliegen (Ag), zum anderen, daß ellipt. Teilchen vorhanden sind. Ein Vgl. theoret. u. experimenteller Kurven zeigt, daß in realen Schichten Teilchen verschiedener ellipt. Formen vorliegen. Die beobachteten Anomalien sehr dünner Schichten hängen im wesentlichen von der Struktur ab. Bei Ag ist die Änderung eines durch Struktur-Einfl. bedingten Absorptionsmaximums ca. 10mal stärker als die Änderung eines Absorptionsmaximums, daß von elektron. Übergängen herrührt. — 50 Literaturangaben. I. Zoll. 119◇

0167 **Verwendung der durch Totalreflexion hervorgerufenen Phasenverschiebung zur Untersuchung dünner, schwach absorbierender Schichten.** Claude Bazin. (C. R. hebd. Séances Acad. Sci. **255**, 2742—43, 1962; Paris, Inst. d'Optique théor. et appl.; franz.) — Vf. gibt exakte Formeln an, die die Berechnung der Phasenverschiebung bei Totalreflexion an der Grenze Schicht—Luft gestatten. Für eine geringe Lichtabsorption werden Näherungslösungen abgeleitet. Herbert Müller. 119◇

0168 **Die optischen Konstanten von InSb im Bereich des Sichtbaren und des nahen Ultravioletts.** N. I. Kurdiani. (Festkörperphysik [UdSSR] **5**, 1797—99, 1963; Tbilissi, Univ.; russ.) — Gemessen wurde das Reflexionsspektrum von InSb im Sichtbaren u. nahen UV. Daraus wurden der Absorptions-Koeff. u. der Brechungsindex berechnet. Der Abstand zweier Absorptionsmaxima voneinander wird einer Spin-Orbital-Kopplung zugeschrieben. Dieser Effekt wird theoret. abgeschätzt. K. Jaeger. 119◇

0169 **Brechungsindices von WO_3.** S. Sawada und G. C. Danielson. (Physic. Rev. [2] **113**, 1008—13, 1959; Ames, Iowa, Iowa State Coll., Dep. of Phys. and Inst. for Atomic Res.; engl.) — Unter Anwendung von polarisiertem Licht wurde eine modifizierte Meth. nach Chaulnes zur Best. der Brechungsindeces von WO_3 entwickelt. Mit dieser Meth. wurden die drei Hauptindices allein durch Beobachtungen in einer opt. Hauptachse erhalten. Es wurden der mittlere Brechungsindex u. das Maximum der Doppelbrechung bei Zimmer-Temp. zu 2,5 bzw. 0,42 gefunden. Die Kristalle waren oberhalb 740° positiv u. unterhalb dieser Temp. negativ. Bei 330 u. 740° wurden verschiedene Anomalien der Brechungsindices beobachtet. Die Ergebnisse wurden mit denen für einige andere Ferroelektrika u. Antiferroelektrika vom Perowskit-Typ verglichen. K. Huste. 119◇

0170 **Adsorption und Kondensation von Restgasen an im Vakuum gekühlten dünnen Schichten.** Henri Barras. Roger Philip und René Rivoira. (C. R. hebd. Séances Acad. Sci. **255**, 1214—16, 1962; franz.) — Auf Quarzträger aufgedampfte Au-Schichten werden bei ca. 10^{-5} Torr auf $-55°$ gekühlt, u. der opt. Reflexions-Koeff. R wird bei 6000 u. 6438 Å als Funktion der Zeit t bestimmt; die Messungen werden nach Erwärmung auf Raum-Temp. u. erneutem Abkühlen wiederholt. R = f(t) weist ausgeprägte Minima u. Maxima auf, deren Größe vom Restgasdruck abhängt. Die Restgas-Moll. werden auf der gekühlten Metallschicht in mehr oder weniger dicken Schichten kondensiert. Diese Schichten rufen die beobachteten Interferenzerscheinungen hervor. Herbert Müller. 119◇

0171 **Untersuchung der Streuung des Lichtes durch einen Zylinder von monokristallinem Natriumchlorid.** Michèle Girard. (C. R. hebd. Séances Acad. Sci. **254**, 3087—89, 1962; Orsay, Seine-et-Oise, Labor. de Phys. crist.; franz.) — Aus einem synthet. NaCl-Einkristall wurde ein Zylinder von 4 cm Höhe u. 2,5 cm ∅ so geschnitten, daß die Zylinderachse parallel u. die Streufläche senkrecht zu einer vierzähligen Kristallachse waren. Es wurde die Streuung von Licht mit den Wellenlängen $\lambda = 4358$, 5460 u. 5780 Å in Abhängigkeit von α für $\Theta = \pi/2$ auf dem Zylinder untersucht, wobei α den Winkel zwischen vierzähliger Achse u. einfallendem Lichtbündel auf der Streuebene u. Θ den Winkel zwischen einfallendem u. gestreutem Strahl bezeichnen. Außerdem wurde die Streuung als Funktion des Winkels Θ untersucht. Die Ergebnisse zeigten, daß die Intensität des gestreuten Lichtes etwas vom $1/\lambda^4$-Gesetz abweicht u. ca. 100fach stärker ist als jene der therm. Streuung. Diese hohe Intensität ist auf die durch Fehlstellen u. Einschlüsse entstehenden ungleichmäßig verteilten Streuzentren zurückzuführen, so daß sie von α unabhängig ist. Die Messung des Depolarisationsfaktors ϱ_v in Abhängigkeit von α ergab einen sehr geringen Wert. Ebenfalls ist die Abhängigkeit der Streuung von Θ sehr gering. Als mittlere Wellenlänge des gestreuten Lichtes wird 5000 Å angegeben. H. Fries. 119◇

0172 **Über die spektrale Verteilung optisch-akustischer Effekte in kristallinem Seignette-Salz im Bereich von 2000—6000 cm^{-1}.** Ja. Ja. Abolinsch, M. M. Ssokolowa und A. A. Schultin. (Nachr. Leningrader Univ. **17**, Nr. 10, Ser. Physik Chem. Nr. 2, 66—68, 1962; russ., Auszug: engl.) — Opt.-akust. Unters. an einem kristallinem Seignette-Salz im Gebiet von 2000—6000 cm^{-1} ergaben eine Übereinstimmung der Signalmaxima u. der Absorptionsbanden, hervorgerufen durch opt. Anregung der chem. Bindung des Tartrat-Ions u. der Wasser-Moleküle. Diese Erscheinungen entsprechen den nichtstrahlenden Energieübergängen zwischen den intramol. Freiheitsgraden u. dem Gitter. I. Zoll. 119◇

0173 **Die Beugung von breiten und schmalen Lichtstrahlen durch verzerrte fortschreitende Ultraschallwellen mit endlicher Amplitude in Wasser.** L. E. Hargrove und E. A. Hiedemann. (J. acoust. Soc. America **33**, 1747—49, 1961; East Lansing, Mich., Michigan State Univ., Dep. of Phys.; engl.) — Unter Berücksichtigung der durch Schwingungen höherer Ordnung verursachten Beugung entspricht die Intensitätsverteilung des durch nicht sinusförmige Schwingungen gebeugten Lichts der Theorie für Lichtbündel, die sowohl schmaler als auch breiter als die Schallwellenlänge sein können. H. U. Borgstedt. 119◇

0174 **Optische Messungen von Ultraschallfeldern.** Richard F. Weeks. (J. acoust. Soc. America **33**, 741—47, 1961; Concord, N.H., Richard D. Brew & Co., Inc.; engl.) — Durch transversale u. longitudinale Ultraschallschwingungen wird ein transparenter fester Körper doppelbrechend u. der Unters. in durchfallendem Licht in der beschriebenen App. zugänglich. H. U. Borgstedt. 119◇

0175 **Messung der Lichtabsorption in Kristallen und ihre Bedeutung für die Mineralogie.** G. Toubeau. (Bull. Soc. belge Géol. Paléontol. Hydrol. **70**, 262—81, 1961; Mons, Fac. Polytechn., Labor. de Géol.; franz.) — Beschreibung der theoret. Grundlagen zur Messung der Lichtabsorption isotroper u. anisotroper Mineralien u. Berechnung der Absorptionskoeffizienten. Aus den Absorptions-Koeff. der *Granat*-Gruppe lassen sich die Gruppen *Grossular*, *Pyrop-Almandin* u. *Melanit* unterscheiden. Bei der *Sodalith*-Gruppe sind *Nosean* u. *Hauyn* unterscheidbar. Von anisotropen Mineralien wurden untersucht: *Quarz*, *Disthen*, *Idokras*, *Aktinolith*, *Cordierit*, *Diallag*, *Muskovit*, *Augit*, *Aegirin*, *Olivin*, *grüne Hornblende*, *Zirkon*, *Hypersthen*, *Sphen*, *Staurolith*, *Epidot*, *Rutil*, *Hornblende*, *Biotit* u. *Turmalin*. Bei den Hypersthenen ist eine Beziehung zwischen den Absorptions-Koeff. u. dem Geh. an $FeSiO_3$ festzustellen. C. Gottfried. 119△

0176 **Untersuchung opaker Mineralien im nahen Infrarot.** G. Toubeau. (Bull. Soc. belge Géol. Paléontol. Hydrol. **70,** 281—89, 1961; Mons, Fac. Polytechn., Labor. de Minér.; franz.) — Beschreibung einer Meth., bei der IR-Strahlung in sichtbare Strahlung umgewandelt wird. Dadurch können die opt. Eigg. von Mineralien, die für IR-Strahlung durchlässig sind, mit dem Mikroskop oder dem Babinetschen Goniometer gemessen werden. Für IR-Strahlung durchlässig sind: *Grauspießglanz, Molybdänit, Argyrodit, Stephanit, Pyrargyrit, Proustit, Tetraedrit, Tennantit, Famatinit, Enargit, Bournonit, Boulangerit, Jamesonit, Hämatit, Ilmenit, Rutil, Goethit, Chromit, Columbotantalit* u. *Wolframit.* Gemessen wurden an den meisten dieser Mineralien die Doppelbrechung, z. T. die Auslöschung u. der Pleochroismus u. der Winkel der opt. Achsen. C. Gottfried. 119△

0177 **Nomogramm zur Bestimmung des Winkels von optischen Achsen nach A. N. Sawaritzki.** W. W. Chlesstow. (Schr. mineralog. Allunions-Ges. [UdSSR] [2] **88,** Nr. 6, 700—01, 1959; russ.) — Für die Ermittlung der 2V-Werte nach Sawaritzki wird ein Nomogramm vorgeschlagen, welches die sonst erforderliche Berechnung überflüssig macht. O. Lebtag. 119△

0178 **Zylindrische Präparate zur Untersuchung der Brechungsindices von Mineralien durch die Immersionsmethode.** N. K. Rasumowski. (Schr. mineralog. Allunions-Ges. [UdSSR] [2] **88,** Nr. 6, 708—09, 1959; russ.) — Beschreibung der Best. von N_g, N_p u. N_m sowie der opt. Ein- bzw. Zweiachsigkeit der zylindr. Präpp. nach dem Immersionsverfahren. O. Lebtag. 119△

0179 **Die Schwefel–Sauerstoff-Bindung in Sulfuryl- und Thionylverbindungen: Korrelation der Valenzfrequenzen und Kraftkonstanten mit Bindungslängen, Bindungswinkeln und Bindungsgraden.** R. J. Gillespie und E. A. Robinson. (Canad. J. Chem. **41,** 2074—85, 1963; Hamilton, Ontario, McMaster Univ., Dep. of Chem.; Toronto, Ontario, Univ. of Toronto, Dep. of Chem.; engl.) — Es besteht eine recht genau definierte Beziehung zwischen der Länge einer SO-Bindung u. dem Valenzwinkel einer SO_2-Gruppe einerseits u. der SO-Valenzfrequenz, die zur Berechnung unbekannter Bindungslängen bzw. Valenzwinkel benutzt werden kann. Definition u. Ermittlung von Bindungsgraden von SO-Bindungen werden erörtert. Zwischen Kraft-Konst. u. Bindungsgrad besteht ein linearer, zwischen Bindungslänge u. Bindungsgrad ein nichtlinearer Zusammenhang. Die Verhältnisse werden für nachst. Verbb. bzw. Ionen diskutiert: $(SO_3)_3$, SO_2F_2, SOF_2, SOF_4, SO_3F_2, $S_2O_5F_2$, $S_2O_6F_2$, $SO_2(OH)_2$, $SOCl_2$, SO_2Cl_2, $(CH_3)_2SO$, $(CH_3)_2SO_2$, SO_2, SO_3, $S_2O_6^{2-}$, $S_2O_7^{2-}$, $NH_2SO_3^-$, $NH(SO_3)_2^{2-}$, $C_2H_5OSO_3^-$, $CH_2(SO_3)_2^{2-}$, $HOSO_3^-$, SO_4^{2-}, SO_3^{2-}, CF_3SO_2F, CH_3OSO_2F, SO_2FBr, SO_2FCl, CF_3SO_2Cl, FSO_3H, $S_2O_5Cl_2$, $(CH_2)_4SO_2$, $ClSO_2OH$, CH_3SO_2F, CCl_3SO_2Cl, CH_3SO_2Cl, CH_3SO_2OH, FSO_3^-, $ClSO_3^-$, $CF_3SO_3^-$, $N(SO_3)_3^{3-}$, $CH_3SO_3^-$, $(NH_2)_2SO_2$. A. Blaschette. 120◇

0180 **Bestimmung der Kraftkonstanten und Berechnung des Schwingungsspektrums in kristallinem Selen.** W. G. Boitzow. (Festkörperphysik [UdSSR] **5,** 1050—54, 1963; Leningrad, Elektrotechn. Inst.; russ.) — Die Kraft-Konst. im Se-Gitter werden aus Daten der Gitterabsorptionsbande abgeleitet. Eine Berechnung des Schwingungsspektrums für den eindimensionalen unendlichen Kristall wird auf der Grundlage des Urey-Bradly-Potentials durchgeführt. K. Jaeger. 120◇

0181 **Zur Bestimmung der Kraftkonstanten und Berechnung des Schwingungsspektrums von Tellur.** W. G. Boitzow. (Festkörperphysik [UdSSR] **5,** 1822—25, 1963; Leningrad, Elektrotechn. Inst. des Nachrichtenwesens; russ.) — Benutzt wird ein Modell des Te-Kristalls, das aus einer isolierten schraubenförmigen Kette von Atomen besteht, um das Schwingungsspektrum eines Te-Kristalls zu berechnen, wobei das Auftreten von Torsionskräften berücksichtigt wurde. Durch einen Vgl. mit dem IR-Absorptionsspektrum werden auch die Kraft-Konst. abgeleitet. K. Jaeger. 120◇

0182 **Die mittleren Schwingungsamplituden und thermodynamischen Funktionen von Technetiumhexafluorid.** G. Nagarajan. (Indian J. pure appl. Physics **1,** 232—34, 1963; Annamalainagar, Annamalai Univ., Phys. Dep.; engl.) — Aus den fünf von Claassen u. Mitarbeitern (C. **1963, 1547**) beobachteten Fundamentalfrequenzen von TcF_6 wird die inakt. F_{2u}-Grundfrequenz berechnet. Die Schwingungsamplituden bei 0° K u. 298° K für die Tc—F- u. F—F-Abstände werden bestimmt. Auf Grund eines vom Vf. aufgestellten Potentialmodells (vgl. Bull. Soc. chim. belges **71,** [1962], 674) wurden die Kraft-Konst. ermittelt. Aus ihnen ergibt sich für die nicht beobachtete Grundschwingung der Wert 180 cm^{-1}. Der Abstand Tc—F wird zu 1,8512 Å gefunden. Die thermodynam. Funktionen $(H_0 - E_0^0)/T$, $(F_0 - E_0^0)/T$, S^0 u. C_p^0 wurden im Bereich 100—2000° K für den gasförmigen Zustand bei 1 atm berechnet. F. Weigel. 120◇

0183 **Untersuchung der Schwingungsspektren einiger Ferroelektrika durch die Methode der Raman-Streuung.** P. A. Bashulin, T. P. Mjassnikowa und A. W. Rakow. (Festkörperphysik [UdSSR] **5,** 1783—90, 1963; Moskau, Lebedew-Inst. für Phys. der Akad. der Wiss. der UdSSR; russ.) — Gemessen wurden die Raman-Spektren von $(NH_4)_2 \cdot SO_4$, NH_4HSO_4, $RbHSO_4$, $LiH_3(SeO_3)_2$ u. $NaH_3(SeO_3)_2$ bei Zimmer-Temp. u. in der Nähe der Umwandlungs-Temp. der Verbindungen. Die Höhen der Streumaxima hängen von der Kristallorientierung ab, u. zwar sowohl in polarisiertem als auch in unpolarisiertem Licht. Für die ersten drei Verbb. werden Schwingungen beobachtet, die zusätzlich zu den inneren Schwingungen des SO_4-Komplexes auftreten. Die Ergebnisse werden diskutiert. K. Jaeger. 120◇

0184 **Intensität der Absorptionsbande 1300 cm^{-1} der P → O-Gruppe in einigen Chloriden und Estern der Phosphorsäure.** Raymonde Mathis-Noël, Marie-Thérèse Boisdon, Jean-Pierre Vives und Ferdinand Mathis. (C. R. hebd. Séances Acad. Sci. **257,** 402—04, 1963; Toulouse, Fac. des Sci., Labor. de Chim.-Agrég.; franz.) — Vff. untersuchten die Intensität A der Bande 1300 cm^{-1} der P → O-Valenzschwingung in den Phosphorsäure-Derivv. $(C_2H_5O)_3PO$, $(C_2H_5O)_2POCl$, $(C_2H_5O)POCl_2$, $(ClC_2H_4O)POCl_2$, $(C_4H_9O)_3PO$, $(C_6H_5O)_3PO$, $(C_6H_5O)_2POCl$, $(C_6H_5O)POCl_2$ u. $POCl_3$ in Abhängigkeit von der Art der Substituenten. A ist um so kleiner, je elektronegativer der Substituent ist, was durch die Beziehung $A = 4{,}11 - 0{,}21\ \Sigma\sigma^*$ ($\Sigma\sigma^*$ = Summe der Taft-Koeff. der Substituenten) wiedergegeben werden kann. W. Feldmann. 120◇

0185 **Die Banden des SiCl-Moleküls im Bereich 3220 bis 2735 Å.** I. Je. Owtscharenko und Ju. Ja. Kusjakow. (Optik u. Spektroskopie [UdSSR] **13,** 635—41, 1962; russ.) — Durch elektr. Entladungen in $SiCl_4$-Dampf wurde *SiCl* erhalten u. sein Absorptionsspektrum im Bereich 3220 bis 2735 Å aufgenommen. Wellenlängen u. Interpretation der gemessenen Banden werden tabellar. angegeben. Für den Grund- ($^2\Pi$) u. Anregungszustand ($^2\Sigma$) von $^{28}Si^{35}Cl$ konnten die Schwingungs-Konst. bestimmt werden. Erstmalig wird eine Schwingungsstrukturanalyse der Banden des B–X-Syst. von $^{28}Si^{37}Cl$ durchgeführt. Der erhaltene Wert 0,9879 für $\varrho = \omega_e^i/\omega_e$ bestätigt die durchgeführte Analyse. Infolge ihrer geringen Intensität konnten keine Banden des isotop. Mol. $^{29}Si^{35}Cl$ gefunden werden. U.-L. Rau. 120◇

0186 **Organogermaniumverbindungen. 2. Mitt. Infrarotspektren von einigen Acetoxygermanen und die relativen induktiven Effekte der Trimethylsilyl- und Trimethylgermyl-Gruppe.** T. N. Srivastava und M. Onyszchuk. (Canad. J. Chem. **41,** 1244—49, 1963; Montreal, Quebec, McGill Univ., Inorg. Chem. Labor.; engl.) — 1. vgl. Canad. J. Chem. **39,** [1961], 339. — Die IR-Spektren von GeH_3OCOCH_3 (gasförmig, 10-cm-Küvette, 11,8 Torr) u. $(CH_3)_3GeOCOCH_3$ (gasförmig, 10-cm-Küvette, 8,5 Torr, bzw. fl. als capillare Schicht oder als CCl_4-Lsg.) wurden im Bereich 650 bis 3800 cm^{-1} gemessen. Die hauptsächlichen Banden werden zugeordnet u. verglichen mit analogen Frequenzen der Alkyl-, Methylsilyl-, Methylzinn- u. Methylbleiacetate. Beim Übergang vom C über Si zum Ge in Acetaten vom Typ $(CH_3)_3 \cdot MOCOCH_3$ (M = C, Si, Ge) ist eine Verschiebung der CO-Absorptionsbande zu niedrigeren Frequenzwerten bei gleichzeitiger Erhöhung der CO-Gerüstbanden festzustellen. Die Ergebnisse lassen die Annahme zu, daß die Ge—O-Bindung stärker polar ist als die Si—O-Bindung. Die Stärke der Elektronenabgabe der $(CH_3)_3M$-Gruppe sinkt in der Reihenfolge $(CH_3)_3Ge > (CH_3)_3Si > (CH_3)_3C$, was der Elektronegativitätsreihe C > Si > Ge entspricht. — GeH_3OCOCH_3 u. $(CH_3)_3GeOCOCH_3$ wurden aus H_3GeBr bzw. $(CH_3)_3GeBr$ mit Ag-Acetat im Vakuum hergestellt. D. Kunath. 120◇

0187 **Infrarotspektren von Metallkomplexen.** Ichiro Nakagawa. (Chem. and chem. Ind. [Kagaku to Kôgyô]

15, 814–24, 1962; Tokyo, Univ., Naturwiss. Fak.; jap.) — Übersicht. — 61 Literaturangaben. E. Maekawa. 120◇

0188 **Infrarot-Absorptionsspektren molekularer Pyridin-Komplexe. 4. Mitt. Molekülkomplexe mit Zn-, Cd- und Hg-Halogeniden.** Fumio Watari und Susumu Kinumaki. (Sci. Rep. Res. Inst. Tôhoku Univ., Ser. A **14**, 129–33, 1962; Chem. Res. Inst. of Non-Aqueous Solutions; engl.) — 3. vgl. Sci. Rep. Res. Inst. Tôhoku Univ., Ser. A **14**, [1962], 64. — Beim Auflösen von $ZnCl_2$, $ZnBr_2$, ZnJ_2 in Pyridin (I) werden IR-Spektren bei 637, 1015, 1044 u. 1450 cm^{-1} beobachtet. Bei $HgCl_2$, $HgBr_2$, HgJ_2 tritt ein Spektrum bei 1007 cm^{-1} auf. Die Spektren von Zn- u. Hg-Halogeniden sowie von $CdCl_2$, $CdBr_2$, CdJ_2 mit I werden durch Vgl. mit dem Spektrum von reinem I bestimmt u. bezeichnet. W. Wesly. 120◇

0189 **Störungen des Infrarotspektrums bei Matrix-Versuchen.** G. C. Pimentel und S. W. Charles. (Pure appl. Chem. **7**, 111–23, 1963; Berkeley, Calif., Univ. of California, Chem. Dep.; engl.) — Übersicht über neuere Ergebnisse (Frequenzverschiebungen z. B. NO, N_2O, NO_2, CO_2, H_2O, NH_3, C_2H_2, C_2D_2, CH_4, CH_3D, CH_3J, CH_2CO, C_2H_4, $HONO$, HN_3, $NOCl$, LiF; theoret. Deutung der Verschiebungen; Komplikationen des Spektrums: Deutung von Multipletts). — 44 Literaturangaben. A. Blaschette. 120◇

0190 **Matrix-Isolierung von Hochtemperatur-Dämpfen: Boroxid.** W. Weltner jun. und J. R. W. Warn. (J. chem. Physics **37**, 292–303, 1962; Tarrytown, N.Y., Union Carbide Res. Inst.; engl.) — Die Matrixisolierungs-Meth. wurde auf B_2O_3-Dampf (aus der Schmelze bei 1400° K gebildet) angewendet. Das IR-Spektrum der B_2O_3-Moll., die in die feste Ar-Matrix eingebaut wurden, wurde zwischen 280 u. 3600 cm^{-1} gemessen u. mit dem bekannten Dampf-Emissionsspektrum verglichen. Um 500 cm^{-1} wurden einige neue Banden gefunden, die zu einer Änderung der Schwingungszuordnung u. der thermodynam. Eigg. des gasförmigen Mol. führen. Das IR-Spektrum des in einer Matrix isolierten B_2O_2 (aus B_2O_3 + B) ergab eine einzige Absorptionsbande, die mit dem Emissionsspektrum übereinstimmt. Es wurden ferner die Spektren von ^{10}B- u. ^{11}B-substituierten Moll. untersucht. Für das gasförmige B_2O_3 werden die thermodynam. Funktionen Cp, $(H^0-H^0_0)/T$, S^0 u. $(F^0-H^0_0)/T$ zwischen 100 u. 6000° K angegeben. D. Noack. 120◇

0191 **Theorie der Stoßverbreiterung von Raman-Linien durch anisotrope intermolekulare Kräfte.** J. Fiutak und J. Van Kranendonk. (Canad. J. Physics **41**, 21–32, 1963; Toronto, Ontario, Univ. of Toronto, Dep. of Phys.; engl.) — Theoret. Abhandlung über den Einfl. von anisotropen intermol. Kräften (AIK) auf die Raman-Linien-Verbreiterung mit Hilfe der Stoß-Theorie. Mit dem Begriff der Frequenz-Entartung wird gezeigt, daß die Einzelkomponenten einer Raman-Linie, wenn sie weit genug voneinander getrennt sind, durch AIK proportional zur Dichte verbreitert werden; bei fehlender Auflösung sind die AIK ohne weiteren Einfluß. Die Abhängigkeit des opt. Wirkungsquerschnittes von den AIK u. dem Mol.-Durchmesser ist für starke u. schwache intermol. Wechselwrkgg. verschieden. H. Bürger. 120◇

0192 **Intensitäten der Raman-Linien von Oberschwingungen.** I. I. Kondulenko, W. Je. Pogorelow und W. L. Strishewski. (Optik u. Spektroskopie [UdSSR] **13**, 649–54, 1962; russ.) — Vff. untersuchen theoret. die Abhängigkeit der Intensität (I) der ersten Oberschwingung von innermol. Schwingungen von der Frequenz des Erregerlichtes im Raman-Spektrum. Die Ergebnisse zeigen, daß diese Frequenzabhängigkeit bei den Oberschwingungen (Os) wesentlich stärker als bei den Grundschwingungen (Gs) ausgeprägt ist. Zur Überprüfung wurde I der Linien 313 u. 1550 von CCl_4, 762 u. 1520 von $CHCl_3$ sowie 656 u. 796 cm^{-1} von CS_2 bei Anregung mit den Hg-Linien 5461, 4358, 4047 u. 3650 Å bestimmt. In qual. Übereinstimmung mit den theoret. Aussagen steigt I der Os 1550, 1520 u. 796 cm^{-1} wesentlich stärker mit der Frequenz der Erregerlinie als I der Gs 313, 762 u. 656 cm^{-1} an. U.-L. Rau. 120◇

0193 **Über die Struktur von Berylliumhalogeniden in konzentrierter wässeriger Lösung.** Ja. Ss. Bobowitsch. (Optik u. Spektroskopie [UdSSR] **13**, 673–75, 1962; russ.) — Die Raman-Spektren konz., wss. Lsgg. von $BeCl_2$ (**I**; Konz. 7 Mol/Liter) u. $BeBr_2$ (**II**; ca. 2 Mol/Liter) sowie der **I**-Lsg. mit einem Zusatz von NaBr wurden aufgenommen. Auf Grund der Ergebnisse nimmt Vf. eine polymere Struktur $(BeX_2)_n$ des Typs

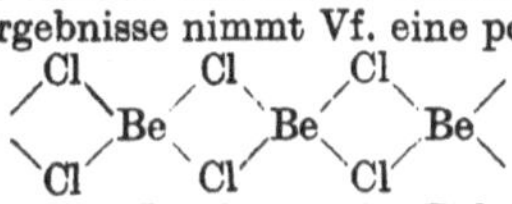

in den konz., wss. Lsgg. von **I** u. **II** an. Die Bindung in den Polymeren wird durch Donator–Acceptor-Wechselwrkg. zwischen X u. Be bedingt. Die Verbreiterung u. Überlagerung der Banden bei **II**, die ebenfalls bei der **I**-Lsg. mit NaBr-Zusatz auftritt, wird durch teilweise Dissoziation des polymeren **II** gedeutet. U.-L. Rau. 120◇

0194 **Stark-Effekt und Hyperfeinstruktur von Fluorwasserstoff.** Rainer Weiss. (Physic. Rev. [2] **131**, 659–65, 1963; Cambridge, Mass., MIT, Res. Labor. of Electron.; Midford, Mass., Tufts Univ.; engl.) — Die Kern-Hyperfeinstruktur-Konst. u. das elektr. Dipolmoment von $^1H^{19}F$ im Grundschwingungs- u. 1. angeregten Rotationszustand wurden nach der elektr. Mol.-Strahlresonanz-Meth. gemessen. Die Konst. sind $c_F = 307{,}6 \pm 1{,}5$ kHz, $c_P = -70{,}6 \pm 1{,}3$ kHz, $(2/5)\, g_P\, g_F\, \mu_{nm}^2/h\langle r^3\rangle = 57{,}6 \pm 0{,}44$ kHz. Die Eichung der App. erfolgte durch Beobachtung der Stark-Übergänge im Grund-Schwingungs- u. 1. angeregten Rotationszustand von $^{12}C^{16}O^{32}S$ mit $\mu_{HF}/\mu_{COS} = 2{,}554 \pm 0{,}0037$, woraus unter Benutzung von $\mu_{COS} = 0{,}7124 \pm 0{,}0002$ D $\mu_{HF} = 1{,}8195 \pm 0{,}0026$ D folgt. Eine abs. Messung des elektr. Dipolmoments von COS ergab $\mu_{COS} = 0{,}7120 \pm 0{,}003$ D. Die Konst. sind in sehr guter Übereinstimmung mit gemittelten abs. Werten aus magnet. Resonanzversuchen. H. Liepack. 121◇

0195 **Kern-Quadrupolwechselwirkung in flüssigem Gallium.** T. E. Faber. (Solid State Commun. **1**, 41–47, 1963; Cambridge, Univ., Cavendish Labor.; engl.) — Die Spin-Relaxationszeit T_1 wird in fl. Ga außer durch die Spin-Spin-Wechselwrkg. auch durch Wechselwrkg. mit dem Kern-Quadrupolmoment beeinflußt. Das bedeutet, daß am Ort des Kernes ein Feldgradient eq herrschen muß, wo e die Elementarladung u. $q = 2 \cdot 10^{24}$ cm^{-3} ist. Die Umgebung des einzelnen Ga-Atoms ist also in der Fl. ebenso anisotrop wie im Festkörper. F. Schneider. 121◇

0196 **Über die Resonanzstrahlung von atmosphärischem Sauerstoff und Wasserdampf im Mikrowellenbereich.** Ss. Ss. Gremjatschenski. (Nachr. Leningrader Univ. **17**, Nr. 10, Ser. Physik Chem. Nr. 2, 69–77, 1962; russ., Auszug: engl.) — Best. von Druck- u. Temp.-Einfl. auf die Absorption von Radiowellen. Die Linienbreite des O-Absorptionsbandes beträgt ca. 0,035 cm^{-1}. I. Zoll. 121◇

0197 **Neuere für die Chemie interessante Ergebnisse der Mikrowellenspektroskopie.** E. Bright Wilson jun. (Pure appl. Chem. **7**, 23–31, 1963; Cambridge, Mass., Harvard Univ., Dep. of Chem.; engl.) — Übersicht über Unterss. an OH, CS, O_3, O_2F_2, *cis*-N_2F_2, NSF, $HNSO$, OCF_2, *Cyclopenten*, *Formaldoxim*, *Keten*, OF_2 (Zentrifugalverzerrung). — 17 Literaturangaben. A. Blaschette. 121◇

0198 **Entwicklungen der Milli- und Submillimeterwellentechnik und ihre Anwendung auf dem Gebiet der Chemie.** Tersuji Nishikawa. (Kagaku-no-Ryôiki [J. Jap. Chem.] **16**, 657–64, 1962; Tokyo, Univ., Naturwiss. Fak.; jap.) — Übersicht. — 38 Literaturangaben. E. Maekawa. 121◇

0199 **Mikrowellenspektroskopie in der Strukturchemie.** Yonezo Morino. (Chem. and chem. Ind. [Kagaku to Kôgyô] **15**, 127–31, 1962; Tôkyô, Univ., Naturwiss. Fak.; jap.) — Übersicht. — 9 Literaturangaben. E. Maekawa. 121◇

0200 **Rubin als Masermaterial.** Chihiro Kikuchi, John Lambe, George Makhov und Robert W. Terhune. (J. appl. Physics **30**, 1061–67, 1959; Ann Arbor, Mich., Univ., Willow Run Labor.; engl.) — Die Gründe für die anfängliche Wahl von Rubin als Masermaterial werden dargelegt u. einige Messungen der Parameter der Spin-Hamilton-Funktion u. der Spin-Relaxationszeiten erörtert. G. Ruban. 121◇

0201 **Laser.** D. J. E. Ingram. (Contemporary Physics **3**, 435–52, 1962; Keele, Univ.; engl.) — Allg. Übersicht (kohärente Strahlung, stimulierte Emission von Strahlen, Anwendung von Lasern). — 9 Literaturangaben. Ch. Weiske. 121◇

0202 **Verteilung der für die Phosphorescenz verantwortlichen Haftstellen in Substanzen auf Fluoromelt-Basis.** Nicole Chevalier, Françoise Gaume-Mahn, Joseph

Janin und Jacqueline Oriol. (C. R. hebd. Séances Acad. Sci. **255**, 1096—98, 1962; Lyon, Inst. de Phys. gén.; franz.) — Bei Rk. von Sb_2O_3 mit CaF_2 in Ggw. von $CaCO_3$ (a) wird *Fluoromeit* (I) mit nicht vernachlässigbaren Mengen Ca-Meta- u. -Diantimonat erhalten, während die Rk. von CaF_2 mit 38% Sb_2O_3 (b) eine Mischung von I u. CaF_2 liefert. In Proben vom Typ a u. b folgt aus der Abklingzeit τ der Phosphorescenz bei Raum-Temp. das Vorliegen flacher Haftstellen; τ liegt in der gleichen Größenordnung. Aus Unterss. der Thermoluminescenz zwischen —190 u. 400° wird für die Tiefe der Haftstellen in a u. b 0,15—0,30 eV erhalten. Die Deutung der Meßergebnisse mit einem monomol. Mechanismus liefert für Phosphorescenz u. Thermoluminescenz die gleiche Verteilung der Haftstellen. In Proben vom Typ a werden Haftstellen mit Energien von ca. 1 eV erst bei höheren Temp. geleert. Offenbar werden die Luminescenz-Eigg. u. Haftstellentiefen von I beträchtlich durch Ca-Meta- u. -Diantimonat beeinflußt. Herbert Müller. 125◇

0203 **Fluorescenzzentren in ZnS.** W. van Gool. (Philips Res. Rep., Suppl. **1961**, Nr. 3, 1—119; engl.) — Vgl. C. **1962**, 5930. — Übersichtsarbeit. Vf. beschreibt die Herst. von ZnS- u. CdS-Phosphoren mit gleichen Mengen von Aktivatoren (Ag, Cu, Au) u. Koaktivatoren (Al, Sc, Ga, In) sowie nur mit Koaktivatoren (Al, Cl). In Diagrammen wird die Temp.-Abhängigkeit der Fluorescenz zusammen mit Glow-Kurven dieser Phosphore mit unterschiedlichem Geh. an Verunreinigungen wiedergegeben u. theoret. gedeutet. In thermodynam. Berechnungen werden die Wechselwrkg. von O mit ZnS u. CdS behandelt. Es wird ein Modell vorgeschlagen, das qual. die Fluorescenzmessungen, ihre Temp.-Abhängigkeit u. die Glow-Kurven deutet. I. Zoll. 125◇

0204 **Berechnung der Wahrscheinlichkeit strahlungsloser Übergänge an Samarium(II)-Ionen im Fluorit.** B. S. Malkin. (Festkörperphysik [UdSSR] **5**, 1062—66, 1963; Kasan, Univ.; russ.) — Berechnet wird die Wahrscheinlichkeit des strahlungslosen Doppel-Phononenüberganges $^7F_1 \to {}^7F_0$ im Sm^{2+}-Ion (der für CaF_2 : Sm^{2+}-Laser wichtig ist) unter der Annahme, daß die Sm^{2+}-Ionen in würfelförmiger Koordination F^--Ionen als nächste Nachbarn besitzen. Die Breite des $^7F_1$-Niveaus wird erhalten u. mit der Breite der 7083 Å-Luminescenzbande verglichen, die auf einen Übergang unter Strahlung in dasselbe Niveau zurückgeht. K. Jaeger. 125◇

0205 **Die Röntgenluminescenz von NaCl-Kristallen mit Kobalt.** J. Dolejši, M. Lébl und J. Trnka. (Czechoslov. J. Physics **12**, 77—78, 1962; Prag, Inst. für Festkörperphys. der Tschechosl. Akad. der Wiss.; dt.) — Von aus der Schmelze gezogenen (NaCl : Co)-Kristallen mit 0,03 Mol-% Co wurde die Röntgenluminescenz beobachtet. Das Emissionsspektrum weist vier Banden um 5720, 6020, 6460 u. 6700 Å auf, deren Intensitätsverhältnisse von der Temp. des bestrahlten Kristalls u. der Dauer der Röntgenbestrahlung abhängen. R. Uttech. 125◇

0206 **Röntgenluminescenz von AgCl-Kristallen.** Z. Berger und E. Vavřinec. (Czechoslov. J. Physics **12**, 79, 1962; Prague, Charles Univ., Inst. of Phys.; engl.) — Von AgCl wurde eine sehr schwache Röntgenluminescenz (5900; 4800 Å) nachgewiesen, deren Intensität sich durch Cd-Beimengungen verringert. R. Uttech. 125◇

0207 **Beitrag zur Theorie der Polarisation der Photoluminescenz von Lösungen.** A. Jabłoński. (Acta physica polon. **14**, 497—99, 1955; Toruń, Nicholas Copernicus Univ., Phys. Dep.; engl.) — Theoret. Ableitungen. K. Huste. 125◇

0208 **Untersuchung von Phosphoren durch die Methode der paramagnetischen Elektronenresonanz.** W. W. Antonow-Romanowski. (Nachr. Akad. Wiss. UdSSR, physik. Ser. **26**, 460—62, 1962; Phys. Lebedew-Inst. der Akad. der Wiss. der UdSSR; russ.) — Die Bedeutung der EPR-Meth. zur Unters. von Kristallphosphoren wird an Hand von Literaturbeispielen aufgezeigt. G. Winkhaus. 125◇

A$_3$. Elektrizität, Magnetismus, Elektrochemie

0209 **Die Ionisierung von Alkalimetallatomen durch Elektronenbeschuß.** Gilbert O. Brink. (Physic. Rev. [2] **127**, 1204—06, 1962; Livermore, Calif., Univ. of California, Lawrence Radiat. Labor.; engl.) — Mit Hilfe gekreuzter Elektronenstrahlen werden die relativen Ionisationsquerschnitte von *Li*, *Na* u. *K* über einen Energiebereich von der Ionisationsschwelle bis 500 eV gemessen. Für Na u. K stimmen die Ergebnisse mit früheren Arbeiten überein. Es wird der Vers. gemacht, die beobachtete Form der K-Kurve mit den bekannten Energieniveaus des Atoms in Verbindung zu bringen. Da die Rb-Kurve nicht selbst aufgenommen wurde, wird deren Struktur an Hand der Ergebnisse anderer Autoren diskutiert. R. Nink. 131◇

0210 **Rotationsanregung von Molekülen durch langsame Elektronen.** Robert C. Stabler. (Physic. Rev. [2] **131**, 679—83, 1963; Princeton, N.J., RCA Defense Electron. Prod., Plasma and Space Appl. Phys.; engl.) — Berechnung der Wirkungsquerschnitte nach einer Störungstheorie 1. Ordnung u. angenäherten Coulomb-Wellenfunktionen. Für Ionen mit verschwindendem elektr. Dipolmoment, Quadrupolmoment Q u. Rotationsquantenzahl J beträgt der Wirkungsquerschnitt $2{,}0 \cdot 10^{-15}\,(Q^2/ea_0^2)\,(1\,eV/E_i)\,\eta(J)\,cm^2$, E_i Elektronenenergie, $1/4 < \eta\,(J) < 2/3$ für alle J. Die Energieverlustrate der Mol.-Ionen infolge unelast. Stöße beträgt ca. 10% des Verlustes aus elast. Coulomb-Stößen, unabhängig von der Energie. Daher kann die Stoßfrequenz für Energieübertragung bei Anwesenheit von Mol.-Ionen etwas zunehmen. H. Liepack. 131◇

0211 **Über die Beziehung zwischen Phasenschiebung und Quantendefekt.** B. L. Moiseiwitsch. (Proc. physic. Soc. **79**, 1166—69, 1962; Belfast, Queen's Univ., Dep. of Appl. Math.; engl.) — Aus Bethes Theorie der effektiven Reichweite für die elast. Streuung von Elektronen an einem positiven Ionen-Potential, das sich für große Kernabstände asymptot. wie ein Coulomb-Feld verhält, wird eine exakte Beziehung zwischen der Phasenschiebung der Partialwelle mit Drehimpuls Null u. dem Quantendefekt, d. h. der Differenz zwischen Hauptquantenzahl u. effektiver Hauptquantenzahl abgeleitet. Im Grenzfall $k/Z \to 0$ (k Wellenzahl, Z Netto-Ionenladung) geht die Beziehung in eine bereits auf anderem Wege von Seaton abgeleitete über. F. Lenz. 131◇

0212 **Stoßdämpfung von Plasmaschwingungen.** 1. Mitt. David Gorman und David Montgomery. (Physic. Rev. [2] **131**, 7—12, 1963; St. Louis, Mo., Washington Univ., Math. Dep.; College Park, Md., Univ. of Maryland, Inst. for Fluid Dynam. and Appl. Math.; engl.) — Unters. der Stoßdämpfung elektrostat. Schwingungen großer Wellenlänge in einem Plasma hoher Temp. unter Benutzung der kinet. Gleichung von Guernsey. H. Liepack. 131◇

0213 **Wechselwirkung elektromagnetischer Wellen mit Quanten- und klassischen Plasmen.** Amiram Ron und Narkis Tzoar. (Physic. Rev. [2] **131**, 12—20, 1963; Princeton, N.J., Princeton Univ., Plasma Phys. Labor.; Whippany, N.J., Bell Telephone Labor.; engl.) — Systemat. Unters. der Absorption für Frequenzen, die groß sind im Vgl. zur Stoßfrequenz u. für Wellenlängen, die groß sind im Vgl. zum Bohr- bzw. Debye-Radius. Es wird ein exakter Ausdruck für die Leitfähigkeit eines Quantenplasmas abgeleitet, der in der klass. Grenze vollkommen mit dem von Dawson u. Oberman u. Oberman, Ron u. Dawson (Phys. Fluids **5**, [1962], 517 u. 1514) übereinstimmt. H. Liepack. 131◇

0214 **Čerenkov-ähnliche Strahlung durch Plasmaschwingungen.** G. Schmidt und G. Halpern. (Physic. Rev. [2] **131**, 217—18, 1963; Hoboken, N.J., Stevens Inst. of Technol.; engl.) — Es wird gezeigt, daß zwischen den elektrostat. Schwingungen entlang eines Plasmazylinders u. äußeren transversalen elektromagnet. Wellen ein Kopplungsmechanismus besteht, der zu einer Strahlung durch Phasenschwingungen führt. Die Plasmaschwingungen entlang des Zylinders können in laufende Wellen zerlegt werden, deren äußere Erscheinung der einer Bewegung von positiv u. negativ geladenen Bündeln mit der Phasen-Geschw. der Welle entspricht. Für lange Wellenlängen mit Phasen-Geschw. > Licht-Geschw. des umgebenden Mediums hat die Strahlung die Form der Čerenkov-Strahlung des entsprechenden geladenen Bündels. H. Liepack. 131◇

0215 **Über eine Unoplasmatron-Ionenquelle mit kleinen Abmessungen.** M. von Ardenne und U. Heisig. (Exp. Techn. Physik **11**, 26—31, 1963; Dresden, Weißer Hirsch, Forsch.-Inst. Manfred v. Ardenne; dt.) — Die Unoplasmatronquelle wurde für optimale Daten bei der *Ar*-Ionenerzeugung modifiziert. Bei einem Ionenstrom von 1 mA bei $p_{Ar} = 2 \cdot 10^{-2}$ Torr betrug der Ionisierungswirkungsgrad $\eta = 0{,}15$, die Ionenausbeute $\alpha_e = 1{,}1 \cdot 10^{-2}\,mAW^{-1}$. H. Liepack. 131◇

0216 **Strominstabilität einer positiven Plasmasäule im Magnetfeld.** W. L. Wdowin und A. W. Nedosspassow. (J. techn. Physik [UdSSR] **32**, 817–22, 1962; russ.) — Nach einer früher entwickelten Theorie (Kadomtsev u. Nedospasov, C. **1963**, 14189) werden für *He*, H_2, *Ne*, *Ar*, *Hg* die Instabilität der positiven Säule im Magnetfeld ermittelt u. die krit. Magnetfelder berechnet. Ein Vgl. mit experimentellen Befunden erlaubt, die Theorie zu bestätigen.
M. Wiedemann. 131◇

0217 **Parametrische Schwingungen und Erzeugung Harmonischer in einer Plasmaentladung.** G. S. Kino und J. H. Krenz. (Appl. Physics Letters **2**, 53–55, 1963; Stanford, Calif., Stanford Univ., W. W. Hansen Labor. of Phys., Microwave Labor.; engl.) — Unters. an einer Hochfrequenzentladung in Hg-Dampf. H. Liepack. 131◇

0218 **Bildung von Wasserstoffatomen durch Mikrowellenentladungen. Quantitative Kontrolle der entstandenen Wasserstoffatome.** Børge Bak und John Rastrup-Andersen. (Acta chem. scand. **16**, 111–16, 1962; Copenhagen, Denmark, Univ., Chem. Labor.; engl.) — Zur Bldg. von H- bzw. D-Atomen aus H_2 bzw. D_2 lassen Vff. die mol. Gase durch ein Quarzrohr strömen, das das Feld eines Mikrowellengenerators passiert. Zur Best. der Ausbeute an atomarem H bzw. D werden ein Heizdraht-, ein thermometr. u. ein chem. Luminescenzdetektor (Bldg. von HCl aus CCl_4) verwendet.
W. Betcke. 131◇

0219 **Ionenenergien an der Kathode einer Glimmentladung.** W. D. Davis und T. A. Vanderslice. (Physic. Rev. [2] **131**, 219–28, 1963; Schenectady, N.Y., Gen. Electr. Res. Labor.; engl.) — Die Energieverteilung der Ionen, die auf die Kathode in einer Glimmentladung treffen, wurde in H_2, *He*, *Ne* u. *Ar* gemessen. Die Ergebnisse sind in guter Übereinstimmung mit einer Theorie, die die Ionenerzeugung im negativen Glimmlicht u. einen in erster Linie symm. Ladungsübergang beim Durchgang durch den Kathodendunkelraum annimmt. Die Ladungsübergangsquerschnitte entsprechen anderen veröffentlichten Werten.
H. Liepack. 131◇

0220 **Das Hochfrequenzrauschen in Gasentladungslampen.** 2. Mitt. Hiroshi Bō und Setsuzo Takeyama. (Technol. Rep. Osaka Univ. **10**, 291–302, 1960; Dep. of Electr. Engng.; engl.) — 1. vgl. C. **1961**, 13082. — Die Charakteristiken des in Gleichstrom–Niederdruck-Quecksilberentladungsröhren in der Umgebung der Kathode erzeugten Hochfrequenzrauschens werden untersucht. Das Rauschen setzt sich aus drei Typen von Schwingungen zusammen: Der Schwingung der Plasmaionen, die sowohl auf Hg als auch auf Ar-Ionen zurückzuführen ist u. deren Frequenz vom Konz.-Verhältnis dieser Ionen abhängt; einem zweiten Schwingungstyp, der nach der Temp.-Charakteristik u. nach dem Einfl. eines longitudinalen Magnetfeldes den Hg-Ionen zuzuschreiben ist; einem dritten, für das „zufällige" Rauschen verantwortlichen Typ. Letzteres wird mit wachsender Temp. geringfügig stärker, während ein Magnetfeld keinen merklichen u. der Ar-Druck nur einen geringen Einfl. haben. Das Rauschen wird durch weitere Faktoren (Kathodenbedingungen, Materialverunreinigungen) beeinflußt. W. Betcke. 131◇

0221 **Über einige Beobachtungsmethoden von Cyclotronresonanz von Elektronen in Dioden.** Gennaro Dascola. (Ric. sci., Parte II, Sez. A [2] **2**, 333–40, 1962; Parma, Univ., Ist. di Fis.; ital.) — Vf. beschreibt einige Beobachtungs-Meth. der Cyclotronresonanz mit geleiteten elektromagnet. Wellen aus Elektronen emittierenden Glühkathoden. Experimentelle Einzelheiten u. Ergebnisse werden kurz besprochen. C. Gottfried. 131△

0222 **Die Abhängigkeit der Zerstäubung von Einkristallen von der Richtung des auftreffenden Ionenstrahles.** D. D. Odinzow. (Festkörperphysik [UdSSR] **5**, 1114–16, 1963; russ.) — Abgeleitet wird ein halbempir. Ausdruck für den Zerstäubungs-Koeff. S von Einkristallen. Berechnete u. experimentelle Werte stimmen überein. K. Jaeger. 131◇

0223 **Massenspektrometrische Untersuchung der Verdampfung von In_2O_3.** R. P. Burns, G. DeMaria, J. Drowart und M. G. Inghram. (J. chem. Physics **38**, 1035–36, 1963; Chicago, Ill., Univ. of Chicago, Dep. of Phys.; engl.) — Als Auftrittspotentiale (eV) der durch Elektronenbeschuß gebildeten Ionen wurden ermittelt In^+ 5,8 ± 0,5, O_2^+ 12,2 ± 0,5, In_2O^+ 7,8 ± 0,5; InO^+ wurde nur mit sehr geringer Intensität beobachtet. Die Gleichgewichtspartialdrücke über In_2O_3 wurden in Abhängigkeit von der Temp. bestimmt. Danach kommen In, O_2 u. In_2O vergleichbare Bedeutung zu, wobei In_2O — bes. bei höheren Temp. — vorwiegt. Die Bldg.-Wärme des In_2O_3 wurde zu $\Delta H^0_{f,298} = -216 \pm 7$ kcal/Mol ermittelt. Als Dissoziationswärmen wurden bestimmt $D^0_0(In_2O) = 178 \pm 4$ u. $D^0_0(InO) \cong 76$ kcal/Mol. Es wurde ferner In_2O_3 in Ggw. von Mo-Pulver untersucht. Um 925° K wurden gasförmiges In_2O u. In gebildet. Um 1000° K wurde In_2MoO_4 mit einer Intensität von ca. 1/50 der von In_2O^+ beobachtet. Ein Teil von $In_2MoO_4^+$ ist metastabil u. zerfällt in In^+ u. unidentifizierte Neutrale. H. Liepack. 131◇

0224 **Die Verwendung der Massenspektroskopie in der Chemie und verwandten Gebieten.** K. E. Howlett. (Sci. Progr. **51**, 429–50, 1963; London, Bedford Coll.; engl.) — Übersicht (Apparatives, Anwendungsbeispiele aus der anorgan. u. organ. Chemie). Ch. Weiske. 131◇

0225 **Theorie von Massenspektren.** G. R. Lester. (Brit. J. appl. Physics **14**, 414–21, 1963; Blackley, Manchester, Imp. Chem. Ind. Ltd., Dyestuffs Div.; engl.) — Überblick über Elektronendichtebetrachtungen u. die statist. Theorie der Massenspektren; Anwendungen auf die organ. Chemie.
H. Liepack. 131◇

0226 **Harmonische Ströme in dielektrischen Medien.** 2. Mitt. **Der ionisierte Komplex.** F. Gutmann. (Electrochim. Acta [London] **7**, 55–64, 1962; Sydney, Australia, Univ. of New South Wales, Phys. Chem. Dep.; engl.) — 1. vgl. C. **1963**, 10344. — Das Auftreten eines charakterist. harmon. Spektrums bei Anlegen eines starken sinusförmigen Feldes wird durch die Bldg. von ionisierten u./oder angeregten Komplexen erklärt. Das Feld stabilisiert ursprünglich vorhandene kurzlebige Ionenaggregate, so daß eine freie Ladung über ein relativ großes Vol. innerhalb der Fl. verteilt wird. Berechnungen für den Fall von *Bzl.* bei einer Spannung von 5500 V über einen Spalt von 1 mm ergeben die folgenden Werte für den der dominierenden 5. Harmon. entsprechenden Komplex: Radius $1{,}13 \cdot 10^{-5}$ cm, enthaltend $4{,}7 \cdot 10^7$ Moll., im Mittel 1,25 Elementarladungen im Komplex, mittlere freie Weglänge $2{,}8 \cdot 10^{-6}$ cm, Beweglichkeit $2{,}1 \cdot 10^{-4}$ cm²/V s, Energie 0,37 eV. Für eine Anzahl von abgeleiteten Eigg. wurde eine befriedigende Übereinstimmung mit nach anderen Meth. oder direkt gemessenen Werten festgestellt.
K. Roß. 132□

0227 **Elektrische Leitung und Durchschlag in γ-bestrahlten KCl-Einkristallen.** Yoshio Inuishi und Yung-kwon Sung. (Technol. Rep. Osaka Univ. **11**, 221–29, 1961; Dep. of Electr. Engng.; engl.) — Vgl. C. **1963**, 9574. — Das Prod. Elektronenbeweglichkeit $\mu \times$ Lebensdauer τ nimmt in mit ^{60}Co bestrahltem KCl (hergestellt nach der Meth. von Kyropoulos) mit steigender Temp. ab u. beträgt ca. 10^{-7} cm²/s. Die Quantenausbeute η der Leitfähigkeitselektronen fällt mit tieferen Temp. ab, bes. bei −60° (Bldg. von F- u. F'-Zentren). Die dielektr. Durchschlagsfestigkeit steigt bei γ-Bestrahlung, bes. bei Raum-Temp., an. In fast idealen unbestrahlten KCl-Kristallen stimmt die Temp.-Abhängigkeit der Durchschlagsgrenze gut mit theoret. Angaben überein, bei denen eine Wechselwrkg. zwischen Elektronen mit polaren opt. Phononen angenommen wird. I. Zoll. 132◇

0228 **Änderungen der dielektrischen Verluste von Borosilicatgläsern durch Neutronenbestrahlung.** Jean Paymal, Béatrix Savouret und Klaus Leibrecht. (C. R. hebd. Séances Acad. Sci. **252**, 1939–41, 1961; Paris, Co. de Saint-Gobain, Centre de Rech.; Sorbonne, Labor. d'Électron. et Radioélectr.; franz.) — Proben von Pyrex- bzw. Pb-Glas mit 11,5 bzw. 12,5% B_2O_3 werden bei 70° mit 10^{12} therm. Neutronen/cm²·s bestrahlt. Die dielektr. Verluste tg δ der Proben werden in Hohlraumresonatoren für 9 GHz bestimmt. Δtg δ steigt mit der Bestrahlungsdosis zunächst rasch auf ca. 50% an u. erreicht bei ca. 70% einen Sättigungswert. Der Einfl. der eintretenden Kernumwandlungen an ^{10}B u. ^6Li wird diskutiert. Herbert Müller. 132◇

0229 **Der Einfluß eines Zusatzes von Talk auf die dielektrischen Eigenschaften von Kolophonium.** R. C. Gupta und B. P. Pradhan. (J. sci. ind. Res. [New Delhi], Sect. B **17**, 448–50, 1958; Lucknow, Univ., Phys. Dep.; engl.) — Die DK sowie tan δ von Kolophonium, von Talk u. von Mischungen mit 5–80% Talk werden mit Hilfe stehender 10-cm-Wellen bestimmt. Die DK wächst mit zunehmender Dichte der Mischungen. Die DK-Werte der Mischungen

steigen mit wachsendem Talk-Geh. etwas stärker an, als es einer einfachen DK·Vol.-Beziehung entspricht.
W. Betcke. 132◇

0230 **Züchtung von Lanthanäthylsulfat-Einkristallen mit Gadolinium- und Cerāthylsulfatverunreinigungen und ihre physikalischen Eigenschaften.** Ss. A. Pesskowatzki, A. N. Tschernetz, G. I. Posstogward, T. G. Scheina und I. M. Oleinik. (Ukrain. physik. J. **7**, 22—30, 1962; Charkow, Inst. für Radiophys. u. Elektronik der Akad. der Wiss. der UkrainSSR; ukrain., Auszug: engl.) — Beschrieben wird die Züchtung von Einkristallen (15—20 × 10—15 mm) von $Me(C_2H_5SO_4)_3 \cdot 9\,H_2O$ mit Me = Ce, La oder Gd. Gemessen wurden die DK ε' u. der tg des Verlustwinkels tg δ bei 9000 MHz im Temp.-Bereich von 4,2—290° K. ε' sinkt von 3,4 bei 290° K auf 2,7 bei 4,2° K ab. tg δ sinkt von $8 \cdot 10^{-2}$ bei 290° K auf $(1{,}5-2)\cdot 10^{-3}$ bei 4,2° K ab. Fehlergrenzen: maximal ±3% für ε' u. für tg δ 5 (290° K) bis 50% (4,2° K).
K. Jaeger. 132◇

0231 **Die Einwirkung hydrostatischer Drücke auf die Umwandlungstemperatur von antiferroelektrischem Blei-Magnesium-Wolframat.** I. N. Polandow. (Festkörperphysik [UdSSR] **5**, 1147—49, 1963; Moskau, Lomonossow-Univ.; russ.) — Untersucht wurden die dielektr. Eigg. von Pb_2MgWO_6 in niedrigen elektr. Feldern unter Drücken bis zu 5000 kg/cm². Bei Drücken <2000 kg/cm² sinkt die Curie-Temp. linear mit steigendem Druck, u. zwar mit $-5{,}92 \cdot 10^{-3}$ Grad/atm. Bei Drücken >2000 kg/cm² ist der Abfall der Curie-Temp. geringer als linear.
K. Jaeger. 133◇

0232 **Theorie der Polarisation und Hysteresis in Ferroelektrika.** A. W. Turik. (Festkörperphysik [UdSSR] **5**, 1213—15, 1963; Rostow-am-Don, Univ.; russ.) — Abgeleitet werden Ausdrücke für die Polarisationskurven, Hysteresisschleifen u. dielektr. Verluste in ferroelektr. Stoffen. Für gewisse Bereiche des äußeren Feldes wird eine universelle Beziehung gefunden zwischen der Polarisationskurve u. den Ästen der Hysteresisschleife. Berechnet wird die Verteilungsfunktion der Domänen u. ihre Änderung in einem starken Wechselstromfeld.
K. Jaeger. 133◇

0233 **Unterschiedliche ferroelektrische Eigenschaften in verschiedenen Gebieten von Seignettekristallen.** Horst E. Müser und Hans-Günther Unruh. (Z. Physik **162**, 313—28, 1961; Münster/Westf., Univ., Inst. für Angew. Phys.; dt.) — Vgl. C. **1958**, 920. — In Seignettesalzeinkristallen gibt es verschiedene Gebiete, die sich durch ihre dielektr. Eigg. (Curie-Temp., maximale DK, Form der Hystereseschleife) unterscheiden. Je ein Gebiet besteht aus den Kristallteilen, in denen während des Wachstums das Material an die gleiche Kristallfläche angelagert wurde (Wachstumsgebiet). Als Ursache für die unterschiedlichen Eigg. werden chem. u. strukturelle Fehlordnungen angenommen. Der Einfl. eines geringen Zusatzes von $Na-NH_4$-Tartrat wird näher untersucht.
W. Pump. 133◇

0234 **Dielektrische Absorption in der rhomboedrischen Phase von Bariumtitanat.** Flore Le Traon, André Le Traon und Serge Le Montagner. (C. R. hebd. Séances Acad. Sci. **255**, 1078—80, 1962; Rennes, Fac. des Sci., Labor. de Phys.-Ferroélectr.; franz.) — Von Einkristallen, Pulveraufschüttungen bzw. Sinterkörpern aus $BaTiO_3$ werden zwischen 4 u. 300° K die Maxima der dielektr. Verluste ν_M für 1—10³ kHz bestimmt. Die Temp.-Abhängigkeit von ν_M wird mit $\nu_M = A \cdot \exp(-U/kT)$ Hz beschrieben; die Koeff. sind für Einkristalle $A = 5{,}2 \cdot 10^3$ (Hz) u. $U = 0{,}046 \pm 0{,}006$ (eV), Pulver $A = 5{,}6 \cdot 10^{12}$ u. $U = 0{,}046 \pm 0{,}006$ bzw. Sinterkörper $A = 10^8$ u. $U = 0{,}0047 \pm 0{,}006$. Offenbar stehen die Meßergebnisse mit der Relaxation eines Teils der ferroelektr. Pseudodipole im Zusammenhang, die an den Grenzen der Polarisationsdomänen erscheinen.
Herbert Müller. 133◇

0235 **Zum Einfluß mechanischer Beanspruchung auf die Domänenorientierung in $BaTiO_3$-Einkristallen.** Ss. W. Bogdanow. (Kristallographie [UdSSR] **7**, 755—60, 1962; P.-N.-Lebedew-Inst. für Phys.; russ.) — Die Änderungen der Domänenstruktur von $BaTiO_3$-Einkristallen unter dem Einfl. äußerer mechan. Drücke wurden photograph. verfolgt. Die Rückorientierung der Domänenstruktur nach der Entfernung des Druckes wurde untersucht; reversibles u. irreversibles Verh. wurde festgestellt. Irreversibilität der Domänenorientierung tritt oberhalb eines krit. „Druckimpulses" $p_{krit.}$ auf ($p = \sigma \cdot t$ mit σ = Druck u. t = Zeit der Druck-Einw.). Die Beobachtungen werden qual. gedeutet. In Ggw. geringer Mengen Sb ($BaTiO_3 + 0{,}3\%\ Sb_2O_3$) wird $p_{krit.}$ erheblich verkleinert, u. die Strukturänderungen treten sehr viel langsamer ein.
K. Jaeger. 133◇

0236 **Elektromechanische Eigenschaften von $NaNO_2$-Einkristallen.** Katsumi Hamano, Katsuo Nehishi, Masakazu Marutake und Shoichiro Nomura. (Jap. J. appl. Physics **2**, 83—90, 1963; Kokubunji, Tokyo, Kobayasi Inst. of Phys. Res., Oh-okayama; Meguro, Tokyo, Tokyo Inst. of Technol., Phys. Dep.; engl.) — An $NaNO_2$-Einkristallen wurden Resonanz- u. Antiresonanzmessungen durchgeführt. Die Temp.-Abhängigkeit aller piezoelektr. Konst. u. von 5 elast. Koeff. wurde im Bereich —50 bis 230° bestimmt. Die piezoelektr. Konst. d_{21}, d_{22} u. d_{23} haben Werte der Größenordnung 10^{-8} (cgs·esu) bei Raum-Temp. u. zeigen Peaks gerade unterhalb des Curie-Punktes. Die Konst. d_{34} u. d_{16} sind ebenfalls von der Größenordnung 10^{-8} u. nahezu temperaturunabhängig. Die Konst. d_{22} u. d_{23} ändern ihr Vorzeichen bei 100°. In der Nähe des Curie-Punktes werden elast. Anomalien beobachtet. Diskussion der ferroelektr. Eigg. von $NaNO_2$.
Ernst Schulte. 133◇

0237 **Geladene Versetzungen in reinen und dotierten Steinsalzeinkristallen.** F. Rueda und W. Dekeyser. (Acta metallurg. [New York] **11**, 35—41, 1963; Shent, Univ., Labor. voor Kristalkunde; Labor. voor Kristalkunde en Studie der Vaste Stoffen; engl.) — An reinen, dotierten u. abgeschreckten Steinsalzeinkristallen wurde der elektr. Effekt untersucht, der mit einer kontrollierten inhomogenen plast. Verformung verbunden ist. Die dotierten Kristalle wurden aus Schmelzen erhalten, denen 0,1, 0,2 u. 0,6% $CdCl_2$ u. 0,1, 0,2, 0,5, 1,0 u. 2,0% Na_2O_2 zugesetzt worden war. Die inhomogene plast. Verformung der Kristalle wurde mit einem Mikrohärteprüfer erzeugt, dessen Belastungen bis zu 385 g betrugen. Aus den Messungen ergab sich, daß sich die Größe u. die Form der Signale mit der Konz. des Zusatzes ändert u. daß Vorzeichenwechsel auftritt, wenn z. B. die Konz. des der Schmelze zugesetzten Na_2O_2 ca. 0,50% beträgt. Aus den Beobachtungen wurde geschlossen, daß die erzeugten Versetzungen bei ihrer Bewegung Leerstellen transportieren, die in der durchquerten Zone liegen. Die abgeschreckten Kristalle zeigten eine deutliche Verringerung der Signale, selbst in Zonen, deren Härte mit der unbehandelter Proben vergleichbar war.
C. Gottfried. 133△

0238 **Akustisch-elektrische Effekte in piezoelektrischen Halbleitern.** W. B. Ssandomirski und Sch. M. Kogan. (Festkörperphysik [UdSSR] **5**, 1894—99, 1963; Moskau, Inst. für Radiotechn. u. Elektronik der Akad. der Wiss. der UdSSR; russ.) — Diskutiert werden die drei Mechanismen, durch die mit Hilfe einer Ultraschallwelle der Gleichstromwiderstand eines piezoelektr. Halbleiters verändert werden kann: 1. Wiederverteilung der Ladungsträger in dem piezoelektr. Feld, 2. Abhängigkeit der relativen Geschw. der Ladungsträger u. der Ultraschallwelle von dem äußeren Gleichstromfeld u. 3. Änderung der Ladungsträgerbeweglichkeit auf Grund einer Erwärmung des Ladungsträgergases. Für alle drei Mechanismen wird sowohl für stehende als auch für laufende Wellen eine Abhängigkeit der Widerstandsänderung vom Quadrat der Wellenamplitude gefunden. Außerdem konnte gezeigt werden, daß stehende Wellen eine EMK erzeugen, falls keine äußeren elektr. Felder zugegen sind.
K. Jaeger. 133◇

0239 **Die thermoelektrischen Eigenschaften von binären und ternären Kupfer-Nickel-Legierungen.** Daniel D. Pollock. (Trans. metallurg. Soc. AIME **224**, 892—903, 1962; North Wales, Pa., Leeds & Northrup Co.; engl.) — Die Theorie von Mott u. Jones über die Thermoelektrizität sagt voraus, daß die abs. thermoelektr. Kraft von Legg. der Übergangs- u. Edelmetalle ein Maximum besitzt, wenn die Konz. des Edelmetalls annähernd 55—60 Atom-% beträgt. Eine Prüfung der Thermo-EMK einer Reihe von relativ reinen Legg. aus Cu u. Ni zeigt, daß das vorausgesagte Maximum bei ca. 57 Atom-% Cu liegt. Diese gute Übereinstimmung mit der Theorie wird als Nachw. für die Übertragbarkeit der Theorie auf bin. Legg. von Übergangselementen angesehen. Die Theorie von Mott u. Jones wird ausgewertet, um nachzuweisen, daß das Verh. der Thermo-EMK von verd. tern. Cu-Ni-Legg., welche ca. 60% Cu u. 40% Ni enthalten, durch einen Streumechanismus beschrieben werden kann. Der Streueffekt eines dritten Elements (Mg, Al, Si, Ti, V, Mn, Fe, Co, Zr, Nb, In, Sn) ist eine Funktion seiner Wertigkeit u. seiner Lage im Periodensystem. Kleine Geh. von gelösten Elementen üben zusätzliche Streu-Einfl. auf die EMK der Cu–Ni-Leg. aus. Die Gleichung von Mott u. Jones wird abgeändert, um diesen Streuparameter zu erfassen. Hierdurch wird das thermoelektr. Verh. von verd. tern. u. quatern. Cu–Ni-Legg. genau beschrieben. Eine empir. Form der abgeänderten Gleichung von Mott u. Jones wird abgeleitet, die eine Berechnung der thermoelektr. Kraft mit einem mittleren Fehler von unter 0,4% bei 500° erlaubt. — 23 Literaturangaben. H. Hochstein. 133◇

0240 **Ionisation von Jodatomen an der Oberfläche glühenden Tantals.** Je. P. Sytaja und N. G. Schuppe. (Hochschulnachr. [Tomsk], Physik **1961**, Nr. 6, 52—56; Tomsk, Mittelasiat. Lenin-Univ.; russ.) — Experimentelle Unters. der Bldg. von Jodidionen an glühenden polykristallinen Ta-Oberflächen unter Berücksichtigung von Änderungen der Oberflächenstruktur bei Dampfdrücken zwischen $2{,}7 \cdot 10^{-2}$ u. $5 \cdot 10^{-5}$ Torr u. Oberflächen-Temp. zwischen 1600 u. 2500° K. Die gemessene Ionisation der Jodatome beträgt zwischen 1800 u. 2200° K nur ca. 30% des theoret. Wertes, d. h. die Ionisation erfolgt nicht auf der gesamten polykristallinen Oberfläche, sondern nur auf derjenigen effektiven Oberfläche, die von den Flecken mit niedriger Austrittsarbeit gebildet wird. Bei Temp. unterhalb 1800° K beträgt die Austrittsarbeit ca. 6 eV. Bei Temp. oberhalb 1900° K, bei denen sich der Glühfaden von Jod reinigt, ist die Austrittsarbeit etwas niedriger als die aus reinem Ta. Die gemessene Austrittsarbeit nimmt mit der Dauer des Glühens allmählich von höheren Werten bis zu einem Grenzwert von $4{,}14 \pm 0{,}02$ eV ab. Aus den Vers.-Ergebnissen wird geschlossen, daß durch Glühen in Joddampf der Oberflächenzustand des Ta-Drahts verändert wird. F. Lenz. 134◇

0241 **Elektronen- und Ionenemission von einigen Stoffen in Verbindung mit ihrer Anwendung in thermoelektrischen Energieumwandlern.** B. I. Michailowski. (Ukrain. physik. J. **7**, 75—77, 1962; Kiew, Schewtschenko-Univ.; ukrain.) — Untersucht wurden die Elektronen- u. Ionenemission von *ZrC* (bis 2200° K), *LaB₆* (bis 2000° K) u. *ThO₂* (bis 2100—2200° K). K. Jaeger. 134◇

0242 **Austrittsarbeitsänderung bei Adsorption einer Monoschicht.** J. Ross Macdonald und C. A. Barlow jun. (J. chem. Physics **39**, 412—22, 1963; Dallas, Tex., Texas Instr., Inc.; engl.) — Entw. einer self-consistent-Theorie. H. Liepack. 134◇

0243 **Photoelektrische Ausbeute von dünnen Goldschichten.** Roger Garron. (C. R. hebd. Séances Acad. Sci. **255**, 1107—09, 1962; Marseille, M.P.C., Labor. de Phys.; franz.) — Die photoelektr. Ausbeute ϱ, die bei Bestrahlung dünner Au-Schichen mit Licht der Wellenlängen 244—302 nm beobachtet wird, weist für Schichtdicken $d > 4$ (nm) ein scharfes Maximum bei $d = 5$ auf u. fällt auf einen von d unabhängigen Wert ab. Die Austrittsarbeit der Schichten Φ besitzt in Abhängigkeit von d für $d = 5$ nm ein scharfes Minimum. Durch Angabe der intrinsiken photoelektr. Ausbeute $\varrho_i = \varrho/f(\delta)$ mit der Fowler-Funktion $f(\delta)$ wird der Einfl. der d-Abhängigkeit von Φ eliminiert; $\varrho_i = f(d)$ weist dann für den auf die Schicht einfallenden Lichtstrom einen Anstieg bis zu konst. Werten auf, während bei Messung des von der Schicht absorbierten Lichtstroms ein Abfall auf $\varrho_i =$ konst. beobachtet wird. Herbert Müller. 134◇

0244 **Sekundäremissionstiefe und -ausbeute, abgeleitet aus der Energieverteilung der Röntgenphotoelektronen.** W. N. Schtschemelew, M. A. Rumsch und Je. P. Denissow. (Festkörperphysik [UdSSR] **5**, 1132—37, 1963; Leningrad, Univ.; russ.) — Gemessen wurde die Energieverteilung der von *NaCl*, *KCl* u. *KBr* unter Röntgenbestrahlung emittierten Elektronen. Die Ergebnisse wurden dazu benutzt, um die Tiefe, aus der Sekundärelektronen noch emittiert werden, zu ermitteln sowie um die mittlere Anzahl der Sekundärelektronen festzustellen, die pro Primärelektron emittiert werden. K. Jaeger. 134◇

0245 **Die Beweglichkeit langsamer Elektronen in einem polaren Kristall.** R. P. Feynman, R. W. Hellwarth, C. K. Iddings und P. M. Platzman. (Physic. Rev. [2] **127**, 1004—17, 1962; Pasadena, Calif., California Inst. of Technol.; Malibu, Calif., Hughes Res. Labor.; Chicago, Ill., Univ. of Chicago, Enrico Fermi Inst. for Nucl. Stud.; Murray Hill, N.J., Bell Telephone Labor.; engl.) — Ausgehend vom quantenmechan. Ausdruck für den zu erwartenden Strom wird ein Näherungsausdruck für die Impedanzfunktion eines mit einem polaren Kristallgitter gekoppelten Elektrons (Polaron) errechnet. Diese Funktion gilt für alle Frequenzen, Temp. u. Kopplungsstärken. Der Gang der Rechnung, die Nebenprobleme u. das Ergebnis werden diskutiert. R. Nink. 135◇

0246 **Energieverteilung der Ladungsträger in Halbleitern in Gegenwart einer Quelle schneller Elektronen.** Ju. M. Popow. (Festkörperphysik [UdSSR] **5**, 1170—74, 1963; Moskau, Akad. der Wiss. der UdSSR, Lebedew-Inst. für Phys.; russ.) — Berechnet wird die Verteilungsfunktion von Überschußladungsträgern, die bei einer Energie E erzeugt werden, die groß verglichen mit kT ist. Die Abweichungen von der Boltzmann-Funktion sind gering für Energien, die gegenüber E klein sind. Es wird gezeigt, daß eine stabile Umkehrung der Niveaubesetzung in einem Band nicht bestehen kann für den Fall vorherrschender Gitterstreuung. K. Jaeger. 135◇

0247 **Effektive Masse der Ladungsträger in Halbleitern.** M. Rodot. (Physica Status solidi [Berlin] **3**, 1751—89, 1963; Bellevue, Seine-et-Oise, C.N.R.S., Labor. de Magnétisme et de Phys. du Solide; franz.) — Ausführliche Übersicht (Bändertheorie u. effektive Masse; Best. der effektiven Masse; effektive Masse in den wichtigsten Halbleitermaterialien.) — 125 Literaturangaben. A. Blaschette. 135◇

0248 **Zur Theorie stark dotierter Halbleiter.** W. L. Bontsch-Brujewitsch. (Festkörperphysik [UdSSR] **5**, 1852—64, 1963; Moskau, Lomonossow-Univ.; russ.) — Entwickelt wird ein Formalismus, der die Unters. des Energiespektrums eines stark mit Acceptoren u. Donatoren dotierten Halbleiters ermöglicht. Besondere Aufmerksamkeit wird dem „Schwanz" der Zustandsdichte in der verbotenen Zone für den Fall der Kompensation u. der „Wechselwrkg." der Energiebänder untereinander gewidmet. Es wird gezeigt, daß die Verteilungsfunktion der Elektronen bei $T = 0°$ K keinen Sprung macht. K. Jaeger. 135◇

0249 **Die Konfiguration von Komplexen an Halbleiteroberflächen.** Mino Green. (Ann. New York Acad. Sci. **101**, 1001—07, 1963; Philadelphia, Pa., Univ. of Pennsylvania, Electrochem. Labor.; engl.) — Diskussion der ster. Verhältnisse bei Oberflächenkomplexen zwischen O_2 u. Ge (vgl. C. **1963**, 13840). A. Blaschette. 135◇

0250 **Physikalisch-chemische Probleme der Halbleiter.** Iván Szép. (Fizikai Szemle [Physik. Rdsch.] **13**, 35—42, 1963; Budapest, Fernmeldetechn. Forsch.-Inst.; ung.) — Übersicht. J. Plank. 135△

0251 **Abhängigkeit der Ladungsträgerverteilung im Innern einer Magneto-Diode von der magnetischen Feldstärke.** L. Je. Worobjew, E. I. Karakuschan und W. I. Stafejew. (Festkörperphysik [UdSSR] **5**, 982—89, 1963; Leningrad, Physikal.-Techn. Joffe-Inst. der Akad. der Wiss. der UdSSR; russ.) — Durch Messung der räumlichen Verteilung der Absorption der freien Ladungsträger wird die Ladungsträgerverteilung in einem p–n-Übergang in verschiedenen magnet. Feldern untersucht. Mit diesen Ergebnissen werden die Einfl. magnet. Felder auf Strom–Spannungs-Charakteristiken erklärt. K. Jaeger. 135◇

0252 **Natur des Talstroms in Tunneldioden.** T. P. Brody. (J. appl. Physics **33**, 100—11, 1962; Pittsburgh, Pa., Westinghouse Res. Labor.; engl.) — Bei höheren Vorwärtsspannungen als ca. 0,2 V, oberhalb deren nach der vereinfachten Theorie von Esaki der Tunnelstrom in der Esaki-Diode verschwinden sollte, weil das Leitungsband des n-Leiters u. das Valenzband des p-Leiters einander nicht mehr überlappen, fließt tatsächlich noch ein Überschußstrom („Talstrom") der Größenordnung von 5% des Tunnelstrommaximums, obgleich zunächst der Injektionsstrom noch keine merkliche Rolle spielen kann. Dieser Überschußstrom wird auf die in Esakis Theorie vernachlässigten Änderungen der Bandstruktur durch die starke Konz. der Dotierung zurückgeführt, die Störstellenbänder von nicht vernachlässigbarer Breite erzeugt. Bei Störstellen-Konzz. von einigen 10^{19} cm^{-3}, wie sie in Tunneldioden üblich sind, kann eine scharfe Grenze zwischen diesen Störstellenbändern u. den Leitungs- bzw. Valenzbändern nicht mehr gezogen werden. Ansätze für die Zustandsdichte werden auf Grund verschiedener Modelle für

Störstellenbänder gemacht u. der dementsprechende Tunnelstrom berechnet u. mit experimentellen Daten verglichen. Der Einfl. verschiedener Basismaterialien u. Verunreinigungen auf den Überschußstrom wird diskutiert. Es erscheint möglich, aus Messungen an Tunneldioden Informationen über die Struktur der Störstellenbänder zu erhalten. Ferner kann die Lage der Fermi-Niveaus aus der Temp.-Abhängigkeit der Diodenkennlinie bestimmt werden. F. Lenz. 135◇

0253 **Der Einfluß von Antimontriselenid und Antimontritellurid auf die Absorption und Photoleitfähigkeit amorpher Selenschichten.** G. A. Andrejewa. (Nachr. Leningrader Univ. **17,** Nr. 16, Ser. Physik. Chem. Nr. 3, 145—47, 1962; russ., Auszug: engl.) — Vgl. C. **1963,** 7628. — Eine zusätzliche Rotempfindlichkeit amorpher Se-Schichten wird durch Zusatz von bis zu 10% Sb_2Se_3 bzw. Sb_2Te_3 in Form kleiner Kristalle wahrscheinlich durch Photoinjektion positiver Löcher aus den Zusätzen in Se erzeugt. Der effektive elektr. Widerstand der Se-Schichten nimmt mit steigender Sb_2Se_3-Konz. ab. Die opt. Absorptionskante wird beim Einführen von Sb_2Se_3 u. bes. von Sb_2Te_3 in das langwellige Gebiet verschoben. H. Roschkowski. 135◇

0254 **Zu den Photoleitfähigkeitsspektren von mit schnellen Elektronen bestrahltem n-Silicium.** W. D. Tkatschew, A. F. Plotnikow und W. Ss. Wawilow. (Festkörperphysik [UdSSR] **5,** 1826—29, 1963; Moskau, Lebedew-Inst. für Phys. der Akad. der Wiss. der UdSSR; russ.) — Untersucht wird der Einfl. des Elektronenbeschusses auf die Photoleitfähigkeit verschiedener n-Si-Proben mit unterschiedlichen elektr. Leitfähigkeiten. Die Spektren zeigen, daß durch die Bestrahlung eine große Anzahl von Störstellenniveaus erzeugt werden. K. Jaeger. 135◇

0255 **Die Wirkung starker Dotierung auf das Ultraviolettreflexionsspektrum von Silicium.** G. B. Dubrowski und W. K. Ssubaschijew. (Festkörperphysik [UdSSR] **5,** 1104 bis 1106, 1963; Leningrad, Halbleiter-Inst. der Akad. der Wiss. der UdSSR; russ.) — Die Lagen der 3,4- u. 4,3-eV-Reflexionsmaxima in Si werden an Proben gemessen, die mit *B, P* oder *As* dotiert sind. Zwischen Dotierungs-Konzz. von 10^{17} u. 10^{20} cm^{-3} sind sie von der Dotierung unabhängig. Daraus wird geschlossen, daß der Abstand zwischen dem Valenz- u. Leitungsband durch das Coulomb-Feld der Dotierungsionen nicht verändert wird. Es wird vorgeschlagen, das 3,4-eV-Maximum dem Übergang $L_3' \rightarrow L_3$ zuzuordnen u. nicht $\Gamma_{25}' \rightarrow \Gamma_{15}$ wie bisher. K. Jaeger. 135◇

0256 **Einige Besonderheiten des mit Strahlung verbundenen Einfanges von Elektronen durch Indium- und Galliumatome in Silicium.** Ja. Je. Pokrowski und K. I. Swisstunowa. (Festkörperphysik [UdSSR] **5,** 1880—86, 1963; Moskau, Inst. für Radiotechnik u. Elektronik der Akad. der Wiss. der UdSSR; russ.) — Bestimmt wird der Einfang-Koeff. für Elektronen von neutralem In u. Ga als Verunreinigungen in Si; er beträgt bei 30° K ca. 10^{-12} $cm^3 s^{-1}$ u. nimmt mit abnehmender Temp. exponentiell zu. Die Aktivierungsenergie beträgt ca. 0,035 eV. Die Einfang-Geschw. wird durch Übergänge bestimmt, die mit Strahlungsemission verbunden sind. Messungen der spektralen Verteilung dieser Strahlung zeigen, daß der Elektroneneinfang an Ga mit einer Phononenemission verbunden ist, wogegen im Falle von In bei den meisten Einfangprozessen keine Phononen beteiligt sind. K. Jaeger. 135◇

0257 **Ladungsträgerrekombination an Zinkatomen in p-Silicium.** K. D. Glintschuk, A. D. Denissowa und N. M. Litowtschenko. (Festkörperphysik [UdSSR] **5,** 1933—35, 1963; Kiew, Akad. der Wiss. der UkrainSSR, Halbleiter-Inst.; russ.) — Die Einfangquerschnitte von Zn(O)-Verunreinigungen in Si für Elektronen betragen 10^{15-} cm^2 u. für Zn^--Verunreinigungen für Defektelektronen 10^{-13} cm^2. Zwischen 80 u. 200° K sind die Querschnitte nahezu temperaturunabhängig. K. Jaeger. 135◇

0258 **Spezifischer Widerstand, Hall-Konstante und Seebeck-Koeffizient von CsAu.** Frederick Wooten und George A. Condas. (Physic. Rev. [2] **131,** 657—59, 1963; Livermore, Calif., Univ. of California, Lawrence Radiat. Labor.; engl.) — Aus den Messungen geht hervor, daß CsAu ein n-Halbleiter ist, Träger-Konzz. 10^{18}—10^{19} cm^{-3}. Zwischen 4,2 u. 300° K ist die Träger-Konz. im wesentlichen temperaturunabhängig. Die Beweglichkeit beträgt 30—60 $cm^2 V^{-1} s^{-1}$. Es wird angenommen, daß durch Überschuß-Cs ein Störstellenband eingeführt wird, das das Leitungsband überlappt. Der Seebeck-Koeff. von —0,023 mV/°K bei 300° K deutet an, daß das Fermi-Niveau 0,02 eV über der Leitungsbandkante liegt. H. Liepack. 135◇

0259 **Der Beitrag des elektrischen Feldes zur Verteilung der Verunreinigungen bei Kristallwachstumsprozessen.** Louis Gold. (Jap. J. appl. Physics **2,** 131—32, 1963; Lexington, Mass., Kennecott Copper Corp., Basic Res. Labor.; engl.) — Die Zieh-Verff. zur Herst. von *Ge*- u. *Si*-Einkristallen verwenden in den meisten Fällen kein elektr. Feld. In Ggw. eines äußeren Feldes, das zur Kontrolle der Konz. an Verunreinigungen im Halbleitermaterial an das Syst. Kristall–Schmelze angelegt wird, eröffnen sich neue Möglichkeiten zur Herst. von hochreinen Verbindungen. Der Erfolg der Meth. hängt von der Ionisation der Fremdatome ab. Nach der Bändertheorie für Halbleiter, wie Ge u. Si, ist die Ionisation in der Nähe der Grenze fest–fl. nahezu vollständig. Ernst Schulte. 135◇

0260 **Mechanismus des epitaktischen Wachstums von Germaniumschichten aus der Gasphase.** Je. I. Giwargisow. (Festkörperphysik [UdSSR] **5,** 1150—57, 1963; Moskau, Akad. der Wiss. der UdSSR, kristallograph. Inst.; russ.) — Untersucht wurde das Wachstum kristalliner Ge-Schichten aus der Gasphase, das auf den chem. Rkk. $GeCl_4 + H_2 \rightleftarrows GeCl_2 + HCl$ u. $2\,GeCl_2 \rightleftarrows GeCl_4 + Ge$ beruhte. Durch geeignete Steuerung dieser Rkk. lassen sich kristalline Ge-Schichten höchster Perfektion erzielen. Auf dieser Grundlage wird eine Erklärung für die unterschiedlich gefundenen elektr. Eigg. von Ge-Schichten gegeben, die direkt durch Kondens. aus der Dampfphase oder durch chem. Rk. aus der Gasphase präpariert wurden. K. Jaeger. 135◇

0261 **Über Störstellen in Germanium, die durch γ-Strahlen erzeugt wurden.** N. A. Witowski, B. M. Konowalenko, T. W. Maschowetz, Ss. M. Rywkin und I. D. Jaroschetzki. (Festkörperphysik [UdSSR] **5,** 1833—41, 1963; Leningrad, Akad. der Wiss. der UdSSR, Joffe-Inst. für Physikotechnol.; russ.) — Untersucht werden die Änderungen der elektr. Eigg. von n- u. p-Ge, die nach γ-Bestrahlung u. anschließender Temperung auftreten. Die Ergebnisse werden durch „monopolare" u. „bipolare" Ausglühprozesse erklärt. K. Jaeger. 135◇

0262 **Energieniveaus in Germanium, die durch Beschuß mit schnellen Neutronen entstanden sind.** R. F. Konoplewa, Ss. R. Nowikow und Ss. M. Rywkin. (Festkörperphysik [UdSSR] **5,** 1842—51, 1963; Leningrad, Akad. der Wiss. der UdSSR, Joffe-Inst. für Physiko-Technol.; russ.) — Gemessen wurde die Temp.-Abhängigkeit des Hall-Koeff. in Ge, das mit schnellen Neutronen bei ca. 70° bestrahlt worden war. Die Bestrahlung erzeugte fünf Störstellenniveaus, von denen drei Acceptorniveaus sind. Mitgeteilt werden die Bldg.-Geschw. dieser Niveaus. Die Ergebnisse werden an einem Modell diskutiert. Der Einfl. von Bestrahlungsmaxima auf den Hall-Koeff. wird abgeschätzt. K. Jaeger. 135◇

0263 **Beweglichkeit der Löcher in aluminium- und indiumdotiertem Germanium.** O. A. Golikowa und A. G. Orlow. (Festkörperphysik [UdSSR] **5,** 1908—12, 1963; Leningrad, Akad. der Wiss. der UdSSR, Halbleiter-Inst.; russ.) — Gemessen wurde die Hall-Beweglichkeit der Defektelektronen in Ge, das mit 10^{17}—10^{21} In bzw. Al/cm^3 dotiert war, bei Temp. zwischen 77 u. 300° K. Für Al stimmt die Beweglichkeit u. ihre Temp.- u. Konz.-Abhängigkeit mit der des Ga ($\pm$10%) überein. Die entsprechenden Beweglichkeiten für In sind niedriger. Bei Defektelektronen-Konzz. $p > 10^{20}$ cm^{-3} werden die spektralanalyt. ermittelten Al-Konzz. niedriger gefunden als die aus dem Hall-Effekt berechneten p-Werte. K. Jaeger. 135◇

0264 **Rekombinationseigenschaften von Mangan in Germanium.** Je. G. Landsberg und Ss. G. Kalaschnikow. (Festkörperphysik [UdSSR] **5,** 1067—76, 1963; Moskau, Akad. der Wiss. der UdSSR, Inst. für Radiotechn. u. Elektronik; russ.) — Die Rekombination von Mn in n-Ge wird untersucht. Messungen des Gleichgewichts-PEM-Effektes u. der Photoleitfähigkeit zeigen, daß der Einfang-Koeff. von Mn^{2-} für Löcher (α_p^{2-}) u. der von Mn^- für Elektronen (α_n^-) $6 \cdot 10^{-10}$ bzw. $2 \cdot 10^{-10}$ $cm^3 s^{-1}$ bei 300° K beträgt. Während α_n^- nahezu temperaturunabhängig ist, gilt $\alpha_p^{2-} = f(T^{-4,5})$. Die Ergebnisse für α_n^- werden durch Messung des

Abfalls der Photoeigenleitfähigkeit bestätigt. Aus dieser Übereinstimmung folgt, daß bei tiefen Temp. die Mn-Zentren als Defektelektronenfallen fungieren. K. Jaeger. 135◇

0265 **Optische Absorption von Galliumarsenid zwischen 0,6 und 2,75 eV.** M. D. Sturge. (Physic. Rev. [2] **127,** 768—73, 1962; Malvern, Royal Radar Establ.; engl.) — Aus GaAs-Einkristallen mit Konzz. an Ladungsträgern von $<10^{10}$ cm^{-3} u. ionisierten Verunreinigungen von $3\cdot10^{16}$ bis 10^{17} cm^{-3} werden 0,6 μ—6 mm dicke Plättchen geschnitten u. teilweise mit Araldit auf Glasträger gekittet. Von den Proben wird bei 10—294° K die opt. Absorption zwischen 0,6 u. 2,75 eV mit einem Gitterspektrometer bestimmt. Die Absorptionskante zeigt infolge einer Excitonen-Bldg. ein scharfes Maximum in unmittelbarer Nähe der Kante. Der aus der Absorptionskurve oberhalb der Bandkante abgeleitete Bandabstand u. die Bindungsenergie der Excitonen sind bei 21° K 1,521 (eV) bzw. 0,0034, bei 55° K 1,518 bzw. 0,0032, bei 185° K 1,479 bzw. 0,0030 u. bei 294° K 1,435 bzw. 0,0025. Für Übergänge vom 3. Valenzband zum Leitungsband wird eine Absorptionsbande beobachtet, deren Lage einer Spin-Bahn-Aufspaltung von $0{,}35 \pm 0{,}01$ eV entspricht. Die Absorptionskante zeigt auf der Seite niedriger Energie eine auf dem Urbach-Effekt [1953] beruhende exponentielle Verbreiterung. Die Excitonenlinie wird beim Anlegen mechan. Spannungen um 12 eV/[111]-Schereinheit aufgespalten u. um —10 eV verschoben, wenn die Einheit der Dehnung anliegt. Außerdem werden Absorptionsbanden beobachtet, die auf die Ionisierung tiefliegender Verunreinigungszustände zurückzuführen sind, u. deren Schwellen 0,70, 0,49 u. 0,27 eV von der Hauptkante entfernt sind. Herbert Müller. 135◇

0266 **Nichtlinearer Photoeffekt in Galliumarsenid-p-n-Übergängen.** A. A. Gutkin, D. N. Nassledow und W. Je. Ssedow. (Festkörperphysik [UdSSR] **5,** 1138—42, 1963; Leningrad, Akad. der Wiss. der UdSSR, Phys.-Techn. Joffe-Inst.; russ.) — Vgl. C. **1963,** 19106. — Gefunden wurden nichtlineare Photostrom–Lichtintensitäts-Kurven für GaAs-Photodioden, die nach einem speziellen Verf. hergestellt worden waren. Genau untersucht wird dieser Effekt in Abhängigkeit von zusätzlicher Beleuchtung, Wellenlänge u. äußeren elektr. Feldern. Die Ergebnisse werden unter dem Aspekt der Oberflächenrekombination diskutiert. K. Jaeger. 135◇

0267 **Elektrischer Durchschlag in Galliumarsenid-p-n-Übergängen.** D. N. Nassledow und B. W. Zarenkow. (Festkörperphysik [UdSSR] **5,** 1181—88, 1963; Leningrad, Akad. der Wiss. der UdSSR, Phys.-Techn. Inst.; russ.) — Gemessen werden die Durchschlagsspannung u. die Kapazität der Raumladungsbereiche in GaAs-p-n-Übergängen zwischen 77 u. 540° K. Abgeleitet aus diesen Daten werden die Feldstärke beim Durchschlag u. die krit. Dicke der Raumladungszone. Aus den Ergebnissen wird der Schluß gezogen, daß der elektr. Durchschlag auf eine Stoßionisation zurückzuführen ist. K. Jaeger. 135◇

0268 **Tieftemperatur-Durchschlag in Germanium-Schichten.** B. M. Wul, E. I. Sawaritzkaja und I. W. Dawydowa. (Festkörperphysik [UdSSR] **5,** 1107—13, 1963; Moskau, Akad. der Wiss. der UdSSR, Phys. Lebedew-Inst.; russ.) — Die Durchschlagsfeldstärke E_b wird in p-Ge-Schichten bei Temp. nahe 4,2° K als Funktion der Schichtdicke d gemessen. E_b ist d-unabhängig, wenn $E_b \cdot d$ größer als das Ionisationspotential der Verunreinigungsatome (U_i) ist. Für $E_b \cdot d < U_i$ ist E_b d-abhängig: $E_b \cdot d = U_i = \text{const.}$ K. Jaeger. 135◇

0269 **Photoleitfähigkeit von dünnen InSb-Schichten.** W. A. Kassjan. (Festkörperphysik [UdSSR] **5,** 1979—81, 1963; Kischinew, Univ.; russ.) — Gemessen wurde die Temp.-Abhängigkeit der Photoleitfähigkeit dünner InSb-Schichten zwischen 100 u. 350° K. Die Photoleitung ist positiv für T > 200° K u. negativ für T < 200° K. Die Spektren des negativen u. des positiven Bereiches sind nicht identisch. K. Jaeger. 135◇

0270 **Einige Beobachtungen an anwachsenden Oscillationen in Elektron–Loch-Plasmen.** Betsy Ancker-Johnson. (Physic. Rev. Letters **9,** 485—87, 1962; Seattle, Wash., Boeing Sci. Res. Labor.; engl.) — Die Plasmen wurden in einem p-*InSb*-Einkristall durch Injektion bei 77° K erzeugt. Es wurden anwachsende Oscillationen beobachtet, deren Frequenzen stromabhängig oder stromunabhängig waren. Beide Arten erfolgten in Abwesenheit eines Magnetfeldes. H. Liepack. 135◇

0271 **Der Einfluß der Umgebung auf die Kinetik der Photoleitung in Zinkoxid.** N. N. Markewitsch und Je. K. Putzeiko. (Festkörperphysik [UdSSR] **5,** 1189—93, 1963; Leningrad, Opt. Wawilow-Inst.; russ.) — Untersucht wird bei Zimmer-Temp. der Einfl. von O_2 u. organ. Dämpfen auf die Photoleitung polykristalliner ZnO-Schichten. Starke Effekte werden für elektronegative Moll. beobachtet, was auf die Bldg. von Haftstellenzentren an der Oberfläche zurückgeführt wird. Hyperbol. Zerfallsgesetze werden für Schichten gefunden, die auf verschiedenen Wegen hergestellt worden waren. K. Jaeger. 135◇

0272 **Elektrische und magnetische Eigenschaften von Titan(II)-oxid.** A. A. Ssamochwalow und A. G. Russtamow. (Festkörperphysik [UdSSR] **5,** 1202—07, 1963; Swerdlowsk, Akad. der Wiss. der UdSSR, Inst. für Metallphys.; russ.) — Gemessen wurden zwischen 80 u. 400° K die elektr. Leitfähigkeit, Thermokraft, der Hall-Koeff., die magnet. Widerstandsänderung u. magnet. Susceptibilität von TiO. Metall. Leitfähigkeit wird gefunden. TiO ist paramagnet. mit remanenter Magnetisierung. K. Jaeger. 135◇

0273 **Die Abhängigkeit der thermisch angeregten Leitfähigkeit von den Beleuchtungsbedingungen in CdS-Einkristallen, die S-Dämpfen ausgesetzt waren.** A. P. Trofimenko, G. A. Fedoruss und M. K. Scheinkman. (Festkörperphysik [UdSSR] **5,** 1805—13, 1963; Kiew, Akad. der Wiss. der UkrainSSR, Halbleiter-Inst.; russ.) — Gemessen wurde die therm. angeregte Leitfähigkeit in CdS-Kristallen, die in S-Dampf erhitzt worden waren. Für vollkommen abgekühlte Kristalle wird unter Belichtung ein einzelnes Maximum bei + 65° gefunden. Maxima bei —10 u. + 18° werden gefunden, wenn die Belichtung bei Temp. < —50° einsetzt; das Maximum bei + 65° ist in diesem Falle entweder ganz verschwunden oder nur schwach ausgeprägt. Im Temp.-Bereich —110 bis —85° hängt die Größe der Maxima bei —10 u. + 18° exponentiell von der Temp. ab, bei der die Belichtung einsetzte. Den Maxima entsprechen Aktivierungsenergien von 0,7—1,0 eV. Die Größe der Maxima ändert sich mit der Belichtungsdauer Δt gemäß Δt^n mit $3 \leqq n \leqq 4$. Diese Ergebnisse werden mit Zentren erklärt, die eine abstoßend wirkende Coulomb-Schwelle besitzen u. die Entstehung verschiedener Haftstellenniveaus bewirken. K. Jaeger. 135◇

0274 **Die Wirkung von Kupferverunreinigungen auf die photoelektrischen Eigenschaften von Cadmiumsulfid-Einkristallen.** G. A. Fedoruss und W. D. Furssenko. (Ukrain. physik. J. **7,** 82—83, 1962; Kiew, Akad. der Wiss. der UkrainSSR, Halbleiter-Inst.; ukrain.) — Verglichen werden die photoelektr. Eigg. von reinen u. Cu-haltigen CdS-Einkristallen. Die Relaxationszeit des Photostroms beträgt bei CdS $10\cdot10^{-3}$ u. bei CdS(Cu) $0{,}5\cdot10^{-3}$. K. Jaeger. 135◇

0275 **Einfluß von Kristallfehlern auf die Photoleitung von CdS-Einkristallen.** Yoshio Inuishi, Junji Shirafuji und Chihiro Hamaguchi. (Technol. Rep. Osaka Univ. **11,** 213—20, 1961; Dep. of Electr. Engng.; engl.) — Die CdS-Proben werden mit 2 Arten von Lichtimpulsen bestrahlt [Xe-Entladung (0,5 μs) u. W-Lampe mit Zerhacker (ms)]. Das Abklingen des Photostroms kann nicht durch eine Potentialfunktion beschrieben werden, aber mit Hilfe mehrerer Abkling-Konst. τ_1, τ_2 (Xe-Impulse) u. τ_3, τ_4 (W-Lampen-Impulse). τ_1 u. τ_3 steigen bei tiefen Temp. mit zunehmenden S-Leerstellen an u. fallen mit zunehmenden Cd-Leerstellen ab. Mit zunehmenden S-Leerstellen steigt die Quantenausbeute η, bes. bei tieferen Temp., an. Besonderen Einfl. auf die Photoleitfähigkeit haben τ u. η der Oberfläche. I. Zoll. 135◇

0276 **Bestimmung der Störstellenparameter aus infrarot-angeregter Photoleitung in CdS-Einkristallen.** I. A. Mirzchulawa, R. I. Tschikowani und A. L. Schkolnik. (Festkörperphysik [UdSSR] **5,** 1769—75, 1963; Tbilissi, Univ.; russ.) — Gemessen wurde die IR-Photoleitfähigkeit in CdS, die durch Photoanregung der Elektronen des Valenzbandes oder eines tiefliegenden Störstellenniveaus entsteht. Die Relaxation dieser Photoleitung wird für verschiedene

Verhältnisse N_1/N_2 untersucht (N_1 = Anzahl der Elektronen in Haftstellenniveaus, N_2 = Anzahl der Löcher in Rekombinationsniveaus). Aus den Ergebnissen werden die Einfangquerschnitte für Photonen u. Elektronen sowie die Ladungsträger-Konz. der Störstellenniveaus abgeleitet.

K. Jaeger. 135◇

0277 **Elektrische Eigenschaften des p-Halbleitersystems Quecksilbertellurid–Cadmiumtellurid.** A. D. Schneider und I. W. Gawrischtschak. (Festkörperphysik [UdSSR] **5,** 1208—12, 1963; Drogobytsch, Päd. Inst.; russ.) — Elektr. Leitfähigkeit, Hall-Koeff., Thermokraft, transversaler u. longitudinaler Nernst-Ettingshausen-Koeff. werden in p-leitenden Proben von x-HgTe·(1 — x)CdTe mit x = 0,95; 0,9; 0,85 u. 0,75 zwischen 77 u. 420° K gemessen. Die Defektelektronen-Konzz. lagen zwischen $8 \cdot 10^{16}$ u. $3 \cdot 10^{17}$ cm^{-3}. Bes. Effekte werden für x ca. 0,9 gefunden.

K. Jaeger. 135◇

0278 **Durch Stickstoffdiffusion erzeugte p–n-Übergänge in SiC.** I. Fridel und G. F. Cholujanow. (Festkörperphysik [UdSSR] **5,** 1940—45, 1963; Leningrad, Uljanowa-Inst. für Elektrotechnik; russ.) — Untersucht wurde die Emission heißer Elektronen von p–n-Übergängen, die durch N_2-Diffusion in p-SiC erzeugt worden waren. Der untersuchte Temp.-Bereich lag zwischen 20 u. 400°. Die Bldg. eines Mikroplasmas am Übergang sowie im p- u. n-Bereich wird durch chem. Ätzen verstärkt. Der Emissionsstrom I_e wird gemessen als Funktion des Sperrstromes I_r u. der angelegten Spannung. Bei 20° ist I_e ca. 300 μA; der „Wrkg.-Grad" I_e/I_r liegt zwischen $2 \cdot 10^{-4}$ u. $3 \cdot 10^{-4}$ (in Abwesenheit bes. Oberflächenbedeckungen). Kurz diskutiert wird die Möglichkeit der Anwendung von p–n-Übergängen in SiC als Elektronenquelle.

K. Jaeger. 135◇

0279 **Elektrische Kontakte an Siliciumcarbid.** R. N. Hall. (J. appl. Physics **29,** 914—17, 1958; Schenectady, N.Y., Gen. Electr. Res. Labor.; engl.) — Gleichrichterübergänge können durch Erhitzen von Si–Al- oder Si–B-Legg. mit n-leitendem Si-Carbid (I) hergestellt werden. Die Löslichkeit von I in fl. Si wird bei 1520, 1600 u. 1725° bestimmt, die Lsg.-Enthalpie ergibt sich zu $\Delta H = 74 \pm 10$ kcal/Mol. Stärkere Auflösung von C erfolgt in fl. Si–Al. Ca. 0,1 mm starke I-Schichten werden mit Hilfe eines Impfkristalls in mit C gesätt. geschmolzenem Si bei ca. 1600° gezüchtet. Die Ndd. mit vermutlich kub. Struktur zeigen eine dem Substrat entsprechende Orientierung. Die Übergänge werden durch Aufschmelzen von Kügelchen der Si-Leg. auf einen I-Einkristall hergestellt. Hierbei ist ein Leg.-Vorgang sowie ein erneutes Wachstum maßgebend. Analog werden nichtgleichrichtende Kontakte unter Verw. von Si–P-Legg. hergestellt. Bei Stromdurchgang in Durchlaßrichtung emittieren die gleichrichtenden Übergänge einheitlich über ihre Oberfläche im Sichtbaren, die Quantenausbeute liegt in der Größenordnung von 10^{-6}. Stromdurchgang in Sperrichtung ist durch das Auftreten von „blauen Flecken" gek., die ein ähnliches Aussehen haben wie die Lichtpunkte, die häufig beim Anlegen einer Vorspannung an Si-Übergängen im Lawinenbereich beobachtet werden.

P. Frenzel. 135◇

0280 **Bandstruktur von A(II)—B(IV)—C$_2$(V)-Halbleitern mit Chalkopyrit-Struktur.** F. M. Gaschimsade. (Festkörperphysik [UdSSR] **5,** 1199—1201, 1963; Leningrad, Akad. der Wiss. der UdSSR, Phys.-Techn. Joffe-Inst.; russ.) — Berechnet wird die Bandstruktur von A(II)-B(IV)-C$_2$(V)-Halbleitern. Es wird gezeigt, daß für das Leitungsband die ε(k)-Abhängigkeit nicht quadrat. ist, sondern sphär. Symmetrie besitzt. Die effektive Elektronenmasse auf dem Grund des Leitungsbandes wird für $CdSnAs_2$ abgeschätzt.

K. Jaeger. 135◇

0281 **Bemerkungen zur Veröffentlichung „Volumenleitfähigkeit von Borsilicatglas" von Julius J. Muray.** A. E. Owen. (J. appl. Physics **34,** 705—06, 1963; Sheffield, England, Univ. of Sheffield, Dep. of Glass Technol.; engl.) — Vgl. C. **1963,** 14925.

K. Roß. 135◇

0282 **Der Einfluß sauerstoffhaltiger anionischer Verunreinigungen auf die elektrische Leitfähigkeit von Alkalihalogenid-Kristallen.** M. W. Paschkowski, N. A. Zal und A. D. Tkatschuk. (Festkörperphysik [UdSSR] **5,** 1167—69, 1963; Lwow, Franko-Univ.; russ.) — Experimentell untersucht wurde der Einfl. von OH^- auf die elektr. Leitfähigkeit in *KCl*- u. *KBr*-Einkristallen u. von SO_4^{2-} u. CO_3^{2-} auf die elektr. Leitfähigkeit in *NaCl*-Einkristallen.

K. Jaeger. 135◇

0283 **Elektrische Leitung in einem eindimensionalen ungeordneten Potential.** D. A. Greenwood. (Proc. physic. Soc. **79,** 1282—84, 1962; London, Univ., Birkbeck Coll.; engl.) — Für eine eindimensionale Potentialverteilung $V(x) = \lambda \Sigma \delta(x - X_\nu)$, wobei die Atomlagen X_ν nach einer Zufallsverteilung über ein endliches Intervall in der x-Richtung verteilt sind, wird die elektron. Leitfähigkeit berechnet. Die Leitfähigkeit läßt sich aus der Dichtematrix ableiten, u. die Grenzfälle $\lambda \to 0$ (schwaches) u. $\lambda \to \infty$ (starkes Streupotential) können ausgewertet werden, wenn man davon Gebrauch macht, daß nach Mott u. Twose die stationären Elektronenzustände in einem eindimensionalen ungeordneten Potential reell u. lokalisiert sind u. die Amplitude der Elektronen-Wellenfunktion beiderseits ihres Maximums exponentiell abfällt. Der Grenzfall $\lambda \to 0$ liefert dasselbe Ergebnis wie die in diesem Grenzfall ebenfalls mögliche Lösung der Boltzmann-Gleichung. Im Grenzfall $\lambda \to \infty$ ergibt sich bis auf den Faktor 2 ein Ausdruck derselben Form.

F. Lenz. 136◇

0284 **Experimentelle Untersuchung der magnetischen Anisotropie der lokalisierten Bindung.** 1. Mitt. **Allgemeine Einführung in die Methode. Anwendung auf die Untersuchung des Magnetismus von Jod.** Jacqueline de Villepin. (J. Chim. physique Physico-Chim. biol. **59,** 901—26, 1962; Paris, Sorbonne, Labor. de Chim. gén.; franz.) — Vf. gibt einen ausführlichen Überblick über die theoret. Grundlagen der tensoriellen Magnetisierung eines magnet. anisotropen Kristalls im homogenen Magnetfeld im allg. Fall u. speziell für trikline, monokline, orthorhomb. u. hexagonale Systeme. Für alle 4 Syst. werden die Zusammenhänge zwischen den Parametern der Kristallanisotropie u. der Mol.-Asymmetrie analysiert. Mit Hilfe einer Quarzfaden-Torsions-Meß-Vorr. wurden die Anisotropieparameter von Jodeinkristallen gemessen u. mittels der Kristallstrukturdaten die Anisotropie der J—J-Bindung berechnet u. mit der theoret. von Baudet (Dissertation, Bordeaux 1961) abgeleiteten verglichen.

W. Haberditzl. 137◇

0285 **Beitrag zur Untersuchung diamagnetischer Susceptibilitäten mit der Hochfrequenz-Methode.** M. J. Joussot-Dubien. (Ann. Physique [13] **6,** 375—426, 1961; Bordeaux, Univ., Fac. des Sci.; franz.) — Vf. beschreibt eine App. zur Messung diamagnet. Susceptibilitäten, bei der die Änderung der Frequenz durch Änderung der Induktivität beim Einbringen einer Substanz in eine Spule das Meßprinzip ist. Es gilt $\chi = \Delta L/L_0 = -2(\Delta\nu/\nu_0)$ (χ = Susceptibilität, L = Selbstinduktion, ν = Frequenz). Wird mit ν_0 = 1 MHz gearbeitet u. $\Delta\nu$ auf 0,01 Hz genau gemessen, läßt sich χ mit etwa gleicher Genauigkeit ($\approx$ 1%) wie mit normalen Wäge-Meth. bestimmen. Die HF-Erzeugung, -Stabilisierung u. -Messung sowie die Vermeidung von Fehlern infolge elektr. Abschirmung werden ausführlich beschrieben. Die Eichung erfolgt mit Benzol. Als Anwendungsbeispiel wird das Diamagnetismusinkrement des *Si* mit Hilfe nachst. Silane bestimmt: $(C_6H_5)_4Si$, $(C_6H_5)_3SiH$, $(C_6H_5)_3Si(CH_3)$, $(C_6H_5)_2 \cdot Si(CH_3)_2$, $(C_6H_5)Si(CH_3)_3$. Es beträgt $-12{,}5 \cdot 10^{-6}$. Außerdem wird die Exaltation der C≡C-Bindung, die im Pascalschen Syst. 0,8 beträgt, an einigen Acetylen-Derivv. überprüft: $CH{\equiv}C(CH_2)_4CH_3$, $CH{\equiv}CCH_2Cl$, $CH{\equiv}CCH_2Br$. Sie liegt innerhalb der Fehlerbreite der Messungen.

W. Haberditzl. 137◇

0286 **Ein neuer Spektrograph für die paramagnetische Elektronenresonanz.** Tai-chian Tuong. (Acta physica sinica **19,** 407—08, 1963; chin.) A. Blaschette. 137◇

0287 **Kernmagnetische Resonanzapparatur mit mittlerer Auflösung.** P. M. Borodin und Je. N. Swentitzki. (Betriebs-Lab. [UdSSR] **29,** 611—13, 1963; Leningrad, Shdanow-Univ., wiss. phys. Unters.-Inst.; russ.) — Beschreibung der App. mit mittlerer Auflösung (10^{-4} bis 10^{-5}).

G. Winkhaus. 137◇

0288 **Strukturaufklärung durch kernmagnetische Resonanz.** Toshio Gotô. (Kagaku-no-Ryoiki [J. Jap. Chem.] **16,** 24—32, 1962; Nagoya, Univ., Naturwiss. Fak.; jap.) — Übersicht. — 6 Literaturangaben. E. Maekawa. 137◇

0289 **Dynamische Polarisation von Kernen während der Sättigung inhomogen verbreiterter paramagnetischer Elektronenresonanzlinien.** A. W. Kessenich und A. A. Manenkow. (Festkörperphysik [UdSSR] **5,** 1143—46, 1963; Moskau, Akad. der Wiss. der UdSSR, Phys. Lebedew-Inst.

u. Karpow-Inst. für Phys. Chem.; russ.) — Diskutiert wird der dynam. Polarisations-Koeff. η von Kernen für eine inhomogen verbreiterte EPR-Linie, wobei die Querrelaxation in Rechnung gestellt wird. Es wird gezeigt, daß η als Funktion der Temp. u. der Zentren-Konz. ein Maximum besitzt u. daß der Abstand zwischen den Extremstellen in dem Diagramm η-magnet. Feldstärke mit fallenden Temp. u. steigenden Konzz. wächst. K. Jaeger. 137◇

0290 **Die paramagnetische Elektronenresonanz und ihre Anwendung auf einige physikalisch-chemische Erscheinungen.** Jean Roch. (Ann. Physique [13] **5**, 1401—47, 1960; Paris, Univ., Fac. des Sci.; franz.) — Vf. berichtet zunächst über die Theorie sowie den Aufbau eines Spektrometers für paramagnet. Resonanz u. Maßnahmen zur Verbesserung seiner Empfindlichkeit. Dann werden Ergebnisse über folgende Messungen diskutiert: Best. der stat. longitudinalen Susceptibilität u. Vgl. der Resultate mit denen der transversalen Hochfrequenzsusceptibilität; Unters. einiger V-Oxide u. -Salze ($VOSO_4 \cdot 5\,H_2O$; $VOSO_4 \cdot 4\,H_2O$, $VOSO_4 \cdot 3\,H_2O$, $VOSO_4 \cdot H_2O$, $VOSO_4$, V_2O_5, V_2O_3, V_2O_4, $V_2O_4 \cdot H_2O$, $V_2O_4 \cdot 2\,H_2O$) sowie einiger bestrahlter Substanzen (Pyrexglas, Polyvinylchlorid). Bes. werden der Nachw. bestimmter Zwischenprodd. chem. Rkk., die Best. der Natur von durch Strahlung erzeugten Radikalen, die quant. Analyse dieser Radikale u. die Unters. der Kinetik von Rkk. behandelt, an denen diese Radikale beteiligt sind. D. Jörchel. 137◇

0291 **Elektronenspinresonanz von Stickstoff-Donatoren in Diamant.** W. V. Smith, P. P. Sorokin, I. L. Gelles und G. J. Lasher. (Physic. Rev. [2] **115**, 1546—52, 1959; Poughkeepsie, N.Y., IBM Corp., Res. Labor.; engl.) — N-Atome, die auf C-Gitterplätzen eingelagert sind, liefern ein ESR-Spektrum mit dem isotropen g-Faktor g = 2,0024 ±0,0005. Da eine der Richtungen zum nächsten C-Atom eine Symmetrieachse der Hyperfeinstruktur-Wechselwrkg. ist, existieren vier äquivalente Typen von Donatoren. Die Aufspaltungs-Konst. haben die Größe A = 40,8 u. B = 29,2 Oe für N—C-Paare u. A' = 60,8 u. B' = 25,3 Oe für ^{14}N—^{13}C-Paare. Das Donatorelektron befindet sich auf einer nichtbindenden Bahn eines solchen Paares. F. Schneider. 137◇

0292 **Die Theorie der paramagnetischen Relaxation der F-Zentren in beliebigen magnetischen Feldern.** M. F. Deigen und G. W. Korobko. (Festkörperphysik [UdSSR] **5**, 1126—31, 1963; Kiew, Akad. der Wiss. UkrainSSR, Halbleiter-Inst.; russ.) — Berechnet wird die Spin-Gitter-Relaxationszeit der F-Zentren als Funktion der Temp., der magnet. Feldstärke u. der Richtung des Gleichfeldes auf der Grundlage des Mechanismus der Hyperfeinwechselwirkungen. Die Ergebnisse werden an *KCl* geprüft. Es wird gute Übereinstimmung gefunden. K. Jaeger. 137◇

0293 **ESR gefrorener H_2O_2—H_2O-Lösungen nach Bestrahlung.** S. J. Wyard und R. C. Smith. (Arch. Sci. [Genève] **13 (165)**, Sonderh. 224—33, 1960; London, Guy's Hosp. Med. School, Phys. Dep.; engl.) — Mitt. vorl. Ergebnisse. A. Blaschette. 137◇

0294 **Berechnungen von Linienformen für ESR-Absorption in polykristallinen Substanzen.** J. W. Searl, R. C. Smith und S. J. Wyard. (Arch. Sci. [Genève] **13 (165)**, Sonderh. 236—38, 1960; engl.) — Vgl. vorst. Referat. A. Blaschette. 137◇

0295 **Die Elektronenspinresonanz-Spektren von γ-bestrahltem Thiosulfat.** R. L. Eager und D. S. Mahadevappa. (Canad. J. Chem. **41**, 2106—08, 1963; Saskatoon, Saskatchewan, Univ. of Saskatchewan, Dep. of Chem. and Chem. Engng.; engl.) — Die ESR-Spektren (20°; z. T. auch Temp. des fl. N_2) nachst. mikrokristalliner Verbb. nach 144std. Einw. von ^{60}Co-γ-Strahlung wurden aufgenommen u. dem Radikal SO_2^- zugeordnet (absorbierte Dosis in eV; Spinzentren/g; g-Wert; Linienbreite in Gauß): $Na_2S_2O_3$ (I; $5{,}94 \cdot 10^{20}$; $5{,}9 \cdot 10^{17}$; 2,006; 6,6); $Na_2S_2O_3 \cdot 5\,H_2O$ ($6{,}96 \cdot 10^{20}$; $5{,}1 \cdot 10^{17}$; 2,005; 8,8); $3\,K_2S_2O_3 \cdot 5\,H_2O$ ($6{,}54 \cdot 10^{20}$; $4{,}0 \cdot 10^{17}$; 2,005; 9,1). Sie bestehen jeweils aus einer Linie ohne Hyperfeinstruktur; lediglich I zeigt eine zusätzliche Strukturierung des Spektrums bei niedrigen Feldstärken (g = 2,032). A. Blaschette. 137◇

0296 **Paramagnetische Elektronenresonanz von Rhenium-(IV) in einem kubischen Feld.** Paul B. Dorain und Ronald Rahn. (J. chem. Physics **36**, 561—62, 1962; Waltham, Mass., Brandeis Univ., Chem. Dep.; engl.) — An K_2PtCl_6-Einkristallen mit 0,1—0,5% Re^{4+} wird bei 4,2° K die paramagnet. Resonanz bei Anregung mit Mikrowellenstrahlung von 23,676 GHz untersucht. Die Winkelabhängigkeit des Magnetfeldes H für die Übergänge M = −1/2 u. M = +1/2 ist angegeben; die Drehachse von H ist kolinear mit der ($1\,\bar{1}\,0$)-Achse des Kristalls. Es besteht eine große Anisotropie der Aufspaltung Kernspin–Elektronenspin, die mit den Parametern der Spin-Hamilton-Funktion $|g| = 1{,}815 \pm 0{,}001$, $|u| = (-13 \pm 1) \cdot 10^{-3}$, $|A| = (3{,}93 \pm 0{,}01) \cdot 10^{-2}\ cm^{-1}$ u. $|U| = -(3{,}7 \pm 0{,}1) \cdot 10^{-3}\ cm^{-1}$ beschrieben wird. Herbert Müller. 137◇

0297 **EPR von Tm^{2+} in CaF_2.** P. P. Paschinin, A. M. Prochorow und W. T. Udowentschik. (Festkörperphysik [UdSSR] **5**, 1221—22, 1963; Moskau, Phys. Lebedew-Inst. der Akad. der Wiss. der UdSSR; russ.) — Die EPR-Spektren von Tm^{2+} in CaF_2 wurden bei 9250 HMz u. 4,2 bzw. 60° K aufgenommen. Als Proben wurden durch vertikales Zonenschmelzen von mit Tm versetztem CaF_2 erhaltene Einkristalle verwendet; Tm, als Tm-Oxid zugesetzt, tritt hauptsächlich als Tm^{3+} in das Gitter ein; der Anteil an Tm^{2+} wird durch Röntgenbestrahlung erhöht. Die Spektren weisen 2 Linien mit Hyperfeinstruktur (HFS) auf; die Trennung beträgt 228,8 ± 3,0 Oe, die HFS-Konst. von ^{169}Tm $A = (367{,}5 \pm 0{,}5) \cdot 10^{-4}$, der g-Faktor 3,452 ± 0,002. Das magnet. Kernmoment von ^{169}Tm ergibt sich zu −0,193 ± 0,003 in guter Übereinstimmung mit der Literatur. G. Winkhaus. 137◇

0298 **Paramagnetische Elektronenresonanz von Eu^{2+}-Ionen in BaF_2- und SrF_2-Einkristallen.** W. M. Winokurow, M. M. Saripow, W. G. Stepanow, G. K. Tschirkin und L. Ja. Schekun. (Festkörperphysik [UdSSR] **5**, 1936 bis 1939, 1963; Kasan, Uljanowa-Lenin-Univ.; russ.) — An künstlichen BaF_2- u. SrF_2-Einkristallen, die 0,05% Eu^{2+}-Ionen enthielten, wurden EPR-Messungen ausgeführt. Die Spektren können mit einem Hamiltonschen Spinterm H_s beschrieben werden, der kub. Symmetrie aufweist. Die Koeff. von H_s werden mit denen verglichen, die man für Eu^{2+} in CaF_2-Kristallen erhält. Diskutiert werden Linien, die auf Übergänge mit $\Delta M = \pm 1$ u. $\Delta m = \pm 1$ zurückzuführen sind. K. Jaeger. 137◇

0299 **Paramagnetische Resonanz von Gd^{3+} in SrF_2 und BaF_2.** J. Sierro. (Physics Letters [Amsterdam] **4**, 178—80, 1963; Geneva, Switzerland, Univ., Inst. of Experiment. Phys.; engl.) — An mit 0,02 Gew.-% GdF_3 dotierten SrF_2- (I) u. BaF_2 (II)-Einkristallen werden die elektronenparamagnet. Resonanzspektren (EPR) bei Zimmer-Temp. aufgenommen u. die Einfl. von therm. Behandlung u. Hydrolyse bei hohen Temp. untersucht. Durch Spaltung in [1 1 1]-Richtung konnte eine gleichmäßige Orientierung der Proben erreicht werden. Das stat. Magnetfeld wurde in (1 1 0) gedreht. I-Kristalle zeigen ein kompliziertes EPR-Spektrum mit kub., tetragonaler u. trigonaler Symmetrie; nach Abschrecken von 1000° (Inertgas oder Vakuum) auf Zimmer-Temp. bleibt nur das kub. Spektrum, bei langsamem Abkühlen (10°/Std.) nehmen das kub. u. trigonale an Intensität zu, während das tetragonale Spektrum langsam abklingt. Nach mehrstündiger Hydrolyse bei hoher Temp. entsteht ein neues trigonales Spektrum mit einer schwachen isotropen Linie u. g = 1,992 ± 0,001. II-Kristalle haben ein einfacheres Spektrum mit kub. u. trigonaler Symmetrie u. zeigen beim Abschrecken u. Hydrolyse gleiches Verh. wie I, bei langsamem Abkühlen jedoch keine Veränderung. Es werden Hamilton-Parameter u. Nullfeldaufspaltungen von Gd^{3+} in I, II, CaF_2 u. CdF_2 tabellar. angegeben u. die verschiedenen erhaltenen Spektren bzw. die beobachteten Veränderungen diskutiert. W. Sobieski. 137◇

0300 **Verbotene Linien im ESR-Hyperfeinspektrum von Mn^{2+} in $BaTiO_3$.** M. Odehnal. (Czechoslov. J. Physics **13**, 566—72, 1963; Řež, Ústav jaderného výzkumnu ČSAV; engl.) — Bei 8,7 GHz u. 80° K erscheinen zwischen den Hyperfeinstruktur-Linien des ESR-Spektrums von Mn^{2+} in gepulvertem $BaTiO_3$ Dubletts, die von verbotenen Übergängen der Form $\Delta M = \pm 1$, $\Delta m = \pm 1$ stammen. Die Spin-Hamilton-Funktion für diese Übergänge enthält die Konst. g = 2,001 ± 0,001, |A| = 86 Oe u. D ca. 40 Oe. Die große Intensität der verbotenen Linien wird durch Mischung der Wellenfunktionen erklärt. F. Schneider. 137◇

0301 **Untersuchung der paramagnetischen Resonanz von Cr^+ in kubischem und hexagonalem ZnS.** J. Dieleman,

R. S. Title und W. V. Smith. (Physics Letters [Amsterdam] **1**, 334—35, 1962; Eindhoven, N.V. Philips' Gloeilampenfabr., Philips Res. Labor.; Yorktown Heights, N.Y., IBM Corp., Thomas J. Watson Res. Labor.; engl.) — Das ESR-Spektrum von Cr^+ besteht bei 300 u. bei 77° K aus einer Linie der Cr-Isotopen mit I = 0 u. aus vier schwachen Linien des ^{53}Cr-Isotops mit I = 3/2. Die Linienbreite beträgt 0,36 Oe, der Abstand der 4 schwachen Linien 14,3 ± 0,1 Oe. Die Intensität nimmt bei Bestrahlung mit UV-Licht zu u. bei IR-Bestrahlung ab. Das paramagnet. Cr^+-Ion entsteht, wenn eines der auf Zn-Plätzen eingebauten Cr^{2+}-Ionen ein Photoelektron einfängt. F. Schneider. 137◇

0302 **Paramagnetische Elektronenresonanz in Halogenverbindungen von Titan(III).** W. I. Awwakumow, N. Ss. Garifjanow und Je. I. Ssemenowa. (Metallphysik u. Metallkunde [UdSSR] **12**, 624, 1961; Kasan-Zweigst. der Akad. der Wiss. der UdSSR; russ.) — Die EPR-Spektren von feinkristallinen Pulverproben von TiF_3 (I), $TiBr_3 \cdot 6\,H_2O$ (II) u. $TiJ_3 \cdot 6\,H_2O$ (III) wurden bei 271 u. 9561 MHz, bei 200 u. 77° K untersucht. Alle Spektren weisen 1 symm. Linie auf, deren Halbwertsbreite ΔH von der Frequenz abhängt. Bei 77° K haben der g-Faktor u. ΔH (Oe) für 9561 (271 MHz) folgende Werte: **I** 1,91, 241 (151); **II** 1,90, 232 (110); **III** 1,91, 205 (130). Die Temp. hat im Bereich von 77° K bis T* = 150—200° K keinen Einfl. auf ΔH; oberhalb T* nimmt ΔH schnell zu, u. die Linie verschwindet bei höheren Temperaturen. Bei hohen Frequenzen (9561 MHz) wird ΔH durch die Anisotropie des g-Faktors u. durch Ungleichförmigkeit des innerkristallinen Feldes, bei kleinen Frequenzen (271 MHz) durch magnet. Dipolwechselwrkg. bedingt. G. Winkhaus. 137◇

0303 **Magnetische Resonanz in bestrahltem Zirkon.** On Matumura und Hiroshi Koga. (J. physic. Soc. Japan, Suppl. Nr. II, Proc. int. Conf. Crystal Lattice Defects, Kyoto **1962**, 312—14, 1963; Kyushu Univ., Fukuoka, Japan, Fac. of Sci., Dep. of Phys.; engl.) — Wird natürliches Zirkon mit UV- oder γ-Strahlen bestrahlt, so zeigt er ein anisotropes ESR-Spektrum, das durch die Konst. S = 1, g = 2,018 u. $D = 10^{-3}\,cm^{-1}$ beschrieben werden kann. Dieses Spektrum wird einem Zr^{2+}-Ion auf einer O-Leerstelle zugeschrieben. Wird der Kristall auf 700° erhitzt, so zeigt er ferromagnet. Eigenschaften. Gleichzeitig tritt eine sehr breite Absorptionslinie auf. F. Schneider. 137◇

0304 **Paramagnetische Elektronenresonanz von Cr^{3+} in SnO_2.** W. H. From. (Physic. Rev. [2] **131**, 961—63, 1963; Lexington, Mass., MIT, Lincoln Labor.; engl.) — Unters. für den Grundzustand von Cr^{3+} in SnO_2 (Cassiterit) bei 23,5 u. 34,4 GHz. Die Konst. des Spin-Hamilton-Operators für die mit der c-Achse des Kristalls zusammenfallende magnet. Z-Achse sind $|g| = 1{,}975$, $D = +17{,}3$ GHz, $|E| = 8{,}44$ GHz u. $|A| = 42$ MHz. H. Liepack. 137◇

0305 **Paramagnetische Elektronenresonanz in verdünnten Vanadin(IV)-oxidchloridlösungen.** N. Ss. Garifjanow, B. M. Kosyrew, R. Ch. Timerow und N. F. Ussatschewa. (J. exp. theoret. Physik [UdSSR] **42**, 1145—48, 1962; Kasan, Zweigst. der Akad. der Wiss. der UdSSR; russ., Auszug: engl.) — Die Abhängigkeit der Linienbreite ΔH der Komponenten der EPR-Hyperfeinstruktur (HFS) von 0,02 m $VOCl_2$-Lsgg. in Aceton, W., Methanol, Isopropanol u. A. von der Temp. (20—80°) u. Viscosität η der Lsgg. wurde untersucht. Die EPR-Linie zeigt in < 1 m Lsgg. Linien-HFS, welche in < 0,1 m Lsgg. voll aufgelöst ist. ΔH der Komponentenlinien nimmt bei Abnahme der Konz. von 0,1 auf 0,02 m etwas ab u. bleibt bei weiterer Verdünnung konstant. Die Messungen wurden an Proben in Glascapillaren verschiedenen Durchmessers durchgeführt. Mit abnehmendem Durchmesser nimmt die Asymmetrie der Linienform ab. Daraus, u. aus dem Lsgm.-Einfl. auf die Linienform, wird geschlossen, daß die Asymmetrie durch die elektr. Leitfähigkeit der Lsgg. bedingt ist. Die Messungen wurden an symm. Linien in dünnen Capillaren durchgeführt. ΔH nimmt mit steigender Temp. u., bei 22°, in der aufgeführten Reihenfolge der Lsgm. ab. Die Abhängigkeit von ΔH von der Projektion m_I des Kernspins nimmt mit steigender Temp. ab u. steigt in der obigen Reihenfolge der Lösungsmittel. Die Abhängigkeit von ΔH von m_I kann durch den McDonell-Relaxationsmechanismus gedeutet werden. Die Temp.-Abhängigkeit von ΔH zeigt aber, daß ein anderer Mechanismus vorherrscht. In bes. viscosen Lsgg. (Glycerin bei 22°, Isopropanol bei 0° u. a.) tritt eine Doppel-HFS ähnlich wie in Gläsern auf. G. Winkhaus. 137◇

0306 **Paramagnetische Nullfeld-Resonanz in Eisen(III)-acetylacetonat.** H. F. Symmons und G. S. Bogle. (Proc. physic. Soc. **82**, 412—18, 1963; Sydney, C.S.I.R.O., Div. of Phys.; engl.) — Die Nullfeld-Aufspaltung des Grundterms von Fe^{3+} in $Fe[(CH_3CO)_2CH]_3$ wird aus der Lage der Absorptionslinien direkt bestimmt. Bei 80° K gibt es drei unabhängige Termsysteme. Das bedeutet, daß sich bei tiefen Temp. die Kristallklasse ändert. Die Gesamtaufspaltung beträgt im unverd. Salz 47 GHz. F. Schneider. 137◇

0307 **Das ESR-Spektrum von Phthalocyaninatosilber.** A. MacCragh und W. S. Koski. (J. Amer. chem. Soc. **85**, 2375, 1963; Baltimore, Md., Johns Hopkins Univ., Dep. of Chem.; engl.) — Phthalocyaninatosilber (II) wurde durch Austausch-Rk. von Phthalocyaninatodilithium (aus Phthalonitril u. Lithiumhydrid) in alkohol. Silbernitrat hergestellt. Gelöst in 1-Chlornaphthalin zeigt es bei 77° K ein ESR-Spektrum mit aufgelöster N-Hyperfeinstruktur. Das ungepaarte Elektron befindet sich mit 54% Wahrscheinlichkeit in der $d_{x^2-y^2}$-Bahn des Silberatoms. F. Schneider. 137◇

0308 **Die Wirkung von Sauerstoff auf die paramagnetische Elektronenresonanz einiger Kohlearten bei tiefen Temperaturen.** A. I. Teljatnik und Ss. S. Schulga. (Ukrain. physik. J. **7**, 86—87, 1962; Kiew, Akad. der Wiss. der UkrainSSR, Phys. Inst.; ukrain.) — Untersucht wurde die Wrkg. von O_2 auf die EPR einiger Kohlearten bei 293, 170, 77 u. 20° K sowie bei 293° K im Vakuum. K. Jaeger. 137◇

0309 **Verallgemeinerung der Bloch-Gleichungen für den Fall des Spins >1/2.** A. R. Kessel. (Festkörperphysik [UdSSR] **5**, 1055—61, 1963; Kasan, Akad. der Wiss. der UdSSR, Phys.-Techn.-Inst.; russ.) — Die Bloch-Gleichungen gelten nur für S = 1/2. Vf. erweitert diesen Gültigkeitsbereich auf beliebige Werte von S. Die Bloch-Gleichungen ergeben dann ein Syst. mit weniger als 4 S(S + 1) linearen Differentialgleichungen 1. Grades, die gelten, wenn die kinet. Gleichung vollständig ausgeschrieben werden kann in Abhängigkeit von der Energie der Wechselwrkg. Spin—Spin u. Spin—Gitter. Es wird gezeigt, daß das elektr. Wechselstrom-Feld meßbar sein müßte, das durch die Präzession der elektron. Quadrupolmomente der paramagnet. Atome während der paramagnet. Resonanz auftritt. K. Jaeger. 137◇

0310 **Spin-Gitter-Relaxationszeit in neutronenbestrahltem Quarz.** Ja. L. Schamfarow und T. A. Smirnowa. (Festkörperphysik [UdSSR] **5**, 1046—49, 1963; Charkow, Akad. der Wiss. der UkrainSSR, Inst. für Radio-Phys. u. Elektronik; russ.) — Die Spin—Gitter-Relaxationszeit τ wird in zwei Quarz-Kristallen, die mit Neutronen bestrahlt werden (Dosen: $3 \cdot 10^{18}$ bzw. $3 \cdot 10^{19}\,cm^{-2}$), mit Hilfe der Impulsumkehrtechnik bei 9000 MHz gemessen. Folgende Temp.-Abhängigkeit von τ wird gefunden: 1. Probe: $\sim T^{-1}$ zwischen 1,7 u. 3° K u. $\sim T^{-4}$ zwischen 3 u. 4,2° K; 2. Probe: $\sim T^{-1}$ zwischen 1,7 u. 2° K u. $\sim T^{-4}$ zwischen 2 u. 4,2° K. K. Jaeger. 137◇

0311 **Untersuchung der magnetischen Resonanz an Lithiumvanadinbronze.** Julien Gendell, R. M. Cotts und M. J. Sienko. (J. chem. Physics **37**, 220—25, 1962; Ithaca, N.Y., Cornell Univ., Baker Labor. of Chem., Labor. of Atom. and Solid State Phys.; engl.) — Bei Messungen der kernmagnet. Resonanz an ^7Li in $Li_xV_2O_5$ wurde keine Knight-Verschiebung beobachtet. Es tritt jedoch eine kleine diamagnet. Verschiebung relativ zu einer LiCl-Lsg. auf, die 0,0023% bei 296° bzw. 0,0058% bei 77° K entspricht. Durch Impulsmessungen wurde ferner die Spin—Gitter-Relaxationszeit T_1 ermittelt, die von 0,16 s bei 296° K bis zu einem Minimum von 0,060 s bei 163° K abfällt u. danach bis auf 0,13 s bei 77° K ansteigt. Die Halbwertsbreite des freien Induktionszerfalls nimmt von 850 μs bei 296° K bis 100 μs bei 77° K ab. Das Mininum in T_1 wird durch die Hin-und-Her-Bewegung des Li-Ions in Achsenrichtung der durch das O-Netzwerk gebildeten Kanäle erklärt. Die beobachtete Linienverengung wird durch Diffusion in diesem Kanal von einer Elementarzelle zur nächsten gedeutet. EPR-Unterss. ergaben Lorentz-Linien, die bei g = 1,96 zentriert sind u. deren Intensität proportional 1/T ist. Die Ergebnisse lassen sich durch ein Modell deuten, in dem die Li-Atome in der V_2O_5-Struktur (Wirtsgitter) vollständig ionisiert u. die Elektronen nahezu vollständig als V^{4+}-Zentren lokalisiert sind. D. Noack. 137◇

0312 **Spin-Gitter-Relaxation in Cermagnesiumnitrat bei Heliumtemperatur: Ein neuer Prozeß.** C. B. P. Finn, R. Orbach und W. P. Wolf. (Arch. Sci. [Genève] **13 (165)**, Sonderh. 108—10, 1960; Oxford, England, Clarendon Labor.; engl.) — Messungen von T_1 an $Mg_3Ce_2(NO_3)_{12} \cdot 24\,H_2O$ zeigen im Bereich 1,9—3° K eine sehr starke Temp.-Abhängigkeit. A. Blaschette. 137◇

0313 **Spin-Gitter-Relaxation in einigen Seltenerdmetalläthylsulfaten.** A. H. Cooke, C. B. P. Finn und R. Orbach. (Arch. Sci. [Genève] **13 (165)**, Sonderh. 111—12, 1960; engl.) — Vgl. vorst. Referat. — Vorl. Unterss. an *Nd-*, *Dy-*, *Er-* u. *Yb-Äthylsulfat* bei 1,6—3° K. A. Blaschette. 137◇

0314 **Über die Hydrolyse des U(IV)-Ions.** W. M. Wdowenko, G. A. Romanow, und W. A. Schtscherbakow. (Radiochemie [UdSSR] **5**, 137—38, 1963; russ.) — Mit der Meth. der Protonenresonanz untersuchen Vff. die Abhängigkeit der Spin-Gitter-Relaxationszeit T_1 der Protonen wss. U(IV)-Lsgg. (0,03 m) vom pH-Wert. Das effektive magnet. Moment μ_N wächst mit pH-Werten bis 1,7 an. μ_N hat bei pH 1,7 ein Maximum von 0,25 ± 0,004 Bohrschen Magnetonen. U liegt in Form von UOH^{3+} vor. Die Dissoziations-Konst. des Komplexions beträgt $(3 \pm 0,3) \cdot 10^{-13}$. Vff. bestimmen die gleiche Abhängigkeit für Lsgg. mit U(IV) : F^- = 1 : 1. Die magnet. Eigg. von UF^{3+} u. UOH^{3+} sind analog. G. Ewald. 137◇

0315 **Untersuchung der magnetischen Kernrelaxation in adsorbierten Gasen mit der Spin-Echo-Methode.** O. O. Galkin und I. W. Matjasch. (Ukrain. physik. J. **7**, 54—66, 2 Tafeln, 1962; Charkow, Phys.-techn. Tieftemp.-Inst. der Akad. der Wiss. der UkrainSSR; ukrain., Auszug: engl.) — Die Zeiten der magnet. Spin-Spin- u. Spin-Gitter-Relaxation in ^{3}*He*-Atomen u. H_2-Moll. im adsorbierten Zustand wurde gemessen. Der mögliche Relaxationsmechanismus, der die kleinen Relaxationszeiten erklärt, u. das Wandern der adsorbierten Atome u. Moll. auf der Oberfläche werden besprochen. W. Pump. 137◇

0316 **Konfigurationen und magnetische Eigenschaften der Nickel(II)-aminotroponiminate.** D. R. Eaton, W. D. Phillips und D. J. Caldwell. (J. Amer. chem. Soc. **85**, 397—406, 1963; Wilmington, Del., E. I. du Pont de Nemours & Co., Exp. Stat., Central Res. Dep.; engl.) — Die magnet. Momente, die elektron. Spektren sowie die Frequenzen der NMR-Absorption von N.N'-substituierten *Bis-[aminotroponiminato]-nickel(II)*-Chelaten [I; R (Substituent am N u. N') = CH_3, C_2H_5, C_3H_7, $CH_2CH{=}CH_2$, $CH_2C_6H_5$, C_6H_5, p-ClC_6H_4, p-$CH_3C_6H_4$, p-$C_2H_5C_6H_4$, p-$N(CH_3)_2C_6H_4$, p-FC_6H_4, p-$CH_3O \cdot C_6H_4$, p-$CF_3C_6H_4$, m-FC_6H_4, m-$CF_3C_6H_4$, p-$C_6H_5{-}C_6H_4$, p-$C_6H_5 \cdot {-}N{=}N{-}C_6H_4$, p-$C_6H_5{-}O{-}C_6H_4$, p-$C_6H_5{-}NH{-}C_6H_4$, α- bzw. β-Naphthyl, β-Chinolyl] sowie von γ-substituiertem I [X (Substituent in γ-Stellung) = Br, R = p-ClC_6H_4, p-$CH_3{-}C_6H_4$ u. p-$CH_3OC_6H_4$; R = C_2H_5, X = $C_6H_5O{-}C_6H_5S{-}$, p-$NO_2C_6H_4S{-}$, $C_6H_5SO_2{-}$] sind von Temp., Lsgm. u. Struktur des Liganden abhängig. Bis-[N.N'-di-(α-naphthyl)-aminotroponiminato]-nickel (II) bildet 2 Isomere. Die Charakteristiken der Chelate lassen sich durch ein intramol. Gleichgewicht diamagnet. ⇌ paramagnet. erklären. Der diamagnet. Form dieser Chelate wird eine quadrat. planare Anordnung, der paramagnet. Form eine annähernd tetraedr. Anordnung um das Ni zugeschrieben. Die aus den Temp.-Abhängigkeiten der NMR-Kontaktverschiebungen, magnet. Suszeptibilitäten u. spektralen Intensitäten abgeleiteten Werte von ΔE u. ΔS für die Lsg.-Gleichgewichte der Verbb. in $CDCl_3$ sowie von Bis-[N.N'-di-(p-tolyl)-aminotroponiminato]-nickel(*II*) in Cyclohexan, Cyclohexen, 1.4- bzw. 1.3-Cyclohexadien, CCl_2F_2, Cyclohexylchlorid, CCl_4, Toluol, Diäthylamin, Chlf., Chlortoluol, Cyclohexylamin, Anisol, cis-Dichloräthylen, $CCl_2F \cdot CCl_2F$, Bzl., o-Bromtoluol, 1-Chlorbutan, Pyridin, o-, m- u. p-Xylol, Cyclohexanon, 1-Brombutan, Mesitylen, Methylenchlorid, Methylenbromid, CS_2 u. Methyljodid werden angegeben. P. Scharner. 137◇

0317 **Antiferromagnetische Resonanz in $CoCl_2 \cdot 6\,H_2O$.** Muneyuki Date. (J. physic. Soc. Japan **16**, 1337—51, 1961; Osaka, Univ., Fac. of Sci., Dep. of Phys.; engl.) — An einem Einkristall aus $CoCl_2 \cdot 6\,H_2O$ wurde die ferromagnet. Resonanz bei Temp. zwischen 1,4 u. 4,2 °K u. bei Frequenzen von 9,5—47 GHz beobachtet. Dabei wurden Abweichungen von der Theorie gefunden, die durch anisotrope Austauschwechselwrkg. erklärt werden. Die Symmetrieachsen der anisotropen Feldtensoren fallen mit den Achsen des g-Tensors zusammen. Die Komponenten haben die Größe A'_x = 0,25 A, A'_y = 0,20 A u. A'_z = −0,45 A, wo A die isotrope Feld-Konst. ist. F. Schneider. 137◇

0318 **Zur magnetischen Kernresonanz in Ferromagnetika.** L. L. Buischwili und N. P. Giorgadse. (Festkörperphysik [UdSSR] **5**, 1814—21, 1963; Tbilissi, Akad. der Wiss. der GrusinSSR, Inst. für Kybernetik u. Phys. Inst.; russ.) — Diskutiert wird die NMR in Ferromagnetika in Ggw. u. Abwesenheit eines äußeren Magnetfeldes. Der Verstärkungs-Koeff. des Resonanzkraftfeldes wird für einen anisotropen Kristall mit beliebiger Domänenanordnung berechnet. Speziell wird der Fall einer dünnen ferromagnet. Schicht behandelt. K. Jaeger. 137◇

0319 **Ferromagnetische Resonanz in Permalloy-Filmen.** A. van Itterbeek und J. Witters. (J. Physique **24**, 315 bis 318, 1963; Louvain, Belgique, Inst. de Basses Temp. et de Phys. Appl.; franz.) — Wird der Gasdruck beim Aufdampfen eines Films der Zus. 18% Fe, 78% Ni u. 4% Mo von 10^{-5} auf 10^{-9} Torr verkleinert, so vergrößert sich die Sättigungsmagnetisierung $4\pi M_s$ von 10800 auf 12000 Oe. Gleichzeitig fällt der g-Faktor von 2,17 auf 2,05. Die Breite der Absorptionslinie ist zwischen 300 u. 4° K prakt. unabhängig von der Temperatur. Sie beträgt 40 Oe, wenn das Feld parallel zur Filmebene ist u. 50 Oe, wenn das Feld senkrecht zum Film ist. Wenn der Film durch ungleichmäßige Aufdampfgeschw. eine lamellenartige Struktur hat, treten Spinwellenresonanzen auf. F. Schneider. 137◇

0320 **Zur Halbwertsbreite der Resonanzlinie eines anisotropen Ferromagnetikums.** Ssjan-tschshen Men. (Festkörperphysik [UdSSR] **5**, 1988—99, 1963; Leningrad, Akad. der Wiss. der UdSSR, Halbleiter-Inst.; russ.) — Berechnet wird der Tensor der magnet. Susceptibilität eines ferromagnet. Ellipsoides. Es werden allg. Beziehungen zwischen den Komponenten des Tensors u. der Halbwertsbreite des Resonanzmaximums erhalten. Analysiert wird ferner das Übergangs-Verh. der transversalen Komponenten des Magnetisierungsvektors, das beim Ein- u. Ausschalten des Mikrowellenfeldes auftritt. K. Jaeger. 137◇

0321 **Ultraschallanregung von Schwingungen der Bloch-Wände und akustische Kernresonanz in Ferromagnetika.** L. L. Buischwili. (Festkörperphysik [UdSSR] **5**, 1027—30, 1963; russ.) — Eine theoret. Behandlung der Ultraschallanregung von Schwingungen der Bloch-Wände in Ferromagnetika wird durchgeführt. Für den Fall einer akust. Kernresonanz wird die Berechnung des Ultraschallabsorptions-Koeff. gezeigt. K. Jaeger. 137◇

0322 **Die Eigenspannungsenergie der Bloch-Wand.** Max Hieke, Erhard Max und Horst-Guido Müller. (Z. angew. Physik **13**, 125—30, 1961; Halle-Wittenberg, Univ., Inst. für Theoret. Phys.; Dresden, Hochsch. für Verkehrswesen, Phys. Inst.; dt.) — Der Eigenspannungszustand längs der Bloch-Wand (verursacht durch die Magnetostriktion) führt bei großer Geschw. der Bloch-Wand zu Abweichungen vom Geschw.-Feldstärke-Verhältnis der Bloch-Wand nach Sixtus-Tonks u. bei der Schall-Geschw. zu einer Anomalie. Der Vgl. mit dem Wirbelstromeffekt zeigt den wesentlichen Einfl. der Eigenspannungen auf den Bewegungsvorgang. Zur experimentellen Nachprüfung wurde die Bloch-Wand-Geschw. an dünnen Fe-Ni-Drähten (60% Ni, in H_2 geglüht u. 1,4% vorgereckt) elektron. gemessen. Für den Bereich der Schall-Geschw. wird auf Messungen an Fe-Whiskers von DeBlois (C. **1959**, 8046) verwiesen. K. Reichel. 137□

0323 **Über magnetische Strukturen im einachsigen ferromagnetischen Einkristall.** Walerian Ziętek. (Acta physica polon. **22**, 37—64, 1962; Wrocław, Univ., Inst. für theoret. Phys.; Pol. Akad. der Wiss., Phys. Inst., Abt. Wrocław; dt.) — Auf Grund eines neuen quantentheoret. Rechenverf. werden im einachsigen ferromagnet. Einkristall von der Form eines Quaders die beiden prinzipiellen, bisher einander widersprechenden magnet. Strukturen erneut untersucht (Struktur von Bloch bzw. von Landau u. Lifschitz). Die sog. Randbezirke, nicht jedoch das äußere Magnetfeld werden berücksichtigt. Es wird gezeigt, daß beide Strukturen möglich sind, je nachdem ob die Kristalldicke in der magnet. bevorzugten Richtung größer oder kleiner als ein krit. Wert ist. Dabei erweist sich eine Modifizierung beider Strukturen als notwendig, die viele Erfahrungstatsachen besser erklärt. A. Blaschette. 137◇

0324 **Der Einfluß der thermischen Ausdehnung auf die Temperaturabhängigkeit der magnetischen kristallographischen Anisotropie der Ferromagnetika.** A. I. Mitzek. (Festkörperphysik [UdSSR] **5**, 1800—04, 1963; Swerdlowsk, Ural-Univ.; russ.) — Mitgeteilt wird eine thermodynam. Behandlung des Einfl. der Wärmeausdehnung auf die Temp.-Abhängigkeit der kristallograph.-magnet. Anisotropiekonstanten. Der Beitrag durch die Wärmeausdehnung beträgt $\sim 10^5$ erg/cm³ für $\tilde{K}_1(T)$. K. Jaeger. 137◇

0325 **Mössbauer-Untersuchung der Isomerieverschiebung, Quadrupolwechselwirkung und des Hyperfeinfeldes in verschiedenen ^{57}Fe enthaltenden Oxiden.** G. Shirane, D. E. Cox und S. L. Ruby. (Physic Rev. [2] **125**, 1158—65, 1962; Pittsburgh, Pa., Westinghouse Res. Labor.; East Pittsburgh, Pa., Westinghouse Mater. Labor.; engl.) — Die experimentelle Unters. mit Hilfe der Mössbauer-Absorption durch ^{57}Fe führte zur Aufstellung von Beziehungen zwischen den Isomerverschiebungen u. den Ionenzuständen von Fe, die weiterhin durch Messungen an $Fe^{2+}Ti_2O_5$, $Fe_2^{3+}TiO_5$ u. anderen gemischten Oxiden bestätigt wurden. Mit diesen Beziehungen lassen sich umgekehrt Ionenzustände identifizieren; danach enthält $(Fe, V)_2O_3$ das Kationenpaar Fe^{3+}–V^{3+} (nicht Fe^{2+}–V^{4+}) u. „$SrFeO_3$", Fe^{4+} u. Fe^{3+} im Verhältnis 3 : 1. In $Fe_{1-x}O$ wurde eine gut definierte Quadrupolaufspaltung beobachtet, ebenso in einer Anzahl fester Legg. (Fe, Mg)O, obwohl deren Gesamtsymmetrie kub. ist. Dieser Effekt wird durch die Annahme gedeutet, daß an den Fe-Kernen eine lokale Asymmetrie existiert, die von Fehlstellen oder Fremdionen herrührt. Die auf 0° K extrapolierten Hyperfeinfelder an den Fe^{3+}-Kernen in $(Fe, Cr)_2O_3$, $(Fe, V)_2O_3$ u. $(Fe, Al)_2O_3$ haben Werte zwischen 520 u. 540 kOe. Die Ergebnisse werden im Zusammenhang mit den magnet. Eigg. diskutiert u. sind bes. im Falle der untersuchten $(Fe_{0,77}Al_{0,23})_2O_3$-Verb. mit einem Modell verträglich, nach dem das durch Mössbauer-Messungen beobachtete Hyperfeinfeld proportional zum Moment bei gegebener Temp. ist u. nicht zur Komponente des Moments längs der magnet. Achse. Diese Komponente kann durch lokale Fluktuationen infolge der Ggw. der Nachbarkerne beeinflußt werden, während das Moment selber seinen echten Wert für Fe^{3+} behält. Dagegen hängt im metall. Fe-Al-Syst. das Moment von der Verteilung der nächsten Metallnachbarn ab. D. Jörchel. 137□

0326 **Mössbauer-Untersuchung des Hyperfeinfeldes und Isomerieverschiebungen in den Fe–Rh-Legierungen.** G. Shirane, C. W. Chen, P. A. Flinn und R. Nathans. (Physic. Rev. [2] **131**, 183—90, 1963; Pittsburgh, Pa., Westinghouse Res. Labor.; Upton, N.Y., Brookhaven Nat. Labor.; engl.) — Hyperfeinfelder u. Isomerieverschiebungen von ^{57}Fe im Fe–Rh-Syst. wurden im Bereich 0—52 Atom-% Rh untersucht. Bei Rh-Konzz. > 20% entwickelt sich eine Ordnung vom CsCl-Typ u. es können 2 getrennte Hyperfeinfelder beobachtet werden, die Fe auf Fe-Plätzen (FeI) u. Fe auf Rh-Plätzen (FeII) entsprechen. In einer Leg. mit 48% Rh ist $H_i(I) = 277$ u. $H_i(II) = 384$ kOe. Eine Neutronenbeugungs-Unters. dieser Leg. ergab $\mu_{FeI} = 3{,}2\ \mu_B$. Eine direkte Messung von μ_{FeII} liegt nicht vor. Es wird angenommen, daß das von 8 erstnächsten Fe-Nachbarn umgebene FeII ein kleineres magnet. Moment als FeI hat. Die Lsg. mit 50% Rh geht beim Abkühlen bei 65° vom ferromagnet. in den antiferromagnet. Zustand über. Bei diesem Phasenübergag nimmt das Hyperfeinfeld diskontinuierlich um 14 kOe ab. H. Liepack. 137◇

0327 **Experimentelle Bestätigung der berechneten Matrix-Elemente der magnetischen Momente von Rubin.** E. O. Ammann. (Appl. Physics Letters **1**, 1—2, 1962; Stanford, Calif., Stanford Univ., Stanford Electron. Labor.; engl.) — Durch die Messung der paramagnet. Resonanzabsorption eines Rubinkristalls, der in einem Mikrowellen-Hohlraum eingeschlossen war, ergibt sich eine Bestätigung der von Chang u. Mitarbeiter (Stanford Electronics Labor. Techn. Rept. **156-2** [1958]) berechneten Matrix-Elemente des magnet. Moments von Cr^{3+} in Al_2O_3. Dabei werden theoret. u. experimentelle Werte von Q_a (gesamte im Hohlraum gespeicherte Energie geteilt durch die im Rubin infolge der paramagnet. Resonanz absorbierte Energie) miteinander verglichen. H. Fahlenbrach. 137◇

0328 **Neutronographische Untersuchung von Ni–Cr-Legierungen.** W. I. Gomankow, D. F. Litwin, A. A. Loschmanow und B. G. Ljaschtschenko. (Metallphysik u. Metallkunde **14**, 26—29, 1962; russ.) — Die Konstruktion eines universellen Neutronen-Diffraktometers mit einem Magneten u. Kryostaten wird beschrieben. Bei 77° K wird die Best. der partiellen magnet. Momente von Ni u. Cr in bin. Legg., die 5,98 u. 8,26 Atom-% Cr enthalten, durchgeführt. Ein Zusatz von Cr in den Legg. erniedrigt das magnet. Moment der Ni-Atome. Die aromaren Momente des Cr sind bzgl. der magnet. Momente der Ni-Atome antiparallel orientiert. N. Kubeth. 137◇

0329 **Durch Fluorionen kompensierte Substitutionen zweiwertiger Kationen in $BaFe_{12}O_{19}$ und anderen hexagonalen Oxiden.** E. Banks, M. Robbins und A. Tauber. (J. physic. Soc. Japan, Suppl. B-I **17**, 196—200, 1962; Polytechnic Inst. of Brooklyn; engl.) — Vff. stellten hexagonal krist. Oxide vom Magnetoplumbit-Typ her, in denen dreiwertige Kationen u. Sauerstoff durch zweiwertige Kationen u. Fluor ersetzt wurden. Die allg. Formel dieser Verbb. ist $BaM_x^{II}M_{12-x}^{III}O_{19-x}F_x$, worin $M^{III} = Al^{3+}$, Ga^{3+} u. Fe^{3+} sowie $M^{II} = Ni^{2+}$, Co^{2+}, Cu^{2+} u. Zn^{2+} bedeuten. Aus opt. Spektren läßt sich entnehmen, daß die M^{2+}-Ionen vorzugsweise tetraedr. Gitterplätze in den Verbb. mit Al u. oktaedr. (Ni^{2+}) oder tetraedr. (Co^{2+}) Gitterplätze in den Verbb. mit Ga besetzen. Die gepulverten Ferrite der genannten Serien zeigen eine merkliche Zunahme in der Magnetisierung mit steigender ($Ni^{2+} + F^-$)-Konzentration. Einkristalle der Ferrite wurden aus einer $NaFeO_2$-Schmelze gezogen, wobei die Magnetoplumbit-Phase der ($Cu^{2+} + F^-$)-substituierten Ferrite erhalten wurden. Für alle ($Ni^{2+} + F^-$)- sowie die hochsubstituierten ($Co^{2+} + F^-$)-Phasen entspricht die Struktur der bekannten W-Phase (Fe_2W-Typ, $BaM_2^{II}Fe_{16}O_{27}$, a = 5,8; c = 32,8 Å). Für die Magnetisierung in der leichten Richtung wurden Sättigungsmomente erhalten, die sich so deuten lassen, daß die ladungskompensierten Ni^{2+}-Ionen tetraedr. Gitterplätze besetzen, wobei die Momente antiparallel zur Magnetisierung ausgerichtet sind, während sich die nicht kompensierten Ni^{2+}-Ionen auf oktaedr. Positionen mit parallelen Momenten befinden. D. Noack. 137◇

0330 **Substitution von zweiwertigem Mangan, Eisen und Nickel in Yttrium–Eisen-Granat.** S. Geller, H. J. Williams, R. C. Sherwood und G. P. Espinosa. (Physics Chem. Solids **23**, 1525—40, 1962; Murray Hill, N.J., Bell Telephone Labor.; engl.) — Vgl. C. **1963**, 2724. — Folgende einphasige Verbb. werden dargestellt: $Y_3Me_x^{2+}Fe_{5-2x}Si_xO_{12}$ mit einem maximalen x = 0,45 für Me = Fe, bzw. x = 0,5 für Me = Ni u. x = 0,4 für Me = Mn. Die Gitter-Konst. zeigen für alle Substitutionen eine kontinuierliche Abnahme bei steigendem x. Wird Si durch Ge ersetzt, so erweisen sich nur die Verbb. $Y_3Ni_xFe_{5-2x}Ge_xO_{12}$ mit x = 1,50 u. x = 2,00 als einphasig. Die spontane Magnetisierung nahm bei tiefen Temp. für alle Verbb. fast entsprechend dem einfachen Néel-Modell mit 5 BM für x = 0 kontinuierlich ab. Ferner ergibt sich aus den Messungen, daß in den untersuchten Granaten Ni^{2+}—O^{2-}—Fe^{3+}-Wechselwrkg. kleiner als 1/3 der Fe^{3+}—O^{2-}—Fe^{3+}-Wechselwrkg. ist. K. H. Härdtl. 137◇

0331 **Theoretische und experimentelle Untersuchung über die induzierte Anisotropie in Eisen–Kobalt-Ferriten sowie über Disakkomodationsphänomene in Ferriten.** Shûichi Iida und Tohru Inoue. (J. physic. Soc. Japan, Suppl. B-I **17**, 281—87, 1962; Tokyo, Univ. of Tokyo, Dep. of Phys.; engl.) — Es wurde der Relaxationsmechanismus der induzierten Anisotropie in Co–Fe-Ferriten theoret. u. experimentell untersucht. Es konnte festgestellt werden, daß die Relaxationszeit während isothermen Temperns in bestimmten Dichtebereichen umgekehrt proportional der Dichte der Kationleerstellen ist. Im allg. weisen die Relaxationszeiten sehr verschiedene Werte auf, lediglich bei sehr kleinem Co-Geh. ist die Relaxationszeitverteilung einfacher. Die theoret. abgeleiteten Relaxationszeiten stimmen einigermaßen mit den experimentellen Werten überein. Aus den Ergebnissen kann geschlossen werden, daß Ferrite im allg. eine einachsige Anisotropie besitzen, die eine Folge orientierter Anordnungen verschiedener Kationen auf ihren regulären Gitterplätzen ist. Das erklärt auch, daß die Relaxationszeiten der Reorientierung umgekehrt proportional der Dichte der Kationenleerstellen ist. Eine Anwendung dieser Vorstellungen u. der experimentellen Meth. auf Mn–Zn-Ferrite zeigt, daß sich damit Disakkomodationsphänomene ebenfalls gut kontrollieren lassen. D. Noack. 137◇

0332 **Der Einfluß des Temperns im Magnetfeld auf die Linienbreite der ferromagnetischen Resonanz in kobalt-**

substituierten Ferriten. Ching-Chi Chung und Fu-Cho Pu. (Acta physica sinica **18**, 435—42, 1962; chin., Auszug: engl.) — Die Berechnung der Linienbreite in normalen u. in kobaltsubstituierten Ferriten unter Berücksichtigung der Magnonstreuung an der wechselnden Spin-Bahn-Wechselwrkg. liefert neben dem isotropen auch einen anisotropen Anteil. Dieser hängt von der Magnetisierungsrichtung u. von der Richtung des Feldes während des Temperns ab. Die Anisotropie der Linienbreite ist maximal 4 Oe/% Co.
F. Schneider. 137◇

0333 **Elektrische Eigenschaften von Nickel-Zink-Ferriten.** A. G. Russtamow, A. A. Ssamochwalow und I. G. Fakidow. (Festkörperphysik [UdSSR] **5**, 1031—39, 1963; Swerdlowsk, Inst. für Metallphys. der Akad. der Wiss. der UdSSR; russ.) — Elektr. Leitfähigkeit, Hall-Koeff., Thermokraft, Koeff. der magnet. Widerstandsänderung, Mikrowellendurchlässigkeit, paramagnet. Permeabilität u. Sättigungsmagnetisierung werden im $Ni_xZn_{1-x}Fe_2O_4$ ($0 \leqq x \leqq 1$; FeO-Konz. 0,3—0,6%) als Funktionen der Temp. u. Zus. gemessen. Aus den Ergebnissen wird auf den Leitungsmechanismus geschlossen.
K. Jaeger. 137◇

0334 **Phasenverschiebung in Ferriten bei hoher Energie.** K. Kalikstein, N. Cooper und J. Troy. (Proc. I.R.E. **50**, 1989, 1962; Brooklyn, N.Y., Naval Shipyard, Mater. Labor., Radar and Microwave Stat.; engl.) — An handelsüblichen Ferriten „*Ferrite Motorola Y-188*" bzw. „Trans-Tech 469" untersuchten Vff. die Phasenverschiebung bei hoher Energie. Die Hochenergiequelle war ein 4739-Magnetron mit einer Arbeitsfrequenz von 3525 MHz, einer maximalen Ausgangsleistung von 750 kW bei einer Impulsbreite von 0,5 μs u. einer Wiederholungs-Geschw. von 1000 Impulsen/s. In einem Diagramm ist die gemessene Phasenverschiebung graph. gegen das longitudinale Magnetfeld aufgetragen. Messungen bei niedriger Leistung ergaben fast genau die gleichen Ergebnisse.
C. Gottfried. 137△

0335 **Rauschen in magnetisierten Ferriten.** I. A. Derjugin und N. I. Ljaschenko. (Festkörperphysik [UdSSR] **5**, 1117—25, 1963; Kiew, Schewtschenko-Univ.; russ.) — Neben dem therm. Rauschen wird eine Rauschkomponente gefunden, die nur in Ggw. eines äußeren Magnetfeldes auftritt. Für eine gegebene Frequenz ($9{,}1 \cdot 10^9$ Hz) hat sie ihr Maximum bei einer Feldstärke, die nahe derjenigen der ferromagnet. Resonanz liegt. Unter Resonanzbedingungen wächst die Rauschamplitude zunächst mit der Temp. an, fällt dann aber in der Nähe des Curie-Punktes auf Null ab. Dieses steht in Beziehung mit der anomalen Verbreiterung des Resonanzmaximums, die in diesem Temp.-Bereich auftritt.
K. Jaeger. 137◇

0336 **Berechnung der magnetischen Susceptibilitäten von zweiatomigen Molekülen.** 2. Mitt. **Anwendung auf das HF-Molekül.** H. Hamano, Hojing Kim und H. F. Hameka. (Physica [Utrecht] **29**, 111—16, 1963; Philadelphia, Pa., Univ. of Pennsylvania, Dep. of Chem.; engl.) — 1. vgl. C. **1963**, 21061. — Nach dem l. c. beschriebenen Verf., dem Berechnungen aus SCF–LCAO–MO-Wellenfunktionen zugrunde liegen, wird die magnet. Susceptibilität des HF-Mol. berechnet. Der Wert von $\chi = -8{,}491 \cdot 10^{-6}$ (cgs-Einheiten) stimmt gut mit der experimentell ermittelten Größe überein. Es wird ferner die Anisotropie der Susceptibilität berechnet ($\chi_z = -8{,}576 \cdot 10^{-6}$; $\chi_x = \chi_y = -8{,}449 \cdot 10^{-6}$).
D. Noack. 137◇

0337 **Berechnung der magnetischen Susceptibilitäten zweiatomiger Moleküle.** 3. Mitt. **Anwendung auf das N_2-Molekül.** Hojing Kim, H. Hamano und H. F. Hameka. (Physica [Utrecht] **29**, 117—22, 1963; engl.) — 2. vgl. vorst. Referat. — Nach einem l. c. beschriebenen Verf. wird die magnet. Susceptibilität χ der N_2-Moll. sowie deren Anisotropie berechnet. $\chi = -12{,}813 \cdot 10^{-6}$; $\chi_z = -16{,}207 \cdot 10^{-6}$; $\chi_x = \chi_y = -11{,}116 \cdot 10^{-6}$ (cgs-Einheiten/Mol).
D. Noack. 137◇

0338 **Magnetische Eigenschaften von Fluorwasserstoff.** 1. Mitt. **Rotationsmoment.** T. P. Das und Martin Karplus. (J. chem. Physics **36**, 2275—81, 1962; Riverside, Calif., Univ. of California, Dep. of Phys.; New York, N.Y., Columbia Univ., Dep. of Chem. and Watson Sci. Comput. Labor.; engl.) — Vff. berechnen nach einer Variations-Störungs-Meth. den elektr. Beitrag zur Rotationsenergie u. zum magnet. Moment eines $^1\Sigma$-Mol. u. wenden das Verf. auf eine Einzentren-Einzelkonfigurations-Wellenfunktion für HF an. Als magnet. Moment ergibt sich 0,9276 (Kernmagneton), während die Zweizentren-Wellenfunktion 0,6354 u. das Experiment 0,7392 liefert. Eine Analyse zeigt, daß die Kernladungen den Hauptbeitrag ausmachen u. daß die elektron. „Gleitung" (slippage) fast vollständig ist. Theoret. Verbesserungen müssen sich vor allem auf die Grundzustands-Wellenfunktion beziehen.
D. Jörchel. 137◇

0339 **Magnetische Eigenschaften von Fluorwasserstoff.** 2. Mitt. **Susceptibilität.** R. P. Hurst, Martin Karplus und T. P. Das. (J. chem. Physics **36**, 2786—92, 1962; engl.) — 1. vgl. vorst. Referat. — Vff. entwickeln eine Meth. zur Berechnung der magnet. Susceptibilität χ aus der Grundzustands-Wellenfunktion eines $^1\Sigma$-Mol., wonach der diamagnet. Beitrag direkt nach einer Störungstheorie 1. Ordnung u. der paramagnet. Beitrag nach einer Variations-Meth. gewonnen wird. Die Anwendung auf eine SCF–LCAO–MO-Funktion für HF liefert den guten Wert $\langle\chi\rangle_{Mittel} = -8{,}74 \cdot 10^{-6}$ erg Gauss^{-2} Mol^{-1} (experimenteller Wert: $-8{,}6 \cdot 10^{-6}$). Die getrennten Beiträge in bezug auf F als Ursprung weichen etwas stärker vom Experiment ab. Für die isoelektron. Atome F^- u. Ne (mit nur einem diamagnet. Term) ergeben analyt. Hartree-Fock-Funktionen ebenfalls gute Werte. Ein Vgl. der mit verschiedenen mol. Wellenfunktionen für HF (Ein- u. Zweizentren-Näherungen) erhaltenen Werte zeigt die Empfindlichkeit der Komponenten der magnet. Susceptibilität (bes. der paramagnet. Terme) gegenüber der Form der Wellenfunktion u. die Möglichkeit, χ u. seine Komponenten als Kriterium für die Genauigkeit der Elektronenverteilungen zu verwenden.
D. Jörchel. 137◇

0340 ***Magnetische Untersuchungen an Kupfer(II)-Salzen.** 5. Mitt. **Zweikernige Derivate des Kupfer(II)-formiats mit kovalenten Kupfer–Kupfer-δ-Bindungen.** R. L. Martin und Hanneke Waterman. (J. chem. Soc. [London] **1959**, 2960—68; Sydney, Autralia, Univ. of New South Wales, School of Chem.; engl.) — 4. vgl. C. **1962**, 11097. — Die magnet. Eigg. neu dargestellter [$Cu(HCO_2)_2X$]-Komplexe (X = Pyridin, α-, β- u. γ-Picolin, 2 Anilin u. 1/2 Dioxan) werden zwischen 85 u. 370° K untersucht. Auf Grund ihres magnet. Verh. bei Raum-Temp. lassen sich bei diesen Verbb. zwei gut definierte Gruppen unterscheiden: das [$Cu(HCO_2)_2(C_6H_5NH_2)_2$] mit einem dem zweiwertiger Cu-Salze entsprechenden magnet. Moment ($\mu = 1{,}85$) u. die Monoamin-Derivv. sowie die Dioxan-Verb. mit $\mu = 1{,}08 \pm 0{,}2$ bzw. 0,963 BM. Die Verbb. der letzteren Gruppe zeigen ein anomales Temp.-Verh. (unterhalb 120° K nur einen geringen temperaturunabhängigen Rest-Paramagnetismus, bei Temp.-Anstieg eine gleichmäßige Zunahme der paramagnet. Susceptibilität), das auf eine Cu–Cu-Wechselwrkg. schließen läßt. Die aus dem intramol. Energieaustausch zwischen den aneinanderstoßenden Cu-Atomen resultierende Singulett–Triplett-Differenz wurde doppelt so hoch gefunden, wie bei den (früher untersuchten) wasserfreien u. hydratisierten Cu(II)-n-Alkanoaten. Daraus läßt sich ein Anwachsen der Bindungsenergie auf den Wert einer kovalenten Cu—Cu-δ-Bindung ableiten. Die Verbb. ermöglichen eine direkte Messung des (kleinen) temperaturunabhängigen Cu-Beitrages zur paramagnet. Susceptibilität. Die Werte liegen für die Amin-Derivv. im Bereich $168 \cdot 10^{-6}$, für das Dioxan-Deriv. bei $128 \cdot 10^{-6}$ BM. Die möglichen Einfl. der Amine bzw. des Dioxans auf die Tendenz des Cu-Formiats zur Ausbildung der zweikernigen Konfiguration werden diskutiert.

Versuche: *Cu-Formiat–1/2-Dioxan*, F. 190—200°, durch Behandeln von $CuCO_3$ mit einer 1 : 2-Mischung von 98%ig. HCOOH u. Dioxan; blaugrüne Kristalle (Stäbchen) von dunklem Dichroismus; zersetzlich in feuchter Luft, im Vakuum bei 150° stabil. — *Cu-Formiat–Pyridin*, F. 144°, durch Lösen von $Cu(HCOO)_2$ bei 70° in Pyridin u. Trocknen für einige Tage über H_2SO_4 unter vermindertem Druck. — *Cu-Formiat–α-Picolin*, F. 135°. — *Cu-Formiat-β-Picolin*, F. 128°. — *Cu-Formiat–γ-Picolin*, F. 126° (smaragdgrüne Kristalle, leicht lösl. in Dioxan, unlösl. in A., Aceton u. Nichtdonator-Lsgm., zersetzlich in W.). — *Cu-Formiat–2-Anilin*, F. 114°, durch Zugabe von Bzl. zu einer Lsg. von $Cu(HCOO)_2$ zu Anilin bei 70°; goldene Blättchen.
W. Betcke. 137◇

0341 **Magnetische Susceptibilität und Wasserstoffaffinität von kubisch-raumzentrierten Nb–Mo-, Nb–Re- und Mo–Re-Legierungen.** D. W. Jones und A. D. McQuillan. (Physics Chem. Solids **23**, 1441—47, 1962; Birmingham, Univ., Dep. of Phys. Metallurg.; engl.) — Die magnet. Susceptibilität der Legg. der 3 bin. Syst. wird im Temp.-Bereich von 300—600° K gemessen, ebenso die Lösungswärme von mol. H_2 in den Nb-Legg. an Proben mit 0,05 Atom-% H_2. Die magnet. Susceptibilität ist für alle Legg. leicht paramagnet., u. nimmt mit steigendem Mo- u. Re-Geh. ab. Die Lösungswärme sinkt von —10 kcal/Mol bei reinem Nb auf fast 0 bei steigendem Mo- bzw. Re-Gehalt. Die Effekte werden als Änderungen der Zustandsdichte in der Nähe der Fermi-Kante diskutiert. K. H. Härdtl. 137◇

0342 **Magnetische Susceptibilität im System α-Eisen(III)-oxid-α-Aluminiumoxid.** Ja. W. Wassiljew und G. A. Schtscherbakowa. (Festkörperphysik [UdSSR] **5**, 1090—93, 1963; Leningrad, Univ.; russ.) — Röntgenograph. u. magnet. Messungen zeigen, daß im Syst. $xFe_2O_3 \cdot (1-x) Al_2O_3$ mit $10(^{+3}_{-1}) \leq x \leq 85 (\pm 5)$% zwei Phasen existieren. Für $x \to 0$ geht $\Theta \to 0$ (Θ = Curie-Weiss-Konst.), u. das magnet. Moment der Fe^{3+}-Ionen nähert sich dem Wert für die freien Fe^{3+}-Ionen. Die Werte stimmen mit der früher schon behandelten Theorie überein. K. Jaeger. 137◇

0343 **Magnetische Susceptibilität der Eisenvanadate.** Ju. I. Ssannikow, Je. I. Krylow und W. L. Solotawin. (J. anorg. Chem. [UdSSR] **8**, 1157—60, 1963; russ.) — Vgl. C. **1964**, 11-0652. — Die magnet. Susceptibilitäten von $Fe_8(OH)_{18}V_{10}O_{28} \cdot 18\,H_2O$ (I) u. $Fe_6(OH)_{12}V_{10}O_{28} \cdot 16\,H_2O$ (II) gehorchen im untersuchten Temp.-Bereich (77—295° K) dem Curie-Weißschen Gesetz mit einem Θ-Wert von 65° (**I**) u. 68° (**II**). I enthält zwei diamagnet. $[Fe_2(OH)_5{}^+]$ u. vier paramagnet. Ionen $[Fe(OH)^{2+}]$, während die äußere Sphäre von **II** von sechs paramagnet. $Fe(OH)_2{}^{+3}$Ionen gebildet wird. Das niedrige effektive magnet. Moment des Fe von 1,81 B.M. wird mit der Kristallfeldtheorie erklärt. Ch. Weiske. 137◇

0344 **Der reversible Temperatur-Koeffizient der Remanenz eines Pt-Co-Dauermagneten.** W. L. Zingery und T. M. Wirt. (Canad. J. Physics **39**, 1384—85, 1961; Downey, Calif., Autonetics; engl.) — Vgl. C. **1963**, 406. — An einem mehrpoligen Dauermagnetkörper aus PtCo (50 Atom-% Pt, 50 Co) wird nach einem 5maligen Temp.-Cyclus zwischen —60 u. +100° im gleichen Temp.-Bereich die Temp.-Abhängigkeit der Remanenz gemessen. Dabei wird ein Temp.-Koeff. von —0,042%/°C gemessen, der etwa doppelt so groß wie der der handelsüblichen Dauermagnet-Leg. Alnico 5 (entsprechend dem deutschen Alnico 500) ist. Ferner wird gezeigt, daß die irreversible Temp.-Abhängigkeit der Magnetisierung beim PtCo sehr klein ist. H. Fahlenbrach. 137□

0345 **Chemische und durch den Kristall bedingte Magnetisierung von Gesteinen.** Lynn G. Howell. (Amer. J. Sci. **250**, 539—49, 1962; Houston, Tex., Humble Oil and Refining Co., Houston Res. Center; engl.) — Die chem. Magnetisierung eines Gesteins kann durch Verwitterungsvorgänge, bes. durch die Bldg. von Hämatit im Verlauf seiner geolog. Geschichte entstehen. Es wurden eine Reihe von roten Sandsteinen u. andere Gesteine auf ihre Koerzitivkraft untersucht. Bei der Auswertung der Messungen muß die magnet. Anisotropie von Hämatit berücksichtigt werden. Die Hämo-Ilmenite von Allard Lake u. die Clinton Eisenerze zeigen eine bevorzugte Richtung der Magnetisierung. Die Hämatite von Wilcox, Tex., zeigen diese Eigg. nicht. F. Ensslin. 137◇

0346 **Elektrische Leitfähigkeitszellen-Anordnung für Präzisionsmessungen mit Carbonaten, Oxiden und Fluoriden bis zu 1000°.** George J. Janz und Max R. Lorenz. (Rev. sci. Instruments **32**, 130—33, 1961; Troy, N.Y., Rensselaer Polytechn. Inst., Dep. of Chem.; engl.) — Vgl. C. **1962**, 8522. — Es wird eine Leitfähigkeitszellen-Anordnung beschrieben, in der die Capillaren, die den Widerstand des Elektrolyten in der Zelle festlegen, aus einkristallinem MgO gefertigt sind. Alle anderen Teile der Zelle, die mit dem geschmolzenen Salz in Berührung kommen, sind aus Au oder Au-Pd-Legg. hergestellt. Die MgO-Kristallcapillaren sind so angeordnet, daß ein Ausbau der Capillaren zur Reinigung leicht möglich ist. Es wird gezeigt, daß neuere Werte für die elektr. Leitfähigkeit von geschmolzenem *KCl* u. *KNO₃* als Standard zur Eichung solcher Zellen bei hohen Temp. benutzt werden können. L. Roth. 138◇

0347 **Selbstabgleichende Kompensations-Meßverfahren mit Heißleitern und Hall-Generatoren.** H. Diebel. (Z. Instrumentenkunde **71**, 164—69, 1963; Ludwigshafen/Rh.; dt.) — Überblick über die verschiedenen Meßverff. unter besonderer Berücksichtigung ihrer Anwendung zur Konz.-Best. von Elektrolyten mittels Leitfähigkeitsmessungen. R. Nink. 138◇

0348 **Messungen der Leitfähigkeit von starken und schwachen Elektrolyten bei Hochfrequenz.** Anna Cibelli und A. Carrelli. (Rend. Accad. Sci. fisiche mat., Napoli [4] **22** (**94**), 54—55, 1955; ital.) — Die Messungen der Leitfähigkeit von starken Elektrolyten (**A**; $NaNO_3$, KNO_3, K_2SO_4 u. $CuSO_4$) u. von schwachen (**B**; NH_4OH u. CH_3COOH) wurden bei niedriger Frequenz mit der Brücke von Kohlrausch u. bei Hochfrequenz ($r = 7 \cdot 10^6$) nach der Meth. von Carrelli u. Rescigno (Nuovo Cimento **7**, [1950], Nr. 1) ausgeführt. Das Verhältnis der beiden Leitfähigkeiten für **A** nimmt mit ansteigendem $\sqrt{\gamma}$ ab, während es für **B** bei Variieren von $\sqrt{\gamma}$ konst. bleibt. Diese Ergebnisse zeigen, daß durch die Frequenz des elektr. Feldes eine starke Wrkg. ausgeübt wird, die im untersuchten Konz.-Bereich von den durch die anwesenden Ionenradien verursachten Abweichungen abhängig ist (Tabelle). Die Werte für $\sqrt{\gamma}$ lagen zwischen 3 u. 10. G. Platzer. 138□

0349 **Verhalten von Elektrolyten in Lösungsmittelgemischen. 5. Mitt. Leitfähigkeit von $MgCl_2$ und K_2SO_4 in Mischungen von Dioxan und Wasser bei 35°.** P. B. Das, P. K. Das und D. Patnaik. (J. Indian chem. Soc. **36**, 761—64, 1959; Cuttack, Ravenshaw Coll., Dep. of Chem.; engl.) — 4. vgl. C. **1962**, 10746. — Vff. bestimmen die Leitfähigkeit von 10, 20 u. 30% Dioxan-W.-Mischungen mit 0—0,020 Val $MgCl_2$ oder K_2SO_4 bei 35° u. ermitteln den Dissoziationsgrad α u. die Dissoziations-Konst. (K) für $MgCl^+$ u. $KSO_4{}^-$. Ferner werden die Durchmesser der Ionenpaare $MgCl^+$ u. $KSO_4{}^-$ nach Stokes (d_1) u. nach Bjerrum (d_2) berechnet. $MgCl^+$: K (20% Dioxan) $4{,}96 \cdot 10^{-2}$, K (30) $2{,}06 \cdot 10^{-2}$, d_1 (20) 1,60 (Å), d_2 (20) 1,13, d_1 (30) 1,74, d_2 (30) 1,06; $KSO_4{}^-$: K (10) $12{,}53 \cdot 10^{-2}$, K (20) $9{,}44 \cdot 10^{-2}$, K (30) $5{,}02 \cdot 10^{-2}$, d_1 (10) 1,44, d_2 (10) 1,13, d_2 (20) 1,59, d_2 (20) 1,38, d_1 (30) 2,00, d_2 (30) 1,76. D. Hoene. 138◇

0350 **Untersuchungen über Cyanocuprat(I)-Komplexe als Bestandteile von galvanischen Bädern. 2. Mitt. Darstellung von festen Cyanokomplexen des Kupfers und anderer Metalle und Messung ihrer Leitfähigkeit.** Yoshihiko Kuwa und Sadazi Teramine. (J. electrochem. Soc. Japan [Overseas Edit.] **28**, 100—03, 1960; Osaka, Japan, Univ., Coll. of Engng.; engl.) — 1. vgl. C. **1963**, 11157. — Folgende Komplexe wurden in fester Form rein dargestellt: $K[Cu(CN)_2]$; $Na[Cu(CN)_2] \cdot 2\,H_2O$; $Na_2[Cu(CN)_3] \cdot 3\,H_2O$; $K_3[Cu(CN)_4]$; $K_2[Zn(CN)_4]$; $K_2[CdCN)_4]$ u. $K_2[Ni(CN)_4]$. Mit 0,1—0,001 m-Lsgg. dieser Komplexe wurden Äquivalentleitfähigkeits-Messungen durchgeführt. Die Ergebnisse sind tabellar. zusammengestellt. W. Betcke. 138◇

0351 **Elektrische Leitfähigkeit des Systems Zinntetrabromid-Nitrobenzol.** A. F. Kapusstinski und Ju. M. Kessler. (Nachr. Akad. Wiss. UdSSR, Abt. chem. Wiss. **1959**, 1338; Kurnakow-Inst. für allg. u. anorg. Chem. der Akad. der Wiss. der UdSSR, Chem.-technolog. Mendelejew-Inst.; russ.) — Es wurde die spezif. elektr. Leitfähigkeit im Syst. $SnBr_4$-Nitrobenzol bei $30 \pm 0{,}01°$ gemessen. Die spezif. elektr. Leitfähigkeit liegt für die reinen Stoffe unter $10^{-7}\,Ohm^{-1}\,cm^{-1}$. Sie wächst bei geringen $SnBr_4$-Zusätzen zum Nitrobenzol stark u. erreicht ihr Maximum mit $1{,}25 \cdot 10^{-4}\,Ohm^{-1}\,cm^{-1}$ bei ca. 0,5% $SnBr_4$. Bei weiteren $SnBr_4$-Zusätzen fällt sie langsam auf den Wert des reinen $SnBr_4$, den sie bei ca. 85% $SnBr_4$ erreicht. W. Pötsch. 138◇

0352 **Leitfähigkeit von Eis bei tiefen Temperaturen.** Danielle Magnan und André Kahane. (C. R. hebd. Séances Acad. Sci. **256**, 5539—41, 1963; Grenoble, Inst. Fourier, Labor. de Phys. gén. et D.G.R.S.T.; franz.) — Die Leitfähigkeit großer Eiskristalle wurde bei —150 bis —80° u. hoher Potentialdifferenz V (50000 V) untersucht. Die Meßwerte entsprechen einem Gesetz $i = kW^2$, woraus auf eine durch Raumladungen eingeschränkte Protonenleitung geschlossen wird. Für die Stromdichte gilt $j = W^2 \cdot (9\varepsilon\mu/8L^3)$ (L = Dicke des Kristalls), die Beweglichkeit der Protonenleerstellen $[m^2V^{-1}s^{-1}]$ beträgt $\mu = 1{,}4 \cdot 10^{-7}$ (—80°); $1{,}3 \cdot 10^{-8}$ (—100°); $1{,}2 \cdot 10^{-9}$ (—120°). A. Blaschette. 138◇

0353 **Mit Temperaturgradienten verbundener Transport elektrischer Ladung in Eis.** J. Latham und B. J. Mason. (Proc. Roy. Soc. [London], Ser. A **260**, 523—36, London, Imp. Coll., Dep. of Phys.; engl.) — Vff. untersuchen theoret.

u. experimentell die Entstehung elektr. Potentiale in Eis unter dem Einfl. von Temp.-Gradienten (TG). Bei Vorliegen stationärer TG werden H^+- u. OH^--Ionen im Eis infolge der größeren Beweglichkeit der H^+-Ionen getrennt. H^+ diffundiert schneller in den kälteren Eisteil, wodurch dieser positiv aufgeladen wird. Theoret. ergibt sich die Ladungsdichte an der Oberfläche an den Eisenden zu $\sigma = 5 \cdot 10^{-5}(dT/dx)$e.s. u. cm^{-2}, die Potentialdifferenz zu ca. $2 \Delta T$ mV (ΔT = Temp.-Differenz). Werden zwei Eisstücke von verschiedenen Temp. zeitweilig in Kontakt gebracht u. dann getrennt, lädt sich das wärmere negativ u. das kältere positiv auf. Die Theorie sagt einen maximalen Ladungstransport von $3 \cdot 10^{-3} \Delta T$ bei einer Berührungszeit (BZ) von ca. 0,01 s voraus. Bei längerer BZ nimmt der Ladungstransport infolge Temp.-Ausgleich ab. Die experimentellen Werte bestätigen die Theorie. Bei einer BZ von $^1/_2$ s tritt nur noch sehr geringe Ladungstrennung auf. Zusätze von CO_2, HF u. NaCl (50facher Überschuß gegenüber dem Geh. in reinem W.) haben keinen großen Einfl. auf die Ausbildung der Potentialdifferenz. D. Hoene. 138◇

0354 **Thermodynamische Interpretation der Hydrattheorie der Elektrolytlösungen.** G. I. Mikulin. (J. physik. Chem. [UdSSR] **33**, 2424—28, 1959; russ., Auszug: engl.) — Für das thermodynam. Potential einer konz. Lsg. eines starken Elektrolyten wird die Gleichung $Z = \Phi_0 + RT \ln \Phi_1 + \Phi_2$ angegeben, wobei Φ_0 die Eigg. des Lsgm. u. der Ionen des Elektrolyts in unendlich verd. Lsg. beschreibt, die Funktion Φ_1 mit der Entropieänderung beim Mischen der Teilchen der Lsg. durch Dissoziation oder Assoziation u. mit der Bldg. neuer definierter chem. Verbb. verbunden ist u. Φ_2 durch Natur u. Ausmaß der Wechselwrkg.-Kräfte zwischen den Teilchen bestimmt wird. Unter der Annahme definierter Ionenhydrate in der Lsg. werden Berechnungen der Funktion Φ_1 durchgeführt. Gleichungen zur Berechnung der Instabilitäts-Konst. der Hydrate u. ein empir. Ausdruck für Φ_2 werden angegeben. Es wird gezeigt, daß Ionen, wie K^+, Rb^+, Cs^+, Ag^+, NO_3^- u. $H_2PO_4^-$, keine Hydrate in Form definierter chem. Verbb. bilden u. Ionen, wie H_3O^+, Na^+, Li^+, Cl^-, Br^- u. J^-, fl. Hydrate mit 4 Moll. W. bilden, die zu 10—20% dissoziiert sind. Zur Überprüfung der gewonnenen Gleichungen werden sie auf gemischte wss. Lsgg. von zwei Salzen mit einem gemeinsamen Ion ($KCl-NaCl-KNO_3-NaNO_3$) angewandt u. ergeben meist quant. Übereinstimmung mit experimentellen Kurven der tern. Systeme.
H. Roschkowski. 139◇

0355 **Puffer niedriger Ionenstärke für die spektrophotometrische Bestimmung von pK-Werten.** D. D. Perrin. (Austral. J. Chem. **16**, 572—78, 1963; Canberra, A.C.T., Australian Nat. Univ., Inst. of Advanced Stud., Dep. of Med. Chem.; engl.) — Vf. teilt tabellar. die Zus. folgender Puffer-Syst. niedriger u. konst. Ionenstärke ($\mu = 0,01$) für einen pH-Bereich von 2,2—11,6 u. eine Temp. von 20° mit: Chloressigsäure/KOH (pH 2,20—3,40), Ameisensäure/KOH (3,20 bis 4,40), Essigsäure/KOH (4,10—5,30), KH_2PO_4/Na_2HPO_4 (6,40—7,70), Bernsteinsäure/KOH (3,60—6,20), $Na_2B_4O_7/H_3BO_3$ (8,50—9,20), $Na_2B_4O_7$/KOH (9,30—9,70), $NaHCO_3/Na_2CO_3$ (9,60—10,60), Tris-[hydroxymethyl]-aminomethan/HCl (7,70—8,90), Citronensäure/Trinatriumcitrat (5,80—6,70) u. Butylamin/HCl (10,30—11,60). Wegen der kleinen Extinktionswerte im UV-Gebiet eignen sich diese Puffer bes. für photometr. Best. von pK-Werten. Zur Umrechnung der experimentellen Werte in thermodynam. Größen sind nur kleine konst. Korrekturen erforderlich.
Gerhard Schulze. 139◇

0356 **Untersuchungen an alkalischen Akkumulatoren mit Sinterelektroden.** 3. Mitt. **Durch Vakuum- beziehungsweise Salzschmelzen-Imprägnierung hergestellte negative Platten.** Daijiro Yamashita und Yoshio Takeuchi. (J. electrochem. Soc. Japan [Overseas Edit.] **29**, 79—85, 1961; Kyoto, Ritsumeikan Univ., Fac. of Sci. and Technol.; engl.) — 2. vgl. C. **1960**, 1633. — Vff. imprägnierten Sinterelektroden aus elektrolyt. Ni-Pulver (**I**) u. Carbonyl-Ni-Pulver (**II**) mit $Cd(NO_3)_2$-Lsg. im Vakuum (**A**) nach Fleischer [1948] u. mit der Salzschmelzen-Meth. (**B**) nach Casey [1957]. Die Elektroden aus **II** wurden bei 920°, die aus **I** zunächst bei 170—180° u. dann bei 200—400° in H_2-Atmosphäre gesintert. Die scheinbare Dichte von **I** (**II**) betrug 0,5 (1,0) g/cm³, die Porosität der daraus hergestellten Elektroden 87,8—90,0 (80,5—85,1)%. Mit Meth. **A** wurden bei **I** mit 4 (9) Imprägniercyclen Anfangskapazitäten von 0,51 (0,58—0,64), bei **II** mit 6 (7) Cyclen 0,60 (0,39—0,52) Ah/cm³ erzielt. Die theoret. Kapazität wurde bei **I** zu 61,8 bis 70,2%, bei **II** zu 73,3—80,0% erreicht. Mit Meth. **B** wurden für **I** (**II**) Kapazitäten von 0,05—0,40 (0,14—0,15) Ah/cm³ erzielt, die theoret. Kapazität wurde zu 16,0—81,0 (46,7 bis 48,5) erreicht. Es wurde festgestellt, daß die Menge akt. Materials in Elektroden aus **I** wesentlich höher ist als bei **II**. Der Einfl. der Zers.-Temp. bei Verf. **B** wird diskutiert. E. Winkler. 140◇

0357 **Eine calorimetrische Untersuchung von Nickel-Cadmium-Akkumulatoren.** Louis Wilson und Sterlin E. Voltz. (J. chem. Engng. Data **8**, 414—16, 1963; King of Prussia, Pa., Gen. Electr. Co., Missile and Space Div.; engl.) — Vff. untersuchten therm. Effekte bei der Entladung gasdichter Ni-Cd-Akkumulatoren. Akkumulatoren mit einer Kapazität von 20 Ah wurden 28 Std. lang mit 2 A geladen u. dann in einem Calorimeter mit 10 (**I**), 15 (**II**) u. 20 A (**III**) entladen. Für **I** wurden in den Bereichen des Ladezustandes folgende Wärmemengen gemessen: 100—77 (%): 0,87 (kcal); 77—57: 1,66; 57—36: 2,44; 36—14: 3,18; 14—0: 4,05 (**II**: 99—75: 0,84; 75—50: 1,84; 50—25: 2,85; 25—0: 4,58; **III**: 100—61: 1,46; 61—41: 2,35; 41—0: 4,54). Die Wärmeverluste während der Entladung betrugen bei **I** 14, **II** 20 u. **III** 16% der von den Elementen abgegebenen Gesamtenergie. Die abgegebene Wärmemenge ist der gelieferten Elektrizitätsmenge proportional u. unabhängig vom Entladestrom. Aus den Messungen ergibt sich für die mol. Enthalpieänderung der Entlade-Rk. in guter Übereinstimmung mit berechneten Daten ein Wert von 64 kcal/Mol. E. Winkler. 140◇

0358 **Wasserstoff-Luft-Brennstoffelement mit einem homogen katalysierten Redoxsystem.** A. Dravnieks. (Nature [London] **199**, 1182, 1963; Chicago, Ill., IIT Res. Inst.; engl.) — Vf. untersuchte die Kette Pt/Cu(II)-Acetat/Pyridiniumacetat/Cu(I)-Acetat/Pt bei 95°. Es wurden Spannungen von 0,21—0,24 V gemessen. Bei Einsatz einer Ag-Anode liegt die Spannung 0,01—0,03 V höher. Das Potential der Kathode betrug + 0,06 V bezogen auf die gesätt. Kalomelelektrode. 0,2m Cu(II)-Acetat-Lsg. wird von H_2 bei 95° u. Normaldruck ohne Bldg. von metall. Cu reduziert. Vf. weist auf die Bedeutung derartiger Syst. für die Energieerzeugung in Brennstoffelementen hin. In der untersuchten Kette wird das Anodenpotential durch CO_2 u. CO nicht beeinflußt, so daß H_2 aus Wassergas oder KW-Stoff-Reforminggasen ohne vorherige Reinigung verwendet werden kann. Ein weiterer Vorteil gegenüber den normalen H_2/O_2-Elementen besteht darin, daß es nicht notwendig ist, eine Dreiphasengrenze in porösen Elektroden aufrechtzuerhalten. Vf. nimmt an, daß mit entsprechenden Syst. anderer Zus. höhere Spannungen erzielt werden können. E. Winkler. 140◇

0359 **Reduktion von Sauerstoff an Elektroden von Brennstoffelementen bei niedrigen Temperaturen.** 3. Mitt. **Die Verwendung eines Redoxsystems für den Transport des Sauerstoffs. Untersuchung der Kette Os(VIII)/Os(VI).** Jacques Périchon, Solange Palous und René Buvet. (Bull. Soc. chim. France **1963**, 982—88; Clamart, Seine, Électr. de France, Direct. des Études et Rech.; franz.) — 2. vgl. Bull. Soc. chim. France **1962**, 1606. — Vff. untersuchen die Verw. von Redox-Syst. für Brennstoffelemente, stellen die Gesichtspunkte für die Auswahl geeigneter Syst. zusammen u. untersuchen die Eigg. des Redox-Syst. Os(VIII)/Os(VI). Es wird festgestellt, daß das untersuchte Syst. für den Einsatz in Brennstoffelementen schwacher Leistung in Frage kommt. Eine Verw. in Puffer-Lsgg. mit pH > 12,5 erscheint nach den Vers.-Ergebnissen allerdings ausgeschlossen. Der pH-Wert der Lsg. sollte aber auch nicht zu niedrig sein, damit die Differenz zwischen den Normalpotentialen der O_2-Elektrode u. der Os(VIII)/Os(VI)-Elektrode nicht zu groß wird u. dadurch der mit der Erhöhung der Regenerierungs-Geschw. erzielte Gewinn wieder kompensiert wird. Es wird eine Lsg. von Na-Di- u. -Triphosphat mit einem pH von 12,3 vorgeschlagen. Die Halbwertszeit der Regenerierung ist dann noch zufriedenstellend u. die Differenz der Normalpotentiale liegt bei 0,15 V. Der relativ hohe elektr. Widerstand der Lsg. läßt sich durch Zusatz von KCl als indifferenter Elektrolyt auf ca. 10 $\Omega \cdot$cm senken. E. Winkler. 140◇

0360 **Über die Thermodynamik von Brennstoffelementen mit thermischer Regenerierung.** J. B. Friauf. (J. appl. Physics **32**, 616—20, 1961; Washington, D.C., Dep. of Navy,

Bur. of Ships; engl.) — Vf. untersucht theoret. die Thermodynamik von Brennstoffelementen mit idealen Gasen als Rk.-Komponenten, wenn die Prodd. der elektrochem. Rk. durch therm. Dissoziation wieder in die Ausgangsstoffe übergeführt werden. Es wird der Einfl. der thermodynam. Daten auf den Wirkungsgrad behandelt u. gezeigt, auf welche Weise dieser berechnet werden kann. Der theoret. Carnotsche Wirkungsgrad wird nur erreicht, wenn $d(\Theta \Delta H)/dT = 0$ (ΔH = Enthalpieänderung der Rk. im Brennstoffelement; Θ = Umwandlungsgrad bei Einstellung des chem. Gleichgewichts) für den gesamten Temp.-Bereich von T_2—T_1 gilt. An Hand von Temp.-Entropie-Diagrammen wird gezeigt, warum der Wirkungsgrad ein Maximum durchläuft. Der Wirkungsgrad ist druckunabhängig, wenn bei der Rk. keine Änderung der Molzahl erfolgt. E. Winkler. 140◇

0361 **Untersuchungen der Unterdrückung des Ätzvorgangs beim elektrolytischen Polieren der Metalle.** Ss. I. Kritschmar. (J. physik. Chem. [UdSSR] **35**, 1918—20, 2 Tafeln, 1961; Dneprodsershinsk; russ., Auszug: engl.) — Vgl. C. **1958**, 8256. — Die Oberfläche von *Cu*, *α*- u. *β-Messing*, *C-Stahl*, rostfreiem Stahl (I) u. *Al* wird zuerst mechan. poliert, dann elektrolyt. in 7,5—10m H_3PO_4, 82% H_3PO_4 + 12% H_2SO_4 + 7% CrO_3 (bei 70°) bzw. 60% H_3PO_4 + 10% H_2SO_4 + 5% CrO_3 + 25% H_2O (bei 50°) poliert. Danach wird in 10%ig. HNO_3 (bei Al in 10%ig. NaOH) geätzt. Die mkr. Unters. (Abb.) zeigt in allen Fällen eine merkliche Unterdrückung der Ätz-Wrkg. durch das vorhergehende elektrolyt. Polieren. Bei Cu u. **I** blieb die Oberfläche auch nach dem Ätzen völlig homogen, in den anderen Fällen waren bei starker Vergrößerung Ätzspuren zu sehen. R. K. Müller. 142◇

0362 **Über die Potentialverteilung in hochbelastbaren Elektroden, durch die Elektrolytlösung strömt.** 2. Mitt. **Allgemeine Theorie und Untersuchung einer porösen Fritte.** M. Guillou und R. Buvet. (Electrochim. Acta [London] **8**, 489—507, 1963; Clamart, Seine, Electr. de France, Direct. des Études et Rech.; franz.) — 1. vgl. C. **1963**, 8821. — Vff. entwickeln eine allg. theoret. Beziehung für die Potentialverteilung in hochbelastbaren porösen Elektroden, durch die der elektromotor. wirksame Stoff mit der Elektrolyt-Lsg. hindurchströmt. Die Überlegungen werden an einer O_2-Elektrode aus dünnen parallelen Metallröhren halbquant. überprüft. Aus den Ergebnissen mit diesem Syst. wird geschlossen, daß Elektroden, die mit gelöstem O_2 arbeiten, die gleichen Belastbarkeiten ergeben wie die porösen Elektroden der Trockenelemente. E. Winkler. 142◇

0363 **Über die Impedanz von Halbleiter–Elektrolyt-Grenzflächen. 3. Mitt. Über den Einfluß von Oberflächenzuständen auf das elektrische Verhalten von Germanium- und Silicium-Elektroden.** H. Gobrecht, O. Meinhardt und B. Reinicke. (Ber. Bunsenges. physik. Chem. **67**, 493—500, 1963; Berlin, TU, II. Phys. Inst.; dt.) — 2. vgl. C. **1963**, 14938. — Es wird über Messungen der Kapazität u. des Leitwertes von n-Si- u. p-Ge-Elektroden in 0,1n H_2SO_4 bei verschiedenen Meßfrequenzen berichtet. Bei p-Ge macht sich der Einfl. von Oberflächenzuständen in Form eines Maximums der Kapazität bei —350 mV u. einer negativen Kapazität bei + 200 mV bemerkbar. Die negative Kapazität läßt sich auch durch potentiostat. Umschaltvorgänge sichtbar machen. Weiter wird der Einfl. des pH-Wertes auf die Verschiebung des Minimums der Kapazität u. des Leitwertes untersucht. An n- u. p-Ge-Elektroden beobachtet man einen zeitabhängigen Photoeffekt, der durch die Annahme von Oberflächen-Haftstellen erklärt wird. H. Jehne. 142◇

0364 **Die Wirkung eines Wechselstroms auf Elektrodenvorgänge.** 14. Mitt. **Die durch Wechselstrom verursachte Elektrodenpotentialänderung im Falle der Änderung der Kapazität der Doppelschicht.** Tibor Erdey-Gruz, József Dévay und Lajosné Mészáros. (Magyar Kémiai Folyóirat [Ung. Z. Chem.] **69**, 223—26, 1963; Budapest, L. Eötvös Univ., Lehrst. für phys. Chem. u. Radiol.; ung.) — 13. vgl. Magyar Kémiai Folyoirat [Ung. Z. Chem.] **69**, [1963], 87; 12. vgl. C. **1963, 11914**. — Es wurde durch die Unters. des mathemat. Zusammenhanges zwischen Stromstärke u. Elektrodenpolarisation gezeigt, daß der dem Gleichstrom überlagerte Wechselstrom im Falle einer linearen Polarisationskurve u. konst. Kapazität keine Potentialänderung verursacht. Dagegen wird im Falle einer linearen Polarisationskurve u. mit dem Potential sich linear verändernden Kapazität eine Überspannungsverschiebung hervorgerufen. I. Náray-Szabó. 142△

0365 **Die Anwendung des galvanostatischen Einzelimpulsverfahrens im Millimikrosekundenbereich zur Bestimmung der Austauschstromdichte im System $Ag/AgNO_3$, $NaNO_3/KNO_3$ (Schmelze).** D. Inman, J. O. M. Bockris und E. Blomgren. (J. electroanalyt. Chem. [Amsterdam] **2**, 506—14, 1961; Philadelphia, Pa., Univ. of Pennsylvania, John Harrison Labor. of Chem.; engl.) — Vgl. C. **1964**, 3-0360. — Die Austauschstromdichte des Syst. *$Ag/AgNO_3$* in eutekt. $NaNO_3/KNO_3$-Schmelze (250°) wurde in einer früher (Blomgren, Inman u. Bockris, Rev. sci. Instruments **32**, [1961], 11) beschriebenen Vorr. bestimmt, die direkte Messungen der Kapazität C_D der Elektroden-Doppelschicht u. der Überspannung ermöglichte. Im Gegensatz zu früheren Überlegungen die von einer Konz.-Unabhängigkeit von C_D ausgingen, wird rechner. gezeigt, daß das vorliegende Verf. nur bei Elektroden-Rkk. mit einer Geschw.-Konst. $< 0{,}1$ cm/s^{-1} anwendbar ist. E. Moisar. 142◇

0366 **Elektrochemisches Verhalten von Zink in gemischten Lösungen von Schwefelsäure und Zinksulfat.** Yoshihiro Hisamatsu. (J. electrochem. Soc. Japan **27**, E 44 bis E 45, 1959; Tokyo, Univ., Fac. of Engng.; engl.) — Es wird das Polarisationsdiagramm von Zn bei 30 u. 40° in einem Elektrolyten mit 59,4 g Zn/Liter u. 151,5 g H_2SO_4/Liter aufgenommen. Beim Übergang von der Korrosion zur Ablagerung von Zn tritt ein Potentialsprung auf, der die Zugehörigkeit von Zn zu der Gruppe der „Zwischenmetalle" zeigt. Aus dem Kurvenverlauf wird geschlossen, daß die erste Zn-Schicht bei einem höheren als dem Gleichgewicht-Potential niedergeschlagen wird u. dabei die akt. Zentren der Lokalkathoden bedeckt werden. Die krit. Stromdichte wird bei niedrigeren Temp. höher gefunden. K. Huste. 142◇

0367 **Über Elektrodenreaktionen an festem und flüssigem Gallium in wässerigen Elektrolytlösungen.** G. Wolf. (Z. physik. Chem. [Leipzig] **223**, 249—68, 1963; Erlangen-Nürnberg, Univ., Inst. für phys. Chem.; dt.) — Vf. untersuchte durch Messung der Ruhe-Bezugsspannungen, Aufnahme potentiostat. stationärer Strom-Spannungskurven u. intermittierender Ladekurven in H_2SO_4–Na_2SO_4-Lsgg. von fl. u. festen geschabten u. ungeschabten Ga-Elektroden die an diesen Syst. ablaufenden Elektroden-Reaktionen. Die Messungen wurden unter O_2-Ausschluß bei 15 (festes Ga) u. 32° (fl. Ga) durchgeführt. Für die Unterss. von festem Ga wurde eine rotierende Zylinderlektrode (Oberfläche 0,5 cm³, 600 U/Min.) u. ein Diamantschaber verwendet. Als Ruhespannung bezogen auf die Normal-H-Elektrode wurde bei $a_{H^+} = 1$ für die ungeschabte Elektrode —0,34 (V) u. —0,41 für die geschabte ermittelt; ($a_{H^+} = 10^{-1}$: —0,44; —0,52; 10^{-2}: —0,47; —0,58; 10^{-3}: —0,50; —0,63). Der Einfl. des Schabens auf die Ruhespannung wird mit dem Entstehen von Oberflächenschichten u. der Ausbildung von Mischspannungen erklärt. Die bereits im stromlosen Zustand vorliegende Deckschicht wächst bei anod. Belastung bis zu einer stationären Dicke weiter. An fl. Ga-Elektroden haben die entstehenden Schichten einen geringeren Einfl. auf den Polarisationswiderstand. Es wird angenommen, daß es sich bei dem der Deckschicht zugrunde liegenden Oxid um Ga_2O_3 handelt. E. Winkler. 142◇

0368 **Der Einfluß der thermischen Bearbeitung von verschiedenen Braunsteinen auf ihre Adsorptions- und Depolarisationseigenschaften.** K. Appelt, A. Nowacki, M. Elbanowski und E. Forecki. (Electrochim. Acta [London] **8**, 559—74, 1963; Poznań, Centralne Labor. Akumulatorów i Ogniw; dt.) — Vff. behandelten natürliches kaukas. β-MnO_2 (**I**) u. elektrolyt. γ-MnO_2 (**II**) therm. durch 2std. Erhitzen im Quarzrohr bei 100—700° u. führten an den Proben thermograph. Unterss., Röntgen-Unterss., Messungen der spezif. Oberfläche, des Adsorptionspotentials u. der Ionenadsorption durch. **I** verliert bis 300° 1,1 (%) an Gew., bis 575° 1,5 u. zwischen 575 u. 800° 10,5. Für **II** beträgt der Gew.-Verlust bis 530° 6. Durch Röntgen-Unterss. wurde festgestellt, daß **I** bis 400° stabil bleibt, Beugungsreflexe von α- (**III**) u. γ-Mn_2O_3 (**IV**) erscheinen bei 450—500°; zwischen 575 u. 700° ist nur noch **III** u. **IV** vorhanden. Über die ursprünglich in **II** vorhandene Menge steigt der Geh. an **I** zwischen 200 u. 280° etwas, bei 280—380° deutlich an. Das so entstandene **I** weist stark verwaschene Linien auf u. zersetzt sich ab 400° in **III**. Die Oberflächen wurden nach der BET-Meth. mit CO_2 bestimmt. Die für **I** bei 125° festgestellte

Zunahme ist eine Folge der H_2O-Abgabe, die nachfolgende Oberflächenverminderung wird wahrscheinlich durch chem. Umwandlung von Beimengungen im MnO_2 (z. B. Silicate) verursacht. Die weitere Verminderung bei 400—500° könnte durch die Sorption des frei gewordenen O_2 an **I**, **III** u. **IV** erklärt werden. Ein Anwachsen der Oberfläche von **II** tritt bei 105—200° u. 200—300° (Bldg. von **I**) ein. Die Depolarisations-Eigg. der Proben wurden bei intermittierender u. Dauerentladung untersucht. Für **I** wird zunächst ein Anstieg u. ein Maximum bei 400° gefunden. Bei **II** hat im Bereich 100—150° das erwärmte Material bessere Eigg. als die Ausgangsprobe. Von 150° an sinkt die Depolarisationsfähigkeit ab. E. Winkler. 142◇

0369 **Untersuchungen über die polarographischen katalytischen Wasserstoffstufen. 2. Mitt. Abhängigkeit der katalytischen Wasserstoffstufen von der Konzentration der in der Lösung nicht als Pufferkomponenten vorhandenen Elektrolyte.** E. Pungor und Gy. Farsang. (Acta chim. Acad. Sci. hung. **30**, 407—13, 1962; Budapest, L. Eötvös Univ., Inst. für Anorg. Anal. Chem.; dt.) — 1. vgl. C. **1962**, 6306. — Inhaltlich ident. mit der C. **1962**, **6307** referierten Arbeit. — Die Verss. wurde an phosphatgepufferten Lsgg. von *Methylenblau* (I) u. *Vitamin* B_1 in Ggw. von *KBr* sowie von I in *Nicotinsäureamid* in Ggw. von $[(C_2H_5)_4N]Br$ durchgeführt. P. Frenzel. 142◇

0370 **Die polarographische Reduktion von Bi(III) in Gegenwart von Chloridionen.** H. H. Bauer und P. J. Elving. (Electrochim. Acta [London] **2**, 240—47, 1960; Ann Arbor, Mich., Univ. of Michigan, Dep. of Chem.; engl.) — Die Red. von Bi(III) zu Bi(Hg) an der Hg-Tropfelektrode in 0,5m $HClO_4$ bei Zusatz von 0—0,3m Cl^- wird mit zunehmendem Verhältnis $[Cl^-]/[Bi(III)]$ reversibler. Zur Best. der „Reversibilität" von polarograph. Prozessen sind in Betracht zu ziehen: Die heterogene MWG-Konst. für die elektrochem. Rk. (K_e), die Kurvenneigung im Diagramm $\log[(i_d - i)/i]$ gegen E sowie die Größe ϱ (das Verhältnis der betrachteten zur theoret. Größe des Faradayschen Wechselstroms). Außer vom Verhältnis $[Cl^-]/[Bi^{3+}]$ ist die „Reversibilität" des Syst. noch von der abs. Ionen-Konz. abhängig. Die Größe der Steigung im log-Diagramm ist kein genügendes Kriterium für die Reversibilität, K_e hängt wahrscheinlich nicht mit der thermodynam. Reversibilität des Elektrodenprozesses zusammen, während ϱ ein Maß für die thermodynam. Reversibilität eines elektrochem. Vorgangs zu sein scheint. D. Heinrich. 142◇

0371 **Polarographische Untersuchung von angesäuertem Natriummolybdat.** Jean-Paul Schwing. (C. R. hebd. Séances Acad. Sci. **254**, 4018—20, 1962; franz.) — Wie die polarograph. Unters. angesäuerter Lsgg. von Na_2MoO_4 (I) zeigten, ist der Diffusionsstrom annähernd proportional der Konz. an $Mo_7O_{24}^{6-}$ in mit HCl angesäuerten Lsgg. u. der Gesamt-Konz. an Mo in stark gepufferten Lösungen. Es wurde in Lsgg. gearbeitet, deren Acidität χ (Mol HCl/Mol I) $\leq 1{,}15$ war, da hier nur die Rk. $7\,MoO_4^{2-} + 4\,H^+ \rightleftharpoons Mo_7O_{24}^{6-} + 4\,H_2O$ abläuft, während bei Aciditäten $>1{,}14$ komplexere Lsgg. entstehen. Für die gepufferten Lsgg. wurde Acetatpuffer (pH 4,60) verwendet. Die Polarogramme für 0,005, 0,0025 u. 0,00125m Mo-Lsgg. wurden aufgenommen u. die Stufenhöhe in salzsauren Lsgg. bei —1,3 V u. in gepufferten Lsgg. bei —1,0 V gemessen. H. Fries. 142◇

0372 **Polarographische Untersuchung über die Metawolframsäure.** R. Ripan und N. Calu. (Studia Univ. Babeş-Bolyai, Cluj, Ser. I **6**, Nr. 2, 45—52, 1961; rum.) — Metawolframsäure $H_6[H_2W_{12}O_{42}\cdot aq]$ (I) liefert bei der Red. an der Hg-Tropfkathode eine erste polarograph. Stufe, die für die gesätt. Form des I-Anions charakterist. ist u. derjenigen von 12-Wolframatokiesel- u. -phosphorsäure ähnelt. Die mit 0,1—0,001m WO_3 in I-Lsg. erhaltenen Polarogramme zeigen eine mit abnehmender Konz. der Lsg. abnehmende Stabilität des Komplexanions. In 0,1m WO_3-Lsg. findet eine Umwandlung statt, nachdem die Polysäure neutralisiert ist, gefolgt von H^+-Freisetzung, also nach Vollendung der Rk. $I + 6\,NaOH \rightarrow Na_6[H_2W_{12}O_{40}\cdot aq] + 6\,H_2O$. R. K. Müller. 142◇

0373 **Untersuchungen über die Korrosion von Metallen durch viscoplastische Substanzen. 2. Mitt. Der Einfluß von Halogenidzusätzen, besonders Fluoriden, auf die Korrosion von Aluminium in viscoplastischen Substanzen.** Minoru Izuyama und Yasumasa Hayakawa. (J. electrochem. Soc. Japan [Overseas Edit.] **29**, 207—10, 1961; Urawa, Saitama Univ., Coll. of Liberal Arts, Dep. of Chem.; engl.) — 1. vgl. J. electrochem. Soc. Japan [Overseas Edit.] **29**, [1961], 99. — Die Korrosion von Al in einer $CaCO_3$-Lsg. unter Zusatz von NaF wurde durch Aufnahme von Potential–Zeit-Kurven u. durch Best. des Zellenstroms bestimmt. Die Ergebnisse aus den Potential–Zeit-Kurven, Potentialmessungen u. Best. der Gew.-Abnahme unterscheiden sich prakt. nicht. Ein Zusatz von NaCl, NaBr oder NaJ zur Lsg. hat nur geringen Einfl. auf die Korrosion, während NaF die Korrosions-Geschw. erhöht. Beim Zusatz von Fluoriden wirken die Kationen in der Reihenfolge $Na^+ > NH_4^+ > Mg^{2+}, Ca^{2+} >$ ohne $> Zn^{2+} > Sn^{2+}$ beschleunigend auf die Korrosion ein. Bei einem Geh. von $2{,}35\cdot10^{-2}$ gVal/100 g Lsg. verschiebt Na-Silicat als Inhibitor das Korrosionspotential nach edleren Werten. Die Mindest-Konz. des Na-Silicats für seine Wrkg. als Inhibitor beträgt 0,5%. K. Roß. 143◇

A_4. Thermodynamik, Thermochemie

0374 **Über Paare mit einem von null verschiedenen Drehimpuls in Fermi-Systemen.** I. A. Priworotzki. (J. exp. theoret. Physik [UdSSR] **44**, 1401—08, 1963; Akad. der Wiss. der UdSSR, Phys. Techn. Inst.; russ., Auszug: engl.) H. Liepack. 146◇

0375 **Bildungsenergie von Molekülen in der quantenmechanischen Elementartheorie und die Klassifikation der Bindungen.** W. M. Tatewski. (Nachr. Moskauer Univ., Ser. II **16**, Nr. 3, 44—48, 1961; Lehrstuhl für phys. Chem.; russ.) — Die Gleichungen von Slater, Mamotenko, Parks u. Parr werden vergleichend behandelt. R. K. Müller. 146◇

0376 **Strömungsanisotropie und Randbedingungen in der molekularen Theorie der Flüssigkeiten.** J. V. Champion und A. Suddaby. (Proc. physic. Soc. **75**, 799—802, 1960; London, Cass Coll., Dep. of Phys.; engl.) — Die Randbedingungen der Lösung der Gleichung für die Störung der Paarverteilungsfunktion werden diskutiert. Die mit der sog. starken Randbedingung (bei $r = \infty$) nach Eisenschitz berechneten Werte für die opt. Anisotropie sind 25mal größer als die mit der sog. schwachen Randbedingung (bei $r = 0$) nach Kirkwood berechneten u. stimmen wesentlich besser mit den experimentellen Ergebnissen überein. W. Ebeling. 146◇

0377 **Das Verhältnis der Transportkoeffizienten für isotopisch substituierte Moleküle in der flüssigen Phase und der Transportmechanismus.** E. McLaughlin. (Physica [Utrecht] **26**, 650—51, 1960; London, Imp. Coll., Dep. of Chem. Engng.; engl.) — Durch Dimensionsbetrachtungen wird gezeigt, daß für das Verhältnis der Transport-Koeff. (Diffusion, Viscosität, Wärmeleitfähigkeit) des substituierten u. des ursprünglichen Stoffes $D/D_l = \eta_l/\eta = \lambda/\lambda_l = \sqrt{m_l/m}$ gilt, sofern angenommen wird, daß sich die Konst. der zwischenmol. Kräfte nicht wesentlich ändern u. daß die Rotationsbewegungen für den Transport nicht wesentlich sind. Ein Vgl. für die Syst. CH_4/CD_4 bzw. C_6H_{12}/C_6D_{12} zeigt gute Übereinstimmung mit dem Wurzelgesetz. H_2O/D_2O u. C_6H_6/C_6D_6 weichen etwas vom Wurzelgesetz ab, was darauf hindeutet, daß Rotationsbewegungen eine Rolle spielen. W. Ebeling. 146◇

0378 **Ein erweitertes Korrespondenzprinzip zur Bestimmung von Zustandsgrößen.** 2. Mitt. U. K. Rombusch. (Allg. Wärmetechn. **11**, Nr. 8/9, 133—45, 1962/63; Karlsruhe, TH, Thermodynam. Inst.; dt.) — 1. vgl. Allg. Wärmetechn. **11**, [1962], Nr. 3, 41. — Es werden Genauigkeit, Geltungsbereich u. Anwendung der l. c. entwickelten neuen Zustandsgleichung besprochen u. die thermodynam. Funktionen abgeleitet. H. Jehne. 146◇

0379 **Differentielle Kompressibilitätsfaktoren.** Robert C. Reid und Jon R. Valbert. (Ind. Engng. Chem., Fundamentals **1**, 292—98, 1962; Cambridge, Mass., MIT, Dep. of Chem. Engng.; engl.) — Mit dem Ziel, p–V–T-Beziehungen nichtidealer Gase durch die Kompressibilitäts-Koeff. auszudrücken, werden zwei allg. Kompressibilitätsfunktionen Z_P u. Z_T definiert, die es ermöglichen, allg. thermodynam. Differentialbeziehungen durch ähnliche red. Größen auszudrücken. Außer den red. Größen T_R u. P_r wird als 3. Parameter der azentr. Faktor $\omega = -\log p_{R_{0,7}} - 1{,}000$ (Pitzer) eingeführt, wobei $p_{R_{0,7}}$ der red. Dampfdruck bei einer red.

Temp. von 0,7 ist. Für die Auswertung ergeben sich für Z_P u. Z_T eine Reihe allg. Funktionen (tabelliert). Folgende thermodynam. Funktionen werden mit den Größen Z_T u. Z_P ausgedrückt: $(\partial T)_P$, $(\partial V)_P$, $(\partial S)_P$, $(\partial U)_P$, $(\partial H)_P$, $(\partial G)_P$, $(\partial F)_P$, $(\partial V)_T$, $(\partial S)_T$, $(\partial U)_T$, $(\partial H)_T$, $(\partial G)_T$, $(\partial F)_T$, $(\partial S)_V$, $(\partial U)_V$, $(\partial H)_V$, $(\partial G)_V$, $(\partial F)_V$, $(\partial U)_S$, $(\partial H)_S$ $(\partial G)_S$, $(\partial F)_S$, $(\partial H)_U$, $(\partial G)_U$, $(\partial F)_U$, $(\partial G)_H$, $(\partial F)_H$ u. $(\partial F)_G$. D. Noack. 148◇

0380 **Periodizität äquivalenter Volumina der Chloride.** Z. Balenović. (Bull. sci. [Zagreb] **6,** 33, 1961; Zagreb, Farmac. fac., Zavod za anorg. i fiz. kem.; engl.) — Vf. berechnet die äquivalenten Voll. V_q von Chloriden nach der Gleichung $V_q = V_M/q = M/s q$ (V_M = Mol.-Vol., M = Molgew., q = Wertigkeit des Kations, s = spezif. Gew.). Für die Übergangsmetallchloride (ÜC) beträgt $V_q = 18-24\ cm^3$. Bei unbekannter Wertigkeit kann V_q für die ÜC näherungsweise aus M oder s berechnet werden. G. Gattow. 148◇

0381 **Über die thermische Ausdehnung einfacher Kristalle.** 2. Mitt. O. M. Todes und G. Schay. (Acta chim. Acad. Sci. hung. **22,** 111—15, 1960; Moskau, Inst. für Erdöl u. Kohle der Akad. der Wiss. der UdSSR; Budapest, Ungar. Akad. der Wiss., Zentralforsch.-Inst. für Chem.; russ., Auszug: dt.) — Angabe einer neuen Meth. zur Berechnung der therm. Ausdehnung einfacher Kristallgitter, die das Frenkel-Modell durch Annahme von drei benachbarten Gitterelementen als Grundlage für die Gittereinheit erweitert. Für *K* wird in guter Übereinstimmung mit Vers.-Ergebnissen ein linearer Ausdehnungs-Koeff. von 10^{-4} $Grad^{-1}$ gefunden. H. Roschkowski. 148◇

0382 **Flüssige Metalle.** 7. Mitt. **Dichte des flüssigen Bariums.** C. C. Addison und R. J. Pulham. (J. chem. Soc. [London] **1962,** 3873—76; Nottingham, Univ.; engl.) — 6. vgl. C. **1964,** 11-0428. — Die Dichte des fl. Ba wurde im Temp.-Bereich von 740—930° gemessen u. wird ausgedrückt durch $\gamma = 3{,}476 - (2{,}14 \cdot 10^{-4})\,t$, wobei t die Temp. in °C ist. Messungen mit fl. Ba sind wegen der hohen chem. Rk.-Fähigkeit u. der notwendigen hohen Temp. schwierig. Angewendet wurde die Auftriebs-Meth. unter Verw. eines Stahlgefäßes u. eines Lotes. Die Reinigung des Ar-Schutzgases, der Angriff des Gefäßes u. das Eindringen des fl. Ba ins Gefäßmaterial werden beschrieben. R. Esenwein. 148◇

0383 **Einfluß der Oberfläche auf die Dichte von auf 1300—1500° C erhitztem Quarz.** Daniel L. Deadmore. (Nature [London] **196,** 1083—84, 1962; Cleveland, Ohio, NASA, Lewis Res. Center; engl.) — Gut krist. Proben von α-Quarz wurden spektrograph. analysiert. Die oberen Grenzen für Li, Mo, Na, Ba, Mg, Ca, Fe u. K betrugen 0,01%, der Geh. an Al betrug 0,1%. Die Best. der Oberflächen erfolgte nach der BET-N_2-Adsorptionsmethode. Die Proben wurden ½—15 Std. lang auf Temp. von 1300—1500° in einem bei 30° mit W. gesätt. Luftstrom erhitzt u. die Dichten pyknometr. ermittelt. Bei gleichen Bedingungen zeigen Quarzproben mit größerer Anfangsoberfläche geringere Dichten, dabei wurde röntgenograph. ein Ansteigen des Cristobalit-Geh. u. ein Absinken des Quarzanteils beobachtet. Nähert sich die Dichte einem Wert von 2,33 g/cm^3 (Dichte des Cristobalits), kann kein Quarz mehr nachgewiesen werden. Die Bldg. von Tridymit wurde in keinem Falle beobachtet. Die Ergebnisse sind in Diagrammen dargestellt; Einfl. des Al-Geh. werden diskutiert. Ernst Schulte. 148◇

0384 **Zur Wirkung von Verdichtungsstößen im Übergangsbereich zwischen gasdynamischer und molekularer Strömungsform.** K. Bier. (Fortschr. Physik **11,** 325—56, 1963; Karlsruhe, Kernforschungszentrum, Inst. für Kernverfahrenstechn. der TH; dt.) — Es werden behandelt: 1. Eigg. frei expandierender Gasstrahlen unter gasdynam. Strömungsbedingungen; 2. Nachw. der Verdichtungsstoß-Wrkg. durch Messung der gaskinet. Geschw.-Verteilung; 3. Einfl. der Verdichtungsstöße auf die Strahlform u. die Trenndüsenentmischung im Übergangsbereich. — 33 Literaturangaben. D. Noack. 149◇

0385 **Einige neuere Ergebnisse zur Theorie turbulenter Strömungen von Gasen stark veränderlicher Dichte.** Witold Szablewski. (Abh. dtsch. Akad. Wiss. Berlin, Kl. Math., Physik Techn. **1962,** Nr. 7, 1—24; Dt. Akad. der Wiss., Forschungsinst. für Angew. Math. u. Mechanik; dt.) — Vf. berichtet über theoret. Unterss. von Strömungen der freien Turbulenz von Gasen unter besonderer Berücksichtigung des Einfl. deren stark veränderlicher Dichte sowie über den Energiesatz kompressibler turbulenter Grenzschichten. Die angewandten Strömungsmodelle beschränken sich auf turbulente Strömungen, die im zeitlichen Mittel stationär sind u. eine Hauptströmungsrichtung u. entweder ebenen oder rotationssymm. Charakter haben. In den genannten, eingeschränkten Bereich fallen die wichtigsten Grenzschichtströmungen an Profilen u. die Düsenstrahlen. W. Sobieski. 149◇

0386 **Über den Einfluß eines elektrischen Feldes auf die innere Reibung eines Dipolgases.** Josef Bauer. (Acta physica austriaca **14,** 140—48, 1961; Wien, Univ., Inst. für theoret. Phys.; dt.) — Der Einfl. eines konst. elektr. Feldes auf die innere Reibung eines Gases wird rechner. untersucht. Dabei wird die Annahme zugrunde gelegt, daß die Gas-Moll. nicht elektr. neutral sind, sondern Dipole tragen u. somit ein permanentes elektr. Moment besitzen. Es ergibt sich eine Abhängigkeit des Koeff. der inneren Reibung von der Feldstärke des äußeren elektr. Feldes. Durch ein normal auf die Schichten gleicher Strömungs-Geschw. gerichtetes Feld wird der Reibungs-Koeff. verkleinert. L. Roth. 149◇

0387 **Methode zur schnellen Bestimmung von Diffusionskoeffizienten. Theorie und Anwendung.** J. Calvin Giddings und Spencer L. Seager. (Ind. Engng. Chem., Fundamentals **1,** 277—83, 1962; Salt Lake City, Utah, Univ. of Utah, Dep. of Chem.; engl.) — Vff. entwickeln eine Meth. zur Best. von Diffusions-Koeff. innerhalb eines weiten Bereichs, die den Meth. des Gaschromatographie ähnlich ist. Bei sehr langsamen Diffusionsprozessen, wie sie in fl. Syst. vorkommen, erlaubt diese Meth. eine Vergrößerung des Diffusionseffekts, so daß dieser schon nach sehr kurzen Zeiten meßbar wird. Für folgende bin. Gas-Syst. werden Diffusions-Koeff. in Abhängigkeit von der Strömungs-Geschw. mitgeteilt u., soweit zugänglich, mit den Ergebnissen anderer Autoren verglichen: N_2-CO_2, N_2-O_2, He-H_2, He-Ar, N_2-H_2, CO_2-H_2, He-NH_3, CO_2-N_2, N_2-He, He-N_2, O_2-He, He-O_2, CO_2-He u. He-CO_2 (das erstgenannte Gas eines Syst. jeweils Trägergas). Konz.-Effekte wurden an den bin. Syst. He-CO_2 u. He-N_2 sowie an dem Dreikomponenten-Syst. He-CO_2-H_2 untersucht. Die Messungen wurden mit einem Perkin-Elmer-Modell 154 C-Gaschromatographen durchgeführt. D. Noack. 149◇

0388 **Über die kinetische Theorie dichter Flüssigkeiten.** 10. Mitt. **Messung und Deutung der Selbstdiffusion in flüssigem Ar, Kr, Xe und CH_4.** Jamshid Naghizadeh und Stuart A. Rice. (J. chem. Physics **36,** 2710—20, 1962; Chicago, Ill., Univ. of Chicago, Dep. of Chem. and Inst. for the Study of Metals; engl.) — 9. vgl. C. **1962,** 12196; 11. vgl. C. **1964,** 9-0342. — Vff. bestimmten experimentell die Selbstdiffusions-Koeff. von Ar, Kr, Xe u. CH_4 als Funktion der Temp. u. des Druckes u. prüfen an Hand dieser Daten die bekannten Diffusionstheorien. Hauptergebnisse: 1. Der red. Diffusions-Koeff. D für Ar, Kr u. Xe läßt sich der Beziehung $\log D = 0{,}05 + 0{,}07\,p - (1/T)(1{,}04 + 0{,}1\,p)$ anpassen (T bzw. p = red. Temp. bzw. Druck), die sich von der Zustandsbeziehung für CH_4 unterscheidet. 2. Die Beobachtungen lassen sich nicht nach der Theorie des Freien Vol. beschreiben. 3. Das Aktivierungs-Vol. für CH_4 ist $^1/_3$ des Mol.-Vol., während es für Ar, Kr u. Xe ein Mol.-Vol. oder mehr beträgt. Dieser Unterschied wird, ähnlich wie der der Zustandsbeziehungen, mit der Steilheit der zwischenmol. Abstoßung in Zusammenhang gebracht. 4. Die vorherrschende Temp.-Abhängigkeit von D rührt von der Korrelation zwischen sukzessiven Impulszunahmen her. Bei der Beschreibung der mol. Bewegung ist die Einbeziehung negativer Anteile der Impuls-Selbstkorrelationsfunktion erforderlich. Berechnungen von D u. $(d \ln D/dT)$ auf der Grundlage eines einfachen Fl.-Kontinuumsmodells für die Impulskorrelationen stimmen gut mit dem Experiment überein. 5. Die dichte „Quadrattopf"-Fl. liefert eine Näherung nullter Ordnung für die reale Fl.; die berechneten D-Werte weichen um ca. 30% vom Experiment ab, dagegen stimmt die berechnete Temp.-Abhängigkeit von D quant. mit dem Experiment überein. D. Jörchel. 149◇

0389 **Die Dämpfung des zweiten Schalls in fließendem He(II) in weiten Capillaren.** Howard A. Snyder. (Physica [Utrecht] **28,** 1170—72, 1962; Providence, R.I., Brown Univ., Dep. of Phys.; engl.) — Vf. berichtet über Messungen der Dämpfung des zweiten Schalls in fließendem He II, die das Auftreten von drei Bereichen verschiedener Re-Zahlen (vgl. Staas, Taconis, Van Alphen, Physica [Utrecht] **27,** [1961], 893) bestätigen. G. M. Neumann. 149◇

0390 **Über die Phasenregel.** J. Brynestad. (Z. physik. Chem. [Frankfurt/M.] [N. F.] **36,** 356—64, 1963; Trondheim, Norway, Norges Lærerhøgskole, Inst. of Chem.; engl.) — Eine neue Ableitung der Phasenregel wird vorgelegt, wobei bes. auf heterogene Syst. u. die geeignete Auswahl von Zustandsvariablen einer Zustandsfunktion eingegangen wird. Auf einige Folgerungen, die gewöhnlich nicht in Lehrbüchern behandelt werden, u. Fehler im Schrifttum wird hingewiesen. M. Dal Ri. 150◇

0391 **Aufstellung von Zusammensetzung-Eigenschafts-Diagrammen von Mehrkomponenten-Gleichgewichtssystemen.** Je. A. Kusmin. (J. physik. Chem. [UdSSR] **33,** 2271—79, 1959; russ., Auszug: engl.) — Beschreibung einer neuen graph. Meth. zur Aufstellung von Zustandsdiagrammen mit einigen Beispielen (Syst. Al–Cu–Mg–Si u. MgCl–KCl–NaCl–$MgSO_4$). H. Roschkowski. 150◇

0392 **Neue Methoden der Berechnung einiger physikalischer Eigenschaften von Flüssigkeiten nach der Gleichung von Antoine.** 1. Mitt. A. Kręglewski und B. J. Zwoliński. (Roczniki Chem. [Ann. Soc. chim. Polonorum] **35,** 1041—58, 1961; Pittsburgh, Pa., Carnegie Inst. of Technol.; pol., Auszug: engl.) — Für die Gleichung von Antoine $\log P = A - B/(C + t)$ zur Berechnung des Dampfdruckes über Fll. u. festen Körpern werden empir. u. halbempir. Beziehungen für die Best. der Konst. abgeleitet. Dazu werden Kp., die Differenz der spezif. Wärmen Δc_p u. die Verdampfungsentropie ΔS_v verwertet. Die Antoine-Gleichung ist begrenzt auf Temp. $>8{,}8^0$ K. Die Übertragung auf Drücke >1500 Torr bis zum krit. Druck ist bei Verw. der krit. Werte T_k u. P_k möglich. F. Urban. 150◇

0393 **Über Methoden der Gleichgewichtsbestimmung Flüssigkeit–Dampf.** Klaus Engelmann, Martin Steinbrecher und Hans-Joachin Bittrich. (Wiss. Z. Techn. Hochschule Chem. Leuna-Merseburg **3,** 311—17, 1960/61; Merseburg, TH, Inst. für Phys. Chem.; dt.) — Unterss. der apparativen Möglichkeiten zur Messung von Gleichgewichten Dampf–Fl. wurden mit dem Ebullioskop nach Swietoslawski sowie mit Umlauf-App. nach Othmer, nach Scatchard-Sieg sowie nach Röck-Sieg durchgeführt. Konsistenzprüfungen nach Redlich-Kister u. nach Othmer zeigen, daß die Röck-Sieg-App. die beste der untersuchten Typen ist. G. M. Neumann. 150◇

0394 **Einige Bemerkungen über Näherungsansätze für thermodynamische Exzeßfunktionen und ihre Temperaturabhängigkeit.** Hans-Joachim Bittrich. (Wiss. Z. Techn. Hochschule Chem. Leuna-Merseburg **3,** 327—28, 1960/61; dt.) — Vgl. vorst. Referat. — Der Näherungsansatz für thermodynam. Exzeßfunktionen von Redlich-Kister wird auf höhere als bin. Syst. ausgedehnt. Die Temp.-Abhängigkeit der Konst. führt dabei zu unterschiedlichen Ergebnissen, je nachdem, ob der Faktor RT in sie mit einbezogen wird oder nicht. G. M. Neumann. 150◇

0395 **Beitrag zur Messung des Dampfdruckes von wässerigen Salzlösungen.** Zdeněk Šolc und František Mikeš. (Sborník vědeckých Prací, Vysoká Škola chem.-technol. Pardubice **1961,** Nr. 2, 47—62; tschech.) — Für die verschiedenen Verff. der Dampfdruckmessung von Lsgg. (Sättigungs-, stat., isopiest. Meth.) werden die apparativen Anordnungen u. Anwendungsbeispiele beschrieben. — 46 Literaturangaben. R. K. Müller. 150◇

0396 **Die Dampfdruckkurve des festen Tellurdioxids.** K. E. Prescher und W. Schrödter. (Z. Erzbergbau Metallhüttenwes. **15,** 299—303, 1962; Berlin, TU, Max-Volmer-Inst. für phys. Chem.; dt.) — Die Dampfdruckkurve von TeO_2 wurde zwischen 600 u. 730° durch Messungen mit einer Knudsen-Zelle bestimmt. Der Dampfdruck beträgt bei 601° $1{,}807 \cdot 10^{-3}$ Torr, bei 730° $1{,}390 \cdot 10^{-1}$ Torr. Die Dampfdruckgleichung lautet $\log p[\text{Torr}] = -13292{,}9/T + 12{,}4185$. Daraus ergibt sich eine mittlere Sublimationsenthalpie von 60,8 kcal/Mol. Verss., den Zers.-Druck von TeO_3 zu bestimmen, mißlangen. F. Vier. 150□

0397 **Über den zweiten Siedepunkt in den Systemen Gold–Schwefel und Gold–Selen.** Rudolf Vogel und Rolfdieter Gerhardt. (Z. Metallkunde **52,** 318—20, 1961; Göttingen, Univ., Metallograph. Labor.; dt.) — Es werden die Löslichkeiten von S u. Se in fl. Au u. die zweiten Kpp. bestimmt. Die Ergebnisse werden im Zusammenhang mit weiteren Syst. mit einem zweiten Kp. erörtert. Jedoch reichen die Ergebnisse nicht aus, um zu entscheiden, ob S u. Se im fl. Au als mehratomige Moll. oder als Verbb. gelöst sind. H. Hochstein. 150◇

0398 **Der Einfluß des Sauerstoffdruckes auf die inkongruente Schmelztemperatur von Yttrium-Eisengranat.** H. J. van Hook. (J. Amer. ceram. Soc. **46,** 248, 1963; Waltham, Mass., Raytheon Co., Res. Div., Solid State Phys. Group; engl.) — Die peritekt. Rk.-Temp. von $Y_3Fe_5O_{12}$ als Funktion des O_2-Druckes wurde im Bereich 10^{-3} bis 10^2 atm zwischen 1450 u. 1650° bestimmt u. graph. dargestellt. J. Heinze. 150◇

0399 **Das Auftreten eines exothermen Peaks in DTA-Kurven von Vermiculiten.** Purnima Sinha. (Nature [London] **196,** 765, 1962; Calcutta, Univ., Khaira Labor. of Phys.; engl.) — Barshad (vgl. Amer. Mineralogist **33,** [1948], 665) berichtete über das Auftreten von exothermen Peaks in den DTA-Kurven verschiedener Vermiculit-Proben. Vf. untersuchte ind. Vermiculite mit der DTA u. röntgenographisch. In keinem Fall konnte einer der Proben ein echter exothermer Peak zugeordnet werden. Wird Vermiculit mit bestimmten Kationen gesätt., so können exotherme Peaks auftreten, sie verschwinden jedoch wieder, wenn die eingetauschten Kationen gegen andere ausgetauscht werden. Vf. diskutiert verschiedene Hypothesen für diese Phänomene. Ernst Schulte. 150◇

0400 **Spezifische Wärme von Gadolinium- und Ytterbium-Metall zwischen 0,4 und 4° K.** O. V. Lounasmaa. (Physic. Rev. [2] **129,** 2460—64, 1963; Argonne, Ill., Argonne Nat. Labor.; engl.) — Bei 1,1, 1,6, 3,7° K treten anomale C_p-Werte des Gd auf. Sie können durch die magnet. Ausrichtung der Gd^{3+}-Ionen in Gd_2O_3 erklärt werden, das als Verunreinigung in der verwendeten Metallprobe enthalten ist. Für Yb wurde eine spezif. Gitterwärme bestimmt, die einer Debye-Temp. von 118,1° K entspricht. Sie ist kleiner als die der höheren Seltenerdmetalle (Θ ca. 160° K). Die Differenz kann dadurch erklärt werden, daß im unmagnet. Yb das 5d-Elektron, normalerweise im Leitungsband befindlich, die 4f-Schale auffüllt. Für Yb gilt bei 0,4—4,0° K: $C_p[\text{mJ/Mol}\cdot\text{Grad}] = 1{,}180\,T^3 + 2{,}90\,T + 0{,}012\,T^{-2}$. J. Blume. 151◇

0401 **Über Thiocarbonate.** 8. Mitt. **Das Kohlenstoffsulfid-bis-[hydrogensulfid] $SC(SH)_2$ und das System H_2S–CS_2.** 5. Mitt. **Thermochemie des Systems H_2S–CS_2.** G. Gattow und B. Krebs. (Z. anorg. allg. Chem. **325,** 15—25, 1963; Göttingen, Univ., Anorg.-chem. Inst.; dt.) — 7. bzw. 4. vgl. C. **1963,** 21470. — Das Syst. $H_2S_{(fl.)}$ (**I**)–$CS_{2(fl.)}$ (**II**) wurde im gesamten Konz.-Bereich mit Hilfe von Dampfdruckmessungen im Temp.-Bereich von 153—213° K untersucht u. die partiellen u. integralen Mischungsenthalpien, Freien Mischungsenthalpien, Mischungsentropien u. Überschußenergien wurden ermittelt; die Werte sind tabelliert u. graph. wiedergegeben. Die Dampfdrücke von **I** lassen sich zwischen 188 u. 213° K durch nachst. Gleichung beschreiben (p in Torr; T in ° K): $\log p = -1{,}017 \cdot 10^3\,T^{-1} + 7{,}66$; Verdampfungswärme 4,65 kcal/Mol, Verdampfungsentropie 21,90 cal/Grad·Mol. Im Zustandsdiagramm des Syst. **I–II** treten als feste Verbb. $CS_2 \cdot 6\,H_2S$ u. $H_2S \cdot CS_2$ (**III**) auf. **III** schmilzt bei —120° unter Zers.; die Zers.-Drücke betragen $\log p = -1{,}006 \cdot 10^3\,T^{-1} + 7{,}71$ (von —137 bis —112°) u. $\log p = -1{,}310 \cdot 10^3\,T^{-1} + 9{,}30$ (von —112 bis —102°). Für die Zers.-Rk. **III**(fest) → **I**(Gas) + **II**(fl.) ergeben sich die Rk.-Enthalpie, -Entropie u. Freie Energie der Rk. bei —120° zu $\Delta H_R = +4{,}8_5 \pm 0{,}3$ kcal/Mol, ΔS_R $+22{,}2 \pm 0{,}7$ cal/Grad·Mol u. $\Delta G_R = +1{,}4_5 \pm 0{,}8$ kcal/Mol. Unter Verw. bekannter Literaturdaten folgt für die Bldg.-Enthalpie aus den Elementen u. für die Normalentropie von festem **III** bei —120° $\Delta H_f = +10{,}2 \pm 0{,}8$ kcal/Mol u. $S = 55{,}2 \pm 2{,}0$ cal/Grad·Mol. Die Darst. u. Eigg. der beiden isomeren Verbb. $SC(SH)_2$ u. **III** werden im Zusammenhang mit dem Syst. **I–II** ausführlich diskutiert. G. Gattow. 156◇

0402 **Löslichkeit des Calciumsulfids in Schmelzen aus Calciumoxid–Magnesiumoxid–Siliciumdioxid.** A. Ss. Panow, I. Ss. Kulikow und L. M. Zylew. (Nachr. Akad. Wiss. UdSSR, Abt. techn. Wiss., Metallurgie Brennstoffe **1962,** Nr. 1, 42—45; Moskau; russ.) — In CaO–MgO–SiO_2-Schmelzen besitzt CaS nur eine beschränkte Löslichkeit. Vff. untersuchen die Syst. (CaO, MgO, CaS)/(SiO_2) = 0,9 (Mol); 1,2 u. 1,4 bei Temp. zwischen 1400 u. 1500° u. ersetzen dabei CaO durch wachsende äquimol. Mengen MgO [5 (%), 10, 15]. Dabei wird bei konst. Temp. eine weitere Löslichkeitsabnahme von CaS in der Schmelze beobachtet. Eine Erhöhung der Temp. steigert die Löslichkeit. Im Sättigungsgebiet vergrößert sich der Aktivitäts-Koeff. γ_{CaS} mit steigendem MgO-Geh. u. Temp.-Erniedrigung der Schmelze. Eine Abschätzung der Lsg.-Wärme für CaS in $CaO-MgO-SiO_2$ ergibt, daß bei steigendem MgO-Geh. u. fallender Temp. die Lsg.-Wärme zunimmt. W.-D. Heußner. 156◇

0403 **Die Zersetzungsflamme des Ozons zu Sauerstoff.** A. G. Streng und A. V. Grosse. (VIth Sympos. [int.] Combust., New Haven, Conn. **1956**, 264—73, 1957; engl.) — Inhaltlich ident. mit der C. **1957**, 10129 referierten Arbeit. A. Blaschette. 157◇

0404 **Einfluß aktiver Teilchen der Verbrennungsprodukte auf die Zündgrenzen bei turbulenter Strömung.** Ss. M. Kogarko, W. W. Michejew und W. Ja. Bassewitsch. (J. physik. Chem. [UdSSR] **35**, 2341—47, 1961; Inst. für chem. Phys. der Akad. der Wiss. der UdSSR; russ., Auszug: engl.) — Vgl. C. **1962**, 2274. — In einem durch ein elektr. beheiztes, rechtwinkliges Rohr strömenden Gemisch von Luft mit H_2, n-Butan + Isobutan (77:23) oder Leuchtgas mit einer nach der Diffusions-Meth. bestimmten Turbulenz von 7—10% verbreitern sich mit zunehmender Konz. der akt. Zentren (freie O- u. H-Atome u. OH-Radikale) bei Luftüberschuß die Zündgrenzen. Bei luftärmeren Gemischen besteht dieser Effekt nicht, offenbar infolge ungenügender Konz. der akt. Zentren. Wenn in der Verbrennungszone die Oberfläche vergrößert wird (zur Gasrichtung parallele Quarzstäbe mit Belag von Ruß, Graphit oder $K_2B_4O_7$), nimmt die Rekombination der akt. Zentren zu u. ihre Konz. ab. Bei Zündung mit einer Zündflamme sind die Zündgrenzen weiter als bei Zündung mit elektr. Funken. R. K. Müller. 157◇

0405 **Über den Temperaturkoeffizient der Verbrennungsgeschwindigkeit einiger Systeme.** G. W. Lukaschenja und A. L. Podgrebenkow. (J. physik. Chem. [UdSSR] **36**, 2784—86, 1962; Inst. für chem. Phys. der Akad. der Wiss. der UdSSR; russ.) — Vff. bestimmten den Temp.-Koeff. der Verbrennungs-Geschw. α folgender Syst.: 25% Al + 75% Fe_2O_3 (I); 31% Mg + 69% Fe_2O_3 (II); 12% B + 88% Fe_2O_3 (III); 50% W + 50% $KClO_4$ (IV). Das Syst. **IV** weist den größten Temp.-Koeff. $\alpha = 4{,}3\ (\cdot 10^{-3}\ \text{Grad}^{-1})$ auf. Für die übrigen wurden ermittelt: **I** $\alpha = 2{,}2$; **II** $\alpha = 0{,}7$ u. **III** $\alpha = 3{,}4$. Die ermittelten Ergebnisse werden dem Phasenzustand der Metalle in der Rk.-Zone gegenübergestellt. H. Matern. 157◇

0406 **Emission einer MgO-Flamme.** F. Rössler. (Physics Letters [Amsterdam] **2**, 199—201, 1962; Weil, Dt.-Franz. Forsch.-Inst. S.-Louis; dt.) — Berechnet wird der Emissions-Koeff. von Oxidteilchen in einer Flamme. Die Resultate werden am Beispiel MgO geprüft. Die experimentell gefundenen großen Abweichungen der Farb-Temp. (4000° K), der wahren Temp. (3100° K) u. der Schwarzen Temp. (2700° K) voneinander, auf Grund derer man glaubte, an dem therm. Gleichgewicht zweifeln zu müssen, konnten durch die Ableitungen u. Berechnungen bestätigt u. erklärt werden. K. Jaeger. 157◇

0407 **Brechung von Detonationswellen bei Einfall an der Grenze zwischen zwei Gasgemischen.** L. G. Gwosdewa. (J. techn. Physik [UdSSR] **31**, 731—39, 1961; Moskau, Energet. Krshishanowski-Inst.; russ.) — Detonationswellen zeigen beim Übergang aus einem Explosivgemisch in ein anderes oder aus einem inerten in ein Explosivgemisch eine Brechung mit einer Kompressionswelle anderer Geschw., deren Größe von den Eigg. der einfallenden Welle u. von den Parametern des zweiten Mediums abhängt. Es werden kinematograph. Aufnahmen von Detonationswellen von CH_4-O_2-Gemischen (1:1,5—4) gezeigt. R. K. Müller. 157◇

0408 **Theoretische Berechnungen des charakteristischen Verlaufs von Explosionswellen in reiner oder verdünnter Stickstoffwasserstoffsäure.** Issam Hajal und Jean Combourieu. (C. R. hebd. Séances Acad. Sci. **255**, 509—11, 1962; Paris, Fac. des Sci., Labor. de chim. gén. et de Chim.; franz.) — Vff. berechnen Detonations-Geschw., Explosionsdrücke u. -Temp., die sich in gasförmigem HN_3 bei 100, 25 u. 10 Torr Anfangsdruck u. in gasförmigen, 50%ig. HN_3-Gemischen mit N_2, Ar, He u. H_2 bei 50 Torr ausbilden u. vergleichen die Detonations-Geschw. mit experimentell bestimmten Daten (C. **1962**, 9249). G. Krien. 157◇

0409 **Die Fortpflanzung der Nichtgleichgewichts-Wärmewelle unter Berücksichtigung der Endlichkeit der Lichtgeschwindigkeit.** A. Ss. Kompanejetz und Je. Ja. Lanzburg. (J. exp. theoret. Physik [UdSSR] **43**, 234—40, 1962; Inst. für chem. Phys. der Akad. der Wiss. der UdSSR; russ., Auszug: engl.) — Die quasistationäre Fortpflanzung von Wärme in Form von Strahlung durch ein opakes kaltes Gas wird untersucht. Anfangs ist das Gas nicht in Gleichgewicht mit der Strahlung u. für diese durchlässig. Zwischen dem durchlässigen heißen u. dem undurchlässigen kalten Gas besteht eine dünne Übergangsschicht, in der die Bilanz zwischen Strahlung u. Absorption in Diffusionsnäherung unter Berücksichtigung der Endlichkeit der Lichtgeschwindigkeit c beschrieben wird. Bei allen Werten der Strahlungsenergie U_1 ist die Fortpflanzungsgeschwindigkeit v kleiner als $c/3^{1/2}$. R. K. Müller. 158◇

0410 **Experimentelle Untersuchung der durch direkte Abschreckung von Lötstellen an Thermoelementen in Wasser ausgeführten sehr raschen Abkühlungen.** Roland Bigot und René Faivre. (C. R. hebd. Séances Acad. Sci. **255**, 3128—30, 1962; franz.) — Die gleichzeitige Verw. von Lötstellen an Thermoelementen als Abschreckproben u. eines Kathodenoscillographen als Registriergerät gestattet die Ausführung sehr rascher Abkühlungen u. die Unters. der sich im unmittelbarer Nähe der Metalloberfläche abspielenden thermokinet. Vorgänge. W. Wesly. 158◇

0411 **Die Änderung der Wärmeleitfähigkeit kubischer Kristalle unter der Wirkung von Deformationen.** I. A. Smirnow und B. Ja. Moishess. (Festkörperphysik [UdSSR] **5**, 1958—69, 1963; Leningrad, Akad. der Wiss. der UdSSR, Halbleiter-Inst.; russ.) — Gemessen wurde die Wärmeleitfähigkeit K von *NaCl*, *KCl*, *Te*, *LiF*, *KBr*, *KJ*, *Ge* u. *PbTe* unter einaxialen Drücken. Für ca. 0,01%ig. Deformationen ändert sich K um ca. 10%. Dieses wird auf den geringen Abstand der transversalen Äste des Schwingungsspektrums voneinander im Vgl. zur Größe der Schwingungsfrequenzen zurückgeführt. Dadurch wird die Wechselwrkg. der Phononen untereinander — auf Grund der durch die Deformation erzeugten Änderung ihrer Polarisation — beeinflußt. K. Jaeger. 158◇

0412 **Wärmeleitfähigkeit von TiC.** Michael Hoch und Joseph Vardi. (J. Amer. ceram. Soc. **46**, 245, 1963; Cincinnati, Ohio, Univ. of Cincinnati, Graduate School; engl.) — Neu-Best. bei 1239—1689° K; Vgl. mit früheren Messungen. J. Heinze. 158◇

0413 **Die Gitterwärmeleitfähigkeit von Kupfer- und Silberlegierungen bei tiefen Temperaturen.** R. J. Tainsh und G. K. White. (Physics Chem. Solids **23**, 1329—35, 1962; Sydney, C.S.I.R.O., Div. of Phys.; engl.) — Es wird der Gitteranteil der Wärmeleitfähigkeit K_G sowie die elektr. Leitfähigkeit folgender Legg. gemessen: Cu + *Zn* (2,0; 5,0; 10,0 Atom-%); *Au* (7,5; 16,5); *Pt* (0,9; 1,1; 2,0); *As* (0,35); *Sb* (1,0); *Fe* (0,056; 0,12; 0,31); *Si* (2,2); *Ag* + *Pd* (2,08; 5,06; 9,9); *Cd* (1,96; 4,9; 9,5; 19,2; 30,0); *Pt* (1,8); *Al* (1,6). Für Temp. $\ll \Theta_D/30$ (Cu: $\Theta_D = 315°$ K; Ag: $\Theta_D = 215°$ K) wird beobachtet: $K_G = B \cdot T^2$. B sinkt merklich mit der Konz. des gelösten Stoffes. Daraus wird geschlossen, daß die Phonon-Elektron-Wechselwrkg. stark von der Konz. des gelösten Stoffes abhängt. K. H. Härdtl. 158◇

0414 **Ultraschallrelaxation in vielatomigen Gasen und Dämpfen.** S. K. K. Jatkar und D. D. Deshpande. (Brit. J. appl. Physics **12**, 243—47, 1961; Univ. of Poona, India, Dep. of Chem.; engl.) — Die aus der Dispersion der Schall-Geschw. in CO_2, NO, CS_2, CH_4, CCl_4, CH_3Cl, CH_2Cl_2, $CHCl_3$, C_6H_6, NH_3, CH_3CHO u. SO_2 ermittelte Relaxationsfrequenz stimmt mit der aus IR-Schwingungen u. Elektronenfrequenzen berechneten befriedigend überein. H. U. Borgstedt. 159◇

0415 **Ultraschalluntersuchungen in Elektrolyten: Nichtwässerige Lösungen.** Bh. Krishnamurty. (J. sci. ind. Res. [New Delhi], Sect. B **17**, 475, 1958; Waltair, Andhra Univ., Dep. of Phys.; engl.) — Die Ultraschall-Geschw. (v) in 0,0001—0,001 m Lsgg. von KCl, NaCl, NH_4Cl u. KBr in Methanol, A. u. n-Butanol bei 29° u. die adiabat. Kompressibilitäten (β) der Lsgg. wurden bestimmt. Vgl. der Experimentaldaten mit nach der Theorie von Debye-Hückel errechneten Werten ergeben Abweichungen in den Lsgm. mit niedriger DK, die sich als eine Folge unvollständiger Dissoziation verstehen lassen. Zum Vgl. wurden Messungen in wss. Lsgg. der Salze durchgeführt. Abweichungen treten bei um so geringerer Konz. auf, je kleiner die DK des Lsgm. ist. In den Fällen, in denen eine lineare Abhängigkeit zwischen v u. β besteht, ist der Anstieg der Kurven in Lsgm. niedriger DK geringer als in solchen hoher Dielektrizitätskonstante. W. Betcke. 159◇

0416 **Ultraschalluntersuchungen an einigen wässerigen Lösungen von Elektrolyten.** K. Subha Rao und B. Ramachandra Rao. (J. sci. ind. Res. [New Delhi], Sect. B **17**, 444—47, 1958; Waltair, Andhra Univ., Ultrasonic Labor.; engl.) — Ultraschall-Geschw. (v), adiabat. Kompressibilität (β) u. scheinbare molare Kompressibilität der Lsgg. einiger farbiger Salze [K_2CrO_4, $CuCl_2$, $Ni(NO_3)_2$, $CuSO_4$, $FeSO_4$, $K_3Fe(CN)_6$ u. $K_4Fe(CN)_6$] werden in Abhängigkeit von der Konz. (c) der Salze im Bereich ca. 0,1—1 m nach einem von Vff. früher (1957) beschriebenen elektr. Verf. (Meth. der kontinuierlichen Wellen) bestimmt. Es besteht lineare Abhängigkeit zwischen v u. c sowie zwischen β u. c, während die scheinbare mol. Kompressibilität $\sqrt{c}$ proportional ist. Die Ergebnisse werden im Lichte der Theorie von Debye-Hückel diskutiert. W. Betcke. 159◇

0417 **Die Dispersion der Ultraschallgeschwindigkeit in Flüssigkeiten.** M. G. Seshagiri Rao und B. Ramachandra Rao. (Current Sci. [Bangalore] **31**, 189—91, 1962; engl.) — Vgl. vorst. Referat. — Bei 30° steigt die Schall-Geschw. in reinen Fll., wie *W.*, *Ölsäure*, *Glycerin* u. *Ricinusöl* u. Lsgg., wie wss. *K-* u. *Na-Oleat*-Lsgg. linear mit der Frequenz im Intervall von 1—9 MHz. *Agar-Agar-Gel* zeigt ein Maximum für die Schall-Geschw. bei 5—6 MHz. H. U. Borgstedt. 159◇

0418 **Starke Resonanzabsorption von Ultraschall in oktaedrischen Übergangsmetallkomplexen, bei denen Inversionsaufspaltung auftritt.** I. B. Berssuker. (J. exp. theoret. Physik [UdSSR] **44**, 1577—82, 1963; Akad. der Wiss. der MoldauSSR; russ., Auszug: engl.) — Es kann gezeigt werden, daß in oktaedr. Übergangsmetallkomplexen, bei denen Inversionsaufspaltung auftritt, die Resonanzabsorption um Größenordnungen stärker als die paramagnet. Absorption ist. Die Absorption hängt von direkten Übergängen zwischen Inversionsniveaus (Elektronen-Schwingungs-) ab u. hängt nicht mit einer Änderung des Spinzustandes des Komplexes zusammen. Für die Übergangswahrscheinlichkeit wird eine Beziehung abgeleitet. Für Cu^{2+}- u. Ti^{3+}-Hydratkomplexionen in einer kristallinen Umgebung werden die Absorptions-Koeff. berechnet. Ferner wird deren Abhängigkeit von der Fortpflanzungsrichtung u. der Polarisation bestimmt. Als die günstigsten Objekte für die experimentelle Verwirklichung dieses Effekts erweisen sich hydratisierte Cu-Salze mit trigonaler Symmetrie. Die Temp.-Abhängigkeit sowie der Einfl. eines äußeren Magnetfeldes für diese Komplexe wird berechnet. Es wird abschließend darauf hingewiesen, daß sich der Effekt möglicherweise auch in Fll. beobachten läßt. D. Noack. 159◇

0419 **Strukturveränderungen des flüssigen Schwefels auf Grund von Ultraschallgeschwindigkeitsmessungen.** Witold Kowalski. (Roczniki Chem. [Ann. Soc. chim. Polonorum] **36**, 1077—86, 1962; Gliwice, TH, Lehrst. für Technol. der großen Anorg. Ind.; pol.) — Mit Hilfe eines Resonanz-Impuls-Interferometers (1 MHz) wurde die Ultraschall-Geschw. (G) in geschmolzenem S zwischen 125 u. 410° gemessen u. die adiabat. (β_{ad}) u. isotherme (β_{is}) Kompressibilität des fl. S berechnet. Auf Grund der Temp.-Abhängigkeit von G, β_{ad} u. β_{is} wird auf die in der Elementarstruktur des geschmolzenen S vorgehenden Veränderungen geschlossen. G. Heller. 159◇

0420 **Ultraschallverluste von Yttrium-Eisengranat.** N. G. Einspruch. (Physics Chem. Solids **23**, 1341—42, 1962; Dallas, Tex, Texas Instruments, Inc., Corporate Res. Labor.; engl.) — Ultraschallimpulse mit einer Frequenz von 10 MHz u. 1 μs Dauer werden durch eine polykristalline Probe von Yttrium-Eisengranat geschickt, u. die Abhängigkeit der Schallabsorption wird gemessen. Ein Absorptionsmaximum findet man bei 32°. Der Effekt wird durch eine mechan. Relaxation der Elektronen erklärt. Der Zusammenhang zwischen Temp. des Absorptionsmaximums u. Frequenz f ist gegeben durch $f = f_0 \exp(-U/kT)$. Zusammen mit früheren Messungen von Gibbons u. Chibra (C. **1958**, 12334) bei 84,8 u. 249,2 kHz ergibt sich für $f_0 = 1{,}2 \cdot 10^9$ Hz u. für U = 0,126 eV. K. H. Härdtl. 159◇

0421 **Theorie der akustischen Cyclotronresonanz in Metallen.** E. A. Kaner. (J. exp. theoret. Physik [UdSSR] **43**, 216—26, 1962; Inst. für Elektronik u. Radiophys. der Akad. der Wiss. der UkrainSSR; russ., Auszug: engl.) — Vgl. C. **1963**, 8040. — In Gleichungen wird die Abhängigkeit der Form, Breite u. Lage der Resonanzspitzen des Schallabsorptions-Koeff. von Frequenz, Magnetfeld, Temp., Topologie, Form der Fermi-Oberfläche usw. behandelt. In der akust. Cyclotronresonanz sind die gewöhnliche Cyclotronresonanz u. die magnetoakust. Resonanz miteinander verknüpft. Ihre experimentelle Unters. ermöglicht eine Best. der Extremwerte der effektiven Massen u. Durchmesser auf der Fermi-Oberfläche, der effektiven Massen u. mittleren Geschw. in einem beliebigen Querschnitt, der Richtung u. Periode der offenen Bahnen usw. R. K. Müller. 159◇

0422 **Apparatur zur Messung der Schallgeschwindigkeit in flüssigen Metallen und Schmelzen.** M. B. Gitiss, I. G. Michailow und A. Ss. Chimunin. (Nachr. Leningrader Univ. **17**, Nr. 22, Ser. Physik Chem. Nr. 4, 52—55, 1962; russ., Auszug: engl.) H. Roschkowski. 159◇

A_5. Kolloidchemie, Grenzschichtforschung

0423 **Makromolekulare Konstitution der anorganischen Kolloide.** Jacques Duclaux. (Makromolekulare Chem. **44—46**, 147—54, 1961; Paris, Inst. de Biol. phys.-chim.; franz.) — Vf. versucht eine Klärung der Terminologie der anorgan. Koll., wobei er davon ausgeht, daß der Begriff „Makromol." nicht auf die organ. Chemie beschränkt werden dürfe. Somit scheint ihm die in der anorgan. Koll.-Chemie früher übliche Unterscheidung zwischen mol. (lyophilen) u. „micellaren" (lyophoben; nicht zu verwechseln mit „Assoziations-Koll."!) Koll. ungerechtfertigt, da beide als aus Makro-Moll. aufgebaut angesehen werden müssen, die durch Kondens. von Monomeren entstanden. Soweit überhaupt ein kristallines Netz in anorgan. Koll. vorliegt, ist es durch lokale Umstände gestört. Dieser gestörte, akt. Anteil prägt aber die Eigg. des Kolloids. Die sog. „anorgan. Hemikoll.", die wie koll. Wolframsäure u. Molybdänblau mit W. Lsgg. großer Dichte bilden, kryoskop. aber nur niedrige Molgew. ergeben, zeigen die stärkste Analogie zu den organ. Makromoll., so hinsichtlich Löslichkeit, Reversibilität u. Beständigkeit. E. Uhlein. 160◇

0424 **Die Bildung von plättchenförmigem kolloidem Gold.** Yuen-sheng Chiang und John Turkevich. (J. Colloid Sci. **18**, 772—83, 1963; Princeton, N.J., Princeton Univ., Chem. Dep.; engl.) — Bei der vorsichtigen Red. von Gold(III)-chlorid in saurer Lsg. mit *Salicylsäure*, *β-Resorcylsäure*, *5-Jodsalicylsäure*, *Dibromsalicylaldehyd*, *Dichlorsalicylaldehyd*, *Protocatechusäure*, *Hydrochinon* u. *Citronensäure* entstehen laminare Au-Einkristalle koll. Dimensionen. Die Platten-Bldg. ist die Folge einer Aggrgation u. Umlagerung der prim. gebildeteten kleineren Au-Teilchen. Charakterist. für diese Plättchen ist eine Vertiefung von ca. 1000 Å Ø in der Mitte der Teilchen, die unabhängig davon ist, ob die Teilchen Spiralwachstum zeigen oder nicht. K. Strenge. 161◇

0425 **Form und Eigenschaften kolloidaler Teilchen des Komplexes 2.5-Dihydroxy-p-benzochinolatokupfer(II).** Seiichi Kanda. (J. chem. Soc. Japan, pure Chem. Sect. [Nippon Kagaku Zassi] **81**, 1347—48, 1960; Osaka-Siritu-Daigaku, Rigakubu; jap., Auszug: engl.) — 2.5-Dihydroxy-p-benzochinolatokupfer(II) (I) wird elektronenmkr. untersucht: die Länge der stabförmigen koll. Teilchen ist 2000—5000 Å u. die Breite 500 Å. Durchschnittliche Länge der Teilchen beträgt nach den Daten der Lichtstreuung bzw. der Strömungsdoppelbrechung 1800 Å bzw. 1000—1500 Å. Dichroismus u. Fluorescenz der Kolloid-Lsg. werden untersucht. Die Verb. besitzt polymeren Charakter. E. Maekawa. 162□

0426 **Ein Diffusionsmechanismus für Liesegang-Ringe.** 1. Mitt. **Verteilungsgesetz.** Prem Behari Mathur. (Bull. chem. Soc. Japan **34**, 437—40, 1961; Allahabad, India, Univ., Dep. of Chem.; engl.) — In Reagensgläsern diffundierten $AgNO_3$-Lsgg. gegen 2—10%ig. Gelatinegele, die CrO_4^{2-}-Ionen adsorbiert hatten. Das Entstehen u. Wachsen der aus Ag_2CrO_4 bestehenden Liesegang-Ringe wurde beobachtet. Von dem 2. Fickschen Diffusionsgesetz ausgehend gibt Vf. eine mathemat. Behandlung des Problems. Die Theorie versucht Ringbildungsmechanismus, Feinstruktur u. Einfl. der Umgebung zu beschreiben. J. Simon. 164◇

0427 **Über eine neue Variante der „Blasenmethode" zur Messung der Oberflächenspannung von Flüssigkeiten.** G. Schwen. (Melliand Textilber. **42**, 457, 1961; Dornbirn, Textilinst.; dt.) — Vf. beschreibt eine neue, der Blasendruck-Meth. ähnliche Meth. zur Best. der Oberflächenspannung, die geeignet erscheint, die dynam. Veränderlichkeit von Grenzflächenspannungen messend zu verfolgen. Eine in die zu untersuchende Fl. eintauchende Capillare ist über einen Absperrhahn mit einem Manometer verbunden. Bei geschlossenem Hahn wird zunächst im Manometerteil des Syst. ein Überdruck erzeugt, der nach Öffnen des Hahns Luft aus der Capillare ausperlen läßt, bis sich ein Gleichgewicht eingestellt hat. Der dann angezeigte Manometerstand, vermindert um die Eintauchtiefe der Capillare, ist ein Maß für die Oberflächenspannung. E. Schaaf. 166◇

0428 **Flüssige Metalle.** 6. Mitt. **Die Oberflächenspannung von Lösungen des Bariums und Calciums in flüssigem Natrium.** C. C. Addison, J. M. Coldrey und W. D. Halstead. (J. chem. Soc. [London] **1962,** 3868—73; Nottingham, Univ.; engl.) — 5. vgl. C. **1963,** 5360. — Ba hat eine hohe Löslichkeit in fl. Na. Die Oberflächenspannung von Lsgg. mit bis zu 29 Atom-% (71 Gew.-%) wurde nach der l. c. beschriebenen Meth. bei Temp. von 100—400° gemessen. Ba-Zusätze zum fl. Na bewirken anfängliche Abnahme der Oberflächenspannung, die bei 4% Ba durch ein Minimum läuft, was in Beziehung zum Ba–Na-Zustandsdiagramm stehen kann. Bei höheren Konzz. nähern sich die Oberflächenspannungen dem arithmet. Mittelwert. Ca hat nur geringe Löslichkeit in fl. Na (6 Atom-% bei 700°), u. die Oberflächen-Eigg. der Ca-Lsgg. sind ungewöhnlich. Die Oberflächenspannungen von Lsgg. mit bis zu 1,45 Atom-% (2,5 Gew.-%) Ca wurden im Temp.-Bereich von 100—450° gemessen. Ca-Zusätze erhöhen die Oberflächenspannung von fl. Na, welche bei niedrigen Temp. am größten ist. R. Esenwein. 166◇

0429 **Elektrostatische Felder: Ihre Wirkung auf die Oberflächenspannung wässeriger Salzlösungen.** Ray M. Hurd, Gerhard M. Schmid und Earl S. Snavely jun. (Science [Washington] **135,** 791—92, 1962; Austin, Tex., Texas Res. Associates; engl.) — Mittels paralleler Plattenelektroden wurden elektrostat. Felder bis zu 7000 V/cm auf die Grenzschicht Luft/Lsg. wirken gelassen. Die auftretenden Änderungen der Oberflächenspannung wurden mit einer Oberflächenenergiewaage nach Allan u. Alexander gemessen. Bei dest. W. u. verd. Lsgg. von NaCl wurden Änderungen bis zu 0,5 dyn/cm (negativ) gemessen. K. Huste. 166◇

0430 **Die getrennte Bestimmung des Grenzflächenüberschusses an grenzflächenaktiven Ionen und Gegenionen an der Grenzfläche Luft–Lösung.** Kōzō Shinoda und Haruo Nakayama. (J. Colloid Sci. **18,** 705—12, 1963; Yokohama, Yokohama Nat. Univ., Fac. of Engng., Dep. of Chem.; engl.) — Die Oberflächen-Konzz. an der Grenzfläche Gas–Fl. von $C_7F_{15}\cdot COOH$ sowie des K- u. Ba-Salzes dieser Säure wurden aus den Oberflächenspannungs-Konz.-Kurven errechnet. Bei den Verss. wurde jeweils die Konz. der grenzflächenakt. Ionen bzw. der Gegenionen konst. gehalten. Alle Messungen erfolgten dicht unterhalb der CMC. Es werden folgende Oberflächen-Konzz. angegeben: $\Gamma_{C_7F_{15}COO^-} = 4{,}0$, $\Gamma_{H^+} = 1{,}8$; $\Gamma_{C_7F_{15}COO^-} = 3{,}9$, $\Gamma_{K^+} = 2{,}0$; $\Gamma_{C_7F_{15}COO^-} = 3{,}3-2{,}8$, $\Gamma_{Ba^{2+}} = 1{,}0-0{,}9$ (alle Werte in 10^{-10} Mol/cm²). Ohne Berücksichtigung der Konzz. der akt. Ionen bzw. der Gegenionen erhält man aus den Kurven nur die Oberflächen-Konz. der Summe beider Ionenarten (5,8; 5,9; 4,3—3,7). K. Strenge. 166◇

0431 **Anwendung einer Analogiemethode zur Lösung einiger Diffusionsaufgaben.** D. P. Timofejew. (Nachr. Akad. Wiss. UdSSR, Abt. chem. Wiss. **1959,** 1340—41; Akad. der Wiss. der UdSSR, Inst. für physikal. Chem.; russ.) — Es wird die Möglichkeit der Lösung der Diffusionsgleichung mit einem konzentrationsproportionalen Diffusions-Koeff. in Analogie zu der nicht auftretenden laminaren Strömung komprimierter Fll. (Gase) betrachtet. W. Pötsch. 171◇

0432 **Physikalische Eigenschaften flüssiger Ozon–Sauerstoff-Gemische: Dichte, Viscosität und Oberflächenspannung.** Charles K. Hersh, Abraham W. Berger und J. R. Callaway Brown. (Advances Chem. Ser. Nr. **21,** 22—27, 1959; Chicago, Ill., Illinois Inst. of Technol., Armour Res. Foundat.; engl.) — Zur Vol.-Messung von fl. O_3 bei niederen Temp. werden fl. O_3/O_2-Gemische dargestellt, in denen keine O_3-Zers. erfolgt. Die Technik zur Darst., Mischung, Anordnung u. Messung der physikal. Eigg. dieser Gemische bei — 183 bis — 195,5° werden beschrieben. Das spezif. Vol. ist in diesem Bereich additiv. Die Viscosität der Lsgg. bei — 183° ändert sich linear (logarithm. Maßstab) mit der Zus. von 0,189 cP für 100%ig. O_2 zu 1,57 cP für 100%ig. O_3. Bei — 195,5° beträgt die Viscosität für O_3 4,20 cP. Fl. Einphasengemische von O_3/O_2 sind Newtonsche Flüssigkeiten. Die Oberflächenspannung von fl. O_3 ist 43,8 u. 38,4 dyn/cm bei — 195,5° bzw. bei — 183°. Der Parachor von fl. O_3 beträgt 76,5. P. Golinske. 172◇

0433 **Die Viscosität von flüssigem Schwefel.** Tomoo Matsushima. (Sci. Rep. Res. Inst. Tôhoku Univ., Ser. A **11,** 474—81, 1959; Res. Inst. of Mineral Dressing and Metallurgy; engl.) — Der Verlauf der Viscosität in Abhängigkeit von der Temp. bei reinem Schwefel gehorcht bis zu 155° der Beziehung $\eta = B\cdot e^{A/T}$. Im log $\eta - 1/T$-Diagramm tritt bei ungefähr 155° ein Minimum auf; bei 159° steigt die Kurve steil an, wobei dieser Temp.-Bereich den krit. Punkt für die Bldg. des polymeren Schwefels darstellt. Der Zusatz von Se bewirkt keine merkliche Änderung gegenüber der Viscosität des reinen Schwefels, so daß es möglich ist, einen additiven Ansatz für die Viscosität anzunehmen. Lediglich der krit. Punkt befindet sich bei 156 u. 154°, entsprechend einem Se-Geh. von 0,5 u. 1%. Organ. Substanzen bedingen keine Änderung der Viscosität. Dagegen ruft der Zusatz von As eine Erhöhung der Viscosität mit steigender Temp. hervor. Das Minimum der Kurve verschiebt sich mit zunehmendem As-Geh. zu niederen Temperaturen. G. Herzog. 172◇

0434 **Ein graphisches Verfahren zur Bestimmung des Viscositätskoeffizienten nichtelastischer Flüssigkeiten.** 4. Mitt. Ali Abdel Korim Ibrahim. (Acta physica Acad. Sci. hung. **10,** 249—50, 1959; Alexandria, Egypt, Univ., Fac. of Sci., Phys. Dep.; engl.) — Für ein Syst., bei dem sich eine Schicht der viscosen Fl. zwischen der inneren Fläche eines Hohlzylinders u. der äußeren Fläche eines koaxial in diesem drehbaren, an einem Torsionsdraht aufgehängten Zylinders befindet, wird ein Ausdruck abgeleitet, der den Viscositäts-Koeff. aus der bei einer Torsion des Syst. auftretenden Winkel-Geschw. der Zylinder gegeneinander graph. abzuleiten gestattet. W. Betcke. 172◇

0435 **Bestimmung von Capillardrücken und Viscositäten mit Hilfe von Capillarrohren.** 2. Mitt. A. Pochan. (Mesures Contrôle ind. **26,** 777—87, 1961; franz.) — 1. vgl. Mesures Contrôle ind. **26,** [1961], 613; vgl. auch C. **1963,** 4620. — Übersicht über verschiedene Meth. zur Messung von Capillardrücken u. Viscositäten u. Beschreibung eines kombinierten Tensiometer-Viscosimeters. Herbert Müller. 172◇

0436 **Rheologie von körnigem Material.** 2. Mitt. **Eine Methode zur Bestimmung der Kohäsion zwischen Körnern.** M. M. Benarie. (Brit. J. appl. Physics **12,** 514—18, 1961; Ness-Ziona, Israel Inst. for Biol. Res.; engl.) — Die Kohäsion zwischen den Körnern von körnigem Material wurde mittels eines Couette-Viscosimeters an Sanden unterschiedlicher Korngröße in Luft u. im Vakuum, an mit einem Paraffinölfilm überzogenen Sand, wie auch an Caborund, untersucht. Man fand, daß sich die körnige Masse rheolog. wie ein plast. Stoff verhält mit dem Unterschied, daß die Grenze des plast. Fließens S_0 einer körnigen Masse eine Funktion des normalerweise auf die Fließebene wirkenden Druckes ist. In einem S_0,p-Diagramm läßt sich eine kohäsionslose Masse durch eine Gerade wiedergeben, die durch den Ursprung läuft u. deren Steigungsgrenzwert 0,193 beträgt, während eine körnige Masse, bei der Kohäsion vorliegt, eine niedrigere Steigung ergibt; die Abweichung vom Grenzwert bildet somit ein bequemes Maß für die Kohäsion. Klebrige, also gehemmt fließende Pulver, lassen sich im S_0,p-Diagramm durch Linien darstellen, die nicht gerade verlaufen müssen u. die S_0-Achse schneiden. E. Uhlein. 173◇

0437 **Abänderung der B.E.T.-Theorie und neue Anwendungsmöglichkeiten.** Roland Dellyes. (J. Chim. physique Physico-Chim. biol. **60,** 1008—16, 1963; Centre de Rech. de Ciments Lafarge; franz.) — Vf. entwickelt eine einfache Gleichung analog der B.E.T.-Gleichung. Aus der experimentell aufgenommenen Adsorptionskurve kann die äußere Oberfläche, wo die Zahl der Adsorptionsschichten endlich groß ist, gemessen werden. Die innere Oberfläche, wo die Zahl der Adsorptionsschichten beschränkt ist, kann genau bestimmt werden, wenn die Anzahl der Schichten in jedem Punkt konst. ist. Die Anwendung der Gleichung auf *Palygorskit* zeigt im ganzen Druckbereich Übereinstimmung mit den empir. Ergebnissen. Die Abweichung von der klass. B.E.T.-Gleichung kommt dadurch zustande, daß es unmöglich ist, eine reine äußere Oberfläche zu realisieren. A. Kumm. 176◇

0438 **Messung der thermischen Akkomodation von Gasen an erhitzten Festkörpern.** L. G. Carpenter, D. E. Humphries und W. N. Mair. (Nature [London] **199,** 164—65, 1963; Farnborough, Hants., Royal Aircraft Establ.; engl.) — Die Meth. beruht auf der Messung des mittleren Impulses der von dem heißen Festkörper zurückfliegenden Moll. mittels einer Drehwaage. Damit wird direkt die effektive Translations-Temp. der Moll. ermittelt. Die Meth. setzt voraus, daß der Impuls-Akkomodations-Koeff. zwischen 0 u. 1 liegt. Für einen W-Draht wurden bei 2800° K u. 10^{-8} Torr folgende α-Werte für diese beiden extremen Möglichkeiten ermittelt: *He* 0,07 u. 0,12, *Ar* 0,23 u. 0,50, *Stickstoff* 0,35 u. 0,72.
H. Liepack. 176◇

0439 **Wechselwirkung von Schwefelwasserstoff mit Nikkel-, Wolfram- und Silberschichten.** J. M. Saleh, C. Kemball und M. W. Roberts. (Trans. Faraday Soc. **57,** 1771—80, 1961; Belfast, Queen's Univ., Dep. of Chem.; engl.) — Zwischen —80 u. +100° tritt an Ni- u. W-Schichten eine rasche, dissoziierende Adsorption mit anschließender Desorption von H_2 ein: $H_2S \rightarrow H_nS + (2\text{-}n)/2\ H_2 \uparrow$. Mit zunehmender Oberflächenbedeckung u. Temp. wird n kleiner. An Ag-Schichten verursachte die Adsorption von H_2S bei —80° starke Sinterungseffekte; die Kr-Adsorption wurde um den Faktor 3 verringert. An Ag-Schichten ist die Dissoziation des H_2S sehr viel geringer als an Ni- u. W-Schichten. Der größte Teil der Adsorption an Ag-Schichten erfolgte reversibel. Erst bei vollständiger Bedeckung der Ni-Oberfläche setzte bei 0° die Bldg. von *NiS* ein. Die Aktivierungsenergie des Sulfideinbaues wurde im Bereich 0—90° bestimmt. An W-Schichten ließ sich unterhalb 100° ein Sulfideinbau nicht mit Sicherheit nachweisen. Geringer Sulfideinbau wurde an Ag-Schichten zwischen 150 u. 260° beobachtet. Zwei verschiedene Arten der H-Adsorption an teilweise H_nS-bedeckten Ni- u. W-Schichten konnten mit Hilfe von Austausch-Rkk. mit D_2 festgestellt werden.
K. Jaeger. 176◇

0440 **Adsorption und Zersetzung von Kohlenwasserstoffen an reinen Metallfilmen.** R. W. Roberts. (Brit. J. appl. Physics **14,** 485—87, 1963; Schenectady, N.Y., Gen. Electr. Res. Labor.; engl.) — Die Messungen wurden an Filmen von 100—500 Å Dicke nach einer Ultrahochvakuum- u. massenspektrometr. Meth. durchgeführt (vgl. Trans. Faraday Soc. **58,** [1962], 1159). Folgende Metalle adsorbierten C_2H_6, ergaben aber keine gasförmigen Zers.-Prodd.: bei 27 u. 100° *Ni, Pd, Pt, Ti* u. *Fe*, bei 27° *V*. Mit einigen Metallen wurden CH_4 u. Wasserstoff als Zers.-Prodd. beobachtet. Die Ordnung nach den Aktivitäten zur CH_4-Bldg. aus C_2H_6 ist bei 27° *Rh* > *Re* > *Ir* > *Mo* ~ *W* u. bei 100° Rh > Ir > Re > W. Die Ordnung zur Wasserstoff-Bldg. ist bei 27° Re > Mo ~ W ~ Ir u. bei 100° Re > W > V. Adsorption sowie Zerfall zu einfacheren KW-Stoffen von *Propan* u. *n-Butan* wurde an Rh beobachtet. *Äthylen* wurde an Ir sehr schnell adsorbiert. Es lagen Anzeichen sowohl für Selbsthydrierung als auch für Cracken vor.
H. Liepack. 176◇

0441 **Vergleichende Untersuchungen des Adsorptionsgleichgewichts von Flüssigkeitsgemischen an Feststoff–Flüssigkeits- beziehungsweise Flüssigkeits–Gas-Grenzflächen.** G. Schay, L. Gy. Nagy und T. Szekrényesy. (Periodica polytechn. [Budapest], chem. Ingenieurwes. **6,** 91 bis 111, 1962; Budapest, Polytechn. Univ., Dep. of Phys. Chem.; engl.) — Die Adsorptionsgleichgewichte mehrerer vollständig mischbarer bin. Fl.-Paare an freien Fl.-Oberflächen (A) sowie an Feststoff/Fl.-Grenzflächen (B) wurden experimentell untersucht. Die Best. der Adsorptionsdaten geschah im Fall A aus Messungen der Änderungen der Oberflächenspannung, im Fall B aus Messungen der Konz.-Änderungen in der fl. Phase. In beiden Fällen müssen für die Umkehrung des Adsorptionsvorzeichens zwei Bedingungen erfüllt sein: die Freien Oberflächenenergien der reinen Komponenten sollen nur um einen kleinen Betrag differieren u. das Gemisch muß vom idealen Verh. abweichen. Untersuchte Syst.: *Essigsäure* (**I**)–*Bzl.*, *A.–Bzl.*, *Bzl.–Cyclohexan* an *Ruß* (Carbon black), **I**–*Bzl.* an *Holzkohle* (**II**), *A.–Bzl.* an **II**.
J. Martins. 176◇

0442 **Zur Adsorption von Zinn an Eisen- und Kobaltteilchen in Quecksilber.** F. E. Luborsky. (J. appl. Physics **33,** 2385—90, 1962; Schenectady, N.Y., Gen. Electr. Res. Labor.; engl.) — Die Koerzitivkraft u. Remanenz kleiner (d < 500 Å) in Hg dispergierter Fe-Teilchen nahm auf Zusatz von Sn so lange zu, bis etwa eine einatomare Oberflächenbedeckung der Fe-Partikel erreicht war. Die auf Grund solcher Adsorptionsmessungen bestimmten Fe-Korngrößen stimmten mit den vor dem Vers. bestimmten Werten überein. Die Diffusion des Sn in die Fe-Partikel war bei Zimmer-Temp. unbedeutend. Gleiche Unterss. an in Hg dispergiertem Co zeigten schon bei Zimmer-Temp. ein rasches Eindiffundieren des Sn in Co.
K. Jaeger. 176◇

0443 **Ladungsdichten und Benetzungswärmen einiger Tonmineralien.** R. Greene-Kelly. (Clay Minerals Bull. **5,** Nr. 27, 1—8, 1962; Harpenden, Herts., Rothamsted Exper. Stat.; engl.) — Bestimmt wurden Austauschkapazität, Oberflächengröße u. Benetzungswärme von *Muskovit, Kaolinit Hydroglimmern, Halloysit* u. *Montmorillonit* verschiedener Herkunft (15 Proben). Oberflächenmessung durch B.E.T.-Meth. u. Äthylenglykolmethode. Benetzungswärmen mittels Thermistor gemessen (Empfindlichkeit 0,005 Joule).
W. Franke. 177◇

0444 **Der Einfluß des Einfrierens auf die Quellung von Tonmineralien.** K. Norrish und J. A. Rausell-Colom. (Clay Minerals Bull. **5,** 9—16, 1962; Adelaide, Australia, Div. of Soils, C.S.I.R.O.; engl.) — Einfl. der Gefriertrocknung auf die Schichtabstände von *Na-Montmorillonit, Na-Nontronit, Li-Vermiculit* u. *Butylammoniumvermiculit*. Röntgenograph. Nachw. des Abfalls der Basisinterferenzen von ca. 30 Å auf fast 0 beim Gefrieren.
W. Franke. 178◇

0445 **Die Natur einiger photochemischer Aerosolmodelle.** N. Endow, G. J. Doyle und J. L. Jones. (J. Air Pollut. Control Assoc. **13,** 141—47, 1963; South Pasadena, Calif., Stanford Res. Inst., Southern California Labor.; engl.) — Die IR-Spektren ausgefällter Modellaerosole, die durch Photooxydation von Gemischen niederer Olefine [Äthylen, Propylen, Isobutylen, 2-Methylbutylen-(2)] mit NO_2 u. SO_2 bei 50%ig. Feuchtigkeit erhalten wurden, weisen darauf hin, daß der Hauptbestandteil der Aerosole H_2SO_4 ist. Diese Feststellung wird durch die Ergebnisse der Mikroelementaranalyse, Tüpfel-Rkk. u. der Gaschromatographie sowie durch die Best. der Teilchenverteilung, durch die Gew.-Stabilität in verschiedenen Atmosphären u. den Säureäquivalenten bestätigt. Neben H_2SO_4 liegen in diesen Aerosolen noch Spuren von SO_2 u. sehr geringe Mengen (ppm) NO_2 u. Olefine vor. Die Mengen an Formaldehyd oder anderen C-haltigen Verbb. sind zu vernachlässigen.
I. Köditz. 180

A_6. Strukturforschung

0446 **Ausmessung von Atomabständen im Molekül.** H. A. Stahl. (Arch. techn. Messen ind. Messtechn. **1955,** Nr. 230, 59; New York, N.Y.; dt.) — Beschreibung der Methodik von Elektronenbeugungsmessungen an Gasen u. Dämpfen.
W. Betcke. 181◇

0447 **Intensitäten von BiOCl in der Elektronenbeugung.** Fuminori Fujimoto. (Z. Naturforsch. **18a,** 668—69, 1963; Hamburg, Univ., Inst. für angew. Phys.; engl.) — Der Schluß von Cowley u. Kuwabara (C. **1963,** 3125), daß die Zweiwellennäherung der dynam. Theorie für die Beschreibung der Elektronenbeugung an Kristallen versagt, die sowohl leichte als auch schwere Atome enthalten, wird auf Grund der vorliegenden Vers.-Ergebnisse nicht als gesichert angesehen. Es ist im Fall von BiOCl nämlich nicht zulässig, den 220-Reflex als Standard zu wählen, weil dieser als zweite Ordnung des 110-Reflexes zu stark von anderen Reflexen beeinflußt wird. Wählt man den 310-Reflex als Standard, so hat die Abhängigkeit der auf 310 bezogenen Intensität der Reflexe 200, 110 u. 220 von dem Prod. aus Wellenlänge u. Schichtdicke durchaus den von der Zweiwellennäherung vorhergesagten Gang.
F. Lenz. 181◇

0448 **Die Energieverteilung mittelschneller Elektronen beim Durchgang durch dünne Schichten.** G. Syrbe. (Mber. dtsch. Akad. Wiss. Berlin **2,** 277—79, 1960; Berlin, Dt. Akad. der Wiss., Forschungsgemeinsch., Physikal.-techn. Inst.; dt.) — Vf. berechnet die Durchlässigkeit von *Al*- u. Al_2O_3-Schichten für Elektronen in Abhängigkeit von der Primärenergie sowie die Energieverteilung von Al_2O_3-Schichten bei verschiedenen Primärenergien u. vergleicht sie mit gemessenen Werten von Lane u. Zaffarano (C. **1950/54,** 662 S) u. Young (C. **1958,** 7017).
D. Hoene. 181□

0449 **Bolzenkathode als Objekt im Elektronen-Emissionsmikroskop.** Enis B. Bas. (Z. angew. Math. Physik [Basel] **8,** 203—13, 1957; Zürich, ETH, Inst. für techn. Phys.; dt.) — Es wird die bekannte, vom Vf. als Elektronenquelle von

Elektronenkanonen entwickelte Bolzenkathode beschrieben u. zunächst ihre Eignung als Objekt im Elektronenemissionsmikroskop bzgl. ihrer mechan. u. therm. Stabilität sowie des von der Heizspirale verursachten magnet. Störfeldes untersucht. Ferner wird eine Meth. der Objektpräparation beschrieben: der Wolframbolzen wird zunächst präpariert, dann der zu untersuchende Stoff darauf aufgeschmolzen u. endlich die Emissionsfläche präpariert. Die Bolzenkathode ist demnach als Objekt im Elektronenemissionsmikroskop gut geeignet; diese Tatsache wird an Hand eines Elektronenbildes belegt. S. Krause. 181◇

0450 **Die Pulvermethode der Röntgenanalyse und ihre Anwendungen.** 1. Mitt. **Einführung.** Elizabeth A. O'Donnell und G. M. Lukaszewski. (Lab. Pract. **11,** 678 bis 682, 1962; London, Battersea Coll. of Technol.; engl.) — Eine allg. Erklärung der Röntgenstrahlen, ihre Eigg., weißes u. monochromat. Röntgenlicht, Absorption der Strahlen u. ihren Nachw., Beschreibung der Röntgenröhre. K. Roß. 181◇

0451 **Die Pulvermethode der Röntgenanalyse und ihre Anwendungen.** 2. Mitt. **Röntgenbeugung.** Elizabeth A. O'Donnell und G. M. Lukaszewski. (Lab. Pract. **11,** 752—58, 1962; engl.) — 1. vgl. vorst. Referat. — Eine ausführliche Beschreibung der Kristallgitter, der 7 Kristall-Syst., der 14 Bravais-Gitter u. der Punktgruppen. Bei der Behandlung der Symmetrieebenen werden die Bezeichnungen nach Schoenflies u. Herman-Mauguin gegenübergestellt. An einem zweidimensionalen Gitter wird der Zusammenhang zwischen den Millerschen Indices u. den Gitterebenen erläutert. Das Braggsche Gesetz wird abgeleitet. K. Roß. 181◇

0452 **Die Pulvermethode der Röntgenanalyse und ihre Anwendungen.** 3. Mitt. **Die Debye-Scherrer-Pulverkamera.** Elizabeth A. O'Donnell und G. M. Lukaszewski. (Lab. Pract. **11,** 835—39, 1962; engl.) — 2. vgl. vorst. Referat. — Nach einer allg. Beschreibung der Kamera wird die Probenzubereitung u. die verschiedenen Meth. für das Filmeinlegen nach Straumanis-Levins, Van Arkel, Bradley-Jay u. Bradley-Bragg behandelt. An Abb. wird die Wrkg. von unterschiedlicher Kristallitgröße u. Collimatordurchmesser demonstriert. Die möglichen Fehler durch Filmschrumpfung, schlechte Justierung usw. werden ausführlich behandelt. K. Roß. 181◇

0453 **Die Pulvermethode der Röntgenanalyse und ihre Anwendungen.** 4. Mitt. **Die Auswertung der Pulveraufnahmen.** Elizabeth A. O'Donnell und G. M. Lukaszewski. (Lab. Pract. **11,** 911—16, 1962; engl.) — 3. vgl. vorst. Referat. — Die verschiedenen Meth. u. Hilfsmittel für die Auswertung der Pulveraufnahmen werden beschrieben. Für die Identifizierung durch Vgl. wird auf die ASTM-Sammlung verwiesen. Als Hilfsmittel werden ein Lineal zur direkten Best. der Gitterabstände u. die Bunn-Karte für die Indizierung genannt. Die Formeln zur Best. des Kristall-Syst. sind angegeben. K. Roß. 181◇

0454 **Die Pulvermethode der Röntgenanalyse und ihre Anwendungen.** 5. Mitt. **Einige Erweiterungen der Methode.** Elizabeth A. O'Donnell und G. M. Lukaszewski. (Lab. Pract. **12,** 139—44, 1963; engl.) — 4. vgl. vorst. Referat. — Die Verw. von Monochromator, fokussierender Kamera, Diffraktometer, die Hoch- u. Tieftemp.-Verff., die Meth. für dünne Schichten u. das Rückstrahl-Verf. werden beschrieben. K. Roß. 181◇

0455 **Die Pulvermethode der Röntgenanalyse und ihre Anwendungen.** 6. Mitt. **Anwendungen des Verfahrens.** Elizabeth A. O'Donnell und G. M. Lukaszewski. (Lab. Pract. **12,** 360—64, 1963; engl.) — 5. vgl. vorst. Referat. — Behandelt wird die Identifizierung von chem. Verbb. u. Mischungen, die Best. von Phasendiagrammen, Phasenumwandlungen in festen Körpern, Wärmeausdehnungs-Koeff., Kristallstrukturen, mechan. Belastungen sowie die Unters. von Überstruktureffekten, Polymeren u. Fasern. K. Roß. 181◇

0456 **Vergleichende Untersuchung der apparativen Fehler bei drei Röntgendiffraktometer-Typen (Pulvermethode).** B. Simon und R. Kern. (Bull. Soc. franç. Minéralog. Cristallogr. **85,** 394—406, 1962; Nancy, Fac. de Sci., Labor. de Minér. et Cristallogr.; franz.) — Geometr. Fehler werden an zwei Durchstrahl- u. einem Rückstrahldiffraktometer bestimmt. Die Unterss. wurden auf die Faktoren Dicke der Probe (Absorption), Ebenheit der Probe (Horizontaldivergenz) u. Einfl. der Höhe des Einfallstrahls u. des Analysenspalts beschränkt. Für einige Bragg-Winkel wurde das Strahlenprofil berechnet u. mit den experimentellen Befunden verglichen. J. Heinze. 181◇

0457 **Monitoren in Röntgengoniometern.** K. S. Chandrasekaran. (J. sci. Instruments **38,** 414, 1961; Madurai, Madras Univ., Extension Centre; engl.) — Vf. vergleicht die Leistungsfähigkeit eines von Kiss u. Patha (vgl. C. **1963,** 419) beschriebenen Geräts mit dem des vom Vf. (vgl. C. **1962,** 14423) entwickelten Apparats. C. Gottfried. 181△

0458 **Die Röntgenreflexionseigenschaften von Germanium-Einkristallen.** Gösta Brogren und Eva Hörnström. (Ark. Fysik **23,** 81—86, 1963; Gothenburg, Chalmers Univ. of Technol., Inst. of Phys.; engl.) — An der (2 2 0)-Fläche von *Ge*-Einkristallen werden die Reflexions-Eigg. gegenüber Röntgenstrahlen im Wellenlängenbereich 500—3380 XE untersucht. Die außerordentlich hohe Reflexion zeigt, daß die Kristalle eine fast ideale u. perfekte Struktur haben. Der integrierte Reflexions-Koeff. ist höher als bei der (2 1 1)-Fläche von *Calcit.* Die theoret. vorausgesagte Diskontinuität aller Reflexions-Eigg. im Bereich der krit. K-Absorption konnte experimentell gefunden werden. Eine vorläufige Messung in (1 1 1) von Ge zeigt ein noch höheres Reflexionsvermögen dieser Fläche. W. Sobieski. 181◇

0459 **Die anomale Durchlässigkeit für Röntgenstrahlen von dicken Germaniumkristallen.** Gösta Brogren. (Ark. Fysik **23,** 87—95, 1963; engl.) — Vgl. vorst. Referat. — An ca. 0,3 mm dicken *Ge*-Einkristallen wird die anomale Durchlässigkeit von Röntgenstrahlen um u. oberhalb der Absorptionskante K im Wellenlängenbereich 500—1537 XE untersucht. Die verwendeten Kristalle haben eine perfekte Struktur u. einen Verunreinigungs-Geh. < 1 ppm. Die ermittelten Reflexions- u. Transmissionskurven bei verschiedenen Wellenlängen zeigen typ. anomale Transmissionsmaxima, die zwischen der K- u. L-Absorptionskante größer als angenommen sind. Die anomale Durchlässigkeit resultiert aus einer anomalen Zuordnung zum Atomstreufaktor u. dem bestimmenden Parameter des imaginären Teils, dessen Änderung so über einen großen Wellenlängenbereich verfolgt werden kann. W. Sobieski. 181◇

0460 **Zur Methodik der röntgenographischen Untersuchung der Kinetik des Wachstums der Rekristallisationszentren.** N. W. Dubowitzkaja, Je. E. Sassimtschuk, L. N. Larikow und Ju. N. Petrow. (Ukrain. physik J. **7,** 1134—36, 1962; Kiew, Inst. für Metallphys. der Akad. der Wiss. der UkrainSSR; ukrain.) — Vgl. C. **1960,** 3137; C. **1963,** 17226. — Bei der Röntgen-Unters. kann die Zeit der Bldg. der ersten Rekristallisationszentren (RZ) auf Grund der Zeit τ ermittelt werden, die sie bis zum Wachsen zur Größe L brauchen. Die Wachstums-Geschw. der RZ ist dann $G = L/2\,\tau$ cm·s^{-1}. Am zweckmäßigsten wird $L = 10^{-4}$ bis 10^{-3} cm gewählt. Aus Ni-Carbonyl von 99,99%ig. Reinheit werden nach Abscheidung des Ni u. durch Verformung Filme von 0,05 mm Stärke erhalten. An ihnen wird bei 320° u. $L = 2\cdot10^{-4}$ cm röntgenograph. $\tau = 15$ Min. gefunden. R. K. Müller. 181◇

0461 **Zur Theorie der Streuung von Röntgenstrahlen an Defekte enthaltenden Kristallen.** M. A. Kriwoglas. (Metallphysik u. Metallkunde [UdSSR] **12,** 465—75, 1961; Inst. für Metallphys. der Akad. der Wiss. der UkrainSSR; russ.) — Die Kristalldefekte werden unter dem Gesichtspunkt behandelt, daß sie eine Verbreiterung der Röntgenlinien verursachen können. Die theoret. Behandlung dieses Problems ergibt als Kriterium das Verschwinden der Verschiebungen in größeren Abständen vom Defekt. Auf Grund von Gleichungen kann die Verteilung der Intensität der gestreuten Strahlung bei geringen Defekt-Konzz. berechnet werden. Auch die durch Schwankungen der Zahl der Defekte in den Körnern bedingte Linienverbreiterung läßt sich theoret. berechnen. R. K. Müller. 181◇

0462 **Kleinwinkelstreuung von Röntgenstrahlen und Neutronen an deformierten Metallen.** H. H. Atkinson. (J. appl. Physics **30,** 637—45, 1959; Cambridge, Cavendish Labor., Cristallogr. Labor.; engl.) — Unterss. an polykristallinem Cu u. an einzelnen deformierten Al-Körnchen zeigten, daß fast die gesamte Kleinwinkelstreuung von Röntgenstrahlen u. therm. Neutronen keine „wahre" Kleinwinkel-, sondern eine Doppel-Bragg-Streuung ist. Es wurde

keine Oberflächenstreuung beobachtet. Die mit kalten Neutronen beobachtete „wahre" Kleinwinkelstreuung entspricht einer Streuung an Versetzungen. Es läßt sich daher also nicht durch Kleinwinkelstreuungs-Unterss. mit Röntgenstrahlen oder Neutronen die Existenz von Hohlräumen in kaltverformten oder ermüdeten Metallen nachweisen.
K. Jaeger. 181◇

0463 **Die Entschmierung von Röntgen-Kleinwinkel-Streukurven mit einer elektronischen Rechenanlage.** Siegfried Heine. (Acta physica austriaca **16,** 144—58, 1963; Graz, Univ., Inst. für physikal. Chem.; dt.) — Zu der C. **1963,** 20698 referierten Arbeit wird eine ausführliche Programmierung mitgeteilt. A. Blaschette. 181◇

0464 **Korrekturen der Sekundärextinktion für zylindrische Kristalle.** Walter C. Hamilton. (Acta crystallogr. [Copenhagen] **16,** 609—11, 1963; Upton, Long Island, N.Y., Brookhaven Nat. Labor., Chem. Dep.; engl.) — Vf. entwickelte nach einer früher mitgeteilten Meth. (C. **1958,** 13436) ein Programm für die IBM 704/7090, das die Berechnung von Absorptions- u. Sekundärextinktionskorrekturen für beliebige polyedr. Kristalle gestattet. Auf das Verf. wird kurz eingegangen. Die Extinktionskorrekturen für Äquatorreflexe zylindr. Kristalle werden in einer Tabelle angegeben.
R. Uttech. 181◇

0465 **Ein Magnetschreiber für die Synthese von Doppel-Fourier-Reihen mit Hilfe eindimensionaler Summierung.** R. Chidambaram. (J. sci. ind. Res. [New Delhi], Sect. B **18,** 388—89, 1959; Bangalore, Indian Inst. of Sci., Dep. of Phys.; engl.) W. Betcke. 181◇

0466 **Kristallographische Angaben für das tetragonale Kristallsystem.** R. E. Frounfelker und W. M. Hirthe. (Trans. metallurg. Soc. AIME **224,** 196—98, 1962; Milwaukee, Wis., Marquette Univ.; engl.) — Zusammenstellung der maschinell berechneten Winkel ϑ zwischen zwei Ebenen ($h_1\,k_1\,l_1$) u. ($h_2\,k_2\,l_2$) für alle möglichen ($h\,k\,l$)-Kombinationen; spezielle Angaben für *β-Sn*, SnO_2, Pb_3O_4 u. TeO_2.
H. Hochstein. 181◇

0467 **Parameter zur Berechnung heteroatomiger Systeme nach der LCAO-MO-Methode (Hückelsches Verfahren). 3. Mitt. Berücksichtigung der Elektronenwechselwirkung.** G. Rasch. (Z. Chem. **3,** 35—36, 1963; Jena, Friedrich-Schiller-Univ., Inst. für organ. Chem. u. Biochem.; dt.) — 2. vgl. C. **1963,** 18031. H. Jehne. 182◇

0468 **Die Koordination von sieben Elektronenpaaren.** Doyle Britton. (Canad. J. Chem. **41,** 1632—34, 1963; Minneapolis, Minn., Univ. of Minnesota, Dep. of Chem.; engl.) — Ergänzungen zu einer Arbeit von Gillespie (C. **1963,** 1186). A. Blaschette. 182◇

0469 **Bestimmung des Bindungswinkels am Schwefel in Alkylquecksilbersulfiden nach der Dipolmoment-Methode.** M. Kesler. (Croat. chem. Acta **34,** 123—26, 1962; Zagreb, Croatia, Jugoslavia, Univ. of Zagreb, Fac. of Sci., Labor. of Gen. and Inorg. Chem.; engl.) — Vf. bestimmte aus den DK u. Brechungsindices bei verschiedenen Konzz. (Tabelle) die Dipolmomente von $(CH_3Hg)_2S$, 1,78, $(C_2H_5Hg)_2S$, 2,78, $CH_3HgSHgC_2H_5$, 2,37 D u. berechnete daraus den Bindungswinkel Hg—S—Hg zu 105°. R. Uttech. 182◇

0470 **Die Struktur von Wasser bei Zimmertemperatur.** M. D. Danford und H. A. Levy. (J. Amer. chem. Soc. **84,** 3965—66, 1962; Oak Ridge, Tenn., Oak Ridge Nat. Labor., Chem. Div.; engl.) — Röntgenbeugungs-Unterss. wurden an H_2O über einen Bereich bis zu $\sin\Theta = 16$ (Θ = halber Streuwinkel) durchgeführt. Die radiale Verteilungskurve zeigte Maxima bei 1,10, 2,88 u. 4,90 Å sowie ein Minimum bei 3,4 Å. Aus den Daten wird ein Strukturmodell entwickelt, das auf der normalen Eisstruktur beruht u. gewisse Klathrat-Eigg. besitzt. G. M. Neumann. 186◇

0471 **Strukturanalyse einiger geschmolzener Stoffe durch Röntgenbeugung. 1. Mitt. $NaNO_3$, $NaNO_2$ und System PbO–B_2O_3.** Kazuo Furukawa. (Sci. Rep. Res. Inst. Tôhoku Univ., Ser. A **12,** 150—67, 1960; Res. Inst. for Iron, Steel and Other Metals; engl.) — Die beschriebene Meth. ist allg. auf geschmolzene, auch korrodierende Substanzen bis ins Hochtemp.-Gebiet anwendbar. Durch Fourier-Analyse der Röntgenbeugungsdaten wurden die radialen Verteilungskurven einiger geschmolzener Stoffe erhalten. Geschmolzenes $NaNO_3$ u. $NaNO_2$ enthalten Na^+ u. NO_3^- oder NO_2^-, die durch die spezif. Gestalt u. Ladungsverteilung in ihrer therm. Bewegung eingeschränkt sind. Die Struktur des geschmolzenen Syst. PbO–B_2O_3 ähnelt im Bereich $PbO/B_2O_3 = 4/1$ bis 1/3 beträchtlich dem des entsprechenden Glases. Der ion. Charakter der Pb—O-Bindung nimmt jedoch durch das Schmelzen oder den wachsenden B_2O_3-Geh. zu. Die anomale Glas-Bldg.-Grenze (94 Gew.-% an PbO) wird durch die tetragonale Kristallstruktur von PbO erklärt. R. Uttech. 186◇

0472 **Über die Natur der Verfestigung von Glas.** F. F. Witman, I. A. Bogusslawski und W. P. Puch. (Ber. Akad. Wiss. UdSSR **145,** 85—88, 1962; Physikal.-techn. Joffe-Inst. der Akad. der Wiss. der UdSSR; Glasforschungsbüro für Projekt. u. Konstrukt.; russ.) — Bei der Verfestigung von Glas durch Abschrecken im Luftstrom ist die Festigkeitszunahme geringer, als sie bei der Kühlung in siliciumorgan. Fll. (Typ Äthylpolysiloxan) erreicht werden kann (50 bis 60 kg/mm² gegenüber bis zu 126). Neben der mechan. Ausbildung von Abschreckspannungen scheint dabei weder die Hydrophobisierung noch das Zusammenfließen von Mikrorissen eine wesentliche Rolle zu spielen. Eine mögliche Ursache wäre die Entstehung neuer oder Entw. alter Oberflächendefekte (Netz von Rissen) infolge der raschen Wärmeabfuhr, also eine strukturphysikal. Veränderung der Oberflächenschicht. R. K. Müller. 186◇

0473 **Das Frequenzspektrum eines eindimensionalen Gitters.** K. G. Aggarwal. (Indian J. pure appl. Physics **1,** 49—50, 1963; Kanpur, Indian Inst. of Technol., Dep. of Phys.; engl.) — Nach der modifizierten Meth. von Peretti (Dissertation, Grenoble 1957) entwickelt Vf. einen geschlossenen Ausdruck für die Frequenzverteilungsfunktion eines linearen Gitters mit Fernwrkg.-Kräften zwischen den einzelnen Bausteinen. G. M. Neumann. 190◇

0474 **Zur Untersuchung des Energiespektrums der Elektronen in einem Kristall.** 1. Mitt. W. A. Tschaldyschew. (Hochschulnachr. [Tomsk], Physik **1961,** Nr. 6, 48—51; Tomsk, Kuibyschew-Univ., Sibir. physikal.-techn. Inst.; russ.) — Die Energie der Elektronen in einem Kristall wird als Funktion des Wellenvektors $\varkappa$ nach $H_k \cdot u = \varepsilon(\varkappa)$ u. ohne Anwendung der Störungstheorie berechnet.
R. K. Müller. 190◇

0475 **Über den Einfluß der Gitterschwingungen auf das Kristallwachstum. Die Entstehung von Polytypen.** H. Peibst. (Z. physik. Chem. [Leipzig] **223,** 193—99, 1963; Berlin, Humboldt-Univ., Inst. für Mineralog.; dt.) — Die Entstehung von Polytypen wird gegenwärtig entweder mit Hilfe des „Frankschen Spiralwachstumsmechanismus" oder mit der Vorstellung von Jagodzinski über den Beitrag der Gitterschwingungen zur Entropie erklärt. Beide Theorien sind unbefriedigend, da sie nur einen Teil der beobachteten Erscheinungen widerspruchsfrei deuten können. Es werden Überlegungen darüber angestellt, inwieweit sich die therm. Schwingungen eines geordneten Gitters auf die Kinetik des Kristallwachstums auswirken können u. welche Folgerungen daraus gezogen werden müssen. Es wird gezeigt, daß bei Berücksichtigung einer Wirksamkeit der elast. Wellen an der Wachstumsfront nicht nur das Wachstum von polytypen Kristallen, sondern auch das Entstehen der typ. Schraubenversetzungen verstanden werden kann. Die entwickelten Vorstellungen können auch auf andere Fragen des Kristallwachstums Anwendung finden. H. Jehne. 190◇

0476 **Test der Becker-Doering-Theorie der Keimbildungskinetik.** W. I. Higuchi und C. T. O'Konski. (J. Colloid Sci. **15,** 14—49, 1960; Berkeley, Calif., Univ. of California, Dep. of Chem.; engl.) — Unterss. zur Keim-Bldg. in der Gasphase wurden mit einer neuen Meth. durchgeführt, die bessere Ergebnisse liefert als die Nebelkammer-Meth.; es werden Gleichungen für die Keim-Bldg.-Geschw. unter stationären Vers.-Bedingungen entwickelt. Aus experimentellen Daten für *Dibutylphthalat* (I), *Triäthylenglykol* (II) u. *n-Octadecan* (III) wurden die präexponentiellen sowie die exponentiellen Faktoren der Becker-Doering-Gleichung ermittelt. Für **I, III** u. *Schwefel*-Dampf wurde eine heterogene Keim-Bldg. beobachtet, während bei **II** größere Abweichungen von der Theorie gefunden wurden. Die Becker-Doering-Theorie wird krit. diskutiert u. die Abweichungen als Folge der H-Bindung auf die Struktur der krit. Keime erörtert.
G. M. Neumann. 190◇

0477 **Eiskeimbildung durch Metaldehyd.** N. Fukuta. (Nature [London] **199,** 475—76, 1963; Sydney, C.S.I.R.O., Radiophys. Labor.; engl.) — Metaldehyd weist bemerkens-

werte Eigg. bei der Eiskeim-Bldg. auf. Unter geeigneten Bedingungen bewirkt er Eiskristall-Bldg. schon bei $-0{,}4^0$. Der tetragonale Metaldehyd (a = 10,40; c = 4,11 Å; Z = 2) weist eine prismat. Spaltbarkeit auf; es entstehen sehr häufig Flächen parallel zur c-Achse, auf die Eiskristalle epitakt. aufwachsen. Zum Beispiel werden von 1 g sublimiertem Metaldehyd bei $-0{,}4^0$ 10^4 Eiskeime gebildet.
Ernst Schulte. 190◇

0478 **Wachstumskinetik von Bariumsulfatsuspensionen.** A. G. Walton und T. Hlabse. (Analytica chim. Acta [Amsterdam] **29,** 249—53, 1963; Cleveland, Ohio, Case Inst. of Technol., Dep. of Chem.; engl.) — Vff. verfolgten die Fällung von $BaSO_4$ beim Zusammengeben von $BaCl_2$- u. Na_2SO_4-Lsgg. in Photometerküvetten durch Messung der scheinbaren Extinktion bei 546 nm. Die Fällungs-Geschw. ist von der Oberfläche des Nd. u. der Konz. der Reagentien, nicht jedoch von einem Überschuß an Ba^{2+}- oder SO_4^{2-} abhängig. P. Kurzmann. 190◇

0479 **Kristallwachstum und Grenzschicht.** Zoltán Gyulai. (Fizikai Szemle [Physikal. Rdsch.] **13,** 131—35, 1963; Budapest, TU, Lehrstuhl für exp. Phys.: ung.) — Vf. bespricht die Vorgänge bei der Bldg. von Kristallkeimen, die orientierte Anlagerung von Ionen bzw. Moll. an den Keim, die Energieverhältnisse bei der Anlagerung an Flächen, Kanten bzw. Ecken u. die Rolle der Grenzschicht bei der Bldg. von Keimen. J. Plank. 190△

0480 **Arteigene Adsorption und Kristallwachstum.** I. N. Stranski, H. Rau und W. Gans. (Naturwissenschaften **50,** 399—400, 1963; Berlin, Fritz-Haber-Inst. der Max-Planck-Ges.; TU, Max-Volmer-Inst.; dt.) — Die Unters. des Einfl., den fremde Adsorptionsfilme auf die Gleichgewichtsform u. die Wachstumsvorgänge von Einkristallen ausüben können, hat das Stadium einfacher Modellbetrachtungen nicht überschritten. Trotzdem führte sie zu präzisen Schlußfolgerungen. Allg. sind alle beim Wachstum auftretenden Flächenelemente als Gleichgewichtsformflächen zu behandeln, die über zweidimensionale Keime wachsen müssen. Diese Eig. kann infolge von Adsorptionsvorgängen sowohl verlorengehen als auch erst auftreten. Bei den bisherigen Berechnungen von Keim-Bldg.-Arbeiten wurde nicht berücksichtigt, daß die Werte der Freien Spezif. Oberflächenenergien u. bes. die der Freien Spezif. Randenergien infolge von arteigenen Adsorptionsvorgängen kleiner ausfallen müssen. Die Verkleinerung ist von der Übersättigung abhängig u. steigt empfindlich mit der Temp. an. Ernst Schulte. 190◇

0481 **Kristallwachstum nach dem Verneuil-Verfahren im Sonnenofen.** F. A. Halden und R. Sedlacek. (Rev. sci. Instruments **34,** 622—26, 1963; Menlo Park, Calif., Stanford Res. Inst., Ceramic Res. Sect.; engl.) — In einer modifizierten Verneuil-Anordnung werden Einkristalle von *Rutilen, Magnesium-* u. *Nickelferriten,* stabilisiertem *Zirkoniumdioxid, Erbium-* u. *Neodymoxid, Saphiren* u. *Rubinen* dargestellt; als Wärmequelle findet entgegen dem herkömmlichen Lichtbogen ein Sonnenofen Verwendung. Techn. Einzelheiten u. Grenzen des Verf. werden diskutiert. L. Mögele. 190◇

0482 **Flächenbildung an Germanium- und Siliciumkristallen beim Wachstum nach Czochralski.** D. A. Petrow, T. A. Russakow und Ss. K. Jatschewa. (Ber. Akad. Wiss. UdSSR **146,** 588—91, 1 Tafel, 1962; russ.) — Bei der Züchtung von Ge- u. Si-Kristallen aus der Schmelze wird der Mechanismus ihres Wachstums für den Fall untersucht, daß die Oktaederfläche die akt. Wachstumsfläche ist. Beim Kristallwachstum nach Czochralski können geeignete Bedingungen an der Grenzfläche vorliegen, um die Ebene {1 1 1} an der Spitze des Kristalls anzuregen. Wenn dies geschieht, wird die Schmelze in der dieser Ebene gegenüberliegenden Zone stärker unterkühlt als in benachbarten Zonen, weil die {1 1 1}-Ebenen in Kristallen mit Diamantstruktur die dichtest gepackten Ebenen sind u. demnach die geringste Oberflächenenergie aufweisen. R. K. Müller. 190◇

0483 **Die Kristallisation von „Allophan" unter hydrothermalen Bedingungen.** Mitsue Koizumi, Ryôiti Kiriyama und Wataru Murayama. (Mem. Inst. sci. ind. Res., Osaka Univ. **18,** 145, 1961; engl. — C. **1963,** 8046.)
C. Gottfried. 190△

0484 **Diffusion von Wassermolekülen im Natrolith.** Ss. P. Gabuda. (Ber. Akad. Wiss. UdSSR **146,** 840—43, 1962; Physikal. Inst. der Sibir. Abt. der Akad. der Wiss. der UdSSR; russ.) — Das bei der kernmagnet. Resonanz von Natrolith ($Na_2Al_2Si_3O_{10}\cdot 2\,H_2O$) bei 20° auftretende Dublett verschwindet bei allmählicher Erwärmung auf 180° zugunsten eines schmalen, nur einige Oe breiten Spektrums. Bei der Diffusion „rollt" das H_2O-Mol. unter Aufrechterhaltung der Na—O-Bindung von einem Na-Atom zum anderen. Die Potentialschwelle der Selbstdiffusion beträgt ca. 15 kcal/Mol. Dieser hohe Wert entspricht dem Umstand, daß der H_2O-Verlust erst bei ca. 350° eintritt. J. v. Schroeder. 190◇

0485 **Energieverlust von Elektronen beim Durchgang durch einen Graphiteinkristall bei verschiedenen Einfallwinkeln.** Hiroshi Watanabe. (J. physic. Soc. Japan **14,** 1453, 1959; Kokubunji, Tokyo, Japan, Hitachi Central Res. Labor.; engl.) — Eine dünne Graphiteinkristallfolie wurde unter 0 u. 45° zur c-Achse mit schnellen Elektronen durchstrahlt. Der Energieverlust der Elektronen ist unabhängig von dem Einstrahlwinkel. Die Resonanzenergie γ_0 zwischen nächsten Nachbarn in ein u. derselben Schichtebene wird zu 0,33 eV bestimmt, diejenige zwischen den nächsten Nachbarn in zwei aufeinanderfolgenden Schichtebenen zu 1,6 eV. K. Jaeger. 190◇

0486 **Wirkungen von Elektronenbeschuß auf die Bromide von Cadmium und Silber.** Sho Suzuki. (Nature [London] **183,** 1755—56, 20/6. 1959; Tokyo, Gov. Chem. Ind. Res. Inst.; engl.) — Beim Beschuß von AgBr tritt eine örtliche Red. zu metall. Ag ein, wobei das Ag eine Tendenz zu einzelnen Ansammlungen zeigt. Bei dem Beschuß von $CdBr_2$ tritt eine Red. zu Cd ein, wobei aber die ursprüngliche Struktur völlig erhalten bleibt. K. Huste. 190◇

0487 **Elektronenmikroskopische Untersuchung von Schäden durch Spaltbruchstücke in Molybdänitkristallen.** Kazuhiko Izui und F. Eiichi Fujita. (J. physic. Soc. Japan **18,** 467—76, 1963; Tokai-mura, Ibaragi, Japan, Japan Atomic Energ. Res. Inst.; engl.) — Dünne kristalline Molybdänitschichten auf Uranunterlage wurden mit therm. Neutronen aus einem Reaktor beschossen. Die Spuren der Spaltbruchstücke in den Kristallen erscheinen als zusammenhängende gerade Linien u. lineare Anordnungen von Flecken u. Ringen. Die Änderung des Bildkontrastes bei Kippen des Objekts u. die Störungen von Moiré-Mustern in der Umgebung der Spuren werden durch die Annahme gedeutet, daß die Spuren von engen zylindr. Bereichen von ungleichmäßiger Dicke gebildet werden, die in unregelmäßigen Abständen blasenartige Schwellungen zeigen. Diese blasenartigen Gebilde werden vielleicht durch ungleichmäßige Erstarrung des geschmolzenen Bereichs von ca. 50 Å ∅ um die Spur verursacht, noch wahrscheinlicher aber durch prim. Stöße mit einer Energieübertragung von mehr als 500 eV an Atomen, die nahe dem Ende ihrer Bahn Verschiebungsspikes erzeugen. Gebogene u. verzweigte Spuren infolge von Stößen mit hoher Energieübertragung werden ebenfalls beobachtet u. analysiert. Versetzungslinien erleiden in der Umgebung der Spuren starke Verbiegungen.
F. Lenz. 190◇

0488 **Über einen Mechanismus der Versetzungsbildung während der dendritischen Kristallisation.** J. Prohászka. (Acta metallurg. [New York] **11,** 125—28, 1963; Forsch.-Inst. für techn. Phys. der Ungar. Akad. der Wiss.; dt.) — Der Mechanismus der Entstehung von Versetzungen während der dendrit. Kristallisation wird beschrieben; er beruht auf der Erkenntnis, daß der wachsende Dendritenzweig stets eine niedrigere Temp. aufweist als der andere, bereits ausgebildete u. sich verdickende Dendritenzweig. Auf dieser Grundlage wird nachgewiesen, daß die so entstehenden Versetzungen eine Dichte von $10^6\,cm^{-2}$ haben u. daß diese proportional zum Quadrat des Temp.-Unterschiedes zwischen den Dendritenzweigen wächst. H. Hochstein. 190◇

0489 **Zur Keimbildung von Versetzungsschleifen an Gitterleerstellen.** K. A. Jackson. (Philos. Mag. [8] **7,** 1117—27, 1962; Cambridge, Mass., Harvard Univ., Pierce Hall; engl.) — Die Übersättigung an Gitterleerstellen bei der Kristallzüchtung aus der Schmelze reicht nicht aus zur Keim-Bldg. von Versetzungsschleifen, partiellen Versetzungsschleifen oder Leerstellenscheiben. Untersucht wird die Stabilität verschiedener Gitterleerstellenkonfigurationen an sich bewegenden Phasengrenzen. Es zeigte sich, daß die spontan auftretenden Konfigurationen bei normalen Wachstums-Geschw. instabil sind. Allein in Proben, die von Temp.

in der Nähe des F. abgeschreckt wurden, reicht die Übersättigung an Gitterleerstellen zur Bldg. von Versetzungsschleifen aus. K. Jaeger. 190◇

0490 **Verzerrung von Kristallen durch Fehlstellen.** P. A. Flinn und A. A. Maradudin. (Ann. Physics **18**, 81–109, 1962; Churchill Borough Pittsburgh, Pa., Westinghouse Res. Labor.; engl.) — Mitgeteilt wird eine Meth. auf der Grundlage der Green-Funktionen zur Berechnung der stat. Verzerrung u. der damit verbundenen Energieänderungen in einem Kristall durch Fehlstellen. Die Meth. berücksichtigt die gleichzeitige Relaxation der Lage aller Atome des Kristalls. Sie wird auf den Fall der Substitution eines Gitteratoms durch ein Fremdatom in einem kub.-flächenzentriertem Gitter angewendet. Bes. wird eine Meth. zur Berechnung der Green-Funktionen diskutiert. K. Jaeger. 190◇

0491 **Untersuchung von Prozessen an der Oberfläche von Einkristallen.** 4. Mitt. **Hochtemperaturprozesse an der Oberfläche willkürlicher Schnitte von Ionen-Einkristallen.** Ja. Je. Gegusin, W. W. Korjakina und L. Ss. Charitonowa. (Kristallographie [UdSSR] **7**, 903–09, 1 Tafel, 1962; Charkow, Univ. u. Allunions-Einkristall-Inst.; russ.) — 3. vgl. C. **1963**, 5369. — Beschrieben werden die Oberflächenstrukturen von (120), (130), (140), (150) u. (180) von *NaCl-*, *KCl-* u. *LiF*-Einkristallen. Die Formänderungen der Oberflächenreliefs werden von der Tendenz der Freien Oberflächenenergie bestimmt, Minimalwerte anzunehmen. K. Jaeger. 190◇

0492 **Über die Natur der Unebenheit von Polykristallen.** L. B. Erlich. (Nachr. Akad. Wiss. UdSSR, Abt. techn. Wiss., Metallurg. Brennstoffe **1959**, Nr. 3, 134–35; russ.) — Im Gegensatz zu Gegusin u. Mitarbeiter (C. **1956**, 11131) wird an Verss. an *Cu* gezeigt, daß die Unebenheit von dem Verlust der Beständigkeit der dünnen oberflächlichen Schicht als Folge des Einwirkens zusammendrückender Spannungen, die durch das ungleichmäßige Erwärmen entstehen, herrührt. A. Babczyński. 190□

0493 **Versetzungen in nichtmetallischen Schichtgittern.** J. R. Bristow und B. L. Rees. (Nature [London] **188**, 44, 1960; Cardiff, G.-B., Welsh Coll. of Adv. Technol., Dep. of Appl. Phys.; engl.) — Vgl. C. **1961**, 1121. — Vff. beobachteten elektronenmkr. in *Talk* u. *Glimmer* gitterartige Versetzungen. Die Versetzungen verschwanden beim Überhitzen. K. Jaeger. 190◇

0494 **Versetzungen in Natriumchlorid-Kristallen.** E. M. Nadgornyi und A. W. Stepanow. (Festkörperphysik [UdSSR] **5**, 998–1005, 1963; Leningrad, Akad. der Wiss. der UdSSR, Phys.-Techn. Joffe-Inst.; russ.) — Durch Ätz-Verss. wurde die Verteilung der Versetzungen in NaCl-Kristallen untersucht, die verschiedene Verunreinigungs-Konzz. enthielten u. verschiedenen Temperbedingungen unterworfen worden waren. „Untergrundmuster" wurden für Ca-haltige NaCl-Kristalle festgestellt. Diese Untergrundmuster bestehen aus Ansammlungen von punktförmigen Störstellen. Die mechan. Eigg. der NaCl-Kristalle wurden untersucht. Wechselbeziehungen zwischen den Ätzbildern u. den mechan. Eigg. wurden aufgefunden. K. Jaeger. 190◇

0495 **Künstliches Gleiten und Versetzungsstruktur in Natriumchlorid-Kristallen.** E. M. Nadgornyi und A. W. Stepanow. (Festkörperphysik [UdSSR] **5**, 1006–20, 1963; russ.) — Vgl. vorst. Referat. — Ätz-Verss. zur Beobachtung der Versetzungsstruktur in der Umgebung örtlicher Drücke auf NaCl-Kristalloberflächen wurden ausgeführt. Die Ergebnisse zeigten, daß Gleiten u. Quergleiten von der Art u. Konz. der Verunreinigungen im NaCl-Kristall abhängen. K. Jaeger. 190◇

0496 **Bewegung von Versetzungen in Natriumchlorid-Kristallen.** E. Ju. Gutmanass, E. M. Nadgornyi und A. W. Stepanow. (Festkörperphysik [UdSSR] **5**, 1021–26, 1963; russ.) — Vgl. vorst. Referate. — Mit Hilfe der Ätztechnik wurden die Wanderungs-Geschw. von Kanten- u. Schraubenversetzungen in NaCl-Kristallen verschiedener Verunreinigungs-Konzz. als Funktionen der angewandten Scherkräfte gemessen. Die Ergebnisse werden mit den theoret. u. experimentellen Ergebnissen verglichen, die für *LiF* vorlagen. K. Jaeger. 190◇

0497 **Einige Beobachtungen zur Zersetzung von NaCl–KCl-Mischkristallen mit Hilfe der Versetzungs-Ätzung.** M. Geudeke. (Proc., Kon. nederl. Akad. Wetensch., Ser. B **66**, 14–16, 2 Tafeln, 1963; Delft, Technol. Univ., Labor. for Phys. Chem. of Solid State; engl.) — Mit Hilfe einer Ätztechnik werden auf der (1 0 0)-Spaltebene von NaCl–KCl-Mischkristallen Spannungen sichtbar gemacht, die in den Mischkristallen infolge Zers.-Erscheinungen auftreten. G. M. Neumann. 190◇

0498 **Niederschlagsbildung aus festen Lösungen von $NaCl–CaCl_2$.** K. Toman. (Czechoslov. J. Physics **13**, 296 bis 301, 1963; Praha, Československ. akad. věd, Ustav fyziky pevných látek; engl.) — Die bei der Temperung (170°) abgeschreckter Kristalle fester Lsgg. von $NaCl–CaCl_2$ (0,7 Mol-% $CaCl_2$) in Form von 70 Å dicken Plättchen entstehende metastabile Modifikation von $CaCl_2$ wird beschrieben. Mit der Ausscheidung dieser Modifikation ist eine Änderung der prim. Extinktion der (2 0 0)-Reflexion der Matrix-Lsg. verbunden. G. M. Neumann. 190◇

0499 **Beitrag zur Untersuchung der Bildung und der Kinetik der festen Lösungen im System KCl–KBr, die durch Kompression der kristallinen Pulver bei normalen Temperaturen erzeugt werden.** A. Thrierr. (Bull. Soc. franç. Mineralog. Cristallogr. **85**, 375–93, 1962; Paris, Sorbonne, Labor. de Minér.-Cristallogr.; franz.) — Aus KCl u. KBr wurden unterschiedliche Mischungen hergestellt u. bei 17 t/cm² zu Tabletten verpreßt. Die Rkk. wurden diffraktometr. u. refraktometr. verfolgt. An Hand erhaltener Funktionen lassen sich drei aufeinanderfolgende Stadien unterscheiden. J. Heinze. 190◇

0500 **Dekorierte Versetzungen in Magnesiumoxid-Kristallen.** George R. Pulliam. (J. Amer. ceram. Soc. **46**, 202–06, 1963; Anaheim, Calif., Autonetics, Res. and Dev. Div., Materials Sci. Sect.; engl.) — Durch Diffusion von Fe-Ionen in Periklaseinkristallen bei 1350° in feuchter Atmosphäre wurde ein Magnesiowüstitgitter erzeugt. Bei diesen Temp. im Kristall gelöster Spinell scheidet sich auf Versetzungen aus, wenn langsam abgekühlt wird, u. kann elektronenmkr. beobachtet werden. Wiederaufheizung solcher Kristalle mit dekorierten Versetzungen in CO_2—H_2-Atmosphäre erzeugt dendrit. Lücken durch die Red. des Fe^{3+}. Chem. induzierte Fehlstellen führen zur Bldg. von schneckenförmigen u. prismat. Ringversetzungsanordnungen, die für Fehlstellen-Kondens. charakterist. sind. Die Größenordnungen der prismat. Ringversetzungsreihen stimmen mit den nach den Gleichungen von Bullough u. Newman vorausgesagten Werten überein, falls ein krit. Scherwert von $5 \cdot 10^{-6}\,\mu$ bei 1350° für Magnesiowüstit angenommen wird. J. Heinze. 190◇

0501 **Zur Theorie der Umwandlungen metastabiler Phasen.** L. Ss. Palatnik und W. Ss. Sorin. (J. physik. Chem. [UdSSR] **33**, 1859–65, 1959; Charkow, Polytechn. Lenin-Inst.; Gorki-Univ.; russ., Auszug: engl.) — Betrachtet werden die Stufenregel u. die Temp.Abhängigkeit der Geschw. der Bldg. von Kristallisationszentren. Für die Differenz der Freien Energie von zwei Phasen wird eine Näherungsgleichung in Form eines Taylorschen Polynoms 2. Art aufgestellt. Damit wird eine Beziehung zwischen den spezif. Wärmen, Oberflächenspannungen, Umwandlungswärmen u. Gleichgewichts-Temp. für Phasen, die die Stufenregel einhalten oder nicht einhalten, aufgestellt. Die Grenz-Temp. für die Gültigkeit der Stufenregel wird berechnet. Auf Grund neuerer Daten zur Gültigkeit der Stufenregel bei übersättigtem Wasserdampf, der unter 0° abgekühlt wurde, wird näherungsweise für die Oberflächenspannung von Eis der Wert $\alpha_{20} = (0{,}97 \pm 0{,}2)\alpha_{10}$ angegeben, wobei α_{10} die Oberflächenspannung von W. ist. Die Lage der maximalen Geschw. der Bldg. von Kristallisationszentren wird mit Hilfe eines Taylorschen Polynoms 1. Ordnung abgeleitet. H. Roschkowski. 190◇

0502 **Zur Möglichkeit der allmählichen Phasenumwandlung in Festkörpern.** J. W. Allen und D. M. Eagles. (Physica [Utrecht] **26**, 492–500, 1960; Baldock, Herts., England, Serv. Electronics Res. Labor.; engl.) — Vff. zeigen, daß es prinzipiell möglich ist, daß sich die Phasenumwandlung Tieftemp.-Modifikation → Hochtemp.-Modifikation auf Grund eines kontinuierlichen Mischungsbereiches beider Strukturen über einen größeren Temp.-Bereich erstreckt. Zwei einfache Modelle für solche allmählichen Phasenumwandlungen werden diskutiert. Abgeleitet werden die Bedingungen für das Auftreten von Umwandlungsbereichen. Die theoret. Ergebnisse werden an ZnS experimentell geprüft. K. Jaeger. 190◇

0503 **Röntgenographische Untersuchung der $\gamma \rightarrow \beta$-Umwandlung von MnO_2.** J. H. A. Laudy und P. M. De Wolff. (Appl. sci. Res. [The Hague], B 10, 157—68, 1963; Delft, Netherlands, TH, Labor. voor techn. Natuurk.; engl.) — Vff. untersuchten röntgenograph. die Umwandlung γ-MnO_2 $\rightarrow$ β-MnO_2 bis zu 490°. Für die Berechnungen wurden für die Übergangstypen ein verzerrtes Schichtmodell zugrunde gelegt, das aus variablen Einheiten der Pyrolusit- u. Ramsdellitstruktur aufgebaut ist. Unter der Annahme, daß der Pyrolusitanteil bei den einzelnen Temper-Prodd. (225, 320, 430 u. 490°) in weiten Bereichen schwanken wird, wird eine relativ gute Übereinstimmung zwischen beobachteten u. berechneten Röntgenintensitäten gefunden. G. Gattow. 190◇

0504 **Phasenübergang im System $Sr(NiW)_{0,5}O_3$–$Ba(NiW)_{0,5}O_3$.** Shoichiro Nomura und Tatsuyuki Kawakubo. (J. physic. Soc. Japan 17, 1771—76, 1962; Ookayama, Meguro-ku, Tokyo Inst. of Technol., Phys. Dep.; engl.) — Es werden die Kristallstrukturen, elektr. u. magnet. Eigg. des Syst. $Sr(NiW)_{0,5}O_3$ (I)–$Ba(NiW)_{0,5}O_3$ (II) im Bereich von Zimmer-Temp. bis ca. 400° untersucht. I hat eine dem Peroswkit-ähnliche tetragonale Struktur, die bei 260° einen Übergang zur kub. Form hat. Diese Anomalie bei der Übergangs-Temp. zeigt sich auch im elektr. u. magnet. Verh. der I-Proben, die bei Zimmer-Temp. eine niedrige DK (17) u. magnet. Susceptibilität von $\chi = 6{,}2 \cdot 10^{-6}$ emE haben. II ist im gesamten untersuchten Temp.-Bereich einheitlich kub. u. weist ähnliche Werte auf. Trotz der leichten Anomalie von I sind beide Substanzen paramagnetisch. Die Zahl effektiver Bohrscher Magnetonen für Ni^{2+} wird in tetragonalem I auf 2,92, kub. I auf 3,06 u. in II auf 3,02 geschätzt. — Die Gitterstörung in I wird an einem Modell mit leichter Veränderung der Elektronenkonfiguration der Übergangsmetallionen erklärt, die im Kristall von O-Oktaedern umgeben sind. W. Sobieski. 190◇

0505 **Mischkristallbildung von As_2O_3 und Sb_2O_3. 2. Mitt. Präparative Homogenfällung durch Komplex-Acidolyse.** E. Hayek, P. Inama und B. Schatz. (Mh. Chem. 94, 366—72, 1963; Innsbruck, Univ., Inst. für Anorgan. u. analyt. Chem.; dt.) — 1. vgl. C. 1958, 9985. — Durch Wegkochen von NH_3 aus ammoniakal. Tartrat-Lsgg. des As_2O_3 u. Sb_2O_3 wurden monokline Mischkristalle der Oxide mit Geh. an As zwischen 100 u. 70 (Mol-%), u. kub. Mischkristalle mit Sb-Geh. zwischen 30 u. 100 gewonnen. Die analyt. Ergebnisse wurden durch röntgenograph. u. IR-Unterss. bestätigt. Ernst Schulte. 190◇

0506 **Verbindungsbildung in binären Systemen aus Sulfiden.** O. K. Ssokolow. (Nachr. Akad. Wiss. UdSSR, Abt. techn. Wiss., Metallurgie Brennstoffe 1962, 54—55; Moskau; russ.) — Eine Voraussage über die Verb.-Bldg. in bin. Sulfid-Syst. durch Vgl. der Bindungslängen der kristallinen Sulfide wird gegeben. Nur wenn die Differenz der Entfernungen d_1, d_2 zwischen Kation u. Anion beider Sulfide $\geqq + 0{,}01$ Å ist, tritt im allg. Verb.-Bldg. auf, wie durch Vgl. mit Literaturwerten gezeigt wird. W.-D. Heußner. 190◇

0507 **Untersuchung von nichtstöchiometrischen Sulfiden. 1. Mitt. Titansulfide, TiS_2 und Ti_2S_3.** Jacques Benard und Yves Jeannin. (Advances Chem. Ser. Nr. 39, 191—203, 1963; Paris, École Nat. Sup. de Chim.; engl.) — In Sulfiden, die direkt bei 800 u. 1000° dargestellt wurden, werden die nichtstöchiometr. Phasen TiS_2 u. Ti_2S_3 eingehend untersucht. Die Gitter-Konst. u. Dichten wurden als Funktion der Zus. bestimmt. Merkmale der Umwandlung der TiS_2- in die Ti_2S_3-Struktur sind angegeben. Ernst Schulte. 190◇

0508 **Untersuchung von nichtstöchiometrischen Sulfiden. 2. Mitt. Das System In_2S_3–MgS.** Jacques Benard, Gérard Duchefdelaville und Michel Huber. (Advances Chem. Ser. Nr. 39, 204—09, 1963; engl.) — Vgl. vorst. Referat. — Die stöchiometr. Verb. *$MgIn_2S_4$* sowie Glieder der nichtstöchiometr. Phasen *$In_2S_3 \cdot xMgS$* haben Spinellstruktur. Die röntgenograph. Unters. dieser Serie u. Extrapolation auf $x = 0$ können das Problem der Leerstellenpositionen im Gitter eher lösen als die direkte Unters. von reinem *In_2S_3*, das eine Spinellüberstruktur besitzt. Sorgfältige Intensitätsmessungen von *$MgIn_2S_4$*, von verschiedenen Gliedern der *$In_2S_3 \cdot xMgS$*-Serie u. von *In_2S_3* zeigen tetraedr. Leerstellenanordnung für Glieder der Serie mit kleinem Mg-Geh. u. für *In_2S_3*. Für die geordneten u. fehlgeordneten Formen des In_2S_3 wird ein Umwandlungsmechanismus diskutiert. Ernst Schulte. 190◇

0509 **Röntgenographische Untersuchung der Flächenspaltbarkeit von ZnTe-Einkristallen.** Je. Cruceanu. (Rev. Physique [Bucarest] 6, 207—09, 1961; russ.) — Die Gleitebenen von ZnTe (12×8×7 mm große Einkristalle, hergestellt aus den reinen Komponenten in Quarzampullen) wurden röntgenograph. (Mo-Strahlung) bestimmt; die Gleitflächen entsprechen der (1 1 0)-Fläche. Daß es sich nicht um die (1 1 1)-Fläche handeln kann, beweist die Heteropolarität dieser Fläche, ähnlich wie bei ZnS. J. Tůmová. 190◇

0510 **Über die Kristallstruktur von Zinktellurid.** J. D. Tschistjakow und Je. Cruceanu. (Rev. Physique [Bucarest] 6, 211—17, 1 Tafel, 1961; russ.) — Vgl. vorst. Referat. — Die ZnTe-Einkristalle wurden röntgenograph. untersucht; die Kristalle besitzen die Form von hexagonalen Prismen, Oktaedern u. Tetraedern. Es überwiegt die kub. Syngonie mit $a = 6{,}089 \pm 0{,}002$ Å, während nur schwache Linien des hexagonalen Gitters mit $a = 4{,}27$, $c = 6{,}99$ Å, gefunden wurden. Beim Zerkleinern der Kristalle geht das hexagonale Gitter wie bei ZnS in das kub. über. J. Tůmová. 195◇

0511 **Röntgenuntersuchung von Quecksilberdiphenyl.** Blanka Ziółkowska. (Roczniki Chem. [Ann. Soc. chim. Polonorum] 36, 1341—47, 1962; Warszawa, Inst. of Technol., Dep. of Crystallogr. and Miner.; engl.) — Vf. fand für das monokline $Hg(C_6H_5)_2$ $a = 5{,}53 \pm 0{,}03$, $b = 8{,}19 \pm 0{,}06$, $c = 10{,}75 \pm 0{,}08$ Å, $\beta = 112°20' \pm 1°$, $Z = 2$, C_{2h}^5; Tabelle vorläufiger Atomkoordinaten aus einer Elektronendichteprojektion in yz-Ebene. R. Uttech. 195◇

0512 **Die Kristallstruktur eines basischen Aluminiumselenats.** Georg Johansson. (Ark. Kemi 20, 305—19, 1963; Pasadena, Calif., California Inst. of Technol., Gates and Crellin Labor. of Chem.; Stockholm, Sweden, Roy. Inst. of Technol., Dep. of Inorg. Chem.; engl.) — Die von Vf. u. Mitarbeitern (C. 1962, 6691) beschriebene Verb. *$Na_2O \cdot 13\,Al_2O_3 \cdot 8\,SeO_3 \cdot xH_2O$* ($x \approx 73$), krist. kub., $a = 18{,}01$ Å; T_d^2 — F $\bar{4}$ 3 m, $Z = 2$; Liste der Atomkoordinaten u. -abstände nach 3dimensionalen Patterson-, Fourier- u. Differenzsynthesen. Die Struktur entspricht $Na[Al_{13}O_4 \cdot (OH)_{24}(H_2O)_{12}](SeO_4)_4 \cdot xH_2O$. Das $[Al_{13}O_4(OH)_{24}(H_2O)_{12}]^{7+}$-Ion baut sich aus 12 über gemeinsame Kanten verknüpften AlO_6-Oktaedern auf, die sich um einen AlO_4-Tetraeder gruppieren u. dessen Ecken teilen. Diese großen Kationen sind über H-Brücken an die O der SeO_4^{2-} gebunden. Die Na ließen sich nicht lokalisieren. R. Uttech. 195◇

0513 **Über die Kristallstruktur des basischen Aluminiumsulfats $13\,Al_2O_3 \cdot 6\,SO_3 \cdot x\,H_2O$.** Georg Johansson. (Ark. Kemi 20, 321—42, 1963; engl.) — Vgl. vorst. Referat. — $13\,Al_2O_3 \cdot 6\,SO_3 \cdot xH_2O$ ($x \approx 79$), (zur Darst. vgl. Denk u. Mitarbeiter, Z. anorg. allg. Chem. 269, [1952], 244), krist. monoklin, $a = 14{,}18$, $b = 11{,}50$, $c = 17{,}73$ Å, $\beta = 102{,}3°$; P n, angenähert P 2/n; $Z = 1$, Liste der Atomparameter u. -abstände nach Patterson- u. Fourier-Synth., die nach der Meth. der kleinsten Quadrate verfeinert wurde. Die Struktur enthält Kationen, die denen im $Na[Al_{13}O_4 \cdot (OH)_{24}(H_2O)_{12}](SeO_4)_4 \cdot xH_2O$ (vgl. l. c.) entsprechen, jedoch ein H weniger enthalten u. direkt über H-Brücken miteinander verknüpft sind. R. Uttech. 195◇

0514 **Über die Kristallstruktur eines basischen Galliumsulfats, das dem Alunit verwandt ist.** Georg Johansson. (Ark. Kemi 20, 343—52, 1963; engl.) — Vgl. vorst. Referate. — *$3\,Ga_2O_3 \cdot 4\,SO_3 \cdot 9\,H_2O$* krist. hexagonal, $a = 7{,}18$, $c = 17{,}17$ Å; R $\bar{3}$ m; $Z = 1{,}5$, D. (röntgenograph.) 3,396, D. (experimentell) 3,37; Liste der nach der Meth. der kleinsten Quadrate verfeinerten Atomparameter u. -abstände aus Patterson- u. Fourier-Differenz-Synth. auf Grund von Weissenberg-Multifilmdaten. Die Struktur ist der des *Alunits*, $KAl_3 \cdot (OH)_6(SO_4)_2$ nahe verwandt u. baut sich aus GaO_6-Oktaedern auf, die über gemeinsame Ecken zu Schichten verknüpft sind. Die Stellung der Protonen entspricht wahrscheinlich $(H_3O^+)Ga_3(OH)_6(SO_4)_2$. R. Uttech. 195◇

0515 **Röntgenuntersuchung der Symmetrie der Elementarzellen der Seignetteelektrika $(K_{0,5}Bi_{0,5})TiO_3$ und $(Na_{0,5} \cdot Bi_{0,5})TiO_3$ und der Hochtemperatur-Phasenübergänge in $(K_{0,5}Bi_{0,5})TiO_3$.** W. W. Iwanowa, A. G. Kapyschew, Ju. N. Werewzew und G. Ss. Shdanow. (Nachr. Akad. Wiss. UdSSR, physik. Ser. 26, 354—56, 1962; Physikal.-chem. Karpow-Inst.; russ.) — Die Verbb. $(K_{0,5}Bi_{0,5})TiO_3$ [I; tetragonal verzerrt, $a = 3{,}913 \pm 0{,}003$ (Å); $c = 3{,}993 \pm 0{,}006$] u. $(Na_{0,5}Bi_{0,5})TiO_3$ [II; rhomb. verzerrt, $a = 3{,}891 \pm$

0,002 (Å); $\alpha = 89^0 36' \pm 3'$] besitzen Perowskit-Struktur u. krist. mit fast kub. Symmetrie. Nach Unterss. der Vff. ist die tetragonale oder rhomb. Gitterverzerrung ein charakterist. Merkmal der Seignetteelektrika; während für alle Antiseignetteelektrika eine monokline Verzerrung beobachtet wird. Die seignetteakt. Kationen sind hier K, Na u. Bi. Der Verzerrungsgrad im Gitter ist von der Zus. oder Temp. u. vom geometr. Gitterfaktor t abhängig. Für I u. II wurde t zu 0,98 u. 0,91 bestimmt. Durch Hochtemp.-Röntgen-Unterss. an I zwischen 100 u. 500° kann gezeigt werden, daß bis 270° eine tetragonale Gittersymmetrie existiert. Oberhalb 270° erfolgt Übergang in eine andere Modifikation mit dielektr. Eigg., deren diffuse Röntgenreflexe noch nicht identifiziert werden konnten. Bei 410° erfolgt spontane Verzerrung des Gitters mit gleichzeitigem Auftreten von seignetteelektr. Eigenschaften. Außerdem wächst oberhalb 410° die Zelle der paraelektr. Hochtemp.-Phase von I mit steigender Temp. nur bei fehlender Polarisation. Der Curie-Punkt für I liegt bei ca. 410°. W.-D. Heußner. 195◇

0516 **Eigenschaften von synthetischem triklinem $KFe \cdot Si_3O_8$, Eisenmikroklin, und einige Beobachtungen zur Eisenmikroklin-Eisensanidin-Umwandlung.** David R. Wones und Daniel E. Appleman. (J. Petrology **4**, Nr. 1, 131 bis 137, 1963; Washington, D.C., U. S. Geol. Surv.; engl.) — Trikliner Fe-Mikroklin wurde aus Oxidmischungen u. durch vollständige Umwandlung von Fe-Sanidin hergestellt. Fe-Mikroklin krist. triklin in $C\bar{1}$ mit a = 8,68, b = 13,10, c = 7,34 Å, $\alpha = 90^0 45'$, $\beta = 116^0 03'$, $\gamma = 86^0 14'$; opt. Daten (Na-Licht): $\alpha = 1{,}585$, $\beta = 1{,}596$, $\gamma = 1{,}605$, 2 V = 85°. Bei 704 ± 6° u. 2000 bar wurde eine reversible Phasenumwandlung zwischen triklinem u. monoklinem $KFeSi_3O_8$ festgestellt, wobei Fe-Mikroklin die Tieftemp.-Form ist. Sowohl bei hydrothermalen als auch trockentherm. Unterss. wurden keine intermediären Formen beobachtet. J. Heinze. 195◇

0517 **Über Komplexe des Nickels mit Thiosemicarbazid.** Mario Nardelli und Pierino Boldrini. (Gazz. chim. ital. **91**, 280—86, 1961; Parma, Univ., Ist. di Chim., Labor. di Strutt. Chim.; ital.) — *Bis-[thiosemicarbazidato]-nickel* (II), $Ni(CH_4N_3S)_2$, wird als graues Pulver (I) durch Zusammengeben einer wss. Lsg. von Thiosemicarbazid u. einer ammoniakal. Lsg. eines Ni-Salzes erhalten. Beim Behandeln einer wss. neutralen Lsg. beider Komponenten mit gasförmigem NH_3 fallen rotbraune Kristalle (II) gleicher Zus. an. II gehört zur Raumgruppe $C_{2h}^5 - P2_1/c$, die Konst. der Elementarzelle betragen nach der Weissenberg-Aufnahme a = 7,68 (Å), b = 4,32, c = 12,23, $\beta = 93{,}8^0$; Z = 2; D_{exp} 1,99; D_R 1,96 g·cm^{-3}. II ist planar u. besitzt trans-Konfiguration, der Ni–S-Abstand beträgt 2,15 Å. I ist dagegen triklin mit a = 6,07, b = 7,02, c = 9,91 Å, $\alpha = 88{,}5^0$, $\beta = 77{,}2^0$, $\gamma = 83{,}2^0$; Z = 2; D_R 1,94 g·cm^{-3}; ebenfalls planar. I u. II sind diamagnetisch. Das *Dihydrochlorid* $Ni(CH_5N_3S)_2Cl_2$ besitzt nach dem Röntgenbeugungsspektrum die gleiche Struktur wie $Pd(CH_5N_3S)_2Cl_2$. W. Holland. 195◇

0518 **Charakter der Gruppe SeCN als zweizähliger Ligand.** Edoardo Frasson, Aldo Turco und Carlo Panattoni. (Gazz. chim. ital. **91**, 750—53, 1961; Padova, Centro di Strutt. Chim. del CNR; Univ., Ist. di Chim. gen.; ital.) — *$HgCo(SCN)_4$* (I) u. *$HgCo(SeCN)_4$* (II) sind isomorph. Co u. Hg sind in II von Se u. N tetraedr. umgeben. Danach steht die Gruppe SeCN zwischen 2 Metallatomen. Die Röntgenbeugungswerte von I u. II sind angegeben; sie gehören zur Raumgruppe $I\bar{4} - S_4^2$ mit a = b = 11,16, c = 4,63 Å für II. W. Holland. 195◇

0519 **Beziehung von Verdampfungsgeschwindigkeit und -dauer zum Restgasdruck bei der Ablagerung dünner Schichten im Vakuum.** Helmut Schwarz. (J. appl. Physics **34**, 2053—56, 1963; East Hartford, Conn., United Aircraft Corp. Res. Labor.; engl.) — Es wird über Messungen des spezif. Widerstandes an auf Pyrexglas aufgedampften *Chrom*-Schichten von 50—10000 Å Dicke bei verschiedenen zeitlichen Dickenzunahmen u. Restgasdrücken berichtet. Der spezif. Widerstand wurde über dem Verhältnis der Anzahl der je Sek. auftreffenden Restgas-Moll. zu der Anzahl der je Sek. aufgedampften Atome aufgetragen. Die Meßpunkte streuten stark. Als jedoch der spezif. Widerstand über dem Prod. aus Restgasdruck u. Verdampfungsdauer aufgetragen wurde, ergab sich eine glatte Kurve, aus der empir. Beziehungen zwischen den auftretenden Größen aufgestellt wurden. S. Krause. 196◇

0520 **Ein neues einfaches Verfahren zur Herstellung von dünnen Metallfolien in Form von schmalen Bändern.** Sadrettin Tunakan. (Istanbul Univ. Fen Fak. Mecmuasi [Rev. Fac. Sci. Univ. Istanbul], Ser. C **22**, 54—58, 1957; Istanbul, Türkei, Univ., Inst. für allg. Phys.; dt., Auszug: türk.) — Mitgeteilt wird ein Verf. zur Herst. dünner ($\geqq 0{,}1\ \mu$, in Einzelfällen $\geqq 20\ m\mu$) Metallfolien (*Cu, Ag, Au, Al*). Die Metalle werden auf eine mit einer dünnen Schicht Formvar belegten Glasplatte im Vakuum aufgedampft u. dann in Chloroform abgelöst. Die Folien schwimmen glatt auf der Oberfläche des Lsgm. u. lassen sich im allg. knitterfrei abheben. K. Jaeger. 196◇

0521 **Aufdampfen von ferromagnetischen dünnen Filmen.** K. H. Behrndt. (J. Metals **14**, 208—13, 1962; Downey, North American Aviat., Inc.; engl.) — Die in der Verdampfungstechnik auftretenden Probleme zur Auftragung von ferromagnet. dünnen Filmen (Aufdampf-Verff. aus einer oder zwei Quellen, Regelung der Auftrags-Geschw., Einfl. der Parameter der Auftragung, wie Temp., Filmreinheit, Oxydation sowie Unterss. im bes. hohen Vakuum, wie magnet. Messungen in Abhängigkeit von der Filmdicke) werden erörtert. — 49 Literaturangaben. H. Hochstein. 196□

0522 **Verformung des Kristallgitters von Eisen durch eine bei hoher Temperatur gebildete Oxidschicht.** Jacques Maldy. (C. R. hebd. Séances Acad. Sci. **256**, 5562—65, 1963; C.N.R.S., Labor. de Vitry; franz.) — Unter der Einw. einer bei hoher Temp. (800—850°) gebildeten Oxidschicht werden die Laue-Diagramme eines Fe-Kristalls verändert, woraus auf eine Verformung der großen Fe-Kristalle geschlossen wird, wenn die Schichtdicke des Oxids zunimmt. Es wird der Einfl. der Reinheit u. Form der Körner der Probe auf diese Erscheinung nachgewiesen. H. Hochstein. 196◇

0523 **Keimbildung von Silber auf Natriumchlorid.** D. Walton, T. N. Rhodin und R. W. Rollins. (J. chem. Physics **38**, 2698—2704, 1963; Ithaca, N.Y., Cornell Univ., Dep. of Engng. Phys.; engl.) — In einer bei 300° ausgeheizten Vakuum-App. werden bei $1 \cdot 10^{-9}$ Torr auf im Vakuum erzeugte Spaltflächen von NaCl mit Aufdampf-Geschw. von $1 \cdot 10^{13}$—$6 \cdot 10^{13}$ cm^{-2} s^{-1} bei Substrat-Temp. zwischen 492 u. 552° K 300—2400 Sek. lang Ag-Schichten aufgedampft. Die Keim-Bldg.-Geschw. der Schichten werden elektronenmkr. ermittelt. Die Meßwerte bestätigen die von Walton (C. **1964**, 1-0435) abgeleiteten Beziehungen. Die Bindungsenergie eines Ag-Atoms an einem Na^+ der Spaltfläche beträgt ca. 0,4 eV. Die Aktivierungsenergie der Diffusion von Ag auf der (1 0 0)-Fläche ist < 0,2 eV. Bei kleinen Übersättigungen beträgt die Dissoziationsenergie einer krit. Keimgröße von 3 Ag-Atomen 2,1 eV. Herbert Müller. 196◇

0524 **Das Modell starrer Bänder.** S. Raimes. (J. Physique Radium **23**, 639—43, 1962; London, Imp. Coll., Dep. of Math.; engl.) — Der gegenwärtige Stand der Theorie des Modells starrer Elektronenbänder einer Leg. wird unter bes. Berücksichtigung der Arbeit von Cohen u. Heine dargestellt. Auch wird einem kürzlich erfolgten Vers., mehr quant. Informationen über die bei der Leg.-Bldg. erfolgende Deformation der Energieoberflächen zu erhalten, durch direkte Berechnung unter Verw. der Tight-Binding-Näherung mit einem Gitter quadrat. Potentialtöpfe kurz Rechnung getragen. D. Rogalla. 197◇

0525 **Die Elektronenstruktur von Fehlstellen in Metallen.** A. Seeger. (J. Physique Radium **23**, 616—26, 1962; Stuttgart, MPI für Metallforsch.; TH, Inst. für theoret. u. angew. Phys.; engl.) — Es werden Punktdefekte, bes. Leerstellen in einwertigen Metallen, vom Standpunkt der Elektronentheorie behandelt. Es werden zwei Meth. diskutiert: Das Modell freier oder quasi-freier Elektronen u. die Meth. der Green-Funktion unter Verw. von Wannier-Funktionen. Die Probleme des Anwendungsbereichs des Modells u. der Wahl des Störpotentials werden dargelegt. Für eine Reihe von Potentialen werden numer. Resultate für den elektr. Widerstand, für Bldg.- u. Bindungsenergien gegeben. D. Rogalla. 197◇

0526 **Struktur von Korngrenzen in reinen Metallen: Berechnung der Korngrenzenenergie.** C. Goux. (Acta metallurg. [New York] **11**, 111—23, 1963; Saint-Étienne, France, École Nat. Sup. des Mines; franz.) — In einem reinen Metall besteht das Gebiet zwischen zwei aneinandergrenzenden Kristallen (Korngrenze) aus einem Übergangsgitter. Die Korngrenzenstruktur kommt durch eine Verzerrung des Gitters der beiden Kristalle zustande. Bei dieser Verzerrung verschieben sich die Atome in der Weise, daß die Stetigkeit der Gitterebenen oder der dichtgepackten Geraden möglichst wiederhergestellt wird. Eine Berechnung der Korngrenzenenergie wird erörtert, die sich auf zahlreiche Arten von Korngrenzen anwenden läßt, bes. auf Neigungskorngrenzen mit kleinem oder großem Orientierungsunterschied sowie auf Drehungskorngrenzen. H. Hochstein. 197◇

0527 **Einige Bemerkungen über Korngrenzenwanderung.** G. F. Bolling. (Trans. metallurg. Soc. AIME **224,** 1075, 1962; Pittsburgh, Pa., Westinghouse Res. Labor.; engl.) — Erörterung der derzeitigen Anschauungen zur Korngrenzenwanderung in Metallen auf Grund von 6 Literaturangaben. H. Hochstein. 197◇

0528 **Bestimmung kleiner Diffusionskoeffizienten auf Grund der Absorption von α-Rückstoßstrahlung.** W. Biermann und D. Heitkamp. (Z. physik. Chem. [Frankfurt/M.] **37,** 137—49, 1963; Göttingen, Univ., Inst. für phys. Chem.; dt.) — Eine bes. gereinigte *Pb*-Probe wird an ihrer Oberfläche mit einer extrem dünnen Schicht aus radioakt. ^{212}Pb belegt. Aus der zeitlichen Abnahme der im elektr. Feld auf einer Cu-Platte gesammelten Anzahl von α-Rückstoßatomen ^{208}Tl (Folge-Prod. des ^{212}Pb) werden die Selbstdiffusions-Koeff. des Pb zwischen 20 u. 85° gemessen. Oberhalb 10^{-16} [$cm^2 s^{-1}$] sind die Werte hinreichend genau, während darunter die Reproduzierbarkeit stark abnimmt. Diese sehr empfindliche Meth. ist geeignet, den Einfl. energiereicher Strahlung auf die Diffusions-Geschw. in Metallen zu untersuchen. J. Simon. 197◇

0529 **Bestimmung der Oberflächendiffusion von Kaliumatomen aus der Bildungsgeschwindigkeit der Kristallkanten im übersättigten Dampf.** Kurt Neumann und Peter Hermann. (Z. physik. Chem. [Frankfurt/M.] [N.F.] **37,** 150—66, 1963; Gießen, Univ., Phys.-chem. Inst.; dt.) — Vff. beobachten am K-Kristall das Ausheilen einer vorher abgedampften Rhombendodekaederkante bei 15%ig. Übersättigung des K-Dampfes. Der Aufbau erfolgt unter diesen Bedingungen vorwiegend durch Oberflächendiffusion adsorbierter Atome. Mit einem Mikroskop wird die Aufbau-Geschw. der Kante beobachtet u. daraus die Diffusionsstromdichte berechnet. Die mathemat. Behandlung des Problems liefert die mittlere Verschiebung der adsorbierten Atome auf den (0 1 1)-Flächen bis zu ihrer Wiederverdampfung. J. Simon. 197◇

0530 **Verhalten von Einschlüssen im Beryllium unter Druck bei Raumtemperatur.** S. Koda und S. Morozumi. (J. nuclear Mater. [Amsterdam] **6,** 5—12, 1962; Sendai, Japan, Tohoku Univ., Res. Inst. for Iron, Steel and Other Metals; engl.) — Vff. untersuchten das Verh. von Einschlüssen in vakuumgeschmolzenen Be-Proben, die aus körnigem u. flockigem Metall unter Zusatz von Al, Si, BeO oder Luft hergestellt worden waren. Die Einschlüsse kamen als runde u. fadenförmige Al-, Si- u. Fe-reiche Phasen sowie als eckige Carbidphasen, Oxidanhäufung u. Nitridnadeln vor u. standen sämtlich in Wechselbeziehung mit Gleitzonen u. Zwillingsbildung. Folgende Phänomene wurden beobachtet: Kohärente Deformation der Al-reichen Phase; Absonderung der Einschlüsse von der Matrix; Spaltung der Einschlüsse; Bldg. von neuen Gleitungen u. Zwillingen an den Korngrenzen zwischen Einschlüssen u. Matrix; Übergänge der Risse von den Korngrenzen in die Matrix; Risse, die Einschlüsse mit Oxidanhäufungen berühren, werden vergrößert; Risse, die das Metall zum Bruch bringen, sind nicht notwendig von Einschlüssen bedingt. R. Uttech. 197◇

0531 **Die physikalischen und mechanischen Eigenschaften des Zinks als Ausgangspunkt für Folgerungen und Annahmen hinsichtlich der Bedeutung der Isotope für den Kristallaufbau.** Ovidiu Bolgiu. (Rev. roum. Métallurgie **7,** 217—35, 1962; dt.) — Aus Unterss. der Gitterparameter des Zn in Abhängigkeit von der Temp., der therm. Ausdehnung u. der Erwärmung des Zn (DTA) zieht Vf. folgende Schlüsse: Atome verschiedener Isotope eines Elementes nehmen auf Grund ihrer unterschiedlichen Schwingungsamplitude unterschiedliche scheinbare Voll. im Kristallgitter ein. Dadurch ergeben sich für verschiedene Isotope verschiedene Gitterparameter. Für Metalle mit hexagonal-dichtester Packung, die aus mehreren Isotopen bestehen, lassen sich zwei Gitteranordnungen herleiten. Die eine weist gegenüber den Gitterparametern des Isotops mit dem größten scheinbaren Atom-Vol. einen kleineren Parameter a, die andere einen kleineren Parameter c auf. Ein aus mehreren Isotopen bestehendes Metall bildet einen mehr oder weniger geordneten Mischkristall derselben, der beim Übergang in den fl. Zustand einen höheren Unordnungsgrad annimmt. Die Gitterdefekte werden teilweise durch Isotope hervorgerufen. Es ist zu erwarten, daß gewisse reine Isotope mechan. Eigg. aufweisen, die von denen der Isotopengemische gänzlich abweichen. D. Rogalla. 197◇

0532 **Hexagonale Netzwerke linearer Unvollkommenheiten in Cadmiumeinkristallen.** J. C. Crump III und J. W. Mitchell. (J. physic. Soc. Japan, Suppl. Nr. III, Proc. int. Conf. Crystal Lattice Defects, Kyoto **1962,** 68—72, 1963; Univ. of Virginia, Dep. of Phys.; engl.) — Die von Price (C. **1963,** 2751) beschriebenen, durch Elektronenbeschuß von Cd-Folien erhaltenen Versetzungsschleifen verschwinden nach Überschreiten einer krit. Größe, wobei nach kurzer Zeit an den gleichen Stellen hexagonal vernetzte, annähernd geradlinige Versetzungsanhäufungen auftreten. Die Richtungen der Versetzungslinien sind parallel [1 1 $\bar{0}$ 0] der Grundebenen. Bewegliche Flecke, die Anhäufungen von Zwischengitteratomen entsprechen, werden elektronenmikr. ebenfalls beobachtet. Sie scheinen in Wechselwrkg. mit den anfänglichen Versetzungsschleifen zu stehen. H. Roschkowski. 197◇

0533 **Das Auftreten von Versetzungen in aus der Schmelze gewachsenen Kristallen.** S. Howe und C. Elbaum. (Philos. Mag. [8] **6,** 1227—40, 1960; Providence, R.I., Brown Univ., Metals Res. Labor., Phys. Dep.; engl.) — Zu den Verss. wurden Einkristalle von 99,999%ig. u. zonengereinigtem *Al* nach der Meth. von Czochralski mit Ziehgeschw. von 0,4 bis 5 mm/min in He-Atmosphäre hergestellt. Die Achse des Impfkristalls war im allg. parallel zu einer ⟨1 1 0⟩-Richtung, was es ermöglichte, Röntgeninterferenzen von einer {2 0 0}-, einer {2 2 0}- u. zwei {1 1 1}-Ebenen zu erhalten. Die Kristalle wurden röntgenograph. mit Hilfe der von Lang entwickelten Meth. untersucht, mit der es möglich ist, die Versetzungsstruktur im Innern des Kristalls festzustellen. Es wurde gefunden, daß die Versetzungsdichte mit größer werdendem Durchmesser der Kristalle u. zunehmender Zug-Geschw. größer wird. Für genügend kleine Durchmesser ($<$ ca. 0,3 mm) war es möglich Kristalle zu erhalten, die vollkommen frei von nachweisbaren Versetzungen waren. Es wird darauf hingewiesen, daß dies der erste beobachtete Fall ist, daß aus der Schmelze erhaltene Metallkristalle frei von Versetzungen sind. Diese Beobachtungen lassen sich durch die Annahme erklären, daß die Mehrzhal der anfänglichen Versetzungen durch das Zusammenbrechen von Versetzungsscheiben erzeugt werden, die sich bilden, wenn in dem Kristall eine genügende Übersättigung von Leerstellen erreicht ist. Theoret. Berechnungen der Übersättigung von Leerstellen, die während des Kristallwachstums entstehen, ergaben, daß der Bereich der Durchmesser, unterhalb dessen die Leerstellenübersättigung zu klein ist, um eine Versetzung zu erzeugen, von derselben Größenordnung war wie die Durchmesser der Kristalle, bei denen Versetzungen nicht nachweisbar waren. C. Gottfried. 197△

0534 **Der Einfluß von Helium auf die Rekristallisation und die Korngrenzenbewegung in Aluminium.** C. E. Ells. (Acta metallurg. [New York] **11,** 87—96, 1963; Chalk River, Ontario, Atomic Energy of Canada Ltd.; engl.) — In kaltverformtem Al wird durch Bestrahlung mit α-Teilchen eine heliumhaltige Schicht erzeugt; ihr Einfl. auf die Rekristallisation u. das Kornwachstum wird ermittelt. Bei He-Konzz. von über 10^{-4} Atom-% wird die Rekristallisation in dieser Schicht bei der nachfolgenden Erwärmung stark behindert u. die Korngrenzenbewegung im rekrist. Al durch He-Blasen gehemmt. Konzz. unter 10^{-5} Atom-% He hatten auf beides nur einen geringen Einfluß. Eine Zugabe anderer Verunreinigungen verringerte den He-Einfl. auf die Rekristallisation. Die Behinderung der Rekristallisation kann nicht durch He-Blasen mit Radien über 10^{-5} cm erfolgen; sie muß daher durch einzelne He-Atome oder durch kleinere Anhäufungen von He-Atomen hervorgerufen werden. H. Hochstein. 197◇

0535 **Eine Methode zur Züchtung von Kupferbikristallen.** J. Intrater und E. S. Machlin. (Trans. metallurg. Soc.

AIME **215,** 471—72, 1959; Yonkers, N.Y., Mater. Res. Corp.; New York, N.Y., Columbia Univ.; engl.) — Beschreibung einer Graphit-App. zur Züchtung von Cu-Bikristallen mit mkr. gerade verlaufender Grenzlinie. H. Hochstein. 197 □

0536 **Versetzungsschleifen und Aushärtung in mit Neutronen bestrahltem Kupfer.** M. J. Makin, A. D. Whapham und F. J. Minter. (Philos. Mag. [8] **6,** 465—68, 1961; Harwell, A.E.R.E., Metallurg. Div.; engl.) — Vff. bestrahlten 0,001 in. dicke Folien von 99,998% ig. Cu bei ca. 27° in einem Reaktor mit schnellen Neutronen. Nach der Bestrahlung werden die Proben in einem Gemisch von H_3PO_4 u. W. elektrolyt. poliert u. elektronenmkr. untersucht. Trägt man für verschiedene Neutronendosen die Anzahl der gebildeten Versetzungsschleifen gegen ihre Durchmesser auf, dann zeigt sich, daß der mittlere Durchmesser der Schleifen während der Bestrahlung größer wird, woraus hervorgeht, daß einzelne Schleifen durch Aufnahme beweglicher Defekte wachsen. Da die Schleifen auch bei Temp. gebildet werden, bei denen Leerstellen unbeweglich sind, werden sie durch Zwischengitteratome gebildet. Die Rolle, die diese Zwischengitterstellenschleifen bei der Bestrahlungsaushärtung spielen, wurde durch Vgl. von Elektronenmikrographien mit den mechan. Eigg. während eines Anlassens bei 306° bestimmt. Die elektronenmkr. Beobachtungen von bestrahlten u. angelassenen Folien zeigten, daß die Dichte der Schleifen sehr schnell mit dem Anlassen abnimmt u. daß weiter eine sehr große Anzahl sehr kleiner Defekte (< 25 Å) sichtbar wird. Trägt man nach verschieden langem Anlassen die Quadratwurzel der Dichten der Schleifen u. der kleinen Defekte gegen die Streckgrenze graph. auf, dann besteht eine lineare Beziehung nur zwischen den kleinen Defekten u. der Streckgrenze; diese sind demnach zum großen Teil für die Aushärtung verantwortlich zu machen. C. Gottfried. 197

0537 **Einige Sauerstoff-Einflüsse auf Silber.** C. E. Price. (Acta metallurg. [New York] **11,** 160—61, 1963; Vancouver, Univ. of British Columbia, Metallurg. Dep.; engl.) — Durch Vgl.-Verss. wird festgestellt, daß bei Warmhärtemessungen ein O-freies Ag merklich weicher als Ag mit hohem O-Geh. ist. Die Korngröße von O-freiem Ag nimmt schnell mit der Zeit bei 550° u. unter Spannung bei 400° zu. Bei 800° rekristallisierten kaltverformte Proben von im Vakuum gegossenen Ag u. wuchsen innerhalb von 5 Min. auf über 1 mm ∅, während das an Luft vergossene Ag nach einer 2 std. Behandlung eine Korngröße von 5—8 mm hatte. H. Hochstein. 197◇

0538 **Erzeugung von Punktdefekten durch plastische Verformung von Gold.** J. Takamura, K. Furukawa, S. Miura und P. H. Shingu. (J. physic. Soc. Japan, Suppl. Nr. III, Proc. int. Conf. Crystal Lattice Defects, Kyoto **1962,** 7—16, 1963; Kyoto Univ., Dep. of Metal Sci. and Technol.; engl.) — Aus Spannungs- u. Unterss. des elektr. Widerstands an Au-Polykristallen bei tiefen Temp. folgt, daß Leerstellen die vorherrschenden, durch plast. Verformung erzeugten Punktdefekte bilden u. daß ihre Bldg. von der Verformungs-Temp. abhängt. Bei ca. 10—20% der Punktdefekte handelt es sich um Zwischengitteratome mit einer Wanderungsenergie von ca. 0,15 eV. Die Temp.-Abhängigkeit der Leerstellen-Bldg. wird durch einen therm. aktivierten Prozeß erklärt. Bei hohen Temp. ist die Bldg.-Geschw. von Leerstellen sehr hoch u. stark von der Temp. abhängig. H. Roschkowski. 197◇

0539 **Das Anlassen angehäufter Leerstellendefekte in abgeschrecktem und neutronenbestrahltem Gold.** R. M. J. Cotterill. (J. physic. Soc. Japan, Suppl. Nr. III, Proc. int. Conf. Crystal Lattice Defects, Kyoto **1962,** 48—50, 1963; Cambridge, Cavendish Labor.; engl.) — Das Anlaßverh. der früher von Vf. (C. **1963,** 17199) beschriebenen, durch Abschrecken von Au von Temp. < 800° u. Anlassen bei 100° erhaltenen Defekte u. der von Silcox beobachteten, durch Neutronenbeschuß entstandenen Versetzungsschleifen u. unaufgelösten Defekten wurde elektronenmkr. u. durch Messungen des elektr. Widerstands untersucht. Während des Anlassens bis zu 200° bilden sich aus den durch Abschrecken erzeugten Defekten tetraedr. Defekte. Im bestrahlten Au heilen sowohl Versetzungsschleifen als auch punktförmig erscheinende Defekte bei Anlaßtemp. von ca. 425° gleichzeitig aus. H. Roschkowski. 197◇

0540 **Ein polares Modell der Ordnung-Unordnung.** Ralph J. Harrison und Arthur Paskin. (J. Physique Radium **23,** 613—15, 1962; Watertown, Mass., U.S. Army Mat. Res. Agency, Mat. Res. Labor.; engl.) — Es wird dargelegt, daß die Einführung der neueren Anschauungen über die Abschirmung der Ladungen der Atomrümpfe durch die Elektronen für AB-Legg. zu einem polaren Modell führt, das dem Moltschen Modell ähnelt. Die A- u. B-Atome haben entgegengesetzte Ladungen, die hauptsächlich durch die Differenz ihrer Wertigkeiten bedingt sind. Die aus den theoret. Parametern der Abschirmung abgeschätzte Ordnungsenergie für *β-Messing* stimmt mit den experimentellen Werten befriedigend überein. Die grundlegenden Annahmen u. Konsequenzen des Modells in Hinsicht auf die Ordnungsenergie werden dargestellt; außerdem wird die Anwendung auf die Berechnung des Anteils der Elektronen am elast. Spektrum der Leg. beschrieben. D. Rogalla. 197◇

0541 **Die Löslichkeit von Lithium in Aluminium.** L. P. Costas und R. P. Marshall. (Trans. metallurg. Soc. AIME **224,** 970—74, 1962; Aiken, S.C., E. I. du Pont de Nemours & Co.; engl.) — Die Löslichkeit von Li im Al im festen Zustande wird durch Messung des elektr. Widerstandes sowie der Mikrohärte bestimmt. Die Ergebnisse beider Messungen stimmen gut überein. Die Löslichkeitsgrenzen bei 200, 300, 400, 500 u. 600° betragen 6,0, 7,1, 8,5, 10,8 bzw. 13,7 Atom-%. Röntgenbeugungs-Unterss. der intermetall. Verb. *LiAl* ergaben, daß ihre Zus. fast von der Temp. unabhängig war, wenn sie im Gleichgewicht mit der festen Grenz-Lsg. von Al war. H. Hochstein. 197◇

0542 **Mikrostruktur des Magnesium-Aluminium-Eutektikums.** A. S. Yue. (Trans. metallurg. Soc. AIME **224,** 1010—15, 1962; Midland, Mich., Dow Chem. Co.; engl.) — Die Morphologie des bei 32 Gew.-% auftretenden Mg-Al-Eutektikums wird in Abhängigkeit von der Erstarrungs-Geschw. u. vom Temp.-Gefälle untersucht. Bei langsamen Erstarrungs-Geschw. wurde ein lamellares Eutektikum gebildet, während bei größeren Geschw. ein stabähnliches Eutektikum erzeugt wurde. Die zwischenlamellaren Abstände nahmen mit abnehmender Erstarrungs-Geschw. in Übereinstimmung mit theoret. Voraussagen zu. Lamellare Verwerfungen, die morpholog. den Stufenversetzungsmodellen in den Kristallen ähnlich sind, wurden für die Subkornstrukturen im eutekt. Gemisch verantwortlich gemacht. Eine lineare Zunahme in der Verwerfungsdichte wurde mit zunehmender Erstarrungs-Geschw. beobachtet. Verwerfungs-Konzz. in der Größenordnung von 10^5 je cm^2 für Erstarrungs-Geschw. von $0{,}6—3{,}0 \cdot 10^{-3}$ cm/s wurden geschätzt. Die Umwandlung von der lamellaren zur stabähnlichen Morphologie war von der Erstarrungs-Geschw. abhängig u. unabhängig vom Temp.-Gradienten. Jedoch nahm die Anzahl der je Querschnittsflächeneinheit gebildeten Gefügestäbchen exponentiell mit zunehmender Erstarrungs-Geschw. zu. — 14 Literaturangaben. H. Hochstein. 197◇

0543 **Alterung von Aluminium-Magnesium- und Aluminium-Magnesium-Zink-Legierungen.** L. N. Rogelberg, M. W. Sacharow, G. M. Kusnetzow und E. N. Pigidina. (Nachr. Akad. Wiss. UdSSR, Abt. techn. Wiss., Metallurgie Brennstoffe **1962,** Nr. 1, 147—50; Moskau; russ.) — Der Zerfall übersätt. fester Lsgg. von gehärteten Mehrkomponenten-Legg. des Typs AMr7 (7,3 (%) Mg; 0,3 Mn; 0,0 bis 1,19 Zn; Rest Al) wird bei Anlaßtemp. von 70—280° durch Röntgenstrukturanalyse untersucht. Diese deformierten Al-Mg-Legg. zeichnen sich durch erhöhte mechan. Eigg. bei guter Korrosionsbeständigkeit aus. Bei Anlaßtemp. von 100 u 150° wird ein „zweiphasiger" Zerfall beobachtet, der bereits bei 200, 250 u. 280° über andere Zwischenstufen abläuft. In allen untersuchten Temp.-Bereichen beschleunigt ein wachsender Zn-Geh. zwar die Zerfalls-Geschw. der Legg.; ein Einfl. auf den Typ des Zerfallsprozesses konnte nicht beobachtet werden. Für Legg. mit einem Zn-Geh. von 0,0 (%) u. 0,94 wurde die Aktivierungsenergie des Zerfallsprozesses bei Temp. von 250—100° zu 21,0 (kcal/g·mol) u. 24,1 bestimmt. W.-D. Heußner. 197◇

0544 **Struktur der Indiumantimonid-Hochdruckphase.** P. L. Smith und J. E. Martin. (Nature [London] **196,** 762—63, 1962; Teddington, Nat. Phys. Labor.; engl.) — Das unter einem Druck von 22,5 kbar zu erhaltene InSbII wurde röntgenograph. (Einkristalle) untersucht; Raumgruppe $I\,4_1/a\,m\,d$; a = 5,92; c = 3,06 Å; Z = 4; $D_{\cdot 22,5\ \mathrm{kbar}}$ 7,09 ± 0,13 ($g \cdot cm^{-3}$), entspr. D. 5,70 bei Normalbedingungen. Die Entropieänderung beim Übergang InSb I–InSb II beträgt

0,0084 cal/g · Grad. Die latente Wärme bei 13° beträgt 2,4 cal/g. Die Ergebnisse werden mit denen für InSb I, α-Sn u. β-Sn verglichen u. diskutiert. Ernst Schulte. 197◇

0545 **Charakteristiken der {1 1 1}-Oberflächen intermetallischer III–V-Verbindungen.** Harry C. Gatos und Mary C. Lavine. (J. electrochem. Soc. **107**, 427–33, 1960; Lexington, Mass., MIT, Lincoln Labor.; engl.) – Untersucht wurden die Oberflächen-Eigg. von {1 1 1} intermetall. III–V-Verbb. mit ZnS-Struktur (*InSb, InAs, GaSb, GaAs, AlSb* u. *InP*) unter besonderer Berücksichtigung von InSb. Die von III-Atomen gebildeten {1 1 1}-Oberflächen unterscheiden sich physik.-chem. deutlich von den von V-Atomen gebildeten $\{\bar{1}\,\bar{1}\,\bar{1}\}$-Oberflächen. Mitgeteilt werden Unterschiede der Ätzgeschw., Versetzungsätzbilder u. des Elektrodenpotentials. Die Ergebnisse werden mit der unterschiedlichen Reaktivität der III- u. V-Atome sowie mit Bindungs-Eigg. u. der Polarität des ZnS-Gitters erklärt. K. Jaeger. 197◇

0546 **Ätzverhalten der (1 1 0)- und (1 0 0)-Oberflächen von InSb.** Harry C. Gatos und Mary C. Lavine. (J. electrochem. Soc. **107**, 433–36, 1960; engl.) – Vgl. vorst. Referat. – Untersucht wurden Ätzbilder der (1 1 0)- u. (1 0 0)-Oberflächen von InSb. Die Gestaltung dieser Ätzbilder zeigt deutlich die kristallograph. Polarität entlang [1 1 1] in InSb. Diskutiert wird der Einfl. der verschiedenen relativen Reaktivitäten der einzelnen kristallograph. Ebenen des InSb auf das Ätzverh. des gesamten InSb-Kristalles, ferner der Einfl. einer Kaltbearbeitung. K. Jaeger. 197◇

0547 **Zellenwachstum in Zinnlegierungen.** T. S. Plaskett und W. C. Winegard. (Canad. J. Physics **37**, 1555–57, 1959; Toronto, Ontario, Univ. of Toronto, Dep. of Metallurg. Engng.; engl.) – Vff. untersuchen die Leg.-Syst. *Sn–Pb* (I), *Sn–Bi* (II) u. *Sn–Sb* (III) auf ein Zellenwachstum (dessen Beginn durch Strukturänderung an der Grenzfläche Festkörper–Fl. erkannt werden kann) bei Pb-, Bi- bzw. Sb-Konzz. von 0,005–0,02 Atom-% u. G/R-Werten von 200–5000 Grad · s/cm², wobei R die Wachstums-Geschw. u. G der Temp.-Gradient der Fl. in der Grenzphase fest–fl. ist. Aus G/R = $-(mCo/D)\,[(1\text{-}k_0)/k_0]$ wurden die Diffusions-Koeff. von I–III zu $9 \cdot 10^{-5}$, $8 \cdot 10^{-5}$ u. $2 \cdot 10^{-5}$ cm²/s ermittelt u. durch die Vers.-Ergebnisse bestätigt gefunden, so daß diese Beziehung für ein Zellenwachstum auf alle Metall-Syst., unabhängig von der Kristallstruktur des Solventen, angewendet werden kann. W. Sobieski. 197◇

0548 **Vicinale Kristallisation binärer Legierungen des eutektischen Typs.** W. W. Nikonowa und G. M. Bartenew. (Nachr. Akad. Wiss. UdSSR, Abt. techn. Wiss., Metallurgie Brennstoffe **1962**, Nr. 1, 100–04, Jan./Febr.; Moskau, Polytechn. Lenin-Inst., Lehrst. für Festkörperphys. u. statist. Phys.; russ.) – Vff. untersuchen die Struktur vicinaler Kristallkolonien u. den Aufbau ihrer Schliffbilder von den bin. Syst. *Sn–Pb, Sn–Zn, Cd–Sn* u. *Cd–Pb* in Abhängigkeit von der Abkühlungs-Geschw. der Schmelze (0,2–80 Grad/min). Für die Unterss. des Bldg.-Prozesses eutekt. Kolonien wird die Meth. der stufenweisen Abkühlung verwendet, die Unters.-Substanz wird im Hochvakuum in Ampullen eingeschmolzen. Dabei kann die geänderte Abkühlungs-Geschw. den Kristallisationsprozeß u. damit den Charakter des Eutektikums beeinflussen, so daß auf einer Probe verschiedene Strukturen gleichzeitig ausgebildet werden können. Der beobachtete Zerfall von Pseudokristallen erfolgt durch Bldg. von Vicinaloiden an der Oberfläche des Kristalls, die Atomschichten blockieren u. so im Vgl. zu anderen Kristallflächen in günstiger Weise das Wachstum fördern. Eine langsame Abkühlung der Probe läßt die vicinalen Kristalle in Form von Sphärolithen entstehen. Bei rascher Abkühlung beginnt die Kristallisation an den Probenwänden u. führt zu Faserbüscheln, deren Wachstumsrichtung ins Probeninnere geht. W.-D. Heußner. 197◇

0549 **Phasengleichgewichte in uranreichen, binären Legierungen mit Molybdän und Zirkonium und der Einfluß ternärer Kohlenstoffzusätze.** R. L. Craik, D. Birch, C. Fizzotti und F. Saraceno. (J. nuclear Mater. [Amsterdam] **6**, 13–25, 1962; Newcastle-upon-Tyne, C. A. Parsons and Co. Ltd., Nucl. Res. Centre; Ispra C.S.N.; engl.) – Es werden die metallograph. Charakteristiken der Mikrostrukturen von uranreichen Legg. beschrieben. Die Legg. wurden langsam auf Raum-Temp. abgekühlt u. die Abkühlung dabei stufenweise durch Glühbehandlung bei u. unter 950° unterbrochen. Die Legg. enthielten bin. Zusätze von Mo (≦ 2 Gew.-%), Zr (≦ 8 Gew.-%) u. tern. Beifügungen von C (≦ 2 Gew.-%) u. wurden opt. bzw. elektronenmkr. untersucht. Dabei ermöglichte sich eine einwandfreie Unterscheidung zwischen den in den Legg. vorkommenden Phasen. Vff. diskutieren wegen möglicher Anwendung als Kernbrennstoff die Auswirkung einer Bestrahlung auf die Mikrostruktur der Legierungen. R. Uttech. 197◇

0550 **Untersuchung der Ordnung in der Legierung von W mit 44 Atom-% Mo mittels der Methode der diffusen Streuung von Röntgenstrahlen.** E. Ja. Olschanskaja, Ju. W. Nekrassow und Ja. Ss Umanski. (Nachr. Akad. Wiss. UdSSR, physik. Ser. **26**, 349–51, 1962; russ.) – Vff. bestimmen für eine bei 1700° in H_2-Atmosphäre während 20 Std. homogenisierte W–Mo-Leg. (raumzentriertes kub. Gitter, a = 3,150 kX) den Nahordnungs-Koeff. α_i für alle 4 Koordinationssphären u. die Gitterfehlstellen. Die Mischungsenergie beträgt für die bei 1700° gehärtete Leg. 0,079 eV. W.-D. Heußner. 197◇

0551 **Die Systeme Aluminium–Rhenium und Aluminium–Technetium: Die neuen Phasen $ReAl_6$ und $TcAl_6$.** L. M. d'Alte da Veiga. (Philos. Mag. [8] **7**, 1247–48, 1962; Cambridge, England, Cavendish Labor., Cristallographic Labor.; engl.) – Beschrieben werden die mit $MnAl_6$ (Raumgruppe C c m m) isotypen Phasen $ReAl_6$ u. $TcAl_6$, die in prismat. Nadeln der Kristallform {1 1 0} kristallisieren. Die Gitter-Konst. betragen: $ReAl_6$: a = 6,59; b = 7,61; c = 9,02 Å u. für $TcAl_6$: a = 6,58; b = 7,63 u. c = 9,00 Å. K. Jaeger. 197◇

0552 **Die Kristallstrukturen der Verbindungen im System Scandium–Rhenium.** P. I. Kripjakewitsch, Ju. B. Kusma und W. Ss. Protassow. (Nachr. Akad. Wiss. Ukrain-SSR **1963**, 492–95; Lwow, Univ.; ukrain., Auszug: engl.) – Durch Schmelzen von Sc der Reinheit 98,2% u. Re der Reinheit 99,8% im Lichtbogen in He-Atmosphäre bei 200 Torr werden die Verbb. $ScRe_2$ u. Sc_5Re_{24} erhalten, die dem $MgZn_2$- bzw. Ti_5Re_{24}-Typ entsprechen: a = 5,271 ± 0,002 Å; c = 8,592 ± 0,004 Å bzw. a = 9,65 Å. Bei langsamer Abkühlung der Schmelze enthält Sc_5Re_{24} eine Beimengung von Re. Damit ist erwiesen, daß das Syst. Sc–Re im Re-reichen Gebiet den Syst. Zr–Re u. Hf–Re ähnlich ist. O. Lebtag. 197△

0553 **Untersuchung der Strukturumwandlungen in Nikkel-Chrom-Niob-Legierungen.** B. G. Liwschitz und W. B. Osswenski. (Nachr. Akad. Wiss. UdSSR, Abt. techn. Wiss., Metallurgie Brennstoffe **1962**, Nr. 1, 139–46; Moskau; russ.) – In den untersuchten im Hochvakuum entgasten Legg.-Syst. Ni–10(%)Cr(4–12,5)Nb werden zwei voneinander unabhängige Umwandlungsprozesse beobachtet: die Bldg. des K-Zustandes bei Temp. von 400–800° u. der Zerfall fester Lsgg. unter Ausscheidung von Ni_3Nb bei 700–1000°. Der Temp.-Bereich für die Alterung der Legg. ändert sich dabei in Abhängigkeit vom Nb-Gehalt. Die Alterungs-Geschw. fester Lsgg. kann aus der Änderung des elektr. Widerstandes u. der Gitterparameter bestimmt werden. Metallograph. Unterss. beweisen einen Zerfall übersätt. fester Lsgg. nach zwei Wegen: in Schichten parallel zu (1 1 1) scheidet sich bei hohen Temp. (1000°) die stabile Modifikation des Ni_3Nb aus. Die Art der Orientierung dieser Schichten folgt dem kristallograph. Verhältnis, das der Abscheidung hexagonaler Phasen einer flächenzentrierten kub. Matrix entspricht, während bei niederen Temp. die metastabile Phase zuerst in feinstverteilter Form ausgeschieden wird, die bei langen Alterungszeiten in eine filmartige Ausscheidung übergeht. – 14 Literaturangaben. W.-D. Heußner. 197◇

0554 **Nickelreiche feste Lösungen in binären Legierungen mit Zinn, Germanium und Silicium.** W. Klement jun. (Canad. J. Physics **40**, 1397–1400, 1962; Pasadena, Calif., Inst. of Technol., W. M. Keck Labor. of Engng. Materials; engl.) – Vf. berichtet über die Darst. von einphasigen festen Ni–Sn-, Ni–Ge- u. Ni–Si-Legg. durch sehr schnelles Abkühlen der fl. Legg. mit Sn-Geh. ⩾ 12, Ge-Geh. von ca. 20 u. Si-Geh. ⩾ 15 Atom-%. Die Abschreckung geschah derart, daß die Legg. in Form kurzer Stäbe in mit Ar ausgespülten Al_2O_3-Röhrchen auf Temp. > 1500° erhitzt werden u. hierauf durch einen He-Strom auf polierte Cu-Streifen geschleudert werden, die sich auf der inneren Peripherie einer rotierenden Scheibe befanden. Auf diese Weise wurden viele Blättchen mit Abmessungen von 0,2–1,0 mm² u. Dicken von 10 μ

erhalten. Von diesen Legg. wurden die Gitterparameter bei 26 ± 3° gemessen. Die Parameter für die metastabilen Strukturen sowie für einige Legg. innerhalb des Gleichgewichts-Einphasengebietes zeigten lineare Veränderungen mit dem Geh. der gelösten Komponente (Steigerung der Geraden in 10^{-3} Å/Atom-%: + 8,5 für Sn; + $1,9_4$ für Ge; − $0,5_5$ für Si).
C. Gottfried. 197△

0555 **Kristallstruktur der ternären Verbindung $MgCu_{1,5}\cdot Ge_{0,5}$.** M. Ju. Tessljuk und Je. Je. Tscherkaschin. (Ber. Akad. Wiss. UkrainSSR **1961,** 1172–74; Lwow, Univ.; ukrain., Auszug: engl.) — Aus der Röntgenstruktur- u. Mikrostrukturanalyse des Syst. Mg–Cu–Ge geht hervor, daß die tern. Verb. $MgCu_{1,5}Ge_{0,5}$ (I) vom Typ $MgZn_2$ entsteht. I krist. in D^4_{6h} — P 6_3/m m c mit a = 5,043 ± 0,005; c = 8,008 ± 0,007 Å; Angabe der Atomparameter. O. Lebtag. 197△

0556 **Intermetallische Verbindungen zwischen den Lanthaniden und Kupfer mit $CeCu_2$- und AlB_2-Struktur.** A. R. Storm und K. E. Benson. (Acta crystallogr. [Copenhagen] **16,** 701–02, 1963; Murray Hill, N.J., Bell Telephone Labor., Inc.; engl.) — Nach Röntgenpulver-Unterss. krist. $LaCu_2$ hexagonal, a = 4,346, c = 3,807 Å, D^1_{6h} — P_6 m m m u. der Struktur des AlB_2, Angabe der Atomkoordinaten. Die nachst. Verbb. krist. orthorhomb., D^{28}_{2h} — I m m a mit der Struktur des $CeCu_2$ (vgl. Larson u. Mitarbeiter, Acta crystallogr. [Copenhagen] **14,** [1961], 73), die Zahlenwerte geben a, b, c (Å) u. die berechnete Dichte (g/cm³) an. YCu_2, 4,305; 6,800; 7,315; 6,70; $PrCu_2$, 4,400; 7,024; 7,435; 7,75; $NdCu_2$, 4,387; 7,059; 7,420; 7,92; $SmCu_2$ 4,360; 6,925; 7,375; 8,27; $EuCu_2$ 4,45; 7,25; 7,54; 7,62; $GdCu_2$, 4,320; 6,858; 7,330; 8,69; $TbCu_2$, 4,310; 6,825; 7,320; 8,83; $DyCu_2$ 4,300; 6,792; 7,300; 9,02; $HoCu_2$, 4,280; 6,759; 7,290; 9,20; $ErCu_2$, 4,275; 6,726; 7,265; 9,36; $TmCu_2$, 4,266, 6,697; 7,247; 9,51; $YbCu_2$, 4,28; 6,76; 7,40; 9,31; $LuCu_2$ 4,245; 6,627; 7,220; 9,88. Eine lineare Abnahme der Gitter-Konst. mit der Atomnummer wird durch die Lanthanidenkontraktion erklärt. Größere Werte beim $EuCu_2$ u. $YbCu_2$ werden durch 2wertiges Eu u. Yb gedeutet. R. Uttech. 197◇

0557 **Die Gitterabstände von festen Gleichgewichtslösungen des Silbers in Aluminium.** M. Simerská. (Czechoslov. J. Physics **12,** 54–59, 1962; Prague, Czechosl. Acad. of Sci., Inst. of Solid State Phys.; engl.) — Es wird die Abhängigkeit der Gitterabstände fester Al–Ag-Gleichgewichts-Lsgg. von der Temp. u. Zus. beschrieben. Der Verlauf der Gitterabstand/Zus.-Kurve unterscheidet sich beträchtlich von der für übersättigte feste Al–Ag-Lösungen. Die Differenz beider Kurven gegen die Elektronen-Konz. aufgetragen ähnelt einer entsprechenden Kurve des Syst. Al–Zn.
R. Uttech. 197◇

0558 **Die Ruthenium–Vanadin-Legierungen.** Ernst Raub und Walter Fritzsche. (Z. Metallkunde **54,** 21–23, 1963; Schwäbisch Gmünd, Forsch.-Inst. für Edelmetalle u. Metallchemie; dt.) — Das von Greenfield u. Beck (C. **1958,** 7985) beobachtete Auftreten von zwei intermediären Phasen, einer mit CsCl-Struktur u. einer mit schwach tetragonal verzerrtem CsCl-Gitter, im Syst. Ru–V wird bestätigt. Die Grenzen der Zustandsfelder der Grenzmischkristalle u. der intermediären Phasen werden durch röntgenograph. u. mkr. Unterss. bestimmt. H. Hochstein. 197◇

0559 **Phasendiagramm Titan–Iridium.** J. G. Croeni, C. E. Armantrout und H. Kato. (U. S. Dep. Interior, Bur. Mines, Rep. Invest. **1962,** Nr. 6079, 1–15; Albany, Ore., Bur. of Mines, Metallurg. Res. Center; engl.) — Das Syst. wurde im Bereich von 500–2400° mit Hilfe von therm. Analysen, F.-Best., Röntgenstrukturaufnahmen, Leitfähigkeitsmessungen u. dilatometr. Messungen untersucht. Es bilden sich 2 intermetall. Phasen, Ti_3Ir u. $TiIr_3$, u. eine feste Lsg. der Phasen bei 50% Ir; Eutektika bei 19 Atom-% Ir u. 1475° bzw. 60% Ir u. 2000°. Ti_3Ir zersetzt sich peritekt. bei 1520° u. $TiIr_3$ bei 2115°. Die feste Lsg. mit 50% Ir hat ihr Maximum bei 2140°. Unterhalb von 900° wirkt Ir als β-Stabilisator. Die eutektoide Umwandlung des β-Ti verläuft mit 10% Ir bei 500°.
H. G. Moslé. 197◇

0560 **Diffusion in Mehrstofflegierungen dicht unter dem Schmelzpunkt.** J. Kučera. (Czechoslov. J. Physics **12,** 862–64, 1962; Brno, Czechosl. Acad. of Sci., Labor. for the Study of Metals; engl.) — Vf. berichtet über Messungen des Diffusions-Koeff. von *Fe* in eine Mehrstoff-Leg. auf *Ni–Cr*-Basis mit Verw. von ^{55}Fe u. ^{59}Fe als Tracer u. der üblichen Technik der elektrolyt. Ablösung von Schichten. Der Logarithmus der spezif. Aktivität ist im Temp.-Bereich von 1050–1250° linear abhängig von x^2 (x = Diffusionstiefe). Diese lineare Beziehung wurde bei einer Diffusionsanlaß-Temp. von 1300°, die nahe dem F. liegt, nicht mehr erhalten. Die gleiche Kurve wurde erhalten bei dem graph. Auftragen des Logarithmus der spezif. Aktivität gegen x oder x^2 bei Messungen der Diffusion von *Cr* in ein vielkomponentiges Syst. auf *Ni–Cr–Fe*-Basis bei 1294°. Der Unterschied zwischen den erwarteten u. gemessenen Ergebnissen läßt sich dadurch erklären, daß der Mechanismus der Korngrenzendiffusion bei tiefen Temp. verschieden ist von dem bei einer Temp., bei der die Korngrenzen zu schmelzen beginnen.
C. Gottfried. 197△

0561 **Eine Diffraktometer-Untersuchung der Fernordnung in Ni_3Fe und ähnlichen Permalloys.** R. G. Treuting und B. W. Batterman. (J. appl. Physics **34,** 2005–06, 1963; Murray Hill, N.J., Bell Telephone Labor., Inc.; engl.) — Es wurde die Fernordnung in wärmebehandelten Peralloys etwa der Zusammensetzung Ni_3Fe mit Hilfe von Röntgenstrahlen durch Ausmessen des (1 0 0)-Überstruktur-Reflexes untersucht. Die Fernordnung ist nicht maßgebend für die magnet. Eigg. der Permallyos von üblicher Zusammensetzung. Aus der Breite des (1 0 0)-Reflexes wurde die Größe eines Antiphasenbezirks in Ni_3Fe zu 60 Å abgeschätzt.
S. Krause. 197◇

0562 **Einige die Ausscheidung in den Legierungen Fe–Ti, Fe–Ti–Si und Fe–Ti–Ni betreffende Ergebnisse.** Jean-Paul Hénon, Jack Manenc und Charles Crussard. (C. R. hebd. Séances Acad. Sci. **257,** 671–73, 1963; franz.) — Die röntgenograph. Unters. von Legg. auf Fe-Basis, die durch Ti ausgehärtet sind, zeigt, daß die Ggw. von Si oder Ni das Auftreten eines Vorausscheidungsstadiums begünstigt.
H. Hochstein. 197◇

0563 **Die Thermokinetik der Graphitbildung im Grauguß.** I. N. Bogatschew und G. W. Machanek. (Giesserei-Betr. [UdSSR] **1963,** Nr. 2, 18–20; russ.) — Im Grauguß werden vier Arten von eutekt. Graphit ausgeschieden, nämlich der grobe u. punktförmige Knötchengraphit sowie der lamellare u. punktförmige interdendrit. Graphit. Jeder Art dieser Graphitausbldg. entspricht auf dem thermokinet. Diagramm ein bestimmter Bereich der Temp. u. der Abkühlungs-Geschw., die von der chem. Zus. des Gußeisens u. von der Überhitzungs-Temp. abhängen. Als Grund einer beobachteten Erhöhung des eutekt. Bereichs wird das Freiwerden einer großen Kristallisationswärmemenge infolge einer Überschneidung der Bldg.-Bereiche der überschüssigen Phase u. des Eutektikums angenommen. Mit der Zunahme der Abkühlungs-Geschw. nimmt auch die Geschw. der Austenit-Bldg. wesentlich zu. H. Hochstein. 197◇

0564 **Röntgenbeugungsuntersuchungen an mehreren 52100-Stählen und an Werkzeugstählen.** V. Weiss. (Proc. Amer. Soc. Testing Mater. **59,** 655–56, 1959; Syracuse, N.Y., Univ., Dep. of Chem. and Metallurg. Engng.; engl.) — Feinbarbeitete Zugproben aus zwei Chargen von SAE 52100-Stählen u. 3 Werkzeugstähle werden einer Röntgenbeugungs-Unters. zwecks Best. von Restspannungen I. u. II. Art sowie zwecks Feststellung von Restaustenit u. Carbiden unterworfen. Hierbei zeigt sich, daß in den verschiedenen Stählen sowohl die Stärke der Restspannungen, die Härte als auch die Menge an Restaustenit u. Carbiden sehr unterschiedlich sind, wofür Mikrospannungen, Teilchengröße, plast. Verformung u. dgl. verantwortlich gemacht werden.
H. Hochstein. 197◇

0565 **Der Einfluß der Spinelloxide bei der Oxydation des Eisens und seiner Legierungen.** C. E. Birchenall. (Z. Elektrochem., Ber. Bunsenges. physik. Chem. **63,** 790–93, 1959; Princeton, N.J., Princeton Univ.; engl.) — Dem Fe zulegierte Elemente können die Oxydations-Geschw. herabsetzen, indem sie die Phasenbreite des Wüstits verringern oder bewirken, daß er in Ggw. der Leg. u. der Spinellphase instabil wird. Verringert das zulegierte Element die Fehlstellen-Konz. in der Spinellphase oder setzt es die Ionenbeweglichkeit herab, so kann zusätzlicher Korrosionsschutz erreicht werden. Werden die Kationenbeweglichkeiten sehr klein, so kann die Wachstums-Geschw. des Spinells durch die Anionenbeweglichkeit bestimmt werden. Eine Arbeitshypothese für die Unters. der Diffusion in Spinellen wird angegeben.
Ernst Schulte. 197◇

0566 **Nachweis des α–γ-Phasenübergangs von Eisen durch differentielle thermische Leitfähigkeitsanalyse.** Walter F. Claussen. (Rev. sci. Instruments **31,** 878–81, 1960; Schenectady, N.Y., Gen. Electr. Res. Labor.; engl.) — Es wird eine Meth. zur Auffindung von Phasenübergängen durch Anwendung der differentiellen therm. Leitfähigkeitsanalyse (DTCA) eingehend beschrieben u. auf den Übergang von α-Fe in γ-Fe bei verschiedenen Drücken bis zu 100000 atm angewandt. Die Übergangs-Temp. fällt kontinuierlich mit ansteigendem Druck bis auf 605° bei 100000 atm.
Ernst Schulte. 197◇

0567 **Wiederverfestigungsphasen im System Aluminium–Kupfer–Lithium.** S. A. Swiderskaja und N. I. Turkina. (Nachr. Akad. Wiss. UdSSR, Abt. techn. Wiss., Metallurgie Brennstoffe **1962,** Nr. 1, 151–55; Moskau; russ.) — An einer Reihe von durch hohe Festigkeits-Eigg. ausgezeichneten bin. u. tern. metall. Verbb. der Zus. *AlLi*, Al_2Cu, Al_2CuMg, $Al_{7,5}Cu_4Li$, Al_2CuLi, Al_6CuLi_3 sowie an Legg. der Zus. 94 (%) Al–4 Cu–2 Li u. 92 Al–6 Cu–2 Li bestimmen Vff. Mikrohärte u. Wiederverfestigungsanteil in Abhängigkeit von der Temp. der Wärmebehandlung zwischen 20 u. 520°. Die gefundenen Werte sind tabelliert. W.-D. Heußner. 200◇

0568 **Verunreinigungseinwirkungen bei der durch Dehnung bewirkten Hohlstellenbildung.** L. A. Girifalco und B. E. P. Beeston. (Acta metallurg. [New York] **11,** 161–63, 1963; Philadelphia, Pa., Univ. of Pennsylvania, School of Metallurg. Engng.; engl.) — Aus Verss. wird gefolgert, daß Hohlstellen auch in Abwesenheit von O_2 wenigstens in *Au* entstehen u. zunehmen können. O_2 scheint jedoch die Hohlstellen-Keim-Bldg. zu erhöhen, da die Anzahl der Hohlstellen kleiner u. ihr Durchmesser in Au größer als in *Ag* ist.
H. Hochstein. 200◇

0569 **Kleinwinkelstreuung von Röntgenstrahlen an Kupfer und Aluminium unter cyclischer Druckbeanspruchung.** J. C. Grosskreutz und F. R. Rollins. (J. appl. Physics **30,** 668–74, 1959; Kansas City, Mo., Midwest Res. Inst.; engl.) — Die durch cycl. Druckbeanspruchung herbeigeführte Ermüdung von Cu- u. Al-Proben wird röntgenograph. verfolgt. Mit zunehmender Ermüdung nimmt die Intensität der Kleinwinkelstreuung zu. Die beobachtete Kleinwinkelstreuung ist im wesentlichen eine Doppel-Bragg-Streuung. Unterkorngrenzen spielen bei der Ermüdung von Cu u. Al offensichtlich eine Rolle, jedoch konnte ihre tatsächliche Bedeutung noch nicht geklärt werden. Die Kleinwinkelstreuung ließ sich durch Tempern der Proben nicht beseitigen, was das Ausbleiben einer Rekristallisation (bei cycl. Drücken von ca. $^1/_4$ der Streckgrenze) anzeigt. Eine Bldg. von Hohlräumen konnte in den ermüdeten Proben nicht nachgewiesen werden.
K. Jaeger. 200◇

0570 **Korngrößeneffekte auf die Verformung von Tantal bei tiefen Temperaturen.** R. C. Koo. (J. less-common Metals [Amsterdam] **4,** 138–44, 1962; Bloomfield, N.J., Westinghouse Electr. Corp., Lamp Div., Res. Dep.; engl.) — An hochreinen Ta-Stäben mit verschiedenen Korngrößen, die durch Pulvermetallurgie u. verschiedene Anlaß-Temp. erhalten worden waren, untersuchte Vf. die Abhängigkeit der Streckgrenze von der Korngröße durch Zug-Verss. bei 298, 203 u. 77° K bei einer konst. Verformungsgeschw. von $5\cdot10^{-4}\cdot(s^{-1})$. Zunächst wurde eine starke Abhängigkeit der mechan. Zwillings-Bldg. von der Korngröße festgestellt. Starke Zwillings-Bldg. wurde nur in Proben gefunden, deren Korngröße $>$ als ca. 0,2 cm bei 77° K ist. Die Zwillings-Bldg. war unabhängig von der Verformungsgeschwindigkeit. Zwillinge bildeten sich in jeder grobkörnigen Probe bei 77° K, auch bei einer Verformungs-Geschw. von $5\cdot10^{-4}\cdot s^{-1}$, jedoch nicht in feinkörnigen Proben, selbst nicht bei einer 1000fach höheren Zugverformungs-Geschw. oder durch einen Schlag mit einem schweren Hammer. In grobkörnigen Proben konnte die Zwillings-Bldg. durch Sauerstoffzusatz unterdrückt werden. Mögliche Erklärungen für die beobachtete Abhängigkeit der Zwillings-Bldg. von der Korngröße werden besprochen. Die beobachtete hohe Duktilität des Ta bei tiefen Temp. ist hauptsächlich auf die große effektive Oberflächenenergie zurückzuführen, die zur Fortpflanzung von Spaltungssprüngen benötigt wird. C. Gottfried. 200△

0571 **Untersuchung der Aktivierungsenergie des Kriechens von β-Titan.** D. A. Prokoschkin, L. I. Iwanow und W. A. Januschkewitsch. (Hochschulnachr. [Tomsk], Physik **1961,** Nr. 5, 65–67; Metallurg. Baikow-Inst.; russ.) — Die Aktivierungsenergie Q des Kriechens von Ti nach 30 bis 45 Min. langem Glühen bei 800–930° ist von der Prüf-Temp. u. von der angelegten Spannung (13–26,3 kg/cm²) unabhängig. Im Mittel ist Q = 32,3 kcal/g-Atom, also niedriger als die Aktivierungsenergie der Selbstdiffusion, u. entspricht dem aus den Bedingungen des Übergangs aus dem festen in den fl. Zustand berechneten Grenzwert.
R. K. Müller. 200◇

0572 **Das Spannungs–Dehnungs-Verhalten von Titandioxid-(Rutil)-Einkristallen.** K. H. G. Ashbee und R. E. Smallman. (J. Amer. ceram. Soc. **46,** 211–14, 1963; Birmingham, Univ. of Birmingham, Dep. of Phys. Metallurgy; engl.) — Das Spannungs-Dehnungs-Verh. von Kristallen mit 4 verschiedenen Orientierungen wurde bei Temp. bis zu 1000° untersucht; die Abhängigkeit von der Kristallorientierung wurde in bezug auf den Fließwiderstand u. die Verfestigung festgestellt. J. Heinze. 200◇

0573 **Verformungs- und Bruchprozesse in Einkristallen von Calciumfluorid.** W. L. Phillips jun. (J. Amer. ceram. Soc. **44,** 499–506, 1961; Wilmington, Del., E. I. du Pont de Nemours & Co., Inc., Engng. Dep., Engng. Res. Labor.; engl.) —Vf. untersuchte in Druck-Verss. die plast. Eigg. von CaF_2-Einkristallen bei Temp. zwischen 25 u. 1000° an Proben, die durch Spalten erhalten u. z. T. nach dem Spalten bei verschiedenen Temp. in Luft angelassen worden waren. Aus den Spannungs-Dehnungs-Kurven ist ersichtlich, daß die Kristalle oberhalb 400° merklich duktil sind. Die krit. Schubspannung nahm bei beiden Proben mit steigender Temp. sehr schnell ab, zeigte jedoch keine Tendenz, auf den Wert Null bei Annäherung an den F. abzufallen. Obwohl die angelassenen härter waren als die nichtangelassnenen Kristalle, waren die Geschw. der Abnahme der krit. Schubspannung als Funktion der Temp. vergleichbar. Die Abnahme der krit. Schubspannung mit der Temp. läßt sich durch die folgende Gleichung wiedergeben: $\tau_y = \tau_0 \exp(+K/T)$, wo τ_y die krit. Schubspannung, τ_0 eine Spannungs-Konst., K eine Konst. u. T die abs. Temp. bedeuten. Die Geschw. der Kalthärtung war in den angelassenen Kristallen größer als in den nichtangelassenen Kristallen. Kristalle mit einer {1 1 1}-Ebene senkrecht zu der angelegten Druckspannung härteten weniger schnell aus als Kristalle mit einer {1 1 0}-Ebene senkrecht zu der angelegten Druckspannung. Zur Unters. der Änderung der Versetzungsdichte mit der angewandten Verformung wurden die Kristalle mit einer Lsg. von 10 g Amidoschwefelsäure in 500 cm³ H_2O angeätzt. Dabei wurde festgestellt, daß die Versetzungsdichte linear mit der Verformung zunimmt. Beobachtet wurden Drücke nach {1 0 0}, {1 1 0} u. {1 1 1}.
C. Gottfried. 200△

0574 **Eine Beziehung Festigkeit–Fläche für Diamant.** V. R. Howes. (Proc. physic. Soc. **80,** 78–80, 1962; Reading, Univ., J. J. Thomson Phys. Labor.; engl.) — Vgl. C. **1963,** 6119. — Vf. berichtet über die Messung der Bruchfestigkeit von Diamant. Bei Verw. von kugelförmigen Eindringkörpern aus gesintertem Wolframcarbid verschiedener Durchmesser wurde die mittlere Druckbelastung festgestellt, die nötig ist, um auf der Oktaederfläche eines Diamanten ringförmige Sprünge zu erzeugen. Trägt man die Durchmesser der Eindringkörper graph. gegen die krit. Druckbelastungen, die zur Erzeugung von Sprüngen notwendig sind, auf, so ergibt sich, daß diese krit. Druckbelastungen mit abnehmenden Radien der Eindringkörper zunehmen. Eine mögliche Erklärung für die Beobachtungen wird diskutiert. C. Gottfried. 200△

0575 **Eine obere Schranke für die Oberflächenenergie in spröden Körpern.** M. Hieke. (Physica Status solidi [Berlin] **1,** 656–66, 1961; Halle-Wittenberg, Martin-Luther-Univ., Inst. für Theoret. Phys.; dt.) — Unter Bezugnahme auf frühere theoret. Unterss. berechnet Vf. die Eigenspannungsenergie einer Kreisscheibe. An Hand dieser Ergebnisse läßt sich für den Energieaufwand beim Reißen spröder elast. Körper eine obere Grenze angeben. C. Gottfried. 200△

A_7. Gleichgewichte, Kinetik

0576 **Neuere Ergebnisse der einheimischen komplexchemischen Forschungen.** Mihály Beck. (Magyar tudományos Akad., kém. Tudományok Osztályának Közleményei [Ung. Akad. Wiss., Ber. Abt. chem. Wiss.] **19,** 181–90, 1963; Szeged, Rk.-kinet. Forsch.-Gruppe der Ung. Akad. der

Wiss.; ung.) — Analyt. Ergebnisse, Chemie der komplexen Gleichgewichte, kinet. Unterss., Unters. von Komplex-Verbb. in fester Phase, Chemie der Carbonyle u. der metallorgan. Verbb., spektroskop. Unterss. in Ungarn. — 109 Literaturangaben. I. Náray-Szabó. 223△

0577 **„Ligandenpuffer": Eine für die theoretische Betrachtung von Gleichgewichten zwischen komplexbildenden Reagentien wertvoller Begriff. Fällung und Solventextraktion in Ligandenpuffern.** Motoharu Tanaka. (Analytica chim. Acta [Amsterdam] **29**, 193—201, 1963; Nagoya, Japan, Chikusa-ku, Nagoya Univ., Labor. of Analyt. Chem.; engl.) — Vf. schlägt den Begriff „Ligandenpuffer" für eine Lsg. vor, die einen Liganden u. einen Metallionenüberschuß enthält. Die Konz. pA des Liganden A ist dadurch bei einem bestimmten Wert gepuffert. pA wird als Funktion von pH u. von c_{Metall}/c_A berechnet u. die Pufferkapazität angegeben. Fällung sowie Solventextraktion in Ggw. eines Ligandenpuffers werden quant. behandelt. P. Kurzmann. 223◇

0578 **Potentiometrische und konduktometrische Untersuchung der Komplexbildung von Beryllium mit 1-Hydroxy-2-naphthoesäure.** S. C. Tripathi. (J. sci. ind. Res. [New Delhi], Sect. B **18**, 476—79, 1959; Gorakhpur, Univ. of Gorakhpur, Chem. Labor.; engl.) — Die Rk. von $BeSO_4$ mit dem Na-Salz der 1-Hydroxy-2-naphthoesäure (I) bei $32 \pm 0{,}1^0$ wurde mit Hilfe potentiometr. u. konduktometr. Messungen verfolgt. Be^{2+} u. I bilden in saurem Gebiet einen 1:1-Chelatkomplex, der bei pH 6,75 zerfällt. Überschüssiges I führt zu einem alkalibeständigen 1:2-Komplex. H. Bürger. 223◇

0579 **Über die Struktur der komplexen Bis-[pyridin]-zinkhalogenide und -rhodanide.** D. I. Rjabtschikow. (Studii Cercetări ştiinţ. [Iaşi], Chim. **10**, 35—40, 1959; rum.) — Die Löslichkeiten der Komplex-Verbb. $[ZnPy_2]X_2$ ($X = Cl^-, Br^-, J^-, SCN^-$) in W. nehmen in der Reihe $Cl^- < Br^- > J^- > SCN^-$ ab. An Hand dieser Feststellung bringt Vf. theoret. Betrachtungen über die Struktur dieser Komplexverbindungen. Die Löslichkeiten entsprechen der Stabilität der Bindungen zwischen Zn u. den Liganden. Es wird die Analogie des Verh. dieser Zinkkomplexe mit den entsprechenden Komplexen von Pt(II) herausgestellt. I. Gabe. 223

0580 **Die Stabilitätskonstante des Zr(IV)–EDTA-Komplexes.** M. Kyrš und R. Caletka. (Talanta [London] **10**, 1115—16, 1963; Řež/Prague, Inst. of Nuclear Res.; engl.) — Aus den Ergebnissen der Sorption von Zr(IV) an Silicagel in 1—5n HNO_3 in Ggw. von EDTA berechneten Vff. den Wert der Stabilitäts-Konst. des Zr(IV)–EDTA-Komplexes (ZrY) auf Grund der Abhängigkeit des Verteilungs-Koeff. von der EDTA-Konz. u. erhielten folgende Werte (bei 20°): $\log K_{ZrY} = 28{,}5 \pm 0{,}3$ (1n HNO_3), $30{,}6 \pm 0{,}2$ (5n HNO_3) u. $29{,}5 \pm 0{,}5$ ($\mu = 0{,}1$). Die log K-Werte der EDTA-Komplexe der 4wertigen Metalle Th, U, Pu u. Zr lassen sich zu den Ionenradien r der Metalle (in Å) durch die halbempir. Gleichung $\log K = -16{,}9 + 38/r$ für $\mu = 0{,}1$ in Beziehung setzen. Vff. nehmen an, daß die bisher in der Literatur angegebenen kleineren log K-Werte für ZrY durch Vernachlässigung der Hydrolyse des Zr(IV) erhalten wurden. Gerhard Schulze. 223◇

0581 **Struktur des Zirkonium–Alizarin S-Komplexes in Abhängigkeit von Änderungen des pH-Wertes.** G. Parissakis und J. Kontoyannakos. (Analytica chim. Acta [Amsterdam] **29**, 220—26, 1963; Athens, Nat. TU, Dep. of Analyt. Chem.; engl.) — Vff. untersuchten die Absorptionsspektren des Alizarin S u. seines Zr-Komplexes in Abhängigkeit vom pH-Wert im Gebiet von 350—625 nm. Im pH-Bereich von 1,0—1,8 liegt ein 1:1-Komplex vor, bei höheren pH-Werten bilden sich unlösl. Hydroxokomplexe des Zr, die Alizarin S u. seinen Zr-Komplex adsorbieren. P. Kurzmann. 223◇

0582 **Komplexbildung der Seltenerdmetalle mit Äthylendiamintetraessigsäure.** Ju. P. Galaktionow und K. W. Asstachow. (J. anorg. Chem. [UdSSR] **8**, 896—904, 1963; Moskau, Inst. für chem. Feintechnol.; russ.) — Die spektrophotometr. Unters. der Komplex-Bldg. von Sm^{3+} u. Eu^{3+} mit ÄDTE zeigt für eine große Reihe von Lsgg. mit veränderter Metall- u. ÄDTE-Konz., daß 2 Typen von Komplexen existieren, die die Zus. Me:ÄDTE = 1:1 u. 1:2 aufweisen. Die pH-Bereiche für die Existenz der Komplexe werden festgestellt u. die Bldg.- u. Dissoziations-Konst. der Komplexe $[MeH_4Y]^{3+}$, $[MeH_3Y]^{2+}$, $[MeHY]$, $[MeY]^-$, $[MeHY_2]^{4-}$, $[MeY_2]^{5-}$ u. $[MeY_2OH]^{6-}$ bestimmt (ÄDTE = H_4Y). G. Engelhardt. 223◇

0583 **Negative Chelatkomplexe von Lanthaniden- und Actinidenelementen.** L. W. Holm, G. R. Choppin und D. Moy. (J. inorg. nuclear Chem. **19**, 251—61, 1961; Stockholm, Res. Inst. of Nat. Def.; Tallahassee, Fla., Florida State Univ., Dep. of Chem.; engl.) — Zur Unters. der Komplex-Bldg. zwischen Lanthaniden (Ce^{3+}, Pm^{3+}, Eu^{3+}, Tb^{3+}, Tm^{3+}) sowie Actiniden (Cm^{3+}, Cf^{3+}) u. *Glyoxylsäure*, *Milchsäure* u. *α-Hydroxyisobuttersäure* werden die Verteilungs-Koeff. (K_d) der Ionen an einem Anionenaustauscher (Dowex-1) in Abhängigkeit von der Konz. (c) durch radiometr. Messungen bzw. potentiometr. Säuretitrationen bestimmt. Der Anstieg der Kurven $\log k_d/\log c$ (x — 1) zeigt das Vorhandensein von negativ einwertigen Komplexen MAc_4^- (M = Kation, Ac^- = Anion) an. Elektrophoret. Unterss. stützen dieses Ergebnis. W. Betcke. 223◇

0584 **Magnetische und spektrophotometrische Untersuchungen über die Entfärbung von Thiocyanatoeisen(III)-Komplexen in Lösungen. 2. Mitt. Wirkung von Säuren.** Chie Miyake. (Bull. chem. Soc. Japan **34**, 471—74, 1961; Sakyo-ku, Kyoto, Kyoto Univ., Fac. of Sci., Dep. of Chem.; engl.) — 1. vgl. C. **1963**, 18380. — Schwefel- u. essigsaure Lsgg. von KSCN u. Fe^{3+} wurden magnet. u. spektrophotometr. bei verschiedenen pH-Werten untersucht. Das magnet. Moment von ca. 5,89 BM nimmt in essigsaurer Lsg. schneller als in schwefel- u. salzsaurer Lsg. gleicher Normalität ab; bei gleicher Säure bewirkt Erhöhung der Säure-Konz. eine Verzögerung dieses Effektes. Die Lage der Absorptionsmaxima ist von der Art der Säure prakt. unabhängig; in 1,2n Säure nimmt die Extinktion bei 470 nm in allen Säuren ziemlich gleichmäßig ab. Hieraus wird gefolgert, daß Fe(III) u. Fe(II) über OH-Brücken zu einem Dimeren zusammentreten u. Strukturen mit Cl-, SO_4- u. NCS-Brücken ausgeschlossen werden können. H. Bürger. 223◇

0585 **Magnetische und spektrophotometrische Untersuchungen über die Entfärbung von Thiocyanatoeisen(III)-Komplexen in Lösungen. 3. Mitt. Die Struktur des Thiocyanatoeisen(III)-Komplexes in organischen Lösungsmitteln.** Chie Miyake. (Bull. chem. Soc. Japan **34**, 475—76, 1961; engl.) — 2. vgl. vorst. Referat. — Lsgg. von $Fe(ClO_4)_3$ u. KSCN wurden zusammengegeben, mit Ae. u. Äthylacetat extrahiert u. magnetochem. u. spektrophotometr. untersucht. Das magnet. Moment von ca. 6,0 BM, das Absorptionsmaximum bei 511 nm, gravimetr. Fe- u. S-Analysen der organ. Phase sprechen für einen Komplex mit 3 oder 4 NCS-Gruppen, in denen das Fe fünf ungepaarte Elektronen in äußeren Bindungsorbitalen besitzt. H. Bürger. 223◇

0586 **Über die Oxydationsstufe des Kobalts in seinen PAN- und PAR-Chelaten.** T. Iwamoto und M. Fujimoto. (Analytica chim. Acta [Amsterdam] **29**, 282—84, 1963; Hongo, Tokyo, Univ. of Tokyo, Chem. Dep.; engl.) — Die Co–PAN-Komplexe, die mit Isoamylalkohol aus oxydierendem u. reduzierendem Medium extrahiert wurden, zeigten verschiedene Absorptionsspektren, während die Spektren beim Co–PAR-Komplex in beiden Fällen gleich waren. Messungen der magnet. Susceptibilität ergaben für den Co–PAR-Komplex in beiden Medien, für den Co–PAN-Komplex jedoch nur im oxydierenden Medium Diamagnetismus. Es erscheint wahrscheinlich, daß es sich bei dem in der Literatur beschriebenen Co(II)–PAR-Chelat in Wirklichkeit um einen Co(III)–PAR-Komplex der Zus. 1:2 handelt. P. Kurzmann. 223◇

0587 **Die Assoziation von Nickel(II)-Ionen mit Peptiden.** R. Bruce Martin, Michael Chamberlin und John T. Edsall. (J. Amer. chem. Soc. **82**, 495—98, 1960; Cambridge, Mass., Harvard Univ., Biol. Labor.; engl.) — Durch Titration von freigesetztem H^+ bei der Rk. von $Ni(NO_3)_2$ mit Peptiden in einem Mol-Verhältnis von 2:1 werden bei pH 9 Ni-Komplexe folgender Peptide nachgewiesen (25°, Ionenstärke 0,16): *Glycylglycin*, *Glycylsarkosin*, *Glycyl-L-prolin*, *Glycyl-L-valin*, *L-Valylglycin*, *Glycylglycinäthylester*, *Glycinamid*, *Triglycin* u. *Tetraglycin*. Bldg.- u. Ionisations-Konst. der Komplexe sind angegeben. Die ersten 6 Peptide geben bei allen pH-Werten grünblaue bis blaue Komplexe, die 3 letzten in weniger sauren Lsgg. durch Protonisierung des Amid-H gelbe Komplexe des planaren Ni mit Absorptionsmaxima bei 438 (E_{mol} 61), 430 (240) u. 412 (215) nm. H. Bürger. 223◇

0588 **Stabilitätskonstanten der Tris-[hydroxymethyl]-aminomethan-Komplexe von Silber(I) und Kupfer(II).** Wiktor Kemula, Wanda Brachaczek und Adam Hulanicki. (Roczniki Chem. [Ann. Soc. chim. Polonorum] **36,** 1727–36, 1962; Warszawa, Univ., Dep. of Inorg. Chem.; Warszawa, Polish Acad. of Sci., Inst. of Phys. Chem., Dep. of Physicochem. Analyt. Methods; engl.) — Potentiometr. wurden mit Hilfe einer Glaselektrode nach der Meth. von Bjerrum die Beständigkeits-Konst. für die schrittweise Komplex-Bldg. zwischen Tris-[hydroxymethyl]-aminomethan (pK 8,10) u. Ag(I) zu log β_1 = 3,03 u. log β_2 = 670 sowie Cu(II) zu log β_1 = 4,24, log β_2 = 7,99, log β_3 = 11,35 u. log β_4 = 13,68 bestimmt. G. Heller. 223◇

0589 **Aus dem 5-Trifluormethyltetrazolylion und einigen Übergangsmetallionen gebildete Komplexe.** H. B. Jonassen, J. O. Terry und A. D. Harris. (J. inorg. nuclear Chem. **25,** 1239–43, 1963; New Orleans, La., Tulane Univ., Richardson Chem. Labor.; engl.) — Vff. untersuchten die Komplex-Bldg. zwischen dem 5-Trifluormethyltetrazolylanion u. $[Co(H_2O)_6]^{2+}$, $[Ni(H_2O)_6]^{2+}$ u. $[Cu(H_2O)_4]^{2+}$. Das Anion kann keine H_2O-Moll. aus der ersten Koordinationssphäre des $[Co(H_2O)_6]^{2+}$ verdrängen. Aus $[Ni(H_2O)_6]^{2+}$ kann es 2 H_2O unter Bldg. des schwachen Komplexes $[Ni(H_2O)_4]\cdot[C_2N_4F_3]_2$ verdrängen. $[Cu(H_2O)_4]^{2+}$ bildet den ziemlich stabilen Komplex $Cu(C_2N_4F_3)_2\cdot H_2O$. P. Kurzmann. 223◇

0590 **Die Löslichkeit von Kohlendioxid oberhalb 100° in Wasser und in Natriumchloridlösungen.** A. J. Ellis und R. M. Golding. (Amer. J. Sci. **261,** 47–60, 1963; Wellington, New Zealand, D.S.I.R., Dominion Labor.; engl.) — Vff. untersuchen das Syst. CO_2–H_2O–NaCl bei Temp. zwischen 100 u. 350°. Es werden mitgeteilt: 1. die Dichten der 0,5-, 1,0-, 2,0- u. 3,0molalen NaCl-Lsgg. von 175–350°; 2. die Konst. aus dem Henryschen Gesetz für CO_2-Lsgg. in H_2O u. verschieden molaler NaCl-Lsg. (bis zu einer Temp. von ca. 200° steigt die Konst. nahezu linear, um dann abzufallen); 3. die Löslichkeit von CO_2 in H_2O, 0,5; 1- u. 2molaler NaCl-Lsg. bei Temp. von 172–334°, u. daraus der Ostwaldsche Verteilungsfaktor; 4. die Berechnung u. Werte für die Dichte des gesätt. Wasserdampfs; 5. die ΔG^0-, $-\Delta S_s^0$- u. ΔH_s^0-Werte für die CO_2-Lsgg. bei 100–350°, wobei ΔG^0 in kcal von 6,31 auf 9,44, $-\Delta S^0$ in Entropieeinheiten von 21,7 auf –14 u. ΔH^0 in kcal von –1,78 auf 18 ansteigt. H.-G. Moslé. 224◇

0591 **Kristallisationsparameter von technisch wichtigen Salzen. 1. Mitt. Primäre Phosphate von Alkalimetallen.** Jiří Mýl, Zdeněk Šolc, Jiří Kvapil und Eva Schierova. (Sborník vědeckých Prací, Vysoká Škola chem.-technol. Pardubice **1961,** Nr. 2, 63–76; tschech.) — Zahlenwerte für die Löslichkeit u. das spezif. Gew. von $NH_4H_2PO_4$ bei 20–45°, KH_2PO_4 bei 20–40° u. NaH_2PO_4 bei 21,8–29,8° sowie für das spezif. Gew. u. die Viscosität der bei verschiedenen Temp. dieser Bereiche gesätt. Lsgg. über größere Temp.-Bereiche werden in Tabellen u. Kurven mitgeteilt. — 16 Literaturangaben. R. K. Müller. 224◇

0592 **Die Löslichkeit einiger Salze und Hydroxide von Erdalkalimetallen in Wasser-Alkohol- und Wasser-Methanol-Gemischen.** S. Janković. (Bull. sci. [Zagreb] **5,** 21–22, 1959; Zagreb, Univ., Fac. de Pharm.; franz.) — Die Löslichkeit der Chloride, Nitrate, Sulfate u. Hydroxide der Erdalkalimetalle (Mg, Ca, Sr, Ba) in Gemischen von W.-A. u. von W.-Methanol bei 25 u. 30° sowie die Viscosität, Dichte u. elektr. Leitfähigkeit der entstandenen gesätt. tern. Syst. werden bestimmt. W. Wesly. 224◇

0593 **Die Verwendung einer Einrichtung zur Untersuchung hydrothermaler Lösungen zur Bestimmung der Löslichkeit von Anhydrit in Wasser von 100–275° und von 1–1000 bar.** F. W. Dickson, Charles W. Blount und George Tunell. (Amer. J. Sci. **261,** 61–78, 1963; Riverside and Los Angeles, Calif., Univ. of California, Dep. of Geol.; Inst. of Geophys.; engl.) — Die Unterss. wurden in einer App. aus rostfreiem Stahl mit Probenzellen aus Polytetrafluoräthylen durchgeführt. Gerührt wird mit einem Magnetrührer. Mit steigender Temp. sinkt die Löslichkeit u. mit steigendem Druck steigt die Löslichkeit des Anhydrits. Die Ergebnisse werden tabellar. u. graph. mitgeteilt; es werden Folgerungen für die Theorie der geolog. Anhydrit-Bldg. gezogen. H.-G. Moslé. 224◇

0594 **Über die Löslichkeit von Kaliumwismuthexacyanoferrat(II), $KBi[Fe(CN)_6]$.** Halina Basińska, Zenon Orylski und Tadeusz Perkowski. (Chem. analit. [Warszawa] **7,** 911–14, 1962; Toruń, Copernicus Univ., Dep. of Inorg. Chem.; pol.) — Die Löslichkeit von $KBi[Fe(CN)_6]$ bei 20° wurde auf photometr. Wege in verschiedenen Medien wie folgt bestimmt: 0,1n HNO_3 11,2 ($\cdot 10^{-6}$ Mol/Liter), 0,01n HNO_3 9,16, 0,001n HNO_3 4,87, 0,0001n HNO_3 2,87, bidest. W. (pH 6,2) 1,92, 20%ig. A. 1,57, 40%ig. A. 1,34, 60%ig. A. 0,957, 96,2%ig. A. 0,382 u. Aceton 0,283. Gerhard Schulze. 224◇

0595 **Löslichkeit von 3d-Übergangsmetallen in flüssigem Cadmium.** M. G. Chasanov, P. D. Hunt, I. Johnson und H. M. Feder. (Trans. metallurg. Soc. AIME **224,** 935–39, 1962; Argonne, Ill., Argonne Nat. Labor.; engl.) — Die Löslichkeiten der Übergangsmetalle von Sc bis einschließlich Ni in fl. Cd wurden bestimmt. Bei 400° betrugen diese Löslichkeiten (in ppm): *Sc* 8200, *Ti* 150, *V* <0,2, *Cr* 2, *Mn* 2500, *Fe* 1, *Co* 22, *Ni* 12000. Die relativen partiellen molaren Enthalpien u. die partiellen molaren Exzeßentropien bei unendlicher Verdünnung für die gelösten Metalle Cr, Mn, Fe u. Co werden mit ähnlichen Werten für die den Übergangsmetallen folgenden Metallen verglichen. Drei neue intermetall. Phasen, $ScCd_3$, $TiCd$ u. Ti_2Cd, wurden beobachtet. — 17 Literaturangaben. H. Hochstein. 224◇

0596 **Ultraviolettspektrometrisches Studium der Hydrolyse der Eisen(III)-Ionen in Wasser und in Wasser-Methanol-Lösung.** Gr. Popa, C. Luca und E. Iosif. (Z. physik. Chem. [Leipzig] **222,** 49–53, 1963; Bukarest, Univ., Chem. Fak.; dt.) — Vff. entwickeln ein spektrophotometr. Verf. zur Ermittlung der 1. Hydrolysen-Konst. k = $[FeOH^{2+}]\cdot[H^+]/[Fe^{3+}]$ aus dem UV-Spektrum (250–400 nm) von Fe^{3+} bei pH 1,7–2,95 ein. Dieses Verf. wird auch auf eine Methanol-W. (2 : 1)-Lsg. angewendet. Bei 20° u. Ionenstärke = 0,1 erhält man in wss. Lsg. $-\log k = 2,63 \pm 0,05$, in Methanol-W. (2 : 1) $-\log k = 1,77 \pm 0,1$. G. Heller. 224◇

0597 **Säure-Base-Wechselwirkung bei der Ionenaustauschextraktion.** L. M. Gindin. (Nachr. sibir. Abt. Akad. Wiss. UdSSR **1962,** Nr. 12, 128–30; Nowosibirsk, Sibir. Abt. des anorgan. Inst. der Akad. der Wiss. der UdSSR; russ.) — Am Beispiel der Verteilung des Tri-n-octylammoniumchlorids u. -sulfats in Abhängigkeit von der Säure-Konz. der wss. Phase wird die Säure-Basen-Wechselwrkg. bei fl. Anionenaustauschern diskutiert. W. Dedek. 224◇

0598 **Untersuchung einfachster Extraktionssysteme. 1. Mitt. System Wasser-Tributylphosphat-Kaliumjodid.** W. A. Michailow und A. G. Nasin. (Nachr. sibir. Abt. Akad. Wiss. UdSSR **1962,** Nr. 9, 54–64; Nowosibirsk, Sibir. Abt. des Inst. für anorgan. Chem. der Akad. der Wiss. der UdSSR; russ.) — Das Phasengleichgewicht im Syst. W.–TBP–KJ wird bei 25 ± 0,05° untersucht. Am Beispiel dieses Syst. wird die Möglichkeit der Anwendung der für Mehrkomponentengemische von Nichtelektrolyten geltenden thermodynam. Standard-Meth. zur Beschreibung der Phasengleichgewichte gezeigt. Für die isotherme Extraktion von KJ im Gemisch W.–TBP wird eine halbempir. Gleichung angegeben. R. Teichmann. 224◇

0599 **Lösungsmittelextraktion von Mineralsäuren. 4. Mitt. Die Wechselwirkung zwischen Lösungsmittel und Gelöstem im System Perchlorsäure–Wasser–Tri-n-butylphosphat.** A. S. Kertes und V. Kertes. (J. appl. Chem. **10,** 287–92, 1960; Jerusalem, Hebrew Univ.; engl.) — 3. vgl. C. **1963,** 4638. — Nach der Gleichgewichtseinstellung zwischen wss. $HClO_4$ u. Tri-n-butylphosphat (TBP) wurden die Vol.-Zunahme, Dichte, Viscosität u. Leitfähigkeit sowie der Wasser-Geh. der organ. Phase bestimmt. Aus der Änderung der physikal. Eigg. der organ. Phase mit zunehmender anfänglicher $HClO_4$-Konz. der wss. Phase läßt sich auf die Existenz folgender Verbb. schließen: $[(TBP)_4\cdot HClO_4\cdot(H_2O)_8]$, $[(TBP)_2\cdot HClO_4\cdot(H_2O)_5]$, $[(TBP)_4\cdot(HClO_4)_3\cdot(H_2O)_{10}]$ u. $[TBP\cdot HClO_4\cdot(H_2O)_{2,5}]$. W. Betcke. 224◇

0600 **Abtrennung von ^{95}Zr, ^{95}Nb und ^{106}Ru vom Spaltproduktgemisch durch Extraktion mit Tributylphosphat.** N. Je. Breshnewa, W. I. Lewin, G. W. Korpussow, Je. K. Bogatschewa und N. M. Manko. (Atomenergie [UdSSR] **15,** 23–29, 1963; russ.) — Vff. untersuchten die Abhängigkeit des Verteilungs-Koeff. K von Zr u. Nb von der HNO_3-Konz. in wss. Phase bei Verw. von unverd. Tributylphosphat (TBP) bzw. einer 40%ig. Lsg. von TBP in Kerosin. Die Abhängigkeit von K(Nb) von der TBP-Konz. in Bzl., K-Werte (Nb, Zr) bei der Reextraktion mit HNO_3 bei Zusatz von 1% H_2O_2 bzw. 0,1% $H_2C_2O_4$, K-Werte (Ru) für wiederholte aufeinanderfolgende Extraktion, die Abhängigkeit der Ru-Mitfällung durch Sulfid-Ndd. von der Natur des Trägers u. Werte für die Ru-Extraktion mit TBP aus der HNO_3-Lsg. von Sulfiden verschiedener Metalle (Ni, Cu, Pb, Cd) werden angegeben. Die Ru-Extraktion erfolgt nach vorheriger Konzentrierung an sulfid. Niederschlägen. Die Trennung von Nb u. Zr wird durch stufenweise Reextraktion von Nb mit H_2O_2 u. des Zr mit $H_2C_2O_4$ erreicht. K. Winkler. 224◇

0601 **Extraktion von Chelatverbindungen und Koordinationszahl des Zentralatoms.** Ju. A. Solotow. (Acta chim. Acad. Sci. hung. **32**, 327—35, 1962; Moskau, Vernadsky-Inst. für Geochem. u. anal. Chem. der Akad. der Wiss. der UdSSR; russ.) — Auf die Extrahierbarkeit eines Metallchelats mit organ. Lsgm. hat der koordinative Sättigungsgrad des Zentralkations entscheidenden Einfluß. Die Metallkomplexe von Li^+, Tl^+, $[NpO_2]^+$, der Erdalkalimetalle, Mn^{2+}, Zn^{2+}, Cd^{2+}, Co^{2+}, Ni^{2+}, UO_2^{2+} u. anderen Kationen, deren doppelte Ladung kleiner als die Koordinationszahl ist (bei zweizähnigen Chelatgruppen), ergänzen ihre Koordinationssphären mit W., das vor der eigentlichen Extraktion entfernt oder ersetzt werden muß. Ihre Extraktion gelingt meistens nur mit O-haltigen oder mit gemischten Lösungsmitteln. In einigen Fällen kann ein genügender Überschuß des Komplexbildners die Koordinationssphäre selbst ergänzen u. auf diese Weise die Extrahierbarkeit mit nichtpolaren Lsgm. ermöglichen. Die mit Chelatgruppen koordinativ gesätt. Kationen (meistens mit Ladungen + 3, + 4) können gut mit nichtpolaren Lsgm. extrahiert werden. Die Möglichkeit der Trennung von Kationen auf dem Prinzip der Extrahierbarkeit der koordinativ gesätt. u. ungesätt. Chelatkomplexe wird diskutiert. Prakt. wurde die Abhängigkeit der Extraktion der Thenoyltrifluoracetonate von Np(V), Co(II) u. Ce(III), der Np(V)-, Co(II)- u. Fe(III)-Acetylacetonate, der Hydroxychinolinate von Np(V) u. W sowie der 1-Nitroso-2-naphtholate von U(VI) u. Np(V) von der Natur des Extraktionsmittels, n-Butylalkohol, Isoamylalkohol, Methyläthylketon, Äthylacetat, Amylacetat, Ae., Chlf., Bzl., n-Heptan, Dichloräthan, Nitrobenzol, Diisopropyläther, CCl_4, Cyclohexanon, Isobutylalkohol, Hexylalkohol, untersucht. Es wurde gefunden, daß Np(V) u. Co(II) sehr gut mit Thenoyltrifluoraceton-Lsgg. in Isobutylalkohol extrahiert werden können. Co-Acetylacetonat wird mit Isobutylalkohol extrahiert. S. Slováková. 224◇

0602 **Ein Kapazitäts-Strömungsreaktor zur Untersuchung der Reaktionskinetik in homogener Gasphase.** J. de Graaf und Harold Kwart. (J. physic. Chem. **67**, 1458—62, 1963; Leiden, Rijksuniv., Org. Chem. Labor.; engl.) — Vff. konstruierten einen Strömungsreaktor mit Rührwerk für Unterss. im „stationären Syst." bei Temp. bis zu 600° u. verwendeten ihn zum Studium der Rk.-Kinetik der Zers. von *Äthylacetat* bei Temp. von 376—531°. Die Meßwerte stimmen mit denen anderer Autoren gut überein. M. Dal Ri. 225◇

0603 **Über die Grundgesetze der Reaktionskinetik.** M. Podlaha. (Czechoslov. J. Physics, Sect. **11**, 469—75, 1961; Prague, Czechoslov. Acad. of Sci., Inst. of Phys.; engl.) — Überlegungen über die notwendigen u. hinreichenden Grundgesetze zur Schaffung eines Syst. von Differentialgleichungen für reaktionskinet. Prozesse. Bes. wird auf die verschiedene Form dieses Ansatzes bei Konz.-Angaben pro Gew.-Einheit bzw. pro Vol.-Einheit hingewiesen. H. Newesely. 225◇

0604 **Über Nichtgleichgewichts-Dissoziation eines Gasgemisches hinter einer Stoßwelle.** Ju. P. Lunkin und F. D. Popow. (J. techn. Physik [UdSSR] **31**, 726—30, 1961; Leningrad, Physikal.-techn. Joffe-Inst. der Akad. der Wiss. der UdSSR; russ.) — Vgl. C. **1963**, 1179. — In Gleichungen für die Relaxation wird die Nichtgleichgewichtsdissoziation eines Zweistoffgemisches von Gasen hinter der direkten Stoßwelle behandelt. R. K. Müller. 225◇

0605 **Physikalische und chemische Vorgänge in angeregten Molekülen.** Noboru Magata. (Kagaku no Ryôiki [J. Jap. Chem.] **17**, 102—12, 1963; Osaka, Siritu-Daigaku, Rigakubu; jap.) — Übersicht. — 33 Literaturangaben. E. Maekawa. 225◇

0606 **Isotopenaustausch substituierter Benzylquecksilberbromide mit ^{203}Hg-markiertem Quecksilberbromid.** O. A. Reutow, T. A. Smolina und W. A. Kaljawin. (Ber. Akad. Wiss. UdSSR **139**, 389—92, 1961; Moskau, Lomonossow-Univ.; Inst. für elementorgan. Verbb. der Akad. der Wiss. der UdSSR; russ.) — Vgl. C. **1963**, 8061. — Es wurde der Isotopenaustausch von *Benzylquecksilberbromid* (I) u. den *p-Isopropyl-*, *p-Methyl-*, *p-Chlor-* u. *p-Fluor-Derivv.* von I mit ^{203}Hg-markiertem $HgBr_2$ untersucht. In Toluol, Brombenzol, A., Aceton, Dioxan, Acetonitril, N.N-Dimethylformamid, Eisessig, Ameisensäure, Isoamylacetat, Isoamylalkohol, CCl_4 u. Pyridin erfolgt der Austausch äußerst langsam bzw. I zersetzt sich. Mit für kinet. Messungen geeigneter Geschw. erfolgt der Austausch in Chinolin. Der Austausch geht als elektrophile Substitution am C-Atom vor sich. In der Reihe der Substituenten Isopropyl > Methyl > H > Cl > F sinkt die Rk.-Geschw. ab, was durch den elektrostat. Feldeffekt erklärt wird. Zum Mechanismus wird die Bldg. eines Komplexes aus I, $HgBr_2$ u. Chinolin angenommen. Chinolin beschleunigt die Austausch-Geschw. dadurch, daß es einmal die Polarität von $HgBr_2$ selbst durch Komplex-Bldg. vergrößert, zum anderen die Abspaltung von Hg aus I durch Solvatisierung des Hg begünstigt. Helmut Schäfer. 225□

0607 **Die Kinetik von Substitutionsreaktionen mit Metallkomplexen.** 5. Mitt. **Reaktion zwischen Kupfer(II) und Äthylendiamintetraacetatocadmat(II)-Komplexen in wässerigen Lösungen.** Nobuyuki Tanaka und Minoru Kamada. (Bull. chem. Soc. Japan **35**, 1596—1600, 1962; Katahira-cho, Sendai, Tohoku Univ., Fac. of Sci., Dep. of Chem.; engl.) — 4. vgl. C. **1964**, 6/7-0553. — Durch Messung der Änderung des polarograph. Grenzstroms von Cu(II) wurden die Geschw.-Konst. der Substitutions-Rk. zwischen Cu(II) u. CdY^{2-} (H_4Y = EDTA) bei 5 u. 15° in einer gepufferten Lsg. (pH 5,5; $[CH_3COO^-]$ = 0,09m u. μ = 0,2) bestimmt. Die Rk. scheint simultan über 4 verschiedene Rk.-Wege zu verlaufen. Es wurde auch bestätigt, daß die Rk. sowohl über die Monoacetatokomplexe als auch über die hydratisierten Ionen führt. G. Heller. 225◇

0608 **Polyamin-Metallkomplexe.** 2. Mitt. **Desaminierung verschiedener Metallkomplexe von Diaminen.** J. Nyilasi. (Acta chim. Acad. Sci. hung. **25**, 49—63, 1960; Budapest, L.-Eötvös-Univ., Inst. für allg. u. anorgan. Chem.; dt. — C. **1961**, 14570.) G. Heller. 225◇

0609 **Zur Umsetzung von Kohlenstofftetrachlorid mit Flußspat-Einkristallen.** G. Schiemann und O. Immel. (Z. physik. Chem. [Frankfurt/M.] [N. F.] **36**, 280—91, 1963; Hannover, TH, Inst. für techn. Chem.; dt.) — Mittels einer Thermowaage wurde die Rk. von Flußspateinkristallen mit CCl_4-Dampf im Strömungsrohr zwischen 535 u. 658° untersucht u. der zeitliche Verlauf der Gew.-Zunahme der Einkristalle bei 535, 565, 585, 605, 637 u. 658° verfolgt. Die Brutto-Rk. verläuft nach einem parabol. Zeitgesetz; nur bei 658° gilt das lineare Zeitgesetz, da sich bei dieser hohen Temp. keine feste Deckschicht bildet. Aus den Analysenergebnissen der Deckschicht der teilweise abreagierten CaF_2-Einkristalle konnte geschlossen werden, daß als festes Rk.-Prod. die Verb. $CaCl_2 \cdot CaF_2$ entsteht; Fluorierungs-Prodd. sind $CFCl_3$, CF_2Cl_2 u. etwas CF_3Cl. M. Dal Ri. 225◇

0610 **Über einen Zusammenhang zwischen der Oxydationsgeschwindigkeit und der Zusammensetzung der Metallegierungen.** Stanisław Mrowec und Teodor Werber. (Roczniki Chem. [Ann. Soc. chim. Polonorum] **33**, 1241—44, 1959; Kraków, Hochsch. für Bergbau u. Hüttenwes., Lehrstuhl für Bergbauchem.; pol.) — Zur Auffindung einer empir. Beziehung zwischen Zus. einer bin. Leg. u. ihrer Verzunderungs-Geschw. wurde — log k gegen die Konz. der einen Komponente aufgetragen. Bei der Schwefelung von Cu-Al wurde eine Gerade mit zwei deutlichen Knickpunkten bei 23 u. 29 Mol-% Al gefunden. Vff. nehmen an, daß dabei eine Änderung des Rk.-Mechanismus vorliegt. Neben dieser Leg. überprüften Vff. auch die Ergebnisse anderer Autoren u. fanden folgende empir. Beziehung für die Abhängigkeit der Oxydations-Geschw. von der Zus. im Koordinaten-Syst. log k gegen N: $k = A \exp(-BN)$, wobei A, B = empir. Konst. u. N = Mol-% der einen Komponente. K. Huste. 225◇

0611 **Elektrochemische Untersuchungen über die Bildung von Nickelsulfid in festem Zustand bei höheren Temperaturen.** S. Mrowec und H. Rickert. (Z. physik. Chem. [Frankfurt/M.] [N. F.] **36**, 329—46, 1963; Göttingen, MPI für physikal. Chem.; dt.) — Vgl. vorst. Referat. — Mittels einer

Festkörperkette (Ag–AgJ–Ag_2S–NiS–Ni) werden Verss. bei 400—450° durchgeführt, welche die Geschw. der eindimensionalen Bldg. von kompaktem NiS auf metall. Ni als Funktion des chem. Potentials des S an der dem Ni abgewandten Phasengrenze des NiS zum Ergebnis haben. Der potentiostat. u. galvanostat. Fall der Messung werden allg. diskutiert. Die Analyse der Potentialabhängigkeit der parabol. Anlaufkonst. bestätigt das Fehlordnungsmodell von NiS, wonach Ni-Ionenleerstellen anzunehmen sind, welche die Diffusion der Ni-Ionen vermitteln, u. für die Elektronen eine Eigenfehlordnung prakt. unabhängig vom chem. Potential des Ni im NiS vorliegt. Aus Abklingkurven bei 450° wird der Diffusions-Koeff. ($D_\square = 3 \cdot 10^{-7}\ cm^2 \cdot s^{-1}$) der einzelnen Ni-Ionenleerstellen als Mittelwert berechnet. M. Dal Ri. 225◇

0612 **Differentialthermoanalyse von Hydroxiden in reduzierender Atmosphäre.** William Lodding und Laurence Hammell. (Analytic. Chem. **32**, 657—62, 1960; New Brunswick, N.J., Univ., Bur. of Mineral Res.; engl.) — Untersucht wurde mit Hilfe des DTA die Dehydratation von α-FeO(OH) (*Goethit*) u. γ-FeO(OH) (*Lepidokrokit*) in reduzierender (H_2) u. oxydierender Atmosphäre (Luft). Mit den Ergebnissen dieser Unterss. wurde eine Meth. zur Best. von $Al(OH)_3$ (*Gibbsit*) neben α- u. *γ-FeO(OH)* entwickelt. K. Jaeger. 225◇

A_8. Präparative anorganische Chemie, Komplexverbindungen, Metallorganische Verbindungen

0613 **Laboratoriumstechnik für die Handhabung von hochkonzentriertem flüssigem Ozon.** A. C. Jenkins. (Advances Chem. Ser. Nr. **21**, 13—21, 1959; Tonawanda, N.Y., Union Carbide Corp., Linde Co., Res. and Dev. Labor.; engl.) — Wegen der instabilen Natur von Ozon kann die übliche Technik zur Best. der physikal. Eigg. selten angewendet werden. Der Kontakt mit vielen Materialien, die beim experimentellen Arbeiten benutzt werden, z. B. Gummischläuche, Hahnfett, Hg, muß vermieden werden. Die Menge an reinem fl. Ozon muß im Interesse der Sicherheit gering gehalten werden. Schon 1 ml unverd. fl. Ozons kann zu schrecklichen Explosionen führen, wenn nicht Maßnahmen zum Schutze der Experimentierenden ergriffen werden. — 10 Literaturangaben. P. Golinske. 239◇

0614 **Trennung von Ozon und Sauerstoff durch einen Sorptionsprozeß.** G. A. Cook, A. D. Kiffer, C. V. Klumpp, A. H. Malik und L. A. Spence. (Advances Chem. Ser. Nr. **21**, 44—52, 1959; Tonawanda, N.Y., Linde Co., Div. of Union Carbide Corp., Res. and Dev. Labor.; engl.) — O_3 wird von O_2 durch Adsorption an gekühltem Silicagel u. Desorption entweder in reiner Form unter vermindertem Druck oder in einem Strom von Luft, N_2, Ar oder anderen Trägergasen getrennt, die nicht fest adsorbiert werden. P. Golinske. 239◇

0615 **Übergang von Ozon aus Sauerstoff zu einem Trägergas.** F. R. Balcar, W. Dennis und J. J. Rendos. (Advances Chem. Ser. Nr. **21**, 53—56, 1959; New York, N.Y., Air Reduction Co., Inc.; engl.) — Eine Meth. zur Überführung von O_2 in O_3 wird beschrieben. O_3 wird kondensiert, vom O_2-Trägergas abgetrennt u. wieder verdampft. Kosten u. Ergebnisse des Verf. sind angegeben. Die Meth. überwindet die Handhabungsschwierigkeiten u. erniedrigt die Produktionskosten. P. Golinske. 239◇

0616 **Synthese von Stickstofftrifluorid.** A. W. Pankratow und E. Ja. Chananowa. (J. anorg. Chem. [UdSSR] **7**, 1743, 1962; russ.) — Mit mehr als 30%ig. Ausbeute bildet sich beim Überleiten von mit N_2 verd. F_2 über $NaNH_2$ bei 45° NF_3 nach $NaNH_2 + 3\ F_2 \rightarrow NF_3 + NaF + 2\ HF$. Als Nebenprodd. treten N_2F_2 u. NF_2H auf. Ch. Weiske. 246◇

0617 **Elektronographische Untersuchung der Verdampfungsprodukte von Selentetrachlorid und -bromid.** P. A. Akischin, W. P. Spiridonow und R. A. Mischulina. (Nachr. Moskauer Univ., Ser. II **17**, Nr. 2, 23—25, 1962; Moskau, Univ., Abt. für physikal. Chem.; russ.) — $SeCl_4$ u. $SeBr_4$ werden direkt aus den Elementen synthetisiert u. bei 270—320 bzw. 170—210° verdampft. Die erhaltenen Elektronogramme stimmten nicht mit den für $SeCl_4$- bzw. $SeBr_4$-Tetraedermodelle berechneten überein. Theoret. Intensitätskurven für Gemische verschiedener Komponenten lassen bei der Erwärmung einen Zerfall $SeX_4 \rightarrow SeX_2 + X_2$ für wahrscheinlich erscheinen. Die Kernabstände werden für SeCl zu 2,18 ± 0,02 Å, für SeBr zu 2,32 ± 0,02 Å berechnet. G. Engelhardt. 254◇

0618 **Synthese der kubischen Form von Bornitrid.** R. H. Wentorf jun. (J. chem. Physics **34**, 809—12, 1961; Schenectady, N.Y., Gen. Electr. Res. Labor.; engl.) — Hexagonales BN wird durch Metallkatalysatoren, wie Alkali- u. Erdalkalimetalle sowie Sb, Sn u. Pb, bei hohen Drücken u. Temp. (50000—90000 at, 1500—2000°) in kub. BN (**I**) umgewandelt. Bei Verw. von Li-, Mg- oder Ca-Nitrid als Katalysatoren wurden schon bei 45000 at hohe Ausbeuten an **I** erzielt. Die besten Kristalle (durchschnittliche Größe 0,5 mm, Tetraeder oder Oktaeder) entstanden bei 50000 at u. 1700° in wenigen Minuten. In geringerer Ausbeute u. schlechterer Kristallqualität konnte **I** auch aus Bor u. Li- oder Mg-Nitrid bei hohen Drücken u. Temp. dargestellt werden. Die Bldg. von **I** bei Verw. von Li_3N als Katalysator verläuft wahrscheinlich über eine Verb. der ungefähren Zus. $Li_3N \cdot 3\ BN$ (weißer Feststoff bei Zimmer-Temp., in verd. HCl lösl.). Die Debye-Scherrer-d-Werte werden mitgeteilt. D. Thierig. 258◇

0619 **Weitere Angaben über die Bildungsbedingungen dichter SiO_2-Modifikationen bei hohen Drücken und Temperaturen.** Ju. N. Rjabinin, W. P. Petrow, W. K. Markow, L. D. Liwschitz und I. Ss. Delitzin. (Nachr. Akad. Wiss. UdSSR, geol. Ser. **28**, Nr. 8, 3—10, 4 Tafeln, 1963; Moskau, Inst. für Phys. der Erde u. Inst. für Geolog. der Erzlagerstätten, Petrograph., Mineralog. u. Geochem. der Akad. der Wiss. der UdSSR; russ.) — Festlegung der Stabilitätsbereiche von *Quarz*, *Coesit* u. *Stishovit* bis zu ca. 2000° u. 140 kbar. Die Bldg. neuer Phasen geht gewöhnlich an der Probenoberfläche u. z. T. entlang von Spalten-Syst. vor sich. Für Coesit ist häufig eine sphärolith. Kristallisation typ., während Stishovit sechsseitige Aggregate bildet. Die Möglichkeit der Umwandlung von Stishovit in Coesit im Gebiet von 100—135 kbar bei erhöhten Temp. wird nachgewiesen. M. Hähnert. 261◇

0620 **Über die Reaktion von Siliciumtetrachlorid mit Natriummethylat.** Ryszard Piekoś. (Roczniki Chem. [Ann. Soc. chim. Polonorum] **35**, 775—82, 1961; Gdańsk, Akad. Med., Kat. Chem. nieorg. i analit.; pol., Auszug: engl.) — Methoxychlorsilane werden durch Eintropfen von $SiCl_4$ in eine Lsg. von Na-Methylat in abs. Xylol im entsprechenden Mol-Verhältnis unter gutem Rühren u. Kühlen erhalten. Bei der Darst. von Methoxytrichlorsilan wird ein Überschuß an $SiCl_4$, bei der Darst. von Tetramethoxysilan wird Ae. als Lsgm. verwendet. In allen Fällen wird ein Gemisch aller möglichen Silane gebildet, doch ist das erwartete Silan in der höchsten Konz. vorhanden. Das Gemisch kann durch Dest. getrennt werden. Metall. Na, das in geringer Menge stets im Rk.-Gemisch sein kann, stört die Synth. nicht. Erhalten wurden: *Methoxytrichlorsilan*, $Kp._{764}$ 77—79°; 52,5% (Ausbeute); *Dimethoxydichlorsilan*, $Kp._{766}$ 100—102°; 22,4%; *Trimethoxychlorsilan*, Kp. 112—114°; 15,6%; *Tetramethoxysilan*, Kp. 121—123°; 66,9%. F. Urban. 261◇

0621 **Über die Solvolyse von α-Phosphor(V)-oxid.** Masako Shima, Kazue Hamamoto und Seiichiro Utsumi. (Bull. chem. Soc. Japan **33**, 1386—91, 1960; Otsuka, Tokyo, Ochanomizu Univ., Fac. of Sci., Dep. of Chem.; engl.) — α-P_4O_{10} wurde in Ae., Bzl., Aceton, A. sowie in W. bei 0° durch Wasserzusatz hydrolysiert u. die entstandenen Rk.-Prodd. wurden nach Neutralisation analysiert u. chromatograph. identifiziert. Bei der Hydrolyse mit Eiswasser entsteht zu ca. 60% Tetrametaphosphat; in reinem Aceton entstehen hauptsächlich Polyphosphate u. erst nach Wasserzusatz zunehmend Tetrametaphosphat. In A. bildet sich hauptsächlich Diphosphat; erst in A./W.-Gemischen entsteht auch Tetrametaphosphat. W. in Ae. u. Bzl. solvolysiert zu 50—60% Tetrametaphosphat, ca. 10% Trimeta- u. 15—30% Polyphosphat. Das partielle Aufbrechen des P_4O_{10}-Gerüstes bei der Solvolyse zu Oligophosphaten wird eingehend diskutiert. H. Bürger. 264◇

0622 **Die Polymerisationsreaktion von Natriumphosphat.** Masayuki Nakagaki, Hiroshi Inoue, Tadao Fujie und Shigeru Ohashi. (Bull. chem. Soc. Japan **36**, 595—99, 1963; Sakyo-ku, Kyoto, Univ., Fac. of Pharm.; engl.) — Vgl. C. **1964**, 3-0439. — Vff. untersuchten die Polymerisations-Rkk. beim Erhitzen von NaH_2PO_4 (**I**) u. Natriumtrimetaphosphat, $Na_3P_3O_9$ (**II**) (vgl. Winkler u. Thilo, C. **1959**,

15932). Wie Endgruppentitrationen zeigten, liefern Schmelzen von I u. II nach Einstellung des Gleichgewichts (5 Std.) bei gleicher Temp. (700—1200°) Polyphosphate gleichen mittleren Kondens.-Grades $\bar{n}$. $\bar{n}$ steigt mit der Temp. an ($\bar{n}$ = 130 bis 180). Durch Messung der Viscosität der wss. Lsgg. der auch vernetzte Phosphate enthaltenden Polymerisations-Prodd. von I u. II wurde die zeitliche Änderung von $\bar{n}_0$ (= $\bar{n}$ vor hydrolyt. Spaltung der Vernetzungsstellen beim Lösen, durch Extrapolation erhalten), $\bar{n}_\infty$ (= $\bar{n}$ nach Aufspaltung aller Vernetzungsstellen) sowie B = $\bar{n}_0/\bar{n}_\infty$ (= mittlere Anzahl der Vernetzungsstellen in einem Mol.) bei 700 u. 900° ermittelt. Bei I wächst $\bar{n}_0$ u. $\bar{n}_\infty$ mit der Temp., $\bar{n}_0$ u. $\bar{n}_\infty$ bei 700° u. $\bar{n}_\infty$ bei 900° mit der Zeit, während die zeitliche Abhängigkeit von $\bar{n}_0$ bei 900° ein leichtes Maximum aufweist. Bei II steigen $\bar{n}_0$ u. $\bar{n}_\infty$ bei 700 u. 900° stark mit der Zeit an, nach Erreichung eines Maximums erfolgt aber dann ein rascher Abfall, wobei zunächst die Werte für 700° höher liegen als für 900°. Bei beiden untersuchten Temp. fällt B für aus II erhaltenen Schmelzen stark mit der Zeit ab, während in aus I erhaltenen Schmelzen nach leichtem Anstieg B wieder langsam abnimmt. Die Unterschiede im Verlauf der $\bar{n}$-Werte für I u. II werden dadurch erklärt, daß bei I eine stark temperaturabhängige Kondens.-Polymerisation unter fortlaufender Abspaltung von W., bei II dagegen eine Ringaufspaltung erfolgt, die zunächst zu relativ hochpolymeren Moll. führt, die aber dann, dem Polymerisationsgleichgewicht entsprechend, abgebaut werden. W. Feldmann. 264◇

0623 **Die Reaktion von Triphenylphosphinmethylen mit Metall- und Organometallhalogeniden: Eine neue Methode zur Darstellung von wasserlöslichen Organometallverbindungen.** S. O. Grim und D. Seyferth. (Chem. and Ind. **1959**, 849—50; Cambridge, Mass., MIT, Dep. of Chem.; engl.) — Durch Zugabe einer äther. Lsg. von $(C_6H_5)_3PCH_2$ (I) zu $SiBr(CH_3)_3$ in Ae. wird $[(C_6H_5)_3PCH_2Si(CH_3)_3]Br$ (II), F. ca. 175° (Zers.)] dargestellt u. in das *Tetraphenylborat, Reineckat*, F. 142—144° (Verfärbung ab 127°) u. *Tribromomercurat(II)*, F. 134—135°, übergeführt. II wird auch aus $P(C_6H_5)_3$ mit $(CH_3)_3SiCH_2Br$ erhalten. Zers. von II mit verd. alkal. Lsg. ergibt $[(C_6H_5)_3PCH_3]^+$ (als *Reineckat* identifiziert) u. *Hexaphenyldisiloxan*. Aus I u. $SnBr_2(CH_3)_2$ in Ae. entsteht $[(C_6H_5)_3PCH_2Sn(CH_3)_2CH_2P(C_6H_5)_3]^{2+}$, F. ca. 135° (Zers.), das aus wss. Lsg. als *Direineckat*, F. 115—119°, u. als *Bis-[tetraphenylborat]*, F. 78—81°, gefällt wird. Das Rk.-Prod. aus I u. $SnCl_2(CH_3)_2$ wird aus CH_3OH als $[(C_6H_5)_3PCH_2Sn(CH_3)_2 \cdot CH_2P(C_6H_5)_3][HgBr_2Cl]_2$, F. 139—140°, isoliert. II u. $SnBr \cdot (CH_3)_3$ in Ae. bilden weißes, festes $[(C_6H_5)_3PCH_2Sn(CH_3)_3] \cdot [(CH_3)_3SnBr_2]$ (III), F. ca. 152° (Zers.); *Reineckat*, F. 123 bis 125°. Das Anion von III liegt vermutlich als Dimeres mit Halogenbrücken vor. Aus I u. $HgBr_2$ entsteht nach Behandeln des Rk.-Prod., das vermutlich $[HgBr_3]^-$ u. $[HgBr_4]^{2-}$ enthält, mit methanol. $HgBr_2$-Lsg. $[(C_6H_5)_3PCH_2HgCH_2P \cdot (C_6H_5)_3][HgBr_3]_2$, F. 123—126°; *Bis-[tetraphenylborat]*, F. 101 bis 104°. Aus I u. BF_3 in Ae. wird $(C_6H_5)_3P^{(+)}CH_2B^{(-)}F_3$, F. 199° (Zers.), gebildet, das gegen W. stabil ist u. sich aus Aceton/W. kristallisieren läßt. $(C_6H_5)_3AsCH_2$ reagiert mit $SiBr(CH_3)_3$ zu $[(C_6H_5)_3AsCH_2Si(CH_3)_3]Br$. L. Lamza. 264

0624 **Beitrag zur Untersuchung von Antimon(V)-alkoholaten.** Alfred Maillard und Guy Desgrandchamps. (C. R. hebd. Séances Acad. Sci. **248**, 3571—72, 1959; franz.) — Vgl. C. **1963**, **4649**. — Vff. überprüfen frühere Angaben zur Darst. von $Sb(OC_2H_5)_5$ aus $NaOC_2H_5$ u. $SbCl_5$, die nicht zutreffen. Diese Verb. ist nicht durch Kristallisation zu reinigen. Die Dest. bei 10^{-3} Torr führt zur Zers. zu $Sb(OC_2H_5)_3$, A., W., CH_3CHO u. $CH_3CH(OC_2H_5)_2$. Frei werdendes H_2O wirkt weiterhin hydrolysierend. Bei 160—165° erfolgt die Zers. sehr rasch. $Sb(O\text{-}n\text{-}C_3H_7)_5$ u. $Sb(O\text{-}iso\text{-}C_3H_7)_5$ verhalten sich analog. H. Jacobi. 266◇

0625 **Neuere Entwicklungen der Chemie der Organometallverbindungen.** Minoru Tsutsui. (J. Soc. org. ynth. Chem., Japan **21**, 101—08, 1963; Univ. of New York, Inst. of Technol.; jap.) — Übersicht. — 23 Literaturangaben. E. Maekawa. 270◇

0626 **Die Reaktion von Kohlenmonoxid mit Organometall-Verbindungen.** Membo Ryang und Shigeru Tsutsumi. (Technol. Rep. Osaka Univ. **11**, 181—87, 1961; Dep. of Chem. Technol.; engl.) — Vff. untersuchten die Rk. von LiC_6H_5 (I) u. NaC_6H_5 (II) mit CO in Ae. bei —10° u. fanden als Rk.-Prodd. bei Verw. von I *Benzhydrol* (4%), *Benzophenon* (3%), *Triphenylmethan* (7%), *Diphenylbenzoylmethan* (20%), *Diphenylbenzoylcarbinol* (13%) u. *Benzoesäure* (8%), bei Verw. von II *Benzoesäure* (3,2%), *Benzophenon* (2,2%) u. *Triphenylcarbinol* (10,2%). Rk.-Mechanismen werden ausführlich diskutiert. H. Bürger. 274◇

0627 **Physikalisch-chemische Untersuchungen an den Systemen $MgCl_2$–HCl–H_2O, NaCl–HCl–H_2O und KCl–HCl–H_2O.** Helga Völz-Fladrich. (Freiberger Forsch.-H., Reihe C **134**, 1—85, 1962; Berlin-Adlershof, Dt. Akad. der Wiss., Inst. für physikal. Chem.; dt.) — Vf. bestimmte die Löslichkeiten sowie die Dichten u. Viscositäten wss. Lsgg. von NaCl (I), KCl (II) u. $MgCl_2$ (III) in HCl-Lsgg. verschiedener Konz. bei 0, 25, 35 u. 45°. Die Löslichkeit von I nimmt mit steigender HCl-Konz. bis ca. 15 g HCl/100 g H_2O sehr rasch ab, um dann allmählich gegen Null zu streben. Der Verlauf der Löslichkeitsisothermen von II ist bei geringen HCl-Geh. dem der I-Isothermen vergleichbar. Bei höheren HCl-Konzz. geht die Löslichkeit von II jedoch nicht gegen Null, sondern steigt nach Durchlaufen eines schwachen Minimums bei ca. 50 g HCl/100 g H_2O wieder wenig an. Die Löslichkeiten von I u. II unterscheiden sich außerdem noch in der Temp.-Abhängigkeit; während die Löslichkeit von I mit steigender Temp. nur wenig zunimmt, zeigt II eine wesentliche Löslichkeitszunahme. Die Löslichkeit von III nimmt im Vgl. zu der der Alkalisalze weniger rasch ab, u. zwar nahezu linear bis zu einer HCl-Konz. von ca. 25 g HCl/100 g H_2O. Die bei höheren HCl-Geh. auftretenden Unstetigkeiten im Kurvenverlauf verschieben sich mit steigender Temp. nach niedrigeren HCl-Konzz. u. sind als Hinweis auf eine Änderung des Bodenkörpers zu deuten. Die Dichten der Lsgg. von I u. II nehmen mit steigendem HCl-Geh. zunächst rasch ab, um nach Durchlaufen eines Minimums wieder anzusteigen. Die Dichten der III-Lsgg. verringern sich allmählicher u. das Dichtemaximum tritt erst bei höheren HCl-Geh. auf. Die anfängliche Dichteabnahme aller 3 Salz-Lsgg. ist durch die Löslichkeitsminderung der Salze infolge des steigenden HCl-Geh. bedingt, d. h. durch die Abnahme der Salzkonzentration. Die Viscosität der untersuchten Lsgg. ist sowohl von der HCl-Konz. als auch von der Temp. abhängig; bei hohen HCl-Geh. nähern sich die Viscositäten der Lsgg. denen der reinen HCl-Lösungen. Die Viscosität der I-Lsgg. nimmt mit steigendem HCl-Geh. zunächst ab, bis der größte Teil des gelösten NaCl ausgesalzen ist, um dann wieder zuzunehmen, u. zwar entsprechend der Viscosität von HCl-Lsgg. gleicher HCl-Konzentrationen. Im Gegensatz hierzu nimmt die Viscosität der II-Lsgg. mit steigendem HCl-Geh. stetig zu. Bei den III-Lsgg. erscheint bei 0° bei höchsten HCl-Konzz. das Viscositätsminimum. Die Viscosität der Fll. nimmt mit steigender Temp. ab. Hierauf wurden in den beiden Syst. I–HCl–H_2O u. III–HCl–H_2O Bodenkörper-Unterss. durchgeführt. Durch indirekte Analyse wurde festgestellt, daß $NaCl \cdot 2\,H_2O$ bei 0° in Ggw. von HCl nicht existiert. Dieses Dihydrat läßt sich leicht erhalten, wenn man eine bei Zimmer-Temp. gesätt. Lsg. auf ca. —10 bis —12° abkühlt; es krist. dann in Form gut ausgebildeter, 6eckiger Plättchen aus. Im Syst. III–HCl–H_2O tritt bei geringen HCl-Geh. als Bodenkörper $MgCl_2 \cdot 6\,H_2O$ auf. Aus indirekten Analysen der festen Phase ergab sich bei höheren HCl-Geh. ein bisher unbekannter Bodenkörper der formalen Zus. $MgCl_2 \cdot HCl \cdot 7\,H_2O$. Seine Existenz konnte durch Pulverdiagramme bestätigt werden. C. Gottfried. 282△

0628 **Die Stabilität von $Ca_2Be_3O_5$ im System BeO–CaO.** R. A. Potter und L. A. Harris. (J. Amer. ceram. Soc. **45**, 615—16, 1962; Oak Ridge, Tenn., Oak Ridge Nat. Labor., Metals and Ceram. Div., Ceram. Labor.; engl.) — $Ca_2Be_3O_5$ muß als metastabile Phase betrachtet werden. Es bildet sich durch schnelle Abkühlung einer Schmelze mit eutekt. Zusammensetzung. Die eutekt. Zus. u. Temp. des Syst. CaO–BeO wurde zu 60 (Mol-%) BeO u. 40 CaO u. 1360 ± 5° ermittelt. J. Heinze. 283◇

0629 **Darstellung hochreinen Zinks durch Gegenstrom-Vakuumdestillation.** František Deml und Ladislav Novák. (Chem. Listy **56**, 534—39, 1962; Praha, Výzk. ústav pro sdělovací techniku A. S. Popova; tschech.) — Es wird ein Verf. zur Best. u. Redest. von Zn bei vermindertem Druck in einer Kolonne mit Schüttfüllung beschrieben, nach welchem im Labor. reines Zink mit einem Verunreinigungs-Geh. $<10^{-4}$% dargestellt werden kann. Die Dest.-Kolonne ist so konstruiert, daß während der Dest. Zinkfraktionen im fl. Zustand entnommen werden können. Die App. arbeitet halbkontinuierlich, die Leistung der Kolonne beträgt 500 g reines Zink/h. Zur raschen informativen Best. der Reinheit des Zinks wurden einfache Vgl.-Ätzproben durchgeführt. Das durch Dest. u. Redest. gewonnene Zink ist für Halbleiterzwecke geeignet. V. Růžička/Prag. 288△

0630 **Die Bildung von Komplexverbindungen zwischen Cadmiumhalogeniden und Alkalihalogeniden.** 4. Mitt. **Das System $CdCl_2$–LiCl–H_2O.** K. G. Kaimal und A. K. Bhattacharya. (Proc. nat. Acad. Sci., India, Sect. A **29**, 87—91, 1960; Sagar, M.P., Univ. of Saugar, Dep. of Chem.; engl.) — Zu wss. 0,06m LiCl-Lsg. wurden $CdCl_2$-Lsgg. verschiedener Konzz. (0,000—0,150m) gegeben u. Leitfähigkeit, Viscosität, FF., Brechungsindex u. pH-Wert gemessen. In den graph. Darst. der Meßergebnisse gegen Mol-Verhältnis $LiCl/CdCl_2$ ergeben die Minima bzw. Maxima (pH) nachst. 6 Verbb.: *$CdCl_2 \cdot 4$ LiCl, $CdCl_2 \cdot 2$ LiCl, 2 $CdCl_2 \cdot 3$ LiCl, $CdCl_2 \cdot$LiCl, 3 $CdCl_2 \cdot 2$ LiCl, 2 $CdCl_2 \cdot$LiCl.* Die Ergebnisse konnten durch spektralphotometr. Messungen im Bereich 220—320 nm bestätigt werden. F. Haenschke. 289◇

0631 **Komplexverbindungen von Cadmiumnitrit mit Alkalinitriten.** 1. Mitt. **Konduktometrische Untersuchungen.** N. L. Dipali und V. R. Dani. (J. Karnatak Univ., Sci. [India] **1**, 29—35, 1956; Dharwar, Karnatak Coll., Chem. Labor.; engl.) — Leitfähigkeitstitrationen von KNO_2- u. $NaNO_2$- gegen $Cd(NO_2)_2$-Lsgg. bei 30° ergaben Diskontinuitäten entsprechend jeweils drei komplexen Nitriten mit den Mol-Verhältnissen K:Cd bzw. Na:Cd = 4:1, 2:1 u. 1:1, während sich im Syst. $LiNO_2$–$Cd(NO_2)_2$ keine Anzeichen für eine Komplex-Bldg. zeigten. Die KNO_2-Komplexsalze sind in der Literatur beschrieben u. lassen sich isolieren, wogegen dies bei den $NaNO_2$-Komplexsalzen nicht gelang. W. Betcke. 289◇

0632 **Über die Struktur und die Eigenschaften von Lithiumaluminaten.** Anne-Marie Lejus und Robert Collongues. (C. R. hebd. Séances Acad. Sci. **254**, 2005—07, 1962; C.N.R.S., Labor. de Vitry; franz.) — Vff. untersuchten Struktur u. Eigg. von *$LiAlO_2$* (I) u. *$LiAl_5O_8$* (II), die durch Rk. im festen Zustand aus Al_2O_3 u. Li_2CO_3 (III) dargestellt wurden. I existiert in einer bei tiefen Temp. stabilen, rhomboedr. α-Form vom $NaHF_2$-Typ mit a = 2,801 u. c = 14,214 u. einer bei hohen Temp. stabilen quadrat. γ-Form mit a = 5,181 u. c = 6,309 Å. Die Umwandlungs-Temp. α → γ liegt bei 900°, die Umwandlung ist von einer Vol.-Ausdehnung um 30% begleitet. Die Umwandlung γ → α verläuft nur langsam. Die Darst. der γ-Form gelingt aus Al-Acetat u. III bei 580° u. kann durch Ggw. von γ-Keimen beschleunigt werden. In sd. W. erfolgt Hydrolyse der γ-Form unter Verlust von Li zu Nordstrandit (Aluminiumoxidtrihydrat) u. einem neuen hexagonalen Hydrat mit a = 5,095 u. c = 22,793 Å, das bei 150° das W. verliert, wobei c = 22,661 Å wird, a jedoch konst. bleibt. Bei hohen Temp. findet weitere Umwandlung zu II statt (kub. Spinelltyp). II erleidet bei 1290° eine Ordnungs-Unordnungs-Umwandlung, wobei a von 7,908 auf 7,925 Å wächst. Bei hohen Temp. vermag die ungeordnete Form von II größere Mengen an Al_2O_3 zu lösen. Bei 1400° bildet sich eine Verb. *$Li_2O \cdot 6\ Al_2O_3$* u. bei ca. 1900° *$Li_2O \cdot 8{,}71\ Al_2O_3$*, wobei an der Löslichkeitsgrenze a = 7,909 Å wird. An der Homogenitätsgrenze beobachtet man die Bldg. einer Phase, deren Struktur sich von δ-Al_2O_3 ableitet. Gleichgewichtsdiagramm u. Kurven der dilatometr. Analyse sind angegeben. H. Fries. 294◇

0633 **Die Phasengrenzlinie $Ca_3Al_2Si_3O_{12}$–$Mg_3Al_2Si_3O_{12}$ und ihre Beziehung zum System CaO–MgO–Al_2O_3–SiO_2 bei Atmosphärendruck.** G. A. Chinner und J. F. Schairer. (Amer. J. Sci. **260**, 611—35, 1962; Washington, D.C., Carnegie Inst. of Washington, Geophys. Labor.; engl.) — Bei Atmosphärendruck ist die „Granat"-Grenze *$Ca_3Al_2Si_3O_{12}$* (Grossular-Zus.)–*$Mg_3Al_2Si_3O_{12}$* (Pyrop-Zus.) quaternär. Abschreck-Verss. von elf in dieser Reihe liegenden Verbb. ergaben zwei quatern. invariante Punkte im Syst. *CaO–MgO–Al_2O_3–SiO_2*: Anorthit–Wollastonit–Pseudowollastonit–Melilith–Schmelze bei 1205 ± 5° u. Anorthit–Forsterit–Spinell–Cordierit–Schmelze bei 1280 ± 5°. Die Ergebnisse sind tabellar. u. in Abb. dargestellt u. werden vom Gesichtspunkt der Petrologie magmat. Gesteine diskutiert. Ernst Schulte. 294◇

0634 **Hydrothermale Behandlung von Fluorphlogopit. — Hydrothermale Behandlung des Agglomerats synthetischer Glimmerkristalle zur Erleichterung der Trennung einzelner Kristalle.** Tokiti Noda, Hajime Saito, Isao Tate, Tsutomu Fukasawa, Masahiko Fukase und Eiji Sekine. (Bull. chem. Soc. Japan **31**, 508—14, 1958; Chikusa-ku, Nagoya, Japan, Univ., Fac. of Engng., Dep. of Appl. Chem.; engl.) — Hydrothermal untersucht (mit K_2CO_3-, KOH/K_2CO_3-, HCl-, HCl/KCl-, $KHSO_4$-, $KHCO_3$-, KH_2PO_4- u. KF-Lsgg. u. H_2O) wurden die synthet. Glimmeragglomerate $K_{1,17}Mg_{3,00}Al_{1,00}Si_{3,09}O_{9,52}F_{3,51}$ u. $KMg_3AlSi_3O_{9,88}F_{2,24}$. Die optimalen Bedingungen zur leichten Abtrennung einzelner Glimmerkristalle wurden ermittelt. K. Jaeger. 294◇

0635 **Oxid-Systeme der Seltenerdmetalle. Die Hysteresis bei Praseodymoxid.** Paul A. Faeth und Alan F. Clifford. (J. physic. Chem. **67**, 1453—57, 1963; Lafayette, Ind., Purdue Univ., Dep. of Chem.; engl.) — Das Zus.-Druck-Diagramm des Syst. Pr–O wurde mittels einer Quarzmikrowaage im O_2-Druckbereich von 10^{-5} bis 150 Torr untersucht. Die Isothermen zeigen zwischen 400 u. 500° mit sich änderndem Druck bei einer Zus. von $PrO_{1,80}$ bis $PrO_{1,83}$ eine Hysteresis. Bei 465° erstreckt sich die Hysteresisschleife über den ganzen Druckbereich. Die Isotherme bei 465° wird mit Everetts Ergebnissen (C. **1958**, 7380) in guter Übereinstimmung gefunden. Das Syst. Pr–O wird dabei aus Bezirken verschieden stabiler Verbb., $PrO_{1,83}$, $PrO_{1,80}$ usw., zusammengesetzt gedacht. Die Bezirke wechseln in Abhängigkeit vom O_2-Druck ihre Zusammensetzung. M. Dal Ri. 305◇

0636 **Zur Reaktion von Praseodymchlorid mit Glycin und α-Alanin.** O. Je. Swjaginzew und Je. W. Gontscharow. (J. anorg. Chem. [UdSSR] **8**, 349—59, 1 Tafel, 1963; russ.) — Vff. untersuchen die Komplex-Bldg. in den Syst. $PrCl_3$–Aminosäure–H_2O u. $PrCl_3$–$AmH_{1-x}Na_x$–H_2O (AmH = Aminosäure) mit x = 0,25, 0,5, 0,75 u. 1,0. In wss. Lsg. existieren Komplex-Verbb. im stöchiometr. Verhältnis 1:1 u. 2:1, im alkal. Medium geht die Komplex-Bldg. über $[Pr(OH)]^{2+}$. Dadurch unterscheidet sich Pr vom Nd, bei dem Komplexe der Zus. AmH:Nd = 3:1 gefunden wurden. Die Beständigkeit der Komplexe von Pr mit Glycin (GH) u. Alanin (AH) wird untersucht, sie steigt mit wachsendem Neutralisationsgrad der Aminosäure. 8 neue Pr-Verbb. mit GH bzw. AH werden synthetisiert u. thermograph. sowie durch Leitfähigkeitsmessungen untersucht.

Versuche: Stöchiometr. Lsgg. von $PrCl_3$ u. Glycin (GH) bzw. Alanin (AH) wurden konz., die erhaltenen GH-Verbb. mit Methanol u. Ae., die AH-Verbb. mit Aceton u. Ae. gewaschen. Auf diese Weise wurden erhalten: *$PrCl_3 \cdot 3\ GH \cdot 3\ H_2O$*, hellgrüne, lange Nadeln, F. 274° (Zers.), nach Abgabe von 1 bzw. 2 Moll. W. bei 126 bzw. 138°. — *$[Pr(OH) \cdot G]Cl \cdot 4\ H_2O$*, aus $PrCl_3$ u. $GH_{0,5}Na_{0,5}$, hellgrüne pfeilförmige Kristalle. — *$[Pr(OH)G_2] \cdot 3\ H_2O$*, aus $PrCl_3$ u. $GH_{0,5}Na_{0,5}$ im Verhältnis 1:2, blättchenförmige Kristalle. — *$PrCl_3 \cdot AH \cdot 4\ H_2O$*, Kristallpulver. — *$PrCl_3 \cdot 3\ AH \cdot 3\ H_2O$*, Nadeln in Rosettenform. — *$[Pr(OH)A]Cl \cdot 4\ H_2O$*, 4eckige Täfelchen. — *$[Pr(OH)A_2] \cdot 4\ H_2O$*, 4eckige Täfelchen. Angabe der Löslichkeiten. G. Engelhardt. 305◇

0637 **Beitrag zur Untersuchung der Thermolyse von Alkoholaten. Fall des Cyclohexylorthotitanats.** Antonin Deluzarche, Mathilde Brini, Gérard Lévy und François Damm. (C. R. hebd. Séances Acad. Sci. **248**, 3573—74, 1959; franz.) — $Ti(OC_6H_{11})_4$ zerfällt bei 245° in 49—50% *Cyclohexen*, 48—49% *Cyclohexanol* neben fast 1% *Cyclohexan* u. *Cyclohexanon*. Es wird ein Radikalmechanismus diskutiert. H. Jacobi. 321◇

0638 **Konduktometrische und potentiometrische Untersuchung der Reaktion zwischen Natriumsuccinat und Thoriumchlorid.** Y. D. Upadhya und S. P. Mushran. (J. prakt. Chem. [4] **20**, 232—36, 1963; Allahabad, India, Univ. of Allahabad, Chem. Labor.; engl.) — Aus Na-Succinat u. $ThCl_4$ bildet sich ein Disuccinat, $Th(C_4H_4O_4)_2$, in der Nähe des Äquivalenzpunktes, wenn die Unterss. in Ggw. von Glucose als Stabilisator vorgenommen werden. Andernfalls entstehen instabile koll. Lösungen. H. Kuchenbecker. 324◇

0639 **Zinn- und bleiorganische Derivate einiger stickstoffhaltiger Säuren.** D. A. Kotschkin, Ss. G. Werenikina und I. B. Tschekmarewa. (Ber. Akad. Wiss. UdSSR **139**, 1375—78, 1961; Allunions-Vitamin-Forschungsinst.; russ.) — Es wurden die Ester aus Trimethyl-, Triäthyl-, Tri-n-propylhydroxystannan, Diäthyl-, Di-n-propyl-, Diisobutylzinnoxid u. Diphenylbleioxid mit Nicotinsäure, Isocinchomeronsäure (Pyridin-2.5-dicarbonsäure), Alanin, p-Aminobenzoesäure, 2.4-Dihydroxypyrimidin-6-carbonsäure (Uracil-4-carbonsäure) u. 2.4-Dihydroxypyrimidin-6-essigsäure (Uracil-4-essigsäure) dargestellt. Die Verbb. sind kristalline Prodd., die im allg. in W. schwer, in organ. Lsgm. leicht lösl. sind. Die Verbb. besitzen z. T. stark biocide Eigenschaften.

Versuche: *Trimethylzinnicotinat*, $C_9H_{13}NO_2Sn$, F. 188 bis 190° (Bzl.), aus 5,4 g Trimethylstannol, 3,7 g Nicotinsäure u. 40 ml W. durch 1½—2 Std. langes Erhitzen zum Sieden, Stehenlassen über Nacht; 69,1% (Ausbeute). — *Tri-n-propylzinnicotinat*, $C_{15}H_{25}NO_2Sn$, F. 90—92° (Bzl.), aus 2,4 g Nicotinsäure in 30 ml W., Zugeben von 2,5 g Hexa-n-propyldizinnoxid, 2 Std. langes Erhitzen auf 70°, Stehenlassen über Nacht; 79,3%. — *Di-n-propylzinndinicotinat*, $C_{18}H_{22}N_2O_4Sn$, F. 156—158° (Chlf.), Kochen von 2,2 g Hexa-n-propyldizinnoxid, 20 ml W. u. 2,7 g Nicotinsäure 20 Min.; 82,4%. — *Diphenylbleidinicotinat*, $C_{24}H_{18}N_2O_4Pb$, F. 200°, Siedenlassen von 4,6 g Triphenylhydroxyplumban u. 1,2 g Nicotinsäure in 20 ml A., 1½—2 Std.; 71,1%. — *Bis-[triäthylzinn]-isocinchomeronat*, $C_{19}H_{33}NO_4Sn_2$, F. 263° (Chlf.), Siedenlassen von 2,2 g Triäthylstannol (oder Hexaäthyldizinnoxid) u. 0,8 g Isocinchomeronsäure in 35 ml W., 3—4 Std.; 50,1%. — *Diisobutylzinn-bis-[p-aminobenzoat]*, $C_{22}H_{30}N_2O_4Sn$, F. 181 bis 182° (Ae.), Siedenlassen von 0,67 g Diisobutylzinnoxid u. 0,62 g p-Aminobenzoesäure in 50 ml W., 5 Std., Abdampfen von 25 ml W. nach 24 Stunden. — *Uracil-4-carbonsäure*, $C_5H_4N_2O_4 \cdot H_2O$, Zers. 300° (W.), nach Dehydratisierung F. 345°, man gibt 3,5 g Uracilessigsäure zu 8,7 g $Na_2Cr_2O_7$, 8,7 ml konz. H_2SO_4 u. 43 ml W. u. kocht 5 Min.; 2,1 g. — *Diphenylblei-bis-[uracilacetat]*, $C_{24}H_{20}N_4O_8Pb$, Zers. 330°, Siedenlassen von 3,4 g Uracilessigsäure u. 2,3 g Triphenylplumbanol in 60 ml A., 5 Std.; 60%. — *Trimethylzinnuracil-4-carboxylat*, $C_8H_{12}N_2O_4Sn$, F. 302—303° (W.), Siedenlassen von 0,54 g Trimethylstannol u. 0,47 g Uracil-4-carbonsäure in 35 ml W. für 12 Std. u. Eindampfen auf 1/7 des Ausgangs-Vol.; 54,1%. — Analog werden folgende Verbb. erhalten: *Triäthylzinnicotinat*, $C_{12}H_{19}NO_2Sn$, F. 108—110°; 85,6%. — *Diäthylzinndinicotinat*, $C_{16}H_{18}N_2O_4Sn$, F. 211 bis 212°; 85,7%. — *Bis-[tri-n-propylzinn]-isocinchomeronat*, $C_{25}H_{45}NO_4Sn_2$, F. 144—145°; 31,3%. — *Trimethylzinnalaninat*, $C_6H_{15}NO_2Sn$, F. 215°; 40%. — *Trimethylzinn-p-aminobenzoat*, $C_{10}H_{15}NO_2Sn$, Zers. 258,5—259,5°; 30%. — *Triphenylbleiuracil-4-carboxylat*, $C_{23}H_{18}N_2O_4Pb$, F. 350°; 60,3%. — *Trimethylzinnuracil-4-acetat*, $C_9H_{14}N_2O_4Sn$, Zers. 345°. Helmut Schäfer. 328□

0640 **Das π-Tropylium-π-cycloheptatrienvanadin(0)-Kation $[V(C_7H_7)(C_7H_8)]^+$.** F. Calderazzo und P. L. Calvi. (Chim. e Ind. [Milano] **44**, 1217—20, 1962; Milano, Politecn., Ist. di Chim. ind.; ital.) — Nach ca. 5std. Erhitzen von 4,7 g $V(CO)_6$ mit 29,4 g Cycloheptatrien in N_2 auf 50° wird das Rk.-Gemisch filtriert, der Nd. mit Pentan gewaschen, wobei $V(C_7H_7)(CO)_3$ in Lsg. geht u. 1,7 g unlösl. $[V(C_7H_7)(C_7H_8)]^+ \cdot [V(CO)_6]^-$ (I) als in W. u. KW-Stoffen unlösl., fester, rotbrauner, mikrokristalliner Rückstand verbleibt. Eine mit methanol. Lsg. von $Na[B(C_6H_5)_4]$ behandelte aceton. Lsg. von I liefert rotes $[V(C_7H_7)(C_7H_8)][B(C_6H_5)_4]$ (II). Das Tris-[o-phenanthrolin]-Ni-Salz $[Ni(C_{12}H_8N_2)_3][V(CO)_6]_2$ (III) wird durch Behandlung von I mit wss.-aceton. Lsg. von $[Ni \cdot (o\text{-phen})_3]^{2+}$ erhalten. Messungen der magnet. Susceptibilität zeigen, daß I u. II entsprechend einem ungepaarten Elektron paramagnet. sind u. V als V(0) vorliegt. Das IR-Spektrum von I zeigt nur eine Carbonyl-Valenzfrequenz bei ca. 1850 cm^{-1}, die dem Anion III zugeschrieben werden kann. Durch Vgl. des IR-Spektrums von I mit denjenigen von $V(C_7H_7)(CO)_3$ u. $Mo(CO)_3(C_7H_8)$ wird das Vorhandensein von Tropylium- u. Tropilidenresten im Kation von II bestätigt. Dies ist das erste Beispiel eines Komplexes, der 2 π-gebundene Siebenringe enthält. Der Mechanismus der Bldg. von I wird erörtert. R. K. Müller. 330◇

0641 **Phasengleichgewichte im System Bi_2O_3–V_2O_5–PbO.** N. P. Smoljaninow und I. N. Beljajew. (J. anorg. Chem. [UdSSR] **8**, 1219—23, 1963; russ.) — Durch visual-polytherm. Röntgenphasen- u. dilatometr. Unters. des Syst. Bi_2O_3–V_2O_5 konnten die Verbb. $7\,Bi_2O_3 \cdot V_2O_5$, F. 955°, $BiVO_4$, F. 958°, $Bi_4(V_2O_7)_3$, F. 832°, u. $Bi(VO_3)_3$, F. 720°, nachgewiesen werden. $7\,Bi_2O_3 \cdot V_2O_5$ bildet mit Bi_2O_3 eine lückenlose Reihe von Mischkristallen u. mit $BiVO_4$ Mischkristalle mit einem Minimum bei einem V_2O_5-Geh. von 37,5% (F. 870°). Im Syst. Bi_2O_3–V_2O_5–PbO wurden die Phasenübergänge für $BiVO_4$ bei 200—255°, für $Pb_3(VO_4)_2$ bei 110—160°, für $Bi_4(V_2O_7)_3$, $Bi(VO_3)_3$ u. V_2O_5 bei 200—280° gefunden. Es werden die Zus. von 9 nonvarianten Punkten für das letzte Syst. angegeben. Ch. Weiske. 334◇

0642 **Die Fluorierung von Uran(IV)-sulfat mit Chlortrifluorid.** N. Ss. Nikolajew und Ju. D. Schischkow. (Atomenergie [UdSSR] **15**, 81, 1963; russ.) — Vff. geben die Temp.-Abhängigkeit (18—300°) des Prozesses sowie ein Rk.-Schema (Bldg. von UF_6 über UO_2SO_4 u. UO_2F_2) an. K. Winkler. 339◇

0643 **Cyclische Oxydation–Reduktion von Uranoxiden.** A. F. Bessonow, W. G. Wlassow und W. N. Strekalowski. (J. angew. Chem. [UdSSR] **35**, 657—60, 1963; russ.) — Vgl. C. **1964**, 1-0511. — Bei der cycl. Oxydation-Red. von Uranoxiden im Temp.-Intervall von 20—500° wurden die Phasen UO_2, UO_{2+x}, $UO_{2,25}$, $UO_{2,36\pm x}$, $UO_{2,6\pm x}$, $UO_{2,67}$ in Übereinstimmung mit Literaturwerten festgestellt. K. Winkler. 339◇

0644 **Thermische Tieftemperaturreduktion von Uranoxid mit Kohlenstoff.** W. G. Wlassow und W. A. Koslow. (J. angew. Chem. [UdSSR] **35**, 660—62, 1962; russ.) — Vgl. vorst. Referat. — Vff. untersuchten die Kinetik des Red.-Prozesses von U_3O_8 bei Temp. von 625—725° sowie den Einfl. einer Beimengung von Na_2CO_3 auf die Kinetik der Rk. von U_3O_8 mit Zuckerkohle. Vorheriger Zusatz von Na_2CO_3 beschleunigt den Prozeß, die Einführung von Kohle verlangsamt ihn. Die Aktivierungsenergie der nach Me_xO_y + CO → Me_xO_{y-1} + CO_2 verlaufenden Red. in Ggw. von Na_2CO_3 beträgt 56—58 kcal/Mol. K. Winkler. 339◇

0645 **Die Darstellung von Urandioxid aus Uran(IV)-oxidformiat.** Balaram Sahoo und D. Patnaik. (Current Sci. **28**, 364, 1959; Cuttack, Utkal Univ., Ravenshaw Coll., Dep. of Chem.; engl.) — Vff. gewinnen UO_2 durch therm. Zers. von U(IV)-Oxidformiat beim Erhitzen auf Rotglut. Der Rückstand besteht zu 90% aus UO_2, zu 10% aus U_3O_8. D. Hoene. 339◇

0646 **Die Uran(IV)-Komplexe mit 8-Hydroxychinolin und 5.7-Dihalogen-8-hydroxychinolin.** W. W. Wendlandt und G. R. Horton. (J. inorg. nuclear Chem. **19**, 272—77, 1961; Lubbock, Tex., Texas Technol. Coll., Dep. of Chem.; engl.) — Die U(IV)-Komplexe von 8-Hydroxychinolin (I) sowie 5.7-Dibrom- u. -Dichlor-8-hydroxychinolin mit dem Mol-Verhältnis 1:5 konnten durch Fällung aus essigsaurer, NH_3-gepufferter Lsg. dargestellt werden. Thermogravimetrie, DTA u. spektroskop. Unterss. im UV, sichtbaren Bereich u. IR ergaben Ähnlichkeit mit den entsprechenden Th(IV)-Komplexen. Alle Komplexe sind mindestens 2 Wochen lang stabil gegen Oxydation.

Versuche: *8-Hydroxychinolinkomplex des U(IV)*, $U(C_9H_6NO)_4 \cdot C_9H_6NOH$, durch Zusatz von 1,8 g I in 50 ml Eisessig zu 0,3 g U(IV) in 100 ml W. u. Fällung mit 6n wss. NH_3 bis pH 5,3; braungelber Niederschlag. — *5.7-Dichlor-8-hydroxychinolinkomplex*, $U(C_9H_4Cl_2NO)_4 \cdot C_9H_4Cl_2NOH$, in entsprechender Weise durch Fällung mit 6n wss. NH_3 aus ca. 45% Eisessig u. 9% 2n HCl enthaltender Lsg. bis pH 3,24; goldfarbener Niederschlag. — *5.7-Dibrom-8-hydroxychinolinkomplex*, durch Fällung bis pH 2,30. W. Betcke. 339◇

0647 **Einige harnstoffhaltige Acidouranylkomplexverbindungen.** W. P. Markow und I. W. Zapkina. (J. anorg. Chem. [UdSSR] **8**, 285—89, 1963; Akad. der Wiss. der UdSSR, Inst. für allg. u. anorgan. Chem.; russ.) — Vff. untersuchen die Rk. von Harnstoff mit Acidouranylkomplex-Verbb. u. die Eigg. der Rk.-Produkte.

Versuche: $(C_{10}H_8N_2H)_2[UO_2(SO_4)_2H_2OCO(NH_2)_2]$, durch Erwärmen einer wss. Lsg. von $UO_2SO_4 \cdot 3\,CO(NH_2)_2$ mit schwefelsaurer Dipyridyl-Lsg. im Verhältnis 1:4. Hellgrüne Kristalle, Brechungsindices N_p 1,531, N_g 1,702. — $K_2[UO_2 \cdot (C_2O_4)_2H_2OCO(NH_2)_2]$, 2—3 g $UO_2C_2O_4 \cdot 3\,H_2O$ (I) mit $K_2C_2O_4$ im Verhältnis 1:1 in W. lösen, Harnstoff (II) im Verhältnis 10:1 (II:U) zugeben. Gelbe Kristalle, N_p 1,471, N_g 1,687. — $(CH_6N_3)_2[UO_2(C_2O_4)_2CO(NH_2)_2]$, aus 3 g I in 10—15 ml W. u. 0,95 g Ammoniumoxalat u. nach Erwärmen gesätt. Guanidiniumchlorid-Lsg. im Verhältnis U : CH_6ClN_3 = 1:3 bis 1:4 u. II im Überschuß. Gelbe Kristalle, N_p 1,504, N_g 1,710. — $(C_{10}H_8N_2H)_2[(UO_2)_2(SO_4)_2C_2O_4\{CO(NH_2)_2\}_2]$. Aus 2—3 g I in 3—4 ml W. pro g Einwaage u. 2:1 verd. H_2SO_4 beim Erwärmen bis zur Lsg. des Nd., Zugabe von II in 5—10fachem

Überschuß u. 2.2'-Dipyridyl (**III**) im Verhältnis U:**III** = 1:2. Beim Abkühlen weißer, krist. Nd., feine Nadeln, N_p 1,543, N_g 1,686. — $(C_{10}H_8N_2H_2)[(UO_2)_2(C_2O_4)Cl_4\{CO(NH_2)_2\}_2]$ aus 3—4 g **I** in W. u. konz. HCl unter Erwärmen bis zur Lsg. des Nd., Zugabe von **II** in 5—6fachem Überschuß sowie **III** in 2fachem Überschuß. Beim Abkühlen gelbgrüne Kristalle. — $(C_{10}H_8N_2H_2)[UO_2C_2O_4ClH_2O]_2$, wie vorst., Verhältnis U:**II** wie 1:1 bis 1:2, grüne Kristalle.

G. Engelhardt. 339◇

0648 **Fluoroacetatokomplexverbindungen des Uranyls vom Pentaacidotyp.** W. A. Golowija und L. K. Schubotschkin. (J. anorg. Chem. [UdSSR] **8**, 290—94, 1963; Akad. der Wiss. der UdSSR, Inst. für allg. u. anorgan. Chem.; russ.) — Bei der Rk. von $[UO_2(CH_3COO)_2(H_2O)_2]$ (**I**) mit NH_4F u. KF werden $NH_4[UO_2F(CH_3COO)_2]$ u. $K[UO_2F\cdot(CH_3COO)_2]$ erhalten. Mit NaF im Überschuß entsteht schwerlösl. $Na[UO_2(CH_3COO)_3]$. Mit dem Ersatz einer (CH_3COO)-Gruppe durch F in **I** wird zugleich ein Mol. H_2O verdrängt, was in Übereinstimmung steht mit einer für die gegenseitige Verdrängung der Liganden des UO_2^{2+}-Ions aufgestellten Reihe. Mit Guanidin bildet sich eine Komplex-Verb. der Zus. $(CN_3H_6)_2[UO_2F_3(CH_3COO)H_2O]$.

Versuche: $NH_4[UO_2F(CH_3COO)_2]$: 10—15 g $[UO_2\cdot(CH_3COO)_2(H_2O)_2]$ in 3fachem Überschuß W. lösen, das 1—2 ml Essigsäure enthält, auf 80—90° erwärmen, festes NH_4F im Verhältnis $NH_4F:UO_2 = 1:2$ zugeben. Beim Abkühlen hellgelbe Kristalle, waschen mit A. u. Ae. — $K[UO_2F\cdot(CH_3COO)_2]$ wird analog vorst. Verb. mit KF erhalten, gelb, feinkristallin, in W. weniger lösl. als vorst. Verb., schwer lösl. in A., unlösl. in Äther. — $(CN_3H_6)_2[UO_2F_3(CH_3COO)H_2O]$: UO_2F_2 wird mit NH_4F im Mol-Verhältnis 1:1 in der 2—3fachen Menge W. gelöst, nach Erwärmen auf 35—40° wird ein 2facher Überschuß an Guanidiniumacetat zugegeben, nach 30 Min. kristalliner Nd., mit Eiswasser u. Ae. waschen. Von allen Präpp. wurde die molare Leitfähigkeit gemessen.

G. Engelhardt. 339◇

0649 **Über die Existenz des Uranylions.** Clément Duval. (Analyt. Chem. Proc. int. Sympos., Birmingham Univ. [U.K.] **1962**, 388—93, 1963; Paris, C.N.R.S., Labor. de Rech. Microanalyt.; franz.) — Auf Grund von Messungen der Ionenzahl u. experimenteller Ergebnisse der Elektrolyse, Elektrophorese u. IR-Spektroskopie von Feststoffen u. Lsgg. sowie mikroanalyt. Meth. u. Deuterierungs-Verss. folgert Vf., daß die angenommene Formel des UO_2Cl_2 nicht korrekt ist. Es wurde die Formel $(UO_3H)_2[UCl_6(OH)_2]$ vorgeschlagen. Vf. hegt Zweifel an der Existenz von UO_2^{2+}-Ionen. — Diskussion.

D. Heinrich. 339◇

0650 **Abreicherung von ^{106}Ru aus ^{99}Tc-Lösung mit Ionenaustauschermembranen.** Tatsuro Kawashima und Yoshio Koda. (Rep. Government ind. Res. Inst., Nagoya **10**, 732—35, 1961; jap., Auszug: engl.) — Mit ^{106}Ru verunreinigte salpetersaure $^{99}TcO_4^-$-Lsgg. wurden durch Elektrolyse unter Verw. von Ionenaustauschermembranen gereinigt. ^{99}Tc wurde mit einer Ausbeute von ca. 80% unter Verringerung des ^{106}Ru-Geh. auf ca. 3% (1 Membrane) bzw. 2% (2 Membranen) des ursprünglichen Geh. abgetrennt.

H. Schroeder. 351◇

0651 **Diagramm der Löslichkeitsisothermen des Systems $MnSO_4\cdot(NH_4)_2SO_4$–$FeSO_4\cdot(NH_4)_2SO_4$–H_2O-Aceton bei 25°.** Ju. D. Tretjakow und Sh. G. Schleifman. (J. anorg. Chem. [UdSSR] **8**, 413—17, 1963; Moskau, Univ., Lehrst. für allg. Chem.; russ.) — Vff. untersuchen das Gleichgewicht im quatern. Syst. $MnSO_4\cdot(NH_4)_2SO_4$–$FeSO_4\cdot(NH_4)_2SO_4$–H_2O–Aceton bei 25°. Die Salzkomponenten des Syst. bilden eine lückenlose Reihe von festen Lsgg. in allen untersuchten Bereichen. Aus der Änderung der Löslichkeit der reinen Salze in einem W.-Aceton-Gemisch wird eine Gleichung für die isotherm. Löslichkeitsoberfläche im quatern. Syst. vorgeschlagen u. im Gleichgewicht die Abhängigkeit des Quotienten der Verteilungs-Koeff. von Mohrschem Salz u. Mn-Salz von der Konz. des nichtwss. Lsgm. festgestellt.

G. Engelhardt. 354

0652 **Thermische Stabilität der Eisen(III)-vanadate.** Ju. I. Ssannikow und W. L. Solotawin. (J. anorg. Chem. [UdSSR] **8**, 1151—56, 1963; russ.) — Beim Erhitzen von $Fe_8O_4(OH)_{10}V_{10}O_{28}\cdot22\,H_2O$ u. $Fe_6(OH)_{12}V_{10}O_{28}\cdot16\,H_2O$ verlieren beide Verbb. bei ca. 200° das zeolith. W. u. bilden $Fe_8O_4(OH)_{10}V_{10}O_{28}$ bzw. $Fe_6(OH)_{12}V_{10}O_{28}$. Das gebundene Restwasser entweicht erst bei 550°, d. h. in den Fe(III)-Vanadaten ist das W. fester gebunden als in FeOOH oder $V_2O_5\cdot H_2O$.

Ch. Weiske. 354◇

0653 **Ammoniumhexacyanoferrat(II) bei der Darstellung von Ferriten.** Włodzimierz Wolski. (Roczniki Chem. [Ann. Soc. chim. Polonorum] **33**, 1237—39, 1959; Poznań, Univ., Dep. of Chem.; pol.) — Aus $(NH_4)_4[Fe(CN)_6]$ u. den entsprechenden Nitraten der 2wertigen Kationen wurden durch Erhitzen auf 180—200° während 8—45 Min. die Ferrite x MeO·y Fe_2O_3 (x, y = 1, 2) hergestellt. Alle untersuchten Proben mit Me = Sr, Ba, Pb, Zn, Cd, Ni, Co u. Cu waren ferromagnet.; daß auch die Zn- u. Cd-Ferrite ferromagnet. waren, läßt sich durch die Kationenverteilung erklären.

K. Huste. 354◇

0654 **Dimorphiebeziehungen von Ag_3SbS_3.** Luke Li-Yu Chang. (Amer. Mineralogist **48**, 429—32, 1963; Chicago, Ill., Univ. of Chicago, Dep. of Geophys. Sci.; engl.) — Es wird über Verss. zur Synth. von Argentit, Pyrargyrit, Stibnit u. Pyrostilpnit bei Temp. bis 800° in Druckgefäßen berichtet. Pyrargyrit bildete sich aus den Elementen nur bei Temp. >350°, während es durch Umwandlung aus Pyrostilpnit bis herab zu 197° entstand. Diese beiden Minerale sind damit polymorph.

J. Heinze. 359◇

A_9. Mineralogische und geologische Chemie

0655 **Mineralogische und geochemische Untersuchung der tonigen Formationen in der Umgebung von Saint-Affrique, Aveyron.** P. Maurel. (Bull. Soc. franç. Minéralog. Cristallogr. **85**, 329—74, 1962; Paris, Labor. de Minér.; franz.) — Eine Sedimentserie vom Oberen Perm bis zum Lias wurde chem. u. sedimentpetrograph. untersucht. Die einzelnen Stufen werden nach ihrem Mineralbestand unterschieden. In 14 repräsentativen Gesteinen dieser Abfolge wurden folgende Geh. gemessen: Li 100 (ppm), B 172, P 675, Cl 87, Ti 4400, V 137, Cr 128, Mn 529, Co 12, Ni 50, Cu 30, Rb 79, Sr 280 u. Ba 508. Die Korrelations-Koeff. von 19 Typen zeigen einfache Proportionalität zwischen den Variablen. Es sind dies: Ti–Al, Co–Ni, B–K, Rb–B, Rb–K, Cr–V, Ba–Quarz, Ni–V, Co–Li, Mn–Cu, Ti–Quarz, Ton–K, Ni–Cr, Al–Fe, Al–Ton, Al–Quarz, Ba–Fe, Ton–B u. Ni–Li.

J. Heinze. 378◇

0656 **Geochemische Untersuchungen an Salztonen des Zechsteins im Südharz-Kalirevier.** Rolf Langbein. (Chem. der Erde **23**, 1—70, 3 Tafeln, 1963; Jena, Friedrich-Schiller-Univ., Miner. Inst.; dt.) — Für das Südharzrevier wird eine neue Gliederung des Grauen Salztones vorgeschlagen. Die Verteilungen der Spurenelemente Cu, Ag, Sr, Ba, Zn, Ga, Ge, Sn, Pb, Ti, Zr, V, Cr, Ni, Co u. Mn werden spektralanalyt. nachgewiesen. Daneben wurden Li, Rb, Cd, B, As, Sb, Bi, P, Mo u. W gefunden. Durch bes. Elementassoziationen zeichnen sich im Grauen Salzton zwei Gesteine aus: rotgefärbte, sandige Sedimente mit starker Mn-, Ba- u. Sr-Anreicherung (Brackwasser-Bldg.) u. ein dunkler, bituminöser Ton mit Cu-Schiefer-ähnlicher Spurenverteilung. Die Genese von Grauem Salzton u. Tongesteinen im Flöz Staßfurt wird als wechselnd fluviatile u. marine Bldg. verstanden.

J. Heinze. 378◇

0657 **Die Verteilung des Nickels zwischen den Silicat- und Sulfidphasen in einigen basischen Intrusionen Finnlands.** Aulis Häkli. (Bull. Commiss. géol. Finlande **1963**, Nr. 209, 1—54; Outokumpu, Outokumpu Co., Res. Labor.; engl.) — Die Verteilung von Ni auf Olivin, Pyroxen, Amphibol u. die koexistierenden Sulfidphasen wird mit Hilfe von Unterss. an 25 finn. Intrusiva bestimmt. Der Verteilungs-Koeff. des Atomverhältnisses von Ni/Mg in Olivinen u. des Ni-Geh. der koexistierenden Sulfidphase ist K = 0,000344. Bei Pyroxenen u. Amphibolen wurde der Verteilungs-Koeff. aus den Ni-Geh. der Silicat- u. der Sulfidphase ermittelt. Er beträgt bei Pyroxenen 0,00755. K der Amphibole variiert beträchtlich bei prim. u. sek. Kristallen. Der numer. Wert der ersteren liegt bei 0,0134, der der sek. Kristalle bei 0,00755. Die Entstehung des Ni-Skarns wird an Hand des Verteilungsgesetzes diskutiert.

J. Heinze. 378◇

0658 **Über den Rheniumgehalt des Molybdänits vom Mount Mulat (Predazzo) und anderer italienischer Molybdänite.** Luigi Paganelli. (Geochim. cosmochim. Acta [London] **27**, 401—04, 1963; Bologna, Univ., Inst. di Miner. e Petrografia; engl.) — 40—70 ppm Re wurden in 3 Molybdäniten colorimetr. bestimmt. Möglicherweise bestehen zwischen den Re-Geh. u. der Temp. der Lagerstätten-Bldg. Beziehungen. J. Heinze. 378◇

0659 **Die Strontiumgehalte der Baryte.** Rainer Starke. (Bergakademie [Freiberg] **15,** 404–08, 1963; Freiberg; dt.) – Sr-Geh. von 2293 Barytproben wurden der Literatur entnommen bzw. röntgenograph., röntgenfluorescenzspektroskop. u. flammenphotometr. bestimmt. Es ergibt sich ein durchschnittlicher Geh. von 2,13% $SrSO_4$. Sehr selten wurden Geh. über 5% $SrSO_4$ gefunden. Es wurde untersucht, in welcher Weise die Sr-Geh. in den Baryten variieren u. wie die relativen u. abs. Ba- u. Sr-Konzz. u. die pH-Werte der Lsgg. sowie die Lsg.-Genossen den Einbau des Sr ins Barytgitter beeinflussen. Kristallisations-Verss. unter Berücksichtigung natürlicher Verhältnisse wurden ausgeführt. J. Heinze. 378◇

0660 **Strontium-Isotopenzusammensetzung in ozeanischen und kontinentalen Basalten: Anwendung auf die Entstehung magmatischer Gesteine.** G. Faure und P. M. Hurley. (J. Petrology **4,** Nr. 1, 31–50, 1963; Cambridge, Mass., MIT, Dep. of Geol. and Geophys.; engl.) – Das Verhältnis a = $^{87}Sr/^{86}Sr$ variiert bei 25 untersuchten Basalten u. verwandten vulkan. Gesteinen zwischen 0,7047 u. 0,7101. Zwischen marinen u. kontinentalen Basalten wurden keine Unterschiede von a festgestellt. So zeigen 11 ozean. Proben einen mittleren a-Wert von 0,7072, während 14 Kontinentbasalte 0,7078 ergaben. Der mittlere a-Wert aller Proben liegt bei 0,7078. Die Rb- u. Sr-Konzz. von 5 Olivinbasalten wurden zu [Rb] = 17 ± 6, [Sr] = 390 ± 55 ppm, Rb/Sr = 0,044 ± 0,018 ermittelt, die von 6 tholeiit. zu 30 ± 7 ppm, 504 ± 167 u. 0,060 ± 0,024. An Hand von Literaturwerten ergibt sich ein Rb/Sr-Verhältnis der oberflächennahen Teile der Erdkruste von 0,25. Setzt man das mittlere Alter zu 2 Milliarden Jahre u. den ursprünglichen a-Wert mit 0,704 an, so müßte dieser Wert gegenwärtig 0,725 sein. Bei zwei paläozoischen Schiefertonen wurde auch tatsächlich a zu 0,7215 ± 0,001 bestimmt. Es ergibt sich aus der Anreicherung des ^{87}Sr die Möglichkeit, das Kristallisationsalter von Magmatiten zu bestimmen. Der ursprüngliche a-Wert, die Kristallisationszeit u. mögliche Beziehungen zwischen Magmatitdifferentiaten lassen sich aus der Konvergenz von Sr-Entw. im Gesamtgestein ableiten. Am Beispiel der alkal. Intrusiva der Monteregian Hills, Quebec, Canada, wird diese Meth. demonstriert. J. Heinze. 378◇

0661 **$^{18}O/^{16}O$-Verhältnisse in Gesteinen und koexistierenden Mineralen der Skaergaard-Intrusion, Ostgrönland.** H. P. Taylor jun. und S. Epstein. (J. Petrology **4,** Nr. 1, 51–74, 1963; California Inst. of Technol., Div. of Geol. Sci.; engl.) – Die Skaergaard-Intrusion ist ein stark geschichtetes Gabbro-Massiv mit fraktionierter Kristallisation. Im allg. sind die $^{18}O/^{16}O$-Verhältnisse (a) analog denen anderer Magmatite, jedoch ist die Isotopenfraktionierung (vermutlich wegen der hohen Bldg.-Temp. der Skaergaard-Gesteine) zu gering. Die späteren Differentiate sind progressiv verarmt an ^{18}O; die a-Werte der Granophyre des letzten Stadiums sind um 4 bis 5‰ niedriger als die geschichteten Gabbros der Unteren Zone u. 7–9‰ niedriger als Normalgranite anderer Orte. Diese progressive Verarmung an ^{18}O resultiert aus der Kristallisation u. dem Ausfallen von Mineralen, die ca. 1‰ höhere a-Werte haben als das fl. Magma. Die experimentellen Ergebnisse stehen im Einklang mit Berechnungen. J. Heinze. 378◇

0662 **Über den Einfluß der Erhitzung auf die Struktur von Glimmern und Mikroklin und über das Verbleiben von Argon in denselben.** I. Je. Starik, W. W. Kurbatow und L. A. Litwina. (Schr. mineralog. Allunions-Ges. [UdSSR] [2] **88,** Nr. 6, 724–28, 1959; Leningrad, Chlopin-Inst. für Strahlenkunde der Akad. der Wiss. der UdSSR; russ.) – Durch röntgenometr. Unters. von *Biotit* (**I**), *Muskovit* (**II**) u. *Mikroklin* (**III**) gleichen Alters nach dem Glühen bei 600, 800, 1000 u. 1250° wird festgestellt, daß selbst bei Einhaltung eines hohen Vakuums der Temp.-Bereich 1000–1250° für **I**, **II** u. **III** krit. ist. Bei diesen Temp. zerfallen ihre Gitter unter Bldg. neuer Stoffe. Aus **I** u. **II** entstehen neben γ-Fe_2O_3 bzw. γ-Al_2O_3 auch weitere krist. Substanzen. Beim Zerfall von **III** entstehen nur amorphe, glasartige Stoffe. Die Ausscheidung von Ar verläuft bei **I** u. **II** intensiver als bei **III**. O. Lebtag. 378△

0663 **Die Diffusionsparameter radiogenen Argons und Strontiums im Biotit aus der Alpine Fault in New Zealand bei niedrigen Temperaturen.** P. M. Hurley, H. Hughes, W. H. Pinson jun. und H. W. Fairbairn. (Geochim. cosmochim. Acta [London] **26,** 67–80, 1962; Cambridge, Mass., MIT; engl.) – Die untersuchten Glimmer weisen Verluste des radiogenen Ar in Abhängigkeit von der Tiefe auf. Bei 9000 ft. ist das Ar fast völlig verschwunden. Der Mittelwert des Diffusionsparameters D/a^2 wird zu $6 \cdot 10^{-16}\ s^{-1}$ bei 110° berechnet. Eine Biotitprobe zeigt beinahe völligen Verlust des radiogenen ^{87}Sr. J. Heinze. 378◇

0664 **Kalium/Argon-Werte einiger känozoischer vulkanischer Gesteine der Sierra Nevada, Kalifornien.** G. Brent Dalrymple. (Bull. geol. Soc. America **74,** 379–90, 1963; Berkeley, Calif., Univ. of California, Dep. of Geol. and Geophys.; engl.) – Folgende Alterswerte wurden bestimmt: Gefalteter Rhyolithtuff aus der oberen Lage der Valley-Springs-Formation 19,9 Ma (Millionen Jahre); gefalteter Basistuff aus dem Gebiet des Sonora-Passes 25,7; Biotit–Augit–Latit (Hangendes des Table–Mountain-Latits) 8,8–9,0; Basaltausfüllung im Little-Ker-River 3,5; Basalt vom Jose Basin 9,5; Basalte aus dem Oberen San-Joaquin-Entwässerungsgebiet 3,5–3,6; Basalt vom McGee Mountain 2,6; Basalt vom Coyote Flat 9,6; Basalt unterhalb Sherwin Till im Owens Gorge 3,2 u. Rhyolithtuff mit aufliegendem Basalt im Deep-Springs-Valley, White Mountains, 10,9 bzw. 10,8. J. Heinze. 378◇

0665 **Alter der Intrusivgesteine in den südöstlichen San Gabriel Mountains, Kalifornien.** K. Jinghwa Hsu, George Edward und W. A. McLaughlin. (Bull. geol. Soc. America **74,** 507–12, 1963; Houston, Tex., Shell Dev. Co., Explor. and Prod. Res. Div.; engl.) – Alters-Best. nach der Rb/Sr- u. K/Ar-Meth. weisen auf zwei Perioden pluton. Intrusionen. Ein konkordanter Quarzdioritpluton wurde vor (83 bis 105)·10^6 Jahren während der kretaz. Orogenese gebildet. Kleine diskordante Quarzmonzonitplutone entstanden vor (17–26)·10^6 Jahren während der miozänen Orogenese. Auf Grund dieser Daten lassen sich die geolog. Vergangenheiten der San Gabriel Mountains u. des Los Angeles-Beckens korrelieren. J. Heinze. 378◇

0666 **Isotopische Hinweise für die Entstehung der Uranerze vom Colorado-Plateau.** Donald S. Miller und J. Laurence Kulp. (Bull. geol. Soc. America **74,** 609–29, 1963; Troy, N.Y., Rensselaer Polytechn. Inst., Dep. of Geol.; Palisades, N.Y., Columbia Univ., Lamont Geol. Observ.; engl.) – Das U/Pb-Alter von prim. U-Erzen wurde zu 65 bis 175 (Jura) u. 22–220 Millionen Jahren (Trias) bestimmt. Die $^{238}U/^{206}Pb$-Alterswerte einer Grube variieren untereinander bis zum Faktor 3. Die $^{238}U/^{207}Pb$ u. $^{235}U/^{207}Pb$-Werte in einer Probe differieren gewöhnlich ebenfalls. Vermutlich hängt dieses mit dem späteren Verlust des radiogenen Pb oder dem Einbau von altem radiogenem Pb zur Zeit der Mineral-Bldg. zusammen. Die Lagerstätten bildeten sich durch Ablagerung von U im Grundwasser an H_2S-reichen Orten. J. Heinze. 378◇

0667 **Über einige neuere Ergebnisse der Auswertung physikalischer Altersbestimmungen.** Herbert Reh. (Geologie **12,** 537–55, 2 Tafeln, 1963; VEB Geolog. Erkundung West; dt.) – Die physikal. Altersdatierungen von Holmes (1959), Kulp (1960), Stockwell (1961) u. sowjet. Autoren (1960/62) werden miteinander verglichen. Neue Erkenntnisse über Faktoren, die den Aussagewert der Alters-Best. beeinträchtigen können (z. B. Einbau von radiogenem Ar erst wesentlich unterhalb der Kristallisations-Temp. des Magmas), werden betrachtet. Erste Verss. zur Korrelation von regionalen tekton.-magmat. Zyklen werden diskutiert. J. Heinze. 378◇

0668 **Absolutes Alter einiger magmatischer und metallogener Formationen Kasachstans.** K. I. Ssatpajew, W. K. Monitsch, A. I. Iwanow, G. F. Ljapitschew und T. P. Ssemenowa. (Nachr. Akad. Wiss. KasachSSR, geol. Ser. **1963,** Nr. 3, 3–5; Alma-Ata, Inst. für Geol. der Akad. der Wiss. der KasachSSR u. kasach. Inst. für Mineral. Rohstoffe; russ.) – Auf Grund der erhaltenen Alterswerte werden für die geochronolog. Altersskala folgende orientierende Grenzen angenommen: Perm: 255–310, Karbon: 310–370, Devon: 370–420, Silur: 420–460, Ordovizium: 460 bis >490 Millionen Jahre. M. Hähnert. 378◇

0669 **Beweise für das extreme Alter einiger Minerale des Dominion-Reef-Konglomerats und seines Liegendgranits im westlichen Transvaal.** L. O. Nicolaysen, A. J. Burger und W. R. Liebenberg. (Geochim. cosmochim. Acta [London] **26**, 15—23, 1962; Johannesburg, Univ. of the Witwatersrand, Bernard Price Inst. of Geophys. Res.; C.S.I.R., Pretoria; Milner Park, Johannesburg, Government Metallurgical Labor.; engl.) — 3 neue Isotopenalters-Best. werden vorgelegt. Aus der Best. von PbS wird auf einen hypothet. Uraninit geschlossen, der vor ca. $3000 \cdot 10^6$ Jahren kristallisierte. Andere Daten weisen ebenfalls auf eine Kristallisation radioakt. Minerale vor ca. $3100 \cdot 10^6$ Jahren. Wahrscheinlich sind dies die ältesten gutdadierten radioakt. Minerale. Genaue Angaben über die Bldg. des Dominion-Reef-Konglomerats fehlen noch. J. Heinze. 378◇

0670 **Regeln der Kristallisation, der idiomorphen und der idioblastischen Reihenfolge und ihre Anwendbarkeit in der Petrologie.** Antti Savolahti. (Geologie **12**, 556—67, 1963; Helsinki; dt.) — Rosenbuschs u. Beckes Regeln der Idiomorphie- u. Kristallisationsfolge der Minerale werden besprochen. Beide Regeln wurden jeweils für eine kleine Gruppe von Gesteinen formuliert, sind aber im Verlauf ihrer Verw. heute auf alle kristallinen Gesteine erweitert worden. Diese Ausweitung ist irreführend u. daher unzulässig. Einige Beispiele für Faktoren werden angeführt, die die Idiomorphie u. Kristallisationsfolge der Minerale beeinflussen. J. Heinze. 378◇

0671 **Zur Berechnung der Silifizierung von Eruptivgesteinen.** Conrad Burri. (Chem. d. Erde **22**, 57—77, 1962; Zürich, ETH, Inst. für Kristallogr. u. Petrogr.; dt.) — Es wird gezeigt, wie sich die Silifizierung von Eruptivgesteinen, ausgedrückt durch den Silifizierungsgrad Si^0 u. den Aziditätsgrad Az^0 (Rittmann [1933]), unter Berücksichtigung des Magnetit-, Apatit-, TiO_2- u. Zirkon-Geh., aus den Niggli-Werten, den Kationenprozenten, der Basis u. der Standardnorm berechnen läßt. Als Beispiel wird auf die tert. u. quart. Vulkanite des Rheinlandes (Siebengebirge u. Laacher See) hingewiesen u. gezeigt, wie sich das komplexe Bild dieser petrograph. Provinz durch die Überlagerung einer Reihe von Differentationsserien unterschiedlicher Silifizierung verstehen läßt. H. Jehne. 378◇

0672 **Phasengleichgewichte in den metamorphen Gesteinen von St. Pauls Island und Cape North, Neuschottland.** William C. Phinney. (J. Petrology **4**, Nr. 1, 90—130, 1963; Univ. of Minnesota; engl.) — 23 Schiefer aus verschiedenen Zonen wurden in Mineralfraktionen zerlegt. Ein Chlorit u. 23 Gruppen koexistierender Biotite u. Granate wurden photometr. u. titrimetr. analysiert. Schemat. Darst. der Granat–Biotit-Verb.-Linien von verschiedenen Paragenesen führen zu Schnitten der Verb.-Linien. Theoret. Überlegungen zeigen dagegen, daß sich bei Gleichgewicht, denselben Drücken u. Temp. oder konst. Druck u. variierender Temp. die Verb.-Linien von divarianten Paragenesen nicht schneiden sollten. Die Abweichungen lassen sich erklären, wenn das Diffusionsgleichgewicht von Fe u. Mg auf Voll. in der Größe von Handstücken beschränkt ist oder wenn P u. T beträchtlich schwanken. Unterss. der Fe/Mg-Verhältnisse in Biotiten zeigen derartiges Schwanken auf sehr kleinem Raum (1 cm). J. Heinze. 378◇

0673 **Oxydationsgrad von Eisenoxid- und Eisentitanoxid-Mineralen aus den Adirondacks in bezug zur Petrogenese.** A. F. Buddington, Joseph Fahey und Angelina Vlisidis. (J. Petrology **4**, Nr. 1, 138—69, 1963; Princeton, N.J., U.S. Geol. Surv.; Princeton Univ.; Washington, D.C., U.S. Geol. Surv.; engl.) — Über 100 Proben von Fe-Oxid- u. Fe-Ti-Oxid-Akzessorien aus magmat., metamorphen u. metasomat. Gesteinen wurden teilweise analysiert. Innerhalb der granit. Magmatite sind die Fe-Ti-Oxid-Minerale der Grünpyroxen-Fazies am wenigsten u. in einer K-reichen mikroperthit. Mikroklin-Fazies am stärksten oxydiert. Granite kristallisieren in Abhängigkeit vom Oxydationsgrad entweder mit einer Fe-reichen Hornblende- bzw. Pyroxen-Varietät plus Ilmenit oder mit einer Fe–Mg-Hornblende bzw. Pyroxen plus Magnetit plus Ilmenit. J. Heinze. 378◇

0674 **Petrogenese der Glaukophanschiefer.** W. G. Ernst. (J. Petrology **4**, Nr. 1, 1—30, 1963; Los Angeles, Calif., Univ. of California, Dep. of Geol. and Inst. of Geophys.; engl.) — Kann man für chem. nicht unterscheidbare Glaukophanschiefer, Grünschiefer u. Epidotamphibolite Gleichgewichts-Einstellung annehmen, so müssen sich die drei Gesteinstypen bei unterschiedlichen physikal. Bedingungen gebildet haben. Die für relativ hohen Druck u. niedrige Temp. charakterist. Phasen Lawsonit, jadeit. Pyroxen u. metamorpher Aragonit deuten darauf, daß die Glaukophanschiefer bei niedrigen Temp. u. erhöhtem Druck entstanden sind. Graph. Analysen u. angenäherte thermodynam. Berechnungen deuten darauf, daß relativ hohe Drücke oder relativ niedere Temp. oder beides die Bldg. von Glaukophan in Gesteinen mit unterschiedlicher chem. Zus. fördern u. albithaltige Gesteine zurückdrängen. Die Blauschieferfazies sollte demnach durch die Koexistenz von Glaukophan mit Carbonat, Ca–Al-Silicat oder Paragonit definiert werden. Glaukophan ist bei den Bedingungen der Grünschiefer- u. Epidot–Amphibolit-Fazies in Gesteinen mit CaO-Unterschuß u. einer Anreicherung von Na_2O u. MgO relativ zu Al_2O_3 stabil. J. Heinze. 378◇

0675 **Entstehung primärer Basaltmagmen und die Klassifikation basaltischer Gesteine.** I. Kushiro und H. Kuno. (J. Petrology **4**, Nr. 1, 75—89, 1963; Tokyo, Univ. of Tokyo, Geol. Inst.; engl.) — Die Entstehung der unterschiedlichen Basaltmagmen aus dem Peridotit des Erdmantels ist möglich, wenn verschiedene Komponenten der Silicate des Peridotits in voneinander abweichenden Mengen in die Schmelze gelangen. Diese Differentiation ist von den p, t-Bedingungen abhängig. Die abgeleiteten Gesteine lassen sich in 3 Gruppen einteilen: Magmen der Gruppe A (Tholeiite, Al-reicher Basalt u. einige Alkaliolivinbasalte) können sich durch inkongruentes Schmelzen der Orthopyroxene bilden. Es wird angenommen, daß sich dieses Magma in geringen Tiefen des Erdmantels bildet, das der Gruppe B in mittleren u. das der letzten Gruppe (Nephelinbasalt) in größeren Tiefen. Selbst wenn der obere Erdmantel aus Eklogit besteht, gilt dasselbe. J. Heinze. 378◇

0676 **Elektrochemische Auflösung sulfidischer Erze.** G. B. Sweschnikow und I. A. Kedrinski. (Nachr. Leningrader Univ. **18**, Nr. 12, Ser. Geol. Geogr. Nr. 2, 62—71, 1963; russ., Auszug: engl.) — Unters. der Möglichkeit der elektrochem. Auflösung von Sulfiden (Pyrit, Chalkopyrit, Galenit, Sphalerit) in saurem, neutralem u. alkal. Milieu (sowie in Puffer-Lsgg. von Redox-Syst.). Bei der Bldg. saliner Dispersionsaureolen von Schwermetallen der Sulfidlagerstätten spielen elektrochem. Auflösungen eine große Rolle. M. Hähnert. 378◇

0677 **Experimentelle Untersuchungen elektrochemischer Auflösungen von Arsenid- und Sulfidgemischen.** N. M. Rasskasow. (Nachr. Leningrader Univ. **18**, Nr. 12, Ser. Geol. Geogr. Nr. 2, 57—61, 1963; russ., Auszug: engl.) — Unters. der elektrochem. Auflösung von Smaltin u. Sulfiden (Pyrit, Sphalerit, Galenit). Sie zeigen die Möglichkeit der Bldg. von wässerigen Dispersionsaureolen von Co u. Ni in Cu–Co-Erzlagerstätten durch elektrochem. Prozesse. M. Hähnert. 378◇

0678 **Ionen-Abgabe aus Peliten.** Karl Krejci-Graf und Hubert Romeis. (Chem. d. Erde **22**, 371—85, 1962; Frankfurt/M., Univ., Geolog.-Paläontolog. Inst.; Köln; dt.) — Die Tongesteine enthalten durch Methanol u. NH_4NO_3 extrahierbare Stoffe, von denen sowohl Anionen wie Kationen für die Fazies-Diagnose von Bedeutung sind. Limn. Proben haben (gegenüber brack. u. marinen) im Methanol-Extrakt höhere Werte für Na, Cl u. Na: K; im NH_4NO_3-Extrakt höhere Werte für Na : K u. Na : Ca; in der Gesamtsubstanz niedrigere Werte für Ca : Sr. H. Jehne. 378◇

0679 **Genese und die Herkunft der Schwerminerale der Sandstein-Geröll-Ablagerungen der Kiyskaja-Suite (Untere Kreide).** G. W. Nessterenko, A. N. Kriworotenko und W. M. Zibultschik. (Geol. u. Geophysik [UdSSR] **1963**, Nr. 5, 79—92; Nowosibirsk, Inst. für Geol. u. Geophys. der Sibir. Akad. der Akad. der Wiss. der UdSSR; russ., Auszug: engl.) — Geolog.-litholog. Charakteristik u. Mineralogie der basalen Sandstein-Geröll-Lagen der Kiyskajer Suite, die entlang dem südwestlichen Rand der Chulymo-Jenissej-Depression entwickelt ist. Eine alluviale Genese wird angenommen. Auf Grund geolog. u. mineralog. Merkmale wird die Bldg. der Ablagerungen auf Kosten einer Auswaschung von Verwitterungskrusten der angrenzenden Teile des Kusnezker Alatau erkannt. An Schwermineralen werden für die genet. Unterss. *Ilmenit, Zirkon, Leukoxen, Rutil, Anatas* u. *Disthen* herangezogen. M. Hähnert. 378◇

0680 **Zur Systematik der vulkanogenen Lagerstätten Kasachstans.** G. N. Schtscherba. (Nachr. Akad. Wiss. KasachSSR, geol. Ser. **1963**, Nr. 2, 31—37; Alma-Ata, Inst.

für Geol. der Akad. der Wiss. der KasachSSR; russ.) — Die Aufgliederung erfolgt in die 4 Hauptgruppen: vulkanogene, hypovulkanogene, postvulkanogene u. vulkanogen-sedimentäre Typen. M. Hähnert. 378◇

0681 **Neue mineralogische Beobachtungen über die Mehrmetallmineralisation des Erzvorkommens Ilba-Handal.** M. Socolescu, A. Andronescu und N. Duma. (Revista Minelor **13**, 444—46, 1962; rum.) — In dem untersuchten Erzlager sind in *Chalkopyrit* Einschlüsse von *Valleriit* enthalten, aus deren Vork. u. Verteilung auf die Temp. geschlossen werden kann, bei der die Mineralisation erfolgt ist. Die Analyse läßt auf starke Temp.-Schwankungen bei der Bldg. der Mineralien schließen. R. K. Müller. 378◇

0682 **Erzlokalisierung durch Präverfestigungsstrukturen.** John Elliston. (Australas. Inst. Mining Metallurgy, Proc. **1960**, Nr. 196, 29—49; engl.) — Diskussion der Entstehung des Kupfererzkörpers der Peko-Grube, Australien. C. Gottfried. 378△

0683 **Theorie der Bohrlochuntersuchung mit Neutronen.** 1. Mitt. C. W. Tittle. (Geophysics **26**, 27—39, 1961; Dallas, Tex., Southern Methodist Univ., School of Engng.; engl.) — Es wird eine analyt. Theorie der Neutronen-Bohrloch-Unters. mitgeteilt, in der die Eingruppen-Diffusionstheorie auf die Abbremsung schneller Neutronen angewendet wird, die von einer punktförmigen Quelle ausgehen. Es werden der Fall eines unendlich ausgedehnten, kontinuierlichen Mediums eines einzelnen Zylinders u. eines konzentr. Zylinders behandelt, wobei der letzte Fall das Modell eines flüssigkeitsgefüllten Bohrloches mit umgebendem Medium darstellt. Für den epitherm. Neutronenfluß in wassergefüllten Löchern von 6 in. im Durchmesser in Kalkstein mit 10—30% Porosität werden numer. Ergebnisse angegeben. L. Roth. 378◇

0684 **Über die mikroskopische Bestimmung der Amphibole in Körnern.** Paolo Gazzi. (Amer. Mineralogist **48**, 422—29, 1963; Bologna, Univ., Inst. of Miner. and Petrogr.; engl.) — Es werden Tabellen (Auslöschungswinkel) zur opt. Best. von Amphibolspaltstücken gegeben. Ihre Verw. wird erläutert. J. Heinze. 380◇

0685 **Axinit in westmährischen Skarngesteinen und seine genetische Stellung.** Dušan Němec. (Geologie **12**, 568—75, 1963; Brno; dt.) — Westmähr. Skarne mit Axinit entstanden durch Metasomatose vorwiegend der Carbonatgesteine, deren Schollen in der Nähe assynt. oder präassynt. Granitoide vorkamen. Diese Gesteine wurden regionalmetamorph überprägt. Der Axinit bildete sich am Kontakt der Skarne mit varisc. Pegmatiten. J. Heinze. 380◇

0686 **Bafertisit, ein neues Mineral.** E. I. Ssemenow und Pei-schan Tschshan. (Sci. Rec. [Peking] **3**, 652—55, 1959; Akad. der Wiss. der UdSSR, Inst. für Miner., Geochem. u. Kristallchem. Seltener Elemente; Akad. der Wiss. der Chines. Volksrep., Inst. für Geol.; russ.) — In Biotitschiefern nahe den Kontakten mit hydrothermalen Gängen sowie in Paragenesen mit Aegirin, Fluorit, Baryt, Bastnäsit u. a. auf Eisenerzlagerstätten wurde Bafertisit meist als rötliche nadelförmige Kristalle bis zu 1,5×0,3 cm Größe, als Sphärolithe (bis 2 cm) sowie als plattenförmige Ausscheidungen (1×1×0,2 cm) gefunden. D. 4,25—3,96; Härte ca. 5; opt. zweiachsig, $2V = 54^0$, $n_z = 1{,}860 \pm 0{,}005$, $n_x = 1{,}808 \pm 0{,}005$, $\Delta = 0{,}052$. Bafertisit krist. rhomb. mit $a = 7{,}55 \pm 0{,}01$, $b = 10{,}98 \pm 0{,}02$, $c = 5{,}36 \pm 0{,}01$ Å. Die chem. Analyse ergab: $BaFe_2 \cdot TiSi_2O_9$; Z = 2. Angabe der d-Werte. M. Hähnert. 380◇

0687 **Metasomatischer Dolomit im südöstlichen Quebec, Canada.** H. S. de Römer. (Neues Jb. Geol. Paläontol., Mh. **1962**, 143—50; München, Univ., Inst. für Gesteinskunde; dt.) — Vgl. C. **1963**, 7682. — Der allmähliche Übergang vom serpentinisierten Peridotit über eine Zone mit teilweise verdrängtem Antigorit u. Talk zum massiven Dolomit im südöstlichen Quebec deutet auf eine enge genet. Beziehung zwischen dem Ultrabasit u. dem Dolomit hin. Die angeführten Tatsachen zeigen deutlich, daß die am Rande des Peridotits vorkommenden Dolomite durch eine lebhafte CO_2-Metasomatose des ultrabas. Gesteins entstanden sind. H. Jehne. 380◇

0688 **Fluocerit und assoziierte Minerale aus dem Black Cloud-Pegmatit, Teller County, Colorado.** E. Wm. Heinrich und Eugene B. Gross. (Amer. Mineralogist **45**, 455—59, 1960; Ann Arbor, Mich., Univ. of Michigan, Dep. of Miner.; engl.) — Opt., chem. u. röntgenograph. Daten von Fluocerit werden gegeben. Daneben kommen umgewandelter *Thorit* u. nichtidentifizierte Minerale vor. Eines der letzteren wird näher beschrieben. J. Heinze. 380◇

0689 **Art und chemische Zusammensetzung der Glimmer aus zwei Lamprophyren.** D. Métais, J. Ravier und Phan Kieu Duong. (Bull. Soc. franç. Minéralog. Cristallogr. **85**, 321—23, 1962; Paris, Sorbonne, Labor. de Pétrogr.; B.R.G.M.; franz.) — In einem Kersantit aus der Bretagne u. einer Minette aus den Vogesen konnten die Glimmer als *Phlogopit* identifiziert werden. Diese Phlogopite sind zonar gebaut. Mit Hilfe der Röntgenemissionsmikrospektralanalyse konnte festgestellt werden, daß im Kern alles Cr u. in der Randpartie alles Ba u. Mn konz. sind. Die Geh. an Ce, Ti u. Fe nehmen von außen nach innen ab, während die von Mg ansteigen. J. Heinze. 380◇

0690 **Eine häufig auftretende Struktur des Halits im Kaliflöz Staßfurt.** Wolfram Gottesmann. (Geologie **12**, 576—81, 1963; Berlin, Zentr. Geol. Inst.; dt.) — Unter den Gefügen der Halitschichten des Kaliflözes Staßfurt tritt verbreitet ein charakterist. asymm. Wachstumsgefüge auf, das anzeigt, daß der Halit am Boden des Zechsteinbeckens kristallisierte. Die zonare Anordnung von mikrokristallinem Anhydrit bzw. feinstkörnigem Kieserit in diesem Halit sowie die Einlagerung von Carnallit sind als Merkmale für primärparagenet. Verwachsungsverhältnisse anzusehen. J. Heinze. 380◇

0691 **Eine Awaruit-Heazlewoodit-Paragenese.** K. L. Williams. (Amer. Mineralogist **45**, 450—53, 1960; Carlton, Victoria, Univ. of Melbourne, Commonwealth Sci. and Ind. Res. Organ., Miner. Invest.; engl.) — Chem., mkr. u. röntgenograph. Angaben neuer Funde von Heazlewoodit mit eingewachsenem Awaruit aus der Lord-Brassey-Mine in Tasmanien werden vorgelegt. J. Heinze. 380◇

0692 **Intersalation als Methode zur Unterscheidung zwischen Kaolinit und chloritischen Mineralen durch Röntgenanalyse.** R. W. Andrew, M. L. Lackson und K. Wada. (Proc. Soil Sci. Soc. America **24**, 422—24, 1960; Madison, Wis., Univ. of Wisconsin, Dep. of Soils; Fukuoka, Japan, Kyushu Univ.; engl.) — Unter Intersalation wird das Eindringen eines Salzes (bes. KCH_3COO) auf Zwischenschichtplätze in Mineralen der Kaolingruppe verstanden. Beim Behandeln von *Kaolinit* mit KCH_3COO ändert sich der 7-Å-peak auf 14 Å. Erwärmen dieses Komplexes führt zu einer reversiblen Kontraktion auf 11,5 Å. Wird der Komplex ausgewaschen, dann stellt sich bei Kaolinit der ursprüngliche Zustand ein (7 Å). Da *Pyrophyllit*, *Talk*, *Antigorit*, *Chrysotil*, *Chlorit* u. *Montmorillonit* nicht entsprechend reagieren, lassen sich diese Minerale nunmehr von Kaolinmineralen röntgenograph. unterscheiden. J. Heinze. 380◇

0693 **Lawsonit-Metagrauwacken in Neuseeland.** D. S. Coombs. (Amer. Mineralogist **45**, 454—55, 1960; Otago, Univ., Dep. of Geol.; engl.) — Das geolog. Vork. von Lawsonit u. eine kurze Beschreibung des Minerals werden gegeben. J. Heinze. 380◇

0694 **Untersuchung der quantitativ-mineralogischen Zusammensetzung der Pegmatite des Mamagebiets und die Genese der Quarzeinschlüsse in Mikroklin.** I. K. Karpow. (Geol. u. Geophysik [UdSSR] **1963**, Nr. 2, 122—27; Irkutsk, Geolog. Amt; russ.) — Aus der Betrachtung der quant.-mineralog. Zus. der Pegmatite ergibt sich die metasomat. Natur des darin auftretenden Mikroklins. M. Hähnert. 380◇

0695 **Nobleit, ein weiteres neues wasserhaltiges Calciumborat aus dem Death-Valley-Gebiet, Kalifornien.** Richard C. Erd, James F. McAllister und Angelina C. Vlisidis. (Amer. Mineralogist **46**, 560—71, 1961; Menlo Park, Calif.; Washington, D.C., U.S. Geol. Surv.; engl.) — Nobleit, $CaO \cdot 3\,B_2O_3 \cdot 4\,H_2O$, entstand durch Verwitterung von Colemanit- u. Priceit-Adern in umgewandelten basalt. Gesteinen der Furnace-Creek-Formation des Tertiärs. Das neue Mineral kommt zusammen mit Ulexit, Gowerit, Meyerhofferit, Colemanit, einigen nicht beschriebenen Boraten, Ginorit, Sassolin, einem Mn-Oxid-Mineral u. Gips vor. Nobleit hat die Brechungsindices $\alpha = 1{,}500$, $\beta = 1{,}520$, $\gamma = 1{,}554$; Härte (Mohs) 3, spezif. Gew. $2{,}09 \pm 0{,}01$. Es krist. monoklin in $P\,2_1/a$ mit $a_0 = 14{,}56$ Å, $b_0 = 8{,}016$, $c_0 = 9{,}838$, $\beta = 111^0\,45'$; Z = 4. berechnete D. 2,098. J. Heinze. 380◇

0696 **Pseudomorphosen nach Datolith, Prehnit und Apophyllit von East Granby, Connecticut.** C. W. Wolfe und I. Vilks. (Amer. Mineralogist **45,** 443—47, 1960; Boston, Mass., Boston Univ.; engl.) — An Hand von goniometr. Messungen wurden die ursprünglichen Minerale bestimmt. Die jetzt vorliegenden Umwandlungs-Prodd. bestehen zum größten Teil aus Chlorit. J. Heinze. 380◇

0697 **Vorkommen einer Scheelit-Arsenkies-Paragenese bei Tournebise, Puy-de-Dôme.** G. Aubert, P. Bariand, L. Burnol und J. Geffroy. (Bull. Soc. franç. Minéralog. Cristallogr. **85,** 459—60, 1962; Paris, B.R.G.M.; Sorbonne, Labor. de Minér.-Cristallogr.; Fontenay-aux-Roses, C.E.A.; franz.) — Es wird ein syngenet. Vork. von Scheelit u. teilweise Au-haltigem (stellenweise bis zu 14—18 g/t) Arsenkies beschrieben u. in seiner Stellung zu anderen Lagerstätten des Gebietes diskutiert. J. Heinze. 380◇

0698 **Variscit — das haupterzbildende Mineral der Ssaryssai-Lagerstätte.** S. D. Popowa. (Nachr. Akad. Wiss. KasachSSR, geol. Ser. **1963,** Nr. 1, 64—81; Alma-Ata, Inst. für Geol. der Akad. der Wiss. der KasachSSR; russ.) — Die eigentliche Lagerstätte (kambr. Sedimente) setzt sich aus Phosphoriten u. Aluminophosphaten zusammen, die sich in Wechsellagerung mit phosphatisierten Schiefern unterschiedlicher Zus., Kalken, Aleurolithen u. Sandsteinen befinden. Hauptminerale sind: Variscit, Wavellit, Crandallit, Apatit u. Francolith. Neben hypergenem Variscit finden sich authigene u. metamorphe Bldg.-Typen. Dabei besitzen der authigene u. hypergene Variscit erhöhte H_2O-Gehalte. Ein Teil der spektralanalyt. ermittelten Elemente wird auf mechan. Mineralbeimengungen zurückgeführt. Zusammenstellung u. Angabe von d-Werten, DTA-Aufnahmen u. thermogravimetr. Abbaukurven der Variscite sowie Betrachtungen über deren Genese. M. Hähnert. 380◇

0699 **Vonsenit aus dem St. Lawrence County, Nordwest Adirondacks, New York.** B. F. Leonard und Angelina C. Vlisidis. (Amer. Mineralogist **45,** 439—42, 1960; Denver, Colo., U.S. Geol. Surv.; Washington, D.C., U.S. Geol. Surv.; engl.) — Vgl. C. **1964,** 8-0669. — Chem., mkr. u. röntgenograph. Daten des opaken Erzminerals 4 $[(Fe^{2+}_{1,02}Mn_{0,1}Mg_{0,4})\cdot(Fe^{3+}_{0,96}Al_{0,07}Ti_{0,004})B_{0,98}O_5]$ werden gegeben. Vonsenit ist isomorph mit Ludwigit. Es besteht vollständige Mischbarkeit mit wechselseitiger Substitution von Fe^{2+} u. Mg. J. Heinze. 380◇

0700 **Zunyit — physiko-chemische experimentelle Untersuchungen in Verbindung mit dem Studium des neuen Lagers von Beni-Embarek.** G. Turco. (Bull. Soc. franç. Minéralog. cristallogr. **85,** 407—58, 1962; Paris, Sorbonne, Labor. de Minér.-Cristallogr.; franz.) — Zunyit von einer alger. Lagerstätte wird mineralog. u. kristallograph. beschrieben. Er krist. kub. mit $a_0 = 13{,}93 \pm 0{,}01$ Å, die Dichte bei 17° ist $2{,}87_3$. Die therm. Zers. wurde mit der DTA u. der Thermowaage bestimmt; der Massenverlust liegt zwischen 20 u. 1300° bei 18%. Die thermolyt. Stadien wurden röntgenograph. u. elektronenmkr. verfolgt. Dabei entstehender Mullit ist zum Zunyit topoakt. orientiert. Die IR-Spektren zwischen 2 u. 25 μ wurden aufgenommen u. ihre Absorptionsmaxima gedeutet. Der Stabilitätsbereich liegt zwischen 470 u. 600°, wie an Hand von Hydrothermal-Synth. ermittelt wurde. J. Heinze. 380◇

0701 **Andradit, Diopsid und Calcit von Stari Kolibi oberhalb des Dorfes Vojnica bei Titov Veles in Mazedonien.** Lj. Barić. (Bull. sci. [Zagreb] **5,** 9—10, 1959; Zagreb, Miner.-petrogr. Museum; dt.) — Beschreibung der Zus. u. Eigg. der Mineralien Andradit, Diopsid u. Calcit, die als Mineralassoziation vorkommen. W. Wesly. 380◇

0702 **Hemimorphit von Sasa im Osogovo-Gebirge (Mazedonien).** Lj. Barić. (Bull. sci. [Zagreb] **5,** 11, 1959; dt.) — Vgl. vorst. Referat. — Beschreibung eines Vork. von Hemimorphit mit 24,51 (%) SiO_2, 67,43 Zn, 0,25 Fe_2O_3, 7,79 H_2O, Spuren S, Pb, Cu u. Cd; Hauptbrechungsindices: $\alpha = 1{,}6140$; $\beta = 1{,}6174$; $\gamma = 1{,}6354$. W. Wesly. 380◇

0703 **Über eine interessante Mineralvergesellschaftung bei Stari Kolibi oberhalb des Dorfes Vojnica bei Titov Veles.** T. G. Ivanov. (Bull. sci. [Zagreb] **5,** 11—12, 1959; Skopje, Volksrepublik Mazedonia, Anst. für geol. Unterss.; dt.) — Vgl. vorst. Referate. — Beschreibung einer Mineralassoziation von *Andradit, Diopsid* u. *Calcit.* W. Wesly. 380◇

0704 **Pyroxene der Diopsid-Hedenbergit-Reihe und Granate der Kupfer- und Wolframlagerstätte von Ittlyui (Kusnetzk-Ala-Tau).** N. A. Ochapkin. (Geol. u. Geophysik [UdSSR] **1963,** Nr. 2, 117—22; Krasnojarsk, Komplexes Labor. des Inst. für Geol. u. Geophys. der Sibir. Abt. der Akad. der Wiss. der UdSSR; russ.) — In den Skarnlagerstätten des Osthanges des Kusnetzker Ala-Tau stellen die Granate u. Pyroxene nicht nur, wie früher angenommen wurde, Andradit u. Diopsid dar. Auch Grossular-Andradite u. Salite sind anzutreffen. Die Erzmineralisation, die zur Bldg. der Cu- u. W-Erze führte, ist räumlich an die späteren Andradit-Skarne gebunden. M. Hähnert. 380◇

0705 **Überblick über den Gehalt an undurchsichtigen Erzmineralien und über Radioaktivität in den Strandsandablagerungen zwischen den Mündungen der Flüsse Catlin und Mataura, Otago und Southland, Neuseeland.** W. R. B. Martin. (New Zealand J. Geol. Geophysics **4,** 256—63, 1961; Wellington, Victoria Univ.; engl.) — Die systemat. Unters. einer großen Anzahl von Sandproben ergaben, daß keine wirtschaftlich in Betracht kommende Mengen von Erzmineralien in dem Sand vorhanden sind. Das vorherrschende Schwermineral war ein dunkelgrüner *Amphibol.* An 4 Stellen konnte in den schweren Fraktionen Radioaktivität nachgewiesen werden. C. Gottfried. 380△

0706 **Der porphyrische Granit des mittleren Tals des Cervo (Biella).** Giovanna Pagliani Peyronel. (Rend. Ist. lombardo Sci. Lettere, A **93,** 379—98, 1959; Milano, Univ., Ist. di Miner., Petrogr. e Geochim.; ital.) — Geolog.-petrograph. Unters.; Angabe von Gesteinsanalysen. C. Gottfried. 385△

0707 **Effusive und intrusive Komplexe im westlichen Teil der Sarysu-Teniz-Wasserscheide.** W. Ss. Koptew-Dwornikow, P. F. Jemeljanenko und M. A. Petrowa. (Sowjet-Geol. **6,** Nr. 7, 24—51, 1963; russ.) — Unterss. magmat. Bldg. dieser Wasserscheide ergaben eine Reihe von Gesetzmäßigkeiten: Gesetzmäßiger Wechsel der Zus. effusiver Bldg. u. Mehrphasigkeit der Intrusiv-Komplexe, mehrere Fazies in den Effusiva, Hybridisierungs- u. Differenzierungserscheinungen bei der Bldg. intrusiver granitoider Komplexe, verschiedene Merkmale (geochem.) zur Klärung der Petrogenese. Geolog.-petrograph. Beobachtungen u. die Analyse petrochem. u. geochem. Gesteinsmerkmale bestätigen die Abhängigkeit der Erz-Bldg. von der Differenzierung des Magmas sowie von den Hybridisierungs- u. Differenzierungserscheinungen. Nach dem Verh. der Elemente Cu, Zn u. Pb in den Gesteinen kann die Möglichkeit ihrer Konzentrierung u. einer Skarn-Bldg. angenommen werden. H. Kelch. 385◇

0708 **Basalte aus dem nordöstlichen Pazifik.** Celeste G. Engel und A. E. J. Engel. (Science [Washington] **140,** 1321—24, 1963; La Jolla, Calif., Univ. of California; engl.) — Vulkan. Gesteine aus Tiefen bis zu 4000 m umfassen zahlreiche Basaltarten. Die meisten sind glasige, porphyrit. Typen mit verwandtschaftlichen Beziehungen zu Gesteinen Hawaiis u. a. ozean. Inseln. Daneben kommen Al-haltige Basalte u. K-arme Tholeiite vor. Es besteht keine einfache Korrelation zwischen Zus., Oxydationsgrad, Glas-Geh. oder der Hydratation dieser Gesteine mit der Textur oder der Tiefe des Vorkommens. Die derzeitigen Fundpunkte liegen wesentlich tiefer als die Entstehungsorte. J. Heinze. 385◇

B. Allgemeine und theoretische organische Chemie

0709 **Elektronenspektren von Polynitrophenolen und ihren Anionen.** Takehiro Abe. (Bull. chem. Soc. Japan **35,** 318—22, 1962; Yokosuka, Defense Acad., Dep. of Chem.; engl.) — Die UV-Spektren von *p-Nitro-* (I), *2.4-Dinitrophenol* (II), *Pikrinsäure* (III) in W. in Ggw. verschiedener HCl-Konzz. u. als Anionen werden aufgenommen. Die langwelligen Absorptionsmaxima erleiden in der Reihenfolge I, II, III eine Blauverschiebung, bei gleichzeitigem Ansteigen

des mol. Absorptionskoeffizienten. Die Absorptionsmaxima der Anionen unterliegen einer ähnlichen Blauverschiebung, das Maximum eines jeden Anions liegt bei längeren Wellenlängen als das der nicht dissoziierten Verbindung. Diese Rotverschiebung (beim Übergang Phenol → Anion) vergrößert sich mit der Anzahl der NO_2-Gruppen. Die Banden mit hoher Intensität der Nitro-Verbb., die 2 oder 3 Acceptorgruppen enthalten, werden vom Standpunkt der Theorie innermol. Ladungsübertragungskomplexe (vgl. Tanaka, Nagakura u. Kobayashi, C. **1956**, 10424) aus diskutiert.
Hubertus Zimmer. B 118◇

0710 **Die sehr schwache Absorptionsbande im Sichtbaren von p-Benzochinon.** Akira Kuboyama. (Bull. chem. Soc. Japan **35**, 295—98, 1962; Tokyo, Government Chemical Industrial Res. Inst.; engl.) — Von *p-Benzo-* [F. 115—116° (korr., sukzessive aus A. u. n-Heptan)], *Tolu-* [F. 69° (korr., A. u. n-Heptan)], *o-* [F. 56,5—57,5° (korr., A. u. n-C_7H_{16})], *m-* [F. 72,5—73° (korr., A. u. n-C_7H_{16})], *p-Xylo-p-chinon* F. 125° (korr., A. u. n-C_7H_{16})], *2.5-Dichlor-* [F. 121,5—122,5° (A. u. n-C_7H_{16}+Bzl.)], *2.6-Dichlor-p-benzochinon* [F. 162—163° (korr., A. u. n-C_7H_{16})] u. *α-Naphthochinon* [F. 124° (korr., A. u. n-C_7H_{16})] in Heptan, z. T. auch in CCl_4 u. Bzl., werden die Spektren im Bereich von ca. 520—570 mμ aufgenommen. Alle Verbb. zeigen eine Bande auf der langwelligen Seite der n-π*-Singlett-Singlett-Bande mit einer sehr geringen Intensität (ε_{max} ca. 0,2). Aus dem Lsgm.- u. Substituenten-Einfl. u. der Temp.-Abhängigkeit wird diese Bande einer n-π*-Singlett-Triplett-Absorption zugeordnet. Ein deutlicher Unterschied ist im Spektrum zu bemerken zwischen Verbb. mit äquivalenten u. nichtäquivalenten CO-Gruppen.
Hubertus Zimmer. B 118◇

0711 **Über die Verschiebung der Elektronenspektren von Phthalimiden in Lösungen unter dem Einfluß der Temperatur.** L. G. Pikulik und F. F. Dreizer. (Ber. Akad. Wiss. BelorussSSR **5**, 57—60, 1961; Akad. der Wiss. der WeißrussSSR, Inst. für Phys.; russ.) — Es wurde der Einfl. der Temp. (50 bis —150°) auf die Frequenz des Maximums des Emissions- u. Absorptionsspektrums von *3-Aminophthalimid*, *3-Monomethylamino-N-*, *4-Amino-N-* u. *3.6-Diacetylamino-N-methylphthalimid* in verschiedenen Lsgm. (Alkohole C_1—C_4, Glycerin u. Cyclohexanol) untersucht u. graph. dargestellt. Die Absorptionsfrequenz fällt linear mit fallender Temp., die Fluorescenzfrequenz ist anfangs konst. u. steigt dann stark an. Es wurde festgestellt, daß die Verschiebung des Fluorescenzmaximums ungefähr bei den Temp. beginnt, bei welchen die Dauer des Glimmens mit der Relaxationszeit der Lsgm.-Moll. übereinstimmt.
C. Kozák. B 118□

0712 **Äthyl-o-kresylester der Orthokieselsäure.** 2. Mitt. **Ultraviolettabsorptionsspektren.** Włodzimierz Rodziewicz und Wiesław Wojnowski. (Roczniki Chem. [Ann. Soc. chim. Polonorum] **34**, 1717—24, 1960; Gdańsk, Politechn., Kat. Chem. nieorg.; pol., Auszug: engl.) — 1. vgl. C. **1963**, 8128. — Die UV-Spektren von *Tetrakis-[äthoxy]-silan* (I), *Tetrakis-[o-kresoxy]-silan* u. aller Mischester wurden im Bereich 220—500 mμ aufgenommen. Das Minimum der Absorption von *o-Kresol* (239 mμ) verschiebt sich bei den Estern von 228 nach 223. I zeigt keine Absorption in diesem Gebiet. Bei der Hydrolyse der o-Kresoxy-Verbb. verschiebt sich das Minimum zum Wert 239. Die Verschiebung ist ein Maß für den Hydrolysegrad u. unabhängig von der Zahl der zu hydrolysierenden Si—O—Ar-Bindungen. Bei der Hydrolyse werden hintereinander alle Kresoxygruppen abgespalten; die gebildeten polymeren Ester enthalten nur Äthoxygruppen.
F. Urban. B 118◇

0713 **Infrarot- und Raman-Spektren von Äthylidendialkyläthern.** Kenkichi Nukada. (Bull. chem. Soc. Japan **35**, 3—10, 1962; Tokyo, Government Chemical Industrial Res. Inst.; engl.) — Vf. untersucht die IR- (im Gaszustand u. in CCl_4- bzw. Acetonitril-Lsg.) u. Raman-Spektren (fl.) von *1.1-Dimethoxy-*, *1.1-Diäthoxy-* (I) u. *1-Methoxy-1-äthoxyäthan* (II). Die Zuordnung der Spektren wird verglichen mit derjenigen für Dialkoxymethane. Bei I u II liegt Rotationsisomerie vor. Hubertus Zimmer. B 120◇

0714 **Geometrische Isomerie in einigen ungesättigten aliphatischen Ketonen.** H. H. Hatt und J. A. Lamberton. (Austral. J. Chem. **8**, 506—11, 1955; Melbourne, C.S.I.R.O., Div. of Ind. Chem.; engl.) — Vff. stellten durch Erhitzen der entsprechenden ungesätt. Fettsäuren auf hohe Temp. in Ggw. von Metall- oder Metalloxidkatalysatoren *Oleon* (I) *Elaidon* (II), *Erucon* (III), *Brassidon* u. *Heneikosadien-(1.20)-on-(11)* her u. beobachteten dabei einige Stereoisomerisierungen u. Verlagerungen der Doppelbindung während der Ketonisierung. Die von Easterfield u. Taylor [1911] u. Breuer u. Weinmann [1935] für I bzw. III gehaltenen Prodd. erwiesen sich als Mischung von Isomeren, unter denen die trans.trans-Form überwog. I u. III ohne Beimengung erkennbarer Mengen trans-Verb. lassen sich entweder aus den entsprechenden Acylchloriden u. Triäthylamin oder durch Kondens. der Methyl- bzw. Äthylester der geeigneten Säure in Xylol mit Na-Äthylat als Katalysator gewinnen. Diese Ketone lassen sich leicht in stereospezif. Rk. in Tetrahydroxyketone überführen u. weiter zu Ketodicarbonsäuren oxydieren.

Versuche: *Oleon* [*cis.cis-Pentatriakontadien-(9.26)-on-(18)* (I)], $C_{35}H_{66}O$, F. 28—29°, a) aus 9,8 g Ölsäure durch Überführung mit $SOCl_2$ in das Acylchlorid, dessen Behandlung mit 3,6 g Triäthylamin in Ae. bei zunächst 0°, dann bei Zimmer-Temp., Auswaschen des Amins mit 2%ig. wss. H_2SO_4, Eindampfen u. 4std. Kochen mit einer 15%ig. KOH-Lsg. in 90%ig. A. u. Aufarbeitung; 3,5 g (Ausbeute), b) aus 14,8 g Methyloleat in 30 ml Xylol durch Kondens. mit $NaOC_2H_5$ (aus 6 g Na) als Katalysator in 70 ml Xylol u. Aufarbeitung. — *Stearon*, F. 89°, aus I oder II durch Hydrierung an PtO in Bzl./A. 1:1; 0,4 g. — *threo-9.10.26.27-Tetrahydroxypentatriacontanon-(18)*, $C_{35}H_{70}O_5$, F. 115°, aus 1 g I in 3 ml 98%ig. Ameisensäure durch 3std. Rühren bei 40° mit 0,5 g 30%ig. H_2O_2 u. Aufarbeitung; 0,5 g. — *9-Ketoheptadecandisäure*, 112—113° (Bzl.), a) aus 0,8 g vorst. Verb. in 40 ml A. durch Oxydation mit 0,8 g KJO_4 in 42 ml 1 m H_2SO_4 bei 40° in ca. 10 Min., Reinigung u. a. über den mit Diazomethan in CH_3OH erhaltenen Methyläther. Daneben *Nonanal*, isoliert als 2.4-Dinitrophenylhydrazon (F. 104—105° aus A.), b) aus II durch Ozonisierung, Behandlung der Rk.-Mischung mit alkal. H_2O_2 u. Ansäuern mit H_2SO_4. — *Elaidon* [*trans.trans-Pentatriakontadien-(9.26)-on-(18)*, II], $C_{35}H_{66}O$, F. 73—74° (Bzl./A.), a) analog I aus Elaidinsäure; b) aus 0,5 g I durch Umlagerung in verd. HNO_3 (aus 9 ml HNO_3 D. 1,4 u. 21 ml W.) u. 0,1 g $NaNO_2$; 0,25 g. — *erythro-9.10.-26.27-Tetrahydroxypentatriacontanon-(18)*, $C_{35}H_{70}O_5$, F. 161 bis 162°, analog der threo-Verb. durch Oxydation bei 70 bis 75°. — *Erucon* [*cis.cis-Tritetracontadien-(9.34)-on-(22)*, III], $C_{43}H_{82}O$, F. 50—51° (Aceton), aus Erucasäure analog I. — *threo-9.10.34.35-Tetrahydroxytritetracontanon-(22)*, $C_{43}H_{86}O_5$, F. 117—118°, aus vorst. Verb. durch Oxydation in HCOOH mit H_2O_2. — *Behenon* [*Tritetracontanon-(22)*], $C_{43}H_{86}O$, F. 96° (Aceton), aus III oder nachst. Verb. durch katalyt. Hydrierung. — *Brassidon* [*trans.trans-Tritetracontadien-(9.34)-on-(22)*], $C_{43}H_{82}O$, F. 83—84°, aus Brassidinsäure analog I (Meth. a) oder aus III durch Umlagerung mit $HNO_3/NaNO_2$ analog II. — *erythro-9.10.34.35-Tetrahydroxytritetracontanon-(22)*, $C_{43}H_{86}O_5$, F. 154—155°, aus vorst. Verb. durch Oxydation mit HCOOH/H_2O_2. — *Heneikosadien-(1.20)-on-(11)*, $C_{21}H_{38}O$, F. 49—50° (A.), aus Undecylensäure analog I. — *Heneikosanon-(11)*, $C_{21}H_{42}O$, F. 63—64° (A.), aus vorst. Keton durch Hydrierung. — *Heneikosadien-(1.20)*, $C_{21}H_{40}$, F. 33—34°, aus vorvorst. Keton durch Red. nach Wolff-Kishner. — *10-Ketononadecandisäure-(1.19)*, aus vorst. Dienon durch Oxydation mit Permanganat in Aceton (vgl. Günthard, Heinemann u. Prelog, C. **1954**, 2153), isoliert als Dimethylester (Darst. mit Diazomethan), der auch aus Sebacinsäuremonomethylester über das Säurechlorid durch Ketonisierung erhalten wurde. Ch. Zechel. B 123◇

0715 **Triplett-Singulett-Emission in flüssigen Lösungen.** C. A. Parker und C. G. Hatchard. (J. physic. Chem. **66**, 2506—11, 1962; Dorset, Poole, Holton Health, Admiralty Mater. Labor., Royal Naval Sci. Serv.; engl.) — Mit einem photoelektr. Spektrophosphorimeter, das Phosphorescenz/Fluorescenz-Verhältnisse bis 10^{-5} messen kann, wird die langlebige Luminescenz von Lsgg. von *Eosin* (I) u. *Proflavinhydrochlorid* (II) in Glycerin (Gly) u. A. gemessen. Die Quantenausbeute bei der Triplett-Bldg. wird bei verschiedenen Temp. (—196 bis +70°) bestimmt. Die verzögerten Emissionsspektren werden von II in Gly u. A. bei Temp. zwischen 20 u. —76° u. die Fluorescenzemissionsspektren bei 20° aufgenommen. Die 2 Banden der langlebigen Luminescenz werden dem Strahlungsübergang Triplett-Singulett u. der verzögerten Fluorescenz zugeordnet. Die

Abhängigkeit der Bandenintensität von Temp. u. Lsgm. zeigt — unter der Annahme, daß die Farbstoffe in der Lsg. als Monomere vorliegen — daß die Wahrscheinlichkeit eines Kreuzübergangs (t → S*) zwischen den Syst. bei **II** niedriger ist als bei **I**. Für *Phenanthren* (**III**, 10^{-3} m) in A. u. *Anthracen* (**IV**, $5 \cdot 10^{-4}$ m) in A. werden die Phosphorescenz- u. die verzögerten Fluorescenzspektren bei 13° u. —107° aufgenommen, ebenso von **III** mit Spuren von **IV** in A. u. von **IV** in luftfreien A.-Lösungen. Ausführliche Auswertung vgl. C. **1963**, 10410 u. Proc. chem. Soc. [London] **1962, 147**.
H. Schibilla. B 125◇

0716 **Über einige Konzentrationseffekte in Plasten-Scintillatoren.** L. Ss. Kukuschkin und L. L. Nagornaja. (Optik u. Spektroskopie [UdSSR] **11**, 385—89, 1961; russ.) — Die Konz.-Abhängigkeit einiger opt. Charakteristika von Plastenscintillatoren (PlSc) wird in qual. Berechnungen untersucht. Die Luminescenzspektren von PlSc auf der Basis von Polystyrol zeigen für *2-[p-Biphenylyl]-5-[phenanthryl-(9)]-1.3.4-oxadiazol* bei den Konzz. 10^{-4}, 10^{-3} u. $3 \cdot 10^{-2}$ (Mol/Liter) bei Anregung mit 334 nm ein Maximum bei ca. 390 bis 420 nm, für *Tetraphenylbutadien* bei den Konzz. $3 \cdot 10^{-4}$, 10^{-3} u. $3{,}5 \cdot 10^{-2}$ bei Anregung mit 334 nm bei ca. 430 bis 460 nm, für *1.3-Diphenyl-5-[p-biphenylyl]-Δ^2-pyrazolin* (?) bei Anregung mit 313 u. 405 nm bei den Konzz. 10^{-5} u. $3 \cdot 10^{-2}$ bei ca. 440—500 nm. R. K. Müller. B 125◇

0717 **Die Massenspektren von drei deuterierten Propenen.** W. H. McFadden. (J. physic. Chem. **67**, 1074—77, 1963; Albany, Calif., Western Regional Res. Labor.; engl.) — Die Massenspektren von $D_{(2)}$-, $D_{2(1.1)}$- u. $D_{3(3.3.3)}$-*Propen* bei 70 eV werden aufgenommen. Es tritt beträchtliche H- u. D-Umlagerung aus allen Stellungen ein. Die Bldg. von $C_3H_5^+$ erfolgt durch H-Abspaltung aus der 1- oder 3-Stellung. Die Geschw. der CH_3- u. CH_4-Abspaltung unter Bldg. zweier C-Ionen ist genügend schnell, so daß vor dieser Rk. nur geringfügig H- u. D-Austausch eintreten kann.
G. Pötzscher. B 131◇

0718 **Untersuchung über die Spaltung von Pentan- und Cyclopentanabkömmlingen unter Elektronenstoß.** Andrée Lorquet-Julien. (Bull. Cl. Sci., Acad. roy. Belgique [5] **48**, 1128—44, 1962; franz.) — Vf. versucht, die Hauptmechanismen zu finden, nach welchen sich der Abbau der Mol.-Ionen in die sek. Ionen vollzieht, die durch Elektronenstoß aus *1-X-Pentanen* (X = *F, Cl, Br, J, OH, SH,* NH_2) u. aus C_5H_9X (X = *F, Cl, Br, OH, SH*) entstehen. Das relative Ausmaß dieser Mechanismen ist vom Substituenten abhängig.
O. Jansen. B 131◇

0719 **Vergleich der Wirkungen des Elektronenstoßes auf Benzol und die offenkettigen Benzolisomeren.** J. Momigny, Léa Brakier und L. D'Or. (Bull. Cl. Sci., Acad. roy. Belgique [5] **48**, 1002—15, 1962; Liège, Univ.; franz.) — Es wurde eine vergleichende Unters. der Massenspektren u. Bldg.-Enthalpien einiger gemeinsamer Ionen von Bzl., *Butadienylacetylen* (**I**), *Hexadiin-(1.3)*, *-(1.4)*, *-(1.5)* u. *-(2.4)* durchgeführt. Es wurde eine große Ähnlichkeit zwischen den Massenspektren von Bzl. u. **I** gefunden, die darauf hindeutet, daß ein offenkettiges Ion eine Zwischenstufe in der Zers. von Bzl. ist. Die Isomerisation des Benzolions zum **I**-Ion wird andererseits durch das Appearancepotential des aus Bzl. entstehenden Ions von 10,3 V unterstützt, das kürzlich durch Photoionisierung gefunden wurde u. in Übereinstimmung mit der Isomerisationswärme steht, welche Vff. aus den gemessenen Bldg.-Enthalpien für $C_6H_6^+$ im Grundzustand aus beiden Substanzen berechneten. Diese Unterss. berechtigen zu der Folgerung, daß nicht nur $C_6H_6^+$ in beliebigem Anregungszustand, sondern auch $C_6H_5^+$ u. $C_6H_4^+$ (aus Bzl.) in ihrem Grundzustand nicht cycl., sondern linearer Natur sind. O. Jansen. B 131◇

0720 **Durch injizierte Elektronen hervorgerufene Leitfähigkeit flüssiger Dielektrika.** Pyong-un Chong und Yoshio Inuishi. (Technol. Rep. Osaka Univ. **10**, 545—51, 1960; engl.) — Vff. berichten über Unterss. der durch Elektroneninjektion hervorgerufenen Leitfähigkeit von *Bzl.* u. *n-C_6H_{14}* (**I**). Die Drift-Geschw. der Elektronen μ wurde zu $1{,}0 \cdot 10^{-3}$ cm²/V·s in **I** u. zu $0{,}45 \cdot 10^{-3}$ cm²/V·s in Bzl. bei 20° bestimmt. Die kleinen Werte der Drift-Geschw. zeigen daß sich die Elektronen in den fl. Dielektrika nicht wie freie Elektronen verhalten, sondern als negative Ionen oder ähnlich Polaronen auftreten. Aus der Temp.-Abhängigkeit der Drift-Geschw. wurde die Aktivierungsenergie der Driftbeweglichkeit zu 0,16 eV bestimmt. Diese Aktivierungsenergie stimmt mit derjenigen für die Viscosität nicht überein. Verschiedene Mechanismen der Leitung werden erörtert.
G. M. Neumann. 135□

0721 **ESR-Hyperfeinstruktur von Hydrazyl-Radikalen.** A. T. Balaban, M. Marculescu, I. Pascaru, M. Rotaru, A. Valeriu und M. Weiner. (Z. physik. Chem. [Leipzig] **219**, 285—94, 1962; Bucharest, Roumania, Inst. for Atom Phys.; engl.) — Vgl. C. **1962**, 1167. — Vff. untersuchen Lebensdauer u. Hyperfeinstruktur der ESR-Spektren der beiden neuen freien Radikale *α.α-Diphenyl-β-[2.4-dinitrophenyl]-hydrazyl* (**I**) u. *-[2.6-dinitrophenyl]-hydrazyl* (**II**) sowie von *-[2.4.6-trinitrophenyl]-hydrazyl* (**III**) mit Hilfe eines quarzstabilisierten 9270 MHz-Spektrometers. Das Spektrum von **I** ist im Gegensatz zu den Spektren von **II** u. **III** zeitlich nicht konstant. Die Halbwertszeit von **I** in Bzl. (Anfangs-Konz. M/200) beträgt bei 25° 86 Stunden. Aus der Hyperfeinstruktur der Spektren von **I** u. **II** werden mit Hilfe der Meth. von Deal u. Koski (C. **1961**, 429) die Kopplungsverhältnisse $k = a_1/a_2$ bestimmt (a_1 bzw. a_2: Kopplungs-Konst. des einsamen Elektrons am α- bzw. β–N-Atom). Die Ergebnisse werden mit den aus NMR- bzw. Overhauser-Effektmessungen ermittelten α- bzw. β-Spindichten verglichen. Es ergeben sich zwei Bedingungen für die Stabilität von Hydrazylradikalen: 1. k ca. 1; 2. ster. Hinderung am β–N-Atom. Bedingung 2. ist für **II**, aber nicht für **I** erfüllt.
W. Haberditzl. B 137◇

0722 **para-Protonen-Fluor-Spinkopplungen in Fluorbenzolen.** S. S. Dharmatti, M. M. Dhingra, G. Govil und C. L. Khetrapal. (Current Sci. [Bangalore] **31**, 414—16, 1962; Bombay, Tata Inst. of Fundament. Res. and Atom. Energy Establishm.; engl.) — In den kernmagnet. F-Resonanzspektren bestimmten Vff. die p-H–F-Kupplungen in (jeweils *m-* u. *o-*) *Amino-*, *Methoxy-*, *Chlor-*, *Brom-* u. *Nitrofluorbenzol* sowie in *m-Hydroxy-*, *m-Chlormethyl-* u. *m-Methylfluorbenzol*. In den m-substituierten Fluorbenzolen nehmen die Kupplungs-Konst. deutlich mit der Abnahme in den π-Elektronendichten in dem Ring ab, die durch die Substituenten verursacht werden. Es wurde ein lineares Verhalten zwischen σ_{RF} (ein Maß des Resonanzeffektes, der eine Änderung in den π-Elektronendichten verursacht) u. J_{para} beobachtet. Die Kupplungen haben jedoch keine Beziehung zu den σ_I-Werten, die ein Maß für die durch den Substituenten verursachten Änderungen in den σ-Elektronendichten sind. Ein ähnliches Verh. wurde bei den orthosubstituierten Verbb. beobachtet, doch sind hier die Veränderungen nicht so groß. Ganz allg. ergibt sich, daß die F-Wechselwrkg. mit dem Spin des p-H stetig mit der Zunahme der σ_R-Werte der Substituenten in dem Ring abnimmt. Die Gruppen also, die eine Tendenz haben, Elektronen an den Ring durch Resonanz abzugeben, erhöhen die p-H–F-Kupplung. Die Kupplung ist am niedrigsten für die NO_2-Gruppe. C. Gottfried. B 137△

0723 **Magnetismus und Molekularstruktur: Untersuchung von monosubstituierten Benzoesäuren und ihren Estern.** A. B. Bendigiri und M. G. Datar. (Current Sci. [Bangalore] **31**, 15—16, 1962; Bombay, Inst. of Sci., Dep. of Chem.; engl.) — Vff. bestimmen mit Hilfe einer von Prasad u. Mitarbeitern (Proc. Indian Acad. Sci., Sect. A **20**, [1944], 224) angegebenen Variante der Gouy-Meth. die diamagnet. Molsusceptibilitäten folgender Säuren u. deren Methyl- u. Äthylester (in Klammern die Werte für *Methyl-* u. *Äthylester*; Angaben in 10^{-6} cgs-Einheiten): *Salicyl-*, 75,98 (86,84; 98,60); *m-* 74,59 (85,24; 97,03); *p-Hydroxybenzoe-* 73,92 (84,43; 96,11); *o-* 84,32 (95,20; 106,98); *m-* 82,99 (93,66; 105,29); *p-Toluol-* 82,41 (93,03; 104,79); *o-* 87,01 (97,80; 109,41); *m-* 85,63 (96,36; 108,04); *p-Chlorbenzoe-* 85,00 (95,80; 107,56); *o-* 75,48 (86,12; 97,95); *m-* 81,18 (91,98; 103,66); *p-Nitrobenzoe-* 79,57 (90,17; 101,83); *o-* 94,11 (104,77; 116,54); *m-* 92,04 (102,62; 114,31); *p-Brombenzoe-* 90,85 (101,50; —). Das χ_{CH_2}-Inkrement Säure → Methylester (Mittelwert 10,70) ist bei allen Verbb. um ca. 1 χ-Einheit niedriger als beim Übergang Methyl- → Äthylester (Mittelwert 11,72). W. Haberditzl. B 137◇

0724 **Die tautomere Struktur von Desoxycytidin.** H. Todd Miles. (J. Amer. chem. Soc. **85**, 1007—08, 1963; Bethesda, Md., Nat. Inst. of Arthritis and Metabolic Diseases, Labor. of Molecular Biol.; engl.) — Unter Bezugnahme auf frühere Unterss. (vgl. Proc. Nat. Acad. Sci. USA **47**, [1961], 791 u.

früher) untersuchte Vf. zuerst das NMR-Spektrum von *Desoxycytidin* (I) in Dimethylsulfoxid (II). Das erhaltene Spektrum war ganz verschieden von dem, welches Gatlin u. Davis (vgl. J. Amer. chem. Soc. **84,** [1962], 4464) erhalten hatten u. unterstützte die vom Vf. (vgl. l. c.) vorgeschlagene Aminostruktur. Auf der Seite des niedrigeren Feldes von dem H_6-Dublett waren keine NH-Maxima vorhanden, dagegen ein Maximum bei −44 Hz relativ zu dem aromat. Maximum des Toluols auf der Seite höheren Feldes des Dubletts. Der Flächeninhalt dieses Maximums deutet auf 2 Protonen hin u. wird der NH_2-Gruppe zugeschrieben. Das Spektrum von *Desoxycytidinhydrochlorid* dagegen ist dem sehr ähnlich oder sogar gleich, das Gathin u. Davis (vgl. l. c.) für I erhalten hatten. Das IR-Absorptionsspektrum von I in D_2O-Lsg. hat eine starke Carbonylbande bei 1651 cm^{-1} u. eine schwächere Ringschwingung bei 1618 cm^{-1}. Vf. hatte früher (vgl. l. c.) gezeigt, daß eine Aminomodell-Verb. eine starke Bande bei 1649 cm^{-1} u. eine schwächere bei 1625 cm^{-1} hat, während ein Iminomodell Banden bei 1671; 1657 u. 1579 cm^{-1} hat, aber keine nahe 1620 cm^{-1}. Damit ist die Aminoform von I u. *Cytidin* sichergestellt. Vf. schließt, daß I in D_2O u. II die Aminostruktur hat u. daß die von Gatlin u. Davis (vgl. l. c.) vorgeschlagene Iminoform falsch ist. C. Gottfried. B 137△

0725 **Die Protonierung von Phloroglucin und seinen Äthern: Eine Ausnahme zum Konzept der Aciditätsfunktion.** A. J. Kresge, G. W. Barry, K. R. Charles und Y. Chiang. (J. Amer. chem. Soc. **84,** 4343–44, 1962; Tarrytown, N.Y., Union Carbide Res. Inst.; Chicago, Ill., Illinois Inst. of Technol., Dep. of Chem.; engl.) — Die schwachen Basen *Phloroglucin* (I) u. seine Äther *1.3.5-Trimethoxy-, -Triäthoxybenzol* u. *3.5-Diäthoxyphenol* lasssen sich in 35 bis 65%ig. $HClO_4$ protonieren. Nach ihrer NMR- u. UV-Absorption u. wegen der gegenüber Phenol u. seinen Äthern um 6 Zehnerpotenzen (H_R'-Skala) stärkeren Basizität ist der Angriff des Protons nicht an einem O- sondern an einem aromat. C-Atom wahrscheinlich. Messungen des Indicatorverhältnisses der Verbb. über dem erwähnten Säurebereich führten zu dem Ausdruck $\log C_{BH^+}/C_B = a + bH$. Die Daten erfüllen keine bekannte Aciditätsfunktion, stellen aber auch keine neue dar: die Extreme I u. sein Triäthyläther unterscheiden sich im Parameter b um den Faktor 2. Grund ist wahrscheinlich die relativ zum Äther stärkere H-Bindungs-Wechselwrkg. beim protonierten I, die den Aktivitäts-Koeff. f_{BH^+} erhöht. W. Schramm. B 139◇

0726 **Spektrophotometrische Untersuchungen von einigen 2.4-Dinitrophenylhydrazonen. 4. Mitt. Die pK_a-Werte von m- und p-substituierten aromatischen Carbonylderivaten.** Louis A. Jones und Nancy L. Mueller. (J. org. Chemistry **27,** 2356–60, 1962; Louisville, Ky., Brown & Williamson Tobacco Corp., Res. Labor.; Raleigh, N.C., State Coll., Dep. of Chem.; engl.) — 3. vgl. C. **1961,** 17878. — Es wurden pK_a- u. $\Delta\,\nu$-Werte ($\nu_{max}^{A^\ominus} - \nu_{max}^{HA}$) in Dioxan-W. (1:1) der 2.4-Dinitrophenylhydrazone (DNP) von 13 Benzaldehyden u. 12 Acetophenonen als Na-Salze bestimmt. Aus einer statist. Beziehung zwischen den erhaltenen pK_a- u. $\Delta\nu$- u. den Hammettschen σ-Werten ergeben sich folgende Gleichungen: für Benzaldehyde $-\Delta\,\nu = 4506\ cm^{-1} + 1698\,\sigma$ (r −0,977; s 198 cm^{-1}), $pK_a = 10{,}90 - 0{,}441\,\sigma$ (r −0,961; s 0,057); für Acetophenone $-\Delta\,\nu = 4525\ cm^{-1} + 1868\,\sigma$ (r −0,974; s 223 cm^{-1}), $pK_a = 11{,}18 - 0{,}511\,\sigma$ (r −0,985; s 0,044). Die Absorptionsmaxima in neutraler u. bas. Lsg. sind gegenüber den in Chlf. aufgenommenen (vgl. l. c.; C. **1956,** 9001) bathochrom verschoben. Die Differenz steigt mit der Acceptor-Wrkg. der Substituenten der untersuchten Derivv.; in bas. Medium ist sie dagegen nahezu konstant. Die Ergebnisse werden, bezogen auf die DK der Lsgm., untersucht. Es wird angenommen, daß $\alpha(hc\Delta\nu) = \alpha\Delta\psi = \Delta Ep^0$ ist, wobei ΔEp^0 die Änderung der potentiellen Energie bei der Neutralisationsenergie, $\Delta\,\psi$ der Änderung der Resonanzenergiestabilisierung bezogen auf die Umwandlung DNP → $DNP^\ominus$ proportionale u. α eine für die untersuchten Rkk. charakterist. Konst. ist. Aus den thermodynam. Hauptsätzen wird dann $\Delta F^0 = \alpha\Delta\psi + \Delta E_z^0 - RT\ln(\pi Q)$ u. die allg. Gleichung $pK_a = \alpha(2{,}11\cdot10^{-3}\ cm)\Delta\nu + C$ mit α 0,106 für die DNP abgeleitet. Folgende Verbb. wurden untersucht: *DNP von* Aldehyden des Typs $R-C_6H_4-CHO$ mit $R = p\text{-}NO_2$, F. 320–321°, pK_a 10,42 ± 0,17; *m-NO₂*, F. 293–294°, 10,57 ± 0,17; *m-F*, $C_{13}H_9FN_4O_4$, F. 266–267°, 10,79 ± 0,22; *p-Br*, F. 258 bis 259°, 10,70 ± 0,27; *p-Cl*, F. 265–266°, 10,73 ± 0,25; *m-OCH₃*, F. 219–220°, 10,79 ± 0,09; *p-F*, $C_{13}H_9FN_4O_4$, F. 278–279°, 10,81 ± 0,22; *H*, F. 239–240°, 10,90 ± 0,19; *3.4-(OCH₃)₂*, F. 258–259°, 10,92 ± 0,18; *m-NH₂*, F. 275–276°, 11,01 ± 0,17; *p-CH₃*, $C_{14}H_{12}N_4O_4$, F. 238–240°, 10,99 ± 0,19; *p-OCH₃*, F. 258–259°, 11,03 ± 0,14; *p-N(CH₃)₂*, F. 239–240°, 11,26 ± 0,10. — *DNP von* $R-C_6H_4-CO-CH_3$ mit $R = p\text{-}NO_2$, F. 264–265°, 10,58 ± 0,22; *m-NO₂*, F. 233–234°; 10,77 ± 0,15; *4-OCH₃-3-NO₂*, $C_{15}H_{13}N_5O_7$, F. 256–257°, 10,94 ± 0,17; *p-Br*, F. 231–232°, 11,09 ± 0,14; *p-Cl*, F. 239–240°, 11,05 ± 0,12; *p-C₆H₅*, F. 242–243°, 11,22 ± 0,11; *H*, F. 247–248°, 11,16 ± 0,05; *m-NH₂*, F. 265–266°, 11,20 ± 0,14; *p-CH₃*, F. 260–261°, 11,32 ± 0,07; *3.4-(CH₃)₂*, F. 255–256°, 11,33 ± 0,11; *p-OCH₃*, F. 227–228°, 11,25 ± 0,14; *p-NH₂*, F. 265 bis 266°, 11,57 ± 0,03. H. G. Henkel. B 139◇

0727 **Phenolchinolinein — ein neuer analytischer Indicator. 2. Mitt. Dissoziationskonstanten.** Vasilije B. Golubović, Radomir P. Šaper und Olga Vitorović. (Ber. chem. Ges. Belgrad **25/26,** 335–37, 1960/61; Beograd. Technol. Fak., Chem.-techn. Zavod; serbo-kroat., Auszug: engl.) — 1. vgl. C. **1958,** 14132. — Da *Phenolchinolinein* (I, vgl. C. **1957,** 6141) in W. wenig lösl. ist, wird es in 45%ig. A. gelöst spektrophotometr. untersucht. Für die 3. Dissoziations-Konst. von I ergibt die Unters. pK_3 12,83 (K_3 $1{,}48\cdot10^{-13}$), die potentiometr. Best. dagegen pK_3 10,85 (K_3 $1{,}42\cdot10^{-11}$). Diese Diskrepanz ist auf die Bldg. von I-Hydrochlorid zurückzuführen. Der Bereich des Farbumschlags von I liegt bei pH 7,57–9,65, ist also von dem des Phenolphthaleins verschieden. R. K. Müller. B 139◇

0728 **Ultraviolettabsorptionsspektren und Dissoziationskonstanten von Chinolin- und Cinchomeronsäure.** Alexander M. Leko und Radomir P. Šaper. (Ber. chem. Ges. Belgrad **25/26,** 267–76, 1960/61; serbo-kroat., Auszug: engl.) — Vgl. vorst. Referat. — Das UV-Spektrum von *Chinolinsäure* (I) zeigt ein Maximum bei 270–275 (mμ) u. ein Minimum bei 245–250, je nach dem pH der Lsg.; der 1. Dissoziationsstufe entsprechen die isosbest. Punkte 246,5 u. 275 (bei pH 1,10 bis 3,40), der 2. Dissoziationsstufe 242 u. 267 (bei pH 3,40–7,10). Im UV-Spektrum von *Cinchomeronsäure* (II) liegt ein Minimum bei 240–250 u. ein Maximum bei 263–266 vor, der 1. Dissoziationsstufe entsprechen die isosbest. Punkte 218 u. 270 (pH 0,80–3,40), der 2. Dissoziationstufe die Punkte 228 u. 275 (bei pH 3,40–7,10). Die scheinbaren Dissoziations-Konst. errechnen sich für I zu pK_1 2,43, pK_2 5,06, für II zu pK_1 2,63, pK_2 5,07. R. K. Müller. B 139◇

0729 **Ultraviolettabsorptionsspektren und Dissoziationskonstanten von 5-Methylpyrazin-2-carbonsäure, Pyrazin-2.3-dicarbonsäure und Pyrazin-2.5-dicarbonsäure.** Radomir P. Šaper. (Ber. chem. Ges. Belgrad **25/26,** 277–85, 1960/61; serbo-kroat., Auszug: engl.) — Vgl. vorst. Referate. — Die UV-Spektren von *5-Methylpyrazin-2-carbonsäure* (I, F. 203°), *Pyrazin-2.3-dicarbonsäure* (II, F. 286°) u *Pyrazin-2.5-dicarbonsäure* (III, F. 256°) werden in Diagrammen wiedergegeben. Das Spektrum von I zeigt ein Maximum bei 275 (mμ), ein Minimum bei 237–241, das Spektrum von II bei 271–279 bzw. 248–252, das Spektrum von III ein Maximum bei 277. Daraus errechnen sich die scheinbaren Dissoziations-Konst. 2,85 (I), 2,20 (II) u. 2,29 (III) als Mittelwerte aus Messungen bei verschiedenen pH-Werten. R. K. Müller. B 139◇

0730 **Ultraviolettabsorptionsspektren und Dissoziationskonstanten von Imidazoldicarbonsäuren.** Radomir P. Šaper. (Ber. chem. Ges. Belgrad **25/26,** 287–97, 1960/1961; serbo-kroat., Auszug: engl.) — Vgl. vorst. Referate. — Die UV-Spektren von *Imidazol-4.5-dicarbonsäure* (I), *2-Methylimidazol-4.5-dicarbonsäure* (II) u. *2-Phenylimidazol-4.5-dicarbonsäure* (III) werden bei verschiedenen pH-Werten aufgenommen. Die Absorptionsmaxima liegen für I bei 242,5 bis 255 (mμ) (pH 5,50–9,85), für II bei 241–261 (pH 1,30 bis 6,58), für III bei 259,5–267,5 (pH 1,02–4,50) u. 267,5 bis 280 (pH 4,50–9,80). Die errechneten Dissoziations-Konst. sind für I pK_1 2,93; pK_2 8,04; II 4,25; 8,28; III 3,00; 7,68. R. K. Müller. B 139◇

0731 **Untersuchungen über physiko-chemische Charakteristika der Erstprodukte der elektrolytischen Reduktion konjugierter Moleküle.** Robert Pointeau. (Ann. Chimie [13] **7,** 669–94, 1962; Bordeaux, Fac. des Sci., Labor. de Chim. Phys.; franz.) — Vgl. C. **1964,** 4-0332. — Vf. erörtert theoret. die Faktoren, die die Funktion I = f(V) beeinflussen

(Einzelheiten vgl. l. c.). Daraus ergibt sich besonders, daß die Halbstufenpotentiale u. die Normalpotentiale ident. sind, wenn der Red.-Vorgang in einer reversiblen Elektronenanlagerung besteht. Ferner untersucht Vf. 2 experimentelle Meth. hinsichtlich ihrer Aussagefähigkeit über den Red.-Mechanismus: 1. Die polarograph. Red. von *Anthrachinon* (**I**) u. *Anthracen* (**II**, 10^{-2} Mol/Liter) in Dimethylformamid (DMF) in Ggw. von 0,1 m $(C_2H_5)_4NJ$ beim Kathodenpotential 0,8 V, der Stromstärke 3 mA (Elektrolysedauer 5 Min.) wird mittels paramagnet. Elektronenresonanz verfolgt. In beiden Fällen sind die Red.-Prodd. farbig, sie werden sofort durch O_2 zerstört, verändern sich durch Rk. mit der Anoden-Fl. u. haben bei niedriger Konz. nur kurze Lebensdauer, diejenigen aus **II** eine kürzere als die aus **I**. Die Ggw. freier Radikale konnte jedoch, allerdings nur qual., nachgewiesen werden. 2. Die Elektronenspektren der nachst. Verbb. wurden vor u. nach der Elektrolyse sowie nach O_2-Zutrit zur elektrolysierten Lsg. aufgenommen, wobei die Elektrolyse etwas unterhalb des Halbstufenpotentials u. mit Konzz. $> 10^{-3}$ Mol/Liter vorgenommen wurde: *Naphthalin* (**III**), **II**, *Phenanthren* (**IV**), *Chrysen* (**V**), *3.4-Benzophenanthren* (**XIV**), dessen *1-*, *2-*, *5-*, *7-* u. *8-Methyl-Deriv.*, *Diphenyl* (**XII**), *Stilben* (**VI**), *Acridin*, *Benzhydryliden-* (**VIII**), *Cinnamylidenfluoren* (**VII**), *7-Benzyliden-* (**X**), *7-Fluorenyliden-1.2;5.6-dibenzocycloheptatrien* (**XI**) u. *1-Biphenylen-4.4-diphenylbutadien-(1.3)* (**IX**). Diese Spektren wurden mit denen der auf chem. Wege erhaltenen mono- oder bivalenten Anionen der genannten Verbb. verglichen. Daraus ergab sich eindeutig, daß unter den genannten Bedingungen die Red. der konjugierten Moll. zunächst zu monovalenten, stabilen Anionen führt, wenn sie von der äußeren Umgebung isoliert bleiben. In Ggw. von W. oder O_2 trifft dies nicht zu. In Verbindung mit den theoret. Ergebnissen über die Form der Polarogramme ergibt sich daraus, daß in aprot. Lsgm. eine reversible Elektronenaddition vorliegt. Auf Grund vorst. Ergebnisse werden von den nachst. Verbb. (10^{-3} Mol/Liter) in DMF in Ggw. von 0,1 Mol/Liter $(C_2H_5)_4NJ$ u. in 75%ig. wss. Dioxan in Ggw. von 0,175 Mol/Liter $(C_4H_9)_4NJ$ die Halbstufenpotentiale als Maß für die Red.-Potentiale bestimmt: **III**, *Acenaphthen*, **II**, *1.2-Benzanthracen* (**XIII**), *3-*, *4-*, *5-*, *6-*, *7-*, *8-*, *9-*, *10-*, *4'-*, *5'-*, *6'-Methyl-1.2-benzanthracen*, *9.10-Dimethyl-1.2-benzanthracen*, *Tetracen*, **IV**, **XIV** u. seine Methyl-Deriv., *Pyren*, *3-Methylpyren*, *Triphenylen*, **V**, *Coronen*, *Styrol*, *cis-* u. *trans-***VI**, *Tetraphenyläthylen*, *Benzyliden-*, *Cinnamylideninden*, **VII**, **VIII**, **IX**, *1.2-Bis-[diphenylen]-äthylen*, *1.4-Bis-[diphenylen]-butadien*, *Bis-[4.5-benzodiphenylen]-äthylen*, **X**, **XI**, *Tetrabenzoheptafulvalen*, *Fluoranthen*, *3.6-Dimethyl-*, *3.6-Diphenyl-1.2;4.5-dibenzopentalen*, *Tetraphenyl-p-benzochino-*, *-naphtho-1.4-chino-*, *-anthrachinodimethan*, *1.2-Bis-[xanthyliden]-äthan* u. **XII**. Der Vgl. der Halbstufenpotentiale mit den 1. freien Energieniveaus dieser Moll. ergibt die lineare Beziehung $E_{1/2} = -1{,}51\,m - 1{,}05$ (m = Koeff. des 1. freien Orbitals), die von der Mehrzahl der untersuchten Verbb. mit einer Abweichung von $\pm 10\%$ erfüllt wird, d. h. die Hypothese von Maccoll (vgl. Nature [London] **163**, [1949], 178) ist hier zufriedenstellend verwirklicht. Vf. untersucht schließlich **XIII** u. **XIV**, deren Methyl-Derivv. sowie einige ihrer negativen Ionen polarograph. u. spektroskop. hinsichtlich einer Parallele zu ihrer cancerogenen Aktivität. Derartige Beziehungen konnten nur z. T. beobachtet werden, so daß z. Zt. nicht festgestellt werden kann, ob ihnen Bedeutung zukommt. J. Richter. B 141◇

0732 **Polarographie von Diäthylaminoäthylmercaptan.** Ss. I. Shdanow. (J. allg. Chem. [UdSSR] **31** **(93)**, 3874 bis 3877, 1961; Akad. der Wiss. der UdSSR, Inst. für Elektrochem.; russ.) — Es wurde das polarograph. Verh. von *β-Diäthylaminoäthylmercaptan* in neutralen u. sauren Lsgg. von $NaClO_4$ u. $(NH_4)_2SO_4$ in W. u. W.–A. untersucht. In neutraler Lsg. werden 2 Anodenstufen beobachtet: Die 1. hat Adsorptionscharakter u. ist durch die Adsorption des Rk.-Prod. $(C_2H_5)_2NCH_2CH_2SHg$ an der Elektrode bedingt. Die 2. Stufe hat Diffusionscharakter. Bei Ansäuern der Lsgg. verschwindet die Adsorptionsstufe, während sich die Diffusionsstufe nach positiveren Potentialen verschiebt. Diese Erscheinung ist durch das Verschwinden der H-Bindung zwischen dem N- u. S-Atom bei der Protonierung der Aminogruppe in saurer Lsg. bedingt. Helmut Schäfer. B 142

0733 **Halogenarylierung ungesättigter Verbindungen mit aromatischen Diazoverbindungen. 11. Mitt. Polarographie und Absorptionsspektren von Phenyl- und p-Tolyldiazoniumchlorid-Lösungen mit Kupferchlorid.** A. I. Lopuschanskaja, A. W. Dombrowski und W. I. Laba. (J. allg. Chem. [UdSSR] **30** **(92)**, 2047—51, 1960; Tschernowo, Univ.; russ.) — 10. vgl. C. **1960**, 807. — Die polarograph. Red. von *Phenyl-* (**I**) u. *p-Tolyldiazoniumchlorid* (**II**) in 1,0n-NaCl-Lsgg. beginnt bei −0,57 bzw. −0,97 V (gegen gesätt. Kalomelelektrode) u. durchläuft ein Maximum. Der Grenzstrom ist direkt der **I**- bzw. **II**-Konz. proportional. In **I**- bzw. **II**-$CuCl_2$-Gemischen fehlt die für das Cu(II)-Ion charakterist. Stufe. In diesen Gemischen ist das für reine $CuCl_2$-Lsgg. bei 680 mμ liegende UV-Maximum ins kürzerwellige Gebiet verschoben. Daraus wird auf das Vorhandensein von Komplexen nach $[ArN_2]_2CuCl_4 \rightleftharpoons 2\,[ArN_2]^+ + CuCl_4^{2-}$ in den Gemischen geschlossen. G. Pötzscher. B 142◇

0734 **Oscillopolarographische Reversibilitätsstudien an Aminoazoverbindungen.** Günter Horn. (Chem. Zvesti **16**, 348—53, 1962; Jena, Dt. Akad. der Wiss., Inst. für Mikrobiol. u. exp. Therapie; dt.) — Mittels der Oscillopolarographie, Polarographie mit stationärem Tropfen, Wechselstrompolarographie nach Breyer u. Dreieckspannungs-Polarographie nach Randles u. Ševčík wurde die Reversibilität der Red. von Aminoazoverbb. [*p.p'-Diaminoazobenzol* (?), *Kongorot*, *Kongorubin*, *Methylorange*, *Chrysoidin*] in stark alkal. Lsg. nachgewiesen. Dies hängt mit der begünstigteren Umlagerung in die chinoide Form zusammen. Die Red. von Hydroxyazoverbb. (*Diamantschwarz PV*, *Eriochromschwarz T*, *Alizaringelb R*) ist dagegen noch in 5m NaOH irreversibel. J. Komenda. B 142△

0735 **Oscillopolarographische Studien der Lösungen von organischen Verbindungen in wasserfreiem $NH_4NO_3 \cdot n\text{-}NH_3$.** Jerzy Matysik. (Chem. Zvesti **6**, 311—15, 1962; Lublin, Maria-Curie-Skłodowska-Univ., Inst. für anorgan. Chem.; dt.) — Der fl. Grundelektrolyt wurde durch Sättigung von wasserfreiem Ammoniumnitrat mit gasförmigem NH_3 bei 0° erhalten. Die oscillopolarograph. Red. von *Nitrobenzol* (**I**) verläuft über Phenylhydroxylamin, Nitroso- u. Azoxybenzol bis zum reversiblen Azo–Hydrazobenzol-Syst. wie in Wasser. Die Derivv. des Typus von *p-Nitroanilin* (**II**) weisen dagegen nur einen kathod. Einschnitt der prim. Red. u. ein reversibles Einschnittspaar des sek. gebildeten chinoiden p-Phenylendiamin-Syst. auf. *Nitromesitylen* verhält sich von **I** u. **II** verschieden. *Nitromethan* u. andere Nitroalkane werden zum Hydroxylamin reduziert. In diesem Lsgm. kann man auch Triphenylmethan- u. Phenazinfarbstoffe, Chlor-, Schwefel- u. Cyan-Verbb. oscillopolarograph. verfolgen. Das Verh. von Aldehyden u. Ketonen ist durch ihre Rk. mit dem Lsgm. kompliziert. Chinone äußern sich durch ein Paar reversibler Einschnitte (Polarogramm von *Chinhydron* angegeben). Kapazitätseinschnitte werden bei Alkoholen, Alkaloiden (*Papaverin*, *Morphin*) u. *Benzidin* beobachtet. Das Verh. der Metallionen (Se-, Te-, Mn-, Sn-, As- u. Sb-Verbb.) entspricht im allg. dem in wss. Lösungen. J. Komenda. B 142△

0736 **Oscillopolarographisches Verhalten einiger einfacher Ketone in sauren Lösungen.** Robert Kalvoda. (Chem. Zvesti **16**, 330—37, 1962; Praha, Tschechoslow. Akad. der Wiss., Polarograph. Inst.; dt.) — In Ggw. einiger Ketone wie *Aceton* (**I**), *Cyclohexanon* (**II**), *Methyläthylketon*, *Diäthylketon*, *Isopropylmethylketon*, *Cyclopentanon* u. *Lävulinsäure* in 1m H_2SO_4 entsteht auf dem oscillopolarograph. Kurven dE/dt = f(E) ein anod. Einschnitt bei 0,0 V, der durch die Polarisation der Elektrode bei negativen Potentialen bedingt ist. Er entspricht der Oxydation der bei negativen Potentialen entstandenen Hg-Verb. (RHgX). Der anod. Einschnitt von **II** kann zur Best. neben Cyclohexanol ausgenützt werden. **I** kann mit Hilfe dieses Einschnittes in Isopropylalkohol in der Menge 0,1%, im Methanol 0,01% nachgewiesen werden. L. Kišová. B 142△

0737 **Oscillopolarographisches Verhalten der Ketone in alkalischen Lösungen.** Michael Heyrovský. (Chem. Zvesti **16**, 338—41, 1962; Praha, Tschechoslowak. Akad. der Wiss., Polarograph. Inst.; dt.) — Vgl. vorst. Referat. — Aliphat. Ketone mit α-H-Atomen zeigen auf der oscillopolarograph. Kurve dE/dt = f(E) in 1 m KOH einen kathod. Einschnitt (Q = 0,2). Dieser Einschnitt ist durch die Red. der bei positiverem Potential gebildeten Organo-Hg-Verb. verursacht, was durch Verss. mit der vibrierenden Pt-Elektrode bewiesen wurde. Die Empfindlichkeit dieser Best. ist relativ klein (Konz. 10^{-3}—10^{-1}m), die Ketone reagieren nämlich mit Hg in der Enolform, wobei das Gleichgewicht zugunsten der Ketoform verschoben wird.

Acetophenon u. seine Homologe weisen daneben noch weitere elektrolyt. u. Kapazitätseinschnitte auf. Untersuchte Verbb.: *Aceton, Methyläthyl-, Diäthyl-, Methylisopropyl-, Methyl-n-hexyl-, Methyl-n-nonylketon, Cyclopentanon, Cyclohexanon, Diacetonalkohol, Mesityloxid, Phenylaceton, Propio-, Butyrophenon, Brenz-, Phenylbrenztrauben-, Lävulinsäure.* Neben Ketonen bilden auch *Harnstoff, Acetamid, Urethan* in alkal. Lsg. irreversible kathod. Einschnitte, *Acetonitril* dagegen weist keine Wrkg. auf dieser Kurve auf. Bei *Phenylisopropylketon, Benzaldehyd, Benzophenon, Phenylglyoxylsäure, Malonsäure* u. *Äthylacetat* konnten keine Einschnitte beobachtet werden. J. Komenda. B 142△

0738 **Polarographie von Diphenylcyclopropenon.** Ss. I. Shdanow und M. K. Polijewktow. (J. allg. Chem. [UdSSR] **31** (**93**), 3870—73, 1961; Akad. der Wiss. der UdSSR, Inst. für Elektrochem.; russ.) — Es wurde das polarograph. Verh. von *Diphenylcyclopropenon* (**I**) in neutraler u. saurer 50%ig. A.-Lsg. mit LiCl u. Tetraäthylammoniumjodid als Grundelektrolyt untersucht. In neutraler Lsg. gibt **I** eine Stufe mit dem Halbstufenpotential $\varphi_{1/2}$ = —1,56 V (gegen gesätt. Kalomelelektrode), die der Red. der Doppelbindung des Ringes entspricht, u. eine weitere Stufe mit $\varphi_{1/2}$ = —1,91 V, die der Red. der Carbonylgruppe entspricht. In angesäuerten Lsgg. bildet sich eine Stufe mit $\varphi_{1/2}$ = —1,25 aus, die in schwachsauren Lsgg. Diffusionscharakter, in starksauren (0,1n HCl) einen gemischten Diffusions- u. kinet. Charakter hat. Diese Stufe entspricht der Einelektronen-Red. der konjugierten Säure von **I** u. der anschließenden Dimerisierung der Radikale u. der katalyt. Abscheidung von H_2.
Helmut Schäfer. B 142

0739 **Oscillopolarographischer Nachweis von elektrolytischen, hydrolytischen und photolytischen Folgereaktionen.** Hermann Berg. (Chem. Zvesti **16**, **342**—**47**, **1962**; Jena, Dt. Akad. der Wiss., Inst. für Mikrobiol. u. exp. Therapie; dt.) — *2.5-Bis-[äthylenimino]-3.6-bis-[n-propoxy]-benzochinon-(1.4)* (**I**) verursacht auf den Oscillopolarogrammen dE/dt = f(E) in neutraler Lsg. drei reversible Einschnitte mit der Quecksilbertropfelektrode u. einen Einschnitt an der strömenden Elektrode. In alkal. Lsg. gibt es nur je einen Einschnitt. Der erste Einschnitt entspricht der reversiblen Red. von **I** zum entsprechenden Hydrochinon (**II**), der zweite, negativere Doppeleinschnitt der Red. des aus **I** gebildeten **II** mit einem geöffneten Äthyleniminoring (**IIa**) u. der dritte, negativste Doppeleinschnitt einer Struktur mit zwei geöffneten Äthyleniminoringen (**IIb**). **IIa** u. **IIb** bilden sich elektrolyt. gegen Ende der Tropfzeit. Dieselbe säurebasen-katalysierte Hydrolyse von **II** zum Mono-β-hydroxyäthyl- (k_1) u. Di-β-hydroxyäthyl-Deriv. (k_1') von **II** wurde polarograph. u. oscillopolarograph. verfolgt: $\bar{k}_1$ = 0,056 (min^{-1}) bei pH 3,68, $\bar{k}_1$ = 0,55 bei pH 2,6 u. $\bar{k}_1$ = 5 bei pH 1,5. Die beiden Rkk. erfolgen photolyt. bei pH 11. J. Komenda. B 142△

0740 **Untersuchung in der heterocyclischen Reihe.** 2. Mitt. **Polarographie der von heterocyclischen Aldehyden abgeleiteten Chalcone, o-Hydroxychalcone, Chromanone und Chromone.** Jean Tirouflet und André Corvaisier. (Bull. Soc. chim. France **1962**, **535**—**39**; Dijon, Fac. des Sci., Labor. de Chim. Gén.; franz.) — 1. vgl. C. **1963**, **9690**. — Vff. untersuchten die l. c. synthetisierten *Chalkone* (**A**), *o-Hydroxychalkone* (**B**), *Chromanone* (**C**), *3-Hydroxychromanone* (**D**), *Chromone* (**E**) u. *3-Hydroxychromone* (**F**) polarograph. in mit N_2 15 Min. lang O_2-frei gespülten $2 \cdot 10^{-4}$m Lsgg. in 80%ig. Isopropanol im 1:1 (Vol.-Teile)-Gemisch mit Puffer-Lsgg. von Prideaux-Ward für pH 2—12 u. Soda-Lsgg. für pH > 12 bei 25°. Neutrale heterocycl. Substituenten (Furyl-, Thienyl- oder Pyrryl-) ergeben bei **A**, **B**, **E** u. **F** bei zunehmendem pH im sauren Bereich eine 1-Elektronen-Welle u. im neutralen oder bas. Bereich 2 1-Elektronen-Wellen, die in einigen Fällen verschmelzen. Vff. diskutieren für **A** eine Red. in 2 Stufen über ein C-Radikal u. das Enol (je 1 Welle im alkal. u. sauren Gebiet) zum gesätt. Keton u. evtl. dessen weitere Red. zum Radikal des Alkohols (2. Welle im alkal.); für **B** Cyclisierung unter dem Einfl. des Puffers zu **C** (Abfall des Diffusionsstromes bei pH 7—8 zum Minimum bei pH 10), wobei bei pH > 10,5 Gleichgewichts-Verschiebung zugunsten von **B** eintritt u. teilweise Ionisierung von **B** ab pH 11 u. ein Keto-Enol-Gleichgewicht für die z. T. beobachtbare 3. Stufe; für **C** u. **D** Red. über das $C_{(4)}$-Radikal zum Carbinol-(4) (2 Wellen im sauren Gebiet) u. Ringöffnung (charakterist. **B**-Welle) zwischen pH 7 u. pH 13, außerdem für **D** nach Ringöffnung α-Diketon-Bldg. (Ersatz der Normalwelle durch eine Welle mit positiverem Potential) bei pH > 10; u. für **E** u. **F** langsame Rk. zu **C** nach Red. zum Enol-(4). — Bas. heterocycl. Substituenten (Pyridyl- oder Chinolinyl-) verursachen eine 2-Elektronen-Welle im sauren Bereich. Eine Deutung der Erscheinung wird auf Basis der strukturellen Gegebenheiten bzw. auf Grund der elektrochem. Kinetik versucht. H.-J. Kötzsch. B 142◇

0741 **Untersuchung in der heterocyclischen Reihe.** 3. Mitt. **Polarographische Untersuchung des Gleichgewichts und der Kinetik der Reaktion o-Hydroxychalcone ⇌ Chromanone.** Jean Tirouflet und André Corvaisier. (Bull. Soc. chim. France **1962**, 540—44; franz.) — 2. vgl. vorst. Referat. — Ausführlichere Mitt. der C. **1963**, 3929 referierten Arbeit. Zu ergänzen ist: *2-[2-Salicoylvinyl]-methylpyridiniumjodid* ($C_{15}H_{14}JNO_2$, F. 280°) u. *3-[2-Salicoylvinyl]-methylpyridiniumjodid* ($C_{15}H_{14}JNO_2$, F. 228°) zeigen bzgl. der Funktion log k_1 = f (pH) nicht die bei den Pyridin- u. Chinolin-Derivv. beobachtete Anomalie. H.-J. Kötzsch. B 142◇

0742 **Über die Beziehungen zwischen der Struktur und dem oscillopolarographischen Verhalten einiger Aminosäuren und Peptide.** Dušan Kaláb. (Chem. Zvesti **16**, 399—402, 1962; Ivanovice in Haná, ČSSR, „Bioveta", Nationalunternehmen, Forschungsabt.; dt.) — Der Q-Wert der kapazitiven Einschnitte an der dE/dt = f_1(E)-Kurve von einigen Aminosäuren u. Peptiden in 12m NaOH wurde mit anderen physik.-chem. Konst. (R_F-Wert bei Papierchromatographie, pI, ΔH_2^0 usw.) in Zusammenhang gebracht. Es wurden folgende Verbb. untersucht (Q-Wert in Klammern): *Phenylalanin* (0,75), *ε-Aminocapronsäure* (0,83), *Norleucin* (0,73), *Leucin* (0,70), *Isoleucin* (0,65), *Norvalin* (0,62), *Valin* (0,45), *Lysin* (0,80), *Ornithin* (0,81), *Arginin* (0,82), *Citrullin* (0,85), *Alanylalanin* (0,59), *Prolylleucylglycinamid* (0,86) u. auch *Putrescin* (0,85) u. *Cadaverin* (0,90). *Tyrosin, DOPA, Alanylglycin, Glycylglycin, Glycyltyrosin, β-Alanylhistidin* geben keine Kapazitätseinschnitte. Z. Pechan. B 142△

0743 **Das oscillopolarographische Verhalten des Harnstoffs und seiner Derivate.** Gabriel Dušinský. (Chem. Zvesti **16**, 358—62, 1962; Bratislava, Staatl. Inst. für Arzneimittelkontrolle; dt.) — In 0,5 m NaOH mit 0,5 m KCl als Grundelektrolyt liefert *Harnstoff* einen kathod. Einschnitt (Q = 0,14) schon in der Konz. von 10^{-4}m. Es wurde der Einfl. der Bedingungen (Temp. usw.) verfolgt. Der Einschnitt verhält sich typ. kapazitiv. Von den Derivv. gab nur *Äthylharnstoff* unter ident. Bedingungen denselben Einschnitt. Beim *Phenyl-* u. *Naphthylharnstoff* sind die Kapazitätseffekte der Phenylgruppe bei Q = 0,52 u. der Naphthylgruppe bei Q = 0,65 erhalten geblieben. Bei allen disubstituierten Derivv. (*N.N'-Diacetyl-, N-Acetyl-N'-phenyl-, N.N'-Diphenyl-* u. *N-Phenyl-N'-benzoylharnstoff*) u. *N-Acetylharnstoff* sind die Einschnitte sehr schlecht entwickelt. Z. Pechan. B 142△

0744 **Oscillographische Polarographie der Pterine.** J. Komenda und L. Kišová. (Chem. Zvesti **16**, **368**—**72**, **1962**; Brno, J. E. Purkyně-Univ., Lehrstuhl für phys. u. theoret. Chem.; dt.) — Nachst. Pteridin-Derivv. wurden in 1m H_2SO_4 u. 1m NaOH oscillopolarograph. untersucht. In saurer Lsg. weisen sie zwei kathod. u. anod. Einschnitte auf, bei den durch Hydroxygruppen im Pyrazinkern substituierten Derivv. fehlen die negativeren Einschnitte. In alkal. Lsg. beobachtet man neben dem reversiblen Red.-Einschnitt auf der anod. Seite noch einen Kapazitätseinschnitt. Die Q-Werte der Red.-Einschnitte sind linear abhängig von der Summe der Substituenten-Konst. einzelner Derivate. Untersuchte Verbb.: *Pteridin, 4-Hydroxypteridin, 6-Methylpteridin, Folsäure, Xanthopterin, 7.8(?)-Dihydroxanthopterin, 7-Methylxanthopterin, 6-Methylisoxanthopterin, Leucopterin, Pteridin-6-aldehyd.*
J. Komenda. B 142△

0745 **Oscillopolarographisches Verhalten der Desoxyguanylsäure und anderer Purinderivate.** E. Paleček und B. Janík. (Chem. Zvesti **16**, 406—10, 1962; Brno, Tschechoslow. Akad. der Wiss., Biophys. Inst.; russ.) — *d-Desoxyguanylsäure* (**I**) zeigt auf der oscillograph. dE/dt = f_1(E)-Kurve einen scharfen anod. Einschnitt (Konz. 40 μg/ml im 1m $HCOONH_4$), während *d-Desoxycytidylsäure* sich mit kathod. Einschnitt bei negativen Potentialen anzeigt. Unter Berücksichtigung der Erklärung des oscillopolarograph. Verh. der hochpolymeren Desoxyribonucleinsäure (vgl. C. **1959**,

580), welches dem von I ähnlich ist, wurden auch andere Purin-Derivv. untersucht. Mit anod. Einschnitt wie I reagieren auch *Guanin*, *2-Methyl-6-hydroxypurin*, *Xanthin*, *2.6-Diaminopurin* u. *Theophyllin*. Bei anderen Purin-Derivv. (*6-Chlor-*, *2-Aminopurin*, *3.8-Dimethylxanthin*, *Theobromin*, *7-Hydroxymethyltheophyllin*, *6-Hydroxy-8-methylpurin*, *Coffein*, *1.3-Dimethyl-6-desoxyxanthin* u. *Harnsäure*) verläuft die Rk. auf eine andere Weise, aber meistens charakterist.; *Hypoxanthin* u. *Adenin* reagieren dagegen in 1m $HCOONH_4$-Lsg. nicht. Es wurde auch bestätigt, daß der anod. Einschnitt durch ein Red.-Prod. von I entsteht, das an der Elektrodenoberfläche adsorbiert u. danach oxydiert wird. Für diesen Verlauf der Elektroden-Rk. sind Substituenten ($-NH_2$, $-OH$ oder $-CH_3$) notwendig, während die 7- u. 8-Stellung frei sein müssen. Z. Pechan. B 142△

0746 **Oscillopolarographische Untersuchungen der Orthokieselsäure-Derivate.** Tamás Damokos. (Chem. Zvesti **16**, 325—29, 1962; Budapest, TU, Inst. for Inorg. Chem.; engl.) — Die oscillopolarograph. Kurven dE/dt = f(E) von Tetraalkoxy- u. Methyläthoxysilanen in wss. KCl-Lsgg. weisen einen kathod. Einschnitt (Q = 0,5—0,6) u. einen kleinen anod. Einschnitt (Q = 0,05—0,1) auf. Bei Phenyläthoxysilanen erscheint je 1 weiterer Einschnitt auf der kathod. bzw. anod. Seite. Die Gestalt der Einschnitte u. ihre Konz.-Abhängigkeit weist auf ihren Kapazitätsursprung. Die Einschnittstiefe ist bei derselben Konz. der Äthoxygruppenzahl in den Moll. proportional. Untersuchte Verbb.: *Tetraäthoxy-*, *Tetrapropoxy-*, *Tetrabutoxy-*, *Methyltriäthoxy-*, *Dimethyldiäthoxy-*, *Trimethyläthoxy-*, *Phenyltriäthoxy-*, *Diphenyldiäthoxy-*, *Triphenyläthoxysilan*. J. Komenda. B 142△

0747 **Das oscillopolarographische Verhalten einiger organischer Phosphorverbindungen.** Hans Sohr. (Chem. Zvesti **16**, 316—19, 1962; Altenburg, VEB Chem.-Techn. Labor.; dt.) — In 1m KCl-Lsg. wurden *Trimethyl-*, *Triäthyl-*, *Triisopropyl-*, *Tripropyl-*, *Triisobutyl-*, *Tributyl-* u. *Triphenylphosphat*, *Trimethyl-*, *Triäthyl-* u. *Triisopropylphosphit*, *Trimethyl-*, u. *Benzyldimethylthiophosphat* oscillopolarograph. untersucht. Diese Verbb. geben meßbare kathod. Einschnitte auf den dE/dt = f(E)-Kurven. Bei den Trialkylphosphiten u. Thiophosphaten treten nebeneinander Artefakte auf, die der Bldg. von Quecksilberkomplexen dieser Verbb. entsprechen. L. Kišová. B 142△

0748 **Untersuchungen über Adsorptionsstufen.** 5. Mitt. **Oscillopolarographisches Verhalten von einigen Anthrachinonmono- und -disulfonsäuren.** Gy. Pályi und F. Péter. (Chem. Zvesti **16**, 354—57, 1962; Budapest, United Chem. Works; Textile Ind., Res. Inst.; engl.) — 1. vgl. C. **1962**, 1175. — *Anthrachinon-1-sulfonsäure*, *-2-sulfonsäure*, *-1.5-disulfonsäure* u. *-1.8-disulfonsäure* zeigen in 1 m KOH-Lsg. auf der $dE/dt = f_1(E)$-Kurve zwei kathod. Einschnitte. Der erste wird durch Red. verursacht; der zweite wird durch Adsorption des Depolarisators bestimmt, da er durch oberflächenakt. Verbb. beeinflußt wird. Z. Pechan. B 142△

0749 **Oscillopolarographische Bestimmung von Sulfochloriden.** J. Černák und A. Blažej. (Chem. Zvesti **16**, 276—79, 1962; Bratislava, Slowak. TH, Lehrstuhl für analyt. Chem., Lehrstuhl für Leder- u. Wasser-Technol.; dt.) — Die Sulfochloride verursachen auf den oscillopolarograph. Kurven dE/dt = f(E) Einschnitte. Im Acetatpuffer, der mit Methylalkohol im Verhältnis **4**:1 vermischt wurde, zeigt *p-Toluolsulfochlorid* (I) einen kathod. Einschnitt, der zur quant. Auswertung ausgenützt wurde. Seine Tiefe wächst mit Konz. an I im Bereich $1\cdot10^{-5}$m bis $2\cdot10^{-4}$m linear. Auf diese Weise wurde die Hydrolyse von I in 0,13 m Natronlauge mit 33% Methylalkohol u. 0,66m Natronlauge mit 33% Methylalkohol verfolgt: $k' = 2{,}65\cdot10^{-2}(s^{-1})$. L. Kišová. B 142△

0750 **Oscillopolarographische Untersuchungen organischer Selenverbindungen.** B. Nygard. (Chem. Zvesti **16**, 320 bis 324, 1962; Uppsala, Pharmacia, Forschungslabor.; dt.) — Es wurde das oscillopolarograph. Verh. von *ω.ω'-Diselenidobis-[essig-*, *-[propion-*, *-[n-butter-* u. *-[n-valeriansäure]* u. *Diselenocystin* (I) untersucht. Bei den Diselenidodicarbonsäuren wurde festgestellt, daß es vor der Red. zu einer reversiblen Radikaldissoziation zu $HgSe(CH_2)_nCO_2H$ u. Selenol-Bldg. kommt. Die Red. ist reversibel. Beim Syst. I–*Selenocystein* wurde sein Verh. mit dem Syst. *Cystin–Cystein* verglichen; die Se-Verbb. geben im Gegensatz zu den S-Verbb. reversible Einschnitte im ganzen pH-Bereich, die den entsprechenden Merkuriverbb. entsprechen. *1.2-Dithiolan-3-* u. *-4-carbonsäure* weisen dagegen infolge der Ringspannung u. damit schwächerer S—S-Bindungen reversibles Verh. auf. L. Kišová. B 142△

0751 **Dampfdruck von Triacetin, Triäthylenglykoldinitrat und Metrioltrinitrat.** Alan L. Woodman und Arnold Adicoff. (J. chem. Engng. Data **8**, 241—42, 1963; China Lake, Calif, U.S. Naval Ordnance Test Stat., Res. Dep., Chem. Div.; engl.) — Die Dampfdruck–Temp.-Messungen wurden durchgeführt für *Triacetin* (**I**, $n_D^{24,5}$ 1,4294; $D._4^{25}$ 1,1541) zwischen 11,09 u. 45,05°, für *Metrioltrinitrat* [**II**, *2-Hydroxymethyl-2-methylpropandiol-(1.3)-trinitrat*, n_D^{25} 1,4748; $D._4^{25}$ 1,4607], zwischen 26,51 u. 72,15°, für *Triäthylenglykoldinitrat* (**III**, $n_D^{24,5}$ 1,4527; $D._4^{25}$ 1,3194 zwischen 30,27 u. 74,89°. Aus den Kurven log p gegen 1/T wurden die Verdampfungswärmen für **I**, **II** u. **III** zu 19,61 ± 0,05; 21,07 ± 0,03 u. 21,12 ± 0,03 (kcal/Mol) ermittelt. E. Boye. B 150◇

0752 **Gleichgewicht Flüssigkeit–Kristalle in Systemen unter Beteiligung von Fluoranthen.** W. M. Krawtschenko und I. Ss. Passtuchowa. (J. allg. Chem. [UdSSR] **29** (**91**), 27—34, 1959; Donjezk, Ind. Inst.; russ.) — Die bin. Fl.–Feststoff-Gleichgewichte von *Fluoranthen* (**I**) mit folgenden Verbb. wurden untersucht: *Bzl.* (Eutektikum mit 5,7 Mol-% **I**, F. 1,2°), *Durol* (38,2 Mol-% **I**, F. 59,0°), *Naphthalin* (39 Mol-% **I**, F. 55,8°), *2-Methyl-* (20,1 Mol-% **I**, F. 19,3°), *2.7-Dimethylnaphthalin* (48,2 Mol-% **I**, F. 66,0°), *Phenanthren* (46,0 Mol-% **I**, F. 73,0°), *Fluoren* (51,9 Mol-**I** %, F. 69,0°), *Anthracen* (87,0 Mol-% **I**, F. 101°), *Acenaphthen* (43,8 Mol-% **I**, F. 61,8°). Alle Syst. besitzen nur 1 Eutektikum. Die Schmelzwärme von **I** wurde zu ca. 4300 cal/Mol bestimmt. Der Typ der Phasendiagramme wird mit der Form u. den Ausmaßen von Mol.-Querschnitten der Komponenten erklärt. G. Pötzscher. B 150◇

0753 **Ternäre Systeme. Wasser–2-Chloräthanol–Salz und Wasser–Tetrahydrofurfurylalkohol–Salz.** Jules A. Renard. (J. chem. Engng. Data **7**, 203—05, 1962; Lubbock, Tex., Texas Technol. Coll., Dep. of Chem. Engng.; engl.) — Im Zusammenhang mit der Unters. von Aussalzeffekten wurden den 2 Syst. *W./2-Chloräthanol* (**I**) u. *W./Tetrahydrofurfurylalkohol* (**II**) verschiedene Salze zugesetzt. Die Salze werden geordnet in 1. als Aussalzmittel wirksame, 2. nicht wirksame u. 3. solche, die bei Zugabe von Alkohol zu einer wss. Lsg. selbst ausfallen. Im Syst. W./**I** rechnen zu 1.: $MgSO_4$, NH_4SO_4, $CdSO_4$, Li_2SO_4, $NaHSO_4$, $Na_2S_2O_3$, Na-Citrat, KF, zu 2. KJ, KBr, LiCl, Na-, Mg-, Pb-Acetat, $AlCl_3$, $Al(NO_3)_3$, $(NH_4)_2C_2O_4$, zu 3. Na_2SO_4, K_2SO_4, $CuSO_4$, KCl, K_2CO_3, Na_2CO_3, $NaNO_3$, $Na_4P_2O_7$, $(NH_4)_2HPO_4$, Li-Acetat; im Syst. W./**II** gehören zu 1. $(NH_4)_2SO_4$, $CdSO_4$, K_2CO_3, $Na_2S_2O_3$, KF, zu 2. KJ, $AlCl_3$, LiCl, Na-, Mg-, Pb-Acetat, NaCl, NH_4Cl, KBr, zu 3. $MgSO_4$, $CuSO_4$, Li_2SO_4, Na_2SO_4, $NaHSO_4$, KCl, NaCl, NH_4Cl, KBr, Na_2CO_3, $Na_3C_6H_5O_4$ (?), $(NH_4)_2C_2O_4$, $(NH_4)_2HPO_4$, $Na_4P_2O_7$. Die Phasendiagramme u. die Binodalwerte der Syst. W./**I**/$MgSO_4$, W./**I**/$(NH_4)_2SO_4$, W./**II**/K_2CO_3 u. W./**II**/$(NH_4)_2SO_4$ werden angegeben. S. v. Schieszl. B 150◇

0754 **Zweiter Virialkoeffizient von Dämpfen und ihren Mischungen.** 2. Mitt. **System Aceton–Chloroform.** Sch. D. Saalischwili und L. E. Kolyssko. (J. physik. Chem. [UdSSR] **35**, 2613—15, 1961; Gorki, Shdanow-Polytechn. Inst.; russ.) — 1. vgl. J. physik. Chem. [UdSSR] **34**, [1960], 2596. — Die Kompressibilität von *Aceton–Chlf.*-Gemischen bei 60, 70, 80 u. 90° wird gemessen u. der zweite Virialkoeff. wird berechnet (Tabellen). Aus den Werten der zweiten Virialkoeff. werden die Flüchtigkeitswerte für das angeführte Syst. in der Dampf-Phase berechnet; es werden Abweichungen von den Partialdrucken von 3—10% beobachtet. C. Kozák. B 150□

0755 **Energieverteilung in Produkten der Reaktionen von C-Atomen mit CH und CCl.** Howard B. Palmer und William J. Miller. (J. chem. Physics **38**, 278—79, 1963; University Park, Pa., Pennsylvania State Univ., Coll. of Mineral Ind., Dep. of Fuel Technol.; engl.) — Bringt man *Chlf.*- oder *$CHBr_3$*-Dampf in Niederdruck-Diffusionsflammen von Na- oder K-Dampf, dann treten vorherrschend die Swan-Banden von C_2 auf. Die Banden haben anomale Intensitätsverteilungen, die besagen, daß starke Abweichungen von dem Schwingungsgleichgewicht bei den elektron. angeregten C_2-Radikalen auftreten. Die Deutung der Spektren führt zu der Schlußfolgerung, daß C_2 durch die Rk. von C-Atomen mit CH oder CCl gebildet wird. Die Swan-Banden C_2-Emission zeigt bevorzugte Anregung der $v' = 1$- u. 2-Niveaus des oberen Zustandes $A^3\Pi g$. Stabiles Prod. dieser Flammen ist C_2H_4; halogenierte organ. Verbb. treten nicht auf. Das Alkalimetall zieht die Halogenatome von den Verbb. u. hinterläßt CH. Dieses CH disproportioniert gemäß 2 CH → C + CH_2. Die CH_2-Radikale erzeugen durch Rekombination C_2H_4, während die C-Atome C_2* gemäß der Rk. $C(^3P) + CH(^2\Pi) \rightarrow C_2^*(A^3\Pi g) + H(^2S)$ bilden. Flammen mit CCl_4 u. $CFCl_3$ zeigen intensivere C_2-Emission; bevorzugt angeregt werden die $v' = 7$- u. 8-Niveaus. Rkk. unter Halogenabzug können C-Atome in diesen beiden Rkk. direkt erzeugen, was die erhöhte Emissionsintensität erklärt. Zu erwarten wären CCl- u. CF-Radikale, die Rk. C + CF → C_2 + F ist nicht genügend exotherm, um C_2 zu dem $A^3\Pi g$-Zustand anzuregen. Die Tatsache, daß eine Verteilung der C_2* über alle v'-Werte bis 8 auftritt, ist bezeichnend für den Anfangszustand von C_2*. Die mittlere Strahlungslebensdauer von C_2* ist von der Größenordnung von 10^{-7} Sekunden. Jedes C_2* hat in dieser Zeit ca. 10 Zusammenstöße. Es sollte daher kein Schwingungsgleichgewicht auftreten bevor elektron. Strahlung stattfindet.

C. Gottfried. B 157△

0756 **Adsorptive Eigenschaften von oxydierten Rußarten. 1. Mitt. Oxydation von Kanal-Ruß im wässerigen Medium.** A. W. Kisselew, N. W. Kowalewa und A. Ja. Korolew. (Kolloid-J. [UdSSR] **23**, 582—91, 1961; Moskau, Akad. der Wiss. der UdSSR, Inst. für phys. Chem., Gruppe für Oberflächenchem.; russ., Auszug: engl.) — Es wurden einige Meth. der chem. Modifizierung von Kanalruß-Oberfläche durch Behandlung mit verschiedenen Oxydationsmitteln (NaOCl, H_2O_2, HNO_3–H_2SO_4) in wss. Medium ohne Erwärmen ausgearbeitet. Die Oxydation in wss. Medium führt zu wesentlicher Änderung der Natur der Oberfläche u. der kolloidchem. Eigg. des Rußes u. infolgedessen auch zu einer Hydrophilisierung u. Verbesserung seiner Netzbarkeit durch polare organ. Fll. oder Wasser. Auf solche Weise modifizierter Ruß kann ohne Zugabe von oberflächenakt. Stoffen im W. stabile kolloidale Dispersionen bilden. Es wurde die Adsorption von *Hexan-*, *Methanol-*, *Wasser*-Dämpfen u. *Bzl.*-Dämpfen im Gebiet niedriger relativer Drucke untersucht. Die Adsorption von C_6H_{14} an oxydiertem Ruß ist etwas geringer als an unbehandeltem, was damit erklärt wird, daß der Abstand zwischen C_6H_{14}-Moll. u. der wahren Rußoberfläche an oxydiertem Ruß größer ist. Die Adsorption von Bzl. ist dagegen an oxydiertem Ruß größer als Folge einer Wechselwrkg. zwischen den π-Bindungen von Bzl. u. Oberflächen-O-Komplexen. Mit steigender Oxydationsstufe des Rußes wird eine starke Erhöhung der Adsorption von Methanol- u. bes. Wasserdämpfen beobachtet, was ebenfalls mit der vergrößerten Anzahl von O-Komplexen, welche diese polaren Stoffe stark adsorbieren, zusammenhängt.

C. Kozák. B 176□

0757 **Abhängigkeit der Adsorption aus wässerigen Lösungen von der Struktur der gelösten Stoffe. 1. Mitt. Abhängigkeit der Adsorption von Benzolderivaten von der Dissoziation der funktionellen Gruppen.** T. M. Rowinskaja und A. M. Koganowski. (Kolloid-J. [UdSSR] **23**, 739—48, 1961; Kiew, Akad. der Wiss. der UdSSR, Inst. für allg. u. anorgan. Chem.; russ., Auszug: engl.) — 2. vgl. C. **1964**, 4-0706. — Es wurde die Adsorption von Bzl.-Derivv. aus wss. Lsgg. an Aktivkohle in einem breiten pH-Bereich untersucht. Die Adsorptionsisothermen, ausgedrückt als Funktion der relativen Adsorption von der Konz. an undissoziierten Moll. in den Lsgg. der aromat. Elektrolyte, sind nicht vom pH der Lsg. abhängig. Aus Lsgg. der aromat. Elektrolyte werden somit an aschenfreier Aktivkohle nur die undissoziierten Moll. adsorbiert. Bei einem pH, bei dem die Moll. der aromat. Verbb. völlig dissoziiert sind, werden die aromat. Ionen adsorbiert; diese Adsorption trägt keinen elektrochem. Charakter. An der Kohle werden sowohl die Kationen als auch die Anionen der aromat. Stoffe adsorbiert. Die Aktivität der aromat. Verbb. in wss. Lsg. ist gleich der Konz. ihrer undissoziierten Moleküle. Untersuchte Verbb.: *Anilin, p-Toluidin, p-Anisidin, p-Chlor-, p-Nitroanilin, Phenol, p-Nitrophenol, p-Hydroxybenzoe-, Salicyl-, o-* u. *p-Aminobenzoe-* u. *Sulfanilsäure.*

C. Kozák. B 176□

0758 **Einfluß von starken Elektrolyten auf die Adsorption von Benzolderivaten aus wässerigen Lösungen an Aktivkohle.** A. M. Koganowski und T. M. Rowinskaja. (Kolloid-J. [UdSSR] **23**, 712—17, 1961; Kiew, Akad. der Wiss. der UkrainSSR, Inst. für allg. u. anorgan. Chem.; russ., Auszug: engl.) — Vff. untersuchten den Einfl. von KNO_3, KCl, NaCl, $CaCl_2$ u. $MgSO_4$ auf die Adsorption von *Anilin* (**I**), *Phenol* (**II**), *o-Amino-* (**III**) u. *o-Hydroxybenzoesäure* (**IV**), die die Fähigkeit zur Ausbldg. intramol. H-Bindungen besitzen. Die Adsorption von **I** u. **II** aus wss. Lsgg. vergrößert sich in Ggw. von neutralen starken Elektrolyten, die von **III** ändert sich nicht u. die von **IV** verringert sich. Die Löslichkeit (in Mol/Liter) von **III** u. **IV** steigt mit steigender Ionenstärke μ der Lsg., die von **I** u. **II** ist dagegen von μ unabhängig. Die spezif. Adsorption von **III** u. **IV** fällt mit steigendem μ der Lsg., unabhängig von der Art des Salzes. Der Einfl. von neutralen Elektrolyten auf die Adsorption wird durch das Verhältnis von zwei entgegengesetzten Faktoren bedingt: 1. Verringerung des als Lsgm. nötigen Wasser-Vol. infolge der Ionenhydratation; 2. Verstärkung der H-Bindungen der gelösten Stoffe mit dem Lsgm. bei wachsender Ionenstärke der Lösung.

C. Kozák. B 176□

0759 **Spindichten des Radikals $\dot{C}H_2-(CH)_3=CH_2$.** R. Lenk. (Czechoslov. J. Physics **12**, 859—61, 1962; Prague, Czechosl. Acad. of Sci., Nucl. Res. Inst.; engl.) — Mit Hilfe der VB-Meth. berechnete Vf. die Spindichten an den C-Atomen in dem Radikal $\dot{C}H_2-CH=CH-CH=CH_2$. Aus den Berechnungen ergab sich, daß die End-C-Atome u. das mittlere C-Atom positive Werte der Spindichte, die der beiden anderen C-Atome negative Werte der Spindichte haben.

C. Gottfried. B 182△

0760 **Einige neue Fortschritte der Quantenchemie.** Robert G. Parr. (Sci. Rep. Ist. superiore Sanità **1**, 551—59, 1961; Pittsburgh, Pa., Carnegie Inst. of Technol., Dep. of Chem.; Naples, Univ., Inst. of Theoret. Phys.; engl.) — Nach einigen allg. Bemerkungen über Gegenstand u. derzeitigem Stand der Quantenchemie werden eine neue Meth., die Einzentrumsexpansions-Meth., u. Ergebnisse ihrer Anwendung auf das CH_4-Mol. u. Folgerungen über die Natur der chem. Bindung u. über das Vorzeichen des CH-Bindungsmoments beschrieben.

G. Pötzscher. B 182◇

0761 **Die Stabilität des „aromatischen Sextetts".** Richard Waack. (J. chem. Educat. **39**, 469—72, 1962; Framingham, Mass., Dow Chem. Co.; engl.) — Durch Berechnung der π-Elektronen-Mol.-Orbitale für ebene monocycl. konjugierte Polyolefine ergibt sich, daß eine Bindung der π-Elektronen nur dann erfolgt, wenn die Zahl der π-Elektronen $4n + 2$ beträgt ($n = 0$ oder eine ganze Zahl). Die Terme der Resonanzintegrale sind dann stets negativ.

Ch. Weiske. B 182◇

0762 **Zur Theorie der π-Elektronensysteme.** Hermann Hartmann. (Z. Naturforsch. **15a**, 993—1003, 1960; Frankfurt/M., Univ., Inst. für phys. Chem.; dt.) — Vgl. Scheibe, Z. Elektrochem., Ber. Bunsenges. physik. Chem. **63**, [1959], 117. — Erweiterung des zweiten Näherungs-Verf. von Hückel durch Mitberücksichtigung der höheren Atomzustände, wobei das Scheibesche Phänomen mit erklärt wird, Richtigstellung des Begriffes „theoret. Sonderenergie"; Beseitigung der sich beim Vgl. spektroskop. u. calor. Energiewerte im Rahmen der Einelektronentheorie der π-Elektronen-Syst. bisher ergebenden Schwierigkeiten.

Ch. Weiske. B 182◇

0763 **Begründung der Zerlegung der π-Elektronenenergie in Verbindung mit der vereinfachten Variante der Molekularbahn-Methode.** N. F. Stepanow und W. M. Tatewski. (J. Strukturchem. [UdSSR] **2**, 204—08, 1961; Moskau, Lomonossow-Univ.; russ.) — Vgl. C. **1964**, 8-0727. — Es wird gezeigt, daß die π-Elektronenenergie von kondens. aromat. KW-Stoffen in der Hückelschen MO-Variante in guter Näherung ausgedrückt werden kann durch eine lineare Kombination von Partialenergien, die entweder einzelnen Strukturelementen des Mol. oder den Bindungen zukommen.

G. Pötzscher. B 182◇

0764 **Entwicklungsformeln für die Säkulardeterminante der einfachen LCAO-MO-Behandlung aromatischer Kohlenwasserstoffe.** Kenichi Fukui, Chikayoshi Nagata, Teijiro Yonezawa und Akira Imamura. (Bull. chem. Soc. Japan **32**, 450—51, 1959; Kyoto, Sakyo-ku, Univ., Fac. of Engng.; engl.) — Vgl. C. **1960**, 10883. — Vff. schlagen Entw.-Formeln für die Säkulardeterminanten der LCAO-MO-Berechnung aromat. KW-Stoffe vor. Die verschiedenen

„Wachstumstypen“ eines einkernigen Aromaten lassen sich durch Entw. gleichen Baus darstellen, so daß sich die Determinanten-Entw. komplizierterer Moll. auf die einfacherer zurückführen lassen. Die Meth. wird auf Brücken- u. Verzweigungs-Bldg. konjugierter Moll. angewandt.
W. Haberditzl. B 182◇

0765 **Aufspaltung von Energieniveaus eines Diphenyl-Molekülkristalls.** A. V. Krishna Rao und C. Santhamma. (Current Sci. [Bangalore] **31,** 416–17, 1962; Waltair, Andhra Univ., Phys. Dep., Microwave and Spectroscopy Labor.; engl.) — Die von Craig u. Hobbins (vgl. C. **1958,** 7701 u. früher) entwickelte allg. Theorie zur Deutung der Eigg. der Absorptionsspektren von monoklinen Kristallen vom Typ von Anthracen u. Naphthalin wurden von Vff. auf Einkristalle von *Diphenyl* angewandt. Es wurden die Verschiebung u. die Aufspaltung der nicht entarteten Energieniveaus in 2 Komponenten mit 2 verschiedenen Polarisations-Eigg. für den Elektronenübergang $^1A_g-{}^1B_{3u}$ berechnet, der von verschiedenen Seiten bei ca. 33700 cm^{-1} beobachtet worden war.
C. Gottfried. B 182△

0766 **Die Elektronenstruktur der Naphthalindiole.** 1. Mitt. **α.α'-Naphthalindiole.** Kichisuke Nishimoto und Ryoichi Fujishiro. (Bull. chem. Soc. Japan **32,** 445–49, 1959; Kita-ku, Osaka, Osaka City Univ., Inst. of Polytechn.; engl.) — Vff. berechnen Spektren u. Mol.-Diagramme von α.α'-Naphthalindiolen auf Grund der verkürzten Hückelschen LCAO-MO-Meth. mit Hilfe der bereits beim Phenol benutzten halbempir. Coulomb- u. Austauschintegralparameter (C. **1962,** 5984). Es werden die MO-Werte u. Orbitalenergien für sämtliche Symmetrieorbitale angegeben. Die Vorzeichen der Koeff. bleiben durch die OH-Substitution unbeeinflußt. Die MO-Polarisationen nehmen mit zunehmendem Abstand vom Substituenten ab. Die stärkste Beeinflussung durch die vom Substituenten verursachte Ladungswanderung erfährt das niedrigste π-Orbital. Die berechneten Termschemata für *Naphthalin-1.4-* **(I)**, *-1.5-* **(II)** u. *-1.8-diol* **(III)** stimmen gut mit den beobachteten Elektronenspektren überein. Die Wellenlängen der $\varphi_7-\varphi_8$-Übergänge folgen der berechneten Reihenfolge **I** > **II** > **III**. Die durch die Ladungswanderung vom Substituenten in den Ring bedingte Extra-Delokalisationsenergie beträgt (in β-Einheiten) 0,1807, 0,1851 u. 0,1866 für **I**, **II** u. **III**. Es besteht lineare Abhängigkeit der Ladungswanderung von der Extradelokalisierungsenergie. Die ermittelten Mol.-Diagramme zeigen, daß bei **I** die Änderung der Ladungsdichten in einem Ring lokalisiert ist.
W. Haberditzl. B 182◇

0767 **Röntgenographische Untersuchung der Molekülstruktur und ihrer Packung in flüssigen linearen und cyclischen siliciumorganischen Verbindungen.** A. F. Skryschewski, W. P. Klotschkow und Ju. W. Passetschnik. (J. Strukturchem. [UdSSR] **2,** 140–46, 1961; Kiew, Univ.; russ.) — Durch röntgenograph. Unterss. werden Atomabstände r_{A-B}, Valenzwinkel α_{ABC} sowie Form u. Ausmaß der Moll. verschiedener linearer u. cycl. Methyl- u. Äthylpolysiloxane ermittelt. Aus den mittleren Abständen $\bar{R}$ der Zentren benachbarter Moll. werden die Koordinationszahlen berechnet, die für die linearen Verbb. 6 u. für die cycl. ca. 10 betragen. Ergebnisse: *Hexamethyldisiloxan*, r_{SiO} 1,66 Å, r_{SiC} 1,85 Å, α_{SiOSi} 130°, α_{CSiC} 109°, $\bar{R}$ 7,2 (Å). *Dodekamethylpentasiloxan*, r_{SiO} 1,66, r_{SiC} 1,85, α_{SiOSi} 130°, α_{OSiO} 115°, α_{CSiC} 109°, $\bar{R}$ 8,3. *Hexaäthyldisiloxan*, r_{C-C} 1,53, r_{SiO} 1,65, r_{SiC} 1,86, α_{SiOSi} 130°, α_{OSiO} 115°, α_{CSiC} 109°, $\bar{R}$ 8,2. *Dodekaäthylpentasiloxan*, r_{C-C} 1,53, r_{SiO} 1,65, r_{SiC} 1,86, α_{SiOSi} 130°, α_{OSiO} 115°, α_{CSiC} 109°, $\bar{R}$ 9,6. *Octamethylcyclotetrasiloxan*, r_{C-C} 1,53, r_{SiO} 1,66, r_{SiC} 1,85, α_{SiOSi} 140°, α_{OSiO} 120°, α_{CSiC} 110°, $\bar{R}$ 8,7. *Dekamethylcyclopentasiloxan*, r_{C-C} 1,53, r_{SiO} 1,66, r_{SiC} 1,85, α_{SiOSi} 145°, α_{OSiO} 115°, α_{CSiC} 110°, $\bar{R}$ 9,4. *Hexaäthylcyclotrisiloxan*, r_{C-C} 1,53, r_{SiO} 1,65, r_{SiC} 1,86, α_{SiOSi} 125°, α_{OSiO} 115°, α_{SiCC} 114°, α_{CSiC} 110°, $\bar{R}$ 9,1. *Oktaäthylcyclotetrasiloxan*, r_{C-C} 1,53, r_{SiO} 1,65, r_{SiC} 1,86, α_{SiOSi} 140°, α_{OSiO} 120°, α_{SiCC} 114°, α_{CSiC} 110°, $\bar{R}$ 9,4.
G. Engelhardt. B 186◇

0768 **Eine Zwillingsstruktur in Kristallen von Anilinhydrobromid, $C_6H_5NH_3Br$.** Tokunosuké Watanabé, Inao Taguchi und Kazuo Kawabe. (J. physic. Soc. Japan **17,** 1633–37, 1962; Osaka, Univ., Fac. of Sci. and Fac. of Engng.; engl.) — Unter Bezugnahme auf frühere Unterss. von Taguchi (vgl. C. **1963,** 10036), Iwai (vgl. C. **1963,** 11186) u. Kawabe (vgl. C. **1964,** 5-0703) berichten Vff. über einen neuen Typ von Zwillings-Bldg. in *Anilinhydrobromid*, der an Hand von Schwenk- u. Weißenberg-Aufnahmen um die 3 Hauptachsen nachgewiesen werden konnte. Zwillingsebene ist (0 1 1), die Zwillingselemente sind die 2zähligen Schraubenachsen parallel zu [0 1 1] u. [0 $\bar{1}$ 1], die durch den Ursprung gehen. Eine mögliche Erklärung für den Mechanismus der Zwillings-Bldg. ergibt sich aus der Beobachtung, daß keiner der untersuchten Kristalle die (0 1 1)-Fläche als äußere Form enthielt. Wenn man annimmt, daß die Wachstums-Geschw. parallel [0 1 1] am größten ist, dann besteht eine hohe Wahrscheinlichkeit für die Bldg. der Zwillinge, da die Umgebung jeden Atoms in der Grenzfläche sich nicht sehr von denen in jeder anderen Kristallkomponente unterscheidet; die Energiedifferenz zwischen dem normalen Wachstum u. der Zwillings-Bldg. wird daher klein sein. Läßt man die hygroskop. Kristalle an feuchter Luft liegen, dann ist infolge der Anätzung durch die Feuchtigkeit in einigen Kristallen auf der (1 0 0)-Oberfläche der Zwilling in makroskop. Dimensionen zu beobachten. C. Gottfried. B 195△

0769 **Die Kristallstruktur der β-Form der Triglyceride.** Kåre Larsson. (Proc. chem. Soc. [London] **1963,** 87–88; Göteborg, Sweden, Univ., Inst. of Med. Biochem., Crystallogr. Group; engl.) — Vf. berichtet über eine vorläufige Struktur-Best. der *β-Form des Triglycerids der 11-Bromundecansäure*. Die trikline Zelle hat die Abmessungen a = 12,40 ± 0,10 (Å); b = 5,52 ± 0,05; c = 31,6 ± 0,3; α = 90,5 ± 0,6°; β = 96,2 ± 1°; γ = 101,9 ± 1°. Aus Patterson- u. Elektronendichteprojektionen war ersichtlich, daß die Richtungen der Ketten in dem Mol. der Stimmgabelform entsprechen. Die Moll. sind „Kopf-an-Kopf“ in Doppelschichten angeordnet. Die CH_3-Gruppen in einer Kettenschicht liegen nicht in einer Ebene, sondern bilden Terrassen als Folge der Tatsache, daß die Ketten keine Translationsfreiheit in bezug zu einander besitzen. C. Gottfried. B 195△

0770 **Röntgenstrukturbestimmung von $(CH_3)_2NSO_2N\cdot(CH_3)_2$ und LCAO-MO-Untersuchung der Vielfachbindung in Sulfonen.** Truman Jordan, H. Warren Smith, L. L. Lohr jun. und William N. Lipscomb. (J. Amer. chem. Soc. **85,** 846–51, 1963; Cambridge, Mass., Harvard Univ., Dep. of Chem.; engl.) — *$(CH_3)_2NSO_2N(CH_3)_2$* krist. mit rhomb. Symmetrie u. hat die Zelldimensionen a = 11,76 (Å) b = 5,68; c = 22,03; Raumgruppe ist C m c a; Z = 8. Die Struktur wurde mit Hilfe 2- u. 3dimensionaler Patterson-Funktionen bestimmt u. mit der Meth. der kleinsten Quadrate weiter verfeinert. Atomparameter, Bindungsabstände u. Valenzwinkel sind tabellar. angegeben. Da die Normalen zu der CNC-Ebene u. der NSN-Ebene einen Winkel von 89,4 ± 0,3° bilden, gehört das Mol. zu dem geometr. Fall II von Koch u. Moffitt (C. **1952,** 3631). Der kurze Abstand von 3,5 Å eines O-Atoms eines Mol. zu den 2 CH_3-Gruppen des anderen Mol., das durch eine 2zählige Schraubenachse entlang y mit dem ersten Mol. in Verb. steht, scheint eine Erklärung zu sein für den Unterschied von 1,8° zwischen den beiden Valenzwinkeln $S-N_{(1)}-C_{(CH_3)}$ u. $S-N_{(1)}-C_{(CH_3)'}$. Vff. glauben daher, daß die kleinen, aber deutlichen Abweichungen von der Symmetrie C_{2v} des Mol. mit der Mol.-Packung in dem Kristall zusammenhängt. Zur Prüfung der Valenzstruktur wurden die Bindungsverhältnisse in der isoelektron. Verb. *$F_2NSO_2NF_2$* mit der LCAO-MO-Meth. untersucht, auch um zugleich ein Modell zum Verständnis der von mehreren Seiten in α-Sulfonylcarbanionen beobachteten Potentialschwelle der inneren Rotationen zu erhalten. Aus den Berechnungen ergab sich, daß diese Rotationsbarriere von Wechselwrkg. zwischen den α-Bahnen von S u. den p-Bahnen der gebundenen Atome herrührt. C. Gottfried. B 195△

0771 **Stereochemie des Arsens.** 6. Mitt. **Tri-p-tolylarsin.** J. Trotter. (Canad. J. Chem. **41,** 14–17, 1963; Vancouver, Brit. Columbia, Univ., Dep. of Chem.; engl.) — 5. vgl. Canad. J. Chem. **40,** [1962], 1878. — *Tris-[p-tolyl]-arsin* ($C_{21}H_{21}As$, F. 148–149°) bildet farblose Rhomben mit gut entwickelten {1 0 0}-Formen. Laue-Aufnahmen ergaben rhomboedr. Symmetrie, Präzessionsaufnahmen die Zelldimensionen a = 9,84 Å; α = 80° 2'; Raumgruppe ist R $\bar{3}$; D. 1,25; Z = 2. Die Struktur wurde mit Hilfe einer Patterson-Projektion zur Festlegung der As-Lage u. mit Hilfe von Elektronendichteprojektionen zur Best. der C-Lagen bestimmt. Die Parameter, bezogen auf rhomboedr. Achsen, sind angegeben. Die auf orthohexagonale Achsen X, Y u. Z bezogenen Parameter sind ebenfalls angegeben. Die beste Ebene durch die p-Tolylgruppe, für die die Parameter angegeben sind, gehorcht der Gleichung 0,1546 X − 0,6692 Y + 0,7268 Z = 2,6835, u. alle C-Atome des einen Ringes u. das As-Atom liegen innerhalb ±0,01 Å in dieser Ebene. Die anderen p-Tolylgruppen sind daher durch die trigonale Symmetrie verknüpft. Es bestehen die folgenden Abstände u. Valenzwinkel As—C = 1,96 ± 0,05 (Å); $C_{ar.}-C_{ar.}$ = 1,40 ± 0,03; $C_{ar.}-C_{(CH_3)}$ = 1,49 ± 0,07; Winkel C—As—C = 102,0 ± 2°; Winkel As—C—C = 120 ± 3° u. Winkel C—C—C = 120 ± 2°. C. Gottfried. B 195△

0772 **Stereochemie des Arsens.** 7. Mitt. **Joddiphenylarsin.** J. Trotter. (Canad. J. Chem. **41,** 191, 1963; engl.) — 6. vgl. vorst. Referat. — Präzessionsaufnahmen an *Joddiphenylarsin* ($C_{12}H_{10}AsJ$, F. 37—39°) ergaben monokline Symmetrie u. die Zelldimensionen a = 11,01 ± 0,04 (Å); b = 8,82 ± 0,03; c = 12,34 ± 0,04; β = 91° 37′ ± 5′; Raumgruppe ist $P\,2_1/a$; Z = 4. Die Struktur wurde mit Hilfe von Elektronendichteprojektionen bestimmt. Angegeben sind nur die As- u. J-Parameter. Sie sind As (x =) −0,0173; (y =) 0,1789; (z =) 0,2755; J: 0,0837; 0,4120; 0,2000. Der Abstand As—J beträgt 2,53 Å. C. Gottfried. B 195△

0773 **Abstände der Atome von den „besten" Ebenen von Cholesteryljodid.** Dorita A. Norton und Jean M. Ohrt. (Nature [London] **197,** 450—52, 1963; Buffalo, N.Y., Roswell Park Memorial Inst., Biophys. Dep.; engl.) — Für im ganzen 20 „beste" Ebenen des *Cholesteryljodids* berechneten Vff. die Koeff. a, b u. c der Gleichung ax + by + cz = α, wobei α den senkrechten Abstand der betreffenden Ebene von dem Ursprung angibt. Die Koeff. u. α-Werte sind tabellar. angegeben. Die „beste" Ebene durch alle C-Atome hat die Gleichung 0,08 x + 0,99 y − 0,03 z = 2,22. Die Quadratwurzel aus dem Mittel der Quadrate des Abstands (A) der C-Atome C_1-C_{17} von dieser Ebene durch das ganze Mol. beträgt 0,58 Å. Die Gleichung der „besten" Ebene durch den Steroidkern (C_1-C_{17}) lautet 0,23 x + 0,97 y − 0,01 z = 2,71; hier ist $\sqrt{\overline{A^2}}$ = 0,28 Å. Die $\sqrt{\overline{A^2}}$-Werte der Atome von den „besten" Ebenen aller 4 Ringe A, B, C u. D betragen 0,29; 0,17; 0,26 u. 0,14 Å. Berechnet wurden noch die Winkel zwischen den verschiedenen „besten" Ebenen der Intraringkomponenten. Verglichen wurden die $\sqrt{\overline{A^2}}$-Abstände mit denen von 4-Bromöstron (vgl. Norton u. Mitarbeiter, C. **1963,** 11973) sowie von 4-Bromöstradiol. Es wurde eine überraschende Ähnlichkeit bei den Abständen der Atome in dem Steroidkern festgestellt. C. Gottfried. B 195△

0774 **Kristallstruktur der 1:3-Additionsverbindung Jodoform-Schwefel ($CHJ_3 \cdot 3\,S_8$).** T. Bjorvatten. (Acta chem. scand. **16,** 749—54, 1962; Blindern-Oslo, Univ., Kjemiske Inst.; engl.) — Die Additions-Verb. *$CHJ_3 \cdot 3\,S_8$* wurde in Form nadelförmiger Kristalle durch Verdampfen einer Lsg. von S u. CH_3J in CS_2 erhalten. Weißenberg- u. Präzessionsaufnahmen ergaben rhomboedr. Symmetrie u. die hexagonalen Zelldimensionen a = 24,32 Å u. c = 4,44 Å; Raumgruppe ist R 3 m, Z in dem Elementarrhomboeder gleich 1. Die Struktur wird mit Hilfe der trial and error-Meth. u. einer Elektronendichteprojektion bestimmt. In dem Gitter liegen die S_8-Moll. in den Spiegelebenen, die CHJ_3-Moll. auf trigonalen Achsen mit dem J-Atom in der Spiegelebene. Der beobachtete J—$S_{(1)}$-Abstand [$S_{(1)}$ = nächstgelegenes S-Atom in der Spiegelebene] mit 3,50 Å ist 0,50 Å kürzer als die Summe der van der Waalsschen Radien u. die Anordnung C—J—$S_{(1)}$ nahezu linear. Dies beweist die Ggw. einer Ladungsübertragungsbindung zwischen J u. S. Die mittleren S—S-Abstände u. die S—S—S-Valenzwinkel in dem S-Mol. sind 2,043 Å u. 107,7°. Jedes J-Atom ist von 5 S-Atomen umgeben, die zu verschiedenen S_8-Moll. gehören. C. Gottfried. B 195△

0775 **Die Kristallstruktur von Aureomycin (Chlortetracyclin)-hydrochlorid. Konfiguration, Bindungsabstände und Konformation.** Jerry Donohue, J. D. Dunitz, K. N. Trueblood und Monica S. Webster. (J. Amer. chem. Soc. **85,** 851—56, 1963; Los Angeles, Calif., Univ. of Southern California, Dep. of Chem.; Zurich, Swiss Federal Inst. of Technol., Organ. Chem. Labor.; Los Angeles, Calif., Univ. of California, Dep. of Chem.; Oxford, Univ., Chem. Crystallography Labor.; engl.) — Vff. berichten über eine Verfeinerung der von Hirokawa u. Mitarbeitern (vgl. C. **1961,** 434) bestimmten Kristallstruktur von *Aureomycinhydrochlorid,* $C_{22}H_{24}Cl_2N_2O_8$. Durch Kristallisation aus W. wurde die Verb. in diamantförmigen Platten erhalten, deren Symmetrie rhomb. war. Die Zelldimensionen sind a = $11{,}2_2$ (Å); b = $12{,}8_9$; c = $15{,}5_5$; Raumgruppe ist $D_2^4 - P\,2_1 2_1 2_1$; Z = 4. Die Verfeinerung der Struktur wurde unter Zugrundelegung der von Hirokawa u. Mitarbeitern (vgl. l. c.) erhaltenen Parameter mit Hilfe der Meth. der kleinsten Quadrate durchgeführt. Die neu gefundenen Parameter sind nicht angegeben; dagegen sind die mit diesen Parametern berechneten Bindungsabstände graph. u. zeichner. wiedergegeben. Zunächst wurde festgestellt, daß die von Hirokawa u. Mitarbeitern (vgl. l. c.) gefundene Struktur des Aureomycins (I) bestätigt werden konnte. Betreffs der Konfiguration konnte eindeutig nachgewiesen werden, daß in I die Dimethylaminogruppe an $C_{(4)}$ in cis-Stellung zum H-Atom an der Ring-Verb. $C_{(4a)}$ steht. Ring D u. seine Liganden sind nahezu koplanar. Als Ergebnis einer ster. Abstoßung zwischen dem Cl-Atom u. der CH_3-Gruppe an $C_{(6)}$ sind die Bindungswinkel an $C_{(7)}$ beträchtlich gestört. Ring C hat eine bootförmige Form mit den 4 Atomen $C_{(6)}$, $C_{(6a)}$, $C_{(10a)}$ u. $C_{(11)}$ mehr oder weniger koplanar mit Ring D; $C_{(5a)}$ liegt beträchtlich außerhalb dieser Ebene, $C_{(11a)}$ weniger, aber in demselben Sinne. Ring B hat Halbsesselkonformation. Ring A, ebenso wie Ring B, enthält eine Doppelbindung, jedoch ist diese Doppelbindung in A, anders als in B, nicht lokalisiert. Das I-Kation hat 8 H-Atome, die alle an H-Bindungen teilnehmen, von denen 4 intramol. sind. Kurz besprochen wird noch die Konfiguration des *Terramycins.* C. Gottfried. B 195△

0776 **Röntgenographische Bestimmung der Elastizitätskonstanten von Pentaerythrit.** R. C. Srivastava und S. C. Chakraborty. (J. physic. Soc. Japan **17,** 1767—70, 1962; Allahabad, Univ., Phys. Dep.; engl.) — Mit Hilfe der u. a. von Prasad u. Wooster (vgl. C. **1960,** 6767) beschriebenen Meth. bestimmten Vff. alle 7 Elastizitäts-Konst. von *Pentaerythrit* durch Messen der Intensitäten der diffusen (2 0 0)-, (2 0 2)- u. (0 0 4)-Interferenzen mit der [0 1 0]-Achse senkrecht zum einfallenden Röntgenstrahl u. der diffusen (2 0 0)- u. (2 2 0)-Interferenzen mit der [0 0 1]-Achse senkrecht zum einfallenden Röntgenstrahl. Folgende Werte wurden bestimmt: C_{11} = 6,1 (·10^{10} Dyn/cm^2); C_{33} = 8,0; C_{44} = 3,5; C_{66} = 4,6; C_{16} = −0,39; C_{13} = 0,50; C_{12} = −2,5. C. Gottfried. B 200△

0777 **Eine Untersuchung der π-Komplexe von Tetracyanäthylen mit Phenolen, aromatischen Kohlenwasserstoffen und Aryläthern.** George H. Schenk, Milagros Santiago und Patricia Wines. (Analytic. Chem. **35,** 167—73, 1963; Detroit, Mich., Wayne State Univ., Dep. of Chem.; engl.) — Zur Best. organ. Verbb. mit *Tetracyanäthylen* (I) untersuchen Vff. den Einfl. auf die Bldg. von π-Komplexen mit I. Es werden die Löslichkeiten von I u. die Lsgm.-Effekte im sichtbaren Spektrum (Änderung der Extinktion) in Ggw. von Durol (**VI**) in CCl_4, Chlf., $CHBr_3$, CH_2Cl_2, $CCl_2{=}CCl_2$, $CHCl_2CHCl_2$, CH_2ClCH_2Cl, Essigsäure (**IV**), Essigsäureäthylester (**II**), Acetanhydrid (**III**), **II/III**, Acetonitril, Aceton, 1.4-Dioxan u. Methanol (**VII**) tabellar. angegeben. Weiterhin werden die Temp.-Effekte auf den π-Komplex von I mit *Naphthalin* in 50% CH_2Cl_2/50% Chlf. (bei ca. 50°), in **IV** (118°), mit *2.6-Dimethylphenol* (**V**) in **II** (77°), in CH_2ClCH_2Cl (84°), in **IV** (118°), in Butylacetat (122°) u. mit *Phenanthren* in **II** (77°), die Säuren-, Basen- u. Salzeffekte von $HClO_4$, Na-Acetat, Harnstoff, LiCl, $NaClO_4$ u. n-Butylamin (**XI**) auf **I/V** in **IV**, von Triäthylamin (**VIII**) auf **I/V** in 48% Chlf./52% CH_2Cl_2, von $NaClO_4$ auf **I/VI** in **II** u. von HJO_4 auf **I/VI** in 90% **IV**/10% **VII** untersucht. Auch die Gültigkeit des Beerschen Gesetzes bei *Pyren*/**I** in CH_2Cl_2/Chlf., bei **V** (in 0,02m p-Nitrophenol) u. **I** in 2% CH_2Cl_2/98% Chlf., bei *3.5-Dimethylphenol* (in 0,02m o-Nitrophenol) u. **I** in 2% CH_2Cl_2/98% Chlf., bei *2.6-Di-tert.-butyl-4-methylphenol* (**XVI**)/**I** in 20% 0,06m **III/II**/80% Chlf., bei *1.3-Dimethoxybenzol* (**XV**) [in 0,004m Resorcin (**XIV**)] u. **I** in 20% 0,06m **III**/Chlf./2% CH_2Cl_2/78% Chlf. u. bei Hydrazin/**I** in CH_3CN wurde überprüft, wobei sich erhebliche Abweichungen nicht feststellen ließen. Die Extinktion ist tabellar. angegeben bei **IV** als Lsgm. für **V/I** in Ggw. von **VIII**, *Phenyldimethyl-* (**IX**), *Dibutyl-* (**XIII**), *Phenylmethylamin* (**X**), **XI** u. *Anilin* (**XII**) u. bei 0,1m $HClO_4$ in **IV** in Ggw. von **XII, XI, X** u. **IX**. Gemessen wurde ferner die nichtkatalysierte Acetylierung bei Zimmer-Temp. von **XII**, *p-Bromanilin*, **XI, X, XIII**, *Diphenylamin*, **VIII** in Ggw. von **V/I** (in 48% Chlf./48% CH_2Cl_2 bzw. 96% Chlf.) u. die säurekatalysierte Acetylierung bei Zimmer-Temp. von **XIV**, **XII**, *Dodecylmercaptan* u. *p-Methoxyphenol* in Ggw. von **XV** u. **I** (in **III**/Chlf.) u. von **V**, *p-tert.-Amylphenol*, *2-tert.-Butyl-6-methylphenol* u. *Bzl.* (in 20% 0,06m **III**/**II**/80% CH_2Cl_2) in Ggw. von **XVI**. Die Komplex-Bldg. der stärkeren π-Base **V** (in Chlf.) in Ggw. schwächerer π-Basen (Salicylsäure, Bzl., m-Chlorphenol, Anisol, Acetophenon, p-, m- u. o-Nitrophenol, Thiophen) wurde photometr. bestimmt. Die Extinktionen sind angegeben, die die Berechnung der Gleichgewichts-Konst. gestatten. Die Ergebnisse u. die Brauchbarkeit von **I**-Komplexen zur Best. aromat. KW-Stoffe werden diskutiert. J. Weiner. B 223◇

0778 **Ladungsübertragungswechselwirkung zwischen Jod und Azinen: Ionisationspotentiale von Azinen.** V. G. Krishna und Mihir Chowdhury. (J. physic. Chem. **67**, 1067—69, 1963; University Park, Pa., Pennsylvania State Univ., Whitmore Chem. Labor.; engl.) — In Lsgg. von *Pyridin* (**I**), *Pyrimidin* (**II**), *Pyrazin* (**III**) u. *symm.-Triazin* (**IV**) mit J_2 in Cyclohexan tritt eine Blauverschiebung der J_2-Bande bei 520 mμ ein; die n $\rightarrow \pi^*$- u. π–π^*-Banden der Donatoren u. auch das IR-Spektrum von **III** in CCl_4 werden dagegen durch J_2-Zusätze nicht gestört. Die Abnahme der Stabilitäts-Konst. K der Komplexe in der Reihe **I** (K = 96) > **II** (17) > **III** (12) > **IV** (2) entspricht der Abnahme der pK_a-Werte in dieser Reihe. Die Maxima der Ladungsübertragungsbanden (bei Beteiligung der höheren der beiden nichtbindenden Mol.-Bahnen) entsprechen der Donatorfähigkeit **I** > **III** > **II** u. der Folge der n-Ionisationspotentiale. Die nach der Elektronenstoß-Meth. ermittelten Potentiale nehmen jedoch in der Reihe **I** < **III** < **II** zu, woraus hervorgeht, daß diese Werte den π-Ionisationspotentialen entsprechen. G. Pötzscher. B 223◇

0779 **Viscosität und Molekularassoziation. 5. Mitt. Assoziationsmodell und Enthalpien der Wasserstoffbindung.** Leo H. Thomas. (J. chem. Soc. [London] **1963**, 1995—2002; engl.) — 3. vgl. C. **1961**, 14231. — Auf Grund der bei der Assoziation beobachteten Entropieänderung u. der l. c. aufgestellten Beziehungen zwischen Assoziationsgrad u. Mol.-Struktur schließt Vf., daß der Assoziationsgrad eines Alkohols oder Phenols bei genügend niedriger Temp. einem bestimmten Grenzwert zustrebt. Die von den H-Bindungsenthalpien h abgeleiteten Werte scheinen nicht von der Mol.-Struktur der monomeren, sondern nur von der Größe der polymeren Alkohole abzuhängen. Es wurden die h-Werte von folgenden Verbb. ermittelt: *Butanol-(2)*, *3-Methylbutanol-(2)*, *2-Äthylbutanol-(1)*, *Pentanol-(3)*, *2-*, *3-*, *4-Methylpentanol-(1)*, *2-*, *3-*, *4-Methylpentanol-(2)*, *Hexanol-(1)*, *-(2)*, *-(3)*, *Heptanol-(2)* sowie von *Phenol*, *o-*, *m-*, *p-Kresol*, *p-Chlorphenol*, *o-*, *m-*, *p-Methoxyphenol*, *p-Hydroxybenzoesäuremethylester*, *Acet-*, *Propion-* u. *n-Butyramid*. E. Boye. B 223◇

0780 **Methode einfacher Berechnungen bei der spektroskopischen Untersuchung der Dimeren-Assoziation von Monocarbonsäuren.** 2. Mitt. A. W. Ssetschkarew. (Hochschulnachr. [Tomsk], Physik **1961**, Nr. 5, 68—74; Kemerowo, Berginst.; russ.) — Es wird eine Berechnung einiger Frequenzen niedriger innermol. Schwingungen des Dimeren von *Ameisen-* u. *Benzoesäure* durchgeführt; die Ergebnisse werden analogen Berechnungen am nichtassoziierten Mol. gegenübergestellt. Die zwischenmol. Wechselwrkg. führt zu einer merklichen Verschiebung der Einzelfrequenzen. Die Berechnung erlaubt eine Deutung der experimentell beobachteten Gesetzmäßigkeiten. G. Pötzscher. B 223◇

0781 **Die Hammett-Beziehungen für die Löslichkeit von gasförmigem Hydrogenchlorid in einigen aromatischen Systemen.** Morris Rapoport, C. Kinney Hancock und Edward A. Meyers. (J. physic. Chem. **66**, 1752—54, 1962; College Station, Tex., A. and M. Coll. of Texas, Dep. of Chem.; engl.) — Ausgehend von der Arbeit von Brown u. Brady (C. **1953**, 7507) über die Löslichkeit von *HCl* bei niedrigen Drücken u. —78,5° in *Heptan* (**I**) u. *Toluol* (**II**) sowie in **I** u. **II** mit geringen Mengen Aromaten untersuchen Vff. die Löslichkeit von HCl in **I** u. W. in Anwesenheit von 4-substituierten 2-Nitrophenolen. Im Gegensatz zu der erwähnten Arbeit ist es nicht möglich, einen Löslichkeit–Struktur-Zusammenhang nach der Hammett-Beziehung zu finden. Als Substituenten wurden verwendet *OCH_3*, *H*, *Cl*, *$COCH_3$* u. *NO_2*. S. v. Schieszl. B 224◇

0782 **Isomerisierung von Bromchlorbenzol mit Aluminiumchlorid-Katalysator.** Floyd L. Beman. (J. org. Chemistry **27**, 3690—92, 1962; Midland, Mich., Dow Chem. Co., Edgar C. Britton Res. Labor.; engl.) — Die Isomerisierung von *p-Bromchlorbenzol* mit $AlCl_3$ erfolgt unter Halogenidaustausch mit dem Katalysator u. teilweiser Disproportionierung. Die Isomerisierung der reinen Verb. führt zu einem Gleichgewicht von ca. 3,1% o- (Kp.$_{10}$ 75,5°), 63,4% m- (Kp.$_{10}$ 69,0°) u. 33,5% p-Isomeren (Kp.$_{10}$ 73,5°). Als Disproportionierungs-Prodd. wurden bei Temp. unter 155° 1.3-Dibrom-5-chlorbenzol u. die drei Dibromchlorbenzole mit 1.2.4-Stellung beobachtet, während bei 175° (Rückfluß) hauptsächlich teeriges Polybrombenzol entsteht. Durch Chlorbenzol als Lsgm. wird die Disproportionierung zurückgedrängt. L. Heinisch. B 225◇

0783 **Transanulare Reaktionsprodukte von 3.10-Dibenzylidencyclodecandion-(1.2).** Nelson J. Leonard und John C. Little. (J. Amer. chem. Soc. **80**, 4111—14, 1958; Urbana, Ill., Univ. of Illinois, Noyes Chem. Labor.; engl.) — Vgl. C. **1959**, **3460**. — Die Rk. von 3.10-Dibenzylidencyclodecandion-(1.2) (**I**, l. c.) in Triäthylenglykol bei 300° mit Pd-Kohle führt außer zu den hydrierten Prodd. von **I**, *3-Benzyl-10-benzyliden-* ($C_{24}H_{26}O_2$, F. 123—124°, A., gelbe Plättchen) u. *3.10-Dibenzylcyclodecandion-(1.2)* (F. 94—95°, Hexan; 27%), zu den transanularen Verbb. *1-Benzyl-11-phenylbicyclo-[6.2.1]-undecandion-(9.10)* (**II**, $C_{24}H_{26}O_2$, F. 151—152°, Hexan, orangefarbene Prismen; 9%) u. *9-Hydroxy-7.10-dibenzylbicyclo-[5.3.0]-decen-(10)-on-(8)* (**III**, $C_{24}H_{26}O_2$, F. 170 bis 171°, Hexan; 61%). Der Konstit.-Beweis von **II** erfolgte durch den Vgl. der Spektren im UV-, IR- u. sichtbaren Bereich mit denen ähnlicher Verbb., wie *3.3.5.5-Tetramethylcyclopentandion-(1.2)*, *Campherchinon*, *Norcamphandion* u. *1.4;5.8-Dimethanodekalindion-(2.3)*. Der Nachw. für **III** gelang durch Vgl. mit 3-Äthyl-2-methylcyclopentenon, durch die Rotfärbung mit Fe^{3+}-Ionen u. durch die Red. mit $LiAlH_4$ zum *8-Hydroxy-7.10-dibenzylbicyclo-[5.3.0]-decanon-(9)* u. mit überschüssigem $LiAlH_4$ zum *7.10-Dibenzylbicyclo-[5.3.0]-decandiol-(8.9)* ($C_{24}H_{30}O_2$). Die angeführten Verbb. entstehen wahrscheinlich durch Disproportionierung von **I**. A. Grohmann. B 225◇

0784 **Aromatisierungsreaktionen mit Selen und Aryldiseleniden.** Hartley A. Silverwood und Milton Orchin. (J. org. Chemistry **27**, 3401—04, 1962; Cincinnati, Ohio, Univ., Dep. of Chem.; engl.) — An *Guajen* (**I**, *1.4-Dimethyl-7-isopropyliden-1.2.3.4.5.6.7.8-oktahydroazulen*), *1.2.3.4-Tetrahydrochinolin* (**II**), *3.4-Dihydro-1.5.8-trimethylnaphthalin* (**III**) u. *9.10-Dihydrophenanthren* (**IV**) werden verschiedene Einfl. auf die Dehydrierungs-Rk. von Hydroaromaten durch Se untersucht. Bei hoher Temp. (290°) u. geringer Anzahl der zu entfernenden H-Atome (wie bei **III** u. **IV**) erfolgt die Aromatisierung unter stöchiometr. Freisetzung von H_2Se. Bei geringerer Temp. (ca. 200°), größerer Anzahl zu entfernender H-Atome (wie bei **I** u. **II**) u. Ggw. von H-Acceptoren (z. B. Ölsäure) kommt es zu Disproportionierungen. Bzgl. des Rk.-Verlaufs nehmen Vff. die Bldg. eines Hydroperselenids (aus den Hydroaromaten u. Se über einen Komplex) an, welcher durch therm. Zers. zum Selenol weiterreagiert. Dieses kann weiter therm. zersetzt (unter H_2Se-Entw.), es kann an der C—Se-Bindung gespalten werden, oder es können unter Disproportionierung Diselenide entstehen. Letzteres erklärt, warum die Dehydrierung mit aromat. Diseleniden unter bestimmten Bedingungen analog wie mit elementarem Se verläuft. L. Heinisch. B 225◇

0785 **Katalytische Oxydation von Methanol im elektrischen Feld.** P. M. Stadnik und W. P. Fenzik. (Ukrain. chem. J. **27**, 421—24, 1961; Ushgorod, Staatsuniv.; russ.) — Vff. untersuchen den Einfl. des elektr. Feldes auf die katalyt. Oxydation von *Methanol*, bes. die Abhängigkeit der CH_2O-Ausbeute von der Temp. des Ag-Katalysators u. von dem Vorzeichen der elektr. Ladung. Mit steigender Spannung bis 50 V erhöht sich die CH_2O-Ausbeute, darüber findet bis 2500 V keine weitere Ausbeutesteigerung statt. Die Kathodenpolarisation vergrößert die Ausbeute an **I**, aber die Anodenpolarisation verursacht eine Senkung. Bei der Wrkg. des elektr. Feldes ist der Prozeß der CH_2O-Bldg. am meisten empfindlich, weniger empfindlich scheint die Bldg. von CO_2 zu sein. C. Kozák. B 225□

0786 **Die Selbstverzögerung der Autoxydation von Benzaldehyd.** M. F. R. Mulcahy und I. C. Watt. (Austral. J. Chem. **8**, 564—68, 1955; Melbourne, C.S.I.R.O., Div. of

Tribophys.; engl.) — Vgl. C. **1955**, 9532. — Vff. untersuchten die Geschw. der Autoxydation von *Benzaldehyd*. Den Umstand, daß die Geschw. der Oxydation des reinen Aldehyds vom Beginn der Rk. an abnimmt, obwohl anfangs die Peroxid-Konz. zunimmt, führen Vff. auf das Auftreten wahrscheinlich phenol. Inhibitoren zurück. Diese entstehen spurenweise als Nebenprodd., vermutlich, wie schon von Waters u. Wickham-Jones (C. **1952**, 2647) angegeben, direkt oder indirekt aus Peroxybenzoesäure. Ch. Zechel. B 225◇

0787 **Über die Einwirkung acetonischer Permanganat-Lösung auf Cyclohexanon, Dekalin, Tetralin, Anthrachinon, Diphenylmethan und Benzophenon.** Dragomir K. Vitorović und Milica V. Djuričić. (Ber. chem. Ges. Belgrad **25/26**, 339—**44**, 1960/61; Beograd, Prir.-mat. fak., Chem. inst.; serbo-kroat., Auszug: engl.) — Die in den Kerogenen von Ölschiefern oder ihren Zers.-Prodd. vorkommenden Verbb. *Cyclohexanon* (**I**), *Dekalin* (**II**), *Tetralin* (**III**), *Anthrachinon* (**IV**), *Diphenylmethan* (**V**) u. *Benzophenon* (**VI**) werden 48 Std. lang mit einer aceton. Lsg. von $KMnO_4$ (300 g auf 20 g **I—VI**) gekocht. **I** wird unter diesen Bedingungen zu 46,31% zu Adipinsäure oxydiert (35,80% **I** unverändert). **II** wird nicht wesentlich verändert, 83,75% werden unverändert zurückgewonnen. Von **III** werden 23,73% zu α-Tetralon, 44,53% zu Phthalsäure oxydiert u. 19,09% wiedergewonnen. **IV** bleibt zu 99% unverändert. **V** wird zu 60% zu **VI** oxydiert u. zu 40% zurückgewonnen. **VI** bleibt völlig unverändert. R. K. Müller. B 225◇

0788 **Darstellung von Adipinsäure durch Oxydation von Cyclohexanol und Cyclohexanon mit Salpetersäure.** 2. Mitt. **Reaktionskinetik der Zersetzung von 6-Hydroxyimino-6-nitrohexansäure.** W. J. van Asselt und D. W. van Krevelen. (Recueil Trav. chim. Pays-Bas **82**, 429—37, 1963; Delft, TU, Labor. for Chem. Technol.; Geleen, Central Labor. Staatsmijnen; engl.) — 1. vgl. Recueil Trav. chim. Pays-Bas **82**, [1963], 51. — Vff. untersuchen chromatograph. u. massenspektrometr. die säurekatalysierte Zers. von bei der l. c. beschriebenen Oxydation von Cyclohexanol u. Cyclohexanon mit HNO_3 als stabilstes Zwischenprod. entstehender *6-Hydroxyimino-6-nitrohexansäure* (*Nitrolsäure*, **I**) im Temp.-Bereich 45—60° u. in Abhängigkeit von der HNO_3-Konz., wobei in >90%ig. Ausbeute Adipinsäure (**II**) u. N_2O entstehen. Die Rk. ist 1. Ordnung bzgl. **I** u. wird von HNO_3 stark beschleunigt. Bis zu 50% ist k_1 von der H-Ionenaktivität linear abhängig, die Aktivierungsenergie beträgt ca. 24 kcal/Mol. Bei niedriger Temp. entsteht ein noch nicht identifiziertes Nebenprod., das bei weiterem Erhitzen ebenfalls **II** ergibt. W. Sobieski. B 225◇

0789 **Darstellung von Adipinsäure durch Oxydation von Cyclohexanol und Cyclohexanon mit Salpetersäure.** 3. Mitt. **Reaktionskinetik der Oxydation.** W. J. van Asselt und D. W. van Krevelen. (Recueil Trav. chim. Pays-Bas **82**, 438—49, 1963; engl.) — 2. vgl. vorst. Referat. — Es wird die Kinetik der Rk. Cyclohexanol → Cyclohexanon (**I**) $\xrightarrow{k_{OX}}$ Nitrolsäure $\xrightarrow{k_{NA}}$ Adipinsäure (**II**) u. der Neben-Rk. **I** → Dion $\xrightarrow{k_V}$ **II** bzw. $\xrightarrow{k_H}$ Glutarsäure, Bernsteinsäure zwischen 10 u. 40° sowie 67 u. 20% HNO_3 bestimmt. Ein genau definierter Einfl. der zugegebenen Katalysatoren NH_4VO_3 u. $Cu(NO_3)_2$ konnte nicht festgestellt werden. Die Oxydation ist 1. Ordnung bzgl. **I**. Die Geschw.-Konst. k_{OX}, k_V u. k_H sind in Abhängigkeit von Temp. u. HNO_3-Konz. angegeben. W. Sobieski. B 225◇

0790 **Deuteriumaustauschreaktionen mit substituierten Aromaten.** 2. Mitt. **Die monohalogenierten Benzole und Naphthaline.** J. L. Garnett und W. A. Sollich. (Austral. J. Chem. **14**, 441—48, 1961; Broadway, N.S.W., Univ. of New South Wales, Dep. of Phys. Chem.; engl.) — 1. vgl. C. **1959**, 3761; 3. vgl. C. **1963**, 4310. — Bei 130—180° wurde IR-spektroskop. der Pt-katalysierte H/D-Austausch zwischen D_2O u. *Fluor-*, *Chlor-*, *Brom-*, *Jodbenzol*, *Bzl.*, *Naphthalin* (**I**), *x-Chlor-* u. *-Bromnaphthalin* untersucht. Die Austausch-Geschw. nimmt mit der Größe des Halogensubstituenten ab, die Derivv. von **I** reagieren langsamer als die von Benzol. Bei letzteren ist der Austausch in o-Stellung langsamer als in m- u. p-Stellung, die etwa gleich schnell reagieren. Es wird angenommen, daß die Chemisorption von aromat. Moll. auf akt. Pt über π-Komplex-Bldg. verläuft. Diese Deuterierungstechnik kann für die Markierung von Aromaten mit T vorteilhaft sein, da hierbei die Bldg. radiochem. Nebenprodd. stark herabgesetzt ist. W. Schramm. B 225◇

0791 **Protonenbeweglichkeit im Indenringsystem.** Göran Bergson und Anne-Marie Weidler. (Acta chem. scand. **17**, 862—64, 1963; Uppsala, Sweden, Univ. of Uppsala, Chem. Inst.; engl.) — NMR-spektroskop. wurde der H/D-Austausch von *Inden* in Pyridin in Ggw. von Triäthylamin (**I**) als Katalysator bei 25° untersucht. Die Zeitabhängigkeit des Austausches der Protonen in 1- u. 3-Stellung ist graph. dargestellt, das Signal des Protons in 2-Stellung änderte sich nicht. Die Unters. der Dedeuterierung in H_2O führte zum gleichen Ergebnis. Beim Fehlen von **I** wurde kein Austausch beobachtet. *1-Methylinden* (**II**) lagert sich in Pyridin u. **I** in *3-Methylinden* (**III**) um, die Kinetik folgt der 1. Ordnung, die Geschw.-Konst. sind proportional der Menge von **I**. In Ggw. von D_2O wurde eine gegenüber der Isomerisierung sehr geringe Geschw. des H/D-Austausches beobachtet. Bei opt.-akt. **I** war die Abnahme der opt. Aktivität 1,1mal so schnell wie die Geschw. der Isomerisierung. Bei **III** wurde unter gleichen Bedingungen keine Umlagerung beobachtet. — Chem. Verschiebungen u. Kopplungs-Konst. für **II** u. **III** in Dioxan. W. Schramm. B 225◇

0792 **Die Stellung der Alkylierung der Alkalisalze von Pyrrol mit Halogeniden vom Allyltyp beeinflussende Faktoren.** Charles F. Hobbs, Carl K. McMillin, E. Paul Papadopoulos und Calvin A. Vander Werf. (J. Amer. chem. Soc. **84**, 43—51, 1962; Lawrence, Kans., Univ. of Kansas, Dep. of Chem.; engl.) — Bei der Rk. der Alkalisalze von *Pyrrol* (**I**, $Kp._{740}$ 128,5—129°) mit *Allylbromid* ($Kp._{740}$ 68 bis 70°), *Crotylbromid* ($Kp._{740}$ 103—105°; n_D^{25} 1,4792) u. *Benzylchlorid* (**II**, $Kp._{19}$ 71—72°) werden Gemische von 1- u. 2-Alkylpyrrol neben wechselnden Mengen von Dialkylpyrrol gebildet. Der Anteil an 1-Alkyl-Deriv. steigt mit der Polarität der angewandten Lsgm. [Toluol, Dioxan, Tetrahydrofuran ($Kp._{740}$ 65°), Diisopropyläther, Dimethylsulfoxid ($Kp._{10}$ 73 bis 74°), Dimethylformamid] u. bei gleichem Lsgm. mit fallender Koordinationsneigung des Kations entsprechend der Reihe $Li^+ < Na^+ < K^+ < (CH_3)_3N^+C_6H_5$. Beim K-Salz von **I** steigt der Anteil an 1-Alkyl-Deriv. mit der Löslichkeit des Salzes im Lsgm. u. mit fallender Konz. der Lösung. Ebenso wird der Anteil an 1-Alkyl-Deriv. durch Zusatz von Tetrabutylammoniumbromid erhöht. Die Dialkylpyrrole entstehen ausschließlich durch weitere Alkylierung der 2-Alkylpyrrole. Die Verss. werden gaschromatograph. ausgewertet, die Verbb. durch ihre IR-Spektren identifiziert u. die Ergebnisse tabellar. zusammengestellt. Der Rk.-Mechanismus wird besprochen.

Versuche: *2-Benzylpyrrol*, $C_{11}H_{11}N$, $Kp._{0,12-0,15}$ 85 bis 89°; n_D^{20} 1,5822; n_D^{25} 1,5806, a) aus dem durch Rk. der Alkalisalze von **I** mit **II** in unpolaren Lsgm. erhaltenen Gemisch durch Fraktionierung; b) durch Zutropfen von Benzylbromid zu Pyrryl-MgBr in Ae. bei 0° unter N_2, 5std. Rühren bei 0° u. Zers. mit NH_4Cl-Lsg.; 31% (Ausbeute). — *2-Cyclohexylmethylpyrrolidin*, $Kp._{19}$ 127—128°; n_D^{20} 1,4836, a) durch katalyt. Hydrierung vorst. Verb. über Rh/Al_2O_3 in Eisessig; b) analog aus 2-Benzylpyrrolin. *Pikrat*, F. 104,3—105,2°. *N-[2.4-Dinitrophenyl]-Deriv.*, $C_{17}H_{23}N_3O_4$, F. 137,1—138,3°. F. Heller. B 225◇

0793 **Vulkanisationsaktivität der Sulfenamidderivate von 2-Mercaptobenzthiazol und ihre Fähigkeit zum Austausch von Thiobenzthiazolresten mit radioaktivem Bis-[benzthiazolyl-(2)]-disulfid.** M. Ss. Feldstein, I. G. Tschernomorskaja, Je. N. Gurjanowa und I. I. Eitingon. (J. angew. Chem. [UdSSR] **34**, 2073—79, 1961; Wiss. Forschungsinst. der Reifenind.; Physikal.-chem. Karpow-Inst.; russ.) — Es werden charakterist. Angaben über die Vulkanisationsaktivität von *Benzthiazol-2-sulfensäure-N.N-diäthylamid*, *-morpholid*, *-N-cyclohexylamid*, *-N.N-dicyclohexylamid*, *-N-phenylamid* (**I**) u. *-N-phenyl-N-methylamid* mitgeteilt. Mit Hilfe einer chromatograph. Meth. untersuchten Vff. die Rk. des Isotopenaustausches zwischen den angeführten Derivv. mit *Bis-[benzthiazolyl-(2)]-*$^{35}S_2$*-disulfid*. Mit Ausnahme von **I** findet bei allen Verbb. bei 130—150° ein Austausch von Benzthiazolylmercaptoresten statt. Weiter besteht zwischen der Vulkanisationsaktivität der Sulfenamid-Derivv. u. ihrer Fähigkeit zum Austausch eine direkte Abhängigkeit derart, daß bei leicht verlaufendem Austausch auch eine höhere Vulkanisationsaktivität in der Anfangsperiode zu beobachten ist. Ein Austausch zwischen den Sulfenamiden u. ^{35}S in Toluol bei 100—150° erfolgt dagegen nicht. C. Kozák. B 225□

0794 **Über die Hydrolyse- und Deuterolysegeschwindigkeit niedermolekularer Alkansulfochloride.** G. Geiseler, P. Herrmann, K. H. Reps und R. Wüstner. (Z. physik. Chem. [Leipzig] **221**, 185–92, 1962; Leipzig, Karl-Marx-Univ., Physikal.-chem. Inst.; dt.) — Vgl. C. **1963**, 1228; C. **1962**, 5247. — Die Hydrolyse- bzw. Deuterolyse-Geschw. von *Äthan-* ($Kp._{14,5}$ 65,5°; n_D^{20} 1,4532; $D._4^{20}$ 1,3570), *Propan-1-* ($Kp._{13}$ 75,0°; n_D^{20} 1,4538; $D._4^{20}$ 1,2728) u. *Propan-2-sulfochlorid* ($Kp._{16}$ 74,0°; n_D^{30} 1,4550; $D._4^{20}$ 1,2750) in den Lsgm.-Syst. Aceton–H_2O (80 : 20 u. 60 : 40), Aceton–D_2O (80 : 20 u. 60 : 40) u. Tetrahydrofuran–H_2O bzw. –D_2O (80 : 20) wurde durch Leitfähigkeitsmessungen bei 25, 35 u. 45° bestimmt. Die erhaltenen Werte (hohe negative Entropien u. geringe Änderung der Rk.-Geschw. bei Wechsel des Lsgm.) sprechen für einen S_N 2-Mechanismus. Der Ersatz von H_2O durch D_2O erniedrigt die Geschw.-Konst. um ca. $^1/_3$, da die Aktivierungsenergie um ca. 0,2 (kcal/Mol) erhöht wird. Die Geschw. nimmt in der Reihenfolge prim. > sek. > tert. Sulfochlorid stark ab in umgekehrter Reihenfolge von S_N 1-Solvolysen.
W. Betcke. B 225◇

0795 **Kinetische Untersuchung der Dehalogenierung von Halogenwasserstoffestern mittels Silber.** Enrique Melendez-Andreu. (Ann. Chimie [13] **7**, 695–718, 1962; Paris, Fac. des Sci., Labor. de Chim. Organ.; franz.) — Vf. untersuchte die Dehalogenierung von *Methyl-* ($Kp._{758}$ 3,5°), *Äthyl-* ($Kp._{763}$ 38,4°; n_D^{20} 1,4240; $D._4^{20}$ 1,4610), *n-Propyl-* ($Kp._{750}$ 70,3°; n_D^{20} 1,4342; $D._4^{20}$ 1,3540), *n-Butyl-* ($Kp._{764}$ 100,5°; n_D^{20} 1,4398; $D._4^{20}$ 1,2750), *n-Pentyl-* ($Kp._{95}$ 67,5°; n_D^{20} 1,4461; $D._4^{20}$ 1,2198), *n-Hexyl-* ($Kp._{46}$ 72,7–72,9°; n_D^{20} 1,4485; $D._4^{20}$ 1,1751) u. *n-Heptylbromid* ($Kp._{17}$ 68,5°; n_D^{20} 1,4511; $D._4^{20}$ 1,1409) mittels $AgNO_3$ (bei 50°) u. $AgClO_4$ (bei 60°) in abs. Aceton (AcMe) u. AcMe/W.-Gemischen bis zu 80 Vol.-% H_2O. Ergebnisse: Unter den genannten Bedingungen besteht keine katalyt. Wrkg. seitens des ausfallenden AgBr. Ein Einfl. des Lsgm. auf die Prodd. der Rk. liegt vor. Die Rk.-Ordnung ist abhängig von den Anfangs-Konzz. der Rk.-Teilnehmer u. vom Milieu. An dem langsamen Rk.-Schritt ist die nucleophile u. elektrophile Substitution beteiligt. Die Art des Ag-Salzes beeinflußt die Rk.-Geschw. in Abhängigkeit von der Zus. des Mediums. Die Deutung der Ergebnisse stützt sich auf die physikochem. Eigg. des Rk.-Syst. [IR-spektrometr. Unterss. des Einfl. des Lsgm. auf die Ausgangs-Prodd., bes. ν (CBr); konduktometr. Unters. des Lsgm.-Einfl. auf die Ag-Salze]. Die Ergebnisse zeigen qual., daß Ag in Form eines Ionenassoziats wirkt. Die Unterss. bestätigen ferner die moderne Anschauung über die Kontinuität des Mechanismus bei Substitutions-Rkk., die sich in einer graduellen Änderung des Übergangszustandes in Abhängigkeit von der Struktur des organ. Mol. u. vom Medium zeigt. Ferner ergibt sich, daß die Dehalogenierung mit Ag^+ nur in ganz speziellen Lsgm. als einfache bimol. Rk. angesehen werden kann. In der Mehrzahl der Fälle verlaufen die Elementarprozesse nach einem S_N- u. S_E-Mechanismus, die sich entweder zu einem gekoppelten oder einem Mesomechanismus vereinigen.
J. Richter. B 225◇

0796 **Untersuchung der alkalischen Spaltung von Isopropylbenzolhydroperoxid. 1. Mitt. Über einige Eigenschaften des hydratisierten Natriumsalzes von Isopropylbenzolhydroperoxid.** W. A. Beljajew und M. Ss. Nemzow. (J. allg. Chem. [UdSSR] **31 (93)**, 3855–60, 1961; russ.) — Durch Behandeln der Lsg. von *Isopropylbenzolhydroperoxid* (**I**) in PAe. mit 25%ig. wss. NaOH wurde das **I**-*Na-Salzhexahydrat* in prismat. Kristallen erhalten. Aus dem Hexahydrat wurde das *Trihydrat* erhalten, das Platten bildet. Die Löslichkeit des **I**-Na-Salzes in NaOH-Lsg. nimmt mit steigender NaOH-Konz. ab, die Löslichkeit des Hexahydrats in Isopropylbenzol erhöht sich mit steigender Temp. bis 50°, bei 50° dann sprunghaft. In Ggw. von **I** ist die Zers.-Geschw. des **I**-Na-Salzes bei 80° bei einem Verhältnis **I** : **I**-Na-Salz (Hexahydrat) von 2 : 1 maximal u. wird bei Änderung des Verhältnisses kleiner. Reines **I**-Na-Salz (Hexahydrat) zersetzt sich bei 50° prakt. nicht.
Helmut Schäfer. B 225

0797 **Untersuchung der alkalischen Spaltung von Isopropylbenzolhydroperoxid. 2. Mitt. Über einige Eigenschaften des wasserfreien Natriumsalzes von Isopropylbenzolhydroperoxid.** W. A. Beljajew und M. Ss. Nemzow. (J. allg. Chem. [UdSSR] **31 (93)**, 3861–69, Dez. 1961; russ.) — 1. vgl. vorst. Referat. — In wasserfreien Syst. wird durch einen Zusatz von freiem *Isopropylbenzolhydroperoxid* (**I**) zum **I**-Na-Salz die Zers.-Geschw. erhöht. **I** u. **I**-Na-Salz bilden eine Mol.-Verb. der Zus. 1 : 1, die krist. isoliert u. analysiert wurde. Kryoskop. wurde gezeigt, daß dieser Komplex in Lsgg. z. T. als Dimeres vorliegt bzw. das Gleichgewicht 2[ROONa·ROOH] $\rightleftarrows$ $[ROONa \cdot ROOH]_2$ existiert. Die Unters. der IR-Spektren ergab, daß die H-Bindung in der Mol.-Verb. bedeutend fester ist, als das für Assoziate aus Hydroperoxiden u. Alkoholen charakterist. ist. Die monomere Mol.-Verb. bildet sich durch die innermol. H-Bindung, die dimere Verb. durch eine Dipolassoziation der heteropolaren Gruppen.
Helmut Schäfer. B 225

0798 **Eine ^{18}O-Tracer-Untersuchung der Zersetzung von Benzoesäure-sek.-butylkohlensäureanhydrid: Das Fehlen der Alkyl–Sauerstoff-Spaltung.** C. J. Michejda, D. S. Tarbell und W. H. Saunders jun. (J. Amer. chem. Soc. **84**, 4113–15, 1962; Rochester, N.Y., Univ., Dep. of Chem.; engl.) — Vgl. C. **1960**, 1798; C. **1963**, 4678. — Aus *sek.-^{18}O-Butanol* (**I**) wurden *Chlorkohlensäure-sek.-^{18}O-butylester* (**II**) u. *Benzoesäure-sek.-^{18}O-butylkohlensäureanhydrid* (**III**) dargestellt. Die Zers. von **III** bei 150–160° führt zu CO_2, das kein ^{18}O enthält, sek.-Butylbenzoat u. Di-sek.-butylcarbonat. Die Verseifung dieser Ester gibt in jedem Falle sek.-Butylalkohol, der das gesamte ^{18}O enthält. Die ^{18}O-Best. erfolgte durch Umwandlung von **I** in **II**, welches durch Erhitzen mit Chinolin in CO_2 u. sek.-Butylchlorid übergeführt wurde. Die Unterss. haben gezeigt, daß bei der Zers. von **III** keine Alkyl-O-Spaltung stattfindet.

Versuche: *^{18}O-Butanol-(2)* (**I**), aus ^{18}O-Methyläthylketon durch Red. mit $LiAlH_4$ in Ae., nach 5 Std. bei Raumtemperatur. — *Chlorkohlensäure-sek.-^{18}O-butylester* (**II**), $Kp._{17}$ 50°, aus **I** in Ae., durch Einleiten von $COCl_2$ u. 24std. Stehen bei Raum-Temp.; 62% (Ausbeute, bezogen auf Methyläthylketon). — *Benzoesäure-sek.-^{18}O-butylkohlensäureanhydrid* (**III**), $C_{12}H_{14}O_4$, aus **II** u. Benzoesäure in Ae. u. Ggw. von Triäthylamin. Nach Zusammengeben unter Eiskühlung, Rühren u. 5std. Stehen bei Raum-Temp.; 85,5%.
H. G. Henkel. B 225◇

0799 **Methylradikal-Bildung bei der Radiolyse von Kohlenwasserstoffen.** Robert H. Schuler und Robert R. Kuntz. (J. physic. Chem. **67**, 1004–11, 1963; Pittsburgh, Pa., Radiat. Res. Labor.; engl.) — Mittels $^{131}J_2$ (Konz. $>5 \cdot 10^{-7}$m) als radioakt. Radikalfänger u. trägerfreier chromatograph. Trennung von gebildetem $CH_3{}^{131}J$ werden Bldg. u. Rk. von CH_3-Radikalen bei der ^{60}Co-γ-Radiolyse oder 3 MeV-Röntgenstrahlenradiolyse von KW-Stoffen untersucht. Bei Zimmer-Temp. ist die CH_3J-Ausbeute bei der Radiolyse von *2.2.4-Trimethylpentan*–J_2-Lsgg. oberhalb 10^{-6}m J_2-Lsgg. unabhängig von der J_2-Konz.; Konkurrenz zwischen der Abfang-Rk. u. der H-Abspaltung aus dem Lsgm. durch CH_3-Radikale erfolgt im Gebiet 10^{-6}m Lösungen. In Abwesenheit von J_2 ist die CH_4-Ausbeute von der absorbierten Dosisleistung im Gebiet von 10^7 rad/h abhängig. Bei dieser Dosisleistung tritt die H-Abspaltung erfolgreich in Konkurrenz zu Rkk. zwischen CH_3- u. anderen Alkylradikalen. Für die Geschw.-Konst. der Einzel-Rkk. $CH_3 + RH \rightarrow CH_4 + R$ (1), $CH_3 + J_2 \rightarrow CH_3J + J$ (2) u. $CH_3 + R \rightarrow CH_3R$ (3) wurden (auch durch ESR-Messungen) folgende Werte ermittelt: k_1/k_3 $2{,}4 \cdot 10^{-8}$, k_2/k_3 0,3, k_3 $3 \cdot 10^8$ (Liter/Mol·s). Die Bldg. von CH_3-Radikalen aus *n-Alkanen* (C_4–C_{11}, C_{13}, C_{14}, C_{16}) u. *2.2-Dimethylpropan, 2-Methyl-, 2.2-, 2.3-Dimethylbutan, 2-, 3-Methyl-, 2.4-, 3.3-Dimethyl-, 2.3.4-Trimethyl-, 2.2.4.4-, 2.3.3.4-Tetramethylpentan, 2-Methyl-, 2.2.5-Trimethylhexan, 2-, 3-, 4-Methyl-, 2.2.4.6.6-Pentamethylheptan, 2-Methyldecan, Cyclopentan, -hexan, Methylcyclopentan, -hexan, cis-* u. *trans-1.2-Dimethylcyclohexan* u. *1.1.3-Trimethylcyclopentan* wird gemessen; danach findet der C–CH_3-Bindungsbruch nicht in statist. Abhängigkeit von der Zahl der im Mol. vorhandenen CH_3-Gruppen statt. Die CH_3-Ausbeuten hängen merklich von spezif. Strukturmerkmalen des bestrahlten KW-Stoffs ab. Für individuelle homologe Reihen fallen die CH_3-Ausbeuten in monotoner Weise mit wachsender Kettenlänge des KW-Stoffs. Für n- u. Isoparaffine ist die Ausbeute proportional $1/(n-1)^2$ (mit n = Zahl der C–C-Bindungen im Mol.). Durch Verallgemeinerung dieser Beziehung wird eine empir. Gesetzmäßigkeit entwickelt, die quant. Berechnungen der CH_3-Ausbeute selbst aus hochverzweigten KW-Stoffen erlaubt.
G. Pötzscher. B 226◇

0800 **Kinetischer Isotopeneffekt bei der Photochlorierung von H_2, CH_4, $CHCl_3$ und C_2H_6.** G. Chiltz, R. Eckling,

P. Goldfinger, G. Huybrechts, H. S. Johnston, L. Meyers und G. Verbeke. (J. chem. Physics **38,** 1053–61, 1963; Bruxelles, Centre d'Enseignement et de Rech. des Ind. Alimentaires et Chim.; Univ. Libre de Bruxelles, Labor. de Chim. Phys. I; engl.) — Die Relativgeschw. der konkurrierenden H- u. D-Abspaltung aus H_2-D_2, CH_4-CD_4 u. $C_2H_6-C_2D_6$ durch Cl-Atome wurde massenspektrometr. zwischen 300 u. 475° K untersucht. Das Syst. $CHCl_3$–$CDCl_3$ wurde durch eine konkurrierende Substitution–Addition mit C_2Cl_4 untersucht. Die Werte für k_H/k_D betrugen für CH_4/CD_4 3,64–10,9, für C_2H_6/C_2D_6 2,37–2,69, für $CHCl_3/CDCl_3$ 1,58–2.26 u. für H_2/D_2 4,7–8,9. Für den Rk.-Typ unter Beteiligung von C—H—Cl wurden Modellberechnungen nach der Bindungsenergie–Bindungsordnungs-Meth. (BEBO-Meth.; vgl. Johnston, C. **1963,** 22249) durchgeführt. Berechnete u. gemessene Werte für die Änderungen der Aktivierungsenergie u. des Isotopeneffekts zeigen die gleiche Tendenz im Verlauf, die Feinheiten werden jedoch nicht wiedergegeben, was auf die Vereinfachungen in der Aktivierungskomplextheorie zurückgeführt wird. W. Schramm. B 226◇

0801 **Einfluß der Energie von Röntgenstrahlenquanten auf die Oxydation des Eisens in Lösung und auf die optische Aktivität der Glucose.** Ss. W. Markewitsch und M. W. Paltschik. (Ber. Akad. Wiss. BelorussSSR **5,** 65–68, 1961; Inst. für physikal.-organ. Chem. der Akad. der Wiss. der WeißrussSSR; russ.) — Bei Bestrahlung von $FeSO_4$ ($1{,}44 \cdot 10^{-3}$m) in 0,8n H_2SO_4 mit Röntgenstrahlen besteht zwischen der Konz. an gebildeten Fe(III)-Ionen u. der absorbierten Strahlungsdosis ($10-5 \cdot 10^3$ rad) eine lineare Beziehung; G(Fe^{3+}) beträgt ca. 10, unabhängig von der Strahlungsenergie. Unter gleichen Bedingungen bleibt die opt. Aktivität von *Glucose* unverändert. $FeSO_4$ kann also als Dosimeter für kleine Dosen verwendet werden. C. Kozák. B 226□

0802 **Der Nickelkatalysator aus seinem Formiat.** 1. Mitt. **Hydrierung von Carbonylverbindungen.** Kiyoshi Hoizumi und Tatsuo Yamanaka. (Rep. Inst. physic. chem. Res. [Rikagaku-Kenkyusho-Hokoku] **32,** 157–61, 1956; jap.) H. Guischard. B 227□

0803 **Der Nickelkatalysator aus seinem Formiat.** 2. Mitt. **Über die Zersetzungstemperatur.** Kiyoshi Hoizumi und Tatsuo Yamanaka. (Rep. Inst. physic. chem. Res. [Rikagaku-Kenkyusho-Hokoku] **32,** 161–63, 1956; jap.) — 1. vgl. vorst. Referat. H. Guischard. B 227□

0804 **Der Nickelkatalysator aus seinem Formiat.** 3. Mitt. **Hydrierung von Nitroverbindungen.** Kiyoshi Hoizumi und Tatsuo Yamanaka. (Rep. Inst. physic. chem. Res. [Rikagaku-Kenkyusho-Hokoku] **32,** 164–68, 1956; jap.) — 2. vgl. vorst. Referat. H. Guischard. B 227□

0805 **Aluminiumoxid: Katalysator und Träger.** 10. Mitt. **Dehydratation von Alkoholen.** 3. Mitt. **Modifizierung von Aluminiumoxid durch Basen. Mechanismus der Dehydratation von Menthol und Neomenthol.** Herman Pines und C. N. Pillai. (J. Amer. chem. Soc. **83,** 3270–74, 1961; Evanston, Ill., Northwestern Univ., Dep. of Chem., Ipatieff High Pressure and Catalytic Labor.; engl.) — 9. bzw. 2. vgl. J. Amer. chem. Soc. **83,** [1961], 2847; 7. vgl. C. **1962,** 2327; 12. vgl. C. **1962,** 16959. — Die Dehydratation von *l-Menthol* u. *d-Neomenthol* ($[\alpha]_D^{20}$ + 17,5°) wurde bei 243–330° über verschiedenen Al_2O_3-Katalysatoren untersucht. Aus Na-Aluminat hergestelltes Al_2O_3 ist nur schwach sauer u. führt zu nur geringer Isomerisierung, Al_2O_3 aus Al-Isopropylat ist stark sauer u. führt zu einem hohen Anteil isomerisierter Verbb.; dies kann durch Behandeln des Katalysators mit Basen, wie Piperidin, Trimethylamin, NH_3 (Reihenfolge der Wirksamkeit), unterdrückt werden. Regenerieren des Katalysators führt zu neuem, starkem Aciditätsanstieg, der schwer beseitigt werden kann. Hauptprod. der Dehydratation von **I** ist Δ^2-Menthen, von **II** Δ^3-Menthen, Nebenprodd. sind Δ^1-Menthen, $\Delta^{8,9}$-, $\Delta^{1,7}$-, $\Delta^{4,8}$-Menthen u. Alkylcyclopentene (gaschromatograph. identifiziert, Retentionszeiten tabelliert). **II** reagiert 3mal so schnell wie **I**. H_2O wird wahrscheinlich bevorzugt aus benachbarten diaxialen H- u. OH-Gruppen eliminiert. W. Schramm. B 227◇

0806 **Aluminiumoxid: Katalysator und Träger.** 11. Mitt. **Dehydratation von Alkoholen.** 4. Mitt. **Mechanismus der Dehydratation von aliphatischen Alkoholen und die Bildung von Cyclopropanen während der Dehydratation.** C. N. Pillai und Herman Pines. (J. Amer. chem. Soc. **83,** 3274–79, 1961; engl.) — 10. bzw. 3. vgl. vorst. Referat. — Die Dehydratation von *2.3-*, *3.3-Dimethylbutanol-(2)*, *Neopentyl-*, *tert.-Amylalkohol*, *Butanol-(2)*, *Pentanol-(2)*, *-(3)*, *2.3-*, *3.3-Dimethylpentanol-(2)*, *2.3.3-Trimethylbutanol-(2)* u. *n-Propylalkohol* auf schwach sauren Al_2O_3-Katalysatoren wurde bei Temp. um 300° untersucht. Die bevorzugte Rk. ist die 1.2-trans-Eliminierung, die aber bei den Alkoholen vom Neopentyltyp normalerweise von einer Umlagerung begleitet wird. Die Doppelbindung wird dabei bevorzugt zwischen dem $C_{(2)}$- u. $C_{(3)}$-Atom — in bezug auf die ursprüngliche Stellung der OH-Gruppe — gebildet. Die Richtung der Eliminierung ergibt sich aus dem Verhältnis der gebildeten Δ^1- zu den Δ^2-Olefinen: Alkoholtyp CCC(OH)C 0,78; CCCC(OH)C 0,69; CCC(OH)CC 1,4; CC(CC)C(C)(OH)C 9,5; CCC(C)C(C)(OH)C 11,7; d. h. mit zunehmender Verzweigung wird die Hofmann- vor der Saytzeff-Eliminierung bevorzugt. Prim. u. sek. Alkohole vom Neopentyltyp geben geringe Mengen Cyclopropane bei der Dehydratation. Gebildetes 1.1.2-Trimethylcyclopropan (**I**) wird unter den Rk.-Bedingungen der Dehydratation isomerisiert [Hauptprod. 2.3-Dimethylbuten-(1) (**II**)]. Prodd. der Rkk. sind: **I, II,** 1.1-Dimethylcyclopropan, 2-Methyl-, 3.3-Dimethyl-, 2.3.3-Trimethyl-, 3-Methyl, 2-Äthylbuten-(1), 2-Methyl-, 2.3-Dimethylbuten-(2), 2-Methyl-, 2.3-, 3.3-Dimethylpenten-(1), 2-Methyl-, 2.3-Dimethylpenten-(2), 2.3-Dimethylpenten-(3), cis- u. trans-1.2-Dimethyl-1-äthylcyclopropan (gaschromatograph. Analyse, relative Retentionszeiten tabelliert). Diskussion möglicher Mechanismen.

Versuche: *Pinakolinalkohol* [*3.3-Dimethylbutanol-(2)*], Kp. 120–122°, durch katalyt. Hydrierung (Ni) von Pinakolin bei 100° (100 at Anfangsdruck); n_D^{20} 1,4160. — *Neopentylalkohol* [*2.2-Dimethylpropanol-(1)*], Kp. 112–114°, durch Red. von Trimethylessigsäure mit $LiAlH_4$. — *2.3-Dimethyl-*, Kp. 120–121°, durch Grignard-Rk. zwischen 3-Methylbutanon-(2) u. CH_3J; n_D^{20} 1,4176. — *2.3.3-Trimethylbutanol-(2)*, F. 82°, durch Rk. von Aceton mit tert.-Butyl-MgCl. — *3.3-Dimethyl-*, $Kp._{750}$ 146,8–147,2°, durch Grignard-Rk. von tert.-Amylchlorid u. Acetaldehyd; n_D^{20} 1,4301; 15% (Ausbeute). — *2.3-Dimethylpentanol-(2)*, $Kp._{750}$ 139,9–140°, analog vorst. Verb. aus sek.-Butylbromid u. Aceton; n_D^{20} 1,4268; 22%. — *1.1.2-Trimethyl-* (**I**), $Kp._{738}$ 50,8–51,1°, durch 30std. Erhitzen unter Rückfluß von 21 g Zn/Cu, 54 g CH_2J_2 u. 21 g 2-Methylbuten-(2) in Ae. in Ggw. von J_2; n_D^{20} 1,3831; 3,1 g. — *cis-1.2-Dimethyl-1-äthylcyclopropan*, $Kp._{740}$ 83,8–84,5°, analog vorst. Verb. aus cis-3-Methylpenten-(2); n_D^{20} 1,4023; 21%. W. Schramm. B 227◇

0807 **Einfluß der Natur der Metalle auf ihre katalytische Aktivität.** A. A. Balandin und P. Teteni. (Ber. Akad. Wiss. [UdSSR] **132,** 577–80, 1960; Moskau, Lomonossow-Univ.; russ.) — Die Kinetik der Dehydrierung von *Isopropanol* zu Aceton an metall. Ag- (228–287°), Pt- (206–245°) u. Pd-Katalysatoren (249–296°) wurde untersucht, die Aktivierungsenergien E betragen 19500 (cal/Mol) für Ag, 17200 für Pt u. ca. 18000 für Pd. Zwischen den experimentell u. nach einer früher aufgestellten Gleichung (vgl. Balandin, J. allg. Chem. [UdSSR] **12,** [1942], 153) berechneten Geschw.-Konst. besteht gute Übereinstimmung. Es wird gezeigt, daß entsprechend der Multiplettheorie zwischen E u. dem kleinsten Atomabstand im Kristallgitter (A 1- u. A 3-Gitter) der Metalle eine lineare Beziehung besteht; die Elektronen-Eigg. (% d-Charakter) oder die Atomisierungswärmen können den Gang von E dagegen nicht erklären. G. Pötzscher. B 227◇

C. Präparative organische Chemie, Naturstoffe

0808 **Umgruppierungs- und Reduktionsreaktionen von Alkoxysilanen.** John W. Ryan. (J. Amer. chem. Soc. **84,** 4730–34, 1962; Midland, Mich., Dow Corning Corp.; engl.) — Alkalimetalle, CH_3ONa, Na_2O, $[(NaO)Si(CH_3)O]_x$ u. das Di-K-Salz (**VIII**) von Tetramethyldisiloxandiol-(1.3) katalysieren die Disproportionierung von Phenyl- (**A**), Phenylmethyl- (**B**) u. Alkylalkoxysilanen (**C**). K-Acetat, Na_2SiO_3 oder Ca haben keine katalyt. Wirkung. Während bei der Rk. von **A** alle möglichen Kombinationen gebildet werden, nehmen bei Temp. bis 200° bei der Rk. von **B** nur die Phenyl- bzw. die Alkoxygruppe, bei höheren Temp. bei der Rk. von **B** u. **C** auch Alkylgruppen teil, während **C** bei 200° sich nicht disproportionieren. Enthalten **A** oder **B** Verunreinigungen, die Protonen liefern, so erfolgt Bldg. von *Benzol.* Methyltriäthoxysilan (**I**) gibt mit Na bei 250° *Dimethyldiäthoxysilan* (**II**) u. *Tetraäthoxysilan* (**III**); das Na wird quant. zurückerhalten. Unter denselben Bedingungen reagieren Methyltributoxy- u. Methyltriisopropoxysilan (**XVIII**) nicht. Methyltrimethoxysilan (**IV**) gibt in Ggw. eines Alkalimetalls oder einer starken Base bei 230 bis 280° *Tetramethoxy-* (**V**), *Dimethyldimethoxy-* (**VI**) u. *Methoxytrimethylsilan* (**VII**), aber kein Tetramethylsilan. Die relativen Mengen der Prodd. der Disproportionierung von **IV** hängen von Menge u. Art des Katalysators, Temp. u. Rk.-Zeit ab. Bei der Disproportionierung von Methoxysilanen wird *Dimethyläther* (**IX**) gebildet. Eine analoge Bldg. von Ae. aus Äthoxysilanen findet nicht statt. Bei höheren Temp. reagieren **V** bzw. Propyltrimethoxysilan (**X**) mit Na unter Red. zu **VI** u. **IV** bzw. *Propyldimethylmethoxy-* (**XIX**) u. *Propylmethyldimethoxysilan* (**XIV**). Dimethyldiphenoxysilan (**XV**) gibt mit Na *C_6H_5ONa* u. ein durch Dest. nicht trennbares Gemisch von Silanen u. Siloxanen, von denen *1.3-Diphenyltetramethyldisiloxan* (**XXII**) u. *Phenyldimethylphenoxysilan* (**XXI**) durch Gaschromatographie identifiziert wurden. Trimethylphenoxysilan reagiert nicht unter den gleichen Bedingungen. **III** u. Na reagieren mit Na bei 280° unter Bldg. von *C_2H_4*. Benzyltriäthoxysilan (**XX**) reagiert mit Na bei 240° zu **III** u. Fraktionen, bei denen es sich wahrscheinlich um *Dibenzyldiäthoxysilan* u./oder Isomeren mit Tolylresten handelt. Die Rk. von 1.2-Dimethyltetramethoxydisilan (**XVI**) u. Na gibt **IV** u. ein *Gemisch von Polysiloxanen.*

Versuche: Silane: *Methyltrimethoxy-* (**IV**), Kp. 102°, a) durch Alkoholyse des entsprechenden Chlorsilans; D.$_4^{25}$ 0,9458; n$_D^{25}$ 1,3698; b) durch Kochen von 105 g **XVI** mit Na; 18,2 g (Ausbeute); daneben *Polysilane.* — Analog **IV** nach a): *Dimethyldimethoxy-* (**VI**), Kp. 80,2°, D.$_4^{25}$ 0,8554, n$_D^{25}$ 1,3699. — *n-Propyltrimethoxy-* (**X**), Kp. 142°, D.$_4^{25}$ 0,9318, n$_D^{25}$ 1,3880. — *Äthyltrimethoxy-*, Kp. 124°, D.$_4^{25}$ 0,9451, n$_D^{25}$ 1,3798. — *Phenylmethyldimethoxy-* (**XI**), Kp.$_{30}$ 105°, D.$_4^{25}$ 1,001, n$_D^{25}$ 1,4769. — *Phenyltrimethoxy-* (**XII**), Kp.$_{30}$ 120°, n$_D^{25}$ 1,4710. — *Diphenyldimethoxy-* (**XIII**), D.$_4^{25}$ 1,078, n$_D^{25}$ 1,5404. — *n-Propylmethyldimethoxy-* (**XIV**), Kp.$_{750}$ 128,6°, D.$_4^{25}$ 0,8632, n$_D^{25}$ 1,3903. — *Phenyldimethylphenoxy-* (**XXI**), Kp.$_{13}$ 148°, D.$_4^{25}$ 1,022, n$_D^{25}$ 1,5450. — *Benzyltriäthoxy-* (**XX**), Kp.$_{26}$ 148°, durch Rk. von **III** u. $C_6H_5CH_2MgCl$; D.$_4^{25}$ 0,9812, n$_D^{25}$ 1,4628; 58% (Ausbeute). — *Dimethyldiphenoxy-* (**XV**), Kp.$_1$ 94—100°, durch Rk. von Dimethyldichlorsilan u. Phenol; D.$_4^{25}$ 1,0590, n$_D^{25}$ 1,5310; 84%. — *1.2-Dimethyltetramethoxydisilan* (**XVI**), Kp.$_{30}$ 86,2—87°, durch Rk. von Cu-Si u. CH_3Cl, Zugabe von CH_3OH zu der *1.3-Dimethyltetrachlordisilan* enthaltenden Fraktion vom Kp. 156—159°, Erhitzen auf 90°/40 Torr, Zugabe von Orthoameisensäuretriäthylester bei 95°, 5std. Erhitzen u. Fraktionieren; D.$_4^{25}$ 0,9875, n$_D^{25}$ 1,4166; gibt mit CH_3ONa *CH_3OH, H_2* u. **IV**. Disproportionierung: von 158,2 g **XII**, durch ca. 20std. Kochen mit Na, Dest. → 31,2 g **V** (Kp. 121°, Kp.$_{44}$ 48°, D.^{25} 1,026, n$_D^{25}$ 1,3652), Entfernen des Na, Zusetzen von Trimethylchlorsilan (**XVII**) u. Dest. unter Vakuum → 40,5 g **V**, 67 g **XII** u. 39 g **XIII**. — Von 808 g **XI**, durch 200std. Erhitzen mit Na (→ 291 g **IV**), Zusetzen von **XVII** u. Dest. unter Vakuum → 63 g *Triphenylmethylsilan*, F. 66,5—67,5° (CH_3OH), 72 g **XI** u. 135,5 g *Diphenylmethylmethoxysilan*, D.$_4^{25}$ 1,034, n$_D^{25}$ 1,5510. — Von 500 g **I**, durch 16½std. Erhitzen mit Na auf 250° → *CH_4, C_2H_4*, 5,1 g *Trimethyläthoxysilan*, 68,8 g **II** (Kp. 113°), 281 g **I** u. 98,4 g **III**, Kp. 168°, Kp.$_{30}$ 93°, D.$_4^{25}$ 0,9298, n$_D^{25}$ 1,3872. — Von 325 g **XVIII** durch 19std. Erhitzen mit Na auf 250° u. Fraktionieren → aus 11,9 g **XVIII**, Kp. 169,5°, n$_D^{25}$ 1,3862. — Von 296,6 g **XIV**, durch 38std. Erhitzen mit Na auf 270° → 53 g eines alkal. Prod., das 21,7% Si enthält, 24,5 g **IX**, 75,8 g **XIX**, Kp. 111,1—111,3°, D.$_4^{20}$ 0,7860, n$_D^{25}$ 1,3927, 80,4 g **XIV** (Kp. 129°) u. 6 g *Dipropylmethylmethoxysilan*, Kp. 149°, D.$_4^{25}$ 0,7962, n$_D^{25}$ 1,4099, das mit konz. HCl *1.3-Dimethyltetrapropyldisiloxan*, D.$_4^{25}$ 0,8354, n$_D^{25}$ 1,4291, gibt. — Von 400 g **V**, durch 2 bzw. 18std. Erhitzen mit Na auf 220° bzw. 230° → 83,9 g **IX**. Spuren **VII** (?), 19,3 g **VI**, 77,6 g **IV** u. 44,5 g **B**. — Von 400 g **X**, durch 20std. Erhitzen mit Na auf 278° u. Fraktionieren → 67,3 g **IX**, 11,4 g **XIX**, 61 g **XIV** (Kp. 128—130°, D.$_4^{25}$ 0,8671, n$_D^{25}$ 1,3911), 77,2 g **X** u. 31,5 g *Dipropyldimethoxysilan*, Kp. 166—167°, D.$_4^{25}$ 0,8634, n$_D^{25}$ 1,4071. — Von 412 g **XV** durch 24std. Erhitzen mit Na auf 265—272°, Filtrieren u. Fraktionieren bei 4 Torr → **XXII**, **XV** u. **XXIII**. — Von 350 g **III**, durch 24std. Erhitzen mit Na auf 260° → *C_2H_4* (keine Prodd. mit C_2H_5–Si-Bindung). — Von 214 g **XX**, durch Kochen mit Na, Ansäuern mit **XVII** u. Dest. → 50,4 g **III**, 96,5 g **XX** (Kp.$_{30}$ 150°, D.$_4^{25}$ 0,9825, n$_D^{25}$ 1,4621) u. 53,3 g eines Gemisches von 2 $(C_7H_7)_2Si \cdot (OC_2H_5)_2$-Fraktionen (Kp.$_5$ 176°, D.$_4^{20}$ 1,024, n$_D^{25}$ 1,5146; Kp.$_5$ 203°, D.$_4^{25}$ 1,0437, n$_D^{25}$ 1,5082). — Von **XVI** a) durch Kochen 105 g **XVI** mit Na u. Dest. → 18,2 g **IV** u. 84,8 g einer Fl., die **XVI** u. höhere *Silane* enthält; b) durch 16½std. Erhitzen von 136,6 g **XVI** u. Na auf 250° → 10 g **IX** 5,6 g **VII** (Kp. 57°), 39,1 g **VI** u. 31,8 g **IV**. — Von **IV**, durch Rk. von a) 3,81 (Mol) **IV** u. 2,9 Na (16 Std. bei 230°) → 2,06 **IX**, 0,6 **VII**, 0,69 **VI** u. 0,14 **IV**; b) 3,81 **IV** u. 0,22 CH_3ONa (67 Std. bei 230°) → 0,46 **IX**, 0,29 **VI** u. 2,64 **IV**; c) 3,5 **IV** u. 0,52 Na (5,7 Std. lang bei 240°) → **IX**, Spuren **VII**, 0,44 **VI**, 2,52 **IV** u. 0,17 **V**; d) 3,5 **IV** u. 0,52 Na (6 Std. lang bei 250°) → 0,24 **IX**, 0,03 **VII**, 0,69 **VI** u. 1,94 **IV**; e) 2,72 **IV** u. 0,43 Na (87 Std. lang bei 240°) → 0,64 **IX**, 0,05 **VII**, 0,54 **VI** u. 1,22 **IV**; f) 2,5 **IV** u. 1 Na (4,3 Std. lang bei 270°) → 0,93 **IX**, 0,13 **VII**, 0,61 **VI** u. 0,65 **V**; g) 2,5 **IV** u. 0,52 Na (22 Std. lang bei 270°) → **IX**, 0,05 **VII**, 0,51 **VI** u. 1,3 **IV**; h) analog g) → 0,56 **IX**, 0,05 **VII**, 0,47 **VI**, 1,14 **VI** u. 0,07 **V**; i) 2,5 **IV** u. Rückstand von g) (22 Std. lang bei 270°) → 0,20 **IV**, 0,20 **VI**, 1,63 **IV** u. 0,20 **V**; k) 2 **IV** u. 0,52 Na (21 Std. lang bei 250°) → 0,87 **IX**, 0,07 **VII**, 0,47 **VI** u. 0,84 **IV**; l) 3 **IV** u. 0,18 K (15 Std. lang bei 250°) → 0,14 **IX**, 0,02 **VII**, 0,54 **VI** u. 1,73 **IV**; m) 2,5 **IV** u. 1 Li (23 Std. lang bei 270°) → **IX**, 0,03 **VII**, 0,08 **VI**, 2,02 **IV** u. 0,09 **V**; n) 2,5 **IV** u. 0,09 **VIII** (19 Std. bei 270°) → 0,18 **IX**, 0,03 **VII**, 0,32 **VI**, 1,57 **IV** u. **V**; o) 2,5 **IV** u. 0,32 Na_2O (16 Std. lang bei 270°) → 1,04 **IX**, 0,03 **VII**, 0,42 **VI**, 1,21 **IV** u. 0,11 **V**. — Von **IV** u. **XII**, durch 19std. Erhitzen von 297 g **XII**, 204 g **IV** u. CH_3ONa auf 190—200°, Filtrieren, Zusetzen von 8 g **XVII** u. Fraktionieren → 126,2 g **IV**, 73,1 g **V**, 43,7 g **XI**, 34,2 g **XII** u. Rückstand aus 62% **XIII** u. 38% **XII**. — Von **IV** u. **XIII**, durch 60std. Erhitzen von 664,4 g **XIII** 819 g **IV** u. Na in CH_3OH auf 190° im Autoklaven, Filtrieren, Ansäuern mit **XVII**, Dest. (→ 25 g *Bzl.*, 524 g **IV**), Dest. bei 30 Torr → 19,6 g **IV**, 73 g **V**, 229 g **XI**, 256,9 g **XII** u. 236 g Rückstand, n$_D^{25}$ 1,5410. — Von 360 g **VI**, durch 19std. Erhitzen mit Na auf 240°, Einengen → ca. 2 g **IX**, 41,1 g **VII**, 131,1 g **VI** u. 23,5 g **IV**. L. Hoppe. 460◇

0809 **Eine selektive Phosphorylierung mittels α-Bromcyanacetamiden und Trialkylphosphiten.** Tsujiaki Hata und Teruaki Mukaiyama. (Bull. chem. Soc. Japan **35**, 1106—09, 1962; Tokyo, Inst. of Technol., Labor. of Organ. Chem.; engl.) — Bromcyanacetamid (**I**) wird in einer verbesserten Meth. durch Rk. von Dibromcyanacetamid (**II**) mit Cyanacetamid (**III**) in Ggw. von BF_3 dargestellt. Durch Rk. von **I** bzw. **II** mit einem Alkohol, Dialkylphosphat oder Anilin u. mit Trialkylphosphit (**A**) gelingt die selektive Phosphorylierung zu entsprechenden *Trialkylphosphaten, -pyrophosphaten* bzw. *Amidophosphaten.* Rk. von N.N-Diäthylbromcyanacetamid mit Triäthylphosphit (**VI**) u. **A**. gibt ein teeriges Produkt. Es wird angenommen, daß sich bei der Rk. von **I** bzw. **II** zunächst durch Einw. von **A** unter Alkylbromidabspaltung ein entsprechendes Enolphosphat bildet, das dann wie z. B. Diäthylisopropenylphosphat (**V**) als Phosphorylierungsmittel wirkt.

Versuche: *Bromcyanacetamid* (**I**), F. 116—117° (Bzl.), durch 5std. Kochen von **II** u. **III** in A. in Ggw. von BF_3-Ätherat; 74% (Ausbeute). — Phosphate: *Triäthyl-* (**IV**), Kp.$_{11-12}$ 94—95°, Kp.$_{1,2}$ 67—69°, Kp.$_1$ 65—67°, a) durch Zutropfen von **VI** in abs. Ae. zu **I** in A./abs. Ae. bei —50° u. 1std. Stehen bei Zimmer-Temp.; 91%; b) analog a) mit **II** statt **I** in abs. Ae.; 72%; daneben 96% **III** (F. 120°); c) durch 12std. Erhitzen von **V** in A. in Ggw. von konz. HCl auf 100°; 55%. — Analog **IV**: *Methyldiäthyl-*, Kp.$_{25}$ 102—104°, nach a) aus Methanol; 77%. — *n-Propyldiäthyl-*, Kp.$_{0,8}$ 73—74°, nach a) aus n-Propanol; 85%. — *Phenyldiäthyl-*, Kp.$_1$ 103 bis 120°, a) nach a) mit Phenol; 72%; b) nach b); 57%. — Pyrophosphate: *Tetraäthyl-*, Kp.$_1$ 134—136°, Kp.$_{0,8}$ 132—135°, a) analog **IV** nach a) mit Diäthylphosphat (**VII**) statt A.; 94%; b) analog **IV** nach b) mit **VII**; 60%; c) durch 1std. Erhitzen von **V** u. **VII** in Ggw. von BF_3-Ätherat auf 100°; 55%. — *unsymm.-Dimethyldiäthyl-*, Kp.$_{0,004}$ 100—106°, analog **IV** nach a) aus **VII** u. Trimethylphosphit; 92%. — Analog: *unsymm.-Diäthyldi-n-butyl-*, Kp.$_{0,02}$ 114—118°, aus Tri-n-butylphosphit; 92%. — Analog: *unsymm.-Diäthyldi-n-butyl-*, Kp.$_{0,02}$ 114 bis 118°, aus Tri-n-butylphosphit; 96%. — *N-Phenylphosphorsäureamiddiäthylester*, F. 94—96° (Bzl.), a) durch Zutropfen von Anilin u. **VI** zu **I** in abs. A. bei —50°, Filtrieren u. Einengen; 93%; daneben 98% **III**; b) analog a) aus **II** statt **I**; 93%. H. Gleinig. 470◇

0810 **Untersuchungen über metallorganische Verbindungen. 3. Mitt. Anomale Reformatski-Reaktionen mit α-Brombernsteinsäureestern. Synthese und Hydrogenolyse von Paraconsäureestern.** Jean Blanc und Bernard Gastambide. (Bull. Soc. chim. France **1962**, 2055—64; Paris, Fac. des Sci., Labor. de chim. organ. Structurale; Reims, Fac. des Sci.; franz.) — 2. vgl. Bull. Soc. chim. France **1956**, 1203. — Bei der Umsetzung von α-Brom-α-methylbernsteinsäurediäthylester (**I**; vgl. Gastambide u. Gastambide-Odier, C. **1950/54**, 8364 S) u. Zn mit Benzophenon (**II**) werden als Rk.-Prodd. *3-Methyl-4.4-diphenylparaconsäureäthylester, Benzopinakol* (**IV**) u. *3-Äthoxycarbonyl-3-methyl-4.4-diphenylbuttersäure* (**XVI**) isoliert. *Brombernsteinsäurediäthylester* (**V**) liefert in Ggw. von Zn mit **II** unter verschiedenen Vers.-Bedingungen neben **IV** *3-Äthoxycarbonyl-4.4-diphenylbuttersäure* (**X**) u. *4.4-Diphenylparaconsäureäthylester* (**IX**), wobei **IX** durch Einw. von **V** u. Zn in **X** übergeführt werden kann. **X** entsteht auch durch Hydrierung der aus **II** u. Bernsteinsäurediäthylester (**XI**) durch Stobbe-Kondens. zugänglichen *3-Äthoxycarbonyl-4.4-diphenylbuten-(3)-säure-(1)* (**XII**). **X** läßt sich zu *Diphenylmethylbernsteinsäure* verseifen, die mit CH_2N_2 in den *Dimethylester* umgewandelt wird. Bei der Rk. von **V** mit Dibenzylketon (**III**), Cyclohexanon (**VI**) oder Dibutylketon (**VII**) entsteht als einziges Rk.-Prod. *4.4-Dibenzylparaconsäureäthylester* bzw. *4.4-Pentamethylenparaconsäureäthylester* bzw. *4.4-Dibutylparaconsäureäthylester* (**VIII**). Neben **VIII** fallen geringe Mengen von *3-Carboxy-4-butylocten-(3)-säure-(1)* (**XIII**) an, die aus **VIII** durch Einw. von C_2H_5OZnBr u. Verseifung entstanden sein dürften. **XIII** wird zum Vgl. aus **VII** u. **XI** durch Stobbe-Kondens. u. Verseifung der *3-Äthoxycarbonyl-4-butylocten-(3)-säure-(1)* (**XV**) synthetisiert. Durch Hydrierung von **XV** gelangt man zu *3-Äthoxycarbonyl-4-butyloctansäure*. Kondens. von **III** u. **XI** ergibt *3-Äthoxycarbonyl-4.4-dibenzylbuten-(3)-säure-(1)*, deren Hydrierung zu *3-Äthoxycarbonyl-4.4-dibenzylbuttersäure* führt. Die aus **VI** u. **XI** gebildete *3-Cyclohexyliden-3-äthoxycarbonylpropionsäure* läßt sich zu *3-Cyclohexyl-3-äthoxycarbonylpropionsäure* hydrieren. Vff. stellen **V** durch Anlagerung von HBr an *Maleinsäurediäthylester* oder Fumarsäurediäthylester (**XIV**) dar. Rk.-Mechanismen werden diskutiert. Für die Paraconsäureester sind die IR-Banden, für **XIII** das UV-Maximum angegeben.

Versuche: *Maleinsäurediäthylester*, $Kp._{10}$ 102—103°, durch 22std. Kochen von Maleinsäureanhydrid mit abs. A. u. H_2SO_4, Gießen in W. u. Extraktion mit PAe.-Ae.; n_D^{16} 1,4419; 82% (Ausbeute). — *Brombernsteinsäurediäthylester* (**V**), C_8H_{13}·BrO_4, $Kp._{10}$ 117,5—119°, a) durch Einleiten von HBr in die Lsg. vorst. Verb. in Hexan bei 0°, Gießen in W. u. Ae.-Extraktion; n_D^{14} 1,4535; $D._4^{18}$ 1,354; 82%; b) analog a) jedoch in Bzl. bei 20°; 87%; c) analog b) aus **XIV** u. HBr; 85%. — *3-Äthoxycarbonyl-4.4-diphenylbuten-(3)-säure-(1)* (**XII**), F. 125—126° (Bzl./PAe.), durch ½std. Kochen von 1 Mol **II** mit 1½ Mol **XI** u. ca. 1 Mol Na-tert.-Amylat in Bzl., Gießen in angesäuertes W., Ae.-Extraktion, Ausschütteln der Ae.-Lsg. mit 0,25n KOH Ansäuern der alkal. Lsg. mit 1n Oxalsäure u. Ae.-Extraktion; 78%. — *3-Äthoxycarbonyl-4.4-dibenzylbuten-(3)-säure-(1)*, F. 127,5—128°, analog **XII** aus **III** u. **XI**. — *3-Äthoxycarbonyl-4.4-dibenzylbuttersäure*, $C_{21}H_{24}O_4$, F. 109,5—110,5° (Diisopropyläther), durch Hydrierung vorst. Verb. an Pd/Kohle in Essigsäureäthylester; 81%. — *3-Cyclohexyliden-3-äthoxycarbonylpropionsäure*, analog **XII** aus **VI** u. **XI**; Öl; 79%. — *3-Cyclohexyl-3-äthoxycarbonylpropionsäure*, durch Hydrierung vorst. Verb. an Pd/Kohle; Öl; 85%; liefert bei der Verseifung *Cyclohexylbernsteinsäure*, F. 144—145° (Bzl.). — *3-Äthoxycarbonyl-4-butylocten-(3)-säure-(1)* (**XV**), analog **XII** aus **VII** u. **XI**; Öl; 80%. — *3-Carboxy-4-butylocten-(3)-säure-(1)* (**XIII**), $C_{13}H_{22}O_4$, F. 141,5—142°, durch 3tägiges Aufbewahren von 585 mg **XV** mit NaOH bei 95°, Ansäuern u. Ae.-Extraktion; 550 mg. — *3-Äthoxycarbonyl-4-butyloctansäure*, F. 45—46° (Heptan), durch Hydrierung von **XV** an Pd/Kohle; 95%. — Paraconsäureäthylester: *4.4-Dibenzyl-*, $C_{21}H_{22}O_4$, F. 91,5 bis 92,5° (Diisopropyläther), durch Erwärmen von 1 Mol **III** mit 2 Mol **V** in abs. Xylol auf 100°, Zugabe von mit Cu-Acetessigester aktiviertem Zn (vgl. Fieser u. Johnson, J. Amer. chem. Soc. **62**, [1940], 575), 16std. Erwärmen auf 110°, Zers. mit W., Dioxan u. H_2SO_4, Zugabe von Ae., Abtrennen der Ae.-Schicht aus der filtrierten Lsg., Wasserdampf-Dest. der mit 0,25n KOH gewaschenen Ae.-Lsg. (aus der alkal. Wasch-Lsg. wird keine definierte Verb. isoliert) u. Behandeln des mit Wasserdampf nicht flüchtigen Anteils mit Girard-Sandulesco-Reagens-T; 77%. — *4.4-Pentamethylen-*, $C_{12}H_{18}O_4$, $Kp._1$ 144—145°, wie vorst. aus **VI** u. **V** mit Zn in abs. Xylol; 51%; daneben aus der alkal. Lsg. geringe Mengen einer *Verb. F. 173 bis 176°* (W.). — *4.4-Dibutyl-* (**VIII**), $C_{15}H_{26}O_4$, $Kp._{0,8}$ 157 bis 159°, wie vorst. aus **VII**, **V** u. Zn in Xylol; n_D^{24} 1,4553; 49%; daneben durch Isolierung aus der alkal. Lsg. u. Verseifung mit NaOH bei 95° **XIII**; 6%. — *3-Äthoxycarbonyl-3-methyl-4.4-diphenylbuttersäure* (**XVI**), $C_{20}H_{22}O_4$, F. 191° (Bzl.), durch Erwärmen von 1 Mol **II** mit 2 Mol **I** in Xylol auf 100°, 16std. Erwärmen auf 110° nach Zugabe von Zn, Zers. mit W., Dioxan u. H_2SO_4, Ae.-Extraktion, Waschen der Ae.-Lsg. mit KOH, Abtrennen der Ae.-Phase (**A**), Ansäuern der alkal. Lsg. mit 2n Oxalsäure, Ae.-Extraktion, 2std. Erhitzen des Ae.-Rückstands auf 95° u. chromatograph. Reinigung an Al_2O_3; 4,5%; daneben durch Wasserdampf-Dest. von **A**, Chromatographie des Rückstands an Florisil u. Elution mit CCl_4 *Benzopinakol* [**IV**; F. 185° (Diisopropyläther); 11%] u. durch Elution mit CCl_4–Bzl. u. darauf mit Bzl.–Ae. *3-Methyl-4.4-diphenylparaconsäureäthylester*, $C_{20}H_{20}O_4$, F. 77,5—78,5° (Diisopropyläther); 23%. — *3-Äthoxycarbonyl-4.4-diphenylbuttersäure* (**X**), $C_{19}H_{20}O_4$, F. 134,5—135,5° (Diisopropyläther), a) aus 1 Mol **IX**, 2 Mol **V** u. Zn in Xylol analog **XVI** durch Aufarbeitung der alkal. Lsg.; 23%; b) durch Hydrierung von **XII** an Pd-Kohle in Essigsäureäthylester; 95%; c) aus 1 Mol **II**, 2 Mol **V** u. Zn in Xylol analog **XVI** durch Aufarbeitung der alkal. Lsg.; 23%; daneben durch Aufarbeitung der Ae.-Phase, Chromatographie des Rk.-Prod. an Florisil u. Elution mit CCl_4 **IV**; 9% u. *4.4-Diphenylparaconsäureäthylester* [**IX**; $C_{19}H_{18}O_4$, F. 152,5—153,5° (Diisopropyläther), durch Elution mit Bzl.-Ae.; 10%]; d) analog c) aus 1 Mol **II**, 1 Mol **V** u. Zn in Xylol; 13%; daneben **IV**; 8,5% u. **IX**; 11%; e) analog c) unter Zusatz von $CoCl_2$; 20%; daneben **IV**; 11% u. **IX**. — *Diphenylmethylbernsteinsäure*, F. 170—175°, durch 20std. Erwärmen von 500 mg **X** mit NaOH auf 95°, Ansäuern u. Ae.-Extraktion; 452 mg. *Dimethylester*, $C_{19}H_{20}O_4$, F. 108,5—109,5° (Diisopropyläther), aus vorst. Verb. u. CH_2N_2 in Ae.; 95%. H. Gleinig. 470◇

0811 **Untersuchungen über metallorganische Verbindungen. 4. Mitt. Anomale Reformatski-Reaktionen zwischen Estern und α-Bromestern. Wirkung von Zinkbromid.** Bernard Gastambide und Jean Blanc. (Bull. Soc. chim. France **1962**, 2064—72; franz.) — 3. vgl. vorst. Referat. — Bei der Umsetzung von 2,5 Mol Brombernsteinsäurediäthylester (**I**) mit 1 Mol *Benzhydrylacetat* (**II**) in Ggw. von Zn werden als Rk.-Prodd. *Diphenylmethan* (**XV**), *Tetraphenyläthan* (**III**) u. *3-Äthoxycarbonyl-4.4-diphenylbuttersäureäthylester* erhalten, wobei man letzteren nach Verseifung u. erneuter Veresterung mit CH_2N_2 als *3-Methoxycarbonyl-4.4-diphenylbuttersäuremethylester* isoliert. Mit Bromessigsäureäthylester (**IV**) u. Zn entsteht aus **II** auf dem gleichen Wege **III** u. nach Verseifung des zunächst anfallenden *Äthylesters 3.3-Diphenylpropionsäure* (**V**); **XV** wird dagegen nicht aufgefunden. **III** wird zum Vgl. aus Tetrabromäthan (**VI**) u. Bzl. nach Friedel-Crafts u. **V**, ausgehend von Zimtsäure (**VII**), synthetisiert. **V**-Äthylester läßt sich aus **IV**, **XV** u. Zn nicht gewinnen. Einw. von **IV** u. Zn auf *Benzhydrylbenzoat* (**VIII**) u. entsprechende Aufarbeitung führt zu **III**, **V** u. *Benzoesäure* (**IX**). Verwendet man bei vorst. Rk. **IV** im Unterschuß, so entstehen ausschließlich **III** u. **IX**. Setzt man 1 Mol **VIII** nicht mit **IV**, sondern lediglich mit 2 Mol $ZnBr_2$ in Xylol (nicht aber in Dimethylformamid) um, so erhält man als Rk.-Prodd. **IX** u. *Diphenylxylylmethan* (**XIII**), wogegen **III** nicht aufgefunden wird. **XIII** ist auch aus Benzhydrylbromid (**XI**) u. Xylol in Ggw. von $ZnBr_2$ zugänglich. **XIII** entsteht dagegen nicht, wenn man **VIII** mit Zn, dem nur geringe Mengen $ZnBr_2$ beigemischt sind, in Xylol umsetzt; als einzige Verbb. werden **III** u. **IX** isoliert. **III** wird als ausschließliches Prod. erhalten, wenn man **XI** oder Benzhydrylchlorid (**XII**) mit **IV** u. Zn reagieren läßt; **V**-Äthylester entsteht dagegen nicht. Bei der Rk. von *4-Methoxybenzylbenzoat* (**X**) mit **IV** u. Zn wird Abspaltung von **IX** beobachtet, der erwartete 3-[4-Methoxyphenyl]-propionsäureäthylester dagegen nicht aufgefunden. Einw. von $ZnBr_2$ u. überschüssigem Zn auf **X** ohne gleichzeitige Anwesenheit von **IV** liefert ebenfalls nur **IX**, auch 1.2-Bis-[4-methoxyphenyl]-äthan wird nicht erhalten. *Dicyclohexylmethylbenzoat* (**XIV**) erfährt bei der Rk. mit **IV** u. Zn, ohne daß Bldg. von 3.3-Dicyclohexylpropionsäureäthylester beobachtet wurde, in geringem Maße Abspaltung von **IX**. Diese Abspaltung von **IX** aus **XIV** findet auch ohne **IV** statt, wenn man **XIV** mit $ZnBr_2$ u. Zn im Überschuß in Xylol umsetzt. Als weiteres Rk.-Prod. wird *Cyclohexylidencyclohexylmethan* isoliert. Rk.-Mechanismen werden diskutiert.

Versuche: *Benzhydrylacetat* (**II**), F. 40—41° (Heptan), durch 16std. Erwärmen von Benzhydrol (**XVI**) mit Acetanhydrid u. Pyridin in Bzl. auf 50° u. Eindampfen; 88% (Ausbeute). — *Benzhydrylbenzoat* (**VIII**), F. 89—90° (Diisopropyläther), durch 16std. Rühren von **XVI**, Benzoylchlorid (**XVII**) u. Pyridin in Bzl. bei Raum-Temp.; 93%. — *4-Methoxybenzylbenzoat* (**X**), F. 36—37° (Diisopropyläther), analog **VIII** aus 4-Methoxybenzylalkohol, **XVII** u. Pyridin in Bzl.; 100%. — *Dicyclohexylmethylbenzoat* (**XIV**), $C_{20}H_{28}O_2$, F. 65,5—66,5° (A.), analog **VIII** aus Dicyclohexylcarbinol, **XVII** u. Pyridin in Bzl. in 48 Std.; 84%. — *Benzoesäure* (**IX**), F. 120—122° (Heptan), a) durch Erhitzen von 1 Mol **X** mit 2 Mol **IV** in Xylol auf 100°, Zugabe von Zn, 16std. Belassen auf 100°, Hydrolyse mit W., Dioxan u. H_2SO_4, Extraktion der organ. Phase mit 0,25n KOH, Ansäuern der alkal. Lsg. mit 1n Oxalsäure u. Ae.-Extraktion; 91%; b) durch 16std. Erhitzen von **X** mit Zn u. wenig $ZnBr_2$ u. Xylol auf 110° u. Isolierung analog a); 100%; c) durch 16std. Erhitzen von 1 Mol **XIV** u. 2 Mol $ZnBr_2$ in Xylol auf 125° u. Isolierung analog a); 28%; d) durch 40std. Erhitzen von 1 Mol **XIV**, 0,3 Mol **IV** u. Zn in Xylol auf 125° u. Isolierung analog a); 15,5%; daneben nicht umgesetztes **XIV**; 74%. — *Tetraphenyläthan* (**III**), $C_{26}H_{22}$, F. 213—214° (Bzl.), a) durch Rk. von **VI** u. Bzl. mit $AlCl_3$ nach Friedel-Crafts; b) durch Zugabe von Zn zu 1 Mol **XI** u. 2 Mol **IV** in Xylol bei Raum-Temp., 16std. Erhitzen auf 110°, Hydrolyse mit W., Dioxan u. H_2SO_4, Aufnehmen der mit 0,25n KOH gewaschenen organ. Phase in Ae., 16std. Erwärmen des Ae.-Rückstands mit äthanol. NaOH auf 75°, Ansäuern mit HCl, Ae.-Extraktion, Schütteln mit 0,25n KOH u. Aufarbeitung der Ae.-Lsg.; 57%; c) analog b) aus **XII**, **IV** u. Zn; 62%; d) analog a) aus 1 Mol **VIII**, 0,2 Mol **IV** u. Zn in Xylol; 54% (daneben durch Aufarbeitung der KOH-Lsg. **IX**; 97%); e) analog b) aus **VIII** u. mit wenig $ZnBr_2$ versetztem Zn in Xylol; 42% (daneben durch Aufarbeitung der KOH-Lsg. **IX**; 97%); f) analog e) aus **VIII**, Zn u. $ZnBr_2$ in katalyt. Mengen; 60%; daneben **IX**; 97%. — *Diphenylxylylmethan* (**XIII**), $C_{21}H_{20}$, a) durch 16std. Erhitzen von 1 Mol **XI** mit 2 Mol $ZnBr_2$ in Xylol auf 110°; b) durch 16std. Erhitzen von 1 Mol **VIII** mit 2 Mol $ZnBr_2$ in Xylol auf 110° u. Aufarbeitung analog **III** nach b) aus der organ. Phase; 42%; daneben durch Aufarbeitung der KOH-Lsg. **IX**; 91,5%. — *Cyclohexylidencyclohexylmethan*, $C_{13}H_{22}$, $Kp._{12}$ 124—125°, durch 16std. Erhitzen von 1 Mol **XIV**, 1 Mol $ZnBr_2$ u. Zn im Überschuß in Xylol auf 125° u. Aufarbeitung analog **III** nach b) aus der organ. Phase; n_D^{18} 1,4950; 91%; daneben durch Aufarbeitung der KOH-Lsg.; **IX**; 100%. — *3-Methoxycarbonyl-4.4-diphenylbuttersäuremethylester*, $C_{19}H_{20}O_4$, F. 109,5—110,5° (Diisopropyläther), durch Erwärmen von 1 Mol **II** mit 2,5 Mol **I** in Xylol auf 100°, 16std. Erhitzen auf 110° nach Zugabe von Zn, Hydrolyse mit W., Dioxan u. H_2SO_4, Ae.-Extraktion, Eindampfen der mit 0,25n KOH gewaschenen Ae.-Lsg., 16std., Erhitzen des Ae.-Rückstands mit äthanol. NaOH auf 75°. Ae.-Extraktion der mit HCl angesäuerten Lsg., Schütteln der Ae.-Lsg. mit 0,25n KOH, Abtrennen der Ae.-Phase (**A**), Ansäuern u. Veresterung der Rk.-Prod. (F. 160—170°) mit CH_2N_2 in Ae.; 19%; daneben durch Eindampfen von **A** u. Kristallisation des Rückstands aus A. **III**; 16%; daneben *Diphenylmethan* (**XV**), $C_{13}H_{12}$, F. 25° (A.), durch Eindampfen des **III**-Filtrats, Chromatographie des Rückstands an Al_2O_3, Elution mit Ae. u. Wasserdampf-Dest.; 3%. — *3.3-Diphenylpropionsäure* (**V**), $C_{15}H_{14}O_2$, F. 156,5—157,5° (wss. A.), a) durch Lösen von 6,7 g **VII** in Bzl., Zugabe von 10 g $AlCl_3$, 5std. Aufbewahren bei 0° u. Aufarbeitung in der üblichen Weise; 8,41 g; b) analog a) aus 1 Mol **II** u. 2,5 Mol **IV** u. Zn in Xylol u. Isolierung aus der alkal. Lsg.; 52% (daneben durch Isoliserung aus der Ae.-Phase **A III**; 22%); c) analog a) aus 1 Mol **VIII** u. 2,5 Mol **IV** u. Zn in Xylol u. Isolierung der alkal. Lsg.; 59%; daneben **IX**; 98% u. aus der Ae.-Phase **A III**; 6%.

H. Gleinig. 470◇

0812 **Synthese von ^{14}C-Paraffinen am Beispiel des $^{14}C_{(1)}$-n-Hexadecans.** H. L. Schmidt und M. Bubner. (Z. Chem. **2**, 20—22, 1962; Rossendorf b. Dresden, Zentralinst. für Kernphysik, Bereich Radiochem.; dt.) — Zur Darst. von ^{14}C-Paraffinen setzt man $^{14}CO_2$ aus $Ba^{14}CO_3$ mit der entsprechenden Grignard-Verb. um, wobei niedrige Rk.-Temp. (—40 bis —20°), kurze Rk.-Zeit (20—60 Min.), geringe Konz. der Grignard-Lsg. (ca. 0,5m), Überschuß der Grignard-Lsg. (bis 100%) u. Luft- u. Feuchtigkeitsausschluß bes. wichtig sind. Die *$^{14}C_{(5)}$-Palmitinsäure* (**I**) wird mit $LiAlH_4$ stufenweise red., wobei *$^{14}C_{(1)}$-n-Hexadecanol-(1)* (**II**) als Zwischenprod. isoliert werden kann, dessen Überführung in $^{14}C_{(1)}$-Hexadecylbromid mit PBr_3 u. Red. mit $LiAlH_4$ $^{14}C_{(1)}$-Hexadecan liefert. Radiochem. u. chem. Ausbeute sind identisch. App. s. Original.

Versuche: *$^{14}C_{(1)}$-Palmitinsäure* (**I**), aus Pentadecyl-MgBr u. $^{14}CO_2$ in ½std. Rk. bei —20° im Vakuum bzw. unter N_2 u. Zers. mit 6n H_2SO_4. — *$^{14}C_{(1)}$-n-Hexadecanol-(1)* (**II**), F. 49°, aus **I** u. $LiAlH_4$ in Tetrahydrofuran, durch 1std. Kochen unter Rückfluß; 96,7% (Ausbeute). — *$^{14}C_{(1)}$-n-Hexadecylbromid*, F. 15—17°, aus **II** u. PBr_3, in 1std. Rk. bei 100° u. Zers. mit W.; 97%. — *$^{14}C_{(1)}$-n-Hexadecan*, F. 20°, aus vorst. Verb. u. $LiAlH_4$ in Tetrahydrofuran durch 10std. Kochen unter Rückfluß; n_D^{25} 1,4338; 92,8% (86,9% bezogen auf **I**).

Robert Becker. 480△

0813 **Untersuchungen auf dem Gebiet der Sulfoxide und Sulfone.** 2. Mitt. **Über die Stereochemie der Anlagerung von Thiolen an die Dreifachbindungen von Diacetylen und 1-Alkylmercaptobuten-(1)-inen-(3) und die Eigenschaften isomerer 1.4-Bisalkylsulfonylbutadiene-(1.3).** Je. N. Prileshajewa, L. W. Zymbal und M. F. Schosstakowski. (J. allg. Chem. [UdSSR] **31** (**93**), 2487—96, 1961; Akad. der Wiss. der UdSSR, Zelinsky-Inst. für organ. Chem.; russ.) — 1. vgl. C. **1963**, 2039. — Durch Anlagerung von n-Butylmercaptan (**I**) an Diacetylen (**II**) in Methanol wird *cis-1-n-Butylmercaptobuten-(1)-in-(3)* [**III**; $Kp._3$ 72—72,5°; n_D^{20} 1,5260] erhalten. Die Rk. von **III** mit $HgCl_2$ in A. liefert *Bis-[1-n-Butylmercaptobuten-(1)-in-(3)-yl-(4)]-quecksilber* [$C_{16}H_{22}HgS_2$, F. 115,0—115,2° (A.); Blättchen; 93% (Ausbeute)], die Oxydation von **III** mit Peressigsäure [**IV**; 7 g u. 9 g 86%ig. **IV** in 100 ml Ae. 9 Tage stehenlassen] liefert *cis-1-n-Butylsulfonylbuten-(1)-in-(3)* [**V**; $C_8H_{12}O_2S$, $Kp._{0,03}$ 78 bis 79°, $Kp._{0,04}$ 88—91°; $D._4^{20}$ 1,1020; n_D^{20} 1,5022; 40%]. Bei der Anlagerung von **I** an **III** [2 : 1 in Ggw. von Triton B 9 Std. auf 100—120° erhitzen] entsteht *1.4-Bis-n-butylmercaptobutadien-(1.3)* [**VI**; $Kp._2$ 169—171°; 70%] als Gemisch aus 14% *trans.trans-*, 22% *cis.cis-* u. 50% *cis–trans*-Form. Das **VI**-Gemisch wird auch durch Anlagerung von **I** an **II** erhalten. Das Verhältnis der Stereoisomeren hängt von den Rk.-Bedingungen ab: In Ggw. von NaOH entsteht hauptsächlich cis.cis-**VI**, unter radikal. Bedingungen dagegen cis-trans-**VI**. Bei höherer Temp. u. in Ggw. von O_2 tritt in sek. Rk. Isomerisierung ein. Bei der Oxydation des **VI**-Gemisches mit **IV** [6,5 g **VI** mit 13 g 72%ig. **IV** in 50 ml Ae. bei < 5° ½ Std. rühren u. 3 Tage lang bei 20° stehenlassen] entsteht ein Gemisch der isomeren *1.4-Bis-n-butylsulfonylbutadiene-(1.3)* [**VII**; $C_{12}H_{22}O_4S_2$, F. 80—117°; 6,8 g], aus dem durch fraktionierte Fällung mit W. aus Dioxan *trans.trans*-**VII** [F. 147—148° (Dioxan); Nadeln], *cis.cis*-**VII** [F. 104—105° (Dioxan); Fasern] u. *cis–trans*-**VII** [F. 81—82° (Dioxan)] erhalten werden. cis.cis-**VII** u. cis–trans-**VII** werden in Dioxan unter Licht-Einw. in Ggw. von Jod zu trans.trans-**VII** isomerisiert. Bei der Anlagerung von **I** an **V** [3,1 g **V**, 3,3 g **I** u. 4 Tropfen 40%ig. wss. Triton B 12 Std. stehenlassen] entsteht *cis.cis-1-n-Butylmercapto-4-n-butylsulfonylbutadien-(1.3)* [$Kp._{0,025}$ 144—148°; 50%], dessen Oxydation mit **IV** cis.cis-**VII** liefert.

Helmut Schäfer. 600△

0814 **Die Chemie von Fluorkohlenstoffsulfonsäuren.** 1. Mitt. **Darstellung von Anhydriden und Sulfonylhalogeniden.** George Van Dyke Tiers. (J. org. Chemistry **28**, 1244—46, 1963; St. Paul, Minn., Minnesota Mining & Manuf. Co., Central Res. Dep.; engl.) — Während bei Einw. von PCl_5 auf n-Perfluoralkansulfonsäuren Gemische von Sulfonsäureanhydrid u. Sulfonylchlorid entstehen, wird mit Perfluorcycloalkansulfonsäuren prim. ein hochschm. Festprod. gebildet, das in der Hitze in das *Anhydrid* u. *$POCl_3$* zerfällt. Die hochsd. Sulfonsäureanhydride können mit NaF, $ZnCl_2$ oder $AlCl_3$ in *Sulfonylfluoride* bzw. *-chloride* übergeführt werden. Präparativ bedeutungsvoll ist die Darst. von *Fluorkohlenstoffsulfonylchloriden*, die aus dem Metallsalz der Sulfonsäuren u. $PCl_5 \cdot 2\,ZnCl_2$ in Ggw. eines Lsgm. sowie ohne Lsgm. in hoher Ausbeute ohne Bldg. des entsprechenden Sulfonsäureanhydrids erhalten wurden. Die zur Synth. der Chloride geeigneten Zn-Salze der Sulfonsäuren wurden aus deren Anhydriden durch Hydrolyse mit $Ca(OH)_2$ u. nachfolgende Einw. von $ZnSO_4$ auf die leicht lösl. *Ca-Salze* dargestellt.

Versuche: *Additions-Verb.* $PCl_5 \cdot 2\,ZnCl_2$, F. 190°, durch Eintragen von PCl_5 in geschmolzenes $ZnCl_2$. — *Perfluor-4-äthylcyclohexansulfonsäure, Anhydrid* (**I**), $C_{16}F_{30}O_5S_2$, Kp.$_{60}$ 207°, aus 200 g Perfluor-4-äthylcyclohexansulfonsäure u. PCl_5 unter Erwärmen, nach Beendigung der HCl-Entw. 3std. Erhitzen auf 225°, Auswaschen des Rückstandes mit W. u. Vakuum-Dest.; n_D^{25} 1,3489; 95% (Ausbeute). *Piperidid*, $C_{13}H_{10}F_{15}NO_2S$, F. 100—104° (A.), aus 2,0 g **I** u. Piperidin bei Raum-Temp.; 95%. *Anilid*, $C_{14}H_6F_{15}NO_2S$, F. 120—121° (wss. Essigsäure), aus **I** u. Anilin bei 180°. *4-Carboxyanilid*, $C_{15}H_6F_{15}NO_4S$, F. 234—235°, wie vorst. mit p-Aminobenzoesäure. *Chlorid* (**III**), $C_8ClF_{15}O_2S$, Kp.$_{100}$ 118°, Kp.$_{60}$ 105°. a) aus 40 g **I** u. 10 g $AlCl_3$ durch starkes Erhitzen; 60%; b) analog a) mit $ZnCl_2$; 75%; c) aus K-Perfluor-4-äthylcyclohexansulfonat u. $PCl_5 \cdot 2\,ZnCl_2$ durch Erhitzen bei 100 mm unter Dest.; n_D^{25} 1,3518, D_4^{25} 1,914; 53%. — *Perfluor-4-methylcyclohexansulfonsäure, Anhydrid* (**II**), $C_{14}F_{26}O_5S_2$, Kp. 267 bis 269°, analog **I**; n_D^{25} 1,3443; 63%. *Piperidid*, $C_{12}H_{10}F_{13}\cdot NO_2S$, F. 89—99°. *Fluorid*, $C_7F_{14}O_2S$, Kp. 131—132°, aus **II** u. NaF durch langsames Erhitzen auf 220° während 10 Std.; n_D^{25} 1,3172; 80%. — *Perfluor-n-octansulfonylchlorid*, $C_8ClF_{17}\cdot O_2S$, F. 36,5—37,5°, Kp.$_{100}$ 121°, Kp.$_{60}$ 108°, aus K-Perfluoroctansulfonat, $PCl_5 \cdot 2\,ZnCl_2$ u. 156 g $ZnCl_2$ analog **III** nach c); n_D^{25} 1,3278, D_4^{25} 1,861; 83—87%. *Piperidid*, F. 77,5—78,5°, aus dem Anhydrid u. Piperidin. — *Trifluormethansulfonylchlorid*, $CClF_3O_2S$, Kp. 32°, a) aus Zn-Trifluormethansulfonat (Zn-**IV**) u. $PCl_5 \cdot 2\,ZnCl_2$ durch 8std. Erhitzen auf 260°, n_D^{25} 1,3315; 94%; b) analog a) aus K-**IV**; 80—85%.

Rudolf Albrecht. 600◇

0815 **Synthese von asymmetrischen Dialkylketonen.** Fikret Baykut und Süheylâ Özeriş. (Istanbul Üniv. Fen Fak. Mecmuasi [Rev. Fac. Sci. Univ. Istanbul], Ser. C **21**, 102—09, 1956; Istanbul, Univ., II. Chem. Inst.; dt.) — Zur Unters. der physikal. Eigg. isomer-homologer Felder wurden *asymmetr. Dialkylketone* mit 23—25 u. weniger als 15 C-Atomen entweder nach Krafft durch Vakuum-Dest. fettsaurer Ba-Salze oder nach Blaise durch Kondens. von Zn-Alkyl-Verbb. mit Fettsäurechloriden dargestellt. Diagramme der FF. u. Brechungsindices bei 70° sind angegeben.

Versuche (FF. korr.): Ketone, a) durch Zugabe von Zn–Cu-Leg. zu Alkyljodid u. abs. Äthylacetat in abs. Toluol unter Rühren, Zugabe des Fettsäurechlorids u. 2std. Erhitzen auf 50°; 50—60% (Ausbeute) (Meth. **A**); b) durch 1—1½ std. Erhitzen 2 verschiedener fettsaurer Ba-Salze als bei 105° getrocknetes Gemisch im Verbrennungsofen unter Vakuum u. Dest.; 50% (Meth. **B**): *Diheneikosyl-*, $C_{43}H_{86}O$, F. 96—96,9°, nach **B**. — *Tridecylundecyl-*, $C_{25}H_{50}O$, F. 65—65,9°, nach **A**; n_D^{70} 1,4305. — *Dodecylundecyl-*, $C_{24}H_{48}O$, F. 64,2—65°, nach **A**; n_D^{70} 1,4291. — *Tridecyldecyl-*, $C_{24}H_{48}O$, F. 63—64,4°, nach **A**; n_D^{70} 1,4293. — *Heneikosylmethyl-*, $C_{23}H_{46}O$, F. 65,9 bis 67,2°, nach **B**; n_D^{70} 1,4298. — *Eikosyläthyl-*, $C_{23}H_{46}O$, F. 66—67,5°, nach **B**; n_D^{70} 1,4290. — *Hexadecylhexyl-*, $C_{23}\cdot H_{46}O$, F. 60,6—61,4°, nach **A**; n_D^{70} 1,4281. — *Pentadecylheptyl-*, $C_{23}H_{46}O$, F. 60,8—61,6°, nach **A**; n_D^{70} 1,4281. — *Tetradecyloctyl-*, $C_{23}H_{46}O$, F. 60—61,3°, nach **A**; n_D^{70} 1,4280. — *Tridecylnonyl-*, $C_{23}H_{46}O$, F. 60,6—61,6°, nach **A**; n_D^{70} 1,4281. — *Dodecyldecyl-*, $C_{23}H_{46}O$, F. 61,6—62,8°, nach **A**; n_D^{70} 1,4280. — *Eikosylmethyl-*, F. 64,2—65,7°, nach **B**; n_D^{70} 1,4285. — *Nonadecyläthyl-*, $C_{22}H_{44}O$, F. 64,5—65,4°, nach **B**; n_D^{70} 1,4281. — *Octadecylpropyl-*, $C_{22}H_{44}O$, F. 59—60°, nach **B**; n_D^{70} 1,4278. — *Heptadecylbutyl-*, $C_{22}H_{44}O$, F. 59,3—60,1°, nach **B**; n_D^{70} 1,4277. — *Hexadecylpentyl-*, $C_{22}H_{44}O$, F. 59,3—60°, nach **A**; n_D^{70} 1,4274. — *Nonadecylmethyl-*, F. 61,1—62,3°, nach **D**; n_D^{70} 1,4275. — *Octadecyläthyl-*, $C_{21}H_{42}O$, F. 61,4 bis 62,4°, nach **B**; n_D^{70} 1,4271. — *Heptadecylpropyl-*, F. 56,2 bis 56,8°, nach **B**; n_D^{70} 1,4264. — *Hexadecylbutyl-*, $C_{21}H_{42}O$, F. 56—56,2°, nach **A**; n_D^{70} 1,4262. — *Pentadecylpentyl-*, $C_{21}H_{42}O$, F. 55,7—56,5°, nach **A**; n_D^{70} 1,4260. — *Decylpentyl-*, $C_{16}H_{32}O$, F. 36,5—37,3°, nach **A**; n_D^{70} 1,4179. — *Nonylhexyl-*, $C_{16}H_{32}O$, F. 36—36,7°, nach **A**; n_D^{70} 1,4177. — *Octylheptyl-*, $C_{16}H_{32}O$, F. 37—37,4°, nach **A**; n_D^{70} 1,4178. — *Nonylpentyl-*, $C_{15}H_{30}O$, F. 30,7—31,4°, nach **A**; n_D^{70} 1,4155. — *Octylhexyl-*, $C_{15}H_{30}O$, F. 31,7—32,2°, nach **A**; n_D^{70} 1,4153. — *Decylpropyl-*, $C_{14}H_{28}O$, F. 24,5—25,7°, nach **A**; n_D^{70} 1,4131. — *Nonylbutyl-*, $C_{14}H_{28}O$, F. 24,5—25,4°, nach **A**; n_D^{70} 1,4131. — *Octylpentyl-*, $C_{14}H_{28}O$, F. 25—25,9°, nach **A**; n_D^{70} 1,4130. — *Heptylhexyl-*, $C_{14}H_{28}O$, F. 26,1—27,3°, nach **A**; n_D^{70} 1,4129. — *Decyläthyl-*, F. 26,6—27,9°, nach **A**; n_D^{70} 1,4112. — *Nonylpropyl-*, $C_{13}H_{26}O$, F. 18,6—19,5°, nach **A**; n_D^{70} 1,4105. — *Octylbutyl-*, $C_{13}H_{26}O$, F. 18,5—19,4°, nach **A**; n_D^{70} 1,4102. — *Heptylpentyl-*, $C_{13}H_{26}O$, F. 19—19,9°, nach **A**; n_D^{20} 1,4101. — *Nonyläthyl-*, F. 19,3—21,4°, nach **A**; n_D^{70} 1,4080. — *Octylpropyl-*, $C_{12}H_{24}O$, F. 11—12°, Kp.$_9$ 118°, nach **A**; n_D^{70} 1,4071. — *Heptylbutyl-*, $C_{12}H_{24}O$, F. 9—10,4° (Aceton), Kp.$_9$ 116°, nach **A**; n_D^{70} 1,4071. — *Hexylpentyl-*, F. 10—11° (aus Aceton bei —25°), Kp.$_9$ 118°, nach **A**; n_D^{70} 1,4070. — *Heptyläthyl-*, $C_{10}H_{20}O$, F. 1—3,8°, Kp. 204—205°, nach **A**; n_D^{70} 1,4004. — *Pentylbutyl-*, $C_{10}H_{20}O$, F. —10 bis —8,5°, Kp. 203—204°, nach **A**; n_D^{70} 1,3998.

D. Freytag. 710△

0816 **Über die Reaktion von Nitrilen mit tertiären Alkoholen und Chlorwasserstoff.** Je. N. Silberman und A. M. Sladkow. (J. allg. Chem. [UdSSR] **31 (93)**, 245—49, Jan. 1961; russ.) — Die Rk. von Nitrilen mit HCl u. tert. Alkoholen liefert in Abhängigkeit von den Rk.-Bedingungen u. dem Komponentenverhältnis *tert. Alkylchloride* u. *Immoniumchloride* (*Amidhydrochloride*; $[RC(:NH_2)OH]^+Cl^-$) oder *Iminoätherhydrochloride*. Der Rk.-Mechanismus wird diskutiert.

Versuche: Rk. von Acetonitril (**I**) mit HCl u. Dimethylisobutylcarbinol (**II**): Man sättigt 6,15 g **I** u. 17,4 g **II** bei 0° mit gasförmigem HCl u. läßt über Nacht stehen: *Acetimmoniumchlorid* (**III**; *Acetamidhydrochlorid*), F. 142° (Zers.), 13,2 g (Ausbeute) (Hydrolyse gibt *Acetamid*). *2-Chlor-2.4-dimethylpentan*, $C_7H_{15}Cl$, Kp.$_{750}$ 128°; D_4^{20} 0,8600, n_D^{20} 1,4190; 13,0 g. Analog verläuft die Rk. in abs. Äther. — Rk. von **I** mit HCl u. Dimethylpropylcarbinol (**IV**): Man sättigt 2,15 g **I** u. 5,1 g **IV** in 15 ml Ae. mit HCl u. läßt 1 Tag lang bei 5° stehen: 4,4 g **III** u. 2,5 g *2-Chlor-2-methylpentan*, Kp.$_{150}$ 62°; D_4^{20} 0,8621; n_D^{20} 1,4132. — *Adipinsäure, Bis-*[*cyclohexyliminoätherhydrochlorid*], $C_{18}H_{34}Cl_2N_2O_2$, F. 138—140° (Zers.; Essigsäure–Ae.), man leitet in 5,4 g Adiponitril u. 10,0 g Cyclohexanol (**V**) in 30 ml Ae. bei 0° 27 g HCl ein u. läßt 3 Tage lang stehen; 19 g. *Dicyclohexylester*, F. 37°, durch Neutralisieren vorst. Salzes in W. mit K_2CO_3 in der Kälte; 91%. — Rk. von Chloracetonitril (**VI**) mit HCl u. **V**: a) Man läßt 11,4 g **VI**, 15,1 g **V** u. 14 g HCl in 40 ml abs. Ae. 6 Tage lang bei 12° stehen: *Chloracetamid*, F. 120° (W.) u. *Cyclohexylchlorid*, Kp. 142°; n_D^{20} 1,4611; b) man sättigt je 1 Mol **V** u. **VI** mit HCl u. läßt 1 Std. lang stehen: *Chloressigsäurecyclohexyliminoätherhydrochlorid* ($C_{18}H_{15}Cl_2NO$), dessen Hydrolyse *Chloressigsäurecyclohexylester* (Kp.$_{20}$ 119°; D_4^{20} 1,1379; n_D^{20} 1,4680) liefert.

Helmut Schäfer. 800

0817 **Synthese von Sorbinsäure, einem neuen Antisepticum, durch Keten.** Kaname Hamamoto, Toshizo Isoshima und Mitsuru Yoshioka. (J. pharmac. Soc. Japan [Yakugakuzasshi] **76**, 956—58, 1956; Amagasaki, Shionogi & Co., Ltd., Res. Labor.; jap., Auszug: engl.) — Die Darst. von *Sorbinsäure* (**I**) durch Rk. von Crotonaldehyd mit Keten in Ggw. von BF_3-Ätherat u. Behandeln des Prod. mit 35%ig. H_2SO_4 nach Boese (A. P. 2 484 067 [1949]) wird untersucht. Optimale Ausbeuten (55%) werden bei —60 bis —45° erhalten. Das hauptsächlich aus *3-Hydroxyhexen-(4)-säurelacton* bestehende Zwischenprod. geht mit 30%ig. KOH ebenfalls in **I** über, **I** reagiert jedoch im alkal. Medium zu einer unbekannten Verb., die als Ursache für die im alkal. Gebiet auftretende Verringerung der Ausbeute an **I** angesehen wird. Als minimale Verdünnung von **I** für die Wachstumsinhibierung von *Trichophyton interdigitale* wurde 1:1280 gefunden.

H.-J. Weigmann. 810△

0818 **Toxische Fluorverbindungen.** 18. Mitt. **Die Synthese des toxischen Prinzips von Dichapetalum toxicarium (cis-18-Fluoroctadecen-(9)-säure) und verwandten ungesättigten ω-Fluorsäuren.** R. E. A. Dear und F. L. M. Pattison. (J. Amer. chem. Soc. **85**, 622—26, 1963; London, Ontario, Univ. of Western Ontario, Dep. of Chem.; engl.) — 17. vgl. C. **1957**, 12135. — *cis-18-Fluoroctadecen-(9)-säure* (*ω-Fluorölsäure*, **I**) u. *cis-16-Fluorhexadecen-(9)-säure* (*ω-Fluorpalmitooleinsäure*) wurden über mehrere Stufen aus 8-Fluoroctyl- (**III**) bzw. 6-Fluorhexylbromid dargestellt. *trans-18-Fluoroctadecen-(9)-säure* (*ω-Fluorelaidinsäure*) (**II**) konnte durch Isomerisierung der cis-Form über Se erhalten werden. **I** wurde in 36,5%ig. Gesamtausbeute erhalten u. durch IR- u. Protonenresonanzspektren sowie durch ihre Hydrierbarkeit zu *18-Fluoroctadecansäure* (*ω-Fluorstearinsäure*) als tox. Bestandteil von *Dichapetalum toxicarium* bestätigt. Die dargestellten Verbb. wurden auf ihre Toxizität (DL_{50} s. Original) untersucht. 10-Fluordecin-(1) (**IV**) enthält eine gerade Anzahl C-Atome u. ist wie erwartet toxisch. Der Einfl. der Acetylen-

u. Äthylenbindung auf den metabol. Abbau ist nicht oder nur gering vorhanden. *1-Fluor-15-chlorpentadecin-(7)* u. 1-Chlor-17-fluorheptadecin-(8) (**VI**) enthalten eine ungerade Anzahl C-Atome u. sind nicht tox., da sich durch hydrolyt. Spaltung u. β-Oxydation entsprechend den gesätt. Analogen nicht die tox. Fluoressigsäure bilden kann. **II** ist ungefähr zweimal so tox. wie **I**, das deutet auf eine Bevorzugung der β-Oxydation bei der trans-Form hin. Die hohe Toxizität von *9(10)-Chlor-10-fluorhexadecen-(9)-säure* zeigt, daß Cl-Atome den β-Oxydationsprozeß nicht blockieren.

Versuche: *8-Fluoroctylbromid* (**III**), $Kp._{11}$ 98—101°, durch 35 Min. lange Zugabe von 0,32 Mol 8-Fluoroctanol zu 0,165 Mol PBr_3 bei —5°, 3std. Rühren bei Raum-Temp., 1std. Erhitzen auf 120°, Gießen in W. u. Ausäthern; 89% (Ausbeute). — *6-Fluorhexylbromid* (**V**), aus 6-Fluorhexanol; 86%. — *10-Fluordecin-(1)* (**IV**), $C_{10}H_{17}F$, $Kp._{10}$ 81—82°, durch 2½ std. Einleiten von reinem C_2H_2 bei 105° zu einer Na-Dispersion (Teilchengröße: 8 μ) in Xylol unter N_2, Zugabe von DMF u. **III** während 35 Min. bei Raum-Temp., mehrstd. Rühren u. Zers. mit W.; n_D^{25} 1,4250; $D._4^{20}$ 0,877; 60,1%. — *8-Fluoroctin-(1)*, $Kp._{15}$ 52—53°, Kp.154,5—155°, a) aus **V**; n_D^{25} 1,4178, b) durch rasche Zugabe von 0,2 Mol Li_2C_2-Äthylendiamin-Komplex zu Dimethylsulfoxid (DMS) unter N_2, Zutropfen von 0,2 Mol 6-Fluorhexylchlorid bei 25°, 3std. Rühren bei Raum-Temp., Zers. mit HCl, Gießen in W. u. Ausäthern; n_D^{25} 1,4166; 71,2%. *1-Chlor-17-fluorheptadecin-(8)* (**VI**), $C_{17}H_{30}ClF$, $Kp._{0,25}$ 137°, durch Zugabe von 0,14 g-Atom Li zu fl. NH_3 u. $Fe(NO_3)_3$, ½ std. Rühren, Zutropfen von 0,058 Mol **IV** während 40 Min., 3std. Rühren, 1std. Zugabe von 0,058 Mol 1-Chlor-7-jodheptan, 4std. Rühren, Neutralisieren mit NH_4Cl, Verdampfen des NH_3, Zugabe von W. u. Ausäthern; n_D^{25} 1,4610; $D._4^{20}$ 0,969; 89,4%. — *1-Fluor-15-chlorpentadecin-(7)*, $C_{15}H_{26}ClF$, $Kp._{0,15}$ 113°; n_D^{25} 1,4598; $D._4^{20}$ 0,956; 70,5%. — *1-Cyan-17-fluorheptadecin-(8)* (*ω-Fluorestearolsäurenitril*, **XI**), $C_{18}H_{30}FN$, $Kp._{0,25}$ 166—168°, durch Rühren einer Suspension von 0,073 Mol NaCN in abs. DMS bei 90°, Zugabe von 0,059 Mol **VI** in DMS während 20 Min., ½ std. Rühren bei 135—140°, Gießen in W. u. Ausäthern; n_D^{25} 1,4578; 93,5%. — *1-Fluor-15-cyanpentadecin-(7)* (**VII**), $C_{16}H_{26}FN$, $Kp._{0,15}$ 134—136°; n_D^{25} 1,4551; $D._4^{20}$ 0,917; 87,7%. — *9(10)-Chlor-16-fluorhexadecen-(9)-säure*, $C_{16}H_{28}ClFO_2$, $Kp._{0,075}$ 165°, durch 2std. Einleiten von HCl in 0,0125 Mol **VII** in sd. methanol. 2std. Kochen, Gießen in W., Ausäthern, Hydrolysieren des erhaltenen *Esters* mit wss. NaOH, Ansäuern u. Extrahieren; n_D^{25} 1,4657; 79,5%. — *9-Oxo-/10-Oxo-16-fluorhexadecansäure-1:1-Gemisch*, $C_{16}H_{29}FO_3$, F. 60,5—61°, durch Einw. von H_2SO_4/CH_3OH (1 : 1) auf **VII** u. Alkalihydrolyse. — *16-Fluorhexadecin-(9)-säure* (**VIII**), $C_{16}H_{27}FO_2$, F. 43—43,5° (wss. Methanol), durch 24std. Kochen von 0,0062 Mol **VII**, 0,0062 Mol p-Toluolsulfonsäure u. 0,078 Mol Methanol in Bzl., Gießen in W., Ausäthern, Eindampfen, 14std. Kochen des gelben Rückstandes mit 10%ig. NaOH, Ansäuern u. Ausäthern 75,6%. — *18-Fluoroctadecin-(9)-säureamid* (*ω-Fluorstearolsäureamid*, **X**), $C_{18}H_{32}FNO$, F. 85—86° (Methanol), durch 24std. Rühren von 0,0072 Mol **XI** in Aceton mit 0,01 Mol 40%ig. KOH u. 4%ig. H_2O_2 bei 50°, Gießen in W., Neutralisieren mit verd. HCl u. Extrahieren mit Chlf.; 77,4%. — *16-Fluorhexadecin-(9)-säureamid*, $C_{16}H_{28}FNO$, F. 88,5—89° (Methanol), analog aus **VII**; 60,5%. — *18-Fluoroctadecin-(9)-säure* (*ω-Fluorstearolsäure*, **IX**), $C_{18}H_{31}FO_2$, F. 52—53°, durch 1½ std. Kochen von 0,0019 Mol **X** mit 40%ig. KOH in A., Gießen in W., Extrahieren von nichtumgesetztem **X** mit PAe., Ansäuern der wss. Phase u. Extrahieren mit Chlf.; aus wss. Methanol Nadeln; 94,5%. — *16-Fluorhexadecin-(9)-säure* (**VIII**), F. 40—41° (wss. Methanol), analog; 96%. — *18-Fluoroctadecin-(9)-säure* (*ω-Fluorstearolsäure*, **IX**), F. 52—53° (wss. Methanol), analog aus 0,00081 Mol **XI**; 66%. — *cis-18-Fluoroctadecen-(9)-säure* (*ω-Fluorölsäure*, **I**), $C_{18}H_{33}FO_2$, F. 15,8 bis 16,8° (PAe.), durch ca. ¼ std. Hydrierung von 661 mg (0,0022 Mol) **IX** in Essigester in Ggw. von Lindlar-Katalysator bei Normaldruck u. Raum-Temp.; n_D^{25} 1,4598; 660 mg. — *cis-16-Fluorhexadecen-(9)-säure* (*ω-Fluorpalmitoleinsäure*), $C_{16}H_{29}FO_2$, F. 1—2,5°, analog; n_D^{25} 1,4572; 89%. — *18-Fluoroctadecansäure* (*ω-Fluorstearinsäure*), $C_{18}H_{35}FO_2$, F. 77 bis 78° (wss. Methanol), durch Hydrierung von 189,2 mg (0,00063 Mol) **I** in Essigester in Ggw. von PtO_2 während 5 Min.; 190 mg. — *16-Fluorhexadecansäure* (*ω-Fluorpalmitinsäure*), $C_{16}H_{31}FO_2$, F. 71—72°, analog aus 0,0033 Mol **VIII**; 76,7%. — *Elaidinsäure*, F. 44—44,5°, durch Lösen von 0,14 g-Atom Li in fl. NH_3 bei —40°, Mischen mit 0,036 Mol. Stearolsäure in THF bei —40°, mehrstd. Rühren im Autoklaven, Lösen in W., Ansäuern mit 6n H_2SO_4 u. Extrahieren mit Chlf.; aus PAe. Platten; 97,5%. — *trans-18-Fluoroctadecen-(9)-säure* (*ω-Fluorelaidinsäure*, **II**), $C_{18}H_{33}FO_2$, F. 53 bis 54°, durch 1std. Rühren von 0,0017 Mol **I** mit Se unter N_2 bei 220—225° u. Kristallisieren aus Aceton bei 0°; 74,6%.
W. Kuhn. 810△

0819 **Synthese einiger quaternärer Ammoniumsalze von Dihydromuconsäureestern.** D. Fleš und A. Markovac-Prpić. (Croat. chem. Acta **28**, 299—301, 1956; Zagreb, „Pliva" Pharmac. and Chem. Works, Res. Dep.; engl.) — Die Darst. von *quatern. Ammoniumsalzen* von *Dihydromuconsäure-bis-[β-dimethylaminoäthylester]* (**I**) u. *-bis-[1-dimethylaminopropyl-(2)-ester]* wird beschrieben.

Versuche: *Dihydromuconsäure-bis-[β-dimethylaminoäthylester]* (**I**), $C_{14}H_{26}N_2O_4$, $Kp._{0,06}$ 175—185°, durch ½ std. Zugabe von abs. äther. Dihydromuconyldichlorid zur Lsg. von Dimethylaminoäthanol in abs. Ae. unter Eiskühlung, 2std. Kochen, mehrstd. Stehen bei Raum-Temp., Eindampfen im Vakuum u. Zugabe von wss. K_2CO_3-Lsg.; 24,5% (Ausbeute). *Dipikrat*, $C_{26}H_{32}N_8O_{18}$, F. 150—152° (A.). *Dimethojodid*, $C_{16}H_{32}J_2N_2O_4$, F. 194—195°, durch mehrstd. Rk. von **I** in Aceton mit Methyljodid; aus abs. Isopropanol Nadeln; 59%. *Diäthojodid*, $C_{18}H_{36}J_2N_2O_4$, F. 129—132° (abs. A.), durch 3tägige Rk. in Aceton; 80%. — *Dihydromuconsäure-bis-[1-dimethylaminopropyl-(2)-ester]*, $C_{16}H_{30}N_2O_4$, $Kp._{0,07}$ 140 bis 145°, analog **I**; 20%. *Dipikrat*, $C_{28}H_{36}N_8O_{18}$, F. 188—189° (Zers.). *Dimethojodid*, $C_{18}H_{36}J_2N_2O_4$, F. 208—209° (Zers.), durch 2tägige Rk. in Aceton bei Raum-Temp.; aus A. Nadeln; 66%.
H.-J. Weigmann. 820△

0820 **Über Reaktionen der Terebinsäure.** Franz Dallacker, Horst Pauling und Maria Lipp. (Liebigs Ann. Chem. **663**, 58—66, 1963; Aachen, TH, Inst. für Organ. Chem.; dt.) — Durch Hydrierung von Terebinsäurechlorid (**I**) an $Pd/BaSO_4$ in sd. Bzl. wird *Terebinaldehyd* (**II**) dargestellt, der mit einer Reihe von Reagentien umgesetzt wird. Terebinsäure (**III**) setzt sich in Tetrahydrofuran (THF) mit N.N'-Carbonyldiimidazol (**IV**) zu *Terebinoylimidazolid* um, das ohne Isolierung mit Isopropanol, Phenol bzw. Anilin zu *Terebinsäureisopropylester*, *-phenylester* bzw. *-anilid* umgesetzt wird. Das als Nebenprod. anfallende *Imidazol* läßt sich durch Auswaschen mit W. leicht abtrennen. Weiterhin werden α-Amino-γ-butyrolacton (**V**), 2-Amino- (**VI**) sowie 2-Amino-4-methylthiazol (**VII**) mit **I** unter Bldg. der entsprechenden *Terebinsäureamide* umgesetzt. Der durch Rk. von **III** mit CH_2N_2 erhaltene *Methylester* (**VIII**) liefert bei der Rk. mit Br_2 in Ggw. von wenig PBr_3 bei 150° *Teraconsäureanhydrid* u. *Terebilensäure*. Die Kondens. von **VIII** mit Piperonal führt zu *α-Piperonyliden-γ.γ-dimethyl-γ-butyrolacton-β-carbonsäure*. Zur Vermeidung der gleichfalls basenkatalysierten Isomerisierung zu Teraconsäuremonomethylester wurde dabei nur ein geringer Überschuß an Na-Methylat verwendet. **I** gibt mit CH_2N_2 in 82%ig. Ausbeute *Terebinoyldiazomethan* (**IX**), das durch Einw. von Eisessig, HCl oder HBr in *β-[Acetoxyacetyl]-* (**X**), *β-[Chloracetyl]-* (**XI**) bzw. *β-[Bromacetyl]-γ.γ-dimethylbutyrolacton* (**XII**) übergeführt wird. Während Verss., **X** alkal. zu verseifen, scheiterten, führt die Einw. von verd. H_2SO_4 auf **IX** zum entsprechenden *Ketol*.

Versuche (FF. korr.): γ.γ-Dimethyl-γ-butyrolactone: *β-Formyl-* (**II**; *Terebinaldehyd*), $C_7H_{10}O_3$, $Kp._{0,01}$ 100 bis 101°, durch Zutropfen von **I** in Bzl. zu $Pd/BaSO_4$ in abs. Bzl. unter H_2, 10std. Kochen, Filtrieren u. Dest.; 93% (Ausbeute). *2.4-Dinitrophenylhydrazon*, $C_{13}H_{14}N_4O_6$, F. 197° (Methanol); gelb; 100%. *Thiosemicarbazon*, $C_8H_{13}N_3O_2S$, F. 118° (A./W.); 90%. — *β-[2.2-Dicyanvinyl]-*, $C_{10}H_{10}N_2O_2$, F. 99°, durch Erwärmen von **II** mit Malodinitril u. Na-Acetat; aus Isopropanol Stäbchen; 77%. — *β-[β-Carboxyvinyl]-*, $C_9H_{12}O_4$, F. 128°, durch ca. 1std. Erhitzen von **II** mit Malonsäure, abs. Pyridin u. Piperidin auf 100°, 10 Min. langes Kochen, Gießen in 6n HCl u. Extraktion mit Essigester (EE); aus Ae. Nadeln; 71%. — *β-[β-Carboxyäthyl]-*, (*Homoterpenylsäure*), $C_9H_{14}O_4$, F. 101° (A.), durch Hydrierung von 3 g vorst. Säure an Pd-Kohle in A.; 2,8 g. — *β-[2-Thiono-4-oxothiazolidyliden-(5)-methyl]-*, (*Terebinalrhodanin*), $C_{10}H_{11}NO_3S_2$, F. 176 bis 177° (Methanol), durch 1std. Kochen von **II**, Rhodanin u. wasserfreiem Na-Acetat in Eisessig (ES), 12std. Stehen bei Raum-Temp. u. Gießen in W.; beigefarben; 62%. — *β-Butadienyl-*, $C_{10}H_{14}O_2$, $Kp._3$ 146°, durch Zutropfen von äther.

Phenyl-Li-Lsg. zur äther. Suspension von Allyltriphenylphosphoniumbromid bei 0°, 1std. Rühren bei Raum-Temp., Zugabe von **II** in Ae./Bzl. (1 : 1), ½std. Kochen, Filtrieren, Extraktion des Rückstandes mit heißem Bzl., Vereinigung der Extrakte mit dem Filtrat u. Dest.; 13%. — *β-[β-Formylvinyl]-*, $Kp._{0,05}$ 147°, durch Zutropfen von äther. Phenyl-Li-Lsg. zur äther. Suspension von Methyltriphenylphosphoniumbromid, ½std. Rühren bei Raum-Temp., Zutropfen zu HCOOH in abs. Ae., Extraktion mit 2n HCl nach ½ Std., Alkalisieren mit NaOH, Extraktion mit Bzl., 24std. Kochen des erhaltenen *Triphenylphosphinformylmethylens* [F. 185° (Zers.; Aceton); 54%] mit **II** in abs. Bzl., Eindampfen im Vakuum u. Extraktion mit Ae.; gelbe Fl., die sich an der Luft schnell verfärbt; 59%. *2.4-Dinitrophenylhydrazon*, $C_{15}H_{16}N_4O_6$, F. 175°; gelb. — *β-[Hydroxymethyl]-*, (*Terebinylalkohol*), $C_7H_{12}O_3$, F. 50,5°, $Kp._{0,1}$ 143—144°, durch 6std. Rühren von **II** mit Al-Amalgam in wss. Ae. bei Raum-Temp., 2std. Kochen, 12std. Stehen bei Raum-Temp., Filtrieren, Auskochen des Rückstandes mit Ae. u. Dest.; 69%. — *β-[Brommethyl]-*, (*Terebinylbromid*), $C_7H_{11}BrO_2$, F. 63° (PAe.), $Kp._{0,05}$ 113°, durch 8std. Kochen von 17,3 mMol vorst. Verb. u. 6,3 mMol PBr_3 in Chlf., 10std. Stehen bei Raum-Temp., Eindampfen, Gießen in Eiswasser u. Extraktion mit Ae.; 70%. — *β-[Phthalimidomethyl]-*, (*N-Terebinylphthalimid*), $C_{15}H_{15}NO_4$, F. 149° (A.), durch 4std. Kochen vorst. Bromids mit K-Phthalimid in Methanol; 93%. — *β-[Isopropoxycarbonyl]-*, (*Terebinsäureisopropylester*), $C_{10}H_{16}O_4$, $Kp._1$ 112°, durch Zugabe von 20 mMol **III** in abs. THF zu 20 mMol **IV**, Zugabe von abs. Isopropanol nach Beendigung der CO_2-Entw., 1std. Kochen, Eindampfen, Lösen in Ae. u. Extraktion von *Imidazol* mit W.; 80%. — *β-[Phenoxycarbonyl]-*, (*Terebinsäurephenylester*), $C_{13}H_{14}O_4$, $Kp._1$ 164°, wie vorst. mit Phenol; 70%. — *β-[Anilinocarbonyl]-*, (*Terebinsäureanilid*), $C_{13}H_{15}NO_3$, F. 177°, wie vorst. mit Anilin jedoch 2std. Rühren bei Raum-Temp.; aus A. Blättchen; 71%. — *α-Piperonyliden-β-carboxy-*, $C_{15}H_{14}O_6$, F. 222°, durch 10 Min. lange Zugabe von 0,12 Mol gepulvertem Na-Methylat zu je 0,1 Mol Piperonal u. **VIII** in abs. Bzl. unter N_2 bei 0—5°, Zugabe von weiterem Bzl. u. 3—4std. Rühren bei 5—10°; aus ES gelbe Stäbchen; 41%. *Anhydrid*, $C_{30}H_{26}O_{11}$, F. 228—229°, durch 8std. Kochen der freien Säure in abs. Bzl. mit $SOCl_2$, erneute Zugabe von $SOCl_2$ u. 8std. Kochen; aus Toluol schmutziggelbe Kristalle; 58%. *Methylester*, $C_{16}H_{16}O_6$, F. 99° (Ae.), aus 2 g Säure mit äther. CH_2N_2; schwachgelb; 1,9 g. — *β-[Acetoxyacetyl]-* (**X**), $C_{10}H_{14}O_5$, F. 73°, durch ½std. Erhitzen von **IX** in ES auf 70—100° u. ¼std. Kochen; aus Cyclohexan Nadeln; 69%. — *β-Glykoloyl-*, $C_8H_{12}O_4$, F. 82° (Isopropanol), durch 1std. Stehen von **IX** in Aceton/verd. H_2SO_4 bei Raum-Temp., 5 Min. langes Kochen, Eindampfen im Vakuum u. Extraktion mit EE; 80%. — *β-[Chloracetyl]-* (**XI**), $C_8H_{11}ClO_3$, F. 83° (verd. A.), durch mehrstd. Rk. von **IX** mit alkohol. HCl; 77%. — *β-[Bromacetyl]-* (**XII**), $C_8H_{11}BrO_3$, F. 78° (Isopropanol), durch Zugabe von 42%ig. HBr zu **IX** in A. u. Eindampfen im Vakuum nach 1 Std.; 76%. — *β-[Thiazolyl-(4)]-*, $C_9H_{11}NO_2S$, F. 84,5° (Cyclohexan), durch ½std. Kochen von **XI** in abs. A. mit Thioformamid in Ae., Eindampfen, Lösen in W., Neutralisieren mit $NaHCO_3$ u. Extraktion mit Ae.; 64%. — *β-[2-Aminothiazolyl-(4)]-*, *Hydrobromid*, $C_9H_{13}BrN_2O_2S$, Zers. bei 213° (A.), durch Zugabe von Thioharnstoff in A. zu **XII** in A., ½std. Kochen u. Eindampfen; 77%. *Freie Base*, $C_9H_{12}N_2O_2S$, F. 176° (verd. A.), durch Behandeln mit 0,4%ig. NH_4OH u. Extraktion mit EE; 83%. — *β-[Imidazolon-(2)-yl-(4)]-*, $C_9H_{12}N_2O_3$, F. 181° (Xylol), durch ½std. Kochen von **XII** mit Harnstoff in A., Eindampfen, Zugabe von 0,4% ig. NH_4OH u. Extraktion mit EE; 18%. — *β-{Imidazo-[2.1:b]-thiazolyl-(6)}-*, *Hydrobromid*, $C_{11}H_{13}BrN_2O_2S$, Zers. bei 248° (A.), durch 4std. Kochen von **XII** u. **VI** in A. u. 12std. Stehen bei Raum-Temp.; 79%. *Freie Base*, $C_{11}H_{12}N_2O_2S$, F. 146°, durch Behandeln mit gesätt. $NaHCO_3$-Lsg.; aus W. Nadeln; 88%. — *Teraconsäureanhydrid*, $C_7H_8O_3$, F. 44° (PAe.), $Kp._2$ 69—72°, durch Zutropfen von Br_2 zu **VIII** u. wenig PBr_3 bei 100—130° u. Dest. nach 4 Std.; 5%. — *Terebilensäure*, $C_7H_8O_4$, F. 114° (Isopropanol), $Kp._2$ 120—122°, neben vorst. Anhydrid; 15%. *Methylester*, $C_8H_{10}O_4$, F. 43—44°, aus 0,5 g Säure u. äther. CH_2N_2; 0,5 g. — *α-Terebinoylamino-γ-butyrolacton*, $C_{11}H_{15}NO_5$, F. 182°, durch Zutropfen von **I** in abs. Dioxan zu **V** u. N-Methylmorpholin in abs. Dioxan unter Kühlung, Eindampfen im Vakuum u. Extraktion mit W.; aus abs. A. Nadeln; 82%. — *2-Terebinoylaminothiazol*, $C_{10}H_{12}N_2O_3S$, F. 199 bis 200° (Dioxan), analog vorst. Verb. mit **VI** unter 2std. Rühren; 83%. — *2-Terebinoylamino-4-methylthiazol*, $C_{11}H_{14}N_2O_3S$, F. 185° (Xylol), analog mit **VII**; 65%.

L. Lamza. 850△

0821 **14-Selenahexadecansäure und 14-Selenapentadecansäure.** Erik Rebane. (Ark. Kemi **20**, 205—08, 1963; engl.) — *14-Selenahexadecansäure* (**I**) wird aus ω-Bromtridecansäureäthylester durch Rk. mit Na_2Se_2 zu *ω.ω'-Diseleno-bis-tridecansäurediäthylester* u. dessen Red. mit Rongalit, Rk. mit Äthylbromid u. Verseifung des Äthylesters von **I** synthetisiert. Auf gleichem Wege wird *14-Selenapentadecansäure* dargestellt.

Versuche: *Korksäurediäthylester*, $Kp._{11-12}$ 144—146°, nach Org. Syntheses, Coll. Vol. **2**, [1946], 264; 91% (Ausbeute). — *Korksäuremonoäthylester*, $Kp._{11-12}$ 184—188°, nach Org. Syntheses, Coll. Vol. **2**, [1946], 276; 67%. — *Dodecan-1.12-dicarbonsäure*, F. 124,5—125,5°, nach Brown u. Walker [1891]; 96%. *Diäthylester*, F. 25—26°, $Kp._{0,2}$ 152—154°, aus vorst. Verb. u. Na in 225 ml abs. Methanol durch Elektrolyse bei 2,5 A u. 35—40°; 65%. *Monoäthylester*, F. 52,5—56°, nach Jones (J. Amer. chem. Soc. **69**, [1947], 2352; 60%. — *ω-Bromtridecansäureäthylester*, $Kp._{0,05}$ 132—137°, nach Hunsdiecker u. Hunsdiecker (Ber. dtsch. chem. Ges. **75**, [1942], 291); 71%. — *ω.ω'-Diseleno-bis-tridecansäure*, $C_{26}H_{50}O_4Se_2$, F. 96—97° (Methanol u. Ligroin), aus dem Ester, 48%ig. HBr u. Propionsäure durch 8std. Kochen; 34%. *Diäthylester*, $C_{30}H_{58}O_4Se_2$, F. 52,5—54°, aus vorst. Verb. in 95%ig. A. u. Na_2Se_2-Lsg. (aus Rongalit C, NaOH, W. u. Se) durch 6std. Schütteln; aus CH_3OH gelbe Blättchen; 85%. — *14-Selenahexadecansäure* (**I**), $C_{15}H_{30}O_2Se$, F. 51—52,5°, aus vorst. Ester in 95%ig. A. u. Rongalit u. NaOH in W. durch Schütteln bis zum Verschwinden der gelben Farbe, 14½std. Schütteln mit C_2H_5Br, Gießen in KOH u. 1¼std. Kochen; aus CH_3OH Blättchen; 75%. — *14-Selenapentadecansäure*, $C_{14}H_{28}O_2Se$, F. 55—56,5° (PAe.), analog vorst. Verb. aus CH_3J; 72%.

Rudolf Albrecht. 850◇

0822 **Chemie des Kohlenstoffdiselenids.** 1. Mitt. **Reaktionen mit primären Aminen.** J. S. Warner. (J. org. Chemistry **28**, 1642—44, 1963; Columbus, Ohio, Battelle Memorial Inst., org. Chem. Div.; engl.) — CSe_2 reagiert mit prim. Aminen über *Diselenocarbaminsäureaminsalze* (**A**) u. *Isoselenocyanate* (**B**) zu *Selenoharnstoffen* (**C**). Mit o-Phenylendiamin (**I**), o-Aminophenol (**II**) oder o-Aminothiophenol (**III**) werden *2-Selenoxobenzimidazolin*, *-oxazolin* bzw. *-thiazolin* erhalten. Die Bldg. polymerer Prodd. wird durch langsame Zugabe der CSe_2-Lsg. zu den Basen vermieden. Der Verlauf der Rk. über **A** u. **B** wird durch die Rk. von Benzylamin (**IV**) u. CSe_2 bei Raum-Temp. zum **IV**-Salz von N-Benzyldiselenocarbaminsäure u. dessen Rk. mit überschüssigem Diäthylamin (**V**) zu *1.1-Diäthyl-3-benzylselenoharnstoff* bewiesen. Bei der Rk. aliphat. Amine ist die Bldg. von **B** der geschwindigkeitsbestimmende Schritt, da selbst bei Raum-Temp. die **A**-Bldg. so schnell verläuft, daß keine Polymeren auftreten, da die Rk. zu **B** unter H_2Se-Abspaltung erst durch längeres Erhitzen erreicht wird u. da die **C** in guter Ausbeute bereits beim Aufhören der H_2Se-Entw. vorliegen. Bei der Rk. aromat. Amine verlaufen die Bldg. der **A** bzw. **B** langsamer bzw. schneller als bei der Rk. aliphat. Amine. Da **A** an der Luft zu Se oxydiert werden, werden die Rkk. unter N_2 durchgeführt. Die **C** sind stabiler, zersetzen sich aber ebenfalls langsam an der Luft oder in Ggw. von O_2.

Versuche: Selenoharnstoffe (**C**): *1.3-Diphenyl-*, $C_{13}H_{12}N_2Se$, F. 190—192° (Zers.; A.), durch Zutropfen von CSe_2 in CCl_4 zu 10 Val Anilin in sd. CCl_4 u. ½std. Kochen unter N_2; 98% (Ausbeute). — Analog: *1.3-Dibenzyl-*, $C_{15}H_{16}N_2Se$, F. 182—183° (A.), aus **IV** in Bzl. in 5 Std.; 93%. — *1.3-Diäthyl-*, $C_5H_{12}N_2Se$, F. 94—95° (Bzl.), aus 20 Val Äthylamin in Bzl. in 21 Std. unter Rückfluß; 73%. — *1.3-Di-n-butyl-*, $C_9H_{20}N_2Se$, F. 73—74,5° (Bzl.), aus n-Butylamin in Bzl. in 21 Std.; 67%. — *1.1-Diäthyl-3-benzyl-*, $C_{12}H_{18}N_2Se$, F. 93—94°, durch Zutropfen von CSe_2 in Bzl. zu 3 Val **IV** in Bzl. bei Raum-Temp. unter N_2, Zugabe von 100 Val **V** in Bzl. u. 16std. Kochen, aus Bzl./Hexan Nadeln; 96%. Analog **C**: *2-Selenoxohexahydropyrimidin*, $C_4H_8N_2Se$, F. 224 bis 226° (Zers.; A.), aus CSe_2 u. 2 Val 1.3-Diaminopropan, in A. in 21 Std.; 66%. — *2-Selenoxoimidazolidin*, $C_3H_6N_2Se$, F. 234—236° (Zers.; A.), aus 2 Val Äthylendiamin in A. in 21 Std.; 79%. — *2-Selenoxobenzimidazolin*, $C_7H_6N_2Se$, F. 234—236° (Zers.; A.), aus 1 Val **I** in CCl_4 in 2 Std.; 85%. — *2-Selenoxobenzoxazolin*, C_7H_5NOSe, F. 201—203° (Zers.;

Bzl.), aus 0,8 Val II in Bzl. in 16 Std.; 78%. — *2-Selenoxobenzothiazolin*, C_7H_5NSSe, F. 173—174° (Bzl.), aus 0,8 Val III in 24 Std. in Bzl.; 62%. Rudolf Albrecht. 880◇

0823 **Thioacetylierung mit Thiobenzoylmercaptoessigsäure.** Frederick Kurzer. (Chem. and Ind. **1961**, 1333—39; London, Univ., Royal Free Hosp., School of Med.; engl.) — Übersicht über die Thioacetylierung von Aminen, Aminosäuren, Aminosäureestern u. -amiden sowie Hydrazinen mit Thiobenzoylmercaptoessigsäure zu Thiobenzoylaminoverbindungen. — 34 Literaturangaben. K. Zieloff. 900△

0824 **Organische Schwefelverbindungen.** 1. Mitt. **Synthese von sek. Mercaptoalkylaminhydrochloriden.** F. I. Carroll, J. D. White und Monroe E. Wall. (J. org. Chemistry **28**, 1236—39, 1963; Durham, N.C., Res. Triangle Inst., Natural Prodd. Labor.; engl.) — *Sek. Mercaptoalkylaminhydrochloride* werden synthetisiert durch Umsetzung von Aldehyden mit Nitroalkanen zum *Nitroalkanol*, dessen Acetylierung u. CH_3COOH-Eliminierung mittels Na_2CO_3 in Bzl. zum *Nitroalken*, Benzylmercaptan (**III**)-Addition zu den entsprechenden *sek. Benzylmercaptonitroalkanen*, $LiAlH_4$-Red. von deren Nitrogruppe u. Abspaltung der Benzylgruppe mit Na in fl. NH_3. *2-Benzylmercapto-1-nitrohexan* u. *3-Benzylmercapto-2-nitroheptan* werden ohne Isolierung des Nitroalkens dargestellt, indem das Acetat direkt mit **III** zum *Benzylmercaptonitroalkan* umgesetzt wird. *2-Benzylmercaptohexylamin* wurde nach der Meth. von Parham u. Ramp (C. **1950/54**, 1586 S) aus Valeraldehyd (**I**), Nitromethan u. **III** in Ggw. von Piperidin mit 44% Ausbeute — jedoch nicht in reiner Form — dargestellt u. war mit dem durch $LiAlH_4$-Red. von 2-Benzylmercapto-1-nitrohexan erhaltenen Prod. identisch. Am geeignetsten zur Darst. von *sek. Benzylmercaptoalkylaminen* erwies sich die $LiAlH_4$-Red. der entsprechenden Nitro-Verbb. u. Zers. der dabei erhaltenen *Al-Komplexe* mit Na-K-Tartrat.

Versuche: Nitroäthylene, aus dem entsprechenden Aldehyd u. Nitroalkan in A. durch Behandeln mit wss. NaOH bei 10°, Ansäuern, Behandeln des rohen *Nitroalkohols* mit Acetylchlorid u. Kochen des rohen *Nitroacetats* in abs. Bzl. mit wasserfreiem Na_2CO_3. *2-n-Propyl-*, $Kp._{0,1-0,15}$ 27 bis 29°; 67,9% (Ausbeute). — *2-n-Butyl-*, $Kp._{0,25-0,3}$ 44—47°; 42,4%. — *2-n-Pentyl-*, $Kp._{0,08}$ 96—99°; 65,3%. — *2-n-Hexyl-*, $Kp._{0,2}$ 73—74°; 49,2%. — *2-n-Heptyl-*, $Kp._{0,2-0,3}$ 91—95°; 60,9%. — *2-[Cyclohexen-(3)-yl]-*, $Kp._{0,1}$ 99—100°; 61,1%. — *1-Methyl-2-n-propyl-*, $Kp._{1,05}$ 42—45°; 55,2%. — *1-Äthyl-2-n-propyl-*, $Kp._{0,7-0,8}$ 61—65°; 38,9%. — *3-Acetoxy-2-nitroheptan* (**II**), $C_9H_{17}NO_4$, $Kp._{0,5}$ 85—90°, aus Nitroäthan, I u. 2 Mol NaOH in wss. A. bei 10° u. Acetylieren des rohen *3-Hydroxy-2-nitroheptans* (82,4%) mit Acetanhydrid in Ggw. von H_2SO_4 bei 60°; n_D^{25} 1,4353; 77%. — *2-Acetoxy-1-nitrohexan*, $Kp._{0,1}$ 84—85°, aus rohem 1-Nitrohexanol-(2) in Chlf. u. Acetylchlorid durch 2std. Stehen bei Raum-Temp. u. 30 Min. langem Kochen; n_D^{25} 1,4385; 74,3%. — *2-Benzylmercapto-1-nitropentan*, $C_{12}H_{17}NO_2S$, $Kp._{0,1}$ 137°, aus 1-Nitrohepten-(1) in Bzl. durch Zutropfen in **III** u. Piperidin in Bzl., mehrstd. Stehen bei Raum-Temp. u. Auswaschen mit verd. HCl; n_D^{25} 1,5404, $D.^{25}$ 1,0964; 80,1%. — *2-Benzylmercapto-1-nitrohexan*, $C_{13}H_{19}NO_2S$, $Kp._{0,15}$ 131 bis 132°, $Kp._{0,1}$ 140°, a) analog vorst. Verb.; n_D^{25} 1,5329; 81,3%; b) aus vorvorst. Verb., **III** u. Na_2CO_3 durch 3std. Kochen in Bzl.; n_D^{25} 1,5335, $D.^{25}$ 1,084; 82,6%. — *2-Benzylmercapto-1-nitroheptan*, $C_{14}H_{21}NO_2S$, $Kp._{0,1}$ 135°, analog vorvorst. Verb.; n_D^{25} 1,5304, $D.^{25}$ 1,0619; 91,9%. — 2-[Benzylmercapto]-äthylamine: *2-n-Propyl-*, $C_{12}H_{19}NS$, $Kp._{0,05}$ 113°, aus 2-Benzylmercapto-1-nitropentan durch $LiAlH_4$-Red. in Ae. unter 1std. Kochen u. Zers. mit 20%ig. wss. Na-K-Tartrat; n_D^{25} 1,5468, $D.^{25}$ 1,0106; 84,6%. — *2-n-Butyl-*, $C_{13}H_{21}NS$, $Kp._{0,1}$ 100°, $Kp._{0,07-0,10}$ 114—116°, a) analog; 78,3%; b) aus **I**, Nitromethan u. **III** in Ggw. von Piperidin in Bzl. durch 20std. Kochen unter Verw. eines Wasserabscheiders u. Red. der rohen *Nitro*-Verb. mit $LiAlH_4$; n_D^{25} 1,5404, $D.^{25}$ 0,9987; 42%. — Analog vorvorst. Verb.: *2-n-Pentyl-*, $C_{14}H_{23}NS$, $Kp._{0,1}$ 132°, n_D^{25} 1,5350, $D.^{25}$ 0,9826; 65%. — *2-n-Hexyl-*, $C_{15}H_{25}NS$, $Kp._{0,06}$ 139°, n_D^{25} 1,5303, $D.^{25}$ 0,9761; 65%. — *2-n-Heptyl-*, $C_{16}H_{27}NS$, $Kp._{0,09}$ 132°, n_D^{25} 1,5265, $D.^{25}$ 0,9637; 58,5%. — *2-Cyclohexen-(3)-yl-*, *Hydrochlorid*, $C_{15}H_{22}ClNS$, F. 151—153°; 62,5%. — *1-Methyl-2-n-propyl-*, $C_{13}H_{21}NS$, $Kp._{0,05}$ 97—102°, n_D^{25} 1,5381, $D.^{25}$ 0,9917; 74%. — *1-Äthyl-2-n-propyl-*, $C_{14}H_{23}NS$, $Kp._{0,05}$ 110 bis 114°, n_D^{25} 1,5338, $D.^{25}$ 0,9826; 64,3%. — *1-Methyl-2-n-butyl-*, $C_{14}H_{23}NS$, $Kp._{0,07-0,08}$ 108—115°, aus **II**, **III** u. Na_2CO_3 in abs. Bzl. durch 46std. Kochen u. $LiAlH_4$-Red. der rohen *Nitro-Verb.*; n_D^{25} 1,5321; 69%. — 2-Mercaptoäthylaminhydrochloride, aus Benzylmercaptoalkylaminhydrochlorid u. fl. NH_3, bei höhermol. Derivv. in Ggw. von Ae.) durch Zugeben von Na unter N_2 u. nach Aufarbeitung Zusetzen von mit HCl gesätt. Ae. unter Kühlen zum erhaltenen *Amin* in Ae. sowie 2std. Rühren u. Umkristallisation aus Isopropanol/Ae.; *2-n-Propyl-*, $C_5H_{14}ClNS$; 88,1%. — *2-n-Butyl-*, $C_6H_{16}ClNS$; 40%. — *2-n-Pentyl-*, $C_7H_{18}ClNS$; 59,2%. — *2-n-Hexyl-*, $C_8H_{20}ClNS$; 75%. — *2-n-Heptyl-*, $C_9H_{22}ClNS$; 49,9%. — *2-Cyclohexen-(3)-yl-*, $C_8H_{16}ClNS$; 22%. — *1-Methyl-2-n-propyl-*, $C_6H_{16}ClNS$, F. 136—138°; 57,5%. — *1-Äthyl-2-n-propyl-*, $C_7H_{18}ClNS$, F. 124—127°; 66,6%. — *1-Methyl-2-n-butyl-*, $C_7H_{18}ClNS$, F. 143—147°; 55%. Rudolf Albrecht. 920◇

0825 **Organische Schwefelverbindungen.** 2. Mitt. **Synthese von tertiären Mercaptoalkylaminhydrochloriden.** F. I. Carroll, J. D. White und Monroe E. Wall. (J. org. Chemistry **28**, 1240—43, 1963; engl.) — 1. vgl. vorst. Referat. — *Tert.-Mercaptoalkylaminhydrochloride* lassen sich allg. aus tert. Benzylmercaptonitroalkanen (**B**) durch $LiAlH_4$-Red. der Nitrogruppe u. Abspaltung der Benzylgruppe mit Na in fl. NH_3 darstellen. Die **B** sind aus Keton, Nitromethan (**IX**) u. Benzylmercaptan (**X**) in Ggw. von Piperidin synthetisierbar. *1-[Aminomethyl]-1-benzylmercaptocyclopentan* u. *-cyclohexan* (**I**) wurden auch aus Cyclopentanon bzw. Cyclohexanon (**VIII**) durch Einw. von Nitromethan in Ggw. von Na-Methylat, anschließende Acetylierung der erhaltenen *1-Nitromethylcycloalkanole* (**C**), Umsetzung der *Acetate* mit Na_2CO_3 u. **X** sowie $LiAlH_4$-Red. dargestellt. Zum Konstit.-Beweis der tert. Benzylmercaptoalkylamine wurden Methyläthylketon u. **VIII** analog in die entsprechenden **C** übergeführt, die bei Einw. von Na_2CO_3 in Bzl. *2-Methyl-1-nitrobuten* (**V**) bzw. *Nitromethylencyclohexan* (**IV**) neben *1/Nitromethylcyclohexen-(1)* lieferten. Letztere wurden mit **X**-Piperidin u. durch anschließende Red. mit $LiAlH_4$ in *2-Methyl-2-benzylmercaptobutylamin* bzw. **I** übergeführt. Im Gegensatz zu Aldehyden reagieren Acetone mit **IX** nur in geringem Ausmaß. Nitromethylencyclopentan u. -cycloheptan konnten nicht isoliert werden, dagegen entstanden *1-Nitromethylcyclopenten-(1)* bzw. *1-Nitromethylcyclohepten-(1)*. Der Rk.-Verlauf bei der Darst. der **B** wird diskutiert.

Versuche: *1-Nitromethylcyclohexanol*, $Kp._{0,1-0,15}$ 81 bis 85°, aus **VIII** u. **IX** durch Zusetzen von Na-Methylat u. 48std. Rühren im Kältebad; n_D^{25} 1,4900; 47,2% (Ausbeute). *Acetat* (**II**), $Kp._{0,2-0,25}$ 98—101°; n_D^{25} 1,4687; 98%. — *1-Nitromethylcyclopentanol*, $Kp._{11}$ 112—113°, analog; 10,8%. *Acetat* (**III**), $Kp._{0,15}$ 85°; n_D^{25} 1,4622; 50,8%. — *Nitromethylencyclohexan* (**IV**), $Kp._{12}$ 105—106°, aus vorvorst. Verb. mit Acetylchlorid u. Kochen des rohen *Acetats* mit wasserfreiem Na_2CO_3 in abs. Bzl. neben *1-Nitromethylcyclohexen-(1)* [$Kp._{0,07}$ 53 bis 58°; 59 g]; n_D^{25} 1,5065; 15 g. — *1-Nitro-2-methylbutanol-(2)*, $Kp._{23}$ 112—115°, aus Butanon-(2), **IX** u. $NaOCH_3$ durch 4tägiges Rühren bei —20°; 15,8%. — *1-Nitro-2-methylbuten* (**V**), $Kp._{0,08}$ 41—43°, aus vorst. Verb. u. Acetylchlorid unter Rühren bei Raum-Temp. u. 24std. Kochen des rohen *Acetats* mit wasserfreiem Na_2CO_3; 72,5%. — 2-Benzylmercaptoäthylamine: *2.2-Dimethyl-*, *Hydrochlorid* (**VI**), $C_{11}H_{18}ClNS$, F. 118—119° (Isopropanol), aus Aceton, **IX** u. **X** in Ggw. von Piperidin in abs. Bzl. durch 12—15std. Kochen unter Wasserabscheidung nach Aufarbeitung u. $LiAlH_4$-Red. der rohen *Nitro-Verb.*; 50%. — *2-Äthyl-2-methyl-* (**VII**), $C_{12}H_{19}NS$, $Kp._{0,08}$ 110°, a) analog **VI**; n_D^{25} 1,5512; $D.^{25}$ 1,0148; 76,5%; b) aus **V** in Bzl. durch Zugabe von **X** u. 3std. Stehen bei Raum-Temp. in Ggw. von Piperidin; n_D^{25} 1,5530; 76,5%. — *2.2-Diäthyl-*, $C_{13}H_{21}NS$, $Kp._{0,05}$ 109°, analog **VI**; n_D^{25} 1,5548; $D.^{25}$ 1,0158; 46%. — 1-Aminomethyl-1-benzylmercaptocycloalkane: *-cyclobutan*, $C_{12}H_{17}NS$, $Kp._{0,05-0,07}$ 116 bis 119°, analog **VI**; n_D^{25} 1,5699; $D.^{25}$ 1,0684; 60,3%. — *-cyclopentan*, $C_{13}H_{19}NS$, $Kp._{0,05-0,1}$ 126—130°, $Kp._{0,1}$ 129°, a) analog **VI**; 52,7%; b) aus **III** u. **X** durch 27std. Kochen in Bzl. u. nachfolgende $LiAlH_4$-Red. des erhaltenen *1-Nitromethylbenzylmercaptocyclopentans*; n_D^{25} 1,5692; $D.^{25}$ 1,0698; 63,2%. — *-cyclohexan* (**I**), $C_{14}H_{21}NS$, $Kp._{0,05}$ 133—137°, $Kp._{0,1}$ 129°, a) aus **II** analog vorst. Verb. nach b); 74,8%; b) aus **IV** analog **VII** nach b); n_D^{26} 1,5685; 22,6%. *Hydrochlorid*, $C_{14}H_{22}ClNS$, F. 182—183° (Isopropanol), analog **VI**;

52,5%. — *-cycloheptan, Hydrochlorid*, $C_{15}H_{24}ClNS$, F. 171 bis 173° (Isopropanol), analog **VI**; 42,2%. — *2-Mercapto-2-methylpropylaminhydrochlorid*, $C_4H_{12}ClNS$, F. 200—222°, vgl. l. c.; 97%. — *2-Mercapto-2-methylbutylaminhydrochlorid*, $C_5H_{14}ClNS$, F. 208—209°; 60,2%. — 1-Aminomethyl-1-mercaptocycloalkanhydrochloride: *-cyclobutan*, C_5H_{12}·ClNS, F. 227,5—228,5°; 92%. — *-cyclopentan*, $C_6H_{14}ClNS$, F. 224,5—225,5°; 96,4%. — *-cyclohexan*, $C_7H_{16}ClNS$, F. 194 bis 196°; 55%. — *-cycloheptan*, $C_8H_{18}ClNS$, F. 192—195°; 62%. Rudolf Albrecht. 920◇

0826 **5-[ω-(Aminooxy)-alkyl]-isothiuroniumsalze, ω.ω'.-Bis-[aminooxy]-alkane und verwandte Verbindungen.** Ludwig Bauer und K. S. Suresh. (J. org. Chemistry **28**, 1604—08, 1963; Chicago, Ill., Univ., Coll. of Pharm., Dep. of Chem.; engl.) — Vgl. Bauer u. Welsh, C. **1963**, **16900**. — Durch Rk. von N-Hydroxyphthalimid (**I**) mit ω.ω'-Dibromalkanen erhältliche *ω-[Phthalimidooxy]-alkylbromide* (**A**) werden mit Thioharnstoff (**II**) in *S-[ω-(Phthalimidooxy)-alkyl]-isothiuroniumbromide* übergeführt, die durch Hydrolyse mit HBr *S-[ω-(Aminooxy)-alkyl]-isothiuroniumsalze* liefern. Zugleich mit **A** anfallende *ω.ω'-Bis-[phthalimidooxy]-alkane* (**B**) werden mit HBr zu *ω.ω'-Bis-[aminooxy]-alkandihydrobromiden* hydrolysiert. Die Rk. von *2-[Phthalimidooxy]-äthylbromid* (**III**) mit N-Methylthioharnstoff (**IV**) liefert *N-Methyl-S-[β-phthalimidooxyäthyl]-isothiuroniumbromid* (**V**), dessen Hydrolyse *N-Methyl-S-[β-aminooxyäthyl]-isothiuroniumbromidhydrobromid* gibt. Durch Abspalten der Phthaloylgruppe von **III** mit HBr wird *β-[Aminooxy]-äthylbromidhydrobromid* erhalten, das zu *2-[Benzamidooxy]-1-bromäthan* benzoyliert wird; Rk. dieser Verb. mit **II** liefert *S-[2-Benzamidooxyäthyl]-isothiuroniumbromid*. Bei dem Vers., 2-[Aminooxy]-äthylmercaptan aus **III** u. $Na_2S_2O_3$ zu erhalten, wurde *Na-S-[2-Phthalimidooxyäthyl]-thiosulfat* erhalten, dessen HBr-Hydrolyse nur *Phthalsäure* ergab. Die Struktur des durch Rk. von **I** mit 1.3-Dibrombutan (**VI**) erhaltenen *1-Phthalimidooxy-3-brombutans* (**VII**) wird durch Hydrolyse zu *1-Aminooxy-3-brombutanhydrobromid* u. dessen $LiAlH_4$-Red. zu *n-Butanol* gesichert. Rk. von **VII** mit **II** gibt das entsprechende *Isothiuroniumsalz*, dessen Desulfurierung mit Raney-Ni zum entsprechenden Aminooxybutan nicht gelang. Durch Rk. mit 1- (**VIII**) bzw. 2-Brombutan (**IX**) unter gleichen Bedingungen wird gezeigt, daß **I** mit prim. Bromid schneller als mit sek. reagiert.

Versuche: ω-[Phthalimidooxy]-alkylbromide (**A**; FF. aus verd. A.): *-äthylbromid* (**III**), $C_{10}H_8BrNO_3$, F. 94 bis 96°, a) durch 17std. Stehen von **I** mit 2 Val Äthylenbromid (**X**), N.N-Dimethylformamid (DMF) u. $(C_2H_5)_3N$ bei 25°, Filtrieren u. Zusetzen von W. zum Filtrat; 50% (Ausbeute); b) analag a) mit 1 Val **X**; 33%. — *-n-propylbromid*, $C_{11}H_{10}BrNO_3$, F. 60—65°, analog **III** nach a) aus 1.3-Dibrompropan (Aufarbeiten durch Fällen mit W., Waschen mit PAe.; Extraktion mit sd. wss. CH_3OH, Kühlen u. Chromatographie an Al_2O_3); 35%. — *-n-butylbromid*, $C_{12}H_{12}BrNO_3$, F. 70—72°, analog vorst. Verb. (Extraktion mit Isopropanol statt CH_3OH); 37%. — Analog (ohne Extraktion): *-n-pentylbromid*, $C_{13}H_{14}$·$BrNO_3$, F. 71—73°; 49%. — *-n-hexylbromid*, $C_{14}H_{16}BrNO_3$, F. 66—69°; 36%. — *1-Phthalimidooxy-3-brombutan* (**VII**), $C_{12}H_{12}BrNO_3$, F. 86—89°, aus **I** u. **VI**; 45%. — ω.ω'-Bis-[phthalimidooxy]-alkane (**B**), neben den entsprechenden **A**: *-äthan*, $C_{18}H_{12}N_2O_6$, F. 254°, neben **III** nach a) bzw. b) aus dem Filterrückstand; aus DMF Nadeln; 28 bzw. 39%. — *-propan*, $C_{19}H_{14}N_2O_6$, F. 179—181° (A.); 3%. — *-butan*, $C_{20}H_{16}$·N_2O_6, F. 260—265° (DMF); 18%. — *-pentan*, $C_{21}H_{18}N_2O_6$, F. 172—174° (A./Chlf.); 11%. — *-hexan*, $C_{22}H_{20}N_2O_6$, F. 175 bis 176° (CH_3OH/Chlf.); 10%. — Analog: *1.3-Bis-[phthalimidooxy]-butan*, $C_{20}H_{16}N_2O_6$, F. 190—192° (Methanol/Chlf.); 3%. — S-[ω-Phthalimidooxyalkyl]-isothiuroniumbromide: *-äthyl]-*, $C_{11}H_{12}BrN_3O_3S$, F. 188—189° (Bzl./Methanol), durch 4½std. Kochen von **III** u. **II** in A. u. Fällen mit Ae.; 61%. *N-Methyl-Deriv.* (**V**), $C_{12}H_{14}BrN_3O_3S$, F. 183 bis 185° (CH_3OH/Ae.), durch 5std. Rk. von **III** mit **IV** in A.; 55%. — Analog: *-n-propyl]-*, $C_{12}H_{14}BrN_3O_3S$, F. 182—183° (Bzl./Methanol); 58%. — *-n-butyl]-*, $C_{13}H_{16}BrN_3O_3S$, F. 161 bis 164° (Bzl./Methanol); 74%. — *-n-pentyl]-*, $C_{14}H_{18}BrN_3O_3S$, F. 194—196° (W.); 75%. — *-n-hexyl]-*, $C_{15}H_{20}BrN_3O_3S$, F. 128 bis 130° (Methanol/Ae.); 63%. — S-[ω-Aminooxyalkyl]-isothioharnstoffdihydrobromide: *-äthyl-*, $C_3H_{11}Br_2N_3$·OS, F. 135—137° (Zers.; A./Ae.), durch 3—5 Min. langes Kochen des entsprechenden Isothiuroniumbromids mit 48% ig. HBr in Eisessig, Kühlen, Filtrieren [→ *Phthalsäure* (**XI**), F. 206°; 99%], Einengen des Filtrats im Vakuum u. Zusetzen von Ae.; 77%. *N-Methyl-Deriv.*, *Dipikrat*, $C_{16}H_{17}N_9O_{15}S$, F. 204° (A.), durch Hydrolyse von **V** mit HBr, Lösen des Roh-Prod. in W. u. Behandeln mit wss. Pikrinsäure (**XII**). — Analog: *-n-propyl-*, $C_4H_{13}Br_2N_3OS$, F. 159—161° (Zers.; Methanol/Chlf.); 85%. — *-n-butyl-*, $C_5H_{15}Br_2N_3OS$, F. 158 bis 159° (Zers.; Methanol/Chlf.); 67%. — *-n-pentyl-*, C_6H_{17}·Br_2N_3OS, F. 137—139° (Zers.; CH_3OH/Ae.); 72%. — *-n-hexyl-*, $C_7H_{19}Br_2N_3OS$, F. 141—144° (Zers.; CH_3OH/Ae.); 97%. — ω.ω'-Bis-[aminooxy]-alkandihydrobromide, analog vorst. Verbb. durch Hydrolyse von **B** mit HBr u. Aufarbeiten der eingeengten Filtrate mit Chlf. (daneben 70—90% **XI**) (N.N'-Dibenzoyl-Derivv., durch ½std. Schütteln des Dihydrobromids in W. mit Na-Acetattrihydrat u. Benzoylchlorid u. Gießen auf Eis; N.N'-Bis-p-toluolsulfonyl-Deriv., durch Zusetzen von p-Toluolsulfonylchlorid zur eiskalten Lsg. des Dihydrobromids in Pyridin, 10 Min. langes Erhitzen auf 100° u. Gießen auf Eis): *-äthan*, $C_2H_{10}Br_2N_2O_2$, F. 209° (Zers.; Methanol/$CHCl_3$); 77%. *Dibenzoyl-Deriv.*, $C_{16}H_{16}N_2O_4$, F. 148—150° (A./W.); 68%. *Bis-p-toluolsulfonyl-Deriv.*, $C_{16}H_{20}N_2O_6S_2$, F. 141—142° (Bzl. bzw. Methanol); 95%. *Bis-p-acetamidobenzolsulfonyl-Deriv.*, $C_{18}H_{22}N_4O_8S_2$, F. 201—202° (Bzl./Essigester), durch Umsetzen des Dihydrobromids mit p-Acetamidobenzolsulfonylchlorid; 85%. *Bis-p-aminobenzolsulfonyl-Deriv.*, $C_{14}H_{18}N_4O_6S_2$, F. 193—195° (A.), durch 1std. Hydrolyse des Bis-p-acetamidobenzolsulfonyl-Deriv. mit 10%ig. NaOH bei 100° u. Ansäuern auf pH 6,5; 88%. — *-propan*, $C_3H_{12}Br_2N_2O_2$, F. 171—173° (Zers.; Methanol/Ae.); 73%. *Bis-p-toluolsulfonyl-Deriv.*, $C_{17}H_{22}N_2O_6S_2$, F. 120—122° (Bzl.); 94%. — *-butan*, $C_4H_{14}Br_2N_2O_2$, F. 206 bis 206,5° (Zers.; Methanol/Chlf.); 54%. *Dibenzoyl-Deriv.*, $C_{18}H_{20}N_2O_4$, F. 142—143,5° (Bzl./Methanol); 68%. — *-pentan*, $C_5H_{16}Br_2N_2O_2$, F. 158° (Zers.; Methanol/Chlf.); 82%. *Bis-p-toluolsulfonyl-Deriv.*, *$C_{19}H_{26}N_2O_6S_2$, F. 97—99° (A./W.); 66%. — *-hexan*, $C_6H_{18}Br_2N_2O_2$, F. 194—195° (Zers.; Methanol/Chlf.); 91%. *Dibenzoyl-Deriv.*, $C_{20}H_{24}N_2O_4$, F. 120—120,5° (Bzl.); 71%. — *1-Aminooxy-2-bromäthanhydrobromid*, C_2H_7·Br_2NO, F. 185—187° (Methanol/Chlf.), durch Hydrolyse von **III** mit HBr; 71%. *Benzoyl-Deriv.*, $C_9H_{10}BrNO_2$, F. 85—87° (Bzl.); 97%. — *S-[2-Benzamidooxyäthyl]-isothiuroniumbromid*, $C_{10}H_{14}BrN_3O_2S$, F. 127—129° (Methanol/Ae.), durch 3std. Kochen vorst. Benzoyl-Deriv. mit **II** in Tetrahydrofuran (THF), Einengen u. Anreiben mit Äther. — *S-[1-Phthalimidooxy-butyl-(3)]-isothiuroniumpikrat*, $C_{19}H_{18}N_6O_{10}S$, F. 233—235° (Aceton), durch 48std. Kochen von **VII** mit **II** in THF, Einengen u. Überführen in das Pikrat. — *1-Aminooxy-3-brombutanhydrobromid*, $C_4H_{11}Br_2NO$, F. 121—124° (Methanol/Ae.), durch HBr-Hydrolyse von **VII**; gibt *Butanol-(1)* durch 3std. Kochen mit $LiAlH_4$ in Ae. in Ggw. von $AlCl_3$, Zusetzen von Methanol/Ae., W. u. 6n H_2SO_4 u. Dest. der Ae.-Phase bei 70—90°/50 Torr, u. *S-Butylisothiuroniumpikrat*, F. 178—179° (A.), durch 1¼std. Kochen des rohen Red.-Prod. mit 48% ig. HBr u. **II**, Eindampfen u. Behandeln mit wss. **XII**. — *N-Butoxyphthalimid*, $C_{12}H_{13}NO_3$, Kp.$_{0,3}$ 145—151°, durch 48std. Rk. von **I** mit **VIII** bei 25°; 64%. — *N-[1-Methylpropoxy]-phthalimid*, $C_{12}H_{13}NO_3$, F. 50—53° (wss. A.), a) analog vorst. Verb. aus **I** u. **IX**; 23%; b) analog a) durch 3wöchiges Stehen; 40%; gibt mit HBr 31% *$NH_2OH \cdot HBr$*, F. 128—130°. — *1-[Aminooxy]-butan*, *Hydrobromid*, $C_4H_{12}BrNO$, F. 158° (48% ig. HBr), durch HBr-Hydrolyse vorvorst. Verb.; 64%. *Hydrochlorid*, F. 152°. — *Na-S-[2-Phthalimidooxyäthyl]-thiosulfat*, $C_{10}H_8NNaO_6S_2$, F. 153—156° (Methanol), durch 3½std. Kochen von **III** mit $Na_2S_2O_3 \cdot 5\,H_2O$ in 50% ig. A., Einengen u. Extrahieren mit sd. abs. A.; 50%. H. Gleinig. 920◇

0827 **Stoffwechsel und Funktion der Phosphatide. Darstellung einer Reihe von L-α-Lecithinen.** F. Kögl, G. H. de Haas und L. L. M. van Deenen. (Recueil Trav. chim. Pays-Bas **79**, 661—74, 1960; Utrecht, Netherlands, State Univ., Labor. for Org. Chem.; engl.) — L-α-Glycerylphosphorylcholin (**I**) reagiert mit überschüssigen Acylchloriden sowie ungesätt. Fettsäuren zu *α-L-Lecithinchloriden*, die durch Ionenaustausch an Amberlite (IR-4B u. IRC-50, 1:1) in die zugehörigen *L-α-Lecithine* (**A**) übergeführt werden. Als Nebenprodd. entstehen die entsprechenden *β-* u. *γ-Monoacyl-Derivv.* (*Lysolecithine*; **B**). Wird die Rk. in Ggw. von Pyridin oder Triäthylamin durchgeführt, entstehen die **B** in größeren Mengen. **A** u. **B** werden als *$CdCl_2$-Addukte* [A_2·$(CdCl_2)_3$] charakterisiert. Die Trennung der **A** u. **B** erfolgt durch Säulenchromatographie an Kieselsäure, die Erkennung durch Papierchromatographie an kieselsäureimprägniertem Papier. Die R_F-Werte sind angegeben.

Versuche: L-α-[Diacyl]-lecithine (A), durch Rk. von I mit dem entsprechenden Säurechlorid bei 20—45° in Chlf. u. mehrtägiges Stehen: *Diacetyl-*, aus 5 g I in 2 Tagen bei 20°; $[\alpha]_D^{22}$ + 12,4 (c = 3,7; Methanol); 4,7 g (Ausbeute); daneben 0,4 g *Monoacetyllecithin*. — *Dibutyryl-*, aus 4,2 g I in 5 Tagen bei 20°; $[\alpha]_D^{22}$ + 10,2 (c = 6,4; Methanol); 5 g; daneben Spuren von *Monobutyryllecithin*. — *Diheptanoyl-*, aus 7,9 g I in 7 Tagen bei 30°; $[\alpha]_D^{22}$ + 9,0 (c = 5,9; Chlf./Methanol 1:1); 5,3 g; daneben 1,6 g *γ-Monoheptanoyllecithin*. — *Didecanoyl-*, aus 3 g I in 14 Tagen bei 20°; $[\alpha]_D^{22}$ + 7,5 (c = 4,3; Chlf./Methanol 1:1); 2,6 g; daneben 1,4 g *γ-Monodecanoyllecithin* u. 0,04 g *β-Monodecanoyllecithin*. — *Diundecen-(10)-oyl-*, aus 7,5 g I in 14 Tagen bei 20° im Dunkeln; $[\alpha]_D^{22}$ + 7,0 (c = 7,2; Methanol); 6 g; daneben 2,8 g *Monoundecen-(10)-oyllecithin*. — *Bis-[10-methylundecanoyl]-*, aus 4,4 g I in 14 Tagen bei 40°; $[\alpha]_D^{22}$ + 6,9 (c = 7,3; Chlf./Methanol); 3,2 g; daneben 1,3 g eines Gemisches von β- u. *γ-Mono-10-methylundecanoyllecithin*. — *Dipentadecanoyl-*, aus 5,8 g I in 14 Tagen bei 40°; $[\alpha]_D^{22}$ + 5,5 (c = 4,5; Chlf./Methanol); 4,2 g; daneben 1,2 g *γ-Monopentadecanoyllecithin*. — *Dioctadecanoyl-*, aus 7,5 g I in 14 Tagen bei 40°; $[\alpha]_D^{22}$ + 5,4 (c = 5,5; Chlf./Methanol); 6,8 g; daneben 2,8 g *γ-Monooctadecanoyllecithin* u. 0,6 g *β-Monooctadecanoyllecithin*. — *Dioleyl-*, aus 5,7 g I in 6 Tagen bei 30° im Dunkeln; $[\alpha]_D^{22}$ + 5,4 (c = 6; Chlf./Methanol); 5,2 g; daneben 0,8 g eines Gemischs aus β- u. *γ-Monooleyllecithin*. — *Ditetrakosanoyl-*, aus 4,7 g I in 33 Tagen bei 45°; 1 g; daneben 1 g eines Gemisches aus β- u. *γ-Monotetrakosanoyllecithin*.

G. Kowollik. 920◇

0828 **Über die Reaktion von Diphthaloyl-DL-lysinchlorid mit Natriummethylmalonsäuredibenzylester. Darstellung von DL-4.8-Diaminooctanon-(3).** N. Ž. Stanačev und M. Proštenik. (Croat. chem. Acta **28**, 291—94, 1956; Zagreb, Univ., Med. Fac., Dep. of Chem.; engl.) — *N.N'-Diphthaloyl-DL-lysinchlorid* ergibt durch Kondens. mit *Na-Methylmalonsäuredibenzylester* nach Borman *DL-4.8-Diphthalimidooctanon-(3)*, das zu *DL-4.8-Diaminooctanon-(3)* hydrolysiert wird.

Versuche: *Methylmalonsäuredibenzylester* (I), $C_{18}H_{18}O_4$, $Kp._{0,02}$ 130—140°, durch Zugabe von abs. A. zur Suspension von Na-Staub in Bzl., Kochen, Zutropfen von Malonsäurediäthylester in Bzl., Zutropfen von Benzylalkohol/Bzl., Azeotrop-Dest. des A., Zugabe von Methyljodid, 6std. Kochen u. Zugabe von W.; 51% (Ausbeute). — *N.N'-Diphthaloyl-DL-lysin*, $C_{22}H_{18}N_2O_6$, F. 170°, durch 3std. Kochen von DL-Lysindihydrochlorid in Eisessig/Pyridin mit Phthalsäureanhydrid u. Gießen in W.; aus 48%ig. A. Nadeln; 75%. *Säurechlorid*, durch 1std. Kochen von 10 g Säure mit $SOCl_2$; gelbes Öl; 10,98 g. — *DL-4.8-Diphthalimidooctanon-(3)*, $C_{24}H_{22}N_2O_5$, F. 90—91°, durch Zugabe von I/Bzl. zur Suspension von Na-Staub in Bzl. bei Raum-Temp., Kochen, 12std. Zugabe der benzol. Lsg. vorst. Säurechlorids bei Raum-Temp., Gießen in H_2SO_4-haltiges Eiswasser, Eindampfen der Benzolphase bei 40—50° im Vakuum, 45std. Hydrieren in Dioxan an 10%ig. Pd/$BaSO_4$ bei Raum-Temp./1 at, Filtrieren, 2std. Kochen, Eindampfen, 1std. Erhitzen auf 100° im Vakuum u. Chromatographieren in Bzl. an aktiviertem Al_2O_3; aus Dioxan prismat. Kristalle; 31,4%. *2.4-Dinitrophenylhydrazon*, $C_{30}H_{28}N_6O_8$, F. 104—105°, aus 0,418 g Keton in A.; aus 96%ig. A. (+ wenig HCl) orangefarbene Nadeln; 0,47 g. — *DL-4.8-Diaminooctanon-(3), Dihydrochlorid*, durch 24std. Kochen von 0,5 g vorst. Verb. mit 6 n HCl; 0,31 g; daneben 0,336 g *Phthalsäure* (F. 194°). *2.4-Dinitrophenylhydrazondihydrochlorid*, $C_{14}H_{24}Cl_2N_6O_4$, F. 216—217°; aus A. (+ wenig HCl) gelbe Nadeln; 64,5%. — *DL-2-Phthalimido-6-benzamidocapronsäure*, $C_{21}H_{20}N_2O_5$, F. 161—162° (wss. A.), durch Erhitzen von DL-2-Amino-6-benzamidocapronsäure mit Phthalsäureanhydrid auf 130—140° unter Rühren.

H.-J. Weigmann. 940△

0829 **Neues, mildes Verfahren zur Herstellung von aktiven Carbonsäureestern und deren Verwendung als Acylierungsmittel.** R. Glatthard und M. Matter. (Helv. chim. Acta **46**, 795—804, 1963; Gümlingen, HACO Akt.-Ges., Wissenschaftl. Abt.; dt.) — Akt. *Carbonsäurearylester* (**A**) werden durch Rk. eines Carbonsäuresalzes mit Kohlensäurehalbesterchloriden negativsubstituierter Phenole dargestellt. Auf den Rk.-Verlauf über ein intermediäres Carbonsäure-Kohlensäurehalbester-Anhydrid wird aus der analogen Rk. eines COO^--Ions u. dem Chlorameisensäureester eines Alkohols geschlossen. Die von der Aktivität der Zwischenprodd. u. dem Lsgm. abhängige Rk. verläuft günstig mit Kohlensäure-bis-2.4-dinitrophenylester (**I**) in Dimethylformamid (DMF); Pyridin bietet den Vorteil, die Carbonsäure zum Carboxylation umzusetzen. **A** finden als Acylierungsmittel Verwendung. So reagieren 2.4-Dinitrophenylester mit Phenolen bzw. Naphtholen in organ. Lsgm. in Ggw. äquivalenter Mengen Trialkylamin oder mit aliphat. Alkoholen in Ggw. von Na-Alkoholaten bereits bei 20°. Mit 2.4-Dinitrophenylestern verläuft die Aminolyse bei 0° in nur 1/4 Stunde. Die dargestellten **A** lassen sich unmittelbar zu z. B. *Peptid-Derivv.* weiterverarbeiten. Opt.-akt. Carbobenzoxy (Cbb)-Aminosäuren werden ohne Racemisierung in die *2.4-Dinitrophenylester* übergeführt.

Versuche: Kohlensäureester: *Bis-[4-nitrophenyl]-ester* (**II**), F. 142—143° (Bzl.), durch 2std. Zutropfen von 20%ig. $COCl_2$–Toluol zu 4-Nitrophenol in Bzl.–Pyridin, 4std. Rühren u. Stehen über Nacht, Zusetzen von Chlf. u. Aufarbeitung; 53% (Ausbeute). — *Bis-[2.4-dichlorphenyl]-ester* (**III**), F. 97—98°, analog **II** mit 2.4-Dichlorphenol; aus A. Nadeln; 43%. — *Bis-[2.4-dinitrophenyl]-ester* (**I**), $C_{13}H_6N_4O_{11}$, F. 148° (Bzl.), aus Diphenylcarbonat durch Einrühren in 3 Std. in konz. H_2SO_4-konz. HNO_3 bei 5°, einige Std. weiteres Rühren u. 2tägiges Stehen bei Raum-Temp.; 90%. — Ester: *Benzoesäure-4-nitrophenyl-*, F. 142 bis 143° (A.), a) aus Benzoesäure (**IV**) in Pyridin durch Zugabe von Chlorameisensäure-[4-nitrophenylester], 5std. Einleiten von N_2 u. Verdünnen mit Chlf., dann Aufarbeitung; 87%; b) aus **IV** in DMF durch Zugabe von Triäthylamin (**IX**) u. **II** in 2 Std. unter N_2 bei Raum-Temp.; 99%; c) analog b) in Pyridin bei 60—70°. — *Hippursäure-4-nitrophenyl-*, F. 170 bis 171° (A.), in 1 1/4 Std. aus **II** u. Hippursäure in Pyridin; 74%. — *Cb-glycin-4-nitrophenyl-*, F. 125—126° (A.), in 2 Std. mit Cb-glycin u. **II** in Pyridin bei 80°; 97%. — *Benzoesäure-2.4-dichlorphenyl-*, F. 93,5—94°, in 2Std. aus **IV** u. **III** in Pyridin bei 90°; aus A. Nadeln; 87%. — *Benzoesäure-2.4-dinitrophenyl-* (**VII**), F. 131° (A.), a) in 1/2 Std. aus **IV** u. **I** in Pyridin bei 20°; 100%; b) in 1/4 Std. mit Triäthylammoniumcarbonat u. **I** in DMF bei 20°; c) in 4 Std. in Tetrahydrofuran. — *Benzoylessigsäureäthylenketal-2.4-dinitrophenyl-*, $C_{17}H_{14}N_2O_8$, F. 112—113° (Bzl.–PAe.; gelbliche Nadeln), aus 48 g Benzoylessigsäureäthylester durch 15std. Kochen mit Äthylenglykol in Bzl. in Ggw. von p-Toluolsulfonsäure u. anschließendes 1std. Kochen von 25,7 g des erhaltenen *Äthylenketaläthylesters* ($Kp._{0,02}$ 106—108°, $Kp._{10}$ 152—154°; 34,4 g) mit wss.-methanol. KOH, dann Zugabe von **I** zum erhaltenen *Benzoylessigsäureäthylenketal* [$C_{11}H_{12}O_4$, F. 92 bis 93° (Ae.–PAe.); 18,8 g] in Pyridin bei 20° u. 2std. Stehen bei Raum-Temp.; 53%. — *3-[2-Hydroxynaphthyl-(1)-azo]-benzoesäure-2.4-dinitrophenyl-*, $C_{23}H_{14}N_4O_7$, F. 219—222° (Pyridin, DMF), durch Zusetzen von **I** zur freien Säure [F. 243—245° (Eisessig, A. u. Dioxan)] in Pyridin bei Raum-Temp. u. 2std. Stehen; 72%. — *Hippursäure-2.4-dinitrophenyl-*, $C_{15}H_{11}N_3O_7$, F. 116° (Essigester oder Bzl.), durch 1/2 std. Schütteln von Hippursäure u. **IX** in W. mit **I** in Chlf.; 44%. — *Cb-glycin-2.4-dinitrophenyl-* (**V**), F. 94° (Essigester/PAe.), a) aus Cb-glycin in 4 Std. wie vorst.; 80%; b) analog in DMF in 15 Std. bei 25° bzw. 14 Std. bei 0°. — *Cb-phenylalanin-2.4-dinitrophenyl-* (**VI**), *DL-Form*, $C_{23}H_{19}N_3O_8$, F. 115° (Bzl.–Bzn.), analog aus Cb-DL-phenylalanin; 93%. *L-Form*, F. 108—109° (Essigester/PAe.), aus Cb-L-phenylalanin u. **I** in Ggw. von **IX** in Chlf. bei 20° unter N_2; $[\alpha]_D^{26}$ −42,6° (c = 1,4895; A.); 95%. — *Benzoesäure-β-naphthyl-*, F. 106° (A.), durch Stehen von **VII**, Naphthol-(2) u. Tributylamin in Pyridin bei Raum-Temp. über Nacht, Zusetzen von Diäthylaminoäthylamin u. 15 Min. Stehen; 95%. — *Benzoesäure-4-phenylazophenyl-*, F. 138° (Bzn.), durch Zutropfen von **VII** u. DMF in Chlf. zu 4-Hydroxyazobenzol u. **IX** in Chlf., Zusetzen von Chlf. nach 30 Min., Ausschütteln mit 2n HCl u. weitere Aufarbeitung; 83%. — Glycerinäthylester: *Cb-glycyl-*, F. 80—81° (Bzl.–Bzn.), a) durch 1/2 std. Zutropfen von **IX** in Chlf. zu **V** u. Glycinäthylesterhydrochlorid (**VIII**) in Chlf., 2std. Stehen bei Raum-Temp. u. Ausschütteln mit K_3PO_4-Puffer (pH 8,5); Blättchen; 91%; b) aus Cb-glycin in DMF u. **IX** durch Zugabe von **I** in 15 Min. unter N_2, dann Zusatz von **VIII** u. **IX** u. 2std. Stehen bei 0—2°; 85%. — *Acetyl-DL-leucyl-*, F. 119° (A.), aus Acetyl-L-leucin u. **I** in DMF unter N_2 durch Zugabe von **IX** innerhalb 1/2 Std. u. Zusatz von **VIII** u. dann von **IX** nach 1/4 std. Stehen, Verdünnen mit Chlf. u. Aufarbeitung; 66%. — *Cb-L-leucyl-*, F. 103° (verd. A.), aus Cb-L-leucin in Pyridin–Chlf. durch Zugabe von **I**, nach 2std. Stehen Ausschütteln mit 2 n- u. 0,1 n HCl, Einstellen der Chlf.-Lsg. auf pH 8,5, dann Lösen des erhaltenen *Cb-L-leucin-[2.4-dinitrophenyl]-esters* (98%) in Chlf. u. Zugabe zu **VII, IX** u. Chlf. bei 0°, 1/4std. Stehen u. Verdünnen mit Chlf., Aufarbeiten mit HCl u. K_3PO_4-Puffer; $[\alpha]_D^{26}$ −25,5° (c = 1,5687; A.); 89%. — *Cb-phenylalanyl-, DL-Form*, $C_{21}H_{24}N_2O_5$, F. 100° (Essigester–PAe.), durch Zutropfen von **IX** in Chlf. zu DL-**VI** u. **VIII** in Chlf. u. 3std. Rühren, Aufarbeiten mit K_3PO_4-Puffer; 95%. *L-Form*, F. 111—113° (Essigester–PAe.), durch 1/4std. Stehen von L-**VI, VIII** u. **IX** in Chlf. bei Raum-Temp., Zusetzen von Chlf. u. Aufarbeiten mit 1n HCl u. K_3PO_4-Puffer; $[\alpha]_D^{25}$ −16,7° (c = 1,4954; A.); 95,5%. — *Cb-glycyl-DL-phenylalanyl-*, F. 132° (abs. A.), aus Cb-glycyl-L-phenylalanin, **I** u. Pyridin in DMF in ½ Std. unter N_2, Zusetzen von **VIII** u. Pyridin bei 0° u. ½std. Einleiten von N_2 bei Raum-Temp., Verdünnen mit Chlf. u. Aufarbeitung; 45%. H. Gleinig. 950◇

0830 **Aminosäuren. 37. Mitt. Synthese von Aminohydroxysäuren aus α-Aminosäuren.** K. Balenović, D. Cerar und N. Bregant. (Croat. chem. Acta **28**, 279—85, 1956; Zagreb, Univ., Fac. of Sci., Chem. Inst., Inst. „Rud'er Bošković", Dep. of Chem.; engl.) — 36. vgl. C. **1957**, 10168. — *β-Phthalimido-α-oxocarbonsäuren* (**A**) werden aus *Phthalimidodiazoketonen* (aus α-Aminosäuren über *Bromketone*) über eine Kröhnke-Synth. durch Hydrolyse der gebildeten substituierten *Nitrile* dargestellt. Durch katalyt. Hydrierung der **A** werden *β-Phthalimido-α-hydroxycarbonsäuren* erhalten, die durch Hydrolyse *α-Hydroxy-β-aminosäuren* ergeben. Die Darst. von *β-Hydroxy-γ-aminosäuren* gelingt durch Hydrolyse der Phthalimido-Derivv. vinyloger α-Aminosäuren. Die experimentellen Bedingungen, unter denen opt.-akt. Pyridiniumsalze (Zwischenprodd. der Kröhnke-Synth.) ohne Racemisierung oder Waldensche Umkehrung erhalten werden können, werden untersucht.

Versuche: *(S)-1-Chlor-3-phthalimidobutanon-(2)*, $C_{12}H_{10}ClNO_3$, F. 120°, analog der 1-Brom-Verb. (vgl. Balenović u. Mitarbeiter, C. **1956**, 3852); aus Methylenchlorid/PAe. Nadeln; $[\alpha]_D^{18}$ −16 ± 1° (c = 0,64; Aceton); 96% (Ausbeute). — *1-Jod-3-phthalimidopropanon*, $C_{11}H_8JNO_3$, F. 185°, aus 1-Diazo-3-phthalimidopropanon, vgl. Wolfrom u. Brown (J. Amer. chem. Soc. **65**, [1943], 1516), jedoch mit 47%ig. HJ; aus Aceton Prismen; 76%. — *(S)-1-Jod-3-phthalimido-4-[p-methoxyphenyl]-butanon-(2)*, $C_{19}H_{16}JNO_4$, F. 118 bis 120°, durch mehrstd. Rk. von 1-Brom-3-phthalimido-4-[p-methoxyphenyl]-butanon ($[\alpha]_D$ −200°) mit NaJ in Aceton bei 0°; aus Essigester/PAe. Prismen; $[\alpha]_D^{26}$ −161 ± 1° (c = 1,28; Bzl.); 95%. — *(S)-N-[2-Oxo-3-phthalimidobutyl]-pyridiniumbromid* (**I**), F. 85°, durch 2std. Rk. von (S)-1-Brom-3-phthalimidobutanon-(2) in Aceton mit frisch dest. Pyridin bei 0°; $[\alpha]_D^{23}$ −10 ± 0,5° (c = 1,08; Methanol); 94%. — *(S)-N-[5-methyl-2-oxo-3-phthalimidohexyl]-pyridiniumbromid* (**II**), analog **I**; $[\alpha]_D^{26}$ −20 ± 2° (c = 0,30; A.). — *(S)-N-[4-(p-methoxyphenyl)-2-oxo-3-phthalimidobutyl]-pyridiniumbromid* (**III**), analog **I**; $[\alpha]_D^{17}$ −130° (c = 0,14; A.). — *(S)-α-[p-Dimethylaminophenylimino]-β-oxo-γ-phthalimidovaleronitril* (**IV**), $C_{21}H_{18}N_4O_3$, F. 189°, durch Rk. von **I** in 50%ig. wss. A. mit p-Nitrosodimethylanilin/A. u. wss. NaCN bei Raum-Temp. (vgl. Kröhnke, [1947]), Zugabe von W., A. u. Ae. u. kurzes Stehen bei 0°; aus Eisessig rote Nadeln; 86%. — *α-[p-Dimethylaminophenylimino]-β-oxo-γ-phthalimido-δ-methyl-capronitril* (**V**), $C_{23}H_{22}N_4O_3$, F. 191°, analog **IV** aus N-[6-Methyl-3-phthalimido-2-oxo-heptyl]-pyridiniumbromid aus Dioxan rote Prismen; 80%. — *(S)-α-[p-Dimethylaminophenylimino]-β-oxo-γ-phthalimido-ε-methylönanthonitril*, $C_{24}H_{24}N_4O_3$, F. 151 bis 152°, analog **IV** aus **II**; aus Methylenchlorid/PAe. purpurfarbene Nadeln; 48%. — *(S)-α-[p-Dimethylaminophenylimino]-β-oxo-γ-phthalimido-δ-[p-methoxyphenyl]-valeronitril*, $C_{28}H_{24}N_4O_4$, F. 141°, analog **IV** aus **III**; aus Essigester/PAe. purpurfarbene Kristalle; 56%. — *L-α-Oxo-β-phthalimidobuttersäure* (**VI**), $C_{12}H_9NO_5$, F. 178°, durch 1std. Rühren der Suspension von **IV** in Eisessig mit 4 n HCl bei Raum-Temp.; aus Ae./PAe. Nadeln; $[\alpha]_D^{19}$ −18,5° ± 0,5° (c = 1,76; A.); 52%. *Äthylendithioketal*, $C_{14}H_{13}NO_4S_2$, F. 149—150°, durch kurze Rk. von **VI** mit Äthandithiol in Ggw. von BF_3-Ätherat bei Raum-Temp.; aus CH_2Cl_2 Prismen; $[\alpha]_D^{17}$ +25 ± 3° (c = 0,69; CH_2Cl_2); 77%. — *N-Phthaloyl-L-alanin*, $C_{11}H_9NO_4$, F. 159—160°, durch 1std. Rk. von **VI** in Aceton mit CrO_3-Reagens nach Jones (J. chem. Soc. [London] **1946**, 39) bei Raum-Temp.; aus Essigester/PAe. Prismen; $[\alpha]_D^{24}$ −20 ± 0,9° (c = 1,05; A.); 57,3%. — *α-Oxo-β-phthalimido-γ-methylvaleriansäure*, $C_{14}H_{13}NO_5$, F. 129—131°, durch 1std. Erwärmen von **V** in Eisessig mit 4 n HCl (Wasserbad); aus Methylenchlorid/PAe. Nadeln; 59%. — *L-α-Hydroxy-β-phthalimidobuttersäure*, $C_{12}H_{11}NO_5$, Kp.$_{0,02}$ 40°, durch 7 std. Hydrieren von 1,1 g chromatograph. gereinigter **VI** in A. an Adams-Katalysator bei 18°/1 at; $[\alpha]_D^{20}$ +31 ± 1° (c = 0,8; A.); 1,1 g. — *L-β-Amino-α-hydroxybuttersäure*, $C_4H_9NO_3$, F. 244° (Zers.), durch 8std. Kochen vorst. Verb. in Eisessig/40%ig. HCl; aus Methanol Nadeln; $[\alpha]_D^{20}$ +5,0 ± 0,1° (c = 4,77; W.); 87%. — *L-γ-Amino-β-hydroxyvaleriansäure*; $C_5H_{11}NO_3$, F. 182°, nach Balenović u. Mitarbeitern (C. **1955**, 1946) aus +-4-Phthalimidopenten-(2)-carbonsäure mit konz. HCl; aus wss. A. Prismen; $[\alpha]_D^{18}$ +5,7 ± 0,6° (c = 1,57; W.); 41%. H.-J. Weigmann. 950△

0831 **Aminosäuren. 38. Mitt. L-β-Methionin und verwandte Verbindungen.** K. Balenović, D. Fleš und I. Jambrešić. (Croat. chem. Acta **28**, 303—05, 1956; Zagreb, Univ., Fac. of Sci., Chem. Labor.; engl.) — 37. vgl. vorst. Referat. — Vff. beschreiben die Darst. von *L-β-Methionin* u. von *L-β-Homodjenkolsäure* [*L-2.8-Diamino-4.6-dithianonandicarbonsäure-(1.9)*] aus S-Benzyl-L-β-homocystein (**I**, $[\alpha]_D$ −57°).

Versuche: *L-β-Methionin*, $C_5H_{11}NO_2S$, F. 166—167° (Zers.), durch Zugabe von Na zur Lsg. von **I** in fl. NH_3 bis zur bleibenden Blaufärbung, Zugabe von Methyljodid, dann von NH_4Cl, Verdampfen des NH_3, Chromatographieren in W. an Amberlite IR-100, Eluieren mit 1%ig. wss. Pyridin u. mehrstd. Stehen mit A./Aceton (2:1) bei 0°; aus A./Aceton (2:1) Prismen; $[\alpha]_D^{20}$ −23 ± 1° (c = 1,535; W.); 84% (Ausbeute). *Racemat*, F. 196°. — *L-β-Homodjenkolsäure*, $C_9H_{18}N_2O_4S_2$, F. 213° (Zers.), durch Red. von **I** in fl. NH_3 mit Na, Zugabe von Dichlormethan, Zugabe von NH_4Cl nach ½ Std., mehrstd. Stehen u. Chromatographieren analog vorst. Verb.; aus wss. A. (1:1) Nadeln; $[\alpha]_D^{25}$ −110 ± 2° (c = 0,71; W.); 68%. H.-J. Weigmann. 950△

0832 **Anlagerung von Diboran an Isopren und Synthese von β-Methyltetramethylendiborsäure.** L. I. Sacharkin und A. I. Kowredow. (Nachr. Akad. Wiss. UdSSR, Abt. chem. Wiss. **1962**, 362—63; Inst. für Elementorgan. Verbb. der Akad. der Wiss. der UdSSR; russ.) — Bei der Rk. von Diboran mit Isopren (**I**) entsteht *1.4-Bis-[1-bora-2-methylcyclopentyl]-2-methylbutan*, aus dem durch Erhitzen mit BCl_3 *1.4-Bis-[dichlorboryl]-2-methylbutan* u. nach Verseifung des letzteren *β-Methyltetramethylendiboronsäure* erhalten wird.

Versuche: Alle Verss. unter N_2: *1.4-Bis-[1-bora-2-methylcyclopentyl]-2-methylbutan*, $C_{15}H_{30}B_2$, Kp.$_{0,2}$ 88°, man leitet bei 15—20° Diboran (aus 22,76 g $LiAlH_4$ u. 141,93 g BF_3-Ätherat) in die Lsg. von 89,9 g **I** in 300 ml Tetrahydrofuran; 64,7% (Ausbeute). — *1.4-Bis-[dichlorboryl]-2-methylbutan*, $C_5H_{10}B_2Cl_4$, Kp.$_{0,7}$ 36°, durch 20std. Erhitzen von 44 g vorst. Verb. mit 115,8 g BCl_3 auf 200° in einer Stahlampulle; 80%. — *β-Methyltetramethylendiboronsäure*, $C_5H_{14}B_2O_4$, F. 132 bis 133° (in geschlossener Kapillare unter N_2; W.), man gibt zur Lsg. 23,4 g vorst. Verb. in 100 ml n-Hexan bei 0° tropfenweise 9 g O_2-freies W. u. treibt das entstehende HCl mit N_2 ab; 90%. — *2-Methylbutandiol-(1.4)*, Kp.$_{10,5}$ 115—117°, man gibt zur Lsg. von 10 g vorst. Verb. in 20 ml 3 n NaOH unter Kühlung 20 ml 30%ig. H_2O_2, erhitzt 5 Min. auf dem Wasserbad, neutralisiert, versetzt mit KJ, entfärbt mit $Na_2S_2O_3$, sättigt mit K_2CO_3 u. extrahiert mit A.; n_D^{18} 1,4500; n_D^{20} 1,4497; 72,6%. *Bisphenylurethan*, F. 96—97°. Renate Richter. 980◇

0833 **Eine neue Methode zur Darstellung von N-Dimethyl-B-difluorborazen.** L. L. Schtschukowskaja, M. G. Woronkow und O. W. Pawlowa. (Nachr. Akad. Wiss. UdSSR, Abt. chem. Wiss. **1962**, 366; Inst. für Silikatchem. der Akad. der Wiss. der UdSSR; russ.) — Eine neue Meth. zur Darst. von *N-Dimethyl-B-difluorborazen*, $(CH_3)_2NBF_2$, wird beschrieben.

Versuche: *N-Dimethyl-B-trifluorborazan*, $C_2H_7BF_3N$, Kp.$_5$ 149—150°, F. ca. 50°, man gibt zur Lsg. von 44 g Dimethylamin in 150 ml abs. Hexan bei −40° 120 g BF_3-Ätherat, läßt auf Zimmer-Temp. erwärmen u. dest. im Vakuum das Lsgm. ab; n_D^{20} 1,3475; erstarrt beim Stehen; 97% (Ausbeute). — *N-Dimethyl-B-difluorborazen*, $C_2H_6BF_2N$, Kp.$_{0,5}$ 59°, Kp. 130—135°, F. 152—157° (abs. Bzl.), man erhitzt 22 g vorst. Verb. u. 5 g Al-Staub in 50 ml Vaselinöl

(Kp.$_2$ 210—230°), langsam auf 278° (Bad-Temp. 300°) bis die H_2-Entw. beendet ist; lange Nadeln aus abs. Bzl.; 88%. Renate Richter. 980◇

0834 **Bifunktionelle Siliconmonomere: Hydrolyse und Kondensation.** 3. Mitt. **Hydrolyse von Dialkyl(aryl)-dimethoxysilanen.** Stanisław Chrzczonowicz und Zygmunt Lasocki. (Roczniki Chem. [Ann. Soc. chim. Polonorum] **34,** 1667—74, 1960; Łódź, Politechn., Zakł. Technol. Tworz. Stuczn.; pol.) — 2. vgl. C. **1960, 4486.** — Dialkyl(aryl)-dimethoxysilane wurden in streng neutralem Medium bei 40 ± 0,1° hydrolysiert. Es entstehen dabei die entsprechenden krist. *Silandiole.* Die Ausbeute ist bei Verw. von W. u. Methanol (homogene Rk.) besser als mit W. allein. In der Reihe $RCH_2Si(OCH_3)_2$ nimmt die Hydrolyse-Geschw. mit größer werdendem R schnell ab. Ursache ist nach Ansicht der Vff. weniger die ster. Hinderung als der Induktionseffekt des Substituenten R. Beim Cyclohexyl-Deriv. wird ein weiterer starker Abfall der Reaktivität der Si—O-Bindung beobachtet. Die Phenyl-Verb. wird überhaupt nicht hydrolysiert. In der Reihe $R_2Si(OCH_3)_2$ verläuft die Hydrolyse ähnlich, die Unterschiede in den Reaktivitäten sind aber wegen der größeren Sprünge zwischen den Mol.-Größen von Glied zu Glied deutlicher.

Versuche: Dialkyl(aryl)-dimethoxysilane, nach der Meth. der Vff. (l. c.): *Dimethyl-*, Kp.$_{747}$ 82,0—82,2°, D_4^{20} 0,8580, n_D^{20} 1,3704. — *Methyläthyl-*, Kp.$_{750}$ 105,5°, D_4^{20} 0,8731, n_D^{20} 1,3854. — *Methyl-n-propyl-*, Kp.$_{750}$ 126°, D_4^{20} 0,8689, n_D^{20} 1,3931. — *Methyl-n-butyl-*, Kp.$_{750}$ 149°, Kp.$_{16}$ 50,5°, D_4^{20} 0,8682, n_D^{20} 1,4007. — *Methylcyclohexyl-*, Kp.$_{750}$ 196°, Kp.$_{25}$ 95,5°, D_4^{20} 0,9472; n_D^{20} 1,4354. — *Methyl-phenyl-*, Kp.$_{750}$ 199°, Kp.$_{25}$ 100°, D_4^{20} 0,9934, n_D^{20} 1,4694. — *Diäthyl-*, Kp.$_{760}$ 130°. — *Di-n-propyl-*, Kp.$_{760}$ 168°, n_D^{20} 1,4082. — *Di-n-butyl-*, Kp.$_{760}$ 205,4°, Kp.$_{18}$ 97°, n_D^{20} 1,4184. — *Dicyclohexyl-*, Kp.$_9$ 155°, D_4^{20} 0,9830, n_D^{20} 1,4765. — *Diphenyl-*, Kp.$_{760}$ 286°, Kp.$_{18}$ 171°, n_D^{20} 1,5385. — Durch Hydrolyse vorst. Verbb. in neutralem Medium wurden nachst. Dialkylsilandiole erhalten: *Dimethyl-*, F. 98—99° (Bzl. + n-Heptan); 85—98% (Ausbeute). — *Methyläthyl-*, F. 79—80°. — *Methyl-n-propyl-*, F. 75—76°. — *Methyl-n-butyl-*, F. 61—62°. — *Methylcyclohexyl-*, F. 97—98°. — *Diäthyl-*, F. 94—95°. — *Di-n-propyl-*, F. 98—99°. — *Di-n-butyl-*, F. 96—97°. F. Urban. 980◇

0835 **Organooxyhalogensilane.** Ryszard Piękoś. (Wiadomości chem. **15,** 313—46, 1961; Gdańsk, Akad. Med., Kat. Chem. nieorg. i analit.; pol.) — Übersicht über Darst.-Meth. von Alkyl(aryl)-oxyhalogensilanen mit einer tabellar. Zusammenstellung aller bekannten Verbb. u. ihrer wichtigsten physikal. Eigenschaften. — 93 Literaturangaben. F. Urban. 980◇

0836 **Synthese von Phosphonsäureestern mit heterocyclischen Resten.** 6. Mitt. **Reaktion von Estern der phosphorigen Säure mit Furfurol, Brenzschleim- und Furfurylacrylsäure.** B. A. Arbusow und W. M. Soroasstrowa. (Nachr. Akad. Wiss. UdSSR, Abt. chem. Wiss. **1960,** 1030 bis 1034; Kasan, Univ., Chem. Butlerow-Forschungsinst.; russ.) — 2. vgl. C. **1960,** 9205. — Unter den Prodd. der Rk. von Triäthylphosphit (I) oder Triisopropylphosphit (II) mit Furfurol (3—5 Std. bei 160—165°) wurden *Triäthylphosphat* [III; $C_6H_{15}O_4P$, Kp.$_{4,5-5}$ 78,5—80°; D^{20} 1,0723; n_D^{20} 1,4095] bzw. *Triisopropylphosphat* [IV; Kp.$_5$ 87,5—88,5°; D^{20} 0,9876; n_D^{20} 1,4062; ca. 50% (Ausbeute)] sowie wenig *1.2-Bis-[furyl-(2)]-äthylen* [F. 101—102°; Nadeln] gefunden. — Die Rk. von I bzw. II mit Brenzschleimsäure (V; 3std. Erhitzen auf 130—140° bzw. 150—160°) liefert u. a. *Diäthylphosphit* [VI; Kp.$_{14}$ 76°] bzw. *Diisopropylphosphit* [$C_6H_{15}O_3P$, Kp.$_4$ 63—68°; D^{20} 0,9999; n_D^{20} 1,4095] sowie V-*Äthylester* [Kp.$_3$ 58—64°, F. 35—37°] bzw. V-*Isopropylester.* — Aus den Prodd. der Rk. von I mit β-[Furyl-(2)]-acrylsäure (VII; 3 Std. bei 150—160°) wurden VI u. VII-*Äthylester* [Kp.$_5$ 100 bis 101°; D^{20} 1,0927; n_D^{20} 1,5325] isoliert. — Bei der Rk. von I bzw. II mit Benzaldehyd (7 Std. bei 160—170° bzw. 4½ Std. bei 200—210°) wurden III bzw. IV, eine *Verb.* $C_{13}H_{21}O_4P$ [Kp.$_2$ 127—132°; D^{20} 1,1009; n_D^{20} 1,5043] bzw. eine *Verb.* $C_9H_{21}O_4P$ [Kp.$_{7,5-8}$ 118—119°; D^{20} 0,9870; n_D^{20} 1,4205] u. eine *Verb.* $C_{16}H_{27}O_3P$ [Kp.$_{10}$ 120—121,5°; D_4^{20} 1,0118; n_D^{20} 1,5030] sowie *Stilben* [$C_{14}H_{12}$, F. 124—125° (A.)] erhalten. Helmut Schäfer. 980△

0837 **Phosphororganische Derivate des Schwefels und Selens.** 16. Mitt. **Dialkyl- und Alkylarylthiopyrophosphinate RR'P(S)OP(O)RR'. Einwirkung von Schwefelwasserstoff auf Dialkyl- und Alkylarylphosphinsäurechloride.** Jan Michalski und Aleksandra Skowrońska. (Roczniki Chem. [Ann. Soc. chim. Polonorum] **34,** 1381—84, 1960; Łódź, Polish Acad. of Sci., Inst. of Organ. Synth.; Inst. of Technol., Dep. of Organ. Chem.; engl.) — 15. vgl. C. **1961,** 14252. — Dialkyl- sowie Alkylarylphosphinsäurechloride werden in Ggw. von Pyridin (I) mit H_2S unter Bldg. von *Tetraalkyl-* bzw. *P¹.P²-Dialkyl-P¹.P²-diarylthionopyrophosphinsäuren* umgesetzt.

Versuche: Thionopyrophosphinsäuren: *Tetraäthyl-*, $C_8H_{20}O_2P_2S$, Kp.$_{0,5}$ 146—147°, durch 2std. Einleiten von H_2S in eine Lsg. von 0,3 Mol Diäthylphosphinsäurechlorid u. 0,33 Mol I in abs. Bzl. bei 10°, Filtrieren u. Dest.; n_D^{25} 1,5056; 60% (Ausbeute). — *P¹.P²-Diäthyl-P¹.P²-dibutyl-*, $C_{12}H_{28}O_2P_2S$, Kp.$_{0,7}$ 164—166°, aus Äthylbutylphosphinsäurechlorid; n_D^{25} 1,4922; 82%. — *P¹.P²-Diäthyl-P¹.P²-diphenyl-*, $C_{16}H_{20}O_2P_2S$, Kp.$_{0,02}$ 160—165°, aus Äthylphenylphosphinsäurechlorid; n_D^{30} 1,5902; 70%. L. Lamza. 980△

0838 **Hydrolyse von N-aromatisch substituierten Amiden.** W. S. Owen. (Mikrochim. Acta [Wien] **1963,** 19—22; Coventry, England, Lanchester Coll. of Technol., Dep. of Chem., Metallurgy and Textiles; engl.) — Nach der C. **1962,** 16780 beschriebenen Meth. werden folgende Amide alkal. hydrolysiert (Prodd.): Acetanilid [*Anilin* (I), Kp. 183—184°], Acet-o-toluidid (*o-Toluidin*, Kp. 199—200°), Acet-p-toluidid (*p-Toluidin*, F 43°), p-Chloracetanilid (*p-Chloranilin*, F. 70°), p-Äthoxyacetanilid (*p-Phenetidin*, Kp. 251—254°), N-Acetyl-diphenylamin (*Diphenylamin*, F. 54°), p-Aminoacetanilid (*p-Phenylendiamin*, F. 140°), Carbanilid (I u. CO_2), Thiocarbanilid (I u. H_2S), Benzanilid [I u. *Benzoesäure* (III, F. 121°)], Salicylanilid (I u. *Salicylsäure*, F. 159°), Naphthol AS [I u. *β-Hydroxynaphthoesäure* (II, F. 221°)], Naphthol AS-TR [*4-Chlor-2-aminotoluol* (F. 27—28°) u. II], Naphthol AS-OL [*o-Anisidin* (Kp. 224—225°) u. II], Benzamid (NH_3 u. III), Phthalimid (NH_3 u. *Phthalsäure*, F. 204°) u. Succinimid (NH_3 u. *Bernsteinsäure*, F. 185—186°). J. Weiner. 990◇

0839 **Bromierung von Benzotrifluorid.** Kan Inukai und Teruo Ueda. (Rep. Government ind. Res. Inst., Nagoya **11,** 35—40, 1962; jap., Auszug: engl.) — Vf. untersucht die Bromierung von *Benzotrifluorid* in Ggw. von $FeCl_3$, $AlCl_3$, $SbCl_5$, J_2 u. Cl_2. Als Hauptprod. entsteht *3-Brombenzotrifluorid* (I); daneben *4-Brombenzotrifluorid, Benzoesäure, 3-Brom-* u. *3.4-Dibrombenzoesäure.* Durch SbF_5 kann die I-Ausbeute von 50—60 auf 66,7% erhöht werden. P. Gregorzewski. 1010◇

0840 **Derivate des Pyrogalloltrimethyläthers.** 2. Mitt. **Darstellung und Reaktionen des Tris-[chlormethyl]-pyrogalloltrimethyläthers.** Franz Dallacker und Peter Hardt. (Liebigs Ann. Chem. **652,** 45—49, 1962; Aachen, TH, Inst. für Organ. Chem.; dt.) — 1. vgl. C. **1963,** 9270. — Behandlung von 3.4.5-Trimethoxybenzylalkohol (I) mit Paraformaldehyd/HCl bei 65—70° liefert *1.2.3-Tris-[chlormethyl]-4.5.6-trimethoxybenzol* (II). 1.2-Bis-[chlormethyl]-3.4.5-trimethoxybenzol als Zwischenprod. der Rk. konnte nicht isoliert werden. Umsetzung von II mit Na-Alkoholaten bzw. K-Thiolaten gibt die entsprechenden *Tris-[alkoxymethyl]-* bzw. *Tris-[alkylmercaptomethyl]-trimethoxybenzole.* Letztere lassen sich mit H_2O_2 zu den entsprechenden *Sulfonen* oxydieren. Mit $KOOCCH_3/CH_3COOH$ entsteht aus II das *Triacetat,* dessen Hydrazinolyse *1.2.3-Tris-[hydroxymethyl]-4.5.6-trimethoxybenzol* (III) liefert. Bei der alkal. $KMnO_4$-Oxydation von II entsteht *4-Carboxy-5.6.7-trimethoxyphthalid.* IR-Maxima s. Original.

Versuche: 4.5.6-Trimethoxybenzole, durch 2std. Kochen von II mit Na u. dem entsprechenden Alkohol: *1.2.3-Tris-[chlormethyl]-* (II), $C_{12}H_{15}Cl_3O_3$, F. 59°, Kp.$_2$ 164°, durch 8std. Einleiten von HCl in I u. Paraformaldehyd in Essigsäure bei 65—70° u. Zers. mit Eiswasser; 58% (Ausbeute). — *1.2.3-Tris-[methoxymethyl]-*, $C_{15}H_{24}O_6$, Kp.$_2$ 146 bis 147°, Öl; 62%. — *1.2.3-Tris-[äthoxymethyl]-*, $C_{18}H_{30}O_6$, Kp.$_{2-3}$ 146—148°, Öl; 57%. — *1.2.3-Tris-[isopropoxymethyl]-*, $C_{21}H_{36}O_6$, F. 48—49°, Kp.$_1$ 148—150°, wachsartig; 58%. — *1.2.3-Tris-[n-butoxymethyl]-*, $C_{24}H_{42}O_6$, Kp.$_{1-2}$ 195—197°, Öl; 59%. — *1.2.3-Tris-[äthylmercaptomethyl]-* (IV), $C_{18}H_{30}O_3S_3$, Kp.$_2$ 198—201°, durch Zutropfen von 20%ig. methanol. KOH bei 0° zu II, Äthylmercaptan u. Methanol, 1std. Rühren, Dest. des Methanols u. Zers. mit W.; gelbliches, lauchartig riechendes Öl; 86%. — *1.2.3-Tris-[phenylmercaptomethyl]-*, $C_{30}H_{30}O_3S_3$, F. 85—86°, analog IV aus II u. Thiophenol; Nadeln aus Bzn. oder Diisopropyläther; 59%. — *1.2.3-*

Tris-[äthansulfonylmethyl]-, $C_{18}H_{30}O_9S_3$, F. 186—187°, durch Zutropfen von 30%ig. H_2O_2 bei 100° zu **IV** in CH_3COOH, 2std. Kochen u. Zers. mit W.; Kristalle aus Methanol; 62%. — *1.2.3-Tris-[benzolsulfonylmethyl]-*, $C_{30}H_{30}O_9S_3$, F. 223°, analog vorst. Verb. aus vorvorst. Verb.; Kristalle aus Methanol oder Bzl.; 58%. — *1.2.3-Tris-[acetoxymethyl]-*, $C_{18}H_{24}O_9$, F. 90°, durch 5std. Erhitzen von **II**, mit wasserfreiem $KOOCCH_3$ u. CH_3COOH u. Zers. mit W.; Kristalle; 82%. — *1.2.3-Tris-[hydroxymethyl]-* (**III**), $C_{12}H_{18}O_6$, F. 89°, durch 7std. Kochen vorst. Verb. in Methanol mit 100%ig. $N_2H_4 \cdot H_2O$, Zers. mit W. u. Sättigen mit NaCl bei —20°; Nadeln; 30%. — *4-Carboxy-5.6.7-trimethoxyphthalid*, $C_{12}H_{12}O_7$, F. 169°, durch Zutropfen von $KMnO_4$ u. KOH in W. bei 100° zu **III** in W.; 26%. G. Fricke. 1060◇

0841 **Claisensche Umlagerung von Allylarylsulfiden.** Harold Kwart und C. M. Hackett. (J. Amer. chem. Soc. **84**, 1754—55, 1962; Newark, Del., Univ., Dep. of Chem.; engl.) — Bei der therm. Isomerisierung von *Allylmercaptobenzol* (**I**) wurde nur *Propenylmercaptobenzol* (**II**) u. im Gegensatz zu den Angaben von Hurd u. Greengard [1930] kein o-Allylthiophenol (**III**) gefunden. Bei der Dest. von **I** in Ggw. von N.N-Diäthylanilin oder Chinolin wurden *2-Methyl-2.3-dihydrothionaphthen* (**IV**), **II** u. wenig **III** neben **I** erhalten. **II** wird bei analoger Dest. nicht verändert. Oxydation von **IV** mit 30%ig. H_2O_2 gab *2-Methyl-2.3-dihydrothionaphthen-1.1-dioxid*, $C_9H_{10}O_2S$, F. 116,5—117,5° (Identifizierung durch Kernresonanzspektrum). Gerhard Cleve. 1090◇

0842 **Gemischte Sulfoncarbonsäureanhydride.** C. G. Overberger und E. Sarlo. (J. Amer. chem. Soc. **85**, 2446—48, 1963; Brooklyn, N.Y., Polytechn. Inst., Dep. of Chem.; engl.) — 5 gemischte *Arylsulfonsäure-Carbonsäure-Anhydride* wurden dargestellt. Diese Verbb. sind akt. Acylierungsreagentien, die unter milden Bedingungen u. in hohen Ausbeuten *Acylierungs-Prodd.* liefern; eine Sulfonylierung wurde dabei nicht beobachtet. Benzamid wurde zu *Benzonitril* dehydratisiert.

Versuche: *Benzoylbenzolsulfonat* (**I**), $C_{13}H_{10}O_4S$, F. 75 bis 78° (Ae.), durch Zutropfen von C_6H_5COCl zu einer Lsg. von $C_6H_5SO_3Ag$ in CH_3CN bei 0° u. anschließendes 4std. Rühren unter Lichtausschluß; 55% (Ausbeute). — *Benzoyl-p-toluolsulfonat* (**II**), $C_{14}H_{12}O_4S$, F. 55—58°, aus p-$C_7H_7SO_3Ag$ (**III**) u. C_6H_5COCl; 63%. — *Propionylbenzolsulfonat*, $C_9H_{10}O_4S$, F. 44—46° (Hexan), hygroskop., aus $C_6H_5SO_3Ag$ u. C_2H_5COCl; 48%. — *p-Nitrobenzoyl-p-toluolsulfonat* (**IV**), $C_{14}H_{11}NO_6S$, F. 167—169° (Bzl.), aus **III** u. p-Nitrobenzoylchlorid (Rühren über Nacht); 45%. — *Terephthaloyl-bis-[p-toluolsulfonat]* (**V**), $C_{22}H_{18}O_8S_2$, F. 174—176°, wie vorst. aus **III** u. Terephthaloyldichlorid; 55%. — Rk. von **I** mit Anilin in Ae. (½std. Rühren) gab 96,5% *Aniliniumbenzolsulfonat*, F. 235—237°, u. 94,5% *Benzanilid*, F. 163—163,5° (Ae.). — Rk. von **I** mit Phenol in Bzl. (2std. Rühren) gab 68% *Phenylbenzoat*, F. 69—70°. — Rk. von **II** mit Benzamid in sd. Ae. (12 Std.) gab 44% *Benzonitril* (Kp.$_{1,5}$ 50°, n_D^{23} 1,5272), daneben *Benzoesäure*, F. 121—122°. — Rk. von **II** mit Styroloxid in Bzl. (24std. Rühren) gab 14% *1-Phenyl-2-benzoyloxyäthyl-p-toluolsulfonat* (?), $C_{22}H_{20}O_5S$, F. 96—97° (wss. CH_3OH). — *1-Methyl-2-benzoyloxyäthyl-p-toluolsulfonat* (?), $C_{17}H_{18}O_5S$, F. 100—102° (wss. CH_3OH), aus **II** u. Propylenoxid in Ae. (24std. Rühren); 22%. — Rk. von **IV** in Butanon mit Anilin in Ae. (2std. Rühren) gab 54% *p-Nitrobenzanilid*, F. 210—212° (CH_3OH). — Rk. von **IV** mit Phenol in sd. Bzl. (12 Std.) gab 76% *Phenyl-p-nitrobenzoat*; F. 129—130° (Hexan). — Rk. von **IV** mit A. in sd. Bzl. (2 Std.) gab 94% *p-Nitrobenzoesäureäthylester*, F. 57—58°. — Rk. von **V** mit Pentandithiol-(1.5) in sd. Bzl. unter N_2 (12 Std.) gab 60% eines gelblichen *Polymeren*. J. Rothe. 1090◇

0843 **Untersuchungen über Farbkuppler für die subtraktive Farbphotographie. 6. Mitt. Synthese von Benzoylacetanilid-Derivaten, die eine Sulfonamidogruppe enthalten.** Noboru Kunimine. (J. pharmac. Soc. Japan [Yakugakuzasshi] **76**, 910—11, 1956; Tokyo, Konishiroku Photo. Ind. Co., Chem. Res. Labor.; jap., Auszug: engl.) — 5. vgl. J. pharmac. Soc. Japan [Yakugakuzasshi] **75**, [1955], 618. — p-[2-Benzoylacetamido]-benzolsulfonylchlorid (**II**) wird in guter Ausbeute durch Chlorsulfonierung von Benzoylacetanilid (**I**) erhalten u. ergibt durch Rk. mit Aminen *N^1-substituierte 4-[2-Benzoylacetamido]-benzolsulfonamide*.

Versuche: *p-[2-Benzoylacetamido]-benzolsulfonylchlorid* (**II**), F. 147—149°, durch Zugabe von **I** zu $ClSO_3H$ bei —5°, 1std. Stehen bei 2°, 3std. Rühren bei 15° u. Gießen auf Eis; 70% (Ausbeute). — N^1-substituierte 4-[2-Benzoylacetamido]-benzolsulfonamide, durch 1std. Kochen von **II** mit Aminen in Bzl. in Ggw. von Pyridin: *Unsubstituiert*, F. 207—208° (Methanol), aus 3 g **II** mit NH_4OH, jedoch ohne Pyridin; 2,7 g. — *N^1-Phenyl-*, $C_{21}H_{18}N_2O_4S$, F. 163° (Ae.), aus Anilin; 94%. — *N^1-Methyl-N^1-phenyl-*, $C_{22}H_{20}O_4N_2S$, F. 152—153° (Methanol), aus 2 g N-Methylanilin; 5,5 g. — *N^1-[Benzthiazolyl-(2)]-*, $C_{22}H_{17}N_3O_4S_2$, F. 218 bis 220° (Eisessig), aus 2,5 g 2-Aminobenzthiazol; 5 g. — *N^1-[4-Phenylthiazolyl-(2)]-*, $C_{24}H_{19}N_3O_4S_2$, F. 193—194° (Eisessig), aus 2 g 2-Amino-4-phenylthiazol; 3,5 g. — *N^1-[Benzimidazolyl-(2)]-*, $C_{22}H_{18}N_4O_4S$, F. 205—206° (Methanol), aus 0,7 g 2-Aminobenzimidazol; 1,2 g. — *N^1-[4-Dodecyloxyphenyl]-*, $C_{33}H_{42}N_2O_5S$, F. 140—141° (Methanol), aus 11 g nachst. Verb.; 14 g. — *4-Dodecyloxyanilinhydrochlorid*, $C_{18}H_{32}ClNO$, F. 110°, durch Red. von 4-Dodecyloxynitrobenzol (F. 52°). H.-J. Weigmann. 1090△

0844 **Dehydratisierungsreaktionen von Benzaldoxim mittels Verbindungen mit einer Stickstoff-Kohlenstoff-Doppelbindung.** Teruaki Mukaiyama, Tamotsu Fujisawa und Ohyo Mitsunobu. (Bull. chem. Soc. Japan **35**, 1104—06, 1962; Tokyo, Inst. of Technol., Labor. of Organ. Chem.; engl.) — Rk. von N-Phenylphosgenimin (**I**) mit 1 Val Benzaldoxim (**II**) liefert *Phenylisocyanat* (**V**), *Benzonitril* (**IV**), *HCl* u. etwas *Anilinhydrochlorid* (**VI**). Die Rk. verläuft wahrscheinlich über *N-Phenylcarbamoylchlorid*, das in **V** u. HCl zerfällt. Die Bldg. von **VI** wird auf Zers. eines Addukts aus **V** u. **II** durch HCl zurückgeführt. Dies bestätigt die Rk. von **I** u. 2 Val **II**, bei der **VI** u. **IV** unter Entw. von HCl u. CO_2 gebildet werden. Verss. mit N-Phenylchlorformimidsäureäthylester (**III**) u. **II** führen zu analogen Ergebnissen. Rk. von Phenylformimidsäureäthylester u. **I** in Ggw. von BF_3 u. HgO gibt **IV** u. *Formanilid*.

Versuche: *N-Phenylphosgenimin* (**I**), Kp.$_{28}$ 102—104°, nach Bly u. Mitarbeitern [1922] aus Phenylisothiocyanat u. Cl_2. — *N-Phenylchlorformimidsäureäthylester* (**III**), Kp.$_{12}$ 114 bis 116°, nach Smith [1894] aus **I** u. C_2H_5ONa. — *N-Phenylformimidsäureäthylester*, Kp.$_{40}$ 117—118°, aus Anilin u. Orthoameisensäuretriäthylester. — *Benzonitril* (**IV**), Kp.$_{25}$ 85 bis 87°, Kp.$_{10}$ 66—68°, a) durch Rühren von **I** u. 1 Val **II** in abs. Bzl., 1std. Kochen, Einengen u. Fraktionieren; 72% (Ausbeute); daneben 84% **V** (Kp.$_{10}$ 48—50°) u. 11% **VI** [F. 195—197° (A.)]; b) analog a) aus **I** u. 2 Val **II**; 75%; daneben 92% **VI**; c) durch Zutropfen von **II** in abs. Bzl. zu **III** in abs. Bzl. bei 0° u. 1std. Kochen; 78%; daneben 8% **VI**, 76% *N-Phenylcarbaminsäureäthylester* [F. 48—50° (PAe.), Kp.$_2$ 106—115°] u. 14% *Diphenylharnstoff* [F. 234—236° (Essigsäure)]; d) durch 5std. Kochen von vorst. Verb. u. **II** in Ggw. von BF_3-Ätherat u. HgO in abs. Bzl.; 85%; daneben 27% *Formanilid* (F. 40—44°, Kp.$_{0,35}$ 108—112°). — *Phenylisocyanat* (**V**), Kp.$_{15}$ 58—60°, durch Einleiten von HCl in eine Lsg. von **III** in sd. Bzl.; 66%. H. Gleinig. 1210◇

0845 **Pentachlorbenzoesäure und ihre Derivate.** L. G. Sagorskaja, Ss. I. Burmisstrow und Ss. A. Jaschkowa. (J. allg. Chem. [UdSSR] **32** (**94**), 2612—13, 1962; russ.) — Die Darst. von *Pentachlorbenzoesäure* u. einigen ihrer *Derivv.* wird beschrieben.

Versuche: *Pentachlorbenzoesäure*, $C_7HCl_5O_2$, F. 203 bis 204° (A.), durch Einleiten von Cl_2 in eine Lsg. von 122 g Benzoesäure in 500 ml H_2SO_4-Monohydrat u. 6,5 g J_2 bis zur Gew.-Konstanz u. Gießen auf Eis; 42% (Ausbeute). *Chlorid*, F. 86—87° (Ae.), durch 10std. Erhitzen von 44 g Säure mit PCl_5 auf 130—150° (Bad-Temp.) u. Abdestillieren von $POCl_3$ bei 50°/25 mm; 77,5% (Rohausbeute). *Amid*, $C_7H_2Cl_5NO$, F. 268° (A.), durch langsame Zugabe von 11,6 g Chlorid in Ae. zu NH_4OH (im Überschuß); 77%. *Äthylamid*, $C_9H_6Cl_5NO$, F. 218,5—219°, durch Zugabe von 1,5 g Chlorid in 25 ml Ae. zu 0,81 g Äthylaminhydrochlorid in 10 ml W. u. darauf von 0,4 g NaOH in 5 ml W., 24std. Stehenlassen; 95%. *Diäthylamid*, $C_{11}H_{10}Cl_5NO$, F. 141—142° (A.), aus 3 g Chlorid in 25 ml Ae. u. überschüssigem Diäthylamin, 24std. Stehenlassen; 92%. *n-Butylamid*, $C_{11}H_{10}Cl_5NO$, F. 179 bis 179,5° (A.), aus 0,005 Mol Chlorid in 25 ml Ae. u. 0,01 Mol n-Butylamin, Zugabe von 0,01 Mol NaOH in 5 ml W. u. 12std. Stehenlassen; 80%. *Anilid*, $C_{13}H_6Cl_5NO$, F. 269° (A.), aus Chlorid u. Anilin im Überschuß; 76%. I. Schade. 1210△

0846 **Bromierung von Verbindungen, die zwei aromatische Kerne enthalten.** 16. Mitt. **Bromierung einiger Arylamide der 2-Hydroxy-3-methylbenzoesäure (o-Kresotinsäure).** V. R. Patakoot und G. V. Jadhav. (J. Indian chem. Soc. **33**, 143–45, 1956; Bombay, Inst. Sci.; engl.) – Die Bromierung verschiedener Arylamide der 2-Hydroxy-3-methylbenzoesäure durch Kochen mit Br_2 in Essigsäure oder Stehen mit Br_2 über Nacht wird beschrieben. Die Struktur der erhaltenen Stoffe wird durch Hydrolyse mit wss. NaOH oder 80%ig. H_2SO_4 durchgeführt, wobei neben *5-Brom-2-hydroxy-3-methylbenzoesäure* die entsprechenden Basen durch Extraktion mit Ae. gewonnen werden. Aus den Verss. kann geschlossen werden, daß die CH_3-Gruppe das Mol. für die Bromierung aktiviert.

Versuche: 2-Hydroxy-3-methylbenzoesäureamide: *N-Phenyl-4'.5-dibrom-*, F. 162–163°, durch Zugabe einer 50%ig. essigsauren Br_2-Lsg. zu N-Phenyl-2-hydroxy-3-methylbenzoesäureamid in sd. Essigsäure. – *N-Phenyl-2'.4'.5-tribrom-*, F. 197–198°, durch Stehen von N-Phenyl-2-hydroxy-3-methylbenzoesäureamid in Br_2 über Nacht. – *N-[o-Tolyl]-4'.5-dibrom-*, F. 154–155°. – *N-[m-Tolyl]-4'.5-dibrom-*, F. 162–163°. – *N-[m-Tolyl]-4'.5.6'-tribrom-*, F. 183–184°. – *N-[p-Tolyl]-5-brom-*, F. 162–163°. – *N-[p-Tolyl]-2'.5-dibrom-*, F. 204–205°. – *N-[o-Nitrophenyl]-5-brom-*, F. 210–211°. – *N-[o-Nitrophenyl]-5.6'-dibrom-*, F. 205–206°. – *N-[p-Nitrophenyl]-5-brom-*, F. 265–266°. – *N-[p-Nitrophenyl]-2'.5-dibrom-*, F. 240–241°. – *N-[o-Methoxyphenyl]-5.5'-dibrom-*, F. 145–146°. – *N-[o-Methoxyphenyl]-5.5'.6'-tribrom-*, F. 149–150°. – *N-[p-Methoxyphenyl]-3'.5-dibrom-*, F. 185–186°. – *N-[p-Methoxyphenyl]-2'.5.5'-tribrom-*, F. 215–216°. – *N-[p-Äthoxyphenyl]-3'.5-dibrom-*, F. 184–185°. – *N-[p-Äthoxyphenyl]-2'.5.5'-tribrom-*, F. 245 bis 246°. – *N-[β-Naphthyl]-1'.5-dibrom-*, F. 145–146°. – *N-[β-Naphthyl]-1'.3'.5.6'-tetrabrom-*, F. 163–164°.

W. Hampel. 1250△

0847 **Synthesen von Antispasmodica.** 6. Mitt. Kihachiro Okamoto, Hirokazu Kadowaki und Shigeko Sono. (J. pharmac. Soc. Japan [Yakugakuzasshi] **76**, 880–82, 1956; Kyoto, Kyoto Yakuhin Ind., Ltd., Res. Labor.; jap., Auszug: engl.) – 5. vgl. J. pharmac. Soc. Japan [Yakugakuzasshi] **74**, [1954], 1273. – *Mono-* u. *Bis-[o-carbamoyl]-* sowie *Mono-* u. *Bis-[o-phenylcarbamoyl]-Derivv.* von *3-[o-Tolyloxy]-*, *3-[o-Methoxyphenyloxy]-* u. *3-[1.2.3.4-Tetrahydronaphthyl-(7)-oxy]-propandiol-(1.2)* werden dargestellt, ihre pharmakolog. Eigg. werden angegeben.

Versuche: Propane, durch Rk. (4–5 Tage bei Raum-Temp., ½ Std. bei 60°) von 3-[Aryloxy]-propandiolen-(1.2) (**P**) mit einem Äquivalent bzw. 2 Äquivalenten Phenylisocyanat in Bzl. (Meth. **A** bzw. **B**); durch 40 Min. lange Zugabe von 1 bzw. 2 Äquivalenten einer benzol. Lsg. von $COCl_2$ zu **P** in Bzl. bei 35–40°, 1std. Rühren, Zugabe von Dimethylanilin, ½std. Rühren, Zugabe von Eiswasser, 2–3std. Rühren, Versetzen der Benzolphase mit konz. NH_4OH bei 5° u. 1tägiges Stehen (Meth. **C** bzw. **D**): *1-[o-Tolyloxy]-2-hydroxy-3-phenylcarbamoyloxy-*, $C_{17}H_{19}NO_4$, F. 75,5 bis 76,5°, nach **A** aus 3-[o-Tolyloxy]-propandiol-(1.2) (**I**); Blättchen; 36% (Ausbeute). – *1-[o-Tolyloxy]-2.3-bis-[phenylcarbamoyloxy]-*, $C_{24}H_{24}N_2O_5$, F. 123,5–125° (A.), nach **B** aus **I**; 40%. – *1-[o-Methoxyphenyloxy]-2-hydroxy-3-carbamoyloxy-*, $C_{11}H_{15}NO_5$, F. 92–93° (W.), nach **C** aus 3-[o-Methoxyphenyloxy]-propandiol-(1.2) (**II**); 48%. – *1-[o-Methoxyphenyloxy]-2.3-bis-[carbamoyloxy]-*, $C_{12}H_{16}N_2O_6$, F. 158 bis 159° (A.), nach **D** aus **II**; 29%. – *1-[o-Methoxyphenyloxy]-2-hydroxy-3-[phenylcarbamoyloxy]-*, $C_{17}H_{19}NO_5$, F. 86,5 bis 88,5° (Bzl./Ae.), nach **A** aus **II**; 21%. – *1-[o-Methoxyphenyloxy]-2.3-bis-[phenylcarbamoyloxy]-*, $C_{24}H_{24}N_2O_6$, F. 136 bis 137° (Bzl.), nach **B** aus **II**; 45%. – *1-[1.2.3.4-Tetrahydronaphthyl-(7)-oxy]-2-hydroxy-3-carbamoyloxy-*, $C_{14}H_{19}NO_4$, F. 110–111° (A.), nach **C** aus 3-[1.2.3.4-Tetrahydronaphthyl-(7)-oxy]-propandiol-(1.2) (**III**); 20%. – *1-[1.2.3.4-Tetrahydronaphthyl-(7)-oxy]-2.3-bis-[carbamoyloxy]-*, $C_{15}H_{20}N_2O_5$, F. 156,5 bis 157,5° (Aceton), nach **D** aus **III**; 28%. – *1-[1.2.3.4-Tetrahydronaphthyl-(7)-oxy]-2-hydroxy-3-[phenylcarbamoyloxy]-*, $C_{20}H_{23}NO_4$, F. 96–98° (Bzl./PAe.), nach **A** aus **III**; 13%. – *1-[1.2.3.4-Tetrahydronaphthyl-(7)-oxy]-2.3-bis-[phenylcarbamoyloxy]-*, $C_{27}H_{28}N_2O_5$, F. 143,5–144,5° (Bzl.), nach **B** aus **III**; 60%.

H.-J. Weigmann. 1280△

0848 **Ein Stickstoffanalogon von Hexöstrol: N.N'-Diäthyl-p.p'-dimethoxyhydrazobenzol.** Yujiro Nomura. (J. chem. Soc. Japan, pure Chem. Sect. [Nippon Kagaku Zassi] **77**, 997–98, 1956; Tokyo, Univ.; jap.) – *N.N'-Diäthyl-p.p'-dimethoxyhydrazobenzol* wird zur Unters. seiner physiolog. Eigg. dargestellt.

Versuche: *N.N'-Diäthyl-p.p'-dimethoxyhydrazobenzol*, $Kp._{0,2}$ 109–110°, durch Zugabe von 3,5 g $KMnO_4$ zu 10 g N-Äthyl-p-methoxyanilin in Essigester unter Eiskühlung, Filtrieren u. Fraktionieren; Öl; verfärbt sich an der Luft; 4 g Ausbeute.

H.-J. Weigmann. 1320△

0849 **Synthese von Chelanten in der Reihe der Azoxyverbindungen.** 2. Mitt. **Eine neue Synthese von 2-[2'-Aminophenylazoxy]-4-methylphenol und eine Synthese von 2-[2'-Bromphenylazoxy]-4-methylphenol.** W. M. Dsiomko und K. A. Dunajewskaja. (J. allg. Chem. [UdSSR] **30 (92)**, 3708–11, 1960; Allunions-Forschungsinst. für chem. Reagentien; russ.) – 1. vgl. J. allg. Chem. [UdSSR] **30 (92)**, [1960], 628. – Die Synth. von *o-[o-Brombenzolazoxy]-p-methylphenol* wird beschrieben.

Versuche: p-Methylphenole: *o-[o-Nitrobenzolazo]-*, $C_{13}H_{11}N_3O_3$, F. 108–110° (Chlf.–PAe.), durch Diazotierung von o-Nitroanilin u. Kupplung mit p-Kresol in A.–Na_2CO_3. – *o-[o-Nitrobenzolazoxy]-*, $C_{13}H_{11}N_3O_4$, F. 102–103° (Methanol–W.), durch 18std. Erhitzen von 3,2 g vorst. Verb. in 150 ml Eisessig u. 40 ml 30%ig. H_2O_2 auf 65–75°; gelb; 30% (Ausbeute). – *o-[o-Aminobenzolazoxy]-*, $C_{13}H_{13}N_3O_2$, F. 125,5° (A.–W.), durch Red. von 0,4 g vorst. Verb. in 120 ml Ae. mit H_2 an 0,2 g PtO_2; 11%. – *o-[o-Brombenzolazoxy]-*, $C_{13}H_{11}BrN_2O_2$, F. 96° (W.–Aceton, W.–A.), durch Diazotierung vorst. Verb. in 40%ig. HBr bei 0° mit $NaNO_2$ in Ggw. von Cu_2Br_2; 3%; b) durch Oxydation nachst. Verb. in Eisessig mit H_2O_2 bei 70–80°; gelbe Schüppchen; 15%. – *o-[o-Brombenzolazo]-*, F. 114° (Essigsäure, Methanol). *Acetyl-Deriv.*, F. 85–86°.

Helmut Schäfer. 1320△

0850 **Über Okta-[arylsilsesquioxane], $(ArSi)_8O_{12}$.** 1. Mitt. **Phenyl-, 4-Tolyl- und 1-Naphthylverbindungen.** Kjell Olsson und Christina Grönwall. (Ark. Kemi **17**, Nr. 54, 529–40, 1961; Uppsala, Univ., Chem. Inst., Labor. of Organ. Chem.; engl.) – *Oktakis-[phenylsilsesquioxan]* (**I**) wird dargestellt u. seine Identität mit nach anderen Meth. erhaltenem Oligophenylsilsesquioxan nachgewiesen. **I** kann aus CH_2Cl_2 in einer monoklinen (quadrat. Kristalle) u. aus Chinolin in einer triklinen (rhomb. Kristalle) Modifikation gewonnen werden. Ebenso werden *Oktakis-[4-tolylsilsesquioxan]* u. *Oktakis-[α-naphthylsilsesquioxan]* dargestellt. **I** kann mit rauchender HNO_3 zu *Oktakis-[nitrophenylsilsesquioxan]* nitriert werden. Frühere Darst.-Meth. werden diskutiert.

Versuche: Aryltrichlorsilane: *Phenyl-* (**II**), $Kp._{11}$ 75–77°, durch Zugabe von Phenyl-MgBr zu einem 50%ig. Überschuß an $SiCl_4$ u. 12std. Stehen bei Raum-Temp.; 53% (Ausbeute). – *3-Chlorphenyl-*, $Kp._{13}$ 106°, analog **II**; 33%. – *4-Bromphenyl-*, $Kp._{17}$ 125–126°; 30%. – *4-Methoxyphenyl-*, $Kp._{10}$ 122–124°; 56%. – *4-Tolyl-* (**III**), $Kp._{10}$ 95–97°; 65%. – *α-Naphthyl-* (**IV**), F. 55–57° (PAe.), $Kp._{10}$ 150–154°; 60%. – *1-Brom-3-chlorbenzol*, Kp. 192–194°, aus 3-Chloranilin. – *1-Naphthyltrimethoxysilan* (**V**), F. 35,5 bis 37° (Methanol), $Kp._{10}$ 162–164°, aus **IV**. – Oktakis-[arylsilsesquioxane]: *Phenyl-* (**I**), $C_{48}H_{40}O_{12}Si_8$, a) durch Zugabe von 0,1 Mol **II** während 5 Min. unter Rühren zu 475 ml 95%ig. A., 72std. Kochen; 25%; b) durch Zugabe von 25 ml W. unter Rühren u. Kühlen bei <10° zu 0,1 Mol **II** in 200 ml Ae., Dest. der gewaschenen Ae.-Lsg. u. 72std. Kochen des Rückstandes in Bzl./A. in Ggw. von 1,01n äthanol. KOH; 74%. – *4-Tolyl-*, $C_{56}H_{56}O_{12}Si_8$, F. ca. 400° (Zers.), analog **I** aus **III** u. 95%ig. A.; farblose Kristalle; 19%. – *α-Naphthyl-*, $C_{80}H_{56}O_{12}Si_8$, F. 343°, a) aus 0,1 Mol **V** in Methanol, Triäthylamin (T) u. W., 3std. Kochen, nach Abgießen der Fl. Lösen des Rückstandes in Aceton, Versetzen mit T u. W. u. 18std. Kochen unter Rühren; aus Pyridin/Aceton/W. farblose, rhomb. Kristalle; 52%; b) analog aus **IV**, T, Methanol u. W.; 37%; c) analog **I** aus **IV**, n-Propanol u. W.; 11%. – *x-Nitrophenyl-*, $C_{48}H_{32}N_8O_{28}Si_8$, F. 325° (Eisessig; Zers.), durch Zugabe von 1,3 g **I** zu 6 ml rauchender HNO_3 unter Rühren u. Kühlen u. Gießen auf Eis; aus Aceton/PAe. farblose rhomb. Kristalle; 50%.

K. Rühlmann. 1380◇

0851 **Einige neue „vielzähnige" Arsenliganden.** T. E. W. Howell, S. A. J. Pratt und L. M. Venanzi. (J. chem. Soc. [London] **1961**, 3167–68; Oxford, Univ., Inorganic Chem.

Labor.; engl.) — Durch Rk. von o-Diphenylarsinophenyl-Lithium (I) mit Dijodphenylarsin (II) wird *Bis-[o-diphenylarsinophenyl]-phenylarsin* u. durch Rk. mit $AsCl_3$ *Tris-[o-diphenylarsinophenyl]-arsin* erhalten. Analog reagiert I mit Dichlorphenylphosphin (III) u. mit PCl_3.

Versuche: *Bis-[o-diphenylarsinophenyl]-phenylphosphin*, $C_{42}H_{33}As_2P$, F. 238—240° (Anisol), durch Zugabe von 13 g III in 50 ml PAe. zu I [aus 27 g o-Bromphenyldiphenylarsin (IV)] unter N_2; 8,5 g (Ausbeute). — *Bis-[o-diphenylarsinophenyl]-phenylarsin*, $C_{42}H_{33}As_3$, F. 235—236° (Tetrahydrofurfurylalkohol), durch tropfenweise Zugabe von 12,63 g II in 30 ml trockenem Ae. zu I (aus 23,96 g IV); 8 g. — *Tris-[o-diphenylarsinophenyl]-phosphin*, $C_{54}H_{42}As_3P$, F. 238 bis 238,5°, analog aus 25 g IV u. 2,2 ml PCl_3; 5,2 g. — *Tris-[o-diphenylarsinophenyl]-arsin*, $C_{54}H_{42}As_4$, F. 239—240°, analog aus 23,3 g IV u. 1,69 ml $AsCl_3$; 10 g. G. Kowollik. 1380◇

0852 **Eine neue Synthese von Acetylencarbonsäuren, fußend auf einer Enoleliminierungsreaktion.** I. Fleming und J. Harley-Mason. (Chem. and Ind. **1962**, 560—61; Cambridge, Univ. Chem. Labor.; engl.) — Durch Umsetzen von Benzoylmalonsäurediäthylester mit Na-Äthylat u. p-Brombenzolsulfonsäurechlorid entsteht *Benzoylmalonsäurediäthylesterenol-p-brombenzolsulfonat* [I; F. 91—91,5°; 29% (Ausbeute)], analog entstehen *Cinnamoylmalonsäurediäthylesterenol-p-brombenzolsulfonat* (II; F. 98—99°; 52%), *Crotonoylmalonsäurediäthylesterenol-p-brombenzolsulfonat* (III; F. 71°; 45%) u. *Pentadien-(1.3)-carbonylmalonsäurediäthylesterenol-p-brombenzolsulfonat* (IV; F. 112—113°; 61%). Zers. von I mit NaOH in W. u. Dioxan gibt *Phenylpropiolsäure* (F. 137—138,5°; 73%), analog entstehen aus II *α-Styrylpropiolsäure* (V; F. 151—152°; 52%), aus III *Propenylpropiolsäure* (F. 131—133°; 57%), aus IV *Pentadien-(1.3)-ylpropiolsäure* (F. 118—121°; 30%); Cinnamoylmalonsäurediäthylesterenol-p-tosylat (F. 131,5—132°) gibt ein Gemisch von *Cinnamoylmalonsäureenol-p-tosylat* [F. 123—124° (Zers.)] u. *Cinnamoylmalonsäuremonoäthylesterenol-p-tosylat* [F. 131 bis 133° (Zers.)], Behandeln des Gemisches mit wss. Alkali gibt V (64%), Cinnamoylmalonsäurediäthylesterenol-β-naphthalinsulfonat (F. 95—96°) gibt V (55%), Phenylacetylmalonsäurediäthylesterenol-β-naphthalinsulfonat (F. 88°) gibt *Benzylpropiolsäure*. Bromierung von Benzoylmalonsäurediäthylester u. Behandeln mit Triäthylphosphit gibt *Benzoylmalonsäurediäthylesterenoldiäthylphosphat*. P. Becker. 1610△

0853 **Einwirkung von Hydroxylamin auf Mannich-Basen aus Benzylidenaceton.** Renato Andrisano und Giovanni Pappalardo. (Gazz. chim. ital. **88**, 113—24, 1958; Parma, Univ., Ist. di Chim. farm. e tossicol.; ital.) — Vgl. C. **1959**, 4778. — Die Einw. von Hydroxylaminhydrochlorid (I) auf die Hydrochloride von Mannich-Basen aus Benzylidenaceton ergibt jeweils ein *niedrigschm.* u. ein *hochschm. Oxim*. Die *Methojodide* der niedrigschm. Oxime werden mit Alkali zum *3-Styryl-Δ²-isoxazolin* (II) abgebaut. Die Oxime unterliegen nicht der Beckmannschen Umlagerung.

Versuche: *5-Diäthylamino-1-phenylpenten-(1)-on-(3)* (III), *niedrigschm. Oxim* (IV), $C_{15}H_{22}N_2O$, F. 100—102°, a) durch ½ std. Erhitzen von 5 g III-Hydrochlorid mit I in W., 12 std. Stehen des Gemisches, Aufnehmen des abfiltrierten Prod. in W. u. Alkalisieren mit 5%ig. NH_4OH; 1,3 g (Ausbeute); b) aus 2 g V in A. durch Einleiten von HCl, 12 std. Stehen u. Gießen in 7%ig. NH_4OH; 1 g; aus 70%ig. A. glänzende Schuppen oder Nadeln; Methojodid (VI), $C_{16}H_{25}JN_2O$, F. 146 bis 148° (Prismen). *Hochschm. Oxim* (V), F. 122—123°, durch Alkalisieren des Filtrates von IV mit 5%ig. NH_4OH u. Ausäthern des abfiltrierten Rückstandes; aus A. Prismen; *Methojodid*, F. 188—190°, aus A.-Ae. Prismen; beim Kochen mit Alkali tritt Zers. ein. — *p-Toluolsulfondiäthylamid*, F. 59°, durch 1 std. Erhitzen von IV bzw. V in abs. Pyridin mit p-Toluolsulfochlorid auf 50° u. Ansäuern der mit Eis gekühlten Lsg. mit 15%ig. H_2SO_4; aus Ligroin glänzende Schuppen. — *2-Phenylnaphthalin* (VII), F. 102°, a) aus IV bzw. V in abs. Dioxan mit PCl_5 bei 10°, 5 std. Stehen des Rk.-Gemisches, Eindampfen im Vakuum, 20 Min. langes Kochen des sirupösen Rückstandes in 15%ig. H_2SO_4, Wasserdampf-Dest. u. Ausäthern des wenig *Phenylacetaldehyd* enthaltenden Destillates; b) analog aus IX; aus 80%ig. A. Blättchen. — *2-Phenyl-1.4-naphthochinon*, F. 109°, durch Oxydation von VII mit CrO_3/Eisessig; aus A. goldgelbe Kristalle. — *3-Styryl-Δ²-isoxazolin* (II), $C_{11}H_{11}NO$, F. 113—114°, a) durch 10 Min. langes Kochen von VI in 15%ig. NaOH; b) durch Schütteln von 2,5 g Cinnamoylhydroxamsäurechlorid in Ae. bei 0° mit 15%ig. NaOH, Trocknen u. 3 std. Einleiten von Äthylen bei 0°, 12 std. Stehen bei Zimmer-Temp. u. Aufarbeiten; 0,6 g; Oxydation von II mit CrO_3 in 10%ig. H_2SO_4 gibt *Benzoesäure* (F. 121°). — *3-[α.β-Dibrom-p-phenyläthyl]-Δ²-isoxazolin*, $C_{11}H_{11}Br_2NO$, F. 146,5° (aus A. Prismen), durch 2 std. Rk. von II in Chlf. mit Br_2. — *5-Piperidino-1-phenylpenten-(1)-on-(3)* (VIII), *niedrigschm. Oxim* (IX), $C_{16}H_{22}N_2O$, F. 139—140° (aus 80%ig. A. Prismen), aus VIII-Hydrochlorid bzw. X analog IV nach a) bzw. b); *Methojodid*, $C_{17}H_{25}JN_2O$, F. 183—184°, aus Methanol Prismen. *Hochschm. Oxim* (X), F. 167°, aus A. längliche, abgeflachte Prismen; *Methojodid*, F. 186—187°, aus A. Prismen; Zers. beim Erhitzen der alkal. Lösung. — *N-p-Toluolsulfonylpiperidin*, F. 101°, durch Einw. von p-Toluolsulfochlorid auf IX bzw. X; aus A. Prismen. — *5-Morpholino-1-phenylpenten-(1)-on-(3)* (XI), *hochschm. Oxim*, $C_{15}H_{20}N_2O_2$, F. 156,5—157° (aus Aceton, dann A. Prismen), analog IV aus XI (nach Burckhalter u. Johnson, C. **1953**, 367); beständig gegenüber 15 Min. langem Kochen mit 5%ig. NaOH; mit Säuren Verseifung zu XI; Rk. mit PCl_5 führt zu VII u. mit p-Toluolsulfochlorid zu *N-p-Toluolsulfonylmorpholin* (F. 147°, aus A. Prismen); Isomerisierung liefert XII; 60%; *Methojodid*, $C_{16}H_{23}JN_2O_2$, F. 182—183°, aus A. Nadeln; verharzt beim Erhitzen mit Alkali. *Niedrigschm. Oxim* (XII), F. 128—130° [W./Aceton (5:1)]; *Methojodid*, F. 174—176°, aus A.-Ae. Schuppen; durch Erhitzen mit 15%ig. NaOH entsteht II. G. Platzer. 1740□

0854 **Direkte Synthese von p-Styryldiphenylphosphin.** Robert Rabinowitz und Ruth Marcus. (J. org. Chemistry **26**, 4157—58, 1961; Stamford, Conn., American Cyanamid Co., Central Res. Div., Chem. Res. Dep.; engl.) — *p-Styryldiphenylphosphin* kann durch direkte Rk. von p-Styryl-MgCl (I) mit Diphenylchlorphosphin (II) erhalten werden.

Versuche: *p-Styryldiphenylphosphin*, $C_{20}H_{17}P$, F. 77 bis 78° (95%ig. A.), a) durch allmähliche Zugabe von I [aus p-Chlorstyrol (III), Äthylbromid u. Mg in Tetrahydrofuran (THF) < 60°] in THF zu einer Lsg. von II in THF bei 50 bis 60° unter Kühlung, 10 Min. langes Rühren, Eintragen in verd. NH_4Cl-Lsg. u. Extraktion mit THF unter Zusatz von wenig tert.-Butanol; 50% (Ausbeute); b) analog a) aus I (aus 81,8 g III, 3,5 ml Äthylbromid u. 29,1 g Mg, u. 111 g II) bei 0—10° u. allmähliches Erwärmen auf Raum-Temp. nach I-Zugabe; 109 g; c) durch Zugabe von II zu I bei 0—10° u. Erwärmen auf Raum-Temp.; 51%. G. Kowollik. 1780◇

0855 **Synthese von Dienen mit stabiler Lage der Doppelbindungen.** 3. Mitt. **cis-Diene.** I. N. Nasarow und N. W. Kusnetzow. (Nachr. Akad. Wiss. UdSSR, Abt. chem. Wiss. **1960**, 259—65; Zelinsky-Inst. für org. Chem. der Akad. der Wiss. der UdSSR; russ.) — 2. vgl. C. **1960**, 13340. — Einige *cycl. Diene* u. *1.2-Dimethylencyclane* werden dargestellt u. ihre Fähigkeit zur Addition an Maleinsäureanhydrid (I) untersucht. *1.2-Diisopropylidencyclobutan* (II) u. *1.1-Dimethyl-2-methylen-3-isopropylidencyclobutan* (III) werden durch therm. Dimerisation von 1.1-Dimethylallen (IV) erhalten, *1.2-Diisopropylidencyclohexan* (V) durch Grignard-Rk. von Estern der cis-Hexahydrophthalsäure (cis-VI) mit Methyl-MgBr oder -MgJ u. Dehydratisierung des neben wenig *α.β-Tetramethylen-γ.γ-dimethyl-γ-butyrolacton* erhaltenen *cis-3.4-Tetramethylen-2.2.5.5-tetramethyltetrahydrofuran* (*cis*-VII). Bei der Rk. mit Acetanhydrid in Ggw. von $ZnCl_2$ liefert cis-VII *1.2-Bis-[α-acetoxyisopropyl]-cyclohexan*, das durch Pyrolyse in *1.2-Diisopropenylcyclohexan* übergeführt wird. Mit Estern von trans-VI verläuft die Grignard-Rk. normal unter Bldg. von *trans-1.2-Bis-[α-hydroxyisopropyl]-cyclohexan*, das beim Erhitzen leicht in trans-VII übergeht. Aus Estern von cis-VI u. Phenyl-MgBr wird nur *α.β-Tetramethylen-γ.γ-diphenyl-γ-butyrolacton* erhalten, während Ester von trans-VI mit Phenyl-MgBr *trans-1.2-Bis-[diphenylhydroxymethyl]-cyclohexan* (VIII) liefert, das wegen der leichten intramol. Abspaltung von W. nicht in reiner Form isoliert werden kann. Bei der Dehydratisierung wird VIII in Ggw. von Essigsäure u. HCl je nach Rk.-Dauer in *1-Diphenylmethylen-2-[diphenylhydroxymethyl]-cyclohexan* oder *1.2-Bis-[diphenylmethylen]-cyclohexan* (IX) übergeführt. II, III V u. IX bilden < 100° keine Addukte mit I. Durch Reformatski-Rk. von 3.5-Dimethylcyclopenten-(2)-on (X) mit Bromessigsäureäthylester (XI) oder α-Bromisobuttersäureäthylester (XII) in Ggw. von $HgCl_2$ werden *3.5-Dimethylcyclopentadien-(2.5)-ylessigsäureäthylester* (XIII) bzw. *α-[3.5-Di-*

methylcyclopentadien-(2.5)-yl]-isobuttersäuremethylester (**XIV**) erhalten. **XIII** u. **XIV** liefern mit **I** fl. Addukte, aus denen sich nach der Verseifung dreibas. Säuren isolieren lassen, die als Trimethylester charakterisiert werden. Bei der analogen Rk. von 3(?)-Methylcyclohexen-(2)-on (**XV**) mit **XI** wird ein Rk.-Gemisch erhalten, das bei Dest. mit $KHSO_4$ *1-Methylcyclohexadien-(1.5)-ylessigsäureäthylester* (?) liefert, aus dem durch Rk. mit **I** ebenfalls nur ein fl. Addukt erhalten wird. Die Absorptionsmaxima einiger Verbb. sind angegeben.

Versuche: *1.1-Dimethylallen* (**IV**), Kp.$_{784}$ 39,2—39,5°, durch Zugabe von 200 g Dimethyläthinylcarbinol zu einem Gemisch aus 50 g Cu_2Cl_2, 23 g NH_4Cl u. 500 ml konz. HCl, 3std. Rühren, Abtrennen der gebildeten Chloride, Eintragen in eine sd. Suspension von 200 g Zn- u. 60 g Cu-Pulver in 200 ml Butanol unter Rühren u. Dest.; n_D^{20} 1,4150; 95 g (Ausbeute). — *1.2-Diisopropylidencyclobutan* (**II**), Kp.$_{80}$ 99°, durch 48std. Erhitzen von 70 g **IV** im Rohr auf 130°; n_D^{20} 1,5032; 18 g. Daneben **III** u. 38 g eines *Trimeren*, Kp.$_{40}$ 145—150°. Oxydation von **II** mit $KMnO_4$ liefert *Aceton* (**XVI**) u. *Bernsteinsäure* (**XVII**). — *1.1-Dimethyl-2-methylen-3-isopropylidencyclobutan* (**III**), Kp.$_{57}$ 72°; n_D^{20} 1,4700; 7 g. Mit $KMnO_4$ → **XVI** u. *α.α-Dimethylbernsteinsäure*. — *cis-3.4-Tetramethylen-2.2.5.5-tetramethyltetrahydrofuran* (*cis*-**VII**), Kp.$_6$ 72—75°, aus 30 g cis-**VI**-Diäthylester in 200 ml Ae. mit Methyl-MgJ (22,5 g Mg, 130 g CH_3J) u. Zers. mit verd. H_2SO_4; n_D^{25} 1,4683; 17 g. Daneben 2 g *α.β-Tetramethylen-γ.γ-dimethyl-γ-butyrolacton*, F. 75—77° (A.). — *trans*-**VII**, $C_{12}H_{22}O$, Kp.$_{30}$ 110—112°, durch Vakuum-Dest. von 18 g nachst. Verb.; n_D^{20} 1,4740; 8,2 g. — *trans-1.2-Bis-[α-hydroxyisopropyl]-cyclohexan*, $C_{12}H_{24}O_2$, aus Methyl-MgJ (12,7 g Mg, 76 g CH_3J) u. 26 g trans-**VI**-Diäthylester in 105 ml Ae. u. Zers. mit NH_4Cl u. Eis; n_D^{20} 1,4835; 18 g. — *1.2-Diisopropylidencyclohexan* (**V**), $C_{12}H_{20}$, Kp.$_8$ 81,6—81,7°, bei 8std. Überleiten von 40 g cis-**VII** im H_2S-Strom über Al_2O_3 bei 350—355°; n_D^{21} 1,4919; 10 g. Die Zers. des Ozonids mit H_2O_2 liefert *Adipinsäure* (**XVIII**), die Hydrierung des Ozonids **XVI** u. *Cyclohexandion-(1.2)*. — *1.2-Bis-[α-acetoxyisopropyl]-cyclohexan*, $C_{16}H_{28}O_4$, Kp.$_7$ 145—150°, durch 3std. Erhitzen von 10 g cis-**VII** mit 10 g Acetanhydrid u. 0,2 g $ZnCl_2$ auf 120°; n_D^{27} 1,4776; 5,2 g. — *1.2-Diisopropenylcyclohexan*, $C_{12}H_{20}$, Kp.$_{10}$ 70—75°, aus 5 g vorst. Verb. bei 450° an Pyrexglas; n_D^{27} 1,4845; 1 g. — *trans-1.2-Bis-[diphenylhydroxymethyl]-cyclohexan* (**VIII**), durch Zugabe von 10 g trans-**VI**-Diäthylester in 30 ml Ae. zu Phenyl-MgBr (6,2 g Mg, 26 ml Brombenzol, 150 ml Ae.) in 1 Std., Stehenlassen über Nacht u. Zers. mit NH_4Cl u. Eis; 14 g (unrein). — *1.2-Bis-[diphenylmethylen]-cyclohexan* (**IX**), $C_{32}H_{28}$, F. 247—248° (verd. Essigsäure), durch 3std. Erhitzen von 1 g vorst. Verb. mit 12 ml Essigsäure u. 1,5 ml HCl; 0,5 g. Die Ozonolyse liefert *Benzophenon* u. **XVIII**. — *1-Diphenylmethylen-2-[diphenylhydroxymethyl]-cyclohexan*, $C_{32}H_{30}O$, F. 112—113°, analog vorst. Verb. durch ½std. Erhitzen. — *3.5-Dimethylcyclopentadien-(2.5)-ylessigsäureäthylester* (**XIII**), $C_{11}H_{16}O_2$, Kp.$_{16}$ 120—125°, durch Zugabe von 5 ml einer Lsg. von 22 g **X** u. 42 g **XI** in 100 ml Bzl. zu einem Gemisch aus 24 g Zn-Spänen, 60 ml Bzl. u. 0,2 g $HgCl_2$, Erhitzen bis zum Beginn der stürm. Rk., Zusatz der restlichen Lsg., ½std. Erhitzen auf 80° u. Eintragen in ein Gemisch aus Eis u. 10%ig. H_2SO_4; n_D^{17} 1,4500; 18 g. Zers. des Ozonids mit H_2O_2 liefert *Malonsäure* (F. 118—121°), Hydrierung des Ozonids *Acetylaceton* (**XIX**). — *α-[3.5-Dimethylcyclopentadien-(2.5)-yl]-isobuttersäuremethylester* (**XIV**), $C_{12}H_{18}O_2$, Kp.$_{17}$ 119—124°, analog vorst. Verb. aus 22 g **X** u. **XII** durch 2std. Erhitzen; n_D^{17} 1,4740; 16,9 g. Durch Ozonolyse *Dimethylmalonsäure* u. **XIX**. — *1-Methylcyclohexadien-(1.5)-ylessigsäureäthylester* (?), $C_{11}H_{16}O_2$, Kp.$_{20}$ 126—128°, analog aus **XV** u. **XI**; n_D^{20} 1,4958. Ozonolyse liefert *Malonsäure* u. **XVII**. R. K. Müller. 1810△

0856 **Cyclische Acetylenverbindungen.** Masazumi Nakagawa. (Chem. and chem. Ind. [Kagaku to Kôgyô] **15**, 844—53, Aug. 1962; Osaka, Univ., Naturwiss. Fak.; jap.) — Übersicht. — 30 Literaturangaben. E. Maekawa. 1810◇

0857 **Darstellung von α-Cyclopropanaldehyden und Cyclopropylketonen.** L. Crombie und J. Crossley. (J. chem. Soc. [London] **1963**, 4983—84; London, King's Coll., Dep. of Chem.; engl.) — Oxydation von α-Cyclopropylalkoholen mit MnO_2 lieferte die entsprechenden *α-Cyclopropylaldehyde* bzw. *-ketone*.

Versuche: *(±)-trans-Chrysanthemylalkohol*, $C_{10}H_{18}O$, Kp.$_{0,45}$ 59°, aus (±)-trans-Chrysanthemsäuremethylester u. $LiAlH_4$; n_D^{20} 1,4742; die freie Säure wird nicht reduziert. — *(±)-trans-Chrysanthemaldehyd*, $C_{10}H_{16}O$, Kp.$_{0,1}$ 43—44°, durch 16std. Schütteln vorst. Verb. in PAe. mit MnO_2 (vgl. Attenburrow u. Mitarbeiter, C. **1952**, 7498) bei 20°; n_D^{19} 1,4776; 62% (Ausbeute). *2.4-Dinitrophenylhydrazon* (DNP), $C_{16}H_{20}$·N_4O_4, F. 146—148°, rot. — *(±)-cis-Chrysanthemaldehyd*, Kp.$_3$ 63—64°, aus (±)-cis-Chrysanthemylalkohol (Kp.$_{0,3}$ 69°, n_D^{18} 1,4767) analog (24 Std.); n_D^{20} 1,4761; 59%. *Semicarbazon*, $C_{11}H_{19}N_3O$, F. 177°. — *Dicyclopropylketon-DNP*, F. 191 bis 192° (A.), aus Dicyclopropylmethylalkohol (20 Std.); 56%. — *Cyclopropanaldehyd-DNP*, F. 185—187°, rot (A.), aus Cyclopropylmethylalkohol; 61%. J. Rothe. 1900◇

0858 **Das Photodimere von Tetraphenylbutatrien; Derivate von Tetramethylencyclobutan.** R. O. Uhler, H. Shechter und G. V. D. Tiers. (J. Amer. chem. Soc. **84**, 3397—98, 1962; St. Paul, Minn., Minnesota Mining and Manufact. Co., Centr. Res. Dep.; Columbus, Ohio, Ohio State Univ., Chem. Dep.; engl.) — Tetraphenylbutatrien wird durch Bestrahlen mit einem dem Sonnenlicht ähnlichem Spektrum in *Tetrakis-[diphenylmethylen]-cyclobutan* ($C_{56}H_{40}$, F. 290 bis 293°, gelbgrüne fluorescierende Kristalle) übergeführt. Die Struktur wird durch die physikal. Eigg. sowie durch Ozonolyse bewiesen. Dabei werden in Chlf. *Benzophenon* u. *2.3.4-Tris-[diphenylmethylen]-cyclobutanon* (**I**; $C_{43}H_{30}O$, F. 171,5—172° (Platten), F. 184—185° (Nadeln) gebildet. **I** bildet kein Semicarbazon u. kein 2.4-Dinitrophenylhydrazon. Einw. von Li·AlH_4 auf **I** gibt *2.3.4-Tris-[diphenylmethylen]-cyclobutanol* ($C_{43}H_{32}O$, F. 205—206°, Kristalle). Durch Diozonolyse von **I** bei —55° werden 10—12% *2.4-Bis-[diphenylmethylen]-cyclobutandion-(1.3)* (**II**; $C_{30}H_{20}O_2$, F. 252,5—253°), 2% *3.4-Bis-[diphenylmethylen]-cyclobutandion-(1.2)* ($C_{30}H_{20}O_2$, F. 182 bis 183°, gelb fluorescierend), *Benzophenon* u. 35% *1.2-Bis-[α-methoxydiphenylmethyl]-3.4-bis-[diphenylmethylen]-cyclobutandiol-(1.2)*(**III**; $C_{58}H_{48}O_4$, F. 256—259°, Kristalle) erhalten. $LiAlH_4$ red. **II** zu *2.4-Bis-[diphenylmethylen]-cyclobutandiol-(1.3)*. Die Struktur von **III** wird durch den Methoxyl-Geh. u. durch oxydative Spaltung mit $Pb(OOCCH_3)_4$ zu *3.4-Bis-[diphenylmethylen]-1.6-dimethoxy-1.1.6.6-tetraphenylhexandion-(2.5)* ($C_{58}H_{46}O_4$, F. 196—197°; 51%) bewiesen. H.-J. Haase. 1950◇

0859 **Chemische Untersuchungen über Sarkomycin und analoge Verbindungen. 3. Mitt. Synthese von 4-Alkylcyclopentanon-3-carbonsäuren.** Raffaele Giuliano und Aldo Ermili. (Ann. Chimica **50**, 1108—22, 1960; Bari, Univ., Ist. di Chim. farmaceut. e tossicol.; ital.) — 2. vgl. Ann. Chimica **50**, [1960], 750; 1. vgl. C. **1962**, 826. — Die Rk. von *β*-Alkyl-*α.β*-dibrompropionsäureäthylestern (**AD**) mit Malonsäurediäthylester (**I**) in Ggw. von $Mg(OC_2H_5)_2$ führt über die nicht isolierte Stufe der 2-Alkylbutan-1.1.3.4.4-pentacarbonsäurepentaäthylester bei nachfolgender Hydrolyse direkt zu *4-Alkylcyclopentanon-3-carbonsäuren* (**AC**). Als Neben-Prodd. fallen *1-Alkylidenäthan-1.2.2-tricarbonsäuretriäthylester* (**AT**) an, die zu *α-Alkylidenbernsteinsäuren* verseift werden. Die **AT** geben mit dem Na-Deriv. von **I** ebenfalls die **AC**. Mit dem Di-Na-Deriv. von **I** liefern die **AD** *3-Alkylcyclopropan-1.1.2-tricarbonsäuretriäthylester* (**ATT**), die weiter mit **I** u. Na zu den **AC** umgesetzt werden können. Die Kondens. der **AC** mit aromat. Aldehyden liefert *2.5-Bis-[aryliden]-4-alkylcyclopentanon-3-carbonsäuren*. Die **AC**-Derivv. sind zur Synth. von Analoga des Sarkomycins von Interesse.

Versuche: 4-Alkylcyclopentanon-3-carbonsäuren (**AC**), Meth. **A**: durch Zugeben von **I** in abs. A. zu Mg in Ae. in Ggw. von CCl_4, Zugeben des **AD** bei 60—70°, 6—7std. Rühren bei 130—135°, Einengen bei 140°/100 mm, Zers. mit verd. HCl (1:1) u. Ae., Ausäthern, Ausziehen der äther. Extrakte mit n-NaOH, Ansäuern mit verd. HCl (1:1), Sättigen mit NH_4Cl, Ausäthern, Eindampfen, Fraktionieren bei 120—180°/6—7 mm, 6std. Kochen mit 8%ig. H_2SO_4, Sättigen mit $(NH_4)_2SO_4$ u. Ausäthern; Meth. **B**: durch Zutropfen von **I** u. dann des **AD** zu Na in abs. A., weiteres Zugeben von **I** u. von Na in A., 8—10 std. Erhitzen auf 130—140° unter Abdest. der flüchtigen Prodd., Zers. mit verd. HCl (1:1) u. Verseifen wie vorst.; Meth. **C**: durch Zugeben von Na in A. zu **AT** u. **I** in abs. A. u. Erhitzen u. Aufarbeiten wie vorst.; Meth. **D**: durch Zugeben von Na in abs. A. zu **ATT** u. **I** in abs. A., Eindampfen, 10std. Erhitzen auf 140—150° unter gelegentlichem Abdest. der flüchtigen Prodd. u. Aufarbeiten wie vorst.: *4-Methyl-*, ölig, nach **A**, **B** oder **C**. *Semicarbazon*,

$C_8H_{13}N_3O_3$, F. 211° (W.). *Thiosemicarbazon*, $C_8H_{13}N_3O_2S$, F. 199° (Zers.; A.). *Isonicotinoylhydrazonhydrat*, $C_{13}H_{15}N_3O_3 \cdot H_2O$, F. 150—151° (W.). — *4-Äthyl-*, Kp.$_{2,5}$ 174—178°, nach **A**, **B** oder **C**. *Semicarbazon*, $C_9H_{15}N_3O_3$, F. 211° (Zers.; W.). *Thiosemicarbazon*, $C_9H_{15}N_3O_2S$, F. 193° (Zers.; A.). *Isonicotinoylhydrazonhydrat*, $C_{14}H_{17}N_3O_3 \cdot H_2O$, F. 100° (W.). — *4-n-Propyl-*, ölig, nach **A**, **B**, **C** oder **D**. *Semicarbazon*, $C_{10}H_{17}N_3O_3$, F. 206—207° (Zers.). *Thiosemicarbazon*, $C_{10}H_{17}N_3O_2S$, F. 202—203° (Zers.; A.). *Isonicotinoylhydrazonhydrat*, $C_{15}H_{19}N_3O_3 \cdot H_2O$, F. 135—136° (W.). — Äthan-1.2.2-tricarbonsäuretriäthylester (**AT**), aus dem mit NaOH extrahierten Ae.-Auszug bei der Darst. der **AC** nach **A**: *1-Äthyliden-*, $C_{13}H_{20}O_6$, Kp.$_{2-2,5}$ 130—136°. — *1-Propyliden-*, $C_{14}H_{22}O_6$, Kp.$_1$ 124—128°. — *1-n-Butyliden-*, $C_{15}H_{24}O_6$, Kp.$_1$ 138—141°. — α-Alkylidenbernsteinsäuren, durch 10—12std. Kochen der **AT** in verd. HCl (1:1): *α-Äthyliden-*, $C_6H_8O_4$, F. 168—169°. — *α-Propyliden-*, $C_7H_{10}O_4$, F. 170° (W.). — *α-n-Butyliden-*, $C_8H_{12}O_4$, F. 162—163° (W.). — 3-Alkylcyclopropan-1.1.2-tricarbonsäuretriäthylester (**ATT**), durch Stehen von I mit Na u. dem **AD** in A. über Nacht, 2std. Kochen, Einengen, Zugeben von W. u. Ausäthern: *3-Äthyl-*, $C_{14}H_{22}O_6$, Kp.$_{2,5}$ 148°. — *3-n-Propyl-*, $C_{15}H_{24}O_6$, Kp.$_{1,8}$ 150°. — 2.5-Bis-[aryliden]-4-alkylcyclopentanon-3-carbonsäuren, durch Zugeben der Aldehyde in A. zu den **AC** in 3n KOH, Erhitzen bis zur vollständigen Lsg. auf dem Wasserbad, mehrstd. Stehen, Verdünnen mit W. u. Ansäuern mit verd. HCl: *2.5-Dibenzyliden-4-methyl-*, $C_{21}H_{18}O_3$, F. 190° (A.); gelb. — *2.5-Bis-[p-methoxybenzyliden]-4-methyl-*, $C_{23}H_{22}O_5$, F. 210° (A.); gelb. — *2.5-Bis-[3.4-methylendioxybenzyliden]-4-methyl-*, $C_{23}H_{18}O_7$, F. 251° (A.); tiefgelb. — *2.5-Dibenzyliden-4-äthyl-*, $C_{22}H_{20}O_3$, F. 183—184° (A.); grüngelb. — *2.5-Bis-[p-methoxybenzyliden]-4-äthyl-*, $C_{24}H_{24}O_5$, F. 215° (A.); gelborangefarben. — *2.5-Bis-[3.4-methylendioxybenzyliden]-4-äthyl-*, $C_{24}H_{20}O_7$, F. 225—226° (A.); gelborangefarben. — *2.5-Dibenzyliden-4-n-propyl-*, $C_{23}H_{22}O_3$, F. 182° (A.); citronengelb. — *2.5-Bis-[p-methoxybenzyliden]-4-n-propyl-*, $C_{25}H_{26}O_5$, F. 208—209° (A.); tiefgelb. — *2.5-Bis-[3.4-methylendioxybenzyliden]-4-n-propyl-*, $C_{25}H_{22}O_7$, F. 236—237° (A.); gelborangefarben.

H.-E. Toussaint. 2070◇

0860 **Synthese von quaternären Ammoniumsalzen des Cyclohexans. Die Reduktion von Terephthalsäureestern.** Genshun Sunagawa und Teishiro Kushima. (J. pharmac. Soc. Japan [Yakugakuzasshi] **76**, 954—55, 1956; Osaka, Sankyo Co. Ltd., Takamine Res. Labor.; jap., Auszug: engl.) — Als mögliche hypotensive Verbb. werden *cis-* u. *trans-Isomere* von *1.4-Bis-[1-methylpyrrolidiniomethyl]-* u. *1.4-Bis-[trimethylammoniomethyl]-cyclohexandibromid* sowie entsprechenden *Bis-[hydrogentartrate]* dargestellt. Die Hydrierung von Terephthalsäurediäthylester (I) an Raney-Ni führt je nach dem Waschungsgrad des Katalysators (pH) zu *rac.-Hexahydroterephthalsäureäthylester* bzw. zu *p-Toluolcarbonsäureäthylester*.

Versuche: *rac.-Hexahydroterephthalsäure, Diäthylester*, Kp. 100—135°, durch 5std. Hydrieren von 150 g I in 99%ig. A. an bei 50 ± 2° dargestelltem u. bis pH 7—7,4 gewaschenem Raney-Ni bei 100—130 at; 124 g (Ausbeute). *Freie Säure*, durch Verseifen des Esters mit 75%ig. äthanol. NaOH; 90 g. *cis-Säure*, $C_8H_{12}O_4$, F. 161°, durch Extrahieren des Racemats mit Chlf.; 53 g. — *p-Toluylsäure*, $C_8H_8O_2$, F. 177 bis 178°, analog vorst. Verb. durch Hydrieren von I an bis pH 9—10 gewaschenem Raney-Ni u. Verseifen von 39,3 g des *Prod. vom Kp. 80—100°*; 24,6 g. — *1.4-Bis-[trimethylammoniomethyl]-cyclohexan, cis-Dibromid*, $C_{14}H_{32}Br_2N_2$, F. >300° (A./Aceton), durch 3std. Rk. von 1.4-Bis-[brommethyl]-cyclohexan (II) mit Trimethylamin in A. bei 130°. *trans-Dibromid*, $C_{14}H_{32}Br_2N_2$, F. >300°; Platten. *cis-Bis-[hydrogentartrat]*, $C_{22}H_{42}N_2O_{12}$, F. 188°; Nadeln. *trans-Bis-[hydrogentartrat]*, $C_{22}H_{42}N_2O_{12}$, F. 210° (Zers.); Platten. — *1.4-Bis-[1-methylpyrrolidiniomethyl]-cyclohexan, cis-Dibromid*, F. 231—233°, analog vorst. Verbb. durch Rk. von II mit 1-Methylpyrrolidin. *trans-Dibromid*, F. 257° (Zers.). *cis-Bis-[hydrogentartrat]*, $C_{26}H_{46}N_2O_{12}$, F. 211,5° (Zers.). *trans-Bis-[hydrogentartrat]*, $C_{26}H_{46}N_2O_{12}$, F. 198—199°.

H.-J. Weigmann. 2110△

0861 **Phosphororganische Verbindungen.** 24. Mitt. **Olefine aus aromatischen Aldehyden mit Diphenylphosphinoxid-natrium.** Leopold Horner, Peter Beck und Vicente G. Toscano. (Chem. Ber. **94**, 1323—26, 1961; Mainz, Univ., Inst. für Organ. Chem.; dt.) — 23. vgl. C. **1961**, 12809. — Durch Erhitzen von Benzaldehyd (I) mit Na-Diphenylphosphinoxid (II) auf 200° oder durch Kochen von Diphenyl-[α-hydroxybenzyl]-phosphinoxid (III) mit K-tert.-Butylat in Toluol wird *Stilben* (**IV**) erhalten. Die Bldg. von **IV** aus **I** erfolgt durch prim. Rk. von **I** mit **II** zum *Na-Salz* von **III**, dessen Rk. mit **II** unter Bldg. von *Na-Diphenylbenzylphosphinoxid* (**V**) u. *Na-Diphenylphosphinat* (**VI**) u. Rk. von **V** mit **I** unter Bldg. von **IV** u. **VI**. Analog werden einige *Stilben-Derivv.* erhalten. Die Bldg. von **IV** aus **III** u. K-tert.-Butylat beginnt mit der Spaltung des intermediär gebildeten *K-Salzes* von **III** in **I** u. *K-Diphenylphosphinoxid* (**VII**). **VII** kann mit Benzylidenanilin unter Bldg. von *Diphenyl-[α-phenylaminobenzyl]-phosphinoxid* abgefangen werden.

Versuche: *Stilben* (**IV**), F. 123—124° (A.), a) durch 1std. Erhitzen von 0,03 Mol Triphenylphosphinoxid u. 0,04 Mol NaH auf 200°, Kühlen, Zugabe von 0,05 Mol **I**, 5std. Erhitzen auf 200°, Zugabe von W. (Meth. **A**) u. Wasserdampf-Dest.; 74% (Ausbeute); b) durch 5std. Kochen von 0,02 Mol **III** u. 0,065 Mol K-tert.-Butylat in Toluol unter N_2 u. Wasserdampf-Dest.; 28%; daneben durch Ansäuern des Rückstandes 98,5% *Diphenylphosphinsäure* (**VIII**); c) durch 1std. Rühren von 5 mMol **III**, 5 mMol Diphenylbenzylphosphinoxid u. 20 mMol K-tert.-Butylat in Bzl. unter N_2, Zutropfen von 20 mMol Benzylidenanilin in Bzl., 4std. Rühren bei Raum-Temp., 2 Std. bei 80°, Zugabe von W., Absaugen von *Diphenyl-[α-phenylaminobenzyl]-phosphinoxid* [F. 235—238° (Zers.); 19,2%] u. Eindampfen der organ. Phase; 94,4%; daneben aus der wss. Phase 1,52 g **VIII**; d) durch Zutropfen von 0,1 Mol Diphenylphosphin in Toluol zu 0,22 g-Atom Na in Toluol, 5std. Rühren bei 90°, Zutropfen von 0,1 Mol **I** unter Kühlen, 5std. Rühren bei Raum-Temp., Einleiten von O_2 bis zur negativen Rk. mit Phenylazid, Eindampfen u. 5std. Erhitzen auf 200°; 29,9%. — *4.4'-Dichlorstilben*, F. 172° (A.), aus p-Chlorbenzaldehyd nach **A**; 56,3%. — *2.3;2'.3'-Dibenzostilben*, F. 158°, aus α-Naphthaldehyd nach **A** u. Ausschütteln mit Chlf.; 83%. *Pikrat*, F. 210°, rot. — *1.2-Bis-[anthryl-(9)]-äthylen*, $C_{30}H_{20}$, F. 335° (Nitrobenzol oder Ae.), analog vorst. Verb.; gelb; 5,5 g. — *Tetraphenyläthylen*, F. 220°, Kp.$_{27}$ 252—275°, nach **A**; 60%. — *p-Chlorstilben*, F. 128°, durch 1std. Rühren von 0,01 Mol nachst. Verb. u. 0,03 Mol K-tert.-Butylat in Bzl. unter N_2, Zugabe von 0,01 Mol Diphenyl-[α-hydroxy-p-chlorbenzyl]-phosphinoxid, 3std. Kochen u. Eindampfen der organ. Phase; 84%; daneben 61% **VIII**. — *Diphenylbenzylphosphinoxid*, F. 192° (PAe.), durch 1std. Rühren von 0,02 Mol **III** u. 0,02 g-Atom Na in Toluol, Zugabe von festem **II**, 2std. Rühren bei 70—80°, Zugabe von W. u. Eindampfen der organ. Phase; 31%; daneben 5,6% **IV** u. 4,8 g **VIII**.

L. Lamza. 2210△

0862 **Phosphororganische Verbindungen.** 26. Mitt. **Darstellung und Eigenschaften einiger p-Chinontriphenylphosphazine.** Leopold Horner und Hans-Georg Schmelzer. (Chem. Ber. **94**, 1326—30, 1961; dt.) — 25. vgl. C. **1962**, 17011; 24. vgl. vorst. Referat. — p-Chinonmonodiazide reagieren mit Triphenylphosphin (**I**) zu stabilen *p-Chinontriphenylphosphazinen* (CTP), die bei der Einw. von HCl unter N_2-Abspaltung in *p-Hydroxyarylazotriphenylphosphoniumsalze* übergehen. Die CTP lassen sich in alkohol. HCl mit **I** unter Bldg. von *2-[p-Hydroxyaryl]-hydrazinotriphenylphosphoniumchloriden* reduzieren. *2-[4-Hydroxynaphthyl-(1)]-hydrazinotriphenylphosphoniumchlorid* sowie *2-[4-Hydroxyphenyl]-hydrazinotriphenylphosphoniumjodid* konnten aus den entsprechenden Diazoniumsalzen u. 2 Mol **I** erhalten werden.

Versuche: p-Benzochinontriphenylphosphazine, durch rasches Zutropfen von **I** in abs. Ae. oder Dioxan (DO) zu den entsprechenden *p-Benzochinondiaziden* in abs. Ae./DO u. 1—2std. Kochen: *Unsubstituiert*, $C_{24}H_{19}N_2OP$, F. 134 bis 135°, aus 3,4 g **I** in 20 ml DO u. 1,92 g p-Benzochinondiazid in 40 ml DO u. 50 ml Ae.; orangefarben; 77% (Ausbeute). — *3-Nitro-*, $C_{24}H_{18}N_3O_3P$, F. 135—136°, aus 2,62 g **I** in 20 ml DO u. 1,28 g 3-Nitro-p-benzochinon-1-diazid in 30 ml DO u. 50 ml Ae.; zinnoberrot; 83%. — *3-Carboxy-*, $C_{25}H_{19}N_2O_3P$, F. 180°, aus 3,3 g **I** in 20 ml Ae. u. 1,5 g 3-Carboxy-p-benzochinon-1-diazid in 50 ml Ae. u. 50 ml DO; karminrot; 85%. — *3-Anilinsulfonyl-* (**II**; $C_{30}H_{24}N_3O_3PS$, F. 188—189°, aus 1,7 g **I** in 20 ml DO u. 1,38 g 3-Anilinsulfonyl-p-benzochinon-1-diazid in 20 ml DO u. 50 ml Ae.; orangefarben; 79%. — *3-[p-Chloranilinosulfonyl]-*, $C_{30}H_{23}ClN_3O_3PS$, F. 194—195°, aus 1,1 g **I** in 20 ml Ae. u. 1 g 3-[p-Chloranilinosulfonyl]-p-benzochinon-1-diazid in 30 ml DO u. 50 ml Ae.; bordeauxrot; 78%. — *3-[Naphthyl-(1)-aminosulfonyl]-*, $C_{34}H_{26}N_3O_3PS$, F. 182—183°, aus 0,31 g **I** in 20 ml

Ae. u. 0,3 g 3-[Naphthyl-(1)-aminosulfonyl]-p-benzochinon-1-diazid in 20 ml DO u. 30 ml Ae.; orangefarben; 74%. — *3-[2-Phenoxyanilinosulfonyl]-*, $C_{36}H_{28}N_3O_4PS$, F. 183—184°, aus 0,56 g **I** in 20 ml Ae. u. 0,6 g 3-[2-Phenoxyanilinosulfonyl]-p-benzochinon-1-diazid in 20 ml DO u. 30 ml Ae.; zinnoberrot; 83%. — *3.5-Dibrom-*, $C_{24}H_{17}Br_2N_2OP$, F. 119—123°, aus 1,2 g I in 20 ml Ae. u. 1 g 3.5-Dibrom-p-benzochin-1-diazid in 40 ml DO u. 50 ml Ae.; orangerot; 90%. — *Naphthochinon-(1.4)-triphenylphosphazin*, $C_{28}H_{21}N_2OP$, F. 148—149°, aus 3,4 g I in 20 ml Ae. u. 1,7 g Naphthochinon-(1.4)-diazid in 50 ml Ae.; orangefarben; 89%. — *2-[4-Hydroxynaphthyl-(1)]-hydrazinotriphenylphosphoniumchloridhydrochlorid*, $C_{28}H_{24}ClN_2OP \cdot HCl$ F. 226—228°, a) durch portionsweise Zugabe der Lsg. von 2,31 mMol vorst. Verb. in A. zu 5 mMol **I** in Ae., A. u. alkohol. HCl unter Schütteln, 1std. Stehen, Abtreiben der Lsgm. mit Wasserdampf, Extraktion von **I** u. **I**-*Oxid* mit Bzl. u. mehrfaches Digerieren des Rückstandes mit heißem Bzl.; aus Methanol/Ae. blaßgelbe Kristalle; 65%; b) durch Eintragen der alkohol. Suspension von 10 mMol 4-Hydroxynaphthalindiazoniumchlorid-(1) in eine alkohol. Lsg. von 30,5 mMol **I**; 60%. — *2-[4-Hydroxy-3-anilinosulfonylphenyl]-hydrazinotriphenylphosphoniumchloridhydrochlorid*, $C_{30}H_{27}ClN_3O_3PS \cdot HCl$, F. 175 bis 180° (Zers.; Methanol/Ae.), analog vorst. Verb. nach a) aus 81,6 mMol **II** u. 4 mMol **I**; 82%. — *2-[4-Hydroxyphenyl]-hydrazinotriphenylphosphoniumjodid*, $C_{24}H_{22}JN_2OP$, F. 186—187°, durch portionsweise Zugabe von 20 mMol 4-Hydroxybenzoldiazoniumchlorid in A. zu 57,2 mMol **I** in A., Ae. u. alkohol. HCl, Abtreiben der Lsgm. mit Wasserdampf, Versetzen der wss. Phase mit 10%ig. KJ-Lsg. u. Digerieren des erstarrten öligen Harzes mit W., Bzl. u. Ae.; aus Methanol/W. blaßgelbe Kristalle; ca. 100% (roh). L. Lamza. 2210△

0863 **Die Synthese von Aucuparin und Methoxyaucuparin.** Martin Nilsson und Torbjörn Norin. (Acta chem. scand. **17**, 1157—59, 1963; Stockholm, Kungl. Tekniska Högskolan, Organisk-kemiska Instit.; engl.) — Die Synth. von *4-Hydroxy-3.5-dimethoxy-* (**III**) u. *4-Hydroxy-3.5.2'-trimethoxydiphenyl* wird beschrieben. Die Verbb. sind mit *Aucuparin* bzw. *Methoxyaucuparin* (aus der Esche *Sorbus aucuparia* (L.), viz.) identisch.

Versuche: *3.5-Dihydroxydiphenyl* (**I**), $C_{12}H_{10}O_2$, F. 160—162, durch Dehydrierung von 10 g 5-Phenylcyclohexandion-(1.3) in Diphenyläther unter N_2 in Ggw. von 10%ig. Pd/Tierkohle bei 200°, 3std. Kochen, Zugabe von Ae. nach Abkühlung, Extraktion mit wsss. NaOH, Waschen der wss. Phase mit Ae., Ansäuern, Ae.-Extraktion, Verjagen des Ae., Erwärmen auf dem Wasserbad im Vakuum zur Entfernung des gebildeten Phenols, Chromatographie an Silicagel, Elution mit Methanol/Chlf. u. Sublimation im Vakuum; 9,0 g (Ausbeute). — *3.5-Dimethoxydiphenyl*, $C_{14}H_{14}O_2$, F. 61—62° (Methanol, Sublimation im Vakuum), aus vorst. Verb. u. Dimethylsulfat (**II**). — *4-Hydroxy-3.5-dimethoxydiphenyl* (**III**), F. 101 bis 101,5°, durch langsame Zugabe von Butyl-Li in Ae. zu einer eiskalten Lsg. vorst. Verb. in Ae., 2tägiges Stehen im Kühlschrank, Zugabe der umgerührten Suspension zu Li-tert.-Butylperoxid (aus Butyl-Li u. tert.-Butylperoxid in Ae. unter Rühren u. Trockeneis/Aceton-Kühlung) unter Rühren u. Kühlen mit Trockeneis/Aceton, Erwärmen auf Raum-Temp., 5 Min. Kochen, Erkaltenlassen, Gießen in eiskalte 10%ig. H_2SO_4, Waschen des Ae. mit W., Extraktion mit 10%ig. NaOH, Waschen mit Ae., Ansäuern, Ae.-Extraktion, Eindampfen, Chromatographie an Silicagel u. Elution mit Chlf./Benzol. — *2-[2-Methoxyphenyl]-4.6-dioxocyclohexan-1.3-dicarbonsäurediäthylester*, $C_{19}H_{22}O_7$, F. 133—134°, durch 12std. Kochen von 28 g o-Methoxybenzylidenmalonsäurediäthylester, 13 g Acetessigsäureäthylester u. 4,6 g C_2H_5ONa in A., Eindampfen, 3std. Erhitzen im Vakuum auf 130°, Zugabe von Eiswasser, Ansäuern u. Ae.-Extraktion; aus Äthylacetat Prismen; 12,3 g. — *5-[2-Methoxyphenyl]-cyclohexandion-(1.3)*, $C_{13}H_{14}O_3$, F. 147 bis 148°, durch 1std. Kochen vorst. Verb. in 10%ig. NaOH, Ansäuern mit verd. H_2SO_4 u. Decarboxylierung bei 100° in Lsg., Umkristallisation aus Äthylacetat, Sublimation, erneute Hydrolyse u. Decarboxylierung des aus den Mutterlaugen der Kristallisation erhaltenen Öls, Chromatographie an Silicagel u. Elution mit A./Chlf.; 70%. — *3.5-Dihydroxy-2'-methoxydiphenyl*, $C_{13}H_{12}O_3$, F. 139—140° (Sublimation im Vakuum), analog **I** durch Dehydrierung vorst. Verb.; 82%. — *3.5.2'-Trimethoxydiphenyl*, $C_{15}H_{16}O_3$, aus vorst. Verb. u. **II**, Reinigung in Bzl. an Silikagel u. Dest. im Vakuum; Öl. — *4-Hydroxy-3.5.2'-trimethoxydiphenyl*, F. 120—121°, analog **III** aus vorst. Verb.; 53%. K. Stühmer. 2260◇

0864 **Debromierungen mit Trialkylphosphiten.** S. Dershowitz und S. Proskauer. (J. org. Chemistry **26**, 3595—96, 1961; Cambridge, Mass., Polaroid Corp., Res. Div.; engl.) — Vicinale Dihalogenide, bei denen eines oder beide der Halogenatome einer Carbonylfunktion benachbart ist, können schonend u. in guter Ausbeute mit einem Äquivalent Trialkylphosphit (**A**) in *Olefine* umgewandelt werden. Mit überschüssigem **A** führt die Rk. zu *vicinalen Diphosphonaten.*

Versuche: *trans-Dibenzoyläthylen*, F. 108—110° (A.), durch 20std. Erhitzen von trans-Dibenzoyläthylendibromid (**I**) u. Trimethylphosphit (**II**) in trockenem Toluol unter Rückfluß; 92% (Ausbeute). — *1-Benzoyl-2-phenyläthylen*, F. 55—56° (A.), durch 2std. Erhitzen von 1-Benzoyl-2-phenyläthylendibromid mit **II** in trockenem Toluol; 80%. — *Zimtsäure*, durch 20std. Erhitzen von Dibromzimtsäure mit **II** in Toluol; 92%. — *1.2-Dibenzoyl-1.2-bis-[di-O-methylphosphon]-äthan*, $C_{20}H_{24}O_8P_2$, F. 134—135° (Bzl./Hexan), durch 20std. Erhitzen von **I** mit 2 Mol **II** in trockenem Toluol unter Rückfluß; 65%. G. Kowollik. 2350◇

0865 **Konstitution und Synthese des Tetrahydroxanthohumols.** Winfried A. Orth und Wolfgang Riedl. (Liebigs Ann. Chem. **663**, 74—82, 1963; München, TH, Chem. Inst. Weihenstephan; dt.) — Durch Rk. von Phlorisovalerophenon (**I**) mit CH_2N_2 wird *Phlorisovalerophenon-4-methyläther* (**II**) u. wenig *-2.4-dimethyläther* erhalten. Der isomere *2-Methyläther* (**III**) entsteht bei der Hoesch-Synth. von Phloroglucinmonomethyläther (**IV**) mit Isovaleronitril (**V**). Der durch Clemmensen-Red. von **II** erhaltene *2-Isoamylphloroglucin-5-methyläther* (**VI**) erwies sich als ident. mit dem von Verzele u. Mitarbeitern (vgl. C. **1959**, 2140) erhaltenen *Dihydroabbau-Prod.* aus Xanthohumol (**VII**). **VII** besitzt demnach die Konstit. des *2'.4.4'-Trihydroxy-6'-methoxy-3'-[γ.γ-dimethylallyl]-chalkons*. Außerdem konnte *Tetrahydroxanthohumol* durch Kondens. von **VI** mit O-Acetylphloretinsäurenitril (**VIII**) u. anschließende Hydrolyse der O-Acetylgruppe synthetisiert werden. Der von Hübner u. Riedl (vgl. C. **1960**, 14347) früher erhaltene 2-Isoamylphloroglucinmonomethyläther vom F. 99° besitzt die Konstit. **VI**; der 2-[γ.γ-Dimethylallyl]-phloroglucinmonomethyläther vom F. 55—56° ist der *5-Methyläther*. Daraus folgt, daß die l. c. beschriebene Methylierung von 3-[γ.γ-Dimethylallyl]-phloracetophenon mit CH_2N_2 anomal verlaufen war u. den *6-Methyläther* (F. 164°) geliefert hatte. Da jedoch bei der Rk. von 3-Isoamylphloracetophenon (**IX**) mit CH_2N_2 neben dem *6-Methyläther* (**X**) u. dem *4.6-Dimethyläther* auch geringe Mengen des „normalen" *4-Methyläthers* (**XI**) erhalten werden, nehmen Vff. an, daß beim Vorliegen einer γ.γ-Dimethylallylgruppe am $C_{(3)}$ neben dem rein ster. Effekt noch eine zusätzliche Blockierung der OH-Gruppe am $C_{(4)}$, etwa im Sinne eines präformierten Chromanringschlusses, auftritt. Die UV-Spektren von **II** u. **III** u. UV-Maxima s. Original.

Versuche: *Phlorisovalerophenon-4-methyläther* (**II**), $C_{12}H_{16}O_4$, F. 96—97°, durch portionsweise Zugabe von äther. CH_2N_2 zu **I** in abs. Ae., 2tägiges Stehen bei Raum-Temp., Einengen auf $^1/_4$ des Vol., Filtrieren, Extraktion von 8,3% **I** mit 2n Soda-Lsg., Extraktion mit 2n NaOH u. Ansäuern; aus Bzl./Hexan (1:5) Nadeln; 45% (Ausbeute); $FeCl_3$-Rk. in A. violett. *Dibenzoat*, $C_{26}H_{24}O_6$, F. 104° (Methanol/W.). *Bis-3.5-dinitrobenzoat*, $C_{26}H_{20}N_4O_{14}$, F. 175—176°, aus Bzl./Hexan (1:1) gelbliche Nadeln. — *Phlorisovalerophenon-2.4-dimethyläther*, $C_{13}H_{18}O_4$, F. 48°, neben **II** durch Eindampfen der restlichen Ae.-Fraktion; aus verd. A. hellgelbe Nadeln; $FeCl_3$-Rk. in A. weinrot. *3.5-Dinitrobenzoat*, $C_{20}H_{20}N_2O_9$, F. 133 bis 134°, aus Cyclohexan gelbliche Nadeln. — *Phlorisovalerophenon-2-methyläther* (**III**), F. 132°, durch Hoesch-Synth. von **IV** mit **V**. *Bis-3.5-dinitrobenzoat*, F. 198—200°. — *3-Isoamylphloracetophenon* (**IX**), *6-Methyläther* (**X**), F. 184—185°, analog **II** aus **IX**, Abtrennung von 45% **IX** u. fraktionierte Kristallisation aus Methylcellosolve/W.; aus A. gelbe Nadeln; 26%; $FeCl_3$-Rk. in A. violett. *4-Methyläther* (**XI**), $C_{14}H_{20}O_4$, F. 113—114° (Methylcellosolve), $Kp._{0,001}$ 140—150°, a) neben **X**; aus A. gelbliche, verfilzte Nadeln; $FeCl_3$-Rk. in A. violett; b) durch Zugabe von 2,4 mMol $ZnCl_2$ u. 18 mMol Acetonitril zu 2 mMol 2-Isoamylphloroglucin-1-methyläther (**XII**), Sättigen mit HCl-Gas, 2tägiges Stehen bei 20°, $^3/_4$std. Kochen des Öls mit W. u. Extraktion mit Ae.; 87%. *4.6-Dimethyläther*, F. 99°, neben **X**; aus Methylcellosolve/W. gelbliche Nadeln; 9,7%; $FeCl_3$-Rk. in A. bräunlich. — *2-Isoamylphloroglucin-5-methyläther* (**VI**), $C_{12}H_{18}O_3$, F. 99—100°, a) durch Zugabe von **II** in A. zu amalgamiertem Zn-Staub/12% ig. HCl/Eisessig, $^1/_4$ std. Schütteln, Zugabe von HCl, 48 std. Stehen bei Raum-Temp., 7 std. Kochen, Filtrieren, Einengen auf $^1/_3$ des Vol. u. Extraktion mit Ae.; aus Bzl./Hexan (1:1) u. Cyclohexan rotbraune Kristalle; 78%; b) durch Hydrierung von 2-[γ.γ-Dimethylallyl]-phloroglucin-5-methyläther. — *2-Isoamylphloroglucin-1-methyläther* (**XII**), $C_{12}H_{18}O_3$, F. 89—90°, Kp.$_{0,001}$ 130—140°, analog **VI** aus **III**; aus Bzl./Hexan Blättchen; 84%. *Monohydrat*, $C_{12}H_{18}O_3 \cdot H_2O$, durch Stehen an der Luft. *Bis-3.5-dinitrobenzoat*, $C_{26}H_{22}N_4O_{13}$, F. 128—129°, aus Bzl./Hexan Nadeln. — Propiophenone: *2.6-Dihydroxy-4-methoxy-3-isoamyl-β-[p-hydroxyphenyl]-*, $C_{21}H_{26}O_5$, F. 139°, Kp.$_{0,001}$ 165°, aus **XII** u. **VIII** analog **XI** nach b), Lösen in 2n NaOH, 3 tägiges Stehen bei 0°, Zugabe von HCl u. Extraktion mit Ae.; 53%; $FeCl_3$-Rk. in A. schmutzig-violett. — *2.4-Dihydroxy-6-methoxy-3-isoamyl-β-[p-hydroxyphenyl]-* (*Tetrahydroxanthohumol*), $C_{21}H_{26}O_5$, F. 158—159°, analog vorst. Verb. aus **VI** u. **VIII**; aus 70% ig. Methanol hellgelbe Nadeln; 58%; $FeCl_3$-Rk. in A. violett. *Tris-[p-nitrobenzoat]*, $C_{42}H_{35} \cdot N_3O_{14}$, F. 178°, aus Bzl./Hexan Nadeln. — *4-Methoxy-*, Kp.$_{11}$ 139—141°, durch Rk. von 4-Hydroxypropiophenon mit Dimethylsulfat/Alkali; 84%. — *β-[p-Methoxyphenyl]-propionsäure*, F. 99—101°, durch 8 std. Kochen von 138 g vorst. Verb. mit 0,84 Mol Morpholin u. 0,84 g-Atom S, 12 std. Kochen des rohen *p-Methoxyphenylthiopropionsäuremorpholids* (72%) mit 10% ig. KOH u. Extraktion mit Ae.; aus Bzl./Hexan gelbliche, federartige Kristalle; 51%. — *β-[p-Acetoxyphenyl]-propionitril* (**VIII**; *O-Acetylphloretinsäurenitril*), Kp.$_{0,005}$ 137—140°, durch Entmethylierung vorst. Verb. mit HJ, Rk. mit CH_2N_2 zu *Phloretinsäuremethylester* (Kp.$_{12}$ 168—170°) u. Überführung ins Nitril über das *Amid* u. *O-Acetylamid*. L. Lamza. 2380△

0866 **Oxydation von 2.6-Di-tert.-butyl-p-kresol und seinen Derivaten.** 4. Mitt. **Oxydation und Oxydationsmechanismus von 2.6-Di-tert.-butyl-p-kresol.** Tatsuji Fujisaki. (J. chem. Soc. Japan, pure Chem. Sect. [Nippon Kagaku Zassi] **77**, 869—73, 1956; Osaka, Yamada Electr. Co.; jap.) — 3. vgl. C. **1960**, 7143. — Die Oxydation von 2.6-Di-tert.-butyl-p-kresol (**I**) zu *3.3'.5.5'-Tetra-tert.-butylstilbenchinon* bzw. *3.3'.5.5'-Tetra-tert.-butyl-4.4'-dihydroxydibenzyl* verläuft wahrscheinlich über Abspaltung von H an einer OH-Gruppe u. nachfolgende Dimerisierung über *2.6-Di-tert.-butylmethylen-p-benzochinon* (**II**). Für die weitere Rk. letzterer Verb. ist die Temp. von Bedeutung.

Versuche: *3.3'.5.5'-Tetra-tert.-butylstilbenchinon*, F. 310—311°, a) durch 4 std. Rühren von 3,5 g $K_3[Fe(CN)_6]$ in W./KOH mit 5 g **I** in Bzl. bei 30° u. Hindurchleiten von Luft; rote Nadeln; 2,8 g (Ausbeute); b) analog a) aus 15 g **I** ohne Luftoxydation; 3,1 g; c) durch 75 std. Erhitzen von 3 g **I** mit Dibenzoylperoxid (**III**) in Chlf. auf 80°; 0,2 g; d) durch 1 std. Rk. von 1,4 g **II** in Bzl. mit Essigsäure bei 80°; 0,09 g; e) durch 12 std. Rk. von 4,4 g **I** in Bzl. mit **III** u. Essigsäure bei 80°; 1,05 g. — *3.3'.5.5'-Tetra-tert.-butyl-4.4'-dihydroxydibenzyl*, F. 169—170°, a) neben vorst. Verb. nach b); 1,25 g; b) durch 50 std. Erhitzen von 5 g **I** mit Tetrahydronaphthylhydroperoxid in Bzl. auf 80°; 1,5 g; c) durch 100 std. Einleiten von Luft in die Lsg. von 15 g **I** in Tetralin bei 80°; 0,2 g; d) durch Zugabe von Br_2 zu **I** u. Na in Xylol bei 140°; e) neben vorst. Verb. nach d); 0,24 g. — *2.6-Di-tert.-butylmethylen-p-benzochinon* (**II**), durch Zugabe von Anilin zu nachst. Verbindung. — *4-Brommethyl-2.6-di-tert.-butylphenol*, durch Rk. der Lsg. von **II** in Ae. mit HBr. — *4-Methoxymethyl-2.6-di-tert.-butylphenol*, durch Rk. von **II** mit Methanol.

H. J. Weigmann. 2390△

0867 **Derivate der 2.2'-Diphensäure.** 1. Mitt. **Ester, Amide und Esteramide der Diphensäure als mögliche Insekticide und Herbicide.** L. P. Kulew, R. N. Girewa und G. M. Stepnowa. (J. allg. Chem. [UdSSR] **32** (**94**), 2812—16, 1962; russ.) — Durch Rk. von Diphensäureanhydrid (**I**) mit Alkoholen oder Aminen werden *Monoester* bzw. *Monoamide* der *2.2'-Diphensäure* (**II**) erhalten, wobei in einigen Fällen ein Zusatz von $FeCl_3$ oder $AlCl_3$ notwendig ist. *Diamide* von **II** werden aus **I** u. Aminen in Ggw. von PCl_3, *Esteramide* aus Monoamiden u. Alkoholen (Phenolen) in Ggw. von H_2SO_4 ($POCl_3$) erhalten. Die Rk. von Alkoholen mit **II**-Dichlorid liefert in Ggw. von $AlCl_3$ **II**-*Dialkylester*. Die *Arylalkylester* können durch Erhitzen von Monoalkylestern mit Phenolen in Ggw. von $POCl_3$ dargestellt werden, daneben erfolgt, bes. bei Verw. des Monomethylesters, intramol. Wasserabspaltung unter Bldg. von *Fluorenon-4-carbonsäureestern*. Außerdem findet in geringem Maße Umesterung zu **II**-*Diarylestern* statt. Die *Monoamide* u. *-ester* von **II** bilden wasserlösl. Alkalisalze. Starke herbicide u. insekticide Wrkg. zeigen das *Bis-[o-(oder p)-nitroanilid]* u. das *Na-Salz* des *α-Naphthylamids* von **II**, der *2.4-Dinitrophenyl-β.β.β-trichloräthylester* ist ein wirksames Kontaktinsekticid.

Versuche: 2.2'-Diphensäurederivate: *o-Nitrophenylamid*, $C_{20}H_{14}N_2O_5$, F. 185°, durch 3 std. Erhitzen von 0,05 Mol **I** mit 0,05 Mol o-Nitroanilin in 100 ml Xylol auf 145°, Filtrieren u. Umkristallisieren aus A., Xylol oder Chlorbenzol. — Analog: *m-Nitroanilid*, $C_{20}H_{14}N_2O_5$, F. 222°. — *p-Nitroanilid*, $C_{20}H_{14}N_2O_5$, F. 181°. — *p-Chloranilid*, $C_{20}H_{14} \cdot ClNO_3$, F. 169°. — *o-Toluidid*, $C_{21}H_{17}NO_3$, F. 210°. — *p-Toluidid*, $C_{21}H_{17}NO_3$, F. 180°. — *α-Naphthylamid*, $C_{24}H_{17}NO_3$, F. 228°. — *Bis-o-toluidid*, $C_{28}H_{24}N_2O_2$, F. 236°, analog bei 120° unter Zugabe von 0,05 Mol PCl_3. — *Bis-p-toluidid*, $C_{28}H_{24}N_2O_2$, F. 181°. — *Dianilid*, $C_{26}H_{20}N_2O_2$, F. 235°. — *Bis-o-nitroanilid*, $C_{26}H_{18}N_4O_6$, F. 206°. — *Bis-m-nitroanilid*, $C_{26}H_{18}N_4O_6$, F. 221°. — *Bis-p-nitroanilid*, $C_{26}H_{18}N_4O_6$, F. 235°. — *Bis-p-chloranilid*, $C_{26}H_{18}Cl_2N_2O_2$, F. 237°. — *Bis-α-naphthylamid*, $C_{34}H_{24}N_2O_2$, F. 260°. — *Äthylesteranilid*, $C_{22}H_{19}NO_3$, F. 96°, durch 3 std. Erhitzen von 0,05 Mol. **II**-Anilid mit 80 ml A. u. 20 ml konz. H_2SO_4 auf dem Wasserbad, Gießen in W. u. Umkristallisieren aus Äthanol. — Analog: *Äthylester-o-nitroanilid*, $C_{22}H_{18}N_2O_5$, F. 100°. — *Äthylester-m-nitroanilid*, $C_{22}H_{18}N_2O_5$, F. 91°. — *Äthylester-p-nitroanilid*. $C_{22}H_{18}N_2O_5$, F. 110°. — *Äthylester-p-chloranilid*, $C_{22}H_{18}ClNO_3$, F. 66°. — *Äthylester-o-toluidid*, $C_{23}H_{21}NO_3$, F. 72°. — *Äthylester-p-toluidid*, $C_{23}H_{21}NO_3$, F. 66°. — *Äthylester-α-naphthylamid*, $C_{26}H_{21}NO_3$, F. 92°. — *Phenylesteranilid*, $C_{26}H_{19}NO_3$, F. 125° (A.), durch tropfenweise Zugabe von 1,3 ml $POCl_3$ zu 0,05 **II**-Anilid u. 0,05 Mol Phenol bei 60°, 4 std. Erhitzen auf 140—145° u. Eintragen in Wasser. — Analog: *Phenylester-o-nitroanilid*, $C_{26}H_{18}N_2O_5$, F. 110°. — *Phenylester-m-nitroanilid*, $C_{26}H_{18}N_2O_5$, F. 151°. — *Phenylester-p-nitroanilid*, $C_{26}H_{18}N_2O_5$, F. 122°. — *Phenylester-o-toluidid*, $C_{27}H_{21}NO_3$, F. 126°. — *Phenylester-p-toluidid*, $C_{27}H_{21}NO_3$, F. 120°. — *Phenylester-p-chloranilid*, $C_{26}H_{18}ClNO_3$, F. 120°. — *Phenylester-α-naphthylamid*, $C_{30}H_{21}NO_3$, F. 156°. — *Äthylphenylester*, $C_{22}H_{18}O_4$, F. 60°, durch tropfenweise Zugabe von 0,0175 Mol $POCl_3$ zu 0,05 Mol **II**-Äthylester u. 0,05 Mol Phenol bei 128 bis 130° u. Erhitzen auf 128—130° bis zum Aufhören der HCl-Entwicklung. — Analog: *Äthyl-p-nitrophenylester*, $C_{22}H_{17}NO_6$, F. 69°. — *Äthyl-o-nitrophenylester*, $C_{22}H_{17}NO_6$, F. 64°. — *Äthyl-m-nitrophenylester*, $C_{22}H_{17}NO_6$, F. 75°. — *Äthyl-2.4-dinitrophenylester*, $C_{22}H_{16}N_2O_8$, F. 230°. — *Äthyl-2.6-dinitrophenylester*, $C_{22}H_{16}N_2O_8$, F. 103°. — *Äthyl-2.4.6-trinitrophenylester*, $C_{22}H_{15}N_3O_{10}$, F. 220°. — *Äthyl-2.4.6-tribromphenylester*, $C_{22}H_{15}Br_3O_4$, F. 111°. — *Äthyl-α-naphthylester*, $C_{26}H_{20}O_4$, F. 160°. — *β.β.β-Trichloräthylphenylester*, $C_{22}H_{15}Cl_3O_4$, analog vorst. Estern bei 150°. — *β.β.β-Trichloräthyl-o-nitrophenylester*, $C_{22}H_{14}Cl_3NO_6$, F. 103°. — *β.β.β-Trichloräthyl-2.4-dinitrophenylester*, $C_{22}H_{13}Cl_3N_2O_8$, F. 107°. — *β.β.β-Trichloräthylester*, $C_{16}H_{11}Cl_3O_4$, F. 143° (A.), durch 6 std. Erhitzen von 0,05 Mol **I** mit 0,05 Mol β.β.β-Trichloräthanol, 0,015 Mol $AlCl_3$ u. 40 ml Chlf. auf 30—50°. — *Bis-[β.β.β-trichloräthylester]*, $C_{18}H_{12}Cl_6O_4$, F. 68° (A.), durch 7—8 std. Erhitzen von 0,05 Mol **II**-Dichlorid mit 0,1 Mol β.β.β-Trichloräthanol, 0,015 Mol $AlCl_3$ u. 62 ml CCl_4 auf 35—50°. — *Methylphenylester*, $C_{21}H_{16}O_4$, F. 66°. — *Bis-[p-nitrophenylester]*, $C_{26}H_{16}N_2O_8$, F. 165°. — *Bis-[m-nitrophenylester]*, $C_{26}H_{16}N_2O_8$, F. 115°.

I. Schade. 2420△

0868 **Darstellung von organischen Fluorverbindungen.** 2. Mitt. **Synthesen und pharmakologische Untersuchungen von fluorsubstituierten Benzhydrylaminoäthyläthern.** Kichitaro Takatori, Shiro Hisada, Yasuo Yamada, Toshio Nakashima, Isamu Sakai und Shingo Asano. (J. pharmac. Soc. Japan [Yakugakuzasshi] **80**, 1759—64, 1960; Gifu, Gifu Coll. of Pharmac.; Nagoya, Nagoya City Univ., School of Med., Dep. of Pharmacol.; jap., Auszug: engl.) — Um die Beziehung zwischen chem. Struktur u. pharmakolog. Wrkg. aufzuklären, werden 14 Derivv. des monohalogenierten Benzhydrylaminoäthyläthers hergestellt u. auf ihre pharmakolog. Wrkg. geprüft, hauptsächlich auf Antihistamin-, Antiacetylcholin- u. Antibarium-Wirkung. Monofluorierte Derivv. zeigen deutlich Antihistaminaktivität nach der Magnus- bzw. Antihistamin-Schock-Methode. Chlormorpholin u. Brommorpholin-Derivv. haben geringere Toxizität u. eine abnorm starke Aktivität gegen Antihistamin-

Schock, verglichen zu der der Magnus-Methode. Diese Verbb. können sich als neue Antihistaminagentien erweisen, es wurde geprüft, ob sie sedative, antitussive u. hypotensive Wrkg. haben.

Versuche: Äthyl-p-fluorbenzhydryläther: durch Rk. von Halogenbenzol mit Benzoylchlorid in Ggw. von $AlCl_3$ nach Friedel-Crafts u. daran anschließende Meerwein-Ponndorf-Verley-Red. der entstandenen monohalogenierten Benzophenon-Derivv.; mit Al-Isopropylat entstehen die Benzhydryl-Derivv., deren Na-Salze mit entsprechenden Chloräthylamino-Verbb. die subst. Benzhydrylaminoäthyläther-Derivv. bilden. *β-Dimethylamino-*, $C_{17}H_{20}$·FNO, $Kp._2$ 150—152°, durch Rk. von p-Fluorbenzhydrol mit N.N-Dimethyl-2-chloräthylamin in Toluol; 39% (Ausbeute). *Hydrochlorid*, $C_{17}H_{21}ClFNO$, F. 107°; 84%. *Citrat*, $C_{23}H_{28}FNO_8$, F. 140°; aus Essigester/W. farblose Nadeln. — *β-Diäthylamino-*, $C_{19}H_{24}FNO$, $Kp._5$ 182°, 54%. *Hydrochlorid*, $C_{19}H_{25}$·ClFNO, F. 115—121°. *Citrat*, $C_{25}H_{32}FNO_8$, F. 119°; aus Essigester/W./Dioxan farblose Nadeln. — *β-Chlor-* (I), $Kp._2$ 150—153°, aus p-Fluorbenzhydrol u. Äthylenchlorhydrin in Bzl. in Ggw. von konz. H_2SO_4; 76—80%. — *β-Piperidino-*, $C_{20}H_{24}FNO$, $Kp._1$ 165—170° durch Rk. von I mit Piperidin in Xylol; 61%. *Hydrochlorid*, $C_{20}H_{25}ClFNO$, F. 162°. *Citrat*, $C_{26}H_{32}FNO_8$, F. 97°; aus Essigester/Bzl. farblose Nadeln. — *β-Morpholino-*, $C_{19}H_{22}FNO_2$, $Kp._1$ 182—188°; 67%. *Hydrochlorid*, $C_{19}H_{23}ClFNO_2$, F. 151—155°. — *β-Pyrrolidinyl-(1)-*, $C_{19}H_{22}FNO$, $Kp._6$ 180°; 73%. *Hydrochlorid*, $C_{19}H_{23}$·ClFNO, F. 142—144°. *Citrat*, $C_{25}H_{30}FNO_8$, F. 92°; aus Essigester/Bzl. farblose Nadeln. — Äthyl-p-chlorbenzhydryläther: *β-Chlor-*, $Kp._3$ 168—170°; 83%. — *β-Piperidino-*, $C_{20}H_{24}ClNO$, $Kp._2$ 188°; 74%. *Hydrochlorid*, $C_{20}H_{25}Cl_2NO$, F. 148°. — *β-Morpholino-*, $C_{19}H_{22}ClNO_2$, $Kp._3$ 188°; 62%. *Hydrochlorid*, $C_{19}H_{23}Cl_2NO_2$, F. 141°. — *β-Pyrrolidinyl-(1)-*, $C_{19}H_{22}ClNO$, $Kp._3$ 158—168°; 44%. *Hydrochlorid*, $C_{19}H_{23}Cl_2$·NO, F. 149°. — Äthyl-p-brombenzhydryläther: *β-Chlor*, $Kp._2$ 156—168°; 62%. — *β-Piperidino-*, $C_{20}H_{24}BrNO$, $Kp._2$ 188 bis 190°; 68%. *Hydrochlorid*, $C_{20}H_{25}BrClNO$, F. 140°. — *β-Morpholino-*, $C_{19}H_{22}BrNO_2$, $Kp._3$ 198—201°; 56%. *Hydrochlorid*, F. 142°. W. Mucke. 2520△

0869 **Diaryljodoniumsalze.** 17. Mitt. **Die Phenylierung von Indandionen-(1.3).** F. Marshall Beringer, Suzanne A. Galton und Samuel J. Huang. (J. Amer. chem. Soc. **84**, 2819—23, 1962; Brooklyn, N.Y., Polytechnic. Inst. of Brooklyn, Dep. of Chem.; engl.) — 16. vgl. C. **1961**, 17153. — Durch Phenylierung mit Diphenyljodoniumchlorid (I) u. -acetat (II) werden Indandion-(1.3) (III), 2-Phenyl- (IV) u. 2-Carbäthoxyindandion-(1.3) (V) in *2.2-Diphenylindandion-(1.3)* (VI) umgewandelt. Daneben werden *Jodbenzol* (VII) u. *Benzol gebildet*. Bzl. wird durch UV-Spektroskopie nachgewiesen. Es wird ein radikal. Rk.-Mechanismus diskutiert.

Versuche: Indandione-(1.3): *2-Carbäthoxy-* (V), F. 78—79°, durch Ansäuern des V-Na-Salzes mit 3n HCl bei 0°; gelbe Nadeln. *Na-Salz*, $C_{12}H_9NaO_4$, F. > 300°, durch Zugabe von Phthalsäurediäthylester in Essigsäureäthylester zu Na-Äthylat unter Rühren; aus A. gelbe Kristalle; 43% (Ausbeute). — *Unsubstituiert* (III), F. 132—133° (Sublimation), durch Hydrolyse u. Decarboxylierung des V-Na-Salzes; 100%. — *2-Phenyl-* (IV), F. 150—151° (Sublimation), durch ½ std. Kochen von Phthalid u. Benzaldehyd mit Na-Äthylat u. Ansäuern; aus A. Blättchen; 36%. — *2.2-Diphenyl-* (VI), F. 125° (Sublimation), a) durch Zugabe von rauchender H_2SO_4 zu Indantrion-(1.2.3) in Bzl. unter Rühren bei 0—10°; 31%; b) durch Zugabe von IV zu Na-tert.-Butylat unter Rühren, Zugabe von I u. 6std. Kochen unter N_2 (Meth. A); 86%; daneben 28% VII; c) analog A mit 38,6 mg Na; 75,5%; daneben 30% VII; d) analog A mit 25,2 mg Li in 5½ Std.; 86%; daneben 23% VII; e) analog A mit 55 mg Na u. Durchblasen von O_2; 53%; daneben 71% VII; b) mit 21 mg Na in Ggw. von Styrol; 70%; daneben 66% VII; g) mit 25,2 mg Na; 49%; daneben Spuren VII; h) analog A aus II mit 50 mg Na in 2 Std.; 93%; daneben 35% VII; i) analog A aus II mit 6,5 mg Li in 1 Std.; 92,4%; daneben 54% VII; j) analog A aus I u. III mit 220 mg Na; 28%; daneben 51% VII; k) analog A aus dem V-Na-Salz u. I mit 104 mg Na in 3 Tagen u. Chromatographie; daneben 30% VII; l) analog k) aus 104 mMol V-Na-Salz, Zugabe von 3n HCl u. 25 Min. langes Rühren (< Kochpunkt); 0,77 g; daneben 1,07 g IV. — *2-tert.-Butoxycarbonyl-2-phenyl-*, $C_{20}H_{18}O_4$, F. 124—125°, neben VI nach k); 7,2 g. — *2-Äthoxycarbonyl-2-phenyl-*, $C_{18}H_{14}O_4$, F. 125—126°, neben VI nach k); 1,9 g. — *Diphenyljodoniumacetat* (II), $C_{14}H_{13}JO_2$, F. 146—147° (tert. Butanol/Hexan), durch Rk. von I mit Ag-Acetat in Eisessig bei 60°; 68%. G. Mann. 2650◇

0870 **Die Alkylierung von aromatischen Kohlenwasserstoffen durch Alkyllithiumverbindungen.** Joseph A. Dixon und David H. Fishman. (J. Amer. chem. Soc. **85**, 1356—57, 1963; University Park, Pa., Pennsylvania State Univ., Coll. of Chem. and Phys., Whitmore Labor.; engl.) — Vff. beobachteten die Alkylierung von aromat. KW-Stoffen durch Alkyl-Li-Verbb. (A) in Paraffin-KW-Stoffen in der Hitze. Die Reaktivität der A für die Alkylierung ist tert. > sek. > primär. Bei der Hydrolyse der Rk.-Gemische entstanden größere Mengen H_2.

Versuche: *1-tert.-Butylnaphthalin* (I), $C_{14}H_{16}$, durch 20std. Erhitzen von Naphthalin mit tert.-Butyl-Li (1 : 1 Mol) in Dekalin auf 165° u. Hydrolyse; 30—45% (Ausbeute, davon sind 95% 1-Isomeres. Weitere Alkylierung erfolgt in 3-, 6- oder 7-Stellung); daneben *Di-tert.-butylnaphthalin*-Gemisch (II, $C_{18}H_{24}$; 30—50%). — Analog wurden dargestellt: *tert.-Butylbenzol*; 15%. — *x-n-Butylnaphthalin*; 15%. — *x-sek.-Butylnaphthalin*; 20%. — *x-tert.-Butylphenanthren*; 50%. — Die NMR-Spektren von I u. II sowie die IR-Spektren von I sind angegeben. D. Jahnke. 2700△

0871 **Alkylierung von Phenol mit einem Homoallylchlorid.** James L. Corbin, Harold Hart und Charles R. Wagner. (J. Amer. chem. Soc. **84**, 1740—42, 1962; East Lansing, Mich., Michigan State Univ., Kedzie Chem. Labor.; engl.) — Erhitzt man 5-Chlor-2-methylpenten-(2) (I) mehrere Std. mit überschüssigem Phenol (1 : 4) auf 150°, entstehen unter HCl-Entw. *5.5-Dimethylhomochroman* (II), *1.1-Dimethyltetralol-(5)* (III) sowie *1.1-Dimethyltetralol-(7)* (IV). Ihre Strukturen werden durch IR-, UV-, NMR-Spektren sowie durch Synth. bewiesen. Um den Rk.-Mechanismus aufzuklären, wird $D_{2(5.5)}$*-5-Chlor-2-methylpenten-(2)* dargestellt u. durch Vgl. der NMR-Spektren der daraus erhaltenen markierten II, III u. IV die Gleichwertigkeit der $C_{(4)}$- u. $C_{(5)}$-Methylengruppen in I bei der Synth. festgestellt.

Versuche: *5-Phenoxy-2-methylpenten-(2)*, $Kp._1$ 85 bis 90°, aus I u. Phenol in Aceton in Ggw. von K_2CO_3; n_D^{20} 1,5112. — *5.5-Dimethylhomochroman* (II), F. 47—48°, aus vorst. Verb. u. wenig H_2SO_4; ca. 100% (Ausbeute). — *1.1-Dimethyltetralol-(5)* (III), F. 112,5—113,5°, aus 1.1-Dimethyl-5-methoxytetralon-(2) durch Wolff-Kishner-Red. u. Spaltung mit HJ-Essigsäure. — *1.1-Dimethyltetralol-(7)* (IV), F. 105—106°, durch Methylieren von 7-Methoxytetralon-(2) mit CH_3J in Ggw. von Na-Isopropylat, Wolff-Kishner-Red. u. Spaltung mit Säure. H.-J. Haase. 2700◇

0872 **Ein Naphthochinonfarbstoff aus Pirola incarnata Fisch.** Hiroyuki Inouye. (J. pharmac. Soc. Japan [Yakugakuzasshi] **76**, 976—77, 1956; Kyoto, Univ., Med. Fak., Pharmaz. Inst.; dt.) — Aus den methanol. Extrakten der Knollen von *Pirola incarnata* Fisch wird in 0,026%ig. Ausbeute *2.7-Dimethylnaphthochinon-(1.4)* (I, $C_{12}H_{10}O_2$; F. 112,5—113,5°, gelbe Nadeln; mit konz. H_2SO_4 Rotfärbung) erhalten. I geht durch Sonnenlicht in die *polymere Verb.* $(C_{12}H_{10}O_2)_n$ (F. 232—233°; Nadeln) über, die durch Erhitzen über den F. I ergibt. Durch Oxydation mit H_2O_2 wird I in das *Oxid* $C_{12}H_{10}O_3$ (F. 92°; Nadeln) übergeführt, welches mit H_2SO_4 in das *Hydroxynaphthochinon* $C_{12}H_{10}O_3$ (F. 168—169°; gelbe Nadeln) übergeht. Letztere Verb. wird durch alkal. $KMnO_4$ zu *Trimellitsäure* (F. 215°) oxydiert. I ist vermutlich mit dem von Fairbank [1860] beschriebenen Chimaphilin identisch. UV-Maxima vgl. Original. H.-J. Weigmann. 2700△

0873 **Über den Verlauf der Amidinumlagerung der Aldehydarylhydrazone bei einigen Hydrazonen des 1.2.3.4-Tetrahydro-6-naphthaldehyds.** D. Popov. (C. R. Acad. bulg. Sci. **14**, 59—62, 1961; dt., Auszug: russ.) — Die Darst. von *1.2.3.4-Tetrahydro-6-naphthaldehyd* (I), seines *Phenyl-*, *p-Tolyl-* u. *p-Bromphenylhydrazons* sowie die Amidinumlagerung der Phenylhydrazone zu den entsprechenden *N-Aryl-1.2.3.4-tetrahydro-6-naphthamidinen* wird beschrieben.

Versuche: *1.2.3.4-Tetrahydro-6-naphthaldehyd* (I), $Kp._{14}$ 135—140°, durch 6std. Kochen von 45 g 1.2.3.4-Tetrahydro-6-chlormethylnaphthalin mit 28 g Urotropin in 800 ml A.; 70% (Ausbeute). *Phenylhydrazon*, $C_{17}H_{18}N_2$, F. 122—123°

(A.-W.); 100%. *p-Tolylhydrazon*, $C_{18}H_{20}N_2$, F. 135—136° (A.-W.); 100%. — *p-Bromphenylhydrazon*, $C_{17}H_{17}BrN_2$, F. 124—126° (A.-W.); 100%. — 1.2.3.4-Tetrahydro-6-naphthamidine: *N-Phenyl-*, $C_{17}H_{18}N_2$, F. 146—147° (A.-W.), durch 1½ std. Kochen von 2,5 g I-Phenylhydrazon mit 0,4 g $NaNH_2$ in 30 ml abs. Xylol, Extraktion mit je 50 ml W. u. 1n HCl u. Zugabe 20%ig. NaOH; Nadeln; 60%. *Pikrat*, F. 135—136°. *Hydrochlorid*, F. 171—172°. — Analog: *N-p-Tolyl-*, $C_{18}H_{20}N_2$, F. 137—138° (A.-W.); Nadeln; 53%. *Pikrat*, F. 161—162°. *Hydrochlorid*, F. 164—165°. — *N-[p-Bromphenyl]-*, $C_{17}H_{17}BrN_2$, F. 164—165° (A.-W.); Nadeln; 77%. *Pikrat*, F. 128—130°. *Hydrochlorid*, F. 164—165°.

Helmut Schäfer. 2700△

0874 **trans-Dekalin-2.9-dicarbonsäure und verwandte Derivate.** Richard B. Turner, R. E. Lee jun. und Ernest G. Hildenbrand. (J. org. Chemistry **26**, 4800—03, 1961; Houston, Tex., Rice Univ., Dep. of Chem.; engl.) — 2.4-Dicarbomethoxycyclohexanon wurde mit NaH in das *Na-Enolat* u. dieses durch Rk. mit 4-Chlorbutanon-(2) u. Aldol-Kondens. in Ggw. von p-Toluolsulfonsäure in *2-Keto-6.10-dicarbomethoxy-$\Delta^{1,9}$-oktahydronaphthalin* (**I**) übergeführt. **I** wurde an Pd hydriert u. das Prod. nach Wolff-Kishner zu *trans-Dekalin-2.9-trans-dicarbonsäure* (**IIa**) red., deren beide *Halbester* dargestellt wurden. **IIa** lieferte mit Acetanhydrid u. Na-Acetat das *Anhydrid* (**III**), aus dem bei der nicht katalysierten Hydrolyse durch Kochen in wss. Aceton *trans-Dekalin-2.9-cis-dicarbonsäure* (**IIb**) entstand. **III** liefert bei der Methanolyse den *2-Methylester* von **IIb**, während der *9-Methylester* aus **IIb**-Dimethylester durch partielle Verseifung erhalten wurde. Verss., eine Acyloin-Kondens. des **IIb**-2-Methylesters mit Na in Xylol durchzuführen, waren erfolglos; die Verw. von Na/Al_2O_3 lieferte ausschließlich ein saures Produkt. Demgegenüber entstand mit fl. Na in sehr geringer Menge *11-Keto-12-hydroxy-2.9-äthano-trans-dekalin* (**IV**), dessen Ausbeute durch Variation der Rk.-Bedingungen nicht verbessert werden konnte. **IV** lieferte mit Pb-Tetraacetat eine *Aldehydsäure*, deren Methylester bei der CrO_3-Oxydation den 9-Methylester von **IIb** ergab.

Versuche: *2-Keto-trans-6.10-dicarbomethoxy-$\Delta^{1,9}$-oktahydronaphthalin* (**I**), $C_{14}H_{18}O_5$, F. 88—89° (Ae.-PAe.), aus 2.4-Dicarbomethoxycyclohexanon durch Zugabe zu NaH in Bzl. unter N_2 in 1 Std., nach 2std. Kochen Zugabe von 4-Chlorbutanon-(2) u. 12std. Stehen bei Raum-Temp., nach Aufarbeitung, Kochen des erhaltenen Prod. mit p-Toluolsulfonsäure unter Verw. eines Wasserabscheiders in Bzl.; 20% (Ausbeute). *Semicarbazon*, $C_{15}H_{21}N_3O_5$, F. 215—217° (Methanol). — *trans-6.10-dicarbomethoxy-trans-dekalon-(2)*, $C_{14}H_{20}O_5$, F. 88—89° (Ae.), aus 10 g **I** durch Hydrierung an Pd-Kohle in Methanol in 40 Min.; 9,1 g. — *trans-Dekalin-trans-2.9-dicarbonsäure* (**IIa**), $C_{12}H_{18}O_4$, F. 227—228° (im Rohr; wss. Aceton), aus 10 g vorst. Verb. in Diäthylenglykol durch 1std. Erhitzen mit 85%ig. N_2H_4 u. KOH auf 147° u. 3 Std. auf 215°. *2-Methylester*, $C_{13}H_{20}O_4$, F. 143—144° (wss. Aceton), aus **IIa** durch 14std. Einw. von Acetylchlorid in Methanol bei Raumtemperatur. *9-Methylester*, $C_{13}H_{20}O_4$, F. 104—105°, aus **IIa** u. Diazomethan u. 24std. Einw. von wss. methanol. NaOH auf 500 mg des erhaltenen *Dimethylesters* bei Raum-Temp.; 365 mg. — *trans-Dekalin-cis-2.9-dicarbonsäure* (**IIb**), *Anhydrid* (**III**), $C_{12}H_{16}O_3$, F. 89,5—91° (Ae.-PAe.), aus 2,07 g **IIa** durch 16std. Kochen in Acetanhydrid mit Na-Acetat; 1,36 g. **IIb**, $C_{12}H_{18}O_4$, F. 229—230° (im Rohr), aus 1,34 g **III** durch Kochen in wss. Aceton u. 12std. Stehen bei Raum-Temp.; 1,23 g. *Dimethylester*, $C_{14}H_{22}O_4$, F. 68—69° (wss. Methanol), mit Diazomethan in Äther. *2-Methylester*, $C_{13}H_{20}O_4$, F. 146,5—147,5° (Ae.-PAe.), aus 65 mg **III** durch 12std. Kochen in Methanol; 59 mg. *9-Methylester*, $C_{13}H_{20}O_4$, F. 146,5 bis 147° (Ae.-PAe.), aus dem Dimethylester durch 10std. Stehen in methanol.-wss. NaOH. — *11-Keto-12-hydroxy-2.9-äthano-trans-dekalin* (**IV**), $C_{12}H_{18}O_2$, F. 77—78° (Ae.-PAe.), aus 500 mg **IIb**-Dimethylester in abs. Ae. durch gleichzeitige Zugabe mit Na zu fl. NH_3-Ae. innerhalb 2 Std., Aufarbeitung u. Chromatographie an Al_2O_3; 30 mg; daneben *Prod. vom F. 69—70°*; liefert durch 3std. Einw. von Pb-Tetraacetat in 90%ig. Essigsäure bei Raum-Temp., Veresterung der erhaltenen *Aldehydsäure* mit Diazomethan u. nachfolgende CrO_3-Oxydation in Essigsäure **IIb**-*Dimethylester*.

D. Kirstein. 2700◇

0875 **Untersuchungen in der Anthrachinonreihe. 32. Mitt. Oxydierende Chlorierung der Anthrachinon-α-sulfonsäure mit verschiedenen Oxydationsmitteln.** W. W. Koslow und A. A. Dawydow. (J. allg. Chem. [UdSSR] **31** (**93**), 2049—52, 1961; Plechanow-Inst. für Volkswirtschaft; russ.) — 31. vgl. C. **1964**, 5-0816. — Anthrachinon-1-sulfonsäure läßt sich durch oxydative Chlorierung in HCl oder in H_2SO_4 in Ggw. von HCl in *1-Chloranthrachinon* überführen. Die optimale Konz. an HCl ist 6—7n bei Verw. von MnO_2 als Oxydationsmittel, bei $K_2Cr_2O_7$ 6n, Cl_2 0,75n, $KClO_3$ 0,8n, $KMnO_4$ 0,5n u. HClO 0,8n. Die Ausbeuten betragen bei Verw. von $KMnO_4$ ca. 50, HClO ca. 58 u. $K_2Cr_2O_7$ ca. 90%.

Helmut Schäfer. 2800△

0876 **Über die Vinylanthrachinone-(9.10).** Georg Manecke und Winfried Storck. (Chem. Ber. **94**, 3239—50, 1961; Berlin-Dahlem, Max-Planck-Ges., Fritz-Haber-Inst.; dt.) — Es wird über Verss. zur Darst. von *2-Vinylanthrachinon-(9.10)* (**I**) (vgl. C. **1961**, 16815) berichtet. Aus 2-Acetyl-9.10-diacetoxyanthracen konnte weder mit Al-Isopropylat noch mit $NaBH_4$ in Methanol bei 0°, jedoch aus 2-Acetylanthrachinon nach letzterer Meth. in wss.-alkal. Lsg. *2-[α-Hydroxyäthyl]-anthrachinon-(9.10)* (**II**) erhalten werden, wenn man das Rk.-Prod. durch O_2 oxydierte. **II** lieferte mit $SOCl_2$ *2-[α-Chloräthyl]-anthrachinon*, mit PBr_3 die entsprechende *Brom-Verb.* (**III**) u. mit Acetanhydrid–Pyridin das *Acetat*. **III** ließ sich auch aus 2-Äthylanthrachinon mit N-Bromsuccinimid (NBS) herstellen, ging beim Erhitzen mit Na-Acetat–Eisessig in **II**-*Acetat* über u. lieferte bei reduktiver Acetylierung *2-[α-Acetoxyäthyl]-9.10-diacetoxyanthracen*. Die Dehydratisierung von **II** zu **I** erfolgte mit $KHSO_4$ bei 160 bis 180° oder an saurem Al_2O_3 bei ca. 300° in geringer Ausbeute. **I** konnte demgegenüber mit hoher Ausbeute nach letzterer Meth. aus **II**-Acetat erhalten werden. **I** polymerisiert sich leicht in der Schmelze sowie in Toluol bei 100° in Ggw. von Benzoylperoxid (**IV**) oder Azo-bis-isobutyronitril. Mit Styrol, α-Methylstyrol u. Divinylbenzol entstehen *Copolymere*. Bei der reduktiven Acetylierung wurde aus **I** *2-Vinyl-9.10-diacetoxyanthracen* (**VIII**) erhalten, das mit **IV** in Toluol bei 100° ein Polymerisat lieferte, dessen Oxydation *Polyvinylanthrachinon* ergab. *1-[α-Hydroxyäthyl]-anthrachinon* (**V**) konnte analog **II** aus 1-Acetylanthrachinon dargestellt werden, während seine Synth. aus 1-Äthylanthrachinon mit NBS u. **IV** unter verschiedenen Bedingungen nicht gelang. **V** ergab mit Acetanhydrid–Pyridin in niedriger Ausbeute das *Acetat*. PBr_3 u. $SOCl_2$ lieferten mit **V** nicht die entsprechenden Halogenverbindungen. Die Pyrolyse von **V** bei 450° oder die seines Acetats bei 480° ergab nur in sehr geringer Menge niederpolymeres *1-Vinylanthrachinon* (**VI**). Die Pyrolyse von 1-[α-Acetoxyäthyl]-9.10-diacetoxyanthracen bei 400° führte in mäßiger Ausbeute zu *1-Vinyl-9.10-diacetoxyanthracen* (**VII**), das sich in Lsg. nicht radikal. polymerisieren ließ u. mit wss. HCl oder methanol. KOH in Dioxan zu **VI** verseift wurde. **VI** polymerisierte sich in Lsg., radikal. in geringem Maße, in der Schmelze war der Umsatz erheblich höher. Die IR-Spektren von **I**, **VI**, **VII** u. **VIII** sind angegeben.

Versuche: Anthrachinone-(9.10): *1-Äthyl-*, F. 94 bis 95° (Eisessig-W.), aus 1-Äthylanthracen in Eisessig durch Zutropfen von CrO_3 in Essigsäure bei 70—80°, Stehen über Nacht u. 1std. Erhitzen auf 100—105°; 73% (Ausbeute). — *2-Acetyl-*, $C_{16}H_{10}O_3$, F. 143—143,5° (Methanol; gelbe Nadeln), aus 2-Acetylanthracen u. CrO_3 durch Kochen in Eisessig in 10 Min.; 66%. — *1-Acetyl-*, $C_{16}H_{10}O_3$, F. 160—161° (Bzl.; gelbe Nadeln), aus 1-Acetylanthracen in Eisessig durch Zugabe von CrO_3 in Essigsäure bei 55—60° innerhalb 1 Std., dann 1std. Erhitzen auf 70° u. weiteres 1std. Erwärmen auf 110° nach 12std. Stehen; 71%. — *2-[α-Hydroxyäthyl]-* (**II**), $C_{16}H_{12}O_3$, F. 115—117° (Di-n-butyläther; Nadeln), durch Zugabe von wss. NaOH zu vorvorst. Verb. in Dioxan, dann von $NaBH_4$ in wss. NaOH unter N_2 bei 55—60° innerhalb 1¼ Std. u. weiteres 13std. Rühren, Absaugen der harzigen Bestandteile u. nach deren Waschen mit alkal. Dithionit-Lsg. 1½std. Einleiten von Luft in das Filtrat; 91%. *Acetat*, $C_{18}H_{14}O_4$, F. 126—127° (Aceton u. Methanol; grüngelbe Nadeln), a) aus **II** durch 1std. Kochen mit Acetanhydrid–Pyridin; 92%; b) aus **III** durch 1¾std. Kochen mit Na-Acetat in Eisessig; 99%. — *1-[α-Hydroxyäthyl]-* (**V**), $C_{16}H_{12}O_3$, F. 144 bis 144,5° (Bzl.; hellgelbe Nadeln), aus vorvorst. Verb. analog **II** durch Zugabe von $NaBH_4$ bei 65—68° innerhalb 45 Min. u. weiteres 90—100std. Reagieren bei gleicher Temp., dann Luftoxydation bei 30—40°; sublimiert bei 135°/2 Torr; 84%. *Acetat*, $C_{18}H_{14}O_4$, F. 162,4—162,6° (Aceton u. Methanol), aus **V** analog dem 2-Isomeren nach a); 71%. — *2-[α-Chloräthyl]-*, $C_{16}H_{11}ClO_2$, F. 142—142,5° (Methanol–Bzl.; hellgelbe Nadeln), aus **II** durch 1¹/₄std. Kochen mit $SOCl_2$ u. Pyridin; 75%. — *2-[α-Bromäthyl]-* (**III**), $C_{16}H_{11}BrO_2$, F. 154—155° (Bzl.–Methanol; hellgelbe Nadeln), a) aus **II** in Bzl. durch Zugabe von PBr_3 bei 0° u. Aufarbeitung nach 1 Std. bei 0—40°; 78%; b) aus 2-Äthylanthrachinon durch 1—1½std. Kochen mit NBS in Ggw. von **IV** in CCl_4; liefert durch Verseifung mit alkohol. HCl **II**; 94,5%. — *2-Vinyl-* (**I**), $C_{16}H_{10}O_2$, F. 175—176° (Bzl.–Methanol; hellgelbe Nadeln), a) aus **II** durch 5—10 Min. langes Erhitzen mit $KHSO_4$ u. Cu-Pulver auf 160—180° u. anschließende Sublimation bei 175—195°/1 Torr als polymeres Prod.; b) aus **II** durch Pyrolyse an Al_2O_3 bei 350° unter N_2; 17—20%; c) aus **II**-Acetat analog b); 83%; 100 mg liefern mit **IV** in Toluol in 200 Std. bei 100° *polymeres* **I** *vom F. 323—325°* (71 mg); 200 mg **I** liefern in 240 Std. bei 100° in Toluol in Ggw. von Azo-bis-isobutyronitril *polymeres* **I** *vom F. 237—239°* (195 mg); 102,6 mg **I** liefern mit Styrol in Ggw. von **IV** in Toluol bei 90° in 70 Std. ein *Copolymeres vom F. 234—236°* (86 mg); 97,2 mg **I** liefern analog mit α-Methylstyrol ein *Copolymeres vom F. 245—247°* (60 mg); 100,4 mg **I** liefern mit Divinylbenzol analog in 48 Std. ein *Copolymeres vom Zers.-Punkt ab 320°* (100,6 mg); 104,8 mg liefern analog mit Styrol u. Divinylbenzol in 70 Std. ein nicht einheitliches *Polymeres* (99 mg). — *1-Vinyl-* (**VI**), $C_{16}H_{10}O_2$, F. 162,5—163° (gelbe Nadeln; Bzl.), a) aus Hexatrien-(1.3.5) u. Naphthochinon-(1.4) nach Butz, Butz u. Gaddis (J. org. Chemistry **5**, [1940], 171); b) aus **V** durch Pyrolyse an Al_2O_3 bei 450°; 70 mg; c) aus 180 mg **VII** durch 3std. Kochen mit konz. HCl in Dioxan; 15 mg; d) aus 100 mg **VII** u. methanol. KOH in Dioxan in 18 Std. bei Raum-Temp., Eintragen in alkal. Dithionit-Lsg. u. Oxydation mit Na_2O_2; 30 mg. *Polymeres* **VI** $[C_{16}H_{10}O_2]_n$, F. 225—230° (Aceton–Bzl.), aus **V**-Acetat (0,73 g) durch Pyrolyse bei 480° an Al_2O_3, Acetonextraktion u. Eingießen in wss. Fe^{3+}-Lsg.; 80 mg; daneben **VI**; 30 mg. *Polymeres* **VI** *vom F. 158—160°*, a) aus 100 mg **VI** u. **IV** in Toluol bei 100° in 160 Std.; 12,6 mg; b) analog a) mit Azo-bis-isobutyronitril; 7,8 mg. *Polymeres* **VI** *vom F. 175—185°*, durch 6std. Erhitzen von 100 mg **VI** auf 165—170° mit **IV** im Vakuum; 65 mg. — *1-Äthylanthracen*, Kp.₂ 178—181°, aus 1-Acetylanthracen durch 1½std. Kochen mit Triäthylenglykol; 80%ig. N_2H_4 u. KOH u. nach Dest. bis 190° Innentemp. weiteres 2½std. Kochen; 95%. — 9.10-Diacetoxyanthracene: *1-Äthyl-*, $C_{20}H_{18}O_4$, F. 183 bis 183,5° (Bzl.; hellgelbe Kristalle), aus dem Anthrachinon-Deriv. in Acetanhydrid–Pyridin durch Zugabe von Zn-Staub zur sd. Lsg. innerhalb von 15 Min. u. weiteres ¹/₄std. Kochen; 73%. — Analog: *2-Acetyl-*, $C_{20}H_{16}O_5$, F. 217—218° (Bzl.–Methanol u. Essigsäure; gelbe Nadeln); 89%. — *1-Acetyl-*, $C_{20}H_{16}O_5$, F. 158,5—159,5° (Aceton u. PAe.); 60%. — *1-[α-Acetoxyäthyl]-*, $C_{22}H_{20}O_6$, F. 170—171° (Bzl.–PAe.; gelbe Rhomben); 84%. — *2-[α-Acetoxyäthyl]-*, $C_{22}H_{20}O_6$, F. 134 bis 135° (Bzl. u. A.–PAe.; Nadeln), a) analog; 100%; b) aus dem Anthrachinon-Deriv. in Acetanhydrid durch Zugabe von Zn-Staub u. Triäthylamin bei 30—40° u. 3std. Stehen bei Raum-Temp., Filtration u. Extraktion des Rückstandes mit Acetanhydrid; 95%. — *2-Vinyl-* (**VIII**), $C_{20}H_{16}O_4$, F. 169,5—170,5° (Bzl. u. Bzl.–PAe.; hellgelbe Nadeln), a) analog vorst. Verb. nach a); 100%; b) analog vorst. Verb. nach b); 89%; liefert durch 48std. Erhitzen mit **IV** in Toluol auf 100° *polymeres* **VIII** *vom F. >340°*. — *1-Vinyl-* (**VII**), $C_{20}H_{16}O_4$, F. 194—195° (Bzl.–Aceton; Nadeln), durch Pyrolyse der α-Acetoxyäthyl-Verb. bei 400°/≪2 Torr in 1¹/₄ Std.; 16—19%. D. Kirstein. 2800◇

0877 **Bicyclobutan.** David M. Lemal, Frederic Menger und George W. Clark. (J. Amer. chem. Soc. **85**, 2529 bis 2530, 1963; Madison, Wis., Univ., Dep. of Chem.; engl.) — Allylessigsäure (**I**) wurde mit $SOCl_2$ in das *Säurechlorid*, dieses mit NaN_3 in das *Azid* übergeführt u. daraus durch Erhitzen mit A. *Allylcarbinylurethan* (*N-[Buten-(3)-yl]-carbaminsäureäthylester*, Kp.₁,₅ 62—64°) erhalten. Dessen *N-Nitroso-Deriv.* (**II**) gab bei der therm. Zers. >150° nur *Butadien*, *A.*, CO_2 u. N_2; durch schnelles Zugeben zu einer kräftig gerührten Lsg. des Na-Salzes von Diäthylenglykol in Diäthylenglykol bei 0° konnte **II** in das orangefarbene *Allyldiazomethan* (**III**) übergeführt werden, das laufend aus dem Rk.-Gemisch in eine mit Trockeneis gekühlte Falle dest. u. in Heptan bei —78° aufbewahrt wurde; Ausbeute ca. 30% (bezogen auf **II**), 16% (bezogen auf **I**). Eine 5%ig. Lsg. von **III** in Heptan wurde bei —78° photolysiert, wobei *Butadien* u. *Bicyclo-1.1.0]-butan* (**IV**) im Verhältnis 5 : 1 entstanden. Die Konstit. von **IV** wurde durch Kernresonanz- u. Massenspektren bewiesen. **IV** isomerisierte sich langsam bei Raum-Temp., schneller bei höherer Temp. (z. B. bei 150° in 4 Min.) zu *Butadien*; bei 110° wurde im Pyrolysat auch etwas *Cyclobutan* erhalten. J. Rothe. 2950◇

0878 **Diels-Alder-Reaktion von Troponoiden.** 2. Mitt. **Addukte von Halogentroponen und Maleinsäureanhydrid.** Tetsuo Nozoe und Yasuo Toyooka. (Bull. chem. Soc. Japan **34**, 623—26, 1961; Sendau, Katahira-cho, Fac. of Sci., Chem. Inst., Organ. chem. Labor.; engl.) — 1. vgl. Bull. chem. Soc. Japan **33**, [1960], 1247. — Durch Erhitzen von 2-Chlor- (**I**) bzw. 2-Bromtropon (**II**) mit Maleinsäureanhydrid (**III**) in abs. Xylol werden in normaler Diels-Alder-Rk. *exo-3-Chlor-* (**IV**) bzw. *exo-3-Brombicyclo-[3.2.2]-nonadien-(2.8)-on-(4)-endo-cis-6.7-dicarbonsäureanhydrid* (**V**) erhalten; 2.7-Dibrom- u. 2.4.7-Tribromtropon reagieren nicht. Hydrierung von **IV** bzw. **V** in Ggw. von Pd/Kohle gibt *Bicyclo-[3.2.2]-nonanon-(4)-endo-cis-6.7-dicarbonsäureanhydrid* (**VI**), das auch aus Bicyclo-[3.2.2]-nonadien-(2.8)-on-(4)-endo-cis-6.7-dicarbonsäureanhydrid erhalten wird. Mit heißem W. werden **IV, V** u. **VI** zu *exo-3-Chlor-* (**VII**), *exo-3-Brombicyclo-[3.2.2]-nonadien-(2.8)-on-(4)-endo-cis-6.7-dicarbonsäure* (**VIII**) bzw. *Bicyclo-[3.2.2]-nonanon-(4)-endo-cis-6.7-dicarbonsäure* (**IX**) hydrolysiert. Durch Erhitzen auf 200—220° im Vakuum werden **VII, VIII** u. **IX** wieder zu **IV, V** u. **VI** dehydratisiert. Durch Hydrierung von **VII** u. **VIII** in Ggw. von Pd/Kohle wird **IX** erhalten. Die Bromierung von **IV** u. **V** in wss. Lsg. führt in guter Ausbeute zu *exo-2-Brom-exo-3-chlor-* (**X**) bzw. zu *diexo-2.3-Dibrom-endo-8-hydroxybicyclo-[3.2.2]-nonen-(2)-on-(4)-endo-cis-6.7-dicarbonsäurelacton-(7 → 8)*. Aus dem **X**-Methylester wird durch Hydrierung in Ggw. von Pd/Kohle *exo-2-Brom-exo-3-chlor-endo-8-hydroxybicyclo-[3.2.2]-nonanon-(4)-endo-cis-6.7-dicarbonsäuremethylesterlacton-(7 → 8)* erhalten. Die UV- u. IR-Maxima werden diskutiert.

Versuche: *exo-3-Chlorbicyclo-[3.2.2]-nonadien-(2.8)-on-(4)-endo-cis-6.7-dicarbonsäureanhydrid* (**IV**), $C_{11}H_7ClO_4$, F. 208—209°, durch 24std. Kochen von 2,80 g **I** u. 3,90 g **III** in abs. Xylol (175—180°; Bad) u. mehrstd. Stehen bei Raum-Temp.; Nadeln; 3,18 g (Ausbeute). — *Bicyclo-[3.2.2]-nonanon-(4)-endo-cis-6.7-dicarbonsäureanhydrid* (**VI**), $C_{11}H_{12}O_4$, F. 191—192°, durch 2tägiges Hydrieren von 720 mg **IV** in Essigester in Ggw. von Pd/Kohle bei Raum-Temp.; aus Aceton/Essigester Nadeln; 320 mg. — *exo-3-Chlorbicyclo-[3.2.2]-nonadien-(2.8)-on-(4)-endo-cis-6.7-dicarbonsäure* (**VII**), *Monohydrat* (?), $C_{11}H_{11}ClO_6$, durch Erhitzen von 640 mg **IV** in W. auf 100°, Einengen auf ½ Vol. u. Kühlen; Schuppen; 620 mg. *Dimethylester*, $C_{13}H_{13}ClO_5$, F. 172—173°, durch Zutropfen von Diazomethan (**XI**) in Ae. zu 550 mg **VII** in Essigester, mehrstd. Rk. u. Eindampfen; 550 mg. *Dimethylester-2.4-dinitrophenylhydrazon*, $C_{19}H_{17}ClN_4O_8$, F. 154°, durch 1½std. Kochen von 80 mg Dimethylester in Methanol mit 2.4-Dinitrophenylhydrazin in verd. Methanol/wenig konz. H_2SO_4; aus Methanol tiefrote Kristalle; 50 mg. — *Bicyclo-[3.2.2]-nonanon-(4)-endo-cis-6.7-dicarbonsäure* (**IX**), $C_{11}H_{14}O_5$, F. 172,5° (Zers.; W.), a) durch Hydrieren von 550 mg **VII** in W. in Ggw. von Pd/Kohle bei Raum-Temp.; 350 mg; b) durch Lösen von 200 mg **VI** in W. u. Einengen auf ¹/₃ Vol. bei 100°; 150 mg. *Dimethylester*, durch Verestern von **IX** mit **XI**; hellgelbes Öl. *Dimethylester-2.4-dinitrophenylhydrazon*, $C_{19}H_{22}N_4O_8$, F. 89°, orangefarbene Kristalle. — *exo-2-Brom-exo-3-chlor-endo-8-hydroxybicyclo-[3.2.2]-nonen-(2)-on-(4)-endo-cis-6.7-dicarbonsäurelacton-(7 → 8)* (**X**), $C_{11}H_8BrClO_5$, F. 243° (Zers.), durch Zutropfen von Br_2 zu **VII** in W. u. mehrstd. Rk.; Körnchen; 160 mg. *Methylester*, $C_{12}H_{10}BrClO_5$, F. 201—202° (Methanol), durch Rk. von 440 mg **X** in Essigester mit **XI** in Ae.; 450 mg. — *exo-2-Brom-exo-3-chlor-endo-8-hydroxybicyclo-[3.2.2]-nonanon-(4)-endo-cis-6.7-dicarbonsäuremethylesterlacton-(7 → 8)*, $C_{12}H_{12}BrClO_5$, F. 230—232° (Methanol), durch Hydrieren von 250 mg vorst. Methylesters in Essigester in Ggw. von Pd/Kohle; 240 mg. — *exo-3-Brombicyclo-[3.2.2]-nonadien-(2.8)-on-(4)-endo-cis-6.7-dicarbonsäureanhydrid* (**V**), $C_{11}H_7BrO_4$, F. 232—233° (Aceton/Essigester), durch 13std. Kochen von 370 mg **II** mit 400 mg **III** in Xylol u. mehrstd. Stehen; 350 mg. — *exo-3-Brombicyclo-[3.2.2]-nonadien-(2.8)-on-(4)-endo-cis-6.7-dicarbonsäure* (**VIII**), $C_{11}H_9BrO_5$, F. 233° (Zers.), durch Lösen von 200 mg **V** in W. u. Eindampfen auf ½ Vol. bei 100°; Schuppen; 180 mg. — *diexo-2.3-Dibrom-endo-8-hydroxybicyclo-[3.2.2]-nonen-(2)-on-(4)-endo-cis-6.7-dicarbonsäurelacton-(7 → 8)*, $C_{11}H_8Br_2O_5$, F. 257° (Zers.;

Methanol/Essigester), durch Zutropfen von Br_2 zu 570 mg **VIII** in W. bei Raum-Temp. unter Rühren u. mehrstd. Stehen; aus Methanol/Essigester Körnchen; 320 mg.

Klaus Lange. 2950△

0879 **Zur Chemie des Pyrens. 1. Mitt. 3-Alkoxypyrene und 3-Alkoxypyrenaldehyde.** Elmar Profft und Rudolf Biela. (Wiss. Z. Techn. Hochschule Chem. Leuna-Merseburg **3**, 279—83, 1960/61; dt. — C. **1962**, 18453.)

R. Gutzschebauch. 2950◇

0880 **Azulene aus Pyryliumsalzen und Wittig-Reagens.** K. Dimroth, K. H. Wolf und H. Wache. (Angew. Chem. **75**, 860—61, 1963; Marburg/Lahn, Univ., Chem. Inst.; dt.) — 2.4.6-Triphenylpyryliumfluoroborat (**I**; oder das entsprechende Perchlorat) liefert mit $(C_6H_5)_3P{=}CH_2$ (**II**) in Ggw. von tert.-Butylat in tert.-Butanol oder in wenig CH_3CN *1.3.5-Triphenylbenzol.* Analog entsteht aus 2.3.4.6-Tetraphenylpyryliumsalz (**III**) *1.2.3.5-Tetraphenylbenzol* (F. 217—218°), aus Pentaphenylpyryliumsalz (**IV**) *Pentaphenylbenzol* (F. 246 bis 248°). — Läßt man **I** mit **II** in CH_2Cl_2 oder in viel CH_3CN reagieren, so bildet sich *5-Benzoyl-1.3.4.6.8-pentaphenylazulen* [F. 289—290°, tiefblau; ca. 30% (Ausbeute)], das mit Säuren reversibel ein farbloses Salz lieferte. Mit **III** u. **IV** gelang die Rk. nicht. Mit 2.6-Diphenyl-4-[p-chlorphenyl]-pyryliumsalz entstand *5-Benzoyl-3.6-bis-[p-chlorphenyl]-1.4.8-triphenylazulen*, mit 2.6-Diphenyl-4-[p-bromphenyl]-pyryliumsalz *5-Benzoyl-3.6-bis-[p-bromphenyl]-1.4.8-triphenylazulen.* — Die Rk. muß über ein Primäradditions-Prod., etwa *Triphenylphosphin-bis-[2.4.6-triaryl-1H-pyryl-(1)]-methylen*, das durch Entprotonisierung, Ringöffnung, Aldol-Kondens. zwischen $C_{(4)}$ u. $C_{(5)}$ u. eine transannulare C—C-Verknüpfung zwischen $C_{(4')}$ u. dem Methylen-C von **II** unter Abspaltung von $(C_6H_5)_3P$ (*$HgCl_2$-Verb.*, F. 258°) das Azulen ergibt, verlaufen.

J. Rothe. 2950◇

0881 **Darstellung von 4.5-Dihydrooxepin und 1.2-Divinyläthylenoxid.** R. A. Braun. (J. org. Chemistry **28**, 1383—84, 1963; Wilmington, Del., E. I. du Pont de Nemours & Co., Fabrics and Finishes Dep., Exp. Stat.; engl.) — Aus der bimol. Red. von Acrolein mit Zn-Cu-Paar erhaltenes *Hexadien-(1.5)-diol-(3.4)* wird mit $(C_2H_5O)_2CO$ in Ggw. von K_2CO_3 zu *symm.-Divinyläthylencarbonat* umgesetzt. Erhitzen vorst. Verb. in Ggw. von LiCl auf 200° liefert *1.2-Divinyläthylenoxid* (**I**), dem auf Grund der relativen Stabilität von cis- u. trans-Divinylcyclopropanen die *trans*-Konfiguration zuerkannt wird. Daneben wird wahrscheinlich infolge einer Cope-Umlagerung des weniger stabilen cis-**I** *4.5-Dihydrooxepin* (**II**) erhalten. Bei der Hydrierung nimmt **II** 2 Mol H_2 auf. Hydrolyse von **II** in Essigsäure, wahrscheinlich zum Adipindialdehyd, gibt bei der Isolierung durch innere Aldol-Kondens. *1-Formylcyclopenten-(1).*

Versuche: *Hexadien-(1.5)-diol-(3.4)*, $Kp._{0,2}$ 55°, durch Red. von Acrolein mit Zn-Cu-Paar u. Essigsäure in Tetrahydrofuran bzw. Dioxan; $D._4^{25}$ 1,0097; n_D^{25} 1,4739; 90% (Ausbeute). — *symm.-Divinyläthylencarbonat*, $C_7H_8O_3$, $Kp._{0,2}$ 64°, durch 1std. Erhitzen von vorst. Verb. mit $(C_2H_5O)_2CO$ u. K_2CO_3 auf 100° u. fraktionierte Dest. des Rückstandes; $D._4^{25}$ 1,0650; n_D^{25} 1,4598; 74%. — *1.2-Divinyläthylenoxid* (**I**), C_6H_8O, F. 35°, Kp. 108°, durch langsames Erhitzen von 140 g vorst. Verb. mit LiCl auf 200—210° unter Dest. u. Gaschromatographie von 10,7 g Rohprod. mit 3-Methyl-3-nitro-1.5-dicyanpentan; n_D^{25} 1,4474; 6,1 g. Daneben *4.5-Dihydrooxepin* (**II**), C_6H_8O, Kp. 108°; n_D^{25} 1,4632; 3,3 g. — *1-Formylcyclopenten-(1)-2.4-dinitrophenylhydrazon*, $C_{12}H_{12}N_4O_4$, F. 215 bis 216°, durch 10 Min. langes Erwärmen von **II** mit Essigsäure, Zusetzen von 2.4-Dinitrophenylhydrazin u. Chromatographie an Al_2O_3 mit $CHCl_3$.

H. Gleinig. 3000◇

0882 **Isothiocyansäureester aromatischer N-Heterocyclen. 2. Mitt. über Therapeutica mit Isothiocyanatgruppen.** O.-E. Schultz und K. K. Gauri. (Arch. Pharmaz. **295/67**, 146—51, 1962; Kiel, Univ., Pharmazeut. Inst.; dt.) — 1. vgl. C. **1961**, 16812. — Vff. untersuchen die Synth. von Isothiocyansäureestern aromat. N-Heterocyclen. Der Weg über dithiocarbaminsaure Salze brachte keinen Erfolg. Die Synth. gelang durch Umsetzen von prim. Aminen mit Thiophosgen, wobei letzteres im Überschuß angewandt wurde. Von großer Bedeutung ist hierbei das Lsgm.; in Nitromethan wurden keine Erfolge erzielt. Gut geeignet erwies sich abs. Ae. oder ein Gemisch von Ae. u. Wasser.

Versuche: *Na-N-Pyridyl-(2)-dithiocarbamat*, durch Umsetzen von 2-Aminopyridin in CS_2 mit der äquivalenten Menge $NaNH_2$. — *S-Äthoxycarbonyl-N-pyridyl-(2)-dithiocarbaminsäure*, aus vorst. Verb. in A. u. Chlorkohlensäureäthylester. Das Rk.-Prod. bildet nach Behandlung mit verd. NaOH ein stechend riechendes Öl, das nach kurzer Zeit in *N.N'-Bis-[pyridyl-(2)]-thioharnstoff*, $C_{11}H_{10}N_4S$, F. 152°, übergeht. — *Pyridyl-(2)-isothiocyanat*, $Kp._{0,1}$ 55—60°, a) aus 0,9 g 2-Aminopyridin in 30 ml W., 2 g $CaCO_3$ u. 1,2 g Thiophosgen in 30 ml Ae., durch Stehenlassen für 1½ Std., Konzentrieren im Vakuum u. Dest. des in Ae. lösl. Anteils des Rückstandes; b) aus 2,82 g 2-Aminopyridin in 25 ml W., 3,0 g $NaHCO_3$ u. 4,0 g Thiophosgen in 25 ml Ae., durch 1½ std. Rühren, Abtrennen der äther. Schicht, Befreien des Filtrats vom Lsgm. bei 30° unter vermindertem Druck, Aufnehmen des Rückstandes in 5 ml abs. Ae.; gelbrotes Öl; 40—50% (Ausbeute). — Analog vorst. Meth. wurden folgende Isothiocyanate dargestellt: *4.6-Dimethylpyridyl-(2)-*, $Kp._{0,1}$ 72—76°; gelbes Öl; 55%. — *4.6-Dimethylpyrimidyl-(2)-*, $Kp._{0,1}$ 86—87°; farbloses Öl; 45%. — *4-Methylthiazolyl-(2)-*, $Kp._{0,1}$ 60°, rotes Öl. — *1-Phenyl-2.3-dimethyl-5-oxopyrazolin-yl-(4)-*, F. 139°. — Durch Umsetzung der entsprechenden Isothiocyanate in Ae. bei Raum-Temp. wurden folgende Thioharnstoffe dargestellt: *N-Pyridyl-(2)-*, $C_6H_7N_3S$, F. 146 bis 147° (Bzl./PAe.). — *N-Pyridyl-(2)-N'-phenyl-*, F. 168° (wss. A.). — *N-[4.6-Dimethylpyridyl-(2)]-N'-phenyl-*, $C_{14}H_{15}N_3S$, F. 207° (Chlf./Ae.). — *N-[4.6-Dimethylpyrimidyl-(2)]-N'-phenyl-*, $C_{13}H_{14}N_4S$, F. 208°, aus A./Äthyläther. — *N-[4-Methylthiazolyl-(2)]-N'-phenyl-*, $C_{11}H_{11}N_3S_2$, F. 168—169° (Bzl./PAe.). — *N.N'-Bis-[pyridyl-(2)]-*, $C_{11}H_{10}N_4S$, F. 152° (A./Ae.). — *N.N'-Bis-[4.6-dimethylpyridyl-(2)]-*, F. 204°, durch Umsetzung des frisch dest. Isothiocyanats mit dem entsprechenden Amin in wenig A./Äther. — *N.N'-Bis-[4.6-dimethylpyrimidyl-(2)]-*, F. 205°, analog vorst. Verbindung.

W. Hiller. 3000◇

0883 **Stereochemische Untersuchungen in der Tetrahydrofuran-Reihe. 3. Mitt. Methyltetrahydrofuryl-(2)-carbinole; Hydrolyse der p-Toluolsulfonate.** Didier Gagnaire und Martine Leclercq. (Bull. Soc. chim. France **1963**, 721—26, Paris, École Norm. Supér., Labor. de Chim.; franz.) — 2. vgl. C. **1962**, 14127. — Das aus Furfurol (**I**) u. CH_3MgBr erhältliche *Methylfuryl-(2)-carbinol* geht bei der Hydrierung an Raney-Ni wie aus der gaschromatograph. Analyse folgt, in ein Gemisch aus 65% *erythro-* (**II**) u. 35% *threo-Methyltetrahydrofuryl-(2)-carbinol* (**III**) über, das sich durch fraktionierte Dest. trennen läßt, da **III** niedriger sd. als **II**. **II** u. **III** liefern durch Überführung in die entsprechenden *Acetate*, Spaltung mit Acetylbromid (**IV**) u. Red. des erhaltenen Rk.-Gemisches mit $LiAlH_4$ *erythro-* (**V**) bzw. *threo-Hexandiol-(2.3)* (**VI**). Durch Kochen des *Tosylats* (**X**) von **II** u. des *Tosylats* (**VIII**) von **III** mit W. erfolgt Abspaltung von p-Toluolsulfonsäure, wobei die entstandenen Rk.-Prodd. gleichzeitig z. T. Hydratation erfahren. So erhält man ausgehend von **X** neben **II** u. geringen Mengen **III** als Hauptprod. das durch Ringerweiterung gebildete *2-Methyl-3-hydroxytetrahydropyran* u. daneben *2-Äthyl-4.5-dihydrofuran* (**XII**), das man zur Identifizierung in *2-Äthyltetrahydrofuran* u. in *2-Äthyl-2-hydroxytetrahydrofuran* (**XIII**) überführt. **XIII** wird zum Vgl. auf unabhängigem Wege dargestellt. **VIII** liefert bei der Hydrolyse ausschließlich **XIII** bzw. **XII**, da **XIII** bei der Dest. leicht in **XII** übergeht. **XII** wird umgekehrt leicht zu **XIII** hydrolysiert. Die Ergebnisse der Hydrolyse von **VIII** u. **X** werden diskutiert. Die IR-Banden sind für **II** u. **III** angegeben.

Versuche: *Methylfuryl-(2)-carbinol*, durch Zugabe von **I** zu der Lsg. von CH_3MgBr in Ae. u. Aufarbeitung in der üblichen Weise nach 2tägigem Aufbewahren; 68% (Ausbeute). — *threo-Methyltetrahydrofuryl-(2)-carbinol* (**III**), $Kp._{21}$ 72°, durch 3std. Hydrierung von 100 g vorst. Verb. in abs. A. an Raney-Ni bei 100° u. 125 at u. fraktionierte Dest. des Rk.-Gemisches; n_D^{25} 1,444, $D.^{40}$ 1,027; 30 g [*Tosylat* (**VIII**), F. 22°, durch Zugabe von p-Toluolsulfochlorid (**IX**) zu **III** in Pyridin bei —10°, Gießen nach 3 Std. in W. u. Aufarbeitung in der üblichen Weise; 79%]; daneben *erythro-Methyltetrahydrofuryl-(2)-carbinol* (**II**), $Kp._{21}$ 82°, n_D^{25} 1,467, $D.^{40}$ 1,032; 60 g; *Tosylat* (**X**), F. 47° (PAe./Bzl.), analog **VIII** aus **II** u. **IX** in Pyridin; 90%. — *erythro-Hexandiol-(2.3)* (**V**), $C_6H_{14}O_2$, $Kp._{13}$ 106°, durch Überführung von 30 g **II** in der üblichen Weise in **II**-*Acetat* (75%), 1std. Erhitzen mit 25 g **IV** u. 1 g $ZnCl_2$ auf 80°, Abdestillieren von **IV** im Vakuum, Filtration über Celite, Dest. des Rk.-Prod. bei 115° (Bad-Temp.)/0,5 mm, Lösen in Tetrahydrofuran (THF), Zugabe zu $LiAlH_4$ in THF, 6std. Kochen, Hydrolyse, Aufarbeitung in der üblichen Weise u. Dest. des Rk.-Gemisches; n_D 1,440; 5 g; daneben *Hexanol-(2)-Hexanol-(3)-Gemisch* (**G**); 2 g; u. als Dest.-Rückstand ein Gemisch aus *Hexandiol-(1.5)* (**VII**) u. **V**. — *threo-Hexandiol-(2.3)* (**VI**), $C_6H_{14}O_2$, $Kp._{13}$ 101,5°, durch Überführung von 30 g **III** in **III**-*Acetat* (76%), 2std. Erhitzen mit 37 g **IV** u. 1 g $ZnCl_2$ auf 140° u. Aufarbeitung analog **V**; n_D 1,437; 5,1 g; daneben **G**; 1,5 g; u. als Dest.-Rückstand ein Gemisch aus **VI** u. **VII**. — *cis-2-Äthyl-3-chlortetrahydrofuran* (**XI**), $Kp._{15}$ 59—62°, durch Einleiten von 475 g Cl_2 in die mit J_2 versetzte Lsg. von 216 g THF in CCl_4 unterhalb 35°, Abdestillieren des Gemisches (**A**) aus *cis-* u. *trans-2.3-Dichlortetrahydrofuran* (242 g), Rk. von **A** mit C_2H_5MgBr, Aufarbeitung in der üblichen Weise u. fraktionierte Dest. des erhaltenen *cis-trans-Gemisches* (137 g); daneben *trans-2-Äthyl-3-chlortetrahydrofuran*, $Kp._{15}$ 53—54°. — *2-Äthyl-2-hydroxytetrahydrofuran* (**XIII**), a) durch Hydratation von **XII**; b) durch 3std. Kochen von 91 g **XI** mit Diäthylenglykol u. KOH, Abdestillieren des azeotrop sd. Gemisches aus W., *2-Äthyl-2.5-dihydrofuran* (**XIV**) u. **XII**, 2std. Verrühren des **XIV**–**XII**-*Gemisches* (35 g) mit angesäuertem W., wobei nur **XII** hydratisiert wird, u. Ae.-Extraktion der wss. Lösung. *Phenylurethan*, F. 84° (Bzl.), durch Versetzen von **XIII** mit Phenylisocyanat in Ae. bei 0° u. Einengen; 35%. — *2-Methyl-3-hydroxytetrahydropyran*, durch 12std. Kochen von **X** mit W., Zugabe von K_2CO_3, Ae.-Extraktion, Eindampfen der Ae.-Lsg. u. fraktionierte Dest.; 54%; daneben **II** (19%), **III** (1%) u. **XII** (27%). — *2-Äthyl-4.5-dihydrofuran* (**XII**), Kp. 109—113°, durch 3std. Kochen von **VIII** mit W., Dest. der 11 g Rohprod. in Ggw. von Al_2O_3 bei 150—180° (Bad-Temp.), wobei das zunächst gebildete **XIII** dehydratisiert wird, u. erneute Dest.; 2,7 g. — *2-Äthyltetrahydrofuran*, F. 84°, durch Hydrierung von **XII** an Pt.

A. Kumm. 3061◇

0884 **Zur Kenntnis des Thiophens.** 8. Mitt. **Schwefelhaltige Derivate des 2.3-Dichlorthiophens.** Elmar Profft und Hubert Hoffmann. (Wiss. Z. Techn. Hochschule Chem. Leuna-Merseburg **3**, 295—97, 1960/61; dt. — C. **1962**, 5660.) R. Gutzschebauch. 3071◇

0885 **Zur Kenntnis des Thiophens.** 9. Mitt. **Umsetzungen mit 2.3-Dichlorthiophen-5-aldehyd.** Elmar Profft und Dietmar Gerber. (Wiss. Z. Techn. Hochschule Chem. Leuna-Merseburg **3**, 299—301, 1960/61; dt. — C. **1962**, 12649.) R. Gutzschebauch. 3071◇

0886 **Zur Kenntnis des Thiophens.** 10. Mitt. **Über Umsetzungen mit 2.3-Dichlorthiophen-5-aldehyd.** Elmar Profft und Horst Mitternacht. (Wiss. Z. Techn. Hochschule Chem. Leuna-Merseburg **3**, 303—05, 1960/61; dt. — C. **1962**, 12649.) R. Gutzschebauch. 3071◇

0887 **Zur Kenntnis des Thiophens.** 11. Mitt. **Ester und Äther des 2.3-Dichlorthenyl-(5)-alkohols und 2.3-Dichlorthenyl-(5)-amins.** Elmar Profft und Peter Lux. (Wiss. Z. Techn. Hochschule Chem. Leuna-Merseburg **3**, 307—10, 1960/61; dt. — C. **1962**, 12650.)

R. Gutzschebauch. 3071◇

0888 **Einige Reaktionen des Naphtho-[2.3:b]-thiophens.** W. Carruthers. (J. chem. Soc. [London] **1963**, 4477—83; Exeter, Univ., Med. Res. Council Unit, Washington Singer Labor.; engl.) — Naphtho-[2.3:b]-thiophen (**I**) bildete meso-Additions-Verbb. viel weniger glatt als Anthracen, aber unter drast. Bedingungen konnte ein *Maleinsäureanhydrid-Addukt* erhalten werden. Red. mit Na in Amylalkohol gab die *4.9-* u. die *2.3-Dihydroverbindung*. Friedel-Crafts-Acetylierung lieferte in $C_6H_5NO_2$ das *3-Acetyl-Deriv.* (**II**); in CH_2Cl_2 wurde ein Gemisch aus **II** u. dem *4-Acetyl-Deriv.* (**III**) erhalten. In Benzol- oder CS_2-Lsg. konnte kein Photo-Dimeres von **I** erhalten werden; Bromierungen sowie weitere Rkk. u. erfolglose Rk.-Verss. mit **I** sind beschrieben.

Versuche: *Maleinsäureanhydridaddukt von* **I**, $C_{16}H_{10}O_3S$, F. 193—195°, Prismen (Essigester/Acetanhydrid), aus 0,2 g **I** u. Maleinsäureanhydrid in trockenem sd. Bzl. (48 Std.); 190 mg (Ausbeute), daneben 22 mg **I** zurück; analog in sd. Xylol (6 Std.): 100 mg **I** → 2 mg. — *4(oder 9)-Bromnaphtho-[2.3:b]-thiophen*, $C_{12}H_7BrS$, F. 96—98°, Nadeln (Cyclohexan), aus **I** u. 1 Mol Br_2 in CCl_4 bei —10°; Oxydation mit CrO_3 in CH_3COOH gab *Naphtho-[2.3:b]-thiophenchinon-(4.9)* (**IV**), F. 230—232°; 40 → 27 mg. — *4.9-Dibromnaphtho-[2.3:b]-thiophen*, $C_{12}H_6Br_2S$, F. 193—195°, Nadeln (CH_3OH/Bzl.), aus 150 mg **I** u 2 Mol Br_2 in CS_2 bei 0° (2 Std.); 40 mg; daneben etwas vorst. Verb.; Oxydation mit CrO_3 in CH_3COOH gab **IV**. — **I** reagierte nicht mit o-Fluorphenylmagnesiumbromid in sd. Tetrahydrofuran unter N_2. — *4.9-Dihydronaphtho-[2.3:b]-thiophen*, $C_{12}H_{10}S$, F. 104—105°, Klingen (PAe.), durch Zugabe von Na zu einer heißen Lsg. von 300 mg **I** in Amylalkohol (30 Min.); 56 mg; daneben 40 mg *2.3-Dihydronaphtho-[2.3:b]-thiophen*, F. 138—140°. — *3-Acetylnaphtho-[2.3:b]-thiophen* (**II**), $C_{14}H_{10}OS$, F. 126—127°, Nadeln (A./Bzl.), aus 360 mg **I** u. CH_3COCl in Ggw. von $AlCl_3$ in $C_6H_5NO_2$ (20 Std. langes Rühren); 250 mg. Oxydation mit NaJO gab *Naphtho-[2.3:b]-thiophencarbonsäure-(3)*, $C_{13}H_8O_2S$, F. 268—270°, Nadeln (A./Bzl.). — *3-Äthylnaphtho-[2.3:b]-thiophen*, $C_{14}H_{12}S$, $Kp._{1}$ 205—210° (Luftbad-Temp.), aus **II** u. amalgamiertem Zn in sd. HCl/W./CH_3COOH/Toluol (48 Std.). *Pikrat*, $C_{14}H_{14}S \cdot C_6H_3N_3O_7$, F. 118°, rote Nadeln (A.). — *2-sek.-Butylnaphthalin* (**V**), Öl, aus 290 mg vorst. Verb. u. Raney-Ni in sd. A. (2 Std.; 80 mg. *Pikrat*, F. 70 bis 73°, orangegelbe Nadeln. *symm.-Trinitrobenzolat*, F. 81 bis 84°, gelbe Nadeln (A.). — *4-Acetylnaphtho-[2.3:b]-thiophen* (**III**), $C_{14}H_{10}OS$, $Kp._{0,8}$ 160—165° (Bad-Temp.), aus 3 g **I** u. CH_3COCl in CH_2Cl_2 in Ggw. von $AlCl_3$ (18std. Rühren); 900 mg; daneben 790 mg **II**. *2.4-Dinitrophenylhydrazon*, F. 250—256°, orangerote Prismen (Bzl.). Oxydation von **III** mit CrO_3 in CH_3COOH gab **IV**. — *4-Äthylnaphtho-[2.3:b]-thiophen* (**VI**), $C_{14}H_{12}S$, $Kp._{0,5}$ 165—170° (Bad-Temp.), aus 700 mg **III** u. amalgamiertem Zn in sd. HCl/W./CH_3COOH/Toluol (72 Std.); 47 mg. *Pikrat*, $C_{14}H_{12}S \cdot C_6H_3N_3O_7$, F. 99 bis 101°, rote Nadeln (A.). Daneben 25 mg **I** u. 40 mg *4-Äthyl-2.3-dihydronaphtho-[2.3:b]-thiophen* (**VII**), $C_{14}H_{14}S$, $Kp._{0,5}$ 170° (Bad-Temp.). *Pikrat*, $C_{14}H_{14}S \cdot C_6H_3N_3O_7$, F. 100—101°, rote Nadeln (A.). — *1.2-Diäthylnaphthalin* (**VIII**), aus 50 mg **VI** u. Raney-Ni in sd. A. (1 Std.); 18 mg. *Pikrat*, F. 106—108°, orangefarbene Nadeln. Daneben etwas **V**. — Analog: 100 mg **VII** (3 Std.) → 40 mg **VIII**. — **III** wurde durch 18std. Stehen mit $AlCl_3$ in $C_6H_5NO_2$ nur zu $<1\%$ zu **II** isomerisiert. Rk. von **I** mit CH_3COCl in CH_2Cl_2 in Ggw. von $AlCl_3$ gab nach 1 (bzw. 24) Std. **II** u. **III** im Verhältnis 0,41:1 (bzw. 0,43:1).

J. Rothe. 3071◇

0889 **Chemie der Nitropyrrole.** 5. Mitt. **Darstellung von substituierten Dinitropyrrolen.** Ss. Ss. Nowikow, E. N. Ssafonowa und W. M. Belikow. (Nachr. Akad. Wiss. UdSSR, Abt. chem. Wiss. **1960**, 1053—56; Zelinsky-Inst. für organ. Chem. der Akad. der Wiss. der UdSSR; russ.) — 4. vgl. Ssafonowa, Nachr. Akad. Wiss. UdSSR, Abt. chem. Wiss. **1959**, 1130. — Durch Kondens. des Di-K-Salzes (**I**) von α.β.β-Trinitropropionaldehyd mit Formalin (**II**) u. Benzylamin- (**III**), Äthanolamin- (**IV**) bzw. Glycinäthylesterhydrochlorid (**V**) wurden *1-Benzyl-*, *1-[β-Hydroxyäthyl]-* (**VI**) u. *1-Carbäthoxymethyl-3.4-dinitropyrrol* (**VII**) dargestellt. **VI** wurde in *1-[β-Bromäthyl]-*, **VII** in *1-Carbomethoxymethyl-* u. *Carboxymethyl-3.4-dinitropyrrol* übergeführt. Die Rk. von **I** mit **II** u. Anilin (**VIII**) lieferte 2 Verbb. nicht aufgeklärter Struktur. Durch Kondens. von **I** mit Methylaminhydrochlorid (**IX**) u. Acet- (**X**) bzw. Propionaldehyd (**XI**) wurden *1.2-Dimethyl-* bzw. *1-Methyl-2-äthyl-3.4-dinitropyrrol* erhalten.

Versuche: 3.4-Dinitropyrrole: *1-Benzyl-*, $C_{11}H_9N_3O_4$, F. 107—108° (A.), man löst **I** (aus 50 g α.β-Dibromformylacrylsäure) in W., gibt einige Tropfen NH_4OH, 20 ml 28%ig. **II** u. 15 g **III** zu, schüttelt u. läßt 2—4 Std. lang stehen; 18,2% (Ausbeute). — Analog: *1-[β-Hydroxyäthyl]-* (**VI**), $C_6H_7N_3O_5$, F. 77—79° (A.), aus **I**, **II** u. **IV**; 16,7%. — *1-Carbäthoxymethyl-* (**VII**), $C_8H_9N_3O_6$, F. 83,5—85° (A.), aus **I**, **II** u. **V**; 12%. — *1.2-Dimethyl-*, $C_6H_7N_3O_4$, F. 116—117° (Eisessig, A.), aus **I**, **IX** u. **X**; 3,6%. — *1-Methyl-2-äthyl-*, $C_7H_9N_3O_4$, F. 142—143° (Bzl.), aus **I**, **IX** u. **XI**; 13%. — *1-[β-Bromäthyl]-*, $C_6H_6BrN_3O_4$, F. 87—87,5° (A.), durch 1std. Erhitzen von 1 g **VI**, 0,3 g P u. 3 g Br_2 in 15 ml Chlf.; 24,5%. — *1-Carbomethoxymethyl-*, $C_7H_7N_3O_6$, F. 114,5 bis 116° (A.), durch 2 Tage langes Stehen von 0,5 g **VII** in 10 ml Methanol u. 2 ml konz. HCl; 89%. — *1-Carboxymethyl-*, $C_6H_5N_3O_6$, F. 243—244° (Zers.; Essigsäure), durch Zugabe von 50 ml W. in 10—15 Min. zu 9,6 g **VII** in 150 ml konz. H_2SO_4; 93%. — *Verb.* $C_{16}H_{13}N_3O_2$, F. 130—131° (A.), durch Zugabe von 1—2 ml konz. NH_4OH zu 1 g α.β.β-Trinitropropionaldehyd (**XII**)-anil, 0,4 ml **II** u. 1—2 Tropfen **VIII** in 15 ml A.; dunkelrote Nadeln; 0,15 g. — *Verb.* $C_{13}H_{11}N_3O_2$, F. 202—203° (A., Dichloräthan–Isooctan), man löst 0,5 g

XII, 0,174 g **VIII** u. 0,2 g **II** unter Erwärmen in 15 ml Aceton u. läßt zum Verdampfen des Acetons stehen; orangefarben.
Helmut Schäfer. 3081△

0890 **Spasmolytisch wirksame 1.2.5-trisubstituierte Pyrrole.** N. P. Buu-Hoï, Richard Rips und Charles Derappe. (J. med. pharmac. Chem. **5**, 1357–62, 1962; Gif-sur-Yvette, Seine-et-Oise, C.N.R.S., Inst. de Chim.; Paris, Fac. de Med., Inst. d'Anethesiol.; engl.) — Zwecks Unters. des Einfl. von 1- u. 5-ständigen Substituenten auf die pharmakolog. Eigg. von 2-Methylpyrrol werden verschieden 1.5-substituierte *2-Methylpyrrole* dargestellt. Die Unters. am Rattenduodenum (vgl. Buu-Hoï u. Mitarbeiter (C. **1962, 14944**; C. **1961**, 18032 u. früher) zeigt, daß die dargestellten Verbb. eine starke spasmolyt. Aktivität besitzen, mit Ausnahme der Cl-haltigen Verbb., bei denen die Wrkg. auf $^1/_{10}$ verringert ist.

Versuche: 2-Methylpyrrole: *1-[o-Hydroxyphenyl]-5-[p-tolyl]-* (**I**), $C_{18}H_{17}NO$, F. 93° (Heptan oder Cyclohexan), durch Knorr-Paal-Kondens. von 1-[p-Tolyl]-pentandion-(1.4) mit o-Aminophenol (Meth. **A**); 80% (Ausbeute). — *1-[o-Methoxyphenyl]-5-[p-tolyl]-*, $C_{19}H_{19}NO$, F. 76–77° (Methanol), Kp.$_{18}$ 219°, nach **A**; 85%. — *1-[5-Chlor-2-hydroxyphenyl]-5-phenyl-*, $C_{17}H_{14}ClNO$, F. 111° (Heptan oder Cyclohexan), nach **A**; 73%. — *1-[5-Chlor-2-methoxyphenyl]-5-phenyl-*, $C_{18}H_{16}ClNO$, F. 80° (Methanol), Kp.$_{18}$ 223–224°, nach **A**; 73%. — *1-[2-Methoxynaphthyl-(1)]-5-phenyl-* (**II**), $C_{22}H_{19}NO$, F. 67–68° (Methanol), Kp.$_{17}$ 250–252°, nach **A**; 52%. — *1-[2-Methoxynaphthyl-(1)]-5-[-p-tolyl]-*, $C_{23}H_{21}NO$, F. 123° (Methanol), Kp.$_{17}$ 255–259°, nach **A**; 62%. — *1-[2-Methoxynaphthyl-(1)]-5-methyl-*, $C_{17}H_{17}NO$, F. 92–93° (Methanol), Kp.$_{19}$ 191–192°, nach **A**; 71%. — *1-[8-Methoxychinolyl-(6)]-5-phenyl-*, $C_{21}H_{18}N_2O$, F. 139° (Methanol), Kp.$_{15}$ 279–280°, nach **A**; 53%. — *1-[2-Hydroxynaphthyl-(1)]-5-phenyl-*, $C_{21}H_{17}NO$, F. 118°, durch Zugabe von KOH zu **II** in Diäthylenglykol, 8std. Erhitzen auf 230° u. Verdünnen mit W.; aus Cyclohexan Prismen (Meth. **B**); 70%. — *1-[2-Hydroxynaphthyl-(1)]-5-[p-tolyl]-* (im Original irrtümlich 1-[2-Hydroxynaphthyl-(1)]-5-[p-tolyl]-pyrrol; der Referent), $C_{22}H_{19}NO$, F. 100 bis 101°, a) nach **B** (8 Std. bei 235°); 17%; b) nach **B** (35 Std. bei 235°); 72%; c) nach **B** (5 Min. bei 255°); ca. 100%. — *1-[2-Hydroxynaphthyl-(1)]-5-methyl-*, $C_{16}H_{15}NO$, F. 135 bis 136°, nach **B** (14 Std. bei 235°); 80%. — *1-[8-Hydroxychinolyl-(6)]-5-phenyl-*, $C_{20}H_{16}N_2O$, F. 216–217°, nach **B** (7 Std. bei 235°); aus Methanol gelbe Schuppen; 58%. — *1-[2-(β-Diäthylaminoäthoxy)-phenyl]-5-[p-tolyl]-*, $C_{24}H_{30}N_2O$, Kp.$_{15}$ 234 bis 235°, durch 5 Min. langes Erwärmen von **I** in abs. A. mit NaOH in W., Zugabe von β-Diäthylaminoäthylchlorid, 5 Min. langes Kochen, Alkalisieren mit wss. NaOH u. Extrahieren mit Methylenchlorid. *Hydrochlorid*, $C_{24}H_{31}ClN_2O$, F. 141 bis 142° (Bzl. oder Cyclohexan). — *1-[2-(β-Diäthylaminoäthoxy)-5-chlorphenyl]-5-phenyl-*, $C_{23}H_{27}ClN_2O$, F. 62–63° (Hexan), Kp.$_{18}$ 254–255°. *Hydrochlorid*, $C_{23}H_{28}ClN_2O$, F. 182–183° (Bzl. oder Cyclohexan). — *1-[2-(β-Diäthylaminoäthyl)-naphthyl-(1)]-5-phenyl-*, $C_{27}H_{30}N_2O$, Kp.$_{17}$ 271–272°. *Hydrochlorid*, $C_{27}H_{31}ClN_2O$, F. 117–118° (Bzl. oder Cyclohexan). — *1-[2-(β-Diäthylaminoäthoxy)-naphthyl-(1)]-5-[p-tolyl]-*, $C_{28}H_{32}N_2O$, Kp.$_{0,5}$ 212–213°. *Hydrochlorid*, $C_{28}H_{33}ClN_2O$, F. ca. 100 bis 101° (Bzl. oder Cyclohexan). — *1-[2-(β-Diäthylaminoäthoxy)-naphthyl-(1)]-5-methyl-*, $C_{22}H_{28}N_2O$, Kp.$_{22}$ 240–242°. *Hydrochlorid*, $C_{22}H_{29}ClN_2O$, F. 186–187° (Bzl. oder Cyclohexan). — *1-[8-(β-Diäthylaminoäthoxy)-chinolyl-(6)]-5-phenyl-*, $C_{26}H_{29}N_3O$, F. 125–126° (Hexan), Kp.$_{20}$ 305–310°. *Hydrochlorid*, $C_{26}H_{30}ClN_3O$, F. 122–123°, instabil.
K. Lange. 3081△

0891 **Synthese von prolinhaltigen Peptiden.** 1. Mitt. **Synthese von Glycyl-L-prolyl-L-leucylglycyl-L-prolin und verwandten Verbindungen.** Shumpei Sakakibara und Yutaka Nagai. (Bull. chem. Soc. Japan **33**, 1537–42, Nov. 1960; Osaka, Osaka Univ., Inst. for Protein Res.; engl.) — Zwecks Auflkärung der Substratspezifität von Kollagenase werden *Glycyl-L-prolyl-L-leucylglycyl-L-prolin* u. verwandte Verbb. dargestellt.

Versuche: *Carbobenzoxy (Cbo)-glycyl-L-prolin* (**I**), F. 154,5–155°, a) durch Zugabe von 6n HCl zu Cbo-glycinhydrazid in verd. Essigsäure, Kühlen auf –5°, Rk. mit $NaNO_2$, Extrahieren des entstandenen Cbo-glycinazids (**II**) mit Chlf., Zugabe zu einem Gemisch aus Prolinäthylesterhydrochlorid (**III**) u. Triäthylamin (**IV**) in Chlf. bei –5°, mehrstd. Rk. bei 0–4°, Eindampfen im Vakuum, 2std. Stehen in Methanol mit 2n NaOH bei Raum-Temp. u. Neutralisieren mit 6n HCl (Meth. **A**); aus Essigester Prismen; $[\alpha]_D^{15}$ –70,4° (c = 6; A.); 75% (Ausbeute); b) durch Zugabe von Isovaleriansäurechlorid (**V**) zu Cbo-glycin in Chlf./Toluol in Ggw. von **IV** bei –10°, 1½std. Rühren, Zugabe von **III** u. **IV** in Chlf. u. mehrstd. Stehen bei 4° (Meth. **B**); 42%. — *Cbo-L-leucylglycin* (**VI**), F. 114–115°, aus dem Äthylester (**VII**) nach Bergmann u. Mitarbeitern [1935]; $[\alpha]_D^{15}$ –26,3° (c = 8; A.); 90%. *Äthylester* (**VII**), F. 102–104°, nach Vaughan u. Osato (J. Amer. chem. Soc. **73**, [1951], 5553); $[\alpha]_D^{15}$ –26,8° (c = 5,5; A.); 70%. *Hydrazid*, $C_{16}H_{24}N_4O_4$, F. 130–132°, durch mehrstd. Rk. von **VII** in A. mit Hydrazinhydrat (**VIII**) bei Raum-Temp.; aus A./Ae. Nadeln; 89%. — *Cbo-L-leucylglycyl-L-prolinäthylester*, $C_{23}H_{33}N_3O_6$, F. 89–91°, a) durch Zugabe von Cbo-L-leucylglycinazid in Chlf. zu **III** u. **IV** in Chlf. bei –5° u. mehrstd. Stehen; aus Essigester/PAe. Nadeln; $[\alpha]_D^{17}$ –78,0° (c = 6; A.); 55%; b) aus **VI** nach **B**; 46%. — *Cbo-L-prolyl-L-leucylglycin, Äthylester* (**X**), F. 150–151,5° (A./W.), nach Ressler u. du Vigneaud (J. Amer. chem. Soc. **76**, [1954], 3107); $[\alpha]_D^{15}$ –81,9° (c = 2; A.); 83%. *Hydrazid, Toluolsolvat*, $C_{21}H_{31}N_5O_5 \cdot {}^3/_4 C_7H_8$, F. 76–80°, aus **X** u. **VIII**; feine Nadeln; 91%; gibt beim Trocknen im Vakuum bei 50° Toluol ab. — *Cbo-L-prolyl-L-leucylglycyl-L-prolin*, $C_{26}H_{36}N_4O_7$, F. 90–120° (sintert bei 90°), aus Cbo-L-prolyl-L-leucylglycinazid nach **A**; $[\alpha]_D^{17}$ –106,1° (c = 5,5; A.); 54%. — *L-Prolyl-L-leucylglycyl-L-prolin*, $C_{18}H_{30}N_4O_5 \cdot {}^1/_6 H_2O$, F. 170–180° (sintert bei 147–150°), durch 3std. Hydrieren vorst. Verb. in Methanol/W. in Ggw. von Pd/Kohle; $[\alpha]_D^{15}$ –125,5° (c = 5; W.); 80%. — *Cbo-glycyl-L-prolyl-L-leucylglycin, Äthylester*, $C_{25}H_{36}N_4O_7$, F. 101–104° (Chlf., PAe.), a) durch Hydrieren von **X** in A./HCl in Ggw. von Pd/Kohle, Eindampfen, Zugabe von **II** zum erhaltenen *L-Prolyl-L-leucylglycinäthylesterhydrochlorid* u. **IV** in Chlf. u. mehrstd. Stehen bei 4°; $[\alpha]_D^{15}$ –69,9° (c = 5; A.); 80% (roh); b) durch Hydrieren von **VII** in A./HCl in Ggw. von Pd-Kohle, Zugabe des erhaltenen *L-Leucylglycinäthylesterhydrochlorids* u. **IV** in Chlf. zum aus **I, V** u. **IV** erhaltenen gemischten *Anhydrid* in Chlf./Toluol bei –10° u. mehrstd. Rk. bei 4°; 78%. *Freie Säure*, $C_{23}H_{32}N_4O_7$, F. 185 bis 188° (A./W.; 1:1), durch 2std. Rk. des Äthylesters in Methanol mit 1n NaOH bei Raum-Temp.; $[\alpha]_D^{15}$ –60,4° (c = 6,5; Pyridin); 87%. — *Hydrazid*, $C_{23}H_{34}N_6O_6$, F. 157 bis 159° (A./PAe.), durch mehrstd. Rk. des Äthylesters in A. mit **VIII** bei Raum-Temp.; 94%. — *Cbo-glycyl-L-prolyl-L-leucylglycyl-L-prolin, Essigsäureäthylestersolvatmonohydrat*, $C_{28}H_{39}N_5O_8 \cdot C_4H_8O_2 \cdot H_2O$, F. 72°, Zers. bei 75–77°, aus Cbo-glycyl-L-prolyl-L-leucylglycinazid nach **A**; aus Essigester/W. Prismen; 60%. *Solvatfrei*, $C_{28}H_{39}N_5O_8$, F. 130–135°, durch Trocknen im Vakuum bei 80°; $[\alpha]_D^{15}$ –128,2° (c = 4; A.). — *Glycyl-L-prolyl-L-leucylglycyl-L-prolin, Hemihydrat*, $C_{20}H_{33}N_5O_6 \cdot ½ H_2O$, F. 160–167°, durch 3std. Hydrieren vorst. Verb. in Methanol in Ggw. von Pd/Kohle; $[\alpha]_D^{15}$ –160,1° (c = 5,5; W.); 51%. — *Cbo-glycyl-L-prolyl-L-leucylglycyl-L-prolinamid*, $C_{28}H_{40}N_6O_7$, F. 118–128° (sintert bei 102–118°), durch Sättigen von Cbo-glycyl-L-prolyl-L-leucylglycyl-L-prolinäthylester in Methanol bei 0° mit NH_3, 1wöchiges Stehen bei Raum-Temp. im verschlossenen Gefäß u. Eindampfen; $[\alpha]_D^{17}$ –117° (c = 4,5; A.); 63%. — *Glycyl-L-prolyl-L-leucylglycyl-L-prolinamid*, $C_{20}H_{34}N_6O_5$, F. 135–155° (sintert bei 110–115°), durch 3std. Hydrieren vorst. Verb. in A. in Ggw. von Pd/Kohle; $[\alpha]_D^{17}$ –147,2° (c = 3,3; A.); 82%.
K. Lange. 3081△

0892 **Synthese eines Oxim-Analogons zu Atropin.** L.-E. Tammelin und A. Flormark. (Acta chem. scand. **15**, 1207–08, 1961; Sundbyberg, Res. Inst. of Nat. Defence, Dep. 1; engl.) — Durch Nitrosierung von Phenylessigsäuretropylester mit Butylnitrit wird *Phenylglyoxylsäuretropylesteroxim* (**I**) dargestellt u. die Struktur durch Vgl. der IR-Maxima von **I** u. Phenylglyoxylsäureäthylesteroxim gesichert, außerdem spricht das IR-Spektrum für ein Überwiegen der Betainstruktur. **I** zeigt nur schwache Atropinwirkung.

Versuche: *Phenylglyoxylsäureäthylesteroxim*, F. 112°, nach Wislicenus u. Grützner [1909]. — *Phenylessigsäuretropylester*, nach Barrowcliff u. Tutin [1909]. *Pikrat*, F. 171°. — *Phenylglyoxylsäuretropylesteroxim* (**I**), $C_{16}H_{20}N_2O_3$, F. 196° (Essigester), durch Zugabe von 4,4 g vorst. Verb. u. 1,75 g Butylnitrit in 100 ml Ae. zu K-Äthylat (aus 0,66 g K in A.) in 50 ml Ae. bei –20°, $^3/_4$std. Rühren u. Erwärmen auf 0°, Zugabe von 30 ml Eiswasser, Einleiten von CO_2 in die wss. Lsg. unter Kühlung u. Abfiltrieren des rotgelben Nd.; 0,75 g (Ausbeute). J. Gloede. 3081△

0893 **Indolyl-(3)-essigsäure.** Herbert E. Johnson und Donald G. Crosby. (J. org. Chemistry **28**, 1246—48, 1963; South Charleston, W.Va., Union Carbide Chem. Co., Res. Dep.; engl.) — Indol (**I**) u. K-Glykolat (**II**) werden in Ggw. von KOH bei 250° zu *[Indolyl-(3)]-essigsäure* (**III**) umgesetzt, 2-Methyl-, 2.5-Dimethyl- bzw. 2.7-Dimethylindol liefern in analoger Rk. entsprechende *Derivv.* von **III**, während 1.2-Dimethylindol nicht angegriffen wird. Die analoge Rk. von **I** mit K-Lactat gibt *2-[Indolyl-(3)]-propionsäure* u. mit dem K-Salz von 2-Hydroxy-3-äthylpentansäure *2-[Indolyl-(3)]-3-äthylpentansäure* sowie *1-[Indolyl-(3)]-2-äthylbutan*, dessen Konstit. durch Synth. aus **I** u. 2-Äthylbutanol gesichert wird. Mit 2-Hydroxy-3-methylpropionsäure gelingt die Umsetzung nicht. Der vermutliche Rk.-Mechanismus wird diskutiert.

Versuche: *[Indolyl-(3)]-essigsäure* (**III**), F. 164 bis 166° (Zers.), a) durch 14—22std. Erhitzen von **I** in 85%ig. KOH mit 70%ig. wss. Glykolsäure (**IV**) im Stahlautoklaven auf 250°; aus W. Nadeln; 90% (Ausbeute); b) wie a) in 19 Std. mit 18%ig. **IV**; 54%. *Amid*, F. 149—150°, aus W. Nadeln. — Analog **III** wurden folgende *[Indolyl-(3)]-essigsäuren* aus den entsprechenden Alkylindolen u. **II** dargestellt: *2-Methyl-*, F. 197—199°, in 17 Std. mit 16%ig. **IV**; 87%. — *2.5-Dimethyl-*, F. 169—171°, in 17 Std. mit 22%ig. **IV**; 43%. — *2.7-Dimethyl-*, F. 164—166°, in 16 Std. mit 7%ig. **IV**; 29%. — *2-Indolyl-(3)-propionsäure*, F. 105—110°, in 21 Std. mit 85%ig. Milchsäure; 80%. — *2-[Indolyl-(3)]-3-äthylpentansäure*, $C_{15}H_{19}NO_2$, F. 131—133°, wie vorst. in 20 Std. bei 260° mit 2-Hydroxy-3-äthylpentansäure; aus Cyclohexan schwachrote Nadeln; 9,5%. — *1-[Indolyl-(3)]-2-äthylbutan*, $C_{14}H_{19}N$, $Kp._3$ 161°, a) durch 21std. Erhitzen von **I**, 85%ig. KOH u. 2-Äthylbutanol im Stahlautoklaven auf 260°; n_D^{30} 1,5525; 87%; b) neben vorst. Verb.; n_D^{30} 1,5553; 63%.

H. Gleinig. 3081◇

0894 **Eine allgemeine Synthese von Indolyl-(3)-alkansäuren.** Henry Edward Fritz. (J. org. Chemistry **28**, 1384—86, 1963; South Charleston, W.Va., Union Carbide Corp., Union Carbide Olefins Co. Div., Res. and Dev. Dep.; engl.) — Die alkal. katalysierte Rk. von Lactonen mit Indol bzw. seinen Derivv. bei 200—300° führt in einer Stufe zu den pflanzenwachstumsfördernden *ω-[Indolyl-(3)]-alkansäuren*. KOH, NaOH bzw. Na-Methylat werden als Basen eingesetzt. In Lsgm. liefert die Rk. geringere Ausbeuten. Die aus W. isolierten Säuren werden in 85—98%ig. Reinheit erhalten. Die optimalen Rk.-Bedingungen zur Darst. der *ω-[Indolyl-(3)]-alkansäuren* werden am Beispiel der *ω-[Indolyl-(3)]-buttersäure* ermittelt. *ω-[Indolyl-(1)-* bzw. *-(3)]-propionsäure* werden jeweils durch Rk. von Indol, Propiolacton u. KOH bei verschiedenen Temp. erhalten. Durch Erhitzen auf 210° wird das 1- (I) in das *3-Isomere* übergeführt. Verss., ω-[Indolyl-(1)]-buttersäure bei niedrigen Temp. zu erhalten, gelangen nicht.

Versuche: ω-[Indolyl-(3)]-alkansäuren: *-capronsäure*, $C_{14}H_{17}NO_2$, F. 143—144° (Essigsäure, Bzl., Methanol oder Hexan), durch 20std. Erhitzen von Indol, ε-Caprolacton u. 85%ig. KOH im Autoklaven auf 250°, Zusetzen von W., Extrahieren mit Isopropyläther u. Ansäuern der wss. Schicht mit konz. HCl; 75% (Ausbeute). — *-propionsäure*, F. 134—135°, a) analog; 69%; b) durch 9std. Erhitzen von **I** mit KOH auf 210° u. Aufarbeiten wie vorst.; 41%; c) wie vorst. in 2 Std. bei 245°; 41%. — *-buttersäure*, F. 124°; 82%; ferner durch 10std. Kochen von 117 g Indol, Butyrolacton, KOH u. Tetralin; 147 g. *Methylester*, F. 73—74°; 75%. — *-valeriansäure*, F. 105—107°; 43%. — *ω-[2-Phenyl-7-methylindolyl-(3)]-capronsäure*, F. 97,5—99,5°; 41%. — *ω-[Indolyl-(1)]-propionsäure* (I), $C_{11}H_{11}NO_2$, F. 89—90° (Hexan), durch Erhitzen von Indol, Propiolacton u. KOH unter N_2 auf 60° (exotherme Rk. mit spontanem Erwärmen auf 180°), Lösen in W. u. analoge Aufarbeitung; 71%.

H. Gleinig. 3081◇

0895 **Über neue Phthalimidfarbstoffe. 2. Mitt. Monoazofarbstoffe vom Naphthol–AS-Typ aus Phthalimid und N-Phenylphthalimid.** Antonino Arcoria und Francesco Bottino. (Ann. Chimica **50**, 1084—94, 1960; Catania, Univ., Ist. di Chim. org. ind.; ital.) — 1. vgl. Boll. sedute Accad. Gioenia Sci. nat. Catania [4] **4**, [1958], 423. — Durch Diazotieren von 3- u. 4-Aminophthalimid, N-Phenyl-3- u. -4-aminophthalimid (**I**), N-[o-, m- u. p(**II**)-Aminophenyl]-phthalimid u. Kuppeln mit 2-Hydroxynaphthalin-3-carbonsäureamiden werden neue rote *Azofarbstoffe* synthetisiert, die auf Baumwolle u. Reyon Färbungen mit guter Schweiß-, Meerwasser-, Chlor- u. Licht-, jedoch mäßiger Wasch- u. Mercerisierbeständigkeit ergeben. Am günstigsten für eine prakt. Verw. erscheinen die Derivv. aus **I** u. **II**. UV-Spektren vgl. Original.

Versuche: Phthalimide, durch Red. der Nitro-Verbb.: *3-Amino-*, F. 260—261° (A.), mit $SnCl_2$ nach Borget u. Jouard [1909]. — *4-Amino-*, F. 295° (Essigsäure), nach Hey u. Stephen [1931]. — *N-Phenyl-3-amino-*, F. 186 bis 187° (Essigsäure), mit $SnCl_2$ in Essigsäure/HCl nach Kauffmann u. Beissweneer [1904]. — *N-Phenyl-4-amino-* (I), F. 207,5° (Essigsäure), analog. — *N-[o-Aminophenyl]-*, F. 188 bis 189° (A.), mit Fe-Pulver in wss. A. in Ggw. von Essigsäure nach Meyer u. Maier [1903]. — *N-[m-Aminophenyl]-*, F. 190° (A.), analog vorst. Verbindung. — *N-[p-Aminophenyl]-* (**II**), F. 250° (A.). — [3-Arylaminocarbonyl-2-hydroxynaphthalin-1-azo]-phthalimide, durch Diazotieren vorst. Verbb. mit $NaNO_2$ in verd. HCl oder mit Amylnitrit in Essigsäure/H_2SO_4 u. Kuppeln in wss.-alkohol. NaOH (FF. aus Nitrobenzol): *3-[3-Phenyl-*, $C_{25}H_{16}N_4O_4$, F. 344 bis 346°, hellrote Nadeln. — *3-[3-p-Methoxyphenyl-*, $C_{26}H_{18}N_4O_5$, F. 319°, rote Prismen. — *3-[3-p-Chlorphenyl-*, $C_{25}H_{15}ClN_4O_4$, F. 348—349°, rote Nadeln. — *3-[3-α-Naphthyl-*, $C_{29}H_{18}N_4O_4$, F. 340—342°, kardinalsrote Nadeln. — *3-[3-β-Naphthyl-*, $C_{29}H_{18}N_4O_4$, F. 330°, tiefrote Nadeln. — *4-[3-Phenyl-*, $C_{25}H_{16}N_4O_4$, F. 332—333°, rote Prismen. — *4-[3-o-Tolyl-*, $C_{26}H_{18}N_4O_4$, F. 312—314°, hellrot. — *4-[3-o-Methoxyphenyl-*, $C_{26}H_{18}N_4O_5$, F. 338—339°, rot. — *4-[3-p-Methoxyphenyl-*, $C_{26}H_{18}N_4O_5$, F. 327°, kardinalsrot. — *4-[3-p-Chlorphenyl-*, $C_{25}H_{15}ClN_4O_4$, F. 339°, rot. — *4-[3-(2-Methyl-4-chlorphenyl-*, $C_{26}H_{17}ClN_4O_4$, F. 328°, rot. — *4-[3-(2.4-Dimethoxy-5-chlorphenyl-*, $C_{27}H_{19}ClN_4O_6$, F. 345°, kardinalsrot. — *4-[3-m-Nitrophenyl-*, $C_{25}H_{15}N_5O_6$, F. 349°, tiefrot. — *4-[3-α-Naphthyl-*, $C_{29}H_{18}N_4O_4$, F. 334°, tiefrot. — *4-[3-β-Naphthyl-*, $C_{29}H_{18}N_4O_4$, F. 328—329°, tiefrot. — *N-Phenyl-3-[3-phenyl-*, $C_{31}H_{20}N_4O_4$, F. 338°, rote Nadeln. — *N-Phenyl-3-[3-p-methoxyphenyl-*, $C_{32}H_{22}N_4O_5$, F. 326 bis 328°, kardinalsrote Nadeln. — *N-Phenyl-3-[3-p-chlorphenyl-*, $C_{31}H_{19}ClN_4O_4$, F. 357°, rote Nadeln. — *N-Phenyl-3-[3-α-naphthyl-*, $C_{35}H_{22}N_4O_4$, F. 306—308°, tiefrote Nadeln. — *N-Phenyl-3-[3-β-naphthyl-*, $C_{35}H_{22}N_4O_4$, F. 339°, rote Nadeln. — *N-Phenyl-4-[3-phenyl-*, $C_{31}H_{20}N_4O_4$, F. 285°, aus Chlorbenzol rote Nadeln. — *N-Phenyl-4-[3-p-methoxyphenyl-*, $C_{32}H_{22}N_4O_5$, F. 271—272°, aus Chlorbenzol kardinalsrote Nadeln. — *N-Phenyl-4-[3-p-chlorphenyl-*, $C_{31}H_{19}ClN_4O_4$, F. 286 bis 288°, aus Chlorbenzol rote Nadeln. — *N-Phenyl-4-[3-α-naphthyl-*, $C_{35}H_{22}N_4O_4$, F. 304°, aus Chlorbenzol tiefrote Nadeln. — *N-Phenyl-4-[3-β-naphthyl-*, $C_{35}H_{22}N_4O_4$, F. 285 bis 287°, aus Chlorbenzol tiefrote Nadeln. — 1-[2-Phthalimidobenzolazo]-2-hydroxynaphthalin-3-carbonsäureamide (FF. aus Chlorbenzol): *-anilid*, $C_{31}H_{20}N_4O_4$, F. 266°, tiefrote Schuppen. — *-p-methoxyanilid*, $C_{32}H_{22}N_4O_5$, F. 283°, tiefrote Prismen. — *-p-chloranilid*, $C_{31}H_{19}ClN_4O_4$, F. 302°, rote Schuppen. — *-α-naphthylamid*, $C_{35}H_{22}N_4O_4$, F. 284—286°, kardinalsrot. — *-β-naphthylamid*, $C_{35}H_{22}N_4O_4$, F. 303°, tiefrote Nadeln. — 1-[3-Phthalimidobenzolazo]-2-hydroxynaphthalin-3-carbonsäureamide: *-anilid*, $C_{31}H_{20}N_4O_4$, F. 301°, hellrote Nadeln. — *-p-methoxyanilid*, $C_{32}H_{22}N_4O_5$, F. 276—278°, kardinalsrot. — *-p-chloranilid*, $C_{31}H_{19}ClN_4O_4$, F. 316°, tiefrote Nadeln. — *-α-naphthylamid*, $C_{35}H_{22}N_4O_4$, F. 302°, kardinalsrote Nadeln. — *-β-naphthylamid*, $C_{35}H_{22}N_4O_4$, F. 286°, rote Nadeln. — 1-[4-Phthalimidobenzolazo]-2-hydroxynaphthalin-3-carbonsäureamide: *-anilid*, $C_{31}H_{20}N_4O_4$, F. 298—299°, rot. — *-p-methoxyanilid*, $C_{32}H_{22}N_4O_5$, F. 292°, tiefrot. — *-p-chloranilid*, $C_{31}H_{19}ClN_4O_4$, F. 303—304°, rot. — *-α-naphthylamid*, $C_{35}H_{22}N_4O_4$, F. 295—296°, tiefrote Nadeln. — *-β-naphthylamid*, $C_{35}H_{22}N_4O_4$, F. 302°, tiefrot.

H.-E. Toussaint. 3081◇

0896 **Aromatische Siliciumsysteme. 1. Mitt. Darstellung und Charakterisierung von Silacyclopentadien.** Robert A. Benkeser, Richard F. Grossman und Garth M. Stanton. (J. Amer. chem. Soc. **84**, 4723—26, 1962; Lafayette, Inc., Purdue Univ., Dep. of Chem.; engl.) — Vgl. C. **1962**, 13711. — Addition von $HSiCl_3$ an 4-Chlorbutin-(1) (**I**) u. nachfolgende Cyclisierung des entstandenen *1-Trichlorsilyl-4-chlorbutens-(1)* (**II**) mit Mg in Tetrahydrofuran (THF) gibt

1.1-Dichlorsilacyclopenten-(2) (**III**). Cyclisierung von **II** in Ae. statt in THF oder durch Na in Toluol oder Zn-Staub gelang nicht. Verss., **III** durch Rk. mit SO_2Cl_2 u. Peroxid u. anschließende Dehydrochlorierung in *1.1-Dichlorsilacyclopentadien* (**IV**) überzuführen, wurden wegen der schlechten Ausbeuten, die zu erwarten waren, nicht durchgeführt. Gaschromatograph. Unterss. zeigten, daß **II** als Gemisch von cis- u. trans-Form im Verhältnis 85:15 vorliegt. Rk. von 1.1-Dichlorsilacyclopentan (**V**) mit SO_2Cl_2 in Ggw. von Dibenzoylperoxid (**VI**) gibt ein Gemisch (**A**) aus *2-* u. *3-Chlor-*Deriv. (1:9) u. eine Fraktion (**B**) vom *Dichlorierungsprodukt.* Rk. von **A** mit Chinolin (**VIII**) gibt **III** u. *1.1-Dichlorsilacyclopenten-(3).* Rk. von **B** mit **VIII** gab nur $SiCl_4$ u. Teer. Dagegen liefert die therm. Dehydrochlorierung von **B** unter N_2 **IV**, das sich mit C_6H_5MgBr in *1.1-Diphenylsilacyclopentadien* (**IX**) überführen ließ. Die Struktur von **IX** wurde durch Hydrierung zu *1.1-Diphenylsilacyclopentan* gesichert. **IX** gibt mit Hexachlorcyclopentadien (**VII**) ein *Addukt* u. zersetzt sich an der Luft; unter den Zers.-Prodd. wurde *Maleinsäure* nachgewiesen. Red. von **IV** mit $LiAlH_4$ gibt *Silacyclopentadien* (**X**), das sich an der Luft sogar bei der Temp. von Trockeneis zersetzt. Die Struktur von **X** wurde durch Hydrieren u. durch unabhängige Synth. des entstandenen *Silacyclopentans* gesichert. **X** bildet mit **VII** ein Addukt unbekannter Struktur. Die Bandenlagen in den IR-Spektren von silacycl. Verbb. sind tabelliert.

Versuche: *Gemisch von cis- u. trans-1-Trichlorsilyl-4-chlorbuten-(1)* (**II**), $Kp._{10}$ 92—93°, durch 72std. Kochen von **I** u. $HSiCl_3$ in Ggw. von **VI** in abs. Cyclohexan, Eindampfen u. Dest.; 30% (Ausbeute). — *Gemisch von cis- u. trans-1-Trimethylsilyl-4-chlorbuten-(1)*, $C_7H_{15}ClSi$, $Kp._{10}$ 60 bis 62°, aus 7 g **II** u. CH_3MgJ in Ae.; 5,2 g. — *1.1-Dichlorsilacyclopenten-(2)* (**III**), $C_4H_6Cl_2Si$, Kp. 138—140°, $Kp._1$ 44—45°, durch Zugabe von **II** zu Mg in abs. THF, 20std. Kochen, Zusatz von abs. Pentan, Filtrieren u. Eindampfen; 28%. *Gemisch mit 1.1-Dichlorsilacyclopenten-(3)*, Kp. 138—140°, durch Kochen von **A** u. **VIII** über Nacht; 75% (78:22). — *Gemisch* (**A**) *von 1.1.2- u. 1.1.3-Trichlorsilacyclopentan*, $C_4H_7Cl_3Si$, $Kp._2$ 45—54°, a) durch 5std. Erwärmen von **V** u. ca. 1 Val SO_2Cl_2 in Ggw. von **VI**, Einengen im Vakuum u. Fraktionieren; daneben *Dichlorierungs-Prod.* (**B**), $C_4H_6Cl_4Si$, $Kp._2$ 62—70°; b) analog a) mit ca. 2,2 Val $SOCl_2$ durch 20std. Kochen; 12%; daneben 48% **B**. *Silacyclopentan*, Kp. 70°, a) durch Hydrieren von **X** in abs. Ae. u. Ggw. von Pt; n_D^{25} 1,4448; b) durch Red. von **V** mit $LiAlH_4$. *1.1-Diphenyl-Deriv.*, $Kp._2$ 142°, durch Hydrieren von **IX** in A. u. Ggw. von Pt; n_D^{25} 1,5850. — *Silacyclopentadien* (**X**), C_4H_6Si, Kp. 60—62°, durch Zusetzen von $LiAlH_4$ zu **IV** in abs. Diglyme, 2std. Rühren bei 0° u. Dest.; 54%. **X-VII**-*Addukt*, $C_9H_6Cl_6Si$, F. 35—36°, durch Erhitzen von **X** u. **VII** auf 100° im Autoklaven. *1.1-Dichlor-Deriv.* (**IV**), Kp. 128—130°, durch Erhitzen von **B** im N_2-Strom auf 550°, unter Auffangen des Prod. in einer Kühlfalle (Trockeneis/Aceton) u. Dest.; 65%. *1.1-Diphenyl-Deriv.* (**IX**), $C_{16}H_{14}Si$, F. 54—55°, $Kp._1$ 128—130°, durch Rk. von **IV** mit 5 Val C_6H_5MgBr in Ae.; 33%; **IX-VII**-*Addukt*, $C_{21}H_{14}Cl_6Si$, F. 41—42°.

L. Hoppe. 3091◇

0897 **Aromatische Siliciumsysteme.** 2. Mitt. **Das Silacyclopentadienidanion.** Robert A. Benkeser, Richard F. Grossman und Garth M. Stanton. (J. Amer. chem. Soc. **84,** 4727—30, 1962; engl.) — 1. vgl. vorst. Referat. — Silacyclopentadien (**I**) bildet mit K in Tetrahydrofuran (THF) unter H_2-Entw. *K-Silacyclopentadienid* (**II**), dessen Struktur durch Rk. mit Brombenzol (**III**) zu *1-Phenyl-* (**IV**) u. *1.1-Diphenylsilacyclopentadien*, wobei letztere Verb. wahrscheinlich durch Rk. von **III** mit dem K-Salz von **IV** gebildet wird, sowie durch den Vgl. der NMR-Spektren u. der Spektren im sichtbaren Bereich von **II** u. K-Cyclopentadienid bewiesen wird. *Divinylsilan* reagiert dagegen nicht mit K.

Versuche: *Divinylsilan*, C_4H_8Si, Kp. 55°, durch Red. von Divinyldichlorsilan mit $LiAlH_4$ in abs. Ae. unter N_2; n_D^{25} 1,4030; 65% (Ausbeute); gibt *Diäthylsilan*, Kp. 56°, durch Hydrieren in Ggw. von Pt; n_D^{25} 1,3904. — *1.1-Diphenylsilacyclopentadien*, F. 55—56°, durch Zugabe von abs. THF, **III** u. **I** zu zerstäubtem K, Entfernen von überschüssigem K mit Hg, Stehen über Nacht, Hydrolyse u. Aufarbeiten. — *1-Phenylsilacyclopentan* (**IV**), $C_{10}H_{14}Si$, $Kp._{10}$ 95°, a) neben vorst. Verb.; b) durch Zugabe von C_6H_5MgBr zu 1.1-Dichlorsilacyclopentan in Ae., Rühren über Nacht, Filtrieren, Eindampfen u. Dest. bei 89—92°/2,5 Torr (→ *1-Chlor-1-phenylsilacyclopentan*; 50%), Zusetzen zu $LiAlH_4$ in Ae., Rühren über Nacht, Zusetzen von verd. HCl, Filtrieren, Eindampfen u. Dest. unter Vakuum; n_D^{25} 1,5358; 80%.

L. Hoppe. 3091◇

0898 **Die Darstellung von 3.3.5.5-Tetramethyl-1.2-dithiolanon-(4).** Göran Claesson und Arne Thalén. (Acta chem. scand. **17,** 1172—73, 1963; Bofors, Sweden, Nobelkrut, AB Bofors, Res. Dep.; Uppsala, Univ., Chem. Inst., Dep. of Org. Chem.; engl.) — Während bei der Rk. von α.α'-Dibromdiisopropylketon mit NaHS *2.2.4.4-Tetramethyl-1-thiacyclobutanon-(3)* gebildet wird, entsteht mit Na_2S_2 als Hauptprod. das stabile *3.3.5.5-Tetramethyl-1.2-dithiolanon-(4)*, dessen UV-Banden u. a. mitgeteilt werden.

Versuche: *α.α'-Dibromdiisopropylketon*, $Kp._{10}$ 84,5 bis 86,5°, durch Zutropfen von 0,5 Mol Br_2 unter Rühren zu einem Gemisch von 0,5 Mol Diisopropylketon u. 48%ig. HBr, Erwärmen auf 55°, Zugabe von weiteren 0,5 Mol Br_2 u. 3std. Rühren; n_D^{20} 1,5062; 80% (Ausbeute). — *3.3.5.5-Tetramethyl-1.2-dithiolanon-(4)*, $C_7H_{12}OS_2$, $Kp._{0,3}$ 37—39°, F. 13—14°, durch Zugabe von feingemahlenem S zu Na_2S in Dimethylsulfoxid (**I**) u. W. bei 75°, Rühren bis zur Lsg., Zutropfen zu vorst. Verb. in **I** bei Raum-Temp. unter Rühren, 2std. Rühren bei 40°, Zufügen von W., 10maliges Ausäthern, Trocknen über $MgSO_4$, Eindampfen im Vakuum u. Entfernen des daneben gebildeten *2.2.4.4-Tetramethyl-1-thiacyclobutanon-(3)* durch Sublimation (0,3 mm); n_D^{20} 1,5102; 35%.

K. Stühmer. 3112◇

0899 **Die hydrolytische Spaltung von α-Acyloxyazoxyverbindungen.** Jeremiah P. Freeman. (Tetrahedron Letters [London] **1961,** Nr. 21, 749—51; Rohm & Haas Co.; engl.) — Bei der Behandlung von *3-Benzoyloxy-3.5.5-trimethyl-Δ¹-pyrazolin-1-oxid* mit KOH bei 50° entstehen als Spalt-Prodd. *Benzoesäure, Essigsäure, Isobutylen* u. N_2, während bei 20° *3.5.5-Trimethylisopyrazol-1-oxid* entsteht. Wird 3-Benzoyloxy-3.5.5-trimethyl-Δ¹-pyrazolin-2-oxid mit KOH bei 50° behandelt, so entsteht *Mesityloxid* neben *Benzoesäure* u. N_2. Da die Richtung der hydrolyt. Spaltung von der Position des angreifenden OH-Ions gegenüber dem quatern. Stickstoff abhängig ist, sollte man auf diese Weise die Stellung des O-Atoms in gesätt. aliphat. Azoxy-Verbb. bestimmen können.

Versuche: *3-Benzoyloxy-3.5.5-trimethyl-Δ¹-pyrazolin*, $C_{13}H_{16}N_2O_2$, F. 70—71°, aus 3.5.5-Trimethylpyrazolin (**I**) u. Bleitetrabenzoat. *3-Benzoyloxy-3.5.5-trimethyl-Δ¹-pyrazolin-1-oxid*, F. 89—90°, a) aus vorst. Verb. mit Perbenzoesäure neben nachst. Verb.; b) aus **I** mit Perbenzoesäure. — *3-Benzoyloxy-3.5.5-trimethyl-Δ¹-pyrazolin-2-oxid*, $C_{13}H_{16}N_2O_3$, F. 147—148°, aus vorvorst. Verb. mit Peressigsäure.

R. Becker. 3122△

0900 **Untersuchungen in der Pyrazolinreihe.** 1. Mitt. **Synthese einiger 5-[α-Furyl]-pyrazoline.** Antonio Bellotti. (Ann. Chimica **50,** 1074—83, 1960; Parma, Univ., Ist. di Chim. farmaceut. e tossicol.; ital.) — Durch Cyclisierung der Arylhydrazone von α-Furylacrolein, Furfurylidenaceton (**I**) u. 1-[α-Furyl]-2-methylbuten-(1)-on-(3) (**II**) werden die entsprechenden *1-Aryl-5-[α-furyl]-Δ²-pyrazoline* erhalten. Aus **I** u. **II** werden mit Hydrazinhydrat *3-Methyl-* (**III**) bzw. *3.4-Dimethyl-5-[α-furyl]-Δ²-pyrazolin* gewonnen. 5-[α-Furyl]-Δ²-pyrazolin läßt sich analog nicht darstellen. Die 1-unsubstituierten Pyrazoline wurden mit NH_4SCN, Phenylisothiocyanat u. NH_4SCN/Benzoylchlorid in die *1-Thiocarbamoyl-, 1-Phenylthiocarbamoyl-* u. *1-Benzoylthiocarbamoyl-Derivv.* übergeführt.

Versuche: *α-Furylacrolein, p-Tolylhydrazon*, $C_{14}H_{14}N_2O$, F. 121—122° (Methanol). *p-Bromphenylhydrazon*, $C_{13}H_{11}BrN_2O$, F. 123,5—124,5° (Methanol); 100% (Ausbeute). — *Furfurylidenaceton* (**I**), *Phenylhydrazon*, $C_{14}H_{14}N_2O$, F. 127 bis 128° (Methanol), gelbe Nadeln; 60%. *p-Tolylhydrazon*, $C_{15}H_{16}N_2O$, F. 178° (Methanol); gelbes Pulver; 83%. *p-Bromphenylhydrazon*, $C_{14}H_{13}BrN_2O$, F. 174° (Methanol), gelbe Nadeln; 6%. *p-Aminosulfonylphenylhydrazon*, $C_{14}H_{15}N_3O_3S$, F. 221° (Methanol), hellgelbe Nadeln; 50%. — *1-[α-Furyl]-2-methylbuten-(1)-on-(3)* (**II**), *Phenylhydrazon*, $C_{15}H_{16}N_2O$, F. 86°; gelbes Pulver; 60%. *p-Tolylhydrazon*, $C_{16}H_{18}N_2O$, F. 130,5° (Methanol); gelb; 38%. *p-Bromphenylhydrazon*, $C_{15}H_{15}BrN_2O$, F. 93° (wss. Methanol); gelb; 3,1%. *p-Aminosulfonylphenylhydrazon*, $C_{15}H_{17}N_3O_3S$, F. 170—171° (Methanol); gelbe Nadeln; 50%. — 5-[α-Furyl]-Δ²-pyrazoline, durch 1std. Kochen vorst. Arylhydrazone in Eisessig u. Verdünnen mit W.: *1-Phenyl-*, $C_{13}H_{12}N_2O$, F. 75° (Methanol); Prismen; 45%. — *1-[p-Tolyl]-*, $C_{14}H_{14}N_2O$, F. 100 bis 101° (Methanol); Nadeln; 20%. — *1-[p-Bromphenyl]-*, $C_{13}H_{11}BrN_2O$, F. 84,5—85,5° (Methanol); Prismen; gering. — *1-Phenyl-3-methyl-*, $C_{14}H_{14}N_2O$, F. 102° (Methanol); Prismen; 60%. — *1-[p-Tolyl]-3-methyl-*, $C_{15}H_{16}N_2O$, F. 89° (Methanol); Prismen; 39%. — *1-[p-Bromphenyl]-3-methyl-*, $C_{14}H_{13}BrN_2O$, F. 78° (Methanol); Nadeln; 60%. — *1-[p-Aminosulfonylphenyl]-3-methyl-*, $C_{14}H_{15}N_3O_3S$, F. 166—167° (Methanol); Nadeln; 45%. — *1-[p-Methylaminosulfonylphenyl]-3-methyl-*, $C_{15}H_{17}N_3O_3S$, F. 141° (Methanol) aus **I** u. p-Methylaminosulfonylphenylhydrazin; Nadeln. — *1-Phenyl-3.4-dimethyl-*, $C_{15}H_{16}N_2O$, F. 74° (PAe.); 50%. — *1-[p-Tolyl]-3.4-dimethyl-*, $C_{16}H_{18}N_2O$, F. 54° (Methanol); 47%. — *1-[p-Bromphenyl]-3.4-dimethyl-*, $C_{15}H_{15}BrN_2O$, F. 70° (Methanol); Nadeln; 80%. — *1-[p-Aminosulfonylphenyl]-3.4-dimethyl-*, $C_{15}H_{17}N_3O_3S$ F. 195° (Methanol); Nadeln; 60%. — *3-Methyl-* (**III**), Kp.$_{22}$ 127—128°, aus **I** u. Hydrazinhydrat. — *1-Acetyl-3-methyl-* (**IV**), $C_{10}H_{12}N_2O_2$, F. 58° (Ae.), durch Rühren von **III** mit Essigsäureanhydrid in W. u. Ausäthern. — *1-Thiocarbamoyl-3-methyl-* (**V**), $C_9H_{11}N_3OS$, F. 213° (Methanol), durch langsame Zugabe von **III** zu wss. NH_4SCN, Behandeln mit 10%ig. HCl u. 5std. Kochen; 15%. — *1-Phenylthiocarbamoyl-3-methyl-* (**VI**), F. 135° (Methanol), durch längeres Stehen von **III** mit Phenylisothiocyanat; 76%. — *1-Benzoylthiocarbamoyl-3-methyl-* (**VII**), $C_{16}H_{15}N_3O_2S$, F. 134,5° (A.), durch Erwärmen von Benzoylchlorid mit NH_4SCN in Aceton bis zum beginnenden Sieden, Zugabe von **III** in der Kälte, 10 Min. langes Kochen u. Gießen in W.; gelb; 78%. — *3.4-Dimethyl-*, $C_9H_{12}N_2O$, Kp.$_{20}$ 138,5°, durch 3std. Kochen von 45 g **II** mit Hydrazinhydrat; $D._4^{20}$ 1,0864; 30 g. — *1-Acetyl-3.4-dimethyl-*, $C_{11}H_{14}N_2O_2$, F. 55° (Ae.), analog **IV**; Blättchen; 48%. — *1-Thiocarbamoyl-3.4-dimethyl-*, $C_{10}H_{13}N_3OS$, F. 183 bis 184° (Methanol), analog **V**; Blättchen; 12%. — *1-Phenylthiocarbamoyl-3.4-dimethyl-*, $C_{16}H_{17}N_3OS$, F. 122° (A.), analog **VI**; Blättchen; 80%. — *1-Benzoylthiocarbamoyl-3.4-dimethyl-*, $C_{17}H_{17}N_3O_2S$, F. 135° (A.), analog **VII**; gelbe Nadeln; 65%. H.-E. Toussaint. 3122◇

0901 **Synthese von Azolidinderivaten mit möglicher hypoglykämischer Wirkung.** 1. Mitt. **Synthese von 2-Thiohydantoinderivaten.** W. G. Subenko und M. M. Turkewitsch. (Pharmaz. J. [Kiew] **16**, Nr. 2, 10—15, 1961; Lwow, med. Inst., Lehrstuhl für pharmazeut. Chem.; ukrain.) — Durch Acylierung von Glycin mit Säurechloriden in wss. 1n KOH wurden die *N-Acyl-Derivv.* dargestellt u. durch Cyclisierung mit NH_4SCN in Acetanhydrid in Ggw. von Essigsäure in *1-Acyl-2-thiohydantoine* übergeführt. Aus diesen wurden durch Rk. mit n-Butylbromid in abs. Aceton in Ggw. von K_2CO_3 *1-Acyl-3-n-butyl-2-thiohydantoine* erhalten. Die Rk. von 1-p-Tosyl-2-thiohydantoin mit 35%ig. wss. Chloressigsäure lieferte *1-p-Tosylhydantoin*, das zum *3-n-Butyl-Deriv.* alkyliert wurde. — Glycine: *N-Acetyl-*, F. 204 bis 206°; 78,1% (Ausbeute). — *N-Benzoyl-*, F. 187—190°; 92,2%. — *N-[p-Nitrobenzoyl]-*, F. 230—235°; 74,5%. — *N-[Benzolsulfonyl]-*, F. 165—166°; 75,5%. — *N-o-Tosyl-*, F. 127—128°; 53,4%. — *N-p-Tosyl-*, F. 147—150°; 56,7%. — *N-[p-Chlorbenzolsulfonyl]-*, F. 161—162°; 78,1%. — *N-[N-Acetylsulfanilyl]-*, F. 234—235°; 77,8%. — 2-Thiohydantoine: *1-Acetyl-*, F. 175—176° (Zers.; W.); 88,3%. — *1-Benzoyl-*, F. 167—168° (Zers.; Essigsäure); 86,5%. — *1-[p-Nitrobenzoyl]-*, F. 227—228° (Zers.; Essigsäure); 68,8%. — *1-Benzolsulfonyl-*, F. 213—214° (Zers.; A.); 46,2%. — *1-o-Tosyl-*, F. 208—209° (Zers.; A.); 36,3%. — *1-p-Tosyl-*, F. 228—230° (Zers.; Essigsäure). — *1-[p-Chlorbenzolsulfonyl]-* F. 218—220° (Zers.; Essigsäure); 49,6%. — 3-n-Butyl-2-thiohydantoine: *1-Benzoyl-*, F. 87—89° (A.); 59,8%. — *1-Benzolsulfonyl-*, F. 100—104° (A.); 64,5%. — *1-o-Tosyl-*, F. 88—91° (A.); 61,2%. — *1-p-Tosyl-*, F. 108—110° (A.); 70%. — *1-[p-Chlorbenzoyl]-* F. 167—170° (A.); 47,6%. — *1-p-Tosylhydantoin*, $C_{10}H_{10}N_2O_4S$, F. 237° (Zers.); 82%. *K-Salz*, $C_{10}H_9KN_2O_4S$, F. 241—242° (Zers.; W.); 50%. — *1-p-Tosyl-3-n-butylhydantoin*, $C_{14}H_{18}N_2O_4S$, F. 147° (A.); 45%. Helmut Schäfer. 3122△

0902 **Untersuchungen auf dem Gebiet der Benzimidazolderivate. 4. Mitt. Verbindungen der 2-Aminobenzimidazolreihe.** A. M. Ssimonow und N. D. Witkewitsch. (J. allg. Chem. [UdSSR] **30 (92)**, 590—92, 1960; Rostow/Don, Univ.; russ.) — 3. vgl. C. **1963**, 16935. — Durch Aminierung von 1-Methyl- (**I**), 1-Methyl-5-methoxy- (**II**) u. 1-[γ-Diäthylaminopropyl]-5-methoxybenzimidazol (**III**) mit $NaNH_2$ wurden *1-Methyl-* (**IV**), *1-Methyl-5-methoxy-* (**V**) bzw. *1-[γ-Diäthylaminopropyl]-5-methoxy-2-aminobenzimidazol* dargestellt u. in einige Derivv. übergeführt.

Versuche: 1-Methylbenzimidazole: *2-Amino-* (**IV**), $C_8H_9N_3$, F. 201—202° (Bzl.), a) durch 3—4std. Erhitzen von 2,0 g **I** mit $NaNH_2$ (aus 0,45 g Na) in 20 ml abs. Xylol auf 130°; 52% (Ausbeute); b) durch 1std. Erhitzen von 3 g **I** mit $NaNH_2$ (aus 0,65 g Na) in 15 ml abs. Dimethylamin auf 110—115°; 54%. *Pikrat*, $C_8H_9N_3 \cdot C_6H_3N_3O_7$, F. 310°. *Hydrochlorid, Hydrat*, $C_8H_9N_3 \cdot HCl \cdot H_2O$, F. 191—192° (A.). — *2-[o-Nitrobenzylidenamino]-*, $C_{15}H_{12}N_4O_2$, F. 159 bis 160° (A.), durch 5std. Kochen von 0,5 g **IV** mit 0,5 g o-Nitrobenzaldehyd in 10 ml A.; rotbraun; 0,8 g. — *2-Acetylamino-*, $C_{10}H_{11}N_3O$, F. 181—182° (A.), aus **IV** u. Acetanhydrid. — *2-[p-Nitrobenzoylamino]-*, $C_{15}H_{12}N_4O_3$, F. 293—294° (Dioxan), durch 2—3std. Schütteln von **IV** mit p-Nitrobenzoylchlorid in W.–$NaHCO_3$; gelb; fast 100%. — 1-Methyl-5-methoxybenzimidazole: *2-Amino-* (**V**), F. 222°, aus **II** u. $NaNH_2$; 55%. *Pikrat*, F. 298—299°. *Hydrochlorid, Hydrat*, $C_9H_{11}N_3O \cdot HCl \cdot H_2O$, F. 231—232° (A.). — *2-[Anthrachinonyl-(2)-sulfamido]-*, $C_{23}H_{17}N_3O_5S$, F. 244—245° (A.), durch Zugabe von 0,65 g Anthrachinonyl-(2)-sulfochlorid zu 0,3 g **V**-Hydrochlorid in 5 ml Pyridin; orangegelb; 80%. — 1-[γ-Diäthylaminopropyl]-5-methoxybenzimidazole: *unsubstituiert* (**III**), durch Erhitzen von 3-Amino-4-[γ-diäthylaminopropylamino]-anisol in Ameisensäure; Öl. *Dipikrat*, $C_{15}H_{23}N_3O \cdot 2\,C_6H_3N_3O_7$, F. 181—182° (Aceton). — *2-Amino-*, $C_{15}H_{24}N_4O$, F. 127—128° (Bzl.), aus **III** u. $NaNH_2$; 63%. Helmut Schäfer. 3122△

0903 **Untersuchungen auf dem Gebiet der Benzimidazolderivate. 5. Mitt. Einwirkung von Basen auf N-Arylbenzimidazoliumsalze.** A. M. Ssimonow, N. D. Witkewitsch und Ss. Ja. Sheltonoshko. (J. allg. Chem. [UdSSR] **30 (92)**, 2684—88, 1960; russ.) — 4. vgl. vorst. Referat. — Es werden *1-Phenyl-* (**I**), *1-Phenyl-5-[p-nitrobenzoylamino]-* (**II**), *1-Pikrylbenzimidazol* (**III**), *1-Phenyl-3-methyl-5-[p-nitrobenzoylamino]-benzimidazolium-p-toluolsulfonat* (**IV**), *-pikrat* u. *1-Methyl-3-pikrylbenzimidazoliumbenzolsulfonat* dargestellt. Bei der Einw. von NH_4OH oder Na_2CO_3 auf 1.2-Dimethyl-3-[2.4-dinitrophenyl]-benzimidazoliumbenzolsulfonat (**V**) u. **IV** entstehen *2-[Acetylmethylamino]-2'.4'-dinitrodiphenylamin* bzw. *1-Phenyl-3-methyl-5-[p-nitrobenzoylamino]-2-hydroxy-1.2-dihydrobenzimidazol*. Die Rk. von **I** mit 2.4-Dinitrochlorbenzol (**VI**) liefert *2-[Formylphenylamino]-2'.4'-dinitrodiphenylamin.*

Versuche: Benzimidazole: *1-Phenyl-* (**I**), F. 96,5°, aus o-Aminodiphenylamin u. Ameisensäure; 75% (Ausbeute). *Pikrat*, $C_{13}H_{10}N_2 \cdot C_6H_3N_3O_7$, F. 180—181°; gelbe Nadeln. — *1-Phenyl-5-[p-nitrobenzoylamino]-* (**II**), $C_{20}H_{14}N_4O_3$, F. 258 bis 259° (Dioxan-Ae.), durch 2—3std. Schütteln von 0,5 g 1-Phenyl-5-aminobenzimidazol mit 0,57 g p-Nitrobenzoylchlorid u. 0,6 g $NaHCO_3$ in 10 ml Bzl., 5 ml A. u. 30 ml W.; Nadeln; 92%. — *1-Pikryl-* (**III**), $C_{13}H_7N_5O_6$, F. 211—212° (A.), durch 5—7 Min. langes Erhitzen von 2,5 g Benzimidazol mit 5,3 g Pikrylchlorid in 15 ml A. auf 50—60°; orangegelb; 100%. — 2'.4'-Dinitrodiphenylamine: *2-[Acetylmethylamino]-*, $C_{15}H_{14}N_4O_5$, F. 168—169° (A.), a) durch Zugabe von 5 ml NH_4OH zu 0,5 g **V** in 15 ml W.; aus A. rot, aus Aceton oder bei >125° gelb; 90%; b) durch 1std. Erhitzen von 0,2 g 2-Methylamino-2'.4'-dinitrodiphenylamin in 5 ml Acetanhydrid auf dem Wasserbad; 100%. — *2-[Formylphenylamino]-*, $C_{19}H_{14}N_4O_5$, F. 200—201° (Bzl.), durch 2½std. Erhitzen von 1,0 g **I** mit 1,1 g **VI** auf dem Wasserbad; gelbe Prismen; 60%. — *2-Phenylamino-*, F. 170—170,5° (A.), durch 15std. Kochen von 0,1 g vorst. Verb. in 5 ml HCl (D. 1,17); rote Nadeln; 90%. — *1-Phenyl-3-methyl-5-[p-nitrobenzoylamino]-benzimidazolium-p-toluolsulfonat* (**IV**), $C_{28}H_{24}N_4O_6S$, F. 263 bis 264° (A.), durch 20 Min. langes Erhitzen von 0,15 g **II** mit 0,1 g Methyl-p-toluolsulfonat auf 160°; Nadeln; 66%. *Pikrat*, $C_{27}H_{19}N_7O_{10}$, F. 213—214° (90%ig. Essigsäure), aus **IV** u. Pikrinsäure in A.; gelbe Nadeln. — *1-Methyl-3-pikrylbenzimidazoliumbenzolsulfonat*, $C_{20}H_{15}N_5O_9S$, F. 243—244° (A.), durch 4std. Erhitzen von 1,5 g **III** mit 0,8 g Methylbenzolsulfonat auf 90°; grüngelb; 35%. — *1-Phenyl-3-methyl-5-[p-nitrobenzoylamino]-2-hydroxy-1.2-dihydrobenzimidazol*, $C_{21}H_{18}N_4O_4$, F. 197—198°; W.–A.), durch Zugabe von Na_2CO_3 zu **IV** in 30%ig. A. unter Erwärmen; orangefarbene Prismen; 96%. Helmut Schäfer. 3122△

0904 **Untersuchungen auf dem Gebiet der Benzimidazolderivate.** 6. Mitt. **Einwirkung von Natriumamid auf 1-Phenyl- und 1-Benzylbenzimidazol.** A. M. Ssimonow, N. D. Witkewitsch und B. K. Marzocha. (J. allg. Chem. [UdSSR] **30 (92)**, 3062—64, 1960; russ.) — 5. vgl. vorst. Referat. — 1-Phenylbenzimidazol verharzt bei der Einw. von $NaNH_2$, 1-Benzylbenzimidazol (**I**) wird zu *1-Benzyl-2-aminobenzimidazol* (**II**) aminiert. Von **II** werden Derivv. dargestellt.

Versuche: *1-Benzylbenzimidazol* (**I**), F. 116—117° (A.), durch 1std. Erhitzen von 4,8 g Benzimidazol, 1,6 g NaOH u. 10 g Leukotrop 0 als gesätt. wss. Lsg. auf dem sd. Wasserbad; Prismen; 90% (Ausbeute). — *1-Benzyl-2-aminobenzimidazol* (**II**), $C_{14}H_{13}N_3$, F. 194—195° (Toluol), durch Erhitzen von $NaNH_2$ (aus 1,75 g Na) u. 12,5 g **I** in 80 ml Dimethylanilin auf 90—130° bis zur Beendigung der H_2-Entw.; Nadeln; 42%. *p-Nitrobenzyliden-Deriv.*, $C_{21}H_{16}N_4O_2$, F. 201 bis 202° (A., Aceton), durch 1std. Kochen von **II** mit p-Nitrobenzaldehyd in A.; orangegelbe Nadeln. *N-Acetyl-Deriv.*, $C_{16}H_{15}N_3O$, F. 177—177,5° (A., Bzl.); Prismen. *N-[p-Nitrobenzoyl]-Deriv.*, $C_{21}H_{16}N_4O_3$, F. 280—282° (Dioxan), aus **II** u. p-Nitrobenzoylchlorid in W.-$NaHCO_3$; hellgelbe Nadeln. *Hydrochlorid*, $C_{14}H_{13}N_3 \cdot HCl$, F. 202—203° (5%ig. HCl).

Helmut Schäfer. 3122△

0905 **Untersuchungen auf dem Gebiet der Benzimidazolderivate.** 7. Mitt. **Doppelte Reaktionsfähigkeit von 2-Amino-1-methylbenzimidazol.** N. D. Witkewitsch und A. M. Ssimonow. (J. allg. Chem. [UdSSR] **30 (92)**, 2868—71, 1960; russ.) — 6. vgl. vorst. Referat. — Bei der Einw. von p-Nitrobenzoylchlorid auf 2-Amino-1-methylbenzimidazol (**I**) wird *1-Methyl-2-[p-nitrobenzoylamino]-benzimidazol* (**II**) erhalten, das mit Methylbenzolsulfonat (**III**) in *1.3-Dimethyl-2-[p-nitrobenzoylamino]-benzimidazoliumbenzolsulfonat* (**IV**) übergeführt wird. Bei der Einw. von NaOH auf **IV** entsteht *1.3-Dimethylbenzimidazolon-(2)* (**V**)-*p-Nitrobenzoylimin*, dessen Verseifung **V**-*Iminhydrochlorid* bzw. **V**-*Iminpikrat* liefert. Beim Kochen von **V**-Imin in KOH wird **V** erhalten. Die Methylierung von **I** mit CH_3J führt zu **V**-*Iminhydrojodid*.

Versuche: *1.3-Dimethyl-2-[p-nitrobenzoylamino]-benzimidazoliumbenzolsulfonat* (**IV**), $C_{22}H_{20}N_4O_6S$, F. 208—209° (Dioxan), durch Erhitzen von 0,4 g **II** mit 0,25 g **III** auf 160—165°; Prismen; 92% (Ausbeute). — *1.3-Dimethylbenzimidazolon-(2)* (**V**), F. 107° (PAe.), durch 6std. Kochen von 0,22 g **V**-Iminhydrochlorid mit 0,25 g KOH in 10 ml W.; 95%. *p-Nitrobenzoylimin*, $C_{16}H_{14}N_4O_3$, F. 228—229° (Bzl.), durch ½std. Erhitzen von **IV** in wss. NaOH auf 70—80°; hellgelbe Prismen; 100%. *Iminhydrochlorid*, $C_9H_{11}N_3 \cdot HCl$, F. 313—314° (A.), durch 4std. Kochen von 0,31 g **V**-p-Nitrobenzoylimin in 20 ml 20%ig. HCl; Prismen; fast 100%. *Iminpikrat*, $C_{15}H_{14}N_6O_7$, F. 230—231° (A.). *Iminhydrojodid*, $C_9H_{11}N_3 \cdot HJ$, F. 254—255° (A.), durch 2std. Kochen von 0,3 g **I** mit 0,4 g CH_3J in 7 ml A.; Nadeln; 97%.

Helmut Schäfer. 3122△

0906 **Cycloserin und verwandte Verbindungen.** 12. Mitt. **4-Sulfanilamidoisoxazolidon-(3) (Sulfacycloserin).** Tschshi-pin Tschshan, R. M. Chomutow, E. I. Budowski und N. K. Kotschetkow. (J. allg. Chem. [UdSSR] **31 (93)**, 1011—15, 1961; Forschungsinst. für Pharmakol. u. Chemotherapie; russ.) — 11. vgl. C. **1964**, 4-0862. — Es werden *α-[N-Acetylsulfanilamido]-acrylsäuremethylester* (**I**), *α-[N-Acetylsulfanilamido]-* (**II**) u. *α-[Sulfanilamido]-β-chlorpropionsäure* (**III**) dargestellt. Die Cyclisierung von **III** mit NH_2OH liefert *4-Sulfanilamidoisoxazolidon-(3)* (**IV**; *Sulfacycloserin*), die Hydrierung von **IV** *N-Sulfanilylserin* (**V**)-*Amid*. Das **V**-Amid wird auch durch Rk. von **V**-Methylester mit NH_3 dargestellt.

Versuche: *α-[N-Acetylsulfanilamido]-acrylsäuremethylester* (**I**), $C_{12}H_{14}N_2O_5S$, F. 171—173° (abs. Isopropanol), durch tropfenweise Zugabe von 8,4 g $NaHCO_3$ in 100 ml W. zu 8 g N-Acetylsulfanilylchlorid (**VI**) in 150 ml Dichloräthan u. 5,4 g β-Chloralaninmethylesterhydrochlorid (**VII**) in 50 ml W., 6std. Rühren u. 12std. Stehen; 46% (Ausbeute). — *α-[N-Acetylsulfanilamido]-β-chlorpropionsäure* (**II**), *Methylester*, $C_{12}H_{15}ClN_2O_5S$, F. 165—166° (abs. Isopropanol), durch langsame Zugabe von 26,7 g **VI** zu 10 g **VII** u. 20 g K_2CO_3 in 80 ml Dioxan u. 3 ml W. bei 0° u. 4std. Rühren; 47%. — *α-[Sulfanilamido]-β-chlorpropionsäure* (**III**), *Hydrochlorid*, $C_9H_{12}Cl_2N_2O_4S$, F. 182—184° (Zers.; Isopropanol), durch ½std. Erhitzen von 1,53 g **II**-Methylester mit 10 ml 15%ig. HCl auf dem sd. Wasserbad; 62%. *Methylesterhydrochlorid*, $C_{10}H_{14}Cl_2N_2O_4S$, F. 158—160° (Isopropanol), a) durch Einleiten von HCl in 1,53 g **I** u. 25 ml abs. Methanol bei 4—8°; 72%; b) aus **II**-Methylester u. HCl in abs. Methanol; 72%. — *4-Sulfanilamidoisoxazolidon-(3)* (**IV**), $C_9H_{11}N_3O_4S$, F. 175—176° (Methanol), durch Zugabe von 3,29 g **III**-Hydrochlorid unter Kühlung zu Na-Methylat (0,7 g Na, 40 ml Methanol) u. 0,7 g $NH_2OH \cdot HCl$ u. je 2std. Rühren bei 0 u. 15°; 40%. — *N-[N-Acetylsulfanilyl]-serinmethylester*, $C_{12}H_{16}N_2O_6S$, F. 158 bis 159° (A.), durch 48std. Rühren von 3,9 g Serinmethylesterhydrochlorid, 6,5 g **VI** u. 8,5 g K_2CO_3 in 85 ml Dioxan u. 15 ml W.; 60%. — *N-Sulfanilylserin* (**V**), *Methylesterhydrochlorid*, $C_{10}H_{15}ClN_2O_5S$, F. 161—162° (Zers.; A.), durch Einleiten von HCl in 6,5 g vorst. Verb. in 80 ml abs. Methanol u. 3std. Stehen; 81%. *Amid*, $C_9H_{13}N_3O_4S$, F. 159 bis 160° (A.), a) aus **V**-Methylester u. NH_3 in abs. A. durch 2 Tage langes Stehen u. 3std. Kochen; 34%; b) durch Hydrieren von 0,25 g **IV** in 20 ml abs. Methanol an PtO_2; 0,18 g.

Helmut Schäfer. 3132△

0907 **Cycloserin und verwandte Verbindungen.** 13. Mitt. **Einige 4-Aminopyrazolidone-(3).** E. I. Budowski, Tschshi-pin Tschshan und N. K. Kotschetkow. (J. allg. Chem. [UdSSR] **31 (93)**, 1297—1303, 1961; Akad. der med. Wiss. der UdSSR, Inst. für Pharmakol. u. Chemotherapie; russ.) — 12. vgl. vorst. Referat. — Durch Einw. von Hydrazinhydrat (**I**) auf entsprechende 4-Aryliden-, 4-Alkyliden-2-phenyloxazolone-(5), 4-Benzyliden- (**II**) u. 4-[p-Nitrobenzyliden]-2-methyloxazolon-(5) (**III**) bei Zimmer-Temp. wurden *β-Phenyl-*, *β-[p-Methoxyphenyl]-*, *β-[3.4-Methylendioxyphenyl]-*, *β-[p-Nitrophenyl]-*, *β-[p-Dimethylaminophenyl]-*, *β-Methyl-*, *β.β-Dimethyl-* u. *β.β-Pentamethylen-α-benzoylaminoacrylsäurehydrazid* sowie *β-Phenyl-* u. *β-[p-Nitrophenyl]-α-acetylaminoacrylsäurehydrazid* dargestellt; in der Hitze erfolgte dagegen Cyclisierung (u. Red. der NO_2-Gruppe) unter Bldg. von *5-Phenyl-* (**IV**), *5-[p-Methoxyphenyl]-*, *5-[3.4-Methylendioxyphenyl]-*, *5-[p-Aminophenyl]-*, *5-[p-Dimethylaminophenyl]-*, *5-Methyl-*, *5.5-Dimethyl-* u. *5.5-Pentamethylen-4-benzoylaminopyrazolidon-(3)* sowie *5-Phenyl-* (**V**), *5-[p-Methoxyphenyl]-* (**VI**), *5-[p-Dimethylaminophenyl]-* (**VII**) u. *5-[Furyl-(2)]-4-acetylaminopyrazolidon-(3)* (**VIII**). Durch Kondens. von N-Benzoyl-β-chloralaninmethylester (**IX**) oder α-Benzoylaminoacrylsäuremethylester (**X**) mit **I** wurde *4-Benzoylaminopyrazolidon-(3)* dargestellt. Durch Hydrolyse von **IV**, **V**, **VI**, **VII** u. **VIII** mit HCl-Methanol wurden *5-Phenyl-*, *5-[p-Methoxyphenyl]-*, *5-[p-Dimethylaminophenyl]-* u. *5-[Furyl-(2)]-4-aminopyrazolidon-(3)* erhalten.

Versuche: α-Benzoylaminoacrylsäurehydrazide: durch 24std. Stehen von 0,02 Mol des entsprechenden 2-Phenyl-4-aryliden(alkyliden)-oxazolons-(5) mit 6 ml 85%ig. **I** in 40 ml Alkohol: *β-Phenyl-*, *Hydrat*, F. 153—154°; 84% (Ausbeute). — *β-[p-Methoxyphenyl]-*, *Hydrat*, F. 141—144°; 84%. — *β-[3.4-Methylendioxyphenyl]-*, *Hydrat*, F. 146—147°; 81%. — *β-[p-Nitrophenyl]-*, *Hydrat*, F. 174—175°; 82%. — *β-[p-Dimethylaminophenyl]-*, *Hydrat*, F. 191—192°; 90%. — *β-Methyl-*, F. 184—186°; 70%. — *β.β-Dimethyl-*, F. 192 bis 194°; 72%. — *β.β-Pentamethylen-*, F. 195—196°; 74%. — α-Acetylaminoacrylsäurehydrazide: *β-Phenyl-*, $C_{11}H_{13}N_3O_2$, F. 156—157°. *Hydrat*, $C_{11}H_{13}N_3O_2 \cdot H_2O$, F. 135 bis 136° (A.), durch Stehen von 4 g **II** mit 4 ml 85%ig. **I** in 20 ml A. bei 0°; 75%. — *β-[p-Nitrophenyl]-*, *Hydrat*, $C_{11}H_{12}N_4O_4 \cdot H_2O$, aus **I** u. **III** in A. bei 20°; 79%. — 4-Benzoylaminopyrazolidone-(3): *unsubstituiert*, $C_{10}H_{11}N_3O_2$, F. 107—109° (A.), a) durch Zugabe von Na-Methylat (1,4 g Na, 45 ml Methanol) zu 4,6 g **IX** u. 2,1 g Hydrazindihydrochlorid in 80 ml abs. Methanol bei <15°, 2std. Rühren u. 2std. Kochen; 10%; b) durch 3std. Kochen von 1,8 g **X** mit 1 ml 85%ig. **I** in 5 ml abs. A.; 0,1 g. — *5-Phenyl-* (**IV**), F. 226—227° (A.), durch 1½std. Kochen von 0,04 Mol 2-Phenyl-4-benzylidenoxazolon-(5) mit 15 ml 85%ig. **I** in 55 ml A. u. 12std. Stehen; 76%. — Analog: *5-[p-Methoxyphenyl]-*, F. 224—225°; 74%. — *5-[3.4-Methylendioxyphenyl]-*, F. 229—230°; 81%. — *5-[p-Aminophenyl]-*, F. 204—205° (Zers.); 72%. — *5-[p-Dimethylaminophenyl]-*, *Hydrat*, F. 224 bis 226° (Zers.); 84%. — *5-Methyl-*, F. 119—120°; 69%. — *5.5-Dimethyl-*, F. 139—140°; 64%. — *5.5-Pentamethylen-*, F. 189—190°; 71%. — 4-Acetylaminopyrazolidone-(3): *5-Phenyl-* (**V**), F. 171—172°; 70%. — *5-[p-Methoxyphenyl]-* (**VI**), F. 155—156°; 72%. — *5-[p-Dimethylaminophenyl]-* (**VII**), F. 180°; 77%. — *5-[Furyl-(2)]-* (**VIII**), *Hydrat*, F. 122 bis 124°; 70%. — 4-Aminopyrazolidon-(3)-dihydrochloride: *5-Phenyl-*, F. 120° (Zers.), a) durch 2½std. Kochen von 15 g **IV** mit 30 ml 7%ig. HCl; 0,5 g; b) durch Sättigen von 0,01 Mol **V** in 40 ml abs. Methanol bei 10—15° mit HCl u. 2std. Stehen; 52%. — Analog nach b): *5-[p-Methoxyphenyl]-*, F. 115° (Zers.), aus **VI**; 54%. — *5-[p-Dimethylaminophenyl]-*, F. 183° (Zers.), aus **VII**; 60%. — *5-[Furyl-(2)]-*, F. 86° (Zers.), aus **VIII**; 51%. Helmut Schäfer. 3132△

0908 **Synthese von 5-Phenylthiazolidindion-(2.4)-hydrazonen.** Ju. M. Paschkewitsch. (Pharmaz. J. [Kiew] **16**, Nr. 2, 15—17, 1961; Lwow, med. Inst., Lehrstuhl für pharmazeut. Chem.; ukrain.) — Durch Kondens. von α-Phenyl-α-chloressigsäureäthylester mit Thiosemicarbazonen (1:1 Mol in Eisessig in Ggw. von Na-Acetat kochen) wurden *2-Arylidenhydrazone* von *5-Phenylthiazolidindion-(2.4)* dargestellt. Die Absorptionsmaxima der Verbb. im UV wurden bestimmt. — *5-Phenylthiazolidindion-(2.4), 2-Benzylidenhydrazon*, F. 250—253° (Zers.); 67,8% (Ausbeute). *2-Salicylidenhydrazon*, F. 270—272° (Zers.); 65,6%. *2-Cinnamylidenhydrazon*, F. 239—241° (Zers.); 56,1%. *2-[β-Hydroxy-α-naphthylidenhydrazon]*, F. 284—286° (Zers.); 64,3%. *2-[α-Naphthylidenhydrazon]*, F. 244—246° (Zers.); 70,7%. *2-[m-Chlorbenzylidenhydrazon]*, F. 244—247° (Zers.); 57,0%. *2-Furfurylidenhydrazon*, F. 225—228° (Zers.); 68,4%. *2-Cyclohexylidenhydrazon*, F. 223—226°; 8,7%. — *3-Allyl-5-phenylthiazolidindion-(2.4)-2-[β-hydroxy-α-naphthylidenhydrazon]*, F. 195—197°; 37,5%. — *3.5-Diphenylthiazolidindion-(2.4)-2-[m-nitrobenzylidenhydrazon]*, F. 199—203°; 9,6%. Helmut Schäfer. 3142△

0909 **Isonitrile.** 2. Mitt. **Reaktion von Isonitrilen mit Carbonylverbindungen, Aminen und Stickstoffwasserstoffsäure.** Ivar Ugi und Cornelius Steinbrücker. (Chem. Ber. **94**, 734—42, 1961; München, Univ., Inst. für Organ. Chem.; dt.) — 1. vgl. Chem. Ber. **93**, [1960], 239. — Vff. stellten fest, daß Isonitrile mit Aldehyden u. Ketonen auch in Ggw. von Aminen reagieren. Dabei entstehen substituierte α-Aminocarbonsäureamide. Setzt man Isonitrile mit einer Carbonyl-Verb. (Aldehyd oder Keton), einem Amin u. HN_3 um, so werden 1.5-disubstituierte *Tetrazole* gebildet. Statt Carbonyl-Verbb. u. Aminen können auch deren Kondens.-Prodd., wie Schiffsche Basen u. Enamine, eingesetzt werden. Der Chemismus der Rk. u. ihr Anwendungsbereich werden diskutiert. Die IR-Spektren der Tetrazol-Derivv. zeigen keine für diese Gruppe von Verbb. charakterist. Absorptionsbande. Neben einem bequemen Synth.-Weg für 1-Alkyl-(bzw. Aryl-)5-aminoalkyltetrazole zeigen die vorliegenden Unterss., daß auch solche Kombinationen von Carbonyl-Verbb. u. Aminen mit Isonitrilen u. nucleophilen Agentien noch glatt reagieren, die bei der Mannich-Kondens. u. der Strecker-Synth. versagen.

Versuche: *Piperidinoessigsäurecyclohexylamid*, $C_{13}H_{24}N_2O$, F. 73—74°, aus Piperidin, Formaldehyd u. Cyclohexylisocyanid (I) in W./Methanol bei 0° innerhalb von 5 Min.; Kristalle aus Bzl./PAe.; 89% (Ausbeute). — *N.N-Diäthylglycin-2.6-dimethylanilid*, F. 66—68°, aus Diäthylamin, Formaldehyd u. 2.6-Dimethylphenylisocyanid in W./Aceton bei 20—25° durch 100std. Stehen; 80%. — *N-Methyl-N-phenylglycincyclohexylamid*, $C_{15}H_{22}N_2O$, F. 200—202°, aus N-Methylanilin, Formaldehyd u. I in 5 Std. bei 20°; 41%.— *α-Piperidinoisovaleriansäurecyclohexylamid*, $C_{16}H_{30}N_2O$, F. 170 bis 172°, aus Piperidin, Isobutyraldehyd u. I in 2 Tagen bei 20°; 60%. — *n-Butyliminodiessigsäure-bis-[cyclohexylamid]*, $C_{20}H_{37}N_3O_2$, F. 120—121°, aus n-Butylamin, Formaldehyd u. I in 24 Std. bei 20°; 50%. — *1-Cyclohexyl-5-piperidinomethyltetrazol*, $C_{13}H_{23}N_5$, F. 115—116°, a) aus Piperidin, Formaldehyd, Natriumazid (II) u. I in W./Aceton; Nadeln aus Bzl./Cyclohexan; 91%; b) aus Dipiperidinomethan, I u. benzol. Stickstoffwasserstoffsäure (III); Kristalle aus Bzl./PAe.; 92%. — *1-Cyclohexyl-5-[1-(3-chloranilino)-butyl]-tetrazol*, $C_{17}H_{24}ClN_5$, F. 107—109°, aus n-Butyraldehyd, 3-Chloranilin, benzol. III u. I in 1 Std. bei 20°; 90%. — *1-Cyclohexyl-5-[1-propylamino-2-methylpropyl]-tetrazol*, $C_{14}H_{27}N_5$, F. 55—57°, a) aus Isobutyraldehydpropylimid, I u. II in W./Aceton bei 20° in 18 Std.; Kristalle aus PAe.; 53%; b) wie a), jedoch an Stelle von II benzol. III, in 30 Min. bei 20°; 73%. — *1-Cyclohexyl-5-[1-piperidino-2-methylpropyl]-tetrazol*, $C_{16}H_{29}N_5$, F. 147—148 , a) aus Isobutyraldehyd, Piperidin, II u. I in W./Aceton bei 20° in 30 Min.; Kristalle aus Bzl./Cyclohexan; 71%; b) aus 1-Piperidino-2-methylpropen-(1), I u. benzol. III in 15 Min. bei 0°; 95%. — *1.4-Bis-{2-methyl-1-[1-cyclohexyltetrazolyl-(5)]-propyl}-piperazin*, $C_{26}H_{46}N_{10}$, F. 281 bis 285° (Zers.), aus Piperazin u. je 2 Mol Isobutyraldehyd, III u. I in Chlf./Methanol bei 0° in 10 Min.; Kristalle aus Chlf./Cyclohexan; 87%. — *1-Cyclohexyl-5-[α-piperidinobenzyl]-tetrazol*, $C_{19}H_{27}N_5$, F. 127—128°, a) aus Benzaldehyd, Piperidin, II u. I in Aceton/W. bei 20° in 20 Std.; aus PAe. Kristalle; b) wie a), nur mit III an Stelle von II, in 3 Std. bei 20°; 90%. *Hydrochlorid*, $C_{19}H_{27}N_5 \cdot HCl$, F. 225—227° (Zers.; Methanol); 40%. — *1-Cyclohexyl-5-[α-isopropylamino-isopropyl]-tetrazol*, $C_{13}H_{25}N_5$, F. 62—62,5° (PAe.), a) aus Acetonisopropylimid, II u. I in W./Aceton bei 20° in 70 Std.; 44%; b) wie a), nur mit III an Stelle von II, in 15 Std. bei 20°; 82%. *Hydrochlorid*, F. 171—172° (Zers.). — *1-Cyclohexyl-5-[α-piperidinoisopropyl]-tetrazol*, $C_{15}H_{27}N_5$, F. 127 bis 128° (Bzl./PAe.), aus Piperidin, I, Aceton u. III in 120 Std. bei 20°; 93%. — *1-Cyclohexyl-5-[α-(4-methoxyanilino)-isopropyl]-tetrazol*, $C_{17}H_{25}N_5O$, F. 130—132° (Bzl./PAe.), aus p-Anisidin, Aceton, III u. I nach 12tägigem Stehen bei 20°; 90%. — *1-Cyclohexyl-5-[1-butylaminocyclohexyl-(1)]-tetrazol*, $C_{17}H_{31}N_5$, F. 107—109° (PAe.), a) aus Cyclohexanonbutylimid, I, II in W./Aceton bei 20° in 12 Std.; 68%; b) wie a), nur mit III an Stelle von II, in 10 Min. bei 20°; 92%. — *1-Cyclohexyl-5-[1-piperidinocyclohexyl-(1)]-tetrazol*, $C_{18}H_{31}N_5$, F. 149—150°, aus 1-Piperidinocyclohexen-(1), I u. III in 10 Min. bei 0°; aus PAe. glasig; 76%. — *1-Cyclohexyl-5-[1-morpholino-1-phenyläthyl]-tetrazol*, $C_{19}H_{27}N_5O$, F. 213—215°, a) aus Acetophenon, Morpholin, I u. III in 3 Wochen bei 20—25°; rautenförmige Kristalle aus Bzl.; 50%; b) aus 1-Morpholino-1-phenyläthylen, I u. III in 15 Min. bei 0—10°; 86%. — *1-Cyclohexyl-5-[α-morpholino-β-phenylisopropyl]-tetrazol*, $C_{20}H_{29}N_5O$, F. 189—191° (Bzl./PAe.), a) aus Methylbenzylketon, Morpholin, I u. III in 72 Std. bei 20—25°; 69%; b) aus 2-Morpholino-1-phenylpropen-(1), I u. III in 5 Std. bei 10—20°; 87%. — *1-[2.6-Dimethylphenyl]-5-[tert.-butylaminomethyl]-tetrazol*, $C_{14}H_{21}N_5$, F. 79—81° (Bzl./PAe.), aus Formaldehyd-tert.-butylimid, 2.6-Dimethylphenylisocyanid u. III in 15 Std. bei 20°; 67%. — *1-[2.6-Dimethylphenyl]-5-[1-piperidino-2-methylpropyl]-tetrazol*, $C_{18}H_{27}N_5$, F. 126—127° (Bzl./PAe.), aus Isobutyraldehyd, Piperidin, 2.6-Dimethylphenylisocyanid u. III in 5 Std. bei 20°; 95%. Gottfried Schreiber. 3184□

0910 **Chromone und Flavone.** 2. Mitt. **Kostanecki-Robinson-Acetylierung einiger Jodderivate von 2.4- und 2.6-Dihydroxyacetophenon.** M. V. Shah und Suresh Sethna. (J. chem. Soc. [London] **1960**, 3899—3901; Baroda, India, M. S. Univ. of Baroda, Fac. of Sci., Chem. Dep.; engl.) — 1. vgl. C. **1960**, 2172. — 2.4-Dihydroxy-3-jod- (**I**), -5-jod- (**II**), -3.5-dijod- (**III**) sowie 2.6-Dihydroxy-3.5-dijodacetophenon (**IV**) liefern durch Acetylierung nach Kostanecki-Robinson u. anschließende Hydrolyse der erhaltenen 7- bzw. *5-Acetoxy-Derivv. 8-Jod-* (**V**), *6-Jod-* (**VI**) u. *6.8-Dijod-2-methyl-3-acetyl-7-hydroxychromon* (**VII**) bzw. *6.8-Dijod-2-methyl-3-acetyl-5-hydroxychromon*. **V** u. **VII** werden auch durch Jodierung von 2-Methyl-3-acetyl-7-hydroxychromon (**VIII**) erhalten. **VII** geht durch Einw. von sd. Eisessig in **VI** über. **I** liefert durch analoge Benzoylierung u. anschließende Hydrolyse *8-Jod-3-benzoyl-7-hydroxyflavon*, das auch durch Jodierung von 3-Benzoyl-7-hydroxyflavon (**IX**) entsteht. Analog werden aus **II** u. **III** 6-Jod-3-benzoyl-7-hydroxyflavon erhalten. Das aus **III** erwartete *6.8-Dijod-3-benzoyl-7-hydroxyflavon* konnte nur durch Jodierung von **IX** synthetisiert werden. Beim Erhitzen von **V** mit Soda-Lsg. wird *8-Jod-2-methyl-7-hydroxychromon* erhalten; die anderen 3-Acylchromone u. -flavone liefern durch Einw. von Alkalien nicht die erwarteten Desacylierungs-Prodd., sondern *Jodhydroxyarylketone* bzw. deren Gemische mit *Jodphenolcarbonsäuren*.

Versuche: 2-Methyl-3-acetylchromone: *8-Jod-7-acetoxy-*, $C_{14}H_{11}JO_5$, F. 190—191°, durch 6std. Erhitzen von I mit frisch entwässertem Na-Acetat u. Acetanhydrid auf 155—160°, Gießen in W. u. Kristallisieren aus Eisessig (Meth. **A**); Nadeln. — *6-Jod-7-acetoxy-*, $C_{14}H_{11}JO_5$, F. 149°, nach **A** aus **II**. — *6.8-Dijod-7-acetoxy-*, $C_{14}H_{10}J_2O_5$, F. 230 bis 231°, nach **A** aus **III**. — *6.8-Dijod-5-acetoxy-*, $C_{14}H_{10}J_2O_5$, F. 175—176°, nach **A** aus **IV**. — *8-Jod-7-hydroxy-* (**V**), $C_{12}H_9JO_4$, F. 240°, a) durch 4std. Rk. des Acetyl-Deriv. mit wenig konz. H_2SO_4 bei Raum-Temp. (Meth. **B**); b) durch Jodierung von **VIII** mit J_2/HJO_3 (Meth. **C**). *Methyläther*, $C_{13}H_{11}JO_4$, F. 164°, durch Rk. mit Dimethylsulfat/K_2CO_3 in Benzol. — *6-Jod-7-hydroxy-* (**VI**), $C_{12}H_9JO_4$, F. 253—254°, a) nach **B**; b) durch 10std. Kochen von **VII** in Eisessig. *Methyläther* (**X**), $C_{13}H_{11}JO_4$, F. 177—178°. — *6.8-Dijod-7-hydroxy-* (**VII**),

$C_{12}H_8J_2O_4$, F. 234°, a) nach **B**; b) nach **C** aus **VIII**. *Methyläther* (**XI**), $C_{13}H_{10}J_2O_4$, F. 210—211°. — *6.8-Dijod-5-hydroxy-*, $C_{12}H_8J_2O_4$, F. 219°, a) nach **B**; b) nach **C** aus 2-Methyl-3-acetyl-5-hydroxychromon. *Methyläther* (**XII**), $C_{13}H_{10}J_2O_4$, F. 213—214°. — 3-Benzoylflavone: *6.8-Dijod-5-benzoyloxy-*, $C_{29}H_{16}J_2O_5$, F. 235° (A.), durch 6std. Erhitzen von **IV** mit Na-Benzoat u. Benzoesäureanhydrid auf 155—160°, Behandeln mit heißem W. u. $NaHCO_3$. — *8-Jod-7-hydroxy-*, $C_{22}H_{13}JO_4$, F. 246°, a) analog vorst. Verb. aus **I** u. 4std. Rk. mit konz. H_2SO_4 bei Raum-Temp. (Meth. **D**); b) nach **C** aus **IX**. *Methyläther* (**XIII**), $C_{23}H_{15}JO_4$, F. 235—236°. — *6-Jod-7-hydroxy-*, $C_{22}H_{13}JO_4$, F. 303°, nach **D** aus **II** oder **III**. *Methyläther* (**XIV**), $C_{23}H_{15}JO_4$, F. 273—274°. — *6.8-Dijod-5-hydroxy-*, $C_{22}H_{12}J_2O_4$, F. 228°, a) nach **B**; b) nach **C** aus 3-Benzoyl-5-hydroxyflavon. *Methyläther*, $C_{23}H_{14}J_2O_4$, F. 198 bis 199°. — *6.8-Dijod-7-hydroxy-*, $C_{22}H_{12}J_2O_4$, F. 208°, nach **C** aus **IX**. *Methyläther* (**XV**), $C_{23}H_{14}J_2O_4$, F. 238—239°. — *6.8-Dijod-5-hydroxyflavon*, $C_{15}H_8J_2O_3$, F. 252°, nach **C** aus 5-Hydroxyflavon. *Methyläther* (**XVI**), $C_{16}H_{10}J_2O_3$, F. 246°. — *8-Jod-7-hydroxyflavon, Monohydrat*, $C_{15}H_9JO_3 \cdot H_2O$, F. 230°, nach **C** aus 7-Hydroxyflavon. *Methyläther* (**XVII**), $C_{16}H_{11}JO_3$, F. 198 bis 199° u. F. 210—211°. — *8-Jod-2-methyl-7-hydroxychromon*, durch ¼std. Erhitzen von **V** mit 2%ig. Soda-Lsg. auf 100°. — Acetophenone: *3.5-Dijod-2.6-dihydroxy-* (**IV**), $C_8H_6J_2O_3$, F. 133°, nach **C** aus 2.6-Dihydroxyacetophenon. *Dimethyläther*, $C_{10}H_{10}J_2O_3$, F. 83—84°. — *2-Hydroxy-3-jod-4-methoxy-*, durch Hydrolyse von **XIII** oder **XVII**; daneben *2-Hydroxy-3-jod-4-methoxybenzoesäure*. — *2-Hydroxy-5-jod-4-methoxy-*, analog aus **X** oder **XIV**; daneben *2-Hydroxy-5-jod-4-methoxybenzoesäure*. — *2-Hydroxy-3.5-dijod-4-methoxy-*, analog aus **VII**, **XI** oder **XV**; daneben *2-Hydroxy-3.5-dijod-4-methoxybenzoesäure*. — *2-Hydroxy-3.5-dijod-6-methoxy-*, analog aus **XII** oder **XVI**. L. Lamza. 3211△

0911 **Synthetische Untersuchungen auf dem Gebiet der Flavonoide. 2. Mitt. Synthese von 3-Nitroflavanon.** G. I. Ssamochwalow, M. K. Schachowa, M. I. Budagjanz, A. Ja. Weinberg, L. W. Lukjanowa und N. A. Preobrashenski. (J. allg. Chem. [UdSSR] **31** (**93**), 1147—50, 1961; Allunions-Vitamin-Forschungsinst.; russ.) — 1. vgl. C. **1960**, 10583. — Die Synth. von *3-Nitroflavanon* wird beschrieben. Die UV- u. IR-Spektren der Verb. u. ihrer Vorstufen werden aufgenommen.

Versuche: *o-Benzyloxyphenyl-[nitromethyl]-carbinol*, $C_{15}H_{15}NO_4$, F. 65—66° (Methanol), durch Zugabe von Na-Methylat (0,54 g Na, 9 ml Methanol) zu 5,0 g o-Benzyloxybenzaldehyd u. 1,44 g Nitromethan in 50 ml abs. Ae. bei —5°, 20 Min. langes Rühren, Zugabe von 1,4 ml Essigsäure in 10 ml abs. Ae. u. ½ std. Rühren; Nadeln; 86,9% (Ausbeute). — *o-Benzyloxy-ω-nitroacetophenon*, $C_{15}H_{13}NO_4$, F. 84—85° (Methanol), durch 2std. Rühren von 1,2 g vorst. Verb. mit 4,9 g $K_2Cr_2O_7$ u. 3,6 ml konz. H_2SO_4 in 20 ml W. u. 60 ml Dioxan bei 55—60°, Gießen in 250 ml W. u. 12std. Stehen; 58,7%. — *o-Benzyloxyphenyl-ω-nitrostyrylketon*, $C_{22}H_{17}NO_4$, F. 151—152°, durch 8std. Kochen von 3,4 g vorst. Verb. mit 2,66 g Benzaldehyd u. 0,16 g ε-Aminocapronsäure in 50 ml Bzl. u. 2 ml Eisessig; 87%. — *3-Nitroflavanon*, $C_{15}H_{11} \cdot NO_4$, F. 137,5—138° (A.), durch 1std. Erhitzen von 3,8 g vorst. Verb. mit 38 ml Eisessig u. 19 ml konz. HCl auf dem Wasserbad u. 8std. Stehen; dunkelgelbe Nadeln; 32,6%. Helmut Schäfer. 3211△

0912 **Ein natürlich vorkommendes Isomeres des Leukoanthocyanidins Peltogynol.** W. G. C. Forsyth, C. H. Hassall und J. B. Roberts. (Chem. and Ind. **1958**, 656—57, 31/5.; Swansea, Wales, Univ. Coll., Chem. Dep.; Trinidad, Colonial Microbiol. Res. Inst.; engl.) — Inhaltlich in der C. **1959**, 10229 referierten Arbeit enthalten. H.-G. Floß. 3211△

0913 **Synthese von Furano-[2″.3″:7.8]-chromeno-[3′.4′:2.3]-chromon.** Y. Kawase und C. Numata. (Chem. and Ind. **1961**, 1361; Toyama Univ., Inst. of Chem.; engl.) — *Furano-[2″.3″:7.8]-chromeno-[3′.4′:2.3]-chromon* (**I**, F. 241,5 bis 242,5°; rot) wird auf 2 Wegen aus 7-Hydroxy-2′-methoxy-2-äthoxymethylisoflavon (**II**) dargestellt. Durch Einw. von $AlCl_3$ auf **II** in Bzl. entsteht *7.2′-Dihydroxy-2-hydroxymethylisoflavon*, das mit HBr in Eisessig zu *7.2′-Dihydroxy-2-brommethylisoflavon* reagiert. Vorst. Verb. wird durch Einw. von K_2CO_3 in Aceton zu *7-Hydroxychromeno-[3′.4′:2.3]-chromon* cyclisiert, das nach der Hexamin-Meth. zu *7-Hydroxy-8-formylchromeno-[3′.4′:2.3]-chromon* (F. 261—262°) formyliert wurde. Durch Einw. von Brommalonsäure u. K_2CO_3 in Aceton auf vorst. Verb. u. alkal. Hydrolyse entsteht *5″-Carboxyfurano-[2″.3″:7.8]-chromeno-[3′.4′:2.3]-chromon* [F. 300° (Zers)], das in Chinolin zu **I** decarboxyliert werden kann. Ferner wurde **II** über 3 Stufen in *2′-Methoxy-2-äthoxymethylfurano-[2″.3″:7.8]-isoflavon* übergeführt, das über *2′-Hydroxy-2-hydroxymethylfurano-[2″.3″:7.8]-isoflavon* (F. 224—225°) u. *2′-Hydroxy-2-brommethylfurano-[2″.3″:7.8]-isoflavon* [F. 210° (Zers.)] in **I** umgewandelt wurde. K. Zieloff. 3211△

0914 **Synthese von Pyridinbasen aus Vinylacetylen.** 3. Mitt. **Katalytische Synthese von 2-Methyl-6-tert.-butylpyridin und 2-Methyl-6-arylpyridinen.** L. I. Wereschtschagin und I. L. Kotljarewski. (Nachr. Akad. Wiss. UdSSR, Abt. chem. Wiss. **1960**, 1440—44; russ.) — 2. vgl. C. **1964**, 6/7-0889. — Die Kondens. von Methylphenylvinyläthinylcarbinol (**I**) mit NH_3 oder von Vinylacetylen (**II**) mit Acetophenon (**III**) u. NH_3 am $Cd_3(PO_4)_2/Al_2O_3$-Kontakt liefert *2-Methyl-6-phenylpyridin*. Analog werden aus **II** u. p-Methyl- (**IV**), p-Äthylacetophenon (**V**) bzw. Pinakolin (**VI**) in Ggw. von NH_3 *6-p-Tolyl-*, *6-[p-Äthylphenyl]-* bzw. *6-tert.-Butyl-2-methylpyridin* erhalten.

Versuche: 2-Methylpyridine: *6-Phenyl-*, Kp.$_5$ 125 bis 126°, Kp.$_6$ 129—130°, a) durch Überleiten von 12 g **I** mit NH_3 (1:3 Mol) bei 400° über 20%ig. $Cd_3(PO_4)_2/Al_2O_3$; $D._4^{20}$ 1,0598; n_D^{20} 1,6056; 1,7 g (Ausbeute); b) aus 6 g **II**, 41,6 g **III** u. NH_3 (1:3:6 Mol); 5,8 g. *Pikrat*, $C_{18}H_{14}N_4O_7$, F. 141 bis 142° [$KMnO_4$-Oxydation → *6-Phenylpicolinsäure*, F. 105°. Decarboxylierung → *2-Phenylpyridin*, *Pikrat*, F. 174—174,5°]. — Analog: *6-p-Tolyl-*, Kp.$_3$ 139—140°, F. 22°, aus 8,6 g **II**, 44,2 g **IV** u. NH_3; $D._4^{20}$ 1,0372; n_D^{20} 1,6030; 10,0 g. *Pikrat*, $C_{19}H_{16}N_4O_7$, F. 151°. — *6-[p-Äthylphenyl]-*, Kp.$_2$ 145—146°, aus 6 g **II**, 34,4 g **V** u. NH_3; $D._4^{20}$ 1,0085; n_D^{20} 1,5812; 7,1 g. *Pikrat*, $C_{20}H_{18}N_4O_7$, F. 146—147°. — *6-tert.-Butyl-*, Kp. 174°, Kp.$_{20}$ 72—73°, aus 5,5 g **II**, 27,0 g **VI** u. NH_3 bei 350°; $D._4^{20}$ 0,8913; n_D^{20} 1,4850; ca. 3,5 g. *Pikrat*, $C_{16}H_{18}N_4O_7$, F. 158,5 bis 159°. Helmut Schäfer. 3231△

0915 **Die Reaktion von Diketen mit Glycin.** Sheila Garratt und David Shemin. (J. org. Chemistry **28**, 1372 bis 1373, 1963; New York, N.Y., Columbia Univ., Coll. of Physicians and Surgeons, Dep. of Biochem.; engl.) — Rk. von Diketen mit Glycin liefert *3-Acetyl-4-hydroxy-6-methyl-1-carboxymethylpyridon-(2)* (**I**), dessen Konstit. durch das IR- u. UV-Spektrum sowie durch das NMR-Spektrum seines Methylesters gesichert wird. Mit konz. H_2SO_4 wird **I** zu *1-Carboxymethyl-4-hydroxy-6-methylpyridon-(2)* entacetyliert, das auch aus Triessigsäurelacton (**II**) mit Glycin entstand.

Versuche: *1-Carboxymethyl-4-hydroxy-6-methylpyridon-(2)*, $C_8H_9NO_4$, F. 248° (W.), a) durch 1std. Erwärmen von 0,94 g **II** u. Glycin in 1 n NaOH auf dem Dampfbad, Ansäuern mit verd. HCl u. Eindampfen; 0,508 g (Ausbeute); b) durch 30 Min. Erhitzen von 4,55 g **I** in konz. H_2SO_4; 2,7 g. *3-Acetyl-Deriv.* (**I**), $C_{10}H_{11}NO_5$, F. 236—238°, durch Zusetzen von Diketen in 1 Std. zu 5 g Glycin in wss. NaOH bei —5° u. Rühren bis zur Homogenität der Rk.-Mischung; aus W. Nadeln; 1,8 g; *Methylester*, $C_{11}H_{13}NO_5$, F. 125°, durch 5std. Kochen von 0,502 g **I** in Methanol in Ggw. von H_2SO_4; aus abs. A. Prismen; 0,514 g; *Äthylester*, $C_{12}H_{15}NO_5$, F. 106—107° (abs. A.), analog mit abs. Alkohol. H. Gleinig. 3231◇

0916 **Verbindungen mit komplexbildenden Eigenschaften.** 6. Mitt. **Synthese cyclischer Analoga der Nitrilotriessigund Äthylendiamintetraessigsäure.** W. G. Jaschunski, O. I. Ssamoilowa und M. N. Schtschukina. (J. allg. Chem. [UdSSR] **31** (**93**), 2316—21, 1961; Allunions chem.-pharmazeut. Ordshonikidse-Forschungsinst.; russ.) — 5. vgl. C. **1964**, 3-0848. — Die Synth. von *trans(?)-1-Carboxymethylpiperidin-2.6-dicarbonsäure* u. *trans-1.4-Bis-[carboxymethyl]-piperazin-2.3-dicarbonsäure* wird beschrieben.

Versuche: *1-Cyanmethylpiperidin-2.6-dicarbonsäuredimethylester*, $C_{11}H_{16}N_2O_4$, F. 110—111° (A.), durch Zugabe von 9 ml 10%ig. HCl, 2,5 ml 37%ig. Formalin u. 1,5 g NaCN in 3 ml W. bei <15° zu 5 g Piperidin-2.6-dicarbonsäuredimethylester, 3std. Rühren u. 12std. Stehen; 2,0 g (Ausbeute). — *trans(?)-1-Carboxymethylpiperidin-2.6-dicarbonsäure*, $C_9H_{13}NO_6$, F. ca. 250° (Zers.; W.), durch 4std. Kochen von 1 g vorst. Verb. mit 2,5 ml 8 n NaOH; 0,6 g. — *trans-1.4-Bis-[p-toluolsulfonyl]-piperazin-2.3-dicarbonsäure* (**I**), $C_{20}H_{22} \cdot$

$N_2O_8S_2$, F. 248—249° (Zers.; W.-A. 1:1), durch 4std. Kochen von 14 g I-Diäthylester in 70 ml konz. HCl; 6,3 g. *Cinchoninsalz*, $C_{20}H_{22}N_2O_8S_2 \cdot 2\ C_{19}H_{22}N_2O$, F. 215—215,5°, aus 1,08 g I u. 0,66 g Cinchonin in 90 ml abs. Methanol; 0,46 g. (—)-I, $C_{20}H_{22}N_2O_8S_2$, F. 251—252° (Zers.; A.-W.), durch Zers. des Cinchoninsalzes mit HCl; $[\alpha]_D$ —14,5 ± 1° (A.). *Diäthylester*, $C_{24}H_{30}N_2O_8S_2$, F. 133—134,5° (abs. A.), durch 4std. Kochen von 23 g N.N'-Bis-[p-toluolsulfonyl]-äthylendiamin-di-Na-Salz u. 23 g racem. oder meso-Dibrombernsteinsäurediäthylester mit 2,9g KOH in 130 ml abs. A.; 9,2 g. — *trans-Piperazin-2.3-dicarbonsäuredihydrochlorid*, $C_6H_{10}N_2O_4 \cdot 2\ HCl$, F. 215—217° (Zers.; HCl), durch 5std. Erhitzen von 14 g I-Diäthylester mit 60 ml konz. HCl u. 30 ml Eisessig im Rohr auf 135—140°; 5,2 g; b) durch 6std. Erhitzen von 6 g I mit 30 ml konz. HCl u. 14 ml Eisessig im Rohr auf 120 bis 130°; 2,43 g. — *trans-1.4-Bis-[carboxymethyl]-piperazin-2.3-dicarbonsäure*, $C_{10}H_{14}N_2O_8$, F. 206—208° (Zers.; W.), durch Zugabe von 8 n NaOH bei 40° zu 3,4 g Bromessigsäure u. 2 g vorst. Dihydrochlorids bei pH 10—11 u. 12std. Stehen; 1,82 g. Helmut Schäfer. 3231△

0917 **Chinolizine. 4. Mitt. Synthese von 1-Aminochinoliziniumsalzen.** A. R. Collicutt und Gurnos Jones. (J. chem. Soc. [London] **1960**, 4101—05; Keele, Staffs., Univ. College of North Staffordshire, Dep. of Chem.; engl.) — 3. vgl. C. **1959**, 16311. — Durch Aromatisierung von 1.2.3.4-Tetrahydro-1-hydroximinochinoliziniumsalzen in Acetanhydrid (I) in Ggw. von HCl oder H_2SO_4 werden *1-Acetamidochinoliziniumsalze* dargestellt, die durch heiße Mineralsäuren zu *1-Aminochinoliziniumsalzen* hydrolysiert werden.

Versuche: Chinoliziniumsalze: *1.2.3.4-Tetrahydro-1-hydroximino-, Chlorid*, F. 260°, durch Mischen heißer abs. alkohol. Lsgg. von Na-Acetat u. $H_2NOH \cdot HCl$, Filtrieren, ½std. Kochen mit 3 g 1.2.3.4-Tetrahydro-1-ketochinoliziniumbromid, Eindampfen, Kristallisieren aus A., Lösen des erhaltenen *Gemisches aus Chlorid* u. *Bromid* [CB; F. 254°, Prismen; 2,8 g (Ausbeute)] in 95%ig. A. u. Perkolieren durch Amberlite IRA-400 (Cl^--Form); aus abs. A. Prismen. *Bromid* (II), F. 258°, durch Perkolieren von CB durch Amberlite IRA-400 (Br^--Form); aus abs. A. Prismen. *Pikrat*, $C_{15}H_{13}N_5O_8$, F. 247—249°, durch Rk. des Chlorids, CB oder II mit wss. Na-Pikrat (VI); aus 95%ig. A. orangebraune Prismen. — *1-Acetoxyimino-1.2.3.4-tetrahydro-, Bromid*, $C_{11}H_{13} \cdot BrN_2O_2$, F. 228°, durch 4std. Kochen von II in I, Eindampfen im Vakuum u. 2maliges Eindampfen mit abs. A. im Vakuum; aus A./Essigester Prismen; 43%. — *1-Acetamido-, Chlorid* (III), $C_{11}H_{11}ClN_2O$, F. 292°, durch Einleiten von HCl in eine Lsg. vorst. Bromids in Essigsäure/I bei 95°, Eindampfen im Vakuum, Lösen in 95%ig. A. u. Perkolieren durch Amberlite; aus abs. A. Prismen; 18%. *Pikrat*, $C_{17}H_{13}N_5O_8$, F. 194°, a) durch Rk. von III mit VI; aus A. orangebraune Prismen; b) durch 1std. Kochen des Perchlorats nachst. Verb. mit I u. Rk. mit VI. *Bromid* (IV), $C_{11}H_{11}BrN_2O$, F. 269°, durch 4std. Kochen von II in I in Ggw. von wenig konz. H_2SO_4, Eindampfen im Vakuum u. Behandeln mit abs. A. u. Essigester; aus abs. A. Prismen; 43%. — *1-Amino-, Bromidhydrobromid*, $C_9H_{10}Br_2N_2$, F. 240—248° (Zers.), durch 2std. Kochen von IV mit 48%ig. HBr, Eindampfen im Vakuum u. Eindampfen mit W. u. A. im Vakuum; aus abs. A./Essigester Prismen. *Pikrat*, $C_{15}H_{11}N_5O_7$, F. 204°, aus 95%ig. A. orangefarbene Prismen. *Perchlorat*, $C_9H_9ClN_2O_4$, F. 283°, aus abs. A. gelbliche Rhomben. *Chloridhydrochlorid* (V), durch 1std. Kochen von III mit konz. HCl, Eindampfen im Vakuum, Zugabe von A. u. Eindampfen. — *1-Hydroxy-, Pikrat*, $C_{15}H_{10}N_4O_8$, F. 210—214° (Zers.), durch Lösen von V in 95%ig. A. u. 1 Tropfen konz. HCl bei 0°, Zugabe von überschüssigem Amylnitrit, Einengen, Zugabe von 5 n HCl, 1std. Erhitzen, Eindampfen im Vakuum, Lösen in W. u. Zugabe von VI; aus W. orangefarbene Prismen. — *Verb.* $C_9H_7N_3O$ (*1H-Furazano-[3.4:a]-chinolizin?*), F. 180°, durch Lösen von V in 2 n HCl bei —8° u. Zugabe von überschüssigem $NaNO_2$; aus W. Schuppen; 85%. — *1-[3-Carboxypropyl]-2-aminopyridiniumbromidlactam* oder *1-[3-Aminopropyl]-2-carboxypyridiniumbromidlactam*, $C_9H_{11}BrN_2O$, F. 204° (A.), durch 1std. Kochen von II in I in Ggw. von 2 Tropfen konz. H_2SO_4. — *1-Aminochinolizidin, Dipikrat*, $C_{21}H_{24}N_8O_{14}$, F. 244°, a) durch Hydrierung von III in Eisessig an Adams' Katalysator bei 752 Torr/18°, Filtrieren, Eindampfen, 1std. Kochen mit konz. HCl, Eindampfen u. Rk. mit VI; aus Methanol goldfarbene Prismen; b) analog aus II in 95%ig. A. bei 764,3 Torr. L. Lamza. 3231△

0918 **1.2.3.5-Thiatriazolo-[5.4:a]-pyridin-3-oxid; Darstellung, Konstitutionsermittlung und Zersetzungsreaktionen.** Thomas Kauffmann und Henry Marhan (unter Mitarbeit von Siglinde Barck und Jutta Schulz). (Chem. Ber. **96**, 2519—27, 1963; Darmstadt, TH, Inst. für organ. Chem.; dt.) — Durch Rk. von 2-Hydrazinopyridin (**I**) u. $SOCl_2$ wird ein *Hydrochlorid* (**III**) erhalten, das mit $NaHCO_3$-Lsg. *2H-[1.2.3.5]-Thiatriazolo-[5.4:a]-pyridin-3-oxid* (**II**) oder das zwitterion. Tautomere (**IIa**) gibt. **II** geht mit HCl wieder in **III** über. Die Struktur von **II** wird auf Grund spektroskop. Unterss. u. Zers.-Rkk. angegeben. Rk. von **II** mit CH_2N_2 gibt das *1-Methyl-Deriv.* (**IV**) von **IIa**, das durch Einw. von HCl in *2-[α-Methylhydrazino]-pyridin* übergeführt wird. Die UV-Spektren von **II** u. **IV** sind abgebildet.

Versuche: *2H-[1.2.3.5]-Thiatriazolo-[5.4:a]-pyridin-3-oxid* (**II**), $C_5H_5N_3OS$, Zers. bei 107°, durch Zusetzen von **III** zu $NaHCO_3$-Lsg. unter Rühren, Extrahieren mit Ae., Einengen u. Stehen bei —17°; aus Ae. gelbe Nadeln; 45,3% (Ausbeute) [langsames Erwärmen auf 105—110° (→ 97% N_2), Zusetzen von W. (→ 92% α-*S*), Eindampfen u. Anreiben mit Bzl. → *2-Hydroxypyridin* (**V**), F. 105—106°; 93%; 1std. Stehen von **II** in 1 n HCl bei 20° → N_2 u. 24% α-*S*, Sättigen mit K_2CO_3, Extrahieren mit Chlf., Eindampfen u. Anreiben mit Bzl. → **V** (32%) u. **I** (ca. 43%); Rk. von **II** u. $LiAlH_4$ → *2-Aminopyridin* (23%); 4std. Kochen von **II** u. HN_3 in Chlf., Eindampfen u. Zusetzen von heißem W. → *Tetrazolopyridin*, F. 158°, Plättchen; 9,1%; 12std. Kochen von **II** in abs. CH_3OH, Ansäuern mit äther. HCl, Eindampfen, Zusetzen von gesätt. K_2CO_3-Lsg., Wasserdampf-Dest., Sättigen mit K_2CO_3 u. Ae.-Extraktion → *2-Methoxypyridin* (36%; *Pikrat*, $C_6H_7 \cdot NO \cdot C_6H_3N_3O_7$, F. 163°)]. *Hydrochlorid* (**III**), $C_5H_5N_3OS \cdot HCl$, Zers. bei 170—173°, a) durch Zutropfen von 1 Val $SOCl_2$ in abs. Bzl. zu 21,8 g **I** in abs. Bzl. bei Raum-Temp., ½std. Rühren, Abfiltrieren u. Trocknen über Paraffin u. KOH im Vakuum; blaßgelb; 40,5 g; b) aus **II** u. äther. HCl. *Pikrat*, $C_5H_5N_3OS \cdot C_6H_3N_3O_7$, F. 120° (Zers.); aus A. gelbe Nadeln; 36%. *1-Methyl-Deriv.* (**IV**), $C_6H_7N_3OS$, F. 50—51°, durch Rk. von **II** u. CH_2N_2 in Bzl.; aus PAe. gelbe Nadeln; 72%; *Pikrat*, $C_6H_7N_3OS \cdot C_6H_3N_3O_7$, F. 100° (Zers.; A.). — *2-[α-Methylhydrazino]-pyridin, Pikrat*, $C_6H_9N_3 \cdot C_6H_3N_3O_7$, F. 160—161° (A.), durch ½std. Erwärmen von **IV** in 2 n HCl auf 50°, Filtrieren, Sättigen mit K_2CO_3, Extrahieren mit Ae. u. Zusetzen von Pikrinsäure in Ae.; 31%. G. Reinöhl. 3231◇

0919 **Die Synthese von Azuleno-[2.1:b]-pyridinderivaten.** Tetsuo Nozoe und Katsuo Kikuchi. (Bull. chem. Soc. Japan **36**, 633—37, 1963; Katahira-cho, Sendai, Tohuko Univ., Fac. of Sci., Dep. of Chem.; engl.) — Durch Rk. von 2-Acetamidoazulen (**XI**) mit $POCl_3$ in Dimethylformamid (DMF) wird neben *1.3-Diformyl-* (**II**) *1-Formyl-2-acetamidoazulen* (**I**) dargestellt. **I** wird durch alkohol. NaOH zu *1-Formyl-2-aminoazulen* (**III**) hydrolysiert, das durch Erhitzen mit Acetylaceton (**XII**) *3-Acetyl-2-methylazuleno-[2.1:b]-pyridin* gibt. Analog wird **III** mit Acetessigsäureäthylester (**VI**), Acetondicarbonsäurediäthylester (**IX**), Cyanessigsäureäthylester (**X**) u. Malonsäuredinitril (**XIII**) unter Bldg. der entsprechenden *Azuleno-[2.1:b]-pyridine* umgesetzt. UV-Spektren s. Original.

Versuche: 1-Formylazulene: *2-Acetamido-* (**I**), $C_{13}H_{11}NO_2$, F. 150—151°, durch Zugabe von $POCl_3$ in DMF zu 800 mg **XI** in DMF unter Eiskühlung, 4std. Stehen bei Raum-Temp., Abfiltrieren der Lsg. (L), Lösen des *Immoniumsalzes* in W. u. Neutralisieren mit verd. Na_2CO_3; aus Bzl./Cyclohexan rote Prismen; 595 mg (Ausbeute). — *2-Acetamido-3-formyl-* (**II**), $C_{14}H_{11}NO_3$, F. 225—235° (Zers.), durch Verdünnen von L mit W. u. Neutralisieren mit verd. Na_2CO_3; aus DMF braune federförmige Kristalle; 70 mg; daneben 75 mg **I**. — *2-Amino-* (**III**), $C_{11}H_9NO$, F. 138—140°, durch 1std. Stehen von 550 mg **I** in A. mit 2n NaOH u. Ansäuern; aus Bzl./Cyclohexan orangefarbene Schuppen; 420 mg. *Oxim*, $C_{11}H_{10}N_2O$, F. 158—159°, Schuppen. *Trinitrobenzolat*, $C_{17}H_{12} \cdot N_4O_7$, F. 146—147°, rote Schuppen. — *2-Amino-3-formyl-*, $C_{12}H_9NO_2$, F. 213—215° (Zers.), aus 400 mg **II** analog **III**; aus DMF bräunlich orangefarbene Nadeln; 210 mg. — Azuleno-[2.1:b]-pyridine: *3-Acetyl-2-methyl-*, $C_{16}H_{13}NO$, F. 144—145°, durch 6std. Erhitzen von 150 mg **III** u. 300 mg **XII** in Ggw. von Piperidin auf 100° u. Chromatographie in Bzl. an Al_2O_3 (Meth. **A**); aus verd. A. grünlich dunkelbraune fedrige Kristalle; 35 mg. *Hydrochloridmonohydrat*, $C_{16}H_{14} \cdot ClNO \cdot H_2O$, F. >280°, dunkelbraune Kristalle. *Trinitro-*

benzolat, $C_{22}H_{16}N_4O_7$, F. 119,5—121°, dunkelviolette Nadeln. *Pikrat*, $C_{22}H_{16}N_4O_8$, Zers. ab 190°, gelblichbraune Mikrokristalle. *Oxim*, $C_{16}H_{14}N_2O$, F. 250—260° (Zers.), grünbraune Mikronadeln. — *2-Methyl-3-äthoxycarbonyl-*, $C_{17}H_{15}NO_2$, F. 137—138°, aus 150 mg **III** u. 170 mg **VI** analog **A** (7 Std.); aus Bzl./PAe. (1:1) dunkelgrünviolette Platten; 40 mg. *Hydrochloriddihydrat*, $C_{17}H_{16}ClNO_2 \cdot H_2O$, F. 217° (Zers.), dunkelbraune Mikrokristalle. *Pikrat*, $C_{23}H_{18}N_4O_9$, Zers. ab 215°, grünbraune Kristalle. — *3-Äthoxycarbonyl-2-äthoxycarbonylmethyl-*, $C_{20}H_{19}NO_4$, F. 107—111°, aus 150 mg **III** u. 300 mg **IX** analog **A**; aus A. dunkelviolette Nadeln; 115 mg. *Hydrochloridmonohydrat*, $C_{20}H_{20}ClNO_4 \cdot H_2O$, F. 200 (Zers.), dunkelviolette Nadeln. *Pikrat*, $C_{26}H_{22}N_4O_{11}$, F. 216° (Zers.), dunkelrotviolette Kristalle. — *1.2-Dihydro-2-oxo-3-äthoxycarbonyl-* (**IV**), $C_{16}H_{13}NO_3$, F. 212—217° (Zers.), durch 30std. Erhitzen von 300 mg **I** in A. mit 400 mg Malonsäurediäthylester u. Piperidin auf 50—60°; aus Dioxan braune Nadeln; 185 mg. *Pikrat*, $C_{22}H_{16}N_4O_{10}$, F. 186—188° (Zers.), orangefarbene Mikrokristalle. — *1.2-Dihydro-2-oxo-3-carboxy-*, $C_{14}H_9NO_3$, F. >280°, durch 1½std. Erwärmen von 70 mg **IV** mit 1 nNa·OH auf 100°; aus DMF rötlichbraune Mikronadeln; 55 mg. — *2-Chlor-3-äthoxycarbonyl-* (**V**), $C_{16}H_{12}ClNO_2$, F. 156—157°, durch 1½std. Erhitzen von 150 mg **IV** mit $POCl_3$ im geschlossenen Rohr auf 100° u. Chromatographie an Al_2O_3 (Meth. **B**); aus Bzl./PAe. dunkelviolette Kristalle; 105 mg. — *2-Methoxy-3-äthoxycarbonyl-*, $C_{17}H_{15}NO_3$, F. 162—163°, durch 10 Min. langes Erhitzen von 100 mg **V** mit Na-Methylat auf 100° u. Chromatographie an Al_2O_3; aus Bzl./PAe. dunkelviolette Nadeln; 35 mg. — *2-Äthoxy-3-äthoxycarbonyl-*, $C_{18}H_{17}NO_3$, F. 147,5—149°, analog aus 100 mg **V** mit Na-Äthylat; aus A. dunkelgrünviolette Mikronadeln; 30 mg. — *2-Methylamino-3-äthoxycarbonyl-*, $C_{17}H_{16}N_2O_2$, F. 146—147°, durch 1std. Erhitzen von 50 mg **V** mit 40%ig. wss. Methylamin in A. im geschlossenen Rohr auf 100°; aus A. weinrote Nadeln; 30 mg. — *2-Dimethylamino-3-äthoxycarbonyl-*, $C_{18}H_{18}N_2O_2$, F. 134—135°, aus 50 mg **V** u. 40%ig. Dimethylamin; aus A. weinrote Platten; 48 mg. — *1.2-Dihydro-2-oxo-3-acetyl-*, $C_{15}H_{11}NO_2$, F. 287—288° (Zers.), aus 200 mg **I** u. 200 mg **VI** in A. nach **A** (5 Std.); aus DMF braune Mikrokristalle; 50 mg. — *1.2-Dihydro-2-oxo-3-cyan-* (**VII**), $C_{14}H_8N_2O$, F. >290°, a) aus 400 mg **III** u. 400 mg **X** in A. nach **A** (2 Std.); aus DMF rötlichbraune Nadeln; 95 mg; b) analog aus 300 mg **I**; 75 mg. — *2-Amino-3-äthoxycarbonyl-* (**VIII**), $C_{16}H_{14}N_2O_2$, F. 189 bis 190°, a) aus dem Filtrat von **VII** nach a); aus n-Butanol rotbraune Nadeln; 25 mg; b) neben **VII** nach b); 170 mg. — *2-Chlor-3-cyan-*, $C_{14}H_7ClN_2$, F. 264—265°, aus 90 mg **VII** nach **B**; aus DMF dunkelgrünviolette Nadeln; 72 mg. — *2-Methoxy-3-cyan-*, $C_{15}H_{10}N_2O$, F. 229—230°, durch 20 Min. langes Erwärmen von 40 mg vorst. Verb. mit methanol. Na-Methylat auf 100° u. Chromatographie an Al_2O_3; aus A./n-Butanol braunviolette Nadeln; 25 mg. — *2-Amino-3-cyan-*, $C_{14}H_9N_3$, F. 266—268° (Zers.), a) aus 70 mg **III** u. 70 mg **XIII** nach **A** (1 Std.); aus DMF braunviolette Nadeln; 80 mg; b) analog aus 100 mg **I**; 75 mg. *Hydrochloridmonohydrat*, $C_{14}H_{10}ClN_3 \cdot H_2O$, F. >280°, rötlich orangefarbene Mikronadeln. — *2-Amino-1-[β-cyan-β-äthoxycarbonylvinyl]-azulen*, $C_{16}H_{14}N_2O_2$, F. 139,5—141°, durch Chromatographie des Filtrats von **VII** nach a); aus A. rote Prismen; 35 mg.

E. Mirsch. 3231△

0920 **Naphthofurochinolindione. Ein neues heterocyclisches System aus 2.3-Dichlornaphthochinon-(1.4).** Mario F. Sartori. (Gazz. chim. ital. **93**, 123—29, 1963; Wilmington, Del., Jackson Labor., Res. and Dev. Div.; E. I. du Pont de Nemours & Co., Org. Chem. Dep.; engl.) — Durch Umsetzung von 2.3-Dichlornaphthochinon-(1.4) (**I**) mit 5-, 6- u. 7-Hydroxychinolin (**A**, **B** u. **C**) in Ggw. organ. Basen werden *Naphtho-[2.3:d]-furo-[2.3:f]-chinolindion-(7.12)* (**II**), *Naphtho-[2.3:d]-furo-[3.2:f]-chinolindion-(8.13)* (**III**) u. *Naphtho-[2.3:d]-furo-[2.3:h]-chinolindion-(8.13)* (**IV**) erhalten. Mit Pyridin als Lsgm. gibt **I** *1-[3-Chlor-1.4-dihydro-1.4-dioxonaphthyl-(2)]-pyridiniumchlorid* als Neben- bzw. Zwischenprod., das in Form des durch Hydrolyse erhaltenen *inneren Salzes* (**V**) nachgewiesen wird. Bei Anwendung von Na-Äthylat werden **II** u. **III** zusammen mit *2-Chlor-3-[5- bzw. 6-chinolinyloxy]-naphthochinon-(1.4)* (**VI** bzw. **VII**) erhalten. **II**, **III** u. **IV** lösen sich mit hellroter Farbe in H_2SO_4; ihre physikal. Eigg. werden mit denen von Dinaphthofurandionen verglichen.

Versuche: *Naphtho-[2.3:d]-furo-[2.3:f]-chinolindion-(7.12)* (**II**), $C_{19}H_9NO_3$, F. 253—254° (o-Dichlorbenzol), a) durch 6std. Erwärmen von **I** mit **A** in Pyridin auf 100°, 12std. Rühren bei Raum-Temp., Waschen des Nd. mit A., mehrmaliges Extrahieren mit sd. W. u. Trocknen; 57% (Ausbeute) [Einengen des wss. Extrakts liefert das *Innere Salz* (**V**), $C_{15}H_9NO_3$, F. 292—294°; 12%]; b) durch tropfenweise Zugabe einer Lsg. von **A** u. Na-Äthylat in A. zu einer Suspension von **I** in A., Abfiltrieren des Nd. nach 3std. Rühren bei Raum-Temp.; 10% (20% Ausbeute bei Arbeiten unter Rückfluß) [das äthanol. Filtrat ergibt nach Einengen *2-Chlor-3-[chinolinyl-(5)-oxy]-naphthochinon-(1.4)* (**VI**), $C_{19}H_{10}ClNO_3$, F. 198—200° (Methanol), orange; 11%]; c) durch 4std. Kochen von **VI** mit Na-Äthylat in A.; 20%; d) durch 4std. Erhitzen von **VI** mit Pyridin auf 100—110° u. 12std. Rühren bei Raum-Temp.; 37%. — *Naphtho-[2.3:d]-furo-[3.2:f]-chinolindion-(8.13)* (**III**), $C_{19}H_9NO_3$, F. 328—330° (o-Dichlorbenzol), a) analog **II** nach a) aus **B** u. **I**; gelb; 35%; daneben aus dem wss. Extrakt 56% **V**; b) durch 4std. Kochen von **I** mit Pyridin, Zugabe von **B**, weiteres 4std. Kochen u. 12std. Rühren bei Raum-Temp.; c) durch tropfenweise Zugabe einer Lsg. von **B** u. Na-Äthylat in A. zu einer Suspension von **I** in A., 2std. Rühren unter Rückfluß; 10% [aus dem äthanol. Extrakt → *2-Chlor-3-[chinolinyl-(6)-oxy]-naphthochinon-(1.4)* (**VII**), $C_{19}H_{10}ClNO_3$, F. 192—194°, gelb; 15%]; d) analog **VI** nach c) aus **VII**; 17%; e) analog **VI** nach d) aus **VII**; 25%. — *Naphtho-[2.3:d]-furo-[2.3:h]-chinolindion-(8.13)* (**IV**), $C_{19}H_9NO_3$, F. 324—325° (o-Dichlorbenzol), aus **C** analog **II** nach a); gelb; 13%. Der wss. Extrakt liefert 79% **V**.

Joachim Schmidt/Hannover. 3231◇

0921 **Nucleophile Carben-Chemie.** 3. Mitt. **Neue Verbindungen vom Typ des Bis-[1.3-diphenylimidazolidinylidens-(2)].** Hans-Werner Wanzlick, Fjedor Esser und Hanss-Jerg Kleiner. (Chem. Ber. **96**, 1208—12, 1963; Berlin, TU, Organ.-chem. Inst.; dt.) — 2. vgl. C. **1962**, 1602. — Es wurden *Bis-[1.3-diarylimidazolidinylidene-(2)]* u. *Bis-[hexahydropyrimidylidene-(2)]* durch therm. Chlf.-Abspaltung aus den entsprechenden Chloral-Derivv. oder, direkt vom Dianilinoäthan ausgehend, nach dem Orthoameisensäureester-Verf. dargestellt. Für *Bis-[1.3-dinaphthyl-(1)-imidazolidinyliden-(2)]* (**I**) wurde ein neues Gerät zur Molgew.-Best. entwickelt.

Versuche: 2-Trichlormethylimidazolidine: *1.3-Bis-[p-tolyl]-*, $C_{18}H_{19}Cl_3N_2$, F. 132—133° (Eisessig), durch Zutropfen von Chloral zu N.N'-Bis-[p-tolyl]-äthylendiamin in Eisessig u. 24std. Rühren; 74% (Ausbeute). — *1.3-Bis-[p-methoxyphenyl]-*, $C_{18}H_{19}Cl_3N_2O_2$, F. 127° (Bzl./PAe.); 75%. — *1.3-Bis-[p-chlorphenyl]-*, $C_{16}H_{13}Cl_5N_2$, F. 166—168° (Eisessig); 76%. — *1.3-Bis-[p-nitrophenyl]-*, $C_{16}H_{13}Cl_3N_4O_4$, F. ca. 216°, durch 5std. Erhitzen von N.N'-Bis-[p-nitrophenyl]-äthylendiamin mit Chloral in Eisessig u. HCl; aus Eisessig gelbe Nadeln; 40%. — Bis-[1.3-diarylimidazolidinylidene-(2)]: *-p-tolyl-*, $C_{34}H_{36}N_4$, Zers.-Punkt ca. 230° (Xylol), a) durch Chlf.-Abspaltung nach Wanzlick u. Schikora (C. **1962**, 1984) (Meth. **A**); 50%; b) nach dem Orthoameisensäureester-Verf. von Wanzlick u. Kleiner (vgl. 2. Mitt.) (Meth. **B**); 80%. — *-p-methoxyphenyl-*, $C_{34}H_{36}N_4O_4$, Zers.-Punkt ca. 190° (Xylol/Dimethylformamid), a) nach **A**; 70%; b) nach **B**; 75%. — *-p-chlorphenyl-*, $C_{30}H_{24}Cl_4N_4$, Zers.-Punkt ca. 220° (Xylol), a) nach **A**; 45%; b) nach **B**; 90%. — *-p-nitrophenyl-*, $C_{30}H_{24}N_8O_8$, Zers.-Punkt ca. 290°, nach **A**; aus Nitrobenzol rote Kristalle; 45%. — *-α-naphthyl-* (**I**), $C_{46}H_{36}N_4$, F. ca. 244—248° (Zers.), nach **B**; aus Xylol rote Kristalle; 90%. — *1.3-Di-α-naphthylimidazoliniumchlorid, Hemihydrat*, $C_{23}H_{19}ClN_2 \cdot ½ H_2O$, F. ca. 315—316° (Zers.), durch Zutropfen von konz. HCl zu **I** in Bzl.; 92%. — *N-Formyl-N.N'-di-α-naphthyläthylendiamin*, $C_{23}H_{20}N_2O$, F. 141,5° (Ae.), a) aus vorst. Verb. mit NH_3; b) durch Zugabe von **I** in Ameisensäure zu NH_4OH/Eis u. Chromatographie an Al_2O_3; 93%. — Bis-[1.3-diarylhexahydropyrimidylidene-(2)]: *-phenyl-*, $C_{32}H_{32}N_4$, Zers.-Punkt ca. 240°, nach **B**. — *-p-tolyl-*, $C_{36}H_{40}N_4$, Zers.-Punkt ca. 230° (Orthoameisensäuretriäthylester/Dimethylformamid), nach **B**; 10%.

P.-G. Dietrich. 3272△

0922 **Guanidinochinazoline aus 2.2-Dialkyl-1.2-dihydrochinolinen.** J. P. Brown. (Chem. and Ind. **1960**, 233; Ruaton, Denbighshire, Monsanto Chem. Ltd.; engl.) — 2.2.4-Trimethyl-1.2-dihydrochinolin (**I**) wird in HCl-Lsg. mit Dicyandiamid (**II**) unter Isobutylenabspaltung in *2-Guanidino-4-methylchinazolinhydrochlorid* [F. 330—332°; 68% (Ausbeute)] übergeführt. Analog läßt sich aus **II** u. einem öligen, aus p-Phenetidin u. Aceton dargestellten Prod. in HCl-Lsg. *6-Äthoxy-2-guanidino-4-methylchinazolin* (F. 268–269°; 73%. *Hydrochlorid*, F. 250°) darstellen. B. Lücke. 3272◇

0923 **Kondensierte Polymethylenderivate von Heterocyclen aus Lactamen.** 4. Mitt. **Synthese von 8.9-Pentamethylenpurinen.** R. G. Gluschkow und O. Ju. Magidsson. (J. allg. Chem. [UdSSR] **31** (**93**), 1173–82, 1961; Chem.-pharmazeut. Allunions Ordshonikidse-Forschungsinst.; russ.) — 3. vgl. C. **1963**, 7754. — Durch Kondens. von 1.2-Pentamethylen-5-aminoimidazol-4-carbonsäureamid (**I**) mit Orthoameisenester (**II**) wurde *6-Hydroxy-8.9-pentamethylenpurin* (**III**) dargestellt. **III** wurde in *6-Chlor-* (**IV**), dieses in *6-Mercapto-8.9-pentamethylenpurin* (**V**) übergeführt. Durch Einw. von Raney-Ni auf **V** wurde *8.9-Pentamethylenpurin*, durch Methylierung von **V** *6-Methylmercapto-8.9-pentamethylenpurin* erhalten. Die Kondens. von **I** mit Thioharnstoff (**VI**) lieferte *2-Amino-6-hydroxy-8.9-pentamethylenpurin*. Durch Kondens. von **IV** mit den entsprechenden Aminen wurden *6-Amino-*, *6-Dimethylamino-*, *6-Benzylamino-*, *6-Furfurylamino-*, *6-[Bis-(β-hydroxyäthyl)-amino]-* (**VII**) u. *6-[β-Hydroxyäthylamino]-8.9-pentamethylenpurin* (**VIII**) dargestellt. Bei der Einw. von $SOCl_2$ auf **VII** u. **VIII** entstanden *6-[Bis-(β-chloräthyl)-amino]-8.9-pentamethylenpurin* als inneres quart. Salz bzw. *8′.9′-Pentamethylen-1′.6′-dihydropurino-[1′.6′:1.2]-imidazolin*.

Versuche: *1.2-Pentamethylen-5-aminoimidazol-4-carbonsäureamid* (**I**), $C_9H_{14}N_4O$, F. 272–274° (Zers.; W.), a) durch 1std. Erhitzen von 5 g α-Amino-α-cyanacetamid (**IX**) mit 20 ml O-Methyl-ε-caprolactim (**X**) in 20 ml Äthylcellosolve auf 95–100°; Prismen; 61,2% (Ausbeute); b) durch tropfenweise Zugabe von 10 ml **X** zu 7,6 g Aminomalonamidamidin-dihydrochlorid in 30 ml abs. A. bei 25° u. 3std. Kochen; 59,9%. *Hydrochlorid*, $C_9H_{14}N_4O \cdot HCl$, F. 257–259° (Zers.; A., Methanol), durch tropfenweise Zugabe von 20 ml 21%ig. alkohol. HCl bei −5° zu 9,9 g **IX** in 25 ml abs. A., Zugabe von 12,7 g **X** u. 12std. Stehen; Prismen; 30%. *Pikrat*, $C_9H_{14}N_4O \cdot C_6H_3N_3O_7$, F. 231–234° (Zers.), durch Zugabe von 5%ig. alkohol. Pikrinsäure zu der Mutterlauge der Darst. von I-Hydrochlorid; 32%. — 8.9-Pentamethylenpurine: *Unsubstituiert*, $C_{10}H_{12}N_4$, F. 98–100° (Ae.-Äthylacetat), durch 4std. Kochen von 4,5 g **V** mit 15 g Raney-Ni in 600 ml W.; 80,7%. *Pikrat*, $C_{10}H_{12}N_4 \cdot C_6H_3N_3O_7$, F. 166–169°. — *6-Hydroxy-* (**III**), $C_{10}H_{12}N_4O$, F. 308–311° (Zers.; W.), durch 3½std. Kochen von 8 g **I** in 75 ml **II** mit 125 ml Acetanhydrid, Eindampfen u. 4std. Erhitzen des Rückstandes mit 150 ml 50%ig. Methanol; Prismen; 92,7%. — *6-Chlor-* (**IV**), $C_{10}H_{11}ClN_4$, F. 141–143° (W.), durch 4std. Kochen von 13,6 g **III**, 400 ml $POCl_3$ u. 35 ml Dimethylanilin; 80,9%. — *6-Mercapto-* (**V**), $C_{10}H_{12}N_4S$, F. 290–292° (Zers.; W.-Dimethylformamid 1 : 3), a) durch 4std. Kochen von 45 g **III** u. 135 g P_2S_5 in 1,8 Liter abs. Pyridin, Eindampfen u. 1½std. Kochen des Rückstandes in 1,5 Liter W.; 91,3%; b) durch 1¼std. Kochen von 0,4 g **IV** mit 0,15 g **VI** in 10 ml A.; 96,2%. — *6-Methylmercapto-*, $C_{11}H_{14}N_4S$, F. 139–141° (Äthylacetat), durch Methylierung von **V** mit $(CH_3)_2SO_4$ in 1 n NaOH bei 30°; Plättchen; 87,6%. — *2-Amino-6-hydroxy-*, $C_{10}H_{13}N_5O$, F. >360° (Dimethylformamid-W.), durch 2½std. Erhitzen von 14 g **I** mit 30 g **VI** auf 230–250°; Prismen; 14,5 g. — *6-Amino-*, $C_{10}H_{13}N_5$, F. 226,5–228,5° (A.), durch 6std. Erhitzen von 3 g **IV** mit 50 ml 18%ig. alkohol. NH_3 im Autoklaven auf 160–170°; 93,4%. — *6-Dimethylamino-*, $C_{12}H_{17}N_5$, F. 142–144° (Ae.), durch 1std. Erhitzen von 1,5 g **IV** mit 40 ml 18%ig. methanol. Dimethylamin im Rohr auf 102 bis 108°; Prismen; 90,3%. — *6-Benzylamino-*, $C_{17}H_{19}N_5$, F. 153–155° (W.-Methanol 1 : 1), durch 2std. Kochen von 1,6 g **IV** mit 9 ml Benzylamin in 15 ml Äthylcellosolve; 74%. — *6-Furfurylamino-*, $C_{15}H_{17}N_5O$, F. 167–170° (A.-W. 1 : 1), durch 2std. Kochen von 2 g **IV** mit 4 ml Furfurylamin in 20 ml Äthylcellosolve; 90,5%. — *6-[Bis-(β-hydroxyäthyl)-amino]-* (**VII**), $C_{14}H_{21}N_5O_2$, F. 177–179° (W.), durch 2std. Kochen von 2,5 g **IV** mit 5 g Diäthanolamin in 25 ml Äthylcellosolve; 89,2%. — *6-[β-Hydroxyäthylamino]-* (**VIII**), $C_{12}H_{17}N_5O$, F. 127–128,5° (Äthylacetat), durch 2std. Kochen von 2 g **IV** mit 2 g Äthanolamin in 20 ml Äthylcellosolve; Prismen; 92,3%. — *6-[Bis-(β-chloräthyl)-amino]-* (als inneres quart. Salz), $C_{14}H_{19}Cl_2N_5$, F. 208–210° (Aceton-A. 5 : 1), durch tropfenweise Zugabe von 10 ml $SOCl_2$ in 10 ml Chlf. zu 2,65 g **VII** in 40 ml Chlf. u. 3½std. Kochen; Nadeln; 80%. — *8′.9′-Pentamethylen-1′.6′-dihydropurino-[1′.6′:1.2]-imidazolin*, *Tetrahydrat*, $C_{12}H_{15}N_5 \cdot 4\,H_2O$, F. 97–100° (W.). *Dihydrochloridsemihydrat*, $C_{12}H_{15}N_5 \cdot 2\,HCl \cdot 0{,}5\,H_2O$, F. 312–314° (Zers.; Aceton-A.), durch Zugabe von 5 ml $SOCl_2$ zu 1,7 g **VIII** in 30 ml Chlf. u. 3½std. Kochen; 2 g.
Helmut Schäfer. 3272△

0924 **Kondensierte Polymethylenderivate von Heterocyclen aus Lactamen.** 5. Mitt. **Synthese von 8.9-Tri- und Tetramethylenpurinen.** R. G. Gluschkow und O. Ju. Magidsson. (J. allg. Chem. [UdSSR] **31** (**93**), 1906–12, 1961; russ.) — 4. vgl. vorst. Referat. — Durch Kondens. von α-Amino-α-cyanacetamid (**I**) mit O-Methyl-ω-butyro- (**II**) u. -ω-valerolactim (**III**) wurden *1.2-Trimethylen-* (**IV**) bzw. *1.2-Tetramethylen-5-aminoimidazol-4-carbonsäureamid* (**V**) dargestellt. **IV** u. **V** wurden mit Orthoameisenester (**VI**) zu *8.9-Trimethylen-* (**VII**) bzw. *8.9-Tetramethylen-6-hydroxypurin* (**VIII**) kondensiert. **VII** u. **VIII** wurden durch Einw. von $POCl_3$ in *8.9-Trimethylen-* (**IX**) bzw. *8.9-Tetramethylen-6-chlorpurin* (**X**), diese mit Thioharnstoff (**XI**) in *8.9-Trimethylen-* (**XII**) u. *8.9-Tetramethylen-6-mercaptopurin* (**XIII**) übergeführt. **XII** wurde durch Rk. mit Benzylchlorid (**XIV**), **IX** durch Rk. mit Benzylamin (**XV**), Dimethylamin (**XVI**) u. NH_3 in *6-Benzylmercapto-*, *6-Benzylamino-*, *6-Dimethylamino-* bzw. *6-Amino-8.9-trimethylenpurin* übergeführt. Analog wurden aus **XIII** bzw. **X** *6-Benzylmercapto-*, *6-Benzylamino-*, *6-Dimethylamino-* u. *6-Amino-8.9-tetramethylenpurin* dargestellt. Durch Rk. von **XII** u. **XIII** mit Raney-Ni wurden *8.9-Tri-* u. *8.9-Tetramethylenpurin* erhalten.

Versuche: 5-Aminoimidazol-4-carbonsäureamide: *1.2-Trimethylen-* (**IV**), $C_7H_{10}N_4O$, F. 282–285° (Zers.; W.), durch tropfenweise Zugabe von 1 ml 30%ig. alkohol. HCl bei 0° zu 22,5 g **I** in 40 ml abs. A., Zugabe von 24 g **II** u. ½std. Kochen; 78,7%. *Hydrochloridhydrat*, $C_7H_{10}N_4O \cdot HCl \cdot 1{,}5\,H_2O$, F. 258–260° (Zers.; Aceton-W.); Prismen. — Analog: *1.2-Tetramethylen-* (**V**), $C_8H_{12}N_4O$, F. 275 bis 277° (Zers.), aus **I** u. **III**; 83,3%. *Hydrochlorid*, $C_8H_{12}N_4O \cdot HCl$, F. 259–261° (Zers.). — 8.9-Trimethylenpurine: *Unsubstituiert*, $C_8H_8N_4$, F. 126–128° (Sublimation), durch 4std. Kochen von 2 g **XII** mit 6 g Raney-Ni in 250 ml W.; 78,3%. — *6-Hydroxy-* (**VII**), $C_8H_8N_4O$, F. >320° (W.), durch 3½std. Kochen von 10 g **IV** mit 40 ml **VI** in 75 ml Acetanhydrid; Prismen; 76,4%. — *6-Chlor-* (**IX**), $C_8H_7ClN_4$, F. 202–204° (abs. A.), durch 6std. Kochen von 5 g **VII** mit 100 ml $POCl_3$; Plättchen; 78,8%. — *6-Mercapto-* (**XII**), $C_8H_8N_4S$, F. 312–315° (W.), durch 1std. Kochen von 4,1 g **IX** mit 1,6 g **XI** in 80 ml abs. A.; Nadeln; ca. 100%. — *6-Benzylmercapto-*, $C_{15}H_{14}N_4S$, F. 104–105,5° (Ae.), aus **XII** u. **XIV** in 0,5n NaOH; Prismen; 81,8%. — *6-Benzylamino-*, $C_{15}H_{15}N_5$, F. 142–144° (W.-Methanol), durch 2std. Kochen von 1 g **IX** mit 4 ml **XV** in 10 ml Äthylcellosolve; 69,9%. — *6-Dimethylamino-*, $C_{10}H_{13}N_5$, F. 140–142° (Ae.), durch 1std. Erhitzen von 1 g **IX** mit 25 ml 18%ig. alkohol. **XVI** im Autoklaven auf 110–120°; Prismen; 91,3%. — *6-Amino-*, $C_8H_9N_5$, F. 260–262° (A.), durch 6std. Erhitzen von 2,5 g **IX** mit 40 ml 18%ig. alkohol. NH_3 im Autoklaven auf 165–170°; Nadeln; 97,8%. — Analog: 8.9-Tetramethylenpurine: *Unsubstituiert*, $C_9H_{10}N_4$, F. 151,5–153,5° (Sublimation), aus **XIII**; 61,8%. — *6-Hydroxy-* (**VIII**), $C_9H_{10}N_4O$, Zers. bei 340° (W.), aus **V** u. **VI**; Nadeln; 75,8%. — *6-Chlor-* (**X**), $C_9H_9ClN_4$, F. 205–207° (A.). *Hydrochlorid*, $C_9H_9ClN_4 \cdot HCl$, F. 219–221° (abs. A.), aus **VIII**; 65,7%. — *6-Mercapto-* (**XIII**), $C_9H_{10}N_4S$, F. 328–331° (Zers.); 96,3%; aus **X** u. **XI**. — *6-Benzylmercapto-*, $C_{16}H_{16}N_4S$, F. 98–100°, aus **XIII** u. **XIV**; 90,3%. — *6-Benzylamino-*, *Hydrochlorid*, $C_{16}H_{17}N_5 \cdot HCl$, F. 232–234° (A.), aus **X** u. **XV**; Prismen; 82,8%. — *6-Dimethylamino-*, $C_{11}H_{15}N_5$, F. 129–131,5°, aus **X** u. **XVI**; 91,3%. — *6-Amino-*, $C_9H_{11}N_5$, F. 274–276°, aus **X** u. NH_3; 88,2%. Helmut Schäfer. 3272△

0925 **2.3-Dihydro-4H-1.3-benzothiazinone-(4).** Bernard Loev. (J. org. Chemistry **28**, 2160, 1963; Philadelphia, Pa., Smith Kline & French Labor., Res. and Dev. Div.; engl.) — Durch Rk. von Thiosalicylsäure (**I**) mit Benzaldehyden u. prim. Alkylaminen entstehen *2-Phenyl-3-alkyl-2.3-dihydro-4H-1.3-benzothiazinone-(4)*, deren Oxydation mit $KMnO_4$ in Eisessig zu den entsprechenden *Sulfonen* führt. Mit 1.1-Dimethylhydrazin oder Anilin versagt die Reaktion.

Versuche (FF. korr.): *2.3-Dihydro-3-methyl-2-[p-chlorphenyl]-4H-1.3-benzothiazinon-(4)* (**II**), $C_{15}H_{12}ClNOS$, F. 123,5 bis 124° (Bzl./Diisopropyläther), durch Sättigen von abs. Bzl.

mit CH_3NH_2, Zugabe von 10 g p-Chlorbenzaldehyd, 1std. Kochen unter Abscheiden von W., Kühlen, Zugeben von **I**, Kochen unter Abscheiden von 1 Val W. u. Eindampfen; 11 g (Ausbeute). *1.1-Dioxid*, $C_{15}H_{12}ClNO_3S$, F. 169—170° (A./Aceton), durch Zugabe von $KMnO_4$ in W. zu 9 g **II** in Eisessig unter Rühren $< 35°$, ½std. Rühren u. Entfärben mit $Na_2S_2O_4$; 5,5 g. F. Bourseaux. 3292◇

0926 **Untersuchungen an chemotherapeutischen Arzneimitteln gegen Viren.** 34. Mitt. **Synthese und Antivirusaktivität von 10-[ω-Dialkylaminoalkyl]-alkylphenthiazinen und N-substituierten 10-Glycylalkylphenthiazinen.** Atsushi Takada und Hiroko Nishimura. (Chem. pharmac. Bull. [Tokyo] **10**, 1—8, 1962; Tokyo, Keio-Gijuku Univ., Pharmaceut. Inst.; engl.) — **33.** vgl. Chem. pharmac. Bull. [Tokyo] **9**, [1961], 908. — Eine Reihe von *10-[ω-Dialkylaminoalkyl]-alkylphenthiazinen* werden dargestellt u. ihre chemotherapeut. Eigg. untersucht.

Versuche: Diphenylamine, durch 25std. Kochen des entsprechenden Alkylacetanilids mit Phenylbromid, K_2CO_3 u. Cu_2J_2, Extrahieren mit Ae., 5std. Kochen des Rückstandes mit äthanol. KOH, Gießen in W. u. Extrahieren mit Äthanol: *2-Methyl-*, $C_{13}H_{13}N$, $Kp._3$ 131°, Öl; 56% (Ausbeute). — *4-Methyl-*, $C_{13}H_{13}N$, $Kp._4$ 138—141°, F. 88—89°, Platten; 74%. — *2-Äthyl-*, $C_{14}H_{15}N$, $Kp._3$ 131—132°, Öl; 50%. — *4-Äthyl-*, $C_{14}H_{15}N$, $Kp._3$ 148—153°, F. 85—86°, Platten; 45%. — *4-n-Propyl-*, $C_{15}H_{17}N$, $Kp._3$ 163—165°, F. 65—66°, Platten; 87%. — *4-n-Butyl-*, $C_{16}H_{19}N$, $Kp._3$ 163—168°, Öl; 45%. — *4-n-Pentyl-*, $C_{17}H_{21}N$, $Kp._3$ 178—185°, Öl; 32%. — Phenthiazine, durch 10—15 Min. langes Erhitzen des vorst. Diphenylamins mit S in Ggw. von J_2 auf 195°, Extrahieren mit Bzl., Chromatographieren an Al_2O_3, Eluieren mit Bzl., Dest. im Vakuum u. Kristallisation aus Hexan: *1-Methyl-*, $C_{13}H_{11}NS$, F. 136°, gelbe Prismen; 16%. — *3-Methyl-*, $C_{13}H_{11}NS$, F. 171—172°, $Kp._{2.5}$ 192—193°, gelbe Platten; 33%. — *1-Äthyl-*, $C_{14}H_{13}NS$, F. 126°, $Kp._{2,5}$ 180—183°, gelbe Prismen; 20%. — *3-Äthyl-*, $C_{14}H_{13}NS$, F. 132°, $Kp._2$ 187 bis 190°, gelbe Platten; 36%. — *3-n-Propyl-*, $C_{15}H_{15}NS$, F. 136—137°, $Kp._{0.7}$ 179—185°, gelbe Platten; 22%. — *3-n-Butyl-*, $C_{16}H_{17}NS$, F. 125—126°, $Kp._3$ 220°, gelbe Platten; 42%. — *3-n-Pentyl-*, $C_{17}H_{19}NS$, F. 112°, $Kp._1$ 210—218°, gelbe Platten; 14%. — *2-Acetyl-* (**I**), $C_{14}H_{11}NOS$, F. 189 bis 195°, durch 10 Min. langes Kochen des entsprechenden 10-Acetyl-2-acylphenthiazins (durch Rk. von 10-Acetylphenthiazin mit dem entsprechenden Acylbromid in CS_2 in Ggw. von $AlCl_3$ unter Rühren u. 48std. Kochen) mit konz. HCl; aus Bzl. orangefarbene Nadeln (Meth. **A**); 42%. — *2-Propionyl-*, $C_{15}H_{13}NOS$, F. 170°, nach **A**; 38%. — *2-Butyryl-*, $C_{16}H_{15}NOS$, F. 197°, nach **A**; 49%. — *2-Valeryl-*, $C_{17}H_{17}NOS$, F. 197—198°, nach **A**; 53%. — *2-Caproyl-*, $C_{18}H_{19}NOS$, F. 191—192°, nach **A**; 60%. — *2-Capryloyl-*, $C_{20}H_{23}NOS$, F. 189—190°, nach **A**; 48%. — *2-Äthyl-*, $C_{14}H_{13}NS$, F. 135°, durch 2std. Kochen von **I** mit KOH/Hydrazinhydrat in Äthylenglykol, Dest. bis 190—195° u. 6std. Kochen des Rückstandes; aus Hexan Nadeln (Meth. **B**); 50%. — *2-n-Propyl-*, $C_{15}H_{15}NS$, F. 143°, nach **B**; 66%. — *2-n-Butyl-*, $C_{16}H_{17}NS$, F. 133—134°, nach **B**; 56%. — *2-n-Pentyl-*, $C_{17}H_{19}NS$, F. 136°, nach **B**; 43%. — *2-n-Hexyl-*, $C_{18}H_{21}NS$, F. 124—125°, nach **B**; 83%. — *2-n-Octyl-*, $C_{20}H_{25}NS$, F. 116°, nach **B**; 50%. — 10-[β-Diäthylaminoäthyl]-phenthiazine (**C**), durch Zugabe von $NaNH_2$ zu dem entsprechenden Alkylphenthiazin in abs. Xylol, 2std. Kochen unter Rühren, Zugabe von ω-Dialkylaminoalkylchlorid bei 15—20° u. 3std. Kochen im Ölbad: *1-Methyl-*, $C_{19}H_{24}N_2S$, $Kp._2$ 187°; 40%. *Citrat*, $C_{25}H_{32}\cdot N_2O_7S$, F. 132° (Zers.; A./Aceton). — *1-Äthyl-*, $C_{20}H_{26}N_2S$, $Kp._2$ 187—189°; 38%. — *2-Äthyl-*, $C_{20}H_{26}N_2S$, $Kp._2$ 207—209°; 44%. *Citrat*, $C_{26}H_{34}N_2O_7S$, F. 48—50° (Aceton/Ae.). — *2-n-Propyl-*, $C_{21}H_{28}N_2S$, $Kp._2$ 209°; 33%. *Citrat*, $C_{27}H_{36}\cdot N_2O_7S$, F. 58—60° (Aceton/Ae.). — *2-n-Butyl-*, $C_{22}H_{30}N_2S$, $Kp._3$ 223—225°; 31%. *Citrat*, $C_{28}H_{38}N_2O_7S$, F. 64—65° (Aceton/Ae.). — *3-Äthyl-*, $C_{20}H_{26}N_2S$, $Kp._2$ 202—204°; 41%. *Citrat*, $C_{26}H_{34}N_2O_7S$, F. 138—139° (Zers.; Aceton). — *3-n-Propyl-*, $C_{21}H_{28}N_2S$, $Kp._3$ 211—215°; 25%. *Citrat*, $C_{27}H_{36}N_2O_7S$, F. 105—107° (Aceton). — *2-n-Pentyl-*, $C_{23}H_{32}N_2S$, $Kp._2$ 228°; 21%. *Citrat*, $C_{29}H_{40}N_2O_7S$, F. 53—54° (Aceton/Ae.). — *2-n-Hexyl-*, $C_{24}H_{34}N_2S$, $Kp._3$ 235°; 18%. *Citrat*, $C_{30}H_{42}N_2O_7S$, F. 47—48° (Aceton/Ae.). — *3-Methyl-*, $C_{19}H_{24}N_2S$, $Kp._2$ 201 bis 203°; 42%. *Citrat*, $C_{25}H_{32}N_2O_7S$, F. 153° (Zers.; A./Aceton). — *3-n-Butyl-*, *Citrat*, $C_{28}H_{38}N_2O_7S$, F. 97—98° (Aceton). — Weitere Phenthiazine: *2-n-Butyl-10-[β-piperidinoäthyl]-*, $C_{23}H_{30}N_2S$, $Kp._1$ 225—228°, analog **C**; 23%. — *3-Methyl-10-[β-dimethylaminoäthyl]-*, $C_{17}H_{20}N_2S$, $Kp._{0,6}$ 187°, analog **C**; 15%. — *3-Methyl-10-[γ-diäthylaminopropyl]-*, $C_{20}H_{26}N_2S$, $Kp._2$ 205—207°, analog **C**; 20%. *Citrat*, $C_{26}H_{34}N_2O_7S$, F. 86 bis 87° (Aceton). — *3-Äthyl-10-[γ-diäthylaminopropyl]-*, $C_{21}H_{28}N_2S$, $Kp._3$ 212—215°, analog **C**; 30%. *Citrat*, $C_{27}H_{36}\cdot N_2O_7S$, F. 78—79° (Aceton). — 10-[Pyridinioacetyl]-phenthiazinchloride, durch 8std. Erwärmen des entsprechenden 10-[Chloracetyl]-alkylphenthiazins (**E**) (durch Zutropfen von Chloracetylchlorid zum entsprechenden Phenthiazin in Xylol u. 8std. Kochen) mit Pyridin in Bzl. auf dem Wasserbad (Meth. **D**): *2-Äthyl-*, $C_{21}H_{19}ClN_2OS$, F. 227—228° (Zers.), Platten; 48,2%. — *2-n-Propyl-*, $C_{22}H_{21}ClN_2OS$, F. 192—193° (Zers.), Platten; 46,8%. — *2-n-Butyl-*, $C_{23}H_{23}\cdot ClN_2OS$, F. 207° (Zers.), Platten; 51,3%. — *2-n-Hexyl-*, $C_{25}H_{27}ClN_2OS$, F. 205° (Zers.), Platten; 47,1%. — *2-n-Octyl-*, $C_{27}H_{31}ClN_2OS$, F. 187° (Zers.), Platten; 40,6%. — *3-Methyl-*, $C_{20}H_{17}ClN_2OS$, F. 229—230° (Zers.), Platten; 36,6%. — *3-n-Propyl-*, $C_{22}H_{21}ClN_2OS$, F. 217—218° (Zers.), Platten; 48,9%. — *3-n-Butyl-*, $C_{23}H_{23}ClN_2OS$, F. 216—217° (Zers.), Platten; 13%. — *3-n-Pentyl-*, $C_{24}H_{25}ClN_2OS$, F. 216° (Zers.), Platten; 42,7%. — Weitere Phenthiazine: *2-Äthyl-10-[piperidinoacetyl]-*, $C_{21}H_{24}N_2OS$, F. 119—120°, nach **D** durch 8std. Kochen mit Piperidin; Prismen; 34,5%. — *2-n-Propyl-10-[piperidinoacetyl]-*, $C_{22}H_{26}N_2OS$, F. 124—125°, analog vorst. Verb.; Prismen; 38,7%. — *2-n-Butyl-10-[piperidinoacetyl]-*, $C_{23}H_{28}N_2OS$, F. 72—73°, Prismen; 32,4%. — *3-Methyl-10-[trimethylammonioacetyl]-*, *Jodid*, $C_{18}H_{21}JN_2OS$, F. 214 bis 216°, durch 16std. Erwärmen des entsprechenden **E** u. Dimethylamin in Bzl. auf 50° u. 10std. Kochen des isolierten Prod. mit CH_3J in Methanol; gelbe Nadeln; 47,8%. — *3-n-Propyl-10-[trimethylammonioacetyl]-*, *Jodid*, $C_{20}H_{25}JN_2OS$, F. 207—208°, analog vorst. Verb.; gelbe Nadeln; 26%. — *3-Butyl-10-[trimethylammonioacetyl]-*, *Jodid*, $C_{21}H_{27}JN_2OS$, F. 212°, gelbe Nadeln; 23%. M. Mirsch. 3292◇

0927 **Oxydation von reduzierenden Hexosen mit Sauerstoff in alkalischem Milieu.** J. Dubourg und P. Naffa. (Bull. Soc. chim. France **1959**, 1353—62; Labor. du Syndicat Nat. des Fabricants de Sucre de France; franz.) — Vff. beschreiben die optimalen Bedingungen zur Darst. von *Arabonsäure* (**I**) durch Oxydation von Hexosen in alkal. Milieu. Die neben **I** gebildeten Säuren (**A**; *Erythronsäure*, *Glycerinsäure*, *Glykolsäure*, *Milchsäure*, *Ameisensäure*, *Oxalsäure* u. *Kohlensäure*) werden nach bekannten chem. Meth. sowie mit Hilfe von Ionenaustauschern u. durch Papierchromatographie identifiziert u. quant. bestimmt. Die Kinetik der Rk. wird unter verschiedenen Vers.-Bedingungen untersucht. Vff. schlagen einen Rk.-Mechanismus vor, um das Auftreten der neben **I** gebildeten **A** zu erklären. Die Menge der entstandenen **A** wächst mit steigender Rk.-Temp. auf Kosten von **I**. Einige **I**-Derivv., darunter solche mit oberflächenakt. Eigg., werden dargestellt. Die App. zur Darst. von **I** ist skizziert. R_F-Werte sind für **I** u. **A**, für deren *K-Salze* u. *Phenylhydrazide* sowie für einige **I**-*Ester* in Butanol–Eisessig–W. (4 : 1 : 5) als Lsgm. angegeben.

Versuche: *Arabonsäure* (**I**), durch Lösen von 0,2 Mol Glucose u. 0,6 Mol KOH in 400 ml W. (oder 300 ml CH_3OH u. 100 ml W.), ca. 5std. Einw. von ca. 0,2 Mol O_2 bei der gewünschten Temp. (z. B. 45°) in einer speziellen, im Original beschriebenen App., Filtrieren der alkal. Lsg. über Amberlite IRC-50, Einstellen des Filtrats auf pH 7, Einengen bis zur Sirupkonsistenz, Zugabe von CH_3OH, Abfiltrieren des ausgeschiedenen *K-Arabonats* [ca. 74% (Ausbeute)], Freisetzen von **I** durch Lösen in W., Ansäuern oder Behandeln mit einem entsprechenden Austauscher u. Eindampfen; daneben durch Behandeln des Filtrats von **I**-K-Salz mit einem Kationenaustauscher u. darauffolgende Trennung u. Identifizierung durch Papierchromatographie: *Erythronsäure*, *Glycerinsäure*, *Glykolsäure*, *Milchsäure*, *Ameisensäure*, *Oxalsäure* u. *Kohlensäure*; die Best. letzterer erfolgt vor der Papierchromatographie nach Warburg. *Lacton* (**II**), durch 7—8std. Erhitzen von **I** auf dem Wasserbad. *Methylester*, F. 148°, durch 10std. Kochen u. Rühren von **II** mit abs. CH_3OH in Ggw. von Permutit C 50 D (H^+-Form) u. Einengen der filtrierten Lsg.; $[\alpha]_D$ +6° (5,5%; W.); 70%. *Äthylester*, F. 129°, analog aus **II**; $[\alpha]_D$ −1,83°. *Propylester*, F. 119°, analog aus **II**; $[\alpha]_D$ −2,7°. *2-Hydroxyäthylamid*, $C_7H_{15}NO_6$, F. 121—122°, durch ½std. Kochen äquimol. Mengen **II** u. Äthanolamin in CH_3OH; $[\alpha]_D$ −43,9° (6,22%; W.); 91%.

Butylamid, $C_9H_{19}NO_5$, F. 161—162°, wie vorst. aus **II** u. Butylamin in CH_3OH; $[\alpha]_D$ —34,6° (4,65%; W.); 70%. *Heptylamid*, $C_{12}H_{25}NO_5$, F. 158°; $[\alpha]_D$ —32,7° [1,2%; Dimethylformamid (DMF)]; 89%. *Laurylamid* (**III**), $C_{17}H_{35}NO_5$, F. 142—143° (CH_3OH), wie vorst. aus **II** u. Laurylamin; $[\alpha]_D$ —17,31° (1,4%; DMF); 78%; *5-Sulfat, Na-Salz*, durch Einrühren von 2,35 g $ClSO_3H$ in CH_2Cl_2 in die Lsg. von 6,7 g **III** in CH_2Cl_2 bei 45°, 3std. Rühren bei 40°, Abblasen von HCl u. CH_2Cl_2 durch einen Luftstrom, Aufnehmen des Rückstandes in 50%ig. A., Einstellen der filtrierten Lsg. mit NaOH auf pH 7,2 u. Einengen im Vakuum; 7,2 g. *Anilid*, F. 204° (CH_3OH), aus **II** u. Anilin in CH_3OH; $[\alpha]_D$ —66,2° (2,77%; DMF). *Phenylhydrazid*, F. 215°, durch Kochen von **I** oder **II** mit Phenylhydrazin in A.; $[\alpha]_D$ —13° (0,833%; W.).
Gottfried Schreiber. 3400□

0928 **Phosphorylierte Zucker.** 5. Mitt. **Bildung von Glykosid-3-phosphaten aus Glykosid-4.6-phenylphosphaten durch intramolekulare Umesterung.** Pierre Rivaille und Ladislas Szabó. (Bull. Soc. chim. France **1963**, 712—16; Villejuif, CNRS, Centre de Rech. sur la Cellule Norm. et Cancéreuse, Labor. de Chim. Organ.; franz.) — 4. vgl. Antonakis, Dowgiallo u. Szabó, C. **1964**, 8-0924. — Bei der Hydrolyse von Phenyl-β-D-glucopyranosid-4.6-phenylphosphat (**I**) mit KOH in wss. Dioxan wird außer dem als *Cyclohexylammoniumsalz* (**XIII**) isolierten *Phenyl-β-D-glucopyranosid-4.6-phosphat* (**II**) ein Gemisch von Phosphorsäuremonoestern aufgefunden, das sich als aus 3 Teilen *Phenyl-β-D-glucopyranosid-3-phosphat* (**III**) u. aus 1 Teil *Phenyl-β-D-glucopyranosid-4-phosphat* (**IV**) bestehend erweist. Es läßt sich als Gemisch der *Bariumsalze* aus dem Hydrolysat abtrennen. Da **III** u. **IV** durch alkal. Hydrolyse von **II** nicht erhalten werden können, müssen sie auf dem Wege intramol. Umesterung aus **I** entstanden sein. Eine Rk.-Folge, die von **I** nach **III** u. **IV** führt, wird vorgeschlagen. Die Identifizierung u. Trennung von **III** u. **IV** erfolgt durch Adsorption an Dowex u. Elution mit 0,248m $K_2B_4O_7 \cdot 4\,H_2O$, wobei **III** sowie im Blindvers. zum Vgl. zugesetztes Phenyl-β-D-glucopyranosid-2-phosphat (**VII**) u. Phenyl-β-D-glucopyranosid-6-phosphat (**VIII**) gemeinsam als 1. Fraktion eluiert werden. Eine Trennung zwischen **III**, **VII** u. **VIII** kann ebenfalls an Dowex erfolgen; eine fraktionierte Elution erfolgt mit 0,184m $K_2B_4O_7 \cdot 4\,H_2O$. Zur Sicherung der Struktur der Hydrolyse-Prodd. wird auch die Perjodatoxydation herangezogen. Werden Methyl-α-D-glucopyranosid-4.6-phenylphosphat (**V**) u. Phenyl-β-D-galaktopyranosid-4.6-phenylphosphat (**VI**) analog **I** behandelt, so bestehen die erhaltenen Phosphorsäuremonoesterfraktionen aus 3 Teilen *Methyl-α-D-glucopyranosid-3-* u. 1 Teil *Methyl-α-D-glucopyranosid-4-phosphat* bzw. aus 3 Teilen *Phenyl-β-D-galaktopyranosid-3-* (**IX**) u. 1 Teil *Phenyl-β-D-galaktopyranosid-4-phosphat* (**X**). Ein Vorliegen von Phenyl-β-D-galaktopyranosid-6-phosphat (**XI**) im Hydrolysat von **VI** kann ausgeschlossen werden, da **XI**, wie aus einem Blindvers. mit **X**-**XI**-Gemisch folgt, nach der Adsorption am Dowex mit Monochloressigsäure/Na-Monochloracetat vor **X** eluiert werden müßte. Das Vorliegen von **IX** u. die Abwesenheit von Phenyl-β-D-galaktopyranosid-2-phosphat (**XII**) im Hydrolysat von **VI** folgt aus dem Vgl. der Oxydation von **XII** mit der des **VI**-Hydrolysats mit Na-Perjodat.

Versuche: *Phenyl-β-D-glucopyranosid-4.6-phosphat* (**II**), *Cyclohexylammoniumsalz* (**XIII**), $C_{18}H_{28}NO_8P$, F. 220° (Zers.; wss. A.), durch 18std. Rühren von 4 g **I** u. 4,2 g KOH in 45 ml Dioxan u. 5 ml W. bei Raum-Temp., Zugabe von 20 ml W., Einstellen der Lsg. mit Amberlite IR-120 (H^+-Form) auf pH 4, Abdestillieren von Dioxan im Vakuum, Einstellen der mit Ae. gewaschenen wss. Lsg. auf pH 7, Filtrieren über Amberlite IR-120 (Cyclohexylammoniumform), Eindampfen im Vakuum u. Kristallisation aus mit wenig A. versetztem W.; $[\alpha]_D^{24}$ —58,5° (c = 1,04; W.); **II** verbraucht 1 Mol Na-Perjodat innerhalb 8 Tagen; 1 g (Ausbeute); daneben *Phenyl-β-D-glucopyranosid-3-phosphat* (**III**)–*Phenyl-β-D-glucopyranosid-4-phosphat* (**IV**)*-Gemisch, Bariumsalz*, $C_{12}H_{15}BaO_9P \cdot 2\,H_2O$, durch Eindampfen des **XIII**-Filtrats, Lösen des Rückstandes in Propanol–konz. NH_4OH–W.-Gemisch (7 : 1 : 2), Papierchromatographie an „Chromax" LKB Typ 3501, Elution mit demselben Lsgm.-Gemisch, Einengen, Entfernen von NH_4^+-Ionen mit Amberlite IR-120 (H^+-Form), Neutralisation der Lsg. mit 0,5n $Ba(OH)_2$, Einengen u. Zugabe von A.; das Gemisch der **III**–**IV**-Ba-Salze verbraucht 0,25 Mol Na-Perjodat innerhalb 24 Std.; 400 mg; durch Adsorption einer Lsg. von **III**-**IV**-Ba-Salz in 0,186m $K_2B_4O_7 \cdot 4\,H_2O$-Lsg. an einer Dowexsäule u. Elution mit 0,248m $K_2B_4O_7 \cdot 4\,H_2O$-Lsg. kann **IV** von **III** getrennt werden. — *Methyl-α-D-glucopyranosid-4.6-phosphat, Cyclohexylammoniumsalz*, F. 228—230° (Zers.; A./Ae.), analog **XIII** aus 3,2 g **V**; 508 mg; daneben durch Aufarbeitung des Filtrats *Methyl-α-D-glucopyranosid-3-phosphat–Methyl-α-D-glucopyranosid-4-phosphat-Gemisch* (125 mg), das 0,25 Mol Na-Perjodat in 16 Std. verbraucht u. dessen Isolierung u. Trennung analog **III** u. **IV** erfolgt. — *Phenyl-β-D-galaktopyranosid-4.6-phosphat, Cyclohexylammoniumsalz*, $C_{18}H_{28}NO_8P \cdot H_2O$, F. 230° (Zers.; A.), analog **XIII** aus 4 g **VI**; $[\alpha]_D^{25}$ —59,0° (c = 0,512; W.); verbraucht 1 Mol Na-Perjodat innerhalb 7 Tagen; 1,2 g; daneben *Phenyl-β-D-galaktopyranosid-3-phosphat* (**IX**)–*Phenyl-β-D-galaktopyranosid-4-phosphat* (**X**)*-Gemisch, Cyclohexylammoniumsalz*, $C_{18}H_{30}NO_9P \cdot H_2O$, durch Aufarbeitung des Filtrats; verbraucht 0,25 Mol Na-Perjodat in 18 Std.; 350 mg. A. Kumm. 3400◇

0929 **Phosphorylierte Zucker.** 6. Mitt. **Synthese der Monophosphate des Phenyl-β-D-glucopyranosids und des Phenyl-β-D-galaktopyranosids.** Pierre Rivaille und Ladislas Szabó. (Bull. Soc. chim. France **1963**, 716—21; franz.) — 5. vgl. vorst. Referat. — Bei der Umsetzung von Phenyl-β-D-glucopyranosid (**I**) mit Benzaldehyd (**II**) entsteht *Phenyl-4.6-O-benzyliden-β-D-glucopyranosid* (**III**), das man mit Benzoylchlorid (**IV**) in *Phenyl-4.6-O-benzyliden-3-O-benzoyl-β-D-glucopyranosid* überführt. Vorst. Verb. liefert mit $POCl_3$ u. Piperidin das *Piperidiniumsalz* des *Phenyl-4.6-O-benzyliden-3-O-benzoyl-β-D-glucopyranosid-2-phosphats*. Aufeinanderfolgende saure u. alkal. Hydrolyse führt zu *Phenyl-β-D-glucopyranosid-2-phosphat*, das man als *Dicyclohexylammoniumsalz* (**V**) isoliert. Rk. von **III** mit Phosphorsäuredichloridmonophenylester (**VI**) ergibt *Phenyl-4.6-O-benzyliden-β-D-glucopyranosid-2.3-phenylphosphat* (**XI**), das durch Einw. von KOH in wss. Dioxan in das nicht isolierte Gemisch (**A**) aus *Phenyl-4.6-O-benzyliden-β-D-glucopyranosid-3-phosphat* u. wenig *Phenyl-4.6-O-benzyliden-β-D-glucopyranosid-2-phosphat* umgewandelt wird. Nach Abspaltung des Benzylidenrestes aus **A** wird *Phenyl-β-D-glucopyranosid-3-phosphat* in das *Dicyclohexylammoniumsalz* übergeführt u. dieses durch fraktionierte Kristallisation von **V** abgetrennt. Durch Rk. von Phenyl-β-D-glucopyranosid-4.6-phenylphosphat (**VII**) mit KOH in wss. Dioxan entsteht *Phenyl-β-D-glucopyranosid-4.6-phosphat*, das als *Cyclohexylammoniumsalz* (**VIII**) isoliert wird. **VIII** läßt sich mit $Ba(OH)_2$ zu einem Gemisch von *Phenyl-β-D-glucopyranosid-4-phosphat* u. *Phenyl-β-D-glucopyranosid-6-phosphat* hydrolysieren, das durch fraktionierte Kristallisation der *Dicyclohexylammoniumsalze* getrennt werden kann. Analog der Darst. der vorst. beschriebenen *Phenyl-β-D-glucopyranosid-phosphate* erfolgt die Synth. von *Phenyl-β-D-galaktopyranosid-2-phosphat, -3-phosphat, -4-phosphat* u. *-6-phosphat*. Zu ihrer Isolierung dienen wiederum die *Cyclohexylammonium-* oder *Bariumsalze*.

Versuche: *Phenyl-4.6-O-benzyliden-β-D-glucopyranosid* (**III**), F. 194—195° (A.–Aceton), durch Suspension von 100 g **I** in 400 g **II** unter N_2, 12std. Rühren nach Zugabe von 105 g $ZnCl_2$, Einrühren in PAe., Absaugen u. Waschen mit PAe. u. W.; $[\alpha]_D^{25}$ +56,2° (c = 2; Aceton); 100—105 g (Ausbeute). — *Phenyl-4.6-O-benzyliden-3-O-benzoyl-β-D-glucopyranosid*, $C_{26}H_{24}O_7$, F. 207°, durch 24std. Aufbewahren von 4 g **III** u. 1,62 g **IV** in Pyridin bei —10°, Gießen in Eiswasser, Chlf.-Extraktion, Eindampfen der neutral gewaschenen Chlf.-Lsg., Lösen des Rückstandes in Essigester–Bzl., Adsorption an Al_2O_3, Elution von 3 g *Phenyl-4.6-O-benzyliden-2.3-O-dibenzoyl-β-D-glucopyranosid* [$C_{33}H_{28}O_8$, F. 203°; $[\alpha]_D^{24,5}$ +37,5° (c = 1,04; Chlf.)] mit Essigester–Bzl. (1 : 4) u. Elution mit Essigester–Bzl. (2 : 4); $[\alpha]_D^{245}$ —72° (c = 1; Chlf.); 600 mg; daneben nicht umgesetztes **III**, durch Elution mit CH_3OH. — *Phenyl-4.6-O-benzyliden-3-O-benzoyl-β-D-glucopyranosid-2-phosphat, Piperidiniumsalz*, $C_{30}H_{38}NO_{10}P$, F. 143—145° (A.), durch Zugabe von 700 mg $POCl_3$ in Piperidin zu 2 g vorst. Verb. in Pyridin bei —30°, 12std. Aufbewahren, Zugabe von wenig W., Eindampfen, Aufnehmen in Chlf. u. Eindampfen; $[\alpha]_D^{25}$ —66° (c = 1,2; Pyridin); 2,3 g. — *Phenyl-β-D-glucopyranosid-2-phosphat, Dicyclohexylammoniumsalz* (**V**), $C_{24}H_{43}N_2O_9P \cdot H_2O$, F. 180° (Zers.; A.), durch Einstellen der Lsg. von 2,3 g vorst. Verb. in A. mit Amberlite IR-120 (H^+-Form) auf pH 1—2, 1/4std. Kochen der filtrierten Lsg., Neutralisation mit Cyclohexylamin (**IX**), Eindampfen, Lösen des getrockneten Rückstandes in abs. CH_3OH, 24std. Aufbewahren mit $NaOCH_3$

bei Raum-Temp., Neutralisation mit vorst. Ionenaustauscher u. Einengen der filtrierten Lsg.; $[\alpha]_D^{25,2}$ $-29{,}2^0$ (c = 1; W.); $[\alpha]_D^{25,5}$ $-39{,}2^0$ (c = 1; 0,372m $K_2B_4O_7$-Lsg.); 900 mg. — *Phenyl-4.6-O-benzyliden-β-D-glucopyranosid-2.3-phenylphosphat* (**XI**), durch Zugabe von 3,1 g **VI** in Pyridin zu 5 g **III** in Pyridin, Zugabe von wenig W. nach 18std. Aufbewahren bei Raum-Temp., Abdestillieren von Pyridin, Aufnehmen in Chlf. u. Eindampfen der mit verd. H_2SO_4 gewaschenen Chlf.-Lsg.; Öl; 4,6 g. — *Phenyl-β-D-glucopyranosid-3-phosphat, Dicyclohexylammoniumsalz*, $C_{24}H_{43}N_2O_9P \cdot 2\,H_2O$, F. 164—165°, durch Zugabe von 4,2 g KOH in W. zu 4,6 g **XI** in Dioxan, 24std. Rühren, Ansäuern mit Amberlite IR-120 (H^+-Form), Neutralisation der filtrierten Lsg. mit **IX**, Eindampfen, Aufnehmen in A., Einstellen mit vorst. Amberlite auf pH 2, 1std. Kochen der filtrierten Lsg., Neutralisation mit **IX**, Einengen, 24std. Aufbewahren, Absaugen von **V** (100 mg) u. Konzentrieren des Filtrats; $[\alpha]_D^{25}$ -28^0 (c = 1; W.); $[\alpha]_D^{25}$ -39^0 (c = 1; 0,372m $K_2B_4O_7$-Lsg.); 2,3 g. — *Phenyl-β-D-glucopyranosid-4.6-phosphat, Cyclohexylammoniumsalz* (**VIII**), $C_{18}H_{28}NO_8P$, F. 220° (Zers.; wss. A.), durch Zugabe von 4,2 g KOH in W. zu 4 g **VII** (vgl. Baddiley u. Mitarbeiter, C. **1956**, 11719) in Dioxan, 18std. Rühren bei Raum-Temp., Einstellen der mit wenig W. verd. Lsg. an Amberlite IR-120 (H^+-Form) auf pH 4, Abdestillieren von Dioxan, Waschen der mit W. verd. Lsg. mit Ae., Filtrieren der wss. Lsg. über Amberlite IR-120 (Cyclohexylammoniumform), Einstellen mit **IX** auf pH 7 u. Einengen; $[\alpha]_D^{24}$ $-58{,}5^0$ (c = 1,04; W.); $[\alpha]_D^{24}$ $-56{,}5^0$ (c = 1,06; 0,372m $K_2B_4O_7$-Lsg.); 1 g. — *Phenyl-β-D-glucopyranosid-4-phosphat, Dicyclohexylammoniumsalz*, $C_{24}H_{43}N_2O_9P \cdot 2\,H_2O$, F. 188° (Zers.; A.), durch Lösen von 1 g **VIII** in 25 ml 0,5n $Ba(OH)_2$, 3std. Erhitzen auf dem Wasserbad, Ansäuern mit Amberlite, Neutralisation der filtrierten Lsg. mit **IX**, Abdestillieren von W. u. Kristallisation aus A.; $[\alpha]_D^{24,9}$ -31^0 (c = 0,5; W.); $[\alpha]_D^{24,9}$ -34^0 (c = 0,5; 0,372m $K_2B_4O_7$-Lsg.); 450 mg; daneben *Phenyl-β-D-glucopyranosid-6-phosphat, Dicyclohexylammoniumsalz*, $C_{24}H_{43}N_2O_9P \cdot H_2O$, F. 190° (A.), durch Aufarbeitung des Filtrats vorst. Verb.; $[\alpha]_D^{24,9}$ -53^0 (c = 1,02; W.); $[\alpha]_D^{24,9}$ $-50{,}5^0$ (c = 1,02; 0,372m $K_2B_4O_7$-Lsg.); 120 mg. — *Phenyl-4.6-O-benzyliden-β-D-galaktopyranosid* (**X**), $C_{19}H_{20}O_6$, F. 242° (Dioxan), analog **III** aus Phenyl-β-D-galaktopyranosid (**XII**) u. **II**; $[\alpha]_D^{24,7}$ -74^0 (c = 1,03; Pyridin). — *Phenyl-4.6-O-benzyliden-3-O-benzoyl-β-D-galaktopyranosid*, $C_{26}H_{24}O_7$, F. 220° (A.), durch Lösen von 10 g **X** in Pyridin, Zugabe von 4,05 g **IV** in Pyridin bei -15^0, 48std. Aufbewahren bei 0°, Einrühren in Eiswasser, Chlf.-Extraktion, Waschen der Chlf.-Lsg. mit verd. H_2SO_4 u. W., Abdestillieren des Chlf., Kristallisation des Rückstandes aus A., Lösen in Bzl.–Essigester (5 : 3), Chromatographie an Al_2O_3 u. Elution mit demselben Lsgm.-Gemisch; $[\alpha]_D^{24}$ $+72^0$ (c = 1,04; Pyridin); 3,9 g. — *Phenyl-β-D-galaktopyranosid-2-phosphat, Dicyclohexylammoniumsalz*, $C_{24}H_{43}N_2O_9P \cdot H_2O$, F. 133—135° (A.), durch Zugabe von 325 mg $POCl_3$ in Pyridin zu 1 g vorst. Verb. in Pyridin bei -50^0, Erwärmen auf Raum-Temp. innerhalb 24 Std., Zugabe von wenig W., Chlf.-Extraktion nach Abdestillieren von Pyridin, Eindampfen der neutral gewaschenen Chlf.-Lsg., Lösen des Rückstandes in Aceton, 3std. Kochen der mit Amberlite auf pH 3 eingestellten Lsg., Neutralisation mit **IX**, Eindampfen, 24std. Aufbewahren des über P_2O_5 getrockneten Rückstandes mit abs. CH_3OH u. $NaOCH_3$ bei 0°, Entfernen der Na^+-Ionen durch Amberlite, Einstellen auf pH 7 u. Eindampfen; $[\alpha]_D^{25,5}$ $-20{,}5^0$ (c = 1; W.); $[\alpha]_D^{25}$ -36^0 (c = 1; 0,372m $K_2B_4O_7$-Lsg.); 200 mg. — *Phenyl-4.6-O-benzyliden-β-D-galaktopyranosid-2.3-phenylphosphat*, $C_{25}H_{23}O_8P$, F. 164—165° (A.), analog **XI** aus 5 g **X** u. 3,1 g **VI**; $[\alpha]_D^{26,5}$ $+7{,}5^0$ (c = 1; Pyridin); 6 g. — *Phenyl-4.6-O-benzyliden-β-D-galaktopyranosid-3-phosphat, Cyclohexylammoniumsalz*, $C_{25}H_{34}NO_9P \cdot H_2O$, F. 193° (Aceton/A.), durch 24std. Rühren von 6 g vorst. Verb. mit (10 ml 42%ig. KOH in Dioxan bei Raum-Temp., Neutralisation der mit Hilfe von Amberlite angesäuerten Lsg. mit **IX**, Aufnehmen in wenig warmem A. nach Abdestillieren von Dioxan, Zugabe von Ae. in der Kälte, Abkühlen mit Aceton/CO_2 u. Abdekantieren; $[\alpha]_D^{26}$ -24^0 (c = 0,340; CH_3OH); 4,2 g. — *Phenyl-β-D-galaktopyranosid-3-phosphat, Dicyclohexylammoniumsalz*, $C_{24}H_{43}N_2O_9P \cdot 1{,}5\,H_2O$, F. 140° ($CH_3OH$/Ae.), durch Einstellen der Lsg. von 4 g vorst. Verb. in A. mit Amberlite auf pH 2, $^3/_4$std. Kochen, Neutralisation mit **IX** u. Eindampfen; $[\alpha]_D^{25,5}$ $-10{,}8^0$ (c = 1; W.); $[\alpha]_D^{25,5}$ $-15{,}5^0$ (c = 1; 0,372m $K_2B_4O_7$-Lsg.); 1,3 g. — *Phenyl-β-D-galaktopyranosid-4.6-phenylphosphat*, $C_{18}H_{19}O_8P$, F. 224 bis 225° (Eisessig), durch Eintropfen von 17 g **VI** in Pyridin zu 21 g **XII** in Pyridin unterhalb 40°, 24std. Aufbewahren bei Raum-Temp.; Zugabe von wenig W., Abdestillieren von Pyridin u. Verreiben des Rückstandes mit wenig W.; $[\alpha]_D^{25}$ -41^0 (c = 1; Pyridin); 29 g. — *Phenyl-β-D-galaktosid-4.6-phosphat, Cyclohexylammoniumsalz*, $C_{18}H_{28}NO_8P \cdot H_2O$, F. 230° (A.), durch 12std. Rühren von 4 g vorst. Verb. mit 4,2 g KOH in wss. Dioxan, Einstellen mit Amberlite auf pH 7, Abdestillieren von Dioxan unterhalb 30°, Filtrieren der mit Ae. gewaschenen, eingeengten wss. Lsg. über Amberlite IR-120 (Cyclohexylammoniumform), Auswaschen der Säule mit viel W. u. Einengen; $[\alpha]_D^{25}$ -59^0 (c = 0,512; W.); $[\alpha]_D^{25}$ -59^0 (c = 0,512; 0,372m $K_2B_4O_7$-Lsg.); 1,2 g. — *Phenyl-β-D-galaktopyranosid-4-phosphat, Bariumsalz*, $C_{12}H_{15}BaO_9P \cdot 2\,H_2O$, durch 3½std. Erhitzen der Lsg. vorst. Verb. in 0,5n $Ba(OH)_2$ auf dem Wasserbad, Neutralisation der mit Hilfe von Amberlite angesäuerten Lsg. mit **IX**, Eindampfen, Lösen des Rückstandes in Propanol–konz. NH_4OH–W. (7 : 1 : 2), Adsorption an „Chromax" Typ 3501, Elution mit demselben Lsgm.-Gemisch, Eindampfen der ersten Fraktionen, Aufnehmen in W., Ansäuern, Neutralisation mit $Ba(OH)_2$, Einengen u. Zugabe von A.; $[\alpha]_D^{20}$ -29^0 (c = 1; W.); $[\alpha]_D^{20}$ -30^0 (c = 1; 0,372m $K_2B_4O_7$-Lsg.); 55%.; daneben *Phenyl-β-D-galaktopyranosid-6-phosphat, Dicyclohexylammoniumsalz*, $C_{24}H_{43}N_2O_9P \cdot H_2O$, F. 165° (A.), durch weitere Elution mit Propanol–konz. NH_4OH–W., Eindampfen, Lösen in W., Ansäuern mit Hilfe von Amberlite, Neutralisation mit **IX** u. Einengen; $[\alpha]_D^{20,9}$ $-41{,}5^0$ (c = 1; W.); $[\alpha]_D^{20,9}$ $-55{,}5^0$ (c = 1; 0,372m $K_2B_4O_7$-Lsg.); 16%.

A. Kumm. 3400◇

0930 **Die Glykoside von Convallaria keiskei Miq.** 2. Mitt. N. F. Komissarenko. (Med. Ind. [UdSSR] **15**, Nr. 11, 19—24, 1961; Charkow, chem.-pharmazeut. Forschungsinst.; russ.) — 1. vgl. C. **1963**, 3316. — Aus *Convallaria keiskei* Miq. wurden *Convallatoxol* (**I**), *Convallosid* (**II**) u. ein neues *Glykosid* (**III**) isoliert. Die fermentative Hydrolyse von **II** lieferte *Convallotoxin* (**IV**), die Red. von **IV** mit $NaBH_4$ führt zu **I**. Bei der Hydrolyse von **I**, **II**, u. **III** in Aceton in Ggw. von konz. HCl wurde *L-Rhamnose*, aus **II** außerdem *D-Glucose* erhalten. Die biol. Aktivität von **I** u. **III** ist gleich groß.

Versuche: Man extrahiert 20 kg der Pflanze mit W.–A., dampft ein, extrahiert mit Chlf.–A., reinigt an Al_2O_3 [Eluieren mit Chlf.–A. (2 : 1)], chromatographiert an einer Al_2O_3-Säule mit Chlf.–A. (6—8%) u. eluiert die Segmente mit A. bzw. Chlf.–A.: 326 mg **I**, 317 mg **III** u. 147 mg **II**. — *Convallotoxol* (**I**), $C_{29}H_{44}O_{10}$, F. 170—172° (Methanol–Aceton–Ae.); Nadeln in Form von Drusen; $[\alpha]_D^{20}$ $-10{,}0 \pm 2^0$ (c = 1,00; Methanol). — *Convallosid* (**II**), $C_{35}H_{52}O_{15}$, F. 198—199° (A.); Nadeln; $[\alpha]_D^{19}$ $-9{,}8 \pm 2^0$ (c = 1,02; 80%ig. A.). — *Glykosid* **III**, F. 222—224°, dann 252—254° (Methanol–Aceton–Ae.); Drusen; $[\alpha]_D^{19}$ $-10{,}97 \pm 2^0$ (c = 1,0236; Methanol). — *Convallotoxin* (**IV**), $C_{29}H_{42}O_{10}$, F. 218—220° (Aceton–W.), durch 2 Tage langes Stehen von 100 mg **II** mit 250 mg des Ferment-Präp. aus *Aspergillus oryzae* in 30 ml W. bei pH 5,5 bis 5,7 u. 38°; Nadeln; 62 mg Ausbeute.

Helmut Schäfer. 3450△

0931 **Synthese von K-Strophantin-β.** N. K. Kotschetkow, A. Ja. Chorlin und A. F. Botschkow. (Ber. Akad. Wiss. UdSSR **136**, 613—16, 1961; Akad. der Wiss. der UdSSR, Inst. für Chem. der Naturstoffe; russ.) — *K-Strophantin-β*, F. 190—196° (Zers.), *Hydrat*, $C_{36}H_{54}O_{14} \cdot H_2O$ (A.–Ae.), man gibt zu 721 mg Cymarin [F. 147—150° (A.)] in 6 ml abs. Bzl. in der Siedehitze 4,5 g Ag_2CO_3 u. 2,5 g Acetobromglucose [**I**; F. 88—89°; $[\alpha]_D$ $+205^0$ (Chlf.)], in 3,75 ml abs. Dioxan, versetzt in 7 Std. mit weiteren 5,5 g Ag_2CO_3 u. 3,75 ml **I**-Lsg., kocht 1½ Std., filtriert unter N_2, dampft ein u. läßt den Rückstand in 200 ml Methanol u. 150 ml W. mit 7,0 g $NaHCO_3$ 7 Tage lang bei 20° stehen; man dampft das Filtrat auf das halbe Vol. ein, extrahiert mit je 400 ml Chlf., Chlf.–A. (9 : 1; 4 : 1; 3 : 2) u. dampft den Chlf.–A.-Extrakt (4 : 1) ein; der Rückstand (85 mg) wird durch Chromatographieren an Cellulose im Syst. Chlf.–A./W., erneutes Extrahieren der wss. Lsg. mit Chlf. u. Chlf.–A. u. Umfällen aus A. mit Ae. gereinigt; 25 mg Ausbeute.

Helmut Schäfer. 3450△

0932 **Synthetische Untersuchungen auf dem Gebiet der isomeren Cocaine. 5. Mitt. Synthese der Methylester von Tropan-3α-ol-2β-carbonsäure (Alloekgonin) und Tropan-**

3α-ol-2α-carbonsäure (Allopseudoekgonin). G. I. Basilewskaja, M. Ss. Bainowa, K. M. Djumajew und N. A. Preobrashenski. (J. allg. Chem. [UdSSR] **30** (92), 1458 bis 1461, 1960; Moskau, Inst. für chem. Feintechnol.; russ.) — Die Hydrierung von Tropanon-(3)-carbonsäure-(2)-methylester (20 g in 360 ml abs. Methanol in Ggw. von 10 g Raney-Ni liefert bei 1 at/15—20°/45—50 Std. ein Gemisch aus *Tropan-3α-ol-2β-carbonsäuremethylester* [I; *Alloekgoninmethylester*] u. *Tropan-3α-ol-2α-carbonsäuremethylester* [II; *Allopseudoekgoninmethylester*] vom $Kp._{0,35}$ 87—102° (62% Ausbeute), bei 100 at/15—20°/3—4 Std. ein I-II-Gemisch vom $Kp._{0,2}$ 90 bis 91°. Die Trennung in I u. II erfolgt durch fraktionierte Kristallisation der Pikrate aus abs. Methanol. *Alloekgoninmethylester* (I), *Pikrat*, $C_{16}H_{20}N_4O_{10}$, F. 126—131°; 11,6%. *Hydrochlorid*, $C_{10}H_{17}NO_3 \cdot HCl$, aus dem Pikrat mit HCl; hellgelbes Öl; 79,6%. — *Allopseudoekgoninmethylester* (II), *Pikrat*, F. 199—201°, $C_{16}H_{20}N_4O_{10}$; 42,6%. *Hydrochlorid*, $C_{10}H_{17}NO_3 \cdot HCl$, F. 188—188,5° (Methanol-Ae.; abs. Isopropanol); 78%. Helmut Schäfer. 3500△

0933 **Synthetische Untersuchungen auf dem Gebiete der isomeren Cocaine.** 6. Mitt. **Synthese der Methylester der Tropan-3β-ol-2α-carbonsäure (Pseudoekgonin) und Tropan-3β-ol-2β-carbonsäure (Ekgonin).** G. I. Basilewskaja, M. Ss. Bainowa, K. M. Djumajew und N. A. Preobrashenski. (J. allg. Chem. [UdSSR] **30** (92), 2088—91, 1960; russ.) — 5. vgl. vorst. Referat. — Die Red. von Tropanon-(3)-carbonsäure-(2)-methylester (15 g in 150 ml 10%ig. H_2SO_4 bei 0° mit 2,6 kg 1,3—1,5%ig. Na-Amalgam 2 Std. bei pH 3—3,5 rühren) liefert ein Gemisch aus *Tropan-3β-ol-2α-carbonsäuremethylester* [I; *Pseudoekgoninmethylester*] u. *Tropan-3β-ol-2β-carbonsäuremethylester* [II; *Ekgoninmethylester*]. Das I-II-Gemisch wird nach Versetzen mit dem gleichen Vol. Ae. bei 0° durch Kristallisation, dann durch Dest. in I (21,3% Ausbeute), II (33,9%) u. I-II-Gemisch ($Kp._{0,2}$ 88—94°; 19,3%) getrennt. — *Pseudoekgoninmethylester* (I), $C_{10}H_{17}NO_3$, F. 128—130° (Äthylacetat). *Hydrochlorid*, F. 212—214° (Methanol), $C_{10}H_{18}ClNO_3$. *Pikrat*, $C_{16}H_{20}N_4O_{10}$, F. 132—134,5° (abs. Methanol). — *Ekgoninmethylester* (II), $C_{10}H_{17}NO_3$, $Kp._{0,2}$ 84—86°; $D._4^{20}$ 1,1469; n_D^{20} 1,4880. *Hydrochlorid*, $C_{10}H_{18}ClNO_3$, F. 199—200° (abs. Methanol). *Pikrat*, $C_{16}H_{20} \cdot N_4O_{10}$, F. 140,5—144° (abs. Methanol). Helmut Schäfer. 3500△

0934 **Synthetische Untersuchungen auf dem Gebiete der Cocaine.** 7. Mitt. **Darstellung der racemischen stereoisomeren Alkaloide Cocain, Pseudococain, Allococain und Allopseudococain.** M. Ss. Bainowa, G. I. Basilewskaja und N. A. Preobrashenski. (J. allg. Chem. [UdSSR] **30** (92), 3258—61, 1960; russ.) — 6. vgl. vorst. Referat. — Es wurden *Cocain*, *Pseudococain*, *Allococain* u. *Allopseudococain* dargestellt.

Versuche: (±)-*Cocain*, F. 79,5—80,5° (abs. Ae.), $C_{17}H_{21}NO_4$, durch 10std. Erhitzen von 4 g Ekgoninmethylester mit 7 ml Benzoylchlorid (I) in 36 ml abs. A. auf 96 bis 100°; 60,7% (Ausbeute). *Hydrochlorid*, $C_{17}H_{21}NO_4 \cdot HCl$, F. 185—186°. *Pikrat*, $C_{23}H_{24}N_4O_{11}$, F. 210—212°. — Analog: (±)-*Pseudococain*, $C_{17}H_{21}NO_4$, F. 80—81,5° (PAe.), aus Pseudoekgoninmethylester u. I; 62,7%. *Hydrochlorid*, $C_{17}H_{21} \cdot NO_4 \cdot HCl$, F. 212—213°. *Pikrat*, $C_{23}H_{24}N_4O_{11}$, F. 194—196° (abs. Methanol). — (±)-*Allococain*, aus 1 g Alloekgoninmethylesterpikrat u. 0,7 ml I; zähes, gelbes Öl; 42,7%. *Hydrochlorid*, $C_{17}H_{21}NO_4 \cdot HCl$, *Pikrat*, $C_{23}H_{24}N_4O_{11}$, F. 130,5 bis 132°. — (±)-*Allopseudococain*, $C_{17}H_{21}NO_4$, F. 83—84° (abs. Ae.), aus 0,7 g Allopseudoekgoninmethylester u. 1,2 ml I; 26,3%. *Hydrochlorid*, $C_{17}H_{21}NO_4 \cdot HCl$, F. 177—178°. *Pikrat*, $C_{23}H_{24}N_4O_{11}$, F. 172—174°. — *Allopseudotropanol-(3)-carbonsäure-(2)-methylester*, $C_{10}H_{17}NO_3$, F. 81—83° (PAe.), neben vorst. Verb.; 0,45 g. *Pikrat*, $C_{16}H_{20}N_4O_{10}$, F. 195—198°. Helmut Schäfer. 3500△

0935 **Über die Alkaloide von Vinca herbacea W.K.** 1. Mitt. P. Panow, I. Ognjanow, N. Mollow, K. Russinow, W. Georgijew und D. Sheljaskow. (C. R. Acad. bulg. Sci. **14**, 39—41, 1961; russ., Auszug: dt.) — Aus den oberird. Teilen von *Vinca herbacea* W.K. wurden zu verschiedenen Vegetationszeiten die *Gesamtalkaloide* durch Dichloräthan-Extraktion in einer Menge von 0,5% isoliert. Die Gesamtalkaloide zeigen neben der erwarteten hypotensiven auch eine curareähnliche Wrkg. auf die N-cholinreaktiven Syst. der Skelettmuskeln. Helmut Schäfer. 3500△

0936 **Herbacein — ein neues Alkaloid der Gattung Vinca.** N. Mollow, I. Mokri, I. Ognjanow und P. Dalew. (C. R. Acad. bulg. Sci. **14**, 43—46, 1961; russ., Auszug: dt.) — 1. vgl. vorst. Referat. — Aus den Gesamtalkaloiden von *Vinca herbacea* wurde ein „*Herbacein*" genanntes Indolalkaloid isoliert. Es enthält 1 Ester-, 4 Methoxygruppen u. 1 aliphat. Doppelbindung. Sein UV- (200—400 mμ) u. IR-Spektrum (400—3900 cm^{-1}) wurde aufgenommen.

Versuche: *Herbacein*, $C_{24}H_{32}N_2O_6$, F. 144—145° (Zers.; Ae.-Methanol), man alkalisiert 7,7 kg der lufttrockenen oberird. Pflanzenteile mit NH_4OH, extrahiert 4 mal mit je 30 Liter Dichloräthan, dampft auf 1 Liter ein, vermischt mit 500 g Kieselgur, trocknet im Vakuum, extrahiert mit 0,5%ig. HCl u. macht ammoniakal. (→ 39,9 g Gesamtalkaloide); man extrahiert 30 g 6—8 Std. lang im Soxhlet mit Ae., engt ein u. friert bei —15° aus; Schuppen; $[\alpha]_D^{22}$ —219 ± 2° (c = 0,544; Pyridin); 3,3 g Ausbeute. *Perchlorat*, F. 207—208°; Nadeln. Helmut Schäfer. 3500△

0937 **Die Konstitution des Sabadins.** 10. Mitt. **über Veratrin–Veratrum-Alkaloide.** H. Möhrle und H. Auterhoff. (Arch. Pharmaz. Ber. dtsch. pharmaz. Ges. **292/64**, 337—40, 1959; Braunschweig, TH, Inst. für Pharmaz. Chem. u. Lebensmittelchem.) — 9. vgl. Arch. Pharmac. Ber. dtsch. pharmaz. Ges. **291/63**, [1958], 288; 8. vgl. C. **1957**, 5281. — Das aus seinem *Nitrat* (aus Veratrinmutterlaugen gewonnen) dargestellte reine *Sabadin* (I) wurde als *Monoacetat des Neosabadins* (II) erkannt. Die Hydrolyse von I führt zu II, dessen Nitrat, Hydrierungs-Prod. u. IR-Spektrum mit authenth. Angaben übereinstimmen. I u. II bilden das gleiche *Triacetylneosabadin*.

Versuche: *Sabadin* (I), $C_{27}H_{42}NO_8 \cdot CH_3CO$, F. 120 bis 140° (Zers.), durch Ammoniakalisieren des *Nitrats* [$C_{27}H_{42} \cdot NO_8 \cdot CH_3CO \cdot HNO_3$, F. 320° (Zers.; W.)] u. Chlf.-Extraktion. — *Neosabadinnitrat*, F. 297—298° (A.), durch 3std. Kochen von I mit alkohol. KOH, Einengen der Lsg., Lösen in W., Extrahieren mit Chlf., Abdampfen, Trocknen des Rückstandes u. Übergießen mit 15%ig. HNO_3. — *Verb.* $C_{27}H_{45}NO_8$ *vom F. 298°* (Zers.), durch Hydrieren vorst. Verb. nach Adams oder an Raney-Ni. — *Triacetylneosabadin* (*Diacetylsabadin*), $C_{27}H_{40}NO_8 \cdot (CH_3CO)_3$, F. 155—160°, durch Acetylierung von II aus I bzw. authent. II in Pyridin. H. Smalla. 3500

0938 **Über die Sesquiterpenlactone von Artemisia leucodes Schrenk.** K. Ss. Rybalko und P. Ss. Massagetow. (Med. Ind. UdSSR **15**, Nr. 11, 25—26, 1961; Allunions Forschungsinst. für Arznei- u. Aromapflanzen; russ.) — Aus *Artemisia leucodes* Schrenk. wurden *Austricin* u. ein neues *Sesquiterpenlacton* isoliert.

Versuche: *Austricin*, *Hydrat*, $C_{15}H_{18}O_4 \cdot H_2O$, F. 149 bis 150,5° (A.), man extrahiert 1 kg der oberird. Teile der Pflanze mit W., den wss. Extrakt mit Chlf., dampft ein u. fällt mit Ae. (→ 0,5% Substanz); den Nd. behandelt man mehrmals mit Chlf. u. kristallisiert den Rückstand um. — *Sesquiterpenlacton*, $C_{15}H_{18}O_3$, F. 195—198° (A.), durch Eindampfen der vorst. erhaltenen Chlf.-Lsg.; $[\alpha]_D^{22}$ + 55,9° (c = 2,86 in Chlf.). Helmut Schäfer. 3600△

0939 **Diterpenoide.** Phanindra Chandra Dutta und Saran Adhar Narang. (J. Indian chem. Soc. **38**, 576—86, 1961; Calcutta, Indian Assoc. for the Cultivat. of Sci., Dep. of Organ. Chem.; engl.) — Zusammenfassung über Klassifizierung, Biogenese u. Synth. von Diterpenoiden. — 61 Literaturangaben. H.-J. Kötzsch. 3600◇

0940 **Die Chemie der Triterpene und verwandter Verbindungen.** 43. Mitt. **Die Inhaltsstoffe der Rinde von Platanus x hybrida Brot. und die Struktur von Platansäure.** R. T. Aplin, T. G. Halsall und T. Norin. (J. chem. Soc. [London] **1963**, 3269—73, Oxford, Univ., The Dyson Perrins Labor.; engl.) — 42. vgl. C. **1963**, 9721. — Vff. wiederholten die Unters. (vgl. David, [1944]; Bruckner u. Mitarbeiter, J. chem. Soc. [London] **1948**, 948) des Methanolextrakts der Rinde von *Platanus x hybrida* Brot. u. fanden in der sauren Fraktion nach Methylieren *Betulinsäure* (II)-, bzw. *Betulonsäure*- bzw. *Platansäure-Methylester* (IIa bzw. V bzw. III) sowie einen *Diketosäuremethylester*, der auch durch Oxydation von III mit Chromsäure entsteht u. der durch die Identifizierung von III (= *3β-Hydroxy-20-oxo-30-norlupan-28-säuremethylester*) als deren *3.20-Dioxoanalogon* (I) identifiziert wird. Die neutrale Fraktion enthielt *Betulinaldehyd* (IV), dessen *Acetat*, *Betulin* u. *Sitosterin*. Für die Struktur von

III sprechen die von Thomas u. Müller (Chem. and Ind. **1961**, **1794**) mitgeteilten Eigg., das Massenspektrum, das IR- u. das NMR-Spektrum, die mol. Drehung u. die Darst. durch Ozonisierung von **IIa**.

Versuche: ([α] = [α]$_D$ bei Raum-Temp. in Chlf.): *Betulinaldehyd* (**IV**; *3β-Hydroxy-$\Delta^{20,29}$-lupen-28-on*), F. 190 bis 193° (evakuierte Capillare), a) aus dem Acetat durch Verseifung; b) aus 4,5 kg Rinde von *P. x hybrida* durch Methanolextraktion (1 Woche), Einengen, Filtrieren (→ 47 g **II**), Eindampfen, Extrahieren mit Ae., Einengen, Waschen mit 10%ig. NaOH, Filtrieren (→ Na-Salze), u. Chromatographie der Neutralfraktion (23,5 g) an Al_2O_3; Nadeln aus PAe. u. durch Sublimation; [α] + 19° (c = 1,06); 0,674 g (Ausbeute); daneben **IV**-*3β-Acetat* [F. 173—180° (Zers., evakuierte Capillare), [α] + 30° (c = 1,31); 1,405 g] u. *Sitosterin* [F. 137—138° (Bzl.); 0,565 g]. — *Betulonsäure* (*3-Oxo-$\Delta^{20,29}$-lupen-28-säure*)-*Methylester* (**V**), F. 164—165°, aus dem neben **IV** erhaltenen, in NaOH lösl. Teil durch Ansäuern, Ae.-Extraktion, Rk. mit CH_2N_2 in Ae. u. Chromatographie des Rohprod. (13,7 g) an Al_2O_3; [α]$_D$ + 31° (c = 1,03), Nadeln aus Methanol; 1,38 g; daneben 4,92 g Gemisch aus **IIa** (90%) u. **I** (5%). — *Platansäure*, $C_{29}H_{46}O_4$, F. 285—287°, aus 0,2 g des Methylesters durch 8std. Kochen mit LiBr in Kollidin; Nadeln aus A. u. durch Sublimation bei 180° im Hochvakuum; [α] —51° (c = 1); 0,16 g. *Methylester* (**III**), F. 250—251°, a) neben **V**; [α] —30° (c = 1,05); Nadeln aus Bzl.; 1,65 g; aus 3,3 g **IIa** in methanol. Äthylacetat durch Ozonisierung bei —70° u. Chromatographie an Al_2O_3; 0,72 g. *Acetat*, F. 204—206°, Nadeln aus PAe./Bzl., [α]$_D$ —16° (c = 0,99). — *3.20-Dioxo-30-norlupen-28-säuremethylester* (**I**), $C_{30}H_{46}O_4$, F. 162—164°, a) neben **V**; Nadeln aus Methanol; b) aus **III** in Aceton mit 8n H_2CrO_4; [α] + 2° (c = 1,04); c) neben **III** nach b); 0,45 g. — *Betulinsäuremethylester* (**IIa**), F. 224—225° (CH_3OH oder Bzl.), durch Suspendieren der neben **IV** erhaltenen Na-Salze in W., Ansäuern, Extraktion mit Ae., Filtrieren durch Florisil, Eindampfen u. Rk. mit CH_2N_2 in Ae.; [α] + 5° (c = 0,7); 14,9 g. — *Betulin*, F. 254—256,5°, a) durch Red. von **IV** in Dioxan mit $LiAlH_4$; aus A. u. durch Sublimation Nadeln; b) neben **IV**. H.-J. Kötzsch. 3600◇

0941 **Über das Sapogenin der Wurzeln von Eryngium incognitum Pavl.** N. A. Sserowa. (Med. Ind. UdSSR **15**, Nr. 11, 26—27, 1961; Allunions chem.-pharmazeut. Ordshonikidse-Forschungsinst.; russ.) — Die Saponine der Wurzeln von *Eryngium incognitum* Pavl. enthalten als Sapogenin *Oleanolsäure*.

Versuche: *Oleanolsäure*, F. 305—306° (Methanol), man extrahiert 125 g der Wurzeln mit Methanol, dampft ein, nimmt in 150 ml 50%ig. Methanol auf, extrahiert mit Xylol, gibt zur Methanol-W.-Lsg. 75 ml konz. HCl u. 200 ml Xylol, kocht 4 Std. u. dampft ein; Nadeln; 5,15 g (Ausbeute). *Acetat*, $C_{32}H_{50}O_4$, F. 265—266° (Methanol); [α]$_D^{20}$ + 75° (c = 0,7; Chlf.). *Methylesteracetat*, F. 218—219° (Methanol); Plättchen; [α]$_D^{22}$ + 67,3° (c = 0,95; Chlf.).

Helmut Schäfer. 3650△

0942 **Untersuchungen über die Steroidkomponenten von einheimischen Pflanzen.** 32. Mitt. **Bestandteile von Reineckia carnea Kunth.** 4. Mitt. **Struktur von Kitigenin.** 1. Mitt. Kanzo Sasaki. (Chem. pharmac. Bull. [Tokyo] **9**, 684—92, 1961; Osaka, Shionogi & Co., Ltd., Res. Labor.; engl.) — 31. vgl. Chem. pharmac. Bull. [Tokyo] **9**, [1961], 631; 21. vgl. C. **1961**, **12470**. — Für das zur 25D-Reihe gehörende Sapogenin *Kitigenin* (**I**; $C_{27}H_{44}O_6$) wird auf Grund nachst. Rkk. die Konstit. *25D-Spirostan-1(oder 2)ξ.3β.4ξ.5ξ-tetrol* angenommen wobei die HO-Gruppen am $C_{(4)}$ u. $C_{(5)}$ cis-ständig sind. Bei der Acetylierung von **I** wird nur ein Gemisch aus dem *Di-* (**II**) u. *Triacetat* (**III**) gebildet, so daß die vierte der am Ring A verknüpften HO-Gruppen $C_{(5)}$-ständig sein muß. **III** liefert durch Einw. von $SOCl_2$ in Pyridin (**IX**) das Dehydratisierungs-Prod. *1(oder 2).3β.4-Triacetoxy-Δ^4-25D-spirosten*, das mit $LiAlH_4$ unter milden Bedingungen zu *1(oder 2).3β-Dihydroxy-25D-sporistan-4-on* (**IV**) reagiert. **IV** geht beim Erwärmen mit Cu(II)-Acetat in *4-Hydroxy-$\Delta^{1,4}$-25D-spirostadien-3-on* (**V**) über. **V** liefert durch katalyt. Hydrierung *4-Hydroxy-Δ^4-25D-spirosten-3-on*, dessen Konstit. durch Synth. aus Diosgenon (**VI**) gesichert wird. Bei der Einw. von Mesylchlorid auf **II** wird an Stelle des erwarteten Mesylderiv. *3β.4-Diacetoxy-5-hydroxy-Δ^1-25D-spirosten* (**VII**) erhalten, das bei der Hydrolyse das freie *Triol*, bei der katalyt. Hydrierung das *Dihydro-Deriv.* liefert. **VI** geht durch Red. mit $LiAlH_4$ in ein Gemisch aus *3α-* (**X**) u. *3β-Hydroxy-Δ^4-25D-spirosten* (**VIII**) über. **VIII** liefert durch cis-Hydroxylierung, Acetylierung des erhaltenen Triolgemisches u. chromatograph. Trennung zwei *Diacetate*, für die die Konstit. des *3β.4β.5β-* (**XI**) u. *3β.4α.5α-Trihydroxy-25D-spirostan-3.4-diacetat* angenommen wird. **XI** erwies sich mit dem aus **VII** erhaltenen *Dihydro-Deriv.* identisch.

Versuche: *Kitigenin-3.4-diacetat* (**II**), *Hemihydrat*, $C_{31}H_{48}O_8 \cdot \frac{1}{2} H_2O$, F. 217—219° (Chlf.-Methanol), durch 3tägige Rk. von 588 mg **I** mit Acetanhydrid (**XII**)/**IX** bei Raum-Temp., Eindampfen im Vakuum, Zugabe von W., Extraktion mit Ae., Eindampfen, Zugabe von W., Extraktion mit Ae., Eindampfen, Zugabe von CS_2 u. Filtrieren; [α]$_D^{29,5}$ —45,6 ± 2° (c = 0,868; Chlf.); 354 mg (Ausbeute). *1(oder 2).3.4-Triacetat* (**III**), $C_{33}H_{50}O_9$, F. 219—220,5° (Methanol), neben **II** durch Eindampfen der CS_2-Lsg., Chromatographie an Al_2O_3 u. Eluieren mit Bzl.; [α]$_D^{30}$ —53,6 ± 2° (c = 1,023; Chlf.); 238 mg. — *3β.4-Diacetoxy-5-hydroxy-25D-spirostan-1(oder 2)-on*, $C_{31}H_{46}O_8$, F. 200—202°, durch Zutropfen von CrO_3/H_2SO_4 zu 200 mg **II** in Aceton, Zugabe von W. nach 3 Min. u. Extraktion mit Ae.; aus Methanol Plättchen; [α]$_D^{24}$ —64,7 ± 2° (c = 1,002; Chlf.); 225 mg (roh). — *1(oder 2).3β.4-Triacetoxy-Δ^4-25D-spirosten*, $C_{33}H_{48}O_8$, F. 218 bis 221° (Methanol), durch Zugabe von $OSCl_2$ zu **III** in **IX** bei 0° u. Zugabe von Eiswasser u. Ae. nach 50 Min.; [α]$_D^{24}$ —129 ± 2° (c = 1,105; Chlf.). — *1(oder 2).3β-Dihydroxy-25D-spirostan-4-on* (**IV**), $C_{27}H_{42}O_5$, F. 192—196° (Aceton-Methanol), durch Zutropfen von 100 mg vorst. Verb. in abs. Tetrahydrofuran (THF) zur äther. Suspension von $LiAlH_4$ bei 0° unter Rühren, Zers., Ansäuern nach 20 Min. u. Extraktion mit Ae.; 81 mg. — *4-Hydroxy-$\Delta^{1,4}$-25D-spirostadien-3-on* (**V**), F. 175 bis 195°, durch 3½ std. Erhitzen von 48 mg **IV** in Essigsäure, Methanol u. wenig W. mit 30 mg Cu(II)-Acetat auf 100°, 2std. Kochen, Filtrieren, Eindampfen im Vakuum u. Extraktion mit Ae.; 45 mg. *Acetat*, $C_{29}H_{40}O_5$, F. 212—215° (Ae.-Methanol), durch 1std. Erhitzen von 41 mg **V** mit **XII**/**IX** auf 100°, Chromatographie an Al_2O_3 u. Eluieren mit PAe./Bzl. (3 : 1 bis 1 : 1); 15 mg. — *4-Hydroxy-Δ^4-25D-spirosten-3-on*, $C_{27}H_{40}O_4$, F. 215—220° (Aceton), a) durch ½ std. Kochen von 62 mg **IV** mit 3%ig. methanol. NaOH, Ansäuern, Extraktion mit Ae., Eindampfen u. Hydrierung des erhaltenen rohen **V** (F. 180—192°; 46 mg) in Essigester an 10%ig. Pd-Kohle; [α]$_D^{29}$ + 10,3 ± 6° (c = 0,361; Chlf.); b) durch 24std. Rk. von 400 mg **VI** in Ae. mit 20 mg OsO_4 u. 0,7 ml 30%ig. H_2O_2 bei Raum-Temp. unter gelegentlichem Schütteln, Eindampfen im Vakuum, Lösen in Ae., Ausschütteln mit 5%ig. Soda-Lsg., Eindampfen, Kristallisieren aus Methanol (→ 180 mg **VI**), Eindampfen der Mutterlauge, Chromatographie an Al_2O_3, Eluieren von weiteren 107 mg **VI** mit Bzl.-PAe. u. Bzl. u. Eluieren mit Bzl.-Chlf. (4 : 1 u. 2 : 1) u. Chlf.; 20 mg; c) durch 90std. Rk. von 1 g **VI** in Ae. mit 50 mg OsO_4 u. 1,75 mg 30%ig. H_2O_2, Ausschütteln mit Soda-Lsg., Eindampfen, Chromatographie an Al_2O_3, Eluieren von 440 mg **VI** mit Bzl. u. Bzl.-Chlf., dann mit Chlf. u. Chlf.-Methanol (10 : 1), Eindampfen, Lösen in 2,5%ig. methanol. KOH, mehrstd. Stehen u. Extraktion mit Ae.; 287 mg (roh). — *3β.4-Diacetoxy-5-hydroxy-Δ^1-25D-spirosten* (**VII**), $C_{31}H_{46}O_7$, F. 236—240° (Aceton), durch mehrstd. Rk. von 200 mg **II** mit Mesylchlorid in **IX** bei 0°; 98 mg (roh). — *3β.4.5-Trihydroxy-Δ^1-25D-spirosten*, $C_{27}H_{42}O_5$, F. 235—239° (Aceton), durch 2std. Rk. von 22 mg **VII** mit 1,5%ig. methanol. NaOH bei Raum-Temp., Eindampfen im Vakuum bei Raum-Temp. u. Extraktion mit Ae.; [α]$_D^{24}$ + 18,7 ± 4° (c = 0,503; Chlf.); 20 mg. — *3β-Hydroxy-Δ^4-25D-spirosten* (**VIII**), $C_{27}H_{42}O_3$, F. 155—157° (Chlf.-Methanol), durch 25 Min. langes Zutropfen von 5 g **VI** in abs. THF 1,08 g des erhaltenen Prod. (5,02 g) in A., Zugabe von Digitonin in 80%ig. A., 40 Min. langes Stehen bei Raum-Temp., Filtrieren, Waschen mit A., Behandeln mit sd. Ae., Lösen des *Digitonids* (3,6 g) in **IX**, 2½ std. Erhitzen auf 90°, Eindampfen im Vakuum u. Extraktion mit sd. Ae.; [α]$_D^{23}$ —39,6 ± 3° (c = 0,727; Chlf.). *Acetat*, $C_{29}H_{44}O_4$, F. 167—169°, durch ½ std. Erhitzen von 159 mg **VIII** mit **XII** in **IX** auf 90°; aus Ae.-Aceton Plättchen; [α]$_D^{22}$ —82 ± 2° (c = 1,019; Chlf.); 160 mg (roh). — *3α-Hydroxy-Δ^4-25D-spirosten* (**X**), $C_{27}H_{42}O_3$, F. 182—184° (CH_2Cl_2-Aceton), durch Eindampfen des Filtrats vorst. Digitonids u. Extraktion mit Ae.; [α]$_D^{20}$ —5,1 ± 3° (c = 0,831; Chlf.); 274 mg (roh). *Acetat*, $C_{29}H_{44}O_4$, F. 170—172°, aus 259 mg **X**; aus Aceton Plättchen; [α]$_D^{18}$ —89,3 ± 2° (c = 1,035; Chlf.); 267 mg (roh). — *3β.4β-Diacetoxy-5β-hydroxy-25D-psirostan* (**XI**), $C_{31}H_{48}O_7$, F. 204 bis 206° (Ae.-Methanol), a) durch Zugabe von **IX** u. OsO_4 in abs.

Ae. zu 1,01 g **VIII** in abs. Ae., 140std. Stehen bei Raum-Temp., Dekantieren, Eindampfen, Lösen in A., Zugabe von 10%ig. Na_2SO_3-Lsg., 3½ std. Kochen, Filtrieren, Eindampfen, Verdünnen mit W., Lösen des Nd. in Chlf./wenig Methanol, Ausschütteln mit W., Eindampfen, Zugabe von Bzl., Chromatographie der lösl. Fraktion an Florosil, Eluieren von 332 mg **VIII** mit Bzl./Chlf. (5 : 1 bis 1 : 1), dann mit Chlf./Methanol (60 : 1 bis 5 : 1), ¾std. Erhitzen des Eluats (97 mg) u. der in Bzl. unlösl. Fraktion mit **XII/IX** auf 90°, Chromatographie an Al_2O_3 u. Eluieren mit Ae./Bzl. (3 : 1); 27 mg (roh); b) durch Hydrierung von 200 mg **VII** in Essigsäure an Adams-Katalysator, Filtrieren, Eindampfen im Vakuum, Chromatographie an Al_2O_3, Eluieren mit PAe./Bzl. (8 : 1 bis 3 : 1), erneute Chromatographie u. Eluieren mit Bzl.; $[\alpha]_D^{23}$ −21,1 ± 2° (c = 0,848; Chlf.); 50 mg (roh); daneben wenig *4-Acetoxy-5-hydroxy-25D-spirostan*, F. 195—212°. — *3β.4α-Diacetoxy-5α-hydroxy-25D-spirostan*, $C_{31}H_{48}O_7$, F. 245,5—246° (Ae.–Methanol), neben **XI** nach a) durch weiteres Eluieren mit Bzl. u. Chlf.; $[\alpha]_D^{23}$ −23,4 ± 2° (c = 0,603; Chlf.); 425 mg (roh). L. Lamza. 3650△

0943 **Steroide.** 175. Mitt. **Weitere Steroidverbindungen mit anabolischer Wirkung.** P. G. Holton und E. Necoechea. (J. med. pharmac. Chem. **5**, 1352—57, 1962; México, D.F., México, Syntex, S.A. Res. Labor.; engl.) — 174. vgl. C. **1963**, 5484. — Durch Hydrieren von 17α-Äthinyl-Δ^5-androsten-3β.17β-diol (I) in Ggw. von Pd/Kohle wird *17α-Äthyl-5α-androstan-3β.17β-diol* (**II**) dargestellt. **II** wird durch N-Bromacetamid (**III**) in 55%ig. Ausbeute zu *17α-Äthyl-17β-hydroxy-5α-androstan-3-on* (**IV**) oxydiert, während im Gegensatz zu den Angaben von Ruzicka u. Mitarbeitern (vgl. Helv. chim. Acta **30**, [1947], 867) bei der Oxydation mit CrO_3 nur geringe Ausbeuten erhalten werden; auch die Oppenauer-Oxydation liefert geringe Ausbeuten. Mit Ameisensäureäthylester (**V**) wird **IV** in ausgezeichneter Ausbeute zum *2-Hydroxymethylen-Deriv.* (**VI**) kondensiert, das zum *2α-Methyl-Deriv.* hydriert u. durch Bromierung u. anschließende Dehydrobromierung in *17α-Äthyl-17β-hydroxy-2α-methyl-Δ^1-5α-androsten-3-on* übergeführt wird. Durch Bromierung von **VI**, anschließende Behandlung mit Alkali u. Kondens. des erhaltenen *2α-Bromketons* mit Thioacetamid (**VII**) wird *17α-Äthyl-17β-hydroxy-2'-methylthiazolo-[5'.4':2.3]-androstan* dargestellt. 6α.17α-Dimethyltestosteron (**VIII**) wird durch Li/fl. NH_3 zu *17β-Hydroxy-6α.17α-dimethyl-5α-androstan-3-on* red., das analog **IV** in *17β-Hydroxy-2α.6α.17α-trimethyl-5α-androstan-3-on* übergeführt wird. Verss. an kastrierten, infantilen Ratten zeigten, daß die Verbb. der 17α-Äthylreihe geringere androgene Wrkg. u. anabol. Aktivität als Verbb. der 17α-Methyl- bzw. 17α-H-Reihe besitzen. IR-Maxima s. Original.

Versuche (FF. korr.): *17α-Äthyl-5α-androstan-3β.17β-diol* (**II**), F. 217—220° (Chlf./Methanol), durch Hydrieren von **I** in Methanol in Ggw. von Pd/Kohle bei 45° u. 2,07 lbs./sq.in.; 90% (Ausbeute). — *17α-Äthyl-17β-hydroxy-5α-androstan-3-on* (**IV**), F. 142—145° (Aceton/Hexan), durch 48std. Rk. von **II** in W./Pyridin mit **III** bei 5°, Gießen in kalte Salz-Lsg., Chromatographie des Nd. an Al_2O_3 u. Eluieren mit Methylenchlorid (M)/Hexan (3 : 1); 55%. — *17α-Äthyl-17β-hydroxy-2-hydroxymethylen-5α-androstan-3-on* (**VI**), $C_{22}H_{34}O_3$, F. 155—157° (M/Hexan), durch Zugabe von Na-Methylat zu **IV** in abs. Bzl. unter Rühren, Zugabe von **V**, 5std. Rühren bei Raum-Temp. u. Behandeln des erhaltenen *Na-Salzes* mit Eis/HCl; $[\alpha]_D^{25}$ + 31° (c = 1; Chlf.); 81%. — *17α-Äthyl-17β-hydroyx-2α-methyl-5α-androstan-3-on*, $C_{22}H_{36}O_2$, F. 129—131° (Hexan), durch Hydrieren von **VI** in verd. A./konz. HCl bei Raum-Temp.; $[\alpha]_D^{25}$ + 7° (c = 1; Chlf.); 48%. — *17α-Äthyl-17β-hydroxy-2α-methyl-Δ^1-5α-androsten-3-on*, $C_{22}H_{34}O_2$, F. 112—115° (Pentan), durch Zugabe von Br_2 in Essigsäure zu 1,40 g vorst. Verb. in Essigsäure, 10 Min. lange Rk., Gießen in Eiswasser, Zugabe der erhaltenen *Brom-Verb.* in Dimethylacetamid (DMA) zu $CaCO_3$ in DMA, ¾std. Kochen, Filtrieren, Eindampfen des Filtrats im Vakuum, Gießen in W., Chromatographie des Nd. an Al_2O_3 u. Eluieren mit Bzl./Hexan (1 : 1); 300 mg. — *17α-Äthyl-17β-hydroxy-2'-methylthiazolo-[5'.4':2.3]-Δ^2-androsten*, $C_{23}H_{35}$·NOS, F. 232—234° (M/Ae., 1 : 1), durch ½ std. Zutropfen von Br_2 in CCl_4 zu **VI** in Methanol/wenig K-Acetat, Zugabe von 1n methanol. Na-Methylat, 10 Min. langes Kochen, Gießen in W., Lösen des erhaltenen trocknen *Brom-Deriv.* in abs. A., Zugabe von **VII**, 3std. Kochen, Eindampfen im Vakuum, Chromatographie in abs. Essigester an Al_2O_3 u. Eluieren mit Bzl./Hexan (9 : 1); $[\alpha]_D^{25}$ + 36° (c = 1; Chlf.); 26,2%. — *17β-Hydroxy-6α.17α-dimethyl-5α-androstan-3-on*, $C_{21}H_{34}O_2$, F. 178—180° (Aceton/Hexan), durch Zugabe von **VIII** in abs. Dioxan/Ae. zu Li in fl. NH_3, Zugabe von NH_4Cl, Eindampfen, Zugabe von W., Extrahieren mit M, Eindampfen, Chromatographie an Al_2O_3 u. Eluieren mit Bzl./Hexan (1 : 1); $[\alpha]_D^{25}$ 7,5° (c = 1; Chlf.); 55,7%. — *17β-Hydroxy-2-hydroxymethylen-6α.17α-dimethyl-5α-androstan-3-on*, $C_{22}H_{34}O_3$, F. 199 bis 200° (M/Ae.), durch Zugabe von **V** zu vorst. Verb. in abs. Bzl./Na-Methylat, 5std. Rühren bei Raum-Temp., Lösen des erhaltenen *Na-Salzes* in W. u. Extrahieren mit M; $[\alpha]_D^{25}$ 50,2° (c = 1; Chlf.); 75,7%. — *17β-Hydroxy-2α.6α.17α-trimethyl-5α-androstan-3-on*, $C_{22}H_{36}O_2$, F. 140—141° (Aceton/Hexan), durch Hydrieren vorst. Verb. in verd. A./konz. HCl bei Raum-Temp., Eindampfen im Vakuum, Chromatographie an Al_2O_3 u. Eluieren mit Bzl./Hexan (70 : 30); $[\alpha]_D^{35}$ + 7,2° (c = 1; Chlf.); 62,5%. Klaus Lange. 3700△

0944 **Cholestan-2α.3α- und -2β.3β-episulfid.** Ken'ichi Takeda und Taichiro Komeno. (Chem. and Ind. **1962**, 1793—94; Osaka, Shionogi & Co. Ltd., Res. Labor.; engl.) — Die Darst. u. $LiAlH_4$-Red. von *Cholestan-2α.3α-* u. *-2β.3β-episulfid* wird beschrieben.

Versuche: *2β-Thiocyanatocholestan-3α-ol* (**I**), F. 161 bis 163°, aus Rhodanwasserstoff in Ae. u. Cholestan-2α.3α-epoxid bei Raum-Temp.; $[\alpha]_D^{19}$ + 27,9° (Chlf.); 74% (Ausbeute). *Acetat*, F. 125—127°; $[\alpha]_D^{21}$ + 58,2°. — *2β-Mercaptocholestan-3α-ol* (**II**), F. 122—124°, durch Red. von **I** mit $LiAlH_4$; $[\alpha]_D^{16}$ + 30,1° (Chlf.); 70%. *Diacetat* (**III**), F. 119 bis 120°; $[\alpha]_D^{17}$ + 34,2° (Chlf.). — *2α-Thiocyanatocholestan-3-on* (**IV**), a) durch Oxydation von **I** mit CrO_3/H_2SO_4 in Aceton; b) aus 2α-Bromcholestan-3-on u. KSCN; gibt mit Zn/Essigsäure *Cholestan-3-on*. — *2α-Mercaptocholestan-3β-ol*, F. 125—127°, durch Red. von **IV** mit $LiAlH_4$; $[\alpha]_D^{19}$ + 10,9° (Chlf.). *Diacetat*, F. 108—110°; $[\alpha]_D^{18}$ —46,7° (Chlf.). *2α.3β-S.O-Isopropyliden-Deriv.*, F. 117—118°, durch Rk. mit Aceton u. p-Toluolsulfonsäure; $[\alpha]_D^{28}$ + 45° (Chlf.). *2α.3β-S.O-Benzyliden-Deriv.*, F. 155—157°, durch Rk. mit Benzaldehyd u. p-Toluolsulfonsäure; $[\alpha]_D^{22,5}$ + 116,1° (Chlf.). — *3α-Thiocyanatocholestan-2β-ol* (**V**), F. 165—167°, aus Cholestan-2β.3β-epoxid; $[\alpha]_D^{32}$ + 43,0° (Chlf.). *Acetat*, F. 111—113°; $[\alpha]_D^{33}$ + 59,2° (Chlf.). — *3α-Mercaptocholestan-2β-ol*, F. 118 bis 120°, durch Red. vorst. Verb.; $[\alpha]_D^{30}$ + 53,2° (Chlf.). *Diacetat* (**VI**), F. 141—143°; $[\alpha]_D^{32}$ + 38,9° (Chlf.). — *Cholestan-2β.3β-episulfid* (**VII**), F. 120—122°, durch Rk. von **I** oder **III** mit KOH in Methanol; $[\alpha]_D^{24}$ + 40,6° (Chlf.); 100%. — *Bis-[3β-hydroxycholestan-2β-yl]-disulfid*, F. 209—212° (Zers.), analog vorst. Verb. aus **II**; 10%. — *Cholestan-2α.3α-episulfid* (**VIII**), F. 123—124°, analog vorvorst. Verb. aus **V** oder **VI**; $[\alpha]_D^{23}$ + 26,2° (Chlf.). — *Δ^2-Cholesten*, a) durch Kochen von **VIII** mit $LiAlH_4$ in Tetrahydrofuran u. Ae. u. folgende Acetylierung; 17%; b) analog a) aus **VII**; 16%; daneben *2β-Acetylmercaptocholestan*, F. 161—162,5°; $[\alpha]_D^{23}$ + 3,9° (Chlf.); 60%. P. Becker. 3700△

0945 **Stickstoffhaltige Steroide.** 2. Mitt. **Über die Darstellung von vicinalen Aminoalkoholen des Cholesterins.** Kurt Ponsold. (Chem. Ber. **96**, 1411—17, 1963; Jena, Univ., Inst. für Organ. Chem. u. Biochem.; dt.) — 1. vgl. Chem. Ber. **95**, [1962], 1727. — Es wird die Darst. von *vicinalen Aminoalkoholen* aus Azidohydrinen beschrieben u. die abgeleitete Konfiguration durch Desaminierung der Aminoalkohole u. Auswertung der IR-Spektren gesichert.

Versuche: *2β-Aminocholestan-3α-ol* (**IX**), $C_{27}H_{49}NO$, F. 206—207°, durch 1tägiges Rühren von 0,4 g 2β-Azidocholestan-3α-ol in abs. Ae. mit $LiAlH_4$ bei Raum-Temp. u. Zugabe von W. (Meth. **A**); Blättchen aus Methanol; $[\alpha]_D^{20}$ + 34° (c = 1; Pyridin); 0,15 g (Ausbeute). *Hydrochlorid*, $C_{27}H_{49}NO \cdot HCl$, F. 254—256°; Nadeln aus HCl/Methanol. — *2β-Acetamidocholestan-3α-olacetat*, $C_{31}H_{53}NO_3$, F. 186°, durch 24std. Stehen von 0,25 g **IX** in Pyridin/Acetanhydrid (**XIII**; 1:1) bei Raum-Temp. (Meth. **B**); Nadeln aus Aceton; $[\alpha]_D^{20}$ + 55° (c = 1; Chlf.); 0,23 g. — *2β-Acetamidocholestan-3α-ol*, $C_{29}H_{51}NO_2$, F. 211—212°, durch ½ std. Kochen von 0,1 g vorst. Verb. in Methanol/NaOH; Nadeln aus wss. Methanol; $[\alpha]_D^{20}$ + 29° (c = 2; Chlf.); 0,08 g. — *3α-Aminocholestan-2β-ol* (**VIII**), $C_{27}H_{49}NO$, F. 203—204° (A.), a) durch Kochen von 1 g 3α-Azidocholestan-2β-ol (**I**) mit 80%ig. Hydrazinhydrat in Ggw. von Raney-Ni in A. (Meth. **C**); $[\alpha]_D^{20}$ + 38° (c = 1; Pyridin); b) aus 0,5 g **I** nach **A**; 0,25 g. — *3α-Acetamidocholestan-2β-olacetat*, $C_{31}H_{53}NO_3$, F. 201° (Methanol), aus **VIII** nach **B**; $[\alpha]_D^{20}$ + 38° (c = 1; Chlf.); 0,3 g. — *3α-Acetamidocholestan-2β-ol*, $C_{29}H_{51}NO_2$, F. 189°, durch 40 Min. langes Kochen von 0,2 g vorst. Verb. mit 5%ig. methanol. KOH (Meth. **D**); Nadeln aus Aceton; $[\alpha]_D^{20}$ + 27° (c = 1; Chlf.); 0,15 g. — *4β-Aminocholestan-5α-ol* (**X**), $C_{27}H_{49}NO$, F. 113—116° (Methanol), aus 1 g 4β-Azidocholestan-5α-ol nach **C**; $[\alpha]_D^{20}$ + 42° (c = 1; Pyridin); 0,8 g. — *4β-Acetamidocholestan-5α-ol*, $C_{29}H_{51}NO_2$, F. 217°, durch Rk. von 0,35 g **X** mit **XIII** in Pyridin; aus Aceton Nadeln; $[\alpha]_D^{20}$ + 43° (c = 1; Chlf.); 0,28 g. — *5α-Aminocholestan-3β.6β-diol* (**XI**), $C_{27}H_{49}NO_2$, F. 242—243°, aus 1 g 5α-Azidocholestan-3β.6β-diol-3-acetat (**II**) nach **A**; aus Methanol Nadeln; $[\alpha]_D^{20}$ — 6° (c = 1; Pyridin); 0,6 g. *3-Acetat*, $C_{29}H_{51}NO_3$, F. 179°, aus 0,75 g **II** nach **C**; Nadeln aus Methanol; $[\alpha]_D^{20}$ — 22° (c = 1; Pyridin); 0,6 g. — *5α-Acetamidocholestan-3β.6β-diol*, $C_{29}H_{51}NO_3$, F. 257—258° (Methanol), aus 0,35 g **XI** nach **B**, Lösen in Methanol, ½ std. Kochen mit 25%ig. NaOH u. Verdünnen mit W.; $[\alpha]_D^{20}$ + 24° (c = 1; Chlf.); 0,25 g. — *6β-Aminocholestan-3β.5α-diol-3-acetat*, $C_{29}H_{51}NO_3$, F. 190—191°, aus 3,5 g 6β-Azidocholestan-3β.5a-diol-3-acetat nach **C**: Blättchen aus A.; $[\alpha]_D^{20}$ — 17° (c = 1; Pyridin); 2,8 g. — *6β-Aminocholestan-3β.5α-diol*, $C_{27}H_{49}NO_2$, F. 199—200°, aus 1,25 g vorst. Verb. nach **D**; Nadeln aus Methanol; $[\alpha]_D^{20}$ + 1° (c = 1; Pyridin); 0,95 g. — *6β-Acetamidocholestan-3β.5α-diol*, $C_{29}H_{51}NO_3$, F. 260°, durch Lösen von 0,35 g vorst. Verb. in heißem Essigester u. Zugeben von **XIII**; Blättchen; $[\alpha]_D^{20}$ — 26° (c = 1; Chlf.); 0,3 g. — *6β-Aminocholestan-3β.7α-diol* (**V**), $C_{27}H_{49}NO_2$, F. 191—192°, aus 1,25 g 6β-Azidocholestan-3β.7α-diol-3-acetat (**III**), nach **A**; Nadeln aus Methanol; $[\alpha]_D^{20}$ + 21° (c = 1; Pyridin); 0,8 g. *3-Acetat* (**IV**), $C_{29}H_{51}NO_3$, F. 136°, aus 0,8 g **III** nach **C**; Nadeln aus Methanol; $[\alpha]_D^{20}$ — 1° (c = 1; Pyridin); 0,5 g. — *6β-Acetamidocholestan-3β.7α-diol-3-acetat*, $C_{31}H_{53}NO_4$, F. 208—209°, durch Kochen von 0,2 g **IV** mit **XIII** in Dioxan u. Verdünnen mit W.; Kristalle aus wss. Methanol; $[\alpha]_D^{20}$ — 16° (c = 1; Chlf.); 0,15 g. — *6β-Acetamidocholestan-3β.7α-diol*, F. 145—190°, a) aus vorst. Verb. nach **D**; b) durch Kochen von **V** mit **XIII** in Dioxan. — *7α-Aminocholestan-3β.6β-diol* (**XII**), $C_{27}H_{49}NO_2$, F. 217—218°, aus 1,5 g 7α-Azidocholestan-3β.6β-diol-3-acetat (**VI**) nach **A**; Nadeln aus Methanol; $[\alpha]_D^{20}$ + 14° (c = 1; Pyridin); 0,51 g. *Hydrochlorid*, $C_{27}H_{49}NO_2 \cdot HCl$, F. 303 bis 304° (Methanol). *3-Acetat* (**VII**), $C_{29}H_{51}NO_3$, F. 212° (A.), aus **VI** nach **C**; $[\alpha]_D^{20}$ — 13° (c = 1; Pyridin); 0,75 g. — *7α-Acetamidocholestan-3β.6β-diol*, $C_{29}H_{51}NO_3$, F. 283° (verd. Methanol), aus 0,25 g **XII** u. **XIII** in abs. Ae.; $[\alpha]_D^{20}$ + 46° (c = 2; Pyridin); 0,18 g. *3-Acetat*, $C_{31}H_{53}NO_4$, F. 190° (A.), durch 1 Min. langes Kochen von **VII** mit **XIII** in Dioxan; 0,27 g. — *2.3β-Epoxycholestan*, F. 86—87° (Ae./Methanol), durch Zugabe einer $NaNO_2$-Lsg. zu einer Lsg. von 0,5 g **VIII** in Essigsäure (Meth. **E**); 0,3 g. — *2.3α-Epoxycholestan*, F. 98 bis 99°, aus 0,4 g **IX** nach **E**; 0,23 g; ergibt mit HBr *2β-Bromcholestan-3α-ol*, F. 117°. — *4.5α-Epoxycholestan*, F. 98—100°, aus 0,35 g **X** nach **E**; 0,26 g. — *5.6β-Epoxycholestan-3β-ol*, F. 126—128° (Methanol), aus 0,3 g **XI** nach **E**; 0,16 g. *Acetat*, F. 111°. — *6.7α-Epoxycholestan-3β-olacetat*, F. 175—176°, aus 0,5 g **V** nach **E** u. Rk. mit Pyridin/**XIII** bei Raum-Temp.; Nadeln aus Methanol; 0,28 g. — *6.7β-Epoxycholestan-3β-ol*, F. 153—155°, aus 0,35 g **XII** nach **E**; 0,24 g. *Acetat*, F. 136 bis 138°, durch Acetylieren mit **XIII**/Pyridin.

E. Sidow. 3700◇

0946 **Stickstoffhaltige Steroide.** 3. Mitt. **Darstellung von vicinalen Aminoalkoholen durch Aufspaltung von Epoxiden mit Ammoniak.** Kurt Ponsold. (J. prakt. Chem. [4] **20**, 331—36, 1963; dt.) — 2. vgl. vorst. Referat. — Vff. untersuchen die Spaltung von Steroidepoxiden mit NH_3, um das reaktive Verh. von Epoxiden (**E**) in verschiedenen Stellungen des Steroid-Syst. kennenzulernen. Aus den **E** werden dabei in allen Fällen als Hauptprod. die diaxial substituierten *Aminoalkohole* erhalten; es erfolgt also auch unter den scharfen Rk.-Bedingungen keine Umlagerung.

Versuche: *2β-Acetamidocholestan-3α-olacetat*, F. 185 bis 186°, durch 20—24std. Erhitzen von 1 g 2.3α-Epoxycholestan mit 40 ml einer bei 0° gesätt. Lsg. von NH_3/Äthylenglykol auf 130—140° im Bombenrohr, Erhitzen des Rückstands mit PAe., Chromatographieren an Silicagel, Extrahieren mit PAe., Behandeln mit Pyridin/Acetanhydrid, Lösen in PAe./Bzl. (1:1), erneute Chromatographie (Meth. **A**) u. Eluieren mit Ae. u. Ae./Aceton; $[\alpha]_D^{20}$ + 54° (c = 2; Chlf.); 0,48 g (Ausbeute); daneben durch Eluieren bei der 1. Chromatographie mit Bzl./Ae. 0,06 g einer *Verb. vom F. 227 bis 233°*. — *3α-Acetamidocholestan-2β-olacetat*, F. 201° (Aceton) aus 1 g 2.3β-Epoxycholestan nach **A** u. Eluieren mit Ae.; $[\alpha]_D^{20}$ + 38° (c = 1; Chlf.); 0,72 g. — *4β-Aminocholestan-5α-ol*, F. 113—121°, aus 1 g 4.5α-Epoxycholestan nach **A** u. Eluieren mit Methanol/Ae.; 0,67 g; daneben durch Eluieren mit Bzl./Ae. 0,05 g einer *Verb. vom F. 206—208°*. *4-Acetyl-Deriv.*, F. 216°; $[\alpha]_D^{20}$ + 41° (c = 1; Chlf.). — *6β-Aminocholestan-3β.5α-diol*, F. 198—199° (Methanol), aus 1 g 5.6α-Epoxycholestan-3β-olacetat; $[\alpha]_D^{20}$ + 1° (c = 1; Pyridin); 0,75 g. — *5α-Aminocholestan-3β.6β-diol*, F. 240—241° (Diisopropyläther), aus 1 g 5.6β-Epoxycholestan-3β-olacetat; glänzende Blättchen; $[\alpha]_D^{20}$ — 5° (c = 1; Pyridin); 0,72 g. — *6β-Aminocholestan-3β.7α-diol*, F. 190—191° (Methanol), aus 1 g 6.7α-Epoxycholestan-3β-olacetat; $[\alpha]_D^{20}$ + 21° (c = 1; Pyridin); 0,8 g. — *7α-Aminocholestan-3β.6β-diol*, F. 214 bis 215°, aus 6.7β-Epoxycholestan-3β-olacetat; aus Methanol große Nadeln; $[\alpha]_D^{20}$ + 14° (c = 1; Pyridin). — *4β-Aminocholestan-3β.5α-diol*, F. 190° (klare Schmelze erst bei 204°; A.), a) aus 1 g 4.5α-Epoxycholestan-3β-olacetat; $[\alpha]_D^{20}$ + 42° (c = 1; Pyridin); 0,55 g; b) aus 4β-Azidocholestan-3β.5α-diol. — *4ξ-Aminokoprostan-3β.5β-diol*, F. 169—170° (verd. Methanol), durch Rk. von NH_3 mit 4.5β-Epoxycholestan-3β-olacetat; $[\alpha]_D^{20}$ + 8° (c = 1; Pyridin); 0,22 g. *4-Acetyl-Deriv.*, F. 212—214°, $[\alpha]_D^{20}$ — 36° (c = 1; Pyridin). — *1α-Aminocholestan-2β.3β-diol*, F. 188—189°, aus 1 g 1.2β-Epoxycholestan-3β-ol; aus Methanol Blättchen; $[\alpha]_D^{20}$ + 31° (c = 1; Pyridin); 0,72 g.

U. Steffen. 3700◇

0947 **Stickstoffhaltige Steroide.** 4. Mitt. **Darstellung von Azidohydrinen und vicinalen Aminoalkoholen aus Epoxysterinen.** Kurt Ponsold. (Chem. Ber. **96**, 1855—64, 1963; dt.) — 3. vgl. vorst. Referat. — Vf. untersuchte das Verh. von Epoxiden, die in Nachbarschaft zur Epoxy- eine Acetoxygruppe tragen, bei der Spaltung mit NaN_3. Die erhaltenen *Azidohydrine* werden mit Hydrazinhydrat/Raney-Ni reduziert. Die Konfiguration der dargestellten Verbb. wird durch IR-Spektren u. durch Desaminierung der Aminoalkohole festgelegt.

Versuche: *1α-Azidocholestan-2β.3β-diol*, $C_{27}H_{47}N_3O_2$, F. 143—144° (wss. Methanol), a) durch 20std. Erhitzen von 2,1 g 1.2β-Epoxycholestan-3β-ol mit NaN_3 in Dimethylsulfoxid in Ggw. von konz. H_2SO_4 unter Rühren auf dem sd. Wasserbad (Meth. **A**), Kristalle; $[\alpha]_D^{20}$ + 27° (c = 2; Chlf.); 1,7 g (Ausbeute); b) durch ½ std. Kochen von 0,5 g **I** mit 5%ig. methanol. KOH (Meth. **B**); 41 g. *3-Acetat* (**I**), $C_{29}H_{49}N_3O_3$, F. 163°. aus 2 g 1.2β-Epoxycholestan-3β-olacetat nach **A**; aus Hexan Nadeln; 1,5 g. — *1α-Aminocholestan-2β.3β-diol* (**VIII**), $C_{27}H_{49}NO_2$, F. 188—189°, aus 0,5 g des 3-Acetats nach **B** in 20 Min.; aus A. Blättchen; $[\alpha]_D^{20}$ + 31° (c = 1; Pyridin); 0,35 g. *3-Acetat*, $C_{29}H_{51}NO_3$, F. 188—189°, durch ca. 1 Min. langes Erhitzen von 2,7 g **I** in A. mit Hydrazinhydrat/Raney-Ni (Meth. **C**); aus A. Blättchen; $[\alpha]_D^{20}$ + 30° (c = 1; Pyridin); 2 g. *N-Acetyl-Deriv.*, $C_{29}H_{51}NO_3$, F. 209—210° (A.), aus 0,15 g **VIII**; $[\alpha]_D^{20}$ — 4° (c = 1; Pyridin); 0,12 g. — *2β-Azidocholestan-1α.3β-diol*, $C_{27}H_{47}N_3O_2$, F. 177°, aus 0,4 g des Acetats nach **B**; aus Methanol Nadeln; $[\alpha]_D^{20}$ + 25° (c = 1; Chlf.); 0,25 g. *3-Acetat*, $C_{29}H_{49}N_3O_3$, F. 137—138° (Methanol), aus 10 g 1.2α-Epoxycholestan-3β-olacetat nach **A** u. Chromatographie an Al_2O_3; $[\alpha]_D^{20}$ + 6° (c = 1; Chlf.); 2,4 g. — *2β-Aminocholestan-1α.3β-diol* (**IX**), $C_{27}H_{49}NO_2$, F. 170°, aus 0,4 g vorst. Verb. nach **C**; aus verd. A. Kristalle; $[\alpha]_D^{20}$ + 22° (c = 2; Pyridin); 0,22 g. *N-Acetyl-Deriv.*, $C_{29}H_{51}NO_3$, F. 208°, aus 0,5 g vorst. 3-Acetats nach **C** in ¼ Std.; $[\alpha]_D^{20}$ — 33° (c = 1; Pyridin); 0,4 g; *Monomethanolat*, F. 158°, aus Methanol Nadeln. — *4ξ-Azidokoprostan-5β-ol*, $C_{27}H_{47}N_3O$, F. 101°, aus 2,25 g 4.5β-Epoxycholestan nach **A**; aus Methanol Nadeln; $[\alpha]_D^{20}$ — 22° (c = 1; Chlf.); 1,5 g. — *4ξ-Aminokoprostan-5β-ol*, $C_{27}H_{49}NO$, F. 107°, aus 1,25 g vorst. Verb. nach **C**; aus A. Nadeln; $[\alpha]_D^{20}$ — 11° (c = 1; Pyridin); 0,9 g. *N-Acetyl-Deriv.*, $C_{29}H_{51}NO_2$, F. 184—185°, durch 48std. Stehen von 0,2 g des Amins in Pyridin/Acetanhydrid; aus Methanol Nadeln; $[\alpha]_D^{20}$ + 20° (c = 1; Chlf.); 0,18 g. — *4β-Azidocholestan-3β.5α-diol* (**II**), $C_{27}H_{47}N_3O_2$, F. 171°, aus 0,5 g des 3-Acetats nach **B**; aus Methanol Nadeln; $[\alpha]_D^{20}$ + 55° (c = 1; Chlf.); 0,4 g. *3-Acetat*, $C_{29}H_{49}N_3O_3$, F. 143° (Aceton), durch Chromatographie von 6 g des Addukts in Bzl./PAe. an Al_2O_3 u. Eluieren mit Bzl.; $[\alpha]_D^{20}$ + 36° (c = 1; Chlf.); 2,7 g. *3-Acetat-4.5-Epoxycholestan-3β-olacetat-Addukt*, F. 161°, aus 4.5α-Epoxycholestan-3β-olacetat nach **A**. — *4β-Aminocholestan-3β.5α-diol*

(III), $C_{27}H_{49}NO_2$, F. 190° (schm. völlig bei 204°), aus 1,4 g **II** nach **C**; aus A. Nadeln; $[\alpha]_D^{20}$ + 43° (c = 1; Pyridin); 1,1 g. *N-Acetyl-Deriv.*, $C_{29}H_{51}NO_3$, F. 229°, a) aus 0,6 g des **II**-3-Acetats nach **C**; aus Dipropyläther Blättchen; $[\alpha]_D^{20}$ + 78° (c = 1; Pyridin); 0,45 g; b) durch Rk. von 0,1 g **III** mit Acetanhydrid in sd. Dipropyläther; 78 mg; c) aus **IV** nach **B**; *3.4-Diacetat* (**IV**), $C_{31}H_{53}NO_4$, F. 144°, durch 24std. Stehen von 0,3 g **III** mit Pyridin/Acetanhydrid bei Raum-Temp.; aus Methanol Nadeln; $[\alpha]_D^{20}$ + 33° (c = 1; Pyridin); 0,22 g. — *4ξ-Azidokoprostan-3β.5β-diol*, $C_{27}H_{47}N_3O_2$, F. 154—155°, aus 0,7 g **V** nach **B** in 40 Min.; aus Aceton Nadeln; $[\alpha]_D^{20}$ + 17° (c = 1; Chlf.); 0,5 g. *3-Acetat* (**V**), $C_{29}H_{49}N_3O_3$, F. 121—122°, aus 6 g 4.5β-Epoxycholestan-3β-olacetat nach **A** in 36 Std., Chromatographie in PAe. an Al_2O_3 u. Eluieren mit Bzl.; aus Methanol Nadeln; $[\alpha]_D^{20}$ + 3° (c = 1; Chlf.); 0,85 g; daneben 0,4 g eines zähen Öls. — *4ξ-Aminokoprostan-3β.5β-diol* (**VII**), $C_{27}H_{49}NO_2$, F. 169—170°, aus 0,4 g vorst. Verb. nach **C**; aus Methanol Nadeln; $[\alpha]_D^{20}$ —11° (c = 1; Pyridin); 0,29 g. *N-Acetyl-Deriv.*, $C_{28}H_{51}NO_3$, F. 203—204°, a) aus 0,3 g **VI** nach **B**; aus Methanol Nadeln; $[\alpha]_D^{20}$ + 8° (c = 1; Pyridin); 0,2 g; b) aus 0,25 g **V** nach **C**; 0,18 g. *3.4-Diacetat* (**VI**), $C_{31}H_{53}NO_4$, F. 212—214°, durch Acetylieren von 0,2 g **VII** bei Raum-Temp.; aus Aceton Prismen; $[a]^{20}$ —36° (c = 1; Pyridin); 0,15 g. — *1.2β-Epoxycholestan-3β-ol*, F. 170 bis 171°, durch Zugabe von wss. $NaNO_2$ zu 0,4 g **VIII** in 30%ig. Essigsäure (Meth. **E**); $[\alpha]_D^{20}$ + 62° (c = 1; Chlf.); 0,25 g. — *1.2α-Epoxycholestan-3β-olacetat*, F. 111—113°, aus 0,2 g **IX** nach **E** u. Chromatographie an Al_2O_3; $[\alpha]_D^{20}$ + 13° (c = 1; Chlf.); 0,11 g. — *4.5α-Epoxycholestan-3β-ol*, F. 134 bis 135°, aus 0,3 g **III** nach **E** u. Chromatographie an Silicagel; aus Methanol Nadeln; 0,2 g. U. Steffen. 3700◇

0948 **Gallensäuren und Steroide.** 20. Mitt. **Untersuchungen über Schweinegallensäuren.** 4. Mitt. **Synthese von 3β.6β-Dihydroxy-5β-cholansäure und 3β.6α-Dihydroxy-5α-cholansäure.** Jun'ichi Kawanami. (Bull. chem. Soc. Japan **34**, 509—13, 1961; Hyogo-ken, Amagasaki, Imafuku, Shionogi & Co. Ltd., Res. Labor.; engl.) — 11. vgl. C. **1963**, 17717; 3. vgl. C. **1959, 17175**. — Beschrieben wird die Darst. von *3β.6β-Dihydroxy-5β-* u. *3β.6α-Dihydroxy-5α-cholansäure* (**I**). Die Zuordnung von **I** zur 6α-Reihe wird durch Vgl. der Mol.-Rotationen von verschiedenen 6β- u. 6α-Hydroxycholestan-Derivv. bestätigt. Die IR-Maxima sind angegeben.

Versuche: *3β.5α.6β-Trihydroxycholansäuremethylester-3-formiat* (**II**), $C_{26}H_{42}O_6$, F. 220—222°, durch Zugabe von 3β-Hydroxy-Δ^5-cholensäuremethylester (F. 139—140°) zu 88%ig. Ameisensäure, 5 Min. langes Erhitzen auf 100°, Zugabe von 30%ig. H_2O_2 bei Raum-Temp., mehrstd. Stehen bei Raum-Temp., Verdünnen mit W. u. Extrahieren der Lsg. (**A**) mit Ae./Chlf. (4:1); aus Methanol Würfel; $[\alpha]_D^{19}$ —17,7 ± 2° (c = 0,962; Chlf.); 24,4% (Ausbeute). — *3β.5α.6β-Trihydroxycholansäuremethylester* (**III**), $C_{25}H_{42}O_5$, F. 203 bis 205°, a) durch Einengen von **A** im Vakuum; aus Methanol Würfel; $[\alpha]_D^{20}$ —7,6 ± 2° (c = 0,996; Pyridin); 17%; b) durch mehrstd. Stehen von **II** in methanol. HCl bei Raum-Temp. u. Einengen; 90%. — *3β.5α.6β-Trihydroxycholansäure*, $C_{24}H_{40}O_5$, F. 242—243° (Zers.; Aceton/Methanol), durch mehrstd. Stehen von 591 mg **II** in 0,5n methanol. KOH bei Raum-Temp., Eindampfen im Vakuum, Zugabe von W., Ansäuern mit verd. HCl unter Kühlen u. 1std. Stehen bei Raum-Temp.; $[\alpha]_D^{21}$ —10,3 ± 2° (c = 0,987; Pyridin); 64 mg. — *3β.5α.6β-Trihydroxycholansäuremethylester-3.6-diacetat*, $C_{29}H_{46}O_7$, F. 144—145°, durch 2½std. Rk. von **III** mit Acetanhydrid (**VII**) bei 100° u. Zugabe von W.; aus Methanol lange Prismen; $[\alpha]_D^{24}$ —48,1 ± 2° (c = 0,998; Chlf.); 59,5%. — *3β.6β-Diacetoxy-Δ^4-cholensäuremethylester*, $C_{29}H_{44}O_6$, F. 155 bis 156,5° (a) durch Zutropfen von $SOCl_2$ zu vorst. Verb. in Pyridin, 10 Min. langes Schütteln bei 0°, Verdünnen mit W., 1std. Stehen bei Raum-Temp.; prismat. Nadeln; $[\alpha]_D^{18}$ —16,3 ± 2° (c = 1,011; Chlf.); 95%; b) durch 2std. Kochen nachst. Methylesters (**IV**) mit **VII**/Pyridin; 82,6%. —*3β.6β-Dihydroxy-Δ^4-cholensäure*, $C_{24}H_{38}O_4$, F. 229—232° (Zers.), a) durch 5std. Kochen vorst. Verb. in 0,5n methanol. KOH, Eindampfen im Vakuum, Verdünnen mit W. u. Ansäuern mit verd. HCl; aus Methanol Schuppen; $[\alpha]_D^{19}$ 0 ± 2° (c = 0,913; Pyridin); 99% (roh); b) durch 2std. Kochen von 3β-Formoxy-6β-acetoxy-Δ^4-cholensäuremethylester in 0,5n methanol. KOH; aus Chlf./Methanol Würfel; 79%. *Methylester* (**IV**), $C_{25}H_{40}O_4$, F. 194—195°, aus der Säure durch Verestern mit Diazomethan (**VIII**) in Ae.; aus Aceton Würfel; $[\alpha]_D^{22}$ + 22 ± 2° (c = 0,948; Chlf.); 89%. — *3β-Formoxy-5α.6β-dihydroxycholansäuremethylester-6-acetat*, $C_{28}H_{44}O_7$, F. 159 bis 160°, durch 4std. Erhitzen von **II** mit **VII** auf 100°, Verdünnen mit W.; aus Methanol feine Nadeln; $[\alpha]_D^{18}$ —46 ± 2° (c = 1,006; Chlf.); 80%. — *3β-Formoxy-6β-acetoxy-Δ^4-cholensäuremethylester*, $C_{28}H_{42}O_6$, F. 130—131° (sintert bei 123 bis 124°), durch Zutropfen von $SOCl_2$ zu vorst. Verb. in Pyridin unter Kühlen, 10 Min. langes Schütteln bei 0°, Zugabe von W. u. 1std. Stehen bei Raum-Temp.; aus Methanol Nadeln; $[\alpha]_D^{18}$ —5 ± 2° (c = 0,911; Chlf.); 80,7%. — *3β.6β-Dihydroxy-5β-cholansäuremethylester*, $C_{25}H_{42}O_4$, F. 127° (erweicht bei 78—80°), durch 1std. Hydrieren von **IV** in abs. A. in Ggw. von vorhydriertem Adams-Katalysator bei Raum-Temp.; aus Methanol Nadeln; $[\alpha]_D^{21}$ + 17 ± 2° (c = 1,062; Chlf.); 96,3%. — *3β.6β-Dihydroxy-5β-cholansäure*, $C_{24}H_{40}O_4$, F. 258°, durch 2std. Kochen vorst. Esters in 0,2n methanol. KOH, Verdünnen mit W. u. Ansäuern mit verd. HCl (Kongorot); aus Aceton Schuppen; $[\alpha]_D^{20}$ + 21 ± 2° (c = 1,004; Methanol); 87%. — *5α-Cholansäuremethylester*, $C_{25}H_{42}O_2$, F. 78 bis 79°, durch 24std. Hydrieren von 460 mg **IV** in A. in Ggw. von vorhydriertem Adams-Katalysator bei 26°, Eindampfen des Filtrats, Kristallisation aus Methanol u. Abfiltrieren sowie durch Eindampfen der Mutterlauge, mehrstd. Rk. des erhaltenen Öls mit **VII**/Pyridin, Chromatographie des erhaltenen Öls an Al_2O_3 u. Eluieren mit PAe.; aus Methanol Schuppen; $[\alpha]_D^{18}$ + 21 ± 2° (c = 1,018; Chlf.); 45,5%; daneben durch Eluieren mit PAe./Bzl. (9:1 u. 8:2) 27% *Acetoxycholensäuremethylester* [$C_{27}H_{42}O_4$, F. 146,5—147,5°; aus Methanol Nadeln; $[a]_D^{22}$ + 14 ± 2° (c = 1,009; Chlf.). *Freie Säure, Methanolsolvat* (**V**), $C_{24}H_{38}O_3 \cdot CH_3OH$, F. 183—185°, durch 2std. Kochen des Esters in 0,2n methanol. KOH, Verdünnen mit W. u. Ansäuern mit verd. HCl; aus Methanol feine Nadeln; 74%] u. durch Eluieren mit PAe./Bzl. (1:1), Bzl. u. Bzl./Chlf. (9:1) 39 mg eines *Öls* (**VI**). *Freie Säure*, $C_{24}H_{40}O_2$, F. 165—166°, durch 2std. Kochen des Esters in 0,2n methanol. KOH, Verdünnen mit W. u. Ansäuern mit verd. HCl; aus Methanol Schuppen; $[\alpha]_D^{21}$ + 21 ± 2° (c = 1,013; Chlf.); 83%. — *Hydroxycholensäuremethylester*, F. 140—141°, durch Verestern von 21 mg **V** mit **VIII** in Ae.; aus Methanol feine Nädelchen; 7 mg. — *3β.6β-Dihydroxy-5β-cholansäure*, $C_{24}H_{40}O_4$, F. 250—255°, durch Verseifen von 39 mg **VI** mit 0,2n methanol. KOH; aus Aceton/Methanol Schuppen; 23 mg. — *3β.6α-Dihydroxy-5α-cholansäure* (**I**), $C_{24}H_{40}O_4$, F. 228—229° (Essigester), a) durch Zugabe von Na zu 397 mg 3β-Hydroxy-6-oxo-5α-cholansäure in sd. n-Butanol, 3std. Kochen, Zugabe von W., Abdampfen des n-Butanols u. Ansäuern; $[\alpha]_D^{29}$ + 35 ± 2° (c = 1,104; Methanol); 268 mg; b) durch mehrstd. Verseifung des Methylesterdiacetats mit methanol. K_2CO_3 bei Raum-Temp.; c) durch Red. von 3.6-Dioxo-5α-cholansäure mit Na/n-Butanol. *Methylesterdicathylat*, Öl. *Methylesterdiacetat*, Öl. Klaus Lange. 3700△

0949 **Gallensäuren und Steroide.** 21. Mitt. **Untersuchungen über Schweinegallensäuren.** 5. Mitt. **Über die Oxydation der epimeren 3.6-Dihydroxycholansäuren mit N-Bromsuccinimid.** Jun'ichi Kawanami. (Bull. chem. Soc. Japan **34**, 671—77, 1961; engl.) — 20. bzw. 4. vgl. vorst. Referat. — Die Oxydation der epimeren *3.6-Dihydroxycholansäuren* mit N-Bromsuccinimid (**I**) wird in Dioxan/W. (9:1; **A**) u. Aceton/W. (7:3; **B**) zwecks Best. des Einfl. der Polarität des Lsgm. u. mit 1 u. 2 Val **I** zwecks Best. des Einfl. der Menge an Oxydationsmittel auf die Selektivität untersucht. Der Verlauf der Rk. wird durch Best. der opt. Dichte der IR-Carbonylbande des entstehenden Ketons verfolgt. In der A/B-cis-Reihe nimmt die Oxydationsempfindlichkeit der Hydroxylgruppe in der Reihe 6β(a) > 3β(a) > 3α(e) > 6α(e), in der A/B-trans-Reihe in der Reihenfolge 6β(a) > 3β(e) > 6α(e) ab. Der Rk.-Mechanismus der Oxydation mit **I** wird diskutiert.

Versuche: *3-Oxo-6α-hydroxy-5β-cholansäuremethylester-3-dimethylketal*, $C_{27}H_{46}O_5$, F. 153—154°. a) durch 1½std. Rk. von 761 mg α-Hyodesoxycholsäure (**II**) in **A** mit 380 mg **I** bei 18°, Zugabe von 10%ig. $NaHSO_3$, Ausäthern, Eindampfen, mehrstd. Rk. des erhaltenen Öls (920 mg) mit methanol. HCl bei Raum-Temp. u. Chromatographie des erhaltenen gelben Öls (777 mg) an Al_2O_3; 27,2% (Ausbeute); b) aus **II** in **A** mit 2,2 Mol **I**; 30,1%; c) durch mehrstd. Rk. von **II** in **B** mit 1,1 Mol **I** bei Raum-Temp.; 41,7%; d) durch 4tägige Rk. von **II** in **B** in Ggw. von Pyridin mit 2,2 Mol **I**; 61,8%; e) aus β-Hyodesoxycholsäure (**III**) in **A** mit 1,1 Mol **I**; 21,3%; f) aus **III** in **A** mit 2,2 Mol **I**; 45,7%; g) aus **III** in **B** mit 1,1 Mol **I**; 31%;

h) aus **III** in **B** mit 2,2 Mol **I**; 62,5%. — *3β-Acetoxy-6-oxo-5α-cholansäuremethylester*, $C_{27}H_{42}O_5$, F. 157,5—158°, a) durch 1½ std. Rk. von 350 mg 3β.6β-Dihydroxy-5β-cholansäuremethylester (**IV**) in **A** mit 169 mg **I** bei 20°, Zugabe von 10%ig. $NaHSO_3$, Ausäthern, Eindampfen, 2std. Kochen des erhaltenen orangefarbenen Öls (494 mg) mit Acetanhydrid/Pyridin; aus Methanol Schuppen; $[\alpha]_D^{24}$ —14 ± 2° (c = 1,038; Chlf.); 77%; b) aus **IV** in **A** mit 2,1 Mol **I**, Acetylieren, Chromatographie des orangefarbenen Öls an Al_2O_3 u. Eluieren mit Bzl./PAe. (1:1), Bzl. u. Bzl./Chlf. (9:1); 56,6%; daneben durch Eluieren mit Bzl./Chlf. (8:2 u. 1:1) 14,3% *3.6-Dioxo-5α-cholansäuremethylester* (**V**; $C_{25}H_{38}O_4$, F. 146—148°); c) aus **IV** in **B** mit 1,1 Mol **I** bei 18°; 77,5%; d) durch Rk. von **IV** in **B** mit 2,1 Mol **I**, Acetylieren, Chromatographie an Al_2O_3 u. Eluieren mit Bzl./PAe. (1:1) u. Bzl.; 55%; daneben durch Eluieren mit Bzl./Chlf. (9:1) 19,3% **V**. — *3α-Acetoxy-6-oxo-5β-cholansäuremethylester*, $C_{27}H_{42}O_5$, F. 150—153°, a) durch 1½ std. Rk. von 377 mg 3α.6β-Dihydroxy-5β-cholansäure (**VI**) in **A** mit 188 mg **I** bei 20 ± 2°, Verestern mit Diazomethan, Acetylieren u. Verdünnen mit W.; Prismen; $[\alpha]_D^{17}$ —21 ± 2° (c = 1,052; Dioxan); 260 mg; daneben durch Chromatographie des wss. Filtrats an Al_2O_3 40 mg eines *Gemisches* aus *3α-Acetoxy-6-oxo-5α-* u. *-5β-cholansäuremethylester* [**G**; **F.** 155—165° (Methanol)]; b) aus **VI**-Methylester in **B** mit 2,1 Mol **I**; 70%. — *3α-Acetoxy-6-oxo-5α-/-5β-cholansäuremethylester-Gemisch* (**G**), a) F. 143 bis 147°, aus **VI** in **A** mit 2,1 Mol **I**, Verestern, Acetylieren, Chromatographie an Al_2O_3 u. Eluieren mit Bzl./PAe. (1:1), Bzl. u. Bzl./Chlf. (9:1); 60%; daneben durch Eluieren mit Bzl./Chlf. (8:2 u. 1:1) 7,5% **V**; b) F. 155—160° u. 169—170°, durch Rk. von **VI** in **B** mit 2,1 Mol **I**, Verestern, Acetylieren, Chromatographie an Al_2O_3 u. Eluieren mit Bzl. u. Bzl./Chlf. (9:1); 59,4%; daneben 16% *3.6-Dioxo-5β-cholansäuremethylester* (F. 128—129°) durch Eluieren mit Bzl./Chlf. (9:1). — *3-Oxo-6α-hydroxy-5α-cholansäure*, $C_{24}H_{38}O_4$, F. 195—197°, durch 4½ std. Kochen von 140 mg 3β.6α-Dihydroxy-5α-cholansäure in 1,96 ml Aceton/0,84 ml W. in Ggw. von Pyridin mit 82,5 mg **I**, Einengen im Vakuum u. Verdünnen mit viel W.; aus Aceton feine Nadeln; $[\alpha]_D^{32}$ + 4 ± 2° (c = 1,059; Pyridin); 46 mg (roh). *Methylester*, $C_{25}H_{40}O_4$, F. 90—97°, $[\alpha]_D^{27}$ + 55 ± 2° (c = 1,038; Chlf.). *Methylester-6-acetat*, $C_{27}H_{42}O_5$, F. 115 bis 116°, aus Ae./PAe. Platten; $[\alpha]_D^{33}$ + 48 ± 2° (c = 0,608; Chlf.). — *3β-Hydroxy-6-oxo-5α-cholansäure*, $C_{24}H_{38}O_4$, F. 244 bis 245°, durch 3std. Rk. von 73 mg 3β.6β-Dihydroxy-5α-cholansäure in 6 ml Aceton/1 ml W./1,5 ml Methanol mit 75 mg **I** bei Raum-Temp., Zugabe von $NaHSO_3$ u. Ausäthern; aus Aceton Nadeln; 23 mg. *Methylester*, F. 93—95°, aus Methanol Schuppen. *Methylester-3-acetat*, $C_{27}H_{42}O_5$, F. 156—157°, Schuppen; $[\alpha]_D^{32}$ — 9 ± 2° (c = 0,91; Methanol). Klaus Lange. 3700△

0950 **2-Fluorprednison.** Chester E. Holmlund, Louis I. Feldman, Henry M. Kissman und Martin J. Weiss. (J. org. Chemistry **27**, 2122—26, 1962; Pearl River, N.Y., American Cyanamid Comp., Lederle Labor., Biochem. Res. Sect. and Org. Chem. Res. Sect.; engl.) — 17α.20;20.21-Bis-[methylendioxy]-cortison (**I**) wird in *3-Hydroxy-2-methoxalyl-17α.20;20.21-bis-[methylendioxy]-$\Delta^{2.4}$-pregnadien-11-on* (**II**) übergeführt, das durch Rk. mit Perchlorylfluorid (**VI**) in *2α-Fluor-17α.20;20.21-bis-[methylendioxy]-Δ^4-pregnen-3.11-dion* (**III**) übergeht. Hydrolyse von **III** in 60%ig. HCOOH gibt *2-Fluorcortison* (**IV**), das mit *Nocardia corallina* (ATCC 999) in 1.2-Stellung zu *2-Fluorprednison* (**V**) dehydriert wird. Mikrobiolog. Hydrierung von **V** zu **IV** ist mit *Streptomyces sp.* (Lederle AC-209) möglich. IR- u. UV-Maxima s. Original.

Versuche: *3-Hydroxy-2-methoxalyl-17α.20;20.21-bis-[methylendioxy]-$\Delta^{2.4}$-pregnadien-11-on* (**II**), $C_{26}H_{32}O_9$, F. 208 bis 212° (Methanol/Bzl.), durch Rk. von **I** mit Oxalsäuredimethylester u. CH_3ONa in Bzl.; gelb; 66% (Ausbeute). — *2α-Fluor-17α.20;20.21-bis-[methylendioxy]-Δ^4-pregnen-3.11-dion* (**III**), $C_{23}H_{29}FO_6$, F. 215—218° (Ae.), durch Rk. von **II** mit **VI** u. CH_3ONa in Methanol bei — 10°; $[\alpha]_D^{25}$ + 82,5° (c = 1,17%; Chlf.); 78%. — *2α-Fluorcortison* (*2α-Fluor-17α.21-dihydroxy-Δ^4-pregnen-3.11.20-trion*) (**IV**), $C_{21}H_{27}FO_5$, F. 215 bis 217° (Essigester), a) durch Hydrolyse von **III** in 60%ig. heißer HCOOH; $[\alpha]_D^{25}$ + 223° (c = 0,48; Chlf.); 38%; b) aus 2α-Fluorhydrocortison-20-äthylenketal u. Acetanhydrid in Pyridin, Zugabe von CH_2Cl_2, Einengen, Lösen in Pyridin, Oxydation mit CrO_3 u. dann mit $HClO_4$; 43%. — *2-Fluorprednison* (*2-Fluor-17α.21-dihydroxy-$\Delta^{1.4}$-pregnadien-3.11.20-trion*) (**V**) $C_{21}H_{25}FO_5$, F. 232—235° (Aceton/PAe.), durch Oxydation von **IV** mit *Nocardia corallina*; 23,2%; gibt durch Rk. mit *Streptomyces sp.* 81% **IV**. H. Henze. 3750◇

0951 **Verwandtschaft der Ososäuren mit Asterrsäure.** R. F. Curtis, C. H. Hassall, S. Natori und H. Nishikawa. (Chem. and Ind. **1961**, 1360—61; Swansea, Univ. College, Dep. of Chem.; Tokyo, Univ. of Tokyo, Fac. of Pharmac. Scienc.; Tokyo, Nilson Univ., Dep. of Agric. and Vet. Med.; engl.) — Die bereits früher (vgl. Nishikawa [1942]) beschriebenen Stoffwechsel-Prodd. von *Oospora sulphurea-ochracea* u. *Aspergillus terreus*, Verb. F, A u. D, wurden als *Desmethylasterrsäure* (**I**), *Asterrsäure* (**II**) u. *Asterrsäuremethylester* identifiziert. Verb. E [F. 147°; $[\alpha]_D^{15}$ —66° (c = 0,53; A.)] ist ident. mit (—)-*Deschlorgeodin* u. liefert durch Hydrogenierung *Sulochrin* u. durch Hydrolyse mit H_2SO_4 **II**. Verb. C (**III**; $C_{19}H_{18}O_9$) enthält eine Acetylgruppe u. liefert durch alkal. Hydrolyse **I**. **III**-Acetat ist ident. mit **II**-Diacetat. K. Zieloff. 3950△

D. Makromolekulare Chemie

0952 **Die Glastemperatur von statistischen Additionscopolymeren.** Stuart M. Ellerstein. (J. Polymer Sci. Part B **1**, 223, 1963; New York, N.Y., Interchem. Corp., Central Res. Labor.; engl.) — Für die Glas-Temp. T_g eines statist. Copolymeren wird die Beziehung erhalten: $T_g = X_A{}^2 \cdot T_A + X_B{}^2 T_B + 2\,X_A X_B T_{AB}$, wobei X = Molenbrüche der beiden Monomeren A u. B, $T_{AB} = T_g$ des alternierenden Copolymeren [näherungsweise ist $T_{AB} = (T_A T_B)^{1/2}$] sind. Die Gleichung läßt sich auch auf statist. stereospezif. Polymere anwenden; T_g bezieht sich dann auf das atakt. Prod. u. A bzw. B auf das isotakt. bzw. syndyotakt. Produkt. O. Fuchs. 4000◇

0953 **Bestimmung von sekundären Einfriererscheinungen aus Messungen der spezifischen Wärme.** B. Wunderlich, M. Jaffe und M. L. Stahl. (Kolloid-Z., Z. Polymere **185**, 65—66, 1962; Ithaca, N.Y., Cornell Univ., Dep. of Chem.; dt.) — Wird eine der möglichen Mol.-Bewegungen innerhalb eines relativ kurzen Temp.-Bereichs eingefroren, können aus dem Abfall der spezif. Wärme quant. Aussagen über den Bewegungszustand der Moll. gemacht werden. Als Beispiel wird die sog. Glasumwandlung (vgl. Wunderlich, C. **1961**, 5746) angeführt, die als Einfriererscheinung des Loch-Phonon-Gleichgewichts betrachtet wird. Unterhalb des Glaspunkts erwartet man einen Festkörper, dessen spezif. Wärme ausschließlich durch das Schwingungsspektrum bestimmt wird. Bei linearen Polymeren (z. B. *Polyäthylen*, *Polypropylen* u. *Polystyrol*) sind jedoch viele Ausnahmen bekannt. Abweichungen der spezif. Wärme von der reinen Schwingungswärme werden an Hand von Literaturdaten besprochen. H. Roschkowski. 4000◇

0954 **Einfluß der Struktur auf die Wärmeleitfähigkeit von Polymeren.** L. N. Tscherkassowa. (J. physik. Chem. [UdSSR] **33**, 1928—32, 1959; russ., Auszug: engl.) — Die Wärmeleitfähigkeit (W) bei 25—95° von amorphen (*Polystyrol*, *Bitumen*, *Epoxid*-Kompositionen, *Polyurethanen*) u. kristallinen Polymeren (*Polyäthylen*, *Fluoroplast*, *Capron*, *Polyamid*) sowie *Paraffin* u. *Naturkautschuk* wurden bestimmt. Die W von völlig amorphen Polymeren nimmt mit Temp.-Erhöhung bis in die Nähe des F. ab. Nach völliger Schmelze verhält sich W wie bei amorphen Polymeren. Helmut Schäfer. 4000△

0955 **Methode zur Darstellung von Proben schwer zu handhabender Polymerer zur Messung ihrer mechanischen Eigenschaften.** D. J. H. Sandiford und D. A. Thomas. (Kolloid-Z., Z. Polymere **181**, 4—6, 1962; Welwyn Garden City, Imp. Chem. Ind. Ltd.; engl.) — Die Meth. wird beschrieben. Die Pulver werden mit einem inerten Füllstoff gemischt u. bei Raum-Temp. oder nach vorheriger Sinterung in einer Presse komprimiert. Gute Übereinstimmung mit Proben, die nach einem Schmelz-Verf. hergestellt waren, wird nachgewiesen. W. Hein. 4000◇

0956 **Kunstgriff zur Kalibrierung eines Extensometers.** L. W. Gamble. (J. appl. Polymer Sci. 7, S 15—S 16, 1963; Baton Rouge, La., Humble Oil & Refining Co., Esso Res. Labor.; engl.) — Beschreibung. K. Gröbe. 4000◇

0957 **Flüssigkeits- gegen Dampfpermeation durch Polymerfilme.** V. Stannett und H. Yasuda. (J. Polymer Sci., Part B 1, 289—93, 1963; Durham, N.C., Res. Triangle Inst., Camille Dreyfus Labor.; engl.) — Von Filmen aus *Polyäthylen* (I; D. 0,923) wurde die Permeabilität für *Bzl.* (II) u. *Cyclohexan* u. von Filmen aus *Naturkautschuk-Vulkanisat* (IV) die für *Aceton* (V) u. *Acetonitril* (III), je bei 0 u. 20°, über einen größeren Dampfdruckbereich (relativer Dampfdruck p/p_0 von 0,2—1,0 für die reine Fl. variiert) gemessen; zur Meth. vgl. C. **1963**, 6611. log P (P = Permeabilitäts-Konst. in cm^3 unter Normalbedingungen) steigt bei I bis zu $p/p_0 = 0{,}65$ linear mit p/p_0 u. darüber etwas stärker als linear an; der Wert für $p/p_0 = 1$ (gesätt. Dampf) liegt etwas tiefer als der für die reine Flüssigkeit. Wurde I aber zuerst 24 Std. in II gelegt, II im Vakuum wieder entfernt u. dann erst P für steigendes p/p_0 gemessen, so liegen alle P-Werte bis zur Fl. auf einer glatten Kurve („Konditionierungseffekt"). Bei IV liegt dieser Effekt nicht vor. Bei kleinem p/p_0 ist P für V kleiner als für III (wegen des Unterschiedes im Mol-Vol.); bei höherem p/p_0 liegen die Verhältnisse umgekehrt, da IV durch V stärker als durch III angequollen wird. O. Fuchs. 4000◇

0958 **Beziehung zwischen dynamischer und stationärer Viscosität.** Teikichi Arai. (Chem. High Polymers [Tokyo] **18**, 292—304, 1961; Ookayama, Meguro-ku, Tokyo, Tokyo Inst. of Technol.; jap., Auszug: engl.) — Durch Messungen mit einem Phasenkontrast-Elastoviscosimeter u. einem Rheometer wurde die Korrelation zwischen der Frequenzabhängigkeit der dynam. Viscosität u. der Abhängigkeit der Viscosität im stationären Fluß von der Größe der Scherung untersucht. Zwischen dynam. u. stationärer Viscosität wird eine Beziehung aufgestellt, ebenso zwischen den entsprechenden Schermoduln. M. Wiedemann. 4000◇

0959 **Lichtstreuung, osmotischer Druck und Sedimentationsgleichgewicht polydisperser Polyelektrolyte in Pufferlösungen.** Hansjürgen Schönert. (Kolloid-Z., Z. Polymere **181**, 13—18, 1962; Aachen, TH, Inst. für phys. Chem.; dt.) — Mathemat. Ableitung von Gleichungen für Lichtstreuung, osmot. Druck u. Sedimentationsgleichgewicht polydisperser Polyelektrolyte in niedermol. Puffer-Lsgg., die ein Ion mit dem Gegenion des Polyelektrolyten gemeinsam haben. Abschließend folgt eine vergleichende Betrachtung der Virialkoeffizienten. H. Hein. 4000◇

0960 **Molekulargewichtsabhängigkeit von M_w/M_n.** Hiroshi Sobue, Shigeo Nakamura, Kenkichi Murakami und Atsusuke Kajiura. (Chem. High Polymers [Tokyo] **19**, 365—69, 1962; Bunkyo-ku, Tokyo, Univ. of Tokyo, Fac. of Engng., Dep. of Appl. Chem.; Iwakuni, Yamaguchi, Teikoku Rayon Co., Res. Labor.; jap., Auszug: engl.) — Theoret. Arbeit, in der gezeigt wird, daß bei einer gegebenen Verteilungsfunktion f(M) des Molgew. von Polymeren das Verhältnis M_w/M_n bei steigendem M monoton abfällt u. sich dem Wert 1 nähert. M_w/M_n stellt daher nicht immer ein brauchbares Maß für die Polydispersität des Prod. dar. O. Fuchs. 4000◇

0961 **Der Anteil an Homopolymerfraktionen in linearen statistischen Copolymeren mit der wahrscheinlichsten Molekulargewichtsverteilung.** Dusan Prevorsek. (J. Polymer Sci., Part B 1, 229—31, 1963; Princeton, N.J., Textile Res. Inst.; engl.) — Für ein statist. Copolymeres aus den Monomeren A u. B wird der Anteil an A-Homopolymerem für verschiedene Ausgangsmengenverhältnisse von A u. B u. für verschiedene Polymerisationsgrade berechnet. Die Ergebnisse sind formelmäßig u. graph. wiedergegeben. O. Fuchs. 4000◇

0962 **Metastabile Zustände in Lösungen von Polymeren.** H. Janeschitz-Kriegl und A. J. Staverman. (Makromolekulare Chem. **44—46**, 241—58, 1961; Delft, TNO, Central Labor.; dt.) — Die in der Literatur existierenden Arbeiten über metastabile Zustände als Folge von Assoziationserscheinungen werden diskutiert. Die Assoziation ist um mehrere Zehnerpotenzen langsamer als die Relaxation der Molekülsegmente. Eine gesicherte Theorie des Assoziationsmechanismus besteht noch nicht. G. Heintz. 4000◇

0963 **Polymerisation von Vinylverbindungen im kristallisierten Zustand.** H. Morawetz. (Chem. and chem. Ind. [Kagaku to Kogyo] **16**, 706—14, 1963; Brooklyn, N.Y., Polytech. Inst.; jap. — C. **1963**, 4731.) E. Maekawa. 4000◇

0964 **Netzwerkpolymere. 1. Mitt. Theoretische Bemerkungen.** T. Alfrey jun. und W. G. Lloyd. (J. Polymer Sci. **62**, 159—65, 1962; Midland, Mich., Dow Chem. Co.; engl.) — Die vorliegende Arbeit enthält einige allg. theoret. Ausführungen zur Struktur u. zum Quellungs-Verh. von vernetzten Polymeren. Die Wichtigkeit der Netzwerktopologie wird betont. Ein hypothet. Netzwerk aus Ketten, die fähig sind, sich gegenseitig frei zu durchdringen, würde die Tendenz besitzen, zu submkr. Größe zusammenzuschrumpfen. Dieser Superkontraktion würde sowohl ein ausgeschlossener Vol.-Effekt als auch eine Beschränkung gegen Durchschneidung (d. h. gegen Änderung der Netzwerktopologie) entgegenwirken. In realen Netzwerken sind beide Beschränkungen wirksam. Das Quellungs-Verh. von vernetzten Polymeren, die während der Netzwerk-Bldg. gequollen waren, wird an Hand eines einfachen Mol.-Modells diskutiert. F. Rochlitz. 4000◇

0965 **Beitrag zur Untersuchung von Polyäthylen durch Infrarottechnik.** Enrico Cernia, Corrado Mancini und Giorgio Montaudo. (J. Polymer Sci., Part B 1, 371 bis 377, 1963; Rome, Società A.B.C.D., Res. Center; engl.) — IR-Messungen an mehreren Proben von *Polyäthylen* (I) verschiedener Dichte im Frequenzbereich 800—1000 cm^{-1} führen zu folgenden Beziehungen zur Best. des Geh. an Doppelbindungen pro 1000 C-Atome der Hauptkette: $(RCH{=}CHR')/1000\ C = 0{,}140 \cdot D_{964}$ (D = Extinktion für 964 cm^{-1}); $(RCH = CH_2)/1000\ C = 0{,}099 \cdot D_{908}$ u. $(RR'C = CH_2)/1000\ C = 0{,}116[D_{888} - 0{,}95\ (CH_3/1000\ C) - 6{,}53/29{,}4]$, wobei der Verzweigungsgrad ($CH_3/1000$ C) nach Willbourn (vgl. C. **1959**, 16021) bestimmt wurde. Der Kristallisationsgrad β ergibt sich aus β (in %) $= 9{,}54 + 12{,}89\ D_{1894}$. Die für 12 verschiedene I-Proben erhaltenen Daten sind angegeben. Die I-Proben lagen für die IR-Messung in Form von 200—300 μ dicken Filmen vor. O. Fuchs. 4010◇

0966 **Über die dynamisch-mechanischen Eigenschaften von Polyäthylen bei Schubschwingungen.** Ss. P. Kabin. (Hochmolekulare Verbind. [UdSSR] **1**, 829—33, 1959; Leningrad, Polytechn. Kalinin-Inst.; russ.) — Nach der Impuls-Meth. werden Geschw. u. Absorption der longitudinalen Wellen in *Polyäthylen* (I) vom spezif. Gew. 0,91 bei Schubschwingungen mit 1 u. 2 mHz im Temp.-Bereich −80 bis +70° untersucht. Bei <0° sind die Relaxationsverluste (RV) bei der Fortpflanzung longitudinaler Ultraschallwellen durch die Vol.-Viscosität in I bedingt, für Schubwellen werden keine RV beobachtet. Bei >0° sind die (kleinen) RV hauptsächlich durch die Schubviscosität verursacht. Der Amplituden-Koeff. α der Absorption nimmt mit steigender Temp. zu u. hängt linear von der Frequenz ab. Die Geschw. der Schubwellen nimmt von $1{,}53 \cdot 10^5$ (cm/s) bei −80° auf $0{,}4 \cdot 10^5$ bei +70° ab, der Poisson-Koeff. μ von 0,34 bei −60° auf 0,48 bei +70° zu, der Vol.-Kompressionsmodul B' von $6{,}41 \cdot 10^{10}$ auf $2{,}88 \cdot 10^{10}$ dyn/cm^2 ab. Die Temp. −70° kann als Grenze der „Frostfestigkeit" von I angesehen werden. R. K. Müller. 4010◇

0967 **Schmelzelastizität in fraktionierten linearen Polyäthylenen.** H. P. Schreiber und E. B. Bagley. (J. Polymer Sci., Part B 1, 365—68, 1963; McMasterville, Quebec, Canada, Canadian Ind. Ltd., Central Res. Labor.; engl.) — Fraktionen von linearem *Polyäthylen* (I) wurden bei 190° bei verschiedenen Drücken p durch eine Capillare (Verhältnis L/R = 7,64, wobei L = Länge, R = Radius = 0,104 cm der Capillare) extrudiert. Gemessen wurde das Verhältnis B = R'/R, wobei R' = Radius des erstarrten Extrudates. Es ist B ≧ 1. B steigt mit wachsendem p um so stärker an, je kleiner das Molgew. M_w von I (M_w = 38000—275000). Für eine Mischung aus den Fraktionen mit M_w = 25000 u. 800000 ist B = 1,0 u. unabhängig von p. Dagegen ist B für ein nichtfraktioniertes I viel größer u. der Anstieg von B mit wachsendem p ist steiler als der für eine I-Fraktion mit gleichem M_w. Wird eine I-Fraktion vor der Extrusion 1 Std. lang bei 190° gehalten, so ist B etwas größer als das für die gleiche nicht therm. vorbehandelte Probe. O. Fuchs. 4010◇

0968 **Neue Strukturen in Polyäthyleneinkristallen.** G. Hoff. (Kolloid-Z., Z. Polymere **181**, 71—73, 1962; Darmstadt, Dt. Kunststoffinst.; dt.) — Für *Polyäthylen*-Einkristalle konnte am Elektronenmikroskop ein neuer Kristalltyp, der bei Abkühlung einer Lsg. von 0,1—0,01 g/Liter *Marlex 50* in Xylol um 0,1°/Std. entsteht, nachgewiesen werden. Die Abkühlung erfolgt von 110° an abwärts. Der Kristall zeigt Linien parallel der b-Achse. Er ist thermodynam. stabiler, da die schon bekannten Typen durch Tempern in ihn umgewandelt werden können. H. Hein. 4010◇

0969 **Über die Bestimmung des kristallinen Anteils von Polyäthylenen durch Röntgenbeugung.** P. H. Hermans und A. Weidinger. (Makromolekulare Chem. **44–46,** 24–36, 1961; Utrecht, AKU, Inst. for Cellulose Res.; engl.) — Der kristalline Anteil wird aus dem Verhältnis der Intensitäten definierter Linien kristalliner Bereiche sowie aus dem Prod. der Intensitäten des Untergrundes (amorpher Anteil) zweier Proben verschiedener Kristallinität (linares *Polyäthylen* u. *Lupolen*) errechnet. Die Werte sind mit früheren Angaben in guter Übereinstimmung. Zwischen Kristallinität u. Linienbreite der kristallinen Interferenzen besteht eine enge Beziehung. G. Heintz. 4010◇

0970 **Enstehung sekundärer Strukturen des Polyäthylens direkt im Polymerisationsprozeß.** D. N. Bort, K. Ss. Minsker, N. A. Okladnow, B. P. Schtarkman und W. A. Kargin. (Ber. Akad. Wiss. [UdSSR] **145,** Nr. 4, 787–88, 1962; russ.) — Vff. untersuchten die Kristallstruktur von *Polyäthylen,* das durch Polymerisation in Bzl. bei 60°/10 at erhalten wurde. Als Katalysator diente ein Gemisch aus nach Radiwanowski chloriertem Al u. α-$TiCl_3$. Elektronenmkr. Aufnahmen des Polyäthylens zeigen eine fadenförmige Struktur, wobei das Wachstum der Fäden senkrecht zur Kontaktoberfläche stufenförmig vor sich geht. Die Spiralform der Fäden wird mit Einw. von Dislokationskraftfeldern erklärt, die bei der Chlorierung des Al beobachtet wurden. Gribovszki. 4010◇

0971 **Ein verbessertes Ebullioskop für Hochpolymere.** Raymond L. Arnett, Melvin E. Smith und Barry O. Buell. (J. Polymer Sci., Part A **1,** 2753–64, 1963; Bartlesville, Okla., Phillips Petroleum Comp.; engl.) — Vff. beschreiben ein Ebullioskop zur Messung von M_n von Polymeren. Die Temp.-Differenz kann unter Verw. eines mit Bzl. gefüllten Differentialdampfdruckthermometers nach Menzies [1921] auf $5 \cdot 10^{-6°}$ genau gemessen werden. Auf eine gute Annäherung an die Gleichgewichte von Lsgm.-Dampf u. Lsg.-Dampf, auf gute Isolierung u. Konstanz des Druckes u. der Wand-Temp. wird durch entsprechende näher beschriebene Maßnahmen besonderer Wert gelegt. Meßwerte für *Polyäthylen* (M_n zwischen 3000 u. 35000) werden unter Verw. von n-Octan mitgeteilt. O. Fuchs. 4010◇

0972 **Bemerkungen zu den Sequenzverteilungsfunktionen. Ihre Beziehung zu der Kristallinität von Copolymeren.** W. Ring. (J. Polymer Sci., Part B **1,** 323–27, 1963; Marl, Chem. Werke Hüls A.G., Unters.-Labor.; engl.) — Für ein aus 2 Monomeren A u. B bestehendes Copolymeres wird die Verteilung der Sequenzlängen für A berechnet. Stellt A ein Monomeres dar, dessen Homopolymerisat zu kristallisieren vermag, so ist zu erwarten, daß auch im Copolymeren ab einer gewissen Mindestsequenzlänge a von A Kristallisation vorliegt. Die Abhängigkeit des Kristallisationsgrades vom Molenbruch von A wird für verschiedene a-Werte berechnet. Die Anwendung auf *Äthylen–Propylen-Copolymere* (Literaturdaten) ergibt für a die Größenordnung von 10 Äthyleneinheiten. O. Fuchs. 4010◇

0973 **Elektronenspinresonanz von Polypropylen.** B. R. Loy. (J. Polymer Sci., Part A **1,** 2251–59, 1963; Midland, Mich., Dow Chem. Co., Phys. Res. Labor.; engl.) — Von *atakt.* (**Ia**) u. von *isotakt. Polypropylen* (**Ib**) sowie von *Poly-1.1-dideuteropropylen* (**II**) wurde nach der Bestrahlung bei 77° K mit γ-Strahlen (^{60}Co) das Spektrum der Elektronenspinresonanz aufgenommen; experimentelle Einzelheiten vgl. C. **1962,** 14161. Bei **Ia** u. **Ib** liegen je 4 Linien vor; aus dem Vgl. mit dem Spektrum von **II** folgt, daß die 4 Linien von **Ia** u. **Ib** den Radikalen $-CH_2-CH(CH_2\cdot)-$ (80%) u. $-CH_2-\dot{C}(CH_3)-CH_2-$ (20%) zugeschrieben werden können. Beim Erwärmen auf $-28°$ verschwindet das prim. Radikal in **Ib** viel rascher als das sek., nicht in **Ia**. Bestrahltes *Polybuten-(1)* zeigt bei $-190°$ 6 Linien (Vorliegen des Radikals $-CH(-\dot{C}H-CH_3)-CH_2-$), von denen beim Erwärmen auf $-28°$ nur ein Dublett übrigbleibt. Bestrahltes *Polyisobutylen* besitzt bei $-190°$ ein Dublett, das dem Radikal $-C(CH_3)_2-\dot{C}H-C(CH_3)_2-$ zugeschrieben wird. O. Fuchs. 4010◇

0974 **Viscosität von Polypropylenschmelzen bei geringer Scherung.** D. Poller, A. M. Kotliar und R. L. Kruse. (J. Polymer Sci., Part B **1,** 381–84, 1963; Linden, N.J., Esso Res. and Engng. Co.; engl.) — Von mehreren Proben von *Polypropylen* im [η]-Bereich 1,00–3,75 ([η]-Messungen in Dekalin) wurde bei 400° F die Abhängigkeit der Fluidität F von der Schubspannung P gemessen. Für $[\eta] < 1{,}7$ steigt F linear mit P an; für größeres [η] steigt F bei kleinem P ebenfalls linear an, bei höherem P stärker als linear. Durch Extrapolation der F-Werte ergibt sich daraus die Fließviscosität η_0 für $P = 0$. η_0 nimmt linear mit $[\eta]^{4,5\pm0,3}$ (bzw. linear mit $M_v^{3,6\pm0,2}$) zu. O. Fuchs. 4010◇

0975 **Polypropylenstruktur.** Paul G. Schmidt. (J. Polymer Sci., Part A **1,** 2317–25, 1963; Wilmington, Del., E. I. du Pont de Nemours & Co., Film Res. and Dev. Labor., Exp. Station; engl.) — Von nichtorientierten, einfach u. doppelt orientierten Filmen von *Polypropylen* (**I**) wurden zwischen 700 u. 1200 cm^{-1} die polarisierten IR-Spektren aufgenommen. Die Intensitäten aller Banden wurden auf die Intensität von 972 cm^{-1} bezogen. Die Banden 972, 840, 995, 1042 u. 1165 zeigen parallelen u. die Banden 805, 898, 940 u. 1100 senkrechten Dichroismus. Das dichroit. Verhältnis der Banden steigt mit wachsender Dehnung des Filmes stark an. Aus den Daten folgt, daß eine amorphe isotakt. Helixstruktur nicht vorliegt u. daß die Best. des Kristallisationsgrades durch IR-Messungen für orientierte u. nichtorientierte Filme einwandfrei ist. Die IR-Banden, die für geschmolzenes u. festes isotakt. I verschieden sind, sind keine von der Kristallisation abhängige Banden. O. Fuchs. 4010◇

0976 **Lösungsfraktionierung von kristallinem Polypropylen.** Robert A. Mendelson. (J. Polymer Sci., Part A **1,** 2361 bis 2369, 1963; Texas City, Tex., Monsanto Chem. Co., Res. Dep., Plastics Div.; engl.) — Die Fraktionierung von kristallinem *Polypropylen* (**I**) wurde in einer sandgefüllten Säule unter Verw. von Tetralin/Dimethylphthalat bei 155 oder 178° u. von o-Dichlorbenzol (**II**) u. Diäthylenglykolmonomethyläther (**III**) bei 168° ausgeführt. Lsgm. u. Nichtlöser enthielten je 0,3% Jonol als Stabilisator, ferner wurde stets unter N_2 gearbeitet. Das Fraktionierergebnis hängt wesentlich von der Art der Sandbeladung ab. Wurde der Sand z. B. mit einer 0,5%ig. Lsg. von **I** u. **II** beladen (Aufbringen der heißen Lsg. auf den heißen Sand u. langsames Abkühlen der Säule über Nacht), so war der Trenneffekt bei der Fraktionierung im hochmol. Bereich wesentlich schlechter als bei Verw. eines 60:40-Gemisches (Vol.-Teile) aus **II** u. **III** bei der Beladung. Die meisten Fraktionierungen wurden mit **II** u. **III** ausgeführt. Die Ergebnisse lassen sich gut durch eine Weßlau-Verteilung (vgl. C. **1957,** 14000) darstellen. O. Fuchs. 4010

0977 **Untersuchung der Polydispersität von Polymeren nach der Methode des nichteingestellten Sedimentationsgleichgewichtes.** 1. Mitt. **Untersuchung des mit komplexem metallorganischem Katalysator erhaltenen Polyisobutylens.** Ss. Ja. Frenkel, A. W. Toptschijew, B. A. Krenzel, Ju. Ja. Goldfarb und L. M. Pyrkow. (J. physik. Chem. [UdSSR] **33,** 2778–85, 1959; Akad. der Wiss. der UdSSR, Inst. für hochmol. Verbb. u. Inst. für petrochem. Synth.; russ., Auszug: engl.) — Durch Messung des Konz.-Gradienten in der Ultrazentrifuge bei Nichtgleichgewicht u. Anwendung der einfachen Barometerformel von Laplace wurde das Molgew. von 5 Proben von *Polyisobutylen,* die am Ziegler-Natta-Katalysator erhalten wurden, berechnet. Das Verhältnis M_z/M_w betrug im Mittel 1,6. Somit ist die Polydispersität der untersuchten Proben relativ klein. Die Proben sind relativ niedrigmolekular. Der maximale Wert von M_z übersteigt 67000 nicht. Helmut Schäfer. 4010△

0978 **Messen eines Maximums in der isothermen Kristallisationsgeschwindigkeits-Temperatur-Kurve von Polypenten-(1).** F. A. Quinn jun. und J. Powers. (J. Polymer Sci., Part B **1,** 341–44, 1963; Washington, D.C., Nat. Bur. Stand., Macromol. Sect.; engl.) — Die Kristallisations-Geschw. (ausgedrückt durch die reziproke Halbwertszeit $t_{1/2}$) von *Polypenten-(1)* (**I**, F. 71°) geht bei 26° durch ein Maximum (dilatometr. Messungen zwischen -20 u. 70°, wobei stets von geschmolzenem **I** ausgegangen wurde). $t_{1/2}$ beträgt bei 26° ca. 3 Min. gegen ca. 300 Min. bei 65° u. ca. 800 Min. bei $-20°$. O. Fuchs. 4010◇

0979 **Untersuchung einiger Einzelheiten des Polymerisationsmechanismus mit Komplexkatalysatoren.** S. E. Bresler, M. I. Mosevitskii, I. Ya. Poddubnyi und Schi Guan-I. (J. Polymer Sci. **52,** 317–23, 1961; Leningrad, U.S.S.R., Inst. of High Mol. Weight Compounds; Res. Inst.

of Synth. Rubber; engl.) — Bei der Aufklärung der *Isopren*-Polymerisation mit einem komplexen Katalysator-Syst. aus Triisobutyl-Al u. $TiCl_4$ wurde mit Hilfe der Molgew.-Verteilung der Polymeren eine Beziehung zwischen dem Charakter des Polymerisationsprozesses u. dem Dispersionsgrad des Katalysators aufgestellt. Bei sehr kleinen Katalysatorteilchen verläuft die Polymerisation langsam u. nicht stationär, während bei Erhöhung der Teilchengröße des Katalysators über eine bestimmte krit. Größe die Molgew.-Verteilung stationär wird. Kettenabbruch durch Kettenübertragung findet nur dann statt, wenn das Syst. freie organ. Al- oder andere Verbb. enthält, die für eine Kettenübertragunge-Rk. in Frage kommen. In den anderen Fällen scheint ein Kettenende während des Wachstums an die Oberfläche des katalyt. Syst. gebunden zu sein. Durch dieses eine fixierte Ende ist die Zahl der möglichen Konfigurationen der Polymerkette begrenzt, was zu einer engen Molgew.-Verteilung führt. Der Übergang des Makromol. von der Katalysatoroberfläche in die Lsg. ist mit einer Aufsprengung der Bindung zwischen Al u. Ti im Katalysatorkomplex verbunden [$\Delta U \simeq 15-20$ kcal/Mol].
H. Barth. 4010◇

0980 **Abmessung von Polyvinylchlorid in einem Flory-Θ-Lösungsmittel.** Masaki Satō, Yoshio Koshiishi und Mitsuo Asahina. (J. Polymer Sci., Part B **1**, 233—36, 1963; Tokyo, Kureha Chem. Ind. Co. Ltd.; engl.) — Für die krit. Mischungs-Temp. T_c von *Polyvinylchlorid* (I) in Benzylalkohol gilt $1/T_c = [1 + (b/M^{1/2})]/\Theta$; T_c ergibt sich aus dem Temp.-Maximum der (T_p, c)-Kurve (T_p = Trübungs-Temp. beim Abkühlen der Lsg.). Die Extrapolation auf $M = \infty$ gibt $\Theta = 155{,}4^0$. Viscositätsmessungen bei $155{,}4^0$ ergeben $[\eta]_\Theta = 1{,}56 \cdot 10^{-3} \bar{M}_w^{1/2}$ u. $(\bar{r}_0^2)^{1/2} = 9{,}06 \cdot 10^{-9} M^{1/2}$ (r_0 = Kettenendenabstand). Die $(\bar{r}_0^2)^{1/2}$-Werte mehrerer Polymerer werden einander gegenüber gestellt (Literaturdaten); hiernach ist $(\bar{r}_0^2)^{1/2}$ von I besonders groß. O. Fuchs. 4010◇

0981 **Untersuchungen über Polyvinylchlorid.** 3. Mitt. **Der Einfluß der Redox-Polymerisations-Temperatur auf die Struktur des Polymeren.** Chuji Aso, Kenji Itoyama und Saburo Akiyoshi. (Chem. High Polymers [Tokyo] **17**, 359—63, 1960; Kyushu Univ., Fac. of Engng., Dep. of Organ. Synth.; jap., Auszug: engl.) — Durch Polymerisation von *Vinylchlorid* (I) mit einem Redox-Syst. ($FeSO_4/H_2O_2$, $FeSO_4/K_2S_2O_8$) werden bei 50 u. -5^0 2 *Pfropfpolymere* gewonnen, deren Übergangspunkte 2. Ordnung u. Dichten ermittelt werden. Die Polymeren werden unter Verw. von $LiAlH_4$ zu *Polyäthylen* red., dessen Erweichungspunkt u. Kristallinität bestimmt werden. Bei niedriger Temp. polymerisiertes I zeigt weniger Verzweigungen u. größere Stereoregelmäßigkeit als bei höherer Temp. gewonnene Proben.
W. Wesly. 4010◇

0982 **Kinetische Untersuchungen über die Polymerisation in Substanz von Vinylchlorid bei tiefen Temperaturen.** G. Talamini und G. Vidotto. (Makromolekulare Chem. **53**, 21—27, 1962; Padua, Italy, Univ., Inst. of Phys. Chem.; engl.) — Die Kinetik der Polymerisation von *Vinylchlorid* in Ggw. von Tri-n-butylboran u. O_2 als Initiator-Syst. wurden bei -50^0 untersucht. Die Rk. ist autokatalyt., die Rk.-Ordnung bzgl. Tri-n-butylboran beträgt 0,56. Die Bruttoaktivierungsenergie im Temp.-Bereich von -30 bis -50^0 wurde zu 6,5 kcal bestimmt. Nach einem Vgl. dieser Aktivierungsenergie mit der im Temp.-Bereich von -20 bis $+25^0$ beobachteten wird eine Interpretation zur Erklärung des früher gefundenen abnormen Verlaufs der Abhängigkeit der Molgew. von der Polymerisations-Temp. vorgeschlagen.
U. Stürzer. 4010◇

0983 **Die Kriecheigenschaften eines spröden Vinylchlorid-Vinylidenchlorid-Copolymeren.** D. R. Reid. (Rheol. Acta [Ergänzungsh. z. Kolloid-Z.] **1**, Nr. 4/6, 603—07, 1961; Manningtree, Essex, England; engl.) — Für das untersuchte Copolymere wird die Beziehung $\varepsilon = t^{1/3}\beta_1 \exp(\Theta/\theta - T) \cdot \sin(\alpha_1\sigma/\Theta - T)$ aufgestellt, wobei ε = Spannung, $\beta_1 = 5{,}04 \cdot 10^{-3}\,h^{-1/3}$, $\Theta = 87{,}4^0$ K, $\alpha_1 = 0{,}53^0$ K cm^2/kg, $\theta = 353^0$ K, σ = Konstante. — Diskussionsbemerkungen.
W. Fester. 4010◇

0984 **Quantitative Bestimmung der Deformierbarkeit von glasartigen Polymeren.** Je. Je. Gluchow. (Hochmolekulare Verbind. [UdSSR] **1**, 819—24, 1959; Forschungs- u. Projektierungsinst. für Plastmassen; russ., Auszug: engl.) — Ein Gerät zur Unters. der Deformations-Zeit-Kurven wird beschrieben. Die Deformations-Zeit-Kurven von *Fluoroplast-4* u. *Polyäthylen* werden durch $\varepsilon = \varepsilon_0 \cdot \ln(\tau + \tau_0)/\tau_0$ beschrieben, die Abhängigkeit von der Spannung durch $\sigma = \sigma_e \cdot \ln(\varepsilon_e + \varepsilon_0)/\varepsilon_0$ (τ = Zeit, ε = Deformations-Koeff., σ = Spannung). Mit Hilfe der Konst. der beiden Gleichungen läßt sich die Deformation bei beliebiger Zeit, Spannung u. bestimmter Temp. berechnen. Helmut Schäfer. 4010△

0985 **Synthese von Poly-m-xylylen.** F. R. Dammont. (J. Polymer Sci., Part B **1**, 339—40, 1963; Murray Hill, N.J., Bell Telephone Labor., Inc.; engl.) — Die Lsg. von 1 Mol $\alpha.\alpha'$-Dibrom-m-xylol in trockenem Dioxan (I) wurde bei 35^0 unter N_2 u. unter Rühren zu einer Suspension von 4 Mol Na in I gegeben; nach 2std. Eintropfen der Rk.-Mischung in die 10fache Menge Methanol (II) fällt *Poly-m-xylylen* (III) aus. III wurde mit II u. dann mit W. (zum Schluß mit heißem W.) gewaschen, Ausbeute 80%. III ist nichtkristallin, frei von Br, Asche $<0{,}005$%, Erweichungspunkt 60^0 (nach Extraktion mit Ae.), unlösl.; IR-Banden bei 698 u. 788 cm^{-1}, weißes Pulver. Ein in ähnlicher Weise hergestelltes *Poly-o-xylylen* besitzt die gleichen physikal. Eigg. wie das von Errede (vgl. C. **1963**, **8959**) auf andere Weise erhaltene.
O. Fuchs. 4010◇

0986 **Der Einfluß der Molekulargewichtsverteilung auf die optischen Eigenschaften von Polystyrol im Umwandlungsbereich.** J. F. Rudd und E. F. Gurnee. (J. Polymer Sci., Part A **1**, 2857—67, 1963; Midland, Mich., Dow Chem. Co., Phys. Res. Labor.; engl.) — Von mehreren Proben von *Polystyrol* wurde der zeitliche Verlauf des Verhältnisses $\beta = \Delta n/\sigma$ (Δn = Doppelbrechung beim Dehnen der Probe, σ = Spannung) bei 91,5, 95,0 u. $98{,}5^0$ gemessen. Am Anfang ist $\beta < 0$, wird dann stärker negativ u. schließlich fällt $-\beta$ nach dem Durchschreiten eines Maximums asymptot. auf $\beta = 0$ ab. Die Höhe des Maximums (= H_{max}) steigt mit wachsendem Molgew. M_w an u. bleibt ab $M_w = 154000$ konst.; die Geschw. der β-Änderung nach dem Maximum ist unabhängig von M_w. Bei Erhöhung von M_w/M_n verschiebt sich das Maximum nach längeren Zeiten, es scheint, daß H_{max} von M_n u. die Lage des Maximums von M_w bestimmt werden. H_{max} steigt bei konst. M_w mit der Meßtemp. an. Die Aktivierungsenergie des β-Abfalls beträgt 150 kcal·Mol^{-1}.
O. Fuchs. 4010◇

0987 **Nicht-Newtonsches Fließen und Normalspannungsphänomene an Lösungen von Polystyrol in Toluol.** Tadao Kotaka, Michio Kurata und Mikio Tamura. (Rheol. Acta [Ergänzungsh. z. Kolloid-Z.] **2**, 179—86, 1962; Kyoto, Univ. of Kyoto, Inst. for Chem. Res., Dep. of Ind. Chem.; engl.) — Nicht-Newtonsches Fließen u. Normalspannungsphänomene wurden an Lsgg. von *Polystyrol* in Toluol bei verschiedenen Temp., Konz. u. Molgew. untersucht. Die Temp.-Abhängigkeit der Normal- u. Schubspannungen kann durch den Schichtfaktor a_T beschrieben werden. Aus den Messungen der Normal- u. Schubspannungen wurde der Elastizitätsanteil am Fließverh. der polymeren Lsg. abgeleitet u. seine Abhängigkeit von Konz. u. Molgew. diskutiert. Nicht-Newtonsches Fließverh. wurde von allen untersuchten Lsgg. gezeigt, bes. bei hohen Konzz. u. Molgewichten. Bei Scherbeanspruchung zeigen sie vorwiegend Hookeschen Charakter. Die Anfangsviscosität-Konz.-Beziehung gehorcht in einem gewissen Konz.-Bereich einer c^5, der reziproke Wert der Komplianz einer $c^{1,5}$- bis c^2-Abhängigkeit.
G. Herzog. 4010◇

0988 **Der Bezugspunkt für Relaxationsvorgänge in Flüssigkeiten.** 1. Mitt. **Schmelzviscosität von Polystyrol.** A. A. Miller. (J. Polymer Sci., Part A **1**, 1857—63, 1963; Schenectady, N.Y., Gen. Electr. Co., Res. Labor.; engl.) — Auf Grund von Literaturdaten wird gezeigt, daß die Temp.-Abhängigkeit der Schmelzviscosität η von *Polystyrol* (I, Molgew. M = 1675—134000) durch $\eta = A \cdot \exp[B/(T - T_0)]$ dargestellt werden kann. Log A, B u. T_0 betragen für die in () genannten M-Werte: $-3{,}47$, 628 u. 4^0 (1675), $-3{,}18$, 650 u. 22^0 (3041), $-2{,}80$, 665 u. 38^0 (6650). Durch Kombination mit den von Williams (vgl. C. **1960**, **12356**) erhaltenen Daten ergibt sich, daß zwischen der Glas-Temp. T_g von I, T_0 u. den zugehörigen spezif. Vol. v_g u. v_0 die Beziehung $T_g - T_0 = (v_g - v_0)/(dv/dT)$ besteht. Da die Abhängigkeit von A, B u. T_g von M aus Literaturdaten bekannt ist, läßt sich so allg. der Zusammenhang zwischen η, T u. M angeben. Die Aktivierungsenergie ändert sich nur wenig mit M (2,9 kcal·

Mol^{-1} für M = 1675 u. 3,1 für M = 134000). Die Werte T_0 u. v_0 werden als Bezugspunkt für kinet. Relaxationsvorgänge oberhlab T_g angesehen. Auf den Zusammenhang zwischen v_0 u. dem „freien Vol." von Doolittle (vgl. C. **1954**, 3033; C. **1956**, 10391) wird hingewiesen. O. Fuchs. 4010◇

0989 **Der Bezugspunkt für Relaxationsvorgänge in Flüssigkeiten.** 2. Mitt. **Schmelzviscosität von Polyisobutylen.** A. A. Miller. (J. Polymer Sci., Part A **1**, 1865—74, 1963; engl.) — 1. vgl. vorst. Referat. — Die von Flory u. Fox [1951] mitgeteilten Daten über die Temp.-Abhängigkeit der Schmelzviscosität η von *Polyisobutylen* (I, Molgew. M = 520 bis 1480000) lassen sich durch die Beziehung $\eta = A \cdot \exp \cdot [B/(T - T_0)]$ darstellen mit B = 1240 u. $T_0 = 123°$ K für M > 2000. Für A gilt: log A = 3,4·log M — 16,94 für M > 17000 u. 1,75·log M — 9,93 für M < 17000. Die Aktivierungsenergie des viscosen Fließens berechnet sich zu 5,7 kcal Mol^{-1}. Für M < 2000 steigen B u. T_0 mit fallendem M an. T_0 wird als Bezugs-Temp. für Relaxationsvorgänge in fl. I angesehen; die obige Beziehung läßt sich auch in die von Williams, Landel u. Ferry (vgl. C. **1957, 3831**) angegebene umformen mit der Glas-Temp. T_g als Bezugstemperatur. Aus der Gleichung ergibt sich ferner, daß das „freie Vol." proportional ($T - T_0$) sein sollte, in Übereinstimmung mit den von Cohen u. Turnbull (vgl. C. **1960**, 10150) erhaltenen Ergebnissen. O. Fuchs. 4010◇

0990 **Molekulare Konfiguration von Polystyrol in Lösung.** P. Debye, B. Chu und H. Kaufmann. (J. Polymer Sci., Part A **1**, 2387—94, 1963; Ithaca, N.Y., Cornell Univ., Chem. Dep.; engl.) — Von der Lsg. von *Polystyrol* (I, $M_w = 1{,}5 \cdot 10^{-6}$, $M_w/M_n = 1{,}02$) in Bzl. wurde die Abhängigkeit der Intensität des Streulichtes vom Streuwinkel gemessen; die I-Konz. c wurde von 0,014—0,19 Gew.-% variiert. Die Ergebnisse stehen bei Berücksichtigung der c-Abhängigkeit des Trägheitsradius mit dem Vorliegen einer Gauß schen Verteilung der I-Knäuel in Einklang. O. Fuchs. 4010◇

0991 **Die Auflösungsgeschwindigkeit von Polymeren.** 1. Mitt. **Formulierung des Vorganges und seine Temperaturabhängigkeit.** Kurt Ueberreiter und Frithjof Asmussen. (Makromolekulare Chem. **44—46**, 324—37, 1961; Berlin-Dahlem, Fritz-Haber-Inst.; dt.) — Die tablettenförmige Polymerprobe wird in einem thermostatierten Gefäß unter Rühren in Lsg. gebracht. Die Konz. an Gelöstem wird refraktometr. bestimmt. Die Auflösungs-Geschw., ausgedrückt durch die Eindring-Geschw. des Lsgm. $\dot{s}$[cm·s^{-1}] im stationären Zustand ist dem mittleren Eigendiffusions-Koeff. des Lsgm. $\bar{D}_{Lm}$ direkt u. der gequollenen Schicht an der Oberfläche der Probe der Dicke δ umgekehrt proportional: $\dot{s} = (\bar{D}_{Lm}/2)(1/\delta)$. Die Temp.-Abhängigkeit der Auflösung ist: $\dot{s} = \dot{s}_0 \exp(-E_A/RT)$. Bei *Polystyrol* (M = 32000) in Toluol ist $\dot{s} = 2{,}9 \cdot 10^{-2} \cdot \exp(-3{,}8 \cdot 10^3/RT)$. G. Heintz. 4010◇

0992 **Über die Entmischung des Systems Poly-p-jodstyrol/Dimethylformamid.** Gerhard Müh. (Makromolekulare Chem. **54**, 222—25, 1962; Darmstadt, Dt. Kunststoff-Inst.; dt.) — Die Unterss. der Löslichkeit mit steigender Temp. sowie der Sättigungs-Konz. mit wachsendem Molgew. bei konst. Temp. weisen darauf hin, daß das Syst. *Poly-p-jodstyrol/Dimethylformamid* im Gegensatz zu anderen Polymer-Lsgg. einen unteren krit. Entmischungspunkt besitzt. Zusatz von W. verschiebt die Entmischung zu tieferen Temperaturen. Klaus Müller. 4010

0993 **Über Umsetzungen an Poly-p-lithiumstyrol.** 5. Mitt. **Über Polystyrolderivate mit Elementen der fünften Hauptgruppe.** Dietrich Braun, Hiroshi Daimon und Gerhild Becker. (Makromolekulare Chem. **62**, 183—95, 1963; Darmstadt, Dt. Kunststoff-Inst.; dt.) — 4. vgl. Makromolekulare Chem. **44—46**, [1961], 209; 3. vgl. C. **1962**, 12681. — *Poly-p-lithiumstyrol* (I) wurde mit Diphenylchlorphosphin, -arsin, -antimon u. -wismut (**A**) zu den entsprechenden *Poly-p-vinyltriphenyl*-Derivv. umgesetzt. Die analoge N-Verb. wurde aus *Poly-p-jodstyrol* (IV) u. Diphenylamin erhalten. Diese Polystyrol-Derivv. sind in Analogie zu den entsprechenden niedermol. Verbb. mit Alkylhalogeniden quaternierbar. Die Monomeren wurden aus den Grignard-Verbb. des p-Chlorstyrols mit **A** in Tetrahydrofuran dargestellt. Sie wurden in Dilatometern bei 65° in Ggw. von Azodiisobuttersäurenitril (II) polymerisiert. Es wurde in PAe. gefällt. Induktionsperioden traten nicht auf. Durch Auswertung der linearen Teile der Zeit—Umsatz-Kurven ergaben sich Polymerisations-Geschw. gleicher Größenordnung für alle Substituenten. Diese ist ca. 10mal größer als die von Styrol (III). Die Copolymerisation dieser Monomeren mit III erfolgte in Toluol bei 65° in Ggw. von II. Folgende Copolymerisationsparameter r_1 u. r_2 sowie Q- u. e-Werte wurden erhalten: für *p-Vinyltriphenylphosphin* mit III: $r_1 = 0{,}46 \pm 0{,}07$, $r_2 = 1{,}11 \pm 0{,}12$, $Q_2 = 1{,}13$, $e_2 = +0{,}0201$; für *p-Vinyltriphenylarsin* mit III: $r_1 = 0{,}46 \pm 0{,}03$, $r_2 = 1{,}18 \pm 0{,}04$, $Q_2 = 1{,}16$, $e_2 = -0{,}017$; für *p-Vinyltriphenylantimon* mit III: r_1 ca. 0,6, r_2 ca. 1,3, $Q_2 = 1{,}13$, $e_2 = -0{,}302$; für *p-Vinyltriphenylwismut* mit III: $r_1 = 0{,}63 \pm 0{,}05$, $r_2 = 1{,}35 \pm 0{,}10$, $Q_2 = 1{,}15$, $e_2 = -0{,}399$. Da die Parameter nahezu gleich sind, haben die untersuchten Elemente der 5. Gruppe somit keinen Einfl. auf die Polymerisationsreaktivität.

Versuche: *Poly-p-vinyltriphenylphosphin* (V), aus I in Bzl. mit 5 ml Diphenylchlorphosphin unter Eiskühlung u. Fällung mit Methanol; 391 mg (Ausbeute). — Derivv. mit As u. Sb analog. — *Poly-p-vinyltriphenylamin*, aus 254 mg IV u. 1,8 g Diphenylamin, 1,4 g K_2CO_3 u. 0,1 g Cu-Pulver in Nitrobenzol bei 200°; 258 mg. — Quaternierung von V durch Rk. von 297,3 mg V u. 3 ml Methyljodid bei Raum-Temp.; 442,2 mg (Quaternierung mit Äthylbromid analog aus 288,4 mg V; 397,1 mg). — *p-Vinyltriphenylphosphin*, F. 77—78° (Isopropanol), aus einer Grignard-Lsg. von p-Chlorstyrol (VI) u. Diphenylchlorphosphin bei 50°; 45,2%. — *p-Vinyltriphenylarsin*, $C_{20}H_{17}As$, F. 51° (Isopropanol), aus VI u. Diphenylchlorarsin innerhalb 30 Min. bei 50°; 53,7%. — *p-Vinyltriphenylantimon*, $C_{20}H_{17}Sb$, gelbes Öl, aus VI u. Diphenylantimonchlorid in 1 Std. unter Eiskühlung; 34%. — *p-Vinyltriphenylwismut*, $C_{20}H_{17}Bi$, F. 43° (Isopropanol), aus VI u. Diphenylwismutchlorid unter Eiskühlung; 51,7%. R. Aust. 4010◇

0994 **Adhäsion.** 2. Mitt. **Beziehungen zwischen Viscoelastizität, Grenzflächengleichgewicht und der Temperaturabhängigkeit der Adhäsion.** J. R. Huntsberger. (J. Polymer Sci., Part A **1**, 2241—50, 1963; Wilmington, Del., E. I. du Pont de Nemours & Co., Fabrics and Finishes Dep.; engl.) — 1. vgl. C. **1964, 6/7-0952**. — 2 Streifen aus *Stahl* (I) wurden z. T. übereinander geschoben u. an der gemeinsamen Oberfläche mit *Polyvinylacetat* (II) miteinander verklebt; zur Entfernung des Lsgm. wurden die verklebten Streifen auf 120° erhitzt. Der eine Streifen wurde festgeklemmt u. das freie Ende des anderen Streifens bis zum Reißen der Verklebung belastet (= Kraft P). In ähnlicher Weise wurde P für I + niedermol. *Polyäthylen* (III), I + *Poly-n-butylmethacrylat* (IV), I + *Polystyrol* (V), I + *Polymethylmethacrylat* (VI) u. *Al* + IV bei verschiedenen Temp. t gemessen. Für I + II, I + III, I + IV u. Al + IV fällt log P linear mit abnehmendem 1/T ab. In diesen Fällen erfolgt der Bruch innerhalb der Klebschicht. Bei I + V u. I + VI liegt nur in einem gewissen Temp.-Bereich ein linearer Verlauf vor; unterhalb einer bestimmten Temp. t' fällt P mit steigendem 1/T nicht linear ab (Bruch an den Grenzflächen zwischen I u. V bzw. VI). Bei Zusatz von Benzylbutylphthalat (VII) zu VI fällt t' mit steigendem VII-Geh. ab (Verss. mit I). Qualitativ ähnliche Ergebnisse wurden mit einem Abziehtest erhalten (Verss. mit I + IV u. mit einem vernetzten *Alkydharz* + IV). Es wird gezeigt, daß die Ergebnisse stark von der therm. Vorgeschichte der Verklebung abhängen. Der Einfl. des viscoelast. Verh. der Klebschicht, des Gleichgewichtszustandes u. des Vorliegens von Grenzflächeninhomogenitäten wird diskutiert. O. Fuchs. 4010◇

0995 **Mechano-chemische Polymerisation von Vinylacetat.** Kunio Goto und Hideki Fujiwara. (J. Polymer Sci., Part B **1**, 505—08, 1963; Omiyakitanomachi, Asahiku, Osaka, Japan, Inst. of Osaka Technol., Dep. of Appl. Chem.; engl.) — Wird *Vinylacetat* (I) bei 63—64° unter N_2 stark gerührt (30000 U/Min.), so findet nach 1 Std. keine Polymerisation statt. Ist in I aber *Polyvinylacetat* (II) gelöst, so erfolgt unter gleichen Bedingungen infolge der Radikal-Bldg. beim mechan. Abbau von II eine Polymerisation, deren Geschw. proportional $[II]^{1/2}$ ist. Bei [II] = 6,88 g Liter^{-1} u. darunter findet keine Polymerisation mehr statt. O. Fuchs. 4010◇

0996 **Basisinterferenzen bei kettenförmigen Substanzen mittleren Molekulargewichtes mit Kettenlängenverteilung.** H. Kiessig. (Kolloid-Z., Z. Polymere **181**, 1—4, 1962; Köln, Glanzstoff-Courtaulds G.m.b.H.; dt.) — Für *Polyäthylenglykole* vom Polymerisationsgrad 20—90 % wurden Röntgeninterferenzen mit großem Netzebenenabstand d gemessen: Molgew. 1000, theoret. Kettenlänge $l = 49{,}3$. d = 76 Å; Molgew. 1500, $l = 73{,}9$, d = 100—110; Molgew. 4000, $l = 197$, d = 160—190. Trotz breiter Kettenlängenverteilung sind die Interferenzen in 2.—3. Ordnung scharf. Sie werden wegen des Zusammenhangs mit der mittleren Mol.-Länge als Basisinterferenzen angesehen. Die endständigen OH-Gruppen ordnen sich in Basisschichten, zwischen denen sich die Ketten unter Faltung der längeren anordnen. Auch bei Kettenlängenverteilung konnten noch scharfe Basisinterferenzen beobachtet werden. H. Hein. 4010◇

0997 **Lokale Viscosität von Polymerschmelzen durch Stoß-NMR.** 1. Mitt. **Polyäthylenglykol.** Riichirô Chûjô, Kiyosi Aoki, Shiroh Satoh und Eiichi Nagai. (J. Polymer Sci., Part B **1**, 501—04, 1963; Takatsuki, Osaka, Japan, Kureha Spinning Co., Ltd., Res. Inst.; engl.) — Von *Äthylen-*, *Diäthylen-* u. *Triäthylenglykol* u. von *Polyäthylenglykol* von Molgew. 400, 1500 u. 4000 wurden mittels kernmagn. Resonanz die Spin-Spin-Wechselwrkg.-Zeiten T_2 bei 295 u. 323° K gemessen. Es gelten die Beziehungen $1/T_2 = 12{,}0 \cdot P^{0,2}\ s^{-1}$ bei 295° u. $7{,}7 \cdot P^{0,2}$ bei 323° K (P = Polymerisationsgrad). Die lokale Viscosität η_{loc}, bedingt durch die mikro-Brownsche Bewegung der beweglichen Einheiten, ergibt sich daraus zu $0{,}031 \cdot P^{0,2}$ Poisen bei 295° u. $0{,}024 \cdot P^{0,2}$ bei 323° K. O. Fuchs. 4010◇

0998 **Chemie der Epoxyharze.** 3. Mitt. **Chemischer Aufbau von gehärteten Epoxyharzen.** Willi Fisch und Walter Hofmann. (Makromolekulare Chem. **44—46**, 8—23, 1961; Basel, CIBA, Forsch.-Labor.; dt.) — 2. vgl. C. **1958, 1710.** — Für die Härtung der *Epoxidharze* mit Säureanhydriden (**A**) sind 3 Rkk. maßgebend: die Bldg. von Dicarbonsäuremonoestern (**B**) aus **A** u. einer Hydroxylgruppe des Epoxidharzes; die Bldg. von Diestern (**C**) u. einer neuen HO-Gruppe aus **B** u. einer Epoxidgruppe; die Bldg. von Äthern (**D**) u. einer neuen HO-Gruppe aus einer HO-Gruppe u. einer Epoxygruppe. Die beiden letztgenannten Rkk. sind für die Vernetzung der Moll. verantwortlich u. laufen nebeneinander ab. Dabei wird die **C**-Bldg. durch Erhöhung der Rk.-Temp. oder durch bas. Zusatzstoffe, wie Amine oder Alkalimetallsalze, begünstigt. Das **D/C**-Verhältnis wurde an der Umsetzung des p-Kresylglycidyläthers mit verschiedenen Carbonsäuren untersucht. Es steigt in der Reihe: Leinölfett-, o-Chlorbenzoe-, Laurin-, Essig-, Zimt-, Benzoesäure, Phthalsäureanhydrid (**I**) von 0,06 auf 0,85. Bei Verw. hochgereinigter Säuren erfolgt meist eine Erhöhung der Rk.-Geschw. u. eine Verschiebung des **D/C**-Verhältnisses zugunsten von **D**. — Der Härtungsverlauf eines techn. Epoxidharzes mit **I** wird an Hand der Abhängigkeit des **A**-, **B**-Hydroxyl-, **C**-, Epoxy- u. **D**-Geh. sowie der Dichte u. der dielektr. Eigg. von der Härtungszeit untersucht. Es wird gezeigt, daß man damit den bei verschiedenen Härtungsbedingungen auftretenden Schwund u. nachträglich am ausgehärteten Harz die verwendete Härtungs-Temp. ermitteln kann. R. Helbig. 4010◇

0999 **Viscosität von konzentrierter Acrylonitril–Copolymer-Lösung in Dimethylsulfoxid.** Masao Takahashi. (Chem. High Polymers [Tokyo] **19**, 16—18, 1962; Otsu, Shiga, Toyo Rayon Co., Central Res. Labor.; jap., Auszug: engl.) — Von 9—25%ig. Lsgg. des *Copolymeren* aus *Acrylonitril* u. 3—5% *Methylacrylat* in Dimethylsulfoxid (**I**) wurde zwischen 25 u. 120° die Viscosität η mit einem Rotationsviscosimeter gemessen. log η ist proportional 5 · log C (C = Konz.), 3,4 · log M_w u. 1/T. Die Aktivierungsenergie des viscosen Fließens berechnet sich daraus zu 4,7—5,3 $cal \cdot Mol^{-1}$. η der Lsgg. in Dimethylformamid ist unter sonst gleichen Bedingungen kleiner als in **I**. O. Fuchs. 4010◇

1000 **Zur Frage der strahlenchemischen Tieftemperaturpolymerisation von Acrylonitril.** Christel Schneider, Jakob Herz und Dieter Hummel. (Makromolekulare Chem. **56**, 228—33, 1962; Köln, Univ., Inst. für phys. Chem. u. Kolloidchemie; dt.) — *Polyacrylonitril*, das bei —78° unter der Einw. von γ-Strahlung dargestellt wird, zeigt charakterist. Unterschiede im IR-Spektrum gegenüber bei Zimmer-Temp. auf gleiche Weise erhaltenem Polyacrylonitril. Das Spektrum weist zwei neue Banden auf, eine bei 1675 cm^{-1}, die der Gruppierung —N=C— zugeordnet wird u. eine bei 2030 cm^{-1}, die für die Anwesenheit von Keteniminstrukturen =C=C=N— spricht. Dies wird auch bei Polymeren, die in Dimethylformamid- u. Triäthylamin-Lsg. gewonnen wurden, beobachtet. Das Auftreten von Keteniminstrukturen deutet auf das Vorhandensein radikal. Rk.-Partner hin u. widerspricht damit der Annahme einer rein anion. Polymerisation. H. Cnobloch. 4010◇

1001 **Säure–Basen-Gleichgewicht von Carbonsäureharzen.** Hiroshi Kawabe und Masaya Yanagita. (Sci. Pap. Inst. physic. chem. Res. [Tokyo] **53**, Nr. 1519, 227—39, 1959; engl.) — Aus den wie früher (vgl. C. **1957, 9296**) erhaltenen Titrationskurven von Kationaustauscherharzen (20—40 mesh) ergeben sich für die Austauschkapazität u. den Bereich des pK (bei verschiedenem pH u. mit 0,01 u. 0,1 n NaOH) folgende Werte: *Copolymeres* aus *Methacrylsäure* (**I**) u. 5 Gew.-% *Divinylbenzol* (**II**): 10,75 mVal/g u. pK 5,27—5,44; aus **I** u. 10% **II**: 10,07 u. 5,43—6,13; aus **I** u. 20% **II**: 8,47 u. 5,64—6,14; aus *Acrylsäure* (**III**) u. 5% **II**: 12,32 u. 4,12—4,67; aus *Salicylsäure* (**IV**), *Phenol* (**V**) u. *HCHO* (**IV**:**V** = 0,7 Mol): 2,50 u. 4,09—4,41; aus *Phenoxyessigsäure* (**VI**), **V** u. *HCHO* (**VI**:**V** = 0,5) 2,15 u. 3,79—4,52. Die Dichte d_e nimmt an nassen **I**-Harzen mit wachsendem Na^+-Geh. (x_{Na}) des Harzes zu, an **IV**- u. **VI**-Harz bleibt sie fast konstant. An **I**-, **IV**- u. **VI**-Harzen ändert sich das spezif. Vol. V_e im nassen Zustand mit dem spezif. Wasser-Geh. W_w nach $V_e = V_0 + k \cdot W_w$. An **I**-Harzen wächst pK kaum mit wachsendem x_{Na}, während pK_i ($K_i \triangleq$ gesamtes Neutralisationsgleichgewicht) relativ stark steigt. Die Zunahme von pK an **I**-Harzen mit wachsender Vernetzung wird mit der verminderten Quellfähigkeit erklärt, die verstärkte Wechselwrkg. zwischen den polaren Gruppen u. stärkere ster. Hinderung bei der Dissoziation der COOH-Gruppen bewirkt. Der geringere Wert für pK an **III**-Harzen wird auf den induktiven Effekt der CH_3-Gruppen zurückgeführt. R. Junge. 4010◇

1002 **Lichtabbau von Polymethacrylverbindungen in wässeriger Lösung.** Th. Völker. (Makromolekulare Chem. **44—46**, 107—22, 1961; Darmstadt, Röhm u. Haas G.m.b.H., Forsch.-Labor.; dt.) — *Copolymerisate* aus *Methacrylsäure* (**I**) u. *Methylmethacrylat* (**II**) vom Molgew. $2{,}3 \cdot 10^3$—$1{,}8 \cdot 10^4$ werden vor Tageslicht bis auf einen Grenzwert von $1{,}1 \cdot 10^3$ abgebaut. O_2 ist ohne Einfl. auf den Abbau. Oberhalb pH 8 tritt kein Abbau mehr ein. Ein *Copolymerisat* aus **I**, **II** u. *Methylacrylat* zeigt bzgl. des Abbaus die Eigg. sowohl der Acryl- als auch der Methacrylderivate. In der Nähe des isoelektr. Punktes ist der Lichtabbau am stärksten. Dasselbe trifft auch für Polykationen zu. Polymere ohne isoelektr. Punkt bauen nicht ab. Der Abbau bei Tageslicht (nahes UV ist wirksam) beschränkt sich auf geknäuelte Moleküle. Für das Aufbrechen der Polymerketten wird eine durch die Knäuelung bedingte Spannung der C—C-Bindungen verantwortlich gemacht. G. Heintz. 4010◇

1003 **Selektive Wechselwirkungen in Polymerketten.** 1. Mitt. **Hydrodynamische Eigenschaften und Löslichkeit des 9:1-Copolymeren aus Methylmethacrylat und Methacrylsäure.** W. G. Aldoschin und Ss. Ja. Frenkel. (Hochmolekulare Verbind. [UdSSR] **4**, 116—23, 1962; Inst. für Hochmol. Verbb. der Akad. der Wiss. der UdSSR; russ., Auszug: engl.) — Es wurden die Wechselwrkg. zwischen Lsgm. u. je einem unfraktionierten u. einem fraktionierten *9:1-Copolymeren* aus *Methylmethacrylat* u. *Methacrylsäure* untersucht. Das unfraktionierte Prod. hatte ein mittleres Molgew. von $2 \cdot 10^6$, es war in Dichloräthan (**I**) unlösl., doch stark quellbar, geringe Mengen Dimethylformamid (**II**) bewirkten rasches Lösen. Bis zu einem %-Geh. von 90% **II** im Lsgm.-Gemisch läßt sich η_{spez}/C darstellen durch $\eta_{spez}/C = [\eta] + k'[\eta]^2C$, um in reinem **II** etwa das Dopppelte des Wertes im Vgl. zum 90%-**II**-Geh. zu erreichen. In Äthylacetat (**III**) u. in Aceton (**IV**) ist η_{spez}/C ebenfalls linear von C abhängig. In **I** bewirken H-Brücken zwischen den Polymerketten die Unlöslichkeit, während das Prod. in **III** u. **IV** durch Brücken-Bldg. mit dem Lsgm. gelöst wird. **II** bewirkt Löslichkeit durch Ionisation. In einem Gemisch aus **IV** u. 20% W. ist η_{spez}/C bei pH 11 linear von C abhängig, in einem solchen von **II** u. 20% W. durchläuft η_{spez} ein Maximum im C-Bereich 0,05—0,18 g/100 cm^3. Dies kann mit Assoziation, verursacht durch die hydrophoben Gruppen, erklärt werden. Weitere Verss. wurden mit einem fraktionierten Prod. durchgeführt, dessen Fraktionen wie folgt charakterisiert wurden: Molgew. $M_{s\eta}$ (berechnet nach Flory): $4{,}82 \cdot 10^6/3{,}41 \cdot 10^6/1{,}55 \cdot 10^6$; $[\eta]$ in **III**: 3,60/2,85/1,18. Nur die hochmol. Fraktion zeigte ein ähnliches Verh. in **I** wie das unfraktionierte Polymere, die niedermol. Anteile ($M_{s\eta} = 3{,}41 \cdot 10^6$ bzw. $1{,}55 \cdot 10^6$)

unterscheiden sich in ihrer Löslichkeit in **III** kaum von derjenigen in **I**. Dieses Verh. kann durch die nicht nur nach dem Molgew., sondern auch nach dem unterschiedlichen Geh. an funktionellen Gruppen erfolgende Fraktionierung verursacht sein, wobei die höhermol. Fraktionen einen höheren Anteil an COOH-Gruppen enthalten.
R. Sattelmeyer. 4010◇

1004 **Über die Polymerisation von Methylmethacrylat in Suspension.** Andrea Scipioni und Aldo Previero. (Atti Ist. Veneto Sci., Lettere Arti, Cl. Sci. mat. natur. **121**, Nr. 117, 307–18, 1959; Padova, Univ., Ist. di Chim. Ind.; ital.) — Die Polymerisation von *Methylmethacrylat* in wss. Suspension wurde untersucht u. die Wrkg. von Zusätzen, z. B. *Polyvinylalkohol* u. *Carboxymethylcellulose* geprüft. Der Einfl. von Viscosität u. Oberflächenspannung des dispergierenden Mediums im Verhältnis zur Oberflächenspannung des Monomeren auf die Bldg. u. Größe der Perlen wird erörtert.
M. Wiedemann. 4010◇

1005 **Beziehung zwischen dem Molekulargewicht und der charakteristischen Viscosität der Lösungen von Poly-p-tert.-butylphenylmethacrylat in Brombenzol und Tetrachlorkohlenstoff.** O. W. Kallisstow und I. N. Schtennikowa. (Hochmolekulare Verbind. [UdSSR] **1**, 842–45, Juni 1959; Akad. der Wiss. der UdSSR, Inst. für hochmol. Verbb.; russ., Auszug: engl.) — Die Beziehung zwischen Molgew. (M) u. der Grenzviscosität [η] wurde durch Messung von [η] der hochmol. Fraktionen von *Poly-p-tert.-butylphenylmethacrylat* in Brombenzol u. CCl_4 bei verschiedenen Geschw.-Gradienten (q) untersucht. Für $q = 0$ wurde zwischen [η] u. dem durch Lichtstreuung ermittelten $\overline{M}$ die Beziehung $[\eta]_{q\to 0} = 4{,}1\cdot 10^{-4}\cdot \overline{M}^{0{,}71}$ gefunden. Die Meth. der Bewertung von [η] bei $q = 0$ aus Messungen im Ostwald-Viscosimeter wurde erörtert.
Helmut Schäfer. 4010△

1006 **Analyse von Copolymeren durch Trübungspunktmessung.** Hans-Georg Elias und Urs Gruber. (J. Polymer Sci., Part B **1**, 337–38, 1963; Zürich, ETH, Labor. für Organ.-Chem. Technol.; dt.) — Von den *Polyestern* aus *Adipinsäure* (**I**) u. *Polyäthylenglykol* (**II**, Molgew. $M_n = 150$ bis 29000) wurde unter Verw. von Acetonitril u. Diisopropyläther (Syst. A) bzw. von Chlf. u. n-Hexan (Syst. B) die Abhängigkeit des krit. Vol.-Bruches ψ_{krit} des Fällmittels (vgl. hierzu C. **1962, 17051**) vom Geh. β (in Mol-%) der —O-Gruppen als Kettenglieder durch Trübungstitration gemessen. Es ist $\psi_{krit}(A) > \psi_{krit}(B)$, ferner steigen die ψ_{krit}-Werte für A u. B linear mit wachsendem β an. In ähnlicher Weise wurde ψ_{krit} der *Polyester* aus **II** ($M_n = 400$) einerseits u. **I**, *Bernstein-* bzw. *Kork-* bzw. *Sebacinsäure* andererseits bestimmt. Auch hier ist $\psi_{krit}(A) > \psi_{krit}(B)$; beide Größen fallen mit steigendem β linear ab.
O. Fuchs. 4010◇

1007 **Eine neue Methode zur Darstellung von Polyestern.** Je. N. Silberman und N. M. Tepljakow. (Hochmolekulare Verbind. [UdSSR] **1**, 934, 1959; russ., Auszug: engl.) — Durch Sättigen von Dinitrilen in organ. Lsgm. mit HCl werden *Dicarbonsäure-bis-[imidchloridhydrochloride]*, $[NH_2 = C(Cl)RC(Cl) = NH_2]^{2+}2\,Cl^-$, erhalten, die durch Kondens. mit Glykolen in *Polyimidsäureesterhydrochloride*, dann durch Hydrolyse in *Polyester* mit endständigen OH- u. CN-Gruppen übergeführt werden. — *Poly-1.4-butylenadipinat*, F. 46,5°, man sättigt 5,4 g Adipodinitril in 40 ml abs. Ae. bei —5° mit HCl, läßt 1 Std. stehen, gibt 4,5 g Butandiol-(1.4) zu, läßt 20 Std. unter Kühlung stehen, löst den Nd. in 1 n K_2CO_3 u. läßt 10–15 Min. lang stehen; Molgew. 1030; 78% Ausbeute.
Helmut Schäfer. 4010△

1008 **Untersuchungen über Polymerfraktionierung von im festen Zustand polymerisiertem Acrylamid.** B. Baysal, G. Adler, D. Ballantine und A. Glines. (J. Polymer Sci., Part B **1**, 257–62, 1963; Upton, Long Island, N.Y., Brookhaven Nat. Labor.; engl.) — Festes *Acrylamid* wurde bei 27° durch Bestrahlen mit γ-Strahlen (^{60}Co) polymerisiert (Dosis D = 2,46 Mrad); nach Beendigung der Bestrahlung wurde der Inhalt des Gefäßes sofort in Methanol (**I**) gegeben, wobei *Polyacrylamid* (Probe A) ungelöst blieb (Ausbeute 95%). Bei einem anderen Vers. wurde die Bestrahlung bei —78° mit D = 0,80 vorgenommen; nach der Bestrahlung blieb das Prod. 360 Std. bei 25° stehen, anschließend erst Isolierung wie vorher (Probe B); Ausbeute 18,3%. A u. B wurden unter Verw. von W. als Lsgm. u. **I** als Nichtlöser bei 30° durch Fällen fraktioniert; von den Fraktionen wurden [η] u. M_n (osmot.), je in W., bestimmt. Es gilt $[\eta] = 4{,}65\cdot 10^{-4}\,M_n^{0{,}64}$ für A u. $4{,}07\cdot 10^{-6}\,M_n^{1{,}07}$ für B. Die Verteilungskurve von A ist wesentlich breiter als die von B. A ist vermutlich stark verzweigt.
O. Fuchs. 4010◇

1009 **Über die anionische Polymerisation von Lactamen.** 2. Mitt. **Grignardverbindungen als Katalysatoren der Schnellpolymerisation von Caprolactam.** Siegfried Schaaf. (Faserforsch. u. Textiltechn. **10**, 257–60, 1959; Teltow-Seehof, DAW zu Berlin, Inst. für Faserstoff-Forsch.) — 1. vgl. C. **1960, 9422**; 3. vgl. C. **1961, 7449**. — Es werden die maximale (P_{max}) u. die Endpolymerisation (P_{end}) von *Polyamiden* nach 6 Std. untersucht. Auf 1 Mol Katalysator werden je nach Verbb. 25–1000 Mol *Caprolactam* eingesetzt. Neben Na werden Grignard-Verbb. verwendet. P_{max} u. P_{end} werden in gewissem Maße vom eingesetzten Katalysator u. dessen Menge beeinflußt. Es lassen sich jedoch keine direkten Zusammenhänge feststellen.
W. Bernard. 4010◇

1010 **Der Einfluß der Verstreckung auf die Struktur von Nylon 66-Fäden.** D. V. Badami, F. P. Chappel, M. F. Culpin, D. Madoc Jones und T. C. Tranter. (Rheol. Acta [Ergänzungsh. z. Kolloid-Z.] **1**, Nr. 4/6, 639–47, 1961; Pontypool Monmouthshire, Brit. Nylon Spinners, Res. Dep.; engl.) — *Nylon 66*-Fäden werden verschieden stark verstreckt. Ihre Doppelbrechung nimmt mit steigender Verstreckung zu. Röntgenograph. Messungen zeigen eine Zunahme der Orientierung. Alle Ergebnisse weisen auf Zunahme der Dichte hin. — Diskussionsbemerkungen.
W. Fester. 4010◇

1011 **Turbidimetrische Titration von Nylon 66.** G. J. Howard. (J. Polymer Sci., Part A **1**, 2667–78, 1963; Pontypool, British Nylon Spinners Ltd.; engl.) — Ausführlich beschriebene turbidimetr. Titrationen (T) an *Nylon 66* ergeben, daß die Fällung einer Mol.-Art von Polymer-Moll. mit anderen Molgew. unabhängig ist, während die Fällbarkeit eine Funktion der Polymer-Konz. u. des Polymerisationsgrades darstellt. Die Gewinnung von Molgew.-Verteilungen aus T wird beschrieben. Die für ein Standardpolymeres erhaltene Verteilung ist um einiges schärfer als die aus einer sorgfältig fraktionierten Fällung gewonnene, ist aber einer einfachen präparativen Einstufenfraktionierung überlegen. Verteilungskurven für andere Nylon 66-Polymere einschließlich eines photochem. abgebauten Garnes werden angeführt.
H.-D. Sabel. 4010◇

1012 **Selektive Ionenaustauscher auf der Basis von Resorcinaldehyd.** 1. Mitt. **Harz aus Resorcylidenanthranilsäure.** V. Sýkora und F. Dubský. (Collect. czechoslov. chem. Commun. **27**, 350–54, 1962; Prag, TH, Chem. Inst. für analyt. Chem.; russ., Auszug: dt.) — Vff. geben die Vorschrift zur Herst. eines selektiven *Kationenaustauschers* (KA) durch Polykondens. von *β-Resorcylidenanthranilsäure* (**I**) mit *Formaldehyd* (**II**) an u. beschreiben seine nach der stat. Meth. ermittelten Eigenschaften. Zur Herst. von KA werden 51,5 g (0,2 Mol) **I** in 100 ml 4n NaOH-Lsg. gelöst u. 48,5 g 37%ig. **II** (0,6 Mol) zugegeben; nach 24std. Stehen bei Normal-Temp. wird das Rk.-Gemisch 12 Std. auf dem Wasserbad u. 24 Std. im Trockenschrank auf 110° erwärmt; die entstandene Masse des KA wird zur Korngröße von 0,15–0,30 mm verarbeitet, mit W. gewaschen u. 12 Std. in 1%ig. NaOH-Lsg. aufgequollen, wodurch sich die Rk.-Geschw. sowie die Kapazität des KA wesentlich erhöht; nach Waschen mit W. wird der KA mit 5%ig. HCl in den H-Cyclus übergeführt u. bis zur neutralen Rk. mit W. gewaschen. Im sauren u. neutralen Medium ist der KA sehr beständig; außer Verw. wird der KA unter W. bzw. in feuchtem Zustande aufbewahrt. — Die Gleichgewichtskapazität (GGK) des KA für Cu^{2+}, Fe^{3+}, UO_2^{2+}, Ni^{2+}, Zn^{2+}, Cd^{2+}, Co^{2+}, Mn^{2+}, Ca^{2+} u. Mg^{2+} in Abhängigkeit vom pH wurde durch Schütteln des feuchten KA mit der mit Acetatpuffer gepufferten Lsg. des betreffenden Metallions bis zum erreichten Gleichgewicht ermittelt. Die Sorption wurde während des Vers. durch chelatometr. Best. des in aliquoten Teilen der Lsg. verbliebenen Metalls kontrolliert. Die in derselben Weise ermittelte Sorptions-Geschw. von Cu^{2+} bei pH 4,0–4,3 ist anfangs groß, jedoch nimmt sie rasch ab, so daß das vollständige Gleichgewicht erst nach 1std. Schütteln erreicht wird. Durch die Ionenstärke der Lsg. in den Grenzen von 0,24–0,96 bei pH 4,4–4,6 wird die Cu^{2+}-Sorption nicht beeinflußt. Aus den gefundenen Werten wurden die Selektivitäts-Koeff. (K_s) für bin. Gemische von

Cu^{2+} mit den einzelnen angeführten Ionen nach der Gleichung $K_{sB}^{A}\downarrow = [A]_i[B]_r/[A]_r[B]_i$ berechnet, worin $[A]_i$ u. $[B]_i$ die GGK-Werte für einzelne Ionen, ausgedrückt in mVal des mit 1 g trockenem KA festgehaltenen Metallions, $[A]_r$ u. $[B_r]$ die in 1 ml Lsg. im Gleichgewichtszustand verbleibende mVal-Zahl der gleichen Ionen bedeuten. Demnach weist der KA im schwach sauren Acetatmedium eine hohe Selektivität für Cu^{2+}, Fe^{3+} u. UO_2^{2+} auf; die übrigen untersuchten Ionen werden vom KA nur in geringem Maße festgehalten. In bin. Syst. $Cu^{2+} + UO_2^{2+}$ bzw. $Cu^{2+} + Fe^{3+}$ ist die Selektivität des KA größer für UO_2^{2+} bzw. Fe^{3+}; die Cu^{2+}-Sorption erhöht sich jedoch mit zunehmender Cu^{2+}-Konz. in der Lösung.

Versuche: *β-Resorcylidenanthranilsäure* (**I**), nach dem modifizierten Verf. von Ekeley u. Clinton [1913] durch Vermischen der warmen Lsgg. von 27,4 g (0,2 Mol) Anthranilsäure in 300 ml 50%ig. A. u. 27,6 g (0,2 Mol) β-Resorcinaldehyd (**III**) in 100 ml A., Filtrieren des gebildeten Nd., Waschen mit 50%ig. A. u. Trocknen an der Luft; fast quant. Ausbeute eines sehr reinen Präp.; Zers. bei ca. 150°. — **III**, nach der Gattermannschen, von Adams u. Levine [1923] modifizierten Synthese. K. Kámen/Prag. 4010

1013 **Über die Korrelation zwischen der Struktur von Polyorganosiloxanen und ihren Eigenschaften.** K. A. Andrianow und Ss. Je. Jakuschkina. (Hochmolekulare Verbind. [UdSSR] **4**, 1193—96, 1962; Inst. für metallorgan. Verbb. der Akad. der Wiss. der UdSSR; russ., Auszug: engl.) — Durch Cohydrolyse von Dimethylchlorsilan (**I**) mit [β-Phenyläthyl]-methyl- (**II**), [β-x-Chlorphenyläthyl]-methyl- (**III**) u. [β-x-Tolyläthyl]-methyldichlorsilan (**IV**) wurden *[β-Phenyläthyl]-* (**V**), *[β-Chlorphenyläthyl]-* (**VI**) u. *[β-Tolyläthyl]-heptamethyltetracyclosiloxan* (**VII**) dargestellt. *Oktamethyl-* [Kp. 174—175°; n_D^{20} 1,3965], *Heptamethylphenyl-* [$Kp._8$ 111°; $D._4^{20}$ 1,0163; n_D^{20} 1,4490], *Heptamethyl-[trimethylsiloxy]-cyclotetrasiloxan* [$Kp._{20}$ 115—120°; $D._4^{20}$ 0,9824; n_D^{20} 1,4005], **V**, **VI** u. **VII** polymerisieren in Ggw. von konz. H_2SO_4 unter Bldg. der entsprechenden linearen *Polyorganosiloxane*. Die Substitution einer Methylgruppe in Polydimethylsiloxan durch die Phenyl-, Trimethylsiloxy- u. β-Aryläthylgruppe bedingt eine starke Erniedrigung der Glas-Temp. der Polymeren.

Versuche: *Heptamethylcyclotetrasiloxane*: *β-Phenyläthyl-* (**V**), $C_{15}H_{30}O_4Si_4$, $Kp._1$ 142—146°, durch 1std. Rühren von 1 Mol **I** mit 0,33 Mol **II** in 60 ml W. u. 100 ml Ae. bei 30°; $D._4^{20}$ 1,0071; n_D^{20} 1,4485; 23,9% (Ausbeute). — *β-[Chlorphenyl]-äthyl-* (**VI**), $C_{15}H_{29}ClO_4Si_4$, $Kp._1$ 156—158°, aus **I** u. **III**; $D._4^{20}$ 1,0807; n_D^{20} 1,4580; 10,2%. — *β-Tolyläthyl-* (**VII**), $C_{16}H_{32}O_4Si_4$, $Kp._2$ 176—180°, aus **I** u. **IV**; $D._4^{20}$ 1,0172; n_D^{20} 1,4523; 12,9%. Helmut Schäfer. 4010△

1014 **Kryoskopisches Segmentgewicht von Polyisopren- und Polybutadiengummi.** David Craig und N. M. Trivisonno. (J. Polymer Sci., Part B **1**, 253—56, 1963; Brecksville, Ohio, B. F. Goodrich Co., Res. Center; engl.) — Eine Mischung aus 25 g *Naturgummi* (**I**) u. 35 g Bzl. blieb zunächst 12 Tage bei 25° stehen u. wurde dann ohne Rühren langsam auf —15° abgekühlt. Aus dem zeitlichen Verlauf der Temp. t folgt, daß der F. des Bzl. um $\Delta F = 3{,}7°$ erniedrigt wird; unter der Annahme der Gültigkeit des Raoultschen Gesetzes folgt daraus das kryoskop. Segment-Molgew. M_F von **I** zu 909 (entsprechend 68 Monomereinheiten). Für *cis-1.4-Polybutadien* (**II**) wurde M_F auf die gleiche Weise zu 649 (= 54 Monomereinheiten) bestimmt. M_F von **II** steigt linear mit wachsendem Geh. an Bzl. in dem Gemisch an; die Extrapolation auf 0% Bzl. ergibt M_F zu 160—200. Wird **II** ausvulkanisiert, so beträgt M_F des Vulkanisates 192, ist also von der gleichen Größenordnung wie vor der Vulkanisation für 0% Benzol. O. Fuchs. 4030◇

1015 **Über die molekularen Konstanten von Naturkautschuk. 4. Mitt. Über die polymeranaloge Bromierung von Naturkautschuk und einige Lösungseigenschaften des Bromkautschuks.** G. V. Schulz und A. Mula. (Makromolekulare Chem. **44—46**, 479—88, 1961; Mainz, Univ., Inst. für phys. Chem.; dt.) — 3. vgl. C. **1960**, 11676. — Ultrazentrifugierte, 0,5%ig. Lsgg. von *Crepe-Kautschuk* in Cyclohexan werden unter Luftausschluß im N_2-Strom photochem. bromiert. Die mit Br_2 behandelten Kautschuk-Lsgg. zeigen starken Viscositätsabfall; das Molgew. nimmt entsprechend dem Br-Geh. zu. Für *Bromkautschuk* (**I**) mit steigendem Br-Geh. wird Cyclohexan zunehmend ein schlechteres Lsgm., was sich durch Abnahme des 2. osmot. Virial-Koeff. u. der Kontraktion des Mol.-Knäuels zeigt. Quant. Übereinstimmung besteht zwischen Viscositäts- u. Lichtstreuungsmessungen. Cyclohexan-Lsgg. von **I** mit 43% Br haben bei Raum-Temp. einen Θ-Punkt; hierbei ist das Knäuel 1,74mal größer als das bei freier Drehbarkeit. R. Schirner. 4030△

1016 **Vulkanisation von Kautschuk in Gegenwart von N.N-Diäthylbenzthiazolyl-(2)-sulfenamid als Beschleuniger.** B. A. Dogadkin, O. N. Beljatzkaja, A. W. Dobromysslowa und M. Ss. Feldstein. (Hochmolekulare Verbind. [UdSSR] **1**, 878—88, Juni 1959; Rubber Chem. Technik **33**, 361—72, 1960; Moskau, Lomonossow-Inst. für chem. Feintechnol.; russ., Auszug: engl.) — Bei der Vulkanisation von *Kautschuk* in Ggw. von *2-[Diäthylaminosulfenyl]-benzthiazol* (**I**; *Sulfenamid BT*) ist die Kinetik der S-Anlagerung durch eine S-förmige Kurve mit einer Induktionsperiode (IP) charakterisiert. Die Aktivierungsenergie der S-Anlagerung beträgt 30 kcal/Mol in der Anfangs-, 14 in der Hauptperiode. Durch Reinigung von Na-Butadienkautschuk von Alkali wird IP verlängert. O_2 verkürzt oder hebt IP ganz auf u. erhöht die Anlagerungs-Geschw. von S in der Hauptperiode. Bei der Rk. von **I** mit Kautschuk in Abwesenheit von S bei Vulkanisations-Temp. entstehen 2-Mercaptobenzthiazol (**II**) u. Diäthylamin. Gleichzeitig erfolgt Anlagerung von **I** u. Vernetzung des Kautschuks. Die Geschw. der **II**-Bldg. durchläuft ein Maximum, das mit der maximalen Anlagerungs-Geschw. von S bei Vulkanisation in Ggw. von **I** u. S zusammenfällt. Helmut Schäfer. 4030△

1017 **Die Pfropfung von Styrol auf Baumwollcellulose durch Vorbetrahlung mit Gammastrahlen.** R. E. Kesting und V. Stannett. (Makromolekulare Chem. **55**, 1—14, 1962; Wattwil, Switzerland, Heberlein & Co.; Syracuse, N.Y., State Univ. Coll. of Forestry; engl.) — Vff. untersuchten die Pfropfung von *Styrol* auf *Baumwollcellulose* nach Bestrahlung mit γ-Strahlen einer ^{60}Co-Quelle. Die Entstehung u. der Zerfall der Radikale wurden durch Messen der Elektronenspinresonanz u. durch den Verlauf der Abnahme der Pfropfung auf bestrahlte Cellulose in Abhängigkeit von der Zeit bestimmt. Der Zerfall der Radikale entspricht einer Rk. 2. Ordnung. Die Pfropfung wird durch Radikale eingeleitet. Bei höheren Polymerisations-Temp. scheinen auch Peroxide Pfropfungs-Rkk. einzuleiten. Wahrscheinlich entstehen diese Peroxide während der Bestrahlung durch Rk. der Cellulose mit W., nicht mit Sauerstoff. K. Schwabe. 4050◇

1018 **Infrarotspektren von Cellulose bei der Viscoseproduktion.** B. I. Stepanow, R. G. Shbankow und A. Ja. Rosenberg. (J. physik. Chem. [UdSSR] **33**, 1907—13, 1959; Minsk, Beloruss. Univ.; Mogilew, Werk für synthet. Fasern; russ., Auszug: engl.) — Die IR-Spektren von *Sulfit-*, *Alkali-* (**I**) u. *Hydratcellulose* bei 2,5—13 μ wurden bei der Viscose-Herst. untersucht. Die Intensität der Absorption der CH_2-Gruppen ist bei der mercerisierten Cellulose gegenüber dem Ausgangs-Prod. stark vermindert, die Absorption bei 910 cm^{-1} erhöht. Beim Trocknen von **I** nimmt die Intensität der Absorption der OH-Gruppen infolge Cellulosealkoholat-Bldg. stark ab. Helmut Schäfer. 4050△

1019 **Eine verfeinerte Theorie der Röntgenkleinwinkelstreuung des verknäuelten Fadenmoleküls und ihre Anwendung auf Cellulosenitrat in Lösung.** S. Heine, O. Kratky, G. Porod und P. J. Schmitz. (Makromolekulare Chem. **44—46**, 682—726, 1961; Graz, Univ., Inst. für Phys. Chem.; dt.) — Für die Berechnung der Streukurve eines biegsamen Faden-Mol. wurde eine Formel abgeleitet, die in ihrer Abstandsstatistik eine Übereinstimmung mit der theoret. geforderten bis zu $\overline{\nu}^4$ erzielt. Die Streukurven wurden für Fäden bis zu einer Länge von 300 Persistenzeinheiten berechnet (IBM 650). Das unendlich lange Mol. wird gesondert behandelt. Die Anpassung der Kurvenform an die theoret. ist wesentlich besser als nach bisherigen Berechnungen. Zur Unters. wird eine blendenstreuungsfreie Kleinwinkelkamera benutzt. Gemessen werden *Cellulosenitrate* im Konz.-Bereich von 0,55—6,65%. Der Polymerisationsgrad liegt zwischen 1640 u. 3500. Die Persistenzlängen liegen bei N-Geh. von 13,85% etwa bei 40 Å, bei 14,14% N-Geh. bei 50—70 Å. Eine Best. des Assoziationsgrades

ergab den Wert 1,00, was bestätigt, daß die gemessene Persistenzlänge tatsächlich die des Einzel-Mol. ist.
G. Heintz. 4050◇

1020 **Nicht-Newtonsches Fließen von makromolekularen Lösungen, die durch Capillarviscosimetrie unter Änderung des Geschwindigkeitsgradienten um 6 Dezimalen untersucht wurden.** Stig Claesson und Ulv Lohmander. (Makromolekulare Chem. **44–46,** 461–78, **1961**; Uppsala, Univ., Inst. of Phys. Chem.; engl.) — Mit einem Capillarviscosimeter wird eine *Cellulosenitrat*-Fraktion mit einem Polymerisationsgrad von 10000 in Äthylacetat bei Gradienten von 0,2–150000 s^{-1} untersucht. Die Viscositätszahl beim Gradienten D ist 10400 Staudinger; beim Gradienten ∞ beträgt sie nur 1170 Staudinger. Für Werte unter 2000 s^{-1} ist die Viscositätszahl proportional dem reziproken Gradienten. Über 2000 s^{-1} wird η_{sp}/c unabhängig von c u. folglich gleich $[\eta]$.
G. Heintz. 4050◇

1021 **Beitrag zur Analyse der Doppelbrechung in der Photoplastizität.** Jan Javornický. (Z. angew. Physik **14,** 152–57, **1962**; Praha, Tschechoslovak. Akad. der Wiss., Inst. für theoret. u. angew. Mechan.; dt.) — Mittels Messung der Doppelbrechung untersuchte Vf. das Verh. von *Celluloid* bei Beanspruchung im unelast. Gebiet. An Hand der Vers.-Ergebnisse leitet Vf. eine Gleichung über die Abhängigkeit der Doppelbrechung von der Spannung u. der Verformung bei einachsiger Belastung ab. C. Gottfried. 4050△

1022 **Die Elektrodialyse als Fraktionierungsverfahren bei Stärke.** M. Richter und M. Ulmann. (Kolloid-Z. **176,** 98–102, **1961**; Potsdam-Rehbrücke, Dt. Akad. der Wiss., Inst. für Ernährung; dt.) — Die durch 10 Min. langes Kochen in 1%ig. Dispersion vorliegende *Stärke* wurde in einem Mikrodialysator durch Elektrodialyse fraktioniert. *Amylose* (im Sol) u. *Amylopektin* (Gelphase) konnten vollständig in ca. 20 Std. getrennt werden. E. Moisar. 4050◇

1023 **Einflüsse der Feuchtigkeit auf die Kristallstruktur von ungereinigter Stärke.** Kiyoshi Ōshima und Yasumasa Takano. (J. Sci. Hiroshima Univ., Ser. A **24,** 73–84, **1960**; Fukuyama, Branch School, Fac. of Sci., Dep. of Phys.; engl.) — Durch Aufnahme der Debye-Scherrer-Röntgendiagramme von *Reis*- u. *Kartoffelstärke* bei unterschiedlichem Wasser-Geh. (5, 10, 17, 30 u. 40%) wird der Einfl. des W. auf die Kristallstruktur nachgewiesen. Bes. die Intensität ist stark vom Wasser-Geh. abhängig. F. Lang. 4050◇

1024 **Enzymatische Hydrolyse eines 4-O-Methylglucuronoxylans aus Weißbirke (Betula papyrifera).** T. E. Timell. (Chem. and Ind. **1959,** 999–1000; Montreal, Quebec, Canada, McGill Univ., Pulp and Paper Res. Inst. of Canada; engl.) — Ein aus *Betula papyrifera* erhaltenes *4-O-Methylglucuronoxylan* (I), das auf zehn 1 → 4-gebundene β-D-Xylopyranosylreste einen 1 → 2-gebundenen 4-O-Methyl-α-D-glucuronsäurerest enthält, wird nach der Meth. von Painter (vgl. Canad. J. Chem. **37,** [1959], 497) mit Pektinase (P.) behandelt. Die beiden erhaltenen polymerhomologen Zuckergemische werden an Austauscherharzen getrennt u. durch präparative Papierchromatographie in die Komponenten zerlegt: *Xylose* (**II**; 34%), *Xylobiose* (9%), *Xylotriose* (10%), *Xylotetraose* (4%), *Xylopentaose* (3%), *Aldotetra*- (**III**; 11%), *Aldopenta*- (11%), *Aldohexa*- (9%) u. *Aldoheptauronsäure* (5%) sowie 4% *höhere Uronsäure.* Da keine 4-O-Methylglucuronsäure (**IV**) u. auch keine Aldobio- u. Aldotriuronsäure gebildet werden, scheint P. unter diesen Rk.-Bedingungen die Glykosidbindungen, an denen ein Glucuronosylxyloserest betätigt ist, nicht anzugreifen. Für **III** wird daher die Konstit. einer *4-O-[2'-O-(4-O-Methyl-α-D-glucopyranuronosyl)-4'-O-(β-D-xylopyranosyl)-β-D-xylopyranosyl]-β-D-xylopyranose* angenommen. **III** verbraucht in Übereinstimmung mit dieser Struktur 5 Mol Perjodat unter gleichzeitiger Bldg. von 3 Mol Ameisensäure. Führt man bei der enzymat. Hydrolyse von **I** im Gegensatz zur Meth. von Painter die prim. entstehenden Oligosaccharide nicht durch Diffusion ab, so werden nur **II** u. **IV** gebildet. L. Lamza. 4050

1025 **Eine Untersuchung der Eisstruktur in wässerigen Gelatinegelen bei tiefen Temperaturen durch Röntgenbeugung.** L. G. Dowell, S. W. Moline und A. P. Rinfret. (Biochim. biophysica Acta [Amsterdam] **59,** 158–67, **1962**; Tonawanda, N.Y., Linde Co., Res. Labor.; engl.) — Durch Röntgenbeugungsmessungen wurde die Kristallstruktur des Eises tiefgekühlter (ca. -100^0) *Gelatine* (**I**)-Gele in Abhängigkeit vom **I**-Geh. untersucht. Unabhängig von der Abkühlungs-Geschw. überwog bei 10–20% **I** die hexagonale Struktur. Zwischen 20 u. 50% **I** wurde hauptsächlich kub. Eis, daneben in einem von der Kühl-Geschw. u. vom **I**-Geh. abhängigen Maße hexagonales u. nichtkristallines, glasartiges gefunden; letzteres bildet den Hauptanteil bei **I**-Konzz. $>50\%$. Beim Erwärmen geht das glasartige Eis zwischen -65 u. -25^0 zunächst in die kub. Form über; bei ca. -10^0 erfolgt schließlich Umwandlung in die hexagonale Modifikation. E. Moisar. 4070◇

1026 **Beitrag zur Untersuchung der Gelatinestruktur.** 8. Mitt. **Änderungen im Verlauf der Extraktion.** J. Pouradier und A. M. Accary-Venet. (J. Chim. physique Physico-Chim. biol. **58,** 778–85, **1961**; Vincennes, Kodak-Pathé, Labor. de Rech. Physicochim.; franz.) — Von verschiedenen alkal. geäscherten Rohmaterialien wurden durch mehrfache Extraktion Reihen von *Gelatinen* (**I**) hergestellt, deren Eigg. als Funktion der Zahl der Extraktionen untersucht wurden. Die Viscosität änderte sich bei den verschiedenen **I** im Laufe der Extraktion nicht einheitlich, während die Bloom-Gallertfestigkeit stetig abnahm. Gleichfalls uneinheitlich war die Abhängigkeit des mittleren Molgew. bei den einzelnen **I**-Arten. Der isoelektr. Punkt wurde mit zunehmender Sudzahl geringfügig zu tieferen Werten verschoben. Gleichzeitig wurde eine Zunahme des Geh. an α-NH_2- u. Histidingruppen festgestellt. Die Wrkg. der Äscherung besteht hauptsächlich in einer Lsg. der Bindungen zwischen den Peptidketten. Während der Extraktion tritt neben weiterer Lsg. von Kettenbindungen eine irreversible Kettenaufspaltung hinzu. E. Moisar. 4070◇

1027 **Die thermische Stabilität von gelösten Kollagenen.** N. T. Crosby und G. Stainsby. (Res. appl. in Ind. **15,** 427–35, **1962**; Leeds, Univ., Procter Dep. of Food and Leather Sci.; engl.) — Übersicht über Herst. u. Eigg. der in Neutralsalz-Lsgg. oder in verd. Säuren lösl. *Kollagene* u. *Eukollagene,* ihre Stabilität gegen therm. Denaturierung u. ihren Feinbau. — 42 Literaturangaben. E. Moisar. 4070◇

1028 **Über Eiweißstoffe.** 68. Mitt. **Die Struktur der durch peptische Hydrolyse des Chymotrypsinogens erhaltenen Peptide.** V. Kostka, B. Meloun, J. Vaněček und F. Šorm. (Collect. czechoslov. chem. Commun. **27,** 882 bis 894, **1962**; Prague, Czechoslov. Acad. of Sci., Inst. of Organ. Chem. and Biochem.; engl.) — 67. vgl. C. **1963,** 9009. — Vff. beschreiben die quant. Auswertung des Aminosäure-Geh. von *Chymotrysinogen* u. die Sequenz-Unters. einiger Peptide, deren Trennung im Hydrolysat mit Hilfe der Ionenaustauscherchromatographie schon früher (vgl. Vaněček u. Mitarbeiter, C. **1961,** 15630) mitgeteilt wurde. Die folgenden Sequenzen sind angegeben: *Leu·Thr·Arg·Tyr·Thr·Asp(NH₂)·Ala·Asp(NH₂)·Thr·(Pro, Asp)·Arg·Leu·Glu(NH₂)·Glu(NH₂); Ala·Arg·Val·Thr·Ala·Leu; Glu·Asp·Lys·Thr·Gly·Phe; Lys·Leu·Ser·Thr·Ala·Ala·Ser·Phe; Ser·Glu·Thr·Val·Ser·Ala; Asp·(Glu, Ser)·Lys·Leu; Phe·(Asp, Glu₂, Gly, Ser₃)·Lys·[(Ileu·Glu·Lys)·(Leu·Lys)]·Ileu·Ala·Lys·Val; Gly·Glu·Phe; Ileu·Thr·Leu; Thr·Leu·Leu.* Die Einreihung dieser Sequenzen in das Protein-Mol. u. ihr Vgl. mit den von anderen Vff. beschriebenen Ergebnissen werden erörtert. V. Tomášek/Prag. 4070△

1029 **Über Eiweißstoffe.** 69. Mitt. **Die Primärstruktur von Myoglobin des Pottwals vom Gesichtspunkt der allgemeinen Aufbauprinzipien der Proteine.** F. Šorm. (Collect. czechoslov. chem. Commun. **27,** 994–1000, **1962**; engl.) — 68. vgl. vorst. Referat. — Die Verkettung der *Aminosäuren* (**A**) des Pottwal-*Myoglobins* (**I**) wird vom Vf. einer theoret. Analyse unterzogen. Gewisse Fragmente der Peptidkette von **I** sind analog. aufgebaut, d. h. sie sind aus den gleichen oder austauschbaren **A** zusammengesetzt (vgl. 67. Mitt., C. **1963,** 9009). Auch in der Peptidkette von **I** wurden **A** gefunden, deren Kette an beiden Enden symm. aus den gleichen oder austauschbaren **A** aufgebaut ist. Diese Befunde weisen auf große Ähnlichkeiten u. Regelmäßigkeiten in der Verkettung der **A** hin, auf die Vf. schon früher bei anderen Eiweißstoffen (**B**) aufmerksam gemacht hat. Manche Peptidfragmente von **I** sind analog aufgebaut wie die gewisser Teile der α- u. β-Peptidkette von menschlichem *Hämoglobin.* Dies weist auf einen engeren Zusammenhang u. auf größere Ähnlichkeiten der beiden Hämeiweißstoffe hin, eine Beziehung, die enger ist als man annehmen kann, wenn man nur die gesamte Primär-

struktur der beiden **B** vergleicht. Im Zusammenhang damit wird die phylogenet. Entw. der **B** diskutiert.
V. Tomášek/Prag. 4070△

1030 **Über Eiweißstoffe.** 70. Mitt. **Die Analyse der Primärstruktur von Cytochrom c des Pferdeherzens.** F. Šorm. (Collect. czechoslov. chem. Commun. **27,** 1001—08, 1962; engl.) — 69. vgl. vorst. Referat. — Beim gleichen methodolog. Vorgehen, das vom Vf. zum Vgl. der theoret. Analyse der α- u. β-Kette von *Hämoglobin* (**I**) angewandt wurde (vgl. 67. Mitt., C. **1963,** 9009), wurden auch weitgehende Ähnlichkeiten u. Analogien in der Struktur der Peptidkette von *Cytochrom c* (**II**) des Pferdeherzens gefunden. Im Aufbau der Peptidkette von **I** einerseits u. den anderen Hämeiweißstoffen (α- u. β-Kette von **I** u. *Myoglobin*) andererseits wurden eine große Anzahl ident. niedriger Peptideinheiten u. gemeinsame Strukturanalogien gefunden. Das durch Spaltung des Hämproteins von *Chromatium* (vgl. Dus u. Mitarbeiter, J. biol. Chemistry **256,** [1961], PC47) isolierte Hämpeptid zeigt eine bedeutende strukturelle Ähnlichkeit mit **II**. Auf Grund dieser Befunde wird die phylogenet. Entw. der Hämeiweißstoffe diskutiert. V. Tomášek/Prag. 4070△

1031 **Proteinwechselwirkungen.** 28. Mitt. **Untersuchung der Sedimentation der Perameisensäureoxydationsprodukte von Chymotrypsinogen und DIP-Chymotrypsin.** J. Šponar. (Collect. czechoslov. chem. Commun. **26,** 2015—21, 1961; Prague, Czechoslov. Acad. Sci., Inst. of org. Chem. u. Biochem.; engl.) — 27. vgl. C. **1962,** 12316. — Die Unters. der tert. u. sek. Struktur von *Chymotrypsin, Chymotrypsinogen* u. ihren Oxydations-Prodd. (Sedláček u. Frič, C. **1960,** 12711; Frič, C. **1961,** 10590) wurde durch Sedimentations-Unterss. ergänzt. Wegen der beschränkten Löslichkeit in wss. Lsgg. wurden die Analysen im alkal. Medium durchgeführt. Bei der Oxydation von Chymotrypsinogen wurden keine Molgew.-Änderungen nachgewiesen, dagegen wird das Molgew. bei der Oxydation von *DIP-Chymotrypsin* auf ein Drittel red., was mit der Auffassung der tert. Struktur der zwei Proteine übereinstimmt. Die Oxydation verursacht Änderungen der sek. Struktur der beiden Proteine, die jedoch, speziell in wss. Lsgg., ihre rigide Struktur beibehalten. Eine totale physikal.-chem. Charakterisierung des Syst. ist (bes. bei DIP-Chymotrypsin) wegen der Anwesenheit verschiedener Aggregate oder anderer Prodd. der Neben- oder Folge-Rkk. sehr schwierig.
L. Matoušek/Prag. 4070

1032 **Proteinwechselwirkungen.** 29. Mitt. **Kinetik der Aggregation denaturierter Proteine.** P. Kratochvíl, P. Munk und B. Sedláček. (Collect. czechoslov. chem. Commun. **26,** 2806—12, 1961; engl.) — 28. vgl. vorst. Referat. — Eine qual. Erklärung der bei der Aggregation von wärmedenaturiertem menschlichem *Serumalbumin* beobachteten Erscheinungen wird gegeben. Die neue Theorie wurde ausgearbeitet, weil nicht nur die klass. Aggregationstheorie von Smoluchowski, sondern auch neuere Vorstellungen nicht alle Vers.-Daten zu erklären vermochten. Die Grundlagen der Theorie gehen von zwei Voraussetzungen aus: 1. An der Aggregation nimmt nicht die gesamte Oberfläche der Moll. teil, sondern nur bestimmte Teile, die sog. Aggregationszentren. 2. Die Kinetik der Aggregation wird durch die gleiche Gesetzmäßigkeit wie die Kinetik der Polykondens. beherrscht. Der größte Anteil der Moll. enthält je zwei Aggregationszentren pro Mol., einige Moll. je 3 bzw. auch mehr Zentren, u. es gibt auch solche, die nur ein einziges Zentrum aufweisen. Der Anteil verschiedener Mol.-Arten hängt von den Vers.-Bedingungen ab. Der höhere durchschnittliche Geh. an Aggregationszentren bewirkt, daß das Molgew. der Aggregate mit einer höheren Potenz der Zeit wächst. Wenn eine beträchtlichere Menge der einzentrigen Moll. anwesend ist, wird das Anwachsen des Molgew. verlangsamt u. das Molgew. kann unter diesen Bedingungen nur einen bestimmten Grenzwert erreichen. Auch die Polydispersität der Aggregate wird durch die Anteile verschiedener Mol.-Arten bedeutsam beeinflußt. Obwohl die angeführten Vorstellungen nur auf die Vers.-Daten mit einem einzigen Protein gegründet sind, darf ihre allgemeinere Gültigkeit angenommen werden, weil bekanntlich die Aggregation verschiedener denaturierter Proteine ganz analog verläuft. I. Frič/Prag. 4070

1033 **Proteinwechselwirkungen.** 30. Mitt. **Über eine Wechselwirkung von Mangan mit Proteinen.** H. Holeyšovská. (Collect. czechoslov. chem. Commun. **26,** 3074—80, 1961; engl.) — 29. vgl. vorst. Ref.; 31. vgl. C. **1963,** 9009. — Vf. untersuchte die Bindung von Mn^{2+}-Ionen an menschliches *Serumalbumin* (**I**) u. *γ-Globulin* (**II**). Mit Hilfe der Dialysengleichgewichts-Meth. bei pH 7 u. 0° wurde festgestellt, daß Mn an **I** in Abhängigkeit von der Mn-Konz. auf zweierlei Art gebunden ist. Die Bindungen sind durch die Komplexitäts-Konst. $K_1 = 2 \cdot 10^7$ u. $K_2 = 6{,}6 \cdot 10^4$ u. die Anzahl der Bindungszentren $n_1 = 1$ u. $n_2 = 15$ charakterisiert. Bei **II** wurde keine Bindung mit Mangan beobachtet.
V. Holeyšovský/Prag. 4070

1034 **Selektive Spaltung der Methionylpeptidbindungen in der Ribonuclease mit Bromcyan.** Erhard Gross und Bernhard Witkop. (J. Amer. chem. Soc. **83,** 1510—11, 1961; Bethesda, Md., Nat. Inst. of Arthritis and Metabol. Diseases; engl.) — *Ribonuclease*, die auf 124 Aminosäuren 4 Methioninreste enthält, wurde mit CNBr behandelt u. die Rk.-Prodd. papierelektrophoret. getrennt. Es wurden freies *Homoserin* u. freies *Homoserinlacton* in einer Menge entsprechend 50% des Methionin-Geh., ferner vermutlich ein 17-Peptid mit N-endständigem *Lysin* u. C-endständigem Homoserin sowie ein unangreifbarer Rest erhalten.
M. Wiedemann. 4090◇

E. Biologische Chemie, Physiologie, Medizin

E_1. Allgemeine Biologie und Biochemie

1035 **Neue Ergebnisse über die Konstitution der natürlichen Peptide.** Gérard Biserte und Michel Dautrevaux. (Exposés annu. Biochim. méd. [23] **1961,** 107—88; Lille, Fac. Mixte de Méd. et de Pharmacie, Labor. de Chim. Biol.; franz.) — Übersicht. Neue Unters.-Methoden; *Bakterien-* u. *Pilzpeptide* (**I**), antibiot. inaktive, antibiot. akt. **I**: Tyrocidine, Polymyxine, Bacillomycine, Cysteinpeptide (Bacitracine, Penicilline u. Cephalosporine, Lanthioninpeptide, Peptolide, β-Lysinpeptide, Gramicidine, Actinomycine u. verwandte Antibiotica; pflanzliche **I**; Glutathion u. Derivv.; tier. **I**: Carnosin, Anserin, aus Proteinen enzymat. gebildete **I** (Strepogenin, Fibrinopeptide, Angiotensin, Bradykinin), Peptidhormone (Insulin, Hypophysenhormone). — 395 Literaturangaben. K. Maier. 4100◇

1036 **Biogenese der Melanine.** R. A. Nicolaus. (Conf. VII Corso Chim. Accad. naz. Lincei, Milano **1962,** 34 Seiten, Sept.; Napoli, Univ., Ist. di Chim. organ.; ital.) — Übersicht. — 23 Literaturangaben. K. Zingraf. 4100◇

1037 **Neue Aspekte des Problems der Proteinbiosynthese.** François Gros. (Exposés annu. Biochim. méd. [23] **1961,** 231—54; Paris, Inst. Pasteur, Serv. de Biochim. Cellulaire; franz.) — Übersicht. — 62 Literaturangaben. K. Maier. 4100◇

1038 **Strahlenbiologie.** 1. Mitt. Ichijiro Honjo und Yuong-Tchel Tchoe. (Kagaku no Ryôiki [J. Jap. Chem.] **17,** 313—22, April 1963; Osaka. Univ., Naturwiss. Fak.; jap.). — Vorlesung. — 4 Literaturangaben.
E. Maekawa. 4102◇

1039 **Membranen und Permeabilität.** Naofumi Koga. (Kagaku-no-Ryôiki [J. Jap. Chem.] **17,** 286—97, April 1963; Kyôto, Univ., Pharmaz. Fak.; jap.) — Übersicht über die Konstit. der Zellmembranen u. ihren Zusammenhang mit der Permeabilität. — 75 Literaturangaben.
E. Maekawa. 4150◇

1040 **Aktuelle Probleme der Zellenelektrophysiologie.** R. Beránek. (Českoslov. Fysiol. **10,** 473—78, 1961; tschech.) — Übersicht über den Stand der Forschung, die Entw.-Aussichten u. die theoret. u. prakt. Bedeutung.
R. K. Müller. 4150◇

1041 **Beobachtungen über die Züchtung von normalem und dystrophischem Muskelgewebe in vitro.** Heinz Herrmann, Ursula R. Konigsberg und Glenna Robinson. (Proc. Soc. exp. Biol. Med. **105,** 217—21, 1960; Denver, Univ. of Colorado, Med. School, Labor. of Chem. Embryol.; engl.) — Muskelgewebe von Hühnern mit Muskeldystrophie, das in 2,5%ig. *Embryoextrakt* (E) gezüchtet wurde, zeigte innerhalb von 7—14 Tagen eine Verringerung des Protein-N-Geh., Muskelgewebe von intakten Tieren dagegen nicht. Keine Unterschiede bestanden im Desoxyribonucleinsäure-gehalt. Wenn als Kulturmedium 5%ig. E benutzt wurde, waren keine Unterschiede zwischen beiden Geweben zu beobachten. K. Zingraf. 4150◇

1042 **Die Herkunft von Eiweiß- und Fettdotter in Rana pipiens.** 1. Mitt. **Phasenmikroskopie.** Robert T. Ward. (J. Cell Biol. **14,** 303—08, 1962; Brooklyn, N.Y., State Univ. of New York, Downstak Med. Center, Dep. of Anat.; engl.) — Phasenmkr. Unterss. lebender Froschoocyten zeigen, daß der frühe Dotter in 2 Formen auftritt, von denen der Eiweißdotter dünne, plättchenartige Körperchen darstellt. Die andere Form des Fettdotters erscheint in Büscheln von Kügelchen verschiedener Größe. Mit der Reife der Oocyten wuchsen die plättchenartigen Körperchen unter Bewahrung ihrer hexagonalen Umrisse, u. Zahl u. Länge der Mitochondrien vermehrten sich. W. Wesly. 4150◇

1043 **Die Herkunft von Eiweiß und Fettdotter in Rana pipiens.** 2. Mitt. **Elektronenmikroskopische und cytochemische Beobachtungen junger und reifer Oocyten.** Robert T. Ward. (J. Cell Biol. **14,** 309—39, 1962; engl.) — 1. vgl. vorst. Referat. — Die hexagonalen Dotterkörperchen haben krist. Struktur aus Linien mit 70—85 Å Abstand. Nach Fixierung mit Formalin geben sie eine kräftige, positive Eiweiß-Rk., sie sind kaum weniger dicht als nach OsO_4-Fixierung. Die Büschel von Dotterkügelchen bestehen aus mehreren Körperarten. Beim Eintauchen dünner Schnitte junger Oocyten in Xylol werden die dichten Kügelchen der Büschel gelöst, wobei die hexagonalen Körperchen unverändert bleiben. In (fast) reifen Oocyten ist der Hauptkörper der Dotterplättchen krist. u. von einer dicken Grundmasse umgeben. Wenn dünne Schnitte der mit OsO_4 fixierten Oocyten in Xylol getaucht werden, werden die Kügelchen extrahiert; der krist. Anteil der Plättchen bleibt unverändert. Es wird gefolgert, daß die reifen Plättchen durch Wachstum der intramitochondrialen, hexagonalen Körper entstehen. W. Wesly. 4150◇

1044 **Synthese von 4-Thiouridindiphosphatglucose.** N. K. Kochetkov, E. I. Budowsky, V. N. Shibaev und M. A. Grachev. (Biochim. biophysica Acta [Amsterdam] **59,** 747—49, 4/6. 1962; Moscow, Inst. for Chem. of Natural Products, Acad. of Sciences; engl.) — Vff. teilen vorläufige Angaben zur Darst. von *4-Thiouridindiphosphatglucose* über nächst. Verbb. mit. Erschwerend wirkt sich die große Rk.-Fähigkeit der SH-Gruppe aus. — Durch vergleichende UV-Spektroskopie, Papierchromatographie u. -elektrophorese wird die Struktur der Verbb. untermauert.

Versuche: *4-Thiouridin*, $C_9H_{12}N_2O_5S$, F. 135—138° (aus A. nach Chromatographie an Cellulose), aus Uridin nach Fox u. Mitarbeiter (C. **1960,** 6164); 51% (Ausbeute). — *2'.3'-O-Isopropyliden-4-thiouridin*, $C_{12}H_{16}N_2O_5S$, F. 170—172° (mit Heptan aus A. nach Chromatographie an Al_2O_3), aus vorst. Verb. in Ggw. von Diäthoxypropan u. Bis-[p-nitrophenyl]-phosphat; 95%. — *4-Thiouridin-5'-phosphat* (I), aus vorst. Verb. durch 4std. Erwärmen mit β-Cyanoäthylphosphat in Ggw. von Dicyclohexylcarbodiimid in Pyridin auf 60°, Hydrolyse mit 70%ig. Essigsäure (30 Min., 100°) u. n KOH (15 Min., 100°); Isolierung als *Morpholiniumsalz*, $C_{17}H_{31}N_4O_{10}PS$, mit Aceton aus A. gefällt. — *4-Thiouridin-5'-phosphomorpholid*, durch 3std. Kochen von I mit Morpholin u. Dicyclohexylcarbodiimid. — *4-Thiouridindiphosphatglucose*, aus vorst. Verb. durch 3std. Erhitzen mit α-D-Glucose-1-phosphat auf 60°. G. Etzold. 4150◇

1045 **Thermische Stabilität von Ribonucleinsäure von Poliovirusmutanten.** G. J. Papaevangelou und J. S. Youngner. (Virology **15,** 509—10, 1961; Pittsburgh, Pa, Univ., School of Med., Dep. of Microbiol.; engl.) — Das Virus wurde in HeLa-Zellenlagen gezüchtet, die *Ribonucleinsäure* (*RNS*) nach der Phenol-Meth. extrahiert. Es ist keine deutliche Differenz bei der Inaktivierung (50°) von RNS im intakten Virus u. nach der Extraktion festzustellen. Die RNS der R-Mutanten ist bei 50° hitzebeständig im Gegensatz zur RNS des nichtmutierten Virus. Die RNS dieses Virus zeigt beim Erhitzen 2 Inaktivierungskomponenten. Es wurde ferner gezeigt, daß 2 Poliovirenstämme, die sich bei 50° verschieden verhalten, das gleiche Verh. ihrer RNS zeigen. Vff. vermuten, daß Virusnucleinsäure in zwei lebensfähigen Zuständen vorkommt. M. Schönberg. 4150◇

1046 **Die Grundzusammensetzung der Nucleinsäuren in Chromosomen, Puffs (Balbianiringen), Nucleoli und Cytoplasma von Chironomusspeicheldrüsenzellen.** Jan-Erik Edström und Wolfgang Beermann. (J. Cell Biol. **14,** 371—79, Sept. 1962; Gothenburg, Univ., Dep. of Histol.; Tübingen, Max-Planck-Inst. für Biol.; engl.) — Die mikroelektrophoret. Unters. über *Ribonucleinsäure* (*RNS*) isolierter Riesenchromosomen, Balbiani-Ringe, Nucleoli u. Cytoplasmaproben aus *Chironomus*-Speicheldrüsenzellen lassen eine unterschiedliche Grund-Zus. der jeweiligen RNS erkennen. Es werden auch Daten über den Adenin/Guanin-Quotienten der Chromosomen-*Desoxyribonucleinsäure* bekanntgegeben. U. Tausendfreund. 4150◇

1047 **Entwicklung der Ribonucleinsäure und der Desoxyribonucleinsäure während der Embryonalentwicklung der Wanderheuschrecke, Locusta migratoria L. (Orthoptera acrididae).** Thérèse Moureaux. (Ann. Biol. animale, Biochim., Biophysique **3,** 33—58, 1963; Versailles, Seine-et-Oise, Centre nat. de Rech. agronom.; Stat. centrale de Zool. agr.; franz.) — In dem Eiertyp von Wanderheuschrecken (*Locusta migratoria cinerascens* L.), der sich kontinuierlich entwickelt, wurde auch eine kontinuierliche Bldg. von *Nucleinsäuren* (I) während der gesamten Eientw. beobachtet; dagegen tritt bei dem Eiertyp (*Locusta migratoria* Gallica Rem.), der in seiner Entw. eine Pause einlegt, auch eine Unterbrechung der Bldg. von I ein. K. Zingraf. 4150◇

1048 **Die Periode der Desoxyribonucleinsäuresynthese vor der Meiose bei der Maus.** A. Lima-De-Faria und Kirstine Borum. (J. Cell Biol. **14,** 381—88, Sept. 1962; Lund, Univ., Inst. of Genetics; engl.) — Mit Hilfe von ^3H-Thymidin-Injektionen in die Amnionhöhle des Uterus bei trächtigen Mäusen ließ sich die Periode der *Desoxyribonucleinsäure*-Synth. vor der Meiose bei Mäusen auf den 12.—13. Tag des fötalen Lebens festlegen. U. Tausendfreund. 4150◇

1049 **Einbau von ^{35}S-2-Thiouracil in Ribonucleinsäure und säurelösliche Nucleotide von Vamorr-48-Tabak.** Clark A. Porter und Leonard H. Weinstein. (Virology **15,** 504—06, Dez. 1961; Yonkers, N.Y., Boyce Thompson Inst. for Plant Res., Inc.; engl.) — Es wird chromatograph. u. radioautograph. gezeigt, daß *^{35}S-2-Thiouracil* eingebaut wird in Ribonucleinsäure u. säurelösl. Nucleotide von Thiouridylsäure u. Thiocytidylsäure bei Vamorr-48-Tabak, wenn es durch die Wurzeln der intakten Pflanzen aufgenommen wird. Da es sich bei der erfolgten Änderung im Stoffwechsel der Pflanze um Virusbausteine handelt, wird vermutet, daß es dadurch zur Herabsetzung der Virusvermehrung kommt. M. Schönberg. 4150◇

1050 **Die Kinetik der Zellproliferation in Kulturen menschlicher peripherer Blutzellen.** Archie A. MacKinney jun., Frederick Stohlman jun. und George Brecher. (Blood **19,** 349—58, März 1962; Bethesda, Md., US-Dep. of Health Educat. and Welfare, Public Health Serv., Nat. Inst. of Health, Nat. Inst. of Arthritis and Metabol. Dis.; engl.) — Es wurde zu klären versucht, von welcher Zellgruppe die in vitro proliferierenden Zellen des peripheren Blutes stammen (Kultur nach Hungerford, Amer. J. Human Genet. **11,** [1959], 215). Dabei konnte ein rascher Anstieg der Zahl derjenigen Zellen beobachtet werden, die Desoxyribonucleinsäure (DNS) von der 24. Std. ab synthetisieren; in der 72. Std. zeigen 40—45% der Zellen eine DNS-Synth.; die Mitose-Geschw. beträgt zu der Zeit ca. 1%/Stunde. Durch Unterss. mit ^3H-Thymidin u. Colchicin konnte erkannt werden, daß diese Zellen umgeformte Lymphocyten darstellen u. nicht von denjenigen Zellen abstammen, die zum Zeitpunkt Null DNS synthetisieren. U. Tausendfreund. 4150◇

1051 **Quantitative cytologische Untersuchungen an HeLa-Zellen, infiziert mit Herpesvirus.** P. Wildy, C. Smith, Alison A. Newton und P. Dendy. (Virology **15,** 486—500, Dez. 1961; Cambridge, Univ., Dep. of Radiotherap. and Dep. of Biochem.; Glasgow, Univ., Inst. Virol., Med. Res. Council Unit for Exp. Virus Res.; engl.) — Es wurde die Verzögerung der Mitose u. Zellteilung in mit Herpes-Virus infizierten HeLa-Zellen untersucht. Mikrophotometr. wurde an Feulgen-Präpp. festgestellt, daß nach einer Verzögerungszeit eine Vermehrung der *Desoxyribonucleinsäure* erfolgt, u. autoradiograph. zeigte sich ein geringerer Einbau von tritiiertem *Thymidin*. M. Schönberg. 4160◇

1052 **Entwicklungsdynamik von Riesenzellen nach Bestrahlung in vitro und die Wirkung von Cysteamin auf diese Zellen.** M. Klímek und M. Vlašínová. (Neoplasma [Bratislava] **10,** 221–29, 1963; Brno, Czech. Acad. of Sciences, Inst. of Biophys.; engl.) — HeLa-Zellen werden in Hanks-Lsg. mit 40% Kalbsserum ohne u. mit *Cysteamin* (I)-Zusatz bestrahlt. Dabei wird festgestellt, daß eine Röntgenbestrahlung die Bldg. von Riesenzellen bewirkt, die jedoch weitgehend durch **I** unterdrückt wird. Ob die induzierten Riesenzellen noch teilungsfähig sind, konnte nicht geklärt werden. M. Arnold. 4160◇

1053 **Der Serumkupferspiegel bei Frauen mit Genitalcarcinom.** H. Stegmann, F. Foehlisch und R. Clotten. (Klin. Wschr. **40,** 1120–23, 1962; Freiburg/Br., Univ., Frauenklin.; Med. Klin.; dt.) — Die Serum-*Cu*-Werte sind bei fast allen klin. manifesten Genitalcarcinomen der Frau erhöht. Werte über 135 μg% sind verdächtig (jedoch kommen auch klin. gesichterte Carcinome mit Werten unter 135 μg% vor). Die Höhe des Cu-Spiegels im Serum steht in Relation zur Größe u. Ausdehnung des malignen Prozesses, selbst beim Oberflächencarcinom der Portio des Uterus sind die Mittelwerte des Serum-Cu gegenüber der Norm erhöht. U. Tausendfreund. 4160◇

1054 **Enzymhistochemische Untersuchungen an Gliomen.** W. Müller und H. Nasu. (Naturwissenschaften **49,** 496–97, 1962; Köln-Lindenthal, Lindenburg, Max-Planck-Inst. für Hirnforsch., Abt. für Tumorforsch., u. Neurochirurg. Univ.-Klinik; dt.) — In 13 Oligodendrogliomen (O), 30 Astrocytomen (A) u. 27 Glioblastomen (G) wurde die Aktivität von *alkal.* (I) u. *saurer Phosphatase*, unspezif. *Esterasen, Diaphorasen, Dehydrogenasen* u. *Phosphorylase* (**II**) untersucht. **I** war in allen Geschwülsten abwesend. **II** wurde in O nicht gefunden, weiter war die Aktivität der anderen Enzyme in O geringer als in A oder G. A u. G verhielten sich in dieser Hinsicht etwa gleich u. besaßen etwa die Fermentaktivität des Astrocyten in der Tumorumgebung. W. Damerau. 4160◇

1055 **Über die Aktivität von Serumfermenten nach zellfreier Beimpfung mit Ehrlichschem Mäusetumorascites.** H. Bayerle, A. Georgii und K. E. Richard. (Klin. Wschr. **40,** 920, 1962; dt.) — Ähnlich wie bereits für Serum-*Milchsäuredehydrogenase* (I) nachgewiesen, konnte durch intraperitoneale Injektion von 0,3 ml zellfreiem Überstand von 9 Tage altem Ehrlich-Mäusetumorascites bei Mäusen eine über Wochen anhaltende Aktivitätssteigerung der *Äpfelsäuredehydrogenase* u. *Glutaminsäure-Oxalessigsäure-Transaminase* des Serums mit langsamem Rückgang zur Norm erzielt werden; die Aktivität der *Aldolase* u. *Glucose-6-phosphatdehydrogenase* waren nur kurzfristig verändert bzw. blieben unverändert. Als Ursache könnte es sich wie beim **I**-Effekt um einen Ausdruck der durch die Virus-Wirtszellenbeziehung geänderten Stoffwechsellage handeln; es können aber auch vorübergehende, morpholog. nicht faßbare Organschädigungen wie bei parenteraler Fremdeiweißzufuhr angenommen werden. U. Tausendfreund. 4160◇

1056 **Versuch zur Erhöhung der Strahlenempfindlichkeit von experimentellen Tumoren durch hypermetabolischen Zustand.** E. Siracká, F. Knotz und L'. Sándor. (Neoplasma [Bratislava] **10,** 231–35, 1963; Bratislava, Inst. of Cancer Res.; engl.) — Verwendet werden das Yoshida- u. das Jensen-Sarkom in Ascitesform, wobei eine Gruppe der Tiere nach der Transplantation mit einer Dosis von 1000 r bestrahlt wird. Eine zweite Gruppe erhält zunächst *3.5.3'-Trijodthyronin* (**I**; 0,40 mg/kg) u. dann eine entsprechende Röntgendosis. Die statist. Auswertung der Ergebnisse zeigt eine höhere Strahlenempfindlichkeit der Tumoren im hypermetabol. Zustand, der durch **I** erzielt wurde. M. Arnold. 4160◇

1057 **Beziehung zwischen Wasserpermeabilität und Integrität von Sulfhydrylgruppen in malignen und normalen Zellen.** Morris Belkin und Walter G. Hardy. (J. biophysic. biochem. Cytol. **9,** 733–45, April 1961; Bethesda, Md., Nat. Cancer Inst., Labor. of Chem. Pharmacol.; engl.) — Werden maligne Zellen in vitro mit Schwermetall-Lsgg. behandelt, so treten 3 Typen von Zellbläschen auf: Azentr., die von einer Zellseite sich erheben (durch Chloromerodrin, Na-Merallurid, $HgCl_2$), symm., die die ganze Zelle bedecken (durch Ag-Protein, $AuCl_3$, p-Chlormercuribenzoat), u. ausgebogene, zahlreiche kleine periphere Erhebungen (N-Äthylmaleimid, trivalente As-Verbb., Jodacetamid). Diese Bläschen entstehen in gesunden Zellen nicht. Sie können auch in vivo bei Ascitestumorzellen nach intraperitonealer Injektion solcher Stoffe entstehen. Diese reagieren alle mit SH-Gruppen durch Alkylierung, Oxydation oder Mercaptidbildung. Normale Zellen reagieren mit diesen Stoffen nicht. G. Kimmerle. 4160△

1058 **Die in vitro-Wirkung von Testosteron und 17β-Östradiol auf den ^{14}C-L-Leucin-Einbau in Gewebe von menschlichem Brustkrebsgewebe.** J. C. Heuson und N. Legros. (Cancer [Philadelphia] **16,** 404–07, 1963; Brüssel, Centre de Tumeurs de l'Univ. Libre, Inst. J. Bordet, Serv. Med. u. Clin. Invest.; engl.) — An menschlichen Mammatumoren wurde in vitro an Hand des Einbaus von markiertem L-Leucin in Proteine die Wrkg. von *Testosteron* u. *17β-Östradiol* untersucht. Es zeigte sich eine Einbauhemmung bei verschiedenen Gewebeproben, die bei *Testosteron*-Behandlung bedeutend öfter beobachtet wurde als mit *Östradiol*. R. Preußmann. 4160◇

1059 **Über den proteinanabolen Effekt von Methandrostenolon auf das Yoshidasarkom und das Walker-256-Carcinosarkom.** M. Krahe und G. Heinen. (Klin. Wschr. **40,** 913–16, 1962; Homburg/Saar, Univ., Frauenklin.; dt.) — Während durch 5 mg *Methandrostenolon* (*Dianabol*)/kg/Tag bei Inzuchtratten (BD II) innerhalb 30 Tagen bei ausgeglichener N-Bilanz kein eiweißanaboler Effekt beobachtet werden konnte, war bei Ratten mit solitären Yoshida-Sarkomen u. Walker-256-Carcinosarkomen eine lebensverlängernde Wrkg. zu bemerken. Statt Gew.-Zunahme wiesen die Tiere mit Yoshida-Tumoren während der Behandlung eine Gew.-Verminderung u. die Tiere mit Walker-Tumoren statt Gew.-Abnahme eine Gew.-Steigerung auf. Zu Tumorremissionen oder Wachstumshemmungen kam es durch das anabole Hormon nicht. Die Frage nach einem selektiven eiweißanabolen Effekt läßt sich aus den Resultaten nicht endgültig beantworten. Das Tumorwachstum wurde nicht begünstigt. U. Tausendfreund. 4160◇

1060 **Die Wirkung der Hypophysektomie auf die Östrogenwirkung im Körper bei metastasierendem Mammacarcinom, bestimmt durch die Scheidenabstrichmethode.** Leila Hiisi-Brummer, H. Hortling, K. Malmio und G. af Björkesten. (Acta endocrinol. [Copenhagen] **33,** 81–88, Jan. 1960; Helsinki, Deaconess Hosp., 2nd Med. Dep.; Central Univ., Inst. of Radiotherapy; Finnish Red Cross Hosp.) — Bei 32 von 50 Patientinnen mit metastasierendem Mammacarcinom konnte vor einer geplanten Hypophysektomie an Hand des nach Papanicolaou gefärbten Scheidenabstriches eine positive *Östrogen* (**I**)-Wrkg. konstatiert werden. In 8 Fällen verminderte sich die **I**-Wrkg. 2–3 Wochen, in 20 Fällen 2 Monate nach der Hypophysektomie, in 1 Fall noch später; in 5 Fällen trat die **I**-Wrkg. nach der Hypophysektomie zur Zeit einer Carcinomverschlimmerung wieder auf. In 6 von 14 Fällen, bei denen nicht nur die **I**-Wrkg. erfolgreich, sondern auch die Schilddrüsenfunktion gehemmt war (Schilddrüsenfunktionshemmung tritt dabei eher auf) kam es zu günstiger klin. Wrkg.; die anderen 8 reagierten klin. nicht. U. Tausendfreund. 4160◇

1061 **Die Erforschung der Leberfunktion bei sekundärem Leberkrebs.** B. Desbuquois, J.-P. Benhamou und R. Fauvert. (Rev. franç. Études clin. biol. **7,** 701–14, 1962; Clichy, Seine, Hôp. Beaujou, Centre de Rech. sur les Appl. méd. des Isotopes; franz.) — Unterss. über die Leberfunktion zahlreicher Kranken mit metastat. Lebercarcinomen zeigen als wichtigste Anomalien einen Rückgang der Bromsulfophthalein(BSP)-Clearance u. einen Anstieg der *alkal. Phosphatasen*. Ein deutlicher Unterschied zwischen ikter. u. nichtikter. Patienten zeigt sich bei Cholesterin, BSP-Clearance u. Transaminase. Bei nichtikter. Kranken besteht eine Wechselbeziehung zwischen dem Vol. der Metastasen u. dem Geh. an Cholesterin u. alkal. Phosphatasen. W. Wesly. 4160◇

1062 **Der Pentosephosphatstoffwechsel von Erythrocyten bei Hämoblastosen.** J. Palek, B. Friedmann und B. Tvaroha. (Neoplasma [Bratislava] **10,** 253–59, 1963; Prague, Charles Univ., Inst. Med. Clin.; Benesov, publ. Hosp., Hematolog. Labor.; engl.) — An Hand von 18 Patienten mit verschiedenen Hämoblastosen (chron. lymphat. Leukämie, maligne Reticulose, Morbus Hodgkin, Myelomen) wird der

Pentosephosphatstoffwechsel (A) untersucht. In allen Fällen waren Prednison oder Cytostatica verabreicht worden. Es wird angenommen, daß A der Erythrocyten bei Hämoblastosen nicht wesentlich gestört u. die erhöhte Hämolyse nicht auf metabol. Anomalien zurückzuführen ist.
M. Arnold. 4160◇

1063 **Die Synthese von Hexosamin in Tumorhomogenaten.** Donald E. Kizer und Thomas A. McCoy. (Cancer Res. **19,** 307—10, April 1959; Ardmore, Samuel Roberts Noble Found., Biochem. Div.; engl.) — Homogenate vom Walker-Carcinosarkom 256 synthetisieren *Hexosamin* aus Hexose-6-phosphat u. Glutamin. Die Rk. erfolgt enzymat. u. hat ein pH-Optimum bei 6,8—7,0. Die Synth. ist an neoplast. Zellen gebunden u. nicht an Stroma oder normale Gewebebestandteile. Aminozucker werden aus Glucose-6-phosphat, Fructose-6-phosphat u. Mannose-6-phosphat gebildet. Jensen- und Flexner-Jobling-Sarkom sind zu dieser Synth. ebenfalls befähigt. Hepatome (Nivikoff- u. *3'-Me-DAB-Tumor*) zeigen stärkere Synth. als normales Lebergewebe.
Joachim Schmidt. 4160◇

1064 **Wirkung von Progesteron und Diäthylstilböstrol auf Lebercarcinogenese und Cirrhose in N.N-Diacetyl-2-aminofluoren-gefütterten AxC-Ratten.** Melvin D. Reuber und Harlan I. Firminger. (J. nat. Cancer Inst. **29,** 933—43, 1962; Baltimore, Md., Univ. of Maryland, School of Med., Dep. of Pathol.; engl.) — Vff. untersuchten, inwieweit *Diäthylstilböstrol* (I) u. *Progesteron* (II) Einfl. auf durch *N.N-Diacetyl-2-aminofluoren* (III) induzierte Leberschäden haben. Ratten (AxC, ♀ u. ♂, normal oder kastriert, 3—4 Monate alt) erhielten über insgesamt 16 Wochen eine Diät mit 0,025% **III** u. subkutan 20 oder 80 mg **I** bzw. **II**/100 g Körper-Gew. verabreicht. In normalen u. kastrierten ♂ entwickelten sich Cirrhosen u. parenchymale, später in Carcinome übergehende Hyperplasien. Durch **I** wurden Cirrhosen vermieden u. die Tumorrate gesenkt, durch **II** jedoch verstärkt. Bei den ♀ wurden unabhängig von der **I**-Behandlung keine Cirrhosen gefunden, die Parenchymschäden waren geringer. Durch **II** wurde das Auftreten von Lebercarcinomen in den kastrierten ♀ verstärkt, in den normalen ♀ jedoch nicht. Bei den kastrierten ♀ wurden überdies durch **II**-Einw. verstärkt Cirrhosen gefunden.
W. Damerau. 4160◇

1065 **Durch intramurale Injektion von 20-Methylcholanthren induzierte maligne Neoplasmen des Magens in Ratten.** Takeo Nagayo und Masao Ito. (Nagoya med. J. **7,** 75—78, 1961; Nagoya, Nagoya City Univ., Med. School, 2nd Dep. of Pathol.; engl.) — Durch Injektion von 0,5 mg *20-Methylcholanthren* (suspendiert in 0,05 ml Olivenöl) in die Magenwand wurden bei 4 von 68 Ratten (Wistar) Magenadenome sowie Fibrosarkome u. andere Neoplasmen erzeugt.
W. Damerau. 4160◇

1066 **Weichteiltumoren bei Ratten nach sehr massiven Eiseninjektionen.** H. U. Zollinger. (Schweiz. med. Wschr. **92,** 130—34, 1962; St. Gallen, Kantonspital, Pathol. Inst.; dt.) — Bei Ratten treten nach Injektionen von *Eisen(III)-hydroxid*-Komplex mit Polyisomaltose (2mal wöchentlich 1 ml = 50 mg *Fe*, insgesamt 20 Injektionen) in einem sehr hohen Prozentsatz Tumoren (Sarkome) am Injektionsort auf. Metastasen wurden nicht beobachtet. Beim Menschen wurden bisher keine proliferativen oder gar neoplast. Vorgänge nach solchen Fe-Präpp. gesehen. K. Böhm. 4160◇

1067 **Experimentelle Carcinogenese der Lunge. Inhalation von gasförmigem Formaldehyd oder eines Aerosols von Kohlenteer durch C3H-Mäuse.** A. Wesley Horton, Russell Tye und Klaus L. Stemmer. (J. nat. Cancer Inst. **30,** 31—43, 1963; Cincinnati, Ohio, Univ. of Cincinnati, Coll. of Med., Kettering Labor.; engl.) — Nach Inhalation von 0,05, 0,10 oder 0,20 mg *Formaldehyd*/Liter (insgesamt 35 Wochen, je Woche 3 einstündige Behandlungen) entwickelten sich in C3H-Mäusen u. a. Basalzellenhyperplasien u. Metaplasien, jedoch keine Tumoren der Lungenwege. Demgegenüber entwickelten sich in 5 von 33 mit *Kohlenteer-Aerosol* behandelten Mäusen Tumoren. W. Damerau. 4160◇

1068 **Durch Urethan in großer Höhe induzierte Lungentumoren in Mäusen vom Stamm A.** Pablo Mori-Chavez. (J. nat. Cancer Inst. **29,** 945—61, 1962; Lima, Peru, Labor. de Investigacion de Cancer, Sanchez Carrion 779; engl.) — An Mäusen wurde der Einfl. großer Höhen (14900 engl. Fuß, 446 mm Hg, 13% O_2) auf die Entw. von Lungentumoren nach intraperitonealer Injektion von *Urethan* (I) untersucht. Injiziert wurden 0,25 mg **I** (A), 0,5 mg **I** (B) oder 1 mg **I** (C) pro g Körpergewicht. Gegenüber Normalhöhe wurde in allen Gruppen ein stärkeres Auftreten von Tumoren festgestellt: Bei A durchschnittlich 10,6 Tumoren/Maus gegenüber 7,2 bei Normalhöhe, bei B 17,6 gegenüber 12,6, bei C 30,6 gegenüber 23,4. Der Durchmesser der Tumoren war gegenüber denen in Normalhöhe größer. Die Tumor-Entw. wurde vom Geschlecht der Tiere unabhängig gefunden.
W. Damerau. 4160◇

1069 **Mammacarcinogenese durch 3-Methylcholanthren. 4. Mitt. Wirkung von Hypophysenhomotransplantat auf Brustdrüsenwachstum und Tumorgenese.** Thomas L. Dao. (J. nat. Cancer Inst. **29,** 107—25, 1962; Buffalo, N. Y., Roswell Park Memorial Inst.; engl). — 3. vgl. C. **1962, 14173.** — Ratten (normale u. kastrierte ♀ u. ♂, ca. 50 Tage alt) erhielten nach Implantierung von Hypophysen (Homotransplantate) für 15 Tage täglich je 10 mg *3-Methylcholanthren* (I) in Sesamöl. Die normalen ♀ entwickelten in allen Fällen (20 Tiere) Mammatumoren, die kastrierten ♀ nur zu ca. 25%. Einsetzen von Hypophysen von ♀ oder ♂ Spendern in die kastrierten ♀ erhöhte den Tumorbefall nicht. In normalen ♂ traten keine Tumoren auf, in kastrierten nur vereinzelt, während durch Hypophysenimplantierung die Tumorrate in beiden Gruppen nur unwesentlich erhöht wurde. Nach Vf. haben daher die Hypophysenhormone, bes. die lactogenen Hormone, wie Prolactin, zwar Einfl. auf das Wachstum der Brustdrüsen, nicht jedoch auf die Tumor-Entw. nach **I**-Fütterung. W. Damerau. 4160◇

1070 **Vergleichbare carcinogene Wirkungen von 2.7-Bis-[acetamido]-fluoren durch intraperitoneale und orale Wege der Verabreichung an Ratten unter besonderer Berücksichtigung von Magencarcinomen.** Harold P. Morris, Billie P. Wagner, Francis E. Ray, Harold L. Stewart und Katharine C. Snell. (J. nat. Cancer Inst. **29,** 977—1011, 1962; Bethesda, Md., Nat. Cancer Inst.; engl.) — Ratten erhielten intraperitoneal eine durchschnittliche Dosis von 511 mg *2.7-Bis-[acetamido]-fluoren* (I) injiziert. Wie bei oraler Verabreichung einer etwa gleich großen Dosis **I** entwickelten sich präcanceröse u. hyperplast. Magenschäden sowie Magencarcinome. W. Damerau. 4160◇

1071 **Carcinogene Wirkungen von oral an Stamm Buffaloratten verabreichtem 2.7-Bis-[2.2.2-trifluoracetamido]-fluoren.** Harold P. Morris, Billie P. Wagner, Francis E. Ray, Harold L. Stewart und Katharine C. Snell. (J. nat. Cancer Inst. **30,** 143—61, 1963; Bethesda, Md., Nat. Cancer Inst.; engl.) — Nach oraler Verabreichung von *2.7-Bis-[2.2.2-trifluoracetamido]-fluoren* (I) an Ratten (♀, ♂, Buffalo) entwickelten sich Tumoren in Leber, Brustdrüsen, Jejunum, Uterus, Lunge, Haut, Nieren u. anderen Geweben. Lebertumoren traten bei ♂ fast immer, bei ♀ kaum auf; weitere Unterschiede der **I**-Wrkg. in ♂ oder ♀ wurden nicht gefunden. Bzgl. der Tumorerzeugung, ausgenommen Mammatumoren, war **I** weniger wirksam als *2.7-Bis-[acetamido]-fluoren* (**II**). **I** erzeugte weniger Organ- u. Gewebeatrophien als **II**.
W. Damerau. 4160◇

1072 **Benutzung der Chronaximetrie zur Untersuchung der hemmenden Wirkung, die Adenin, Guanin und einige andere Substanzen auf die Nerveneffekte von Benzopyren, Dibenzanthracen, Methylcholanthren, Aminoazotoluol und Dimethylaminoazobenzol ausüben.** 1. Mitt. Raoul Lecoq, Paul Chauchard und Henriette Mazoué. (Ann. pharmac. franç. **17,** 498—515, 1959; Saint-Germain-en-Laye, Labor. du Centre hospit. et École des Hautes-Études, Labor. de Neurophysiol. de l'Excitabilité.) — An weißen Ratten wurde unter Benutzung der Chronaximetrie an den Nerven für die Strecker u. Beuger der großen Zehen der Einfl. von *Adenin* (I) u. *Guanin* (II) auf die Nerveneffekte von *Benzopyren* (III), *Dibenzanthracen* (IV), *Methylcholanthren* (V), *Aminoazotoluol* (VI), *Dimethylaminoazobenzol* (VII), *Cholesterin* (VIII), *Aminopterin* (IX), *Äthyliminochinon* (X), *Methyl-bis-chloräthylamin* (XI) u. *Desacetylmethylcolchicin* (XII) untersucht. Normalerweise liegen die Chronaximetriewerte für die Extensoren zwischen 20 u. 28, für die Flexoren zwischen 37 u. 48. 1 mg **I** hemmt die Effekte von 0,5 mg **IV**, 1 mg **V**, 1 mg **VI** u. 1 mg **VII**, beim **III** (1 mg) bestehen die Einw. auf die Chronaximetrie weiter, gleichgültig ob es vor oder nach **I** injiziert wurde. Umgekehrt werden die Effekte von 0,5 **II** durch Injektion von **III** gehemmt, während mit den übrigen Cancerogenen (**IV, V, VI, VII**) keine Hemmung erhalten wurde. **I** u. **II** hemmen die

Wrkg. von **VIII** nicht u. auch nicht von den 4 Antimitoticis (**IX, X, XI, XII**). Dieser Antagonismus erlaubt, **I** u. **II** mit den Antimitotica zu vergleichen. Die Nerven-Wrkg. von *Anthracen* werden wie die von **IV** durch **I** neutralisiert. **II** ist ohne Wirkung. Da **I** u. **II** im Nucleinkern enthalten sind, wurden auch *Desoxyribonucleinsäure, Coencym A* u. *Cytochrom c* untersucht, die ebenfalls die Nerven-Wrkg. von **III–VII** hemmen. Gegen die Störungen der Chronaximetrie bei chron. Verabreichung von **III–VII** waren bei **III** täglich wiederholte Injektionen von **I** ohne Wrkg., während mit **II** innerhalb von 5–8 Tagen der Normalzustand erreicht werden konnte. Mit **I** erreicht man aber innerhalb von 2–6 Tagen die Neutralisation der chron. Nerveneffekte von **IV–VII**, während **II** hier ohne Wrkg. ist. Beim Meerschweinchen lassen sich die gleichen Befunde erhalten, doch ist es für diese Art von Verss. weniger empfindlich als die Ratte. K. Böhm. 4160◇

1073 **Verwendung der Chronaximetrie zur Untersuchung der Wirkung des Adenin, Guanin und einiger anderer Substanzen auf den Antagonismus zwischen Antimitoticis und Benzopyren.** 2. Mitt. Raoul Lecoq, Paul Chauchard und Henriette Mazoué. (Ann. pharmac. franç. **17**, 516–22, 1959.) — 1. vgl. vorst. Referat. — Mit 0,05 mg *E 39* (*Äthyleniminochinon*; **I**) wurden gleichzeitig *Thiamin* (**II**), *Riboflavin* (**III**), *Nicotinamid* (**IV**), *Adenin* (**V**), *Pantothensäure* (**VI**), *Pyridoxin* (**VII**), *Cocarboxylase* (**VIII**), *Guanin* (**IX**), *Desoxyribonucleinsäure* (**X**), *Coenzym A* (**XI**) u. *Cytochrom c* (**XII**) injiziert u. der Einfl. der jeweiligen Kombination auf die antagonist. Wrkg. von **I** auf die Nerveneffekte von *Benzopyren* (**XIII**) untersucht. **X, XI** u. **XII** haben keinen Einfluß. **II–VIII** scheinen der Hemmung entgegenzuwirken. Eine Neutralisation scheint vorzukommen, wenn zum **I** zugesetzt werden **II, IX** oder eine Mischung von **V** u. **XI**, oder **X, XI** u. **XII** vor der 2. Injektion von **XIII**. Man kann also unüberlegt nicht ohne Nachteile die verschiedensten Substanzen zu einem Antimitoticum wie **I** zusetzen, dessen Wrkg. auf der chron. Neutralisation, die es auf die Wrkg. von **XIII** ausübt, beruht. So scheinen vor allem Vitamine der B-Gruppe die Wrkg. von **I** zu verzögern oder dessen Aktivität zu hindern. Werden **V** oder **IX** einzeln verabreicht, verzögern sie die antimitot. Wrkg. von *Aminopterin, Methyl-bis-chloräthylaminhydrochlorid*, oder *Desacetylmethylcolchicin*. **V** u. **IX** haben diese Wrkg. nicht, wenn sie kombiniert gegeben werden. K. Böhm. 4160◇

1074 **Untersuchungen über carcinostatische Sustanzen.** 21. Mitt. **Wirkung von Mercaptoverbindungen auf experimentelle Leukopenia bei Ratten, hervorgerufen durch Stickstoff-N-oxid.** Eiichi Matsui. (Chem. pharmac. Bull. [Tokyo] **7**, 867–72, Dez. 1959; Kita-ku, Tokio, 26 Nishigahara 1-chome, Iatrochem. Inst. of Pharmacol. Res. Foundation; engl.) — 20. vgl. Chem. pharmac. Bull. [Tokyo] **7**, [1959], 690; 19. vgl. C. **1963**, 5434. — Verschiedene *Mercapto-Verbb.* werden auf ihre Rk.-Fähigkeit mit *Stickstofflost* u. ihre vorbeugende Wrkg. gegen Rattenleukopenie, die durch *Stickstofflost-N-oxid* (**I**) induziert wird, untersucht. Die beste Wrkg. wird durch Injektion von *L-Cystein* 30 Min. nach Gabe von **I** erzielt. *D-Cystein* u. *L-Cysteinmethylester* waren nur wenig wirksam.

Versuche: Rk. von *Stickstofflost* (**II**) u. *Stickstofflost-N-oxid* (**I**) mit *Mercapto-Verbb.*: Zu einer Lsg. von 1 mMol **I** bzw. **II** in 70 ml W. werden 4 bzw. 6 mMol *L-Cystein-HCl, L-Cysteinmethylester-HCl, Thioglykolsäure, 2-Mercaptoäthylamin-HCl, 2-Mercaptoäthansulfonsäure*, $Na_2S_2O_3$, *Thiobarbitursäure* u. *2.3-Dimercapto-1-propanol* gegeben, mit 2%ig. $NaHCO_3$ auf pH 6,8–7,0 eingestellt u. auf 100 ml aufgefüllt. Nach 1, 3, 6 u. 24 Std. bei 25° werden Proben mit Na/Hg red. u. die ungebundenen SH-Gruppen colorimetr. nach Schöberl u. Mitarbeitern (Biochem. Z. **295**, [1938], 377) bestimmt. Aufnahme von Mercapto-Verb. nach 24 Std. a) durch **II** 2,0 (Äquivalent); 1,6; 1,7; 2,0; 2,1; 1,9 (2 Std.); b) durch **I** 1,1; 0,9; 1,0; 0,8; 0,9, 0,8 (2 Std.). — Antileukopenie-Wrkg. von Mercapto-Verbb.: Neutrale, wss. Lsgg. von *L-Cystein·HCl* (500 bzw. 150 mg/kg), *D-Cystein·HCl* (450 mg/kg), *DL-Cystein·HCl* (450 mg/kg), *L-Cysteinmethylester·HCl* (490 mg/kg), *2-Mercaptoäthylamin·HCl* (97 mg/kg), *Thioglykolsäure* (78 mg/kg), *2-Mercaptopropionsäure* (70 mg/kg), *2-Mercaptoäthansulfonsäure* (405 mg/kg), *2.3-Dimercapto-1-propanol* (50 mg/kg), *Thiobarbitursäure* (411 mg/kg), *dl-cis-2-Aminocyclohexanthiol·HCl* (200 mg/kg), *dl-trans-2-Aminocyclohexanthiol·HCl* (250 mg/kg); *2-Aminoäthylisothiuroniumbromid·HBr* (250 mg/kg), $Na_2S_2O_3 \cdot 5\,H_2O$ (710 mg/kg) u. *Stickstofflost-N-oxid* (10 mg/kg) werden subkutan u. nach 5–10 Min. 10 mg/kg **I** 4 Tage lang einmal täglich injiziert. Am 5. Tage betrug die Durchschnittsabnahme der Leukocyten: 15 bzw. 55, 55, 60, 55, 75, 60, 75, 75, 90, 85, 55, 80, 90, 55, 70%. E. Schraven. 4160□

1075 **Die Wirkung von Atebrin auf neoplastische Effusionen und einige von deren Enzymen.** John E. Ultmann, Alfred Gellhorn, Martha Osnos und Erich Hirschberg. (Cancer [Philadelphia] **16**, 283–88, 1963; New York, Francis Delafield Hosp., Columbia Univ. Coll. of Physicians and Surgeons, Dep. of Med. and Biochem.; engl.) — Lokale *Atebrin*-Instillation verhinderte bei vielen Patienten das weitere Auftreten neoplast. pleuraler Effusionen. Die Nebenwrkg. der Behandlung sind relativ gering. *Phosphohexoseisomerase*- u. *Lactatisomerase*-Aktivität im Überstand der Effusionen nach Behandlung sind relativ hoch. Ein direkter cytotox. Effekt von Atebrin auf Tumorzellen in Effusionen konnte nachgewiesen werden. R. Preußmann. 4160◇

1076 **Immunisierung von leukämischen AK-Mäusen mit isologen in 5-[Bis-(2-chloräthyl)-aminomethyl]-uracil inkubierten Leukämiezellen.** F. Šorm und J. Veselý. (Neoplasma [Bratislava] **10**, 217–20, 1963; Prague, Czech. Acad. of Sciences, Inst. of Org. Chem. and Biochem.; engl.) — Leukäm. Zellen des Thymus u. der Lymphknoten von AK-Inzuchtmäusen werden nach Homogenisierung der Organe in physiolog. NaCl-Lsg. suspendiert, für 3 Std. bei 37° mit *5-Bis-[2-chloräthyl]-aminomethyluracil* (**I**) inkubiert u. AK-Mäusen intraperitoneal appliziert. Das Vork. der Übertragungsleukämie wird durch **I** um 35% herabgesetzt u. die Überlebenszeit um annähernd 5 Tage verlängert. Normale isologe Lymphocyten u. zerstörte leukäm. Zellen bedingen keine Resistenz gegen die Leukämietransplantation. Die erzielte Immunität wird auf eine mögliche Alkylierung der Nucleinsäuren durch **I** zurückgeführt. M. Arnold. 4160◇

1077 **Der Einfluß von Mitomycin C und Carcinophilin auf Methylcholanthrensarkome in Ratten (eine vorläufige Mitteilung).** Mutsushi Matsuyama. (Nagoya med. J. **7**, 71–74, 1961; Nagoya, Nagoya City Univ., Med. School, 2nd Dep. of Pathol.; engl.) — Ratten (♀, Wistar) erhielten intraperitoneal 10 µg *Mitomycin C* (**I**) oder 1 µg *Carcinophilin* (**II**), jeweils in W. gelöst, u. daran anschließend subkutan 3 mg *Methylcholanthren* (**III**) in 0,3 ml Olivenöl. Nach ca. 100 Tagen entwickelten sich Fibrosarkome. Der Tumorbefall (112 Tage nach **III**-Injektion) wurde durch **I** gegenüber den Kontrolltieren von 53% auf 14% verringert. Die verwendete **II**-Dosis zeigte dagegen keine Wirkung. W. Damerau. 4160◇

1078 **Chemotherapie des adrenocorticalen Krebses mit 1-o-Chlorphenyl-1-p-chlorphenyl-2.2-dichloräthan (o.p'-DDD).** Delbert M. Bergenstal, Roy Hertz, Mortimer B. Lipsett und Richard H. Moy. (Ann. intern. Med. **53**, 672–82, Okt. 1960; Bethesda, Md., Nat. Cancer Inst., Endocrinol. Branch; engl.) — Patienten mit metastat. Nebennierenkrebs erhielten täglich 8–10 g *1-o-Chlorphenyl-1-p-chlorphenyl-2.2-dichloräthan* (**I**) peroral verabreicht. 7 Patienten wiesen eine objektive Regression der Metastasen, 7 weitere eine signifikante Erniedrigung der Steroidausscheidung auf. Nur bei 4 Patienten war keine Wrkg. zu verzeichnen. Tox. Nebenwrkg. an Leber, Niere u. Knochenmark waren nicht nachzuweisen. Als Nebenwrkg. traten jedoch Appetitlosigkeit, Übelkeit sowie bei einigen Lethargie u. verstärkte Schläfrigkeit auf. Nach hohen **I**-Dosen waren Anzeichen einer histolog. Schädigung u. einer funktionellen Schwächung der Nebenschilddrüse zu beobachten. H. Ackermann. 4160◇

1079 **Untersuchungen über Abbau, Verteilung und Ausscheidung von Tritium-markiertem Cyclophosphamid im menschlichen Organismus.** 1. Mitt. **Verteilung und Ausscheidung des an verschiedenen Stellen im Molekül markierten Cytostaticum.** Friedrich Ritzl, Wilhelm Bolt und Hans Nahrmann. (Klin. Wschr. **40**, 834–37, 1962; Jülich, Kernforsch.-Anlage des Landes Nordrhein-Westfalen, Arbeitsgruppe Inst. für Med.; Köln, Univ., Med. Klin.; dt.) — Nach Injektion von an der N-Lost-Gruppe mit ^3H markiertem *Cyclophosphamid* (*N.N-Bis-[2-chloräthyl]-N'.O-propylenphosphorsäureesterdiamid*; *Endoxan*; Asta; **I**) kann eine selektive Anreicherung der Radioaktivität im Tumorgewebe u. eine verzögerte Ausscheidung mit dem Harn nachgewiesen werden. Nach Injektion von im Ring markiertem **I** kommt es zu einer gleichmäßigen Organ- u. Tumoraktivität,

die Ausscheidung der Aktivität setzt frühzeitig ein. Diese Befunde sind nur durch eine Spaltung von I in vivo zu erklären u. stützen die Ansicht, wonach das in vitro unwirksame I als inakt. Transportform des Cytostaticums anzusehen ist.
U. Tausendfreund. 4160◇

1080 **Untersuchungen über Abbau, Verteilung und Ausscheidung von Tritium-markiertem Cyclophosphamid im menschlichen Organismus.** 2. Mitt. **Umbau des Cytostaticums in vivo.** Friedrich Ritzl, Wilhelm Bolt und Hans Nahrmann. (Klin. Wschr. **40,** 837—42, 1962; dt.) — 1. vgl. vorst. Referat. — Bei papierchromatograph. Unters. des Umbaus von *Cyclophosphamid* (I) im Methanol-Pyridin-W.-Syst. (8 : 4 : 2) nach selektiver Markierung mit ^3H an der Lostamin-Gruppe bzw. am Phosphamid-Ring, zeigte sich, daß der Abbau des im Körper aus I abgespaltenen Lostamins in gesundem Gewebe wie bei in vitro-Inkubation von Lostamin in Phosphatpuffer, pH 7,5, vor sich geht. Anders scheint jedoch der Umbau des Lostamins im Tumor vor sich zu gehen; es sind nach Injektion von $^3H_{(Lostamin)}$-I im Gegensatz zu $^3H_{(Ring)}$-I keine Abbau-Prodd. im Tumor nachzuweisen; die auf eine Abspaltung von Lostamin deuten; die Alkylierungsprozesse laufen im Tumor demnach anders als im normalen Gewebe.
U. Tausendfreund. 4160◇

1081 **Die intravenöse Anwendung von Uracil-Lost (U-8344). Ein vorläufiger Bericht.** Harold R. Schumacher und Joseph P. O'Connell. (Cancer [Philadelphia] **16,** 345—49, 1963; Portsmouth, Va., U.S. Naval Hosp.; engl.) — *Uracil-Lost* ist weniger tox. als *Stickstoff-Lost* u. wird bei langsamer i.v. Injektion relativ gut vertragen. Solide Tumoren scheinen nicht auf die Therapie anzusprechen, Lymphome dagegen in manchen Fällen.
R. Preußmann. 4160◇

1082 **Wirkung von alternden wässerigen Lösungen von Stickstofflost auf das weiße Blutbild, das Körpergewicht und Walker 256-Tumoren bei Ratten.** W. R. Inch und J. A. McCredie. (Canad. J. Biochem. Physiol. **41,** 471—25, 1963; London, Ontario, Ontario Cancer Found.; London, Clin.; Univ. of Western Ontario, Dep. of Therap. Radiol. and Surg.; engl.) — Aufbewahrung bis zu 3 Tagen beeinflußte die Wrkg. von wss. *Stickstofflost*-Lsgg. auf das weiße Blutbild, das Körpergewicht u. Walker 256-Tumoren bei Ratten nicht. Der Säure-Geh. in solchen Lsgg. nimmt mit der Aufbewahrungsdauer zu.
K. Zingraf. 4160◇

1083 **Der Vergleich von intravenös und intraarteriell appliziertem Stickstofflost nach arterieller Injektion von Tumorzellen.** K. P. Robinson und Everette T. Hoppe. (Cancer [Philadelphia] **16,** 350—54, 1963; Chicago, Univ. of Ill., Coll. of Med., Dep. of Surgery; engl.) — Die Dissemination von Tumorzellen bei Operationen wurde durch intraarterielle Gabe von Tumorzellen am Kaninchen nachgeahmt. Therapie mit *Methyl-bis-2-[chloräthyl]-amin* (*N-Lost*) (1,5 mg/kg) ergab eine beträchtliche Verminderung der Metastasierung. I.v. u. intraarterielle Applikation des Therapeuticums sind gleich wirksam, letztere jedoch gefährlicher.
R. Preußmann. 4160◇

1084 **Wirkung des Sauerstoffdrucks auf die Empfindlichkeit von normalen und Tumorgeweben gegenüber Alkylierungsmitteln.** Nathan Back und Julian L. Ambrus. (J. nat. Cancer Inst. **30,** 17—29, 1963; Buffalo, N.Y., State Univ. of New York, School of Pharm.; New York State Dep. of Health, Roswell Park Memorial Inst.; engl.) — Die Toxizität von *Stickstofflost* (I) gegenüber IRC/Ha-Mäusen (♀, ♂) wurde durch verschiedene O_2-Konzz. (8—100% in der Atemluft bei 1—5 At) nicht verändert. Die I-Wrkg. gegenüber Ehrlich-Adenocarcinom, Sarkom 180 u. L 1210 (Ascites oder solid) wurde durch die O_2-Konz. nicht beeinflußt. — In gefrorenen Lsgg. von **I**, *Triäthylenmelamin, Chlorambucil, Busulfan* u. *Triäthylenthiophosphoramid* (Thio-TEPA) wurden mittels paramagnet. Resonanzspektroskopie keine freien Radikale gefunden.
W. Damerau. 4160◇

E₂. Enzymologie, Gärung

1085 **Grundlagen und klinische Bedeutung der modernen Enzymdiagnostik.** Harald Schön. (Dtsch. Z. Verdauungs- u. Stoffwechselkrankh. **22,** 1—8, Juni 1962; Erlangen-Nürnberg, Med. Univ.-Klinik; dt.)
H.-P. Pietsch. 4210◇

1086 **Fermenthistochemie der menschlichen Prostata. Lokalisierung oxydativer Enzyme, Esterasen und Aminopeptidase in der normalen und hyperplastischen menschlichen Prostata.** Mikko Niemi, M. Harkonen und T. K. I. Larmi. (Arch. Pathology **75,** 528—37, 1963; Helsinki, Univ., Dep. of Anat.; engl.) — In den Muskelzellen des Stromas u. den Epithelzellen sowohl der normalen als auch der hyperplast. menschlichen Prostata lassen sich *oxydative Fermente* nachweisen [red. Nicotinamidadenindinucleotid, Succinat, Lactat, Isocitrat, Malat, α-Glycerophosphat, β-Hydroxybutyrat, Glucose-6-phosphat (I) u. A. als Substrate der Tetrazoliumreduktase-Syst.], wobei allerdings I-Dehydrogenase-Aktivität nur geringfügig vorhanden ist; die epithelialen Zellen der basalen subnuclearen Teile sind aktiver als die dem Lumen zugekehrten Teile. *Esterase*-Aktivität findet sich nur im Epithel; ebenfalls keine Unterschiede zwischen normaler u. hyperplast. Drüse. *Aminopeptidase*-Aktivität kommt gleichfalls nur im Epithel vor u. ist bei normalen Drüsen gleichmäßig, bei hyperplast. nur auf die nichtnodulären Anteile verteilt.
U. Tausendfreund. 4210◇

1087 **Über die Beeinflussung der histochemischen Darstellbarkeit oxydativer Enzyme durch Narkose.** H. Zimmermann und D. Platt. (Frankfurter Z. Pathol. **71,** 453—63, 1962; Frankfurt/M., Univ., Senckenbergisches Pathol. Inst.; dt.) — Die Unters. des Einfl. von *Ae.*- u. *Thiogenal*-Narkose bei Ratten zeigt, daß nach kurzdauernden Narkosen in anschließend angefertigten histochem. Präpp. die Aktivitäten der *Brenztraubensäure*- u. *Isocitronensäuredehydrogenase* leicht erhöht sind, während beide Enzymaktivitäten nach 2std. Narkose eine Abnahme aufweisen, die nach 14 Std. wieder aufgehoben wird u. einer Aktivitätssteigerung Platz macht. Morpholog. läßt sich nach 2 bzw. 5—14 Std. eine Mitochrondienschwellung nachweisen. Befunde nach Narkosen sind deshalb mit Vorsicht anzunehmen.
U. Tausendfreund. 4210◇

1088 **Über die Aktivität einiger Enzyme im Stoffwechsel von Fragmenten mit einem Kohlenstoffatom in der menschlichen Leber.** H. Aebi. (Minerva med. [Torino] **51,** 929—30, 1960; Bern, ital.) — Kurzer Überblick über die Rolle der *Leberkatalase* bei der an die Ggw. von H_2O_2 gebundenen Formiat-Oxydation in der Leber von Mensch, Ratte u. Meerschweinchen.
W. Damerau. 4210◇

1089 **Entkopplung der oxydativen Phosphorylierung durch ionisierende Bestrahlung.** 2. Mitt. **Die Stabilität mitochondrialer Lipide und von Cytochrom c.** J. F. Scaife und B. Hill. (Canad. J. Biochem. Physiol. **41,** 1223—33, 1963; Ottawa, Def. Res. Chem. Labor., Def. Res. Board, Dep. of Nat. Defence; engl.) — 1. vgl. C. **1963,** 15467. — Aus Ratten- oder Kaninchen-Thymus isolierte *Mitochondrien* (Mi.), die 4 Std. einer 700 rad betragenden ionisierenden Bestrahlung ausgesetzt waren, zeigen entkoppelte *oxydative Phosphorylierung.* Es bestehen keine signifikanten Unterschiede im Geh. an Phospholipiden, neutralen Lipiden u. Fettsäuren zwischen normalen u. bestrahlten Mitochondrien. Wegen der Bedeutung, die Lipoide für den räumlichen Zellaufbau, insbesondere wegen der Komplexe, die sie mit Komponenten der Atmungskette bilden, werden die Lipidfraktionen eingehend untersucht. Es werden keine Abweichungen von unbestrahlten Mi. gefunden, auch blieb die Suche nach dem entkoppelnden „U"-Faktor (Lehninger u. Remmert, J. biol. Chemistry **234,** [1959], 2459) ergebnislos. — Da die Thymus-Mi. sehr geringe Mengen an *Cytochrom c* besitzen (< 0,2 μg/mg Protein), könnte hierin der Grund für die Strahlenschädigung zu suchen sein.
L. Macher. 4210◇

1090 **Einfluß eines Detergens (Tween 80) auf die reduzierte Diphosphopyridinnucleotid-Cytrochrom c-Reduktasewirksamkeit von Herzmuskelpräparaten.** L. Polgár. (Acta physiol. Acad. Sci. hung. **21,** 313—18, 1962; Budapest, Hungarian Acad. of Sci., Biochem. Inst.; engl.) — In Herzmuskel-Präpp. findet sich eine red. Diphosphopyridinnucleotid-Cytochrom c-Reduktase (DCR), die sich auf Grund der Inhibierbarkeit durch Tween 80 von der Reduktase der Gruppe 4 nach Estabrock unterscheidet, indem sie von Tween 80 nicht inhibiert wird u. in Gruppe 2 gehört. Die DCR-Wirksamkeit der Sarkosome wird durch Tween 80 inhibiert. Die Wirksamkeit von DCR der Gruppen 3 u. 4 wird durch Tween 80 u. Antimycin A inhibiert. Das Mahlersche, aus DCR der Gruppe 4 extrahierte Enzym (Gruppe 1) wird nicht durch Tween 80 inhibiert.
W. Wesly. 4210◇

1091 **Einfluß eines Detergens (Tween 80) auf die reduzierte Diphosphopyridinnucleotidoxydasewirksamkeit von Herzmuskelpräparaten.** L. Polgár. (Acta physiol. Acad.

Sci. hung. **21**, 319—23, 1962; Budapest, Hungarian Acad. of Sci., Biochem. Inst.; engl.) — *Tween 80* inhibiert *red. Diphosphopyridinnucleotidoxydase* von Herzmuskelpräparaten. W. Wesly. 4210◇

1092 **Die Wirkung von Rotenon auf das Atmungsenzymsystem des Insektenmuskels.** Jun-ichi Fukami. (Bull. nat. Inst. agr. Sci. [Tokyo], Ser. C Nr. **13**, 33—45, 1961; Div. of Entomol.; jap., Auszug: engl.) — Die Unters. der Wrkg. von *Rotenon* (**I**) auf das Atmungs-Syst. u. die oxydative Phosphorylierung der Muskelmitochondrien von *Periplaneta americana* L. zeigte, daß physiolog. **I**-Konzz. (10^{-5} bis 10^{-7} m) in Ggw. von *α-Ketoglutarat* (**II**), *l-Glutamat* (**III**), *Malat, Fumarat, Oxalacetat* u. *Citrat* den O_2-Verbrauch erheblich hemmten, nicht aber die Oxydation von *Succinat* (**IV**), *α-Glycerophosphat* (**V**) u. *p-Phenylendiamin.* Die **III**-Hemmung wurde von großen *Nicotinamidadenindinucleotid* (NAD)-Mengen nicht aufgehoben. Die *red. NAD* [NADH]-*Oxydase*-Aktivität der Muskelmitochrondrien wurde von *Cytochrom c* erhöht, von **I** oder *Antimycin A* (**VI**), nicht aber von *Dehydrorotenon*, gehemmt. **VI** hemmte die Oxydation von **II, III, IV** u. **V**. Das **V** als Substrat enthaltende Mitochondrien-Präp. zeigte bei **VI**-Behandlung das typ. Cytochromspektrum, während dieses beim NADH enthaltenden, **I**-behandelten nicht beobachtbar war. Die Blockierung der Atmungskette durch **I** ist anscheinend von der durch **VI** verschieden. 10^{-6} bis 10^{-7}m **I** senkte O_2-Aufnahme u. P-Veresterung. Es wird angenommen, daß die **I**-Wrkg. auf die oxydative Phosphorylierung indirekt durch die Hemmung des Atmungs-Syst. hervorgerufen wird. Die **I**-Hemmwrkg. auf den Atmungsstoffwechsel der Muskelmitochondrien beruht offensichtlich auf einer Störung des Elektronentransports zwischen NADH u. *Cytochrom b.* K. Maier. 4210◇

1093 **Aldolaseaktivität und Milchsäuredehydrogenaseaktivität im Blutserum bei endemischem Kretinismus.** U. Vogliazzo, G. Borney und F. Gheis. (Minerva med. [Torino] **51**, 1966—68, 1960; Aosta, Ospedale Mauriziano, Div. Med.; ital.) — Bei 10 endem. Kretinismen (♀, ♂, 51—77 Jahre alt) waren im Serum die *Aldolase*-Aktivitäten durchschnittlich auf das ca. 2fache des Normalwertes erhöht. Die *Milchsäuredehydrogenase*-Werte zeigten dagegen keine patholog. Veränderungen. W. Damerau. 4210◇

1094 **Enzymatische Dehydrierung von zwei optischen Isomeren der Milchsäure und Bedeutung der zwei Isomeren im Stoffwechsel.** E. Boeri. (Minerva med. [Torino] **51**, 930, 1960; Ferrara; ital.) — Hinweis auf das Vork. von D(—)-*Lactat* in Organismen u. dessen Abbau zu Pyruvat. W. Damerau. 4210◇

1095 **Glykolsäureoxydasebildung in ergrünenden Blättern.** M. Kuczmak und N. E. Tolbert. (Plant Physiol. **37**, 729—34, Nov. 1962; East Lansing, Michigan State Univ., Dep. of Biochem.; engl.) — Die Aktivität der *Glykolsäureoxydase* (**I**) beträgt im Saft von etiolierten Weizenblättern (im Dunkeln angezogen) nur $^1/_{10}$ im Vgl. zu grünen Blättern. Die Aktivität kann durch Zusatz von *Flavinmononucleotid* (**II**, 10^{-4}m) auf das 5—10fache erhöht werden. Auch durch Zerreiben der Blätter mit *Glykolat* oder durch Inkubation des Saftes der etiolierten Blätter bei 2° für 18 Std. mit einem Substrat für **I** wird die Aktivität erhöht. Nach einer Fraktionierung mit $(NH_4)_2SO_4$ kann die Aktivität nur noch durch **I**-Zusatz erhöht werden. Auch die Aktivität von **I** aus grünen Blättern kann durch **II**-Zusatz noch erhöht werden. Während des Ergrünungsprozesses verändert sich der Gesamtgeh. an Flavin nicht. In etiolierten Blättern ist der Geh. an *Flavinadenindinucleotid*(**III**) doppelt so hoch wie der an **II**, in ergrünten Blättern ist der Geh. an **II** doppelt so hoch wie der an **III**. Die Konz. von **II** im Blattextrakt beträgt $5 \cdot 10^{-9}$ bis 10^{-8}m. Zur Aktivierung des Enzyms in vitro ist eine Konz. von 10^{-4}m **II** erforderlich. W. Hiller. 4210◇

1096 **Beiträge zum Mechanismus der Spermiogenese auf der Basis von Untersuchungen über Säurefestigkeit, Bernsteinsäuredehydrogenaseaktivität und histochemischer Untersuchung der Lipide.** Z. Pósalaky, Angela Gyévai und B. Bukulya. (Acta morphol. Acad. Sci. hung. **10**, 137—52, 1961; Budapest, Hungarian Acad. of Sci., Inst. of Exp. Med., Morphol. Dep.; Univ. Med. School, Dep. of Histol. and Embryol; engl.) — Wird die Spermien-Entw. in 8 Stadien unterteilt, so kann im 5. Stadium signifikante säurefeste Färbung des Spermakopfes u. gleichzeitige Veränderung der *Bernsteinsäuredehydrogenase*- u. *Lipid*-Rk. des Keimepithels beobachtet werden. Während der Spermiogenese ist die Enzymaktivität bes. stark in jungen Spermiocyten u. während der Reifungsphase der Spermatozoen, was auf erhöhte Stoffwechselaktivität in diesen Phasen schließen läßt. U. Tausendfreund. 4210◇

1097 **Einfluß einer Pseudomonasfraktion auf die Oxydaseaktivität von Mitochondrien und Monocyten.** R. S. Berk und Eric L. Nelson. (Proc. Soc. exp. Biol. Med. **105**, 345 bis 347, Nov. 1960; Los Angeles, Calif., Univ. of California, Dep. of Bacteriol.; engl.) — Kleinste Mengen von *Piromen* (**I**), einer handelsüblichen aus *Pseudomonas* (Species) hergestellten Polysaccharidfraktion, vermögen in vitro die *Bernsteinsäureoxydase* (**II**) u. die *Cytochromoxydase* (**III**) der Mitochondrien der Mäuseleber zu hemmen, wobei **III** empfindlicher als **II** zu sein scheint u. wobei es sich in beiden Fällen mehr um Änderung der Rk.-Geschw. als um vollkommene Unterdrückung der Wrkg. handelt. Bei Mäusemonocyten wird **II** durch **I** vermindert oder vollständig aufgehoben (u. zwar proportional zur **I**-Konz.), während **III** verhältnismäßig unempfindlich gegen **I** ist. A. Hesse. 4210◇

1098 **Untersuchungen über natürliche Hemmstoffe der Ascorbinsäureoxydase in Citrusfrüchten.** Choten Inagaki, Hiroyasu Fukuba und Yasuko Kobayashi. (Natur. Sci. Rep. Ochanomizu Univ. **11**, 63—85, 1960; Tokyo, Ochanomizu Univ., Fac. of Home Economy, Labor. of Nutr. Chem.; engl.) — Vgl. C. **1962**, 16366. — 0,3—0,5% Gelatine zeigten eine schwache stabilisierende Wrkg. gegenüber *Ascorbinsäureoxydase.* In Orangen kommen mindestens 2 Hemmstoffe vor, eine Substanz, die bei Kontakt mit der Luft rasch oxydiert wird, u. eine anorgan. neutrale Substanz, die nicht der Oxydation unterworfen ist. K. Zingraf. 4210◇

1099 **Verschiedenartige enzymatische Expression von Mutanten der menschlichen Glucose-6-phosphatdehydrogenase.** H. N. Kirkman, H. D. Riley jun. und B. B. Crowell. (Proc. nat. Acad. Sci. USA **46**, 938—44, 15/7. 1960; Oklahoma City, Univ. of Oklahoma, Dep. of Pediatrics and Children's Memorial Hosp.; Oklahoma Med. Res. Foundation; engl.) — Vgl. C. **1960**, 14393. — Neben der bekannten erblichen Primaquine (**I**)-empfindlichen hämolyt. Anämie (S) des Menschen, die durch eine 85—95%ig. Abnahme der *Glucose-6-phosphatdehydrogenase* (**II**)-Aktivität der Erythrocyten u. einer Neigung zur Zerstörung dieser Erythrocyten betroffener Personen bei Aufnahme von **I** oder bestimmten aromat. Pharmaka gekennzeichnet ist, ergab nunmehr die Unters. von Erythrocyten-**II** bei einem Knaben mit erblicher nichtsphärocyt. hämolyt. Anämie (H), bei der gleichfalls die Erythrocyten-**II**-Aktivität fast fehlt, einen qual. Unterschied von H-**II** gegenüber S-**II** u. **II** normaler Erythrocyten (N), die nicht signifikant verschieden sind. Während die Aktivierungswärme von **II** aller 3 Quellen im wesentlichen gleich war, bestanden deutliche Differenzen zwischen Michaelis-Konst. u. pH-Optimum für H-**II** einerseits u. S- u. N-**II** andrerseits. Auch die Verwertung des anomalen Substrats 2-Desoxyglucose-6-phosphat durch H-**II** bzw. S- u. N-**II** verlief unterschiedlich. An Ionenaustauschsäulen verhielten sich N- u. H-**II** weitgehend identisch. Die Genotypen von H u. S ändern sich nach diesen Befunden in 2 verschiedenen enzymat. Expressionen. K. Maier. 4210◇

1100 **Elektronenmikroskopische Untersuchung der Struktur der kristallisierten Ribonuclease.** I. M. Dawson und D. H. Watson. (J. molecular Biol. **1**, 30—36, April 1959; Glasgow, Univ., Dep. of Chem.; engl.) — An elektronenmkr. Aufnahmen wird die Kristallstruktur der monoklinen Form II der *Ribonuclease* mit niedrigem Molgew. ermittelt u. die Beziehungen zu der auf Grund von Röntgenstrahlenbeugung vorgeschlagenen Struktur diskutiert. A. Hesse. 4210□

1101 **Histochemische Glykogensynthese aus Glucose-1-phosphat in Blutzellen unter normalen und pathologischen Bedingungen.** Tadao Takeuchi, Nozomu Tadokoro und Hidemaro Ide. (J. Histochem. Cytochem. [Baltimore] **10**, 572—79, 1962; Kumamoto, Japan, Univ. School of Med., Dep. of Path.; engl.) — *Polysaccharide* (**I**) der Glykogenstufe konnten in verschiedenen Blut- u. Knochenmark-Zellen aus *Glucose-1-phosphat* bei pH 5,7, nicht aber in Erythrocyten synthetisiert werden. Intensive Phosphorylase-Aktivität konnte durch die blaue Jodstärke-Rk. in geraden Ketten mit 1.4-Bindungen nachgewiesen werden; die 1.6-Transglucosidase-Aktivität äußerte sich durch eine rotviolette Färbung der kürzeren Ketten verzweigter **I**. Die histochem. Glykogen-Synth. in neutrophilen Leukocyten peripheren Blutes variierte unter patholog. Bedingungen. L. Macher. 4210◇

1102 **Glykogensynthese aus Glucose, Glucose-6-phosphat und Uridindiphosphatglucose in Muskelpräparaten.** Phillips W. Robbins, Robert R. Traut und Fritz Lipmann. (Proc. nat. Acad. USA **45**, 6—12, 1959; New York City, Rockefeller Inst.; engl.) — In üblich zusammengesetzten Inkubationsgemischen findet kein ^{14}*C-Glucose* (**I**)-Einbau in Glykogen unter dem katalyt. Einfl. von Homogenaten aus Taubenbrustmuskel statt. Hierfür ist es notwendig, an Stelle von Phosphat den Kochsaft aus Taubenbrustmuskel oder Coenzym A zuzusetzen. Dadurch wird die O_2-Aufnahme unterhalten, die für die Bereitstellung von Energie für den I-Einbau nötig ist. — In Ansätzen, die *Phosphorylase b* u. *Phosphorylasekinase* enthalten, in denen also *Phosphorylase a* gebildet wird, findet kein **I**-Einbau statt. — Aus weiteren Verss. folgt, daß zum **I**-Einbau eine Partikelfraktion mit dem Sedimentierungscharakteristicum von Mikrosomen notwendig ist, die über das Enzym-Syst. zum Einbau von *Uridindiphosphatglucose* in Glykogen verfügt u. über dessen mögliche Funktion diskutiert wird. J. Trupke. 4210◇

1103 **Einwirkung von Steroidhormonen auf die Hexokinaseaktivität von Asciteszellen. 68. Mitt. Über Steroide u. Sterine.** Wilhelm Dirscherl und Gertrud Projahn. (Z. Vitamin-, Hormon- u. Fermentforsch. [Wien] **12**, 307—10, 1962; Bonn, Univ., Physiol.-Chem. Inst.; dt.) — 67. vgl. C. **1962**, 10868. — In Toluol-Autolysaten von Ehrlich-Ascites-zellen wurde der Einfl. von 25, 50 oder 100 μg *Cortison* (**I**) bzw. *Desoxycorticosteron* (**II**)/ml Rk.-Lsg. (0,3 ml 0,5m NaF, 0,2 ml 0,2m $MgCl_2$, 0,2 ml 0,3m Glucose, 0,01 ml Propylenglykol u. Ferment-Lsg.) auf die *Hexokinase* (**III**)-Aktivität untersucht. Die **III**-Aktivität wurde manometr. mittels $NaHCO_3$ u. Adenosintriphosphat bestimmt. Bei niedriger **III**-Aktivität wurde diese durch **I**- bzw. **II**-Zugabe erhöht, bei hoher Aktivität durch **I** bzw. **II** vermindert. Die nivellierende Wrkg. von **I** oder **II** war von der Konz. unabhängig. W. Damerau. 4210◇

1104 **Vererbbare, nichtsphärocytäre, hämolytische Pyruvatkinasemangelanämie.** Kouichi R. Tanaka, William N. Valentine und Shiro Miwa. (Blood **19**, 267—95, März 1962; Los Angeles, Calif., Univ. of California, Med. Center, Dep. of Med.; Vet. Admin. Center, Wadsworth Hosp.; Die Erythrocyten von 7 Patienten mit den Kriterien einer congenitalen, nichtsphärocytären, hämolyt. Typ II-Anämie wiesen einen spezif. Mangel an *Pyruvatkinase* auf. Der Geh. an Glucose-6-phosphatdehydrogenase u. 6-Phosphogluconsäuredehydrogenase sowie einiger nichtglykolyt. Enzyme war normal. Hemmstoffe wurden nicht nachgewiesen. Vermutlich handelt es sich um autosomale, rezessive Übertragung; klin. Erscheinungen treten erst bei Homocygoten auf. — In Leukocyten keine Enzymabweichung. U. Tausendfreund. 4210◇

1105 **Lokalisation von saurer Phosphatase in Anabaena cylindrica Lemm.** E. R. S. Talpasayi. (Current Sci. **31**, 430—31, Okt. 1962; Benares, Hindu Univ., Dep. of Bot.; engl.) — In Zellen der Alge *Anabaena cylindrica* Lemm., die keine Phosphatspeicher enthielten, konnte eine Lokalisation von *saurer Phosphatase* an der Zelloberfläche nach der Meth. von Gomori (A. G. E. Pearse, Histochem. 2nd. Ed-Little, Brown u. Co., Boston 1960] nachgewiesen werden. K. Zingraf. 4210◇

1106 **Veränderungen in den oxydativen Phosphorylierungen des Kristallins als Folge des Alters.** J. Klethi und P. Mandel. (C. R. Séances Soc. Biol. Filiales **154**, 1328—31, 1960; Strasbourg, Fac. de Med., Inst. de Chim. biolog.; franz.) — Infolge des Alterns der *Kristallin* (**II**)-Fiber findet eine Verminderung der *oxydativen Phosphorylierungen* (**I**) statt. Vergleicht man die gleichen Zonen des **II** in der Jugend u. im Alter, dann läßt sich im Alter eine Verringerung der *Adenosintriphosphat* (ATP)-Bldg. feststellen. Das Ausmaß der **I** wurde durch den Einbau radioakt. Phosphats in das ATP nach Krebs ermittelt. L. Macher. 4210◇

1107 **Leukocytenstoffwechsel während der Schwangerschaft.** C. Borel, J. Frei und A. Vannotti. (Acta endocrinol. [Copenhagen] **35**, 575—84, 1960; Lausanne, Clin. méd. universitaire; engl.) — Die Leukocyten von schwangeren Frauen zeigen im Vgl. zu nicht schwangeren erhöhte Aktivität der *alkal. Phosphatase*, verringerten *Glucose*-Verbrauch u. *Lactat*-Bldg.; auch die Proteolyse ist verringert. Der O_2-Verbrauch bei einem *Succinat*-Substrat ändert sich infolge der Schwangerschaft nicht. W. Hiller. 4210◇

1108 **Physikalisch-chemische Untersuchungen über Myosin-Adenosintriphosphatase.** Shotara Kitagawa und Yuji Tonomura. (J. Res. Inst. Catalysis, Hokkaido Univ. **8**, 91—126, 1960; Hokkaido, Univ., Res. Inst. for Catalysis; engl.) — Es wurde der Rk.-Mechanismus der *Myosinadenosintriphosphatase* (ATPase), deren chem. Struktur u. die Beziehung des Enzyms zur Muskelkontraktion untersucht. Der Rk.-Mechanismus wurde durch kinet. Analyse im ruhenden Zustand bei hoher Ionen-Konz. (0,6m KCl-Konz.) u. die Veränderung in der ATPase durch chem. Modifikation des *Myosins* (**I**) aufgeklärt. Aus der Einw. von zweiwertigen Kationen, des pH u. modifizierender Stoffe, bes. *Äthylendiamintetraessigsäure* (EDTA), auf die Enzymaktivierung wurde ein allg. Rk.-Schema abgeleitet, das zeigt, daß die ATPase-Aktivität an Rk.-Ort 1 gebunden ist u. durch Rk.-Ort 2 modifiziert wird. Die Struktur des ATPase-aktiven Rk.-Ortes von **I** wurde durch zwei Modellformeln (für Komplexe aus ATP u. Rk.-Ort 1 bzw. Rk.-Ort 2) schemat. dargestellt. Daraus geht hervor, daß der Polyphosphatrest des *Nucleotidtriphosphats* (NTP) einerseits durch ein Me^{2+}-Ion an Rk.-Ort 1 gebunden ist, der eine HS- u. eine Guanidinogruppe umfaßt u. die endständige Phosphatgruppe hydrolysiert ist, u. andererseits die Polyphosphatbindung an Rk.-Ort 2, der eine HS- u. eine Aminogruppe umfaßt, den Michaelis-Komplex stabilisiert, während diese Bindung bei *Actomyosin* (**II**) oder **I**-B Größe u. Gestalt verändert. Deshalb wird durch die Besetzung Rk.-Ort 2 mit PCMB (*p-Chlormercuribenzoesäure*) oder EDTA die Aktivierung der ATPase u. die Hemmung der Gestalt- u. Größenänderung des **I** B durch ATP bewirkt. ATP wird durch die Bindung an Rk.-Ort 1 gespalten, der eine *Cystein* (**III**)-Gruppe umfaßt. Der durch die Bindung an Rk.-Ort 2 stabilisierte Michaelis-Komplex umfaßt eine **III**- u. eine *Lysin* (**IV**)-Gruppe. Das Schema erlaubt Erklärungen der pH-Aktivitätskurven, der ATPase-Aktivierung durch Reagentien u. der Eigg. des Enzyms. Aus der Bindung von TNBS (*2.4.6-Trinitrobenzolsulfonat* (an **I** A ist die Ggw. eines TNBS-spezif. **IV**-Restes in der Nähe des akt. Rk.-Ortes 1 nachgewiesen. Die initiale rasche Spaltung des ATP steht in Beziehung zur Muskelkontraktion u. vermutlich zur Aktivierungswärme nach Hill. Bei geringer Ionen-Konz. hängt das Maß der ATP-Spaltung durch Actomyosin von der durch Mg-ATP verursachten Änderung des koll. Zustands ab, bei hoher Ionen-Konz. („supersaturation") wird die Spaltung auf ein mehrfach Zehnfaches erhöht. Die Steigerung der ATPase-Aktivität durch die Änderung des koll. Zustands hängt wahrscheinlich mit der zusätzlichen Muskelkontraktionswärme nach Hill zusammen. G. Vogel. 4210◇

1109 **Adenosintriphosphatgebundene Calciumionenkonzentration in einer Partikelfraktion des Kaninchenmuskels.** Setsuro Ebashi und Fritz Lipmann. (J. Cell Biol. **14**, 389—400, Sept. 1962; New York, N.Y., Rockefeller Inst.; engl.) — In einer von homogenisiertem Kaninchenskelettmuskel isolierten Membranfraktion fand sich eine bis zu 1400fache Konz. von Adenosintriphosphat-abhängigem Ca^{2+}, die durch die Existenz eines energieverbrauchenden Syst. für den Transport von Ca^{2+} in die elektronenmkr. in der Fraktion nachweisbaren Bläschen des endoplasmat. Reticulums erklärt werden kann. U. Tausendfreund. 4210◇

1110 **Mikrobestimmung der Serumphosphate und Phospholipide.** E. Baginski und B. Zak. (Clin. chim. Acta [Amsterdam] **5**, 834—38, Nov. 1960; Detroit, Mich., Wayne State Univ. Coll. of Med. Sinai Hosp. and Receiving Hosp., Dep. of Path.; engl.) — Zur Mikrobest. des *Phosphats* (**I**) verwenden Vff. *Ascorbinsäure* als Red.-Mittel u. eine Mischung von Na-Citrat u. Na-Arsenit als Stabilisator des Farbkomplexes. Mittels dieser Meth. kann auch die *Serumphosphatase*-Aktivität nach Abspaltung von **I** aus Na-β-Glycerinphosphat (Inkubation 1 Std. 37° C) bestimmt werden. Die Serumphospholipide werden mit A—Ae. (3 : 1) extrahiert, mit HNO_3 oxydiert u. das freigesetzte **I** bestimmt. H. Ackermann. 4210◇

1111 **Ein „lose Kopplung" der Atmung bewirkender Faktor aus Mitochondrien.** LeMar F. Remmert und Albert L. Lehninger. (Proc. nat. Acad., Sci. USA **45,** 1—5, 1959; Baltimore, John Hopkins School of Medicine, Dep. of Physiol. Chem.; engl.) — Ein in frischen Rattenleber-Mitochondrien latent vorhandener proteinhaltiger „*respiration releasing*" *Faktor R* (I) wurde durch Beschallung aktiviert u. seine stimulierende Wrkg. auf die Oxydation von *β-Hydroxybutyrat* (II) durch Membranfragmente von Rattenleber-Mitochondrien geprüft. I löst die Atmung der Mitochondrienfragmente aus ihrer Abhängigkeit von *Adenosindiphosphat* (III) als Phosphatacceptor, ohne daß in Ggw. von **III** ein erheblicher Abfall des Verhältnisses P : O eintritt. I wandelt also eine „fest gekoppelte" in eine „lose gekoppelte" phosphorylierende Atmung u. ist deshalb in seiner Wrkg. verschieden von 2.4-Dinitrophenol, das „ungekoppelte" Atmung hervorruft. — Dieses Verh. von I steht vereinzelt da. Dicumarin, Gramicidin, Äthylendiamintetraacetat, α-Tocopherol, Vitamin K_1, Menadion, Ribonucleotide, Serumalbumin, Coenzym A u. Thyroxin zeigen es nicht. Die Wrkg. von I wird durch Zugabe von Mg^{2+} nicht gehemmt. J. Trupke. 4210◇

1112 **Die Stimulierung der α-Glycerinphosphatoxydation durch Adenosindiphosphat im Flugmuskel.** Bertram Sacktor und Lester Packer. (Biochim. biophysica Acta [Amsterdam] **49,** 402—04, 1961; Philadelphia, Pa., Army Chem. Center (USA), U.S. Army Chem. Res. and Development Labor., Physiol. Chem. Branch; Univ. of Pennsylvania, Johnson Foundation for Med. Physics; engl.) — Bei in Saccharose/Äthylendiamintetraessigsäure - Lsg. bei pH 7,5 zerriebenem Muskel der Schmeißfliege *Phormia regina* wird die Oxydation von *α-Glycerinphsophorsäure* durch Zusatz von Adenosindiphosphat auf das 2—5fache erhöht u. es werden die Übergänge in das Fließgleichgewichtsniveau erzielt, die früher (Chance u. Sacktor, C. **1959,** 10610) beim Brustmuskel der Hausfliege mit Dibromphenol beobachtet wurden. Die hohe Wechselzahl von Cytochrom c, die in Ggw. der genannten Substanzen erhalten wird, nähert sich dem für das fliegende Insekt berechneten Wert. A. Hesse. 4210◇

1113 **Der Einfluß von Adrenalektomie und individuellen Steroidhormonen auf den $^{14}C_{(1)}$-Acetatstoffwechsel in Rattenleberschnitten.** 1. Mitt. **Einbau in Proteine.** J. S. Willmer und T. S. Foster. (Canad. J. Biochem. Physiol. **38,** 1387—92, Dez. 1960; Ottawa, Ontario, Canada Dep. of Agric., Res. Branch, Animal Res. Inst.; engl.) — Der Einbau von *$^{14}C_{(1)}$-Acetat* in Rattenleberprotein wird durch *Cortison* (I), *Corticosteron* u. *Desoxycorticosteron* (II) bei scheinoperierten u. adrenalektomierten Tieren durch Reichstein-*Substanz S* (III) nur bei scheinoperierten Tieren gesteigert. Beim Vgl. der Acetate mit den Alkoholen war der Einbau durch Acetate von **I, II** u. *Hydrocortison* gegenüber der Wrkg. der entsprechenden Alkohole vermindert; **III**-Acetat steigert jedoch den Isotopeneinbau gegenüber **III**-Alkohol.
U. Tausendfreund. 4210◇

1114 **Der Einfluß von Adrenalektomie und individuellen Steroidhormonen auf den $^{14}C_{(1)}$-Acetatstoffwechsel in Rattenleberschnitten.** 2. Mitt. **Einbau in Cholesterin.** J. S. Willmer und T. S. Foster. (Canad. J. Biochem. Physiol. **38,** 1393—97, Dez. 1960; engl.) — 1. vgl. vorst. Referat. — Bei adrenalektomierten Ratten kann ein verstärkter Einbau von *$^{14}C_{(1)}$-Acetat* in das *Cholesterin* (II) von Leberschnitten beobachtet werden, ebenso bei adrenalektomierten Tieren, die mit Steroidhormonen behandelt wurden. *Desoxycorticosteron* (III) bewirkt dabei eine Einbausteigerung über die von adrenalektomierten Kontrollen hinaus (die **II**-Bldg. aus *$^{14}C_{(2)}$-Mevalonsäure* als Substrat wird nicht derart vermehrt). Nach Scheinoperation steigern **III**, *Progesteron* u. Reichstein-*Substanz S* (IV) den Acetateinbau über den der Kontrolltiere. Die einbausteigernde Wrkg. von **III** u. **IV** kommt nur deren Acetat- u. nicht den Alkoholformen zu.
U. Tausendfreund. 4210◇

1115 **Der Einfluß von Adrenalektomie und individuellen Steroidhormonen auf den $^{14}C_{(1)}$-Acetatstoffwechsel in Rattenleberschnitten.** 3. Mitt. **Atemwirkungen.** J. S. Willmer und T. S. Foster. (Canad. J. Biochem. Physiol. **38,** 1399 bis 1403, Dez. 1960; engl.) — 2. vgl. vorst. Referat. — Adrenalektomie stimuliert unspezif. die Oxydation von *$^{14}C_{(1)}$-Acetat* u. von *Glucose* durch Leberschnitte der Ratte. Diese Wrkg. kann durch Steroidhormone modifiziert werden, wobei *Desoxycorticosteron* (I) die Lipogenese aus Acetat steigert u. *Corticosteron, Progesteron* sowie Reichstein-*Substanz S* nur die Atmung hemmen (*Cortison* u. I hemmen die Atem-Geschw. nach Scheinoperation). Die Steroidacetate wirken jeweils schwächer bzw. hemmend auf die Atmung.
U. Tausendfreund. 4210◇

1116 **Das Glyoxylat-Glykolat-System der Hefe.** Hideo Katagiri, Tatsurokuro Tochikura und Hiroshi Matsuoka. (Bull. Inst. chem. Res., Kyoto Univ. **38,** 406—09, 1960; Katagiri Labor.; engl.) — Dialysierter, zellfreier Backhefeextrakt baute *Citrat* (I) in Abwesenheit von zugesetztem *Triphosphopyridinnucleotid* (II) zu *Glyoxylat* (III) u. *Succinat* (IV) ab, während in dessen Ggw. neben **IV** u. CO_2 *α-Ketoglutarat* u. *Glykolat* (V) entstanden, d. h. der I-Abbau erfolgt durch die gemeinsame Wrkg. von Aconitase, Isocitricodehydrogenase, Isocitritase u. Glyoxylsäurereduktase. Die zellfreien Extrakte oxydieren **V** zu **III**. *Glykolsäureoxydase* (VI) wurde analog wie Lacticodehydrogenase (VII) unter Verw. von Al_2O_3–Cγ-Gel aus Extrakt angereichert. **VI** oxydiert **V** → **III** ohne Ggw. von **II** oder DPN. Pyocyanin oder Methylenblau aktivierten diese Oxydation mit O_2 als Endelektronenacceptor. Dieser Effekt war bei *Coli aerogenes*-Bakterien nicht feststellbar. **VI** ist ein Flavoprotein. Das Apoenzym wird von Riboflavin-5'-phosphat oder Riboflavinadenindinucleotid reaktiviert. **V** red. Cytochrom c in Ggw. von **VI**. Das **VI**-Präp. oxydierte Malat zu Lactat u. **V**. Chinin, Guinacrine u. p-Chlormercuribenzoat hemmten **VI**. Das Hefeenzym-Präp. enthielt auf Grund der pH-Optima der **V**- u. Lactatoxydation offensichtlich noch **VII**. K. Maier. 4210◇

1117 **Carboxylierung von Acetyl-Coenzym A durch Hefepartikel.** Halina Den und Harold P. Klein. (Biochim. biophysica Acta [Amsterdam] **49,** 429—30, 1961; Waltham, Mass., Brandeis Univ., Biol. Dep.; engl.) — Eine aus *Saccharomyces cerevisiae* bei 100000·*g* erhaltene Teilchenfraktion (nicht aber die überstehende Fl.) vermag *Acetylcoenzym A* in Ggw. von Adenosintriphosphat (ATP), Mn^{2+} u. $KH^{14}CO_3$ in *Malonylcoenzym A* überzuführen. Die Rk., welche von Ggw. von ATP u. Mn^{2+} abhängig ist, wird durch *Avidin* vollständig gehemmt. Die carboxylierende Wrkg. konnte aus den Teilchen mittels Digitonin, Natriumcholat, Natriumdesoxycholat, Natriumperfluoroctanat oder Kobragift nicht lösl. gemacht werden, wohl aber mittels des Netzmittels „Cutscum". Vff. schließen, daß diese Rk. von Bedeutung bei der *Biosynth. von Fettsäuren* sein kann. A. Hesse. 4210◇

1118 **Automatische Registrierung der Kohlensäureanhydraseaktivität.** Å. Holmgård. (Scand. J. clin. Lab. Invest., Suppl. **14,** Nr. 64, 84—86, 1962; Stockholm, St. Eriks sjukhus; engl.) — Bei der Rk. von CO_2 mit H_2O zu H_2CO_3 fällt der pH-Wert. Die Meth. zur *Kohlensäureanhydrase*-Best. besteht darin, daß in einem automat. Titriergerät durch Alkalizugabe der pH-Wert konst. gehalten wird. P. Gregorzewski. 4210◇

1119 **Faktoren bei der bakteriellen Decarboxylierung von Bernsteinsäure.** A. A. Yousten und E. A. Delwiche. (Canad. J. Microbiol. **7,** 889—93, 1961; Ithaca, N.Y., Cornell Univ., Coll. of Agric., Div. of Bacteriol.; engl.) — Das *Bernsteinsäuredecarboxylase*-Syst. von *Veillonella alcalescens* verliert seine Aktivität, wenn es bei 2° einige Tage altert. Die CO_2-Entw. mit gealterten Extrakten wurde durch gekochte zellfreie Extrakte von *Propionibacterium pentosaceum* bedeutend stimuliert. Diese Extrakte konnten durch Coenzym A, Adenosintriphosphat, Mg-Ionen, Biotin oder Dimethylbenzimidazolylcobamidcoenzym nicht ersetzt werden.
K. Sattler. 4210◇

1120 **Die Hemmung der Brenzcatechin-O-methyl-transferase durch Pyrogallol bei der Ratte.** J. Richard Crout. (Biochem. Pharmacol. **6,** 47—52, 1961; Bethesda, Md., Nat. Heart Inst., Sect. of Exp. Therapeut.; engl.) — Die Unterss. bestätigen, daß *Pyrogallol* ein starker Hemmstoff der *Brenzcatechin-O-methyltransferase* ist. Obgleich dieses Agens wahrscheinlich zum Großteil als konkurierendes Substrat wirkt, kann eine nichtkonkurrierende Komponente seiner Wrkg. in vitro gezeigt werden. Bei adequaten Mengen kann *Pyrogallol* dieses Enzym auch in vivo hemmen.
O. Jansen. 4210◇

1121 **Nachweis von Enzymen der Glykolyse und des Tricarbonsäurecyclus in Amöben (Chaos chaos L.).** K. Bor-

ner und H. Mattenheimer. (Biochim. biophysica Acta [Amsterdam] **34**, 592—93, 1959; Berlin, FU, Physiolog.-chem. Inst.; dt.) — Folgende Enzyme wurden nachgewiesen: *Hexokinase, Glucose-6-phosphatdehydrogenase, Hexosephosphatisomerase, Aldolase, Glycerinaldehydphosphatdehydrogenase, Phosphoglyceratkinase, Enolase, Pyruvatkinase, Isocitratdehydrogenase, Fumarase, Äpfelsäuredehydrogenase* u. „malic Enzyme". Enzyme, die Pyruvat zu Lactat reduzieren oder zu Acetaldehyd decarboxylieren, wurden nicht gefunden.
Ch. Jürgens. 4210◇

1122 **Kohlendioxidfixierung und Phosphorylierung durch Nitrobacter agilis.** E. Malavolta, C. C. Delwiche und W. D. Burge. (Biochem. biophys. Res. Commun. **2**, 445—49, Juni 1960; Berkeley, Calif., Univ. of California, Kearney Foundat. of Soil Sci.; engl.) — Nach Inkubation einer Zellsuspension von *Nitrobacter agilis* mit $Na_2{}^{14}CO_3$ u. KNO_2 war fast alles Nitrit (I) verschwunden. Fast 75% ^{14}C fanden sich im A.-Extrakt, der Rest im unlösl. Rückstand. Radioautograph. waren 14 markierte Verbb., darunter *Hexosemono-* u. *-diphosphat, Phosphoglycerinsäure* (60% der ^{14}C-Aktivität) u. wahrscheinlich *Phosphobrenztraubensäure*. Die Bldg. organ. *P*-Verbb. erfolgte mit intakten Zellen u. mit Ultraschallextrakten in I- u. $PO_4{}^{3-}$-Ion-haltiger Lösung. Adenosintriphosphat trat nur in Ggw. von I auf. Je μMol oxydiertes I verschwanden 0,5 μMol anorgan. Phosphat. Offensichtlich bestehen in *Nitrobacter* Mechanismen zur Bldg. energiereichen Phosphats u. CO_2-Fixierung ähnlich den bei anderen Organismen. K. Maier. 4210◇

1123 **Untersuchungen an Lebersektionsproben mit Glykogenose. Unterschiede zwischen in vitro-Versuchen und in vivo-Beoabachtungen.** Richard Wagner und Rose Sparaco. (Acta biochim. polon. **7**, 521—25, 1960; Boston, Mass., Tufts Univ., School of Med., Dep. of Pediatr.; Boston Floating Hosp., Res. Labor.; engl.) — Bei Inkubation von gegen dest. W. dialysiertem Leberhomogenat aus Sektionsproben von 2 Patienten mit Glykogenvorratserkrankungen für 1 Std. in Phosphatpuffer, pH 7,2, 0,001 m Adenylsäure u. 0,01 m $MgSO_4$ äquivalent zu 333 mg Frischleber/ml Rk.-Gemisch beobachteten Vff. die Bldg. beträchtlicher Mengen an *Glucose* (I). Die Leber schien fähig zu sein, I in vitro in ausreichendem Maße zu bilden, um den Blutzucker-Geh. auf einem normalen Spiegel zu halten. Dieses Phänomen läßt sich nicht durch die Aktivität der *Amylo-1.6-glucosidase* (II) erklären. Aus diesen Leberproben gebildetes I wurde mit einer reinen Phosphorylase u. anschließend mit II inkubiert. Die hierbei gebildete Menge an I betrug nur $^1/_6$ der durch die Lebersektionsproben gebildeten I. Diese Ferment-Rkk. können Vff. nicht ausreichend erklären. Eine andere Anomalität bei der hepatonephromegal. Glykogenose ist die Hyperlipämie u. Anhäufung größerer Mengen an Neutralfett u. Phospholipoiden in der Leber. Es wird angenommen, daß dieser Mechanismus ident. mit dem des Diabetes mellitus ist.
G. Bratfisch. 4210◇

1124 **Abbau von Pneumococcus S3- und S8-Polysacchariden durch induzierbare Depolymerasen aus Bacillus palustris.** Annamaria Torriani und A. M. Pappenheimer jun. (Bull. Soc. Chim. biol. **42**, 1619—26, 1960; Cambridge, Harvard Univ., Dep. of Biol.; New York, N.Y., Univ., Bellevue Med. Center, Dep. of Microbiol.; engl.) — *Bacillus palustris* vermag sowohl gegen *Pneumococcus S 3* als auch *S 8* als einzige Kohlenstoffquelle spezif. *Depolymerasen D 3* bzw. *D 8* zu entwickeln. Durch sie werden S 3 u. S 8 bis zu Tetrasacchariden abgebaut, die *Cellobiuronsäure* (I) enthalten. S 8 besitzt als wiederholbare Einheit [→ 4)-*β-Glucose* (II)-⟨1 → 4⟩-*α*-II-⟨1 → 4⟩-*α-Galaktose*-⟨1 → 4⟩-*α-Glucuronsäure* (III)-⟨1 →]; S 3 besteht vermutlich nur aus *β*-⟨1 → 3⟩-verknüpften I-Einheiten. Die Verfolgung des enzymat. Abbaus von S 3 u. S 8 zeigte, daß die serolog. Aktivität noch bei Bruchstücken mit 8 Hexoseeinheiten nachzuweisen ist. D 3 u. D 8 erwiesen sich als Endoenzyme. — Bei Behandlung einzelner aus dem S 3-Abbau gewonnener Fraktionen mit *β-Glucosidase* wurden nur diejenigen Saccharide angegriffen, in denen der III eine terminale II in *β*-⟨1 → 3⟩-Bindung voransteht. Unter mehreren ähnlich strukturierten Polysacchariden verschiedener Herkunft vermochten nur S 3 u. seine Hydrolysen-Prodd. die Bldg. von D 3 spezif. zu induzieren. Dagegen gelingt dies bei D 8 nicht nur durch S 8 u. die Prodd. des enzymat. Abbaus, sondern auch durch oxydierte Cellulose u. I. Vermutlich greift also D 8 die *β*-⟨1 → 4⟩-Bindung einer III an, der eine II in der Saccharidkette folgt. Zur Induktion der Depolymerasen-Bldg. ist eine Kette von wenigstens 4 Hexosen erforderlich. K. Heyns. 4210◇

1125 **Untersuchungen über die pektischen Enzyme parasitischer Pilze. 4. Mitt. Die Produktion von Protopektinaseenzym durch Fusarium orthoceras APP und Wr. var. ciceri Padwick auf synthetischem Medium.** M. N. Gupta. (Proc. Indian Acad. Sci., Sect. B **55**, 120—27, 1962; Naini Tal, D.S.B. Government Coll., Bot. Dep.; engl.) — Vf. untersucht die Bldg. von *Protopektinase* (I) auf 5 verschiedenen Nährböden. Die meiste I-Bldg. erfolgte auf einem Nährboden folgender Zus.: 0,5% *Cellobiose* (II), 1,5% *Pektin*, 0,389% NH_4*-Oxalat*, 0,1% KH_2PO_4 u. 0,05% $MgSO_4 \cdot 7\,H_2O$. Die optimale Inkubationszeit beträgt 4 Tage bei 25°. *Arabinose, Lactose, Stärke* u. *Maltose* sind weniger wirksam auf die I-Bldg. als II; *Asparagin* u. NH_4-Salze sind in derselben Hinsicht den Nitraten überlegen. Die I-Bldg. korreliert nicht mit dem Wachstum des Pilzes. W. Hiller. 4210◇

1126 **Sekretion von Protopektinaseenzym durch Fusarium orthoceras APP. und Wr. var. ciceri Padwick auf natürlichem Medium.** M. N. Gupta. (Proc. nat. Acad. Sci., India Sect. B **30**, 365—69, 1960; Naini Tal, D.S.B. Government Coll., Bot. Dep.; Agra, Agra Coll., Bot. Dep.; engl.) — Vgl. vorst. Referat. — Die Sekretion von *Protopektinaseenzym* (I) durch *Fusarium orthoceras* zeigt nur in Dekokten von Lemonen, Möhren, Kartoffeln, Tomaten u. Luzernesamen befriedigende Werte. *F. orthoceras* verursacht auch Fäulnis bei Okulation in Kartoffeln u. Früchten von Bananen, Tomaten u. Bohnen. Im Saft von infiziertem Gewebe wird I nachgewiesen. W. Hiller. 4210◇

1127 **Welken von Tomaten durch Verticillium: Rolle der pektolytischen und cellulolytischen Enzyme.** R. K. S. Wood. (Ann. appl. Biol. **49**, 120—39, 1961; New Haven, Conn., Connecticut Agric. Exp. Stat.; engl.) — Es besteht die Möglichkeit, daß bei der Wrkg. von hochpathogenem *Verticillium albo-atrum* auf Tomaten *pektolyt.* u. *cellulolyt. Enzyme* im Xylem der infizierten Pflanze gebildet werden u. die Ursache für einige bei diesen Pflanzen beobachteten Erscheinungen sind. A. Hesse. 4210◇

1128 **Die Hemmung der Cholinesteraseaktivität durch verschiedene Muskelrelaxantien.** M. Wollemann und K. Nádor. (Arzneimittel-Forsch. **11**, 649—51, 1961; Budapest, Staatl. Inst. für Neurochirurg.; Ung. Akad. der Wiss., Inst. für exp. medizin. Forsch., Abt. für Arzneimittelforsch.; dt.) — Die Muskelrelaxantien *Succinylcholin, Dekamethoniumbromid, Carbamylcholin, Imbretil* (*Hexamethylen-1.6-bis-carbaminoylcholinbromid*), *d-Tubocurarin* u. *Flaxedil* hemmen in 10^{-4} bis 10^{-5}m Konz. in vitro *Cholinesterase* (I; *Pseudo-* u. *Acetyl*-I), nicht aber in vivo (Rattenmuskel). *Neostigmin, Diisopropylfluorphosphat* u. *Chinorto* (*p-Nitrophenyldiäthylphosphorsäureester*) hemmen Serum- u. Erythrocyten-I in Konzz. von 10^{-7} bis 10^{-8}m. K. Maier. 4210◇

1129 **Decarboxylierung von Dopa durch Herzmuskel von Meerschweinchen.** P. B. Müller und H. Langemann. (Klin. Wschr. **40**, 911—13, 1962; Zürich, Univ., Pharmakolog. Inst.; dt.) — Durch fluorimetr. Best. von *Dopamin* (I) wird nachgewiesen, daß der Herzmuskel des Meerschweinchens *Dopa* zu I decarboxylieren kann. Die Decarboxylase ist im Zellsaft lokalisiert, ihre Aktivität ist gegenüber anderen Organen gering. U. Tausendfreund. 4210◇

1130 **Die Hemmung der *l*-Histidindecarboxylase aus Meerschweinchenniere und Rattenleberschnitten.** B. Robinson und D. M. Shepherd. (J. Pharmacy Pharmacol. **14**, 9—15, 1962; Dundee, Queens Coll.; Univ. of St. Andrews, Dep. of Pharmacol. and Therapeut.; engl.) — Eine Reihe von Verbb. wird auf ihre Hemmwrkg. gegen *l-Histidindecarboxylase* (*HD*) geprüft, die einerseits aus Meerschweinchennieren, andererseits aus Rattenhepatom stammt. Die Wrkg. auf die beiden Enzymtypen ist unterschiedlich. Die Prüfung erstreckt sich auf *Imidazol-4(5)-carbonsäure* 30 (50%ig. Hemmung der HD aus Meerschweinchenniere · 10^4m); 150 (der analoge Wert für HD aus Rattenhepatom). — *4(5)-Nitroimidazol-5(4)-carbonsäure* 65; 300. — *Imidazol-4(5)-carbonsäurehydrazid* 20; 15. — *4(5)-Nitroimidazol-5(4)-carbonsäurehydrazid* (I) 6; 0,75. — *L-Histidinhydrazid* · *1,5* H_2SO_4 0,85; 0,75. — *Hydrazinsalz von* I 0,2; 0,15. — *Hydrazinhydrat* 0,35; 0,1. —

DL-5-Hydroxytryptamin (*5-HTP*) 0,65; 75. — *DL-α-Methyl-5-HTP* 0,075; 1. — *DL-α-Methylhistidindihydrochlorid* 150; 15. — *L-3.4-Dihydroxyphenylalanin* (*DOPA*) 0,2; 7,5. — *DL-DOPA* 0,2; 4,5. — *DL-α-Methyl-DOPA* 0,01; 70. — *Brenzcatechin* 1,8; 65. — *Salicylsäure* 35; 30. — Das unterschiedliche Verh. beider Enzym-Präpp. sowie die Beziehungen zwischen Hemmaktivität u. Struktur werden diskutiert.

Versuche: *4(5)-Nitroimidazol-5(4)-carbonsäureäthylester*, $C_6H_7N_3O_4$, F. 205—207° (A.), durch Sättigen einer alkohol. Lsg. der Säure mit HCl u. Kochen; 88%. *Hydrazid* (I), $C_4H_5N_5O_3$, F. 247—249° (Zers.; W.), durch 2std. Erwärmen des Esters mit Hydrazinhydrat (II) auf dem Dampfbad, Zugabe von A., Absaugen [*Hydrazinsalz* der aci-Nitroform von I, $C_4H_9N_7O_3$, F. 186—188° (Zers.), gelbe Kristalle; 88%] u. Kristallisation aus W., orange Nadeln; 22%. I liegt in konz. wss. Lsg. als inneres Salz, in verd. Lsg. in freier Form vor. — *l-Histidinhydrazidsulfat*, $C_6H_{11}N_5O \cdot 1\frac{1}{2}\ H_2SO_4$, F. 238—240°, durch Zugabe von Na-Methylat-Lsg. zum Methylester-HCl in Methanol, Zugabe von Ae., Absaugen u. Eindampfen, Kochen des Rückstandes mit II u. Zugabe von 2n H_2SO_4.
W. Holland. 4210◇

1131 **Cysteinsulfinsäuredesulfinase in Rattenleber.** Koichiro Sumizu. (Biochim. biophysica Acta [Amsterdam] **53**, 435—38, 28/10. 1961; Kyoto, Univ., Dep. of Chem., Fac. of Sci.; engl.) — Durch Rk. von aus Rattenleber isolierter *Cysteinsulfinsäuredesulfinase* (I) auf *Cysteinsulfinsäure* (II) in Ggw. von *Pyridoxal-5-phosphat* (III) entsteht Alanin, oder in Ggw. von *^{14}C-Pyruvat* bzw. *α-Ketoglutarat* werden diese Stoffe zu 98 bzw. 95% zurückgewonnen. Es wird gezeigt, daß die Bldg. von Alanin aus II nicht, wie angenommen, über das β-Sulfinylpyruvat u. dessen Aminierung in Ggw. von Transaminase u. einer Aminosäure, sondern durch direkte Spaltung der II zu Alanin + SO_2 in Ggw. von III erfolgt, wobei die Aktivität des Enzyms durch gleichzeitige Ggw. von Ca^{2+} oder Mg^{2+} gefördert wird, während Di- bzw. Triphosphopyridinnucleotid u. Pyridoxamin nicht aktivierend wirken.
G. Vogel. 4210◇

1132 **Proteasengehalt von Blut und Urin während der Magensekretion.** H. Breining und K. Heinkel. (Dtsch. Z. Verdauungs- u. Stoffwechselkrankh. **22**, 9—14, 1962; Erlangen, Univ., Medizin. Klinik; dt.) — Vff. untersuchen die Änderungen der *Proteasen*-Konz. in Magensaft, Blut u. Urin nach Stimulierung der Sekretion durch *Coffein*. Die proteolyt. Aktivität wird durch die colorimetr. Erfassung des *l-Tyrosins* als Spaltprod. der Proteolyse mit α-Nitroso-β-naphthol als Indicator bestimmt. Der Blut- u. Urinfermentspiegel wird vom Funktionszustand der Magenschleimhaut beeinflußt. Gesetzmäßigkeiten können nicht festgestellt werden.
H.-P. Pietsch. 4210◇

1133 **Untersuchung der Enzyme von Schlangengift.** 1. Mitt. **Abtrennung der Proteinasen des Giftes der Klapperschlange mittels Celluloseionenaustauscherchromatographie.** Gerhard Pfleiderer und George Sumyk. (Biochim. biophysica Acta [Amsterdam] **51**, 482—93, 1961; Frankfurt/M., Univ., Dep. of Biochem., Inst. of Org. Chem.; engl.) — Aus Gift von *Crotalus atrox* („Diamond back"-Klapperschlange) konnten durch Chromatographie an DEAE-Cellulosesäulen u. stufenweise Elution mit Phosphatpuffer, pH 7,2 (0,01m → 0,13m Konz.), bzw. durch Gradientenelution 3 *Proteasen* nachgewiesen werden; in der Reihenfolge ihrer Elution sind das: *α-Proteinase* (I), *β-Proteinase* (II), *γ-Proteinase* (III); Aktivitätsmaxima (Casein; IV) bei pH 8,8—9,0 bzw. 8,2 bzw. 8,8—9,0 (Trispuffer); bei Elektrophorese wandert I zur Kathode, II u. III wandern zur Anode. I u. II werden durch Ca^{2+} oder Mg^{2+} aktiviert, während III durch diese Ionen prakt. unbeeinflußt bleibt. Durch S^{2-} werden I u. II auf ca. 57%, III auf ca. 45% gehemmt. I, II u. III werden durch CN^- oder Hg^{2+} prakt. unwirksam. I, II u. III werden durch Äthylendiamintetraessigsäure völlig inaktiviert. Bei anderen Substraten als IV zeigen sich starke Unterschiede: die Spaltung von *oxydiertem Insulin* (V) ist mit II 5,5mal, mit III 2,5mal stärker u. mit III etwas geringer als die IV-Spaltung; *Gelatine* wird durch I u. II, nicht aber durch III gespalten. Auch bei Einw. auf *Hämoglobin*, auf mit Harnstoff denaturiertem *Albumin* u. auf mit Perameisensäure oxydierter *Milchsäuredehydrogenase* bestehen Unterschiede zwischen I, II u. III. — Bei Einw. auf V liefern I, II u. III verschiedene Peptide. In dem Schlangengift wurden ferner nachgewiesen: *Phosphodiesterase*, *Adenosintriphosphatpyrophosphatase*, *5'-Nucleotidase*, *L-Aminosäureoxydase*, *Lecithinase* u. 2 Fibrinogen koagulierende Aktivitäten, deren Ggw. bes. diskutiert wird.
A. Hesse. 4210◇

1134 **Der Einfluß von Methylthiouracil auf die Aktivität der Leucinaminopeptidase in der Schilddrüse der Ratte. Eine histochemische Untersuchung.** S. Talanti und Väinö K. Hopsu. (Acta endocrinol. [Copenhagen] **35**, 481—84, 1960; Helsinki, Vet. Coll., Dep. of Anat.; engl.) — *Leucinaminopeptidase* (I)-Aktivität findet sich in der Schilddrüse in der Hauptsache im Epithel der Follikel. Verabreichung von *Methylthiouracil* vermindert diese Aktivität. 10 Tage nach der Verabreichung ist die I-Aktivität wieder normal.
W. Hiller. 4210◇

1135 **Leucinaminopeptidase des Serums. Aktivität bei normalen Kindern, bei Gallenatresie und anderen Krankheiten.** Alexander M. Rutenburg, Esteban P. Pineda, Julius A. Goldbarg, Ruven Levitan, Sydney S. Gellis und Mervin Silverberg. (Amer. J. Diseases Children **103**, 47—54, Jan. 1962; Boston, Mass., Beth Israel Hosp.; Harvard Med. School, Dep. of Surg.; Boston, Univ., School of Med.; Boston City Hosp.; engl.) — Die mit einer ausführlich beschriebenen Meth. quant. bestimmte *Leucinaminopeptidase* des Serums wird bei physiolog. Gelbsucht u. Hepatitis der Neugeborenen unverändert, jedoch bei Gallenverschluß (vor der Operation) stark erhöht gefunden. Die I-Messung kann zur Unterscheidung von „chirurg." u. „medizin." Gelbsucht dienen.
A. Hesse. 4210◇

1136 **Untersuchung der Wirkung von Lab auf Casein mit der titrimetrischen Methode mit konstantem pH. Vergleich mit anderen Methoden.** J. Garnier. (Ann. Biol. animale, Biochim., Biophysique **3**, 71—90, 1963; Jouy-en-Josas, Seine-et-Oise, Centre nat. de Rech. Zootechn., Stat. centrale de Rech. lait. et de Technol. des Prod. anim.; franz.) — Bei der titrimetr. Best. der Wrkg. von *Lab* (I) auf *Casein ϰ* (II) bei konst. pH tritt eine pK-Gruppe zwischen 4 u. 5 auf. Es wurde daraus geschlossen, daß es sich bei der durch I hydrolysierten Bindung von II um eine Esterbindung handelt. Es besteht eine lineare Beziehung zwischen der Menge des freigesetzten Caseinglykopeptids u. der Ca-Empfindlichkeit von Vollcasein einerseits u. der Anzahl der hydrolysierten Esterbindungen von II andererseits u. somit eine direkte Beziehung zwischen der Esterase-Wrkg. von I auf II u. der koagulierenden Eig. von I.
K. Zingraf. 4210◇

1137 **Die Spaltung von Kathepsin-C- und Chymotrypsin-Substraten sowie Hämoglobin durch tierische Organe und ihre Zellbestandteile.** H. Hanson, R. Kleine und W. Blech. (Hoppe-Seyler's Z. physiol. Chem. **316**, 127—36, 1959; Halle/Saale, Univ., Physiolog.-chem. Inst.) — Die *Proteinase* (I)-Aktivität ist gleichmäßig auf die Zellbestandteile der Leber u. Niere verteilt. I der Niere u. ihrer Zellbestandteile ist aktiver als die der Leber u. ihrer Zellbestandteile. Unter den Leber- u. Nierenzellfraktionen verseifen die Mikrosomen den *L-Tyrosinäthylester* am stärksten. *Glycyl-L-tyrosinäthylester* wird von allen Leberzellfraktionen (maximal durch Mikrosomen) u. nur von der Nierencytoplasmafraktion prim. verseift. Die übrigen Nierenzellfraktionen spalten dieses Substrat prim. aminopeptidatisch. *Acetyl-L-tyrosinäthylester* wird nur durch die Leberzellfraktion (maximal durch Mikrosomen), nicht aber durch die Nierenzellfraktion, gespalten. Als Vers.-Tiere dienten Ratten.
K. Grade. 4210□

1138 **Unterschiede der Wirkungsweisen zwischen Elastase und Elastomucoproteinase.** Ilona Banga und J. Baló. (Acta physiol. Acad. Sci. hung. **21**, 301—11, 1962; Budapest, Med. Univ., 1. Inst. of Pathol. Anat. and Exp. Cancer Res.; engl.) — *Elastase* (*EL*) hat eine stark proteolyt. Wrkg. auf isoliertes Elastin, im Gegensatz zu Elastomucoproteinase (EP). Mit Aortapulver als Substrat ausgeführte Unterss. zeigen, daß das von EP gelöste Eiweiß ca. 2mal soviel *Mucopolysaccharide* (I) wie das von EL gelöste Eiweiß enthält, wenn die Konzz. von EL u. EP gleich sind. Bei verschiedenen Konzz. von EL u. EP bleibt die I-Konz. des von EL gelösten Eiweißes prakt. unverändert, wogegen bei abnehmender EP-Konz. ein Komplex mit stetig wachsender I-Konz. entsteht. Die von EP gelöste Substanz enthält neben sauren I 12—28% Lipide. EL hat eine sehr geringe lipolyt. Wirkung.
W. Wesly. 4210◇

1139 **Toxizität von Enzymen aus Clostridium histolyticum.** Edward L. Howes, Ines Mandl und Stephen Zaffuto. (J. Bacteriol. **79**, 191—97, Febr. 1960; New York, N.Y., Columbia Univ., Coll. of Physic. and Surg., Dep. of Surg., Biochem. and Microbiol.; engl.) — Bei *proteolyt. Enzymen* aus *Clostridium histolyticum* (Mandl u. Mitarbeiter, 1953), die zur Behandlung von Verbrennungen dritten Grades verwendet werden, wurde die I-Aktivität (Azocoll-Meth.) mit der Toxizität verglichen. Bei Ausfällen mit CH_3OH wurden Ndd. mit 3000 *Proteinase* (I)-Einheiten/mg u. 40 *Collagenase* (II)-Einheiten/mg erhalten, während die $(NH_4)_2SO_4$-Fällungen 6000 I-Einheiten u. 2000 II-Einheiten aufwiesen. Die an der hämorrhag. Wrkg. gemessene Toxizität wird durch den Geh. an II (u. nicht durch den Geh. an I) bestimmt.
A. Hesse. 4210◇

1140 **Wirkung der Lipoxydase auf die Ratte in Hypoxie.** M. Freyss-Béguin, J. Cheymol und G. Cheymol. (Pharmac. Acta Helvetiae **37**, 576—83, 1962, Beil. zu: Schweiz. Apotheker-Ztg.; Paris, Univ., Fac. de Méd., Inst. de Pharmacol.; franz.) — Im Hypoxietest (O_2-Geh. wie in 12000 m Meereshöhe) schützte *Lipoxydase* Albinoratten 3 Std. lang. Später trat jedoch die tox. Wrkg. auf die Lunge (seröser Erguß) in den Vordergrund. K. Zingraf. 4210◇

1141 **Untersuchungen über endogene Lipoproteinlipase-aktivität.** F. Sandhofer, S. Sailer und H. Braunsteiner. (Klin. Wschr. **40**, 855, 1962; Wien, Univ., II. Medizin. Klinik; dt.) — Vgl. C. **1963**, 2122. — Beim Menschen konnte nach der Nahrungsaufnahme (Mittagessen) eine sichere lipolyt. Aktivität im Plasma nachgewiesen werden (nach 2 Std. deutlich ausgeprägt), die (hinsichtlich pH-Abhängigkeit u. Hemmung durch Paraoxon oder NaCl) ein der Postheparinlipoproteinlipase analoges Verh. aufwies. Diese Aktivität ist im Vgl. mit derjenigen der Ratte ca. 10mal geringer. Das Verschwinden der Aktivität im Nüchternzustand entspricht den Verhältnissen bei der Ratte.
U. Tausendfreund. 4210◇

1142 **Aktivität der Lipoproteinlipase beim Nephrosesyndrom.** P. Careddu und N. Cabassa. (Boll. Soc. ital. Biol. sperim. **34**, 1061—63, 1959; Ferrara, Univ., Ist. di Clin. Pediatr.) — Die Best. der *Lipoproteinlipase*-Aktivität wird am Plasma von Kindern mit Nephrosesyndrom durchgeführt, das 5 Min. nach i.v. Gabe von 20 E. *Heparin*/kg entnommen wurde. Es zeigt sich, daß Triglyceride, die an Lipoproteinfraktionen mit geringer Dichte gebunden sind, fast normal sind. F. Kren. 4210□

1143 **Stalagmometrische Bestimmung der Pankreaslipase im Duodenalsaft.** H. Lagerlöf. (Scand. J. clin. Lab. Invest., Suppl. **14**, Nr. 64, 94—99, 1962; Stockholm, Karolinska Sjukhus; engl.) — Bei Verw. von *Tributyrin* eignet sich die stalagmometr. Meth. von Willstätter u. Memmen [1923] zur Best. der *Esterase* (I) ohne Zusatz von Ca oder Oleat u. der *Lipase* (II) mit Ca- u. Oleatzugabe. Die I-Aktivität sowie Trypsin, Chymotrypsin u. Carboxypeptidase beeinflussen nicht die II-Aktivität. P. Gregorzewski. 4210◇

1144 **Zur Frage der verminderten Östrogenbildung in der Placenta nach Unterbrechung des fötalen Kreislaufes.** H. Breuer und R. Ortlepp. (Acta endocrinol. [Copenhagen] **35**, 508—12, 1960; Bonn-Venusberg, Chirurg. Univ.-Klinik, Chem. Abt.; dt.) — Vff. untersuchen die Ursachen des abrupten Abfalls der *Östrogen*-Bldg. bei Unterbrechung des fötalen Kreislaufs. Zu diesem Zweck werden Enzym-Präpp. aus menschlichen Placenten mit *Androst-4-en-3.17-dion* (I) bei 37° in O_2 60 Min. inkubiert u. die Bldg. von *Östron* (II) u. *17β-Östradiol* (III) untersucht. Die Größe der III-Bldg. aus I ist von der Dauer der Nachgeburtsperiode abhängig (Zeit zwischen Geburt des Kindes u. Ausstoßung der Placenta). Mit zunehmender Nachgeburtsperiode nimmt die III-Bldg. ab. Die II-Bldg. ist davon unabhängig. Die Ergebnisse bestätigen die Vermutung, wonach der plötzliche Abfall der III-Ausscheidung nach Unterbrechung des fötalen Kreislaufs auf einer Schädigung des aromatisierenden Enzym-Syst. beruht.
W. Hiller. 4210◇

1145 **Stoffwechsel von Hydrocortison in der Leber von Hunden, Katzen, Meerschweinchen und Ratten in vitro.** B. Bohus und E. Endröczi. (Acta physiol. Acad. Sci. hung. **18**, 179—84, 1960; Pécs, Med. Univ., Inst. of Physiol.; engl.) — Die Leber ist imstande, *Hydrocortison* in weniger polare freie Δ^4-3-Ketosteroide umzuwandeln. Folgende Rkk. wurden beobachtet: 1. 17α-Dehydroxylierung zu *Corticosteron* (II); 2. 11β-Dehydroxylierung zu Reichsteins Substanz S; 3. 11β-Dehydrierung durch *11β-Dehydrogenase* (I) zu *Cortison*; 4. Umwandlung von II in *11-Dehydrocorticosteron*; diese Rk. wird durch I katalysiert u. fehlt in der Leber von Meerschweinchen u. Katzen. K. Zingraf. 4210◇

1146 **Stoffwechsel von Cortisonacetat in Lebergewebe verschiedener Tierarten in vitro.** B. Bohus und E. Endröczi. (Acta physiol. Acad. Sci. hung. **18**, 185—89, 1960; Pécs, Med. Univ., Inst. of Physiol.; engl.) — *Cortisonacetat* wird durch Lebergewebe von Hunden, Katzen, Meerschweinchen u. Ratten in vitro in weniger polare, biolog. wirksame Corticosteroide umgewandelt. Folgende Rkk. wurden beobachtet: 1. 17α-Dehydroxylierung zu *11-Dehydrocorticosteron*; 2. Abspaltung der Oxogruppe 11 unter Bldg. von *11-Desoxy-17-hydroxycorticosteron* (nur beim Hund); 3. Bldg. von *Hydrocortison* durch die Wrkg. von *11-Hydrogenase*.
K. Zingraf. 4210◇

1147 **An der Synthese von Monojodtyrosin beteiligte Enzymsysteme.** 4. Mitt. **Weitere Untersuchungen am Partikelsystem.** P. Witonsky und S. Kirkwood. (J. biol. Chemistry **237**, 2892—97, Sept. 1962; St. Paul, Minn., Univ. of Minnesota, Dep. of Agric. Biochem.; engl.) — Das pH-Optimum des in Partikel-Präpp. (600—25000·*g*-Sediment) aus Rinderschilddrüsengewebe, das eiweißgebundenes *Monojodtyrosin* (I) synthetisiert, enthaltenen Enzym-Syst. wurde unter kontinuierlicher Kontrolle u. Konstanthaltung des pH zu 9,0 (modifizierter Krebs-Ringer-Puffer) bestimmt. Das Partikel-Syst. bindet verfügbares J in einer Form, die es für die Synth. von proteingebundenem I unzugänglich macht. Die Hemmwrkg. der Anaerobiose auf die Synth. von gebundenem I wird von H_2O_2 völlig aufgehoben, d. h. die O_2-Funktion besteht in diesem Syst. in der Lieferung von H_2O_2. Dialyse des Partikel-Syst. (Mitochondriensuspension) gegen Amberlite MB-3 enthaltende Saccharose-Lsg. inaktiviert dieses völlig. Cu^{2+} oder Mn^{2+} bewirken eine beträchtliche Reaktivierung, d. h. die Aktivität hängt von endogenen Metallionen ab. Mittels Chelatbildnern (Äthylendiamintetraessigsäure, Neocuproin) läßt sich zeigen, daß in diesem Syst. der Cu^{2+}-Cu^{+}-Autoxydationscyclus zur H_2O_2-Bldg. dient. Metallionenzusatz zum nichtdialysierten Syst. aktiviert den Jodierungsvorgang erheblich. Diese Metallionen sind auch am H_2O_2-Bldg.-Prozeß beteiligt. K. Maier. 4210◇

1148 **Formyltetrahydrofolatsynthetase.** 1. Mitt. **Isolierung und Kristallisation des Enzyms.** Jesse C. Rabinowitz und W. E. Pricer jun. (J. biol. Chemistry **237**, 2898—2902, Sept. 1962; Berkeley, Calif., Univ. of California, Dep. of Biochem.; Bethesda, Md., Nat. Inst. of Arthrit. and Metabol. Diseases; engl.) — *Formyltetrahydrofolatsynthetase* (I) (Tetrahydrofolatformylase, Formiat-aktivierendes Enzym), die die Bldg. von 10-Formyltetrahydrofolat aus Folat, Formiat u. Adenosintriphosphat katalysiert, wurde aus *Clostridium cylindrosporum* durch Protaminbehandlung des Autolysatüberstandes, $(NH_4)_2SO_4$-Fraktionierung u. Kristallisation isoliert, aus *C. acidi-urici*-Autolysat oder -Extrakt 15—20fach angereichert. Maximale I-Mengen sind aus der ersten Art durch Inkubation der lyophil getrockneten Zellen in Maleatpuffer + Mercaptoäthanol ohne mechan. Zerkleinerung extrahierbar, während lyophilisierte *C. acidi-urici*-Zellen zuerst zerkleinert werden müssen. Die I-Reinigung kann durch spektrophotometr. Best. des durch Säure aus dem enzymat. Rk.-Prod. gebildeten *5.10-Methenyltetrahydrofolats* bestimmt werden.
K. Maier. 4210◇

1149 **Formyltetrahydrofolatsynthetase.** 2. Mitt. **Eigenschaften des Enzyms und der Enzymreaktion.** Richard H. Himes und Jesse C. Rabinowitz. (J. biol. Chemistry **237**, 2903—14, Sept. 1962; Berkeley, Calif., Univ. of California, Dep. of Biochem.; engl.) — 1. vgl. vorst. Referat. — Das Molgew. aus *Clostridium cylindrosporum* krist. isolierter *Formyltetrahydrofolatsynthetase* (I) wurde durch Sedimentationsanalyse zu ca. 230000 bestimmt. Die Aminosäure-Zus. wurde bestimmt. SH-Reagentien, wie p-Mercuribenzoat u. $HgCl_2$, hemmen I, wobei ersteres I in Bruchstücke aufspaltet. Krist. I ist als Suspension in $(NH_4)_2SO_4$ bei pH 7—9 beständig. Die I-Aktivität hängt vom Zusatz eines Thiols oder von Äthylendiamintetraessigsäure ab. Die Affinitäts-Konst. K_s für *Formiat* (II), *Adenosintriphosphat* (III), *dl-Tetrahydrofolat* (IV) u. Mg^{2+} wurden zu 6,7, 0,29, 0,52 u. 2,3mm bestimmt. Die II-Affinität ist bei pH 7 < bei 8. I ist für II spezifisch. II ist nicht durch CH_3OH, CH_2O, Formamid, Acetat, Pyruvat, Glycin, Formamidin, Formylglycin usw. ersetzbar. Mg^{2+} kann z. T. durch Mn^{2+} u. Ca^{2+} ersetzt werden. Desoxyadenosintriphosphat kann teilweise III vertreten, während andere Nucleotide unwirksam sind. Tetrahydropteroyltriglutamat hat eine ca. 10fach kleinere Affinitäts-Konst. als IV. Die IV-Aktivität wird bei Entfernen des Glutamatrestes oder Ersatz durch Asparagat oder D-Glutamat nur teilweise zerstört. Orthophosphat u. Adenosindiphosphat hemmen I stark. Die Gleichgewichts-Konst. der K_{Aq} der Enzym-Rk. ist ca. 40, $-\Delta F$ 2 kcal/Mol. Die „katalyt. Konst." ergab sich zu 100000 Mol Rk.-Prod./min/Mol I. Das Temp.-Optimum war unter den Vers.-Bedingungen 42°, das pH-Optimum 7,5 bis 8,5 in Triäthanolaminpuffer. K. Maier. 4210◇

1150 **Formyltetrahydrofolatsynthetase.** 3. Mitt. **Untersuchungen über den Reaktionsmechanismus.** Richard H. Himes und Jesse C. Rabinowitz. (J. biol. Chemistry **237**, 2915—25, Sept. 1962; Berkeley, Calif., Univ. of California, Dep. of Biochem.; engl.) — 2. vgl. vorst. Referat. — Die Unters. der von krist. *Formyltetrahydrofolatsynthetase* aus *Clostridium cylindrosporum* katalysierten Rk. zeigte, daß der Austausch von Orthophosphat-^{32}P mit *Adenosintriphosphat* (I) u. die Bldg. von *Adenosindiphosphat* (II) die Ggw. aller 3 Rk.-Substrate erfordern. ^{32}P-II tauscht mit I in Abwesenheit von *Tetrahydrofolat* (III) u. *Formiat* (IV) aus. Zusatz von III oder IV allein beeinflußt die Austausch-Geschw. nicht, während Zusatz beider Substanzen diese steigert. Bei der enzymat. Rk. wird ein IV-O auf den γ-P von I übertragen. Die Arsenolyse von 10-Formyltetrahydrofolat erfordert katalyt. Mengen II. Diese Befunde stimmen nicht mit Mechanismen überein, bei denen „freie" aktivierte Zwischenstufen oder Enzym–Phosphatkomplexe beteiligt sind. Ein weiterer Rk.-Mechanismus wird diskutiert. *Na-^{18}O-Formiat* wurde durch Erhitzen von $H_2{}^{18}O$, 98%ig. HCOOH u. 12n HCl auf 120° (44 Std. lang), Dest. u. Neutralisation hergestellt, ^{32}P-II durch photosynthet. Phosphorylierung mit Hilfe von Spinatgrana aus Adenosinmonophosphat u. anorgan. ^{32}P-Phosphat, wobei äquimol. Mengen ^{32}P-I u. -II entstanden (Fraktionierung an Dowex 1-Chlorid.) K. Maier. 4210◇

1151 **Die enzymatische Hydroxylierung aromatischer Verbindungen.** 3. Mitt. **Untersuchungen über den Mechanismus der mikrosomalen Hydroxylierung.** Herbert S. Posner, Chozo Mitoma, Simon Rothberg und Sidney Udenfriend. (Arch. Biochem. Biophysics **94**, 280—90, 1961; engl.) — 2. vgl. Arch. Biochem. Biophysics **94**, [1961], 269. — Unters. des Mechanismus der aromat. Hydroxylierung mit Hilfe des Kaninchenlebermikrosomen-Syst. zeigte, daß *Dihydrodiole* (I) u. *Phenole* (II) nicht ineinander überführbar sind. In Übereinstimmung mit in vivo-Befunden geben benzoide Verbb. nur II, während *Naphthalin* (III) u. *Chinolin* ein I u. eine dihydrodiolähnliche Verb. sowie II geben. *1.2-Dihydronaphthalin* u. *1.2-Dihydro-1-hydroxynaphthalin* (oder das 2-Hydroxyisomere) treten anscheinend nicht als Zwischenstufen der III → 1.2-Dihydronaphthalindiol-(1.2)-Umwandlung auf. Unters. der Acetanilid → 4-Hydroxyacetanilid-Umwandlung in Ggw. von $H_2{}^{18}O$, $^{18}O_2$ u. HTO ergab eine bevorzugte Verwertung von mol. O_2 vor der von O_2 aus Wasser. Tritium von HTO erschien nicht im Hydroxylierungsprodukt. Hinweise für die Verwertung von freiem H_2O_2 bei der III-Hydroxylierung wurden nicht gefunden. Mehrere bislang für die aromat. Hydroxylierung diskutierte Mechanismen scheiden nach den gemachten Befunden aus. Vff. nehmen I- u. II-Bldg. aus einer gemeinsamen Zwischenstufe an. K. Maier. 4210◇

1152 **Das Luminescenzvermögen des Cypridinasystems.** Frank H. Johnson, Osamu Shimomura und Yo Saiga. (Science [Washington] **134**, 1755—56, 1961; Princeton, N.J., Univ., Dep. of Biol.; engl.) — Bei der Oxydation von 0,00001 μg *Cypridina-Luciferin* (I)/ml ($2 \cdot 10^{-11}$m) mit 0,01 mg *Luciferase* (II)-Protein/ml oder von 1 μg I/ml mit 10^{-7} μg II/ml ($2 \cdot 10^{-15}$m) wird sichtbares Licht emittiert. Der durchschnittliche I- u. II-Geh. des einzelnen *Cypridina*-Organismus ist ca. 1 μg. K. Maier. 4210◇

1153 **Über die Naringinaseaktivität einiger Enzympräparate.** H. Omura, K. Ishizaki, Y. Osajima und K. Yamafuji. (Sci. Bull. Fac. Agric., Kyushu Univ. **20**, 169—77, 1963; Kyushu Univ., Fac. of Agricult.; jap., Auszug: engl. S. 176.) — *Naringin* (*Naringenin-7-rhamnoglucosid*), die Bittersubstanz einiger Citrusfrüchte u. Grapefruit, wird durch *Naringinase* (I) hydrolysiert, wodurch sich die Bitterkeit verliert. Vff. untersuchen 3 I-Präpp.: a) *Sankyo Saccharase* aus *Sclerotinia libertiana*; b) I aus *Aspergillus niger*; c) I aus *A. usami* mut. *shirousamii*. a ist weniger akt. als b u. c. b hat ein pH-Optimum zwischen 4,0 u. 5,0 u. ein Temp.-Optimum zwischen 40 u. 45°. Das Optimum für c liegt zwischen 50 u. 60°. I setzt aus Naringin *Rhamnose* u. *Glucose* frei. I wird in seiner Aktivität von beiden Zuckern gehemmt. Auch Fructose, Saccharose u. Sorbit hemmen I. W. Hiller. 4210◇

E$_3$. Mikrobiologie, Bakteriologie, Immunologie

1154 **Entmineralisiertes Wasser.** 5. Mitt. **Bakteriologische Wachstumsmöglichkeit in Ionenaustauschern in verschiedenen Regenerationsstadien und im entnommenen Wasser.** Poul Rasmussen. (Dansk Tidskr. Farmaci **35**, 205—11, 1961; København, Statens Seruminst., biokem. afd.; dän.) — 4. vgl. C. **1963**, 9011. — Bei Ionenaustauschern (IA) werden bei der Verw. zur Entmineralisierung von Rohwasser in der Regenerationsperiode die günstigsten Bedingungen für Bakterienwachstum beobachtet, weil dann die Ladungsionen durch die Verunreinigungen des Rohwassers ersetzt werden. Die mit H^+ u. OH^- gesätt. („mixed bed") IA können die Keimzahl in entmilitarisiertem W. stark vermindern. Die organ. Verunreinigungen, darunter die pyrogenen Stoffe, werden vom IA teilweise gebunden u. bei beginnender Regeneration nicht freigesetzt, wenn die Leitfähigkeit des W. 0,62 $m\Omega^{-1}$ nicht übersteigt. Bei entmilitarisiertem W., das zwischen den Regenerationsprozessen entnommen wird, sind die Unterschiede bzgl. des Bakterienwachstums gering. R. K. Müller. 4310◇

1155 **Untersuchung über den Nährstoffbedarf von Bakterien.** 12. Mitt. **Erneute Überprüfung der Peptone.** 3. Mitt. **Aminosäurezusammensetzung von Peptonen und Casaminosäuren japanischer Herkunft.** Suyehiko Okamoto, Eiko Takemori und Den'ichi Mizuno. (Jap. J. Bacteriol. **15**, 1184—88, 1960; Tokyo, Nat. Inst. Health; jap.) — 11. vgl. Jap. J. Bacteriol. **13**, [1958], 961. — 5 im Handel erhältliche Proben von *Casaminosäuren* (I), 4 von *Peptonen* (II) aus Casein (III), 2 *Toxinpeptone* (IV) u. 1 *pflanzliches Pepton* werden (nach Hydrolyse) papierchromatograph. analysiert u. die freien Aminosäuren als Dinitrophenyl-Derivv. identifiziert. Die 5 Arten I enthalten kein *Tryptophan*, sehr wenig *Cystin* u. auffallend wenig *Methionin* u. *Phenylalanin* (V). Die II konnten nicht genau analysiert werden, da sie beträchtliche Geh. an Peptiden aufweisen. Die aus III hergestellten II zeigen im Vgl. zu den I einen Mindergeh. an *Glycin*, *Asparaginsäure* (VI), *Glutaminsäure* (VII), *Serin* (VIIa), *Threonin* (VIIb) u. *Prolin* (VIIc), einen höheren Geh. an *Leucin* (VIII), *Isoleucin* (IX), V u. *Lysin* (X); die IV zeigen niedrige Werte für VI, VII, VIIa, VIIb u. VIIc, etwas erhöhten an *Tyrosin*, u. V, ziemlich niedrig sind Geh. an VIII, IX u. X. Die II enthalten außer den freien Aminosäuren noch 40—70% an Peptiden. L. Schuler. 4310◇

1156 **Bakterienagglutination durch basische Polypeptide aus Kalbsthymusdrüsen.** Monique Pelletier, Michelle Hénon und Albert Delaunay. (C. R. hebd. Séances Acad. Sci. **249**, 800—02, 1959; franz.) — Durch Inkubation von 2 Vol.-Teilen *Polypeptiden* u. 1 Teil *Bakterien* über 2 Std. lang bei 18° agglutinieren pathogene u. nichtpathogene grampositive u. -negative Bakterien. Die bakteriellen Nucleinsäuren u. komplexen Glyko–Lipoido-Proteine werden für die Wrkg. verantwortlich gemacht. Bes. stark agglutiniert *Micrococcus lysodeikticus*, relativ schwach *Salmonella typhimurium*. H. Müldner. 4310◇

1157 **Beziehungen zwischen der Molekülstruktur von Steroiden und dem Zellwachstum.** D. E. Buetow und B. H. Levedahl. (Arch. Biochem. Biophysics **86**, 34—41, 1960; Los Angeles, Calif., Univ. of California, Dep. of Zool.; engl.) — Die Wachstums-Geschw. der Flagellate *Euglena gracilis* var. *bacillaris* wird durch androgene, östrogene u. Nebennierenrindenhormone bereits in Konzz. von 10^{-4} mg/Liter Kulturmedium beschleunigt; dagegen beschleunigen Progesteron, Pregnandiol u. Cholesterin die Waschtums-Geschw. nicht. K. Zingraf. 4310◇

1158 **Neuere Ergebnisse zur Struktur des antigenen Pneumokokkenpolysaccharides.** S. A. Barker, M. Stacey und J. M. Williams. (Bull. Soc. Chim. biol. **42**, 1611—18, 1960; Birmingham, Univ., Chem. Dep.; engl.) — Gereinigtes antigenes *Polysaccharid* (**I**) von *Pneumokokken Typ V* wurde hydrolysiert mit 1n HCl/1 Std./100° u. das Hydrolysat chromatograph. in folgende Fraktionen zerlegt: *Glucose* (19,5%), *Glucuronsäure* (24,3%), ein *Disaccharid* (**II**), ein *Trisaccharid* (**III**) u. einen als *Pneumosamin* bezeichneten *Aminozucker* (30%, **IV**). **II** u. **III** enthielten 13,5% eines unbekannten *N-Acetylaminozuckers* (**V**). **IV** u. **V** sind auf Grund ihres Verh. ein *2-Acetamino-2.6-didesoxyhexosamin* oder *2-Acetamino-2.5-didesoxyhexosamin*, sie sind aber nicht identisch. **II** wurde die Struktur eines *O-β-D-Glucopyranosyl-Acetaminozuckers*-**V** zugeschrieben, an das in **III** noch ein Glucosylrest gebunden ist. Die Ergebnisse der Perjodatoxydation von **I** schließen eine 1 → 3-Verknüpfung aus, ebenso eine Verzweigung der Kette; **IV** liegt wahrscheinlich als nichtreduzierende Endgruppe vor. Es werden Vgl. mit den Ergebnissen der Perjodatoxydation von red. **I** angestellt. K. Heyns. 4315◇

1159 **Der augenblickliche Stand der Strukturuntersuchungen am immunspezifischen Polysaccharid des Bacillus anthracis.** L. Mester. (Bull. Soc. Chim. biol. **42**, 1627—31, 1960; Paris, Univ., Fac. de Pharm., Centre National de la Recherche Sci.; franz.) — Das immunspezif. Polysaccharid des *Bacillus anthracis* ist aus *N-Acetylglucosamin* (**I**) u. *Galaktose* (**II**) aufgebaut. Auf Grund des Abbaus mit Perjodat u. mit Bleitetraacetat wird eine ⟨1 → 4⟩-Bindung von **I** an **II** u. eine ⟨1 → 2⟩ oder ⟨1 → 6⟩-Bindung von **II** an **I** diskutiert. **II** kann möglicherweise auch eine Verzweigungsstelle an $C_{(2)}$ besitzen. K. Heyns. 4315◇

1160 **Die chemische Struktur von zwei durch Lysozym aus der Zellwand von Escherichia coli B. freigesetzten Mucopeptiden.** H. Pelzer. (Biochim. biophysica Acta [Amsterdam] **63**, 229—34, 1962; Tübingen, Max-Planck-Inst. Biochem., Abt. Weidel; engl.) — Die opt. Konfiguration u. die Aminosäuresequenz von zwei *Mucopeptiden*, C_5 u. C_6, die durch Lysozym aus der Zellwand von *Escherichia coli* B. freigesetzt wurden, konnten durch chem. u. enzymat. Meth. bestimmt werden. Die Struktur von C_5 entspricht folgender Sequenz: Acetylglucosamin–Acetylmuraminsäure. — L-Alanin–D-Glutaminsäure–meso-α.ε-Diaminopimelinsäure. Das *Mucopeptid* C_6 unterscheidet sich durch eine weitere Aminosäure; nach der α.ε-Diaminopimelinsäure ist als C-endständige Aminosäure D-Alanin in Position 6 bestimmt worden.
K. Ruckpaul. 4315◇

1161 **Maltoryzin, ein neues toxisches Stoffwechselprodukt, das von einem aus giftigen Malzsprößlingen isolierten Aspergillus oryzae var. microsporus-Stamm gebildet wird.** Hiroshi Iizuka und Mitsugi Iida. (Nature [London] **196**, 681—82, 1962; Tokio, Univ., Inst. of applied Microbiology; engl.) — Das Filtrat einer 2½tägigen Kultur (Czapeh-Dox-Nährboden mit Extrakt aus Malzsprößlingen) wurde im Vakuum eingeengt u. der gebildete Nd. mit heißem A. extrahiert. Der Extrakt wurde konz. u. mit Ae. bei pH 9 extrahiert. Die Lsg. wurde angesäuert u. mit Ae. nochmals extrahiert. Nach Entfernung des Ae. bildeten sich bräunliche Kristalle (ca. 300 mg aus 750 Litern), die für Mäuse tox. waren (DL_{50} = 3 mg/kg Maus). *Maltoryzin* wird als *2-[Δ^2-Pentenoyl]-1.3.4-trihydroxybenzol* identifiziert. E. Fischoeder. 4315◇

1162 **Durch Purinmutanten von Neurospora crassa angereicherte Imidazolverbindungen.** H. Bernstein. (J. gen. Microbiol. **25**, 41—46, 1961; Pasadena, Calif., California Inst. of Technol.; Kerckhoff Labor. of Biol.; engl.) — Von 5 im Mycel von *Neurospora crassa-Adenin-Mutanten*, die 8 Adeninloci zugeordnet werden konnten [*1*: 3254, *2*: 70004, 27663, 20705, *3*: 35203, 38701, 38709, 45601, 68306, A, B, *4*: 44206, 44415, F, *5*: 71104, J, *6*: 44411, *7*: 28610, *8*: *E*], angereicherten *Imidazol-Verbb.* wurden 4 vorl. identifiziert: *5-Amino-4-imidazol-N-succinocarboxamidribotid, -ribosid, 5-Aminoimidazolribotid, 5-Amino-4-imidazolcarboxamidribotid.*
K. Maier. 4315◇

1163 **Vergleich zwischen dem Ribonucleinsäuregehalt von Mykobakterien und dem von anderen Bakterien. Überwiegen des Ribonucleinsäuregehaltes von Mykobakterien.** Michio Tsukamura. (Jap. J. Bacteriol. **15**, 1136 bis 1139, 1960; Aichi-ken, The Obuso Nat. Sanat.; jap.) — Nach den Verff. mit Diphenylamin u. Orcin–HCl wird der *Ribonucleinsäure*-Geh. u. das Verhältnis q = *RNS/DNS* (*Desoxyribonucleinsäure*) von *Mykobakterien* (M.), wie M. *tuberculosis* var. *hominis* H 37 Rv, M. *tuberculosis* var. *hominis* Frankfurt, *M. avium* Jucho, *M. smegmatis* Denken usw.) u. von anderen wichtigen Bakterien, wie *Escherichia coli*, *M. pyogenes* var. *aurius* Heatley, *Salmonella typhimurium*, *Shigella flexneri* 2a, *Bacterium subtilis* usw.) bestimmt. Die M. enthalten >25 μg RNS/mg, großenteils >40 μg (feucht), bzw. 125 μg/mg (trocken). Bei den M. beträgt q meist >5, bei den übrigen Bakterien meist <5. Bei einigen Arten von M., wie M. *tuberculosiv* var. *hominis* H 37 Rv u. M. *avium* ist der q-Wert vom Medium (Sauton oder 1% Ogawa) abhängig.
L. Schuler. 4315◇

1164 **Analyse des Verhaltens einiger technisch verwendeter Mikroorganismen gegen Sauerstoff.** 1. Mitt. **Die Wirkung der Sauerstoffkonzentration auf die Geschwindigkeit der Sauerstoffadaptation und des Stoffwechsels von Hefen.** Gyōzō Terui, Noriyuki Konno und Masaru Sase. (Technol. Rep. Osaka Univ. **10**, 527—44, 1960; Osaka, Univ., Dep. of Fermentation Technol.; engl.) — Die Atmungs-Geschw.-O_2-Beziehung der Michaelis-Funktion trifft für aerob gezüchtete Zellen verschiedener Species ausreichend gut zu (K_m meist 10^{-6}m), nicht aber bei anaerobem Wachstum von *Saccharomyces cerevisiae*-Zellen. Die O_2-Konz. beeinflußt den K_m-Wert von Zellen, wobei bei niedrigeren sich kleinere K_m-Werte ergeben. Die spezif. Geschw. der O_2-Adaptation wurden bei verschiedenen O_2-Konzz., ausgehend von anaeroben *S. cerevisiae*-Zellen, untersucht. Die Adaptations-Geschw.-O_2-Beziehung gehorcht der Michaelis-Regel. Der K_S-Wert, die Sättigungs-Konst. der Adaptation ist ca. 10fach größer als K_m der Atmung. Die spezif. Wachstums-Geschw. bereits weitgehend an O_2 adaptierter *S. cerevisiae*-Zellen hat ein Optimum bei der O_2-Konz. von $1{,}15 \cdot 10^{-4}$ m. Bei *Candida utilis* besteht kein derartiges Konz.-Optimum. Der Pasteur-Effekt bleibt im gesamten untersuchten Konz.-Bereich fast unverändert. K. Maier. 4320◇

1165 **Untersuchungen und Erfahrungen der Radiomikrobiologie. Aufnahme von ^{59}Fe, ^{131}J, ^{32}P, ^{35}S von Staphylococcus enterotoxicus.** C. Arghittu. (Minerva nucleare [Torino] **4**, 313—315, 1960; Livorno, C.A.M.E.N., Labor. di Radiopatol. e Igiene delle Radiazioni; ital.) — Nach Inkubation (24 Std. lang, 37°) von *Staphylococcus enterotoxicus* mit ^{131}J, ^{59}Fe, ^{32}P oder ^{35}S (jeweils 5 μc/ml Kultur-Fl.) wurden 1,8% ^{131}J, 31,8% ^{59}Fe, 4,4% ^{32}P u. 2,5% ^{35}S (bezogen auf die Gesamtradioaktivität) aufgenommen. Nach Vf. könnte die hohe ^{59}Fe-Konz. für die Darst. radioakt. markierter Toxine von Bedeutung sein. W. Damerau. 4320◇

1166 **Koordination der Dissimilationsfunktionen bei hoher bis niedriger Konzentration des Orthophosphates im Cytoplasma. (Zum Problem des Pasteureffektes.)** F. Windisch, W. Nordheim und W. Heumann. (Mber. dtsch. Akad. Wiss. Berlin **2**, 718—21, 1960; Berlin, Dtsch. Akad. der Wiss., Inst. für Med. u. Biol., Bereich Zellphysiol.; dt.) — Bei *P*-Hungerzüchtung von Hefezellen sinken O_2-Verbrauch u. Gärung allmählich ab u. steigen bei darauffolgender P-Regenerierung in umgekehrter Richtung konvergent wieder an. Es besteht keine durch Orthophosphat regulierte Korrelation zwischen O_2-Verbrauch u. Gärung im Sinne des von Lennerstrand-Johnson-Lynen angenommenen Pasteurschen Rk.-Prinzips.
K. Zingraf. 4320◇

1167 **Der Einfluß nichtspezifischer Nährstoffe auf die Resorption und den Abbau essentieller Aminosäuren durch ein Bakterium.** Edmond C.-c. Ku, Kendall W. King und R. W. Engel. (J. of Nutrit. **70**, 401—04, 1960; Blachsburg, Virginia Polytechn. Inst.; Dep. of Biochem., Nutrit. and Biol.; engl.) — An einer *Threonin* (**I**)-*Methionin* (**II**)- u. *Leucin* (**III**)-bedürftigen *Escherichia coli*-Mutante wird der Einfl. eines NH_3- u. *Glucose* (**IV**)-Überschusses bzw. Mangel im Medium auf die Assimilation der 3 genannten Aminosäuren untersucht. Der Bedarf an **II** wird durch keinen der Faktoren beeinflußt. Bei hohem NH_3-Geh. ebenso wie bei hohem **IV**-Angebot wird der **I**-Bedarf verringert, der **III**-Bedarf aber durch NH_3-Mangel verstärkt u. durch hohes **IV**-Angebot verringert. P. Gregorzewski. 4320◇

1168 **Verwertung markierter Substrate durch Mycel und Uredosporen des Flachsrostes.** F. L. M. Turel und G. A. Ledingham. (Canad. J. Microbiol. **5**, 537—45, 1959; Saskatoon, Saskatchewan, Nat. Res. Council of Canada,

Prairie Reg. Labor.; engl.) — Uredosporen u. Mycel von *Melamspora lini* (*Pers.*) *Lév.* sind zwar zur Verwertung von extern zugeführten *Kohlenhydraten* u. *Aminosäuren* fähig, jedoch ist der Grad der Verwertung offenbar von einer Reihe noch nicht überschaubarer Faktoren abhängig, da die Ergebnisse sehr unterschiedlich sind. *Aureomycin* hat nur geringen Einfl. auf die Verwertung der verschiedenen Verbb., während *Actidion* die respirator. Aktivität deutlich verringern kann.
U. Tausendfreund. 4320◇

1169 **Untersuchungen über die Biosynthese von Pyocyanin. 9. Mitt. Über den Einfluß von Pyocyanin auf die Atmung der Bakterienzellen des Pseudomonas aeruginosa.** Mamoru Kurachi. (Bull. Inst. chem. Res., Kyoto Univ. **38**, 364—78, 1960; engl.) — 8. vgl. C. **1962**, 6454. — *Pseudomonas aeruginosa* kann atmen, selbst wenn sein Cytochrom-Syst. blockiert ist. In Ggw. von *Pyocyanin* (I) erhält es seinen Energiehaushalt auch unter anaeroben Bedingungen durch einen gekoppelten Redoxprozeß aufrecht. Auf die normale Atmung der intakten Zellen hat I keinen Einfl., sondern wirkt erst nach Blockierung des Cytochrom-Syst. etwa durch KCN. Die Atmung von acetongetrockneten Zellen oder Zellautolysat wird durch I deutlich erhöht. Es wird vermutet, daß die blokkierten Stellen des Cytochrom-Syst. durch I ersetzt werden. Bei Konzz. von I, die weit über der physiolog. Grenze im Bakterium liegen, verursacht I eine Erhöhung der Atmung. Durch acetongetrocknete Zellen oder ein zellfreies Präp. wird I in Ggw. von Glucose, Gluconat, Glucose-6-phosphat, Lactat u. Maleat reduziert. Außerdem wurde gefunden, daß die Oxydation der Glucose u. die Red. der Fumarsäure unter anaeroben Bedingungen direkt unter Kopplung mit I verlaufen kann.
K. Ross. 4320◇

1170 **Die Biosynthese von Mutterkornalkaloiden.** R. M. Baxter, S. I. Kandel und A. Okany. (Chem. and Ind. **1960**, 266—67; Toronto, Ontario, Canada, Univ. of Toronto, Fac. of Pharmacy; engl.) — Vgl. C. **1960**, 15793. — $^{14}C_{(\beta)}$*-DL-Tryptophan* wird von *Claviceps purpurea* in *Ergosin* eingebaut (Einbaurate 0,026%), während nach Gabe von $^{14}C_{(\beta)}$*-DL-5-Hydroxytryptophan* nur prakt. inakt. Alkaloid erhalten wird.
F. Heller. 4320◇

1171 **Mikrobiologische Hydroxylierungen von Steroiden.** A. Schubert, K. Heller, L. Koppe, D. Onken und R. Siebert. (Z. Naturforsch. **17b**, 436—39, 1962; Jena, VEB Jenapharm, Wiss. Labor.; dt.) — Vgl. C. **1959**, **14426**. — Mit Hilfe des Schimmelpilzes *Calonectria decora* (C.d.) werden nachst. *Progesteron-Derivv. mit Sauerstoffunktionen* (I) an $C_{(9)}$, $C_{(11)}$, $C_{(12)}$, $C_{(14)}$, $C_{(17)}$ u. $C_{(21)}$ stereospezif. in 12β- oder 15α-Stellung hydroxyliert. *12α-Hydroxyprogesteron* wird dabei zusätzlich zur 12-Keto-Verb. dehydriert. Eine zweifache Hydroxylierung wie beim *Progesteron* (II) findet nicht statt. Das stereospezif. Hydroxylierungsvermögen von *C.d.* ist auf I u. II beschränkt.
Versuche: Opt. Drehungen in Chlf. gemessen. — *12-Keto-15α-hydroxyprogesteron*, F. 235—239°, aus 12α-Hydroxy- oder 12-Ketoprogesteron, $[\alpha]_D$ +261°, $[M]_D$ +900°. — *Δ⁴-Pregnen-3.12.15.20-tetraon*, aus vorst. Verb. durch CrO_3-Oxydation in Eisessig. — *9α.15α-Dihydroxyprogesteron*, $C_{21}H_{30}O_4$, F. 240—242°, aus 9α-Hydroxyprogesteron, $[\alpha]_D$ +212°, $[M]_D$ +734°. — *12β.14α-Dihydroxyprogesteron*, $C_{21}H_{30}O_4$, F. 240—242°, aus *14α-Hydroxyprogesteron*, $[\alpha]_D$ +129°; *Monoacetat*, F. 216—218°, $[\alpha]_D$ +95°. — *15α.17α.21-Trihydroxyprogesteron*, $C_{21}H_{30}O_5$, F. 225—227°, aus 17α.21-Dihydroxyprogesteron (Reichsteins Substanz S), $[\alpha]_D$ +146°. — *Δ⁴-Pregnen-3.20-dion-17α-ol-15α.21-diacetat*, F. 194—196°, aus vorst. Verb. mit Acetanhydrid in Pyridin, $[\alpha]_D$ +132°. — *11-Keto-15α-hydroxyprogesteron*, $C_{21}H_{28}O_4$, F. 224—228°, aus 11-Ketoprogesteron, $[\alpha]_D$ 289°, $[M]_D$ +997°. — Behandlung vorst. Verb. mit CrO_3 in Eisessig führt zu einem 5-Ringketon (IR-Spektrum), F. 215—222°, $[\alpha]_D$ +323,5°.
G. Etzold. 4320◇

1172 **Die Aktivierung der Atmung von Chlorella vulgaris durch Purine und Purinanaloge.** Michael K. Bach und J. Fellig. (Plant Physiol. **35**, 36—44, Jan. 1960; South Charleston, W.Va., Union Carbide Comp., Res. Dep.; engl.) — Niedrige Konzz. von *Purinen* (I) aktivierten die Atmung N-verarmter *C. vulgaris*-Zellen stark. Die Aktivierung ist keine N-Wrkg. u. beruht nicht auf I-Oxydation. Ca. 100 I u. I-Analoge u. -Derivv. wurden auf Wirksamkeit geprüft. Das Aktivierungsverhältnis wurde nach folgender Formel berechnet: $R = (X/E-1)2\,E/A + 1$, wobei X Anfangs-Geschw., der O_2-Aufnahme in I-Ggw., E endogene Geschw., A Anfangs-Geschw. der O_2-Aufnahme in Ggw. von $2 \cdot 10^{-4}$ m Adenin (II) als Bezugssubstanz mit R = 2 bedeutet. Untersuchte Verbb. waren: *6-Mercaptopurin*, 2,9; *Purin*, 2,7; *6-Cyanpurin*, 2,6; *6-Rhodanpurin*, 2,3; *2-Azahypoxanthin*, 2,3; *4-Hydroxypyrazolo-[3.4:d]-pyrimidin*, 2,2; *8-Chlorxanthin*, 2,1; *6-Amino-4-hydroxypyrazolo-[3.4:d]-pyrimidin*, 2,1; *8-Azaadenin*, 2,1; *8-Azaguanin*, 2,1; *Desoxyinosin*, 2,1; II, 2,0; *6-Chlorpurin*, 2,0; *1-Methylhypoxanthin*, 1,9; *8-Aza-2-mercaptoxanthin*, 1,9; *6-Selenopurin*, 1,7; *6-Hydroxy-2.8-dimercaptopurin*, 1,7; *Guanosin*, 1,6; *Hypoxanthin*, 1,6; *8-Azaxanthin*, 1,6; *6-Brompurin*, 1,6; *2.6-Diaminopurin*, 1,5; *Imidazo-[b]-pyrazin*, 1,5; *4-Aminopyrazolo-[3.4:d]-pyrimidin*, 1,5; *Guanin*, 1,5; *Xanthin*, 1,5; *Desoxyguanosin*, 1,4; *6-Hydrazinopurin*, 1,4; *Inosin*, 1,4; *2.6-Dimercaptopurin*, 1,4; *6-Methylthiopurin*, 1,4; *2-Mercaptoxanthin*, 1,4; *Harnsäure*, 1,4; *Kinetin*, 1,3; *6-n-Hexylaminopurin*, 1,3; *2.6-Bis-[diäthylamino]-purin*, 1,3; *6-Methylaminopurin*, 1,3; *6-[p-Chlorbenzyl]-thiopurin*, 1,3; *2-Mercaptoadenin*, 1,3; *2.6.8-Trichlorpurin*, 1,2; *6-Hydroxylaminopurin*, 1,2; *6-Methylpurin*, 1,2; *4-Hydroxypteridin*, 1,2; *8-Aza-2.6-diaminopurin*, 1,2; *2.6.8.10-Tetrahydroxyhomopurin*, 1,2; *Purinribosid*, 1,2; *6-Jodpurin*, 1,1; *Indol*, 1,1; *1.3-Dimethyl-8-azaxanthin*, 1,1; *1-Methyl-2.6-dimercaptopurin*, 1,1; *6-Chlor-7-methylpurin*, 1,0; *6-Mercapto-7-methylpurin*, 1,0; *Theobromin*, 1,0; *Caffein*, 1,0; *3-Methyladenin*, 1,0; *9-Methyladenin*, 1,0; *Theophyllin*, 1,0; *3-Methylhypoxanthin*, 1,0; *6-Hydroxylamidinopurin*, 1,0; *6-Carboxypurin*, 1,0; *Purin-6-aldehydthiosemicarbazon*, 1,0; *Purin-6-carbonsäurehydrazid*, 1,0; *4-Mercaptopyrazolo-[3.4:d]-pyrimidin*, 1,0; *Cytosin*, 1,0; *Uracil*, 1,0; *Thymin*, 1,0; *Orotsäure*, 1,0; *2.7-Dihydroxy-5-methylpyrazolo-[2.3:a]-pyrimidin*, 1,0; *Indazol*, 1,0; *Benzotriazol*, 1,0; *2-Hydroxypteridin*, 1,0; *4-Aminobenzimidazol*, 1,0; *4.6-Diaminobenzimidazol*, 1,0; *Uridin*, 1,0; *Desoxyuridin*, 1,0; *Adenosin*, 1,0; *Desoxyadenosin*, 1,0; *Guanylsäure*, 1,0; *9-β-D-Glucopyranosyl-2.6-diaminopurin*, 1,0; *9-β-D-Ribopyranosylguanin*, 1,0; *Cordycepin* (*Desoxyapiosyladenin*), 1,0; *9-β-D-Glucopyranosyladenin*, 1,0; *9-β-D-Ribofuranosyl-2.6-diaminopurin*, 1,0; *9-β-D-Glucopyranosylguanin*, 1,0; Purine: *6-Piperidinoamino-*, 1,0; *6-n-Butylamino-*, 1,0; *6-o-Toluidino-*, 1,0; *6-Benzylamino-*, 1,0; *6-Benzoylamino-*, 1,0; *6-Methyl-2-mercapto-*, *6-Methyl-2-hydroxy-*, 1,0; *6-Mercapto-*, 1,0; *2-Mercapto-*, 1,0; *Iso-*, 1,0; *8-Hydroxy-*, 1,0; *2-Hydroxy-*, 0,7; *8-Amino-*, 0,4; *2-Amino-*, 0,2.
K. Maier. 4320□

1173 **Einfluß von Zucker auf die Hitzeresistenz von Schimmelpilzsporen.** Géza Biró. (Élelmiszervizsgálati Közlemények [Lebensmittelanalyt. Mitt.] **8**, 171—73, Juni 1962; Budapest, Tierärztl. Hochsch.; ung.) — Vf. beobachtete, daß die Sporen von *Penicillium martensii* u. *mucor* in konz. Zucker-Lsg. eine größere Hitzeresistenz aufweisen, als in physiolog. Kochsalzlösung.
K. Gärtner. 4325△

1174 **Die Einflüsse von Zeit und Temperatur auf die fungistatische Wirkung quecksilberhaltiger und anderer Verbindungen auf die Conidien von Botrytis fabae Sardina.** A. H. McIntosh. (Ann. appl. Biol. **49**, 433—44, 1961; Harpenden, Herts., Rothamsted Exp. Station; engl.) — Folgende 19 Verbb. werden untersucht: *Acetamid*, *tert.-Butylalkohol*, *8-Hydroxychinolinsulfat*, $CuSO_4$, *Hg-Acetat*, $HgBr_2$, $HgCl_2$, $Hg(CN)_2$, $Hg(SCN)_2$, *Methylmercurinitril*, *Phenylmercuriacetat*, *p-Chlor-*, *p-Nitrophenol* u. *Phenol*, *2.4-Dinitrophenol*, *Na-Pentachlorphenolat*, *Pyridin*, *3-Methylpyridin* u. $AgNO_3$. Im allg. nimmt die DE_{50} zu, wenn die Inkubationszeit länger wird. Bei höherer Inkubations-Temp. ist auch die Wrkg.-Geschw. größer u. bei den meisten Substanzen auch die Toxizität.
P. Gregorzewski. 4330◇

1175 **Einfluß von 8-Azaguanin auf die Keimung und das vegetative Wachstum von Bacillus subtilis.** Akira Ishimitsu, Shigekichiro Nishio und Nobuyasu Kawasaki. (Jap. J. Bacteriol. **15**, 1140—45, 1960; Osaka City Univ., Med. Schule, Abt. Bakt.; jap.) — 10^{-3} Mol *8-Azaguanin* (I) sind ohne Einfl. auf das Frühstadium der Sporenkeimung von *Bacillus subtilis*, aber 30 oder mehr Min. lange Berührung mit I im Frühstadium verhindert die weitere Fortpflanzung, was auch durch darauffolgendes Waschen nicht rückgängig gemacht werden kann. Wird I während 2 Std. der Inokulation der Sporen zurückgeführt, so erfolgt nur das Anfangsstadium der Keimung, weitere Fortpflanzung fällt aus. I-Gabe 5 Std. nach der Beimpfung erzielt keinerlei Wrkg. mehr. 30 Min. lange Behandlung der ruhenden Zellen mit I, vor der Keimung, u. nachfolgende Auswaschung führt zu verbesserter Fortpflanzung, bes. bei Anwendung höherer I-Konzz. 10^{-6} Mol

I verhindern das Wachstum völlig, doch wird diese I-Wrkg. durch eine äquimol. oder größere Menge *Guanin* rückgängig gemacht. L. Schuler. 4330◇

1176 **Gegenüber chlorierten Nitrobenzolen resistente Botrytis allii-Stämme.** D. Priest und R. K. S. Wood. (Ann. appl. Biol. **49,** 445—60, 1961; London, Imperial Coll., Bot. Dep.; engl.) — Auf Nähragar entstehen in Ggw. von *Pentachlornitrobenzol*- oder *Tetrachlornitrobenzolisomeren*-Dämpfen Mycele mit gestörten Hyphen u. verringerter Sporulation. In Abhängigkeit von der verwendeten Verb. entstehen nach verschiedenem Zeitraum Varianten, die in Abwesenheit der Fungicide den Eltern gleichen, in Ggw. der Fungicide aber viel schneller als die Eltern wachsen u. normale Hyphen bilden. Diese Resistenz gegen eine Substanz erstreckt sich auch in geringerem Umfang auf die anderen genannten Verbb. sowie auf Dijod-, Dibrom- u. Dichlornitrobenzole. P. Gregorzewski. 4330◇

1177 **Untersuchungen über Fungitoxizität.** 2. Mitt. **Fungitoxizität einiger quartärer Anilinovinylverbindungen.** M. Pianka und J. C. Hall. (J. Sci. Food Agric. **10,** 385—88, 1959; St. Albans, Herts., Wheathampstead, Murphy Chem. Co. Ltd.; engl.) — 1. vgl. C. **1961,** **11377.** — Vff. berichten über fungitox. Unterss. mit Anilinovinyl-, -propenyl- u. -butenyl-Verbb., die das konjugierte Syst. $-\overset{+}{N}R{=}\overset{|}{C}\cdot(CH{=}CH)_n\cdot N<$ enthalten. Folgende Verbb. wurden an *Venturia, Botrytis* u. *Fusarium* getestet: 3-Äthylbenzthiazoliumjodid-Derivv. (I): *2.2'-Acetanilidovinyl-6-methyl-*, F. 249—250°; *2.2'-Anilinopropenyl-6-methyl-*, F. 230°; *2-[2-Anilinobuten-(1)-yl]-6-methyl-*, F. 190°. *2.2'-Acetanilidovinyl-3-äthylbenzthiazoliumäthylsulfat*, F. 200°. — 3-Äthylbenzoxazoliumäthylsulfat-Derivv. (II): *2.2'-Anilinovinyl-*, F. 208—210°; *2.2'-Anilinovinyl-5-phenyl-*, F. 196—197°; *2.2'-Anilinopropenyl-5-phenyl-*, F. 190°; *2-[2-Anilinobuten-(1)-yl]-5-phenyl-*, F. 197°. 3-Äthyl-5-methoxybenzselenazoliumjodid-Derivv. (III): *2.2'-Acetanilidovinyl-*, F. 238—239°; *2.2'-Anilinopropenyl-*, F. 216°; *2-[2-Anilinobuten-(1)-yl]-*, F. 194°. Wie bei den Carbocyaninen beeinflußt das Anion die Wrkg. nicht; N-Acetylierung in der Seitenkette hat keine Wrkg. auf die Aktivität. Die **II** sind stärker fungitox. als **I** u. **III**. Alkylierung im Ring erhöht die Fungitoxizität der **I**, während sie bei **III** die Aktivität vermindert; Phenylsubstitution bewirkt bei **II** eine Wirkungssteigerung.

Versuche: *2.2'-Anilinovinyl-3-äthylbenzoxazoliumäthylsulfat*, $C_{19}H_{22}N_2O_5S$, F. 208—210°; aus 3,2 g 2-Methylbenzoxazol u. 3,2 ml Diäthylsulfat bei 160° (20 Min.), Lösen in trockenem Aceton, Zusatz von Ae., Abtrennen des braunen fluorescierenden Öls (quart. Salz), nach Entfernen des Lsgm. im Vakuum (4,8 g) Erhitzen mit 5,3 g N.N'-Diphenylformamidin (**IV**), 1,7 ml Acetanhydrid u. 1,7 ml Eisessig (3 Std. lang 100—102° Bad-Temp.), nach Abkühlen Behandeln mit CH_3OH/Ae. 2:1; aus CH_3OH hellgelbe Kristalle. — *2.2'-Anilinovinyl-3-äthyl-5-phenylbenzoxazoliumäthylsulfat*, $C_{25}H_{26}N_2O_5S$, F. 196—197°; aus 6 g 2-Methyl-5-phenylbenzoxazol u. 3,7 ml $(CH_3O)_2SO_2$ (20 Min. 140—150°) u. Rk. mit **IV** wie vorst.; aus CH_3OH orangegelbe Kristalle. H. Goebel. 4330◇

1178 **Synthese und Prüfung der antifungalen Wirkung einiger Derivate der Dialkoxybenzoesäure und der Dialkoxyzimtsäure.** A. K. Kapadia und Gail A. Wiese. (J. Amer. pharmac. Assoc., sci. Edit. **51,** 962—65, Okt. 1962; Iowa City, Iowa, State Univ. of Iowa, Coll. of Pharm.; engl.) — Es wird eine Reihe von Dialkylaminoalkylestern der Dialkoxybenzoesäure u. der Dialkoxyzimtsäure sowie der halogenierten Säuren dargestellt u. auf ihre antifungale Wirksamkeit geprüft. Im Vgl. zur Wrkg. von *Griseofulvin* u. *Undecylensäure* sind alle Verbb. nur schwach bis unwirksam.

Versuche: *5-Chlor-4-hydroxy-3-äthoxybenzaldehyd*, $C_9H_9ClO_3$, F. 149—150°, nach der Meth. von Pearl (Org. Syntheses **30,** [1950], 101), 80% (Ausbeute). — *5-Chlor-4-hydroxy-3-äthoxybenzoesäure*, $C_9H_9ClO_4$, F. 199—200°, wie vorst. Verb.; 100%. Ebenso *5-Chlorvanillinsäure*, F. 242°; 80%. — *5-Bromvanillinsäure*, F. 231—232°; 72,5%. — *5-Chlor-4-methoxy-3-äthoxybenzoesäure*, $C_{10}H_{11}ClO_4$, F. 167—168°, aus dem entsprechenden Aldehyd, 58,7%. — *Veratrumsäure*, F. 180—181°; 56,6%, aus Vanillinsäure nach der Meth. von Fosdick u. Starke (1940). Ebenso *5-Chlor-*, F. 189—190°; 70%; *5-Brom-*, F. 192—193°; 100%. *5-Jodveratrylaldehyd*, F. 72—73°, durch Methylierung von 5-Jodvanillin, 77,2%; *5-Jodveratrumsäure*, F. 184—185°, durch Oxydation vorst. Verb. mit $KMnO_4$ 80,4%; *3-Äthoxy-4-hydroxybenzoesäure*, F. 164—165°, durch Oxydation des entsprechenden Aldehyds, 66%; *5-Brom-4-hydroxy-3-äthoxybenzoesäure*, F. 207°, durch Bromierung vorst. Verb.; 79%; *5-Brom-4-methoxy-3-äthoxybenzoesäure*, F. 183—184°, durch Methylierung vorst. Verb., 79%; *5-Chlor-3.4-dimethoxy-*, F. 251°, 83%; u. *5-Brom-3.4-dimethoxyzimtsäure*, F. 138—139°, 88%, nach Pearl u. Beyer (1951) u. Fosdick u. Starke (1940); *5-Chlorvanillin*, F. 165—166°, 83%, u. *5-Chlor-4-hydroxy-3-äthoxybenzaldehyd* nach Menke u. Bentley (1898) unter Ersatz von Chlf. durch CCl_4; *5-Bromvanillin*, F. 164°, 95,5%, u. *5-Jodvanillin*, F. 179—180°, 78,6%, nach McIvor u. Pepper (1953) bzw. nach Erdtman (1935). Durch Kochen von Dialkylaminoalkohol u. dem entsprechenden Säurechlorid in trockenem Bzl. u. anschließende Behandlung mit HCl werden folgende Esterhydrochloride erhalten: Benzoesäure-β-dimethylaminoäthylesterhydrochloride: *3.4-Dimethoxy-*, $C_{13}H_{20}ClNO_4$, F. 165—166°, 10%; *3.4.-Dimethoxy-5-chlor-*, $C_{13}H_{19}Cl_2NO_4$, F. 152 bis 153°, 73,7%; *3.4-Dimethoxy-5-brom-*, $C_{13}H_{19}BrClNO_4$, F. 161 bis 162°, 63,7%; *3-Äthoxy-4-methoxy-5-chlor-*, $C_{14}H_{21}Cl_2NO_4$, F. 112—113°, 35,6%; *3-Äthoxy-4-methoxy-5-brom-*, $C_{14}H_{21}BrClNO_4$, F. 109—110°, 28,7%; Benzoesäure-β-diäthylaminoäthylesterhydrochloride: *3.4-Dimethoxy-*, $C_{15}H_{24}ClNO_4$, F. 145—146°, 37,8%; *3.4-Dimethoxy-5-chlor-*, $C_{15}H_{23}Cl_2NO_4$, F. 154—155°, 32,0%; *3.4-Dimethoxy-5-brom-*, $C_{15}H_{23}BrClNO_4$, F. 164—165°, 48,7%; *3.4-Dimethoxy-5-jod-*, $C_{15}H_{23}ClJNO_4$, F. 166—167°, 60,4%; *3-Äthoxy-4-methoxy-5-chlor-*, $C_{16}H_{25}Cl_2NO_4$, F. 133—134°, 39,1%; *3-Äthoxy-4-methoxy-5-brom-*, $C_{16}H_{25}BrClNO_4$, F. 130—131°, 28,1%; 3.4-Dimethoxy-5-chlorbenzoesäureesterhydrochloride: *β-Dimethylaminopropyl-*, $C_{14}H_{21}Cl_2NO_4$, F. 132—133°, 44,8%; *γ-Dimethylaminopropyl-*, $C_{14}H_{21}Cl_2NO_4$, F. 135—136°, 51,9%; *γ-Diäthylaminopropyl-*, $C_{16}H_{25}Cl_2NO_4$, F. 140—141°, 49,7%; Zimtsäure-β-dimethylaminoäthylesterhydrochloride: *3-Äthoxy-4-methoxycarbonyl-*, $C_{17}H_{24}ClNO_5$, F. 151 bis 152°, 26,2%; *3.4-Dimethoxy-5-chlor-*, $C_{15}H_{21}Cl_2NO_4$, F. 140 bis 141°, 25,6%; Zimtsäure-β-diäthylaminoäthylesterhydrochloride: *3-Äthoxy-4-methoxycarbonyl-*, $C_{19}H_{28}ClNO_5$, F. 175—176°, 39,7%; *3.4-Dimethoxy-5-chlor-*, $C_{17}H_{25}Cl_2NO_4$, F. 148—149°, 28,9%; *3.4-Dimethoxy-5-brom-*, $C_{17}H_{25}BrClNO_4$, F. 149—150°, 30,6%. P. Gregorzewski. 4330◇

1179 **Die antibakterielle Aktivität einiger neuer Derivate des 4-Aminochinolins und 4-Aminochinaldins.** D. Caldwell, W. A. Cox, P. F. D'Arcy und L. R. Rowe. (J. pharmacy Pharmacol. **13,** 554—64, 1961; Ware, Hertfordshire, Allen & Hanburys Ltd.; engl.) — *1-Alkyl-4-aminochinoliniumsalze* (**I**) u. *1-Alkyl-4-aminochinaldiniumjodide* (**II**) mit C_{1-17} in der 1-Alkylgruppe worden hergestellt u. auf baktericide u. bakteriostat. Wirksamkeit untersucht. Die Verbb. beider Reihen zeigen eiweißfällende Eigg., u. es war möglich, diese in Korrelation zur baktericiden Wrkg. zu bringen. Das Maximum der bakteriostat. Aktivität liegt für beide Verb.-Reihen gegenüber *Staph. aureus* u. *Str. viridans* bei einer Kettenlänge von C_{12-14} u. gegenüber *E. coli* bei C_{10-12} mit einem bemerkenswerten Abfall bei größerer Kettenlänge. Die baktericide Aktivität gegenüber den genannten Organismen scheint in der I-Reihe für die Hexadecamethylen-Verb. am stärksten zu sein; bei höheren Homologen ist die Aktivität nicht wesentlich verringert. II sind etwas stärker baktericid wirksam als I. Durch 6—90std. Einw. eines leichten Überschusses des entsprechenden Alkyljodids auf 4-Aminochinolin bzw. 4-Aminochinaldin in Methyläthylketon bei 80° werden folgende Verbb. dargestellt: 4-Aminochinoliniummethojodide: *1-Nonyl-*, $C_{19}H_{29}JN_2$, F. 139,5° [Methyläthylketon (a)]; *1-Decyl-*, $C_{20}H_{31}JN_2$, F. 143° (a); *1-Undecyl-*, $C_{21}H_{33}JN_2$, F. 136° (a); *1-Tridecyl-*, $C_{23}H_{37}JN_2$, F. 145,5° (a); *1-Pentadecyl-*, $C_{25}H_{41}JN_2$, F. 157,5° (a); *1-Heptadecyl-*, $C_{27}H_{45}JN_2$, F. 180,5° (a); 4-Aminochinaldiniummethojodide: *1-Hexyl-*, $C_{17}H_{25}JN_2$, F. 228° (A.); *1-Nonyl-*, $C_{20}H_{31}JN_2$, F. 197° (Isopropanol); *1-Decyl-*, $C_{21}H_{33}JN_2$, F. 192° (a); *1-Undecyl-*, $C_{22}H_{35}JN_2$, F. 182° (a); *1-Tridecyl-*, $C_{24}H_{39}JN_2$, F. 180° (a); *1-Pentadecyl-*, $C_{26}H_{43}JN_2$, F. 158° (Isopropanol-W.); *1-Heptadecyl-*, $C_{28}H_{47}JN_2$, F. 165° (a). H. Althoff. 4330

1180 **Antibiotische Aktivität verschiedener Typen von Cannabis-Harz.** A. Radošević, M. Kupinić und Lj. Grlić. (Nature [London] **195,** 1007—09, 8/9. 1962; Zagreb, Jugoslawien, Inst. for Control of Drugs; engl.) — Die Best. der antibiot. Aktivität von 11 Harzen von *Cannabis sativa* verschiedener Herkunft mittels der Filterpapierdiffusions-Meth. gegen *B. subtilis* (Agarmedium, pH 6,0, 18 Std. bei 37°; Standard: Penicillin G-Na/Phosphatpuffer, pH 6,0) zeigte gute Übereinstimmung mit den mittels UV-Spektrophotometrie ermittelten Geh. der Harze an *Cannabidiolsäure* (I). Mit zunehmender Reife nimmt der Geh. der Harze an I unter gleichzeitiger Zunahme der haschischakt. Verbb. (Cannabidiol, Tetrahydrocannabinol), die sich vorwiegend in trop. Cannabisharzen anreichern, ab. Die Best. der antibiot. Aktivität kann daher für die Charakterisierung von Cannabisharzen (Reifegrad) verwendet werden. B. Görlich. 4330◇

1181 **Die Wachstumsbefürfnisse von Phoma violacea im Hinblick auf Verunzierungen gestrichener Oberflächen.** D. E. Eveleigh. (Ann. appl. Biol. **49**, 412—23, 1961; Univ. of Exeter, Dep. of Bot.; engl.) — Auf fl. Kulturmedium wächst *Phoma violacea* in einem pH-Bereich von 3—8. Eine große Anzahl von Kohlenhydraten kann als C-Quelle dienen, Lipolyse wird nicht beobachtet u. bzgl. Vitaminen ist *P. violacea* autotroph. 5% ZnO wirken fungistat., ebenso Bleiweiß; TiO_2 ist ohne Einfluß. P. Gregorzewski. 4330◇

1182 **Die Verunstaltung gestrichener Oberflächen durch Pilze, unter besonderer Berücksichtigung von Phoma violacea.** D. E. Eveleigh. (Ann. appl. Biol. **49**, 403—11, 1961; Univ. of Exeter, Dep. of Bot.; engl.) — *Phoma violacea*-Befall ist in Gewächshäusern allgemein. Eine Infektionsquelle läßt sich schwer nachweisen. In Test-Verss. wird festgestellt, daß *P. violacea* gegenüber fungiciden Anstrichen resistente Stämme entwickelt. P. Gregorzewski. 4330◇

1183 **Untersuchung der Terramycinwirkung auf die Vitamin-B_{12}-Aufnahme durch Darmmikroorganismen.** T. Balakrishna Rao, D. V. Tamhane und A. Sreenivasan. (J. sci. ind. Res. [New Delhi], Sect. C **21**, 299—302, 1962; Bombay, Univ., Dep. of Chem. Technol.; engl.) — Frisch gezüchtete *Escherichia coli*-Zellen nehmen pro 20 mg Trokkensubstanz in 3 Std. 520—600 mμg *Vitamin B_{12}* (I) auf. Diese Aufnahme wird in Ggw. von 100 μg *Terramycin* (II) verringert u. durch Cyanid, 2.4-Dinitrophenol oder N_2-Atmosphäre gehemmt. Bereits aufgenommenes I wird in Ggw. von II nicht mehr aus den Zellen abgegeben. 3 Std. in Phosphatpuffer bei 37° gealterte Zellen resorbieren 43% weniger I als frische (hiervon in Ggw. von 50 bzw. 100 μg II nur noch 60 bzw. 72%) u. erreichen I-Aufnahmewerte wie frische Zellen, wenn 40 μMol Na-Succinat oder 40 μMol Na-Citrat zugegen sind. — Aus den Faeces von II-gefütterten Ratten isolierte coliforme Keime sammeln weniger I als die Kontrollen. — I-Best. durch *Lactobacillus leichmannii* als Testorganismus in dem aus den Colizellen durch Papainspaltung gewonnenen Extrakt. Frank Günther. 4340◇

1184 **Antibiotica aus Actinomyceten.** 1. Mitt. **Biologischer Einbau von Propionat in den makrocyclischen Lactonring von Erythromycin.** John W. Corcoran, Toshi Kaneda und John C. Butte. (J. biol. Chemistry **235**, PC29—PC30, Juli 1960; Cleveland, Ohio, Western Res. Univ., School of Med., Dep. of Biochem.; engl.) — *Erythronolid* (I), das makrocycl. Aglykon des *Erythromycins*, ist eine fast völlig aus C_3-Bruchstücken aufgebaute, verzweigtkettige Fettsäure. Deshalb wurde angenommen, daß Propionat als Vorläufer solcher 3-Kohlenstoffeinheiten fungiere. Daneben besteht die Anschauung, daß I aus Acetateinheiten aufgebaut sei. Vff. berichten über Verss. mit markierten Propionatvorläufern (Propionat-1, -2 u. -3 C^{14}), die nur vom I-Teil des Mol. gut inkorporiert wurden. Vff. stützen ihre Theorie durch verschiedene Abbaureaktionen. Moll., wie Propionyl-Coenzym A u. Methylmalonyl-Coenzym A werden als direkte Vorläufer bei der I-Biogenese betrachtet. K. Zepf. 4340◇

1185 **Antibioticum X-1285.** 1. Mitt. **Isolierung aus einer Streptomycesspecies.** K. Shete und V. C. Vora. (J. sci. ind. Res. [New Delhi], Sect. C **18**, 48—50, März 1959; Lucknow, Central Drug Res. Inst.) — Ein offensichtliches Gemisch antibiot. Substanzen, bezeichnet als *X-1285* (I), wurde aus einer Kultur-Lsg. einer Streptomycesspecies wie folgt isoliert: Extraktion des auf pH 4,0 eingestellten Kulturfiltrates mit Butanol (II), Zusatz von A. zum filtrierten u. eingeengten Extrakt, gekühlt u. filtriert, H_2O-Zusatz zum tiefroten Filtrat bis zur leichten Trübung, das klare rötliche Filtrat (pH 4,0) mit II extrahiert; Einengen des Extraktes zur Trockne ergibt ein dunkelrotes Pulver, das rohe antibiot. Gemisch I. Eine weitere Reinigung gelang nicht, doch konnte durch Gegenstromextraktion die Ggw. von mindestens 3 akt. Komponenten festgestellt werden. Das rohe I-Pulver ist lösl. in W., A., Methanol, II, Äthylacetat, unlösl. in Ae., Bzl., Chloroform. I enthält Cl, aber nicht N oder S. Es ist in vitro gegen grampositive u. gramnegative Bakterien akt. u. gegen *Entamoeba histolytica*-Infektionen bei Ratten wirksam. Orale Dosen bis zu 200 mg/kg scheinen von der Maus gut vertragen zu werden. W. Knöbel. 4340◇

1186 **Biochemische Untersuchungen an Streptomyces aureofaciens.** 2. Mitt. **Einfluß verschiedener Ionen auf die Chlortetracyclinbildung.** M. Járai und J. Kollár. (Acta microbiol. Acad. Sci. hung. **9**, 145—48, 1962; Budapest, „Chinoin", Chem. and Pharm. Works, Microbiol. and Biochem. Labor., Dep. of Antibiotics; engl.) — In Ggw. von *2.5-Dimercapto-1.3.4-thiadiazol*, *2.5-Dimercapto-1.3.4-triazol* u. *2-Mercaptobenzthiazol* sinkt der *Chlortetracyclin* (I)-Anteil in einer *Streptomyces aureofaciens-B-28*-Kultur-Lsg. an der Summe der insgesamt erzeugten Antibiotica auf $^1/_2$—$^1/_3$ ab. Cu^{2+}- u. Ag^+-Ionen heben diese Wrkg. auf. Ihr Einfl. ist Konz.-abhängig u. vermutlich auf die Bldg. lösl. Komplexe zurückzuführen. Zn, Co, Fe^{2+}, Fe^{3+}, Ni, Mn, Al, Pb^{2+}, Hg^+, Hg^{2+}, Cd, Ce^{4+}, Ba, Sr, Mg-Ionen u. die Anionen PO_4^{3-}, PO_3^-, PSO_3^{3-}, $PS_2O_2^{3-}$, BO_3^-, CrO_4^{2-}, AsO_4^{3-}, N_3^-, $Fe(CN)_6^{3-}$ haben keinen, SH^- nur einen schwachen Einfl. auf die I-Bildung. Der Pilz kann ClO_3^-, BrO_3^-, ClO_4^- u. JO_3^- nicht verwerten. Der Einbau von Brom zu *Bromtetracyclin* wird durch Cu^{2+}-Salze gesteigert. Anscheinend ist bei der Halogenierung des Tetracyclins ein Enzym wirksam, das Cu^+ enthält. K.-W. Glombitza. 4340◇

1187 **Biochemische Untersuchungen an Streptomyces aureofaciens.** 3. Mitt. **Die Rolle organischer chlorhaltiger Substanzen bei der Biosynthese des Chlortetracyclins.** J. Kollár und M. Járai. (Acta microbiol. Acad. Sci. hung. **9**, 149—56, 1962; Budapest, „Chinoin", Chem. and Pharm. Works, Microbiol. and Biochem. Labor., Dep. of Antibiotics.; engl.) — 2. vgl. vorst. Referat. — *Streptomyces aureofaciens* B 28-Kulturen verwerten in einem Cl^--freien Medium organ. Cl-Verbb. zur Synth. von *Chlortetracyclin* (I), z. B. (Angabe des verwerteten Halogens in % bei Zugabe von $1{,}5 \cdot 10^{-3}$ Mol): *Monochlor-* (84), *Dichlor-* (10), *Trichloressigsäure* (5), *α-Chlor-* (5), *β-Chlor-* (67), *α.β-Dichlorpropionsäure* (21), *α-Chlor-* (8), *β-Chlor-* (53), *γ-Chlor-* (70), *α.β-Dichlorbuttersäure* (12). Aromat. gebundenes Cl wird nicht aufgenommen. KBr, 2.5-Dimercapto-1.3.4-thiadiazol, 2.5-Dimercapto-1.3.4-triazol hemmen die Halogenaufnahme aus den Halogenfettsäuren ebenso wie aus NaCl u. ihre Wrkg. ist durch Cu^{2+}-Salze wieder aufzuheben. Es wird angenommen, daß der erste Rk.-Schritt eine reduktive Ionisierung des organ. Halogens darstellt u. daß das gleiche Enzym Cl^- in I einbaut. Die Leichtigkeit, mit der Halogenfettsäuren verarbeitet werden, macht es wahrscheinlich, daß niedermol. Halogen-Verbb. als natürliche Vorstufen wirken. K.-W. Glombitza. 4340◇

1188 **Die Wirkung von Oxalat auf aus dem Rumen isolierte Bakterien.** M. W. O'Halloran. (Proc. Austral. Soc. animal Product. **4**, 18—21, Febr. 1962; Roseworthy, S.A., Agric. Coll.; engl.) — Hohe *Oxalat* (I)-Spiegel zeigten keine Hemmwrkg. auf 26 offenbar verschiedene Stämme von Rumenbakterien. Ein Organismus *RO-16* baute I ab. Die Unters. der Filtrate u. Rückstände des Rumeninhalts von Schafen ergab, daß die Rückstände stärker waren im I-Abbau als die Filtrate. Ein dem *RO-16* ähnlicher Organismus, welcher I abbaut, wurde aus Rückständen u. Filtraten isoliert. H. Aman. 4350◇

1189 **Verschiedene Wege des Indolabbaues in Chromobacterium violaceum.** Oldrich K. Sebek und Herbert Jäger. (Nature [London] **196**, 793—95, 24/11. 1962; Kalamazoo, Mich., Upjohn Co.; engl.) — Zur Unters. gelangte der nicht glutinierende Stamm A.T.C.C. 533 des *Chromobacterium violaceum* (C.v.) der leicht *L-Tryptophan* (I) in *Violacein* (II) umwandelt. Die Verss. wurden an gewaschenen, farblosen, 16—20 Std. alten Zellen durchgeführt. Die Ergebnisse deuten an, daß: 1. C.v. I in *Indol* (III) umwandeln kann; 2. wachsende u. gewaschene Zellen II sowohl aus I als aus III synthetisieren; 3. rasche Lyophilisierung gewaschener Zellen Enzyme des I-Weges inaktiviert, an Stelle I wird *Indigo* (IV) gebildet; 4. wahrscheinlich Indoxyl ein Zwischenprod. der III/IV-Kondens. ist; 5. Hydroxylierung erst ein späterer Schritt des I-Weges ist. B. Franz. 4350◇

1190 **Morphologische, biologische und physiologische Untersuchungen über Trichophyton rubrum.** 2. Mitt. **Untersuchungen über Aminosäurenassimilation und Vitaminbedarf.** Shinya Takahashi. (Jap. J. Dermatol. **72,** 123—44, 1962; Sendai, Tohoku Univ., School of Med., Dep. of Dermatol.; jap., Auszug: engl.) — Unterss. über das Wachstum von 34 *Trichophyton rubrum*-Stämmen in chem. definiertem Medium mit Zusätzen von 0,2% *Asparagin*, 0,1% *Lysin*, 0,1% *Tyrosin*, 0,2% *Glutaminsäure* oder 0,2% *Methionin* als einziger N-Quelle zeigen unterschiedliches Wachstum der verschiedenen Stämme bei den verschiedenen Aminosäuren, so daß die Fähigkeit der Stämme zur Assimilation von Aminosäuren nicht nur von der Art der Aminosäuren, sondern auch vom Stamm abhängt. Mit 0,2% *Pepton* ist das Wachstum jeweils größer. Wird keine Aminosäure zum Wachstum benötigt, so kann jede der genannten Aminosäuren assimiliert werden. Die Art einer Pigment-Bldg. hängt von der Art der verwendeten Aminosäure u. vom jeweiligen Stamm ab. Die Verss. mit 5 γ *Thiaminhydrochlorid*/ml, 5 γ *Pyridoxinhydrochlorid*/ml u. 100 γ *Inosit*/ml zeigen, daß deren Einfl. auf Pigment-Bldg. u. Wachstum von N-Quellen u. ebenfalls vom jeweiligen Stamm abhängig ist.
U. Tausendfreund. 4350◇

1191 **Die antigene Wirkung und Toxizität von Shigella flexneri-Typ-1 a-Extrakten.** D. A. R. Simmons. (J. Pathol. Bacteriol. **85,** 233—37, 1963; Dundee, Univ. of St. Andrews, Queen's Coll., Dep. of Bacteriol.; engl.) — Die nach *Trichloressigsäure* (I)-Extraktion u. Essigsäure-Einw. erzielten Fraktionen des *Shigella flexneri*-Typ-1a-Komplexes (tox., antigen wirkendes Polypeptid u. nichttox. Polysaccharidhapten) gleichen den Fraktionen nach Pyridin (II)-Behandlung; gleiche Inaktivierung des tox. I-Extraktes wie des II-Extraktes durch UV-Licht. Extraktion der unversehrten Bazillen mit Phenolwasser ergibt im Gegensatz zu den Komplexen ein tox. Lipopolysaccharid, das eher den analogen Fraktionen vieler Enterobakterien ähnelt. U. Tausendfreund. 4370◇

1192 **Untersuchung über 2 native durch Zonenelektrophorese gereinigte Proteine aus Rindertuberkulin.** 4. Mitt. **Vergleichende Untersuchung ihrer Antigenwirkung für die Antifraktionen der Immunseren.** Hisashi Nemoto. (Jap. J. Bacteriol. **16,** 863—66, 1961; Nat. Inst. Anim. Health; jap.) — 2. vgl. Jap. J. Bacteriol. **16,** [1961], 534. — Die Fraktionen II u. III aus der Zonenelektrophorese (l. c.) zeigen bei der Komplementbindungs-Rk. kein sehr übersichtliches Verhalten. Fraktion II zeigt etwa das 4fache Bindevermögen von III, sowohl bei homologer wie heterologer Antigenbeziehung. In der Boyden-Rk. der Sensibilisierung u. Agglutination von Erythrocyten (Boyden, Acta pathol. microbiol. scand. **62,** [1958], 153) zeigt II bis zur 256fachen, III bis zur 64fachen Verdünnung des Immunserums Koagulation. In der Präcipitin-Rk. zeigen beide Fraktionen kaum Unterschiede. Außerdem wird das Verh. bei der Fällungs-Rk. in Gelatine mit adsorbiertem u. nichtadsorbiertem Serum untersucht. L. Schuler. 4370◇

1193 **Isolierung und Identifizierung des „fast-death"-Faktors in Microcystis aeruginosa NRC-1.** C. T. Bishop, E. F. L. J. Anet. und P. R. Gorham. (Canad. J. Biochem. Physiol. **37,** 453—71, März 1959; Ottawa, Ontario, Canada, Nat. Res. Council, Div. of Appl. Biol.) — Das rohe Toxin wurde aus den lyophilisierten Zellen von *Microcystis aeruginosa* NRC-1 in Form des Na-Salzes durch Extraktion mit W. u. Reinigung mittels Extraktion in n-Butanol u. mittels Dialyse gewonnen. Elektrophorese des Präp. auf Cellulose in 0,1 m Boratpuffer (pH 9,1) ergab 5 nahe verwandte Peptide, von denen eins die gesamte Konz. des Rohpräp. enthielt. Der „*fast death*"-*Faktor* ist ein saures, wahrscheinlich cycl. Peptid, das folgende Aminosäuren enthält: *L-Asparaginsäure, L-Glutaminsäure, D-Serin, L-Valin, L-Ornithin, L-Alanin, L-Leucin.* Die intraperitoneale DL_{50} des reinen Toxins betrug für die Maus 0,466 ± 0,013 mg/kg Körpergewicht. W. Knöbel. 4370◇

1194 **Die Hämolysine von Escherichia coli.** H. Williams Smith. (J. Pathol. Bacteriol. **85,** 197—211, 1963; Stock, Essex, Animal Health Trust; engl.) — Verschiedene *Escherichia coli*-Stämme bilden Hämolysine. *α-Hämolysin* ist filtrierbar u. vermutlich ident. mit dem von Lovell u. Rees (Nature [London] **188,** [1960], 755) beschriebenen filtrierbaren Hämolysin. *β-Hämolysin* ist nicht filtrierbar.
U. Tausendfreund. 4370◇

1195 **Reversible und irreversible Adsorption des Phagen Tl an in Wasser unlösliche Lipide.** Leo Zelkowitz und Hans Noll. (Virology **9,** 151—67, 1959; Pittsburgh, Pa., Univ., School of Med., Dep. of Microbiol.; engl.) — Die Wechselwrkg. des Bakteriophagen Tl mit Lipiden wurde durch Säulenchromatographie u. W-Ae.-Phasentrennung untersucht. Die Adsorption des Phagen an Cholesterin u. Stearinsäure verlief reversibel, die Infektiosität konnte quant. wiedergewonnen werden, dagegen verursachte die Adsorption an Hexadecylamin irreversible Inaktivierung. Durch den an einer Cholesterinsäule adsorbierten Phagen wurden 88% des spezif. Antikörpers gebunden. M. Wiedemann. 4374◇

1196 **Reinigung und Eigenschaften des Bakteriophagen ΦX174.** Robert L. Sinsheimer. (J. molecular Biol. **1,** 37—42, April 1959.) — Der *Bakteriophage ΦX 174* (I; auf *Escherichia coli* gezüchtet) hat ein Teilchen-Gew. von $6{,}2 \cdot 10^6$ u. enthält 25% *Desoxyribonucleinsäure* (II). Gereinigter I bildet bei neutraler Rk. abgesonderte Aggregate, vermutlich ein Tetrameres, die bei Verdünnung oder bei alkal. Rk. dissoziieren. Aus I erhaltene Lysate enthalten ein zweites Teilchen, das Antigenbeziehung zu I hat, nicht infektiös ist u. niedrigere Sedimentations-Konst. u. geringeren Geh. an II hat. Die II des I scheint eine ungewöhnliche Struktur zu haben, da er mit Formaldehyd (auch schon vor Extraktion aus I) reagiert u. eine ungewöhnliche Fähigkeit zur Inaktivierung hat. A. Hesse. 4374□

1197 **Reinigung und Konzentrierung von Viren durch ein organisches Lösungsmittelsystem.** Tadahiko Kitano, Ichiro Haruna und Itaru Watanabe. (Virology **15,** 503—04, Dez. 1961; Kyoto, Japan, Kyoto Univ., Inst. for Virus Res.; engl.) — Das Virus (z. B. ECHO-7) in Phosphatpuffer-Lsg. wird mit einem Lsgm.-Syst. aus 2 Vol. *2-Äthoxyäthanol* auf 1 Vol. *2-Butoxyäthanol* zentrifugiert. Das Virus lagert sich in eine gelartige Zwischenschicht u. kann in neue Phosphatpuffer-Lsg. gebracht werden.
M. Schönberg. 4374◇

1198 **Analyse der frühen Stadien von Vacciniavirus-Infektion in KB-Zellen mittels Natriumazid.** K. B. Easterbrook. (Virology **15,** 417—27, Dez. 1961; Canberra, Australia, National Univ., John Curtin School of Med. Res., Dep. Microbiology; engl.) — NaN_3 verhindert die Virusvermehrung in frühem Stadium in mit Vacciniavirus infizierten KB-Zellen, indem es die Antigen-Synth. behindert. Es greift das Virus nicht an, u. die Zelle verliert nicht die Fähigkeit der Virusproduktion. M. Schönberg. 4374◇

1199 **Über die lichtabhängige Inaktivierung des Herpes simplex-Virus durch Chlorophyllin.** K. E. Schneweis. (Z. Hyg. Infektionskrankh. **149,** 139—51, 1963; Göttingen, Univ., Hyg.-Inst.; dt.) — Es wurde nachgewiesen, daß auch *Herpes simplex*-Virus durch *Chlorophyllin* (I) inaktiviert wird, wozu bereits Verdünnungen von 10^{-7} ausreichen. Licht-Einfl. fördert die Inaktivierung des Virus durch I (Licht ist bei der Virusinaktivierung selbst beteiligt, keine Induzierung einer akt. Substanz aus unwirksamer I-Vorstufe). I greift am Virus selbst an u. wirkt nicht über Beeinflussung der infizierten Zellen. In Ggw. von Serum oder Albumin sind höhere I-Konzz. notwendig. Die Empfindlichkeit des Herpesvirus gegenüber I entspricht derjenigen des *Vaccinevirus*; ein *Polio*- u. *Adenovirus*-Stamm konnten auch mit 10^{-3}-Verdünnungen von I nicht inaktiviert werden. Da die virusinaktivierenden I-Konzz. jedoch cytotox. wirken können, ist die I-Wrkg. gegenüber Herpesvirus therapeut. nicht ausnutzbar. U. Tausendfreund. 4374◇

1200 **Analyse erworbener Toleranz gegenüber dem Roussarkomvirus bei Enten.** 3. Mitt. **Die Rolle von Forssman-Antigen, Desoxyribonucleoprotein, Desoxyribonucleinsäure und Überstand bei der Hervorrufung der Toleranz.** J. Svoboda. (Folia Biol. [Praha] **6,** 96—100, 1960; Prague, Czechoslovak Acad. of Sci., Inst. of Biol., Dep. of Exp. Biol. and Gen.; engl.) — 2. vgl. Folia Biol. [Praha] **6,** [1960], 21. — Bei Best. der Wrkg. verschiedener biolog. bedeutsamer Komponenten von Geflügelerythrocyten zur Hervorrufung einer Toleranz gegenüber dem Rous-Sarkomvirus konnte die Aktivität von Geflügelblut durch Hitzedenaturierung zerstört werden, während bei der angewendeten Art der Hitzedenaturierung das Forssman-Hapten intakt bleibt. Beim Vgl. der Wrkg. des heterophilen Forssman-Antigens

von Schaferythrocyten u. menschlichen Erythrocyten der Gruppe A fand sich Aktivität nur in letzten (jedoch schwächer als im Geflügelblut). *Desoxyribonucleoprotein* erwies sich als sehr akt. zur Hervorrufung von Toleranz gegenüber dem Rous-Virus; *Desoxyribonucleinsäure* war inaktiv.
U. Tausendfreund. 4374◇

1201 **Der Einfluß der 5-Bromdesoxyuridin-Substitution auf die Ultraviolettempfindlichkeit, die Wirtszellenreaktivierung und Photoreaktivierung bei T_1 und $P_{22}H_5$.** Walter Sauerbier. (Virology **15**, 465—72, Dez. 1961; Köln/Rh., Univ., Genet. Inst.; engl.) — Es wurden Phagen T1 mit verschieden starker *Bromdesoxyuridin* (DB)-Substitution hergestellt, so nach der Meth. von Stahl (Grasemann, Okun, Fox u. Laird, Virology **13**, [1961], 98). Sie wurden analysiert durch Zentrifugierung. Die UV-Empfindlichkeit wird je nach dem Grad der DB-Substitution bis zum 2,6fachen erhöht. Die Photoreaktivierung mit einer fluorescierenden Lampe bei 37° u. die Wirtszellenreaktivierung sind durch die Substitution verlorengegangen. Der DB-substituierte Phage P22H5 scheint in der gleichen Weise wie der Phage T1 zu reagieren.
M. Schönberg. 4374◇

1202 **Die in vitro-Empfindlichkeit von Trichomonas vaginalis gegen Metronidazol.** F. Schröpl und H. Röckl. (Z. Hyg. Infektionskrankh. **149**, 126—38, 1963; München, Univ., Dermatol. Klin. u. Poliklin.; dt.) — Die in vitro-Empfindlichkeit von 105 *Trichomonas vaginalis*-Stämmen gegenüber *Metronidazol* (*Flagyl, Clont*) lag zwischen 0,0625 u. 8,0 γ/ml (Verdünnung 1:16 Millionen bis 1:125000). 58% der Stämme wurden bis 0,5, 77% bis 1,0, 90% bis 2,0 u. 99% bis 4,0 γ/ml total gehemmt. Ggw. von *Escherichia coli* oder gleichzeitiges Wachstum von *Candida albicans* bzw. von Hefen anderer Art im Nährmedium waren ohne Einfluß. Vorerst konnte noch kein Zusammenhang zwischen klin. Heilerfolg u. in vitro-Empfindlichkeit nachgewiesen werden. Eine Gewöhnung war in vitro bisher nicht erzielbar.
U. Tausendfreund. 4380◇

E$_4$. Pflanzenchemie, Pflanzenphysiologie, Pflanzenpathologie

1203 **Chemotaxonomische Betrachtungen.** 11. Mitt. **Phytochemische Hinweise für die Stellung der Aristolochiaceae im System der Dicotyledonen.** R. Hegnauer. (Pharmazie **15**, 634—42, 1960; Leiden, Pharmazeut. Labor.; dt.) — 10. vgl. C. **1961**, 4803. — 36 Literaturangaben.
W. Wesly. 4420◇

1204 **Rolle der Oxalsäure in höheren Pflanzen.** S. K. Srivastava und P. S. Krishnan. (J. sci. ind. Res. [New Delhi], Sect. C **18**, 220—24, 1959; Lucknow, Univ., Chem. Dep., Sect. of Biochem.; engl.) — *Oxalsäure* (I) ist ein normaler Hauptbestandteil der grünen Blätter von Spinat, Colocasia, Alocasia, Amaranthus, Runkelrübe beim Wachstum im Freien. Durch Lichtmangel gebleichte Spinatpflanzen dagegen enthalten nur sehr wenig I. In der Dunkelheit gewachsene Alocasiapflanzen zeigen niederen Geh. an I in den Blättern, einen hohen dagegen in den Stengeln. In Colocasiaknollen steigt I während des Sprossens an. Einmal gebildet scheint I nur schwer von den Pflanzen genutzt zu werden. Vier Monate langes Lagern ruft bei Colocasiaknollen keine wesentliche Veränderung ihres I-Geh. hervor; ebensowenig wird derselbe signifikant verringert, wenn grüne Spinatpflanzen ins Dunkle gebracht werden. Ergebnisse mit abgetrennten u. in der Dunkelheit aufbewahrten Blättern waren nicht überzeugend: in einigen Verss. konnte keine Veränderung des I-Geh. festgestellt werden, dagegen in anderen eine signifikante Verringerung nach einem anfänglichen Anstieg. Inkubation von Homogenaten von Blättern führte auch zu keiner Veränderung. I in Blättern von Alocasia zeigte keine tägliche Periodizität. Es scheint, daß I, obgleich ein normaler Bestandteil der grünen Blätter, ein Endprod. ist u. nicht in den akt. Stoffwechsel eintritt. Gleichwohl ist das natürliche Trocknen der Blätter von Alocasia begleitet vom Verschwinden einer beträchtlichen Menge von I.
H. Aman. 4420◇

1205 **Chemische Untersuchung der Früchte von Angelica glauca.** S. S. Chaudhary, Yoginder Nath und K. L. Handa. (Proc. nat. Acad. Sci., India, Sect. A **29**, 283, 1960; Jammu, Regional Res. Labor.; engl.) — Vff. isolieren aus dem PAe.-Extrakt von *Angelica glauca* eine Verb., $C_{14}H_8O_3$, F. 101—102°, lösl. in organ. Verbb., opt. inakt., die $KMnO_4$-Lsg. entfärbt u. in CCl_4 Br_2 adsorbiert. Die Verb. ergibt ein *Acetat*, F. 153—155° u. ein *Benzoat*, F. 119—120°.
W. Hiller. 4420◇

1206 **Alkohole des Tabaks: Solanesol und n-Docosanol.** W. Carruthers und R. A. W. Johnstone. (Chem. and Ind. **1960**, 867—68; Exeter, Univ., Carcinogenic Substances Res. Unit, Med. Res. Council; engl.) — Vff. erhalten durch Chromatographie der neutralen Fraktion eines alkohol. Extraktes aus grünen Tabakblättern ein Roh-*Solanesol* (I), F. 37,5—38,5°, das mit anderen Substanzen ähnlicher Struktur verunreinigt ist. Chromatographie des Roh-I an Al_2O_3 u. Elution mit Ae. ergibt kurz nach der Elution des I einen langkettigen, gesätt., prim. Alkohol $C_{22}H_{46}O$, F. 69—70°; Phenylurethan $C_{29}H_{51}NO_2$, F. 85—86°, der als *n-Docosanol* (II) identifiziert wurde. II ist mit geringen Mengen des Homologen $C_{24}H_{50}O$ verunreinigt. I u. II wurden ebenfalls in dem Kondensat von Zigarettenrauch durch IR-Spektroskopie identifiziert.
W. Hiller. 4420◇

1207 **Bestimmung von Estern und Menthol in den Pfefferminz-Essenzen (in der 2. Ausgabe der brasilianischen Pharmakopoe).** J. H. Helou. (An. Fac. Farmác. Odontol. Univ. São Paulo **18**, 49—54, 1961; São Paulo, Univ., Fac. Farm. Odont., Cad. de Farmacotécn.; port.) — In der 2. Ausgabe der brasilian. Pharmakopoe fehlt die Angabe zur Best. der Acetylzahl, die Best. dieses Wertes ist jedoch zur Best. des *Menthol* (I)-Geh. in Pfefferminzessenzen erforderlich. Die angegebene Meth. zur Berechnung des I-Geh. enthält keine ausreichenden Korrekturfaktoren u. führt daher zu falschen Ergebnissen.
K. Zingraf. 4420◇

1208 **Oligosaccharide im Birkensaft.** S. Haq und G. A. Adams. (Canad. J. Biochem. Physiol. **40**, 989—97, Aug. 1962; Ottawa, Ontario, Canada, Nat. Res. Council, Div. of Applied Biol.; engl.) — Im frischen konz. Saft der Birke (*Betula papyrifera*) konnten neben Polysaccharidmaterial (vornehmlich *Arabinogalaktan*), *D-Glucose* (G) u. *D-Fructose* (F) 7 Oligosaccharide nachgewiesen werden: *Saccharose* (I), *6G-Fructosylsaccharose*, *F-Glucosylsaccharose*, *Gentiobiose*, *Melibiose*, *Manninotriose*, *Verbascotetraose*. Das Vork. von I u. das Fehlen von Raffinose, Stachyose u. Verbascose weisen auf enzymat. Hydrolyse durch eine *β-Fructofuranosidase* in den Zellen oder Gefäßen des Baumes.
U. Tausendfreund. 4420◇

1209 **Virgilia oroboides-Gummi.** 2. Mitt. **Isolierung von Oligosacchariden nach partieller Hydrolyse.** F. Smith und A. M. Stephen. (J. chem. Soc. [London] **1961**, 4892—4903; St. Paul, Minn., Univ. of Minnesota, Dep. of Agric. Biochem.; engl.) — 1. vgl. C. **1957**, 11878. — Die nach stufenweiser saurer Hydrolyse von *Virgilia oroboides* Gummi chromatograph. getrennten neutralen Zuckerfraktionen bestehen zur Hälfte aus *L-Arabinose* (II), *5-O-α-L-Arabinopyranosyl*-**II** (**III**), *3-* u. *5-O-α-L-Arabinofuranosyl*-**II** (**IV**) u. *Arabinotriose*. In geringer Menge tritt *5-O-β-D-Xylopyranosyl*-**II** auf. Die pentosefreien Fraktionen enthalten etwa gleiche Anteile *D-Galaktose* (**VII**), *3-* (**VIII**) u. *5-O-β-D-Galaktopyranosyl*-**VII** (**IX**), β1 → 6 gebundene *Galaktotriose* (**X**), *Galaktotetrose* u. *höhere Oligosaccharide* sowie *Mannose* (**XI**). Aus dem schwer hydrolysierbaren sauren Rückstand (17%) wurden neben **VII** u. wenig **XI** *D-Glucuronsäure* (**XV**), *4-O-Methyl*-**XV**, [*2-D-Mannose-* u. *6-D-Galaktose-β-D-glucopyranosid*]*-uronsäure* (**XIV** u. **XVII**) isoliert. Die Verbb. werden durch Hydrolyse, Perjodatoxydation der Phenylosazone oder Methylierung u. nachfolgende Spaltung charakterisiert.

Versuche: Opt. Drehung gemessen in Wasser. — Reinigung von *Virgilia oroboides* Gummi (I) durch Schütteln des Rohprod. (vgl. l. c.) mit Amberlite IR-120(H) u. -4B(OH), nach Gefriertrocknung des Filtrats farbloses Pulver, $[\alpha]_D^{20}$ $-38°$ (c = 0,26), Äquivalent-Gew. 2100, Asche-Geh. 0,35%. — I (75 g) mit 0,01n H_2SO_4 6 Std. bei 95° hydrolysiert, mit $BaCO_3$ neutralisiert u. *Polysaccharid* **A** mit CH_3OH (4 Vol.) gefällt, durch Einengen *L-Arabinose* (**II**; 5,5 g); Chromatographie des Restsirups an Cellulose u. Celitekohle liefert folgende Prodd.: **II** (9,4 g), F. 156° (A.), $[\alpha]_D^{20}$ $+100°$ (c = 1, Gleichgewicht); — *5-O-α-L-Arabinopyranosyl*-**II** (**III**; 3,3 g), $C_{10}H_{18}O_9$, F. 143° (wss. CH_3OH), $[\alpha]_D^{18}$ $-18°$ (c = 1,7); — *5-O-α-L-Arabinofuranosyl*-**II** (**IV**; 0,6 g), Sirup, $[\alpha]_D^{18}$ $-87°$

(c = 0,5); *Phenylosazon*, $C_{22}H_{28}N_4O_7$, F. 184—186° (wss. A.), Perjodatoxydation liefert *Mesoxaldialdehyd-1.2-bis-phenylhydrazon* (**V**), aber keinen *Formaldehyd*; — *3-O-α-L-Arabinofuranosyl*-**II** (5 mg), $[\alpha]_D^{20}$ ca. 0° (nach Papierchromatographie), bei Hydrolyse mit 0,01 n H_2SO_4 24 Std. bei 100° entsteht nur **II**, Perjodatoxydation der *Phenylosazon*-Lsg. gibt *Formaldehyd* u. < 1% **V**; — *5-O-β-D-Xylopyranosyl*-**II** (53 mg), Sirup, $[\alpha]_D^{20}$ —47° (c = 1,9), mit 0,01 n H_2SO_4 *Xylose* (**VI**) u. **II**, $[\alpha]_D$ ca. + 30°; *Phenylosazon*, F. 216° (A./Ae.), Nadeln, Hydrolyse ergibt **VI** u. Oxydation **V** ohne *Formaldehyd*; — *Arabinotriose* (82 mg), hygroskop. Kristalle, $[\alpha]_D^{20}$ — 35° (c = 3,6), mit 0,01 n HCl 15 Std. bei 85° Hydrolyse zu **II** u. **III**, Methylierung mit $(CH_3)_2SO_4$ u. CH_3J/Ag_2O u. Hydrolyse des Sirups liefert *2.3.4-Tri-* u. *2.3-Di-O-methyl*-**II**. — Hydrolyse von **A** (0,01 n H_2SO_4, 6 Std., 92°), Aufarbeitung wie oben u. Hydrolyse der anfallenden Ba-Salze (pH 2,1, 9 Std.) liefert Ba-Salzgemisch **B** u. Zuckersirup (7,5 g), aus diesem nach Chromatographie wie oben: **II** (3,5 g); **III** (1 g); **IV** (40 mg); *D-Galaktose* (**VII**; 0,9 g); *3-* (**VIII**; 0,2 g) u. *6-O-β-D-Galaktopyranosyl*-**VII** (**IX**; 0,4 g); *O-β-D-Galaktopyranosyl-(1 → 6)-O-β-D-galaktopyranosyl-(1 → 6)*-**VII** (**X**; 0,8 g); *höhermol. Prodd.* (0,5 g). — Hydrolyse von **B** (pH 1,9, 44 Std., 98°) ergibt Ba-Salze **C** (16,3 g) u. Zuckersirup (12 g), aus **VII** (4 Mol), **II** (1 Mol) u. *Oligosacchariden* (5 Mol, als Hexose) bestehend. Der bei wiederholter Hydrolyse von **C** (14 g) mit 0,1 n H_2SO_4 neben Ba-Salzgemisch **D** (6,73 g) erhaltene Sirup liefert nach Chromatographie mit steigender A.-Konz. an Celitekohle folgende Prodd.: **VII** (2,4 g) neben **II** u. *Mannose* (**XI**); — **IX** (0,84 g), $[\alpha]_D^{25}$ + 29° (c = 2,2), aus CH_3OH als *Hydratmethanolat*, $C_{12}H_{22}O_{11}$, H_2O, CH_3OH, F. 110—148° (Zers.); *Phenylosazon*, F. 203—204°, Prismen, bei Perjodatoxydation kein Formaldehyd; *Acetat*, $[\alpha]_D^{22}$ + 2° (c = 1,3; Chlf.), daraus über den *Acetobromzucker* das *Methyl-β-glykosid*, das nach Desacylierung nach Zemplen mit CH_3J/Ag_2O *permethyliert* wird $[\alpha]_D^{22}$ + 3° (c = 1,5; CH_3OH). Dieses wird durch n H_2SO_4 bei 100° in *2.3.4.6-Tetra-O-methyl*-**VII** (**XII**), $[\alpha]_D^{20}$ + 90° (c = 2,4; *Anilin-Deriv.*, F. 198°) u. *2.3.4-Tri-O-methyl*-**VII** (**XIII**; *Anilin-Deriv.*, F. 165—166°) gespalten; — *3-O-β-D-Galaktopyranosyl-D-galaktose* (**VIII**; 0,1 g), F. 200° (Zers.; wss. CH_3OH), Prismen, $[\alpha]_D^{25}$ — 54° (c = 0,7); — *O-β-D-Galaktopyranosyl-(1 → 6)-O-β-D-galaktopyranosyl-(1 → 6)-galaktose* (**X**; 0,7 g), $C_{18}H_{32}O_{16}$, 0,5 H_2O, F. 158—163° (bei 153° sinternd, aus W. mit CH_3OH), Nadeln, $[\alpha]_D^{22}$ + 22° (c = 1,4), hydrolysierbar zu **VII** u. **IX**, Perjodatoxydation des mit $NaBH_4$ resultierenden *Glycits* setzt 4,5 Äquivalente HCOOH frei (berechnet 5 Äquivalente), *permethyliertes* **X** [F. 153° (Ae./PAe.), Nadeln, $[\alpha]_D^{20}$ — 18° (c = 0,8 CH_3OH)] liefert mit n H_2SO_4 (100°, 5 Std.) **XIII**, $[\alpha]_D^{20}$ + 110° (c = 1,1), u. **XII**; — *Galaktotetraose* (0,24 g), $[\alpha]_D^{22}$ + 16° (c = 0,7), partielle Hydrolyse gibt **VII**, **IX** u. **X**; — *Höhere Oligosaccharide* (0,8 g). — Hydrolyse von **D** (5 g) mit 0,5 n H_2SO_4 13 Std. bei 98°, Chromatographie an Cellulose u. Ionenaustauschern liefert **VII**, wenig **XI** u. folgende Säuren: *4-O-Methyl-D-glucuronsäure* (0,03 g), $[\alpha]_D^{20}$ ca. + 10° (c = 1,3; Ba-Salz), daraus über das *Methylestermethylglykosid* mit methanol. NH_3 α- [F. 232—234° (A.)] u. *β-Methyl-4-O-methylglucosiduronamid*; — *Aldobiuronsäure* (0,12 g), deren *Methylestermethylglykosid* durch n H_2SO_4 in 5 Std. bei 100° zu **VII** u. *4-O-Methyl-D-glucose* hydrolysiert wird; — *[2-D-Mannose-β-D-glucopyranosid]-uronsäure* (**XIV**; 0,6 g), $[\alpha]_D^{25}$ — 31° (c = 1), hydrolysiert zu **XI** u. *Glucuronsäure* (**XV**), methylierbar nach Meth. von Haworth sowie Purdie zu *Methyl-[methyl-3.4.6-tri-O-methyl-2-D-mannosid-2.3.4-tri-O-methyl-β-D-glucosid]-uronat*, $C_{20}H_{36}O_{12}$, F. 141°, prismat. Nadeln aus Ae., $[\alpha]_D$ — 22° (c = 2,4; CH_3OH), daraus durch n H_2SO_4 in 16 Std. bei 100° *3.4.6-Tri-O-methyl*-**XI** [**XVI**; F. 102—104° (PAe.), $[\alpha]_D^{28}$ + 40° (c = 1; CH_3OH)] u. *2.3.4-Tri-O-methyl*-**XV**, $[\alpha]_D^{20}$ ca. + 10° (c = 1; CH_3OH), aus diesem über das *Methylestermethylglykosid* mit methanol. NH_3 *2.3.4-Tri-O-methyl-α-D-glucosiduronamid*, F. 188°, Prismen aus A./Ae.; — *[6-D-Galaktose-β-D-glucopyranosid]-uronsäure* (**XVII**; 0,27g), $[\alpha]_D^{25}$ — 3° (c = 1,8), Hydrolyse zu **VII**, **XV** u. wenig **XI**, nach Permethylierung Destillat durch 2 n H_2SO_4 (16 Std., 98°) in **XIII** [$[\alpha]_D^{20}$ + 105° (c = 3,1); *Anilin-Deriv.*, F. 168 bis 169°, $[\alpha]_D^{20}$ — 70° → + 45° (2 Tage; c = 1; CH_3OH)], *2.3.4-Tri-O-methyl*-**XV** (**XVIII**) u. Spuren **XVI** spaltbar; Dest.-Rückstand hydrolysiert zu **XVIII**, Spuren **XIII** u. **XVI**. — Endfraktionen (0,17 u. 0,39 g) ergeben nach Hydrolyse **XIV**, **XVI**, **XV**, **XVII** u. wenig **VII**. — Nicht identifizierter Rest 0,6 g. G. Etzold. 4420◇

1210 **Untersuchungen über die Blütenfarben bei Rosen mit besonderer Berücksichtigung der biochemischen und genetischen Analysen und die Anwendung dieser Ergebnisse für die praktische Züchtung.** 1. Mitt. Kenichi Arisumi. (Sci. Bull. Fac. Agric., Kyushu Univ. **20**, 131—49, 1963; Kyushu Univ., Fac. of Agricult., Horticult. Labor.; jap., Auszug: engl. S. 146.) — Vf. findet in Rosen *Cyanin* (**I**), *Chrysanthemin*, *Pelargonin* (**II**), *Callistephin*, *Paeonin* u. *Paeonidin-3-monoglykosid*. **I** ist das am häufigsten vorkommende Anthocyan. Die meisten Floribundarosen intensivieren die Blütenfarben in den späteren Stadien der Blüte durch Synth. von *Anthocyanidin-3-monosiden*. **II** erscheint bei Polyantharosen. Das neue Farbspiel, das durch Einkreuzung von *Rosa foetida* zustande kam, ist nicht auf Anthocyane, sondern auf Carotinoide zurückzuführen. Das Vork. der Anthocyane in den Rosenarten ist in Tabellen wiedergegeben. W. Hiller. 4420◇

1211 **In Eierfruchtpflanzen, Solanum melongena L., vorkommende Anthocyanase und Anthocyane.** 1. Mitt. Sadao Sakamura und Yataro Obata. (Agric. biol. Chem. [Tokyo] **25**, 750—56, 1961; Sapporo, Hokkaido Univ., Dep. of Agricult. Chem.; engl.) — Vff. isolieren aus Eierfrüchten durch $(NH_4)_2 \cdot SO_4$ Fällung eine *Anthocyanase* (**I**; entfärbt Anthocyane). Das pH-Optimum für **I** liegt bei 6,0 u. das Temp.-Optimum bei 35°. Die folgenden Verbb. hemmen **I** in dem angegebenen Maße: *KCN* 0,05m 91%; *NaCl* 0,50m 56%, 0,25m 47%; *Thioharnstoff* 0,05m 80%, *KCl* 0,5m 58%, *Na_2SO_4* 0,5m — 2%. **I** zeigt hohe Aktivität gegen *Nasurin* (**II**; *Delphinidin-3-diglucosid* acyliert mit *p-Cumarsäure*) u. *Delphinidinglucosid*; geringere Aktivität gegen *Cyanidin-3-galaktosid* u. *Cyanidin* u. noch geringere Aktivität gegen *Paeonidin*, *Paeonidin-3-galaktosid* u. *Pelargonidin-3-glucosid*. Die Eierfrüchte enthalten 3 Anthocyane, die alle als gemeinsames Anthocyanidin *Delphinidin* besitzen. Als Hauptanthocyan kommt **II** in der Eierfrucht vor. W. Hiller. 4420◇

1212 **Darstellung, Reinigung und einige physikalische und chemische Eigenschaften des Saponins aus Samen von „Rize"-Tee.** Tevfik Bigat. (Istanbul Üniv. Fen Fak. Mecmuasi [Rev. Fac. Sci. Univ. Istanbul], Ser. C **23**, Nr. 2, 173—95, 1958; Istanbul, Univ., Inst. of Ind. Chem.; engl.) — Aus geschälten Samen wird in 0,025%ig. Ausbeute ein hygroskop. krist. *Saponin*, F. 115—217° (Zers.), erhalten. Es handelt sich um ein zweibas. saures Saponin.
P. Gregorzewski. 4420◇

1213 **(+)-Lupanin in Lupinus hilarianus Benth.** H. Schraer und Rosemary Schraer. (Experientia [Basel] **17**, 256, 15/6. 1961; Martinez, Prov. Buenos Aires, E. R. Squibb & Sons Argentina S.A., Labor. de Invest.; engl.) — Aus den Samen von *Lupinus hilarianus* Benth. wird durch Chromatographie der Alkaloide neben (+)-*Hydroxylupanin* [R_F 0,29 (Butanol/Eisessig/W.; 80:3:17)] (+)-*Lupanin* {R_F 0,41. *Hydrojodid*, F. 188—189°. *Perchlorat*, F. 211 bis 213°; $[\alpha]_D^{25}$ + 40,0° (c = 0,3; A.). *Methojodid*, F. 256—257°} in geringer Menge isoliert u. durch direkten Vgl. mit einem authent. Präp. identifiziert. F. Heller. 4420◇

1214 **Inhaltsstoffe von Rauwolfia vomitoria aus Ostpakistan.** Salimuzzaman Siddiqui und M. Manzur-i-Khuda. (Pakistan J. sci. ind. Res. **4**, 1—3; Jan. 1961; Karachi, Pakistan Council of Sci. and Ind. Res., Central Labor., Pharmaceut. Res. Div.; engl.) — Aus in Dacca (Ostpakistan) kultivierter *Rauwolfia vomitoria* werden *Alstonin*, *Ajmalin* (**I**), *Serpentinin*, *Reserpin* u. *Serposterin* isoliert. An wasserlösl. Inhaltsstoffen werden papierchromatograph. *Mannose*, *Glucose*, *Saccharose* u. *Maltose* nachgewiesen.

Versuche: *Ajmalin*, *Semihydrat* (**I**), $C_{20}H_{20}N_2O_2 \cdot \frac{1}{2} H_2O$, F. 158° ($CH_3OH$), durch Extrahieren von frischen Wurzeln von Rauwolfia vomitoria mit A., Eindampfen im Vakuum, Lösen in Äthylacetat u. W., Einengen der wss. Lsg., Einstellen auf pH 7,5 mit NH_4OH u. Extrahieren mit Äthylacetat; $[\alpha]_D^{22}$ + 125° (A.). — *Alstonin*, *Semihydrat*, $C_{21}H_{20} \cdot N_2O_3 \cdot \frac{1}{2} H_2O$, Zers. ca. 150°, aus dem Hydrojodid u. verd. Na_2CO_3-Lsg.; orangegelbe Nadeln. *Hydrochlorid*, *Semihydrat*, $C_{21}H_{20}N_2O_3 \cdot \frac{1}{2} H_2O$, F. 282—284° (Zers.), aus dem Hydrojodid u. AgCl; aus CH_3OH/Ae. Nadeln; $[\alpha]_D^{21}$ + 140,5° (W.). *Hydrojodid*, $C_{21}H_{20}N\ O_3 \cdot HJ$, F. 286° (Zers.), aus der neben **I** erhaltenen ammoniakal. Lsg. durch Einengen im Vakuum, Ansäuern mit Eisessig u. Zugeben von KJ; $[\alpha]_D^{27}$ + 162° (abs. A.); aus CH_3OH Platten. — *Serpentinin*, F. 276° (verd.

A.), aus dem Filtrat von vorst. Hydrojodid durch Alkalisieren mit NaOH. — *Reserpin*, $C_{33}H_{40}N_2O_9$, F. 275°, aus dem neben I erhaltenen l. Äthylacetatextrakt durch Eindampfen, Extrahieren mit PAe., Alkalisieren der unlösl. Anteile mit NaOH, Extrahieren mit Äthylacetat u. Chromatographie in Bzl. an Al_2O_3; $[\alpha]_D^{23}$ —116°; aus Bzl. Rhomben. — *Serposterin*, F. 152°, neben vorst. Verbindung. F. Heller. 4420◇

1215 **Alkaloide von Vepris bilocularis.** T. R. Govindachari und V. N. Sundararajan. (J. sci. ind. Res. [New Delhi], Sect. B **20**, 298—99 1961. Madras, Presidency Coll., Dep. of Chem.; engl.) — Aus Stammrinde von *Vepris bilocularis* wurde *Kokusaginin* (I) u. eine *Base* vom F. 180—181° (II) erhalten. Aus II konnte *Skimmianin* (III) u. *Flindersiamin* (IV) isoliert werden. Durch Methylierung von II entstand *Isoskimmianin* (V) u. *Isoflindersiamin* (VI).

Versuche: 2 kg feingepulverte Rinde wurden mit PAe. u. dann mit Aceton extrahiert, Aceton abgedampft, der Rückstand mit wss. HCl extrahiert, der Extrakt mit NH_3 alkalisiert u. mit Chlf. extrahiert. Aus dem Extrakt wurden mit 2n HCl 4,5 g rohes I-*Hydrochlorid* (F. 224°; Zers.) gewonnen. Daraus 2,8 g I, $C_{14}H_{13}NO_4$, F. 168—169° (Nadeln aus Methanol); *Pikrat*, F. 218—219° (gelbe Nadeln aus A.). Das Filtrat von I-Hydrochlorid gab nach Alkalisierung u. Extraktion mit Ae. 4 g Basen, nach Umkristallisation aus Methanol 2,8 g schwachgelbe Basen, die in Chlf. über Al_2O_3 chromatographiert 1,8 g II, F. 170—171° (Prismen aus Methanol) gaben. — 0,8 g II wurden in 100 ml Bzl. gelöst; hieraus 0,3 g Fraktion A bzw. 0,3 g Fraktion B durch Extraktion mit 0,5 bzw. 5% wss. HCl u. Behandeln der Extrakte mit NH_3. A wurde in Bzl. an Al_2O_3 chromatographiert u. mit Bzl. bis zum negativen Berliner-Blau-Test entwickelt. Extraktion mit $CHCl_3$ ergab III, $C_{14}H_{14}NO_4$, F. 175—176° (Prismen aus Methanol); *Pikrat*, F. 192—194° (gelbe Nadeln aus Methanol). B wurde wie A behandelt; die Fraktionen mit F. >200° gaben aus A. IV, $C_{14}H_{11}NO_5$, F. 206—208°; *Pikrat*, F. 200° (Zers.; gelbe Stäbchen aus n-Propanol). — Trennung von *Isoskimmianin* (V) u. *Isoflindersiamin* (VI): 0,5 g II wurden mit CH_3J in Chlf. 4 Std. auf 100° erhitzt, die Lsg. eingedampft u. der Rückstand mit Bzl. extrahiert. Der Extrat gab nach Chromatographie über Al_2O_3 (Chlf.) 0,2 g V, F. 184—186° (Nadeln aus W.), Rückstand (0,12 g) aus Bzl. u. wss. A. VI, F. 208—210° (Nadeln).

Hans Groß. 4420◇

1216 **Uzarigenin und Desglucouzarin aus Asclepias syriaca L.** Š. Bauer, L. Masler, O. Bauerová und D. Šikl. (Experientia [Basel] **17**, 15, 15/1. 1961; Bratislava, CSSR, Slovak. Acad. Sci., Dep. Chem. of Natural Prod.; engl.) — In *Asclepias syriaca* L. werden papierchromatograph. 9 *Cardenolide* nachgewiesen, von denen 2 durch Gegenstromverteilung des alkohol. Extraktes krist. erhalten u. als *Uzarigenin* u. *Uzarigenin-β-D-glucosid* identifiziert werden.

Versuche: *Uzarigenin*, $C_{23}H_{34}O_4$, F. 243—250° (verd. A.), a) aus dem alkohol Extrakt von Asclepias syriaca L. durch Gegenstromverteilung u. Chromatographie an Al_2O_3; b) neben *D-Glucose* aus dem β-D-Glucosid u. 1%ig. HCl in Dioxan; $[\alpha]_D^{21}$ +14,9±2° (A.). *Acetyl-Deriv.*, $C_{25}H_{36}O_5$, F. 248—256° (Aceton/Ae.); $[\alpha]_D^{24}$ +3,5±2° (Chlf.). *β-D-Glucosid, Monohydrat*, $C_{29}H_{44}O_9 \cdot H_2O$, F. 260—272° (verd. A.); $[\alpha]_D^{23}$ —44,1±2° (Pyridin). *Tetraacetyl-Deriv.*, $C_{37}H_{52}O_{13}$, F. 174—176° (Aceton/Ae.); $[\alpha]_D^{22}$ —8,85±3° (Chlf.).

F. Heller. 4420◇

1217 **Chemische und physikalische Eigenschaften sowie mögliche Konfiguration der Toxine aus Tungsamen.** R. L. Holmes und Robert T. O'Connor. (J. Amer. Oil Chemists' Soc. **38**, 520—23, Okt. 1961; New Orleans, La., Southern Res. Labor.; engl.) — Aus Tungsamen werden „*Toxin I*" u. „*Toxin II*" isoliert u. ihre Homogenität chromatograph. festgestellt. Durch Unters. der UV- u. IR-Spektren (vgl. Original) der Toxine u. ihrer Verseifungs-Prodd. sowie der JZ. u. Molgew. wird für die Toxine die allgem. Struktur R—CO—CH_2—CH=CH—COO—CH_2—(CHOH—)$_n$—COO—C(R_2)—CH_2—CH=CH—CO—R mit R = Alkyl oder Alkenyl wahrscheinlich gemacht. F. Heller. 4420◇

1218 **Biosynthese des Thiamins aus dem Pyrimidin- und Thiazolanteil von Thiamin.** Yoshitsugu Nose. (Vitamins [Kyoto] **24**, 55—70, 1961; Kyoto, Präf. Med. Univ., Biochem. Inst.; jap.) — Übersicht über die Rolle der *Thiaminasen* für die Biosynth. von *Vitamin B_1*, ihre Aktivierung durch Adenosintriphosphat u. *5-Hydroxymethyl-2-methyl-4-amino-pyrimidin*, die Reaktivität des synthet. B_1, Abtrennung von Zwischenstufen während der enzymat. Synthese. — 41 Literaturangaben. L. Schuler. 4425◇

1219 **Aufnahme und Assimilation von D- und L-Aminosäuren durch Erbsen- und Gerstenpflanzen.** Eero Valle und Artturi I. Virtanen. (Suomen Kemistilehti B **33**, 201—04, 1960; Helsinki, Biochem. Inst., Labor. of Foundation for Chem. Res.; engl.) — Vff. verwendeten die L- u. D-Formen von *Asparaginsäure* (I), *Glutaminsäure* (II), *Alanin* (III), *Valin, Methionin, Histidin* sowie die DL-Formen von I u. II u. die L-Formen von *Lysin, Arginin* (IV) u. *Cystein* als N-Quellen, um ihre relative Aufnahme u. Assimilation an Erbsen- u. Gerstenpflanzen zu untersuchen. Die Erbsenpflanzen gediehen im allg. gut auf den L-Formen, bes. auf I u. II, jedoch nicht auf D-Formen. Die Gerstenpflanzen assimilieren nur L-IV, in geringem Ausmaß auch L-III. Die Verss. bestätigen frühere Befunde, nach denen bes. L-I u. L-II von Erbsen verwertet werden, während Gerste (u. Weizen) diese Aminosäuren nicht assimilieren. B. Görlich. 4450◇

1220 **Aminosäuren in Wurzelausscheidungen von Baumwolle.** C. B. Sulochana. (Plant and Soil [The Hague] **16**, 312—26, 1962; Madras, Univ., Bot. Inst.; engl.) — Vf. untersucht das Vork. von Aminosäuren in Böden, die Welkesymptome (a) bzw. keine Welkesymptome (b) erzeugen u. die Aminosäurenausscheidung der auf diesen Böden gewachsenen Baumwollpflanzen. In a u. b werden *Arginin, Prolin, Lysin, Serin, Glycin, Cystin* u. *Tyrosin* gefunden. Die Geh. sind in a höher als in b. In den Wurzelausscheidungen der Baumwollpflanzen finden sich neben den obengenannten Aminosäuren noch *Asparaginsäure, Threonin, Phenylalanin* u. *Leucin*. Die Ausscheidung ist bei diploiden Stämmen größer als bei amphidiploiden u. bei auf a kultivierten Pflanzen größer als bei auf b kultivierten Pflanzen. Bei mit Mycel u. Sporen von *Fusarium vasinfectum* inokulierten Sämlingen finden sich in den Wurzelausscheidungen geringere Mengen an Aminosäuren im Vgl. zu gesunden Pflanzen.

W. Hiller. 4450◇

1221 **B-Vitamine in Wurzelausscheidungen von Baumwolle.** C. B. Sulochana. (Plant and Soil [The Hague] **16**, 327—34, 1962; Madras, Univ., Bot. Labor.; engl.) — Vgl. vorst. Referat. — Böden, die frei von *Fusarium*-Welkesymptomen sind, enthalten *Pyridoxin, Cholin, Thiamin, p-Aminobenzoesäure* u. Spuren von *Biotin* u. *Inosit*. Böden mit Fusarium-Welkesymptomen enthalten Pyridoxin, Cholin, p-Aminobenzoesäure u. Spuren von Biotin u. Inosit. Die Wurzelausscheidungen der Pflanzen, die auf Böden ohne Welkesymptome wachsen, enthalten größere Mengen Thiamin, Biotin, Pyridoxin u. p-Aminobenzoesäure, die Pflanzen in Böden mit Welkesymptomen noch zusätzlich Cholin. Amphidiploide Stämme scheiden weniger aus als diploide. Inokulierte Sämlinge (vgl. vorst. Ref.) scheiden kein Inosit aus. W. Hiller. 4450◇

1222 **Baumwollwurzeln und vitaminbedürftige und aminosäurebedürftige Bakterien.** C. B. Sulochana. (Plant and Soil [The Hague] **16**, 335—46, 1962; Madras, Univ., Bot. Labor.; engl.) — Vgl. vorst. Referat. — In Böden mit *Fusarium*-Welkesymptomen u. Böden, die frei von Welkesymptomen sind, kommen Bakterien mit Vitaminbedürfnis in geringerer Menge vor als Bakterien mit Aminosäurebedürfnis. Letzte werden durch die Rhizosphäre von Baumwollpflanzen stärker beeinflußt als erste. Der Einfl. diploider Pflanzen ist stärker als der amphidiploider. W. Hiller. 4450◇

1223 **Pufferwirkungen von Benzimidazol bei der Kaliumresorption in abgeschnittenen Gerstenwurzeln.** J. F. Parr und A. G. Norman. (Plant Physiol. **37**, 821—25, Nov. 1962; Ann Arbor, Mich., Univ. of Michigan, Dep. of Bot.; engl.) — Abgeschnittene Gerstenwurzeln nehmen in Ggw. von *Benzimidazol* (I) K^+ aus K_2SO_4-Lsg. in verstärktem Maße auf. Die optimale I-Konz. liegt bei 10^{-3} molar. Durch den I-Zusatz erfolgt keine so starke pH-Erniedrigung. Der pH-Wert sinkt nicht unter 5,5, während er ohne I auf unter 4,0 sinkt. Vorbehandlung der Wurzeln mit 10^{-3}m I verursacht eine Erhöhung der nachfolgenden K^+-Resorption.

W. Hiller. 4450◇

1224 **Die Biosynthese einiger Naturprodukte von pharmazeutischem Interesse.** T. R. Watson. (Austral. J. Sci. **24**, 226—30, 1961; Sydney, Univ., Dep. of Pharmacy; engl.) — Übersicht. — 18 Literaturangaben. K. Maier. 4460◇

1225 **Synthese von Aminosäuren in den Wurzeln von Reispflanzen.** F. Zsoldos und J. Zsolt. (Current Sci. **31,** 422—23, Okt. 1962; Szeged, Univ., Inst. for Plant Physiol.; engl.) — In dem bei Verletzung aus den Wurzeln von Reispflanzen in bewässerter Kultur austretenden Saft war die wichtigste Aminosäurenkomponente *Alanin.* Unter Trockenbedingungen sind die Hauptkomponenten dagegen *Asparagin* u. *Asparaginsäure,* in Wurzeln des Weizens jedoch *Glutaminsäure.* K. Zingraf. 4460◇

1226 **Die Wirkung von Uracil, Thiouracil und Guanin auf die Kälteresistenz und den Stickstoffstoffwechsel von Luzerne.** G. A. Jung. (Plant Physiol. **37,** 768—74, Nov. 1962; West Virginia Univ., Dep. of Agronomy and Genetics; engl.) — Die beiden Luzernesorten „Vernal" u. „Arizona Common" werden mit *Uracil* (**I**), *Thiouracil* (**II**) u. *Guanin* (**III**) besprüht. Die mit **I** besprühten Pflanzen der Sorte „Vernal" enthalten größere Mengen an nichtlösl. u. lösl. Nichtprotein-N u. an lösl. Protein-N im Vgl. zu den mit **II** u. **III** behandelten Pflanzen. Die Kälteresistenz wird von **I, II** u. **III** beeinflußt. Die Art u. Stärke der Beeinflussung hängt vom Zeitpunkt der Anwendung u. von der Temp. ab. Bei der Sorte „Arizona Common" verursachen steigende Konzz. von **I** u. **II** Abnahme im Geh. an lösl. Protein-N. W. Hiller. 4460◇

1227 **Beziehungen zwischen Kälteresistenz, wasserlöslichem Protein, Anthocyanen und freien Zuckern bei Hedera helix L.** Johnson Parker. (Plant Physiol. **37,** 809—13, Nov. 1962; New Haven, Conn., Yale School of Forestry, Gseely Memorial Labor.; engl.) — Der in W. lösl. *Protein*-Geh. steigt von Juli bis zum Spätwinter an u. erreicht im April ein Maximum. Die neuen Blätter im Frühjahr enthalten weniger lösl. Protein (auf Frisch-Gew. bezogen) als die überwinterten Blätter, obwohl die Kälteresistenz in den Blättern zu dieser Zeit annähernd gleich ist. Der *N*-Geh. im getrockneten Zentrifugat ist im Winter u. Sommer nicht unterschiedlich. Die Kälteresistenz nimmt mit dem Geh. an Gesamtzucker zu. Der Gesamtzucker-Geh. steigt von Juli bis Februar auf über das 5fache an. Im Sommerhalbjahr konnten nur *Saccharose, Glucose* u. *Fructose,* im Winterhalbjahr noch zusätzlich *Xylose, Raffinose* u. *Stachyose* nachgewiesen werden. Der Geh. an Zuckern geht mit dem Geh. an Anthocyanen parallel. W. Hiller. 4460◇

1228 **Mechanismus der Bildung des Ricinusöls.** 7. Mitt. **Kohlenstoffeinheit bei der Ricinolsäurebildung.** Kazuyuki Mihara. (J. chem. Soc. Japan, pure Chem. Sect. [Nippon Kagaku Zassi] **81,** 954—59, Juni 1960; Tôkyô-Setagaya, Musasi-Kôgyô-Daigaku.) — 6. vgl. C. **1960,** 12386. — Eine Lsg. von $^{14}C_{(1)}$-Glucose wurde durch die Stengelschale von *Ricinus communis* L. am 30. bis 35. Tage nach dem Blütenanfang absorbieren gelassen u. die Samenkerne nach dem Reifen mit CS_2 extrahiert. Aus dem Auszug wurde wie üblich *Ricinolsäure* (**I**) isoliert u. die Radioaktivität am 1-, 2-, 3-, 4-, 12- u. 13-C-Atom bestimmt: ^{14}C-Verteilung betrug 1,14 (%), 10,82, 1,64, 8,94, 6,51 u. 1,14 (an den 5- bis 18-C-Atomen 7,,46%). Vf. schließt, daß eine C_2-Verb., vermutlich *Acetylphosphorsäure,* als die Einheit bei der **I**-Bldg. wirkt. Die Fettsäuren dieses Ricinusöls sind in der Reihenfolge gesätt. Fettsäuren $<$ **I** $<$ ungesätt. Fettsäuren zunehmend radioaktiv. E. Maekawa. 4460□

1229 **Die die oxydative Phosphorylierung von aus Baumwollsämlingshypokotylen isolierten subcellularen Partikel beeinflussenden Faktoren.** Glyn O. Throneberry. (Plant Physiol. **37,** 781—84, 1962; New Mexico State Univ., Agricult. Exp. Stat., Dep. of Bot. and Entomology; engl.) — Die O_2- u. *Phosphat*-Aufnahme von Hypokotyl-Präpp. ist von der Herstellungsweise des Präp. (Mörser oder Homogenisator) unabhängig bei Zusatz von 2% *Rinderserumalbumin* (**I**) u. einer PO_4^{3-}-Konz. von 0,05m im Substrat. Die Phosphorylierung ist bei den Mörser-Präpp. höher, bei hohen **I**-Konzz. im Vgl. zu Präpp. vom Homogenisator. Waschen mit 0,4m Saccharose + 5% **I** verursacht doppelt so hohe PO_4^{3-}-Aufnahme wie Waschen mit nur Saccharose-Lsg.; kein Waschen verursacht eine kaum nennenswerte PO_4^{3-}-Aufnahme. Die O_2-Aufnahme wird durch die Waschprozesse weniger beeinflußt. Die PO_4^{3-}-Aufnahme steigt mit der Konz. des Mediums an PO_4^{3-}. Zusatz von Adenosinmono- u. -triphosphat erhöht die PO_4^{3-}-Aufnahme beträchtlich, hat jedoch keinen Einfl. auf die O_2-Aufnahme; das gleiche gilt für den Zusatz von Hexokinase u. Glucose, Konzz. von 0,01m F^- hemmen die O_2- u. PO_4^{3-}-Aufnahme um 50%. W. Hiller. 4460◇

1230 **Die Biosynthese isoprenoider Verbindungen.** Olle Karlström. (Svensk kem. Tidskr. **74,** 523—42, 1962; Stockholm, Kungl. Tekn. Högskolan, Inst. f. livsmedelskemi; schwed.) — Übersicht, bes. über die Rolle der Mevalonsäure u. über die Biosynth. des Cholesterins. — 77 Literaturzitate. A. Senning. 4460◇

1231 **Über neue Arbeiten zur Biosynthese der Alkaloide.** 3. Mitt. **Die Bildung von Verbindungen mit Chinolinringsystem.** M. Luckner. (Pharmazie **18,** 93—115, 1963; Halle/S., Martin-Luther-Univ., Pharmakognost. Inst.; dt.) — Im Rahmen einer umfangreichen Literaturübersicht über die Biosynth. der *Alkaloide* (**I**; 1. u. 2. vgl. Mothes, Pharmazie **14,** [1959], 121 u. 177) werden die neueren Unterss. zur Bldg. von Verbb. mit Chinolinring-Syst. (1. Kynurensäure u. verwandte Verbb., 2. Ommochrome, 3. Cinchona-**I,** 4. Penicillium-**I,** 5. Rutaceen-**I** u. Pseudomonas-**I,** 6. Chinolin-**I** komplizierter Struktur dargestellt, — 160 Literaturangaben. B. Tschiersch. 4460◇

1232 **Adsorptionsprozesse im Boden und die Wurzelernährung der Pflanzen.** A. W. Peterburgsky. (Plant and Soil [The Hague] **11,** 157—69, 1959; Moskau, Landw. Timirjasew-Akad.; dt.) — Vgl. C. **1960,** 15101 u. C. **1962,** 9032. — Vortrag. — 28 Literaturangaben. M. Winiker. 4470◇

1233 **Spurenelementmangelsymptome bei in Nährlösungen kultiviertem Reis.** A. Q. M. B. Karim und James Vlamis. (Plant and Soil [The Hague] **16,** 347—60, 1962; Davis, Calif., Univ. of California, Dep. of Soils and Plant Nutrition; engl.) — Vff. kultivieren Reis in Nähr-Lsgg., in denen jeweils ein Spurenelement (Mn, Zn, B, Cl, Mo u. Cu) fehlt. Die Mangelsymptome für Cu u. Mo erscheinen spät u. sind weniger schwer. Cu-Mangel verzögert die Kornreife. Die Samen von Cu- u. Mo-Mangelpflanzen keimen nicht aus. Mangelsymptome von Zn u. Mo manifestieren sich in den älteren Blättern, die von Cu, B u. Cl in jüngeren. Mangel von Mn u. Zn beeinflußt die Entw. der Wurzeln. Pflanzen in Zn-, Mn-, B- u. Cl-Mangelkulturen setzen keinen Samen an. Die Mangelsymptome werden durch Abb. demonstriert. W. Hiller. 4470◇

1234 **Beziehung zwischen der Molekularstruktur verschiedener Wachstumssubstanzen und der Semipermeabilität lebender Membranen.** Mürüvvet Hasman. (Istanbul Üniv. Fen Fak. Mecmuasi [Rev. Fac. Sci. Univ. Istanbul], Ser. C **23,** Nr. 2, 123—38, 1958; Univ. of Istanbul, Dep. of Gen. Bot.; engl.) — In Ggw. von *Phenyl-, Indolyl-* u. *Naphthylessigsäure* wird der Austritt von Anthocyanin aus Roten Rüben colorimetr. u. der Wasseraustritt aus Kartoffelknollen gravimetr. bestimmt. Der Einfl. der Wuchsstoffe auf die Semipermeabilität der Protoplasten ist nicht signifikant. P. Gregorzewski. 4485◇

1235 **Saure und neutrale gibberellinähnliche Substanzen in Kartoffelknollen.** Fumihiko Hayashi, Shulamith Blumenthal-Goldschmidt und Lawrence Rappaport. (Plant Physiol. **37,** 774—80, Nov. 1962; Davis, Calif., Univ. of California, Dep. of Vegetable Crops; engl.) — Schalen u. Knospen von Kartoffeln werden auf gibberellinähnliche Substanzen untersucht. Folgende 8 Fraktionen wurden chromatographiert: Neutrale Fraktion; bas. Äthylacetat-; PAe.-; Chlf.-; n-Butanol-; Äthylacetat-; A.-3% NH_4OH- u. Ae.-Fraktion. In einigen Fraktionen finden sich gibberellinähnliche Substanzen (Prüfung mit Hilfe von Zwergerbsen u. Zwergmais). W. Hiller. 4485◇

1236 **Kinetische Untersuchungen bestimmter Antigibberelline.** James A. Lockhart. (Plant Physiol. **37,** 759—64, Nov. 1962; Honolulu, Univ. of Hawai; Hawai Agricult. Exp. Stat., Dep. of Plant Physiol.; engl.) — *Phosphon-D* (**I**; *2.4-Dichlorbenzyltributylphosphoniumchlorid*) ist ein Antigibberellin, u. es wirkt wie *Gibberellin* (**III**) in der Stengelspitze, obgleich die stärkste Wrkg. bei Applikation über die Wurzeln zu verzeichnen ist. Dasselbe gilt auch für *CCC* (**II,** *2-Chloräthyltrimethylammoniumchlorid*). **I** u. **II** stehen mit **III** in kompetiver Wechselwirkung. Die Hemmwrkg. von **I** u. **II** auf das Wachstum kann durch entsprechend hohe Konzz. von **III** überwunden werden. Im Gegensatz dazu steht die

Hemmung des Wachstums durch *Maleinhydrazid*, sie ist nicht mit **III** kompetitiv u. kann deshalb auch nicht durch hohe **III**-Dosen überwunden werden. W. Hiller. 4485◇

1237 **Die Wirkung von Degranol auf das Pflanzenwachstum.** I. Péterfi, Edith Brugovitzky, J. Kozma und F. Nagy Tóth. (Acta biol. Acad. Sci. hung. **10,** 187—95, 1959; Cluj, Rumänien, Bolyai Univ., Dep. of Plant Physiol.; engl.) — *Degranol* (*1.6-Di-[β-chloräthylamino]-1.6-desoxy-D-mannitdichlorhydrat*, **I**) hemmt in einer Konz. von 1 mg% die Entw. von *Stigeoclonicum variable*, bei 10 mg% trat völliger Stillstand ein. Bei der Alge *Coccanyxa dispar* verursachten 100 mg% nur eine geringe Hemmung. Wurden Samen mit **I**-Lsg. gebeizt, so wurde bei Konzz. von 10 u. 100 mg% das Wachstum der Keimlinge gehemmt. Die stärkste Hemmung erfolgte bei Weizen, weniger starke Hemmung bei *Sinopis alba* u. Mais. Die schwächste Hemmung geschah bei Zuckerrüben u. *Vicia* faba. Die Wrkg. von **I** u. Röntgenstrahlen ist additiv bei einer Samenanwendung W. Hiller. 4485

1238 **Untersuchung des schädlichen Einflusses von Schwefeldioxid auf Hopfen und einige andere Kulturpflanzen.** Václav Fiala und Přemysl Hautke. (Rostlinná Výroba **35 (8),** 1043—52, Aug. 1962; Zatec, vyzk. ust. chmel.; tschech.) — Konz. von 2 mg SO_2/m^3 schädigen junge Hopfenpflanzen, wobei auch die Blätter älterer Pflanzen empfindlich sind. Die größte Resistenz gegen SO_2 hat der Hopfen bei seiner Zapfenbildung. E. Vevera. 4495△

1239 **Untersuchungen über den bakteriellen Abbau von Huminsäure in Ton–Humus-Mischungen.** B. C. Sen. (J. Indian chem. Soc. **38,** 737—40, 1961; Calcutta, Presidency Coll., Physic. Chem. Labor.; engl.) — Der Abbau von *Huminsäure* (**I**) durch Gartenerdebakterien wird in vitro durch Ggw. von Tonmineralien deutlich gehemmt. Diese Wrkg. wird noch stärker bei Metallionen, wie Al^{3+}. Vf. nimmt an, daß die Stabilisierung durch Bindung der **I** an die negativen Tonmicellen über H^+ oder Metallionen erfolgt. Dabei ist die Bindung über Metallionen wesentlich stärker. F. Krusen. 4499◇

E$_5$. Tierchemie, Tierphysiologie, Tierpathologie

1240 **Direkte Bestimmung des Blutdrucks im Körperkreislauf und Erzeugung von Hypertension beim Kaninchen.** Harry Goldblatt. (Proc. Soc. exp. Biol. Med. **105,** 213—16, 1960; Cleveland, Ohio, Mount Sinai Hosp., L. D. Beaumont Memor. Res. Labor.; Western Reserve Univ., Dep. of Pathol.; engl.) — Beschreibung von Meth. zur direkten Messung des Blutdrucks im großen Kreislauf in der Femoralarterie des nichtnarkotisierten Kaninchens u. zur Erzeugung von anhaltender Hypertension durch Constriction beider Nierenarterien oder einer Nierenarterie u. kontralaterale Nephrektomie. K. Zingraf. 4500◇

1241 **Membranpotentialmessungen am Skelettmuskel mit der „Saccharose-Trennwand"-Methode.** K. König. (Pflügers Arch. ges. Physiol. Menschen Tiere **275,** 452—60, 1962; Homburg/Saar, Univ. des Saarlandes, Physiol. Inst.; dt.) — Mit der „Saccharose-Trennwand"-Meth. von Stämpfli (C. **1956, 9493**) war es möglich, an Skelettmuskelsegmenten des Frosches von 2 mm Länge Depolarisationen u. Aktionspotentiale zu messen. Im Durchschnitt können 60—80% der wahren Membranpotentialveränderungen extracellulär erfaßt werden. K. Zingraf. 4500

1242 **Die Biochemie des Alterns. Der Mechanismus des Alterns ist eine Herausforderung der modernen Biochemie und Biologie.** F. Marott Sinex. (Science [Washington] **134,** 1402—05, 1961; Boston, Mass., Boston Univ., School of Med., Dep. of Biochem.; engl.) — Übersicht. Enzyme, ionisierende Strahlung, Gewebepigmentierung, Bindegewebe, Labilität von Makromoll., Altern u. Gen, freie Radikale. — 57 Literaturangaben. K. Maier. 4500◇

1243 **Untersuchung über die Schwanzbildung (Nachschwänzen) bei der Papierelektrophorese von Albumin.** K. Inokuma. (Tokyo Jikeikai med. J. **75,** 2422—31, 1960; jap.) — Nach Cohn aus Rinderserum mit A. fraktioniertes *Albumin* wird durch Elektrophorese am hängenden Streifen, ein- u. zweidimensional, bzgl. der Schwanz-Bldg. untersucht. Sie tritt auf in Ggw. geringfügiger irreversibel adsorbierbarer neben großenteils reversibel adsorbierbarer Anteile u. nimmt bei längerer Elektrophoresedauer ab. Reversibel adsorbierte Anteile kehren bei Stromumkehr wieder an den Ausgangspunkt zurück. Beim 2dimensionalen Verf. tritt neue u. individuelle Schwanz-Bldg. auf. Die Erscheinung scheint in der Natur der Albumine u. ihrer verschieden leichten Adsorbierbarkeit an dem jeweiligen Papier begründet. L. Schuler. 4500◇

1244 **Über eine Bestimmungsmethode der an Formaldehyd gebundenen ε-Aminogruppen von Lysin in den Anatoxinen mit 1-Fluor-2.4-dinitrobenzol. Modellversuche mit Rinderserumalbuminen.** J. Blass und M. Raynaud. (Bull. Soc. Chim. biol. **42,** 491—94, 1960; Garches, Seine-et-Oise, Inst. Pasteur, Serv. de Chim. Bact.; franz.) — Beschreibung einer Best.-Meth. der an *Formaldehyd* (**I**) gebundenen ε-Aminogruppen von *Lysin* (**II**) mit 1-Fluor-2.4-dinitrobenzol, die auf Anatoxine angewandt werden kann. Die an **I** gebundene **II**-Fraktion ist aus der Differenz aus dem Geh. von ε-Dinitrophenyllysin in den Säurehydrolysaten von Dinitrophenyltoxin u. Dinitrophenylanatoxin zu errechnen. K. Zingraf. 4500◇

1245 **Einige Bemerkungen zur Technik des histochemischen Nachweises der SH-Stoffe.** 1. Mitt. **Einfluß der Fixation auf die Erhaltung der niedermolekularen SH-Stoffe in den Geweben.** J. Malinský und M. Černoch. (Acta Univ. Palackianae Olomucensis **18,** 85—90, 1 Tafel, 1959; Olomouc, Pal. univ., lék. fak., Histol.-embryol-úst.; tschech.) — An Lebergewebe von Ratten werden verschiedene organ. Lsgm. u. Lsgm.-Gemische für den Nachw. von niedrigmol. SH-Stoffen geprüft. Die besten Ergebnisse werden mit einem Gemisch Dioxan + Chlf. + Aceton, 6:3:1, mit nachfolgender Entwässerung in Dioxan erzielt. R. K. Müller. 4500◇

1246 **Einige Bemerkungen zur Technik des histochemischen Nachweises der SH-Stoffe.** 2. Mitt. **Nachweis von proteingebundenen SH-Gruppen mit dem roten Sulfhydryl-Reagens.** J. Malinský und V. Blaha. (Acta Univ. Palackianae Olomucensis **18,** 91—96, 1959; tschech.) — 1. vgl. vorst. Referat. — Beim Nachw. von SH-Gruppen mit *1-[4-Chlormercuriphenylazo]-naphthol-(2)* (**I**) hängt die Intensität der histochem. Rk. nicht von der Löslichkeit von **I** im verwendeten Lsgm. ab. Am besten eignen sich als Lsgm. die niedrigen Alkohole (Methanol, A., n-Propylalkohol). R. K. Müller. 4500◇

1247 **Einige Bemerkungen zur Technik des histochemischen Nachweises der SH-Stoffe.** 3. Mitt. **Nachweis der SH-Stoffe mit Maleinsäurederivaten.** J. Malinský. (Acta Univ. Palackianae Olomucensis **18,** 97—100, 1959; tschech.) — 2. vgl. vorst. Referat. — Leberschnitte von Rattsn u. Meerschweinchen werden in verschiedenen Lsgm. fixiert. Für den Nachw. der SH-Gruppen wird die Azokupplungs-Rk. mit *N-Methyl-*, *N-Äthyl-*, *N-n-Propyl-*, *N-Isopropyl-*, *N-n-Butyl-*, *N-Benzyl-*, *N-Cyclohexyl-*, *N-Phenyl-* u. *N-Phenyläthylmaleinimid* als geeignet gefunden. Die Farb-Rk. der SH-Gruppen mit Maleinimiden in alkal. Medium ist für den Nachw. nicht geeignet. R. K. Müller. 4500◇

1248 **Vergleichende Untersuchungen über den Natrium- und Calciumgehalt im Serum wie im Liquor post mortem.** Günther Dotzauer und Werner Naeve. (Dtsch. Z. ges. gerichtl. Med. **49,** 406—19, 1960; Hamburg, Univ., Inst. für gerichtl. Med. u. Kriminalistik; Gesundheitsbehörde, Prosektur des gerichtsärztl. Dienstes; dt.) — Die ausführlichen Unterss. (266 Liquores von 201 Leichen u. 167 Seren von 50 Leichen) ergaben derartige Differenzen in *Ca*- u. *Na*-Konzz. von Serum u. Liquor, daß aus diesen Werten keinerlei Rückschlüsse auf die *Ca*- u. *Na*-Konzz. zu Lebzeiten u. auf den Zeitpunkt des Todes gezogen werden können. F. Krusen. 4510◇

1249 **Eine Mikromethode zur serienmäßigen Calciumbestimmung in kleinen Gewebeproben.** W. Klaus. (Klin. Wschr. **40,** 1123—27, 1962; Mainz, Univ., Pharmakol. Inst.; dt.) — Bei der beschriebenen halbautomat., komplexometr. Titration von *Ca*-Mikromengen im Herzmuskel wird *Calcein* als Indikator verwendet, dessen Veränderung in der Fluorescenzintensität photoelektr. verfolgt wird. Wechsel von trokkener zu nasser Veraschung oder Homogenisierung mit Trichloressigsäure u. Zusätze von Mg, Zn u. Phosphat in biolog. möglichen Konzz. stören nicht. Es können Abweichungen von 0,5—1,0 μg Ca mit Sicherheit erfaßt werden. U. Tausendfreund. 4510◇

1250 **Zink in Rattenhoden. Verteilung und Bewegung.** Samuel Gunn, Thelma Clark Gould und W. A. D. Anderson. (Arch. Pathology **75**, 21—27, 1963; Miami, Fla., Univ. of Miami, School of Med., Dep. of Pathol.; engl.) — Nach subkutaner Injektion von 0,03 mMol *$CdCl_2$*/kg Körper-Gew. u./oder 3 mMol *Zn-Acetat*/kg wurde Ratten (Wistar) $^{65}ZnCl_2$ intracardial injiziert u. die ^{65}*Zn*-Aufnahme in den Hoden untersucht. Gegenüber den Kontrolltieren wurde durch vorherige *Cd*- bzw. *Zn*-Injektion die ^{65}*Zn*-Konz. erniedrigt. In den unbehandelten Kontrolltieren war die ^{65}*Zn*-Konz. am 5. Tag in den Hoden am höchsten u. erreichte am 10. Tag im caput epididymis ein Maximum. W. Damerau. 4510◇

1251 **Die Biosynthese der Pterine bei Drosophila melanogaster.** F. Leuthardt und O. Brenner-Holzach. (Exposés annu. Biochim. méd. [23] **1961**, 87—106; Zürich, Univ., Inst. de Biochim.; franz.) — Übersicht. — 34 Literaturangaben. K. Maier. 4520◇

1252 **Histochemie der Lipide in der Aortawand von Ratten verschiedenen Alters.** I. Hradil. (Českoslov. Fysiol. **10**, 487—88, 1961; Hradec Královó, KU, lék. fak., Kat. histol. a embryol.; tschech.) — In Verss. an Ratten wird festgestellt, daß mit dem Alter der Tiere der Geh. an *Lipiden* (I) in der Aortawand zunimmt, bes. vom 3. zum 5. Monat. Die Zus. der I ist in der Adventitia u. dem angrenzenden Fettgewebe prakt. konst., *Phosphatide* sind erst bei älteren Tieren (7—9 Monate) nachweisbar. R. K. Müller. 4520◇

1253 **Überprüfung der molekularen Kennzeichen von G-Actin.** Cyril M. Kay. (Biochim. biophysica Acta [Amsterdam] **43**, 259—67, 1960; Edmonton, Alberta, Canada, Univ., Dep. of Biochem.; engl.) — Das Molgew. des nach der Meth. von Tsao u. Bailey [1953] hergestellten, ultrazentrifugal homogenen *G-Actin* (I) beträgt nach gemessener Lichtstreuung 66000 ± 2000 u. nach der Sedimentationsviscosität 61600 ± 6000. Da die aus der Lichtstreuung gemessenen wie die berechneten $H_{c/T}$-Werte übereinstimmend für I 10^{-4} m Adenosintriphosphat ergeben, ergibt sich, daß die Grenze der Dissoziation für das gelöste Protein in einem der erwähnten Medien erreicht ist. Die Dispersions-Konst. $\lambda_0 = 223$ mμ ist ungewöhnlich niedrig für I u. weist auf keinen helixförmigen Aufbau des Mol. hin. L. Macher. 4520◇

1254 **Über einige Eigenschaften eines aus dem Nervengewebe isolierten Phosphopeptids. 7. Mitt. Verteilung und metabolische Aktivität in einigen Geweben des Huhns.** G. Porcellati und I. Montanini. (Boll. Soc. ital. Biol. sperim. **39**, 115—18, 1963; Perugia, Univ., Ist. di Chim. Biol.; ital.) — Vgl. Boll. Soc. ital. Biol. sperim. **38**, [1962], 24. — Durch fraktionierte Chromatographie wird aus Nieren, Ischiasnerv, Hirn, Herz, Skelettmuskel, Milz, Pankreas, Leber u. Lunge eine Komponente isoliert, die in ihrem R_F-Wert für verschiedene Lsgm. dem aus dem Rückenmark isolierten *Phosphopeptid* entspricht. Bei weitem am meisten davon enthalten die Nieren. Die Inkorporierung von ^{32}P schwankt von einem Gewebe zum anderen. F. Kren. 4520◇

1255 **Bevorzugte Lokalisierungen von Adeninnucleotid im quergestreiften Froschmuskel.** D. K. Hill. (J. Physiology **153**, 433—46, 1960; London, Hammersmith Hosp., Postgrad. Med. School; engl.) — Autoradiograph. konnten 50% von ^{3}*H-Adeninnucleotid* in den A-Linien des (durch Gefriersubstitution fixierten) Musculus extensor digitus IV des Frosches u. 80% der Aktivität im (durch Osmiumtetroxid in La-freier Lsg. fixierten) Sartoriusmuskel nachgewiesen werden. Ein weiteres signifikantes Maximum (ca. 10%) befand sich auf der Z-Linie. U. Tausendfreund. 4520◇

1256 **Untersuchung über die Gifte der Habuschlangen.** 1 b. Mitt. **Vergleichende Untersuchung verschiedener biologischer Aktivitäten der Gifte von japanischen Trimeresurus-Schlangenarten.** Susumu Mitsuhashi, Hiroo Maeno, Ichiei Satoo, Tokumitsu Tanaka, Masaya [Kawakami, Sizue Yagi, S. Mitsuhashi, Takashi Okonogi, Yoshio Sawai, Tsuguo Ono und Jinroku Matsushita. (Jap. J. Bacteriol. **16**, 904—08, 1961; Tokyo, Univ., Inst. Infect. Diseases.; jap.) — Vgl. Sogo Igaku **17**, [1960], 789. — Die ausgeschiedenen Giftmengen betragen bei der Schlange Habu (HB; *Trimeresurus flavoviridis*, Hallowell) 300, bei Sakishimahabu (SH; *Tr. elegans*, Gray) 124 u. bei Himehabu (HH; *Tr. okinavensis*, Boulenger) 22,2 mg. Die DL_{50} Maus, intraperitoneal) beträgt bei HB 80, bei HH 300 μg, die von SH liegt dazwischen. Die hämolyt. Wrkg. ist am stärksten bei HB, sinkt bei SH auf $^1/_{10}$ u. ist bei HH nicht feststellbar. Die hämorrhag. Wrkg. ist beim Gift von HB am stärksten; sie sinkt bei SH auf $^1/_3$ u. bei HH auf $^1/_4$ jener von HB. Die Reizwrkg. auf die Gefäßdurchlässigkeit ist am stärksten bei SH, dann folgen HB u. HH. Die am Casein geprüfte proteolyt. Wrkg. nimmt ab in der Folge HH, HB, SH, ohne große Unterschiede. L. Schuler. 4520◇

1257 **Herstellung und Fraktionierung von Mucopolysacchariden.** S. Gardell. (Biochem. Pharmacol. **6**, 91—99, 1961; Stockholm, Sweden, Kemiska laboratoriet Serafimlasarettet; engl.) — Die Freisetzung von Mucopolysacchariden aus Bindegewebe wird durch Verdauung mit proteolyt. Enzymen erreicht. Das Rk.-Prod. wurde sukzessiv mit alkal. u. angesäuertem A. behandelt u. dann mit Phenol extrahiert. Das *Polysaccharid*-Gemisch kann chromatograph. oder durch Zonenelektrophorese fraktioniert werden. Folgende Polysaccharide wurden isoliert: *Hyaluronsäure, Chondroitin, Chondroitinsulfat* (*A, B* u. *C*), *Heparitinsulfat, Keratosulfat.* O. Jansen. 4520◇

1258 **Identifizierung einer antidiuretischen Substanz im menschlichen Urin.** Frederick S. Mayer. (Acta endocrinol. [Copenhagen] **35**, 568—74, 1960; Copenhagen, Royal Danish School of Pharm., Dep. of Pharmaceut. Biol.; engl.) — Vf. weist im Urin von Rauchern eine antidiuret. Aktivität von ca. 100 mE *Arginin-Vasopressin* (I) pro Liter Urin nach. Im Urin von Nichtrauchern beträgt die Aktivität **23,9.** Papierchromatograph. Unterss. zeigen, daß die antidiuret. Aktivität mit I ident. ist. W. Hiller. 4520◇

1259 **Einfluß der experimentellen Veränderungen des Säuren–Basen-Gleichgewichts auf den Austausch zwischen Zelle und extracellulärem Raum und auf die renale Ausscheidung von Phenobarbital beim Hund.** Pierre Mollaret, Jean-Jacques Pocidalo, Maurice Rapin und Jean-Julien Monsallier. (C. R. hebd. Séances Acad. Sci. **248**, 2257—58, 1959; Paris, Hôp. Claude-Bernard, Centre de Réanim. neuro-respir.; franz.) — Bei Alkalisierung des inneren Milieus wurde beim Hund der Übergang von Phenobarbital aus den Zellen in den extracellulären Raum gesteigert u. seine Ausscheidung durch Hemmung der Rückresorption durch die Tubuli begünstigt. K. Zingraf. 4550◇

1260 **Diffusion von Acetylcholin in Agargel und im isolierten Rattenzwerchfell.** K. Krnjević und J. F. Mitchell. (J. Physiology **153**, 562—72, 1960; Cambridge, Agric. Res. Council Inst. of Animal Physiol.; engl.) — Die Diffusion von *Acetylcholin* (I) aus einem Ringer-Locke-Agargel in eine (in Bewegung gehaltene) Ringer-Locke-Lsg. geht nach einem Koeff. mit dem Wert $9{,}8 \cdot 10^{-6}$ cm^2/Sek. bei 20° vor sich. Die I-Diffusion durch ein Rattenzwerchfell aus einer I-reichen in eine I-freie Lsg. beträgt nur $^1/_7$ der vom Agargel her zu erwartenden Geschwindigkeit. Nach Tränkung des Zwerchfells in I ($5 \cdot 10^{-4}$ m) für 1—2 Std. gehen 80—90% des I im Muskel (freies I) mit Diffusions-Geschw. verloren; die restlichen 10—20% I verlassen den Muskel langsamer mit einer Halbwertszeit von 30 Minuten. Der Gesamtverteilungsraum für I beträgt beim I-getränkten Muskel 29 ml/100 g; der Verteilungsraum für freies I beträgt ca. 25 ml/100 g u. stimmt damit gut mit dem Inulin-Verteilungsraum überein. U. Tausendfreund. 4550◇

1261 **Der Einfluß von Hydratation und Dehydratation auf den Kontraktionsmechanismus von glycerinbehandelten Muskelfasern.** Toshiharu Hasegawa. (Tokyo Jikeikai med. J. **75**, 1682—88, 1960; jap.) — Ein 1—2 mm dickes Faserbündel aus dem Sartoriusmuskel der Kröte wird 1—24 Std. in 50%ig. *Glycerin* (I) eingelegt u. danach weiteren Eintauchverss. in verschieden konz. *KCl* bzw. *Saccharose* (II)-Lsgg. unterworfen unter Best. der Gew.- u. Längenveränderungen. Frischer Muskel zeigt bei 0° nach 30 Min. Einlegen in 50%ig. I die stärkste Dehydratation (mit 30% Gew.-Abnahme); bei längeren Zeiten wird die Abnahme allmählich geringer. Bei Nachbehandlung mit 0,1 bis 0,6 m KCl ergibt das 2std. vorbehandelte Präp. die stärkste Kontraktion, maximal bei 0,15—0,4 m KCl; die entsprechenden Gew.-Zunahmen gehen den vorherigen Kontraktionen parallel. In jedem Zeitpunkt des Entwässerungsvorgangs durch I, bei dem dann ein Umtausch gegen 0,15 m KCl erfolgt, steigt dann das Muskelgewicht an, maximal bei 2std. I-Behandlung u. 0,1—0,3 m KCl-Nachbehandlung. Zwischen der

Kontraktion u. Gew.-Änderung besteht zwar eine Verzögerung, doch ist die Anfangs-Geschw. der Kontraktion groß bei 1std. I-Behandlung, bei 2std. aber ist sie verlangsamt u. führt zu einer Art Starre. Aus den Verss. mit II-Lsgg. verschiedenen osmot. Drucks ergibt sich eine lineare Beziehung zwischen der Aufeinanderfolge von Dehydratation u. Hydratation u. dem Kontraktionsgrad. L. Schuler. 4550◇

1262 **Mechanismus der allergischen Hautreaktionen.** G. Stüttgen. (Acta allergol. [Copenhagen] **16**, 428—50, 1961; Düsseldorf, Med. Akad., Hautklinik; engl.) — Übersicht. Verlaufsform, Antikörper, histolog. Ablauf, auslösende Wirkstoffe, *Histamin* (I)-Freisetzung, I-Liberatoren (körpereigene, proteolyt. Enzyme, Inhibitoren der letzten), Kinine, „slow reacting substance" (SRS), Anaphylatoxin, Histaminopexie, Heparin, Adenosinphosphate, Acetylcholin. Die allerg. Sofortrk. an der Haut ist teilweise durch I-Freisetzung erklärbar u. dementsprechend durch Antihistamine hemmbar. Die Spätrk. ist durch protahierte Wirkstofffreisetzung deutbar u. antihistaminrefraktär. — 90 Literaturangaben. K. Maier. 4551◇

1263 **Experimentelle Methode zur Vermehrung und Verminderung der Resistinbildung im Organismus. Das Resistin als Adaptationsfaktor.** Stephen Karady, Andréas Prokai und László Mustardy. (J. de Physiol. **53**, 629—35, 1961; Szeged, Univ. Méd., Inst. de Physiol. Pathol.; franz.) — Mehrmalige Injektionen von *Histamin* (I), *Adrenalin* oder *Formalin* erhöhten bei Ratten u. Meerschweinchen die Geschwindigkeit der *Resistin* (II)-Bldg., die im II-Aerosoltest beim Meerschweinchen nach Seruminjektion verfolgt wird. Längere II-Injektionen vermindern sie. Die I-Bldg. ist offensichtlich für den Adaptationsmechanismus des Organismus von großer Bedeutung (Adaptationssyndrom von Selye), so daß I als der von jedem intakten Organismus gebildete *Adaptationsfaktor* anzusehen ist. Histaminopexie u. I-Bldg. sind 2 sehr wichtige, aber verschiedene Abwehrmechanismen des Körpers, die nicht immer parallel gehen. Das Ausbleiben der Desensibilisierung des Körpers durch I-Aerosole stellt einen interessanten Fall der Hemmung der I-Bldg. dar. K. Maier. 4551◇

1264 **Molekulare Grundlagen der passiven Sensibilisierung** 1. Mitt. **Die Rolle von Disulfidbindungen beim γ-Globulinmolekül.** Kimishige Ishizaka, Teruko Ishizaka und Takao Sugahara. (J. Immunology **87**, 548—54, 1961; Tokyo. Nat. Inst. of Health.; engl.) — Die Unters. des Einfl. chem. Meth. zur Spaltung der Disulfidbindungen von *γ-Globulinen* (I) auf die passive Sensibilisierung der Meerschweinchenhaut mittels eines Human-γ-Globulin (HGG)-Kaninchen-anti-HGG-Syst. zeigte, daß nach Behandlung mit *Mercaptoäthanol* (II) u. anschließend mit SH-blockierenden Verbb., wie *Jodacetat* (III), *Jodacetamid* menschliche (Antigen) u. Kaninchen (Antikörper)-I die sensibilisierende Aktivität verlorengeht (Nachw. durch passive kutane Anaphylaxieteste beim Meerschweinchen). Einw. von II oder III allein beeinflußte diese Aktivität nicht. II–III-behandelte Proteine, als Antigen oder Antikörper, riefen bei vorher mit nichtmodifiziertem I (als Antigen oder Antikörper) sensibilisierten Tieren anaphylakt. Haut-Rkk. hervor u. zeigten ferner Präcipitin-Rkk. mit den komplementären Reagentien, die mit Rkk. unter Verw. nichtmodifizierter Proteine vergleichbar waren. Die Komplementbindungs-Eigg. der HGG-Anti-HGG-Syst. wurden durch die Behandlung von Antigen oder Antikörper mit I u. II nicht beeinflußt. Die Ergebnisse sprechen für eine Korrelation zwischen irreversibler Spaltung von SS-Bindungen mit I-Moll. (Mensch, Kaninchen) u. Abnahme ihrer Affinität zu Meerschweinchengeweben. K. Maier. 4551◇

1265 **Reaktion des Rheumatoid-Faktors mit spezifischen menschlichen Niederschlägen.** 1. Mitt. **Adsorption des Rheumatoid-Faktors an autogene und isogene Niederschläge von Diphtherie-Toxoid und Rheumatoidantitoxin und Auswaschung aus denselben.** K. Aho, J. Kirpilä, O. Wager und M. Virkkunen. (Ann. Med. exp. Biol. fenn. **39**, 66—74, 1961; Helsinki, Aurora Hosp., Municipal Bact. Labor.; Kivelä Hosp., Rheumatics Ward.; engl.) — *Rheumatoidfaktor* (I) kann an spezif. Ndd. eines Patienten, bestehend aus Diphtherietoxoid u. autogenem Antitoxin adsorbiert u. bei pH 5 aus denselben ausgewaschen werden. Solche Ndd. reagieren auch mit I von anderen, nicht immunisierten Patienten. K. Zingraf. 4551◇

1266 **Pantothensäure-Einfluß auf die Bildung des Staphylokokken-Antitoxins beim Kaninchen.** R. Richou und Mme R. Richou. (C. R. Séances Soc. Biol. Filiales **153**, 67—68, 1959; Alfort, France, Inst. Nat. d'Hyg. et Lab. des Rech.; franz.) — In der einen Vers.-Serie wurden Kaninchen viertägig 0,10, 0,25, 0,50, 0,75 ml *Staphylokokken-Antitoxin* (I) injiziert; in der zweiten Serie wurde den auf die obige Weise immunisierten Tieren gleichzeitig u. vier Tage nach der letzten Injektion noch 0,25 ml *Pantothenat* injiziert. Als Vers.-Ergebnis konnten für beide Serien die gleichen Titer des I festgestellt werden. Pantothensäure war also außerstande, die Immunität zu stimulieren. L. Macher. 4551◇

1267 **Aminosäuren und Calcium im Harn in Beziehung zu Nierensteinen und Nierenschäden.** B. A. L. Hurn, R. G. Huntsman, H. Lehmann, J. Liddell und D. B. Roos. (Clin. Sci. **22**, 195—208, April 1962; London, Guy's Hosp., St. Bartholomew's Hosp.; engl.) — An 16 gesunden u. 15 an Nierensteinen erkrankten Patienten wird die Aminosäure-(A) u. Calciumausscheidung über den Harn qual. u. quant. untersucht. Während die qual. A-Zus. in beiden Fällen etwa gleich ist, was auch für Cystin zutrifft, wird bei den erkrankten Patienten eine teilweise Verminderung des Gesamt-A-Geh. festgestellt, was auf Nierenschäden zurückgeführt wird. Hingegen wird an Patienten mit Nephrektomie ebenfalls ein verminderter A-Geh. gefunden. Bzgl. der Ca-Exkretion zeigen sich erhöhte Werte auch in Abwesenheit von Anzeichen des Hyperparathyreoidismus. Nach den Angaben scheint der verminderte A-Geh. keine Ursache für die Stein-Bldg. zu sein. A. Täufel. 4552◇

1268 **Hemmung der Magensekretion bei der Ratte durch normalen und anomalen menschlichen Magensaft.** René Menguy und William O. Smith. (Proc. Soc. exp. Biol. Med. **105**, 238—39, 1960; Oklahoma City, Univ. of Oklahoma, Med. Center, Dep. of Surg. and Med.; Vet. Admin. Hosp.; engl.) — Die i.v. Anwendung des dialysierten, gefriergetrockneten Magensaftes von Normalpersonen, Patienten mit Magencarcinom u. bes. von Patienten mit Ulcus pepticum hemmte die Sekretion von *HCl* u. *W.* im Magen der Ratte mit abgebundenem Pylorus. K. Zingraf. 4555◇

1269 **Blutströmung durch die Brustdrüse sowie Aufnahme von Sauerstoff, Glucose und flüchtigen Fettsäuren bei der nichtnarkotisierten Ziege.** J. L. Linzell. (J. Physiology **153**, 492—509, 1960; Cambridge, Agric. Res. Council Inst. of Animal Physiol.; engl.) — Die durchschnittliche Durchströmung mit Blut beträgt bei der nichtlactierenden Ziege 28 ml/100 g/Min., bei der lactierenden Ziege jedoch 45 ml/100 g/Min. (bei Abgabe von 100 ml Milch/100 g/Tag). Während der Lactation verdoppelt sich die O_2-Aufnahme, die Aufnahme *flüchtiger Fettsäuren* verdreifacht u. die *Glucose* (I)-Aufnahme verneunfacht sich. 100% des aus dem Blut entnommenen *Ca* u. 80% des entnommenen *N* u. der entnommenen Calorien erscheinen ebenfalls in der Milch, dagegen nur 50% der entnommenen I (in Form von *Milchzucker*). U. Tausendfreund. 4555◇

1270 **Reaktion von α-Hydroxyketonen, $\alpha.\alpha'$-Dihydroxyketonen und α-Diketonen mit Bleitetraacetat in alkoholischem Medium.** Eliahu Caspi und Walter Schmid. (Acta endocrinol. [Copenhagen], Suppl. Nr. **51**, 1025, 1960; Shrewsbury, Mass., Worcester Found. for Exper. Biol.; engl.) H. Herper. 4558□

1271 **Neue Lösungsmittel-Systeme zur Trennung von Corticosteroiden durch Phasenumkehrchromatographie auf völlig acetyliertem Filterpapier.** Hans Carstensen. (Acta endocrinol. [Copenhagen], Suppl. Nr. **51**, 1053, 1960; Berkeley, Calif., Univ. of California, Hormon Res. Labor.; engl.) H. Herper. 4558□

1272 **Eine einfache Methode zur Isolierung von Steroiden aus biologischen Medien durch Mikrosublimation.** H. Breuer und E. Kassau. (Acta endocrinol. [Copenhagen], Suppl. Nr. **51**, 1113, 1960; Bonn-Venusberg, Chirurg. Univ.-Klin., Chem. Abt. und Apotheke der Univ.-Klin.; dt.) H. Herper. 4558□

1273 **Pathogene Wirkungen von Hormonen.** Hans Selye, Eörs Bajusz und Marc Cantin. (Z. Vitamin-, Hormon- u. Fermentforsch. [Wien] **12**, 262—90, 1962; Montreal; Univ., Inst. de Méd. et de Chirurgie exp.; engl.) — Übersicht über Wechselbeziehungen zwischen *Hormonen* u. pathogenen Stoffen. — Neue Unterss. zeigten, daß bei

♀ Meerschweinchen *Na-Acetat* (2mal täglich, oral 1 m Mol/100 g Körper-Gew.) die Wrkg. von *Diphtherietoxin* (I) bzgl. Mortalität u. Nebennierenschäden steigerte. Erhielten die Tiere 2mal täglich 0,25—0,5 mMol *KCl*, so wurde die Mortalität nach subkutaner Injektion von I gegenüber den Kontrollen auf ca. 20% vermindert. Äquivalente Dosen von $MgCl_2$ zeigten eine noch stärkere Schutz-Wrkg. als *KCl*. — 36 Literaturangaben. W. Damerau. 4558◇

1274 **Untersuchungen über die Beziehung zwischen Angiotensininfusion und Aldosteronsekretion.** R. Schröder. (Klin. Wschr. **40,** 752—54, 15/7. 1962; Göttingen, Med. Univ.-Klinik; dt.) — Die i.v. Infusion von *Angiotensin* (I) führt beim Menschen zu einer erheblichen Steigerung der *Aldosteron* (II)-Sekretion. Gleichzeitig kommt es zu einer deutlichen Abnahme der *Na*-Ausscheidung im Urin u. zu einem Anstieg des Na/K-Quotienten. Vf. zeigt, daß I auch in niedriger Dosierung (0,01 γ/kg/Min.) akut eine Na-Retention hervorruft, die ohne Mitwirken von II zustande kommt. Erst bei länger dauernder I-Infusion wird die II-Sekretion so wirksam gesteigert, daß auch nach der Infusion noch eine Na-Retention zu beobachten ist. Vf. nimmt daher an, daß I u. II zwei zusammenspielende Na-retenierende Faktoren sind, wobei I vermutlich über hämodynam. Veränderungen zu einer akuten Na-Retention führt u. bei anhaltender Stimulation sek. durch eine gesteigerte II-Sekretion eine langfristige Na-Retention herbeiführt. B. Görlich. 4558◇

1275 **Die hormonalen Korrelationen im normalen und gestörten Menstruationscyclus.** Jürgen Hammerstein. (Acta endocrinol. [Copenhagen], Suppl. Nr. **51,** 595, 1960; Berlin, FU, Hormon-Labor. der Univ.-Frauenklin.; dt.) H. Herper. 4558 □

1276 **Biologische Untersuchungen über Dihydrocholesterin.** 5. Mitt. **Wirkung von Androgenen auf die biologische Verteilung von Dihydrocholesterin beim Kaninchen.** Erwin H. Mosbach und Margaret Bevans. (Arch. Pathology **75,** 558—63, 1963; New York, N.Y., Public Health Res. Inst., Div. of Labor. Diagn.; New York City Health Dep., Bureau of Labor., Biochem. Sect.; engl.) — 4. vgl. A.M.A. Arch. Pathol. **67,** [1959], 197. — Bei Verfütterung von 0,5% *Dihydrocholesterin* (I) für die Dauer von 4 Wochen auftretende Gallenkonkremente u. entzündliche Rkk. der Gallengänge können (bei Kaninchen) durch gleichzeitig verabreichte, relativ hohe Dosen von *17α-Methyltestosteron* (II; 25—50 mg/kg/Tag peroral) unterdrückt werden (keine Abhängigkeit von fettreicher oder fettarmer Kost). Da die I-Konz. in Serum, Leber u. Darm bei II-Behandlung nur 25—50% der Werte bei alleiniger I-Verfütterung ausmachen, ist an eine Hemmung der I-Resorption durch II zu denken. Äquivalente Dosen von *Testosteron*, peroral oder parenteral, sind dabei weniger wirksam als II. U. Tausendfreund. 4559◇

1277 **Ein Vergleich der Reaktionen von Samenbläschen, Niere und Nebenniere bei der Ratte nach der Anwendung von Androgenen.** Jerome A. Grunt und Joseph E. Walker. (Acta endocrinol. [Copenhagen] **34,** 344—52, 1960; Durham, N.C., Duke Univ. School of Med., Dep. of Anat. and Pediatr.; engl.) — Bei kastrierten Ratten nahm das Gew. der Nieren u. Nebennieren nach 100 μg, nicht jedoch nach 500 μg *Testosteronpropionat* (I) oder *Noräthandrolon* (II) täglich zu; die Kontraktionen der Samenbläschen wurden bei allen Dosierungen aufgehoben. Im Gegensatz zu I hatte II prakt. keinen Einfl. auf das Gew. u. die Histologie der Samenbläschen. K. Zingraf. 4559◇

1278 **Antiandrogene Wirkung von A-Norprogesteron bei der intakten männlichen Ratte.** Leonard J. Lerner, Albert Bianchi und Aleck Borman. (Acta endocrinol. [Copenhagen], Suppl. Nr. **51,** 869, 1960; New Brunswick, N.J., Squibb Inst. for Med. Res.; engl.) H. Herper. 4559 □

1279 **Über den Verlauf der calorischen Unterernährung der mit $\Delta^{1,4}$-17α-Methyl-17β-hydroxyandrostadien-3-on behandelten Ratten.** F. Rubino und O. Giacalone. (Boll. Soc. ital. Biol. sperim. **39,** 154—55, 1963; Palermo, Univ., Ist. di Fisiol. Umana; ital.) — Ratten erhalten zu unzureichendem Futter täglich 0,200 mg *$\Delta^{1,4}$-17α-Methyl-17β-hydroxyandrostadien-3-on* (I). Es zeigt sich, daß I den Verlauf der calor. Unterernährung (Gew.-Verlust u. Sterbequote) nicht beeinflußt. F. Kren. 4559◇

1280 **Wirkung von Testosteronpropionat auf den Stoffwechsel und den Einbau von $^{14}C_{(2)}$-Glycin in Gewebe des Meerschweinchens.** Charles D. Kochakian, Giovanni Costa und John Hill. (Acta endocrinol. [Copenhagen], Suppl. Nr. **51,** 871, 1960; Alabama, Univ., Med. Center; engl.) H. Herper. 4559 □

1281 **Über die Einwirkung von 17α-Äthinyl-19-nortestosteronönanthat auf Hypophysenzwischenhirnsystem und Uteruswachstum virgineller Meerschweinchen.** Jürgen Haller. (Acta endocrinol. [Copenhagen]. Suppl. Nr. **51,** 907—08, 1960; Göttingen, Univ.-Frauenklinik; dt.) H. Herper. 4559 □

1282 **Biogenese der Östrogene.** Jacques Longhampt. (Exposés annu. Biochim. méd. [23] **1961,** 205—29; Paris, Inst. Nat. d'Hygiene; franz.) — Übersicht. Chemie, Biosynth. der *Östrogene* (I) im Sterinhormonstoffwechsel, Ort der I-Biosynth. (Drüsengewebe, peripheres Gewebe), Mechanismus der Aromatisierung von Kern A, 19-Hydroxylierung, partielle Ring A-Dehydrierung, zusätzliche Oxydation an $C_{(19)}$. — 85 Literaturangaben. K. Maier. 4559◇

1283 **Implantation von östrogenen Hormonen in Rindvieh.** 3. Mitt. **Ein Vergleich der Herbstimplantation gegenüber der Frühjahrsimplantation von Östradiolbenzoat plus Progesteron.** G. C. Everitt. (New Zealand J. agric. Res. **6,** 56—69, 1963; Hamilton, Dep. of Agric., Ruakura Animal Res. Stat.; engl.) — 2. vgl. C. **1964,** 10-1282. — 20 Monate alte Mastochsen erhalten eine Implantation von 20 mg *Östradiolbenzoat* (I), 20 mg *Progesteron* (II) im Frühjahr oder im Herbst. Die I + II-Anwendung bewirkt eine signifikante Zunahme des Lebendgewichtes u. des ausgekühlten Kadavergewichtes im Vgl. zu den Kontrollen. Unterschiede zwischen Frühjahrs- u. Herbstanwendung von I + II sind nicht vorhanden. W. Hiller. 4559◇

1284 **Zur quantitativen Bestimmung der Östrogene in den Körperflüssigkeiten.** G. E. Halder. (Acta endocrinol. [Copenhagen], Suppl. Nr. **51,** 1105, 1960; Berlin, Städtisches Krankenhaus Friedrichshain, Frauenklinik; dt.) H. Herper. 4559 □

1285 **Bestimmung der Östrogene in der Flüssigkeit der Follikelcysten.** A. Granjon, S. Yannotti und L. Cédard. (C. R. Séances Soc. Biol. Filiales **152,** 1695—99, 1958, herausgeg. 1959; Paris, Univ., Maternité de Port-Royal, Fac. de Méd., Clin. Obstétr.; franz.) — Wenn das Fl.-Vol. in Follikelcysten < 5 ml beträgt, so liegt der durchschnittliche Geh. von *17β-Östradiol* bei 45,5 μg/100 ml. Die Cysten enthalten auch eine 4mal kleinere Menge von *Östron*; dagegen konnte kein *Östriol* nachgewiesen werden. K. Zingraf. 4559◇

1286 **Nachweis von östrogenen Steroiden im juvenilen Ovar von Xenopus laevis Daudin und Cyclus der Östrogene im Verlauf des Laichens.** Louis Gallien und Marie-Thérèse Chalumeau-Le Foulgoc. (C. R. hebd. Séances Acad. Sci. **251,** 460—62, 1960; Paris, Univ., Fac. des Sci., Labor. d'Embryol.; franz.) — Vom Ende der Metamorphose ab konnten im juvenilen Ovar von *Xenopus laevis Östrogene* (I) vom Östron-Östradiol-Typ nachgewiesen werden. Bei ausgewachsenen Tieren schwankt der I-Geh. im Laufe des Laichcyclus. K. Zingraf. 4559◇

1287 **Anwendung des Extraktionsverfahrens von Ittrich auf die fluorimetrische Bestimmung von Östrogenen im Blut.** Eveline J. Roy. (J. Endocrinology **25,** 361—68, Dez. 1962; Edinburgh, Univ., Clin. Endocrinol. Res. Unit. [Med. Res. Council.]; engl.) — Die von Ittrich (C. **1959,** 5204) veröffentlichte Fluorescenz-Rk. zur quant. Best. von Östrogen lieferte bei der Best. von *Östradiol* (I), *Östron* (II) u. *Östradiol* (III) im Schwangerenblut Werte, die gut mit den mit der weniger empfindlichen Koblerschen Farbrk. erhaltenen übereinstimmten. Fluorescierende Verunreinigungen verhinderten die Best. von I u. III, nicht jedoch von II im peripheren Venenblut während des Cyclus. K. Zingraf. 4559◇

1288 **Wirkung von Östrogenen auf das Nierengewicht in Mäusen.** Michael B. Shimkin, Peter M. Shimkin und Howard B. Andervont. (J. nat. Cancer Inst. **30,** 135—41, 1963; Bethesda, Md., Nat. Cancer Inst.; engl.) — Nach subkutaner Implantation von *Cholesterin*-Kügelchen (Gew. 5 mg) mit 10 oder 20% *Diäthylstilböstrol* bzw. 10% *17β-Östradiol-3-benzoat* (I) in Mäuse (♀, ♂, Balb/c/An) wurde in den ♂ das Nieren-Gew. verringert. Wurde I in Sesamöl als Einzelgabe subkutan injiziert, so wurde der gleiche Effekt beobachtet. Bei intermittierender Injektion von I/Sesamöl war dieser Effekt dagegen gering. W. Damerau. 4559◇

1289 **Wirkung von Progesteron und Östrogen auf die Schwangerschaft und die fötale Mortalität bei ausgewachsenen Mäusen nach Superovulationsbehandlung.** Ruth E. Fowler und R. G. Edwards. (J. Endocrinology **20,** 1–8, 1960; Pasadena, Calif., California Inst. of Technol., Div. of Biol.; engl.) — Nach Superovulationsbehandlung mit Gonadotropinen beeinflußte eine *Progesteron* (I)-Behandlung während der frühen Schwangerschaft bei Mäusen die Eiimplantation u. die fötale Mortalität nicht, aber 2 mg **I** täglich vom 2.–12. Tag verringerten die Zahl der Implantationen u. erhöhten die Mortalität der Föten. *Östradiolbenzoat* (**II**), nach der Begattung verabreicht, verringerte die Fertilität der Tiere, indem es den Anteil der Mäuse mit implantierten Föten herabsetzte u. öfters eine Hörner-Bldg. im Uterus bewirkte. Anwendung von **II** vor der Superovulation hemmte bei einigen Tieren die Ovulation. K. Zingraf. 4559◇

1290 **Einfache quantitative Schnellbestimmung von Pregnandiol auf Dünnschichtplatten zum Frühschwangerschaftsnachweis und zur Überwachung des Cyclus bei der Frau.** D. Waldi. (Klin. Wschr. **40,** 827–30, 1962; Darmstadt, E. Merck Akt.-Ges., Forsch.-Labor., Biochem. Abt.; dt.) — Beschreibung einer dünnschichtchromatograph. *Pregnandiol-* u. *Allopregnandiol*-Best., welche z. B. die Erkennung einer Gravidität bereits 10–14 Tage nach der Konzeption erkennen läßt. Es war dabei zunächst erforderlich, die Hydrolysebedingungen so zu wählen, daß möglichst keine Zersetzungen auftreten. Die Maximalwerte des Cyclus werden bei Konzeption deutlich überschritten; Ausnahmen sind bei Gestagen- oder Corticosteroid-Verabreichungen zu beobachten. U. Tausendfreund. 4559◇

1291 **Vergleich des Acetophenonderivats von 16α.17α-Dihydroxyprogesteron mit anderen Progestationssteroiden bezüglich der Maskulinisierung des Rattenfötus.** Leonard J. Lerner, Michael De Phillipo, Euripides Yiacas, David Brennan und Aleck Borman. (Endocrinology **71,** 448–51, Sept. 1962; New Brunswick, N.J., Squibb Inst. for Med. Res.; engl.) — *16α.17α-[Methylphenylmethylendioxy]-progesteron, Progesteron* u. *17α-Hydroxyprogesteroncaproat,* Rattenmüttern während der Schwangerschaft verabreicht, veränderten im Gegensatz zu *6α-Methyl-17α-hydroxyprogesteronacetat, 17α-Äthinyl-19-nortestosteron* (**I**) u. **I**-*Acetat* das normale Geschlechtsverhältnis bei den Föten nicht u. virilisierten nicht die innere oder äußere Geschlechtsstruktur der neugeborenen Tiere. K. Zingraf. 4559◇

1292 **Die Halbwertszeit von Progesteron im peripheren Blut eines Schweines in zwei Schwangerschaftsstadien.** R. V. Short und J. G. Rowell. (J. Endocrinology **25,** 369–74, Dez. 1962; Cambridge, Univ., Dep. of Vet. Clin. Stud., A.R.C. Unit of Reprod. Physiol. and Biochem.; School of Agr., A.R.C. Statist. Group; engl.) — Von $^{14}C_{(4)}$-*Progesteron,* welches bei einem Suffolk-Schwein am 115. Tag der Schwangerschaft u. dann wieder kurz vor dem Ferkeln i.v. injiziert wurde, fand sich nach 5 Min. nur noch 1% im zirkulierenden Blut. In den nächsten 25 Min. erfolgte ein fast exponentielles Absinken der Konz. mit einer Halbwertszeit von 7,3 ± 1,2 Min. am 115. Tag u. 8,1 ± 0,6 Min. kurz vor dem Ferkeln. Die Differenz zwischen beiden Werten ist statist. nicht signifikant. K. Zingraf. 4559◇

1293 **Erhaltung der Trächtigkeit und Hemmung des Partus bei Ratten mit 17α-Hydroxyprogesteronestern: die Rolle östrogener und androgener Aktivität.** J. C. Stucki und A. D. Forbes. (Acta endocrinol. [Copenhagen] **33,** 73–80, 1960; Kalamazoo, Mich., Upjohn Co., Dep. of Endocrinol.; engl.) — Bei ovarektomierten Ratten konnte selbst mit vor der Ovarektomie begonnenen Verabreichungen von *17α-Hydroxyprogesteronacetat* (**I**) oder *-caproat* (**II**) eine Trächtigkeit nicht aufrechterhalten werden. **I** war zur Aufrechterhaltung der Trächtigkeit nur in der Lage, wenn gleichzeitig *Östron* (**III**) oder *Testosteronpropionat* (**IV**) gegeben wurde; **IV** verbesserte die Erfolge einer Kombination von **I** mit **III** nicht noch weiter; **III** u. **IV**, allein oder gemeinsam, waren unwirksam. Eine Verzögerung oder Verhütung des Partus war mit *Progesteron* oder **IV**, bei Beginn der Verabreichung 3 Tage vor dem Termin, möglich; **I** u. **II**, allein oder mit **III**, waren dabei unwirksam; **I** war wirksam, wenn die Verabreichung 11 Tage vorher begann. U. Tausendfreund. 4559◇

1294 **Die Wirkung von Norethisteron und seinem Acetat auf die Ovarial- und Hypophysenfunktion während des Cyclus.** J. B. Brown, K. Fotherby und J. A. Loraine. (J. Endocrinology **25,** 331–41, 1962; Edinburgh, Univ., Clin. Endocrinol. Res. Unit [Med. Res. Council]; engl.) — Wenn *Norethisteron* oder sein Acetat vom 5.–25. Tag des Cyclus in Dosen von 12–20 mg täglich verabreicht wurde, so wurde die Ovarialtätigkeit vollständig unterdrückt. Bei niedrigerer Dosierung hielt unter Umständen die Follikel-Aktivität an, aber die Ovulation u. Gelbkörper-Bldg. wurde unterbunden. Bei Anwendung lediglich während der Lutealphase wurde die normale Funktion des Gelbkörpers nicht beeinflußt. Die Ausscheidung von hypophysärem Gonadotropin im Harn wurde in keinem Fall herabgesetzt. K. Zingraf. 4559◇

1295 **Untersuchung der Geburtsauslösung durch Syntocinon-Perfusion.** Nicolas Slavtchev und Yvan Gantchev. (Gynécol. et Obstétr. **60,** 347–53, Mai/Juni 1961; Sofia, Inst. de Gynécol. et d'Obstétrique; franz.) — Von 81 schwangeren Frauen konnte bei 31 durch die Perfusion von *Syntocinon* die Geburt eingeleitet werden. G. Kimmerle. 4560△

1296 **Die Verwendung der gemeinen indischen männlichen Kröte Bufo melanostictus zur Wertbestimmung von menschlichem Choriongonadotropin.** U. K. Banik. (Ann. Biochem. exp. Med. [Calcutta] **20,** 165–70, 1960; Calcutta, Indian Inst. for Biochem. and Experim. Med.; engl.) — Beschreibung einer biolog. Best.-Meth. u. einer Wertbest.-Meth. für menschliches *Choriongonadotropin* unter Verw. der Männchen von *Bufo melanostictus.* K. Zingraf. 4560◇

1297 **Die Anwesenheit eines Gonadotropin hemmenden Faktors im Harn normaler Kinder und bei Patienten mit hypogonadotropem Hypogonadismus.** Baruch Landau, Howard S. Schwartz und Louis J. Soffer. (Acta endocrinol. [Copenhagen], Suppl. Nr. **51,** 1085, 1960; New York, N.Y., Mount Sinai Hosp.; engl.) H. Herper. 4560□

1298 **Die Wirkung verschiedener Reagentien auf die biologische Aktivität von menschlichen Harn-Gonadotropinen.** W. T. Butt, A. C. Crooke, F. J. Cunningham und Anne J. Evans. (Acta endocrinol. [Copenhagen], Suppl. Nr. **51,** 1077, 1960; Birmingham, England, Birmingham & Midland Hosp. of Women, Dep. of Clin. Endocrinol.; engl.) H. Herper. 4560□

1299 **Immunelektrophoretische Untersuchungen des menschlichen Gonadotropins.** W. R. Butt, A. C. Crooke und F. J. Cunningham. (Acta endocrinol. [Copenhagen], Suppl. Nr. **51,** 1095, 1960; Birmingham, England, Birmingham & Midland Hosp. for Women, Dep. of Clin. Endocrinol.; engl.) H. Herper. 4560□

1300 **Verunreinigung von Gonadotropinstandards.** A. Albert und Ione Derner. (J. clin. Endocrinol. Metabolism **20,** 1411–16, 1960; Rochester, Minn., Mayo Clin. and Mayo Found.; engl.) K. Zingraf. 4560◇

1301 **Der Einfluß von Follikel stimulierendem Hormon und Human-Choriongonadotropin auf Eierstockprogesteron von Hunden und die Δ⁴-Androsten-3.17-dion-Sekretion.** Gy. Telegdy und L. Huszár. (Acta physiol. Acad. Sci. hung. **21,** 339–45, 1962; Pécs, Med. Univ., Inst. of Physiol.; engl.) — In der Corpus luteum-Phase von Hunden wird *Progesteron* (**I**) nachgewiesen. Intravenöse Verabreichung von 3000 I.E. Human-Choriongonadotropin (HCG) erhöht die **I**-Sekretion des Eierstocks in der Corpus luteum-Phase stark, nicht aber während der Phase ohne Corpus luteum. Eine Follikel-stimulierendes-Hormon (FSH)-Behandlung während der anovulator. Phase vermag keine **I**- oder Androgensekretion in 4 Tagen hervorzurufen. Länger als 5 Tage verabreichtes HCG erhöht die Sekretion von *Δ⁴-Androstendion-(3.17)* (**II**) u. **I**. Infolge Behandlung mit HCG nach Verabreichung einer Dosis FSH läßt sich nach 4 Tagen im venösen Eierstockblut u. Eierstockgewebe **II** nachweisen. Nach längerer Behandlung erhöht sich die **II**-Erzeugung bei gleichzeitiger **I**-Sekretion. W. Wesly. 4560◇

1302 **Reinigung des Follikelreifungshormons vom Schaf durch Ionenaustauschchromatographie an Diäthylaminoäthylcellulose.** M. C. Woods und M. E. Simpson. (Endocrinology **66,** 575–84, 1960; San Francisco, Calif., Univ. of California, School of Med., Inst. of Exp. Biol. and Dep. of Anat.; engl.) — *Follikelreifungshormon* (**I**) vom Schaf mit einer minimalen Wirkdosis von 1,7 μg u. einer Potenz von 65fachem Armour-Standard I 264-151 X läßt sich erzielen durch Extraktion der zerriebenen Hypophysen mit 40% A., Fraktionierung mit $(NH_4)_2SO_4$ u. Austauschchromatographie an Diäthylaminoäthylcellulose bei pH 7 in Phosphatpuffer, 0,030m zur Eliminierung biolog. akt. Verunreinigungen u. von Protein, 0,060m zur optimalen Entfernung von I; anschließend Refraktionierung mit $(NH_4)_2SO_4$. Die Verunreinigung mit *Luteinisierungshormon* ist nur noch gering. U. Tausendfreund. 4560◇

1303 **Wirkungen von Hypophysektomie und Wachstumshormonen auf die Ansammlung verwertbarer Aminosäuren.** C. A. Snipes und J. L. Kostyo. (Amer. J. Physiol. **203**, 933—38, 1962; Durham, N.C., Duke Univ., Dep. of Physiol.; Div. of Endocrinol.; engl.) — Durch Hypophysektomie wurden die Konzz. von *Alanin* (I) u. *Histidin* (II) im Zellwasser des Zwerchfells, nicht jedoch im Plasma, verringert. Die Konzz. von I u. II im W. des Zwerchfells blieben die gleichen wie in vivo, wenn intakte Zwerchfelle normaler oder hypophysektomierter Tiere in Krebs-Bicarbonat-Lsg. inkubiert wurden, u. nahmen bei Zusatz von I oder II zur Inkubations-Fl. zu. Die Zunahme war in den Muskeln hypophysektomierter Tiere geringer. Zusatz von Rinderwachstumshormon zur Inkubations-Lsg. erhöhte die Konzz. von I u. II im Zwerchfell hypophysektomierter Ratten. K. Zingraf. 4560◇

1304 **Stoffwechsel- und renotropische Effekte von menschlichem Wachstumshormon bei Erkrankung.** Herbert Gershberg. (Acta endocrinol. [Copenhagen], Suppl. Nr. **51**, 255, 1960; New York, N.Y., Univ., Coll. of Med.; engl.) H. Herper. 4560□

1305 **In vitro-Wirkungen von Wachstumshormon und Corticotropin auf den Aminosäure-Transport im Muskel.** Jack L. Kostyo. (Acta endocrinol. [Copenhagen], Suppl. Nr. **51**, 943, 1960; Durham, N.C., Duke Univ., Dep. of Physiol. and Div. of Endocrinol.; engl.) H. Herper 4560□

1306 **Steroidogene Aktivität von gereinigten α-, β-, γ- und δ-Corticotropinen und von Pepsinabbauprodukten von β-Corticotropin.** Roger Guillemin. (Endocrinology **66**, 819—23, 1960; Houston, Tex., Baylor Univ., Coll. of Med., Dep. of Physiol.; engl.) — Für verschiedene *Adrenocorticotropin* (I)-Präpp. von Schweinen ergaben sich folgende Wirkstärken (in U.S.P.-Einheiten/mg, bestimmt an der Corticoiderzeugung in vivo): Für α_1-I 11,2 ± 2,1; α_3-I 34,0 ± 2,8; α_4-I 25,8 ± 5,1; β-I 94,5 ± 10,6; γ_1-I 11,6 ± 2,0; γ_2-I 21,7 ± 4,1; δ_1-I 27,6 ± 6,9. Für Pepsinabbau-Prodd. von β-I: P_2 27,5 ± 7,9; P_3 31,4 ± 4,7; P_4 21,5 ± 10,0. K. Zingraf. 4560◇

1307 **Wirkung von Corticostimulin auf den Ascorbinsäuregehalt der Nebennieren von Rattenföten.** Alia Cohen. (C. R. Séances Soc. Biol. Filiales **152**, 1678—80, 1958, herausgeg. 1959; Paris, Univ., Fac. des Sci., Labor. de Physiol. comp.; franz.) — Bei 17½ Tagen alten oder älteren Rattenföten bewirkte die Injektion einer hohen Dosis *Corticostimulin* eine Abnahme des Ascorbinsäure-Geh. der Nebennieren. K. Zingraf. 4560◇

1308 **Untersuchung von adrenocorticotropen Hormonen im Harn bei Arterienhypertension des Menschen.** Jacques Genest, Erich Koiw, Wojciech Nowaczynski und Thomas Sandor. (Acta endocrinol. [Copenhagen], Suppl. Nr. **51**, 173, 1960; Montreal, Canada, Hôtel-Dieu Hosp., Dep. of Clin. Res.; engl.) H. Herper. 4560□

1309 **Antidiuretische Hormone.** Wilbur H. Sawyer, Robert A. Munsick und H. B. van Dyke. (Circulation [New York] **21**, 1027—37, 1960; New York, N.Y., Columbia Univ., Coll. of Phys. and Surg., Dep. of Pharmacol.; engl.) — Übersicht über die Funktion u. Natur der antidiuret. Hormone *Argininvasopressin* (beim Menschen u. den meisten Säugern), *Lysinvasopressin* (beim Schwein) u. *Arginin-vasotocin* (I; bei Vögeln, Reptilien u. Amphibien), die alle auf die Niere in gleicher Weise wirken. I kommt auch beim Fisch vor, obwohl dieser keine antidiuret. Rk. kennt, so daß antidiuret. Hormon in der Vertebratenphylogenie noch vor der antidiuret. Funktion erscheint. Beim Fisch dient die Neurohypophyse offenbar zur Regulierung der Adenohypophysensekretion; diese primitive Art der Neurohypophysenfunktion dürfte bei der Vertebratenevolution erhalten geblieben sein. — 69 Literaturangaben. U. Tausendfreund. 4560◇

1310 **Die Wirkung der belastenden neurotropen Reize unter der chemischen Blockade der Adenohypophyse.** A. Árvey, L. Nyiri, M. Rákosi und L. Buris. (Endokrinologie **40**, 39—52, 1960; Debrecen, Ungarn, Univ., Univ.-Frauenklinik, Inst. für organ. Chem., Inst. für gerichtl. Med.; dt.) — Unter den Alkylhydroxyarylketonen verhindern *p-Hydroxypropiophenon* (I), *p-Hydroxyacetophenon* (II) u. *o-Hydroxypropiophenon* (III) die Wrkg. belastender neurotroper Reize. Diese bestanden im Ertönen schriller Glocken für 5 Min. in jeder Std., wobei die Vers.-Tiere (weiße ♀ Ratten) durch aufblitzendes starkes Reflektorlicht bestrahlt wurden. Dies bewirkt an unbehandelten Tieren anfangs eine Cyclussteigerung, später ein Spärlicherwerden der Brunsttage u. histolog. Veränderungen der *Adenohypophyse* (Ad) sowie der Schilddrüse, des Ovars u. Endometriums im Sinne einer Funktionssteigerung. I—III hemmen auch die Produktion von follikelstimulierendem Hormon durch die Ad. Largactil (Chlorpromazin) u. Sevenal (Phenobarbitural) wirken nur herabsetzend im gleichen Sinne. W. Stross. 4560◇

1311 **Änderungen des Calcium- und Phosphor-Stoffwechsels in den verschiedenen Stadien von Acromegalie und nach erfolgter Hypophysenimplantation mit ^{90}Y.** G. M. Molinatti, F. Camanni, O. Losana und M. Olivetti. (Acta endocrinol. [Copenhagen] **36**, 161—79, 1961; Turin, Univ., Med. Clinic and Dep. of Endocrine Surg.; engl.) — Bei 13 Patienten (5 ♂ u. 8 ♀) mit Acromegalie wurde der *Ca-* u. *P*-Stoffwechsel in den verschiedenen Stadien der Krankheit untersucht. Im akt. Entw.-Stadium war die Ca- u. P-Ausscheidung im Urin erhöht. Bei einigen Patienten zeigte sich im Ca-Toleranztest eine merkliche Abnahme der Retention, während sie bei anderen anstieg. In der Ruhepause der Krankheit wurden diese Änderungen nicht beobachtet. Ca- u. P-Geh. sowie alkal. Phosphatase im Blut waren entweder leicht erhöht oder normal. Hypophysenimplantationen mit ^{90}Y u. Röntgentiefenbestrahlung hatten eine merkliche Abnahme der Hypercalciurie u. Hyperphosphaturie sowie eine deutliche Besserung des klin. Bildes u. des Glucosestoffwechsels zur Folge. Auf Grund der erhaltenen Ergebnisse schließen Vff., daß Änderungen im Ca- u. P-Stoffwechsel entweder direkt oder indirekt durch die Hypophyse (Wachstumshormon) gesteuert werden. A. Eben. 4560◇

1312 **Die Wirkung von Oxytocin auf die Ausscheidung von Wasser und Elektrolyten mit dem Harn beim Menschen.** R. B. Cross, S. E. Dicker, A. H. Kitchin, Sybil Lloyd und Mary Pickford. (J. Physiology **153**, 553—61, 1960; London, Univ. Coll., Dep. of Pharmacol.; Edinburgh, Univ., Dep. of Physiol.; engl.) — Die Wrkg. von *Oxytocin* (I) weichen beim Menschen von denjenigen bei anderen Species ab. So übt I beim Menschen keinen Einfl. auf die Ausscheidungen von *Na*, *K* oder *Cl* durch die Niere aus. Ferner können hohe Dosen von 100—750 mEinheiten/min (i.v. Infusion) zu einer Verminderung der Clearance von *Inulin* (Glomerulumfiltration) u. zu einer Verminderung der Clearance von *p-Aminohippursäure* (renale Plasmaströmung) führen; der bei anderen Species beobachtete Anstieg bleibt aus. Schließlich wirkt I beim Menschen nicht antidiuretisch. Alle Unterss. wurden an liegenden Personen durchgeführt. U. Tausendfreund. 4560◇

1313 **Wirkungen von Hydrocortison, Prolactin und Oxytocin auf das Lactationsverhalten von Ratten.** P. K. Talwalker, J. Meites und C. S. Nicoll. (Amer. J. Physiol. **199**, 1070—72, 1960; East Lansing, Mich., Michigan State Univ., Dep. of Physiol. and Pharmacol.; engl.) — Durch 0,5 mg *Hydrocortisonacetat* (I), 2mal täglich, nicht jedoch durch 0,25 oder 1,0 mg I, 1,0 mg *Prolactin* oder 1,0 I.E. *Oxytocin* wurde die Milchsekretion bei Albinoratten (Carworth-Stamm) deutlich gesteigert. K. Zingraf. 4560◇

1314 **Fraktionierung von Steroid-Konjugaten.** I. E. Bush und Muriel M. Gale. (Acta endocrinol. [Copenhagen], Suppl. Nr. **51**, 1027, 1960; Oxford, England, Radcliffe Infirmary, Dep. of the Regius Prof. of Med.; engl.) H. Herper. 4561□

1315 **Milchsäurebildung und Adrenalinumkehr in Versuchen an isolierten glatten Muskeln.** Ella Mohme-Lundholm. (Acta physiol. scand. **55**, 225—30, Juni/Juli 1962; Gothenburg, Univ., Dep. of Pharmacol.; engl.) — Während *Adrenalin* (I) an isolierter Kaninchenmagenmuskulatur zur Kontraktion u. Steigerung des *Milchsäure* (II)-Geh. führt, ist nach *Dibenamin*-Behandlung eine Erschlaffung nach der I-Einw. zu beobachten; die II-Bldg. bleibt dabei unverändert. Diese I-Umkehr wird als Folge einer selektiven Hemmung der kontrahierenden Wrkg. von I angesehen, so daß die erschlaffende Wrkg. der II-Bldg. erkennbar werden kann. U. Tausendfreund. 4561◇

1316 **Der Einfluß von Adrenalin und Noradrenalin auf die Blutgerinnung.** K. Wachholder, H. Egli, K. Kesseler, Hannelore Buscha und Felderhoff. (Med. exp. [Basel] **4,** 151—62, 1961; Bonn, Univ., Physiolog. Inst.; dt.) — Wurden 0,5—0,75 mg *Adrenalin* normalen Vers.-Personen subkutan oder i.m. injiziert, so trat bei thrombelastograph. Messung eine beträchtlich länger anhaltende Verkürzung der Gesamtgerinnungszeit ein. Die Thrombuselastizität war dabei erhöht. Auf *Noradrenalin*-Injektionen hin war die Rk. schwächer, unterschritt aber auch hier mehrfach die Norm. Der Thrombin-Bldg.-Test war ebenfalls, wenn auch nicht so regelmäßig, verändert. Eine feste Korrelation zwischen den Veränderungen der Gesamtgerinnungszeit u. denjenigen bestimmter Einzelfaktoren (Prothrombin, Faktor VII, Faktor X, Faktor V) besteht nicht. K. Böhm. 4561◇

1317 **Wirkungen von Adrenalin auf den Kohlenhydratstoffwechsel im isolierten Zwerchfell von intakten und adrenalektomierten, durch Nembutalanästhesie beeinflußten Ratten.** P. R. Bouman und W. Dermer. (Acta endocrinol. [Copenhagen] **35,** 541—50, 1960; Groningen, Niederlande, Univ., Dep. of Pharmacol.; engl.) — Zwerchfellhälften von decapitierten Ratten werden unter aeroben Bedingungen bei 37° für 1 Std. inkubiert u. die *Glucose* (**I**)-Aufnahme u. die *Glykogen* (**II**)-Ablagerung bestimmt. *Adrenalin* (**III**)-Gaben in vitro (1 μg/ml) verursachen bei den Zwerchfellen von normalen u. adrenalektomierten Tieren eine verminderte **I**-Aufnahme u. **II**-Speicherung. Nembutalanästhesie vor der Tötung der Tiere verändert das Verh. gegenüber **III**. W. Hiller. 4561◇

1318 **Kohlenhydratstoffwechsel im isolierten Zwerchfell von adrenalektomierten Ratten, die in vivo und in vitro Adrenalin ausgesetzt sind.** P. R. Bouman und W. Dermer. (Acta endocrinol. [Copenhagen] **35,** 551—59, 1960; Groningen, Niederlande, Univ., Dep. of Pharmacol.; engl.) — Vff. inkubieren Zwerchfellhälften von Ratten, die vor der Tötung Nembutalanästhesie erhielten, unter aeroben Bedingungen u. bestimmen die *Glucose* (**I**)-Aufnahme u. *Glykogen* (**II**)-Speicherung. *Adrenalin* (**III**)-Gaben in vitro bewirken einen **II**-Abbau u. eine wenig verminderte **I**-Aufnahme. **III**-Gaben vor der Tötung erhöhen während der Inkubation die **I**-Aufnahme u. **II**-Speicherung. Wird **III** sowohl den Tieren vor der Tötung gegeben als auch zum Inkubationsmedium, so wird weder die **I**-Aufnahme noch die **II**-Speicherung gegenüber den Kontrolltieren verändert. W. Hiller. 4561◇

1319 **Über den Betrag an ätherlöslichen Stoffen und Adrenalinausschwitzung auf dem Pferderücken.** Hatsuo Nitta, Kimio Ikai, Isamu Sugie und Sakiko Kanazawa. (Nagoya med. J. **7,** 39—43, 1961; Nagoya, Nagoya City Univ., Med. School, Dep. of Physiol.; engl.) — Nach Auftragung von *Epinephrinhydrochlorid* (**I**)-Lsg. auf den Rücken eines Pferdes wurde an den **I**-behandelten Stellen gegenüber den Kontrollstellen (mit NaCl-Lsg. behandelt) ein Rückgang der Haut-Temp. u. erhöhte Abgabe von Hauttalg beobachtet. Intrakutane **I**-Injektion erniedrigte erst die Hauttalgsekretion u. erhöhte sie dann. W. Damerau. 4561◇

1320 **Weitere Anwendungs-Technik des isolierten perfundierten Meerschweinchen-Herzens bei der Prüfung von Brenzcatechinamin.** Walter M. Booker, A. De Schaepdryver, William L. West, Delores Edwards und Estella Gonzalez. (Acta endocrinol. [Copenhagen], Suppl. Nr. **51,** 1039, 1960; Washington, Howard Univ., Coll. of Med., Dep. of Pharmacol.; engl.) H. Herper. 4561□

1321 **Die Art der Sekretion von Brenzcatechinaminen aus dem Nebennierenmark.** W. R. Burack und P. R. Draskóczy. (J. Pharmacol. exp. Therapeut. **138,** 165—69, Nov. 1962; Boston, Mass., Harvard Med. School, Dep. of Pharmacol.; engl.) — Ratten erhalten *³H-Dopa*. Die daraus gebildeten *Brenzcatechinamine* (BC) zeigen gespeichert in der Nebenniere die gleiche Aktivität wie sezerniert in die Nebennierenvene. Die Ergebnisse stützen die Annahme, daß die Sekretion durch einen Degranulierungsmechanismus erfolgt u. daß keine BC aus einer extragranulären Reserve direkt ins Blut gelangen. Vff. finden bei anästhetisierten Ratten für die BC der Nebenniere eine biolog. Halbwertszeit von einem Tag. W. Hiller. 4561◇

1322 **Der Nebennierengewicht: Thymusgewicht-Quotient-Test, eine einfache Testierungsmethode für Corticotropin- und Depot-Corticotropin-Präparate.** W. Hohlweg, U. Laschet, G. Dörner und E. Daume. (Acta endocrinol. [Copenhagen] **35,** 501—07, 1960; Berlin, Charité, Inst. für exp. Endokrinolog.; dt.) — Vgl. C. **1961,** 18008. — Der NQT-Test (Quotient Nebennieren-Gew.: Thymus-Gew.) an normalen 3 Wochen alten ♂ Ratten ist ein einfaches u. genügend genaues Verf. zur Best. der Wrkg.-Stärke u. Wrkg.-Dauer von einfachen u. Depot-Präpp. von *adrenocorticotropem Hormon*. Bei den einfachen Präpp. wurden folgende NQT-Werte erhalten bei einmaliger Gabe: *Cortrophine* 12 I.E. 2,2 (NQT-Wert); *Procortan forte* 12 I.E. 1,8; Standard **37/58** 1 I.E. 3,6, 3 I.E. 6,4 (unterteilt gegeben). Die Werte bei den Depot-Präpp. sind: *Cortrophine Z* 1 I.E. 2,5, 2 I.E. 6,8, 4 I.E. 9,0; *Research-Präp. Nr. 2631*, *Organon* 1 I.E. 4,1, 4 I.E. 8,6; *Depot-ACTH-AWD* 2 I.E. 2,5, 4 I.E. 4,0, 12 I.E. 7,0; *Depotacethropan* 1 I.E. 2,0, 4 I.E. 3,4; *Depot-ACTH Schering* 4 I.E. 2,3, 12 I.E. 3,6. Die Werte der Kontrollen liegen zwischen 1,7 u. 2,0. W. Hiller. 4561◇

1323 **Eine Methode zur Aldosteronbestimmung im peripheren Plasma mittels der Methode der isotopischen Derivate mit p-Jodphenylsulfonylsäureanhydrid („Pipsan") als Reagens.** Ejgil Bojesen und Hans Degn. (Acta endocrinol. [Copenhagen], Suppl. Nr. **51,** 1057—58, 1960; Copenhagen, Denmark, Univ., Inst. of Exp. Med., Div. of Endocrinol.; engl.) H. Herper. 4561□

1324 **Über die hämodynamische Regulation der Aldosteronsekretion.** Frederic C. Bartter und Donald S. Gann. (Circulation [New York] **21,** 1016—23, 1960; Bethesda, Md., Nat. Inst. of Health, Nat. Heart Inst., Sect. on Clin. Endocrinol.; engl.) — Übersicht. — 18 Literaturangaben. K. Zingraf. 4561◇

1325 **Verwendung eines Aldosteronantagonisten zur Diagnose von primärem Hyperaldosteronismus.** H. P. Higgins und M. O'Sullivan. (Canad. med. Assoc. J. **83,** 1289—92, 1960; Toronto, St. Michael's Hosp., Dep. of Med. and Biochem.; Univ. of Toronto, Dep. of Med.; engl.) — *Spironolacton* [*Aldacton S.C. 9420*] erhöhte die *K*-Konz. im Serum eines Patienten mit prim. Hyperaldosteronismus, der normale Mengen Aldosteron im Harn ausschied, nicht jedoch im Serum von Patienten mit Hypertension infolge anderer Ursachen. In allen Fällen wurde K-Retention beobachtet. K. Zingraf. 4561◇

1326 **Über den Einfluß eines Aldosteron-Antagonisten (SC-8109) auf die Resorption von Natrium aus dem Magen-Darm-Trakt von Ratten.** H. Ch. Moll und Kh. R. Koczorek. (Klin. Wschr. **40,** 825—27, 1962; München, Univ., I. Medizin. Klinik; II. Medizin. Klinik; dt.) — Es wird gezeigt, daß Wegfall der *Aldosteron* (**I**)-Produktion (durch Adrenalektomie) bei Ratten die Resorption von *Na* aus dem Darmtrakt verlangsamt, während **I** die Na-Resorption beschleunigt. Das synthet. Spironolacton *SC-8109* (Searle & Co.) hebt als **I**-Antagonist die Wrkg. von endogenem u. exogenem **I** auf den Kationentransport durch die Darmschleimhaut auf. Die Resultate können als Beweis für die extrarenale Wrkg. von **I** u. den Spironolactonen gelten. U. Tausendfreund. 4561◇

1327 **Ausscheidung von Hydroxysteroiden, 17-Ketosteroiden und des Aldosterons im Harn bei Ratten während eines Behandlungscyclus mit Morphin.** E. Paroli und P. Melchiorri. (Biochem. Pharmacol. **6,** 1—17, 1961; Rome, Univ., Inst. of Pharmacol.; engl.) — Bei einem kurzen Behandlungscyclus mit *Morphin* wurde ein Ansteigen des Hydroxysteroidspiegels im Harn festgestellt, bei längerer Behandlung erfolgt ein Absinken aller Steroide im Harn, solange die injizierte Dosis an *Morphin* eine stabilisierende Wrkg. zeigte. Die Depressions-Wrkg. des *Morphins* auf die *Adrenalsteroid*-Ausscheidung scheint durch *ACTH* (*Adrenocorticotropin*)-Injektionen nur leicht red. zu werden. Die *Morphin*-Entziehung wie auch *Nalorphin*-Injektionen verursachen ein auffallendes u. kräftiges Ansteigen von *Aldosteron* u. *Hydroxysteroiden*, während *17-Ketosteroide* ein normales Niveau erreichen. *Nalorphin* allein red. die *Harnsterine* nur sehr wenig. Eine Kombination von *Morphin* u. *Nalorphin* bewirkt nicht die gleiche Ausscheidung von Steroiden, wie sie vorher bei morphinierten Ratten beobachtet wurde. O. Jansen. 4561◇

1328 **Einfluß des Pyridoxins auf die glykoneogenetische Tätigkeit des Cortisons.** F. Rubino. (Boll. Soc. ital. Biol. sperim. **39,** 152—54, 1963; Palermo, Univ., Ist. di Fisiol. Umana; ital.) — Unterss. an Ratten zeigen, daß *Pyridoxin* notwendig u. unabdingbar ist, damit *Cortison* vollständig u. normal seine glykoneogenet. Tätigkeit aus den Protiden ausübt. F. Kren. 4561◇

1329 **Einfluß des Hydrocortisons auf die Aktivität der Cholinesterase des Plasmas.** I. Sforza und E. Moretto. (Boll. Soc. ital. Biol. sperim. **39**, 166—70, 1963; Arcispedale S. Anna di Ferrara, Div. Urol. e Labor. di Ricer. clin.; ital.) — Die Unterss. werden an 21 Patienten von 70—90 Jahren durchgeführt, die prostatektomiert werden sollten. Sie erhalten i.v. einmalig 25, 50 bzw. 100 mg *Hydrocortisonsuccinat* (**I**). In allen Fällen war nach 2 Tagen der maximale Effekt auf die *Cholinesterase* des Plasmas erreicht: Zunahme durch 25 mg **I** = 4,5%; 50 mg = 7,0%; 100 mg = 3,6%. F. Kren. 4561◇

1330 **Messung der Cortisol-Produktionsrate beim Menschen.** C. L. Cope. (Acta endocrinol. [Copenhagen], Suppl. Nr. **51**, 1067, 1960; London, Postgraduate Med. School, Dep. of Med.; engl.) H. Herper. 4561□

1331 **Die Bestimmung von Nebennierenrindensteroiden im Blut: Beobachtungen über die Zuverlässigkeit einer einfachen fluorimetrischen Methode für Cortisol.** Hannelore Braunsberg und V. H. T. James. (J. Endocrinology **25**, 309—22, Dez. 1962; London, St. Mary's Hosp., Med. School, Dep. of Chem. Pathol.; engl.) — Die Spezifität einer fluorimetr. Meth. zur Best. von *Cortisol* im menschlichen Plasma wurde durch Einführung einer zusätzlichen Aufteilung des Extrakts zwischen Bzl. u. W. gesteigert. Empfindlichkeit ca. 10 μg%, dazu sind 8 ml Plasma erforderlich. K. Zingraf. 4561◇

1332 **Erhöhungen von Nebennieren- und Serum-Corticosteron von Hypophysen-transplantierten C- und D_8-Mäusen.** Franz Halberg und Erhard Haus. (Acta endocrinol. [Copenhagen], Suppl. Nr. **51**, 211, 1960; Cambridge, Mass., Cambridge State School and Hosp.; Minneapolis, Minn., Univ. of Minnesota, Med. School, Div. of Cancer Biol.; engl.) H. Herper. 4561□

1333 **Biologischer Nachweis von Glucocorticoiden und mineralocorticoiden Substanzen im Fettgewebe.** Gy. I. Fazekas. (Endokrinologie **40**, 60—74, 1960; Széged, Ungarn, Univ., Inst. für gerichtl. Med.; dt.) — Nach der Meth. von Cartland u. Kuizenga (J. biol. Chemistry **116**, [1936], 57; **147**, [1943], 561) zur Bereitung von Nebennierenextrakten wurden Extrakte aus frischem subkutanen Schweinefettgewebe hergestellt. Diese bewirkten bei subkutaner Injektion an adrenalektomierten ♂ Mäusen eine intensive Steigerung des Glykogen-Geh. von Leber u. Muskel (bis auf mehr als das 20fache), nicht dagegen des Gehirns sowie des Blutzuckers (um 40%), des Leber- u. Muskelglykogens (30—65%) normaler intakter Ratten, ferner des Serum-Na von Kaninchen (mit geringer Herabsetzung des K-Geh.). Diese Befunde sind auch vom ernährungsphysiolog. Gesichtspunkt beachtenswert. W. Stross. 4561◇

1334 **Die Nebennierenfunktion bei der Hämochromatose. Untersuchungen der Harnsteroide und Nebennierenreaktion auf adrenocorticotropes Hormon.** L. de Gennes, J. Guillon, B. Mathieu de Fossey und M. Batrinos. (Acta endocrinol. [Copenhagen], Suppl. Nr. **51**, 359—60, 1960; Paris, Clin. Méd. Propédeutique; franz.) H. Herper. 4561□

1335 **Die Wirkung von Nebennierenrindenhormon auf einzelne Nervenzellen im Rückenmark der Katze.** F. J. Schulte und H. G. ten Bruggencate. (Klin. Wschr. **40**, 865—72, 1962; Göttingen, Univ., Kinderklinik u. Poliklinik; Physiolog. Inst.; dt.) — Experimenteller Beitrag zum Wrkg.-Mechanismus des *Prednisolons* (**I**) in der Therapie zentralnervöser Erkrankungen. Es wird gezeigt, daß einzelne Nervenzellen (Katze) durch **I** erregt werden; die Eigen- u. Fremdreflexerregbarkeit spinaler α-Motoneurone wird gesteigert, gelegentlich entladen diese Zellen sogar spontan; die Impulsfrequenz der γ-Motoneurone nimmt zu, stumme Zellen werden aktiviert. Die Wrkg. von **I** erfolgt auf die einzelne Nervenzelle. Die **I**-Dosierung lag zwischen 3 u. 10 mg/kg, bei Wiederholungen bis zu 50 mg/kg intravenös. U. Tausendfreund. 4561◇

1336 **Wirkung von Prednison auf den Einbau von ^{32}P in die Ribonucleinsäure einiger cytoplasmatischer Fraktionen der Milz der normalen Ratte.** G. M. Corneo und M. Bianchessi. (Minerva nucleare [Torino] **4**, 315—17, 1960; Milano, Univ., Ist. di Clin. Med. Gen. e Terap. Med.; ital.) — Ratten (♂, Wistar) erhielten nach subkutaner Verabreichung von 2,5 mg *Prednison* (**I**)/kg Körper-Gew./Tag (insgesamt 5 Tage) 0,450 oder 0,900 mc ^{32}P als Na_3PO_4 in isoton. NaCl-Lsg. injiziert. 2 bzw. 22 Std. nach der ^{32}P-Injektion war in den *Ribonucleinsäuren* aller cytoplasmat. Fraktionen der Milz die ^{32}P-Aktivität gegenüber den **I**-unbehandelten Tieren stark verringert. W. Damerau. 4561◇

1337 **Das Verhalten der Nebennierenrinden-Steroide bei diphtherietoxinvergifteten Meerschweinchen.** L. Schmidt und W. Bernauer. (Klin. Wschr. **40**, 918—19, 1962; Freiburg/Br., Univ., Pharmakolog. Inst.; dt.) — Papierchromatograph. Befunde der Nebennierenextrakte bei mit Diphtherietoxin vergifteten Meerschweinchen wiesen auf eine erheblich gesteigerte *Corticosteroid*-Synth. als Folge der Vergiftung hin. Es treten neue Fraktionen hinzu (vermutlich Steroide, die beim gesunden Tier nur in Spuren gebildet werden), deren Identifizierung bisher noch nicht möglich war. *Cortison* (**I**) ist bei einem großen Teil der Tiere nicht mehr aufzufinden; möglicherweise wird *Cortisol* in der Streßsituation als Haupthormon abgegeben u. der Weg zum **I** nicht mehr beschritten. In Höhe von *Cortexon* findet sich ein Fleck, der vermutlich ein Gemisch mehrerer Steroidfraktionen darstellt u. bei ♀ Tieren stärker ausgeprägt war; vielleicht wird dadurch u. durch das Auftreten einer neuen Substanz mit Corticosteroidcharakter in den Ovarien die größere Resistenz der ♀ Meerschweinchen gegenüber dem Toxin erklärt. U. Tausendfreund. 4561◇

1338 **Funktionelle Untersuchung des Einflusses der Gonaden auf die Nebennierenrinde.** Edvart Sakiz. (C. R. hebd. Séances Acad. Sci. **251**, 2237—39, 1960; Paris, Coll. de France, Labor. de Morphol. Exp. et Endocr.; franz.) — Vgl. C. **1960**, 6555; C. **1961**, 6917. — Durch Kastration wird bei ♀ Ratten die Funktion der Nebennierenrinde herabgesetzt, bei ♂ Tieren dagegen erhöht. Bei unreifen ♂ u. ♀ Tieren erfolgt die Entw. der Nebennierenrindenfunktion parallel, vom Eintritt der Geschlechtsreife ab zeigen sich Verschiedenheiten in der weiteren Entwicklung. K. Zingraf. 4561◇

1339 **Über den Mechanismus der durch α-Methyl-m-tyrosin verursachten Freisetzung von Norepinephrin.** Sidney Udenfriend und Perola Zaltzman-Nirenberg. (J. Pharmacol. exp. Therapeut. **138**, 194—99, 1962; Bethesda, Md., Nat. Inst. of Health, Nat. Heart Inst., Labor. of Clin. Biochem.; engl.) — Herzgewebe sind in der Lage, aus *α-Methyl-m-tyrosin* (**I**) durch Decarboxylierung *Norepinephrin* (**II**) freizusetzen. Aus den Stoffwechsel-Prodd. von **I**, *α-Methyl-m-tyramin* u. *Aramin* wird im Vgl. zu **I** mehr **II** freigesetzt. W. Hiller. 4561◇

1340 **Der Milch- und Blutphosphatasetiter als Maß der Schilddrüsen-Aktivität.** R. Chanda. (Acta endocrinol. [Copenhagen], Suppl. Nr. **51**, 1155, 1960; Calcutta, Central Drugs Labor.; engl.) H. Herper. 4562□

1341 **Aktuelle Betrachtungen über die Physiopathologie der Entjodierung der jodierten Aminosäuren der Schilddrüse.** Serge Lissitzky. (Exposés annu. Biochim. méd. [23] **1961** 189—203; Marseille, Fac. de Méd. et de Pharmac.; franz.) — Übersicht. Enjodierung der Jodtyrosine u. Jodthyroninhormone, physiolog. Bedeutung der Entjodierungsreaktionen. — 81 Literaturangaben. K. Maier. 4562◇

1342 **Wirkung von 3.5.5'-Trijodthyronin auf den Kohlenhydratstoffwechsel. Wirkung intermittierender Dosen oder einer täglichen Daueranwendung beim partiell pankreatektomierten Hund.** L. Hédon, J. Macabies, F. Bassères und Braun-Blanquet. (C. R. Séances Soc. Biol. Filiales **152**, 1750—54, 1958, herausgeg. 1959; Monpellier, Univ., Fac. de Méd., Labor. de Physiol.; franz.) — In kleinen Dosen beeinflußt *3.5.5'-Trijodthyronin* die Regulation des Kohlenhydratstoffwechsels beim Hund nicht; es verstärkt jedoch den prädiabet. Zustand von Hunden, bei denen $^5/_6$ des Pankreas reseziert wurden, wenn es in hohen Dosen oder in Daueranwendung verabreicht wird. K. Zingraf. 4562◇

1343 **Aufnahme von ^{131}J-*l*-Trijodthyronin durch menschliche Erythrocyten in vitro.** Thorkild Friis. (Acta endocrinol. [Copenhagen] **33**, 117—33, 1960; Copenhagen, Frederiksberg Hosp., Med. Dep. E; Central Labor.; Gentofte, Copenhagen County Hosp., Med. Dep. C; engl.) — In Ggw. gleicher Mengen von homologem Serum nahmen die Erythrocyten von 54 Normalpersonen 6—10,5 des zugesetzten *^{131}J-l-Trijodthyronins* auf, die von 3 Normalpersonen dagegen 10,5 bis 12,2%. Erhöhte Aufnahme ergab sich bei 14 von 16 Patienten

mit Schilddrüsenüberfunktion u. eine Verringerung der Aufnahme bei 4 von 8 Patienten mit Schilddrüsenunterfunktion. Außerdem war die Aufnahme verringert bei 8 von 10 Schwangeren, bei 8 Patienten unter *Stilböstrol*-Behandlung u. bei 3 von 7 Patienten mit Hepatitis von langer Dauer.
K. Zingraf. 4562◇

1344 **Über den Mechanismus der Aufnahme von ^{131}J-*l*-Trijodthyronin durch menschliche Erythrocyten in vitro.** Thorkild Friis. (Acta endocrinol. [Copenhagen] **33**, 134–41, 1960; Copenhagen, Frederiksberg Hosp., Med. Dep. E; Central Labor.; Gentofte, Copenhagen County Hosp., Med. Dep. C; engl.) — Vgl. vorst. Referat. — Die Aufnahme von ^{131}*J-l-Trijodthyronin* (I) in vitro durch menschliche Erythrocyten hängt von der Bindung von I an die Serumeiweißkörper ab: Je mehr I gebunden wird, desto weniger wird aufgenommen
K. Zingraf. 4562◇

1345 **Zunahme der ^{131}J-Aufnahme durch die Schilddrüse nach Anwendung von Trijodthyronin bei einigen Patienten mit Schilddrüsenüberfunktion.** Kazuo Shizume, Jun Ishii, Kunio Matsuda und Shigenobu Nagataki. (J. clin. Endocrinol. Metabolism **20**, 1416–19, 1960; Hongo, Tokyo, Univ. of Tokyo, School of Med., Prof. Okinakas Med. Clin.; engl.) — Bei 1 von 31 Patienten mit unbehandelter Schilddrüsenüberfunktion u. bei 8 von 59 Patienten, bei denen die Schilddrüsenüberfunktion mit ^{131}*J* behandelt wurde, war die ^{131}J-Aufnahme durch die Schilddrüse nach Verabreichung von *Trijodthyronin* erhöht. K. Zingraf. 4562◇

1346 **Einfluß der Tyrosinverabreichung auf die Jodaufnahme der Schilddrüse von Ratten.** Gy. Simon, J. Szücs, Gy. Gyetvai und Valéria Kecskeméti. (Acta physiol. Acad. Sci. hung. **21**, 335–38, 1962; Budapest, Med. Univ., Inst. of Pathophysiol.; engl.) — Unterss. über den Einfl. von Ratten oral verabreichtem *Tyrosin* (I) auf die ^{131}J-Aufnahme der Schilddrüse zeigen, daß der normalen Diät zugesetztes I die J-Aufnahme nicht nennenswert herabsetzt, wohl aber ein I-Zusatz zu eiweißarmer Diät. Eine unter gleichen Voraussetzungen erfolgende Verabreichung von Methionin ist prakt. wirkungslos. W. Wesly. 4562◇

1347 **Jodidtransport in der Schilddrüse. 2. Mitt. Vergleich mit extrathyreoidales Jodid anreichernden Geweben.** J. Wolff und J. R. Maurey. (Biochim. biophysica Acta [Amsterdam] **47**, 467–74, 1961; Bethesda, Md., Nat. Inst. of Health, Nat. Inst. of Arthrit. and Metabolism Diseases; engl.) — 1. vgl. C. **1961**, 4062. — Normale Schafschilddrüse nahm relativ mehr $^{131}J^-$ aus dem Medium auf als die Submaxillardrüse von Mäusen oder Brustdrüsen bzw. Schilddrüsentumorschnitte von Ratten, u. das Gleichgewicht im J^--Geh. von Gewebe u. Medium stellte sich bei der normalen Schilddrüse langsamer ein als bei den übrigen Geweben (80–120 Min. im Vgl. zu 30–40 Min.). Die J^--Anreicherung in allen 4 Geweben ist eine Funktion der K^+-Konz. im Medium. Die Aufnahme wird durch *Scillirosid* oder *Ouabain* gehemmt. Die Hemmung kann durch Zusatz von K^+, Rb^+ oder Cs^+ aufgehoben werden. K. Zingraf. 4562◇

1348 **Der Einfluß des anorganischen Blutjods auf den Jodumsatz der menschlichen Schilddrüse.** D. Reinwein und E. Klein. (Acta endocrinol. [Copenhagen] **35**, 485–94, 1960; Düsseldorf, Med. Akad., 2. Med. Klin. u. Polyklin.; dt.) — Die abs. *Jod*-Aufnahme der gesunden menschlichen Schilddrüse zeigt folgende Abhängigkeit vom Serumjodidspiegel: 0,8 μg % (normaler Serumjodidspiegel) 13,3 μg/Std. (Jodaufnahme); 6,1 μg % 82,0 μg/Std.; 15,1 μg % 32,7 μg/Std.; 34,4 μg % 2,8 μg/Std. u. 86,4 μg % 2,1 μg/Stunde.
W. Hiller. 4562◇

1349 **Veränderungen der Schilddrüsenfunktion in Beziehung zu schwerer nervöser Stimulierung. Untersuchungen mit ^{131}J.** A. Árvay, L. Lampé, L. Kertész und L. Medveczky. (Acta endocrinol. [Copenhagen] **35**, 469–80, 1960; Debrecen [Ungarn]; Nuclear Res. Inst. of the Hungarian Acad. of Sci. and Med. Univ., Dep. of Gynecol.; engl.) — Bei starker nervöser Stimulierung nimmt die Funktion der Schilddrüse zu, erreicht am 10. Tag ihr Maximum, danach erfolgt wieder Normalisierung u. anschließend resultiert eine Hypofunktion. Gleichzeitige Verabreichung von *Largactil* in Dosen von 4–10 mg/100 g normalisiert über die gesamte Periode die Funktion der Schilddrüse.
W. Hiller. 4562◇

1350 **Solitäre Schilddrüsenknötchen mit Überfunktion.** Glenn E. Sheline und Kenneth McCormack. (J. clin. Endocrinol. Metabolism **20**, 1401–10, 1960; San Francisco, Calif., Univ. of California School of Med., Dep. of Radiol.; engl.) — Bei Patienten mit Solitärknötchen in der Schilddrüse war prakt. die gesamte Schilddrüsenaktivität auf diese Knötchen zurückzuführen; ihre Funktion wurde durch Verabreichung von *Trijodthyronin* nicht unterdrückt, dagegen sprach die sonst intakte Schilddrüse auf *thyreotropes Hormon* an. Die Knötchen scheinen ein Hormon zu produzieren, welches den Rest der Schilddrüse direkt oder indirekt hemmt.
K. Zingraf. 4562◇

1351 **Wirkung von Schilddrüsenhormonen, von Jod und von Jodcyan auf die Lebermitochondrien.** R. Michel, J. Rall, J. Roche, O. Michel und S. Varrone. (Arch. int. Physiol. Biochim. **70**, 575–76, 1962; Paris, Coll. de France, Labor. de Biochim. génerale et comp.; franz.) — *Schilddrüsenhormone*, J_2 u. *JCN* (in Konzz. von $5 \cdot 10^{-6}$ m) bewirken eine Schwellung der Lebermitochondrien, die durch *Adenosintriphosphat* (I), Amytal, Antimycin A, KCN, Äthylendiamintetraessigsäure, Albumin, Saccharose aufgehoben wird. Die Wrkg. von I wird durch Arsenat u. p-Chlormercuribenzoat unterdrückt. K. Zingraf. 4562◇

1352 **Die Wirkung von d-Isomeren der Schilddrüsenhormone auf die Serum-Cholesterinwerte bei euthyroiden hypercholesterinämischen Patienten.** Leo E. Hollister und Walter L. Arons. (Ann. intern. Med. **56**, 570–76, 1962; Palo Alto, Calif., Veterans Administrat. Hosp.; engl.) — Patienten mit *Cholesterin* (I)-Werten von über 300 mg I/100 ml wurden mit *d-Thyroxin* (II) u. *d-Trijodthyronin* (III) behandelt. II u. III senken signifikant bei vergleichbar niederen Dosen die I-Serumwerte. Um eine Senkung von 25% oder mehr zu erreichen, waren weit höhere Dosen erforderlich, u. der Erfolg war unterschiedlich. Von 23 mit III behandelten Patienten erreichten nur 11 u. von 13 mit II behandelten nur 4 diese deutliche Senkung der I-Werte. Bei höheren Dosen von II u. III verloren die Patienten an Gewicht. Bei 4 Patienten, die mit III behandelt wurden, traten Herzkomplikationen auf, die auch in geringerem Grade nach II beobachtet wurden. Die proteingebundenen Jodwerte waren angestiegen, die 24-Std.-Aufnahme von Radiojod wurde durch beide Verbb. herabgesetzt. Nach den Ergebnissen eignen sich II u. III anscheinend vor allem für Patienten mit erhöhten I-Werten bei gleichzeitiger Hypothyreose u. Coronararteriosklerose.
K. Böhm. 4562◇

1353 **Der Einfluß von Skorbut auf die Schilddrüsenaktivität von Meerschweinchen.** G. H. Beaton, D. M. Hellebust, W. Paul und A. M. Wright. (J. of Nutrit. **70**, 321–28, 1960; Toronto, Ontario, Univ. of Toronto, School of Hygiene, Dep. of Nutrit., Banting Inst., Dep. of Patholog. Chem.; engl.) — Die erhöhte O_2-Aufnahme skorbut. Meerschweinchen wird bestätigt; außerdem wird eine verstärkte ^{131}*J*-Aufnahme infolge erhöhter Schilddrüsenaktivität nachgewiesen. Als Ursache wird eine Störung des *Tyrosin* (I)-Stoffwechsels bei Skorbut angenommen (Akkumulation von I in der Schilddrüse u. dadurch Förderung erhöhter Hormonbildung). P. Gregorzewski. 4562◇

1354 **Antithyroidwirkung lathyrogener Agentien in Kaulquappen.** Milton G. Bohrod und Dennis Merritt. (Arch. Pathology **75**, 75–80, 1963; Rochester, N.Y., Rochester General Hosp., Dep. of Pathol.; engl.) — Bei Kaulquappen (*Rana pipiens* u. *Rana catesbiana*) wurde durch ausschließliche Fütterung mit Kichererbsenmehl (aus *Lathyrus odoratus*) die Metamorphose verhindert, ohne daß das Wachstum gegenüber den Kontrolltieren verringert wurde. Eine Diät mit 0,0025% *β-Aminopropionitril* verhinderte ebenfalls die Metamorphose u. verringerte darüberhinaus auch das Wachstum. Rückkehr zu normaler Diät zeigte wenig Auswirkung auf die erzeugte Metamorphoseverhinderung. Eine Einzelgabe von 15 mg *Thyroid*-Extrakt führte dagegen in wenigen Tagen zur Umwandlung in erwachsene Frösche. — In Knochen u. anderen Geweben wurde durch Lathyrusmehl kein Lathyrismus erzeugt. W. Damerau. 4562◇

1355 **Nebenschilddrüsen-Funktion bei Patienten mit peptischem Ulcer.** A. Fromm Günther, Eduardo Fideleff, Marcelino Ferreño, Héctor Najenson und Jorge Cordero Funes. (Acta endocrinol. [Copenhagen], Suppl. Nr. **51**, 473, 1960; Haedo, Argentina, Inst. de Cirugía de la Provincia de Buenos Aires, Endocrinol. Dep.; engl.)
H. Herper. 4563□

1356 **Die Kultur von endokrinem Pankreas bei Ratten und die Insulogenesis.** Daniel Zagury. (C. R. hebd. Séances Acad. Sci. **249**, 2834—35, 21/12. 1959; Paris, Coll. de France, Labor. d'Embryol. exp.; franz.) — Unterss. über Kulturen von Pankreas von Rattenembryonen in Parabiose mit suprarenalen Embryodrüsen zeigen, daß ein exogener Faktor suprarenaler Herkunft für die endokrine Pankreasfunktion erforderlich ist, der aus dem embryonalen Pankreasgewebe eingeführt wird. W. Wesly. 4564◇

1357 **Kompensation des experimentellen Diabetes der Ratte durch Implantation von fötalem Pankreas.** Alain Gonet. (Acta endocrinol. [Copenhagen], Suppl. **38**, Nr. 62, 1—32, 1961; Genève, École de Méd., Inst. d'Histol. et d'Embryol.; franz.) — Der bei Rattenmännchen durch intraperitoneale Zufuhr von *Alloxan* (I) oder Pankreatektomie hervorgerufene Diabetes ist durch intratestikuläre Implantation von fötalem Pankreas (18. oder 19. Tag) völlig kompensierbar. Das Implantat beseitigt nicht die Störungen des Kohlenhydratstoffwechsels durch Insulinsekretion, sondern regt auch Regeneration des Wirtspankreas an. Letzte erstreckt sich auf den exo- wie endokrinen Teil des Pankreas von Tieren mit subtotaler Pankreatektomie u. die *β*-Zellen I-behandelter. Insulinzufuhr bei Diabetesbeginn bewirkt längere Lebensdauer des Implantats durch Verzögerung der Pankreasregeneration, mit deren Fortschreiten das Implantat allmählich schrumpft u. verschwindet, sobald die Regulierung des Blutzuckers ausreichend funktioniert. K. Maier. 4564◇

1358 **Aldolase-Aktivität der Leber des Diabetikers.** L. Pagliaro, A. Notarbartolo, V. Mannino und G. Migneco. (Boll. Soc. ital. Biol. sperim. **39**, 134—36, 1963; Palermo, Univ., Clin. Med. Gener. e Centro Antidiabet.; ital.) — Es wird die Aktivität der *Aldolase* (I) bei 11 Diabetikern untersucht. Die in der Leber vorhandene I-Aktivität nicht behandelter Diabetiker unterscheidet sich nicht von der normaler Personen; dagegen ist die mit Insulin behandelter Diabetiker erhöht. F. Kren. 4564◇

1359 **Wirkung von Insulin auf den Glucose- und Palmitatstoffwechsel an ruhendem und stimuliertem Rattenzwerchfell.** Irving B. Fritz. (Amer. J. Physiol. **198**, 807—10, April 1960; Ann Arbor, Mich., Univ. of Mich., Dep. of Physiol.; engl.) — Es werden Verss. am Diaphragma von ♂ Ratten beschrieben, die den Einfl. von *Insulin* (I) auf den Umsatz von *Glucose* zu CO_2 bzw. deren Umwandlung in Glykogen in Ggw. bzw. Abwesenheit des Alkaloids *Ryanadin* (II; $C_{25}H_{35}NO_9$) untersuchen. Das Zwerchfell (Z; 160—220 g) wurde bei 37° unter O_2 in modifizierter Krebs-Lsg. mit Phosphatpuffer (pH 7,4) inkubiert u. mit I, ^{14}C-Glucose, II bzw. ^{14}C-Palmitat versetzt u. nach 30 Min. CO_2 u. Glykogen bestimmt. Danach läßt das mit I behandelte Z im wesentlichen eine Glykogen-Bldg. aus ^{14}C-Glucose erkennen, während in Ggw. von II (2 μg/ml) der bevorzugte Abbau zu $^{14}CO_2$ nachweisbar ist. Die Palmitatoxydation wird in beiden Fällen nicht signifikant beeinflußt; jedoch gleichzeitige Zugabe von Glucose u. I verursacht dabei eine Verminderung der CO_2-Bldg. aus dem zugesetzten Palmitat. II ist als chem. Agens anzusehen, das den O_2-Verbrauch, die Fettsäure- u. Glucoseoxydation stimuliert, vergleichbar mit der elektr. Stimulation des Muskels. A. Täufel. 4564◇

1360 **Wirkung von Insulin auf den Fettsäuretransport und den regionalen Stoffwechsel.** William C. Shoemaker, Peter J. Carruthers, David H. Elwyn und James Ashmore. (Amer. J. Physiol. **203**, 919—25, Nov. 1962; Chicago, Ill., Michael Reese Hosp. and Med. Center, Dep. of Surg. Res.; Indianapolis, Ind., Univ. of Indiana, Dep. of Pharmacol.; engl.) — Beim nicht narkotisierten Hund nahm die Geschw. der Aufnahme von *freien Fettsäuren* (I) durch die Leber nach *Insulin* (II) deutlich zu, während die Aufnahme durch den Splanchnicusbereich außerhalb der Leber abnahm. Das Omentum nahm die freien I unmittelbar nach Verabreichung von II auf u. gab sie später wieder ab. K. Zingraf. 4564◇

1361 **Insulinfreisetzung vom isolierten Rattenpankreas in vitro.** P. R. Bouman. (Acta endocrinol. [Copenhagen] **35**, 560—67, 1960; Groningen [Niederlande], Univ., Dep. of Pharmacol.; engl.) — Bei Inkubation von Rattenzwerchfell in Krebs-Ringer-Lsg., in dem vorher Pankreasgewebe normaler Ratten inkubiert war, wird die *Glucose* (I)-Aufnahme des Zwerchfells nicht stimuliert. Wird jedoch Pankreasgewebe benutzt von Tieren, bei denen der Pankreasgang 6 Wochen vor dem Vers. abgebunden war, so erfolgt Stimulierung. Ebenfalls erfolgt Stimulierung, wenn Pankreasgewebe normaler Tiere gleichzeitig mit dem Zwerchfell inkubiert wird, nicht jedoch bei Pankreasgewebe von alloxandiabet. Tieren. Die Verss. zeigen, daß während der Inkubation von Pankreasgewebe eine Substanz freigesetzt wird, die die I-Aufnahme am Zwerchfell steigert. Vf. nimmt an, daß diese Substanz *Insulin* ist. W. Hiller. 4564◇

1362 **Insulinähnliche Wirkung und Insulinaktivität von normalem menschlichem Serum nach Dialyse.** Flemming Gjedde. (Acta endocrinol. [Copenhagen], Suppl. Nr. **51**, 1245, 1960; Copenhagen, Univ., Inst. for Exper. Med., Dep. of Endocrinol.; engl.) H. Herper. 4564□

1363 **Untersuchung der Schilddrüsenhemmwirkung von Tolbutamid.** G. Hanno und H. K. Awwad. (J. Endocrinology **25**, 343—50, Dez. 1962; Alexandria, U. A. R., Univ., Fac. of Med., Dep. of Med.; Dep. of Radiol.; engl.) — *Tolbutamid* (I) hatte bei Diabetikern keinen Einfl. auf die Freisetzung von aufgenommenem ^{131}J durch die Schilddrüse oder auf die Ausscheidung von ^{131}J im Speichel. Wenn I mehr als 6 Monate lang verabreicht wurde, so hemmte es die organ. Bindungen von ^{131}J in der Schilddrüse. Die Remission dieses Defektes erfolgte langsamer als bei anderen Schilddrüsenhemmstoffen mit gleichem Wrkg.-Mechanismus. K. Zingraf. 4564◇

1364 **Die perorale Behandlung des Diabetes mellitus mit Sulfonylharnstoffderivaten.** G. Mohnike. (Dtsch. Z. Verdauungs- u. Stoffwechselkrankh. 22, 36—55, Juni 1962; Karlsburg, Garz, Putbus, Inst. für Diabetes „Gerhardt Katsch", Forsch. u. Behandlung; dt.) — Als orale Antidiabetica können *Guanidin*, *Deka*-(oder *Dodeka*)-*methylenbiguanidin* (*Synthalin*), *Phenyläthylbiguanid* (*DBI*), *2-[p-Aminobenzolsulfamido]-5-isopropylthiodiazol*, die Sulfonylharnstoff-Derivv. *N-Sulfanilyl-N'-butylharnstoff* (BZ_{55}), *N-[4-Methylbenzolsulfonyl]-N'-butylharnstoff* (*D 860*), *N-[4-Methylbenzolsulfonyl]-N'-cylohexylharnstoff*, *Propylsulfonylbutylcarbamid*, *N-[4-Chlorbenzolsulfonyl]-N'-propylharnstoff* sowie *Alloxan* u. *Ca-Mesoxalat* angewendet werden. Bisher sind prakt. nur die Harnstoff-Derivv. (I) in die Therapie eingeführt worden. Während die Guanidin-Präpp. (II) auch beim *Insulin* (III)-Mangeldiabetes wirken, sind die I nur bei sog. Gegenregulationsdiabetes wirksam. Ihre Gesamtwrkg. ist vorwiegend dem III ähnlich, eine abs. Identität im Wrkg.-Mechanismus zwischen III u. I liegt jedoch nicht vor. Die Erhaltungsdosis liegt für BZ_{55} bei 0,5 g/Tag, für D 860 bei 1,0 g/Tag. Bei BZ_{55} treten ca. 3%, bei D 860 ca. 0,4% unerwünschte Nebeneffekte auf, während dies bei II zu ca. 60% der Fall ist. BZ_{55} wird zu 50%, vorwiegend acetyliert, über die Nieren ausgeschieden. Der Abbau u. die Ausscheidung von D 860 läuft bei Mensch, Kaninchen, Meerschweinchen u. Ratte über *N-[4-Hydroxymethylbenzolsulfonyl]-N'-butylharnstoff* u. *N-[4-Carboxybenzolsulfonyl]-N'-butylharnstoff*, bei Hund u. Katze über *p-Toluolsulfonylharnstoff* oder *p-Toluolsulfamid*. Die Oxydation geschieht im wesentlichen in der Leber. Nach den klin. Erfahrungen des Vf. sind nur leichte Diabetesfälle einer erfolgreichen oralen Behandlung zugänglich. H.-P. Pietsch. 4564◇

1365 **Zur peroralen Behandlung des Diabetes mellitus mit Guanidin-Derivaten.** Hans-Georg Lippmann. (Dtsch. Z. Verdauungs- u. Stoffwechselkrankh. **22**, 56—61, Juni 1962; Karlsburg, Inst. für Diabetes „Gerhardt Katsch", Forsch. u. Behandlung; dt.) — Von den als Antidiabetica bei der peroralen Behandlung des Diabetes mellitus verwendeten Guanidin-Präpp. *Guanidin*, *Isoamylenguanidin* (Galegin), *Dekamethylendiguanidin* (Synthalin) u. *Phenyläthylbiguanid* (DBI) haben heute nur das DBI, sein *Butyl-Deriv.* (W 37 bzw. Silubin) sowie sein *Dimethyl-Deriv.* (Glucophage) prakt. Bedeutung. Für eine erfolgversprechende Therapie mit *Biguaniden* (I) gibt es zwei Indikationen, den stabilen Altersdiabetes u. den labilen jugendlichen Diabetes. Nachteile der Verw. von I sind das häufige Auftreten von Unverträglichkeitserscheinungen u. die zunehmende intracelluläre Verarmung an Kohlenhydraten, hervorgerufen durch eine Insulinminderung während der I-Einstellung. H.-P. Pietsch. 4564◇

1366 **Wirkung der blutzuckersenkenden Sulfonamide bei der Kröte.** B. A. Houssay und J. C. Penhos. (C. R.

Séances Soc. Biol. Filiales **152,** 1390–91, 1958, herausgeg. 1959; Buenos Aires, Inst. de Biol. et de Méd. Expérim.) — Die *blutzuckersenkenden Sulfonamide* (I) *Carbutamid, Tolbutamid, 2254 RP* (*2-[p-Aminobenzolsulfonamido]-5-isopropyl-1.3.4-thiadiazol*) u. *2259 RP* (*2-[p-Aminobenzolsulfonamido]-5-tert.-butyl-1.3.4-thiadiazol*) bewirkten in Dosen von 200 mg/kg bei Kröten ein Absinken des Blutzuckers, das nach 1 Std. einsetzte, 3–5 Std. nach Injektion ein Maximum erreichte u. 7 Std. nach Injektion abgeklungen war. Adrenalektomierte oder hypophysektomierte Tiere reagieren empfindlicher. Hydrocortison wirkte antagonistisch. Bei pankreatektomierten Tieren hatte I keine Wirkung. Die Blutzuckersenkung erfolgte bei hepatektomierten Tieren schneller. K. Zingraf. 4564◇

1367 **Einfluß einer Einzeldosis eines blutzuckersenkenden Sulfonamids auf die Kohlenhydratassimilation des Hundes.** R. Bellens, A. H. Ooms, J. R. M. Franckson, V. Conrad und P. A. Bastenie. (C. R. Séances Soc. Biol. Filiales **152,** 1403–04, 1958, herausgeg. 1959; Bruxelles, Univ. libre, Labor. de Méd. éxpérim.) — Bei Hunden war die Assimilation von Glucose 15 Min. nach i.v. Injektion von 125 mg *BZ 55*/kg deutlich gesteigert. K. Zingraf. 4564◇

1368 **Die Wirkung von Glukagon und glukagonfreiem Insulin auf die Magensekretion bei Patienten mit Magengeschwür.** Pamela Aylett. (Clin. Sci. **22,** 179–84, April 1962; London, Vauxhall Bridge Road, Gordon Hosp.; engl.) — Durch Injektionen von *Glukagon* (I), I-freiem *Insulin* (II) u. beiden Komponenten wird ihr Einfl. auf die Magensekretion sowie die Säure- u. Chlorid-Konzz. untersucht. I (2 mg) verursacht eine Verminderung der Säure- u. Chlorid-Konzz.; die Werte betragen jeweils 5,44 mVal/Liter u. 13,4 mVal/Liter (Kontrollwerte: 15,8 bzw. 29,7). Die Magensekretion ist ebenfalls herabgesetzt. II hingegen erhöht den Magen-Geh. an Säure u. Chloriden (24,4 u. 35,5); die Magensekretion ist ebenfalls gestiegen. Es wird nachgewiesen, daß die I-Wrkg. von der Ggw. von II unabhängig ist. Weder durch orale Glucosezufuhr noch durch i.v. verabfolgte Dextrose wird mit I bzw. I–II eine signifikante Veränderung der Säuresekretion nachgewiesen. Nach den Angaben des Vf. sollte für Magensekretionstests II an Stelle des üblichen Insulins herangezogen werden. A. Täufel. 4564◇

1369 **Der Kohlenhydratstoffwechsel unter der Behandlung mit Glucocorticoiden.** H. Latotzki. (Endokrinologie **40,** 53–59, 1960; Greifswald, Univ., Med. Klin. u. Poliklin.; dt.) — Bei 30% der täglich mit 80 mg *Prednison* (oder äquivalenten Mengen von *Cortison* oder *Adrenocorticotropin*) behandelten Patienten, bei denen Hormontherapie induziert war, nahmen die Blutzuckerkurven nach Staub-Traugott (Doppelbelastung mit je 50 g Dextrose) einen diabetoiden Charakter an, den sie vorher nicht gehabt hatten (z. B. 2. Gipfel von 130 auf 190 mg%). Glykosurie trat nur in der Hälfte dieser Fälle auf, Erniedrigung der Nierenschwelle nur in einem Fall. W. Stross. 4564◇

1370 **Der Einfluß pharmakologischer Dosen von 5-Hydroxytryptamin auf den Blutzucker beim normalen und beim Kaninchen mit experimenteller Diabetes.** P. Niaussat, J. Drouet und J. Berthou. (Med. exp. [Basel] **4,** 197–206, 1961; Paris, Centre d'Études et de Rech. Bio-Physiol. de la Fac. des Sciences; engl.) — Nach i.v. Injektionen von 1–5 mg *5-Hydroxytryptamin*/kg treten sowohl beim normalen als auch beim Kaninchen mit experimenteller Diabetes zeitlich schnell ablaufende Veränderungen im Blutzucker-Geh. auf. Man kann eine sofort einsetzende hypoglykäm. Phase beobachten, der eine kurze hyperglykäm. Phase folgt. Dann setzt eine über mehrere Std. anhaltende relativ stabile Hypoglykämie ein. Auch bei experimenteller Hyperglykämie u. bei Tieren, die mit einem Neuroplegicum (Chlorpromazin) behandelt worden waren, konnte ein analoges Verh. festgestellt werden. K. Böhm. 4564◇

1371 **Zur Frage der Geburtsauslösung durch Serotonin.** E. Kuss und R. Jäger. (Klin. Wschr. **40,** 917–18, 1962; München, Univ., I. Frauenklin., Biochem. Labor. u. Hebammenschule; dt.) — Von dem Gedanken einer möglichen Geburtenauslösung durch in der Placenta gebildetes *Serotonin* (I) ausgehende Unterss. an Placentagewebe (in vitro-Nachw. einer ggf. vorhandenen 5-Hydroxytryptophandecarboxylase) gaben keinen Anhaltspunkt dafür, daß die in einigen Fällen vor der Entbindung erhöhte Ausscheidung des I-Metaboliten 5-Hydroxyindolylessigsäure auf eine I-Bldg. in der Placenta zurückzuführen ist. U. Tausendfreund. 4569◇

1372 **Die Reaktion der isolierten Katzeniris auf Serotonin.** Werner P. Koella und Ulrich Schaeppi. (J. Pharmacol. exp. Therapeut. **138,** 154–58, Nov. 1962; Shrewsbury, Mass.; Worcester Found. for Exp. Biol., Labor. of Neurophysiol; engl.) — Bei *Serotonin* (I)-Konzz. von 0,3 μg per ml in Ringer-Lsg. zeigt die isolierte Katzeniris Miosis, die ca. 15 Min. dauert, danach folgt Dilatation. Der isolierte Constrictormuskel reagiert auf I mit Kontraktion, der Dilatorstreifen mit Relaxation. *Epinephrin* u. *Norepinephrin* (II) verursachen Dilatation der Pupille. II kontrahiert den Dilatormuskel. *Atropin* beeinflußt die I-Wrkg. kaum, in mittleren Dosen eliminiert es die *Acetylcholin*-Wrkg. auf die intakte Iris. W. Hiller. 4569◇

1373 **Das Serotonin in der Cardiologie.** W. W. Menschikow und L. Ss. Bassalyk. (Kardiologie [UdSSR] **3,** Nr. 2, 83–87, 1963; Moskau, 1. Med. Ssetschenow-Inst., Therapeut. Osstroumow-Klinik; russ.) — Übersicht. — 43 Literaturangaben. O. Lebtag. 4569△

1374 **Wirkungen des Serotonins auf das perfundierte Herz der Ratte. 1. Mitt. Veränderungen der Milchsäure und des Glykogens.** P. U. Carbonin, S. Sensi, A. Piffanelli, A. V. Greco und G. Gambassi. (Boll. Soc. ital. Biol. sperim. **39,** 161–64, 1963; Ferrara, Univ., Clin. Med. Gener.; ital.) — Die Unterss. werden an Rattenherzen durchgeführt, die mit einfacher Ringer-Locke-Lsg., der dann $0{,}86 \cdot 10^{-6}$ *Serotonin* (als freie Base berechnet) zugesetzt wurde, perfundiert wurden. Während das *Glykogen* des Myocards gegenüber dem des nicht behandelten Herzens nur wenig verringert ist, wird der Geh. an Milchsäure sofort stark verringert. F. Kren. 4569◇

1375 **Wirkungen des Serotonins auf das perfundierte Herz der Ratte. 2. Mitt. Veränderungen der säurelöslichen Phosphat-Fraktionen.** S. Sensi, A. Piffanelli, A. V. Greco, P. U. Carbonin und G. Gambassi. (Boll. Soc. ital. Biol. sperim. **39,** 164–66, 1963; Ferrara, Univ., Clin. Med. Gener.; ital.) — 1. vgl. vorst. Referat. — Die Perfusion mit *Serotonin* führt zu folgenden Veränderungen der P-Fraktionen im Herzen: Säurelösl. Gesamt-P unverändert; anorgan. P wenig verringert; P von Adenosintriphosphat stark herabgesetzt; P von Phosphokreatin signifikant verringert; Rest-P stark erhöht. F. Kren. 4569◇

1376 **Wirkungen von 5-Hydroxytryptamin auf den anaeroben Stoffwechsel und die Phosphorylaseaktivität der Kiemen von Lamellibrancheaten.** K. E. Moore und R. E. Gosselin. (J. Pharmacol. exp. Therapeut. **138,** 145–53, Nov. 1962, Hanover, N.H.; Dartmouth Med. School, Dep. of Pharmacol. and Toxicol.; engl.) — Vff. führen die Verss. mit herausgeschnittenen Kiemen von *Modiolus demissus* durch. Die Geschw. der anaeroben Glykolyse (das in den Kiemen endogen vorhandene Glykogen geht in Milchsäure über) wird bei geringen Konzz. an *5-Hydroxytryptamin* (I) stark stimuliert. Die Aufnahme von *Glucose* wird durch I nicht beeinflußt. Bei hohen Konzz. stimulieren *5-Hydroxytryptophan* u. *Epinephrin*; *Acetylcholin* hemmt die Glykolyse. *2-Bromlysergsäurediäthylamid* hemmt die I-Wrkg. u. *Lysergsäurediäthylamid* zeigt die gleiche Wrkg. wie I. W. Hiller. 4569◇

1377 **Zur Pharmakologie von 5-Methoxytryptaminhydrochlorid.** M. D. Maschkowski und G. Ss. Arutjunjan. (Pharmakol. u. Toxikol. [UdSSR] **26,** 10–17, 1963; Allunions Chem.-Pharm. Ordshonikidse-Inst.; russ., Auszug: engl.) — Im Vers. an Mäusen, Ratten, Kaninchen, Meerschweinchen u. Katzen zeigt das *Mexamin* (I; *5-Methoxytryptaminhydrochlorid*) eine deutliche pharmakolog. Wirkung. Die Wrkg. auf den Blutkreislauf u. die Atmung, bes. aber auf die Diurese u. die glatte Muskulatur ist weniger stark als die von Serotonin (5-Hydroxytryptamin). I verstärkt die Wrkg. von Hexenal, Barbamyl u. Chloralhydrat u. vermindert die anregende u. hypertherm. Wrkg. des Phenamins. Bei i.v. u. subkutaner Zufuhr verursacht I eine rasche Veränderung der bioelektr. Aktivität des Gehirns, ein Beweis dafür, daß I die funktionelle Aktivität der Hirnrinde u. der subcorticalen Strukturen herabsetzt. I dringt demnach in das Zentralnerven-Syst. ein. O. Lebtag. 4569△

1378 **Wirkung von Indolalkylaminen und Amidinen auf das Ganglion mesentericum inferior der Katze.** Laszlo Gyermek und Elliot Bindler. (J. Pharmacol. exp. Therapeut. **138,** 159–64, Nov. 1962; Ardsley, N.Y.; Geigy Res. Labor.; engl) — Vff. untersuchen die stimulierende Wrkg.

u. die *Serotonin* (I) blockierende Wrkg. von Serotonin-verwandten Verbb. am freigelegten Ganglion mesentericum inferior der anästhesierten Katze mit Hilfe von Platinelektroden. Es wird die Dosis ermittelt, die das Ganglion stimuliert (in jedem Vers. mit I verglichen) u. die Dosis (Werte in Klammern), die die I-Wrkg. blockiert. Folgende Werte wurden erhalten: I 1,0—5,0 (>10,0); *N-Methyl-5-hydroxytryptamin* 2,5—10,0 (2,5—10,0); *Bufotenin* [*N.N-Dimethyl-5-hydroxytryptamin* 1,2—5,0 (5,0—20,0)]; *Bufotenidin* 0,3—1,2 (>1,0—5,0); *N.N-Dipropyl-5-hydroxytryptamin* >80,0 bis >320,0 (>80,0 bis >320,0); *5-Hydroxyindolylacetamidin* 5,0—10,0 (1,25—10,0); Tryptamine: *5-Hydroxy-α-methyl-* >80,0—500 (>80,0—320,0); *5-Methoxy-α-methyl-* >80—320,0 (>80—320,0); *5-Methoxy-* >80—320,0 (>80 bis 320,0); *Unsubstituiertes* >500—5000,0 (500,0 bis <2,0); *N.N-Dimethyl-* 80—1000,0 (80—320,0); *N.N.N-Trimethyl-* 5,0—10,0 (20,0—40,0); *N.N-Diäthyl-* >40,0 bis >640,0 (>40,0 bis >640,0); *N.N-Dipropyl-* >80,0—500 (>80,0 bis 320,0); *6-Hydroxy-* >640,0 (>640,0); *N.N-Dimethyl-6-hydroxy-* >40,0—40,0 (>40,0); *4-Hydroxy-* >160,0 bis >640,0 (>160,0 bis >640,0); *N.N-Dimethyl-4-hydroxy-* >80,0—320,0 (80,0—320,0); *5-Benzyloxygramin* >200,0 bis >1000,0 (40,0—320,0); *7-Benzyloxygramin* >80,0 bis >320,0 (80,0—320,0); *Tryptamidin* (*Indolyl-(3)-acetamidin*) 80,0 bis >80,0 (20,0—80,0) u. *Psilocybin* >320,0 (320,0 bis >4000,0) (Dosen in μg pro Tier). W. Hiller. 4569◇

1379 **Wirkungen von reinem Bradykinin.** D. F. Elliott, E. W. Horton und G. P. Lewis. (J. Physiology **153**, 473 bis 480, 1960; London, Nat. Inst. for Med. Res.; engl.) — Mit reinem *Bradykinin* (I) konnte Gefäßerweiterung in der Haut der Katzenhinterextremität, depressor. Wrkg. bei Katzen u. Ratten, gesteigerte Gefäßspermeabilität (Capillaren) bei Meerschweinchen u. Kaninchen, Kontraktion des isolierten Meerschweinchenileums u. Rattenuterus, Erschlaffung des Rattenduodenums, Bronchoconstriction beim Meerschweinchen u. Schmerz am freigelegten Blasengrund der Cantharidinblase des Menschen hervorgerufen werden. Demnach können offenbar alle bisher den rohen Plasmakininen zugeschriebenen Wrkg. dem I als einzigem Peptid zugeordnet werden. U. Tausendfreund. 4569◇

1380 **Beziehungen zwischen dem Reningehalt der Nieren und dem Hochdruck.** 1. Mitt. **Renaler Reningehalt bei normalen, einseitig nephrektomierten und bei Ratten mit renalem Hochdruck.** J. Bing. (Scand. J. clin. Lab. Invest., Suppl. **14**, Nr. 64, 15—26, 1962; Copenhagen, Univ. of Copenhagen, Inst. of Exp. Med.; engl.) — Ein eindeutiger Zusammenhang zwischen dem renalen *Renin*-Geh. u. der Erhöhung des Blutdrucks wird nicht nachgewiesen. Bei mehr als der Hälfte der 10 Vers.-Tiere mit beidseitiger teilweiser Unterbindung der Nierenarterien bildete sich jedoch nach 3,5 Monaten eine deutliche Erhöhung des Gesamtrenin-Geh. in den Nieren aus. Eine verstärkte Reninexkretion kann allerdings nicht ausgeschlossen werden. P. Gregorzewski. 4569◇

1381 **Wirkung von Acetylcholin auf die Stickstoffausscheidung in normalen Ratten.** A. N. Granitsas. (Amer. J. Physiol. **198**, 811—13, April 1960; Athen, Univ. of Athen, Med. School, Inst. of Physiol.; engl.) — An ♂ Albinoratten wird der Einfl. von *Acetylcholin* (I) auf die N_2-Ausscheidung im Hinblick auf seinen Antagonismus zum *Adrenalin* untersucht. Gaben von 100 μg I/Std. an fastende sowie normal gefütterte Ratten führt bes. bei letzteren zu einer Verminderung der N_2- u. *Creatinin*-Ausscheidung, hingegen zu einer Steigerung an Purinmetaboliten. Verabfolgung von zusätzlichem N_2 (als Glycin) verstärkt den Befund. Die Verminderung der N_2-Exkretion liegt zwischen 9 u. 14%. Durch Zusatz von *Atropin* in Ggw. von I werden die I-Wrkg. (N_2, Creatinin) nicht aufgehoben, jedoch erhöht sich der Geh. an Purinmetaboliten nicht. Prostigmin u. Insulin verursachen bei den Vers.-Tieren eine Adrenalin-ähnliche Rk. in bezug auf die N-Exkretion. A. Täufel. 4569◇

1382 **Aktive Lipide in der Menstruationsflüssigkeit.** V. R. Pickles. (Biochem. Pharmacol. **12**, 429—30, 1963; Sheffield, Univ., Dep. of Physiol.; engl.) — Eine Gruppe von *Lipiden* (I) mit Wrkg. auf die glatte Muskulatur wird während der Menstruation aus dem menschlichen Endometrium freigesetzt u. kann zum Teil aus der Menstruations-Fl. gewonnen werden. Wahrscheinlich bewirken diese I die starken rhythm. Kontraktionen des Uterus, die zur Abstoßung der Decidua menstrualis führen. K. Zingraf. 4569◇

1383 **Vorkommen von Verbindungen, die mit der Perjodsäure-Schiff-Reaktion nachweisbar sind, im Produkt der Hypothalamus-Neurosekretion bei einigen Wirbeltieren.** Manfred Gabe. (C. R. hebd. Séances Acad. Sci. **250**, 937 bis 939, 1960; Paris, Labor. d'Évol. des Êtres organisés; franz.) — Das Verh. der Hypothalamusneurosekretion von 28 gnathostomen Wirbeltierarten gegenüber der Perjodsäure-Schiff-Rk. wird beschrieben. K. Zingraf. 4569◇

1384 **Kallidin, Synthese und Eigenschaften.** Vorl. Mitt. J. Pless, E. Stürmer, St. Guttman und R. A. Boissonnas. (Helv. chim. Acta **45**, 394—96, 1962; Basel, Sandoz Akt.-Ges., Pharmaz.-chem. u. Pharmakol. Labor.; dt.) — Die Decapeptidstruktur des *Kallidins* (I) als Plasma wird durch Synth. auf zwei Wegen (Schema) gesichert. I (H · Lys · Arg · Pro · Pro · Gly · Phe · Ser · Pro · Phe · Arg · OH) unterscheidet sich vom *Bradykinin* (II) durch einen zusätzlichen Lysylrest am N-endständigen Ende u. wird durch Phenylisothiocyanat nach Edman in *ε-N-Phenylthiocarbamyllysinphenylthiohydantoin* u. II aufgespalten. Synthet. I [$C_{56}H_{85}N_{17}O_{12}$ + 2,5 CH_3COOH, $[\alpha]_D^{21}$ -57 ± 1^0 (c 1, n CH_3COOH)] verhält sich bei der Gegenstromverteilung, Hochspannungselektrophorese (pH 1,9 u. 5,8) u. Papierchromatographie einheitlich u. von II verschieden. Totalhydrolyse von I (6 n HCl, 110°, 16 Std.) ergibt: Lys 0,9; Arg 1,9; Gly 1,0; Ser 1,0; Phe 2,1 (Pro nicht bestimmt). — Synthet. I u. II zeigen bei der Muskelkontraktion (Meerschweinchenileum, Rattenuterus) u. Blutdrucksenkung (Katze, Kaninchen) quant., aber keine qual. Unterschiede. Die Dosis-Wrkg.-Kurven verlaufen parallel. G. Etzold. 4569◇

1385 **Zur Methodik der Blut-pH-Messung.** M. Schwab und H. Wisser. (Klin. Wschr. **40**, 713—21, 15/7. 1962; Göttingen, Med. Univ. Klinik; dt.) — Die Nachprüfung von 1/15 m Phosphatpuffermischungen ergab, daß bei Bezug auf den Phosphatstandard des National Bureau of Standards (6,84 bei 37°) alle pH-Werte der entsprechenden Puffertabellen um 0,01 erhöht werden müssen. Es werden korr. Puffertabellen sowie die für eine genaue Blut–pH-Messung erforderliche Eichmeth. angeführt u. auf die Fehlermöglichkeiten bei Verw. sog. kombinierter Glaselektroden hingewiesen. Für Blut–pH-Messungen eignen sich am besten solche Capillarelektrodenmeßketten, bei denen Glas- u. Hg_2Cl_2-Elektrode voneinander getrennt sind. Die bei pH-Messungen im Vollblut zeitabhängige Abnahme des pH-Wertes ist von der durch Atmung u. Glykolyse der Blutzellen entstehenden Säuerung unabhängig u. vermutlich auf Einfl. der suspendierten corpusculären Elemente des Blutes zurückzuführen. Zusatz von *NaF* zwecks Verminderung der Atmung u. Glykolyse der Blutzellen bewirkte eine Zunahme der Ionenstärke u. eine Abnahme von pK'. Bei der angegebenen Präparation der Blutproben zeigte [Na^+] im Plasma der Blutproben einen maximalen Anstieg von 15 mVal/Liter. Die dadurch bedingte Zunahme der Ionenstärke bewirkte eine pK'-Abnahme von höchstens 0,005—0,01. Der pH-Wert im arteriellen Blut von 15 gesunden Vers.-Personen betrug 7,424 (Mittelwert) $\pm$0,005, der pH-Wert im suboccipital entnommenen Liquor cerebrospinalis 7,349 $\pm$ 0,003 (Mittelwert). B. Görlich. 4572◇

1386 **Dissoziation von menschlichem Kohlenmonoxidhämoglobin bei hohen pH-Werten.** Ulrich Hasserodt und Jerome Vinograd. (Proc. nat. Acad. Sci. USA **45**, 12—15, 1959; Pasadena, California Inst. of Technology, Gates and Crellin Labor. of Chem.; engl.) — Sedimentationsmessungen 1%ig. Lsgg. zeigten Beginn der Dissoziation bei pH 10, völlige Spaltung in zwei Untereinheiten bei pH 11, die über 11,6 irreversibel ist. Das Molgew. bei diesem pH ergab einen Durchschnittswert von 36000 $\pm$ 2000. Bei pH 11 ist der durchschnittliche Diffusions-Koeff. in Phosphat- sowie Glycin–NaOH-Puffer 7,6 $\pm$ 0,4; $D^0_{20,w}$ hat den Wert 7,4; der Fraktionswert für die Untereinheit ist 1,27. Die Temp.-Koeff. der Dissoziation in Untereinheiten wurden aus den Temp.-Koeff. der beobachteten Sedimentations-Koeff. bei pH 5 zu 0,0 $\pm$ 0,5 kcal/Mol bzw. bei pH 10,5 zu $-4{,}0 \pm 0{,}5$ kcal/Mol ermittelt. Bei pH 4,5—6 tritt so rasche Denaturierung ein. Die Histidin-, Lysin- u. Tyrosinreste dürften bei der Säuredissoziation stabilisierende Wrkg. auf das Gesamtmol. ausüben. J. Trupke. 4572◇

1387 **Fraktionierte Porphyrinbestimmung im Urin durch Papierelektrophorese.** H. Ippen. (Klin. Wschr. **40**, 745—48, 15/7. 1962; Düsseldorf, Med. Akad. Hautklinik; dt.) —

Vf. beschreibt eine Meth. zur fraktionierten Porphyrin-Best. im Urin mittels der üblichen Papierelektrophorese-App. für Serum-Eiweiße. Vorherige Umwandlung der Urinporphyrine in die Fe-Komplexe u. anschließende Färbung mit Benzidin u. H_2O_2 ergibt nach Fixierung mit NH_4-Alaun eine beständige Färbung, die eine quant. photometr. Auswertung der Elektropherogramme gestattet. Die Meth. erlaubt eine feinere Fraktionierung dieser Urinbestandteile als z. B. die quant. Extraktion u. Fällung. Das Waldenström-Porphyrin erwies sich dabei als aus mehreren Fraktionen bestehend. Im normalen Urin überwiegen die in Ae. lösl., in patholog. Urinen die in Ae. unlösl. Porphyrine. B. Görlich. 4572◇

1388 **Hämoglobinsynthese in Beziehung zur Reifung von Erythrocytenformen.** Henry Borsook, Jerry B. Lingrel, Jose L. Scaro und Robert L. Millette. (Nature [London] **196,** 347—50, 1962; Pasadena, California Inst. of Technol., Div. of Biol.; engl.) — Vf. entwickelt die Vorstellung, daß die normale Entw. des Erythrocyten über den basophilen, polychromat., orthochromat. Erythroblasten u. Retikulocyten bei einem bes. starken Reiz auf das Knochenmark verkürzt werden kann. In diesen Fällen entwickeln sich aus den polychromat. Erythroblasten unter Umgehung der orthochromat. Form Retikulocyten u. Erythrocyten, die größer als entsprechende Normalzellen sind. Der Hb-Geh. ist erhöht. Gleichzeitig wird durch den Reiz die Zellsynth. auf dem normalen Wege stimuliert (evtl. Polycythaemie). Daraus ergibt sich, daß in Anpassung an die jeweiligen Bedingungen die Anteile normaler u. abnormer Zellen im Blut variieren. K. Ruckpaul. 4573◇

1389 **Chromatographische Analyse der Erythrocytenphospholipide auf mit Kieselsäure imprägniertem Papier.** Ch. Klibansky und Z. Osimi. (Bull. Res. Council Israel, Sect. E **9,** 143—46, 1961; Petah Tikva, Israel, Beilinson Hosp., Rogoff Med. Res. Inst.; engl.) — Die durch A.–Ae.-Gemisch aus den Eryhtrocyten extrahierten *Phospholipide* werden auf Papier, das zunächst mit Na-Silicat, dann mit HCl behandelt wurde, mit dem Lsgm.-Gemisch Diisobutylketon, n-Dibutyläther, Essigsäure u. W. (20 : 20 : 20 : 3) aufsteigend chromatographiert. Nach dem Trocknen wird mit 0,001% ig. Rhodamine 6G angefärbt u. im UV-Licht beobachtet. Zur quantitativen Best. werden die Flecken ausgeschnitten, mit H_2SO_4–$HClO_4$ verascht u. P in der Asche ermittelt. In den Erythrocyten dreier gesunder Vers.-Personen wurde folgende prozentuale Zus. der Phospholipide gefunden: *Lysolecithin* 2,08—2,96, *Inositphosphatid* 2,90—4,96, *Sphingomyelin* 24,28—27,25, *Lecithin* 29,31—30,00, *Phosphatidylserin* 12,05—14,84 u. *Phosphatidyläthanolamin* 23,15—25,27. F. Krusen. 4573◇

1390 **Alkoholbestimmungen in geronnenem Blut.** W. Hallermann, V. Sachs und E. Steigleder. (Dtsch. Z. ges. gerichtl. Med. **49,** 431—40, 1960; Kiel, Univ., Inst. f. gerichtl. u. soz. Med.; dt.) — Die Unters.-Ergebnisse zeigen, daß die A.-Best. in Blutkuchen auf erhebliche Schwierigkeiten stößt, weil die *A.*-Aufnahmefähigkeit von Blutkuchen zu Blutkuchen innerhalb sehr weiter Grenzen schwankt u. die Verteilung des A. innerhalb der einzelnen Blutkuchen sehr unterschiedlich ist. Die Schätzung des *A.*-Geh. von Vollblut aus dem A.-Geh. eines Blutkuchens begegnet somit erheblichen Bedenken. F. Krusen. 4574◇

1391 **Serumprotein- und Glucoproteinkonzentrationen bei Neugeborenen und Kleinkindern.** L. E. Böttiger und G. Sterky. (Scand. J. clin. Lab. Invest., Suppl. **14,** Nr. 64, 39—44, 1962; Stockholm, Karolinska Inst., Dep. of Med. at Serafimerlasarettet and Pediat. at Kronprinsessan Lovisas Barnsjukhus; King Gustav Res. Inst.; engl.) — Proteingebundene Kohlenhydrate (Hexosen, Hexosamine, Sialsäure), Gesamtprotein u. die elektrophoret. Proteinverteilung werden in 19 Nabelschnurblutproben u. in 36 Serumproben von Kindern verschiedenen Alters untersucht. Die Konz. an Glucoproteinen ist bei der Geburt gering u. steigt innerhalb der ersten 6 Monate stark an. Ebenso verhalten sich Gesamtprotein, Albumin u. α- u. β-Globuline; γ-Globuline zeigen einen leichten Abfall. P. Gregorzewski. 4574◇

1392 **Serumproteine bei neugeborenen Kaninchen unter Berücksichtigung ihrer Genese und physiologischen Schwankungsbreite.** J. Iványi, P. Iványi, Milena Soukupová und Anna Czambelová. (Folia Biol. [Praha] **6,** 108—15, 1960; Prague, Charles Univ., Med. Fac., Labor. of Protein Metabol. and Proteosynth.; Dep. of Biol.; Nitra, Regional Transfusion Stat.; engl.) — Bei neugeborenen Kaninchen konnte eine Verminderung der Gesamt-*Proteine* u. der *Albumin*-Fraktion des Serums konstatiert werden; die α_2-*Globulin*-Fraktion erwies sich als vermehrt. Bei 1 Tag vor dem Geburtstermin durch Kaiserschnitt zur Welt gebrachten Kaninchen waren diese Veränderungen noch ausgeprägter, dazu war der γ-*Globulin*-Spiegel erhöht. Es werden Überlegungen zur Genese der Globuline angestellt. U. Tausendfreund. 4574◇

1393 **Darstellung und Eigenschaften von β_1-A-Globulin aus Humanserum.** H. E. Schultze, K. Heide und H. Haupt. (Klin. Wschr. **40,** 729—32, 15/7. 1962; Marburg, Behringwerke; dt.) — Aus der Euglobulinfraktion des menschlichen Normalserums wurde ein in der Elektrophorese zwischen der α_2- u. β_1-Globulinfraktion wanderndes Protein mit hohem Reinheitsgrad isoliert. Das Protein sedimentiert in der Ultrazentrifuge mit $S^{1\%}_{20,w} = 6{,}3$ u. enthält nur wenig gebundene Kohlenhydrate u. keine Neuraminsäure. Mittels der Immunelektrophorese nach Osserman konnte gezeigt werden, daß das neue Protein ident. ist mit dem von Müller-Eberhard (C. **1962,** 14212) beschriebenen β_1-*A-Globulin* (**I**). **I** steht in Beziehung zur C'3-Komponente u. scheint an der patholog. Erhöhung der Rest-α_2-Fraktion beteiligt zu sein. B. Görlich. 4574◇

1394 **Zur quantitativen Aminosäurebestimmung in Körperflüssigkeiten und Organextrakten nach Elutionschromatographie an Ionenaustauschersäulen mit automatischer Registrierung der Ergebnisse.** H. G. Knauff und P. Schabert. (Klin. Wschr. **38,** 1206—15, 1960; München, Univ., II. Med. Klinik; dt.) — Das Plasma von 40—50 ml Blut wird mit 4fachem Vol. vorgekühlten *Acetons* (**I**) enteiweißt, zentrifugiert, der Nd. mit HCl-**I** gewaschen, aus den Überständen **I** im Vakuum ausgetrieben, Lipoide mit Ae. ausgeschüttelt u. wss. Phase im Vakuum zur Trockene gebracht u. mit $^1/_{10}$ des ursprünglichen Vol. 0,2n HCl aufgenommen. Je 0,5—1 ml davon wird zur Best. der bas. bzw. neutralen u. sauren Aminosäuren auf je eine Ionenaustauschersäule aufgebracht u. mit Citratpuffern [durch Motorspritze transportiert] eluiert. Die Eluatfraktionen passieren nach Vermischen mit Ninhydrin u. Erhitzen einen automat. Extinktionsschreiber der alle 40 Sek. die Extinktion bei 2 Wellenlängen (578 u. 436 mμ) registriert. Es entstehen 2 Kurven mit distinkten G pfeln für die verschiedenen getrennt eluierten *Aminosäuren* (**II**), die planimetriert werden u. auf eine in gleicher Weise chromatographierte Testaminosäure-Lsg. bezogen. Dauer der Analyse $8^1/_4$ Stunden. Trennung von Glutamin, Asparagin u. Serin ist unbefriedigend. Schwierigkeiten treten nur bei biolog. Fl. auf (Liquor, Pleurapunktat, Ascites, Harn, Organoextrakte u. Hydrolysate können ähnlich verarbeitet werden), die Meth. ist ideal zur **II**-Best. in Eiweißhydrolysaten. Verwendetes Gerät nach Hannig (Clin. chim. Acta [Amsterdam] **4,** [1959], 51). W. Stross. 4574◇

1395 **Quantitative Bestimmung der freien und gebundenen Aminosäuren im Blutserum durch Elutionschromatographie an Ionenaustauschern.** W. Gerok. (Klin. Wschr. **38,** 1212—15, 1960; Marburg/Lahn, Med. Univ.-Klinik.; dt.) — Vgl. vorst. Referat. — Durch Elutionschromatographie mit automat. Registrierung der Extinktion (Gerät: Bender u. Hobein, München, nach Hannig, Clin. Chim. Acta [Amsterdam] **4,** [1959], 51) wurden 20 *Aminosäuren* (**I**) im mit Trichloressigsäure enteiweißten Serum von 8 Gesunden vor u. nach Säurehydrolyse bestimmt. Kationenaustauscher: Amberlite CG 120 Typ III. Die Hydrolyse ergibt eine signifikante Zunahme der *Glutaminsäure* (von 192 auf 1151 μg α-Amino-N/100 ml Serum), der *Asparaginsäure* [von 44 auf 179], des *Glycins* (396 zu 501) u. des *Phenylalanins* [93 zu 127]. *Serin* u. *Threonin* können mit dieser Meth. nur im Hydrolysat [zu 211 u. 204] erfaßt werden. Bei den übrigen **I** tritt durch Hydrolyse keine signifikante Zunahme auf. W. Stross. 4574◇

1396 **Aminosäure- und Zuckerzusammensetzung des sauren Mucoproteins von Rinderserum.** V. Chmelař und M. Hodáňová. (Českoslov. Fysiol. **10,** 488, 1961; Hradec Králové, KU, lék. fak., úst. lék. chem.; tschech.) — Durch Chromatographie mit dem Entwickler n-Butanol–Essigsäure–W. 4 : 1 : 5 (teilweise 8 : 3 : 1) werden im Hydrolysat von *saurem Mucoprotein* aus Rinderserum 17 Aminosäuren nachgewiesen: *Cystin, Lysin, Histidin, Arginin, Asparaginsäure, Serin, Glycin, Glutaminsäure. Threonin, Alanin, Prolin,*

Tyrosin, Methionin, Phenylalanin, Isoleucin u. *Leucin*. Von Zuckern werden außer *Hexamin* u. *Sialsäure* noch *Galaktose, Mannose* u. *Fucose* gefunden. R. K. Müller. 4574◇

1397 **An Plasmaprotein gebundenes Jod bei dem Biber und anderen Tieren.** Frances O. Kelsey, A. Gullock und H. J. Clausen. (Acta endocrinol. [Copenhagen] **35,** 495–500, 1960; Vermillon, S. Dak., State Univ. of South Dakota, Dep. of Physiol. and Pharmacol. and Anatom.; engl.) — Vff. finden bei den Bibern in S. Dak. einen Geh. an plasmaproteingebundenem *Jod* von 8,2 μg/100 ml. Der Geh. liegt damit höher als der bei anderen Tieren gefundene wie z. B. Kaninchen (5,3), Meerschweinchen (4,3), Ratten (3,1 u. 1,3 bei Jodmangeldiät), Präriehund (Goyote Pup 4,6), Fuchswelpen (3,0), Bisam (2,9), Opossum (2,4), Ferkel (2,0), Affe (Spider Monkey 1,9), Igel (1,7), Habicht (1,6), Hund (Oktober 6,2), Hund (März 3,6). Die 24-Std.-Aufnahme von ^{131}J beträgt beim Biber 8%, der Serumspiegel an *Cholesterin* 132 mg/100 ml, der Geh. des Serums an anorgan. Jod 3,0 μg/100 ml. W. Hiller. 4574◇

1398 **Ein Vergleich zwischen polyungesättigten Fettsäuren der Plasma-Cholesterinester und subkutanen Depotfetten von atheromatösen und normalen Menschen.** K. J. Kingsbury, D. M. Morgan, C. Aylott, P. Burton, R. Emmerson und P. J. Robinson. (Clin. Sci. **22,** 161–70, April 1962; London, St. Mary's Hosp.; engl.) — Bei Patienten unterschiedlicher Berufe im Alter zwischen 50–70 Jahren mit atheromatösem Krankheitsbild wird der Geh. an polyungesätt. Fettsäuren in den Plasma-Cholesterinestern (PCE) bzw. im subkutanen Depotfett bestimmt. Danach ermittelt man aus dem Plasmalipid-Geh. den Prozentsatz an Dienen, Trienen, Tetraenen usw. Der PCE-Geh. an Dienen u. Tetraenen liegt zwischen 24,5 u. 38,3% bzw. 3,1–6,3%; bei Gesunden werden Werte zwischen 40,8–51,7 u. 5,8–12,0% bestimmt. Im Depotfett betragen die Werte beim Kranken 4,8–6,8% (Diene) u. 0,3–0,4% (Tetraene) beim Gesunden 5,5–9,5% u. 0,4–0,8%. Die Ergebnisse weisen bei Atheromatose einen signifikant erniedrigten Geh. an polyungesätt. Fettsäuren auf. A. Täufel. 4574

1399 **Nicht genetische, anhaltende Serumcholesterinveränderungen infolge von Desoxyribonucleinsäuren.** J. Philip Savitsky. (Amer. J. Physiol. **203,** 929–32, Nov. 1962; New York City, Montefiore Hosp., Med. Div., Lucy and Henry Moses Res. Labor.; engl.) — 18 heterologe *Desoxyribonucleinsäuren* (I) von 5 verschiedenen Säugetierarten, homologe I von Kaninchen mit niedrigem bzw. hohem *Serumcholesterin* (I)-Geh. u. autologe I aus den Leukocyten von Kaninchen verringerten den Serum-I-Geh. im Blut dieser Tiere in gleicher Weise. K. Zingraf. 4574◇

1400 **Schnellmikromethode zur direkten Cholesterinbestimmung.** Stefan Ilca. (Z. ges. inn. Med. Grenzgebiete **17,** 83–1962; Lugoj, Regiunea Banat, Republica Populara Romina; dt.) — Beschrieben wird eine einfache, empfindliche, gut reproduzierbare Schnellmikrometh. zur direkten Cholesterin-Best. (Variante der Liebermann-Rk.), die ein einziges, gut haltbares Reagensgemisch u. nur 0,1 ml Serum erfordert. Das Reagensgemisch besteht aus Essigsäure–Essigsäureanhydrid–konz. Schwefelsäure im Verhältnis 1 : 5 :1. Extraktion, Verseifung, Filtrieren, Trocknen u. Verdampfen entfallen. Es werden nur 2,1 ml Reagens u. 0,1 ml Serum gemischt, geschüttelt, sofort in ein Wasserbad von 30° eingestellt, 20–25 Sek. im Dunkeln stehengelassen u. die vollentwickelte, klare blaugrüne Fl. mit Rotfilter colorimetriert. Für eine Probe werden ungefähr 3 Min. benötigt. K. Böhm. 4574◇

1401 **Beitrag zur experimentellen Untersuchung des Cyclonamins. Ein neues synthetisches, hämostatisch wirkendes Derivat des Cyclohexadienolons.** A. Demars. (Med. exp. [Basel] **4,** 173–79, 1961; Lyon, Fac. de Méd. et de Pharmacie; franz.) — *Cyclonamin* (I), das *Diäthylaminsalz* der *Cyclohexadienol-(4)-on-(1)-sulfonsäure-(4)* wurde an Kaninchen auf seine hämostat. Wrkg. geprüft. Die DL_{50} beträgt bei i.v. Injektion für die Maus 700 mg/kg. Beim Menschen wurden 250 mg I als Einzeldosis u. 250–1500 mg I als Tagesdosis injiziert. Die Verträglichkeit ist gut. I wirkt schnell u. lange. Die Verkürzung der mittleren Blutungszeit beträgt beim Kaninchen nach 5 Min. 16%, nach 1 Std. 41%. I ist buccal verabreicht fast so wirksam wie bei parenteraler Injektion. Diese Ergebnisse rechtfertigen eine ausgedehnte Prüfung im Hinblick auf eine Verw. in der Humanmedizin. K. Böhm. 4574◇

1402 **Untersuchungen über die Existenz des Antithrombins IV im menschlichen Plasma.** Herbert Brüster und Annemarie Mingers. (Z. Kinderheilkunde **85,** 397–405, 1961; Düsseldorf, Med. Akad., Kinderklinik; dt.) — Im menschlichen Plasma wird eine reproduzierbare Antithrombinaktivität (AT) dargestellt, die wahrscheinlich mit dem von Seegers im Hundeplasma gefundenen AT IV ident. ist. Die Aktivierung des AT IV ist an die Prothrombin-Synth. gebunden. G. Kimmerle. 4574△

1403 **Durch ein Heparinoid auf Hyperlipämie, die an Kaninchen durch ein Netzmittel ausgelöst worden ist, ausgeübte Wirkung.** Léon Binet, Madeleine Marquis und Denise Quivy. (C. R. hebd. Séances Acad. Sci. **249,** 2693–97, 21/12. 1959; Fac. de Méd., Labor. de Physiol.; franz.) — *Mannuronate* u. bes. *Heparin* (I) modifizieren die Lipidogramme von Kaninchen, die infolge Injektion von „*Tween 80*" an Hyperlipämie erkrankten, ohne diese zu heilen. I vermindert den Gesamt-Geh. des Serums an Lipiden geringfügig. W. Wesly. 4574□

1404 **Die Einflüsse von in indischen Nahrungsmitteln verwendeten Fetten auf den Blutkoagulationsmechanismus.** K. K. Gupta, C. C. Kapila, V. N. Rao, R. M. Rai, O. P. Gupta und H. P. Nath. (Indian J. med. Res. **48,** 524–29, Juli 1960; Delhi, Ministry of Defence, Defence Science Labor.; engl.) — Der Einfl. von Milchfett, Erdnußöl, hydriertem Erdnußöl, Senfsamenöl, Sesamöl u. Cocosnußöl auf die Blutgewinnung von Vers.-Personen wurde untersucht. Die angeführten Fette erzeugten eine signifikante Depression der Koagulationszeit des Gesamtblutes u. der des verd. Plasmas. Die des Plasmas wurde durch alle Fette mit Ausnahme des Senfsamenöls herabgesetzt. Die des Citratblutes wurde durch keines der geprüften Fette signifikant beeinflußt. Hydrierung von Erdnußöl bewirkt keine signifikante Änderung des Einfl. von Erdnußöl auf die Blutkoagulation. K. F. Müller. 4574◇

1405 **Die schnelle Trennung von fluorescierenden Antiseren und ungekuppeltem Farbstoff.** J. Zwaan und A. F. van Dam. (Acta histochem. [Jena] **11,** 306–08, 1961; Amsterdam, Univ., Labor. for Anat. and Embryol.; engl.) — Vff. benutzten zur Trennung von mit Fluoresceinisothiocyanat oder Lissamin Rhodamin B 200 gekuppelten Kaninchenseren u. Rinderserumalbumin u. den freien Farbstoffen die Säulenchromatographie mit dem vernetzten Dextran „Sephadex" (Pharmacia, Uppsala). Zum Eluieren der Säule wird physiolog. NaCl-Lsg. vom pH 7 benutzt, dabei wird zuerst der Protein-Farbstoffkomplex eluiert u. dann der freie Farbstoff. A. Gude. 4574◇

1406 **Untersuchung der Harnausscheidung von 17-Ketosteroiden und 17-Hydroxycorticoiden bei 4 Frauen mit bilateraler totaler Adrenalektomie bei Cushing-Erkrankung.** L. de Gennes, H. Bricaire, Ph. Laudat, Ph. Vigneron und M. Batrinos. (Acta endocrinol. [Copenhagen], Suppl. Nr. 51, 375–76, 1960; Paris, Hôpital Broussais, Clin. Méd. Propédeut; franz.) H. Herper. 4577□

1407 **Die renale Steroidausscheidung bei der Ratte nach Unterbindung des Ductus choledochus.** H.-A. Ketz, H. Witt und B. Lange. (Z. Vitamin-, Hormon- u. Fermentforsch. [Wien] **12,** 311–15, 1962; Potsdam-Rehbrücke, Dt. Akad. der Wiss., Inst. für Ernährung, Bereich Physiol. der Ernährung; dt.) — Nach Gallengangsdurchtrennung stieg bei ♀ Wistar-Ratten die Konz. an *neutralen Steroiden* im Harn in der 1. Woche nach Operation auf das ca. 3fache des Normalwertes u. blieb bis zu 6 Wochen etwa auf diesem Wert. Die *17-Ketosteroid*-Ausscheidung sank während der ersten 4 Wochen geringfügig, um danach wieder etwa auf den Normalwert anzusteigen. Die Konz. der *phenol. Steroide* war zwischen der 1.–4. Woche auf das ca. 2fache erhöht, um danach auf 48 μg/24 Std./kg (6. Woche) abzusinken. In der 5. u. 6. Woche verschlechterte sich das Allgemeinbefinden infolge sich vermehrender ikter. Symptome. W. Damerau. 4577◇

1408 **Ausscheidung von 5-Hydroxyindolylessigsäure nach Darmischämie bei Hunden.** Bernard Sigel, Irwin M. Potash und Mark W. Wolcott. (Proc. Soc. exp. Biol. Med. **105,** 237–38, 1960; Coral Gables, Fla., Vet. Admin. Hosp., Univ. of Miami School of Med.; engl.) — In den ersten 4 Std. nach Eintreten schwerer Darmischämie bei großen Hunden veränderte sich die Ausscheidung von *5-Hydroxyindolylessigsäure* im Harn nicht. K. Zingraf. 4577◇

1409 **Untersuchungen über die Ausscheidung von 5-Hydroxyindolylessigsäure im Harn beim experimentell ausgelösten Dumping-Syndrom.** E. Schmid, K. Meythaler jun., H. Schön und N. Henning. (Klin. Wschr. **40,** 908—11, 1962; Erlangen-Nürnberg, Univ., Med. Klin.; dt.) — Beim Menschen wurde der Einfl. hyperton. Glucose-Lsg., verd. HCl u. dest. W. bei Zufuhr in den Dünndarm auf das Verh. der *5-Hydroxyindolylessigsäure*-Ausscheidung untersucht. Die Resultate sprechen gegen eine Steigerung des *Serotonin* (I)-Umsatzes u. eine vermehrte I-Freisetzung in die Blutbahn unter diesen Bedingungen. Beziehungen zwischen Veränderungen des I-Stoffwechsels u. dem nach Nahrungsaufnahme auftretenden Dumping-Syndrom bestehen nicht.
U. Tausendfreund. 4577◇

1410 **Die Wirkung von Hyaluronidase auf den Transport verschiedener Plasmaproteine durch den Ductus thoracicus.** M. Földi, N. Papp, A. Kisfaludy und K. Stekker. (Clin. chim. Acta [Amsterdam] **5,** 839—44, Nov. 1960; Budapest, Akad. der Wiss., Forschungsinst. für exp. Med. und I. Med. Univ.-Klinik; dt.) — Nach 3—4 Kontrollperioden (je 10 Min.) wurde nach Verabreichung von 1000 VRE (viscositätsreduzierende Einheiten) *Hyaluronidase* (I) an Hunden die Veränderung der qual. Zus. der Eiweißkörper der *Lymphe* (L.) bestimmt; II-Entnahme aus dem Ductus thoracicus am Hals. Durch I wird die L.-Menge signifikant erhöht u. die Gesamt-Eiweiß-Konz. nur unwesentlich gesteigert. Von den Eiweißfraktionen wird der lymphat. Transport aller Globulinfraktionen u. des Albumins erhöht. Es wird angenommen, daß durch I die Porengröße der L.-Kapillaren erhöht wird.
H. Ackermann. 4578◇

1411 **Die Strömung und Zusammensetzung der Brustdrüsenlymphe.** J. L. Linzell. (J. Physiology **153,** 510—21, 1960; Cambridge, Agric. Res. Council Inst. of Animal Physiol.; engl.) — Die mit einer besonderen App. aufgefangene Lymphe der Brustdrüse der nichtnarkotisierten, unbeeinträchtigten Ziege fließt spontan in einer Geschw., die von der Milchsekretions-Geschw. sowie von der durchschnittlichen Blutdurchströmung abhängt mit 0,3—2,71 ml/100 g/Stunde. Die Protein-Konz. verhält sich dabei umgekehrt zur Strömungsgeschwindigkeit. Die Zus. der Lymphe u. das Verhältnis zum Plasma sind ähnlich wie bei der Lymphe anderer Organe. Durch Allgemeinnarkose kann die Zus. der Lymphe verändert werden. U. Tausendfreund. 4578◇

1412 **Der Gehalt an freien Aminosäuren in der Perilymphe des Kaninchenohrs.** H. Wrba, L. Schreiner und W. Theimer. (Klin. Wschr. **40,** 857, 1962; München, Univ., Pathol. Inst.; Klin. und Poliklin. für Hals-Nasen-Ohrenkranke; dt.) — Aus papierchromatograph. Unterss. der beiden Perilymphfraktionen des Kaninchenohres (Fraktion I tritt bei Eröffnung des Innenohres akt. aus; bei Fraktion II handelt es sich um die wiederaufgefüllte Perilymphmenge) geht hervor, daß, im Vgl. mit Serum u. Liquor, für die einzelnen isolierten Aminosäuren in unterschiedlicher Weise Serum- u. Liquor-Werte in der Perilymphe auftreten. Die Perilymphe ist danach offenbar nicht als Filtrat von Serum oder Liquor aufzufassen.
U. Tausendfreund. 4578◇

1413 **Untersuchungen über die Cerebrospinal-Liquor-Zusammensetzung bei Kälbern nach unterschiedlicher Carotin-Aufnahme.** B. A. Dehority. (J. Dairy Sci. **42,** 1396—98, Aug. 1959; Storrs, Conn., Agric. Exp. Station; engl.) — Je 12 ♂ (64 Tage alte) Guernsey u. Holstein-Kälber erhielten nach *Carotin* (I)-Verarmung ($< 12\gamma\%$ *Vitamin A* im Blutplasma) unterschiedliche I-Gaben (30, 60, 120 oder 240 γ/Lebendmasse/Tag). Nach 12 Wochen langer Fütterung wurde den Tieren mittels Punktion Cerebrospinal-Liquor entnommen u. dieser auf folgende Komponenten untersucht: *Na, K, Ca, anorgan. P* u. *freie Aminosäuren.* Es zeigten sich keine wesentlichen Unterschiede zwischen den Varianten u. den beiden Rassen in der Liquor-Zusammensetzung. H. D. Bock. 4578◇

1414 **Der Einfluß der Umgebung auf das Hühnerwachstum.** H. M. Edwards jun., H. L. Fuller und C. W. Hess. (J. of Nutrit. **70,** 302—06, 1960; Athens, Univ. of Georgia, Poultry Dep.; engl.) — Es wird gezeigt, daß Hühnerküken in Räumen, die vorher mit *Formalin* u. *$KMnO_4$* ausgesprüht wurden, besser wachsen als in unbehandelten Räumen. Gleichzeitig tritt ein geringerer Bedarf an einigen essentiellen Substanzen gegenüber den Kontrollen auf. P. Gregorzewski. 4584◇

1415 **Selen und Torulahefe bei der Erzeugung exsudativer Diathese bei Küken.** M. M. Rahman, R. E. Davies, C. W. Deyoe und J. R. Couch. (Proc. Soc. exp. Biol. Med. **105,** 227—30, 1960; College Station, Texas A & M Coll. Syst., Dep. of Biochem. and Nutr. and Poultry Sci.; engl.) — Bei Verabreichung eines *Vitamin E* (I)-freien Futters, welches gereinigtes Sojabohnen-Protein als einzige Eiweißquelle enthielt, entwickelten Küken in 30 Tagen Symptome einer exsudativen Diathese; diese wurde durch Zusatz von *Torulahefe* (20 oder 30% des Futters), nicht jedoch durch 0,7% *Na*, 0,5 ppm *As* oder ein Gemisch von 1% *K* u. 0,07% *Mg*, beschleunigt u. gesteigert u. durch I, getrocknete *Bierhefe* (II) oder 0,05 ppm *Se* verhütet. I, II u. Se wirkten außerdem wachstumsfördernd. K. Zingraf. 4585◇

1416 **Beobachtungen über Selenmangel von Lämmern in Victoria.** K. D. Skerman. (Proc. Austral. Soc. animal Product. **4,** 22—27, Sherbrooke, Victoria, Nicholas Inst. for Med. and Vet. Res.; engl.) — Bei Lämmern einer Farm in Victoria wurde ein *Se*-Mangel nachgewiesen durch signifikante Wachstums-Rkk. auf *Se*-Behandlung. Verss. ergaben, daß die kleinste, wirkungsvolle Dosis für Lämmer u. gleichzeitig die optimale pro Woche per os ca. 0,1 mg *Se* betrug. Bei höheren Dosen von *Se* (5,0 mg) konnten die Zwischenräume zwischen den Darreichungen bis zu 6—8 Wochen ausgedehnt werden. Am größten waren die Wachstums-Rkk. im Spätherbst bis zu den ersten Wintermonaten. Keine gegenteiligen Wrkg. zeigten sich bei Lämmern, welche 54 Wochen lang 1,0 oder 5,0 mg *Se* wöchentlich erhielten. H. Aman. 4585◇

1417 **Wirksamkeit des von der Food and Agriculture Organization of the United Nations empfohlenen Aminosäure-Standard für das Wachstum säugender Ratten.** E. E. Howe, E. W. Gilfillan und J. B. Allison. (J. of Nutrit. **70,** 385—90, 1960; Rahway, N.J., Merck Inst. for Therap. Res.; New Brunswick, N.J., Rutgers Univ., Bureau of Biol. Res.; engl.) — Es werden verschiedene von der Food and Agriculture Organization of the United Nations (FAO) vorgeschlagene Aminosäure-Gemische in Fütterungs-Verss. an jungen Ratten im Hinblick auf ihre Wrkg. auf das Wachstum verglichen. P. Gregorzewski. 4585◇

1418 **Die Verwertbarkeit von Lysin in Weizen, Mehl, Brot und Gluten.** W. K. Calhoun, F. N. Hepburn und W. B. Bradley. (J. of Nutrit. **70,** 337—47, 1960; Chicago, Amer. Inst. of Baking; engl.) — In 2 Vers.-Reihen werden Ratten entweder mit einer *Gluten* (II)-Grunddiät (a) oder mit einer *Lysin* (I)-freien Grunddiät aus allen anderen notwendigen Nahrungsstoffen (b) gefüttert. Bei a beträgt die I-Verwertbarkeit für Weizen 75%, für Mehl 72% u. für Brot 76%; bei b wurden entsprechend 78, 80 u. 83% u. für II 80% gefunden. P. Gregorzewski. 4585◇

1419 **Ernährungsuntersuchungen mit Meerschweinchen. 6. Mitt. Tryptophan mit hohen Niacingaben.** Mary Elizabeth Reid und Ludwig von Sallmann. (J. of Nutrit. **70,** 329—36, 1960; Bethesda, Md., U.S. Dep. of Health, Educ., and Welfare, Public Health Serv., Nat. Inst. of Arthritis and Metabolic Diseases; Nat. Inst. of Neurolog. Diseases and Blindness; engl.) — 4. vgl. C. **1959,** 16706. — Meerschweinchen werden bei einer Grunddiät gehalten, die 20% Protein mit 0,108% *L-Tryptophan* (I) u. hohe Niacingaben enthält. Nach 6—8 Wochen entstehen Augenschäden u. Haarausfall, verringertes Wachstum, Abdomenschwellung u. weiche ungeformte Faeces. Maximales Wachstum wird bereits durch Zugabe von 0,03% I erhalten, Augenschäden werden erst durch Ergänzung mit 0,2% I verhindert. *D-Tryptophan* hat nur $^1/_4$—$^1/_3$ der I-Wirkung. P. Gregorzewski. 4585◇

1420 **Ein Vergleich des Proteinbedarfs von Ratten und Mäusen für Wachstum, Reproduktion und Lactation bei Verwendung von Caseindiät.** Marianne Goettsch. (J. of Nutrit. **70,** 307—12, 1960; San Juan, Univ. of Puerto Rico, School of Med., Dep. of Biochem. and Nutrit.; engl.) — Ratten u. Mäuse werden mit einem Futter ernährt, das 9,4 bis 16,3% *Casein* (I) als einzige Proteinquelle enthält. Bei Ratten beträgt der Minimalgeh., der Wachstum, Reproduktion u. Laktation ermöglicht, 16,3% I (entsprechend 7,0 mg Gesamt-N/cal), bei Mäusen 13,6% (5,9 mg Gesamt-N/cal).
P. Gregorzewski. 4585◇

1421 **Das Verhältnis Triensäuren : Tetraensäuren in Gewebelipiden als Maß für den Bedarf an essentiellen Fettsäuren.** Ralph T. Holman. (J. of Nutrit. **70,** 405—10, 1960; Minneapolis, Minn., Univ. of Minnesota, Dep. of Physiol.

Chem.; Austin, Minn., Hormel Inst.; engl.) — Vgl. C. **1960**, 17187. — Durch Fütterungs-Verss. an Ratten wird gezeigt, daß das Muster der polyungesätt. *Fettsäuren* (I) im Plasma u. in den Erythrocyten die essentiellen I der Nahrung widerspiegelt u. zur Best. des Status bzgl. der essentiellen I dienen kann. P. Gregorzewski. 4585◇

1422 **Reaktion von jungen Kälbern auf eine Ration, die Salze flüchtiger Fettsäuren enthält.** W. G. Martin, H. A. Ramsey, G. Matrone und G. H. Wise. (J. Dairy Sci. **42**, 1377—86, Aug. 1959; North Carolina State Coll. Raleigh, Animal Nutr. Section; engl.) — Im Vers. waren 9 Kälber (5 Tage alt). 12 Wochen lang wurden folgende 3 Diäten untereinander verglichen: D_1 = Casein, Fett, Glucose, Stärke, D_2 = Casein, Fett, Glucose u. Salze von Essig-, Propion- sowie Buttersäure, D_3 = Vollmilch. Blut-Glucose nahm bei D_3 stark zu, bei D_1 u. D_2 dagegen ab. Blut-fl. Fettsäuren nahmen bei D_1 u. D_2 zu, bei D_3 veränderten sie sich nicht. Ähnlich verhielten sich die Ketonkörper im Blut. Mit dem Alter nahmen die Ausscheidungen dieser Konstituenten im Harn zu. Mit 3 Wochen sind Kälber fähig, flüchtige Fettsäuren zu resorbieren. H.-D. Bock. 4585◇

1423 **Der Nährwert von Reisbohnen, Phaseolus calcaratus Roxb. von Nordrhodesien.** Anonym. (Trop. Sci. **4**, 163, 1962; engl.) — Eine Analyse zeigt folgende Ergebnisse: 12,81% *W.*; 19,1% *Protein*; 5,51% *Faser*; 0,36% *CaO*; 0,69% P_2O_5; 10,9 mg/100 g *Fe*; 2,4 mg/100 g *Niacin*; 0,59 mg/100g *Thiamin* u. 0,21 mg/100 g *Riboflavin*. Die Zus. ist ähnlich der von *Phaseolus vulgaris, Ph. lunatus, Ph. aureus* u. *Ph. succardianus*. W. Hiller. 4585◇

1424 **Der Einfluß von Diätzusätzen auf die Zusammensetzung der Muttermilch.** Bhavani Belavady und C. Gopalan. (Indian J. med. Res. **48**, 518—23, Juli 1960; Hyderabad, Ind. Council of Med. Res., Nutr. Res. Labor.; engl.) — Der Einfl. von *Vitamin A* (I), *Thiamin* (II)-, *Ascorbinsäure* (III)- u. *Ca*-Zusatz zur Diät auf die Konz. dieser Bestandteile in der Muttermilch wurde untersucht. Ergänzung der Diät mit I hat keinen Einfl. auf dessen Konz. in der Milch; I- u. III-Zusatz erhöhen deren Konz. in der Milch. Kurzfristige Ergänzung durch Ca hat keinen Einfl. auf die Ca-Konz. der Milch; längerdauernde Ergänzung der Diät durch Ca verringert die Ca-Konz. der Milch. K. F. Müller. 4585◇

1425 **Änderungen der Blutfettsäuren bei alleinigem und kombiniertem Mangel an essentiellen Fettsäuren und Vitamin B₆ bei Affen.** Louis D. Greenberg und Henry D. Moon. (Arch. Biochem. Biophysics **94**, 405—16, 1961; San Francisco, Calif., Univ. of Calif. School of Med., Dept. of Pathol.; engl.) — Vff. entzogen Affen aus ihrer Nahrung die *essentiellen Fettsäuren* allein oder gleichzeitig auch das *Vitamin* B_6 (I) u. untersuchten gaschromatograph. das Fettsäure-Spektrum des Plasmas u. der Erythrocyten dieser Tiere sowie einer Kontrollgruppe. In beiden Fällen erfolgte bei den Vers.-Affen ein bedeutender Anstieg der *Palmitoleinu.* der *Ölsäure* sowohl im Plasma als auch in den Erythrocyten. Unter den gleichen Bedingungen kam es zum signifikanten Abfall der Stearin-, Linol- u. Arachidonsäure-Konz. im Plasma u. Erythrocyten. Im Lipidanteil der Erythrocyten fanden Vff. 4 Monate nach Entzug der essentiellen Fettsäuren zuerst geringe, später größere Mengen einer Fettsäure, die u. a. in der gaschromatograph. Retentionszeit mit der *Δ 9.12.15-Eikosatriensäure* übereinstimmt. — Im untersuchten biol. Material zeigten sich bei den I-Mangelaffen keine Differenzen im Fettsäure-Spektrum im Vgl. zu den Kontrolltieren. I scheint somit nicht in Umwandlungen des Polyensäuren einzugreifen. H. Zöllner. 4585◇

1426 **Der wachstumsverzögernde Einfluß der Erucasäure und ihre Beziehung zum Bedarf fettlöslicher Vitamine.** K. K. Carroll. (Canad. J. Biochem. Physiol. **37**, 731—40, Juni 1959; London, Ontario, Univ. of Western Ontario, Collip Med. Res. Labor.; engl.) — Unterss. an Ratten über die wachstumsverzögernde Wrkg. (H.) des Rapsöls ergaben, daß H. auf den hohen Geh. an *Erucasäure* zurückzuführen ist. Durch Zugabe von *Vitamin-A-acetat* (I) u. Keimöl (II) wird H. aufgehoben. II kann durch *Methyllinoleat* ersetzt werden. I bewirkt auch allein eine Wachstums-Wrkg., diese ist jedoch schwächer als bei gleichzeitiger II- u. I-Gabe. Vitamin D, DL-α-Tocopherolacetat u. Vitamin K haben keinen Einfl. auf die Hemmung. H. Ackermann. 4585◇

1427 **Der Tribolium-Test als quantitativer Test für 8 B-Vitamine.** 1. Mitt. Ilse Schwarz und A. Koch. (Z. Vitamin-, Hormon- u. Fermentforsch. [Wien] **12**, 291—306, 1962; München, Univ., Zool. Inst.; dt.) — In einer Testdiät (50% Casein, 45% Glucose, 5% McCollum-Salzgemisch, 1 mg Ergosterin/g Diät) wurden die Vitamin-B-Mengen bestimmt, die minimal u. optimal für die Verpuppung von *Tribolium confusum* D. nötig sind. Die untere Grenze für eine noch gute Wrkg. bzw. optimale Wrkg. sind erreicht bei *Vitamin* B_1 mit 1 bzw. 6, *Vitamin* B_2 (I) 3 bzw. 4, *Nicotinamid* 7 bzw. 20, *D-Biotin* 0,1 bzw. 1,0, *Vitamin* B_6 1 bzw. 9, *Folsäure* 2 bzw. 8 u. bei *Cholinchlorid* 200 bzw. 2000 γ. Höhere Gaben als optimale haben keine größere Wirkung. Bei Unterdosierung von I u. II traten charakterist. Mißbldg. auf, weniger bei den anderen Vitaminen. Zur normalen Entw. der Käfer war zusätzlich *Carnitin* notwendig. W. Damerau. 4587◇

1428 **Eine Untersuchung über den Riboflavinstoffwechsel bei Hautkrankheiten.** 2. Mitt. **Klinische Anwendung von freiem Riboflavin, Flavinmononucleotid und Flavinadenin-nucleotid und ihre therapeutische Bedeutung bei den Hauterkrankungen.** Ko Utsumi. (Jap. J. Dermatol. **72**, 116—22, 1962; Chiba, Chiba Univ., School of Med., Dep. of Dermatol.; jap., Auszug; engl.) — Gemessen an der *Riboflavin* (I)-Kurve des Blutes bei I-Mangel oder Dysfunktion war *Flavinadenindinucleotid* (II) das wirksamste Mittel; während auch mit *Flavinmononucleotid* noch Besserungen erzielt werden konnten, war *freies* I am wenigsten wirksam. II war auch am wirksamsten zur Abschwächung der positiven Urobilinogen-Rk. im Harn. Die Leberfunktion wird gebessert. Mit II konnten Besserung bei diffuser superficialer Keratitis erzielt werden; obwohl bei Stromatitis angularis, Cheilitis u. Glossitis keine Verminderung des Blut-I zu beobachten ist, wird auch hier durch II die Heilung gefördert. U. Tausendfreund. 4587◇

1429 **Zusammenhang zwischen der antibakteriellen Wirkung von p-Aminosalicylsäure (PAS) und der Biosynthese von Folsäure.** Nobuhiko Katsunuma. (Vitamins [Kyoto] **19**, 173—80, 1960; Osaka Univ., Inst. Protein Res.; jap.) — Übersicht über die Ansatzpunkte für den hemmenden Einfl. von *p-Aminosalicylsäure* (*PAS*) bei der Purin-Synth., die analyt. Erfassung der Hemmung der *Folsäure*-Synth., den enzymat. Mechanismus der *p-Benzoylglutaminsäure*-Bldg. u. die gegen PAS resistenten Keime u. ihre Beziehung zur Biosynth. der II. L. Schuler. 4587◇

1430 **Untersuchungen über die Toxizität strukturell analoger Schwefelverbindungen der Folsäure bei der Maus.** René Truhaut und Monique De Clerco. (Rev. franç. Études clin. biol. **7**, 66—68, 1962; Paris, Fac. de Pharmacie, Labor. de Toxicol.; Villejuif, Unité de Chimiothérap. du Centr. Clin. et Thérap. de l'Inst. Gustave Roussy; franz.) — Untersucht wurde die Toxizität von *N-[p-(2-Methylmercapto-4-aminopteridyl-(6)-methylamino)-benzoyl]-glutaminsäure* (I), *p-[2-Methylmercapto-4-aminopteridyl-(6)-methylamino]-benzoesäure* (II) u. *p-[2-Mercapto-4-aminopteridyl-(6)-methylamino]-benzoesäure* (III) an der Maus nach subkutaner Injektion. Die DL_{50} betrug für I 2,7 g/kg; für II 1,5 g/kg u. für III 2,0 g/kg. I, II u. III sind demnach wenig tox. u. haben auch nach Langzeit-Verss. keinen Einfl. auf die Hämopoese, wie dies z. B. bei den analogen Diaminen Aminopterin u. Amethopterin der Fall ist. K. Böhm. 4587◇

1431 **Pantothensäure-Mangel bei jungen Meerschweinchen.** Cecelia Pudelkewicz und Charlotte Roderuck. (J. of Nutrit. **70**, 348—52, 1960; Ames, Iowa, Iowa State Univ., Iowa Agricult. and Home Economics Exp. Stat.; engl.) — Durch Fütterung mit dem Antivitamin *ω-Methylpantothensäure* hervorgerufener *Pantothensäure*-Mangel ist außer mit den bekannten Symptomen (weiches Fell, Blässe, Mattigkeit, Speichelfluß, Muskelweichheit der Hinterbeine, Konvulsionen, Coma; biochem.: Anämie, Brenztraubensäure-Erhöhung im Blut) mit einem Abfall des *Ascorbinsäure*-Geh. in Blut u. Serum verbunden. P. Gregorzewski. 4587◇

1432 **Einfluß bestimmter Vitamin-B-Antistoffwechselprodukte auf die Ovulation beim Frosch, Rana pipiens, in vitro.** Paul A. Wright, Ann R. Flathers, Helen L. Greenwood und Marilyn S. Sherman. (Proc. Soc. exp. Biol. Med. **105**, 211—12, 1960; Univ. of New Hampshire, Dep. of Zool.; engl.) — Die Ovulation des Frosches, die in vitro durch Hypophysenextrakte ausgelöst wurde, konnte im Dezember, nicht jedoch im April durch Antistoffwechsel-Prodd. der *Nicotinsäure* [*α-Picolinsäure, Pyridin-3-sulfonsäure, Acetylpyridin*] gehemmt werden. Antistoffwechsel-Prodd. von *Thiamin* (Oxythiamin), *Biotin* [Desthiobiotin], *Folsäure* [Aminopterin], *Pyridoxin* [Desoxypyridoxin] u. *Pantothensäure* [Pantoyltaurin] waren unwirksam. K. Zingraf. 4587◇

1433 **Bewertung der Vitamin-B_6-Ernährung.** M. J. Babcock, Miriam Brush und Edna Sostman. (J. of Nutrit. **70**, 369—76, 1960; New Brunswick, N.J., State Univ.; Rutgers, Douglass Coll., Dep. of Agricult. Biochem., Dep. of Home Economics; engl.) — Die Rk. der *Glutaminsäure-Oxalessigsäure-Transaminase*-Aktivität im Serum dient als Maß für die *Vitamin-B_6*-Ernährung; obgleich diese Meth. weniger empfindlich als der Tryptophanbelastungstest ist, ist ihr für klin. Belange der Vorzug zu geben. Der tägliche Bedarf junger Männer u. Frauen beträgt mehr als 0,5 mg *Vitamin B_6*. P. Gregorzewski. 4587◇

1434 **Der Vitamin-B_{12}-Einfluß auf den Gehalt, die Verteilung und die Synthese von Thiaminpyrophosphat, Flavinadenindinucleotid und Pyridinnucleotide in Rattenleber in vivo.** Urmila Marfatia, D. V. Rege, H. P. Tipnis und A. Sreenivasan. (J. of Nutrit. **70**, 283—92, 1960; Matunga, Bombay, Univ. of Bombay, Dep. of Chem. Technol.; engl.) — *Vitamin-B_{12}*-Mangel verringert in der Rattenleber den Geh. an *Thiaminpyrophosphat* um 45%, den *Flavinadenindinucleotid*-Geh. um 48% u. den *Gesamtpyridinnucleotid*-Geh. um 64%. Der Einbau von injiziertem Thiamin, Riboflavin u. Nicotinamid in die Lebercoenzyme ist gestört. P. Gregorzewski. 4587◇

1435 **Vitamin-B_{12}-Aufnahme bei Tieren.** 1. Mitt. **Der Einfluß verschiedener bindender und innerer Faktoren.** E. S. Holdsworth und M. E. Coates. (Clin. chim. Acta [Amsterdam] **5**, 853—61, Nov. 1960; Reading, England, Shinfield, Nat. Inst. for Res. in Dairying; engl.) — Beim Ferkel wird nach Verabreichung von *Vitamin B_{12}* (I) per oral bei gleichzeitiger Gabe von *Intrinsic faktor* (II; Bendogen) die I-Resorption schwach erhöht, bei Resorption aus Darmschlingen verringert. Der in frischer Sauenmilch enthaltene I-bindende Faktor erniedrigt in jedem Fall die I-Resorption. Bei der Ratte wird die I-Resorption durch II, Schweinemagenextrakt u. -saft gehemmt, durch Rattenmagenextrakt signifikant u. durch menschlichen Magensaft im unteren Teil des Dünndarms erhöht. Bei steigender I-Aufnahme wird das Aufnahme/Ausscheidungs-Verhältnis verringert, bei abfallender I-Aufnahme gesteigert. H. Ackermann. 4587◇

1436 **Abnormer Folsäurestoffwechsel bei Vitamin-B_{12}-Mangel.** J. P. Knowles und T. A. J. Prankerd. (Clin. Sci. **22**, 233—38, April 1962; London, Univ. Coll., Hosp. Med. School, Med. Unit.; engl.) — Durch Best. der *Formiminoglutarsäure* (I), einem nach Histidinbelastung bei *Folsäure* (II)-Mangel liegenbleibenden Intermediär-Prod., wird an 18 Patienten die Wrkg. des *Vitamin-B_{12}* (III)-Mangels auf den II-Stoffwechsel untersucht. Es wird bei 11 unter III-Mangel stehenden Patienten eine erhebliche I-Ausscheidung ermittelt, wobei sich der Befund auf die Fälle verstärkter Anämie konzentriert. Auch nach III-Gaben bleiben die hohen I-Werte zunächst prakt. erhalten. Erst nach III-Gaben über mehrere Wochen, wobei die Zeitdauer bei den Patienten unterschiedlich ist, erreicht der I-Geh. das normale niedrige Niveau. Die Verabfolgung von II nach vorangegangener III-Zufuhr führt zu einem rascheren Rückgang der I-Werte als die umgekehrte Reihenfolge. Nach Angaben der Vff. wird durch III-Mangel die *Formiminoglutarsäure-Transpherase* gehemmt. Es werden die Wechselwrkg. zwischen II u. III erörtert. A. Täufel. 4587◇

1437 **Die Lymphgefäße bei der Resorption von Vitamin B_{12} und Eisen durch den Darm.** P. G. Reizenstein, E. P. Cronkite, L. M. Meyer und E. A. Usenik. (Proc. Soc. exp. Biol. Med. **105**, 233—36, 1960; Upton, N.Y., Brookhaven Nat. Labor., Med. Res. Center; engl.) — Bei Hunden wurde beobachtet, daß *^{59}Fe-Citrat* u. *^{58}Co-Vitamin B_{12}* (I) direkt aus der Darmwand in das Blut transportiert wurden u. nicht durch die Lymphe gingen. Da große Moll. generell über die Lymphe resorbiert werden, muß der große I-Intrinsic factor in der Darmwand vor dem Transport gespalten werden. K. Zingraf. 4587◇

1438 **Ein vorläufiger Bericht über den Einfluß von Benzol auf das Blut congenital durch Aminopterin beeinflußter Ratten.** Akira Koizumi und Tsuguyoshi Suzuki. (Jap. J. exp. Med. **32**, 231—36, 1962; Tokyo, Univ. of Tokyo, Fac. of Med., Dep. of Public Health; engl.) — Bei jungen Ratten, deren Muttertiere 2,5 μg *Aminopterin* erhielten, kommt es durch Behandlung mit *Bzl.* (1 ml/kg 3mal wöchentlich subkutan) zu einer Verminderung der Leukocytenzahlen im Blut (nachgewiesen durch Co-Greenpole-Test). Der Anstieg des Körper-Gew. scheint etwas gehemmt zu sein. U. Tausendfreund. 4587◇

1439 **Thioctsäure und Histaminreaktionen.** Elena Businco, Luisa Businco und Mario Scoponi. (Minerva med. [Torino] **51**, 1587—88, 1960; Roma, Univ. di Roma, Ist. di Patol. Generale; ital.) — Frühere Arbeiten der Vff. zeigten, daß die Schock-Wrkg. in Meerschweinchen nach Injektion von Pferdeserum durch *Thioctsäure* (I) vermindert wird. Bei gleichzeitiger intradermaler Injektion von 0,10 ml einer Lsg. von I (5 mg/ml) u. *Histamindihydrochlorid* (II; 1 mg/ml) wurde die für II charakterist. Haut-Rk. um ca. die Hälfte verringert. W. Damerau. 4587◇

1440 **Die Katalyse der Ascorbinsäureoxydation durch Kupfer und seine Aminosäure-, Peptid- und Protein-komplexe.** J. F. Scaife. (Canad. J. Biochem. Physiol. **37**, 1049—67, Aug. 1959; Kingston, Ontario, Defence Res. Kingston Labor.; engl.) — Die *Ascorbinsäure* (I)-Oxydation wurde mit Hilfe manometr. (Warburg) u. chem. Meth. (Tillmans) in Ggw. steigender Cu-Mengen (als freies Cu bzw. komplexgebunden an freie Aminosäuren), Hammelplasmaalbumin, Lysozym u. Pepsin) untersucht. Es zeigte sich, daß die I-Oxydation durch die Cu-Komplexe abhängig von der Bindungsstärke der Komplexe ist, wobei durch festere Bindung die katalyt. Wrkg. verstärkt wird. In Ggw. von NaCl wird die katalyt. Aktivität des freien Cu u. der Cu-Komplexe merklich herabgesetzt. H. Ackermann. 4587◇

1441 **Rolle von Glucosecycloacetoacetat als Vorstufe der Ascorbinsäure bei Albinoratten.** A. Thangamani und P. S. Sarma. (J. sci. ind. Res. [New Delhi], Sect. C **18**, 260—61, 1959; Madras, Univ., Biochem. Labor.; engl.) — Aus Verss., bei denen Albinoratten Injektionen von *^{14}C-Glucose* (I) u. von *^{14}C-Glucosecycloacetoacetat* (II) erhielten, geht hervor, daß II, dessen Vork. im Harn von Mensch, Kaninchen u. Ratte bekannt ist, als Vorstufe bei der Bldg. von *Ascorbinsäure* (III) anzusehen ist. Die III-Synth. könnte nach folgender Gleichung verlaufen: I + Acetacetat (IV) → II $\xrightarrow{\text{Oxydation}}$ *D-Glucuronsäure* (+ IV) → III. A. Hesse. 4587□

1442 **Zum Problem der Verwertung von Vitamin C aus angereicherten Lebensmitteln.** M. Totová. (Českoslov. Fysiol. **10**, 481, 1961; Brno, lék. fak. J. E. Purkyně, Kat. hyg. a epidemiol.; tschech.) — Durch Zusatz von *synthet. Ascorbinsäure, natürlichem Vitamin C* (I) u. Gemischen beider werden angereicherte Lebensmittel erhalten u. in längerdauernden Verss. die bei ihrer Verw. im Blutserum u. im Urin auftretenden I-Mengen verfolgt. Bei Anreicherung an I bis auf das Doppelte der Norm wird zwischen der I-Verwertung aus natürlichem u. synthet. I kein Unterschied gefunden. R. K. Müller. 4587◇

1443 **Bei der histochemischen Lokalisierung von Vitamin C beobachtetes Auftreten von Zonen im Cortex.** Y. Mikhail. (Indian J. med. Res. **49**, 290—95, März 1961; Cairo, Ain Shams Univ., Dep. of Anatomy; engl.) — Vf. untersuchte an Albinoratten verschiedenen Alters die Verteilung von *Ascorbinsäure* (I) in den einzelnen Zonen der Nebennierenrinde mit der $AgNO_3$-Methode. I konnte sowohl bei neugeborenen Ratten als auch bei Ratten verschiedenen Alters (1—10 Wochen) im Cortex nachgewiesen werden. I findet sich vorwiegend in der Fasciculata u. Reticularis, in geringeren Mengen auch in der Glomerulosa. Nach Verabreichung einer einmaligen Dosis von 2 mg *adrenocorticotropem Hormon* (3 I.E./mg) wurde eine Freisetzung von I entlang des Sinusoids der Reticularis sowie eine Reakkumulation in der Fasciculata u. Reticularis beobachtet. B. Görlich. 4587◇

1444 **Vergleich verschiedener Quellen und Beträge der Vitamin-K-Aktivität an Küken mit coekaler Coccidiose.** R. H. Harms, P. W. Waldroup und D. D. Cox. (Proc. Soc. exp. Biol. Med. **105**, 230—32, 1960; Gainesville, Florida, Agric. Experim. Stat.; engl.) — Getestet an der Mortalität von Küken mit coekaler Coccidiose war der *Menadion* (I)-*$NaHSO_3$* (II)-*Komplex* 6—7mal stärker wirksam als I; dagegen war die Wrkg. von *Vitamin K_1* 4mal höher als die von II. K. Zingraf. 4587◇

1445 **Die Potenz von Vitamin K_1 und zweier Analoga bei Gegenwirkung auf die Dicumarol- und Sulfaquin-**

oxalin-Wirkung beim Huhn. Paul Griminger und Olga Donis. (J. of Nutrit. **70,** 361—68, 1960; New Brunswick, N. J., Rutgers Univ., Dep. of Poultry Sci.; engl.) — Zur Aufrechterhaltung einer normalen Prothrombinzeit bei Vitamin-K-Mangeldiät werden 1 mg *Vitamin* K_1 (**I**), 1,15 mg *Menadion* (**II**) oder 1,45 mg *Menadion–Na-Bisulfit-Komplex* (**III**) pro kg benötigt. Wenn dem Futter 400 mg *Dicumarol* pro kg zugesetzt werden, werden 1600 mg **I** pro kg zur Aufrechterhaltung der normalen Prothrombinzeit benötigt. **II** u. **III** sind auch in sehr viel höheren Gaben unwirksam. Die hypoprothrombinäm. Wrkg. von 0,2% *Sulfaquinoxalin* wird durch 4 mg **I** pro kg sowie durch **II** u. **III** zum größten Teil, aber nicht vollständig aufgehoben. P. Gregorzewski. 4587◇

1446 **Ein die Verwertung von Vitamin A verbessernder nichtidentifizierter wasserlöslicher Faktor in Alfalfa.** Benjamin H. Ershoff und H. J. Hernandez. (J. of Nutrit. **70,** 313—20, 1960; Los Angeles, Univ. of Southern California, Dep. of Biochem. and Nutrit.; Buena Park, Calif., Nutrilite Products, Inc.; engl.) — Durch Ergänzung einer *Vitamin-A* (**I**)-Mangelnahrung mit einem wasserlösl. Extrakt aus Alfalfa wird bei Ratten die Dauer bis zur **I**-Entleerung verlängert, der Gew.-Zuwachs verstärkt u. die Überlebenszeit von **I**-Mangeltieren erhöht. Die Aktivität des Extrakts ist keine Folge seines Carotin-Geh., sie wird durch Ergänzung mit bekannten Nahrungsbestandteilen nicht verstärkt. Ein vollständiger **I**-Ersatz ist mit diesem Alfalfaextrakt nicht möglich. P. Gregorzewski. 4587◇

1447 **Untersuchungen über die biologische Funktion von Vitamin E.** 1. Mitt. **Tocopherol und reduzierte Diphosphopyridinnucleotid-Cytochrom-c-Reduktase.** C. J. Pollard und J. G. Bieri. (Biochim. biophysica Acta [Amsterdam] **34,** 420—30, 1959; Bethesda, Md., Nat. Inst. of Health, Inst. of Arthritis and Metabolic Diseases.) — Zum Studium des Einfl. von *Vitamin E* auf die *Diphosphopyridinnucleotid–Cytochrom-c-Reduktase* (**I**)-Aktivität werden Küken einmal mit einer Vitamin-E-armen, zum anderen einer Vitamin-K- armen Diät gehalten. Die **I**-Aktivität der Herzmuskel-Präpp. weist zu den Kontrolltieren normaler Diät keine signifikante Veränderung auf. Im mit Florex behandelten Extrakt des unverseifbaren Anteils sind außer Tocopherol noch andere Substanzen enthalten, die mit $FeCl_3$-Dipyridylreagens reagieren. Vff. stellen fest, daß durch Extraktion der Herzmuskel-Präpp. mit *Isooctan* eine Hemmung der **I** verursacht wird, bes. beim Homogenisieren. Eine teilweise Reaktivierung von **I** erfolgt durch Zusatz von Vitamin K_1. Zentrifugieren des Präp. (10000 g, 15 Min.) nach der Extraktion mit Isooctan führt zur Reaktivierung von **I**. A. Täufel. 4587◇

1448 **Wirkung von 1.2-Dihydro-2.2.4-trimethyl-6-äthoxychinolin in biologischen Vitamin-E-Testen.** J. Bröggemann, H. Karg, C. Zentz und H. Zucker. (Klin. Wschr. **40,** 855—56, 1962; München, Univ., Inst. für Physiol. u. Ernährung der Tiere; dt.) — Im Antisterilitätstest bei Ratten, als dem klass. Test zur biolog. *Vitamin-E* (**I**)-Best., übte das Antioxydans *Ethoxyquin* (*1.2-Dihydro-2.2.4-trimethyl-6-äthoxychinolin*) einen eigenen Effekt aus, der zur Verhinderung der durch **I**-Mangel bedingten Resorptionssterilität führt; die Beeinflussung der Hämolyse, wie sie für Tocopherole bekannt ist u. als Antioxydans-Wrkg. verstanden wird, gelang jedoch mit den im Antisterilitätstest wirksamen Dosen nicht, weshalb der Hämolysetest als der wesentlich spezifischere, biolog. **I**-Test angesehen wird. U. Tausendfreund. 4587◇

1449 **Flammenphotometrische Untersuchungen über die Wirkungsbedingungen therapeutischer Vitamin-D-Gaben auf den Serum-Calcium-Spiegel beim Menschen.** H.-J. Heite und D. Hoppe. (Med. exp. [Basel] **4,** 163—72, 1961; Marburg, Philipps-Univ., Dermat. Klin.; dt.) — Bereits 8 Std. nach oralen Gaben von 15 bzw. 30 mg *Vitamin D* (**I**) ist der Serum-*Calcium*-Spiegel signifikant erhöht. Die Erhöhung hält 4 Tage lang an. Ein eindeutiger Einfl. auf den *K*- u. *Na*-Geh. des Serums war nicht festzustellen. Bei 124 Probanden wurde 3 Tage nach einer einmaligen Gabe von 30 mg **I** die Häufigkeitsverteilung der Änderung des Serum-Calcium-Geh. bestimmt. Bei 50 Patienten trat eine Erhöhung, bei 56 keine Änderung, bei 18 ein Abfall des Serum-Calcium-Geh. ein. Eine diagnost. Zuordnung dieses Verh. der Serumwerte zu bestimmten Hautkrankheiten gelingt nicht. K. Böhm. 4587◇

1450 **Anwendung von radioaktivem Chromoxid bei Verdaulichkeitsbestimmungen.** E. A. Kane, W. C. Jacobson und P. M. Damewood jun. (J. Dairy Sci. **42,** 1359—66, Aug. 1959; Beltsville, Md., Maryland Dairy Cattle Res. Branch, USDA; engl.) — In vergleichenden Unterss. wurde $^{51}Cr_2O_3$ als Indicator für Verdaulichkeits-Best. an Milchkühen getestet. Die Anwendung des radioakt. Isotops erwies sich als zeit- u. arbeitssparend u. zeigte die gleiche Präzision wie die 2 Vgl.-Meth. (Gesamt-Kot-Sammlung bzw. Cr_2O_3-Technik). Die besondere Sorgfalt (Strahlenschutz) beim Arbeiten mit Isotopen u. ihr hoher Preis erwiesen sich als ungünstig. H. D. Bock. 4594◇

1451 **Vom pH abhängige Wirkung von NaCl auf das isolierte Meerschweinchenileum.** M. Libonati und G. Segre. (Experientia [Basel] **16,** 314—15, 15/7. 1961; Torino, Univ., Ist. di Farmacol. e Terap. sperim.; engl.) — In Konzz. zwischen $2 \cdot 10^{-3}$ u. $2 \cdot 10^{-2}$ der Bad-Fl. zugesetzt, kontrahiert *NaCl* bei pH 8,0 Streifen des Meerschweinchenileums; bei pH 5,3 wirkt es in adsorptiver Verdrängungs-Rk. antagonist. gegenüber *Acetylcholin* u. *Histamin*. K. Zingraf. 4594□

1452 **Die Resorption von Chloridionen durch den Krebs Astacus pallipes Lereboullet.** J. Shaw. (J. exp. Biology **37,** 557—71, 1960; Newcastle-upon-Tyne, Univ. of Durham, King's Coll., Dep. of Zool.; engl.) — Wenn bei *Astacus pallipes* keine Cl^--Aufnahme erfolgt, beträgt der Cl^--Verlust des Tieres 0,8 μm/Std./10 g Körper-Gew. (= 72% des Na-Verlustes). Bei entsalzten Tieren kann das Cl^--Gleichgewicht bei einer äußeren Minimal-Konz. von 0,028 mm/Liter aufrechterhalten werden; bei diesen Tieren erfolgt die Cl^--Aufnahme aus *NaCl*-Lsgg. mit einer Geschw., die 1/3 der Geschw. der Na^+-Aufnahme entspricht. Aus *KCl*-Lsgg. wird prakt. kein Cl^- aufgenommen. Der Einstrom von Cl^- ist sehr hoch u. aus NaCl- u. KCl-Lsgg. gleich. 90% des Einströmens sind der Austauschdiffusion zuzuschreiben. Bei Cl^--Mangeltieren erfolgt die Nettoaufnahme von Cl^- gegen den elektrochem. Gradienten, u. Cl^- wird gegen andere Ionen, wahrscheinlich HCO_3^-, ausgetauscht. K. Zingraf. 4594◇

1453 **Weitere Beobachtungen über die Lactosestimulation der gastrointestinalen Calcium- und Strontium-Resorption bei der Ratte.** R. H. Wasserman und F. W. Lengemann. (J. of Nutrit **70,** 377—84, 1960; Ithaca, N.Y., Cornell Univ., New York State Vet. Coll., Labor. of Radiat. Biol.; engl.) — Ratten wird mit der Magensonde eine Lsg. verabreicht, die ^{85}Sr, ^{45}Ca u. unterschiedliche Mengen *Lactose* (**I**) enthält. Bis zu 0,4 mm **I** steigt die Resorption von Ca u. Sr proportional der **I**-Konz. an. *Neomycin* zeigt eine ähnliche Wrkg. wie **I** u. stört auch die **I**-Wrkg. nicht. Stoffwechselhemmer (Na-Fluoracetat, Phlorrhizin, 2.4-Dinitrophenol, NaN_3, Na-Jodacetat) sind ohne Einfl. auf die **I**-Wirkung. P. Gregorzewski. 4594◇

1454 **Leberenzyme bei Gallestauung.** V. Schwarzmann, C. Couinaud und N. Berthaux. (Nature [London] **195,** 706—07, 1962; Paris, Hôp. St. Antoine, Labor. de Rech. d'Enzymol., Clin. et Expérim.; Inst. Nat. d'Hygiène, Centre de Rech. d'Hépatol.; engl.) — In Unterss. über die Toxizität von Galle auf die Leberzellen wurden bei Gallestauungen Aktivitäts-Best. von Enzymen durchgeführt u. die Aktivitätsänderungen als Maß für die Schädigung gewertet. Das Material wurde durch Biopsie gewonnen u. patholog. Unterss. parallel dazu vorgenommen. Patholog. verändertes Material wurde für die Enzym-Best. verworfen. Aus den Ergebnissen ist ersichtlich, daß bes. die Dehydrogenasen (DH) verändert sind. *Alkohol-DH* ist auf 1/4 der Norm, *Glutamin-DH* u. *Isocitronensäure-DH* auf die Hälfte u. *Milchsäure-DH* ist um den Quotienten 2,5 verringert. Das Ausmaß der Veränderungen ist dem Bilirubin-Geh. proportional, die Ursache der Schädigung ist dabei ohne Einfluß. K. Ruckpaul. 4594◇

1455 **Wechselwirkung der Calcium- und Magnesiumresorption.** N. Alcock und I. MacIntyre. (Clin. Sci. **22,** 185—93, April 1962; London, Postgraduate Med. School, Dep. of Chem. Pathol.; engl.) — An Ratten wird in getrennten Gruppen ein Futter mit normalem Geh. an *Ca* aber Mg-Mangel bzw. mit normalem *Mg*-Geh. aber Ca-Mangel verabfolgt u. im Blut (Aorta), Harn u. Faeces Ca u. Mg flammenspektralphotometr. bestimmt. Danach erhöht Mg-Mangel die intestinale Ca-Resorption, während Ca-Mangel entsprechend die Mg-Resorption steigert. Bei Abwesenheit von Mg sinkt die Mg-Ausscheidung über den Harn rasch ab; die Ca-Ausscheidung ist ebenfalls erheblich niedriger als bei den

Kontrolltieren, trotz Vorliegens der Hypercalcämie. Die verminderte Ca-Ausscheidung wird durch vermehrte Rückresorption des Ca verursacht. Der Plasma-Ca-Spiegel ist bei Mg-Mangel signifikant erhöht, der Mg-Spiegel in erwarteter Weise erniedrigt. Vff. schließen aus den Ergebnissen für die Mg- u. Ca-Resorption auf einen gewöhnlichen Transportmechanismus im Intestinum u. im Tubulus renalis.
A. Täufel. 4594◇

1456 **Die Stickstoff-haltigen Ausscheidungen der Schnecke Helix pomatia und ihr Ursprung im Stoffwechsel.** S. Bricteux-Grégoire und Marcel Florkin. (Arch. int. Physiol. Biochim. **70**, 496—506, 1962; Liège, Univ., Inst. Léon Fredericq, Biochim.; franz.) — *Harnsäure* (I), das wesentliche N-haltige Ausscheidungs-Prod. der Schnecke, ist nicht das Prod. einer Biosynth. mit *Harnstoff* (II) als Zwischenstufe. Es scheint, daß das Syst. der *Purin* (III)-Biosynth., das bei der Taube, bei einem Schmetterling, bei *Escherichia coli* u. bei *Neurospora crassa* nachgewiesen wurde, auch bei der Schnecke vorhanden ist. Der Aminosäurenstoffwechsel scheint wie bei allen Uricotelikern in Richtung der Bldg. des III-Kerns zu verlaufen. Der Großteil der N-haltigen Ausscheidungs-Prodd., dargestellt durch I, entsteht aus dem III-Kern durch Einw. von Xanthinoxydase. Die kleinen Mengen II, die von der Schnecke ausgeschieden werden, können von Arginin stammen. K. Zingraf. 4594◇

1457 **Über die Verwendbarkeit von Standard-Bicarbonat im Kindesalter zur Bestimmung der metabolischen Komponente im Säure–Basen-Stoffwechsel.** D. Boda und L. Murányi. (Z. Kinderheilkunde **85**, 406—12, 1961; Budapest, Städt. Laszlo-Infektionskrankenhaus; dt.) — Bei 50 Unterss. bei Kindern betrug der Astrupsche *Standard-Bicarbonatwert* (I) im Serum in Übereinstimmung mit den Normalwerten von Erwachsenen im Durchschnitt 21,6 mVal/Liter. Der I ist je nach dem Alter in früher Kindheit niedriger, doch tritt im höheren Alter nur eine geringe Abweichung zutage. Bei den an Kaninchen künstlich hervorgerufenen verschiedenen Störungen des Säure–Basen-Stoffwechsels sowie bei kranken Säuglingen u. Kindern hat sich die Unters. des I zum genauen Nachw. der metabol. Komponente von Säure–Basen-Gleichgewichtstörungen als geeignet erwiesen.
G. Kimmerle. 4595△

1458 **Der Wert der gleichzeitigen Standard-Bicarbonat- und CO_2-Druckbestimmung für die Diagnose klinischer Säure–Basen-Gleichgewichtsstörungen.** D. Boda und L. Murányi. (Z. Kinderheilkunde **85**, 413—22, 1961; Budapest, Städt. Laszlo-Infektionskrankenhaus; dt.) — Zur genauen Feststellung der unter klin. Verhältnissen vorkommenden Säure–Basen-Gleichgewichtsstörungen wird die Bicarbonat- u. CO_2-Druck-Best. im Blut empfohlen. Diese Angaben wurden mit der Astrupschen Standard-Bicarbonat- u. der sog. gastrotonometr. pCO_2-Best.-Meth. ermittelt. Die Anwendbarkeit der Unterss. wird durch die Überprüfung an gesunden u. an verschiedenartigen Säure–Basen-Gleichgewichtsstörungen leidenden Kindern nachgewiesen.
G. Kimmerle. 4595◇

1459 **Peripherer Gewebe-Stoffwechsel.** W. J. H. Butterfield, J. H. Briggs, T. Hanley, R. F. Mahler, Margaret J. Whichelow und P. M. F. Bishop. (Acta endocrinol. [Copenhagen], Suppl. Nr. **51**, 1279, 1960; London, Guy's Hosp.; engl.) H. Herper. 4596□

1460 **Physiologisch- und lebensmittelchemische Fragen um die Citronensäure.** K. Täufel. (Nahrung **5**, 1—17, 1961; Potsdam-Rehbrücke, Inst. für Ernährung; dt.) — Vgl. auch C. **1961**, 16500. — An Hand einiger Beispiele wird die zentrale Stellung der *Citronensäure* im Stoffwechsel dargelegt.
F. Krusen. 4596◇

1461 **Untersuchungen zur Dynamik des Calciumstoffwechsels beim Menschen mit Calcium.** K. Oeff, W. Schwartzkopff und J. M. Schmitt-Rohde. (Klin. Wschr. **40**, 904—08, 1962; Berlin, Freie Univ., II. Med. Klin. u. Poliklin.; Med. Kliniken, Isotopenabt.; dt.) — Das kurzlebige ^{47}*Ca* läßt sich zu klin. Unterss. über den Ca-Umsatz verwenden; beim Zerfall entsteht ^{47}Sc, weshalb die Messungen mit dem Einkanal-γ-Spektrometer durchzuführen sind. Trotz Anwendung von ^{47}Ca gelingt es nicht, den Gesamtkörperbestand an Ca zu erfassen (nur 0,7—1,0%). Der tägliche Austausch des i.v. verabreichten Ca mit den mobilen Ca-Anteilen betrug bis zu 320 g/Tag (30 mal/Tag stattfindender Austausch des mobilen Ca zwischen Blutbahn u. speziellen extravasculären Räumen). Nach peroraler Verabreichung (nach 1—2 Std. Maximum in der Blutbahn, Resorptions-Geschw. abhängig von Magen- u. Dünndarmpassage; maximale Quote beträgt 72% der zugeführten Menge) ist das Gesamtverteilungs-Vol. kleiner. U. Tausendfreund. 4596◇

1462 **Einflüsse der akuten Hypercalcämie auf Blutgehalt und Urinausscheidung an Elektrolyten bei Hunden.** M. Verbanck und R. J. Kahn. (Rev. franç. Études clin. biol. **7**, 722—31, 1962; Bruxelles, Univ. Libre, Labor. de Méd. expér.; franz.) — Unterss. an Hunden, die nach $CaCl_2$-Infusionen eine Hypercalcämie von 162 mg/Liter aufweisen, zeigen einen P-Anstieg im Blut u. Urin. Während der Infusionen steigen das Urin-Vol. u. die Ausscheidung von Na^+, K^+, Mg^{2+}, NH_4^+, H^+ u. Cl^-; das pH des Urins fällt. Der Plasma-Geh. an HCO_3^- u. das pH des Blutes sinken etwas; die Plasma-Konz. an Mg^{2+} steigt mäßig an. W. Wesly. 4596◇

1463 **Strontium- und Calcium-Aufnahme und -Ausscheidung bei lactierenden Milchkühen.** R. G. Cragle und B. J. Demott. (J. Dairy Sci. **42**, 1367—72, Aug. 1959; Oak Ridge, Tenn. UT-AEC Agric. Res. Labor.; engl.) — Lactierende Milchkühe erhielten ^{89}Sr u. ^{45}Ca oral verabfolgt. Bei einmaliger Dosierung wurden 0,55 bzw. 1,8% des ^{89}Sr in der Milch bzw. im Harn nach einer 9-Tage-Periode gefunden. Die entsprechenden Werte für ^{45}Ca waren 3,77 bzw. 0,82%. Als Durchschnittswerte von 4 Kühen für das ^{89}Sr:^{45}Ca-Verhältnis ergaben sich: Blut:Diät = 0,33, Harn:Diät = 1,82, Milch:Diät = 0,15, Milch:Blut = 0,44, Harn:Blut = 5,43. Die ausgeschiedenen ^{89}Sr-Mengen in Milch, Harn u. Faeces folgen einer Exponentialfunktion der Zeit.
H. D. Bock. 4596◇

1464 **Die Ausscheidung von in Rotklee (Trifolium pratense L.) eingebautem ^{75}Se durch Schafe: Die chemische Natur des ausgeschiedenen Selens und seine Aufnahme durch drei Pflanzenspecies.** P. J. Peterson und D. J. Spedding. (New Zealand J. agric. Res. **6**, 13—23, 1963; Palmerston North, Dep. of Sci. and Ind. Res., Plant Chem. Div.; engl.) — Schafe werden mit Rotklee gefüttert, der in Nähr-Lsg. gewachsen ist, die ^{75}*Se* (als Selenit) enthielt. 19% des ^{75}Se ist im Klee als freies *Selenomethonin* u. freies *Selenocystin* u. 4% als freies ^{75}Se-Selenit vorhanden. Der Hauptteil des Se ist im Protein eingebaut, $^2/_3$ des gesamten Se sind durch α-Chymotrypsin u. Trypsin in Lsg. zu bringen. Die Schafe scheiden 54% des Se mit des Faeces u. ca. 2% mit dem Urin innerhalb von 99 Std. aus. Die stärkste Ausscheidung erfolgt 20 Std nach der Aufnahme. Nach 10 Tagen werden ca. 60% der Radioaktivität in Faeces u. Urin wiedererhalten. Von dem mit den Faeces ausgeschiedenen ^{75}Se sind nur 1,8% in Ae., 2,3% in Chlf., 2,5% in sd. 80%ig. wss. A. u. 10,8% in sd. W. löslich. In den mit öligen Solventien extrahierten Faeces setzten proteolyt. Enzyme 27% des radioakt. Se frei. Der größte Teil des ^{75}Se in den Faeces ist somit anorgan. Natur. Bei Düngung von Weidepflanzen mit dem ^{75}Se-akt. Dung findet sich weniger als 0,3% in den Pflanzen wieder. Die Aufnahme von ^{75}Se durch *Agrostis tenuis* ist dabei höher als die durch *Lolium perenne* u. *Trifolium pratense*.
W. Hiller. 4596◇

1465 **Kohlendioxid-Bindung bei marinen Avertebraten.** 3. Mitt. **Der Hauptstoffwechsel in Plattwürmern.** Carl S. Hammen und Susan C. Lum. (J. biol. Chemistry **237**, 2419—22, 1962; Garden City, N.Y., Adelphi Coll., Dep. of Biol.; Noank, Conn., Univ. of Connecticut, Marine Res. Labor.; engl.) — Adulte Würmer der Arten *Stylochus zebra*, *Bdelloura candida*, *Dugesia tigrina* u. *Entobdella bumpusi* wurden 0,6, 6,0 u. 60 Min. bei 23—26,5° in geschlossenen Gefäßen 1,25—4,0 ml einer wss. Lsg. von 50 μc $NaH^{14}CO_3$ ausgesetzt, danach sofort in kaltem Aceton fixiert u. homogenisiert. Die Extraktion der organ. Säuren nach Frohman, Orten u. Smith (J. biol. Chemistry **193**, [1951], 277), 2dimensionale Chromatographie u. Messung der Radioaktivität der Säureflecke ergab 8 radioakt. Säuren: *Äpfelsäure* (I), *Isocitronensäure* (II), *Bernsteinsäure* (III), *Citronensäure*, *Fumarsäure* (IV), *Asparaginsäure*, *Cystin*, *Glutamin* u. *Threonin*. I hatte bei 0,6 Min. mit 35—50%, II bei 6 Min. mit 25—32% der Gesamt-Radioaktivität Maximalwerte. Bei E. bumpusi fanden sich nach 0,6 Min. (in cpm) 127,9 I, 24,9 II, 42,1 III, 21,0 IV, 10 *Citronensäure*, 5,0 *Mesoxalsäure*,

2,0 *α-Ketoglutarsäure* (**V**) u. —1,0 *Milchsäure*. 100 *Dugesia tigrina* wurden 1,9 Min. bei 23° wss. Lsg. von 50 μc Na-$^{14}C_{(2)}$-Propionat (**VI**), Na-$^{14}C_{(2)}$-Pyruvat (**VII**), Na-$^{14}C_{(1)}$-Pyruvat (**VIII**) u. Na-^{14}C-Bicarbonat (**IX**) ausgesetzt u. analysiert. Bei Verabreichung von **IX** fand sich ^{14}C in **I** u. **II**, bei **VIII** in **IV** u. *Milchsäure*, bei **VII** in **V** u. **IV** u. bei **VI** in **III** u. **V** wieder. Vff. schließen daraus, daß die Hauptcarboxylierung bei Plattwürmern die Umwandlung von Pyruvat in Malat ist.
H. G. W. Gleiß. 4596◇

1466 **Zur Frage des Alkoholabbaus im Schlafe.** Günter Apel. (Dtsch. Z. ges. gerichtl. Med. **49**, 388—92, 1960; Göttingen, Univ., Inst. für gerichtl. Med.; dt.) — Unterss. mit 10 Vers.-Personen ergaben, daß die Eliminations-Geschw. von *A.* im Blut während des Schlafes nicht signifikant verschieden von derjenigen während des Wachseins ist.
F. Krusen. 4596◇

1467 **Blutzucker- und Gewebe-Kohlenhydratwerte bei Schafföten und Lämmern sowie Rhesusaffen-Föten und -Neugeborenen.** Heather J. Shelley. (J. Physiology **153**, 527—52, 1960; Oxford, Univ., Nuffield Inst. for Med. Res.; San Juan, Puerto Rico, Nat. Inst. of Neurol. Dis. and Blindness, Field Stat. of Perinatal Physiol.; engl.) — Beim Foetus vom Schaf u. Affen kann ein unveränderter Blut-*Glucose*-Geh. konstatiert werden, der etwa dem halben mütterlichen Wert entspricht; nach der Geburt steigt der Geh. rasch auf fast Erwachsenenwerte. Beim Foetus vom Schaf fällt der Blut-*Fructose*-Geh. mit voranschreitender Trächtigkeit bis zu ganz geringen Werten nach der Geburt; beim Affen läßt dieser Zucker sich nicht nachweisen. Der *Kohlenhydrat* (**I**)-Geh. der Leber steigt bei Föten im letzten Drittel der Trächtigkeit auf 60—104 mg/g, fällt nach der Geburt u. steigt nach 5—10 Tagen wieder an. Der **I**-Geh. der Lunge des Föten steigt in der ersten Hälfte der Trächtigkeit (auf 27 mg/g), geht dann zurück (auf 3—4 mg/g) u. ist nach der Geburt nur noch gering. Gleiches kann vom **I**-Geh. des Herzens gesagt werden (Rückgang vom Maximum mit 40 mg/g). Der **I**-Geh. der Skelettmuskulatur des Föten steigt im letzten Drittel der Trächtigkeit (auf 47 mg/g beim Lamm, 34 mg/g beim Affen) u. fällt 24 Std. nach der Geburt auf die Hälfte. Der *Glykogen*-Geh. der Gewebe verhält sich proportional zum Gesamt-**I**-Gehalt.
U. Tausendfreund. 4596◇

1468 **Der Glycidmetabolismus bei Obesitas bei Reduktionsdiät und Einfluß des Dexfenmetrazins SPOFA.** J. Šonka und Z. Slabochová. (Endokrinologie **40**, 75—83, 1960; Prag, Univ., Med. Fak., III. interne Klinik; dt.) — Bei kalorienarmer Diät fettleibiger Personen ist die Verwertung der *Glucose* (**I**) durch anaerobe Glykolyse um 60% herabgesetzt, während der Anteil der auf dem Wege des Pentosencyclus ausgenützten **I** um 180% steigt. Das Anorektikum *Dexfenmetrazin* normalisiert diese biochem. Erscheinungen, wirkt also nicht nur auf dem Wege über das Zentralnerven-Syst. auf das subjektive Hungergefühl, sondern hemmt auch die Stoffwechselvorgänge während des Hungerns, die dem Fettzerfall (u. somit dem Zweck der Kalorieneinschränkung) entgegenwirken.
W. Stross. 4596◇

1469 **Der Stoffwechsel von $^{14}C_{(1)}$-Palmitinsäure-Chylomikron bei Ratten.** Thomas Olivecrona. (Acta physiol. scand. **55**, 170—76, Juni/Juli 1962; Lund, Univ., Dep. of Physiol. Chem.; engl.) — Im Vgl. mit dem Stoffwechsel von injizierter *$^{14}C_{(1)}$-Palmitinsäure* (**I**) als freie Fettsäure bei kohlenhydratgefütterten Ratten (vgl. Olivecrona, C. **1962**, 21624) wird die Aktivität von **I** als Chylomikronfett anfangs in stärkerem Ausmaße in der Leber u. dem Fettgewebe gefunden, so daß anfänglich die Oxydations-Geschw. langsamer ist. Schließlich tritt die Fettsäure aber in den gleichen Stoffwechselpool ein u. erleidet das gleiche Schicksal wie als freie Fettsäure, abweichend scheint nur der Aufnahmemechanismus zu sein; die Chylomikronfettsäure erfährt langsamere Klärung u. muß erst vor der weiteren Verarbeitung von den Glyceriden hydrolyt. getrennt werden.
U. Tausendfreund. 4596◇

1470 **Aminoacidurie und Aminoacidämie.** E. J. Bigwood, E. Schram, P. Soupart und H. Vis. (Exposés annu. Biochim. méd. [23] **1961**, 9—86; Bruxelles, Univ., Fac. de Méd., Labor. de Biochim.; franz.) — Übersicht. Normale Aminoacidurie (U) u. Aminoacidämie (Ä), Reservoire der freien Aminosäuren (**I**), **I**-Nierenclearance bei der normalen Person, pathol. U u. Ä. — 59 Literaturangaben.
K. Maier. 4596◇

1471 **Untersuchung über die Umsetzung der Phospholipide im Hirn der Ratte.** H. J. Ybema. (Pharmac. Weekbl. **97**, 353—70, 1962; Rotterdam, Ziekenh. Dijkzigt, Biochem. Labor.; niederl.) — 24 Std. nach intracisternaler Injektion von anorgan. *^{32}P-Phosphat* (**I**) waren noch 30% der injizierten Menge im Hirn von Ratten vorhanden. Bei intraperitonealer Injektion von **I** gelangten nur 0,2—0,3% ins Hirn. Die spezif. Aktivität–Zeit-Kurve des anorgan. **I** u. der Gesamt-*Phospholipide* (**II**) in der grauen u. weißen Substanz genügten den theoret. Kriterien zur Berechnung von Umsetzungs-Geschw. nicht. Es wurde in der weißen Substanz ein bisher unbekanntes **II** nachgewiesen, dessen Kurve den Kriterien entsprach; es kommt wahrscheinlich in den Myelinscheiden vor. Seine Umsetzungs-Geschw. beträgt 24 μg/g weiße Substanz täglich.
K. Zingraf. 4596◇

1472 **Phospholipidstoffwechsel bei bestrahlten Ratten.** M. Skalka. (Folia Biol. [Praha] **6**, 152—53, 1960; Brno, Czechoslovak Acad. of Sci., Inst. of Biophys.; engl.) — Nach Bestrahlung mit 540—600 r ist bei Wistar-Ratten der Umsatz *säurelösl. P*-Verbb. zwischen Plasma u. Leberzellen unverändert. Die Synth. von Leber-*Phospholipiden* steigt nach 3 Tagen (bis 109%), kehrt nach 6 Tagen zur Norm zurück u. sinkt zwischen dem 9. u. 12. Tag (bis auf 74% der Norm). Der Phospholipidumsatz zwischen Leber u. Plasma geht vom 3. zum 12. Tag kontinuierlich zurück (bis auf 76%).
U. Tausendfreund. 4596◇

1473 **Beschleunigung des essentiellen Fettsäuremangels durch Cholesterin der Nahrung.** Ralph T. Holman und James J. Peifer. (J. of Nutrit. **70**, 411—17, 1960; Austin, Minn., Univ. of Minnesota, Dep. of Physiol. Chem.; Hormel Inst.; engl.) — Bei einer Nahrung ohne *essentielle Fettsäuren* (EF) mit einem 1%ig. Zusatz von *Cholesterin* (**I**) entstehen bei 15tägigen Ratten gleichförmiger als bei 18tägigen Tieren EF-Mangelsymptome auf der Haut. Gleichzeitige *Linoleat*-Gaben verhindern bzw. heilen diese Symptome. Das Muster der polyungesätt. Fettsäuren dieser **I**-gefütterten EF-Mangeltiere ist ähnlich wie bei EF-Mangeltieren, die große Gaben gesätt. Fetts erhalten.
P. Gregorzewski. 4596◇

1474 **Die Wirkungen von Nicotinsäure und verwandten Verbindungen auf den Sterinstoffwechsel in Huhn und Ratte.** J. L. Gaylor, R. W. F. Hardy und C. A. Baumann. (J. of Nutrit. **70**, 293—301, 1960; Madison, Univ. of Wisconsin, Dep. of Biochem.; engl.) — *Nicotinsäure* (**I**) wird in hohen Gaben (0,1—1,0%) verfüttert u. mit der Wrkg. von *Nicotinamid* (**II**), *Isonicotinsäure* (**III**) oder *Benzoesäure* (**V**) verglichen. Bei Hypercholesterinämie-erzeugender Diät (HCD) beeinflußt **I** den *Cholesterin* (**IV**)-Spiegel von Hühnern nicht, bei **IV**-haltiger (nur 0,5% **IV**) wird er leicht erniedrigt, bei **IV**-armer Diät stark erniedrigt, bei Ratten erhöht sich dagegen der **IV**-Spiegel nach **I**-Gaben. **II** wirkt im gleichen Sinne wie **I**, nur weniger ausgeprägt. Der *Pyridinnucleotid*-Geh. der Leber wird bei Hühnern u. bei Ratten durch **I** u. **II** merklich erhöht u. bleibt durch **III** u. **V** unbeeinflußt. Der Fett-Geh. der Lebern wird bei Hühnern durch **II** erhöht, durch **III** bei Hühnern u. Ratten verringert. Der **IV**-Spiegel der Lebern bleibt unverändert. **I** verändert die Ausscheidung von Gesamtsterin, Gallensäure u. Fettsäuren bei der Ratte nicht, durch hohe **II**- u. **III**-Gaben wird die Gallensäurenausscheidung leicht erhöht.
P. Gregorzewski. 4596◇

1475 **Die Herkunft der atheromatösen Lipide beim cholesteringefütterten Kaninchen.** D. B. Zilversmit. (Exposés annu. Biochim. méd. [23] **1961**, 1—7; Memphis, Univ. of Tennessee, Dep. of Physiol.; franz.) — Kaninchen, die ein 1% *Cholesterin* (**I**) enthaltendes Futter bekommen, entwickeln innerhalb 2—3 Monate in den Arterien Lipiddepots. Die Cholesterinämie steigt von 60 mg/100 ml auf 2000 mg% an. Die *Phospholipide* (**II**) nehmen von 100 auf 600—800 mg% zu. Die Lipide des Atheroms stammen aus 2 Quellen, **I** aus dem Blute, **II** aus einer Synth. durch die Arterie. **I**-Infiltration ruft möglicherweise eine Rk. des Arteriengewebes hervor, die die **II**-Bldg. anregt. Dieser Vorgang ist vielleicht eine Abwehr-Rk., da sich **II** mit **I** kombinieren u. arterielles **I** in Lsg. bringen können.
K. Maier. 4596◇

1476 **Experimentelle Fettsucht und Gewichtsabnahme bei jungen weiblichen Ratten: Entwicklung von Verfahren und Calcium- und Phosphorbalance-Untersuchungen.** Charlotte M. Young, Elizabeth L. Empey, Don Turk und

Virginia U. Serraon. (J. of Nutrit **70,** 353—60, 1960; Ithaca, N.Y., Cornell Univ., Graduate School of Nutrit.; engl.) — Es werden die Einfl. experimenteller Fettsucht, nachfolgender Gew.-Abnahme u. anschließender Gew.-Konstanterhaltung auf den *Ca-* u. *P*-Stoffwechsel junger ♀ Ratten untersucht. Dazu wird allen Tieren die gleiche Menge N, Ca u. P mit dem Futter (Magensonde) verabreicht u. die gewünschten Gew.-Änderungen durch Erhöhung bzw. Erniedrigung der Kalorienzahl erreicht. Während der Gew.-Zunahme ist bei den meisten Tieren eine positive Ca-Balance festzustellen, diese wird während der Abmagerung negativ, wird aber bei der anschließenden Konstanthaltung wieder verbessert. Die P-Retention verläuft parallel der Gewichtskurve. P. Gregorzewski. 4596◇

1477 **Schrittweise Gewichtsverringerung bei adipösen jungen Frauen. Klinische und Stoffwechselreaktionen.** Charlotte M. Young, Ann M. Brown, Barbara A. Gehring und Bette M. Morris. (J. of Nutrit **70,** 391—400, 1960; Ithaca, N.Y., Cornell Univ., Graduate School of Nutrit; engl.) — Mit der Balancetechnik wird der Einfl. einer schrittweisen Gew.-Verringerung auf den *N-*, *Ca-* u. *P*-Stoffwechsel untersucht. Vor der Gew.-Abnahme (Gew.-Konstanz) sind alle Vers.-Personen bzgl. N u. P im Gleichgewicht, während der Calorienbeschränkung tritt am Ende N-, danach P-Verlust ein. Alle Vers.-Personen (S) zeigen in der 8. Woche der Restriktion ein Ca-Defizit. P. Gregorzewski. 4596◇

1478 **Über die Freisetzung unveresterter Fettsäure in der Lunge.** Wilhelm Lochner. (Klin. Wschr. **40,** 1128, 1962; Düsseldorf, Med. Akad., Physiol. Inst.; dt.) — Es wurde geprüft, ob die am Hund bereits beobachtete Freisetzung *unveresterter Fettsäuren* (**I**) in der Lunge ganz oder teilweise durch *Heparin* (**II**) bedingt ist. Es konnte dabei sowohl am heparinisierten als auch am nichtheparinisierten Hund eine **I**-Freisetzung nachgewiesen werden; durch Gabe von **II** stieg die **I**-Konz. im arteriellen Blut von durchschnittlich 0,508 mVal/Liter Plasma auf 0,890. Durch die freigesetzte **I**-Menge könnte ca. 20% des Grundumsatzes gedeckt werden. U. Tausendfreund. 4596◇

1479 **Histochemische Beobachtungen über Lokalisierung und Herkunft von Sphingomyelin, Cerebrosid und Cholesterin in der normalen und atherosklerotischen Arterie des Menschen.** C. W. M. Adams und Olga B. Bayliss. (J. Pathol. Bacteriol. **85,** 113—19, 1963; London, Guy's Hosp., Med. School, Dep. of Pathol.; engl.) — Mit verschiedenen (teilweise neuen) histochem. Meth. zur Lokalisierung von Lipiden in atherosklerot. Plaques wurde *Cholesterin* (**I**) als das charakterist. Lipid der Makrophagen der Intima beim Menschen erkannt; **I** ist ferner im Phospholipid-Pool an der Basis der Plaques zu finden; in mäßigen Mengen konnte **I** auch in den interlamellaren Bezirken der inneren Mediahälfte identifiziert werden. *Sphingomyelin* (**II**) erwies sich als das charakterist. Lipid des Phospholipid-Pools an der Basis der Plaques; da **II** im Plasma nur in geringer Konz. vorkommt, dürfte die **II**-Konz. im Phospholipid-Pool eher durch Synth. in der Arterienwandung als durch Infiltration vom Blut her bedingt sein. U. Tausendfreund. 4596◇

1480 **^{42}K- und ^{36}Cl-Fluß während des Acetylcholin- und Ca-induzierten Vorhofflimmerns.** Arthur H. Briggs und William C. Holland. (Amer. J. Physiol. **198,** 838—40, 1960; Jackson, Miss., Univ. of Miss. School of Med., Dep. of Pharm.; engl.) — Am Atrium von ♂ Kaninchen wird durch Suspendieren in Ringer-Lsg. sowie durch anschließende Verringerung ihrer KCl- u. $CaCl_2$-Konzz. der Einfl. von *Acetylcholin* (**I**) u. *Ca* auf den ^{42}K-Ausfluß untersucht. Vff. weisen nach, daß bei **I**-induziertem sowie auch Ca-induziertem Flimmern ein ^{42}K-Ausfluß nachweisbar ist, der bei **I** um 100% größer als bei Ca ist. Durch erhöhtes Ca wird ebenfalls ein **I** entsprechender ^{42}K-Wert erreicht. Mit dem ermittelten ^{42}K-Ausfluß — der Nettoverlust beläuft sich auf 3,17—11,5 pMol $cm^{-2}\,s^{-1}$ — geht eine Aufnahme an ^{36}Cl einher, wobei der Nettogewinn 1,24—5,47 pMol $cm^{-2}\,s^{-1}$ beträgt. Aus den Ergebnissen wird angenommen, daß Cl die Hauptrolle in der Na-Inaktivierung bei der Ca-induzierten Arrhythmie spielt. A. Täufel. 4597◇

1481 **Neue Entwicklungen in der Biochemie der Glykogenspeicherkrankheit und der Fructoseintoleranz.** H. G. Hers. (Chem. Weekbl. **57,** 437—40, 1961; Louvain, Belgium, Univ., Labor. of Physiol. Chem.; engl.) — Vgl. C. **1961,** 6894. — Übersicht. Hepatomegalie- u. Myasthenie-Typ der Glykogenspeicherkrankheit; Fructoseintoleranz. — 30 Literaturangaben. K. Maier. 4597◇

1482 **„Freies" und „fixiertes" Glykogen als physiologische Einheit.** R. W. Hanson, H. S. Schwartz und S. B. Barker. (Amer. J. Physiol. **198,** 800—06, April 1960; Birmingham, Ala., Univ. of Alabama Med. Center, Dep. of Pharm.; engl.) — Unter Hinweis auf die Schwierigkeiten, die sich bei einer vollständigen Extraktion des Glykogens aus Lebergeweben mit Alkali ergibt, wird unter Anwendung von *Trichloressigsäure* (**I**) eine Meth. beschrieben, „freies" u. „fixiertes" *Glykogen* (**II**) zu bestimmen. Danach werden maximale Beträge an Kohlenhydrat bei geringer Zerstörung glykosid. Bindungen durch Erhitzen des Leberhomogenates über 5 Min. im sd. Wasserbad in einer Lsg., die 2% ig an **I** ist, extrahiert u. das im klaren Filtrat enthaltene **II** sowie die Glucose mit Anthron bestimmt. Die weiteren Verss. beschäftigen sich mit dem Einfl. höherer **I**-Konzz. auf die Extraktion, mit der analyt. prozentualen Wiedererfassung zugesetzten **II** sowie mit der **II**-Best. aus der Leber hungernder u. nichthungernder Tiere. A. Täufel. 4597◇

1483 **Indolmuster im Urin Leberkranker.** F. Hartmann, E. Freiberg und W. Ruge. (Klin. Wschr. **40,** 721—29, 15/7. 1962; Marburg, Med. Univ.-Poliklinik; dt.) — Vff. untersuchten den Urin von 10 Gesunden u. 51 Leberkranken nach Adsorption auf Kohle u. Kieselgur, Elution mit einem heißen Gemisch von 10 (Teilen) NH_3, 10 Butanol, 5 CH_3OH u. 75 W. durch zweidimensionale Papierchromatographie auf ihren Geh. an Indol-Verbb. (Laufmittel: 1. Dimension: Isopropanol-NH_3-W. = 200:10:20; 2. Dimension: Butanol-Eisessig-W. = 150:30:50). Von 56, mit Ehrlich-Reagens färbbaren Substanzflecken wurden 31 als Indole u. verwandte Verbb. identifiziert. In den Urinen Leberkranker befanden sich: *Tryptophan* (**I**), *Acetyl-*, *4-Hydroxytryptamin*, *Indol-3-carbonsäure*, *Indolylmilchsäure*, *Indolylacrylsäure*, *Anthranilsäure*, *3'-Hydroxy-* sowie weitere nicht identifizierte Substanzen. Vermindert oder fehlend waren: *5-Hydroxyindolylessigsäure*, *5-Methoxytryptophan*, *5-Hydroxy-*, *Serotonin*, *Skatoxylschwefelsäure*, *β-[Indolyl-(3)]-propionsäure*. Die Ausscheidungsveränderungen zeigen möglicherweise Störungen im Abbau aromat. Aminosäuren bei Leberkrankheiten. Es werden die Beziehungen zum Koma hepaticum u. die verschiedenen Abbauwege des **I** diskutiert. B. Görlich. 4597◇

1484 **Isolierung und Eigenschaften einer durch lipidreiche Teilchen gekennzeichneten Leberzelle.** Cosmo G. Mackenzie, Julia B. Mackenzie und Oscar K. Reiss. (J. Cell Biol. **14,** 269—79, 1962; Denver, Colo., Univ. of Colorado, School of Med., Dep. of Biochem.; engl.) — Aus Rattenleber wird eine Zelle mit vielen lipidreichen Teilchen isoliert, die 90% Triglyceride enthalten. Die in 19—20 Std. logarithm. wachsende Zelle verteilt während der Mitose die Teilchen auf Tochterzellen. W. Wesly. 4597◇

1485 **Die Rolle der Leber und des extrahepatischen Gewebes für den Transport und Stoffwechsel der Fettsäuren und Triglyceride beim Hund.** Richard J. Havel und Alan Goldfien. (J. Lipid Res. **2,** 389—95, 1961; San Francisco, Calif., Univ. of Calif. School of Med., Dep. of Med. and Obstetrics and Gynecology and Cardiovascular Res. Inst.; engl.) — $^{14}C_{(1)}$-Palmitinsäure u. Chylomikronen-*Triglyceride* (TG) werden i.v. in Hunde nach Leberresektion u. in normale Kontrollen injiziert. Danach wird die Geschw. der Elimination aus dem Kreislauf, die Umwandlung in andere zirkulierende Lipide, die Oxydation u. die Verteilung in den verschiedenen Geweben gemessen. Die Leberextirpation setzt die Geschw. der Entfernung von freien Fettsäuren aus der Blutbahn etwas herab; sie verhindert das Auftreten des ^{14}C in den zirkulierenden TG fast vollständig. Daraus folgt, daß die Leber der Hauptort für den Einbau der freien Fettsäuren des Plasmas in die Plasma-TG darstellt. Experimente bei Hunden mit Brustlymphgangfisteln zeigten, daß diese TG durch die Lebersinusoide in den Kreislauf eintreten. Bei Tieren nach Leberextirpation gelangen geringe Mengen an TG auch weiterhin in die Blutbahn; wahrscheinlich aus der Darmmucosa über den Brustlymphgang. Leberextirpation oder zeitweiliger Ausschluß der Leber aus dem Kreislauf setzt die Geschw. der Entfernung der Chylomikronen-TG herab. Die

hydrolyt. Bldg. von zirkulierenden freien Fettsäuren verläuft wie bei den Kontrolltieren. Bei Hunden nach Leberextirpation tritt die größte Menge der TG, die aus dem Kreislauf entfernt werden, wahrscheinlich in das Fettgewebe ein. Vff. erbringen den Beweis, daß diese TG vor ihrem Einbau in die Zellen des Fettgewebes hydrolysiert werden.
H. Zöllner. 4597◇

1486 **Einfluß von Glucosecycloacetoacetat (hydrolysiert) auf Glykogenese und Glykogenolyse in Leber und Diaphragma.** M. C. Nath und J. M. Khanade. (J. sci. ind. Res. [New Delhi], Sect. C **18**, 169—71, Sept. 1959; Nagpur, Univ., Dep. of Biochem.; engl.) · Es wurde die Wrkg. von *Glucosecycloacetoacetat* (I) auf die Synth. von *Glykogen* (II) in Leber u. Diaphragma u. die *Glykogenolyse* in der Leber in vitro untersucht. I fördert die Synth. von II in Leber u. Diaphragma von Hungerratten (36 Std.), während die Speicherung von II in Leber u. Diaphragma sehr niedrig ist, z. B. 0,6 mg/100 mg Gewebefeuchtgewicht. Bei Tieren mit normalem Futter, wo die II-Werte ca. 30 mg/g Gewebe-Feuchtgew. betrugen, verursachte I rascher eine *Glykogenolyse* als eine Synth. von II. Während solcher *Glykogenolyse* erreichen die II Werte in 90 Min. in Leber u. Diaphragma ein Minimum, worauf die Synth. von II in Ggw. von I beginnt. In Abwesenheit von I dagegen nehmen die Werte von II weiterhin ab.
H. Aman. 4597◇

1487 **Renale Ausscheidung von radioaktivem Fluorid im Hund.** Curtis H. Carlson, W. D. Armstrong, Leon Singer und Lerner B. Hinshaw. (Amer. J. Physiol. **198**, 829—32, April 1960; Minneapolis, Minn., Univ. of Minnesota Med. School, Dep. of Physiol. Chem. and Physiol.; engl.) — Zur Best. der Faktoren der glomerulären Filtration u. tubulären Rückresorption von Fluorid unter unterschiedlichen Bedingungen werden an Hunden Infusionen von ^{18}F verschiedener Menge vorgenommen u. die über den Harn ausgeschiedenen ^{18}F-Mengen bestimmt. Die im Harn ermittelten F-Konzz. betragen das 3,4—14,5fache der des Plasmas. Das Verhältnis Harn:Plasma beläuft sich auf 13,5—29,6. Es wird nachgewiesen, daß bei Anstieg des Harn-Vol. eine Verminderung der tubulären Rückresorption an Fluorid eintritt. In Ggw. von Chlorothiazid wird der Harnfluß sowie die Chloridausscheidung erhöht, die ^{18}F-Konz. ist jedoch vermindert. Durch den vermehrten Harnfluß ist die Fluoridclearance angestiegen. Die als Vgl. vorgenommene Best. der Kreatinin- u. Chloridclearance zeigt, daß erste höher als die Fluoridclearance ist, letzte hingegen niedriger ist.
A. Täufel. 4597◇

1488 **Exkretion von L-Äpfelsäure im Küken.** P. Vishwakarma und W. D. Lotspeich. (Amer. J. Physiol. **198**, 819—23, 1960; Cincinnati, Ohio, Univ. of Cincinnati, Coll. of Med., Dep. of Physiol.; engl.) — Unter Hinweis auf den am Hund festgestellten Einfl. der Komponenten des Tricarbonsäurecyclus auf die Exkretion an *L-Äpfelsäure* (I) wird an Küken wegen der hier vorliegenden renalen Portalzirkulation die Wrkg. von *Na-L-Malat* (II), *Na-Succinat* (III) u. *Dinatriummalonat* (IV) auf die I-Exkretion untersucht. Infusion von 50—1000 µg/kg/min II zusammen mit 40 µg/kg/min *p-Aminohippurat* (V) in die Vene des Beines der Vers.-Tiere verursacht auf der linken u. rechten Niere gleiche Ausscheidungsmengen, während V überwiegend über die rechte Niere ausgeschieden wird. Infusion von 1000 µg/kg/min III sowie V zeigt auf der Infusionsseite signifikant höhere V-Werte, was auch für die ausgeschiedene I zutrifft. Auch in Ggw. von III u. IV wird derselbe Befund — im Gegensatz zum Hund — ermittelt. Verss. mit IV ergeben, auch in größeren Dosen angewandt (2000 µg), keine signifikante I Exkretion. Vom Vf. wird daraus geschlossen, daß IV nicht als direkter Vorläufer von I in der Kükenniere angesehen werden kann.
A. Täufel. 4597◇

1489 **Exkretion von D-Äpfelsäure im Küken.** P. Vishwakarma und W. D. Lotspeich. (Amer. J. Physiol. **198**, 824—28, 1960; Cincinnati, Ohio, Univ. of Cincinnati, Coll. of Med., Dep. of Physiol.; engl.) — Infusion von *D-Äpfelsäure* (I; 300 µg/min) sowie *p-Aminohippurat* (II) in die Vene des Beines von Küken verursacht — im Gegensatz zum L-Isomeren — eine rapide Ausscheidung über die Niere, jedoch wird eine erhebliche Differenz zur eingesetzten Menge an I u. II festgestellt. Es werden 36% I u. 95% II im Harn wiedergefunden. Erhöhte II-Gaben haben keinen Einfl. auf die I-Exkretion. Das gleiche gilt für Benemid. Organ. Basen, wie N'-Methylnicotinamid u. Tetraäthylammonium sowie Cyanin Nr. 863 u. Priscolin, haben ebenfalls keinen Einfl. auf die I-Exkretion. Während des Tubulärtransportes ändert sich die Konfiguration nicht. Die Vff. folgern aus den Ergebnissen, daß der tubuläre Sekretionsmechanismus von I sich von anderen organ. Säuren oder Basen unterscheidet.
A. Täufel. 4597◇

1490 **Beitrag zur Untersuchung der Nierenfunktion bei starker Hypothermie.** 1. Mitt. **Urineigenschaften bei einer Hypothermie von 18° bei extrakorporellem Kreislauf.** M. Weiss, J. Hinglais und L. Bidet. (Rev. franç. Études clin. biol. **7**, 744—47, 1962; Paris, Centre Chirurg. Marie-Lannelongue; franz.) — Bei starker Hypothermie (18—20° im Oesophagus) mit extrakorporellem Kreislauf ohne Kreislaufhalt erhöht sich die Nierenausscheidung an W. u. Na auf das 25—35fache; die Urin-Konz. an Na, K u. Harnstoff erreicht die Plasmakonzentration.
W. Wesly. 4597◇

1491 **Der Calcariurietest in der Funktionsuntersuchung der Niere.** C. Zosin, N. Manescu, N. Barbu und O. Rada. (Studii Cercetări [Timişoara], Ştiinţe med. **8**, Nr. 1—2, 189—94, 1961; Timişoara, Inst. de med. Clin. III-a medicală; rum.) — Bei 60 Nierenkranken wird der Ca-Geh. im Urin während 24 Std. bestimmt. Die Hypocalcariuriebefunde gehen meist der Glomerulenfunktionsprobe parallel. Bei Fällen mit ausgesprochener Niereninsuffizienz werden im Urin 35 (mg/24 Std.) Ca gefunden, bei Fällen ohne Niereninsuffizienz 112 Ca (Normwert 80—250). Diese Beobachtung zeigt eine Möglichkeit des Nachw. einer Niereninsuffizienz in einem frühem Stadium, in dem sie nach den üblichen Meth. noch nicht erkennbar ist.
R. K. Müller. 4597◇

1492 **^{45}Ca- und ^{89}Sr-Transport bei der Kontraktion des depolarisierten glatten Muskels.** Nick Sperelakis. (Amer. J. Physiol. **203**, 860—66, 1962; Cleveland, Ohio, Western Reserve Univ., School of Med., Dep. of Physiol.; engl.) — Im polarisierten u. depolarisierten Darmringmuskel der Katze war das Einströmen von ^{45}Ca während der Kontraktion erhöht. Im Ruhezustand war das Einströmen von Ca in K-Tyrode-Lsg. höher als in normaler Tyrode-Lösung. Das Einströmen von ^{89}Sr in polarisierte Muskel war während der Ruhe u. der Kontraktion etwa gleich; die Kontraktionen der polarisierten Muskeln waren infolge der Entkoppelung nur schwach. Nach Entkoppelung durch 20 mm Mg/Liter wurde das Einströmen von Ca während Kontraktion u. Ruhe etwa gleich.
K. Zingraf. 4597◇

1493 **Der Zustand des Faktors I im Rattenhirn: die Wirkungen von Stoffwechselbedingungen und Arzneimitteln.** K. A. C. Elliott und N. M. van Gelder. (J. Physiology **153**, 423—32, 1960; Montreal, McGill-Univ., Montreal Neurol. Inst., Donner Labor. of Exp. Neurochem., Dep. of Biochem.; engl.) — Im normalen Rattenhirn ist das Verhältnis von *freiem* (mit NaCl in der Kälte extrahierbaren) zu *okkultem* (durch Hitze freisetzbaren) *Faktor I* (I) ziemlich konstant. Durch Suspension in salzfreien *Saccharose*-Lsgg. kann der größte Teil des okkulten I freigesetzt werden. Während *Insulin*-Koma u. -Krämpfen u. *Hydrazid*-Krämpfen geht der Geh. an Gesamt-I im Gehirn zurück (vorwiegend infolge Verminderung des okkulten Anteils). Eine Steigerung des Gesamt-I-Geh. kommt durch Hypoxie, *Hydroxylamin* u. wiederholte Dosen von *Iproniazid* zustande (vorwiegend durch Vermehrung des freien Anteils). Keine besonderen Veränderungen bewirken *Metrazol*, *Megimid*, *Picrotoxin*, *Pentothal*, *Pentobarbital*, *Ae.*, *Diphenylhydantoin*, *Acetazolamid*, *Reserpin*, *Chlorpromazin*.
U. Tausendfreund. 4598◇

E₆. Pharmakologie, Therapie, Toxikologie, Hygiene

1494 **Arzneimittel mit Strahlungs- und Strahlenschutzwirkung.** 1. Mitt. Leonardo Donatelli. (Clin. terapeut. [Roma] **24**, 3—37, 1963; Napoli, Univ., Ist. di Farmacol.; ital.) — Übersicht.
K. Zingraf. 4601◇

1495 **Der Einfluß von mit der Nahrung zugeführtem Zink auf die Resorption von oral zugeführtem ^{65}Zn.** J. E. Furchner und C. R. Richmond. (Health Physics **8**, 35—40, 1962; Los Alamos, N.Mex., Univ. of California, Los Alamos scient. Labor.; engl.) — ♂ Sprague-Dawley-Ratten erhielten mit der normalen kontrollierten Nahrung dosierte Gaben von *Zn-Acetat*. 28 Tage nach Beginn dieser Zn-Ingestion wurde oral 1,2 µc $^{65}ZnCl_2$ gegeben u. die Gesamt-

körperaktivität der Tiere nach 30 Min. bis 11 Tagen bestimmt. Es zeigt sich, daß die laufende Zn-Zufuhr die ^{65}Zn-Retention mindert. Beträgt die Zufuhr das 6—10fache der normalen, dann wird die Retention um den Faktor 3 reduziert. Derselbe Befund wird bei einem Menschen gefunden.
W. Reusse. 4601◇

1496 **Die Steigerung der relativen biologischen Wirkung ionisierender Strahlen durch Elektronendonatoren.** Bernhard Schmidt und Horst Dobberstein. (Zbl. Bakteriol. Parasitenkunde, Infektionskrankh. Hyg., I. Abt., Orig. **176**, 556—71, Dez. 1959; Freie Univ. Berlin, Inst. für Hyg. u. Med. Mikrobiol.; dt.) — Durch Zusatz von *Wolframaten* zu Bakterien wird bei Bestrahlung mit Röntgenlicht oder β-Teilchen, nicht aber mit ^{60}Co, die biolog. Wrkg. erhöht, da diese als Elektronendonatoren wirken.
M. Wiedemann. 4601◇

1497 **Einfluß von 2.4-Dinitrophenol auf die Entwicklung der Schädigung bei der Maus nach Röntgenbestrahlung.** M. Praslička, M. Hill und L. Novák. (Českoslov. Fysiol. **10**, 484—85, 1961; Košice UPJŠ, Lek. fak., Biol. úst.; Brno, Lek. fak., Biofysik úst.; slovak.) — Mäusen wird vor der Röntgenbestrahlung *2.4-Dinitrophenol* (**I**) intraperitoneal oder i.v. injiziert. Der beste Schutz gegen Strahlungsschäden (bei 500 u. 600 r) wird bei 1,4—3 mg **I**/100 g Körper-Gew. erzielt. Die Schutz-Wrkg. von **I** ist verstärkt, wenn die Bestrahlung bei vermindertem Druck (660—460 Torr) erfolgt. Die Zahl der Erythrocyten ändert sich unter dem Einfl. von **I** wenig, die Schutz-Wrkg. zeigt sich besonders bei den Neutrophilen u. Lymphocyten. Die Regeneration des lymphat. u. blutbildenden Gewebes scheint durch **I** intensiviert zu werden.
R. K. Müller. 4601◇

1498 **Komplexe Aminoxide mit Strahlenschutz-Eigenschaften.** Thomas J. Haley, A. M. Flesher und L. Mavis. (Nature [London] **195**, 1012, 8/9. 1962; Los Angeles, Univ. of California, Labor. of Nuclear Med. and Radiation Biol.; Dep. of Biophysics and Nuclear Med., School of Med.; engl.) — Nach Verabreichung von 250 mg/kg an Mäuse u. Bestrahlung mit 600 r zeigten folgende Verbb. eine Strahlenschutzwirkung: *4.5-Dimethyl-2-[p-tolyl]-1.3-isoimidazol-1.3-dioxid, 4.5-Dimethyl-2-phenylisoimidazol-1.3-dioxid, 3.4-Diphenylfurazan-2-oxid* u. *5-Chinazolinol-3-oxid.*
B. Görlich. 4601◇

1499 **Der Einfluß pflanzlicher Öle auf den Strahlenschaden bei Mäusen und Ratten.** Kurt Flemming. (Naturwissenschaften **49**, 516—17, 1962; Heiligenberg/Baden, Heiligenberg-Inst., Biophys. Abt.; Freiburg/Br., Univ., Radiol. Inst.; dt.) — Mäuse u. Ratten wurden mit 200 kV Röntgenstrahlen ganzbestrahlt. Bestrahlungsdaten: Dosisleistung 160 r/Min., FHA 40 cm, Filter 0,43 mm Cu, HWS 0,87 mm Cu, Gesamtdosis bei den Mäusen 640—690 r, bei den Ratten 735 r. Erhalten die Tiere 24 Std. vor oder unmittelbar nach der Bestrahlung intraperitoneale Gaben von Olivenöl, Sonnenblumenöl, Leinöl oder Erdnußöl (0,5—1,0 ml), dann tritt sowohl Strahlenschutz-Wrkg. als auch ein therapeut. Effekt der Injektionen auf. Auch i.v. gegebene Injektionen mit Olivenölemulsionen bewirken Strahlenschutz. Gibt man Mäusen dagegen während 6 Tagen täglich 0,05 ml Olivenöl subkutan u. bestrahlt sie 48 Std. später, dann zeigen sie erhöhte Sterblichkeit.
W. Reusse. 4601◇

1500 **Perorale Cholecystographie und Cholangiographie mit Biloptin (Kapsel- und Solu-Typ).** Goro Inada, Taturo Kamio, Taturo Kato und Kazuo Komatubara. (Nagoya med. J. **7**, 66—70, 1961; Nagoya, Nagoya City Univ., Dep. of Radiol. u. 2nd Dep. of Internal Med.; engl.) — *Biloptin* wurde als Kapsel- (Na-Salz) u. Soluform (Ca-Salz) bei 25 Patienten mit Erfolg angewandt (guter Kontrast, wenig Nebenwirkungen). Die Soluform ist der Kapselform vorzuziehen.
W. Damerau. 4601◇

1501 **Östradiol-Behandlung und die röntgenstrahleninduzierte Beschleunigung der altersspezifischen Mortalitätsrate.** Henry I. Kohn, Aldo N. Crobascio und Paul H. Guttman. (J. nat. Cancer Inst. **29**, 853—62, 1962; San Francisco, Calif., Univ. of California, School of Med., Radiol. Labor. and Cancer Res. Inst.) — Mäuse (♀, BALB/c, durchschnittlich 426 Tage alt) erhielten eine Ganzkörperbestrahlung von 760 oder 903 rad (Gruppe A) bzw. 190, 332, 475 oder 617 rad (Gruppe B). Die altersspezif. Mortalitätsrate wurde dadurch nach einer Latenzzeit von 8 (A) bzw. 16 Wochen (B) gesteigert. Wurde den Mäusen je 5 μg *Östradiol-17β-n-valerianat* (**I**; in 0,03 ml Sesamöl, 0,05% Chlorbutanol, erste Injektion 3. Tag vor Bestrahlung) i.m. injiziert, so wurden diese Latenzperioden aufgehoben. Die **I**-Wrkg. in B war dabei größer als in A. Die Erhöhung der Mortalitätsrate durch **I** konnte nicht auf eine Tumorinduzierung zurückgeführt werden, wenngleich bestrahlte Tiere mit Tumoren der Atmungsorgane nach **I**-Behandlung eher starben.
W. Damerau. 4601◇

1502 **Beiträge zur Untersuchung von Sofort- und Früh-Röntgenstrahlenwirkungen mit Rücksicht auf den chemischen Strahlenschutz.** 6. Mitt. **Die Freisetzung biogener Amine als Ursache früher Strahlungseffekte.** T. S. Veninga und R. Brinkman. (Int. J. Radiat. Biol. **5**, 283—89, 1962; Groningen, Univ., Dep. of Radiopath.; engl.) — 5. vgl. Int. J. Radiat. Biol. **4**, [1962], 249; 2. vgl. C. **1962**, 10910. — Zwei Std. nach intraperitonealer Injektion von 20—50 mg 5-Hydroxytryptophan getöteten ♀ Ratten wurden die Uterushörner entnommen u. in 0,9% NaCl, 0,042% KCl, 0,05% $NaHCO_3$, 0,012% $CaCl_2$ u. 0,05% Glucose enthaltender Lsg. suspendiert. Nach 60 Min. wurden die Uterushörner mit 1000 r einer 50 kV-Röntgenstrahlung bestrahlt (Filter 1 mm Al, FOA 3,5 cm, HWS 0,75 mm Al, Dosisleistung 33 r/s). Fluorometr. Best. des Geh. der Suspension an *Serotonin* (**I**) u. *Adrenalin* (**II**) nach Udenfriend, Weißbach u. Brodie ergab, daß **I** in ca. 20facher Menge verglichen mit **II** freigesetzt wird u. daß bei beiden Stoffen die Freisetzung aus bestrahltem Uterushorn größer ist als aus unbestrahltem.
W. Reusse. 4601◇

1503 **Die Toxizität von Zink und Kupfersulfatmischungen gegenüber der Regenbogenforelle.** R. Lloyd. (Ann. appl. Biol. **49**, 535—38, 1961; Stevenage/Herts., Water Pollution Res. Labor.; engl.) — Geringe Konz. wirken additiv, höhere in weichem W. synergistisch.
P. Gregorzewski. 4606◇

1504 **Bestimmung der Widerstandsfähigkeit von Heuschrecken gegen γ-Benzolhexachlorid und Diazinon in Beziehung zu ihrem Alter, Geschlecht und Gewicht.** R. D. MacCuaig. (Ann. appl. Biol. **49**, 22—31, 1961; London, Anti-Locust Res. Center; engl.) — Bei der Wüstenheuschrecke (*Schistocerca gregaria*) nimmt die Widerstandsfähigkeit gegen *Diazinon* (**I**) mit dem Alter ab, u. zwar bei ♂ schneller als bei ♀. Die Widerstandsfähigkeit ist innerhalb der Gruppen vom Körper-Gew. abhängig. Gegen *γ-Benzolhexachlorid* (**II**) wird die Widerstandsfähigkeit ca. 1 Woche nach dem Flüggewerden verdoppelt. — Bei der afrikan. Wanderheuschrecke (*Locusta migratoria migratorioides*) ist die Widerstandsfähigkeit gegen **I** unabhängig vom Körper-Gew., während bei **II** Abhängigkeit besteht. Nach dem Flüggewerden ist die Widerstandsfähigkeit gegen **I** unabhängig vom Alter, während bei **II** Zunahme mit steigendem Alter besteht.
A. Hesse. 4607◇

1505 **Untersuchungen der Milieubedingungen und der beruflichen Pathologie von Anophelesbekämpfungsarbeitern. Die chronische Intoxikation durch Hexachlorcyclohexan.** 2. Mitt. **Die Wirkung von Hexachlorcyclohexan auf diese Arbeiter.** M. Wassermann, G. Pendefunda, M. Merling, G. Mihail, G. Sandulescu und G. Vancea. (Arch. Maladies profess. Méd. Travail Sécurité soc. **22**, 308—17, Juni/Juli 1961; Jassy, Rumänien, Inst. d'Hygiène R.P.R. u. Inst. de Méd., Labor. d'Hygiène du Travail; franz.) — Vgl. C. **1959**, 16719. — Die klin. Symptomatologie bei akuten oder chron. Erkrankungen durch *Hexachlorcyclohexan* (**I**) u. teilweise *DDT* bei 358 Insektenbekämpfungsarbeitern wird dargelegt. Akute Vergiftungsfälle kamen 9mal vor u. zeigten sich in Kopfschmerzen, Schwindel, Gleichgewichtsstörungen, Nausea, Erbrechen, Störungen des Magen-Darm-Traktes u. der Atmung u. in Hautschäden. Von 148 Arbeitern in Antimalariastationen hatten 68 eine chron. Vergiftung durch **I** (neurolog., kutane, respirator. u. digestive Symptome).
G. Kimmerle. 4607△

1506 **Ultrastruktur der Nierenrinde des Hundes während der Behandlung mit DDD.** Neil Kaminsky, Sarah Luse und Phyllis Hartroft. (J. nat. Cancer Inst. **29**, 127—59, 1962; St. Louis, Mo., Washington Univ. School of Med., Dep. of Anat. and Pathol.; engl.) — Nach oraler Verabreichung von 200 mg *2.2-Bis-[p-chlorphenyl]-1.1-dichloräthan* (*DDD*; **I**) pro kg Körper-Gew. u. Tag an Hunde wurde der Einfl. von **I** auf Zellen der Nierenrinde elektronenmkr. untersucht. 12 Std. nach einer einzigen **I**-Dosis begannen die Mitochondrien der Zona fasciculata Auflösungserscheinungen zu zeigen. Nach 24 Std. waren Mitochondrien u. Ergastoplasma zum großen Teil zerstört. Nach dreitägiger I-Fütterung wurde jedoch nach 12 Wochen eine weitgehende Normalisierung festgestellt. In der Zona glomerulosa wurden geringere Schäden beobachtet. W. Damerau. 4607◇

1507 **Tetrachlorkohlenstoffvergiftung in der Leber neugeborener Ratten.** M. J. R. Dawkins. (J. Pathol. Bacteriol. **85,** 189—96, 1963; Oxford, Univ., Nuffield Inst. for Med. Res.; engl.) — Die Resistenz der Leber neugeborener Ratten gegenüber *CCl_4* (0,2 ml/100 g; kein histolog. Nachw. einer Nekrose, keine Fettakkumulierung, nur nichtsignifikanter Anstieg der Isocitronensäuredehydrogenase im Serum) hängt möglicherweise mit dem gegenüber erwachsenen Tieren rascher erreichten Konz.-Maximum u. dem rascheren Abfall der CCl_4-Konz. in der Leber des neugeborenen Tieres zusammen. U. Tausendfreund. 4607◇

1508 **Rattenleberadenosintriphosphatase.** Peter F. Schatzki. (Arch. Pathology **75,** 85—90, 1963; Milwaukee, Wis., Mount Sinai Hosp., Dep. of Pathol.; engl.) — Nach subkutaner Injektion von *CCl_4* in Ratten wurde die *Adenosintriphosphatase* (I)-Aktivität in Leberschnitten nach Wachstein u. Meisel (C. **1958,** 13562) bestimmt. In den fetthaltigen Bezirken wurde wenig I gefunden. Cirrhot. u. normale Zellen waren durch die Art der Anfärbung unterscheidbar. W. Damerau. 4607◇

1509 **Steigerung der Sauerstoffaufnahme nach kleinen Äthanoldosen beim Menschen.** E. S. Perman. (Acta physiol. scand. **55,** 207—09, 1962; Stockholm, Karolinska Inst., Dep. of Physiol.; engl.) — Bei gesunden jungen Männern wurde 20—50 Min. nach 0,3 g *A.*/kg eine mäßige Steigerung der *O_2*-Aufnahme ohne begleitende Steigerung der Atem-Geschw., der Herz-Geschw. oder der allg. motor. Aktivität beobachtet. U. Tausendfreund. 4607◇

1510 **Anticonvulsive Aktivität einiger Carbinylharnstoffe.** E. Soaje-Echagüe und Robert K. S. Lim. (J. Pharmacol. exp. Therapeut. **138,** 224—28, 1962; Elkhard, Ind., Miles Labor., Inc.; engl.) — Die 3 Carbinylharnstoffe *MA-321* (*1-Methylcyclohexylharnstoff*), *MA-337* (*1-Methylcyclopentylharnstoff*) u. *MA-367* (*1-Äthylcyclopentylharnstoff*) zeigen, oral verabreicht, bei Ratten u. Hunden anticonvulsive Wirkungen. In ihrer Wrkg.-Stärke sind sie Trimethadion u. Diphenylhydantoin ähnlich. Alle 3 zeigen sedative, hypnot., antiemet. u. geringe oder keine hypotensiven Eigenschaften. W. Hiller. 4607◇

1511 **Pharmakologie von Phenethyldiguanidin.** E. Ashkar, Celina N. Burrier und Mirta Cattaneo de Peralta Ramos. (C. R. Séances Soc. Biol. Filiales **152,** 1391—92, 1958, herausgeg. 1959; Buenos Aires, Univ. Fac. de Méd., Inst. de Biol. et de Méd. expérim.; Inst. de Physiol.) — Nach i.v. Injektion von *Phenethyldiguanidin* (I; N^1-β-Phenyläthylbiguanid) tritt zunächst ein kurzer Blutdruckanstieg gefolgt von einem langsamen Absinken ein. Die blutdrucksteigernde Wrkg. von 20 μg *Adrenalin*, von elektr. Reizung des Splanchnicus-Nervs oder von 1 mg *Nicotin* oder *$BaCl_2$*/kg i.v. werden durch 25 mg I/kg oder mehr i.v. aufgehoben. I verringert die Herzfrequenz u. die Blutdrucksenkung infolge von Acetylcholin, löst submaximale Mydriasis aus, hat keinen Einfl. auf die Kontraktion der Nickhaut nach Sympathicusreizung u. bewirkt eine Erschlaffung des isolierten Rattendarms oder -uterus. K. Zingraf. 4607◇

1512 **Toxizität von Phenethyldiguanidin.** J. C. Penhos und J. A. Blaquier. (C. R. Séances Soc. Biol. Filiales **152,** 1392—93, 1958, herausgeg. 1959; Buenos Aires, Univ., Inst. de Biol. et de Méd. Expérim.) — Vgl. vorst. Referat. — Die DL_{50} von *Phenethyldiguanidin* (I) betrug (in mg/kg) oral bei Hunden 50, Ratten 800, Meerschweinchen 37,5, Katzen 50 u. Kaninchen 100, subkutan bei Hunden 37,5 u. Ratten 100. Adrenalektomierte Ratten waren empfindlicher als intakte Tiere, konnten aber durch Adrenalin, Glucose u. Hydrocortison geschützt werden (das war bei adrenalektomierten Hunden nicht der Fall). 50 mg I/kg, 30 Tage lang, bewirkten bei Ratten keine Schädigungen, lösten aber bei Hunden Erbrechen, beschleunigte Atmung, Dyspnoe u. Pupillenerweiterung aus, u. führten in kurzer Zeit zum Tode in Hypotension u. Hypothermie. K. Zingraf. 4607◇

1513 **Blutzuckersenkende Wirkung von Phenethyldiguanidin.** B. A. Houssay und J. C. Penhos. (C. R. Séances Soc. Biol. Filiales **152,** 1397—98, 1958, herausgeg. 1959; Buenos Aires, Univ., Inst. de Biol. et Méd. Expérim.) — Vgl. vorst. Referat. — *Phenethyldiguanidin* (*N^1-β-Phenyläthylbiguanid*) hatte eine blutzuckersenkende Wrkg. bei Ratten, Hunden, Katzen, Meerschweinchen, Kaninchen u. Kröten. Hypophysektomierte, adrenalektomierte oder alloxandiab. Ratten waren empfindlicher als intakte. Bei totalpankreatektomierten Hunden oder Kröten konnte keine Abnahme des Blutzuckers ausgelöst werden. K. Zingraf. 4607◇

1514 **Toxikologische Untersuchungen synthetischer Pyrimidine bei der Maus.** René Truhaut und Monique De Clercq. (Rev. franç. Études clin. biol. **7,** 68—70, 1962; Paris, Fac. de Pharmacie, Labor. de Toxicol.; Villejuif, Unité de Chimiothérap. du Centre Clin. et Thérap. de l'Inst. Gustave Roussy; franz.) — Die DL_{50} der synthet. Pyrimidine: *2-Methylmercapto-4-amino-6-hydroxy-* (I), *2.4-Diamino-6-hydroxy-* (II), *2.4.5-Triamino-6-hydroxy-* (III), *2-Mercapto-4.5-diamino-6-hydroxy-* (IV), *2-Mercapto-4-amino-6-hydroxy-* (V), *2-Methylmercapto-4.5.6-triamino-* (VI), *2-Mercapto-4.5.6-triamino-* (VII), *2.4.6-Triamino-* (VIII), *2-Methylmercapto-4.6-diamino-* (IX), *2.4.5.6-Tetramino-* (X), *2-Methylmercapto-4-amino-6-chlor-* (XI) u. *2-Mercapto-4.6-diamino-* (XII) wurde an der weißen Maus bei subkutaner Injektion bestimmt. Sie nimmt von I (4000 mg/kg) bis XII (400 mg/kg) ständig ab. Verbb., die an $C_{(6)}$ eine OH-Gruppe besitzen, sind prakt. nicht tox., während die Einführung einer Aminogruppe oder eines Cl-Atoms an dieser Stelle die Toxizität ansteigen läßt. **IV, VI, VIII, IX** u. **X** wirken auf das Zentralnerven-Syst. u. verursachen Zittern, Konvulsionen u. den Tod der Tiere. Nach I u. V werden langdauerndes Koma u. Atemstörungen beobachtet. Bei Langzeit-Verss. (4 Monate 3mal wöchentlich 1 subkutane Injektion von 4 mg Substanz) konnten keine Schädigungen durch die Verbb. festgestellt werden, wenn auch in einzelnen Fällen eine Einw. auf die Leukocytenzahlen beobachtet wurde. K. Böhm. 4607◇

1515 **Der Stoffwechsel von ^{14}C-1-Methyl-2-formylpyridiniumjodidoxim in der isolierten perfundierten Rattenleber.** James L. Way. (J. Pharmacol. exp. Therapeut. **138,** 258—63, Nov. 1962; Madison, Wis., Univ. of Wisconsin, Med. School, Dep. of Pharm. and Toxicol.; engl.) — Vf. berichtet über eine Best.-Meth. für *^{14}C-1-Methyl-2-formylpyridiniumjodidoxim* (I; 2-PAM). Die Meth. beruht auf der Existenz einer bathochromen Verschiebung von I in alkal. Lsg. (1 ml I-Lsg. + 2,5 ml 0,14n NH_4OH, Absorptionsmessung im UV bei 340 mμ). Die Blindwerte zeigen hier eine Absorption, die geringer als 0,05 sind. Ca. 0,01 μMol I können durch diese Meth. bestimmt werden. Aus Messungen der Absorptionsspektren wird erkannt, daß I in der perfundierten Leber umgebildet wird. Von der wiedererhaltenen Radioaktivität finden sich 71% im Perfusat, 14% in der Leber u. 3% in der Galle. Eine völlige chromatograph. Trennung der Stoffwechsel-Prodd. von I gelang nicht. W. Hiller. 4607◇

1516 **Der Stoffwechsel von ^{14}C-1-Methyl-2-formylpyridiniumjodidoxim in der isolierten perfundierten Rattenleber. 2. Mitt. 2-O-konjugiertes Pyridiniumion.** James L. Way. (J. Pharmacol. exp. Therapeut. **138,** 264—68, Nov. 1962; engl.) — 1. vgl. vorst. Referat. — Vf. isoliert einen Metaboliten von *^{14}C-1-Methyl-2-formylpyridiniumjodidoxim* durch Extrahieren der perfundierten Leber mit A., Zentrifugieren, Chromatographie an Aktivkohle u. Papierelektrophorese. Das UV-Absorptionsspektrum des Metaboliten ändert sich nicht bei verschiedenen pH-Werten, er wird nicht durch *β-Glucuronidase* u. *Phenolsulfatase* hydrolysiert, in 0,3n NaOH-Lsg. wird er abgebaut, wobei *1-Methylpyridon-(2)* oder ein *2-Alkyloxypyridiniumion* entsteht. Die Entstehung der letzten Verb. ist wahrscheinlicher.

Versuche: *2-Äthoxypyridin*, Kp. 157—159°, durch Rk. von *Pyridon-(2)* + n-NaOH + m-$AgNO_3$-Lsg., Filtrieren u. Trocknen des Ag-Salzes, Suspendieren in Äthyljodid + Ae., Abdampfen des Ae., Bringen des Rückstandes in eine 100%ig. K_2CO_3-Lsg. u. Destillieren; 35% (Ausbeute). — *1-Methyl-2-äthylpyridiniumjodid*, $C_8H_{12}JNO$, F. 97—98°, durch Kochen vorst. Verb. mit Methyljodid u. Methanol; 47%. W. Hiller. 4607◇

1517 **Schutz gegen Alkylphosphatintoxikation durch intracerebrale Injektion von 1-Methyl-2-formylpyridiniumjodidoxim.** Howard S. Tong und James L. Way. (J. Pharmacol. exp. Therapeut. **138**, 218—23, 1962; Madison, Wis., Univ. of Wisconsin, Med. School, Dep. of Pharmacol. and Toxicol.; engl.) — *1-Methyl-2-formylpyridiniumjodidoxim* (**I**; 2-PAM) erhöht in Gaben von 5 mg/kg intracerebral (i.c.) die DL_{50} von *Tetraäthylpyrophosphat* nur geringfügig. Intravenöse Anwendung von 90 mg **I** erhöht sie auf das 1½fache u. kombinierte i.c. + i.v. Anwendung auf das 4½fache. Die DL_{50} steigt durch Anwendung von 10 mg/kg intraperitoneal (i.p.) *Atropin* (**II**) + 90 mg **I** i.p. auf das 8fache u. durch 10 mg **II** i.p. + 5 mg **I** i.c. + 85 mg **I** i.p. auf das 18fache. Ähnliche Wrkg. werden bei *Paraoxon-* u. *Diisopropylfluorphosphat*-Vergiftung erhalten.
W. Hiller. 4607◇

1518 **Hämatologische Betrachtungen des experimentellen Osteolathyrismus.** A. Aschkenasy. (Thérapie **16**, 192 bis 205, März/April 1961; Paris, Hôp. de la Pitié; franz.) — Beim durch Verabreichen von *Aminoacetonitril* bedingten Osteolathyrismus der Ratte finden sich auch Veränderungen im Blut: totale Leukopenie u. oft Polyglobulie oder Anämie.
G. Kimmerle. 4607△

1519 **Einfluß des experimentellen Lathyrismus auf die Serumproteine und die Gewichte der Leber, der lymphoiden Organe und der Nebennieren.** A. Aschkenasy. (Thérapie **16**, 206—13, März/April 1961; Paris, Hôp. de la Pitié; franz.) — Meistens finden sich im Serum von Ratten, bei denen durch Verabreichung von *Aminoacetonitril* ein Osteolathyrismus erzeugt worden war, keine Veränderungen des Proteinogrammes. Manchmal besteht eine Erhöhung der β- oder der γ-Globuline mit einer Abnahme der Albumine. Die γ-Glykoproteine sind inkonst. vermehrt, ebenso die β-Lipoproteine. Es besteht eine Hypertrophie der Nebennieren u. eine Atrophie des Thymus. Die Gew.-Zunahme der Milz, der Ganglien u. der Leber scheint auf einer allg. Hyperplasie des retikuloendothelialen Gewebes zu beruhen.
G. Kimmerle. 4607△

1520 **Pharmakologische Untersuchungen von Nicotinsäure-β-diäthylaminoäthylestercitrat.** G. Roux und M. Podesta. (Thérapie **16**, 265—70, März/April 1961; Toulouse, Fac. de Méd. et de Pharm., Labor. de Biol. Animale; franz.) — Für *Nicotinsäure-β-diäthylaminoäthylestercitrat* (**I**) waren die 24-Std.-DL_{50}-Werte in g/kg: Ratte intraperitoneal 1,12, subkutan 1,62; Meerschweinchen intraperitoneal 0,92, subkutan 1,29, i.v. 0,115; Kaninchen subkutan 0,94, i.v. 0,162. Folgende **I**-Dosen werden gut toleriert: bei Ratten täglich oral 0,5 g/kg für 30 Tage u. täglich intraperitoneal 0,2 g/kg für 75 Tage sowie täglich 2 g/kg oral für 30 Tage u. 0,25 g/kg i.m. für 15 Tage; bei Kaninchen u. Meerschweinchen täglich 2,0 g/kg oral für 30 Tage. Bei Hunden bewirkt **I** eine Hypotonie, die durch direkte Herz-Wrkg. u. durch periphere Vasodilatation bedingt ist. **I** hat eine Schutz-Wrkg. bei experimentellen Herzarrhythmien. G. Kimmerle. 4607△

1521 **Toxizität und Gesamtwirkung der Stereoisomeren von 2-Methyl-4-benzoyloxydekahydrochinolinhydrochlorid.** 2. Mitt. I. I. Tschebekowa. (Nachr. Akad. Wiss. KasachSSR, med. physiol. Ser. **1962**, Nr. 2, 94—97; russ., Auszug: kasach.) — 1. vgl. C. **1958**, 788. — Bei der subkutanen Zufuhr der 1- oder 0,5%ig. Lsgg. der Stereoisomeren von *2-Methyl-4-benzoyloxydekahydrochinolinhydrochlorid* (**I**) im Mäuse-Vers. beträgt die minimale letale Dosis beim **I** vom F. 296—297° 0,2 (mg/g), beim **I** vom F. 250—251° 0,3, beim **I** vom F. 304 bis 305° 0,4 gegenüber 0,3 beim Novocain. Die abs. letale Dosis beträgt 0,5; 0,6; 0,5 gegenüber 0,6 beim Novocain.
O. Lebtag. 4607△

1522 **Die „sensibilisierende“ und „desensibilisierende“ Wirkung von Atropin, BETE und Amizil auf die antikonvulsive Aktivität von Pentaphen und Tropacin.** Ju. I. Lissunkin. (Bull. exp. Biol. Med. [UdSSR] **54** (27), Nr. 9, 69—73, Sept. 1962; Leningrad, Inst. für experimentelle Med. der Akad. der med. Wiss. der UdSSR; russ., Auszug: engl.) — In Verss. an weißen Mäusen, bei denen durch subkutane Zufuhr von 7 mg/kg *Nicotin* (**I**; 1%ig. Lsg.) Tremor hervorgerufen wurde, wurde der Einfl. von *Atropin* (**II**), *Benzilsäuretropinesterhydrochlorid* (*BETE*; **III**) u. *Amizil* (**IV**) auf die Wirksamkeit von *Pentaphen* (**V**) u. *Tropacin* (**VI**) untersucht. **II** zeigte in Kombination mit **V** u. **VI** in allen Fällen eine „sensibilisierende“ Wirkung. **IV** verminderte die „Anti-I“-Wrkg. des **VI** u. blieb ohne Einfl. auf die Wrkg. von **V**. **III** war sowohl in Kombination mit **V** wie mit **VI** unwirksam. Die Kombinationen **II** + *Scopolamin* (**VII**), **III** + **IV** u. **III** + **VII** zeigten selbst bei hoher Dosierung keinen koalitiven Effekt. In den meisten Fällen bewirkten die angewandten Kombinationen bei **I**-Hyperkinese dann eine „sensibilisierende“ Wrkg., wenn sie bei Arecolinhyperkinese einen Synergismus vom Typ der Potenzierung zeigten. Waren die Kombinationen bei der Arecolinhyperkinese additiv, so zeigten sie bei **I**-Hyperkinese keine Wirkung. O. Lebtag. 4607△

1523 **Untersuchung über Hämagglutinine in Samen spanischer Pflanzen.** M. Ortega und E. Fernandez-Galiano. (An. Real Acad. Farmac. **28**, 421—46, 1962; Madrid, Inst. Español de Hematol.; Inst. Botán. A.J. Cavanilles; span.) — Die Extrakte (10%ig. Salz-Lsg.) der Samen von 145 in Spanien wachsenden Pflanzen werden auf agglutinierende Wirksamkeit gegen rote Blutkörper der Gruppen A, B u. 0 getestet. H. Guischard. 4608◇

1524 **Weitere Mitteilungen über eine im Zuchtchampignon (Psalliota bispora) vorkommende, auf Ratte und Maus toxisch wirkende Komponente.** H. Kubin. (Nahrung **5**, 41—47, 1961; Köln, Univ., Inst. für Gärungswiss. u. Enzymchem.; dt.) — Bei wachsenden Albinoratten wirkt eine Kost, die *Champignoneiweiß* als einziges Protein enthält, toxisch. Diese Wrkg. tritt nicht auf, wenn die Champignons schonend getrocknet werden. Der tox. Faktor, dessen Natur noch unbekannt ist, kann durch Wasser- oder Methanolextraktion oder durch Dialyse angereichert werden.
F. Krusen. 4608◇

1525 **Antagonismus eines Nebulisates des Lindenholzsaftes gegenüber 5-Hydroxytryptamin.** Raymond Cahen, Jacqueline Nadaud und Simone Aubron. (Thérapie **16**, 322—25, März/April 1961; Maisons-Alfort, Rech. Lafon; franz.) — Der *Lindenholzsaft* (**I**) besitzt an isolierten Organen eine *Antiserotonin* (**II**)-Wirkung. Dieser Effekt scheint spezif. zu sein, da **I** in gleichen Konzz. gegen Acetylcholin am Meerschweinchendarm, gegen Oxytocin am Rattenuterus u. gegen Adrenalin am isolierten Kaninchenherzohr keine Wrkg. zeigt. An diesen 3 Organen ist der **I**-Antagonismus gegen **II** zwar unterschiedlich, aber stets deutlich. G. Kimmerle. 4608△

1526 **Eine neue Gruppe von therapeutischen Stoffen: die unverseifbaren Gemüseöle, ihre Carotinoide, ihre Phytosterine und ihre Verabreichung in alkoholischer Lösung.** H. Thiers, Zwingelstein, Jouanneteau, Fayolle und Moulin. (Thérapie **16**, 235—51, 1961; Lyon, Fac. de Méd., Clinique de Dermatol., Syphiligraphie et d'Allergol.; franz.) — In den letzten 10 Jahren wurden unverseifbare Gemüseöle, Phytosterine u. Carotinoide in der Rheumabehandlung, in der Dermatologie u. Stomatologie verwendet. Das unverseifbare Öl in Palmöl zeigt eine lokale eutroph. Wirkung. *Stigmasterin* hat gute Effekte bei der Sceredemia u. Ischialgie, beim Hals-Schulter-Syndrom u. bei Lumbago. Bei alveo-dentaler Pyorrhoe oder Paradentose war das unverseifbare Öl des Maises gut wirksam. G. Kimmerle. 4608△

1527 **Vorläufige pharmakologische Wirkung der Wurzeln von Cyclea peltata Diels.** K. S. Jamwal, I. P. Sharma und C. L. Chopra. (J. sci. ind. Res. [New Delhi], Sect. C **18**, 259—60, Dez. 1959; Jammu-Tawi, Regional Res. Labor., Dep. of Pharmacol.; engl.) — Die Gesamtalkaloide (0,5 bis 2,0 mg/kg) verringern bei Hunden vorübergehend den Blutdruck, 4—8 mg/kg bewirken einen plötzlichen Druckabfall um 40—50% ohne anschließende Normalisierung, die Puls-Geschw. sinkt, die Amplitude nimmt zu, der Druckabfall tritt auch bei Atropinisierung oder beidseitiger Vagektomie auf. Die Atmung wird kurzzeitig beschleunigt, die normale Intestinalbewegung wird inhibiert. Am isolierten Dünndarm wird die stimulierende Acetylcholin-Wrkg. inhibiert. Gegenüber einigen Bakterien wirken die Gesamtalkaloide antibakteriell. P. Gregorzewski. 4608◇

1528 **Behandlung der Influenza mit chinesischen Drogen und Chromchlorid.** S. G. Ong. (Sci. Rec. [Peking] [N. S.] **3**, 158—64, 1959; Peking, Acad. of Med. Sci., Inst. of Epidemiol.; engl.) — Bei Mäusen, die mit Influenzavirus A, PR 8, infiziert worden waren, verringerte *Areca catechu L.* oder *Scutellaria baicalensis* Georg die Lungenschädigungen u. erhöhte die Überlebensdauer. Die Wrkg. der Drogen wurde durch Kombination mit $CrCl_3$ verstärkt.
K. Zingraf. 4608◇

1529 **Wirkung verschiedener Medikamente, im besonderen von Sulfonamiden, und Antibioticis, auf die Bromsulfonphthaleinausscheidung.** H. Warembourg und G. Stalnikiewicz. (Thérapie **16** 271—78, März/April 1961; Lille, Fac. de Méd.; franz.) — Der Einfl. verschiedener Medikamente auf die Ausscheidung von *Natriumbromsulfonphthalein* (I) wurde bei 135 normalen, 72 hepat. u. 29 diabet. Personen untersucht. *Morphin, Chlorpromazin* u. *Procain* hatten keinen Einfl., aber *Ergotamintartrat* u. *Neosynephrin* bewirkten eine verzögerte I-Ausscheidung. Während *Chlortetracyclin* eine Ausscheidungshemmung verursachte, hatten *Penicillin, Streptomycin, Chloromycetin* u. *Oxytetracyclin* keinen Effekt. Alle *Sulfonamide*, ob bakteriostat. (*Sulfathiazol*), diuret. (*Acetazolamid, Hydrochlorothiazid*) oder hypoglykäm. (*D 860, BZ 55, 2259 RP*) wirksam, hemmten die I-Ausscheidung. Die hypoglykäm. Biguanide hatten aber keine Wirkung. Der mögliche spezielle Wrkg.-Mechanismus der verschiedenen Stoffe bei der I-Ausscheidungshemmung wird diskutiert. G. Kimmerle. 4610△

1530 **Vergleich der Aktivität und Toxizität. 3. Mitt. D-Glucamin- und Glycin-Derivate von Nitro- und Halogenbenzolen.** Edward G. Feldmann und William O. Foye. (J. Amer. pharmac. Assoc., sci. Edit. **48**, 419—22, 1959; Chicago, Ill., Div. of Chem., Amer. Dental Assoc.; Boston, Mass., Dep. of Chem., Coll. of Pharm.; engl.) — 2. vgl. C. **1963**, 9764. — *D-Glucamin-* u. *Glycin*-Moll. wurden in verschiedene Nitro- u. Halogenbenzol-Derivv. eingeführt, um so die tox. Effekte solcher Verbb. zu verringern. Der Vgl. der akuten Toxizitäten zeigt, daß die Zuckerkomponente eine große, die Glycin- u. Glycinestergruppen nur eine kleine Wrkg. auf die Toxizität ausüben. Die antibiot. Wrkg. von *m-Dinitrobenzol, 2.4-Dinitranilin* u. *p-Nitranilin* wurde durch Einführung der D-Glucamingruppe ganz aufgehoben. *N-[2-Nitro-4.5-dichlorphenyl]-D-glucamin* dagegen hat ein relativ breites antibiot. Spektrum. Die o-, m- u. p-Nitrophenylglycine u. ihre Ester besitzen eine relativ begrenzte Aktivität gegen Mikroorganismen. K. Böhm. 4610◇

1531 **Neuromuskuläre Effekte basischer Streptomyces-Antibiotica und deren Aufhebung durch Calcium.** G. Osterloh. (Arzneimittel-Forsch. **11**, 1139—42, Dez. 1961; Stolberg, Chemie Grünenthal GmbH.; dt.) — Bas. *Streptomyces-antibiotica* (I), bes. *Neomycin* (II) u. *Streptomycin* (III) können bei intraperitonealer Anwendung am Menschen zu schweren Atemstörungen führen. Die Atemlähmung wird durch Hemmung der neuromuskulären Übertragung hervorgerufen. *d-Tubocurarin* bzw. eine *Ae.-Narkose* verstärken die Wrkg. von I. Geeigneter sind depolarisierend wirkende Relaxantien, wie *Dekamethonium* oder *Succinylcholin*, welche die neuromuskulären Effekte von III, II u. *Kanamycin* (IV) möglicherweise abschwächen. Durch *Cholinesterase*-Hemmer, wie *Neostigmin* (VI) u. *Edrophonium* wird die blockierende Wrkg. von III, *Dihydrostreptomycin* (V), II u. *Viomycin* antagonist. beeinflußt; bei IV hat VI eher einen synergist. Effekt. Ca^{2+} führt zu einer sofortigen u. vollständigen Aufhebung der neuromuskulären Blockade durch I. III- u. V-Pantothenat hemmen die neurosmukuläre Übertragung am isolierten Phrenicus-Zwerchfell-Präp. der Ratte in geringerem Maße als die Sulfate. H. Aman. 4611◇

1532 **Phenoxypropylpenicillin.** A. R. Frisk und G. Tunevall. (Scand. J. clin. Lab. Invest., Suppl. **14**, Nr. 64, 71—76, 1962; Stockholm, Med. Serv., Ersta Hosp.; Central Bact. Labor. of Stockholm City; engl.) — Die in vitro-Aktivität von *Phenoxypropylpenicillin* (I) liegt in der gleichen Größenordnung wie die von *Penicillin G*. Infolge einer langsameren Eliminierung erhält man höhere I-Serum-Konzz. als bei Pheneticillin. P. Gregorzewski. 4611◇

1533 **Chronische Toxizität von Chloramphenicol auf das Knochenmark von Rhesus-Affen.** A. K. Hrenoff und H. H. Anderson. (Med. exp. [Basel] **4**, 183—90, 1961; San Francisco, Calif., Univ. of California, School of Med., Dep. of Pharmacol. and Exp. Therapeut.; engl.) — 6 Rhesusaffen erhielten täglich oral 300 mg/kg *Chloramphenicol* (I). Nach 2 Wochen fand sich ein Abfall der Normoblasten u. ein Stillstand in der Ausreifung der Metamyelocyten im Knochenmark. Bei fortdauernder I-Verabreichung normalisiert sich das Knochenmarkbild allmählich wieder. Die an Knochenmarkausstrichen festgestellte Zellverminderung u. die Zunahme des Fett-Geh. waren nicht mit Sicherheit auf die I-Verabreichung zurückzuführen. Bei den Kontrollen fanden sich keine Veränderungen in der Zus. des Knochenmarkes. K. Böhm. 4611◇

1534 **Aminosidin in Geburtshilfe und Gynäkologie, antibakterielle Wirkung in vitro und therapeutische Wirkung.** A. Buogo, M. Ghione und F. Polvani. (Chemotherapia [Basel] **5**, 80—89, 1962; Milano, Univ., Clin. Ostetr.-Gin.; Farmitalia, Labor. di Ric.; franz.) — In der Wrkg. gegen Bakterienstämme, die aus dem Scheidensekret von Schwangeren, aus dem Fruchtwasser oder bei chirurg.-gynäkolog. Eingriffen erhalten wurden, waren *Aminosidin* (I) u. *Neomycin* (II) dem Kanamycin, Streptomycin, Tetracyclin, Carbomycin, Erythromycin, Spiramycin, Bacitracin, Penicillin u. Chloramphenicol überlegen. Die Toxizität von I ist wesentlich geringer als die von II. I erwies sich bei 32 Fällen in der gynäkolog. Klinik als brauchbar. K. Zingraf. 4611◇

1535 **Ergebnisse der klinischen Prüfung und bakteriologischer Untersuchungen mit einem neuen Oligosaccharidantibioticum: Aminosidin.** Ferdinando Cislaghi und Ancilla Nicolini. (Chemotherapia [Basel] **5**, 61—69, 1962; Milano, Osped. Maggiore; franz.) — Ein Oligosaccharidantibioticum, das von *S. chrestomyceticus* n. sp. erzeugt wird, das *Aminosidin* (*Gabbromycin*), ist bes. gegen Staphylokokken wirksam. Es wurde in der Kinderklinik vor allem bei Neugeborenen mit Staphylokokkenherden u. bei akuten bakteriellen Dünndarmentzündungen in ca. 90% mit Erfolg oral oder parenteral angewandt. Nebenwrkg. oder Resistenz traten nicht auf. K. Zingraf. 4611◇

1536 **Kanamycin-Konzentrationen im Blut, Liquor und Pleuraexsudat.** E. Kuntz. (Klin. Wschr. **40**, 1107—11, 1962; Gießen, Justus-Liebig-Univ., Med. Klin.; dt.) — Es wird über die Konz. von *Kanamycin* (I) im Blut berichtet, wobei die günstigsten I-Spiegel bei Nierengesunden durch i.m. Injektion von 1 g I oder 2mal 1 g jeden 2. Tag, oder von 2 g in i.v.-Langzeitinfusion mit *p-Aminosalicylsäure* (Ausscheidungskonkurrenz, verzögerte I-Ausscheidung) erzielt werden. Bei nierenkranken Patienten ist mit I-Kumulation u. früher auftretenden u. stärkeren tox. Nebenwrkg. zu rechnen. Im normalen Liquor fand sich 2 u. 4 Std. nach 1 g I i.m. kaum I, bei Meningitis tuberculosa jedoch $^1/_3$—$^2/_3$ der Blutspiegelwerte. Bei tuberkulöser, exsudativer Pleuritis waren 3 Std. nach 2mal 1 g I i.m. $^1/_3$, 3 Std. nach erneut 1 g I $^2/_3$ der Blutspiegelwerte im Exsudat nachweisbar. 1 mg *Histamindichlorid* steigerte die I-Konzz. in Blut, Liquor u. Exsudat nicht. U. Tausendfreund. 4611◇

1537 **Klinische Untersuchungen zur Nephrotoxizität von Kanamycin.** E. Kuntz. (Klin. Wschr. **40**, 830—34, 1962; Gießen, Justus-Liebig-Univ., Med. Klin.; dt.) — Verabreichung von mehr als 34 g *Kanamycin* (I; Gesamtdosis im Behandlungszeitraum bei therapeut. Dosen) kann bei einem großen Prozentsatz der Patienten zu akuten, tox. Nierentubulusschädigungen führen. Bei älteren Leuten ist die Nierenschädigung früher nachweisbar. Intermittierende Verabreichung von I sowie gleichzeitige Verabreichung von *Pantothensäure* vermindert die klin. Befunde u. bewirkt eine schnellere Rückbildung, die bei 90% nach Beendigung der Behandlung innerhalb von 5 Wochen sowieso einzutreten pflegt. Bei bestehenden Nierenerkrankungen kann es sehr schnell zu einer akuten Niereninsuffizienz kommen. U. Tausendfreund. 4611◇

1538 **Einfluß einer Therapie mit Antibioticis auf die Curarisierung.** A. Baïsset, L. Lareng und G. Puig. (Anesthésie, Analgésie Réanimat. **19**, 813—25, Okt./Dez. 1962; Toulouse, Labor. de Physiol. appl. et de Pharmacodyn.; franz.) — *Colimycinsulfat, Neomycin, Streptomycin, Penicillin G, Kanamycin, Viomycin* u. die *Tetracycline* i.v. sensibilisierten das Nerv-Muskel-Präp. der Katze gegenüber der Wrkg. von *d-Tubocurarin*. Colimycinmethansulfonat, Novobiocin u. Natriumdimethoxy-2.6-phenylpenicillatmonohydrat waren ohne Wirkung. K. Zingraf. 4611◇

1539 **Über die Behandlung der Radialislähmung nach Bleivergiftung mit Adenosintriphosphat.** Haruo Katsunuma und Tatuso Negishi. (Jap. J. exp. Med. **32**, 149—61, 1962; Tokyo, Univ. of Tokyo, Fac. of Med., Dep. of Public Health; engl.) — Bei einer durch *Pb*-Vergiftung (5 Jahre lange Exposition gegenüber 0,2—0,3 mg/m³ Luft, 15—20 Tage im Monat, 8 Std./Tag) entstandenen Vorderarmmuskel-

lähmung (wachsige Degeneration, diffuse hyaline Degeneration ohne entzündliche Zeichen oder Blutung) erwies sich Behandlung mit *Adenosintriphosphat* [*ATP*; 10 mg kommerzielles ATP (*Adephos*-Kowa) i.v. in 20 ml 20% Glucose zusammen mit 5 mg *Vitamin* B_1/Tag] innerhalb von 5 Monaten als erfolgreich. Die Lähmung ging fast völlig zurück. ATP scheint die Blutgefäße der betroffenen Muskeln zu erweitern u. die Muskelzellen selbst zu aktivieren.
U. Tausendfreund. 4614◇

1540 **Selektive Hemmung der Sympathicusübertragung durch intravenöse Anwendung von Iproniazid und Harmin.** Leon I. Goldberg und Frances M. Da Costa. (Proc. Soc. exp. Biol. Med. **105**, 223—27, 1960; Bethesda, Md., Nat. Heart Inst., Sect. on Exp. Therap.; engl.) — Hohe Dosen *Iproniazid* oder *Harmin* i.v. hemmen bei narkotisierten Katzen u. Hunden die Übertragung durch Sympathicusganglien, beeinflussen dagegen die Funktion der Parasympathicusganglien nicht. K. Zingraf. 4620◇

1541 **Einige spektrophotometrische Charakteristika von Phenothiazin- und Thiaxanthenderivaten.** H. P. Fiedler. (Med. exp. [Basel] **3**, 353—56, 1960; Basel, Univ., Neurol. Poliklin.; dt.) — 1 ml wss. Lsgg. von Phenothiazin- u. Thiaxanthen-Derivv. mit 1—6 mg% wurde mit 2 ml H_2SO_4 (65 Vol.-%), die 0,01% $FeCl_3 \cdot 6\,H_2O$ enthielt, versetzt u. die Maxima der gebildeten Chromophore im Spektrophotometer im Bereich von 750—330 mμ ermittelt. Es zeigte sich, daß die Lage der Absorptionsmaxima von der Art des am Kern sitzenden Radikals u. der Art der Verknüpfung mit der Seitenkette abhängig ist u. somit die Unterscheidung der Derivv. erlaubt. Bei den folgenden Verbb. wurden die angegebenen Hauptmaxima (Nebenmaxima) gefunden: *Promazin* (Sparine, Prazine, Verophen, Protactil) 510—512 (—); *Phenergan* (512—514 (—); *Taxilan* 510—511 (—); *Mepazin* (Pacatal) 510 (—); *Acetylpromazin* (Plegicil, Notensil) 512—514 (382); *Chlorpromazin* (Largactil, Thorazine, Megaphen) 527—529 (—); *Perphenazin* (Trilafon, Decentan, Nipoda) 527—29; *Levopromazin* (Methotrimeprazine, Nozinan) 570 (360); *Thioridazin* (Melleril, Mellaril) 644 (490, 400, 358); *Taractan* (Truxal) 388 (490). F. Krusen. 4620◇

1542 **Die Wirkungslosigkeit von Phenothiazin und Stilböstrol in der täglichen Ration von Mastbullen gegen Rinderdasseln.** Irwin H. Roberts, M. E. Mansfield und Georg F. Cmarik. (J. econ. Entomol. **50**, 808—09, 1957; Springfield, U. S. Dep. of Agricult., Agric. Res. Serv. Animal Disease and Parasite Res. Div.; Robbs, Ill., Univ. of Illinois, Dixon Springs Exp. Station.; engl.) — Während einer 120tägigen Mastperiode erhielten Mastbullen entweder 2 g *Phenothiazin* oder 10 mg *Stilböstrol* bzw. eine Kombination beider Präpp. mit der täglichen Ration verabreicht. Die Applikation begann 45 Tage vor dem Befall der Tiere mit der kleinen Hautdassel (Hypoderma lineatum). Die Unterss. ergaben, daß die Präpp. keine Wrkg. auf die Dasseln u. ihre Larven hatten. H.-D. Bock. 4620◇

1543 **Pharmakologische Untersuchung eines neuroleptischen Phenothiazins, des Thiethylperazins.** I. Mitt. **Wirkung auf das Verhalten des Tieres.** J. R. Boissier, Jeannette Pagny und Ya Font Du Picard. (Med. exp. [Basel] **4**, 145—50, 1961; Paris, Fac. de Méd., Inst. de Pharmacol.; franz.) — *Thiethylperazin* (*GS 95*; *Torécan*; *10-[γ-(4-Methylpiperazino)-propyl]-7-äthylmercaptophenthiazin*; **I**), ein neurolept. wirkendes Phenothiazin-Deriv., wurde auf seine zentralnervösen Effekte geprüft. Die DL_{50} beträgt bei der Maus bei i.v.-Injektion 94,5 mg/kg. Die Spontanmotilität wird bei der Ratte nach 7,5 mg I/kg um 75% u. nach 10 mg I/kg fast vollkommen aufgehoben. Im Traktionstest ist I wenig wirksam. Am Drehstab u. bei der Weglauf-Rk. an der schiefen Ebene konnten psychosedative Wrkg. festgestellt werden. Die Beziehungen zwischen der chem. Struktur von I u. Prochlorperazin u. Thioridazin werden besprochen.
K. Böhm. 4620◇

1544 **Veränderung der Wirkung von sympathicomimetischen Aminen durch Reserpin bei Spinalkatzen. Eine Klassifizierung der sympathicomimetischen Amine.** U. Trendelenburg, A. Muskus, W. W. Fleming und B. Gomez Alonso de la Sierra. (J. Pharmacol. exp. Therapeut. **138**, 170—80, 1962; Boston, Mass., Harvard Med. School, Dep. of Pharmacol.; engl.) — Spinalkatzen erhalten eine Vorbehandlung mit einer oder zwei Injektionen (24 oder 48 u. 24 Std. vor dem Vers.) von je 3 mg/kg *Reserpin* (**I**). Danach werden 14 sympaticomimet. Amine in ihrer Wrkg. auf Blutdruck, Herz-Geschw. u. Nickhaut geprüft. Die Sympaticomimetica können auf Grund dieser Ergebnisse in 3 Gruppen eingeteilt werden. a) *Norepinephrin*-ähnliche Mittel, ihre Wrkg. ändert sich durch die I-Vorbehandlung nicht. Hierzu gehören: *Norepinephrin, Epinephrin, Norphenylephrin, Synephrin, m-Hydroxyephedrin* u. *m-Hydroxyphenylpropanolamin*. b) *Tyramin*-ähnliche Mittel, ihre Wrkg. wird durch die I-Vorbehandlung vermindert. In dieser Gruppe sind: *Tyramin, d-Amphetamin, Mephentesmin* u. *Phenylephrin*. c) Bei den Mitteln dieser Gruppe wird die Wrkg. durch die I-Vorbehandlung verstärkt. Hierzu gehören: *Norsynephrin, p-Hydroxyephedrin, Phenylpropanolamin, p-Hydroxyphenylpropanolamin* u. *meta-Tyramin*. Für die Wrkg. ist die Position der phenol. Hydroxylgruppe von größerer Bedeutung als die Ggw. oder Abwesenheit der Hydroxylgruppe in β-Stellung.
W. Hiller. 4620◇

1545 **Die Wirkung von Reserpin auf die Regulierung der Körpertemperatur bei der Ratte.** Robert E. Taylor jun. und Melvin J. Fregly. (J. Pharmacol. exp. Therapeut. **138**, 200—07, 1962; Gainesville, Fla., Univ. Florida, Coll. of Med., Dep. of Physiol.; engl.) — Erhalten Ratten *Reserpin* (**I**) verabreicht, so erhöht sich die Abkühlungs-Geschw. um ca. 33%. Werden Tiere mit der gleichen Temp. des Colons verglichen, so zeigen die mit I behandelten Tiere eine geringere Wärmeproduktion. Hohe Dosen (über 1,0 mg/kg) erniedrigen die Temp. des Colons, geringere Dosen (0,125 mg/kg) erhöhen nur die Abkühlungsgeschwindigkeit. *Thyroxin* in Dosen von 50 μg/kg hebt die Wrkg. von I auf den Wärmehaushalt z. T. auf. Thyroidstimulierendes Hormon zeigt keine dem Thyroxin entsprechende Wirkung.
W. Hiller. 4620◇

1546 **Beitrag zur pharmakodynamischen Untersuchung von Mecamylamin.** P. Lechat, M. Lamarche und A. Renier-Cornec. (Thérapie **16**, 252—64, März/April 1961; Paris, Fac. de Méd., Inst. de Pharmacol.; franz.) — Vff. bestätigen in Tier-Verss. die Angaben anderer Autoren über die ausgezeichnete gangliopleg. Wrkg. von *Mecamylamin* (**I**; *3-Methylaminoisocamphanhydrochlorid*) nach oraler u. parenteraler Verabreichung. Im einzelnen werden genauer die I-Wrkg. am cardiovasculären Syst. (isoliertes Meerschweinchenherz: negativ inotrope Wrkg., kein Einfl. auf Chronaxie, keine Akkumulation u. Sensibilisierung; Hundeherz in situ: i.v. Injektion von 2 mg I/kg bewirkt einen negativ inotropen Effekt, der aber bei Hunden, Kaninchen u. Meerschweinchen verschieden groß ist; i.v. Injektion von 0,5—2,0 mg I/kg bewirkt bei Hunden u. Kaninchen Hypotonie) u. am Darm (nur in vivo bei der Ratte u. der Maus erkennbar) untersucht. G. Kimmerle. 4620△

1547 **Alopecia und kutane Ulcerationen bei Ratten nach subkutanen Injektionen eines sympathomimetischen Stoffes, Methoxaminhydrochlorid.** Amos E. Light. (J. Soc. Cosmet. Chemists **12**, 330—35, Aug. 1961; engl.) — Die tägliche subkutane Injektion von *Methoxaminhydrochlorid*-Lsgg. (**I**; *β-Hydroxy-β-[2.5-dimethoxyphenyl]-isopropylaminhydrochlorid*) bewirkte bei ♂ Ratten Haarausfall in den behandelten Hautbezirken des Kopfes. Mindestens 3 Injektionen waren dazu nötig. Bei jungen Ratten war dieser Effekt nicht zu erreichen, aber dagegen bei älteren. Bei Verw. von I in Erdnußöl, wobei ein Depoteffekt erreicht wurde, kam es weiterhin sogar zu Hautulcerationen. Es wird angenommen, daß ein vasoconstrictor. Hormon den Haarausfall beim Menschen bedingt. G. Kimmerle. 4620△

1548 **Eine anticonvulsive Wirkung von Inhibitoren der Monaminoxydase.** D. J. Prockop, P. A. Shore und B. B. Brodie. (Experientia [Basel] **15**, 145—47, 1959; Bethesda, Md., U. S. Dep. of Health, Education and Welfare, Nat. Heart Inst., Labor. of Chem. Pharmacol.; engl.) — Inhibitoren (*Iproniazid, JB 516* u. *JB 807*) der Monaminoxydase zeigen bei Ratten eine antikonvulsive Wrkg., die mit einer Erhöhung des *Serotinin*- u. *Noradrenalin*-Geh. im Gehirn verbunden ist. Es wird angenommen, daß gewisse Formen von Epilepsie auf eine lokale Störung im Stoffwechsel der Gehirnamine zurückzuführen sind. W. Wesly. 4620□

1549 **Ein Vergleich zwischen den Wirkungen von Edrophonium und Cholin bei den Skelettmuskeln der Katze.** L. C. Blaber und W. C. Bowman. (Brit. J. Pharmacol. Chemotherapy **14**, 456—66, Dez. 1959; London, School of

Pharm., Dep. of Pharmacol.; engl.) — Ein Vgl. der Wrkg. von *Edrophonium* (I) u. *Cholin* (II) mit der der depolarisierenden Verbb. *Acetylcholin* (III), *Dekamethonium* (IV) u. *Suxamethonium* (V) bei innerviertem u. chron. denerviertem Tibialis anterior-Muskel von Katzen unter Chloraloseanästhesie zeigte, daß I u. II wirksamere Antagonisten der *Tubocurarin* (VI)-Lähmung waren, als auf Grund ihrer Fähigkeit zur direkten Aktivierung der motor. Endplatten angenommen werden konnte. Eine durch das neuromuskulär blockierende *Benzochinonium* (VII) hervorgerufene Lähmung wurde von einem Tetanus, III, IV oder V leichter antagonist. beeinflußt als eine durch VI ausgelöste. I u. II waren als Antagonisten zu VII ca. 500- u. ca. 5fach inaktiver als zu VI. Vorherige VII-Zufuhr hob die antagonist. Wrkg. normalerweise wirksamer I-Dosen gegenüber VI auf u. verminderte diejenige von II. Diese Ergebnisse gleichen den früher mit Neostigmin, Physostigmin u. Tetraäthylpyrophosphat erzielten u. lassen eine gewisse Ähnlichkeit des Wrkg.-Mechanismus all dieser Verbb. vermuten. VII dürfte sich als brauchbares pharmakolog. Mittel zur Unterscheidung von Verbb. dieses speziellen Wrkg.-Typs eignen. Diese Anticurare-Verbb. scheinen nicht durch Cholinesterasehemmung oder durch eine Steigerung der Empfindlichkeit der motor. Endplatten zu wirken (präsynapt. Wrkg.-Mechanismus). K. Maier. 4620□

1550 **Der Einfluß von Anticholinesterasen auf die Wirkung von Acetylcholin auf markfreie Säugernervenfasern.** Christine J. Armett und J. M. Ritchie. (J. Physiology **153**, 43P—44P, Sept. 1960; New York, N.Y., Albert Einstein Coll. of Med.; engl.) — In Ggw. von $1-3\cdot10^{-5}$ g *Eserin*/ml war die Wrkg. von *Acetylcholin* (I) auf die markfreien Fasern (Kaninchen, Thoraxvagusstamm) verringert. Die *Anticholinesterasen* (II) *DFP* u. *Prostigmin* sowie *Edrophonium* verminderten in Konzz. von 10^{-4} bis $10^{-3}\,\gamma$/ml die I-Wrkg. gleichfalls oder hoben diese auf. Vermutlich besteht eine Konkurrenz zwischen I u. II um einen Receptor, so daß es zu einer Hemmung kommt. Hierfür spricht auch die Hemmung der Carbachol-Wrkg. durch II. K. Maier. 4620◇

1551 **Neue, auf das Zentralnervensystem wirkende Verbindungen.** A. Cattaneo, G. Gelmi, A. Jori und H. Zevio. (Farmaco [Pavia], Ediz. Sci. **17**, 308—19, 1962; Milano, Labor. di Ric. della Sigurta Farmaceutici; ital.) — Eine Reihe cyclohexyl- u. phenylsubstituierter tert. Aminoalkohole wird aus Bromketonen durch Umsetzung mit sek. Aminen u. Grignard-Rk. mit Cyclohexyl-MgBr synthetisiert. Die Umsetzung der Bromketone mit Dibenzyl-, Di-n-propyl-, Diisopropyl- u. Bis-2-chloräthylamin gelang nicht. Auch eine Dehydratisierung der Aminoalkohole konnte nicht erreicht werden. Die Toxizität der Verbb. ist gering, einige zeigen sedative, einige analget. Wrkg., einige potenzieren die Barbituratwirkung.

Versuche: α-substituierte Propiophenone: Meth. A: Durch Zutropfen des Halogenketons in Bzl. zu 2 Mol Amin in Bzl. bei 20—25°, Absaugen des Ammoniumsalzes, Dest. u. Reinigung über das in Ae. mit HCl gefällte u. aus Essigester/Isopropanol krist. Hydrochlorid (HCl). Meth. B: Wie A mit 1 Mol Amin u. 1,4 Mol K_2CO_3. — *Diäthylamino-*, *HCl*, F. 167—168°, nach A; 40% (Ausbeute). — *Piperidino-*, Kp.$_{4-6}$ 154—156°, nach A. *HCl*, F. 212—214°; 54%. — *4-Methylpiperazino-*, Kp.$_{4-6}$ 166—168°, nach B. *HCl*, F. 231—233°; 41,5%. — *1.2.3.6-Tetrahydropyridino-*, Kp.$_1$ 124—126°, nach B. *HCl*, $C_{14}H_{17}NO\cdot HCl$, F. 211—212°; 43,5%. — *Äthylenimino-*, *HCl*, $C_{11}H_{13}NO\cdot HCl$, F. 243°, nach B. — *Bis-[2-hydroxyäthyl]-amino-*, *HCl*, $C_{13}H_{19}NO_3\cdot$ HCl, Erweichung bei 80°. — α-substituierte Butyrophenone: *Diäthylamino-*, Kp.$_6$ 129—130°, nach A. *HCl*, $C_{14}H_{21}NO\cdot HCl$, F. 146—148°; 60%. — *Piperidino-*, Kp.$_6$ 149 bis 158°, nach A. *HCl*, $C_{15}H_{21}NO\cdot HCl$, F. 180—181°; 80,5%. — *4-Methylpiperazino-*, Kp.$_1$ 136°, nach B. *Di-HCl*, $C_{15}H_{22}N_2O\cdot$ 2 HCl, F. 227°; 43%. — *Morpholino-*, Kp.$_1$ 134—136°, nach A. *HCl*, $C_{14}H_{19}NO_2\cdot HCl$, F. 214—216°; 57%. — *1.2.3.6-Tetrahydropyridino-*, *HCl*, $C_{15}H_{19}NO\cdot HCl$, F. 176—177°, nach B; 50%. — α-substituierte ω-Phenylpropiophenone: *Diäthylamino-*, Kp.$_1$ 152—154°, nach B. *HCl*, F. 184—186°; 30%. — *Piperidino-*, F. 82°, nach B. *HCl*, F. 239—242°; 70%. — *4-Methylpiperazino-*, *HCl*, F. 228—230°, nach B; 83%. — *1.2.3.6-Tetrahydropyridino-*, *HCl*, $C_{20}H_{21}NO\cdot HCl$, F. 230—232°, nach B; 67%. — 1-Phenyl-1-cyclohexylpropanole: Durch Zutropfen des Aminoketons zu Cyclohexyl-MgBr in Ae. unter Rückfluß, Zers. mit NH_4Cl-Lsg. u. Reinigung über das Hydrochlorid. — *2-Diäthylamino-*, Kp.$_1$ 161 bis 164°. *HCl*, $C_{19}H_{31}NO\cdot HCl$, F. 161—163° (Essigester); 35%. — *2-Piperidino-*, *HCl*, $C_{20}H_{31}NO\cdot HCl$, F. 183°; 20%. — *2-[4-Methylpiperazino]-*, Kp.$_1$ 177—178°. *HCl*, $C_{20}H_{32}N_2O\cdot$ HCl, F. 273—274° (A.); 60%. — *2-[1.2.3.6-Tetrahydropyridino]-*, *HCl*, $C_{20}H_{29}NO\cdot HCl$, F. 205—208°; 33%. — 1-Phenyl-1-cyclohexylbutanole: *2-Diäthylamino-*, Kp.$_1$ 150 bis 153°. *HCl*, $C_{20}H_{33}NO\cdot HCl$, F. 129—130°; 79%. — *2-Piperidino-*, F. 126—127°. *HCl*, $C_{21}H_{33}NO\cdot HCl$, F. 234° (Essigester/Isopropanol); 70%. — *2-[4-Methylpiperazino]-*, *HCl*, $C_{21}H_{34}N_2O\cdot HCl$, F. 294° (A.); 76%. — *2-Morpholino-*, *HCl*, $C_{20}H_{31}NO_2\cdot HCl$, F. 198—199° (Essigester); 77%. — *2-[1.2.3.6-Tetrahydropyridino]-*, F. 102—104°. *HCl*, $C_{21}H_{31}NO\cdot$ HCl, F. 192—193° (Methyläthylketon); 45%. — 1.2-Diphenyl-1-cyclohexyläthanole: *2-Diäthylamino-*, *HCl*, $C_{24}H_{33}NO\cdot HCl$, F. 223° (Essigester); 25%. — *2-Piperidino-*, F. 135—136°. *HCl*, $C_{25}H_{33}NO\cdot HCl$, F. 240—241° (A.); 65%. — *2-[4-Methylpiperazino]-*, *Di-HCl*, $C_{25}H_{34}N_2O\cdot 2\,HCl$, F. 264 bis 266° (A.); 45%. — *2-[1.2.3.6-Tetrahydropyridino]-*, *HCl*, $C_{25}H_{31}NO\cdot HCl$, F. 229—230° (Isopropanol); 53%. W. Holland. 4620◇

1552 **Einfluß von Coffein auf das Gedächtnis und das Verhalten von Goldhamstern.** H. Rahmann. (Pflügers Arch. ges. Physiol. Menschen Tiere **276**, 384—97, 1963; Münster/Westf., Univ., Zoolog. Inst.; dt.) — *Coffein* (0,25 bis 10 mg/kg, subkutan) erhöht die Lernfähigkeit u. intensiviert Rkk., Motilität u. Rk.-Zeit von Goldhamstern. P. Gregorzewski. 4622◇

1553 **Entwicklung einer Resistenz gegen Natrium-Pentobarbital bei Ratten nach Chlorcyclizin enthaltender Kost.** Ian D. Thompson, William C. Dolowy und W. H. Cole. (J. Pharmacol. exp. Therapeut. **127**, 164—66, 1959; Chicago, Ill., Univ. of Illinois, Coll. of Med., Dep. of Surg. and Animal Hosp.; engl.) — *Chlorcyclizin* (I) bewirkt bei Ratten, denen es mit dem Futter zugeführt wurde, kein auffälliges Verhalten. Es bewirkt aber bei chron. Zufuhr eine Resistenz gegen *Na-Pentobarbital* (II), verkürzt die Erholungszeit nach II u. erhöht die DL_{50} für II: die DL_{50} für nicht mit I vorbehandelte Ratten beträgt 39 mg/kg, die nach 3 Wochen langer Vorbehandlung mit 0,026% I im Futter 88 mg/kg. Die DL_{50} für die Tiere, denen I i.m. u. i.v. kurzfristig vor den II-Gaben injiziert wurde, unterscheidet sich nicht merkbar von der der Kontrollen u. die I-Gaben steigern auch nicht die Resistenz gegen die 30 Min. spätere intraperitoneale II-Injektion. Bei den chron. Verss. war die Körper-Temp. normal, u. der Gew.-Anstieg unterschied sich nicht von dem der Kontrolltiere. Histolog. fand sich nur eine Hyperämie. Mögliche Mechanismen für die I-Wrkg. werden diskutiert. K. Böhm. 4625◇

1554 **Untersuchungen über Prophenpyridamin (Trimeton) und Chlorprophenpyridamin (Chlortrimeton).** Annette Labelle und Richard Tislow. (J. Pharmacol. exp. Therapeut. **113**, 72—88, Jan. 1955; Bloomfield, N.J., Schering Corp., Biol. Res. Labor.) — Die Antihistamin-Wrkg. nachst. Verbb. wurde an Meerschweinchen auf Grund der Schutz-Wrkg. gegen Histamindihydrochloridinjektionen in Höhe der doppelten letalen Dosis (1,1 mg/kg; DL_{99} 0,490) bestimmt. Die angeführten Zahlen sind auf die orale Antihistamin-Wrkg. von *Prophenpyridamin* (*Trimeton*) (I) = 100 bezogen. γ.γ-disubstituierte-Propyldimethylamine: *γ-Pyridyl-(2)-γ-phenyl-* (I), 100; *γ-Pyridyl-(2)-γ-[p-tolyl]-* (II), 500; *γ-Pyridyl-(2)-γ-[p-isopropylphenyl]-* (III), 50; *γ-Pyridyl-(2)-γ-[p-anisyl]-*, 33; *γ-Pyridyl-(2)-γ-[p-chlorphenyl]-* (IV) (*Chlorprophenpyridamin*; *Chlortrimeton*), 1900; *γ-Pyridyl-(2)-γ-[3.4-dichlorphenyl]-*, 7; *γ-Pyridyl-(2)-γ-[p-dimethylaminophenyl]-* (V), 200; *γ-Pyridyl-(2)-γ-[benzyl]-*, 7; *γ-Pyridyl-(2)-γ-[p-methylbenzyl]-*, 17; *γ-Pyridyl-(2)-γ-[n-butyl]-*, 8; *γ-[6-Methylpyridyl-(2)]-γ-phenyl-*, 15; *γ-[3-Methylpyridyl-(2)]-γ-phenyl-*, 2; *γ-Pyridyl-(4)-γ-phenyl-*, 6; *γ-Pyrimidyl-(2)-γ-phenyl-*, 10; *γ-Thiazolyl-(2)-γ-phenyl-*, 12; *γ.γ-Bis-pyridyl-(2)-* (VI), 67; *γ-Pyridyl-(2)-γ-thienyl-*, 10; *γ-Pyridyl-(2)-γ-thenyl-*, 8; *γ-Pyridyl-(2)-γ-[5-chlorthenyl-(2)]-*, 1; *γ-Pyridyl-(2)-γ-thiazolyl-(2)-* (VII), 50; ferner nachst. inakt. Verbb.: *γ-Pyridyl-(2)-γ-[o-chlorphenyl]-*; *γ-Pyridyl-(2)-γ-[p-methoxybenzyl]-*; *γ-Pyridyl-(2)-γ-[α-naphthyl]-*; *γ-Pyridyl-(2)-γ-cyclohexyl-*; ferner *γ-Pyridyl-(2)-γ-phenylpropyldiäthylamin*, inakt.; *γ-Pyridyl-(2)-γ-phenylbutyldimethylamin*, 10; *γ-Pyridyl-(2)-γ-phenyl-β-methyl-*

propyldimethylamin, inakt.; *γ-Pyridyl-(2)-γ-phenylpropylpiperidin*, 25; ferner nachst. substituierte Methyl-[β-dimethylaminoäthyl]-äther: *α-Pyridyl-(2)-α-phenylmethyl-* (**VIII**,) 55; *α-Pyridyl-(3)-α-phenylmethyl-*, inakt.; *α-Pyridyl-(2)-α-[p-isopropylphenyl]-methyl-*, 10; *α-Pyridyl-(2)-α-[p-tolyl]-methyl-*, 14; *α-Pyridyl-(2)-α-[m-tolyl]-methyl-*, 30; *α-Pyridyl-(2)-α-[p-anisyl]-methyl-*, 30; *α-Pyridyl-(2)-α-[p-dimethylaminophenyl]-methyl-*, 10; *α-Pyridyl-(2)-α-[3.4-methylendioxyphenyl]-methyl-*, 20; *α-Pyridyl-(2)-α-[p-chlorphenyl]-methyl-* (**IX**) (*Paracarbinoxamin*; *Clistin*), 1600; *α-Pyridyl-(2)-α-benzylmethyl-*, inakt.; *α-Pyridyl-(2)-γ-phenylpropyl-*, inakt.; *α-Pyridyl-(2)-α-thenyl-(2)-methyl-*, 14; *α-Pyridyl-(2)-butyl-*, inakt.; *α-Pyridyl-(2)-α-[p-tolyl]-methyl-*, 8; *α-Pyridyl-(3)-α-phenyläthyl-*, 8; *α-Pyridyl-(2)-α-phenyläthyl-* (**X**) (Doxylamin; Decapryn), 100; *α-Pyridyl-(2)-α-[p-chlorphenyl]-äthyl-* (**XI**), 115; *α.α-Diphenylmethyl-* (**XII**) (Diphenhydramin), 41; ferner *α-Pyridyl-(2)-α-phenylmethyl-[β-diäthylaminoäthyl]-äther*, 14; *α-Pyridyl-(2)-α-[p-tolyl]-[β-diäthylaminoäthyl]-äther*, 2; ferner nachst. N-substituierte N-[β-Dimethylaminoäthyl]-picolinsäureamide: *N-[β-Dimethylaminoäthyl]-picolinsäureamid*, inakt.; *N-Phenyl-*, inakt.; *N-[p-Tolyl]-*, 0,5; *N-[m-Chlorphenyl]-*, inakt.; *N-[p-Chlorphenyl]-*, 20; *N-[o-Methoxyphenyl]-*, inakt.; *N-Benzyl-*, inakt.; *N-Pyridyl-(2)-*, 20; ferner nachst. N-substituierte N-[β-Dimethylaminoäthyl]-nicotinsäureamide: *N-Phenyl-*, inakt.; *N-[p-Tolyl]-*, inakt.; *N-[m-Chlorphenyl]-*, inakt.; *N-[p-Chlorphenyl]-*, 0,5; *N-Benzyl-*, 0,5; *N-Phenyl-N-[β-diäthylaminoäthyl]-nicotinsäureamid*, inakt., *N-Benzyl-N-[β-diäthylaminoäthyl]-nicotinsäureamid*, inakt.; *N-[2-Thiazolyl]-*, 20; ferner nachst. N-substituierte N-[β-Dimethylaminoäthyl]-benzamide: *N-Phenyl-*, inakt.; *N-[p-Tolyl]-*, 20; *N-Pyridyl-(2)-*, 20; ferner *N-Benzyl-N-[β-dimethylaminoäthyl]-thiophen-2-carbonsäureamid*, 40; ferner nachst. Nicotinsäureamide: *N-Phenyl-N-[2-pyridyl]-*, inakt.; *N-[β-Phenyl-β-(2-pyridyl)-äthyl]-*, inakt.; sowie *N-[β-Phenyl-β-(2-pyridyl)-äthyl]-picolinsäureamid*, inakt.; *Tripelennaminhydrochlorid* (**XIII**) (Äthylendiamin-Deriv.); *Chlorcyclizin* (**XIV**) (als *Hydrochlorid*); *Promethazinhydrochlorid* (**XV**); **XII**—**XV** sind zum Vgl. herangezogene gebräuchliche Antihistamine. Die Verbb. **I**—**XI** waren die aktivsten der getesteten Amine. Bei den γ.γ-disubstituierten Verbb. (**I**) wurde die Antihistamin-Wrkg. durch die p-ständige Methyl- (**II**), Dimethylamino- (**V**) u. bes. durch p-ständige Cl-Gruppe (**IV**) erhöht. Bei den Aminoäthern waren nur die Verbb. **VIII** u. **X** u. bes. ihre p-Chlor-Derivv. (**IX** u. **XI**) akt.; geringfügige andere Abweichungen führten zum teilweisen oder völligen Verlust der Aktivität. Die Äthylendiamin-Derivv. waren fast alle wenig oder gar nicht aktiv. Von allen auf Dauer-Wrkg. getesteten Verbb. schnitt **IV** (als Maleat, wenig gut als Hydrochlorid) mit 29,9 Std. (Dosis 51 mg/kg) bes. gut ab. Die therapeut. Indices waren von **IV** (Maleat) 1550, von **I** (Hydrochlorid) 170, von **XII** (Hydrochlorid) 70 u. von **XIII** 60. Von allen getesteten Verbb. war **IV** am wirksamsten gegen experimentellen anaphylakt. Schock bei Meerschweinchen. **I**, **IV**, **XII** u. **XIII** riefen in der gleichen Konz. von 5 mg/Liter (verglichen mit 3,6 mg/Liter bei Papaverin) eine 50%ig. Aufhebung des $BaCl_2$-Spasmus hervor, gegen Carbamylcholinchloridspasmus betrugen die entsprechenden wirksamen Dosen: Atropin 0,006; **I** 6,7; **IV** 5,0; **XII** 1,0; **IX** 5,0. Die relative Stärke der lokalanästhet. Wrkg. an der Oberfläche fiel in nachst. Reihenfolge ab: Cocainhydrochlorid = **XII** > **XIII** > **IV** (Maleat) > **I** (Maleat). **IV** u. **XIII** hoben den durch Injektion von Arecolin hervorgerufenen Depressoreffekt im Vgl. mit Atropinsulfat nicht, **I** hob ihn nur wenig u. **XII** vollständig auf. Die gleichen Verbb. potenzierten den Epinephrin–Pressor-Effekt. Die akute Toxizität (DL_{50}) betrug für nachst. Antihistamine (in mg/kg Maus): **I**-Hydrochlorid 185,1 (oral), 132,1 (subkutan), 60,5 (i.v.); **IV** (Maleat) 142,0, 104,0, 39,6; **XII** (Hydrochlorid) 114,1, 111,6, 55,0; **XIII** (Hydrochlorid) 121,1, 40,8, 22,6; die tox. Menge lag bei Meerschweinchen etwas höher, beim Hund, nach i.v. Infusion, etwas niedriger als bei der Maus. Bei längerer Verfütterung subakuter Mengen **I** u. **IV** an Ratten u. Mäuse konnten keine morpholog. u. histolog. krankhaften Veränderungen festgestellt werden. H. Kluge. 4625

1555 **Neue halogenierte Barbitursäurederivate.** M. Carissimi, I. Grasso, E. Grumelli, E. Milla und F. Ravenna. (Farmaco [Pavia], Ediz. Sci. **17**, 390—413, 1962; Milano, Labor. Ric. Maggioni Co.; ital.) — Einige im Benzolkern halogenierte *Phenyläthyl-* (**I**) u. *Phenylallylbarbitursäuren* (**II**) werden zum pharmakolog. Vgl. dargestellt. Die Toxizität bleibt bei Einführung eines Halogens fast gleich, die narkot. Wrkg. sinkt, wenn auch in differenzierter Weise. Eine muskelrelaxierende Wrkg. läßt sich feststellen, der antikonvulsive Effekt wird abgeschwächt. Einführung des Cl in o-Stellung senkt allg. die Wrkg., in m-Stellung wird bei **I** die Wrkg. etwas erhöht, bei **II** nicht, p-Stellung verändert die Wrkg.-Stärke nicht.

Versuche: ***p-Jodphenylacetonitril*** (**III**), F. 56—57° (A.), aus 30 g p-Jodbenzylbromid u. 12 g KCN in A./W.; 17 g (Ausbeute). — Phenylessigsäureäthylester: *p-Fluor-*, $Kp._{28}$ 121—123°, durch Veresterung in Ggw. von H_2SO_4; n_D^{25} 1,4772; 83%. — *o-Chlor-*, $Kp._{36}$ 148°; n_D^{20} 1,5194; 82%. — *m-Chlor-*, $Kp._{20}$ 135—136°; n_D^{20} 1,5158; 83%. — *p-Chlor-*, $Kp._{15}$ 134—135°; 90%. — *p-Brom-*, $Kp._{17}$ 147—149°, mit alkohol. HCl; 86%. — *p-Jod-*, $C_{10}H_{11}JO_2$, $Kp._{15}$ 162—164°, aus **III**; 84%. — Phenylmalonsäurediäthylester, durch Zutropfen von Oxalsäurediäthylester zu Na-Äthylat-Lsg., dann Zugabe des entsprechenden Phenylessigsäureäthylesters bei 60° u. Isolierung des ausgefallenen Na-Salzes: *p-Fluor-*, $C_{13}H_{15}FO_4$, $Kp._{15}$ 161—162°; n_D^{20} 1,4774; 61%. — *o-Chlor-*, $C_{13}H_{15}ClO_4$, $Kp._{17}$ 170—172°; n_D^{20} 1,5006; 52%. — *m-Chlor-*, $C_{13}H_{15}ClO_4$, $Kp._{17}$ 176—178°; n_D^{20} 1,5010; 40%. — *p-Chlor-*, $C_{13}H_{15}ClO_4$, $Kp._{15}$ 178—180°; n_D^{20} 1,5028; 37%. — *p-Brom-*, $C_{13}H_{15}BrO_4$, $Kp._{16}$ 190—192°; n_D^{20} 1,5175; 60%. — *p-Jod-*, $C_{13}H_{15}JO_4$, $Kp._{17}$ 205—206°; 53%. — Phenyläthylmalonsäurediäthylester (**IV**), durch Alkylierung vorst. Ester mit Äthyljodid in Ggw. von Na-Äthylat: *p-Fluor-*, $C_{15}H_{19}FO_4$, $Kp._{17}$ 163—165°; n_D^{20} 1,4768; 74%. — *o-Chlor-*, $C_{15}H_{19}ClO_4$, $Kp._{20}$ 181—183°; n_D^{20} 1,5047; 50%. — *m-Chlor-*, $C_{15}H_{19}ClO_4$, $Kp._{20}$ 175—176°; n_D^{20} 1,4982; 60%. — *p-Chlor-*, $C_{15}H_{19}ClO_4$, $Kp._{16}$ 182—183°; n_D^{20} 1,5015; 66%. — *p-Brom-*, $C_{15}H_{19}BrO_4$, $Kp._{16}$ 190—192°; n_D^{20} 1,5152; 71%. — *p-Jod-*, $C_{15}H_{19}JO_4$, $Kp._{16}$ 193—194°; 72%. — Phenylallylmalonsäurediäthylester (**V**), wie vorst. mit Allylbromid: *p-Fluor-*, $C_{16}H_{19}FO_4$, $Kp._{18}$ 171—172°; n_D^{20} 1,4853; 70%. — *o-Chlor-*, $C_{16}H_{19}ClO_4$, $Kp._{18}$ 184—186°; n_D^{20} 1,5111; 71%. — *m-Chlor-*, $C_{16}H_{19}ClO_4$, $Kp._{22}$ 190—192°; n_D^{20} 1,5058; 77%. — *p-Chlor-*, $C_{16}H_{19}ClO_4$, $Kp._{16}$ 190—192°; n_D^{20} 1,5071; 71%. — *p-Brom-*, $C_{16}H_{19}BrO_4$, $Kp._{18}$ 197—199°; n_D^{20} 1,5215; 71%. — *p-Jod-*, $C_{16}H_{19}JO_4$, $Kp._{16}$ 210—212°; 70%. — 5-Phenyl-5-äthylbarbitursäuren, durch Zutropfen des entsprechenden **IV** zu Harnstoff in Na-Methylat-Lsg., 6std. Kochen, Abdampfen des Methanols u. Zutropfen von Eiswasser bei 5°: *p-Fluor-*, $C_{12}H_{11}FN_2O_3$, F. 177—178° (W.); 55%. — *o-Chlor-*, $C_{12}H_{11}ClN_2O_3$, F. 295—296° (A.); 43%. — *m-Chlor-*, $C_{12}H_{11}ClN_2O_3$, F. 252—254° (A.); 25%. — *p-Chlor-*, $C_{12}H_{11}ClN_2O_3$, F. 192 bis 194° (Toluol); 30%. — *p-Brom-*, $C_{12}H_{11}BrN_2O_3$, F. 222 bis 223° (50%ig. A.); 45%. — *p-Jod-*, $C_{12}H_{11}JN_2O_3$, F. 237° (A.); 32%. — 5-Phenyl-5-allylbarbitursäuren, wie vorst. aus **V**: *p-Fluor-*, $C_{13}H_{11}FN_2O_3$, F. 188—189° (50%ig. A.); 40%. — *o-Chlor-*, $C_{13}H_{11}ClN_2O_3$, F. 276—278° (A.); 37%. — *m-Chlor-*, $C_{13}H_{11}ClN_2O_3$, F. 266—267° (Methanol); 15%. — *p-Chlor-*, $C_{13}H_{11}ClN_2O_3$, F. 188—190° (50%ig. A.); 22%. — *p-Brom-*, $C_{13}H_{11}BrN_2O_3$, F. 216—217° (A.); 16%. — *p-Jod-*, $C_{13}H_{11}JN_2O_3$, F. 224—225° (50%ig. A.); 20%.

W. Holland. 4627◇

1556 **Neue Ureide mit lokalanästhetischer Wirkung.** W. Chiti. (Farmaco [Pavia], Ediz. Sci. **15**, 29—43, 1960; Firenze, Ist.biochim. sperim., Labor. di ric.; ital.) — Durch Hydrolyse von 1-[ω-Dialkylaminoalkyl]-5.5-dialkylbarbitursäuren werden *N-[ω-Dialkylaminoalkyl]-N'-[dialkylacetyl]-harnstoffe* u. durch Rk. von *Phenyläthylacetylchlorid* (**I**) bzw. *Diphenylacetylchlorid* (**II**) mit *N-[ω-Dialkylaminoalkyl]-harnstoffen* die isomeren *N.N-disubstituierten Harnstoffe* dargestellt. Letzte liefern durch Hydrolyse mit verd. NaOH *N-[ω-Dialkylaminoalkyl]-dialkylacetamide*. Die Diphenylacetylharnstoff-Derivv. zeigen an der Kaninchencornea eine stärkere u. anhaltendere anästhet. Wrkg. als Procain.

Versuche: *N-[2-Dimethylaminoäthyl]-N-[phenyläthylacetyl]-harnstoff* (**III**), *Hydrochlorid*, $C_{15}H_{23}N_3O_2 \cdot HCl$, F. 152° (Isopropanol), durch Zutropfen von 1 Mol **I** in Bzl. zu 2 Mol N-[2-Dimethylaminoäthyl]-harnstoff u. Glaskugeln in Bzl. unter Rühren u. Kühlen, mehrstd. Stehen bei Raum-Temp., 1std. Kochen, Abkühlen, Eindampfen des Filtrats u. Rk. mit alkohol. HCl. *Pikrat*, $C_{15}H_{23}N_3O_2 \cdot C_6H_3N_3O_7$, F. 136°, aus W. gelb. — *N-[3-Diäthylaminopropyl]-N-[phenyläthylacetyl]-harnstoff*, $C_{18}H_{29}N_3O_2$, F. 75—77° (W./CH_3OH), analog **III**. *Pikrat*, $C_{18}H_{29}N_3O_2 \cdot C_6H_3N_3O_7$, F. 99—103°, aus W. gelb. — *N-[2-Diäthylaminoäthyl]-N-[diphenylacetyl]-harnstoff*, $C_{21}H_{27}N_3O_2$, F. 140° (CH_3OH), analog **III**. — *N-[3-Diäthylaminopropyl]-*

N-[diphenylacetyl]-harnstoff, Hydrochlorid, $C_{22}H_{29}N_3O_2 \cdot HCl$, F. 174—175° (Isopropanol), analog **III**. — *N-[2-Diäthylaminoäthyl]-diphenylacetamid*, $C_{20}H_{26}N_2O$, F. 94° (CH_3OH), a) durch 6std. Kochen vorvorst. Verb. mit n-NaOH; b) durch Zutropfen von 1 Mol **II** in abs. Ae. zu 2 Mol 2-Diäthylaminoäthylamin in abs. Ae. unter Rühren u. Kühlen mit Eis, 2std. Kochen u. Alkalisieren mit KOH. — *N-[2-Dimethylaminoäthyl]-phenyläthylacetamid, Hydrochlorid*, $C_{14}H_{22}N_2O \cdot HCl$, F. 194°, analog vorst. Verb. nach a) aus **III**-Hydrochlorid. — N-Alkyl-5-phenyl-5-äthylbarbitursäuren: *N-[2-Pyrrolidinoäthyl]-* (**IV**), *Hydrochlorid* (**IVa**), $C_{18}H_{23}N_3O_3 \cdot HCl$, F. 262° (abs. A.), durch 30std. Kochen von 1 Mol 5-Phenyl-5-äthylbarbitursäure, 1,1 Mol 1-[2-Chloräthyl]-pyrrolidin u. 1,1 Mol $NaNH_2$ in Toluol, Eindampfen des Filtrats u. Rk. des Rückstandes mit alkohol. HCl. *Methojodid* (**IVb**), $C_{19}H_{26}JN_3O_3$, F. 215° (abs. A.), durch Neutralisieren von **IVa** mit $NaHCO_3$, Extrahieren mit Chlf. u. 16std. Kochen der getrockneten **IV**-Lsg. mit CH_3J. *Äthojodid*, $C_{20}H_{28}JN_3O_3$, F. 239° (abs. A.), analog **IVb**. — *N-[2-Morpholinoäthyl]-* (**V**), *Hydrochlorid*, $C_{18}H_{23}N_3O_4 \cdot HCl$, F. 260° (abs. A.), analog **IVa** (12std. Kochen). *Methojodid*, $C_{19}H_{26}JN_3O_4$, F. 190—195° (abs. A.). *Äthojodid*, $C_{20}H_{28}JN_3O_4$, F. 215°. — *N-[2-Diäthylaminoäthyl]-* (**VI**), *Methochlorid*, $C_{19}H_{28}ClN_3O_3$, F. 252°, aus **VIb** u. HCl. *Methobromid*, $C_{19}H_{28}BrN_3O_3$, F. 242°, aus **VIb** u. HBr. *Methojodid* (**VIa**), $C_{19}H_{26}JN_3O_3$, F. 215° (abs. A.), aus **VIb** u. HJ. *Methohydroxid* (**VIb**), $C_{19}H_{29}N_3O_4$, F. 102° (A.), durch Filtrieren von 5%ig. wss. **VIa**-Lsg. über Amberlite IRA-400 (OH-Form) u. Eindampfen des Filtrats im Vakuum. — N-Alkyl-N'-[phenyläthylacetyl]-harnstoffe: *N-[2-Dimethylaminoäthyl]-* (**VII**), $C_{15}H_{23}N_3O_2$, F. 138° (A.), durch 2std. Kochen von N-[2-Dimethylaminoäthyl]-5-phenyl-5-äthylbarbitursäurehydrochlorid mit 2 Mol 10%ig. KOH. *Pikrat*, $C_{15}H_{23}N_3O_2 \cdot C_6H_3N_3O_7$, F. 188—190°, aus W. gelb. — *N-[3-Diäthylaminopropyl]-*, $C_{18}H_{29}N_3O_2$, F. 57—59° (CH_3OH), analog **VII**. *Pikrat*, $C_{18}H_{29}N_3O_2 \cdot C_6H_3N_3O_7$, F. 156°, aus W. gelb. — *N-[2-Piperidinoäthyl]-*, $C_{18}H_{27}N_3O_2$, F. 165° (A.), analog **VII**. — *N-[3-Piperidinopropyl]-*, $C_{19}H_{29}N_3O_2$, F. 102° (A.), analog **VII**. — *N-[2-Pyrrolidinoäthyl]-*, $C_{17}H_{25}N_3O_2$, F. 157° (A.), analog **VII** aus **IVa**. — *N-[2-Morpholinoäthyl]-*, $C_{17}H_{25}N_3O_3$, F. 161° (A.), analog **VII** aus **V**-Hydrochlorid. — *N-[2-Diäthylaminoäthyl]-harnstoff, Methojodid*, F. 132° (abs. A.), durch 1std. von Kochen 5%ig. wss. **VIb**-Lsg., Einengen, Ansäuern mit HJ u. Extrahieren von Phenyläthylessigsäure mit Benzol. Analog: *Äthojodid*, F. 178° (abs. A.). — *N-[2-Dimethylaminoäthyl]-harnstoff, Methojodid*, F. 201—202°. *Äthojodid*, F. 137°. F. Heller. 4627◇

1557 **Phenacetinabusus und Nierenschädigung.** F. Gloor. (Schweiz. med. Wschr. **92**, 61—67, 1962; Basel, Univ., Patholog.-Anatom. Inst.; dt.) — Die Faktoren, die für einen Kausalzusammenhang zwischen *Phenacetin* (**I**)-Abusus u. chron. interstitieller Nephritis (ciN) sprechen, werden erörtert. In Ländern ohne **I**-Mißbrauch wird diese Art von ciN nicht beobachtet. **I** genügt allein anscheinend nicht, um die Niere manifest zu schädigen. Auch in Tier-Verss. an Nagern ist es bisher nicht gelungen, eine analoge ciN zu erzeugen. Die prophylakt. Maßnahmen beim jetzigen Stand der Dinge werden diskutiert. K. Böhm. 4627◇

1558 **Natriumsalicylatwirkung auf die allgemeine Anästhesie bei Ratten.** D. C. Bowman, E. D. Damgaard und D. B. Doemling. (J. Pharmacol. exp. Therapeut. **138**, 236—40, Nov. 1962; Chicago, Ill., Northwestern Univ., Dental School, Dep. of Physiol. and Pharmacol.; engl.) — *Na-Salicylat* (**I**) in Dosen von 25—400 mg/kg verkürzt bei *Ae.*- u. *Chlf.*-Narkose die erforderliche Zeit bis zur Atmungshemmung bei Ratten. Auch bei einer Narkose mit 95% N_2O–5% O_2 u. 91% N_2O–9% O_2 wird die Zeit bis zur Atmungshemmung infolge Hypoxie verkürzt. Die Zeitspanne wird mit zunehmender Dosis verkürzt bei Ae.-Anästhesie. Bei einer Anästhesie durch kontinuierliche i.v. Infusion von *Na-Pentobarbital* wird die Zeitspanne bis zur Atmungshemmung durch **I** nicht beeinflußt. W. Hiller. 4627◇

1559 **Methoxyfluran, ein neues Anästheticum. Eine klinische Bewertung an Hand von 206 Fällen.** Carl E. Wasmuth, John H. Greig, John Homi, Patrick P. Moraca, Niyazi H. Isil, Elmars M. Bitte und Donald E. Hale. (Cleveland clin. Quart. **27**, 174—83, Juli 1960; Cleveland, Ohio, Cleveland Clinic, Dep. of Anesthesiol.; engl.) — *Methoxyfluran* (**I**; *DA 7591*, *1.1-Dichlor-2.2-difluor-2-methoxyäthan*) eine nicht explosive Fl., Kp. 104,8°, spezif. Gew. 1,422, zeichnet sich durch vollkommene Analgesie, merkliche Muskelrelaxation u. offenbar geringe Toxizität aus (Anwendung wie Diäthyläther). **I** bewirkt während der Narkose Erhöhung der Blutzucker-Konz. u. eine in den ersten 24 Std. vergrößerte Bromsulphaleinretention. Die Serumspiegel von alkal. Phosphatase u. Bilirubin sind etwas verändert. Vff. halten **I** für ein brauchbares Mittel zur Ergänzung anderer Anästhetica, um zusätzliche Analgesie u. Muskelrelaxation zu erreichen, bes. bei längeren Abdominaloperationen. Ch. Jürgens. 4627◇

1560 **Hemmwirkung des Morphins auf den Stoffwechsel der adrenalen und testicularen Steroide.** E. Paroli und P. Melchiorri. (Biochem. Pharmacol. **6**, 18—20, 1961; Rome, Univ., Inst. of Pharmacol.; engl.) — Adrenalschnitte morphinisierter Ratten erzeugen Steroidhormone in einem geringeren Umfang als Kontrollen, wenn sie unter geeigneten Bedingungen in vitro inkubiert werden. Nach *Morphin*-Gaben ruft *ACTH* (*Adrenocorticotropin*) kein so starkes Ansteigen der Hormonproduktion hervor wie bei den Kontrollen. Wenn *Morphin* zu Adrenalin u. Testikel-Homogenat normaler Ratten zugesetzt wird, scheint es als Hemmstoff auf das *3-β-ol-Dehydrogenase*-Syst. zu wirken. Die Geschw. der Konjugierung von Desoxycorticosteron durch Leberschnitte morphinisierter Ratten stieg an. O. Jansen. 4627◇

1561 **Vergleich zwischen oraler und subkutaner Wirkstärke von Codein, Morphin, Levorphan und Anileridin, gemessen an Zahnpulpaveränderungen des Kaninchens.** Floyd E. Leaders und H. H. Keasling. (J. pharmac. Sci. **51**, 46—49, 1962; Iowa City, Iowa, Univ. of Iowa, Coll. of Med., Dep. of Pharmacol.; engl.) — Die Wirkstärke von *Codein*, *Morphin* u. *Levorphan*, gemessen an der Schmerzschwellenveränderung der Kaninchenzahnpulpa, war etwa gleich, die von *Anileridin* betrug nur etwa die Hälfte davon. Alle Substanzen waren nach oraler Verabreichung deutlich geringer wirksam als nach subkutaner. K. Zingraf. 4627◇

1562 **Einfluß von Procain auf den Coronarkreislauf.** F. Solti, M. Iskum, Z. Máthé, Gy. Márk und Gy. Acs. (Acta physiol. Acad. Sci. hung. **21**, 353—57, 1962; Budapest, Med. Univ., 1. Dep. of Med.; engl.) — Unterss. über den Einfl. von Hunden nach Coronarligation u. bei intaktem Coronarkreislauf i.v. verabreichtem *Procain* (**I**) zeigen, daß **I** nach Coronarokklusion den Coronarfluß erhöht u. den Coronarwiderstand vermindert. Bei intaktem Coronarkreislauf bewirkt **I** keine Änderung des Coronarflusses; Blutdruck u. Herzleistung ändern sich nicht nennenswert. Die durch Coronarligation verursachten ventriculären Extrasystolen verschwinden unter dem Einfl. von **I**. Die **I**-Wrkg. auf den Coronarkreislauf wird erörtert. W. Wesly. 4627◇

1563 **Derivate der das Wachstum von Pflanzen regelnden Säuren als Lokalanästhetica. Pharmakologie.** J. Thuillier und H. Nakajima. (Anesthésie, Analgésie Réanimat. **19**, 827—31, 1962; Paris, Hôp. Sainte-Anne, Inst. Nat. d'Hyg., Unité de Rech. de Neuropsycho-Pharmacol.; franz.) — Verschiedene Amid-Derivv. von Auxin besitzen eine starke lokalanästhet. Wirkung. Bes. *p-Chlorphenoxy-N-diäthylaminoäthylacetamid* (*NP 246*) eignet sich wegen seiner geringen Toxizität u. seiner guten Verträglichkeit zur Anwendung in der Klinik. Seine Wirksamkeit liegt zwischen der von Procain u. von Lignocain. Außerdem wurden getestet (DL_{50}, i.v. mg/kg): N-Diäthylaminoäthylacetamide: *α-Methyl-α-[p-chlor-N'-methylanilino]-* (150); *p-Chlor-o-methylphenoxy-* (130); *p-Bromphenoxy-* (170), *o.p-Dichlorphenoxy-* (175); *α-Naphthoxy-* (97); *α-Naphthyl-* (73) u. *N-Benzyl-N-γ-diäthylaminopropyl-p-chlorphenoxyacetamid* (30). K. Zingraf. 4627◇

1564 **Pharmakodynamische Untersuchung eines starken neuen Neuroleptikums: Haloperidol (R 1625). 2. Mitt. Sedative Wirkung auf das Zentralnervensystem.** Jacques-R. Boissier, Jeannette Pagny und Ya Font Du Picard. (Thérapie **16**, 279—86, 1961; Paris, Fac. de Méd., Inst. de Pharmacol.; franz.) — Vgl. Act. Neurol. Psych. Belg. **60**, [1960], 39. — Mittels der „open-field"-Meth. bei Ratten, des Zugtests bei Mäusen, des Klettertests bei Mäusen u. der Wrkg. auf CCT (trans-Cinnamylcarbamat)-behandelte Mäuse u. mit Morphin behandelte Katzen konnte die starke sedative Wrkg. von *Haloperidol* (**I**) beobachtet werden. Diese Verss. lassen erkennen, daß **I** einen anderen Wrkg.-Mechanismus besitzt als die Phenothiazine. G. Kimmerle. 4627△

1565 **Klinische Untersuchung der antiepileptischen Eigenschaften eines neuen Derivats der Lysergsäure mit Antiserotoninwirkung.** Federigo Sicuteri und Marcello Cossio. (Minerva med. [Torino] **51,** 1591—95, 1960; Firenze, Univ., Clin. Med. Gen.; Ospedali Psichiatrici; ital.) — Durch Behandlung von Epileptikern mit *N-[1-Hydroxybutyl-(2)]-1-methyllysergsäureamid* (I) wurden bei 6 von 8 Patienten die Anfälle unterdrückt bzw. deren Zahl vermindert u. die nach dem Anfall auftretenden Störungen reduziert. Unter den Besserungen fand sich auch ein Fall von Somnambulismus. Anzeichen für I-Intoleranz wurden nicht gefunden. W. Damerau. 4628◇

1566 **Die Wirkung gewisser Hydrazidderivate der Diphenylessigsäure aus der Reihe der α-Benzoylaminozimtsäure auf das vegetative Nervensystem.** P. Gheorghiu, V. Stroescu, Em. Manolescu, D. Dobrescu, M. Vanghelovici und Cătălina Demetrescu. (Farmacia [București] **9,** 711—16, 1961; București, Inst. med.-farmac., Labor. farmacol.; rum.) S. Hess. 4630◇

1567 **Biologische Bewertung der Lösungen von Naphazolin.** V. Puchta und A. Veselá. (Pharmazie **18,** 138—42, 1963; Prag; dt.) — Die biolog. Wrkg. von *Naphazolin (2-[Naphthyl-(1)-methyl]-imidazolin;* I) wird an Kaninchen von 2,5 bis 3,5 kg Körper-Gew. in Urethannarkose durch blutige Messung des Blutdrucks bestimmt. Beeinflussung der Ergebnisse durch Kombination mit anderen antiphlogist. oder die Wirksamkeit potenzierenden Stoffen tritt nicht ein. I-Lsgg. mit alkal. pH-Wert verlieren nach 5jähriger Lagerung ihre Wirksamkeit, während saure Lsgg. jahrelang ihren Wrkg.-Wert behalten. G. Zessin. 4630◇

1568 **Angiographische Untersuchung von durch Amylnitrit im Coronarkreislauf induzierten Veränderungen.** L. di Guglielmo, C. Montemartini, A. Schifino, V. Baldrighi, F. Coucourde und A. Marchesi. (Minerva med. [Torino] **51,** 2131—34, 1960; Pavia, Univ., Ist. di Radiol., Ist. di Patol. Med.; ital.) — Nach Inhalation von *Amylnitrit* wurden arteriograph. in Hunden Erweiterungen der größeren Coronargefäße beobachtet u. sehr kleine, im Normalzustand nicht erkennbare Blutgefäße sichtbar gemacht. Die Gefäßerweiterungen waren zeitlich in Übereinstimmung mit dem Fallen des Blutdrucks. W. Damerau. 4630◇

1569 **Bedeutung des Chinidinpolygalakturonats bei der Heilung der kompletten Arrhythmie.** G. Faivre, J.-M. Gilgenkrantz, F. Cherrier und D. Barrucand. (Thérapie **16,** 305—13, März/April 1961; Nancy, Fac. de Méd., Serv. de Cardiol.; franz.) — In 50 Fällen wurde die Wrkg. von *Chinidinpolygalakturonat* (I) bei der Behandlung von kompletten Herzarrhythmien verschiedener Ätiologie untersucht. Die Erfolge betrugen 70%. Der Effekt war somit besser als mit Hydrochinidinsulfat oder -hydrochlorid. Auch die Verträglichkeit von I war besser als die dieser Salze. G. Kimmerle. 4630△

1570 **Experimentelle Untersuchung eines Vasodilatators: CAA 40. Wirkung auf die cerebrale Vascularisation, den arteriellen Blutdruck und das Elektroencephalogramm.** H. Warembourg, P. Pruvot, A. Sueur und J. Lekieffre. (Thérapie **16,** 314—21, März/April 1961; Lille, Fac. de Méd., Labor. de techn. chirurg. et Labor. de Thérapeut.; franz.) — Photograph. Unterss. u. Messungen der Rindenhirnarteriolen zeigten, daß die i.v. Injektion von 1 mg *CAA 40* (I; *1-[p-Hydroxyphenyl]-2-[1'-methyl-2'-phenoxyäthylamino]-propanol*)/kg bei Katzen deutliche Dilatation der Hirngefäße (ca. 30—50%) verursacht. Diese Vasodilatation ist ca. 10 Min. anhaltend. I verursacht ebenfalls eine Senkung des arteriellen Blutdrucks. G. Kimmerle. 4630△

1571 **Über die Wirkung therapeutischer und toxischer Strophanthinkonzentrationen auf den Kalium- und Natriumgehalt von Herzmuskulatur.** W. Klaus, G. Kuschinsky und H. Lüllmann. (Klin. Wschr. **40,** 823—24, 1962; Mainz, Univ., Pharmakolog. Inst.; dt.) — Es wird gezeigt, daß therapeut. (nur positiv inotrop wirkende) *Strophanthin* (I)-Konzz. nicht über eine Verminderung der intracellulären *K*-Konz. bzw. des transmembranen *K*-Durchtritts wirken; derartige Erscheinungen kommen erst bei tox. (kontrakturerzeugenden) I-Dosen zustande. Therapeut. I-Konzz. bewirkten an isolierten, elektr. gereizten Meerschweinchenvorhöfen keine Veränderung des intracellulären K- u. *Na*-Geh. (flammenphotometr. Best.) oder des K-In- oder -Effluxes (mit ^{42}K bestimmt). Tox. I-Konzz. hemmten dagegen dosisabhängig den K-Influx u. steigerten gleichzeitig den K-Efflux (Verminderung der intracellulären K-Konz., die durch entsprechenden Anstieg des Na-Geh. kompensiert wird). U. Tausendfreund. 4630◇

1572 **Elektrolytwirkung von Herzglykosiden auf das Hunde-Herz-Lungen-Präparat.** N.-H. Areskog. (Acta physiol. scand. **55,** 264—69, Juni/Juli 1962; Uppsala, Univ., Inst. of Physiol.; engl.) — Bei Unterss. mit *Convallatoxin* am Hunde-Herz–Lungen-Präp. unter Verw. von ^{42}K u. ^{24}Na konnte ein *K*-Verlust aus dem Myocard konstatiert werden, der nicht von einem entsprechenden ^{42}K-Verlust begleitet war, so daß trotz einer Äquilibrierungszeit von 60—90 Min. kein Isotopengleichgewicht zustande gekommen war. Das Glykosid beeinflußt offenbar einen Teil desjenigen intracellulären K, welches eine relativ langsame Austausch-Geschw. aufweist. Das *Na*-Gleichgewicht wurde durch das Glykosid nicht signifikant verändert. U. Tausendfreund. 4630◇

1573 **Wirkungen zweier rasch wirkender Herzglykoside auf das Hunde-Herz-Lungen-Präparat.** Nils-Holger Areskog. (Acta physiol. scand. **55,** 139—49, Juni/Juli 1962; Uppsala, Univ., Dep. of Physiol.; engl.) — Die Unters. von *Convallatoxin* (I) u. *Acetylstrophanthidin* (II) am Hunde-Herz–Lungen-Präp. läßt einen Unterschied zwischen den beiden rasch wirkenden Glykosiden erkennen: Da zwar die Elektrolyt-Wrkg. (Induktion des cellulären K-Verlustes) u. die inotrope Wrkg. bei II eine positive Korrelation aufweisen, bei I die inotrope Wrkg. mit steigender Elektrolyt-Wrkg. jedoch abzufallen neigt, läßt sich daraus auf eine Trennung der inotropen von der Elektrolyt-Wrkg. schließen; das inotrope Optimum für II liegt bei einem niedrigeren Plasma-pH-Wert als für I. Die Elektrolyt-Wrkg. scheint in Zusammenhang mit den tox. Wrkg. (Induktion von Tachycardie u. Arrhythmie) zu stehen. U. Tausendfreund. 4630◇

1574 **Der Einfluß von Diureticis mit Sulfonamidstruktur auf die Harnausscheidung von Harnsäure und auf die Urikämie.** R. Frascarelli, E. Lucidi und G. Cozzali. (Minerva med. [Torino] **51,** 1954—61, 1960; Perugia, Univ., Ist. di Clin. Gen. e Terap. Med.; ital.) — Nach Verabreichung per os einer Einzelgabe von 500 mg *Acetazolamid* (I; *Diamox, 2-Acetylamino-1.3.4-thiadiazol-5-sulfonamid*), 1 oder 2 g *Chlorthiazid* (II) bzw. 50 mg *Hydrochlorthiazid* (III) an Patienten mit normaler Diät (ca. 2800 cal, kein Purinmangel) wurde die Diurese erhöht. Ca. 24 Std. nach der I-Verabreichung trat in den Patienten Hyperurikämie auf, die ca. 30 Std. anhielt. Bei II bzw. III trat die Urikämie bereits früher auf (3—4 bzw. 12 Std. nach der Verabreichung). Die *Harnsäure*-Ausscheidung durch den Urin war in allen Fällen vermindert. W. Damerau. 4634◇

1575 **Die Lokalisierung von ^{3}H-Hydrochlorothiazid innerhalb der Niere.** E. M. Darmady, T. T. Mowles, A. A. Renzi, H. Sheppard und F. Stranack. (Clin. Sci. **22,** 295—300, April 1962; Summit, N.J., Ciba Pharm. Prod., Inc.; engl.) — Ratten erhalten oral 5 ml einer Lsg. an 0,2% NaCl/100 g Körper-Gew., in der *^{3}H-Hydrochlorothiazid* (5 mg/kg) enthalten ist; die Vers.-Tiere werden nach 2½ u. 24 Std. getötet u. aus der isolierten Niere ein Autoradiogramm hergestellt. Es wird festgestellt, daß sich die Radioaktivität hauptsächlich auf den Zentralteil der Tubuli konzentriert. A. Täufel. 4634◇

1576 **Beitrag zur experimentellen Untersuchung eines antiamöbiellen Stoffes, dem 4.7-Phenanthrolinchinon-(5.6).** J. Bailenger. (Thérapie **16,** 287—304, März/April 1961; Bordeaux, Fac. de Méd. et de Pharm., Labor. de Zool. et Parasitol.; franz.) — Bei der experimentellen Amöbeninfektion von Ratten bewirkt die orale Behandlung mit 75 mg *4.7-Phenanthrolinchinon-(5.6)* (I; *11925 C, Entobex* Ciba)/kg eine ähnliche therapeut. Wirksamkeit wie nach subkutaner Injektion von 5 mg *Emetinhydrochlorid* (II)/kg. Da die entsprechenden DL_{50}-Werte 2,3 g I/kg bzw. 11,45 mg II/kg sind, besitzt I einen größeren therapeut. Sicherheitsfaktor als II. In vitro zeigen sich die ausgezeichneten antiamöbiellen Eigg. von I bei *Entamoeba histolytica* u. *E. invadens*. Auch bei verschiedenen aeroben Bakterien aus dem Digestivtrakt u. *Candida albicans* ist I wirksam. G. Kimmerle. 4649△

1577 **Paromycinsulfat. Seine antiamöbe Wirkung in vitro, experimentell und therapeutisch.** R. Hugonot, M. C. Gotteland und J. Crimee. (Thérapie **16,** 184—91, März/April 1961; Rabat, Hôp. Marie-Feuillet; franz.) — Therapeut.

Dosen von *Paromycinsulfat* (I) werden von Vers.-Tieren gut vertragen, in hohen Dosen bewirkt es aber tubuläre Nierenschäden. DL_{50} Maus oral 2,275, subkutan 0,123, i.v. 0,090 mg/kg. I wird durch die Darmschleimhaut gut resorbiert u. bewirkt so sehr schnell starke lokale Kontraktionen. Durch die tägliche orale Gabe von 1 g I an 5 aufeinanderfolgenden Tagen wurde bei 150 Patienten mit Amöbiasis ein ausgezeichneter therapeut. Effekt erzielt. G. Kimmerle. 4649△

1578 **Über die Verwendung eines neuen Hustenmittels.** G. Ghisleri. (Minerva med. [Torino] **51**, 3102—03, 1960; Modena, Ist. ospedialieri, Reparto Med.; ital.) — Nach Behandlung von 40 Patienten mit Husten (chron. u. akute Bronchitis, Pleuritis, asthmat. Zustände u. a.) mittels *1-Phenyl-1-[o-chlorphenyl]-3-dimethylaminopropanol-(1)-hydrochlorid* (*Detigon*) wurde bei 36 eine gute sedative Wrkg. beobachtet, während nur 1 Patient (Reticulosarkom) keine Besserung zeigte. Nach Behandlungszeiten von 7—25 Tagen (3 mal täglich 20 Tropfen) traten in keinem Falle Nebenwrkg. auf. W. Damerau. 4650◇

1579 **Weitere Untersuchungen über die chemische Litholyse in vitro.** Eva Taupitz und Michael Litos. (Klin. Wschr. **40**, 1127, 1962; Homburg/Saar, Univ., Urolog. Klinik; dt.) — *Di-Na-Äthylendiamintetraacetat* + *Triäthanolamin*, je 2,5%, pH 8,4, erzielt bei Bespülung von Blasensteinen (Phosphat–Carbonat-, Oxalat–Phosphat-, Phosphat–Harnsäure-, Phosphat–Carbonat–Oxalat–Harnsäure-, Harnsäure–Oxalat–Phosphat-Typ) bzgl. Verminderung des Stein-Gew. die beste Wrkg., bes. bei Steinen mit hohem Ca-Gehalt. 10%ig. *Renacidin* (Guardian Chem. Corp.; *Gluconsäure, Citronensäure, Malonsäure* u. deren Salze, pH 3,6) übertrifft die Wrkg. von *Citronensäure*, 3,25% + *MgO*, 0,38% + *Na-Carbonat*, 0,44%, pH 3,7, welches Gemisch spezielles Lsg.-Vermögen gegenüber Mg u. P aufweist, in der Mehrzahl der Fälle. Die Abnahme des Asche-Gew. ist bei den 3 Spüllsgg. z. T. größer als die des Gesamtgew., was durch Verbleiben eines Teils der durchlaufenden organ. Substanz in den Konkrementen erklärbar ist. U. Tausendfreund. 4670◇

1580 **Die zulässige Grenzkonzentration bei Kohlenoxid-Vergiftungen.** S. Caccuri, L. Pecora, S. Fati und C. Vecchione. (Pure appl. Chem. **3**, 175—78, 1961; Napoli, Univ., Ist. di Med. del Lavoro; franz.) — An Kaninchen ausgeführte Unterss. zeigen, daß beim Einatmen von 1000 u. 100 ppm CO (in der Luft) Stoffwechselstörungen (Schwankungen der Carboxyämie, Siderämie, des freien Erythrocyten-Protoporphyrins u. des Koproporphyrins) auftreten, die eine latente Vergiftung wiedergeben. CO-Konzz. von 50 ppm bewirken keine Veränderungen u. werden als zulässige Grenz-Konz. angesehen. W. Wesly. 4681◇

1581 **Die zulässige Grenzkonzentration bei Furfurol-Vergiftungen. Untersuchungen an Kaninchen.** L. Pecora, N. Castellino und O. Elmino. (Pure appl. Chem. **3**, 179 bis 182, 1961; Napoli, Univ., Ist. di Med. del Lavoro; franz.) — An Kaninchen ausgeführte Unterss. zeigen, daß man bei täglich 4std. Verabreichung von 60 ppm *Furfurol* (I) mit Atemluft u. von 200 μg I auf i.m. Wege in 90 Tagen keine tox. Wrkg. bemerkt. W. Wesly. 4681◇

F. Pharmazeutische Chemie, Desinfektion

1582 **Vorschläge zum DAB 7.** 2. Mitt. **Wismutverbindungen.** R. Pohloudek-Fabini und F. Friedrich. (Pharmaz. Zentralhalle Deutschland **99**, 221—31, Greifswald, Univ., Pharm.-chem. Inst.; dt.) — 1. vgl. C. **1963**, 1356. — C. **1963**, 2540. Harro Zimmer. 4750◇

1583 **Untersuchung über die Eignung gebräuchlicher Verpackungsformen zur Aufbewahrung verschiedener Chemikalien.** B. K. Jensen und F. Fischer Jensen. (Arch. Pharmac. og Chem. **69** (**119**), 25—53, 1962; Randers, Centralsygehus' apotek; dän.) — Die Haltbarkeit von MgO, Fe-Tartrat, $ZnSO_4$, Acetylsalicylsäure, Ascorbinsäure, $CaCl_2$, $MgCl_2$ u. Chloramin in Papierbeuteln, Pappkartons, Blechdosen (mit u. ohne Plasteinlagen) u. Gläsern mit Bakelitverschluß wird unter verschiedenen, auch offizinellen, Gesichtspunkten untersucht. R. K. Müller. 4758◇

1584 **Das Prüfen von Drogen.** Frank Hartley. (Lab. Pract. **12**, 541—49, 1963; London, Univ., School of Pharm.; engl.) — Vf. weist im allg. Zusammenfassung auf die Notwendigkeit krit. Unterss. der gegenwärtigen Prüfmeth. hinsichtlich des Sicherheitsfaktors hin. Es müssen Meth. u. Standards entwickelt werden, die eine spezif. u. einfache Prüfung von Reinheit, Identität, Stabilität u. Wrkg. der Drogen erlauben. Die bei diesen biolog., chem. u. physikochem. Unterss. auftretenden Probleme werden z. B. an Steroiden, Insulin, Thyroxin/Trijodthyronin, Aspirin, Griseofulvin diskutiert. Hinweis auf behördliche Regelung der Standardisierung von Drogen. J. Roehr. 4782◇

1585 **Nähere Angaben über die Alkaloide aus Aspidosperma Album R. Ben.** P. Relyveld. (Pharmac. Weekbl. **98**, 503—05, 1963; Utrecht, Ryksuniv., Farmaceut. Labor., Afd. Farmacogn. en Galen. Farm.; niederl.) — Vgl. C. **1963**, 15140. — Die früher (l. c.) isolierten Verbb. mit den R_F-Werten 0,50 bzw. 0,24 werden identifiziert u. sind ident. mit den von Djerassi [1962] isolierten Verbb. *Aspidoalbin*, $C_{24}H_{32}O_5N_2$, F. 176°, $[\alpha]_D^{20}$ + 159° u. *Kromantin*, $C_{23}H_{30}O_5N_2$, F. 186°, $[\alpha]_D^{20}$ + 176°. Die Struktur der Verbb. wird angegeben. W. Wesly. 4782◇

1586 **Untersuchungen zur Anwendung oberflächenaktiver Stoffe in pharmazeutischen Präparaten.** 2. Mitt. **Die Wirkung von Tween 20 auf die fungicide Aktivität von p-Hydroxybenzoesäureestern in gelösten Präparaten.** 2. Mitt. Masaru Aoki, Akira Kamata, Toichiro Matsuzaki und Hiromi Nakatani. (J. pharmac. Soc. Japan [Yakugakuzasshi] **77**, 410—15, 1957; Osaka, Univ., Pharmac. Fac.; jap., Auszug: engl.) — 1. vgl. J. pharmac. Soc. Japan [Yakugakuzasshi] **76**, [1956] 939. — Die Löslichkeit von p-Hydroxybenzoesäureestern, die Oberflächenspannung in Tween-20-Lsgg. geringer Konz. (unter 0,1%), die fungicide Aktivität u. die wahrscheinliche Löslichkeit von p-Hydroxybenzoesäurebutylester werden untersucht. Die Löslichkeit der Ester nimmt ab, bis die Konz. von Tween 20 eine bestimmte Größe erreicht, die Oberflächenspannung zeigt bei dieser Konz. ein Minimum. Dieser Punkt soll die krit. Micellen-Konz. des Komplexes von Tween 20 u. dem Ester sein. Die fungicide Aktivität des Butylesters erreicht bei diesem Punkt das Maximum. Dieses Maximum bei der krit. Micellen-Konz. soll auf einem gesteigerten Eindringen des fungiciden Agens in die Mikroben infolge Erniedrigung der Oberflächenspannung beruhen. Gottfried Schreiber. 4786△

1587 **Die Hydrolyse von Äthylbenzoat, Diäthylphthalat und Benzocain in Cetrimidlösungen.** A. G. Mitchell. (J. Pharmacy Pharmacol. **14**, 172—76, 1962; Singapore, Univ., Dep. of Pharm.; engl.) — Die alkal. Hydrolyse von Lsgg. u. Emulsionen von Benzoesäureäthylester, Phthalsäurediäthylester u. Benzocain in Lsgg. von *Cetrimid* ($C_{14}H_{29}\cdot(CH_3)_3N\cdot Br$; I) verwendet als Stabilisator gegenüber der Wrkg. von atmosphär. O_2, wurde untersucht. Im Anfangsstadium der Rk. steigt die Hydrolyse-Geschw. bei Emulsionen mit der Konz. von I an, während sie in Lsgg. abnimmt. In späteren Stadien der Rk. nimmt die Hydrolyse-Geschw. mit steigender Konz. von I ab. Harro Zimmmer. 4786◇

1588 **Rheologie pharmazeutischer Suspensionen.** 1. Mitt. **Viscoses Verhalten von Bariumsulfat–Wasser-Systemen.** Hiroshi Fujiwara, Takatsuka Yashiki und Tokunosuke Kanzawa. (Annu. Rep. Takeda Res. Lab. **18**, 30—36, 1959; jap., Auszug: engl.) — Konz. Suspensionen von $BaSO_4$ (I) in W. zeigen im Amylogryphen nach Brabender zunehmende scheinbare Viscosität η_a mit wachsender Zeit bei konst. Schergeschw., woraus auf Abnahme der scheinbaren Teilchengröße durch die Wrkg. des Scherdruckes geschlossen wird. Durch Zusatz von 10% Na^+ erreicht η_a von I ein Minimum; Zusatz von Ca^{2+} gibt den gleichen Effekt. R. Junge. 4790◇

1589 **Statistische Untersuchungen über pharmazeutische Suspensionen.** 4. Mitt. **Die Beurteilung des Verhaltens der pulverförmigen Arzneistoffe in Flüssigkeiten.** H. Začek. (Pharmazie **18**, 308—10, 1963; Bratislava [ČSSR], Inst. f. Galen. Pharm.; dt.) — 3. vgl. C. **1963**, 22417. — Das Verh. von 18 pulverförmigen Arzneistoffen bzgl. der beiden komplex behandelten Eigg. Dispersibilität u. Haftfähigkeit wird

in W., in 1% ig. wss. Lsg. von Tween 80 (I) u. in A. (95 Gew.-%) untersucht u. mit Hilfe einer statist. Meth. (Bivariationsvorzeichentest) beurteilt. Das Verh. der Stoffe ist in W. u. I gleich, in A. ist es unterschiedlich von dem in W. u. I.
H. Moldenhauer. 4790◇

1590 **ε-Amino-n-capronsäure, eine antifibrinolytische Substanz.** Jørgen Buur Jensen, Helge Mortensen und C. Mygind Sørensen. (Arch. Pharmac. og Chem. **69** (**119**), 74—84, 1962; København, Bispebjerg hosp. u. Specialitetskontr.; dän.) — Die Möglichkeiten der Herst. von Infusions-Fll. mit *ε-Amino-n-capronsäure* (I) werden geprüft. Unterss. mit 3,4—6% ig. I-Lsg. mit u. ohne NaCl-Zusatz (0,9%) unter Messung der Hämatokritwerte u. der Hämolysegrade u. Messungen der Gefrierpunktsdepression zeigen, daß I durch Autoklavbehandlung nicht geschädigt wird u. daß 3,4% ig. I-Lsg. in dest. W. isoton. mit Blut ist. Als Infusions-Fl. wird eine Lsg. von 30 g I u. 1 g NaCl im Liter sterilen W. empfohlen. Für i.v.-Injektionen wird zweckmäßiger eine autoklavbehandelte 6% ig. I-Lsg. verwendet.
R. K. Müller. 4790◇

1591 **Die Arzneimittelstabilität.** 1. Mitt. **Haltbarkeit der Arzneimittel-Lösungen vom Standpunkt der Reaktionskinetik.** J. Konečný, J. Pohorský und J. Vachek. (Českoslov. Farmac. **12**, 204—09, 1963; Praha, Výsk. Úst. pro farm. a biochem.; tschech.) — Übersicht.
W.-H. Wache. 4790◇

1592 **Ein Hinweis auf den Peroxidwert von Lanolin.** C. A. Anderson und G. F. Wood. (J. Pharmacy Pharmacol. **14**, 186, 1962; Geelong, Australien, Commonwealth Sci. and Ind. Res. Organisation, Div. of Textile Ind.; engl.) — Durch kurzzeitiges Erhitzen auf 100° kann der Peroxid-Geh. von Lanolin auf einen geringen Wert gesenkt werden. Die Werte entsprechen denen, die bei der extraktiven Behandlung gefunden werden. Es ist wahrscheinlich, daß bei der Extraktion keine nennenswerte chem. oder biolog. Red. stattfindet, sondern die Senkung des Peroxidwertes rein therm. geschieht.
Harro Zimmer. 4792◇

1593 **Neueste Ergebnisse der Arthroplastik mit Methacrylharz-Prothesen.** Y. Ebato. (Tokyo Jikeikai med. J. **76**, 588—601, 1961; jap.) — Übersicht. — 44 Literaturangaben.
J. Lehmberg. 4796◇

1594 **Neue Arzneimittel.** Georg Otto. (Dtsch. Apotheker-Ztg. **95**, 53—56, 1955; dt.) — *Achromycin-Augensalbe* (Chemie Grünenthal, BRD): Salbe mit 10 mg Tetracyclinhydrochlorid in Lanolin–Vaseline-Grundlage je g; *Achromycin-Dragees* mit 250 mg Tetracyclinhydrochlorid. Antibioticum. — *Adragan* (Pharmepa, BRD): Emulsion mit Ephedrinhydrochlorid, Ol. Menthae pip., Ol. Eucalypti, Ol. Cepae. Antirhiniticum. — *Antar-Antalgan* (Schubert, BRD): Dragees mit 25 (mg) Isopropylphenazon, 75 Phenacetin, 40 Coffein, 120 Chinin-Derivv. 25 Mg-Oxid; *Antar-Antalgan „forte"*: Dragees mit 25 Isopropylphenazon, 75 Phenacetin, 40 Coffein, 100 Barbitursäure-Derivv., 25 Extr. Belladonnae, 25 Mg-Oxid. Analgeticum. — *Antar-Antasthman* (Schubert, BRD): Dragees mit 35 (mg) Isopropylphenazon, 70 Coffein-Derivv., 10 Ephedrinhydrochlorid, 15 Extr. Belladonnae, 35 Guajacolcarbonat. Antasthmaticum. — *Antar-Gastrogen* (Schubert, BRD): Dragees mit 25 (mg) Rhiz. Rhei, 25 Rad. Valerianae, 50 Rad. Gentianae, 50 Extr. Chinae, 10 Mg-Oxid, 10 Ol. aether. comp.; Stomachicum. — *Antiföhnon* (Südmedica, BRD): Dragees mit Ephedrin, Coffein, Phenacetin, Bromdiäthylacetylcarbamid, Salpetersäureester, Convallaria-Glykosid. Antidepressivum. — *Coropar* (Dr. Wachter, BRD): Tabletten mit 60 (mg) Dihydroxypropyltheophyllin, 15 Khellin, 20 Äthylpapaverin, 20 Phenobarbital, 50 Rutin. Angioticum. — *Cutiflammon* (Dolorgiet, BRD): Salbe mit Nicotinsäurebenzylester, Benzocain. Gegen Frostschäden. — *Depofemin* (Hoechst, BRD): Ampullen mit 5 mg Cyclopentylpropionsäureester des 17β-Östradiols. Östrogen. — *Depovirin* (Hoechst, BRD): Ampullen mit Cyclopentylpropionsäureester des Testosterons. Androgen. — *Erycinum* (Schering, Berlin-West): Dragees mit 200 mg Erythromycin-Base. Antibioticum. — *Esanin* (Hoffmann-La Roche, BRD): Dragees mit 40 (mg) Pimetremidhydrobromid, 2,5 Xylopropaminsulfat, 60 Dihyprylon. Gegen vegetative Dystonie. — *Ilvin* (Merck, BRD): Ampullen, Tabletten u. Gel mit 1-Pyridyl-(2')-1-[p-bromphenyl]-3-dimethylaminopropanmaleat. Antihistaminicum. — *Nedicol* (O. W. G.-Chemie, BRD): Salbe mit Neomycinsulfat, Cholinstearat, Ascorbinsäure. Antibioticum. — *Phagal* (Pharmazeutische Fabrik Hameln, BRD): Lsg. von Naphazolinnitrat, Borsäure, Menthol, Azulen, Dextrose. Antirhiniticum. — *Prusocain* (Pharma Rheinpreußen, BRD): Lsg. von 5% 2-Äthoxy-4-n-butylaminobenzoesäure-β-diäthylaminoäthylester in Äthanol. Lokalanaestheticum. — *Puraedrin-Chinin* (Dolorgiet, BRD): Dragees mit 30 (mg) Chinincitrat, 50 Aminophenazon, 50 Salicylamid, 100 Phenacetin, 30 Ascorbinsäure. Gegen Erkältungskrankheiten. — *Puraedrin* (Dolorgiet, BRD): Tabletten mit 10 (mg) Phenyläthylessigsäure-β-diäthylaminoäthylester, 150 Salicylamid, 170 Phenacetin, 100 Aminophenazon, 30 Coffein, Analgeticum. — *Rauwopur* (Giulini, BRD): Dragees mit 0,1 (mg) Reserpinhydrochlorid, 0,8 Raupin, 0,25 Rescinnamin. Antihypertonicum. — *Rhicurmin* (Hochland, BRD): Auszüge von Rhiz. Curcumae, Herba Chelidonii, Flor. Chamomillae. Cholagogum. — *Rivadorm* (Giulini, BRD): Tabletten mit 0,05 (mg) Reserpinhydrochlorid, 30 Phenobarbital, 100 Isobutylbarbitursäure. Hypnoticum. — *Rovigon* (Hoffman-La Roche, BRD): Dragees mit 30000 I.E. Axerophthol, 70 mg Tocopherol. Geriatricum. — *Ru-Tensionorm* (Lorenz, BRD): 65 (mg) Theobromin, 13 Papaverin, 20 Aminophenazon, 32,5 Phenobarbital-Natrium, 1,5 Atropinsulfat, 20 Rutin, 20 Ca-Gluconat. Antihypertonicum. — *Transpulmin-Ephedrin* (Chemiewerk Homburg, BRD): Aerosol mit 210 (mg) äther. Öle, 25 Campher, 30 Chinin-Base, 20 Ephedrin-Base. Gegen Bronchialkatarrh — *Valoraupin* (Tosse, BRD): Perkolation aus Rad. Rauwolfiae, Rad. Valerianae. Antihypertonicum.
K. Gerecke. 4800◇

1595 **Neue Arzneimittel.** Anonym. (Modern Drugs **25**. 1229—63, 1960; engl.) — *Actifed* (Burroughs Wellcome, USA): Tabletten mit 2,5 (mg) Triprolidinhydrochlorid, 60 Pseudoephedrinhydrochlorid. Antihistaminicum. — *Allercur* (Roerig, USA): Tabletten mit 20 mg 1-[p-Chlorpbenzyl]-2-pyrrolidyl-(1')-methylbenzimidazol (Clemizolehydrochlorid). Antihistaminicum. — *Analexin* (Irwin, Neisler, USA): Tabletten mit 100 (mg) Phenyramidolhydrochlorid, 300 Al-Aspirin. Analgeticum. — *Appetrol* (Wallace, USA): Tabletten mit D-Amphetaminsulfat, Meprobamat. Appetitzügler. — *Apresoline-Esidrex* (Ciba, USA): Tabletten mit 25 (mg) Hydralazinhydrochlorid, 15 Hydrochlorothiazid. Antihypertonicum. — *Bexellettes* (McKesson, USA): Tabletten mit 5000 Einheiten Axerophtholpalmitat, 1000 Einheiten Calciferol, 3 (mg) Thiaminmononitrat, 3 Riboflavin, 50 Ascorbinsäure, 25 Nicotinamid, 1 Pyridoxinhydrochlorid, 0,1 Folsäure, 5 Ca-Pantothenat, 2 μg Cyanocobalamin, 2 Einheiten α-Tocopherolacetat. Gegen Hypovitaminosen. — *Bitupal* (Aveeno, USA): Salbe mit Sulfovitumin, Zn-Oxid; *Bitupal-HC*: Salbe mit Sulfobitumin, Zn-Oxid, Hydrocortison. Dermaticum. — *Bronkotabs* (Breon, USA): Tabletten mit 24 (mg) Ephedrinsulfat, 100 Theophyllinhydrochlorid, 10 Thenyldiamin, 8 Phenobarbital, 100 Guajacolglycerinäther. Antasthmaticum. — *Cytoxan* (Mead Johnson, USA): Trockenampullen mit 100 u. 200 mg Cyclophosphamid. Cytostaticum.-*Darvo-Tran* (Lilly, USA): D-Propoxyphen, Acetylsalicylsäure, Phenaglycodol. Analgeticum. — *Declomycin* (Lederle, USA): Kapseln, Suspension u. Lsg. von Demethylchlortetracyclin. Antibioticum. — *Deconinic* (Flint, Eaton, USA): Tabletten mit 6 (mg) Chlorpheniraminmaleat, 37,5 Pyrilaminmaleat, 15 Phenylephrinhydrochlorid, 75 Ascorbinsäure. Antihistaminicum. — *Depinar* (Armour, USA): Lsg. von 2500 μg Cyanocobalamin, 13 (mg) Gerbsäure, 6 Zn als Acetat, 5 Cystein, 10 Methylparaben, 0,5 Propylparaben je 5 ml. Antianämicum. — *Duo-Aqua-Drin* (McKesson & Robbins, (USA): Tyrothricin, Neomycinsulfat, Benzocain. Antibioticum. — *Emprazil* (Burroughs Wellcome, USA): Tabletten mit 20 (mg) Pseudoephedrinhydrochlorid, 15 Chlorcyclizinhydrochlorid, 150 Phenacetin, 200 Acetylsalicylsäure, 30 Coffein. Antihistaminicum. — *Eskatrol* (S. K. F., USA): Kapseln mit 15 (mg) D-Amphetaminsulfat, 7,5 Prochlorperazin als Dimaleat. Appetitzügler. — *Ferrolip* (Flint, USA): Tabletten u. Sirup mit Ferrocholinat, 120 (mg) Fe je Tablette, 25 je ml. Antianämicum. — *Ger-amino* (Chicago Pharmacal, USA): Tabletten mit 30 (mg) *l*-Lysinhydrochlorid, 15 d.l-Methionin, 5 Methylandrostendiol, 0,01 Äthinylöstradiol, 1 Thiaminmononitrat, 1 Riboflavin, 1 Pyridoxinhydrochlorid, 16,2 Thyroid, 8,35 Nicotinamid, Cyanocobalamin 0,25 Einheiten. Geriatricum. — *Gliddamin* (Glidden, USA): Tabletten mit 5000 (Einheiten) Axerophthol, 1000 Calciferol, 75 (mg) Ascorbinsäure, 3 Thiaminmononitrat, 2 Riboflavin, 1 Pyridoxinhydrochlorid, 12 Nicotinamid, 5 Ca-

Pantothenat, 3 μg Cyanocobalamin, 3 I. E. Tocopherol. Gegen Hypovitaminosen. — *Griseofulvin* (Ayerst, USA): Tabletten mit 250 mg Griseofulvin. Antibioticum, Antimycoticum. — *Isordil* (Ives-Cameron, USA): Tabletten mit 10 mg 1.4;3.6-Dianhydrosorbit-2.5-dinitrat. Angioticum. — *K-Plex* (Walker, USA): Lsg. von 295 (mg) Kalium als Lactat, Citrat, Acetat, 1-Thiaminnitrat, 0,5 Riboflavin, 0,5 Paridoxinhydrochlorid, 3,5 Nicotinamid. Gegen Hypokalämie. — *Milpath-200* (Wallace, USA): Tabletten mit 200 (mg) Meprobamat, 25 Tridihexethylchlorid. Tranquillizer. — *Otrivin* (Ciba, USA): Lsg. von 0,1% 2-[4-tert.-Butyl-2.6-dimethylbenzyl]-2-imidazolinhydrochlorid. Antirhiniticum. — *Pantho-foam* (U.S. Vitamin, USA): Aerosol mit 0,2 (%) Hydrocortison, 2 Panthenol. Antiphogisticum. — *Phemithyn* (Flint, USA): Lsg. von 3,17% Benzethoniumchloridmonohydrat. Gegen Trichomoniasis. — *Phospholine iodide* (Campbell, USA): Diäthoxyphosphinylthiocholinjodid. Antiglaucomatosum. — *Polonil* (Schering, USA): Tabletten mit 0,25 (mg) Dexamethason, 2 Dexchlorpheniraminmaleat, 75 Ascorbinsäure. Antiphlogisticum. — *Prolixin* (Squibb, (USA): Tabletten mit 1, 2,5 u. 5 mg Fluphenazindihydrochlorid. Tranquillizer. — *Syncillin* (Bristol, USA): Tabletten mit 125 u. 250 mg Phenoxyäthylpenicillin-Kalium. Antibioticum. K. Gerecke. 4800◇

1596 **Neue Arzneimittel.** Anonym. (Modern Drugs **25**, 1355—78, 1960; engl.) — *Aldactone* (Searle, USA): Tabletten mit 100 mg Sprinolacton. Diureticum. — *Allergesic lotion* (Bryant, USA): 1 (%) Phenyltoloxamindihydrogencitrat, 0,2 Neomycinsulfat, 0,02 Tyrothricin, 0,5 Bithionol, 4 Zr-Oxid, 0,25 Diperodonhydrochlorid. Dermaticum. — *Bacid* (U.S. Vitamin, USA): Kapseln mit Lactobacillus acidophilus u. Carboxymethylcellulose. Antidiarrhoicum. — *Bamadex* (Lederle, USA): Tabletten mit 5 (mg) d-Amphetaminsulfat, 400 Meprobamat. Appetitzügler. — *Chloramate* (Hiss, USA): Tabletten u. Ampullen mit Chlorphenpyridaminmaleat. Antihistaminicum. — *Cyclobar* (Schieffelin, USA): Lsg. von 1 (%) Cyclopentolathydrochlorid, 0,55 Neomycincitrat. Cycloplegicum. — *Dropsprin* (Thompson, USA): Suspension mit 64 mg Salicylamid je ml. Analgeticum. — *Fortespan* (S. K. F., USA): Kapseln mit 6 (mg) Thiaminmononitrat, 6 Riboflavin, 6 Pyridoxinhydrochlorid, 6 μg Cyanocobalamin, 60 Nicotinamid, 6 Pantothensäure, 150 Ascorbinsäure, 15000 (Einheiten) Axerophthol, 1000 Calciferol. Gegen Hypovitaminosen. — *Homvite* (Cartron, USA): Lsg. von 5 (mg) Thiaminhydrochlorid, 5 Pyridoxinhydrochlorid, 20 Nicotinamid, 25 μg Cyancobalamin, 300 *l*-Lysinhydrochlorid. Geriatricum. — *Hyptran* (Wampole, USA): Tabletten mit 100 (mg) Phenyltoloxamincitrat, 60 Secobarbital. Hypnoticum. — *Injectable B_{12} Plex with C* (Philadelphia, USA): Ampullen mit 1 (mg) Cyanocobalamin, 50 Thiaminhydrochlorid, 50 Ascorbinsäure, 5 Riboflavin-5′-phosphat-Na, 75 Nicotinamid, 5 Pyridoxinhydrochlorid, 6 Panthenol. Gegen Hypovitaminosen. — *Inobex-Cal* (Tilden, USA): Kapseln mit 200 (mg) Ca als Carbonat, 5 Fe als Sulfat, 3 Nicotinamid, 25 Ascorbinsäure, 2 Pyridoxinhydrochlorid. 0,3 Thiaminmononitrat, 0,3 Riboflavin, 133 Einheiten Calciferrol. Gegen Hypovitaminosen. — *Isoclor* (Haskell, USA): Tabletten mit 4 (mg) Chlorphenyridaminmaleat, 25 d-Isoephedrinhydrochlorid. Gegen Erkältungskrankheiten. — *Isopro* (Philadelphia, USA): Lsg. von 0,5% Isopropylarterenol. Bronchodilator. — *Karidium* (Lorvic, USA): Tabletten mit 2,2 (ml) Na-Fluorid, 86,5 NaCl, 96 Stärke. Gegen Karies. *Levanil* (Upjohn, USA): Tabletten mit 300 mg 2-Äthyl-cis-crotonylharnstoff. Tranquillizer. — *Miradon* (Schering, USA): Tabletten mit 50 mg Anisidione. Anticoagulans. — *Naturetin* (Squibb, USA): Tabletten mit 2,5 u. 5 mg 3-Benzyl-3.4-dihydro-6-[trifluormethyl]-7-sulfamyl-1.2.4-benzothiadiazin-1.1-dioxid. Diureticum. — *Nicomet* (Knoll, USA): Tabletten mit 100 (mg) Pentetrazol, 50 Nicotinsäure. Vasodilator. — *Norflex* (Riker, USA): Tabletten mit 100 mg β-Dimethylamino-2-methylbenzhydryläthercitrat. Myorelaxans. — *Oreticyl* (Abbott, USA): Tabletten mit Deserpidin u. Hydrochlorothiazid. Antihypertonicum. — *Oxaine* (Wyeth, USA): Suspension mit 10 mg Oxethazaine in Al-Hydroxid je 5 ml. Gegen Gastritis. — *Penmycin-AS* (Philadelphia, USA): Suspension mit Procain-Penicillin G u. Dihydrostreptomycin. Antibioticum. — *Pharycidin-Concentrate* (Purdue Frederick, USA): Lsg. von 870 (mg) Cholinsalicylat, 15 Cetyldimethylbenzylammoniumchlorid je 5 ml Analgeticum. — *Phenoxene* (Pitman-Moore, USA): Tabletten mit 50 mg Chlorphenoxamin. Parasympathicolyticum. — *Povan-Suspension* (Parke, Davis, USA): Lsg. von 10 mg Pyrviniumpamoat je ml-Anthelminthicum. — *Prednamin* (Dome, USA): Tabletten mit 2,5 (mg) Prednison, 2 Chlorprophenpyridaminmaleat, 250 Ascorbinsäure. Antiphlogisticum. — *Prinadol* (S. K. F., USA): Ampullen mit Phenazocinhydrobromid. Analgeticum. — *Rela* (Schering, USA): Tabletten mit 350 mg N-Isopropyl-2-methyl-2-propyl-1.3-propandioldicarbamat (Carisoprodol). Myorelaxans. — *Salimeph/Prednisolone* (Kremers-Urban, USA): Kapseln mit 500 (mg) Salicylamid, 333 Mephenesin, 50 Ascorbinsäure, 0,75 Prednisolon. Antirheumaticum. — *Sultrin* (Ortho, USA): Tabletten mit 171 (mg) Sulfathiazol, 143 Sulfacetamid, 185 N-Benzoylsulfanilamid, 13 Harnstoff. Gegen Vaginitis. — *Thormal* (Central, USA): Lsg. von 10 (mg) Dextromethorphanhydrobromid, 5 Phenylephrinhydrochlorid, 120 Paracetamol, 10 Pyrilaminmaleat, 50 K-Sulfoguajacol je 5 ml. Gegen Erkältungskrankheiten. — *Tridenol* (Spirt, USA): Lsg. von Phenoxyäthanol. Dermaticum. — *Tralcyon* (Abott, USA): Tabletten mit 25 (mg) Hexocyclium-methylsulfat, 300 Ectylurea. Gegen Ulcus. — *Ursinus* (Smith-Dorsey, USA): Tabletten mit 300 (mg) Ca-Acetylsalicylatcarbamid, 25 Phenylpropanolaminhydrochlorid, 12,5 Pheniraminmaleat, 12,5 Pyrilaminmaleat. Antihistaminicum. — *Vagiplex* (Rowell, USA): Salbe mit 0,005 (%) Hexöstrol, 1,25 Sulfacetamid, 1,25 Sulfadiazin, 1,25 Sulfamerazin, 1,25 Sulfamethazin. Gegen Vaginitis. — *Valmycin* (Moore, USA): Tabletten mit 160 (mg) Kaolin, 40 Neomycin, 30 Pektin. Antidiarrhoicum. — *Zolyse* (Alcon, USA): α-Chymotrypsin. K. Gerecke. 4800◇

1597 **Neue Arzneimittel.** Anonym. (Modern Drugs **1961**, 9—42; engl.) — *Actifed-C* (Burroughes Wellcome, USA): Lsg. von 10 (mg) Codeinphosphat, 30 Triprolidinhydrochlorid, 30 Pseudoephedrinhydrochlorid, 100 Guajacolglycerinäther je 5 ml. Expectorans. — *Adroyd* (Parke, Davis, USA): Tabletten mit 10 mg Oxymetholone. Anabolicum. — *Cardioquin* (Purdue Frederick, USA): Tabletten mit 275 mg Chinidin-Polygalacturonat. Cardiacum. — *Cozyme* (Travenol, USA): Ampullen mit 250 mg Panthenol. Deflatulens. — *Cydril* (Tutag, USA): Tabletten mit 7 mg 1-Phenyl-2-aminopropansuccinat. Appetitzügler. — *Didrex* (Upjohn, USA): Tabletten mit 50 mg Benzphetaminhydrochlorid. Appetitzügler. — *Enduron* (Abbott, USA): Tabletten mit 2,5 u. 5 mg Methyclothiazid. Diureticum. — *Glucagon* (Lilly, USA): Trockenampullen mit 1 u. 10 mg Glucagonhydrochlorid. Gegen hypoglykäm. Schock. — *Largon* (Wyeth, USA): Ampullen mit 20 mg Propiomazinhydrochlorid. Sedativum. — *Metahydrin* (Lakeside, USA): Tabletten mit 2 u. 4 mg Trichlormethiazid. Diureticum. — *Miluretic* (Wallace, USA): Tabletten mit 25 (mg) Hydrochlorothiazid, 200 Meprobamat. Diureticum. — *Natorexic* (Walker, USA): Tabletten mit Diäthylpropion. Appetitzügler. — *Oratrol* (Alcon, USA): Tabletten mit 50 mg Dichlorphenamid. Antiglaucomatosum. — *Phazyme* (Reed & Carnrick, USA): Manteltabletten, außen mit 100 (mg) Pepsin, 25 Diastase, 20 Dimethylpolysiloxan; innen mit 240 Panceratin, 40 Dimethlypolysiloxan. Deflatulens. — *Primase* (Bauer, USA): Tabletten mit 30 (mg) Mylase, 6 Prolase, 250 Pepsin, 100 Pancreatin, 20 Ketocholansäure. Deflatulens. — *Rectalad-Migraine* (Wampole, USA): Lsg. von Ergotamintartrat, Coffein, Chloralhydrat, Scopolaminhydrobromid. Gegen Migräne. — *Reticulose* (Chemico, USA): Ampullen mit Nucleophosphoprotein. Gegen Infektionen. — *Rocillin* (Rowell, USA): Tabletten mit 250 mg α-Phenoxyäthylpenicillin-Kalium. Antibioticum. — *Soma Compound* (Wallace, USA): Tabletten mit 200 (mg) Carisoprodol, 160 Phenacetin, 32 Coffein. Antipyreticum. — *Soma Compound with Codeine* (Wallace, USA): Tabletten mit 200 (mg) Carisoprodol, 160 Phenacetin, 32 Coffein, 16 Codeinphosphat. Analgeticum. — *Staphcillin* (Bristol, USA): Ampullen mit 1 g Dimethoxyphenylpenicillin-Natrium. Antibioticum. — *Trulase* (Smith, Miller & Patch, USA): Tabletten mit Amylase, Protease, Lipase. Digestivum. — *Vio-Biotic* (Rowell, USA): Tabletten mit 5 (mg) Neomycinsulfat, 1 Tyrothricin, 5 Benzocain, 1000 Einheiten Polymyxin-B-sulfat. Antibioticum. — *Win-Codin* (Winthrop, USA): Tabletten mit 15 (mg) Codeinphosphat, 10 Phenylephrinhydrochlorid, 300 Acetylsalicylsäure, 2 Chlorpheniraminmaleat, 50 Ascorbinsäure. Gegen Erkältungskrankheiten. — *Zarontin* (Parke, Davis, USA): Kapseln mit Ethosuximid. Antiepilepticum. K. Gerecke. 4800◇

1598 **Darstellungsmethoden für Sulfaguanidin.** Danuta Szlompek-Nesteruk. (Przemysł chem. **40**, 34—37, 1961; Warszawa, Inst. Farmac., Zakl. Techn.; pol.) — Es wurden 3 Meth. der Darst. von *Sulfaguanidin* (I) untersucht: 1. Ca-Acetylsulfanilylcyanamid (II) wird mit $(NH_4)_2SO_4$ in wss. Lsg. auf 30—40° erwärmt, wobei NH_4-Acetylsulfanylylcyanamid entsteht. Die weitere Umlagerung zu Acetylsulfaguanidin (III, F. 253—256°) wird am besten bei 150—155° in Glycerin durchgeführt (73% Ausbeute). III wird in alkal. Lsg. bei 60° zu I (F. 190—191,5°; 80,5%) hydrolysiert. 2. II wird mit sd. verd. NaOH-Lsg. zu Sulfanylylcyanamid [F. 289 bis 295° (Zers.); 90%] hydrolysiert. Mit NH_3 wird bei 150 bis 155° daraus I erhalten (64,5%). 3. II wird mit NH_4Cl u. Harnstoff geschmolzen, wobei die Temp. bis auf 190—195° erhöht wird. Gebildetes III (80%) wird nach Auslaugen der Schmelze mit W. zu I hydrolysiert. Die 3. Meth. ist die günstigste. — 40 Literaturangaben. F. Urban. 4806◇

1599 **Die Stabilisierung von menschlichem Serumalbumin gegen kombinierte Einwirkung von Wärme und Äthanol.** A. Milár, R. Milárová und J. Andrašina. (Českoslov. Farmac. **12**, 194—97, 1963; Praha, Úst. sér a očkovac. látok; Košiče, Univ., Lekársk. fak., Ved. labor. chirurg. klin.; tschech.) — Bei Stabilisierungs-Unterss. von menschlichem Serumalbumin fanden Vff. bei geeigneter Kombination von Na-Acetat-dl-tryptophanat (I) u. Na-Caprylat (II) in der Konz. von 50 mg I u. 50 mg II/pro 1 g Eiweiß die höchste stabilisierende Wrkg. bei einer Temp. von 50° u. einem höchstmöglichen A.-Geh. der Unters.-Lsg. von 10%. Der optimale pH-Wert dieser Stabilisierungs-Lsg. liegt bei 6,8—7,3. H.-W. Wache. 4812◇

1600 **Einige Eigenschaften von Kontrastgemischen zur intravenösen Urocholangiocholecystographie.** M. Svoboda und J. Fiala. (Českoslov. Farmac. **12**, 200—02, 1963; Praha, Úst. hematol. a krevn. transfuse; tschech.) — Vff. untersuchten Gemische der tschech. Kontraststoffe Ultrabil, Triumbren, Dioson in physiolog. NaCl-Lsg. im Hinblick auf deren osmot. Resistenz u. Hämolyse. H.-W. Wache. 4824◇

1601 **Gaschromatographie und ihre Anwendung auf die pharmazeutische Analyse.** E. Brochmann-Hanssen. (J. pharmac. Sci. **51**, 1017—31, 1962; San Francisco, Univ., of California, Med. Center, School of Pharm.; engl.) — Übersicht. — 266 Literaturangaben. Winfried Krüger. 4880◇

1602 **Gaschromatographie und ihre Anwendung.** 1. Mitt. Stanisław Tałałaj. (Farmacja polska **18**, 465—68, 1962; Warszawa, Akad. Med. Zakl., Farmakogn.; pol.) — Übersicht über App., Adsorbentien, Trägergas u. Detektoren. F. Urban. 4880◇

1603 **Polarographische Untersuchungen an Dermatol und verwandten Verbindungen.** Yuzo Nagase und Masanobu Iguchi. (J. pharmac. Soc. Japan [Yakugakuzasshi] **77**, 832—36, 1957; Gifu, Gifu Coll. of Pharmac.; jap., Auszug: engl.) — Es wird das polarograph. Verh. von *Dermatol* (Bi-Subgallat; I) u. verwandten Verbb. geprüft. Die Ergebnisse stützen die Annahme, daß I eine Komplexsäure ist. Mit Hilfe der polarograph. Kurven lassen sich qual., quant. u. Reinheitsangaben dieser Verbb. machen. Durch coulometr. Titration wird mit Gallussäure die Mikrobest. von Bi durchgeführt. S. Hiller. 4880△

1604 **Bestimmung von Aminosäuren und ihren Gemischen unter Anwendung der konduktometrischen Titration.** M. Trnková und M. Voldan. (Českoslov. Farmac. **12**, 182—88, 1963; Praha, Státní úst. pro kontrolu léč.; tschech.) — Vff. untersuchten die konduktometr. Titration von Aminosäuren in wss. Medium, bes. im Hinblick auf den hydrolyt. Einfl. des Milieus, der durch Titration in 0,1—0,2m NH_4OH-Lsg. vermieden werden kann. — 34 Literaturangaben. H.-W. Wache. 4880◇

1605 **Identifizierung des Diphenylcyanoacrylamids, das sich bei der Synthese von β.β-Diphenyl-α.α'-dicyanoglutarimid bildet.** C. Dorlet. (J. Pharmac. Belgique [N. S.] **17 (44)**, 179—87, 1962; Bruxelles, Univ. libre, Inst. de Pharm. Labor. et Labor. chim. pharm.; franz.) — Vf. stellte durch Untsrs. des Bldg.-Mechanismus, Formel-Best. u. Prüfung der physikal. u. chem. Eigg. der hellgelben, amorphen Substanz, die bei der Synth. von *β.β-Diphenyl-α.α'-dicyanoglutarimid* immer als Zwischenprod. entsteht, fest, daß diese Verb. mit *Diphenylcyanoacrylimid*, F. 232—233°, ident. ist. U. Drehmann. 4880◇

1606 **Analyse von Arzneimitteln und Chemikalien durch Infrarotabsorptionsspektroskopie.** 2. Mitt. **Bestimmung von Aminopyrin in pharmazeutischen Produkten, die Aminopyrin, Phenacetin und Coffein enthalten.** Naofumi Ōi, Kazuko Kageyama und Kei-ichiro Miyazaki. (J. pharmac. Soc. Japan [Yakugakuzasshi] **77**, 439—40, 1957; Osaka, Sumitomo Chem. Co., Res. Dep.; jap., Auszug: engl.) — Die Best. von Aminopyrin (I) in einem Gemisch von I, Phenacetin u. Coffein durch das IR-Absorptionsspektrum wird untersucht. I kann leicht allein als Einkomponenten-Syst. bestimmt werden, wobei die Bande bei 14,46 μ als Schlüsselbande gewonnen wird. Die Genauigkeit der Best. beträgt 100 ± 2%, berechnet auf die eingesetzte Menge. Die Best. ist einfach, benötigt wenig Zeit u. Substanzmenge. Gottfried Schreiber. 4880△

1607 **Bestimmung der gebräuchlichen Antihistamine im wasserfreien Medium.** Melanie Rink und Monika Riemhofer. (Arch. Pharmaz. Ber. dtsch. pharmaz. Ges. **294/66**, Nr. 11, Mitt. dtsch. pharmaz. Ges. **31**, 197—214, 1961; Bonn, Univ., Pharm. Inst.; dt.) — Es wird eine allg. anwendbare Meth. für die quant. Best. von *Äthylendiamin-*, *Phenothiazin-*, *Colamin-* u. *Propylamin*-Derivv. durch Titration mit $HClO_4$ in Essigsäure–Acetanhydrid mit oder ohne Zugabe von $Hg(OOCCH_3)_2$ beschrieben. Als Indicatoren werden Kristallviolett, Brillantgrün u. Fettblau B verwendet. F. Bourseaux. 4880◇

1608 **Nachweis und quantitative Bestimmung der Arzneimittel der Phenothiazinreihe durch Papierchromatographie.** Guy Nadeau und Georges Sobolewski. (J. Chromatogr. [Amsterdam] **2**, 544—46, 1959; Quebec, Hôp. Saint-Michel Archange, Labor. de Biochimie; franz.) — Eine Nachw.-Meth. einiger *Phenothiazin*-Derivv. durch ascendierende Papierchromatographie, ähnlich der Nachw.-Meth. von Opiaten derselben Vff., wird beschrieben. Die Entw. der Zonen erfolgt durch K-Jodoplatinat. Zur quant. Best. können die Zonen zuerst eluiert u. colorimetr. mit demselben Reagens bewertet werden. M. Blaschette-Huttinger. 4880◇

1609 **Die papierchromatographische Prüfung der Filix-Phloroglucide und der Rohfilicine.** 2. Mitt. G. Zwimpfer und J. Büchi. (Pharmac. Acta Helvetiae **38**, 338—48, 1963; Beilage zu: Schweiz. Apotheker-Ztg.; Zürich, ETH, Pharm. Inst.; dt.) — 1. vgl. C. **1963**, 610. — Bei Unterss. an Reinsubstanzen, die durch FF. u. Farb-Rkk. identifiziert waren, stellten Vff. fest, daß 1. die Resultate nach Schumacher [1957] in den R_F-Werten große Schwankungen aufwiesen u. daß die Phloroglucide im Rohfilicin nach dieser Meth. nur teilweise aufgetrennt wurden, 2. die Differenzen unter den nach Klevstrand [1957] ermittelten Werten im pH des verwendeten Formamids begründet waren, 3. das Auftrennungs-Verf. nach Godin [1958] gut reproduzierbare, gut getrennte, kompakte rundliche Phloroglucidflecken gab. U. Drehmann. 4880◇

1610 **Untersuchungen auf dem Gebiet der Anthrachinon-Arzneimittel.** 1. Mitt. **Die Gegenwart von Dianthronen in Radix Rhei.** J. Lemli, R. Dequeker und J. Cuveele. (Pharmac. Weekbl. **98**, 500—02, 1963; Leuven, Univ., Labor. voor Farmacognosie; niederl.) — Die in $NaHCO_3$-Lsg. lösl. Aglykone (I) von *Radix Rhei* werden papierchromatograph. mit einem Gemisch von Toluol–Butanol–Propanol–Tetrahydrofuran–Formamid (II)-Ameisensäure (60 : 10 : 30 : 10 : 30 : 0,05) als mobiler, 20%ig. Lsg. von II in Aceton als stationärer Phase u. 5%ig. Lsg. von KOH in 50%ig. A. als Sprüh-Fl. (rote Flecken von Anthrachinonen, violette von Dianthronen) abgetrennt. Ein Vgl. der I-R_F-Werte mit den in Senna ermittelten I ergibt die Ggw. von Sennidin A + B (R_F 0,38), Reinanthrachinon (0,48), Sennidin C (0,56) u. Aloe–Emodrin-Anthrachinon (0,89). W. Wesly. 4880◇

1611 **Untersuchungen über die fluorimetrische Analyse von Arzneimitteln.** 8. Mitt. **Fluorimetrische Bestimmung von Galanthamin.** Yoji Ichimura und Kazumitsu Nishimoto. (Japan Analyst **11**, 1024—27, 1962; Nat. Inst. of Hygien. Sci.; jap., Auszug: engl.) — 7. vgl. Japan Analyst **10**, [1961], 623. — Zur Best. von *Galanthamin* (I) behandelt man 10 ml 2n H_2SO_4-Lsg. (mit 0,2—2,0 μg/ml I) 2 Std. lang bei 5 ± 1° mit 0,01n $KMnO_4$-Lsg., entfärbt mit 2 ml 0,01n Oxalsäure-Lsg., läßt über Nacht stehen u. mißt die relative Fluorescenzstärke gegen eine Vgl.-Lö ung. Zwischen der I-Konz. u. der Fluorescenzstärke besteht eine lineare Beziehung. W. Wesly. 4880◇

1612 **Radiometrische Titrationen in der Arzneimittelanalyse. 3. Mitt. Titration einiger organischer Arzneimittel und Alkaloidsalze mit 0,1n $AgNO_3$-Lösung (^{110}Ag).** J. Tölgyessy und M. Šaršúnová. (Z. analyt. Chem. **196**, 192—96, 1963; Bratislava, ČSSR, Slowak. TH, Lehrstuhl für Radio- u. Strahlungschem.; dt.) — 2. vgl. Z. analyt. Chem. **196**, [1963], 107. — Die radiometr. Best. von Citronensäure, Na-Citrat, Oxalsäure, Na-Oxalat, Bromadal, Bromisoval, Na-p-Aminosalicylat, Procainhydrochlorid, Äthylmorphinhydrochlorid, Codeinhydrochlorid, Codeinphosphat, Chininhydrochlorid, Emetinhydrochlorid, Lobelinhydrochlorid, Morphinchlorid, Papaverinhydrochlorid, Scopolaminhydrochlorid, Pilocarpinhydrochlorid u. einiger Rezepturgemische wird beschrieben. Die Meth. ist exakt, schnell u. liefert reproduzierbare Werte. U. Wenzel. 4880◇

1613 **Gaschromatographische Bestimmung der Alkaloide von Conium maculatum L.** J. W. Fairbairn, E. J. Shellard und S. Talalaj. (Planta med. **11**, 92—97, 1963; London, School of Pharm.; engl.) — Zur Best. der Alkaloide durch Gas-Fl.-Chromatographie wurden als stationäre Phase 25% Silicon Elastomer 301 auf Celit u. als mobile Phase Stickstoff benutzt. Für die reinen Alkaloide in Form ihrer Hydrochloride oder Hydrobromide, gelöst in Methanol, wurden folgende Retentions-Vol. erhalten: *Coniin* 0,300, *N-Methylconiin*, 0,355, *γ-Conicein* 0,355. Zur Best. der Alkaloide in der Pflanze mußten diese in Form ihrer nichtflüchtigen Salze extrahiert werden, um einen Verlust durch Verdampfung bei der Zubereitung eines konz. Extraktes zu vermeiden. Mit Natronlauge wurden sie dann in die freien Basen übergeführt u. als solche in die Säulen eingebracht. P. Bulin. 4880◇

1614 **Pharmazeutische Analyse durch Polarographie. 16. Mitt. Morphinbestimmung nach der Ionenaustauschermethode.** Kazuo Matsumoto. (J. pharmac. Soc. Japan [Yakugakuzasshi] **77**, 367—70, 1957; Gifu Public Health Labor.; jap., Auszug: engl.) — 14. vgl. J. pharmac. Soc. Japan [Yakugakuzasshi] **75**, [1955], 1006. — Die Abtrennung von Morphin (I) zur polarograph. Best. in Opium-Präpp. wird überprüft, da das frühere Extraktions-Verf. nicht befriedigend ist. Vf. verwendet zur I-Abtrennung mit gutem Erfolg den stark bas. Anionenaustauscher Amberlite IRA-411, aus dem I mit 1n HCl eluiert wird. I kann auf diese Weise in Opiumalkaloidinjektionen, Opiumextrakt, Opiumtinktur u. in Opiumpulver bestimmt werden. Gottfried Schreiber. 4880△

1615 **Absorptiometrische Bestimmungsmethoden des Saponingehaltes in Pflanzenmaterial.** B. Pasich. (Planta med. **11**, 16—22, 1963; Poznań, Med. Akad. Inst. für Pharmakogn.; dt.) — In dem Bestreben, die üblichen biolog. Wert-Best.-Meth. für Saponindrogen durch chem. Verff. zu ersetzen, wurden zunächst eine Reihe von diesbzgl. Arbeiten krit. überprüft. auf Grund eigener Verss. mit den Saponinfraktionen aus der Wurzel von *Primula officinalis* u. *Primula elatior* wird dann folgende Methodik als geeignet empfohlen: Chromatographie auf Kieselgelplatten mit dem Fließmittel n-Butanol–Essigsäure–W. (6:1:3), Nachw. mit Sb(III)-Chlorid, Essigsäureanhydrid—konz. Schwefelsäure oder Blutlösung. Zur quant. Best. ließ man Joddämpfe einwirken. Nach Markierung der entstandenen Flecke wurde das Jod absublimiert u. so die prim. Verb. wieder erhalten. Das Gel mit dem adsorbierten Saponin wurde quant. in Reagensgläser übergeführt, mit einem Fe(III)-Chloridreagens (nach Zak) oder mit einer Co(II)-Chlorid-Lsg. versetzt u. absorptionsspektrophotometr. bei 435 mμ gemessen. Die Primulasäure reagiert schon bei einer Konz. von 0,005 mg/ml. Die entstandene Färbung bleibt über 12 Std. unverändert. — 34 Literaturangaben. H. Gerlach. 4880◇

1616 **Colorimetrische Bestimmung des Vitamins D_2 (Calciferol).** J. L. Leurquin und J. C. Herman. (J. Pharmac. Belgique [N. S.] **17** (44), 188—91, 1962; franz.) — Die Grünfärbung, die bei der Liebermannschen Rk. mit Vitamin D_2 (I) entsteht, wurde durch Zugabe von Dioxan stabilisiert u. zur quant. Best. von I, gelöst in Öl oder in alkohol. Lsg., ausgearbeitet. Die kolorimetr. Best. wird mit einem Wratten-Filter bei 700 nm ausgeführt. Eichkurven für beide Lsgm. sind dargestellt. U. Drehmann. 4880◇

1617 **Einige Bemerkungen zur Bestimmung des Chloramphenicols im Nachtrag zum DAB 6, insbesondere in Zubereitungen.** W. Awe und J. Kienert. (Arch. Pharmaz. Ber. dtsch. pharmaz. Ges. **295/67**, Nr. 10, Mitt. dtsch. pharmaz. Ges. **32**, 173—76, 1962; Braunschweig, TH, Inst. Pharm. Technol.; dt.) — Bei der im Nachtrag zum DAB 6 beschriebenen Best. von *Chloramphenicol* (I) treten Zers.-Prodd. auf, die die Endpunktsindikation bei der Volhard-Titration erschweren bzw. verhindern. Die Lsg. wird deshalb vor der Titration durch ein Kohlefilter (Schleicher & Schüll Nr. 508) filtriert. Die Aufhellung von dunklen Lsgg. kann mit 5 ml 10%ig. H_2O_2-Lsg. vorgenommen werden. Solche Lsgg. treten meist bei der alkal. Hydrolyse des Estersalzes (Na-Salz des I-Monobernsteinsäureesters) auf. Bei der Unters. von Dragees kann I mit Ae. extrahiert u. dann der Best. zugeführt werden. Harro Zimmer. 4880◇

1618 **Einige Erfahrungen betreffs Papierchromatographie von Tetracyclinverbindungen.** Arne Brunzell. (Pharmaz. Ztg. verein. Apotheker-Ztg. **107**, 272—74, 1962; Stockholm, Statens farmacevtiska labor.; dt.) — Vortrag unter Berücksichtigung der aus der Literatur bekannten Verfahren. Vor allem ist eine Epimerisierung der Tetracycline während der Chromatographie zu unterbinden. Winfried Krüger. 4880◇

1619 **Homogenität der Präparate der Adenosintriphosphorsäure (ATP).** P. Bican. (Českoslov. Farmac. **12**, 202—03, 1963; Praha, Úst. hematol. a krévní transfuse; tschech.) — Zur leichten u. schnellen Reinheitsprüfung handelsüblicher ATP-Präpp. gibt Vf. folgende papierelektrophoret. Unters.-Technik an: Whatman 3,740 V, 26 mA, 15,7 V/cm, Citronensäurepuffer pH 3,8, 2½ Std.; Charakterisierung von ATP, ADP u. AMP mit UV-Licht bei 260 mμ. H.-W. Wache. 4880◇

1620 Carter Products, Inc., New York, N.Y., V.St.A., **Herstellung von N-monosubstituierten Propandioldicarbamaten.** Zu D. A. S. 1 068 242; C. **1961**, 11425, ist nachzutragen: *N-Äthyl-2-methyl-2-n-propyl-1.3-propandioldicarbamat*, n_D^{25} 1 4677; *N-Isobutyl-Verb.*, n_D^{25} 1,4645, Kp.$_{0,01}$ 100 bis 110°; *N-Isopropyl-Verb.*, F. 89—91°; *N-n-Butyl-Verb.*, F. 49—51°; *N-Allyl-Verb.* ($C_{12}H_{22}N_2O_4$), Kp.$_{0,25}$ 110—135°; n_D^{25} 1,4760. (**E. P. 873 908** vom 24/4. 1958, ausg. 2/8. 1961. A. Prior. 24/4. 1957 u. 18/4. 1958.) G. König. 4807

1621 Ciba Ltd., Basel, Schweiz, **Herstellung von Äthern** der allg. Formel $R-CH(NH-NH_2)-CH_2-CH_2-OR^1$ (R = niedere Alkylgruppe, R^1 = niedere Alkyl-, niedere Alkoxyalkylgruppe oder ggf. durch eine niedere Alkoxy-, Methylendioxy- oder niedere Alkylgruppe, Halogenatom oder eine Trifluormethylgruppe substituierter Benzylrest) u. deren Salzen. Die Verbb. können durch Rk. von entsprechenden Ketonen mit Hydrazin u. Hydrierung der Rk.-Prodd. in Ggw. eines Katalysators erhalten werden. Beispiele: *2-Hydrazino-4-methoxybutan*, Kp.$_{11}$ 72—73°; *2-Hydrazino-4-äthoxybutan*, Kp.$_{11}$ 77—78°; *2-Hydrazino-4-n-butoxybutan*, Kp.$_{11}$ 108—110°; *2-Hydrazino-4-benzyloxybutan*, Kp.$_{0,3}$ 103—107°; *2-Hydrazino-4-[β-n-butoxyäthoxy]-butan*, Kp.$_{0,3}$ 142—148°. *Stimulantien für das Zentralnervensystem.* (**E. P. 888 923** vom 8/2. 1960, ausg. 7/2. 1962. Schwz. Prior. 11/2. u. 11/6. 1959.) R. Bauereis. 4807

1622 U. S. Vitamin Corp., übert. von: Seymour L. Shapiro, Hastings-on-Hudson, Louis Freedman, Mount Vernon, und Ira M. Rose, Yonkers, N.Y., V.St.A., **α-Hydroxyalkancarbonsäureaminoalkylamide** der allg. Formel $(R_1)(R_2)C(OH)C(O)NH(CH_2)_n-A$, deren Salze u. quatern. Derivv. [R_1, R_2 = H, Alkyl mit 1—4 C-Atomen; n = 3—6; A = NR_3R_4 (R_3, R_4 = Alkyl mit 1—4 C-Atomen, Cyclohexyl, Phenyl, Phenylalkyl mit 1—3 C-Atomen im Alkyl), Indolino, Tetrahydrochinolino, Tetraisochinolino, Piperidino, 2-Methylpiperidino, Pyrrolidino, Hexamethylenimido, Morpholino] werden hergestellt durch Rk. von α-Hydroxyalkancarbonsäureestern mit den entsprechenden Alkylendiaminen. — Zu 75 (g) β-(N-Methylanilino)-propionitril u. 900 ml abs. A. gibt man unter Sieden innerhalb 15—25 Min. 85 Na, kocht noch 2—3 Std. unter Rückfluß, dest. mit Wasserdampf, trennt u. dest. die organ. Schicht → 63,5 3-(N-Methylanilino)-propylamin, Kp.$_{0,05}$ 94°; 85% (Ausbeute); 72,5 N-Benzylmethylamin, 35,2 Acrylnitril u. 5 Tropfen Benzyltrimethylammoniumhydroxid (40%ig in CH_3OH) kocht man 4 Std. unter Rückfluß, läßt 16 Std. stehen u. dest. → 98,3 3-(N-Benzylmethylamino)-propionitril, Kp.$_{0,016}$ 170°; 90%; 91,5 Indolin 45 Acrylnitril u. 25 ml Eisessig kocht man 2 Std. unter Rückfluß, kühlt, verd. mit 1 Liter

Ae., wäscht mit wss. K_2CO_3, trocknet u. dest. → 121,5 3-Indolinopropionitril, Kp.$_{0,0-60,07}$ 112—118°; 94%; ähnlich erhält man folgende Aminopropionitrile: N-Cyclohexyl-N-methyl-, Kp.$_{0,06}$ 74°; N-Cyclohexyl-N-äthyl-, Kp.$_{0,04}$ 64—68°; N-(n-Propyl)-N-methyl-, Kp.$_8$ 86°; N-Benzyl-N-isopropyl-, Kp.$_{0,03}$ 98—100°; N-(1-Phenylisopropyl)-N-methyl-, Kp.$_{0,08-0,11}$ 108—115°; N-Phenyl-N-äthyl-, Kp.$_{0,15}$ 105—122°; aus diesen durch Red. folgende 3-Aminopropylamine: N-Cyclohexyl-N-methyl-, Kp.$_{0,04-0,06}$ 60—66°; N-Cyclohexyl-N-äthyl-, Kp.$_{0,1-0,03}$ 72—80°; N-Isopropyl-N-methyl- Kp.$_{32}$ 80°; N-Benzyl-N-methyl-, Kp.$_{0,1}$ 80—81°; N-Benzyl-N-isopropyl-, Kp.$_{0,03-0,1}$ 76—82°; N-Phenyl-N-äthyl-, Kp.$_{0,01}$ 89°, u. 3-Indolinopropylamin, Kp.$_{0,04-0,07}$ 92—100°. — 28,8 3-Morpholinopropylamin u. 30 ml α-Hydroxyisobuttersäureäthylester kocht man 5 Std. unter Rückfluß, kreist den A. aus u. dest. → 42 *α-Hydroxyisobuttersäure-(3-morpholinopropyl)-amid*, $C_{11}H_{12}N_2O_3$, Kp.$_{0,04}$ 145°; 91,3%; *Methyltosylat*, F. 77 bis 81° (aus Essigester/A./Ae.); 27%. — Analog erhält man folgende Glykolsäurepropylamide: *3-Indolino-*, Kp.$_{0,1-0,2}$ 224—228°; 80,8%; *3-(N-Methyl-N-isopropylamino)-*, Kp.$_{0,03}$ bis Kp.$_{0,07}$ 134—138°; 75,7%; *3-(N-Äthylanilino)*, Kp.$_{0,065-0,08}$ 195—198°; 83%; *3-(N-Benzyl-N-isopropylamino)-*, Kp.$_{0,03-0,05}$ 186—190°; 82,8%; *3-Dimethylamino-*, Kp.$_{0,05}$ 128°, *Methojodid*, F. 124—125°, *Q* (= *quatern. Verb.*) *mit 8-Chlortheophyllin*, F. 139—150°, *Di-Q mit 1.4-Dibrombuten-(2)*, F. 158 bis 159°; *3-Diäthylamino-*, Kp.$_{0,05-0,1}$ 140°; *3-(Di-n-butylamino)-*, Kp.$_{0,03}$ 155°; *3-Pyrrolidino-*, Kp.$_{0,03}$ 151°, *Methojodid*, F. 143—144°; *3-Morpholino-*, Kp.$_{0,08-0,14}$ 170—178°; *3-(N-Cyclohexyl-N-methylamino)-*, Kp.$_{0,07}$ 170—180°; *3-(N-Cyclohexyl-N-äthylamino)-*, Kp.$_{0,05}$ 172—180°; *3-[N-(3-Phenylpropyl)-N-methylamino]-*, Kp.$_{0,11}$ 203—205°; *3-(N-Methylanilino)-*, Kp.$_{0,1}$ 198—200°. — Glykolsäurebutylamide: *4-Diäthylamino-*, Kp.$_{0,055}$ 148—154°; 82,5%; *4-Dimethylamino-*, Kp.$_{0,09}$ 142—149°, $DL_{min} > 1$ g/kg Maus (min = minimal); *Methojodid*, F. 107—108°, *Di-Q mit 1.4-Dibrombuten-(2)*, F. 174—176°; 94%; *4-Diisopropylamino-*, Kp.$_{0,05}$ 154°; *4-(Di-n-butylamino)-*, Kp.$_{0,07}$ 175°. — Milchsäurepropylamide: *3-Dimethylamino-* Kp.$_{0,07}$ 122°; 92,5%; *Methojodid*, $C_9H_{21}JN_2O_2$, F. 123—124° (aus Essigester); 84%; *Methochlorid*, F. 151—152°, $DL_{min} > 1$ g/kg Maus, > 5 g/kg Ratte, *Methobromid*, F. 139—140°, *Carbäthoxymethobromid*, F. 151—152°; *Q mit Benzylbromid*, F. 156 bis 157°; *3-(N-Cyclohexyl-N-äthylamino)-*, Kp.$_{0,04}$ 170°; 87,4%; *3-(N-Benzyl-N-methylamino)-*, Kp.$_{0,065-0,12}$ 174—178°; 88,2%; *3-(N-Methylanilino)-*, Kp.$_{0,04}$ 176°; 93,4%; *3-[N-Methyl-N-(α-methylphenetyl)-amino]-*, Kp.$_{0,015}$ 182°; 90,7%; *3-Dibutylamino-*, Kp.$_{0,03}$ 140—145°; 82,5%, DL_{min} 400 mg/kg Maus; *3-Diäthylamino-*, Kp.$_{0,02}$ 110°; *3-(N-Isopropyl-N-methylamino)-*, Kp.$_{0,05}$ 112—115°; *3-Pyrrolidino-*, Kp.$_{0,03}$ 134 bis 144°; *3-Morpholino-*, Kp.$_{0,04}$ 142°, *Methojodid*, F. 145—146°; *3-(N-Cyclohexyl-N-methylamino)-*, Kp.$_{0,03}$ 164—170°. *3-(N-Benzyl-N-isopropylamino)-*, Kp.$_{0,02-0,03}$ 168—171°; *3-[N-(3-Phenylpropyl)-N-methylamino]-*, Kp.$_{0,015}$ 182°; *3-Indolino-*, Kp.$_{0,08}$ 208—210°; *3-(N-Äthylanilino)-*, Kp.$_{0,05-0,06}$ 182—184°. — Milchsäurebutylamide: *4-Diisopropylamino-*, Kp.$_{0,06}$ 138—142°; 86%, *Methojodid*, F. 115—116° (aus A./Essigester); 70%; *4-Dimethylamino-*, Kp.$_{0,03}$ 124—131°; *4-Diäthylamino-*, Kp.$_{0,03}$ 132—136°; *4-Dibutylamino-*, Kp.$_{0,075}$ 156 bis 160°. — α-Hydroxyisobuttersäurepropylamide: *3-Pyrrolidino-*, Kp.$_{0,025}$ 114—124°; 77,8%, *Carbäthoxymethobromid*, F. 156—157° (aus Essigester/CH_3CN); 76%; *3-Dibutylamino-*, Kp.$_{0,035}$ 132—140°; 51%, *Methosulfat*, $C_{17}H_{38}N_2O_6S$, F. 83—85°; 76%; *3-(N-Cyclohexyl-N-methylamino)-*, F. 56—58°, Kp.$_{0,06-0,07}$ 140—148°; 81,8%; *3-Dimethylamino-*, Kp.$_{0,06}$ 115°; *Methojodid*, F. 170—171°, *Q mit Benzylchlorid*, F. 202—203°; 79,8%; *3-Diäthylamino-* Kp.$_{0,1}$ 128°; *3-(N-Isopropyl-N-methylamino)-*, Kp.$_{0,045}$ 114—118°; *3-(N-Cyclohexyl-N-methylamino)-*, Kp.$_{0,03}$ 144—154°; *3-(N-Benzyl-N-methylamino)-* Kp.$_{0,2}$ 160°; *3-(N-Benzyl-N-isopropylamino)-*, Kp.$_{0,04}$ 154—166°; *3-[N-(3-Phenylpropyl)-N-methylamino]-*, Kp.$_{0,03}$ 174°; *3-(N-Methylanilino)-*, Kp.$_{0,05}$ 164—169°; *3-(N-Äthylanilino)-*, Kp.$_{0,03}$ 164—170°. — α-Hydroxyisobuttersäurebutylamide: *4-Dimethylamino-* Kp.$_{0,03}$ 120° *Methojodid* F. 134—136°; *4-Diäthylamino-*, Kp.$_{0,04-0,06}$ 122—126°, DL_{min} 1 g/kg Maus; *4-Diisopropylamino-*, F. 58°, *Methojodid*, F. 135—137°; *4-Dibutylamino-*, Kp.$_{0,06-0,08}$ 144—148°. — *Sedativa* für perorale oder parenterale Applikation; Zubereitungen, Vgl.-Verss. u. Wrkg. sind angegeben. (**A. P. 2 991 290** vom 20/3. 1957, ausg. 4/7. 1961.)

A. Debo. 4807

1623 Ciba Ltd., Basel, Schweiz, **Neue Guanylhydrazone von Biguanidophenylalkylketonen** der allg. Formel **I**: $H(R)-C_6H_4-A$ [$H = H_2N-C(=NH)-NH-N=C-$Rest; $A = H_2N-C(=NH)-HN-C(=NH)-HN-$Rest; R = Alkyl ($C_{1-7}$)-Rest; H u. A bes. in p-Stellung) u. deren Salze erhält man in bekannter Weise a) durch Rk. eines Phenylbiguanids, das einen Acylrest im Phenylrest enthält, mit einem Guanylhydrazin, beide bes. in Salzform oder b) durch Rk. eines Guanylhydrazons eines Phenylalkylketons, dessen Phenylrest eine NH_2-Gruppe enthält, bes. in Salzform, mit Dicyandiamid (**II**) mit oder ohne Verdünnungsmittel, bei normalen oder erhöhten Temp. unter normalem oder erhöhtem Druck. Die Prodd. können ferner an jedem prim., sek., bes. endständigen N-Atom durch Alkyl(C_{1-7})-Reste bzw. am Phenylrest durch Alkyl(C_{1-7})- oder Alkoxy(C_{1-7})-Rest, Halogen oder CF_3-Rest substituiert sein. — Man suspendiert z. B. 8,2 g Aminoguanidinhydrogencarbonat (**III**) in 15 (ml) W. u. 10 6n HCl, setzt der durch Erhitzen geklärten Lsg. 12,8 g p-Biguanidoacetophenonhydrochlorid zu, verd. die gebildete Suspension mit 20 W., erhitzt 1 Std. auf 80°, verd. mit 100 W. u. setzt (kalt) 30 HNO_3 (D. 1,38) zu → *p-Biguanidoacetophenonguanylhydrazontrinitrat*, Zus. nach Formel **I** (R = CH_3)·3 HNO_3, F. 189—191° (Zers.; aus W.-CH_3OH, 1:3); gleiches Prod. auch aus 11,39 g p-Aminoacetophenonguanylhydrazonhydrochlorid, $H_2N-C(=NH)-NH-N=C(CH_3)-C_6H_4-p-NH_2\cdot HCl$ durch Erhitzen mit 8 6,35n HCl auf 70°, Zusatz von 4,2 **II**, 3std. Erhitzen bei Rückfluß-Temp., Eindampfen mit CH_3OH, Lösen des Rückstands in 40 W. u. 80 CH_3OH u. Zusatz von 120 2n HNO_3; aus dem Prod. mit verd. wss. NH_3(1:3)-Lsg. → *Dinitrat*, F. 223—226° (Zers.), bzw. mit NaOH → *freie Base*, F. 213 bis 215°. Analog erhält man folgende Prodd. der Formel **I** (H, R u. A, wenn nicht genannt, gilt die vorherige Bedeutung) über neue Biguanidophenylalkylketone: aus p-Aminobutyrophenon u. **II** → *p-Biguanidobutyrophenon*, F. 202—203° (aus A.), daraus mit **III** → *p-Biguanidobutyrophenonguanylhydrazondihydrochlorid*, **I**, $H = H_2N-C(=NH)-HN-N=C-$; $R = CH_3-CH_2-CH_2-$; A = p-$NH-C(=NH)-NH-C(=NH)-NH_2\cdot 2$ HCl, F. 246—248°, daraus → *Trinitrat*, F. 237—238°, bzw. → *freie Base*; aus p-Aminooenanthophenon u. **II** → *p-Biguanidooenanthophenonhydrochlorid*, F. 203 bis 206° (aus A.); daraus mit **III** → *p-Biguanidooenanthophenonguanylhydrazondihydrochlorid*, **I**, $R = CH_3-(CH_2)_5-$, F. 169 bis 172° (aus W.) → *Trinitrat*, F. 154—175° (Zers.) → *freie Base*; aus m-Aminoacetophenon u. **II** → *m-Biguanidoacetophenonhydrochlorid*, F. 212—213° (aus A.); daraus mit **III** → *m-Biguanidoacetophenonguanylhydrazondihydrochlorid*, **I**, R = CH_3; A wie vorst., jedoch in m-Stellung. Die Prodd. bilden bes. mit therapeut. wertvollen Säuren enteral, parenteral oder lokal gegen Protozoen u. Amöben, bes. Trypanosomen u. gegen Entzündungen wirksame *Therapeutika*. (**E. P. 894 809** vom 22/7. 1960, ausg. 26/4. 1962. Schwz. Prior. 22/7. 1959 u. 20/6. 1960.)

G. Vogel. 4807

1624 Farbenfabriken Bayer Akt.-Ges., Leverkusen, **Tertiäre-2.3-Dimethylbutyl-2-amine** der allg. Formel $(CH_3)_2CH-C(CH_3)_2-NR_1R_2$ (R_1 u. R_2 = gerade oder verzweigte Alkylgruppe mit 1—4 C-Atomen, die Gesamtzahl der C-Atome in R_1 u. R_2 aber nicht > 5) u. deren Salze können z. B. aus akt. Estern durch Rk. mit N—C_1—C_4-Alkyl-2.3-dimethylbutyl-2-amin hergestellt werden. Beispiele: *2.3-N.N-Tetramethylbutyl-2-amin*, Kp. 136—138°; *N-Isopropyl-2.3-N-trimethylbutyl-2-amin*, Kp. 138—140°. — Den Blutdruck beeinflussende Mittel. (**E. P. 903 809** vom 2/2. 1961, ausg. 22/8. 1962. D. Prior. 4/2. 1960.)

R. Bauereis. 4807

1625 Smith, Kline & French Laboratories (Erfinder: Samuel Mendel Greenberg und John Francis Herndorn), **Herstellung von Tri-[dialkylaminoalkyl]-phosphaten** durch Rk. von $POCl_3$ (**I**) mit Alkanolaminen. — Zu einer gekühlten Lsg. von 1376 (g) β-Dimethylaminoäthanol in 6 Liter wasserfreiem Toluol werden bei 0—10° 396 **I** im Verlauf von 3 Std. zugegeben, worauf das Gemisch 3 Std. bei 15—20° gerührt u. über Nacht stehengelassen wird. Nach Zusatz von 800 W. trennt man die organ. Schicht ab, konz. sie im Vakuum bei 50° u. löst den Rückstand in 3 Liter Alkohol. Nach Zugabe von 1300 10%ig. Isopropanol. HCl krist. *Tri-(dimethylaminoäthyl)-phosphattrihydrochlorid*, F. 169—170°, aus. — Analog: *Tri-(dimethylaminoisopropyl)-*, *-hexyl*) u. *Tri-(dibutylaminoäthyl)-phosphat*, die als Maleat, Citrat oder Trihydrobromid in Kristallform erhalten werden.

— *Mittel zur Senkung des Cholesterinspiegels.* (**Aust. P. 236 605** vom 9/9. 1959, ausg. 21/12. 1961. A. Prior. 6/10. 1958.) C. Lüttgen. 4807

1626 Orsymonde (Erfinder: Louis Lafon), Paris, Frankreich, **Äthylenisch ungesättigte Trihydroxyacetophenonderivate.** Vgl. Port.P. 38 072; C. **1963**, 3392. Zu ergänzen ist: Man erhält z. B. 2.4.6-Trihydroxyacetophenon (I), F. 216—218°, → *ω-Benzyliden-I*, F. 270° (Zers.); *ω-o-Chlorbenzyliden-I*, F. 325°; *ω-o-Hydroxybenzyliden-I*, F. 172—174°; *ω-p-Chlorbenzyliden-I*, Zers. bei 190°. *Heilmittel*, bes. als Spasmolytica. (**E. P. 914 248** vom 23/4. 1960, ausg. 28/12. 1962.) W. Gräger. 4807

1627 Farbenfabriken Bayer Akt.-Ges., Leverkusen (Erfinder: Hartmund Wollweber, Rudolf Hiltmann, Horst Kreikott, Wuppertal, und Georg Kimmerle, Blankenstein/Ruhr), **Herstellung basisch substituierter β-Phenylhydracrylsäure- bzw. O-Acyl-β-phenylhydracrylsäureester und deren Salze** durch Umsetzung von β-Phenylhydracrylsäuren mit reaktionsfähigen Derivv. entsprechender tert. Aminoalkohole oder durch Umesterung u. ggf. anschließende Acylierung u./oder Salzbildung. — 22,2 g β-Phenyl-β-[tert.-butyl]-hydracrylsäure werden zu 2,3 g Na u. 100 cm^3 Isopropanol gegeben. Dazu fügt man 18 g 2-Diäthylaminoäthylchloridhydrochlorid u. erhitzt 6 Std.; das Lsgm. wird im Vakuum abdest.; man nimmt in verd. HCl auf, äthert aus u. stellt die salzsaure Phase alkalisch. Das abgeschiedene Öl wird mit Ae. extrahiert u. durch Dest. gereinigt: *β-Phenyl-β-[tert.-butyl]-hydracrylsäure-2-diäthylaminoäthylester*, $Kp._{0,1}$ 146—148°. *Citrat*, F. 101—103°. — Analog werden erhalten: *β-Phenyl-β-[2-bicyclo-(2.2.1)-hepten-(5)-yl]-hydracrylsäure-2-diäthylaminoäthylester*, $Kp._{0,15}$ 180—184°. *Citrat*, F. 86—87°. — *β-Phenyl-β-[2-nortricyclyl]-hydracrylsäure-2-diäthylaminoäthylester*, $Kp._1$ 190°. *Citrat*, F. 92—93°. — *β-Phenyl-β-isopropylhydracrylsäure-3-pyrrolidinopropylester*, $Kp._{0,3}$ 158 bis 162° (*Citrat*, F. 107—108°), *-3-dimethylaminopropylester*, $Kp._{0,3}$ 140° (*Citrat*, F. 63—65°), *-2-dimethylaminopropylester*, $Kp._{0,6}$ 134° (*Hydrochlorid*, F. 104—105°), *-2-dimethylaminoäthylester*, $Kp._{0,3}$ 128° (*Citrat*, F. 74—75°), *-2-pyrrolidinoisopropylester*, $Kp._{0,6}$ 162° (*Citrat*, F. 78—80°), *-2-pyrrolidinoäthylester*, $Kp._{0,3}$ 158° (*Citrat*, F. 75—76°), *-3-diäthylaminopropylester*, $Kp._{0,3}$ 164° (*Citrat*, F. 77—78°), *-2-diäthylaminoäthylester*, $Kp._{0,1}$ 144° (*Citrat*, F. 77°; *Hydrochlorid*, F. 112 bis 114°), *-2-[N-methylpiperidyl-(2')]-äthylester*, $Kp._{0,3}$ 180°, *-2-piperidinoäthylesterhydrochlorid*, F. 122—123°, *-2-morpholinoäthylesterhydrochlorid*, F. 125—126°. — *β-Phenyl-β-isopropyl-β-acetoxypropionsäure-2-diäthylaminoäthylesterhydrochlorid*, F. 165—166°. — *β-[p-Methoxyphenyl]-β-isopropylhydracrylsäure-2-diäthylaminoäthylester*, $Kp._{0,3}$ 175° (*Citrat*, F. 85—87°), *-2-pyrrolidinoäthylester*, $Kp._{0,5}$ 185° (*Citrat*, F. 69 bis 70°). — *β-[3.4-Dimethoxyphenyl]-β-isopropylhydracrylsäure-2-diäthylaminoäthylester*, $Kp._{0,3}$ 190°. *Citrat*, F. 98—99°. — *β-[3.4-Methylendioxyphenyl]-β-isopropylhydracrylsäure-2-diäthylaminoäthylester*, $Kp._{0,5}$ 186—188°. *Citrat*, F. 54—55°. — *β-[p-Äthoxyphenyl]-β-isopropylhydracrylsäure-2-diäthylaminoäthylester*, $Kp._{0,3}$ 180°. *Citrat*, F. 89°. — *Therapeutica*. (**Oe.P. 216 500** vom 22/2. 1960, ausg. 25/7. 1961. D. Prior. 27/2. 1959.) I. Lasch. 4807

1628 Upjohn Co., Kalamazoo, Mich., V.St.A., **Butyl-4-heptyloxybenzoat** kann hergestellt werden durch Erhitzen einer Mischung von z. B. 19,4 (g) Butyl-4-hydroxybenzoat, 16,5 KJ, 13,8 K_2CO_3, 13,82 Heptylbromid u. 200 ml Methyläthylketon für 16 Stunden. Nach Abkühlung u. Zugabe von W. wird mit Ae. extrahiert, der Ae. mit W., NaOH u. HCl gewaschen, getrocknet u. dest. → *Butyl-4-heptyloxybenzoat*, $Kp._{0,2}$ 155—156°, n_D^{27} 1,4988. Die Verb. kann auch aus 4-Heptyloxybenzoesäure über das Säurechlorid u. Rk. des letzteren mit Butanol in Ggw. von Pyridin erhalten werden. *Sedativum*. (**E. P. 888 681** vom 8/11. 1960, ausg. 31/1. 1962. A. Prior. 9/12. 1959.) R. Bauereis. 4807

1629 Ciba Ltd., Basel, Schweiz, **Herstellung von Aminoalkoholen** der allg. Formel $HO—X—N(R_1R_2)$ (X = Alkylengruppe mit 2—6 C-Atomen, R_1 = Oxypolyäthylenoxyäthylgruppe mit 2—10 Äthylenoxygruppen u. Verätherung mit Alkanolen mit 1—6 C-Atomen, $R_2 = R_1$ oder Alkylgruppe mit 1—6 C-Atomen). Die Verbb. werden nach bekannten Meth. hergestellt. Beispiele: *N.N-Di-(methoxydiäthylenoxyäthyl)-aminoäthanol*, $Kp._{0,01}$ 163°, n_D^{20} 1,4588; *γ-[N-Methyl-N-(methoxydiäthylenoxyäthyl)-amino]-propanol*, $Kp._{0,01}$ 95°, n_D^{20} 1,4536; *γ-[N.N-Di-(methoxydiäthylenoxyäthyl)-amino]-propanol*, $Kp._{0,01}$ 165°, n_D^{20} 1,4601; *N-Methyl-N-(methoxypentaäthylenoxyäthyl)-aminoäthanol*, $Kp._{0,01}$ 158°, n_D^{20} 1,4602; *N-Methyl-N-(methoxyoctaäthylenoxyäthyl)-aminoäthanol*, $Kp._{0,01}$ 210°, n_D^{20} 1,4630. — *Zwischenprodd.* für Lokalanästhetica. (**E. P. 897 163** vom 1/7. 1960, ausg. 23/5. 1962. Schwz. Prior. 2/7. 1959 u. 7/6. 1960.) R. Bauereis. 4807

1630 Ciba Ltd., Basel, Schweiz, **Herstellung von Estern** der allg. Formel $R—NH—Z—CO—O—X—N(R_1R_2)$ (R = aliphat. Rest mit 3—7 C-Atomen, Z = Phenylen-(1.4)-gruppe, X = Alkylgruppe mit 2—6 C-Atomen, R_1 = Oxypolyäthylenoxyäthyl mit 2—10 Äthylenoxygruppen u. einer Verätherung mit einem Alkanol mit 1—6 C-Atomen, $R_2 = R_1$ oder eine Alkylgruppe mit 1—6 C-Atomen), können aus einem entsprechenden Benzoesäure-Deriv. u. dem entsprechenden Alkohol $HO—X—N(R_1R_2)$ oder durch andere Meth. hergestellt werden. Beispiele: *p-n-Butylaminobenzoesäureester* (**I**) des *N-(Methoxydiäthylenoxyäthyl)-N-methylaminoäthanols*, $Kp._{0,01}$ 200—210°, n_D^{20} 1,5312; **I** *des N.N-Di-(methoxydiäthylenoxyäthyl)-aminoäthanols*, n_D^{20} 1,5166; **I** *des γ-[N-Methyl-N-(methoxydiäthylenoxyäthyl)-amino]-propanols*, n_D^{20} 1,5285; **I** *des γ-[N.N-Di-(methoxydiäthylenoxyäthyl)-amino]-propanols*, n_D^{20} 1,5130; **I** *des N-Methyl-N-(methoxypentaäthylenoxyäthyl)-aminoäthanols*, n_D^{20} 1,5168; **I** *des N-Methyl-N-(methoxyoktaäthylenoxyäthyl)-aminoäthanols*, n_D^{20} 1,5086; *p-n-Propylaminobenzoesäureester des N-Methyl-N-(methoxydiäthylenoxyäthyl)-aminoäthanols*, n_D^{20} 1,5329; *p-n-Propylaminobenzoesäureester des N.N-Di-(methoxydiäthylenoxyäthyl)-aminoäthanols*, n_D^{20} 1,5173; *p-n-Heptylaminobenzoesäureester des N-Methyl-N-(methoxydiäthylenoxyäthyl)-aminoäthanols*, n_D^{20} 1,5205; *p-n-Heptylaminobenzoesäureester des N.N-Di-(methoxydiäthylenoxyäthyl)-aminoäthanols*, n_D^{20} 1,5116; *p-Cyclohexylmethylaminobenzoesäureester des N-Methyl-N-(methoxydiäthylenoxyäthyl)-aminoäthanols*, n_D^{20} 1,5382; *p-Cyclohexylmethylaminobenzoesäureester des N.N-Di-(methoxydiäthylenoxyäthyl)-aminoäthanols*, n_D^{20} 1,5232. — *Lokalanästhetica*. (**E. P. 897 162** vom 1/7. 1960, ausg. 23/5. 1962. Schwz. Prior. 2/7. 1959 u. 7/6. 1960.) R. Bauereis. 4807

1631 Burroughs Wellcome & Co., Tuckahoe, N.Y., V.St.A., übert. von: Frederik Charles Copp und Douglas Stephenson, London, England, **Quaternäre Ammoniumverbindungen,** die N-o-Brombenzyl-N-äthyl-N.N-dimethylammonium als Kation enthalten, sind antiadrenerg. wirkende Mittel u. können auf üblichem Weg, z. B. durch Rk. von N-Äthyl-N.N-dimethylamin mit o-Brombenzylchlorid hergestellt werden. (**A. P. 3 038 004** vom 28/6. 1960, ausg. 5/6. 1962. E. Prior. 18/4. 1958.) R. Bauereis. 4807

1632 Hoffmann-La Roche, Inc., Nutley, übert. von: Moses Wolf Goldberg, Upper Montclair, und Sidney Teitel, Nutley, N.J., V.St.A., **Benzylaminderivate u.** deren Salze werden hergestellt durch Verätherung von o- oder p-Hydroxybenzaldehyd mit einem geeigneten Dinieder-alkylaminoniederalkylhalogenid unter Rückfluß in einem inerten Lsgm. u. reduktive Aminierung der Benzaldehyd-Verbindung. Beispiele: *4-[2-Dimethylaminoäthoxy)-benzylamin*, $Kp._{0,3}$ 120—123°; *4-(2-Diäthylaminoäthoxy)-benzylamin*, $Kp._{0,3}$ 130°; *4-(3-Dimethylaminopropoxy)-benzylamin*, $Kp._{0,5}$ 124°; *2-(2-Dimethylaminoäthoxy)-benzylamin*, $Kp._{0,4}$ 100°. — *Antiemetika*. (**A. P. 3 047 628** vom 19/2. 1957, ausg. 31/7. 1962.) R. Bauereis. 4807

1633 Ciba Akt.-Ges., Basel, Schweiz, **Herstellung von 2-[tert.-Aminoalkyl]-3-[pyridylalkyl]-indenen** durch Wasserabspaltung aus entsprechenden 3-Hydroxyindanen. — Zu 650 ml 0,37m Lsg. von Phenyllithium in Bzl. werden unter N_2 24 ml α-Picolin hinzugefügt. Nach 1 Std. gibt man 10 g 2-[2-Dimethylaminoäthyl]-indanon-(3) in 20 ml Bzl. zu u. läßt die Rk.-Mischung mehrere Tage bei Zimmer-Temp. stehen. Man versetzt mit W., trennt die benzol. Lsg. ab u. extrahiert sie mit 20 ml konz. HCl in 100 ml Wasser. Der saure Extrakt enthält 2-[2-Dimethylaminoäthyl]-3-[pyridyl-(2)-methyl]-indanol-(3) u. wird 1 Std. auf dem Dampfbad erhitzt; mit wss. NH_3 wird bas. gemacht u. mit Ae. extrahiert: *2-[2-Dimethylaminoäthyl]-3-[pyridyl-(2)-methyl]-inden*, $Kp._{0,7}$ 168—170°. *Dihydrochlorid*, F. 175—177°. *Maleat*, F. 140°. — Analog werden folgende Indene erhalten: *2-[2-Dimethylaminoäthyl]-3-[1-pyridyl-(2)-äthyl]-*, $Kp._{0,5}$ 165—175°. *Maleat*, F. 158°. *Maleat-N-Oxid-Pikrat*, F. 160°. Das *L-Tartrat* einer

opt.-akt. Form schm. bei 135—137°; $[\alpha]_D^{25}$ —106° (A.). — *2-[Dimethylaminoäthyl]-3-pyridyl-(4)-methyl]-*, $Kp._{0,7}$ 165 bis 170°. — *2-[2-Dimethylaminoäthyl]-3-[1-(pyridyl-(2))-propyl]-*, $Kp._{0,5}$ 165—175°. *Monomethojodid*, F. 225° (Zers.). — *2-[2-Dimethylaminoäthyl]-3-[dimethyl-(pyridyl-(2))-methyl]-*, $Kp._{0,4}$ 155—160°. *Methojodid*, F. 234° (Zers.). — *2-[2-Dimethylaminoäthyl]-3-[(6-methylpyridyl-(2))-methyl]-*, $Kp._{0,4}$ 150 bis 155°. — *2-[2-Diäthylaminoäthyl]-3-[1-(pyridyl-(2))-äthyl]-*, $Kp._{0,55}$ 178—180°, *Maleat*, F. 120°. — *5-Chlor-2-[2-dimethylaminoäthyl)-3-[pyridyl-(2)-methyl]-*. — *3-[Pyridyl-(2)-methyl]-[2-[2-pyrrolidinoäthyl]-*. — *2-[2-(4-Methylpiperazino)-äthyl]-3-1-pyridyl-(2)-äthyl]-*. — *2-[2-Dimethylaminoäthyl]-5-methoxy-3-[pyridyl-(2)-methyl]-*. — *2-[2-Dimethylaminoäthyl]-1-methyl-3-[1-(pyridyl-(2))-äthyl-*. Mischung der beiden Racemate von *2-[2-Dimethylamino-2-methyläthyl]-3-[1-(pyridyl-(2))-äthyl]-*, $Kp._{0,2}$ 165—170°; ein opt.-akt. *Methojodid* schm. bei 215 (Zers.). — *2-[3-Dimethylaminopropyl]-3-[1-(pyridyl-(2))-äthyl]-*, *Malonat*, F. 154—155°. — *7-Chlor-2-[2-dimethylaminoäthyl]-3-[1-pyridyl-(2)-äthyl]-*, $Kp._{0,5}$ 200—205°. — *Beruhigungsmittel* u. *Lokalanästhetica*. (**Oe. P. 214 919** vom 11/8. 1959, ausg. 10/5. 1961. A. Prior. 12/8. u. 3/11. 1958.)
I. Lasch. 4807

1634 Mead Johnson & Co., übert. von: Kenneth N. Campbell, Evansville, Ind., Donald E. Rivard, Haddonfield, N.J., und Rolland F. Feldkamp, Evansville, Ind., V.St.A., **Herstellung von 1-[1'-Alkyl- bzw. Alkenylpyrrolidyl-(3')-methyl]-3-arylindenen bzw. -3-arylindanen**, dad. gek., daß man z. B. 32,8 (g) 3-Phenylinden in 300 Bzl. mit 16,1 1-Methylpyrrolidyl-(3)-methylchlorid in Ggw. von 3,9 Na-Amid (oder Li-Amid bzw. NaH) durch Erhitzen unter Rückfluß zur Rk. bringt u. das erhaltene *1-[1'-Methylpyrrolidyl-(3')-methyl]-3-phenylinden*, $Kp._{0,45}$ 162—166°, in 95%ig. A. in Ggw. von Pd-Kohle bei Raum-Temp. u. 60 lbs./sq. in. hydriert → *1-[1'-Methylpyrrolidyl-(3')-methyl]-3-phenylindan*, $Kp._{0,4}$ 152—156°. *Hydrochlorid*, F. 134—136° u. 197—198°. — Analog aus den entsprechenden 3-Arylindenen folgende *Indane*: *1-[1'-Äthylpyrrolidyl-(3')-methyl)-3-phenyl-*, $Kp._{0,13}$ 165°; *1-[1'-n-Propylpyrrolidyl-(3')-methyl]-3-phenyl-*, $Kp._{0,05}$ 156—158°; *1-(1'-Isopropylpyrrolidyl-(3')-methyl]-3-phenyl-*, $Kp._{0,05}$ 158—162°; *1-[1'-n-Butyl-3-pyrrolidyl-(3')-methyl]-3-phenyl-*, $Kp._{0,05}$ 162—164°; *1-(1'-Methylpyrrolidyl-(3')-methyl]-3-(p-methoxyphenyl)-*, $Kp._{0,4}$ 222—228°; *1-[1'-Methylpyrrolidyl-(3')-methyl]-1-methyl-3-phenyl-*, $Kp._{0,05}$ 158—160°, *Hydrochlorid*, F. 172—173°. — *Spasmolytica*. (**A. P. 2 992 231** vom 15/4. 1959, ausg. 11/7. 1961.)
W. Heyer. 4807

1635 Imperial Chemical Industries Ltd., London, übert. von: Edwin Harry Paterson Young, Manchester, England, **Herstellung von 3-β-Äthyl-β-nitrovinylindol**, F. 134—136°, dad. gek., daß man z. B. 10 (Teile) Indol-3-aldehyd mit 20 1-Nitropropan in Ggw. von 2 NH_4-Acetat oder 1 Benzylamin als bas. Katalysator auf 95—98° erhitzt, die Rk.-Lsg. filtriert u. den Rückstand mit heißem W. wäscht. — Zwischen-Prod. zur Herst. von pharmakolog. wertvollem *5-Hydroxytryptamin*. Vgl. auch E. P. 807 876; C. **1960**, 15141. (**A. P. 3 042 684** vom 3/3. 1958, ausg. 3/7. 1962. E. Prior. 13/2. 1956.)
W. Heyer. 4807

1636 Imperial Chemical Industries Ltd., London, England, **Ferrocenderivate** werden hergestellt durch Rk von *Ferrocen* (**I**) mit einem Säurechlorid oder -anhydrid u. ggf. anschließender Red. zu den entsprechenden Alkyl-I. — Zu 48 (Teilen) α.α-Diäthylacetylchlorid in 150 wasserfreiem HF gibt man bei 0° 45 I, läßt auf Raum-Temp. kommen u. gießt nach 1 Std. auf Eis → *α.α-Diäthylacetyl-I*, F. 94° (aus PAe.); hieraus durch Red. nach Clemmensen → *2-Äthyl-n-butyl-I*, $Kp._{0,1}$ 104°. — Analog erhält man: *α-(n-Butyl)-α-isopropylacetyl-I*, F. —70°. — *2-Isopropyl-n-hexyl-I*, $Kp._{0,1}$ 117°. — *α.α.α-Triäthylacetyl-I*, rotes Öl, n^{24} 1,5800. — *2.2-Diäthyl-n-butyl-I*, $Kp._{0,1}$ 103°. — Die vorst. Verbb. haben *hämatin. Aktivität*. (**E. P. 898 633** vom 27/1. 1960, ausg. 14/6. 1962. **Zusatz zu E. P. 819 108; C. 1961, 3410.**)
A. Debo. 4807

1637 McNeil Laboratories, Inc., Philadelphia, Pa., übert. von: Joseph Sam, Camden, S.C., V.St.A., **2-Amino-6-chlorbenzoxazol** (**I**) u. seine Säureadditionssalze mit physiolog. verträglichen Säuren erhält man durch Rk. von 4-Chlor-2-hydroxyphenylharnstoff mit gelbem PbO (3½ Std. Rückfluß-Temp.). I hat einen F. 184—185° (Bzl.). — *Muskelerschlaffendes* u. *anticonvulsives Mittel*. (**A. P. 2 978 458** vom 25/2. 1959, ausg. 4/4. 1961.)
A. Jahn. 4807

1638 McNeil Laboratories, Inc., Philadelphia, Pa., übert. von: James N. Plampin, Philadelphia, Pa., V.St.A., **2-Amino-5-chlor-6-brombenzoxazole** (**I**) u. dessen Säureadditionssalze mit physiolog. verträglichen Säuren erhält man durch Bromieren von 2-Amino-5-chlorbenzoxazol (bei 10—15° in Methanol). I hat einen F. 237—239° (Methanol), *Hydrochlorid*, Erweichung 240°, Zers. 260°. — *Muskelerschlaffendes Mittel*. (**A. P. 2 980 689** vom 25/2. 1959, ausg. 18/4. 1961.)
A. Jahn. 4807

1639 Chas. Pfizer & Co., Inc., Brooklyn, N.Y., übert. von: Lloyd H. Conover, Qaker Hill, Conn., und Arthur R. English, Hohokus, N.J., V.St.A., **N-[1-(5-Nitro-2-furyl)-1-butenyliden-(3)]-3-aminooxazolidon-(2)** (**I**). Zu 9 g 5-Nitrofurfurylidenaceton in 400 ml A., 20 ml Eisessig (**II**) u. 0,2 g geschmolzenem $ZnCl_2$ gibt man 6 g 3-Amino-2-oxazolidon in 200 ml A. u. 10 ml **II**, erwärmt die Mischung 2 Std. lang auf dem Dampfbad, kühlt sie ab u. erhält nach dem Aufarbeiten 16 g **I**, F. 164—166,5° (A.). — *Heilmittel*, bes. gegen *Mastitis*. (**A. P. 3 004 888** vom 12/1. 1959, ausg. 17/10. 1961. **E. P. 865 796** vom 12/1. 1960, ausg. 19/4. 1961. A. Prior. 12/1. 1959.)
A. Jahn. 4807

1640 Ciba Pharmaceutical Products, Inc., Summit, N.J., V.St.A., übert. von: Jean Druey und Konrad Meier, Riehen, Schweiz, **Herstellung von 1.3-Diaryl-5-aminopyridazonen-(6)**, dad. gek., daß man z. B. 30 (g) Piperazin in 300 A. mit 14,13 1.3-Diphenyl-5-chlorpyridazon-(6) (**I**) auf 130—140° erhitzt → *1.3-Diphenyl-5-piperazinopyridazon-(6)*, F. 170—170,5°, *Hydrochlorid*, F. 190 bis 192°. — Analog werden folgende *Pyridazone-(6)* hergestellt: *1.3-Diphenyl-5-[N-(β-dimethylaminoäthyl)-N-äthylamino]-*, F. 74—75°, *Hydrochlorid*, F. 240—241°; *1.3-Diphenyl-5-(β-diäthylaminoäthylamino)-*, F. 99—99,5°, *Hydrochlorid*, F. 203,5 bis 205°; *1.3-Diphenyl-5-dimethylamino-*, F. 119—120°. — *Antipyretica* u. *Analgetica*. (**A. P. 3 014 034** vom 6/1. 1960, ausg. 19/12. 1961. Schwz. Prior. 22/1. 1959.)
W. Heyer. 4807

1641 Sandoz Akt.-Ges., Basel (Erfinder: Jany Renz, Jean-Pierre Bourquin, Basel, Guido Gamboni, Allschwil, und Gustav Schwarb, Neuallschwil), Schweiz, **Herstellung von 3-Sulfhydryl-10-[2'-N-methylpiperidyl-(2'')äthyl-(1')]-phenothiazin** durch reduktive Spaltung der S-Benzylgruppe zur Sulfhydrylgruppe. Beispiel: 27,8 (g) -Benzylmercapto-10-[2'-N-methylpiperidyl-(2'')-äthyl-(1')]-phenothiazin gelöst in 175 ml Butanol werden bei 120° mit 7,2 Na versetzt; das Rk.-Gemisch wird mit HCl angesäuert u. das Filtrat im Vakuum eingedampft. Der Rückstand wird in 500 ml W. u. 100 ml konz. NH_3 digeriert u. das Filtrat mit 28 $AgNO_3$ in 150 ml W. versetzt. Das Ag-Salz wird 3mal mit 150 ml abs. A. digeriert. Durch die Suspension in 250 ml abs. A. wird 4 Std. lang H_2S geleitet. Nach Filtration wird im Vakuum eingeengt. 0,5 des Rückstands werden in 25 ml W. u. 5 ml konz. NH_3 gelöst, filtriert u. mit 26 ml 1%ig. wss. $AgNO_3$-Lsg. das *Ag-Salz* des *3-Sulfhydryl-10-[2'-N-methylpiperidyl-(2'')-äthyl-(1')]-phenothiazin* gefällt, F. 188—190°, *Tartrat*, 115° (Zers.). *Potenzierungsmittel für Narkotica, Hypnotica*; *Analgetica*; *Antiallergica*; *Spasmolytica*; *Neuroplegica*. (**Schwz. P. 364 782** vom 22/2. 1957, ausg. 30/11. 1962.)
R. Bauereis. 4807

1642 Ciba Ltd., Basel, Schweiz, **Herstellung von Amino-1-desoxyketosen, insbesondere -fructosen**, dad. gek., daß man Aldosen, bes. Aldohexosen, der Umlagerung nach Amadori (vgl. C. **1929 II**, 33) mit sek. Aminen unterwirft, von deren zwei Substituenten nur einer durch Hydrogenolyse abgespalten werden kann. — 18 (g) D-Glucose werden mit 14,5 N-Methylbenzylamin in 50 cm^3 A. 1 Std. lang auf dem Dampfbad erhitzt u. nach Zugabe von 1 $(NH_4)Cl$ weitere 3 Std. lang gekocht. Nach dem Abkühlen kristallisieren 13 *1-[N-Methylbenzylamino]-A* (**II**) (A = *1-Desoxy-D-fructose*), F. 143 bis 144°, $[\alpha]_D^{27}$ —75° [in Pyridin (I)], aus. — Analog: *1-[N-Äthyl-*, F. 119—120°, $[\alpha]_D^{26}$ —99° (in I), *1-[N-Butyl-*, F. 106—107°, $[\alpha]_D^{24}$ —94° (in I), u. *1-[N-β-Cyanmethylbenzylamino]-A*, F. 145—147°, $[\alpha]_D^{28}$ —57° (in I). — 28,4 **II**, in 400 cm^3 95%ig. A. u. 200 cm^3 Eisessig werden in Ggw. von 4 10%ig. Pd-Holzkohle mit H_2 hydriert. Sind 2,24 Liter H_2 absorbiert, wird der Katalysator abfiltriert, das Filtrat im Vakuum eingedampft u. der Rückstand aus A. umkristallisiert. *Essigsaures Salz* (**III**) *der 1-Methylamino-A*, F. 152—153°, $[\alpha]_D^{26}$ —58° (in W.), *Hydrochlorid*, F. 160—162°. Analog das **III** *der 1-Äthylamino-A*,

F. 144—146°, $[\alpha]_D^{25}$ —33° (in W.). — *Pharmazeutica.* (**Ind. P. 66 638** vom 4/2. 1959, ausg. 14/3. 1961.) C. Lüttgen. 4807

1643 Ciba Ltd., Basel, Schweiz, **Herstellung von substituierten Glucofuranosiden.** 3.5.6-Tribenzyl-1.2-propylidenglucofuranose, $Kp._{0,1}$ 250—260°, hergestellt aus 1.2-Isopropyliden-D-glucofuranose, Benzylchlorid u. KOH, werden mit 100 cm³ methanol. n-HCl gemischt u. am nächsten Tage im Vakuum bei < 50° eingedampft. Der Rückstand wird in $CHCl_3$ aufgenommen, die Lsg. mit $NaHCO_3$-Lsg. gewaschen, getrocknet u. im Vakuum eingedampft → *Methyl-3.5.6-tribenzyl-A* (A = *D-Glucofuranosid*), $Kp._1$ 270—275°, $[\alpha]_D^{22}$ +5° ($CHCl_3$). — Analog: *Äthyl-*, $Kp._{1,2}$ 270—280°, $[\alpha]_D^{26}$ +8° ($CHCl_3$), *Propyl-*, $Kp._{0,2}$ 270—280°, u. *Cyclohexyl-3.5.6-tribenzyl-A*, $Kp._{0,4}$ 240—260°; *Methyl-*, $Kp._2$ 230—240°, $[\alpha]_D^{24}$ —36° [Pyridin (I)], u. *Äthyl-3.5.6-tribenzoyl-A*, $Kp._{2,1}$ 310 bis 330°, $[\alpha]_D^{27}$ —34° (in I) u. *Methyl-2.3.5.6-tetrabenzoyl-A*, $Kp._{0,03}$ 280—290°, $[\alpha]_D^{25}$ —2° ($CHCl_3$). — *Pharmazeutica.* (**Ind. P. 66 562** vom 28/1. 1959, ausg. 9/6. 1961.) C. Lüttgen. 4807

1644 Ciba Corp., Del., V.St.A., übert. von: Robert Schwyzer, Riehen, und Bernhard Riniker, Birsfelden, Schweiz, **Oktapeptide** der allg. Formel Glycyl-L-α-(niederaminoalkyl)-α-aminoacetyl-L-α-niederalkyl-α-aminoacetyl-L-tyrosyl-L-α-niederalkyl-α-aminoacetyl-L-histidyl-L-prolyl-L-phenylalanin. Die Peptide können nach bekannten Meth. hergestellt werden u. besitzen eine gute *Hypertensinwirkung.* Beispiel: *Glycyl-L-arginyl-L-valyl-L-tyrosyl-L-valylhistidyl-proplyl-L-phenylalanin.* (**A. P. 3 040 017** vom 22/6. 1959, ausg. 19/6. 1962. Schwz. Prior. 8/7. 1958.) R. Bauereis. 4807

1645 F. Hoffmann-La Roche & Co. Akt.-Ges., Basel, Schweiz, **Erzeugung von Vitaminen der B_{12}-Gruppe** mit Hilfe von Propionibacterium shermanii in einem Kohlenhydrate, Aminosäuren u. Nährsalze enthaltendem Medium. Man erhält eine hohe Vitamin-B_{12}-Aktivität (bis ca. 20 mg/Liter) durch Verw. des Stammes 33, dessen Züchtung unter streng anaeroben Bedingungen beschrieben ist. (**Niederl. P. 102 572** vom 22/12. 1959, ausg. 17/9. 1962. Schwz. Prior. 24/12. 1958.) F. Böhm. 4809

1646 Upjohn Co., Kalamazoo, Mich., V.St.A., **3.20-Bisoxime der 5β-Pregnanreihe** erhält man durch übliche Oximierung der freien 3.20-Diketone. Es werden beschrieben: *11β-Hydroxy-5β-pregnan-3.20-dion-bis-oxim*, F. 238,5—242°. — *11α-Methyl-11β-hydroxy-5β-pregnan-3.20-dion-bis-oxim*, F. 206—212°. — *Heilmittel.* (**E. P. 907 422** vom 13/3. 1961, ausg. 3/10. 1962. A. Prior. 20/4. 1960.) U. Sievers. 4809

1647 Upjohn Co., Dover, Del., V.St.A., **Herstellung von 2α-Methyl-6-fluor-11β.17α-dihydroxy-Δ^4-pregnen-3.20-dion**, F. 265—267°, $[\alpha]_D$ +46° (in Dioxan), wird erhalten durch Red. von 2α-Methyl-6α-fluor-11β.17α-dihydroxy-21-jod-Δ_4-pregnen-3.20-dion mit Zn-Pulver in Eisessig bei ca. 25°. — *Therapeuticum.* (**Niederl. P. 102 529** vom 26/11. 1958, ausg. 17/9. 1962. A. Prior. 9/6. 1958.) F. Böhm. 4809

1648 Soc. Farmaceutici Italia, Mailand, Italien, **A-Norsteroide der Pregnanreihe.** Man setzt z. B. die 17α.20; 20.21-Bis-methylendioxy-Verb. des 4-Hydroxycortisons, F. 275 bis 277°, mit KOH in Ggw. von Butanol bei Zimmer-Temp. um → *17α.20;20.21-Bis*-methylendioxy-*Verb. der A-Nor-5α-pregnan-3α, 17α, 21-triol-11, 20-dion 3β-carbonsäure* (**Ia**), F. 245—250°, welche sich durch Oxydation mit Bi_2O_3 in wss. 75%ig. Essigsäure überführen läßt → *17α.20; 20.21-Bis-methylendioxy-Verb. des A-Nor-5α-pregnan-17.21-diol-3.11.20-trions* (**I**), F. 185—187°; daraus durch Bromierung mit Br_2 in Essigsäure u. in Ggw. von HBr u. Dehydrobromierung der erhaltenen 5β-Brom-Verb. mit LiBr–Li_2CO_3 in Dimethylformamid → *17α.20;20.21-Bis-methylendioxy-Verb. des A-Nor-Δ^5-pregnen-17α.21-diol-3.11.20-trions*, F. 205 bis 207°, welches sich durch Erwärmen mit Ameisensäure unter N_2 spalten läßt → *A-Nor-Δ^5-pregnen-17α.21-diol-3.11.20-trion; 21-Acetat*, F. 193—195°. — Man kann auch **I** mit methanol. KOH umlagern → *17α.20;20.21-Bis-methylendioxy-Verb. des A-Nor-5β-pregnan-17α.21-diol-3.11.20-trions*, F. 235—237°; daraus durch Spaltung der Schutzgruppe wie vorst. beschrieben u. Acetylierung → *A-Nor-5β-pregnan-17α.21-diol-3.11.20-trion*, F. 195—197°. — Analog: 17α.20;20.21-Bis-methylendioxy-Verb. des 4-Hydroxyhydrocortisons → *17α.20;20.21-Bis-methylendioxy-Verb. der A-Nor-5α-pregnan-3α.11β.17α.21-tetrol-20-on-3β-carbonsäure* (**II**), F. 243—245°, welches sich alternativ auch durch Red. von **Ia** mit $NaBH_4$ herstellen läßt. — **II** + Bi_2O_3 in Essigsäure → *17α.20;20.21-Bis-methylendioxy-Verb. des A-Nor-5α-pregnan-11β.17α.21-triol-3.20-dions*, F. 203—205°; daraus durch Ameisensäurespaltung u. Acetylierung → *A-Nor-5β-pregnan-11β.17α.21-triol-3.20-dion-21-acetat*, F. 108—110°. — *Heilmittel.* (**E. P. 892 170** vom 7/10. 1960, ausg. 21/3. 1962. It. Prior. 12/10. 1959. **Zusatz zu E. P. 887 007; C. 1963, 16671.**) U. Sievers. 4809

1649 Soc. An. Farmaceutici Italia, Mailand, Italien, **4-Hydroxysteroide der Androstanreihe.** Man bromiert z. B. 4-Hydroxy-17α-methyltestosteron (**Ia**) in Chlf. mit Br_2 → *2α-Brom-4-hydroxy-17α-methyltestosteron* (**I**), F. 102—104° (Zers.); alternativ kann die Bromierung auch mit N-Bromsuccinimid in CCl_4 durchgeführt werden; **I**-*4-Acetat*, F. 80°. — **I** läßt sich mit LiBr–Li_2CO_3 in Dimethylformamid dehydrobromieren → *1(2)-Dehydro-4-hydroxy-17α-methyltestosteron*, F. 158—161°; $[\alpha]_D^{22}$ 64°.; *4-Acetat*, F. 130—132°; $[\alpha]_D^{22}$ 64°. — **Ia** läßt sich mit Cl_2 in Chlf. überführen → *6β-Chlor-4-hydroxy-17α-methyltestosteron* (**II**), F. 156—159°; $[\alpha]_D^{22}$ 7°. Alternativ kann die Chlorierung auch mit N-Chlorsuccinimid in Chlf. durchgeführt werden; **II**-*4-Acetat*, F. 155—158°. — **II** läßt sich wie vorst. dehydrochlorieren → *6(7)-Dehydro-4-hydroxy-17α-methyltestosteron*, F. 209—211°; *4-Acetat* (**IV**), F. 125—130°. — **IV** + SeO_2 in tert. Butanol → *1(2).6(7)-Dehydro-4-hydroxy-17α-methyltestosteron-4-acetat*, F. 166 bis 169°; *freier Alkohol*, F. 181—183°. — **I** + Cl_2 in Chlf. → *2α-Brom-6β-chlor-4-hydroxy-17α-methyltestosteron* (**V**), F. 175—185°. — Alternativ läßt sich **V** auch durch Bromierung von **II** mit Br_2 in Chlf. herstellen. — **V** läßt sich wie vorst. dehydrobromieren → *1(2).6(7)-Dehydro-4-hydroxy-17α-methyltestosteron*, F. 180—183°. — *Heilmittel.* (**E. P. 899 219** vom 30/12. 1960, ausg. 20/6. 1962. It. Prior. 4/1. 1960.) U. Sievers. 4809

1650 Istituto Farmacologico Serono, Rom, Italien, **17β-Hydroxy-17α-methylandrostan-(3.2:c)-isoxazol,** F. 163 bis 164°, erhält man durch Rk. von 2-Hydroxymethylen-17α-methylandrostan-17β-ol-3-on mit NH_2OH. HCl in Ggw. von Pyridin u. Rk. des Prod. mit Na-Methylat. — *Heilmittel.* (**E. P. 905 962** vom 21/10. 1960, ausg. 12/9. 1962. It. Prior. 27/7. 1960.) U. Sievers. 4809

1651 G. D. Searle & Co., Chicago, übert. von: Robert D. Muir, Deerfield, und Raymond M. Dodson, Park Ridge, Ill., V.St.A., **Mikrobiologische Aromatisierung von Steroiden.** Man bebrütet z. B. Androstendion (**I**) unter üblichen aeroben Bedingungen mit einer Kultur von *Pseudomonas sp.* (*ATCC Nr. 13 263*) u. arbeitet das Gärungsgemisch in üblicher Weise durch Extraktion u. Chromatographie auf → *9.10-Seco-3-hydroxy-$\Delta^{1.3.5,10}$-androstatrien-9.17-dion* (**II**), F. 123,5—125°; $[\alpha]_D$ 100,5°, neben *9.10-Seco-3.17-dihydroxy-$\Delta^{1.3.5,10}$-androstatrien-9-on*, F. 133—134°; $[\alpha]_D$ 15,9°, neben den nicht aromatisierten Verbb. *11α-Hydroxyandrostendion*, F. 212 bis 216° u. *7β-Hydroxyandrostendion*, F. 221—225°. — Analog: **I** $\xrightarrow{\textit{Pseudomonas dacunhae}}$ **II**, $[\alpha]_D$ 88,5°; *3-Acetat*, F. 145 bis 147°, neben *$\Delta^{1.4}$-Androstadien-3.17-dion*, F. 142—143,5°. — 19-Hydroxyandrostendion (**IIIa**), $\xrightarrow{\textit{Pseudomonas cruciviae}}$ *Östron* (**IIIb**), F. 260—262°. — **II** läßt sich mit $NaBH_4$ in Methanol red. u. anschließend acetylieren → *9.10-Seco-3.9.17β-triacetoxy-$\Delta^{1.3.5,10}$-androstatrien*, F. 107,5—108,5°; $[\alpha]_D$ 24,9°. — **II** + methanol. HCl → *1-Hydroxy-4-methyl-$\Delta^{1.3.5,10.9,11}$-östratetraen-17-on*, F. 193,5—197°; $[\alpha]_D$ 264°; *1-Methyläther*, F. 123—125°; $[\alpha]_D$ 263,5°, welches sich mit $NaBH_4$ in Methanol red. läßt → *1-Methoxy-4-methyl-$\Delta^{1.3.5,10.9,11}$-östratetraen-17-ol*, F. 144—145,5°; $[\alpha]_D$ 161,2°; daraus durch Red. mit Li/$NH_{3\,fl.}$ → *1-Methoxy-4-methyl-$\Delta^{1.3.5,10}$-östratrien-17-ol*, F. 116,5—117,5°; $[\alpha]_D$ 185,3°; *17-Acetat*, F. 148,5—150°. — Die Überführung von **IIIa** → **IIIb** läßt sich alternativ mit Kulturen von *Nocardia corallina* oder *Arthrobacter simplex* durchführen. — *Heilmittel* sowie Zwischenprodd. zu deren Herstellung. (**A. P. 3 023 229** vom 8/9. 1958, ausg. 27/2. 1962.) U. Sievers. 4809

1652 G. D. Searle & Co., Chicago, übert. von: Clarence G. Bergstrom, Chicago, und Raymond M. Dodson, Park Ridge, Ill., V.St.A., **Herstellung von 17-Acyloxy-21-fluorprogesteronen und von deren 6-Methylderivaten.** Inhaltlich im wesentlichen ident. mit E.P. 883 310; C. **1963**, 6333, zu ergänzen ist: 17-Hydroxy-21-jodprogesteron + AgF in Acetonitril → *17-Hydroxy-21-fluorprogesteron*, F. 217—223°; *17-Acetat*, F. 224—227°; *17-Hexanoat*, F. 117—118,5°. — *Heilmittel.* (**A. P. 3 027 386** vom 28/7. 1958, ausg. 27/3. 1962.) U. Sievers. 4809

1653 Syntex Soc. An., Mexico, Mexico, **Herstellung von Equilin (I).** Eine Lsg. von 19-Nortestosteron-17-acetat in Dioxan wird bei Raum-Temp. mit Äthylorthoformiat u. einer Lsg. von p-Toluolsulfonsäuremonohydrat in Dioxan u. A. versetzt → *3-Äthoxy-19-nor-*$\Delta^{3.5}$*-androstadien-17β-ol-17-acetat*, F. 133—134°; $[\alpha]_D$ —187° (in Chlf.). Dieses wird in Aceton gelöst u. bei 5° mit wss. Na-Acetat u. dann mit N-Bromsuccinimid u. Eisessig gerührt → *6β-Brom-19-nor-testosteron-17-acetat*. Kochen dieser Verb. mit $CaCO_3$ in Dimethylformamid unter N_2 ergibt *19-Nor-*$\Delta^{4,6}$*-androstadien-17β-ol-3-on-17-acetat*, F. 113—114°; $[\alpha]_D$ —38° (in Chlf.). Dieses wird durch Kochen mit Pyridin, Acetylchlorid u. Essigsäureanhydrid unter N_2 umgesetzt zu *19-Nor-*$\Delta^{3.5.7}$*-androstatrien-3.17β-diol-diacetat*, F. 163—165°; $[\alpha]_D$ —28,6° (in Chlf.). Diese Verb. kocht man mit Na-B-Hydrid in Methanol/Tetrahydrofuran (1:1) u. das erhaltene *19-Nor-*$\Delta^{5.7}$*-androstadien-3β.17β-diol*, F. 192—195°; $[\alpha]_D$ +287° (in Chlf.), mit Al-Isopropylat in Toluol/Cyclohexanon (15:1) → *19-Nor-*$\Delta^{4.7}$*-androstadien-3.17-dion*, F. 148—149°; $[\alpha]_D$ +127° (in Chlf.). Dieses wird mit Hilfe einer Kultur von *Corynebacterium simplex* in **I** übergeführt. (**Niederl. P. 102552** vom 22/4. 1959, ausg. 17/9. 1962. Mexican. Prior. 24/4. 1958.) F. Böhm. 4809

1654 Upjohn Co., Kalamazoo, Mich., V.St.A., **Oral applizierbares Hormonpräparat.** Zur Behandlung von entzündlichen Zuständen, enthaltend als Wirkstoff pro Dosis 0,1—15 (mg), bes. 0,25—5, *6-α-Fluoroprednisolon* oder den entsprechenden *-21-Ester*. Das Prod. wird zu Tabletten, Dragees oder Lsgg. verarbeitet, ggf. unter Zusatz weiterer Wirkstoffe, wie Acetylsalicylsäure, Codeinphosphat, N-Acetyl-p-aminophenol, Salicylamid, „Meprobamat", Reserpin oder Antibiotica, wie Tetracyclin, Novobiocin, Penicillin oder Erythromycin. — Vgl. E. P. 871 283; C. **1962**, 18209. (**E. P. 904 378** vom 19/2. 1960, ausg. 29/8. 1962. A. Prior. 17/3. 1959.) W. Heyer. 4809

1655 Parke, Davis & Co., Detroit, Mich., V.St.A., **5.6.7.8-Tetrahydro-1-methyl-2-naphthoxyacetoxysteroide** erhält man durch Veresterung eines entsprechenden Steroid-3-, -17- oder -21-alkohols mit 5.6.7.8-Tetrahydro-1-methyl-2-naphthoxyessigsäure oder deren funktionellen Derivaten. — Es werden beschrieben die 5.6.7.8-Tetrahydro-1-methyl-2-naphthoxyacetate (**T**) der folgenden Steroide: *Testosteron-17-***T**, F. 133—135°; $[\alpha]_D^{26}$ 78°. — *Östradiol-3-***T**, F. >65°. — *Östradiol-17-***T**, F. 186—187,5° (durch katalyt. Red. von Östradiol-3-benzyläther-17-**T**). — *Östradiol-3.17-di-***T**, F. 135—137°. — *19-Nortestosteron-17-***T**, F. 141—142°. — *17α-Äthinyl-19-nortestosteron-17-***T**, F. 175—177°. — *Prednisolon-21-***T**, F. 193—195°; $[\alpha]_D^{27}$ 99°. — *Heilmittel*. (**E. P. 904 994** vom 6/4. 1961, ausg. 5/9. 1962. A. Prior. 11/4. 1960.) U. Sievers. 4809

1656 Isso Chuman, Masanobu Sawai, Tokio, und Yasushi Suzuki, Yokohama, Japan, **N-Alkyl-17-amino-**$\Delta^{1.3.5,10}$**-östratrien-3-ole.** Man setzt z. B. Östron mit Methylamin in Ggw. von $CaCl_2$ um → *17-Methylimino-*$\Delta^{1.3.5,10}$*-östratrien-3-ol* (**I**), Zers. 271°; *3-Methyläther*, Zers. >157°. — Analog: *17-Äthylimino-*$\Delta^{1.3.5,10}$*-östratrien-3-ol*, Zers. 235°. — **I** läßt sich mit $NaBH_4$ in A. red. → *17-Methylamino-*$\Delta^{1.3.5,10}$*-östratrien-3-ol*, F. 240—241°; *3-Methyläther*, F. 122°. — Analog: *17-Äthylamino-*$\Delta^{1.3.5,10}$*-östratrien-3-ol*, F. 164°. — *Heilmittel*. (**A. P. 3 040 068** vom 17/11. 1959, ausg. 19/6. 1962. Jap. Prior. 22/11. 1958.) U. Sievers. 4809

1657 Zambon S.p.A. (Erfinder: Carlo Concilio und Antonio Tezza), Vicenza, Italien, **Herstellung von d-(—)-threo-1-[p-Nitrophenyl]-2-dichloracetamino-3-acetoxypropanol-(1).** 92,5 (g) Chloramphenicol gelöst in 400 ml Dioxan u. 23,8 Pyridin werden mit 47,4 Bromacetylchlorid versetzt. Nach 60 Min. wird das Rk.-Prod. in W. gegossen u. mit Äthylacetat extrahiert, die Lsg. im Vakuum eingedampft u. der Rückstand mit Chlf. behandelt → *Chloramphenicol-bromacetat*, F. 106—107°, $[\alpha]_D^{20}$ +33°. 46,62 dieser Verb. werden zu einer Lsg. von 18,3 Hexamethylentetramin in 200 ml Chlf. gegeben u. 2 Std. lang auf 40—45° erwärmt. Nach Abkühlung wird dekantiert u. der Rückstand mit Äthylacetat behandelt. Das Prod. wird in 175 ml A. gelöst, 4 Mol-Äquivalente konz. HCl zugegeben u. 12 Std. geschüttelt. Nach Filtration wird die Lsg. konz., mit Chlf. versetzt u. das Rk.-Prod. aus A. umkrist. → *Aminoessigsäureester des Chloramphenicols*, Hydrochlorid, F. 180—181°, $[\alpha]_D^{20}$ +20°, durch NaOH → Base, F. 132—133°, $[\alpha]_D^{20}$ +30,8°. *Wasserlösl. Chloramphenicol*-Präparat. (**Schwz. P. 365 087** vom 5/12. 1957, ausg. 15/12. 1962.) R. Bauereis. 4811

1658 American Cyanamid Co., New York, N.Y., V.St.A., **Zur Herstellung stabiler Tetracyclinlösungen** eignet sich außer den Verbb. des Ind. P. 60 749 auch 7-Chlor-6-demethyltetracyclin. (**Ind. P. 69 833** vom 25/11. 1959. **Zusatz zu Ind. P. 60 749; C. 1962, 2837.**) C. Lüttgen. 4811

1659 American Cyanamid Co., Township of Waine (Erfinder: Michael Joseph Martell, Pearl River, James Howard Boothe, Montvale, und Joseph Peter Petisi, Nanuet), N.J., V.St.A., **Herstellung von Tetracyclinderivaten,** die in 7- u./oder 9-Stellung NH_2-Gruppen enthalten, wovon mindestens eine durch eine oder 2 Gruppen der allg. Formel $—CH(R_3)(R_4)$ substituiert sind (R_3, R_4 = H, niedermol. Alkyl-, Aryl-, substituierter Alkyl-, Aryl-, Aralkyl-, substituierter Aralkylrest), a) indem man 7- oder 9-Aminotetracyclin (wobei die NH_2-Gruppe auch in situ gebildet werden kann) mit 1 oder 2 Mol (pro NH_2-Gruppe) alkylierenden, formylierenden, aralkylierenden Verbb. reagieren läßt (Alkyl-, Aralkylhalogenid, -sulfat, -sulfonat), die am N-Atom eine N—C-Bindung bilden können u. ggf. das Rk.-Prod. mit H red. u. die evtl. vorhandene C—N-Bindung gesätt. wird, b) 7- u./oder 9-Aminotetracyclin-Derivv. mit 1 oder 2 Mol (pro NH_2-Gruppe) Carbonyl-Verbb. der allg. Formel $(R_3)(R_4)C{=}O$ reagieren läßt u. gleichzeitig oder nachfolgend das Kondens.-Prod. red. (Katalysator Pd, Pt auf inertem Träger) oder hydrolysiert. (**Ung. P. 150 709** vom 18/6. 1962, ausg. 20/4. 1963.) F. Landsberger. 4811

1660 Pabst Brewing Co., Chicago, Ill., übert. von: Jack Ziffer und Thomas J. Cairney, Milwaukee, Wis., V.St.A., **Herstellung eines stabilisierten Bacitracin-Präparates** durch Mischen einer wss. Lsg. von Bacitracin (**I**) mit eines wss. Lsg. eines Alkalilignins oder eines Lignosulfonats, u. zwar 0,001—0,25 mg des Lignins auf eine I-Einheit. Der Nd. des gebideten **I**-Komplexes dient zur Darst. eines hochgereinigten **I** für *pharmazeut. Zwecke* sowie als stabiler Futterzusatz mit hoher Aktivität, bes. für Küken. Rezepte hierfür, Ausführungsbeispiele u. Tabellen. (**A. P. 3 035 919** vom 15/4. 1959, ausg. 22/5. 1962.) H. Schindler. 4811

1661 Christian Jean Marie Warolin, Paris, und Pierre Robert Billot, Bois-Colombes, Frankreich, **Herstellung von Acetylsalicylsäureanhydrid,** dad. gek., daß ein wasserlösl. Alkali- oder das Mg-Salz in W. bei 4° mit Acetylsalicylsäurechlorid gelöst u. mit einem mit W. mischbaren organ. Lsgm. versetzt wird. — *Analgeticum, Antiphlogistrum* und *Antipyreticum*. (**A. P. 3 026 350** vom 10/2. 1960, ausg. 20/3. 1962. F. Prior. 22/6. 1959.) R. Bauereis. 4815

1662 **Riker Laboratories, Inc.**, Los Angeles (Erfinder: **Charles Gilbert Thiel, Irving Porush** und **Ronald Dee Law**), Calif., V.St.A., *Zerstäuben von pulverförmigen Stoffen*. (**Jap. A. S. 14 397/1961** vom 31/1. 1958, ausg. 25/8. 1961. A. Prior. 31/1. u. 23/8. 1957 u. 3/1. 1958. — C. **1963,** 2925 [F. P. 1 228 811].)

1663 **Merck & Co., Inc.**, Rahway, übert. von: **Edward Walton**, Scotch Plains, und **Arthur F. Wagner**, Princeton, N.J., V.St.A., *Trennen von 7-Carbäthoxy-3-acetylthioheptansäure und deren Salzen in die optisch-aktiven Isomeren*. (**E. P. 805 296** vom 14/7. 1955, ausg. 3/12. 1958. A. Prior. 22/7. 1954 u. 11/5. 1955. **A. P. 2 792 418** vom 22/7. 1954, ausg. 14/5. 1957. — C. **1962,** 14954 [F. P. 1 230 415].)

1664 **N. V. Nederlandsche Combinatie voor Chemische Industrie**, Niederlande, übert. von: **N. V. Amsterdamsche Chininefabriek**, *2-[4'-Methoxyphenyl]-2-dialkylaminoacetamide*. (**F. P. 1 238 701** vom 2/5. 1955, ausg. 2/12. 1960. Niederl. Prior. 7/5. u. 30/12. 1954. — C. **1958,** 6335 [Oe. P. 191 407].)

1665 **Iromedica Akt.-Ges.**, Schweiz, *Herstellung von Phenophthalol*. (**F. P. 1 249 809** vom 2/10. 1957, ausg. 22/3. 1961. — C. **1962,** 9817 [Schwz. P. 332 657].)

1666 **Farbenfabriken Bayer Akt.-Ges.** (Erfinder: **Walter Gauss** und **Gerhard Domagk**), Deutschland, *Herstellung von Äthyleniminderivaten*. (**F. P. 1 249 811** vom 25/10. 1957, ausg. 22/3. 1961. D. Prior. 14/3. 1957. — C. **1960,** 6925 [D. A. S. 1 044 816].)

1667 **Výzkumný Ústav pro Farmacii a Biochemii**, Tschechoslowakei (Erfinder: **Miroslav Protiva, Milos Borovicka, Ludvik Novak** und **Vladimir Hach**), *Salze substituierter Dimethylsulfoniumanilide*. (**F. P. 1 246 163** vom 4/2. 1958, ausg. 3/2. 1961. Tschech. Prior. 4/2. 1957. — C. **1962,** 223 [D. P. [DDR] 19 135].)

1668 **Henkel & Cie. G. m. b. H.**, Deutschland, *Herstellung von monoquaternären Ammoniumsalzen von N-[Dialkylaminoacetyl]-aminoaniliden*. (**F. P. 1 249 206** vom 17/8. 1955, ausg. 15/3. 1961. D. Prior. 17/11. 1954. — C. **1957,** 12547 [D. B. P. 964 053].)

1669 **Stephen Fromer**, V.St.A., *Herstellung von Halogenbenzhydryltropinäthern*. (**F. P. 1 249 205** vom 20/5. 1955, ausg. 15/3. 1961. — C. **1958,** 7549 [E. P. 769 282].)

1670 **Établissements Clin-Byla**, Frankreich, *Herstellung von Cyclohexylnaphtholen*. (**F. P. 1 239 907** vom 29/4. 1957, ausg. 14/12. 1960. — C. **1962,** 11655 [D. A. S. 1 091 113].)

1671 **Spofa, Usines Pharmaceutiques Réunies (Entreprise Nationale)**, Tschechoslowakei, *Herstellung von Cumarinderivaten*. (**F. P. 74 005** vom 9/11. 1951, ausg. 8/3. 1961. Tschech. Prior. 13/11. 1950. Zusatz zu F. P. 1 041 556; C. 1955, 6195. — C. **1955,** 1797 [E. P. 707 668].)

1672 **F. Hoffmann-La Roche & Cie. Soc. An.**, Schweiz (Erfinder: **John Thomas Plati** und **Wilhelm Werner**), *Herstellung von Benzhydrylpiperidin.* (**F. P. 1 241 110** vom 23/7. 1956, ausg. 20/12. 1960. A. Prior. 25/7. 1955. — **C. 1961**, 14758 [Norw. P. 90 185].)

1673 **Distillers Co. Ltd.** (Erfinder: **David James Hadley** und **Edward James Gasson**), England, *Herstellung von Isonicotinamid.* (**F. P. 1 249 210** vom 23/3. 1956, ausg. 15/3. 1961. E. Prior. 25/3. 1955. — **C. 1960**, 10066 [E. P. 776 313].)

1674 **F. Hoffmann-La Roche & Cie. Soc. An.**, Schweiz, *Herstellung von Nicotinoylhydrazinderivaten.* (**F. P. 1 203 716** vom 28/3. 1958, ausg. 20/1. 1960. Schwz. Prior. 9/4. 1957. — **C. 1962**, 12763 [D. P. [DDR] 19 581].)

1675 **Takeda Pharmaceutical Industries Ltd.**, Japan, *Isonicotinoylhydrazinderivate.* (**F. P. 1 239 910** vom 14/11. 1957, ausg. 14/12. 1960. Jap. Prior. 14/9. 1957. — **C. 1961**, 7671 [A. P. 2 908 687].)

1676 **Ciba Akt.-Ges.**, Basel (Erfinder: **Jean Druey**, Riehen, **Paul Schmidt**, Therwil, und **Kurt Eichenberger**, Basel), Schweiz, *1-substituierte Pyrazolopyrimidine.* (**Schwz. P. 368 499** vom 26/11. 1957, ausg. 31/5. 1963. — **C. 1962**, 6877 [F. P. 1 215 846].)

1677 **Imperial Chemical Industries Ltd.**, London (Erfinder: **Wilson Shaw Waring**, Manchester), England, *Herstellung von Pyrimidinderivaten.* (**Schwz. P. 368 184** vom 29/1. 1958, ausg. 15/5. 1963. E. Prior. 30/1. u. 30/12. 1957. — **C. 1962**, 10934 [Ind. P. 62 770].)

1678 **Merck & Co., Inc.**, Rahway, übert. von: **Meyer Sletzinger**, North Plainfield, **William V. Ruyle**, Scotch Plains, und **Walter A. Gaines**, Rahway, N.J., V.St.A., *Serotoninantagonisten.* (**A. P. 2 995 566** vom 8/2. 1957, ausg. 8/8. 1961. — **C. 1963**, 22427 [Aust. PP. 229 284 u. 229 285].)

1679 **Glaxo Laboratories Ltd.** (Erfinder: **Alan Gibson Long** und **William Graham**), Greenford, England, *Verfahren zur Abtrennung von Steroiden.* (**Schwz. P. 368 491** vom 14/2. 1958, ausg. 31/5. 1963. E. Prior. 15/2. 1957. — **C. 1960**, 2626 [D. A. S. 1 064 060].)

1680 **Ciba Akt.-Ges.**, Basel (Erfinder: **Oskar Jeger**, Zürich, **Georg Anner** und **Jaroslav Kalvoda**, Basel), Schweiz, *Herstellung von 11-Aminosteroiden.* (**Schwz. P. 368 161** vom 6/8. 1958, ausg. 15/5. 1963. — **C. 1962**, 13872 [D. A. S. 1 110 161].)

1681 **Ciba Pharmaceutical Products, Inc.**, Summit, N.J., V.St.A., übert. von: **Albert Eschenmoser**, Zürich, Schweiz, *Aminomethylsteroide.* (**A. P. 3 033 854** vom 9/2. 1960, ausg. 8/5. 1962. Schwz. Prior. 10/2. 1959. — **C. 1963**, 15156 [D. A. S. 1 130 440].)

1682 **Schering Akt.-Ges.** (Erfinder: **Gerhard Raspé**), Berlin, *Herstellung von 12-Hydroxy-Reichsteins Verbindung S.* (**Schwz. P. 369 129** vom 12/2. 1959, ausg. 29/6. 1963. D. Prior. 13/2. 1958. — **C. 1959**, 12943 [D. A. S. 1 049 859].)

1683 **Merck & Co., Inc.**, V.St.A. (Erfinder: **Eugene L. Dulaney** und **William J. McAleer**), *Hydroxylierte Progesterone.* (**F. P. 1 267 758** vom 19/12. 1956, ausg. 27/11. 1961. A. Prior. 27/12. 1955. — **C. 1960**, 17545 [A. P. 2 888 469].)

1684 **N. V. Philips' Gloeilampenfabrieken**, Eindhoven, Niederlande, *Herstellung von Adermin.* (**Oe. P. 215 086** vom 4/4. 1957, ausg. 10/5. 1961. Niederl. Prior. 7/4. 1956. — **C. 1962**, 6143 [E. P. 804 236] u. **C. 1962**, 2831 [Aust. P. 222 384].)

1685 **American Cyanamid Co.** (Erfinder: **Jerry Robert Daniel McCormick** und **Elmer Raymond Jensen**), V.St.A., *Tetracyclinderivate.* (**F. P. 1 241 126** vom 21/2. 1958, ausg. 20/12. 1960. A. Prior. 1/3. 1957.—**C. 1961**, 3414 [D. A. S. 1 076 675].)

1686 **American Cyanamid Co.** (Erfinder: **Jerry Robert Daniel McCormick** und **Elmer Raymond Jensen**), V.St.A., *Herstellung von 6-Desoxytetracyclinderivaten.* (**F. P. 1 241 127** vom 21/2. 1958, ausg. 20/12. 1960. A. Prior. 1/3. 1957. — **C. 1961**, 3414 [D. A. S. 1 076 676].)

1687 **Jiří Sicher, Jiří Smrt**, Prag, und **Jiří Beránek**, Ruzyne bei Prag, Tschechoslowakei, *4-Amino-3-isoxazolidinone.* (**Schwz. P. 354 080** vom 1/5. 1957, ausg. 30/6. 1961. Tschech. Prior. 2/5. u. 3/8. 1956. — **C. 1962**, 7333 [F. P. 1 186 212].)

1688 **McNeil Laboratories, Inc.** (Erfinder: **David Arthur Schlichting**), *Arzneimittel mit protrahierter Wirkung.* (**Aust. P. 234 666** vom 11/6. 1959, ausg. 10/8. 1961. A. Prior. 23/6. 1958. — **C. 1962**, 10193 [D. A. S. 1 096 609].)

1689 **Olin Mathieson Chemical Corp.**, V.St.A., *Pyridinthione enthaltende fungicide und baktericide Mittel.* (**F. P. 1 249 808** vom 17/9. 1957, ausg. 22/3. 1961. — **C. 1961**, 15127 [E. P. 839 495].)

G. Analyse, Laboratorium

1690 **Eine wirksame und preiswerte Inertgaskammer.** L. R. Ocone und Joseph Simkin. (J. chem. Educat. **39**, 463, 1962; Wyndmoor, Pa., Pennsalt Chem. Corp.; engl.) — Beschreibung von Manipuliertüten aus Polyäthylen. Ch. Weiske. 5010◇

1691 **Ein einfacher preiswerter Handschuhkasten.** Sheldon G. Shore. (J. chem. Educat. **39**, **465**, **1962**; Columbus, Ohio, State Univ.; engl.) — Der Kasten besteht aus einem Drahtgestell, das mit einem Polyäthylensack umhüllt ist. Ch. Weiske. 5010◇

1692 **Verwendung des Bayard-Alpert-Ionisationsmanometers für ultrahohes Vakuum.** Thomas E. Hartman. (Rev. sci. Instruments **34**, 281—85, 1963; Dallas, Tex., Texas Instruments, Inc.; engl.) — Es werden Kollektor-Ionenstrom u. Elektronenemissionsstrom zweier Manometer vom Bayard-Alpert-Typ verglichen, von denen das eine mit u. das andere ohne Glashülle in die Vakuum-App. eingebaut wurde. Der Ionenstrom ist dem Elektronenstrom des nicht umhüllten Manometers bis zu einer Grenze von $3 \cdot 10^{-10}$ Torr direkt proportional, wenn der Elektronenstrom unter 100 μA beträgt. Fr. Voigt. 5016◇

1693 **Hochfrequenter Störeffekt in einer Ionisationsmeßröhre.** P. Opitz, F. Schneider und B. Vosicki. (Vakuum-Techn. **8**, 171, 1959; CERN, Div. P. S.; dt.) — In einem Ionisationsmanometer nach Bayard-Alpert (Ausführung Heraeus u. Westinghouse) wurde bei Druckmessungen im Bereich 10^{-8} bis 10^{-10} Torr nach der üblichen Schaltung auf der Verbindungsleitung zwischen Kollektor u. Verstärker eine Hochfrequenzschwingung von 130 MHz nachgewiesen. Der Einsatz der Oscillation hängt von Druck u. Emission ab, u. es wird angenommen, daß die Anregung der Meßröhre unter Beteiligung von Wandladungen nach dem Barkhausen-Mechanismus erfolgt. Sie täuscht ein zu gutes Vakuum, teilweise sogar negative Drucke vor. Man löscht sie entweder durch Verminderung des Emissionsstromes auf 1 mA u. weniger oder bei 10 mA Emissionsstrom durch ein Magnetfeld von 10 Gauß im Bereich der Meßröhre, was seinerseits die Meßwerte nicht verfälscht. R. Junge. 5016◇

1694 **Die Beeinflussung der Vakuummessung mit dem Kompressionsvakuummeter durch die Anwesenheit von Wasserdampf.** H.-J. Bültemann. (Vakuum-Techn. **4**, 104—08, 1959; Berlin, Dt. Amt für Maß u. Gewicht; dt.) — Zum Nachw. kondensierbarer Dämpfe u. zur entsprechenden Korrektur des Meßergebnisses muß ein Kompressionsvakuummeter (McLeod oder ähnliches) möglichst lange Capillaren mit Millimeterteilung haben, damit man ein u. denselben Druck mit verschiedenen Kompressionsverhältnissen K messen kann. Die Darst. $h \cdot k \cdot l = (p_0)_{gemessen}$ (k = Geräte-Konst. q/V_0) gegen l (Höhe des komprimierten Vol.) ergibt bei Ggw. von feuchter Luft — falls der Partialdruck p_{D0} des kondensierbaren Dampfes klein gegen den Sättigungsdruck p_S ist — bei niedrigen l-Werten eine ansteigende Gerade, deren Extrapolation für $l \to 0$ den Luftpartialdruck p_{L0} u. deren Steigungsfaktor p_S liefert. Die bei höheren l-Werten folgende Parallele zur l-Achse liefert den Totaldruck $p_{L0} + p_{D0}$. Wenn $(p_0)_{gemessen}$ unabhängig von K ist, so liegt der Wasserdampf-Geh. unterhalb eines bestimmten Wertes. Auf diese Weise läßt sich der für genaue Druckmessungen notwendige Trocknungsprozeß quant. verfolgen. Die Durchführung der Messungen bei verschiedenen K-Werten erhöht außerdem die Meßgenauigkeit. Bei Vgl.-Messungen ergaben sich im Bereich $5 \cdot 10^{-3}$ bis $1{,}5 \cdot 10^{-2}$ Torr Abweichungen der Druckwerte zweier Geräte von höchstens einigen Promille. R. Junge. 5016◇

1695 **Quarzkristallthermometer zur Messung von Temperaturschwankungen im Bereich von 10^{-3} bis 10^{-6}° C.** W. L. Smith und W. J. Spencer. (Rev. sci. Instruments **34**, 268—70, 1963; Allentown, Pa., Bell Telephone Labor., Inc.; engl.) — Zur Messung wurde eine besondere 5-MHz-Quarzkristalleinheit benutzt. Die Kristalleinheiten haben einen Temp.-Frequenz-Koeff. von annähernd 80 parts per $10^6/°$. Um Temp.-Schwankungen von einigen Mikrograd zu messen, muß man Frequenzschwankungen von wenigen Teilen auf 10^{10} messen können. Aufbau, Eichung u. Anwendung des Gerätes werden beschrieben. Fr. Voigt. 5016◇

1696 **Meßbrücke konstanter Empfindlichkeit für Heißleiterthermometer.** E. Pitts und P. T. Priestley. (J. sci. Instruments **39**, 75—77, 1962; Wealdstone, Harrow, Middlesex, Kodak Ltd., Res. Labor.; engl.) — Vff. beschreiben den Aufbau einer Wheatstone-Brücke zur Messung mit Heißleiterthermometern. Die Änderung des Galvanometerstromes, bezogen auf die Temp.-Änderung, wird durch eine Näherungsgleichung ausgedrückt. Vgl. mit Vers.-Werten ergibt eine Abweichung des theoret. Wertes um ca. 1%. K.-E. Müller. 5016◇

1697 **Modifizierte Moll-Thermosäulen zur Messung der Wärmestrahlung hoher Intensität.** D. L. Simms, R. W. Pickard und P. L. Hinkley. (J. sci. Instruments **39**, 204—07, 1962; Borehamwood, Herts., Dep. of Sci. and Ind. Res.; Fire Offices Comm. Joint Fire Organiz., Fire Res. Stat.; engl.) — Für Messungen der Wärmestrahlung hoher Intensität werden Moll-Thermosäulen mit einem Wassermantel versehen, wodurch Leistungsschwankungen eliminiert werden. Die Empfindlichkeit der beschriebenen Instrumente ist konst. u. unabhängig von der Art der einfallenden Strahlung. Die Instrumente sind für Strahlungsintensitäten bis zu 3 bzw. bis zu 8 cal·cm^{-2}·s^{-1} verwendbar. K.-E. Müller. 5016◇

1698 **Bemerkungen zum Thermoelement-Bolometer.** Kurt Stecker. (Wiss. Z. Martin-Luther-Univ. Halle-Wittenberg, math.-naturwiss. R. **8**, 1063—66, 1959; Halle/Saale, Martin-Luther-Univ., II. Phys. Inst.; dt.) — Vf. diskutiert vom meßtechn. Standpunkt aus die Zweckmäßigkeit einer Kombination eines Bolometers mit einem Thermoelement. C. Gottfried. 5016△

1699 **Das nichtisotherme, supraleitende Bolometer. Theorie der Wirkungsweise.** Wolfgang Franzen. (J. opt. Soc. America **53**, 596—603, 1963; Boston, Mass., Boston, Univ., Dep. of Phys.; engl.) H. Roschkowski. 5016◇

1700 **Wärmekapazitätsmessungen an Bolometern.** Jörg Donecker und Kurt Stecker. (Wiss. Z. Martin-Luther-Univ. Halle-Wittenberg, math.-naturw. R. **10**, 917—23, 1961; Halle-Wittenberg, Martin-Luther-Univ., II. Phys. Inst.; dt.) — An Bolometern, hergestellt durch Bedampfen von Kollodiumfolien mit Bi, wurden die Wärmekapazitäten der Einzelschichten gemessen. Dabei gelangte ein bes. beschriebenes Impulsaufheizungs-Verf. zur Anwendung. Es erwies sich als zweckmäßig, eine Größe $\overline{W}_K^{(R)}$ einzuführen, die eine Wärmekapazität, bezogen auf die relative Widerstandsänderung, darstellt. Die Messungen zeigten, daß bei einem Bolometer des verwendeten Typs günstigenfalls ein Viertel der gesamten Wärmekapazität auf die Empfängerschicht entfällt, während der Rest von der Ballastkapazität der Trägerfolie herrührt. Im ungünstigsten Fall ist die Wärmekapazität der Kollodiumfolie viel größer. Die Ergebnisse wurden mit der Wechsellicht-Meth. überprüft. H. Jehne. 5016◇

1701 **Die Verwendung der Vergleichsmethode zur statischen kryometrischen Untersuchung des Sauberkeitsgrades.** 1. Mitt. T. Plebański. (Bull. Acad. polon. Sci., Sér. Sci. chim. **8**, 117—24, 1960; Warszawa, Inst. Chem. Fizyczenj PAN; engl.) — Eine Vgl.-Meth. für die Unters. des Sauberkeitsgrades mit Hilfe der dilatometr. Kryometrie wurde beschrieben. Es wurden neue oder modifizierte Gleichungen gegeben zur Berechnung: 1. des Ep. einer abs. sauberen Substanz, 2. des Ep. der untersuchten Probe, 3. der Konz. der Verunreinigungen, 4. der kryometr. Depression, 5. der ersten kryometr. Konst. u. 6. der Schmelzwärme. A. Gutorska. 5018□

1702 **Die Verwendung der Vergleichsmethode zur statischen kryometrischen Untersuchung des Sauberkeitsgrades.** T. Plebański. (Bull. Acad. polon. Sci., Sér. Sci. chim. **8**, 125—29, 1960; engl.) — 1. vgl. vorst. Referat. — Die Vgl.-Meth. wurde zur kryometr. Unters. von *Naphthalin, Diphenyl, Bzl.* u. *2-Methylnaphthalin* verwendet. Die Epp. der abs. sauberen Substanzen u. die ersten kryometr. Konst. A (Molenbruch/Grad) wurden bestimmt: $(C_{10}H_8) = 80{,}30_2$; $(C_{12}H_{10}) = 70{,}46_2$; $(C_6H_6) = 5{,}52_4$; $(C_{11}H_{10}) = 34{,}59_7$, $A(C_{10}H_8) = 0{,}018_3$; $A(C_{12}H_{10}) = 0{,}019_4$; $A(C_6H_6) = 0{,}015_2$; $A(C_{11}H_{10}) = 0{,}015_3$. A. Gutorska. 5018□

1703 **Eigenschaften von Getter-Ionenpumpen.** A. Klopfer und W. Ermrich. (Vakuum-Techn. **8**, 162—67, 1959; Aachen, Allg. Dt. Phillips Ind. G. m. b. H., Zentrallabor.; dt.) — In reinen Getterpumpen (GP.) wurden an Ti-Spiegeln mit einer Flächenbelegung von 0,1 mg/cm² (Annahme gleichmäßiger Schichtdicke) folgende Getterkapazitäten gemessen: Bei 20° für H_2 600, O_2 45, N_2 5,1, CO_2 7,5, CO 10 u. H_2O 5 μLiter/mg Ti; bei 700 u. 1000° für N_2 60 u. 150, CO_2 30 u. 120, CO 40 u. 113. Eine gute Ausnutzung des Getterspiegels durch hohe Temp. ist nur bei Abwesenheit von H_2 möglich oder bei Ggw. von H_2 u. gleichzeitiger Anwesenheit eines kalten Spiegels, denn oberhalb 200° ist die H_2-Aufnahme an Ti sehr stark erniedrigt. Ein ungesätt. Ba-Spiegel (3,5 mg), der $1 \cdot 10^{-3}$ (Torr·Liter) CO + $5 \cdot 10^{-4}$ N_2 + $2 \cdot 10^{-5}$ CO_2 + $1 \cdot 10^{-5}$ H_2 aufgenommen hat, ergab im Omegatron folgende Restdrucke (Gleichgewichtsdrucke in Torr) p: $1{,}3 \cdot 10^{-9}$ CO + $1{,}6 \cdot 10^{-9}$ CO_2 + $2 \cdot 10^{-10}$ H_2. Ein Ba-Spiegel ist nach Aufnahme von $1 \cdot 10^{-2}$ CO ungesätt. u. hat p = $5 \cdot 10^{-9}$; Sättigung bei 20° ergibt Aufnahme von $3 \cdot 10^{-2}$ u. p = $4 \cdot 10^{-9}$, bei 300° $4{,}5 \cdot 10^{-1}$ u. p = $1 \cdot 10^{-8}$. Über einem bei Zimmer-Temp. an CO_2 gesätt. Ti-Spiegel ist das Intensitätsverhältnis der Massen 28 u. 44 gleich dem ohne Ti-Getter; beim Erhitzen auf ca. 1000° wurde jedoch bis zu 20:1 (je nach Erhitzungsdauer) gemessen. Ti bildet mit CO_2 also zunächst Oxid, u. dann wird bei hohen Temp. infolge Diffusion CO gegettert. An einem frischen Ti-Spiegel wird bei Einw. von $1{,}2 \cdot 10^{-7}$ Torr H_2O bei 20° kein, bei 200° $2 \cdot 10^{-8}$ Torr·Liter/s H_2 entwickelt, nach 1 Std. an dem gleichen Spiegel bei Ggw. von $2{,}5 \cdot 10^{-7}$ Torr H_2O, aber bei 200° $2{,}5 \cdot 10^{-7}$, bei 20° $1 \cdot 10^{-8}$ H_2. Die Rk. von H_2O mit CO oder mit C-haltigen Verunreinigungen führt an Ba u. Ti zu nicht getterbaren KW-Stoffen. Die anfängliche Bldg.-Geschw. für CH_4 beträgt an einem frischen Ti-Spiegel (2 mg von 50 cm² Oberfläche) bei Ggw. von $5 \cdot 10^{-8}$ Torr H_2O 10^{-8} Torr·Liter/s, an einem frischen Ba-Spiegel (10 cm²) bei 25° u. ca. 10^{-8} Torr H_2O ca. 10^{-9} Torr·Liter/min, bei vorheriger Sättigung mit CO ca. $4 \cdot 10^{-8}$ Torr·Liter/min. Mit zunehmendem Sättigungsgrad des Ti u. höheren Temp. werden KW-Stoffe mit 1—5 C gebildet. Aus 2 mg eines neuen Ti-Drahtes wurde trotz 24std. Vorentgasung bei 700° beim Verdampfen bei $5 \cdot 10^{-8}$ Torr eine CH_4-Menge von $4{,}9 \cdot 10^{-8}$ Torr·Liter aus den Verunreinigungen entwickelt. Die Abgabe-Geschw. für H_2 sank an neuem Ti-Draht nach einer Vorentgasung von 400 Min. bei 830° erst um eine Zehnerpotenz. — Kombiniert man eine GP. mit einer Ionenpumpe (IP.), die an sich eine viel geringere Saug-Geschw. hat, so wird bes. das Abpumpen der in der GP. gebildeten KW-Stoffe durch eine großflächige Glühkathode stark beschleunigt. — Mit einer Ti-IP. wurde He mit 1250 V bis zur 25% ig. Bedeckung der Ioneneinfangfläche eingeschossen u. nach Abschalten neutraler N_2 eingelassen. Aus dem Anstieg des He-Partialdruckes folgt eine Verdrängungsrate von $^1/_{300}$. — Aus den Beobachtungen geht hervor, daß man mit Getter-Ionenpumpen Drucke unterhalb 10^{-7} Torr nur unter Verw. der Alpertschen Vorentgasungs-Meth. erreichen kann. Drucke von 10^{-10} Torr können dann über lange Zeiten aufrechterhalten werden. Zum Abpumpen größerer Edelgasmengen sind sie nicht geeignet. Kühlwasser- u. Stromausfall führen zu keiner wesentlichen Verschlechterung des Vakuums. R. Junge. 5026◇

1704 **Dosierende Pumpen hoher Genauigkeit.** Anonym. (Nature-Sci. Progr. [Paris] **1962**, 440—43; franz.) — Es werden 2 Pumpentypen (Kolben- u. Diaphragmapumpe) beschrieben. Die Pump-Wrkg. kann genau einreguliert werden. C. Gottfried. 5026△

1705 **Hochspannungsvakuumzuleitung.** Robert D. Knight. (Rev. sci. Instruments **34**, 303—04, 1963; San Jose, Calif., IBM Res. Labor.; engl.) — Vf. beschreibt eine vakuumdichte Stromzuführung, die leicht auswechselbar ist. Hauptbestandteile sind eine Buchse aus Teflon u. ein Metallstab, der zur Stromleitung u. zur mechan. Unterstützung dient. Fr. Voigt. 5026◇

1706 **Hochtemperaturofen mit einem scharfen Temperaturgradienten.** J. Lewis und S. Huang. (Rev. sci. Instruments **34**, 271—73, 1963; West Allis, Wis., Allis-Chalmers Mfg. Comp., Res. Labor.; engl.) — Aufbau u. Eichung eines Hochtemperaturofens mit einem maximalen Temp.-Gradienten von 2550° F/in. werden beschrieben. Dieser steile Temp.-Abfall wird durch einen wassergekühlten Cu-Block erreicht, der sich an die Heizzone anschließt. Als Anwendungsbeispiel wird das Wachsen eines Einkristalls einer Si-Fe-Leg. beschrieben. Fr. Voigt. 5028◇

1707 **Empfindlicher Thermowiderstand geringer Trägheit für Heliumtemperaturen.** A. I. Golowaschkin und G. P. Motulewitsch. (Versuchsgeräte u. Versuchstechn. [UdSSR] **7**, Nr. 2, 182—85, 1962; Phys. Inst. der Akad. der Wiss. der UdSSR; russ.) — Ein empfindlicher Thermowiderstand geringer Trägheit wurde durch gleichzeitiges Aufdampfen von Pb u. Cu aus verschiedenen Verdampfern im Vakuum erhalten. Die Dicke lag bei 0,1 μ. Der Widerstand betrug bei 4,2° K in Abhängigkeit von der Zus. der Leg. 100—1600 Ω, die Empfindlichkeit 150—3000 Ω/°K, der Temp.-Koeff. 2—4° K^{-1}. Derartige Widerstände können in Magnetfeldern bis 2000 Gauß verwendet werden. M. Wiedemann. 5048◇

1708 **Automatische Transistorenthermowaage für die gleichzeitige Durchführung von DTA und GTA.** Z. Formánek und J. Dykast. (Silikáty [Praha] **6**, 113—18, 1962; Most, Vyzk. ústav pro hnědé uhlí; tschech., Auszug: dt.) — Blockschaltbild der App. für Best. einer Probe. Alle elektr. Kreise werden durch Zweistufen-Transistorverstärker geregelt (Gew., Temp.-Programm, Differenzverstärkung, Abszissenregistrierung). Der Temp.-Anstieg wird durch Konst.-Haltung der Differenz zwischen zwei Thermoelementen (innerhalb u. außerhalb der Probe), also ohne Schablone erreicht, die Kurven werden auf zwei Schreibern automat. geschrieben. — Die App.

dient für Serien-Unterss. von Tonmineralien. Mit vier vertikalen Röhrenöfen u. 14°/min Temp.-Anstieg können in 8 Std. fünf Proben bearbeitet werden. J. Tůmová. 5052◇

1709 **Neue Schaltungen der elektrischen Elemente für die selbsttätige Thermoanalyse.** Zd. Formánek und J. Dykast. (Silikáty [Praha] **6**, 119–24, 1962; Most, Výzk. ústav pro hnědé uhlí; tschech., Auszug: dt.) — Vereinfachung der App.-Konstruktionen für die DTA u. GTA. J. Tůmová. 5052◇

1710 **Entwicklung der Thermographie in den letzten Jahren.** R. Bárta. (Silikáty [Praha] **6**, 125–34, 1962; tschech.) — Übersicht über die Entw. der App., Methodik u. Problematik der Thermographie seit 1958. — 56 Literaturhinweise. J. Tůmová. 5052◇

1711 **Coulostatische Analyse. Direktanzeigende und registrierende Instrumente.** Paul Delahay und Yasushi Ide. (Analytic. Chem. **35**, 1119–20, 1963; Baton Rouge, La., Louisiana State Univ., Coates Chem. Labor.; engl.) — Vff. beschreiben ein direkt anzeigendes Gerät für die coulostat. Analyse, bei dem die Zellspannung während des Potentialabfalles in Kondensatoren gespeichert u. mit Hilfe eines pH-Meters für Glaselektroden angezeigt wird. Ein Zusatzgerät zur Aufzeichnung der vollständigen Potential–Zeit-Kurven wird beschrieben. Vers.-Ergebnisse für die Red. von Zn^{2+} in KCl-Lsg. werden mitgeteilt. J. Kraetsch. 5054◇

1712 **Schnellcoulometrie bei kontrolliertem Potential.** Allen J. Bard. (Analytic. Chem. **35**, 1125–28, 1963; Austin, Tex., Univ. of Texas, Dep. of Chem.; engl.) — Vf. beschreibt die Konstruktion einer Zelle mit einem großen Verhältnis von Elektrodenoberfläche zu Lsg.-Vol. für coulometr. Schnell-Best. bei kontrolliertem Potential, mit der Best. innerhalb einer Gesamtelektrolysezeit <100 Sek. möglich sind. Das Rühren der Lsg. erfolgt durch Ultraschall u. durch einen N_2-Strom. 2,5–25 mMol Ag u. AgJ können mit einem mittleren Fehler von 2–0,2% bestimmt werden. Weiterhin wird die Anwendungsmöglichkeit der Zelle zur Unters. von Elektroden-Rkk. erörtert. J. Kraetsch. 5054◇

1713 **Die blanke Platinelektrode.** B. P. Gyani und Ram Kishore Prasad. (Proc. nat. Acad. Sci., India, Sect. A **29**, 49–56, 1960; Patna, Sci. Coll.; engl.) — Eine blanke Pt-Elektrode kann mit Erfolg bei der Titration von Säuren u. von Zn^{2+}, Cu^{2+}, Fe^{3+}, Pb^{2+}, Cr^{3+}, Co^{2+} mit NaOH-Lsg. ohne Einleiten von H_2 oder Zugabe von Chinhydron verwandt werden. Ebenso können die Komplex-Bldg. des Fe^{3+} mit F^-, Acetat, Propionat, Tartrat oder Citrat sowie die Bromierung von Phenolen u. aromat. Aminen mit dieser Elektrode verfolgt werden. Die Elektrode ist im pH-Bereich 3–9 mit mäßiger Genauigkeit auch zur pH-Messung verwendbar. Die besten Werte wurden erhalten, wenn Pt mit heißer Chromsäure gereinigt, dann gewaschen, getrocknet, mit einem runden Glasstab poliert u. schließlich in einer Methanolflamme ausgeglüht wurde. F. Haenschke. 5054◇

1714 **Voltametrie an inerten Elektroden. 1. Mitt. Analytische Anwendungen von Borcarbidelektroden.** Theodore R. Mueller und Ralph N. Adams. (Analytica chim. Acta [Amsterdam] **23**, 467–79, 1960; Lawrence, Kans., Univ. of Kansas, Dep. of Chem.; engl.) — 2. vgl. C. **1963**, 16679. — Die Eignung der B_4C-Elektrode für voltametr. Messungen (Ionen–Ionen- u. Mol.-Ionen-Redd. u. Oxydationen sowie Metallabscheidungen) wird untersucht. Die Halbstufenpotentiale bei Oxydations-Rkk. sind für folgende anorgan. Syst. aufgeführt u. mit Literaturdaten (so weit vorhanden) verglichen: $K_4[Fe(CN)_6]$, J^-, Fe^{2+}, Tl^+ u. Mn^{2+} (2e), bei Redd. für: $K_3[Fe(CN)_6]$, JO_3^- Ag^+, Sn^{2+}, Pb^{2+}, Cu^{2+}, $Zn(OH)_4^{2-}$. Tl^+ u. Tl_2O_3. An organ. Syst. wurden untersucht: N-Dimethylanilin, o-Dianisidin, p-Aminodiphenylamin, 1-Nitro-3-benzolsulfonsäure, 8-Hydroxychinolin, Thioglycerin, α-Naphthol u. o-Toluidin. Im allg. sind die Restströme klein, die Halbstufenpotentiale sind gut reproduzierbar u. stimmen mit den Literaturdaten hinlänglich überein. Lediglich bei der Oxydation von Tl^+ in 0,1 n Essigsäure versagt die B_4C-Elektrode. W. Betcke. 5054◇

1715 **Mikroheiztisch für Mikroskope.** Virgil G. Peck. (Rev. sci. Instruments **34**, 311–12, 1963; Kingsport, Tenn., Tennessee Eastman Co., Div. of Eastman Kodak Co., Res. Labor.; engl.) — Beschreibung eines Heiztisches, der ein schnelles Aufheizen auf ca. 400° u. wegen seiner geringen Wärmekapazität ein schnelles Abkühlen ermöglicht. Er besteht im wesentlichen aus einem Objektträger, in den ein Loch gebohrt ist, das den Heizdraht aufnimmt. Fr. Voigt. 5056◇

1716 **Reflexionsmessungen in der Mikroskopie hüttenmännischer Produkte.** F. Trojer. (Radex-Rdsch. **1962**, 43–51; Radenthein/Leoben; dt.) — An einigen Beispielen wie den Sulfideinschlüssen einer Stahlprobe, einer Korundschlacke, einem Magnesia–Wüstit, einem feuerfesten Magnesitstein u. an der Kristallart Güggenit (*CuMgO₂*) werden die Durchführung von Reflexionsmessungen u. die Vorteile der Meth. dargelegt. Für die Kristallphasen der Hütten-Prodd. ist jedoch noch umfangreiches Zahlenmaterial zu erarbeiten. Ernst Schulte. 5056◇

1717 **Die Anwendung von Golay-Säulen mit größerem Durchmesser.** D. Jentzsch und W. Hövermann. (J. Chromatogr. [Amsterdam] **11**, 440–51, 1963; Überlingen/Bodensee, Dev. and Res. Labor., Bodenseewerk Perkin-Elmer & Co. G.m.b.H.; engl.) — Als Golay-Säulen mit größerem Durchmesser werden gaschromatograph. Trennsäulen mit einem inneren Durchmesser von 1,0 mm verstanden. Die theoret. Grundlagen bzgl. der Trennstufenhöhe (HETP), der Filmdicke der Trenn-Fl., des Arbeits-Vol., des Säulendurchmessers, des Gas-Vol. u. des Trägergasflusses werden behandelt. Aus den Verss. mit Cu-Säulen u. den stationären Phasen Squalan, Apiezon L, Apiezon M u. Polypropylenglykol folgt, daß die Golay-Säulen mit relativ großem Durchmesser als gaschromatograph. Trennsäulen geeignet sind. Die Trägergas-Geschw. muß innerhalb von 10–15 ml/Min. liegen. Die Filmdicke muß so gewählt werden, daß HETP nur leicht mit steigendem Trägergasfluß zunimmt, d. h. das Verhältnis von Filmdicke der stationären Phase zu Säulendurchmesser soll maximal ca. $^1/_{1000}$ betragen. Die Golay-Säulen mit größerem Durchmesser gestatten die Anwendung einer größren Probenmenge u. sind deshalb in Verbindung mit einem Flammenionisationsdetektor zur Spurenanalyse geeignet. Im Vgl. zu gepackten Säulen verfügen sie über eine größere Trennwrkg. bei gleicher Analysendauer u. geringerem Trägergasverbrauch (zwischen $^1/_3$ u. $^1/_{10}$). Durch die geringe Fließgeschw. des Trägergases wird der Störpegel herabgesetzt u. die Aufwärmzeit für die Verw. von Wärmeleitfähigkeitszellen günstig beeinflußt. K. Dorfner. 5062◇

1718 **Die Oberflächenveränderung von Capillarsäulen zur Verwendung in der Gaschromatographie.** Albert Zlatkis und J.-Q. Walker. (Analytic. Chem. **35**, 1359–62; 1963; Houston, Tex., Univ. of Houston, Dep. of Chem.; engl.) — Die inneren Oberflächen von Cu-Capillaren werden mit Ag, Au, Pt oder Hg belegt, um das Adsorptionsvermögen zu steigern u. damit die Auftrennung verschiedener KW-Stoffe zu erhöhen. Aromaten werden mit Ag, C_5–C_6-KW-Stoffe mit Ag u. Pt u. cis- u. trans-Dekalin mit Ag u. Au am besten getrennt. Die gleichartige Vorbehandlung der Säulen zur Gas-Fl.-Chromatographie (hier auch noch Vorbehandlung mit $K_2Cr_2O_7$) lieferte für die C_3–C_6-KW-Stoffe bessere Trennungen. Diese Vorbehandlung schaltet auch ganz allg. unregelmäßige, hauptsächlich durch die Herst. bedingte Oberflächenbeschaffenheiten aus. K. Dorfner. 5062◇

1719 **Poröses Glas als Adsorptionsmittel für die Gaschromatographie.** H. L. Macdonell, J. M. Noonan und J. P. Williams. (Analytic. Chem. **35**, 1253–55, 1963; Corning, N.Y., Corning Glass Works, Glass Res. and Developm.; engl.) — Die Imprägnierung mit Heptanol, Trimethylchlorsilan, Hochvakuumsiliconfett, Decanol oder Polypropylenglykol verbessert die Adsorptions-Eigg. des Glases. So werden die Retentionszeiten z. B. von CCl_4, $CHCl_3$, C_5H_{12}, C_6H_{14}, C_7H_{16}, C_8H_{18}, Bzl. u. Toluol deutlich verkürzt, die von O-haltigen Verbb. (z. B. Aceton, Methanol, A., Isopropanol, 3-Heptanol) jedoch liegen in allen Fällen über 2 Stunden. A.-M. Fretzdorff. 5062◇

1720 **Vorrichtung zur Überführung kleiner Gasmengen aus einem evakuierten Gefäß in ein Gaschromatographiegerät.** J. Wilkinson und D. Hall. (J. Chromatogr. [Amsterdam] **10**, 239–42, 1963; Salford, Great Britain, Royal Coll. of Advanced Techn.; Sunderland, Techn. Coll., Dep. of Chem.; engl.) — Die App. wurde zur Analyse der bei radioakt. Bestrahlung von organ. Verbb. entstehenden Gase verwendet u. gestattet Mengen von 0,04 bis 1,0 ml, umgerechnet auf Normalbedingungen, zu dosieren. W. Leipnitz. 5062◇

1721 **Die Anwendung einer Langweg-IR-Küvette in der Gaschromatographie.** M. St. C. Flett und J. Hughes. (J. Chromatogr. [Amsterdam] **11**, 434—39, 1963; Blackley, Manchester, Imp. Chem. Ind. Ltd., Dyestuffs Div.; engl.) — Zur Identifizierung von Komponenten, die aus einem Gaschromatographen austreten, wird eine Langweg-IR-Küvette nach der bekannten Dreispiegelanordnung in einer Dreiwegschaltung verwendet, wodurch es gelingt, durch Anhalten des Trägergasstromes in 4 Min. das Spektrum zwischen 5 u. 15 μ aufzunehmen. Das Verf. wird an drei synthet. Gemischen erprobt. K. Dorfner. 5062◇

1722 **Nomographische Lösung einiger Probleme der linear temperaturprogrammierten Gaschromatographie.** M. J. E. Golay, L. S. Ettre und S. D. Norem. (4. Internat. Sympos. Gaschromatographie, Hamburg **1962**, 245—54; Perkin-Elmer Corp. Notwalk, Conn.; engl.) — Die Genauigkeit eines nomograph. Lsg.-Vers. für einige analyt. Daten der linear temperaturprogrammierten Gaschromatographie hängt von der Genauigkeit der Erhitzungsraten ab. Für Abweichungen vom theoret. Verlauf können Korrekturfaktoren eingeführt werden. Für die Parameter-Temp. T_B, bei der eine bestimmte Substanz eluiert wird, wird ein Ausdruck angegeben. Die Werte für T_B wurden mit einem Digitalrechner für Temp.-Anstiege von jeweils 1° berechnet u. mit experimentellen Werten verglichen. ferner wurden die Werte für die normalen KW-Stoffe Hexan, Heptan, Octan, Nonan u. Decan bei 323, 373 u. 423° K berechnet. Aus den aufgetragenen Kurvenscharen können die Rückhaltezeiten anderer Substanzen abgelesen werden.

Versuche: Zur Erzielung einer einheitlicheren Erhitzungsrate u. zur Vermeidung des Entstehens eines Temp.-Gefälles wurde die Säule in einem Al-Block erhitzt. Die Erhitzungsraten betrugen zu Anfang 11,5°/min u. nach 9 Min. 12,9°. Die Abweichungen von den berechneten Werten der Elutionszeiten betrugen bis zu 8%. n-Hexan wurde bei 15° (berechnet 13°) nach 5,79 (5,62) Min. eluiert: n-Heptan nach 8,11 (8,13), n-Octan nach 10,91 (10,72) u. n-Decan nach 15,65 (15,49) Minuten. Die beobachteten u. (berechneten) Temp. lagen bei 43 (43), 80 (77), 112 (110) u. 140 (138°). G. v. Waldeyer-Hartz. 5062◇

1723 **Nichtlineare ideale Gaschromatographie und die Möglichkeiten der linearen Gas-Adsorptionschromatographie.** J. F. K. Huber und A. I. M. Keulemans. (4. Internat. Sympos. Gaschromatographie, Hamburg **1962**, 255—63; Eindhoven, TU; engl.) — Vgl. vorst. Referat. — Es wird eine Theorie über die Trennschärfe der Gas-Fl.- u. Gasadsorptionschromatographie entwickelt. Für die Trennleistung ist die Steigung der Verteilungsisotherme u. die Geschw. des Massentransportes entscheidend. Der Massentransport muß bei guten Trennungen groß u. die Steigung der Adsorptionsisothermen über einen großen Bereich linear sein. Für den Massentransport wird ein Ausdruck angegeben. G. v. Waldeyer-Hartz. 5062◇

1724 **Über den bestmöglichen Einsatz von Spektralgeräten für die optische Analyse.** Hans Krempl und Otto Vierle. (Z. analyt. Chem. **198**, 137—42, 1963; München, TH, Phys.-Chem. Inst. dt.) — Größen, wie Dichtedurchlässigkeit u. Flußdurchlaßvermögen von Spektral-App. werden behandelt. In bezug auf Intensitätsfragen ist für die photograph. Technik allein das Öffnungsverhältnis der Kameralinse maßgebend. Bei der lichtelektr. Meth. dagegen ist das Verhältnis von Spalthöhe zur Brennweite der Kollimatoroptik, die Fläche des dispergierenden Mittels u. die Winkeldispersion desselben maßgebend. Zur Erläuterung werden zwei Typen von Spektralgeräten gegenübergestellt, eine mit extrem großer Öffnung u. eine mit hohem Spalt u. hoher Dispersion. Ihre Leistungsfähigkeit für Photographie u. Direktanzeige wird verglichen. Dabei zeigt sich, daß der erste Typ für photograph. u. visuelles Arbeiten u. der zweite für lichtelektr. Arbeiten am besten geeignet ist. H. Kuchenbecker. 5063◇

1725 **Neue Gesichtspunkte bei der Ebert-Aufstellung als Spektrograph und Monochromator.** Otto Vierle. (Z. analyt. Chem. **198**, 111—16, 1963; Hechendorf/Pilsensee, Fa. RSV, Präzisionsmeßgeräte; München, TH, Phys.-Chem. Inst.; dt.) — Bei einer Ebert-Aufstellung als Spektrographenoptik läßt sich ein aberrationsarmes Spektrum von 50 cm Länge bei einer Brennweite von nur 1,5 m herstellen, wenn das Dispersions-Syst. in der Brennebene des sphär. Spiegels angebracht wird. Als Monochromator mit großem Öffnungsverhältnis (1:10) kann diese Aufstellung ebenfalls verwendet werden. Hierbei ist es möglich, bei einer Spiegelbrennweite von 1 m eine Gitterfläche von 100 × 100 mm auszunützen u. somit eine große Spalthöhe von bis zu 100 mm zu verwenden, was für die Registrierung mit Photovervielfachern einen bedeutenden Intensitätsgewinn bringt. Da das Dispersions-Syst. im streng parallelen Strahlengang liegt, können nach Belieben Gitter u. Prismen verwendet werden. Im Gegensatz zur Paschen-Runge-Aufstellung ist die Ebert-Anordnung stigmat. u. läßt sich daher sowohl zur photograph. wie auch zur lichtelektr. Auswertung heranziehen. H. Kuchenbecker. 5063◇

1726 **Ein Zweimeter-Normaleinfalls-Vakuumultraviolett-spektrograph.** Shi-Yao Tao, Wen-Shu Wong und Hsiang Sun. (Acta physica sinica **19**, 11—24, 1963; Acad. Sinica, Inst. of Phys.; chin., Auszug. engl.) H. Roschkowski. 5063◇

1727 **Ein modifizierter 2.2-Meter-Eagle-Gitterspektrograph.** D. Pešić, B. Ratković und M. Marinković. (Bull. Boris Kidrich Inst. nuclear Sci. **14**, 35—41, 1963; Beograd, Boris Kidrič Inst. of Nucl. Sci., Dep. of Analyt. and Meteorol.; engl.) — Anleitung zum Bau eines Emissionsspektrographen in einer modifizierten Eagle-Anordnung. Das Gerät besitzt ein konkaves Gitter mit einem Krümmungsradius von 2,2 m u. 1200 Strichen/mm u. ist im Bereich 2000—11000 Å (in der 1. Ordnung) anwendbar. Bei Benutzung einer 10-in.-Platte läßt sich ein Bereich von 900 Å bei einer Auflösung von 3,6 Å/mm erfassen. W. Betcke. 5063◇

1728 **Zur Ausleuchtung des Zwei-Gitter-Spektrographen der Fa. Bausch & Lomb.** J. van Calker, H. R. Kleinhanss und M. Spruth. (Z. analyt. Chem. **198**, 224—37, 1963; Münster, Univ., Phys. Inst.; dt.) — Der Dual-Grating-Spektrograph von Bausch u. Lomb besitzt zwei unabhängige Gitter in Ebert-Aufstellung, die bei gemeinsamem Eintrittsspalt zwei getrennte Spektren liefern, deren Beleuchtung aus unmittelbar benachbarten Raumwinkeln der Lichtquelle erfolgt. Für Unterss., bei denen beide Gitter im gleichen Spektralbereich benutzt werden, erweist sich ein Beleuchtungs-Syst. mit Quarzlinsen u. Biprisma als günstig. Bei homogener Spaltausleuchtung erhöht ein durch Zylinderlinsen bewirkter Astigmatismus die Lichtstärke, gleichzeitig wird größtmöglichstes Auflösungsvermögen auch oberhalb der förderlichen Spaltbreite erreicht. Für die Beobachtung getrennter Wellenlängenbereiche ist diese Anordnung weniger geeignet. Neben der chromat. Aberration der Linsen verhindert die Dispersion des Biprismas die gleichmäßige Ausleuchtung des Spaltes. Diese Schwierigkeit vermeidet eine „Illuminating unit" mit Spiegeloptik, wobei jedoch die optimale Ausleuchtung der Gitter nicht erreicht wird. Bei Verw. einer achromat. Spaltlinse kann mit einer festen Justiereinstellung in beliebigen Wellenlängenbereichen gearbeitet werden. Über einige andere Anwendungsmöglichkieten u. Justierungen des Gerätes wird berichtet. H. Kuchenbecker. 5063◇

1729 **Zusatzbelichtung in der Spektralanalyse.** R. Intonti und A. Taddeucci. (Metallurgia ital. **54**, 345—49, 1962; Roma, Ist. Superiore di Sanità; ital. — C. **1963**, 235.) C. Gottfried. 5063△

1730 **Spektrographische Analyse nach der Pulversiebmethode. 4. Mitt. Die Siebmethode unter Verwendung einer Elektrode mit auswechselbarem gepreßtem Siebboden.** Julian Czakow. (Chem. analit. [Warszawa] **8**, 23—28, 1963; Warszawa, Polish Acad. of Sci., Inst. of Nuclear Res., Dep. of Analyt. Chem.; pol.) — 3. vgl. Chem. analit. [Warszawa] **7**, [1962], 721; 1. vgl. C. **1963**, 17058. — Beschreibung der Elektrode u. der Herst. der gepreßten Böden. P. Kurzmann. 5063◇

1731 **Weitere Entwicklung des spektralanalytischen Additionsverfahrens.** (Kurzmitteilung). S. Kerekes-Cséti. (Acta chim. Acad. Sci. hung. **35**, 377—79, 1963; Budapest, Forsch.-Inst. für die Nachrichtentechn. Ind.; dt.) — Zur spektrograph. Best. der Zus. einer unbekannten Probe auf Grund der Zusatz-Meth. wird eine Weiterentw. der vom Vf. (Acta chim. Acad. Sci. hung. **10**, [1956], 307) mitgeteilten mathemat. Formel diskutiert. Die optimalen Ergebnisse sind für den Fall von drei Messungen dann zu erwarten, wenn das Konz.-Verhältnis des zur Probe zugesetzten Elementes 1:2:3 beträgt. Gerhard Schulze. 5063◇

1732 **Neue Methode für eine erweiterte Anwendung von Eichkurven in der apparativen Analyse. Anwendung auf die photometrische Analyse.** J. Ramírez-Muñoz. (Inform. Quím. analít. **17,** 59—74, 1963; Santander, Bucaramanga, Colombia, Univ. Ind., Div. de Invest. Ci.; span.) — Vf. wendet die Meth., die durch Anwendung der doppelt logarithm. Auftragung das Arbeiten im untersten Bereich der Eichgeraden ermöglicht, auf die Best. von Co^{2+} mit SCN^-, Mo(V) mit SCN^-, W(VI) mit SCN^-, V(V) mit PO_4^{3-} u. WO_4^{2-}, V(V) mit H_2O_2, Ti mit H_2O_2, Ni mit Dimethylglyoxim u. Cu(II) mit Diäthyldithiocarbamat an. P. Kurzmann. 5063◇

1733 **Eine neue Methode zur erweiteren Verwendung von Eichkurven in der apparativen Analyse. Anwendung auf die photometrische Analyse.** J. Ramírez-Muñoz. (Inform. Quím. analít. **17,** 107—14, 1963; Santander, Bucaramanga, Colombia, Univ. Ind., Div. de Invest. Ci.; span.) — Vgl. vorst. Referat. — Vff. beschreibt ein Verf. zur besseren Auswertung des unteren Teiles von Eichkurven durch doppeltes Logarithmieren u. als Beispiel die Anwendung auf die indirekte photometr. Best. von Ca^{2+} mit Oxalat u. Salicylatoferrat(III). P. Kurzmann. 5063◇

1734 **Photometrische Methoden in der Spurenanalyse.** Zygmunt Marczenko. (Chem. analit. [Warszawa] **7,** 893—910, 1962; Warszawa, Politechn., Dep. of Analyt. Chem.; pol.) — An Hand von Beispielen aus der Literatur behandelt Vf. die Empfindlichkeit photometr. Meth. zur Best. von Elementen im Konz.-Bereich 10^{-4} bis 10^{-7}%, die Meth. zur Steigerung der Empfindlichkeit durch Anreicherung, die Entfernung von Hauptbestandteilen durch Fällung, Extraktion, Dest. u. Elektrolyse, die Bedeutung von Maskierungs-Rkk. bei der Trennung u. Anreicherung, die Ursachen für Verluste u. Kontaminierungen im Verlauf der Spurenanalyse sowie die Bedeutung von Blindproben. — 121 Literaturangaben. Gerhard Schulze. 5063◇

1735 **Herstellung und Gebrauch eines einfachen Polarographen.** John Clarke. (School Sci. Rev. **43,** 410—15, 1962; Cambridge, Perse School; engl.) K. Huste. 5066◇

1736 **Polarisierungseinheiten moderner Gleichstrom-Polarographen.** Tamás Damokos. (Magyar Kémikusok Lapja [Z. Ver. ung. Chemiker] **18,** 261—65, 1963; Budapest, Metrimpex; ung.) — Beschreibung der Gleichstrompolarographie u. der elektromechan. Einrichtungen. Anwendungsschwierigkeiten in der organ. Chemie. Elektron. App. sind bisher in der Praxis nicht angewendet worden. P. Wámoscher. 5066△

1737 **Polarographie zur Analyse funktioneller Gruppen.** Petr Zuman. (Analyt. Chem., Proc. int. Sympos., Birmingham Univ. [U. K.] **1962,** 222—27, 1963; Prague, Czechoslovak. Akad. of Sci., Polarograph. Inst.; engl.) — Übersicht. — 50 Literaturangaben. W. Kupfer. 5066◇

1738 **Anpassung einer Mikrobombe aus Glas an das Calorimeter nach Calvet. Bestimmung der inneren Zeitkonstante des Calorimeters.** Édouard Calvet und Henri Tachoire. (J. Chim. physique Physico-Chim. biol. **59,** 788—91, 1962; Centre Nat. de la Rech. Sci., Inst. de Microcalorimétrie et de Thermogénèse; franz.) K. Roß. 5084◇

a) Elemente und anorganische Verbindungen

1739 **Eine systematische Ionenaustauschtrennung von metallischen Elementen.** 1. Mitt. **Gruppentrennung von metallischen Elementen durch Anionenaustausch mit Salzsäure.** Jun Yoshimura und Hirohiko Waki. (Bull. chem. Soc. Japan **35,** 416—419, 1962; Hakozaki, Fukuoka, Kyushu Univ., Fac. of Sci., Dep. of Chem.; engl.) — An Dowex 1-X 8 lassen sich mit HCl unterschiedlicher Acidität die meisten Metalle in vier Hauptgruppen auftrennen. Mit 11 m HCl werden eluiert: Li, Na, K, Rb, Cs, Be, Ng, Ca, Sr, Ba, Ni, Cr(III), Al, Y, La–Lu, Th, V(IV); mit 6,5 m HCl: Mn, Sc, Fe(II), As(V), Ti, Zr, Hf, Pb, Se; mit 3 m HCl: Co, As(III), Cu(II); mit 0,01 m HCl: Fe(III), U(VI), Zn, Cd, Sn(II), Tl(III), Hg(II), Bi(III). D. Forst. 5106◇

1740 **Untersuchung des Verhaltens der Kationen der III. Analysengruppe gegenüber einer Klasse organischer Reagentien.** E. Popper, L. Roman, R. Crăciuneanu und E. Florian. (Rev. Chim. [București] **13,** 372—74, 1962; Cluj, I.M.F., Fac. de Farm., Labor. de chim. analit.; rum.) — Vgl. C. **1962,** 4657. — Die Rkk. von Co^{2+}, Ni^{2+}, Fe^{2+}, Fe^{3+} u. Zn^{2+} mit 2-Mercapto-5-anilino-1.3.4-thiodiazol (I), Monophenylhydrazo-bis-[thiocarboxamid] (II). Monoallylhydrazo-bis-[thiocarboxamid], Mononaphthylhydrazo-bis-[thiocarboxamid] u. Bis-phenylhydrazo-bis-[thiocarboxamid] führen zur Bldg. von Ndd. der Mercaptide. Mit Mn^{2+}, Al^{3+} u. Cr^{3+} tritt keine Nd.-Bldg. ein. Co^{2+} bildet nur mit I ein Mercaptid, in allen anderen Fällen entsteht CoS. Die Ndd. sind bei Co^{2+} rot, krist., bei Ni^{2+} grün, krist., mit $Fe^{2+}(Fe^{3+})$ rotbraun, amorph (gelatinös), mit Zn^{2+} farblos, amorph. Das Verh. der Verbb. in konz. u. verd. HCl u. HNO_3, verd. NaOH-, konz. NH_3-, KCN-Lsg. u. Überschuß des Reagens wird tabellar. dargestellt. Alle Verbb. sind in konz. HCl u. HNO_3 lösl., teils in der Kälte, teils erst in der Wärme. Die Ni-Mercaptide werden durch Kochen in verd. NaOH-Lsg. in $Ni(OH)_2$ übergeführt, in konz. NH_3-Lsg. löst sich nur die Verb. mit I unter Bldg. von Ammin. Alle Zn-Verbb. lösen sich in warmer verd. NaOH-Lsg. unter Bldg. von Na-Zincat. Alle Verbb. außer denjenigen von Fe lösen sich in KCN-Lsg., wodurch sich eine Möglichkeit der Abtrennung von Fe ergibt. Die Verb. von Co mit I u. die von Zn mit II sind in heißem A. lösl. u. können durch Extraktion von den übrigen getrennt werden. R. K. Müller. 5106◇

1741 **Bestimmung geringer Mengen Stickstoff in Argon durch Gaschromatographie.** Britt-Marie Karlsson. (Analytic. Chem. **35,** 1311—12, 1963; Lidingö, Svenska AB Gasaccumulator, Chem. Labor.; engl.) — Das in Ar enthaltene N_2 (0—50 ppm) wird bei -80^0 in einer Kondensorsäule mit Molekularsieb 5 A konz., anschließend bei 100^0 durch ein Trägergas eluiert u. gaschromatograph. bestimmt. Bei einer N_2-Konz. von 50 ppm erhält man eine relative Standardabweichung von $\pm 2{,}54$%. Für N_2-Geh. von 9 ppm erhält man eine Standardabweichung von $\pm 5{,}7$%. A. M. Fretzdorff. G 233◇

1742 **Untersuchung über das Verhalten einer Ionenaustauschermembranelektrode in Lösungen von Flußsäure und deren Salzen.** A. W. Gordijewski, E. L. Filippow und G. I. Kuprjunin. (J. analyt. Chem. [UdSSR] **18,** 13—19, 1963; Moskau, Mendelejew-Chem.-Technol. Inst.; russ., Auszug: engl.) — Die Acidität von H_2F_2 in 0,0016 bis 25,0 n Lsgg. sowie die F^--Konz. in Ggw. von NH_4^+, K^+, Na^+ u. Mg^{2+} wird mit Hilfe einer Membranelektrode bestimmt. SO_4^{2-}, NO_3^- u. Cl^- können in begrenzten Mengen ebenfalls zugegen sein. H. Kuchenbecker. G 246◇

1743 **Potentiometrische Untersuchung der Fluoride einiger Elemente.** N. Ss. Nikolajew und Ju. A. Busslajew. (J. anorg. Chem. [UdSSR] **4,** 543—48, 1959; russ.) — Lsgg. der Fluoride von Ti, Zr, Nb, Ta u. Mo wurden potentiometr. titriert. Die Bldg. von $[TiF_6]^{2-}$, $[ZrF_6]^{2-}$ u. $[NbOF_5]^{2-}$ in der Lsg. wurde bewiesen. Es wird die Möglichkeit der potentiometr. Best. von HF in Lsgg. der Zus. $HF + K_2[TiF_6]$, $HF + KF + K_2[ZrF_6]$, $HF + Nb_2O_5$ u. $HF + MoO_3$ besprochen. S. Slováková. G 246◇

1744 **Bestimmung von Spurenmengen Chlorid in Natriumbromid.** R. B. Rashbrook und S. C. Woodger. (Analyst **88,** 479—81, 1963; Harrogate, Yorks., Imp. Chem. Ind. Ltd., Fibres Div.; engl.) — Zur Best. von 140—420 ppm Cl^- in NaBr wird das Br^- mit $NaBrO_3$ in salpetersaurer Lsg. oxydiert. Die Lsg. wird 30 Min. lang auf dem Dampfbad zwischen 65 u. 75^0 u. nach Zugabe von weiterem 2 m HNO_3 noch 15 Min. lang erhitzt. Nach dem Abkühlen wird Eisessig zugegeben, 15 Min. lang gerührt u. mit 0,01 n $AgNO_3$-Lsg. nach der Meth. von Price u. Coe (C. **1960,** 10337) titriert. Die Standardabweichung bei 142 ppm Cl^- beträgt $\pm 4{,}3$ ppm. L. Hoppe. G 247◇

1745 **Bestimmung von NaCl, NaClO, $NaClO_2$, $NaClO_3$ und $NaClO_4$ im Gemisch.** A. Ianu, Grigore Teodorescu und Stancu Lica. (Bul. Inst. politehn. Bucuresti **21,** Nr. 2, 97—107, 1959; Bukarest, Polytechn. Inst., Labor. für Analyt. Chem.; rum.) — Zur Best. des ClO^--Geh. versetzt man die $NaHCO_3$-haltige Probe-Lsg. mit einem Überschuß an As(III)-Lsg. u. titriert mit J_2-Lsg. zurück. In einer anderen Probe bestimmt man zunächst in essigsaurer Lsg. jodometr. die Summe von ClO^- u. ClO_2^- u. anschließend in stark salzsaurer Lsg. ebenfalls jodometr. den Geh. an ClO_3^-. In einer weiteren Probe red. man in schwefelsaurer Lsg. das ClO^-,

ClO_2^- u. ClO_3^- mit Zn-Amalgam zu Cl^-, gibt einen Überschuß an $AgNO_3$-Lsg. hinzu u. bestimmt das überschüssige Ag^+ mit NH_4SCN-Lösung. Schließlich werden in einer letzten Probe alle Cl-haltigen Anionen in schwefelsaurer Lsg. mit Zn-Amalgam in Ggw. von Na-Molybdat zu Cl^- red., das mit $AgNO_3$-Lsg. bestimmt wird. H. Kuchenbecker. G 247◇

1746 **Indirekte Bestimmung von Hypochlorit und Hypobromit durch ascorbinometrische Titration von Thallium (III)-Ionen.** L. Erdey und K. Vigh. (Talanta [London] **10**, 439—43, 1963; Budapest, TU, Inst. for General Chem.; engl.) — Zu einer salzsauren Lsg. von ClO^- oder BrO^- gibt man einen Überschuß an Tl(I). Das gebildete Tl(III) wird in acetatgepufferter Lsg. unter Verw. von Variaminblau als Indicator mit Ascorbinsäure-Lsg. bis zum Umschlag nach Farblos titriert. H. Kuchenbecker. G 248◇

1747 **Elektrolytische Anreicherung und Bestimmung kleiner Mengen von Cl^--, Br^-- und J^--Ionen durch kathodisches Stripping.** Wiktor Kemula, Zenon Kublik und Joanna Taraszewska. (Chem. analit. [Warszawa] **8**, 171—78, 1963; Warszawa, Univ., Dep. of Inorg. Chem.; Warszawa, Pol. Acad. of Sci., Inst. of Phys. Chem.; pol.) — Die Meth. beruht auf der anod. Bldg. von Hg(I)-Salzen der entsprechenden Anionen auf der Oberfläche der Hg-Tropfelektrode u. anschließendem kathod. Stripping, wobei die auftretenden Stromstärkemaxima der Konz. der Anionen proportional sind. Cl^-, Br^- bzw. J^- können noch in 10^{-5}, 10^{-6} bzw. $5 \cdot 10^{-7}$ m-Lsgg. bestimmt werden. H. Kuchenbecker. G 249◇

1748 **Bestimmung geringer Jodatmengen in Steinsalz in Gegenwart von Nitriten.** Halina Bahr und Henryk Bahr. (Chem. analit. [Warszawa] **8**, 347—52, 1963; Warszawa, Central Labor. of Sulphur and Chem. Raw Materials; pol.) — Die Best. wurde photometr. u. titrimetr. nach der Jodstärke-Meth. durchgeführt. Die Störungen durch NO_2^- u. Fe^{3+} wurden mit Sulfanilsäure bzw. EDTA beseitigt. P. Kurzmann. G 249◇

1749 **Reinheitsuntersuchungen von Selen durch Aktivierungsanalyse.** H. Koch und B. Koch. (Kerntechn., Isotopentechn. u. -chem. **5**, 248—51, 1963; Leipzig, Inst. für angew. Radioaktivität; dt.) — Neutronenbestrahlte Se-Proben wurden nach Trägerzusatz in konz. HNO_3 gelöst u. einem Trenn-Verf. — bestehend aus Fällungs-Rkk. u. Ionenaustauschprozessen — unterworfen. Aus den Abklingkurven u. γ-Scintillationsspektrogrammen der abgetrennten Nuclide sowie aus den Ausbeute-Best. der zugesetzten Trägermengen konnten z. B. in schwed. Se folgende Verunreinigungen quant. nachgewiesen werden: Cu $1{,}3 \cdot 10^{-4}$ (%), Br $2{,}3 \cdot 10^{-4}$, As $6{,}5 \cdot 10^{-5}$, Te $4{,}1 \cdot 10^{-4}$ u. Sb $1{,}24 \cdot 10^{-5}$. W. Wiechmann. G 254◇

1750 **Einfluß der Ionisation bei der Bestimmung der Alkalimetalle mit Hilfe der Flammen-Emissionsspektralanalyse.** R. Intonti, G. Cecchetti und R. Jesuè. (Metallurgia ital. **54**, 361—63, 1962; Torino, Ist. Superiore di Sanità; ital.) — Bei ihren Verss. verwendeten Vff. Lsgg. der Alkalimetallchloride, die ein mVal Alkalimetall in 1 Liter W. allein oder zusätzlich 1 mVal eines anderen Alkalimetalls enthielten. Spektrophotometr. wurden die Intensitäten der folgenden Linie gemessen, *Li* 670,8 (nm); Na 589; K 768; Rb 780 u. Cs 852. Aus diesen Messungen ergab sich eine Intensitätszunahme in Ggw. von Cs, die stets sehr viel größer war je kleiner das Ionisationspotential des Alkalimetalls war. In weiteren Verss. wurden zunächst die Intensitäten der Rb-Strahlung 780 nm bei steigenden Konzz. (0,5—40 ppm) allein sowie in Ggw. von 15, 150, 1500 u. 3000 ppm Cs gemessen. Analoge Verss. wurden mit Rb bei Zusatz von K, mit K bei Zusatz von Cs sowie mit Na bei Zusatz von Cs durchgeführt. Die aus den Messungen für die Analyse der Alkalimetalle zu ziehenden Konsequenzen werden besprochen. C. Gottfried. G 272△

1751 **Schnellmethoden der Analyse. 4. Mitt. Neue Methode zur Bestimmung von Alkalimetallen in Silicaten.** Candin Liteanu und Simion Bran. (Studia Univ. Babeş-Bolyai, Cluj, Ser. I **6**, Nr. 2, 89—93, 1961; rum.) — 1. vgl. C. **1962**, **17890**. — Die Silicatprobe (0,5—1 g) wird in einem Pt-Tiegel mit 4fachem Überschuß von NH_4F geschmolzen, die erkaltete Schmelze 5 Min. lang mit 1,5 g CaO in 100 ml W. unter Zusatz von Phenolphthalein gekocht, nach Abkühlung durch trockenes Filter filtriert, 100 ml Filtrat werden mit 0,5 g $(NH_4)_2CO_3$ bis zum Wiederauftreten der Rotfärbung gekocht u. filtriert. (Na_2CO_3 + K_2CO_3) werden mit 0,1n H_2SO_4 gegen Methylorange titriert, die Lsg. eingedampft, der Rückstand mit 2 ml W., 1 ml 50%ig. $NaNO_2$-Lsg. u. 2 ml 15%ig. $CoCl_2$-Lsg. versetzt, der Nd. nach 30 Min. langem Stehen abfiltriert, 4—5mal mit je 3 ml 2,5%ig. Na_2SO_4-Lsg. gewaschen, mit sd. HCl (1:3) gelöst u. nach Einstellung mit NaOH auf pH 5 u. mit NH_3 auf pH 7—10 Co^{2+} mit Komplexon III (I) in Ggw. von Murexid titriert. Der Titer der I-Lsg. wird mit analog behandelter 0,1n K_2SO_4-Lsg. ermittelt. R. K. Müller. G 272◇

1752 **o.o'-Dihydroxyazo-Verbindungen als fluorimetrische Reagentien für Magnesium.** Rodney Olsen und Harvey Diehl. (Analytic. Chem. **35**, 1142—44, 1963; Ames, Iowa, Iowa State Univ., Dep. of Chem.; engl.) — Vff. untersuchten die Fluorescenz-Eigg. folgender mit Ca^{2+} u. Mg^{2+} Komplexe bildender Verbb. bei pH 10,2 u. 11,4: 1-(2'-Hydroxy-1'-phenylazo)-2-hydroxynaphthalin (I), 1-(2'-Hydroxy-1'-phenylazo)-2-hydroxybenzol (II), 1-(2'-Hydroxy-1'-phenylazo)-2.4-dihydroxybenzol (III), 1-(2'-Carboxy-1'-phenylazo)-2-hydroxynaphthalin, 1-(2'-Carboxy-1'-phenylazo)-2-hydroxy-5-methylbenzol, 1-(2'.4'-Dihydroxy-1'-phenylazo)-2-hydroxy-5-phenylbenzol (**IV**), 1-(2'-Hydroxy-1'-naphthylazo)-2-hydroxy-5-phenylbenzol (**V**), 1-(2'-Hydroxy-5'-methyl-1'-phenylazo)-2-naphthol-4-sulfonsäure (**VI**) u. 1-(Hydroxy-2-naphthylazo)-6-nitro-2-naphthol-4-sulfonsäure (Eriochromschwarz T). **I**, **IV**, **V** u. **VI** fluorescieren allein. Die Mg-Komplexe von **I**, **II**, **III**, **IV**, **V** u. **VI** fluorescieren; die Ca-Komplexe dieser Verbb. fluorescieren ebenfalls, aber meist schwach. Bei pH 10,2 fluorescieren **IV** u. sein Ca-Komplex prakt. nicht. Be^{2+} u. Ba^{2+} geben keine Fluorescenz mit **I**, **II** u. **III**. Sr^{2+} verhält sich wie Ca^{2+}, jedoch weniger ausgeprägt. **II** u. **III** sind die für die fluorimetr. Best. des Mg^{2+} geeignetsten Reagentien. P. Kurzmann. G 282◇

1753 **Fluorimetrische und spektrophotometrische Bestimmung von Magnesium mit o.o'-Dihydroxyazobenzol.** Harvey Diehl, Rodney Olsen, Gerald I. Spielholtz und Richard Jensen. (Analytic. Chem. **35**, 1144—54, 1963; engl.) — Vgl. vorst. Referat. — o.o'-Dihydroxyazobenzol eignet sich gut zur fluorimetr. Best. von Mg^{2+} in Ggw. von Ca^{2+}. Es wurde eine Meth. zur Best. von 2—25 μg Mg ausgearbeitet; bei Anwendung entsprechender Eichkurven können bis zu 5 mg Ca anwesend sein. Angeregt wird bei 470 nm, gemessen bei 580 nm. Die Einfl. von Be, Sr, Mn, Al, Cu, Zn, Fe u. $Na_2B_4O_7$ + NaCl wurden untersucht. Die Meth. wurde zur Best. von Mg in Kalkstein, Portlandzement, Eisenerz u. Blutserum herangezogen. Die Absorptionsspektren von **I** u. seinem Mg-Komplex sind sehr ähnlich, jedoch kann bei 485 nm eine differentialspektrophotometr. Best. von Mg durchgeführt werden, die aber störanfälliger als die fluorimetr. Meth. ist. P. Kurzmann. G 282◇

1754 **Bestimmung des Magnesiumgehaltes von Aluminiumlegierungen mit Hilfe der an den Linien des Legierungselementes gemessenen Schwärzungsunterschiede.** László Péter. (Magyar Kémiai Folyóirat [Ung. Z. chem.] **69**, 231—34, 1963; Miskolc, TU, Schwerind., Lehrst. Chem.; ung.) — Im Spektrum von Al-Legg. sind solche Mg-Linien vorhanden, deren ΔW-transformierte Schwärzungsunterschiede unter entsprechenden Umständen vom Mg-Geh. abhängig sind. Zur Anregung wird ein Feussner-Funkenerzeuger (15 kV, 3000 pF, 12,8 mH, 4 mm Elektrodenabstand, 1,3 mm Spaltbreite) benutzt. Ausgewertet wird durch Vgl. der Schwärzungen von Mg II 2790,79/Mg I 2852,13 bzw. Mg II 2790,79/Mg I 2795,53 Å. Mit gleicher Spannung u. Selbstinduktion, aber 1000 pF, 2 mm Elektrodenabstand u. 2 mm Spaltbreite gibt das erste Linienpaar gute Werte. Zur Best. der Schwärzungsunterschiede ist die Seidel-Skala zu verwenden. J. Plank. G 282△

1755 **Bestimmung von Magnesium und Aluminium in Stempelgußlegierungen auf Zink-Basis.** L. Bloch. (Analytica chim. Acta [Amsterdam] **25**, 404, 1961; Naarden, Netherlands, H. J. van der Rijn, N. V. Res. Labor.; engl.) — Bei der Best. von Mg in Al-Legg. stört SiO_2, indem es Mitfällung von Mg mit Fe, Mn u. Al bewirkt. Zur Vermeidung dieses Fehlers wird wie folgt verfahren: Al wird durch Lösen der Leg. in NaOH-Lsg. entfernt. Der Rückstand wird zusammen mit dem Filtrierpapier mit HNO_3/H_2SO_4 digeriert, u. HNO_3 wird abgeraucht. Nach dem Verdünnen wird von

SiO_2 u. $PbSO_4$ abfiltriert, restliches Al, Fe u. Mn werden mit $NH_3/(NH_4)_2S_2O_8$ gefällt, u. dann wird nach der Originalvorschrift fortgefahren. Etwa mitgerissenes Zn läßt sich vor der Titration mit KCN maskieren. W. Betcke. G 294◇

1756 **Analyse von Aluminiumlegierungen mit dem Mehrkanal-Quantometer der Firma ARL.** W. A. Liwanow, W. P. Gorochow, T. I. Golofajew und W. P. Maljawkina. (Nachr. Akad. Wiss. UdSSR, physik. Ser. **26**, 914—16, 1962; russ.) — Die Best. von *Cu, Mg, Mn, Fe, Si, Ti, Zn, Ni, Be, V, Zr, Cr, Na, Pb* u. *Sn* in *Al*-Legg. mit dem ARL-Quantometer wird beschrieben. Anregung: Elektron. gesteuerter Hochspannungsfunken (C = 7000 μF, L = 360 mH) mit Graphitgegenelektrode, Elektrodenabstand 3 mm, Vorfunkzeit 10 Sek., Belichtungszeit ca. 25 Sekunden. Die Ergebnisse werden mit denen chem. u. spektrograph. Meth. verglichen. Auf die Eichproben-Herst. (Strangguß-Verf.) u. Probenvorbereitung (wassergekühlte Kokillen) wird bes. eingegangen. R. Gerbatsch. G 294◇

1757 **7-(5-Sulfo-2-naphthylazo)-8-hydroxychinolin-5-sulfonsäure, 7-(4-Sulfo-1-naphthylazo)-8-hydroxychinolin-5-sulfonsäure, 7-(4,8-Disulfo-2-naphtylazo)-8-hydroxychinolin-5-sulfonsäure und 7-(5.7-Disulfo-2-naphthylazo)-8-hydroxychinolin-5-sulfonsäure als Indicatoren zur direkten komplexometrischen Bestimmung von Gallium.** A. I. Bussew, L. M. Skrebkowa und L. L. Talipowa. (J. analyt. Chem. [UdSSR] **17**, 831—39, 1962; Moskau, Lomonossow-Univ.; russ., Auszug: engl.) — Ga bildet mit den genannten Säuren 1:1-Komplexe, deren molare Extinktions-Koeff. sowie Komplex-Bldg.-Konst. angegeben werden. Azofarbstoffe aus 8-Hydroxychinolin-5-sulfonsäure u. Naphthylaminsulfonsäuren eignen sich als Indicatoren zur direkten Titration mit Ga mit Komplexon III in saurer Lösung. Die größte Selektivität zeigt 7-(4-Sulfo-1-naphthylazo)-8-hydroxychinolin-5-sulfonsäure, die zur Ga-Best. in Ggw. von PO_4^{3-}, Al^{3+}, Mn^{2+}, Zn^{2+}, Cd^{2+} u. Erdalkaliionen benutzt werden kann. W. Dedek. G 295◇

1758 **Gravimetrische Bestimmung von In(III) mit Chinaldinsäure.** Gr. Popa, D. Negoiu, Gh. Baiulescu und R. Lerch. (An. Univ. „C. I. Parhon", Ser. Ştiinţ. naturii, Chim. **9**, 85—88, 1960; Fac. de Chim., Labor. de chim. anorg. şi analit.; rum.) — Vff. beschreiben die gravimetr. Best. von In als $In(C_{10}H_6O_2N)_2OH$ im Bereich von 0,0011 bis 0,011 g In. P. Kurzmann. G 296◇

1759 **Über die polarographische Methode der Indiumbestimmung.** A. T. Nishnik und I. Ss. Tschauss. (J. analyt. Chem. [UdSSR] **14**, 37—40, 1959; Kiew, Inst. für allg. u. anorg. Chem. der Akad. der Wiss. der UkrainSSR; russ.) — Vff. beschreiben eine neue Meth. zur Abtrennung von störenden Elementen bei der polarograph. Best. von In in Erzen u. Konzentraten. Die In-Sulfat-Lsg. (mit einem Überschuß von 20% an freiem H_2SO_4 oder äquivalenten Mengen an Sulfaten) wird mit Zn-Amalgam behandelt, die gereinigte Lsg. mit einem Alkalichlorid (bis ca. 10 Gew.-%) versetzt u. In polarograph. bestimmt. D. Hoene. G 296◇

1760 **Ein neues gewichtsanalytisches Verfahren zur Bestimmung von Thallium in Gegenwart der Elemente Kupfer, Zink und Cadmium.** P. Spacu und E. Bălănel. (An. Univ. „C. I. Parhon", Ser. Ştiinţ. naturii, Chim. **9**, 51—56, 1960; Fac. de Chim., Labor. de chim. anorg.; rum.) — Tl(I) wird mit einer 4%ig. wss. Lsg. von $K_3[Cr(SCN)_6]$ als $Tl_3[Cr(SCN)_6]$ gefällt. Der Nd. wird mit einer 1%ig. wss. $K_3[Cr(SCN)_6]$-Lsg., dann mit W., A. u. schließlich mit Ae. gewaschen u. bei 105° getrocknet. In Ggw. von EDTA kann Tl neben Cu, Zn u. Cd bestimmt werden. P. Kurzmann. G 297◇

1761 **Untersuchungen über einige colorimetrische Methoden zur Bestimmung von Hafnium in Gegenwart von Zirkonium.** E. Crepaz, L. Marchesini und G. Mazzolini. (Metallurgia ital. **54**, 373—79, 1962; Padova, Univ., Ist. di Chim. ind.; ital.) — Vff. berichten zunächst über spektrophotometr. Best. von Hf in Ggw. von Zr mit Hilfe von *Phenylfluoron, Thoron, Eriochromocyanin* u. *Alizarin S*, die schon zur colorimetr. Best. des Hf in Zr verwendet worden waren. Als neues Reagens verwendeten Vff. das *Gallein*. Am geeignetsten zur Best. erwies sich das Alizarin S. Das Verf. wird genau beschrieben. C. Gottfried. G 323△

1762 **Gravimetrische und photometrische Bestimmung des Thoriumgehaltes in Uraniniten mit Hilfe von Anthranilsäure.** Ju. W. Moratschewski und I. A. Zerkowitzkaja. (J. analyt. Chem. [UdSSR] **14**, 55—59, 1959; Leningrad, Shdanow-Univ.; russ.) — Vff. untersuchen die Abtrennung von Th von U, Pb u. Seltenerdmetallen mit Anthranilsäure (**I**). Th kann quant. aus Lsgg. gefällt werden, die nicht weniger als 0,2 mg Th/50 ml enthalten. Photometr. kann Th in Ggw. von **I**, HNO_3 u. β-Naphthol bis zu Konzz. von 0,04 μg Th/ml bestimmt werden. Beide Meth. werden auf die Analyse von *Uraniniten* angewandt u. ergeben zufriedenstellende Ergebnisse. D. Hoene. G 324◇

1763 **Ein Beitrag zur chromatographischen Abtrennung des Thoriums von Uran.** Miloslav Dillinger. (Wiss. Z. Martin-Luther-Univ. Halle-Wittenberg, math.-naturwiss. R. **11**, 341—44, 1962; Bratislava, Inst. für anorg. u. phys. Chem.; dt.) — Um ^{234}Th, das durch α-Zerfall von ^{238}U gebildet wird, von letzterem abzutrennen, wurde eine Uranylnitrat-Lsg. auf einen Kationenaustauscher KU-2 gegeben. Die Abhängigkeit der eluierten ^{234}Th-Menge von der Konz. u. der Menge der zur Elution verwendeten Mineralsäuren wurde gemessen. Die Prüfung auf Vollständigkeit der Elution des ^{234}Th erfolgte durch anschließende Behandlung des Austauschers mit Oxalsäure. Mit 100 ml 20%ig. HNO_3 bzw. 150 ml 6n HCl konnten optimale Mengen des mit 2 g ^{238}U ursprünglich im radioakt. Gleichgewicht stehenden ^{234}Th vom Austauscher abgelöst werden. W. Wiechmann. G 339◇

1764 **Farbreaktionen des Urans und des Thoriums mit o-Arsono-o'-hydroxyazoverbindungen.** W. I. Kusnetzow. (J. analyt. Chem. [UdSSR] **14**, 7—16, 1959; Moskau, Vernadsky-Inst. für Geochem. u. anal. Chem. der Akad. der Wiss. der UdSSR; russ.) — Vf. untersucht die Farb-Rkk. von Th u. U mit *Thoron* (**I**; Benzol-2-arsonsäure-⟨1-azo-1⟩-2-hydroxynaphthalin-3.6-disulfonsäure), *Nitrothoron* (**II**; 4-Nitrobenzol-2-arsonsäure-⟨1-azo-1⟩-2-hydroxynaphthalin-3.6-disulfonsäure), *Aminothoron* (**III**; 4-Aminobenzol-2-arsonsäure-⟨1-azo-1⟩-2-hydroxynaphthalin-3.6-disulfonsäure), *Arsenazo* (**IV**; Benzol-2-arsonsäure-⟨1-azo-7⟩-1.8-dihydroxynaphthalin-3.6-disulfonsäure), *Nitroarsenazo* u. *Aminoarsenazo* (4-Nitro- bzw. 4-Aminobenzol-2-arsonsäure-⟨1-azo-7⟩-1.8-dihydroxynaphthalin-3.6-disulfonsäure), *Thoron II* (**V**; Diphenyl-4.4'-diarsonsäure-3.3'-bis-[⟨azo-1⟩-2-hydroxynaphthalin-3.6-disulfonsäure]), *Arsenazo II* (**VI**; Diphenyl-4.4'-diarsonsäure-3.3'-bis-[⟨-azo-7⟩-1.8-dihydroxynaphthalin-3.6-disulfonsäure], *Diphenyl-3.3'-diarsonsäure-4.4'-bis-[⟨-azo-1⟩-2-hydroxynaphthalin-3.6-disulfonsäure* (**VII**), *Diphenyl-3.3'-diarsonsäure-4.4'-bis-[⟨-azo-7⟩-1.8-dihydroxynaphthalin-3.6-disulfonsäure* (**VIII**), *Benzol-2-arsonsäure-⟨1-azo-1⟩-2.3-dihydroxynaphthalin-6-sulfonsäure* (sowie den entsprechenden 4-Nitro- u. 4-Amino-Verbb.), *2.3-Dihydroxynaphthalin-6-sulfonsäure-1.4-bis-[⟨-azo-1⟩-benzol-2-arsonsäure]* u. *Benzol-2-arsonsäure-⟨1-azo-6⟩-1-hydroxy-4-methylbenzol* (sowie den entsprechenden 4-Nitro- u. 4-Amino-Verbb.). Für die Komplexe von Th mit **I, V, VII, IV, VI** u. **VIII** wird die Beständigkeit in HCl (0,1, 0,5, 1 u. 2 n) ermittelt. Für die Th-Komplexe von **I, V, IV** u. **VI** werden die Beständigkeits-Konst. bei pH 3,0 bei Zusatz von Phosphat-, Tartrat- u. Fluoridionen angegeben (für die entsprechenden U-Komplexe bei pH 4,5). Die Farbe der von **I, V, VII, IV, II, III** mit Th, U^{4+}, Ti, Zr, Sn^{4+}, Sb^{3+}, Nb^{5+}, Fe^{3+} bei pH 2—4, mit U^{6+} u. Transuranen bei pH 5—6 gebildeten Komplexe ist angegeben. Als neue Reagentien werden **III, V** u. **VI** empfohlen, die stabilere oder tiefer gefärbte Komplexe mit Th u. U bilden. Die Synth. der angegebenen Arsono-Verbb. wird beschrieben. D. Hoene. G 339◇

1765 **Untersuchungen über den Komplex des U(VI) mit Chromotrop 2R.** Gr. Popa und I. Paralescu. (An. Univ. „C. I. Parhon", Ser. Ştiinţ. naturii, Chim. **9**, 103—11, 1960; Fac. de Chim., Labor. de chim. analit.; rum.) — UO_2^{2+} bildet mit Chromotrop 2 R (Na-Salz der 2-Phenylazo-1.8-dihydroxynaphthalin-3.6-disulfonsäure) einen 1:2-Komplex, dessen Dissoziations-Konst. zu $0{,}52 \cdot 10^{-8}$ bestimmt wurde. Es wird eine Meth. zur Best. von 0,94—22,68 μg U/ml bei pH 5,2—6,4 u. 574 nm angegeben. P. Kurzmann. G 339◇

1766 **Photometrische Bestimmung von U(VI) mit dem Ammoniumsalz der Biphenyl-4.4'-bis-[5-azosalicylsäure].** Gr. Popa, V. Constantinescu und N. Bărbulescu. (An. Univ. „C. I. Parhon", Ser. Ştiinţ. naturii, Chim. **9**, 47—50, 1960; Fac. de Chim., Labor. de chim. analit.; rum.) — Vff. geben eine Meth. zur photometr. Best. von 0,71—23,7 μg U/ml. P. Kurzmann. G 339◇

1767 **Gammazählung zur Bestimmung von Uran in Brennstoffelementen.** Neil MacKinnon, Louis Sarkes und Frederick May. (Nucleonics [New York] **20,** 72—73, 1962; Attleboro, Mass., Metals and Controls, Inc.; engl.)
H. Roschkowski. G 339◇

1768 **Bestimmung von Spuren-Verunreinigungen in metallischem Uran. 18. Mitt. Schnellbestimmung von Kohlenstoffspuren in Metallen unter Verwendung einer verdeckten Hochfrequenz-Kondensatorelektrode.** Iwao Fujishima und Tsugio Takeuchi. (Japan Analyst **11,** 420—25, 1962; Nagoya Univ., Fac. of Engng., Inst. of techn.-analyt. Chem.; jap., Auszug: engl.) — 17. vgl. Japan Analyst **10,** [1961], 1221. — Zur Best. von C in U, Ti u. Stahl verbrennt man die Probe im O_2-Strom, absorbiert das entstandene CO_2 in einer feingepulvertes $BaCO_3$, $Ba(OH)_2$ u. Isoamylalkohol enthaltenden Lsg. unter kräftigem Umrühren u. ermittelt das absorbierte CO_2 unter Verw. einer verdeckten Hochfrequenz-Kondensatorelektrode u. eines Oscillators. Beleganalysen zeigen die Brauchbarkeit des Verfahrens.
W. Wesly. G 354◇

1769 **Über die Bestimmung kleiner Kohlenstoffgehalte in hochschmelzenden Metallen.** K. Friedrich. (Mikrochim. ichnoanalyt. Acta [Wien] **1963,** 674—84; Dresden, Dt. Akad. der Wiss., Inst. angew. Phys. der Reinststoffe; dt.) — Kleine C-Geh. in Stahl, Nb, Ta, Mo, W u. Re wurden mit der „Capillarfallen-Meth." mikrogasvolumetr. bestimmt. Das bei der Verbrennung der Probe entstehende CO_2 wird mit fl. O_2 in einer Capillare von bekanntem Vol. ausgeforen. 0,5—1 μg C sind noch erfaßbar. Voraussetzung für diese Genauigkeit ist vollständige Verbrennung der Probe, was ggf. nur durch Zuschläge von Metallen oder Metalloxiden erreicht wird. Die beste Verbrennungs-Temp. ist 1200—1300°.
R. Drautzburg. G 354◇

1770 **Untersuchungen über die Anregung der kurzwelligen ultravioletten Spektren von Schwefel, Kohlenstoff und Phosphor in Stahllegierungen.** J. van Calker und H. Steiner. (Z. analyt. Chem. **198,** 80—88, 1963; Münster, Univ., Phys. Inst.; dt.) — Da automat. registrierende Spektrometer, die zur Best. von P, C u. S in Stählen im Vakuum-UV eingesetzt werden, nur Strahlung aus den Wellenlängenbereichen erfassen, auf die sie gerade eingestellt sind, werden Informationen, die einem photograph. festgehaltenen Spektrum entnommen werden könnten, leicht übersehen. Aufnahmen mit einem Hilger-Vakuumspektrographen im Bereich von 1600—1850 Å u. Direktaufnahmen der angewendeten Mittelspannungsentladung zeigen beträchtliche Unterschiede im Verh. von N_2 u. Ar als Entladungsatmosphäre. Die Beobachtungen werden an Hand der Boltzmann- u. Saha-Gleichung unter bes. Berücksichtigung der metastabilen Zustände des Ar diskutiert. Für die spektrograph. Best. von P, C u. S in Fe u. Stahl wird eine Arbeitsvorschrift angegeben, die geringfügig von dem bei spektrometr. Registrierung angewendeten Verf. abweicht.
H. Kuchenbecker. G 354◇

1771 **Bestimmung von Schwefel, Phosphor und Kohlenstoff in niedriglegierten Stählen mit einem Vakuum-Quantometer.** W. F. Korotkow und A. W. Titowetz. (Nachr. Akad. Wiss. UdSSR, physik. Ser. **26,** 918—20, 1962; Akad. der Wiss. der UdSSR, Kommission für Spektrosk.; russ.) — Die Best. von *C* (1930,9; 0,01), *S* (1820,4; 0,005) u. *P* (1782,9; 0,01) (in Klammern die Analysenlinien in Å u. die Best.-Grenze in %) in Stahl mit dem Optica-Vakuumspektrometer VC 1 wird beschrieben. Als optimale Anregungsbedingungen erwiesen sich eine Atmosphäre von Ar + 5% Luft u. eine aperiod. Mittelspannungsentladung ($U = 1000$ V, $C = 45\ \mu$F, $R = 45\ \Omega$, $L = 400\ \mu$H, 50 Hz) mit Ag- oder Cu-Gegenelektrode (Probe als Kathode).
R. Gerbatsch. G 354◇

1772 **Säurefreie Abtrennung oxidischer Einschlüsse von Carbiden und Sulfiden in Kohlenstoffstahl.** A. B. Gurewitsch und L. M. Turubiner. (Betriebs-Lab. [UdSSR] **29,** 280—82, 1963; Ukrain. Forsch.-Inst. für Metalle; russ.) — Zur Abtrennung der Oxide von Sulfiden u. Carbiden im Anodenrückstand nach elektrolyt. Abscheidung wird dieser nacheinander mit einer ammoniakal. $CuCl_2$-Lsg. u. mit J-KJ-Lsg. behandelt. Der Rückstand wird getrocknet, verglüht u. auf Al, Fe (colorimetr.), Mn, Ca (volumetr.) u. Si analysiert. Der berechnete O_2-Geh. stimmt mit dem nach dem Heißextraktions-Verf. ermittelten Geh. gut überein.
R. Gerbatsch. G 354◇

1773 **Bestimmung cerhaltiger Einschlüsse in legierten Stählen.** A. B. Gurewitsch, O. M. Kirshner, N. I. Ssandler und W. N. Murawjew. (Betriebs-Lab. [UdSSR] **29,** 283—86, 1963; Ukrain. Forsch.-Inst. für Metalle; russ.) — Vgl. vorst. Referat. — Ce-Sulfideinschlüsse sind in HCl, nicht aber mit J lösl. u. können so wie beschrieben (vgl. l. c.) von den Sulfiden u. Carbiden des Mn u. Fe abgetrennt werden. Ce tritt außerdem zusammen mit Zementit als Carbid, nicht aber als Oxid auf. Zur Identifizierung wurden röntgenograph. u. chem. Meth. herangezogen. Einzelheiten über die Eigg. u. die Verteilung der Einschlüsse werden angegeben. R. Gerbatsch. G 354◇

1774 **Über Methoden zur Borbestimmung in Stählen und Legierungen (Übersicht).** P. Ja. Jakowlew und G. W. Kosina. (Betriebs-Lab. [UdSSR] **29,** 920—22, 1963; russ.) — Kurze Zusammenfassung der bekannten Trenn- u. Best.-Methoden. — 38 Literaturzitate. R. Gerbatsch. G 354◇

1775 **Vergleichende Untersuchungen zur Bestimmung des Arsens in Stählen, Erzen und Schlacken.** Karl-Friedrich Lüdemann, Reiner Zimmermann und Harald Wemme. (Neue Hütte **8,** 418—24, 1963; Freiberg, Sachsen, Bergakad., Eisenhütten-Inst.; dt.) — Zur Best. von As in Stählen werden die Dest.-Verff., bes. in der von Vff. modifizierten Form empfohlen (oxydierendes Lösen der Probe, Zers. von NO_3^- mit Ameisensäure, Red. von As^{5+} zu As^{3+} mit $FeSO_4$, Dest. des gebildeten $AsCl_3$ u. Best. von As^{3+} durch Polarisationsspannungstitration). Für die As-Best. in Erzen verdient das nephelometr. Verf. den Vorzug.
W. Wesly. G 354◇

1776 **Bestimmung von Blei in verbleiten Schneidstählen durch die chelatometrische Titrationsmethode.** Shigeo Wakamatsu. (Trans. Japan Inst. Metals **3,** 27—30, 1962; Tokyo, Toto Steel Works Co.; engl.) — Man löst die Probe in $HCl + HNO_3 + HClO_4$, extrahiert Fe^{3+}, Cr^{6+}, Mo^{6+} u. V^{5+} aus 6n HCl-Lsg. mit Methylisobutylketon, maskiert Al-, Cu-, Ni-, Co- u. Mn-Ionen in der wss. Phase mit Triäthanolamin u. KCN u. titriert Pb bei pH 10—11 mit EDTA unter Verw. von Thymolphthaleinkomplexon als Indicator u. Rücktitration mit Ca^{2+}-Lsg. bekannten Gehaltes. Die Ergebnisse stimmen mit denen der gravimetr. Pb-Best. überein. W. Wesly. G 354◇

1777 **Neutronenaktivierung und radiochemische Bestimmung von Molybdän-, Chrom- und Eisengehalten einzelner Mikrokugeln von korrosionsbeständigen Stählen.** Philip A. Benson und Chester E. Gleit. (Analytic. Chem. **35,** 1029—32, 1963; Richmond, Calif., Tracerlab., Div. of Labor. for Elektronics; engl.) — Stahlmikrokugeln werden auf einem Methylmetacrylatfilm isoliert u. mkr. ausgemessen, anschließend auf eine Pb-Folie aufgebracht u. 20 Tage lang mit einem Neutronenfluß von $3{,}1 \cdot 10^{14}\,n\,cm^{-2}\,s^{-1}$ bestrahlt. ^{99}Mo, ^{51}Cr, ^{55}Fe u. ^{59}Fe werden isoliert u. radiochem. bestimmt. U. Wenzel. G 354◇

1778 **Photometrische Bestimmung von Mangan in Stählen mit hohem Chromgehalt.** Walter D. Nordling. (Chemist-Analyst **51,** 14—15, 1962; Providence, R.I., Grinnell Corp.; engl.) — In saurer Lsg. red. EDTA MnO_4^- innerhalb von 5 Min. vollständig, Cr(VI) jedoch erst nach 30 Min. zu einem beträchtlichen Teil. Nach dem Lösen der Chromstahlprobe, Abtrennen von W, Oxydieren mit $(NH_4)_2S_2O_8$ u. Auffüllen der Lsg. werden zwei Anteile entnommen, von denen einer mit EDTA red. wird. 5 Min. nach der EDTA-Zugabe werden die beiden Lsgg. gegeneinander bei 525 nm photometriert.
P. Kurzmann. G 354◇

1779 **Anwendung der Atomarabsorptionsspektroskopie auf die Bestimmung von Kobalt in Stahl, legiertem Stahl und Nickel.** G. L. McPherson, J. W. Price und P. H. Scaife. (Nature [London] **199,** 371—72, 1963; Newcastle, Australia, John Lysaght, Australia, Ltd., Technol. Labor.; engl.) — Nach dem Lösen der Probe in HCl u. dem Oxydieren mit HNO_3 wird bei 2407,2 Å unter Verw. einer Luft/C_2H_2-Flamme u. einer Co-Hohlkathodenröhre Co atomarspektroskop. bestimmt. Die Empfindlichkeit beträgt 0,001% Co. Der hohe Fe-Geh. verursacht eine geringe Absorption, was eine Aufnahme der Eichkurve unter gleichen Bedingungen erfordert. Bei Anwendung der entsprechenden Löse-Meth. liegen die Werte innerhalb der in Brit. Standards 1121: Part 30: 1954 u. Part 42: 1961 angegebenen Grenzen.
P. Kurzmann. G 354◇

1780 **Verwendung des Komplexon III in der Analyse der Markasitabbrände.** Z. Jablonski. (Zeszyty naukowe Politechn. Szczecinskiej. Chem. **1960,** Nr. 14, 73—74; pol.) — Die Probe wird durch Zugabe von konz. HNO_3, konz. HCl unter Zusatz von Chlorat in Lsg. gebracht. Zn, Ca, As, Pb, Fe, Al werden komplexometr. bestimmt.
P. Kadach. G 354◇

b) Organische Verbindungen

1781 **Untersuchungen über die organische Mikroanalyse. 12. Mitt. Über die Bildungsgeschwindigkeit von Sauerstoff aus einigen zur Verbrennung von Proben verwendeten Metalloxiden bei der Stickstoffbestimmung nach Dumas.** Keiichro Hozumi und Shigeo Kinoshita. (J. pharmac. Soc. Japan [Yakagakuzasshi] **76,** 1157—60, 1956; Kyoto, Univ. of Kyoto, Med. Fac., Pharmaceut. Inst.; jap., Auszug: engl.) — Unters. zahlreicher Metalloxide zur analyt. N_2-Best. nach Dumas ergab, daß Co_2O_3 in bezug auf die Bldg.-Geschw. am besten geeignet ist. W. Hampel. 5352△

1782 **Untersuchungen über die organische Mikroanalyse. 13. Mitt. Modifizierte Stickstoffbestimmungsapparatur nach Dumas mit einem Strömungsregler vor dem Verbrennungsrohr und Kobaltoxid als oxydierendes Mittel.** Keiichiro Hozumi, Kazuo Imaeda und Shigeo Kinoshita. (J. pharmac. Soc. Japan [Yakagakuzasshi] **76,** 1161—66, 1956; jap., Auszug: engl.) — 12. vgl. vorst. Referat. — Die Konstruktion eines Strömungsreglers für eine Mikroverbrennungs-App. zur N_2-Best. nach Dumas, deren Füllung aus Co_2O_3 besteht, wird beschrieben. W. Hampel. 5352△

1783 **Untersuchungen über die organische Mikroanalyse. 14. Mitt. Eine verbesserte Methode zur Verbrennung von Proben unter Verwendung von Kobaltoxid als Erzeugungsquelle für Sauerstoff bei der Stickstoffbestimmung nach Dumas.** Keiichiro Hozumi und Shigeo Kinoshita. (J. pharmac. Soc. Japan [Yakagakuzasshi] **76,** 1167—69, 1956; jap., Auszug: engl.) — 13. vgl. vorst. Referat. — Unterss. von Co_2O_3 als O_2-Quelle bei der N_2-Best. bei 900° werden beschrieben. Vgl. mit anderen Metalloxiden werden angestellt. W. Hampel. 5352△

1784 **Eine Mikromethode zur gleichzeitigen Bestimmung von Stickstoff und Phosphor in Einzelproben von Nucleoproteinen und ihren Derivaten.** B. Filipowicz, Maria Gross und Bogna Skoczylas. (Analyt. Biochem. [New York] **5,** 187—94, 1963; Łódz, Acad. of Medic., Dep. of Physiol. Chem.; engl.) — Die Mineralisierung von Nucleoproteinen u. ihren Derivv. zur gleichzeitigen Best. von N u. P mit verschiedenen Metallkatalysatoren u. H_2O_2 wird untersucht. Für Pyrimidine, Purine u. Proteine wurden mit Se als Katalysator gute Resultate erzielt. N wird als NH_3 nach Dest. titrimetr. u. P als PO_4^{3-} in der mineralisierten Lsg. mit $(NH_4)_2MoO_4$ u. 1-Amino-2-naphthol-6-sulfonsäure colorimetr. bei 820 mμ bestimmt. H. Althoff. 5352◇

1785 **Eine Halbmikro-Methode zur colorimetrischen Bestimmung des Phosphor-Gehaltes in Lipoiden.** I. Korpáczy. (Fette, Seifen, Anstrichmittel **61,** 748—50, 1959; Budapest, Inst. für Ernähr.- u. Verpfleg.-Wiss.; dt.) — Die Empfindlichkeit der colorimetr. Molybdat-Meth. zur P-Best. von Thaler (Fette, Seifen, Anstrichmittel **54,** [1952], 763) konnte durch Verw. einer verminderten MgO-Menge bei der Veraschung u. von 2n H_2SO_4 um das 5fache gesteigert werden. Zur Vorbehandlung werden 0,01—0,10 g Fettsubstanz mit 0,75 g MgO im Quarztiegel zunächst 30 Min. lang auf 105° erhitzt u. dann bei 800° verascht. Der Rückstand wird in 20 ml 2n H_2SO_4 aufgenommen. Die Lsg. wird mit 10 ml Na-Molybdat-Lsg. (25 g Na_2MoO_4 u. 180 g N_2SO_4 in 1 Liter 10n H_2SO_4) u. 4 ml $H_2NNH_2 \cdot H_2SO_4$-Lsg. versetzt u. auf 100 ml aufgefüllt, dann wird 2mal kurz mit wenig n-Butanol ausgeschüttelt. Die Extinktion der zentrifugierten Butanolschicht wird am nächsten Tag gemessen. Es läßt sich noch 1 μg P/g Fett bestimmen. W. Betcke. 5352◇

1786 **Vergleichende Untersuchung von Bestimmungsmethoden für Schwefel in organischen Substanzen unter Anwendung der Röntgen- und γ-Strahlenabsorption.** Ludwik Górski und Jerzy Grabczak. (Chem. analit. [Warszawa] **8,** 415—24, 1963; Kraków, Acad. of Mining and Metallurgy, Dep. of Phys. II and Inst. of Nucl. Technol.; pol.) — Vff. diskutieren die Anwendungsmöglichkeiten der γ-Strahler ^{55}Fe, ^{3}T, ^{147}Pm, ^{109}Cd u. ^{113}Sn, das als neue γ-Strahlenquelle (25,8 keV) vorgeschlagen wird sowie der Röntgenstrahlung für die Best. von S in KW-Stoffen. Bei Verw. von ^{55}Fe liegt die Best.-Grenze bei 0,05 $\pm$ 0,025% S. Der optimale Bereich der Meth. liegt zwischen 0,3 u. einigen % S. ^{3}T ist bei konst. Zus. der KW-Stoffe der geeignetste Strahler, ^{147}Pm dagegen bei stark schwankender Zusammensetzung. P. Kurzmann. 5352◇

1787 **Funktionelle Gruppenanalyse in der Gaschromatographie. Behandlung von Dämpfen mit selektiven Reagentien.** Johan E. Hoff und Eugene D. Feit. (Analytic. Chem. **35,** 1298—99, 1963; Chicago, Ill., Univ., Amer. Meat Inst. Found.; engl.) — Die Identifizierung unbekannter Gemische durch die Retentionszeiten bzw. -Vol. in der Gaschromatographie wird durch zahlreiche Überlagerungen eingeengt, wenn die Gemische aus Substanzen mit verschiedenen funktionellen Gruppen bestehen. Die Banden eines derartigen Gemisches werden zuverlässig identifiziert, indem aliquote Teile der Probe in der Spritze 2—5 Min. lang bei 25° mit ausgewählten Reagentien umgesetzt werden, bevor sie auf der Säule getrennt werden. Hier werden vorgeschlagen: konz. H_2SO_4 zur Zers. aller organ. Verbb. bis auf gesätt. KW-Stoffe; elementares Na zur Zers. aller organ. Verbb. bis auf gesätt. u. ungesätt. KW-Stoffe u. Äther; Ozonid-Bldg. u. Hydrolyse zur Identifizierung von ungesätt. Verbb.; Umsatz mit NH_2OH zur Entfernung von Aldehyden u. Ketonen; NaOH zur Verseifung von Estern; $NaBH_4$ zur Entfernung von Carbonyl-Verbb.; $KMnO_4$ zur Unterscheidung von Aldehyden u. Ketonen; Acetanhydrid zur Veresterung von Alkoholen; Acetanhydrid u. $FeCl_3$ zur Ätherspaltung; Alkoholdehydrogenase u. Diphosphopyridinnucleotide zur Entfernung prim. Alkohole. Das Verf. wird an Gemischen aus *Acetaldehyd, Äthylvinyläther, Methylacetat, Methanol, Methacrolein, n-Butanol, n-Heptan, 2-Butanon, 3-Hepten, Propional, Formaldehyd* u. *Äthylformiat* erläutert. Die Trennung wurde mit einem Gaschromatographen ausgeführt, der bei 50° mit N_2 als Trägergas u. einer Strömungs-Geschw. von 60 ml/min arbeitet. Als Trennsäule dient eine 6 Fuß lange, $^1/_4$ in. starke Chromosorb-W-Säule, die mit 15 Gew.-% Ucon Nonpolis LB 1715 imprägniert war. Zum Nachw. wurde ein Flammenionisationsdetektor benutzt. W. Kupfer. 5364◇

1788 **Ein Schnellverfahren für die Bestimmung von Nitrogruppen im Halbmikro- und Mikromaßstab.** R. D. Tiwari und J. P. Sharma. (Analytic. Chem. **35,** 1307—08, 1963; Allahabad, India, Univ., Dep. of Chem.; engl.) — Die Red. von Nitrogruppen mit Ti(III)-Sulfat wird durch K-Citrat katalyt. so beschleunigt, daß die Best. von 2—35 mg statt nach 30—60 Min. in 2—3 Min. bei 25° vorgenommen werden kann. Der Reagensüberschuß soll 100% betragen. Titriert wird wie üblich mit Fe(III)-Sulfat-Lsg. gegen KSCN als Indicator. W. Kupfer. 5364◇

1789 **Der Einfluß der Trennsäulenmaterialzusammensetzung bei der Wiedergewinnung chlorierter Kohlenwasserstoffe mit Hilfe der Gaschromatographie.** Herman Beckman und Arthur Bevenue. (J. Chromatogr. [Amsterdam] **10,** 231—33, 1963; Davis, Calif., Univ. of California, Post. Residue Res. Labor.; engl.) — Bei Unterss. hochsd. halogenierter KW-Stoffe, wie p.p'-DDT, DDD u. andere, bei 250° an Siliconfett DC 11 wurden App. eingesetzt, deren Trennsäulen u. Einspritzblöcke aus verschiedenen Materialien gefertigt waren. Die ungeeignetsten waren Cu u. Stahl, besser Al, am besten Glas oder Quarz. Bei App. aus Quarz konnten 88—97% der eingegebenen Substanzmenge zurückerhalten werden. W. Leipnitz. G 500◇

1790 **Die Analyse hochfluorierter Kohlenwasserstoffe, demonstriert am Beispiel fluorierter n-Hexane.** H. Martin und K. Abraham. (Z. analyt. Chem. **197,** 221—28, 1963; Kiel, Univ., Inst. für Phys. Chem.; dt.) — Ein Rk.-Gemisch aus n-Hexan u. CoF_3 nach Barber u. Mitarbeitern (J. Amer. chem. Soc. **73,** [1951], 4241) u. Fowler u. Mitarbeitern (Ind. Engng. Chem. **39,** [1947], 292) wird gaschromatograph. an Di-n-butylmaleat auf Firebrick C-22 (40—60 mesh), in 5 Komponenten aufgetrennt, deren erste dem *Perfluorhexan*, n-C_6F_{14}, zugeordnet werden kann. Die zweite Verb., C_6F_{12}, hat Ringstruktur. Die dritte, vierte u. fünfte Komponente sind den drei möglichen Stellungsisomeren *3H-*, *2H-* u. *1H-Perfluor-n-hexan* zuzuordnen. Ihre IR-Spektren werden vorgelegt. Die MS-Spektren werden nach den Haupt- u.

Nebenmassenzahlen ausführlich diskutiert. Dazu dienen auch die ebenfalls dargestellten u. gaschromatograph. getrennten Fluorierungs-Prodd. von n-Pentan. K. Dorfner. G 510◇

1791 **Einige Erläuterungen über die Bestimmung kleiner Mengen Äthanol.** Luigi Lipparini. (Rass. Chim. **13,** 21—23, 1961; Bologna, Univ., Ist. di Merceol.; ital.) — Eine Meth. zur Best. kleiner A.-Mengen im App. von Kirk wird beschrieben. Sie beruht auf der Entfernung störender Substanzen mit gesätt. $HgCl_2$ u. 10%ig. NaOH-Lsg., Dest. des A. u. Oxydation zu Essigsäure mit einem Gemisch gleicher Vol. 0,1n $K_2Cr_2O_7$-Lsg. u. H_2SO_4 (D. 1,84). Das gebildete $Cr_2(SO_4)_3$ wird spektrophotometr. bei 375 nm bestimmt. Die Meth. gestattet die Best. von 0,02—2 mg A. mit einer Genauigkeit von ±5%. G. Platzer. G 560◇

1792 **Gaschromatographie wässeriger Alkohole.** 2. Mitt. **Quantitative Analyse wässeriger, nicht verdampfbare Salze enthaltender Butanollösungen.** M. Rogozinski, L. M. Shorr und A. Warshawsky. (J. Chromatogr. [Amsterdam] **10,** 114—16, 1963; Haifa, Israel, Org. Chem. Dep., Israel Mining Ind. Labor.; engl.) — Beschreibung eines speziellen Einspritzblocks. Er enthält einen in einem auswechselbaren Gefäß befindlichen Glaswollepfropfen, auf dem die Salze zurückbleiben. Es lassen sich bei 220° noch Lsgg. direkt verarbeiten, die nur 0,01% Butanol enthalten. W. Leipnitz. G 560◇

1793 **Beiträge zur Oximreaktion von Oxoverbindungen.** 1. Mitt. **Untersuchung von aktiven, in Wasser und Alkohol löslichen Oxoverbindungen.** Csaba Ömböly. (Acta pharmac. hung. **33,** 15—24, 1963; Budapest, Verein. Nähr- u. Arzneimittelfabr.; ung.) — Bei der auf Oxim-Bldg. beruhenden potentiometr. Best. von Oxo-Verbb. (I) wird zur Verhütung des durch die Titration verursachten Verdünnungsfehlers u. zur Beibehaltung der Empfindlichkeit empfohlen, die 0,5n$[NH_2OH]\cdot HCl$-Lsg. (II) auf pH 4,00 einzustellen u. die freigesetzte Säure mit 0,5n NaOH-Lsg. zu titrieren. Die akt. I kondensieren bei pH 3—4 zunächst nicht völlig, während der Titration aber quantitativ. Bei den in A. lösl. I wurde eine ca. 23% W. enthaltende alkohol. 0,5n II-Lsg. verwendet. Bei pH 3,30—3,35 konnten genaue Resultate erzielt werden. G. Ligeti. G 650△

1794 **Beiträge zur Oximreaktion von Oxoverbindungen.** 2. Mitt. **Untersuchung von weniger aktiven alkohollöslichen Oxoverbindungen.** Csaba Ömböly. (Acta pharmac. hung. **33,** 25—34, 1963; ung.) — 1. vgl. vorst. Referat. — Die Kondens. von *Propiophenon* (I) verläuft bei pH 3—4 nicht quant., u. die freigesetzte Säure kann mit NaOH nicht direkt bestimmt werden. Die Oxim-Bldg. weniger akt. Verbb. wird durch H^+-Ionen katalysiert, durch OH^--Ionen gehemmt. Die Oxim-Bldg. verläuft jedoch bei pH 6,0—6,5 quant. u. in der Wärme schnell. In diesem Bereich sind NH_2OH (II) u. sein Salz im Verhältnis 1:1 anwesend. Die Einwaage soll man so bemessen, daß das gesamte II in 4fachem Überschuß vorliegt u. I bzw. die äquivalente Menge der in Lsg. befindlichen II-Base nicht überschreitet. Zur Verhütung des Aktivitätsfehlers soll die Rk.-Lsg. mit dem gleichen Vol. W. verd. werden, evtl. Ndd. lösen sich durch Zugabe von $CHCl_3$. Die Menge des durch I gebundenen II ist der Differenz zwischen Blind- u. Analysenwert bei Titration mit 0,5n HCl gegen Methylorange äquivalent. G. Ligeti. G 650△

1795 **Beiträge zur Oximreaktion von Oxoverbindungen.** 3. Mitt. **Untersuchung von weniger aktiven wasserlöslichen Oxoverbindungen.** Csaba Ömböly. (Acta pharmac. hung. **33,** 32—36, 1963; ung.) — 2. vgl. vorst. Referat. — Die weniger akt. in W. lösl. Oxo-Verbb. kondensieren bei pH 3—4 nicht quant.; bei pH 6,0—6,5 verläuft in der Wärme die Rk. schnell u. quantitativ. *Glucose* u. *Sorbose* kondensieren direkt, *Saccharose* nur nach Inversion (HCl) mit der 4—5fachen Menge $[NH_2OH]\cdot HCl$ (I) nach 30 Min. langem Kochen. *Diacetonsorbose* (II) kann in der Weise gemessen werden, daß sie mit 5facher Menge I versetzt bei pH 1,5 während 15 Min. unter Rückfluß gekocht wird, wonach die gut abgekühlte Lsg. auf pH 6 eingestellt u. weitere 15 Min. lang gekocht wird. Zur Best. von II wird die Lsg. nach Hydrolyse mit 0,1n HCl auf dem Wasserbad vom Aceton befreit u. mit 5facher Menge I (pH 6,3) 30 Min. lang gekocht. G. Ligeti. G 650△

1796 **Analyse von binären Säuremischungen durch Extraktion.** Ti-Ren Ku und Ying Fu. (Scientia sinica **10,** 938—61, 1961; Peking, Univ., Chem. Dep., Labor. of Coll. Chem.; engl.) — Zur Best. von Säuremischungen hatte Behrens [1926] eine Extraktions-Meth. vorgeschlagen, zu der Tsai u. Fu (Analytic. Chem. **21,** [1949], 818) ergänzend darauf hinwiesen, daß der Dissoziationsgrad α der verschiedenen Säuren sehr klein sein müsse, weil sonst die Extraktions-Konst. sich mit der Konz. ändere. Vff. untersuchten systemat. bin. Mischungen von CH_3COOH, $CH_2ClCOOH$, $CHCl_2COOH$ u. CCl_3COOH unter Verw. von Ae. als Extraktionsmittel. Aus dem Nernstschen Verteilungssatz leiten Vff. für die Extraktionsanalyse von 2 gelösten Stoffen die Gleichungen $f_1 = [(e - e_1)/(e_1 - e_2)]\cdot 100$ u. $f_2 = 100 - f_1 = [(e_1 - e)/(e_1 - e_2)]\cdot 100$ ab (f_i = Mol-% des i-ten Stoffes in der Ausgangs-Lsg., e = Extraktions-Koeff.). Wenn e_1 u. e_2 bekannte Konst. sind, so erlauben sie die Best. von e u. damit f_1 u. f_2 zu berechnen, aus denen wiederum die Ausgangs-Konzz. der beiden Stoffe in der wss. Schicht berechnet werden können. Nach dieser Definition ist e eine Funktion des Vol.-Verhältnisses (V^1/V^0) u. e_i ist nur dann konst., wenn der Assoziationsgrad β_i, α_i u. die Verteilungs-Konst. k_i von der Konz. unabhängig sind. Nur unter diesen Voraussetzungen sind die Gleichungen gültig. Die Extraktions-Meth. kann nicht auf Mischungen, die starke Säuren enthalten, angewendet werden. Für solche Mischungen werden 3 Verff. vorgeschlagen u. deren Grenzen bestimmt: die sukzessive Annäherung an die Best. von e_1 u. e_2; Zugabe von H_2SO_4 verschiedener Normalität zum binären Säuregemisch; die Best. u. graph. Darst. von Standardkurven. P. Nachtwey. G 810◇

1797 **Trennung und qualitative Analyse der durch Oxydation von Alkanen aus Petroleum erhaltenen technischen Fettsäuren C_5—C_9.** Urszula Szałajko. (Chem. analit. [Warszawa] **8,** 457—66, 1963; Gliwice, Politechn. Slaska, Dep. of Technol. of Petroleum and Liquid Fuels; pol.) — Die Trennungen wurden durch extraktive Rektifikation mit Carbamid, Rektifikation der Carbamidextrakte u. Rektifikation der Methylester durchgeführt. Die Fraktionen wurden chem. u. physikal. auf ihre Zus. hin untersucht. P. Kurzmann. G 810◇

1798 **Methoden der Trennung langketttiger ungesättigter Fettsäuren. Ein Überblick.** A. T. James. (Analyst **88,** 572—82, 1963; Sharnbrook, Beds., Unilever Res. Labor.; engl.) — Vf. stellt die Gegenstromverteilung u. chromatograph. Verff. zur Trennung langkettiger ungesätt.Fettsäuren gegenüber. Die besten Ergebnisse werden bei kombinierter Verw. von Verteilungs-Gaschromatographie u. Dünnschichtchromatographie erhalten. — 21 Literaturangaben. H. Zöllner. G 800◇

1799 **Papierchromatographische Trennung von Acetyl- und β-Hydroxybutyrylhydroxamaten.** Soma Kumar und Remedios M. Avena. (Analyt. Biochem. [New York] **5,** 265—67, 1963; Washington, D.C., Georgetown Univ., Dep. of Chem.; engl.) — *Acetyl-* (I) u. *β-Hydroxybutyrylhydroxamat* (II) können nicht nach der Meth. von Hele, Popják u. Lauryssens (C. **1957,** **8253**) papierchromatograph. getrennt werden. Die Trennung folgender Acylhydroxamate gelingt hingegen im Syst. CH_2Cl_2–n-Butanol–Eisessig–W. (80:20:15:30): *Malonylmono-* (R_F 0,0); II (0,23 ± 0,02, I (0,35 ± 0,02), *β-Hydroxy-β-methylglutarylmono-* (0,68 ± 0,02), *Butyryl-* (0,75 ± 0,02), *Hexanoyl-* (0,90 ± 0,02), *Methylisooxazolon* (0,50 ± 0,03). G. Kirsten. G 820◇

1800 **Die chromatographische Analyse von Aminosäuren an Ionenaustauschharzen.** S. Jacobs. (Lab. Pract. **12,** 557—63, 1963; London, Nat. Inst. for Med. Res.; engl.) — Vf. arbeitete ein verbessertes Auftrennungs-Verf. für künstliche Aminosäuremischungen u. Proteinhydrolysate an standardisiertem Zeokarb 225, definiert durch Partikelgröße u. W.R.-Wert („Water Regain"-Geh. an W. in g, adsorbiert pro g trockenes Harz) aus. Nach Chromatographieren in 2 Säulen (1 kleinere für saure u. neutrale, 1 größere Säule für bas. Aminosäuren) wurden die Färbungen mit selenfreiem Ninhydrin photometr. bestimmt. Se verhindert die Farbkomplex-Bldg. zwischen Ninhydrin u. *Leucin*; dieser Effekt kann durch $SnCl_2$-Überschuß aufgehoben werden. Sonstige Kationen sind ohne Einfluß. Beigabe von 1% Thiodiglykol zu der eluierenden Puffer-Lsg. sichert richtige *Methionin*-Werte, die sonst zu niedrig ausfallen, da sich ohne diesen Zusatz Sulfoxide u. andere Derivv. bilden, die mit *Threonin* eluiert werden u. dabei dessen Wert zu hoch erscheinen lassen. Die nach dem Verf. ermittelten Aminosäure-Zus. von *Neunaugenhämoglobin, Encephalomyocarditisvirus, Kryoglobulin, Rattentransferrin* u. *Staphylococcus aureus Penicillinase* werden angegeben. J. Trupke. G 950◇

1801 **Chromatographie von Phenolen auf mit Ammoniummolybdat imprägniertem Papier.** Gustavo E. Guerra Salazar. (An. Assoc. quim. argent. **50,** 79—81, 1962; Quito, Ecuador, Univ. Central, Fac. de Ci. Exact. y Nat., Inst. de Invest. Bioquím.; span.) — o-Diphenole wandern auf mit $(NH_4)_2MoO_4$ imprägniertem Papier wegen der Bldg. von Komplexen langsamer als andere Phenole, neben denen sie so nachgewiesen werden können. Die R_F-Werte in Butanol/Pyridin/W. (6:4:3) nach 16 Std. Laufzeit (absteigende Chromatographie) wurden wie folgt gefunden: *Brenzcatechin* (0,64), *Resorcin* (0,87), *Hydrochinon* (0,91), *o-Aminophenol* (0,83), *p-Aminophenol* (0,79), *m-Aminophenol* (0,80), *α-Naphthol* (0,91), *β-Naphthol* (0,91), *Pyrogallol* (0,58), *Phloroglucin* (0,86), *Orcin* (0,88), *Dihydroxyhydrochinon* (0,31). P. Kurzmann. G 1060◇

1802 **Trennung von m- und p-Kresol durch Bildung von m-Kresol–Formaldehyd-Harz.** Ichiro Anazawa und Katsuya Uetake. (J. chem. Soc. Japan, ind. Chem. Sect. [Kōgyō Kagaku Zassi] **63,** 1663—67, 1960; Tôkyô-Kanda, Nihon-Daigaku, Rikôgakubu; jap., Auszug: engl. S. A92.) — Die Reaktivität der Kresole mit Formalin (I) in Ggw. von HCl nimmt in der Reihenfolge *o-* < *p-* (II) < *m-Kresol* (III) zu; bei 90° beträgt die relative Reaktivität von **II**:**III** ca. 1:20. Ein 1:1-Gemisch aus **II** u. **III** bildet durch 10 Min. lange Behandlung mit äquimol. **I**-Mengen in Ggw. von 0,0025 Mol HCl (bezogen auf I) bei 90° ein Kresol-Formaldehyd-Harz, wobei das nichtumgesetzte Kresol **III** zu ca. 3% enthält. E. Maekawa. G 1060◇

1803 **Eine neue Methode zum Nachweis einiger aromatischer Säuren.** Douglas W. Grant. (J. Chromatogr. [Amsterdam] **10,** 511—12, 1963; Ottawa, Ontario, Def. Res. Chem. Labor.; engl.) — Zum Nachw. aromat. Mono- bzw. Dicarbonsäuren empfiehlt Vf. das Sprühen der entwickelten Chromatogramme mit einer 0,3%ig. wss. H_2O_2-Lsg. u. anschließende Belichtung mit einer UV-Lampe, wobei in einigen Min. blau fluorescierende Flecken sichtbar werden. Die Empfindlichkeit liegt zwischen 0,2 u. 4 μg; *Phenylessig-, o-Toluyl-* u. *o-Chlorbenzoesäure* geben auch mit 20 μg noch keine erkennbaren Flecken. M. Finke. G 1220◇

1804 **Quantitative Bestimmung von Phenolcarbonsäuren durch Papierchromatographie.** Maurice Metche, Fernand Jacquin, Q. H. Nguyen und Edmond Urion. (Bull. Soc. chim. France **1962,** 1763—65; Nancy, Fac. des Sci., Labor. de Chim. Biol. et Labor. de Pédologie et de Bot.; franz.) — Im Laufe von Struktur-Unterss. von Anthocyanen u. Huminsäuren wurde eine Meth. zur Best. von Phenolcarbonsäuren benötigt. p-Hydroxybenzoesäure, Protocatechusäure, Vanillinsäure, p-Cumarsäure u. Kaffeesäure wurden aufsteigend mit Bzl./Eisessig/W., 6/7/3, $CHCl_3$/$HCOOH/CH_3OH$/W., 200/3,2/20/16,8, u. sek.-Butanol/W., 4/1, als Laufmittel getrennt. Die Hydroxycarbonsäuren wurden mit diazotiertem p-Nitranilin, 2%ig. $FeCl_3$-Lsg. u. Phosphormolybdänsäurereagens nachgewiesen. Die Farbintensität wird mit einem automat. Zeiß-Extinktions-Registriergerät, das mit einem Integrator gekoppelt ist, gemessen. Die Genauigkeit der Meth. liegt bei ±5%. W. Kupfer. G 1250

1805 **Eine Untersuchung der Spektren einiger aliphatischer und aromatischer Isocyanate im nahen Infrarot.** D. J. David. (Analytic. Chem. **35,** 37—44, 1963; New Martinsville, W.Va., Mobay Chem. Co.; engl.) — Von 0,5—1,0 m Lsgg. aliphat. u. aromat. Isocyanate (**I**; *Äthyl-, n-* u. *sek.-Butyl-, n-Amyl-, Isopropyl-, n-Octyl-, n-Dodecyl-, n-Tetradecyl-, Phenyl-, o-, m-* u. *p-Tolyl-, m-* u. *p-Chlorphenyl-, 2.4-, 2.5-* u. *2.6-Tolylendi-, 4.4'-Diphenylmethandi-, m-Phenylendi-, p-Dodecylphenyl-, o-* u. *p-Biphenyl, 1.3-Diisopropylphenylen-4.6-di-, m-Xylylendi-, o-, m-* u. *p-Nitrophenyl-, o-* u. *p-Methoxyphenyl-, p-Äthoxyphenyl-, p-Bromphenylisocyanat, 4.4'.4''-Triisocyanatotriphenylmethan, 2-Isocyanatobicyclohexyl*) in CCl_4 bzw. $CHCl_3$ werden die Spektren zwischen 1,6 u. 2,69 μ aufgenommen. Unterhalb 1,6 μ sind die Absorptionsspektren uninteressant, die obere Grenze ist apparativ gegeben. Zwischen 1,60 u. 2,60 μ werden mehrere CH-Oberschwingungs- u. Kombinationsbanden, bei 2,64 μ wird eine CNO-Oberschwingung registriert. Die 2,64-μ-Bande dürfte zur Best. des CNO-Geh. unbekannter Proben oder von Gemischen geeignet sein. Bei 1,66 u. 2,15 μ treten nur bei aromat. **I** Banden auf; die Banden bei 2,27—2,34 μ ermöglichen Aussagen über Kettenlänge u. Verzweigungen von Substituenten. W. Kupfer. G 1290◇

1806 **Über die potentiometrische Bestimmung eines Basengemisches in einem nichtwässerigen Medium.** 1. Mitt. Jerzy Minczewski und Stanisław Kiciak. (Chem. analit. [Warszawa] **7,** 975—88, 1962; Warszawa, Inst. Badań Jądrowych, Dep. of Analyt. Chem.; Poznań, Politechn., Dep. of General Chem.; pol.) — *Diäthylanilin, Anilin* u. *m-Nitroanilin* wurden in verschiedenen Äquivalentverhältnissen gemischt u. mit 0,5n $HClO_4$ in Essigsäure potentiometr. titriert. Als Rk.-Medium diente eine 2n Lsg. von Nitrobenzol in Bzl., der Essigsäure zugesetzt wurde. Die statist. Auswertung ergab für die Titrationsendpunkte eine Reproduzierbarkeit von 0,020—0,044 mVal u. für die Richtigkeit Vol.-Inkrementen von 0,2 ml der Titrations-Fl. eine umgekehrte Proportionalität zwischen der Differenz aus gefundener u. vorgelegter Menge u. dem Quadrat des maximalen Potentialsprunges. Gerhard Schulze. G 1310◇

1807 **Potentiometrische Bestimmung von Basen in nichtwässerigem Medium.** 3. Mitt. **Titration des Gemisches zweier Basen in einer Lösung von Nitrobenzol in Benzol in Gegenwart von Essig- und Ameisensäure.** Stanisław Kiciak und Jerzy Minczewski. (Chem. analit. [Warszawa] **8,** 425—32, 1963; Poznań, Politechn., Dep. of Gen., Chem.; Warszawa, Politechn., Dep. of Analyt. Chem.; pol.) — 2. vgl. Chem. analit. [Warszawa] **8,** [1963], 239. — Vff. untersuchten die potentiometr. Best. von Diäthylanilin- u. m-Nitroanilingemischen in benzol. Lsg. von Nitrobenzol in Ggw. von Essig- u./oder Ameisensäure. Diäthylanilin wird am besten in Ggw. von 4,8 Vol.-% eines Essigsäure–Ameisensäure-Gemisches (1:1), die Summe beider Basen in Ggw. von 20 Vol.-% eines 1:2-Gemisches bestimmt. Beide Basen können durch eine Titration in Ggw. von 11,4 Vol.-% eines 3:1-Gemisches im Konz.-Bereich von $10 \cdot 10^{-4}$ bis $50 \cdot 10^{-4}$ mVal pro ml mit einem Fehler ≤6% u. im Bereich $50 \cdot 10^{-4}$ bis $250 \cdot 10^{-4}$ mVal/ml mit einem Fehler <1% bestimmt werden. P. Kurzmann. G 1310◇

1808 **Gaschromatographie von Gemischen von Cyclohexanol und Methylcyclohexanol.** Rosanna Pilleri. (Rassegna Chim. **12,** Nr. 3, 34—35, 1960; Torino, Univ., Ist. di Merceologia; ital.) — Mit Hilfe der von Martin u. Smart (vgl. C. **1958,** 11907) beschriebenen Meth. untersuchte Vf. die Trennung u. Best. von Cyclohexanol u. 2-Methylcyclohexanol in der Gasphase in einer Säule von mit Apiezon L imprägniertem Celite C 22, die auf einer Temp. von 100° gehalten wurde. Als Trägergas wurde N_2 verwendet. Untersucht wurden 3 verschiedene Gemische. Die Übereinstimmung zwischen theoret. u. experimenteller Zus. war sehr gut. C. Gottfried. G 1860△

1809 **Untersuchung industrieller Darstellungsmethoden mit Hilfe der Papierchromatographie. Die Tobiassäure (2-Naphthylamin-1-sulfonsäure).** Rafael Aragonés-Apodaca. (Inform. Quím. analít. **17,** 53—58, 1963; span.) — Vf. untersuchte jeden Schritt der Darst. der Tobiassäure aus 2-Naphthol + H_2SO_4 mit anschließender Aminierung nach Bucherer papierchromatographisch. Die Verunreinigungen wurden halbquant. u. quant. bestimmt. P. Kurzmann. G 2700◇

1810 **Dünnschichtchromatographie unter Benutzung partiell acetylierter Cellulose als Adsorbens.** G. M. Badger, Jillian K. Donnelly und T. M. Spotswood. (J. Chromatogr. [Amsterdam] **10,** 397—98, 1963; Adelaide, Univ., Organ. Chem. Dep.; engl.) — Auf 250 μ starken Schichten aus acetylierter Cellulose (vgl. C. **1961,** 3764) werden mit Methanol–Ae.–W. (4:4:1) die R_F-Werte von *3.4-Benzpyren* (0,105), *3.4-Benzfluoranthen* (0,150), *3.4.9.10-Dibenzpyren* (0,217), *11.12-Benzfluoranthen* (0,230), *Perylen* (0,342), *1.2.4.5-Dibenzpyren* (0,497 u. *1.2.3.4-Dibenzpyren* (0,559) ermittelt. Auch durch Entw. mit Toluol–A.–W. (4:17:1) wird eine Trennung erzielt, die jedoch diffuse Flecke liefert. F. M. Friedrich-Anderseck. G 2950◇

1811 **Über die analytische Trennung der 2- und 3-Isomeren von Pyridinaldoxim, Picolinhydrochlorid und Pyridincarbinol-N-oxid.** Maria Vietti-Michelina. (Rass. Chim. **14,** 144, 1962; Torino, Univ., Ist. di Merceolog.; ital.) — Durch aufsteigende Chromatographie auf Whatman-Nr. 1-Papier unter Einsatz von 10 μg Substanz in 0 1%ig. alkohol. Lsg.

u. unter Verw. von A.–HCl–W. (20:1:2) u. J-Dämpfen können die Isomerenpaare Pyridin-2-aldoxim u. Pyridin-3-aldoxim; 2-Picolinhydrochlorid u. 3-Picolinhydrochlorid u. unter Verw. von Butanol–NH_4OH (80:20) oder Butanol–Essigsäure–W. (50:10:40) oder Butanol–A.–W. (50:20:30) oder Butanol–Ameisensäure–W. (75:15:10) u. UV-Bestrahlung getrennt u. identifiziert werden. Die R_F-Werte sind angegeben. G. Platzer. G 3231◇

1812 **Ein neues Lösungsmittel für die Papierchromatographie von Glucosamin, Glucose, Galaktose, Mannose und Rhamnose.** Maria Pietrusiewicz und Eleonora Pidek. (Chem. analit. [Warszawa] 7, 1007–08, 1962; Lublin, Acad. of Med., Dep. of Physiol. Chem.; pol.) — Das Lsgm.-Syst. Äthylacetat/Pyridin/W./80%ig. Essigsäure (8:3:8:0,5) liefert bei der Trennung der Hexosen u. Pentosen bessere Ergebnisse als das von Jermyn u. Isherwood (Biochem. J. **44**, [1949], 402) beschriebene System. Gerhard Schulze. G 3400◇

1813 **Dünnschichtchromatographie von Saccharoseestern und Mischungen von Raffinose und Saccharose.** Mildred Gee. (J. Chromatogr. [Amsterdam] **9**, 278–82, 1962; Albany, Calif., Western Reg. Res. Labor.; engl.) — Vf. beschreibt die Verw. der Dünnschichtchromatographie an Silicagelplatten zur qual. u. quant. Trennung u. Best. von Saccharose–Raffinose-Gemischen (I) u. Saccharoseestern der Laurin- u. Palmitinsäure (II). Für I wurde Isopropanol–Toluol (III)–Äthylacetat (IV)–W. (10:2:5:2,5) u. Naphthoresorcin–H_3PO_4-Indicator benutzt, für II entsprechend III–IV–A. (10:5:5) u. Dichlorfluorescein-Indicator. Zur quant. Best. wurden 2 Parallelchromatogramme hergestellt, eins gesprüht u. auf dem anderen die entsprechenden Flecken abgeschabt u. nach Extraktion mit Dimethylformamid spektrophotometr. bei 490 mμ gegen eine Blindprobe vermessen. M. Finke. G 3400◇

1814 **Untersuchung der Glykoalkaloide an der Tropfenelektrode.** Tadeusz Pierzchalski. (Chem. analit. [Warszawa] **8**, 443–55, 1963; Sopot, Ökonom. Hochschule, Lehrstuhl der Technol. u. Warenkunde; pol.) — Vf. arbeitete Meth. zur quant. polarograph. u. oscillopolarograph. Best. der Glykoalkaloide unter Ausnutzung der Deformation der Grenzströme bei Cd^{2+}, Zn^{2+} u. Cu^{2+}, des katalyt. Anwachsens der H-Stufe, der Herabsetzung des Diffusionsstroms des $S_2O_4^{2-}$, der Depolarisations- u. Adsorptionsstufe des α-Solanins u. des Solanidins sowie des Auftretens der Minima im Oscillopolarogramm des Zn^{2+} u. Cu^{2+} aus. Cu^{2+} bildet mit den Glykoalkaloiden Komplex-Verbb., die zur Isolierung der Alkaloide aus den Pflanzen herangezogen werden können. P. Kurzmann. G 3500◇

1815 **Polarographische Reduktion von Steroiden in N.N-Dimethylformamid.** Allen I. Cohen. (Analytic. Chem. **35**, 128–31, 1963; New Brunswick, N.J., Squibb Inst. for Med. Res.; engl.) — Obwohl das polarograph. Halbstufenpotential die reduzierbare Gruppe eines Steroids charakterisiert, standen die Red.-Potentiale der untersuchten, nichtvicinalen Δ^4-3-Ketosteroide in keinem systemat. Zusammenhang mit der Struktur oder dem Molgewicht. Das mittlere Halbstufenpotential lag bei $-1{,}66 \pm 0{,}02$ V (gegen Boden-Hg) mit einer mittleren Diffusionsstrom-Konst. $1{,}35 \pm 0{,}16$. Die Red. kann aber auch gleichzeitig an zwei isolierten Gruppen stattfinden, ohne daß dabei die Red.-Charakteristika der einzelnen Gruppe beeinflußt würden. Untersucht wurden: *17-a-Oxa-D-homoandrostan-3.17-dione*, *Δ^1-5α-Androsten-3-on*, *$\Delta^{3(5)}$-A-Nor-2-Ketosteroide*, *Progesterone*, *16-Haloandrosten-2.17-dione* u. *Corticosteroide*. E. Beyerle. G 3700◇

1816 **Chromatographische Trennung von 17-Ketosteroiden.** Tokuichiro Seki und Keishi Matsumoto. (J. Chromatogr. [Amsterdam] **10**, 400–04, 1963; Osaka, Univ., Med. School, Dep. of Genetics and 2nd Dep. of Pathol.; engl.) — Durch aufeinanderfolgende Elution mit Methanol–A.–W. (3:9:8; **A**), Methanol–A.–W. (3:15:8) u. Isopropanol–W. (15:8) über partiell verestertem Amberlite IRC-50 werden Gemische folgender Steroide fraktioniert: *$\Delta^{1.3.5,10}$-3-Hydroxyöstratrien-17-on* (I), *3α.11β-Dihydroxy-5β-androstan-17-on*, *3α-Hydroxy-5β-androstan-11.17-dion*, *3α.11β-Dihydroxy-5α-androstan-17-on*, *3α-Hydroxy-5α-androstan-11.17-dion*, *Δ^4-11β-Hydroxyandrosten-3.17-dion*, *Δ^4-Androsten-3.11.17-trion*, *Δ^5-3β-Hydroxyandrosten-17-on*, *3α-Hydroxy-5β-androstan-17-on*, *3α-Hydroxy-5α-androstan-17-on*, *3β-Hydroxy-5α-androstan-17-on*, *5β-Androstan-3.17-dion*, *5α-Androstan-3.17-dion*, *Δ^4-Androsten-3.17-dion*. Auch die 5α- u. 5β-Isomeren werden getrennt. I wandert schneller als die C_{19}-Steroide mit gleicher Anzahl O-Atome. Steigender A.-Geh. im Laufmittel beschleunigt die sauerstoffreicheren Steroide u. unter diesen die mit der höheren Anzahl von Hydroxylgruppen. Mit fallender der Säulen-Temp. wandern die sauerstoffärmeren u. die an Ketogruppen reicheren schneller. Die spektrophotometr. Best. in 70%ig. A. ergibt den größten Elutionsverlust (9%) für Laufmittel **A**. F.-M. Friedrich-Anderseck. G 3700◇

1817 **Eine verbesserte Methode zur gaschromatographischen Trennung der Östrogene.** Henry S. Kroman und Sheldon R. Bender. (J. Chromatogr. [Amsterdam] **10**, 111–12, 1963; Philadelphia, Pa., Hahnemann Med. Coll. and Hosp., Cardiovascular Res. Inst.; engl.) — Vff. trennten bei 243° an einer 3 m langen Säule mit 5 mm lichter Weite, gefüllt mit 3% Fluorsilicon QF-1 auf Gas-Chrom-P eine Mischung aus *17β-Östradiol*, *Östron* u. *Östriol* in der aufgeführten Reihenfolge innerhalb von 12 Minuten. Der Nachw. erfolgte mit einem ^{90}Sr-Ionisationsdetektor. Die drei Verbb. sind therm. stabil, wie durch Vgl. der UV-Spektren vor u. nach dem Passieren der Trennsäule festgestellt werden konnte. W. Leipnitz. G 3750◇

1818 **Quantitative Untersuchungen über die papierchromatographische Wanderung der Schilddrüsenhormone.** K. Müller, H. Skrube und H. Spitzy. (Mikrochim. ichnoanalyt. Acta [Wien] **1963**, **297–304**; Bad Hall, Paracelsus-Inst., Chem. Abt.; Graz, Univ., Med.-chem. Inst. u. Pregl-Labor.; dt.) — Thyroxin (I) u. Trijodthyronin (II) sind nach der aufsteigenden Meth. mit der Oberphase von n-Butanol-(III)–Dioxan–0,6n wss. NH_3 (4:1:5) in 12–13 Std. trennbar. Die Lokalisierung erfolgt durch Anfärbung von Parallelproben nach Gmelin u. Virtanen (C. **1960**, **8978**), jedoch mit 1:1 verd. Reagenslösungen. Bei Anwendung von 0,01 bis 1,0 μg I bzw. II werden mit methanol. NH_3-Lsg. Elutionsverluste von 71–26% beobachtet. Die aus Vorlage, Extraktorkörper, Einsatz u. Kühlfinger bestehende, 2 ml Lsgm. fassende Eluier-App. wird beschrieben. — Zur dünnschichtchromatograph. Trennung auf Kieselgel eignen sich die Syst. III–A.–1n wss. NH_3 (IV)–Chlf. (60:60:20:60), A.–Chlf.–IV (90:105:15), A.–CCl–IV (80:70:15) u. A.–CCl_4–III–IV (70:70:10:15). Die Wanderungs-Geschw. ist stets $J^- > II > I$. F. M. Friedrich-Anderseck. G 3750◇

1819 **Verkürzung der Inkubationsperiode für die Bestimmung von Ascorbinsäure nach der 2.4-Dinitrophenylhydrazin-Methode.** K. K. G. Nair, C. P. Tewari und P. S. Krishnan. (Indian J. Chem. **1**, 131–34, 1963; Lucknow, Univ., Div. of Biochem.; engl.) — Vff. bestätigen, daß Ascorbinsäure, Dehydroascorbinsäure u. Diketogulonsäure sich auch bei 57° mit Dinitrophenylhydrazin bestimmen lassen, wobei die Inkubationsperiode 45 Min. beträgt. I. Balke. G 3800◇

1820 **Zur polarographischen Bestimmung der Ascorbinsäure und ihrer Umwandlungsprodukte.** H. Woggon und Ursula Köhler. (Mitt. Gebiete Lebensmittelunters. Hyg. [Bern] **54**, 95–113, 1963; Potsdam, Dt. Akad. der Wiss. zu Berlin; dt.) — Nach Extraktion von Ascorbinsäure (I) u. Dehydroascorbinsäure (II) mit kalter Oxalsäure-Lsg. bzw. Metaphosphorsäure erhält man für eine polarograph. Best. der beiden Komponenten dann optimale Ergebnisse, wenn II entweder mit H_2S bei pH 3,5 über Nacht oder bei pH 6,5 u. anschließender H_2S-Entfernung red. wird. Extraktion in der Hitze führt zur Bldg. von Diketogulonsäure u. aci-Reduktonen. DL-5-Methyltetrondiol konnte hierbei identifiziert werden. Die Reduktone stören das Verhältnis von I:II, spielen aber bei der Gesamtascorbinsäure-Best. keine entscheidende Rolle. W. Berndt. G 3800◇

1821 **Anwendungen der Chromatographie.** 25. Mitt. **Zersetzung von Flavinadenindinucleotid (FAD).** Toru Masuda Yoichi Sawa, Mitsuko Asai und Satoru Kuwada. (J. pharmac. Soc. Japan [Yakugakuzasshi] **75**, 799–801, 1955; Osaka, Takeda Pharm. Ind. Ltd.; jap., Auszug: engl.) — 24. vgl. C. **1957**, **6854**. — 5 mg FAD von 91,5% Reinheit werden mit 0,5 ml 0,1–1,0n HCl 7 Min. bis 4 Std. lang behandelt. Bei der papierchromatograph. Entw. mit Butanol–Essigsäure–W. (4:1:5), Beobachtung im UV-Licht u. Best. der Absorptionsbanden zeigen sich im Gebiet von R_F 0,44 bis 0,46 an der Grenze zwischen Adenosin u. Adenin (I) neben den Banden von FAD, Flavinmononucleotid, Riboflavin, Adenosinmonophosphorsäure u. Lumiflavin (deren

Lage im Leer-Vers. bestimmt wurde) Absorptionen, die als dem **I** zugehörig erkannt wurden. Im gleichen Chromatogramm erscheint eine benzidin-positive Bande mit R_F 0,11, die dem Ribosephosphat zuzuschreiben ist (Ribose hat R_F von 0,28), so daß frühere Angaben der Vff. korr. werden müssen. Die Zers. von FAD durch Alkali ist sehr kompliziert u. ungeeignet für die Identifizierung von FAD.

L. Schuler. G 3950□

1822 **Anwendungen der Chromatographie. 26. Mitt. Beständigkeit wässeriger Lösungen von Flavinadenindinucleotid (FAD).** Toru Masuda, Yoichi Sawa, Mitsuko Asai und Satoru Kuwada. (J. pharmac. Soc. Japan [Yakugakuzasshi] **75,** 802—03, 1955; jap., Auszug: engl.) — 25. vgl. vorst. Referat. — Zur Unters. der Beständigkeit von *FAD*-Lsgg. wird FAD in Theorell-Puffer-Lsg. (pH 3—9) gelöst u. 1—5 Std. lang in zugeschmolzenen farblosen Ampullen auf 100° erhitzt. Nach papierchromatograph. Entw. mit Butanol–Pyridin–W. (4 : 3 : 7) wird die UV-Bande des FAD herausgeschnitten u. mit Phosphatpuffer ausgezogen. Aus der Extinktion des Eluats bei 450 nm ergibt sich, daß nach 1std. Erhitzen auf 100° (pH 7) 95% des FAD unverändert geblieben sind. Keine Veränderung des FAD wird beobachtet, wenn Lsgg. in 30 cm Abstand 5 Std. lang mit einer 100-W-Lampe bestrahlt werden. 4- bzw. 8std. Bestrahlung mit Sonnenlicht ergibt nach obigem Analysen-Verf. in beiden Fällen die Ggw. von *Flavinmononucleotid, Riboflavin, Adenosinmonophosphat* u. *Lumiflavin.* 88% des *FAD* blieben nach 8std. Bestrahlung unverändert. L. Schuler. G 3950□

1823 **Über die Farbreaktion zwischen Jod und Dextrin.** Gottfredo Fiorenzi und Luigi Lipparini. (Boll. sci. Fac. Chim. ind. Bologna **20,** 65—74, 1962; Bologna, Univ., Ist. di Merceologia; ital.) — In den Verss. wurde zunächst ein handelsübliches Dextrin „Canary" mit $[\alpha]_D^{20}$ + 113° u. 49 Glucoseeinheiten pro reduzierende Gruppe auf folgende Weise fraktioniert: 100 g Dextrin wurden unter kräftigem Schütteln bis zur Bldg. einer homogenen Paste in W. eingerührt u. hierauf mit W. auf 1 Liter verdünnt. Die Fl. wurde zentrifugiert, um Spuren von nicht gelöstem Dextrin zu entfernen. Dieser Lsg. wurden steigende Mengen Methylalkohol zugesetzt. Nach jeder Zugabe von Methylalkohol wurden nach 48 Std. die Ndd. durch Dekantation abgetrennt, zentrifugiert u. getrocknet. Auf diese Weise wurden 4 Fraktionen erhalten. 2 dieser Fraktionen wurden nochmals fraktioniert. Zur spektrophotometr. Unters. der Farb-Rk. zwischen J u. Dextrin wurden die einzelnen Fraktionen in 100 cm³ einer Lsg. gelöst, die 200 mg J pro Liter u. 2 g KJ pro Liter enthielt. Gemessen wurden die Extinktionen zwischen 380 u. 730 nm mit dem Beckmanschen Spektrophotometer D.U. An Hand der Absorptionsspektren wurden Werte erhalten (International Commission on Illumination method), aus denen zu ersehen war, wie sich die Farbe der J–Dextrin-Komplexe mit dem Fraktionieren ändert. Die Vers.-Ergebnisse sind tabellar. u. graph. wiedergegeben.

C. Gottfried. G 4050△

1824 **Amperometrische Titration von Stärke mit Jod. 3. Mitt. Titration verschiedener Polysaccharide vom Stärketyp.** Tsuneo Kybayashi und Noburo Kobayashi. (Agric. biol. Chem. [Tokyo] **27,** 438—44, 1963; Fuchû, Tokyo, Tokyo Univ. of Agric. and Technol., Dep. of Agric. Chem.; engl.) — *Amylose* (**I**) u. *Amylopektin* (**II**) aus Kartoffelstärke, partiell hydrolysierte **I**, aus **I** hergestellte *lineare Dextrine* (**III**), *wachsartige Reisstärke, wachsartige Maisstärke, Phytoglykogen* aus Mais, Schardinger-**III** (α u. β) u. *Polyvinylalkohol* (**IV**) wurden mit J_2 nach der Meth. Kobayashi u. Yoshida (J. Technol. Soc. Starch. **8,** [1960], 48) amperometr. titriert. Die dabei erhaltenen Kurven können zwei Grundtypen (I-Typ u. II-Typ) zugeordnet werden. Bei kontinuierlicher J_2-Zugabe zeigen die Verbb. des I-Typs (**I** u. **III** mit einem Polymerisationsgrad > 28) anfangs nur geringen, später starken Anstieg der Leitfähigkeit, bei den Verbb. des II-Typs (verzweigte Polysaccharide, **III** mit einem Polymerisationsgrad < 25, Schardinger-**III** u. **IV**) bestehen lineare Beziehungen zwischen Leitfähigkeit u. zugegebener Menge J_2. Vff. vermuten, daß die Verbb. vom I-Typ helicale J_2–Polysaccharid-Komplexe bilden u. außerdem weiteres J_2 an den Kettenenden locker binden. Die Verbb. vom Typ **II** vermögen dagegen J_2 nur locker u. unspezif. zu binden.

G. Seltmann. G 4050◇

d) Medizinische und toxikologische Analyse

1825 **Zweidimensionale Papier-Agar-Elektrophorese von Hämoglobin.** Phaedon Fessas und Aris Karaklis. (Clin. chim. Acta [Amsterdam] **7,** 133—38, 1962; Univ. of Athens, Dep. of Clin. Therapeut.; engl.) — Die zweidimensionale Elektrophorese basiert auf der unterschiedlichen Beweglichkeit des Hämoglobins (Hb) auf Papier bei alkal. u. auf Agar bei saurem pH-Wert. Die Meth. ist sehr empfindlich für den Nachw. kleiner Mengen Hb-A in Ggw. großer Mengen Hb-F sowie für Nachw. u. Charakterisierung anderer kleinerer Komponenten menschlicher Hb-Lösungen.

F. Voigt. 5727◇

1826 **Ein schneller Maskierungstest für abnorme Hämoglobine. Die Bestimmung von Hämoglobin-A_2.** Howard S. Friedman. (Clin. chim. Acta [Amsterdam] **7,** 100—07, 1962; South Ruislip, Middlesex, 7250th USAF Hosp., Med. Labor. Center, Dep. of Clin. Pathol.; engl.) — Eine einfache schnelle Meth. zur Hämoglobin (Hb)-Elektrophorese auf Celluloseacetat (**I**) wird angegeben, die die gleichzeitige Best. bis zu 20 Unbekannten in 3—5 Std. gestattet. Eine einfache Meth. für Nachw. u. halbquant. Best. der häufiger zusammentreffenden abnormen Hb wird beschrieben. Hierzu gehören die Alkalidenaturierung für Hb-F, die Phosphatlöslichkeit für Hb-S, visuelle Schätzung u. Identifizierung normaler u. abnormer Hb durch Elektrophorese an **I** u. Best. der isolierten Komponenten durch Elution u. spektrophotometr. Vergleiche. Das Auftreten der einzelnen Hb-Arten nach rass., hämatolog. u. klin. Gesichtspunkten wird diskutiert.

F. Voigt. 5727◇

1827 **Eine einfache und schnelle Methode zur quantitativen Bestimmung von Hämoglobin-A_2.** C. J. Muller und C. Pik. (Clin. chim. Acta [Amsterdam] **7,** 92—95, 1962; Groningen, Netherlands, State Univ., Dep. of Paediatr.; engl.) — Das vorbehandelte Hämoglobin (Hb) wird auf eine Säule mit Carboxymethylcellulose gegeben. Eluiert wird mit Phosphatpuffer-Lsgg. verschiedenen pH-Werts. Bei pH 7,10 u. 7,30 werden die A_1-Komponenten des Hb eluiert, bei pH 7,70 das Hb-A_2. Beide werden getrennt aufgefangen u. anschließend spektrophotometriert. Unter Berücksichtigung eines Korrekturfaktors gibt diese Meth. die gleichen Werte wie die Elektrophorese. F. Voigt. 5727◇

1828 **Die enzymatische Bestimmung der Blut-Glucose.** B. M. Feinsmith. (Clin. chim. Acta [Amsterdam] **7,** 58—64, 1962; Bern, Univ.-Kinderklinik; dt.) — Vf. beschreibt eine Verbesserung der Glucose-Best. mit Oxydase, wodurch eine gute Reproduzierbarkeit der Meth. erreicht wird. Aus der Blutprobe wird mit eiskaltem $HClO_4$ das Eiweiß gefällt u. abzentrifugiert. Zur Probe wird ein Reagensgemisch (Puffer, Glucoseoxydase, Peroxydase u. H_2-Donor, z. B. o-Dianisidin) gegeben, 20 Min. lang auf 37° gehalten (Inkubationszeit) u. dann photometriert. Vor u. nach der Inkubationszeit wird die Probe in ein eiskaltes Wasserbad gestellt. Auf genaues Einhalten der Temp. u. Zeiten sowie auf völligen Lichtabschluß während der Analyse muß geachtet werden. Die Fehlergrenze liegt bei ± 1,4 mg/100 ml. F. Voigt. 5727◇

1829 **Eisen-Bestimmung in Blutplasma nach der Orthophenanthrolin-Mikromethode.** Je. A. Jefimowa. (Laboratoriumswesen [UdSSR] **9,** 19—21, 1963; Tomsk, Medizin. Inst., Lehrstuhl für Fak. Pädiatr.; russ.) — Je 0,3 ml Blutplasma, W. u. 6n HCl werden 15 Min. lang stehengelassen. 0,6 ml 20%ig. CCl_3COOH werden zugefügt u. das Gemisch 15 Min. lang bei 2500 U/min zentrifugiert. 1 ml Zentrifugat u. 1 Tropfen wss. 0,1%ig. p-Nitrophenol-Lsg. werden bis zum Auftreten einer Gelbfärbung mit konz. NH_3-Lsg. neutralisiert, durch Zugabe von 0,5n HCl-Lsg. entfärbt, mit je 2 Tropfen 1%ig. Ascorbinsäure- u. 1%ig. o-Phenanthrolin-Lsg. versetzt u. mit W. auf 5 ml aufgefüllt. Nach Stehenlassen (30 Min.) wird colorimetriert. S. Baryschnikow. 5727△

1830 **Wirkung von Plasma Seromucuid bei Ausflockungstests.** F. Infante. (Clin. chim. Acta [Amsterdam] **7,** 77—81, 1962; Genève, Hôp. Cantonal, Clin. Univ. de Thérapeut. and Labor. Central; engl.) — Um den Einfl. von Seromucoid (**I**) auf die Ausflockung von Protein zu untersuchen, wurden 27 Seren verwendet. Mit jedem Serum wurden vor u. nach der Zugabe von isoliertem **I** Tests nach MacLagan, Kunkel u. Antoniades durchgeführt. **I** bewirkte eine Abnahme der Ausflockung: je positiver die Rk. mit reinem

Serum war, um so deutlicher war die Abnahme der Ausflockung. Andererseits nahm die Ausflockung im gleichen Serum mit steigenden Mengen von I stark ab. Für die oben erwähnten Tests wird eine Ultramikrometh. beschrieben. F. Voigt. 5728◇

1831 **Chromatographische Identifizierung von Phosphorylcholin, -äthanolamin, -serin, α-Glycerylphosphorylcholin, -äthanolamin und Cytidindiphosphatcholin im Gehirn wachsender Ratten.** N. Miani. (Experientia [Basel] **14**, 34—35, 1958; Padova, Univ., Ist. di Anat.; ital.) — Gehirne von 3—16 Tage alten Ratten wurden zuerst in sd. u. dann in Eiswasser homogenisiert u. hierauf in 3 Fraktionen zu chromatograph. Unters. getrennt. Die erste Fraktion enthielt die alkalilabilen Phosphatide. Papierchromatograph. konnten in dieser Fraktion *Phosphatidylcholin, -äthanolamin* u. *-serin* getrennt u. identifiziert werden; in den beiden anderen Fraktionen wurden *L-α-Glycerylphosphorylcholin* (I) u. *-äthanolamin* (II), *Phosphorylcholin* (III), *-äthanolamin* (IV) u. *-serin* (V) u. das bisher nicht bekannte *Cytidindiphosphatcholin* nachgewiesen. Folgende Konzz. von im ganzen 76 Tieren wurden bestimmt: **III** 76 ± 13 μg P/g), **IV** 91 ± 7, **V** 29 ± 8, **I** 42 ± 14 u. **II** 32,4 ± 11; alle Konzz. auf frisches Gewebe bezogen. C. Gottfried. 5750△

1832 **Ein Maskierungstest zum Nachweis von Barbituraten im Blut unter Verwendung von Ionenaustauschpapier.** Harold V. Street. (Clin. chim. Acta [Amsterdam] **7**, 107—10, 1962; Univ. of Edinburgh, Dep. of Forensic Med.; engl.) — Die Meth. besteht darin, daß vorbehandeltes Blut (Ausfällen mit Na_2WO_4 u. Ausäthern) auf das Papier gebracht u. aufsteigend chromatographiert wird. Nach 90 Min. kann man feststellen, ob Barbiturate (I) vorhanden sind oder nicht. Bei positivem Ergebnis wird das Papier anschließend der Ionophorese unterworfen. Will man einzelnes **I** identifizieren, so muß man eine Probe der horizontalen Zirkularchromatographie unterwerfen. Ohne UV-Spektrophotometer lassen sich halbquant. Ergebnisse erzielen. F. Voigt. 5762◇

H. Angewandte Chemie

H_1. Allgemeine chemische Technologie

1833 **Charakterisierung von porösen Materialien.** S. D. Holdsworth. (Chem. Process Engng. Atomic Wld. **44**, 184—91, 1963; London, Borough Polytechn., Dep. Chem. Engng.; engl.) — Zusammenstellung u. Diskussion der wichtigsten einschlägigen Veröffentlichungen. — 89 Literaturangaben. J. Martins. 5800◇

1834 **Elektrolytisches Gefäß zur Untersuchung der Strömung von Flüssigkeiten durch Rohre verschiedenen Querschnitts.** M. J. Denton und S. G. Lipson. (J. sci. Instruments **38**, 150—52, 1961; Manchester, Brit. Cotton Ind. Res. Assoc., Shirley Inst.; engl.) — Die Verff. zur Lösung der Poissonschen Gleichung werden erörtert. Das elektrolyt. Gefäßäquivalent muß eine gleichförmige Stromquellendichte haben, was durch Einführung gleicher Ströme durch Leiter in einem viereckigen Gitter erreicht wird. Die Verteilung der Strömungs-Geschw. wird in einem Rohr mit rautenförmigem Querschnitt gezeigt. Die äquivalenten Radien für rautenförmige Rohre mit verschiedenen Winkeln werden ermittelt. W. Wesly. 5800◇

1835 **Einfluß molekularer Transportvorgänge auf die Zustandsänderung von Gas/Dampf-Gemischen.** E. U. Schlünder. (Chemie-Ing.-Techn. **35**, 169—74, 1963; Darmstadt, TH, Inst. für Heizungs- u. Trocknungstechn.; dt.) — Vf. untersucht den Verlauf der Zustandsänderung eines Gas/Dampf-Gemisches bei Kontakt mit der Kondensatphase des Dampfes entlang einer Heiz- oder Kühlfläche, wobei der Kondensatfilm im Wärme- u. Stoffaustausch mit dem Gemisch steht. Zur Erfassung dieser Größe wird mit mathemat. Gleichungen u. Diagrammen ein Mischungsparameter definiert u. dessen Abhängigkeit von Temp. u. Konz. ermittelt. A. Knickenberg. 5800◇

1836 **Zur Berechnung von Rührkesselkaskaden mit Hilfe eines programmgesteuerten Rechenautomaten.** F. Horn und U. Troltenier. (Chemie-Ing.-Techn. **35**, 11—18, 1963; Frankfurt/M.-Höchst, Farbwerke Hoechst Akt.-Ges.; dt.) — Beschreibung von Meth., mit denen man bei gegebener Bruttokinetik Rührkesselkaskaden berechnen kann. Aus den Zuflüssen, den Verweilzeiten u. der Temp. kann die Endzus. des Rk.-Gemisches ermittelt werden. Darlegung der Theorie u. der Berechnungstechnik zur Erlangung eines optimalen Reaktors. A. Knickenberg. 5802◇

1837 **Mehrwanddruckkessel.** W. Witschakowski. (Chem. Process Engng. atomic Wld. **44**, 174—77, 1963; Ludwigshafen/Rh., BASF; engl.) — Fabrikationstechnik u. Dimensionierung. J. Martins. 5802◇

1838 **Die Berücksichtigung der Zähigkeit bei der Festigkeitsbewertung und Werkstoffauswahl vor allem bei Druckgefäßen.** Immanuel Class. (Chemie-Ing.-Techn. **35**, 81—90, 1963; Ludwigshafen/Rh., Bad. Anilin- & Soda-Fabrik Akt.-Ges.; dt.) — Vgl. C. **1962**, 13891. — Bei der Auswahl der Werkstoffe für Druckgefäße genügt es nicht allein, die Festigkeitskennwerte zu ermitteln, sondern es soll auch das Formänderungsvermögen (Zähigkeit bzw. Sprödigkeit) berücksichtigt werden. Beschreibung verschiedener Meth. zur Ermittlung der Zähigkeit sowie Diskussion der Beispiele. — 66 Literaturangaben. A. Knickenberg. 5804◇

1839 **Die Bedeutung der Sigmaphasenversprödung von Chrom- und Chrom-Nickel-Stählen für den Chemie-Apparatebau.** K. Richard und Grete Petrich. (Chemie-Ing. Techn. **35**, 29—36, 1963; Frankfurt/M.-Höchst, Farbwerke Hoechst Akt.-Ges.; dt.) — Bei einer Temp.-Beanspruchung zwischen 600 u. 1000° kommt es bei mit Cr u. mit Cr u. Ni legierten Stählen zu Diffusionsvorgängen, welche zu spröden Fe–Cr-Verbb. führen, der sog. σ-Phasenbildung. Vff. berichten über die Auswirkung von σ-Phasenausscheidungen auf das Zähigkeits-Verh. der Stähle nach Kurz- u. Langzeitglühungen. A. Knickenberg. 5804◇

1840 **Anwendung organischer Plaste auf dem Gebiet der Wärmeübertragung.** Douglas Paterson. (Petroleum [London] **26**, 114—15, 1963; engl.) — Trotz ihrer gegenüber Metallen relativ geringen Leitfähigkeit eignen sich Phenolharze ausgezeichnet als Überzüge für Wärmeaustauscher, da sie unempfindlich gegenüber Korrosions-Wrkg. sind u. einen hohen Widerstand gegenüber Abrasionen besitzen. Während der Wärmeleitfähigkeits-Koeff. von Metallen stetig kleiner wird, bleibt der von mit Phenolharzen geschützten Rohren innerhalb geringer Schwankungen konstant. I. Koschitzki. 5814

1841 **Der Wärmeübergang in Röhrenspiralen bei laminarer und turbulenter Strömung.** R. A. Seban und E. F. McLaughlin. (Int. J. Heat Mass Transfer **6**, 387—95, 1963; Berkeley, Calif., Univ. of California; Lawrence Radiat. Labor.; engl.) — Vff. untersuchen die Reibung u. den Wärmeübergang für die laminare Strömung von Öl u. die turbulente Strömung von W. bei Reynoldsschen Zahlen von 12—65000 u. einem Verhältnis von Windungs- zu Röhrendurchmesser von 17 u. 104. Die Reibungsfaktoren für beide Strömungsarten lassen sich aus den von Ito (J. Basic Engng. Trans. A. S. M. E. **81**, [1959], 123) entwickelten Gleichungen für turbulente Strömung berechnen. Sie entwickeln eine von der Theorie gestützte Beziehung für den asymptot. Wärmeübergangs-Koeff. für laminare Strömung. Die Abhängigkeit des Koeff. für turbulente Strömung vom Windungsdurchmesser entspricht der Abhängigkeit, die in Verss. mit Luft bereits ermittelt wurde. I. Köditz. 5816

1842 **Wärmeübertragung in Natrium-Kalium-Legierung.** R. A. Baker und Alexander Sesonske. (Nuclear Sci. Engng. **13**, 283—88, 1962; Lafayette, Ind., Purdue Univ.; engl.) — Vff. bestimmen in *NaK* (56% K)-Legg. den Wärmeübergang in Rohren u. Ringen. Die Nusselt-Zahl (N_{Nu}) wird in Abhängigkeit von der Peclet-Zahl (N_{Pe}) graph. mitgeteilt. Folgende Beziehungen werden angegeben: N_{Nu} (Rohr) $= 6{,}05 \pm 0{,}0074\ N_{Pe}^{0{,}95}$, N_{Nu} (Ring) $= 0{,}80\ (d_2/d_1)^{0{,}3}$ $(5{,}12 + 0{,}0296\ N_{Pe}^{0{,}785})$, wobei d_1 der innere u. d_2 der äußere Ringdurchmesser ist. Ein Oxid-Geh. von 0,0025 bis 0,006 Gew.-% O hat keinen Einfl. auf die Ergebnisse. Die N_{Nu} stimmen bei gleichmäßigem u. variablem Wärmefluß überein. H.-G. Moslé. 5816◇

1843 **Das zeitliche Verhalten der Wärmeübertragung vom Brennstoffelement auf ein Kühlmittel konstanter (Siede-) Temperatur bei eindimensionalem Wärmefluß.** A. Kirchenmayer. (Atomkernenergie **3**, 337—41, 1958; Stuttgart, TH, Inst. für theoret. u. angew. Phys., Abt. Reaktorphys.; dt.) — Unter gewissen Annahmen wurde die Übertragungsfunktion der Brennstoffelemente (Verhältnis der Laplace-Transformierten der relativen Heizflächenbelastungsänderung zur Laplace-Transformierten der relativen Leistungsänderung) mit Hilfe der Fourierschen Differentialgleichung der Wärmeleitung hergeleitet. O. Jansen. 5816◇

1844 **Messung der Temperaturleitfähigkeit mit Hilfe von zylindrischen Wärmewellen.** F. Horn und H. Wilski. (Chemie-Ing.-Techn. **35**, 19—25, 1963; Frankfurt/M.-Höchst, Farbwerke Hoechst Akt.-Ges.; dt.) — Theoret. Unters. zur Ermittlung der Temp.-Leitfähigkeit von festen Stoffen u. Schüttungen. Messung von period. Temp.-Schwankungen durch Ein- u. Ausschaltung eines Ofens an zwei Stellen der zylindr. Probe. Jede Messung liefert zwei voneinander unabhängige, aus Phasenverschiebung u. Dämpfung berechnete Werte für die Temp.-Leitfähigkeit. Mitt. der Meßergebnisse bei einer Koksschüttung u. einem Kohlenstoffstein, wobei die Meßgenauigkeit $\pm 3\%$ betrug. A. Knickenberg. 5816◇

1845 **Die Wärmeleitfähigkeit von Grenzflächen aus Urandioxid und rostfreiem Stahl.** A. C. Rapier, T. M. Jones und J. E. McIntosh. (Int. J. Heat Mass Transfer **6**, 397—416, 1963; Seascale, Cumberland, Windscale Works, Reactor Dev. Labor.; engl.) — Vff. untersuchen die Wärmeleitung durch Grenzflächen aus UO_2 u. rostfreiem Stahl in einem Scheiben-App. in Abhängigkeit von der Oberflächenrauheit (11—1417$\cdot 10^{-6}$, die als arithmet. Mittel aus Talysurf-Profilkurven ermittelt wurden), von Grenzflächengasen (He, Ar u. Ne), dem Gasdruck (7—1226 mm Hg) sowie vom Vakuum, dem Grenzflächenkontaktdruck (0—5701bs./sq.in.), der Wärmeströmung (1—5,5 cal/s$\cdot$cm^2) u. der Temp. an der Grenzfläche (55—410°). Die Wärmeleitfähigkeit setzt sich additiv aus der Wärmeleitfähigkeit der Festkörper an den unmittelbaren Berührungsstellen u. der der Gase zusammen. Die experimentell erhaltenen Werte entsprechen in ihrer Größenordnung den von Cetinkale u. Fishenden (Instn. mechan. Engr. J. **1951**, 271) theoret. vorausgesagten. Wegen der Härte der verwendeten Stoffe u. der geringen Wärmeleitung von UO_2 ist der Anteil der Festkörperleitung an der Gesamtwärmeleitung sehr gering. Ein Vgl. der ermittelten Werte für die Gaswärmeleitung mit theoret. vorausgesagten Werten zeigt, daß sich die gemessene Leitfähigkeit etwa um den Faktor 2 von den theoret. Werten unterscheidet. I. Köditz. 5816

1846 **Das Prinzip der hydrokinetischen Zerkleinerung und seine Anwendung in der Hartzerkleinerungspraxis.** Kenneth Gauldie und Heinrich A. Mölling. (Aufbereitungs-Techn. **2**, 99—103, 1961; Toronto, Canada; Hattingen/Ruhr; dt.) — Es wird über eine neue Art der Zerkleinerung berichtet, deren Kennzeichen der ungleichförmigen Bewegung der Brechwerkzeuge dem Zweck der Erzielung eines Höchstdurchsatzes bei optimaler Kornform u. niedrigstem Maschinen-Gew. dient. Die nach den theoret. Überlegungen entwickelte Maschine, der sog. Gauldie-Brecher, deren Funktion beschrieben wird, ist ein Schnelläufer mit vollhydraul. Antrieb, der durch günstigen Wrkg.-Grad, Schwerharteinrichtung u. vollständigen Überlastungsschutz für den automat. Zerkleinerungsbetrieb sehr geeignet ist. H. Fries. 5820◇

1847 **Die Kennzeichnung von gerührten flüssig-flüssig-Systemen in unähnlichen Gefäßen.** B. A. Hills. (Brit. chem. Engng. **6**, 104—06, 1961; engl.) — Vf. leitet eine Gleichung ab, die den mittleren Tropfendurchmesser in Beziehung zu den anderen wichtigen Variablen der Kennzeichnung von Rührgefäßen für fl.-fl.-Syst., wie sie in Emulsionen u. Suspensionen bei Polymerisationen auftreten, setzt. Die abgeleitete Gleichung umgeht die Forderung gleicher geometr. u. dynam. Bedingungen der herkömmlichen Theorie. Über die Aufstellung aller die Tropfengröße beeinflussenden Variablen, eine Dimensionsanalyse u. Integration der die partiellen Differentiale der einzelnen Variablen einschließenden allg. Gleichung kommt Vf. zu folgendem Ausdruck für den mittleren Teilchendurchmesser eines fl. Syst. bekannter Zus.: $d = k' \cdot D^{1,2} \cdot N^{1,8} \cdot V/P$, worin k' eine Konst. mit den Dimensionen $(M^{0,2} \cdot L^{1,2} \cdot T^{-3})$, D = Durchmesser des Rührers, N = Rührgeschw., V = Volumen u. P = Rührleistung sind. H. Fries. 5824◇

1848 **Zentrifugieren.** T. A. Barker.(Chem. Proceses Engng. atomic Wld. **44**, 192—97, 1963; Alfa-Laval Co. Ltd.; engl.) — Übersicht über Veröffentlichungen aus den Jahren 1961/62. — 51 Literaturangaben. J. Martins. 5828◇

1849 **Wirkung des Hydrozyklons und des Bogensiebs sowie deren Anwendungen.** F. J. Fontein. (Aufbereitungs-Techn. **2**, 85—98, 1961; Limburg, Niederlande, Bergbauforschungsanst. der Staatsmijnen; dt.) — Es werden Funktion u. Bedeutung von verschiedenen Hydrocyclonen u. dem in Limburg entwickelten Bogensieb besprochen. Der kleinste techn. angewandte Cyclon hat 10 mm Ø, klassiert Teile mit einer Dichte von 2,65 in W. auf ca. 5 μm u. hat bei einem Druckgefälle von 1 atü ca. 0,09 m³/h Durchsatz. Die größten Cyclone weisen Durchmesser bis zu 2,5 m auf u. klassieren auf ca. 250 μm bei einer Kapazität von ca. 6000 m³/h bei 1 atü Druckgefälle. Am Bogensieb wird das der gekrümmten Siebfläche mit senkrecht zur Strömungsrichtung angeordneten Stäben tangential aufgegebene Gemenge aus Fl. u. Feststoffteilchen beim Passieren der Spalte abgeschert. Dünnschichten, wesentlich dünner als die Spaltweite, treten durch die Spalte aus. In diesen Dünnschichten werden Teilchen mitgerissen, deren Größe maximal das 2fache der Schichtdicke beträgt. Gröbere Teile werden zunächst nicht von den abgescherten Dünnschichten, sondern von der über die Spalte fließenden, weit dickeren Schicht mitgerissen. Diese größeren Teile gelangen mithin nicht in die Durchgangsfraktion. Ergebnisse über Klassierverss. mit dem Bogensieb mit 1 u. 8 mm Spaltweite werden mitgeteilt. H. Fries. 5828◇

1850 **Herstellung des neuen Flotationsreagens 1.1.3-Triäthoxybutan.** A. W. Arbatski, A. A. Grigorjew und M. Ja. Klimenko. (Chem. Ind. [UdSSR] **1962**, 176—81; russ.) — In Labor.-Verss. wird *1.1.3-Triäthoxybutan* (I) durch Kondens. von *Crotonaldehyd* (II) mit A. in Ggw. eines Katalysators u. eines Azeotropbildners (AB) zur Entfernung des entstehenden W. dargestellt. Das optimale Verhältnis **II** : A. ist 1 : 6, der beste Katalysator HCl (optimale Konz. 1,5%), wobei jedoch zur Neutralisierung vor der Kondens. Na-Acetat zugesetzt werden muß. Die Rk.-Temp. hängt von der Wahl des AB ab: bei CH_2Cl_2 42—46°, bei Bzl. 65—70°. Auch Bzl. + A., Cyclohexan u. n-Hexan können als AB verwendet werden. Die **I**-Ausbeute beträgt 90%. Eigg. von **I**: $Kp._{765}$ 190°, $Kp._{20}$ 86°, n_D^{20} 1,4080, $D._4^0$ 0,9006, $D._4^{20}$ 0,8866, $D._4^{40}$ 0,8677, untere Grenze der Verbrennungswärme 7220 cal/g, Flammpunkt 61°, kinemat. Viscosität bei 50° 0,94, bei 20° 1,50 cSt. Oberflächenspannung bei 20° 24,4, bei 50° 21,4 erg/cm². Wegen der korrodierenden Wrkg. von HCl sind als Werkstoff Ti (MW-1) oder emaillierter Stahl zu verwenden. R. K. Müller. 5828◇

1851 **Untersuchung der Trennung einer Suspension von Eisen(III)-hydroxid durch Filtration unter Anwendung eines Hilfsstoffes.** G. P. Baranow, Ju. F. Iwin und W. A. Tschemesow. (Chem. Ind. [UdSSR] **1962**, 201—04; russ.) — Vgl. C. **1962**, 11314. — Durch Umsetzung von $Fe_2(SO_4)_3$-Lsgg. mit Alkalihydroxid bei 15—18° werden Suspensionen von $Fe(OH)_3$ mit Konzz. (C) = 1, 5, 10 u. 20 (g/Liter) erhalten, deren Filtrationen über ein Vakuumfilter mit Kohlenasche (**I**, 42,5% <0,1, 57,5% 0,1—0,88 mm) als Filterhilfe untersucht wird. Wenn das Filter vor Aufgabe der Suspension mit **I** bedeckt wird, nimmt der spezif. Widerstand r des Nd. bei einer Druckdifferenz von 550 mm bei Zunahme von C von 1 auf 10 von 89,0($\cdot 10^8$ kg$\cdot$min/m^4) auf 18,4 ab, vermutlich infolge Bldg. einer dichteren Nd.-Schicht bei niedrigeren C. Die Durchlässigkeit der **I**-Schicht nimmt mit steigender Schichtdicke ab. In Verss. mit einem halbtechn. Trommelfilter mit vorgegebener **I**-Schicht von 60 mm werden dieselben Gesetzmäßigkeiten gefunden. Bei C = 1, 5, 10 u. 20 ist r = 68, 25, 21 bzw. 49. Die Filterleistung ist bei C = 1—10 von C unabhängig, nimmt aber bei C > 10 ab. R. K. Müller. 5830◇

1852 **Betriebsüberwachung, Steuerung und Automatisierung von Vakuumanlagen.** K. G. Müller. (Chemie-Ing. Techn. **35**, 73—77, 1963; Hanau, W. C. Heraeus G.m.b.H.; dt.) — Übersicht über die Weiterentw. von Vakuummeßgeräten, Steuergeräten u. Vakuumwächtern sowie von App. für die automat. Sicherung u. Überwachung von Vakuumanlagen. An Beispielen werden Automatisierung u. Programmsteuerung im Hochvakuumbereich diskutiert. A. Knickenberg. 5842◇

1853 **Methoden und Anwendungen der Ultrahochvakuum-Technik.** H. L. Eschbach. (Chemie-Ing.Techn. **35**, 186 bis 191, 1963; Geel, Belgien, Europäische Atomgemeinsch. Euratom, Zentralbüro für Kernmessungen; dt.) — Zur Erzeugung von Ultrahochvakuum (ab 10^{-7} Torr) dienen Diffusions-, Molekular-, Kryo- u. Getter-Ionenpumpen, deren Konstruktion u. Wirkungsweise beschrieben werden. Angaben über die Messung ultrahoher Vakua u. über die Anwendungsgebiete in Wissenschaft u. Technik. — 60 Literaturangaben. A. Knickenberg. 5842◇

1854 **Fortschritte bei der Berechnung von Absorberkolonnen mit Füllkörpern.** Kazimierz Kałucki. (Zeszyty naukowe Politechn. Szczecińskiej, Chem. **1960**, Nr. 2, 147—61; Katedra Technol. Chemicznej Nieorganicznej; pol.) — Überblick über die Arbeiten von Kafarow über Füllkörperabsorptionskolonnen. I. Köditz. 5848

1855 **Grundlagen der Kältetechnik.** H. K. Suttle. (Chem. Process Engng. **44**, 70—79, 198—207, 1963; Loughborough, Coll. Technol., Dep. Chem.; engl.) — Übersicht. Physikal. Grundgleichungen. Vf. analysiert an Hand von Beispielen ein- u. mehrstufige Kompression. J. Martins. 5858◇

1856 **Kälteerzeugung in der chemischen Industrie.** E. J. Perry. (Chem. Process Engng. **44**, 84—90, 1963; U. D. Engng. Co. Ltd.; engl.) — Zusammenstellung der zur Planung von Tieftemp.-Anlagen wichtigen Faktoren, Wahl der Kühlmittel, der Konstruktionsmaterialien, Kompressoren, Kondensatoren, Verdampfer u. Ventile. J. Martins. 5858◇

1857 **Neon als Kältemittel.** L. Bewilogua. (Technik **18**, 107—11, 1963; Dresden, TU, Arbeitsstelle für Tieftemp.-Phys. der Dt. Akad. der Wiss.; dt.) — Bei der Anwendung von Ne können Temp. zwischen 25 u. 40° K hergestellt werden, wobei die hohe Verdampfungswärme je Vol.-Einheit einen wesentlichen Vorzug darstellt. Aufstellung der Eigg. von Ne sowie Beschreibung des Verf. zur Gewinnung u. Verflüssigung des Gases. A. Knickenberg. 5858◇

1858 **Zur Kenntnis der Selektivextraktion als Grundoperation in der chemischen Verfahrenstechnik.** Hans-Günther Könnecke. (Forsch. u. Fortschr. **37**, 129—33, 1963; Leipzig; dt.) — Die Verff. u. Geräte zur fl.-fl.-Extraktion werden beschrieben u. die Vorgänge bei der Extraktion von Alkan–Bzl.-Gemischen mit Äthylenglykol u. seinen Homologen u. mit Monomethylformamid rechner. verfolgt. — 23 Literaturangaben. W. Wesly. 5862◇

1859 **Quantitative Gesetzmäßigkeiten des Extraktionsprozesses.** F. A. Kusnetzow und N. I. Smirnow. (J. angew. Chem. [UdSSR] **34**, 2111—13, Sept. 1961; russ.) — Auf der Basis der experimentellen Ergebnisse, die bei der Unters. der *Extraktion* in füllmittellosen Zerstäuberkolonnen an 5 Syst. erhalten wurden, wird eine präzise Form der Kriteriumsgleichung für den Massenaustausch abgeleitet. Für schnelle u. orientierende Berechnungen werden 2 weniger genaue Näherungsformen dieser Gleichung vorgeschlagen. Die Gesetzmäßigkeiten der Extraktion aus einem Einzeltropfen bleiben auch der Extraktion aus einem Tropfenstrom erhalten. Helmut Schäfer. 5862△

1860 **Untersuchung des Extraktionsprozesses in einer Versuchs-Zerstäuberkolonnne.** F. A. Kusnetzow und N. I. Smirnow. (J. angew. Chem. [UdSSR] **34**, 1954—58, Sept. 1961; russ.) — Vgl. C. **1963**, 10040. — Es wurde eine Kriteriumsgleichung für den Massenaustausch bei der Extraktion in füllmittellosen Zerstäuberkolonnen bei Tropfengruppenbewegung abgeleitet. Die Dichte der 15 u. 25%ig. Lsgg. von *Essigsäure* (**I**) in Hexan u. von *Propionsäure* (**II**) in Kerosin, die Viscosität der 15 u. 20%ig. Lsgg. von I in Bzl. u. Hexan, II in Bzl. u. Kerosin u. von *Buttersäure* (**III**) in Bzl. bei 10 bis 20° sowie die Oberflächenspannung an der Phasengrenze der Syst. Bzl.–**I**–W., Bzl.–**II**–W., Bzl.–**III**–W., Hexan–**I**–W. u. Kerosin–**II**–W. bei 10—25° wurden ermittelt. Helmut Schäfer. 5862△

1861 **Ferngesteuertes Gerät zur Prüfung der Dispersionsvermischung.** C. M. Slansky, O. W. Parrett und K. L. Rohde. (Nuclear Sci. Engng. **12**, 111—14, 1962; Idaho Falls, Idaho, Phillips Petroleum Co., Atom. Energy Div.; engl.) — Ein ferngesteuertes Gerät (Abb.) zur Best. der Vermischungsdauer von Fll. der Lsgm.-Extraktion, die im Verdacht stehen, Netzmittel zu enthalten, wird beschrieben. Die Vermischungsdauer wird mit dem Verh. der Säule in Beziehung gebracht. W. Wesly. 5862□

1862 **Übergangsverhalten thermischer Diffusionskolonnen.** John E. Powers. (Ind. Engng. Chem., int. Edit. **53**, 577—80, 1961; Norman, Okla., Univ. of Oklahoma, School of Chem. Engng.; engl.) — Die allg. nichtlineare partielle Differentialgleichung, die das Übergangs-Verh. therm. Diffusionskolonnen beschreibt, wird mit Hilfe einer Digitalrechenmaschine gelöst u. die für drei derartige Kolonnen auf diesem Wege erhaltenen Werte mit den experimentell erhaltenen verglichen. Es wird ein Wert für die therm. Diffusions-Konst. erhalten, der mit den Ergebnissen anderer Unterss. gut übereinstimmt. Eine in ähnlicher Weise durchgeführte Analyse bestätigte quant. den theoret. vorausgesagten Einfl. von Temp.-Unterschieden u. Kolonnenbodenentfernungen auf die Kolonnenleistung. I. Köditz. 5862

1863 **Kinetik des Stoffaustausches in Rektifikationskolonnen vom Dünnschichttypus.** P. G. Bojartschuk und A. N. Planowski. (Chem. Ind. [UdSSR] **1962**, 195—200; russ.) — Vgl. C. **1962, 9844**. — In einer Filmrektifizierkolonne werden Gemische CCl_4–Toluol, Bzl.–n-Heptan u. Aceton–W. mit Dampf-Geschw. = 0,1—0,8 m/s getrennt. Der Totalstoffübergangs-Koeff. K_y für die Dampfphase nimmt mit w u. mit der Konz. C_H der leichter flüchtigen Komponente zu, während der Koeff. K_x für die fl. Phase mit C_H abnimmt. Die Stoffübergangs-Koeff. β_y u. β_x sind von den Konzz. der Komponenten unabhängig, ändern sich aber stark mit den w für Dampf- u. fl. Phase. Es werden Gleichungen für die Berechnung von K_y, β_y u. β_x abgeleitet u. eine Meth. zur Berechnung der Phasenkontaktfläche beschrieben. Die Beziehungen zwischen den Reynolds-, Nusselt- u. Prandtl-Kriterien der untersuchten Syst. werden erörtert. R. K. Müller. 5864◇

1864 **Kristallisation.** A. W. Bamforth. (Chem. Process Engng. **44**, 92—95, 1963; Power Gas Corp., Chem. Plant Div., Kryst. Dep.; engl.) — Übersicht über Veröffentlichungen, bes. aus dem Jahre 1961. Kristallwachstum, Einfl. oberflächenakt. Stoffe, neue Verff. u. Konstruktionen. J. Martins. 5868◇

1865 **Feuchtigkeitsverteilung in technischen Trocknern bei Gleich- und Gegenstrom unter Berücksichtigung einer Luftbeimischung.** Lothar Jaeschke. (Chemie-Ing. Techn. **35**, 44—47, 1963; Frankfurt/M.-Höchst, Farbwerke Hoechst Akt.-Ges.; dt.) — Aufstellung u. Auflösung von Differentialgleichungen für den Stofftransport im Innern u. an der Oberfläche von Stoffen zwecks Ermittlung der Feuchtigkeitsverteilung in gleichförmig bewegten Gütern. Die Trocknungs-App. werden dabei von Luft oder Rauchgasen im Gleich- oder Gegenstrom durchströmt oder überströmt. Es wird ferner der Einfl. einer Luftbeimischung an einer beliebigen Stelle des Prozesses zwecks Abkürzung der Trocknungszeit angegeben. A. Knickenberg. 5874◇

1866 **Feuchtemessung durch Infrarotreflexion.** K. Hoffmann. (Chemie-Ing. Techn. **35**, 55—62, 1963; Frankfurt/M.-Höchst, Farbwerke Hoechst Akt.-Ges.; dt.) — Das Verf. beruht darauf, daß W. im IR-Gebiet (1,93 μ) intensive Absorptionsbanden aufweist, welche die Reflexion in diesem Wellenlängenbereich je nach dem Wasser-Geh. mehr oder weniger stark herabsetzt. Als Bezugsstandard wird die Reflexion bei einer Vgl.-Wellenlänge von 1,7 μ gemessen, bei der das W. nur schwach absorbiert. Die Abhängigkeit der Reflexion vom Wasser-Geh. wird an Spektralkurven ermittelt, wobei festgestellt wurde, daß die opt. Feuchtemessung besonders auf kleine abs. Feuchte-Geh. anspricht. Die Einfl. von Teilchengröße, Grundabsorption u. Schichtdicke auf die Meßmeth. werden aufgezeigt. Als bester Reflexionsstandard für das nahe IR wurde Hostaflon TF-Pulver ermittelt. Diskussion über die Anwendungsmöglichkeiten des Meßverf. in der Industrie. A. Knickenberg. 5886◇

1867 **Automatische Waagen.** E. Grunder. (Neue Techn. [Zürich] **5**, 53—61, 1963; Zollikon, Zürich, Fa. E. Mettler; dt.) — Für Kontrollwägeautomaten, Dosierwägeautomaten sowie Klassier- u. Sortieranlagen wird ein Wägeprinzip angewandt, bei dem der Einfederungsweg einer mechan. Federwaage durch ein elektr. Abtast-Syst. in eine elektr. Spannung umgewandelt wird. Durch diese werden elektr. Schalteinheiten mit einstellbarem Schaltpunkt gesteuert, die einem diskreten Gew.-Wert entsprechen. B. Schmitt. 5888◇

1868 **Berechnung des optimalen Kühlmittelzustandes bei gasgekühlten Reaktoren.** H. Benzler. (Atomkernenergie 3, 331—36, 1958; Oberhausen/Rhld., Atomenergieabt. der Deutschen Babcock & Wilcox Dampfkesselwerke Akt.-Ges.; dt.) — Vf. leitet Gleichungen ab, aus welchen sich die Leistung u. der Wrkg.-Grad gasgekühlter Reaktorkraftwerke berechnen. Druckverlust u. Kühlmittel-Eintritts- u. -Austritts-Temp. sind dann richtig festgelegt, wenn die Leistung u. der Wrkg.-Grad auf der charakterist. Optimalkurve liegen, deren Konstruktion angegeben wird. O. Jansen. 5894◇

1869 **Temperaturverteilung in der Kolonne beim Verlauf von Reaktionen erster Ordnung.** M. M. Scheletschnik. (J. physik. Chem. [UdSSR] **33**, 2073—75, 1959; Moskau, russ., Auszug: engl.) — Für die Temp.-Verteilung in einer Kolonne, in der eine der Komponenten einer Gasmischung exakt nach 1. Ordnung mit dem gekörnten, unbewegten Kolonnenfüllstoff reagiert, werden Gleichungen angegeben. H. Roschkowski. 5902◇

1870 **Mechanismus der Blasen im Gas-Feststoff-Fließbett.** H. Reuter. (Chemie-Ing.-Techn. **35**, 219—28, 1963; Aachen, TH, Inst. Verfahrenstechnik der Forsch.-Ges. Verfahrens-Technik; dt.) — Die normale Form einer Blase im Gas-Feststoff-Fließbett ist die einer Kugel, deren oberer Teil einen feststofffreien Hohlraum bildet u. in deren unterem Teil sich eine innenliegende Ansammlung von Feststoff befindet. Die Blasenform ist aus photograph. Aufnahmen bestimmt worden. Aus einer theoret. Betrachtung wird gefolgert, daß die Kraft der Strömung, die den Aufstieg der Blasen bewirkt, gleich ist dem durch die Blasen verdrängten Gew. an Kontinuums-Vol., wobei Vf. unter Kontinuum diejenigen Bereiche des Fließbettes versteht, in denen bei einem endlichen Vol.-Anteil eine einheitliche Feststoff-Konz. vorherrscht. A. Knickenberg. 5904◇

1871 **Dynamik der flüssig-fest-Wirbelschichtbildung.** S. H. Bransom und S. Pendse. (Ind. Engng. Chem., int. Edit. **53**, 575—76, 1961; Edgbaston, Birmingham, Univ. of Birmingham, Dep. of Chem. Engng.; engl.) — Als Beitrag zur Unters. kontinuierlicher Kristallierer werden die mechan. Faktoren, die bei der Fl.-Fest-Wirbelschicht-Bldg. eine Rolle spielen, miteinander in Beziehung gebracht. Es wird eine einfache u. zuverlässige Meth. für die Berechnung der Leeranteile als Funktion der Fl.-Geschw. u. zur Ermittlung der minimalen Wirbelschicht-Geschw. entwickelt. Die theoret. Werte für den Leeranteil u. den modifizierten Reibungsfaktor stimmen mit den experimentell erhaltenen gut überein. I. Köditz. 5904

1872 **Untersuchung der Bewegung eines Körpers in einem Medium.** 14. Mitt. **Wirbelschicht im System Flüssigkeit-Flüssigkeit.** Go-zsin Sju und N. I. Smirnow. (J. angew. Chem. [UdSSR] **34**, 2113—16, Sept. 1961; Leningrad, Technol. Lensowjet-Inst., Lehrstuhl f. Techn. der org. Grundsynth.; russ.) — 13. vgl. C. **1957**, **12971**. — Vff. untersuchen die Dynamik des Syst. Fl.-Fl. in einer „umgekehrten" *Wirbelschicht*, in der die schwerere Fl. durch die leichtere abwärts fließt, während bei der normalen Wirbelschicht die leichtere Fl. durch die schwerere emporsteigt, wobei Mitreißerscheinungen die Unters. erschweren. In den Verss. werden als kontinuierliche Phasen W. u. wss. Glycerin verwendet, als dispergierte Phasen Toluol, Styrol, Ölsäure, Bzn., n-Hexan u. Maschinenöl. Bei 19—23° gilt für die Porosität der Wirbelschicht die dimensionslose Gleichung $\varepsilon = 1{,}28\,\mathrm{Re}^{0,6}\mathrm{Ga}^{-0,3}[(\gamma_k - \gamma_d)/\gamma_k]$ mit den Reynolds- u. Galilei-Kriterien Re u. Ga u. den Spezif. Gew. γ der kontinuierlichen (k) u. der dispergierten Phase (d) mit einem Fehler von höchstens 10%. R. K. Müller. 5904◇

1873 **Der Einfluß der Verteilung der Teilchengröße beim Staubfließverfahren.** 1. Mitt. **Die Darstellung und Analyse von Teilchen.** W. J. Thomas, P. J. Grey und S. B. Watkins. (Brit. chem. Engng. **6**, 80—86, 1961; engl.) — Um den Einfl. der Größenverteilung der Teilchen bei katalyt. Prozessen in Gas-Feststoff-Fließbetten zu bestimmen, wurden Meth. zur Best. der Größenverteilung untersucht. Es wurden Darst. u. Analyse von Teilchengemischen in verschiedenen Größenbereichen durch Siebung, Sichtung u. Sedimentation von kugelförmigen Crackkatalysatoren u. Ballotini-Glaskugeln in verschiedenen App. untersucht. H. Fries. 5904◇

1874 **Der Einfluß der Verteilung der Teilchengröße beim Staubfließverfahren.** 2. Mitt. **Klassierung und Austragung.** W. J. Thomas, P. J. Grey und S. B. Watkins. (Brit. chem. Engng. **6**, 176—81, 1961; engl.) — Es wird ein Gerät für die Entnahme von Proben aus einem Fließbett senkrecht zur Bettoberfläche entwickelt, um einen Einblick in den Umfang der Klassierung u. Austragung von Teilchen unterschiedlichster Größe beim Staub-Fließverf. zu erhalten. Das Absinken der größten im Luftstrom suspendierten Teilchen bildet eine Oberflächenschicht von feinen Teilchen, die nicht ausgetragen u. an der Oberfläche festgehalten werden. Die Best. der Klassierung zeigt das Vorhandensein eines Konz.-Gradienten zwischen dem Bettzentrum u. der Wand. Dieser Gradient hängt von der ursprünglichen Konz. der Feinstteilchen u. der Betthöhe ab. Für die Austragung wird eine Gleichung abgeleitet. Sie liefert Werte, die mit den zu Beginn des Austragens experimentell erhaltenen Werten besser übereinstimmen als die nach Leva berechneten Werte. Der Einfl. der Zone feiner Teilchen an der Bettoberfläche auf die Austragungs-Geschw. wird diskutiert. I. Koschitzki. 5904

1875 Escher Wyss Akt.-Ges., Zürich (Erfinder: Werner Spillmann, Kilchberg), Schweiz, **Kernreaktor.** Zur Kühlgasumwälzung dienen axial beaufschlagte Läufer mit Verdichterschaufelung zur Verdichtung des dem Reaktor zuzuleitenden Gases u. Turbinenschaufelung zur Entspannung des vom Reaktor kommenden erhitzten Gases. Zwei gleiche Läufer sind miteinander starr verbunden auf einer gemeinsamen Welle spiegelbildlich zueinander angeordnet, so daß sowohl die zu verdichtenden als auch die zu entspannenden Teilströme die Läufer in entgegengesetzten Richtungen durchströmen. (**D. A. S. 1 141 390** Kl. 21g vom 21/4. 1961, ausg. 20/12. 1962. Schwz. Prior. 17/3. 1961.) H. Kessel. 5895

1876 Commissariat à l'Énergie Atomique, Paris (Erfinder: Bernard Vrillon, Orsay, und Roland Roche, Clamart), Frankreich, **Kernreaktor,** bes. mit D_2O als Moderator. Zur Wärmeabfuhr dient ein Röhren-Syst., dessen Röhren am Ein- u./oder Austritt aus dem Reaktor mit einem Syst. von quer dazu verlaufenden Sammelröhren verbunden ist. Die Röhren der beiden Syst. sind außerhalb, aber in unmittelbarer Nähe des Reaktors auf der Innenseite mit wärmeisolierenden Mitteln versehen u. auf der Außenseite gekühlt. (**D. A. S. 1 149 831** Kl. 21g vom 27/5. 1960, ausg. 6/6. 1963. **Schwz. P. 363 730** vom 12/5. 1960, ausg. 28/9. 1962. Beide F. Prior. 4/6. 1959.) H. Kessel. 5895

1877 United Kingdom Atomic Energy Authority, London (Erfinder: John Allan Dodd, Wallasay), England, **Kernreaktor** für Schiffsantrieb mit Kühlmittelnaturumlauf. Seitlich vom Reaktorkern liegen in je einer durch dessen Symmetrieachse gehenden Vertikalebene Wärmeaustauscher, darüber wassergekühlte Notwärmeaustauscher u. darüber diesen zugeordnete Wassertanks. (**D. A. S. 1 150 764** Kl. 21g vom 7/12. 1959, ausg. 27/6. 1963. E. Prior. 15/12. 1958.) H. Kessel. 5895

1878 Gebrüder Sulzer Akt.-Ges. (Erfinder: Paul Profos), Winterthur, Schweiz, **Kernreaktoranlage** mit einem in einem geschlossenen Arbeitskreislauf umlaufenden gasförmigen Wärmeträger, der im Reaktorkern Wärme aufnimmt u. diese außerhalb des Reaktors in einem Wärmeübertrager wieder abgibt. Dem Arbeitskreislauf ist in dem Abschnitt, wo er durch den Reaktorkern führt, ein Nebenkreislauf, der den Wärmeübertrager nicht beaufschlagt, überlagert, in dem ein aus dem Arbeitskreislauf abgezweigter Teil des Wärmeträgers umläuft. (**D. A. S. 1 136 025** Kl. 21g vom 23/12. 1959, ausg. 6/9. 1962. Schwz. Prior. 26/11. 1959.) H. Kessel. 5895

1879 Gebrüder Sulzer Akt.-Ges. (Erfinder: Paul Profos), Winterthur, Schweiz, **Kernreaktoranlage.** Die Nutzenergie wird durch ein Wärmeübertragungsmittel dem Reaktor entnommen u. auf einen die Arbeitsmaschine enthaltenden sek. Kreis übertragen. Zur Wärmeabfuhr dienen 2 getrennte prim. Kreisläufe mit verschiedenen Wärmeübertragungsmitteln, die ihre Wärme auf einen gemeinsamen, ein verdampfbares Arbeitsmittel enthaltenden sek. Kreislauf übertragen. Die Wärmeübertragungsverhältnisse im Reaktor sind so gewählt, daß das Übertragungsmittel des einen prim. Kreises mit einer Temp. T_1, das des anderen mit einer Temp. $T_2 > T_1$ austritt. Das Übertragungsmittel mit der niedrigeren Austritts-Temp. dient zur Verdampfung, das mit der höheren zur Überhitzung des Arbeitsmittels im sek. Kreis. Dabei durchströmt das Übertragungsmittel mit der höheren Austritts-Temp. nach dem Überhitzer noch einen Hilfsverdampfer, der ebenfalls im Arbeitsmittelkreis liegt. (**D. A. S. 1 147 330** Kl. 21g vom 2/9. 1960, ausg. 18/4. 1963. **F. P. 1 292 628** vom 19/6. 1961, ausg. 28/9. 1962. Beide Schwz. Prior. 29/8. 1959.) H. Kessel. 5895

1880 Gebrüder Sulzer Akt.-Ges. (Erfinder: Jakob Kägi), Winterthur, Schweiz, **Kernreaktoranlage** mit heterogenem Reaktor u. Druckrohren, durch die ein dampfförmiges Arbeitsmittel zur Überhitzung hindurchströmt u. teilweise zur Verdampfung fl. Arbeitsmittels außerhalb des Reaktors, teilweise zur Leistung mechan. Arbeit in einer Kraftanlage dient. Die Druckrohre bilden 2 Gruppen, von denen die 1. in der zentralen Reaktorzone zur Überhitzung des aus dem Verdampfer hereinströmenden Dampfes dient u. die 2. in der Reaktorrandzone zur weiteren Überhitzung des Teiles des aus der Zentralzone ausströmenden Dampfes dient, der der Kraftanlage zugeführt wird. (**D. A. S. 1 147 331** Kl. 21g vom 23/5. 1960, ausg. 18/4. 1963. **F. P. 1 288 485** vom 3/5. 1961, ausg. 8/8. 1962. **E. P. 913 184** vom 16/5. 1961, ausg. 19/12. 1962. Alle Schwz. Prior. 17/5. 1960.) H. Kessel. 5895

1881 André Huet, Paris, **Siedewasser-Kernreaktor** mit stabförmigen Brennelementen. Im Druckbehälter angeordnete Dampfabscheider bestehen aus je einer schraubenförmig um ein axiales, mit Dampfeinlaßöffnungen versehenes Rohr herumlaufenden Leitfläche u. sind in längslaufenden Zwischenräumen zwischen den Brennstoffstäben angeordnet, deren Querschnittsform der der Trennvorr. so angepaßt ist, daß die Zwischenräume die gleiche Querschnittsform wie die Zwischenräume haben. (**D. A. S. 1 144 412** Kl. 21g vom 13/11. 1958, ausg. 28/2. 1963. **Schwz. P. 351 348** vom 18/9. 1958, ausg. 28/2. 1961. **Belg. P. 571 145** vom 11/9. 1958, ausg. 29/12. 1961. **E. P. 900 015** vom 10/10. 1958, ausg. 4/7. 1962. Alle F. Prior. 14/11. u. 3/12. 1957.) H. Kessel. 5895

1882 Závody V. L. Lenina Plzeň, Národní Podnik, Pilsen (Erfinder: Pavel Kovanic und Milan Kulka, Prag), Tschechoslowakei, **Kernreaktorregelung.** Auf einer Bahn, längs der die Intensität des Strahlungsfeldes prakt. exponentiell verläuft, wird ein Strahlungsfühler mit vorgegebener Geschw. bewegt. Das von ihm abgegebene Signal wird von einem prakt. veränderbaren Sollwertsignal subtrahiert u. das Differenzsignal zur Regelung der Reaktorregelorganbewegung herangezogen. (**D. A. S. 1 145 723** Kl. 21g vom 16/2. 1959, ausg. 21/3. 1963. **F. P. 1 229 778** vom 18/2. 1959, ausg. 9/9. 1960. **E. P. 870 359** vom 17/2. 1959, ausg. 14/6. 1961. Alle Tschech. Prior. 18/2. 1958.) H. Kessel. 5895

1883 Commissariat à l'Énergie Atomique, Paris (Erfinder: Anatole Dmitrieff, Gif-sur-Yvette), Frankreich, **Kernreaktor-Regel- und Abschalteinrichtung** mit einem rohrförmigen Gehäuse, das auf einer Seite mit dem Reaktorbehälter fest verbunden ist, u. einer darin längsbewegbaren Stange, deren eines Ende über einen Bajonettverschluß mit dem Regelstab verbunden u. so geformt ist, daß sie in der einen Endlage an der Behälteröffnung abdichtet, u. deren anderes Ende fest mit einer Zahnstange in Verbindung steht, die durch ein über eine abgedichtete, von außen angetriebene Welle gedrehtes Zahnrad längsbewegbar ist. Zwischen den beiden Stirnseiten des Gehäuses strömt in dem durch dieses u. die bewegbare Stange bzw. die Zahnstange gebildeten Ringraum ständig Reaktorkühlmittel in Richtung auf den Reaktorbehälter. (**D. A. S. 1 142 972** Kl. 21g vom 10/3. 1961, ausg. 31/1. 1963. F. Prior. 28/3. 1960.) H. Kessel. 5895

1884 Deutsche Babcock & Wilcox-Dampfkessel-Werke Akt.-Ges., Oberhausen (Erfinder: Anthony James Taylor, London, England), **Kernreaktor-Schnellabschaltung.** Eine Verriegelungs-Vorr. für mindestens einen Schnellabschaltstab greift, wenn der Regelstab die Abschaltstellung erreicht, automat. ein u. hält den Regelstab unabhängig von der Schnellabschaltvorr. in der Abschaltstellung fest. (**D. A. S. 1 146 597** Kl. 21g vom 4/9. 1958, ausg. 4/4. 1963. E. Prior. 4/9. 1957.) H. Kessel. 5895

1885 Commissariat à l'Énergie Atomique, Paris (Erfinder: René Donguy, Vanves, und Jean Mégy, Bourg-la-Reine), Frankreich, **Kernreaktorüberwachung.** Die Kühlmittelprobenentnahmeröhren sind in Form quadrat. Matrizen mit gleich viel Zeilen u. Spalten angeordnet. Jede Entnahmeröhre in 2 Leitungen, von denen die eine mit den entsprechenden Leitungen der anderen Entnahmeröhren ihrer Zeile zu einer Zeilensammelleitung u. die andere mit den entsprechenden Leitungen der anderen Entnahmeröhren ihrer Spalte zu einer Spaltensammelleitung zusammengefaßt sind. Alle Zeilensammelleitungen jeder Matrix können über einen Zeilenwähler mit einer Zeilenausgangsleitung u. sämtliche Spaltensammelleitungen jeder Matrix über einen Spaltenwähler zu einer Spaltenausgangsleitung verbunden werden. Mehrere Matrizen sind zu einer Gruppe zusammengefaßt. Die Zeilenausgangsleitungen aller Matrizen der Gruppe münden in einer einzigen gemeinsamen Zeilenleitung, die mit einem auf Spalt-Prodd. ansprechenden Zeilendetektor in Verbindung steht. Die Spaltenausgangsleitungen aller Matrizen der Gruppe münden in einer einzigen gemeinsamen Spaltenleitung, die mit einem auf Spalt-Prodd. ansprechenden Spaltendetektor in Verbindung steht. Im Normalbetrieb werden die Zeilen- u. die Spaltenwähler zugleich so umgeschaltet, daß aufeinanderfolgend einerseits jede Zeilensammelleitung der Matrizen der Gruppe mit der genannten einzigen gemeinsamen Zeilenleitung u. andererseits jede Spaltensammelleitung der Matrizen der Gruppe mit der genannten einzigen gemeinsamen Spaltenleitung in Verbindung gebracht wird. (**D. A. S. 1 139 925** Kl. 21g vom 2/12. 1960, ausg. 22/11. 1962. F. Prior. 2/12. 1959. **F. P. 1 250 612** vom 2/12. 1959, ausg. 7/4. 1961.) H. Kessel. 5895

1886 Commissariat à l'Énergie Atomique, Paris (Erfinder: Jean Graftieaux, Chatenay-Malabris, und André Roguin, Antony), Frankreich, **Kernreaktorüberwachung.** Zum Nachw. von Brennelement-Hüllenbrüchen strömen Kühlgasproben durch ein Filter u. eine Zerfallskammer in eine Nd.-Kammer, die auf einer Seite durch einen Oberflächenabschnitt einer drehbaren Metalltrommel u. auf der dieser gegenüberliegenden Seite durch eine Elektrode, die an einer relativ zur Trommeloberfläche positiven Spannung liegt, begrenzt ist. Auf dem Umfang der Trommel ist in einer bestimmten Entfernung von der Elektrode ein Strahlungsdetektor angeordnet. Die Trommel wird so gedreht, daß einzelne Oberflächenabschnitte nacheinander in Niederschlagsstellung u. in Meßstellung vor den Detektor gelangen. Die Trommeloberfläche ist in dreierlei Zonen unterteilt: Erste Zonen werden period. vor den Detektor, die Elektrode u. wieder vor den Detektor gedreht; wenigstens eine zweite, vertiefte Zone bildet zusammen mit dem Trommelgehäuse ein definiertes Gas-Vol., das period. vor den Detektor, aber nicht vor die Elektrode gedreht wird; wenigstens eine dritte, nicht vertiefte Zone, die ebenfalls period. vor den Detektor, aber nicht vor die Elektrode gedreht wird. An den Detektor sind Rechenvorr. angeschlossen, die aus den an den einzelnen Zonen gemessenen Aktivitäten die Konz. der in dem Kühlgasstrom enthaltenen langlebigen u. kurzlebigen Spalt-Prodd. u. die Gesamtaktivität desselben errechnen. (**D. A. S. 1 140 294** Kl. 21g vom 19/5. 1961, auasg. 29/11. 1962. F. Prior. 20/5. 1960. **F. P. 1 269 633** vom 20/5. 1960, ausg. 20/12. 1961.) H. Kessel. 5895

1887 Siemens-Schuckertwerke Akt.-Ges., Berlin und Erlangen (Erfinder: Wolfgang Keller, Hans-Peter Schabert, Paul Eibert und Heinrich Sandner, Erlangen), **Kernreaktorkühlsystem** zur Abführung der betriebsmäßig u. nach dem Abschalten entstehenden Wärme mit im prim. Kreislauf an Druckröhren durch Verbindungsrohre angeschlossenen Kühlmittelverteilern u. -sammlern sowie Wärmeaustauschern. Die zwischen den Umwälzvorr. u. den an die Kühlmittelverteiler angeschlossenen Verbindungsrohren liegenden Abschnitte des prim. Kreislaufs einerseits u. andererseits die zwischen den an die Kühlmittelsammler angeschlossenen Verbindungsrohren u. den Wärmeaustauschern liegenden Abschnitte des prim. Kreislaufs sind durch Überbrückungsleitungen ständig miteinander verbunden. (**D. A. S. 1 151 073** Kl. 21g vom 2/12. 1961, ausg. 4/7. 1963.) H. Kessel. 5895

1888 Siemens-Schuckertwerke Akt.-Ges., Berlin und Erlangen (Erfinder: Heinz Stehle und Heinz Seguin, Erlangen), **Prüfung von Kernreaktor-Brennelementen** auf Dichtigkeit der Hüllen u. deren Verunreinigung durch Spaltstoffe. Die Brennelemente werden vor dem betriebsmäßigen Einsatz vorübergehend einzeln in einen mit eigenem Kühlmittelkreislauf versehenen Prüfkanal eingesetzt u. die sich dabei mit u. ohne Prüfling ergebenden Werte der Kühlmittelaktivität werden verglichen. (**D. A. S. 1 141 733** Kl. 21g vom 25/3. 1960, ausg. 27/12. 1962.) H. Kessel. 5895

1889 Plessey Co. Ltd., London (Erfinder: Murray Vincent Wilson, Northampton), England, **Feststellung radioaktiver Spaltprodukte.** Gasförmige Spaltprodd. aus einer zu untersuchenden Fl. werden in eine Trägergasphase übergeführt, die festen akt. Tochterelemente aus dieser elektrostat. ausgeschieden, in eine Träger-Fl. übergeführt u. mit dieser der Meßstelle zugeleitet. (**D. A. S. 1 144 854** Kl. 21g vom 20/6. 1960, ausg. 7/3. 1963. **F. P. 1 264 136** vom 18/6. 1960, ausg. 13/10. 1961. Beide E. Prior. 19/6. 1959. **E.P. 900 247** vom 19/6. 1959, ausg. 4/7. 1962.) H. Kessel. 5895

1890 Gebrüder Sulzer Akt.-Ges. (Erfinder: Alfred Brunner), bzw. Sulzer Frères Soc. An., Winterthur, Schweiz, **Kernreaktor-Dampfkraftanlage,** bei der der aus dem Kernreaktor austretende überhitzte Dampf in Teilströme aufgeteilt wird, von denen einer einer Turbine zur Energieerzeugung zugeführt wird, worauf das Kondensat mit dem überhitzten Dampf eines anderen Teilstroms gemischt u. wieder verdampft wird u. der dabei erzeugte Dampf mit einem Umwälzgebläse in die Kühlkanäle des Reaktors gedrückt wird. Der Dampf wird nach dem Durchgang durch das Gebläse u. vor dem Eintritt in den Reaktor mit überhitztem Reaktordampf überhitzt. (**D. A. S. 1 141 731** Kl. 21g vom 9/3. 1960, ausg. 27/12. 1962. **F. P. 1 282 246** vom 3/1. 1961, ausg. 4/6. 1962. Beide Schwz. Prior. 27/2. 1960.) H. Kessel. 5895

1891 Dehydag Deutsche Hydrierwerke G. m. b. H., Düsseldorf (Erfinder: Wolfgang Benzel, Haan/Rhld.), **Verteilen von Wirkstoffen auf Flüssigkeitsoberflächen,** z. B. *Schaumbeseitigungsmitteln, Schädlingsbekämpfungsmittel,* in Form dünner Filme, dad. gek., daß man als Wirkstoffträger schwimmfähige, poröse, elast. Formkörper aus geschäumten Kunststoffen, die mit Wirkstoffen selbst oder deren Lsgg. oder Emulsionen imprägniert sind, verwendet. Die Wirkstoffträger können z. B. eine flächige Form haben. Den Wirkstoffen oder deren Lsgg. oder Emulsionen können grenzflächenakt. Mittel zugesetzt werden. (**D. A. S. 1 152 683** Kl. 12g vom 6/11. 1959, ausg. 14/8. 1963.) H. Roos. 5905

H_2. Betriebsschutz, Feuerschutz

1892 **Sicherheit in der chemischen Industrie. Sicherheit bei der Verwendung von Elektrizität mit ausführlichen Referenzen für die chemische Industrie.** S. J. Emerson. (Chem. and Ind. **1958, 424**—30, 448—54, 472—79; Ministry of Labour and Nat. Serv.; engl.) R. Grundmann. 5930◇

1893 **Untersuchungen der Abhängigkeit der Explosionsfähigkeit von Kohlenstaub von der Art der Kohle.** Wacław Cybulski. (Arch. Górnictwa **7,** 147—81, 1962; pol.) — 1134 Kohlenstaubproben mit 8,5—61,9% flüchtigen Bestandteilen (I) werden in einer Vers.-Strecke der Grube „Barbara" auf ihre Explosionsfähigkeit (E) untersucht. Unterhalb 10% I ist der Kohlenstaub unfähig, die Explosion (unter den Bedingungen einer maximalen E-Skala) zu übertragen. Bis 25% I nimmt E mit steigendem I-Geh. zu, um oberhalb 25% unabhängig von der I-Konz. zu werden. Es werden die Beziehungen zu den E-Werten nach anderen E-Skalen diskutiert. K. Strenge. 5936◇

1894 **Genaue Bestimmung des Kohlenoxidgehaltes in den Grubenwettern zwecks frühzeitiger Entdeckung endogener Kohlenbrände.** Jerzy Muzyczuk. (Arch. Górnictwa **7,** 201—11, 1962; pol.) — Die J_2O_5-Meth. zur Best. von CO wurde durch Absorption des freigesetzten J_2 an Quarzpulver, das mit KJ-Lsg. befeuchtet ist, modifiziert. Es können CO-Konzz. von $4 \cdot 10^{-4}$ bis $5 \cdot 10^{-2}$ Vol.-% mit einem Fehler von ± 4% in ca. 25 Min. bestimmt werden. K. Strenge. 5936◇

1895 **Geräte zur Messung des Staubgehaltes der Wetter.** G. Schramm. (Bergbautechnik **12,** 321—29, 1962; Eisleben; dt.) — Überblick über die Wirkungsweise u. die Vor- u. Nachteile einiger Staubmeßgeräte (Konimeter, Jet Dust Counter, Cascade Impactor, Thermalpräcipitator, Gravimeter, Luftprobenentnahmegerät ESzK-F2-Meovill, Filtergerät KMP-2, Allongengerät, Impinger, Gothe-Filtergerät StM 1957, Hexhlet, PRU-Handpumpe, Gothe-Staubmeßgerät mit Zyklonsonde, FPG-6 u. F-1, Stromultramikroskop WDK-4, Tyndalloskop, registrierende Staubwaage, elektrostat. Staubsammelgerät u. Gessner-Kammer). I. Köditz. 5948

1896 **Staubtechnische Probleme und ihre Einschätzung an Blashäusern, mit metallischen Strahlmitteln betrieben.** Eberhard Stief. (Giessereitechnik **9,** 102—09, 136—39, 1963; KdT; dt.) — Vf. beschreibt die Aggregate (Typ B 3000 u. B 4000) u. gibt eine staubtechn. Einschätzung dieser Typen. Das Analyse-Verf. für die Best. der Gesamtkieselsäure, des Gesamt-Fe von Staubproben verschiedener Blashäuser wird beschrieben u. die Kornfraktionen des Staubes der einzelnen Betriebe werden graph. angegeben. I. Köditz. 5940

1897 **Die Bestimmung der Rauchdichte in der Luft.** D. Rondia. (Air Water Pollut. **6,** 353—75, 1962; Liège, Univ., Fac. de Méd, Labor. de Toxicol.; franz.) — Die Auswertung der Ergebnisse von Best. des Rauch-Geh. der Luft (Ansaugen durch Filter) an verschiedenen Stellen, zu verschiedenen Jahreszeiten u. nach verschiedenen Verff. zeigt, daß viele Einfl. Abweichungen der gefundenen Werte verursachen. Die geringsten Schwankungen ergibt die reflektometr. Best.; es wird empfohlen, die quant. Best. der suspendierten Rauchteilchen durch eine qual. Messung zu ergänzen. W. Wesly. 5948◇

1898 **Schwefeldioxid, Schwefelsäure-Aerosol und Sichtbereich in Los Angeles.** Moyer D. Thomas. (Air Water Pollut. **6,** 443—54, 1962; Riverside, Calif., Univ. of California; engl.) — Zur gleichzeitigen Best. von SO_2 (Messung der Leitfähigkeit der durch eine saure, H_2O_2 enthaltende Lsg. gehenden Luftprobe) u. von H_2SO_4-Aerosolen (Messung der Leitfähigkeit der durch Schallwellen ausgeschiedenen, in W. gelösten Aerosole) in der Luft von Los Angeles dient ein näher beschriebenes, selbsttätiges, registrierendes Gerät. Die ermittelten SO_2- u. H_2SO_4–Aerosol-Geh. u. die Sichtbereiche sowie deren Wechselbeziehungen werden angegeben. W. Wesly. 5948◇

1899 **Quelle und atmosphärische Analyse von Formaldehyd mit dem Chromotropsäure-Verfahren.** A. P. Altshuller, L. J. Leng und A. F. Wartburg. (Air Water Pollut. **6,** 381 bis 385, 1962; Cincinnati, Ohio, Robert A. Taft San. Engng. Center, Div. of Air Pollution; engl.) — Die Ergebnisse von Formaldehyd (I)-Best. in der Luft mit dem Chromotropsäure (II)-Verf. werden erörtert. Die Probenahme in II enthaltender H_2SO_4 empfiehlt sich bei I-Best. in Abgasen von Dieselmotoren u. Abfallverbrennungsanlagen. Abgase von Kraftwagen werden in W. mit II aufgefangen. Bei synthet. Rauch u. Stadtluft geben beide Verff. gleiche Werte. Die Probenahme in H_2SO_4 ist empfindlicher u. bedarf nicht so vieler Arbeitsgänge. W. Wesly. 5948◇

1900 **Wirksamkeit von Hochtemperatur-Filtermedien mit Stoßwellen-Reinigung.** Charles E. Billings und Leslie Silverman. (Air Water Pollut. **6,** 455—66, 1962; Boston, Mass., Harvard School of Publ. Health Dep. of Ind. Hyg.; engl.) — Zur Reinigung der Abgase, bes. Beseitigung von Fe-Oxiden, von Siemens-Martin-Öfen mit O_2-Lanze dienen Filter aus Wolle von rostfreiem Stahl bei Wrkg.-Graden von 95—99% u. Geschw. von 100 ft./Minute. Die Beseitigung der angesammelten Feststoffteilchen erfolgt durch eine schwache, dem Luftstrom entgegengesetzte Stoßwelle. Bei Verw. einer 2 in. starken Faserfiltermasse erhält man beim Filtern einen 2—10mal geringeren Filterwiderstand als bei Verw. der üblichen Filtertücher mit 1—2 ft./Minute. W. Wesly. 5948◇

H_3. Elektrotechnik

1901 **Energieerzeugung durch Fusion und allgemeine Eigenschaften der Plasmen.** M. Bayet. (Génie chim. **90,** 12—16, 1963; Toulouse, Fac. Sic., Labor. de physique électron. et nucléaire; franz.) — Vf. vergleicht verschiedene verfügbare Energiequellen miteinander u. geht dann im Hinblick auf eine mögliche spätere Anwendung der bei Fusionsvorgängen frei werdenden Energie auf die allg. Eigg. des Plasmas ein. W. Renker. 5950◇

1902 **Polymere als Halbleiter.** M. Bornengo. (Mater. plast. Elastomeri **29,** 43—46, 1963; ital.) — Als Halbleiter

(Widerstand 10^6-10^{12} Ω/cm, spezif. Leitfähigkeit 10^{-4} bis 10^{-12} Ω^{-1}/cm) eignen sich Polyvinylidenchlorid, Chinon- u. Isocyanat-Polymere, Polyphenyle, Polyacrylnitrile u. andere.
B. Scheifele. 5952◇

1903 **Elektrisch leitender Kautschuk in Kabelmaterialien.** N. P. Beresina, P. M. Glupuschkin, W. A. Kaschin und A. I. Ssidorow. (Kautschuk u. Gummi [UdSSR] **21,** Nr. 9, 21—26, 1962; Tomsk u. Moskau, Forschungsinst. der Kabelind.; russ.) — Rezepturen für leitfähige Gummimischungen auf Basis von *Natur-* (**I**), *Chloropren-* (Nairit; **II**) u. *Butadiennitrilkautschuk* (SKN 26,40; **III**) werden entwickelt. Die Beeinflussung des spezif. elektr. Durchgangswiderstandes (DW) durch den Kautschuk, den Ruß (Acetylen-; **IV**; Lampen-, Ofen-, Kanalruß), von Graphit (**V**)-Zusätzen u. vom Weichmacher (Paraffin; **VI**; Ölsäure, Dibutylphthalat, Pinetar) wird untersucht. **IV** erweist sich am günstigsten, u. zwar im Verschnitt (80 : 20) mit einem gut dispergierbaren **V** (Marke KTBT, Bleistiftgraphit). Die Dispersität von **V** beeinflußt die Plastizität, das physikal.-mechan. Niveau u. DW nach mehrmaliger Dehnungsbeanspruchung, z. B. ändert sich DW für eine Mischung mit **I** u. **V** (KTB) von 4 auf 10 $\Omega\cdot$cm nach 10maliger Dehnung auf 20%; für **II** erhält man 4 u. 18. Mit steigendem Geh. an Weichmachern nimmt DW zu, wobei **IV** die höchsten Werte gibt. Für den prakt. Einsatz soll **III** sich nicht eignen, da man verarbeitungstechn. Schwierigkeiten hat. Mischungen mit **I** u. 15—30%ig. **II** u. 30—40% **VI** werden als günstig angegeben. Der DW beträgt im ungedehnten Zustand 9—37 bzw. 3—27, u. gedehnt 27—57 bzw. 25 bis 47 $\Omega\cdot$cm.
O. Kramm. 5952◇

1904 **Schnellalterungsprüfung der Betriebseignung von Telefoneinführungsdrähten mit Neoprenumhüllung.** A. P. Jahn und G. N. Vacca. (Wire and Wire Products **33,** 1178 bis 1179, 1284—85, 1958; Murray Hill, N.J., Bell Telephone Labor., Inc.; engl.) — Als Umhüllung für Telefoneinführungsdraht bewährt sich bei der Schnellalterungsprüfung (Einw. von künstlichem Sonnenlicht u. Regen) Neopren W.
W. Wesly. 5956

1905 **Öfen für Alterungsprüfungen. Neue Heizöfen gestatten Gummi, Kunststoffe, insbesondere Kabelisoliermaterial gleichzeitig in trockener Atmosphäre, unter UV-Bestrahlung und unter mechanischer Belastung zu prüfen.** J. Lacombe und M. Hocquard. (Ind. Plast. mod. **15,** Nr. 1, 25—31, 1963; Soc. Tréfimét.; franz.) — Unters.-Ergebnisse an *Polyäthylen* u. verschiedenen *Weich-PVC*-Typen wurden in dem beschriebenen Ofen im Vgl. zur Freiluftbewitterung im Süden von Frankreich u. z. T. im Vgl. zum Xenotest-Gerät durchgeführt.
H.-G. Moslé. 5956◇

1906 **Die direkte Umwandlung der chemischen Energie der Brennstoffe in elektrische Energie.** A. Sanchis Cueto. (Quím. Ind. [Bilbao] **8,** 194—99, 1961; Aviles, Contr. térmico Ensidesa; span.) — Die Grenzen der Umwandlung von chem. in elektr. Energie im Dampfcyclus, Gasturbinencyclus u. Verbrennungsmotor u. die Grundlagen der verschiedenen Typen von Brennstoffelementen werden besprochen.
R. K. Müller. 5970◇

1907 **Vergleich der Wirtschaftlichkeit von 3-Phasen- mit 1-Phasen-Gleichrichtung in Akkumulatorenbetrieben.** P. Andresen. (Batterien [Utrecht] **17,** 513—15, 1963; Rotterdam; engl.)
C. Drotschmann. 5970◇

1908 **Untersuchungen am positiven Material für Bleiakkumulatoren.** 11. Mitt. **Ladeüberspannung der Bleidioxidelektrode.** Shinichi Ikari und Shiro Yoshizawa. (J. electrochem. Soc Japan **29,** E 186—E 189, 1961; Moriguchi, Osaka, Kobe Denki Co. Ltd.; engl.) — 10. vgl. C. **1963,** 11913. — Vff. untersuchen die Gas-Entw. u. die Potentialänderungen an PbO_2-Elektroden beim Laden u. Entladen sowie das Abklingen der O_2-Überspannung (η) nach der Ladung in Abhängigkeit von der Zahl der Ladecyclen. Bei dem entwickelten Gas handelt es sich vorwiegend um O_2. Die Gas-Entw. steht nicht im Zusammenhang mit dem Elektrodenvorgang, wohl aber mit der auf dem PbO_2 adsorbierten Gasmenge. Das Abklingen von η nach der Ladung bei offener Spannung erfolgt nach der logarithm. Zeitfunktion $\Delta E = K_1 \log t + K_2$ (ΔE = Änderung des Potentials). Vff. nehmen an, daß der Ladevorgang der PbO_2-Elektrode durch die Beziehungen $H_2O \rightarrow OH + e + H^+$; $2\,Pb^{2+} + 2\,OH \rightarrow [Pb^{4+}, Pb^{2+}, 2\,OH^-]$; $[Pb^{4+}, Pb^{2+}, 2\,OH^-] \rightleftharpoons PbO_2 + Pb^{2+} + 2\,H^+$ beschrieben werden kann, wobei η bestimmt wird durch Bldg. u. Verbrauch der OH-Radikale. Für den stationären Zustand ergibt sich, daß die Überspannung $\sqrt{I}$ (I = Ladestrom) proportional ist. Diese Abhängigkeit konnte durch die Unterss. bestätigt werden.
E. Winkler. 5970◇

1909 **Bestimmung von Antimontrioxid in der Eisenkathodenmasse.** I. Ss. Musstafin und A. N. Iwanowa. (Hochschulnachr. [Iwanowo], Chem. u. chem. Technol. **5,** 504—05, 1962; Saratow, Tschernischewski-Univ. Analyt. Inst.; russ.) — Ein Betriebsanalysen-Verf. zur Best. von Sb_2O_3 in Kathodenmassen von Fe—Ni-Elektroden des alkal. *Akkumulators* wird beschrieben. Sb wird nach Auflösen der Probe in 1 : 1 verd. HCl als Komplex-Verb. mit 9-Phenyl-2.3.7-trihydroxyfluoron colorimetr. bestimmt. Beim Lösen in HCl wurden keine Verluste durch Bldg. von SbH_3 beobachtet. Der relative Analysenfehler betrug nicht über 6,3%.
Albert Krause. 5970◇

1910 **Endstücke für Thermoelemente aus Zirkoniumdioxid von erhöhter Hitzebeständigkeit.** O. M. Margulis, K. G. Romantschenko, A. W. Stowbur und G. K. Bassalowa. (Feuerfeste Mater. [UdSSR] **27,** 552—54, **1962;** Ukrain. Forsch.-Inst. für feuerfeste Mater.; russ.) — Angaben über die Fertigung von *Thermoelement*-Endstücken aus ZrO_2 (Gemisch aus kub. u. monokliner Modifikation). Die Teile sollen Temp. bis 2000° aushalten. Die Lebensdauer beträgt das 2—3fache gegenüber Endstücken aus Tonerde.
R. Teichmann. 5970◇

1911 **Haftpotential von CRT-Schirmen.** K. H. Jurgen Rottgardt und Wolfgang Berthold. (J. appl. Physics **26,** 1180, 1955; Stuttgart, C. Lorenz Akt.-Ges., Standard Labor.; engl.) — Vff. zeigen, daß die Haftspannung an Luminescenzschirmen eine Funktion der Energie des Elektronenstrahls ist; weiterhin hängt der Kurvenverlauf vom Anfangswert des Haftpotentials ab. Größere Mengen Öldampf beeinflussen das Haftpotential, jedoch ist der Einfl. desselben bei der Fertigung kommerzieller Bildröhren auf dem Pumpautomaten vernachlässigbar.
H. Schirrwitz. 5974◇

1912 **Temperaturkoeffizient der Versorgungsspannung von Glimmentladungs-Spannungsstabilisatoren und Regelröhren.** J. Smith. (Brit. J. appl. Physics **9,** 122—23, 1958; Salfords, Surrey, Mullard Res. Labor.; engl.) — Die Messungen des Temp.-Koeff. werden an verschiedenen kommerziellen Röhren durch Variation der Kolben-Temp. vorgenommen.
H. Schirrwitz. 5974◇

1913 **Untersuchung des Entladungsmechanismus in einer koaxialen Röntgen-Blitzröhre.** S. K. Händel. (Brit. J. appl. Physics **14,** 181—85, 1963; Uppsala, Sweden, Univ. of Uppsala, Dep. of Phys.; engl.)
G. Klotz. 5974◇

1914 **Optische Messungen an Neon-Blitzröhren.** H. Coxell, M. A. Meyer, P. S. Scull und A. W. Wolfendale. (Suppl. Nuovo Cimento Nr. 1 (zu [10] **21**), 7—20, 1961; Durham, Univ. of Durham, Dep. of Phys., Durham Coll.; engl.) — Es wurde das Licht von Ne-Blitzröhren mit durchwandernden ionisierenden Teilchen für einen weiten Bereich experimenteller Bedingungen untersucht. Es besteht hinreichende Reproduzierbarkeit des von serienmäßig angeordneten Röhren ausgesandten Lichts, so daß sich aus der Gesamt-Lichtausbeute genaue Abschätzungen für die Anzahl der aufleuchtenden Röhren machen lassen. Eine naheliegende Anwendung ist die Unters. von Schauern von kosm. Strahlung: Das Photographieren einer Blitzröhren-Anordnung wird durch die Aufnahme eines einzigen Pulses von einem Photovervielfacher ersetzt. In Zusammenhang mit dem „Nach-Blitzen" kann man die Photovervielfältiger-Meth. benutzen, um einer Blitzröhrenanordnung ein gewisses Maß für eine interne Auswahl von Ereignissen zu erteilen, z. B. kann man Photographien nur machen, wenn viele Blitzröhren von ionisierten Teilchen durchkreuzt wurden.
H. Laue. 5974□

1915 **CdSe-Transistor mit photoleitendem Feldeffekt.** James W. Bergstrom. (Proc. I.R.E. **50,** 2376—77, 1962; Warren, Mich., Gen. Motors Techn. Center, Electronics and Instrumentation Dep.; engl.) — Die aus Einkristallplättchen hergestellten CdSe-Transistoren haben eine wechselnde Transkonduktanz von 8 μmhos u. eine Leerlaufspannung von 40 V bei 100 μA Kurzschluß-Strom. Der Eingangswiderstand beträgt 100 MΩ. Spektrale Unterss. zeigen bei 7100 Å einen scharfen Abfall des Leerlaufstromes, während das Photostrom-

Anregungsmaximum bei größeren Wellenlängen liegt. Die Änderung des Photostromes ist zwischen −40 u. +40° F 3,6%/°F; oberhalb dieser Temp. wird der Strom wesentlich stabiler. Cu-Verunreinigungen sensibilisieren CdSe; die Zentren liegen ca. 0,6 eV oberhalb des Valenzbandes. Im übrigen besitzen die CdSe-Transistoren sehr ähnliche Eigg. wie die aus CdS. H. Pförtner. 5976◇

1916 **Dampfquellen für das Vakuumaufdampfen von supraleitenden dünnen Filmen für Schaltungen.** Arthur J. Learn und R. Spencer Spriggs. (Rev. sci. Instruments **34**, 179—82, 1963; Redondo Beach, Calif., Space Technol. Labor., Inc.; engl.) — Vff. untersuchen die Aufdampfcharakteristiken bei der Herst. dünner Pb- u. Sn-Schichten, die in Cryotron-Schaltungen Verw. finden. Als Dampfquelle wird ein zylindr. Mo-Tiegel mit einer 0,094 (in.) großen Öffnung verwendet, der 8,50 vom Substrat entfernt mit Hilfe direkt geheizter Ta-Bleche erhitzt wird. Die Schichtdickenverteilung entspricht Werten, die bei Verw. einer Punktquelle erhalten werden. Bei Verw. von Blenden, die 0,002 in. vor dem Substrat angeordnet sind, werden mit Aufdampf-Geschw. (AG) von 1,0 Å/s scharfe Kanten erhalten, während die Kanten bei höheren AD diffus werden.
Herbert Müller. 5982◇

1917 **Gleichrichteranlagen für Industrie-Elektrolysen und deren Anschluß.** J. Jicha. (Elektrie **16**, 295—99, 1962; Prag; dt.) — Die Bemessung u. Ausführung von Gleichrichteranlagen für Elektrolysen (mit Gleichströmen bis zu 150 kA u. Leistungsaufnahme bis 150 MW), der Anschluß der Anlagen, die Wahl der Gleichspannung (400—1000 V), die Gleichrichterart (bes. Hg-Dampf- u. Si-Gleichrichter) u. die spezif. Eigg. der Elektrolysen-Gleichstromanlagen werden mit Hinweis auf den augenblicklichen Stand der Gleichrichterausführungen für Elektrolysen in der ČSSR behandelt.
H. Schibilla. 5992◇

1918 N. V. Philips' Gloeilampenfabrieken (Erfinder: Louis Marius Nijland), **Herstellung von Elektrodenmaterial für Halbleitervorrichtungen.** Man löst zuerst B in Si oder einem Gemisch von B u. Ge u. dann die erhaltene Leg. in Al. Das Elektrodenmaterial soll höchstens 5 Atom-% B enthalten. (**Aust. P. 237495** vom 28/10. 1959, ausg. 8/3. 1962. Niederl. Prior. 31/10. 1958.) K. Demmler. 5953

1919 Sony Kabushiki Kaisha, Tokio (Erfinder: Reona Ezaki, Tokio, und Akira Misawa, Kamakurayama), Japan, **Herstellen von p-n-Schichten in Germanium-Einkristallen durch intermittierendes Dotieren mit Bor** beim Ziehen mit konst. Geschw. eines Ge-Einkristalls aus einer Schmelze, die Donatoren, z. B. *Sb*, enthält, dad. gek., daß das Dotieren mit B unter N_2- oder H_2-Atmosphäre vorgenommen wird. (**D. A. S. 1144932** Kl. 40d vom 25/7. 1958, ausg. 7/3. 1963. Jap. Prior. 26/7. 1957.) K. Bayer. 5953

1920 Siemens & Halske Akt.-Ges., Berlin und München (Erfinder: Artur Büchner und Joachim Kleffner, Berlin), **Elektrisches Widerstandsmaterial** aus einem Gemisch von Kunstharzlack, Leiterteilchen u. Lösungsmitteln. Bei der Herst. werden dem Gemisch zur Aufrechterhaltung des Verteilungsgrades geringe Mengen von Siliconen zugesetzt. (**D. B. P. 976226** Kl. 21c vom 28/1. 1951, ausg. 9/5. 1963. Anmeldung bekanntgemacht 24/4. 1952.)
H. Kessel. 5955

1921 Minnesota Mining & Mfg. Co. (Erfinder: Ralph J. Oace, Robert Burns Suell und Esther E. Eastwold), St. Paul, Minn., V.St.A., **Isolierband,** aus einem filmartigen weichmacherhaltigen Träger auf PVC-Basis mit einer druckempfindlichen, in W. unlösl. Harz-Kautschuk-Klebschicht. Das zur Träger-Herst. dienende Vinylchloridpolymerisat (**I**) ist zu ca. $^1/_3$ bis $^1/_2$ seines Gewichts mit einem Weichmacher versehen, der aus einem niedermol. fl. Weichmacher, bes. einem Phthalsäureester, in einer 20% des **I** nicht überschreitenden Gewichtsmenge u. einem hochmol., in dem Film nicht wandernden harzartigen Weichmacher, bes. einem weichen, nicht härtbaren Alkydharz, in mindestens der gleichen Menge wie der fl. Weichmacher besteht. (**D. B. P. 976211** Kl. 21c vom 24/12. 1948, ausg. 2/5. 1963. Anmeldung bekanntgemacht 15/5. 1952. A. Prior. 12/1. 1946.)
H. Kessel. 5957

1922 Montecatini Soc. Gen. per l'Industria Mineraria e Chimica (Erfinder: Giulio Natta, Giorgio Mazzanti und Paolo Longi), Mailand, Italien, **Herstellung von linearen Kopf-Schwanz-Hochpolymeren mit ster. regelmäßiger Struktur,** dad. gek., daß ein Diarylvinylamin in Ggw. von a) Verbb. der allg. Formel MeX_nR_m (Me = B oder ein mehrwertiges Metall mit einem Ionenradius < 0,85 Å aus der II. bis V. Gruppe des Period. Syst. der Elemente, X = Halogen, R = ein Alkyl-, Aryl-, Alkoxy- oder Acylrest oder O, n = eine ganze Zahl, m = Null oder n u. n + m = der Wertigkeit des Metalls) oder b) Additionskomplexen der Verbb. a) mit O-haltigen Lewis-Basen als Friedel-Crafts-Katalysatoren, in An- oder Abwesenheit von organ. Verbb., die unter den Polymerisationsbedingungen fl. sind u. als Lsgm. wirken, polymerisiert wird. Die Beispiele beschreiben die Polymerisation von Diphenylvinylamin in Toluol, Ae. oder Chlf. mit $BF_3 \cdot O(C_2H_5)_2$, $C_2H_5AlCl_2$ u. $TiCl_2(OCOCH_3)_2$. — *Hochspannungsisoliermittel.* Zeichnung. (**D. A. S. 1152547** Kl. 39c vom 25/9. 1961, ausg. 8/8. 1963. It. Prior. 28/9. 1960.) J. Mühleisen. 5957

1923 Licentia Patent-Verwaltungs-G. m. b. H., Frankfurt/M. (Erfinder: Franz Pawlek, Berlin), **Dauermagnetischer Sinterkörper.** Eine Mischung aus 65 bis 85 (Mol-%) Fe_2O_3, 15—35 PbO u. 0,5—9 B_2O_3 wird in üblicher Weise fein gemahlen, zu Formkörpern gepreßt u. dann gesintert. Die fertigen Prodd. weisen eine Remanenzinduktion von 1840 Gauß u. eine Koerzitivkraft von 3000 Oe auf. (**D. B. P. 976036** Kl. 80b vom 22/11. 1952, ausg. 24/1. 1963. Anmeldung bekanntgemacht 15/3. 1956.)
H. Widmann. 5959

1924 N. V. Philips' Gloeilampenfabrieken (Erfinder: Jan Leendert Melse, Petrus Baeyens und Ewoud Adriaan Boonzajer Flaes), Eindhoven, Niederlande, **Elektrolytische Herstellung ferromagnetischer Teilchen,** u. zwar kleiner, langgestreckter Metallteilchen, bes. aus *Fe*, die aus einer Lsg. von Metallionen in der Oberflächenschicht einer Kathode aus fl. Metall, bes. aus *Hg* elektrolyt. niedergeschlagen werden, worauf die Oberflächenschicht abgetrennt u. deren Teilchen einem Schwelprozeß unterworfen werden, dad. gek., daß bei Anwendung mindestens eines gesonderten, in der Elektrolysezelle vorhandenen Kathodengefäßes die das ferromagnet. Metall enthaltende Oberflächenschicht des fl. Kathodenmetalls intermittierend durch Überfließen aus dem Kathodengefäß abgeführt wird, indem nichtmagnet., fl. Kathodenmetall unterhalb der Oberfläche des Kathodengefäßes eingeführt wird, wobei das überfließende Metall aus der Elektrolysezelle abgeführt u. außerhalb der Elektrolysezelle in einen magnetisierbaren u. einen nichtmagnetisierbaren Teil getrennt wird, bevor der magnetisierbare Teil in an sich bekannter Weise einem Schwelprozeß unterworfen wird. — 5 Figuren. (**D. A. S. 1144013** Kl. 40c vom 30/3. 1961, ausg. 21/2. 1963. Niederl. Prior. 6/4. 1960.) K. Bayer. 5959

1925 Mallory Batteries Ltd., Dagenham, Essex, England (Erfinder: Samuel Ruben, New Rochelle, N.Y., V.St.A.), **Primärelement mit einer negativen Elektrode aus Zink, Magnesium oder Cadmium** u. einem Elektrolyten aus einer Lsg. von $ZnSO_4$ oder $MgSO_4$ oder Zn-Acetat sowie einem Depolarisator aus Hg-Verbb. u. feinstverteiltem, elektr. leitenden Material, dad. gek., daß der größte Teil des Depolarisators aus 2 $HgO \cdot HgCrO_4$ besteht. (**D. A. S. 1146932** Kl. 21b vom 5/1. 1961, ausg. 11/4. 1963. A. Prior. 6/1. 1960.)
F. Laaß. 5971

1926 Comp. Générale de Télégraphie sans Fil, Paris (Erfinder: Harry Huber und Jacques Bensimon), Frankreich, **Thermoelektronischer Energiewandler** zur unmittelbaren Umwandlung von Wärme in elektr. Energie, welcher in einen abgedichteten Gehäuse eine unter der Wrkg. von Wärme elektronenemittierende Elektrode u. eine Elektronenauffangelektrode aufweist, wobei die elektr. Energie an den jeweils zu den beiden Elektroden führenden Leitungen abgenommen wird, dad. gek., daß die Auffangelektrode aus einem Metall mit einer Schmelztemp. hergestellt ist, die geringer als ihre Betriebs-Temp. ist, so daß diese Elektrode im Betrieb fl. ist. Sie besteht aus Cs, Rb oder K. (**D. A. S. 1148610** Kl. 21b vom 10/5. 1961, ausg. 16/5. 1963. F. Prior. 12/5. 1960.) F. Laaß. 5971

1927 Varta Akt.-Ges., Hagen (Erfinder: Hans Bode, Joachim Euler, Frankfurt/M., und Günther Ryhiner, Bad Soden), **Lade- oder Entladebegrenzung bei galvanischen Zellen,** bes. elektr. Akkumulatoren, dad. gek., daß man zur Begrenzung isolierende Deckschichten verwendet, die sich beim Lade- oder Entladevorgang auf den Elektroden bilden u. beim umgekehrten Vorgang wieder abgebaut werden, z. B. Deckschicht aus AgCl für Ag-Elektroden u. chloridhaltigem Elektrolyt; aus ZnO oder $Zn(OH)_2$ für Zn-Elektroden u. Zn-haltiger Alkalilauge oder aus O_2, der als Gashaut durch leitende gasundurchlässige Schichten auf den Elektroden festgehalten wird. (**D. A. S. 1 153 100** Kl. 21 b vom 30/1. 1962, ausg. 22/8. 1963.) F. Laaß. 5971

1928 Varta Akt.-Ges., Hagen (Erfinder: Ernst Voss und Klaus Dehmelt, Frankfurt/M.), **Bleiakkumulator,** der zur Beschleunigung des O_2-Verzehrs Hg enthält, mit vorzugsweise fl. Elektrolyten u. einer Gasverzehrelektrode (**I**), welche räumlich getrennt von der negativen Elektrode angeordnet u. mit der negativen Elektrode elektr. leitend verbunden ist, dad. gek., daß die **I** aus fl. Hg besteht. (**D. A. S. 1 152 454** Kl. 21b vom 14/10. 1959, ausg. 8/8. 1963.) F. Laaß. 5971

1929 Zentralinstitut für Kernphysik, Rossendorf über Dresden (Erfinder: Kurt Schwabe), **Elektrische Akkumulatoren oder galvanische Elemente,** bes. Brennstoffelemente, die radioakt. Strahler enthalten, dad. gek., daß diese Strahler den Elektroden oder den akt. Massen der Elektroden zugesetzt sind. (**D. A. S. 1 147 997** Kl. 21b vom 18/2. 1959, ausg. 2/5. 1963.) F. Laaß. 5971

1930 Matsushita Electric Industrial Co. Ltd., Osaka, Japan (Erfinder: Masataro Fukuda, Kadomacho, Kitakawachi-gun, Osaka, Sennosuke Oda, Fujisawa-shi, und Yuiki Katashima, Chigasaki-shi, Japan), **Herstellung von Elektrodenplatten für alkalische Akkumulatoren,** dad. gek., daß eine wss. Lsg. von Ni-Salzen einer Konz. von bis zu 48 (g) Ni-Ionen pro 100 W. oder eine wss. Lsg. von Cd-Salzen einer Konz. von bis zu 142,4 Cd-Ionen pro 100 W. zum Imprägnieren verwendet wird, die Platten in diese Lsg. bei einer Temp. von ca. 15—80° ca. 5 bis 40 Min. lang eingetaucht werden, das Trocknen der Platten bei ca. 60—80° ca. 10—90 Min. lang erfolgt, das anschließende Erhitzen bei einer Temp. von ca. 180 —400° ca. 2—120 Min. lang in einer aus Luft u./oder Dampf bestehenden Atmosphäre vorgenommen wird u. dann die Platten in eine 20%ig. Lsg. von KOH getaucht werden. (**D. A. S. 1 152 732** Kl. 21b vom 19/8. 1959, ausg. 14/8. 1963. Jap. Prior. 20/8. 1958.) F. Laaß. 5971

1931 Varta Akt.-Ges., Hagen (Erfinder: Hans-Hermann von Doehren und Hanns Kröger, Frankfurt/M.), **Imprägnierung der porösen Tägergerüste von Elektroden,** bes. von Sinterelektroden, für elektr. Akkumulatoren mit akt. Masse, dad. gek., daß die Elektroden mit Lsgg. getränkt werden, die eine oder mehrere Verbb. von Metallen aufweisen, die Amminkomplexe enthalten. (**D. A. S. 1 148 286** Kl. 21b vom 28/8. 1959, ausg. 9/5. 1963.) F. Laaß. 5971

1932 Licentia Patent-Verwaltungs-G. m. b. H., Frankfurt/M. (Erfinder: Siegfried Poganski), **Herstellen von halbleitenden, aus kristallinen Körpern bestehenden Schenkeln für Thermoelemente** durch Veränderung der Gestalt der Schenkel durch Umpressen, dad. gek., daß als umzupressender kristalliner Körper ein Einkristall verwendet wird. Bes. geeignet sind: Bi_2Te_3, Bi_2Se_3, Bi_2S_3, Sb_2Te_3, Sb_2Se_3 sowie feste Lsgg. mit oder zwischen diesen Substanzen. (**D. A. S. 1 153 101** Kl. 21b vom 3/6. 1960, ausg. 22/8. 1963.) F. Laaß. 5971

1933 Siemens Edison Swan Ltd., London (Erfinder: Douglas Gerald Crawley, Broxbourne), England, **Entladungsröhre.** Zum Sockeln wird in die Kittmasse ein durch elektromagnet. Induktion erwärmbares Metall eingebracht, bes. in Ringform oder als Pulver. Beispiel: Pulvergemisch aus Phenolformaldehydharz u. Marmor mit 30 Gew.-% Flußstahlgranulat. (**D. A. S. 1 096 504** Kl. 21g vom 3/2. 1959, ausg. 5/1. 1961. E. Prior. 19/2. 1958.) H. Kessel. 5975

1934 General Electric Co. Ltd., Wembley, England, **Weißleuchtender Fernsehbildschirm** enthält blauleuchtendes ZnS u. einen gelbleuchtenden Leuchtstoff (bes. 2 ZnO·SiO_2 oder 3 ZnO·B_2O_3, jeweils mit Mn aktiviert) von solcher Nachleuchtdauer, daß bei Leuchtdichten bis 0,007 Stilb kein Flimmern eintritt. (**D. A. S. 1 097 576** Kl. 21g vom 1/12. 1953, ausg. 19/1. 1961. E. Prior. 2/12. 1952 u. 21/4. 1953.) H. Kessel. 5975

1935 **Farbenfabriken Bayer Akt.-Ges.,** Deutschland (Erfinder: **Viktor Lwowski, Dieter Goerrig, Engelbert Walaschewski** und **Friedrich Schubert**), *Herstellung von Elektroden aus Ti oder Ti-Legierungen.* (**F. P. 1 160 275** vom 14/11. 1956, ausg. 10/7. 1958. D. Prior. 15/11. 1955. — C. **1961,** 15918 [Belg. P. 552 582].)

1936 **Rodolfo Rodriguez Balaguer,** Cuba, *Herstellung von Werkstücken aus Kohlenstoff.* (**F. P. 1 162 674** vom 12/10. 1956, ausg. 16/9. 1958. — C. **1961,** 16605 [Aust. P. 220 728].)

1937 **N. V. Philips' Gloeilampenfabrieken,** Eindhoven (Erfinder: **Gerard Heinrich Jonker, Henricus Petrus Johannes Wijn** und **Paul Bernard Braun,** Eindhoven), Niederlande, *Ferromagnetisches Material, insbesondere für bei Frequenzen von mindestens 50 MHz anzuwendende ferromagnetische Körper.* (**D. A. S. 1 148 478** Kl. 80b vom 7/8. 1956, ausg. 9/5. 1963. Niederl. Prior. 10/8. 1955. — C. **1959,** 14219 [Niederl. P. 88 282].)

1938 **N. V. Philips' Gloeilampenfabrieken,** Eindhoven (Erfinder: **Gerard Heinrich Jonker, Henricus Petrus Johannes Wijn** und **Paul Bernard Braun,** Eindhoven), Niederlande, *Ferromagnetisches Material, insbesondere für bei Frequenzen von mindestens 50 MHz anzuwendende ferromagnetische Körper.* (**D. A. S. 1 148 479** Kl. 80b vom 7/8. 1956, ausg. 9/5. 1963. Niederl. Prior. 10/8. 1955. — C. **1959,** 11690 [Niederl. P. 88 300].)

1939 **N. V. Philips' Gloeilampenfabrieken,** Eindhoven (Erfinder: **Evert Willem Gorter** und **Cornelis Jacobus Esveldt, Eindhoven**), Niederlande, *Herstellung eines Ferritwerkstoffes für Magnetkerne, die eine nahezu rechteckförmige Hysteresisschleife aufweisen.* (**D. B. P. 976 166** Kl. 80b vom 18/12. 1954, ausg. 9/5. 1963. Anmeldung bekanntgemacht 25/10. 1956. Niederl. Prior. 21/12. 1953. — C. **1958,** 7860 [F. P. 1 116 093 u. E. P. 759 245].)

1940 **Radio Corp. of America,** übert. von: **Philip K. Baltzer, Princeton,** N.J., V.St.A., *Mischferrit.* (**A. P. 3 055 833** vom 31/10. 1957, ausg. 25/9. 1962. — C. **1963,** 645 [F. P. 1 212 975].)

1941 **General Electric Co.,** V.St.A. (Erfinder: **Willard Thomas Grubb jun.**), *Trockenelement.* (**F. P. 1 154 301** vom 27/6. 1956, ausg. 4/4. 1958. A. Prior. 29/6. 1955. — C. **1961,** 967 [D. A. S. 1 088 562].)

1942 **Union Carbide & Carbon Corp.,** V.St.A. (Erfinder: **Demetrios Vasilios Louzos**), *Primärelement.* (**F. P. 1 161 111** vom 28/8. 1956, ausg. 21/8. 1958. A. Prior. 8/9. 1955. — C. **1959,** 10365 [D. A. S. 1 045 498].)

1943 **Union Carbide & Carbon Corp.,** V.St.A. (Erfinder: **Nelson Corey Cahoon** und **Margaret Peoples Korver**), *Scheider für galvanische Elemente.* (**F. P. 1 152 212** vom 17/4. 1956, ausg. 13/2. 1958. A. Prior. 18/4. 1955. — C. **1959,** 10365 [D. A. S. 1 046 710].)

1944 **Yardney International Corp.,** V.St.A. (Erfinder: **Boris N. Bourke** und **Franck Solomon**), *Bestimmen des Ladungszustandes einer Batterie.* (**F. P. 1 151 414** vom 13/6. 1956, ausg. 30/1. 1958. A. Prior. 17/6. 1955. — C. **1960,** 4957 [D. A. S. 1 067 094].)

1945 **Accumulatoren-Fabrik Akt.-Ges.,** Deutschland, *Alkalischer Akkumulator.* (**F. P. 1 159 497** vom 2/11. 1956, ausg. 27/6. 1958. — C. **1957,** 11684 [D. A. S. 1 010 127].)

1946 **Accumulatoren-Fabrik Akt.-Ges.,** Deutschland, *Herstellung von Gitterplatten für Bleiakkumulatoren.* (**F. P. 1 218 288** vom 6/3. 1959, ausg. 10/5. 1960. D. Prior. 18/4. 1958. — C. **1963,** 13695 [D. A. S. 1 097 695].)

1947 **Electric Storage Battery Co.,** V.St.A., *Elektrodenplatte für Akkumulatoren.* (**F. P. 1 159 972** vom 20/9. 1956, ausg. 4/7. 1958. — C. **1960,** 13802 [A. P. 2 889 388].)

1948 **Hooker Chemical Corp.,** Niagara Falls, N.Y., V.St.A. (Erfinder: **Sidney Godolphin Osborne,** Saint Davids, Ontario, Canada, und **George Theodore Miller,** Lewiston, N.Y., V.St.A.), *Elektrolyse von Salzlösungen in einer Dreikammerzelle.* (**D. A. S. 1 145 143** Kl. 12h vom 3/10. 1952, ausg. 14/3. 1963. A. Prior. 23/1. 1952. — C. **1961,** 13309 [E. P. 764 181].)

1949 **Diamond Alkali Co.** (Erfinder: **Jose C. Baker, Christopher C. Silsby, John E. Venable** und **Henry R. Wiesner**), *Chloralkalielektrolyse.* (**Aust. P. 238 567** vom 5/6. 1959, ausg. 31/5. 1962. A. Prior. 6/6. 1958. — C. **1961,** 18824 [D. A. S. 1 108 673].)

H_4. Wasser, Abwasser

1950 **Projekt fortschrittlicher Methoden der Wassermeliorationen in Sumpfgebieten.** Bolesław Janke. (Gospodarka wodna **21,** 527—31, 1961; pol.) R. K. Müller. 6010◇

1951 **Die Verseuchung von Frischwasser durch die Mineralölindustrie in Kansas.** Bruce F. Latta. (Trans. Kansas Acad. Sci. **66,** 25—33, 1963; Topeka, Kans., Kansas State Board of Health, Oil Field Section; engl.) — Berichtet wird über die mögliche Frischwasserverunreinigung durch beim Rohölfördern mitgefördertes Salzwasser, durch öl- u. phenolhaltige Abwässer der Raffinerien u. durch unterird. Lagerung von Flüssiggas. Mitgefördertes Salzwasser wird unterird. gelagert, Abwässer der Raffinerien werden aufbereitet u. Flüssiggase in Salzhöhlen gelagert. Dadurch wird die Frischwasserverunreinigung möglichst klein gehalten. W. Melloh. 6010◇

1952 **Wasserverunreinigung durch die Landwirtschaft.** Dwight S. McVicker. (Trans. Kansas Acad. Sci. **66,** 17—24, 1963; Lincoln, Nebr., Soil Conservation Serv., Engng. & Watershid Planning Unit; engl.) — Landwirtschaftliche Arbeiten können W. durch Sedimente, Chemikalien, Bakterien, Viren u. andere Krankheitserreger verunreinigen sowie durch andere Substanzen eine physikal. Änderung herbeiführen. Einzelheiten über mögliche Verunreinigungen u. Maßnahmen zur Verbesserung der Situation werden mitgeteilt. W. Melloh. 6010◇

1953 **Verstopfungsprobleme bei der Elektrodialyse mit permselektiven Membranen.** B. A. Cooke. (Chem. and Ind. **1958,** 555—56, 1958; Pretoria, South African Council for Sci. and Ind. Res., Nat. Chem. Res. Labor.; engl.) — An Anlagen für die elektrodiylat. Entsalzung von Grundwasser lassen sich durch zeitweises Umpolen u. Vertauschen der Fl.-Anschlüsse Schwierigkeiten durch Verstopfungen dreierlei Art umgehen: 1. Die feste Lsg. von $BaSO_4$ u. $SrSO_4$, die die Pergamentpapiermembran auf der Kathodenseite verstopft, wird durch Umkehrung in einen lose haftenden Nd. verwandelt. Bei ca. 20std. Umkehrung nach je 6 Tagen Betrieb war nach 220 Tagen der Ohmsche Widerstand der Membran kaum gestiegen, u. es hatte sich kein Nd. angesammelt. 2. Der aus dem Rohwasser an der Kathode gebildete gelatinöse Schlamm (Si, Ca, Mg, CO_2) löst sich bei Umkehrung in der anod. gebildeten Säure. 3. Auch der an der Anodenseite von Pergamentpapier- oder Amberplexmembranen gebildete säurelösl. Nd. [$Mg(OH)_2$, $CaCO_3$, auch SiO_2] wird durch Umkehrung entfernt. R. Junge. 6014◇

1954 **Über einige reaktionskinetische Probleme der Entfernung von radioaktiven Verunreinigungen aus Gewässern mittels Ionenaustausch.** Andor Almásy und Gedeon Almásy. (Nehézvegyipari Kutató Intézet Közleményei [Mitt. Forsch.-Inst. chem. Schwerind.] **2,** 195—203, Juli 1963; Veszprém; ung.) — In Modell-Verss. mit stark verd., ^{90}Y u. ^{32}P enthaltenden wss. Lsgg. wurde die Kinetik der Dekontamination mittels eines Kationenaustauschers vom Carboxyltyp bzw. eines stark bas. Anionenaustauschers untersucht. Der Vorgang zwischen den Austauscherharzen u. den markierten Ionen scheint in einigen Fällen eine Rk. erster Ordnung zu sein, aber der Verlauf der Kurve ändert sich mit der Konz. der Lösungen. Die Brutto-Rk. ist wahrscheinlich wegen einer Komplex-Bldg. des Ions eine dritter Ordnung. Die Dekontamination nahm in beiden Fällen mit dem Temp.-Anstieg bis 50° ab, bei 65° waren aber die Werte im allg. höher. J. Plank. 6020△

1955 **Die Entfernung von Natriumchlorid aus Wasser durch Ionenaustauscher mit Calciumhydroxid als rückgewinnbarem Regenerator.** Karel Popper, Robert J. Bouthilet und Vladimir Slamecka. (Science [Washington] **141,** 1038—39, 1963; Modesto, Calif., E. u. I. Gallo Labor.; Bethesda, Md., Document. Inc.; engl.) — Ein Mischbettionenaustauscher, der mit Kalkmilch in die Ca- bzw. OH-Form übergeführt wurde, tauscht $Ca(OH)_2$ gegen NaCl u. andere im Meerwasser enthaltene Salze aus. Das $Ca(OH)_2$ kann als Nd. entfernt u. wiederverwendet werden. Restliches $Ca(OH)_2$ wird als $CaCO_3$ gefällt u. der noch verbleibende Rest wieder gegen NaCl ausgetauscht. Man erhält W. mit 0,25% NaCl. R. Krämer. 6020◇

1956 **Aufbereitung der Brauchwässer in Textilveredlungs- und anderen Chemiefasern verarbeitenden Betrieben.** Friedmund Rüb. (Chemiefasern **13,** 439—44, 1963; dt.) — Die für die Textilveredlungsindustrie in Betracht kommenden Aufbereitungs-Verff. des Betriebwassers sowie die Darst. der apparativen Gestaltung der entsprechenden Anlagen werden behandelt. I. Beßer. 6024◇

1957 **Zur Beurteilung des „Phenolkomplexes“.** John E. Kinney. (Water Sewage Works **108,** 140—44, 1961; Ann Arbor, Mich.; engl.) — Die Unterss. über den Einfl. des Phenols auf den Geschmack u. Geruch von Nutzwasser haben vielfach zu einander widersprechenden Ergebnissen geführt. Reihen-Unterss. in verschiedenen Anlagen haben aufgezeigt, daß keine Korrelation zwischen Phenol-Konzz. u. Geschmacksbeeinträchtigungen besteht. Zur Zeit kann Geruch zwar nach Intensität, jedoch nicht nach einer eindeutigen Charakteristik bestimmt werden. Geruchsbelästigungen treten sporad. auf, ihren Ursachen kann nur durch jeweilige Unterss. im Einzugsgebiet nachgegangen werden; ein summar. Entscheid, daß Phenol die Ursache ist, muß abgelehnt werden. Zur Lösung des Phenolproblems wird vorgeschlagen: 1. die analyt. Definitionen durch fundamentale Definitionen zu ersetzen; 2. die Korrelationen zwischen den verschiedenen Phänomenen zu suchen, an Stelle einzelne Kriterien unabdingbar festzusetzen; 3. die Forschung sowie die Maßnahmen unter Beteiligung aller Interessenkreise zu koordinieren. B. Franz. 6024◇

1958 **Das indirekte Ozon-Druckverfahren.** Gerhard E. Kurzmann. (Wasser, Luft Betr. **7,** 11—18, 1963; Schwetzingen; dt.) — Die Entw. u. Einführung des „Hydrokinetik-Verf.“ in Theorie u. Praxis wird beschrieben. In Abb. werden ein Schema der Teilstrom–Hauptstrom-Vermischung, eine Anlage zur Durchführung des Verf., das Schema einer Vers.-Anlage zur Überprüfung des Verf. u. eine komplette Wasseraufbereitungsanlage, bestehend aus einer Phosphat-Dosiereinrichtung u. Ozonanlage, gezeigt. Das Verf. ist für die Behandlung von Grund-, Quell- u. Oberflächenwasser mit Ozon zwecks Erhaltung einer einwandfreien Qualität des Trinkwassers bei wirtschaftlich tragbaren Kosten geeignet u. bietet außerdem den Vorteil, daß die gefürchteten Wiederinfektionen des Rohrnetzes nicht vorkommen. K. Richter. 6026◇

1959 **Bekämpfung der Psychoda-Fliege.** Herbert De Ruiter. (Water Sewage Works, Reference Number **107,** R265—R267, 1960; Villa Park, Ill., Salt Creek Sanitary Distr., Sewage Treatment Plant; engl.) — Verss., die sog. „Filterfliege“ *Psychoda* in Salt Creek Sanitary District zu bekämpfen, ergaben, daß sich sehr schnell resistente Stämme gegenüber *DDT*, „*Chlordane*“, „*Lindane*“, „*Malathion*“, „*Dieldrin*“, *p-Dichlorbenzol* u. *2.4-Dichlorphenoxyessigsäurebutylester* sowie den verschiedensten Kombinationen dieser Insekticide entwickeln. Eine wirksame Kontrolle gelang durch Versprühen von „R.S.C.“, das DDT als Hauptbestandteil in Verbindung mit einigen nicht angegebenen Resistenzinhibitoren enthält. Die Fliegen entwickelten keine Resistenz, auch wurde die Filterleistung durch dieses Insekticid nicht beeinträchtigt. I. Köditz. 6036

1960 **Untersuchung über das Sauerstoff-Absorptionsvermögen eines Aeratorsystems.** E. Hurwitz. (Wastes Engng. **31,** 260—62, 265, 1960; Greater Chicago, Metropolitan Sanitary District; engl.) — Die Hochleistungsbelüftung zwecks Beschaffung von genügend O_2 bei Abwasserbehandlung gewinnt an Bedeutung. Das Hi-Cone-Syst. arbeitet so, daß kontinuierlich u. schnell stets frische Wasseroberflächen der atmosphär. Luft ausgesetzt werden. Der O_2 wird direkt oder durch den Sulfitverbrauch bestimmt. Der Energiebedarf erwies sich innerhalb der Vers.-Grenzen als nicht sehr veränderlich u. betrug je nach Verbrauch 0,24—0,36 kWh. Karl Richter. 6040◇

1961 **Klärung von Abwässern der Textilveredlungsindustrie.** 1. Mitt. M. Kehren. (Z. ges. Textilind. **64,** 509—17, 1962; dt.) — Nach einer kurzen Darst. der chem. u. physikal. Eigg. von Abwässern aus den verschiedenen Sparten der Textilveredlungsindustrie unter bes. Berücksichtigung des Verschmutzungsgrades folgt nach einem Hinweis auf das biolog. Selbstreinigungsvermögen von gesunden Oberflächenwässern eine Schilderung der alten, unzureichenden Klär-Meth. in einfachen Absetzbecken u. der Beseitigung von Abwässern durch Versickerung, Verrieselung u. Verregnung. Schließlich wird die biolog. Behandlung von vorgeklärtem Industrieabwasser auf Tropfkörpern beschrieben. R. Grundmann. 6040◇

1962 **Klärung von Abwässern der Textilveredlungsindustrie.** 2. Mitt. M. Kehren. (Z. ges. Textilind. **64,** 706—12, Aug. 1962; dt.) — 1. vgl. vorst. Referat. — Übersicht über neuere Klär-Verff. (Absitzbecken, biolog. Abwasserbehandlung, Oxydationsgräben). W. Wesly. 6040◇

1963 **Klärung von Abwässern der Textilveredlungsindustrie.** 3. Mitt. M. Kehren. (Z. ges. Textilind. **64,** 800—06, 1962; dt.) — 2. vgl. vorst. Referat. — Übersicht über Bau u. Arbeitsweise des Schreiber-Klärwerkes, die chem. Flockung, das Verh. von Farbstoffen bei der Eisenung u. die Fällmittel zur Fällung. W. Wesly. 6040◇

1964 **Klärung von Abwässern der Textilveredlungsindustrie.** 4. Mitt. M. Kehren. (Z. ges. Textilind. **64,** 891—900, 1962; dt.) — 3. vgl. vorst. Referat. — Übersicht über Bau u. Arbeitsweise von Flockungs- u. Kläranlagen. — 23 Literaturangaben. W. Wesly. 6040◇

1965 **Kontinuierliche Akkumulation im Schaum für die Behandlung von Raffinerie- und petrochemischen Abwässern.** R. B. Grieves und R. K. Wood. (Chem. in Canada **15,** Nr. 5, 13—15, 1963; Evanston, Ill., Northwestern Univ., Technol. Inst.; engl.) — Vff. diskutieren die Anwendungsmöglichkeit der Schaumfraktionierung zur Entfernung lösl. organ. Verbb. aus Raffinerie- u. petrochem. Abwässern. Da für diesen Prozeß nur elektr. Energie für die Druckluft, für die Fl-Pumpen sowie therm. oder mechan. Energie für die Zerstörung des Schaums benötigt werden, scheint dieses Verf. sehr wirtschaftlich zu sein. I. Köditz. 6040

1966 **Beseitigung von Chlorbenzol aus Abwässern.** W. M. Kissarow, I. E. Spektor, D. M. Pawlow, N. W. Malkowa und A. K. Sdobnow. (Chem. Ind. [UdSSR] **1962,** 216—17; russ.) — *Chlorbenzol* (I) bildet mit W. ein quasiazeotropes Gemisch mit Kp. 90,2° u. 71,6% I im Dampf. Nach einem darauf beruhenden Rektifizier-Verf. im Labor.- u. halbtechn. Maßstab kann die I-Konz. in Abwässern von 0,5 g/Liter auf einen Bruchteil von 1 mg/Liter vermindert werden. I wird in einem Absorber mit Nitriergemisch u. KOH aufgefangen. Der Energieverbrauch für die Reinigung von 1 t Abwasser beträgt 0,3 kWh + 120 kg Wasserdampf. R. K. Müller. 6042◇

1967 **Wie Nitrate in Hochleistungs-Tropfkörpern den Geruch vermindern.** Leonard E. Waller und Robert S. Ingols. (Wastes Engng. **31,** 258—59, 1960; Atlanta, Ga., South River Sewage Treatment Plant u. Georgia Inst. of Technol.; engl.) — Die Stadt Atlanta verbesserte u. vergrößerte die South River-Abwasserreinigungsanlage durch Zubau von Hochleistungs- zu den gewöhnlichen Tropfkörpern u. durch Zugabe von Belebtschlamm zwecks Reinigung bisher nicht behandelter Einleitungen. Vff. stellten fest, daß Zusatz von Nitraten die biolog. Vorgänge verstärkt u. dadurch den BSB herabsetzt u. außerdem die Geruchs-Bldg. vermindert. Karl Richter. 6044◇

1968 **In neuzeitlichen Großraffinerien: Biologische Abwasserreinigung.** Anonym. (Wasser, Luft Betr. **7,** 28—31, 1963; Hamburg-Harburg; dt.) — Die in Mineralölraffinerien bisher geübte Abwasserreinigung durch Schwereabscheidung in Ölabscheidern ist bei modernen Großraffinerien nicht mehr anwendbar, weil durch die differenzierte chem. Umwandlung u. Aufarbeitung wasserlösl. organ. u. anorgan. Stoffe entstehen, die im Abwasser unerwünscht sind. Soweit es sich um organ. Stoffe handelt, unterliegen sie — ebenso wie die Stoffe des häuslichen Abwassers — dem bakteriellen Angriff. Damit wird ihre Entfernung durch biolog. Abbau möglich. Da aber der biolog. Abbau langsamer erfolgt als bei häuslichem Abwasser u. hinsichtlich der Milieubedingungen die Anforderungen höher sind, müssen vor Zuführung der Abwässer in die biolog. Endstufe gewisse Vorbedingungen erfüllt werden, wie Red. der Mengen auf ein Minimum, Entfernung der Ölverunreinigungen usw. — Die deutsche Shell AG in Hamburg-Harburg hat das Problem so gelöst, daß ein Aero-Accelator nach dem Lurgi-Verf. (Prinzip der Infilco-Corporation USA) mit Belebtschlamm die biolog. Reinigung besorgt. Ihm ist ein Flockungsbehälter (Cyclator) nachgeschaltet, in dem durch Fe-Hydroxidflockung, falls erforderlich, eine weitere Reinigung des Abwassers durch Entfernung von mitgerissenem Schlamm vorgenommen werden kann. K. Richter. 6044◇

1969 **Theorie und Praxis modifizierter Belebtschlammverfahren.** W. W. Eckenfelder jun. (Water Sewage Works **108,** 145—50, April 1961; New York, N.Y., Manhattan Coll., School of Engng.; engl.) — Nach einer Beschreibung des Mechanismus des Belebtschlammprozesses im allg. u. der konventionellen Verff. im bes. werden die kinet. Aspekte des Kontaktstabilisierungs-Verf. u. der totalen Oxydation der Abwasserverunreinigungen einschließlich der Oxydation in belüfteten Teichen behandelt. Die Kinetik des Abbaus u. der Belebtschlamm-Bldg. bei den einzelnen Verff. ist in Gleichungen u. Kurven dargestellt. Die Auswahl des Verf. hängt von der Beschaffenheit der Abwässer, der geograph. Lage des Abwasseranfalles u. von den Reinigungsanforderungen ab. B. Franz. 6044◇

1970 **Digerieren flüchtiger Säuren.** C. E. Keefer und Hans C. Urtes. (J. Water Pollut. Control Federat. **35,** 334—43, 1963; Baltimore, Md.; engl.) — Im Anschluß an Unterss. über den Abbau von Ameisen- (I) u. Essigsäure (II) bei der Schlammfaulung (C. **1963,** 13697) haben Vff. den Abbau von Propion- (**III**) u. n-Buttersäure (**IV**) studiert. Befunde anderer Forscher, denen zufolge die Abbaufähigkeit mit wachsender Anzahl der C-Atome im Säure-Mol. abnimmt, wurden bestätigt. Die Abbaufähigkeit sinkt außerdem mit abnehmender pK der Säure. **III** ist unter den untersuchten Säuren die am schwersten abbaubare, **I** folgt dieser Regel nicht. Die Produktion von CH_4 u. CO_2 aus **I, II, III** u. **IV** betrug 61,0—82,1% der Theorie. Störungsfrei verläuft der Säureabbau, wenn maximale Säure-Konzz. nicht überschritten u. pH 6,8 im Schlamm nicht unterschritten werden. Es war möglich, dem pH-Abfall durch Kalkzusatz entgegenzuwirken u. noch Säureüberschüsse von 5000—13000 mg/Liter schnell u. vollständig in CH_4 u. CO_2 überzuführen. Ob u. in welcher Weise der Säureabbau durch sonstige Zwischenprodd. der Schlammfaulung beeinflußt wird, muß noch experimentell geklärt werden. Die Isolierung u. Identifikation der den Säureabbau bewirkenden Mikroben u. die Aufklärung ihres Stoffwechsels stehen noch aus. M. Bittmann. 6048◇

1971 **Vakuumfiltrierung von Rohschlamm.** Eugene H. Trubnick. (Water Sewage Works, Reference Number **107,** R287—R290, R292, 1960; Peapack, N.J., Komline-Sanderson Engng. Corp.; engl.) — Die Vakuumfiltrierung von Abwasserschlamm, bes. von frischem Schlamm, erfordert einen geringen Installationsaufwand, geringe Betriebskosten, ein minimales Gebiet für die Schlammaufbereitung u. weist ferner nicht die mit der üblichen Schlammbeseitigung verbundenen Nachteile (Geruch, pathogene Keime usw.) auf. Sie eignet sich, wie eingehende statist. Erhebungen verschiedener Anlagen beweisen, sowohl für kleine als auch für große Aufbereitungsanlagen. I. Köditz. 6048

1972 **Schlammentwässerung mit Vibrationssieben.** Friedrich Kiess und Carl Schreckegast. (Water Sewage Works, Reference Number **107,** R318—R322, 1960; Wuppertal, Sanitary District; engl.) — Vff. berichten über die Ergebnisse der Schlammentwässerung mit dem Rhewum-Filter, das gleichzeitig in mehreren Ebenen vibriert. Mit diesem Filter lassen sich 80—95% der festen Schlammbestandteile entfernen; der Schlamm ist so weit getrocknet (60—65% Wasser-Geh.), daß er sofort weiterverwendet werden kann. I. Köditz. 6048

1973 **Schlammabbau.** Ervin Hindin und G. H. Dunstan. (Water Sewage Works, Reference Number **107,** R299—R301, R302, 1960; Pullman, Wash., State Coll. of Washington, San. Engng. Sec.; engl.) — Vgl. C. **1962,** 5804. — Vff. untersuchen die Veränderung der Belastung (0,05 bis 0,135 lb. flüchtiger Stoffe pro cu.ft. der Faulraumkapazität pro Tag) u. der Verweilzeit (5—90 Tage bei einer Belastung von 0,075 lb. flüchtiger Stoffe pro cu.ft. der Faulraumkapazität pro Tag) auf die anaeroben Prozesse, die in einem einstufigen Faulbehälter ablaufen. — In einstufigen anaeroben Faulbehältern kann Rohschlamm nur dann einwandfrei behandelt werden, wenn die Verweilzeit minimal ca. 30 Tage beträgt u. die Belastung 0,075—0,10 lb. flüchtiger Stoffe pro cu.ft. der Faulraumkapazität pro Tag nicht übersteigt. Die Wirksamkeit der gaserzeugenden Bakterien wird stark eingeschränkt, wenn der Geh. an flüchtigen Säuren (berechnet als Essigsäure) 2000 mg/Liter überschreitet. I. Köditz. 6048

1974 **Verwertung von Flüssigschlamm.** Robert C. Merz. (Water Sewage Works, Reference Number **107,** R293—R298, 1960; Los Angeles, Calif., Univ. of Southern California; engl. — C. **1960,** 16555.) I. Köditz. 6048

1975 **Die Verbrennung von festen Brennstoffen.** Mark B. Owen. (Water Sewage Works, Reference Number **107,** R328—R334, 1960; New York, N.Y., Nichols Engng. & Res. Corp.; engl.) — Beschreibung des Herreshoff-Schlammverbrennungsofens. I. Köditz. 6048

1976 **Kontinuierlicher Wasserprobenehmer.** Richard P. Marquiss, Roy N. Dunaway und Ronald L. Kathren. (J. Water Pollut. Control Federat. **35,** 347—48, 1963; Livermore, Calif.; engl.) — Vff. beschreiben an Hand von Skizzen eine Vorr., die sich zur kontinuierlichen Probenentnahme von W. aus einer den Gezeiten unterworfenen Flußmündung bewährt hat. Das W. wird durch eine Düse in einen Behälter gedrückt u. über ein der Düse gegenüber befindliches Prallblech verteilt. Ein Teil der Tropfen wird aufgefangen u. in ein Auffanggefäß außerhalb des Behälters abgeführt. Zulaufmengen u. -Geschw. sind variabel. Vorzeitiges Absetzen von Trübstoffen findet nicht statt. — 4 Abbildungen. M. Bittmann. 6056◇

1977 **Über die Analyse und die Differenzierung von Phosphaten im Wasser und Abwasser.** J. Morkowski. (Wasser, Luft Betr. **7,** 23—28, 1963; Köln; dt.) — Zur eindeutigen Differenzierung von Phosphaten im W. u. Abwasser befriedigen die meisten heute veröffentlichten Analysen-Meth. nicht.

Vf. hält das Extraktions- u. Hydrolyse-Verf. nach Martin u. Doty, das vom Komitee der amerikan. Seifen- u. Glycerinerzeuger AASGP überprüft wurde, für geeignet u. reproduzierbar. Es vermeidet die Gefahr einer Hydrolyse während der Behandlung mit schwefelsaurem Ammoniummolybdat durch die kurze Kontaktzeit von 60—90 Sek. u. die folgende Extraktion mit einem Bzl.-Isobutanol-Gemisch (1) u. eliminiert gleichzeitig den Einfl. fremder Ionen. Es wird eine Konvention vorgeschlagen, nach der die gefundenen Phosphate je nach Vorbehandlung in 3 Gruppen geordnet werden: 1. Erfassung des gelösten u. leicht säurelösl. Orthophosphats durch milde Behandlung; 2. Kochen in saurer Lsg., Best. hydrolysierbarer Phosphate u. Orthophosphate; 3. Erfassung sämtlicher P-Verbb., auch der schwer aufschließbaren organ., durch saure Naßveraschung. In eigenen Unterss. hat Vf. zur Ermittlung der Fehlerstreuung der AASGP-Meth. eine Sörensen-Test-Lsg. in 8 Labor. gleichzeitig u. unabhängig untersucht. Dabei ergab sich bei Trinkwasser mittlere Fehlerabweichungen von 0—0,2 mg P_2O_5/Liter u. bei kommunalen Abwässern von 1—2 mg P_2O_5/Liter. K. Richter. 6060◇

1978 **Über ein neues konstantes und charakteristisches Verhältnis von Wässern. Härteindex und Prozentgehalt der Härte des trocknen Rückstandes der Wässer.** Angelo Tettamanzi. (Atti Acad. Sci. Torino, Cl. Sci. fisichi, mat. natur. **95,** 678—88, 1961; Torino, Politecnico, Ist. di Chim. Ind.; ital.) — Vf. zeigt an einer Reihe von Beispielen, daß das Verhältnis Härte in g $CaCO_3$ pro Liter/Rückstand in g pro Liter bei 180° für jede Quelle oder jeden Brunnen einen konst. u. charakterist. Wert hat. C. Gottfried. 6062△

1979 **Auffindung von ungesättigten Fettsäuren in Schwelerei-Abwässern. (Ein Beitrag zur Frage der bromometrischen Bestimmung der Phenole.)** H. Seeboth und A. Rieche. (Mber. dtsch. Akad. der Wiss. Berlin **1,** 493—95, 1959; Berlin, Dtsch. Akad. der Wiss., Inst. für organ. Chem.; dt.) — Vff. weisen nach, daß im Abwasser von Braunkohlenschwelereien Fettsäuren (FS) von teilweise ungesätt. Charakter vorliegen, die bei der bromometr. Best. der Phenole zu viel zu hohen Werten führen. Die isolierten u. in 2 Fraktionen getrennten FS enthielten in der 1. Fraktion Essig- u. Propionsäure, in der 2. Fraktion (38—128°, 12 mm Hg-Säule) nach papierchromatograph. Unterss. alle FS von C_3—C_7 oder C_8 u. nach gaschromatograph. Unterss. ungesätt. C_4-, C_5-, C_6- u. C_7-Carbonsäuren mit einem Gesamtanteil von 10—15%. H. Spohn. 6068◇

H_5. Anorganische Industrie

1980 **Das chemische Gleichgewicht bei der Ammoniaksynthese aus nichtstöchiometrischen Gemischen.** D. Ss. Zikliss und A. I. Kulikowa. (Chem. Ind. [UdSSR] **1962,** 172—74; russ.) — Die Gleichgewichts-Konst. der NH_3-Synth. aus N_2–H_2-Gemischen mit $H_2:N_2 = 5$, 7 u. 10 werden für 350—550° u. 300—600 at unter der Annahme berechnet, daß die Gemische sich als ideale Lsgg. realer Gase verhalten, u. daß die Regel von Lewis-Randall gilt. Im Gleichgewichtsgemisch mit $n_{H_2}:n_{N_2} = A$ (n = Mole) u. $n_{NH_3} = x$ gilt die Gleichung $\{1 + [2x/(1 - x)]\}\cdot(\partial \ln x/\partial A) = (3/2A) - [2/(A + 1)]$. Die höchsten NH_3-Ausbeuten werden beim stöchiometr. Verhältnis $H_2:N_2 = 3$ erzielt. R. K. Müller. H 243◇

1981 **Neue Entwicklungen bei der Chlor-Elektrolyse nach dem Quecksilber-Verfahren und bei der Verflüssigung von Chlor.** Heinz Schmidt und Franz Holzinger. (Chemie-Ing. Techn. **35,** 37—44, 1963; Frankfurt/M.-Höchst, Farbwerke Hoechst A.G.; dt.) — Gegenüberstellung des Entw.-Standes der Cl_2-Elektrolyse von 1950 u. 1962. Die spezif. Belastung ist 40% höher, der Stromverbrauch ist um 12% niedriger. Vff. berichten über den Zusammenhang von Stromdichte, Zellenspannung u. Stromausbeute sowie über Messungen an Na-Amalgam u. seine Grenzflächenspannung gegen Salzsole. Es werden Einzelheiten über ein neues Verflüssigungs-Verf. für Cl_2 angegeben u. die Löslichkeit von Fremdgasen (H_2, N_2, O_2 u. CO_2) im Zellen-Cl_2 an Hand von Messungen diskutiert. Die Explosionsgrenzen der Gemische von Cl_2 u. Fremdgasen mußten bei dem Konz.-Bereich der neuen Anlage ermittelt u. dementsprechend die Verf.-Bedingungen festgelegt werden. A. Knickenberg. H 247◇

1982 **Eine Anlage zur Chlorverflüssigung.** M. Oreman und F. Nilsson. (Chem. Process Engng. **44,** 81—82, 1963; Norrkoping, Stal Refrigeration A.B.; engl.) — Beschreibung eines 2stufigen Verf. mit Aceton als Kühlmittel. Energieverbrauch zur Verflüssigung von 100 g Cl_2 18 kWh. J. Martins. H 247◇

1983 **Anorganische Reaktionen mit im Lichtbogen erhitzten Gasen.** H. Harnisch, G. Heymer und E. Schallus. (Chemie-Ing.-Techn. **35,** 7—10, 1963; Knapsack b. Köln, Knapsack-Griesheim Akt.-Ges.; dt.) — Beschreibung eines Lichtbogenbrenners für 100—250 A Gleichstrom mit einer Bogenspannung von 100—200 V u. einer Leistung von 15—30 kW. Es wird ein einziger Rk.-Partner durch den Bogen geschickt (z. B. 3—5 Nm^3/h H_2 oder N_2), so daß sich dieser in stark angeregtem oder atomarem Zustand befindet. Das Gas verläßt durch eine Bohrung in der Anode mit Überschallgeschw. den Brenner u. wird erst dann mit der zweiten Rk.-Komponente vermischt. Darlegung der Arbeitsweise zur Gewinnung von $SiHCl_3$, $TiCl_3$ u. TiN. Die Herst. von Hydrazin nach dem beschriebenen Verf. ist möglich, aber noch sehr aufwendig bei gleichzeitig hohem Energiebedarf. A. Knickenberg. 6076◇

1984 **Chemische Reaktion und Stofftransport beim heterogenen Zerfall von Nickeltetracarbonyl in einem Ringspalt.** G. Boettger und F. Fetting. (Chemie-Ing.-Techn. **34,** 834—41, 1962; Hannover, TH, Inst. für Techn. Chemie; dt.) — Experimentelle Unters. über das Zusammenwirken von Strömung, Diffusion u. chem. Wand-Rk. auf die Ausbeute bei einer heterogenen raumbeständigen Reaktion. Als Modell-Rk. wurde der durch abgeschiedenes Ni katalysierte Zerfall von $Ni(CO)_4$ an der Kernoberfläche eines konzentr. Ringspaltes bei laminarer Strömung gewählt. Das $Ni(CO)_4$ war stets zu 1% einem N_2-Strom zugemischt. Die Verweilzeiten lagen zwischen 0,2 u. 1,9 s, die Rk.-Temp. zwischen 70 u. 200°. Die Berechnung des Einfl. von Strömung u. Diffusion auf den Umsatz wurde mathemat. entwickelt. Hieraus ergab sich die Aktivierungsenergie des heterogenen Zerfalls von $Ni(CO)_4$ zu 17,2 kcal/mol. A. Knickenberg. 6076◇

1985 British Oxygen Co. Ltd., London, England (Erfinder: Frank Robin Harrison), **Herstellung von gasförmigen Ozon–Sauerstoffgemischen** durch stille elektr. Entladung in einem Ozonerzeugungs-App., der durch Verdampfen von fl. CF_4 gekühlt wird, wobei das verdampfte CF_4 durch Wärmeaustausch mit fl. O_2 rekondensiert wird, der dabei selbst verdampft u. dem elektr. Entladungsfeld zugeführt wird. (**E. P. 908 366** vom 2/5. 1960, ausg. 17/10. 1962.) K. Demmler. H 239

1986 FMC Corp., übert. von: George W. Siwinski, North Tonawanda, N.Y., V.St.A., **Reinigen von nach dem Anthrachinonverfahren hergestellten wässerigen Wasserstoffperoxidlösungen** durch Extraktion der mitgerissenen Arbeits-Lsg. u. des in den Lsgg. enthaltenen Anthrachinons mittels Dimethylnaphthalin, Toluol oder Dichlorbenzol, Behandlung der erhaltenen Lsgg. 1—10 Std. bei Temp. zwischen 50 u. 150° in Ggw. eines Stabilisators, erneute Extraktion von restlichem bzw. neu gebildetem Anthrachinon mittels der vorst. Lsgm. u. Dest. der abgetrennten wss. Lsgg., wobei gereinigtes H_2O_2 am Boden der Dest.-Kolonne abgezogen wird. — Verfahrensschema. (**A. P. 3 043 666** vom 11/3. 1960, ausg. 10/7. 1962.) K. Demmler. H 241

1987 Commercial Solvents Corp., New York, N.Y., V.St.A., **Herstellung von im wesentlichen wasserfreien Ammoniak–Ammoniumnitrat-Lösungen** mit einem Geh. von 15—60% NH_3 u. 85—40% NH_4NO_3 durch Mischen von NH_3, bes. in fl. Form, mit NH_4NO_3 bei Temp. nicht unter 0,6° F, bes. bei ca. 5° F. (**E. P. 908 984** vom 22/9. 1960, ausg. 24/10. 1962. A. Prior. 28/9. 1959.) H. Roos. H 243

1988 Industrie Chimiche Porto Marghera, übert. von: Domenico Zanon und Roberto Trupiano, Mailand, Italien, **Herstellung von reinem wasserfreiem Fluorwasserstoff aus schwefeldioxidhaltigem Fluorwasserstoff** durch Oxydation des SO_2 zu H_2SO_4 mittels überschüssigem H_2O_2 u. anschließende Dest., wobei HF mit 0,0005 (%) SO_2 u. 0,09 W. erhalten wird. (**A. P. 3 039 850** vom 12/11. 1959, ausg. 19/6. 1962. It. Prior. 17/11. 1958.) K. Demmler. H 246

1989 Olin Mathieson Chemical Corp., übert. von: Bernard H. Nicolaisen, Kenmore, N.Y., V.St.A., **Herstellung von wässeriger Perchlorsäure,** indem man in einer 1. Rk.-Zone $NaClO_3$ u. $HClO_4$ in wss. Lsg. zu einer wss. Lsg. von $NaClO_4$ u. gasförmigem ClO_2 umsetzt, in einer 2. Rk.-Zone das aus der 1. Rk.-Zone entfernte ClO_2 in wss. NaOH, die eine größere mol. Menge an NaOH enthält als der Mol.-Zahl des ClO_2 entspricht, unter Bldg. einer Lsg. absorbiert, in einer 3. Rk.-Zone diese Lsg. mit Cl_2 in einem wss. Gemisch zu einem wss. Gemisch von NaCl u. $NaClO_3$ umsetzt, das NaCl u. das $NaClO_3$ aus dem Rk.-Gemisch entfernt, das $NaClO_3$ im Kreislauf in die 1. Rk.-Zone zurückführt, die in der 1. Rk.-Zone entstandene wss. Lsg. von $NaClO_4$ mit HCl zu wss. $HClO_4$ u. NaCl umsetzt u. einen Teil der wss. $HClO_4$ im Kreislauf in die 1. Rk.-Zone zurückleitet, wobei man in der 1. Rk.-Zone bei 70—120° u. in der 2. u. 3. Rk.-Zone bei 50 bis 80° arbeitet. — Verfahrenschemata. (**A. P. 3 056 656** vom 20/5. 1958, ausg. 2/10. 1962.) K. Demmler. H 247

1990 Shell Oil Co., übert. von: Albert P. Paul, New Brunswick, N.J., V.St.A., **Gewinnung von elementarem Jod aus einem homogenen Gemisch von Jod, Jodwasserstoff und Wasser,** in dem das Gew.-Verhältnis von W. zu HJ zwischen dem azeotropen Gemisch von W. u. HJ u. 50 : 1, bes. zwischen 1 : 1 u. 25 : 1 liegt, durch Einleiten eines gegenüber J inerten Gas-, bes. Luft- oder Dampfstromes u. Gewinnung des J durch Kondensation. — Verfahrensschemata. (**A. P. 3 044 862** vom 6/4. 1959, ausg. 17/7. 1962.)
K. Demmler. H 249

1991 Laporte Chemicals Ltd., Luton, England (Erfinder: John Geoffrey Marshall und Anthony Macdonald Hildon), **Herstellung von Monopersulfaten des Natriums, Kaliums, Lithiums, Cäsiums, Ammoniums, Magnesiums oder Zinks** durch Rk. des entsprechenden Bisulfats mit wenigstens 80 Gew.-%ig. wss. H_2O_2 bei 100°. (**E. P. 912 342** vom 11/3. 1958, ausg. 5/12. 1962.)
K. Demmler. H 253

1992 **Kali-Chemie Akt.-Ges.,** Hannover, *Konzentrieren von Wasserstoffperoxidlösungen.* (**E. P. 907 421** vom 20/3. 1961, ausg. 3/10. 1962. D. Prior. 12/4. 1960. — C. **1962,** 2129 [D. A. S. 1 110 143].)

1993 **Farbenfabriken Bayer Akt.-Ges.,** Leverkusen, *Herstellung von Hydrazin.* (**E. P. 908 648** vom 13/7. 1960, ausg. 24/10. 1962. D. Prior. 15/7. 1959. — C. **1963,** 3364 [D. A. S. 1 103 903].)

1994 **Deutsche Gold- und Silber-Scheideanstalt vormals Roessler,** Frankfurt/M., übert. von: **Werner Kern, Rolf Schulz** und **Harald Cherdron,** Mainz, *Wässerige Lösungen von Acroleinmischpolymerisaten in SO_2.* (**A. P. 3 036 978** vom 7/7. 1959, ausg. 29/5. 1962. D. Prior. 8/7. 1958. — C. **1963,** 5981 [F. P. 1 228 657].)

1995 **L'Oréal,** Paris, Frankreich, *Herstellung eines ein Alkaliborhydrid enthaltenden festen Präparates.* (**Niederl. P. 102 984** vom 29/3. 1956, ausg. 15/11. 1962. F. Prior. 31/3. 1955. — C. **1960,** 609 [F. P. 1 124 235].)

1996 **Wacker-Chemie G. m. b. H.,** München, *Kristallines, sehr reines Siliciumcarbid.* (**E. P. 899 947** vom 3/4. 1959, ausg. 27/6. 1962. D. Prior. 3/4. 1958 u. 31/1. 1959. — C. **1959,** 11377 [D. A. S. 1 047 180].)

1997 **Margot Becke,** Heidelberg (Erfinder: **Margot Becke** und **Ekkehard Fluck,** Heidelberg), *Herstellung von Diphosphorsäuretetrachlorid.* (**E. P. 908 644** vom 2/6. 1960, ausg. 24/10. 1962. D. Prior. 5/6. 1959. — C. **1962,** 265 [D. A. S. 1 098 495].)

1998 **VEB Farbenfabrik Wolfen,** Wolfen, Kr. Bitterfeld, *Membrane für die dialytische Reinigung von Alkalihydroxidlösungen.* (**E. P. 913 046** vom 6/3. 1959, ausg. 12/12. 1962. D. Prior. 6/3. 1958. — C. **1959,** 10371 [D. A. S. 1 051 263].)

1999 **Diamond Alkali Co.,** Cleveland, Ohio, V.St.A., *Verhinderung übermäßiger Absetzung von Calciumsulfatkristallen aus konzentrierten, Calciumchlorid enthaltenden Laugen.* (**Niederl. P. 102 944** vom 30/7. 1953, ausg. 15/11. 1962. A. Prior. 31/7. 1952. — C. **1958,** 3422 [E. P. 755 948].)

2000 **Imperial Chemical Industries Ltd.,** London, übert. von: **George Clarkson Vincent,** Norton-on-Tees, England, *Gewinnung von reinem Aluminiumoxid.* (**A. P. 3 019 080** vom 30/4. 1958, ausg. 30/1. 1962. E. Prior. 16/5. 1957. — C. **1960,** 2654 [D. A. S. 1 063 589].)

2001 **Laporte Titanium Ltd.,** Luton, Bedfordshire, England (Erfinder: **Raymond James Wigginton**), *Reinigen von vanadinhaltigem Titantetrachlorid.* (**E. P. 868 851** vom 25/9. 1956, ausg. 25/5. 1961. — C. **1961,** 621 [F. P. 1 183 312].)

2002 **Laporte Titanium Ltd.,** Luton, Bedfordshire, England (Erfinder: **Howard Arthur Stanley Bristow**), *Reinigen von vanadinhaltigem Titantetrachlorid.* (**E. P. 869 602** vom 21/9. 1956, ausg. 31/5. 1961. — C. **1961,** 621 [F. P. 1 183 191].)

2003 **J. N. Tuttle, Inc.,** Concord, Mass., V.St.A. (Erfinder: **Walter Andrejs Vittands**), *Herstellung von Zinn(II)-chlorid.* (**E. P. 913 761** vom 2/1. 1958, ausg. 28/12. 1962. — C. **1959,** 11378 [D. A. S. 1 051 264].)

2004 **Nalco Chemical Co.,** Chicago, Ill., V.St.A., *Herstellung von Alkylbleiverbindungen.* (**Ind. P. 71 446** vom 13/4. 1960. — C. **1963,** 8692 [A. P. 3 007 858].)

2005 **Union Carbide Corp.** (Erfinder: **Edward Donald Weisert** und **Stanley Thaddeus Wlodek**), *Nioblegierungen.* (**Aust. P. 237 945** vom 14/12. 1959, ausg. 5/4. 1962. A. Prior. 22/12. 1958. — C. **1962,** 17918 [F. P. 1 244 041].)

2006 **Ciba Ltd.,** Basel, übert. von: **Walter Scheller,** Münchenstein, und **Jean Renard,** Muttenz, Schweiz, *Reinigen von Tantalpentachlorid.* (**A. P. 3 038 781** vom 8/9. 1959, ausg. 12/6. 1962. Schwz. Prior. 25/9. 1958. — C. **1963,** 4491 [D. A. S. 1 129 146].)

2007 **United States Atomic Energy Commission,** Washington, D.C., übert. von: **David A. Ellis** und **Ray S. Long,** Concord, und **James E. Magner,** Antioch, Calif., V.St.A., *Herstellung von hochreinem UF_4.* (**Can. P. 634 245** vom 5/8. 1958, ausg. 9/1. 1962. A. Prior. 30/10. 1957. — C. **1963,** 255 [D. A. S. 1 128 843].)

2008 **Union Carbide Corp.,** New York, N.Y., V.St.A., *Herstellung von kristallinem Zeolith (J.).* (**E. P. 896 784** vom 17/9. 1958, ausg. 16/5. 1962. A. Prior. 19/9. 1957. — C. **1961,** 13682 [D. A. S. 1 100 008].)

2009 **Union Carbide Corp.,** New York, N.Y., V.St.A., *Herstellung von kristallinem Zeolith (Q).* (**E. P. 897 670** vom 3/12. 1958, ausg. 30/5. 1962. A. Prior. 5/12. 1957. — C. **1961,** 13682 [D. A. S. 1 100 607].)

2010 **Union Carbide Corp.,** New York, N.Y., V.St.A., *Herstellung von kristallinem Zeolith (E).* (**E. P. 905 194** vom 11/12. 1958, ausg. 5/9. 1962. A. Prior. 13/12. 1957. — C. **1961,** 11083 [D. A. S. 1 099 513].)

H_6. Silicatchemie, Baustoffe

2011 **Übersicht über die Grundlagen des elektrischen Glasschmelzens. 2. Mitt. Typen der Industrie-Elektroschmelz-Öfen.** Josef Vach. (Sklář a Keramik **11,** 247—51, 1961; tschech.) — 1. vgl. C. **1963,** 17835. — Übersicht. — 63 Literatur-, 60 Patenthinweise. F. Urban. 6174◇

2012 **Farbige Tieftemperatur-Glasur mit Chrom-Titan-Braun.** Etsuzo Kato und Minoru Nishiwaki. (Rep. Government ind. Res. Inst., Nagoya **11,** 126—29, 1962; jap., Auszug: engl.) — Eine rosa bis dunkelbraune Glasur besteht aus: 67 (Teilen) einer Pb-Silicat-Fritte der Zus. $PbO \cdot 0{,}11\ Al_2O_3 \cdot 2{,}16\ SiO_2$, 33 bleifreier Fritte der Zus. $0{,}29\ Na_2O \cdot 0{,}02\ K_2O \cdot 0{,}69\ CaO \cdot 0{,}13\ Al_2O_3 \cdot 2{,}00\ SiO_2 \cdot 0{,}34\ B_2O_3$, 10 Kaolin, 10 Feldspat u. 10 Cr-Ti-Braun, welches aus Titanit mit darin gelöstem kleinen Anteil Cr gebildet wird. Brenntemp. ca. 1070°. G. Frikell. 6212◇

2013 **Bodenmechanik und Rheologie.** Hans Ludwig Jessberger. (Materialprüfung **1,** 269—76, 1959; München, TH, Inst. für Grundbau u. Bodenmechan.; dt.) — Übersicht über einige, rheolog. Probleme der Bodenmechanik, die Vorgänge bei Wasserbewegungen im Boden, bei Scher- u. Gleitbewegungen in Bodenkörpern, die Fließeigg. von Tonschlämmen, die Verff. zu ihrer Best. u. deren Aussagewert. Die Tonschlämme finden Verw. als Spülschlämme, als Injektionsmittel für Untergrundverbesserungen u. als Gleitschicht bei Brunnenabsenkungen. W. Wesly. 6216◇

2014 **Entwicklungslinien in der feuerfesten Auskleidung von modernen Gaserzeugungsanlagen.** K. E. Lepère. (Gaswärme **12,** 123—25, 1963; Mülheim/Ruhr; dt.) — Vf. beschreibt die in neuerer Zeit in Gaserzeugungsanlagen zur Anwendung kommenden feuerfesten Materialien. Es sind dies hauptsächlich gebrannte Steine mit hohem Al_2O_3-Geh., der gute chem. Beständigkeit u. hohe Wärmeleitfähigkeit gewährleistet. Ferner finden an Stelle von Formsteinen selbstbrennende plast. Stampfmassen Verwendung.
D. Rogalla. 6218◇

2015 **Die Bewertung der Gasdurchlässigkeit feuerfester Steine und ihre Bedeutung für den Stahlwerksbetrieb.** Peter Arteld und Birgit Oberfeuer. (Tonind.-Ztg. keram. Rdsch. **87,** 205—09, 1963; Hörde; dt.) — Die regelmäßige Durchführung der Prüfungen auf Gasdurchlässigkeit ergibt Anhaltswerte für die verschiedenen Qualitäten feuerfester Steine (Tab.). Beziehungen zwischen Gasdurchlässigkeit u. Haltbarkeit konnten bei Pfannensteinen nachgewiesen werden. W. Gulbins. 6218◇

2016 **Calciumoxid-Gießschlicker.** L. S. Williams. (Amer. ceram. Soc. Bull. **42,** 340—43, 1963; Melbourne, Australia, Commonwealth Sci. and Ind. Res. Organis., Chem. Res. Labor.; engl.) — Vf. beschreibt Schlicker-Präpp. u. Gießverf. für die Herst. von CaO-Gegenständen. Als Schlickerträger dienen Äthanol u. aliphat. KW-Stoffe mit Zusätzen von Matrix bzw. Oleinsäure als Entflockungsmittel-Binder. Die gebrannten Gegenstände wiesen eine Dichte von 3,10—3,15 g/cm^3 u. hohe Durchsichtigkeit auf. I. Köditz. 6220

2017 **Der Mechanismus der ersten Stadien des Sinterns von Ein- und Zweikomponenten-Systemen kristalliner Pulver.** R. Pampuch. (Prace Inst. Hutniczych **14,** 75—80, 1962; Kraków, Akad. Górn. Hutn.; Inst. Mater. ogniotrw.;

pol.) — Der Verlauf des Sinterns krist. Pulver im Anfangsstadium steht nicht in Übereinstimmung mit den Modellvorstellungen über das Sintern von Kuczyński [1949], Kingery u. Berg u. Coble [1958]. Diese Vorstellungen gelten erst für den weiteren Verlauf des Sinterns. Aus eigenen Verss. folgert Vf., daß im ersten Stadium eine Umgruppierung der Körner durch viscoses Gleiten in Richtung höherer Packungsdichte stattfindet. Voraussetzung des Gleitens ist die Zerstörung der Bindungen zwischen den Körnern. Dieses tritt um so leichter ein, je kleiner die spezif. freie Oberflächenenergie der Körner ist. Bei Komponenten, die miteinander chem. reagieren, ist die Umgruppierung u. damit das Sintern erschwert. — 20 Literaturangaben. F. Urban. 6220◇

2018 **Heißpressen von Kalium-Natrium-Niobaten.** R. E. Jaeger und L. Egerton. (J. Amer. ceram. Soc. **45,** 209—13, 1962; Murray Hill, N.J., Bell Telephone Labor. Inc.; engl.) — In einer beschriebenen App. wurden durch Heißpressen von $(K_{0,5}Na_{0,5})NbO_3$-Pulvern bei Drücken von 5600 lbs./sq.in. u. Temp. von 1000—1100° nahezu theoret. Dichtewerte erreicht. Mikroaufnahmen zeigten erhebliche Kornverfeinerungen. Die gemessenen DK-Werte lagen bei gleichem spezif. Widerstand höher als bei gewöhnlich gesinterten Niobaten, desgleichen die piezoelektr. Eigenschaften. R. Kaiser. 6220◇

2019 **Bleizirkonat-Bleititanat-Keramik beeinflussende Faktoren.** Peter D. Levett. (Amer. ceram. Soc. Bull. **42,** 348—52, 1963; Minneapolis, Minn., Minneapolis-Honeywell Regulator Co.; engl.) — Zur Klärung der Abweichungen der physikal. u. elektr. Eigg. von Pb-Zirkonat (I)-Pb-Titanat (II)-Keramik-Prodd. untersucht Vf. am Beispiel einer Zus. aus 53 Mol.-% **I**, 47 Mol.-% **II** mit einem Zusatz von 1,0 Gew.-% Pb-Niobat den Einfl. geringfügiger Veränderungen der Zus. auf die Endeigenschaften. Um keram. Prodd. mit reproduzierbaren physikal. u. elektr. Eigg. durch Heißpressen oder atmosphär. Brennen zu erhalten, muß eine äußerst sorgfältige Kontrolle in allen Prozeßphasen aufrechterhalten werden. Geringfügige Änderungen in der Zus. können bereits zu wesentlichen Abweichungen der Eigg., einschließlich der Dichte, der DK, der Hysteresisschleife u. des Kopplungs-Koeff., führen. — Einheitlichere u. verbesserte elektr. Eigg. der Keramik-Prodd. werden durch Heißpressen erzielt. I. Köditz. 6220

2020 **Die Farbe von Keramik auf der Grundlage von Spodumen.** J. H. Fishwick. (Amer. ceram. Soc. Bull. **41,** 773, 1962; Exton, Pa., Foote Mineral Co.; engl.) — In mit Gas oder Öl geheizten Öfen, in denen während der Abkühlungsperiode von 2000—800° F der Zutritt von Luft verhindert werden kann, bleiben Keramiken auf der Grundlage von β-Spodumen weiß. Bei ca. 2000° F geht das in β-Spodumen enthaltene Fe_2O_3 in graues Fe(II)-(III)-Oxid über, das aber so fein verteilt ist, daß es den Eindruck einer fast weißen Farbe erweckt. I. Köditz. 6220

2021 **Über die Haftfestigkeit von Metallisierungen auf Keramiken.** J. Kotowski und J. Muschaweck. (Vakuum Techn. **10,** 101—45, 1961; Esslingen, Standard Elektrik Lorenz Akt.-Ges.; dt.) — Vff. beschreiben das Mo-Mn-Verf. zur Metallisierung von Keramiken, die als Baustoff für Elektronenröhren dienen, u. diskutieren die Rkk., die zwischen den Keramikkomponenten u. den in die Keramik eindiffundierenden Metallen bzw. Metalloxiden ablaufen. Abschließend wurden in Tabellenform einige Haftfestigkeitswerte angegeben. I. Köditz. 6220

2022 **Bindungsfestigkeit und Elastizität keramischer Bindemittel.** H. Richard Thornton. (J. Amer. ceram. Soc. **45,** 201—09, 1962; Urbana, Ill., Univ. of Illinois, Dep. Ceramic Engng.; engl.) — An Überlappungen von Blechstreifen u. Stäbchenpaaren aus rostfreiem Stahl, die durch keram. Fritten bei Temp. über 1500° F verbunden waren, wurde die Bindefestigkeit durch Stoß, Abscherung u. Verbiegung geprüft. Dem Bindemittel auf Glasbasis waren geeignete Metalloxide, u. a. auch Metallpulver zur Erhöhung der Kohäsion zwischen Glasphase u. Stahl beigefügt worden. Es konnten auf diese Weise Scherfestigkeiten von $>$ 1000 lbs./sq.in. innerhalb des Temp.-Bereichs 70—1200° F, Dehnungswerte von 3000 lbs./sq. in. bei 800° F bzw. 500 lbs./sq.in. bei 70° F erreicht werden. R. Kaiser. 6220◇

2023 **Keramische Bindemittel zum Kleben von schwerschmelzbaren Metallen — eine vorläufige Untersuchung.** Ray K. Reeder jun. und Roger A. Long. (Amer. ceram. Soc. Bull. **42,** 337—40, 1963; San Diego, Calif., Narmco Res. and Dev., Telecomputing Corp., Refractories Res. Dep.; engl.) — Vff. untersuchen die Möglichkeit, keram. Bindemittel für die schwerschmelzbaren Metalle Mo, W, Ta u. Nb zu verwenden. — Eutekt. Gemische der schwerschmelzbaren Oxide von Al, Ti, Mg, Si u. Zr benetzen u. haften an den untersuchten Metallen; sie sind von den untersuchten Zus. die vielversprechendsten keram. Klebemittel. Gläser auf der Grundlage von Ta_2O_5 eignen sich als Klebemittel für die Vakuumbindung von Ta u. Nb sowie mit Zusätzen von bas. Metalloxiden als Vakuumklebemittel für W u. Mo. I. Köditz. 6220

2024 **Eignung des Dharmkot-Kalksteins für die Portlandzement-Herstellung, Kangra Distrikt, Punjab.** S. P. Nautiyal, D. P. Dhoundial, B. Nadgir, S. P. Dasgupta und A. V. Ramachandra. (Rec. geol. Surv. India **87,** 707—50, 1962; Geol. Survey of India; engl.) — Die para-autochthonen rosa Kalke von Dharmkot mit 13,92 (%) SiO_2; 1,83 R_2O_3 u. 42,52 CaO u. die mit Schiefertonen wechselnden Schichten dunkelgrauen Kalks mit der Zus. 12,24 SiO_2; 2,28 R_2O_3; 45,29 CaO u. 1,92 MgO eignen sich zur Herst. von Portlandzement u. sind in ausreichenden Mengen verfügbar. F. Ensslin. 6222◇

2025 **Verwendung magnesiumreicher Luppen bei der Herstellung von Hochofenzement.** Vittorio Cirilli und Sergio Zaccarini. (Atti Accad. Sci. Torino, Cl. Sci. fisiche, mat. natur **95 (1),** 351—59, 1960/61, herausgeg. 1961; Turin, Politecn. u. Piacenza, Cementi Rossi; ital.) — Gemahlene Luppe mit 26,2 (%) MgO; 35,0 SiO_2; 12,0 Al_2O_3; 0,8 FeO; 1,0 MnO; 23,0 CaO; 0,5 S; 1,0 SO_3 dient zur Herst. von Hochofenzement, dessen Zug- u. Druckfestigkeiten mit denjenigen von Portland-, Puzzolan- u. normalem Hochofenzement verglichen werden. Auch wird für sämtliche Zementsorten die Wasserresistenz bzw. Auslaugbarkeit durch dest. W. ermittelt. Zwecks Erzielung gleicher mechan. Festigkeit muß bei MgO-reicher Luppe das Verhältnis Klinker/Luppe erhöht werden. B. Scheifele. 6222

2026 **Zusammenstellung einheitlicher Bezeichnungen für Zement- und Betontechnik. Liste Nr. 1.** Delmar L. Bloem. (J. Amer. Concrete Inst., Proc. **59,** 1761—70, 1962; engl.) G. Frikell. 6224◇

2027 **Vorschlag zur Neufassung der Stahlbetonbestimmungen (ACJ 318-56). — Verbesserung.** Raymond C. Reese und John P. Thompson. (J. Amer. Concrete Inst., Proc. **59,** 1821—47, 1962; engl.) G. Frikell. 6224◇

2028 **Über die Bewertung der Eigenschaften von Betonfüllstoffen.** Anonym. (Erforsch. Schutz Bodenschätze [UdSSR] **29,** 20—23, 1963; russ.) — Mehrere Sand-Kies-Proben aus Vork. im Moskauer Gebiet wurden auf ihre Eignung als Betonfüllstoffe untersucht. Außer der petrograph. Unters. wurde die Rk.-Fähigkeit der enthaltenen Kieselsäure mit dem Alkali des Zements chem. an Hand von Betonproben bestimmt. Diese Unterss. genügen für die endgültige Bewertung der Füllstoffe jedoch nicht, so daß komplexe Unterss. erforderlich bleiben. Albert Krause. 6224◇

2029 **Die Haltbarkeit von Beton bei Beanspruchung.** Hubert Woods. (J. Amer. Concrete Inst., Proc. **59,** 1771 bis 1820, 1962; engl.) — Vff. berichten über den Einfl. von Frost- u. Tauwetter auf Beton, Chemikalien zum Entfernen von Eis, allg. chem. Mittel, Zuschlagstoffe, korrodierten Stahl u. Ausbesserung von Beton. G. Frikell. 6224◇

2030 **Über Spezialbeton als Schutz gegen Kernstrahlen.** José Janss. (Rev. univ. Mines, Métallurgie, Mécan., Trav. publ., Sci. Arts appl. Ind. [9] **18 (105),** 535—41, 1962; Liège, Univ.; franz.) — Die Absorptionsfähigkeit u. Festigkeit verschiedener Betongemische mit Zusätzen, wie Baryt, Schwermetallen u. deren Mineralien, wird mit normalen Zementgemischen verglichen. G. Frikell. 6224◇

2031 **Das Abbinden und Härten von Gipsmörtel.** W. C. Hansen. (Mater. Res. Standards **3,** 359—63, 1963; Buffington, Ind. U. S. Steel Corp., Univ. Atlas Cement Div., Res. Labor.; engl.) — Frühere Theorien über das Abbinden u. Härten von Gipsmörtel werden dahingehend abgewandelt, daß die Rk. von $2\,CaSO_4 \cdot H_2O$ **(I)** oder lösl. $CaSO_4$ **(II)** mit W. mit einer Feststoff-Fl.-Rk. beginnt, wobei auf der Oberfläche der I- oder II-Teilchen festes $CaSO_4 \cdot 2\,H_2O$ **(III)** ohne vorherige Lsg. des Rk.-Teilnehmers gebildet wird. Das Abbinden u. Härten erfolgt, indem Kristallite von III in die nadelförmigen Gipskristalle wachsen. Die Kristallite dienen als Kristallisationskeime u. leicht zugängliche Ca^{2+}- u. SO_4^{2-}-Quelle. Die Theorie wird auf beschleunigende u. verzögernde Stoffe u. die Ausdehnung von Mörtel beim Abbinden u. Härten angewandt. W. Wesly. 6226◇

2032 **Der Schallschutz bei Verwendung von Bimsbaustoffen.** F. R. Schütz. (Betonstein-Ztg. **29**, 371—75, 1963; Neuwied; dt.) — Die neue DIN 4109 (Schallschutz im Hochbau) fordert für bestimmte Wände u. Decken Mindestluftschallschutzmaße, wobei für die Bauteile angegeben wird, wie ein erhöhter Schallschutz zu erreichen ist. Im einzelnen werden die Forderungen des Schallschutzes, soweit Bimsbaustoffe in Frage kommen, für Außen- u. Innenwände, Decken, Schächte, Kanäle u. haustechn. Anlagen besprochen. W. Gulbins. 6228◇

2033 **Das ternäre System $CaO-MnO-SiO_2$.** F. P. Glasser. (J. Amer. ceram. Soc. **45**, 242—49, 1962; University Park, Pa., Pennsylvania State Univ., Dep. Geophys. and Geochem.; engl.) — Die Unters. des tern. Syst. $CaO-MnO-SiO_2$, das in einem Pt-Schiffchen unter einer ($5 CO_2 + 1 H_2O$)-Atmosphäre bei 1700° zum Schmelzen gebracht wurde, erfolgte in den durch stufenweise Abkühlung erhaltenen Phasen auf opt. u. röntgenograph. Wege. Nach einer Überprüfung der bin. Syst. $CaO-SiO_2$ u. $MnO-SiO_2$ sowie der Gleichgewichtsphasen $Mn_2SiO_4-Ca_2SiO_4$ u. $MnSiO_3-CaSiO_3$, wurden im tern. Syst. 3 tern. Liquidusminima festgestellt: a) bei 1265° mit der Zus. (in Gew.-% CaO, MnO, SiO_2) 5,0, 48,5, 46,5; b) bei 1190° mit 17,5, 45,0, 37,5; c) bei 1204° mit 15,0, 53,0, 32,0%. CaO u. MnO bilden vollständige Feststofflösungsreihen bis zum Orthosilicat, über dem ein Gebiet der Unmischbarkeit fl. Stoffe mit SiO_2 an der Spitze besteht, aus dem sich bei der Abkühlung ein homogenes Glas mit 30—60% SiO_2-Geh. u. mit einem Brechungsindex von 1,62—1,73 bildet. R. Kaiser. 6240◇

2034 **Silber-Palladium-Legierungen als Tiegelmaterial für Untersuchungen niedrig schmelzender Eisensilicate.** Arnulf Muan. (Amer. ceram. Soc. Bull. **42**, 344—47, 1963; University Park, Pa., Pennsylvania State Univ.; engl.) — Aus den Daten der Phasengleichgewichte für das Syst. Ag–Pd–Fe sowie den thermodynam. Daten für das Syst. Ag–Pd u. Eisenoxide werden die Temp.- u. Sauerstoffpotentialgrenzbedingungen abgeleitet, bei denen Pd–Ag-Legg. im Kontakt mit Fe-Oxiden ohne zu schmelzen verwendet werden können. Ag–Pd-Legg. eignen sich als Behälter für Gemische aus Fe-Oxiden u. Fe-Silicaten bei höheren Temp. sowie zur Unters. von $K_2O-FeO-Fe_2O_3-SiO_2$, $Na_2O-FeO-Fe_2O_3-SiO_2$, $CaO-FeO-Fe_2O_3-SiO_2$ u. natürlichem Basalt. Aus den Daten kann geschlossen werden, daß sich diese Legg. auch zur Unters. der Subsoliduskurve in Fe-Oxid enthaltenden Syst. bis zu 1250° bei niedrigem Sauerstoffpotential eignen. I. Köditz. 6240

2035 **Einige Untersuchungen über die Wirkung hohen Drucks auf ein Lithium-Aluminium-Silicatglas.** R. A. Eppler, A. A. Giardini und J. E. Tydings. (J. Amer. ceram. Soc. **45**, 218—20, 1962; Corning, N.Y., Corning Glass Works; Fort Monmouth, N.J., U. S. Army Signal Res. and Dev. Labor.; engl.) — In einer bes. Druck-Schmelz-App. wurde ein Gemisch von 20 (Gew.-%) Li_2O, 10 Al_2O_3 u. 70 SiO_2 zum Schmelzen gebracht. Während die Kristallisation unter Atmosphärendruck bei 600° einsetzte mit Ausscheidung von Li-Metasilicat in fester Lsg. mit β-Quarz, die sich langsam in β-Spodumen u. Li-Silicat umsetzten, erfolgte unter Hochdruck (30000 at) bei 900° Ausscheidung von α-Spodumen. R. Kaiser. 6242◇

2036 **Neue statistische Behandlung von Kerbschlagmessungen zur Bestimmung der Verteilung von Glasfehlern.** Eugene W. Sucov. (J. Amer. ceram. Soc. **45**, 214—18, 1962; Pittsburgh, Pa., Pittsburgh Plate Glass Co., Glass Res. Centre; engl.) — Bei Kugelschlagproben auf Glasoberflächen entstehen außerhalb des Kontaktkreises von Kerbkugel u. Glasprobenplatte ringförmige Frakturen, deren Dichteverteilung bis zu bestimmter Tiefe u. Breitenabstand ein physikal. begründetes Bild von der vorliegenden Glasstruktur gibt. Für die Dichteverteilung der entstandenen Risse innerhalb der Bruchzone $2\pi r$ (wobei $r > a$, Radius der Kontaktzone), wird eine Gleichung $d = p/A_1$ aufgestellt, in der als p eine Pascal-Verteilungsfunktion der Frakturen einer Tiefenlage im untersuchten Flächenteil A_1 gewählt wird. Hierbei wird auf die Analysen-Meth. von Hertz (vgl. Gesammelte Werke **1**, [1895], 155) u. Huber (vgl. Ann. Physik **14**, [1904], 153) Bezug genommen. Die verschiedenen Tiefenlagen werden durch Abätzen mit 6%ig. HF-Lsg. aufgeschlossen, wobei erfahrungsgemäß bei 5 Min. langer Einw.-Dauer 10 μm der Oberfläche von Flachglas, aber nur 6 μm von Fensterglas abgelöst werden. R. Kaiser. 6242◇

2037 **Untersuchung über die Kaolinitumwandlung durch verschiedene chemische Reagentien.** M. C. Gastuche. (Silicates ind. **24**, 237—44, 313—20, 1959; Héverlé-Louvain, Inst. d'Agronom., INEAC, Labor. des Colloides des Sols Tropicaux; franz.) — Nach einer kurzen Beschreibung von Verss. zur Enteisenung von Kaolin (2 Proben von Yanbamgi, Belg.-Kongo) durch Behandlung mit 1%ig. Oxalsäure in Ggw. von metall. Al, mit $NaHSO_3$-Lsg. u. mit 2n HCl unter Berücksichtigung des Verlustes an Kaolinit wird die Umwandlung des Kaolinits (I) durch vielstd. Einw. von NaCl- bzw. $MgCl_2$-Lsg. bei pH 3—9 mit Hilfe chem., röntgenograph., opt. u. differentialthermoanalyt. Meth. untersucht. In NaCl-Lsg. war bei allen pH-Werten nur das Auftreten von SiO_2 nachzuweisen, bei $MgCl_2$ jedoch bei pH 7,8 auf den Kanten der I-Kristalle aufsitzend auch eine kleine Menge Sepiolith. Ferner wird über Synth.-Verss. von I aus SiO_2-Gel bzw. Pyrexglas als SiO_2-Lieferant u. Al-Metall berichtet. Hiernach finden sich bei pH 4,2—9 massenweise im Elektronenmikroskop Boehmit u. Diaspor, bei pH 7,5 vereinzelte Plättchen von I. R. Kaiser. 6248◇

2038 **Die Wirkung von Fluoriden als Mineralisatoren für die thermische Reaktion von Kaolin-Mineralien.** Hiroshi Okuda, Shuzo Kato und Takeo Iga. (Rep. Government ind. Res. Inst., Nagoya **11**, 53—62, 1962; jap., Auszug: engl.) — Unterss. über den Einfl. von Zusätzen von 0,1 bis 0,4 Mol LiF, NaF, KF, MgF_2, NH_4HF_2, CaF_2 u. Li_2CO_3 zu Kaolin (I)-Mineralien auf die Kristallphase der erhitzten Proben zeigen, daß die Temp. der endothermen Rk. der Gemische höher u. die der exothermen Rk. viel tiefer als die der therm. Rk. von I allein ist. Die Temp.-Schwankuugen der endothermen Rk. stehen in Beziehung zum Kristallisationsgrad der I-Mineralien. Die therm. Rkk. werden durch die Wrkg. von F^- erläutert. F^- enthaltender I bildet eine Mullitphase bei tieferen Temp. als in Abwesenheit von F^-, selbst bei Zusatz von 0,4 Mol LiF bei 550°. W. Wesly. 6248◇

2039 **Zusammensetzung des LiF enthaltenden Kaolin-Mineralien bei niedrigen Temperaturen unter 900° gebildeten Mullits.** Hiroshi Okuda, Shuzo Kato und Takeo Iga. (Rep. Government ind. Res. Inst., Nagoya **11**, 193—98, 1962; jap., Auszug: engl.) — Unterss. über die Eigg. von Kaolin nach Vermischen mit 0,1—0,4 Mol LiF, 5std. Erwärmen auf 600—900° u. Behandlung mit 5—10% HF zeigen, daß die Zus. des Rückstandes der auf 700—900° erwärmten Proben etwa der Formel $3 Al_2O_3 \cdot 2 SiO_2$ entspricht. Die Rückstände bestehen aus nadel- oder säulenförmigen Mullitkristallen. Die Röntgenbeugungsbilder entsprechen denen von Mullit. W. Wesly. 6248◇

2040 **Untersuchungen poröser keramischer Produkte auf Mullit- und Korund-Basis.** B. Löcsei. (Acta techn. Acad. Sci. hung. **44**, 11—49, 1963; Budapest, Central Res. Inst. for Building Materials; engl.) — Aus Al-Oxysilicaten bzw. Al-Silicaten u. Al-Fluorid bildet sich 1. Mullit nach der stöchiometr. Rk.-Gleichung: $12 AlF_3 + 13 SiO_2 \rightarrow 2 (3 Al_2O_3 \cdot 2 SiO_2) + 9 SiF_4$; 2. Korund nach der Gleichung: $3 SiO_2 + AlF_3 \rightarrow 2 Al_2O_3 + 3 SiF_4$. Für die Bldg. von Mullit ergibt sich die theoret. nötige Menge AlF_3 nach der Gleichung: (SiO_2 — 282/718 Al_2O_3)·1008/781 = AlF_3. Ist das Verhältnis AlF_3/SiO_2 über dem Wert für Mullit, so bilden sich Korund u. Mullit nebeneinander. Die Rk. des Kaolins mit AlF_3 verläuft zwischen 600 u. 900° intermediär über Al-Fluorosilicat, das oberhalb 900° in Mullit übergeht. Bei dieser Rk. erhält man poröse Mullit- bzw. Korundprodukte. Die Porosität hängt ab vom SiO_2-Geh. des Ausgangsmaterials u. von der Menge des AlF_3. In Ggw. von W. finden infolge Hydrolyse oberhalb 300° folgende Rkk. statt: 1. $2 AlF_3 + 3 H_2O \rightarrow Al_2O_3 + 6 HF$, 2. $SiO_2 + 4 HF \rightarrow SiF_4 + 2 H_2O$. Das entstehende HF katalysiert die Mullit-Bldg. stark. Erhalten wird ein Mullit-Korund-Prod. mit einem Vol.-Gew. von 0,4—2,0 g/cm³. Das Gleichgewicht zwischen SiO_2 u. Al_2O_3 wird gegen 1100°

erreicht. Verss. ergaben eine Vo .-Beständigkeit bis 1700° u. eine Feuerfestigkeit von Mullit u. Korund bei 1750—1800 bzw. 1900—1950°. W. Gulbins. 6248◇

2041 **Wirkung von Netzmitteln auf gepulverte, keramische Stoffe.** Shinpei Ozaki und Ryoichi Tatematsu. (Rep. Government ind. Res. Inst., Nagoya **11**, 41—47, 1962; jap., Auszug: engl.) — Anion. u. nichtion. Netzmittel (a) haben einen geringen Einfl. auf SiO_2 als wss. Suspension; kation. a wirken stark agglomerierend auf wss. Suspensionen von SiO_2, Feldspat, Kaolin, Al_2O_3 u. $CaCO_3$. Kation. a werden auf der SiO_2-Oberfläche stark adsorbiert. Die angehäuften Teilchen neigen oberhalb der Konz., bei der die Adsorption ihren Sättigungswert erreicht, zur Dispergierung. Die an der SiO_2-Oberfläche adsorbierten kation. a werden durch W. oder Ae. nicht extrahiert. Mit kation. a behandeltes SiO_2 hat ein geringeres Fällungs-Vol. in Olivenöl oder fl. Paraffin als unbehandeltes SiO_2, in W. ist es umgekehrt. W. Wesly. 6248◇

2042 **Die Beständigkeit von Celsian-Materialien gegenüber einigen aggressiven Agentien.** M. Starczewski. (Prace Inst. Hutniczych **14**, 69—74, 1962; Gliwice, Politechn. Śląska, Inst. Mater. ogniotrwałych; pol.) — Zusatz kleiner Mengen PbO u. Cr_2O_3 verändert weder die Feuerfestigkeit noch andere Eigg. von Celsian (I, $BaO \cdot Al_2O_3 \cdot 2\,SiO_2$). 4% MnO_2 erniedrigen die Feuerfestigkeit von I unbedeutend, verbessern aber die mechan. Festigkeit. Die zugesetzten Oxide bilden mit I feste Lsgg., da sie im Röntgenogramm von I nicht festgestellt werden können. Das hexagonale Gitter von I geht dabei in das monokline über. Erst bei größerem Zusatz (ca. 15%) werden die Oxide als eigene Phase röntgenograph. sichtbar. Mit B_2O_3 bildet I leichtschm. Gläser. Gegen fl. Fe, Cr, Pb u. Mn ist I beständig, fl. Al korrodiert dagegen I sehr leicht. F. Urban. 6248◇

2043 **Untersuchung über das System Kalk–Bariumoxid–Kieselsäure.** Cesare Brisi. (Ind. ital. Cemento **33**, 397 bis 402, 1963; Torino, Ist. di Chim. gen. e applicata e di Metallurgia del Politecn.; ital.) — Das Gemenge Ba_2SiO_4 (B_2S) u. Ca_2SiO_4 (C_2S) führt bei 1200° zu einer festen Lsg. von B_2S in C_2S mit maximal 21 Mol-% B_2S, krist. in der α-Form des C_2S mit den Gitter-Konst. $a = 5{,}54$, $c = 7{,}05$ Å; daneben erscheint nach röntgenograph. Unterss. eine tern. Phase der Zus. $0{,}8\,CaO \cdot 1{,}2\,BaO \cdot SiO_2$ bis $0{,}45\,CaO \cdot 1{,}55\,BaO \cdot SiO_2$. Durch Heraufsetzung der Temperungs-Temp. auf 1350° erhöht sich die Löslichkeit des B_2S in fester Lsg. des C_2S auf 28 Mol-% mit den Gitter-Konst. $a = 5{,}59$, $c = 7{,}13$ Å ohne Änderung der tern. Phase. Das Tricalciumsilicat ist analog dem Tricalciumaluminat unbeständig u. zerfällt in Ggw. von B_3S oder B_2S in freies CaO, wenn der Geh. an B_2S 7 Mol-% übersteigt. In Zementen ist ein gewisser Anteil an BaO insofern von Vorteil, als in FeO-haltigen Prodd. dadurch eine Verminderung der Viscosität der fl. Phase u. eine Verblassung des Farbtons erreicht wird. — 24 Literaturhinweise. R. Kaiser. 6252◇

2044 **Anwendung der statistischen Qualitätskontrolle auf Zemente.** T. Lammi. (Valtion tekn. Tutkimuslaitos, Sarja III [State Inst. techn. Res., Ser. III] **1962**, Nr. 64, 1—72; finn.) G. Frikell. 6252◇

2045 **Über den Zusammenhang zwischen Reißneigung, Schwindmaß und Festigkeitsentwicklung von Zementmörteln.** H. Weigler. (Betonstein-Ztg. **29**, 366—70, 1963; Darmstadt, TH, Inst. für Massivbau; dt.) — An Zementproben mit bes. niedriger, mittlerer u. bes. hoher Festigkeits-Entw. wurde die geringste Reißneigung bei einem Zement mit kleiner Schwindung u. mittlerer Festigkeit gefunden, wobei sie mit steigender Vorlagerungsdauer zunahm. Ein Zement mit großer Schwindung u. langsamer Festigkeits-Entw. ist bzgl. der Reißneigung günstiger als ein Zement mit mittlerer Schwindung u. schneller Festigkeitsentwicklung. Wenn auch diese qual. Ergebnisse grundsätzlich auf den Beton übertragbar sind, bleibt die Notwendigkeit einer Nachbehandlung des Betons bestehen. W. Gulbins. 6252◇

2046 **Einfluß des Verhältnisses von Länge zu Durchmesser der Probekörper auf die Druckfestigkeit.** Clyde E. Kesler. (Proc. Amer. Soc. Testing Mater. **59**, 1216—28, 1959; Urbana, Ill., Univ. of Illinois; engl.) — Die Abweichung der Ergebnisse nimmt zu, je mehr die Abmessungen von dem ASTM-Normwert abweichen u. das Verhältnis *l*/d wächst. Dieser Einfl. ist bei Beton geringer Festigkeit größer als bei festem. Poren- u. Leichtbeton zeigen diese Wrkg. nicht. Bes. empfindlich sind getrocknete u. im Autoklaven gehärtete Proben. Die Größe des Durchmessers, das Alter u. die Ausdehnung sind dagegen ohne Einfluß. G. Frikell. 6252◇

2047 **Messung der Hydratisierungswärme von Zement im Labyrinth-Strömungskalorimeter.** W. Zielenkiewicz. (Bull. Acad. polon. Sci., Sér. Sci. chim. **10**, 383—85, 1962; Inst. Chemii Ficycznej, PAN; engl.) — Vgl. Swietoslawski u. Zielenkiewicz, C. **1960**, 8619. — Hydratisierungswärmen von Portland- u. Schlackenzement mit u. ohne Zusatz von $CaCl_2$ werden mitgeteilt. Heinrich Arnold. 6252◇

2048 **Wasserabweisender Zement.** Julio Fernández Vázquez-Gulías. (Cemento-Hormigón [2] **29** (**31**), 221—23, 1963; Venezuela, C. A. Venezolana de Cementos; span.) — Unter den Zusätzen zur Umhüllung der Zementkörnchen gegen allmähliche Hydratation bei der Lagerung erwies sich als billiges u. zweckentsprechendes Mittel Ölsäure. Vorgenommene Labor.-Prüfungen mit Zusätzen bis 0,4% ergaben gegenüber zusatzfreien Klinkermehlen bei gleicher Feinheit u. spezif. Oberfläche (Blaine-Test) keine längeren Vermahlungszeiten u. nur unwesentliche verminderte Druck- u. Zugfestigkeiten nach 21 Tagen, unterschiedslose nach 1jähriger Abbindezeit gegenüber normalem Portlandzement. Die Glühverlust-Best. von in normalen Säcken gelagerten Proben zeigte bereits bei 0,2% Zusatz den hohen Wrkg.-Grad des Zusatzes. R. Kaiser. 6252◇

2049 **Über die Untersuchung von Puzzolanzementen auf ihren Gehalt an Strontiumverbindungen.** Arturo Rio, Adriano Celani und Livio Angeletti. (Ind. ital. Cemento **33**, 249—54, 1963; Roma, Colleferro, Centro Studi Cementisegni; ital.) — Wegen des Vork. von SrO im Rohmaterial von Zementklinkern ist die Best. der Gesamtalkalinität eines abgebundenen Puzzolanzementgemisches wegen der sehr geringen Aktivität des SrO gegen SiO_2 bei der Hydratation fehlerhaft, wenn nicht der Anteil Sr^{2+} ermittelt u. vom Ca^{2+} in Abzug gebracht wird. Als Best.-Meth. wird angegeben: Fällung des Sr^{2+} in schwach saurer Lsg. mit H_2SO_4 u. des Ca^{2+} im Filtrat mit Ammoniumoxalat. Beleganalysen von 2 verschiedenen Gemischen werden gegeben. R. Kaiser. 6252◇

2050 **Kontrolle des Gipsgehaltes in Portlandzement.** Bailey Tremper. (Proc. Amer. Soc. Testing Mater. **59**, 1101—10, 1959; Sacramento, Calif., California Div. of Highways; engl.) — Die Ermittlung des optimalen Geh. an SO_3, bei dem der abgebundene Zement maximale Festigkeit u. minimale Veränderung des Vol. aufweist, gelingt mit einer Genauigkeit von 0,25% durch die Meth. der Best. der Expansion in W. u. der Kontraktion des Mörtels an der Luft. Voraussetzung ist, daß der Kontraktions-Koeff. nicht über die Werte von 0,01—0,022 hinausgeht. G. Frikell. 6252◇

2051 **Quantitative Bestimmung der vier Hauptphasen in Portlandzement durch Röntgenanalyse.** Stephen Brunauer, L. E. Copeland, D. L. Kantro, C. H. Weise und Edith G. Schulz. (Proc. Amer. Soc. Testing Mater. **59**, 1091—99, 1959; Skokie, Ill., Res. and Dev. Labor.; engl.) — Die mittels Röntgenanalyse bestimmten Werte für Dicalciumsilicat, Tricalciumaluminat u. Calciumaluminoferrit stimmen mit den Werten nach einer kombinierten Röntgen- u. chem. Analyse gut, diejenigen für Tricalciumsilicat befriedigend überein. Die Ergebnisse konnten durch Neueichung der Konst. auf Grund der mit dem kombinierten Verf. ermittelten Werte noch verbessert werden. Die Genauigkeit der Röntgenanalyse übertrifft diejenige der chem. Analyse. G. Frikell. 6252◇

2052 **Die Anwendung der Ultraviolett-Spektrophotometrie zur Bestimmung von Lignosulfonatzusätzen in Zement.** A. S. Wexler und F. D. Brako. (Mater. Res. Standards **3**, 364—68, 1963; Cambridge, Mass., W. R. Grace & Co., Dewey and Almy Chem. Div., Analyt. Labor.; engl.) — Lignosulfonat (I) in Zement wird bestimmt durch Extraktion mit 10%ig. Na_2CO_3-Lsg. u. Ermittlung der Absorption bei 280 mμ im UV-Spektrophotometer. Bei I-Geh. von 0,02 bis 0,05% werden 95—100% I mit einer Genauigkeit von ±5% gefunden. Blindproben ergeben ca. 0,01% I; dieser Wert wird in Abzug gebracht. W. Wesly. 6252◇

2053 **Die Ursachen des Abbindens im Beton.** H. Martin. (Ind. ital. Cemento **33**, 453—63, 1963; ital.) — Durch Verss.

mit markierten Ca- u. Si-Ionen wurde die Wanderung u. Niederschlagung dieser Ionen aus gesätt. Lsgg. auf Quarz-, Marmor- oder Dolomitflächen bewiesen. Hierdurch ließ sich die Bldg. der Tricalciumaluminatsulfathydrate aus dem im Zement vorhandenen Gips erklären, deren hoher Bedarf an Kristallwasser (12—32 H_2O je Mol) zur Abbindung u. Verfestigung des Betons beiträgt. R. Kaiser. 6252◇

H_7. Agrikulturchemie, Schädlingsbekämpfung

2054 **Bedeutung und Anwendung natürlicher Sorbentien bei der Herstellung von Kompost.** Jan Stejskal. (Vodní Hospodářství **1961**, 55—57, Praha, Vys. škola zemědělská; tschech.) — Durch Verw. von Tonen (Kaolinit, Montmorillonit) als Ionenaustauscher können die Eigg. von Kompost verbessert werden. R. K. Müller. 6294◇

2055 **Herstellung von Humindüngemitteln aus Torf.** M. D. Kaljushny. (Torf-Ind. [UdSSR] **40**, Nr. 5, 32—33, 1963; russ.) — Nach Zugabe von 15 kg Ammoniakwasser zum Torf u. 2monatiger Kompostierung entsteht ein Düngemittel von folgender Zus.: 0,807 (%) hydrolysierbarer N, 0,68 P_2O_5, 0,5 K_2O, 0,36 Huminsäure in wasserlösl. Form; der Asche-Geh. beträgt 26,3, der Feuchtigkeits-Geh. 55,5, pH 7,2. I. Baudach. 6294◇

2056 **Über Wege der Aktivierung von Torfstickstoff.** B. F. Ssergejew. (Torf-Ind. [UdSSR] **40**, Nr. 4, 20—21, 1963; russ.) — Um den Geh. an *N*-haltigen wasserlösl. Verbb. zu erhöhen, genügt es, Frästorf unter Zusatz von P u. K zu durchlüften oder im Autoklaven zu hydrolysieren. Das Verf. findet bei einem Druck von 12 at im Verlauf von 3 Std. bei einer Temp. von 180° statt. Der Geh. an Ammoniak erhöht sich im Torfdünger von 0,128 auf 0,37%. I. Baudach. 6294◇

2057 **Das Keimen von Panicum virgatum durch nicht poröse bodenabdeckende Stoffe.** Howard M. Taylor. (Agronomy J. **54**, 466—67, 1962; Bushland, Tex., Southern Plains Branch, Soil and Water Conservat. Res. Div.; engl.) — Nach dem Aussäen von Panicum virgatum var. Blackwell (Keimfähigkeit 85%) in Töpfe wurde die Bodenoberfläche mit einem Wachsfilm überzogen. Zwischen dem Auskeimen der Samen u. der Wachshärte bestand eine lineare Beziehung, die aber möglicherweise auch durch äußere Faktoren beeinflußt wird. W. Kreipe. 6302◇

2058 **Der Einfluß von vier Verbesserungsmitteln auf die physikalischen Eigenschaften des Bodens sowie den Ertrag und die Qualität des Rasens von Golfplätzen.** R. R. Smalley, W. L. Pritchett und L. C. Hammond. (Agronomy J. **54**, 393—95, 1962; Gainesville, Fla., Florida Agric. Exp. Stat.; Fort Lauderdale, Fla., Plantat. Field Labor.; engl.) — Um Möglichkeiten zur Verbesserung von Golfplätzen zu erproben, wurde feiner, lehmiger Arredondo-Sand mit 10 u. 20% Vermiculite (Terralite), 5 u. 10% koll. Phosphat, 10% gebranntem Ton oder 10% Torf vermischt u. ihr Einfl. auf das Wachstum u. die Qualität von Tifgreen Bermudagras bestimmt. Vermiculite u. koll. Phosphat erhöhten den Ertrag u. die Qualität des Grases, während gebrannter Ton sie verringerte u. Torf fast wirkungslos blieb. Die Tiefe der Einarbeitung der Verbesserungsmittel in den Boden hatte keinen signifikanten Einfluß. Mit gebranntem Ton u. Torf verbesserte Böden wiesen einen höheren %-Satz an nichtcapillarem Porenzwischenraum auf als mit Vermiculite oder koll. Phosphat behandelte. Gebrannter Ton steigerte die Wasserleitfähigkeit bedeutend, Vermiculite u. koll. Phosphat erniedrigten sie. Ertrag u. Qualität des Rasens gingen mit zunehmender Wasserleitfähigkeit zurück. W. Kreipe. 6302◇

2059 **Der Ab-, Auf- und Umbau der Humusstoffe im Boden und seine Bedeutung für die Bodenfruchtbarkeit.** E. Welte. (Bodenkultur [Wien], Ausg. A **14**, 97—111, 1963; Hannover, Landw. Forschungsanst. Büntehof; dt.) — Allg. Ausführungen. — 15 Literaturangaben. M. Winiker. 6304◇

2060 **Beschaffenheit der NaF-löslichen organischen Substanz des Bodens.** 1. Mitt. **Der Einfluß von Stallmist oder Kompost auf die Art des Bodenhumus.** 1. Mitt. Kenzo Kobo und Hidenori Wada. (J. Sci. Soil Manure, Japan [Nippon Dojohiryogaku Zasshi] **32**, 209—12, 1961; jap.) — Auf ca. 20 Vers.-Stationen wurden Proben von gedüngten (Stallmist oder Kompost) u. ungedüngten Parzellen entnommen u. untersucht. Zu ihrer Beurteilung wurde ihr Geh. an NaF-lösl. Humus herangezogen. Bei ungedüngten Böden war das C/N-Verhältnis um so weiter, je höher ihr C-Geh. war. Der Humifizierungsgrad des NaF-lösl. Humus war bei Böden mit $>3\%$ C höher als bei solchen mit niedrigerem C-Gehalt. Mit steigendem Humifizierungsgrad nahm das Verhältnis C-Geh. des NaF-lösl. Humus : Gesamt-C zu. Düngung erhöhte den C-Geh. der Böden in unterschiedlichem Ausmaß. Bei Böden mit einem C/N-Verhältnis <10 wurde dieses Verhältnis durch Düngung erhöht. L. Schuler. 6304◇

2061 **Die Aufnahme von Wasser durch die Wiesen-Grauerdeböden der Saljaner und Muganer Steppe bei Sättigung mit Ca und Na.** I. Sch. Isskenderow. (Ber. Akad. Wiss. AserbaidshanSSR **18**, 45—49, 1962; Inst. für Bodenkunde u. Agrochem. der Akad. der Wiss. der AserbaidshanSSR; russ.) — In Wiesen-Grauerdeböden kommt es bei Sättigung mit Ca^{2+} u. Na^+ zu starken Veränderungen der Wasserverhältnisse. Maximale hygroskop. Feuchtigkeit u. Bodenquellung nehmen bei Sättigung mit Na^+ zu u. verringern sich bei Sättigung mit Ca^{2+}; Ursache dafür sind wahrscheinlich die Eigg. toniger Bodenbestandteile. Außerdem wird angenommen, daß Na^+ die Bodenteilchen stark dispergiert u. somit die Oberfläche der Teilchen, die mit der Luft in Berührung kommen, vergrößert, während bei Ca^{2+} das Gegenteil der Fall ist. Mit Na^+ gesätt. Böden geben bei Erwärmung gebundenes W. schneller ab als solche, die mit Ca^{2+} gesätt. sind. H. Findeisen. 6304◇

2062 **Kobalt in den Böden der Toscana.** G. Lotti. (Chim. e Ind. [Milano] **44**, 136—39, 1962; Pisa, Univ., Ist. di Chimica agraria; ital.) — Die Böden der Toscana enthalten im Mittel $10{,}43 \pm 3{,}74$ ppm *Gesamt-Co* u. $0{,}57 \pm 0{,}29$ ppm *pflanzenverfügbares Co*. M. Winiker. 6304◇

2063 **Fruchtbarkeit und Klassifizierung der Limburger Böden (Niederlande) auf Grund ihrer morphologischen und chemischen Eigenschaften sowie der Eigenschaften ihrer Tonmineralien.** J. M. M. van den Broek und H. W. van der Marel. (Netherl. J. agric. Sci. **11**, 198—208, 1963; Wageningen, Inst. for Soil Surv.; engl.) — 65 Literaturangaben. M. Winiker. 6304◇

2064 **Die Alkaliböden des Amaravathy-Projekts, ihre Eigenschaften, Bewertung und Verbesserung.** T. A. Govinda Iyer, V. S. Krishnamurthy, C. Ramadoss und N. Sathiadass. (Madras agric. J. **50**, 261—67, 1963; Coimbatore, Agric. Coll. and Res. Inst.; engl.) M. Winiker. 6304◇

2065 **Die vertikale Verteilung von Gesamtphosphor und pflanzenverfügbarem Phosphor in einigen typischen Bodenprofilen von Gujarat.** J. M. Patel und B. V. Mehta. (Indian J. agric. Sci. **32**, 178—88, 1962; Anand, Gujarat, Inst. of Agric.; engl.) M. Winiker. 6304◇

2066 **Eine Untersuchung der stark phosphathaltigen Böden in einem Karstgebiet der feuchten Tropen.** H. Schroo. (Netherl. J. agric. Sci. **11**, 209—31, 1963; engl.) — Ausführliche Beschreibung der Eigg. der stark phosphathaltigen Böden des Ajamaroe-Hochlands (West-Irian). M. Winiker. 6304◇

2067 **Erfahrungen mit Hyperphos.** C. Gillern und Th. Reichard. (Bodenkultur [Wien], Ausg. A **11**, 342—54, 1960; Wien, Landw.-chem. Bundesversuchsanst.; dt.) — 51 Literaturangaben. M. Winiker. 6304◇

2068 **Die Düngewirkung von Hyperphos auf österreichischen Böden.** 1. Mitt. **Ermittlung der kurzfristigen Wirkung mittels radioaktivem Phosphor.** H. E. Oberländer und A. Zeller. (Bodenkultur [Wien], Ausg. A **13**, 240—48, Sept. 1962; Wien, Landw.-chem. Bundesversuchsanst.; dt.) — Gefäß-Verss. ergaben, daß *Hyperphos* (**I**) bei Ausbringung mit dem Saatgut (Hafer) auf sauren Böden in allen Fällen deutlich wirksam ist, auf neutralen u. schwach alkal. Böden hingegen nur vereinzelt oder gar nicht wirkt. Die Bewertung der Düngewrkg. des **I** erfolgte nach der A-Wert-Meth. von Fried u. Dean [1952] mit radioakt. markiertem Superphosphat als Vgl.-Substanz. M. Winiker. 6304◇

2069 **Die Abhängigkeit der Kartoffelstärkefraktionen von der Düngung.** G. Frimmel. (Bodenkultur [Wien], Ausg. A **14**, 129—34, 1963; Saatzuchtwirtschaft Weinberg, Oberösterreich; dt.) — In einem Feld-Vers. wurde festgestellt, daß sowohl *Kali* als auch *P* u. *N* im Vgl. zu ungedüngt das

Verhältnis der Stärkekornklassen bei Kartoffeln zugunsten des Anteils an kleineren Körnern verschiebt. Dieser Einfl. wird durch die Kombination von P u. Kali mit N verstärkt. Hingegen hebt Volldüngung die Wrkg. der einzeln verabreichten Hauptnährstoffe auf. Diese Einfl. der Düngung auf die Fraktionen der Kartoffelstärke sind jedoch so gering, daß bei Unterschieden zwischen Kartoffelstärken verschiedener Herkunft andere Faktoren ökolog. Art maßgeblicher beteiligt sein dürften. M. Winiker. 6304◇

2070 **Einfluß von Stickstoffdüngung auf Luzerne und Luzerne–Knaulgras-Heu.** E. C. Doll. (Agronomy J. **54**, 469, 1962; East Lansing, Mich., Univ.; engl.) — Bei *N*-Düngung (als NH_4NO_3) mit 50 u. 100 (Frühjahr u. Herbst je 50) lb. N/acre ließ sich der Gesamtertrag der Luzerne nicht erhöhen, jedoch stieg der Ertrag des 2. Schnitts beim Einsatz von 100 lb. N/acre leicht an. Die Düngung einer Luzerne–Knaulgras-Mischung mit 30, 60 u. 120 lb. N/acre im Frühjahr hatte keine signifikante Erhöhung des Heuertrages zur Folge. W. Kreipe. 6304◇

2071 **Der Einfluß der Düngung auf den Gehalt an Phosphor und Calcium im Wiesengrünfutter.** Helena Gawęda und Mieczysław Nowak. (Roczniki Nauk rolniczych, Ser. B **80**, 343—54, 1962; pol.) — In 3jährigen Verss. wurde der Einfl. der Düngung von Wiesen auf den P- u. Ca-Geh. des Grünfutters untersucht. Ca-, N-, P- u. K-Düngemittel heben den Ertrag, das Futter enthält aber weniger Eiweiß, P u. Ca gegenüber Ca-freier Düngung. Im Heu des 2. Schnitts ist stets mehr Ca enthalten als in dem des 1. Schnitts. Der Boden des Vers.-Gebietes enthält genügend Ca, aber zu wenig P. F. Urban. 6304◇

2072 **Der Einfluß der Stickstoff- und Phosphordüngung auf Wildhafer und Sommerweizen.** J. J. Sexsmith und G. C. Russell. (Canad. J. Plant. Sci. **43**, 64—69, 1963; Lethbridge, Alberta, Canada Agric. Res. Stat.; engl.) — In 4jährigen Düngungs-Verss. wurden auf den mit Wildhafer (Avena fatua L.) durchsetzten Feldern der Sommerweizen u. das Düngemittel zusammen in die Drillreihen gebracht. Die jährlichen Düngergaben (lb./acre) betrugen 20, 40 u. 80 N sowie 20 u. 40 P_2O_5. Während die P_2O_5-Düngung keinen wesentlichen Einfl. auf die Höhe, das Stroh-Gew., den Samenertrag u. die Anzahl der Wildhaferpflanzen hatte, steigerten die N-Gaben die Zahl der samentragenden Stielchen, das Stroh-Gew., die Pflanzenhöhe u. den Samenertrag, beeinflußten jedoch nicht den Pflanzenbestand. Die Höhe des Sommerweizens veränderte sich durch P_2O_5-Düngung nicht, nahm aber nach dem Einsatz von N zu. Ferner bewirkte die N-Düngung eine Steigerung des Kornertrags, die bei Zusatz von 20 lb./acre P_2O_5 noch stärker in Erscheinung trat. Ein ähnliches Verh. ließ das Bushel-Gew. des Weizens erkennen. Durch die zusätzliche Düngung ist mit einer Ertragsverbesserung beim Weizen eine gleichzeitig vermehrte Samen-Bldg. des Wildhafers verbunden. W. Kreipe. 6304◇

2073 **Der Einfluß steigender Stickstoffgaben auf den Ertragsaufbau von Winter- und Sommergerste.** E. Primost. (Bodenkultur [Wien], Ausg. A **11**, 332—42, 1960; Steyr, Landw. Vers.-Stat. der Biol. Forsch.-Abt. der Österreich. Stickstoffwerke Akt.-Ges. Linz/Donau; dt.) — In Feld-Verss. mit Winter- u. Sommergerste erwies sich der ertragsbildende Faktor Bestandsdichte als sehr stark düngungsabhängig (deutliche Steigerung durch N-Düngung). Hingegen war der ertragsbildende Faktor Korn-Gew. weitgehend düngungsunabhängig u. blieb bei allen geprüften N-Düngungsstufen prakt. konstant. M. Winiker. 6304◇

2074 **Backversuche mit Weizen aus Versuchen mit hohen geteilten Stickstoffgaben.** R. Steiger, E. Primost und G. Rittmeyer. (Bodenkultur [Wien], Ausg. A **14**, 118—28, 1963; Wien, Vers.- u. Schulungsbäckerei der Landesinnung Wien der Bäcker; Steyr. Landw. Vers.-Stat. der Biol. Forsch.-Abt. der Österreich. Stickstoffwerke Akt.-Ges. Linz/Donau; dt.) — Auf Grund der Ergebnisse von Back-Verss. vertreten Vff. die Auffassung, daß die Meth. der hohen geteilten *N*-Düngung bei richtiger Sortenwahl die Möglichkeit bietet, die Backqualität des österreich. Weizens erheblich zu verbessern. M. Winiker. 6304◇

2075 **Die Wirksamkeit einer Kopfdüngung mit Ammoniumsulfat in geteilten Gaben.** S. Manamohan Lal und R. B. Surendranath Naidu. (Madras agric. J. **50**, 271—73, 1963; Aduthurai, Agricult. Res. Stat.; engl.) — Bericht über in Indien bei der Düngung von Reis gemachte Erfahrungen. M. Winiker. 6304◇

2076 **Die Magnesiumwirkung dolomitischer Kalke.** H. Kühn. (Bodenkultur [Wien], Ausg. A **13**, 226—39, Sept. 1962; Gießen, Justus-Liebig-Univ., Inst. für Pflanzenernähr.; dt.) — In Gefäß-Verss. mit Sommergetreide, Kartoffeln, Futterrüben u. Mangold zeigte sich, daß *halbgebrannter Dolomit* ein sehr wirksames Mg-Düngemittel darstellt, das bei stark saurer u. mäßig saurer Boden-Rk. dem $MgSO_4$ mindestens gleichwertig u. in allen Rk.-Bereichen *Rohdolomit* überlegen ist. Bei stark sauren Böden war Rohdolomit ebenso wirksam wie $MgSO_4$. M. Winiker. 6304◇

2077 **Molybdän als essentielles Element für Feldfrüchte.** 3. Mitt. **Düngewirkung von Molybdänschlacke bei Rettich auf Molybdän-Mangelböden.** Tsutae Yamasaki und Kazuhiko Hayami. (J. Sci. Soil Manure, Japan [Nippon Dojohiryogaku Zasshi] **32**, 49—52, 1961; jap.) — 2. vgl. J. Sci. Soil Manure, Japan [Nippon Dojohiryogaku Zasshi] **31**, [1960], 503. — In Topf- u. Feld-Verss. mit einem Boden mit 0,41 ppm pflanzenverfügbarem Mo wurde Rettich unter Zusatz unterschiedlicher Mengen *Na-Molybdat* oder auch von *Molybdänschlacke* (I, Nebenprod. der Ferromolybdän-Herst.) gezogen. I enthält 0,239% Mo als MoS bzw. 6 ppm pflanzenverfügbares Mo. Durch 4 bzw. 8 g I/4,5 kg Boden wurde eine Erhöhung des Gew. der unterird. Pflanzenteile von 19 bzw. 12% erzielt. Bei Verw. von 12 g I/4,5 g Boden ging der Ertrag an unterird. Pflanzenteilen infolge Erhöhung des Boden-pH wieder zurück. Feld-Verss. ergaben Ertragssteigerungen von 4—63%. Nach der Ernte enthielt der Boden mehr pflanzenverfügbares Mo als vorher. Das Mo des im I enthaltenen MoS geht im Boden langsam in eine pflanzenverfügbare Form über. L. Schuler. 6304◇

2078 **Spurenelemente bei der Pflanzenkultur.** K. D. Piroshnikow. (Tierzucht [UdSSR] **24**, Nr. 7, 43—44, 1962; Troizk, Zoo-Veterinär-Inst.; russ.) — Saatgut von Mais u. Soja wurde mit *Co* (0,0002%ig. Lsg. $CoSO_4$) u. *Mo* (0,05%ig. Lsg. von Mo-Nitraten), jeweils 1 Liter/50 kg Saatgut, behandelt. Bei Pflanzen wurde gleiche Konz. angewandt. Mais erhielt die Spurenelemente vor der Rispen-Bldg., Soja u. Wicke während der Blüte (800 Liter/ha). Co spielt neben anderen Spurenelementen eine Rolle bei fermentativen Prozessen in der Pflanze, ist zum Ablauf biochem. Vorgänge notwendig u. wirkt dabei katalytisch. Co bewirkt größere Dürre-, Hitze- u. Kältebeständigkeit u. Ertragssteigerung (bis 23,5% bei Mais, 15,7% bei Soja). Mo beschleunigt die Fixierung von N durch die Knöllchenbakterien, ist an der Eiweiß-Synth. beteiligt u. bewirkt eine bessere Ausnutzung des P-Geh. des Bodens durch die Pflanzen. Die Ertragssteigerung liegt bei 18,1%. Wirksamste Verw. der Spurenelemente geschieht durch Besprühen des Saatguts mit kleinen Mengen. H. Findeisen. 6304◇

2079 **Heutiger Stand der Strohdüngung (Sammelreferat).** S. Barbier. (Bodenkultur [Wien], Ausg. A **13**, 198—225, Sept. 1962; Linz/Donau, Österreich. Stickstoffwerke Akt.-Ges., Biol. Forschungsabt.; dt.) — 118 Literaturangaben. M. Winiker. 6304◇

2080 **Die Mikrobenaktivität in einigen Böden des Himachal Pradesh.** Abhiswar Sen. (Indian J. agric. Sci. **32**, 228—34, 1962; New Delhi, Indian Agric. Res. Inst.; engl.) M. Winiker. 6306◇

2081 **Zum Problem der Spezifität der Rhizosphärenmikroflora von Kulturpflanzen.** 1. Mitt. H. Kaunat. (Zbl. Bakteriol., Parasitenkunde Infektionskrankh. Hyg., II. Abt. **116**, 694—709, 1963; Rostock, Univ., Inst. für landw. Biologie, Mikrobiol. Abt.; dt.) — Behandelt werden: Erste Verss. u. Vorstellungen zur Frage der Rhizosphärenspezifität, der quant.-spezif. „rhizosphere effect", der qual.-spez. „rhizosphere effect", Vork. von Azotobacter in der Rhizosphäre, Rhizosphärenspezifität u. pathogene Mikroorganismen, Rhizosphärenspezifität u. „Bodenmüdigkeit". — 100 Literaturangaben. M. Winiker. 6306◇

2082 **Mikrobiologische Untersuchungen über die „Rhizosphäre" von auf Böden der Campania kultivierten Pflanzen.** Mario Formisano. (Ann. Fac. Agrar. Portici Univ. Napoli [3] **21**, 251—345, 1954/55; ital.) — Vgl. C. **1963**, 18620.) M. Winiker. 6306◇

2083 **Pflanzenschutz und Bodenfruchtbarkeit.** H. Bochow. (Nachrichtenbl. dtsch. Pflanzenschutzdienst [Berlin] [N. F.] **17** (**43**), 129—32, 1963; Rostock, Univ., Inst. für Phytopathol. u. Pflanzenschutz; dt.) — Allg. Ausführungen. M. Winiker. 6312◇

2084 **Die chemische Bekämpfung von Unkräutern.** Rafael Moro Serrano. (Agricultura [Madrid] **31**, 138—41, 270—74, 1962; span.) — Allg. Ausführungen. — 26 Literaturangaben. M. Winiker. 6312◇

2085 **Das neue hochwirksame Herbicid Efiran-99.** Schamchal Mamedow, O. B. Ossipow und W. M. Seinalowa. (Ber. Akad. Wiss. AserbaidshanSSR **18**, 31—34, 1962; Inst. für erdölchem. Prozesse; russ.) — Der Wirkstoff von *Efiran-99* ist *Phenyltrichlormethylcarbinol* (I), dessen Synth. auf dem Wege der Kondens. von Chloral mit Bzl. in Ggw. von $AlCl_3$ als Katalysator erfolgt. I ist eine farblose Fl. mit schwachem charakterist. Geruch, $Kp._{15}$ 142—144°, $D._4^{20}$ 1,4282, n_D^{20} 1,5690, in W. nicht, in organ. Lsgm. gut löslich. Efiran 99 wird als wss. Emulsion benutzt u. durch Sprüh-Verf. ausgebracht. Der Wirkstoff wird vorher mit dem Hilfsstoff *SKS* im Gew.-Verhältnis 4:1 gemischt u. dieses Konzentrat unter sorgfältigem Rühren mit W. verdünnt. SKS dient als Emulgator u. Netzmittel; es ist *Alkylbenzolsulfonsäure*, welche als Halb-Prod. bei der Herst. des Waschmittels Asolat entsteht. In 2—4%ig. Konz. ist das neue Herbicid recht wirksam gegen viele Unkräuter, bes. gegen Flachsseide (Cuscuta). Es ist weniger tox. für Warmblüter. H. Findeisen. 6312◇

2086 **Durchwachsungen an Kartoffel-Inflorescenzen, hervorgerufen durch Gibberellinbehandlung.** J. Weindlmayr. (Bodenkultur [Wien], Ausg. A **14**, 159—64, 1963; Wien, Hochschule für Bodenkultur. Inst. für landw. Pflanzenschutz u. forstl. Phytopathologie; dt.) M. Winiker. 6312◇

2087 **Zur Frage der Nachwirkung von Chlorcholinchlorid.** H. Linser und H. Kühn. (Bodenkultur [Wien], Ausg. A **14**, 111—17, 1963; Gießen, Justus-Liebig-Univ., Inst. für Pflanzenernähr.; dt.) — Gefäß-Verss. mit Sommer- u. Winterweizen ergaben: Als Nachwrkg. einer *Chlorcholinchlorid* (I)-Düngung zur vorangegangenen Frucht kann auf leichten, sorptionsschwachen Sandböden möglicherweise eine geringe, prakt. aber unbedeutende Halmverkürzung auftreten. Die von Getreide aufgenommenen I-Mengen sind entweder so gering oder bei der Reife wieder so weit abgebaut, daß die Einbringung des Strohs von mit I gedüngtem Getreide in den Boden keinerlei I-Wrkg. bedingt. Auch von evtl. in den Samen eingelagertem I ist keine Wrkg. zu erwarten. M. Winiker. 6312◇

2088 **Fungicide Reaktionsaerosole.** Hans Georg Bremer. (Z. Pflanzenkrankh. [Pflanzenpathol.] Pflanzenschutz **70**, 321—31, 1963; Darmstadt, E. Merck Akt.-Ges. Forschungsabt.; dt.) — Vf. legt dar, daß aus *3.7-Dinitroso-1.3.5.7-tetraazabicyclo-[3.3.1]-nonan* u. fungiciden Wirkstoffen pulverförmige Präpp. hergestellt werden können, die nach örtlicher Rk.-Auslösung Aerosole bilden, die hinsichtlich Handhabung u. Wirksamkeit besondere Vorteile für die Praxis bieten. M. Winiker. 6312◇

2089 **Rost an Steinobst. Ergebnisse einiger neuerer Spritzversuche.** R. F. Doepel und S. E. Hardisty. (J. Agric. Western Australia [4] **4**, 525—26, 529—31, 1963; engl.) — Zur Bekämpfung von Rost an Pfirsichen (Erreger: Tranzchelia discolor) bewährten sich *Delan-*, *Thiram-*, *Zineb-* u. *CR-3025*-Sprays. M. Winiker. 6312◇

2090 **Cercosporabekämpfung an Rübensamenträgern.** H. Isák. (Bodenkultur [Wien], Ausg. A **13**, 360—64, Sept. 1962; Wien, Österr. Rübensamenzucht; dt.) — Bericht über erfolgreiche Feld-Verss. zur Bekämpfung von Cercospora mit *Cu-* u. *organ. Sn*-Mitteln. M. Winiker. 6312◇

2091 **Tabakmehltau (Peronospora tabbaccina Adam), eine zu Verlusten führende Krankheit bei Tabakkulturen.** A. Racoviţă. (Ind. Alimentară — Produse veget. **12**, 105—10, 1961.) — Neben anderen Maßnahmen kommen für die Bekämpfung des Tabakmehltaus *Ferbam-* u. *Zineb*-Präpp. in Frage. Beide können in Lsg. oder als Pulver angewandt werden. R. K. Müller. 6312◇

2092 **Untersuchungen über Toxikologie und Beizwirkung quecksilberhaltiger Saatgutbeizmittel.** F. Bombach. (Nachrichtenbl. dtsch. Pflanzenschutzdienst [Berlin] [N. F.] **17** (**41**), 145—47, 1963; Magdeburg, VEB Fahlberg-List, Biol. Inst.; dt.) — Zur Klärung der Frage, welche Forderungen an ein Saatgutbeizmittel unter besonderer Berücksichtigung toxikolog. Gesichtspunkte zu stellen sind, wurden mehrjährige Feld-Verss. mit handelsüblichen Saatgutbeizen zur Bekämpfung von Ustilago avenae sowie toxikolog. Verss. angestellt, in denen Albinomäuse einem mit den Dämpfen der jeweiligen Hg-Verb. angereicherten Luftstrom ausgesetzt wurden. Sämtliche Beizmittel, bei denen eine Dampf-Wrkg. nachgewiesen werden konnte, besaßen sehr gute fungicide Eigenschaften. Signifikante Beziehungen zwischen der Intensität der Gasphase der jeweiligen Verbb. u. ihrer Beiz-Wrkg. konnten nicht festgestellt werden. Hingegen ergaben sich bei den toxikolog. Verss. Analogien zur Intensität der Gasphase. Es konnten 3 Gruppen unterschieden werden: 1. Verbb. ohne Dampf-Wrkg. (*Ceresan, Falisan*). Bei diesen Verbb. ist die Beiz-Wrkg. gegen Haferflugbrand nicht gesichert. Eine Inhalationstoxizität besteht nicht. 2. Verbb. mit sehr hohem Dampfdruck. Zu dieser Gruppe gehören ausschließlich die *Alkyl-Hg-Halogenide*. In toxikolog. Sicht erscheint ihre Anwendung als Saatgutbeizmittel sehr bedenklich. 3. Verbb. mit geringem Dampfdruck. Dieselben vereinigen eine sehr gute Beiz-Wrkg. mit einer geringen Toxizität für Warmblüter. Zu dieser Gruppe gehören die Wirkstoffe von *Panogen* u. *Ceresan-M*. M. Winiker. 6312◇

2093 **Die Saatgutbekrustung und ihre derzeitige Anwendung im Pflanzenbau.** Max Ehlers. (Z. angew. Zool. **49**, 161—72, 1962; Berlin-Frohnau, Vers.-Stelle für Pflanzenschutz der Schering Akt.-Ges.; dt.) — Allg. Ausführungen. — 45 Literaturangaben. H. Franzen. 6312◇

2094 **Der Einfluß einiger chlorierter Kohlenwasserstoffe auf die Entwicklung von Schwarzbeinigkeit bei Weizen.** D. B. Slope und F. T. Last. (Plant Pathol. **12**, 37—39, 1963; Harpenden, Herts., Rothamsted Exp. Stat.; engl.) — Die durch Ophiobolus graminis Sacc. verursachte Erkrankung des Weizens wurde in Gewächshaus-Verss. mit 1,8 u. 18 lb./acre (akt. Wirkstoff) *Aldrin, Chlordan, Dieldrin, Heptachlor* (I) u. *Thiram* (II; als Standardfungicid) bekämpft, in dem man diese Mengen vor der Aussaat mit dem Boden vermischte. In keinem Falle trat eine Beeinträchtigung der Keimung ein. Immer gingen die Krankheitserscheinungen, bes. beim Einsatz von 18 lb./acre Wirkstoff, zurück, wobei die stärkste Wrkg. I erkennen ließ, während II wirkungslos blieb. W. Kreipe. 6312◇

2095 **Ein Beitrag zur Wirkung von Trapex (Methylisothiocyanat) gegen parasitische und saprophytische Bodenpilze.** C. Kötter. (Z. Pflanzenkrankh. [Pflanzenpathol.] Pflanzenschutz **70**, 342—44, 1963; Berlin, Schering Akt.-Ges., Hauptlabor.; dt.) — In Labor.-Verss. erwiesen sich Saprophyten als erheblich widerstandsfähiger gegen *Trapex* als Parasiten. M. Winiker. 6312◇

2096 **Bekämpfung von Macrosteles fascifrons (Stål) und der Gelbstreifigkeit auf Kopfsalat in Manitoba.** H. P. Richardson und P. H. Westdal. (Canad. J. Plant Sci. **43**, 12—17, 1963; Winnipeg, Manitoba, Canada Dep. of Agric.; engl.) — Um die Übertragung der streifigen Vergilbungen, einer Viruskrankheit, durch Macrosteles fascifrons (Stål) zu verhindern, wurden in 2jährigen Feld-Verss. Möglichkeiten für seine Bekämpfung u. zum Schutz des Kopfsalats vor derartigen Erkrankungen untersucht. In jeder Hinsicht am geeignetsten erwies sich die Behandlung mit 1 lb. *Malathion* (I) pro acre in 3tägigen Abständen. Die gleiche Wrkg. zeitigten I-Gaben von 2 lb. an jedem 4. Tag, während bei Verw. von 2 lb. I im Abstand von 6 Tagen keine ausreichende Vernichtung von M. fascifrons möglich war, dennoch aber der Kopfsalat vor streifigen Vergilbungen geschützt wurde. Ebenso wirksam wie I (jeden 3. Tag 1 lb./acre) waren 1 u. 2 lb. *Sevin* (II) pro acre in 6tägigen sowie 1 lb. *Bayer-39007* (III) pro acre in 3- u. 6tägigen Abständen. Aber bei den mit II behandelten Pflanzen konnte ein starker Befall durch Blattläuse beobachtet werden, u. auf den mit III versetzten Salaten bildete sich ein weißer Belag, so daß II u. III ungeeignet sind. Auf den günstigsten jahreszeitlichen Einsatz von I wird hingewiesen. Neun Tage nach der letzten von 15 I-Behandlungen ließ sich nur ein Rückstand von weniger als 0,05 ppm auf den Pflanzen feststellen. W. Kreipe. 6312◇

2097 **Rückstände von Methyldemeton auf Salaten und Rosenkohl.** N. A. Smart. (Plant Pathol. **12**, 12—14, 1963;

Harpenden, Herts., Plant Pathology Labor.; engl.) — Salate wurden mit 6—16 u. Rosenkohl mit 16—32 fl. oz. 50%ig. *Methyldemeton* (I) in 30—100 gal. W. behandelt. Drei Wochen nach den Spritzungen betrug der I-Rückstand auf den Salatpflanzen nicht mehr als 0,1 ppm, u. auf den Rosenkohlpflanzen überschritt er 0,3 ppm nicht. W. Kreipe. 6312◇

2098 **Antiresistant/DDT stellt weiterhin ein überlegenes Fliegenbekämpfungsmittel dar.** G. E. Schmolesky und P. H. Derse. (Agric. Chemicals **18**, Nr. 3, 24—26, 111, 1963; Madison, Wis., Wisconsin Alumni Res. Found.; engl.) — „*Antiresistant*" (*N.N-Di-n-butyl-p-chlorbenzolsulfonamid*) läßt sich mit Erfolg bei der Bekämpfung DDT-resistenter Insekten einsetzen. Kombiniert mit DDT (10:50) in Form einer Emulsion bewirkt es bei der Bekämpfung von Hausfliegen eine Mortalität von 80—100%. Die Nachwrkg. von Antiresistant/DDT hielt ca. 10 Wochen an. W. Kreipe. 6312◇

2099 **Untersuchungen über die Bekämpfung von Simuliiden in Wasserläufen der Rumänischen Volksrepublik durch Anwendung von Insekticiden.** G. Dinulescu, Ec. Dobreanu, M. Aldea, C. Manolescu, A. Dumitreasa und N. Geaca. (Comun. Acad. Republ. Populare romîne **9**, 1291—97, 1959; Timişoara, Min. Sănătătii şi serviciul veterinar oraşul Orşova, Inst. de igiena; rum.) — Vff. berichten über Verss. zur Bekämpfung der Larven u. Nymphen von Simuliiden sowie der Larven von Plekopteren u. Ephemeropteren mit Emulsionen von *DDT* (I), *Lindan* (II), *techn. HCH* (III), *Entomoxan* (IV, auf Basis III) u. *Ekatox* (V). Die zur Vernichtung der Schädlinge erforderlichen, für Fische aber noch nicht tox. Mengen betrugen: 0,5 (ppm) I (bei einer Strömungs-Geschw. von 0,16 m/s u. einem Strömungsweg von 30 m), 0,5 II (0,20 m/s; 20 m), 1—2 III (20 m/s; 18 bis 22 m), 3,3 IV (0,16 m/s; 50 m) oder 5 IV (0,20 m/s; 20 m). V erwies sich als weniger wirksam als die anderen Insekticide. Bei allen Verss. betrug die Dauer des Kontakts mit den Insekticiden 2—6 Sekunden. R. Grundmann. 6312◇

2100 **Bekämpfung von Finkenvögeln mit Parathion.** I. R. James. (Pest Technol. [London] **3**, 208—09, 1961; engl.) — Bei der Bekämpfung von Finkenvögeln (Quelea quelea) in Südafrika bewährte sich Parathion. H. Franzen. 6312◇

2101 **Auftreten, Schaden und Bekämpfung der Schermaus Arvicola terrestris L. auf der Nordseeinsel Amrun.** Jürgen Meyer und Ulrich Schindler. (Nachrichtenbl. dtsch. Pflanzenschutzdienstes [Braunschweig] **15**, 129—35, 1963; Husum, Bezirksstelle des Pflanzenschutzamts des Landes Schleswig-Holstein; Göttingen, Niedersächs. Forstl. Vers.-Anstalt, Abt. Forstschädlingsbekämpfung; dt.) — Es wurden 6 voneinander getrennt liegende Forstflächen von 1,6 bis 6,6 ha, zusammen 23 ha, mit 20%ig. *Endrin-Aldrin*-Emulsion im Sprüh-Verf. behandelt. Die meisten Parzellen wurden mit 2 Liter, einige Teilflächen nur mit 1,5 Liter Emulsion in 100 Liter W. je ha behandelt. Im Durchschnitt aller Erfolgskontrollen wurde eine mindestens 90%ig. Abtötung der Arvicola, unabhängig von der Aufwandmenge, festgestellt. Durch die Bekämpfungsaktion wurden auch einige Kaninchen, 3 Jungfasanen u. einige Singvögel getötet. M. Winiker. 6312◇

2102 **Die Verwendung von Isotopen zur Untersuchung von Böden und Pflanzen in Neuseeland.** G. W. Butler. (Int. J. appl. Radiat. Isotopes **13**, 343—51, 1962; Palmerston North, New Zealand, Dep. of Sci. and Ind. Res., Plant. Chem. Div.; engl.) — Übersicht. — 48 Literaturangaben. R. Grundmann. 6320◇

2103 **Die Verwendung von Radioisotopen und stabilen Isotopentracern bei Untersuchungen der Boden/Pflanzen-Beziehungen in Japan.** S. Nishigaki. (Int. J. appl. Radiat. Isotopes **13**, 335—42, 1962; Nishigahara. Kitaku, Tokyo, Japan, Nat. Inst. of Agric. Sci., Dep. of Chem.; engl.) — Übersicht. — 13 Literaturangaben. R. Grundmann. 6320◇

2104 **Eine verbesserte Hydrometermethode zum Analysieren der Teilchengröße von Böden.** George John Bouyoucos. (Agronomy J. **54**, 464—65, 1962; Michigan Agric. Exp. Stat.; engl.) — Die Meth. zeichnet sich durch eine neue Dispersionstechnik aus, bei der die Bodenprobe in eine 5%ig. *Calgon*-Lsg. gebracht u. nach 15—20 Std. (über Nacht) in nur 2 Min., gegenüber bisher 25 Min. mit Hilfe eines Dispersions-App. bei 1600 U/min dispergiert wird. Mit Ausnahme von Böden mit hohem Geh. an organ. Substanzen liefert diese Arbeitsweise, verglichen mit anderen Best.-Meth., sehr genaue Werte. W. Kreipe. 6324◇

2105 **Über die für Untersuchungen zur Bodenmechanik interessanten physikalischen Eigenschaften des Bodens.** Massimo Materi. (Ann. Fac. Agrar. Portici Univ. Napoli [3] **21**, 193—221, 1954/55; ital.) — Überblick über Meth. zur Best. der physikal. Eigg. des Bodens (Textur, spezif. Gew., Feuchtigkeits-Geh., Porosität, Kompressibilität). M. Winiker. 6324◇

2106 **Die Ermittlung der spezifischen Oberfläche eines Bodens aus seiner granulometrischen Kurve.** J. Perrin. (Bull. anciens Élèves École franç. Meunerie **1962**, 147—50; franz.) — Beschreibung einer graph. Meth. zur Ermittlung der spezif. Oberfläche von Böden aus der Korngrößenzusammensetzung. M. Winiker. 6324◇

2107 **Bodenkundliche Ergebnisse aus einem Kalisteigerungsversuch.** H. Schiller. (Bodenkultur [Wien], Ausg. A **11**, 303—21, 1960; Linz, Landw.-chem. Bundesversuchsanst.; dt.) — Zur Ermittlung des Aussagewerts einiger neuerer Meth. zur Feststellung der Kalibedürftigkeit u. Kalifestlegung von Böden wurde ein Feld-Vers. mit 150, 300, 600 u. 1200 kg pro ha K_2O (als K_2SO_4) angelegt u. die Wrkg. auf Ertrag (Gerste mit Kleegras) u. Boden (schluffreicher Lehm auf jüngerem Löß der Hochterrasse des Inns) 3 Jahre hindurch verfolgt. Die Grunddüngung bestand in 180 kg/ha P_2O_5 (als Superphosphat) u. 40 kg/ha N (als Kalkammonsalpeter). Durch die Kalidüngung wurden bei Gerste keine gesicherten Mehrerträge erzielt, wohl aber bei Kleegras im 2. u. 3. Jahr. Der Geh. des Bodens an austauschbarem Kali wurde am besten durch die Meth. von Mehlich (eine Aufguß-Meth., die mit $BaCl_2$ u. Triäthanolamin arbeitet) erfaßt. Den mit dieser Meth. erzielten Werten kamen die durch Extraktion mit 0,1n HCl erhaltenen Resultate am nächsten. Hingegen lagen die Werte, die durch Ausschüttelungen mit n NH_4-Acetat- u. Ca-Lactat-Lsgg. erzielt wurden, erheblich niedriger als die Werte nach Mehlich. Zur Best. des nachlieferbaren Kalis wurden die Meth. von Wood u. Turk (Extraktion mit kochender n-HNO_3), die Meth. von Koltermann u. Truog (Glühen des mit NH_4 gesätt. Bodens) u. die Extraktion mit 10%ig. HCl benutzt. Die relativ höchsten Werte lieferte die Meth. von Koltermann u. Truog. Die K-Fixierung des Bodens wurde auf nassem u. trockenem Wege mittels der von Schachtschabel entwickelten Modifikation des Verf. von Jackson durchgeführt. Die hierbei erhaltenen Ergebnisse sprechen dafür, daß die nasse Fixierung im Unterboden wesentlich stärker ist als in der Krume. M. Winiker. 6324◇

2108 **Die Grundlagen des Pflanzenschutz-Freilandversuches.** G. Unterstenhöfer. (Pflanzenschutz-Nachr. „Bayer" **16**, 81—164, 1963; Leverkusen, Farbenfabriken Bayer AG, Biol. Inst.; dt.) — Behandelt werden: Vers.-Planung u. Technik der Vers.-Durchführung, Meth. der Best. des Zeitpunktes für die Vers.-Durchführung, Meth. der Vers.-Auswertung, Best. des Resistenzgrades von Spinnmilben, Berechnung des Wrkg.-Grades, Überprüfung der Genauigkeit des Wrkg.-Grades, Zuverlässigkeit des im Freiland-Vers. ermittelten Wrkg.-Grades. — 123 Literaturangaben. M. Winiker. 6328◇

2109 **Die Methodik der Erprobung herbicider Mittel.** R. Longchamp. (Ann. Physiol. végét. **5**, 65—88, 1963; Versailles, Seine-et-Oise, Centre nat. de Rech. agron., Stat. centrale de Physiol. végétale; franz.) — Allg. Ausführungen. M. Winiker. 6328◇

2110 Fertilizers & Chemicals Ltd., Haifa Bay, und Alfred Strauchen, Haifa, Israel, **Verbesserung von Ammoniumbicarbonat-Düngemitteln.** Krist. NH_4HCO_3, das aus der Kristallisation mit $(NH_4)_2CO_3$, NH_4-Carbamat u. saurem NH_4-Carbamat verunreinigt sein kann, u. ca. 1—3% W. enthält, wird mit ca. 2—5% anhydr. $MgHPO_4$ oder $MgHPO_4 \cdot 3\,H_2O$ innig vermischt. Das bei der Zers. von NH_4HCO_3 gebildete NH_3 tritt mit dem $MgHPO_4$ unter Bldg. von $MgNH_4PO_4 \cdot 6\,H_2O$ in Rk., welches die Körner oder Kristalle des NH_4HCO_3 mit einer dünnen Haut überzieht. Man erhält lagerbeständige, freifließende, nichtzusammenbackende, sich nicht zersetzende u. nicht korrosive $NH_4 \cdot HCO_3$-Düngemittel. (**E. P. 896 284** vom 10/1. 1961, ausg. 16/5. 1962. Israel. Prior. 1/3. 1960.) H. Karst. 6285

2111 Mitsubishi Kasei Kogyo Kabushiki Kaisha (Erfinder: Masao Hamamto und Yasuhiro Sakaki), Tokio, Japan, **Kondensationsprodukte aus Harnstoff und Aldehyde enthaltende Düngemittel,** ggf. im Gemisch mit anderen Düngemitteln, gek. durch einen Geh. an *Isobutylidendiharnstoff* (I). Das Düngemittel soll I im Gemisch mit $CO(NH_2)_2$ oder mindestens einem anderen N-Düngemittel oder in Mischung mit Phosphat u./oder K-Düngemitteln enthalten. Die Herst. von I erfolgt durch Zusatz von Isobutylaldehyd zu wss., z. B. 50% ig. Lsgg. von $CO(NH_2)_2$ unter Einstellung des Mol-Verhältnisses von 1:1, bes. 1:2 beim sauren, neutralen oder alkal. pH der Rk.-Lsg. u. Kondens. bei ca. 100°, bes. 20—80°, unter Druck, worauf das Prod. getrocknet, zerkleinert oder granuliert wird. Mit quantitativer Ausbeute, hoher Bldg.-Geschw. u. einem N_2-Geh. von ca. 32% ist es leicht herstellbar. Seine Löslichkeit in W. ist gering, 0,1 bis 0,01 g N_2/100 cm³ H_2O, u. seine Dünge-Wrkg. die gleiche wie $CO(NH_2)_2$. Bei Verw. von I treten nur sehr geringe N_2-Verluste durch Auswaschung ein u. keine Schädigungen des Pflanzenwuchses durch Aldehyd. Wegen seiner allmählichen Dünge-Wrkg. u. geringen Wasserlöslichkeit ist I bes. zur *Düngung von Überschwemmungs- u. Reisfeldern* geeignet. — Zahlreiche Tabellen mit Vers.-Ergebnissen. (**D. A. S. 1 146 080** Kl. 16 vom 29/8. 1961, ausg. 28/3. 1963. Jap. Prior. 30/8. 1960.) H. Karst. 6285

2112 Sincat Soc. Industriale Catanese S. p. A., Mailand, Italien, **Herstellung von praktisch chlorfreien Düngesalzen aus Rohkainit** mit hohem Geh. an NaCl. Man behandelt den Kainit mit der zur Bldg. des Doppelhydrats der Sulfate von K u. Mg nötigen Menge W. u. trennt die größeren u. schwereren NaCl-Kristalle durch Sedimentation oder Siebung von den kleineren u. leichteren K–Mg-Salzen. (**It. P. 559 847** vom 14/9. 1956.) K. Koebke. 6287

2113 Sincat Soc. Industriale Catanese S. p. A., Mailand, Italien, **Herstellung von Düngemitteln** aus Schoenit, Leonit, Langbeinit oder anderen Kalimagnesia-Salzen, dad. gek., daß man einen Teil der Mg-Ionen durch NH_4-Ionen ersetzt, indem man in eine gesätt. Lsg. des Kalimagnesia-Salzes gasförmigen NH_3 einleitet u. das ausfallende $Mg(OH)_2$ abfiltriert. (**It. P. 559 075** vom 14/9. 1956.) K. Koebke. 6287

2114 Fisons Fertilizers Ltd., Felixstowe, übert. von: Geoffrey George Brown, Woodbridge, und Roy Geoffrey Wilson, Ipswich, England, **Herstellung von Phosphatdüngemitteln.** Zerkleinerte, ungemahlene Rohphosphate, z. B. Marokko-, Florida-, Rhodesia-, Insel-, Uganda-, Palabora- u. Kolaphosphate werden im kontinuierlichen Verf. in einer Serie von Rührbehältern mit 5—15 (Mol.) 40—80% ig., bes. 57% ig., HNO_3 je P_2O_5, ggf. unter Zusatz von 50—100% ig. H_2SO_4 u. 50—70% ig. H_3PO_4, aufgeschlossen, worauf der Aufschluß-Lsg. solche Mengen K_2SO_4 zugefügt werden, daß in der fl. Phase eine Konz. an lösl. Sulfat von 0,5—4% bei Rk.-Temp. von 60—90° aufrechterhalten wird. Nach Entfernung des Rk.-Prod. aus dem Rk.-Syst. wird das gebildete $CaSO_4 \cdot 2\ H_2O$ abfiltriert, die abfiltrierte Lsg. mit HNO_3 versetzt, mit NH_3, N_2-Lsgg., KOH oder K_2CO_3 neutralisiert, die Masse granuliert u. getrocknet. Ohne K_2O-Verluste wird ein gut filtrierbares $CaSO_4 \cdot 2\ H_2O$ gewonnen. Die NPK-Düngemittel weisen Pflanzennährstoff-Geh. von ca. 51—58% auf. (**A. P. 3 049 416** vom 15/6. 1960, ausg. 14/8. 1962. E. Prior. 24/6. 1959.) H. Karst. 6291

2115 Fisons Fertilizers Ltd., Felixstowe, übert. von: Geoffrey George Brown, Woodbridge, und Roy Geoffrey Wilson, Ipswich, England, **Herstellung von Phosphatdüngemitteln.** In einer Serie von mit Überlauf versehenen Rührbehältern werden Rohphosphate im kontinuierlichen Verf. mit 5—15 (Mol.) 40—68, bes. 57% ig., HNO_3 je P_2O_5, ggf. unter Zusatz von 50—100% ig. H_2SO_4 u. 50 bis 70% ig. H_3PO_4, aufgeschlossen. Der Aufschluß-Lsg. werden solche Mengen K_2SO_4 zugefügt, daß die Konz. an lösl. Sulfat in der fl. Phase ca. 0,5—8% beträgt, wobei Rk.-Temp. von 90—140° aufrechterhalten werden. Das Rk.-Prod. wird aus dem Rk.-Syst. kontinuierlich entfernt, von seinem Geh. an Anhydrit ($CaSO_4$) durch Filtrieren befreit u. die abfiltrierte Lsg. nach Zusatz von HNO_3, z. B. mit anhydr. NH_3 neutralisiert, granuliert u. getrocknet. Man erhält hochkonz. NPK-Düngemittel mit 51—56% Pflanzennährstoff-Geh., die aus $(NH_4)_2HPO_4$, $NH_4H_2PO_4$, NH_4NO_3 u. KNO_3 bestehen. Das abgetrennte $CaSO_4$ ist frei von Syngenit ($CaSO_4 \cdot K_2SO_4 \cdot H_2O$) oder Pentasalz ($5\ CaSO_4 \cdot K_2SO_4 \cdot H_2O$) u. läßt sich leicht abfiltrieren. (**A. P. 3 049 418** vom 15/6. 1960, ausg. 14/8. 1962. E. Prior. 24/6. 1959.) H. Karst. 6291

2116 Uclaf, Paris (Erfinder: Bruno Vaterlaus, Seine Port, Seine-et-Marne, und André Furlenmeier, La Courneuve, Seine), Frankreich, **Desaminierte Colchicinsäure** = *8-Carboxy-1.2.3-trimethoxydibenzo-[a, c]-cyclohepta-1.3-dien*, $C_{19}H_{20}O_5$, F. 184°; $[\alpha]_D^{20}$ 0° (c = 0,5 in Chlf.); aus Ae. durchsichtige, kleine Nadeln; unlösl. in W.; wenig in Ae.; lösl. in A. u. Chlf.; N-Desacetylthiocolchicin wird in Methanol mit Methyljodid in Ggw. von Na_2CO_3 zu N-Dimethyl-N-desacetylthiocolchicin, $C_{22}H_{27}NO_4S$, umgesetzt, aus Essigsäureäthylester, F. 169—170° (Zers.); $[\alpha]_D^{20}$ $-150 \pm 5°$ (c = 0,5 in Chlf.); (Ausbeute) 58%; orangefarben; unlösl. in W.; lösl. in A., Ae., Aceton, Bzl. u. Chlf.; das als Neben-Prod. entstandene N-Monomethyl-Deriv. wird in üblicher Weise mit Essigsäureanhydrid in Ggw. von Pyridin acetyliert. Durch Rk. mit Jodmethyl bei Raum-Temp. entsteht das Methojodid, $C_{23}H_{30}JNO_4S$, F. 201—203° (Zers.), 87%, gelb, in W. u. Ae. unlösl., wenig in A. u. Chlf.; dieses gibt mit frischem AgO *8-Carbmethoxy-9-methylmercapto-1.2.3-trimethoxydibenzo-[a.c]-cyclohepta-1.3-dien*, $C_{21}H_{24}O_5S$, aus Methanol feine Nadeln, F. 159—160°; $[\alpha]_D^{20}$ 0° (c = 0,5 in Chlf.), 39%, unlösl. in W., wenig in Ae., lösl. in A., Bzl., Chlf. u. Aceton aus dem mit H_2 in Ggw. von vorher mit W. gewaschenem Raney-Ni in Essigsäureäthylester *8-Carbmethoxy-1.2.3-trimethoxydibenzo-[a.c]-cyclohepta-1.3-dien*, $C_{20}H_{22}O_5$, entsteht, aus Ae., F. 152°; $[\alpha]_D^{20}$ 0° (c = 0,5 in Chlf.); unlösl. in W., wenig in Ae., lösl. wie vorst., das dann mit Alkalien in Ggw. von Alkohol, bes. mit 50% ig. alkohol. NaOH unter Rückfluß verseift wird. — Die Verb. ist wenig giftig u. hat *mitosehemmende* u. *mißbildungsformende* Eigg. u. dient bes. zur Behandlung von *Blumen-* oder *Getreidesamen*, um großwüchsige Arten zu erhalten. — Vgl. F. P. 1 195 222; C. **1961,** 15566. (**D. A. S. 1 098 519** Kl. 12p vom 30/7. 1958, ausg. 2/2. 1961. **Belg. P. 570 132** vom 6/8. 1958, ausg. 11/8. 1961. Beide F. Prior. 7/8. 1957.) G. Krauß. 6297

2117 A. I. Sacharowa und A. M. Efross, **Herbicid für Gemüsekulturen.** Der Boden wird vor der Aussaat mit den bei der Herst. von Vanillin aus Guajacol, Nitrosodimethylanilin u. CH_2O anfallenden Mutterlaugen behandelt. (**UdSSR. P. 133 718** vom 9/2. 1960.) L. Großner. 6313

2118 S. I. Burmistrow und L. G. Sagorskaja, **Herstellung von 2.3.5.6-Tetrachlorbenzoesäure (I).** Auf Benzoesäure läßt man bei Erwärmen in H_2SO_4-Monohydrat in Ggw. katalyt. Mengen J_2Cl_2 einwirken. I wird durch fraktionierte Kristallisation der Na-Salze der isomeren Polychlorbenzoesäuren abgetrennt. — Zu 122 (g) C_6H_5COOH in 400 ml H_2SO_4 Monohydrat werden 6,5 J_2 zugefügt; bei 75—85° wird bis zu einer Gew.-Zunahme von 106 g chloriert. Die Rk.-Masse wird in 800 Eiswasser gegossen. Das Säuregemisch wird abfiltriert, mit 300 W. gewaschen u. getrocknet. Man erhält 267 Säuregemisch, das in 700 W. suspendiert wird. Danach fügt man 40% ig. NaOH bis zu bas. Rk. (Phenolphthalein) zu, erhitzt bis zum Sieden u. filtriert die heiße Lsg.; das Filtrat wird bis 20° abgekühlt u. der Nd. der Na-Salze abgetrennt. Das Filtrat wird bis zum Sieden erhitzt, 75 NaCl werden hinzugefügt, danach wird bis 20° abgekühlt. Die ungelösten Salze werden aus 360 W. umkrist.; man erhält *I-Na-Salz*, das in W. gelöst wird. Durch Zugabe von HCl gewinnt man I; Ausbeute 126 g; F. 175—176°. — Die Säure u. ihre Verbb. sind *Herbicide*. (**UdSSR. P. 149 426** vom 26/12. 1960.) B. F. 6313

2119 Olin Mathieson Chemical Corp., Va., übert. von: Hansjuergen A. Schroeder und Christoph J. Grundmann, Columbus, Ohio, V.St.A., **2.4-Bis-[halogenalkyl]-6-alkoxy-1.3.5-triazine** der allg. Formel I

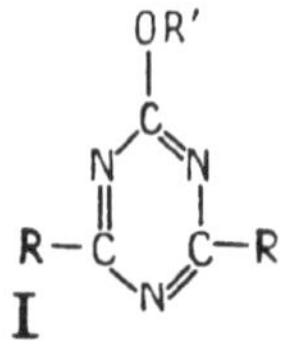

I

(R = Halogenalkylrest mit 1—2 C-Atomen; R′ = Alkylrest mit 1—8 C-Atomen) erhält man durch Rk. von 2.4-Bis-[halogenalkyl]-6-halogen-symm.-triazin mit einem prim. oder sek. aliphat. Alkohol, bes. bei ca. 50—100°. — 2.4-Bis-[trichlormethyl]-6-chlor-symm.-triazin (**II**) + abs. A. → 24 g *2.4-Bis-[trichlormethyl]-6-äthoxy-symm.-triazin*, $C_7H_5Cl_6N_3O$, Kp.$_{0,1}$ 135°, n_D^{23} 1,5332. Analog aus **II** u. CH_3OH → *Methoxy-Verb.*, $C_6H_3Cl_6N_3O$, F. 46° (aus „Skellysolve F"), 77% (Ausbeute). — Aus **II** u. Isopropanol → *Isopropoxy-Verb.*, $C_8H_7Cl_6N_3O$, Kp.$_1$ 157°, 80%. Aus 2.4-Bis-[pentafluoräthyl]-6-chlor-symm.-triazin u. abs. A. → *2.4-Bis-[pentafluoräthyl]-6-äthoxy-symm.-triazin*, $C_9H_5F_{10}N_3O$, Kp.$_{150}$ 122°, $n_D^{23,4}$ 1,3588, 71%. — *Spezif. Herbicide* gegen Unkraut, unschädlich für Baumwolle, Soja, Mais u. Weizen. — *Insekticide, Fungicide.* (**A. P. 2 951 079** vom 15/8. 1957, ausg. 30/8. 1960.) G. Vogel. 6313

2120 Vineland Chemical Co., Vineland, N.J., V.St.A., übert. von: Herbert Schwartz, **Herstellung von Butenderivaten** der Formel $BrCH_2C(=O)OCH_2CH=CH\cdot CH_2X$ (X = OH, Cl, Br oder Bromacetoxygruppe) durch Veresterung von 2-Buten-1.4-diol mit etwa der äquimol. Menge Bromessigsäure bei 70—90° zu *1-Bromacetoxy-2-buten-4-ol* (**I**); je nach Ausgangs-Prod. cis- oder trans-Butendiol erhält man *cis*-**I**, Kp.$_{0,001}$ 76—78°, n_D^{20} 1,5023, oder *trans*-**I**, F. 59—60°, n_D^{20} 1,502; durch weitere Veresterung → *cis-1.4-Bis-bromacetoxybuten-(2)*, Kp.$_{0,005}$ 135—136°, n_D^{20} 1,5223, dessen *trans-Form*, F. 56—58,5°, diese kann auch durch Behandlung der cis-Form mit Br_2 in einem organ. Lsgm. (Bzl.) bei normaler Temp. erhalten werden. Durch Chlorierung ($SOCl_2$) von *1-Bromacetoxy-2-buten* (**II**)*-4-ol* → *cis-***II***-chlorid*, Kp.$_{10}$ 97°, n_D^{20} 1,5059, *trans-***II***-chlorid*, Kp.$_{0,01}$ 80°, n_D^{20} 1,4915; analog erhält man die Bromide. Behandelt man 2-Buten-1.4-diol mit Chloressigsäure → *cis-1.4-Bis-[chloracetoxybuten-(2)-***III**], Kp.$_{0,005}$ 107—108°, → *trans-1.4-Bis-***III**, F. 86—71°; *cis-1-***III***-4-ol*, Kp.$_{0,002}$ 77—78°, *trans-1-***III***-4-ol*, bei normaler Temp. fest; ferner **III**-chlorid u. -bromid. Zu analogen Prodd. gelangt man bei der Verw. von Jodessigsäure. — *Baktericide, Fungicide, Herbicide.* — Vgl. auch D. A. S. 1 092 461; C. **1961**, 18848. (**A. P. 2 840 598** vom 29/3. 1956, ausg. 24/6. 1958.) W. Gräger. 6313

2121 Montecatini Soc. Gen. per l'Industria Mineraria e Chimica, Mailand, Italien, **Neue Thio- und Dithiophosphorsäureester** der allg. Formel $R''O-(R'O):P-(=X)-S-CH_2-C(=O)N:(R_1)-Y-CN$ (R' u. R'' = Alkyl(C_{1-5})-Reste, gleich oder verschieden; X = O oder S; R_1 = H oder Alkyl(C_{1-5})-Rest; Y = aliphat. KW-Stoffrest mit 1—5 C-Atomen u. linearer oder verzweigter C-Kette) erhält man durch Rk. eines Salzes einer Dialkylthio- oder Dialkyldithiophosphorsäure-Verb. der allg. Formel $R''O(R'O):P(=X)\cdot -S-Me$ (Me = Na, K oder NH_4) mit einem Monohalogenessigsäurealkylamid der allg. Formel $Hal-CH_2-C(=O)-N:(R_1)Y-CN$ (Hal = Cl, Br oder J), bes. in einem Lsgm. für einen oder beide Rk.-Teilnehmer, wie aliphat. C_{1-5}-Ketonen, die auch die Trennung der Prodd. erleichtern, bei 10—100°, bes. Raum-Temp. bis 60°, ggf. unter Verw. eines Rk.-Teilnehmers im Überschuß. — Man mischt z. B. 36 (g) entwässertes Na-O.O-Dimethyldithiophosphat u. 20 Monochloressigsäure-N-cyanmethylamid in 80 (ml) Aceton, erhitzt auf 50—60°, hält dann unter Bewegung 3 Std. bei Raum-Temp., verdampft den Hauptteil des Lsgm. bei Unterdruck, gießt den Rückstand in 80 W., extrahiert mit 50 CH_2Cl_2, wäscht, trocknet, entfernt Neben-Prodd. mit n-Hexan u. hält den Rückstand bei Unterdruck bis zu konst. Gew. → 26,5 g *$(CH_3O)_2:P(=S)-S-CH_2\cdot -C(=O)N(H)-CH_2CN$*, F. 38—40° (aus Äthylacetat u. PAe.). Analog erhält man *O.O-Diäthyldithiophosphorylessigsäure-N-cyanmethylamid*, $(C_2H_5O)_2:P(=S)-S-CH_2-C(=O)N(H)\cdot -CH_2CN$, F. 71,5—72°; *O.O-Diäthylmonothiophosphorylessigsäure-N-cyanmethylamid*, $(C_2H_5O)_2:P(=O)-S-CH_2-C(=O)\cdot N(H)-CH_2CN$, strohgelbes Öl; *O.O-Dimethyldithiophosphorylessigsäure-N-methyl-N-cyanmethylamid*, $(CH_3O)_2:P(=S)-S\cdot -CH_2-C(=O)-N:(CH_3)CH_2CN$; *O.O-Diäthyldithiophosphorylessigsäure-N-methyl-N-cyanmethylamid*, $(C_2H_5O)_2:P(=S)\cdot -S-CH_2-C(=O)N:(CH_3)CH_2CN$; Öl; *O.O-Diäthylmonothiophosphorylessigsäure-N-methyl-N-cyanmethylamid*, $(C_2H_5\cdot O)_2:P(=O)-S-CH_2-C(=O)-N:(CH_3)CH_2CN$, strohgelbes Öl; *O.O-Dimethyldithiophosphorylessigsäure-N-äthyl-N-cyanmethylamid*, $(CH_3O)_2:P(=S)-S-CH_2-C(=O)-N:(C_2H_5)\cdot CH_2CN$; *O.O-Diäthyldithiophosphorylessigsäure-N-äthyl-N-cyanmethylamid*, $(C_2H_5O)_2:P(=S)-S-CH_2-C(=O)-N:(C_2H_5)CH_2CN$; klares gelbes Öl; *O.O-Diäthylmonothiophosphorylessigsäure-N-äthyl-N cyanmethylamid*, $(C_2H_5O)_2:P(=O)\cdot -S-CH_2-C(=O)-N:(C_2H_5)CH_2CN$, hellgelbes Öl; *O.O-Dimethyldithiophosphorylessigsäure-N-methyl-N-β-cyanäthylamid*, $(CH_3O)_2:P(=S)-S-CH_2-C(=O)-N:(CH_3)CH_2CH_2CN$; Öl; *O.O-Diäthyldithiophosphorylessigsäure-N-methyl-N-β-cyanäthylamid*, $(C_2H_5O)_2:P(=S)-S-CH_2-C(=O)-N:(CH_3)CH_2CH_2\cdot CN$; *O.O-Diäthylmonothiophosphoressigsäure-N-methyl-N-β-cyanoäthylamid*, $(C_2H_5O)_2P(=O)-S-CH_2-C(=O)N:(CH_3)\cdot CH_2CH_2CN$; Öl; *O.O-Dimethyldithiophosphorylessigsäure-N-[1-cyan]-isopropylamid*, $(CH_3O)_2:P(=S)-S-CH_2-C(=O)\cdot -NH-C[(CH_3)_2]-CN$, F. 57—59° (aus Äthylacetat u. PAe.); *O.O-Diäthyldithiophosphorylessigsäure-N-[1-cyan]-isopropylamid*, $(C_2H_5O)_2:P(=S)-S-CH_2-C(=O)-NH-C[(CH_3)_2]\cdot -CN$, F. 83—83,5°; *O.O-Diäthylmonothiophosphorylessigsäure-N-[1-cyan]-isopropylamid*, $(C_2H_5O)_2P(=O)-S-CH_2-C(=O)\cdot -NH-C[(CH_3)_2]-CN$, gelbes Öl; *O-Methyl-O-äthyldithiophosphorylessigsäure-N-cyanmethylamid*, $C_2H_5O(CH_3O)P(=S)-S\cdot -CH_2-C(=O)-NH-CH_2CN$, F. 54—58° (aus verd. CH_3OH); *O-Methyl-O-äthyldithiophosphorylessigsäure-N-äthyl-N-cyanmethylamid*, $C_2H_5O(CH_3O):P(=S)-S-CH_2-C(=O)-N:(C_2\cdot H_5)CH_2CN$, Rohprod. $D._4^{20}$ 1,200; n_D^{20} 1,5262, gelbes Öl; *O-Methyl-O-äthyldithiophosphorylessigsäure-N-methyl-N-[β-cyanmethylamid]*, $C_2H_5O(CH_3O):P(=S)-S-CH_2-C(=O)-N:(CH_3)CH_2CH_2CN$; Rohprod. $D._4^{20}$ 1,248; n_D^{20} 1,5353, Öl; *O-Methyl-O-äthyldithiophosphorylessigsäure-N-[1-cyan]-isopropylamid*, $C_2H_5O(CH_3O):P(=S)-S-CH_2-C(=O)-NH-C\cdot [(NH_3)_2]CN$, Rohprod. $D._4^{20}$ 1,223; n_D^{20} 1,5233, Öl. — *Insekticide, Parasiticide* u. *Pesticide.* — Tabellen. (**E. P. 898 910** vom 18/11. 1960, ausg. 14/6. 1962. It. Prior. 30/12. 1959 u. 5/10. 1960.) G. Vogel. 6313

2122 Farbenfabriken Bayer Akt.-Ges., Leverkusen (Erfinder: Gerhard Schrader, Wuppertal), **Phosphonsäureester** der allg. Formel **I** (R = Alkyl; R = Alkoxy,

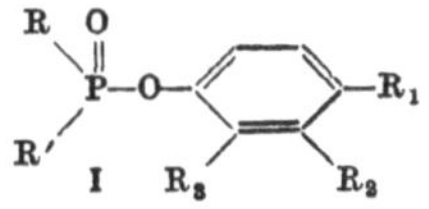

I

R_1 = H, Halogen, NO_2, Alkyl; R_2 = H; R_3 = H oder Halogen; falls R_1 = H, kann R_2 bzw. R_3 auch NO_2 bedeuten) erhält man durch Rk. der entsprechenden Alkylphosphonsäurehalogenide mit den Phenolen bes. in Ggw. von säurebindenden Mitteln oder in Form der Phenolate. — Es wurden erhalten der *tert.-Butylphosphonsäure-O-äthyl-O-(4-chlorphenyl)-ester*, Kp.$_{0,01}$ 93°; *-O-(2.4-dichlorphenyl)-ester*, Kp.$_{0,01}$ 102°; *-O-(4-nitrophenyl)-ester*, Kp.$_{0,01}$ 119°; der *Methylphosphonsäure-O-äthyl-O-(2-nitrophenyl)-ester*, Kp.$_{0,01}$ 100°; *Methylphosphonsäure-O-isopropyl-O-(2-nitrophenyl)-ester*, Kp.$_{0,01}$ 104°; der entsprechende *O-isopropyl-O-(3-nitrophenylester*, Kp.$_{0,01}$ 111°; *O-isopropyl-O-(4-nitrophenyl)-ester*, Kp.$_{0,01}$ 112°; *-O-äthyl-O-(3-nitrophenyl)-ester*, Kp.$_{0,01}$ 106°; *-O-äthyl-O-(2-chlor-4-tert.-butylphenyl)-ester*, Kp.$_{0,01}$ 108°; der *Äthylphosphonsäure-O-äthyl-O-(2-chlor-4-tert.-butylphenyl)-ester*, Kp.$_{0,01}$ 110°; *O-äthyl-O-(2-nitrophenyl)-ester*, farbloses, in W. unlösl. Öl, Kp.$_{0,01}$ 104°; u. der entsprechende *O-äthyl-O-(3-nitrophenyl)-ester*, Kp.$_{0,01}$ 112°. — *Insekticide.* (**D. A. S. 1 149 354** Kl. 12o vom 19/5. 1961, ausg. 30/5. 1963.) A. Jahn. 6313

2123 Farbenfabriken Bayer Akt.-Ges., Leverkusen (Erfinder: Karl Mannes, Leverkusen, Detlev Delfs und Günter Unterstenhöfer, Opladen), **Thiophosphor-, Thiophosphon- und Thiophosphinsäureester** der allg. Formel $R_2-(R_1):P(=A)-S-CH_2-N(R_3)-C(=A)-R_4$ (R_1 u. R_2 = niderigmol. Alkyl- oder Alkoxyreste; R_3 = niedrigmol. Alkylrest; R_4 = H, ggf. substituierter aliphat. oder aromat. Rest oder R_5—O-Rest; R_5 = ggf. substituierter aliphat. oder aromat. Rest; A = O oder S) erhält man in an sich bekannter Weise durch Rk. einer Dialkylthiol- bzw. -thionothiolphosphor-(on, -in)-säure mit CH_2O u. einem N-Alkyl-(thio)-carbamidsäureester oder einem N-Alkyl-(thio)-carbonsäureamid. — Man rührt z. B. 0,15 (Mol) N-Isopropylcarbaminsäureäthylester, 0,15 O.O-Dimethyldithiophosphorsäure u. eine 0,15 m wss. CH_2O-Lsg. ca. 5 Std. bei 40—50°, nimmt den Dithiophosphorsäureester in Chlf. auf, trennt die wss. Schicht ab, wäscht die organ. Phase mit verd. NaOH u. dann mit W. neutral, trocknet die Lsg. u. befreit das Prod. vom Lsgm. bei 70—80° u. 1 Torr → 28,5 g *O.O-Dimethyl-S-[N-isopropyläthoxycarbonylaminomethyl]-thionothiolphosphat* der Formel $(CH_3O)_2P(=S)-S-CH_2-N(C_3H_7)-C(=O)-O-C_2H_5$, gelbes Öl, DL_{50} < 2500 mg/kg (Ratte per os). Analog erhält man folgende Thionothiolphosphorsäureester (**I** = *thionothiolphosphat*; **II** = *thionothiolphosphonat*): *O.O-Dimethyl-S-[N-methylacetylaminomethyl]-***I**, $(CH_3O)_2:P(=S)-S-CH_2-N(CH_3)-C(=O)-CH_3$, gelbliches Öl, nicht destillierbar,

DL_{50} 375 mg/kg, 52% (Ausbeute); *O.O-Dimethyl-S-[N-n-propylacetylaminomethyl]*-**I**, $(CH_3O)_2:P(=S)-S-CH_2-N(C_3H_7)\cdot-C(=O)-CH_3$, Öl, 66,5%; *O-Äthyl-S-[N-methyläthoxycarbonylaminomethyl]-methyl*-**II**, $C_2H_5O-(CH_3):P(=S)-S-CH_2-N(CH_3)-C-(=O)-O-C_2H_5$, gelbes Öl, 90%; *O.O-Diäthyl-S-[N-isopropylpropargyloxycarbonylaminomethyl]*-**I**, $(C_2H_5O)_2:P(=S)-S-CH_2-N(C_3H_7)-C(=O)-O-CH_2-C{\equiv}CH$, gelbes Öl; *O.O-Dimethyl-S-[N-isopropylphenoxycarbonylaminomethyl]*-**I**, $(CH_3O)_2:P(=S)-S-CH_2-N(C_3H_7)-C\cdot(=O)-O-C_6H_5$; gelbliches Öl; *O.O-Dimethyl-S-[N-methylbenzamidomethyl]*-**I**, $(CH_3)_2:P(=S)-S-CH_2-N(CH_3)-C(=O)-C_6H_5$, gelbes Öl. *Insekticid*. (**D. A. S. 1 150 378** Kl. 12o vom 27/3. 1961, ausg. 20/6. 1963.) G. Vogel. 6313

2124 **Stamicarbon N. V.**, Heerlen, Niederlande, *Herstellung von gekörntem, Ammonnitrat enthaltendem Kalksalpeter*. (**Ind. P. 72 643** vom 21/7. 1960. — C. **1963,** 6391 [Niederl. P. 98 640].)

2125 **Badische Anilin- & Soda-Fabrik Akt.-Ges.**, Ludwigshafen/Rh. (Erfinder: **Adolf Fischer**, Mutterstadt), *Unkrautbekämpfungsmittel*. (**E. P. 875 048** vom 10/11. 1959, ausg. 16/8. 1961. D. Prior. 11/11. 1958. Zusatz zu E. P. 849 794; C. 1963, 11404. — C. **1960,** 15192 [D. A. S. 1 077 477].)

2126 **Montecatini Soc. Gen. per l'Industria Mineraria e Chimica**, Mailand, Italien, *Unkrautbekämpfungsmittel*. (**It. P. 529 529** vom 27/3. 1954. — C. **1960,** 622 [F. P. 1 121 283].)

2127 **N. V. Philips' Gloeilampenfabrieken**, Eindhoven, Niederlande, *Mikrobiocide Organozinnverbindungen*. (**E. P. 926 282** vom 14/5. 1959, ausg. 15/5. 1963. Niederl. Prior. 17/5. 1958. — C. **1963,** 10638 [Oe. P. 214 706].)

2128 **Ludwig Maier**, Zürich, Schweiz, *Herstellung von Organophosphorhalogeniden*. (**E. P. 920 807** vom 19/6. 1959, ausg. 13/3. 1963. Schwz. Prior. 7/7. 1958. — C. **1962,** 15380 [D. A. S. 1 122 522].)

2129 **Farbenfabriken Bayer Akt.-Ges.**, Leverkusen (Erfinder: **Gerhard Schrader**, Wuppertal), *Dithiophosphonsäureamide*. (**E. P. 917 946** vom 19/4. 1960, ausg. 13/2. 1963. D. Prior. 16/4. 1959. — C. **1961,** 18848 [D. A. S. 1 108 216].)

2130 **Farbenfabriken Bayer Akt.-Ges.**, Leverkusen, *Herstellung von Thiophosphorsäureestern*. (**E. P. 860 944** vom 4/9. 1958, ausg. 15/2. 1961. D. Prior. 24/9. 1957. — C. **1960,** 6970 [D. A. S. 1 063 148].)

2131 **Farbenfabriken Bayer Akt.-Ges.**, Leverkusen (Erfinder: **Gerhard Schrader**, Wuppertal), *Herstellung von Thiophosphorsäureestern*. (**Niederl. P. 103 645** vom 24/10. 1958, ausg. 15/1. 1963. D. Prior. 25/10. 1957. — C. **1960,** 7657 [D. A. S. 1 070 171].)

2132 **Montecatini Soc. Gen. per l'Industria Mineraria e Chimica**, Mailand, Italien, *Herstellung von insekticiden Dialkyldithiophosphorsäurederivaten*. (**It. P. 530 739** vom 25/3. 1955. — C. **1960,** 971 [F. P. 1 148 927].)

2133 **J. R. Geigy Akt.-Ges.**, Basel, Schweiz, *Fliegenvertilgungsmittel*. (**Ind. PP. 66 157** vom 17/12. 1958, ausg. 15/12. 1961 u. **70 788** vom 16/2. 1960, ausg. 21/12. 1961. — C. **1962,** 16817 [Aust. P. 229 977].)

H_8. Metallurgie, Korrosion

2134 **Verarbeitung saurer Trüben im Werk Port Radium.** R. R. Hoffman und R. J. Tremblay. (Trans. Canad. Inst. Mining Metallurgy Mining Soc. Nova Scotia **64,** 223—28, 1961; Falconbridge, Ontario, Canada, Falconbridge Nickel Mines Ltd.; Ottawa, Ontario, Eldorado Min. and Refin. Ltd.; engl.) — Vgl. C. **1962,** 3242. — Es werden die Materialien beschrieben, die zur Überwindung der bei der Verarbeitung einer oxydierten schwefelsauren Schlämme auftretenden Probleme führten. Die Schlämme enthält hohe *$CaSO_4$*- u. *Cl*-Geh. in oxydierender Umgebung u. wird bei der sauren Auslaugung von *U*-Erzen erzeugt. Zur Bewältigung der Schwierigkeiten bestehen die wichtigsten Teile aus Holz, rostfreiem Stahl oder kunststoffüberzogenem Stahl. Die Korrosionserscheinungen an Filtern, Rührwerken u. Transportleitungen werden demonstriert. J. Heinze. 6360◇

2135 **Behandlung des Anodenschlammes bei der Firma Canadian Copper Refiners Ltd.** S. S. Forbes. (Trans. Canad. Inst. Mining Metallurgy Mining Soc. Nova Scotia **64,** 237—38, 1961; Montreal East, Canada, Canadian Copper Refiners Ltd.; engl.) — C. **1962, 4316.**) J. Heinze. 6360◇

2136 **Auslaugen von Kupfermineralien mittels Mikroben.** Joseph A. Sutton und John D. Corrick. (Mining Engng. **15,** 37—40, 1963; College Park, Md., U. S. Bur. of Mines, College Park Metallurgy Res. Center; engl.) — Beim Auslaugen von Cu-haltigen Mineralen können Bakterien auf verschiedene Weise mitwirken: *Ferrobacillus ferrooxidans* (**I**) u. *Thiobacillus ferrooxidans* beschleunigen die Lsg. des in Pyrit u. im Kupferkies vorhandenen *Fe*. **I** bringt durch Bldg. von saurem *$Fe_2(SO_4)_3$* aus Fe^{2+} die Lsg. bedeutender Mengen von *Cu* aus Kupferglanz, Kupferindig u. Buntkupferkies zustande. **I** wirkt katalyt. bei der Oxydation des Pyrits. Der S-oxydierende *Thiobacillus concretivorus* kann den Sulfid-S in den genannten Mineralen nicht oxydieren. F. Hochstetter. 6360◇

2137 **Die trockene Anreicherung von Erzen und Mineralen.** R. A. Kipp. (Trans. Canad. Inst. Mining Metallurgy Mining Soc. Nova Scotia **64,** 174—76, 1961; Winnipeg, Kipp Kelly Ltd.; engl.) — Vgl. C. **1962,** 16819. — Die Arbeitsweise eines Luftflotierungstisches u. eines elektrostat. Separators werden beschrieben. Für den zweckmäßigen Einsatz muß auf gute Korngrößenklassierung geachtet werden. Neben dem Spezif. Gew. der zu trenenden Minerale ist auch die Kornform zu beachten. Trocken arbeitende Konzentrierungs-Syst. sind z. B. bei der Trennung von *Diamanten* sowie von *Columbit* aus *Kassiterit*-Konzentraten eingesetzt worden. J. Heinze. 6362◇

2138 **Experimentelles und handelsübliches magnetisches Rösten.** R. L. Cavanagh und A. J. Last. (Trans. Canad. Inst. Mining Metallurgy Mining Soc. Nova Scotia **64,** 351—58, 1961; Ontario, Canada, Ontario Res. Foundat., Dep. of Engng. and Metallurgy; engl.) — Vgl. C. **1962,** 18614. — Die Magnetitröstung umfaßt die Umwandlung von nichtmagnet. u. wasserhaltigen Fe-Oxiden u. -Carbonaten mit Hilfe von Wärme u. zweckmäßiger Atmosphäre in magnet. *Magnetit* oder *Maghemit*. Dieses Material kann durch Magnetscheider angereichert werden u. entspricht der Entw. in der modernen Hochofenpraxis. Verschiedene Verff. u. einzelne Ofentypen werden beschrieben, die Arbeitsdaten von 16 Betrieben oder Vers.-Anlagen werden vorgelegt. — 22 Literaturangaben. J. Heinze. 6378◇

2139 **Grundlegende Untersuchung über das Verfahren des Lichtbogenschmelzens mit Abschmelzelektrode. 3. Mitt. Verhalten von Legierungselementen und Reaktionszeit beim Lichtbogenschmelzen mit Abschmelzelektrode.** Mamoru Nishihara, Yoshiro Yagi, Kiichi Narita und Masao Kurihara. (Tetsu to Hagané [J. Iron Steel Inst. Japan] **49,** 144—48, 1963; jap., Auszug: engl.) — 2. vgl. Tetsu to Hagané [J. Iron Steel Inst. Japan] **48,** [1962], 1654. — Beim Lichtbogenschmelzen mit Abschmelzelektrode bei hoher Temp. im Vakuum vermindert sich der *Mn*-Geh. der Schmelze infolge Verdampfung. Die Geh. an *Cu* u. *Sn* verringern sich trotz ihres hohen Dampfdruckes nicht merklich. Diese Elemente verdampfen an die Tiegelwandung. Von hier werden sie eingeschmolzen. W. Wesly. 6380◇

2140 **Dielektrisch beheizter Sanduntersuchungsapparat der B.C.I.R.A. für hohe Temperatur.** R. G. Godding und R. Rew. (B.C.I.R.A. Journal **10,** 366—78, 1962; engl.) — Beschreibung. K. Hillinger. 6382◇

2141 **Die Bedeutung technologischer Prüfversuche für die Untersuchung von Form- und Kernsand.** Jerzy Łempicki. (Przegląd Odlewnictwa **12,** 307—10, 1962; pol.) — Krit. Übersicht. F. Urban. 6382◇

2142 **Die Einführung der Lufthärtungstechnik bei mittelgroßen Anlagen.** W. Y. Buchanan. (Brit. Foundryman **54,** 525—33, 1961; engl.) — Die zur Kern-Herst. unter Verw. von *selbsthärtenden Ölen* erforderlichen Einrichtungen u. deren Wirkungsweise. K. Hillinger. 6382◇

2143 **Entwicklung von Harzen für die Herstellung von Kernen in beheizten Kernkästen.** P. Lemon. (Brit. Foundryman **54,** 542—47, 1961; engl.) K. Hillinger. 6382◇

2144 **Neuere Entwicklungen beim Präzisionsgießen.** A. Dunlop. (Brit. Foundryman **54,** 533—41, 1961; engl.) — Über die Entw. der Form-Herst., bes. für das Wachsausschmelz-Verf. sowie der hierbei angewandten Schmelz- u. Gieß-Verff. wird berichtet. K. Hillinger. 6382◇

2145 **Wärmeisolierende Häutchen aus aufgequollenem Perlitsand für die Steiger von Stahlguß.** A. N. Zibrik und P. G. Winnitschenko. (Giesserei-Betr. [UdSSR] **1963,** Nr. 2, 42; russ.) H. Hochstein. 6382◇

2146 **Al–Fe-Verbundguß (Alfer-Prozess).** Zbigniew Lech. (Przegląd Odlewnictwa **12,** 185—92, 1962; pol.) F. Urban. 6382◇

2147 **Überblick über die Eisen- und Stahlliteratur für 1962.** 4. Mitt. Esther Chesire. (Blast Furnace Steel Plant **51,** 898—99, 1963; Carnegie Library of Pittsburgh; engl.) — 3. vgl. C. **1964,** 4-2190. — Veröffentlichungen über US Government Publications Armed Services Technical Information Agency (13 Literaturangaben) u. der U.S. Atomic Energy Commission (35 Literaturangaben. M. Gehlen-Keller. 6390◇

2148 **Die Agglomeration von Eisenerzen und -konzentraten.** D. J. Hains. (Trans. Canad. Inst. Mining Metallurgy Mining Soc. Nova Scotia **64,** 261—67, 1961; Hains Engin. Co. Ltd.; engl. — C. **1962,** 12072.) J. Heinze. 6390◇

2149 **Die Oxydations- und Reduktionskinetik von Eisen und Eisenoxiden.** W. W. Smeltzer. (Trans. Canad. Inst. Mining Metallurgy Mining Soc. Nova Scotia **64**, 445—50, 1961; engl. — C. **1963**, 664.) J. Heinze. 6390◇

2150 **Über die Geschwindigkeit der Reduktion von Eisenerzen.** P. C. Ghosh. (Sci. and Cult. [Calcutta] **28**, 181—82, April 1962; Calcutta; engl.) — Vf. diskutiert ausführlich theoret. Gesetze u. Erklärungen für die Vorgänge bei der Red. von Fe-Erzen u. -Sinterstücken. P. Nachtwey. 6390◇

2151 **Untersuchungen über das Verhalten des Kohlenstoffs in geschmolzenem Eisen. 1. Mitt. Über die Aktivität von Kohlenstoff in geschmolzenem Eisen.** Teinosuke Yagi und Yôichi Ono. (Tetsu to Hagané [J. Iron Steel Inst. Japan] **49**, 133—38, 1963; jap., Auszug: engl.) — Zur Best. der Aktivität von C in geschmolzenem Fe wird ein statist., thermodynam. Verf. entwickelt. Ein „Zwischenraum" Modell für das geschmolzene Syst. Fe–C erweist sich als unvereinbar mit Vers.-Ergebnissen. Mit diesen stimmt jedoch ein „Substitutions"-Modell gut überein. W. Wesly. 6390◇

2152 **Aktivität des Kohlenstoffs und Sauerstoffs in geschmolzenen Eisen–Nickel- und Eisen–Chrom-Legierungen.** Kazuhiro Goto, Shiro Ban-ya und Sachio Matoba. (Tetsu to Hagané [J. Iron Steel Inst. Japan] **49**, 138—43, 1963; jap., Auszug: engl.) — Unterss. über das Gleichgewicht von *CO–CO₂*-Gemischen mit C u. O_2 in geschmolzenen Fe–Ni- u. Fe–Cr-Legg. im Bereich 0—100 (%) Ni u. 0—20 Cr bei 1560° führen zur Aufstellung von Gleichungen für die Beziehung zwischen den Aktivitäts-Koeff. von C u. O u. den gelösten Elementen. Das Prod. von C u. O vermindert sich durch Zusatz von Cr. — 16 Literaturangaben. W. Wesly. 6390◇

2153 **Methode zur Untersuchung des Gleichgewichtes im System Metall–Schlacke mit Anwendung radioaktiver Isotope.** A. G. Schalimow und M. L. Ssasonow. (Betriebs-Lab. [UdSSR] **29**, 454—56, 1963; Zentrales Bardin-Forsch.-Inst. für das Eisenhüttenwes.; russ.) — Durch Vermischung von radioakt. markiertem Metall- u. Schlackenpulver, Brikettierung dieses Gemisches u. Schmelzen des Briketts können Gleichgewichte im Syst. Metall–Schlacke in gewöhnlichen feuerfesten Tiegeln bestimmt werden. Bei der Best. der Verteilung von *S* zwischen Metall u. Schlacke wird ^{35}S verwendet. Die Konz. der O^{2-}-Ionen in der Schlacke, die deren Basizität kennzeichnet, zeigt einen unmittelbaren Einfl. auf die Größe des Verteilungs-Koeff. von $S(L_s)$. H. Hochstein. 6390◇

2154 **Anwendung von Thermoelementen zur Temperaturmessung des flüssigen Gußeisens und Gußstahles.** Janina Nowak. (Przegląd Odlewnictwa **12**, 206—11, 1962; pol.) — Als Eintauchthermoelement für Messung von Temp. bis 1600° ist das *PtRh10-Pt*-Element (0,5 mm Ø) geeignet. Für Temp. > 1650° ist das Element *W–Mo* anwendbar. Als Schutzüberzug gegen Oxydation dient hier *SiC*-Pulver. F. Urban. 6390◇

2155 **Untersuchungsmethoden der Graphitisierungsgeschwindigkeit von Temperguß.** Jerzy Piaskowski. (Przegląd Odlewnictwa **12**, 301—07, 1962; pol.) — Übersicht über dilatometr. u. metallograph. Prüfungen, Härtemessung u. Best. des Graphit-C sowie Messung der elektr. u. magnet. Eigg. von Temperguß. — 27 Literaturangaben. F. Urban. 6406◇

2156 **Eine Vordesoxydation von Rohrstählen.** W. K. Laptew. (Metallurge [UdSSR] **6**, Nr. 1, 13—15, 1961; Aserbaidshan. Röhrenwerk; russ.) — Die Desoxydation von Rohrstählen im Ofen kann mit *Ferromangan* (I) oder mit I mit 12%ig. *Ferrosilicium* vorgenommen werden. Nach der ersten Meth. wird der Prozeß im Vgl. zum gebräuchlichen Verf. auf 15 Min. verkürzt. Bei gleichzeitiger Zuführung dieser Desoxydationsmittel in den Ofen beträgt die Rk.-Dauer nur noch 5 Minuten. Bei Zugabe von I ist bei gleichen Bedingungen der Schmelzführung der *P*-Geh. im Fertigstahl niedriger als bei der Desoxydation mit 12%ig. Ferrosilicium. J. Lehmberg. 6408△

2157 **Vakuumentgasung von Stahl.** D. E. Parsons und W. A. Morgan. (Trans. Canad. Inst. Mining Metallurgy Mining Soc. Nova Scotia **64**, 133—39, 1961; Ottawa, Dep. of Mines and Techn. Surv., Mines Branch.; engl.) — Übersicht u. Ergebnisse der experimentellen Unterss. einer Entgasungsanlage mit Strömungsvakuum. — 18 Literaturangaben. J. Heinze. 6408◇

2158 **Der Mechanismus der Kristallisation von unberuhigtem Stahl bei Strangguß.** W. B. Gankin und G. N. Oiks. (Hochschulnachr. [Moskau], Nichteisenmetallurgie **6**, 34—41, **1963**; russ.) — Die Erstarrungsfront in Strangguß aus einem unberuhigten Stahl sowie die Struktur der verschiedenen Strangzonen werden zwecks genauer Erfassung des Mechanismus der Erstarrung untersucht. Dabei werden zur Fixierung der Erstarrungsfront drei Meth. angewendet, nämlich das Ausgießen der Restschmelze aus dem Strang, die radiograph. Meth. u. der Zusatz von S oder *FeS* in den Stahl. Auf Grund der drei Meth. wird der Ort der Entstehung u. die Form der Randblasen an der Erstarrungsfront objektiv ermittelt. Bei der Beurteilung des Einfl. verschiedener Faktoren auf die Gefügeausbildung des Stranges werden von bes. Bedeutung herausgestellt: die Gießgeschw. u. der fallende Gießstrahl. Der wahrscheinliche Mechanismus der Bldg. des Stranges wird schemat. erörtert. Danach wird die Dichte des Strangkernes durch die Zunahme-Geschw. des hydrostat. Druckes u. durch den Oxydationsgrad des Stahles bestimmt. In einem unberuhigten Stahl mit 0,14—0,22% C ist die zentrale Zone des Stranges gewöhnlich dicht, wobei ihre Breite u. Dichte mit einer Zunahme der Gießgeschw. u. mit dem C-Geh. des Stahles vergrößert werden. Im Vgl. mit einem üblichen Stahlblock ist die zentrale Zone eines Stranggußblockes dichter u. hinsichtlich der chem. Zus. gleichmäßiger. Bei niedrigem C-Geh. entsteht im Kern eines solchen Stranges eine große Menge von Blasen. H. Hochstein. 6408◇

2159 **Der Mechanismus der Ausseigerung von Beimengungen in 18-t-Stahlblöcken aus unberuhigtem und halbberuhigtem Stahl.** L. B. Kossterew und G. N. Oikss. (Hochschulnachr. [Moskau], Eisenmetallurgie **4**, Nr. 9, 59—70, 1961; Moskau, Stahl-Inst.; russ.) — Eine allg. Kennzeichnung der Ausseigerung von Beimengungen in Stahlblöcken wird gegeben u. Unterss. über die Seigerung solcher Beimengungen in 18 t schweren Blöcken während des Kochens des Stahles in der Kokille angestellt. Hierbei wird der Einfl. der Dauer des Kochens auf den Seigerungsgrad solcher Stahlblöcke in der Kokille ermittelt. Es zeigt sich, daß die Herst. von halbberuhigtem Stahl an Stelle eines unberuhigten Stahles ein wirskames Mittel für Verbesserung der Stahlgüte u. zur Erhöhung der Stahlausbringung ist. H. Hochstein. 6408◇

2160 **Das quarternäre System Fe–Cr–Co–C. Untersuchung einiger Schnitte des Gleichgewichtsdiagrammes.** D. Coutsouradis und L. Habraken. (Kobalt **1961**, 4—21; Lüttich, Centre Nat. de Rech. Métallurg.; dt.) — Deutsche Fassung der C. **1961**, 3250 veröffentlichten Arbeit, in der das Gefüge martensit. u. ferrit. nichtrostender Stähle geklärt wird u. Co-reiche Fe–Cr–Co–C-Legg. untersucht werden. — 21 Literaturangaben. M. Gehlen-Keller. 6410◇

2161 **Untersuchung der Heterogenität in Blöcken aus legiertem Stahl.** W. A. Molotkow und Ss. G. Fetissow. (Hochschulnachr. [Moskau], Eisenmetallurgie **4**, Nr. 9, 71—78, 1961; Shdanow, metallurg. Inst.; russ.) — Das Makro- u. Mikrogefüge, die Eigg. im Zug-Vers. sowie die Kerbschlagzähigkeit werden an verschiedenen Stellen im Innern zweier Blöcke mit 9 u. 8,2 t u. unterschiedlicher Verjüngung aus einem *Cr–Ni–Mo*-Stahl mit ca. 0,3% C festgestellt. Hinsichtlich des Charakters der Kristallisationszonen unterscheiden sich die Blöcke voneinander prakt. nicht u. besitzen eine befriedigende Gleichmäßigkeit der chem. Zus. u. des Geh. an oxid. Einschlüssen im oberen u. mittleren Blockteil. Im unteren Blockteil wird eine merkliche Abnahme des C-Geh. u. eine Zunahme der Konz. an oxid. Einschlüssen festgestellt. Die Seigerungen in der Blockachse sind in beiden Blöcken nur wenig entwickelt. Die höchsten mechan. Eigg. besitzen die Oberflächenschichten der Blöcke. Im Kern der oberen u. mittleren Blockteile wird eine Abnahme der mechan. Eigg., bes. der Plastizität u. der Zähigkeit, festgestellt. Durch ein zweckmäßiges Gießverf. wird eine befriedigende Qualität der Oberfläche u. der Struktur der Blöcke gewährleistet. Im Zusammenhang mit dem Fehlen eines merklichen Unterschiedes in der Struktur u. den Eigg. der untersuchten Blöcke wird für die Herst. der Blöcke ein Gewicht von 8,2 t mit geringerer Konizität empfohlen, da bei seiner Verarbeitung zu Blechen ein geringerer Ausschuß zu erwarten ist. H. Hochstein. 6410◇

2162 **Größe, Mangangehalt und Curie-Punkt von aus Manganstahl ausgezogenen Carbiden.** R. W. Gurry, J. Christakos und L. S. Darken. (Trans. Amer. Soc. Metals **53**, 187—98, 1961; Monroeville, Pa., U. S. Steel Corp., Edgar

C. Bain Labor. for Fundamental Research; engl.) — Die aus abgeschreckten u. angelassenen Proben von zwei Mn-Stählen mit 0,49 %) C, 0,87 Mn bzw. 0,44 C, 1,69 Mn ausgezogenen Carbid-Rückstände werden einer chem. u. Röntgenbeugungs-Unters., einer Curie-Punkt-Messung u. einer Teilchengröße-Best. unterworfen. Hierbei wird die Mn-Verteilung zwischen *Zementit* u. *Ferrit* bei Anlaßzeiten bis zu 6 Wochen u. Anlaß-temp. von 700—1280° F, d. h. die Veränderung des Gleichgewichts-Verteilungs-Koeff. mit der Temp. u. dem Mn-Geh. des Zementits bestimmt. Ferner wird die Veränderung der Curie-Temp. von Zementit mit dem Mn-Geh. bis zu 14% ermittelt. Es zeigt sich, daß bereits 7% Mn im Zementit den Curie-Punkt auf die Raum-Temp. erniedrigt. Die Teilchengröße-Verteilung von Carbiden in bis zu 6 Wochen bei Temp. von 900—1280° F angelassenen Stählen ändert sich maximal von $^1/_{20}$ bis zu $3^1/_2\,\mu$. H. Hochstein. 6410◇

2163 **Einfluß kleiner Titan- und Stickstoffmengen im Schnelldrehstahl.** L. Ss. Kremnew und Ju. A. Geller. (Hochschulnachr. [Moskau], Eisenmetallurgie **4**, Nr. 9, 129 bis 137, 1961; Moskau, Werkzeugmaschinen-Inst.; russ.) — Der Zusatz geringer Mengen Ti (0,1—0,2%) oder N (0,02 bis 0,03%) zusammen mit Al (0,1—0,2%) bewirkt die Erzielung eines feineren Kornes, die Abnahme der Überhitzungsempfindlichkeit sowie die Erhöhung der Festigkeit eines Schnelldrehstahles mit mittelhohem W-Geh. (ca. 7%). Ti verfeinert das Korn u. erhöht die Festigkeit stärker als N; jedoch steigert Ti im Gegensatz zu N die Sekundärhärte u. die Warmbeständigkeit des Stahles nicht. Ti vermindert die Austenitmenge im abgeschreckten Stahl, während N auf sie fast keinen Einfl. ausübt. Die Restaustenitmenge im abgeschreckten Stahl hängt nicht nur von der Zus. des Austenits, sondern auch von seiner bei der Erhitzung auf Abschrecktemp. erhaltenen Korngröße ab. Das Kornwachsen erhöht die Austenitbeständigkeit. Stahl mit gröberem Korn behält nach der Abschreckung mehr Austenit als ein Stahl, der dieselbe Austenit-Zus. besitzt, aber feinkörniger ist. Hierdurch wird die Erzielung einer geringeren Austenitmenge in einem Ti-haltigen Schnelldrehstahl im Vgl. zum Ti-freien Stahl, der von der gleichen Temp. abgeschreckt ist, erklärt. H. Hochstein. 6410◇

2164 **Vakuumgeschmolzene Lagerstähle.** Manabu Ueno, Hirooki Najkima und Sadao Ikeda. (Tetsu to Hagané [J. Iron Steel Inst. Japan] **49**, 155—60, 1963; jap., Auszug: engl.) — Unterss. über Lagerstähle mit ca. 1 (%) *C* u. 1,4 *Cr*, die an der Luft, im Vakuum, im Induktionsofen bzw. im Ofen mit Abschmelzelektrode geschmolzen worden sind, zeigen, daß die Zahl der Einschlüsse der im Vakuum geschmolzenen Stähle nur halb so hoch wie die der an der Luft behandelten Stähle ist. Auch der Gas-Geh. ist geringer. Nach dem Abschrecken besteht kein großer Unterschied im Geh. aller Stähle an Restaustenit. Die Dauerfestigkeit der im Vakuum mit Abschmelzelektrode gewonnenen Stähle ist größer als die der anderen Stähle. W. Wesly. 6410◇

2165 **Untersuchung über hochfeste Baustähle.** 3. Mitt. **Einfluß des Zusatzes von Ti und B auf Mn-Si-, Mn-Si-Cr- und Mn-Si-Mo-Stähle.** Eiichirō Asano, Tōru Ishida und Hideo Tan. (Tetsu to Hagané [J. Iron Steel Inst. Japan] **49**, 149—54, 1963; jap., Auszug: engl.) — 2. vgl. C. **1962**, 2887. — Zusätze von B zu Mn-Si-Stahl mit 0,3% Ti erhöhen Härte, Zugfestigkeit (ZF) u. Fließgrenze u. vermindern Dehnung (DG) u. Flächenverminderung (FV) geringfügig bei Luftkühlung oder Abschreckung u. Temperung bei $>$ 600°. In Mn-Si-Mo-Stahl mit 0,13% Ti bewirkt ein B-Zusatz (0,0025—0,0050%) eine Verbesserung von Härte u. ZF u. eine geringe Verminderung von DG u. FV. Ti desoxydiert u. denitriert. In Mn-Si-Cr- u. Mn-Si-Mo-Stahl soll der Ti-Geh. $<$ 0,3% bzgl. der mechan. Eigg. u. in Mn-Si- u. Mn-Si-Mo-Stahl $<$ 0,1% bzgl. der Härtbarkeit betragen. B steigert die Härtbarkeit aller untersuchten Stähle. W. Wesly. 6410◇

2166 **Der Einfluß von Phosphor auf die Festigkeit bei erhöhter Temperatur und auf die Schweißbarkeit von einigen niedriggekohlten austenitischen nichtrostenden Stählen.** G. R. Rundell und R. J. Raudebaugh. (Trans. Amer. Soc. Metals **53**, 233—50, 1961; Pittsburgh, Pa., Crucible Steel Co. of America; New York, N.Y., Internat. Nickel Co., Inc.; engl.) — Der Einfl. von bis zu 0,62% P auf die Warmfestigkeit von drei Arten niedriggekohlter (bis maximal 0,3% C) austenit. nichtrostender Stähle *304*, *310* u. *316* wird durch Zeitstandprüfungen bei 1200° F u. durch Kurzzeit-Zerreißverss. bei 75, 900, 1200 u. 1500° F ermittelt. Der P-Zusatz bewirkt eine merkliche Verfestigung, bes. bei 1200° F. Schweißbarkeitsprüfungen, wie sie an *304* u. *316* mit 0,30% P ausgeführt wurden, lassen erkennen, daß solche Stähle leicht schweißbar sind, wenn der C-Geh. unter 0,03% ist, u. der *Ni*-Geh. an der unteren, für den Zus.-Bereich dieser Stähle vorgesehenen Grenze liegt. Die Schweißbarkeitsprüfungen stimmen mit den Ergebnissen von der Warmbildsamkeit dieser Stähle gut überein. — 15 Literaturangaben. H. Hochstein. 6410◇

2167 **Nichtrostender Stahl vom AISI Typ 304 L mit verbesserter Festigkeit.** R. R. Brady. (Proc. Amer. Soc. Testing Mater. **59**, 774—85, 1959; Monroeville, Pa., U.S. Steel Corp.; engl.) — Im ausgeglühten Zustand hat der austenit. Cr-Ni-Stahl *AISI 304L* mit erhöhtem *N*-Geh. (0,10—0,13%) im Vgl. zu einem Stahl *304* mit einem N-Geh. von 0,04% weniger δ-Ferrit im Gefüge u. seine Stabilität ist größer. — Diskussion. H. Hochstein. 6410◇

2168 **Untersuchungen über rostfreie 30Ni-20Cr-Stähle.** 1. Mitt. **Einfluß des Zusatzes von Mo, Si oder Cu auf die mechanischen Eigenschaften und die Korrosionsfestigkeit von rostfreiem 30Ni-20Cr-Stahl.** Shigehiro Inoue. (Tetsu to Hagané [J. Iron Steel Inst. Japan] **47**, 1898—1903; 1961; jap., Auszug: engl.) — Unterss. über die Änderungen der Eigg. rostfreier Stähle mit 30 (%) Ni u. 20 Cr bei Zusatz von 1,40—18,00 Mo, 0,63—6,23 Si oder 1,30—9,54 Cu zeigen, daß Zugfestigkeit, Knickfestigkeit u. Elastizitätsgrenze geschmiedeter Proben mit dem Mo-Geh. zunehmen. Die maximale Zugfestigkeit zeigen Proben mit 8,8 Mo. Den geringsten Korrosions-Gewichtsverlust in sd., 5% ig. H_2SO_4 u. *HCl* weisen Proben mit 3—4 Mo auf. Bei 3—7 Mo ist die Korngrenzenkorrosion am schwächsten. Die Einfl. von Si- u. Cu-Zusätzen sind geringer als die von Mo. W. Wesly. 6410◇

2169 **Untersuchung über Cr-Ni-reiche, austenitische Stähle,** 1. Mitt. **Warmtorsionsverformbarkeit Cr-Ni-reicher, austenitischer Stähle.** Fujio Tsukamoto und Takashi Suzuki. (Tetsu to Hagané (J. Iron Steel Inst. Japan] **47**, 1982—98, 1961; jap., Auszug: engl.) — Unterss. über die Warmtorsionsverformbarkeit der austenit. Stähle *AISI 309*, *310* u. *330* bei 1000—1300° u. Torsionen mit 200 U/min zeigen, daß vollaustenit. Proben komplizierte Torsionskurven geben. Zweiphasen-Proben haben geringere, bei den Vers.-Temp. konst. Torsionswerte u. transkristallinem Bruch bei Temp., die unter denen des Torsionsmaximums liegen. Bei darüber liegenden Temp. tritt interkristalliner Bruch auf. Bei Stahl *310* fällt der Torsionswert mit steigendem C-Geh.; bei *309* tritt der maximale Torsionswert bei 0,2% C auf. Die Einfl. der Geh. an *Si*, *Cr*, *N* u. *Pb* auf den Torsionswert werden erläutert. Kleine Mengen *Al* verbessern die Warmtorsionsverformbarkeit; große Mengen Al u. *B* (bis 0,01%) verschlechtern sie. W. Wesly. 6410◇

2170 **Eigenschaftsbeziehungen gegossener und warmverformter Chrom-Mangan-Nickel-Stickstoff-Stähle mit 18% Cr.** K. Haefner, A. F. Lahr, W. L. Meinhart und J. J. Kanter. (Proc. Amer. Soc. Testing Mater. **59**, 804—15, 1959; Chicago, Ill., Crane Co.; engl.) — Es werden metallograph. u. magnetometr. Unterss. des Gefüges sowie Zug- u. Kerbschlag-Verss. u. Korrosions-Verss., Unterss. über die Versprödung durch langzeitiges Anlassen nach dem Lösungsglühen an insgesamt 150 Schmelzen aus Stählen mit ca. 0,07—0,1 (%) C, 0,4 Si, 1—18 Mn, 18 Cr, 0,4—8 Ni u. 0,9 bis 0,5 N durchgeführt. Die Ergebnisse von warmverformten u. von gegossenen Proben solcher Stähle werden miteinander verglichen. — Diskussion. H. Hochstein. 6410◇

2171 **Einfluß von Zusatzelementen und Wärmebehandlung auf die Ausscheidung in warmfesten Ni-Legierungen.** Sadao Koshiba, Tsuneo Kunou und Shin Kimura. (Tetsu to Hagané [J. Iron Steel Inst. Japan] **47**, 1911—18, 1961; jap., Auszug: engl.) — Unterss. über den Einfl. von Zusätzen von *Mo*, *Al*, *W*, *V* u. *Nb* u. Warmbehandlung auf die Ausscheidungen in warmfesten Ni-Legg. zeigen, daß die Ausscheidungen gewöhnlich aus $Ni_3(Al;Ti)$, $M_{23}C_6$ u. $Ti(C,N)$ bestehen. Bei Al- oder Nb-Zusatz wird viel $Ni_3(Al,Ti)$ oder $Nb_4(C,N)_3$ ausgeschieden; die Menge der Ausscheidung, ihre Härte u. Festigkeit nehmen bei hoher Temp. zu. Die in lösungsbehandeltem Zustand unlösl. Ausscheidungen bestehen aus Ti(C, N). Die Menge der Ausscheidungen steigt mit der Alterungs-Temp. mit einem Höchstwert bei 800°; bei Alterung $>$ 850° nimmt die Menge rasch ab. W. Wesly. 6434◇

2172 **Versprödung von sehr reinem Nickel.** K. M. Olsen, C. F. Larkin und P. H. Schmitt jun. (Trans. Amer. Soc. Metals **53,** 349—58, 1961; Murray Hill, N.J., Bell Telephone Labor. Inc.; engl.) — Korngrenzenversprödung durch eine ausgeseigerte *Ni-Sulfid*-Phase kann in einem sehr reinen Ni mit nur 0,0009 Gew.-% S erzeugt werden. Die Versprödung kann nur hervorgerufen werden, wenn Ni zunächst kaltverarbeitet u. dann im Bereich von 450—600° zur Erzeugung von Rekristallisation u. Kornwachstum wärmebehandelt wird. Es ist notwendig, daß die Sulfidphase frühzeitig in der Rekristallisationsstufe ausgeschieden u. in die Korngrenzen mit dem weiteren Kornwachstum hineingebracht wird. Bei höheren Glühtemp. diffundiert Ni-Sulfid wahrscheinlich in die Ni-Grundmasse hinein, wodurch die Bildsamkeit wiederhergestellt wird. Der Zusatz von 0,01% O oder von 0,03% *Mn* zum Ni hat einen sehr geringen Einfl. auf das Versprödungs-Verh., während ein Zusatz von 0,025% *Mg* die Versprödung vollständig beseitigt. In Ni mit einem S-Geh. unter 0,0005% tritt Versprödung nicht auf. H. Hochstein. 6434◇

2173 **Temperungsprozeß warmfester γ-Legierungen.** 2. Mitt. **Einflüsse von Zusatzelementen auf die Eigenschaften der Ausscheidungshärtung der warmfesten γ-Fe–Co–Cr–Ni-Legierung LCN-155.** Yūnoshin Imai und Tsuyoshi Masumoto. (Tetsu to Hagané [J. Iron Steel Inst. Japan] **47,** 1607—13, 1961; jap., Auszug: engl.) — 1. vgl. C. **1962,** 18259. — Die ausgezeichneten Eigg. der Ausscheidungshärtung der γ-Fe–Co–Cr–Ni-Leg. *LCN-155* werden der vereinigten Wrkg. von *N, Mo, W* u. *C* als Zusatzelemente zugeschrieben. Eine Wrkg. von N + *Nb* ist in Ggw. von Mo u. W vorhanden. W. Wesly. 6436◇

2174 **Untersuchung über den Temperungsvorgang von warmfesten γ-Legierungen.** 3. Mitt. **Kleine Phasen der gealterten, warmfesten γ-Fe–Co–Cr–Ni-Legierung LCN-155 und die Einwirkung von Zusatzelementen auf die Phasen.** Yūnoshin Imai und Tsuyoshi Masumoto. (Tetsu to Hagané [J. Iron. Steel Inst. Japan] **47,** 1689—96, 1961; jap., Auszug: engl.) — 2. vgl. vorst. Referat. — Die Ausscheidungen in der Leg. *LCN-155* nach Alterung bei 800 bis 950° bis zu 3000 Std. bestehen aus *Nb(C, N)*, $M_{23}C_6$, *X-Phase*, M_6C u. die intermetall. Laves-Phase. Die Umwandlungen der Phasen u. ihre Beeinflussung durch *N, W, Mo* u. *Nb* werden beschrieben. W. Wesly. 6436◇

2175 **Untersuchung über den Temperungsvorgang von γ-Legierungen.** 4. Mitt. **Über die chemische Zusammensetzung sekundärer Phasen und das Verhalten jeden Elementes bei Alterung in der warmfesten γ-Fe-Co-Cr-Ni-Legierung LCN-155.** Yūnoshin Imai und Tsuyoshi Masumoto. (Tetsu to Hagané [J. Iron. Steel Inst. Japan] **47,** 1903—11, 1961; jap., Auszug: engl.) — 3. vgl. vorst. Referat. — Die metall. Bestandteile in den sek. Phasen der Leg. *LCN-155* bestehen nach dem Altern bei tiefer Temp. hauptsächlich aus Cr u. bei hoher Temp. aus *Cr, Mo, W* u. *Nb* mit größerem Atomradius. Mit der Alterungsdauer steigt das Konz.-Verhältnis der metall. Elemente zu C u. N in den Ausscheidungen u. die Konz. von C, N, Cr, Mo, W u. Nb. Nach 168std. Alterung bei 900° sind der größte Teil des Nb, 50% des C u. N, ca. 10% des Mo u W u. ca. 4% Cr angereichert. Zusätze von Nb u./oder N lösen Veränderungen in der Verteilung von C, Mo u. W in Grundmasse u. Ausscheidungen aus. In Nb enthaltenden Legg. besteht die ungelöste Nb-Verb. nach der Lösungsbehandlung aus $(Nb, Cr, Mo, W)_4(C, N)_3$. Die mutmaßliche Zus. der Ausscheidungen wird angegeben. W. Wesly. 6436◇

2176 **Verformung von Uranmetall im Betrieb.** John A. Fellows. (Progr. nuclear Energy, Ser. V **3,** 104—20, 1961; St. Louis, Miss., Mallinckrodt Chemical Works, Uranium Div., U.S.; engl.) — Der Weg des U-Metalls vom aus UF_4 u. *Mg* entstandenen Block, die verschiedenen Arten der Vorwärmung, des Walzens, Schmiedens, Strangpressens, Ziehens sowie der jeweiligen Wärmenachbehandlung für die Verw. im Reaktor werden beschrieben. Die dabei erzielten Werte über Zerreißfestigkeit, Einschnürung, Dehnung wurden mitgeteilt u. graph. dargestellt. — 35 Literaturangaben. A. Blaschette. 6448◇

2177 **Quellen und Gewinnungsverfahren für Rhenium.** P. E. Churchward und J. B. Rosenbaum. (U.S. Dep. Interior, Bur. Mines, Rep. Invest. **1963,** Nr. 6246, 1—16, Salt Lake City, Utah, Salt Lake City Metallurgy Res. Center; engl.) — Das ergiebigste Vork. stellen die aus porphyr. Cu-Erzen stammenden Mo-Konzentrate dar; daneben spielen andere Mo-Konzentrate eine gewisse Rolle. Neuerdings wird es auch bei der U-Herst. als Nebenprod. gewonnen. Statt der bisher üblichen Verff. wurde eine Fl.-Extraktion mit anschließender elektrolyt. Abscheidung des Re entwickelt. Dabei wurde der beim Abrösten von MoS_2-Konzentrat entstandene Flugstaub zunächst mit W. behandelt. Mit Hilfe eines in Kerosin gelösten quart. Amins erreichte man eine gewisse Trennung vom *Mo*, die durch das folgende Abstreifen mit $HClO_4$-Lsg. noch verbessert wurde. Bei der anschließenden Elektrolyse (mit Pt-Anode u. Cu-Kathode) ist zur Erzielung festhaftender glänzender Ndd. ein Zusatz von Na_2SO_4 oder $(NH_4)_2SO_4$ wichtig. Stromdichte 180—360 A/ft². Die Temp. (ca. 45°) u. der pH-Wert spielen keine bes. Rolle. Die Stromausbente beträgt bei 13 g/Liter Re 17% u. fällt ab bei geringeren Gehalten. Bei 360 A/ft² war die Spannung 3 V. Das Metall enthielt noch 0,1% Mo u. Spuren anderer Verunreinigungen. — 26 Literaturangaben. F. Hochstetter. 6448◇

2178 **Metallurgie von Niob und Tantal.** 1. Mitt. **Extraktion von Tantal- und Niobpentachlorid aus Tantaliterz.** Toyoji Ishiyama und Tadashi Kuroda. (J. electrochem. Soc. Japan [Overseas Edit.] **28,** E 87 (engl.); 198, 1960; jap.; Min. of Internat. Trade and Ind., Electrotechn. Labor.) — Die Chlorierung von Tantaliterz mit Kohlezusatz erfordert im Vgl. zu anderen Aufarbeitungs-Meth. die geringsten Produktionskosten. Briketts aus Tantalit u. Kohle werden in einem Graphitschiffchen im elektr. Ofen mit Cl_2-Gas zu Rk. gebracht. Optimale Bedingungen: Cl_2-Temp. 450—700°; Cl_2-Zusatz 0,27—0,70 Liter/Std.; Verhältnis von Kohle zu Tantalit 0,15—0,40; Zeit 10—20 Std. für 15 g Tantalit; Kohlequalität frei von Graphit; Ausbeute bezogen auf Cl_2 35—60%. — Je höher die Cl_2-Temp. um so niedriger liegt der Wert der Gleichgewichtskonstante. Bei zu hoher oder zu niedriger Cl_2-Temp. fällt die Ausbeute an Pentachloriden zu Gunsten der Bldg. von Oxychlorid. Günstig für die Pentachlorid-Gewinnung: Fast völliges Fernhalten von Feuchtigkeit, niedriger Partialdruck von O_2, ausreichende Menge an Kohle, Überschuß an Cl_2, langsame, langandauernde Chlorierung bei möglichst niedriger Temp. (450—600°). P. Nachtwey. 6448◇

2179 **Metallurgie von Niob und Tantal.** 2. Mitt. **Reinigung und Trennung von Tantal- und Niobpentachlorid durch fraktionierte Destillation.** Toyoji Ishiyama und Tadashi Kuroda. (J. electrochem. Soc. Japan [Overseas Edit.] **28,** E 104—E 106, engl.; 257, 1960; jap.; Tokyo, Electrochem. Labor., Nagata-machi, Chiyoda-ku.) — 1. vgl. vorst. Referat. — Zur Abtrennung der bei der Chlorierung des Tantalits gebildeten Chloride der verunreinigenden Elemente (Mg, Al, Si, Ti, Sn, Sb, Bi, W, Mn, Fe) wurden die rohen Chloride bei ≈ 180° unter vermindertem Druck geschmolzen u. dann bis auf 260° erhitzt. Dadurch wurde ein Gemisch von $TaCl_5$ u. $NbCl_5$ mit Ausbeuten von 95,0 bzw. 97,5% u. einer Reinheit von 99,25 bzw. 99,7% (Ta + Nb) erhalten. Für deren Trennung ist die Ggw. einer Spur von W. notwendig. Hydrolyse ist aber zur Trennung der beiden Elemente nicht geeignet. Für die quant. Trennung ist die Dest. bei 240—250° die beste Methode. Vff. führten zum Vgl. der Meth. u. Ausbeuten auch Trennungen mit der KOH- u. $KHSO_4$-Schmelze durch. Die Ausbeuten waren etwas geringer (92,1 bzw. 96,2%). Die Reinheit lag bei 97,0 bzw. 94,0%. P. Nachtwey. 6448◇

2180 **Eine Gemeinsamuntersuchung der Härteprüfung von Hartmetallcarbiden.** Betty M. Caugherty, H. T. Oatman und O. W. Reen. (Proc. Amer. Soc. Testing Mater. **59,** 1261—79, 1959; Brackenridge, Pa., Alleghany Ludlum Steel Corp.; engl.) — Die statist. Analyse der Ergebnisse von an verschiedenen Stellen durchgeführten Mikrohärteprüfungen von Hartmetallcarbiden ergab, daß bei Verw. des üblichen Eichblocks ein Veränderlichkeitsbereich von 0,4 bis 0,6 Einheiten der Rockwell A-Skala besteht. Bei Verw. von werkseigenen Eichstücken liegt dieser Unterschied zwischen 0,8 u. 1,5 Härte-Einheiten. Diese Unterschiede werden auf Bearbeitungsunterschiede u. metallurg. Unterschiede in den Eichstücken zurückgeführt. — Diskussion. H. Hochstein. 6480◇

2181 **Dynamische Spannungs–Dehnungs-Erscheinungen und die plastische Wellenfortpflanzung in Metallen.** Ralph Papirno und George Gerard. (Trans. Amer. Soc. Metals **53,** 381—406, Diskussion 926—30, 1961; New York, Univ.; engl.) — In einer theoret. u. experimentellen Unters. wird eine

Näherungstheorie von plast. Schwingungswellenfortpflanzung in schlanken Stäben eines bilinearen Materials entwickelt. Zug-Schlag-Verss. werden an kaltverformten Stangen aus handelsüblich reinem *Al*, welches sich annähernd bilinear verhält, durchgeführt. Die Ergebnisse zeigen, daß die Größe u. Geschw. des elast. Teils einer gemischten elast.-plast. Welle richtig durch die aufgestellte Theorie vorausgesagt werden können. Sowohl bei Prüfungen mit großer als auch mit kleiner Schwingung pflanzten sich die niedrigsten plast. Dehnungen mit Geschw. fort, die größer waren, als die bilineare Theorie voraussagte. Die Geschw. der höchsten plast. Dehnungsgrade schienen sich den theoret. Werten anzunähern. Die Unterschiede zwischen Theorie u. Vers. für die niedrigsten plast. Dehnungen konnten auf Verformungs-Geschw.-Einfl. zurückgeführt werden. Es gab keine Erhöhung der dynam. Proportionalitätsgrenze über die stat. Werte. Damit schien der Verformungs-Geschw.-Einfl. auf die plast. Dehnungskomponente der Schwingungswelle begrenzt zu sein unter der Annahme, daß die plast. Verformungs-Geschw. eher als die höhere elast. Verformungs-Geschw. der passende Parameter war. — 25 Literaturangaben. H. Hochstein. 6480◇

2182 **Beitrag zum Festigkeitsverhalten von Kohlenstoffstahl mit Widmannstätten-Gefüge.** F. Erdmann-Jesnitzer und B. Schellhorn. (Industrieblatt **59,** Nr. 3, Härterei-Techn. u. Wärmebehandl. **5,** HT 19—HT 23, 167 (HT 25) bis 173 (HT 31); Freiberg/Sa.; dt.) — Schliffbild- u. elektronenopt. Unterss., Festigkeits- u. Bruchbildstudien an verschiedenen unlegierten Stahlguß-Sorten mit u. ohne spezielle Glühbehandlungen zur Klärung der für das Wiedmannstätten-Gefüge charakterist. Versprödung. Auch für *α-Fe* mit *C* wird eine besondere Spaltbruch verursachende C-Lage im Ferrit vermutet. — 39 Literaturangaben. M. Gehlen-Keller. 6480◇

2183 **Der Einfluß der Feinstruktur auf die Dauerfestigkeit eines hochgekohlten Stahls.** F. Borik und R. D. Chapman. (Trans. Amer. Soc. Metals **53,** 447—63, Diskussion 935—37, 1961; Detroit, Mich., Chrysler Corp.; engl.) — Die Dauerermüdungsgrenzen von bainit. u. angelassenen martensit. Mikrostrukturen von Stählen *SAE 51100* mit ca. 1,0 (%) C u. 1 Cr wurden für einen Härtebereich von 36—61 Rockwell-C bestimmt. Die relativen Mikrodehnungen in der Grundmasse der beiden Strukturarten wurden durch die Gesamtbreite der (2 1 1)-Eisenlinie gemessen. Die Ermüdungsresultate u. die Mikroverformungen wurden auf der Grundlage gleicher Härte bewertet. Oberhalb einer Härte von ca. 40 RC war die Dauerfestigkeit bainit. Strukturen der von angelassenem Martensit überlegen. Jedoch unter dieser Härte schien das Feingefüge von angelassenem Martensit eine etwas höhere Dauerfestigkeit zu haben als die bainit. Struktur. Innerhalb des Härtebereiches in der Unters. enthielten die zwischenstufenvergüteten Proben größere Mikroverformungen als die abgeschreckten u. angelassenen Proben. Eine Beziehung zwischen diesen Verformungen u. dem Unterschied in der Dauerfestigkeit der beiden Feingefüge wurde nicht festgestellt. Da die Mikroverformungen eine Funktion des C in Lsg. sind, kann der genannte Unterschied in der Dauerfestigkeit nicht allein von dem Unterschied im C-Geh. in der Grundmasse herrühren. Es wird daher angenommen, daß der Unterschied in der Dauerfestigkeit zwischen den zwischenstufenvergüteten sowie den abgeschreckten u. angelassenen Mikrostrukturen des untersuchten hochgekohlten Stahls durch die Verteilung der Carbidteilchen u. ihre Morphologie erklärt werden kann. Diese Ansicht wird durch mehrere Elektronen-Mikrographien unterstützt. — 22 Literaturangaben. H. Hochstein. 6480◇

2184 **Temperatur- und Feingefüge-Abhängigkeit von Größeeinflüssen bei Kerbbiegeprüfungen von einigen legierten Stählen.** S. Yukawa. (Trans. Amer. Soc. Metals 53, 871—81, Diskussion 981—82, 1961; Schenectady, N.Y., General Electric Co.; engl.) — Das Bruch-Verh. von Kerbbiegeproben unterschiedlicher Größe, aber gleicher Gestalt aus Schmiedestücken von Stählen mit ca. 0,2—0,3% *C* u. Leg.-Geh. an *Mn, Cr, Mo, Ni* u. *V* wird bei ca. + 200 bis —100° ermittelt. Hierbei werden die Bruchflächen auf Anteile an spröden u. zähem Gefüge untersucht. Die Möglichkeiten zur Kennzeichnung des Querschnitts-Einfl. durch die Übergangs-Temp. im Kerbbiegevers. werden besprochen. — 16 Literaturangaben. H. Hochstein. 6480◇

2185 **Der Einfluß von Kaltverarbeitung und Temperatur auf die Festigkeit und Struktur von Stahl.** P. Shahinian, M. R. Achter und W. A. Pennington. (Trans. Amer. Soc. Metals **53,** 817—36, 1961; Naval Res. Labor.; Univ. of Maryland; engl.) — Der Einfl. von Kaltverarbeitung auf die Festigkeit eines niedriggekohlten Stahles (*AISI 4140*) bei erhöhten Temp. wird durch Messungen der Härte, Zug- u. Zeitstandfestigkeit bestimmt u. ihr Einfl. auf die Mikrostruktur durch opt. u. Elektronenmikroskopie sowie durch Röntgenbeugungs-Verff. verfolgt. Der vergütete Stahl wird bei Zwischentemp. durch starke Kaltverarbeitungsgrade in Übereinstimmung mit dem Verh. bei niedrigeren Temp. in seinem Zeitstand-Verh. verfestigt, jedoch durch kleine Verformungsgrade entfestigt. Die Verminderung in der Festigkeit des verarbeiteten Stahles im Vgl. mit dem nicht verarbeitetem wird auf eine ermittelte Zunahme in der mittleren freien Ferritweglänge zurückführt, die offenbar durch die vorausgehende Kaltverformung hervorgerufen wird. Eine Erklärung für die Entfestigung bei geringen Verformungen u. Verfestigung bei großen Verformungsgraden wird versucht, wobei die Härtung des Stahles auf die Einführung von Gitterdehnungen u. nachfolgende Reckalterung u. die Entfestigung auf eine mikrostrukturelle, durch die Dehnung bewirkte Änderung zurückgeführt werden. — 12 Literaturangaben. H. Hochstein. 6480◇

2186 **Einfluß von Entkohlungs- und Schleifbedingungen auf die Dauerfestigkeit eines Cr–Mo–V-Stahlbleches mit 5% Cr.** E. A. Simkovich und E. A. Loria. (Trans. Amer. Soc. Metals **53,** 109—22, Diskusion 889—96, 1961; Farmingdale, Long Island, Republic Aviation Corp.; Pittsburgh, Climax Molybdenum Co.; engl.) — Axiale Zug-Wechsel-Beanspruchungen wurden an Blechproben aus Stahl mit 0,35(%) C, 5,0 Cr, 1,35 Mo, 0,35 V, 0,40 Mn u. 0,95 Si ausgeführt, wobei die Proben verschiedene Entkohlungsgrade aufwiesen u. mit einem abgeschliffenen Blech verglichen wurden. Dabei wurde eine neue Meth., um die Bleche auf vier Tiefen gleichmäßig zu entkohlen, angewandt. Die vier Gruppen von entkohlten Blechen wurden dann auf eine Zugfestigkeit von 210000 lbs./sq.in. ohne weitere Entkohlung wärmebehandelt. Die Ergebnisse zeigen einen schroffen Abfall in der Dauerfestigkeit bei nur geringen Entkohlungen bis zu 0,0015 in. je Oberfläche. Die geschliffenen, darauf geschlichteten u. entspannten Proben ergaben die höchsten Werte. Die Dauerprüfergebnisse wurden mit Zug- u. Härteprüfungen sowie mit einem metallograph. Befund in Beziehung gebracht; außerdem wurde eine Meth. zur Ermittlung der Entkohlung auf Grund von Härtemessungen entwickelt. H. Hochstein. 6480◇

2187 **Untersuchungen der Zerreißeigenschaften einiger hitzebeständiger Metalle bei tiefen Temperaturen.** W. M. Armstrong und John A. H. Lund. (Trans. Canad. Inst. Mining Metallurgy Mining Soc. Nova Scotia **64,** 305—10, 1961; Vancouver, B. C., Univ. of British Columbia, Dep. of Mining and Metallurgy; engl.) — Die Meth. zur Herst. u. Unters. von *V*-Einkristallen u. V- bzw. *Ta*-Polykristallen im Bereich 20 bis —196° werden angeführt. Bestimmt wurde die Temp.-Abhängigkeit der Fließspannung u. Duktilität. Die Ergebnisse werden an Hand der Fließtheorie von Cotrell u. Bilby diskutiert. J. Heinze. 6480◇

2188 **Die Spannungs–Dehnungs-Eigenschaften von ausgewählten Titanmetallen.** E. P. Klier und C. P. Gazzara. (Proc. Amer. Soc. Testing Mater. **59,** 1015—34, 1959; Washington, D.C., Cathol. Univ. of America; Watertown, Mass., Arsenal; engl.) — Die plast. Fließeigg. von unlegiertem Ti, von Ti mit 5% Al sowie von Ti mit 6,5% *Mn* wurden in Abhängigkeit von 4 Dehngeschw. u. von 5 Temp.-Höhen bestimmt. Das Spannungs–Dehnungs-Verh. des untersuchten Materials wird theoret. erörtert. Es zeigt sich, daß die Fließverhältnisse im Streckgrenzenbereich für unlegiertes Ti $\sigma = \sigma_{0,1} \cdot \delta^{0,12}$ u. für die beiden Ti-Legg. $\sigma = \sigma_{0,1} \cdot \delta^{0,08}$ betragen. — Diskussion. H. Hochstein. 6480◇

2189 **Poliertechnik zum Erhalten von flachen Kanten auf zerteilten metallographischen Proben.** Erwin R. Cprek. (Trans. Amer. Soc. Metals **55,** 369—72, 1962; Warren, Mich., General Motors Corp.; engl.) — Angaben über Zerteilen, Einbau, Grob- u. Feinschleifen, Polieren u. Ätzen von metallograph. Zwecken dienenden Proben. H. Hochstein. 6482◇

2190 **Emissionsmikroskopie mit ionenausgelösten Elektronen.** H. Düker. (Schweiz. Arch. angew. Wiss. Techn. **26,** 199—201, 1960; dt.) — Beschreibung einer App. zur direkten Beobachtung von Temp.-Prozessen in Metallen u. Legierungen. M. Gehlen-Keller. 6482◇

2191 **Physikalische und chemische Grundlagen der Metallverklebung.** Kl. Ulmer. (Z. Schweisstechn. [Zürich] **53,** 31—41, 1963; Hannover, TH, Inst. für Werkstoffk.; dt.) — Übersicht über Grundlagen, Vor- u. Nachteile der Metallverklebung u. Eigg. einiger Metallkleber. — 40 Literaturangaben; Diskussion. W. Wesly. 6490◇

2192 **Wärme-Ultraschall-Behandlung von Chromansil-Stahl.** E. A. Alftan. (Hochschulnachr. (Moskau), Eisenmetallurgie **1960,** Nr. 7, 129—34, Dnepropetrowsk, Inst. Flugzeug-Gerätebau; russ.) — Die Anwendung von Ultraschall bei der isotherm. Härtungsbehandlung von *Chromansil*-Stahl bewirkt eine Verbesserung der Festigkeits-Eigg. dieses Stahles. H. Hochstein. 6492◇

2193 **Wärmebehandlung von Bohrstangen aus Stahl der Marken U7 und 55S2.** I. N. Kidin, I. W. Paissow, B. G. Beljakow und W. I. Lisunow. (Hochschulnachr. [Moskau], Eisenmetallurgie **4,** Nr. 9, 138—42, 1961; Moskau, Stahl-Inst.; russ.) — Das Gefüge, die Eigg. im Zug-Vers., die Kerbschlagzähigkeit bei + 20 u. —55°, die Härte sowie das Betriebs-Verh. von nichtwärmebehandelten sowie von vergüteten Proben aus für Bohrstangen bestimmten Stählen mit ca. 0,7% C (unlegiert) oder mit 0,55% C u. 1,8% Si werden ermittelt. Es wird ein Vgl. mit der Wärmebehandlung u. den Betriebs-Eigg. bisher verwendeter Stähle angestellt. Es zeigt sich, daß die Wärmebehandlung eine unumgängliche Bedingung zur Festigkeitserhöhung der Bohrstangen ist. Durch Abschrecken mit nachfolgendem hohem Anlassen wird eine Verbesserung der Kornstruktur des gewalzten u. geschmiedeten Werkzeuges erreicht u. das Auftreten von überschüssigem, strukturfreiem Ferrit beseitigt. Die richtige Wärmebehandlung der Bohrstangen aus dem Stahl *U7* erhöht deren Haltbarkeit um mehr als das Dreifache. Die Haltbarkeit der Stangen aus *55S2* nach der Wärmebehandlung ist um das Vierfache höher als bei wärmebehandelten Stangen aus *U7*. H. Hochstein. 6492◇

2194 **Einfluß der Wärmebehandlung auf die Hochtemperaturfestigkeit der Legierung A286.** Taro Hasegawa und Fukunaga Terasaki. (Tetsu to Hagané [J. Iron Steel Inst. Japan] **49,** 160—65, 1963; jap., Auszug: engl.) — Unterss. über den Einfl. der Wärmebehandlung (Lsg.-Temp. 900—1100°, Alterung bei 650 u. 718°) auf Leg. *A286* zeigen, daß die Korngrenzenausscheidungen mit steigender Lsg.-Temp. u. fallender Alterungs-Temp. abnehmen; mit ihrem Verschwinden steigt die Hochtemp.-Festigkeit (HTF). An den Korngrenzen von Proben mit Lsg.-Temp. >1040° u. Alterungs-Temp. von 718° treten flockenförmige TiC-Ausscheidungen auf, die nur einen geringen Einfl. auf die HTF ausüben. W. Wesly. 6492◇

2195 **Härtbarkeit von Mn-Cr-Federstahl.** Manabu Ueno, Iku Uchiyama und Akihiko Hoshino. (Tetsu to Hagané [J. Iron Steel Inst. Japan] **47,** 1884—92, 1961; jap., Auszug: engl.) — Unterss. über die Härtbarkeit von Federstahl mit 0,54(%) C, 0,25 Si, 0,88 Mn, 0,010 P 0,013 S, 0,85 Cr, 0,08 Ni, 0,19 Cu zeigen, daß bei Einführung des Temperungsparameters T(C + log t) die Härte linear mit der Temperungs-Temp. bis 500° abnimmt. Die Härte hängt von der Ferritgitterspannung ab. Beim Tempern >500° reichern sich Mn u. Cr in der Carbidphase an; infolge Entfernung dieser Elemente aus der Ferritgrundmasse fällt die Härte beträchtlich. Die Form der gebildeten Carbide beeinflußt die plast. Verformbarkeit u. die Ermüdungsfestigkeit, nicht aber die Härte. Mit steigender Temperungs-Temp. steigt das Verhältnis von Knick- zu Zugfestigkeit allmählich, nimmt aber beim Wachstum der Carbidteilchen ab. Der Höchstwert liegt bei 450 bis 500°. — 20 Literaturangaben. W. Wesly. 6492◇

2196 **Borierung von Stahl in der Gasphase.** M. A. Ptschelkina und Ju. M. Lachtin. (Hochschulnachr. [Moskau], Eisenmetallurgie **1960,** Nr. 7, 163—70, Moskau, Automobil-Inst.; russ.) — Durch Verss. wird die Möglichkeit der Borierung von Stahl in einem aus B_2H_6–H_2 bestehendem Gasgemisch bei 650—850° nachgewiesen. Die Borierung läßt sich in 2—3 Std. mit einer nachfolgenden Diffusionszeit von einigen Std. ohne Zufuhr des borierenden Gasgemisches durchführen, wodurch eine große Kontinuität der Diffusionsschicht bewirkt wird. Je höher die Borierungs-Temp. ist, desto geringer ist die Kontinuität der borierten Schicht. Die Kinetik der Bldg. der borierten Schicht unterliegt den allg. Gesetzen der Bldg. einer Vielphasendiffusionsschicht. Die B-Diffusion verläuft in der α-Phase leichter als in der γ-Phase. C hemmt das Wachsen der Boridphasen. Die Sättigung des Stahles mit B wird von einer Verdrängung von C aus der Diffusionsschicht zum Kern hin begleitet. H. Hochstein. 6492◇

2197 **Plasma zum Brennschneiden, Schweißen, Umhüllen.** Jack Fairlie. (Welding Engr. **47,** 41—44, 1962; engl.) — Übersicht. W. Wesly. 6502◇

2198 **Löten von nichtrostendem Stahl mit dem antikorrosiven Flußmittel LTI-1.** G. Ss. Keilin. (Med. Inst. UdSSR **14,** Nr. 8, 40—41, 1960; Werk „Rotgardist" für medizin. Instrumente; russ.) — Eine Lötung von nichtrostendem Cr-Stahl mit dem Lot *POS-90* u. dem Flußmittel *LTI-1*, das aus 67—71 (Gew.-Teilen) *A.*, 20—25 *Kolophonium* u. 5—7 salzsaurem *Anilin* besteht, ergibt eine feste Lotverbindung mit guter Korrosionsbeständigkeit. *LTI-1* ist hinsichtlich seiner Aktivität nicht schlechter als saure Flußmittel u. kann auch beim Weichlöten von Buntmetallen u. Buntmetall-Legg. verwendet werden. H. Hochstein. 6504◇

2199 **Das Schweißen und Hartlöten von den hitzebeständigen Metallen Niob, Tantal, Molybdän und Wolfram.** M. H. Scott und P. M. Knowlson. (J. less-common Metals [Amsterdam] **5,** 205—44, 1963; Cambridge, Brit. Welding Assoc.; engl.) — Überblick. — 87 Literaturangaben. M. Gehlen-Keller. 6504◇

2200 **Was ist Diffusionsbindung?** Harry Schwartzbart. (Welding Engr. **47,** 46—47, 1962; Metals and Ceramics Res. Armour Res. Found.; engl.) — Übersicht über Grundzüge, Ausführung u. Anwendung der Diffusionsbindung, bes. bei *Zircaloy* u. *Cu*. W. Wesly. 6506◇

2201 **Elektronenstrahlschweißen, seine Betriebsbedingungen und mechanisierte Ausführungsformen.** K. H. Steigerwald. (Z. Schweisstechn. [Zürich] **53,** 1—6, 1963; Oberkochem.; dt.) — Beschreibung von Elektronenstrahlmaschinen mit großen Vakuumkammern, die für mechanisiertes Schweißen ausgerüstet sind, u. Erläuterung des Verfahrens. — Diskussion. F. Vier. 6506◇

2202 **Besonderheiten der Elektroschlackenschweißung modifizierter hitzebesändiger 12%ig. Chromstähle.** A. N. Ssafonnikow. (Automat. Schweißen [UdSSR] **14,** Nr. 5, 59—66, 1961; Paton-Inst. für Elektroschweißung der Akad. der Wiss. der UkrainSSR; russ.) — Die Möglichkeit der Anwendung der Elektroschlackenschweißung 12%ig. hitzebeständiger Cr-Stähle in Form von Schmiedestücken mit großem Querschnitt u. bei Verw. einer Lamellenelektrode wird durch Verss. nachgewiesen. Im Falle des Schweißens von Knüppeln mit kleinen Querschnitten (bis zu 75 × 75 mm) bilden sich bei Einhaltung günstiger Schweißbedingungen keine Kaltrisse. Zur Vermeidung von Rissen muß die Schweißung von Querschnitten 220 × 220 mm mit verzögerter Abkühlung an Luft oder unter langsamer Abkühlung in einem Ofen nach der Schweißung erfolgen. H. Hochstein. 6506◇

2203 **Metall Lichtbogen Punktschweißverfahren von Aluminium mit anderen Metallen.** R. A. Stoehr und F. R. Collins. (Welding J. **42,** 302—08, 1963; New Kensington, Pa., Aluminum Co. of America; engl.) — Überblick über das Verf. u. seine Einrichtungen. F. Vier. 6506◇

2204 **Fortschritte bei der industriellen Reinigung von Metallteilen mittels Ultraschall.** W. Lehfeldt und R. Sievers. (Industrieblatt **62,** 150—52, 1962; Heppenheim; dt.) M. Gehlen-Keller. 6510◇

2205 **Submikroskopische Struktur galvanischer Kupferniederschläge.** S. Steinemann und H. E. Hintermann. (Schweiz. Arch. angew. Wiss. Techn. **26,** 202—10, 1960; dt.) — Die Wachstumsstruktur galvan. Cu-Ndd. wird mittels direkter Durchstrahlung im Elektronenmikroskop untersucht. Ohne Inhibition erfolgt die Reproduktion der Kornstruktur der Unterlage u. ihres Verzerrungszustandes, bei kathod. wirkenden Fremdstoffen erfolgen Einschlüsse in Hohlräume variabler Größe u. hoher, ungefähr konst. Dichte. Die Wachstumsfehler sind die Ursache bestimmter Eigg. der Ndd. oder die Folge elektrochem. Vorgänge nahe der Phasengrenze. — 23 Literaturangaben. M. Gehlen-Keller. 6516◇

2206 **Die Erhöhung der Hitzebeständigkeit der Legierung EI 617 durch die Methode der Diffusionsalitierung.** K. F. Romanow und G. Ss. Ssuworowa. (Nachr. Maschinenbau [UdSSR] **43,** 22—25, 1963; russ.) — Bei der Unters. der durch Diffusionsalitierung erhaltenen Oberflächenschichten auf der Leg. *EI617* wird festgestellt, daß trotz Härte-

steigerung der Oberflächenschicht die Alitierung nicht die Dauerfestigkeit bei 800° erniedrigt. Die Dauerfestigkeit von alitierten u. nichtalitierten Proben war gleich u. betrug 40 kp/mm². Die Gaskorrosion bei hoher Temp., die mit dem Auftreten von Oberflächenmikrorissen infolge Abnahme der Konz. der Leg.-Komponenten zusammenhängt, kann die Entw. von Mikrorissen zu Herden der Korrosions- u. Ermüdungszerstörung bewirken. Eine den Korrosionsangriff hemmende Alitierung kann gleichzeitig eine Erhöhung der Haltbarkeit der hohen Dauerwechselbeanspruchungen unterworfenen Werkzeugteile gewährleisten.
H. Hochstein. 6516◇

2207 **Das Alumetieren.** H. Reininger. (Aluminium **39**, 243—49, 1963; Bad Schandau; dt.) — Überblick über die früher „Chromalisieren" u. „Chromal"-Verf. genannten Schutz-Verff. gegen Verzunderung (*Heißaluminierung, Kalorisieren* oder *Spritzalitierung*), wobei die Al-Spritzschicht durch Wärmebehandlung in den Haftgrund eingesintert wird u. sich Diffusionszonen ausbilden. — 52 Literaturangaben.
F. Vier. 6516◇

2208 **Verchromung.** Pedro Arana Ceballos. (Acero y Energia **18**, Nr. 104, 55—60, 63, 1961; Aeronáutico de Krafft, S.A.; span.) — Überblick, bes. über die *Inkromierung.*
M. Gehlen-Keller. 6518◇

2209 **Vernickeln von Massengut.** * Henry Reymond. (Galvanotechn. u. Oberflächenschutz [Zürich] **3**, 222—24, 1962; Bienne; franz.) — Verss. ergaben, daß sich Massengut am besten in Glocken mit einem Elektrolyt mit 40—45 g/Liter *Ni* u. einem pH-Wert von 4,8—5,4 bei 30°, 18—20 V, 0,2 bis 0,5 A/dm³ halbglanzvernickeln läßt. F. Vier. 6520◇

2210 **Studien über den Einfluß organischer Zusätze bei der elektrolytischen Abscheidung von Nickel.** Bernhard J. Riley und Seward E. Beacom. (Galvanotechn. u. Oberflächenschutz [Zürich] **3**, 206—21, 1962; Warren, Mich., V.St.A., General Motors Corp., dt.) — Untersucht wurde die glanzbildende u. einebnende Wrkg. von Zusätzen von mit ^{14}C markiertem *Na-Allylsulfonat* u. *N-Allylchinuldinium-bromid* zum Ni-Elektrolyt vom Watts-Typ. Aus den radiograph. Unterss. ergibt sich, daß die Dicke der an der Kathode auftretenden Diffusionsschicht größer in einer Vertiefung als an einer erhöhten Stelle ist, u. daß der Unterschied durch den Zusatz der organ. Verbb. erhöht wird. An den erhöhten Stellen werden mehr Zusatzreagentien adsorbiert, da das organ. Ion schneller durch die dünnere Diffusionsschicht dringt, infolgedessen werden mehr Metallionen in den Vertiefungen entladen. Die Zusatzreagentien werden einem Abbau unterworfen; zwischen ihnen bestehen Wechselwrkg., wodurch ein synergist. Effekt bei der Einebnung erreicht wird. — 58 Literaturangaben. F. Vier. 6520

2211 **Die Oxydation von Eisen und Stahl in der Wärme und unter Druck durch Kohlensäureanhydrid.** P. Bastien und M. Colombié. (Mém. sci. Rev. Métallurgie **59**, 454—60, 1 farbige Tafel, 1962; École des Arts et Manufactures; franz.) — Eine unter Druck arbeitende Temp.-Ausgleichs-Vorr. wird hergestellt, welche die Verfolgung der Rk.-Kinetik in Gasen bei veränderlichen Temp. bis 750° u. Drücken bis 30 kg/cm² ermöglicht. Durch verschiedene reaktionskinet. mikrograph. u. radiokristallograph. Unterss. der Oxydation von *Fe* u. Stahl durch CO_2 wird festgestellt, daß der Druck des CO_2 die Fe- u. Stahlkorrosion beeinflußt u. daß die hierbei auftretende Oxydations-Rk. von den örtlichen Rkk. in der Zwischenfläche Oxid-Gas abhängig ist.
H. Hochstein. 6530◇

2212 **Untersuchung der Korrosionsbeständigkeit von Metallen unter den Bedingungen der Herstellung fluorfreier Schmelzphosphate.** L. N. Ssidelkowski, Ju. W. Trojankin und W. W. Tschutschkow. (Chem. Ind. [UdSSR] **1962**, 209—12, Moskau, Energet. Inst.; russ.) — Vgl. C. **1963**, 2597. — In einer Atmosphäre mit 0,6—1,2(%) HF, 10—12 W., 18—19 O_2 u. 70—71 N_2 sind die Korrosions-Geschw. W_k bei *Grauguß* bei 70° 1,70 (mm/Jahr), 200° 0,13, 400° 8,40; *St-10* 1,00, 0,165, 33,3; *12ChMF* 1,05, 0,20, 32,4; *Ch25T* 1,75, 0,13, 8,67; *1Ch18N9T* 2,10, 0,18, 5,54; *Al* 9,30, 0,32, 0,90. Bei Temp. etwas oberhalb des Taupunktes nimmt W_k wegen des Fehlens von elektrochem. Rkk. rasch ab, dann mit steigender Temp. zu. Unter Betriebsbedingungen mit Abgasen aus Zyklonen der Phosphataufarbeitung (Schmelzdrehofen) sind die W_k-Werte bei ca. 400° niedriger als vorst. Werte, da die Gase weniger HF enthalten; bei 700—760° ist W_k für die meisten der obigen Metalle 12,42—15,54, niedriger nur bei Ch25T (2,27), 1Ch18N9T (0,82) u. Al (nicht geprüft, aber hoch). Die Prüfzeiten betragen mehrere 100 Stunden.
R. K. Müller. 6538◇

2213 **Erfahrungen mit der Spritzverzinkung als Korrosionsschutz für Kraftwerkbauten.** J. Friedli. (Z. Schweißtechn. [Zürich] **50**, 131—34, 178—81, 1960; Zürich, EMPA; dt. u. franz.) — Bei der üblichen Meth., Teile von Kraftwerkbauten, die sich ständig im Kontakt mit W. befinden, durch Zn-Spritzguß zu schützen, ist die Vorbereitung des Eisenuntergrundes von Wichtigkeit. Die Oberfläche muß sauber u. aufgerauht sein, um Zn genügend Haftgrund zu geben. Es empfiehlt sich, mit Quarzsand oder Korund zu strahlen, keinesfalls aber mit Stahlkugeln. Verss. an Rohren, die mit Stahlkies gestrahlt wurden, zeigten nach der ersten Druckprobe Abhebungen der Zn-Schicht. Da der Spritzüberzug aber sehr porig ist u. von W. angegriffen wird, muß er seinerseits noch mit einer Farbschicht überzogen werden. Hier empfehlen sich *Bitumenfarben*, die bei mechan. Verletzung leicht ausgebessert werden können, oder Farben auf *Chlorkautschukbasis*. Allg. rechnet man mit 1000 g/m² Zn u. 4 bis 5 Anstrichen. Wolfgang Simon. 6538◇

2214 **Die Faktoren der Schädigung von Metallen durch saure Aufschlämmungen.** F. L. La Que. (Trans. Canad. Inst. Mining Metallurgy Mining Soc. Nova Scotia **64**, 217—22, 1961; New York, N.Y., Internat. Nickel Co., Inc.; engl.) — Vgl. C. **1962**, 4354. — Saure Aufschlämmungen sind Suspensionen feinverteilter Erze oder Konzentrate in Fll., die von Anfang an sauer sind oder durch Rk. der Feststoffe mit der Fl. sauer werden. Im besonderen wird der Einfl. von H_2SO_4 auf Behältermaterialien untersucht, wobei folgende Faktoren berücksichtigt werden: Art u. Konz. der Säure; Einfl. der Bestandteile, die durch die Säure in Lsg. gehen; Temp.; Strömungsturbulenz; Abrasion durch die suspendierten Partikel; Schutzeffekte durch feste Begleitsubstanzen.
J. Heinze. 6538◇

2215 **Über den heutigen Stand der Spannungskorrosionsprüfung von Halbzeugen aus Aluminiumlegierungen.** P. Brenner. (Metall **17**, 989—96, 1963; Bad Godesberg; dt.) — Überblick. — 20 Literaturangaben.
M. Gehlen-Keller. 6540◇

2216 American Cyanamid Co. (Erfinder: Robert Ben Booth), **Verflüssigen von Dispersionen zerkleinerter Mineralien oder Erze.** mit einem Fest-Geh. von ≧ 30%, dad. gek., daß man ihnen kleine Mengen eines wasserlösl. Polyelektrolyten, die sich von einer synthet. polymeren Säure ableiten, bes. *Polyacrylamide* oder *Polyacrylate*, zusetzt. (**Aust. P. 236 556** vom 12/11. 1958, ausg. 21/12. 1961. A. Prior. 27/11. 1957.) C. Lüttgen. 6361

2217 Commissariat à l'Énergie Atomique, Frankreich (Erfinder: Michel Leduc, Pierre Mouret, Paul Pottier und Alban Villa), **Langsame Laugung von Nickelerzen mittels verdünnter alkalischer Lösung.** Das grobgemahlene Erz wird mit verd. $(NH_4)_2CO_3$-Lsg. (10 bis 100 g/Liter) gelaugt. Die Lsg. wird in Mengen von 0,5 bis 5 Liter/hm² Erzoberfläche auf die Erzhaufen gespritzt. Die Dauer der Laugung liegt zwischen 1 Monat u. mehreren Jahren. Die Höhe der Erzschicht kann mehrere Meter bis einige Dekameter betragen. — Abbildung. (**F. P. 1 294 925** vom 19/4. 1961, ausg. 19/10. 1962.) M. Neckermann. 6361

2218 Tokuichi Takakuwa, Yokkaichi-shi Mie-ken, Japan, **Aufbereitung von lateritischen Erzen.** Das Roherz wird mit W. u. einer bas. Substanz, z. B. Ätznatron, zu einem Brei zerkleinert, dessen pH-Wert auf über 7 eingestellt wird. Mittels einer an sich bekannten Schwerkraftaufbereitung werden aus diesem Brei die *Cr-* u. *Co*-Bestandteile des Rohlaterits abgetrennt. Danach wird der pH-Wert des Restes zur Abscheidung der *Fe-* u. *Ni*-Bestandteile auf unter 7 eingestellt. Der Gew.-Anteil an Rohlaterit soll im Brei weniger als 30% betragen. Dem Brei kann ein Schutz-Koll., wie Stärke, zugesetzt werden. (**D. A. S. 1 142 321** Kl. 1c vom 11/4. 1959, ausg. 17/1. 1963. Jap. Prior. 29/8. 1958.)
W. Hauswald. 6363

2219 United States Borax and Chemical Corp., Los Angeles (Erfinder: Martin Wilson, Anaheim), Calif., V.St.A., **Verfahren zur Schaumflotation** von Erzen unter Verw. langkettiger aliphat. Amine mit mindestens 7 C-Atomen in der Kette. Man verwendet erfindungsgemäß ein *Alkylnaphthalin*, dessen Alkylgruppen 1—8 C-Atome enthalten u./oder ein *Alkylmercaptan*, dessen Alkylgruppe 8—18 C-Atome enthält, als Flotationsmittel zu den langkettigen aliphat. Aminen als Flotationsmittel. In der verwendeten Trübe soll die Hauptkorngröße zwischen 2,36 u. 3,33 mm betragen. (**D. A. S. 143 764** Kl. 1c vom 2/3. 1961, ausg. 21/2. 1963. A. Prior. 2/3. 1960.) W. Hauswald. 6363

2220 Metallgesellschaft Akt.-Ges., Deutschland, **Gewinnung der fühlbaren Wärme aus Produkten, die mit hoher Temperatur aus einem Drehrohrofen ausgetragen werden.** Der heiße Austrag wird indirekt mit einem gasförmigen oder fl. Medium so weit abgekühlt, daß mit Luft keine unerwünschten Rkk. mehr stattfinden können. Die vom Wärmeaustauschmedium aufgenommene Wärme wird zum Vorwärmen des kalten Aufgabegutes verwendet. — Beispiel: Magnet. Röstung von *Fe-Erz*. — Abbildung. (**F. P. 1 252 414** vom 25/3. 1960, ausg. 3/5. 1961. D. Prior. 28/4. 1959.) M. Neckermann. 6379

2221 Comp. de Raffinage Shell Berre, Frankreich (Erfinder: Louis Robert Laurent und Maurice Robert Chican), **Sintern von Erzen**, bes. *Fe-Erzen*, in Ggw. von W. u. einem bituminösen Bindemittel mit einer 220 nicht übersteigenden Penetration. Das Bindemittel wird in solcher Menge verwendet, daß bei dessen Verbrennung die Wärme entsteht, welche zur teilweisen Schmelzung des Erzes erforderlich ist. (**F. P. 77 367** vom 15/3. 1960, ausg. 13/7. 1962. **Zusatz zu F. P. 1 218 120; C. 1961, 15552.**) M. Neckermann. 6379

2222 Yawata Iron & Steel Co. Ltd., Tokio (Erfinder: Kiyoto Matsuzuka, Junjiro Momozaki und Yoshinori Shirane, Kumamoto), Japan, **Behandlung von nickel- und chromhaltigen Eisenerzen.** Die Erze werden reduzierend geröstet u. *Ni* mit einer Lsg. mit 0,5—3% SO_2 gelaugt u. in die erhaltene u. auf ca. 80—100° erwärmte Lauge Luft eingeblasen. (**D. A. S. 1 149 733** Kl. 18a vom 15/2. 1961, ausg. 6/6. 1963. Jap. Prior. 15/2. 1960.) M. Neckermann. 6379

2223 Deutsche Gold- und Silber-Scheideanstalt vormals Roessler (Erfinder: Alfred Boettcher und Paul Himmelstein), Frankfurt/M., **Herstellung von Metallen durch Reduktion**, bei der das dampfförmige Metallhalogenid mit Alkali- oder Erdalkalimetallen als Red.-Mittel in der Dampfphase in einer Flamme umgesetzt wird. Der die Flamme umgebende rohrförmige Abscheider ist innerhalb einer wärmeisolierten Rk.-Kammer angeordnet u. an seinem der dieser zugekehrten Ende geschlossen u. an seinem anderen Ende mit Öffnungen für den Austritt des gebildeten Metalls u. der übrigen Rk.-Prodd. versehen. — Beispiel: Red. von $TiCl_4$ mit *Na*. — Abbildungen. — Vgl. E. P. 765 718; C. **1958**, 6671. (**D. A. S. 1 051 007** Kl. 40a vom 3/3. 1954, ausg. 19/2. 1959. **Zusatz zu D. A. S. 1 042 901; C. 1959, 16840.**) M. Neckermann. 6381

2224 Deutsche Gold- und Silber-Scheideanstalt vormals Roessler (Erfinder: A. Boettcher und Paul Himmelstein), Frankfurt/M., **Herstellung von Metallen** durch Red. ihrer Halogenide mit *Na* in der Dampfphase in einer Flamme, wobei die Dampfstrahlen aus konzentr. angeordneten Düsenöffnungen austreten. Die sekundlich durch 1 mm² der Düsenöffnung ausströmende Menge des zu reduzierenden Halogenids beträgt das 6—20fache der Na-Menge, wobei die Na-Menge 2 mg/mm² Düsenquerschnitt u. Sek. nicht unterschreitet. (**D. A. S. 1 051 006** Kl. 40a vom 3/3. 1954, ausg. 19/2. 1959. **Zusatz zu D. A. S. 1 042 901; C. 1959, 16840.**) M. Neckermann. 6381

2225 Kiyoshi Yokota, Tokio, und Shogo Izumi, Nishinomiya-Shi, Hyogo-Ken, Japan, **Umhüllte Elektrode zum Lichtbogenschweißen von Gußeisen.** Der Elektrodenkern besteht aus *Eisen, Stahl* oder *Gußeisen* mit jeweils 5—12(%) *Si*, wobei der Si-Geh. durch ein Silicierungs-Verf., bes. ein Einsatzsilicierungs-Verf., eingebracht worden ist. Die Umhüllung der Elektrode enthält *Graphit*, bes. als Hauptbestandteil, wobei der Geh. an Graphit derart hoch u. der Geh. an Si in der Umhüllung derart niedrig bemessen ist, daß das niedergelegte, graphitisierte Schweißgut einen Si-Geh. von 7—11 u. einen C-Geh. von ca. 4 aufweist. Dadurch wird erreicht, daß trotz der großen Abkühlungs-Geschw. C ausreichend graphitisiert u. der Schweißauftrag frei von Rissen ist u. sich gut bearbeiten läßt. — Diagramm. (**E. P. 910 826** vom 6/9. 1960, ausg. 14/11. 1962. Jap. Prior. 10/9. 1959.) C. F. Gross. 6507

2226 **Mond Nickel Co. Ltd.**, London, England, *Nickel-Chrom-Legierungen*. (**Ind. P. 69 377** vom 19/10. 1959, ausg. 13/11. 1961. E. Prior. 21/10. 1958. — C. **1962**, 3619 [F. P. 1 241 911].)

2227 **Aluminium-Industrie-Akt.-Ges.** (Erfinder: **Ernst Justus Kohlmeyer, Johannes Schmitt** und **Hubert Wittner**), *Elektrothermische Herstellung von Aluminium-Silicium-Legierungen*. (**Aust. P. 236 971** vom 20/11. 1959, ausg. 1/2. 1962. Schwz. Prior. 31/8. 1959. — C. **1963**, 19009 [D. A. S. 1 136 123].)

2228 **Siemens-Schuckertwerke Akt.-Ges.**, Deutschland, *Gewinnung von spektroskopisch reinem Gallium*. (**F. P. 1 200 465** vom 24/6. 1958, ausg. 22/12. 1959. D. Prior. 1/8. 1957. — C. **1960**, 11108 [D. A. S. 1 063 386].)

2229 **Vereinigte Leichtmetall-Werke G. m. b. H.**, Bonn (Erfinder: **Werner Sautter**, Bonn, und **Friedrich Baumann**, Bad Godesberg), *Herstellung glanzoxydierbarer Gegenstände*. (**Schwz. P. 362 291** vom 14/7. 1955, ausg. 14/7. 1962. D. Prior. 29/7. 1954. — C. **1960**, 9027 [F. P. 1 134 149].)

2230 **American Chemical Paint Co.**, Ambler (Erfinder: **Nelson J. Newhard jun.**, Oreland, und **James H. Thirsk**, Meadowbrook), Pa., V.St.A., *Entfernen von Oxidschichten auf Aluminium*. (**D. A. S. 1 071 440** Kl. 48d vom 24/2. 1956, ausg. 17/12. 1959. A. Prior. 12/9. 1955. — C. **1959**, 950 [F. P. 1 146 482].)

2231 **Wilhelm Ritzerfeld** und **Gerhard Ritzerfeld**, Berlin, *Herstellung lithographischer Druckformen*. (**Schwz. P. 367 521** vom 16/1. 1959, ausg. 11/4. 1963. D. Prior. 24/1. u. 26/4. 1958. — C. **1962**, 2213 [F. P. 1 214 536].)

2232 **Sel-Rex Corp.** (Erfinder: **Edwin Cornell Rinker** und **Robert Dewa**), *Galvanisches Glanzgoldbad*. (**Aust. P. 237 287** vom 29/5. 1959, ausg. 15/2. 1962. — C. **1962**, 4334 [E. P. 851 973].)

2233 **Aluminium Laboratories Ltd.** (Erfinder: **Joseph Loucks** und **Roy Cowleson Spooner**), *Anodisches Oxydieren von Aluminium*. (**Aust. P. 237 178** vom 14/1. 1958, ausg. 15/2. 1962. A. Prior. 26/11. 1957. — C. **1961**, 18496 [F. P. 1 215 921].)

2234 **Amchem Products, Inc.**, Ambler, Pa., V. St.A., *Herstellung korrosionsfester Anstriche auf Metallen*. (**Ind. P. 67 183** vom 26/3. 1959, ausg. 9/4. 1962. Can. Prior. 23/5. 1958. — C. **1962**, 5839 [F. P. 1 221 241].)

H_9. Organische Industrie

2235 **Entwicklung der Kohlenstoffchemie und der Petrochemie in Frankreich.** V.-W. Mimouni. (Bull. Assoc. franç. Techniciens Pétrole **1961**, 821—45; Saint-Gobain, Shell; Études et Dev.-Études des Marchés; franz.) R. Grundmann. 6550◇

2236 **Über einige Zusammenhänge bei der Pyrolyse von Alkan-Alken-Gemischen.** Marian Taniewski. (Przemysl chem. **40**, 37—39, 1961; Gliwice, Politechn. Śląska, Kat. Technol. chem. org.; pol.) — Propan-Butan-Gemische (Flüssiggas) werden bei 750° der Pyrolyse unterworfen, wobei der Einfl. von Olefin (**A**)-Zusätzen (C_2H_4, Propylen, Butylen) auf die Ausbeute an gasförmigen Olefinen untersucht wird. Mit steigendem **A**-Zusatz wird die Ausbeute an gasförmigen Prodd., unabhängig von der Art des **A**, kleiner. Der Zusammenhang ist linear. Bezogen auf den Alkan-Geh. im Ausgangs-Prod. ist die Vol.-Zunahme der gasförmigen Prodd. innerhalb des untersuchten Bereiches (0—20 Vol.-% C_2H_4 u. C_3H_6 u. 0—10 C_4H_8) konstant. Zur Erklärung dieser Ergebnisse wird die Hypothese aufgestellt, daß **A** nicht nur in gasförmige, sondern auch in fl. Prodd. umgewandelt werden, wobei der 2. Vorgang dem 1. vorausgeht. F. Urban. H 520◇

2237 **Transportprobleme in einer thermischen Spaltanlage.** K. Strack. (Trans. Instn. chem. Engr. **40**, 297—308, 1962; Frankfurt/M.-Höchst, Farbwerke Hoechst, vorm. Meister Lucius u. Brüning; dt.) — In einer therm. Spaltanlage zur Erzeugung von C_2H_2 aus Rohöl wird die therm. Energie durch aufgeheizte Kokskugeln von 5—20 mm Ø übertragen. Die Kugeln werden pneumat. auf die Spitze des 90 m hohen die Anlage enthaltenden Turms befördert u. fließen unter der Wrkg. der Schwerkraft durch die verschiedenen Teile der Anlage. Bei der Inbetriebnahme auftretende Probleme auf beiden Transportwegen werden an einer Vers.-Förderanlage untersucht. Das Zusammenwirken der Gebläsekennlinien u. Druckbedarfscharakteristik der Anlage werden im Hinblick auf die untere Fördergrenze durch Förderungszusammenbruch untersucht, ferner die unterschiedlichen Auswirkungen kon. erweiterter Liftrohroberteile auf die Fördercharakteristik. Bei der schwerkraftabhängigen Förderung wird eine Reihe von Fließproblemen untersucht, die mit der Durchmischung u. dem Verweilzeitspektrum des Pebble-Stroms zusammenhängen. Die Verss. haben zur Klärung der Ursachen verschiedener Betriebsstörungen u. ihrer Verhinderung beigetragen. F. Zeidler. H 530◇

2238 **Untersuchungen über die Thermodynamik des Zerfalls von Methanol und über die Katalyse dieser Reaktion. 2. Mitt. Kinetische und potentiometrische Untersuchung der Katalysatoren der Methanolzersetzung.** Andrzej Frackie-

wicz. (Przemysł chem. **40,** 11—15, 1961; Warszawa, Politechn., Kat. Chem. fiz.; pol.) — 1. vgl. C. **1963,** 18416. — Kinet. Messungen der Rk. $CH_3OH = CO + 2 H_2$ an ZnO als Katalysator zeigen, daß die Rk. 0ter Ordnung ist. Die Rk.-Geschw.-Konst. k gehorcht der Gleichung log k = 5,28 — (3940/T), die Aktivierungsenergie E beträgt 18 kcal/Mol u. die Stoßzahl A der Arrhenius-Gleichung $1,9 \cdot 10^5$. Am Mischoxidkatalysator nach Blasiak [49,5 (%) Cu, 20,4 Zn u. 5,1 Al] ist die Rk. bis 625° K ebenfalls 0ter Ordnung; k gehorcht der Gleichung log k = 3,45 — (2580/T), E = 11,8 kcal/Mol u. $A = 2,8 \cdot 10^3$. Bei >625° K wird der Katalysator inaktiv. Die Aktivität der Katalysatoren wird potentiometr. an Pulverelektroden bestimmt. Danach haben beide angewandte Katalysatoren nach der Rk. ein anderes Potential als in frischem Zustand. Der Mischkatalysator verändert bei >625° K sein Potential sehr stark. Das Potential von ZnO wird im Gegensatz zum Potential des Mischoxids durch die Herst.-Bedingungen beeinflußt.
F. Urban. H 560◇

2239 **Untersuchung der Carbonsäuren mitteldeutscher technischer Rohphenolöldestillationsrückstände.** Klaus Dietzsch. (J. prakt. Chem. [4] **18,** 23—38, 1962; Leuna, Leuna-Werke „Walter Ulbricht", Org. Abt.; dt.) — Die Dest.-Rückstände von auf Braunkohlenbasis aus Mitteldeutschland anfallenden techn. Rohphenolen enthalten neben größeren Mengen an Alkylphenolen u. a. ca. 5% Na-Salze von Carbonsäuren, deren Zus. nach 2 Meth. untersucht wird: a) Die Carbonsäuren im techn. Rohphenolöl-Dest.-Rückstand werden durch Ausdestillieren im Vakuum auf das Doppelte angereichert, aus dem Rückstand durch Extraktion mit W. in Salzform gewonnen u. die freien Säuren durch Feindest. zerlegt; b) im anderen Fall werden die Carbonsäuren dem Rückstand mit Soda-Lsg. entzogen u. das daraus isolierte Säuregemisch mit methanol. *HCl* in die Methylester übergeführt. Das Methylestergemisch wird destillativ in Fraktionen aufgetrennt. Die nach a) u. b) gewonnenen Destillatfraktionen werden nach Schmidt mit HN_3 abgebaut u. die erhaltenen Amine papierchromatograph. charakterisiert [Trenn-Syst.: Butanol/Eisessig/W. (4:1:5) u. 2-Äthylhexanol/HCOOH/W. (4:1:5)]. Meth. a) u. b) liefern übereinstimmende Ergebnisse, jedoch lassen sich nach b) zusätzlich eine größere Menge an C_{10}- u. geringe Anteile C_{11}-Carbonsäuren in Form von Aminen nachweisen. Die nachgewiesenen Carbonsäuren sind vorwiegend aliphat. Natur. Höhere Fettsäuren als Laurinsäure werden nicht festgestellt. Der Anteil an C_2-, C_3- u. C_4-Säuren beträgt zusammen <4%. Die Hauptanteile bilden C_7-, C_8- u. C_9-Säuren; das Maximum liegt bei den C_8-Säuren.
G. Randan. H 810◇

2240 **Untersuchungen über die Gewinnung von Xylolen durch Alkylierung von Toluol mit Methanol in Gegenwart von Phosphorsäure auf einem Zweiskelettträger.** Witold Celler, Marian Popowicz, Kazimierz Balcerzak und Edward Treszczanowicz. (Przemysł chem. **40,** 29—31, 1961; Warszawa, Inst. Chem. ogóln., Zakł. Synt. Kontakt.; pol.) — Die Methylierung von Toluol mit CH_3OH verläuft leichter als die von Benzol. Als Katalysator wird H_3PO_4 verwendet. Die besten chem. u. mechan. Eigg. hat ein Katalysator mit einem aus Aktivkohle u. SiO_2 zusammengesetzten Träger; Aktivkohle wird mit Wasserglas getränkt u. mit verd. H_2SO_4 behandelt. Nach Auswaschen wird der Träger mit 40%ig. H_3PO_4 beladen u. bei 320—340° getrocknet. Für die Aktivität des Katalysators ist die Ggw. von Wasserdampf von Bedeutung. Das erhaltene Xylolgemisch enthält ca. 52 (%) o-, 22 m- u. 26—27 p-Xylol.
F. Urban. H 1010◇

2241 **Gewinnung von Phthalsäureanhydrid aus dem Destillationsrückstand.** Henryk Drela. (Przemysł chem. **40,** 6—8, 1961; Kedzierzyn. Zaklady Azot.; pol.) — Das Rk.-Prod. der katalyt. Oxydation von Naphthalin mit Luft-O_2 enthält 92—97% Phthalsäureanhydrid (I). Die Reinigung von I erfolgt durch Raffination mit konz. H_2SO_4 u. $CaCO_3$ u. anschließende Vakuumdestillation. Die Dest. verläuft leicht bis zu einem Geh. von 35—40% I im Rückstand. Die weitere Dest. wird am besten bei 60 Torr unter Anwendung von 600—650° heißen Verbrennungsgasen zum Beheizen der Blase durchgeführt. Zur Beschleunigung wird das Prod. gerührt. Gegen Ende der Dest. nimmt die Energieaufnahme des Rührers sehr stark zu. So erhaltenes I (F. 130,8°) ist **98,8%**ig. u. enthält 0,90 (%) Phthalsäure, <0,06 Maleinsäureanhydrid u. 0,098 Naphthochinon. F. Urban. H 1220◇

2242 **Oxydation von Anilin mit Ultraschallwellen.** Wiktor Wawrzyczek. (Przemysł chem. **40,** 41—43, 1961; pol.) — Mit O_2 gesätt. 2—3%ig. Anilin-Lsgg. in W. werden bei Raum-Temp. mit Ultraschall (21 kHz, 4,5 W/ml) behandelt. Kurzzeitige (1—2 Min.) Behandlung liefert dabei hauptsächlich grüne Prodd. (Emeraldin, Nigranilin, Pernigranilin), wobei als Zwischenprodd. ein nichtidentifizierter violetter u. violettblauer Farbstoff sowie Azobenzol auftreten. Längere Behandlung (3—4 Min.) liefert Anilinschwarz.
F. Urban. H 1310◇

2243 **Entwässerung von mit γ-HCH angereichertem Hexachlorcyclohexan. Wirbelschichtverfahren.** Jan Orłowski, Marian Mazanek und Zdzisław Mazanek. (Przemysł chem. **40,** 22—25, 1961; Warszawa, Inst. Przem. org.; pol.) — Hexachlorcyclohexan kann in der Wirbelschicht mit Luft, CO_2 oder mit einem Gemisch von Luft u. Naphthalindampf bei erhöhter Temp. (60—70°) gereinigt werden. Es wird dabei prakt. geruchlos u. verändert sich auch bei längerem Lagern nicht mehr. Der Vorgang ist nicht mit einer Oxydation verknüpft. Techn. durchführbar ist allerdings nur die Wirbelschichtreinigung eines durch Kristallisation vorgereinigten Prod., das mindestens 70% γ-HCH enthält.
F. Urban. H 1810◇

2244 **Der Einfluß der Hauptkomponente der Kristallisation auf die Löslichkeit von Naphthalin in den Ölen aus Hochtemperatursteinkohlenteer.** Ryszard Szczepanik und Irena Czarnota. (Chem. stosowana **4,** 53—79, 1960; Warszawa, Inst. Chem. Fiz.; pol.) — Überblick u. Analyse der Literaturdaten über die Löslichkeit von Naphthalin (I) in Steinkohlenteerölen. Aus der experimentellen Best. der Löslichkeit von I in diesen Ölen folgt, daß bei der Erhöhung der Konz. von I beim Abkühlen unabhängig von der Ausscheidung anderer Komponenten schließlich ein Wert erreicht wird, bei dem I die Hauptkomponente des Auskristallisierten bildet. I. Köditz. H 2700

2245 Farbwerke Hoechst Akt.-Ges., vormals Meister Lucius & Brüning, Frankfurt/M. (Erfinder: Horst Bretschneider, Burgkirchen/Alz), **Herstellung von 1.1.2-Trichloräthan (I)** durch Rk. von Vinylchlorid (II) mit Cl_2 in der Gasphase bei 50—200° unter Licht-Einw., dad. gek., daß man vor der Rk. mindestens einen der beiden Rk.-Teilnehmer mit einer solchen Menge I belädt, daß dessen Partialdruck im Gemisch mindestens 10% des Gesamtdrucks ausmacht, u. die Rk.-Geschw. durch Dosieren der eingestrahlten Lichtmenge steuert. — In ein mit Rückflußkühler verbundenes, senkrechtes Glasrohr werden von unten stündlich 200 Liter II u. 200 Liter Cl_2-Gas eingeleitet, wobei man das II durch auf 90° erwärmtes I durchströmen u. sich mit so viel I beladen läßt, daß dessen Partialdruck ca. 40% des Gesamtdrucks ausmacht. Das Glasrohr wird dann gekühlt u. mit einer parallelen Leuchtstoffröhre von 40 Watt im Abstand von 160 mm belichtet. Die Temp. steigt dabei bis 220°, ohne daß Entflammung eintritt oder Ruß abgeschieden wird. Man erhält stündlich 1200 g eines fl. Gemisches, das 91,0% I u. ca. 9% höher chloriertes Äthan enthält. Ausbeute an I, bezogen auf II, beträgt 86%. (**D. A. S. 1 147 931** Kl. 12o vom 30/12. 1959, ausg. 2/5. 1963.)
J. Mühleisen. H 510

2246 Badische Anilin- & Soda-Fabrik Akt.-Ges., Ludwigshafen/Rh. (Erfinder: Rolf Platz, Mannheim, und Hugo Kröper, Heidelberg), **Entfernung und Verwertung des Rußes,** der bei der Spaltung von KW-Stoffen im Gaszustand in einer Flamme mit O_2 zu ungesätt. KW-Stoffen entsteht, dad. gek., daß man den in den Spaltgasen enthaltenen Ruß mit fl. KW-Stoffen aus den Spaltgasen abtrennt u. die entstandene Aufschlämmung von Ruß in den KW-Stoffen in einer Menge, die dem 3—50fachen derjenigen KW-Stoffmenge entspricht, mit der der zugeführte O_2 vollständig in CO_2 u. W. umgesetzt werden könnte, in einem Ölbrenner im Rk.-Raum zerstäubt. Der Ruß-Geh. der Aufschlämmung beträgt 5—40 (%). Eine Aufschlämmung von 25 Ruß in einem KW-Stoff wird mit O_2 bei 600° zerstäubt. Die heißen Spaltgase werden mit einer Öl-Ruß-Aufschlämmung abgeschreckt u. enthalten danach 3,6 *Äthylen* u. 2,2 *Acetylen.* — Vorr., Zeichnung. (**D. A. S. 1 148 997** Kl. 12o vom 26/3. 1959, ausg. 22/5. 1963.) G. Krauß. H 520

2247 S. I. R. Esercizio Industrie Rivoira S. p. A., Turin, Italien, **Isolierung von Propan und Propylen einer-**

seits und Butan und Butylen andererseits aus natürlichen oder Raffineriegasen. Man komprimiert das Ausgangsmaterial auf 15—25 at in einem 2phasigen Kompressor, kühlt u. trocknet, trennt in einer Fraktionierkolonne unter Druck die leicht flüchtigen Bestandteile ab, entspannt den fl. Anteil auf ca. 10 at u. trennt ihn in einer 2. Fraktionierkolonne in die C_3- u. C_4-Anteile. — Zeichnung. (**It. P. 559 705** vom 20/9. 1956.) K. Koebke. H 520

2248 Universal Oil Products Co., V.St.A., **Abtrennung von Buten-(1) und -(2) und Butan** aus einem KW-Stoffgemisch, dad. gek., daß man die Butene durch Gegenstromextraktion mit Methanol oder Aceton abtrennt, den Extrakt einer extraktiven Dest. unterwirft, wobei man eine Fraktion aus *Buten-(1)* u. *Butan*, eine aus *Buten-(2)* u. eine aus dem Lsg. erhält, das man erneut für den Extraktionsrückstand verwenden kann, während die 1. Fraktion einer weiteren Dest. unterworfen wird. — Verf.-Schema. (**F. P. 1 239 683** vom 2/11. 1959, ausg. 9/12. 1960.) S. Böttcher. H 520

2249 Esso Research and Engineering Co., V.St.A. (Erfinder: William E. Catterall), **Herstellung von Hepten,** dad. gek., daß man ein Gemisch aus C_3- u. C_4-Olefinen (n-Buten u. Isobutylen) u. Diisobutylen (I; Mol-Verhältnis C_3-Olefine:I = 1:0,001—1,5, C_3 + C_4-Olefine:I = 1:0,002—3) bei 138—288° u. 17,5—210 kg/cm² durch eine Polymerisationszone mit einem Katalysator aus H_3PO_4 auf Kieselgur leitet. — Tabellen. (**F. P. 1 239 583** vom 27/10. 1959, ausg. 9/12. 1960. A. Prior. 19/12. 1958.) S. Böttcher. H 520

2250 Institut Français du Pétrole, des Carburants et Lubrifiants, Paris, Frankreich, **Herstellung von Isopren,** dad. gek., daß man mit inerten Gasen oder Wasserdampf vermischtes, dampfförmiges 4.4-Dimethylmetadioxan bes. bei 200—300° über einen *Katalysator* leitet, der *aus mit H_3PO_4 imprägniertem SiC* besteht. — Zeichnungen. (**Ind. P. 70 034** vom 12/12. 1959. E. Prior. 25/9. 1959.) C. Lüttgen. H 520

2251 Scientific Design Co., Inc., übert. von: André C. Deprez, New York, und John White Colton, Pelham Manor, N.Y., V.St.A., **Isopren (I)** erhält man durch extraktive Dest. des bei der Spaltung von Propylendimeren (Hexenen) entstandenen Gemisches, in dem als schwer abtrennbare Verunreinigungen 4-Methyl-1-penten u. cis-4-Methyl-2-penten enthalten sind, in Ggw. von Dibenzyläther, Tri-p-kresylphosphat, Di-n-hexylsebacat, Diisodecylphthalat oder Dibutylphthalat. Das Verhältnis von Extraktionsmittel zu I beträgt 200, bes. 50—5:0,01, bes. 0,1—1. Man kann auch das Gemisch zuerst in Ggw. von Aceton, bes. Acetonitril, azeotrop dest., wodurch ein Teil der Verunreinigungen entfernt wird, u. dann anschließend wie vorst. extraktiv destillieren. (**A. P. 3 031 515** vom 18/12. 1959, ausg. 24/4. 1962. **D. A. S. 1 145 165** Kl. 12o vom 19/12. 1960, ausg. 14/3. 1963. A. Prior. 18/12. 1959.) G. Krauß. H 520

2252 Sinclair Refining Co., New York, N.Y., übert. von: Bernard S. Friedman und Seymour H. Patinkin, Chicago, Ill., V.St.A., **Diene mit konjugierten Doppelbindungen** u. 5—8 C-Atomen erhält man durch Dehydrieren eines gesätt., tert., aliphat., einwertigen Alkohols mit 5—8 C-Atomen in Ggw. von Dampf, z. B. im Verhältnis 1:5—40, u. eines Dehydrierungskatalysators (Ca–Ni-Phosphat, Fe_2O_3, bes. auf MgO als Träger), der als Beschleuniger noch Alkalioxide enthalten kann, bei 1000—1250, bes. 1050—1150° F, u. ca. 1 at. — Aus tert.-Amylalkohol, Kp. 100—101° C, u. 23,4 Mol Dampf in Ggw. von „Dow B"-Katalysator (= $Ca_8Ni[PO_4]_6$, stabilisiert mit Cr-Oxid) bei 1100° F u. 0,8 Teilen Raum-Geschw. → 16,5 (%) *Isopren* u. 76,85 *Isoamylene*, die in den Kreislauf zurückgeführt werden. — Ferner sind dehydrierbar: 2-Methyl-2-pentanol, Methyldiäthylcarbinol u. Dimethylisopropylcarbinol. Als Katalysatoren sind noch verwendbar: „Standard Oil 1707" (bestehend aus 72,4 MgO, 18,4 Fe_2O_3, 4,6 CuO u. 4,6 K_2O); Mischungen aus 98 Fe_2O_3 u. 2 K_2O; 91 Fe_2O_3, 2 Al_2O_3, 5 CuO u. 2 K_2O; 78,5 Fe_2O_3, 20 Al_2O_3, 5 CuO u. 1,5 K_2O; 80 MgO, 20 Fe_2O_3 u. 5 CuO; 80 MgO, 20 Fe_2O_3, 5 CuO u. 1,5 Na_2O; 80 MgO, 20 Cr_2O_3, 5 CuO u. 1,5 K_2O; 80 MgO, 20 MnO_2, 5 CuO u. 1,5 K_2O; 90 MgO, 10 Co_2O_3, 5 CuO u. 1,5 K_2O; 80 ZnO, 20 Fe_2O_3, 5 CuO u. 5 K_2O; 80 ZrO_2, 20 Fe_2O_3, 5 CuO u. 5 K_2O; 80 BeO, 20 Fe_2O_3, 5 CuO u. 5 K_2O; 93 Fe_2O_3, 5 CuO u. 2 K_2O. — *Zwischenprodd.*, bes. zur Herst. von *Kautschuk*. (**A. P. 2 853 535** vom 9/4. 1956, ausg. 23/9. 1958.) G. Krauß. H 520

2253 E. I. du Pont de Nemours & Co., V.St.A. (Erfinder: Thomas Alderson), **Herstellung niederer Polymeren aus α-Olefinen, Vinyl- oder Allylverbindungen oder Butadienen** mit 0,001—0,1 Mol (pro Mol Olefin) eines Salzes eines Edelmetalls der Gruppe VIII des Period. Syst., ggf. in Ggw. von Fll., wie niederen Alkoholen, Äthern oder Nitrilen, wobei man Ru- u. Rh-Salze schon <100°, Pt-, Pd-, Os- u. Ir-Salze bei 130—225° anwendet, bei 50—1500 at. — Man leitet in 79 (Gew.-Teile) einer 0,025 mol. Lsg. von $IrCl_3$ in CH_3OH Äthylen ein, so daß bei 125—200° 1000 at herrschen. Nach 10 Std. ist der Druck auf 305 at gefallen. Man erhält 56,5 einer aus *cis*- u. *trans-Buten-(2)* u. etwa *Buten-(1)* bestehenden Mischung. — Aus Butadien kann man so *Octatrien-(2.4.6)*, $Kp._{40}$ 66°, n_D^{25} 1,5355, u. isomere KW-Stoffe, aus Butadien + Äthylen *Hexadien-(1.4)* u. *-(2.4)*, aus Butadien + Propylen *2-Methylhexadien-(1.4)*, aus Äthylen + Propylen *Penten–Hexen*-Mischungen, aus Äthylen + Chloropren konjugierte u. unkonjugierte *Chlorhexadiene*, aus Äthylen + Styrol *2-Phenylbuten*, aus Methylacrylat dessen *Dimeres* u. *Dimethyl-α-dihydromuconat*, aus Äthylen + Methylacrylat *Methylpenten-(3)-oat*, $Kp._{62}$ 67°, n_D^{25} 1,4229, aus Vinylchlorid + Äthylen hexenhaltige *Chlorbutene* herstellen. (**F. P. 1 229 702** vom 23/12. 1958, ausg. 9/9. 1960. A. Prior. 24/12. 1957.) M. Pankow. H 520

2254 Esso Research and Engineering Co., Elizabeth, N.J., übert. von: Prentiss S. Viles, Baytown, Tex., V.St.A., **Olefine und aromatische Kohlenwasserstoffe** erhält man durch Erhitzen einer Mischung aus KW-Stoffen mit dem Kp. des Äthans bis ca. 750° F u. 0,5—50% SO_2 in Ggw. von Co-Molybdat (Mischung aus CoO u. MoO_3 bes. im Mol-Verhältnis 0,1—1:1—0,1), das auch auf Al_2O_3, bes. in der α- oder γ-Form, MgO, SiO_2, SiO_2–Al_2O_3, Zr-Oxid, Filtrol, Kieselgur oder Floridin aufgebracht sein kann, bei einer Durchsatzmenge von 1—500, bes. 50—100 Vol. je Vol. Katalysator auf 800—1600, bes. 1100—1400° F u. 1—1000 lbs./sq.inch. Wird das Verf. im Gaszustand durchgeführt, so beträgt die Menge SO_2 10—50, bes. 15—45%, im fl. Zustand 0,5—10, bes. 2,5—7,5%. Der Katalysator kann als Fest- oder Fließbett (Teilchengröße 1—120, bes. 20—120 μ) angewendet werden. — Aus Äthan in Ggw. von SO_2 → *Äthylen, Propylen* u. *Butylene*; in Abwesenheit von SO_2 entsteht nur H_2, vgl. Tabelle. — Ferner können umgesetzt werden: Propan, Butane, Pentane, Hexane, Heptane, Octane. — Vorr., Zeichnung. (**A. P. 2 900 427** vom 28/9. 1956, ausg. 18/8. 1959.) G. Krauß. H 520

2255 Esso Research and Engineering Co., Elizabeth, N.J., V.St.A. (Erfinder: R. F. Leary, F. W. Banes und J. F. Nelson), **Diolefine mit konjugierten Doppelbindungen** und bes. 4—5 C-Atomen, wie *Butadien, Isopren* u. *Piperylen* erhält man durch Cracken einer KW-Stofffraktion mit dem Kp. von C_5—C_8-KW-Stoffen, bes. von 2-Penten u. verzweigtkettigen Hexenen in Abwesenheit eines Katalysators bei 900—1500, bes. 1250—1500° F, 0,1—5, bes. 0,1—3,5 Sek. Verweilzeit u. in Ggw. einer solchen Menge Wasserdampf oder eines anderen Verdünnungsmittels (H_2, N_2), daß der Teildruck des KW-Stoffes in der Mischung 2—25, bes. 5 bis 15 lbs./sq.in. abs. beträgt. Die Bldg. von KW-Stoffen mit 3 C-Atomen ist gering. Die Ausgangsstoffe werden bes. durch Cracken eines Öles mit Kp. 200—1100, bes. 400 bis 800° F in Ggw. von SiO_2–Al_2O_3 als Katalysator bei 850 bis 1000° F u. höchstens 20 lbs./sq.in. erhalten. — Vorr., Zeichnung. (**E. P. 818 390** vom 13/3. 1956, ausg. 19/8. 1959. **Belg. P. 547 142** vom 19/4. 1956, ausg. 23/10. 1959. Beide A. Prior. 21/4. 1955.) G. Krauß. H 520

2256 Karl Ziegler, Mülheim/Ruhr (Erfinder: Roland Rienäcker, Essen), **Kontinuierliche Herstellung von optisch aktivem oder racemischem 3.7-Dimethylocta-1.6-dien (I)** erfolgt durch therm. Isomerisieren von opt. akt. oder rac. Pinan oder dieses enthaltenden Gemischen im Gaszustand bei 360—550, bes. 390—500° bei normalem, bes. vermindertem Druck; das nicht umgelagerte Pinan wird in den Kreislauf zurückgeführt. I kann mit Al-organ. Verbb., wie Al-Triisobutyl oder $LiAlH_4$, bes. mit Al-Diisobutylhydrid abgetrennt werden. Durch Umalkylieren der entstandenen metallorgan. Verb. mit Äthylen wird reines I erhalten u. das

entstandene Al-Trialkenyl ist für weitere Rkk. verwendbar. — Aus 1000 g (—)-Pinan, $[\alpha]_D^{20}$ —20,36°, bei 440° u. 200 mm Hg → I. n_D^{20} 1.4372; $D._4^{20}$ 0,7580; $[\alpha]_D^{20}$ —7,35; Ausbeute 77,5%; höchste genannte 93%. — Zwischenprod. zur Herst. von Naturstoffen. — Vorr., Zeichnung. (**D. A. S. 1 149 000** Kl. 12o vom 7/6. 1960, ausg. 22/5. 1963.)
G. Krauß. H 520

2257 M. A. Dalin, Je. F. Burmisstrow und R. Je. Spiwak, **Herstellung konzentrierter Amylene und von p-Isoamylphenol (I)** durch Rk. der Pentan–Amylen-Fraktion von Crackgasen mit Phenol oder dessen Gemisch mit I, bes. im Verhältnis Phenol:I = 1:4, bei 80° in Ggw. katalyt. Mengen H_2SO_4 u. anschließende Entalkylierung bei 200 bis 210°. (**UdSSR. P. 129 654** vom 30/5. 1959.)
L. Großner. H 520

2258 Esso Research and Engineering Co., Elizabeth, N.J. (Erfinder: Ralph B. Mason, Denham Springs, La., und Edward W. S. Nicholson, Summit, N.J.), V.St.A., **Herstellung von Alkoholen** durch die Oxo-Synth. unter Rk. von Olefinen mit CO u. H_2 zu Aldehyden bei erhöhter Temp. u. Druck in Ggw. eines Carbonylierungskatalysators u. anschließende Hydrierung der Aldehyde in Ggw. eines Hydrierungskatalysators in fl. Phase zu den entsprechenden Alkoholen, dad. gek., daß die Hydrierung mittels eines Katalysators erfolgt, der in der 1. Stufe durch Hydrierung eines Oxides von Cr, Mo, W, Ni oder Co — ggf. auf einem Träger — in der Weise hergestellt wird, daß wenigstens teilweise die genannten Oxide in solche geringerer Wertigkeitsstufe umgewandelt werden u. in der 2. Stufe der Katalysator mit einem Sulfidierungsmittel sulfidiert wird. Vorteilhaft wird ein MoO_3 verwendet, welches aus $(NH_4)_2MoO_4$ durch Glühen bei 94—177° hergestellt worden ist. Die Hydrierung des Oxids erfolgt bei ca. 150—537° u. 14—210 at. — Zeichnung. (**D. A. S. 1 151 790** Kl. 12o vom 2/8. 1957, ausg. 25/7. 1963.) G. König. H 550

2259 Distillers Co. Ltd., Edinburgh, Schottland (Erfinder: Maurice Dudley Cooke, Epsom, Donald Alexander Fraser, Sutton, und Edward James Gasson, Epsom, England), **Herstellung von aliphatischen, im wesentlichen ätherfreien Alkoholen** durch Hydrolyse von Halogen-Verbb. unter Verw. von wss. Halogenwasserstoffsäuren, dad. gek., daß man aliphat. Halogenide mit W. u. dem entsprechenden Halogenwasserstoff ohne Verw. von Katalysatoren hydrolysiert; Rk.-Temp. vorteilhaft 50—200°, Rk.-Drucke >1 at. — n-Butylbromid → *n-Butanol, sek.-Butanol* u. *Di-n-butyläther*. — 1-Bromoctan → *Octene* u. *Octanol-(1)*. — Crotylchlorid → *Crotylalkohol, Methylvinylcarbinol* u. *Äther*. (**D. A. S. 1 139 107** Kl. 12o vom 25/6. 1960, ausg. 8/11. 1962. E. Prior. 16/7. 1959. **E. P. 887 678** vom 16/7. 1959, ausg. 24/1. 1962.)
G. König. H 550

2260 Badische Anilin- & Soda-Fabrik Akt.-Ges. (Erfinder: Adolf Echte und Hans Günster), Ludwigshafen/Rh., **Herstellung von Halogenalkoholen** durch Anlagerung von Cl_2 an Acetylenalkohole in Ggw. eines Lsgm., dad. gek., daß man die Rk. in einem inerten polaren Lsgm. u. in Ggw. von Chloridionen durchführt. Vorteilhafte Rk.-Temp. —15 bis +40°. Starke UV-Strahlung ist während der Rk. auszuschließen. Höhere Drucke sind zulässig. — Aus Butin-(2)-diol-(1.4) u. HCl in CH_3OH erhält man beim Einleiten von Cl-Gas, welches mit N_2 vermischt ist, bei —5° nach Aufbereiten des Rk.-Prod. *2.2.3.3-Tetrachlorbutandiol-(1.4)*, F. 259° (Bzl. oder Toluol). — Mit Propargylalkohol erhält man *Tetrachlorpropanol-(1)*, $Kp._6$ 86—88°, n_D^{20} 1,5114. — Analog aus Butin-(1)-ol-(3) → *1.1.2.2-Tetrachlorbutanol-(3)*, $Kp._{14}$ 99—101°, n_D^{20} 1,5082. — Pentin-(2)-diol-(1.4) ergibt → *2.2.3.3-Tetrachlorpentandiol-(1.4)*, F. 114° ($C_2H_4Cl_2$). — Einer Lsg. von 130 Teilen HCl in 600 Vol.-Teilen CH_3OH setzt man 0,5 Mol Butin-2-diol-(1.4) zu. Dann leitet man bei —5° 71 Teile Cl, verd. mit dem doppeltem Vol. N_2 ein u. erhält *2.3-Dichlorbuten-(2)-diol-(1.4)*, F. 78°. — Zwischenprodd. zur Herst. schwer entflammbarer Polyester sowie von Schädlingsbekämpfungsmitteln. (**D. A. S. 1 152 395** Kl. 12o vom 13/10. 1961, ausg. 8/8. 1963.) G. König. H 550

2261 W. M. Wlassenko, M. T. Russow und M. G. Rosenfeld, **Aktivierung von Zn-Cr-Katalysatoren für die CH_3OH-Synthese** durch Red. von $ZnCrO_4$ in Chargen von 1—2 t mit H_2 unter Atmosphärendruck u. Vol.-Durchsätzen von 1000—10000 h^{-1}. (**UdSSR. P. 129 196** vom 19/9. 1959.) L. Großner. H 560

2262 Farbwerke Hoechst Akt.-Ges., vormals Meister Lucius & Brüning (Erfinder: Martin Reuter und Ludwig Orthner), Frankfurt/M., Weitere Ausbildung des Verf. zur **Herstellung von acylierten Zirkonalkoholaten** nach Patentanmeldung F 10 120/ IVb/12o durch ggf. in Ggw. von indifferenten Lösungs- oder Verdünnungsmitteln durchgeführte Rk. von Zr-Alkoholaten mit weniger als 1 Mol einer Carbon- oder Sulfinsäure u. ggf. anschließendes Erhitzen des Rk.-Prod. auf höhere Temp., dad. gek., daß als Ausgangs-Prodd. Zr-Alkoholate verwendet werden, die je Zr-Atom weniger als 4 ätherartig gebundene organ. Reste enthalten. Enthalten die Rk.-Prodd. noch durch Feuchtigkeit abspaltbare Alkoxylgruppen, können sie durch Zusatz von flüchtigen Komplexbildnern stabilisiert werden. — 552 (Gew.-Teile) dimeres Zr-Isopropylat in CCl_4 gelöst, werden bei 40° mit 270 Stearinsäure (Ep. 52°, Molgew. 270) gemischt. Das Gemisch wird 1 Std. lang auf ca. 60° erhitzt. Es wird ein wachsartiges Endprod., F. ca. 45°, erhalten. (**D. A. S. 1 123 308** Kl. 12o vom 17/9. 1953, ausg. 8/2. 1962. **Zusatz zu Patentanmeldung F 10 120/IVb/12o.**)
G. König. H 560

2263 M. P. Krassusskaja und I. L. Knunjanz, **Herstellung perfluorierter Glykole** durch Red. perfluorierter Dicarbonsäureester mit $NaBH_4$ in Ggw. von $AlCl_3$ in inertem Lösungsmittel. — 10 (g) Perfluorsebacinsäure (I) werden in 20 ml abs. A. mit 1 ml Fluorsulfonsäure 3—4 Std. erhitzt. Nach Eingießen in W. scheidet sich ein Öl ab, das in Ae. gelöst wird. Nach Dest. erhält man 7,2 Perfluorsebacinsäurediäthylester (II), $Kp._5$ 117—118°; Ausbeute 65%. — Zu 1,1 $NaBH_4$ in 20 ml abs. $CH_3OCH_2CH_2OCH_2CH_2OCH_3$ (III) tropft man gleichzeitig 1,5 $AlCl_3$ in 15 ml III u. 7,2 II, wobei die Temp. bei 45—55° gehalten wird, im Laufe von 1—1½ Std. wird auf 50—60° erwärmt, auf W. gegossen u. mit 5—6 ml konz. HCl angesäuert. Das entstehende Öl wird abgetrennt u. mit W. durchgeschüttelt: 5,3 Kristalle des Glykols $HOCH_2(CF_2)_8CH_2OH$, F. 135—136° (CCl_4). Die wss. Phase kann mit Ae. extrahiert werden, nach Dest. von III u. II erhält man aus dem Rückstand nach Behandlung mit W. noch 1 Glykol. — Analog kann aus Perfluoradipinsäure der Diäthylester, $Kp._{12}$ 104°, dargestellt werden, aus dem das Glykol $HOCH_2(CF_2)_4CH_2OH$, $Kp._{11}$ 118—120°, entsteht. (**UdSSR. P. 132 212** vom 15/1. 1960.) F. Eßer. H 570

2264 Henkel & Cie. G. m. b. H. (Erfinder: Horst-Jürgen Krause und Manfred Dohr), Düsseldorf, **Herstellung von bicyclischen Spiroacetalen des Pentaerythrits (I)** durch Umsetzung von I mit einem Hydroxyaldehyd der allg. Formel $OCH—C(RR')—CH_2OH$, in der R u. R' niedere Alkylreste, die ggf. durch Halogen, Äthergruppen u. Nitrogruppen substituiert sein können, bedeuten oder mit dessen Acetalen aus einem niedrigsd. Alkohol im Mol-Verhältnis 1:2. Die Umsetzung erfolgt in Ggw. von H-Ionen u. in einem mit W. nicht mischbaren Lsgm., das laufend zur Entfernung des gebildeten W. abdest. wird. — Beispiel: *Pentaerythrit-bis-[hydroxymethylisobutylidenäther]*, F. 198°, aus I u. α.α-Dimethyl-β-hydroxypropionaldehyd oder seinem Dimethylacetal. — *Härtungsmittel für Isocyanatpolymere, Stabilisatoren für Polyvinylchlorid, Zwischenprodd. für Kunststoffe, Synth.-Wachse, Schmieröle*. (**D. A. S. 1 151 813** Kl. 12q vom 7/1. 1960, ausg. 25/7. 1963.) R. Bauereis. H 580

2265 Farbenfabriken Bayer Akt.-Ges. (Erfinder: Hellmuth Lehmann und Heinrich Klös, Wuppertal), Leverkusen, **Chlorionenfreie wässerige Lösungen von Alkylsulfinaten** werden erhalten durch Rk. von Hydrazin in wss. alkal. Lsg. mit Alkylsulfochloriden, Entfernung des W. u. Extraktion der Alkylsulfonsäurehydrazide. Das Eluat wird eingedampft u. der Rückstand durch Alkalibehandlung, ggf. in der Wärme, in die entsprechenden Alkylsulfinate übergeführt. — Man setzt 68,2 (g) $N_2H_4 \cdot H_2O$, 229 CH_3SO_2Cl, 172,5 NaOH in 229 ml W. um, dampft ein zur Trockne, kocht mit 400 ml abs. A. aus u. filtriert. Das Filtrat dampft man ein, nimmt in 582 ml dest. W. auf u. gibt die wss. Lsg. zu 82,5 NaOH in 359 ml dest. W. in der Siedehitze. Man kocht noch 2 Std. unter Rückfluß, kühlt u. filtriert. Im Filtrat → 157 *Na-Methylsulfinat*, 77% (Ausbeute), bestimmt durch

Nitrittitration u. durch Überführung in 1.2-Bis-(methylsulfonyl)-äthan mit 1.2-Dibromäthan. (**D. A. S. 1 145 168** Kl. 12o vom 10/3. 1959, ausg. 14/3. 1963.) A. Debo. H 600

2266 Farbwerke Hoechst Akt.-Ges., vormals Meister Lucius & Brüning, Frankfurt/M. (Erfinder: Lothar Hörnig, Emmerich Pászthory und Otto Probst, Frankfurt/M., und Alfons Steinmetz, Kelkheim/Taunus), **Herstellung von Aldehyden und/oder Ketonen durch Oxydation von Olefinen** mit O_2 oder O_2 enthaltenden Gasen in Ggw. wss. Lsgg. von Salzen der Pt-Metalle in einem Reaktor, der einerseits über Katalysatorzuleitung u. andererseits über eine Abstreifkolonne mit einem zur Aufnahme der Katalysator-Lsg. dienenden Zwischengefäß verbunden ist, eine O_2-Zuleitung u. eine Olefinzuleitung derart aufweist, daß der Katalysator zeitweise nur mit O_2 in Berührung kommt u. die in den Reaktor eingeführte O_2-Menge durch ein Ventil geregelt wird, das durch eine Redoxpotentialmessung der die Abstreifkolonne verlassenden Katalysator-Fl. gesteuert wird. Bevorzugt wird die Abstreifkolonne oben auf den Reaktor aufgesetzt bzw. der untere Teil der Abstreifkolonne als Zwischengefäß ausgebildet. — Vorr., Abbildungen. (**D. A. S. 1 153 008** Kl. 12o vom 3/10. 1959, ausg. 22/8. 1963.) A. Jahn. H 650

2267 Farbwerke Hoechst Akt.-Ges., vormals Meister Lucius & Brüning, Frankfurt/M. (Erfinder: Otto-Erich Bänder, Hofheim/Taunus, und Ulrich Schwenk, Frankfurt/M.), **Aufarbeitung von Reaktionsprodukten aus der Olefinoxydation.** Rk.-Prod., die bei der Oxydation von niederen Olefinen zu Aldehyden, Ketonen u. Säuren mit O_2 oder O_2 enthaltenden Gasen mit fl. Katalysatoren, die Redox-Syst. u. Edelmetalle der 8. Gruppe des Period. Syst., deren stabile Wertigkeit $\leqq 4$ ist, oder deren Verbb. enthalten, unter guter Durchmischung u. Gleichstromführung von Gasen u. Fl. anfallen, werden in der Weise gewonnen, daß die mittels der Rk.-Wärme aus der Katalysator-Fl. austretenden Rk.-Gase bei etwa dem gleichen Druck bei dem die Rk. verläuft, kondensiert werden u. das Kondensat als Rücklauf auf eine am oberen Ende des Reaktors aufgesetzte Kolonne gegeben u. ein Teil der *Aldehyde* bzw. *Ketone* fl. abgezogen wird. Dadurch werden die höhersd. Verunreinigungen zurückgehalten u. können ggf. seitlich an der Kolonne abgezogen werden, während die reinen Carbonyl-Verbb. am Kolonnenkopf austreten. — Zeichnung. (**D. A. S. 1 150 968** Kl. 12o vom 10/1. 1959, ausg. 4/7. 1963.) A. Jahn. H 650

2268 Gulf Research & Development Co., Pittsburgh (Erfinder: Charles Ellsworth Carter, Canonsburg, und Bernard Henry Gwynn, Fawn Township), Pa., V.St.A., **Herstellung von Carbonylverbindungen aus Olefinen** durch Rk. mit einer Mischung aus CO u. H_2 in Ggw. von Verbb. der Nichtedelmetalle der 8. Gruppe des Period. Syst. als Katalysator unter erhöhtem Druck u. erhöhter Temp., Trennung des aldehydhaltigen Rk.-Prod. von der nicht umgesetzten, mindestens ein Metallcarbonyl enthaltenden CO–H_2-Mischung u. Rückführung dieser abgetrennten Gasmischung in das Rk.-Gefäß, dad. gek., daß der abgetrennten metallcarbonylhaltigen Gasmischung vor der Rückführung in den Rk.-Raum so viel heiße frische Mischung aus CO u. H_2 zugesetzt wird, daß die Temp. der Gasmischung über dem Zers.-Punkt des darin enthaltenen Metallcarbonyls liegt u. dann in den Rk.-Raum zurückgeleitet wird. Das Umwälzgas wird bes. durch einen in 2 Zonen unterteilten Metallabscheider geleitet, der Füllkörper enthalten kann. Als Katalysator dienen Co- u. Fe-Carbonyle u. deren Mischungen. — Verf.-Schema. (**D. A. S. 1 079 616** Kl. 12o vom 17/8. 1955, ausg. 14/4. 1960.) G. Krauß. H 660

2269 Badische Anilin- & Soda-Fabrik Akt.-Ges., Ludwigshafen/Rh. (Erfinder: Ulrich Gerloff, Ludwigshafen/Rh., und Anton Wegerich, Limburgerhof/Pfalz), **Formaldehyd** erhält man durch kombinierte Oxydation u. Dehydrierung von Methanol (I) mit O_2 oder O_2 enthaltenden Gasen bei 500—700° in Ggw. von Katalysatoren der Gruppe 1b des Period. Syst., indem man die Rk. bei 100—720 Torr durchführt. Gegenüber Normaldruck erhöhen sich die Ausbeuten von 92—93 bis auf 97%, ohne daß die I-Menge im Rk.-Prod. vergrößert wird. Außerdem nimmt die CO_2-Menge ab. (**D. A. S. 1 150 875** Kl. 12o vom 8/7. 1961, ausg. 20/6. 1963.) A. Jahn. H 670

2270 Ss. A. Wartanjan und Ss. K. Pirenjan, **Katalysator zur Flüssigphasenhydratisierung von C_2H_2 zu CH_3CHO** aus NH_4- u. Cu-Salzen u. Säure, bes. NH_4Cl u. Cu_2Cl_2, im Verhältnis 1 : 1,3, 10—20 (%) H_2SO_4 u. 0,3—1,5 Sulfiden; letztere sind ersetzbar durch Zusatz von CS_2 zu C_2H_2; Ausbeuten $\leqq 95$. (**UdSSR. P. 129 652** vom 23/3. 1959.) L. Großner. H 670

2271 W. I. Anossow, D. A. Gussjeinow, M. A. Mullin, A. N. Naschatyrjew, Ss. A. Tschertkow und E. I. Tschernjakow, **Herstellung von Acetaldehyd** durch Dehydrierung von A. an Cu-Schwermetalloxid-Katalysatoren. Herst. des Katalysators: Cu-, Schwermetall- u. Alkalinitrat-Lsgg. werden auf Diatomeenbrocken aufgetragen u. zur Umwandlung in die Oxide geglüht. — 1 (Liter) 25%ig. Kupfernitrat-Lsg. mischt man mit konz. Lsgg. von Chrom- u. Kobaltnitrat (entsprechend 3% Schwermetalloxid, bezogen auf Kupferoxid); die Lsg. versetzt man mit 1 Diatomeenbrocken (Ø 3—5 mm). Man tränkt 2 Std. bei 60—70°. Die Lsg. wird abgegossen, u. die Brocken werden bei 350° geglüht; Tränken u. Glühen wiederholt man. Anschließend wird mit 5%ig. Soda- (oder Pottasche-) Lsg. getränkt u. geglüht. Der Katalysator wird in einen Kontaktofen gefüllt u. bei 275° mit 500—700 ml A. pro Std. u. pro Liter Katalysator beschickt. Die Ausbeute beträgt zwischen 48 u. 66%, je nach Reinheit des eingesetzten Alkohols. An Nebenprodd. entstehen 3% Äthylacetat u. 0.1% Essigsäure; führt man die Rk. bei 225° durch, entstehen keine Nebenprodukte. Nach 10—12 Std. wird der Katalysator durch Durchblasen mit Luft (30 Min.) regeneriert, anschließend das Kupferoxid mit A. zum Metall reduziert. (**UdSSR. P. 132 216** vom 27/8. 1959.) F. Eßer. H 670

2272 Farbwerke Hoechst Akt.-Ges., vormals Meister Lucius & Brüning (Erfinder: Günter Jacobsen und Heinz Späth), Frankfurt/M., **Herstellung von Acetalen des Acetaldehyds** durch Rk. von C_2H_2 mit Alkoholen, dad. gek., daß man die Rk. in Ggw. von katalyt. Mengen an PtJ_4 u./oder Pt-Verbb. gemeinsam mit J u./oder J-Verbb. u. in Anwesenheit von CO bei Drücken von 0—40 atü, bes. 10—40 atü, u. bei 50—200°, bes. bei 100—160°, durchführt. — n-Butanol wird in Ggw. von PtJ_4 mit C_2H_2 bei 150° u. 15 atü zu *Acetaldehyddibutylacetal* umgesetzt. Es werden ferner hergestellt: Acetaldehyd-: -dimethylacetal, -diäthylacetal, -diisopropylacetal, -di-2-äthylhexylacetal, -dicyclohexylacetal u. -dibenzylacetal. (**D. A. S. 1 145 600** Kl. 12o vom 13/4. 1961, ausg. 21/3. 1963.) G. König. H 670

2273 Shell Internationale Research Mij. N. V., Den Haag, Niederlande (Erfinder: Ava Jerome Johnson, Piedmont, Calif., V.St.A.), **Herstellung α, β-ungesättigter Aldehyde und Ketone durch partielle Oxydation von Olefinen** mit mindestens 3 C-Atomen in der Dampfphase mittels einer O_2 enthaltenden Gasmischung in Ggw. von Wasserdampf bei erhöhter Temp. in Ggw. eines schwermetallhaltigen Oxydationskatalysators (I). Die Rk. wird nach dem Staubfließ-Verf. derart durchgeführt, daß man das Olefin einer vorher gebildeten Suspension des I in einem O_2 enthaltenden Gas zugibt, das Gemisch durch eine von außen gekühlte röhrenförmige Rk.-Zone kleinerer Querschnittsfläche als die Katalysatorabkühlzone (II) leitet, die auf 350 bis 750° gehalten wird, wobei man I in suspendierter Form hält, ein O_2 enthaltendes Gas in die Rk.-Zone an mehreren Stellen entlang deren Länge einleitet, I aus der die Rk.-Zone verlassenden Mischung abtrennt u. in II einführt, welche in offener Verbindung mit der Rk.-Zone steht, ein O_2 enthaltendes Gas durch den in II befindlichen I leitet, wodurch die I-Suspension entsteht u. außerdem noch W. in II einführt. Dabei wird die Rk.-Wärme zur Dampferzeugung benutzt u. zugleich ein Arbeiten mit hohen O_2-Konzz. ermöglicht. Ausbeute an *Acrolein* ca. 71%; O_2-Umwandlung ca. 91%; C_3H_6-Umwandlung ca. 50%. — Abbildung. (**D. A. S. 1 152 685** Kl. 12o vom 31/10. 1960, ausg. 14/8. 1963. **E. P. 912 687** vom 31/10. 1960, ausg. 12/12. 1962. Beide A. Prior. 2/11. 1959.) A. Jahn. H 670

2274 Esso Research and Engineering Co., übert. von: William J. G. McCulloch, Plainfield, und Isidor Kirshenbaum, Union, N.J., V.St.A., **Ketone** erhält man durch Dehydrieren von sek. Alkanolen, bes. mit 3 bis 8 C-Atomen, bei 600—950° F, bes. 700—850° F, u. 0,5 bis 10 at in Ggw. eines schwer reduzierbaren Metalloxids als langlebigen Katalysators, der auf α-Al_2O_3 (Alundum) aufgebracht ist, dessen Oberfläche $< 5\ m^2$, bes. $< 1\ m^2$, je g beträgt. α-Al_2O_3 wird durch Erhitzen von Al_2O_3 auf $> 2000°$ F u. unter seinen F. erhalten u. dann mit 5—25 (%) einer Mischung aus 90—98 ZnO u. 10—2 Na_2CO_3 imprägniert. Als Katalysatoren sind noch verwendbar: die Oxide von Ce, Mg, Mn, Cr, Be u. Fe. — Aus sek.-Butanol in Ggw. eines Katalysators aus 0,4 Teilen ZnO, 0,6 Teilen Na_2CO_3 u. 150 Teilen Al_2O_3 → *Methyläthylketon.* — Isopropanol → *Aceton.* — 4-Octanol → *Propylbutylketon.* (**A. P. 2 885 442** vom 23/10. 1956, ausg. 5/5. 1959.) G. Krauß. H 710

2275 Chemische Werke Witten G. m. b. H., Witten/Ruhr (Erfinder: Ewald Katzschmann, Dortmund), **Äthylenglykolmonoester gesättigter Carbonsäuren** erhält man durch Rk. von gesätt. aliphat. Mono- u. Polycarbonsäuren, bes. mit 1—20 C-Atomen, u. aromat. Carbonsäuren mit ggf. überschüssigem Äthylenoxid bei 25—200°, bes. 80—160°, in Abwesenheit von Katalysatoren u. in Ggw. von bis zu 40% neutralen Alkalichloriden, -nitraten u./oder -sulfaten oder neutralen anorgan., wasserlösl. Erdalkalisalzen, die mit den Carbonsäuren keine schwerlösl. Salze bilden. — Aus 166 (g) Terephthalsäure, 120 Äthylenoxid, 325 Eiswasser u. 10 HCl bei 120° im Schütteldruckgefäß → 192 *Terephthalsäure-bis-(β-hydroxyäthyl)-ester*, F. 109,5°, der unmittelbar in einen *hochschm. Polyester* überführbar ist. — *Benzoesäure-; p-tert.-Butylbenzoesäure-; Buttersäure-; m-Toluylsäure-; α-Naphthoesäure-(β-hydroxyäthyl)-ester*; 83 bis 95% Ausbeute. — *Isophthalsäuremonomethylmono-(β-hydroxyäthyl)-ester.* — *Propionsäureäthylenglykolmonoester.* — *2-Terephthaloylbenzoesäure bis-(β-hydroxyäthyl)-ester.* Ferner sind noch veresterbar: Phthal-, Benzoltri- oder -tetracarbon- u. Naphthalsäuren. — *Zwischenprodd.* zur Herst. von *Weichmachern, Kunstharzen* u. *Lacken.* (**D. A. S. 1 150 982** Kl. 12o vom 23/12. 1961, ausg. 4/7. 1963.) G. Krauß. H 800

2276 M. A. Ssosskin und G. A. Silberg, **Katalytische Flüssigkeitsphasenoxydation von Paraffinkohlenwasserstoffen** mit $KMnO_4$ bei 120° unter Ultrabeschallung (16 bis 60 kHz) mittels Magnetostriktionsvibrator. Nach 12 Std. werden 30% hydroxygruppenfreie Fettsäuren, Kp. ca. 42°, SZ. 190, EZ. 33, erhalten. — Zeichnung. (**UdSSR. P. 129 199** vom 22/9. 1959.) L. Großner. H 810

2277 N. W. Schwetzow und A. Ss. Chassanow, **Kontinuierliche Herstellung von Essigsäure (I)** durch katalyt. Oxydation von Acetaldehyd (II) in I-Medium, wobei in 2 Stufen — unter O_2-Mangel u. O_2-Überschuß — oxydiert wird. Die Rk. wird in einer Kolonne mit 2 Oxydationszonen u. aufgesetztem Kondensator durchgeführt. In der ersten Zone wird **II** gleichmäßig in I verteilt u. unter milden Bedingungen (3 at) bei O_2-Mangel oxydiert, wodurch der O_2 voll ausgenutzt wird; in der zweiten Zone wird bei kleinem O_2-Überschuß die Oxydation zu Ende geführt (2 at). Die Temp. wird bei 65—75° gehalten. Pro 100 Liter **II** werden 20—22 m^3 O_2 benötigt. Als Katalysator wird 3,5—5%ig. Manganacetat-Lsg. in I verwendet. Ein Teil der I wird im Gegenstrom in die Rk.-Zonen zurückgeführt, der Rest wird rektifiziert. — Zeichnung. (**UdSSR. P. 132 217** vom 7/7. 1959.) F. Eßer. H 810

2278 I. M. Fingaus, N. I. Tjashlo und L. Je. De-Millo, **Verseifen von Methylacetat** durch Überleiten über mit H_2SO_4, H_3PO_4 oder p-Toluolsulfonsäure imprägnierte poröse Träger, wie Silicagel, Kohle oder Bimsstein, bei ca. 130° mit W. im Inertgasstrom. (**UdSSR. P. 129 818** vom 1/12. 1959.) L. Großner. H 810

2279 I. L. Knunjanz, Ju. A. Tscheburkow und M. P. Krassusskaja, **Herstellung von Hexafluorisobuttersäure (I)** durch Hydrolyse von Perfluorisobutylen (**II**) in homogener Lsg., bes. in Aceton (**III**). — In 40 (ml) **III** u. 20 W. werden bei 0° in 30 Min. 106 (g) **II** eingeleitet. Nach mehrstd. Stehen wird zum Sieden erhitzt, 66 nicht umgesetztes **II** u. Lsgm. verdampft: 37 **I**, $Kp._{748}$ 126—128°, F. 51—52°. *Anilid*, F. 166—167°. (**UdSSR. P. 129 653** vom 2/10. 1959.) L. Großner. H 810

2280 Münzing & Co., chemische Fabrik (Erfinder: Wolfgang Münzing, Heilbronn/Neckar, und Klaus Pawelzik, Heidelberg), **α-Chloracrylsäurenitril** erhält man durch Abspaltung von HCl aus α.β-Dichlorpropionsäurenitril in fl. Zustand in Ggw. von Polymerisationsverzögerern (Hydrochinon, dessen Monomethyläther, p-tert.-Butylbrenzcatechin) u. 0,01—1% Fe, Al oder deren Chloriden als Katalysator bei 92—105°, $Kp._{760}$ 88—90°; 95% Ausbeute. HCl-Abspaltung u. Dest. erfolgen gleichzeitig; die Rk. ist in ca. 50—55 Min. beendet. (**D. A. S. 1 150 881** Kl. 12o vom 22/2. 1961, ausg. 20/6. 1963.) G. Krauß. H 810

2281 Farbwerke Hoechst Akt.-Ges., vormals Meister Lucius & Brüning (Erfinder: Otto Probst, Frankfurt/M., Hans Fernholz, Bad Soden/Taunus, Eberhard Mundlos, Horst Oehme und Adolf Orth, Frankfurt/M.), **Halb- oder kontinuierliche Herstellung von reiner, beständiger, völlig farbloser, geschmacklich und geruchlich einwandfreier Sorbinsäure (I)** durch Rk. von Keten (II) mit Crotonaldehyd (III) in mindestens 3%ig. u. höchstens 35%ig. Überschuß in Ggw. eines inerten Verdünnungsmittels u. einer geringen Menge eines Salzes aus einer Fettsäure mit 4—18 C-Atomen u. einem 2wertigen Metall der 2. bis 8. Nebengruppe des Period. Syst. als Katalysator bei 25—80° u. Überführen des entstandenen Polyesters in an sich bekannter Weise in **I**, dad. gek., daß man den **III** in Ggw. des mit dem **II** gebildeten Rk.-Prod. (Polyesters) im Umlauf führt u. mit dem zugesetzten **II**, bes. im Gegenstrom umsetzt, aus der umlaufenden Rk.-Lsg. einen Teilstrom abzweigt, aus diesem den überschüssigen **III** u. das Lsgm. bei ca. 30—100 Torr von dem Polyester u. dem als Nebenprod. entstandenen Essigsäureanhydrid abdest., den **III** zusammen mit dem Verdünnungsmittel in den Umlauf zurückführt u. den erhaltenen Polyester vor, während oder nach der Abtrennung des Gemisches aus **III** u. dem Verdünnungsmittel durch Dest. ca. ½—4 Std., bes. 1—3 Std., auf 80—150°, bes. 105—125°, nacherhitzt u. dann in üblicher Weise in **I** überführt. Die **III**-Konz. in der Rk.-Lsg. beträgt am Boden der Kolonne 5—35%. Die Überführung des Polyesters in **I** erfolgt z. B. nach den D. A. SS. 1 049 852; C. **1962,** 12095, 1 059 899; C. **1960,** 10061 u. 1 064 054; C. **1960,** 10061. Katalysator u. Lsgm. sind in der D. A. S. 1 042 573; C. **1959,** 12382 genannt. Lichtabsorptionsmessung nach 6monatiger Lagerung vgl. Tabelle. (**D. A. S. 1 150 672** Kl. 12o vom 8/1. 1959, ausg. 27/6. 1963.) G. Krauß. H 810

2282 W. L. Warschawski, L. Sch. Krupizkaja, M. A. Kossych, M. P. Shicharewa, F. P. Kotschanin und W. A. Roshdesstwenskaja, **Herstellung des Kalium-Titan-Oxalats (I),** durch Lösen von Oxalsäure (II) in K-Titanat (III) im stöchiometr. Verhältnis. III wird aus TiO_2 durch Schmelzen mit KOH bei 500° dargestellt. — 5,5 (kg) TiO_2 u. 10,7 KOH in 24 Liter W. werden 5 Std. auf 500° erhitzt. In einem emaillierten Gefäß werden 20,7 **II**, 80 Liter W. u. das erzeugte **III** gemischt; in der Lsg. entsteht **I**. Nach Filtration u. Einengen erhält man in der Kälte 24,2 **I**. (**UdSSR. P. 132 204** vom 8/2. 1960.) F. Eßer. H 820

2283 W. L. Warschawski, L. Sch. Krupitzkaja und M. A. Morosowa, **Herstellung von Fe(III)-Citrat** durch Lösen von Fe-Spänen in Citronensäure in Ggw. von HNO_3 u. Eindampfen des Rk.-Gemisches. (**UdSSR. P. 129 194** vom 24/9. 1959.) L. Großner. H 850

2284 Imperial Chemical Industries Ltd., London (Erfinder: Arthur Ashton Banks und John Benjamin Warren, Widnes, Lancashire), England, **Herstellung von Schwefelkohlenstoff** u. H_2S als *Nebenprod.* durch katalyt. oder nichtkatalyt. Umsetzen eines vorerhitzten verdampften KW-Stoffs mit S-Dampf. Eine KW-Stoffmischung, welche bei normaler Temp. fl., bei $< 200°$ prakt. vollständig verdampft ist u. hauptsächlich aus KW-Stoffen mit > 5 C-Atomen besteht, wird mit S-Dampf in Ggw. eines Katalysators umgesetzt. Der Katalysator wird auf 700—1300° gehalten. Die weitere Umsetzung erfolgt bei derselben Temp. in einer nichtkatalyt. Zone. Die Rk.-Prodd. werden abgetrennt. Ausbeute an CS_2, bezogen auf den C-Geh. im KW-Stoff, 88,5 u. 89,7%. (**D. A. S. 1 138 745** Kl. 12i vom 2/3. 1960, ausg. 31/10. 1962. E. Prior. 6/3. 1959 u. 24/2. 1960.) E. Miessgang. H 880

2285 Office National Industriel de l'Azote, Haute-Garonne, Frankreich (Erfinder: Jean Pomot, Emmanuel Luzarreta und Gilbert Cousserans), **Herstellung von Carbaminsäureestern** durch 10—30 Min. Umsetzung von aliphat., cycloaliphat. oder araliphat. Monoalkoholen mit Harnstoff (**I**) u. konz. HNO_3 (2—10 Mol, bes. 5—8 Mol

Alkohol pro Mol I) in Ggw. von ZnO (1—10%, bes. 5—6%, bezogen auf I), zuerst <30°, bes. 10—20°, dann unter Druck im Autoklaven bei 130—150°, bes. 140°, Entfernen des überschüssigen Alkohols u. des gebildeten NH_4NO_3 u. Vakuum-Dest. des Rohprod., ggf. in einer kontinuierlich arbeitenden App., die ca. 880 kg I in 24 Std. umsetzt. — *Carbaminsäureäthylester*, F. 48°, aus 60 (g) I u. 360 cm^3 abs. A. unter Rühren mit 3 g ZnO u. 69 g 98%ig. HNO_3 bei 15—20°, Überführen des Rk.-Gemisches in einen Autoklaven, 15 Min. langes Erhitzen auf 140° (17 at) unter Rühren, Abdestillieren von überschüssigem A., 15 Min. langes Behandeln des Rückstandes mit 170 cm^3 Dichloräthan bei 40—45°, Abfiltrieren des abgeschiedenen NH_4NO_3 u. Vakuum-Dest. des Rohprod. bei 20 mm; 80,7% (Ausbeute). — Analog der *Isopropylester*; 77%. — Verf.-Schema. (**F. P. 1 235 953** vom 6/2. 1959, ausg. 10/11. 1960.) G. Dehmel. H 880

2286 Shawinigan Chemicals Ltd., Montreal, Quebec (Erfinder: Douglas J. Kennedy, Shawinigan, Quebec), Canada, **Herstellung von Blausäure** aus NH_3 u. einem gasförmigen KW-Stoff in einem Wirbelbett aus elektr. leitenden C-Teilchen, wobei durch das Wirbelbett ein elektr. Strom zur Aufrechterhaltung der Rk.-Temp. geleitet wird, dad. gek., daß bei beträchtlichem Absinken des elektr. Widerstandes des Wirbelbetts u. damit verbundenem Ansteigen der Stromstärke das Verhältnis des im Rk.-Gas enthaltenen C zum NH_3, das bei laufendem Betrieb zwischen 1 : 1 u. 0,6 : 1, bes. zwischen 1 : 1 u. 0,93 : 1, liegt, während einer kurzen Zeitspanne auf Werte unter 0,4 : 1 herabgesetzt u. anschließend dieses Verhältnis wieder auf den Betriebswert gebracht wird. Das Verhältnis C : NH_3 kann dabei bis auf den Wert Null herabgesetzt werden. (**D. A. S. 1 149 696** Kl. 12k vom 31/5. 1961, ausg. 6/6. 1963. Can. Prior. 14/7. 1960.) H. Roos. H 890

2287 G. Ss. Ssupin, **Herstellung von Tetramethylammoniumbase** durch Elektrolyse der wss. Lsg. von Tetramethylammoniumsalzen in Elektrolysegefäßen mit waagerecht liegendem Diaphragma. — In einem Glasgefäß (Ø 65 mm, Inhalt 400 ml) wird eine ringförmige Fe-Kathode (60 mm Ø) befestigt; 200—250 ml gesätt. Tetramethylammoniumjodid (I)-Lsg. werden eingefüllt. Ein Glasrohr (45 mm Ø) wird an einem Ende mit Mull u. danach mit Cellophan umwickelt. In das Rohr schüttet man A-Kohle (1 cm), gießt 40—50 ml der Lsg. von I darüber, ferner einige ml 0,5n H_2SO_4 u. gießt eine Schicht von ca. 3 cm Ae. darüber. Dieses Rohr versenkt man in das große Gefäß. Die Ae.-Oberfläche soll ca. 1 cm über der Fl.-Oberfläche im äußeren Gefäß liegen. Die App. wird um 10—15° geneigt, wodurch der H_2-Blasenaustritt erleichtert wird. Es wird 12—16 Std. bei einer Anfangsspannung von 3 V, einer Endspannung von 6 V u. einer Stromstärke von 0,12—0,15 A elektrolysiert. Die Lsg. enthält 0,1356 Mol *Tetramethylammoniumbase*/Liter. (**UdSSR. P. 132 205** vom 12/12. 1958.) F. Eßer. H 910

2288 A. P. Tomilow, Ss. L. Warschawskii und Ju. D. Ssmirnow, **Elektrochemische Reduktion von Adipinsäuredinitril (I)** zu Hexamethylendiamin (II) u. Aminocapronitril (III) in einer Wanne mit Magnetitanode u. Fe-Kathode in alkal. Milieu bei 5—8°. Die Fe-Kathode wird zur Herst. von II mit schwammigem Cu u. zur Herst. von III mit schwammigem Ni überzogen. — Eine Elektrolysewanne mit Kühlung, Fe-Kathode u. Magnetitanode wird mit 800 ml 3n NaOH, 30 (g) I u. 0,5 $CuSO_4$ gefüllt. 5 Std. wird bei 20 A elektrolysiert (kathod. u. anod. Stromdichte 1000 A/m^2). Die Temp. wird bei 5—8° gehalten. Nach Beendigung der Elektrolyse trennt man die organ. Phase ab u. säuert sie mit 50%ig. H_2SO_4 an (pH 5,5—6), wobei unumgesetztes I abgetrennt wird. Die wss. Lsg. der Aminsalze wird mit NaOH gesätt. u. die entstehende Aminschicht abgetrennt. Die vereinigten Fraktionen werden dest.; es entsteht fast reines II, $Kp._{50}$ 112—120°. — Der Ni-Überzug der Fe-Kathode wird aus dem Ni-Ammoniak-Komplex erzeugt. Bei dieser Red. entstehen 75% III u. 25% II. — Die Ausbeuten liegen zwischen 80 u. 90%, die Stromausbeuten bei 40%. (**UdSSR. P. 132 214** vom 14/1. 1960.) F. Eßer. H 910

2289 Badische Anilin- & Soda-Fabrik Akt.-Ges., Ludwigshafen/Rh. (Erfinder: Georg Wiest, Ludwigshafen/Rh., und Helmut Stahl, Nürnberg), **Reinigen von wässerigen Lactamlösungen** mit einer 60% übersteigenden Konz. durch Behandeln mit Ionenaustauschern (I) bei erhöhter Temp. dad. gek. daß die Lactam-Lsg. (II) mit einer solchen Menge von I behandelt wird, daß das Verhältnis von II : I mindestens 6 : 1 (in Raumteilen) beträgt. (**D. A. S. 1 150 986** Kl. 12p vom 2/10. 1959, ausg. 4/7. 1963.) C. Lüttgen. H 950

2290 Riedel-de Haën Akt.-Ges., Seelze bei Hannover (Erfinder: Horst Liebig und Günter Dransch, Berlin), **Herstellung von O-Serinphosphat** durch Phosphorylierung von Serin, dad. gek., daß man Serin mit einer in bekannter Weise durch Kondens. von H_3PO_4 u. P_2O_5 in etwa gleichen Gew.-Teilen hergestellten Polyphosphorsäure bei 40—130°, bes. 70—100°, umsetzt, das Rk.-Gut einer mäßig starken Säurehydrolyse unterwirft u. das Prod. gewinnt. — Man erhitzt z. B. 2640 (Gew.-Teile) H_3PO_4 u. 2640 P_2O_5 4 Std. auf 95°, trägt in die erhaltene Polyphosphorsäure 1000 Serin ein, läßt die Temp. 20 Min. bei 70°, erhöht sie dann langsam auf 90—95°, hydrolysiert das Rk.-Gut nach 5 Min. langem Stehen 45 Min. in 2050 2n wss. HCl bei 90°, fällt das Prod. mit einem Gemisch aus 14000 Aceton u. 5600 Ae., filtriert nach 7 Tagen, löst das Prod. in 3200 W., fällt mit 4500 Aceton, löst die Kristalle in 4000 W. u. krist. durch Zusatz von 3200 A. → 1550 (= 79%) *Serinphosphatmonohydrat*, serinfrei (chromatograph. Prüfung), Reinheitsgrad 99,8%. (**D. A. S. 1 151 810** Kl. 12q vom 7/10. 1961, ausg. 25/7. 1963.) G. Vogel. H 950

2291 Ajinomoto Kabushiki Kaisha, Tokio (Erfinder: Takeo Kaneko und Ryonosuke Yoshida, Osaka-fu), Japan, **Herstellung von Homocysteinsäure (I)**, dad. gek., daß man a) Acrolein mit einem Alkalibisulfit, HCN u./oder dessen Salzen u. NH_3 u./oder dessen Salzen in wss. Lsg. umsetzt u. die erhaltene (neue) *γ-Amino-γ-cyanpropylsulfonsäure* (II) oder deren Alkalisalze hydrolysiert oder b) das aus Acrolein u. Alkalibisulfit erhaltene Dialkali-1-hydroxy-3-sulfopropylsulfonat mit einem Alkalicyanid u. NH_3 bzw. dessen Salzen oder c) mit NH_4CN umsetzt u. das nach b) u. c) erhaltene Alkali-γ-amino-γ-cyanpropylsulfonat hydrolysiert. — Man tropft z. B. einer Suspension von 0,2 (Mol) $NaHSO_3$ in 300 ml W. bei 10—15° 0,1 Acrolein zu, rührt 30 Min. u. konz. das Gemisch bei red. Druck, tropft der Lsg. des erhaltenen Rk.-Prod. [29 g Di-Na-1-Hydroxy-3-sulfopropylsulfonat (III)] in 30 ml W. eine Lsg. von 0,11 NaCN in 20 ml W. zu, setzt der nach 1½ Std. filtrierten Lsg. 50 ml wss. konz. NH_3 zu, neutralisiert nach 20 Std. mit konz. wss. HCl, hydrolysiert mit weiteren 100 ml konz. wss. HCl 3 Std. bei Rückfluß-Temp. u. reinigt das Prod., zuletzt in einem Kationenaustauscher („Dowex-50" in der H-Form) → 9 g I, $C_4H_9NO_5S$, F. 265—266° (Zers.; aus W.-A.), IR-Spektrum ident. mit authent. Probe. Analog erhält man aus 0,4 Acrolein, 0,8 $NaHSO_3$, 0,6 NaCN u. 200 ml konz. wss. NH_3 → Natrium-γ-amino-γ-cyanpropylsulfonat u. daraus wie vorst. → 44 g I (= ca. 60% Ausbeute); ferner aus 5,4 (g) NaCN, 10,2 $NaHSO_3$ u. 5,8 NH_4Cl durch Zutropfen von 5,6 Acrolein → 4 II, $C_4H_8 \cdot N_2O_3S$, F. 217—219° (Zers.; aus W.-A.), analyt. rein; daraus mit wss. HCl, NaOH oder $Ba[OH]_2$ → I; aus 0,2 (Mol) $NaHSO_3$ u. 0,1 Acrolein in 30 ml W. bei 10° → III, F. 115—118°; daraus mit einer Lsg. von 0,11 NH_4CN, die im Liter 1,5 NH_4CN u. 11 NH_4OH enthält → II, daraus mit wss. NaOH bei 200° → I. — Umsetzung zu Mono-Na-*l*-homocysteinat, das gegenüber Mononatrium-*l*-glutamat eine *überlegene Geschmacks-Wrkg.* zeigt. (**D. A. S. 1 151 510** Kl. 12q vom 31/7. 1961, ausg. 18/7. 1963. Jap. Prior. 1/8. 1960 u. 31/3. 1961.) G. Vogel. H 950

2292 Esso Research and Engineering Co., V.St.A. (Erfinder: Harry G. Boynton und William R. Edwards), **Alkylierung aromatischer Kohlenwasserstoffe** (z. B. Pseudocumol mit CH_3Cl) in Ggw. von Friedel-Crafts-Katalysator mit Indan als Aktivator des Katalysators. — Zeichnung. (**F. P. 1 207 898** vom 23/7. 1958, ausg. 19/1. 1960. A. Prior. 27/9. 1957.) M. Pankow. H 1010

2293 Hans J. Zimmer Verfahrenstechnik (Erfinder: Norbert W. Luft, Frankfurt/M.), **Abkühlen von Gemischen oxydierender Gase und oxydierbarer Dämpfe**, z. B. *Xylolbeladener Rk.-Gase* aus der Xyloloxydation mittels Luft, wobei der Explosionsbereich durchschritten wird, dad. gek., daß die Gemische mit unbrennbaren, nicht oxydierenden Fll., bes. mit W. oder wss. Lsgg., direkt gekühlt werden. Die Kühlung kann z. B. in einer Füllkörperkolonne durchgeführt werden. (**D. A. S. 1 152 089** Kl. 12g vom 16/6. 1961, ausg. 1/8. 1963.) H. Roos. H 1010

2294 R. L. Globuss, I. T. Bilik, W. G. Bruds und W. I. Talikowa, **Herstellung von Diphenylolpropan (I)** durch Kondens. von Phenol (II) mit Aceton (III) in Ggw. von H_2SO_4, Thioglykolsäure (IV) oder deren Salzen u. 15 bis 20% niederen aliphat. Alkoholen (bezogen auf II) sowie ggf. Toluol. — Zu 32 ml 40%ig. Lsg. von IV-Na u. 205 g H_2SO_4 werden in 15 Min. bei 24—26° 50,8 g fl. II gegeben, nach 20 Min. werden 10 ml A. u. nach weiteren 10 Min. binnen 1 Std. 17,5 g III zugesetzt. Nach 30 Min. wird 8 Std. auf 40° erwärmt, filtriert u. neutral gewaschen: 55,2 g I, F. 152°. (**UdSSR. P. 129 814** vom 13/7. 1959.) L. Großner. H 2260

2295 United States Steel Corp., Pittsburgh, Pa., V.St.A., **2.2'-Diphenyldicarboxaldehyd** erhält man durch Ozonspaltung von Phenanthren in tert.-Butanol (I) oder einem I enthaltenden Lsgm.-Gemisch bei etwa Raum-Temp. u. nachfolgende Hydrolyse mit einer wss. Lsg. von $NaHCO_3$. Man kann das Ozonisierungs-Prod. auch mit NH_4OH → 5-Hydroxy-5H-dibenz-[c, e]-azepin (II) umsetzen u. II mit verd. HCl hydrolysieren. Man erhält Ausbeuten bis zu 85%. — Zwischenprod., z. B. zur Herst. von 6-Allyl-6.7-dihydro-5H-dibenz-[c,e]-azepin oder 2.2'-Diphensäure. (**D. A. S. 1 152 397** Kl. 12o vom 14/4. 1960, ausg. 8/8. 1963. A. Prior. 24/4. 1959.) A. Jahn. H 2330

2296 General Aniline & Film Corp., New York, N.Y., übert. von: Albert Bloom, Summit, N.J., Richard K. Lehne, Buffalo, N.Y., und Melvin R. Stevinson, Union, N.J., V.St.A., **Anthrachinone** erhält man durch Ringschluß von o-Aroylarylcarbonsäuren oder o-Arylmethylarylcarbonsäuren bei 100—300°, bes. 200—260°, in Ggw. von 0,1—5%, bes. 2%, eines sauren, wasserabspaltenden Mittels, dessen Konz.-Äquivalent wenigstens einer 85%ig. H_2SO_4 entspricht (H_2SO_4, Oleum bis 65%, Toluolsulfonsäure, $ClSO_3H$; Chloride u. Bromide von Al, Zn, Ca, Fe; H_3PO_4 u. deren Anhydride, PCl_5, HF), unter Abdestillieren des entstandenen W., ggf. in Ggw. eines Lsgm. oder Flußmittels (Dodecan, Trichlorbenzol, Tetrachlorbenzol, -naphthalin). Die Ausgangsstoffe können als Substituenten noch: NO_2, Alkyl, Br u. Cl enthlalten. — Aus 100 g Benzoyl-2-benzoesäure in 10 g Trichlorbenzol u. in Ggw. von 1,8 g 96%ig. H_2SO_4 bei 250—260° unter Entfernung des W. → Anthrachinon, das durch Wasserdampf-Dest. rein erhalten wird; 96,9% Ausbeute. Ferner sind cyclisierbar: 2-(4-Chlorbenzoyl)-benzoesäure, Nitrobenzoylbenzoesäure u. 2-Toluylbenzoesäure. (**A. P. 2 842 562** vom 30/10. 1953, ausg. 8/7. 1958.) G. Krauß. H 2800

2297 W. A. Iwanowa, Je. W. Popowa, M. I. Goldfarb, N. G. Iwanowa und W. A. Chodak, **Entfernen von Hg aus Anthrachinon-1-sulfonsäurelösungen** in <20%ig. H_2SO_4 durch Zusatz der doppelten stöchiometr. Menge Fe oder Cu in Ggw. einer dem Gew. des Hg in der Lsg. gleichen Menge Anthrachinon bei ≦60° u. Filtrieren. (**UdSSR. P. 129 655** vom 17/9. 1959.) L. Großner. H 2800

2298 Pittsburgh Plate Glass Co., Pittsburgh, Pa. (Erfinder: Malcom Korach und Walker Henry Rideout, Corpus Christi, Tex.), V.St.A., **Trennen von Butadienmonoxid und Carbonsäuren**, dad. gek., daß man durch ein fl. Gemisch aus Butadienmonoxid (I) u. Carbonsäure (mit 1—4 C-Atomen; II) Dämpfe eines inerten organ. Lsgm., dessen Kp. zwischen denen von I u. II liegt ($C_2H_2Cl_2$, CCl_4, C_2HCl_3, 1-Chlor-2-methylbutan, Bzl., Toluol), leitet u. dampfförmiges I abzieht. Zweckmäßig wird die Trennung in einer Kolonne im Gegenstromprinzip durchgeführt. — Vorrichtung. (**D. A. S. 1 139 486** Kl. 12o vom 4/6. 1958, ausg. 15/11. 1962. A. Prior. 4/6. 1957.) W. Gräger. H 3030

2299 Union Carbide and Carbon Corp., New York, N.Y., übert. von: Paul S. Starcher, Donald L. MacPeek und Benjamin Phillips, Charleston, W.Va., V.St.A., **Herstellung von Butadiendiepoxid** durch Rk. von Butadien mit Cl_2 zu 1.4-Dichlorbuten-(2), dessen Epoxydierung mit Peressigsäure oder Acetaldehydmonoperacetat bei 50—150° zu 1.4-Dichlor-2.3-epoxybutan (I), Hydrolyse bei 50—175° mit W. u. einem mit W. mischbaren Äther, in dem I lösl. ist, z. B. Dioxan oder Tetrahydrofuran, in Ggw. eines sauren Katalysators zu 1.4-Dichlorbutandiol-(2.3) u. dessen Rk. in Ggw. eines wasserfreien Salzes, bes. von Alkali- oder Erdalkalisulfaten, z. B. Na_2SO_4, in einem mit W. nicht mischbaren Dialkyläther (Ae. oder Di-n-hexyläther) mit feinverteiltem Alkalihydroxid (KOH) bei 0—60°. — Vgl. F. P. 1 133 554; C. **1959**, 2970. (**Can. P. 569 690** vom 8/6. 1955, ausg. 27/1. 1959. A. Prior. 6/6. 1955.) H.-J. Nitzschke. H 3030

2300 Merck & Co., Inc., Rahway, N.J., V.St.A., **Hydrieren von 5-Hydroxymethylfurfurol** in einem organ. Lsgm., bes. Methanol, A., Diäthoxy- oder Dimethoxyäthan u. Cyclohexan, bei 150—300° in Ggw. von Kupferchromit oder Pd als Katalysator. Man erhält ein Gemisch aus *2.5-Furandimethanol* (I), *2.5-Tetrahydrofurandimethanol*, *1.2.6-Hexantriol* (II), *1.6-* u. *1.2-Hexandiol*, dessen Zus. mit der Verf.-Temp. variiert. So erhält man bei 150° ein Gemisch mit ≧50(%) I u. bei 175° ein Gemisch mit ≧50 II. Die Gemische können durch fraktionierte Dest. in die Einzelkomponenten zerlegt werden. (**Ind. P. 69 001** vom 9/9. 1959. Can. Prior. 4/5. 1959.) C. Lüttgen. H 3061

2301 Ciba Akt.-Ges. (Erfinder: Ernst Jenny), Basel, Schweiz, **Cyclische Aldehyde** erhält man durch Rk. von Dialkylformamid mit $COCl_2$ unter Abspaltung von CO_2, bes. bei 10—20°, weiterer Rk. des entstandenen Dialkylaminodichlormethans mit cycl. Verbb., die an einem C-Atom ein reaktionsfähiges H-Atom enthalten, unter Abspaltung von 1 Mol HCl zuerst bei ≦20°, dann bei 50—70° u. anschließende Verseifung des Kondens.-Prod. mit Eiswasser, ggf. unter Zusatz von Alkalihydroxiden. — Zu. Schwz. P. 350 277; C. **1962**, 11373 u. F. P. 1 181 605; C. **1962**, 6214 ist nachzutragen: Aus Dimethylformamid in wasserfreiem CCl_4 u. $COCl_2$ bei 0° durch Zusatz von N-Äthyl-N-methoxyäthylaminobenzol, Eingießen in Eiswasser u. Zusatz von wss. NaOH *4-[N-Äthyl-N-methoxyäthylamino]-benzaldehyd*. — Diäthylanilin → *N.N-Diäthylaminobenzaldehyd*, Ausbeute quantitativ. — Weitere cycl. Ausgangsstoffe sind: 2-Phenyl-, 1-Methyl-2-phenyl-, 1-Methyl-2-phenyl-6-nitro-, 1.2-Dimethylindol (die Aldehydgruppe wird in 3-Stellung eingeführt); 1.3.3-Triäthyl-2-methylen-, 1-Benzyl-3.3-dimethyl-2-methylen-, 1.3.3-Tributyl-2-methylen-, 1.3.3-Trimethyl-5-methoxy-2-methylen-, 1.3.3-Trimethyl-5-chlor-2-methylenindolin, 1.3.3-Trimethyl-2-methylenindolin-5-carbonsäureäthylester, 4.5-Benzo-1.3.3-trimethyl-2-methylenindolin. (**A. P. 2 995 565** vom 19/8. 1957, ausg. 8/8. 1961. Schwz. Prior. 27/8. 1956. **D. A. S. 1 060 375** Kl. 12o vom 19/8. 1957, ausg. 2/7. 1959. Schwz. Prior. 27/8. 1956 u. 18/7. 1957.) G. Krauß. H 3081

2302 N. I. Ssimonowa, **Herstellung von 1-Phenylpyrazolidon-(3) (I)** durch Red. von N-Nitroso-β-anilinopropionsäuremethylester (II) mit Zn-Staub in 98%ig. CH_3COOH u. Cyclisierung des erhaltenen β-[x-Phenylhydrazino]-propionsäuremethylesters durch Zusatz von Wasser. — Zu 46 (g) II in 70 ml 98%ig. CH_3COOH werden bei 0—5° 40 Zn-Staub gegeben, nach mehrstd. Stehenlassen wird mit 400 ml W. versetzt, 3 Std. gekocht, krist. u. die Mutterlauge mit Chlf. extrahiert: 12,4 I, F. 121° (A.). (**UdSSR. P. 129 659** vom 26/8. 1959.) L. Großner. H 3122

2303 Robert M. Lindquist, Vestal, N.Y., V.St.A., **Herstellung von Anhydrobasen aus quartären Cycloammoniumsalzen (I)** der allg. Formeln $H-Y-\underline{C=N(R)(X)-Z}$ u. $H-A-(CH=CH)_{m-1}\underline{C=N(R)(X)-Z}$ werden mit Ionenaustauschern in der OH-Form behandelt (Z = Atome, die zur Vervollständigung eines Benzoxazolrings nötig sind; R = niederer Alkyl- oder Carbalkoxyrest; X = Anion, Y = Alkylenrest, m = 2—4; A = 2wertiger Aryliminorest der Benzol- oder Naphthalinreihe). — 1 g 3-Äthyl-2-methylbenzoxazoliumjodid in 50 ml Methanol läßt man über 20 ml regenerierten Amberlite IRA-400 in der OH-Form fließen u. erhält die jodfreie Anhydrobase, die mit 2-(β-Acetanilidovinyl)-3-äthylbenzoxazoliumjodid in Ggw. von Na-Acetat kuppelt. (**A. P. 2 891 950** vom 25/9. 1956, ausg. 23/6. 1959.) A. Jahn. H 3132

2304 Badische Anilin- & Soda-Fabrik Akt.-Ges., Deutschland (Erfinder: Hans Weidinger und Joachim Kranz), **3.5-Disubstituierte 1.2.4-Triazole.** Zu D. A. S. 1 076 136; C. **1960**, 12165 sind folgende 1.2.4.-Triazole zu ergänzen: *3-Methyl-5-isopropyl-*, Kp.₁ 190—220° (*$HgCl_2$-Addukt*, F. 202—204°), aus Essigsäurehydrazid u. Isobutyronitril. — *3-[3'-Hydroxynaphthyl-(2')]-5-isopropyl-*, F. 203 bis 205°, aus 2-Hydroxynaphthalin-3-carbonsäurehydrazid. —

3-[3'-Hydroxynaphthyl-(2')]-5-cyclohexyl-, F. 222—224°, aus Hexahydrobenzonitril. (**F. P. 1 238 943** vom 31/7. 1959, ausg. 7/12. 1960. D. Prior. 19/8. 1958.) S. Böttcher. H 3153

2305 M. Ss. Nemzow, K. U. Nerusch, K. M. Trenke, R. W. Katschalowa und G. W. Sinowjewa, **Herstellung von Dimethyldioxan (I)** unter Verw. von Dest.-Rückständen der üblichen I-Synth. aus Isobutylen (II) u. Formaldehyd (III), wobei die Gesamtausbeute an I erhöht u. gleichzeitig die nicht umgesetzten Reagentien des Hauptprozesses (III u. H_2SO_4) verwertet werden. — Die Rückstände werden mit einer 1% H_2SO_4 u. 1—8% III enthaltenden wss. Lsg. in einer Kolonne unter Erwärmen bei Normaldruck behandelt. Bei kontinuierlichem, techn. Arbeiten verwendet man eine Kolonne mit 10 tiefen Böden, auf denen die Rückstände ausgebreitet sind u. die eine Verweilzeit von 0,56 Std. gewährleisten. Die Blasen-Temp. beträgt 106° u. die Temp. am Kopf der Kolonne 98°. — Die Ausbeute an I liegt zwischen 30 u. 35%, bezogen auf eingesetzte hochsd. Bestandteile. (**UdSSR. P. 132 213** vom 21/12. 1959.) F. Eßer. H 3252

2306 E. Carstens und H. J. Heidrich, Deutschland, **Herstellung von 3-Sulfanilamido-6-alkyl- oder -aralkyloxypyridazinen (I)** durch Rk. von 3-Sulfanilamido-6-chlorpyridazin (II) mit einem Gemisch des entsprechenden Alkohols u. Alkalihydroxiden bei 60—250°. — 50,0 (g) II, 195 CH_3OH u. 27,5 KOH erwärmt man in einem Autoklaven aus nichtrostendem Stahl 8 Std. bei 180°, fügt 200 W. zu, danach 3,3 Kohle, dest. das Lsgm. ab, filtriert u. säuert bei 50—60° mit konz. HCl bis pH 5,7—6 an. 35,5 I mit R = CH_3O, F. 182,5—183,5° (CH_3OH). — Analog I mit *R* = C_2H_5O, F. 185,5—186,5°; 55% (Ausbeute). — *R* = C_4H_9O, F. 170 bis 172°; 55,4%. — *R* = $C_6H_5CH_2O$, F. 178—182°; 79,5%. (**UdSSR. P. 149 357** vom 3/10. 1960.) T. Ogibina. H 3272

2307 K. A. Tschchikwadse und O. Ju. Magidsson, **Herstellung von 2-Hydroxy-, 2-Mercapto- und 2-Amino-4-hydroxy-5-[β-hydroxyäthyl]-pyrimidinen** durch Kondens. von Na-α-Formyl-γ-butyrolacton mit Thioharnstoff (I), Harnstoff oder Guanidin. — Zu 12,3 (g) in Xylol suspendiertem Na werden 200 ml Bzl. u. in 2 Std. ein Gemisch von 24,6 abs. A. u. 30 ml Bzl. bei 60—65° gegeben. Nach 6 Std. wird weitere 16 Std. bei 20° gehalten u. bei —5 bis 10° mit dem Gemisch von 43 γ-Butyrolacton u. 44 Äthylformiat versetzt. Nach 2 Tagen werden 38 I in 250 ml A. zugesetzt, 5 Std. wird bei 70—75° gerührt, im Vakuum eingedampft, der Rückstand in W. gelöst u. mit HCl angesäuert: 37,7 bis 38,9 *2-Thio-5-[β-hydroxyäthyl]-uracil*, F. 248—249°. — Analog: *5-[β-Hydroxyäthyl]-uracil*, F. 259—261°; 30% (Ausbeute). — *2-Amino-4-hydroxy-5-[β-hydroxyäthyl]-pyrimidin*, F. 260 bis 262°; 76,3%. (**UdSSR. P. 129 650** vom 24/11. 1959.) L. Großner. H 3272

2308 Je. Ss. Golowtschinskaja, I. M. Obtscharowa, Je. Ss. Tschaman und A. A. Tscherkassowa, **Herstellung von 1.9-Dimethylisoxanthin (I)** durch Chlorieren von Methylisocoffein (II) u. Hydrolyse des erhaltenen 8-Trichlormethyl-3-chlormethyl-1.9-dimethylisoxanthins (III). — 20 (g) II werden in 200 ml Chlorbenzol (**IV**) bei 90—100° mit 24 Cl_2 chloriert, danach wird das Lsgm. verdampft: 26 8-Trichlormethylisocoffein, F. 203—205°, das in 300 ml **IV** mit 21 Cl_2 chloriert wird: 19,5 **III**, F. 176—177°. III wird mit 100 ml W. 3 Std. gekocht, danach wird auf pH 3 neutralisiert: 5,7 I, F. 348—350° (Zers.). (**UdSSR. P. 129 658** vom 1/9. 1959.) L. Großner. H 3272

2309 Imperial Chemical Industries Ltd., London (Erfinder: Francis Edward Gervase Tate und James Harry Wild, Manchester), England, **Isocyanursäureester** erhält man durch Vermischen von Isocyansäureestern unter Wasserausschluß mit geringen Mengen eines sich von N oder P ableitenden quatern. Hydroxids [Tetraäthylammoniumhydroxid (I), Benzyltrimethylammoniumhydroxid, Tetraäthylphosphoniumhydroxid] oder eines sich von S ableitenden tern. Hydroxids (Trimethylsulfoniumhydroxid), wobei die Substituenten am N, P u. S, Alkyl, Aryl oder Aralkylgruppen oder beliebige Kombinationen dieser Reste bedeuten, bes. in Ggw. eines inerten Lösungsmittels. — Phenylisocyanat + I → *Triphenylisocyanurat*. — ***Klebstoffe, Härtungsmittel***. (**D. A. S. 1 150 080** Kl. 12p vom 10/6. 1958, ausg. 12/6. 1963. E. Prior. 12/6. 1957 u. 2/5. 1958.) A. Jahn. H 3313

2310 Inventa Akt.-Ges. für Forschung und Patentverwertung, Luzern (Erfinder: Johann Giesen, Haldenstein), Schweiz, **Herstellung von ε-Caprolactam** durch Behandeln von Adipinsäurediamid mit H_2 bei erhöhter Temp. (≦220°) u. erhöhtem Druck in Ggw. von Hydrierkatalysatoren, dad. gek., daß man in fl. Phase in Abwesenheit von wasserabspaltend wirkenden Katalysatoren arbeitet. (**D. A. S. 1 100 024** Kl. 12p vom 24/1. 1955, ausg. 23/2. 1961.) C. Lüttgen. H 3370

2311 Inventa Akt.-Ges. für Forschung und Patentverwertung, Schweiz, **Herstellung von Caprolactam (I)** aus I-Polymeren u. Waschwässern, die Monomere u. Oligomere enthalten, dad. gek., daß man die Wässer zu Aminocapronsäure (II) unter Zusatz von Ionenaustauschern verseift, die entstehenden wss. Lsgg. von II u. I-Polymere unter Druck auf >200° erhitzt, die Lsg. mit chlorierten KW-Stoffen extrahiert, mit wss. NH_4OH die Ionenaustauscher entfernt u. I destilliert. — Verf.-Schema. (**F. P. 1 239 030** vom 14/10. 1959, ausg. 7/12. 1960. Schwz. Prior. 13/11. 1958.) S. Böttcher. H 3370

2312 Dow Corning Corp., V.St.A., bzw. Midland Silicones Ltd., London, England (Erfinder: George W. Holbrook), **Herstellung von cyclischen Bis-[trifluorpropyl]-siloxanen** $[(CF_3CH_2CH_2)_2SiO]_n$ (n = 3 oder 4) durch alkal. Zers. von Bis-[trifluorpropyl]-siloxan. — Man läßt 194,7 (g) 1.1.1-Trifluor-3-brompropan in Ae. mit Mg reagieren, gibt zu der Lsg. 3.3.3-Trifluorpropylchlordiäthoxysilan, filtriert Mg-Salze ab u. erhält Bis-[trifluorpropyl]-diäthoxysilan, $Kp._{42}$ 105°; n^{25} 1,3577; $D.^{27}$ 1,157. 485 dieses Prod. hält man mit 360 wss. 5%ig. HCl unter A.-Entfernung bei 95° u. behandelt das fl. Siloxan mit 0,5 Gew.-% KOH bei 200 bis 220°; $[(CF_3CH_2CH_2)_2SiO]_4$, F. 141,5—142°. — Entsprechend $[(CF_3CH_2CH_2)_2SiO]_3$, F. 86—87°; $Kp._{1,6}$ 155—156°. (**F. P. 1 211 471** vom 25/7. 1958, ausg. 16/3. 1960. **E. P. 835 523** vom 9/5. 1958, ausg. 25/5. 1960. Beide A. Prior. 9/9. 1957.) M. Pankow. H 3380

2313 VEB Arzneimittelwerk Dresden (Erfinder: Günther Gabsch, Horst Schinske, Radebeul, und Helga Weinert, Dresden), **Gewinnung von Reserpin und Ajmalin, dad. gek.,** daß man einen Extrakt, der nach der Zugabe einer anorgan. Base durch Ausziehen von Wurzeln der Rauwolfiapflanzen mit Aceton, Einstellen des auf ein kleines Vol. eingeengten Acetonauszugs auf ein saures pH, Versetzen der sauren Lsg. mit einem mit W. nicht mischbaren Lsgm. u. Abtrennen des ausgeschiedenen Sirups hergestellt worden ist, mit W. verd., die wss. Lsg. auf pH 6,7—6,8 einstellt, mit einem Gemisch aus 7 (Teilen) Bzl. u. 3 Ae. extrahiert, die getrocknete, organ. Schicht zur Trockne eindampft, das erhaltene rohe Reserpin nach dem Umkristallisieren aus Methanol in Methylenchlorid löst, die Lsg. über Al_2O_3 filtriert, dieses mit Methylenchlorid wäscht u. aus dem Filtrat reines Reserpin gewinnt. Die mit dem Gemisch aus 7 Bzl. u. 3 Ae. extrahierte wss. Lsg. mit pH 6,7—6,8 wird auf pH ca. 8—9 eingestellt, die alkal. Lsg. mit CH_2Cl_2 extrahiert, der getrocknete Auszug im Vakuum zur Trockne eingeengt, der Rückstand mit Methanol behandelt u. das krist. Ajmalin aus Essigester, Methanol oder A. umkristallisiert. — Aus 100 kg Wurzelrinden von Rauwolfia vomitoria werden 850 g Reserpin u. 1080 g Ajmalin gewonnen. (**D. A. S. 1 152 110** Kl. 12p vom 30/8. 1961, ausg. 1/8. 1963.) G. Krauß. H 3500

2314 Dow Chemical Co., V.St.A., **Herstellung farbloser Salzlösungen von Polyacrylnitril.** Man säuert eine wss. $ZnCl_2$ enthaltende Lsg. mit einer nichtoxydierenden Säure, die mit in der Lsg. vorhandenen Kationen farblose Salze bildet bis zu pH ≦4 an u. löst das Polyacrylnitril darin oder polymerisiert Acrylnitril darin. — So gibt man in eine Lsg. von 60% $ZnCl_2$ u. 40% W. HCl bis pH 28, Acrylnitril u. $K_2S_2O_8$ als Polymerisationskatalysator u. erhält eine farblose Lsg. des Polymeren. (**F. P. 1 205 219** vom 13/3. 1958, ausg. 1/2. 1960.) M. Pankow. H 4010

2315 Montecatini Soc. Gen. per l'Industria Mineraria e Chimica, Mailand, Italien, **Herstellung von Pulvern aus kolloidal-viscosen Polymeren** durch Vermischen mit dem Pulver eines anderen Polymeren. — 50 (Teile) wasserunlösl. Stärkecyanäthylat mit 50% Wasser-Geh. werden 1 Std. mit 50 Polyacrylnitril vermischt, u. 48 Std. bei 70—75° getrocknet zu einem in Dimethylformamid lösl. Pulver. (**It. P. 559 913** vom 15/2. 1956.) K. Koebke. H 4050

2316 **Cellulose Polymères et Dérivés „Cepede" Soc. An.**, Brüssel, Belgien, *Kondensationsreaktionen.* (**E. P. 847 799** vom 17/9. 1956, ausg. 14/9. 1960. F. Prior. 20/9. 1955. — C. **1963**, 5216 [Belg. P. 551 054].)

2317 **Esso Research and Engineering Co.**, V.St.A. (Erfinder: **Kenneth K. Kearby**), *Abtrennen von geradkettigen Kohlenwasserstoffen.* (**F. P. 1 182 490** vom 28/8. 1957, ausg. 25/6. 1959. A. Prior. 31/8. 1956. — C. **1962**, 300 [A. P. 2 958 714].)

2318 **Wasag-Chemie Akt.-Ges.**, Deutschland, *Herstellung von aliphatischen Chlorfluorverbindungen.* (**F. P. 1 249 749** vom 3/3. 1960, ausg. 22/3. 1961. D. Prior. 20/10. 1959. — C. **1961**, 10743 [D.A. S. 1 098 500].)

2319 **Atlas Powder Co.**, Wilmington, Del. (Erfinder: **Leo Kasehagen**, West Chester, Pa.), V.St.A., *Mehrwertige Alkohole aus Kohlenhydraten durch Hydrierung.* (**D. A. S. 1 153 350** Kl. 12o vom 2/12. 1959, ausg. 29/8. 1963. D. Prior. 4/12. 1958. — C. **1962**, 16839 [A. P. 2 968 680].)

2320 **Esso Research and Engineering Co.**, V.St.A. (Erfinder: **Herbert K. Wiese** und **Samuel B. Lippincott**), *Herstellung von Dodecandisäure-(1.12).* (**F. P. 1 244 248** vom 5/1. 1960, ausg. 20/1. 1961. A. Prior. 2/3. 1959. — C. **1963**, 2620 [E. P. 876 335].)

2321 **Miles Laboratories, Inc.** (Erfinder: **Robert Joseph Hathaway**), Elkhart, Ind., V.St.A., *2-Ketoglutarsäuremethylester.* (**D. A. S. 1 148 538** Kl. 12o vom 23/8. 1957, ausg. 16/5. 1963. A. Prior. 24/8. 1956. — C. **1961**, 15925 [A. P. 2 918 492 u. E. P. 836 847].)

2322 **Imperial Chemical Industries Ltd.**, England, *Herstellung von Schwefelkohlenstoff.* (**F. P. 1 250 489** vom 12/11. 1959, ausg. 31/3. 1961. E. Prior. 12/11., 17/12. 1958 u. 30/10. 1959. — C. **1962**, 19009 [Oe. P. 214 458].)

2323 **Imperial Chemical Industries Ltd.**, England, *Herstellung von Schwefelkohlenstoff und Schwefelwasserstoff.* (**F. P. 1 250 706** vom 17/12. 1959, ausg. 10/4. 1961. E. Prior. 17/12. 1958 u. 2/12. 1959. — C. **1962**, 19009 [Oe. P. 215 435].)

2324 **Soc. d'Électro-Chimie, d'Électro-Métallurgie et des Aciéries Électriques d'Ugine**, Frankreich (Erfinder: **Robert Lichtenberger** und **Francis Weiss**), *Herstellung von Äthylendiamin.* (**F. P. 73 716** vom 10/6. 1958, ausg. 13/1. 1961. Zusatz zu F. P. 1 179 771; C. 1961, 7749. — C. **1962**, 2904 [D. A. S. 1 100 645].)

2325 **Lepetit S. p. A.**, Mailand, Italien, *Herstellung von α.α-disubstituierten β-Aminopropionsäuren.* (**Ind. P. 67 924** vom 4/1. 1959, ausg. 13/12. 1960. E. Prior. 6/5. 1957. — C. **1962**, 18203 [Oe. P. 207 850].)

2326 **Ajinomoto Co., Inc.**, Japan, *Reinigung von Threonin.* (**F. P. 1 249 851** vom 6/10. 1959, ausg. 29/3. 1961. Jap. Prior. 9/10. 1958. — C. **1962**, 13946 [E. P. 863 248].)

2327 **Henkel & Cie. G. m. b. H.**, Deutschland, *Komplexbildner für Metallionen.* (**F. P. 1 240 136** vom 2/9. 1959, ausg. 20/12. 1960. D. Prior. 6/9. 1958. — C. **1961**, 6681 [D. A. S. 1 082 235].)

2328 **Wasag-Chemie Akt.-Ges.**, Deutschland, *Fluorierung von Benzotrichlorid.* (**F. P. 1 249 750** vom 3/3. 1960, ausg. 22/3. 1961. D. Prior. 20/10. 1959. — C. **1961**, 17389 [D. A. S. 1 103 909].)

2329 **Friedrich Becke**, Deutschland, übert. von: **Badische Anilin- & Soda-Fabrik Akt.-Ges.**, *Umwandlung von Hexachlorcyclohexanen.* (**F. P. 1 239 231** vom 29/10. 1959, ausg. 7/12. 1960. D. Prior. 31/10. 1958. — C. **1960**, 14868 [D. A. S. 1 078 556].)

2330 **Wasag-Chemie Akt.-Ges.**, Deutschland, *Herstellung von Carbonsäurefluoriden.* (**F. P. 1 249 751** vom 3/3. 1960, ausg. 22/3. 1961. D. Prior. 20/10. 1959. — C. **1963**, 688 [E. P. 864 746].)

2331 **Josef Ratusky** und **Jan Novosad**, Tschechoslowakei, *Herstellung von Alkalisalzen der Phthalsäuren.* (**F. P. 1 238 955** vom 3/9. 1959, ausg. 5/12. 1960. Tschech. Prior. 3/9. 1958. — C. **1963**, 17871 [D. A. S. 1 136 691].)

2332 **Vereinigte Glanzstoff-Fabriken Akt.-Ges.**, Deutschland, *Reinigung von Terephthalsäuredimethylester.* (**F. P. 1 238 637** vom 12/10. 1959, ausg. 2/12. 1960. D. Prior. 14/1. 1959. — C. **1960**, 15575 [D. A. S. 1 080 540].)

2333 **Allied Chemical Corp.**, New York, N.Y., V.St.A., *Diaminotoluole.* (**E. P. 832 153** vom 24/7. 1958, ausg. 6/4. 1960. A. Prior. 30/7. 1957. — C. **1961**, 6682 [D. A. S. 1 092 478].)

2334 **Christopher L. Wilson**, Sloatsburg, N.Y., V.St.A., *Aliphatische und cycloaliphatische Ketoxime.* (**A. P. 2 963 410** vom 14/10. 1954, ausg. 6/12. 1960. — C. **1960**, 11821 [E. P. 797 611].)

2335 **Bergwerksgesellschaft Hibernia Akt.-Ges.**, Deutschland, *Isophoron.* (**F. P. 1 238 954** vom 31/8. 1959, ausg. 5/12. 1960. D. Prior. 15/9. 1958. — C. **1963**, 2233 [D. A. S. 1 095 818].)

2336 **Iromedics Akt.-Ges.**, Schweiz, *o-[Bis-(4-hydroxyphenyl)-methyl]-benzylalkohol.* (**F. P. 1 239 482** vom 21/8. 1959, ausg. 7/12. 1960. Schwz. Prior. 22/8. 1958. — C. **1962**, 15407 [Oe. P. 212 307].)

2337 **Mid-Century Corp.**, V.St.A. (Erfinder: **Ellis K. Fields**), *Herstellung aromatischer Carbonsäuren.* (**F. P. 73 796** vom 30/6. 1958, ausg. 13/1. 1961. A. Prior. 1/7. 1957. Zusatz zu F. P. 1 197 609; C. 1962, 1802. — C. **1962**, 13950 [D. A. S. 1 124 937].)

2338 **Farbenfabriken Bayer Akt.-Ges.** (Erfinder: **Hans Raab** und **Klaus Böckmann**), Deutschland, *Herstellung von 2-Hydroxynaphthalin-3-sulfonsäure, ihrer Alkalisalze und Amide.* (**F. P. 1 244 424** vom 17/9. 1959, ausg. 23/1. 1961. D. Prior. 18/9. 1958. — C. **1961**, 303 [D. A. S. 1 077 670].)

2339 **May & Baker Ltd.**, England (Erfinder: **W. A. Freeman**, **D. L. Pain** und **R. Slack**), *Nitrosopyrazole.* (**F. P. 1 239 901** vom 14/8. 1956, ausg. 14/12. 1960. E. Prior. 15/8. 1955. — C. **1959**, 11072 [A. P. 2 827 415].)

2340 **Institut Français du Pétrole, des Carburants et Lubrifiants** (Erfinder: **Michel Hellin** und **Fernand Coussemant**), Seine, Frankreich, *Herstellung von 4.4-Dimethyl-m-dioxan.* (**F. P. 1 249 215** vom 22/3. 1957, ausg. 15/3. 1961. — C. **1960**, 14521 [E. P. 825 034].)

2341 **W. R. Grace & Co.**, Conn. (Erfinder: **Joseph D. Perret jun.**, Memphis, Tenn.), V.St.A., *Cyanursäure.* (**F. P. 1 238 630** vom 9/10. 1959, ausg. 2/12. 1960. A. Prior. 26/11. 1958. A. P. 2 952 679 vom 26/11. 1958, ausg. 13/9. 1960. — C. **1963**, 691 [E. P. 867 982].)

2342 **Chinoin Gyógyszer és Vegyészeti Termékek Gyára R. T.** (Erfinder: **Rezső König**, **Zoltán Földi** und **János Spolarich**), Budapest, Ungarn, *Herstellung von 3-Dichlormethyl-6-chlor-7-sulfamyl-3.4-dihydro-1.2.4-benzothiadiazin-1.1-dioxid.* (**D. A. S. 1 150 079** Kl. 12p vom 4/11. 1961, ausg. 12/6. 1963. Ung. Prior. 5/11. 1960. — C. **1962**, 19014 [Ung. P. 149 890].)

H₁₀. Färberei, Organische Farbstoffe

2343 **Die Untersuchung des Einflusses von hydrophilen organischen Lösungsmitteln auf die Kinetik des Färbungsprozesses von Hydratcellulosefasern durch Direktfarbstoffe.** B. N. Melnikow und I. B. Kotowa. (Hochschulnachr. [Iwanowo] Technol. Textil-Ind. **1962**, Nr. 1. 106—14; Iwanowo, Chem.-technol. Inst.; russ.) — Vgl. C. **1961**, **2449**. — Untersucht wird die Sorption von 4 Direktfarbstoffen (Reinblau, Diazoschwarz-S, Violett-S, Grau-S) durch die Viscosefaser mit u. ohne Pyridin, Triäthanolamin u. Cellosolve. Die Farbstoffsorption wird durch die akt. Zentren der Cellulose verringert u. gleichzeitig die Diffusion der Teilchen von der Peripherie zum Zentrum der Faser erhöht. Durch Einführung von organ. Lsgm. in die Farbstoff-Lsgg. wird der Färbungsprozeß intensiviert. Die Abhängigkeit der Sorptionskinetik der einzelnen Farben von der Konz. der Lsgm., der Temp. u. der Zeit wird in Kurven dargestellt. Danach erhöht sich die Diffusions-Geschw. der Farbstoffe in der Faser in Ggw. der Lsgm. um das 2—4fache. P. Scheer. 7002◇

2344 **Neue Farbstoffe und Hilfsmittel.** Anonym. (Textil-Rdsch. [St. Gallen] **18**, 388—91, 1963; dt.) — CIBA Akt.-Ges., Basel: *Terasil-/Cibacetmarineblau GRL mikrodispers Granulat* ist ein Dispersionsfarbstoff, der zum Färben von Polyesterfasern u. deren Mischungen mit Wolle bzw. Cellulosefasern sowie für den Druck von Polyesterfasern u. Triacetatkunstseide empfohlen wird. Der Farbstoff ergibt Marineblautöne von sehr guten Allgemeinechtheiten. — *Sapamin NP* ist ein waschbeständiger, nichtionogener Weichmacher für Cellulose- u. Synth.-Fasern, der sich bes. für die einbadige Applikation mit thermohärtbaren Kunstharzen allein oder in Kombination mit Aufhellern eignet. — *Chromechtgrau 3 BL* färbt Wolle in blaustichigen Grautönen von hoher Lichtechtheit u. guten Allgemeinechtheiten. Der Farbstoff wird vornehmlich nach dem Nachchromier-Verf. gefärbt; er eignet sich ebenfalls für den Vigoureuxdruck. — Sandoz Akt.-Ges., Basel: *Ultradisperse Artisilfarbstoffe im Druck auf Acetat- u. Triacetatfasern.* Die Druck- u. Fixier-Verff. für Acetat u. Triacetat werden beschrieben (Musterkarte Nr. 1394). — *Foron- u. Sandothrenfarbstoffe auf Polyester/Baumwolle-Mischungen.* Neue Einsatzmöglichkeiten für Foronfarbstoffe, Dispersionsfarbstoffe für Polyester u. Sandothrenfarbstoffe werden beschrieben (Musterkarte Nr. 1441). — *Drimaren-Z-Farbstoffe im Pad-Steam-Verf.*; Färbungen mit ausgewählten Drimaren-Z-Farbstoffen nach dem Pad-Steam-Verf. weisen eine gute Durchfärbung u. ein ruhiges Warenbild auf (Zirkular Nr. 4197 zu Musterkarte Nr. 1400). — *Diazamin- u. Diazaminlichtfarbstoffe*; das Ausziehfärbe-Verf. auf Jiggern, Haspelkufen u. App. sowie Foulardfärbe-Verff. u. die Eigg. sowie Echtheit der Farbstoffe werden beschrieben (Musterkarte Nr. 1452). — *Foronfarbstoffe im Druck auf Polyesterfasern*; Druck-Verff., die Zubereitung der Druckpasten sowie die Vorbereitung reiner Polyesterfasern für den Druck werden beschrieben (Musterkarte Nr. 1395). — Imperial Chemical Industrie Limited, Dyestuffs Division, Manchester, Zürich 39: *Procionscharlach HRNS* wurde bes. für den Textildruck entwickelt u. zeichnet sich durch sehr gute Auswaschbarkeit nach dem Fixieren aus. — *Procionrubin HBNS* kann nach allen für Procion-H-Farbstoffe üblichen Verff. auf Cellulosefasern gefärbt werden u. zeichnet sich durch verbesserte Auswachbarkeit nach dem Fixieren sowie geringe Salzempfindlichkeit aus. — *FD-Caledondirektschwarz BN Pulver fein* gibt auf Baumwolle, Leinen u. Viscose ausgefärbt, blaustichige Schwarztöne, die sich durch sehr hohe Licht- u. Naßechtheiten auszeichnen. — *Besseres Decken von streifig färbenden Polyamidfasern bei Anwendung des Lissapol-D-Färbe-Verf.*, ein Färbe-Verf., das es ermöglicht, mit Nylominfarbstoffen selbst in hellen Farbnuancen streifenfreie Färbungen sehr hoher Licht- u. Naßechtheiten zu erreichen, wird beschrieben (Techn. Information Dyehouse Nr. 691); — *SQ Caledon-Körner u. FDN Caledon-Körner*; ihre Einsatzgebiete werden beschrieben, wobei Hinweise auf die bestehen-

den Applikationsmöglichkeiten gegeben werden (Techn. Informationsblatt Dyehouse Nr. 695). — *Neue FDN-Caledon-Körner-Qualitäten*, die Vorteile bei der Verw. von *FDN Caledonbrillantviolett R Körner* u. *FDN Caledonjadegrün 3 B Körner* werden beschrieben. — *Solochromschwarz VN 150, eine neue Chromschwarzmarke für den Vigoureuxdruck auf Wolle* (Techn. Informationsblatt Dyehouse Nr. 685).
I. Beßer. 7018◇

2345 **Moderne Trends beim Drucken und Ausrüsten.** G. A. Walker (Textile. Manufacturer **88**, 76—78, 1962; Accrington, Brood Oak Printworks; engl. — C. **1963**, 11039.)
G.-D. Gollnisch. 7022◇

2346 **Neue Wege in die Azochemie.** S. Hünig. (Chimia [Aarau, Schweiz] **15**, 133—36, 1961; Marburg, Univ., Chem. Inst.; dt.) — Ein Überblick über die oxydative Kupplung von Phenolen u. aromat. Aminen mit asymmetr. Diarylhydrazinen wird gegeben u. der Chemismus der Farbstoff-Bldg. diskutiert. Gottfried Schreiber. 7052◇

2347 **Küpenfarbstoffe aus Pyrensäure.** B. M. Krassowitzki, I. N. Pirogowa und Ss. W. Zarenko. (Chem. Wiss. Ind. [UdSSR] **4**, 282—83, 1959; Charkow, Gorki-Univ.; russ.) — Durch Kondens. von Pyrensäure (I) mit o-Phenylendiamin (II), bzw. 1.8-Diaminonaphthalin (III) werden zwei Farbstoffe erhalten, die als Küpenfarbstoffe für Wolle u. Baumwolle verwendet werden können: *Farbstoff* $C_{21}H_{10}N_2O_2$, durch 1std. Erhitzen von 2 g I u. 1 g II mit 15 ml Eisessig bei 80—90°; orangefarbenes Pulver, das bei 295° dunkel wird; färbt Baumwolle orangerot, 96% (Ausbeute); *Farbstoff* $C_{25}H_{12}N_2O_2$, durch 2std. Erhitzen von 1,5 g III u. 2 g I mit 25 ml Eisessig bei 80—90°; dunkelgrünes Pulver; färbt Baumwolle graugrün 97%. I. Schade. 7068△

2348 **Neue Fortschritte beim Färben und Drucken.** B. C. M. Dorset. (Textile Manufacturer **88**, 71—75, 1962; engl.) — Über neu entwickelte Phthalocyaninfarbstoffe, bes. wasserlösl. u. reaktive Typen sowie deren Anwendung auf Cellulosefasern, neue Färbe-Verff. für Polyester- u. Polyamidfasern u. über Trocken-Verff. für Baumwollgewebe wird berichtet. G.-D. Gollnisch. 7072◇

2349 **Neue Synthesen für Diazastyrylfarbstoffe.** H. Baumann und J. Dehnert. (Chimia [Schweiz] **15**, 163—68, 1961; Ludwigshafen/Rh., Bad. Anilin- u. Soda-Fabrik Akt.-Ges.; dt.) — Eine Übersicht über neue Darst.-Meth. von heterocycl. Azofarbstoffen, bes. von Imidazolfarbstoffen, wobei der isocycl. Mol.-Teil als Diazokomponente in den Farbstoff eingeführt wird, wird gegeben. Es zeigt sich, daß allg. quart. heterocycl. Arylazo-Verbb. (**A**) mit Aminen umgesetzt werden können u. daß die Rk.-Fähigkeit von quart. **A** der Basizität der Heterocyclen umgekehrt proportional ist. Quartärsalze, in denen der aromat. Kern direkt mit dem Heterocyclus verbunden ist, reagierten nicht mit Aminen.
Gottfried Schreiber. 7084◇

2350 **Die Beziehung zwischen Konstitution, Farbe und Lichtechtheit in der Reihe basischer Indazolfarbstoffe.** Robert Sureau. (Chimia [Schweiz] **15**, 195—203, 1961; Saint-Denis, Compagnie Française des Matières Colorantes, Labor. Central de Rech.; franz.) — Darst. u. färber. Eigg. von *6-Amino-7-arylazoindazolen* (I) u. ihrer *1-Methyl-* (II) u. *2-Methyl-Derivv.* (III) gegenüber Polyacrylonitrilfasern (Orlon, Courtelle, Crylor) werden beschrieben. Zahlreiche Methyl-Derivv. von *4-Amino-7-arylazo-*, von *4-Arylazo-5-amino-* u. von *4-Arylazo-7-aminoindazol* werden dargestellt. Der Arylrest ist ein durch Cl^- oder CH_3O^- substituierter Phenylrest. Die Einfl. der verschiedenen Substituenten (z. B. ster. Hinderung, Basizitätsunterschiede) werden untereinander verglichen u. diskutiert. Rk. von $(CH_3O)_2SO_2$ mit I in Chlorbenzol liefert die entsprechenden 2-Methylderivate. Aus II oder III u. $(CH_3O)_2SO_2$ entsteht dasselbe quart. Salz, aus II jedoch in besserer Ausbeute. Bei den aus II erhaltenen Farbstoffen zeigt sich ein stark hypsochromer Effekt. Die Rk.-Möglichkeiten der Farbstoffe in tautomeren Formen werden diskutiert. 5std. Erhitzen von 3-Brom-7-nitro-2-methylindazol setzt 17% Br frei. Das zeigt (vgl. Barclay u. Mitarbeiter [1941]), daß nur z. T. die chinoide Form vorliegt. Das entsprechende 1-Methyl-Deriv. bleibt unter diesen Bedingungen unverändert. Beim Färben von Orlon besteht Parallelität zwischen Basizität u. Lichtechtheit, die von 6-Aminoindazolfarbstoffen über die 4-Amino- u. 7-Aminoindazol-Derivv. zu den 5-Aminoindazolfarbstoffen abnehmen. Farbnuancen u. Lichtechtheit (Xenotest) sowie die pK_a-Werte der meisten Farbstoffe sind angegeben.

Versuche: 6-Aminoindazole: *7-[o-Chlorbenzolazo]-*, F. 198—199°. — *7-[o-Methoxybenzolazo]-* (IV), F. 188—189°. — *7-[p-Chlorbenzolazo]-*, F. 215—216°. — *7-[p-Methoxybenzolazo]-*, F. 151—152°. — *7-[2.5-Dimethoxybenzolazo]-*, F. 201—202°. — 1-Methyl-6-aminoindazole: *7-[o-Chlorbenzolazo]-* (V), F. 212—213°. — *7-[o-Methoxybenzolazo]-*, F. 203—204°. — *7-[p-Chlorbenzolazo]-*, F. 232—233°. — *7-p-Methoxybenzolazo]-*, F. 172—173°. — *7-[2.5-Dimethoxybenzolazo]-*, F. 184—185°. — 2-Methyl-6-aminoindazole: *7-[o-Chlorbenzolazo]-* (VI), F. 219—220°. — *7-[o-Methoxybenzolazo]-*, F. 212—213° (Chlorbenzol); a) durch 1std. Kochen von 5,3 g **IV** mit $(CH_3O)_2SO_2$ in Chlorbenzol, Filtrieren u. Zugabe von NaOH zur wss. Lsg., 7,3 g (Ausbeute); b) durch Gießen der Diazo-o-anisidin-Lsg. in die wss. Lsg. von 2-Methyl-6-aminoindazolhydrochlorid u. Neutralisieren mit CH_3COONa u. evtl. $NH_4 \cdot OH$. — *7-[p-Chlorbenzolazo]-*, F. 181—182°. — *7-[p-Methoxybenzolazo]-*, F. 191—192°. — *7-[2.5-Dimethoxybenzolazo]-*, F. 167—168°. — *1.2-Dimethyl-6-amino-7-[o-chlorbenzolazo]-indazoliumchloridhemihydrat*, $C_{15}H_{15}Cl_2N_5 \cdot 1/2\ H_2O$, F. 262—263°; a) durch Kochen von **VI** mit $(CH_3)_2SO_2$ in Chlorbenzol, Lösen des Nd. in W., Zugabe von NH_4OH, 1std. Stehen u. Zugabe von konz. HCl; b) aus **V** analog a); aus A. goldgelbe Kristalle. — *4-Nitroindazol* (VII), F. 201—202° (W.); durch Diazotieren von 18 g nachst. Verb. bei —10 bis +7° unter Rühren, Zugabe von 50%ig. H_3PO_3 bei 0—5°, 3½std. Rühren, Filtrieren u. Extrahieren mit sd. W.; 5 g. — 4-Nitroindazole: *7-Acetylamino-* [vgl. Petitcolas u. Sureau, Bull. Soc. chim. France **1950**, 466]. — *7-Amino-*, F. 320° (Zers.), durch 1std. Kochen von 55 g vorst. Verb. in A. u. konz. HCl, Gießen in Eiswasser u. 1std. Stehen; aus CH_3COOH rote Nadeln; 42 g. — *1-Methyl-*, F. 139°, durch 1std. Rühren von 30 g **VII** mit $(CH_3O)_2SO_2$ bei 50° u. Extrahieren des bei 75° in 5n HCl Unlöslichen mit sd. W.; aus W. hellgelbe Kristalle; 3,7 g. Daneben 4,1 g *2-Methyl-* (**VIII**), F. 100—101°, durch Neutralisieren des in 5n HCl Löslichen mit NH_4OH, aus Heptan intensivgelbe Nadeln. — *1.6-Dimethyl-*, $C_9H_9N_3O_2$, F. 179°, durch 4std. Rühren von 5,4 g 4-Nitro-6-methylindazol mit $(CH_3O)SO_2$ in CH_3OH u. wss. NaOH bei 20—25° u. Extrahieren des in sd. 5n HCl Unlöslichen mit sd. A.; aus Cyclohexan hellgelbe Kristalle; 1,35 g. Daneben *2.6-Dimethyl-*, $C_9H_9N_3O_2$, F. 148°; analog **VIII**; aus Cyclohexan gelbe Nadeln, 2,15 g. — *4-Aminoindazol*, F. 150—151°; nach Béchamp durch 2½std. Kochen von **VII** mit Fe in W. u. wenig HCOOH u. Zugabe von $Na_2 \cdot CO_3$. — 4-Aminoindazole: *1-Methyl-*, $C_8H_9N_3$, F. 120°, analog vorst. Verbindung. — *2-Methyl-*, $C_8H_9N_3$, F. 108°. — *6-Methyl-*, F. 130°. — *1.6-Dimethyl-*, $C_9H_{11}N_3$, F. 96°. — *2.6-Dimethyl-*, $C_9H_{11}N_3$, F. 198°. — *7-[o-Chlorbenzolazo]-*, F. 210 bis 211°. — *7-[o-Methoxybenzolazo]-*, F. 158—159°. — *7-[p-Chlorbenzolazo]-*, F. 223—224°. — *7-[p-Methoxybenzolazo)-*, F. 182 bis 183°. — 1-Methyl-4-aminoindazole: *7-[o-Chlorbenzolazo]-*, F. 269—270°. — *7-[o-Methoxybenzolazo]-*, F. 174—175°. — *7-[p-Chlorbenzolazo]-*, F. 224—225°. — *7-[p-Methoxybenzolazo]-*, F. 202—203°. — *6-Methyl-7-[o-methoxybenzolazo)-*, F. 188 bis 190°. — 2-Methyl-4-aminoindazole: *7-[o-Chlorbenzolazo]-*, F. 222—223°. — *7-[o-Methoxybenzolazo]-*, F. 156—158°. — *7-[p-Chlorbenzolazo]-*, F. 250—251°. — *7-[p-Methoxybenzolazo]-*, F. 208—209°. — *6-Methyl-7-[p-methoxybenzolazo]-*, F. 230 bis 232°. — *6-Methyl-4-amino-7-[o-methoxybenzolazo]-indazol*, F. 207—208°. — 5-Aminoindazole: *4-[o-Chlorbenzolazo]-*, F. 189—190°. — *4-[o-Methoxybenzolazo]-*, F. 212—213°. — *4-[p-Chlorbenzolazo]-*, F. 196—197°. — *4-[p-Methoxybenzolazo]-*, F. 172—173°. — 1-Methyl-5-aminoindazole: *4-[o-Chlorbenzolazo]-*, F. 172—173°. — *4-[o-Methoxybenzolazo]-*, F. 179—180°. — *4-[p-Chlorbenzolazo]-*, F. 163—164°. — *4-[p-Methoxybenzolazo]-*, F. 138°. — 2-Methyl-5-aminoindazole: *4-[o-Chlorbenzolazo]-*, F. 153—154°. — *4-[o-Methoxybenzolazo]-*, F. 190—191°. — *4-[p-Chlorbenzolazol]-*, F. 214—215°. — *4-[p-Methoxybenzolazo]-*, F. 213—214°. — 7-Aminoindazole: *4-[o-Chlorbenzolazo]-*, F. 218—219°. — *4-[o-Methoxybenzolazo]-*, F. 232—233°. — *4-[p-Chlorbenzolazo]-*, F. 274 bis 275°. — *4-[p-Methoxybenzolazo]-*, F. 197—198°. — 1-Methyl-7-aminoindazole: *4-[o-Chlorbenzolazo]-*, F. 190—191°. — *4-[o-Methoxybenzolazo]-*, F. 175—176°. — *4-[p-Chlorbenzolazo]-*, F. 243—244°. — *4-[p-Methoxybenzolazo]-*, F. 200 bis 201°. — 2-Methyl-7-aminoindazole: *4-[o-Chlorbenzolazo]-*, F. 155—156°. — *4-[o-Methoxybenzolazo]-*, F. 144 bis 145°. — *4-[p-Chlorbenzolazo]-*, F. 152—153°. — *4-[p-Methoxybenzolazo]-*, F. 167—168°. — Indazole: *5.7-Dinitro-*, F. 223 bis 223,5° (Butylalkohol); a) durch 5std. Rühren von 64 g 7-Nitroindazol mit Nitriersäure bei 20—25°; 65 g; b) aus 30 g

5-Nitroindazol analog a) u. 1½ std. Rühren bei 50—60°; 31 g; c) aus 3.5-Dinitro-2-aminotoluol [vgl. Org. Syntheses **20**, 73]. — *2-Methyl-5.7-dinitro-*, $C_8H_6N_4O_4$, F. 267—268°; a) aus 3 g 2-Methyl-5-nitroindazol (F. 161°) analog vorst. Verb. nach b), 3,15 g; b) aus 3 g 2-Methyl-7-nitroindazol (F. 147—148°) analog a); 3,6 g; aus Butylalkohol goldgelbe Kristalle. — *1-Methyl-3-brom-7-nitro-*, $C_8H_6BrN_3O_2$, F. 163—164° (Butylalkohol); durch 2½ std. Rühren von 1,8 g 1-Methyl-7-nitroindazol in CH_3COOH u. wenig HCl mit Bromwasser bei 50°, 2,4 g. — *2-Methyl-3-brom-7-nitro-*, $C_8H_6BrN_3O_2$, F. 195—196° (Butylalkohol); aus 1,8 g 2-Methyl-7-nitroindazol analog vorst. Verb.; 2,45 g. Gottfried Schreiber. 7084◇

2351 **Azamethine.** J. Voltz. (Chimia [Schweiz] **15**, 168—76, 1961; Basel, J. R. Geigy AG, Forsch.-Labor., Farbstoffabt.; dt.) — Eine Übersicht über Darst., Einfl. von Substituenten auf die Farbe sowie chem. u. färber. Verh. der *Diazahemicyanine* (**A**), der *Triazen-Verbb.*, die u. a. bei der Kupplung von Thiazolyldiazoniumsalzen mit prim. oder sek. Aminen neben **A** entstehen u. durch anschließende Alkylierung in **A** übergeführt werden können, sowie der *Triazacyanine* wird gegeben. Gottfried Schreiber. 7084◇

2352 **Polarographie von Monoazofarbstoffen mit Pyrazolonkomponenten.** Milan Kožený. (Sborník vedeckých Prací. Vysoká Škola chem.-technol. Pardubice **1959**, 167—72; Katedra fyzk. chem.; tschech.) — Bei der Unters. des polarograph. Verh. einer Gruppe von Monoazofarbstoffen mit 1-Phenyl-3-methylpyrazolon-(5) als Kupplungskomponente (3-Methyl-5-hydroxypyrazole: *1-Phenyl-4-benzolazo-*, Na-Salz von *1-Phenyl-4-[p-sulfobenzolazo]-*, Na-Salz von *1-Phenyl-4-[m-sulfobenzolazo]-*, Na-Salz von *1-Phenyl-4-[o-sulfobenzolazo]*, Na-Salz von *1-[p-Sulfophenyl]-4-benzolazo-*) wird festgestellt, daß die Ggw. des heterocycl. Ringes im Farbstoff-Mol. eine merkbare Verschiebung der Halbstufenpotentiale zu negativeren Werten verglichen mit ähnlichen Azo-Verbb. der isocycl. Reihe (Naphthole-(2): *1-Benzolazo-*, Na-Salz von *1-[p-Sulfobenzolazo]-*) herbeiführt. R. Grundmann. 7086◇

2353 **Aromatische Diazo- und Azoverbindungen.** 39. Mitt. **Chromatographische Konstitutionsanalyse synthetischer Farbstoffe.** J. Panchartek, Z. J. Allan und F. Mužík. (Collect. czechoslov. chem. Commun. **25**, 2783—99, 1960; Pardubice-Rybitví, Forsch.-Inst. für org. Synth.; Org.-technol. Labor. I.) — 37. vgl. C. **1961**, 15001. — Eine ausführliche Beschreibung der Konst.-Analyse synthet. Farbstoffe an Hand der papierchromatograph. Unters. ihrer Spaltprodukte. Tabellar. Angaben von R_F-Werten u. Farb-Rkk. von zahlreichen in der organ. Farbstoffchemie vorkommenden Verbb., bes. von verschiedenen aromat. Aminen, Sulfonsäuren u. dergleichen, sowie Angaben über das Verh. der Farbstoffspalt-Prodd. unter der Einw. von konz. HCl, $SnCl_2$ bzw. Zn, vorwiegend bei erhöhter Temp. (Spaltung des Pyrazolinringes mit HCl bei > 150° oder mit Zn in ammoniakal. Lsg. bei 20—90°, Oxydation von Anilin zu Benzidin mittels Luft-O). Einige von Mužík u. Allan (C. **1957**, 7623) aufgestellte Strukturformeln von Handelsfarbstoffen werden berichtigt. Die Konst. bzw. Zus. der nachstehenden Handelsfarbstoffe bzw. Farbstoffgemische ist angegeben (Strukturformeln s. Original): *Resofixblau 2 GL* (Sandoz), *Resofixgrün 3-GL* (Sandoz) = *Coprantingrün 3 GLL* (Ciba), *Coprantingrün 5 GLL* = *Chlorantinlichtgrün 5 GLL* (Ciba), *Resofixgrau 2 GL* (Sandoz), *Resofixbraun RL* u. *BL* (Sandoz), *Resofixmarineblau BL* (Sandoz) u. *SL* (Sandoz), *Coprantingelb GRLL*, *Coprantingelbbraun GLL*, *Coprantinbraun 5 RLL*, *6 RLL* u. *8 RLL*, *Coprantinrot 2 G*, *Coprantinschwarz MGG*, *Cuprophenylgrau GRL* (Geigy), *Mikrosolorange GR* u. *-scharlach 961 G*, *Mikrosolmarineblau 5844-neu*, *Mikrosolgelb 4 G*, *Mikrosolgelb G*, *Mikrosolorange 2 G*, *Mikrosolrosa R*, *Mikrosolrot B*, *Mikrosolviolett RR*, *Mikrosolblau R*, *Mikrosolblau 347 G*, *Mikrosolbrillantblau GR*, *Mikrosolbrillantgrün B*, *Mikrosolbraun B*, *Mikrosolmarineblau BR*, *Mikrosolschwarz BN* u. *B*, *Cibacronbrillantgelb 3 G* = *Procion Brilliant Yellow H 5 GS*, *Cibacrongelb R* = *Procion Yellow HAS*, *Cibacronbrillantorange G* = *Procion Brilliant Orange HGRS*, *Cibacronscharlach 2 G* = *Procion Scarlet H 3 GS*, *Cibacronbrillantrot B* u. *3 B* (das letztere = *Procion Brilliant Red H 7 BS*), *Cibacronrubin R* = *Procion Rubine H 2 BS*, *Cibacronviolett 2 R*, *Cibacronbrillantblau BR*, *Cibacronblau 3 G* = *Procion Blue HBS*, *Cibacrontürkisblau G*, *Cibacronschwarz BG* = *Procion Black HGS*, *Cibacronbraun 3 GR* = *Procion Orange Brown HGS*. A. Emr/Prag. 7086

2354 Badische Anilin- & Soda-Fabrik Akt.-Ges. (Erfinder: Otto Hertel und Hans-Joachim Nebel), Ludwigshafen/Rh., **Herstellung reiner Kondensationsprodukte** durch Rk. von Naphthalinsulfonsäuren mit Aldehyden u. ggf. mit Verbb., die zur Einführung von aliphat. oder cycloaliphat. Resten mit 3—20 C-Atomen in den Naphthalinring geeignet sind, dad. gek., daß man die Naphthalinsulfonsäuren vor dieser Rk. in geschmolzenem oder gelöstem Zustand so lange mit Wasserdampf, einem inerten Gas oder mit einem Oxydationsmittel (N_2, CO_2, O_2-arme Luft, O_2, O_2-reiche Luft, Cl_2, Br_2, ClO_2, unterchlorige u. unterbromige Säure, Persäuren, Chlorierungs-Prodd. der Cyanursäure, H_2O_2) bes. zwischen 60° u. dem Kp. der Lsg. behandelt, bis sie frei von schwefliger Säure sind. Gereinigt wird in den Beispielen β-Naphthalinsulfonsäure, die durch 6 std. Erhitzen von 200 (Teilen) Naphthalin mit 200 konz. H_2SO_4 auf 160° erhalten wurde, mit Chlorbleichlauge, 30%ig. H_2O_2, Luft, Cl-Strom u. dichlorcyanursaurem K bei 80°; anschließend erfolgt Kondens. mit HCHO. — *Dispergiermittel für Farbstoffe*, die Metallbäder nicht angreifen. (**D. A. S. 1 152 405** Kl. 12o vom 24/2. 1962, ausg. 8/8. 1963.) G. Krauß. 7007

2355 Eastman Kodak Co., V.St.A., **Verbesserung der Affinität zu Farbstoffen, Druckfarben und Appretiermitteln von polymeren kristallisierbaren Kohlenwasserstoffen** (Polystyrol, -äthylen, -propylen, -butylen) durch Zusatz von Ni, Cr, Co, Al, Ti oder Zr, z. B. in koll. Form, als Oxid, Carboxylat, Sulfat oder Hydroxid. — Durch Lsg. von 0,5 (g) Chromsäure in einer Mischung aus je 50 cm³ 2-Methylpropanol u. CCl_4 u. Verdünnung mit 100 cm³ CCl_4 erhält man eine tert.-Butylchromat-Lsg., die man auf ein Gewebe aus krist. Polypropylen versprüht, worauf man das Gewebe 1 Min. auf 140° erhitzt: graubraune Färbung. Das Gewebe läßt sich mit Cr-Beizenfarbstoffen gut färben. (**F. P. 1 235 806** vom 8/9. 1959, ausg. 9/11. 1960.) M. Pankow. 7017

2356 General Aniline & Film Corp., New York, N.Y., übert. von: David I. Randall, New Vernon, N.J., V.St.A., **3-Chlor-9-(dichlormethyl)-benzanthron** (**I**) und **3-Chlor-9-benzanthronaldehyd** (**II**). 3-Brom- oder 3-Chlor-9-chlormethylbenzanthron wird in Ggw. eines Lsgm. (Chlf., CCl_4, Äthylendichlorid, -dibromid, Chlorbenzol, o-Dichlorbenzol) bei 125—250, bes. 150—180, im Beispiel bei 170—175°, mit Cl_2 in **I**, F. 208—211°, übergeführt, das dann mit konz. H_2SO_4 bei 50—100, bes. 60—75°, zum **II** hydrolysiert wird, Ausbeute quantitativ. — **II** gibt mit 1 bzw. 2 Mol 1-Aminoanthrachinon *Farbstoffe* bzw. *Azomethinfarbstoffe*. (**A. P. 2 855 409** vom 22/12. 1955, ausg. 7/10. 1958.) G. Krauß. 7059

2357 Farbenfabriken Bayer Akt.-Ges. (Erfinder: Heinrich Vollmann, Walter Hohmann, Leverkusen, und Fritz Baumann, Opladen), **1.4-Dichlor-5-aminoanthrachinon** wird in guter Ausbeute u. techn. einfacher Weise erhalten, wenn man 1-Aminoanthrachinon (**I**), das ggf. in 5- oder 8-Stellung durch Cl substituiert ist, oder Gemische dieser Stoffe in ggf. SO_3-haltiger H_2SO_4 oder $ClSO_3H$ unter Zusatz bekannter Halogenierungskatalysatoren chloriert. — Zwischenprod. für die *Herst. von Küpen-*, *Dispersions-* u. *Pigmentfarbstoffen*. — In eine Lsg. von 25 (g) **I** in 200 cm³ $ClSO_3H$ wird in Ggw. von 0,5 Jod unter Rühren Cl_2 eingeleitet u. das Einleiten von Cl_2 bei 30° bis zur Beendigung der Rk. fortgesetzt. Rotes amorphes Pulver von *1.4-Dichlor-5-aminoanthrachinon*, Kristalle aus Chlorbenzol, F. 209—214°, Ausbeute 97% der Theorie. — Weitere Beispiele. (**D. A. S. 1 151 517** Kl. 12q vom 27/3. 1962, ausg. 18/7. 1963.) O. Roick. 7059

2358 Badische Anilin- & Soda-Fabrik Akt.-Ges., Ludwigshafen/Rh. (Erfinder: Werner Deutschel, Freiburg, Schweiz, und Klaus Schrempp, Ludwigshafen/Rh.), **7.14-Dioxo-5.7.12.14-tetrahydrochinolino-[2.3-b]-acridine** (lin.-trans-Chinacridone), werden mit guten Ausbeuten u. in reiner Form erhalten, wenn man — ggf. am Anilinrest Halogenatome u./oder niedermol. Alkylgruppen tragende — 2.5-Dianilinoterephthalsäuren u./oder deren niedermol. Alkylester mit einem homogenen, fl. Rk.-Gemisch aus SO_3 — ggf. in Form von H_2SO_4 oder bes. in Form von Oleum — mit aromat. Verbb., die bis zu 3 Benzolringe enthalten u. die sich leicht sulfonieren lassen, z. B. Bzl., Naphthalin (**I**), Tetrahydronaphthalin, Acenaphthen, Diphenyl, Diphenyläther, Fluoren, Diphenylmethan, Dibenzyl, Phenanthren u. deren

Alkylgruppen u./oder Halogenatome tragenden Derivv., im Mol-Verhältnis von ca. 1:1 auf ca. 90—200° erhitzt. Die Herst. des fl. Rk.-Gemisches aus SO_3 u. der Chinacridonringschluß können im gleichen Rk.-Gefäß vorgenommen werden. Die γ-Modifikation des Chinacridons erhält man ohne zusätzliche Anwendung von modifikationsumwandelnden Mitteln frei von anderen Modifikationen, wenn man das Chinacridon aus dem Rk.-Gemisch bei >120°, bes. bei 135—165°, zweckmäßig durch langsame Zugabe von W. bei 135° zur Lsg. des Chinacridons in einer I u. I-Sulfonsäure enthaltenden Schmelze unter langsamer Erniedrigung der Temp. auf 100° abscheidet. Die Wassermenge soll dabei die 0,2- bis 20fache, vorzugsweise 0,5- bis 5fache Gew.-Menge des Rk.-Gemisches ausmachen. — Pigmentfarbstoffe. — Beispiele. (**D. A. S. 1 151 081** Kl. 22e vom 22/7. 1960, ausg. 4/7. 1963.) O. Roick. 7061

2359 **Farbwerke Hoechst Akt.-Ges., vormals Meister Lucius & Brüning**, Frankfurt/M. (Erfinder: **Hans Gruschke**, Neuenhain/Taunus, und **Rosi Kretsch-Hothum**, Bobingen), *Verbesserung von Gebilden aus Polyestern.* (D. A. S. 1 148 520 Kl. 8k vom 24/12. 1957, ausg. 16/5. 1963. — C. 1962, 3632 [F. P. 1 218 028].)

2360 **Monsanto Chemical Co.**, St. Louis, Mo. (Erfinder: **Dimitri Diogenes Dellis**, Brooklyn, N.Y.), V.St.A., *Gleichmäßiges Färben von Polyamidtextilien.* (D. A. S. 1 153 341 Kl. 8m vom 6/12. 1956, ausg. 29/8. 1963. A. Prior. 24/8. 1956. — C. 1960, 6328 [E. P. 806 026].)

2361 **Farbenfabriken Bayer Akt.-Ges.**, Leverkusen, *Verbesserung der Naßechtheitseigenschaften von substantiven Färbungen.* (**E. P. 895 674** vom 18/6. 1958, ausg. 2/5. 1962. D. Prior. 19/6. 1957. — C. **1960**, 3704 [D. A. S. 1 062 014].)

2362 **Farbenfabriken Bayer Akt.-Ges.** (Erfinder: **Hans Raab** und **Klaus Böckmann**), *Herstellung von 1-Acylamino-2-chlor- oder -brom-naphthalinsulfonsäuren.* (**F. P. 1 244 425** vom 17/9. 1959, ausg. 23/1. 1961. D. Prior. 18/9. 1958. — C. **1961**, 1381 [D. A. S. 1 084 268].)

2363 **General Aniline & Film Corp.**, New York (Erfinder: **Albert Frederick Strobel**, Albany, **William Wilson Williams**, New York, N.Y., und **Anatole Wowk**, Easton, Pa.), V.St.A., *Monoazofarbstoffe.* (**D. A. S. 1 144 423** Kl. 22a vom 23/8. 1956, ausg. 28/2. 1963. A. Prior. 25/8. 1955. — C. **1961**, 14108 [F. P. 1 159 693].)

2364 **Farbenfabriken Bayer Akt.-Ges.**, Leverkusen (Erfinder: **Alfons Dorlas**, Leverkusen, und **Rolf Pütter**, Düsseldorf), *Azofarbstoffe und deren Metallkomplexverbindungen.* (**D. A. S. 1 151 332** Kl. 22a vom 2/8. 1958, ausg. 11/7. 1963. — C. **1962**, 9527 [**F. P.** 1 214 202].)

2365 **Sandoz Akt.-Ges.**, Basel (Erfinder: **Hanspeter Uehlinger**, Binningen), Schweiz, *Metallhaltige Monoazofarbstoffe.* (**D. A. S. 1 147 701** Kl. 22a vom 14/3. 1958, ausg. 25/4. 1963. Schwz. Prior. 15/3. 1957 u. 4/3. 1958. — C. **1963**, 3015 [**F. P.** 1 202 927].)

2366 **Comp. Française des Matières Colorantes**, Paris (Erfinder: **Marcel Jirou**, Sotteville-les-Rouen, und **Vassily Ourne**, Rouen), Frankreich, *Kupferkomplexverbindungen von Trisazofarbstoffen.* (**D. A. S. 1 142 980** Kl. 22a vom 15/11. 1958, ausg. 31/1. 1963. **Belg. P. 572 993** vom 14/11. 1958, ausg. 7/9. 1962. Beide F. Prior. 16/11. 1957. — C. **1961**, 8844 [F. P. 1 187 990].)

2367 **Badische Anilin- & Soda-Fabrik Akt.-Ges.**, Ludwigshafen/Rh. (Erfinder: **Werner Deuschel** und **Günther Riedel**), *Fluorubin und seine Substitutionsprodukte.* (**F. P. 1 298 809** vom 30/8. 1961, ausg. 5/12. 1962. D. Prior. 1/9. 1960. — C. **1963**, 22508 [D. A. S. 1 142 981].)

H11a. Farben, Anstriche, Lacke, Naturharze

2368 **Einführung in die Oberflächenchemie und die Gas/Feststoff-Grenzfläche.** William C. Prentiss. (Off. Digest Federat. Soc. Paint Technol. **34**, 476—87, 1962; Philadelphia, Wash.; engl.) — Vf. bespricht an sich bekannte Tatsachen über Größenordnungen, Koll., thermodynam. Begriffs-Best. u. Grenzflächenterminologie sowie ihre Anwendung auf die Pigment- u. Farbenchemie. R. Zeisberger. 7090◇

2369 **Die Grenzfläche Gas/Flüssigkeit.** Irving Reich. (Off. Digest Federat. Soc. Paint Technol. **34**, 506—24, 1962; New Brunswick, N.J., Carter Products; engl.) — Besprechung u. thermodynam. Behandlung der Oberflächenspannung sowie ihre Messung. Vf. geht auf die verschiedenen Monoschichten u. die Wechselbeziehungen mit Micellen ein u. bespricht prakt. Anwendungen, hauptsächlich in der Lack- u. Farbenindustrie. R. Zeisberger. 7090◇

2370 **Die Grenzfläche flüssig/flüssig.** Paul Becher. (Off. Digest Federat. Soc. Paint Technol. **34**, 488—505, 1962; Wilmington, Del., Atlas Chem. Ind.; engl.) — Theoret. Betrachtung der spezif. Erscheinungen an der Grenzfläche flüssig/flüssig. Vf. geht bes. auf die Verhältnisse bei Emulsionen ein u. gibt 3 grundsätzliche Wege zur Stabilisierung an. R. Zeisberger. 7090◇

2371 **Die Grenzfläche fest/wässerig unter Bezugnahme auf Anstriche.** Robert M. Fitch. (Off. Digest Federat. Soc. Paint Technol. **34**, 525—43, 1962; Philadelphia, Pa., du Pont de Nemours & Comp.; engl.) — Neben der Theorie bespricht Vf. den Einfl. von Scherkräften, Einfrieren u. elektr. Felder auf ein disperses Syst. mit starken Grenzflächenkräften. Anwendung der Theorie auf die Herst. von Latexfarben u. auf die Überführung des Anstrichs in einen Film. R. Zeisberger. 7090◇

2372 **Eine Einführung in die Grenzflächenerscheinungen von Pigment/Bindemittel.** N. F. Miller. (Off. Digest Federat. Soc. Paint Technol. **34**, 465—75, 1962; New Jersey, Zinc Co.; engl.) — Beschreibung der Ursachen u. Wrkg. von Grenzflächenspannungen, wobei theoret. u. an Beispielen gezeigt wird, wie sich die freie Oberflächenenergie auf die Benetzung auswirkt. R. Zeisberger. 7090◇

2373 **Die Titandioxidpigmente: Herstellung, Eigenschaften und Anwendung.** J. L. Oudesluys. (Pitture e Vernici **39**, 131—33, 1963; Rozenburg, N. V. Titandioxydefabriek.; ital.) — Vergleichende Deckfähigkeitswerte (Rutil-TiO_2 1600 bis 1800, Anatas-TiO_2 11—1250, ZnS 650—700, Lithopone 300—500, ZnO 220, Pb-Weiß 140) werden angegeben. B. Scheifele. 7092◇

2374 **Kurze Übersicht über die jüngsten Fortschritte bei Molybdänorangepigmenten.** J. J. Einerhand. (Pitture e Vernici **39**, 127—28, 1963; Maastricht, N. V. Chem. Verfstoffenfabriek v/h L. Th. Ten Horn; ital.) — Die Stabilisierung von aus Pb-Sulfat, Pb-Molybdat u. Pb-Chromat durch Mischfällung hergestelltem Molybdänorange wird beschrieben. B. Scheifele. 7092◇

2375 **Eisenoxidpigmente in PVC.** Erwin Herrmann. (Chem. Rdsch. [Solothurn] **16**, 581—84, 586, 1963; Stuttgart-Feuerbach, G. Siegle & Co., GmbH.; dt.) — Nach angestellten Verss. sind Eisenoxidpigmente (EP) grundsätzlich für die Verw. in PVC geeignet, doch die Wertigkeit des Fe, das im PVC enthalten ist, gibt keinen Hinweis auf sein Verh., doch scheint es möglich, daß gewisse graduelle Unterschiede eintreten. EP können unter ungünstigen Bedingungen Schwierigkeiten bereiten, so daß sie dann vermieden werden sollen, wenn keine ausreichende Rezeptur vorliegt, wobei dieser Mangel im PVC selbst u. auch in der Stabilisierung seine Ursache haben kann. In diesem Falle sollen EP nicht verarbeitet werden. Auch bei Außenbeanspruchung können EP in Betracht gezogen werden. F. Rosendahl. 7092△

2376 **Herstellung von wasserfreiem Ricinusöl.** Osamu Okubo. (Rep. Government chem. ind. Res. Inst., Tokyo **55**, 315—18, 1960; jap., Auszug: engl. S. 33.) — Beim Erhitzen von 100 (g) Ricinusöl in CO_2-Atmosphäre unter Verw. eines Gemisches von 10 Kaolin mit ca. 0,1 H_2SO_4 als Katalysator (1 Std. bei 250°) erhält man ein Prod. mit hoher JZ., niedriger AZ. u. starkem Trocknungsvermögen. W. Wesly. 7096◇

2377 **Neue Acrylharze für Industrielackierungen.** P.W. Sherwood. (Fette, Seifen, Anstrichmittel **64**, 344—45, 1962; N.Y., White Plains; dt.) — Überblick über die warmhärtbaren Acrylharze, die durch Vernetzung mit Formaldehyd, Diepoxiden, Aminoharzen u. Epoxidharzen modifiziert sind. I. Köditz. 7096

2378 **Verwendung von Epoxyharzen in Kombination mit Bitumen und Steinkohlenteer.** W. Dorst und D. W. de Meer. (Pitture e Vernici **39**, 121—24, 1963; Haarlem, Chem. Techn. Adviesbureau; ital.) — Eigg. u. Anwendung von Epoxyharz–Bitumen- u. Epoxy–Teer-Kombinationen. B. Scheifele. 7096◇

2379 **Eigenschaften von ungesättigten Polyesterharzen auf Basis von Isophthalsäure.** H. A. Koning. (Pitture e Vernici **39**, 139—40, 1963; Zaandam, N. V. Zaanchemie; ital.) — Behandelt wird bes. die Chemikalienbeständigkeit von ungesätt. Isophthalpolyesterharzen. B. Scheifele. 7096◇

2380 **Filme aus einigen organischen Titanverbindungen. 1. Mitt. Dialkoxydichlortitanverbindungen.** D. Schwartz, W. Cross, B. Morgan und A. E. Rheineck. (Off. Digest Federat. Soc. Paint Technol. **35**, 645—53, 1963; Fargo, North Dakota State Univ.; engl.) — Durch direkte Rk. von $TiCl_4$ mit Alkoholen entstehen vermutlich zuerst die Tetraalkoxy-Verbb., die dann zu den Dialkoxy-Verbb. disproportionieren. Chloranalyse kennzeichnet sie als Monomere u. Dimere von Dialkoxydichlortitan. Sie können als Härter für Epoxyharze dienen. So hergestellte Überzüge verhalten sich vorteilhaft gegenüber amingehärteten Produkten. R. Zeisberger. 7096◇

2381 **Furanlösungsmittel für Anstrichstoffe.** Josef Rožan, Jaroslav Jarušek, Vladislav Polák und Jiří Grimmer. (Sborník vědeckých Prací, Vysoká Škola chem.-technol. Pardubice **1959,** 231—36; Praha, Barvy a laky, Vyzkumný ustav; tschech.) — 2-Methyltetrahydrofuran u. Tetrahydrofurfurylalkohol können bei der Herst. von Anstrichstoffen als Furan-Lsgm. verwendet werden, es müssen aber noch die physiolog. Eigg. dieser Lsgm. geprüft werden. 2-Methylfuran kann wegen seiner raschen Verdunstung, leichten Brennbarkeit, des scharfen äther. Geruches u. seines geringen Lsg.-Vermögens für Lackrohstoffe Aceton nicht ersetzen. R. Grundmann. 7100◇

2382 **Das Entfernen von Anstrichfilmen.** A. A. B. Harvey. (Ind.-Lackier-Betr. **30,** 278—81, 1962; Berkhamsted; dt.) — Überblick über die Typen von Lackentfernern (alkal. Abbeizmittel, o-Dichlorbenzollackentferner, kalt anzuwendende Abbeizmittel, kalte u. alkal. kalte Eintauchabbeizmittel, Auftragslackentferner). Abschließend werden Hinweise über einzuhaltende Schutzmaßnahmen gegeben. I. Köditz. 7100

2383 **Über einige Epoxyharz-Lackfarben.** T. T. Dekker. (Pitture e Vernici **39,** 119—21, 1963; Amsterdam, H. Vettewinkel & Zonen N. V.; ital.) — Eigg. u. Anwendungsarten von Lackfarben auf Epoxyharzbasis, Zn-Staub- u. Al-Epoxyfarben sowie Epoxy–Teer-Kombinationen werden beschrieben. B. Scheifele. 7106◇

2384 **Tapeten-Überzugslacke.** G. Müller. (Seifen-Öle-Fette-Wachse **89,** 157—59, 1963; dt.) — Tapeten lassen sich durch eine nachträgliche Behandlung abwaschbar machen. Sie besteht in einem Überstreichen der Tapete mit einer Emulsion feiner Kunstharzteile, die nach dem Verdunsten des fl. Mediums zu einem geschlossenen Film zusammenfließen. Die für diesen Zweck verwendeten Kunstharze werden aus Vinylmonomeren, hauptsächlich Vinylacetat, hergestellt, die noch Zusätze von anderen Monomeren, wie Methyl-, Äthyl-, Butyl-, Äthylhexylacrylat u. Acrylnitril enthalten können. Rezepte u. Herst.-Vorschriften für die Polymerisation der Monomeren u. die Eigg. der fertigen Harzemulsionen sind angegeben. Zur Erhöhung der Wasserfestigkeit bzw. eines Wasserabperleffektes hat sich die Zumischung von emulgiertem Paraffinöl bewährt. Flammhemmende Eigg. können durch geringe Zusätze von Tridibrompropylphosphat oder Trichlorpropan erreicht werden. F. Zeidler. 7106◇

2385 **Drahtlacke auf der Grundlage neuartiger Lackplaste.** G. Schwabe. (Plaste u. Kautschuk **8,** 579—82, 1961; Berlin, KdT; dt.) — Drahtlacke auf der Basis von neuen Lackplasten, wie Polyamide in verschiedenen Kombinationen, Polyurethane, Epoxidharze, polymere Terephthalatsäureester, werden hinsichtlich ihrer mechan., elektr., therm. u. klimat. Eigg. nach bestehenden Standards verglichen u. eingestuft. Die Vgl. zeigten eine Überlegenheit der Terephthalatlacke im mechan. u. dielektr. Verhalten. Polyurethanlackdrähte werden wegen ihrer direkten Lötbarkeit hauptsächlich in der Fernmeldeindustrie eingesetzt. Öl- u. Polyamiddrähte haben wegen ihrer geringen Wärmebeständigkeit keine weitere Perspektive. H. Strauch. 7106◇

2386 **Beständigkeit von Latexanstrichen in verschiedenen Klimazonen.** 1. Mitt. Johan A. Gordon jun. (Dtsch. Farben-Z. **15,** 11—13, 1961; dt.) — 2. vgl. C. **1962,** 7709. — Überblick über die Eigg. von Latexanstrichen u. ausführliche Beschreibung der chem. u. physikal. Eigg. von *Lytron 680* (I), der nichtmodifizierten Filme aus I sowie Angaben über Dispergierungsmittel u. Emulsionen für I einschließlich Vorschläge für Pigmentkombinationen für Innen- u. Außenanstriche. I. Köditz. 7106

2387 **Derzeitige Ansichten über Hausaußenanstriche nach einer Diskussionsveranstaltung des Amerikanischen Zink-Institutes.** Sidney Werthan. (Off. Digest Federat. Soc. Paint Technol. **35,** 671—90, 1963; engl.) — Nach einer Einführung in die verschiedenen Typen u. Probleme der Anstrichmittel wird unter anderem über die Blasen-Bldg. der Anstriche bei Feuchtigkeit, Hg-haltige Zusatzstoffe, chem. Vorbehandlung der Holzoberflächen, Schnellteste u. Verringerung der Schimmel-Bldg. bei ZnO-haltigen Anstrichen diskutiert. R. Zeisberger. 7106◇

2388 **Das Beschichten zementartiger Materialien.** Sidney Lauren. (Off. Digest Federat. Soc. Paint Technol. **35,** 654—70, 1963; Manville, N.J.; engl.) — Überblick über die Eigg. von Zementoberflächen in Relation zur Streichbarkeit mit organ. Lacken, wobei die Unterschiede zwischen gewöhnlichem Mauerwerk u. Asbestzement-Materialien beschrieben werden. Labor.-Teste für die Alkalität u. das Ausblühen werden angegeben. Auf das unterschiedliche Verh. von normal- u. autoklavengehärteten vorfabrizierten Teilen wird hingewiesen. R. Zeisberger. 7106◇

2389 **Antikorrosionsgrundfarben.** Z. Kalewicz. (Ind.-Lackier-Betr. **30,** 294—98, 1962; Warschau, Poln. Akad. der Wiss., Inst. für Feinmechanik, Abt. Oberflächenschutz; dt.) — Überblick über den Wrkg.-Mechanismus von Antikorrosionsgrundfarben, die Arten u. Eigg. antikorrosiver Grundfarben (Mennige, auf Zinkgelb basierende Farben, oxidhaltige Grundfarben, Al-Farben), die Anwendung dieser Grundfarben. Abschließend wird über neuere Entw. (Rk.-Grundierungen, Farben auf der Basis von Zn-Staub u. Bleicyanamidfarben) berichtet. I. Köditz. 7106

2390 **Farb-, Lack- und Metallüberzüge als Oberflächenschutz.** K. A. Nauck. (Chem. Rdsch. [Solothurn] **16,** 616—17, 1963; dt.) — Übersicht. Reinigung der Metalloberflächen u. Auftragen von Schutzanstrichen. F. Rosendahl. 7106△

2391 **Neue, Eisblumenmuster bildende synthetische Filme auf der Basis höherer Acetylenpolymerer.** P. Nikolinski und D. Russtschew. (Bull. Inst. chim. Acad. bulg. Sci. **3,** 419—27, 1955; bulg.) — Zur Bldg. von Überzügen mit Eisblumenmustern eignen sich Acetylenpolymere, wenn in ihnen trimeres oder tetrameres Acetylen oder ein Gemisch höherer Polymerer vorhanden sind. Auch Xylol, pflanzliches oder mineral. Öl kann im Gemisch enthalten sein. Der Eisblumeneffekt wird schon bei gewöhnlicher Temp. (20°) erzielt u. erfordert keine bes. Trocknungstechnik. Härte, Wasserfestigkeit u. Adhäsionsvermögen der Filme sind denjenigen der natürlichen Leinölfilme überlegen. Die Elastizität ist gering; sie wird durch pflanzliche Öle, z. B. 14% Maisöl, verbessert. R. K. Müller. 7106◇

2392 **Untersuchungen über die Bildung von „Naßrissen" an mit Polyvinylformal überzogenen Drähten.** Hideo Fujita, Yukio Hiraoka und Tetsuzo Yamada. (Chem. High Polymers [Tokyo] **15,** 591—96, 1958; Amagasaku Dainichi Electr. Wire and Cable Co., Ltd., Res. Dep.; jap., Auszug: engl.) — „Naßrisse" an mit Polyvinylformal (I) überzogenen Drähten treten auf, wenn der I-Film bei konst. Beanspruchnng mit einer Fl. in Berührung kommt. Für die Beziehung zwischen der Temp., bei der der Film luftbehandelt wird, u. der zum Verschwinden eines latenten Risses notwendigen Zeit wird experimentell eine Gleichung abgeleitet. Die Temp. der Wärmebehandlung ist gleich dem Übergangspunkt 2. Ordnung des Films. Die Rißursache wird erörtert. W. Wesly. 7106◇

2393 **Planung eines Versuches zur kritischen Auswahl von alternativen Verfahren für die Pigmentdispersion in wässerigen Bindemitteln.** Edward G. Bobalek, Fred C. Leone und Robert L. Hawkins. (Off. Digest Federat. Soc. Paint Technol. **35,** 914—38, 1963; Cleveland, Ohio, Univ. Circle; engl.) — Bericht über Maßnahmen der Standardisierung von Arbeits- u. Prüftechniken sowie der Auswahl der Pigmentbindemittelsysteme. R. Zeisberger. 7152◇

2394 **Eine neue graphische Methode zur Berechnung des Streukoeffizienten und der Deckkraft.** Parker B. Mitton und Arthur E. Jacobsen. (Off. Digest Federat. Soc. Paint Technol. **35,** 871—913, 1963; South Amboy, N.J., Titanium Div.; engl.) — Nach einer Übersicht über die Anwendung der Kubelka-Munk-Theorie beschreiben Vff. eine einfache graph. Meth. zur genauen Best. des Streu-Koeff. (I), wobei lediglich das Reflexionsvermögen R_∞, gemessen über einem schwarzen Substrat, u. die Filmdicke benötigt werden. Mit den Werten I u. R_∞ läßt sich die Deckkraft von Farben tabellar. ermitteln. Ein Anhang gibt Einzelheiten der Messungen. R. Zeisberger. 7158◇

2395 **Ein Anstrich-Prüfgerät.** W. Raymond Tooke jun. (Off. Digest Federat. Soc. Paint Technol. **35,** 691—98, 1963; Atlanta, Ga., Georgia Inst. of Technol.; engl.) — Durch einen gehärteten Stahl wird ein V-förmiger Schnitt mit einem Zwischenwinkel von 45° im Anstrich u. eine Rinne im Substrat erzeugt, die bei 50facher Vergrößerung mkr. untersucht wird. Es können u. a. Filmdicken u. verschiedene Schichten bestimmt werden. R. Zeisberger. 7158◇

2396 American Cyanamid Co., New York, N.Y., übert. von: Gerard M. Sheehan, Walter R. Whately, Lynchburg, Va., und George Leathwhite Roberts jun., Somerville, N.J., V.St.A., **Herstellung von Titandioxidpigment mit verbesserter Dispersibilität** durch Aufschlämmen von TiO_2-Pigmentteilchen in einem wss. Medium, das 0,01—3%, bezogen auf Pigment-Gew., eines wasserlösl., nichtion. Alkylenoxidpolymerisats mit wenigstens 5, bes. 500 —C—C—O-Resten gelöst enthält, u. Trocknen der Pigmentteilchen. (**A. P. 3 004 858** vom 24/3. 1958, ausg. 17/10. 1961.) K. Demmler. 7093

2397 Titangesellschaft m. b. H., Leverkusen (Erfinder: Franklin Laflin Kingsbury, New Brunswick, N.J., V.St.A.), **Behandlung von Titandioxidpigmenten zwecks Verbesserung des Glanzes**, dad. gek., daß das Pigment u. Perchlorsäure oder Alkali-, Erdalkali-, Mg-, Zn-, NH_4-, Pb- oder Ag-Perchlorat gründlich vermischt werden, wobei die Mengen der angewendeten $HClO_4$-Verb., berechnet als $HClO_4$, zwischen 0,05 u. 1,0%, bezogen auf das Gew. des Pigments, betragen u. das verwendete TiO_2 weniger als 10% W. enthält. (**D. A. S. 1 152 211** Kl. 22f vom 27/4. 1962, ausg. 1/8. 1963.) K. Demmler. 7093

2398 Chemische Fabrik Hoesch K.G., Düren (Erfinder: Gerhard Steenken, Berzbuir bei Düren), **Herstellung eines aus Bariumoxid und Siliciumdioxid bestehenden Pigments,** dad. gek., daß man eine wss. Lsg. von BaS mit einer Wasserglas-Lsg. umsetzt, die Fällung abtrennt u. bei 80—130°, bes. 105—120° trocknet, wobei man die Lsgg., berechnet als BaO bzw. SiO_2, im Verhältnis BaO : SiO_2 = 1:9 bis 9:1, bes. 1:4 bis 4:1, miteinander umsetzt. Zus. des Pigments z. B.: 51,5 (%) BaO, 40,4 SiO_2, 0,71 $BaSO_4$, 7,6 Glühverlust. (**D. A. S. 1 153 126** Kl. 22f vom 15/6. 1962, ausg. 22/8. 1963.) K. Demmler. 7093

2399 National Lead Co., New York, übert. von: David A. Merson, Mill Neck, und Edward J. Dunn jun., Port Washington, N.Y., V.St.A., **Herstellung von korrosionshinderndem Zinkchromat-Kieselsäure-Pigment.** Man trocknet u. calciniert bei 500—750° eine Aufschlämmung von SiO_2 u. ZnO u. fügt zu dem aufgeschlämmten Calcinierungs-Prod. ein wasserlösl., CrO_3 enthaltendes Chromat in mindestens für die Bldg. von 4bas. $ZnCrO_4$ ausreichenden Mengen zu, wobei ZnO u. Chromat in solchen Mengen anwesend sein sollen, daß 20—80 Gew.-% des Endprod. aus $ZnCrO_4 \cdot 4\,ZnO$ bestehen. (**A. P. 3 004 857** vom 12/7. 1960, ausg. 17/10. 1961.) K. Demmler. 7093

2400 Glidden Co., Cleveland, Ohio, übert. von: Benjamin W. Allan, Bay Village, Ohio, Frank O. Rummery, Roy W. Chrest und Reuben Roseman, Baltimore, Md., V.St.A., **Herstellung von Quecksilber-Cadmiumsulfidpigmenten** mit einem Verhältnis von Hg:Cd von ca. 0,20:1 bis 0,37:1. Man setzt zu einer wss. Lsg. von $CdSO_4$ eine aus $Hg(NO_3)_2$ u. Alkalisulfid bestehende Lsg., fügt zu dem gewaschenen Hg-Cd-Sulfid-Nd. 0,4—0,8% P_2O_5, bezogen auf das calcinierte Pigment, u. calciniert bei 300—500°. Es werden rote bis kastanienbraune Pigmente erhalten. (**A. P. 3 008 845** vom 23/11. 1960, ausg. 14/11. 1961.) K. Demmler. 7093

2401 British Aluminium Co. Ltd., England, **Herstellung von Metallpigmenten in Flockenform,** welche mit W. emulgierbar sind. Ein Metallpigment wird mit einem nicht ionisierten Äthylenoxid-Kondens.-Prod. gemischt, welches Netz-, Dispergier- u. Emulgier-Eigg. besitzt. Verbb. dieser Art sind z. B. die Kondens.-Prodd. von Äthylenoxid mit Octyl- oder Nonylphenol oder mit einem langkettigen aliphat. Alkohol mit 8—20 C-Atomen. Davon werden z. B. 5 g mit 100 g eines Al-Pigments in Flockenform zu einem in W. leicht dispergierbaren u. emulgierbaren Gemisch verrührt. (**F. P. 1 287 836** vom 21/4. 1961, ausg. 1/8. 1962. E. Prior. 22/4. 1960.) M. F. Müller. 7093

2402 Westinghouse Electric Corp., Pittsburgh, Pa., V.St.A., **Strahlungsdurchlässiges Glas zum Einbetten elektrolumineszierender Phosphore** besteht aus 20—40 (Gew.-%) ZnO, 7—14 SiO_2, 18—36 B_2O_3 u. 6,5—26 Li_2O + Na_2O + K_2O, wobei das Verhältnis dieser Alkalien 1:4:8 betragen soll sowie bis zu 22 BaO + Al_2O_3 + TiO_2 mit bis zu 7 TiO_2. (**E. P. 889 888** vom 20/5. 1960, ausg. 21/2. 1962. A. Prior. 28/5. 1959.) Hans Hoffmann. 7093

2403 Edward MacArthur Redding, V.St.A., **Herstellung von organischen Pigmenten** für die Verw. in Druckfarben, Anstrichfarben, Firnissen, Lacken, Emails, Linoleum, Kautschuk, plast. Massen, Wachsen u. Überzügen sowie für Lebensmittel, pharmazeut. u. kosmet. Prodd. aus einem ionisierbaren Salz eines organ. Farbstoffes u. einem unlösl., synthet. organ. Ionenaustauscher. Man läßt ein Salz eines ionisierbaren organ. Farbstoffs in einem polaren Lsgm. mit feinverteilten unlösl. synthet. organ. Ionenaustauschharzen reagieren, z. B. aus einem Mischpolymerisat aus sulfoniertem oder chlormethyliertem Styrol u. Divinylbenzol. Als Lsgm. dient W. oder ein niedermol. aliphat. Alkohol. Als Farbstoffe sind alle diejenigen verwendbar, welche in W. lösl. ionisierte Salze bilden, z. B. Anthrachinon-, Nitro-, Azo-, Di- u. Triphenylmethanfarbstoffe. Genannt sind Naphtholgelb S, Auramin O, Malachitgrün, Rhodamin B, Eosin, Violamin, Thioflavin, Alizarin u. Phthalocyanin. (**F. P. 1 287 341** vom 1/10. 1960, ausg. 30/7. 1962. A. Prior. 19/10. 1959.) M. F. Müller. 7093

2404 Farbwerke Hoechst Akt.-Ges., vormals Meister Lucius & Brüning, Frankfurt/M., **Herstellung von Chinacridonfarbstoffen für Lacke und Kunststoffe** durch Kondens. von 2.5-Diarylaminoterephthalsäure oder deren Estern bei 80—180° mit einer Polyphosphorsäure (I), ggf. in Ggw. eines inerten Lösungsmittels. — 40 (Teile) 2.5-Dianilinoterephthalsäure werden mit 80 I 1 Std. auf 110—120° erhitzt, worauf man die Schmelze in 5000 W. gießt, den roten Nd. absaugt, mit 2000 10%ig. NaOH aufkocht, absaugt, mit W. neutral u. dann mit heißem A. wäscht u. trocknet. Ausbeute: 30 eines leuchtend blauroten Pulvers. Weitere teils tabellenmäßig aufgeführte Beispiele. (**Ind. P. 69 281** vom 6/10. 1959.) C. Lüttgen. 7093

2405 Cesare Operti, Turin, Italien, **Fixativ für Temperafarben,** bestehend aus 500 (g) Reisstärke, 250 Solvay-Soda- u. 150 $Ca(OH)_2$. Von dem Gemisch gibt man 1 (kg) zu 20 W. u. 10 Pigment. (**It. P. 557 519** vom 24/7. 1956.) K. Koebke. 7097

2406 Farbwerke Hoechst Akt.-Ges., vormals Meister Lucius & Brüning, Frankfurt/M. (Erfinder: Josef Kaupp, Helmut Gruber und Heinz Eckhardt, Gersthofen), **Lackharze.** Man verwendet Harze, die durch Hydrierung von Terpenphenolen u. bes. auch unter gleichzeitiger partieller Wasserabspaltung hergestellt wurden u. ein Molgew. von mindestens 300 aufweisen. Die Harze zeigen gute Verträglichkeit mit Nitrocellulose, Alkydharzen u. gute Licht- u. Wärmestabilität. (**D. A. S. 1 149 841** Kl. 22h vom 29/8. 1959, ausg. 6/6. 1963.) M. Böttcher. 7097

2407 Shawinigan Chemicals Ltd. (Erfinder: Richard Watkin Rees), **Herstellung von Emulsionsfarben,** dad. gek., daß man Monomere in Ggw. einer wss. Pigmentdispersion (I) eines Katalysators, eines Schutz-Koll. u. eines Fe-Ionen beseitigenden Mittels polymerisiert. 405 (Teile) einer I aus 520 TiO_2, 381,6 W. u. 15 Tergitol NPX, 150 Oxyäthylcellulose (Cellosize WP-300), 100 W., je 18 Pluronic F68 u. 262, 53,6 Butylacrylat (II) u. 0,3 $Na_4P_2O_7$ werden auf 30° erhitzt, worauf man 10 $K_2S_2O_8$ (1,5%ig. Lsg.), 0,2 Na-Formaldehydsulfoxylat, 0,2 Na_2SO_3 u. 0,2 $FeSO_4$ zugibt, die Temp. auf 45° erhöht u. 20 $K_2S_2O_8$ (1,5%ig. Lsg.) 0,2 Na_2SO_3, 42,9 II u. 90 Vinylidenchlorid u., wenn die Temp. auf 51° gestiegen ist, je 0,1 $K_2S_2O_8$ u. $FeSO_4$ zusetzt. Weitere Beispiele. (**Aust. P. 234 545** vom 8/4. 1959, ausg. 3/8. 1961.) C. Lüttgen. 7107

2408 Carlo Merkel, Turin, Italien, **Feuerfeste Überzüge,** bes. für Ofenauskleidungen erhält man mittels einer Paste, die aus einem Pulver von 250 (Teilen) Cyanit, 450 Chromit, 6 Bentonit u. ggf. kleinen Anteilen Erdalkalicarbonaten u. einer Fl., enthaltend Äthyl- u. Alkalimetallsilicate u. ggf. Glyceroborsäure, angemacht wurde. Man kann auch Verbb. des W u. der seltenen Erdmetalle oder für Kernreaktoren Verbb. des Ba, Ti, Be oder Ce zusetzen. Für Überzüge auf Metallen verwendet man ein Pulver der Zus. 50 Silimanit,

50 Al-Asche, 80 Chromit, 3 Al, 2 Bentonit u. ggf. etwas MgO, NiO oder MnO_2. Mit den Gemischen lassen sich auch Papier, Textilien, Holz feuerfest machen. (**It. P. 556 071** vom 5/7. 1956.) K. Koebke. 7107

2409 E. I. du Pont de Nemours & Co., Wilmington, Del. (Erfinder: Fritz Reinhardt, Wilmington, Del.), V.St.A., **Lufttrocknende Überzugsmittel** enthalten einen lösl. Co-Trockner u. ein ungesätt. Dioxolan, z. B. 2.4.5-Trivinyl-, 4-Vinylisopropenyl-, 4.5-Divinyl-2-propenyl-, 2.4.5-Triisopropenyl- oder 4.5-Divinyl-2-methyl-1.3-dioxolan usw. Weitere Kunstharze, Cellulose-Derivv., Pflanzenöle können zugesetzt werden. (**D. A. S. 1 148 033** Kl. 22h vom 11/10. 1960, ausg. 2/5. 1963. A. Prior. 13/11. 1959.) M. Böttcher. 7107

2410 Esso Research and Engineering Co., Elizabeth, N.J. (Erfinder: Merilyn A. Winters, Fanwood, N.J., Ober C. Slotterbeck, Rahway, N.J., Walter L. van Nostrand, Staten Island, N.Y., und Donald F. Koenecke, Westfield, N.J.), V.St.A., **Überzugsmittel,** bes. ofentrocknende, die ggf. TiO_2 als Pigment enthalten, auf der Basis von oxydierten, fl. Butadien-1.3-polymeren bzw. Mischpolymeren aus Butadien-(1.3) u. Styrol u. dgl., dad. gek., daß sie 1—20% eines Säureanhydrids einer mehrbas., einkernigen aromat. Säure, die in dem oxydierten KW-Stoff lösl. ist, enthalten; z. B. Tetrachlorphthalsäureanhydrid oder Anhydrid der Trimellitsäure. (**D. A. S. 1 144 859** Kl. 22h vom 7/5. 1960, ausg. 7/3. 1963. A. Prior. 8/5. 1959.) M. Böttcher. 7107

2411 Wilhelm Wehr, Hanau/M., **Herstellen von Folien,** Tafeln, sonstigen Formkörpern und Überzügen aus Polyäthylen. Unterhalb der Löse-Temp. mit Lsgm. angequollenes, sodann von überschüssigem Lsgm. befreites Polyäthylen (I) wird bei einer unterhalb der Erweichungs-Temp. des lösungsmittelfreien **I** liegenden Temp. geschmolzen, verformt u. durch Trocknen vom Lsgm. befreit. Die Quellung erfolgt bis zu einer Gew.-Zunahme von 10—100%, die Verformung bei 60—100°. (**D. B. P. 976 400** Kl. 39b vom 29/11. 1952, ausg. 1/8. 1963. Anmeldung bekanntgemacht 1/7. 1954.) F. Markhoff. 7107

2412 **E. I. du Pont de Nemours & Co.,** Wilmington, Del., V.St.A., *Feuchtigkeitsabstoßende und heißsiegelbare Masse.* (**Jap. A. S. 14 123/1961** vom 21/1. 1960, ausg. 23/8. 1961. A. Prior. 26/1. 1959. — C. **1963,** 4540 [E. P. 879 959].)

2413 **Allied Chemical Corp.,** New York, N.Y. (Erfinder: **Frank Backer,** North Bergen, N.J.), V.St.A., *Herstellung von Phenol-Formaldehyd-Harzen.* (**Jap. A. S. 13 943/1961** vom 16/4. 1959, ausg. 21/8. 1961. — C. **1963,** 14499 [D. A. S. 1 129 695].)

2414 **Farbwerke Hoechst Akt.-Ges., vormals Meister Lucius & Brüning,** Deutschland, *Polymerisieren von Formaldehyd.* (**F. P. 1 241 667** vom 2/12. 1959, ausg. 28/12. 1960. D. Prior. 2/12. 1958. — C. **1963,** 15242 [Oe. P. 219 277].)

2415 **E. I. du Pont de Nemours & Co.,** Wilmington, Del. (Erfinder: **Leon Edward Wolinski,** Buffalo, N.Y.), V.St.A., *Herstellen von Polyäthylenformkörpern.* (**D. A. S. 1 158 895** Kl. 39b vom 24/5. 1957, ausg. 5/9. 1963. A. Prior. 20/6. 1956. — C. **1962,** 12112 [F. P. 1 175 842].)

2416 **G and A Laboratories, Inc.,** Savannah, Ga., übert. von: **Richard D. Morin,** Columbus, und **Robert E. Sharpe,** South Worthington, Ohio, V.St.A., *Freifließende Harze.* (**Can. P. 569 385** vom 12/4. 1956, ausg. 20/1. 1959. A. Prior. 22/4. 1955. — C. **1958,** 11962 [A. P. 2 797 211].)

H_{IIb}. Plaste (Kunstharze, Plastische Massen)

2417 **Natürliche und synthetische Harze.** P. Unger. (Rep. Progr. appl. Chem. **46,** 314—17, 1961; Mitcham, W.A. Mitchell & Smith Ltd.; engl.) — Vgl. C. **1963,** 700. — Fortschrittsbericht über Alkydharze u. Polyester, Amino- u. Phenolformaldehydharze, Äthinoidharze, Epoxidharze u. Harzanalyse. — 38 Literaturhinweise. R. Grundmann. 7170◇

2418 **Weißes Mineralöl für Plaste.** Erich Meyer. (Rubber Plastics Age **43,** 1247, 1962; Sonnebarn Chemical and Refining Corp.; engl.) — Überblick über die Verw. von „weißem Mineralöl" bei der Herst. von Polyäthylen, Polypropylen, Polyvinyl- u. Polyvinylidenchlorid, Polystyrol, Äthylcellulose, Cumaroninden, Polyamid u. Polytetrafluoräthylen. I. Köditz. 7170

2419 **Thermoplastische Kunststoffolien und -beschichtungen.** D. Rasenack. (Kautschuk u. Gummi **15,** Nr. 10, WT 373—WT 376, Nr. 1, WT 457—WT 460, 1962; dt. — C. **1963,** 6413.) N. Peters. 7170◇

2420 **Das Altern von Polyolefinen. Die thermooxydative Spaltung von Polyolefinen.** Je. N. Matwejewa, Ss. Ss. Chinkis, A. I. Zwetkowa und W. A. Balandina. (Plast. Massen [UdSSR] **1963,** Nr. 1, 2—7; russ.) — Die Alterungs-Verss. wurden bei 120—170° durch Oxydation von *Polyäthylen, Polypropylen* u. dem Copolymerisat von *Äthylen* mit *Propylen* im O_2-Strom durchgeführt. Die Änderungen der Eigg. der Polyolefine durch den Oxydationsprozeß wurden untersucht. J. v. Schroeder. 7172◇

2421 **Verfahren zur Herstellung von Polyolefinen.** Günther Keller. (Chemiker-Ztg. — Chem. Apparatur **84,** 740 bis 744, 777—82, 1960; Herne, Bergwerksges. Hibernia Akt.-Ges.; dt.) — Kurze Beschreibung der verschiedenen Verff. zur Polymerisation von Olefinen u. ausführliche Schilderung des Ziegler-Natta-Verfahrens. — 41 Literaturangaben. I. Köditz. 7172

2422 **Herstellung von Hydroperoxiden alkylaromatischer Kohlenwasserstoffe und ihre initiierenden Eigenschaften bei der Copolymerisation von Divinyl mit Styrol.** Ss. W. Sawgorodni, I. N. Nowikow, W. G. Krjutschkowa und W. P. Schatalow. (Chem. Ind. [UdSSR] **1962,** 181—85; russ.) — Vgl. C. **1963,** 5022. — Die Hydroperoxide (HP) von *Cyclohexylbenzol* (**I**), *p-Isopropyl-sek.-butylbenzol* (**II**), *p-Isopropylcyclohexylbenzol* (**III**), *p-Di-sek.-butylbenzol* (**IV**), *p-Diisopropyl-2-chlorbenzol* (**V**) u. 1.3.5-*Triisopropylbenzol* (**VI**) werden durch Autoxydation der KW-Stoffe an der Luft bei 95—120° in Ggw. von Mn-Resinat (**VII**) u. Alkalisalzen [NaOH, $Ca(OH)_2$, Na_2CO_3, K_2CO_3] erhalten. In allen Fällen beginnt die Autoxydation nach 10—20 Min. Induktionsperiode unter rascher Zunahme der HP-Konz., verläuft dann langsamer bis zu einem Maximum u. abnehmend infolge rascherer Zers. als Bildung. Die optimalen Bedingungen sind bei **IV** u. **VI** 120°, bei den übrigen KW-Stoffen 110°, **VII**-Konz. bei **I** 4,5 (mg/Mol), **II** 6,0, **III** 5,0, **IV** u. **V** 6,0, **VI** 10,0, Na_2CO_3-Konz. 1; 1; 2; 1; 2; 2,5 g/Mol; Oxydations-Geschw. 2; 11,8; 10,1; 5,2; 3; 24,6%/h; maximal erreichte HP-Konz. 22,2; 71,6; 61,0; 62,5; ca. 60; 148%. Die Hauptprodd. der Autoxydation sind bei **I** HP u. dessen Na-Salz, bei **II** u. **IV** Mischung von Mono- u. Di-HP, bei **III** u. **V** Mono-HP (bei **V** unter Oxydation der von Cl entfernteren Isopropylgruppe), **VI** Mischung von Mono-, Di- u. Tri-HP. Die Initiator-Wrkg. der HP bei der Copolymerisation von Butadien mit Styrol bei 5° (29—100% HP) führte zu einer Copolymerisations-Geschw. (CPG) von 10,6 (%/h) beim HP von **I**, 5,3 (**II**), 11,0 (**III**), 2,8 (**IV**), 6,0 (**V**), 8,0 (**VI**); zum Vgl.: beim HP von 1.1-Diphenyläthan 10,7, p-Diisopropylbenzol 7,2, p-Isopropyl-tert.-butylbenzol 6,9, 1-Phenyl-1-[p-äthylphenyl]-äthan 6,7, Isopropylbenzol 5,4. Die HP-Konz. ist ohne merklichen Einfl. auf die mechan. Eigg. der Copolymeren, außer bei **V**-HP, das ein Copolymeres mit erhöhter Härte, Zugfestigkeit u. Elastizität liefert. — 24 Literaturangaben. R. K. Müller. 7172◇

2423 **Eine Pilotanlage für die Hochdruckpolymerisation.** R. H. Bretton und B. F. Dodge. (Chem. Engng. Progr. **58,** Nr. 8, 50—53, 1962; New Haven, Conn., Yale Univ.; engl.) — Eine Pilotanlage zur Unters. der Polymerisation kondensierbarer Gase (C_2H_4) bei 1000—7000 at wird beschrieben. Die Anlage kann bei prakt. konst. Druck oder bei mit dem Prozeßverlauf abnehmenden Druck gefahren werden. I. Köditz. 7172

2424 **Mikroskopische Untersuchungen über das „Erinnerungsvermögen" der Kristallstruktur von Polyäthylen.** Z. Ciercierska-Tworek. (Polimery-Tworzywa wielkocząsteczkowe **7,** 320—25, 1962; Inst. Chem. ogóln., Zakł. Fiz. techn.; pol.) — Die Sphärolithstruktur von Polyäthylen wird im Polarisationsmikroskop in Abhängigkeit von der therm. Vergangenheit der Probe beobachtet. Das „Gedächtnis" für die prim. Struktur ist an das Vorhandensein therm. beständiger Verunreinigungen geknüpft, die als Keime wirken. Mit steigender Temp. u. Dauer des Erhitzens der Probe nimmt das „Gedächtnis" zu, da nur die beständigsten Keime übrigbleiben u. so auch beständige Sphärolithstrukturen entstehen. F. Urban. 7172◇

2425 **Über die Anwendung von Dreikomponentensystemen für die Initiierung der Copolymerisation ungesättigter Polyester mit Styrol.** S. W. Michailowa und P. S. Li. (Plast. Massen [UdSSR] **1963,** Nr. 1, 12—18; russ.) — Die Verw. von Dimethylanilin (0,025—0,1%) als zusätzlicher Beschleuniger in den Syst. Isopropylbenzolsäureperoxid (**I**)–Co-Naphthenat (**II**), Methyläthylketon (**III**)–**II**, u. Cyclohexanonperoxid (IV)-II verringert die zur Gel-Bldg. erforderliche Zeit. Die dreikomponentigen Redox-Syst. mit Dimethylanilin können zur Erhärtung von Polyesterharzen bei Temp. unter 20° (bis 0°) benutzt werden. Bei Verw. von **I, III** u. **IV** mit einem anderen Peroxid (Benzoylperoxid) u. **II** tritt keine Beschleunigung der Erhärtung der Polyesterharze bei 20° ein. J. v. Schroeder. 7172◇

2426 **Copolymere ungesättigter Ester von Glycidol. Die Copolymerisation von Glycidylmethacrylat mit Styrol.** M. F. Ssorokin und I. M. Kotschnow. (Plast. Massen [UdSSR] **1963,** Nr. 1, 7—11; russ.) — Die Copolymerisation von *Glycidylmethacrylat* mit *Styrol* wurde bei 60, 70 u. 80° mit Azodiisobuttersäurenitril als Initiator ausgeführt. Die Kinetik der Copolymerisation wurde untersucht u. die Abhängigkeit der Rk. von der Temp., dem Verhältnis der Monomeren u. der Menge des Initiators festgestellt. Die Molgew. liegen um 200000, die Epp. um 100°, die Erweichungs-Temp. um ca. 30° höher. J. v. Schroeder. 7172△

2427 **Polyolefinepoxyharze und flüssiges Polybutadien.** Th. Andrei. (Rev. Chim. [București] **14,** 328—35, 1963; rum.) — Polyolefinepoxyharze werden aus fl. Polybutadien durch Epoxydierung erhalten. Die Herst. erfolgt in 2 Stufen: 1. Butadien-Polymerisierung zu fl. niedrigen Polymeren mit Na u. Säure (Lebedew), wobei Polymere von verschiedenem Molgew., je nach dem angewandten Lsgm. u. der Verteilung von Na, erhalten werden können. 2. Epoxydierung des Polymeren mittels organ. Persäuren. Dieser neue Epoxidharztyp wird unter den Namen *Oxiron* u. *Harz A 20-75* hergestellt. Die Harze sind durch peroxid. oder ion. Katalysatoren sowie durch die für die klass. Epoxidharze verwendeten Agentien härtbar. Fl. Polybutadien wird verwendet für oxydierende Oberflächenschutzfilme, Harze, Gießmasse für Glasfaserschichtstoffe, Klebemittel, Weichmacher für natürlichen u. künstlichen Kautschuk. Es ist außer der Epoxydierung, der Chlorierung u. der Hydroxylierung zugänglich. Mit Maleinsäureanhydrid wird ein Copolymeres erhalten, das als Ionenaustauscher verwendet werden kann. Die Meth. der vom Vf. durchgeführten Verss., zur Herst. der Na-Suspension u. der Butadien-Polymerisierung wird angegeben, wobei fl. Polybutadiene mit folgenden Konst. Molgew. 250 bis > 15000; Viscosität cP/100° F: 25000—65000 (oder fest); D_4^{20} 0,8841 bis 0,9182; JZ. 286—430; Doppelbindungen auf die C_4-Einheit: 0,61—0,93, erhalten werden. Epoxydierung des fl. Polybutadiens gibt unter Bldg. p-cycl. Verbb. „in situ" aus organ. Säure u. 50%ig. H_2O_2-Lsg. in Ggw. starker Säuren (H_2SO_4) Glykolhalbester u. Glykole als Nebenprodukte. Die Epoxydierung wird auch mit fertigen Persäuren, wie Benzopersäure u. 40%ig. Acetpersäure durchgeführt. Um obengenannte Nebenrkk., die auf die Zerstörung der Epoxidgruppe hinauslaufen, zurückdrängen, sind empfehlenswert: kleine (Essig-)Säuremengen, kurze Rk.-Zeit u. niedrige Temperatur. Bei Harzen dieses Typs soll der Gesamt-O-Geh. 8—10% betragen, damit diese in annehmbarer Zeit, z. B. mit Aminen härtbar sind. Der Epoxid-O-Geh. soll mindestens 3% betragen. Bei Stauung größerer Mengen des Oxydationsmittels wurde rapide Temp.-Steigerung auf 140—150° (von 50—60°) beobachtet. Die Vorteile der Technologie der Herst. der Polyolefinexpoxyharze gegenüber den klass. Epoxidharzen liegen in der Einfachheit des Rk.-Verlaufs. Bei gleichbleibender Kapazität ist bei den Polyolefinepoxyharzen mit 40% des Investitionskostenaufwandes der klass. Epoxidharze zu rechnen. Ein wesentlicher Vorteil der Polyolefinexpoxyharze ist ihr um 20% niedrigeres spezif. Gewicht gegenüber den klass. Epoxidharzen. H. Borchers. 7176◇

2428 **Epoxydierte Polyolefinharze. Repräsentative Vulkanisationssysteme für eine große Anzahl mechanischer und elektrischer Eigenschaften.** C. W. Johnston und F. P. Greenspan. (Mod. Plastics **38,** Nr. 8, 135—43, 198, 1961; Food Machinery Chem. Corp.; engl.) — Überblick über die Chemie unter bes. Berücksichtigung der Reaktivität u. des Vulkanisations-Verh., der physikal. u. elektr. Eigg. sowie der Anwendung einiger verstärkter „Oxiron"-Harze. I. Köditz. 7176

2429 **Alkydharze auf der Basis von 1-Phenylnaphthalin-2.3-dicarbonsäure.** 2. Mitt. **Mit Leinöl oder Sonnenblumenöl modifizierte Alkydharze und Lacke.** Ass. Popow. (Inst. chim. Acad. bulg. Sci. **3,** 125—51, 1955; bulg.) — 1. vgl. C. **1963,** 21568. — Die Gewinnung von mit Lein- oder Sonnenblumenöl modifizierten *Alkyldharzen* auf Basis von 1-Phenyl-2.3-dicarbonsäure (**I**) wird in einem Arbeitsgang durchgeführt, indem Öl, Glycerin u. **I**-Anhydrid gleichzeitig erhitzt werden. Die physikal.-chem. Eigg. der erhaltenen Lacke u. Harze werden untersucht u. die aus den Lacken erhaltenen Filme techn. geprüft. Die Filme können bei gewöhnlicher u. erhöhter Temp. getrocknet werden, besitzen gute Festigkeit u. Elastizität u. haften fest an der Metalloberfläche. Bes. beständig gegen W., Mineralöle, Bzn. u. verd. Lsgg. starker Säuren sind die bei hoher Temp. getrockneten Filme; die mit Sonnenblumenöl modifizierten sind bes. thermostabil. Ihre Verw. als Elektroisolations-, Antikorrosions- u. Konservierungslacke wird vorgeschlagen. I. Schade. 7176△

2430 **Oberflächenaushärtung von Polyester G Schkopau unter Luftzutritt und unter den Bedingungen der Kalthärtung.** H. Scherzer. (Plaste u. Kautschuk **8,** 401—03, 1961; Schkopau, VEB Chem. Werke Buna, Anwendungstechn. Abt.; dt.) — Die einwandfreie Oberflächenaushärtung von Polyester G Schkopau (**A**) wird von folgenden Faktoren beeinflußt: Art u. Konz. der Härtereagentien sowie der Zusatzbeschleuniger, der Umgebungs-Temp., der Wanddicke des Gießlings u. dem Geh. an Füllstoffen u. filmbildenden Substanzen. Bei der Verw. von Cyclohexanolperoxid (**I**) u. **I**/Methylanilin als Härter u. Co-Octanoat, -Naphthenat u. -Acetat als Beschleuniger läßt sich auf Kosten der Topfzeit bei Einhaltung der Dosierungsvorschriften eine einwandfreie Oberfläche der Gießlinge erzielen. Bei der Normalaktivierung führt auch eine Nachhärtung bei erhöhter Temp. zum Ziel. **A** läßt sich auch bei Beibehaltung der Topfzeit durch Zugabe von filmbildenden Verbb. (Paraffinwachs) klebfrei aushärten. I. Köditz. 7176

2431 **Neues Verfahren zum Studium des Einfrierbereiches an ungesättigten Polyesterharzen.** Lahja Turunen. (Kunststoffe **52,** 672—74, 1962; Tainionkoski, Finnland; dt.) — Best. des Einfrierbereichs durch Verfolgung der Abhängigkeit des Brechungsindex n von der Temp. n wird durch Messung der Lichtdurchlässigkeit eines Zweikomponentensyst. ermittelt. K. Gröbe. 7176◇

2432 **Mit Trimethylolpropanpolyadipat modifizierte Harnstoff-Formaldehydharze.** Michał Taniewski und Józefa Kapko. (Polimery — Tworzywa wielkocząsteczkowe **7,** 326—27, 1962; Gliwice, Inst. Farb i Lakierów; pol.) — Harnstoff-Formaldehydharz, die mit Trimethylolpropanpolyadipat (**A**) an Stelle von Alkydharzen modifiziert werden, bilden nichtvergilbende, elast. u. ausreichend vernetzte, also unlösl. Lackschichten. Das Modifizieren kann beim Veräthern des Harzes mit Butanol erfolgen. Mischungen von veräthertem Harz u. **A** zeigen fehlerhafte Lackoberflächen. F. Urban. 7180◇

2433 **Caprolon.** K. N. Wlassowa, N. I. Antropowa, M. Ss. Akutin, A. W. Ssamochwalow und A. W. Scharowa. (Plast. Massen [UdSSR] **1963,** Nr. 1, 18—19; russ.) — *Caprolon,* ein Polyamidharz, kann in große Formen gegossen werden, wenn als Initiator metall. Na, NaOH, **KOH** u. als Aktivator Acetylcaprolaktam, Benzoylchlorid, CO_2 u. a. benutzt werden. J. v. Schroeder. 7180◇

2434 **Die Reinigung von Tri- und Tetraäthoxysilan von chlorhaltigen Verbindungen.** Ss. I. Kleschtschewnikowa, Je. F. Lewina und Je. I. Rumjanzewa. (Plast. Massen [UdSSR] **1963,** Nr. 1, 25—26; russ.) — Zur Reinigung von Cl enthaltenden Verbb. werden Tri- u. Tetraäthoxysilan bei 18° mit trockenem NH_3 (25%ig. Überschuß) behandelt, wonach nach 2 Std. filtriert wird. J. v. Schroeder. 7188◇

2435 **Polyorganoborsiloxane.** K. A. Andrianow, L. M. Chananaschwili, W. Ss. Tichonow, Chan-Schu-Jui und Chan-En-Zse. (Plast. Massen [UdSSR] **1963,** Nr. 1, 21—25; russ.) — Durch Kondens. von Methylphenylaminomethyldiäthoxysilan oder Methylphenyldiäthoxysilan mit $B(OH)_3$, bzw. Phenylborsäure werden zur Herst. von *glasfaserverstärkten Kunststoffen* verwendbare Copolymere erhalten, deren Eigg. ausführlich beschrieben sind. Außerdem werden Triäthylsiloxyäthoxymethylphenylaminomethylsilan ($C_{16}H_{31}N \cdot O_2Si_{21}$, $Kp._{1-2}$ 165—170°) u. Tris-[triäthylsiloxymethylphenylaminomethylsiloxy]-boran ($C_{42}H_{78}BN_3O_6Si_6$) synthetisiert. I. Schade. 7204△

2436 **Die Herstellung und die Eigenschaften von glasfaserverstärkten Kunststoffen auf Grundlage von Cyclopentanon-Formaldehydharz.** I. W. Kamenski und G. M. Zeitlin. (Plast. Massen [UdSSR] 1963, Nr. 1, 20; russ.) — Das nach dem angeführten Verf. hergestellte, mit Cyclohexanon-Formaldehyd getrennte Textolit übertrifft andere Glastextolite an Hitzebeständigkeit. J. v. Schroeder. 7204◇

2437 Badische Anilin- & Soda-Fabrik Akt.-Ges. (Erfinder: Walter Stilz, Ludwigshafen/Rh., Hans Burkhardt, Mannheim, Heinz Pohlemann und Horst Pommer, Ludwigshafen/Rh.), **Stabilisierte Formmassen auf Basis hochmolekularer Polyolefine.** Die Massen enthalten neben den üblichen Stabilisierungsmitteln 0,005 bis 5 Gew.-% eines Esters der pyrophosphorigen Säure, z. B. Di-(o-phenylen)-pyrophosphit. (**D. A. S. 1 149 525** Kl. 39b vom 30/9. 1960, ausg. 30/5. 1963.) F. Markhoff. 7173

2438 Farbwerke Hoechst Akt.-Ges., vormals Meister Lucius & Brüning, Frankfurt/M. (Erfinder: Heinrich Peters, Wiesbaden, und Felix Schülde, Neuenhain/Taunus), **Verbessern der mechanischen Eigenschaften von Homo- oder Mischpolymerisaten von Olefinen oder deren Mischungen.** Den Polymerisaten werden 0,5 bis 50 Gew.-%, bezogen auf die Gesamtmenge, eines 2.2-Bis-(4-oxyphenyl)-propanpolykohlensäureesters zugesetzt, ggf. außerdem die üblichen Füllstoffe. (**D. A. S. 1 146 251** Kl. 39b vom 22/1. 1960, ausg. 28/3. 1963.) F. Markhoff. 7173

2439 Badische Anilin- & Soda-Fabrik Akt.-Ges., Ludwigshafen/Rh. (Erfinder: Bruno Hirsekorn, Mannheim), **Färben von Gebilden aus polymerisierten ungesättigten Kohlenwasserstoffen.** Gemische aus polymerisierten ungesätt. KW-Stoffen u. 1—10 Gew.-%, bezogen auf das Polymere, an koll. SiO_2 mit einer Teilchengröße von 100—10 μ werden verformt u. in einem Färbebad mit bas. Farbstoffen gefärbt. Der Geh. an SiO_2 bewirkt eine intensive Färbung des Polymeren. (**D. A. S. 1 150 519** Kl. 39b vom 26/5. 1961, ausg. 20/6. 1963.) F. Markhoff. 7173

2440 Chemische Werke Hüls Akt.-Ges. (Erfinder: Walter Stumpf, Konrad Rombusch, Friedrich Seifert, Fritz Baxmann und Otto Hahmann), Marl, **Antielektrostatische Formmassen aus Polyolefinen und Polyäthylenglykolmonoäthern.** Als Antistaticum enthalten sie 2—9 (Gew.-%), bezogen auf das Polyolefin, einer Mischung aus 20—80 eines oder mehrerer Polyäthylenglykolmonoalkyläther der Formel $R—O—(C_2H_4)_xH$, worin R eine gesätt. oder ungesätt. Alkylgruppe mit 6—18 C-Atomen u. x eine Zahl von 2—300 ist, u. 80—200 eines oder mehrerer Polyäthylenglykolmonoaralkyläther der Formel $R—Ar—O—(C_2H_4O)_xH$, worin R eine gesätt. oder ungesätt. Alkylgruppe mit 1—18 C-Atomen, Ar ein aromat. KW-Stoffrest u. x eine Zahl von 2—300 ist, u. ggf. noch zusätzlich bekannte Antistatica. — Zum Beispiel werden zugesetzt 1,5—2 (Gew.-%) Laurylheptaäthylenglykol u. 1,5—2 Nonylphenylheptaäthylenglykol. (**D. A. S. 1 152 539** Kl. 39b vom 11/1. 1962, ausg. 8/8. 1963.) F. Markhoff. 7173

2441 International Minerals & Chemical Corp. (Erfinder: Rudolph Kodras), Skokie, Ill., V.St.A., **Ozonisierungsprodukte** erhält man durch Rk. von 3.4-Dihydro-1.2-pyran-2-carbonsäure, ihren Salzen (bes. Alkali-, Erdalkali-, NH_4- u. Aminsalze), Estern, bes. von Alkanolen mit 1 bis 8 C-Atomen, oder Amiden, bes. auch N-Mono- u. -dialkylamiden, mit O_3-haltigen Gasen, bes. in Mischung mit Luft, O_2 oder N_2 in Ggw. eines Lsgm. (Halogen-KW-Stoffe, niedrigmol., gesätt. Fettsäuren, niedrigmol. Alkanole, Ester, wie Äthyl-, Propylacetat, Äthylpropionat, Naphthene, Cyclohexan, Methylcyclohexan u. Cyclopentan) bei —75 bis +75, bes. 15—40°. — Aus 0,05 Mol 3.4-Dihydro-1.2-pyran-2-carbonsäureäthylester (erhältlich durch katalyt. Oxydation von dimerem Acrolein nach A. P. 2 562 848; C. 1950/54, 9355 S) in 50 cm³ Eisessig unter Einleiten von 3—4% O_3 enthaltendem O_2 bei 15° → *Ozonid*; 78,5% (Ausbeute), → daraus mit NH_3 u. Hydrolyse *DL-Glutarsäure*; 78,5%. — Na-Salz der 3.4-Dihydro-1.2-pyran-2-carbonsäure → gummiartiges, bernsteinfarbenes *Ozonid*, das sich auf einer heißen Platte bei ca. 375° zersetzt; durch Stoß- oder Schlag-Einw. erfolgt keine Detonation oder sonstige heftige Zersetzung. — *Verw.* als *Katalysator* zur *Polymerisation* von *ungesätt. monomeren KW-Stoffen* u. *Monocarbonsäureestern*, bes. von *Äthylen, Propylen, Styrol, Acryl-* u. *Methacrylsäureestern.* (**D. A. S. 1 132 144** Kl. 12q vom 24/7. 1959, ausg. 28/6. 1962. A. Prior. 21/8. 1958 u. 16/3. 1959.) G. Krauß. 7173

2442 Shell Internationale Research Mij. N. V., Den Haag, Niederlande, **Katalysatorträger** zur Herst. von Katalysatoren für die *Polymerisation von Äthylen* oder *Propylen.* Ein in üblicher Weise aus SiO_2 u. Al_2O_3 bestehendes Trägermaterial wird mit einem Alkalioxid, -hydroxid, -alkoholat oder -salz einer flüchtigen Säure in solchen Mengen behandelt, die, in Grammäquivalent ausgedrückt, 20—250% der Menge Alkali entspricht, durch die der pH-Wert von 75 ml W. auf 7 erhöht wird, wenn 1 g zugesetzt wird, u. anschließend oder gleichzeitig die Masse auf 200—800° erhitzt. — 15 g einer aus $Al_2O_3 : SiO_2$ im Gewichtsverhältnis von 25 : 75 bestehende u. durch Blasen mit Luft–W.-Dampfgemisch bei 550° vorbereitete Trägermasse werden mit 27,5 ml LiOH (155 mg) imprägniert, ½ Std. auf dem Dampfbad, 1 Std. auf 120° u. 5 Std. unter Durchleiten von Luft auf 500° erhitzt. (**Ind. P. 69 130** vom 21/9. 1959.) C. Lüttgen. 7173

2443 Farbwerke Hoechst Akt.-Ges., vormals Meister Lucius & Brüning, Frankfurt/M. (Erfinder: Richard Holzer, Oberursel, und Karl Mehnert, Hofheim), **Formmassen auf Basis von Polypropylen** enthalten nach dem Niederdruck-Verf. hergestelltes Polypropylen u. Propylen-Äthylen-Periodenmischpolymerisate. Die verwendeten Periodenmischpolymerisate zeichnen sich dadurch aus, daß die Monomeren, z. B. A u. B, in ihnen in längeren Perioden angeordnet sind, wobei jede Periode für sich aus gleichartigen Monomeren besteht, etwa nach folgendem Schema: ···AAAAABBBBBBAAAAAABBBBB··· Das Material besitzt gute Wärmestandfestigkeit u. gute Weiterreiß- u. Schlagfestigkeit, bes. bei ca. + 10°. (**D. A. S. 1 145 792** Kl. 39b vom 23/1. 1960, ausg. 21/3. 1963.) F. Markhoff. 7173

2444 Eastman Kodak Co., V.St.A., **Herstellung von kristallinem Polypropylen** oder Polymeren seiner Homologen mit einem Ionenkatalysator, wie $(C_2H_5)_3Al + TiCl_3$, in Ggw. eines indifferenten Lsgm.; nach Einsetzen der Polymerisation, bzw. beim Nachlassen der Polymerisation, gibt man weiteres Lsgm. zu, wodurch die Polymerisation wieder angeregt wird. — In ein 75-Liter-Rk.-Gefäß gibt man 18 kg abs. Heptan u. unter N_2 48,25 g $(C_2H_5)_3Al$ u. 65 g $TiCl_3$, leitet Propylen ein u. hält bei 1,8 kg/cm² u. 70°. Nach 10 Std. läßt die Polymerisations-Geschw. nach, u. man gibt in 5 Std. 18 kg weiteres abs. Heptan nach. Nach weiteren 16 Std. wäscht man das Polymere unter N_2 mit Isopropanol u. danach mit heißem W., das etwas Isopropanol enthält, u. erhält 18 kg *Polymeres.* (**F. P. 1 232 064** vom 5/8. 1959, ausg. 5/10. 1960.) M. Pankow. 7173

2445 Eastman Kodak Co., V.St.A. (Erfinder: Harry Wesley Coover jun., Frederick Blount Joyner und Newton Henry Shearer), **Herstellung von stereosymmetrischem Polypropylen** durch Polymerisation von Propylen mit einer Mischung aus Alkyl-Al-Dihalogenid, Phosphorsäurehexaalkyltriamid oder Triphenylphosphin u. Ti-Halogenid. — Man mischt 1 (Mol) $C_2H_5AlCl_2$ u. 0,5 Phosphorsäurehexamethyltriamid u. gibt nach Rk. 1 $TiCl_3$ zu. Zu 1 g dieses Katalysators u. 50 cm³ abs. Heptan gibt man unter N_2 100 cm³ fl. Propylen u. hält 4 Std. bei 85°. Das Polymere hat F. 183° u. gegenüber bisher bekannten Polypropylen eine verbesserte Wärme- u. UV-Stabilität. — Verw. für *magnet. Tonbänder.* (**F. P. 1 228 410** vom 27/3. 1959, ausg. 29/8. 1960. A. Prior. 31/3. u. 13/8. 1958.) M. Pankow. 7173

2446 Shell Internationale Research Mij. N. V., Den Haag, Niederlande, **Herstellung von Polybutadien** durch selektive Polymerisation eines Gemisches aus Butadien u. Butenen in Ggw. eines Katalysators (I), der aus einem Gemisch oder Rk.-Prod. von Co- oder Ni-Halogeniden, bes. -Chloriden, u. einem stark reduzierenden Mittel u./oder einer Friedel-Crafts-Verb., bes. $AlCl_3$, Al-Äthylsesquichlorid u. Al-Diäthylchlorid, besteht. Der I wird lösl. gemacht durch „Altern" in Benzol. (**Ind. P. 69 949** vom 7/12. 1959.) C. Lüttgen. 7173

2447 Esso Research and Engineering Co., V.St.A. (Erfinder: Robert Brian Grady und J. D. Kinchen), **Polymerisieren von Isobutylen** oder dessen Mischungen mit

Multiolefinen bei tiefer Temp. mit Friedel-Crafts-Katalysatoren u. einem organ. halogenierten Verdünnungsmittel zu einem Polymerisatbrei, der aus der Rk.-Zone in eine Rückgewinnungsanlage mittels eines innen mit Polyhaloäthylen (Polytetrafluor- oder -trifluorchloräthylen) ausgekleideten Rohres aus rostfreiem Stahl geleitet wird. Durch die Auskleidung wird eine Verstopfung der Leitung vermieden. (**F. P. 1 236 681** vom 12/8. 1959, ausg. 18/11. 1960. A. Prior. 1/10. 1958.) M. Pankow. 7173

2448 Esso Research and Engineering Co., V.St.A., **Herstellung aschearmer Mischpolymerer** mit Friedel-Crafts-Katalysatoren aus Styrol u./oder Isobutylen. Man polymerisiert in einem Nichtkohlenwasserstoff-Lsgm. mit Kp. < Kp. von W. (Alkyl- oder Alkylenhalogenide), gibt zu der Polymerisat-Lsg. ein KW-Stoff-Lsgm. mit Kp. > Kp. des ersten Lsgm., verdampft letzteres u. wäscht es mit einem wss. Medium mit Kp. > Kp. des KW-Stoff-Lösungsmittels. Man hält eine Mischung aus 60 (Gew.-%) Styrol u. 40 Isobutylen mit CH_3Cl u. $AlCl_3$ bei -30^0 in Lsg. u. gibt nach 60 Min. Heptan zu, dest. CH_3Cl bei 35—40° ab u. wäscht die Heptan-Lsg. des Polymeren mit 3%ig. HCl-Lsg. u. Wasser. (**F. P. 1 201 797** vom 22/8. 1958, ausg. 6/1. 1960.) M. Pankow. 7173

2449 Dow Chemical Co., V.St.A. (Erfinder: Alex K. Jahn und Ernest Junior Gillard), **Polymerisieren von Styrol,** Halogen- oder Alkylstyrol in wss. Emulsion, die wasserlösl. Polyvinyltoluolsulfonat enthält; man gibt, nachdem eine gewisse Menge Monomeres polymerisiert ist, 0,005—0,5 Gew.-% (des W.) eines anion. oder nichtion. Emulgators zu u. polymerisiert zu Ende. Arbeitet man in Ggw. von organ. flüchtigen Verbb., wie Pentan, Cl_2F_2C, so entstehen diese Verbb. enthaltende Polymere, die beim Erhitzen in Schaum übergehen. Die Polymeren fallen als Pulver bis Perlen an, die gut mechan. verarbeitet werden können. — Man mischt 929 (g) Styrol, 71 Isooctan u. 1248 W., das 0,313 K_2CrO_7, 12,5 10%ig. Polyvinyltoluolsulfonat-Lsg. mit 23 Gew.-% von deren NH_4-Salz u. 77 Gew.-% $(NH_4)_2SO_4$ enthält, u. stellt mit NH_4OH auf pH 6, rührt mit 300 U/Min., erwärmt in 2 Std. auf 70°, hält hier 9 Std., wobei 45% polymerisiert sind, gibt 3,1 Aerosol MA (Na-Succinatdihexylester) in 10 cm^3 W. zu u. rührt 24 Std. bei 75°: Perlen. (**F. P. 1 232 575** vom 5/6. 1959, ausg. 10/10. 1960. A. Prior. 19/9. 1958.) M. Pankow. 7173

2450 Rhône-Poulenc Soc. An., Paris (Erfinder: Georges Collardeau und Claude Tourniaire, Lyon), Frankreich, **Polystyrolschaumstoffe** werden mit einer Formmasse überzogen, die 1—5 Gew.-% von aliphat. Aldehyd, ungesätt. Polyester, Vinylacetat u. organ. Peroxyd enthält, u. anschließend in der Hitze ausgehärtet. (**D. A. S. 1 151 930** Kl. 39b vom 26/4. 1961, ausg. 25/7. 1963. F. Prior. 9/5. 1960.) F. Koch. 7173

2451 Distillers Co. Ltd., Edinburgh, Schottland (Erfinder: Alaric Louis Jeffrey Raum, Teddington, Middlesex, England), **Polymerisation von Äthylen** allein oder in Mischung mit anderen α-Olefinen in einem inerten fl. Medium bei erhöhter Temp. u. erhöhtem Druck in Ggw. eines Katalysator-Syst. (I) aus Al, einem Halogenid eines Übergangsmetalls u. einem weiteren Metallhalogenid, dad. gek., daß man als **I** eine Mischung aus 1) Al oder einer Al-Leg., 2) einem Ti- oder V-Tri- oder -Dihalogenid oder Mischungen derselben u. 3) einem Cu-, Ag- oder Pb-Halogenid oder Mischungen derselben verwendet. Bes. wird eine Mischung verwendet, bei der das Verhältnis von 1) in g-Atom zu 2) u. 3) in Mol im Bereich von 1—5:1:0,1—2, bes. von 2—4:1:0,3—1, liegt. — Auf ein Gemisch aus 0,55 Gew.-Teilen Al, 1,02 violetten α-$TiCl_3$ u. 0,46 wasserfreiem $CuCl_2$ in 300 Vol.-Teilen Cyclohexan in einem Stahl-Druckgefäß von 800 ml Fassung wird Äthylen bis zu einem Druck von 45 kg/cm^2 aufgedrückt u. der Druck 180 Min. bei ca. 100° aufrechterhalten. Bei der Aufarbeitung erhält man 39,5 Gew.-Teile hochmol., lineares Polyäthylen mit einer Eigenviscosität η_I = 3,050. — Preßmassen für Behälter, Folien oder Filme. (**D. A. S. 1 148 381** Kl. 39c vom 23/7. 1959, ausg. 9/5. 1963. E. Prior. 2/8., 13/8. u. 12/9. 1958.) J. Mühleisen. 7173

2452 Dow Chemical Co., V.St.A. (Erfinder: Paul E. Hinkamp und Richard O. Whipple), **Herstellung von linearen Polyäthylen** in Ggw. eines Verdünnungsmittels u. einer Mischung aus ca. stöchiometr. Anteilen (d. h. der Hälfte bis zum Doppelten) eines Metallhydrids oder einer Organometall-Verb. u. einer reduzierbaren Verb. eines Übergangsmetalles der linken Untergruppen der Gruppen IV—VI des Period. Syst., wobei diese Übergangsmetalle in Mengen von 1—20 Mol-mg pro Liter Verdünnungsmittel angewandt werden, als Katalysator u. 0,01—30 Mol-mg (pro Mol Äthylen) eines Polymerisationskontrollmittels aus α-Olefinen, α-Acetylenen, n-Alkadienen [2-Alkyl- oder -Halogenbutadien-(1.3)]. — Zu 500 cm^3 abs. Hexan gibt man 2,5 cm^3 $TiCl_4$ in Hexan u. 1,25 cm^3 Triisobutyl-Al in Hexan u. dazu 5 (Mol-mg) Pentadien-(1.3) oder 4,8 Hexadien-(1.4) oder 0,46 Chloropren u. leitet 1 Std. Äthylen in die Mischung. Durch Art u. Zusatzmenge des Kontrollmittels kann man den Schmelzindex des *Polyäthylens* variieren. (**F. P. 1 231 245** vom 17/4. 1959, ausg. 27/9. 1960. A. Prior. 28/4. 1958.) M. Pankow. 7173

2453 Eastman Kodak Co., V.St.A., **Herstellung von gut verformbarem Polyäthylen** aus einem solchen mit schlechten Formeigg., einer Kristallinität < 85° u. einem Schmelzindex < 1 durch (5—30 Min.) Erhitzen auf 320 bis 360°, bis der Schmelzindex auf 1,7—40 gestiegen ist, ohne daß sich schon ein wachsartiges Abbau-Prod. gebildet hat. Man kann das Erhitzen im Extruder vornehmen. (**F. P. 1 235 001** vom 5/9. 1959, ausg. 17/11. 1960.) M. Pankow. 7173

2454 Eastman Kodak Co., V.St.A., **Polyäthylenmischung** für *Filme, Überzüge, Formkörper* mit verringertem Reibungs-Koeff. u. verringerter Neigung zum Verkleben durch Zusatz von 0,01—1,5 Gew.-% SiO_2 von der Teilchengröße ca. 1—10 μ, z. B. Diatomeenerde (F. P. 1 235 862), oder durch Zusatz von 0,01—0,5 Gew.-% des Monorizinoleats eines C_2-6-Glykols, wie Äthylen-, Propylen- oder Butylenglykol (F. P. 1 237 397), oder durch Zusatz von 0,05—1 Gew.-% eines Oleamids der Formel $CH_3(CH_2)_7CH:CH(CH_2)_7CONHR$ (R = C_{8-16}-Alkylrest; z. B. n-C_8H_{17}, n-$C_{10}H_{21}$, n-$C_{12}H_{25}$ oder n-$C_{12}H_{33}$) (F. P. 1 236 729), oder durch Zusatz von 0,01 bis 1 Gew.-% eines Amids der Formel $RCONHR^1$ (R = C_{15-17}-Alkylrest; R^1 = C_{4-6}-Alkylrest). (**F. PP. 1 235 862** vom 16/9. 1959, ausg. 10/11. 1960, **1 237 397** vom 29/9. 1959, ausg. 25/11. 1960, **1 236 729** u. **1 236 730** vom 15/9. 1959, ausg. 18/11. 1960.) M. Pankow. 7173

2455 Eastman Kodak Co., V.St.A., **Polyäthylenmischung für Filme** mit verbessertem Reibungs-Koeff. u. verringerter Haftung ihrer Oberflächen aneinander. Man mischt in Polyäthylen 0,01—0,5 Gew.-% eines Glycerinmonoesters einer gesätt. C_{10-14}-Fettsäure, wie Glycerylmonolaurat oder dessen Mischung mit Glycerylmonomyristat (F. P. 1 236 737), oder 0,01—0,5 Gew.-% eines Glycerylmonoesters einer C_{16-18}-Fettsäure; davon ≧40 Gew.-% einer ungesätt., OH-freien C_{18}-Fettsäure, wie Öl-, Leinöl-, Linolenoder Eleostearinsäure, z. B. Glycerylmonooleat. (**F. PP. 1 236 737** vom 18/9. 1959, ausg. 18/11. 1960 u. **1 237 417** vom 2/10. 1959, ausg. 25/11. 1960.) M. Pankow. 7173

2456 Eastman Kodak Co., V.St.A., **Stabilisieren von Polyolefinen,** wie *Polyäthylen,* gegen Oxydation durch Zusatz von 0,01—10 Gew.-% Cu-Naphthenat oder des Cu-Salzes einer Fettsäure mit 16—20 C-Atomen, wie Cu-Oleat oder -Stearat. (**F. P. 1 235 861** vom 16/9. 1959, ausg. 10/11. 1960.) M. Pankow. 7173

2457 E. I. du Pont de Nemours & Co., Wilmington, Del., übert. von: Leon E. Wolinski, Buffalo, N.Y., V.St.A., **Behandeln der Oberfläche von Gegenständen aus Polyäthylen** zwecks Verbesserung der Haftung von Druckfarben. Die Gegenstände werden bei 25—95° mit der wss. Lsg. einer O enthaltenden Verb., wie H_2O_2, HNO_2, Alkalihypochloriten, konz. HNO_3 oder Mischungen von konz. HNO_3 u. H_2SO_4 mit mindestens 50 Gew.-% HNO_3 behandelt. Die Gegenstände, z. B. ein Film, werden nach Verlassen der Düse einem Abkühlbad zugeführt, dem die genannten Verbb. zugesetzt sind, wobei eine gleichzeitige Bestrahlung durch UV vorteilhaft ist. (**A. P. 2 878 519** vom 11/2. 1955, ausg. 24/3. 1959.) F. Markhoff. 7173

2458 E. I. du Pont de Nemours & Co., V.St.A. (Erfinder: Herbert Sousa Eleuterio, Charles Gerhard Fritz, Frederic Warren Grant jun. und Carl Edward Lorenz), **Herstellung eines wachs- oder ölartigen Polytetrafluoräthylens.** Man polymerisiert Tetrafluoräthylen (I) oder seine Mischung mit einem Fluorolefin mit einer

Fluoralkylgruppe in α-Stellung zur olefin. Bindung, zweckmäßig in Ggw. geringer Mengen eines Polymerisationsmodifikators aus ClF_3, BrF_3, BrF_5 oder ClF: *Wachse* mit F. 55 bis 30°. Sie zeigen keine Neigung zur Oxydation u. eignen sich als Zusatz zu stark reaktionsfähigen Verbb. u. zu Raketentreibstoff. — In ein 50-cm³-U-Rohr leitet man bei 260° mit 250 cm³/100 Sek. N_2 u. damit 15,5 cm³/100 Sek. UF_3, gleichzeitig mit 40 cm³/100 Sek. Hexafluorpropylen u. mit 110 cm³/100 Sek. I u. erhält am Boden des U-Rohrs ein *Wachs* mit F. 125—180°, das vernetzt ist. (**F. P. 1 237 750** vom 4/6. 1959, ausg. 25/11. 1960. A. Prior. 13/6. 1958.) M. Pankow. 7173

2459 Eastman Kodak Co., V.St.A., **Stabilisieren von Polyvinylchlorid gegen Ultraviolettabbau** durch Zusatz von 0,1—10 Gew.-% des Amids $(R)_2(R^1)PO$ [R = NH_2, $N(CH_3)_2$, C_6H_5NH; R^1 = $N(CH_3)_2$, CH_3O, C_6H_5, CH_2Cl), wie $[(CH_3)_2 \cdot N]_2P(O)OCH_3$, Bis-[dimethylamido]-methylphosphat, Tris-[dimethylamido]-phosphat, Phenylphosphonsäurediamid, N.N'-Tetramethylphenylphosphonsäurediamid (I) oder N.N'-Tetramethylchlormethylphosphonsäurediamid (II). I erhält man, wenn man in 19,5 g Phenylphosphonyldichlorid 250 cm³ abs. Ae. unter Kühlung mit Aceton-Trockeneis Dimethylamin einleitet, bis die Lsg. bas. wird. Nach Filtrieren u. Abdestillieren des Ae. erhält man I-Kristalle, F. 78—80° (Hexan-Bzl.). — II, $Kp._{2,5}$ 110—112°, F. 35°. (**F. P. 1 233 861** vom 14/8. 1959, ausg. 12/10. 1960.) M. Pankow. 7173

2460 E. I. du Pont de Nemours & Co., **Verbesserung der Eigenschaften von Polyvinylchlorid** bei tiefen Temp. durch Zusatz bis zu 100 Gew.-% (des Polymeren) des Rk.-Prod. aus mindestens einem Polyoxyalkylenglykol u. wenigstens einem organ. Diisocyanat (Polyurethane vom Molgew. 750—8000 mit Endisocyanatgruppen). — Man kondensiert 1 (Mol) Polyoxytetramethylenglykol (Molgew. 1000) mit 1,6 4-Methyl-m-phenylendiisocyanat bei 100° im Mischer: Fl. vom Molgew. 3400. 15 Teile der Fl. gibt man zu 188 Teilen einer Weichmacher, Stabilisator u. Füllmaterial enthaltenden Polyvinylchloridmischung. (**F. P. 1 239 141** vom 27/10. 1959, ausg. 7/12. 1960.) M. Pankow. 7173

2461 Farbwerke Hoechst Akt.-Ges., vormals Meister Lucius & Brüning, Frankfurt/M. (Erfinder: Gerhard Kühne, Burghausen/Obb.), **Kontinuierliche Herstellung von (Misch)-Polymerisaten des Vinylchlorids** mit extrem niedriger Pastenviscosität u. einer mittleren Teilchengröße von 0,5—0,8 μ im Emulsions-Verf. u. mit anschließendem Versprühen des erhaltenen Latex (I), dad. gek., daß man die Polymerisation in Ggw. eines solchen öllösl. Emulgators (II), dessen 0,05%ig. wss. u. salzfreie Lsg. im Stalagmometer nach Traube eine Oberflächenspannung von höchstens 32 dyn/cm besitzt, bei einem Feststoff-Geh. des I von ca. 45 (Gew.-%) durchführt, den erhaltenen I mit 0,2—4, bezogen auf den Feststoff-Geh. des I, eines Mono-, Di- oder Trifettsäureesters eines mehrwertigen Alkohols, bes. Sorbit, Pentaerythrit, Glycerin oder Diglycerin, versetzt u. anschließend versprüht. Als II kann man Sulfobernsteinsäureester der allg. Formel $ROOC-CH_2-CH(SO_3Na)-COOR'$ für sich allein oder in Gemischen einsetzen, worin R u. R' Reste mittlerer oder höherer aliphat., cycloaliphat. oder oxäthylierter Alkohole, Polyglykole oder partieller Fettsäureestern mehrwertiger Alkohole bedeuten. Ferner können als II Anlagerungs-Verbb. von $NaHSO_3$ am Vinylphosphonsäureester (II) von mittleren oder höheren Alkoholen, Polyglykolen oder partiellen Fettsäureestern mehrwertiger Alkohole u. schließlich Polyglykoläther (III) aus 8—10 Mol Äthylenoxid u. mittleren bis höheren Alkoholen, Phenolen, Säuren oder Aminen verwendet werden. In den Mengenbeispielen wird Vinylchlorid mit H_2O_2, $K_2S_2O_8$ oder $(NH_4)_2S_2O_8$ bei 42—44° in Ggw. von folgenden I polymerisiert: Diisononyl-, Diisododecylsulfobernsteinsäureester, Anlagerungs-Verbb. von $NaHSO_3$ an II von n-Decyl-, Isotridecyl- u. Cetylalkohol, Diglycerin- u. Sorbitanmonostearat, Pentaerythritmonolaurat, Diglycerinsesquioleat, III aus Äthylenoxid u. Isobutyl- bzw. Isononylphenol, Isodecyl- bzw. Isotridecylalkohol, Laurin- bzw. Stearin- bzw. Sebacinsäure. Lagerstabile fließfähige Pasten, deren Viscosität nur wenig ansteigt. Bei späterer Verarbeitung wirken die II als Gelierhilfsmittel. (**D. A. S. 1 119 513** Kl. 39c vom 9/5. 1959, ausg. 14/12. 1961.) H. Schindler. 7173

2462 Solvay & Cie., Brüssel, Belgien (Erfinder: Wilhelm Wehr, Hanau/M., und Kurt Schneider, Frankfurt/M.), **Sulfochlorierung von Chlor enthaltenden Polymeren,** dad. gek., daß man diese mit einem Thioharnstoff in polymere Isothioharnstoffsalze umwandelt u. diese sodann der Einw. von Cl_2 in wss. Medium aussetzt. Die Rk. kann bei Raum-Temp. in einem inerten Lsgm. oder Verdünnungsmittel, die Chlorierung bei Temp. < Raum-Temp. vorgenommen werden. Zum Beispiel wird *chloriertes Polyäthylen* in 2-Äthylhexylalkohol gelöst u. die Lsg. mit Thioharnstoff 16 Std. auf 135° erwärmt. Das gebildete Isothioharnstoffsalz wird mit Methanol gefällt u. gewaschen. Das Rk.-Prod. wird dann in W. suspendiert u. bei 0—5° in ½—1 Std. chloriert. Das ursprünglich 16% Cl enthaltende Polyäthylen weist dann einen Geh. von 14,2 (%) Cl u. 2,4 S auf. Die vulkanisierten Endprodd. eignen sich für *Anstriche, Überzüge, elektr. Isolationen* u. verbessern die Schlagfestigkeit von Polystyrol u. Polyvinylchlorid. (**D. A. S. 1 113 310** Kl. 39c vom 15/7. 1960, ausg. 31/8. 1961. F. Prior. 14/8. 1959.) H. Schindler. 7173

2463 Dynamit Nobel Akt.-Ges., Troisdorf (Erfinder: Otto Fuchs, Oberlar), **Herstellen von weichmacherhaltigen Schaumstoffen aus Pasten von Polyvinylchlorid oder Mischpolymerisaten des Vinylchlorids.** Als Weichmacher werden verwendet Alkylsulfosäurephenylester oder -kresylester, die in feinster Dispersion Pb- oder Pb-Cd-Mischsalze des Maleinsäure-Äthylhexanol-Halbesters als für Polyvinylchlorid an sich bekannte Stabilisatoren enthalten. Die Stabilisatoren werden in einer Menge von 1—5 Gew.-% verwendet. Sie erhöhen die Blasenbeständigkeit der Schäume u. setzen die Blasengröße gleichzeitig stark herab. (**D. A. S. 1 148 741** Kl. 39b vom 10/3. 1959, ausg. 16/5. 1963. **Zusatz zu D. A. S. 1 061 508; C. 1962, 12480.**) F. Markhoff. 7173

2464 Solvay & Cie., Brüssel, Belgien (Erfinder: Carl W. Heinen und Attilio Palvarini, Genf, Schweiz), **Herstellung von Pfropfpolymeren,** ausgehend von Polymeren (I) u. polymerisierbaren Verbb. (II), dad. gek., daß man die Gruppen $-O-NO_2$ oder $-O-NO$ in die I einführt u. diese modifizierten I unter Wärme-Einw. der Mischpolymerisation mit einer oder mehreren II unterwirft. Zur Einführung der $-O-NO_2$-Gruppe kann man in heterogener Phase das I in Suspension in einem HNO_3-P_2O_5-Gemisch oder in homogener Phase in einer $AgNO_3$-Lsg. behandeln, wobei die I-Lsg. vorher mit Br behandelt wurde, nachdem ggf. durch eine Base ein Abbau durchgeführt wurde. Hat das I Esterfunktionen, OH- u./oder hydrolysierbaren Estergruppen, wird die Rk. mit einem H_2SO_4-HNO_3-Gemisch durchgeführt. Bei der Einführung der $-O-NO$-Gruppe verwendet man ein Alkalinitrit in Ggw. einer starken Säure. In 17 Mengenbeispielen wird von Polyvinylchlorid, Polyäthylen u. einem Mischpolymerisat aus Vinylacetat u. Vinylchlorid als I ausgegangen. Als II werden Methylmethacrylat, Acrylnitril, Acrylsäure, Styrol, Vinylchlorid u. Butadien verwendet. Die Propfpolymerisation wird bei 60—70° durchgeführt, die unerwünschte Bldg. von Homopolymeren wird erheblich begrenzt. (**D. A. S. 1 118 458** Kl. 39c vom 4/10. 1960, ausg. 30/11. 1961. Belg. Prior. 12/1. 1960.) H. Schindler. 7173

2465 E. I. du Pont de Nemours & Co., V.St.A. (Erfinder: Eugene Edward Magat, David Tanner und Henning Waldemar Jacobson), **Herstellung von Pfropfpolymeren.** Man polymerisiert Vinylamide, wie Vinylpyrrolidon, an hochmol. Kondens.-Prodd. mit O- oder S-Atomen in der Kette, wie Polyester, -äther, Polyoxymethylene, Polyacetale aus Acet- u. höheren Aldehyden, Polycarbonate. — Man taucht Gewebe aus Polyäthylenterephthalat in eine Lsg., die Methacrylamid, Acrylamid, W. u. α.α'-Azodiisobutyramidinhydrochlorid enthält, u. erhitzt danach 2 Std. auf 70°, oder man taucht es in eine Cumolhydroperoxid-Lsg. u. danach in wss. N-Vinylpyrrolidon-Lsg. u. erhitzt danach im Dampfbad, oder man taucht es in eine 2%ig. Poly-[vinylpyrrolidon]-Lsg. u. bestrahlt danach mit ionisierender Strahlung. Die erhaltenen Prodd. lassen sich besser färben als unbehandelte; infolge ihrer Neigung zur Komplex-Bldg. eignen sie sich als Filter u. Reinigungsmittel u. binden Polysäuren, Tannin, reinigen Getränke, wie Bier, entfernen Verunreinigungen aus der Luft, Teer u. Nicotin aus Tabakrauch, dienen im Komplex mit Pharmaceutica zum Binden von Toxinen, Viren, Farbstoffen, ferner als Zusatz zu Schreibmaschinenbändern. (**F. P. 1 224 062** vom 31/10. 1958, ausg. 22/6. 1960. A. Prior. 31/10. 1957.) M. Pankow. 7173

2466 Imperial Chemical Industries Ltd., London (Erfinder: Andrzej Pajaczkowski, Harpenden, Hertfordshire), England, **Polymerisation von ungesättigtem Verbindungen,** welche die Gruppe $\geq C=CH_2$ enthalten, worin höchstens eine der freien Bindungen durch H abgesätt. ist, dad. gek., daß man als Katalysator 3.5.5-Trimethylhexanoylperoxid verwendet. Bezogen auf das Gew. der Monomeren, z. B. Acrylnitril, Styrol, Methylmethacrylat oder Vinylchlorid, werden 0,01—2,0 Gew.-% eingesetzt. — Mengenbeispiele. Ausbeuteerhöhung. (**D. A. S. 1 116 408** Kl. 39c vom 10/8. 1960, ausg. 2/11. 1961. E. Prior. 12/8. 1959 u. 2/8. 1960.) H. Schindler. 7173

2467 Union Carbide Corp., New York, N.Y. (Erfinder: Frank Joseph Welch, South Charleston, W.Va.), V.St.A., **Polymerisation äthylenisch ungesättigter Verbindungen** in Ggw. von Organobor-Verbb., dad. gek., daß wenigstens eine äthylen. ungesätt. Verb., die eine oder mehrere äthylen. ungesätt. Gruppen enthält, in Ggw. einer organ. B-Verb. der allg. Formel R(R)B—X, in der R u. X einwertige KW-Stoffreste bedeuten u. X auch ein —OR- oder —O—B(R)R-Rest oder Halogen sein kann, bei —120° bis Zimmer-Temp. polymerisiert wird. R sind bas. aliphat. bzw. cycloaliphat. KW-Stoffreste mit 2—12 bzw. 3 bis 12 C-Atomen. Als B-Verb. sind neben Tributylbor noch Di-n-Butylborigsäureanhydrid, n-Butyldi-n-butylboronit, Dibutylborchlorid u. Triäthylbor genannt. Als Ausgangsstoffe werden in den 25 Mengenbeispielen Vinylchlorid, Äthylacrylat, Vinylacetat, Methylmethacrylat, Acrylnitril u. Vinylidenchlorid sowie als Lsgm. Methanol, Aceton, Heptan, Toluol, Chlorbenzol usw. verwendet. Tabellen über physikal. Eigg. (red. Viscosität bei 30°) u. Ausbeuten. (**D. A. S. 1 106 501** Kl. 39c vom 2/5. 1958, ausg. 10/5. 1961. A. Prior. 10/5. 1957.) H. Schindler. 7173

2468 A. Je. Akopjan, R. Ch. Bosstandshan und W. Je. Badaljan, **Kontinuierliche Herstellung wässeriger Polyvinylalkohollösungen** durch Verseifen 30—36%ig. wss. Dispersionen von Polyvinylacetat in Ggw. von 0,5—2% HCl u. $KClO_4$ bei 70—80° u. Extraktion der Säure mit Äther. (**UdSSR. P. 129 817** vom 18/7. 1959.) L. Großner. 7173

2469 Gevaert Photo-Producten N. V., Mortsel (Erfinder: Marcel Nicolas Vrancken, Berchem, Antwerpen, Alfons Jozef de Pauw, Edegem, und René Maurice Hart, Wilrijk), Antwerpen, Belgien, **Härten von makromolekularen Reaktionsprodukten.** Die durch Rk. von Polyvinylalkohol (I) mit Maleinsäure hergestellten Prodd. werden durch Zusatz einer Gelatine (II) gehärtet, die einen I.P. von mindestens 8 u. eine Gelfestigkeit von mindestens 220 besitzt. — Beispiel: Zu 100 cm³ einer 5%ig. wss. Lsg. von I, dessen Alkoholgruppen zu 6% in Monomaleinatgruppen umgewandelt sind, werden 20 cm³ einer 5%ig. wss. Lsg. von II mit dem I.P. 9 u. der Gelfestigkeit 270 zugesetzt. Die Mischung wird auf den pH-Wert 8 eingestellt, auf Glasplatten vergossen u. getrocknet. Nach einigen Tagen Lagerzeit bei normaler Temp. u. normaler Feuchtigkeit lösen sich die so erhaltenen Schichten in sd. W. nicht mehr auf. (**D.A.S. 1 148 742** Kl. 39b vom 9/2. 1961, ausg. 16/5. 1963. Belg. Prior. 18/11. 1960. **Zusatz zu D. A. S. 1 069 867; C. 1960, 14929.**) F. Markhoff. 7173

2470 Farbwerke Hoechst Akt.-Ges., vormals Meister Lucius & Brüning (Erfinder: Herbert Bestian und Dieter Ulmschneider), Frankfurt/M., **Polymerisation von offenkettigen N-Vinylamiden** für sich allein oder in Mischung untereinander oder mit anderen polymerisierbaren Verbb. in wss. Lsg. oder Suspension, dad. gek., daß zur Polymerisation von Verbb. der allg. Formel $R_1CON\cdot(CH{=}CH_2)R_2$, worin R_1 u. R_2 organ. Reste u. H bedeuten, H_2O_2 u. NH_3 bzw. H_2O_2 u. wasserlösl. Amine als Katalysatoren bei 0—100° verwendet werden. Die Prodd. weisen ein hohes Molgew. auf u. sind farblos. Geeignete Verbb. sind z. B. N-Vinylacetamid (I), N-Vinyl-N-methylformamid, N-Vinyl-N-methylacetamid, N-Vinylpropionamid, N-Vinyl-N-äthylacetamid u. N-Vinyl-N-methylisobutyramid. Copolymerisierbare Verbb. sind Vinyläther, Vinyllactame, Vinylhalogenide, Vinylester u. Acrylsäurederivate. — 20 g I in 47 ml W. werden mit 0,12 ml H_2O_2 (30%ig) u. 0,3 ml NH_3 (20%ig) bei 50° polymerisiert, wobei H_2O_2 in 4 gleichen Teilen in Abständen von 3 Std. zugegeben wird. Nach 15 Std. erhält man eine farblose, klare Lsg. eines Polymerisats vom K-Wert 88,5 mit einer Viscosität $\eta_{red.}$ 3,0 (in W., 1%ig). Filme, Verdickungs- u. Klebemittel, Haarbefestiger u. Abziehmittel für Küpenfarbstoffe. (**D. A. S. 1 151 940** Kl. 39c vom 13/7. 1961, ausg. 25/7. 1963.) J. Mühleisen. 7173

2471 Badische Anilin- & Soda-Fabrik Akt.-Ges. (Erfinder: Kurt Demmler, Harry Distler, Franz Friedrich Miller und Lothar Würtele), Ludwigshafen/Rh., **Herstellung von Polysulfonaten,** dad. gek., daß man Vinylsulfonsäureester (I) von Polyolen, die mindestens 2 I-Gruppen enthalten, mit organ. Verbb., die mindestens 2 akt. H-Atome im Mol. enthalten, die nicht in Form von Kristallwasser oder -alkohol oder dgl. gebunden sind, in Ggw. von bas. reagierenden Stoffen bei ca. —50 bis ca. + 200° umsetzt. Die in 21 Beispielen verwendeten I können nach D. A. SS. 1 091 104; C. **1961**, 8469 u. 1 094 735; C. **1962**, 8419 hergestellt werden. Im einzelnen werden die Divinylsulfonsäureester des 2.2-(4'.4''-Dioxydiphenyl)-propans, des p.p'-Dioxydiphenylsulfons, des Glykols u. des Resorcins als Ausgangsstoffe eingesetzt. Außer NaOH werden folgende bas. Verbb. verwendet: 4'.4''-Diaminodiphenylmethan, Anilin, aminodimethyldicyclohexylmethan, n-Butylamin, Methylen-bis-caprolactam, Adipinsäuredihydrazid, N.N-Dibutylcyclohexylamin, N.N'.N''-Penta-(oxyisopropyl)-diäthylentriamin, 3'.3''-Dimethyl-4'.4''-diaminodicyclohexylmethan u. N-Methylharnstoff. Die Endprodd. können als *Schmieröle, Lacke, Kitte, Klebstoffe, Gießharze, Folien* u. *Schaumkörper* verwendet werden. (**D. A. S. 1 116 405** Kl. 39c vom 29/1. 1960, ausg. 2/11. 1961.) H. Schindler. 7173

2472 Minnesota Mining & Mfg. Co., St. Paul, Minn., übert. von: Elizabeth S. Lo, Fords, N.J., V.St.A., **Herstellung von 1.1-Dihydrofluoralkylperfluorallyläthern,** deren Alkylgruppe 2—12 C-Atome enthält, durch Rk. von 3-Chlorpentafluorpropen mit einem 1.1-Dihydroperfluoralkohol in einem alkal. Medium [$NaHCO_3$, K_2CO_3, $CaCO_3$, $Mg(OH)_2$, $Ca(OH)_2$, Pyridin, Tri-n-butylamin, tert.-Butylamin, Triäthanolamin] bei —10 bis + 100°, bes. bei 0—75°. Man erhält so bes. $CF_2{=}CFCF_2OCH_2CF_3$, Kp. 56°. Weitere Prodd. mit 3, 4, 7, 10 u. 11 C-Atomen in der Alkylgruppe sind ohne Konst. genannt. Geeignet zur Herst. von *Polymerisaten* u. bes. *Mischpolymerisaten* mit Vinylidenfluorid, 1.1-Chlorfluoräthylen, 1.1.2- oder 1.1.3-Trifluorbutadien geeignet. (**A. P. 2 856 435** vom 29/10. 1956, ausg. 14/10. 1958.) W. Gräger. 7173

2473 Montecatini Soc. Gen. per l'Industria Mineraria e Chimica (Erfinder: Giulio Natta, Giorgio Mazzanti, Paolo Longi und Francesco Bernardini), Mailand, Italien, **Polymerisation von Acrylmonomeren,** dad. gek., daß das Verf. in Ggw. von Katalysatoren (I) durchgeführt wird, die aus einer Verb. der allg. Formel $Me^{I}_{p}Me^{II}\cdot[N(R_1)(R_2)]_mX_n[O(R_3)(R_4)]_g$ bestehen, in der R_1 u. R_2 = Alkyl, Cycloalkyl-, Aryl, Alkaryl oder Aralkyl sind, die gleich oder verschieden sein können oder zusammen mit dem N-Atom einen heterocycl. Ring bilden, R_3 u. R_4 = Alkyl, Aralkyl oder Aryl, Me^{I} = Alkalimetall, Me^{II} = Metall der I., II. oder III. Gruppe des Period. Syst., X = H oder Halogen, p = 0 oder 1, n = 0 oder eine ganze Zahl, m + n = Summe der Wertigkeiten von Me^{I} u. Me^{II} u. g = 0 oder 1 sind. Als Me^{I} ist bes. Li u. als Me^{II} Be, Mg oder Al genannt. In den Beispielen werden folgende I verwendet: $LiAl[N(C_6H_5)_2]_3H\cdot O(C_2H_5)$, $LiAl[N(C_2H_5)_2]_3H$, $Be[N(C_6H_5)_2]_2$, $\{Al[N(CH_3)_2]_3\}_2$, $Al[N(C_6H_5)_2]_3$, $Al[N(C_6H_5)_2]_2Cl$ u. Carbazol-Li. Diese Verbb. können durch Rk. einer Dialkyl- oder Diarylamin-Verb. mit den Trialkyl- oder Alkylhalogeniden der entsprechenden Metalle erhalten werden. Mengenbeispiele hierfür. Als Monomere werden tert.-Butylacrylat, Isopropylacrylat, Methylmethacrylat u. Acrylnitril in Ggw. eines inerten Verd.-Mittels bei —100 bis + 100° zu isotakt. kristallinen Prodd. polymerisiert. (**D. A. S. 1 113 089** Kl. 39c vom 21/6. 1960, ausg. 24/8. 1961. It. Prior. 30/6. 1959.) H. Schindler. 7173

2474 Farbenfabriken Bayer Akt.-Ges. (Erfinder: Heino Logemann), Leverkusen, **Herstellung von Acrylnitrilpolymerisaten** durch Polymerisation von Acrylnitril allein oder im Gemisch mit anderen Vinylmonomeren im wss. Medium bei pH-Werten <7 mit Redox-Syst. auf der Basis von Per-Verbb. u. S-Verbb. niederer Oxydationsstufen in Ggw. von Schwermetallionen u. Komplexbildnern, dad. gek., daß man in Ggw. von wasserlösl. aliphat. Mercaptanen, die in Nachbarschaft zur Sulfhydrylgruppe eine OH-Gruppe tragen, als Regler arbeitet. Vgl.-Verss. u. Mengenbeispiele, in denen Acrylnitril u. Methylacrylat als Mischkomponenten, Na-Äthylendiamintetraacetat als Komplexbildner, $CuSO_4$ sowie Thioglykol als Regler eingesetzt sind. Mit $K_2S_2O_8$ u. Na-Pyrosulfit erhält man Prodd., die bei 80—98%ig. Umsatz einen K-Wert von 75—87 u. eine Thermostabilitätszahl von 2—2,5 aufweisen. Durch Variation der Reglermenge kann das Molgew. zwischen einem K-Wert von 80 u. 100 eingestellt werden. (**D. A. S. 1 147 040** Kl. 39c vom 29/7. 1959, ausg. 11/4. 1963.) H. Schindler. 7173

2475 Farbenfabriken Bayer Akt.-Ges., Leverkusen (Erfinder: Ingofroh Dennstedt, Köln), **Herstellung von Acrylnitrilpolymerisaten** oder -Mischpolymerisaten durch Polymerisation von Acrylnitrit (I), ggf. mit anderen Vinyl-Verbb., in wss. Medium bei pH-Werten unter 7 unter Verw. von Radikalbildnern als Katalysatoren u. ggf. Komplexbildnern (II) für Schwermetallionen, dad. gek., daß die Polymerisation in Ggw. von wasserlösl. farblosen Al-Salzen (III) oder in Ggw. von III u. von wss. Dispersionen eines Mischpolymerisats (IV) von I mit vinylsulfonsaurem Na oder styrolsulfonsaurem K erfolgt, wobei die Menge des **IV** 0,5 bis 10%, bezogen auf I, beträgt. II sind z. B.: NaF, $Na_4P_2O_7$, H_3PO_4, Na-Hexametaphosphat, Imidotriglykolsäure u. Äthylendiamintetraessigsäure (V). Als III dient bes. $KAl(SO_4)_2$. — Ein Gemisch von 1375 (Gew.-Teilen) W., 6 $KAl(SO_4)_2$, 2,5 **IV** aus **I** u. vinylsulfonsaurem Na im Verhältnis 40:60, 25 n-H_2SO_4, 1 V, 92,6 I u. 4,9 Acrylsäuremethylester wird bei 50° mit 3,8 Na-Pyrrosulfit u. 3,25 $K_2S_2O_8$ versetzt u. 4 Std. auf 50° gehalten. Bei der Aufarbeitung erhält man in 92%ig. Ausbeute ein rein weißes Polymerisat, dessen Filme selbst bei 3std. Erhitzen auf 173° unverfärbt bleiben u. mit bas. Farbstoffen gut angefärbt werden können. (**D. A. SS. 1 152 263** Kl. 39c vom 23/9. 1959 u. **1 152 262** Kl. 39c vom 11/9. 1959, beide ausg. 1/8. 1963.) J. Mühleisen. 7173

2476 Badische Anilin- & Soda-Fabrik Akt.-Ges., Ludwigshafen/Rh. (Erfinder: Hansjürgen Kessler, Mannheim, Ernst Penning und Hans Wilhelm, Ludwigshafen/Rh., und Hans Reinhard, Mannheim), **Herstellung von vernetzbaren makromolekularen Verbindungen,** dad. gek., daß man eine Mischung aus 0,5 bis 50 (Gew.-%) eines Esters einer polymerisierbaren α.β-äthylen. ungesätt. Carbonsäure oder Dicarbonsäure mit einem zwei- oder höherwertigen Alkohol, der in α-Stellung zu einer freien OH-Gruppe ein Cl-Atom trägt, u. 99,5—50 anderer ungesätt. polymerisierbarer Verbb. mischpolymerisiert. Ausgangsmonomerengemische sind genannt: Acrylsäurebutylester (I), Methacrylsäuremethylester (II) u. Acrylsäure-2-hydroxy-3-chlorpropylester (III); **I**, Acrylnitril (**IV**) u. **III**; Acrylsäure (**V**), **II**, **I**, **III** u. **IV**; Styrol, **V**, **II**, **I** u. **III**; **I**, **II**, **IV**, Styrol u. Methacrylsäure-2-hydroxy-3-chlorpropylester; **I**, **II**, **IV**, Styrol u. Fumarsäure-bis-2-hydroxy-3-chlorpropylester. Das Verf. kann im Block, in Emulsion, Suspension oder Lsg. in Ggw. üblicher Katalysatoren durchgeführt werden. Die Prodd. eignen sich zur Herst. von *Filmen*, *Folien*, *Lacken* u. *Textilhilfsmitteln* u. lassen sich mit Halogenwasserstoff abspaltenden Mitteln vernetzen. (**D. A. S. 1 105 173** Kl. 39c vom 22/12. 1959, ausg. 20/4. 1961. **E. P. 890 776** vom 21/12. 1960, ausg. 7/3. 1962. D. Prior. 22/12. 1959.) H. Schindler. 7173

2477 American Cyanamid Co., New York (Erfinder: Peter Adrian Jarovitzky, New Rochelle, und Marvin Wishman, White Plains), N.Y., V.St.A., **Verbesserung von Mischpolymerisaten des Acrylnitrils mit Vinylpyridinen** nach D. A. S. 1 097 136, wobei die in Ggw. von Mineralsäuren in bekannter Weise hergestellten u. von nichtumgesetzten Monomeren befreiten Mischpolymerisate nach einer Vorwaschung mit W. in feuchtem Zustand mit einer wss. NH_3-Lsg. bei pH 5—7,5 u. 40—80° verrührt werden, das Polymerisat abgetrennt u. nur ggf. mit W. nachgewaschen wird. (**D. A. S. 1 152 819** Kl. 39c vom 16/11. 1960, ausg. 14/8. 1963. A. Prior. 20/11. 1959. **Zusatz zu D. A. S. 1 097 136; C. 1962, 10298**.) L. Stadelmann. 7173

2478 E. I. du Pont de Nemours & Co., V.St.A. (Erfinder: William Harold Calkins und Walter Murray Edwards), **Polymeres enthaltender Sirup** durch Mischpolymerisation von Methylmethacrylat (I) mit einer Verb. CH_2:C(R)·X·C(R):CH_2 (X = —CO·O, —COO·Y·OCO—, —C_6H_4—; Y = Alkylen, Polyalkylen, Hydroxyalkylen oder Polyoxyalkylen; R = H oder Alkyl), wie Äthylendimethylmethacrylat (II) oder Allylmethacrylat. Der Sirup soll eine Viscosität von 0,5—20 P bei 25° haben u. ist lagerfähig. — Er dient zum Mischen oder *Überziehen von Fasern*, *Metallpulver*, zur Herst. von *Folien*, für *Überzüge auf Holz*. Statt I kann man Vinylacetat, Styrol, Alkylacrylat verwenden. — 116 (Gew.-Teile) verzögererfreies **I**, 0,7 **II** u. 0,51 Laurylmercaptan werden bei 80° mit 0,039 α.α'-Azo-bis-isobutyronitril in 5,3 **I** versetzt u. 25 Min. bis 101° erhitzt, worauf man bei 25° mit 0,0049 Hydrochinon in 10,7 **I** unterbricht. (**F. P. 1 221 537** vom 15/4. 1959, ausg. 2/6. 1960. A. Prior. 3/10. 1958.) M. Pankow. 7173

2479 Dow Chemical Co., V.St.A., **Herstellung von Styrol-Methylmethacrylat-Mischpolymeren.** Man polymerisiert 5—95 (Gew.-Teile) Styrol u. 95—5 Methylmethacrylat kontinuierlich unter Abziehen eines Teils des Polymeren, so daß das Mischpolymerisat 10 Gew.-% der Gesamt-Rk.-Mischung u. 60 Gew.-% des Monomeren + Polymerenanteils beträgt, ggf. unter Zusatz eines Verdünnungsmittels u. eines Katalysators, indem man durch kontinuierliche Zugabe der Ausgangsstoffe deren Konz. konst. hält. (**F. P. 1 225 103** vom 13/2. 1959, ausg. 29/6. 1960.) M. Pankow. 7173

2480 E. I. du Pont de Nemours & Co., V.St.A. (Erfinder: David Charles, England), **Herstellung von Polyfluorcyclobutanonen.** Zur Herst. von *Fluorcyclobutanonen* läßt man Verbb. F_2C:CXZ (X u. Z = F, Cl, Br) mit Keten reagieren, oder mit Allen bei Ozonisation der Methylen-Zwischenverb. u. Hydrierung, oder mit Allylester bei Deshydroacyloxylierung des Zwischenprod. Ozonisierung u. Hydrierung oder mit einem Perfluorvinyläther bei Hydrolyse des Zwischenäthers. — 14 (Teile) 2.2.3.3-Tetrafluor-1-methylencyclobutan (aus Tetrafluoräthylen u. Allen nach A. P. 2 462 345; C. **1949**, E. 1925) werden bei —70 bis —80° 1½ Std. mit O_3 behandelt, worauf man unter N_2 0,5 eines Pd-Katalysators (10% Pd auf Kohle) in 20 CH_3OH zusetzt u. <30° hydriert: 2.2.3.3-Tetrafluor-1-hydroxy-1-methoxycyclobutan, $Kp._{53}$ 56°. Man gibt das Prod. zu 25 P_2O_5, wobei *2.2.3.3-Tetrafluorcyclobutanon*, $Kp._{200}$ 32°, $n_D^{24,4}$ 1,3220, entsteht. — Ferner: 2-Chlor-2.3.3-trifluor-1-hydroxycyclobutan, $Kp._{20}$ 40—60°; *2-Chlor-2.3.3-trifluorcyclobutanon*, $Kp._{200}$ 57°; n_D^{27} 1,3715. — 1.2.2.3.3.4.4-Heptafluor-1-methoxycyclobutan, $Kp._{760}$ 59°; n_D^{25} 1,2875; Hexafluordimethoxycyclobutan, $Kp._{760}$ 114—119°; Methyltrifluorvinyläther, Kp. 10,5 bis 12,5°; 2.2.3.3.4.4-Hexafluor-1.1-dihydroxycyclobutan, $Kp._{50}$ 59°; 1-Hydroxy-1-methoxyhexafluorcyclobutan, n_D^{25} 1,3289; 4H-Hexafluormethylbutyrat, $Kp._{760}$ 89°; n_D^{25} 1,3170; 4H-Hexafluorbuttersäure, $Kp._{760}$ 149°; n_D^{25} 1,3158. — 2.2.3.3-4.4-Hexafluor-1.1-dihydroxycyclobutan, $Kp._{760}$ 125°. — Heptafluor-n-propoxycyclobutan, $Kp._{760}$ 90°; n_D^{25} 1,3132. — *Perfluorcyclobutanon* (I), *Hydrat*, F. 50—52°; $Kp._{760}$ 126 bis 128°. — Dichlorhexafluorcyclobutan, $Kp._{760}$ 57—64°, u. 2-Chlor-1.2.3.3.4.4-hexafluorcyclobutylmethyläther, zum größten Teil $Kp._{760}$ 85,5°. — *2-Chlor-2.3.4.4-pentafluorcyclobutanon*, $Kp._{760}$ 34°. — 2.2-Dichlor-1.3.3.4.4-pentafluorcyclobutylmethyläther, $Kp._{760}$ 115—120°. — *2.2-Dichlor-3.3.4.4-tetrafluorcyclobutanon*, $Kp._{760}$ 67,5°; n_D^{25} 1,3590; geht beim Bestrahlen mit UV-Licht in 1.1-Dichlor-2.2.3.3-tetrafluorcyclopropan, $Kp._{760}$ 40°, über. — 1-Acetoxymethyl-2-chlor-2.3.3-trifluorcyclobutan, $Kp._1$ 41—43°; n_D^{25} 1,4031; 2-Chlor-2.3.3-trifluor-1-methylencyclobutan, $Kp._{760}$ 86—90°, n_D^{25} 1,3881. — Die 3.3-Difluor-2.2-dihalocyclobutanone bilden als cycl. Ketone Hydrate u. Hemiacetate, 2.2.3.3-Tetrafluorcyclobutanon reagiert spontan mit Glas unter Bldg. von SiF_4 u. 4.4-Difluorbutin-(2)-säure. Die 3.3.4.4-Tetrafluor-2.2-dihalocyclobutanone dienen zur Herst. von Tetrafluordihalocyclopropan. Die Polyfluorcyclobutanone machen Polyvinylalkohol (z. B. Folien für Verpackungszwecke) wasserunempfindlich, sie dienen als *Weichmacher* für Polymere, wie Polyvinylacetat, oder als *Lsgm.* bei deren Verarbeitung zu Folien u. Fäden. I polymerisiert leicht zu einem Hochmol., auch zusammen mit anderen äthylen. oder acetylen. ungesätt. Verbb., wie Styrol, Methacrylate, Äthylenoxid, Aldehyde, Ketone. Man kann mit Radikalkatalysatoren, anion. Mitteln, wie Alkalihalogenide, -cyanide, Phosphine, Phosphite, oder kation. Stoffen, wie Halogeniden von Metalloiden der Gruppen IIIa, IVa u. Va u. Übergangsmetallen der Gruppen IIIb bis VIII des Period. Syst., wie BF_3, $AlCl_3$, polymerisieren. — 8 (Teile) I werden bei 0° mit 10 abs. Ae. u. 0,01 wasserfreiem Na-Acetat 10 Min. gehalten u. dann mit Aceton-Trockeneis gekühlt u. 16 Std. gehalten: Gel, das bei —80°

10 Min. mit 2,2 CH_3COCl gemischt wird: *Polyoxyperfluorcyclobutyliden*, das bei Raum-Temp. langsam u. bei 200 bis 250° schnell in Perchlorcyclobutanon abgebaut wird. — 7,5 (Teile) I u. 11 Acrylnitril werden unter N_2 gehalten: *Mischpolymeres*, das aus Dimethylformamid-Lsg. zu einem transparenten *Film* geformt werden kann. — Verarbeitung der Polymeren zu Blöcken oder *Fasern* u. Material für Treibmittelpumpen. (**F. P. 1 224 320** vom 24/2. 1959, ausg. 23/6. 1960. A. Prior. 27/2. u. 28/8. 1958.) M. Pankow. 7173

2481 A. A. Berlin, M. I. Tscherkaschin, O. G. Sselskaja und W. Je. Limanow, **Herstellung von Polymeren auf Arylacetylenbasis** durch zusätzliche Polymerisation der Polymeren bei 300—400°, wodurch Wärmefestigkeit u. elektr. Leitfähigkeit erhöht werden. — Phenylacetylen wird unter Inertgas 12—24 Std. auf 150—400° erhitzt, das Polymerisat wird in Aceton gelöst u. mit CH_3OH gefällt u. ggf. als Pulver oder in verarbeiteter Form 6—24 Std. auf 300—400° erhitzt. — Tabellen. (**UdSSR. P. 129 330** vom 21/4. 1959.) L. Großner. 7173

2482 Union Carbide Corp., New York, N.Y. (Erfinder: Frederick Eugene Bailey jun., Charleston, W.Va.), V.St.A., **Herstellung von Polyäthern** durch Polymerisation von Olefinoxiden (I) in Ggw. von Katalysatoren (II) u. ggf. Lsgm., dad. gek., daß Äthylenoxid mit wenigstens einem polymerisierbaren I in Ggw. eines Erdalkalicarbonats (III) oder eines Erdalkalimetall-Deriv. einer organ. Oxy-Verb. als II umgesetzt wird. III wird zu 0,01—5 (Gew.-%), das Deriv. zu 0,1—2, bezogen auf das Monomerengemisch, verwendet. Bes. $SrCO_3$ oder Sr-Methylat werden in den Mengenbeispielen verwendet. Als ein mit Äthylenoxid mischpolymerisierbares I sind Butadienmonoxid (u. 1.2-Epoxybutan) sowie Chloroprenoxid genannt. Das Verf. wird bei 70—150° in Ggw. eines (kernchlorierten) aromat. KW-Stoffs, eines KW-Stoffäthers oder eines normalerweise fl. gesätt. KW-Stoffs in fl. Phase oder in Ggw. eines gasförmigen KW-Stoffs durchgeführt. Tabellen über Ausbeuten, red. Viscositäten, Zugfestigkeit u. Dehnung, Biegungs- u. Sprödigkeits-Temp. sowie Durometerhärte der erhaltenen Harze, die bes. zur Preßverformung u. zur Herst. von Filmen geeignet sind. (**D. A. S. 1 104 706** Kl. 39c vom 28/5. 1957, ausg. 13/4. 1961. **E. P. 869 112** vom 28/5. 1957, ausg. 31/5. 1961. Beide A. Prior. 29/5. 1956.) H. Schindler. 7177

2483 Chemische Werke Hüls Akt.-Ges. (Erfinder: Siegfried Artmeyer, Franz Broich, Walter Franke und Erwin Heinrich), Marl/Kr. Recklinghausen, **Herstellung von Polyacetaldehyd** durch katalyt. Polymerisation von Acetaldehyd an Al_2O_3 in fl. Phase bei $<0°$, dad. gek., daß man die Polymerisation an feinverteiltem bewegtem Kontakt in Mengen von 0.01—10% des eingesetzten Aldehyds durchführt, ggf. in Ggw. von inerten Verdünnungsmitteln. (**D. A. S. 1 150 812** Kl. 39c vom 14/3. 1960, ausg. 27/6. 1963.) W. Overbeck. 7177

2484 Farbwerke Hoechst Akt.-Ges., vormals Meister Lucius & Brüning, Frankfurt/M. (Erfinder: Klaus Weissermel, Frankfurt/M., Klaus Küllmar, Kelkheim, und Heinz Schmidt, Frankfurt/M.), **Polymerisation von Acetaldehyd** in Ggw. von kation. wirksamen Verbb. u. Feststoffkontakten bei —30 bis —120°, dad. gek., daß man die Polymerisation in Ggw. von $\geqq 1$ organ. u./oder anorgan. Feststoffkontakt, der durch $\geqq 1$ organ. oder anorgan. Säure, eine Lewis-Säure oder eine Lewis-Säure in Form bekannter Komplex-Verbb. bzw. salzartiger Verbb., in Mengen von 0,0005—0,1%, bezogen auf das Gew. des Feststoffkontakts, aktiviert ist, durchführt. Als Feststoffkontakt dient z. B. Polypropylen oder eine kation. aktivierte Mischung von SiO_2 u. Polyacetal aus Acetaldehyd oder Trioxan. (**D. A. S. 1 148 738** Kl. 39c vom 17/12. 1959, ausg. 16/5. 1963.) W. Overbeck. 7177

2485 VEB Leuna-Werke „Walter Ulbricht" (Erfinder: Hans-Georg Rosenkranz), Leuna, **Herstellung schellackartiger Kondensationsprodukte** durch alkal. Kondens. cycl. Ketone (I) mit CH_2O, dad. gek., daß ein I-Gemisch aus Cyclohexanon u. o-, m- u. p-Methylcyclohexanon sowie einem geringen Teil Dimethylcyclohexanon mit CH_2O wie bekannt bei 90° alkal. kondensiert wird, wobei das Gew.-Verhältnis von Cyclohexanon : Methylcyclohexanon 30 : 70, das Mol.-Verhältnis des I : CH_2O 1 : 1,8 u. der Gesamt-I-Geh. des Methylcyclohexanons mindestens 90% beträgt. Nach den Mengenbeispielen werden Harze mit Erweichungspunkten von 103 u. 106° erhalten, die sich in Alkoholen, Estern, Ketonen, Bzl. u. Toluol lösen u. zur Herst. von *Schallplattenpreßmassen* u. *Nitrocelluloselacken* eignen. (**D. A. S. 1 099 734** Kl. 39c vom 24/3. 1955, ausg. 16/2. 1961.) H. Schindler. 7177

2486 Union Carbide Corp., New York, N.Y. (Erfinder: Howard Russell Guest, Charleston, W.Va., und Ben Wilton Kiff, Ona, W.Va.), V.St.A., **Flammbeständige Harze** werden durch Rk. von Phosphor-Verbb. mit cycl. organ. Verbb. in der Wärme hergestellt, indem man ein Gemisch aus einem Phenol, sog. kondensierten Phosphorsäuren u. einem 3.9-Dialkenylspiro-bis-[m-dioxan] mit 2 bis 18 C-Atomen in jedem Alkenylrest auf 100—150° erhitzt. — Ein Gemisch aus 54 g 3.9-Divinylspiro-bis-(meta-dioxan) u. 16 Phenol wird geschmolzen u. 0,6 kondensierte Phosphorsäuren zugesetzt, dann 30 Min. auf 180° erhitzt, auf 50° gekühlt u. weitere 1,6 kondensierte Phosphorsäuren zugegeben. Das Gemisch wird in Formen 16 Std. bei 100° gehalten u. ein hellbraunes Polymerisat erhalten. — Geeignet zur Herst. von Formkörpern u. Schichten. (**D. A. S. 1 147 043** Kl. 39c vom 3/6. 1960, ausg. 11/4. 1963.) A. Dandl. 7177

2487 Je. Ss. Potechina, Ss. D. Wosnessenski, I. N. Aleinikowa, A. D. Ssokolow, L. M. Pessin und D. E. Rabkina, **Herstellung von Melamin-Formaldehydharzen** durch Kondens. von Melamin (I) mit Furfurol u. CH_2O u. anschließenden Zusatz von 1,5—4% Triäthanolamin (bezogen auf I). (**UdSSR. P. 129 815** vom 14/8. 1959.) L. Großner. 7181

2488 E. I. du Pont de Nemours & Co., V.St.A. (Erfinder: Edward Fritjoff Hamilton jun. und James Paul Harrington), **Herstellung glänzender, transparenter Nylonfilme.** Man spritzt Nylonschmelze aus der Schlitzdüse zu einer Folie in ein Bad von —20 bis +45°, bes. —10 bis +30°, aus einer mindestens 5%ig. Lsg. von Alkalimetall- oder Erdalkalimetallchloriden, -bromiden, -nitraten, -sulfaten oder C_{1-4}-Carboxylaten oder deren Mischungen u. wäscht die Folie mit mindestens 10%ig. Lsgg. von Alkalimetallchloriden, -bromiden, -nitraten, -acetaten oder -citraten, $AlCl_3$ oder $Al_2(SO_4)_3$ nach. (**F. P. 1 213 903** vom 5/11. 1958, ausg. 5/4. 1960. A. Prior. 16/12. 1957.) M. Pankow. 7181

2489 E. I. du Pont de Nemours & Co., V.St.A. (Erfinder: Richard Ensign Brooks und James Franklin Cogdell jun.), **Herstellung von Polyamiden** mit erhöhter Festigkeit gegen Hydrolyse u. Oxydation. Man führt die Kondens. der Dicarbonsäuren mit den Diaminen so, daß die Polyamide 20—140 Äquivalent-g Aminogruppen im Überschuß über die Zahl der Carboxylgruppen enthalten, u. setzt zu dem Polyamid Antioxydationsmittel (Cu-Stearat, Aldehyd-Alkylphenol-Kondens.-Prodd., Dibutylkresol, Hydroxy- u. Methoxybenzophenone, Na-Phenylphosphinat, Ascorbylpalmitat, Lecithin, Tocopherol, Phenyl-β-naphthylamin) zu. — Man verrührt 1000 (Gew.-Teile) einer wss. Hexamethylendiammoniumadipat-Lsg. ½ Std. mit 6 Kohle u. stellt mit Adipinsäure oder Hexamethylendiamin (I) auf pH 7. 26800 der Salz-Lsg. mit 13100 Salz werden nach Filtrieren im Vakuum konz., 76 I (= 0,67 Gew.-% Äquivalent des Polyamid-Gew.) zugesetzt, u. 7 Std. wird bei Unterdruck u. bis zu 275° kondensiert. Dem Polyamid kann man 1% N.N'-Di-[β-naphthyl]-4.4'-diaminodiphenyl zusetzen. Die Best. der Festigkeit gegen Hydrolyse u. Oxydation erfolgt nach Erhitzen des Polyamids mit W. in Ggw. von Luft bei 140—144° in 64 Std. u. 16std. Aussetzen der Probe bei gleicher Temp. in mit Wasserdampf gesätt. Luft. (**F. P. 1 220 968** vom 13/1. 1959, ausg. 30/5. 1960. A. Prior. 20/2. 1958.) M. Pankow. 7181

2490 Badische Anilin- & Soda-Fabrik Akt.-Ges., Ludwigshafen/Rh. (Erfinder: Gerhard Illing, Neuleiningen, und Erich Dreher, Ludwigshafen/Rh.), **Stabilisatoren für Polyamide** sind ggf. alkyl-, cycloalkyl-, aryl- oder hydroxysubstituierte Cumarine mit mindestens einer Hydroxyalkoxygruppe, in Mengen von 0,01—0,1%, z. B. *4-Methyl-7-(β-hydroxyäthoxy)-cumarin*, F. 156°. (**D. A. S. 1 150 514** Kl. 39b vom 27/7. 1961, ausg. 20/6. 1963.) E. Dörfel. 7181

2491 Badische Anilin- & Soda-Fabrik Akt.-Ges. (Erfinder: Alfred Müller, Richard Pflüger und

Werner Fuchs), Ludwigshafen/Rh., **Als Stabilisator für Polyamide** wird 4-(2-Phenylpropyl-2)-brenzcatechin in Mengen von 0,01—5% verwendet. (**D. A. S. 1 150 515** Kl. 39b vom 9/8. 1961, ausg. 20/6. 1963.) E. Dörfel. 7181

2492 Imperial Chemical Industries Ltd., London (Erfinder: William Randall Bamford, West Kilbride, Ayshire), England, **Silicium, Aluminium und organische Gruppen enthaltende Polymere** werden durch Kondens. von Al-Verbb. mit Silanen hergestellt, indem man ein Alkalialuminat in wss. Lsg. bei nicht über 40° mit einem oder mehreren Organohalogensilanen der Formel $R_aR'_bR''_cSiX_{4-(a+b+c)}$ (R = Aryl; R' u. R'' = Alkyl, Aryl, Aralkyl, Alkaryl, Arylen oder Alkenyl; X = Cl; a = 1, 2 oder 3; b = 0, 1 oder 2; c = 0 oder 1; a + b + c = < 3) in einem inerten organ. Lsgm. umsetzt. — 96 g NaOH in 2000 W. werden behutsam zu 53,4 $AlCl_3$ u. 1600 CCl_4 gegeben, auf 15° gekühlt, durch Rühren emulgiert u. dann sehr schnell 151,8 Diphenyldichlorsilan in 1600 CCl_4 zugegeben u. das Rühren 20 Min. fortgesetzt. Man erhält 118 eines spröden Harzes mit dem Molgew. 4000, das 12,3% Si u. 7,9 Al enthält sowie in Bzl. u. Aceton lösl. ist. — Herst. von elektr. Isolierungen u. hydrophoben Überzügen. (**D. A. S. 1 147 042** Kl. 39c vom 15/6. 1961, ausg. 11/4. 1963. E. Prior. 15/6. 1960 u. 23/5. 1961.) A. Dandl. 7189

2493 Dow Corning Corp., V.St.A. (Erfinder: John L. Speier), **Herstellung von Organosiliciumverbindungen,** die durch Polyaminoalkyl-KW-Stoffgruppen substituiert sind, durch Hydrolyse von Polyaminoalkylsilanen der Formel $R^2(Z_mR^1)Si(OR)_2$ (R = Alkylrest mit < 4 C-Atomen; R^1 = aliphat. KW-Stoffrest mit 1 oder > 2 C-Atomen u. der Valenz m + 1, worin m = ganze Zahl ≧ 1; Z = einwertiger, an R^1 über eine C—N-Bindung gebundener Rest, der ≧ 2 Amingruppen enthält; das Verhältnis von C- zu N-Atomen in dem Rest $—R^1Z_m$ ist < 6/1; R^2 = einwertiger, von aliphat. ungesätt. Bindungen freier KW-Stoffrest) zweckmäßig mit wenigstens einer Verb. $R^3_ySi(OR)_{4-y}$ (y = 0, 1, 2 oder 3; R^3 = einwertiger KW-Stoffrest oder Halogenarylrest), wobei die Menge an Verbb. mit y = 2 kleiner ist als 50 Mol-% der Summe der beiden Verb.-Gruppen in der Mischung u. das zur Verseifung verwendete W. wenigstens 50 Mol-% aller vorhandenen OR-Gruppen äquivalent ist. — Zu einer äquimol. Mischung von Vinyltriäthoxysilan u. $(CH_3O)_2(CH_3)Si\cdot(CH_2)_3NHCH_2CH_2NH_2$ (I) gibt man unter Rückfluß in 6 gleichen Teilen 66% der theoret. äquivalenten Wassermenge, bis die Mischung jeweils homogen geworden ist. Die homogene Lsg. kann zu *Filmen* geformt werden, die auf 150° erhitzt werden. — Man kann auch I in einem leichten Wasserüberschuß lösen u. verdunstet bei 15 mm, wobei fl. $O[Si(OH)\cdot(CH_3)(CH_2)_3NHCH_2CH_2NH_2]_2$ (II) u. ein *Polymeres* mit der Gruppierung $H_2NCH_2CH_2NH(CH_2)_3CH_3SiO$ entstehen. II wird bei 130° zu einem festen *Harz.* — Verw. der Stoffe zur Verbesserung der Haftung organ. Harze u. ihrer Färbung, zur Verbesserung der Benetzbarkeit von hydrophob gemachtem Glas. (**F. P. 1 230 821** vom 17/7. 1959, ausg. 20/9. 1960. A. Prior. 4/8. 1958.) M. Pankow. 7189

2494 Union Carbide Corp., New York, N.Y. (Erfinder: Ronald Marston Pike, Chelmsford, Mass.), V.St.A., **Kondensation von Organosiliciumverbindungen.** Als Katalysatoren dienen fluorsubstituierte aliphat. Carbonsäuren in Mengen von 0,001—20 (Gew.-Teilen) pro 100 Si-Verbindung. — 100 $HO[(CH_3)_2SiO]_{20}H$ werden mit 0,5 Trifluoressigsäure gemischt u. 16 Std. auf 90° gehalten. Man erhält ein kautschukartiges Dimethylpolysiloxan. (**D. A. S. 1 148 078** Kl. 39c vom 8/12. 1960, ausg. 2/5. 1963. A. Prior. 8/12. 1959.) A. Dandl. 7189

2495 Dow Corning Corp., V.St.A., **Schnellvulkanisation von Organosiloxanharzen.** Nachtrag zu A. P. 2 906 734; C. **1961,** 4532: Auch ungesätt. quatern. Ammoniumsalze, z. B. Allyläthyldimethylammoniumbutyrat + CH_3COOH oder Tetramethylammoniumacrylat + Acrylsäure können verwendet werden. (**F. P. 1 207 957** vom 2/9. 1958, ausg. 19/2. 1960.) M. Pankow. 7189

2496 Celanese Corp. of America, V.St.A. (Erfinder: Cleves T. Walling, Frank Brown, Kenneth William Bartz und George Wayne Polly), **Herstellung eines Polymeren** durch gemeinsame Polymerisation von Trioxan mit genügend eines cycl. Äthers mit ≧ 2 benachbarten C-Atomen im Mol., daß wenigstens 0,1% Oxyalkylengruppen mit > 2 benachbarten C-Atomen als Einheiten im Copolymerisat vorliegen. Die Wärmebeständigkeit dieser Polymeren wird noch verbessert, wenn man sie mit Isocyanat nachbehandelt. — Man gibt zu einer Mischung aus 25 (g) Trioxan u. 25 Cyclohexan von — 60 bis — 80° 0,03 ml Äthylenoxid u. 0,1 ml BF_3-Ätherat, hält im geschlossenen Rohr 4 Std. bei 66—68° u. erhält ein *Polymeres* vom F. 189°. — 800 Trioxan, 800 Cyclohexan u. 20 1.3-Dioxolan werden bei 60° mit 0,021 ml (pro 100 des Gesamtansatzes) BF_3-Dibutylätherat 3 Std. gehalten, dann wird die Rk. mit 5 ml Tri-n-butylamin beendet u. das Polymere mit Aceton gewaschen. Man löst es bei 170° in 1%ig. Toluol-2.4-diisocyanat-Lsg. in einem Lsgm. aus 90 Gew.-% γ-Butyrolacton u. 10 Gew.-% Dimethylformamid, hält < 1 Min. bei 170° u. erhält nach Abkühlen das Rk.-Produkt. — Verw. der Polymeren für *Spritz-* u. *Preßmassen.* (**F. P. 1 221 148** vom 26/2. 1959, ausg. 31/5. 1960. A. Prior. 28/2. u. 24/9. 1958.) M. Pankow. 7205

2497 Habra-Werk, Wilhelm F. Ott (Erfinder: Hans Kreker, Günther Neuendorf, Darmstadt, Wilhelm Reil, Elmshausen a. d. Bergstraße, und Wilhelm Römer, Weiterstadt), **Herstellen von Formkörpern.** Als Material für die Formkörper werden Abfälle von mit thermoplast. Vinylpolymerisaten beschichtete Papiere verwendet, ggf. mit einem Zusatz von weiteren Abfällen von thermoplast. Vinylpolymerisaten ohne Papier in Pulver- oder Schnitzelform. — Abbildung. (**D. A. S. 1 151 374** Kl. 39b vom 12/11. 1959, ausg. 11/7. 1963.) F. Markhoff. 7205

2498 Dow Chemical Co., V.St.A. (Erfinder: Douglas D. Applegath, Walter A. Henson und Robert M. Jackman), **Herstellung von Schichtkörpern** aus Glas(fasern) u. Epoxidharzen, wie man sie durch Kondens. von Bisphenol A u. Epichlorhydrin mit einem biegsam machenden Mittel, wie Polyoxyalkylenglykoldiglycidyläther (Molgew. 400; I) u. Zusatz eines Härters, wie Diäthylentriamin, erhält. — Man erhitzt eine Mischung aus 67 (Gew.-Teilen) I mit 33 Bisphenol A-Epichlorhydrin-Rk.-Prod. (Molgew. 900 bis 1200, F. 74—80°) auf 65—95°, mischt mit 5,5 Monoäthanolamin u. 1 Diäthylentriamin, gießt zwischen 2 heiße, im Abstand von ca. 3 mm gehaltene Glasplatten, wobei z. B. die eine Glasplatte die Außenfläche einer Bildröhre eines Fernsehgeräts sein kann, u. erhält nach Erkalten eine festhaftende Harzschicht, die als Schutz bei Bruch der Bildröhre dient. (**F. P. 1 234 892** vom 20/7. 1959, ausg. 19/10. 1960. A. Prior. 29/12. 1958.) M. Pankow. 7205

2499 **American Cyanamid Co.**, New York, N.Y. (Erfinder: **Halg Cadmus Donolan**, Middlesex, und **Christos Savides**, New Brunswick, N.J.), V.St.A., *Stabilisieren von Polypropylen.* (**D. A. S. 1 153 893** Kl. 39b vom 4/5. 1960, ausg. 5/9. 1963. A. Prior. 4/5. 1959. — **C. 1963,** 1453 [E. P. 872 131].)

2500 **Monsanto Chemical Co.**, St. Louis, Mo., übert. von: **Massimo Baer**, Springfield, Mass., V.St.A., *Thermoplastisches Polymerengemisch.* (**Can. P. 569 369** vom 4/2. 1956, ausg. 20/1. 1959. A. Prior. 24/6. 1955. — **C. 1962,** 12855 [E. P. 820 154].)

2501 **Comp. Générale des Établissements Michelin, Raison Sociale: Robert Puiseux et Cie.**, Clermont-Ferrand, Frankreich, *Emulsionspolymerisationsverfahren.* (**E. P. 898 402** vom 17/4. 1959, ausg. 6/6. 1962. F. Prior. 7/10. 1958. — **C. 1963,** 3033 [Oe. P. 220 362].)

2502 **Dow Chemical Co.** (Erfinder: **Ralph McConnell Wiley**), Midland, Mich., V.St.A., *Perlpolymerisation.* (**F. P. 1 246 365** vom 27/10. 1959, ausg. 10/2. 1961. **Jap. A. S. 14 037/1961** vom 6/11. 1959, ausg. 22/8. 1961. Beide A. Prior. 6/11. 1958. — **C. 1963,** 5275 [E. P. 874 576].)

2503 **Esso Research and Engineering Co.**, Elizabeth, N.J., V.St.A. (Erfinder: **Egi Victor Fasce** und **Nevilla Leverne Cull**), *Olefinpolymerisation.* (**Jap. A. S. 14 393/1961** vom 24/10. 1956, ausg. 25/8. 1961. A. Prior. 25/10. 1955. — **C. 1961,** 16296 [Aust. P. 221 648].)

2504 **Montecatini Soc. Gen. per l'Industria Mineraria e Chimica** (Erfinder: **Vincenzo Rusignolo**), Mailand, Italien, *Verbessern der mechanischen Eigenschaften von Polyolefinen.* (**D. A. S. 1 154 621** Kl. 39b vom 22/10. 1957, ausg. 19/9. 1963. It. Prior. 24/10. 1956. — **C. 1960,** 14200 [Oe. P. 204 680].)

2505 **Montecatini Soc. Gen. per l'Industria Mineraria e Chimica**, Mailand, Italien, und **Karl Ziegler**, Mülheim/Ruhr (Erfinder: **Giulio Natta, Piero Pino** und **Giorgio Mazzanti**, Mailand, Italien), *Herstellung von linearen α-Olefinhochpolymeren.* (**Jap. A. S. 13 841/1961** vom 17/7. 1956, ausg. 19/8. 1961. It. Prior. 19/7. 1955. — **C. 1960,** 13537 [F. P. 70 731].)

2506 **N. V. de Bataafsche Petroleum Mij.**, Den Haag (Erfinder: **Robert van Helden, Eduard Cornelis Koogman** und **Arthur August Gips**), Amsterdam, Niederlande, *Polymerisieren von ungesättigten Kohlenwasserstoffen.* (**Jap. A. S. 13 843/1961** vom 8/5. 1958, ausg. 19/8. 1961. Niederl. Prior. 10/5. 1957. — **C. 1962,** 16507 [Aust. P. 226 809].)

2507 **Esso Research and Engineering Co.**, V.St.A. (Erfinder: **Henry G. Schutze, Irving Leibson** und **Delos E. Bown**), *Gewinnung von polymeren Olefinen.* (**F. P. 1 214 247** vom 20/10. 1958, ausg. 7/4. 1960. A. Prior. 21/10. 1957. — **C. 1962,** 10662 [D. A. S. 1 114 637].)

2508 **Esso Research and Engineering Co.**, V.St.A. (Erfinder: **Norman Nicolai Hochgraf, Léon Clifford Kenyon jun.** und **Arthur Walter Langer jun.**), *Polymerisieren von Olefinen*. (**F. P. 1 211 774** vom 8/10. 1958, ausg. 18/3. 1960. A. Prior. 9/10. 1957. — C. **1961**, 3499 [A. P. 2 908 671].)

2509 **Peninsular Chem. Research, Inc.**, Gainesville, Fla., V.St.A., *Herstellung von linearen Homopolymerisaten*. (**E. P. 905 831** vom 10/3. 1959, ausg. 12/9. 1962. A. Prior. 10/3. 1958. — C. **1961**, 10770 [A. P. 2 936 161].)

2510 **W. R. Grace & Co.**, New York, N.Y. (Erfinder: **Razmic Sarkies Gregorian**, Silver Spring, Md.), V.St.A., *Vernetzen von Polyäthylenmassen*. (**D. A. S. 1 154 620** Kl. 39b vom 9/5. 1960, ausg. 19/9. 1963. A. Prior. 23/10. 1959. — C. **1963**, 12993 [E. P. 872 439].)

2511 **Phillips Petroleum Co.**, Bartlesville, Okla., V.St.A., *Herstellung von Polyäthylen mit verzweigter Kette*. (**Jap. A. S. 14 148/1961** vom 23/2. 1960, ausg. 23/8. 1961. A. Prior. 25/3. 1959. — C. **1963**, 5665 [E. P. 868 909].)

2512 **Phillips Petroleum Co.** (Erfinder: **Kenneth Royal Mills**), Bartlesville, Okla., V.St.A., *Bestrahlen und Wärmebehandeln von Polyolefinen*. (**Jap. A. S. 13 842/1961** vom 12/7. 1957, ausg. 19/8. 1961. A. Prior. 18/7. 1956. — C. **1962**, 7344 [Aust. P. 223 330].)

2513 **Zaidan Hojin Nippon Kagaku Seni Kenkyuto**, Kyoto (Erfinder: **Junji Furukawa, Takeo Saegusa**, Kyoto, **Hiroyasu Fuji**, Kobe, und **Teiji Tsuruta**, Kyoto), Japan, *Acetaldehydpolymerisate*. (**D. A. S. 1 154 627** Kl. 39c vom 21/12. 1959, ausg. 19/9. 1963. Jap. Prior. 6/1. 1959. — C. **1963**, 7543 [E. P. 864 997].)

2514 **E. I. du Pont de Nemours & Co.**, V.St.A. (Erfinder: **Robert Lee Eifert** und **Barnard Mitchel Marks**), *Herstellung von Polymethacroleinderivaten*. (**F. P. 1 217 308** vom 17/12. 1958, ausg. 3/5. 1960. A. Prior. 13/1. 1958. — C. **1963**, 16007 [E. P. 884 478].)

2515 **Farbenfabriken Bayer Akt.-Ges.** (Erfinder: **Heinrich Rinke** und **Otto Bayer**), Leverkusen, *Lösungen von linearen kristallinen aromatischen Polyestern*. (**Jap. A. S. 14 487/1961** vom 21/7. 1959, ausg. 26/8. 1961. D. Prior. 24/7. 1958. — C. **1960**, 8700 [D. A. S. 1 070 820].)

2516 **Inventa Akt.-Ges. für Forschung und Patentverwertung**, Luzern (Erfinder: **Rudolf Gabler**, Küsnacht), Schweiz, *Herstellung weichgemachter synthetischer linearer Polyamide*. (**D. A. S. 1 144 481** Kl. 39c vom 3/9. 1957, ausg. 28/2. 1963. Schwz. Prior. 21/9. 1956. — C. **1961**, 12289 [F. P. 1 182 892].)

2517 **General Mills, Inc.** (Erfinder: **David Aelony** und **Harold Wittcoff**), Minneapolis, Minn., V.St.A., *Herstellung von Emulsionen aus Polyamidharz- und Epoxyharzmischungen*. (**F. P. 1 252 034** vom 22/6. 1959, ausg. 3/5. 1961. **Jap. A. S. 14 033/1961** vom 27/7. 1959, ausg. 22/8. 1961. — C. **1962**, 3283 [D. A. S. 1 106 495].)

2518 **General Electric Co.** (Erfinder: **Elliot John Lawton**), Schenectady, N.Y., V.St.A., *Nylonbestrahlung*. (**Jap. A. S. 13 844/1961** vom 21/11. 1957, ausg. 19/8. 1961. A. Prior. 21/11. 1956. — C. **1961**, 3170 [D. A. S. 1 075 826].)

2519 **Hooker Chemical Corp.**, Niagara Falls, N.Y., V.St.A. (Erfinder: **Paul Robitschek**), *Herstellung von Polyurethanschaum*. (**Jap. A. S. 14 495/1961** vom 2/10. 1959, ausg. 26/8. 1961. A. Prior. 2/10. 1958. — C. **1962**, 7721 [F. P. 1 237 410].)

2520 **Hooker Chemical Corp.**, Niagara Falls, N.Y., V.St.A., *Herstellung von Polyurethanschaum*. (**Niederl. P. 103 077** vom 22/11. 1957, ausg. 15/11. 1962. A. Prior. 23/11. 1956. — C. **1960**, 13862 [A. P. 2 865 869].)

2521 **Kalle & Co. Akt.-Ges.**, Wiesbaden, *Herstellung von Verbundfolien*. (**Jap. A. S. 8734/1961** vom 21/9. 1959, ausg. 26/6. 1961. D. Prior. 20/9. 1958 u. 29/8. 1959. — C. **1963**, 16010 [Oe. P. 221 818].)

H_{12}. Kautschuk

2522 **Vernetzung von Kautschuk durch Bestrahlung.** 2. Mitt. **Bestimmung der G-Werte.** D. T. Turner. (J. Polymer Sci. **35**, **541—43**, 1959; Welwyn Garden City, Herts., England, Brit. Rubber Producers' Res. Assoc.; engl.) — 1. vgl. C. **1959, 1807.** — In gereinigtem Naturkautschuk, der sorgfältig entgast wurde, entspricht die Ausbeute an H_2 genau der Elektronenstrahldosis bis zu dem untersuchten Maximalwert der Dosis (180 Mrad). Die Mol-Zahl der Vernetzungen pro g Kautschuk wird aus Messungen der Quellung in n-Hexan u. mit Hilfe der Flory-Huggins-Gleichung ermittelt.
I. Köditz. 7222

2523 **Die Wasseraufnahme von Kautschuk.** 3. Mitt. **Thermodynamische Behandlung.** S. Watanabe. (J. Soc. Rubber Ind., Japan **34, 676—82**, 1961; Hitachi Wire & Cable Ltd., Wire & Cable Works; jap., Auszug: engl.) — 2. vgl. C. **1963**, 21734. — Aus vorangegangenen Arbeiten wird gefolgert, daß der Sättigungszustand von Gummi (**A**) mit W. durch das Gleichgewicht von osmot. Kräften u. dem Elastizitätsmodul von **A** bestimmt wird. Aus energet. Überlegungen wird gefolgert, daß das von **A** aufgenommene W. frei u. nicht an **A** gebunden vorliegt. A. Gude. 7222◇

2524 **Die Wasseraufnahme von Kautschuk.** 4. Mitt. **Der Mechanismus der Wasseraufnahme und Wasserbeständigkeit von Kautschuk.** S. Watanabe. (J. Soc. Rubber Ind., Japan **34, 683—85**, 1961; jap., Auszug: engl.) — 3. vgl. vorst. Referat. — Die Wasseraufnahme-Geschw. in Gummi (**A**) wird nach dem Fickschen Gesetz behandelt. Eine Betrachtung über den Mechanismus der Wasseraufnahme basiert auf den vorangegangenen Arbeiten. **A** nimmt W. durch osmot. Druck auf; der Elastizitätsmodul von **A** beschränkt die Aufnahme. Das Gleichgewicht ist erreicht, wenn beide Kräfte einander gleich sind. Von da an verhält sich **A** wie eine semipermeable Membran u. die Wasseraufnahme wird wenig durch die Affinität von **A**- zu Wasser-Moll. beeinflußt. Da die Wasseraufnahme-Geschw. von **A** sehr gering ist, wird in der Praxis der Sättigungszustand von **A** selten erreicht.
A. Gude. 7222◇

2525 **Beschleunigungseffekte bei der Gelierung von Styrol-Butadien-Kautschuklatices.** E. Tanaka, E. Shiratsuchi, T-Kotani und I. Toshimizu. (J. Soc. Rubber Ind., Japan **35**, 764—69, 1962; Japan Synth. Rubber Co. Ltd.; jap., Auszug: engl.) — Bei Unters. über die Herst. von Kautschukschaum wird festgestellt, daß die Gelierung von Styrol-Butadien-Kautschuk-Latices durch Zugabe wasserlösl. Salze von Aminosäuren, wie Gelatine (**I**), Leim (**II**) u. Na-Glutaminat (**III**), zu den Latices beschleunigt werden kann. Es wird gefolgert, daß die Gelierung infolge der Aufrahmwrkg. von **I** u. **II** bzw. wegen der Zn-Ionen (durch Rk. mit ZnO) im Falle von **III** beschleunigt wird. R. Schäff. 7224◇

2526 **Darstellung von Piperidin durch katalytische Hydrierung von Pyridin im kontinuierlichen Verfahren.** A. Ss. Ssultanow, N. W. Wassiljewa und A. Ss. Ssafajew. (Usbek. chem. J. [UdSSR] **1960**, Nr. 1, 81—87; Akad. der Wiss. der UsbekSSR, Chem. Inst.; russ.) — *Piperidin* mit $Kp._{729}$ 105—107° (Vulkanisationsbeschleuniger) läßt sich durch kontinuierliche Hydrierung von Pyridin (**I**) an Raney-Ni darstellen. Durch Zugabe von 0,2% 10%ig. NaOH zu **I** werden Vergiftung des Katalysators u. Bldg. von Nebenprodd. vermieden. Bei 125—130°/200 at u. der Vol.-Geschw. 0,1 Std.$^{-1}$ beträgt der Umwandlungsgrad von **I** 96—98%.
Helmut Schäfer. 7228△

2527 **Die Wanderung der Vernetzungsbrücken in Kautschuk bei hohen Temperaturen.** M. J. Voorn und J. J. Hermans. (J. Polymer Sci. **35**, 113—18, 1959; Rubber Chem. Technol. **32**, 696—700; Leiden, Univ., Labor. for Inorg. and Phys.. Chem.; engl.) — Bei der Vulkanisation von in Bzl. gelöstem Naturkautschuk entsteht ein Raumnetz, in dem der Verknäuelungsgrad größer als normal ist (Superknäuelraumnetz). Bei Erwärmen gehen diese Superknäuelraumnetze in normale Raumnetze mit der gleichen Anzahl von Vernetzungsbrücken, aber mit einem kleineren Gleichgewichtsquellungsgrad über. Die daraus gezogenen Schlußfolgerungen, daß alte Brücken zerstört u. neue gebildet werden, bestätigen Ergebnisse der Untersuchung der Spannungsrelaxation bei höherer Temperatur. Aus der Spannung allein lassen sich also nicht Änderungen in der Dichte der Vernetzungsbrücken berechnen. I. Köditz. 7228

2528 **Gegen erhöhte Temperaturen, Feuchtigkeit und dynamische Belastungen beständige Produkte auf Basis von Butylkautschuk. Diaphragmen für die Vulkanisation von Reifen.** C. Strugaru und I. Istrate. (Rev. Chim. [Bucureşti] **14, 391—97**, **1963**; rum.) — Mit **Butylkautschuk (A)** (2,2% ungesätt. Anteile) kanad. Herkunft (Polysar Butyl 400) werden Verss. durchgeführt, um das günstigste Mischungsverhältnis u. die optimalen technolog. Bedingungen für die Herst. von Vulkanisationsdiaphragmen mit möglichst langer Betriebsdauer zu ermitteln. Obgleich **A** im Rohzustand hohe Elastizität aufweist, kann es zur Herst. der Mischungen ohne vorhergehendes Kneten benutzt werden. Die Zugabe der Ingredienzien erfolgt in gekapselten Mischern bei 160—170°. Die Vernetzungsmittel können entweder im Mischer in einer anderen Mischphase, bei $\leqq$100—110°, oder auf den Walzen, bei 70—80°, zugesetzt werden. Die Profilierung erfolgt für die S-haltigen Mischungen bei 90—100° u. für Harze als Vernetzungsmittel enthaltende Mischungen bei 100—115°. Der Einfl. von 1. halogenierten Prodd., die beim Erwärmen leicht Halogen abgeben, 2. Verstärker, 3. Vernetzungsmittel, 4. ZnO, 5. Weichmacher, 6. Alterungsschutzmittel auf die Haupteigg., die Alterung u. das Fließen unter Belastung wird untersucht. Folgende halogenierte Substanzen werden geprüft: a) Polychloroprenkautschuk (Neopren W), b) chlorsulfoniertes Polyäthylen (Hypalon 20) u. c) chloriertes Paraffin (rumän. Prod. mit 13% Cl). Das beste Verh. zeigen Mischungen mit **5,25** Teilen Neopren W, bzw. 2 Teilen Hypalon 20, bzw. 5 Teilen Chlorparaffin. Am besten hinsichtlich Temp.-Beständigkeit u. Beanspruchung im Dampfmedium zeigen sich die Vulkanisate mit Hypalon 20. Um den Einfl. von Verstärkern auf die Mischungen zu untersuchen, werden folgende Rußsorten bei den Verss. eingesetzt: Ruß von hohem Abrieb HAF, Kanalruß (Carbomet), feiner Ofenruß (F 110). Als geeignetste Rußsorte erweist sich HAF. 3. Folgende Vernetzungsmittel wurden geprüft: S/p-Chinondioxim, substituierte Phenolformaldehydharze, wobei sich ersteres als ungeeignet erweist. Unter den substituierten Phenolformaldehydharzen weist Amberol ST 137 (2.6-Dimethylol-4-octylphenol) im Verhältnis von 12 Teilen Harz auf 100 Teile I das beste Verh. auf. In Anwesenheit von Hypalon 20 beeinflußt ZnO die Vulkanisationsgeschwindigkeit. Ricinusöl bewährt sich als hervorragender Weichmacher; es werden 5—10 Teile Weichmacher auf 100 Teile A eingesetzt. Als Alterungsschutzmittel werden 1—2% Triphenylantimon eingesetzt, wodurch die Alterungsbeständikeit der mit substituierten Phenolformaldehydharzen vernetzten Vulkanisate sehr verbessert wird. Es wurden Diaphragmen sowohl aus Mischungen mit Neopren W als auch mit Hypalon 20 hergestellt. Technologie der Herst. der Diaphragmen wird beschrieben. H. Borchers. 7228◇

2529 **Mechanische und akustische Eigenschaften von Kautschukvulkanisaten im Audiofrequenzbereich. 1. Mitt. Mechanische und akustische Eigenschaften von Weichgummimischungen bei Audiofrequenzen.** H. Matsushita, T. Hashida und H. Fujishima. (J. Soc. Rubber Ind., Japan **35**, 769—73, 1962; Toyo Rubber Ind. Co., Ltd.; jap., Auszug: engl.) — Die mechan. u. akust. Eigg. verschiedener Weichgummimischungen werden bei 100—2000 Hz mittels der Longitudinalwellenresonanz-Meth. bestimmt. Die dynam. Moduln u. Fortpflanzungs-Geschw. in den Elastomeren nehmen mit der Frequenz leicht zu, während die mechan. Verlustfaktoren u. die akust. Dämpfung schneller zunehmen. Die untersuchten Elastomeren gehörten 3 Gruppen an: IIR, NBR u. Hypalon zeigen eine beträchtliche Abhängigkeit der Eigg. von der Frequenz; NR, SBR, BR u. Silicone sind weniger frequenzabhängig; dazwischen liegen CR, EPR u. Polyurethan. R. Schäff. 7230◇

2530 **Vermischen von Chlorbutylkautschuk mit anderen Elastomeren.** J. V. Fusco und R. H. Dudley. (Rubber Wld. **144**, Nr. 5, 67—72, 1961; Elizabeth, N.J., Enjay Chem. Co.; Linden, N.J., Enjay Labor.; engl.) — Überblick über die Eigg. von Chlorbutylkautschuk (**A**), die seine Eignung als Innenfutter von schlauchlosen Autoreifen gewährleisten. Rezepturen mit **A** als Basispolymeres u. geringen Mengen von Naturkautschuk weisen sehr gute Haftfähigkeit, geringe Luftdurchlässigkeit u. hohe Hitzebeständigkeit auf. I. Köditz. 7230

2531 **Neuentwicklungen von großer Bedeutung.** M. F. Anderson. (Chem. in Canada **13**, Nr. 10, 26, 1961; Dominion Rubber Co. Ltd.; engl.) — Folgende besonders für die Gummiindustrie wichtige Neuentw. der Chemie der Polymeren werden als besonders wichtig aufgeführt: 1. Ersatz von S als Vernetzungsmittel; 2. Verstärkung von Hochpolymeren mit neuen u. verbesserten Füllstoffen; 3. Propfpolymerisation zur Herst. neuartiger Polymere; 4. Anwendung der Kernstrahlung bei der Polymerisation besonders zur Vernetzung; 5. Entw. von Polymeren mit größeren Moll. zur Kosteneinsparung u. Eig.-Verbesserung auf einigen Gebieten; 6. Stereospezif. Polymerisation zur Herst. von Polymeren mit guter Wetter- u. O_3-Beständigkeit (z. B. Äthylen–Propylen-Mischpolymerisat). H. Strauch. 7248◇

2532 **Zusammensetzung eines gegen statische und dynamische Ozoneinwirkung resistenten Naturkautschuks.** S. G. Fogg. (Trans. Proc. Instn. Rubber Ind., Trans. **38**, T 234 bis T 257, 1962; Welwyn Garden City, Hertfordshire, Natural Rubber Producers Res. Assoc.; engl.) — Meth. für die Best. der Schutz-Wrkg. von Antiozonantien (N-Isopropyl-N′-phenyl-, N.N′-Dioctyl-, N.N′-Bis-[methylheptyl]-, N-Cyclohexyl-N′-phenyl- u. Diaryl-p-phenylendiamin sowie 6-Äthoxy-2.2.4-trimethyl-1.2-dihydrochinolin) sowie der Einfl. von Füllstoffen u. Härtungs-Syst. auf die Schutz-Wrkg. werden beschrieben. Bei sorgfältiger Abstimmung der Füllstoffe, Härtungsmittel u. Schutzmittel ist es möglich, Vulkanisate des Naturkautschuks herzustellen, die sich für alle prakt. Anwendungen, bei denen die Vulkanisate dem Angriff von O_3 ausgesetzt sind, eignen. I. Köditz. 7248

2533 **Colorimetrische Bestimmung von Amin-Antioxydantien.** I. Yamaji, M. Sawada und T. Yamashina. (J. Soc. Rubber Ind., Japan **35**, 774—78, 1962; Governm. Chem. Ind. Res. Inst. Tokyo; jap., Auszug: engl.) — Einige der üblichen Aminschutzmittel werden durch photoelektr. Colorimetrie quant. bestimmt. Die Farben werden durch Kuppeln mit dem Diazoniumsalz von Sulfanilsäure (bei 3 Naphthylaminschutzmitteln) bzw. durch Oxydation mit Benzoylperoxid (bei Phenylendiaminschutzmitteln) gebildet. Außer bei den Mischungen mit Aldol-α-naphthylamin werden gute Ergebnisse erzielt. Ferner wird untersucht, inwieweit jede Komponente bei Mischungen aus Naphthylamin- u. Diphenylaminschutzmitteln bestimmt werden kann. R. Schäff. 7248◇

2534 **Bewertung der Gültigkeit einer neuen Biegerißprüfung und der Einfluß einiger äußerer Faktoren.** K. Toyomoto und K. Zako. (J. Soc. Rubber Ind., Japan **35**, 738 bis 745, 1962; Ohtsu Tire & Rubber Co. Ltd., Res. Dep.; jap., Auszug: engl.) — Zur Ermittlung der Rißbeständigkeit von Laufflächenmischungen wird die A.S.T.M.-Meth. D-813 oder entsprechend modifizierte Meth. angewendet. Die Befunde der Laborprüfung sind schlecht reproduzierbar u. stimmen unbefriedigend mit dem Praxis-Verh. bei Straßenprüfungen überein. Daher werden die Verss. nach der modifizierten Meth. von Kern (C. **1958**, 1158) fortgesetzt. Die dabei erhaltenen Labor.-Ergebnisse an Naturkautschuk, Styrol–Butadien-Kautschuk, Polybutadien u. cis-1.4-Polyisopren sind hinsichtlich Reproduzierbarkeit u. Aussagewert für die Praxis besser als die A.S.T.M.-Methode. Ferner wird der Einfl. von O_3, der Umgebungs-Temp. u. der Biegegeschw. auf die Rißbeständigkeit bei verschiedenen Polymeren nach 3 Meth. [Rißerzeugung, Rißwachstum, Riß-Bldg. (nach Kern)] untersucht. Die Erhöhung der Biegegeschw. von 300 auf 600 U/Min. führte zu einer geringen Abnahme der Geschw. des Rißwachstums u. der Rißbildung. Außerdem wird der Einfl. typ. Alterungsschutzmittel u. O_3-Schutzmittel in Naturkautschuklaufflächenmischungen nach 3 Meth. untersucht. R. Schäff. 7248◇

2535 **Ermittlung des Abriebs von Anhängereifen.** D. L. Walker und J. G. Smith. (Trans. Proc. Instn. Rubber Ind. **38**, T 217—T 225, 1962; Birmingham, Dunlop Rubber Co. Ltd., Central Res. Div.; engl.) — Eine Meth. für die Best. des Reifenabriebs bei Verw. kleiner Reifen u. Beibehaltung der entscheidenden realen Faktoren wird beschrieben. Die erhaltenen Werte für die Abriebfestigkeit stimmen mit den Ergebnissen aus Großverss. überein. Die Meth. ermöglicht auch die vergleichende Best. der Abriebfestigkeit unter genau kontrollierten Bedingungen, wie sie auf der Staße bestehen. I. Köditz. 7248

2536 **Die Chromatographie von ozonolysiertem Naturkautschuk.** Shom Nath Chakravarty, D. Banerjee und Anil K. Sirkar. (Trans. Proc. Instn. Rubber Ind., Trans. **38**, T 226—T 233, 1962; Calcutta, Indian Assoc. for the Cultivation of Sci., Dep. of Macromol.; Calcutta, Nat. Rubber Manufact. Ltd.; engl.) — Das Verh. von ozonolysiertem Naturkautschuk u. cis-1.4-Polyisopren bei der Papierchromatographie u. bei der Säulenchromatographie (Silicagel u. Dowex 50-WX 8) wird beschrieben. I. Köditz. 7248

2537 **Quantitative Analyse von Ruß in Kautschuk–Ruß-Mischungen nach der Verbrennungsmethode.** E. Tanaka, Y. Torigoe, T. Takemoto, H. Kinumaki und M. Oda. (J. Soc. Rubber Ind., Japan **35**, 758—64, 1962; Japan Synth. Rubber Co. Ltd.; jap., Auszug: engl.) — Die Verbrennungs-Meth. zur Best. des Ruß-Geh. in Kautschukmischungen basiert auf Dest. der Probe in einem CO_2-Strom u. Entfernung der Kautschukfraktion. Die Berechnung der Rußmenge mittels der Gleichung der A.S.T.M.-Meth. ist wegen der Ggw. restlicher Asche, die durch Carbonisierung des Polymerisats gebildet wird, u. wegen der Entfernung flüchtiger Bestandteile nicht möglich. Hierfür werden Korrekturfaktoren angegeben u. eine Gleichung zur Best. der Rußmenge wird vorgeschlagen. Zahlreiche Tests an Latex–Ruß-Mischungen zeigen die Brauchbarkeit der beschriebenen Methode. R. Schäff. 7248◇

2538 Hairlok Co. Ltd., Bedford, England (Erfinder: Lilian Frances Everett), **Elastisches Material, das bei** Verformung wieder die ursprüngliche Gestalt annimmt, erhält man, in dem man schwamm- u. schaumartige Kunststoffmassen mit Zellstruktur, die bes. durch Rk. von Polyestern mit Polyisocyanaten oder Polyisothiocyanaten erhalten wurden, mit natürlichem oder synthet. Gummilatex, besonders durch Tauchen, tränkt u. zum besseren Durchdringen des Latex zwischen Rollen quetscht. Wenn vorvulkanisierter Latex verwendet wurde, genügt einfaches Trocknen. Noch bessere Ergebnisse erhält man, wenn man die mit Latex getränkte u. gequetschte Masse einem Koagulierbad für Latex, bes. Essigsäure, zuführt. — Polstermaterial. (**E. P. 815 898** vom 19/11. 1954, ausg. 1/7. 1959.) A. Jahn. 7225

2539 Esso Research and Engineering Co., V.St.A., **Herstellung von Butylkautschukderivaten** durch Rk. mit aromat. Nitroso-Verbb. u. Vulkanisieren des so erhaltenen Butylkautschuk-Deriv. mit aliphat. oder aromat. Isocyanaten oder Diisothiocyanaten. — 979 (g) einer Lsg. von 10 Butylkautschuk in 100 cm^3 Bzl. hält man 2½ Std. mit 1,75 p-Nitrobenzolsäure unter Rückfluß. Man reinigt das Prod. durch mehrmaliges Lösen in Chlf. u. Fällen mit Aceton. 2 des Rk.-Prod. werden in 25 cm^3 Bzl. mit 5 Tropfen Hexamethylendiisocyanat in 16 Std. vulkanisiert. (**F. P. 1 237 376** vom 16/9. 1959, ausg. 25/11. 1960.) M. Pankow. 7225

2540 Esso Research and Engineering Co., V.St.A. (Erfinder: Roland Thimoty Kelley, James Edward Walker und Bruce R. Tegge), **Reinigung des bei der Butylkautschukherstellung verwendeten Verdünnungsmittels.** Das das Polymere sowie nicht umgesetztes Monomeres u. Nebenprodd. enthaltende Alkylhalogenidverdünnungsmittel wird mit heißem W. zusammengebracht, wobei unter Entspannung eine Mischung aus Alkylhalogenid, Nebenprodd., Monomeren u. W. entweicht, die mit einer Alkylenglykol-Lsg. extrahiert wird. Das extrahierte Prod. enthält weniger W. u. Nebenprodd., wird in Ggw. von Tonerde entwässert u. kann erneut bei der Polymerisation verwendet werden. (**F. P. 1 238 622** vom 7/10. 1959, ausg. 2/12. 1960. A. Prior. 1/12. 1958.) M. Pankow. 7225

2541 Farbenfabriken Bayer Akt.-Ges., Leverkusen (Erfinder: Hans Joachim Hennig, Köln, und Erwin Windemuth, Leverkusen), **Polyurethanelastomere** nach dem Vorpolymerisat-Verf. erhält man aus Verbb. mit akt. H-Atomen Polyisocyanaten u. W., indem NCO-modifizierte Vorpolymere (mit einem Überschuß an aliphat., cyclophat. oder araliphat. Polyisocyanaten u. Aktiv-H-Verbb. mit Mol.-Gew. > 250 hergestellt) mit mehr als 1 Mol W./2 NCO-Gruppen bei Raum-Temp. oder Temp. bis 50° in Ggw. von anorgan. oder organ. Basen als Katalysatoren umgesetzt werden. (**D. A. S. 1 149 891** Kl. 39b vom 9/11. 1961, ausg. 6/6. 1963.) E. Dörfel. 7225

2542 Farbenfabriken Bayer Akt.-Ges., Leverkusen (Erfinder: Arthur Reischl, Leverkusen, und Harry Röhr, Köln), **Homogene elastomere Polyurethane erhält** man aus Polyhydroxyl-Verbb. (II) Molgew. >600, überschüssigem Polyisocyanaten (I) u. Kettenverlängerern, Molgew. <500, in portionsweiser Zugabe unter Erhaltung eines wenigstens 150%ig. Überschusses an Diisocyanat u. anschließend unter Einsatz des restlichen Teiles an Kettenverlängeren. I: 900—4000% Überschuß, auf die Polyhydroxyl-Verbb. bezogen. II: auch lineare OH-haltige Polymerisate. — Herst. bes. harter Gießmassen nach dem Preß–Spritzguß-Spritzpreß-Verf. oder durch Kalandern. (**D. A. S. 1 150 518** Kl. 39b vom 30/3. 1962, ausg. 20/6. 1963.) E. Dörfel. 7225

2543 Farbenfabriken Bayer Akt.-Ges., Leverkusen (Erfinder: Wilhelm Thoma, Köln, Heinrich Rinke, Harald Oertel und Erwin Müller, Leverkusen), **Hochelastische Polyurethanformkörper oder Überzüge** erhält man aus Lsgg. von Rk.-Prodd. von Polyacetalen mit wiederkehrenden Gruppierungen —O—CHR—O— (R = H, Alkyl- oder Alkylenrest), Molgew. 400—4000, mit überschüssigem Polyisocyanat u. Kettenverlängerern in den restlichen NCO-Gruppen äquivalenten Mengen unter Formgebung durch Entfernen des Lsgm., die Lsgg. können Pigmente, Stabilisatoren u./oder opt. Aufheller enthalten sowie ggf. Emulgatoren enthalten. — Herst. von hochelast., kochfesten Fäden, Beschichtungen, Folien oder Filmen. (**D. A. S. 1 149 520** Kl. 39b vom 12/8. 1961, ausg. 30/5. 1963.) E. Dörfel. 7225

2544 Metzeler Gummiwerke Akt.-Ges., München (Erfinder: Adolf Franck, München), **Polyurethanschaumstoffe aus** Polyurethan-Abbau-Prodd. erhält man durch Rk. von Polyisocyanaten, sowie Treibmitteln, indem Urethan- u./oder Harnstoffgruppen enthaltende Polyaddukte verwendet werden, die bei erhöhter Temp., ggf. in Kombination mit anderen Abbaumitteln, durch OH-haltige Polyester zusammen mit prim. Aminen, sek. Aminen, Polyolen, Kp. < 134°, oder mehrwertigen Phenolen abgebaut worden sind, wobei ggf. bei Unterdruck eine inerte Atmosphäre unter Entfernung von evtl. vorhandenem W. hergestellt wird u. zusammen mit den Aminen, Polyolen oder Phenolen (I) die zusätzlichen Abbaumittel (I) in solchen Mengen eingesetzt sind, daß die das abgebaute Polykondensat enthaltende Lsg. die Abbaumittel I in solcher Molanzahl noch enthält, daß sie der im vernetzten, abzubauenden Polyaddukt enthaltenden Anzahl Polyisocyanatmole annähernd äquivalent ist. (**D. A. S. 1 150 802** Kl. 39b vom 31/7. 1959, ausg. 27/6. 1963.) E. Dörfel. 7225

2545 Hans Bauer, Essen, und Bernd Reisgies, Opladen, **Polyurethanschaumstoffe** werden nachbehandelt bis zu einem Gew.-Verlust bis 10—50% des ursprünglichen Gew. mit halogenierten KW-Stoffen, ggf. im Gemisch mit Alkoholen u./oder Phenolen, als Lsgm., ggf. in kontinuierlicher Verfahrensweise. Die Behandlungsbäder können hydrophile oder hydrophobe Zusätze oder alkal. wirkende Mittel enthalten. (**D. A. S. 1 149 518** Kl. 39b vom 3/7. 1961, ausg. 30/5. 1963.) E. Dörfel. 7225

2546 Union Carbide Corp., New York, N.Y. (Erfinder: Fritz Hostettler, Robert Keith Barnes, Charleston, und Robert William McLaughlin, Belle, W.Va.), V.St.A., **Polyurethanschaumstoffe** erhält man durch Rk. von polyalkoxylierten Alkyl- bzw. Alkarylglykosiden von Monosacchariden, Polyisocyanat im Überschuß, W. u./oder anderen Treibmitteln, Katalysatoren (tert. Amine, As-, Sb-, Bi- oder Ti-Chloride, Chelate oder Organo–Sn-Verbb.) u. ggf. Vernetzern. Brauchbare Schaumstabilisatoren sind oxäthylierte Cellulose, Benzyl-, Acetyl- oder Butyrylcellulose, PVC, Polyvinyläther, Polyvinylbutyral, Bentonit, Metallseifen oder Polymethacrylat. (**D. A. S. 1 149 524** Kl. 39b vom 16/11. 1960, ausg. 30/5. 1963. A. Prior. 17/11. 1959.) E. Dörfel. 7225

2547 Farbenfabriken Bayer Akt.-Ges., Leverkusen (Erfinder: Rudolf Merten, Hans Holtschmidt, Köln, Günther Nischk, Leverkusen, und Günther Braun, Köln), **Flammfeste Schaumstoffe** entstehen aus Polyhydroxyl-Verbb. (I) u. Polyisocyanaten auf üblichem Wege. Die I sind ausschließlich oder teilweise aus Mono- u./oder Oligosacchariden u. einem Phosphorsäureester der Formel I

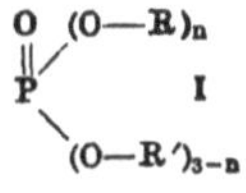

I

(n = 1—3; R = aromat. Gruppe mit mindestens einem Alkylsubstituenten; R' = Alkyl-, Arylgruppe) hergestellt u. haben ein Molgew. von 600—10000. (**D. A. S. 1 148 744** Kl. 39b vom 6/5. 1961, ausg. 16/5. 1963. **Zusatz zu D. A. S. 1 120 128; C. 1962, 16866.**) F. Koch. 7225

2548 Mobay Chemical Co., Pittsburgh, Pa. (Erfinder: James H. Saunders, New Martinsville, Paul G. Gemeinhardt, Sistersville, und Robert L. Sandridge, Proctor, W.Va.), V.St.A., **Gegen Hitzeeinwirkung alterungsstabile Polyurethanschaumstoffe** erhält man durch Rk. von Polyäthern, Polyisocyanaten, W. u./oder anderen Treibmitteln, in Ggw. von Si-Ölen, Sn^{IV}-Verbb. u. tert. Aminen unter Mitverwendung von Brenzcatechin, Resorcin oder 2.6-Di-tert.-butyl-p-kresol. (**D. A. S. 1 150 199** Kl. 39b vom 26/8. 1961, ausg. 12/6. 1963. A. Prior. 20/9. 1960.) E. Dörfel. 7225

2549 Farbenfabriken Bayer Akt.-Ges., Leverkusen (Erfinder: Heinz Esser, Köln, und Gustav Sinn, Bergisch Neukirchen), **Herstellung von thixotropen Dispersionen** von Kautschukhilfsmitteln, die der natürlichen oder synthet. Kautschukmilch zugesetzt werden, u. die fl. Kieselsäuresol oder hochdisperse feste Kieselsäure enthalten, dad. gek., daß man diesen Dispersionen zusätzlich oberflächenakt. Verbb. zusetzt. (**D. A. S. 1 151 928** Kl. 39b vom 18/3. 1957, ausg. 25/7. 1963.) W. Overbeck. 7227

2550 Deutsche Gold- und Silber-Scheideanstalt vormals Roessler, Frankfurt/M. (Erfinder: Gerd Roderburg, Bad Godesberg, und Gerhard Steenken, Berzbuir bei Düren), **Koagulieren von wässerigen Dispersionen aus natürlichem oder synthetischem Kautschuk oder kautschukähnlichen Elastomeren** in Ggw. eines in wss. Suspension befindlichen Kieselsäurefüllstoffs, dad. gek., daß man zur Herst. der Suspension eine gefällte Kieselsäure verwendet, die nach ihrer Fällung einer Behandlung mit einer Säure im pH-Bereich 2—4, bes. bei ca. 2,5, unterworfen worden ist, die Suspension auf einen pH-Wert 4—7,5 einstellt, dann innig mit der Dispersion vermischt u. in dem Gemisch den Kautschuk bzw. das kautschukähnliche Elastomere in üblicher Weise koaguliert. (**D. A. S. 1 152 533** Kl. 39b vom 18/11. 1960, ausg. 8/8. 1963.) W. Overbeck. 7227

2551 Dunlop Rubber Co. Ltd., London, England, **Vulkanisieren von elastomeren Mischpolymerisaten** aus 2 oder mehr Olefinen, z. B. Äthylen u. Propylen oder Buten, dad. gek., daß sie nach Zusatz von 1—10% eines Peroxids u. S, ggf. unter Zusatz von SnO_2 u. Stearinsäure, erhitzt werden. Der S kann in Form von Persulfiden zugesetzt werden. (**Ind. P. 69 267** vom 6/10. 1959. E. Prior. 11/10. 1958.) C. Lüttgen. 7229

2552 Esso Research and Engineering Co., Elizabeth (Erfinder: Henry S. Makowski, Carteret, und James V. Fusco, Westfield), N.J., V.St.A., **Vulkanisieren von kautschukartigen, im wesentlichen amorphen Mischpolymeren aus Äthylen und einem 3 bis 5 C-Atome aufweisenden α-Monoolefin.** Das Mischpolymerisat wird in Ggw. von 2—25 (Gew.-%, bezogen auf das Polymerisat) eines Trihalogenmelamins u. ggf. 1—25 einer als Vulkanisationsbeschleuniger bekannten Metall-Verb. erhitzt, wie Zn-Stearat, ZnO, ZnS, $ZnCO_3$. (**D. A. S. 1 150 201** Kl. 39b vom 20/4. 1961, ausg. 12/6. 1963. **E. P. 910 877** vom 4/4. 1961, ausg. 21/11. 1962.) E. Markhoff. 7229

2553 Esso Research and Engineering Co., V.St.A. (Erfinder: Irving Kuntz, George E. Serniuk, Francis P. Baldwin, Robert M. Thomas und Francis P. Ford), **Vulkanisieren von halogeniertem Butylkautschuk** mit Verbb., die $\geqq 2$ >NOH- oder 2—NO- oder wenigstens je eine >NOH- u. —NO-Gruppe enthalten, ihren Mischungen oder Verbb., die solche Gruppen bei der Vulkanisation bilden, z. B. p-Chinondioxim, dessen Ester, Salze mit Metallen, p-Dinitrosobenzol, zusammen mit 0,5 bis 50 Gew.-% einer bas. Metall-Verb. (MgO, CaO, ZnO) in Abwesenheit von S. — Man erhitzt eine Mischung aus 100 (Gew.-Teilen) chloriertem Butylkautschuk, 50 Ruß SRF, 5 ZnO, 2 p-Chinondioxim, 4 Benzolthiazyldisulfid u. 0,5 Stearinsäure 1 Std. auf 149°: Gut alterndes Vulkanisat. — Verw. für *Vulkanisierschläuche, Membranen* oder *Blasen* für die Karkassenvulkanisation auf „Bag-O-Matic"-Pressen, *Transportbänder, Dampfschläuche, Reifen* (Binde-, Deckschichten, Karkasse, Lauffläche, Seitendecke). (**F. P. 1 210 924** vom 12/9. 1958, ausg. 11/3. 1960. A. Prior. 4/10. 1957.) M. Pankow. 7229

2554 Esso Research and Engineering Co., V.St.A., **Vulkanisieren von halogeniertem Butylkautschuk** mit Organo-Sn-Sulfid, wie Di-C_{1-18}-Alkyl- oder Di-C_{6-18}-Aryl-Sn-Sulfid. — Man erhitzt z. B. eine Mischung aus 100 (Gew.-Teilen) chloriertem Butylenkautschuk mit 50 Ruß HAF, 1 Stearinsäure u. 5 Dibutyl-Sn-Sulfid 30 Min. auf 153°. Gegenüber der Vulkanisation mit ZnO zeigt das Vulkanisat erhöhten Modul u. verbesserte Zugfestigkeit. (**F. P. 1 233 853** vom 13/8. 1959, ausg. 12/10. 1960.) M. Pankow. 7229

2555 Comp. Française Thomson-Houston, Seine, Frankreich (Erfinder: Maurice Prober), **Mischvulkanisat.** Man mischt ein polymeres fluoriertes Acrylat mit der Gruppe $-CH_2:CH_2COOCH_2R$ (R = Perfluoralkyl-, Perfluoralkoxyperfluoralkyl- oder ω-Hydroxyperfluoralkoxyperfluoralkyl-Rest) mit einem Organopolysiloxan der Formel $R_aSiO_{(4-a)/2}$ (R = KW-Stoff- oder Halogen-KW-Stoffrest; a = 1,98 bis 2,01; $\geqq$40% der Reste sind CH_3-Gruppen) u. ggf. mit Füllstoffen, wie SiO_2-Sorten oder Metallsilicaten. Die Vulkanisation erfolgt mit Frei-Radikal-Katalysatoren, wie Peroxiden oder α.α'-Azodiisobutyronitril, bei 110—170° oder durch Bestrahlen mit ionisierenden Strahlen. — Man mischt 25 (Gew.-Teile) Polydimethylsiloxan bei 80—85° auf der Kautschukwalze mit 25 polymerem 1.1-Dihydroperfluorbutylacrylat, 14 gefälltem SiO_2 u. 1,1 Benzoylperoxid u. vulkanisiert 20 Min. bei 120°. — Die Vulkanisate zeichnen sich durch Oxydations- u. Hitzefestigkeit, erhöhte Zugfestigkeit u. Weichheit bei tieferen Temp. u. gute Festigkeit gegen Lsgm. aus. Sie dienen zum *Überziehen von Metallen* u. als *Dichtungen* in Flugzeugen. (**F. P. 1 211 528** vom 13/8. 1958, ausg. 16/3. 1960. A. Prior. 16/8. 1957.) M. Pankow. 7231

2556 Comp. Française Thomson-Houston, Seine, Frankreich (Erfinder: Donald van Arsdale Brown und Glennard Ralph Lucas), **Siliconkautschuk** aus einer Mischung von vulkanisierbarem Organopolysiloxan, 0,0001 bis 1% eines Fe-, Co- oder Mn-Carboxylats, eines organ. Peroxids u. Füllstoff, wie SiO_2. Das Organopolysiloxan erhält man, wenn man Oktamethylcyclotetrasiloxan 6 Std. mit 0,01 Gew.-% KOH auf 140° erhitzt. — 100 (Gew.-Teile) dieses Prod., 50 feines SiO_2, 1,2 Benzoylperoxid u. 0,03 6%ig. Lsg. von Fe-Octanoat oder Co-Octanoat oder -Naphthenat in Bzn. werden in der geschlossenen Form bei 130° u. 35 kg/cm² 15 Min. u. danach frei 24 Std. bei 250° in Luft erhitzt. — Verw. der gehärteten Prodd. für *Dichtungen, Rohre, elektr. Isoliermaterial, Dämpfer, Anstriche, Imprägnierungen, Schichtstoffe*. (**F. PP. 1 205 509** vom 18/4. 1958, ausg. 3/2. 1960. A. Prior. 22/4. 1957 u. **1 209 480** vom 8/8. 1958, ausg. 2/3. 1960. A. Prior. 14/8. 1957.) M. Pankow. 7231

2557 K. K. Samjatin, G. N. Ftorow, W. W. Sawilow, K. F. Stroganow, M. I. Kotscherschinski, E. L. Kontscherschinskaja, G. W. Kalaschnikow, L. W. Fedorowa, E. M. Matusowski und I. K. Grischunow, **Herstellung dublierter, gummierter Stoffe.** Der Gummikleber (Konz. 1:1,7 u. Viscosität 27—30 Sek.) wird mit einem Zusatz von $\leqq$10% Polyamid gleichzeitig u. in einer Schicht auf beide zu dublierenden Stoffe aufgetragen. (**UdSSR. P. 147 574** vom 20/1. 1960.) D. Gorin. 7231

2558 Continental Gummi-Werke Akt.-Ges. (Erfinder: Herbert Hildebrandt), Hannover, **Vorbehandlung von Altkautschuk** aus natürlichen oder synthet. Elastomeren vor dem Regenerieren, dad. gek., daß die in dem Altkautschuk vorhandenen, eine Verfärbung bewirkenden Stoffe durch Versetzen des Altkautschuks mit organ. Peroxiden in Ggw. von organ. Lsg.- oder Quellungsmittel umgesetzt werden. (**D. A. S. 1 150 197** Kl. 39b vom 10/2. 1959, ausg. 12/6. 1963.) W. Overbeck. 7233

2559 **Esso Research and Engineering Co.**, V.St.A. (Erfinder: **Delmer L. Cottle, Lawrence T. Eby** und **Leon S. Minckler jun.**), *Bromieren von Butylkautschuk*. (**F. P. 1 215 641** vom 11/9. 1958, ausg. 20/4. 1960. A. Prior. 30/9. 1957. — C. **1962**, 2565 [D. A. S. 1 107 938].)

2560 **Esso Research and Engineering Co.**, V.St.A. (Erfinder: **Augustus B. Small, L. Sherwood Minckler jun., John L. Ernest** und **Francis P. Ford**), *Ozonfester Kautschuk*. (**F. P. 1 226 267** vom 3/6. 1959, ausg. 11/7. 1960. A. Prior. 9/7. 1958. — C. **1963**, 11854 [A. P. 2 981 714].)

2561 **Bataafse Petroleum Mij. N.V.**, Den Haag, Niederlande, *Cis-1.4-Polybutadien*. (**E. P. 906 052** vom 4/11. 1958, ausg. 19/9. 1962.A. Prior. 6/11. 1957. — C. **1963**, 4167 [D. A. S. 1 127 592].)

2562 **Esso Research and Engineering Co.**, Elizabeth, N.J., V.St.A. (Erfinder: **Albert M. Gessler**), *Kautschukpräparat mit modifiziertem Ruß*. (**Jap. A. S. 14 486/1961** vom 3/6. 1958, ausg. 26/8. 1961. — C. **1962**, 19037 [F. P. 1 208 293].)

2563 **Esso Research and Engineering Co.**, V.St.A. (Erfinder: **James V. Fusco** und **Samuel B. Robison**), *Gemeinsame Vulkanisation von Kautschuk oder Butadienkautschuk und Butylkautschuk*. (**F. P. 1 213 178** vom 7/11. 1958, ausg. 29/3. 1960. A. Prior. 29/11. 1957. — C. **1962**, 8092 [E. P. 855 032].)

2564 **Esso Research and Engineering Co.**, V.St.A. (Erfinder: **Francis P. Baldwin** und **Robert M. Thomas**), *Vulkanisieren von Butylkautschuk*. (**F. P. 72 234** vom 4/9. 1957, ausg. 30/3. 1960. A. Prior. 24/9. 1956. Zusatz zu F. P. 1 154 488; C. 1961, 15225. — C. **1961**, 12293 [A. P. 2 926 718].)

2565 **Esso Research and Engineering Co.**, Elizabeth, N.J., V.St.A., *Formmassen auf Basis von Polyolefinen*. (**D. A. S. 1 154 619** Kl. 39b vom 20/9. 1956, ausg. 19/9. 1963. A. Prior. 5/10. 1955. — C. **1961**, 15224 [F. P. 1 159 800].)

H_{13}. Ätherische Öle, Parfümerie, Kosmetik

2566 **Untersuchung des Terpenanteils des ätherischen Öls von Artemisia absinthium.** M. I. Gorjajew, W. Ss. Basalitzkaja und L. N. Lischtwanowa. (J. angew. Chem. [UdSSR] **35**, 2799—2802, 1962; russ.) — In Ölen aus der UdSSR wurden Phellandren, Cadinen u. Alkohole, in ausländ. Thujylalkohol, α- u. β-Thujon, Phellandren, Thujylacetat, Pinen, Cadinen, Nerol u. Chamazulenogen ($C_{15}H_{20}$) gefunden. 600 kg frisches Kraut ergaben bei Dest. sofort nach der Ernte 0,988 kg äther. Öl (= 0,15% Ausbeute)

Das Öl hatte folgende Konst.: n_D^{20} 1,4833, $D._4^{20}$ 0,9144, SZ. 2,2, EZ. 17,3. Die Dest. wurde in 5 Fraktionen durchgeführt. Der Terpenanteil des Öls wurde durch Gas-Fl.-Chromatographie im Vakuum (1 mm) mit dem Shandon-Gerät bestimmt u. ergab folgende Bestandteile: Myrcen 38,7(%), d-α-Pinen 6, Thujylalkohol, 11,7, Nerol 3,4, Isothujylacetat 37,5. H. Findeisen. 7262◇

2567 **Die Sesquiterpene des Vetiveröles.** Nguyen Trong Anh und Marcel Fetizon. (France Parfums **6**, 203—20, 1963; Labor. synarome; franz.) — Auf Grund des Schrifttums wird ein zusammenfassender Überblick über die in folgenden Fraktionen von Vetiveröl identifizierten Sesquiterpene unter Angabe ihrer chem. Struktur u. tabellar. Zusammenfassung ihrer physikal.-chem. Kennzahlen gegeben: Ketone, bi- u. tricycl. KW-Stoffe u. Alkohole. — 35 Literaturangaben. H. Sontag. 7262◇

2568 **Die physikalisch-chemischen Eigenschaften von Riechstoffen.** Marcel Guillot. (France et ses Parfums **6**, 221—24, 1963; Paris, Fac. de Pharm.; franz.) — Nach allg. Betrachtungen über die Bedeutung physikal. Eigg., wie Flüchtigkeit, Wasser- u. Fettlöslichkeit u. Oberflächenspannung der Lsgg. für die Geruchsintensität von Riechstoffen, wird der heutige Stand der Kenntnisse über die Beziehungen zwischen chem. Struktur u. Duftnote erörtert. Es wird gefolgert, daß solche Beziehungen tatsächlich existieren müssen, daß sie aber bei Zugrundelegung der üblichen Strukturformeln nicht erkannt werden können, da letztere die räumlichen Abstände zwischen den Atomen nicht berücksichtigen. H. Sontag. 7276◇

2569 **Über physikalische und psychische Aspekte von Duftstoffen.** Marcel Guillot. (France et ses Parfums **6**, 123—30, 1963; Paris, Fac. de Pharm.; franz.) — Bei der Verflüchtigung von Duftstoffen u. ihrer Fixierung an die sensitiven Zellen der Schleimhaut auftretende physikal. Erscheinungen sowie psych. Wrkg. bei der Wahrnehmung von Duftstoffen werden erörtert. H. Sontag. 7276◇

2570 **Einige Betrachtungen über Kontaktsensibilisierungen durch Parfümrohstoffe.** P. H. Witjens. (J. Soc. Cosmet. Chemists **14**, 315—21, 1963; Zaandam, Internat. Flavors & Fragrances; engl.) — Die Ergebnisse der neueren Forschung über die Beziehungen zwischen chem. Struktur u. der Eig., Kontaktsensibilisierung auszulösen, werden zusammengestellt, wobei betont wird, daß diese Erscheinung bei Parfümrohstoffen sehr selten beobachtet wird. — 12 Literaturangaben. H. Sontag. 7276◇

2571 **Die Mode in der Seifenparfümierung.** F. V. Wells. (France et ses Parfums **6**, 139—46, 1963; London; franz.) — Als moderne Richtungen auf diesem Gebiet werden Grün-, Blumen-, Phantasie- u. würzig-balsam. Noten genannt, u. die chem. Zus. der beliebtesten künstlichen Blumennoten wird angegeben. Abschließend wird auf die Parfümierung von Waschmitteln auf Basis synthet. Detergentien, unter bes. Berücksichtigung eines Waschmitteltyps, der den gewaschenen Geweben einen anhaltenden Duft verleiht, eingegangen. H. Sontag. 7276◇

2572 **Furylglycin in Kosmetikas. Verwendung einer neuen synthetischen Aminosäure.** B. Ciocca, P. Rovesti und G. Roccheggiani. (Soap, Perfum. Cosmet. **32**, 55—56, 1959; Milano, Ist. di Ric. su Deriv. Veg.; engl.) — Bei Praxisprüfungen von *5-Furylhydantoin* (**I**) u. *Furylglycin* (**II**) in Oleylalkohol oder wss. Lsg. als Gesichtsmasken erweisen sich beide Stoffe als sehr hautwirksam. Das lipoidlösl. **I** wirkt hydratisierend u. tonisierend, **II** dagegen glättend u. korrigierend auf die Hautfalten. Beide Stoffe besitzen eine hauterneuernde u. hauternährende Wirkung.

Versuche: *5-Furylhydantoin*, F. 147°, aus Furfural, KCN u. $(NH_4)_2CO_3$ durch 2std. Erhitzen bei 58—60° u. Ansäuern mit HCl; 65% (Ausbeute). — *Furylglycin*, F. 212 bis 213° (Zers.), aus vorst. Verb. mit konz. $Ba(OH)_2$-Lsg.: 52%. H. Spohn. 7284◇

2573 **Durch Konservierungsmittel, insbesondere Parabenester und Sorbinsäure, verursachte Hautreaktionen.** N. Hjorth und C. Trolle-Lassen. (Arch. Pharmac. og Chem. **69** (**119**), 9—16, 1962; København, Finseninst., dermatol. afd.; Apotek; dän.) — Vgl. C. **1963**, 14881. — Bei Unterss. an 5000 Ekzempatienten mittels Lappentests werden 1,15% positive Rkk. gegenüber Salben mit 5% Parabenäthylester u. 1,3% gegenüber solchen mit 14% gemischter Parabenester (PE) gefunden. Überkreuzempfindlichkeit zwischen PE ist sehr häufig, die Empfindlichkeit erstreckt sich aber selten auf verwandte Substanzen. Auch Sorbinsäure (I) kann sensibilisierend wirken, ist aber in den kosmet. verwendeten Konzz. wahrscheinlich unwirksam. Auch bei nicht Hg-empfindlichen Personen bewirkt Phenylquecksilberacetat prim. Reiz-Rkk. bei 0,1%ig. Konz., dagegen in 0,01%ig. Konz. auch bei Hg-empfindlichen Personen nicht. Bzgl. des Sensibilisierungsrisikos sind **I** u. PE gleich, **I** scheint aber eine sofortige Erythem-Rk. zu bewirken. R. K. Müller. 7284◇

2574 **Lanolinderivate für als Aerosole formulierte Zubereitungen.** A. Herzka. (J. Soc. Cosmet. Chemists **14**, 331—39, 1963; London; engl.) — Zur Prüfung ihrer Eignung als Aerosolkomponente wurde die Löslichkeit von 10 Lanolin (I)-Derivv., die als kosmet. Rohstoffe bekannt sind, in 9 verschiedenen Aerosoltreibmitteln bzw. Treibmittel-Alkohol-Gemischen bei 0 u. 20° sofort nach der Druckabfüllung u. nach 6wöchiger Lagerung untersucht. Von den **I**-Derivv. war ein fl. **I** am besten, die Wollwachsalkohole am schlechtesten löslich. H. Sontag. 7284◇

2575 **Die Formulierung von Haarwaschmitteln.** 1. Mitt. D. N. Burton. (Soap, Perfum. Cosmet. **36**, 763—69, 1963; engl.) — Die verschiedenen Komponenten, die in modernen Haarwaschmitteln zur Erzeugung reinigender u. haarkosmet. Wrkg. eingesetzt werden, werden unter Angabe von Rezepturen für fl., cremeförmige u. Trockenshampoos erörtert. H. Sontag. 7284◇

2576 **Reaktionen des Haarkeratins in Mercaptanlösungen, Durchdringung und Aufquellung.** K. W. Herrmann. (Trans. Faraday Soc. **59**, 1663—71, 1963; Cincinnati, Ohio, Procter & Gamble Co., Miami Valley Labor.; engl.) — Durch mkr. Unterss. mit polarisiertem Licht wurde die Diffusion folgender, durch weitere — kation., anion. oder polare nichtion. — funktionelle Gruppen gek. Mercaptane in u. durch die Haare sowie die Quellung der Haare durch diese Lsgg. in Abhängigkeit von dem pH-Wert untersucht: Thioglykolsäure, Thioglykolamid, Thiomilchsäure, Thioglycerin, 2-Mercaptoäthanol u. Thioglykolhydrazid. Die graph. belegten Ergebnisse zeigen, daß die Geschw. der Rk. zwischen den Disulfidbrücken des Haarkeratins u. den alkal. Mercaptan-Lsgg. von der Diffusion des Mercaptans durch die Faser bestimmt wird u. die Geschw. dieser Diffusion sowie der Grad der Faseraufquellung sehr stark pH-abhängig sind, wobei diese Beziehung gradmäßig mit dem ion. Charakter der übrigen funktionellen Gruppen variiert. H. Sontag. 7284◇

2577 **Gaschromatographische Analyse von Karottensaatöl.** L. H. Zalkow, M. K. Park und J. W. Ellis. (Perfum. essent. Oil Rec. **54**, 507—09, 1963; Stillwater, Okla., Oklahoma State Univ., Dep. of Chem.; engl.) — Eine Probe handelsüblichen Karottensaatöls wurde gaschromatograph. unter Verw. von He als Trägergas an 4 verschiedenen Trennrohren getrennt. Auf Grund der Retentionszeiten u. desVgl. des Peaks mit solchen von Gemischen des Öls mit bekannten Verbb. konnten identifiziert werden: α- u. β-Pinen, Limonen, Caryophyllen. Geranylacetat, Geraniol, Carotol u. Daucol. Ferner konnten auf Grund ihrer IR- u. magnet. Kernresonanzspektren β-Bisabolen u. Bergamoten nachgewiesen werden. Eine Anzahl Verbb., die nach Literaturangaben durch fraktionierte Dest. u. adsorptionschromatograph. Trennung in Karottensaatöl gefunden worden waren, liegen nach den Ergebnissen der unter milderen Bedingungen ausgeführten gaschromatograph. Analyse nicht vor. Ihr Auftreten wird auf eine chem. Veränderung des Öls unter den schärferen Bedingungen der genannten Verff. zurückgeführt. H. Sontag. 7286◇

2578 **Unterschiede zwischen den ätherischen Ölen von Thymus vulgaris L.** Robert Granger, Jean Passet und Roseline Verdier. (France et ses Parfums **6**, 225—30, 1963; Montpellier, Fac. de Pharm., Labor. de Chim. organ.; franz.) — Zur Klärung des Problems der überraschend großen Unterschiede bzgl. Duftnote u. physikal. Eigg. zwischen den in verschiedenen Gegenden Frankreichs gewonnenen Öle — die Werte für das opt. Drehvermögen variierten zwischen + 10,5 u. —49,5° — wurden 6 Proben unterschiedlicher Herkunft mit Hilfe der Gas-Fl.-Verteilungschromatographie analysiert. Die an Hand der Chromatogramme wiedergegebenen Ergebnisse zeigen, daß die verschiedenen Öle eine sehr unterschiedliche Zus. aufweisen. Dabei sind die beiden Extremfälle durch ein nur offenkettige Verbb. (Linalool u. Linalylacetat) u. ein nur cycl. Verbb. (p-Cymol u. 2 Phenol-Derivv.) enthaltendes Öl vertreten. Die übrigen Öle bestehen aus einem Gemisch cycl. u. acycl. Komponenten. H. Sontag. 7286◇

2579 A. Maschmeijer jun. Chemische Fabrik N.V. (Erfinder: Klaas Kes, Rotterdam, Harmen van Kamp, Otto Sjouke Akkerman und Cornelis Blomberg), Amsterdam, Niederlande, **Herstellung künstlicher Moschusriechstoffe.** Man läßt ein α,β-ungesätt. Keton in Ggw. eines Friedel-Crafts-Katalysators auf Toluol einwirken, setzt das entstandene Aralkylketon mit Isopropyl- oder Propyl-Mg-Halogenid in ein Carbinol um, bewirkt an diesem einen intramol. Ringschluß u. acetyliert das cycl. Rk.-Produkt. — Zum Beispiel läßt man Toluol bei 10—15° in Ggw. von $AlCl_3$ mit Mesityloxid reagieren → *4-Methyl-4-[p-tolyl]-pentanon-(2)* (I), $Kp._{18}$ 141°; n_D^{20} 1,5088 (neben wenig 1.1.3.5-Tetramethylinden; n_D^{20} 1,5343). I wird in Ae. bei —5° mit Isopropyl-Mg-Bromid umgesetzt u. das Rk.-Prod. *2-Isopropyl-4-methyl-4-[p-tolyl]-pentanol-(2)*, $Kp._6$ 143,5°; n_D^{20} 1,5093) bei 10° mit 85%ig. H_2SO_4 behandelt → KW-Stoff mit $Kp._1$ 80°, F. 67,5° u. n_D^{69} 1,4996. Hieraus erhält man durch Behandlung mit Acetylchlorid in Ggw. von $AlCl_3$ in Nitrobenzol bei —3 bis —6° ein im Benzolkern acetyliertes Prod. mit $Kp._1$ 124° u. F. 56,5°. — Analog: *2-n-Propyl-4-methyl-4-[p-tolyl]-pentanol-(2)*, $Kp._{2,5}$ 122°; n_D^{20} 1,5088, das wie vorst. beschrieben in die Acetyl-Verb. ($Kp._1$ 125—130°) übergeführt wird. — Die neuen, NO_2-gruppenfreien Riechstoffe verursachen in Seife keine Verfärbung. (**Niederl. P. 102 351** vom 10/9. 1955, ausg. 17/9. 1962.) F. Böhm. 7277

2580 General Aniline & Film Corp., New York, N.Y., übert. von: Louis E. Craig, Washington, N.J., V.St.A., **Phenylacetaldehyd (I) erhält man durch 1—24std.** Rk. von Cyclooctatetraen mit 5—40%ig. Peressigsäure in wss. Essigsäure oder in Eisessig mit H_2O_2 in Ggw. einer geringen Menge H_2SO_4 bei —65 bis +50°, bes. 0—25°. I, $Kp._7$ 65—67°, kann auch als *Oxim, Hydrazon, Bisulfitaddukt* oder als Acetal durch Rk. mit gesätt. oder ungesätt. Alkanolen, mit 1—20 C-Atomen, bes. 1—6 C-Atomen, in Ggw. einer Spur einer starken Säure, wie *Dimethyl-*, $Kp._7$ 90 bis 92°, *Diäthyl-*, $Kp._8$ 96—99°, *Dipropyl-*, $Kp._{11}$ 129—131°, oder *Diamylacetal* abgetrennt werden. — *Riechstoff* u. *Zwischenprod.* zu dessen Herstellung. (**A. P. 2 856 431** vom 3/12. 1951, ausg. 14/10. 1958.) G. Krauß. 7277

2581 Givaudan Corp., New York, N.Y., übert. von: Garry C. Kitchens, Packanack Lake, N.J., V.St.A., **Herstellung eines Myrcen-Methacrolein-Additionsproduktes** durch die Diels-Alder-Rk. bei 90—160° in 4—30 Std., wobei ein Gemisch der Isomeren *1-Methyl-4-[4-methyl-3-pentenyl]-1.2.3.6-tetrahydrobenzaldehyd* u. *1-Methyl-3-[4-methyl-3-pentenyl]-1.2.5.6-tetrahydrobenzaldehyd*, $Kp._2$ 100—107°; $D._{25}^{25}$ 0,9198; n_D^{20} 1,4850, erhalten wird, das über Pd/akt. Kohle hydriert wird zu einem Gemisch aus *1-Methyl-4-* u. *1-Methyl-3-isohexylhexahydrobenzaldehyd*, $Kp._{1-2}$ 101—103°; $D._{25}^{25}$ 0,8892; n_D^{20} 1,4648, welches einen lilienähnlichen Geruch aufweist. Das Diels-Alder-Addukt kann auch mit einem Alkohol (Äthylenglykol) zu dem entsprechenden Acetalgemisch, $Kp._4$ 140—144°; n_D^{20} 1,4919, umgesetzt u. dann hydriert werden zum gesätt. Acetalgemisch, $Kp._3$ 130—132°; n_D^{20} 1,4776, welches hydrolysiert u. mit Dampf dest. das Gemisch der Hexahydrobenzaldehyde, $Kp._3$ 112—118°; $D._{25}^{25}$ 0,9094; n_D^{20} 1,4716, ergibt. — *Riechstoffe*, 2 Parfümrezepte. (**A. P. 2 842 598** vom 6/7. 1956, ausg. 8/7. 1958.) W. Gräger. 7277

2582 Givaudan Corp., New York, N.Y., übert. von: Garry C. Kitchens, Packanack Lake, N.J., V.St.A., **Herstellung von Riechstoffen aus Dihydromyrcen (I), das** durch Hydrierung in Ggw. von Raney-Ni aus Myrcen bei 25—35° erhalten wurde. Man setzt I mit HCl oder HBr zu *Dihydrolinalylchlorid*, $D._{25}^{25}$ 0,9111, n_D^{20} 1,4623, bzw. *Dihydrolinalylbromid* um, verseift mit wss. Alkalien (KOH, NaOH, K_2CO_3, Na-Acetat) das Chlorid bei 60—100° bzw. das Bromid bei 30—60° zu *Dihydrolinalool*, $D._{25}^{25}$ 0,8793, n_D^{20} 1,4580, das mit Essigsäureanhydrid u. Na-Acetat im Mengenverhältnis 1 : 0,66 : 0,24 bis 1 : 1 : 0,5 Gew.-Teilen zum *Dihydrolinalylacetat*, $D._{25}^{25}$ 0,8645, n_D^{20} 1,4570, umgesetzt wird. Dihydrolinalool kann über Raney-Ni weiterhydriert werden zu *Tetrahydrolinalool*, $D._{25}^{25}$ 0,8432, n_D^{20} 1,4380. (**A. P. 2 851 480** vom 30/3. 1955, ausg. 9/9. 1958.) W. Gräger. 7277

2583 International Flavors & Fragrances, Inc. früher Van Ameringen-Haebler, Inc. (Erfinder: Ernst Theodore Theimer), New York, N.Y., V.St.A., **Herstellung von Allooclmenol (I)** der Formel $CH_3-C(R')OH-CH=CH-CH=C(R^2)-CH_3$ (R^1 u. R^2 = eines CH_3 u. das andere C_2H_5) u. dessen Derivv. durch Rk. von 1 (Mol) Alloocimen mit ½—1 HCl, zweckmäßig gasförmig mit N_2 verd. bei 36°, u. direkt anschließender Hydrolyse des erhaltenen Prod., bes. im kontinuierlich durchgeführten Verf. mit NaOH, KOH, NH_4OH oder $Ca(OH)_2$ in Ggw. eines nichtionogenen Emulgierungsmittels (Deca-, Eicosa- oder Triacontaäthylenglykoläther des tert.-Octylphenols, Polyoxyäthylenalkylaryläther, Polyoxyäthylensorbitanmonolaurat oder -monooleat) zum Gemisch der beiden Isomeren von I, n_D^{20} 1,4913, $D._{15}$ 0,877, Geruch nach Maiglöckchen u. Rose. I wird über Raney-Ni bei 50° hydriert zu *Tetrahydroalloocimenol* (II) im entsprechenden Isomerengemisch, $Kp._2$ 50°; n_D^{20} 1,4340; $D._{15}$ 0,8324, Geruch nach Flieder u. Lilien; II kann acetyliert werden mit Essigsäureanhydrid in Ggw. von H_3PO_4 bei 25—45° zu *Tetrahydroalloocimenylacetat* $Kp._2$ 63—68°; n_D^{20} 1,4258—1,4271; $D._{15}$ 0,8700—0,8736, Citrusgeruch. — Verw. in der *Parfümindustrie*. — 2 IR-Spektren. (**E. P. 875 685** vom 5/9. 1958, ausg. 23/8. 1961.) W. Gräger. 7277

2584 Thomas Jenkins Lewis, New York, N.Y., V.St.A., **Herstellung einer Hautcreme** zur Verbesserung des Hautturgors u. Erhalt der Hautfeuchtigkeit, dad. gek., daß man z. B. 13,5 (Teile) Lanolin, 8 Petrolatum, 18 Mineralöl, 12 Bienenwachs, 1 Cholesterin u. 1,5 gereinigtes Lanolin als ölige Phase mit einer wss. Phase zur Herst. einer W.-in-Öl-Emulsion emulgiert, die auf 30 W., 0,2 Benzoesäure, 1,2 Borax u. 5 Propylenglykol sowie als Hauptbestandteil 10 einer Kollagen-Protein-Gelatine enthält, die durch partielle Säurehydrolyse von bes. Schweinehaut erhalten wurde, eine Gelstärke nach Bloom von ca. 40—80 g, eine Viscosität von 12—20 Millipoise u. ein pH von 4—6 besitzt. (**E. P. 910 004** vom 10/3. 1960, ausg. 7/11. 1962.) W. Heyer. 7285

2585 Procter & Gamble Co. (Erfinder: Edward William Lang), Cincinnati, Ohio, V.St.A., **Haarwaschmittel,** bestehend aus einer wss. Lsg. mit einem Geh. an 5—20 (%) anionakt., waschakt. Stoffen (II), die auch ampholyt. sein können, der allg. Formel RZXM, R = C_8-C_{18}-Alkyl- mit ≦50 C_{12}-Alkylgruppen, X = anion. Gruppe, wie z. B. die Carboxylgruppe, Z = Zwischenglied u. M = Kation) u. 2 bis 15 Aminoxiden (I) der Formel $R_1R_2R_3N \rightarrow O$ ($R_1 = C_{10}-C_{16}$-Alkylrest, R_2 u. $R_3 = CH_3$ oder C_2H_5), wobei ≧50 der I einen Alkylrest mit 12 C-Atomen aufweisen müssen. Das Mittel soll ≧6° W. enthalten u. einen pH-Wert von 6,5—8,5 aufweisen. Der Geh. an nicht ampholyt. II soll 15, der an ampholyt. II 10 nicht übersteigen u. das Verhältnis von I : II nicht größer als 1 : 2 sein. — Beispiel: Wss. Lsg., enthaltend 8 Dimethyl-R-Aminoxid, 4 Na-R-Sulfat (R = Alkylrest aus dem Mittelschnitt von Cocosölalkohol), 5 Di-Na-Lauryl-β-iminodipropionat, 1 Cocosfettsäurediäthanolamid, 0,5 Parfüm u. Farbstoff. (**D. A. S. 1 150 781** Kl. 30h vom 1/6. 1960, ausg. 27/6. 1963. A. Prior. 10/6. 1959.) C. Lüttgen. 7285

2586 Württembergische Parfümeriefabrik G. m. b. H. (Erfinder: August Bodensiek), Eislingen/Fils, **Herstellung eines Haarpflegemittels** in Geleeform, das ≧40% Alkohol enthält, dad. gek., daß man ein synthet. Carboxypolymethylen, bes. „Carbopol 934" der B. F. Goodrich Chemical Co., in ≦40% A. oder Isopropanol quellen läßt u. das Gemisch mit Triäthanolamin neutralisiert. Dem wss. Alkohol können übliche, den Haarwuchs fördernde u. fettende Mittel zugesetzt werden. (**D. A. S. 1 150 179** Kl. 30h vom 2/11. 1957, ausg. 12/6. 1963.) C. Lüttgen. 7285

2587 **Walter Fellows**, Chicago, Ill., V.St.A., *Mittel zum Bleichen der Haut*. (**A. P. 3 060 097** vom 15/3. 1957, ausg. 23/10. 1962. — C. 1958, 7907 [E. P. 763 029].)

H_{14}. Zucker, Kohlenhydrate, Stärke

2588 **Zucker als chemischer Rohstoff.** 3. Mitt. V. Prey. (Zucker **15,** 549—54, 1962; Wien, TH, Inst. für organ. Chem.; dt.) — 2. vgl. C. **1963,** 9911. — Überblick unter Hinweis auf eigene u. fremde Arbeiten über Umsetzungen am unveränderten Saccharose-Mol., an Saccharose-Derivv. oder -bruchstücken sowie an Nebenprodd. der Zuckerfabrikation. — 14 Literaturangaben. W. Willenberg. 7400◇

2589 **Beziehungen zwischen Lößlehm-Mächtigkeit, Nematodenbefall, Saatzeit und Bestandesdichte beim Anbau der Zuckerrübe.** I. Mitt. E. Schulze und F. Krämer. (Zucker **15**, 577—83, 1962; Bonn, Univ., Inst. für Pflanzenbau; dt.) — Unterss. an 54 Rübenschlägen im Jahre 1961 ergaben: Frühe Aussaat bringt im Rheinland erheblich höhere Wurzel- u. Zuckererträge als spätere. Mit zunehmender Lößlehmmächtigkeit (120—180 cm) nimmt der Wurzelertrag erheblich zu. Der Zucker-Geh. wurde durch die Saatzeit weit weniger als durch die Lößlehmmächtigkeit beeinflußt (0,3% mehr Polarisation bei Spätsaaten u. 3% mehr bei nur 30 bis 120 cm Lößlehm). Zwischen einer Pflanzendichte von über 70000/ha u. 50000—60000/ha fiel der Polarisationswert um 1,4%. W. Willenberg. 7406◇

2590 **Einfluß der Milchsäure im Diffusionssaft auf den Verarbeitungswert des Dünnsaftes.** Ivan Vavra und Ankica Vavra. (Z. Zuckerind. **12** **(87)**, 199—202, 1962; Novi Sad, Jugoslawien, Inst. für Nahrungsmittelind.; dt.) — Um den Einfl. mikrobiell gebildeter Milchsäure auf den Verarbeitungswert von Rübenzuckerdünnsaft festzustellen, wird frischer Preßsaft aus jugoslaw. Zuckerrüben mit 0,05—0,25% DL-Milchsäure versetzt, zu Dünnsaft verarbeitet u. auf Saccharoseverlust, Reinheit, Farbe, CaO-Geh. u. Alkalität untersucht. Mit steigendem Milchsäure-Geh. nehmen Zuckerausbeute (infolge der Saccharoseinversion), Reinheitsquotient u. Alkalität ab, während CaO-Geh. u. Verfärbung zunehmen. Reinhold Böhm. 7412◇

2591 **Die Füllung von Adsorptionskolonnen.** G. Pidoux und L. Mirabel. (Zucker **15**, 568—72, 1962; Marseille, Raffineries de Sucre de Saint Louis; dt.) — Die Einführung des Begriffs „inakt. Vol.-Anteil" bei der Füllung von Adsorptions-, bes. von Knochenkohlekolonnen für die Zuckerraffination, rechtfertigt die in der Industrie übliche Arbeitsweise. Die Einfl. des Kolonnendurchmessers, der Kohleart u. der Füllweise auf den inakt. Vol.-Anteil werden aufgezeigt. Die gleichzeitige Zugabe von Kohle u. Fl. in die Kolonne hat positive Auswirkungen auf ihre Arbeitsweise. W. Willenberg. 7416◇

2592 **Beiträge zur mikroskopischen Untersuchung verschiedener Stärkearten im polarisierten Licht.** W. Huss. (Zeiss-Mitt. [Stuttgart] **2**, 92—102, 1960; Stuttgart-Hohenheim, Württ. Landesversuchsanst. für landw. Chem.; dt.) — Bei der mkr. Unters. von Stärkekörnern in polarisiertem Licht (Einbettungsmittel Phenolglycerin) lassen sich strukturelle Feinheiten des Kornaufbaus erkennen, z. B. zusammengesetzte, exzentr. gewachsene u. solche Körner, deren Sphäritstruktur unstetig ist. Gleichfalls läßt sich das Verschwinden der opt. Anisotropie bei Verkleisterung nachweisen. E. Moisar. 7448◇

2593 **Über Feuchtigkeitsbestimmung in Weißzucker unter besonderer Berücksichtigung der Ultrarottrocknung.** M. Athenstedt. (Z. Zuckerind. **12** **(87)**, 208—09, 1962; Lage/Lippe, Lippische Zuckerfabrik Akt.-Ges.; dt.) — Es wird ein neues, aus einer Kombination von Waage u. IR-Trockner bestehendes Spezialgerät beschrieben, mit dem in 30 Min. der Wasser-Geh. in Weißzucker mit einer Reproduzierbarkeit von $\pm 0,003$% abs. bestimmt werden kann. Reinhold Böhm. 7488◇

2594 **Zur Mikroanalytik der Raffinose.** K. Täufel, H. Ruttloff und A. Täufel. (Nahrung **5**, 353—61, 1961; Berlin, Dt. Akad. der Wiss., Inst. für Ernährung; Humboldt-Univ., Inst. für Lebensmittelchem. u. -technolog.; dt.) — Die reduktometr. Arbeitsweise nach Somogyi-Nelson läßt sich zur Mikrobest. von *Raffinose* (I) verwenden, wenn I unter genormten Bedingungen durch Verw. von Monochloressigsäure zu *Melibiose* u. *Fructose* hydrolysiert wird. Nach vorgeschalteter papierchromatograph. Auftrennung ist auf diese Weise auch die quant. Best. von I im Gemisch mit Sacchariden der „Raffinosefamilie" möglich. Die papierchromatograph. Auftrennung von *Raffinose, Stachyose, Verbascose* u. höheren Oligosacchariden der Raffinosefamilie erfolgt mit n-Butanol-Pyridin-W. (4 : 1 : 5) auf Schleicher & Schüll-Papier 2040 bm, absteigend während 5 Tagen. Die Raffinosezone wird mit 4 ml W. eluiert u. 5%ig. Monochloressigsäure zugegeben, bis die Gesamtkonz. hieran 1% beträgt; dann wird 20 Min. im sd. Wasserbad erhitzt. Nach Neutralisation mit 1n NaOH erfolgt Zugabe von 2 ml Reagens nach Somogyi u. 10 Min. langes Erhitzen im sd. Wasserbad, worauf nach Abkühlen 2 ml Reagens nach Nelson zugegeben werden. Nach völligem Entweichen des CO_2 wird die Extinktion bei 560 nm gemäß Eichkurve bestimmt. Mittlerer Fehler ± 5%, bei 100—200 μg I ± 2%. Reinhold Böhm. 7498◇

2595 Sandor Vajna, Köln, **Regenerierung von stark basischen Anionenaustauschern,** die bei der *Entsalzung von zuckerhaltigen Lsgg.* einem im NH_4-Cyclus arbeitenden Kationenaustauscher u. ggf. einem Erdalkaliionenaustauscher nachgeschaltet sind, mittels kaustizierter Alkalicarbonat-Lsgg., welche durch Kationenaustausch hergestellt sind, dad. gek., daß als Rohstoff für die Alkalicarbonat-Lsgg. die Alkaliionen der von Erdalkaliionen befreiten Zucker-Lsgg. u./oder die Regenerationsabläufe des Anionenaustauschers verwendet werden. — 2 Verf.-Schemata. — Vgl. D. A. S. 1 069 540; C. **1960**, 7630. (**Oe. P. 224 581** vom 11/3. 1958, ausg. 26/11. 1962. D. Prior. 21/3. u. 6/8. 1957.) T. Oppermann. 7413

2596 Corn Products Co., New York, N.Y., V.St.A., **Naßstärkeherstellungsverfahren,** wobei stärkehaltiges Korn einer Einweich-, Aufschluß- u. Keimentfernungsbehandlung unterworfen wird, um ein nasses entkeimtes Gut zu erzeugen, welches dann zwecks Aufbrechen der Endospermzellen u. Freisetzen der Stärkekörnchen aus dem Proteinmaterial, ohne dabei im wesentlichen irgendwelches unabtrennbares feines Proteinmaterial zu schaffen, einer Rotorscheibe in einer Prallmühle zugeführt wird, wobei das Gut in einer im wesentlichen senkrecht zu seiner Fortbewegungsrichtung verlaufenden Richtung zum Aufprallen gebracht wird, wonach im wesentlichen alles Proteinmaterial von den Stärkekörnchen abgetrennt wird, dad. gek., daß die Umfangs-Geschw. der Rotorscheibe <6300 m/min beträgt. — 4 Zeichnungen. (**Oe. P. 224 036** vom 26/8. 1959, ausg. 25/10. 1962. A. Prior. 26/8. 1958. **Zusatz zu Oe. P. 205 435; C. 1960, 11848.**) T. Oppermann. 7449

2597 Pennsalt Chemicals Co., Philadelphia (Erfinder: James Harold Koob, Philadelphia, und Julian Lawrence Staubly, Oreland), Pa., V.St.A., **Bügelstärke,** in Form einer gebrauchsfertigen Trockenstärke, dad. gek., daß dieselbe zur Verhinderung eines Verfärbens der weißen Wäsche beim Bügeln eine geringe Menge eines Eluats, bes. ZnF-Silicat, MgF-Silicat, NaF-Silicat oder NH_4F-Silicat, oder eines Bifluorids, bes. Na-Bifluorid oder NH_4-Bifluorid, oder NH_4Cl enthält. (**D. A. S. 1 146 820** Kl. 89k vom 15/6. 1960, ausg. 4/4. 1963. A. Prior. 17/6. 1959.) H. Maaß. 7449

2598 **Rohm & Haas Co.**, Philadelphia, Pa., V.St.A. (**Erfinder: Giuseppe Assalini,** Genua, Italien), *Ionenaustauscher für die Rohzuckersaftreinigung.* (**D. A. S. 1 148 500** Kl. 89c vom 4/6. 1958, ausg. 9/5. 1963. It. Prior. 5/6. 1957. A. Prior. 6/1. u. 2/5. 1958. — C. **1962**, 12867 [A. P. 2 971 868].)

H_{15}. Gärungsindustrie

2599 **Über das Deloffre-Verfahren.** J. R. v. Lacroix. (Z. Zuckerind. **12** **(87)**, 75—76, 1962; Hamburg-Wandsbeck; dt.) — Vf. beschreibt das Deloffre-Verf. zur Herst. von Backhefe durch Vergärung von Melasse, bei dem in einer einzigen Stellhefegärung Alkohol erzeugt wird, der in der anschließenden Versandhefestufe unter Zugabe weiterer Kohlenhydratmengen wieder vollständig assimiliert wird. Reinhold Böhm. 7506◇

2600 **Die Wirkung von Lagertemperatur und Wassergehalt auf die Keimenergie von Braugerste mit besonderer Berücksichtigung hoher Temperatur.** H. D. Burges, D. M. Edwards, N. J. Burrell und M. E. Cammell. (J. Sci. Food Agric. **14**, 580—83, 1963; Pest Infestat. Labor.; Munton & Fison Ltd.; engl.) — Braugerste mit 12,6 u. 13,2% Wasser-Geh. wurde bei 39,6, 34,9, 32,1 u. 17,5° gelagert. Nur bei 17,5° blieb die Keimenergie (KE) 26 Wochen unverändert. Bei allen anderen Temp. trat ein Absinken der KE ein; es war um so stärker, je höher die Lagertemp. war. S. Zaake. 7540◇

2601 **Der Einfluß der während des Mälzens von Gerste zugesetzten Wachstumsregulatoren auf die Malzeigenschaften.** Neville Prentice, Allan D. Dickson, B. A. Burkhart und N. N. Standridge. (Cereal Chem. **40**, 208—20, 1963; Madison, Wis., Univ., Agric. Exp. Stat.; engl.) — Gerste wurde nach dem Weichen mit verschiedenen Wachstumsregulatoren besprüht. Es handelte sich dabei um

Gibberellinsäure (I), Chlorcholinchlorid (II), Cumarin (III), Hexachlorophen (IV), 2.3-Benzoxazolinon, 3-Amino-1.2.4-triazol (V), Polymyxin (VI), Kinetin (VII) u. Indolyl-(3)-essigsäure (VIII). Eine Zunahme an α-Amylase bewirkten **I, III, IV, V, VII** u. **VIII**, an diastat. Kraft u. β-Amylase nur **I, V** u. **VI**. Wachstumshemmende Wrkg. zeigte **II**. Eine Übersicht über die Änderungen in der Malz- u. Bieranalyse, die die einzelnen Präpp. verursachten, wird gegeben. — 38 Literaturangaben. S. Zaake. 7540◇

2602 **Einige Beobachtungen über die Schaumhaltigkeit von Flaschenbieren.** N. S. Curtis, A. G. Clark und P. J. Ogie. (J. Inst. Brewing **69**, 30—38, 1963; London, Whitbread & Co. Ltd.; engl.) — In einem Überblick werden die durch das Herst.-Verf. während des Brauens u. Abfüllens bedingten Veränderungen der Schaumhaltigkeit eingehend untersucht. Bereits während u. nach dem Gärprozeß kann das Schaumhaltevermögen abnehmen, u. aus Würzen mit hohem Schaumhaltevermögen hergestellte Flaschenbiere können eine relativ geringe Schaumhaltigkeit aufweisen. Bei Flaschenbieren mit guter Schaumhaltigkeit besaßen die durch Dialyse erhaltenen Fraktionen von hohem Molgew. ein größeres Schaumhaltevermögen. Biere mit schlechter Schaumhaltigkeit hatten während u. nach der Gärung ihre hochmol. Bestandteile größtenteils eingebüßt. Die Produktions-Verff. sollten daher so gestaltet werden, daß die höhermol. Verbb. möglichst weitgehend erhalten bleiben. W. Kreipe. 7550◇

2603 **Untersuchungen über die Äpfel-Milchsäuregärung in Weinen von Uruguay.** C. R. Cano-Marotta, M. Gioia und J. Ares-Pons. (Rev. Soc. quím. México **5**, 168—72, 1961; Montevideo, Uruguay, Labor. de Fermentation y Enologia; span.) — Vff. berichten über die experimentellen u. prakt. Beobachtungen der Äpfel-Milchsäure-Gärung, bei der Äpfelsäure unter dem Einfl. von Milchsäurebakterien zu Milchsäure abgebaut wird. Diese Gärung verläuft bei der Vergärung von Mosten aus weißen bzw. roten Trauben in Abwesenheit von SO_2 unterschiedlich. Sie ist durch das warme Klima in Uruguay bedingt. Eine biolog. Haltbarmachung des Weines kann nur durch einen Zusatz von SO_2 (>10 g/hl) oder durch Sterilisieren erreicht werden. F. Zeidler. 7554◇

2604 **Ermittlung der physikalischen Beschaffenheit bei Brennmalzen mit Hilfe des Sklerometers.** A. R. Chambers und J. Drummond. (J. Inst. Brewing **69**, 46—52, 1963; Menstrie, Clackmannanshire, Distillers Co. Ltd., Glenochil Res. Stat.; engl.) — Die durchschnittliche Härte von Malzen aus kanad., engl. (Proctor) u. schott. Gerste wurde mit dem Sklerometer bestimmt sowie die Reproduzierbarkeit der Ergebnisse festgestellt. Der Feuchtigkeits-Geh. (4—29%) des Malzes, die Temp. u. die Malzführung (im Saladinkasten, auf der Tenne, in der Trommel) hatten keinen Einfl. auf die mittlere Härte der Malze, jedoch waren bei der Malzführung sortenabhängige Unterschiede zu beobachten. Eine in hohem Maße signifikante Korrelation bestand zwischen dem analyt. Standardwert für den Extrakt u. dem für die Härte des Malzes mit dem Sklerometer ermittelten Durchschnittswert, der somit zur Extrakt-Best. bzw. zur Beurteilung der Malzqualität dienen kann. W. Kreipe. 7598◇

2605 **Untersuchungen über Anthocyane, insbesondere über das Malvin. 1. Mitt. Beitrag zur Analytik des roten Farbstoffs in Hybridenwein.** W. Diemair, W. Postel und H. Sengewald. (Z. Lebensmittel-Unters. u. -Forsch. **120**, 173—89, 1963; Frankfurt/M., Univ., Inst. für Lebensmittelchem.; dt.) — Die Auftrennung der Anthocyane (I) eines Hybridenweins gelang durch zweidimensionale aufsteigende Papierchromatographie bei Verw. des Fließmittels nach Hayashi (Eisessig : konz. HCl : W. = 3 : 1 : 8) oder n-Butanol : Eisessig : W. (6 : 2 : 3). Die Mono- u. Diglucoside des Malvidins, Petunidins u. Delphinidins wurden nachgewiesen; der Geh. an Diglucosiden, bes. an *Malvin* (II), war wesentlich höher als an Monoglucosiden. Auch nach Vorreinigung der Farbextrakte durch gereinigtes Polyamid konnten die I an Cellulose säulenchromatograph. nicht einwandfrei aufgetrennt werden; jede Fraktion war mit Anteilen der vorhergehenden oder nachfolgenden verunreinigt. Hingegen war die Auftrennung der Wein-I durch fraktionierte Fällung mit neutraler Pb-Acetat-Lsg. im sauren u. ammoniakal. Bereich erfolgreich. **II** konnte quant. von den meisten begleitenden **I** abgetrennt werden. Unter Verw. dieser Technik u. der Rundfilterchromatographie läßt sich **II** sicher in Rotwein u. anderen I-haltigen Fll. nachweisen. — 110 Literaturangaben. H. G. Schultze-Berndt. 7606◇

2606 **Über das Verhalten von Pyrokohlensäurediäthylester in Lösungen.** Akiva S. Kovacs und Hans O. Wolf. (Ind. Obst- u. Gemüseverwert. **48**, 87—94, 1963; Hamburg, GEG-Zentrallabor.; dt.) — *Pyrokohlensäurediäthylester* (I) läßt sich gaschromatograph. nicht direkt, sondern nur über sein Zerfalls-Prod. Diäthylcarbonat (II) nachweisen. Beim Zerfall von I in Lsgg. entsteht neben C_2H_5OH u. CO_2 immer **II**, das sich beim Durchblasen inerter Gase sehr schnell verflüchtigt. Die **II**-Bldg. als Folge einer Alkoholyse konnte nicht bestätigt werden. Der II-Nachw. in Wein u. Sekt erfolgt nach der Anreicherung qual. auf Grund der Retentionszeit. — 20 Literaturangaben. W. Kreipe. 7606◇

2607 **Untersuchungen von Kohle für die Weinbereitung.** P. Jaulmes, S. Brun und J.-C. Thomas. (Trav. Soc. Pharmac. Montpellier **22**, 14—28, 1962; franz.) — Die für die Entfärbung von Weinen verwendete Kohle kann gereinigte Knochen- oder Aktivkohle verschiedener Herkunft sein. Sie wird auf ihren Wasser- u. Asche-Geh. u. vollständige Calcinierung untersucht. Die Geh. an Cl, CN, As, Fe, Schwermetallen, Ca u. Mg u. die Mengen, die von 0,1n Citronensäure gelöst werden, werden nach angegebenen Vorschriften bestimmt. Die Resultate der Unterss. einer Anzahl von Kohle-Sorten werden angegeben. Das Adsorptionsvermögen wird mit 0,05n Jod-Lsg. bestimmt. F. Zeidler. 7606◇

2608 **Miller Brewing Co.**, Milwaukee, übert. von: **Gilbert H. Koch** und **William C. Herwig**, Milwaukee, Wis., V.St.A., *Hopfenextrakte für vergorene Malzgetränke.* (**A. P. 3 044 879** vom 11/2. 1959, ausg. 17/7. 1962. — C. **1963**, 22523 [E. P. 896 567].)

2609 **Union Carbide Corp.**, New York, N.Y., übert. von: **Dwight L. Baker** und **Harry Stollberg**, Milwaukee, Wis., V.St.A., *Herstellung von vergorenen Malzgetränken.* (**A. P. 3 039 876** vom 21/12. 1959, ausg. 19/6. 1962. — C. **1963**, 22523 [E. P. 904 989].)

2610 **Wolfgang Laves**, Hannover, *Herstellung von Nährsubstraten aus Süßmolke zur Reinzüchtung von Coli- und Milchsäurebakterien.* (**Schwz. P. 366 632** vom 20/8. 1958, ausg. 28/2. 1963. D. Prior. 29/8. 1957. — C. **1962**, 16879 [F. P. 1 212 823].)

H_{16}. Nahrungs-, Genuß- und Futtermittel

2611 **Radionuclide in Nahrungsmitteln.** P. Larrick. (Health Physics **9**, 569—96, 1963; engl.) — Übersicht über Art, Herkunft u. Vork. einer Radioaktivität in Nahrungsmitteln. — 97 Literaturangaben. W. Wesly. 7630◇

2612 **Kombinations-Verfahren.** Margaret J. Thornley und M. Ingram. (Int. J. appl. Radiat. Isotopes **14**, 45—48, 1963; Cambridge, England, Low Temp. Res. Station; engl.) — Übersicht über die Kombination von Bestrahlung u. Tyndallisierung, Vorkochung, Erhitzung, Zusatz fremder Stoffe (Konservierungsmittel, Antibiotica), Tiefkühlung von Nahrungsmitteln. — 12 Literaturangaben. W. Wesly. 7630◇

2613 **Technologische Gesichtspunkte der Bestrahlungs-Pasteurisierung von Nahrungsmitteln.** C. F. Niven jun. (Int. J. appl. Radiat. Isotopes **14**, 26—29, 1963; Chicago, Ill., Amer. Meat Inst. Foundat.; engl.) — Übersicht über die Pasteurisierung von Nahrungsmitteln durch Bestrahlung u. die Einw. verschiedener Strahlendosen auf verschiedene Bakterienarten. — 12 Literaturangaben. W. Wesly. 7630◇

2614 **Volksgesundheitliche Gesichtspunkte der Mikrobiologie bestrahlter Lebensmittel.** F. S. Thatcher. (Int. J. appl. Radiat. Isotopes **14**, 51—58, 1963; Ottawa, Ontario, Canada, Dep. of Nat. Health and Welf., Labor. of Food and Drug Direct., Microbiol. Sect.; engl.) — Übersicht über die Einw. der Bestrahlung von Nahrungsmitteln auf verschiedene Mikroorganismen u. sich daraus ergebende hygien. Aspekte. — 41 Literaturangaben. W. Wesly. 7630◇

2615 **Erforderliche Dosen für die Bestrahlungssterilisierung von Nahrungsmitteln.** C. F. Schmidt. (Int. J. appl. Radiat. Isotopes **14**, 19—26, 1963; Chicago, Ill., Continent. Can Co., Inc., Metal Div. Res. and Dev. Dep.; engl.) — Übersicht über die Strahlungsbeständigkeit von Sporen von *Cl. botulinum* in Nahrungsmitteln, deren Best. u. die zur Zerstörung erforderlichen Strahlendosen. — 25 Literaturangaben. W. Wesly. 7630◇

2616 **Lebensmitteltechnik.** Johann Kuprianoff. (VDI-Z. **105**, 316—22, 1963; Karlsruhe, TH, Inst. für Technol. der Lebensmittelverarb.; dt.) — Fortschrittsbericht. — 126 Literaturangaben. W. Wesly. 7632◇

2617 **Über die Anwendung von Methylbromid im deutschen Vorratsschutz.** Walter Frey. (Nachrichtenbl.

dtsch. Pflanzenschutzdienstes [Braunschweig] **15**, 116—20, 1963; Berlin-Dahlem, Biolog. Bundesanstalt, Inst. für Vorratsschutz; dt.) R. Grundmann. 7658◇

2618 **Chemische und geschmackliche Unterschiede bei Tafeltrauben.** K. E. Nelson, G. A. Baker, A. J. Winkler, M. A. Amerine, H. B. Richardson und Frances R. Jones. (Hilgardia **34**, 1—42, 1963; Davis, Calif., Univ. of California, Div. of Agric. Sci.; engl.) — Beschreibung von Verff. zur Qualitätsprüfung von Tafeltrauben u. Best. der Beziehungen zwischen Reife u. Geschmack, Farbe u. Qualität sowie Reife-Index-Bestimmungen. W. Wesly. 7688◇

2619 **Untersuchungen über den Einfluß wiederholter Wachsbehandlung auf das Lagerungsverhalten von Coorg-Orangen (Citrus reticulata, Blanco).** V. B. Dalal, H. Subramanyam und H. C. Srivastava. (Food Sci. [Mysore, India] **11**, 240—44, 1962; Mysore, Central Food Technol. Res. Inst.; engl.) — Coorg-Orangen wurden bis zu 4mal in eine Wachsemulsion eingetaucht, die einen Trockensubstanz-Geh. von 6% u. einen Geh. an *Na-o-Phenylphenolat* von 1% hatte. 2maliges Eintauchen erwies sich als optimal, bei öfterer Behandlung traten Schädigungen der Schale, bei weniger häufiger Behandlung vermehrte Fäulnis u. Schimmelbefall ein. Der Geh. der Früchte an *Vitamin C*, Gesamttrockensubstanz u. die Saftausbeute nahm während der Lagerung bei allen Proben ab. E. Lück. 7688◇

2620 **Eine Wachsemulsion für die Haltbarkeitsverlängerung von Sathgudi-Orangen.** V. B. Dalal, S. D'Souza, H. Subramanyam und H. C. Srivastava. (Food Sci. [Mysore, India] **11**, 232—35, 1962; Mysore, Central Food Technol. Res. Inst.; engl.) — Eine Emulsion aus 26 (%) Carnaubawachs, 13 gereinigtem Wachs aus Zuckerrohr, 5 Ölsäure, 6 Triäthanolamin, 40 Lack u. 10 NH_3 mit Zusatz von 0,5 *Na-o-Phenylphenolat* als Fungicid verringert die Fäulnis von Orangen u. hält sie länger marktfähig. Die Früchte werden zweckmäßigerweise mit einer 3—6%ig. Lsg. obiger Wachsemulsion behandelt. E. Lück. 7688◇

2621 **Der Einfluß der Vorkühlung auf das Lagerungsverhalten von Süßorangen (Citrus sinensis, Linn., Osbeck).** N. V. N. Moorthy, N. S. Kapur und H. C. Srivastava. (Food Sci. [Mysore, India] **11**, 249—51, 1962; Mysore, Central Food Technol. Res. Inst.; engl.) — Süßorangen wurden sofort nach der Ernte 16 Std. lang auf 32—35° F gekühlt. Diese Behandlung bewirkte eine gegenüber Kontrollen verbesserte Lagerbeständigkeit, eine bessere Saftausbeute u. eine Verlangsamung des *Vitamin C*- u. Säureabbaues. E. Lück. 7688◇

2622 **Kühllagerung von Pflaumen.** H. C. Srivastava und S. D'Souza. (Food Sci. [Mysore, India] **11**, 219—26, 1962; Mysore, Central Food Technol. Res. Inst.; engl.) — Lagerung bei 32—35° F führt zu einer geringeren Gew.-Abnahme als eine solche bei 35—38° F. Während der Lagerung tritt ein dauernder Anstieg des Extrakt-Geh. ein. Der Säure-Geh. nimmt zunächst zu, dann aber stark ab. Der Geh. an *Vitamin C* sinkt bei beiden Lager-Temp. gleichmäßig ab. Die Änderungen des Geh. an reduzierenden Zuckern sind sortenabhängig. Die Lagerfähigkeit der Pflaumen liegt bei 12—28 Tagen, je nach Sorte. E. Lück. 7688◇

2623 **Heißwasserbehandlung von Mangofrüchten zur Verminderung der Anthracnoseschädigung.** William Pennock und Gilberto Maldonaldo. (J. Agric. Univ. Puerto Rico **46**, 272—83, 1962; Rio Piedras, Agric. Exper. Station, Dep. of Agron. and Horticult.; engl.) — Eine Anthracnoseschädigung (AS) von Mangofrüchten wird weitgehend durch Eintauchen (15 Min.) der verschiffungsreifen Früchte in W. von 50—51,5° zurückgedrängt. Die zu dieser Behandlung verwendete Vorr. u. die Best. der AS werden beschrieben. W. Wesly. 7688◇

2624 **Kühllagerung von Mangofrüchten (Garcinia mangostania).** H. C. Srivastava, K. Kripal Singh und P. B. Mathur. (Food Sci. [Mysore, India] **11**, 226—28, 1962; Mysore, Central Food Technol. Res. Inst.; engl.) — Je niedriger die Lager-Temp., um so besser blieb die Qualität kühl gelagerter Mangofrüchte (a) erhalten. Während der Lagerung wurden ein Absinken des Geh. an Extrakt, Gesamtsäure u. *Vitamin C* u. ein Ansteigen des Geh. an reduzierenden Zuckern festgestellt. Die Atmungsaktivität (b) der a war um so größer, je höher die Lager-Temp. lag. Die b fiel zunächst 28 Tage lang ab u. nahm dann stark zu. Die optimalen Lagerbedingungen für a lagen bei 39—42° F Lager-Temp. u. 85—90% relativer Luftfeuchtigkeit. E. Lück. 7688◇

2625 **Gas-Kühllagerung von Mangofrüchten.** N. S. Kapur, K. Sarveshwara Rao und H. C. Srivastava. (Food Sci. [Mysore, India] **11**, 228—31, 1962; Mysore, Central Food Technol. Res. Inst.; engl.) — Zusätze von 5—10% CO_2 zur Lageratmosphäre von Mangofrüchten verbesserten die Lagerfähigkeit. Die Gaslagerung schränkt die Atmung der Früchte ein, vermindert die biochem. Veränderungen der Inhaltsstoffe u. verlangsamt den Abbau von *Vitamin C* geringfügig. E. Lück. 7688◇

2626 **Die Wirkung eines fungiciden Wachsüberzuges mit und ohne Wuchs-Regulator auf das Lagerungsverhalten von Mangofrüchten.** H. Subramanyam, N. V. N. Moorthy, V. B. Dalal und H. C. Srivastava. (Food Sci. [Mysore, India] **11**, 236—39, 1962; Mysore, Central Food Technol. Res. Inst.; engl.) — Mangofrüchte (**a**) wurden in eine Wachsemulsion mit 6% Trockensubstanz-Geh. u. einem Zusatz von 1% *Na-o-Phenylphenolat* als Fungicid eingetaucht. Die noch nicht ausgereiften **a** wurden teilweise zusätzlich mit den Wuchsregulatoren *Maleinsäurehydrazid* bzw. *2.4-Dichlorphenoxyessigsäure* versetzt. Bei allen Früchten zeigte sich eine durch die Wachsbehandlung bewirkte deutliche Haltbarkeitsverlängerung. Eine Verminderung der Fäulnis der reifenden **a** konnte aber nicht erreicht werden. E. Lück. 7688◇

2627 **Das Lagerungsverhalten von oberflächenbehandelten Guavas (Psidium guajava) unter modifizierten Atmosphären.** H. C. Srivastava, N. S. Kapur, V. B. Dalal, H. Subramanyam, S. D'Souza und K. Sarveshwara Rao. (Food Sci. [Mysore, India] **11**, 244—48, 1962; Mysore, Central Food Technol. Res. Inst.; engl.) — Guavas wurden mit 2 verschiedenen Wachsemulsionen [Carnaubawachs (**I**) 43,5(%), thermplast. Harz 35,5, Ölsäure (**II**) 5, Triäthanolamin (**III**) 18 bzw. **I** 40, niedrigschm. Paraffin 40, **II** 12, **III** 8] behandelt. Alle Emulsionen wurden 3%ig. angewendet. Die in Atmosphären mit 7,5 bzw. 10% CO_2 bei 72—85° F u. 47—50% relativer Luftfeuchtigkeit gelagerten Früchte zeigten infolge der Wachsbehandlung eine wesentlich verbesserte Haltbarkeit. Die paraffinhaltige Emulsion gab einen besseren Glanz als die harzhaltige. E. Lück. 7688◇

2628 **Das Lagerungsverhalten von kühl gelagerten und vorgekühlten Tomaten (Lycopersicon esculentum Mill. var. Marglobe).** H. C. Srivastava, N. V. N. Moorthy und N. S. Kapur. (Food Sci. [Mysore, India] **11**, 252—54, 1962; Mysore, Central Food Technol. Res. Inst.; engl.) — Die optimale Lager-Temp. für nach der Ernte vorgekühlte Tomaten liegt bei 52—55° F. Die Vorkühlung auf 32—35° unmittelbar nach der Ernte verbessert die Erhaltung der Feuchtigkeit, des *Vitamin-C*-Geh. u. bewirkt eine Verminderung der Fäulnis. E. Lück. 7688◇

2629 **Vitamin C in Kohlsprossen (Brassica oleracea var. gemnifera D.C.).** K. Ehrendorfer. (Bodenkultur [Wien], Ausg. A **11**, 321—31, 1960; Wien, Hochschule für Bodenkultur, Inst. für Pflanzenbau u. Pflanzenzüchtung; dt.) — In Übereinstimmung mit Werten in der Literatur wurde bei frischem Rosenkohl ein *Ascorbinsäure* (**I**)-Geh. von 100 bis 150 mg/100 g gefunden. Die **I**-Verluste während einer 4wöchigen Lagerung bei + 4° betrugen ca. 20—25%. Beim Kochen der Kohlsprossen traten **I**-Verluste auf, die einerseits durch Zerstörung (Oxydation), andererseits auf Lsg. von **I** im Kochwasser beruhten. M. Winiker. 7690◇

2630 **Zusammensetzung einiger in Fett gebackener Gemüse.** J. V. Prabhakar, B. S. Bhatia und Girdhari Lal. (Food Sci. [India] **9**, 307—08, 1960; Mysore, C.F.T.R.I., Div. of Fruit Technol.; engl.) — Angaben u. Erörterung der Zus. verschiedener Bohnenarten, Erbsen u. Bananen nach 5 Min. langem Erhitzen in 190° heißem, hydriertem Erdnußöl. W. Wesly. 7690◇

2631 **Über die Qualität des handelsüblichen Bienenhonigs aus Melitopol.** L. I. Gassenko und N. A. Alexejew. (Fragen der Ernähr. [UdSSR] **22**, Nr. 3, 86, 1963; Melitopol, Städt. Sanitär-Epidemiolog. Station; russ.) — 381 Proben von *Blumen-* (**I**) u. 82 Proben von *Akazienhonig* (**II**) wurden untersucht. 64% des untersuchten **I** waren flüssig. In 25,2% der fl. **I** betrug, infolge der Erwärmung des Prod. auf $>60°$, die Diastasezahl (DZ) <10; die Katalase des Honigs war dabei völlig zerstört. Nur bei 3% des krist. **I** wurde eine

Zerstörung der Fermente festgestellt. 73,1% des II waren flüssig. Die Erniedrigung der DZ u. Zerstörung der Katalase wurde in 58% der fl. II u. in 11% der krist. II festgestellt. S. Baryschnikow. 7700△

2632 **Grundlegende Untersuchungen über Alginsäuredarstellung.** 11. Mitt. **Neutralisieren des Alginsäure-Gels.** Shingo Miyake. (J. chem. Soc. Japan, ind. Chem. Sect. [Kogyo Kagaku Zasshi] **63**, 1606—08, 1960; Tôkyô-Daigaku, Seisan-Gizyutu-Kenkyûzyo; jap., Auszug: engl.) — 10. vgl. C. **1960**, 10091. — Die durch potentiometr. Titration mit 0,1n NaOH bestimmte SZ. des *Alginsäure* (I)-Gels ist im allg. kleiner als die durch konduktometr. Titration bestimmte SZ., welche jedoch viel kleiner als die echte SZ. von I ist. Die Unterschiede beruhen offenbar auf der Lactonisierung im I-Gel u. hängen nicht vom Polymerisationsgrad ab. Die potentiometr. sowie konduktometr. Titration dient der techn. Best. der Konz. von I während des Darst.-Verfahrens. Konduktometr. kann I auch in Ggw. von starken Mineralsäuren getrennt bestimmt werden. Der Neutralisationspunkt liegt im Syst. NaOH–I bei ca. pH 7 u. im Syst. Na_2CO_3–I bei ca. pH 5,5. E. Maekawa. 7708◇

2633 **Der Wassergehalt von Fleisch.** E. H. Callow. (Food Processing Packaging **31**, 123—27, 166—69, 181, 1962; engl.) — Vf. diskutiert den nach einer schonenden Meth. bestimmten, unterschiedlichen Wasser-Geh. verschiedener Gewebe bei einer Reihe von Tieren u. erörtert bes. physiolog. Ursachen der Schwankungen. G. Heder. 7750◇

2634 **Reaktionsmechanismus auf Meeresprodukte angewandter Antioxydantien.** 1. Mitt. **Beziehung zwischen der Wirksamkeit von Antioxydantien und dem Polyencharakter eines Substratöles.** Kenzo Toyama. (J. Tokyo Univ. Fisheries **48**, 111—18, 1962; engl.) — An Kabeljau-Leberöl u. hydrierten Prodd. mit mehreren Antioxydantien (**a**) ausgeführte Unterss. zeigen, daß zur Steigerung der Stabilität von stark ungesätt. Fischöl eine größere **a**-Menge als für Speiseöle nötig ist. Zwischen der **a**-Wirksamkeit u. dem Polyencharakter des Substratfettes bestehen Beziehungen. Die oxydationshemmenden Wrkg. von *2-* u. *3-tert.-Butyl-4-hydroxyanisol* u. *3.5-Di-tert.-butyl-4-hydroxytoluol* sind einander im allg. bei Substraten gleichen Polyencharakters (0,5—1,5 fehlende H-Atome je Mol.) gleich. *Nordihydroguajaratsäure* u. *n-Propylgallat* haben ausgezeichnete Schutz-Wrkg. für Öle mit geringer Untersättigung. W. Wesly. 7752◇

2635 **Reaktionsmechanismus auf Meeresprodukte angewandter Antioxydantien.** 2. Mitt. **Experimentelle Prüfung der Beziehung zwischen der Wirksamkeit von Antioxydantien und dem Polyencharakter von Substrat-Fettsäuren.** Kenzo Toyama. (J. Tokyo Univ. Fisheries **48**, 119—25, 1962; engl.) — 1. vgl. vorst. Referat. — Zur Verhütung der Oxydation von stark ungesätt. Fettsäuren ist eine größere Menge eines Antioxydans als bei schwach ungesätt. Fettsäuren erforderlich. *2-* u. *3-tert.-Butyl-4-hydroxyanisol* zeigt eine Abhängigkeit der Wirksamkeit vom Polyencharakter des Substrates. Vf. nimmt an, daß eine Beziehung zwischen der Zahl der ungesätt. Bindungen im Substrat-Mol. u. der zu seinem Schutz erforderlichen Menge eines Antioxydans besteht. W. Wesly. 7752◇

2636 **Extraktion der Sarcoplasma-Fraktion aus Fischmuskel mit in der Ionenstärke und im pH verschiedenen Salzlösungen.** B. R. Baliga, M. N. Moorjani und N. L. Lahiry. (Food Technol. **16**, 86—88, 1962; Mysore, India, Central Food Technol. Res. Inst.; engl.) — Verss. zur Best. der Sarcoplasmafraktion (**a**) aus den während 16 Tagen in Eis gelagerten Süßwasserfischen *Barbus dubious* u. *Barbus carnaticus* durch Extraktion ergaben unregelmäßige Werte von 26—55% des Gesamtprotein-N. Die Extraktionen wurden einerseits mit in der Ionenstärke u. im pH verschiedenen KCl-Phosphatpuffern, andererseits mit 5%ig. NaCl-Lsg. in 0,02m $NaHCO_3$ mit nachfolgender Ausfällung der **a** durch Verdünnung des Extrakts durchgeführt. K. Schleich. 7752◇

2637 **Änderungen der Fällbarkeit der Proteinfraktion durch Zusatz von pyrophosphathaltigen Pufferlösungen bei $\Gamma/2 = 0,225$ während der Lagerung von Süßwasserfischen in Eis.** B. R. Baliga, M. N. Moorjani und N. L. Lahiry. (Food Technol. **16**, 84—86, 1962; Mysore, India, Central Food Technol. Res. Inst.; engl.) — Am Süßwasserfisch *Ophicephalus sp.* wurde das Verh. der Proteine während 16 Tagen Lagerung in Eis beobachtet. Lösl. Protein-N, extrahiert mit einer 5%ig. Lsg. (**a**) von NaCl in 0,02m $NaHCO_3$, sank von anfänglich 92 auf 82% am 5. u. auf 71% am 15. Tag. Wenn **a** auf Ionenstärke $\Gamma/2 = 0,225$ verd. wurde, ließen sich aus dem Extrakt anfänglich 2,8% u. am 3. Tag 24% *Actomyosin* ausfällen. Wenn **a** mit 0,01m Natriumpyrophosphat versetzt wurde, stieg die Extrahierbarkeit von 63 auf 86%. Die Sarcoplasmafraktion wurde mit KCl-Citratpuffer extrahiert u. zeigte nur schwache Veränderungen. Nichtprotein-N wurde zu 9—11% des Gesamt-N ermittelt. K. Schleich. 7752◇

2638 **Nach dem Rigor eintretende Veränderungen in der Stickstoffverteilung und in der Textur von Fischen während der Lagerung in Eisstücken.** M. N. Moorjani, B. R. Baliga, B. Vijayaranga und N. L. Lahiry. (Food Technol. **16**, 80—83, 1962; Mysore, India, Central Food Technol. Res. Inst.; engl.) — Die Süßwasserfische *Barbus carnaticus* (a), *Barbus dubious*, *Labeo sp.* u. *Wallago attu* wurden 2 Std. nach dem Fang in Eis gepackt u. während 16 Tagen bei 2—3° gelagert. Nichtprotein-N (ca. 10% des Gesamt-N) blieb dabei fast unverändert. Lösl. Protein-N (80—90% des Gesamt-N), extrahiert mit KCl-Citratpuffer, verminderte sich um 0—6%. Organolept. waren die Fische nach 16 Tagen in Eis nicht zäher als am Anfang, wenn auch bei a der charakterist. Geschmack verschwunden war. K. Schleich. 7752◇

2639 **Herstellung von leicht benetzbaren und schnell löslichen getrockneten Milchprodukten.** Max Erich Schulz. (Milchwissenschaft **17**, 117—27, 245—49, 314—21, 349—62, 1962; Kiel, Bundesforschungsanstalt für Milchwirtschaft, Chem. Inst.; dt.) — Übersichtsbericht. — 15 Literaturhinweise u. Patentübersicht. G. Heder. 7756◇

2640 **Betrachtungen zur Untersuchungsmethodik der Trockenmilch.** Heinz Hoffer. (Milchwiss. Ber. [Wien] **12**, 266—91, 1962; Wolfpassing, Bundes-Lehr- u. Vers.-Anst. für Milchwirtsch.; dt.) — Vortrag mit anschließenden Diskussionsbemerkungen. Winfried Krüger. 7756◇

2641 **Beziehungen zwischen l-Ascorbinsäure und Milch.** J. Herrmann und H. G. Grossmann. (Nahrung **7**, 149—54, 1963; Berlin, Humboldt-Univ., Inst. für Technol. u. Vorratspflege; dt.) — Die in der Milch (a) natürlich vorkommende *l-Ascorbinsäure* (I) ist sehr stabil. Weder Sättigung der a mit O_2 noch Erhitzen auf 35° für 5 Std. führen zu einer völligen I-Zerstörung. 4 Std. langes Kochen der a am Rückfluß bewirkt erst eine I-Zerstörung von ca. 40%. Die durch Oxydasen (Kartoffel-, Weißkohl- u. Meerrettichsaft) hervorgerufene I-Oxydation wird von a nicht gehemmt. Dagegen schützt a I vor Zers. durch Cu-Spuren, vor allem im pH-Bereich von 5—8. Die Schutz-Wrkg. geht vom Casein aus. E. Lück. 7756◇

2642 **Vergleichende Haltbarkeitsversuche mit kurzzeit- bzw. hocherhitzter Milch.** Johann Futschik. (Milchwiss. Ber. [Wien] **12**, 335—51, 1962; Wolfpassing, Bundes-Lehr- u. Vers.-Anst. für Milchwirtsch.; dt.) — Vortrag über ausgedehnte Keimzahl-Best. in roher, kurzzeit- u. hocherhitzter Milch. Erhöhte Pasteurisierungs-Temp. führen trotz niedriger Restkeimzahlen zu einer schnelleren Reinfektion. Vf. fordert daher neben den üblichen, streng einzuhaltenden hygien. Vorschriften eine Pasteurisierung zwischen 72 u. 74° mit einer Heißhaltezeit von 30 Sek., eine Lagerzeit von 12—16 Std. bei 4° sowie eine Keimzahl-Best. mit *Chinablau-Lactose-Agar* statt mit dem lactosefreien Bouillon-Agar. Winfried Krüger. 7756◇

2643 **Die Herstellung von Fettquark im kontinuierlich arbeitenden Quarkapparat.** G. Dobrjakowa, A. Korssakowa und Ju. Lisarewa. (Milch-Ind. [UdSSR] **24**, Nr. 1, 20—22, 1963; Leningrad, Milchkombinat; russ.) — Milch, die bei 75° pasteurisiert wurde, wird bei 35° unter Einw. von Milchsäurestreptokokken (MSS) zu einer Acidität von 34° gebracht. Nach Zugabe der erforderlichen Mengen von $CaCl_2$ u. MSS-Ferment sowie einer Milchsäure-Lsg. bis zur Acidität von 45° wird das Gemisch in einen kontinuierlich funktionierenden App. (1 U/45 min) eingeführt. Das in dem App. entstandene Koagulat wird zerschnitten u. durch Filtration vom Serum getrennt. Der hergestellte Quark enthält 62,1—72,3 (%) W. u. 13,4—18,9 Fette. Die Acidität des Prod. beträgt 140—169. S. Baryschnikow. 7760△

2644 **Quark aus Buttermilch.** A. Klonina. (Milch-Ind. [UdSSR] **24,** Nr. 1, 24, 1963; russ.) — Kurze Beschreibung der Herst. von *Quark* aus Buttermilch. Als Säurewecker werden dabei reine Kulturen von Milchsäurestreptokokken angewandt. Der erhaltene Quark enthält 2,4—2,7 (%) Fett u. ca. 75 Wasser. Die Acidität des Prod. beträgt 52—78°. S. Baryschnikow. 7760△

2645 **Die Fettgehaltseinstellung von Speisequark durch Rahm.** H. W. Solterbeck. (Molkerei- u. Käserei-Ztg. **13,** 986—88, 1962; Malente, MLUA; dt.) — Vf. teilt Berechnungs-Verf. mit, das die Einstellung eines gewünschten Fett-Geh. von Speisequark durch Rahm ermöglicht. G. Heder. 7760◇

2646 **Über die Qualität der Milch für die Herstellung von Käse.** I. Busun, A. Chassina, N. Nowikowa und G. Wodjanitzkaja. (Milch-Ind. [UdSSR] **24,** Nr. 1, 38—41, 1963; Charkow, Veterinär-Inst.; Charkow, Milchkombinat; Sumy, Gebiets-Kontroll- u. Betriebslabor. des Trusts; russ.) — Die jahreszeitlichen Schwankungen der Zus. der für die Herst. von *Käse* in mehreren Gebieten der UkrainSSR verwendeten Milch werden erörtert. Als bes. geeignet für die Verarbeitung erwiesen sich Prodd. mit 11,95—12,09 (%) Trockensubstanz, 3,21—3,29 Gesamteiweiß, 2,57—2,65 Casein, 3,64—3,66 Fett u. 132,3—137,7 mg% Ca. Eine mittlere Acidität von 17,9° erscheint für die zur Käsegewinnung bestimmte Milch als gut geeignet. S. Baryschnikow. 7760△

2647 **Der baschkirische Käse Korot.** I. Kirdoda. (Milch-Ind. [UdSSR] **24,** Nr. 1, 23—24, 1963; russ.) — Kurze Beschreibung der Herst. von Käse „Korot" (mehrere Käsesorten) aus Magermilch. Die hergestellten, 15—58% W. enthaltenden Prodd. können gleichfalls zum Würzen von Speisen angewandt werden. S. Baryschnikow. 7760△

2648 **Das Bild der Schwankungen von Trockensubstanz und Nährstoffgehalt des Grases heimischer Weiden von Katherine, N.T.** M. J. T. Norman. (Austral. J. exp. Agric. animal Husbandry **3,** 119—24, 1963; Canberra, A.C.T., C.S.I.R.O., Div. of Land Res. and Reg. Survey; engl.) — Die 1959—1962 beobachteten Schwankungen der Geh. von austral. Weidegras an Trockensubstanz, N u. P werden aufgeführt. Zu Beginn der Jahreszeit erhöht sich die Trockensubstanz, wenn in den voraufgegangenen 14 Tagen $\geqq 2$ in. Regen gefallen waren; sie fällt innerhalb von 4 Wochen nach Beerdigung des Regens. Das N:P-Verhältnis bleibt stets fast konst. 14:1. Die Geh. an N u. P steigen in den ersten 14 Tagen (Regen) an u. fallen dann. Die Höchstwerte an N u. P ergeben sich fast gleichzeitig mit dem maximalen Geh. an Trockensubstanz; danach nehmen die N- u. P-Geh. stark ab. W. Wesly. 7782◇

2649 **Die Mais-Ackerbohnensilage, ein eiweißreiches Winterfutter.** K. Schmidt und E. Wuth. (Dtsch. Landwirtsch. **14,** 351—53, 1963; Jena, Inst. für Pflanzenernährung; dt.) — Übersicht über Feld-Vers.-Ergebnisse u. Ergebnisse von Silierungsversuchen. R. Grundmann. 7786◇

2650 **Einwirkung der Hirsereife zur Erntezeit und der Varietät auf gewisse chemische Bestandteile von Hirsesilagen.** F. G. Owen und O. J. Webster. (Agronomy J. **55,** 167—77, 1963; Univ. of Nebraska, USDA, Crops Res. Branch; engl.) — Mit fortschreitender Reife von Hirse (von der Blüte bis zur Bldg. des harten Samens) fallen die Geh. an Feuchtigkeit, Rohfaser u. Roheiweiß u. steigt der Geh. an N-freiem Extrakt (NFE) in den Silagen. Hybriden ergeben höhere Geh. an Rohfasern u. -eiweiß u. niedrigere Geh. an NFE als die Standardvarietäten. Sterile Hybriden enthalten mehr Feuchtigkeit u. Rohfasern u. weniger NFE als offen bestäubte Proben. W. Wesly. 7786◇

2651 **Gemeinsame Anwendung von Maissilage und Zuckerrüben bei der Fütterung von Kühen.** W. A. Alexejew. (Tierzucht [UdSSR] **25,** Nr. 1, 58—60, 1963; russ.) — In Fütterungs-Verss. an Milchkühen wurden 3 in bezug auf den Nährstoff-Geh. annähernd gleiche Rationen miteinander verglichen [Ration 1 = ca. 55 (%) Zuckerrüben, Ration 2 = ca. 33 Zuckerrüben + 52 Maissilage, Ration 3 = ca. 69 Maissilage]. Die Kühe, die Ration 2 erhalten hatten, zeigten die günstigsten physiolog. Kennziffern (Hämoglobin-, Erythrocyten-, Leukocyten-, Eiweiß-, Blutzucker-Geh.). Auch in ökonom. Hinsicht erwies sich Ration 2 als die günstigste. Die Tiere der Gruppe 3 wiesen den höchsten Geh. an Vitamin A bzw. Carotin auf. H.-D. Bock. 7786◇

2652 **Die Anwendung von rasengesäten Wicken (Vicia sativa) als Futterergänzung für Milchkühe an der Nordküste von New South Wales.** J. M. Holder, F. G. Swain und R. L. Colman. (Austral. J. exp. Agric. animal Husbandry **3,** 153—60, 1963; Wollongbar, N.S.W., Dep. of Agric., Agric. Res. Station.; engl.) — Unterss. über den Wert von *Vicia sativa L.* als Ergänzung des Weidefutters von Milchkühen zeigen, daß die mittlere Jahreserzeugung an Butter je Kuh durch das Zusatzfutter von 271 auf 328 lbs. gesteigert wurde. W. Wesly. 7786◇

2653 **Theorie und Praxis der Anwendung synthetischer Aminosäuren im Futter der Haustiere.** I. Ss. Popow. (Tierzucht [UdSSR] **25,** Nr. 1, 5—16, 1963; russ.) — Vf. gibt einen Überblick (Literatur u. eigene Verss.) über die Möglichkeiten zur Verbesserung der Eiweißversorgung von Schweinen u. Geflügel durch die Ergänzung nichtvollwertiger Eiweißfuttermittel mit *Methionin* u. *Lysin.* Es wird die verstärkte Produktion dieser beiden Aminosäuren durch die chem. Industrie gefordert. H.-D. Bock. 7786◇

2654 **Einige Fragen der Anwendung von Harnstoff.** I. F. Tkatschew. (Tierzucht [UdSSR] **25,** Nr. 1, 19—24, 1963; Kuban, Landw. Institut; russ.) — Vf. berichtet über Verss., in denen sich der Zusatz von *Harnstoff* zu verschiedenen Rationen bei der Fütterung von Rindern bewährt hat, u. gibt Empfehlungen für den zweckmäßigen Zusatz von Harnstoff zu verschiedenen Futtermitteln bzw. Rationen. Auch für die N-Düngung (z. B. von Mais) eignet sich Harnstoff gut. H.-D. Bock. 7786◇

2655 **Harnstoff erhöht den Nährwert von Stroh.** D. W. Jelpatjewski und I. I. Sharkow. (Nachr. Landwirtsch.-Wiss. [UdSSR] **6,** Nr. 3, 66—69, 1961; Saratow, Inst. für Veterinärmed.; russ.) — Das mit kaust. Soda u. Kalk behandelte Haferstroh wurde mit *Harnstoff* (1,74% von der Trockensubstanz) angereichert, wodurch sein Rohprotein-Geh. um über das 2fache stieg u. der Geh. an Cellulose u. N-freien Extraktstoffen sich auf über die Hälfte verminderte. In Verss. mit Jungvieh äußerte sich die Wrkg. des Harnstoffes in einer hohen Lebend-Gew.-Zunahme der Tiere. In Verss. mit Kälbern stellte sich die durchschnittliche tägliche Lebend-Gew.-Zunahme auf 772 g pro Kopf — gegen 650 g bei den ohne Harnstoff gefütterten Kälbern. M. Gordienko. 7786◇

2656 **Einfluß chemischer Umsetzungen bei trockenen Lebensmittelgemischen in Hinsicht auf die Lagerfestigkeit.** 1. Mitt. **Einleitung, analytische Methoden und Problemstellung.** J. Schormüller, W. Andräss, H.-J. Lange und K.-H. Müller. (Z. Lebensmittel-Unters. u. -Forsch. **117,** 379—89, 1962; Berlin, TU, Inst. für Lebensmittelchemie u. Lebensmitteltechnol.; dt.) — Zum Studium von chem., nichtenzymat. Umwandlungen, wie sie in Lebensmitteltrockengemischen unter verschiedenen Lagerungsbedingungen vor sich gehen, wird ein Analysengang ausgearbeitet, der die quant. Best. von W., Gesamtsäure, *l(+)-Glutaminsäure, l(+)-Lysin* (I) u. *l(+)-Arginin* (II) nach Säurehydrolyse, Gesamt- u. säurelösl. Aminostickstoff, reduzierenden Zuckern, Glucose auf enzymat. Wege u. Reduktonen umfaßt. Ferner wird eine Meth. zur Best. von *5-Hydroxymethylfurfurol* als Maß beginnender Maillard-Rk. u. zur Messung sichtbarer Bräunung sowie eine Meth. zur Erfassung von aus Tomaten-Prodd. extrahiertem *Lycopin* vorgeschlagen. Als Maß nichtenzymat. Vorgänge, an denen Aminosäuren beteiligt sind, wird die Best. von **I** u. **II** in fermentativ gewonnenen Hydrolysaten derartiger Umsetzungs-Prodd. vorgeschlagen. G. Heder. 7788◇

2657 **Untersuchungen zur Wirkung von Konservierungsmittelkombinationen.** 6. Mitt. **Das antimikrobielle Spektrum bei Kombinationen von Konservierungsmitteln.** H.-J. Rehm, H. Wittmann und U. Stahl. (Z. Lebensmittel-Unters. u. -Forsch. **115,** 244—62, 1961; München, Deutsche Forschungsanstalt für Lebensmittelchemie; dt.) — 5. vgl. C. **1963,** 21376. — Es werden die antimikrobiellen Wrkg.-Spektren von *Sorbinsäure* (I), *Benzoesäure, Ameisensäure,* SO_2, *p-Hydroxybenzoesäureäthylester* (II) u. *p-Hydroxybenzoesäurepropylester* (III) gegenüber Schimmelpilzen (a), Hefen u. Bakterien (b) diskutiert. An Hand der Isobolendiagramme wird gezeigt, daß es möglich ist, Mikroorganismen, gegen die ein bestimmter Konservierungsstoff (c) nicht wirksam ist, in das Wrkg.-Spektrum mit einzubeziehen, wenn man Kombinationen mit anderen c anwendet. Dies bezieht sich vor allem auf a u. b. In besonderem Maße gilt das für **I**, deren antibakterielle Wrkg. sich durch Kombination mit **II** u. **III** bedeutend steigern läßt. E. Lück. 7788◇

2658 **Chromatographische Trennung und ultraviolett-spektrophotometrische Bestimmung von Benzoesäure, m-Hydroxybenzoesäure, p-Hydroxybenzoesäure und Salicylsäure in Gemischen.** Halver C. Van Dame. (J. Assoc. off. agric. Chemists **43**, 593—94, 1960; Buffalo, N.Y., Dep. of Health, Educ. and Welfare, Food and Drug Admin.; engl.) — Die trockenen, durch Extraktion aus Nahrungsmitteln erhaltenen Na-Salze der *Benzoe-* (**I**), *m-Hydroxybenzoe-* (**II**), *p-Hydroxybenzoe-* (**III**) u. *Salicylsäure* (**IV**) werden in 1 ml 4n H_2SO_4 gelöst, die Lsgg. mit 2 g Kieselsäure vermischt u. das erhaltene Pulver mit 5 ml Bzl. auf eine SiO_2-Säule gegeben, die mit Na_2HPO_4 (6,5 ml einer 1m Lsg. auf 10,0 g) behandelt wurde. Die Elution erfolgt mit Bzl., Bzl. + 5% Butanol u. Bzl. + 15% Butanol, wobei in 25 ml Portionen gesammelt u. nach je 50 ml Elutions-Fl. der Butanol-Geh. erhöht wird. Die erhaltenen Fraktionen werden mit 0,01n NaOH titriert, zur Trockne gebracht, der Rückstand in 0,1n HCl gelöst u. die erhaltenen Lsgg. auf 5 mg/100 ml verdünnt. In der 1. Fraktion wird **I** bei 230 mμ in einer Konz. von 1 mg/100 ml, in der 2. Fraktion **II** u. **III** bei 295 mμ, Konz. 5 mg/100 ml bzw. bei 255 mμ, Konz. 1 mg/100 ml u. in der 3. Fraktion **IV** bei 302 mμ u. 235 mμ in einer Verdünnung von 1 mg/100 ml bestimmt. A.-M. Fretzdorff. 7788◇

2659 **Zur quantitativen Bestimmung der Sorbinsäure mit dem Thiobarbitursäurereagens.** W. Handschack. (Nahrung **7**, 155—57, 1963; Berlin-Buch; dt. — C. **1963**, 14515.) E. Lück. 7788◇

2660 **Mikrobestimmungen von Kobalt in venezolanischen Nahrungsmitteln.** Silvia García Garcilaso. (Arch. venezolanos Nutric. **11**, 109—19, 1961; Esquina del Carmen, Caracás, Inst. Nac. de Nutr.; span.) — Der Co-Geh. wurde in einigen venezolan. Nahrungsmitteln nach der Meth. von Saltzman (C. **1956**, 4821) bestimmt. Hohen Co-Geh. zeigten Erbsen, Alfalfamehl, Spinat, Schwarz- u. Weißbrot sowie Arepas (Maisbrot). K. Zingraf. 7788◇

2661 **Fluorgehalt von Lebensmitteln des Gebiets Irkutsk.** T. N. Rushnikowa. (Fragen d. Ernähr. [UdSSR] **22**, Nr. 3, 86—87, 1963; Irkutsk, Med. Inst. Lehrstuhl für allg. Hygiene; russ.) — Der sehr unterschiedliche *F*-Geh. von Lebensmitteln (LM) des Gebietes von Irkutsk wird erörtert. 15 LM pflanzlicher (a) u. 10 LM tier. Herkunft (b) wurden untersucht. Der F-Geh. von a beträgt 0,036 (Kohl) bis 2,8 (Weizen) (mg/kg), der von b 0,14—5,1 (Rindfleisch, Eier). Der Bedarf an F der Bevölkerung des Gebietes ist durch die F-Zufuhr mit den LM (bes. Getreide u. Fisch) gesichert. Die Häufigkeit der Zahnkaries in der Stadt Irkutsk (87% der Kinder leiden an Zahnkaries) ist vermutlich dem unzureichenden F-Geh. im Trinkwasser der Stadt (0,2—0,3 mg/Liter) zuzuschreiben. S. Baryschnikow. 7788△

2662 **Quantitative Trennung des Eisens von den Ionen, die seine colorimetrische Bestimmung in Nahrungsmitteln stören.** G. Fabriani, E. Figliuzzi und A. Fratoni. (Quaderni Nutriz. **19**, 241—50, 1959; Roma, Ist. Naz. della Nutr.; ital.) — Vor der colorimetr. Best. von Fe in Nahrungsmitteln wurde die Substanz mit Ae. extrahiert, um störende Ionen zu beseitigen. Zu diesem Zwecke wurde eine spezielle App. entwickelt. K. Zingraf. 7788◇

2663 **Bestimmung von restlichen Mengen von Thiophos und Mercaptophos in pflanzlichen Lebensmitteln.** G. Ja. Issajewa und K. K. Enoschewskaja. (Fragen d. Ernähr. [UdSSR] **22**, Nr. 3, 88—89, 1963; Kiew, Ukrain. Forsch.-Inst. für Ernährung; russ.) — Die Meth. beruht auf der Extraktion des Insekticids (**I**) mit organ. Lsgm. (Chlf., Bzl., Dichloräthan bzw. Ae.) u. der chromatograph. Trennung des Wirkstoffes an Al_2O_3- u. Na_2SO_4-Säulen. Nach Eluieren von **I** mit dem vorst. Lsgm. wird das Filtrat zur Trockne eingedampft. Die Naßveraschung des Rückstandes erfolgt unter Verw. von HNO_3, H_2SO_4 u. $KMnO_4$. Nach Entfernung der vorst. Reagenzien (Erhitzen auf 160°, dann auf der Heizplatte) wird der PO_4^{3-}-haltige Rückstand in W. gelöst, mit 0,02m NH_4-Molybdat- u. 0,01m Hydrazinsulfat-Lsg. versetzt, 15 Min. auf dem sd. Wasserbad erwärmt, abgekühlt u. die entstandene blau gefärbte Lsg. colorimetriert. S. Baryschnikow. 7788△

2664 **Die Eiweißzusammensetzung von aus verschiedenen Weizenarten extrahiertem Gluten.** J. W. Lee und C. W. Wrigley. (Austral. J. exp. Agric. animal Husbandry **3**, 85—88, 1963; North Ryde, N.S.W., C.S.I.R.O., Wheat Res. Unit. engl.) — Durch Chromatographie an Carboxymethyl-Cellulose u. Elektrophorese an Polyacrylamid-Gelen werden die Gluten-Eiweiß (**I**)-Verbb. einer Anzahl von Weizenarten getrennt; die **I**-Profile schwanken mit der Weizenart. Die Tetraploid-Weizenarten unterscheiden sich in mancher Hinsicht von den Varietäten von *T. vulgare*. Die möglichen Beziehungen zwischen Backqualität u. **I**-Profil werden erörtert. W. Wesly. 7798◇

2665 **Bestimmung des Aschegehaltes von Getreide und Mahlprodukten.** P. Laniesse. (Bull. anciens Élèves École franç. Meunerie **1963**, 83—90; franz.) — Übersicht über die Verff. zur Asche-Best. in Getreide u. Mahlprodukten. W. Wesly. 7798◇

2666 **Untersuchungen über Aromastoffe von Lebensmitteln. 1. Mitt. Ein Beitrag zur Analytik neutraler, in Tomaten vorkommender Carbonylverbindungen.** J. Schormüller und W. Grosch. (Z. Lebensmittel-Unters. u. -Forsch. **118**, 385—93, 1962; Berlin, TU, Inst. für Lebensmittelchem. u. -technol.; dt.) — Nach dem beschriebenen Trennungsgang zur Best. neutraler Carbonyl-Verbb. unter Heranziehung von *2.4-Dinitrophenylhydrazin* (**I**) wird bei ihrem Vorliegen in wss. Lsg. direkt mit **I** gefällt, bei Vorliegen in äther. Lsg. durch eine mit **I** beschickte Celitsäule gegeben, mit PAe. eluiert u. das die Phenylhydrazone (**II**) enthaltende Gemisch mit n-Hexan digeriert. Es gehen nur die **II** der neutralen Carbonyl-Verbb. in Lösung. Bei Vorliegen von **II** mit C $<$ 6 u. $>$ 6 wird das Gemisch über eine mit *Nitromethan* (**III**) fixierte Celitsäule gegeben u. mit Hexan (mit **III** gesätt.) eluiert, wobei die **II** mit mehr als 6 C-Atomen sofort durchlaufen. Durch erneute **III**-Trennung der C $<$ 6-Verbb., Elution mit Hexan (mit **III** gesätt.), u. der C $>$ 6-Verbb., Elution in reinem Hexan, werden die einzelnen Fraktionen aufgetrennt; dieser Vorgang wird durch weitere adsorptionschromatograph. Trennung an $ZnCO_3$ fortgesetzt u. die Einzelkomponenten gaschromatograph. identifiziert. Unter Anwendung der Meth. ergeben die flüchtigen neutralen Monocarbonylverbb. der Tomate *Acetaldehyd*, *Aceton*, *Isopentanal*, *n-Hexanal* u. *n-Hexenal-(2)*. A. Täufel. 7810◇

2667 **Infrarotspektren einiger Pektinsubstanzen.** Marten Reintjes, Damian D. Musco und Glenn H. Joseph. (J. Food Sci. **27**, 441—45, 1962; Corona, Calif., Sunkist Growers, Inc., Res. and Developm. Dep.; engl.) — Vff. untersuchten die Infrarotspektren einer Anzahl handelsüblicher Pektinsubstanzen mit Hilfe der von Newburger u. Mitarbeitern entwickelten Filmtechnik für gummi- u. pektinähnliche Substanzen. Die Ergebnisse ermöglichen die Unterscheidung zwischen Pektinen mit hohem Methoxyl (**I**)- u. solchen mit niedrigem **I**- u. Polygalakturonsäuregehalt. Das einzige untersuchte Apfelpektin unterschied sich im IR-Spektrum von den Citruspektinen bes. im längeren Wellenbereich. Die Unterss. sollten mit höherer Auflösung wiederholt werden. Die erhaltenen Resultate dürften aber für die allg. Qualitäts-Best. von Pektinen von beträchtlichem Wert sein. Hans Thiele. 7814◇

2668 **Der Nachweis von Alginaten in Trockenmischungen und Zubereitungen mittels des Polarisationsmikroskops.** A. Th. Czaja. (Z. Lebensmittel-Unters. u. -Forsch. **115**, 235—44, 1961; Aachen, TH, Botan. Inst.; dt.) — *Alginate* (**I**) bilden ionotrope biolog. Gele mit besonderen physikal. u. kolloidchem. Eigg. bzw. besonderem Verhalten. Im trockenen u. gelösten Zustand werden die Fähigkeit der **I** zum Ionenaustausch an ihren Carboxylgruppen (Ca^{2+}, Pb^{2+}, UO^{2+} gegen Na^+ u. a.) u. damit zur Änderung der Doppelbrechung, Hydratation u. Vernetzung der Makromoll. u. a. mikroskop. sichtbare Eigg. zur polarisationsopt. Identifizierung, auch in Mischungen mit anderen Verdickungsmitteln, herangezogen. E. Lück. 7820◇

2669 **Organische Säuren in Kaffee-Ersatzstoffen sowie in Trocken-Extraktpulvern aus Kaffee-Ersatzstoffen und Kaffee.** J. Schormüller, W. Brandenburg und H. Langner. (Z. Lebensmittel-Unters. u. -Forsch. **115**, 226—35, 1961; Berlin, TU, Inst. für Lebensmittelchem. u. Lebensmitteltechnol.; dt.) — Gerste u. Gerstenkaffee, Roggen u. gerösteter Roggen, frische u. geröstete Zichorie sowie Trockenextraktpulver aus Kaffee-Ersatz u. Kaffee wurden auf ihren Geh. an organ. Säuren untersucht. Dominierend waren in allen Proben *Essigsäure*, *Äpfelsäure*, *Bernsteinsäure* u. *Citronensäure*, gelegentlich auch *Milchsäure* u. *Weinsäure*.

In kleineren Mengen traten auf: *Brenztraubensäure, Kaffeesäure, Chlorogensäure, Oxalsäure, Oxalbernsteinsäure, Acetessigsäure, Hydroxybrenztraubensäure, Phenylbrenztraubensäure, α-Keto-n-capronsäure, α-Keto-n-valeriansäure, Oxalessigsäure, Mesoxalsäure, β-Mercaptobrenztraubensäure, Ameisensäure, Propionsäure, n-Buttersäure, n-Valeriansäure, Capronsäure, Caprylsäure, Caprinsäure, α-Ketoglutarsäure, Glyoxylsäure, Hydroxyphenylbrenztraubensäure, Malonsäure, Fumarsäure* u. *Önanthsäure*. In allen Fällen nahm durch den Röstprozeß der Säure-Geh. mehr oder weniger stark zu. E. Lück. 7828◇

2670 **Röntgenographische Untersuchungen über die Kristallstruktur des Milchzuckers in Milchpulver.** E. Knoop und E. Samhammer. (Milchwissenschaft **17**, 128–31, 1962; Kiel, Bundesforschungsanstalt für Milchwirtschaft, Physikal. Inst.; dt.) — Vff. können auf Grund röntgenograph. Unterss. verschiedene Typen von Milchzucker beschreiben, in denen der Milchzucker amorph als Monohydrat der *α-Lactose* (I), als *β-Lactose* oder als Gemisch der beiden letztgenannten vorliegt. Für I werden die Gitter-Konst. u. der monokline Winkel β angegeben. Die größere Löslichkeit von Milchpulver nach Instantisierung mit Wasserdampf ist nicht durch die Kristallform des Milchzuckers, sondern durch die Teilchengröße bedingt. G. Heder. 7856◇

2671 **Käsefettbestimmung im Vollmilchbutyrometer.** Hans Mengebier. (Molkerei- u. Käserei-Ztg. **14**, 599–60, 1963; Hameln, MLUA; dt.) — Es wird durch Variation der Butyrometer-Meth. eine Schnellmeth. zur raschen u. sicheren Käsefett-Best. beschrieben. Danach werden 2 g der Probe im Butyrometer mit 9 ml W. u. 10 ml H_2SO_4 ($D.^{20}$ = 1,817 g/ml) versetzt, bei 70° (Wasserbad) erhitzt, erst nach vollständigem Auflösen Amylalkohol zugegeben u. 10 Min. geschleudert. Die Berechnung des Fett-Geh. erfolgt nach der Formel: abs. Fett-Geh. = abgelesener Wert × 11,1/Einwaage in g. Gegenüber der Meth. nach Weibull-Stoldt ergeben sich Abweichungen bis ± 0,75% Fett i. T. Die Genauigkeit ist bei Verw. einer Butterwasserwaage gemindert.
A. Täufel. 7860◇

2672 **Bestimmung von Essig-, Milch- und Buttersäure in Silage.** Arturo Zamorani. (Chimica [Milano] **37**, 12–15, 1961; Padova, Univ., Ist. di Chim. e Ind. agrar; ital.) — Zur Best. von *Essigsäure, Milchsäure* u. *Buttersäure* in *Silage* bereitet man einen wss. Extrakt der frischen Silage (250 g/Liter), läßt einen aliquoten Teil über eine Kationenaustauscher- u. anschließend über eine Anionenaustauscher-Säule laufen, eluiert mit 2n NaOH, dest. so in einem bes. dimensionierten App. (Abb.), daß man 3 Fraktionen von je 100 ml erhält u. titriert die Destillate mit 0,2n NaOH. Die Meth. ist rasch auszuführen u. liefert befriedigende Ergebnisse, die im allg. für Routineanalysen von siliertem Futter annehmbar sind. G. Platzer. 7866◇

2673 Paolo Barducci, Mailand, Italien, **Gelieren von stärkehaltigen Nahrungsmitteln** durch Erwärmen, dad. gek., daß man die Erwärmung mittels eines hochfrequenten elektr. Stromes vornimmt. (**It. P. 556 203** vom 3/5. 1955.)
K. Koebke. 7661

2674 Svenska Jästfabriks A/B, Stockholm, Schweden (Erfinder: G. O. W. Heijkensköld), **Herstellung von getrockneter Bäckereihefe** mit bestimmter Menge an Trockensubstanz. Sprühgetrocknete Hefe wird unmittelbar nach der Trocknung mit entsprechenden Mengen fl. Separatorhefe vermischt u. dadurch gleichzeitig gekühlt. So werden 2200 kg 18%ig. Separatorhefe sprühgetrocknet u. mit ca. 700 kg fl. 18%ig. Separatorhefe vermischt. Auf diese Weise erhält man eine Hefe mit 40% Trockensubstanz. (**Schwed. P. 173 513** vom 18/11. 1957, ausg. 6/12. 1960.)
K. H. Kähler. 7675

2675 Ladislaus Rakcsányi, Koloman Szabó und Gabriel Vajda, Budapest, Ungarn, **Entbittern und Entfernen der Alkaloide** aus den Samen der Lupine erfolgt in 3 Stufen. In der 1. Stufe wird der Samen mit einem schwefelige Säure enthaltenden W. in solchen Mengen eingeweicht, als zur völligen Quellung notwendig ist. In der 2. Stufe wird ein Einweichwasser verwendet, welches eine andere Mineralsäure, z. B. HCl, enthält. Die Menge u. Konz. der Mineralsäure wird so hoch gehalten, daß die schwefelige Säure aus ihren Salzen wieder freigemacht wird u. die Alkaloide u. anderen Basen zur Diffusion vorbereitet werden, jedoch Eiweißstoffe u. Phosphatide nicht angegriffen werden. In der 3. Stufe werden die Bitterstoffe u. Alkaloide mit klarem W. ausgewaschen. Die einzelnen Stufen können unter Verw. von warmem W. (ca. 60–90°) durchgeführt werden. Nach der Diffusionsbehandlung kann man die Früchte mit einer Na_2CO_3-Lsg. behandeln, um durch die Säurebehandlung gebildete saure Salze zu neutralisieren. Dieses Verf. kann auch auf andere Fruchtarten angewandt werden. (**Ung. P. 143 817** vom (Angabe fehlt), ausg. 30/11. 1957.) G. König. 7685

2676 Arenco A/B, Stockholm, Schweden (Erfinder: W. Tintelnot), **Aufbringen von Deckblättern auf Zigarren.** Die Innenseite der Deckblätter wird zunächst mit einer wss. Kleisterschicht besprüht u. nach Eindringen des Klebemittels in das Blatt wird dieses um die Einlage gewickelt. — Vorrichtung. (**Schwed. P. 173 701** vom 6/2. 1959, ausg. 13/12. 1960.) K. H. Kähler. 7735

2677 **Chemische Fabrik Budenheim Akt.-Ges.**, Budenheim, und **Karl Thies**, München, *Stabiles, nicht hitzekoagulierbares Proteinpräparat aus Blutplasma.* (**E. P. 913 519** vom 15/5. 1959, ausg. 19/12. 1962. D. Prior. 17/5. 1958. Schwz. Prior. 11/5. 1959. — C. **1960**, 2725 [D. A. S. 1 065 257].)

2678 **Stamicarbon N. V.** (Erfinder: **Johannes Hubertus Ottenheym** und **Pieter Laurens Kerkhoffs**), *Herstellung von α-Aminolactamen.* (**Aust. P. 237 487** vom 16/9. 1959, ausg. 8/3. 1962. Niederl. Prior. 15/10. 1958. — C. **1963**, 16766 [A. P. 3 048 580].)

2679 **N. V. Philips' Gloeilampenfabrieken**, Eindhoven, Niederlande (Erfinder: **Harmannus Koopman** und **Jasper Daams**), *Mittel zur Beeinflussung des Pflanzenwuchses, insbesondere zur Verhinderung des Keimens von Kartoffeln.* (**Aust. P. 235 580** vom 3/11. 1958, ausg. 19/10. 1961. Niederl. Prior. 5/11. 1957. — C. **1962**, 1453 [Niederl. P. 97 486].)

2680 **Inventa Akt.-Ges. für Forschung und Patentverwertung, Zürich**, Schweiz, *Calcium-α-hydroxy-γ-methylmercaptobutyrat.* (**E. P. 915 193** vom 1/9. 1960, ausg. 9/1. 1963. Schwz. Prior. 1/9. 1959. — C. **1963**, 9152 [D. A. S. 1 133 366].)

2681 **Chas. Pfizer & Co., Inc.** (Erfinder: **Ward John Haas** und **Edward George Martin**), *Futtermittel mit einem Gehalt an Oleandomycin–Harz-Adsorbat.* (**Aust. P. 235 628** vom 11/8. 1959, ausg. 19/10. 1961. A. Prior. 28/10. 1958. — C. **1963**, 8374 [A. P. 2 970 053].)

H_{17}. Fette, Seifen, Wasch- und Reinigungsmittel usw.

2682 **Über die Beeinflussung des Fettes durch Filterhilfen.** R. Grau und A. Frieß. (Fleischwirtschaft **15**, 190–91, 1963; Kulmbach, Bundesanst. f. Fleischforschung, Inst. f. Chemie u. Physik; dt.) — Die Filterhilfen Mikrofil, Mikrofil-Spezial u. Kieselgur bewirken im Gegensatz zur Bleicherde Tonsil AC keine Raffination von Fetten u. können zur Klärung trüber Fette verwendet werden. R. Kießling. 7874◇

2683 **Der Einfluß der Fettsäurezusammensetzung in Fetten auf deren Autoxydationsprodukte.** Olav Notevarp. (Acta polytechn. scand. Nr. 16, Chem. includ. Metallurgy Ser. [N.S.] Nr. **21**, 2–5, 1962; Trondheim, Technical Univ. of Norway; engl.) — Bei der Autoxydation von Fetten spielen nicht nur die einzelnen ungesätt. Fettsäure-Komponenten eine Rolle, sondern auch ihre Zusammensetzung.
W. Melloh. 7878◇

2684 **Studium der UV-Spektren von Antioxydantien. 1. Mitt. Einfluß der Lösungsmittel und der Ranzigkeit der Fette auf die UV-Spektren.** B. A. J. Sedláček. (Fette, Seifen, Anstrichmittel **64**, 683–87, 1962; Prag, Inst. für Ernährungsforschung; dt.) — Die UV-Spektren einiger Antioxydantien [Methyl-, Äthyl-, Propyl- (PG), Octyl-, Dodecylgallat, Butylhydroxyanisol (BHA), Butylhydroxytoluol, Nordihydroguajaretsäure (NDGA), Ascorbylpalmitat (AP)], zweier Gemische von BHA/PG bzw. AP, zum Vgl. auch die von Gallus- u. Ascorbinsäure in W. bzw. 72% A. u. von Fett-Lsgg. (Schweinefett, Sonnenblumen-, Sojaöl, 10%ig. in Chlf. u. Toluol) mit u. ohne Zusatz von PG wurden untersucht. Je größer die Fettranzigkeit ist, um so mehr erniedrigt sich das Maximum des PG (294 mμ) sowohl bei Verw. der unextrahierten Fette als auch ihrer wss. Extrakte. Diese Erniedrigung wird durch eine Rk. der bei der Fettranzigkeit entstehenden Prodd. (hauptsächlich Peroxide) mit den Antioxydantien erklärt. H.-P. Rettig. 7878◇

2685 **Neuzeitliche Technologie der Fette und Fettprodukte. 41. Mitt. Die Reinigung und Schälung der Rohstoffe.** H. P. Kaufmann (unter Mitarbeit von J. G. Thieme). (Fette, Seifen, Anstrichmittel **59**, 766–73, 1957; Münster (Westf.), Dt. Inst. für Fettforschung; dt.) — 40. vgl. C. **1958**, **9939**. — Übersicht über Beschaffenheit von schwarzen u. weißen Baumwollsamen, Entwollungs- u. Schälmaschinen, Enthülsen von Sonnenblumen- u. Erdnußsamen u. Schälen der letzteren. J. Böss. 7894◇

2686 **Chemische Zusammensetzung und Verwendung von Passionsfruchtsamen, -samenöl und -samenmehl.** J. S. Pruthi. (Indian Oil Soap J. **28**, 55—62, 1962; Mysore, Centr. Food Technol. Res. Inst.; engl.) — Der Samen von *Passiflora edulis* enthält 23,85 (%) halbtrocknendes Öl, 11,13 Eiweiß u. 53,7 Rohfaser. Die Ölausbeute beträgt beim Kaltpressen 14,70—19,27, bei der Lsgm.-Extraktion 21,74—25,19%. Die Raffinationsverluste betragen 3,2—5,0%. Die beste Bleichwrkg. auf das raffinierte Öl wird mit 2,0% Fullererde erzielt. Die Stabilität des Öles, das zur Oxydationsranzigkeit neigt, beträgt 5,5 Std.; es ist weniger stabil als Erdnußöl. Die Änderungen des Peroxid-Wertes u. die Farbverschlechterung des bei 24—30° bzw. 37° gelagerten Öles werden bestimmt. Chem. Zus. u. wachstumsfördernde Werte des Samenmehls werden angegeben. Seine Beimischung (10%) zur Reisdiät von Ratten hat keine nachteilige Wrkg. auf deren Gesundheit u. Wachstum. W. Wesly. 7894◇

2687 **Über die Verwendung von methanolischen Bariumhydroxid-Lösungen als Verseifungsreagens.** Émile André und Jacques Henry. (C. R. hebd. Séances Acad. Sci. **257**, 143—44, 1963; Paris, École prat. des Hautes Ét. Labor. des Oléagineux; franz.) — Die Verseifung von Fetten mit alkohol. KOH oder NaOH ist eine Gleichgewichtsreaktion. Um diesen Nachteil zu vermeiden, wird mit methanol. $Ba(OH)_2$-Lsg. verseift. In CH_3OH ist $Ba(OH)_2$ im Gegensatz zur Schwerlöslichkeit in A. gut löslich. Da die Ba-Seifen in CH_3OH schwer lösl. sind, verläuft die Verseifung auch bei geringem Basenüberschuß quantitativ. W. Kupfer. 7906◇

2688 **Trennung der destillierten Spaltfettsäure in gesättigte und ungesättigte Anteile.** H.-G. Braun und C. Flöter. (Abh. dtsch. Akad. Wiss. Berlin, Kl. Chem., Geol. Biol. **1963**, Nr. 2, 303—10; Rodleben, VEB Dtsch. Hydrierwerk Rodleben; dt.) — Eine Nachprüfung der Trennung der dest. Spaltfettsäure in gesätt. u. ungesätt. Anteile [Stearinsäure (I) u. Oleinsäure] durch Auskristallisieren von I aus unterkühlten Lsgm. ergab, daß bei Verw. von 90% ig. CH_3OH die optimale Kristallisations-Temp. zwischen —2,5 u. —7,5° liegt. Bei Zugabe von 2% Schweineschmalz als Kristallisationsbeschleuniger u. einer Rührung mit 40 U/min beträgt die günstigste Temp. —6°. Die Trennung durch Dest. ergab gute Werte; jedoch ist der apparative Aufwand für eine Großanlage zu beträchtlich. W. Wesly. 7908◇

2689 **Die Möglichkeiten der industriellen Synthese biologisch abbaufähiger Alkylarylsulfonate.** J. Kubias. (Abh. dtsch. Akad. Wiss. Berlin, Kl. Chem., Geol. Biol. **1963**, Nr. 2, 311—16; Pardubice, Rybitvi, ČSSR, Forsch.-Inst. für organ. Synth.; dt.) — Der Ersatz des in Abwässern schwer abbaubaren Tetrapropylenbenzolsulfonats durch abbaufähige Alkylarylsulfonate, die durch Überführung der Ziegler-Zoselschen höheren n-Olefine (aus Äthylen) in n-Alkylbenzole u. deren Sulfonierung hergestellt werden könnten, wird diskutiert. W. Wesly. 7912◇

2690 **Betrachtungen über die oberflächenaktive Wirkung des Mepasinsulfanilidsulfonats im Vergleich zu anderen bekannten anionischen Waschrohstoffen.** G. Chmell. (Abh. dtsch. Akad. Wiss. Berlin, Kl. Chem., Geol. Biol. **1963**, Nr. 2, 81—91, Wolfen, VEB Farbenfabrik; dt.) — Der Vgl. von *Mepasinsulfanilidsulfonat* (I) mit Alkylarylsulfonat (II), Alkylmonosulfat, prim. Alkylsulfat u. Ölsäuremethyltaurid (III) bzgl. seiner oberflächenakt. Wrkg. zeigt, daß **I** eine Zwischenstellung zwischen **II** u. **III** einnimmt. Bes. zeigt **I** ein ausgeprägtes Kalkseifendispergiervermögen, sehr gute Härtebeständigkeit bzw. eine Aktivierung seiner Wirksamkeit durch die Härtebildner des W., geringe Hygroskopizität u. gutes Anfangswaschvermögen in weichem u. hartem Wasser. Nachteilig ist die dunkle Farbe seiner wss. Lsgg. u. die gegenüber einigen Vgl.-Prodd. etwas geringere maximale Waschaktivität. Die Verw. des **I** als wachakt. Komponente, als Kombinationskomponente zur Unterstützung der Aktivität von härteempfindlichen Textil- u. Färbereihilfsmitteln u. als oberflächenakt. Komponente zur Einstellung von Farbstoffen wird vorgeschlagen. R. Kießling. 7912◇

2691 **Untersuchung der Kombinationen von synthetischen waschaktiven Substanzen und Carboxylalkaliseifen.** Miklós Széplaky. (Abh. dtsch. Akad. Wiss. Berlin, Kl. Chem., Geol. Biol. **1963**, Nr. 2, 48—57; Budapest, Forschungsinst. f. Pflanzenöle u. chem. Haushaltartikel; dt.) — Mit Pyrophosphat u. Soda zu Waschpulvern aufgebaute Gemische aus Fettalkoholsulfat auf Spermölbasis, Fettalkoholsulfat auf der Basis synthet. Fettsäure, Dodecylbenzolsulfonat vom Keryl-Typ oder neutralölfreiem Alkylsulfonat mit pilierter Grundseife zeigen nur dann annähernd die gleiche Waschwirksamkeit wie die aus den reinen synthet. waschakt. Substanzen aufgebauten Waschpulver, wenn die Seife die Synthetika in doppelter Menge vertritt. Der Erschöpfungsgrad solcher seifenhaltiger Waschpulver ist aber auch dann noch ungünstiger als bei den rein synthet. Waschmitteln, so daß trotz der Billigkeit der Fettsäuren ein seifenhaltiges Waschpulver bei gleichem Preis einem vollsynthet. Waschpulver noch nicht gleichwertig ist. Da bereits geringe Seifenzusätze das Schäumen synthet. waschakt. Substanzen stark herabsetzen, ohne daß die Waschwrkg. beeinträchtigt wird, bietet sich die Möglichkeit der Herst. wenig schäumender Waschpulver. R. Kießling. 7912◇

2692 **Die Untersuchung einiger Eigenschaften von nichtionogenen Produkten vom Typ Alkylphenol-, Alkylkresolpolyglykoläther, Acylpolyglykoläther und polyoxäthylierte Alkylphenolformaldehydharze.** F. Popescu und T. Basarabescu. (Rev. Chim. [Bucureşti] **14**, 400—02, 1963; rum.) — Die Dichte der oberflächenakt. oxäthylierten, nichtionogenen Prodd. schwankt zwischen 1,100 u. 1,710. Die Dichte wächst mit dem Oxäthylierungsgrad, unabhängig vom hydrophoben Anteil des Moleküls. Folgende polyoxäthylierte Verbb. wurden hinsichtlich Schaumkraft u. Schaumbeständigkeit in Abhängigkeit vom Oxäthylierungsgrad geprüft: Isooctylphenol, Isooctylkresol, Dodecylphenol, Dodecylkresol, ferner Naphthensäuren u. die Harze Isooctylphenolformaldehyd, Octylkresolformaldehyd, Dodecylphenolformaldehyd u. Dodecylkresolformaldehyd. Die Schaumkraft obiger Verbb. wächst anfangs mit dem Oxäthylierungsgrad u. sinkt nach einem erreichten Maximum ab. Der günstigste Oxäthylierungsgrad für Schaumbildner liegt zwischen 14 bis 20 Mol Äthylenoxid. H. Borchers. 7912◇

2693 **Grenzflächenaktive Eigenschaften und Waschkraft von Nonylphenolpolyäthylenäthern in Abhängigkeit von der Anzahl angelagerter Mole Äthylenoxid.** F. F. Newolin, T. G. Tipisewa, N. A. Poljakowa und A. M. Semjonowa. (Abh. dtsch. Akad. Wiss. Berlin, Kl. Chem., Geol. Biol. **1963**, Nr. 2, 26—36, Leningrad, Inst. f. Fettforschung; dt.) — Untersucht werden wss. Lsgg. der Kondens.-Prodd. von Nonylphenol mit 10, 13 oder 30 Moll. Äthylenoxid. Mit der Erhöhung der Anzahl angelagerter Äthylenoxid-Moll. steigt die Oberflächenspannung dieser Lsgg. u. fällt ihr Netzvermögen; Zusätze von Na_2CO_3, $Na_5P_3O_{10}$ oder Na_2SO_4 sind dabei prakt. ohne Einfluß. Das Schaum-, Wasch- u. Schmutztragevermögen hängt nur unwesentlich u. vorwiegend im Gebiet niedriger Konz. von der Zahl der ankondensierten Äthylenoxid-Moll. ab. Hier beeinflussen aber zugesetzte Elektrolyte die gemessenen Werte: Trinatriumphosphat erhöht in Lsgg. hoher Konz. etwas das Schaumvermögen, alkal. Elektrolyte verbessern das relativ gute Waschvermögen der Lsgg. um ca. 50%, u. das Schmutztragevermögen wird durch Na_2SO_4 herabgesetzt. Das Schmutztragevermögen 0,25% ig. Lsgg. von Polyäthylenäthern des Nonylphenol ist gleich dem Schmutztragevermögen des Tetrapropylenbenzolsulfonats, schwächer konz. Lsgg. übertreffen es. R. Kießling. 7912◇

2694 **Chemische und anwendungstechnische Charakteristik einiger oberflächenaktiver Erucasäurederivate.** St. Fulde. (Abh. dtsch. Akad. Wiss. Berlin, Kl. Chem., Geol. Biol. **1963**, Nr. 2, 37—47; Warszawa, St. Fulde Polytechn., Inst. Przeneslu Organ.; dt.) — Die Erucasäure-Derivv.: Na-Erucoyl-N-methyltaurid, Na-Erucoylsarkosid, Na-Salz des durch Behandlung von Erucasäureäthylanilid mit H_2SO_4 entstandenen H_2SO_4-Esters, Na-Salz von Erucasäuresulfanilamid, Monoester der Erucasäure u. des Diäthanolamins, Erucylsulfat-Na u. a., ihre Eigg. u. Anwendungsmöglichkeit als Netzmittel werden beschrieben. W. Wesly. 7912◇

2695 **Reinigungsverfahren für oberflächenaktive Polypeptidderivate.** Hans-Dieter Selle. (Abh. dtsch. Akad. Wiss. Berlin, Kl. Chem., Geol. Biol. **1963**, Nr. 2, 284—91, Berlin-Grünau, VEB Chem. Werk; dt.) — Ein krit. Vgl. von 2 Reinigungs-Verff. für oberflächenakt. Polypeptid-Derivv. (Abscheidung des Kondens.-Prod. als sog. „Eiweißfettsäure" u. Umsetzung zum entsprechenden Salz durch äquivalente Mengen von Alkalien oder organ. Basen, bzw. Vermischung des Kondens.-Prod. mit Isopropanol unter Abscheidung einer wss., viscosen Lsg. der nicht umgesetzten Polypeptide, Abtrennung der wss.-alkohol. Lsg. mit dem reinen Kondens.-

Prod., das durch Dest. in Form einer konz., wss. Lsg. gewonnen wird) zeigt, daß das letztgenannte Verf. den Vorzug verdient. W. Wesly. 7912◇

2696 **Die Prüfung der Waschkraft mit Hilfe der Flottentrübung.** Kurt Schaurich. (Abh. dtsch. Akad. Wiss. Berlin, Kl. Chem., Geol. Biol. **1963**, Nr. 2, 193—201; Berlin, Dtsch. Akad. Wiss., Inst. für Fettchem.; dt.) — Eine krit. Prüfung des Verf. zur Best. der Waschkraft von Waschmitteln mit Hilfe der Messung der Flottentrübung (Beschreibung der App. u. Verf.-Technik) zeigt, daß das Verf. geeignet u. die Beobachtung des zeitlichen Verlaufes des Waschvorgangs günstig ist. W. Wesly. 7912◇

2697 **Untersuchungen über die Geschwindigkeit des Waschvorganges.** G. Kretschmar. (Abh. dtsch. Akad. Wiss. Berlin, Kl. Chem., Geol. Biol. **1963**, Nr. 2, 181—92, Berlin-Adlershof, Dtsch. Akad. Wiss. Berlin, Inst. für Fettchem.; dt.) — Zur Best. der Geschw. von Waschvorgängen dient die direkte, photoelektr. Registrierung der Aufhellung eines angeschmutzten Prüfgewebes. Die verwendete App. u. die Durchführung der Messungen werden beschrieben u. die mit verschiedenen Waschmitteln erzielten Ergebnisse erörtert. Am auffälligsten ist der starke Abfall der Waschwrkg. bei höherer Temperatur. W. Wesly. 7912◇

2698 **Vergleichende Gebrauchswertprüfung an drei Waschmitteln des VEB Waschmittelwerk Genthin.** W. Plass. (Abh. dtsch. Akad. Wiss. Berlin, Kl. Chem., Geol. Biol. **1963**, Nr. 2, 211—27; Genthin, VEB Waschmittelwerk; dt.) — Die Waschmittel *Persil, Milwa* u. *Wok* erfahren eine wesentliche Qualitätsverbesserung, wenn sie gemäß den Planrezepturen im Rahmen der techn.-wissenschaftlichen Zusammenarbeit sozialist. Länder hergestellt werden. R. Kießling. 7912◇

2699 **Vergleichende Testung von Waschgrundstoffen und Waschverfahren unter Praxisbedingungen.** H. E. Schwarzkopf und B.-D. Wesch. (Abh. dtsch. Akad. Wiss. Berlin, Kl. Chem., Geol. Biol. **1963**, Nr. 2, 228—37; Zittau, Dt. Amt für Material- u. Warenprüfung, Prüfdienststelle Waschmittel/Wäscherei; dt.) R. Kießling. 7912◇

2700 **Öliger Schmutzrückstand als ein Faktor der Vergilbung von gebrauchten und gewaschenen weißen Baumwollartikeln.** Verda McLendon und Florence Richardson. (Amer. Dyestuff Reporter **52**, P 112—P 133, 1963; Washington, D.C., United States Dep. Agricult.; engl.) — Ölige Rückstände, aus dem Hautfett stammend, wurden aus Laken u. Hemden während 30 Perioden des Tragens u. Waschens mit Seife bzw. Syndets nach jedesmaligem Gebrauch mit CCl_4 bzw. A. extrahiert. Die gelbe Farbe von gebrauchten u. gewaschenen Laken u. Hemden nahm um 2,3 „b"-Einheiten, gemessen mit dem Color-Difference-Meter, ab, nachdem der ölige Rückstand mit CCl_4 oder A. extrahiert worden war. Extraktion mit sd. W. hatte wenig Einfl. auf die Farbe. Na-Hypochlorit u. Na-Perborat entfernten wenig von dem öligen Rückstand. Beschleunigte Alterungsteste an künstlich mit öligen Substanzen beschmutzten Artikeln zeigten, daß hohe relative Luftfeuchtigkeit ein wesentlicher Faktor bei der Nachgilbung von Artikeln ist, die ölige Rückstände enthalten. — 29 Literaturangaben. H. Borchers. 7912◇

2701 **Einwirkung textiler Reinigungsprozesse auf Mikroorganismen.** H. E. Schwarzkopf und I. Treuhoff. (Abh. dtsch. Akad. Wiss. Berlin, Kl. Chem., Geol. Biol. **1963**, Nr. 2, 58—70; Zittau, Dtsch. Amt für Material- u. Warenprüfung, Prüfdienststelle Wäscherei; dt.) — Das Weißwaschen mit synthet. waschakt. Substanzen u. Alkalisalzgemischen liefert sowohl nach dem Standard-Verf., als auch nach dem Einlaugen-Verf. oder dem Zittauer Kurzwasch-Verf. keimfreies Waschgut u. keimfreie Flotte. Bei Buntwäsche wird eine starke Red. der Keimzahl beobachtet. Organ. Lsgm., wie sie in Trockenreinigungsprozessen angewandt werden, zeigen auf das Keimwachstum keinen Einfluß. R. Kießling. 7912◇

2702 **Grenzflächenaktive Stoffe für Aerosolschäume.** Paul A. Sanders. (Soap, Chem. Specialties **39**, 63—67, 107—12, 1963; Wilmington, Del., E. I. du Pont de Nemours u. Co., „Freon" Products Labor.; engl.) — In Reihen-Verss. wurden über 400 oberflächenakt. Stoffe auf ihre Eignung zur Herst. von Aerosolen geprüft. 4% oberflächenakt. Stoff wurde in 86% W. gelöst, 4% „Freon 12" u. 6% „Freon 11" zugesetzt u. durch Schütteln emulgiert. Folgende Eigg. dieser Aerosole wurden tabellar. geordnet: Stabilität u. Viscosität der Emulsionen, Versprühbarkeit, Steifigkeit des entstehenden Schaums, Schaumstabilität u. Schaumdichte. Zur Herst. von Aerosolen sind kationakt., nichtionogene u. anionakt. oberflächenakt. Stoffe geeignet. I. Ohme. 7912◇

2703 **Trockenreinigungsverfahren von heute.** J. H. Sieber. (SVF Fachorg. Textilveredl. **17**, 776—79, 1962; dt.) — Überblick über die wichtigsten Trockenreinigungs-Verff. u. ihre maschinelle Ausrüstung: Einbad-Verf., Zweibad-Verf., Zweibad-Verf. mit Vorreinigung. R. Kießling. 7914◇

2704 **Vorgänge bei der Destillation von Reinigungsflotten.** J. Kurz. (Färber-Ztg. **16**, 442—48, 1963; Hohensteiner Inst.; dt.) — Übersicht über die Theorie u. den Verlauf der Dest. von Reinigungsflotten: Dampf-Bldg. (Oberflächen-, Blasen- u. Filmverdampfung), Kondensation. W. Wesly. 7914◇

2705 **Eine Methode zur Beurteilung von Reinigungsmitteln.** E. Oehler und W. Rinckleb. (Abh. dtsch. Akad. Wiss. Berlin, Kl. Chem., Geol. Biol. **1963**, Nr. 2, 202—10; Karl-Marx-Stadt, VEB Fettchem.; dt.) — Zur Beurteilung von Reinigungsmitteln werden 2 Pt-Elektroden mit einem Gemisch von 1 Teil Talg u. 2,5 Teilen Stearin verschmiert. Als Bad dient eine Na_2SO_4-enthaltende Lsg. des zu untersuchenden Reinigungsmittels, dessen elektr. Leitfähigkeit mit der Wheatstoneschen Brücke verfolgt wird. W. Wesly. 7916◇

2706 **Fehlergrenzen fettchemischer Analysenmethoden.** R. Bennewitz. (Abh. dtsch. Akad. Wiss. Berlin, Kl. Chem., Geol. Biol. **1963**, Nr. 2, 157—66; Karl-Marx-Stadt, VEB Fettchemie, Analyt. Labor.; dt.) — Vf. ermittelt experimentell die Fehlergrenzen für die fettchem. Best.-Meth. der VZ., der OHZ., der JZ. u. des Gesamtfettgehaltes. R. Kießling. 7930◇

2707 **Anwendung der Spektrophotometrie bei der Analyse von Olivenölen.** 5. Mitt. **Nachweis von frischgepreßtem Olivenöl: Untersuchung italienischer Olivenöle.** Luciano Laporta. (Boll. Lab. chim. provinc. **13**, 507—29, 1962; Pescara, Labor. chim. provinc.; ital.) — 4. vgl. Boll. Lab. chim. provinc. **13**, [1962], 498. — 244 Proben von frischgepreßtem Olivenöl aus allen italien. Anbaugebieten wurde mit Hilfe der UV-Spektrophotometrie vor u. nach der Behandlung an Al_2O_3 untersucht. Die Ergebnisse (Tabellen) werden statist. überprüft u. neue abs. Grenzwerte der spezif. Absorption zur Charakterisierung eines frisch gepreßten Olivenöls nach Adsorption an Al_2O_3 vorgeschlagen. — 15 Literaturangaben. G. Platzer. 7932◇

2708 **Chromatographie von Lipiden und deren biochemische Anwendungen.** 6. Mitt. **Chromatographische Trennungen gemischter Triglyceride an Kieselsäurekolonnen.** Osamu Hirayama. (J. agric. chem. Soc. Japan [Nippon Nôgei-kagaku Kaishi] **35**, 437—41, 1961; Kyoto, Univ., Coll. Agricult.; jap.) — 5. vgl. J. agric. chem. Soc. Japan [Nippon Nogei-kagaku Kaishi] **35**, [1961], 392. — Die gemischten *Triglyceride* von *Olivenöl* (SZ. 2,1, VZ. 196,3 u. JZ. 82,1) u. *chines. Pflanzentalg*, F. 31,5—34,5° (aus *Sapium sebiferum Roxb.*), mit SZ. 3,3, VZ. 204,9 u. JZ. 29,5, werden SiO_2-Säulenchromatograph. getrennt unter Verw. ihrer Hg(II)-Acetataddukte (Hirayama, 1959) u. Behandlung mit Lsgm. in der Reihenfolge PAe., PAe.-Bzl., PAe.-Ae., Ae.-CH_3OH u. CH_3OH, u. zwar je nach dem Geh. an 3 gesätt. Fettsäuren, 2 gesätt. + 1 ungesätt. usw.; bei >4 ungesätt. Bindungen erfolgt sehr starke Adsorption der Addukte; obwohl keine quant. Lsg. eintritt, läßt sich die Schwierigkeit mit dem Verf. der Fixierung auf Filterpapier beheben. Es kann so der Glyceridaufbau fester Fette u. nichttrocknender Öle ermittelt werden: Olivenöl zeigt rein zufallsmäßige Verteilung der Glyceride, aber chines. Pflanzentalg eine „begrenzt zufällige" (restricted random) Verteilung. L. Schuler. 7932◇

2709 **Chromatographie von Lipiden und deren biochemische Anwendungen.** 7. Mitt. **Papierchromatographische Analyse der Glyceride in Sojaöl und Stillingiaöl.** Osamu Hirayama. (J. agric. chem. Soc. Japan [Nippon Nôgei-kagaku Kaishi] **35**, 441—44, 1961; jap.) — 6. vgl. vorst. Referat. — Mit Hilfe von mit Siliconöl u. fl. Paraffin fixiertem Filterpapier werden die Bandenchromatogramme (9 bzw. 11 Banden) von *Soja-* (**I**) u. *Stillingiaöl* (**II**) auf die Ggw. u. Menge von folgenden Fettsäuren untersucht: *Palmitinsäure* (P), *Stearinsäure* (S), *gesätt. Fettsäuren* (G), *Öl-* (O), *Linol-* (Li), *Linolen-* (Ln) u. *2.4-Decadiensäure* (D). Durch Analyse der isolierten Banden mittels Verseifung, Chromatographie u. Elektrophotometrie wird die Zus. u. Menge der *Glyceride* (**III**) ermittelt. Für beide Öle ergibt sich im wesentlichen eine zufallsmäßige Verteilung mit einem relativ hohen Geh. an ungesätt. III; diese weisen eine Verteilung auf, die sich von der „begrenzt zufälligen" (restricted random) unterscheidet. L. Schuler. 7932◇

2710 **Die Säurezusammensetzung des Samenöles von Holoptelea Integrifolia (Urticaceae).** R. C. Badami. (J. Sci. Food Agric. **13**, 297—99, 1962; engl.) — Durch Anwendung der Umkehrphasen-Verteilungschromatographie wurde gefunden, daß das Öl der Samen von *Holoptelea integrifolia* 0,2 (%) Laurin-, 3,5 Myristin-, 35,1 Palmitin-, 4,5 Stearin-, 1,1 Arachin-, 0,4 Behen-, 1,9 Hexadecen- u. 53,3 Ölsäure enthält. G. Heder. 7932◇

2711 **Die Fettsäure-Zusammensetzung von Chaulmoograöl (Taraktogenos Kurzii, King).** A. Sen Gupta, S. C. Mutha und A. P. Waghrey. (J. Sci. Food Agric. **14**, 457 bis 463, 1963; Varanasi (Indien), Banaras Hindu Univ., Dep. of Pharmaceutics; engl.) — Bei der systemat. Unters. des Samenfettes von *Taraktogenos kurzii* (Flacourtiaceae) werden die wie üblich dargestellten Gesamtfettsäuren durch fraktionierte Tieftemperaturkristalle nach Foreman u. Brown [1944] in 13 Fraktionen aufgeteilt; die weitere Differenzierung erfolgt über Harnstoffaddukt-Bldg.; zur Identifizierung der einzelnen Fettsäuren werden die Umkehrphasenchromatographie nach Ballance u. Crombie [1958] sowie die UV-Spektrophotometrie herangezogen. Es ergibt sich folgende Zus. der Gesamtfettsäuren: Chaulmoogra- (21%), Hydnocarpus- (19,6), Palmitin- (5,8), Myristin- (5,9), Gorli- (26,6), Öl- (11,3), Linolsäure (4,4); in einer Menge von 5,4% tritt eine gelartige Substanz auf, die als Prod. einer Autoxypolymerisierung ungesätt. Fettsäuren gedeutet wird. Erstmals werden Myristin- u. Linolsäure als Konstituenten nachgewiesen. K. Täufel. 7932◇

2712 **Bestimmungen von Vitamin A und Carotin in Oleomargarine.** Lewis H. McRoberts. (J. Assoc. off. agric. Chemists **45**, 442—49, 1962; San Francisco, Food and Drug Admin.; engl.) — Die Ergebnisse mehrerer Unterss. verschiedener Margarinemuster nach einer Meth. der AOAC werden verglichen u. krit. diskutiert. G. Heder. 7934◇

2713 **Ungesättigte Fettsäuren in natürlichen Fetten.** John Holmberg. (Acta polytechn. scand. Nr. 16, Chem. includ. Metallurgy Ser. [N. S.] Nr. **21**, 1, 1962; Bromma, Sweden, Forskningslaboratoriet LKB; engl.) — Mit modernen Meth. können, auch in kleinen Mengen, alle Fettsäuren in Fetten genau erfaßt werden. Es müssen jedoch mehrere unterschiedliche Meth. angewandt werden. W. Melloh. 7936◇

2714 **Gaschromatographie von Fettsäuremethylestern: Einfluß der Temperatur auf die Wirksamkeit der Säule unter besonderer Berücksichtigung der Trennung von Linolen-, Arachin- und Eikosensäure.** D. Buoncristiani, G. Taponeco und R. Salvadorini. (Olearia [Roma] **16**, 99—112, 1962; ital.) — Unter Verw. von 20% „Craig Polyester-succinat" auf Cromosorb W als stationäre Phase ist die gaschromatograph. Trennung von *Linolen-*, *Arachin-* u. *Eikosensäuremethylester* möglich. Die günstige Trenn-Temp. wird in zahlreichen Verss. ermittelt. Mit Hilfe von „CEAS" Erba wird versucht, eine befriedigende Trennung zwischen Arachin- u. Linolensäure zu erreichen. Aus der Kurve: log relative Retentionszeit/Zahl der C-Atome der Säure kann die Trenn-Wrkg. der Säule bei der jeweiligen Temp. der Säule abgelesen werden. I. Ohme. 7936◇

2715 **Gaschromatographische Analyse der Cyclopentenylfettsäuren.** I. Zeman und J. Pokorný. (J. Chromatogr. [Amsterdam] **10**, 15—20, 1963; Prag (CSSR), Inst. of Fat Res.; engl.) — Die Zus. des Chaulmoograöls wurde durch Gaschromatographie an Apiezon M u. Polyäthylenglykolsuccinat bei 240° bzw. 190° ermittelt. Die Best. der n-Fettsäuren erfolgte direkt durch Vgl. mit Testsubstanzen. Die Cyclopentenylfettsäuren wurden indirekt auf Grund ihrer Struktur, dem Vork. in verschiedenen Ölen u. der Beziehungen zwischen den Retentions-Vol. an zwei Phasen unterschiedlicher Polarität identifiziert. Das chromatograph. Verh. der Cyclopentenylfettsäuren unterscheidet sich von dem der n-Fettsäuren durch größere Retentionszeiten am Polyäthylenglykolsuccinat. W. Leipnitz. 7936◇

2716 **Ein Beitrag zur Bestimmung der unsulfatierten Anteile in synthetischen Fettalkoholen.** K. Praeger und H. Huhn. (Abh. dtsch. Akad. Wiss. Berlin, Kl. Chem., Geol. Biol. **1963**, Nr. 2, 167—80; Karl-Marx-Stadt, VEB Fettchemie; dt.) — Zur chromatograph. Best. des gesamten Unsulfatierbaren in synthet. Fettalkoholen (Ausgangs-Prodd. für Wasch- u. Textilhilfsmittel) dient eine Kieselgelsäule u. ein Gemisch von 97 (%) PAe. u. 3 Ae. als Eluiermittel. Außerdem wird eine nephelometr. Schnell-Best. der unsulfatierbaren Anteile beschrieben. W. Wesly. 7948◇

2717 **Volumetrische Nickel-Bestimmung bei der Bereitung von Katalysatoren.** Ju. L. Godjajew. (Öl- und Fett-Ind. [UdSSR] **28**, Nr. **12**, 13—14, 1962; Lwow, Kombinat für Fette; russ.) — Eine volumetr. Schnell-Best.-Meth. für *Ni* in einem Katalysatoren (Härten von Speisefetten) wird erörtert. Die mit Hilfe von 0,1m Dimethylglyoxim (I)-Lsg. durchgeführte Tüpfelanalyse (mit gesätt. alkohol. I-Lsg. durchtränktes u. getrocknetes Tüpfelpapier) ermöglicht die Ni-Best. mit einer Fehlergrenze von 0,1—0,2%. Die Ggw. von Fe u. Cu wirkt störend; Fe^{2+} soll infolgedessen in Fe^{3+} übergeführt u. das letztere mit NaF bzw. $Na_4P_2O_7$ maskiert werden. Parallele jodometr. Best.-Meth. für Ni in Ggw. von Cu u. für Cu werden gleichfalls erörtert. S. Baryschnikow. 7948△

2718 Renato Raffaeta, Mailand, Italien, **Extraktion von Fetten und Ölen aus pflanzlichen und tierischen Geweben** mit organ. Lösungsmitteln. Die wasserhaltigen oder trockenen Ausgangsmaterialien werden zerkleinert, mit dem Lsgm. gemischt, erwärmt u. dann unter verminderten Druck oder mehrmals aufeinanderfolgend unter erhöhten u. verminderten Druck gesetzt. — Vorr., Zeichnung. (**It. P. 555 321** vom 11/6. 1955.) K. Koebke. 7873

2719 Ram Dass Saxena, Kanpur, Indien, **Raffinieren von Baumwollsamenöl** durch Behandeln mit einer 8—30%ig. Wasserglas-Lsg. bei 50—80° in einer oder mehreren Stufen u. Abtrennen des Seifenstocks. Stark schleimhaltige Öle sind vorher mit heißem W. zu behandeln. (**Ind. P. 70 342** vom 11/1. 1960.) C. Lüttgen. 7895

2720 Procter & Gamble Ltd., Newcastle-upon-Tyne (Erfinder: Norman Ernest Ward, Whitley Bay), England, **Stückförmiges Waschmittel,** bestehend aus Seife, gek. durch einen Geh. an einem zuvor hergestellten Erdalkali-, Mg-, Zn- oder Al-Salz eines Schwefelsäureesters der allg. Formel a) $R-O-(C_nH_{2n}O)_xSO_3H$ ($R = C_{10}-C_{18}$-Alkylgruppe, n = 2 oder 3, x = 2—4), b) $R'-C_6H_4-O-(C_nH_{2n}O)_ySO_3H$ ($R' = C_6-C_{15}$-Alkylgruppen, y = 1—4) oder c) $R-O-(C_mH_{2m})-O-SO_3H$ (m = 1—4), z. B. 17 (%) Ca-Salz des Laurylpolyglykoläthersulfats (I), 2,5 Laurinsäure, 70 Na-Seife (II), 9,5 W. u. 1 anorgan. Salze, aus I u. II herrührend. (**D. A. S. 1 151 340** Kl. 23e vom 20/7. 1961, ausg. 11/7. 1963. E. Prior. 20/7. 1960 u. 4/7. 1961.) C. Lüttgen. 7913

2721 Continental Oil Co., Ponca City, Okla., V.St.A., **Herstellung oberflächenaktiver nicht gelierender wasserlöslicher Alkylarylsulfonatzusammensetzungen,** dad. gek., daß eine durch Sulfonierung eines Alkylaryl-KW-Stoffes mit SO_3 erhaltene Alkylarylsulfonsäure mit einem Amin (Triäthanol-, n-Butyl-, Triäthyl-, Äthylamin) neutralisiert u. anschließend mit einer geringeren Menge eines Aminsulfates (Triäthanol-, Triäthyl-, Diäthanol-, n-Butylaminsulfat) versetzt wird. (**Oe. P. 223 305** vom 25/10. 1960, ausg. 10/9. 1962. A. Prior. 2/11. 1959.) T. Oppermann. 7913

2722 Deutsche Akademie der Wissenschaften zu Berlin (Erfinder: Ernst Ulsperger), Berlin, **Herstellung von nichtionogenen, grenzflächenaktiven Monocarbaminsäureestern von aliphatischen Polyhydroxyverbindungen,** dad. gek., daß man ein Isocyanat der allg. Formel R—N=C=O (R = Alkyl mit mehr als 5 C-Atomen) bei erhöhter Temp. u. in Ggw. von Dimethylformamid (I) als Lsgm. mit einem Überschuß eines Polyhydroxyalkans oder eines mehrere Hydroxylgruppen enthaltenden Alkylamins umsetzt. — Man erhält z. B. aus ca. 3 (Mol) Glycerin durch Zutropfen von 1n-Heptylisocyanat (II) unter Rückfluß bei 150° u. Wasserausschluß u. Aufnehmen des erkalteten, teilweise erstarrten Rk.-Prod. in sd. W. nach dem Erkalten → *α-n-Heptylcarbaminsäureglycerinester*, F. 53—58° (aus Ae.), 95% (Ausbeute, auf Isocyanat bezogen). Analog erhält man aus 3 Triäthanolamin u. 1 II → *Mono-n-heptylcarbaminsäuretriäthanolaminester*, hochviscose Fl., 95%; aus 0,4 Mannit in 300 ml I u. 0,1n-Octylisocyanat → *N-n-Octylcarbaminsäuremannitester-(1)*, F. 151,5 bis 153,5° (aus A.), 70%. Die Prodd. besitzen starke *Reinigungskraft*, *Schaumvermögen*, *hämolyt.* u. *cytolyt. Wirkung.* (**D. A. S. 1 151 500** Kl. 12o vom 5/8. 1957, ausg. 18/7. 1963.) G. Vogel. 7913

2723 Henkel & Cie. G. m. b. H., Düsseldorf (Erfinder: Herbert Kasperl, Hilden/Rhld.), **Reinigungs- und**

Spülmittel, gek. durch einen Geh. an nichtionogenen, oberflächenakt. Stoffen, bes. Polyglykoläthern, wasserlösl. organ. Schutz-Koll., z. B. Cellulose, Stärke-Prodd. u. bes. polyacrylsauren Salzen, u. Acylierungs-Prodd., bes. Acetylierungs-Prodd. der phosphorigen Säure. (**D. A. S. 1 152 497** Kl. 23e vom 13/10. 1961, ausg. 8/8. 1963.) C. Lüttgen. 7917

2724 Hubert Aschert, Wien, Österreich, **Reinigungsmittel,** bes. Fleckentfernungsmittel, aus einer oberflächenakt., festen Substanz u. einem Lsgm., dad. gek., daß die oberflächenakt. Substanz ein Schaumharz, bes. in Pulverform, ist (z. B. ein Harnstoff—CH_2O-Schaum). (**Oe. P. 224 605** vom 13/6. 1960, ausg. 10/12. 1962.) T. Oppermann. 7917

2725 Sigmapharm Dr. H. Punzengruber & Dr. H. Pichler Chem.-Pharm. Präparate, Wien, Österreich, **Mittel zur Verhinderung der Beschlagsbildung auf blanken Flächen von medizinischen Geräten,** bes. auf Flächen aus Glas oder Metall von bes. zum Einführen in Körperhöhlen bestimmten medizin. Geräten, aus ca. 70% eines leichtflüchtigen, mit W. mischbaren organ. Lsgm., bes. A., als Trägermittel u. ca. 5% eines oder mehrerer anionenakt. oder kationenakt. oder nichtionogenenakt. Stoffe, Rest Wasser. — Das Mittel enthält z. B. 70 (%) A., 4,5 alkylsulfonsaures Na u. ca. 0,5 eines Äthanolamids, Rest W. oder 70 A., 3,5 Na-Fettalkoholäthersulfat, 1 Alkylarylsulfonsäure-Na-Salze, 0,5 Cocosfettsäuremonoäthanolamid, Rest Wasser. Ggf. werden noch keimtötende Stoffe zugesetzt. (**Oe. P. 222 784** vom 18/2. 1960, ausg. 10/8. 1962.) M. F. Müller. 7917

2726 D. E. I. S. A. (E. Jori Soc. Acc. del Dott. Paolo Rossi & Co.), Bologna, Italien, **Mittel zur Reinigung und Auffrischung von Wildleder.** Ein Gemisch aus porösem Pulver von Bimsstein, Glas, Sand oder Stein mit mineral., organ. oder metallorgan. Pigmenten (bes. Oxide, Sulfate, Chromate des Fe, Pb, Zn, Ba, Mo, Ferro- oder Ferricyanid) wird ggf. mit Netzmitteln zu einer Paste in Tuben oder mit Bindemitteln zu Stiften verarbeitet. (**It. P. 548 705** vom 30/12. 1955.) K. Koebke. 7917

2727 **Procter & Gamble Co.,** Cincinnati (Erfinder: **William Clarence Krumrei,** Springdale, **Bruce Strain,** Wyoming, und **Haskell Johnson Peddicord,** Cincinnati), Ohio, V.St.A., *Flüssiges Grobwaschmittel.* (**Schwz. P. 367 922** vom 29/6. 1957, ausg. 30/4. 1963. A. Prior. 29/6. 1956. — C. **1960,** 10797 [A. P. 2 877 185].)

2728 **General Aniline & Film Corp.,** V.St.A. (Erfinder: **Charles Frank Jelinek, Raymond Lemuel Mayhew** und **Geoffrey Richard Ward**), *Schäumende Waschmittelgemische.* (**F. P. 1 154 479** vom 24/5. 1956, ausg. 10/4. 1958. A. Prior. 27/5. 1955. — C. **1960,** 12877 [Belg. P. 548 158].)

2729 **National Cash Register Co.,** V.St.A. (Erfinder: **Robert E. Miller**), *Reinigungstuch.* (**F. P. 1 252 660** vom 7/12. 1959, ausg. 8/5. 1961. A. Prior. 8/12. 1958. — C. **1963,** 6825 [E. P. 870 241].)

H_{18a}. Holz, Cellulose, Zellstoff, Papier, Papierdruck, Celluloid, Linoleum

2730 **Tritium und Kohlenstoff-14 in Jahresringen von Bäumen.** Kunihiko Kigoshi und Yoshio Tomikura. (Bull. chem. Soc. Japan **34,** 1738—39, 1961; Tokyo, Gakushuin Univ., Dep. of Phys. and Chem.; engl.) — Daten über den ^{14}C- u. T-Geh. der Atmosphäre in den letzten Jahren können Aufschluß über die geophysikal. Strömungen geben. Es wird über die Konzz. von ^{14}C u. T in Jahresringen von Bäumen aus den letzten Jahren berichtet. Aus den Vers.-Ergebnissen soll die jährliche mittlere Konz. von ^{14}C in der Atmosphäre u. von T im Regenwasser erhalten werden. Vakuum bei 110° vorgetrocknete Holzproben werden vergast, das Gas verbrannt u. das anfallende W. elektrolysiert, um es an T anzureichern. Nach Konz. von W. auf $^1/_{100}$ seines Vol. wird der D-Geh. mit der Auftrieb-Meth. gemessen. Die T-Zerfalls-Geschw. wird mit einem Geiger-Zähler gemessen. ^{14}C wird nach einer bereits früher veröffentlichten Meth. festgestellt. Den Messungen ist zu entnehmen, daß die Nuclide 1—2 Jahre in der Stratosphäre bleiben. F. Zeidler. 7952◇

2731 **Der Austausch von Sauerstoff-18 zwischen Cellulose, adsorbiertem Wasser und Wasserdampf.** A. R. G. Lang und S. G. Mason. (Canad. J. Chem. **37,** 1829—33, 1959; Montreal, Quebec, Canada, Pulp and Paper Res. Inst. of Canada, Phys. Chem. Div.; Montreal, Quebec, McGill Univ., Dep. of Chem.; engl.) — Unter Verw. von ^{18}O ausgeführte Unterss. über die Adsorption von W. (bei Dampfdrücken von 0—40 μ Hg) an regenerierter Cellulose (**A**) zeigen, daß **A** im Vakuum bei 70° auf $<$ 0,04% Feuchtigkeit getrocknet werden kann. Die Adsorptionsisotherme von **A** wird mit der von Viscosereyon verglichen. ^{18}O wird zwischen **A** u. W. nicht ausgetauscht. W. Wesly. 7954◇

2732 **Die Gewinnung von Zellstoff, Papier und Karton aus einjährigen Pflanzen.** I. G. Markov. (Papíripar Magyar Grafika [Papierind. ung. Graphik] **3,** 86—90, 1959; ung. — C. **1959,** 17559.) Joh. Arndt. 7956◇

2733 **Sulfatzellstoff bei Zugabe reduzierender Mittel.** 2. Mitt. **Die Geschwindigkeit der Zersetzung von stark alkalischen Borhydridlösungen bei höheren Temperaturen.** Nils Hartler. (Svensk Papperstidn. **65,** 513—16, 1962; Stockholm, Sweden, Centr. Labor Swed. Cellulose Ind. (CCL); engl.) — 1. vgl. C. **1962,** 17969. — Die spezif. Zerfalls-Geschw. für $NaBH_4$ in stark alkal. Lsgg. wird zwischen 100 u. 130° bestimmt u. daraus für solche Temp. berechnet, die bes. im Zusammenhang mit einer Sulfatkochung von Interesse sind. $NaBH_4$, das vor einer Kochung einer Sulfatkochlauge zugesetzt wird, zerfällt bereits in der 1. Phase der Kochung in bedeutendem Ausmaß. Die zerfallene Menge in einer Blindkochung, d. h. ohne Holzzusatz, wird unter bestimmten Annahmen berechnet. Ferner wird diese Menge indirekt durch Best. des H_2-Gasüberdrucks relativ zum Druck des gesätt. Wasserdampfes bei derselben Temp. ermittelt. F. Zeidler. 7960◇

2734 **Großtechnische Versuche zum Aufschluß von Zuckerhirse in der Zellstoffabrik Szolnok.** Dénes Köszegi und József Morvay. (Papíripar Magyar Grafika [Papierind. ung. Graphik] **3,** 81—85, 124—26, 1959; Szeged, Med. Univ., Lehrst. pharmaz. Chem.; ung.) — Aus Zuckerhirse (**A**) wird in der Cellulosefabrik Szolnok nach dem Monosulfit-Verf. ohne Schwierigkeiten gute Cellulose (**B**) erzeugt. Die Ausbeute beträgt zwar nur 22,6%, gegenüber 28—38% im Labor.; das Verf. ist aber aussichtsreich, da aus **A** auf gleich großer Bodenfläche eine 2—3fache Menge **B** erzeugt werden kann, als aus Reisstroh. Daraus erzeugtes Schreibpapier u. weißes Packpapier entsprechen den Anforderungen. In Anbetracht dessen, daß die aus **A** gewonnene **B** ein Nebenprod. ist, ergibt sich, daß der Anbau von **A** lohnend ist. I. Plank. 7962◇

2735 **Die Bedeutung der Rheologie für die Herstellung und Verwendung von Papier.** Alfred H. Nissen, H. G. Higgins und A. Lagani jun. (Trans. Soc. Rheol. **1960,** 207—32; Troy, N.Y., Rensselaer Polytechn. Inst., Dep. of Chem. Engng.; engl.) — Übersicht über die rheolog. Eigg. von Papierfasersuspensionen, benetzten Geweben u. trockenem Papier. — 20 Literaturangaben. W. Wesly. 7974◇

2736 **Vergleichende Untersuchungen über die Arbeitsweise eines Hydrofiners, einer Jordan-Mühle und eines kontinuierlich arbeitenden Holländers.** Z. Kikiewicz. (Papíripar Magyar Grafika [Papierind. ung. Graphik] **3,** 131—37, 1959; ung. — C. **1959,** 14912.) I. Plank. 7976◇

2737 **Papiere zu hygienischen Zwecken.** Sándor Bács. (Papíripar Magyar Grafika [Papierind. ung. Graphik] **3,** 146—48, 1959; ung.) — Die verschiedenen hygien. Zwecken dienenden Papiere, bes. die Anforderungen an Toilettenpapier, werden besprochen. I. Plank. 7984◇

2738 **Offsetpapier.** 1. Mitt. Gyula Mány. (Papíripar Magyar Grafika [Papierind. ung. Graphik] **3,** 100—03, 1959; ung.) — Ein Überblick über die Herst. von Offsetpapier u. seine Verpackung wird gegeben. Joh. Arndt. 7988◇

2739 **Offsetpapier.** 2. Mitt. Gyula Mány. (Papíripar Magyar Grafika [Papierind. ung. Graphik] **3,** 138—40, 1959; ung.) — 1. vgl. vorst. Referat. — Die Wichtigkeit des Konditionierens von Druckpapier, um ein Verzerren des Mehrfarbendrucks, Faltigkeit, welligen Rand u. Zerknitterung zu vermeiden, wird besprochen. J. Plank. 7988◇

2740 **Die Verunreinigung industrieller Nitrocellulosen durch Schwefelsäure.** P. Touratier. (Chim. analytique **44,** 485—89, 1962; franz.) — Die Nitrierung von Cellulose durch HNO_3/H_2SO_4-Gemische von Nitrocellulosen (**A**), die nach einfachem Waschen einen ihrer Stabilität schädlichen H_2SO_4-Rest enthalten; seine Entfernung soll durch die sog. Stabilisierung erreicht werden. Mit potentiometr. Best. in 2 verschiedenen organ. Fll., die mit einer Hydrolyse bei 30° u. einer Best. des Total-S-Geh. verbunden sind, wird in nichtstabilisiertem **A** die Ggw. einer organ. Säure, mehrerer H_2SO_4-Ester u. freiem H_2SO_4, die dem Nitrierungsgrad proportional sind, festgestellt u. ihre Mengen werden bestimmt. Durch diese analyt. Meth. kann das Verschwinden von H_2SO_4 im Verlauf der Stabilisierung bei 100° messend verfolgt werden. Für jeden Index wird eine mathemat. Formel aufgestellt, die das Rest-H_2SO_4 in der Faser als Funktion der Stabilisierungszeit angibt. F. Zeidler. 8008◇

2741 Francesco Carlo Palazzo und Giuseppe Palazzo, Florenz, Italien, **Herstellung von Halbcellulose** aus Laubhölzern u. einjährigen halbverholzten Pflanzen. Nach der üblichen Zerkleinerung wird das Material mit der Lauge, die 2—3 (%) $NaHSO_3$ u. 0,3—0,5 Ammoniumoxalat enthält, eingeweicht, 30—40 Min. vorgekocht u. 30—60 Min. bei 155 bis 165° gekocht, gewaschen u. raffiniert. Stark tanninhaltige Hölzer werden 30—60 Min. mit heißem W. vorbehandelt. (**It. P. 559 314** vom 25/6. 1956.) K. Koebke. 7963

2742 Lonza-Werke Elektrochemische Fabriken G. m. b. H., Waldshut/Baden (Erfinder: Hermann Engelmann, Freiburg/Breisgau), **Kontinuierliche Herstellung von Celluloseestern organischer Säuren** durch Verestern von vorbehandelter Cellulose mit Gemischen aus Fettsäureanhydriden, lösenden Chlor-KW-Stoffen u. $HClO_4$ in Ggw. geringer Mengen Salzsäure u. in Abwesenheit von $ZnCl_2$ innerhalb von 1—10 Min. in einer Schneckenpresse nach D. B. P. 952 082, dad. gek., daß man die Cellulose zur Vorbehandlung in einem Gemisch aus leichtverdampfbaren, hydrophilen, organ. Lsgm. u. wss. Carbonsäuren aufschlämmt, die Masse auf einem Papiermaschinensieb bis zu einem Verhältnis von Cellulose: vorst. Gemisch = 1:1 abpreßt u. den Rest des Lsgm. mit einem Luftstrom so weit verdampft, daß in der Bahn auf 100 (Teile) Cellulose ca. 10—30 einer wss. 70—80%ig. Carbonsäure verbleiben. — Man schlämmt z. B. 100 Linters oder Zellstoff in der 50—100fachen Menge eines Gemisches aus 68 Aceton oder CH_3OH, 25 Eisessig u. 7 W. auf, preßt u. trocknet die Faserbahn, so daß die durch Verdampfen des Acetons oder CH_3OH auf 10° vorgekühlte Bahn noch ca. 10—30 einer 70—80%ig. Essigsäure enthält. (**D. A. S. 1 150 374** Kl. 12o vom 29/1. 1960, ausg. 20/6. 1963. **Zusatz zu D.B.P. 952 082; C. 1957, 3153.**) G. Vogel. 7971

2743 American Cyanamid Co., New York, N.Y., übert. von: Walter M. Schuller, Stamford, Walter M. Thomas, Darien, Sewell T. Moore, Stamford, und Ronald R. House, Darien, Conn., V.St.A., **Herstellung von Papier mit erhöhter Trockenfestigkeit.** Zu einer wss. Cellulosefasersuspension wird eine Lsg. eines wasserlösl. geradkettigen Polymeren mit Carboxylgruppen, Amidgruppen u. quatern. Ammoniumgruppen mit einem Verhältnis von Carboxylgruppen u. Amidgruppen zu quatern. Ammoniumgruppen zwischen 99,9:0,1 u. 80:20 u. einem Verhältnis Carboxylgruppen zu Amidgruppen von 0,1:99,9 u. 25:75 gegeben, zu einer Schicht geformt u. getrocknet. (**A. P. 2 884 058** vom 2/5. 1955, ausg. 28/4. 1959.) P. Mayer. 7975

2744 Je. W. Orobtschenko, D. M. Kerman, N. Ju. Prjanischnikowa und M. N. Weprinskaja, **Herstellung von Polyester-Alkydharzen.** Durch Veresterung von Rückständen der Fettsäure-Synth. mit höheren Alkoholen u. anschließender Kondens. mit Phthalsäureanhydrid (I) bei höheren Temp. entsteht ein Bindemittel für die *Linoleum-Herst.*, das Pflanzenöle voll ersetzt. — 290 (g) Rückstände der Fettsäure-Synth. werden mit 290 Säure u. Ester (aus White-spirit u. 150 Glycerin) [so Original — der Referent] auf 180 bis 220° erwärmt. Die Rk. ist beendet, wenn sich eine Probe in A. (1:1) löst. Dann werden 270 I zugesetzt, u. bei 185 bis 285° wird kondensiert. — Das Harz ist von gummiartiger Konsistenz, es ist leicht mischbar mit Füllstoffen u. Pigmenten u. läßt sich leicht auf Stoffe u. Papier kalandrieren. (**UdSSR. P. 131 890** vom 28/10. 1959.) F. Eßer. 7983

2745 Koch Processes Ltd., London, England (Erfinder: Robert John Shekter, Miami, Fla., V.St.A.), **Plattenmaterial für Hochdruckformen** besitzt eine Grundplatte aus mit Faserstoff, z. B. Glasfaser, verstärktem Kunstharz, z. B. Polyesterharz, darüber eine oder mehrere Koll.-Schichten, z. B. Gelatine, mit abnehmendem Kunstharz-Geh., u. als oberste Schicht nur ein Koll., das lichtempfindlich gemacht wird. Bei 3 Zwischenschichten z. B. ist das Verhältnis Harz:Koll. = 3:1, 1:1 bzw. 1:3. (**D. A. S. 1 146 894** Kl. 151 vom 26/2. 1960, ausg. 11/4. 1963. A. Prior. 27/2. 1959.) C. Kittler. 7989

2746 Dayco Corp. (Erfinder: Joseph Rockoff und Daniel A. Meyer), Dayton, Ohio, V.St.A., **Walzenmassen für Druckereimaschinen** aus porösen Kautschukteilchen mit offener Zellenstruktur, die durch natürliche oder künstliche Harze miteinander verbunden sind. (**D. A. S. 1 135 499** Kl. 151 vom 29/1. 1954, ausg. 30/8. 1962. A. Prior. 4/2. 1953.) C. Kittler. 7989

2747 Massimiliano Noberasco, Mailand, Italien, **Herstellung von Druckfolien.** Ein Gewebe aus thermoplast. Linearpolymerfasern in Kette u. Schuß wird beidseitig mehrmals mit einer wss. Dispersion oder mit einer Lsg. in einem organ. Lsgm. von Polymeren des Vinylacetats, Vinylchlorids, Methylmethacrylats oder Gemischen davon belegt. (**It. P. 559 124** vom 31/1. 1956.) K. Koebke. 7989

2748 Armstrong Cork Co., Lancaster, übert. von: Lloyd V. Hassel, East Hampfield Township, Pa., V.St.A., **Erzeugen von Platten oder Bändern aus feinverteilten vinylgruppenhaltigen plastischen Massen.** Die Teilchen werden auf einen porösen Träger, z. B. aus Filz, aufgebracht, dessen Oberfläche mit einer gasdurchlässigen abziehbaren Schicht aus Methylcellulose versehen ist. Der Filz ist zweckmäßig mit einem Ölharz getränkt. Dann werden die Teilchen unter Anwendung von Hitze u. Druck miteinander verschmolzen unter Bldg. einer homogenen Platte, die schließlich von der Unterlage abgezogen wird. — Boden-, Wandbekleidung. — Abbildungen. (**A. P. 2 913 773** vom 6/11. 1956, ausg. 24/11. 1959.) F. Markhoff. 7999

2749 **Stora Kopparbergs Bergslags Aktiebolaget**, Falun, Schweden, *Herstellung von neutralem Zellstoffbrei*. (**Ind. P. 69 027** vom 11/9. 1959. — C. **1963,** 9156 [E. P. 885 605].)

2750 **Aktieselskabet Union (Union Co.)**, Oslo, Norwegen (Erfinder: **Leif Grögaard**), *Herstellung von Cellulose durch Zweiphasen-Sulfitkochprozeß*. (**Finn. P. 30 764** vom 20/8. 1956, ausg. 15/7. 1960. Norw. Prior. 24/8. 1955. — C. **1962,** 8467 [Schwed. P. 163 735].)

2751 **National Starch & Chemical Corp.**, New York, N.Y., V.St.A., *Sulfoniumstärkeäther*. (**E. P. 895 406** vom 21/4. 1960, ausg. 2/5. 1962. A. Prior. 22/4. 1959. — C. **1963,** 22530 [D. A. S. 1 145 601].)

H_{18b}. Textilfasern

2752 **Zur Frage der elastischen Eigenschaften von Stapelfasern.** E. A. Nemtschenko. (Chemiefasern [UdSSR] **1959,** Nr. 6, 47—49; Unions-Faser-Forsch.-Inst.; russ.) — Mit Hilfe einer vom Vf. ausgearbeiteten Meth. wurden *Bauschelastizität* (**A**) u. *Komprimierbarkeit* (**B**) einer Reihe von Natur- u. Chemiefasern ermittelt. **A** nahm in folgender Reihe ab: Önanth, Capron, Wolle, Terylen, Nitron, Baumwolle, Acetatfasern, Kupferfasern, Viscose. **B** war am höchsten bei Capron u. am niedrigsten bei Viscosefasern. T. Lukanoff. 8040◇

2753 **Abbau von Cellulose durch Paecilomyces elegance (Corda) Mason & Hughes.** R. G. Bose. (Textile Res. J. **32,** 426—27, 1962; Calcutta, India, Indian Mills Assoc. Res. Inst., Microbiol. Labor.; engl.) — Der Pilz *Paecilomyces elegance* (Carda) Mason & Hughes erweist sich als geeignet zum fermentativen Abbau von Jute-, Baumwoll- u. Filterpapiercellulose. Die günstigsten Abbaubedingungen sind Czapek-Dox-Salz-Lsg., pH 5,5—8 u. 30—37°. Die Gewinnung von Cellulase ist möglich. G.-D. Gollnisch. 8042□

2754 **Die Wirkung von Lithium auf die Baumwolle.** L. A. Jesdakowa und N. A. Busina. (Baumwoll-Wirtsch. [UdSSR] **12,** Nr. 8, 29—31, 1962; Samarkand, Staats-Univ.; russ.) — *Li* wurde bei Verss. in unterschiedlicher Dosierung (0,1, 1,0 u. 10 mg/kg Boden) verwendet. In allen Varianten wirkte Li wachstumsstimulierend u. beeinflußte bes. die Ausbildung der Reproduktionsorgane. Die Anzahl der Blütenknospen vergrößerte sich u. bewirkte Ertragssteigerungen. Die dritte Variante senkte allerdings die Qualität der Baumwollfaser, so daß nur die beiden ersten Varianten für den Baumwollanbau größere Bedeutung erlangen werden. H. Findeisen. 8044◇

2755 **Quervernetzte Baumwolle in der randständigen Faserzone.** J. G. Frick jun., A. G. Pierce jun. und Verne W. Tripp. (Textile Res. J. **32,** 425—26, 1962; New Orleans, La., US Dep. of Agric., A.R.S., South. Utilizat. Res. and Dev. Div., South. Reg. Res. Labor.; engl.) — Durch Behandeln von Baumwollgewebe mit einer Lsg. von 7,5% HCHO, 17,7% W., 47,0% H_2SO u. 27,8% CH_3COOH wird

nur die Faseroberfläche quervernetzt, wie die mkr. Unters. der Löslichkeit in Cu-Äthylendiamin zeigt. In 5 Min. werden 0,99% HCHO eingeführt, in 30 Min. 1,87%.
G.-D. Gollnisch. 8044□

2756 **Der Einfluß eines Zinkmangels auf einige Kennwerte der Bastfasern von Flachs.** N. W. Porochnewitsch. (Ber. Akad. Wiss. BelorussSSR **6**, 798—800, 1962; Beloruss. Lenin-Staats-Univ.; russ.) — Bei Verss. wurden chem. reines H_3BO_3 u. $MnSO_4 \cdot 7\,H_2O$ [0,5 (mg/Liter)] sowie $CuSO_4 \cdot 5\,H_2O$ u. $ZnSO_4 \cdot 5\,H_2O$ (0,05) angewendet. Unterss. erfolgten nach Maceration der Bastfasern (Bf) in 10%ig. KOH mit einem stereoskop. Binokularmikroskop bei 16facher (Längenmessung), 120facher (Faserbündel) u. 1350facher (Gefäßdurchmesser) Vergrößerung. Verss. ergaben, daß *Zn*-Mangel die Zahl der Bf im Bündel u. Querschnitt der Stiele um 23,2% verringerte, die Bf-Länge aber nicht merklich änderte. Wahrscheinlich hängt der negative Einfl. des Zn-Mangels mit geschwächter Photo-Synth., der Anhäufung von KW-Stoffen u. dem pflanzlichen C-Umsatz zusammen. Außerdem blieben die Pflanzen im Wachstum zurück, blühten erst 15 Tage später u. enthielten weniger grüne Pigmente u. Carotinoide.
H. Findeisen. 8050◇

2757 **Das wässerige Düsenentschweißen von Rohwolle. 1. Mitt. Faktoren, die das Entfernen von Schmälze beeinflussen.** C. A. Anderson und I. J. Poulter. (Textile Res. J. **32**, 387—92, 1962; Geelong, Victoria, Australia, C.S.I.R.O., Wool Res. Labor., Div. of Text. Ind.; engl.) — Das Entfernen von Schmälze u. Schmutz von Rohwolle durch Besprühen mit Waschmittel-Lsg. wird beeinflußt von Typ des Waschmittels, Konz., Temp., Wasserdruck u. Düsenzahl. Die Wollschädigung ist selbst bei 85° geringer als bei der üblichen Behandlung bei 50°. G.-D. Gollnisch. 8060□

2758 **Schrumpffreie Ausrüstung von Wolle durch Behandlung mit Kaliumpermanganat/Natriumchlorid.** Masao Horio, Chikaaki Sakai, Takashi Kondo und Ken-ichi Sekimoto. (Bull. Inst. chem. Res., Kyoto Univ. **40**, 351—57, 1962; Horio Labor.; engl.) — Die Schrumpffreiausrüstung von Wollgarnen bzw. -gewebe mit $KMnO_4$/NaCl-Legg. wird beschrieben. Die Behandlung erfolgt zunächst bei Zimmer-Temp. mit einer 5m NaCl-Lsg., Flotte 1:20. Danach wird 5% $KMnO_4$ auf das Waren-Gew. berechnet zugegeben, je 10 Min. bei 25 u. 40° belassen, mit W. ausgewaschen u. das gebildete MnO_2 durch eine 30 Min. dauernde Behandlung bei 30° mit 10% Na_2SO_3 (auf Waren-Gew.) entfernt. Die auf diese Weise behandelte Wolle zeigt eine gute Krumpffreiheit, ohne daß Festigkeit u. Dehnung merklich verändert sind. Dies gilt auch für die Alkalilöslichkeitswerte. Dagegen wird die Farbstoffaufnahme-Geschw. stark erhöht, da die wss. $KMnO_4$/NaCl-Behandlung bevorzugt auf die Faseroberfläche begrenzt bleibt. Wird die $KMnO_4$-Behandlung ohne NaCl-Zusatz vorgenommen, so wird nur eine geringe Verbesserung hinsichtlich der Krumpf-Eigg. erzielt.
H. G. Fröhlich. 8060◇

2759 **Über die Verfahren zur Antifilzausrüstung von Wolle. 12. Mitt. Über „Easy Care".** H. G. Otten und G. Blankenburg. (Z. ges. Textilind. **64**, 385—91, Mai, 503—09, Juni 1962; Aachen, TH, Dt. Wollinst.; dt.) — 11. vgl. Féderat. Lain. int. Comité Techn., Réunion Paris **1961**, Rapport No. 5. — Übersicht über die Entw. der wichtigsten Antifilzausrüstungs-Verff. mit Angabe der Erfinder-, Verf.- oder Firmennamen. Behandelt werden: Naßchlorierung, Gaschlorierung u. Chlorierung im organ. Lsgm., Fluorierung, Bromierung u. Jodierung, Oxydation u. Red., Hydrolyse-Verff., Antifilzausrüstung mit natürlichen u. synthet. Polymeren, durch chem. Modifizierung u. mechan. Verfahren. — 159 Literaturangaben. H. Brämer. 8060◇

2760 **Erfahrungen bei der Imprägnierung von Wollstoffen mit Siliconen.** Károly Ramaszéder. (Koloristikai Értesítő [Kolorist. Rdsch.] **4**, 254—65, 1962; Budapest; ung. — C. **1963**, 19859.) T. Wein. 8060△

2761 **Vergleich der Wirkung von Permanganat/Natriumchlorid und Permanganat/Wasser auf Wolle.** Masao Horio, Chikaaki Sakai, Takashi Kondo und Ken'ichi Sekimoto. (Bull. Inst. chem. Res., Kyoto Univ. **40**, 358—63, 1962; Horio Labor.; engl.) — Die elektronenmkr. Unters. von Wolle (**A**), die durch Behandeln mit wss. $KMnO_4$/NaCl-Legg. krumpffrei ausgerüstet wurde, zeigt, daß die Rk. prakt. auf die Oberfläche der einzelnen Faser begrenzt bleibt. Wird dagegen **A** nur mit wss. $KMnO_4$-Legg. behandelt, so dringt $KMnO_4$ tief in die einzelne Faser ein, wobei es zu MnO_2 red. wird. Dieser unterschiedliche Rk.-Mechanismus wird auch als Ursache für den unterschiedlichen Ausfall bei der Krumpffreiausrüstung angesehen. H. G. Fröhlich. 8060◇

2762 **Orientierung von Merinowollfasern in Geweben.** K. Baird. (Textile Res. J. **32**, 419—21, 1962; Ryde, Sidney, Australia, C.S.I.R.O., Wool Res. Labor., Div. of Text. Phys.; engl.) — Nach dem Einbetten von Merinowollfasern aus verschiedenen ungefärbten Kammgarngeweben in Kunstharz werden Faserquerschnitte angefertigt u. mit Methylenblau gefärbt. Bei 53% der Proben lag die Paracortex an der inneren Seite des Bogens, bei 31% an der äußeren Seite. Bei 16% war die Lage nicht feststellbar. Werden die Fasern nach Behandeln mit NH_4-Thioglykolat angefärbt u. im Längsschnitt betrachtet, lauten die entsprechenden Zahlen 51%, 5%, 44%. Über die Ursache der Differenz werden Vermutungen angestellt. G.-D. Gollnisch. 8060□

2763 **Torsionssteifigkeit der Ortho- und Paracortex von Wolle.** M. W. Andrews, M. Feughelman und T. W. Mitchell. (Textile Res. J. **32**, 421—22, 1962; Ryde, Sidney, Australia, C.S.I.R.O., Wool Res. Labor., Div. of Text. Phys.; engl.) — Wird $K = \eta_0/\eta_w$ gesetzt, wobei η_0 die Torsionssteife von trockener u. η_w die von nasser Faser bedeutet, ergibt sich in guter Übereinstimmung mit dem Experiment die Beziehung $1/K_{\text{bilateral}} \approx \frac{1}{2}\,(1/K_{\text{para}} + 1/K_{\text{ortho}})$.
G.-D. Gollnisch. 8060□

2764 **Das Kriechen von Wollfasern. 1. Mitt. Die Messung des Kriechens.** K. J. Whiteley und E. Balasubramaniam. (Textile Res. J. **32**, 381—87, 1962; Kensington, N.S.W., Australia, Univ. of New South Wales; engl.) — Beschreibung von Kraft–Dehnungs- u. Kriechkurven verschiedener Wollen. G.-D. Gollnisch. 8060□

2765 **Superkontraktion und Dehnung von modifizierten Keratinfasern in LiBr-Lösung.** A. R. Haly und O. A. Swanepoel. (Textile Res. J. **32**, 375—81, 1962; Ryde, Sidney, Australia, C.S.I.R.O., Wool Res. Labor., Div. of Text. Phys.; engl.) — Red. Keratinfaser zieht sich beim Erhitzen in 8m LiBr auf 100° erst zusammen u. dehnt sich dann wieder aus. Red. u. methylierte Keratinfaser zieht sich zusammen, dehnt sich aber nicht wieder aus. Die red. Faser, deren Cuticula entfernt worden ist, dehnt sich weniger aus als Faser mit Cuticula. Der Grad der Ausdehnung nimmt mit reduzierender Behandlung zu. Die Dehnung wird durch Quellung von angelöstem Protein im Faserinnern erklärt.
G.-D. Gollnisch. 8060□

2766 **Die achsiale Ungleichförmigkeit der Verhornung in Haar.** R. de la Burde. (Textile Res. J. **32**, 422—23, 1962; Richmond, Va., Philip Morris, Inc., Res. Center; engl.) — Durch mkr. Unters. der Querschnitte verschiedener mit Anilinschwarz angefärbter Kaninhaare wird festgestellt, daß dieses keinen gleichförmigen Aufbau besitzt. Die Ungleichförmigkeit verläuft sowohl entlang der Faserachse als auch in anderen Richtungen. G.-D. Gollnisch. 8066□

2767 **Die Anwendung von oberflächenaktiven Stoffen in der Viscosefaserindustrie.** A. T. Sserkow, A. Ss. Schewtschenko, I. N. Kotomina und A. A. Konkin. (Chemiefasern [UdSSR] **1959**, Nr. 6, 3—11; russ.) — Übersicht. Besprochen wird die Anwendung von oberflächenakt. Stoffen bei der Mercerisierung, Xanthogenierung, Filtration, Entlüftung u. beim Verspinnen von Fasern. — 17 Literaturhinweise. T. Lukanoff. 8074◇

2768 **Bleiche von Viscosefasern mit Natriumchlorit.** Je. M. Mogilewski und Ss. I. Kornewa. (Chemiefaser [UdSSR] **1959**, Nr. 6, 25—26; Unions Faser-Forsch.-Inst.; russ.) — *Viscoseseide* (**A**) kann mit $NaClO_2$ gleichzeitig mit der Behandlung mit Avivagemitteln gebleicht werden. Die physikal.-mechan. Eigg. von **A** u. der Polymerisationsgrad der Cellulose werden durch die Bleiche nicht beeinträchtigt. Selbst bei einer einjährigen Lagerung der gebleichten **A** bleiben ihre Eigg. unverändert. T. Lukanoff. 8074◇

2769 **Diffusionsprozesse beim Spinnen von Viscosefasern.** D. Vermaas. (Textile Res. J. **32**, 353—63, 1962; Arnhem, Netherlands, A.K.U. and Affilated Comp., Centr. Res. Inst.; engl.) — Die durch Diffusion beim Spinnen von Modellfäden in saure Bäder auftretenden Grenzen (Koagulations-, Neutralisations-, Säuregrenze) werden unter verschiedenen Spinnbedingungen in Abhängigkeit von der Zeit gemessen. In Anwesenheit von $ZnSO_4$ im Spinnbad bildet sich als 4. Grenze die zwischen Zn- u. Na-Xanthogenat, die dicht unterhalb der Fadenoberfläche in die Säuregrenze übergeht. Diese wird als ident. mit der Mantel-Kern-Grenze des späteren Fadens vermutet. G.-D. Gollnisch. 8074□

2770 **Abhängigkeit der Faserstruktur von den Kennwerten der Viscose.** A. T. Sserkow, N. N. Fedorowa und I. N. Kotomina. (Chemiefasern [UdSSR] **1959,** Nr. 6, 37—39; Unions Faser-Forsch.-Inst.; russ.) — Die Quellung von Viscosefasern in W. sinkt mit zunehmender Reife der Viscose u. Erhöhung der α-Cellulosekonzentration. Bei der NaOH-Konz. der Viscose zwischen 6 u. 8% weisen die Fasern minimale Quellung u. Dichte auf u. zeichnen sich durch den größten Mantelanteil aus. T. Lukanoff. 8074◇

2771 **Mechanik des Knitterns von Geweben.** 4. Mitt. **Beanspruchungen an Einzelfäden mit durch Biegen verändertem Zwirnwinkel.** Megumu Suzuki. (Chem. High Polymers [Tokyo] **15,** 647—53, 1958; Nagano, Shinshu Univ., Fac. of Sericult. and Text.; jap., Auszug: engl.) — 3. vgl. C. **1963,** 6057. — Zwischen den Beanspruchungen einer Faser in der Ringebene bei nicht verändertem Zwirnwinkel u. den örtlichen Beanspruchungen in der Biegeebene bei verändertem Zwirnwinkel besteht (wie Unterss. an Acetatgarn zeigen) nur ein geringer Unterschied. W. Wesly. 8076◇

2772 **Das Ziehen von Hochpolymeren. Über den Mechanismus des Einhalsungs-Phänomens.** Motohiro Tsuruta, Heiji Arimoto und Ryō Yamada. (Chem. High Polymers [Tokyo] **15,** 628—34, 1958; Kyoto, Nippon Rayon Co., Synth. Labor.; jap., Auszug: engl.) — An Nylon 6, Polyacrylonitril u. regenerierter Cellulose ausgeführte Zugprüfungen führen zur Erörterung des Mechanismus des „Kaltziehens". Das sog. Einhalsungsphänomen wird nur bei geeigneten Bedingungen (die mit der Art der inneren Faserstruktur wechseln) für das Kaltziehen beobachtet u. beruht hauptsächlich auf der örtlichen Wärmeerzeugung beim Ziehen. W. Wesly. 8080◇

2773 **Untersuchungen über Acrylfasern.** 26. Mitt. **Einfluß der Spinnbedingungen auf die Feinstruktur der Fäden.** Masao Takahashi. (Chem. High Polymers [Tokyo] **18,** 163—68, 1961; Ishiyama, Otsu, Shinga, Japan, Toyo Rayon Co. Ltd., Res. Dep.; jap., Auszug: engl.) — 21. vgl. C. **1962,** 8841. — Die Unters. von ultradünnen Faserquerschnitten von unter verschiedenen Bedingungen (Spinn-Geschw., Verstreckung, Temp., Länge der Koagulationsstrecke) gesponnenen Acrylfasern unter dem Elektronenmikroskop zeigt, daß bei Verw. von Koagulationsbädern aus W. u. Lsgm. körnige Strukturen mit Hohlräumen gebildet werden. Hierbei nimmt die Zahl der Hohlräume zu, je kräftiger die Koagulationsbedingungen sind. Erfolgt die Koagulation hauptsächlich durch Desolvatation oder wird in Bädern mit geringerer Koagulationsneigung gearbeitet, so werden gleichmäßigere Strukturen erhalten, die außerdem frei von Hohlräumen sind. H. G. Fröhlich. 8080◇

2774 **Untersuchungen über Acrylfasern.** 35. Mitt. **Desolvatation im Koagulationsbad.** Masao Takahashi. (Chem. High Polymers [Tokyo] **18,** 605—08, 1961; jap., Auszug: engl.) — 34. vgl. C. **1963,** 19863; 26. vgl. vorst. Referat. — Unterss. über die bei der Koagulation von Acrylfasern in einem $(CH_3)_2$·SO/W.-Bad ablaufenden Entwässerungsvorgänge. Hierbei wird beobachtet, daß der Lsgm.-Geh. des Fasergels mit steigender Verstreckung der Faser u. zunehmender Koagulationsdauer abnimmt. Der scheinbare Diffusions-Koeff. des Lsgm. bei den Entwässerungsprozessen hängt bes. von der Feinstruktur der entstehenden Faser ab. H. G. Fröhlich. 8080◇

2775 **Über den photochemischen Abbau von Polyamidfasern.** Martin Schwemmer. (Textil-Rdsch. [St. Gallen] **11,** 1—15, 70—82, 1956; St. Gallen, Eidgen. Materialprüfungs- u. Vers.-Anstalt, Hauptabt. C.) — Der Abbau von Polyamidfasern durch kurzwelliges UV wird durch Ggw. von O_2, von Küpenfarbstoffen u. von TiO_2 verstärkt. Dagegen ist ein Einfl. der Luftfeuchtigkeit kaum festzustellen. Zur Identifizierung der Polyamide sind geeignet 1. die Papierchromatographie nach salzsaurer Hydrolyse (vgl. Zahn u. Wollemann, C. **1954,** 1860), 2. die N_2-Best., 3. die F.-Best., 4. das Verh. gegen 50%ig. HCOOH bei 80° u. gegen 40%ig. H_2SO_4 bei 450°. In ersterer ist nur Nylon 6 lösl., in letzterer nur Nylon 610 unlöslich. Die endständigen H_2N-Gruppen des in m-Kresol gelösten Polyamids wird konduktometr. mit alkohol. HCl ermittelt, die COOH-Gruppen durch Lösen von 0,2 bis 0,4 g Polyamid in 10 ml reinstem Anilin (kurz erhitzen!), Verrühren mit weiteren 10 ml Anilin u. Zugabe von 20 ml Aceton sowie nachfolgender Titration mit 0,02n alkohol. NaOH unter N_2. — Apparative Einzelheiten werden ausführlich angegeben. S. Neuc. 8080

2776 **Mattierung von Polycaprolactam direkt im Autoklaven.** L. M. Koltschinskaja. (Chemiefasern [UdSSR] **1959,** Nr. 6, 64—67; Kiew, Chemiefaserwerk; russ.) — Erfahrungsbericht. T. Lukanoff. 8080◇

2777 **Das Bild der neuen Kristallstrukturen in Nylon 6.** Motohiro Tsuruta, Heiji Arimoto und Matahumi Ishibashi. (Chem. high Polymers [Tokyo] **15,** 619—27, 1958; Kyoto, Nippon Rayon Co., Synth. Labor.; jap., Auszug: engl.) — Die Röntgenphotographien von verstreckten, nicht verstreckten, u. mit KJ/J_2-Lsg. behandelten Fasern von *Nylon 6* werden wiedergegeben u. miteinander verglichen. Aus den IR-Absorptionsspektren folgt, daß die Struktur der verstreckten Fasern im Gegensatz zu der mit KJ/J_2-Lsg. behandelten Fasern keine H-Bindung aufweist. W. Wesly. 8080◇

2778 **Rheologische Eigenschaften von Fasermolekülen.** Seihun Chang, Francis H. Ree, Taikyue Ree und Henry Eyring. (Trans. Soc. Rheol. **1960,** 191—206; Salt Lake City, Utah, Univ. of Utah, Dep. of Chem.; engl.) — Die Spannungs–Entspannungs- u. Spannungs–Dehnungs-Kurven von Nylon 66 bei 30—59° u. 28—75% relativer Feuchtigkeit werden ermittelt u. erläutert. W. Wesly. 8080◇

2779 **Untersuchungen der phyikalisch-chemischen Eigenschaften von Cordfasern.** 1. Mitt. **Wärmeeffekte bei der Lösung von Capronfasern.** W. A. Beresstnew, T. W. Gatowskaja, W. A. Kargin und Je. Ja. Jaminskaja. (Kolloid-J. [UdSSR] **20,** 694—96, 1958; Moskau, Phys.-chem. Karpow-Inst., Forsch.-Inst. der Reifen-Industrie; russ.) — Aus Verss. zur Best. der Lösungswärme von Caproncordfasern geht hervor, daß eine Erwärmung der Fasern zu einer Erhöhung der kristallinen Beschaffenheit führt. Dehnung der Fasern beeinflußt die Änderung der krist. Eigg. beim Erwärmen nicht, schwächt aber die weichmachende Wrkg. des Wassers. Die Zerstörung der Cordfasern durch Ermüdung beruht auf Ggw. von Makrodefekten. J. v. Schroeder. 8080◇

2780 **Ein neues Verfahren zur Bestimmung der Hysteresisschleife fadenförmigen textilen Materials und deren Auswertung.** Wilfried Hoffmann. (Rheol. Acta (Ergänzungsh. z. Kolloid-Z. **1,** Nr. 4/6, 549—60, 1961; Leverkusen, Farbenfabriken Bayer Akt.-Ges.; dt.) — Eine elektr. Vers.-Anordnung zur Best. des dynam. Kraft–Dehnungs-Diagramms viscoelast. Körper dient zur Unters. des Verh. eines 5-Parametermodells, das bei geeigneten Bedingungen in das 3-Parametermodell übergeht, bzgl. der Relaxations- u. dynam. Beanspruchungen. Die erhaltenen Meßwerte werden mit der Theorie verglichen. W. Wesly. 8100◇

2781 **Eine Bemerkung zu Hauttests mit flammhemmend ausgerüstetem Material.** Robert H. Wilson. (Textile Res. J. **32,** 424—25, 1962; Albany, Calif., US Dep. of Agric., A.R.S., Western Utilizat. Res. and Dev. Div., Western Reg. Res. Labor.; engl.) — Im Tier-Vers. wird die Hautverträglichkeit folgender flammhemmender Chemikalien überprüft: Bromallylphosphat (BAP), N.N'.N''-Triäthylenphosphoramid (APO), N.N'.N''-Triäthylenthiophosphoramid (APS). APO erwies sich als stark toxisch. BAP ist ungiftig, ebenfalls APS in der angewandten polymerisierten, wenig lösl. Form. G.-D. Gollnisch. 8100□

2782 **Eine experimentelle Untersuchung über die Ermüdung von Reifencord.** W. G. Klein, M. M. Platt und W. J. Hamburger. (Textile Res. J. **32,** 393—408, 1962; Dedham, Mass., Fabr. Res. Labor., Inc.; engl.) — Vgl. C. **1962,** 13252. — Nach dem „Taxi-Test" werden u. a. die Abhängigkeiten Cordfestigkeit/Laufleistung, Cordfestigkeit/Faserfestigkeit, Profilhöhe/Profilabnutzung für zahlreiche Cordsorten überprüft. G.-D. Gollnisch. 8100□

2783 **Dynamische Messungen der viscoelastischen Eigenschaften von Textilfasern im Frequenzbereich von Tausenden von Lastwechseln.** Kiyohisa Fujino, Kihachiro Miyamoto, Tsuneo Horino und Hiromichi Kawai. (Chem. High Polymers [Tokyo] **15**, 713—18, 1958; Kyoto, Kyoto Univ., Dep. of Text. Chem.; jap., Auszug: engl.) — Ein Gerät zur Best. der dynam. Zug-Eigg. von Textilfasern unter Verw. des Hystereseschleife-Verf. wird beschrieben u. zur Unters. von Cellulose-, Polyester-, Polyamid-, Seide- u. mehreren Vinylfasern bei $1 \cdot 10^4$ bis $1 \cdot 10^2$ Lastwechseln je Sek. angewandt. Bei abnehmender Frequenz fällt der reelle Teil des dynam. Moduls geringfügig, wogegen der imaginäre Teil beträchtlich steigt. W. Wesly. 8100◇

2784 Monsanto Chemicals Ltd., London (Erfinder: Eric James Shepherd, Pinner, Middlesex), England, **Herstellung einer kolloidalen Dispersion von Siliciumdioxid in organischen Flüssigkeiten,** dad. gek., daß aus der Emulsion eines Kieselsäurehydrosols u. einer mit dem Hydrosol unvermischbaren organ. Fl. das W. durch Abdampfen entfernt wird. — *Textilhilfsmittel.* (**D. A. S. 1 147 928** Kl. 12i vom 18/6. 1960, ausg. 2/5. 1963. E. Prior. 23/6. 1959.) R. Zimmermann. 8029

2785 Ruhrchemie Akt.-Ges., Oberhausen/Rhld., und Chemische Fabrik Stockhausen & Cie., Krefeld (Erfinder: Richard Hess, Kapellen, Otto Liethen, Duisburg, Max Münch, Martin Rösch, Krefeld, Walter Rottig und Franz Spiske, Oberhausen), **Schmutzabweisende Textilausrüstung.** Die unmittelbare Polymerisation von Olefinen auf der Faseroberfläche in Ggw. von Lsgm. u. Ziegler-Katalysatoren bei 100 kg/cm² u. bis 100° erfolgt in Ggw. von hochdispersen, durch pyrogene Zers. in der Gasphase erhaltenen Stoffen mit Teilchengröße <100, zweckmäßig 10—20 mμ. — Baumwollpopeline wird mit trocknem hydriertem Trimerpropylen im Autoklav behandelt, trocknes TiO_2 wird zugegeben, mit Äthylen durchgewirbelt, erst $TiCl_4$ u. dann Al-Triisobutyl (mit Trimerpropylen verd.) zugegeben u. dann mit einem Äthylenstrom behandelt. Aus dem Gewebe wird der Katalysator sofort ausgewaschen, das Suspensionsmittel wird mit A. entfernt u. anschließend wird getrocknet. Man erhält 227% Polymerisatbeladung, die durch mechan. Behandlung (Reiben) auf 10,2% verringert werden kann. Das Gewebe besitzt guten Abperleffekt. Das Katalysatorverhältnis beträgt 1,5 (Mol) $TiCl_4$ zu 1 Al-Tributyl. (**D. A. S. 1 150 650** Kl. 8k vom 7/10. 1958, ausg. 27/6. 1963.) H. Möllering. 8033

2786 Badische Anilin- & Soda-Fabrik Akt.-Ges., Ludwigshafen/Rh. (Erfinder: Walter Krause, Mannheim), **Wasser-, wetter- und waschbeständige Flammenschutzausrüstung von Fasergut.** Das Gut wird in wss. Bad gleichzeitig oder nacheinander mit Polyiminophosphorsäureamid (I) mit Molgew. 150—300 u. mit CH_2O oder (verätherten oder veresterten) Methylol(thio)harnstoffen, Melamin, Formamid, Dicyandiamid oder deren Derivv. sowie mit dispergierten Polyvinyl-(iden)-chloriden oder deren Mischpolymeren mit Acrylsäureestern unter Zusatz von Sb_2O_3 oder dgl. sowie Katalysatoren bei pH-Einstellung mit NH_4OH auf 7 behandelt, getrocknet u. nacherhitzt. — Ansatz: 1000 (Teile) Flotte enthalten 150 I (Molgew. 250), 50 Mischpolymerisat aus Vinylidenchlorid u. Acrylsäurebutylester, 90 Sb_2O_3 u. 5 octadecylsulfonsaures Na; Flottenaufnahme bei Baumwollgewebe 80%, Trocknungs-Temp. 100°; Nachbehandlung mit wss. 3%ig. CH_2O-Lsg. mit Zusatz von 0,1% $(NH_4)_2HPO_4$; nach dem Trocknen wird das imprägnierte Gewebe 10 Min. auf 130° erwärmt. (**D. A. S. 1 148 968** Kl. 8k vom 15/1. 1958, ausg. 22/5. 1963.) H. Möllering. 8037

2787 Farbenfabriken Bayer Akt.-Ges., Leverkusen (Erfinder: Arnold Doser, Köln, Otto Bayer und Karl Hintzmann, Leverkusen), **Hydrophobieren von Textilien** mit Metallsalzen enthaltenden wss. Dispersionen von Paraffin oder Wachsen im Einbad-Verf. derart, daß als Salz *Zr-Oxychlorid* oder *-Oxynitrat* verwendet u. die Imprägnierung mit einer Behandlung mit wss. Na-Acetat-Lsg. kombiniert wird. — Ein Gemisch aus 7 (Teilen) Olein, 1,2 Triäthanolamin, 0,45 KOH, 3 Paraffin u. 88 W. wird in eine Lsg. von 12,5 Zr-Oxychlorid (44% ZrO_2) in 500 W. eingerührt. Mit dem Ansatz imprägniertes Zellwollgewebe wird abgequetscht u. durch eine wss., 1%ig. Na-Acetat-Lsg. geführt, abgequetscht u. getrocknet. (**D. B. P. 975 801** Kl. 8k vom 30/9. 1937, ausg. 27/9. 1962. Anmeldung bekanntgemacht 6/11. 1941.) H. Möllering. 8037

2788 Farbwerke Hoechst Akt.-Ges., vormals Meister Lucius & Brüning (Erfinder: Martin Reuter und Ludwig Orthner), Frankfurt/M., **Herstellung von acylierten Zirkonalkoholaten** durch Rk. von Zr-Alkoholaten mit weniger als 1 Mol einer Carbon- oder Sulfinsäure, ggf. in Ggw. von indifferenten Lsgm. oder Verdünnungsmitteln u. ggf. unter Erhitzung des Rk.-Prod. auf höhere Temp. gemäß Patentanmeldung F 10 120/IVb/12o, dad. gek., daß man Zr-Glykolate, die sich von Glykolen ableiten, die ca. 4 bis 18 C-Atome u. mindestens eine sek. Hydroxylgruppe enthalten oder deren C-Kette durch ein oder mehrere O-Atome unterbrochen ist, verwendet. Man kann die Zr-Glykolate nur mit einem Teil der Säuren umsetzen u. den restlichen Teil der Säuren beim Erhitzen des Rk.-Prod. auf höhere Temp. zusetzen. — 0,2 (Mol) Zr-Tetraisopropylat, in Xylol gelöst, werden mit 0,4 Hexandiol-(2.5) unter Rühren am absteigenden Kühler aufgekocht u. bei gelindem Kochen 0,8 Isopropylalkohol abdest., wonach das Lsgm. unter vermindertem Druck entfernt wird. Man erhält *Zr-bis-[hexandiolat-(2.5)]*, harzartig, F. unscharf bei ca. 120°. Diese Verb. in Xylol gelöst u. mit Stearinsäure 1 Std. auf 100° erhitzt, ergibt ein *zur Hydrophobierung von Textilien* aus Baumwolle, Wolle, Zellwolle, Acetatseide, Polyamid- u. Polyesterfasern geeignetes Mittel, vorteilhaft unter Zugabe von gleichen Teilen Paraffin. Die gleiche Wrkg. erreicht man mit *Zr-Äthylat-stearat-semi-[2-äthylhexandioleat-(1.3)]*. (**D. A. S. 1 124 933** Kl. 12o vom 24/1. 1955, ausg. 8/3. 1962. **Zusatz zu Patentanmeldung F 10 120/IVb/12o.**) G. König. 8037

2789 Soc. An. Fibre Tessili Artificiali, Mailand, Italien, **Herstellung von künstlichem Stroh** zur Verarbeitung zu mod. Artikeln. Aus parallelliegenden nicht verwebten Fasern (Polyvinylchlorid, Celluloseacetat, Cellulose) wird mittels eines Klebstoffs ein Band erzeugt, welches beidseitig mit einer dünnen Schicht aus dem Fasermaterial überzogen wird, wobei durch unterschiedliche Schichtdicke auf den beiden Seiten des Bandes unterschiedliches Zusammenziehen bewirkt wird. (**It. P. 559 176** vom 8/9. 1956.) K. Koebke. 8041

2790 Deutsche Rhodiaceta Akt.-Ges., Freiburg/Breisgau (Erfinder: Günther Cordes, Kappel bei Freiburg/Breisgau), **Herstellung von mit Celluloseacetat- oder Polyamidfasern umsetzbaren, ultraviolette Strahlen absorbierenden organischen Verbindungen** durch Einführung einer mit den Fasern reagierenden Gruppe in bekannte organ. Lichtschutzmittel (Polyhydroxybenzophenone, substituierte Phenylazomalonsäureester, Salicylsäureester, substituierte Benztriazole u. Aminodiphenyle), dad. gek., daß man mindestens einen Phenylrest enthaltende, UV-Licht absorbierende organ. Verbb. mit $ClSO_3H$ umsetzt. — 50 g Cellulose-2½-acetat werden in 450 g Acetonmit einer Lsg. von 1,46 g 2.4-Dihydroxychlorsulfobenzophenon, 50 cm³ Aceton u. 0,6 cm³ Pyridin 6 Std. unter Rückfluß erhitzt; das Rk.-Prod. wird unter Rühren in ca. 3 Liter W. von 70° ausgefällt; der Nd. enthält 0,51% UV-schützende Reste, berechnet als 2.4-Dihydroxybenzophenon; nach 5 Min. Kochen in W. enthält es noch 0,48% lichtschutzwirksamen Stoff. Ähnlich werden Polyhexamethylenadipamidfäden behandelt. — Lichtdurchlässigkeit vgl. 5 Diagramme. (**D. A. S. 1 114 494** Kl. 12o vom 28/12. 1959, ausg. 5/10. 1961.) G. Krauß. 8041

2791 Cassella Farbwerke Mainkur Akt.-Ges. (Erfinder: Günther Gruber und Hans Wannow), Frankfurt/M., **Knitterechte Cellulosegewebe** erhält man durch Imprägnierung mit einer Lsg. mit einem Geh. von Dimethylolimidazolidon (I) u. Methylol-Verb. von Alkenyl- bzw. Alkylalkenylharnstoffe, worauf wie üblich fertiggestellt wird. — Geeignet ist eine wss. Lsg. mit einem Geh. von 57 (g) I-Lsg. (50%ig), 10,5 Dimethyloldiallylharnstoff u. 15 $MgCl_2$ in 1 Liter. Die Trocknung des imprägnierten Gewebes (Flottenaufnahme 70%) erfolgt bei 60—80° u. die Nacherhitzung 3 Min. bei 130°. — Das Textil zeigt keine Chlorrückhaltung. (**D. A. S. 1 148 966** Kl. 8k vom 24/5. 1961, ausg. 22/5. 1963.) H. Möllering. 8045

2792 Deutsche Akademie der Wissenschaften zu Berlin, Berlin (Erfinder: Rudolf Schiffner und Gottfried Lange, Teltow), **Waschfeste Flammfest-**

ausrüstung von Cellulosetextilien. Man behandelt das Gut gleichzeitig oder nacheinander mit wss. Lsg. von Chlormethylphosphonsäure (I) u. N enthaltenden Derivv. der Kohlensäure (zweckmäßig im Mol-Verhältnis 1:3 bis 1:6), trocknet u. erwärmt auf $>100^0$. — Baumwollgewebe wird mit einer wss. Lsg. enthaltend 15% I u. 30% Harnstoff bei Flottenlänge 1:10 behandelt, geschleudert, vorgetrocknet u. 10 Min. auf 150^0 erwärmt. (**D. A. S. 1 150 651** Kl. 8k vom 24/4. 1957, ausg. 27/6. 1963.) H. Möllering. 8045

2793 Dr. Th. Böhme K. G., Chemische Fabrik (Erfinder: Werner Bachmann), Gartenberg-Wolfratshausen/Obb., **Verminderung des Chlorrückhaltevermögens von mit Dimethyloläthylenharnstoff ausgerüsteten Cellulosetextilien** erfolgt durch Zusatz von niedrigmol. Polyalkoholen mit bis 4 C-Atomen zur Ausrüstungsflotte. — Zum Beispiel enthält 1 Liter Flotte neben 100 g Dimethyloläthylenharnstoff (50%ig.) u. 4 g $AlCl_3$ noch 20 g Glykol. Damit ausgerüsteter Baumwollpopeline wird bei 80^0 getrocknet u. bei 140^0 kondensiert. — Nochangegeben sind Glycerin u. Diäthylenglykol. (**D. A. S. 1 151 484** Kl. 8k vom 19/11. 1958, ausg. 18/7. 1963.) H. Möllering. 8045

2794 American Viscose Corp., V.St.A., **Herstellung von Fasermassen.** Man gibt zu Viscose eine geringe Menge eines oberflächenakt. Materials, rührt ein Gas ein, so daß Gasblasen mit einem Durchmesser bei normalem Druck von $\leqq 1/2$ des Durchmessers der Düse entstehen, u. spinnt die Viscose in ein saures Fällbad. (**F. P. 1 233 243** vom 28/7. 1959, ausg. 12/10. 1960.) M. Pankow. 8075

2795 Alois C. Baggenstoss und Consuelo P. Baggenstoss, Gastonia, N.C., V.St.A., **Erhöhung der Zugfestigkeit von natürlichen oder synthetischen Fasern, Garnen und daraus hergestellten Geweben,** erfolgt durch Behandeln der Fasern u. dgl. mit Diels-Alder-Kondens.-Prodd. aus Abietinsäure u. einem dienophilen Amin u. anschließende Überführung der Carboxylgruppe der Abientinsäure in ein Amid oder in einen Ester. Die Kondens. wird vorteilhaft bei normaler Temp. u. in Ggw. eines Katalysators, wie PCl_3, P_2O_5, konz. H_2SO_4, CCl_3CO_2H, sowie eines inerten Lsgm. ausgeführt. Die Ggw. wasserlösl. Gruppen, wie Sulfonsäuregruppen, im Endprod. ist erwünscht. — Abietinsäure wird mit Dimethylamin bei normaler Temp. verrührt. Nach beendeter Rk. wird das Rk.-Prod. isoliert, getrocknet u. mit Oleum bei ca. 50^0 sulfoniert. Anschließend setzt man Äthylamin zu u. hält die Mischung 10 Std. bei 15^0. Man erhält das entsprechende Amid. Wird an Stelle von Äthylamin A. eingesetzt, erhält man den entsprechenden Ester. (**A. P. 2 904 455** vom 31/5. 1956, ausg. 15/9. 1959.) G. König. 8081

2796 Adriana Vismara, Mailand, Italien, **Herstellung von gewellten Kunststoff-Fäden.** Man verspinnt ein weichmacherfreies, wenigstens 60%ig. Polyvinylchlorid mit Zusätzen von TiO_2 u. ggf. anderen Vinylpolymeren oder Polystyrol, Polycarylnitril, Polyamiden oder Polyurethanen, streckt den Faden bei 100^0 im Verhältnis 1:2 bis 1:3 u. führt ihn zwischen Rillenwalzen hindurch. — Zeichnung. — Die Fäden sind zur Herst. von *Bürsten* geeignet. (**It. P. 559 992** vom 1/10. 1956.) K. Koebke. 8081

2797 E. I. du Pont de Nemours & Co., V.St.A. (Erfinder: Eugene Edward Magat und David Tanner), **Herstellung von Kunstfasern.** Man verspinnt Kunststoff-Lsgg. unter Druck bei einer Temp. von $\geqq 40^0$ über dem Kp. des Lsgm., wobei ein poröser netzartiger Faden entsteht, der mit einem Modifizierungsmittel (ungesätt. polymerisierbare Verbb., gesätt. Verbb. wie KW-Stoffe, Alkohole, Säuren, Äther, Ketone, Ester, Nitrile, Bisulfide, Amide, Halogenide, Polymere) behandelt u. dabei mit ionisierenden Strahlen bestrahlt wird. Als Kunststoffe kann man z. B. Polyolefine, -amide, -ester, -urethane, -acetale, -sulfonamide verwenden. — Die erhaltenen Prodd. eignen sich zur Herst. von *Papier, Preßmassen, Isoliermaterial, Überzügen.* — 13 (Gew.-Teile) Polyäthylen werden mit 87 CH_2Cl_2 4 Std. auf 190—195^0 bei 35 kg/cm^2 Eigendruck erhitzt, die erhaltene Lsg. wird bei diesem Druck durch eine 2,15 mm große Düse zu *Fäden* gespritzt, die im Äthylenglykolbad von 130^0 gestreckt werden, worauf sie in eine 30%ig. Lsg. von Acrylsäure in Heptan getaucht, mit 2 Mrad bestrahlt u. mit Na_2CO_3 gewaschen werden. (**F. P. 1 236 686** vom 19/8. 1959, ausg. 18/11. 1960. A. Prior. 19/8. 1958 u. 31/7. 1959.) M. Pankow. 8081

2798 E. I. du Pont de Nemours & Co., V.St.A. (Erfinder: Dustin Stetson Adams), **Behandlung von Filmen, Fasern und Fäden von Polyamiden, Polyestern, Polyurethanen, Polyvinylverbindungen, Polykohlenwasserstoffen** mit einem Riß-Bldg.-Mittel (A., A.-W.-Mischungen u. die von Woods, Journal of the Textile Institute Transactions **46,** [1955], 629—31, genannten Verbb.) u. einem Modifizierungsmittel (Farbstoff, polymerisierbares Monomeres, antistat. Stoff, Lichtstabilisator, Vernetzungsmittel), während das Polymere gestreckt wird. — Man taucht Polyäthylenterepththalatfäden in A., der 2% eines bas. blauen Farbstoffs enthält, u. streckt ihn um das 6fache: Gute Färbung des Fadens. (**F. P. 1 236 688** vom 22/8. 1959, ausg. 18/11. 1960. A. Prior. 26/8. 1958.) M. Pankow. 8081

2799 E. I. du Pont de Nemours & Co., Wilmington (Erfinder: Eugene Edward Magat, Spring Valley, und David Tanner, Wilmington), Del., V.St.A., **Modifizieren von Plexusfäden,** das sind dreidimensionale, faserartige, zusammenhängende u. aus einem Stück bestehende Netzwerke aus faserbildenden Polymeren, erfolgt in Berührung mit einem organ. Modifizierungsmittel durch ionisierende Bestrahlung. Nach den Beispielen werden Plexusfäden aus Polyäthylen oder -propylen u. als Modifizierungsmittel z. B. (Meth)Acrylsäure verwendet, die das Substrat entweder nur überzieht oder hineindiffundieren läßt. Der Modifikator kann auch der Spinnlsg. für den Plexusfaden zugesetzt sein. Geeignet ist Strahlung von mindestens 0,1 MeV an Energieäquivalenz. — Beispiele. (**D. A. S. 1 145 135** Kl. 8k vom 19/8. 1959, ausg. 14/3. 1963. A. Prior. 19/8. 1958 u. 31/7. 1959.) H. Möllering. 8081

2800 E. I. du Pont de Nemours & Co., V.St.A. (Erfinder: Eugene Edward Magat, David Tanner und Henning Waldemar Jacobson), **Fasern, Fäden, Papier oder Gewebe aus Pfropfpolymeren** aus Polyamiden oder -urethanen mit ungesätt. Amiden, wie Acrylamid, N-Methylolacrylamid, Vinylsulfonamid, N-Vinylformamid, N-Vinyllactame. Die erhaltenen Pfropfpolymeren sind antistat., lassen sich leichter färben als die Polyamide oder -urethane u. geben z. B. mit J_2 Verbb., die germicide u. baktericide Eigg. aufweisen. Zur Fixierung der Fadenstrukturen kann man die Fäden mit W. bei 100^0 bis zur hydrolyt. Abbau-Temp. u. mit trockner Wärme bei 100—140^0 behandeln sowie mit sd. Wasser. Die Fäden sind gegen Oxydation beständig. (**F. P. 1 214 310** vom 31/10. 1958, ausg. 7/4. 1960. A. Prior. 31/10. 1957 u. 13/10. 1958.) M. Pankow. 8081

2801 Dow Chemical Corp., V.St.A. (Erfinder: George William Stanton und Teddy Gene Traylor), **Herstellung gut färbbarer Pfropfpolymerer.** Die in E. P. 881 374; C. **1963,** 9160, genannten Monomeren kann man auch auf Polyamide aufpfropfen, z. B. Nylon 66-Fasern in eine wss. 10%ig. Na-p-Styrolsulfonat-Lsg. tauchen u. dann durch Bestrahlen pfropfpolymerisieren. — In gleicher Weise kann man Polyacrylnitril behandeln, z. B. frisch in ein Salzbad gesponnenes Polyacrylnitrilfadengel durch eine wss. Lsg. von N-Vinylpyrrolidon-(2) unter N_2 führen u. im Van de Graaff-Generator bestrahlen. (**F. PP. 1 230 487** vom 28/1. 1959, ausg. 16/9. 1960 u. **1 234 149** vom 28/1. 1959, ausg. 14/10. 1960. Beide A. Prior. 29/1. 1958.) M. Pankow. 8081

2802 Farbenfabriken Bayer Akt.-Ges., Leverkusen (Erfinder: Werner Rausch, Dormagen), **Herstellung von Acrylnitrilpolymerisaten** durch Polymerisation von Acrylnitril (I) allein oder mit anderen polymerisierbaren Vinyl-Verbb. in wss. Medium bei pH-Werten unter 7, ggf. in Ggw. von Schwermetallionen, u. unter Verw. eines salzfreien Katalysator-Syst. (II), dad. gek., daß man als II HNO_3 u. SO_2 verwendet. Die Prodd. sind gut anfärbbar u. weisen einen besonders hellen Ton auf. — 70 (Gew.-Teile) I werden in 1000 W. u. 10,5 konz. HNO_3 15 Std. bei 40^0 polymerisiert, wobei in den ersten 6 Std. SO_2 eingeleitet wird. Man erhält in 98%ig. Ausbeute ein Polymerisat mit einem K-Wert von 54,0. — *Fäden.* (**D. A. S. 1 153 171** Kl. 39c vom 9/6. 1961, ausg. 22/8. 1963.) J. Mühleisen. 8081

2803 Deutsche Akademie der Wissenschaften zu Berlin, Berlin (Erfinder: Andreas Hunyar und Volker Gröbe, Teltow), **Herstellung unmittelbar verspinnbarer Lösungen von Acrylnitrilpolymerisaten oder Mischpoly-**

merisaten, bei denen die Acrylnitrilkomponente überwiegt, durch Polymerisation der Monomeren in Konz. wss. $ZnCl_2$- oder $ZnCl_2$–$CaCl_2$-Lsg. in Ggw. eines Peroxidkatalysators, ggf. unter Zusatz von HCl, bei Zimmer-Temp., dad. gek., daß die Rk. in Ggw. von Hydroxylaminhydrochlorid (I) erfolgt. Man erhält so einen gleichmäßigeren u. höheren Umsatz. — Ein Gemisch von 90 g $ZnCl_2$-Lsg. (60% ig.), 10 g Acrylnitril (II) u. 4,5 ml HCl (38% ig.) wird mit 0,125 g eines Gemisches aus 60 (Teilen) tert. Butylhydroperoxid, 20 Di-(tert.-butyl)-peroxid u. 20 Dimethylphthalat u. mit 0,070 g I, beides gelöst in je 5 ml $ZnCl_2$-Lsg., bei 17° versetzt. Nach 24std. Stehenlassen sind 96% II polymerisiert. Beim Verspinnen erhält man *Fäden* mit guten textilen Eigenschaften. (**D. A. S. 1 152 822** Kl. 39c vom 14/2. 1958, ausg. 14/8. 1963.) J. Mühleisen. 8081

2804 K. K. Mosgowa, W. W. Korschak, M. A. Schkolina, J. P. Nagdasewa u. W. A. Berestnew, **Erhöhung der Wärmebeständigkeit von Erzeugnissen aus Polymeren.** Auf die Oberfläche der Polymeren wird eine Schicht Polyacryl- oder Polymethacrylsäure oder ihrer Salze aufgebracht. — Capronfasern, aufgezogen auf einen speziellen Rahmen, werden 3 Min. in trockene Luft von 110° gebracht. Danach wird 5 Sek. bei gewöhnlicher Temp. in Acrylsäure getaucht. Am Ende der Copolymerisation wird mit W. von dem überschüssigen Monomeren befreit, u. die H-Atome der freien Carboxylgruppen werden mit dem zweiwertigen Cu-Kation vertauscht, wozu man die Fasern mit der aufgetragenen Polyacrylschicht mit der 2% ig. wss. Lsg. von Cu-Acetat bearbeitet. Während die Festigkeit des unbearbeiteten Capronfadens nach 100 Std. bei 150° von 14,8 auf 3,3 fällt, erniedrigt sich die Festigkeit des Fadens mit aufgebrachter Schicht von 13,9 bis 14,5 auf 12,5—13. (**UdSSR. P. 149 219** vom 10/11. 1960.) J. U. 8081

2805 Farbenfabriken Bayer Akt.-Ges., Leverkusen (Erfinder: Walter Hagge, Josef Düsing, Leverkusen, und Joachim Kolbe, Opladen), **Antistatische Textilausrüstung.** Man behandelt das Gut mit Rk.-Prodd. von Fettsäureestern (höherer u./oder mehrwertiger Alkohole) mit Amidaminen (in Form von Salzen oder Quaternierungs-Prodd. vorliegend), die durch Einw. von C_6- bis C_{20}-Carbonsäuren (bzw. funktionellen Derivv.) auf Diamine $R(R')N-(CH_2)_n-NH_2$ (R u. $R' = C_1-C_8$-Alkylrest; $n = 2-4$) im Mol-Verhältnis 1—1,7:1 erhalten werden. — 130 (Teile) Talgfettsäureglycerinester, 20 Vaseline u. 300 Acetat eines Amidamins (I) werden zu einer 45% ig. Paste verrührt. *Polyacrylnitrilgewebe* wird mit einer wss. Lsg. mit Geh. von 2,5 g Paste in 1000 cm^3 W. imprägniert, geschleudert u. getrocknet. — I wird erhalten aus Fettsäure, Polyglycerin, Dimethylaminopropanolamin u. Essigsäureanhydrid unter Erhitzen auf 170—180°. — In der angegebenen Weise werden auch *Polyamid*- u. *Polyesterfasern* behandelt. (**D. A. S. 1 149 687** Kl. 8k vom 25/10. 1961, ausg. 6/6. 1963.) H. Möllering. 8081

2806 Montecatini Soc. Gen. per l'Industria Mineraria e Chimica, Mailand, Italien, **Herstellung von Stärkecyanäthylaten (I).** Man bringt auf 1 (Teil) Stärke 1—2 Acrylnitril in Ggw. von 1—5 W. u. 0,01—0,1 NaOH oder KOH u. organ. Dispersionsmitteln zur Reaktion. Die erhaltenen I sind unlösl. in W., Alkoholen, Äthern, Aceton, Acrylnitril, Äthylacetat, Bzn., Tetrahydronaphthalin, Bzl., Trielin, Perchloräthylen, Chlf., Trichloräthylen, CS_2, konz. HCl u. einem Gemisch von Trichloräthylen u. CS_2 1:1, sie sind lösl. in Dimethylformamid, Pyridin, Vinylpyrrolidon, Acetophenon, Benzylalkohol, Butyrolacton, Triäthanolamin, konz. NaOH, u. geeignet *zur Herst. von Spinnlsgg. mit Polyacrylnitril u. Polyvinylchlorid.* (**It. P. 559 402** vom 15/2. 1956.) K. Koebke. 8081

2807 Farbwerke Hoechst Akt.-Ges., vormals Meister Lucius & Brüning, Frankfurt/M. (Erfinder: Hans Gruschke, Neuenhain, und Rosl Kretsch-Hothum, Bobingen), **Quellmittel-Behandlung von Polyesterfasern.** Straffung der Verf.-Maßnahmen dad., daß man die Quellmittel kurze Zeit, bes. 10^{-4} bis 1 Sek. bei $>200°$, bes. $>220°$ einwirken läßt, wobei das Innere der Fasern unberührt bleiben soll. — Polyäthylenterephthalatfäden werden mit Abzugs-Geschw. von 400 m/Sek. durch eine 1 cm lange Eintauchstrecke in *Sebacinsäuredimethylester* von 282° geführt, mitgeführter Ester abgestreift u. dann die Fäden im kalten W. abgeschreckt. — Man kann Fäden auch über 10 cm in kaltem Bad von *Azelainsäuredimethylester* (I) netzen, abpressen u. dann mit 400 m/Sek. durch ein 1 cm langes Bad von auf 230° erhitztem I führen. — Noch geeignete Mittel sind z. B. *Benzophenon, Äthylnaphtholäther* u. *Adipinsäurenitril.* (**D. A. S. 1 151 780** Kl. 8k vom 13/3. 1958, ausg. 25/7. 1963. **Zusatz zu D. A. S. 1 044 756; C. 1959, 17569.**) H. Möllering. 8081

2808 E. I. du Pont de Nemours & Co., V.St.A. (Erfinder: Ellsworth Kissam Holden), **Herstellung mikroporöser Folien oder Überzüge** aus Polyvinyl-Verbb., bes. Polyvinylchlorid, durch Verarbeitung von Mischungen der Polyvinyl-Verbb. mit Polyharnstoffen, wie man sie erhält, wenn man Rk.-Prodd. aus Polyalkylenätherglykolen u. überschüss. organ. Diisocyanaten mit Kettendehnern, wie Hydrazinen oder Diaminen, behandelt. — 3343 (Gew.-Teile) Polytetramethylenglykoläther (Molgew. 1000) u. 291 Tolylen-2.4-diisocyanat werden 3 Std. auf 90° erwärmt. 2485 des Rk.-Prod. werden mit 570 Methylen-bis-[phenyl-4-isocyanat] 6 Std. auf 80° erhitzt. Das Vorpolymerisat wird, in 10000 N.N-Dimethylformamid (I) gelöst, zu einer Lsg. von 50 Hydrazinhydrat u. 0,5 Dibutylamin in 1710 I gegeben u. 40 Min. bei 80° gehalten. Die Lsg. wird mit einer 12% ig. Lsg. von Polyvinylchlorid in I zu einer Mischung aus 10,5 Polyharnstoff, 5,7 Polyvinylchlorid u. 83,8 I gemischt. Zu 60 dieser Lsg. gibt man langsam eine Mischung aus 20% W. u. 80% I bis zur Opalescenz (ca. 12,2 Mischung) u. überzieht damit Polyestergewebe. (**F. P. 1 225 729** vom 14/2. 1959, ausg. 4/7. 1960. A. Prior. 25/3. 1958.) M. Pankow. 8081

2809 **J. R. Geigy Soc. An.,** Schweiz, *Herstellung von in organischen Lösungsmitteln löslichen Stilbyltriazolen.* (**F. P. 74 097** vom 13/8. 1958, ausg. 3/3. 1961. Schwz. Prior. 14/8. 1957. Zusatz zu F. P. 1 134 746; C. **1959,** 8419. — C. **1963,** 11083 [Oe. P. 209 900].)

2810 **Inventa Akt.-Ges. für Forschung und Patentverwertung,** Luzern (Erfinder: **Rudolf Gabler,** Tamins, **Konrad Kreis** und **Hans Orth,** Chur), Schweiz, *Herstellung von Mischpolyamiden.* (**D. A. S. 1 147 384** Kl. 39c vom 12/1. 1957, ausg. 18/4. 1963. Schwz. Prior. 9/3. 1956. — C. **1960,** 14917 [E. P. 814 222].)

2811 **Ions Exchange & Chemical Corp.,** V.St.A. (Erfinder: **Meyer Mendelsohn** und **Carl Horowitz**), *Behandlung von Polyamiden zur Erhöhung der Netzfähigkeit.* (**F. P. 1 161 575** vom 24/10. 1956, ausg. 2/9. 1958. A. Prior. 25/10. 1955. — C. **1960,** 9768 [E. P. 812 460].)

H_{19}. Brennstoffe, Erdöl, Mineralöle

2812 **Die elektrischen Einrichtungen auf der neuen Kokerei in Homécourt.** S. Abel. (J. Ind. Gaz **87,** 391—405, 1963; Comp. Générale d'Études CÉGÉLERG; franz.) — Elektr. Vorr. beim Kohlenumschlag, beim Betrieb der Öfen u. beim trocknen Kokslöschen. F. Rosendahl. 8142△

2813 **Die Wirkung der Verkokungsgeschwindigkeit beim Einsatz eines handelsüblichen Gemisches von Kohlen aus dem Westen der USA.** W. S. Landers, Manuel Gomez und E. O. Wagner. (U. S. Dep. Interior, Bur. Mines, Rep. Invest. Nr. **6289,** 1—26, 1963; Denver, Colo., Bur. Mines, Denver Coal Res. Labor.; engl.) — Die Verss. wurden in einem 500-lbs.-Ofen unter stets gleichen Bedingungen für die Zus. des Gemisches u. für Körnung, Oberflächenfeuchtigkeits-Geh. u. Dichte durchgeführt. Die Verkokungs-Geschw. (VG) wurde als Funktion der Abgas-Temp. betrachtet u. so eingerichtet, daß die Verkokung je Std. 0,56—1,35 Zoll voranschritt. Das zum Einsatz kommende Gemisch bestand aus einer hochflüchtigen hochbituminösen Kohle aus Colorado u. Utah u. zwei mittelflüchtigen Kohlen aus Colorado u. Oklahoma. Die genaue Zus. wird angegeben. Durch Steigerung der VG wurde die Körnung des anfallenden Kokses kleiner, doch zeigte die Festigkeit des Kokses erst dann eine Abnahme, wenn die VG größer als 1 Zoll/h war. Das spezif. Gew. des Kokses nahm bis zur VG von 1,1 Zoll/h zu, um dann bei einer weiteren Steigerung plötzlich stark abzufallen. Alle Koksparameter stehen so in guter Übereinstimmung mit der VG. Alle Vers.-Ergebnisse sind in ausführlichen Tabellen zusammengefaßt. F. Rosendahl. 8142△

2814 **Bestimmung der mechanischen und Abriebfestigkeit von Koks mit Hilfe statistischer Parameter.** R. V. Wallach und H. S. Sichel. (J. Inst. Fuel **36,** 421—35, 1963; Johannesburg, Operational Res. Bur. u. South African Iron and Steel Industrial Corp., Planning and Develop. Dep.; engl.) — Die Unters. von Koks in der Trommel gibt das Ergebnis von zwei Einw. auf den Koks wieder: Brechen u.

Abrieb. Daher wurden zwei unabhängige Parameter geschaffen: α u. λ. α als Index der mechan. Festigkeit bestimmt die Verteilung der Korngrößen, soweit die Körnung durch Brechen entsteht, während λ den Index für den Abrieb darstellt. Um einen Einblick in den wahrscheinlichen Vorgang beim Brechen bzw. Abrieb zu bekommen, wurden fünf eng beieinander liegende Körnungen dem Trommel-Vers. unterworfen u. festgestellt, daß der prozentuale Abrieb unabhängig vom Ausgangsstoff ist, daß keinerlei Zusammenhang zwischen Brechen u. Abrieb besteht u. daß das prozentuale Ergebnis beim Brechen vom Ausgangsmaterial abhängt. Aus diesen Verss. wurden dann mit Hilfe statist. Parameter die beiden neuen Indices errechnet. Danach bedeutet ein hoher Wert für α eine geringe mechan. Festigkeit, das Gegenteil eine gute mechan. Festigkeit. α, als Parameter bei der statist. Verteilerfunktion, ist ein Skalar, während λ das Gew. der Abriebmenge darstellt, ausgedrückt als Prozent des Totalgew. von Abrieb u. Brechprod., woraus sich ergibt, daß, je höher λ ist, um so größer ist auch der Abrieb beim Koks. Da die Parameter α u. λ statist. voneinander unabhängig sind, können die Veränderlichen als Koordinaten verwendet werden, um die Eigg. des Kokses darzustellen, was an prakt. Beispielen aufgezeigt wird. Die neue Meth. der Verwendung von α zur Best. der mechan. Festigkeit des Kokses ist besser als die bisher verwendeten. Mit Hilfe von α u. λ kann man sehr leicht verschiedene Kokse voneinander unterscheiden. Auch konnten mit Hilfe von α u. λ gute Beziehungen zwischen Kohlenmischung, Korngröße der Kohle, Verkokungszeit u. -Temp. festgestellt werden. Vergleichbare physikal. Eigg. von nach besonderen Verff. hergestellten Koksen konnten mit Hilfe der neuen Parameter festgelegt werden. F. Rosendahl. 8144△

2815 **Vergleichende Vergasungsversuche mit Koppers-Restkoks und BHT-Koks in der Drehrostgeneratorenanlage des Synthesewerkes Schwarzheide.** Erich Rammler, Bernhard Krahl, Peter Modde und Dietmar Krause. (Freiberger Forsch.-H., Reihe A Heft **306,** 5—21, 1963; Freiberg; dt.) — Der bei der Vergasung von Braunkohle nach dem Koppers-Verf. anfallende Koks, „Koppers-Koks" (KK), ist gegenüber dem BHT-Koks ein Hochtemp.-Koks besonderer Prägung. Er ist durch Anätzen mit Wasserdampf in der Vergasungszone des Synth.-Gaserzeugers sehr reakt. u. viel reaktionsfähiger als der in von außen beheizten Kammern gewonnene BHT-Koks. Die anorgan. Substanz liegt im KK stark umgewandelt vor, so daß mit einer günstigen katalyt. Wrkg., aber auch mit einem niederen Asche-F. gerechnet werden muß. Dadurch muß die Vergasung mit hohem Dampfzusatz betrieben werden. Nachteilig beim KK ist die geringe Festigkeit u. dadurch bedingt ein hoher Feinkornanteil bis 8 mm, teilweise unter 3 mm. Wird diese bei der Ausbildung des Drehrostgenerators berücksichtigt u. durch die Drehung des Rostes eine gute Verteilung des Gruses u. eine gleichmäßige Schichthöhe gewährleistet, so kann man noch bei einem Anteil von 40% unter 8 mm unter Einsatz von KK mit Schachtwärmebelastungen bis zu 0,9 gcal/m²h arbeiten u. einen guten Heizwert, gute Dampf-Zers.-Grade u. guten Vergasungs-Wrkg.-Grad erreichen, die nur wenig unter den Werten für BHT-Koks liegen. F. Rosendahl. 8148△

2816 **Vergasungsversuche mit Doberluger Anthrazit und BHT-Koks im Versuchsdrehrostgenerator des Instituts für technische Brennstoffverwertung.** Erich Rammler und Peter Göhler. (Freiberger Forsch.-H., Reihe A Heft **306,** 23—43, 1963; Freiberg; dt.) — Die Verss. wurden in einem kleinen Drehrostgenerator, Bauart Kollergas, von 800 mm ∅ durchgeführt. Der Doberluger Anthrazit (**A**) zeichnet sich bei der Vergasung durch einen guten Stand aus, so daß der Strömungswiderstand des Brennstoffbettes niedrig bleibt u. nur geringe Mengen an Flugstaub im Gas mitgeführt werden, so daß bei entsprechender Sortierung Schachtbelastungen bis zu 160 kg/m²h möglich sind. Nach Entfernung einer geringen Teermenge aus dem Gas hatte es einen Heizwert von 1100—1150 kcal/m³ bei einer Ausbeute von 5,5 m³/kg asche- u. wasserfreiem **A**. Wegen des geringen Wasser-Geh. u. des geringen Flüchtigen-Geh. ist mit hohen Austritts-Temp. des Gases u. damit auch mit einem geringen Vergasungs-Wrkg.-Grad (75%) zu rechnen, so daß **A** im Heißgasbetrieb verarbeitet werden soll. Aus den Verss. geht hervor, daß **A** mit 12% Asche ein brauchbarer Vergasungsrohstoff ist. Trotz ähnlicher Brennstoffanalyse u. ähnlichen Heizwerten der Vergasungs-Prodd. waren die Vers.-Ergebnisse mit BHT-Koks günstiger, was z. T. auf die sehr geringe Rk.-Fähigkeit von **A** zurückgeführt wird. Aus diesem Grunde u. infolge geringerer spezif. Oberfläche führte die Verw. von **A** zu Schlackenschwierigkeiten. Im allg. wird angenommen, daß bei reaktionsfreudigen Vergasungsstoffen endotherme Rkk. zwischen Brennstoff, CO_2 u. Wasserdampf ablaufen, wenn der O_2-Geh. des Windes noch nicht verbraucht ist, wodurch sie als Temp.-Bremse wirken. Dadurch wird die Temp.-Spitze am Übergang der Oxydations- in die Red.-Zone gemildert. F. Rosendahl. 8148△

2817 **Die Vereinheitlichung der meß- und regeltechnischen Ausrüstung an Schwachgasgeneratoren.** Harald Costa und Rupert Malcher. (Freiberger Forsch.-H., Reihe A Heft **306,** 45—55, 1963; Jena; dt.) F. Rosendahl. 8148△

2818 **Die Reinigung von Kokereigas und dessen Transport unter Druck über Fernleitungen.** W. Ss. Stepanenko und A. I. Trofimow. (Koks u. Chem. [UdSSR] **1963,** Nr. 2, 33—35; Jassinowki Kokerei; russ.) — Die Druckreinigung von Kokereigas für Fernleitungen wird zu Beginn bei 3,5—4,5 u. für Dauerbetrieb bei 16 atü vorgenommen. Das vorgereinigte Gas kommt mit 3 g aromat. KW-Stoffe/Nm³, 30—35 g Naphthalin (I)/100 Nm³ u. 3,5—4 g H_2S/Nm³ zur Reinigung. Das gereinigte Gas darf nicht über 1 g aromat. KW-Stoffe/Nm³, 0,46 g H_2S/Nm³ u. 5 g (im Winter) oder 10 g (im Sommer) I/100 Nm³ enthalten; der Taupunkt darf im Winter nicht über −3° u. im Sommer +5° betragen. Die Verdichtung erfolgt im zweistufigen Sechszylinderkompressor. Das auf 2,2—2,5 atü vorkomprimierte Gas wird in 2 parallelgeschalteten Absorbern mit Steinkohlenöl vom I vorgereinigt u. auf 3,5—4,5 atü komprimiert, dann von aromat. KW-Stoffen mit Steinkohlenöl u. darauf vom I mit Solaröl in Absorbern befreit. H_2S wird mit Pottasche-Lsg. ausgewaschen u. die Trocknung mit 7—10%ig. Diäthylenglykol-Lsg. (II) durchgeführt. Zur Verringerung der großen Verluste an II mußte der Druck auf 6—7 atü erhöht werden, wodurch die Gasreinigung bedeutend verbessert wurde. Weitere vorgenommene Verbesserungen u. Abänderungen werden besprochen. W. v. Füner. 8156◇

2819 **Zur Systematik der Tieftemperaturteere.** Günther Werner. (Freiberger Forsch.-H., Reihe A Heft **299,** 5—43, 1963; Frankfurt/M.; dt.) — Die Verss. zur Gewinnung von Tieftemp.-Teer wurden in drei verschiedenen Öfen durchgeführt: Drehrohrofen nach Fischer, Spülgasofen nach Nielsen u. einem eigens konstruierten Tellerofen, bei dem in der Kohlenschicht nur ein ganz geringer Temp.-Gradient zugelassen werden kann. Setzt man den Begriff „Dest." für den Stoffübergang von plast. Zustand der Kohle in die Dampfphase ein, so kommt man zu einer Systematik des durch die Verss. in den Öfen gewonnenen Zahlenmaterials. Aus der Kenntnis des Erweichungs-Verh. u. der Differentialschwelanalyse ergibt sich, daß der Bodenkörper dieser Dest. in einer zeitabhängigen Rk.-Folge entsteht, wobei mol.-vergrößernde u. mol.-verkleinernde Rkk. vor sich gehen. Die Kohlensubstanz wird zunächst gespalten oder depolymerisiert, die Spaltstücke können dann nochmals einer Spaltung unterliegen u. erneut polymerisieren u. das Polymerisations-Prod. unterliegt dann wieder einer Spaltung usw. Überwiegen die Polymerisationen, so führt das zum Koks, überwiegen aber die Spaltungen, so erhält man Teer u. Gas. Die angewendeten Vers.-Öfen stellen drei verschiedene Dest.-Arten dar. Die Dest. im Tellerofen muß als Normaldruck-Dest. betrachtet werden, die Spülgasschwelung ist eine Träger-Dest. u. die Schwelung im Drehrohrofen ist eine Normaldruck-Dest., bei der eine Dest.-Kolonne noch zwischengeschaltet wurde. Der Phenol- u. Paraffin-Geh. der Teere erwies sich als konst. u. unabhängig von der Erhitzungs-Geschw., denn die Teerqualität wird durch die Länge der Rk.-Dauer in der Primärphase, die mit dem plast. Zustand der Kohle weitgehend identifiziert werden kann, bestimmt. Demnach unterscheiden sich wenig zersetzte Teere von stark zersetzten nur dadurch, daß sie aus einer kürzeren Gesamtentgasung bei hoher Erhitzungs-Geschw. stammen oder daß sie zu einem früheren Zeitpunkt aus dem Entgasungsprozeß herausgenommen wurden. Bei der Dest. der wenig zersetzten Teere müssen noch Rk.-Folgen auftreten, die eigentlich im Inneren der Kohle ablaufen müssen. Ein Endzustand der Rk.-Folge ist erst dann erreicht, wenn sich die erhaltenen Öle ohne weitere

Zers. dest. lassen. An Hand verschiedener Dest. saurer, bas. u. neutraler Teere wird dies nachgewiesen u. in eine Systematik eingeordnet. Die Zers. des Teeres ist demnach abhängig vom Dest.-Druck, von der Dest.-Endtemp. u. von der Erhitzungsgeschwindigkeit. An Hand des Schrifttums wird nachgewiesen, daß nur verschiedene Verf.-Bedingungen die verschiedenen Forscher zu ungleichen Ergebnissen kommen ließen, so daß nicht alle Ergebnisse untereinander verglichen werden können. Die gegebene Systematik des Vf. hat Abhilfe gebracht. — 29 Literaturangaben. F. Rosendahl. 8176△

2820 **Über die Anhäufung der Elemente der Eisengruppe in Erdölen.** Ss. M. Katschenkow. (Ber. Akad. Wiss. UdSSR **143,** 420—22, 1962; russ.) — Die Hypothese über die Anhäufung von *V, Ni, Fe, Cr, Mn, Ti* u. *Cu* im Erdöl beruht auf dem Einfl. der klimat. Bedingungen bei der Erdöl-Bldg. während des Mesozoikums u. Tertiärs. Bei warmem humidem Klima vollzieht sich die chem. Zers. intensiver als die Oberflächenverwitterung der Gesteine u. Umwandlung der Elemente in ihre lösl. Form. Der Überschuß an organ. Stoffen in den Binnen- u. Meerwässern führt zur Erhaltung der akt. Form der Elemente u. zu deren Anhäufung in organ. Stoffen. In Zeiten ariden Klimas dagegen wird die chem. Zers. stark gehemmt, der Geh. an der gelösten Form der Elemente ist gering. Sie fallen im alkal. Medium aus, wobei sich Fe u. Mn, aktiver als V, im Erdöl anreichern. Mit dieser Hypothese wird der Geh. der Elemente in den Erdölen verschiedener Herkunft erklärt. J. Lehmberg. 8188△

2821 **Leichter Zementmörtel.** Ss. L. Lanzewitzkaja, Ss. Ss. Dadaschewa und M. N. Asim-Sade. (Erdöl-Wirtsch. Aserbaidshan **42,** Nr. 2, 16—18, 1963; russ.) — Es werden einige Zusätze zu Zementmörtel (Bimsstein, Schlacke, Diatomit, Kaolin) angegeben, die die Eigg. von Mörtel zur Zementierung von *Bohrsonden* verbessern. Durch die Zusätze wird im wesentlichen ein Absinken des Spezif. Gew. erreicht. O. Hedicke. 8190◇

2822 **Ein wasserlösliches Polymeres als Reagenz von Waschlösungen.** U. D. Mamadshanow, M. K. Turapow, A. T. Chon-Pak und Ss. Sainutdinow. (Erdöl-Wirtsch. Aserbaidshan **42,** Nr. 2, 10—12, 1963; russ.) — Ein geringer Zusatz des Polymeren *K-4* (Prod. der unvollständigen Hydrolyse von Polyacrylnitril mit NaOH) senkt erheblich die Wasserabgabe u. die Stärke der durch Waschlsgg. gebildeten Schalen in Bohrsonden. Weiterhin wird durch Zusatz des Präp. die koagulierende Wrkg. von einwertigen Kationen vollkommen verhütet. Das Präp. K-4 kann in Kombination mit $NaCO_3$ als stabilisierendes Reagens für Ton-Lsgg. bei hohen Temp. u. hohem Mineralisationsgrad der Waschlsgg. dienen. O. Hedicke. 8190◇

2823 **Beiträge zur Untersuchung der Entemulgierung des Erdöls. Die Überprüfung der Stabilität der bei den Petroleumgewinnungsstätten hergestellten Emulgatoren, die von der Beschaffenheit und den Eigenschaften des Emulgators bestimmt wird.** A. G. Gobjilă, (Petrol şi Gaze **11,** 69—76, 1960; Cîmpina, ICFE; rum.) — Eine quant. Best.-Meth. von natürlichen im Rohöl vorhandenen Emulgatoren (**A**) wird beschrieben u. auf einige Aspekte hingewiesen. Es werden Verss. durchgeführt, um die theoret. Betrachtungen mit den experimentellen Ergebnissen in Einklang zu bringen. Die Verw. der Chromatographie für die Prüfung der Zus. von im Erdöl befindlichen organ. **A** wird vorgeschlagen. R. Grundmann. 8190◇

2824 **Neue Techniken in der Raffinerie.** Peter E. Sherwood. (Techn. Appl. du Pétrole **18,** Nr. 210/11, 29—31, 1963; franz.) — Allg. Betrachtungen über den gegenwärtigen u. zukünftigen Stand der Technik in der Raffinerie. F. Rosendahl. 8194△

2825 **Umwandlung von Kohle in flüssigen Brennstoff: Referate von ausgewählten deutschen Patentveröffentlichungen.** Ignaz Lichtig. (U. S. Dep. Interior, Bur. Mines, Inform. Circ. **1961,** Nr. 8065, 1—112; Washington, D.C., Bur. of Mines, Branch of Bituminous Coal Res.; engl.) — Kurzreferate über die von der Umwandlung von Kohle in fl. Brennstoff handelnden Patente bis Okt. 1959 der deutschen Patentklassen 12e, 12i, 12o, 24e u. 26a. R. Grundmann. 8200◇

2826 **Die Xylolisierung der Octanfraktion.** Zdzisław Tomasik und Józef Wrzyszcz. (Chem. stosowana **4,** 81—99, 1960, Wrocław, Polska Akad. Nauk, Zakład Syntery Organ.; pol.) — Die Xylolisierung der Octanfraktionen von handelsüblichem Bzn. u. Romaschkino-Erdöl in Ggw. von Pt auf verschiedenen Trägern wird untersucht. Der Einfl. verschiedener Parameter sowie die optimalen Bedingungen für die kontinuierliche Prozeßführung werden ermittelt. I. Köditz. 8200

2827 **Mineralöle und Additive oder „Dopmittel".** Anonym. (Techn. Appl. du Pétrole **18,** Nr. 210/11, 33—35; franz.) — Allg. Betrachtungen über das Verbessern von Treibstoffen u. Motorenölen durch Zusatz von Additiven. F. Rosendahl. 8204△

2828 **Fragen der Erhaltung und Regeneration des Abdichtöles bei trockenen Gasbehältern.** F. Mičko und O. Rusz. (Paliva **42,** 137—41, 1962; Ostrava, SPM; tschech.) — Die Unters. der qual. Änderungen des Abdichtöls für trockene Gasbehälter vom Typ MAN deckte eine Reihe von Ursachen auf, die die Funktion des Öls beeinflussen. Die Qualitätsverschlechterung des Öls läßt sich durch Regeneration mittels Hydrophobiermittel, z. B. Xylenol, Methyl- u. Methylphenyl-Siliconöle, rückgängig machen. I. Köditz. 8220

2829 **Über die Gewinnung und Zusammensetzung von Paraffinprodukten, vornehmlich Hartparaffinen, aus Erdölgatschen.** Klaus Triems, Eberhard Leibnitz und Günther Heinze. (Freiberger Forsch.-H., Reihe A Heft **299,** 55—70, 1963; Leipzig; dt.) — Es wird über die Möglichkeit der Gewinnung von Hartparaffin sowie Petroleum- u. Ceresin-Prodd. aus unterschiedlich gewonnenen Gatschen Tuimasinsker u. Romaschkinsker Erdöle berichtet. Die erhaltenen Prodd. werden durch übliche Kennzahlen charakterisiert u. die Inhaltsstoffe untersucht. F. Rosendahl. 8226△

2830 **Die internationale Vereinheitlichung der Untersuchungsverfahren für feste Brennstoffe.** Walter Radmacher. (Glückauf **98,** 348—57, 1962; Essen, Dt. Normenausschuß, Arbeitsausschuß „Feste Brennstoffe"; dt.) — Überblick über den Stand der ISO-Empfehlungen, der Entwurfs-ISO-Empfehlungen sowie die noch in Bearbeitung befindlichen Entwurfsvorschläge des Komitees TC 27 „Feste Mineralische Brennstoffe". I. Köditz. 8242

2831 **Das Vorkommen von Bor als Spurenelement in Braunkohlen, Teerdestillaten und Elektrodenkoks.** Rolf Winter, Eberhard Leibnitz und Friedrich Otto. Freiberger Forsch.-H., Reihe A Heft **299,** 45—54, 1963; Leipzig; dt.) — Mit einer neuen Meth. war es möglich, Mengen an B von 1 μg u. weniger zu erfassen. Die auf Trockenkohle bezogenen B-Geh. schwankten bei Braunkohlen von 2 bis 236 ppm, wobei B-Geh. von 30—90 ppm die Regel bilden. Trotz dieser starken Unterschiede im B-Geh. war der B-Geh. von Teeren gleichmäßig, so daß angenommen wird, daß der B-Geh. der Kohle nur einen geringen Einfl. auf den des Teeres hat, was auch in Labor.-Verss. bewiesen wurde. Bei der Dest. der Teere reicherte sich B mit 64% im Rückstand an, 23% waren in der Hälfte der Dest.-Prodd. u. 13% in den restlichen Destillaten, wobei die Herkunft des Teeres ziemlich gleichgültig war, doch war die Art der Durchführung der Dest. von größerer Bedeutung. Wurde nach Abtrieb des W. der Teer einer Wärmebehandlung bei 270° unterworfen, so waren 20% des B im Destillat, was auch bei Betriebs-Dest. bestätigt wurde. B ist im Teer so locker gebunden, daß es schon mit verhältnismäßig kleinen Mengen H_2SO_4 oder H_3PO_4 abgespalten wird u. in Ggw. von CH_3OH in den Methylester übergeführt wird. Die Abspaltung des B ist fast quantitativ. F. Rosendahl. 8242△

2832 **Röntgenographische Untersuchung der Fähigkeit von Koksen aus der Pyrolyse von Naphthalindämpfen zur Graphitisierung.** Andrzej Grossmann, Zofia Szmid und Maria Szudek. (Przemysł chem. **40,** 15—18, 1961; Gliwice, Politechn. Śląska, Warszawa, Inst. Bad. jądr.; Raciborz, Zakłady Elektrod Węgl.; pol.) — Die Graphitisierung von Koks, der aus Naphthalindampf bei verschiedenen Temp. erhalten worden ist, wird röntgenograph. untersucht. Es wird festgestellt, daß die Pyrolyse-Temp. bei genügend langer Graphitisierungsdauer keinen Einfl. auf den Graphitisierungszustand des Prod. hat. Die Pyrolyse-Temp. beeinflußt die Porosität des erhaltenen Kokses. Die wichtigsten physikal.-chem. Eigg. des Prod. entsprechen der höchsten Temp., die entweder bei der Pyrolyse oder bei der anschließenden Graphitisierung geherrscht hat. F. Urban. 8246◇

2833 **Eine Methode zur Kontrolle des Gehaltes an Mineralbeimengungen in der Kohle.** Je. Ja. Iwantschenko und B. Ss. Kobjakow. (Hochschulnachr. [Swerdlowsk], Bergbau-J. **5**, Nr. 5, 123—32, 1962; Charkow, Bergbauinst.; russ.) — Für die Best. der mineral. Bestandteile in der Kohle wurde die Meth. der Sekundärstrahlung mit weichen γ-Strahlen angewendet. Die zu untersuchende Kohle läuft im Förderband durch 2 Strahlenquellen; die auftretende Sekundärstrahlung ist ein Maß für die mineral. Beimengungen. Diese Meth. gestattet eine automat., direkte Messung unmittelbar in der Produktion u. ist unabhängig von der Feuchtigkeit der Kohle. Die theoret. Grundlagen, die Meßanordnung u. deren Aufbau werden ausführlich beschrieben. Herbert Hoffmann. 8246◇

2834 **Die Analyse von Gemischen von Phenolen nach der Methode der Sauerstoffsorption.** M. Ss. Knjasewa und M. W. Stadnikowa. (Nachr. Akad. Wiss. UdSSR, Abt. techn. Wiss., Metallurg. Brennstoffe **1960**, Nr. 6, 182 bis 184; russ.) — Zur Analyse von *Phenolgemischen*, die bei der Trennung der Niedertemp.- u. Koksteere erhalten werden, haben Vff. eine Meth. der O_2-Sorption durch Phenole ausgearbeitet. Die Sorption des O_2 durch alkal. Lsgg. der Gemische von *Hydrochinon* (**I**) mit *Resorcin* (**II**) wie auch von *Brenzcatechin* mit **II** verläuft gesetzmäßig u. kann durch eine Gleichung der Freundlichschen Parabel ausgedrückt werden. Die Logarithmierung dieser Gleichung führt zu einer Gleichung der Geraden, die die Ordinate unter einem bestimmten Winkel zur Abzisse u. in einer bestimmten Entfernung vom Nullpunkt schneidet. Die logarithm. Kurve gibt die Möglichkeit, sowohl die Konst. der Gleichungen als auch das Verhältnis von I zu II im Gemisch bei der Analyse graph. zu ermitteln. Für dreiwertige Phenole werden dieselben Erscheinungen zwischen dem Vol. des absorbierten Gases u. der Zus. der Mischung beobachtet. K. Wekua. 8248□

2835 **Bestimmung des Teer- und Phenolwassergehaltes in rohen und vorgereinigten Heizgasen.** V. Procházka. (Paliva **42**, 83—88, 1962; tschech.) — Eine Meth. der Teer- u. W.-Best. in rohen Generator- u. Kokereigasen mittels eines Labor-Elektrofilters wird angegeben u. mit der einfachen Filtrierung über eine Soxhletpatrone verglichen.
R. Grundmann. 8250◇

2836 **Zur motorischen Bewertung von Motorenölen.** E. Kruppke. (Erdöl-Z. Bohr- u. Fördertechn. [Wien] **78**, 92—106, 1962; dt.) — Als Beispiel für Einzylinder-Prüfläufe werden Ergebnisse auf dem in Deutschland am meisten gebrauchten MWM KD 12 gemäß den Prüfbedingungen des AMP-Test A besprochen. Eine einheitliche internationale Spezifikation, die Prüfläufe mit verschiedenen Prüfmotoren zu vergleichen gestattet, ist dadurch möglich, daß zuerst die Mindestbedingungen festgelegt werden u. dann je nach Prüfschärfe des Motors die Prüfbedingungen durch Referenzöle angepaßt werden. R. Grundmann. 8258◇

2837 **Elektrochemische Messungen über Wechselwirkungen zwischen Mineralölzusätzen und metallischen Oberflächen.** H. Luther und K. Morche. (Erdöl. Z. Bohr- u. Fördertechn. **78**, 77—84, 1962; dt.) — Eine Meßanordnung wird beschrieben, mit der elektrochem. Potentiale in legierten Ölen an Ag-Elektroden gegen eine Kalomel-Elektrode gemessen werden können. Bes. Zn-Dialkyldithiophosphate ergeben stark negative Potentiale, die im wesentlichen durch die Thiophosphationen bedingt sind. Die Konz.-Abhängigkeit der Potentialwerte deutet auf Sorptionsgleichgewichte bei Temp. von $< 80^0$ hin; bei höheren Temp. greifen durch O_2 u. Metall beschleunigte Zerfalls-Rkk. der Thiophosphate ein. Bei Alterungen legierter Öle im Labor. oder im Motorprüflauf ändern sich die Potentiale charakterist., so daß eine weitere Prüfung der Meth. bes. im Hinblick auf ihre Aussagemöglichkeiten über den Lagerverschleiß sinnvoll erscheint.
R. Grundmann. 8258◇

2838 **Entwicklung von Prüfverfahren für kationaktive Bitumenemulsionen auf Grund ihrer Eigenschaften.** Karl Letters. (Bitumen, Teere, Asphalte, Peche verwandte Stoffe **12**, 269—85, 329—35, 1961; Köln/Rhein; dt.) — Der Mechanismus der Emulgierung bei anion. u. kation. Emulgatoren wird behandelt. Zur Charakterisierung verschiedener Bitumenemulsionen werden Unterss. an Spreitschichten ausgeführt; der Brechvorgang bei Berührung mit verschiedenen Gesteinen wird untersucht. Ferner wird versucht, eine Klassifizierung der Emulsion durch die Zugabe verschiedener Gesteinsmehle bis zur Ausflockung bzw. durch die Best. des Hydrophobierungsgrades wasserhaltigen Sandes zu erreichen. Diese Verss. besitzen entweder geringe Reproduzierbarkeit oder ungenügende techn. Aussagekraft. Deshalb wird die Meth. zur Prüfung des selektiven Brechvermögens vorgeschlagen. Nach dieser Meth. werden in 12 Reagensgläser je 10 g Splitt 5/8 mm eingewogen. Zum Vgl. wird eine Vers.-Reihe mit Quarzit u. eine mit Kalksteinsplitt durchgeführt. Die zu verwendenden Reagensgläser werden vor dem Vers. mit einer Lsg. des zu untersuchenden Emulgators benetzt, mit W. ausgespült u. getrocknet. Nach dem Einfüllen der Splittmengen wird das 1. Reagensglas mit 10 ml der auf 10% verd. Emulsion versetzt u. nach 2 Min. die überstehende Emulsion in das 2. Reagensglas gegossen u. die gleiche Operation ausgeführt, bis die Emulsion das 12. Reagensglas passiert hat. Diese Meth. gestattet reproduzierbare Aussagen über den Verlauf des Brechvorganges, die flächenmäßige Bedeckung des Splittes mit Bitumen, die Klebewrkg., die Adhäsion der Emulsion sowie den Effekt der Hydrophobierung. Einige ausländ. Prüfvorschläge werden krit. betrachtet.
Kurt Müller. 8262◇

2839 Robert Valentine Heinze, Whiting, Ind., und Lloyd Hilton Reyerson, St. Paul, Minn., V.St.A., **Teilweiser Abbau von Lignit (I)** mit natürlichem Wassergeh. (25—45%) durch Oxydation bei 20—360° bes. mit N-Oxiden u./oder Halogenen (Cl_2, Br_2), ferner HNO_3, O_2, SO_2, SO_3, H_2O_2, NaO_2, MnO_2, $KMnO_4$, bei normalem, erhöhtem oder vermindertem Druck. Die entstandenen Oxydations-Prodd., bes. *Polycarbonsäuren*, werden durch Extraktion voneinander getrennt. Das Erhitzen des I kann durch Einleiten von heißen Verbrennungsgasen erfolgen. — Durch Oxydation von I, Teilchengröße 0,84 mm, mit NO_2 unter Einleiten von Druckluft bei ca. 120° erhält man nach dem Waschen des I mit W. u. Eindampfen des Filtrats hygroskop., wasserlösl. *cycl. Polycarbonsäuren*, die auch aus den verflüssigten Rk.-Gasen gewonnen werden. — Vorr., Verf.-Schema. — Vgl. F. P. 1 140 910; C. **1961**, 17808. (**D. A. S. 1 107 666** Kl. 12o vom 18/11. 1955, ausg. 31/5. 1961. **E. P. 817 835** vom 10/11. 1955, ausg. 6/8. 1959. Beide A. Prior. 23/12. 1954.)
G. Krauß. 8125

2840 W. L. Prshetzlawski, **Behandlung von Rohmineralien zur Wirbelschichtanreicherung.** Zur Verhinderung des Backens von feuchtem Material wird dieses mit trockenem Staub des verarbeiteten Stoffes bestäubt, z. B. *Kohle* mit Kohlenstaub. (**UdSSR. P. 129 567** vom 23/9. 1959.)
L. Großner. 8135

2841 Erz- und Kohleflotation G.m.b.H., Bochum (Erfinder: Joseph Siebel, Bochum, und Heinrich Hamm, Helmstedt), **Verfahren zum Niederschlagen von Braunkohlenstäuben** durch Naßabscheidung mittels rotierender Wäscher. Der Waschfl. werden hydrophilierende, nicht oberflächenspannungserniedrigende Chemikalien, wie polymere *Alkalimetaphosphate*, *Alkalipolyphosphate*, *Alkalipyrophosphate* allein oder in Kombination zugesetzt. (**D. A. S. 1 083 783** Kl. 10b vom 18/6. 1959, ausg. 23/6. 1960.)
W. Hauswald. 8135

2842 Erich Nötzold, Essen, **Abscheiden von Xylith aus Braunkohle, dad.** gek., daß die Braunkohle zunächst so lange gelenkt getrocknet wird, bis die Xylithe gerade eine scheinbare Wichte nahe 1 haben, jedoch die Lignite im wesentlichen ihre höhere Wichte beibehalten, worauf das Gemisch einem kurzzeitigen Scheideprozeß, bes. einer Schwimmsinkscheidung mit W. als Medium, zugeführt wird. (**D. A. S. 1 150 334** Kl. 1c vom 11/5. 1962, ausg. 20/6. 1963.) P. Iohn. 8135

2843 Bergwerksverband G. m. b. H., Essen, **Herstellung eines Erzeugnisses von niedrigem Aschegehalt aus hochaschehaltigen bzw. stark verwachsenen kohlehaltigen Stoffen,** dad. gek., daß die Ausgangsstoffe unmittelbar oder nach Ausscheidung der groben Verunreinigungen u. einer Vorzerkleinerung auf eine zweckmäßige Korngröße einer Verkokungsbehandlung unterworfen werden, die so weit getrieben wird, bis eine Porosität der Kohlesubstanz eingetreten ist u. dann in üblicher Weise nach einem Wichtesortierverf. aufbereitet werden. (**D. A. S. 1 150 332** Kl. 1a vom 20/3. 1956, ausg. 20/6. 1963.) P. Iohn. 8143

2844 Badische Anilin- & Soda-Fabrik Akt.-Ges. (Erfinder: Helmut Nonnenmacher und Hermann

Meyer), Ludwigshafen/Rh., **Umsetzung gasförmiger und flüssiger schwefelhaltiger Kohlenwasserstoffe zu Wasserstoff und Kohlenoxid.** Die KW-Stoffe, bes. Mineralöle, ihre Rückstände oder Fraktionen werden mit zur vollständigen Verbrennung unzureichenden Mengen O_2 u. mit ggf. Wasserdampf u./oder CO_2, bes. in der Wirbelschicht, bei 700—1300° u. 3—50 at in Ggw. von Pyritabbränden (I) als Katalysatoren, die bes. als Wirbelgut fungieren, umgesetzt, wobei I bis zu 50% feuerfeste Inertstoffe zugesetzt werden können. — Synthesegas. (**D. A. S. 1 144 239** Kl. 12i vom 1/9. 1959, ausg. 28/2. 1963.) K. Wolk. 8153

2845 Irene Neiss, Krefeld (Erfinder: Fritz Lorenz Göschl, Zimmern), **Flüssiger Brennstoff für Heiz- und Kochzwecke** auf der Basis von reinem oder rohem Methanol, dad. gek., daß er bis zu 5% Bzn. enthält. (**D. A. S. 1 151 083** Kl. 23b vom 22/4. 1961, ausg. 4/7. 1963.) E. Kahles. 8211

2846 N.V. de Bataafsche Petroleum Mij., Den Haag, Niederlande, **Schmieröl,** gek. durch einen Zusatz von 0,1—10%, bes. 0,2—5%, eines öllösl. polysubstituierten Alkans, das mehrere cycl. Amido- u. Alkoxyformylgruppen aufweist, bes. Mischpolymerisat aus vinylsubstituierten Lactamen u. Estern α,β-ungesätt. Säuren, z. B. Laurylmethacrylat u. N-Vinyllactam, u. einem p.p'-Methylenbisphenyl oder dessen Monoäther, z. B. 2.2'-Methylen-bis-(4-methyl-6-tert.-butylphenol). (**Ind. P. 69 806** vom 24/11. 1959.) C. Lüttgen. 8221

2847 Shell Internationale Research Mij. N.V., Den Haag, Niederlande, **Herstellung von öllöslichen Schmieröladditiven** durch Rk. von polymerisierten 1.2-Alkyleniminen mit einem öllösl. Telomer u./oder Mischpolymerisat (I) eines monomeren Olefins mit einer lyophilen Gruppe von $\geq$ 8 C-Atomen u. mindestens einer polaren Gruppe in einem ggf. W. enthaltenden organ. Lösungsmittel. — Man löst 50 (Teile) eines I aus Stearylmethacrylat, β-Hydroxyäthylmethacrylat u. Methacrylsäure im mol. Verhältnis von 10 : 2 : 1 in 260 eines Gemisches aus 1 Bzl. u. 1 Toluol, gibt 14,5 einer 70% ig. wss. Dispersion von Polyäthyleniminen („Polymin P"), mit 80 Isopropanol verd., zu, kocht 15 Min., vermischt mit 500 Schmieröl u. dest. die Lsgm. u. das W. im Vakuum ab. (**Ind. P. 69 701** vom 16/11. 1959.) C. Lüttgen. 8221

2848 Farbenfabriken Bayer Akt.-Ges. (Erfinder: Heinrich Morschel und Walther Lohmar), Leverkusen, **Herstellung von Dialkyläthern gemischter Polyalkylenglykole,** dad. gek., daß man 1 Mol 4.4'-Dihalogendibutyläther mit mehr als 2 Mol Monoäther aus 1.2- oder 1.3-Glykolen, 1.2- oder 1.3-Thioglykolen bzw. 1.2-Diglykolen u. 1—4 C-Atome enthaltenden Alkoholen in Ggw. von mindestens 2 Mol Alkalihydroxid bei erhöhter Temp. umsetzt u. aus dem Rk.-Gemisch den Überschuß an Monoäthern entfernt. Rk.-Temp., bes. zwischen 120—160°. — Aus 4.4'-Dichlordibutyläther (I) u. Äthylenglykolmonoäthyläther → $C_2H_5—O—(CH_2)_2—O—(CH_2)_4—O—(CH_2)_4—O—(CH_2)_2—O—C_2H_5$, $Kp._{0,5}$ 162—165°, aus I u. Diäthylenglykolmonomethyläther → $CH_3—O—(CH_2)_2—O—(CH_2)_2—O—(CH_2)_4—O—(CH_2)_4—O—(CH_2)_2—O—(CH_2)_2—O—CH_3$; aus I u. Äthylmercaptoäthanol → $C_2H_5—S—(CH_2)_2—O—(CH_2)_4—O—(CH_2)_4—O—(CH_2)_2—S—C_2H_5$. — Diese Dialkyläther zeichnen sich durch günstiges Temp.-Viscositäts-Verh., niedrigen Stockpunkt u. Scherstabilität aus. — *Ersatz für Mineralöle u. synthet. Öl.* (**D. A. S. 1 150 967** Kl. 12o vom 10/8. 1961, ausg. 4/7. 1963.) G. König. 8221

2849 Lechler Bautenschutzchemie o. H. G. (Erfinder: Karl Krenkler), Stuttgart, **Emulsion für Bauzwecke,** bes. für *Straßenbau*, enthaltend eine Mischung von Bitumen (I) u. dieses weichmachenden Teerbestandteilen, dad. gek., daß der Weichmacher für das I aus Pechdestillat u./oder Pechkoksölen besteht. (**D. A. S. 1 143 431** Kl. 80b vom 19/7. 1961, ausg. 7/2. 1963.) M. Böttcher. 8237

2850 **Humphreys & Glasgow Ltd.,** England, *Carburieren von Wassergas.* (**F. P. 1 168 494** vom 25/1. 1957, ausg. 9/12. 1958. E. Prior. 7/2. 1956 u. 11/1. 1957. — C. **1960,** 6712 [E. P. 805 682].)

2851 **Scholven-Chemie Akt.-Ges.,** Gelsenkirchen, und **Heinrich Koppers G. m. b. H.,** Essen, *Reinigen von Rohbenzol.* (**Belg. P. 561 914** vom 25/10. 1957, ausg. 20/5. 1960. D. Prior. 27/10. 1956. — C. **1962,** 10325 [F. P. 1 185 130].)

2852 **Farbwerke Hoechst Akt.-Ges., vormals Meister Lucius & Brüning,** Deutschland, *Verbesserung von Schmierölen.* (**F. P. 1 157 750** vom 4/10. 1956, ausg. 3/6. 1958. D. Prior. 5/10. 1955. — C. **1962,** 8849 [E. P. 848 182].)

H_{20}. Schieß- und Sprengstoffe, Zündmittel

2853 **Detonations-Eigenschaften von gasförmigen Ozon-Sauerstoff-Gemischen in geschlossenen Metallgefäßen.** B. V. Strakhov und V. P. Lebedev. (ARS J. **32,** 1454—55, 1962; Moskau, Univ., Fac. of Phys. Chem.; engl.) — In Glasgefäßen hängen die Detonations-Eigg. gasförmiger, durch Funken gezündeter O_3/O_2-Gemische vom O_3-Geh. ab. Im P_{O_3}/P_{O_2}-Diagramm (P = Partialdruck) ergibt sich eine Gerade, die den stabilen Detonationsbereich ziemlich scharf trennt. Um den Einfl. der Gefäßoberfläche auf die Detonationsgrenze der O_3/O_2-Gemische zu untersuchen, werden die Verss. in Phosphorbronze-Gefäßen durchgeführt. Bei Verw. von Metallgefäßen wird die Natur des Phänomens nicht geändert, jedoch ist eine um ca. 25% größere Stabilität der Gemische gegenüber Glasgefäßen zu beobachten. Der Einfl. verstärkt sich mit steigendem Druck. Bei niederen O_2-Drücken nähern sich die Detonationsgrenzen einander, die bei 100% reinem O_3 zwischen 10 u. 12 Torr liegt. H. Pförtner. 8294◇

2854 **Thermische Explosion von Dinitroxydiäthylnitramin unter Bedingungen reinkonvektiver Wärmeübertragung.** F. I. Dubowitzki, W. W. Barsykin und A. G. Merschanow. (Nachr. Akad. Wiss. UdSSR, Abt. chem. Wiss. **1960,** 1124—26, Inst. für chem. Physik der Akad. der Wiss. der UdSSR; russ.) — *Dinitroxydiäthylnitramin* (I, „Dina"), F. 52,5°, eignet sich zur Unters. der therm. Explosion in fl. Phase nach der früher beschriebenen Methodik. I ist bei rein konvektiver Wärmeübertragung das einfachste Modell für die Theorie von Ssemenow [1928, 1934], da hier Rk.-Ordnung 0 vorliegt u. keine Verteilung der Temp. eintritt. Als krit. Temp. ergeben die Verss. 152—162° (berechnet 152—160°) bei Ladungsdurchmessern d = 6,2—3,2 cm; die Induktionsperiode bei d = 6,2 cm u. T_0 = 152° ergibt sich im Vers. zu 13 Min. (berechnet 14). R. K. Müller. 8304□

2855 **Druckabhängigkeit der Verbrennungsgeschwindigkeit von Explosivstoffen.** A. I. Glaskowa und I. A. Tereschkin. (J. physik. Chem. [UdSSR] **35,** 1622—28, 2 Tafeln, 1961; Akad. der Wiss. der UdSSR, Inst. für chem. Physik; russ., Auszug: engl.) — Die Verbrennungs-Geschw. (u) von Trinitrotoluol, Pikrinsäure, Tetryl (I), Hexogen (II), TEN (III), N-Nitrodiäthanolaminnitrat, 28% ig. Nitroglycerinpulver (IV), Schwarzpulver (V) u. Ammatol 80 : 20 (VI) wird in Abhängigkeit vom Druck (p) untersucht. Bei **I, IV** u. **VI** gilt für niedrige p (10—350 at) die Gleichung $u = Bp^{\nu}$, für höhere Drücke (400—1000 at) u. bei **V** für alle Drücke $u = A + Bp^{\nu}$, wobei die Konst. A, B u. ν von der Verb. abhängen. Selbst bei so hochexplosiven Stoffen wie **II** u. **III** hat die Zunahme von p bis zu 1000 at keinen Einfl. auf die Stabilität der Flamme. Die nach einer bes. Technik photographierten Flammenaufnahmen werden wiedergegeben u. ihre Auswertung erläutert. R. K. Müller. 8304◇

2856 **Abbrandgeschwindigkeit von Ammoniumperchlorat-Einkristallen.** A. Greenville Whittake und David C. Barham. ARS J. **32,** 1273, 1962; Albuquerque, N.Mex. Sandia Corp.; engl.) — Für die Verbrennung von Feststoffen gibt es kein theoret. Modell, das den Einfl. der Kristallstruktur auf die Abbrand-Geschw. befriedigend deutet. Da der Dampfdruck bei gegebener Temp. über verschiedenen Kristalloberflächen verschieden groß ist, wäre es möglich, daß auch die Verdampfungs-Geschw. u. damit die Abbrand-Geschw. von der kristallograph. Richtung abhängt, wenn die Verbrennung dieselbe Oberflächen-Temp. erzeugt. — Am Beispiel des orthorhomb. NH_4ClO_4, das in Einkristallen bis 8 cm Länge unter Zusatz von Polygalakturonsäure bei 34° aus einer wss. Lsg. auskristallisiert, wird dieser Effekt bei 600 lbs./sq. in. in N_2-Atmosphäre mit Hilfe von kurzzeitkinematograph. Aufnahmen untersucht. Die Proben sind mit Lucit isoliert. In Richtung der kristallograph. Hauptachse wird eine Abbrand-Geschw. von 0,43 ± 0,04 cm/s u. senkrecht dazu 0,49 ± 0,06 cm/s gemessen. Die Ergebnisse zeigen, daß trotz verschiedener Dampfdrücke in NH_4ClO_4 kein meßbarer Unterschied in der Abbrand-Geschw. bzgl. der kristallograph. Richtung besteht, was vermutlich darauf zurückzuführen ist, daß in der Vorheizzone Rkk. stattfinden, die die Abbrandoberflächen gleich gestalten. H. Pförtner. 8304◇

2857 **Nucleare Sprengstoffe im Bergbau.** James Boyd. (Mines Mag. **51,** 13—15, 20, 1961; Copper Range Co.; engl.) — Übersicht über die Möglichkeit der Verw. von nuclearen u. thermo-nuclearen Sprengstoffen im Bergbau. W. Wesly. 8304◇

2858 **Berechnung der Abbrandoberflächen von innenbrennenden sphärischen Treibladungen.** John W. Berti und John A. Wrubel. (ARS Journal **32**, 1283—85, 1962; engl.) — Eine schnelle u. genaue Meth. zur Best. der Oberfläche eines sphär. Feststoff-Treibsatzes zu jedem Zeitpunkt des Abbrandes wird angegeben. Durch geeignete mathemat. Substitution wird das Theorem von Pappus, nach dem eine Oberfläche durch eine um eine Achse rotierende Linie zu beschreiben ist, zur Berechnung der Abbrandoberfläche herangezogen. Die Meth. ist neben sphär. auch für zylindr. Innenbrenner geeignet, wenn die innere Abbrandoberfläche zu einer Achse rotationssymm. angeordnet ist. H. Pförtner. 8310◇

2859 United States of America, Secretary of Army, übert. von: Jean P. Picard, Morristown, N.J., V.St.A., **Cyclotetramethylentetranitramin (I;** „Homocyclonit") erhält man durch Rk. von 1 (Mol) Hexamethylentetramin („Hexamin") in einem Essigsäure–Essigsäureanhydrid (**II**)-Gemisch (10—11 **II** auf 1 **I**) mit 5—7 HNO_3, 3—5 NH_4NO_3 u. 0,27—0,54 CH_2O oder Paraformaldehyd (als Stabilisator) bei 40—48° unter Kühlung der exothermen Reaktion. — Man erhitzt z. B. 785 (g) Eisessig, 13 **II** u. 17 Paraformaldehyd unter Rühren auf 44 ± 1°, setzt 320 **II** u. 180 eines HNO_3–NH_4NO_3 (15 : 8 bis 15 : 15)-Gemisches zu u. läßt während 15 Min. eine Lsg. von 101 „Hexamin" in 165 Essigsäure kontinuierlich u. proportional zutropfen, läßt das Gemisch ca. 15 Min. altern, setzt während 15 Min. 320 **II** u. 271 HNO_3–NH_4NO_3-Lsg. kontinuierlich u. proportional u. noch 160 **II** auf einmal zu, läßt 1 Std. altern, erhitzt die Masse nach Zusatz von 350 heißem W. (75—90°) 30 Min. unter Rückfluß, kühlt auf 20° u. setzt 2000 Eis zu → Nd., rohes **I**, *α-Form*, Nadeln, Reinheit 90%, Ausbeute 95%; daraus durch Kristallisation mit gleichen Teilen Aceton, Acetonitril oder Cyclohexan → *β-Form*, F. 278—279° (Reinheit 99% u. mehr). — Rk.-Schema. — Brisanter *Sprengstoff*. (**A. P. 2 983 725** vom 15/11. 1957, ausg. 9/5. 1961.) G. Vogel. 8305

2860 E. I. du Pont de Nemours & Co., Wilmington, Del., übert. von: George W. Parshall, Newark, Del., V.St.A., **Phosphindecaborane** der allg. Formeln $[R''_2P\cdot(R')]_2B_{10}H_{12}$ oder $[R''P(R')-R'''-P(R')R''\cdot B_{10}H_{12}]_n$ erhält man durch Rk. von Decaboran (**I**) bei 0—175° mit einem Phosphin oder Diphosphin der allg. Formeln $R''(R)'P(R'')$ oder $R''P(R')-R'''-P(R')R''$, ggf. in inerten Lsgm. (R'' = Alkyl, Cycloalkyl, Aryl, Alkenyl; R' = H oder R''; R''' = Alkylen, Arylen; n = Zahl > 1). — 0,299 (Teile) **I** u. 0,44 Diäthylphosphin läßt man im Einschlußrohr auf Normaltemp. auftauen, wobei sich H_2 entwickelt. Das Gefäß wird 16 Std. auf 0,03 Torr evakuiert u. eine viscose, gelbe Fl. erhalten, Bis-(diäthylphosphin)-decaboran, n_D^{25} 1,6080. Analog erhält man die **I**-Verbb. mit Tri-n-butylphosphin, F. 84 bis 90°, weiße Krist., Triphenylphosphin, F. 223—241°, P.P.P'.P'-Tetraäthyläthylendiphosphin, Erweichungspunkt 65°. — *Raketentreibstoff*. (**A. P. 3 035 949** vom 6/5. 1958, ausg. 22/5. 1962.) A. Jahn. 8311

2861 Comp. It. Termochimica Ind. Com., Turin, Italien, **Autothermischer Brandsatz.** Er enthält als Grundstoffe eine langsam u. eine rasch oxydierbare Substanz, bes. Fe u. Al in feiner Verteilung neben einem Alkalimetallsalz als Aktivator, bes. NaCl, u. einem Sulfat oder einer anderen saure Rk. ergebenden Verb. ($CuSO_4$, $KClO_3$, Oxalsäure, $Fe\cdot(ClO_4)_3$). Bes. gleichmäßiger Abbrand wird durch Zusätze von $Ba(ClO_3)_2$, $CuCO_3$, Sand u./oder Holzmehl erzielt. Die Mischungen können in Behältern aus Metall, Papier, Gewebe, Kautschuk oder Kunststoff aufbewahrt u. zu beliebigen Zwecken verwendet werden. — Beispiel: 350 (g) Fe, 50 Al, 60 NaCl, 5 $CuSO_4$, 5 $Ba(ClO_3)_2$, 5 $CuCO_3$, 10 Sand. (**It. PP. 485 163** vom 22/8. 1951 u. **496 323** [Zusatz-Pat.] vom 29/12. 1951.) K. Koebke. 8313

H_{21}. Leder, Gerbstoffe

2862 **Untersuchung der Ursachen eines Narbenzuges, der bei einigen Salzlake-konservierten Häuten auftrat und durch Osmose verursacht wurde.** Jean J. Tancous. (J. Amer. Leather Chemists Assoc. **58**, 143—54, 1963; Cincinnati, Obio, Univ. of Cincinnati, Tanner's Council Res. Labor.; engl.) — Es wird gezeigt, daß das Auftreten des sog. „Waschbretteffekts" (wellenartige Krümmung der Faserbündel) bei nicht vorentfleischten Häuten auf eine lokale Austrocknung (örtliche Entwässerung der Faserbündel durch Osmose) des Narbens während der Salzlakebehandlung in Holländern bei > 70° F zurückzuführen ist. Bei der Lakebehandlung vorentfleischter Häute < 70° F wurde der „Waschbretteffekt" nicht beobachtet. H. G. Fröhlich. 8334◇

2863 **Elektrolytische pH-Kontrolle an pflanzlichen Gerbstofflösungen unter Verwendung einer Ionenaustauschermembran.** Eijiro Sugano und Iwao Nishiyama. (Rep. Government chem. ind. Res. Inst., Tokyo **55**, 319—22, 1960; jap., Auszug: engl.) — Die Sauerstellung einer pflanzlichen Gerbstoff-Lsg. wird einmal durch Zusatz einer organ. Säure u. das andere Mal durch Behandlung mit einer *Amberplex C-1*-Kationenaustauschermembran erreicht. Gerbverss. mit den beiden auf gleichen pH-Wert eingestellten Gerbstoff-Lsgg. ergaben prakt. keine Unterschiede in der Qualität des erhaltenen Leders. H. G. Fröhlich. 8336◇

2864 **Synthetische Gerbstoffe und Hilfsstoffe für die Lederindustrie.** Ja. P. Berkmann. (Leder- u. Schuhwaren-Ind. [UdSSR] **5**, Nr. 1, 7—11, 1963; russ.) — Besprochen werden neue synthet. Gerbstoffe, neue Spezialfarbstoffe, Netzmittel, emulgierende u. entfettende Stoffe, Imprägniermittel, Egalisierungsmittel, Fixierungsmittel für Gerb- u. Farbstoffe, filmbildende Mittel u. Weichmacher. Bes. wird auf die Bedeutung der kombinierten Gerbstoffe aus Phenolen u. Ligninsulfonsäure hingewiesen. J. v. Schroeder. 8338◇

2865 **Der Einfluß der Freiluft-Bewetterung auf einige Eigenschaften von nachgegerbtem Chromleder.** Thomas J. Carter. (J. Amer. Leather Chemists Assoc. **58**, 155—60, 1963; Washington, D.C., Nat. Bur. of Stand.; engl.) — Vegetabil. nachgegerbtes Cr-Leder wurde während 2 Jahren in einer Freiluftanlage mit u. ohne Ausschluß des direkten Sonnenlichts bewettert u. das Ausmaß der Schädigung durch Vgl. mit der bei 23° u. 50% R.H. gelagerten Kontrollmustern ermittelt. Danach wiesen die dem direkten Sonnenlicht ausgesetzten Muster die stärkste Schädigung auf, wie aus der deutlichen Verschlechterung der Biegefestigkeit, der Ausdehnung nach der Biegebeanspruchung, der Stoßfestigkeit, der Steifheit, der Flächenschrumpfung, der Stichausreißfestigkeit u. Bruchdehnung sowie dem Abfall der Schrumpfungs-Temp. hervorgeht. Die unter Ausschluß des direkten Sonnenlichts bewetterten Proben zeigten eine merklich geringere Schädigung, ausgenommen die Biegefestigkeit, die Ausdehnung nach der Biegebeanspruchung, die Steifheit u. den Abfall der Schrumpfungstemperatur. Fett-Geh. u. pH-Wert änderten sich dagegen bei beiden Bewetterungsarten nur unbedeutend. H. G. Fröhlich. 8340◇

2866 **Untersuchung zur Verbesserung der Hautsubstanzbestimmung bei der Lederanalyse.** E. Heidemann und H. Kröll. (Leder **13**, 262—72, 1962; Darmstadt, TH, Inst. für Gerbereichem.; dt.) — Die bisher übliche Best. der Hautsubstanz bei der Lederanalyse durch Ermittlung des Gesamtstickstoffs nach der Kjeldahl-Meth. wird durch die Mitverwendung von synthet. u. Harzgerbstoffen sowie Fixiermitteln bei der Leder-Herst. verfälscht. Gleichzeitig wird gezeigt, daß auch die Hydroxyprolin-Meth. bei vegetabil. gegerbten u. bei mit Fixiermittel behandelten Ledern zu falschen Werten führt. Vff. schlagen daher vor, die Hautsubstanz aus dem Amino-N zu errechnen, der sich aus der Differenz von Gesamt-N (nach Kjeldahl) u. dem nicht-Amino-N (ermittelt nach der Hydrolysen-Meth.) ergibt. Durch Differenzierung des nicht-Amino-N in NH_3-N u. Amid-N lassen sich Rückschlüsse auf mitverwendete synthet. oder Harzgerbstoffe bzw. Fixiermittel ziehen. H. G. Fröhlich. 8368◇

2867 Röhm & Haas G. m. b. H., Deutschland, **Herstellung von gerbfertigen Häuten.** Zwecks Enthaarung werden die Felle oder Häute nach dem Auffrischen zunächst mit einer Äscherbrühe behandelt, die proteolyt. Enzyme enthält, bes. mit einer neutralen Lsg. von Schimmelpilz- oder Bakterienprotease, wobei die Äscherbrühe auch Carbohydrasen, bes. aus Mikroorganismen, sowie NH_4-Salze, Na_2SO_3, $NaNO_2$ oder Netz- oder Emulgiermittel, wie C_2H_4O-Kondens.-Prodd., enthalten kann; dann erfolgt eine Behandlung mit einer Sulfide u. ggf. Kalk enthaltenden Äscherbrühe. Das Verf. führt zu einem Leder mit feinen, weichen, glatten u. kernigen Narben. — Beispiele. (**F. P. 1 289 846** vom 15/5. 1961, ausg. 24/8. 1962.) W. Raetz. 8335

2868 United States of America, Secretary of Air Force, übert. von: Lewellyn G. Picklesimer, Dayton, Ohio, V.St.A., **Herstellung von Leder.** Man behandelt Blößen mit *Tetrakis-[hydroxymethyl]-phosphoniumchlorid (THPC)* u. (methylierten oder methylolierten) 3wertigen N-Verbindungen. — 2 (g) THPC u. 1,7 n-Amylamin oder 2,1 Diäthanolamin werden exotherm umgesetzt u. bis zur

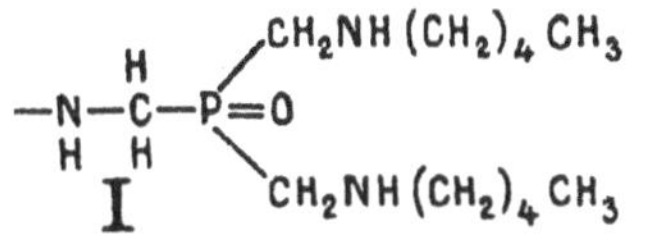

I

Beendigung der Rk. erwärmt. Die Prodd. werden mit W. aufgenommen, auf pH 2 eingestellt u. zum Gerben verwendet. — Die beiden Ansprüche betreffen Leder, bei denen die Aminogruppen des Kollagens u. a. der Struktur I entsprechen. (**A. P. 2 993 744** vom 18/2. 1959, ausg. 25/7. 1961.) H. Möllering. 8337

2869 Imperial Chemical Industries Ltd., London, England (Erfinder: Grahame Henry Thomas Cole und Harry Smith), **Gerben und Füllen von Leder** erfolgt durch Walken mit wss. Dispersionen eines Mischpolymeren aus *Methylmethacrylat* (I) u. *Methacrylhydroxamsäure* (II). — Eine Lsg. von 7 (Teilen) II in 133 I mit Zusatz von 1 $(NH_4)_2 \cdot S_2O_8$ in 20 W. u. 0,8 $NaHSO_3$ in 25 W. wird polymerisiert, wobei Spermölalkoholsulfat mitverwendet wird. Zum Füllen von chromgaren Ziegenschwedenleder dient eine mit 25 (Teilen) W. verd. 50%ig. wss. Dispersion dieses (99 : 1) Mischpolymeren. (**E. P. 887 176** vom 19/8. 1957, ausg. 17/1. 1962.) H. Möllering. 8341

H_{22}. Leim, Klebstoffe usw.

2870 **Freitragende Polyurethanfilme und Polyurethan-Metallklebverbindungen.** 1. Mitt. **Freitragende Polyurethanfilme.** Heinz Müller. (Plaste u. Kautschuk **8**, 458—60, 1961; Wolfen, VEB Farbenfabrik; dt.) — Vf. untersucht das deformationsmechan. Verh. von freitragenden Polyurethanfilmen in bezug auf die Zugfestigkeit in Abhängigkeit von der Dehnung. Als Polyurethankomponenten dienen Polyisocyanate u. Polyester mit Hydroxylgruppen in Gemischen, die den festen Filmen unterschiedliche Festigkeiten u. elast. Eigg. geben. Die steigende Typenzahl (Typ 1—6) entspricht einem zunehmenden Vernetzungsgrad. Mit steigender Typenzahl nimmt die Dehnung ab u. die Zugfestigkeit zu. Die Dicke der Filme liegt im Mittel bei 60 μm. Die Vers.-Ergebnisse werden mit Hilfe der mathemat. Statistik ausgewertet. I. Köditz. 8382

2871 **Freitragende Polyurethanfilme und Polyurethan-Metallklebverbindungen.** 2. Mitt. **Leichtmetallklebverbindungen.** Heinz Müller. (Plaste u. Kautschuk **8**, 507—08, 1961; dt.) — 1. vgl. vorst. Referat. — Die in der 1. Mitt. beschriebenen Filmtypen werden als Klebstoff für Bleche der Al-Leg. AlMg5 unterschiedlicher Dicke u. Festigkeit verwendet. Aus der Unters. der Bindefestigkeit folgt, daß weichelast., weitmaschig vernetzte Polyurethankleber sich für das Kleben von Werkstoffen eignen, die eine geringe Festigkeit bzw. Streckgrenze aufweisen bzw. wenn sie dünn u. leicht deformierbar sind. Hartelast., engmaschig vernetzte Kleber eignen sich dagegen für das Kleben biegesteifer, hochfester Werkstoffe. Abschließend wird die Meth. der hier verwendeten statist. Auswertung der Vers.-Ergebnisse beschrieben. I. Köditz. 8382

2872 **Klebstoffe aus Nitrilkautschuk.** Hans Hadert. (Adhäsion **7**, 113—17, 1963; Berlin; dt.) — Übersicht über Klebstoffe aus Nitrilkautschuk, ihre Lsgm., Füllstoffe (Gasruß, Fe-Oxid, Zn-Oxid, Ca-Silicat), Weichmacher sowie ihre Eigg., Ansätze u. Verwendung. W. Wesly. 8388◇

2873 **Wärmekapazität von Leim BF-4 im Temperaturintervall 20—360° K.** A. A. Skljankin. (Versuchsgeräte u. Versuchstechn. [UdSSR] **6**, Nr. 4, 180, 1961; Unionsforschungsinst. für physikal.-techn. u. radiotechn. Messungen; russ.) — Die Herst. der Unters.-Proben geschieht durch Auftragen einzelner Schichten des Leims *BF-4* auf Cu-Unterlagen u. nachfolgende Polymerisation jeder Schicht. Die Messung erfolgt mit einem adiabat. Vakuumcalorimeter. Die Abhängigkeitskurve der spezif. Wärmekapazität von der Temp. ist im Bereich von 310—340° K anomal, was mit Phasenumwandlungen infolge Erweichung des Leims in diesem Temp.-Bereich erklärt wird. Die Genauigkeit beträgt 0,5%, bei Temp. des fl. H_2 3—5%. J. Lehmberg. 8416△

2874 Esso Research and Engineering Co., Elizabeth, N.J., V.St.A., **Verkleben von Metallen mit Polyolefinen.** Auf die zu verklebenden Oberflächen wird eine härtbare Mischung aus einem oxydierten Polymerisat oder Mischpolymerisat eines konjugierten Diolefins mit 4 bis 6 C-Atomen sowie einem organ. Peroxid u. ggf. einem Vernetzungsmittel, wie Styrol, aufgebracht. Die beiden Flächen werden aufeinandergelegt u. dann durch Anwendung von Hitze die Polymerisatmischung ausgehärtet. (**E. P. 887 875** vom 23/6. 1959, ausg. 24/1. 1962. A. Prior. 25/8. 1958.) P. Krug. 8383

2875 Arthur D. Little, Inc., Cambridge, Mass., V.St.A. (Erfinder: Charles Gordon Harford, Paul Noble jun. und James Louis Zeigler), **Klebstoffmischung.** Das durch mechan. Maßnahmen in Schaumform überführbare Klebmittel besteht aus der wss. Lsg. oder Dispersion eines wärmehärtenden Aldehyd-Kondens.-Prod., dem zur späteren Schaumstabilisierung ein kation. quatern. Salz (I) zugesetzt ist. Bei I handelt es sich um Prodd., bei denen wenigstens ein Substituent ein aliphat. Rest mit wenigstens 9 C-Atomen ist. Die Zusatzmenge von I beträgt 0,2—3%. (**E. P. 887 078** vom 24/4. 1959, ausg. 17/1. 1962.) P. Krug. 8389

2876 A. E. Staley Mfg. Co., übert. von: James P. Casey und Ellis R. Lehman, Decatur, Ill., V.St.A., **Mit Wasser anzumischendes, trockenes Klebmittel.** Es besteht aus einer Mischung von nichtgelatinierter Stärke u. granulierter Na-Carboxymethylcellulose in einem Verhältnis von 0,005—0,1. Die Mischung kann noch durch Zusatz von Borax sowie Harnstoff-Formaldehyd-Harz modifiziert werden. (**A. P. 3 015 572** vom 2/4. 1958, ausg. 2/1. 1962.) P. Krug. 8389

2877 United States Rubber Co., New York, N.Y., V.St.A., **Klebstoffe zur Befestigung von Gummi auf Textilgeweben** der allg. Formel I (R = Arylreste) erhält

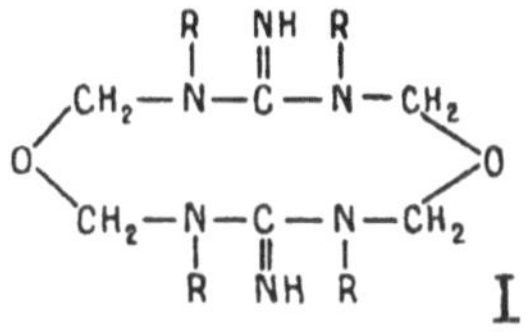

I

man durch Rk. der entsprechenden Guanidine mit Paraformaldehyd oder wss., bes. 37%ig., CH_2O im Mol-Verhältnis von ca. 1 : 2—3 bei zunächst 90—95 u. dann 130—150°. (**E. P. 815 860** vom 26/2. 1957, ausg. 1/7. 1959. A. Prior. 21/5. 1956.) A. Jahn. 8389

H_{24}. Photographie

2878 **Koagulation der Gelatine unter besonderer Berücksichtigung photographischer Ausflockungsemulsionen.** Erwin Fuchs. (Adhäsion **7**, 160—70, 188, 1963; München; dt.) — Übersichtsbericht über die Meth. zur Ausfällung von Halogensilbergelatinedispersionen bei der *Herst. photograph. Emulsionen*: Ausflockung mit Neutralsalzen, durch Säure-Einw., Fällung durch Wasserentzug, mit Hilfe von Polymeren u. anion. Seifen. — Zahlreiche Patentangaben. W. Günther. 8600◇

2879 **Über den Mechanismus der Einwirkung von Gerbstoffen auf photographische Emulsionen.** W. L. Selikman. (J. wiss. angew. Photogr. Kinematogr. [UdSSR] **5**, 403—05, 1960; Allunions Kine-Photo-Forschungsinst.; russ.) — Es wurde der Mechanismus der *Gerbung* photograph. Emulsionen durch Formalin–Phloroglucin vor dem Gießen, beim Erstarren, Trocknen u. Lagern der Emulsion untersucht. Die Gerbung erfolgt prim. durch innermol. (ohne Erhöhung der Viscosität) u. intermol. Kondens. (unter Erhöhung der Viscosität) der Methylolgruppen des Gerbstoffs mit zugänglichen, aber wenig akt. Aminogruppen der Peptidketten. Erst beim Erstarren u. Trocknen der Emulsion reagiert der Gerbstoff vollständig

u. vernetzt die aktiveren Gruppen benachbarter Makromoleküle. Es folgt eine zusätzliche Gerbung durch Hydrolyse intramol. Methylengruppen u. Kondens. der gebildeten Methylolgruppen unter Bldg. intermol. Methylenbrücken.
Helmut Schäfer. 8610△

2880 **Messungen an Blitzlichtquellen.** George H. Lunn. (J. SMPTE [Soc. Motion Picture Televis. Engr.] **69,** 813—15, 1960; Aldermaston, Berks., Atom. Weapons Res. Establ.; engl.) — Es wird eine Meth. beschrieben, um die Intensität von *Blitzlichtquellen* in Abhängigkeit von der Zeit zu bestimmen. Hierzu wird eine Schlierenkamera nach Brixner verwendet, die mit einem Stufenkeil neutraler Dichte kombiniert ist. Beispiele für Schwärzungskurven bei Belichtungen von 10^{-7} s für Ilford-HPS-Film, Agfa Isopan Record u. Kodak Royal-X Pan bei Verw. verschiedener Entwickler (Microphen, Atomal, DK 50) werden mitgeteilt.
W. Günther. 8614◇

2881 **Der aktive Vorgang bei der Entwicklung von Bromsilber und Jodsilber durch Hydrochinon.** T. H. James. (Photogr. Sci. Engng. **7,** 164—72, 1963; Rochester, N.Y., Eastman Kodak Co., Res. Labor.; engl.) — Vf. untersuchte die Entw.-Geschw. (EG) von *Kinepositivemulsionen* u. von *AgJ*-Vers.-*Emulsionen* durch *Hydrochinon–Sulfit*-Lsgg. über einen weiten pH-Bereich. — Es zeigte sich, daß die EG von Bromjodsilberemulsionen bei hohen pH-Werten von der Diffusion abhängig ist, während bei niedrigen pH-Werten die physikal. Entw. bestimmend ist. Im pH-Bereich von 9,45—10,35 hängt bei Kinepositivfilm die Änderung der EG von der Änderung der Konz. des 2wertigen Hydrochinonions ab, nicht jedoch von der Konz. des einwertigen Hydrochinonions. Bei reinen AgJ-Emulsionen sind infolge der langsameren chem. Umsetzung die Diffusionseffekte von geringer Bedeutung. Doch ist für diese im pH-Bereich von 10,0—13,5 die EG ebenfalls eine Funktion der Konz. an 2wertigen Hydrochinonionen. Nach Auffassung des Vf. ist die neuerdings an der Theorie vom Ladungsübergang geübte Kritik nicht berechtigt, wonach die Induktionsperiode bei der Entw. mit Hydrochinon durch den Übergang vom einwertigen zum 2wertigen Ion erklärt wird.
W. Günther. 8618◇

2882 **Die Bedeutung der organischen Chemie für die Farbenphotographie.** Hans-Martin Barchet. (Z. Chem. **3,** 57—60, 1963; Wolfen, VEB Filmfabrik Agfa; dt.) — Kurzer Überblick über den Beitrag der organ. Chemie bei der Ausarbeitung farbenphotograph. Verff.: Sensibilisierung der photograph. Emulsion, chromogene Entw., diffusionsfeste Farbkuppler. — 10 Literaturhinweise. W. Günther. 8630◇

2883 **Neuere Entwicklungen bei Farbfilmen.** Akira Sasai. (Kagaku no Ryôiki [J. Jap. Chem.] **16,** 736—42, 1962; Tiba-Daigaku, Techn. Fak.; jap.) — Übersicht.
E. Maekawa. 8630◇

2884 **Ein photographisches Zweifarbenpapier und ein Schnellentwicklungsverfahren hierfür.** Fred A. Pomeroy und Maurice E. Welch. (Photogr. Sci. Engng. **7,** 161—64, 1963; Rochester, N.Y., Eastman Kodak Co.; engl.) — Vff. beschreiben den Aufbau des *Zweifarbenpapiers* „Kind 1613“. Auf einem dünnen Photopapier befindet sich eine blauempfindliche Schicht, die entwickelt ein rotes Bild gibt. Darüber befindet sich eine grünempfindliche Schicht, die eine Komponente für einen Blaugrünfarbstoff enthält. Das Papier läßt sich bei rotem Licht verarbeiten. Entwickelt wird bei 100° F nach folgendem Schema: 3 Min. in Ektacolor P-122 entwickeln, 1 Min. in Kodak Rapid Fixer fixieren, 1½ Min. bleichen in Ektachrome E-2, E-3 u. 3 Min. lang waschen. Verw. findet das Papier für oscillograph. Aufzeichnungen (schwarze Linien mit unfiltriertem Licht, rote Linien bei Verw. des Wrattenfilters No. 34, blaue Linien bei Verw. des Wrattenfilters No. 12), für die Herst. von Anaglyphenbildern, beispielsweise von Luftbildaufnahmen, u. zur Aufzeichnung von Bildern auf Kathodenröhren, bes. von solchen, die P 4-Leuchtstoff benutzen, da dieser im Empfindlichkeitsbereich des beschriebenen Papiers emittiert.
W. Günther 8630◇

2885 **Zwei hochempfindliche Farbfilme und ein Umkehrkopierfilm für kinematographische Zwecke.** N. H. Groet, T. J. Murray und C. E. Osborne. (J. SMPTE [Soc. Motion Picture Televis. Engr.] **69,** 815—17, 1960; Rochester, N.Y., Eastman Kodak Co., Res. Labor.; engl.) — Es werden die charakterist. Eigg. folgender neuer Kodak-*Kinefilme* beschrieben: Ektachrome ER-Farbnegativfilm für Aufnahmen bei Tageslicht (Type 5257: 35 mm, Type 7257: 16 mm), Ektachrome ER-Farbnegativfilm für Kunstlicht (Type 5258: 35 mm, Type 7258: 16 mm) u. Ektachrome Reversal Print-Film (Type 5386: 35 mm, Type 7386: 16 mm).
W. Günther 8640◇

2886 **Spektrale Charakteristiken sensibler elektrophotographischer Schichten.** F. A. Lewina und I. S. Plawina. (J. wiss. angew. Photogr. Kinematogr. [UdSSR] **7,** 262—67, 1962; Vilnius, Forschungsinst. für Elektrograph.; russ.) — Der Einfl. von *Fluorescein* (**I**), *Eosin* (**II**), *Trypaflavin* (**III**) u. *Pinacyanol* (**IV**) in bin. Syst. auf die Spektralverteilung (SV) des Photostroms (transversaler Photoeffekt) bei *elektrophotograph. ZnO-Schichten*, die durch Färben von ZnO-Pulver oder Zusatz der Farbstoff-Lsg. zur ZnO-Suspension erhalten werden, wird untersucht. Die photoakt. Lichtabsorption verschiebt sich bei den Schichten im Vgl. mit den Lsgg. nach kürzeren Wellen, bei bas. Farbstoffen stärker als bei sauren. Die SV-Kurven bei **I** + **III** u. **II** u. **III** sind ähnlich wie bei **III** allein (Maximum 435 mμ). Bei **I** + **II** liegen Maxima bei 425, 435 u. 475 mμ vor. **II** + **IV** zeigen Maxima bei 460 u. 570 mμ (460 mμ wohl durch **II** verursacht). Die Verschiebung der Maxima nach kürzeren Wellen werden auf den kombinierten Einfl. von adsorbierten O-Ionen u. Farbstoffen zurückgeführt.
R. K. Müller 8642◇

2887 **Einige Probleme der Reproduktionsgenauigkeit von Abbildungen durch elektrographische Verfahren.** Ss. I. Chotjanowitsch. (J. wiss. angew. Photogr. Kinematogr. [UdSSR] **7,** 272—79, 1962; Vilnius, Forschungsinst. für Elektrograph.; russ.) — Es werden Grad u. Charakter der Verzerrungen der Bildelemente untersucht, die bei Anwendung der elektrophotograph. Meth. der Herst. von Bildern auf der Photohalbleiterschicht (PHS) u. bei der elektrostat. Übertragung des Pulvers auf andere Unterlagen entstehen. Mit zunehmendem Anfangspotential der PHS u. abnehmender Geschw. seines Dunkelabfalls nimmt die Bildsättigung zu; die mögliche graph. Genauigkeit der Reproduktion wird nicht beeinflußt, sie hängt von der Mikrogeometrie der Oberfläche der PHS, der Dispersität u. Zus. des elektrograph. Entwicklers u. der Entw.-Meth. ab. Die elektrostat. Übertragung des Pulvers erfolgt bevorzugt an den Stellen direkten Kontakts der Oberfläche der Unterlage u. des Pulverbildes.
R. K. Müller. 8642◇

Redaktionsschluß: 13. Dezember 1963

Herausgeber: Prof. Dr. Heinrich Bertsch, Berlin, u. Prof. Dr. Dr. h. c. Wilhelm Klemm, Münster
Chefredakteure und verantwortlich für den Inhalt: Dr. Eugen Klever, Berlin 30, Geisbergstraße 39, Fernsprecher: 249541
und Prof. Dr.-Ing. Eberhard Leibnitz, Berlin N 4, Schiffbauerdamm 19, Fernsprecher: 425571

Verlag: Akademie-Verlag GmbH, Berlin W 8, Leipziger Str. 3—4 (Fernsprecher: 220441, Telex-Nr. 011773, Postscheckkonto Berlin 35021), und Verlag Chemie, GmbH, Weinheim/Bergstr. (Fernsprecher: Weinheim 3635 [Sammelnummer]; Fernschreiber: 0465516 chemieverlwhn; Postscheckkonten: Frankfurt/M. 145314 u. Berlin [West] 7430). Bestellnummer: 1007/135. Das Chemische Zentralblatt erscheint wöchentlich. Preis des Jahrganges einschl. Autoren-, Patent-, Sach- u. Formelregister: DM 1800,—; einseitig bedruckte Ausgabe: DM 2200,—. Abgabe der Zeitschrift nur mit sämtlichen Registern. Abbestellungen nur bis spätestens 6 Wochen vor Ablauf des Kalenderjahres

Satz u. Druck: VEB „Maxim Gorki“, Altenburg, u. VEB Leipziger Druckhaus, Leipzig, III/18/203. III. 64
Veröffentlicht unter der Lizenznummer 1273 des Presseamtes beim Vorsitzenden des Ministerrates
Printed in Germany

FSC
www.fsc.org
MIX
Papier | Fördert gute Waldnutzung
FSC® C083411

Kolibri 360 GmbH
Ferdinand-Jühlke-Straße 7
99095 Erfurt, Deutschland
produktsicherheit@kolibri360.de